新钢结构设计手册

《新钢结构设计手册》编委会

中国计划出版社

图书在版编目（CIP）数据

新钢结构设计手册 / 《新钢结构设计手册》编委会编著. -- 北京 : 中国计划出版社, 2018.6(2019.4重印)

ISBN 978-7-5182-0779-4

Ⅰ. ①新… Ⅱ. ①新… Ⅲ. ①钢结构－结构设计－手册 Ⅳ. ①TU391.04-62

中国版本图书馆CIP数据核字(2017)第320074号

新钢结构设计手册

《新钢结构设计手册》编委会 编著

中国计划出版社出版

网址：www.jhpress.com

地址：北京市西城区木樨地北里甲11号国宏大厦C座3层

邮政编码：100038 电话：(010) 63906433（发行部）

新华书店经销

三河富华印刷包装有限公司印刷

787mm×1092mm 1/16 55印张 1400千字

2018年6月第1版 2019年4月第4次印刷

印数 10001—12000册

ISBN 978-7-5182-0779-4

定价：168.00元

前　言

《钢结构设计标准》GB 50017—2017 已发布。本手册基于近年来的工程设计经验、国家建筑标准设计图集应用和科研成果，根据新颁布的《钢结构设计标准》GB 50017—2017 以及其他相关的国家规范、规程和标准进行编写，内容包含：

钢结构设计基本规定与计算，单层厂房钢结构，涉及门式刚架，单层排架：檩条、屋架、网架、吊车梁、墙架等设计，以及通用构件选用表（结构系列），构件承载力与截面计算图表。多高层钢结构的布置、选型、组合楼盖、钢管混凝土柱和抗震性能化设计将在《钢多高层结构设计手册》中论述。本书可供建筑结构的设计、施工、监理和教学人员参考和使用。

本手册是在过去多版本《钢结构设计手册》的基础上结合新《钢结构设计标准》GB 50017—2017 和《门式刚架轻型房屋钢结构技术规范》GB 51022—2015 编制外，还增加了《建筑抗震设计规范（2016 年版）》GB 50011—2010 和冷弯薄壁型钢结构的计算内容。

为普及新的《钢结构设计标准》应用、国家建筑标准设计图集的正确选用，增加结构整体概念，在某些例题中还附有完整的施工详图。

此外，在主要章节中还列有构件设计中的若干问题一节，充分反映历次专家在国家建筑标准设计图集编制审查会的建议和国家建筑标准设计图应用中的改进意见，供读者参考采纳。

本手册共分 25 章：

第 1 ~ 4 章　汪一骏　庞翠翠
第 5、6 章　汪一骏
第 7 章　冯　东　纪福宏　汪一骏
第 8 章　冯东　汪一骏　段修谓
第 9、10 章　纪福宏　汪一骏　贺丽平
第 11 章　汪一骏　宁　昊　段修谓
第 12、13 章　张利军　汪一骏　王步伟
第 14 ~ 22 章　高志强　纪福宏　郭惠琴　庞翠翠　朱　莎　赵　枫　段修谓　莫培佳　汪一骏
第 23 ~ 25 章　冯海悦　庞翠翠

与本手册配套的《钢多高层结构设计手册 》主要内容为钢结构抗震性能化设计、钢混凝土组合梁、钢管混凝土柱等。

全书由汪一骏统稿和解答。因编者水平有限，书中如有疏漏和不妥之处，望批评指正。在编写中承蒙余海群、詹谊、刘纯康等专家领导的指正和帮助，深表谢意。

主要编写者单位：中国建筑标准设计研究院有限公司
北京交通大学土木建筑工程学院
北京交大建筑勘察设计院有限公司

参加编写者单位：北京太空板业股份有限公司
徐州安美固建筑空间结构有限公司
北京北泡轻钢建材有限公司
长葛市通用机械有限公司

目　录

1 总则和材料

1.1 总 则

1.1.1 为学习理解和应用现行国家标准《钢结构设计标准》GB 50017—2017［1］和国家建筑标准设计图集，特编制本设计手册。

1.1.2 本手册主要适用于工业与民用建筑房屋和一般构筑物的钢结构设计，也包括部分由冷弯成型钢材制作的构件及其连接等；对于冷弯成型的钢材制作的构件等，在具体设计时，应符合现行国家标准《冷弯薄壁型钢结构技术规范》GB 50018—2002［2］和《门式刚架轻型房屋钢结构技术规范》GB 51022—2015［3］的规定。

1.1.3 本手册的设计原则主要是根据现行国家标准《钢结构设计标准》GB 50017—2017 制定的。取用的荷载及其组合值应符合现行国家标准《建筑结构荷载规范》GB 50009—2012［4］的规定；在地震区的建筑物和构筑物，尚应符合现行国家标准《建筑抗震设计规范（2016 年版）》GB 50011—2010［5］的规定。

1.1.4 设计钢结构时，应从工程实际情况出发，合理选择结构方案、材料、作用及作用效应分析和构造措施，满足结构构件在运输、安装和使用过程中的强度、稳定性和刚度的要求，符合防火、防腐蚀的要求，并宜优先采用标准化的和通用的结构和构件，减少制作、安装工作量。

1.1.5 钢结构设计文件中，应注明建筑结构的设计使用年限、采用的钢材牌号（包括质量等级、脱氧方法等）、连接材料的型号（或钢号）和对钢材所要求的力学性能、化学成分及其他的附加保证项目。此外，还应注明所要求的焊缝形式、焊缝质量等级（焊缝质量等级的检验标准应符合现行国家标准《钢结构工程施工质量验收规范》GB 50205—2017 的规定）、端面刨平顶紧部位以及对施工的其他要求。

1.1.6 对有特殊设计要求和在特殊情况下的钢结构设计，尚应符合现行有关国家标准的要求。

1.2 钢材分类和性能

1.2.1 结构材料。

1 承重钢结构的材料宜采用现行国家标准《碳素结构钢》GB/T 700—2006 中的 Q235 钢和《低合金高强度结构钢》GB/T 1591—2008 中的 Q345、Q390、Q420 和 Q460 钢。当为钢板时，尚应符合现行国家标准《建筑结构用钢板》GB/T 19879—2015 标准的规定和要求。

2 在建筑结构设计中对结构用钢材可按下述方法分类。

（1）按冶炼方法（炉种）分为平炉钢和电炉钢、氧气转炉钢或空气转炉钢。承重结构钢一般采用平炉或氧气转炉钢。

（2）按炼钢脱氧程度分为沸腾钢（F）、镇静钢（Z）及特殊镇静钢（TZ）。

（3）钢的牌号按钢的屈服点名义数值命名，Q235 钢，其质量等级分为 A、B、C、D 四级（Q345、Q390 有 E 级，共五级），这四个等级与钢的化学成分、力学性能及冲击试验性能有关。

碳素结构钢的牌号由代表屈服点的字母、屈服点数值、质量等级符号、脱氧方法四个部分顺序组成。

例如，Q235AF，其符号含义如下：

Q——钢材屈服强度；

235——屈服点（不小于）235N/mm^2；

A、B、C、D——质量等级，从次到优顺序排列；

F、Z、TZ——沸腾钢、镇静钢、特殊镇静钢，在牌号表示中“Z”与“TZ”符号可以忽略。

碳素结构钢中，钢号越大，含碳量越高，强度也随之增高，但塑性和韧性降低。在承重结构钢中经常采用掺和金元素的低合金钢。其强度高于碳素结构钢，强度的增高不是靠增强含碳量，而是靠加入合金元素的程度，所以，其韧性并不降低。在低合金钢中Q345钢的综合性能较好，在我国已有几十年的工程实践经验。

3　钢材的力学性能和化学成分。

（1）力学性能。

1）抗拉强度（f_u）。

抗拉强度是衡量钢材经过其本身所能产生足够变形后的抵抗能力。它不仅是反映钢材质量的重要指标，而且与钢材疲劳强度有密切关系。由抗拉强度变化范围的数值，可以反映出钢材内部组织的优劣。

2）伸长率（δ）。

伸长率是衡量钢材塑性性能的指标。钢材的塑性实际上是当结构经受其本身所产生的足够变形时，抵抗断裂的能力。因此，承重结构钢无论在静力荷载或动力荷载作用下，以及在加工制造过程中，除要求具有一定的强度外，还要求有足够的伸长率。

3）屈服强度（f_y）。

屈服点是衡量结构承载能力和确定基本强度设计值的重要指标。碳素结构钢和低合金钢在应力达到屈服点后，应变急剧增长，使结构的实际变形突然增加到不能继续使用的程度。所以，钢材所采用的强度设计值一般都以屈服点除以适当的抗力分项系数来确定。

4）冷弯性能。

冷弯是衡量材料性能的综合指标，也是塑性指标之一。通过冷弯试验不仅可以检验钢材颗粒组织、结晶情况和非金属夹杂物的分布等缺陷。在一定程度上也是鉴定焊接性能的一个指标。结构在加工制作和安装过程中进行冷加工时，尤其对焊接结构焊后变形的调直，都需要钢材具有较好的冷弯性能。用于承重结构的薄壁型钢的热轧型钢带钢或钢板也应有冷弯性能保证。

5）冲击韧性。

冲击韧性是衡量抵抗脆性破坏的一个指标。因此，直接承受动力荷载以及重要的受拉或受弯焊接结构，为了防止钢材的脆性破坏，应具有常温冲击韧性的保证，在某些低温情况下尚应具有负温冲击韧性的保证。

（2）化学成分。

建筑结构用钢除了要保证含碳量外，硫、磷、硅、锰含量也不能超过国家标准的规定。因为硫、磷这两种有害元素的存在将使钢材的焊接性能变差，且降低钢材的冲击韧性和塑性，降低钢材的疲劳强度和抗腐蚀性。

建筑结构用钢的力学性能和化学成分见表1－1、表1－2。

表 1－1 钢材的力学性能

标准代号	钢材牌号	厚度（mm）	一般机械性能				V 型冲击试验		
			屈服点 f_y（N/mm^2）≥	抗拉强度 f_u（N/mm^2）	伸长率 δ_5（%）≥	180°冷弯试验 d＝弯心直径 B＝试样宽度 a＝试样厚度	质量等级	温度（℃）	冲击功（纵向）J 不小于
GB/T 700—2006	Q235	≤16	235	370	26	$B=2a$，$d=1.5a$（试样方向为横向）$d=a$（试样方向为纵向）	B	20	27
		＞16～40	225		25		C	0	
		＞40～100	215		25		D	－20	
GB/T 1591—2008	Q345	≤16	345	470	20（21）	$d=2a$	B	20	34
		＞16～40	335			$d=3a$	C	0	
		＞40～63	325		19（20）	$d=3a$	D	－20	
		＞63～80	315						
		＞80～100	305				E	－40	
	Q390	≤16	390	490	20	$d=2a$	B	20	34
		＞16～40	370			$d=3a$	C	0	
		＞40～63	350						
		＞63～100	330		19	$d=3a$	D	－20	
							E	－40	
	Q420	≤16	420	520	19	$d=2a$	B	20	34
		＞16～40	400			$d=3a$	C	0	
		＞40～63	380						
		＞63～100	360		18	$d=3a$	D	－20	
							E	－40	
	Q460	≤16	460	550	17	$d=2a$	C	0	34
		＞16～40	440			$d=3a$	D	－20	
		＞40～63							
		＞63～100	420		16		E	－40	
GB/T 19879—2015	Q345GJ	＞16～35	345	490	22	$d=3a$	B	20	34
		＞35～50	335				C	0	
							D	－20	
		＞50～100	325				E	－40	

注：1 质量等级为 A 级不要求 V 型冲击试验。

2 Q345 括号内数值适用于 C～E 级。

表 1－2 钢材的化学成分

标准代号	钢材牌号		化学成分（%）				
			C	S	P	Si	Mn
			≤				
GB/T 700—2006	Q235	A 级	0.22	0.050	0.045	0.35	1.4
		B 级	0.20	0.045			
		C 级	0.17	0.040	0.040		
		D 级		0.035	0.035		

续表 1－2

标准代号	钢材牌号		化学成分（%） C ≤	S ≤	P ≤	Si ≤	Mn ≤
GB/T 1591—2008	Q345	A 级	0.20	0.035	0.035	0.56	1.70
		B 级					
		C 级		0.030	0.030		
		D 级	0.18	0.025			
		E 级		0.020	0.025		
	Q390	A 级	0.20	0.035		0.50	1.70
		B 级					
		C 级		0.030			
		D 级		0.025	0.030		
		E 级		0.020	0.025		
	Q420	A 级	0.20	0.035		0.50	
		B 级		0.035			
		C 级		0.030			
		D 级		0.025	0.030		
		E 级		0.020	0.025		
	Q460	C 级	0.20	0.030	0.030	0.60	1.80
		D 级		0.025	0.030		
		E 级		0.020	0.020		
GB/T 19879—2015	Q335GJ	B	0.20	0.025		0.55	1.60
		C					
		D	0.18	0.02			
		E					

注：经需方同意，Q235B 级碳含量可不大于 0.22%。

4　建筑结构用钢铸件采用的材质应符合现行国家标准《一般工程用铸造碳钢件》GB/T 11352—2009 的规定，其机械性能见表 2－5。

5　钢材等级检验项目。

（1）所有承重结构的钢材均应具有屈服强度、断后伸长率、抗拉强度、冷弯试验和硫、磷极限含量的合格保证，对焊接结构尚应具有含碳量的合格保证。对直接承受动力荷载或需验算疲劳的构件所用钢材尚应具有冲击韧性合格保证。详见表 1－1、表 1－2。

（2）对于需要验算疲劳的焊接结构的钢材，应具有常温冲击韧性的合格保证（B 级）。当结构工作温度等于或低于 0℃但高于－20℃时，对 Q235 钢和 Q345 钢应具有 0℃冲击韧性的合格保证（C 级）；对 Q390 钢、Q420 钢和 Q460 钢应具有－20℃冲击韧性的合格保证（D 级）；当结构工作温度等于或低于－20℃时，对 Q235 钢和 Q345 钢应具有－20℃冲击韧性的合格保证（D 级）；对 Q390 钢和 Q420 钢应具有－40℃冲击韧性的合格保证（E 级）。

（3）对于需要验算疲劳的非焊接结构的钢材亦应具有常温冲击韧性的合格保证（B 级）。当结构工作温度等于或低于－20℃时，对 Q235 钢和 Q345 钢应具有 0℃冲击韧性的合格保证（C 级）；对 Q390 钢、Q420 钢应具有－20℃冲击韧性的合格保证（D 级）。

(4) 对于不需要验算疲劳的焊接和非焊接结构，原则上根据结构工作温度 t 选用钢材等级：t = 0℃ ~20℃，用 B 级；t = 0℃ ~ −20℃，用 C 级；−20℃以下用 D 级。但非焊接结构 −20℃以下，Q235、Q345 仍可用 C 级。当 t 高于 20℃时，焊接结构可采用 Q345A、Q390A、Q420、Q460A，非焊接结构可采用表 1−2 中任何牌号的 A 级钢。

6 材料选用。

(1) 承重结构在低于 −20℃环境工作时，其选材应符合下列规定：

1) 不宜采用厚度或直径大于 40mm，不宜低于 C 级；

2) 厚度或直径大于 40mm 时，不宜低于 D 级；

3) 重要承重结构的受拉板件，宜选用建筑结构用钢板并满足现行国家标准《建筑结构用钢板》GB/T 19879—2015 的规定。

(2) 当焊接承重结构为防止钢材的层状撕裂而采用 Z 向钢时，其材质应符合现行国家标准《厚度方向性能钢板》GB/T 5313—2010 的规定。

(3) 对处于外露环境，且对大气腐蚀有特殊要求的或在腐蚀气态和固态介质作用下的承重结构，宜采用耐候钢，其质量要求应符合现行国家标准《耐候结构钢》GB/T 4171—2008 的规定。

(4) 焊接材料熔敷金属的力学性能应不低于相应母材标准的下限值或满足设计要求。设计或被焊接母材有冲击韧性要求规定时，熔敷金属的冲击韧性应不低于设计规定或对母材的要求。

(5) 对直接承受动力荷载或振动荷载且需要验算疲劳的结构，或低温环境下工作的厚板结构，宜采用低氢型焊条或低氢焊接方法。

(6) 结构按调幅设计时，钢材性能应符合第 3.4 节的规定。

(7) 有抗震设防要求的钢结构其塑性耗能区钢材：

1) 钢材屈服强度实测值与抗拉强度实测值的比值不应大于 0.85，屈服强度实测值不高于上一级钢材屈服强度；

2) 钢材应有明显的屈服台阶，且伸长率不应小于 20%；

3) 钢材应有良好的焊接性和合格的冲击韧性，夏比冲击韧性不低于 27J。

(8) 有抗震设防要求的钢结构其弹性区钢材：

1) 工作温度高于 0℃时，不低于 B 级；

2) 工作温度 0℃ ~ −20℃，Q235、Q345 不低于 B 级，Q390、Q420、Q460 不低于 C 级；

3) 工作温度低于 −20℃，Q235、Q345 不低于 C 级，Q390、Q420、Q460 不低于 D 级。

(9) 钢管结构的钢材选用应符合第 7 章的规定。

(10) 冷成型管材（如方矩管、圆管）和型材，及经冷加工成型的构件，除所用原料板材的性能与技术条件应符合相应标准规定外，其最终成型后构件的材料性能和技术条件应符合相关设计规范或设计图纸的要求（如延伸率、冲击功、材料质量等级、取样及试验方法）。冷成型圆管的外径与壁厚之比不宜小于 20；冷成型方矩管不宜选用由圆变方工艺生产的钢管。

1.2.2 连接材料。

1 焊接。

(1) 材质。

钢结构的焊接材料应与被连接构件所采用的钢材材料相适应。将两种不同强度的钢材相连接时，可采用与低强度钢材相适应的连接材料。对直接承受动力荷载或振动荷载且需要验算疲劳的结构，以及低温环境下工作的厚板结构宜采用低氢型焊条。

1）手工电弧焊应符合现行国家标准《非合金钢及细晶粒钢焊条》GB/T 5117—2012或《热强钢焊条》GB/T 5118—2012规定的焊条，为使经济合理，选择的焊条型号应与构件钢材的强度相适应。选用时可按下列要求及表1－3确定：

①对Q235钢宜采用E43型焊条；

②对Q345钢宜采用E50型焊条；

2）自动焊接或半自动焊接采用的焊丝和相应的焊剂应与主体金属强度相适应，并应符合现行国家标准《熔化焊用钢丝》GB/T 14957—2008和《埋弧焊用碳钢焊丝和焊剂》GB/T 5293—1999的规定。

（2）选用。

焊接连接是目前钢结构最主要的连接方法，它具有不削弱杆件截面、构造简单和加工方便等优点。一般钢结构中主要采用电弧焊。电弧焊是利用电弧热熔化焊件及焊条（或焊丝）以形成焊缝。目前应用的电弧焊方法有：手工焊、自动焊和半自动焊。在轻型钢结构中，由于焊件薄，焊缝少，故多数采用手工焊。手工焊施焊灵活，易于在不同位置施焊，但焊缝质量低于自动焊。

2 螺栓。

（1）材质。

1）普通螺栓可采用符合现行国家标准《碳素结构钢》GB 700—2006规定的Q235A级钢制成，并应符合现行国家标准《六角头螺栓 C级》GB/T 5780—2016和《六角头螺栓》GB/T 5782—2016的规定。

2）高强度螺栓可采用45号钢、40Cr、40B或20MnTiB钢制作并应符合现行国家标准《钢结构用高强度大六角头螺栓》GB/T 1228—2006、《钢结构用高强度大六角螺母》GB/T 1229—2006、《钢结构用高强度垫圈》GB/T 1230—2006、《钢结构用高强度大六角头螺栓、大六角螺母、垫圈技术条件》GB/T 1231—2006、《钢结构用扭剪型高强度螺栓连接副》GB/T 3632—2008的规定。

3）圆柱头焊钉（栓钉）连接件的材料应符合现行国家标准《电弧螺柱焊用圆柱头焊钉》GB/T 10433—2002的规定。

4）铆钉应采用现行国家标准《标准件用碳素钢热轧圆钢》GB/T 715—1989中规定的BL2或BL3号钢制成。

5）锚栓可采用现行国家标准《碳素结构钢》GB/T 700—2006中规定的Q235钢或《低合金高强度结构钢》GB/T 1591—2008中规定的Q345和Q390钢制成，质量等级不低于B级。工作温度低于－20℃时应满足第1.2.1条第6款要求。

（2）选用。

1）普通螺栓连接主要采用在结构的安装连接以及可拆装的结构中，螺栓连接的优点是拆装便利，安装时不需要特殊设备，操作较简便。但由于普通螺栓连接传递剪力较差，而高强度螺栓连接在高空施工中要求又较高，因而轻型钢屋架与支撑连接，一般采用普通螺栓C级，受力较大时可用螺栓定位、安装焊缝受力的连接方法。

2）高强度螺栓连接除能承受较大的拉力外，尚能借其连接处构件接触面的摩擦可靠地承受剪力。故在轻型门式刚架的梁柱连接节点以及螺栓球网架的节点连接中广泛应用。

3）锚栓主要应用于屋架与混凝土柱顶的连接及门式刚架柱脚与基础的连接，锚栓可根据其受力情况选用不同牌号的钢材制成。

2 设计基本规定

2.1 设计原则

2.1.1 设计方法。

钢结构的设计（除疲劳计算外）依据现行国家标准《建筑结构可靠度设计统一标准》GB 50068 和《工程结构可靠度设计统一标准》GB 50153 的规定，采用以概率理论为基础的极限状态设计法，用分项系数的设计表达式进行计算。承重钢结构或构件应按承载能力极限状态和正常使用极限状态进行设计。

1 承载能力极限状态。

当结构或构件达到最大承载力、疲劳破坏或达到不适于继续承载的变形状态时，该结构或构件即达到承载能力极限状态。当结构或构件出现下列状态之一时，即认为超过了承载能力极限状态：

（1）整个结构或结构的一部分作为刚体失去平衡（如滑移或倾覆等）。

（2）结构构件或连接因其应力超过材料强度而破坏（包括疲劳破坏），或因过度的塑性变形而不适于继续承载。

（3）结构转变为机动体系而丧失承载能力。

（4）结构或构件因达到临界荷载而丧失稳定（如压屈等）。

2 正常使用极限状态。

当结构或构件达到正常使用的某项规定限值的状态时，该结构或构件即达到正常使用极限状态。当结构或构件出现下列状态之一时，即认为超过了正常使用极限状态：

（1）影响正常使用或外观的变形。

（2）影响正常使用的局部损坏。

（3）影响正常使用的振动。

（4）影响正常使用的其他特定状态。

设计结构或构件时通常按承载能力极限状态设计以保证安全，再按正常使用极限状态进行校核以保证适用性。

2.1.2 承载能力设计表达式。

按承载能力极限状态设计时，应考虑荷载效应的基本组合（可变荷载为主的组合和永久荷载为主的组合），必要时尚应考虑荷载效应的偶然组合，用荷载设计值进行计算，并采用下列表达式：

不考虑地震作用时 $$\gamma_0 S \leqslant R \tag{2-1}$$

考虑多遇地震作用时 $$S_E \leqslant R/\gamma_{RE} \tag{2-2}$$

考虑设防地震作用时 $$S_E \leqslant R_k \tag{2-3}$$

式中 γ_0——结构重要性系数，对安全等级为一级、二级和三级的结构构件，可分别取 1.1、1.0、0.9，一般钢结构构件 $\gamma_0 = 1.0$。设计工作寿命为25 年，取 $\gamma_0 = 0.90$；

S——不考虑地震作用时，荷载效应组合设计值（力或应力）；

S_E——考虑多遇地震作用时，荷载和地震作用效应组合的设计（力或应力）值按现行国家标准《建筑抗震设计规范（2016 年版）》GB 50011—2010 采用；

R——结构构件承载力（或钢材强度）设计值；

R_k——结构构件的承载力标准值；

γ_{RE}——承载力（或应力）抗震调整系数，应按现行国家标准《建筑抗震设计规范（2016 年版）》GB 50011—2010 采用，如表 2－1 所示。

表 2－1 承载力抗震调整系数 γ_{RE}

结构构件	柱、梁	支撑	节点板件、连接螺栓	连接焊接
γ_{RE}	0.75（0.80）	0.75（0.80）	0.75	0.75

注：1 括号中为稳定性验算时，无括号为强度验算时。

2 门式刚架轻型房屋钢结构技术规范将 0.75、0.80 分别提高为 0.85 和 0.90。

3 各章中均以公式（2－1）表达，需按公式（2－2）表达的，也可将钢材强度设计值 f 除以 γ_{RE}。

1 对于基本组合，荷载效应组合的设计值 S 可按下述取最不利值确定：

（1）由可变荷载效应控制的组合。

$$S = \sum_{j=1}^{m} \gamma_{Gj} S_{Gjk} + \gamma_{Q1} \gamma_{L1} S_{Q1k} + \sum_{i=2}^{n} \gamma_{Qi} \gamma_{Li} \psi_{Ci} S_{Qik} \tag{2-4}$$

式中 γ_{Gj}、γ_{Q1}、γ_{Qi}——第 j 个永久荷载、第一个可变荷载和其他第 i 个可变荷载的分项系数（表 2－2）；

S_{Gjk}——按第 j 个永久荷载标准值 G_{jk} 计算的荷载效应值；

S_{Q1k}——按第一个可变荷载标准值 Q_{1k} 计算的荷载效应值，该可变荷载的效应大于其他任意第 i 个可变荷载的效应值；

S_{Qik}——其他第 i 个可变荷载标准值 Q_{ik} 计算的荷载效应值；

γ_{Li}——第 i 个可变荷载 Q_i 的考虑设计使用率限的调整系数，其中 γ_{L1} 为主导可变荷载 Q_1 考虑设计使用率限调整系数；

ψ_{Ci}——第 i 个可变荷载 Q_i 的组合值系数（表 2－2）；

m、n——分别为参与组合的永久荷载数、可变荷载数。

注：1 基本组合中的设计值仅适用荷载与荷载效应为线性情况。

2 当无法明确判断其效应设计值为诸可变荷载效应设计值中最大时，可轮次以各可变荷载计算其效应，选其中最不利的荷载效应组合。

（2）由永久荷载效应控制的组合。

$$S = \sum_{j=1}^{m} \gamma_{Gj} S_{Gjk} + \sum_{i=1}^{n} \gamma_{Qi} \psi_{Ci} S_{Qik} \tag{2-5}$$

注：当考虑以竖向的永久荷载效应控制的组合时，参与组合的可变荷载仅限于竖向荷载并按下列组合值中取最不利值确定。

在荷载效应的控制组合中，必须按表 2－2 经过计算比较才能确定由可变荷载效应还是永久荷载效应控制的组合，一般来说永久荷载较小的轻型屋面钢屋面架多为可变荷载效应控制的组合。

对于屋盖结构横向地震作用一般不起控制作用，但需采取加强支撑布置和连接节点等措施，以提高其纵向抗震能力。

2 对于偶然组合，荷载效应组合的设计值宜按下列规定确定；偶然荷载的代表值不乘分项系数；与偶然荷载同时出现的其他荷载可根据观测资料和工程经验采用适当的代表值。各种情况下荷载效应的设计值公式，可按有关规范另行确定。

2.1.3　正常使用极限状态验算。

对于正常使用极限状态，一般考虑荷载的标准组合并按下列设计表达式进行验算：

$$S \leqslant C \tag{2-6}$$

式中　S——荷载效应组合的设计值（挠度或位移）；

C——结构或结构构件达到正常使用要求的规定限值，见第2.4节。

对于标准组合，荷载效应组合的设计值 S 可按下式采用：

$$S = S_{Gk} + S_{Q1k} + \sum_{i=2}^{n} \psi_{Ci} S_{Qik} \tag{2-7}$$

表2-2列出上述两种极限状态下基本组合与荷载有关的分项系数和组合值系数。

表2-2　荷载系数

荷载类型	荷载分项系数 γ_G 和 γ_Q			组合值系数 ψ_c			
				屋面雪荷载	屋面积灰荷载	吊车荷载	风荷载
永久荷载	对结构不利时	可变荷载效应控制组合	1.20	—	—	—	—
		永久荷载效应控制组合	1.35				
	对结构有利时		1.0				
可变荷载	倾覆滑移或漂浮验算		—	0.70	0.90	0.70（0.95）括号内用于硬钩和A8软钩吊车	0.6
	一般情况		1.40				
	工业房屋楼面 $Q_k > 4\text{kN/m}^2$		1.30				

注：上式中 S_{Gk} 有多个时，应分别取用各自的数 γ_G。

2.2　荷　　载

钢结构设计中的荷载应按现行国家标准《建筑结构荷载规范》GB 50009—2012采用。

2.2.1　屋面荷载。

1　作用在屋面结构上的荷载有：

（1）永久荷载包括屋面、屋架和天窗架等结构重量，以及作用于屋架节点上的设备，管道自重等。

（2）可变荷载包括屋面均布活荷载、雪荷载、积灰荷载、吊车荷载、风荷载等。

（3）偶然荷载指其他意外事故产生的荷载。

2　屋面均布活荷载。

（1）不上人屋面。

屋面均布荷载标准值（按投影面积计算）一般为0.5kN/m²（不与雪荷载同时考虑），而在《钢结构设计标准》GB 50017—2017中补充规定了对支承轻型屋面的构件或结构（檩条、屋架、框架等），当仅有一个可变荷载且其受荷水平投影面积超过60m²时，屋面均布荷载标准值可取0.3kN/m²。

（2）上人屋面。

按使用要求确定，可取2.0kN/m²。

3 施工或检修荷载。

设计屋面板和檩条时应考虑施工或检修集中荷载，其标准值取 1.0kN。

当施工荷载有可能超过上述荷载时，应按实际情况取用，或加腋梁、支撑等临时设施承受。

4 雪荷载、积灰荷载。

雪荷载和积灰荷载的标准值按现行国家标准《建筑结构荷载规范》GB 50009—2012 的规定采用外，并对屋面板和檩条，应考虑在屋面天沟、阴角、天窗挡风板内以及高低跨处的荷载增大系数。

2.2.2 吊车荷载。

按起重机技术规格及现行国家标准《建筑结构荷载规范》GB 50009—2012 规定计算。竖向荷载应乘以动力系数 1.05（吊车工作制 A1 ~ A5）以及 1.1（A6 ~ A8 及硬钩吊车、特种吊车）。对于重级工作制吊车梁应根据第 8 章考虑起重机摆动引起的横向水平力，此力不与吊车横向水平荷载同时考虑。

2.2.3 风荷载。

垂直于建筑物表面上的风荷载标准值，由基本风压 w_0、风振系数 β_z（阵风系数 β_{gz}）、体型系数 μ_s 及风压高度变化系数 μ_z 组成。

2.2.4 地震作用。

按现行国家标准《建筑抗震设计规范（2016 年版）》GB 50011—2010 的规定采用。

2.2.5 荷载组合。

荷载效应组合应符合下列原则：

1 屋面均布活荷载与雪荷载不同时考虑，设计时取两者中较大者。

2 积灰荷载与屋面均布活荷载或雪荷载两者中较大者同时考虑。

3 施工或检修荷载只与屋面材料及檩条屋架自重荷载同时考虑。

4 对于自重较轻的屋盖，应验算在风吸力作用下屋架杆件、檩条等在永久荷载与风荷载组合下杆件截面应力反号的影响，此时永久荷载的分项系数取 1.0。

2.3 设计指标和设计参数

2.3.1 钢材的设计用强度指标（钢材屈服强度 f_y 除以钢材抗力分项系数）应根据钢材牌号、厚度或直径按表 2-3 采用。

表 2-3 钢材的强度设计指标（N/mm^2）

牌号	厚度或直径（mm）	抗拉、抗压、和抗弯强度设计值 f	抗剪强度设计值 f_v	端面承压（刨平顶紧）强度设计值 f_{ce}	钢材屈服强度 f_y	钢材抗拉强度最小值 f_u
Q235	≤16	215	125	320	235	370
	>16 ~ 40	205	120		225	
	>40 ~ 100	200	115		215	
Q345	≤16	305	175	400	345	470
	>16 ~ 40	295	170		335	
	>40 ~ 63	290	165		325	
	>63 ~ 80	280	160		315	
	>80 ~ 100	270	155		305	

续表 2-3

牌号	厚度或直径（mm）	抗拉、抗压、和抗弯强度设计值f	抗剪强度设计值f_v	端面承压（刨平顶紧）强度设计值f_{ce}	钢材屈服强度f_y	钢材抗拉强度最小值f_u
Q390	≤16	345	200	415	390	490
	>16~40	330	190		370	
	>40~63	310	180		350	
	>63~100	295	170		330	
Q420	≤16	375	215	440	420	520
	>16~40	355	205		400	
	>40~63	320	185		380	
	>63~100	305	175		360	
Q460	≤16	410	235	470	460	550
	>16~40	390	225		440	
	>40~63	355	205		420	
	>63~100	340	195		400	
Q345GJ	>16~50	325	190	415	345	490
	>50~100	300	175		335	

注：1 冷弯型材和冷弯钢管其强度设计值见现行国家标准《冷弯薄壁型钢结构技术规范》GB 50018。

2 表中厚度系指计算点的钢材厚度，对轴心受拉和轴心受压构件系指截面中较厚板件的厚度。

2.3.2 结构用无缝钢管的强度设计指标应按表 2-4 采用。

表 2-4 结构用无缝钢管的强度设计指标（N/mm^2）

钢材牌号	壁厚	抗拉、抗压和抗弯强度设计值f	抗剪强度设计值f_v	端面承压（刨平顶紧）强度设计值f_{ce}	钢材屈服强度f_y	钢材抗拉强度最小值f_u
Q235	≤16	215	125	320	235	375
	>16~30	205	120		225	
	>30	195	115		215	
Q345	≤16	305	175	400	345	470
	>16~30	290	170		325	
	>30	260	150		295	
Q390	≤16	345	200	415	390	490
	>16~30	330	190		370	
	>30	310	180		350	

续表 2－4

钢材牌号	壁厚	抗拉、抗压和抗弯强度设计值 f	抗剪强度设计值 f_v	端面承压（刨平顶紧）强度设计值 f_{ce}	钢材屈服强度 f_y	钢材抗拉强度最小值 f_u
Q420	≤16	375	220	445	420	520
	>16～30	355	205		400	
	>30	340	195		380	
Q460	≤16	410	240	470	460	550
	>16～30	390	225		440	
	>30	355	205		420	

2.3.3　铸钢件的强度设计指标应按表 2－5 采用。

表 2－5　铸钢件的强度设计指标（N/mm^2）

类别	钢号	铸件厚度（mm）	抗拉、抗压和抗弯强度设计值 f	抗剪强度设计值 f_v	端面承压（刨平顶紧）强度设计值 f_{ce}
非焊接用铸钢件	ZG230－450	≤100	180	105	290
	ZG270－500		210	120	325
	ZG310－570		240	140	370
可焊铸钢件	ZG230－450H	≤100	180	105	290
	ZG270－480H		210	120	310
	ZG300－500H		235	135	325
	ZG340－550H		265	150	355

注：以上强度设计值仅适用于本表规定的厚度。

2.3.4　焊缝的强度设计指标应按表 2－6 采用。

表 2－6　焊缝的强度设计指标（N/mm^2）

焊接方法和焊条型号	钢材牌号规格		对接焊缝强度设计值				角焊缝强度设计值	对接焊缝抗拉强度 f_u^w	角焊缝抗拉强度 f_u^f
	牌号	厚度或直径（mm）	抗压 f_c^w	焊缝质量为下列等级时，抗拉 f_t^w		抗剪 f_v^w	抗拉、抗压和抗剪 f_f^w		
				一级、二级	三级				
自动焊、半自动焊和 E43 型焊条手工焊	Q235	≤16	215	215	185	125	160	415	240
		>16～40	205	205	175	120			
		>40～100	200	200	170	115			

续表 2-6

焊接方法和焊条型号	钢材牌号规格		对接焊缝强度设计值				角焊缝强度设计值	对接焊缝抗拉强度 f_u^w	角焊缝抗拉强度 f_u^f
	牌号	厚度或直径（mm）	抗压 f_c^w	焊缝质量为下列等级时，抗拉 f_t^w		抗剪 f_v^w	抗拉、抗压和抗剪 f_f^w		
				一级、二级	三级				
自动焊、半自动焊和 E50、E55 型焊条手工焊	Q345	≤16	305	305	260	175	200	480（E50） 540（E55）	280（E50） 315（E55）
		>16~40	295	295	250	170			
		>40~63	290	290	245	165			
		>63~80	280	280	240	160			
		>80~100	270	270	230	155			
自动焊、半自动焊和 E50、E55 型焊条手工焊	Q390	≤16	345	345	295	200	200（E50） 220（E55）		
		>16~40	330	330	280	190			
		>40~63	310	310	265	180			
		>63~100	295	295	250	170			
自动焊、半自动焊和 E55、E60 型焊条手工焊	Q420	≤16	375	375	320	215	220（E55） 240（E60）	540（E55） 590（E60）	315（E55） 340（E60）
		>16~40	355	355	300	205			
		>40~63	320	320	270	185			
		>63~100	305	305	260	175			
自动焊、半自动焊和 E55、E60 型焊条手工焊	Q460	≤16	410	410	350	235	220（E55） 240（E60）		
		>16~40	390	390	330	225			
		>40~63	355	355	300	205			
		>63~100	340	340	290	195			
自动焊、半自动焊和 E50、E55 型焊条手工焊	Q345GJ	>16~35	310	310	265	180	200	480（E50） 540（E55）	280（E50） 310（E55）
		>35~50	290	290	245	170			
		>50~100	285	285	240	165			

注：1 手工焊用焊条、自动焊和半自动焊所采用的焊丝和焊剂，应保证其熔敷金属的力学性能不低于母材的性能。

2 焊缝质量等级应符合现行国家标准《钢结构焊接规范》GB 50661 的规定，其检验方法应符合现行国家标准《钢结构工程施工质量验收规范》GB 50205 的规定。其中厚度小于 3.5mm 钢材的对接焊缝，不应采用超声波探伤确定焊缝质量等级。

3 对接焊缝在受压区的抗弯强度设计值取 f_c^w，在受拉区的抗弯强度设计值取 f_t^w。

4 表中厚度系指计算点的钢材厚度，对轴心受拉和轴心受压构件系指截面中较厚板件的厚度。

5 进行无垫板的单面施焊对接焊缝等的连接计算时，上表规定的强度设计值应再乘以表 2-10 的折减系数。

2.3.5　电阻点焊抗剪承载力设计值。

对于厚度小于或等于3.5mm的薄板，可采用电阻点焊。每个点焊的抗剪承载力设计值应按表2-7采用。电阻点焊的焊点中距不宜小于$15\sqrt{t}$（mm），焊点边距不宜小于$10\sqrt{t}$（mm）（t为相连板件中外层较薄板件的厚度）。

表2-7　电阻点焊的抗剪承载力设计值

相焊板件中外层较薄板件的厚度t（mm）	每个焊点的抗剪承载力设计值N_v^s（kN）	相焊板件中外层较薄板件的厚度t（mm）	每个焊点的抗剪承载力设计值N_v^s（kN）
0.4	0.6	2.0	5.9
0.6	1.1	2.5	8.0
0.8	1.7	3.0	10.2
1.0	2.3	3.5	12.6
1.5	4.0	—	—

2.3.6　螺栓连接的强度指标应按表2-8采用。

表2-8　螺栓连接的强度指标（N/mm^2）

螺栓的性能等级、锚栓和构件钢材的牌号		普通螺栓						锚栓	承压型或网架用高强度螺栓		
		C级螺栓			A级、B级螺栓						
		抗拉 f_t^b	抗剪 f_v^b	承压 f_c^b	抗拉 f_t^b	抗剪 f_v^b	承压 f_c^b	抗拉 f_t^b	抗拉 f_t^b	抗剪 f_v^b	承压 f_c^b
普通螺栓	4.6级、4.8级	170	140	—	—	—	—	—	—	—	—
	5.6级	—	—	—	210	190	—	—	—	—	—
	8.8级	—	—	—	400	320	—	—	—	—	—
锚栓	Q235钢	—	—	—	—	—	—	140	—	—	—
	Q345钢	—	—	—	—	—	—	180	—	—	—
	Q390钢	—	—	—	—	—	—	185	—	—	—
承压型连接高强度螺栓	8.8级	—	—	—	—	—	—	—	400	250	—
	10.9级	—	—	—	—	—	—	—	500	310	—
螺栓球网架用高强度螺栓	9.8级	—	—	—	—	—	—	—	385	—	—
	10.9级	—	—	—	—	—	—	—	430	—	—
构件	Q235钢	—	—	305	—	—	405	—	—	—	470
	Q345钢	—	—	385	—	—	510	—	—	—	590
	Q390钢	—	—	400	—	—	530	—	—	—	615
	Q420钢	—	—	425	—	—	560	—	—	—	655
	Q460钢	—	—	450	—	—	595	—	—	—	695
	Q345GJ钢	—	—	400	—	—	530	—	—	—	615

注：1　A级螺栓用于$d \leqslant 24$mm和$L \leqslant 10d$或$L \leqslant 150$mm（按较小值）的螺栓；B级螺栓用于$d >$ 24mm和$L > 10d$或$L > 150$mm（按较小值）的螺栓；d为公称直径，L为螺栓公称长度。

2　A、B级螺栓孔的精度和孔壁表面粗糙度，C级螺栓孔的允许偏差和孔壁表面粗糙度，均应符合现行国家标准《钢结构工程施工质量验收规范》GB 50205的要求。

3　用于螺栓球节点网架的高强度螺栓，M12～M36为10.9级，M39～M64为9.8级。

4　高强度螺栓8.8级、10.9级钢材的抗拉强度最小值f_u^b分别为830和$1040N/mm^2$。

2.3.7 钢材的物理性能指标应按表 2－9 采用。

表 2－9 钢材的物理性能指标

钢材种类	弹性模量 E (N/mm^2)	剪变模量 G (N/mm^2)	线膨胀系数 α (1/℃)	质量密度 ρ (kg/m^3)
钢材和铸钢	2.06×10^5	0.79×10^5	1.20×10^{-5}	7.85×10^3

2.3.8 钢材及其连接强度设计值折减系数 α_y。

计算下列情况的结构或连接时上述表 2－3、表 2－4、表 2－6 中的强度设计值应乘以下列相应折减系数 α_y，见表 2－10。

表 2－10 钢材及其连接强度设计值折减系数 α_y

连接类型	α_y
1 单面连接的单角钢	
(1) 按轴心受力计算强度和连接	0.85；
(2) 按轴心受压计算稳定性	
等边角钢	$0.6+0.0015\lambda$，但不大于 1.0；λ 为长细比，对中间无联系的单角钢压杆取最小回转半径计算，当 $\lambda<20$，取 $\lambda=20$；
短边相连的不等边角钢	$0.5+0.0025\lambda$，但不大于 1.0；$\lambda<20$，取 $\lambda=20$；
长边相连的不等边角钢	0.7；
薄壁型钢	$0.6+0.0014\lambda$；
2 无垫板的单面施焊对接焊缝	0.85；
3 施工条件较差的高空安装焊缝和铆钉连接	0.9；
4 沉头和半沉头铆钉连接	0.8；
5 平面格构式檩条	端部主要受力腹杆 0.85；（仅用于薄壁型钢），其他情况 0.90；
6 工字形和 H 形轴心受力构件的节点与拼接处非全部直接连接时，在危险截面处	危险截面处的有效截面（包括连接）计算时系数 η 或强度设计值折减系数 α_y，翼缘取 0.9，腹板取 0.7。

注：1 当表中几种情况同时存在时，其折减系数 α_y 应连乘。

2 单角钢受压构件，肢宽 w/t 限值为 $14\varepsilon_k$，超过 $14\varepsilon_k$ 时其稳定承载力应乘 $\gamma_e=1.3-\dfrac{0.3w}{14t\varepsilon_k}$，且其余桁架弦杆连接的节点板厚度不小于肢宽 w 的 1/8。

2.4 变形规定

2.4.1 为了不影响结构或构件的观感和正常使用，设计时应对结构或构件的变形（挠度或侧移）规定相应的限值。当有实践经验或有特殊要求可根据不影响观感和正常使用的原则对表 2－11～表 2－13 进行适当的调整。

2.4.2 为改善外观和使用条件，可将横向构件预先起拱，起拱大小视实际需要而定，规范规定一般取永久荷载标准值加 1/2 活荷载标准值所产生的挠度值。当仅为改善外观条件时，构件挠度取为在永久荷载和活荷载标准值作用下的挠度计算值减去起拱度。一般钢屋架可取 $l/500$。

1 受弯构件的挠度容许值。

（1）吊车梁、楼盖梁、屋盖梁、工作平台梁以及墙架构件的挠度不宜超过表 2－11 所列的容许值。

表 2－11 受弯构件的挠度容许值

项次	构件类别	挠度容许值	
		$[v_T]$	$[v_Q]$
1	吊车梁和吊车桁架（按自重和起重量最大的一台吊车计算挠度） （1）手动吊车和单梁吊车（含悬挂吊车） （2）轻级工作制桥式吊车 （3）中级工作制桥式吊车 （4）重级工作制桥式吊车	 l/500 l/750 l/900 l/1000	—
2	手动或电动葫芦的轨道梁	l/400	—
3	（1）有重轨（重量等于或大于 38kg/m）轨道的工作平台梁 （2）有轻轨（重量等于或小于 24kg/m）轨道的工作平台梁	l/600 l/400	—
4	楼（屋）盖梁或桁架、工作平台梁（第 3 项除外）和平台板 （1）主梁或桁架（包括设有悬挂起重设备的梁和桁架） （2）仅支承压型金属板屋面和冷弯型钢檩条 （3）除支承压型金属板屋面和冷弯型钢檩条外，尚有吊顶 （4）抹灰顶棚的次梁 （5）除（1）～（4）款外的其他梁（包括楼梯梁） （6）屋盖檩条 支承压型金属板、无积灰的瓦楞铁和石棉瓦屋面者 支承有积灰的瓦楞铁和石棉瓦等屋面者 支承其他屋面材料者 有吊顶 （7）平台板	 l/400 l/180 l/240 l/250 l/250 l/150 l/200 l/240 l/150	 l/500 — — l/350 l/300 — — — —
5	墙架构件（风荷载不考虑阵风系数） （1）支柱（水平方向） （2）抗风桁架（作为连续支柱的支承时） （3）砌体墙的横梁（水平方向） （4）支承压型金属板的横梁（水平方向） （5）支承其他墙面材料的横梁（水平方向） （6）带有玻璃窗的横梁（竖直和水平方向）	 — — — — — l/200	 l/400 l/1000 l/300 l/100 l/200 l/200

注：1 l 为受弯构件的跨度（对悬臂梁和伸臂梁为悬臂长度的 2 倍）。

2 $[v_T]$ 为永久和可变荷载标准值产生的挠度（如有起拱应减去拱度）的容许值；$[v_Q]$ 为可变荷载标准值产生的挠度的容许值。

3 当吊车梁或吊车桥架跨度大于 12m 时，其挠度容许值 $[v_T]$ 应乘以 0.9。

4 当墙面为延性材料或与结构柔性连接时，墙架支柱水平位移容许值可采用 $l/300$，抗风桁架（作为连续支柱的支承时）水平位移容许值可采用 $l/800$。

（2）冶金厂房或类似车间中设有工作级别为 A7、A8 级吊车的车间，其跨度每侧吊车梁或吊车桁架的制动结构，由一台最大吊车横向水平荷载（按建筑结构荷载规范取值）所产生的挠度不宜超过制动结构跨度的 1/2200。

2 结构的位移容许值。

（1）单层钢结构柱顶水平位移限值。

1）在风荷载标准值作用下，单层钢结构柱顶水平位移不宜超过表 2－12 的数值。

表 2－12 风荷载作用下柱顶水平位移容许值

结构体系	吊车情况		柱顶水平位移
排架、框架	无桥式吊车		$H/150$
	有桥式吊车		$H/400$
门式刚架	无吊车	当采用轻型钢墙板时	$H/60$
		当采用砌体墙时	$H/240$
	有桥式吊车	当吊车有驾驶室时	$H/400$
		当吊车由地面操作时	$H/180$

注：1 H 为柱高度。

2 轻型框架结构的柱顶水平位移可适当放宽。

2）在冶金厂房或类似车间中设有 A7、A8 级吊车的厂房柱和设有中级和重级工作制吊车的露天栈桥柱，在吊车梁或吊车桁架的顶面标高处，由一台最大吊车水平荷载（按荷载规范取值）所产生的计算变形值，不宜超过表 2－13 所列的容许值。

表 2－13 吊车水平荷载作用下柱顶水平位移（计算值）容许值

项次	位移的种类	按平面结构图形计算	按空间结构图形计算
1	厂房柱的横向位移	$H_c/1250$	$H_c/2000$
2	露天栈桥柱的横向位移	$H_c/2500$	
3	厂房和露天栈桥柱的纵向位移	$H_c/4000$	

注：1 H_c 为基础顶面至吊车梁或吊车桁架的顶面的高度。

2 计算厂房或露天栈桥柱的纵向位移时，可假定吊车的纵向水平制动力分配在温度区段内所有的柱间支撑或纵向框架上。

3 在设有 A8 级吊车的厂房中，厂房柱的水平位移（计算值）容许值宜减小 10%。

4 在设有 A6 级吊车的厂房柱的纵向位移宜符合表中的要求。

3）在多遇地震作用下，单层钢结构的柱顶水平位移角不宜超过 1/250；在罕遇地震作用下，排架在弹塑性柱顶水平位移角不宜超过 1/30，框架和门式刚架的弹塑性柱顶水平位移角不宜超过 1/50。

（2）多层钢结构层间位移角限值。

在风荷载标准值作用下，多层钢结构的层间位移角不宜超过表 2－14 的数值。

（3）高层钢结构层间位移角限值。

高层建筑钢结构在风荷载、多遇地震作用下，弹性层间位移角，不宜超过 1/250。

表2－14　层间位移角容许值

结构体系			层间位移角
框架、框架—支撑			1/250
框—排架	侧向框—排架		1/250
	竖向框—排架	排架	1/150
		框架	1/250

注：1　有桥式吊车时，层间位移角不宜超过1/400。
　　2　对室内装修要求较高的建筑，层间位移角宜适当减小；无墙壁的建筑，层间位移角可适当放宽。
　　3　轻型钢结构的层间位移角可适当放宽。

（4）大跨度钢结构位移限值。

在永久荷载与可变荷载的标准组合下，结构的最大挠度值不宜超过表2－15中的容许挠度值。

表2－15　非抗震组合时大跨度钢结构容许挠度值

结构类型		跨中区域	悬挑结构
受弯为主的结构	桁架、网架、斜拉结构、张弦结构等	$L/250$（屋盖） $L/300$（楼盖）	$L/125$（屋盖） $L/150$（楼盖）
受压为主的结构	双层网壳	$L/250$	$L/125$
	拱架、单层网壳	$L/400$	—
受拉为主的结构	单层单索屋盖	$L/200$	
	单层索网、双层索系以及横向加劲索系的屋盖、索穹顶屋盖	$L/250$	

注：1　表中L为短向跨度或者悬挑跨度。
　　2　网架与桁架可预先起拱，起拱值可取不大于短向跨度的1/300。当仅为改善外观条件时，结构挠度可取永久荷载与可变荷载标准值作用下的挠度计算值减去起拱值，但结构在可变荷载下的挠度不宜大于结构跨度的1/400。
　　3　对于设有悬挂起重设备的屋盖结构，其最大挠度值不宜大于结构跨度的1/400，在可变荷载下的挠度不宜大于结构跨度的1/500。

在重力荷载代表值与多遇竖向地震作用标准值下的组合最大挠度值不宜超过表2－16的限值。

表2－16　地震作用组合时大跨度钢结构容许挠度值

结构类型		跨中区域	悬挑结构
受弯为主的结构	桁架、网架、斜拉结构、张弦结构等	$L/250$（屋盖） $L/300$（楼盖）	$L/125$（屋盖） $L/150$（楼盖）
受压为主的结构	双层网壳、弦支穹顶	$L/250$	$L/125$
	拱架、单层网壳	$L/400$	—

注：表中L为短向跨度或者悬挑跨度。

2.5 房屋区段长度

温度区段长度如表 2-17 所示。

表 2-17 温度区段长度值（m）

结构情况	纵向温度区段（垂直屋架或构架跨度方向）	横向温度区段（沿屋架或构架跨度方向）	
		柱顶为刚接	柱顶为铰接
采暖房屋和非采暖地区的房屋	220	120	150
热车间和采暖地区的非采暖房屋	180	100	125
露天结构	120	—	—
围护构件为金属压型钢板的房屋	250	150	

注：1 围护结构可根据具体情况参照有关规范单独设置伸缩缝。

2 无桥式起重机房屋的柱间支撑和有桥式起重机房屋吊车梁或吊车桁架以下的柱间支撑，宜对称布置于温度区段中部。当不对称布置时，上述柱间支撑的中点（两道柱间支撑时为两柱间支撑的中点）至温度区断端部的距离不宜大于表 2-17 纵向温度区段长度的 60%。

3 当有充分依据或可靠措施时，表中数字可予以增减。

4 温度缝与防震缝宜合并设置。

2.6 构 造

2.6.1 构件。

1 截面尺寸。

截面不宜小于∟45×4 或∟56×36×4（对焊接结构）或∟50×5 的角钢（对螺栓连接结构）。

2 板（壁）厚。

檩条和墙梁应用的冷弯薄壁型钢，壁厚不宜小于 2mm；受力构件和连接板不宜小于 4mm，圆钢管壁厚不宜小于 3mm。

3 受压构件的最大宽厚比。

（1）梁及压弯构件翼缘和腹板的截面板件宽厚比等级见本章表 2-24。

（2）薄壁构件中受压板件的最大宽厚比应符合表 2-18 的规定。

表 2-18 受压板件的宽厚比限值

板件类别 \ 钢材牌号	Q235 钢	Q345 钢
非加劲板件	45	35
部分加劲板件	60	50
加劲板件	250	200

（3）圆钢管截面的外径与壁厚之比不应超过 100（ε_k^2），对于 Q235 钢不应大于 100；对于 Q345 钢不应大于 68；方钢管或矩形钢管的最大外缘尺寸与壁厚之比不应超过 $40\varepsilon_k$，即对 Q235 钢不应大于 40；对于 Q345 钢不应大于 33。

4 构件容许长细比。

（1）轴压构件的长细比不宜超过表 2-19 的容许值。

表 2－19　受压构件的容许长细比

构 件 名 称	容许长细比
轴压柱、桁架和天窗架中的压杆	150（180）
柱的缀条、吊车梁或吊车桁架以下的柱间支撑	150
支撑（吊车梁或吊车桁架以下的柱间支撑除外）	200（220）
用以减小受压构件计算长度的杆件	200（220）

注：1　括号中值适用于无桥式吊车和无悬挂吊车（包含电动葫芦）的非地震区门式刚架轻型屋面柱。

2　桁架（包括空间桁架）的受压腹杆，当其内力等于或小于承载能力的 50% 时，容许长细比值可取 200。

3　计算单角钢受压构件的长细比时，应采用角钢的最小回转半径，但计算在交叉点相互连接的交叉杆件平面外的长细比时，可采用与角钢肢边平行轴的回转半径。

4　跨度等于或大于 60m 的桁架，其受压弦杆和端压杆的容许长细比值宜取 120。

5　在验算其容许长细比时，可不考虑扭转效应。

（2）受拉构件的长细比不宜超过表 2－20 的容许值。

表 2－20　受拉构件的容许长细比

构件名称	承受静力荷载或间接动力荷载的结构			直接承受动力荷载的结构
	一般建筑结构	对腹杆提供面外支点的弦杆	有重级工作制起重机的厂房	
桁架构件	350	250	250	250
吊车梁或吊车桁架以下柱间支撑	300	—	200	—
其他拉杆、支撑、系杆等（张紧的圆钢除外）	400	—	350	—

注：1　除对腹杆提供面外支点的弦杆外，承受静力荷载的结构受拉构件，可仅计算竖向平面内的长细比。

2　在直接或间接承受动力荷载的结构中，单角钢受拉构件长细比的计算方法与表 2－19 注 3 相同。

3　中、重级工作制吊车桁架下弦杆的长细比不宜超过 200。

4　在设有夹钳或刚性料耙等硬钩起重机的厂房中，支撑的长细比不宜超过 300。

5　受拉构件在永久荷载与风荷载组合作用下受压时，其长细比不宜超过 250。

6　跨度等于或大于 60m 的桁架，其受拉弦杆和腹杆的长细比不宜超过 300（承受静力荷载或间接承受动力荷载）或 250（直接承受动力荷载）。

5　支撑系统的设置。

应根据结构及露天结构的不同情况设置可靠的支撑系统。在建筑物每一个温度区段或分期建设的区段中，应分别设置独立的空间稳定的支撑系统。

6　其他要求。

（1）钢结构的构造应便于制作、安装、维护并使结构受力简单明确，减少应力集中，避免材料三向受拉。对于受风荷载为主的空腹结构，应力求减少风荷载。

(2) 焊接结构是否需要采用焊前预热焊后热处理等特殊措施，应根据材质、焊件厚度、焊接工艺、施焊时气温等于或低于结构性能要求等综合因素来确定，并在设计文件中加以说明。

(3) 在工作温度等于或低于 -30℃的地区，焊接构件宜采用较薄的组成板件。在工作温度等于或低于 -20℃的地区受拉构件的钢材边缘宜为轧制边或自动气割。对厚度大于 10mm 的钢材采用手工气割或剪切边时，应沿全长刨边。

2.6.2 连接。

为提高寒冷地区结构抗脆断能力，焊接结构和结构施工应符合以下要求。

1 结构形式和加工工艺的选择应尽量减少结构的应力集中。在工作温度等于或低于 -30℃的地区，焊接构件宜采用较薄的板组成；宜采用实腹式构件，避免采用格构式构件，不应采用现场手工焊接的格构式构件。

2 焊接结构应尽量避免焊缝过分集中和多条焊缝交会，同时减少焊缝的数量和降低焊缝尺寸。采用合理的焊接顺序，尽量降低焊接残余应力和残余变形。

(1) 在桁架节点板上，腹杆与弦杆相邻焊缝趾间净距不宜小于 2.5t，t 为节点板厚度。

(2) 凡是平接或 T 形对接的节点板，在对接焊缝处，节点板两侧宜做成半径 r 不小于 60mm 的圆弧并予以打磨，使之平缓过渡。

(3) 在构件拼接部位，应使拼接件自由段的长度不小于 5t，t 为拼接件厚度（图 2-1）。

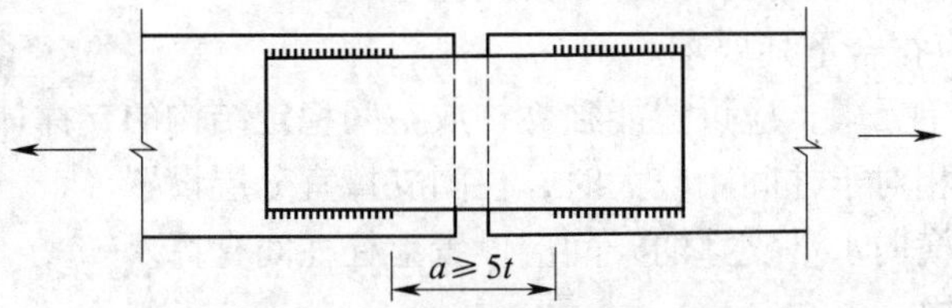

图 2-1 盖板拼接处的构造

3 在工作温度等于或低于 -20℃的地区，结构施工宜满足下列要求。

(1) 承重构件和节点的连接宜采用螺栓连接，施工临时安装应避免采用焊接。

(2) 受拉构件的钢材边缘宜为轧制或自动气割边。对厚度大于 10mm 的钢材用手工气割或剪切边时，应沿全长刨边。

(3) 应采用钻成孔或先冲后扩钻孔。

(4) 受拉构件或受弯构件的拉应力区，尽量避免使用角焊缝。

(5) 对接焊缝的质量等级不得低于二级。

4 对于特别重要或特殊的结构构件和连接节点，可采用断裂力学和损伤力学的方法对结构构件和连接节点进行抗脆断验算。

2.7 钢结构抗震设计、截面宽厚比和延性

有抗震设防要求的钢结构，应根据现行国家标准《建筑抗震设计规范（2016 年版）》GB 50011—2010 和《钢多高层结构设计手册》第 5~7 章进行构件和节点的抗震性能化设计。

兹将抗震有关的结构体系、截面类型、延性类别和地震作用标准值调整系数分述如下。

2.7.1 结构体系。

1 单层钢结构。

（1）单层钢结构主要由横向抗侧力体系和纵向抗侧力体系组成，其中横向抗侧力体系可按表2－21进行分类，纵向抗侧力体系宜采用中心支撑体系，也可采用框架结构。

表2－21 单层钢结构体系分类

<table>
<tr><th colspan="2">结构体系</th><th>具体形式</th></tr>
<tr><td>排架</td><td>普通</td><td>单跨、双跨、多跨排架、高低跨排架等</td></tr>
<tr><td rowspan="2">框架</td><td>普通</td><td rowspan="2">单跨、双跨、多跨框架、高低跨框架等</td></tr>
<tr><td>轻型</td></tr>
<tr><td rowspan="2">门式刚架</td><td>普通</td><td rowspan="2">单跨、双跨、多跨刚架；带挑檐、带毗屋、带夹层刚架；单坡刚架等</td></tr>
<tr><td>轻型</td></tr>
</table>

注：1 框架包括无支撑纯框架和有支撑框架；排架包括等截面柱、单阶柱和双阶柱排架；门式刚架包括单层柱和多层柱门式刚架。

2 横向抗侧力体系还可采用以上结构形式的混合形式。

（2）结构布置应符合下列要求。

1）多跨结构宜等高、等长，各柱列的侧移刚度宜均匀。

2）在地震区，当结构体型复杂或有贴建的房屋和构筑物时，宜设防震缝。

3）同一结构单元中，宜采用同一种结构形式。当不同结构形式混合采用时，应充分考虑荷载、位移和强度的不均衡对结构的影响。

（3）支撑布置应符合下列要求。

1）在每个结构单元中，应设置能独立构成空间稳定结构的支撑体系。

2）当房屋高度相对于柱间距较大时，柱间支撑宜分层设置。

3）在屋盖设有横向水平支撑的开间应设置上柱柱间支撑。

2 多高层钢结构。

（1）按抗侧力结构的特点，多、高层钢结构的结构体系可按表2－22进行分类。

表2－22 多、高层钢结构体系分类

<table>
<tr><th colspan="2">结构体系</th><th>支撑、墙体和筒形式</th><th>抗侧力体系类别</th></tr>
<tr><td colspan="2">框架</td><td>—</td><td>—</td></tr>
<tr><td rowspan="2">支撑结构</td><td>中心支撑</td><td>普通钢支撑、防屈曲支撑等</td><td>单重</td></tr>
<tr><td>偏心支撑</td><td>普通钢支撑</td><td>单重</td></tr>
<tr><td rowspan="2">框架—支撑、
轻型框架—支撑</td><td>中心支撑</td><td>普通钢支撑、防屈曲支撑等</td><td>单重或双重</td></tr>
<tr><td>偏心支撑</td><td>普通钢支撑</td><td>单重或双重</td></tr>
<tr><td colspan="2">框架—剪力墙板</td><td>钢板墙、延性墙板</td><td>单重或双重</td></tr>
<tr><td rowspan="4">筒体结构</td><td>筒体</td><td rowspan="4">普通桁架筒
密柱深梁筒
斜交网格筒
剪力墙板筒</td><td>单重</td></tr>
<tr><td>框架—筒体</td><td>单重或双重</td></tr>
<tr><td>筒中筒</td><td>双重</td></tr>
<tr><td>束筒</td><td>双重</td></tr>
</table>

续表 2-22

结构体系		支撑、墙体和筒形式	抗侧力体系类别
巨型结构	巨型框架	—	单重
	巨型框架—支撑		单重或双重
	巨型支撑		单重或双重

注：1 单一抗侧力体系指的是结构体系仅有一道抗侧力防线，或有二道抗侧力防线但其中第二道防线的水平承载力低于总水平剪力的25%；双重抗侧力体系指的是结构体系有二道抗侧力防线，其中第二道防线的水平承载力不低于总水平剪力的25%。

2 因刚度需要，高层建筑钢结构可设置外伸臂桁架和周边桁架，外伸臂桁架设置处宜同时有周边桁架，外伸臂桁架应贯穿整个楼层，伸臂桁架的尺度要与相连构件尺度相协调。

（2）结构布置原则。

1）建筑平面宜简单、规则，结构平面布置宜对称，水平荷载的合力作用线宜接近抗侧力结构的刚度中心；高层钢结构两个主轴方向动力特性宜相近；

2）结构竖向体形应力求规则、均匀；结构竖向布置宜使侧向刚度和受剪承载力沿竖向宜均匀变化；

3）采用框架结构体系时，高层建筑不应采用单跨结构，多层建筑不宜采用单跨结构；

4）高层钢结构宜选用风压较小的平面形状和横风向振动效应较小的建筑体型，并应考虑相邻高层建筑对风荷载的影响；

5）支撑布置平面上宜均匀、分散，沿竖向宜连续布置，不连续时应适当增加错开支撑及错开支撑之间的上下楼层水平刚度；设置地下室时，支撑应延伸至基础。

（3）高层钢结构的舒适度，按十年重现期风荷载下的顺风向和横风向建筑物顶点的最大加速度计算值限值为：

公寓　　　$0.20m/s^2$

旅馆、办公楼　$0.28m/s^2$

3　大跨度钢结构。

（1）大跨度钢结构体系，系指跨度等于或大于60m的屋盖结构可按表2-23分类。

表 2-23　大跨度钢结构体系分类

体系分类	常见形式
以整体受弯为主的结构	平面桁架、立体桁架、空腹桁架、网架、组合网架以及与钢索组合形成的各种预应力钢结构
以整体受压为主的结构	实腹钢拱、平面或立体桁架形式的拱形结构、网壳、组合网壳以及与钢索组合形成的各种预应力钢结构
以整体受拉为主的结构	悬索结构、索桁架结构、索穹顶等

（2）设计原则。

1）大跨度钢结构的设计应结合工程的平面形状、体型、跨度、支承情况、荷载大小、建筑功能综合分析确定，结构布置和支承形式应保证结构具有合理的传力途径和整体稳定性。平面结构应设置平面外的支撑体系。各类常用大跨度钢结构，其适用范围和基本设计要求详见表2-23。

2）应根据大跨度钢结构的结构和节点形式、构件类型、荷载特点，并考虑上部大跨度钢结构与下部支承结构的相互影响，建立合理的计算模型，进行协同分析。

3）大跨度空间钢结构在各种荷载工况下应满足承载力和刚度要求。预应力大跨度钢结构应进行结构张拉形态分析，确定索或拉杆的预应力分布，并保证在各种工况下索力大于零。

4）对以受压为主的拱形结构、单层网壳以及跨度较大的双层网壳应进行非线性稳定分析。

5）地震区的大跨度钢结构，应按抗震规范考虑水平及竖向地震作用效应。对于大跨度钢结构楼盖，应按使用功能满足相应的舒适度要求。

6）应对施工过程复杂的大跨度钢结构或复杂的预应力大跨钢结构进行施工过程分析。

7）杆件截面的最小尺寸应根据结构的重要性、跨度、网格大小按计算确定，普通型钢不宜小于L 50×4，钢管不宜小于 D48×3。对大、中跨度的结构，钢管不宜小于 D60×3.5。

8）大跨度钢结构的支座和节点形式应同计算模型吻合。

2.7.2　构件截面宽厚比等级。

1　构件截面宽厚比根据表 2－24 的规定分为 S1、S2、S3、S4、S5 级。板的宽厚比 S1～S5，由小到大。S1、S2 级截面的受拉应力分布为全塑性的矩形分布，S1 级转角大于 S2 级，S3 级的截面应力分布为部分塑性。S4、S5 级截面应力分布为三角形。其宽厚比超过表 2－24 时，超出的翼缘和腹板中性轴附近的受压部分板单元退出工作，计算时应以有效截面代替毛截面。

表 2－24　受弯和压弯构件的截面板件宽厚比等级

构件	截面设计等级		S1 级（限值）	S2 级（限值）	S3 级（限值）	S4 级（限值）	S5 级（限值）
框架柱、压弯构件	H 形截面	翼缘 b/t	$9\varepsilon_k$	$11\varepsilon_k$	$13\varepsilon_k$	$15\varepsilon_k$	同左
		H 形截面腹板 h_0/t_w	$(33+13\alpha_0^{1.30})\ \varepsilon_k$	$(38+13\alpha_0^{1.39})\ \varepsilon_k$	$(40+18\alpha_0^{1.5})\ \varepsilon_k$	$(45+25\alpha_0^{1.66})\ \varepsilon_k$	250
	箱形截面	壁板、腹板间翼缘 b_0/t	$30\varepsilon_k$	$35\varepsilon_k$	$40\varepsilon_k$	$45\varepsilon_k$	—
	圆钢管截面	径厚比 D/t	$50\varepsilon_k^2$	$70\varepsilon_k^2$	$90\varepsilon_k^2$	$100\varepsilon_k^2$	—

续表 2-24

构件	截面设计等级		S1 级（限值）	S2 级（限值）	S3 级（限值）	S4 级（限值）	S5 级（限值）
梁、受弯构件	工字形截面	翼缘 b/t	$9\varepsilon_k$	$11\varepsilon_k$	$13\varepsilon_k$	$15\varepsilon_k$	同左
		腹板 h_0/t_w	$65\varepsilon_k$	$72\varepsilon_k$	$93\varepsilon_k$	$124\varepsilon_k$	250
	箱形截面	壁板（腹板）间翼缘 b_0/t	$25\varepsilon_k$	$32\varepsilon_k$	$37\varepsilon_k$	$42\varepsilon_k$	—

注：1 表中 $\sigma_0=\dfrac{\sigma_{max}-\sigma_{min}}{\sigma_{max}}$，$\sigma_{max}$为腹板计算边缘的最大压应力；$\sigma_{min}$为腹板计算高度另一边缘相应的应力，压应力取正值，拉应力取负值。

2 ε_k 为钢号修正系数，其值为 235 与钢材牌号比值的平方根。

3 b、t、h_w、t_w 分别是工字形、H 形截面的翼缘外伸宽度、翼缘厚度、腹板净高和腹板厚度，对轧制型截面，不包括翼缘腹板过渡处圆弧段；对于箱形截面 b_0、t 分别为壁板间的距离和壁板厚度；D 为圆管截面外径。

4 当箱形截面梁及箱形截面柱单向受弯时，其腹板限值可根据 H 形截面腹板采用。

5 表中 S5 的 b/t 是按多年来的实践经验，取用 S4 的数据，腹板小于 S4 级经 ε_σ 修正的板件宽度时，可归属为 S4 级截面，$\varepsilon_\sigma=\sqrt{f/\sigma_{max}}$。

6 腹板的宽厚比，可通过加劲肋减小。

7 表中 λ 为构件在弯矩作用平面内的长细比；当 $\lambda<30$ 时，取 $\lambda=30$；当 $\lambda>100$ 时，取 $\lambda=100$。

2 支撑截面宽厚比等级限值。

抗震设计（性能化）时，支撑截面宽厚比限值见表 2-25。

表 2-25 支撑截面宽厚比等级

构件	截面设计等级		BS1 级	BS2 级	BS3 级
支撑	H 形截面	翼缘 b/t	$8\varepsilon_k$	$9\varepsilon_k$	$10\varepsilon_k$
		腹板 h_0/t_w	$30\varepsilon_k$	$35\varepsilon_k$	$42\varepsilon_k$
	箱形截面	壁板间翼缘 b_0/t	$25\varepsilon_k$	$28\varepsilon_k$	$32\varepsilon_k$
	角钢	角钢肢宽厚比 w/t	$8\varepsilon_k$	$9\varepsilon_k$	$10\varepsilon_k$
	圆钢管截面	径厚比 D/t	$40\varepsilon_k^2$	$56\varepsilon_k^2$	$72\varepsilon_k^2$

注：w 为角钢平直段长度。

2.7.3 结构延性等级（仅供参考）。

承受水平地震作用时，结构应根据其结构体系、塑性耗能区截面设计等级和抗侧力支承等级按表 2－26 确定其延性等级；支撑截面设计等级应根据其截面宽厚比按表 2－25 确定；抗侧力支承结构等级应根据其支承截面设计等级和长细比按《钢多高层结构设计手册》或《钢结构设计标准》GB 50017—2017 第 17 章确定。

表 2－26 延性等级

结构体系	塑性耗能区截面设计等级（受弯构件）	抗侧力支承等级	延性等级	备　注
框架结构	S1 级		Ⅰ级	—
	S2 级		Ⅱ级	
	S3 级		Ⅲ级	
	S4 级		Ⅳ级	
	S5 级		Ⅴ级	
中心支撑结构	—	1 级	Ⅱ级	
	—	2 级	Ⅲ级	
	—	3 级	Ⅳ级	
框架—中心支撑结构	S1 级	1 级	Ⅰ级	框架承担总水平力 50% 以上，否则按Ⅱ级设计
	S2 级	2 级	Ⅱ级	中心支撑分担的水平力不小于 75% 时，按中心支撑结构设计。框架结构分担的水平力不小于 75% 时，按框架结构设计
	S3 级	3 级	Ⅲ级	
框架—偏心支撑结构	—	—	Ⅰ级	符合现行国家标准《建筑抗震设计规范（2016 年版）》GB 50011—2010 第 8.5 节的规定
框架—钢板剪力墙	S1 级（压弯）	1 级	Ⅰ级	框架结构分担的水平力不小于 75% 时，按框架结构设计
	S2 级（压弯）	2 级	Ⅱ级	
	S3 级（压弯）	3 级	Ⅲ级	

注：1　当框架脚采用铰接时，延性等级降低一级。

2　当不小于 50% 的质量位于结构体系上部 1/3 范围或主要耗能区位于柱底部时，延性等级采用Ⅴ级。

3　框架结构满足《钢多高层结构设计手册》第 6 章规定的强柱弱梁要求。

4　框架结构中与塑性耗能区相连构件的截面设计等级不宜低于塑性耗能区截面设计等级低一级的要求。

5　不符合本表要求的结构，延性等级均为Ⅴ级。

2.7.4 抗震设计要点。

1　有抗震设防要求的多高层钢结构宜采用高延性—低弹性承载力的设计思路，当延性构造不满足现行国家标准《建筑抗震设计规范（2016 年版）》GB 50011—2010 要求时，可采用增大弹性承载力的设计方法，即低延性—高弹性的承载力设计方法。

2 对于主要承受竖向地震作用，或承受水平地震作用但结构延性调整系数 Ω_i 不小于 2 的钢结构及非抗震构件及节点，材料可根据第 1 节规定的要求采用，其构件和节点的设计可不符合现行国家标准《建筑抗震设计规范（2016 年版）》GB 50011—2010 中涉及延性的各种计算和规定。

3 有抗震设防要求的钢结构，对于可能发生塑性变形的构件的构件或部位所采用的钢材应符合现行国家标准《建筑抗震设计规范（2016 年版）》GB 50011—2010 的规定，不应采用冷成型钢材，其屈服强度实测值不应高于名义屈服强度 f_y 的 1.25 倍。

4 特别注明者除外，对于不会发生塑性变形的构件或部位所采用的钢材，可根据本手册第 3、4 章的规定采用。

根据以上第 1 ~4 款：

（1）单层房屋轻型屋面排架结构的延性较差。按 8 度设防烈度抗震性能调整系数 Ω_i（见《钢多高层结构设计手册》第 5 章）进行验算，多数能满足抗震承载力要求。同门式刚架轻型房屋钢结构技术规范不考虑截面设计等级 S1、S2 和地震作用增大系数是一致的，但重屋面及 9 度设防烈度的排架柱仍应高度重视其抗震承载力。

（2）不满足规范中延性和截面设计等级时，仍可取用公式（2 -2）计算，并考虑地震作用效应增大系数。

2.8 制作和安装

2.8.1 制作。

钢结构设计应考虑施工措施和施工过程对结构的影响。当施工方法或顺序对主体结构的内力和变形有较大影响时，应进行施工阶段分析验算。

2.8.2 安装。

钢结构的安装连接应采用传力可靠、制作方便、连接简单、便于调整的构造形式并应考虑临时定位措施。

2.9 设计基本规定中的若干问题

2.9.1 受弯和压弯构件截面板件宽厚比等级。

新的《钢结构设计标准》GB 50017—2017 规定了受弯和压弯构件截面的翼缘和腹板的设计宽厚比等级限值 S1 ~S5 五级。SX 和对应的宽厚比均由小到大。它与钢材强度等级、结构重要性和构件截面塑性变形密切相关。钢材强度高、结构重要、塑性变形大，SX 相对小。

一般构件按过去习惯，均采用 S3 和 S4，前者截面允许部分塑性，即 $\gamma = 1.05 \sim 1.2$，后者不允许塑性变形，即 $\gamma = 1$。板件宽厚比限值对于翼缘一般是不允许突破的，对于腹板可突破，按有效截面计算。近年也有将翼缘按有效截面计算（即取其限值，也有按 ε 降低钢材强度）。S1 和 S2 用于按塑性设计构件和高烈度地震区构件。S5 新《钢结构设计标准》GB 50017—2017 翼缘宽厚比已放宽至 20，且与钢号无关，本手册将标准中的翼缘 S5 值改用 S4 的值，已与其他和国际规范接轨，而腹板取值仍按标准中 S5 取值。

2.9.2 支撑截面板件宽厚比等级限值。

表 2 -25 的构件适用于抗侧力支撑中的受压杆件。一般以受拉为主，不考虑压杆卸载的单厂交叉支撑例外。

2.9.3 构件截面特性的取值。

这涉及毛截面和净截面；有效毛截面和有效净截面，其应用场合见表2－27。

2.9.4 抗震性能化设计。

抗震性能化设计是通过不同的计算和构造，对不同烈度在三个水准下的震害性能评估。它是三水准设计的深化和补充。具体补充了中震验算，在验算中考虑了性能系数，即地震作用折减系数Ω_i。单层厂房一般按建筑抗震设计规范验算小震下的结构抗震强度并按抗规采取抗震构造措施即能满足中震和大震下的使用要求，一般不必验算其中震和大震下的抗震强度，小震验算时不出现构件性能系数Ω_i。

表2－27 冷弯薄壁型钢和普通工字形的截面特征取值

项次	强度计算		稳定性计算	稳定系数φ_b	变形挠度计算ν
	拉杆	压杆	压杆		
	净截面	有效截面	有效截面	毛截面	毛截面
1	A_n、W_n	A_n、W_n	A、W	A、W、I	I
2	A_{en} W_{en}	A_{en} W_{en}	A_e、W_e	A、W、I	I

注：1 项次1适用于普通工字形截面，项次2适用于冷弯薄壁型钢截面。

2 项次1中当b/t、h_0/t_w不符合表3－10、表3－16和表3－19中的规定时，翼缘板悬出宽度可取该表中公式算得的最大b，腹板的截面（不设纵向加劲肋）应仅计算其高度边缘范围内两侧宽度各为$h_{el}\sqrt{\frac{235}{f_y}}$的部分截面（但稳定系数$\varphi_b$仍用全截面）。

2.9.5 内力分析与设计方法。

《钢结构设计标准》GB 50017—2017第5章重点论述几个问题。

1 结构计算模型和计算假定应与构件的截面、连接的实际性能相符。如截面板件宽厚比等级为S1、S2、S3才能考虑截面塑性变形发展，桁架节点通常可视为铰接。节点刚性引起弯矩效应与截面形状（刚度）、节间长度与截面高度的比值有关，详见第2、3、7章相关部分。以下重点论述一阶弹性分析、二阶弹性分析、间接分析法与直接分析法的特点和应用场合。

2 一阶弹性分析。分析时不考虑结构侧移引起的附加侧移弯矩。一般可采用表3－24中的长度系数μ。

3 二阶弹性分析应考虑结构侧移引起的附加侧移弯矩，即$P-\Delta$效应。通常有两种方法计算二阶效应：

（1）按一阶效应计算所得的一阶弹性侧移弯矩乘以考虑二阶效应后的侧移弯矩增大系数α_i^{II}（$\alpha_i^{II} \leqslant 1.33$）。即$M^{II}=M_q+\alpha_i^{II}M_H$。

（2）考虑二阶效应时，在i层柱顶施加一个等效的水平力H_{ni}［H_{ni}由公式（3－123）确定］，此时计算长度系数$\mu_i=1$。

（3）二阶弹性分析应考虑结构的整体初始缺陷，由公式（3－124）和表3－24注确定。如它再考虑构件的初始缺陷时，则按公式（3－127）、公式（3－128）计算构件承载力。

（4）一阶弹性分析法和二阶弹性分析法均为间接分析法，属于近似法。

4 直接分析法。

(1) 必须考虑结构整体初始几何缺陷、构件初始几何缺陷及残余应力，尚可考虑材料的弹塑性，直接算出考虑二阶效应后的结构内力。再由公式 (3-127)、公式 (3-128) 验算构件强度。

(2) 截面板件宽厚比等级为 S1、S2。

(3) 以上为精确法，构件长度系数 $\mu_i=1$。

5 以上三种方法的构件承载力均可采用规范的相关公式计算。

6 上述论述的一阶、二阶间接分析法和直接分析法主要适用于框架柱。故列入第 3 章的压弯构件中。

2.9.6 材料的强度指标。

1 过去设计规范中，只列钢材和连接的强度设计值作为主要指标，如 f、f_v、f_c^w、f_v^w、f_t^w，而不列材料的屈服点（强度）和抗扭强度。新的钢结构设计规范除上述外，又增加了钢材和连接的屈服点和抗拉强度，如 f_y、f_u、f_u^w、f_u^f 等。

2 在抗震性能化设计和材料检验中往往需要屈服点和抗拉强度：

(1) 材料检验中，在抗震耗能区的材质必须满足屈服强度（屈服点）实测值与抗拉强度实测值之比不应大于 0.85。

(2) 抗震性能化设计中设防地震下的构件承载力一般用构件屈服点 f_y 表示。

(3) 在连接的承载力验算中，构件连接的极限强度以 f_u^w(f_u^f) 或 f_u^b 表示。

3 基 本 构 件

3.1 受弯、受剪构件

3.1.1 受弯、受剪构件的计算内容包括：

1 强度包括正应力、剪应力、局部压应力和折算应力；

2 整体稳定性；

3 局部稳定性；

4 挠度；

5 疲劳计算（根据需要）。

3.1.2 受弯、受剪构件的强度应按表 3－1 规定计算。

表 3－1　受弯、受剪构件的强度计算

<table>
<tr><th>项次</th><th>公　式</th><th>说　明</th></tr>
<tr><td>1</td><td>在主平面内受弯的实腹构件，其抗弯强度应按下式规定计算：
$$\frac{M_x}{\gamma_x W_{nx}}\leqslant f \quad (3-1)$$
$$\frac{M_x}{\gamma_x W_{nx}}+\frac{M_y}{\gamma_y W_{ny}}\leqslant f \quad (3-2)$$</td><td rowspan="3">M_x、M_y——同一截面处绕强轴和弱轴的弯矩；
W_{nx}、W_{ny}——对 x 轴和 y 轴的净截面模量；
γ_x、γ_y——截面塑性发展系数；
对工字形和箱形截面，在截面为 S3、S4、S5 等级时，$\gamma_x=\gamma_y=1.0$；在截面设计等级为 S1、S2 时，应按下列规定取值：
工字形截面：$\gamma_x=1.05$，$\gamma_y=1.2$；
箱形截面：$\gamma_x=\gamma_y=1.05$；
对其他截面，可按表 3－19 采用；
对需要计算疲劳的梁，宜取$\gamma_x=\gamma_y=1.0$；
f——钢材的强度设计值；
f_v——钢材的抗剪强度设计值；
V——计算截面沿腹板平面作用的剪力；
S——计算剪应力处以上毛截面对中和轴的面积矩；
I——毛截面惯性矩；
t_w——腹板厚度；
F——集中荷载，对动力荷载应考虑动力系数；
ψ——集中荷载增大系数；
对重级工作制吊车梁，$\psi=1.35$；对其他梁，$\psi=1.0$；
l_z——集中荷载在腹板计算高度上边缘的假定分布长度</td></tr>
<tr><td>2</td><td>在主平面内受弯的实腹构件（考虑腹板屈曲后强度者参见第 3.1.6 条），其抗剪强度应按下式计算：
$$\tau=\frac{VS}{It_w}\leqslant f_v \quad (3-3)$$</td></tr>
<tr><td>3</td><td>当梁上翼缘受有沿腹板平面作用的集中荷载且该荷载处又未设置支承加劲肋时，腹板计算高度上边缘的局部承压强度应按下式计算：
$$\sigma_c=\frac{\psi F}{t_w l_z}\leqslant f \quad (3-4)$$
$$l_z=3.25\sqrt[3]{\frac{l_R+l_F}{t_w}} \quad (3-5)$$
或 $$l_z=a+5h_y+2h_R \quad (3-6)$$</td></tr>
</table>

续表 3-1

项次	公　式	说　明
4	在梁的腹板计算高度边缘处，若同时受有较大的正应力、剪应力和局部压应力，或同时受有较大的正应力和剪应力（如连续梁中部支座处或梁的翼缘截面改变处等）时，其折算应力应按下式计算： $$\sqrt{\sigma^2+\sigma_c^2-\sigma\sigma_c+3\tau^2}\leqslant\beta_1 f \quad (3-7)$$ $$\sigma=\frac{M}{I_n}y_1 \quad (3-8)$$	I_R——轨道绕自身形心轴的惯性矩； I_F——安装轨道的上翼缘绕翼缘中面的惯性矩； a——集中荷载沿梁跨度方向的支承长度，对钢轨上的轮压可取 50mm； h_y——自梁顶面至腹板计算高度上边缘的距离；对焊接梁即为上翼缘厚度，对轧制工字形截面梁，是梁顶面到腹板过渡完成点的距离； h_R——轨道的高度，对梁顶无轨道的梁 $h_R=0$； f——钢材的抗压强度设计值 在梁的支座处，当不设置支承加劲肋时，也应按公式（3-4）计算腹板计算高度下边缘的局部压应力，但 ψ 取 1.0。支座集中反力的假定分布长度，应根据支座具体尺寸参照公式（3-5）或公式（3-6）计算 σ、τ、σ_c——腹板计算高度边缘同一点上同时产生的正应力、剪应力和局部压应力，τ 和 σ_c 应按公式（3-3）和公式（3-4）计算，σ 应按公式（3-8）计算； σ 和 σ_c 以拉应力为正值，压应力为负值； I_n——梁净截面惯性矩； y_1——所计算点至梁中和轴的距离； β_1——计算折算应力的强度设计值增大系数；当 σ 与 σ_c 异号时，取 $\beta_1=1.2$；当 σ 与 σ_c 同号或 $\sigma_c=0$ 时，取 $\beta_1=1.1$

注：腹板的计算高度 h_0，对轧制型钢梁，为腹板与上、下翼缘相接处两内弧起点间的距离；对焊接组合梁，为腹板高度；对螺栓连接为高强度组合梁，为上、下翼缘与腹板连接的高强度螺栓线间最近距离。

3.1.3 受弯构件的整体稳定。

1 符合下列情况之一时，可不计算梁的整体稳定性：

（1）有铺板（各种钢筋混凝土板和钢板）密铺在梁的受压翼缘上并与其牢固相连、能阻止梁受压翼缘的侧向位移时；

（2）H 型钢或等截面工字形简支梁受压翼缘的自由长度 l_1 与其宽度 b_1 之比不超过表 3-2 估算参考所规定的数值时。

表 3-2 H 型钢或等截面工字形简支梁不需计算整体稳定性的最大 l_1/b_1 值

钢号	跨中无侧向支承点的梁		跨中受压翼缘有侧向支承点的梁，不论荷载所用于何处
	荷载作用在上翼缘	荷载作用在下翼缘	
Q235	13.0	20.0	16.0
Q345	10.5	16.5	13.0
Q390	10.0	15.5	12.5
Q420	9.5	15.0	12.0

注：其他钢号的梁不需计算整体稳定性的最大 l_1/b_1 值，应取 Q235 钢的数值乘宜以ε_k，$\varepsilon_k=\sqrt{\frac{235}{f_y}}$，$f_y$为钢材牌号所指屈服点。对跨中无侧向支承点的梁，$l_1$为其跨度；对跨中有侧向支承点的梁，$l_1$为受压翼缘侧向支承点间的距离（梁的支座处视为有侧向支承）。

2 除第一节所指情况外，在最大刚度主平面内受弯的构件，其整体稳定性应按下式计算：

$$\frac{M_x}{\varphi_b W_x f}\leqslant 1.0 \tag{3-9}$$

式中 M_x——绕强轴作用的最大弯矩；

W_x——按受压纤维确定的梁毛截面模量；

φ_b——梁的整体稳定性系数，应按公式（14-1）~公式（14-8）确定。

3 除第1款所指情况外，在两个主平面受弯的H型钢截面或工字形截面构件，其整体稳定性应按下式计算：

$$\frac{M_x}{\varphi_b W_x f}+\frac{M_y}{\gamma_y W_y f}\leqslant 1.0 \tag{3-10}$$

式中 W_x、W_y——按受压纤维确定的对 x 轴和对 y 轴毛截面模量；当截面宽厚比达 S4 时取全截模量，S5 时取有效截面，有效截面按表 3-8 计算；

φ_b——绕强轴弯曲所确定的梁整体稳定系数。

4 不符合第1款情况的箱形截面简支梁，其截面尺寸（图 3-1）应满足 $h/b_0\leqslant 6$，$l_1/b_0\leqslant 95\,\varepsilon_k^2$。

符合上述规定的箱形截面简支梁，可不计算整体稳定性。

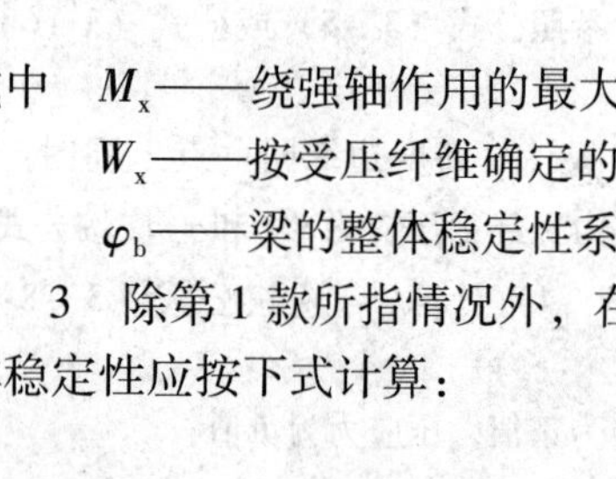

图 3-1 箱形截面

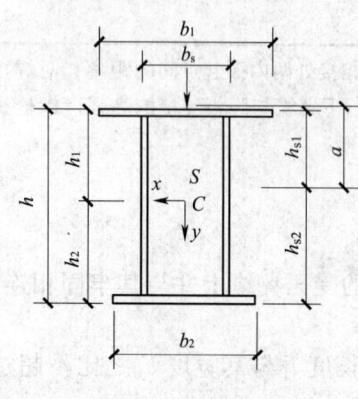

5 梁的支座处，应采取构造措施，以防止梁端截面的扭转。当简支梁仅腹板与相邻构件相连时，钢梁稳定性计算的侧向支承点距离应取实际距离的 1.2 倍计算稳定性。

6 用作减少梁受压翼缘自由长度的侧向支撑，其支撑力应将梁的受压翼缘视为轴心压杆按表 3-18 计算。

3.1.4 框架梁的稳定性计算，对支座承担负弯矩，且梁顶有混凝土楼板时，框架梁下翼缘的稳定性计算应符合表 3-3 的规定。

表 3-3 框架梁下翼缘稳定计算

项次	计算内容	计算公式	说明
1	当工字形截面尺寸满足 $\lambda_{n,b} \leqslant 0.45$ 时	可不计算框架梁下翼缘稳定性	M_x——绕强轴作用的最大弯矩； b_1——受压翼缘宽度； t_1——受压翼缘厚度； W_{1x}——受压翼缘的截面模量； φ_d——稳定系数，按表 14-2b 采用； λ_e——等效长细比； $\lambda_{n,b}$——梁腹板受弯计算时的正则化长细比； σ_{cr}——畸变屈曲临界应力； l——当框架主梁支承次梁且次梁高度不小于主梁高度一半时，取次梁到框架柱的净矩；除此情况外，取梁净矩的一半
2	当 $\lambda_{n,b} > 0.45$ 时	$\frac{M_x}{\varphi_d W_{1x} f} \leqslant 1$ (3-11) $\lambda_e = \pi\lambda_{n,b}\sqrt{\frac{E}{f_y}}$ (3-12a) $\lambda_{n,b} = \sqrt{\frac{f_y}{\sigma_{cr}}}$ (3-12b) $\sigma_{cr} = \frac{3.46b_1t_1^3 + h_w t_w^3 (7.27\gamma + 3.3)\ \varphi_1}{h_w^2 (12b_1t_1 + 1.78h_w t_w)}E$ (3-13a) $\gamma = \frac{b_1}{t_w}\sqrt{\frac{b_1 t_1}{h_w t_w}}$ (3-13b) $\varphi_1 = \frac{1}{2}\left(\frac{5.436\gamma h_w^2}{l^2} + \frac{l^2}{5.436\gamma h_w^2}\right)$ (3-14)	
3	当不满足本表 1、2 项时，应在侧向未受到约束的受压翼缘区段内，应设置隅撑或沿梁长设间距不大于 2 倍梁高与梁等宽的加筋肋		

3.1.5 受弯构件局部稳定，不考虑腹板屈曲的强度计算见表 3-4～表 3-7。

表 3-4 受弯构件局部稳定

项次	公式
1	直接承受动力荷载的吊车梁及类似构件或其他不考虑腹板屈曲强度的组合梁，则按表 3-7 的规定配置加劲肋。当 $h_0/t_w > 80\varepsilon_k$ 时，尚应按表 3-5 的规定计算腹板的稳定性。
2	组合梁腹板配置加劲肋应符合下列规定（图 3-2）： （1）当 $h_0/t_w \leqslant 80\varepsilon_k$ 时，对有局部压应力（$\sigma_c \neq 0$）的梁，应按构造配置横向加劲肋；对无局部压应力（$\sigma_c = 0$）的梁，可不配置加劲肋； （2）当 $h_0/t_w > 80\varepsilon_k$ 时，应配置横向加劲肋。其中，当 $h_0/t_w > 170\varepsilon_k$（受压翼缘扭转受到约束，如连有刚性铺板、制动板或焊有钢轨时）或 $h_0/t_w > 150\varepsilon_k$（受压翼缘扭转未受到约束时），或按计算需要时，应在弯曲应力较大区格的受压区增加配置纵向加劲肋。局部压应力很大的梁，必要时尚宜在受压区配置短加劲肋； 在任何情况下，h_0/t_w 均不应超过 250； 此处 h_0 为腹板的计算高度（对单轴对称梁，当确定是否要配置纵向加劲肋时，h_0 应取腹板受压区高度 h_c 的 2 倍），t_w 为腹板的厚度； （3）梁的支座处和上翼缘受有较大固定集中荷载处，宜设置支承加劲肋

注：轻、中级工作制吊车梁计算腹板的局部稳定性时，吊车轮压设计值可乘以折减系数 0.9。

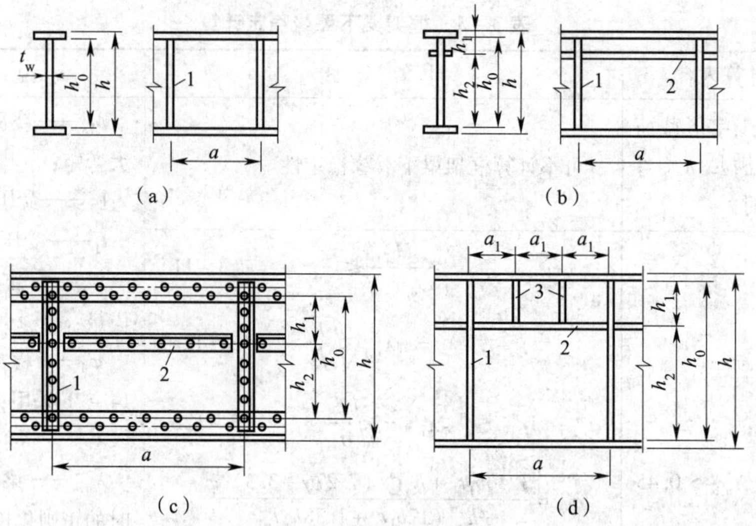

图 3-2　加劲肋布置

1—横向加劲肋；2—纵向加劲肋；3—短加劲肋

1　仅配置横向加劲肋的腹板［图 3-2（a）］，其各区格的局部稳定应按表 3-5 计算。

表 3-5　仅配横向加劲肋的局部稳定计算

项次	公　式	说　明
1	$$\left(\frac{\sigma}{\sigma_{cr}}\right)^2+\left(\frac{\tau}{\tau_{cr}}\right)^2+\frac{\sigma_c}{\sigma_{c,cr}}\leqslant 1.0 \quad (3-15a)$$ $$\tau=\frac{V}{h_w t_w} \quad (3-15b)$$	σ——计算腹板区格内，由平均弯矩产生的腹板计算高度边缘的弯曲压应力； τ——所计算腹板区格内，由平均剪力产生的腹板平均剪应力； σ_c——计算稳定性的承压应力，与计算强度的承压应力公式（3-4）相同，但 $\psi=1$；对于工作级别为 A1～A5 吊车梁计算 σ_c 时，乘以 0.9； h_w——腹板高度； $\lambda_{n,b}$——梁腹板受弯计算的正则化宽厚比； σ_{cr}、τ_{cr}、$\sigma_{c,cr}$——各种应力单独作用下的欧拉临界应力，按表列方法计算；
2	σ_{cr}按下列公式计算： 当 $\lambda_{n,b}\leqslant 0.85$ 时：　$\sigma_{cr}=f$　(3-16a) 当 $0.85<\lambda_{n,b}\leqslant 1.25$ 时： $\sigma_{cr}=[1-0.75(\lambda_{n,b}-0.85)]f$　(3-16b) 当 $\lambda_{n,b}>1.25$ 时：$\sigma_{cr}=1.1f/(\lambda_{n,b})^2$　(3-16c) 当梁受压翼缘扭转受到约束时：$\lambda_{n,b}=\frac{2h_c/t_w}{177}\cdot\frac{1}{\varepsilon_k}$　(3-16d) 当梁受压翼缘扭转未受到约束时：$\lambda_{n,b}=\frac{2h_c/t_w}{138}\cdot\frac{1}{\varepsilon_k}$　(3-16e)	
3	τ_{cr}按下列公式计算： 当 $\lambda_{n,s}\leqslant 0.8$ 时：　$\tau_{cr}=f_v$　(3-17a) 当 $0.8<\lambda_{n,s}\leqslant 1.2$ 时： $\tau_{cr}=[1-0.59(\lambda_{n,s}-0.8)]f_v$　(3-17b)	

续表 3－5

项次	公　　式	说　　明
3	当 $\lambda_{n,s}>1.2$ 时：$\tau_{cr}=1.1f_v/(\lambda_{n,s})^2$　　(3－17c) 当 $a/h_0\leqslant1$ 时： $$\lambda_{n,s}=\frac{h_0/t_w}{37\eta\sqrt{4+5.34(h_0/a)^2}}\cdot\frac{1}{\varepsilon_k}$$　(3－17d) 当 $a/h_0>1$ 时： $$\lambda_{n,s}=\frac{h_0/t_w}{37\eta\sqrt{5.34+4(h_0/a)^2}}\cdot\frac{1}{\varepsilon_k}$$　(3－17e)	h_c——梁腹板弯曲受压区高度，对双轴对称截 $2h_c=h_0$； $\lambda_{n,s}$——梁腹板受剪计算的正则化长细比； η——简支梁取 1.11，框架梁取 1； $\lambda_{n,c}$——梁腹板受局部压力计算时的正则化宽厚比
4	$\sigma_{c,cr}$ 按照下列公式计算： 当 $\lambda_{n,c}\leqslant0.9$ 时：$\sigma_{c,cr}=f$　　(3－18a) 当 $0.9<\lambda_{n,c}\leqslant1.2$ 时： $$\sigma_{c,cr}=[1-0.79(\lambda_{n,c}-0.9)]f$$　(3－18b) 当 $\lambda_{n,c}>1.2$ 时：$\sigma_{c,cr}=1.1f/(\lambda_{n,c})^2$　　(3－18c) 当 $0.5\leqslant a/h_0\leqslant1.5$ 时： $$\lambda_{n,c}=\frac{h_0/t_w}{28\sqrt{10.9+13.4(1.83-a/h_0)^3}}\cdot\frac{1}{\varepsilon_k}$$　(3－18d) 当 $1.5\leqslant a/h_0\leqslant2.0$ 时： $$\lambda_{n,c}=\frac{h_0/t_w}{28\sqrt{18.9-5a/h_0}}\cdot\frac{1}{\varepsilon_k}$$　(3－18e)	

2　同时用横向加劲肋和纵向肋加强的腹板［图 3－2（b）、图 3－2（c）］其局部稳定性应按表 3－6 计算。

表 3－6　同时用横向和纵向加劲肋

项次	公　　式	说　　明
1	受压翼缘与纵向加劲肋之间的区格： $$\frac{\sigma}{\sigma_{cr1}}+\left(\frac{\sigma_c}{\sigma_{c,cr1}}\right)^2+\left(\frac{\tau}{\tau_{cr1}}\right)^2\leqslant1.0$$　(3－19)	σ_2——所计算区格内由平均弯矩产生的腹板在纵向加劲肋处的弯曲压应力； σ_{c2}——腹板在纵向加劲肋处的横向压应力，取 $0.3\sigma_c$
2	σ_{cr1} 按公式（3－16）计算，但式中的 $\lambda_{n,b}$ 改用下列 $\lambda_{n,b1}$ 代替： 当梁受压翼缘扭转受到约束时：　$\lambda_{n,b1}=\frac{h_1/t_w}{75}\frac{1}{\varepsilon_k}$　(3－20a) 当梁受压翼缘扭转未受到约束时：　$\lambda_{n,b1}=\frac{h_1/t_w}{64}\frac{1}{\varepsilon_k}$　(3－20b)	
3	τ_{cr1} 按公式（3－17）计算，但将式中的 h_0 改为 h_1	

续表 3-6

项次	公式	说明
4	$\sigma_{c,cr1}$按公式（3-18）计算，但式中的$\lambda_{n,c}$改用$\lambda_{n,c1}$代替 当梁受压翼缘扭转受到约束时： $\lambda_{n,c1}=\frac{h_1/t_w}{56\varepsilon_k}$ （3-21a） 当梁受压翼缘扭转未受到约束时： $\lambda_{n,c1}=\frac{h_1/t_w}{40\varepsilon_k}$ （3-21b）	
5	受拉翼缘与纵向加劲肋之间的区格： $\left(\frac{\sigma_2}{\sigma_{cr2}}\right)^2+\left(\frac{\tau}{\tau_{cr2}}\right)^2+\frac{\sigma_{c2}}{\sigma_{c,cr2}}\leqslant 1.0$ （3-22）	
6	σ_{cr2}、τ_{cr2}、$\sigma_{c,cr2}$分别按下列方法计算： 1）σ_{cr2}按照公式（3-20）计算，但是式中的$\lambda_{n,b1}$改用$\lambda_{n,b2}$代替 $\lambda_{n,b2}=\frac{h_2/t_w}{194\varepsilon_k}$ （3-23） 2）τ_{cr2}按公式（3-17）计算，但将式中的h_0改为h_2（$h_2=h_0-h_1$） 3）$\sigma_{c,cr2}$按公式（3-18）计算，但式中的h_0改为h_2，当$a/h_2>2$时，取$a/h_2=2$	
7	在受压翼缘与纵向加劲肋之间设有短加劲肋的区格（图3-2d），其局部稳定性按公式（3-19）计算。该式中的σ_{cr1}仍按照公式（3-16）计算；τ_{cr1}按照公式（3-17）计算，但将h_0和a改为h_1和a_1（a_1为短加劲肋间距）；$\sigma_{c,cr1}$按照公式（3-18）计算，但是式中$\lambda_{n,c}$改用下列$\lambda_{n,c1}$代替。 当梁受压翼缘扭转受到约束时： $\lambda_{n,c1}=\frac{a_1/t_w}{87}\frac{1}{\varepsilon_k}$ （3-24a） 当梁受压翼缘扭转未受到约束时： $\lambda_{n,c1}=\frac{a_1/t_w}{73}\frac{1}{\varepsilon_k}$ （3-24b） 对于$a_1/h_1>1.2$的区格，公式（3-24）右侧应乘以$\frac{1}{\sqrt{0.4+0.5a_1/h_1}}$	
8	加劲肋宜在腹板两侧成对配置，也可单侧配置，但支承加劲肋、重级工作制吊车梁的加劲肋不应单侧配置	

表 3-7 加劲肋的间距尺寸及截面

项次	公　式	说　明
1	在腹板两侧成对配置的钢板横向加劲肋，其截面尺寸应符合下列公式要求： 外伸宽度：$b_s \geq \frac{h_0}{30}+40$（mm）　(3-25) 厚度：承压加劲肋 $t_s \geq \frac{b_s}{15}$，不受力加劲肋 $t_s \geq \frac{b_s}{19}$　(3-26) 在腹板一侧配置的横向加劲肋，其外伸宽度应大于按公式（3-25）算得的 1.2 倍，厚度不应小于其外伸宽度的 1/15 和 1/19。 在同时有横向加劲肋和纵向加劲肋加强的腹板中，横向加劲肋的截面尺寸除了符合上述规定外，其截面惯性矩 I_z 尚应符合下式要求： $I_z \geq 3h_0 t_w^3$　(3-27)	横向加劲肋的最小间距应为 $0.5h_0$，最大间距应为 $2h_0$（对无局部压应力的梁，当 $h_0/t_w \leq 100$ 时，可采用 $2.5h_0$）。纵向加劲肋至腹板计算高度受压边缘的距离应在 $h_c/2.5 \sim h_c/2$ 范围内
2	纵向加劲肋的截面惯性矩 I_y，应符合下列公式要求： 当 $a/h_0 \leq 0.85$ 时：　$I_y \geq 1.5h_0 t_w^3$　(3-28a) 当 $a/h_0 > 0.85$ 时： $I_y \geq \left(2.5-0.45\frac{a}{h_0}\right)\left(\frac{a}{h_0}\right)^2 h_0 t_w^3$　(3-28b) 短加劲肋的最小间距为 $0.75h_1$。短加劲肋外伸宽度应取横向加劲肋外伸宽度的 0.7～1.0 倍，厚度不应小于短加劲肋外伸宽度的 1/15	（1）用型钢（H 型钢、工字钢、槽钢、肢尖焊于腹板的角钢）做成的加劲肋，其截面惯性矩不得小于相应钢板加劲肋的惯性矩； （2）在腹板两侧成对配置的加劲肋，其截面惯性矩应按梁腹板中心线为轴线进行计算； （3）在腹板一侧配置的加劲肋，其截面惯性矩应按加劲肋相连的腹板边缘为轴线进行计算； （4）梁的支承加劲肋，应按承受梁支座反力或固定集中荷载的轴心受压构件计算其在腹板平面外的稳定性。此受压构件的截面应包括加劲肋和加劲肋每侧 $15t_w\varepsilon_k$ 范围内的腹板面积，计算长度取 h_0； （5）当梁支承加劲肋的端部为刨平顶紧时，应按其所承受的支座反力或固定集中荷载计算其端面承压应力；突缘支座的突缘加劲肋的伸出长度不得大于其厚度的 2 倍；当端部为焊接时，应按传力情况计算其焊缝应力； （6）支承加劲肋与腹板的连接焊缝，应按传力需要进行计算

3.1.6　焊接截面梁腹板考虑屈曲后的强度。

承受静荷载和间接承受动力荷载的组合梁腹板仅配置支承加劲肋（或尚有中间横向加劲肋）而考虑屈曲后强度的工字形截面焊接组合梁［图3－2（a）］，应按表3－8验算抗弯和抗剪承载能力。

表3－8　腹板考虑屈曲后的强度计算

<table>
<tr><th>项次</th><th>公　　式</th><th>说　　明</th></tr>
<tr><td>1</td><td>$$\left(\frac{V}{0.5V_{u}}-1\right)^{2}+\frac{M-M_{f}}{M_{eu}-M_{f}}\leqslant 1 \quad (3-29)$$
$$M_{f}=\left(A_{f1}\frac{h_{1}^{2}}{h_{2}}+A_{f2}h_{2}\right)f \quad (3-30)$$</td><td>M，V——所计算区格内梁的平均弯矩和平均剪力设计值；</td></tr>
<tr><td>2</td><td>M_{eu}应按下列公式计算：
$$M_{eu}=\gamma_{x}\alpha_{e}W_{x}f \quad (3-31)$$
$$\alpha_{e}=1-\frac{(1-\rho)\ h_{c}^{3}t_{w}}{2I_{x}} \quad (3-32)$$
当　$\lambda_{n,b}\leqslant 0.85$时，$\rho=1.0$　(3－33a)
当$0.85<\lambda_{n,b}\leqslant 1.25$时，　$\rho=1-0.82\ (\lambda_{n,b}-0.85)$　(3－33b)
当$\lambda_{n,b}>1.25$时，　$\rho=\frac{1}{\lambda_{n,b}}\left(1-\frac{0.2}{\lambda_{n,b}}\right)$　(3－33c)</td><td rowspan="3">计算时，当$V<0.5V_{u}$取$V=0.5V_{u}$；
当$M<M_{f}$，取$M=M_{f}$；
M_{f}——梁两翼缘所承担的弯矩设计值；
A_{f1}、h_{1}——较大翼缘的截面积及其形心至梁中和轴的距离；
A_{f2}、h_{2}——较小翼缘的截面积及其形心至梁中和轴的距离；
$\lambda_{n,b}$——用于腹板受弯计算时的正则化宽厚比，按公式（3－16d）、（3－16e）计算；
M_{eu}，V_{u}——梁抗弯和抗剪承载力设计值；
α_{e}——梁截面模量考虑腹板有效高度的折减系数；
I_{x}——按梁截面全部有效算得的绕x轴的惯性矩；
h_{c}——按梁截面全部有效算得的腹板受压区高度；
γ_{x}——梁截面塑性发展系数；
ρ——腹板受压区有效高度系数，当$\rho<1$时，表3－1、表3－3和表3－10中的毛或净截面模量等应取有效毛或净截面模量；</td></tr>
<tr><td>3</td><td>V_{u}应按下列公式计算：
当$\lambda_{n,s}\leqslant 0.8$时，　$V_{u}=h_{w}t_{w}f_{v}$　(3－34a)
当$0.8<\lambda_{n,s}\leqslant 1.2$时，
$$V_{u}=h_{w}t_{w}f_{v}\ [1-0.5\ (\lambda_{n,s}-0.8)] \quad (3-34b)$$
当$\lambda_{n,s}>1.2$时，　$V_{u}=h_{w}t_{w}f_{v}/\ (\lambda_{n,s})^{1.2}$　(3－34c)</td></tr>
<tr><td>4</td><td>当仅配置支座加劲肋不能满足公式（3－29）的要求时，应在两侧成对配置中间横向加劲肋，间距一般为（1～2）h_{0}。中间横向加劲肋和上端受有集中压力的中间支承加劲肋，其截面尺寸除应满足公式（3－25）和公式（3－26）的要求外，尚应按轴心受压构件计算其在腹板平面外的稳定性，轴心压力为：
$$N_{s}=V_{u}-\tau_{cr}h_{w}t_{w}+F \quad (3-35)$$</td></tr>
</table>

续表 3-8

项次	公式	说明
5	当腹板在支座旁的区格利用屈曲后强度亦即 $\lambda_{n,s} > 0.8$ 时，支座加劲肋除承受梁的支座反力外尚应承受拉力场的水平分力 H，按压弯构件计算强度和在腹板平面外的稳定。 $$H = (V_u - \tau_{cr} h_w t_w)\sqrt{1 + (a/h_0)^2} \quad (3-36)$$ H 的作用点在距腹板计算高度上边缘 $h_0/4$ 处。此压弯构件的截面和计算长度同一般支座加劲肋。当支座加劲肋采用图 3-3的构造形式时，可按下述简化方法进行计算：加劲肋 1 作为承受支座反力 R 的轴心压杆计算，封头肋板 2 的截面积不应小于 $$A_c = \frac{3h_0 H}{16e \cdot f} \quad (3-37)$$	ρ——腹板受压区有效高度系数； $\lambda_{n,s}$——用于腹板受剪计算时的正则化长细比，按公式［3-17（d）、公式 3-17（e）］计算。当组合梁仅配置支座加劲肋时，取公式（3-17）中的 $h_0/a=0$； V_u——按公式（3-34）计算； h_w——腹板高度； τ_{cr}——按公式（3-17）计算； F——作用于中间支承加劲肋上端的集中压力

注：1　腹板高厚比不应大于 250。
2　考虑腹板屈曲后强度的梁，可按构造需要设置中间横向加劲肋。
3　中间横向加劲肋较大（$a > 2.5h_0$）和不设中间横向加劲肋的腹板，当满足公式（3-15）时，可取 $H=0$。

3.1.7　腹板开孔梁。

1　腹板开孔梁应满足整体稳定及局部稳定要求，并应进行下列计算：

（1）实腹及开孔截面处的受弯承载力验算；

（2）开孔处顶部及底部 T 形截面受弯剪承载力验算。

2　腹板开孔梁，当孔型为圆形或矩形时，应符合表 3-9 规定。

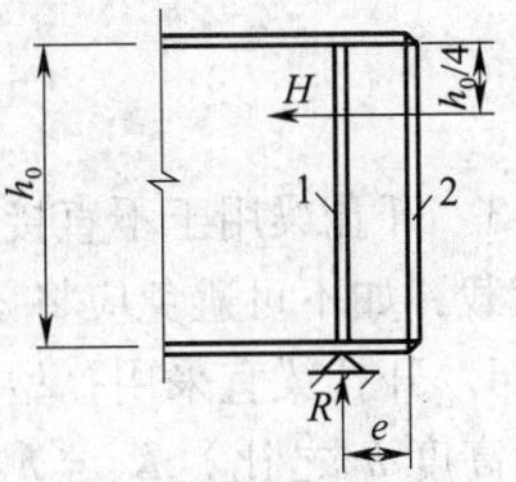

图 3-3　设置封头肋板的梁端构造

表 3-9　腹板开孔规定

项次	公式
1	（1）孔口直径或高度不得大于 0.7 倍梁高，矩形孔口高度不得大于梁高的 0.5 倍，矩形孔口长度不宜大于 3 倍孔高与梁高较小值； （2）相邻圆形孔口边缘间的距离不得小于梁高的 0.25 倍，矩形孔口与相邻孔口的距离不得小于梁高和矩形孔口长度； （3）开孔处梁上下 T 形截面高度均不小于 0.15 倍梁高，矩形孔口上下边缘至梁翼缘外皮的距离不得小于梁高的 0.25 倍
2	（1）开孔长度（或直径）与 T 形截面高度的比值不大于 12； （2）不应在距梁端相当于梁高的范围内设孔，抗震设防的结构不应在隅撑与梁柱接头区域范围内设孔

续表 3-9

项次	公　式
3	开孔腹板补强原则如下： (1) 圆形孔直径小于或等于 1/3 梁高时，可不予补强。当大于 1/3 梁高时，可用环形加劲肋加强［图 3-4 (a)］，也可用套管［图 3-4 (b)］或环形补强板［图 3-4 (c)］加强； (2) 圆形孔口加劲肋截面不宜小于 100mm × 10mm，加劲肋边缘至孔口边缘的距离不宜大于 12mm。圆形孔口用套管补强时，其厚度不宜小于梁腹板厚度。用环形板补强时，若在梁腹板两侧设置，环形板的厚度可稍小于腹板厚度，其宽度可取 75～125mm
4	(1) 矩形孔口的边缘应采用纵向和横向加劲肋加强。矩形孔口上下边缘的水平加劲肋端部宜伸至孔口边缘以外各 300mm，当矩形孔口长度大于梁高时，其横向加劲肋应沿梁全高设置； (2) 矩形孔口加劲肋截面不宜小于 125mm × 18mm。当孔口长度大于 500mm 时，应在梁腹板两面设置加劲肋
5	梁材料的屈服强度应不大于 440N/mm²

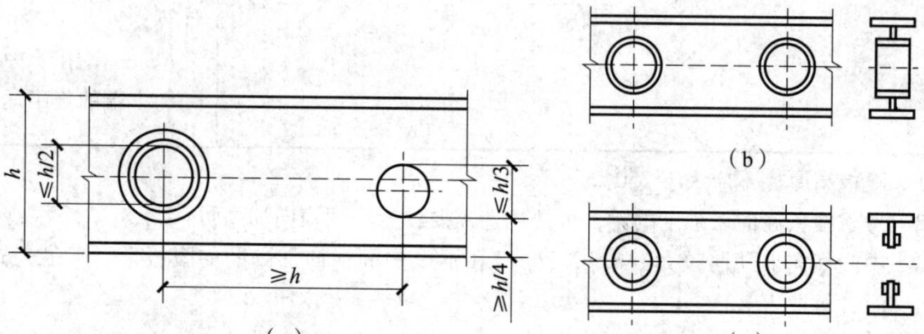

图 3-4　钢梁圆形孔口的补强

3　开孔梁用于不直接承受动力荷载的构件，其开孔部位的上、下翼缘处不得作用集中荷载，如不可避免应将该孔用板填堵封死。

4　开孔梁宜采用孔型如图 3-5 所示，其扩大比（开孔梁的截面高度 h_1 与原 H 型钢截面高度 h 之比）$K_1 = h_1/h = 1.5$。开孔梁端部支承处墩腰的最小尺寸 c_0 不得小于 250mm，其他孔处墩腰的最小尺寸 a 应不小于 100mm（图 3-6）。

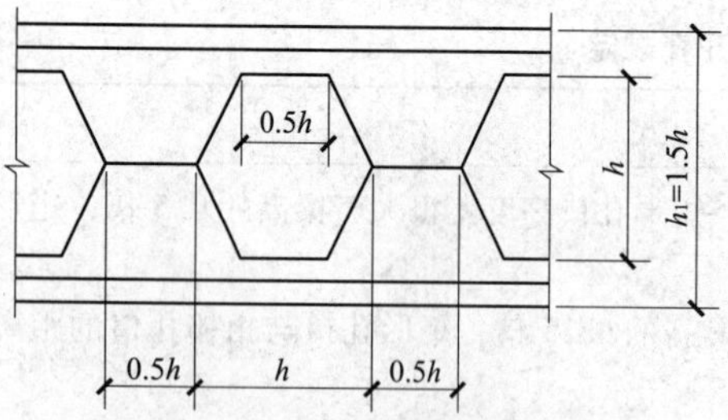

图 3-5　六边形开孔梁的孔型图

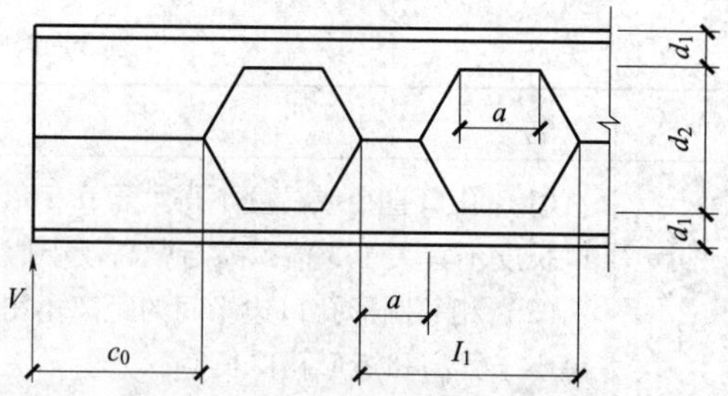

图 3-6　六边形开孔梁几何图形

对于圆孔梁，可以取孔径 $D = 1.05h$，孔距 $S = 1.25D$。对于长孔或矩形孔梁，孔高不大于 $0.75h$，孔长不大于 $2.25h$，孔边距离支座不小于 $3h$。

5　开孔梁的计算。

(1) 本节主要适用于六边形孔和圆孔梁的计算。开孔梁计算几何图形见图 3-7。

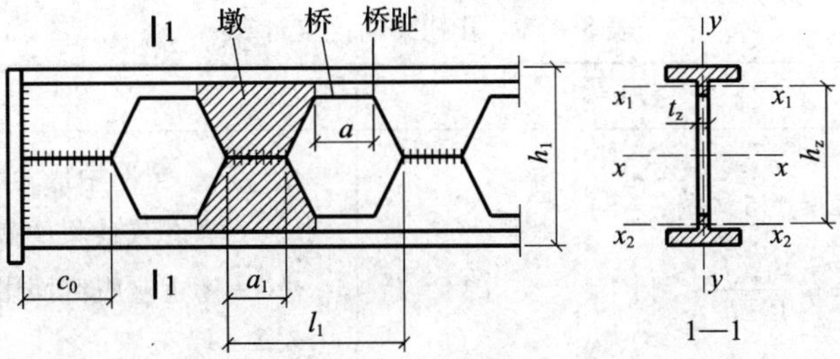

图 3-7 开孔梁计算几何图形

（2）计算方法见表 3-10～表 3-12（供参考）。

表 3-10 开孔梁强度计算

项次	公式	说明
1	开孔梁的抗弯强度： （1）梁墩处实腹截面： $$\sigma=\frac{1.1M_{max}}{W_1}\leqslant f \quad (3-38)$$ （2）梁墩趾处 T 形截面： $$\sigma=\frac{M_x}{h_zA_T}+\frac{V_xa}{4W_{Tmin}}\leqslant f \quad (3-39)$$ （3）当均布荷载作用时，可近似用下式求解 x： $$x=\frac{l}{2}-\frac{A_Tah_z}{4W_{Tmin}} \quad (3-40)$$	M_{max}——蜂窝梁上的最大弯矩； W_1——墩处的实腹截面模量； f——钢材的抗弯强度设计值； M_x——需验算截面处附近蜂窝孔中点（距支座距离为 x）的弯矩； A_T——桥部 T 形截面的面积，圆孔取桥跨中处 T 形截面； h_z——桥部上下 T 形截面的重心距； V_x——需验算截面处附近蜂窝孔中点（距支座距离为 x）的剪力； a——桥的跨度，圆孔取 $a=0.5D$（图 3-6）； W_{Tmin}——桥部 T 形截面的最小截面模量，圆孔取桥趾处 T 形截面； V——支座截面沿腹板平面作用的剪力； S——计算剪应力处以上毛截面对中和轴的面积矩； I——毛截面惯性矩； t_w——腹板厚度； f_v——钢材的抗剪强度设计值； V_1——靠支座第 1、2 孔洞间中点处剪力； l_1——开孔梁的单元长度（图 3-6）； a_1——开孔梁的墩腰长度（图 3-6），对于标准孔距 $a_1=a$； f_v^w——对接焊缝的抗剪强度设计值； φ_b——梁的整体稳定系数，按与梁墩处相同截面的当量实腹梁由公式（14-1）～（14-7）确定； W_0——蜂窝梁当量实腹梁的截面模量。可以按梁桥部截面的截面模量简化计算
2	开孔梁的抗剪强度： （1）支座截面： $$\tau=\frac{VS}{It_w}\leqslant f_v \quad (3-41)$$ （2）邻近支座 1、2 孔洞墩腰处焊缝： $$\tau=\frac{V_1l_1}{h_Zt_Wa_1}\leqslant f_v^w \quad (3-42)$$	
3	开孔梁的整体稳定： $$1.1M_{max}\leqslant\varphi_bW_0f \quad (3-43)$$	
4	开孔梁的局部稳定： 上、下翼缘自由外伸宽度 b 与其厚度 t 之比，应符合下式要求： $$b/t\leqslant 13\varepsilon_k \quad (3-44)$$ 桥部 T 形截面的腹板高度 h_w 与其厚度 t_w 之比，应符合下式要求： $$h_w/t_w\leqslant 15\varepsilon_k \quad (3-45)$$ 端部工字形截面的腹板高度 h_0 与其厚度 t_w 之比，应符合下式要求： $$h_w/t_w\leqslant 80\varepsilon_k \quad (3-46)$$	

表 3-11 开孔梁的挠度计算

项次	公式	说明
1	当扩大比 $K_1 \leqslant 1.5$（图 3-5）时： $$\nu = \eta \frac{M_{kmax} l^2}{10EI_0} \leqslant [\nu] \quad (3-47)$$	M_{kmax}——梁跨中最大弯矩标准值； I_0——当量实腹梁的截面惯性矩； η——考虑空腹截面影响的增大系数，可由表 3-12 查取； E——钢材的弹性模量，$E=206\times10^3 N/mm^2$； $[\nu]$——受弯构件的挠度允许值； ν_1、ν_2、ν_3——分别是弯曲挠度、剪切挠度和剪力次弯矩产生的桥及墩腰转动； ν_m^0、ν_v^0——当量实腹梁在相同荷载条件下的弯曲挠度和剪切挠度； I_1——当量实腹梁的毛截面惯性矩； I_b——桥部空腹截面的惯性矩； A_{w1}——当量实腹梁的腹板面积； A_{wT}——桥部 T 形截面的腹板面积； I_T——桥部 T 形截面的惯性矩； I_p——梁墩的等效惯性矩； n——蜂窝梁的单元数； V_i——蜂窝梁第 i 单元蜂窝孔中点的剪力
2	当扩大比 $K_1 > 1.5$ 时： $$\nu = \nu_1 + \nu_2 + \nu_3 = \frac{\nu_m^0}{2}\left(1+\frac{I_1}{I_b}\right)+\frac{\nu_v^0}{2}\left(1+\frac{A_{w1}}{A_{wT}}\right) + \frac{1}{12}\left(\frac{a^3}{2I_T}+\frac{h_1 l_1^2}{I_p}\right)\sum_{i=1}^{n} V_i \leqslant [\nu] \quad (3-48)$$	

表 3-12 挠度增大系数 η

梁的高跨比（h_1/l）	1/40	1/32	1/27	1/23	1/20	1/18
η	1.1	1.15	1.2	1.25	1.35	1.4

6 梁的构造要求。

当弧曲杆沿弧面受弯时，应设置加劲肋并在强度计算中考虑翼缘的 z 向效应。

焊接梁的翼缘一般用一层钢板做成，当采用两层钢板时，外层钢板与内层钢板厚度之比宜为 0.5～1.0。不沿梁通长设置的外层钢板，其理论截断点处的外伸长度 l_1 应符合下列要求：

端部有正面角焊缝：

当 $h_f \geqslant 0.75t$ 时：$l_1 \geqslant b$

当 $h_f < 0.75t$ 时：$l_1 \geqslant 1.5b$

端部无正面角焊缝：$l_1 \geqslant 2b$

b 和 t 分别为外层翼缘板的宽度和厚度：h_f 为侧面角焊缝和正面角焊缝的焊脚尺寸。

3.1.8 对吊车梁和吊车桁架（或类似结构）的要求。

1 焊接吊车梁的翼缘板宜用一层钢板，当采用两层钢板时，外层钢板宜沿梁通长设置，并应在设计和施工中采用措施使上翼缘两层钢板紧密接触。

2 支承夹钳或刚性料耙硬钩起重机以及类似起重机的结构，不宜采用吊车桁架和制动桁架。

3 焊接吊车桁架应符合第 8 章的相关要求。

3.2 轴心受力构件

3.2.1 轴心受力构件计算主要内容：

1 杆件截面强度计算；

2 轴压杆件稳定性计算；

3 轴压杆件局部稳定性计算；

4 杆件截面计算或箱形桁架的弯矩效应，见第 7 章。

3.2.2 轴心受力构件的强度和稳定性计算。

实腹式轴心受力构件的计算公式见表 3-13。

表 3-13 杆件截面强度及稳定性计算

<table>
<tr><th>项次</th><th>构件名称</th><th colspan="3">计算内容</th><th>计 算 公 式</th><th>说 明</th></tr>
<tr><td>1</td><td rowspan="2">轴心受拉构件</td><td colspan="3">轴心受拉杆件截面强度计算</td><td>毛截面屈服：$\sigma=\frac{N}{A}\leqslant f$ (3-49)
净截面断裂：$\sigma=\frac{N}{A_n}\leqslant 0.7f_u$ (3-50)</td><td rowspan="8">N——轴心拉力或轴心压力；
f（f_u）——钢材抗拉强度设计值（抗拉强度最小值）；
n——在节点或拼接处，构件一端连接的高强度螺栓数目；
n_1——所计算截面（最外列螺栓处）上高强度螺栓数目；
A_n——构件净截面面积；
A——构件毛截面面积；
λ——构件较大长细比，并满足表 2-15；
φ——轴心受压构件的稳定；
b，t_f——翼缘板外伸宽度和厚度，按表 2-24注取值；
h_0、t_w——分别为腹板计算高度和厚度，对焊接构件 h_0 取为腹板高度 h_w，对热轧构件取 $h_0=h_w-t_f$，但不小于 h_w-20，t_f 为翼缘厚度；</td></tr>
<tr><td>2</td><td colspan="3">摩擦型高强度螺栓连接的构件强度计算</td><td>（1）当构件为沿全长都有排列较密的组合构件时，其截面强度应按下式计算：
$\sigma=\frac{N}{A_n}\leqslant f$ (3-51a)
（2）除第 1 款的情形外，其毛截面强度计算应采用公式（3-49），净截面强度应按下式计算：
$\sigma=\left(1-0.5\frac{n_1}{n_2}\right)\frac{N}{A_n}\leqslant f$ (3-51b)</td></tr>
<tr><td rowspan="6">3</td><td rowspan="6">实腹式轴心受压构件</td><td colspan="3">强度</td><td>按公式（3-49）、公式（3-50）计算</td></tr>
<tr><td colspan="3">稳定性</td><td>$\sigma=\frac{N}{\varphi Af}\leqslant 1$ (3-52)</td></tr>
<tr><td rowspan="4">局部稳定</td><td rowspan="2">H形截面</td><td>翼缘</td><td>$b/t_f\leqslant(10+0.1\lambda)\ \varepsilon_k$ (3-53)</td></tr>
<tr><td>腹板</td><td>$h_0/t_w\leqslant(25+0.5\lambda)\ \varepsilon_k$ (3-54)</td></tr>
<tr><td rowspan="2">箱形截面</td><td>壁板</td><td>$b/t_f\leqslant 40\varepsilon_k$ (3-55)</td></tr>
<tr><td>腹板</td><td>h_0/t_w 与公式（3-54）相同（单向受弯时）</td></tr>
</table>

续表 3-13

项次	构件名称	计算内容			计算公式	说明
3	实腹式轴心受压构件	局部稳定	T形截面	腹板	热轧剖分T形钢 $h_0/t_w \leqslant (15+0.2\lambda)\varepsilon_k$ (3-56) 焊接T形钢 $b_0/t_w \leqslant (13+0.17\lambda)\varepsilon_k$ (3-57)	b，t_f——分别为翼缘板自由外伸宽度和厚度，箱形截面为腹板间净宽度； η——箱形截面宽度和高度之比，$\eta \leqslant 1.0$； w、t——分别为角钢的平板宽度和厚度，w可取为$b-2t$，b为角钢宽度；对焊接构件h_0取为腹板高度h_w，对热轧构件取$h_0=h_w-t_f$，但不小于h_w-20mm； T形截面翼缘外伸宽厚比按公式（3-53）确定
			等边角钢	腹板	当$\lambda \leqslant 80\varepsilon_k$时 $w/t \leqslant 15\varepsilon_k$ (3-58a) 当$\lambda > 80\varepsilon_k$时 $w/t \leqslant 5\varepsilon_k + 0.125\lambda$ (3-58b)	
			圆管压杆	壁厚	$D/t \leqslant 100\varepsilon_k^2$ (3-58c)	

3.2.3 轴心受压构件稳定承载力修正见表3-14。

表3-14 轴心受压构件稳定承载力修正

项次	计算内容	说明
1	当轴压构件稳定承载力未用足，亦即当$N<\varphi fA$时，可将其板件宽厚比限值由表3-13中公式（3-53）~公式（3-58）算得后乘以放大系数$\alpha=\sqrt{\varphi Af/N}$	b、t——壁板的净宽度、厚度； φ——稳定系数，由表14-1~表14-3查得； 强度计算时A_n应改为A_{ne}； ρ——有效截面系数，强度设计时，公式（3-59）的分母改为$\rho A_{ne} f$，φ取1.0； b、t——分别为构件翼缘板和腹板的净宽和厚度
2	板件宽厚比超过表3-13规定的限值时，轴压杆件的稳定承载力应考虑板件屈曲时的强度。稳定性按下式计算： $\dfrac{N}{\varphi A_e f} \leqslant 1.0$ (3-59) （1）箱形截面： 当$\lambda \leqslant 40\varepsilon_k$时： $\rho=1.0$ (3-60a) 当$b/t>42\varepsilon_k$时： $\rho=\dfrac{1}{\lambda_{n,p}}\left(1-\dfrac{0.19}{\lambda_{n,p}}\right)$ (3-60b) $\lambda_{n,p}=\dfrac{b/t}{56.2}\cdot\dfrac{1}{\varepsilon_k}$ (3-61) 当$\lambda>52\varepsilon_k$时，ρ值应不小于$(29\varepsilon_k+0.25\lambda)t/b$。 （2）单角钢： 当$w/t>15\varepsilon_k$时： $\rho=\dfrac{1}{\lambda_{n,p}}\left(1-\dfrac{0.1}{\lambda_{n,p}}\right)$ (3-62) $\lambda_{n,p}=\dfrac{b/t}{16.8}\cdot\dfrac{1}{\varepsilon_k}$ (3-63) 当$\lambda>80\varepsilon_k$时，ρ值应不小于$(5\varepsilon_k+0.13\lambda)t/w$	

3.2.4 构件的计算长度。

1 桁架弦杆和单系腹杆见第 7 章表 7－5。

2 钢管桁架杆件计算长度见第 7 章表 7－6。

3 桁架交叉腹杆的计算长度见表 3－15。

表 3－15 交叉腹杆的计算

项次	计算内容	计算公式	说明
1	压杆	1）相交另一杆受压，两杆截面相同并在交叉点均不中断，则： $l_0 = l\sqrt{\frac{1}{2}\left(1+\frac{N_0}{N}\right)}$ （3－64） 2）相交另一杆受压，此另一杆在交叉点中断但以节点板搭接，则： $l_0 = l\sqrt{1+\frac{\pi^2}{12}\cdot\frac{N_0}{N}}$ （3－65） 3）相交另一杆受拉，两杆截面相同并在交叉点均不中断，则： $l_0 = l\sqrt{\frac{1}{2}\left(1-\frac{3}{4}\cdot\frac{N_0}{N}\right)} \geqslant 0.5l$ （3－66） 4）相交另一杆受拉，此拉杆在交叉点中断但以节点板搭接，则： $l_0 = l\sqrt{1-\frac{3}{4}\cdot\frac{N_0}{N}} \geqslant 0.5l$ （3－67） 当此拉杆连续而压杆在交叉点中断但以节点板搭接，若 $N_0 \geqslant N$ 或拉杆在桁架平面外的抗弯刚度 $EI_y \geqslant \frac{3N_0 l^2}{4\pi^2}\left(\frac{N}{N_0}-1\right)$ 时，取 $l_0 = 0.5l$	l——桁架节点中心间距离（交叉点不作为节点考虑）； N、N_0——所计算杆的内力及相交另一杆的内力，均为绝对值。两杆均受压时，取 $N_0 \leqslant N$，两杆截面应相同
2	拉杆	应取 $l_0 = l$ （3－68） 当确定交叉腹杆中单角钢杆件斜平面内的长细比时，计算长度应取节点中心至交叉点的距离	

4 当桁架弦杆侧向支承点之间的距离为节间长度的 2 倍（图 3－8）且两节间的弦杆轴心压力不相同时，则该弦杆在桁架平面外的计算长度，应按下式确定（但不应小于 $0.5l_1$）。

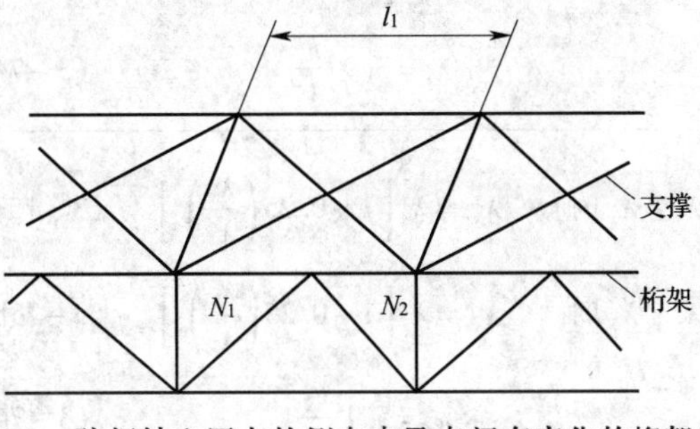

图 3－8 弦杆轴心压力的侧向支承点间有变化的桁架简图

$$l_0 = l_1\left(0.75 + 0.25\frac{N_2}{N_1}\right) \tag{3-69}$$

式中 N_1——较大的压力，计算时取正值；

N_2——较小的压力或拉力，计算时压力取正值，拉力取负值。

5 轴心受压、轴心受拉构件的容许长细比不宜超过表 2-19、表 2-20 的容许值。

3.2.5 构件长细比计算。

1. 受压构件长细比 λ 应按表 3-16 经换算后确定。

表 3-16 构件长细比计算公式

<table>
<tr><th>项次</th><th>截面特征</th><th>长细比 λ 计算公式</th><th>说明</th></tr>
<tr><td>1</td><td>形心与剪心重合</td><td>$$\lambda_x = \frac{l_{0x}}{i_x} \quad (3-70a)$$
$$\lambda_y = \frac{l_{0y}}{i_y} \quad (3-70b)$$
当计算扭转屈曲时，长细比按下式计算：
$$\lambda_z = \sqrt{\frac{I_0}{I_t/25.7 + I_w/l_w^2}} \quad (3-71)$$</td><td rowspan="5">l_{0x}、l_{0y}——构件对主轴 x、y 的计算长度；
i_x、i_y——构件截面对主轴 x、y 的回转半径，当单轴对称时设 y 为对称轴；
λ_{yz}——绕对称轴考虑扭转效应后代替 λ_y 的换算长细比；
x_s、y_s——截面形心至剪心距离；
i_0——截面对剪心的极回转半径；
$i_0^2 = i_x^2 + i_y^2 + x_s^2 + y_s^2$
λ_y——构件对对称轴的长细比；
λ_u——绕角钢连接板平行轴的长细比；
λ_z——扭转屈曲的换算长细比；
I_0——构件毛截面对剪心的极惯性矩；
I_t——毛截面抗扭惯性矩；
I_w——毛截面扇性惯性矩，对十字形截面 $I_w = 0$；
A——毛截面面积；</td></tr>
<tr><td>2</td><td>单轴对称</td><td>绕非对称主轴的弯扭屈曲，长细比应由式（3-70）确定。绕对称轴主轴的弯扭屈曲，应取下式给出的换算长细比：
$$\lambda_{yz} = \frac{1}{\sqrt{2}}\left[(\lambda_y^2 + \lambda_z^2) + \sqrt{(\lambda_y^2 + \lambda_z^2)^2 - 4\left(1 - \frac{y_s^2}{i_0^2}\right)\lambda_y^2\lambda_z^2}\right] \quad (3-72)$$</td></tr>
<tr><td rowspan="3">3</td><td>（1）等边单角钢</td><td>当绕主轴弯曲的计算长度相等时，可不计算弯扭屈曲。单边连接的单角钢应按表 2-10 考虑强度折减系数</td></tr>
<tr><td>（2）等边双角钢［图 3-9（a）］</td><td>当 $\lambda_y \geqslant \lambda_z$ 时 $$\lambda_{yz} = \lambda_y\left[1 + 0.16\left(\frac{\lambda_z}{\lambda_y}\right)^2\right] \quad (3-73a)$$
当 $\lambda_y < \lambda_z$ 时 $$\lambda_{yz} = \lambda_z\left[1 + 0.16\left(\frac{\lambda_y}{\lambda_z}\right)^2\right] \quad (3-73b)$$
$$\lambda_z = 3.9\frac{b}{t} \quad (3-74)$$</td></tr>
<tr><td>（3）长肢相并的不等边双角钢［图 3-9（b）］</td><td>当 $\lambda_y \geqslant \lambda_z$ 时 $$\lambda_{yz} = \lambda_y\left[1 + 0.25\left(\frac{\lambda_z}{\lambda_y}\right)^2\right] \quad (3-75a)$$
当 $\lambda_y < \lambda_z$ 时 $$\lambda_{yz} = \lambda_z\left[1 + 0.25\left(\frac{\lambda_y}{\lambda_z}\right)^2\right] \quad (3-75b)$$
$$\lambda_z = 5.1\frac{b_2}{t} \quad (3-76)$$</td></tr>
</table>

续表 3-16

项次	截面特征	长细比 λ 计算公式	说明
3	(4) 短肢相并的不等边双角钢 [图 3-9 (c)]	当 $\lambda_y > \lambda_z$ 时 $\lambda_{yz} = \lambda_y\left[1+0.06\left(\frac{\lambda_z}{\lambda_y}\right)^2\right]$ (3-77a) 当 $\lambda_y < \lambda_z$ 时 $\lambda_{yz} = \lambda_z\left[1+0.06\left(\frac{\lambda_y}{\lambda_z}\right)^2\right]$ (3-77b) $\lambda_z = 3.7\frac{b_1}{t}$ (3-78)	l_w——扭转屈曲计算长度，对两端铰接、端部截面可自由翘曲取几何长度 l 两端嵌固、端部截面的翘完全受到约束的构件，取 $l_w = 0.5l$； b——等边角钢肢宽度； b_1——不等边角钢长肢宽度； b_2——不等边角钢短肢宽度； N_{xyz}——弹性完善杆的弯扭屈曲临界力，由公式（3-80）确定； N_x、N_y、N_z——分别为绕 x 轴和 y 轴的弯曲屈曲临界力和扭转屈曲临界力； E、G——分别为钢材弹性模量和剪变模量； x——角钢的主轴
4	截面无对称且剪心和形心不重合的构件（图 3-10）	$\lambda_{xyz} = \pi\sqrt{\frac{EA}{N_{xyz}}}$ (3-79) $(N_x - N_{xyz})(N_y - N_{xyz})(N_z - N_{xyz}) - N_{xyz}^2(N_x - N_{xyz})\left(\frac{y_s}{i_0}\right)^2 - N_{xyz}^2(N_y - N_{xyz})\left(\frac{x_s}{i_0}\right)^2 = 0$ (3-80) $N_x = \frac{\pi^2 EA}{\lambda_x^2}$ (3-81) $N_y = \frac{\pi^2 EA}{\lambda_y^2}$ (3-82) $N_z = \frac{1}{i_0^2}\left(\frac{\pi^2 EI_w}{l_w^2} + GI_t\right)$ (3-83)	
5	不等边角钢轴压构件的换算长细比	当 $\lambda_x > \lambda_z$ 时 $\lambda_{xyz} = \lambda_y\left[1+0.25\left(\frac{\lambda_z}{\lambda_x}\right)^2\right]$ (3-84a) 当 $\lambda_x < \lambda_z$ 时 $\lambda_{xyz} = \lambda_z\left[1+0.25\left(\frac{\lambda_x}{\lambda_z}\right)^2\right]$ (3-84b) $\lambda_z = 4.21\frac{b_1}{t}$ (3-85)	

注：1 公式（3-73）~公式（3-77）为公式（3-72）的简化公式。

2 无任何对称轴且又非极对称截面（单面连接的不等边角钢外）不宜用作轴心压杆。

3 对单面连接的单角钢轴心受压杆件，按表 2-10 考虑折减系数 α_y 后，可不考虑弯转效应。

4 对槽形截面用于格构式构件的分肢，计算分肢绕对称轴（y 轴）的稳定性时，不必考虑扭转效应，直接用 λ_y 查出 φ_y 值。

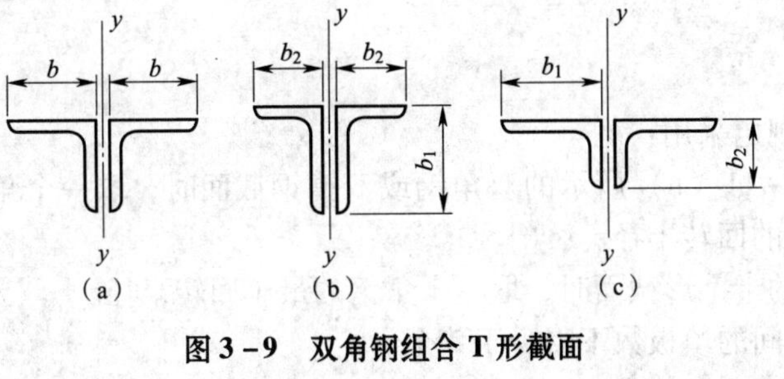

图 3-9 双角钢组合 T 形截面

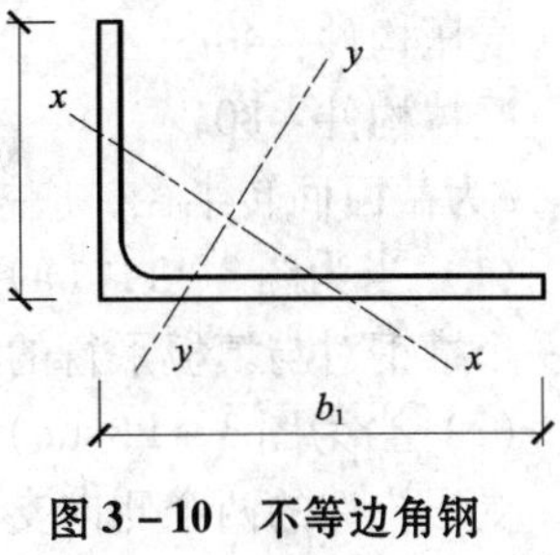

图 3-10 不等边角钢

2 格构式轴心受力构件的实轴长细比仍应按表 3－16 计算，但对虚轴（项次 1 和项次 2、3）应取换算长细比。换算长细比应按表 3－17 计算。

表 3－17 格构式构件长细比计算

项次	截面特征	长细比 λ 计算公式	说 明
1	双肢组合构件 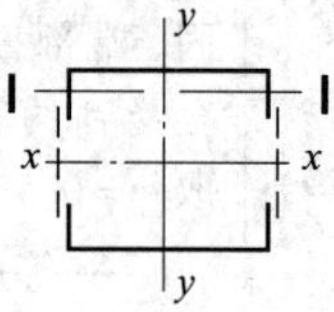	当缀件为缀板时： $\lambda_{0x}=\sqrt{\lambda_x^2+\lambda_1^2}$ （3－86） 当缀件为缀条时： $\lambda_{0x}=\sqrt{\lambda_x^2+27\frac{A}{A_{1x}}}$ （3－87）	λ_x——整个构件对 x 轴的长细比； λ_1——分肢对最小刚度轴 1－1 的长细比，其计算取为：为相邻两缀板的净距离；螺栓连接时，为相邻两缀板边缘螺栓的距离； A_{1x}——构件截面中垂直于 x 轴的各斜缀条毛截面面积之积； λ_y——整个构件对 y 轴的长细比； A_{1y}——构件截面中垂直于 y 轴的各斜缀条毛截面面积之和； A——构件截面中各斜缀条毛截面面积之和； θ——构件截面内缀条所在平面与 x 轴的夹角；$\theta=40°\sim70°$； 缀条柱 $\lambda_1\leqslant0.7\lambda_{max}$（$x$ 或 y） 缀板柱 $\lambda_1\leqslant40\varepsilon_k$ $\leqslant0.5\lambda_{max}$（$\lambda_{max}<50$ 时，取 $\lambda=50$） 缀板柱中间同一截面处线刚度之和≥柱较大分肢线刚度的 6 倍。其他见表 3－27 说明
2	四肢组合构件 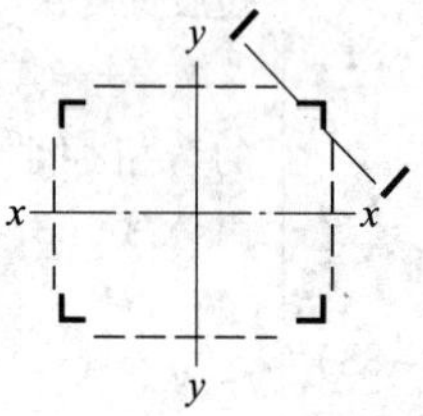	当缀件为缀板时： $\lambda_{0x}=\sqrt{\lambda_x^2+\lambda_1^2}$ （3－88） $\lambda_{0y}=\sqrt{\lambda_y^2+\lambda_1^2}$ （3－89） 当缀件为缀条时： $\lambda_{0x}=\sqrt{\lambda_x^2+40\frac{A}{A_{1x}}}$ （3－90） $\lambda_{0y}=\sqrt{\lambda_x^2+40\frac{A}{A_{1y}}}$ （3－91）	
3	缀件为缀条的三肢组合构件 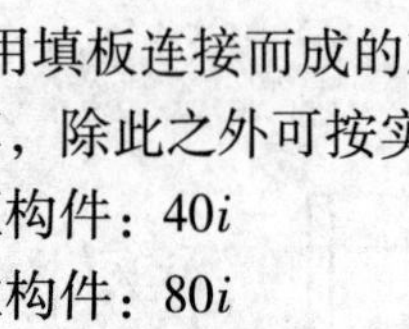	$\lambda_{0x}=\sqrt{\lambda_x^2+\frac{42A}{A_1(1.5-\cos^2\theta)}}$ （3－92） $\lambda_{0y}=\sqrt{\lambda_y^2+\frac{42A}{A_1\cos^2\theta}}$ （3－93）	

3 用填板连接而成的双角钢或双槽钢构件，采用普通螺栓连接时，应按格构式构件进行计算，除此之外可按实腹式构件进行计算，但填板间的距离不应超过下列数值：

受压构件：$40i$

受拉构件：$80i$

i 为截面回转半径，应按下列规定采用：

（1）当为图 3－11（a）、图 3－11（b）所示的双角钢或双槽钢截面时，取一个角钢或一个槽钢对与填板平行的形心轴的回转半径；

（2）当为图 3－11（c）所示的十字形截面时，取一个角钢的最小回转半径。

受压构件的两个侧向支承点之间的填板数不得少于 2 个。

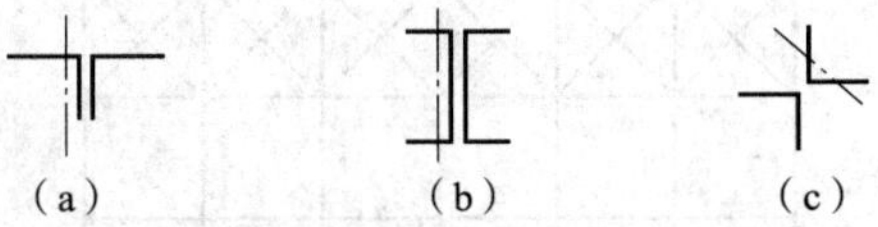

图 3－11 计算截面回转半径时的轴线示意图

4 轴压构件应按下式计算剪力：

$$V=\frac{Af}{85\varepsilon_k} \tag{3-94}$$

剪力 V 值可认为沿构件全长不变。

对格构式轴压构件，剪力 V 应由承受该剪力的缀材面（包括用整体板连接的面）分担。

3.2.6 轴心受压构件的支撑见表 3－18 和图 3－12。

表 3－18 轴心受压构件的支撑力

<table>
<tr><th>项次</th><th>计算内容</th><th>计算公式</th><th>说明</th></tr>
<tr><td rowspan="4">1</td><td rowspan="4">用作减小轴压构件（柱）自由长度的支撑，应能承受沿被撑构件屈曲方向的支撑力，其值按本表计算</td><td>长度为 l 的单根柱设置一道支撑时当支撑杆位于柱高度中央时：
$F_{bl}=N/60$ （3－95）
当支撑杆位于距柱端 αl 处时（$0<\alpha<1$）：
$F_{bl}=\frac{N}{240\alpha(1-\alpha)}$ （3－96）</td><td rowspan="5">N——被撑构件的最大轴心压力；
n——柱列中被撑柱的根数；
$\sum N_i$——被撑柱间同时存在的轴心压力设计值之和；
$\sum N$——被撑各桁架受压弦杆最大压力之和；
m——纵向系杆道数（支撑架节间数减去 1）；
n——支撑系统所撑桁架数；
N——被支撑构件的最大轴心压力</td></tr>
<tr><td>长度为 l 的单根柱设置 m 道等间距（或不等间距但平均间距相比相差不超过 20%）支撑时，各支承点的支撑力：
$F_{bm}=N/[42\sqrt{m+1}]$ （3－97）</td></tr>
<tr><td>被撑构件为多根柱组成的柱列，在柱高度中央附近设置一道支撑时：
$F_{bn}=\frac{\sum N_i}{60}\left(0.6+\frac{0.4}{n}\right)$ （3－98）</td></tr>
<tr><td>当支撑同时承担结构上其他作用的效应时，应按实际可能发生的情况与支撑力组合；
支撑的构造应使被支撑构件在撑点处既不能平移，又不能扭转</td></tr>
<tr><td>2</td><td>桁架受压弦杆的横向支撑系统中系杆和支承斜杆应能承受所给出的节点支撑力</td><td>$F=\frac{\sum N}{42\sqrt{m+1}}\left(0.6+\frac{0.4}{n}\right)$ （3－99）</td></tr>
</table>

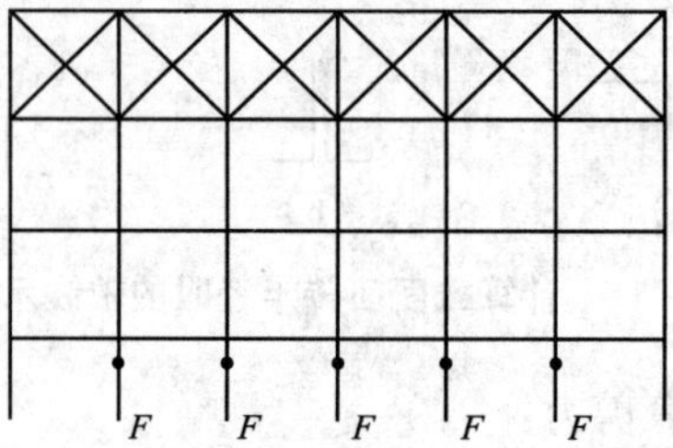

图 3-12 桁架受压弦杆横向支撑系统的节点支撑

3.3 拉弯、压弯构件和框架柱

3.3.1 拉弯、压弯构件的计算内容：

1 杆件截面强度计算；

2 构件的稳定性计算；

3 双肢格构式压弯构件的稳定性计算；

4 压弯构件的局部稳定性和屈曲后强度计算；

3.3.2 截面强度计算。

弯矩作用在两个主平面内的拉弯构件和压弯构件（圆管截面除外），其截面强度应按下列规定计算：

$$\frac{N}{A_n} \pm \frac{M_x}{\gamma_x W_{nx}} \pm \frac{M_y}{\gamma_y W_{ny}} \leqslant f \tag{3-100}$$

式中 γ_x、γ_y——与截面模量相应的截面塑性发展系数，应按表 3-19 采用。

弯矩作用在两个主平面内的圆形截面拉弯构件和压弯构件，其截面强度应按下列规定计算：

$$\frac{N}{A_n} \pm \frac{\sqrt{M_x^2 + M_y^2}}{\gamma_m W_n} \leqslant f \tag{3-101}$$

式中 A_n——净截面面积；

W_n——圆管净截面模量；

γ_x、γ_y——与截面相应的塑性发展按表 3-19 采用；

γ_m——对于实腹式圆形截面取 1.2；圆管截面宽厚比满足 S3 时取 1.15，不满足时取 1.0。

表 3-19 截面塑性发展系数 γ_x、γ_y

项次	截面形式	γ_x	γ_y
1	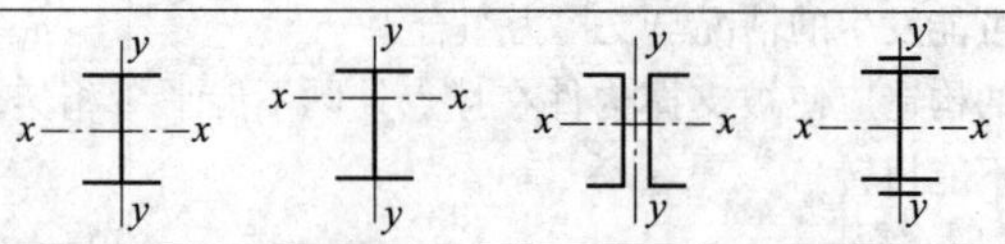	1.05	1.2
2	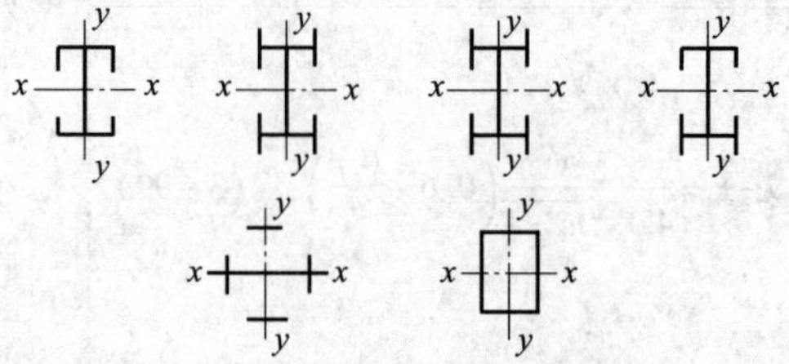		1.05

续表 3-19

项次	截面形式	γ_x	γ_y
3	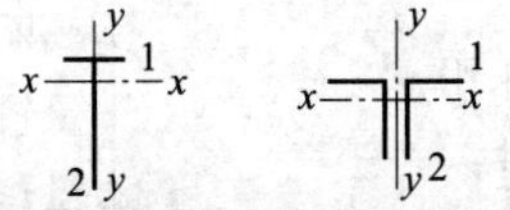	$\gamma_{x1}=1.05$ $\gamma_{x2}=1.2$	1.2
4	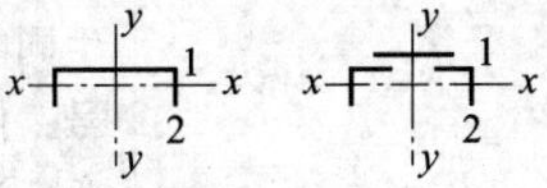		1.05
5	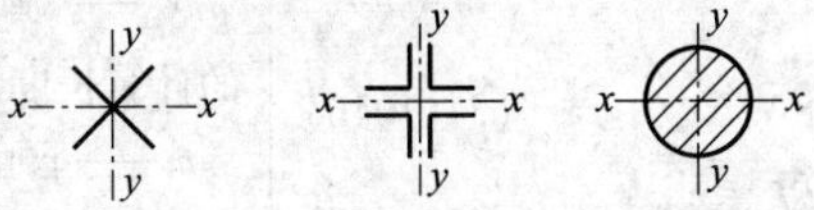	1.2	1.2
6	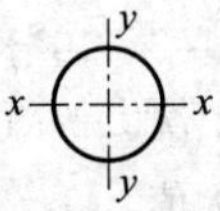	1.15	1.15
7	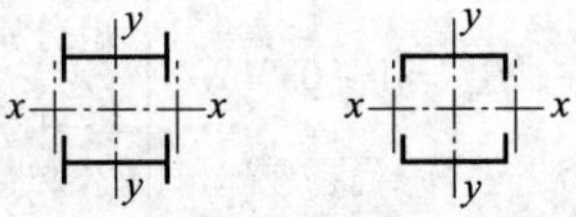	1.0	1.05
8	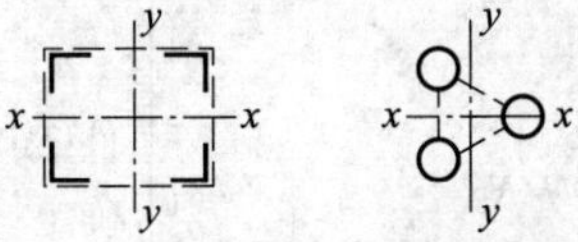		1.0

当压弯构件受压翼缘的自由外伸宽度与其厚度之比大于 $13\varepsilon_k$ 而不超过 $15\varepsilon_k$ 时，应取 $\gamma_x=\gamma_y=\gamma_m=1.0$。

需要计算疲劳强度的拉弯、压弯构件，宜取 $\gamma_x=\gamma_y=\gamma_m=1.0$。

3.3.3 实腹式构件稳定性计算。

弯矩作用在对称轴平面内（绕 x 轴）的实腹式压弯构件（圆管截面除外），其稳定性应按表 3-20 计算。

表 3-20 实腹式压弯构件的稳定性计算

项次	计算公式	说明
1	弯矩作用平面内稳定性： $$\frac{N}{\varphi_x Af}+\frac{\beta_{mx}M_x}{\gamma_x W_{1x}\left(1-0.8N/N'_{Ex}\right)f}\leqslant 1 \quad (3-102)$$ $$N'_{Ex}=\pi^2EA/\left(1.1\lambda_x^2\right) \quad (3-103)$$	N——所计算构件范围内轴心压力设计值； N'_{Ex}——参数； φ_x——弯矩作用平面内轴心受压构件稳定系数； M_x——所计算构件段范围内的最大弯矩设计值；

续表 3-20

项次	计算公式	说明
2	β_{mx}为等效弯矩系数，应按下列规定采用： （1）无侧移框架柱和两端支承的构件： 1）无横向荷载作用时，取$\beta_{mx}=0.6+0.4\dfrac{M_2}{M_1}$； 2）无端弯矩但有横向荷载作用时： 跨中单个集中荷载 $$\beta_{mqx}=1-0.36N/N_{cr} \quad (3-104a)$$ 全跨均布荷载 $$\beta_{mqx}=1-0.18N/N_{cr} \quad (3-104b)$$ $$N_{cr}=\frac{\pi^2 EI}{(\mu l)^2} \quad (3-105)$$ 3）有端弯矩和横向荷载同时作用时，将式（3-102）的$\beta_{mx}M_x$取为$\beta_{mqx}M_{qx}+\beta_{m1x}M_1$，即工况①和工况②等效弯矩的代数和。$M_{qx}$为横向荷载产生的弯矩最大值。 （2）有侧移框架柱和悬臂构件： 1）除本款2）项规定之外的框架柱，$\beta_{mx}=1-0.36N/N_{cr}$； 2）有横向荷载的柱脚铰接的单层框架柱和多层框架的底层柱，$\beta_{mx}=1.0$； 3）自由端作用有弯矩的悬臂柱： $$\beta_{mx}=1-0.36(1-m)N/N_{cr}$$	W_{1x}——在弯矩作用平面内对模量较大受压最大纤维的毛截面模量； M_1和M_2为端弯矩，使构件产生同向曲率（无反弯点）时取同号；使构件产生反向曲率（有反弯点）时取异号，$\|M_1\|\geq\|M_2\|$； N_{cr}——弹性临界力，μ为构件的计算长度系数； m——自由端弯矩与固定端弯矩之比，当弯矩图无反弯点时取正号，有反弯点时取负号； 当框架内力采用二阶分析时，柱弯矩由无侧移弯矩和放大的侧移弯矩组成。此时可对两部分弯矩分别乘以无侧移柱和有侧移柱的等效弯矩系数。 W_{2x}——对无翼缘端的毛截面模量； φ_y——弯矩作用平面外的轴压构件稳定系数，按表14-3～表14-5确定； φ_b——考虑弯矩变化和荷载位置影响的受弯构件整体稳定系数，按表14-3～表14-5规定取值； M_x——所计算构件段范围内的最大弯矩设计值； η——截面影响系数，闭口截面$\eta=0.7$，其他截面$\eta=1.0$； β_{tx}——等效弯矩系数，无横向荷载时$\beta_{tx}=0.65+0.35M_2/M_1$；端弯矩和横向荷载同时作用时同向曲率$\beta_{tx}=1$，反向曲率$\beta_{tx}=0.85$；无端弯矩，有横向荷载时$\beta_{tx}=1$；平面外悬臂构件$\beta_{tx}=1$
3	对于单轴对称压弯构件，当弯矩作用在对称平面内且使翼缘受压时，除应按公式（3-102）计算外，尚应按下式计算： $$\left\|\frac{N}{Af}-\frac{\beta_{mx}M_x}{[\gamma_x W_{2x}(1-1.25N/N'_{Ex})]\cdot f}\right\|\leq 1 \quad (3-106)$$	
4	弯矩作用平面外稳定性： $$\frac{N}{\varphi_y Af}+\eta\frac{\beta_{tx}M_x}{\varphi_b W_{1x}f}\leq 1 \quad (3-107)$$	

3.3.4 双肢格构式压弯构件的稳定性计算。

1 弯矩绕虚轴（x轴）作用的格构式压弯构件，其弯矩作用平面内的整体稳定性应按表3-21项次1、2计算。

2 双向压弯圆管截面的整体稳定性应按表3-21项次3计算。

表 3-21 格构式压弯构件的稳定性计算

<table>
<tr><th>项次</th><th>计 算 公 式</th><th>说 明</th></tr>
<tr><td>1</td><td>$$\frac{N}{\varphi_x Af}+\frac{\beta_{mx}M_x}{W_{1x}\left(1-\frac{N}{N'_{Ex}}\right)f}\leqslant 1 \quad (3-108)$$
$$W_x=\frac{I_x}{y_0} \quad (3-109)$$</td><td rowspan="3">I_x——对 x 轴的毛截面的惯性矩；
y_0——由 x 轴到压力较大分肢的轴线距离或者到压力较大分肢腹板外边缘的距离，二者取较大者；
φ_x、N'_{Ex}——弯矩作用平面内的轴心受力构件稳定系数和参数，由换算长细比确定；
φ——轴心受压稳定系数，按构件最大长细比取值；
M——弯矩设计值；
M_{xA}、M_{yA}、M_{xB}、M_{yB}——分别为构件 A 端关于 x、y 轴的弯矩和构件 B 端关于 x、y 轴的弯矩；
β——算双向压弯整体稳定时采用的等效弯矩系数；
M_{1x}、M_{2x}、M_{1y}、M_{2y}——分别为构件两端对于 x 轴的最大、最小弯矩；对于 y 轴的最大、最小弯矩，同曲率时取同号，异曲率时取负号；
N_E——根据构件最大长细比计算的欧拉力；
γ_m——截面塑性发展系数，取 1.15；
N'_E——系数</td></tr>
<tr><td>2</td><td>弯矩绕实轴作用的格构式压弯构件，其弯矩作用平面内和平面外的稳定性计算均与实腹式构件相同。但在计算弯矩作用平面外的整体稳定性时，长细比应取换算长细比，φ_b 应取 1.0</td></tr>
<tr><td>3</td><td>当柱段中没有很大横向力或集中弯矩时，双向压弯圆管的整体稳定按下式计算：
$$\frac{N}{\varphi Af}+\frac{\beta M}{\gamma_m W\left(1-0.8\frac{N}{N'_E}\right)f}\leqslant 1 \quad (3-110)$$
$$M=\max\left[\sqrt{M_{xA}^2+M_{yA}^2},\ \sqrt{M_{xB}^2+M_{yB}^2}\right] \quad (3-111)$$
$$\beta=\beta_x\beta_y \quad (3-112)$$
$$\beta_x=1-0.35\sqrt{N/N_E}+0.35\sqrt{N/N_E}\,(M_{2x}/M_{1x}) \quad (3-113a)$$
$$\beta_y=1-0.35\sqrt{N/N_E}+0.35\sqrt{N/N_E}\,(M_{2y}/M_{1y}) \quad (3-113b)$$
$$N_E=\frac{\pi^2 EA}{\lambda^2} \quad (3-114)$$
$$N'_E=\frac{\pi^2 EA}{1.1\lambda^2} \quad (3-115)$$</td></tr>
</table>

3.3.5 双向压弯构件的稳定性计算（见表 3-22）。

表 3-22 实腹和格构式构件稳定性计算

<table>
<tr><th>项次</th><th>内容</th><th>计 算 公 式</th><th>说 明</th></tr>
<tr><td>1</td><td>双轴对称实腹式构件</td><td>$$\frac{N}{\varphi_x Af}+\frac{\beta_{mx}M_x}{\gamma_x W_x\left(1-0.8\frac{N}{N'_{Ex}}\right)f}+\eta\frac{\beta_{ty}M_y}{\varphi_{by}W_y f}\leqslant 1 \quad (3-116)$$
$$\frac{N}{\varphi_x Af}+\eta\frac{M_x\beta_{tx}}{\varphi_{bx}\gamma_x W_x f}+\frac{\beta_{mx}M_x}{\gamma_x W_x\left(1-0.8\frac{N}{N'_{Ey}}\right)f}\leqslant 1 \quad (3-117)$$</td><td>φ_x、φ_y——对强轴 $x-x$ 和弱轴 $y-y$ 的轴心受压构件稳定系数；</td></tr>
</table>

续表 3-22

<table>
<tr><th>项次</th><th>内容</th><th>计 算 公 式</th><th>说　明</th></tr>
<tr><td>1</td><td>双轴对称实腹式构件</td><td>$$N'_{Ex}=\pi^2EA/1.1\lambda_x^2 \qquad (3-118)$$
$$N'_{Ey}=\pi^2EA/1.1\lambda_y^2 \qquad (3-119)$$</td><td rowspan="2">φ_{bx}、φ_{by}——考虑弯矩变化和荷载位置影响的受弯构件整体稳定性系数，按附录C计算，其中工字形（含H型钢）截面的非悬臂（悬伸）构件 φ_{bx} 可按14.3节确定，φ_{by} 可取1.0；对闭口截面，取 $\varphi_{bx}=\varphi_{by}=1.0$；
M_x、M_y——所计算构件段范围内对强轴和弱轴的最大弯矩设计值；
N'_{Ex}、N'_{Ey}——参数；
W_x，W_y——对强轴和弱轴的毛截面模量；
β_{mx}、β_{my}——等效弯矩系数，应按表3-20弯矩作用平面内稳定计算的有关规定采用；
W_{1y}——在 M_y 作用下，对较大受压纤维的毛截面模量；
I_1、I_2——分肢1、分肢2对 y 轴的惯性矩；
y_1、y_2——M_y 作用的主轴平面至分肢1、分肢2轴线的距离；
计算格构式缀件时，应取构件的实际剪力和按公式（3-94）计算的剪力两者中的较大值进行计算；
用作减小压弯构件弯矩作用平面外计算长度的支撑，应将压弯构件的受压翼缘（对实腹式构件）或受压分肢（对格构式构件）视为轴压构件按本节的规定计算各自的支撑力</td></tr>
<tr><td>2</td><td>双肢格构式构件</td><td>（1）按整体计算：
$$\frac{N}{\varphi_x Af}+\frac{\beta_{mx}M_x}{W_{1x}\left(1-\frac{N}{N'_{EX}}\right)f}+\frac{\beta_{ty}M_y}{W_{1y}f}\leqslant 1 \qquad (3-120)$$
（2）按分肢计算：
在 N 和 M_x 作用下，将分肢作为桁架弦杆计算其轴心力，M_y 按公式（3-121）和公式（3-122）分配给两分肢（下图），然后按公式（3-102）的规定计算分肢稳定性。
分肢1：$$M_{y1}=\frac{I_1/y_1}{I_1/y_1+I_2/y_2}\cdot M_y \qquad (3-121)$$
分肢2：$$M_{y2}=\frac{I_2/y_2}{I_1/y_1+I_2/y_2}\cdot M_y \qquad (3-122)$$
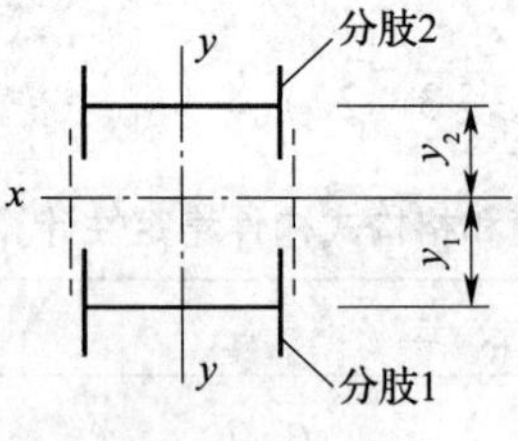
</td></tr>
</table>

注：圆管截面按表3-21项次3计算。

3.3.6 框架柱的内力计算及计算长度，几种内力计算方法见表3－23。等截面柱当采用一阶弹性分析方法计算内力时，框架平面内的计算长度系数见表3－24。

表3－23 框架柱的内力计算方法

项次	分析方法	计算方法	说明
1	一阶弹性分析（间接分析法1）	不考虑变形对内力影响按一般结构力学分析构件内力，但要考虑长度系数，见表3－24 $\theta_{imax}^{II} \leqslant 0.1$	三种计算方法判别式：$\theta_i^{II}=\frac{\sum N_{ki}\Delta u_i}{\sum H_{ki}h_i}$， θ_i^{II}为规则框架的二阶效应系数或判别式； 一般结构用$\theta_i^{II}=\frac{1}{\eta_{cr}}$； η_{cr}——整体结构最低阶弹性临界荷载与荷载设计值之比； $\sum N_{ki}$——所计算i楼层各柱轴心压力标准值之和； $\sum H_{ki}$——产生层间侧移的计算楼层及以上各层的水平力标准值之和； h_i——所计算i楼层层高； H_{ni}——二阶弹性分析时每层柱顶的假想水平力； ε_k——钢号修正$\sqrt{235/f_y}$； Δu_i——$\sum H_{ki}$作用下按一阶弹性分析求得的计算楼层的层间侧移，当确定θ_i^{II}时可取$\Delta u_i=[\Delta u]$，$[\Delta u]$见表2－14； n_s——框架总层数，且$\frac{2}{3}\leqslant\sqrt{0.2+\frac{1}{n_s}}\leqslant 1.0$； Δ_i——所计算楼层的初始几何缺陷代表值； G_i——第i楼层的总重力荷载设计值； M_q——结构在竖向荷载作用下的一阶弹性弯矩； M_Δ^{II}——仅考虑P－Δ效应的二阶弯矩； M_H——结构在水平荷载作用下的一阶弹性弯矩； α_i^{II}——考虑二阶效应第i层杆件的侧移弯矩增大系数；当$\alpha_i^{II}>1.33$或$\theta_{imax}^{II}>0.25$时，宜增大结构的抗侧刚度。其中，$\sum H_i$为产生层间位移Δu_i的所计算楼层及以上各层的水平荷载之和，不包括支座位移和温度的作用； M_x^{II}、M_y^{II}——分别为绕x轴、y轴的二阶弯矩设计值，可由结构分析直接得到； A——毛截面面积； φ_b——梁的整体稳定系数，见第14.3节；
2	二阶弹性分析法，第i层柱顶的等效水平力和相应的初始几何缺陷代表值（间接分析法2）	$0.1<\theta_{imax}^{II}\leqslant 0.25$ （1）等效假想水平力法： $H_{ni}=\frac{G_i}{250}\sqrt{0.2+\frac{1}{n_s}}$ （3－123） $\Delta_i=\frac{h_i}{250}\sqrt{0.2+\frac{1}{n_s}}$ （3－124） $\sqrt{0.2+\frac{1}{n_s}}<\frac{2}{3}$时，取$\frac{2}{3}$ $\sqrt{0.2+\frac{1}{n_s}}>1$时，取1 （2）侧移弯矩放大系数法（适用于纯框架）： $M_\Delta^{II}=M_q+\alpha_i^{II}M_H$ （3－125） $\alpha_i^{II}=\frac{1}{1-\theta_i^{H}}$ （3－126）	
3	直接分析法	$0.1<\theta_{imax}^{II}\leqslant 0.25$ 直接分析法与二阶弹性分析法基本相同，不同的是： （1）为弹塑性分析，截面设计等级为S1、S2； （2）考虑初始缺陷更加全面； （3）不采用上述近似公式，采用稳定理论直接分析得出N、M_x^{II}、M_y^{II}三项式，具体为：	

续表 3－23

项次	分析方法	计算方法	说明
3	直接分析法	$$\frac{N}{Af}+\frac{M_x^{II}}{M_{cx}}+\frac{M_y^{II}}{M_{cy}}\leqslant 1 \quad (3-127)$$ $$\frac{N}{Af}+\frac{M_x^{II}}{\varphi_b M_{cx}}+\frac{M_y^{II}}{M_{cy}}\leqslant 1 \quad (3-128)$$	W_x、W_y——绕 x 轴、y 轴的毛截面模量； γ_x、γ_y——截面塑性发展系数； $M_{cx}=W_{px}f$　$M_{cy}=W_{py}f$（S1、S2） $M_{cx}=\gamma_x W_x f$　$M_{cy}=\gamma_y W_y f$（不满足 S2 时）

注：1　项次 2，构件综合缺陷代表值 e_0/l，表 14－2 中 a、b、c、d 类截面分别为 1/400、1/350、1/300、1/250。

2　项次 3，框架结构的初始几何缺陷代表值按公式（3－124）确定，且不小于 $h_0/1000$。构件初始缺陷不小于注 1 值。大跨度钢结构采用直接分析法时，初始缺陷可按公式（3－124）确定，最大缺陷为 $l/300$。

3　一阶和二阶弹性分析适用于纯框架。直接法可适用于有支撑的框架。一阶应用长度系数 μ；二阶 $\mu=1$ 考虑附加弯矩；直接分析法 $\mu=1$ 采用弹塑性分析，直接分析内力，截面构件宽厚比采用 S1、S2 级。当 $N>0.5Af$ 时，抗弯刚度乘以 0.8。

表 3－24　框架平面内的计算长度系数

项次	计算内容	计算方法	注意
1	无支撑框架（纯框架）	（1）框架柱的计算长度系数 μ 按本手册表有侧移框架柱的计算长度系数确定，也可按下列简化公式计算： $$\mu=\sqrt{\frac{7.5K_1K_2+4\ (K_1+K_2)\ +1.52}{7.5K_1K_2+K_1+K_2}} \quad (3-129)$$ （2）设有摇摆柱时，摇摆柱本身的计算长度系数取 1.0，框架柱的计算长度系数应乘以放大系数 η，η 应按下式计算： $$\eta=\sqrt{1+\frac{\Sigma\ (N_1/h_1)}{\Sigma(N_f/h_f)}} \quad (3-130)$$ （3）当有侧移框架同层各柱的 N/h 不相同时，柱计算长度系数宜按下列公式计算： $$\mu_i=\sqrt{\frac{N_{Ei}}{N_i}\cdot\frac{1.2}{K}\Sigma\frac{N_i}{h_i}} \quad (3-131)$$ $$N_{Ei}=\pi^2EI_i/h_i^2 \quad (3-132)$$ 当框架附有摇摆柱时，框架柱的计算长度系数由下式确定：	K_1、K_2——分别为相交于柱上端、柱下端的横梁线刚度之和与柱线刚度之和的比值。K_1、K_2 的修正见第 15 章； N_f/h_f——本层各框架柱轴心压力设计值与柱子高度比值之和； N_1/h_1——本层各摇摆柱轴心压力设计值与柱子高度比值之和； N_i——第 i 根柱轴心压力设计值； N_{Ei}——第 i 根柱的欧拉临界力； h_i——第 i 根柱高度； K——框架层侧移刚度，即产生层间单位侧移所需的力；

续表 3－24

项次	计算内容	计算方法	注　意
1	无支撑框架（纯框架）	$$\mu_i = \sqrt{\frac{N_{Ei}}{N_i} \cdot \frac{1.2\sum(N_i/h_i)+\sum(N_{1j}/h_j)}{K}}$$ （3－133） 当根据公式（3－131）或公式（3－133）计算而得的 μ_i 小于 1.0 时，取 $\mu_i=1$； （4）计算单层框架和多层框架底层的计算长度系数时，K 值宜按柱脚的实际约束情况进行计算，也可按理想情况（铰接或刚接）确定 K 值，并对算得的系数 μ 进行修正； （5）当多层单跨框架的顶层采用轻型屋面，或多跨多层框架的顶层抽柱形成较大跨度时，顶层框架柱的计算长度系数应忽略屋面梁对柱子的转动约束	N_{1j}——第 j 根摇摆柱轴心压力设计值； h_j——第 j 根摇摆柱的高度； I_c、I_b——分别为柱和梁的惯性矩； h、l——分别为柱高度和框架跨度； N_{bi}、N_{oi}——分别为 i 层所有框架柱用侧移框架柱计算长度系数计算的轴压杆稳定承载力之和； N_{Ec}——柱的欧拉临界力； H_i、$H_{i,\rho}$——分别是第 i 层支撑所分担的水平力和所能抵抗的水平力； S_b——支撑系统的层侧移刚度； K_1、K_2——分别为相交于柱上端、柱下端的横梁线刚度之和与柱线刚度之和的比值。K_1、K_2 的修正见表 15－1 的注
2	有支撑框架	当支撑系统满足公式（3－134）要求时，为强支撑框架，框架柱的计算长度系数 μ 按表 15－1 无侧移框架柱的计算长度系数确定，也可按公式（3－135）计算： $$S_b \geq 4.4\left[1+\frac{100}{f_y}\right]\sum N_{bi} - \sum N_{oi}$$ （3－134） $$\mu = \sqrt{\frac{(1+0.41K_1)(1+0.41K_2)}{(1+0.82K_1)(1+0.82K_2)}}$$ （3－135）	

注：当梁与柱的连接达不到刚性连接要求时，确定柱计算长度时应考虑连接的半刚性特性。

3.3.7 单层厂房。

单层厂房框架下端刚性固定的带牛腿等截面柱和阶形柱在框架平面内的计算长度应按表 3－25 公式确定。

表 3－25　框架平面内的计算长度

项次	计算内容	计算方法	注　意
1	下端刚性固定的带牛腿等截面柱	$$H_0 = \alpha_N\left[\sqrt{\frac{4+7.5K_b}{1+7.5K_b}} - \alpha_k\left(\frac{H_1}{H}\right)^{1+0.8K_b}\right]H$$ （3－136） $$K_b = \frac{\sum I_b/l_i}{I_c/H}$$ （3－137）	H_1，H_2，H——分别为柱在牛腿表面以上的高度、柱牛腿表面以下高度和柱总高度（图 3－13）； K_b——与柱连接的横梁线刚度之和与柱线刚度之比； α_k——和比值 K_b 有关的系数；

续表 3－25

<table>
<tr><th>项次</th><th>计算内容</th><th>计 算 方 法</th><th>注　　意</th></tr>
<tr><td>1</td><td>下端刚性固定的带牛腿等截面柱</td><td>当 $K_b<0.2$ 时：　$\alpha_k=1.5-2.5K_b$　（3－138）
当 $0.2\leqslant K_b<2.0$ 时：　$\alpha_k=1.0$　（3－139）
$$\gamma=\frac{N_1}{N_2}\quad(3-140)$$
当 $\gamma\leqslant0.2$ 时：　$\alpha_N=1.0$　（3－141）
当 $\gamma>0.2$ 时：$\alpha_N=1+\frac{H_1^*(\gamma-0.2)}{1.2H_2}$　（3－142）</td><td rowspan="2">α_N——考虑压力变化的系数；
γ——柱上下段压力比；
I_b、l_b——实腹钢梁的惯性矩和跨度；
I_1、H_1——阶形柱上段柱的惯性矩和柱高；
I_2、H_2——阶形柱下段柱的惯性矩和柱高；
K_c——横梁线刚度与上段柱线刚度的比值；
K_1——阶形柱上段柱线刚度与下段柱线刚度的比值；
μ_{20}——柱上端与横梁铰接时（即 $K_b=0$ 时）单阶柱下段柱的计算长度系数，按表 15－3 查得；
$\mu_{2\infty}$——柱上端与横梁刚接时（即 $K_b=\infty$ 时）单阶柱下段柱的计算长度系数，按第 15 章表查得；
η_1——参数，按第 15 章表或按下式 $\eta_1=\frac{H_1}{H_2}\sqrt{\frac{N_1I_2}{N_2I_1}}$ 计算</td></tr>
<tr><td>2</td><td>下端刚性固定的阶形柱</td><td>（1）单阶柱。
1）下段柱的计算长度系数 μ_2：当柱上端与横梁铰接时，应按本手册的数值乘以表 3－26的折减系数；当柱上端与横梁刚接时，应按本手册的数值乘以表的折减系数；
2）当柱上端与实腹梁刚接时，下段柱的计算长度系数，μ_2 应按下列公式计算的系数 μ'_2 乘以表 3－26 的折减系数。μ'_2 应不大于按柱上端与横梁铰接计算的 μ_2 值，且不小于柱上端与横梁刚接计算的 μ_2 值；
$$K_c=\frac{I_1H_2}{H_1I_2}\quad(3-143)$$
$$\mu_2^1=\frac{\eta_1^2}{\alpha(\eta_1+1)}\sqrt[3]{\frac{\eta_1-K_b}{K_b}}+(\eta_1-0.5)K_c+2\quad(3-144)$$
3）上段柱的计算长度系数 μ_1，应按下式计算：
$$\mu_1=\frac{\mu_2}{\eta_1}\quad(3-145)$$
（2）双阶柱。
1）下段柱的计算长度系数 μ_3：当柱上端与横梁铰接时，等于按（柱上端为自由的双阶柱）《钢结构设计标准》GB 50017—2017 附录 E 的数值乘以表 3－26 的折减系数；当柱上端与横梁刚接时，等于按（柱上端可移动但不转动的双阶柱）《钢结构设计标准》GB 50017—2017 附录 E 的数值乘以表 3－26 的折减系数</td></tr>
</table>

续表 3－25

项次	计算内容	计 算 方 法	注　意
2	下端刚性固定的阶形柱	2）上段柱和中段柱的计算长度系数 μ_1 和 μ_2，应按下列公式计算： $$\mu_1=\frac{\mu_3}{\eta_1} \quad (3-146)$$ $$\mu_2=\frac{\mu_3}{\eta_2} \quad (3-147)$$	

注：1　当计算框架的格构式柱和桁架式横梁的惯性矩时，应考虑柱或横梁截面高度变化和缀件（或腹板）变形的影响。

2　框架柱在框架平面外的计算长度可取面外支撑点之间距离，还可考虑相邻柱之间的相互约束关系确定计算长度。

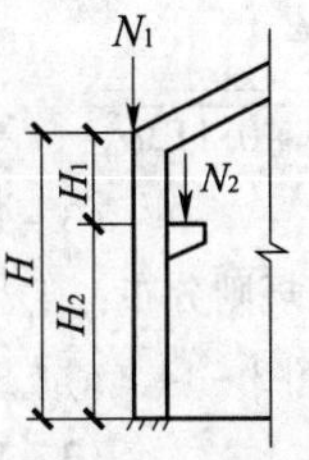

图 3－13　带牛腿的框架柱

表 3－26　阶形柱计算长度的折减系数

厂房类型				折减系数
单跨或多跨	纵向温度区段内一个柱列的柱子数	屋面情况	厂房两侧是否有通长的屋盖纵向水平支撑	
单跨	等于或少于 6 个	—	—	0.9
	多于 6 个	非混凝土无檩屋面板的屋面	无纵向水平支撑	
			有纵向水平支撑	0.8
		混凝土无檩屋面板的屋面	—	
多跨	—	非混凝土无檩屋面板的屋面	无纵向水平支撑	
			有纵向水平支撑	0.7
		混凝土无檩屋面板的屋面	—	

3.3.8　压弯构件的局部稳定和屈曲后强度。

1　压弯构件腹板、翼缘宽厚比应符合表 2－24 规定的压弯构件 S4 级截面设计等级要求。

2　工字形和箱形截面压弯构件的腹板高厚比超过表 2－24 规定的 S3 级截面要求时，其构件设计应符合表 3－27 规定。

表 3－27　压弯构件的局部稳定和屈曲后强度

项次	计算方法	注意
1	应以有效截面代替实际截面按本条第 2 款计算杆件的承载力。 （1）腹板受压区的有效宽度应取为： $$h_e = \rho h_c \quad (3-148)$$ 当 $\lambda_{n,p} \leqslant 0.75$ 时：$\rho = 1.0$　（3－149） 当 $\lambda_{n,p} \leqslant 0.75$ 时：$\rho = \frac{1}{\lambda_{n,p}}\left(1 - \frac{0.19}{\lambda_{n,p}}\right)$　（3－150） $$\lambda_{n,p} = \frac{h_w/t_w}{28.1\sqrt{k_\sigma}} \cdot \frac{1}{\varepsilon_k} \quad (3-151)$$ $$k_\sigma = \frac{16}{2 - \alpha_0 + \sqrt{(2-\alpha_0)^2 + 0.112\alpha_0^2}} \quad (3-152)$$ （2）腹板有效宽度 h_e 应按下列规则分布： 当截面全部受压，即 $\alpha_0 \leqslant 1$ 时［图 3－14（a）］： $$h_{e1} = 2h_e/(4+\alpha_0) \quad (3-153)$$ $$h_{e2} = h_e - h_{e1} \quad (3-154)$$ 当截面部分受拉，即 $\alpha_0 > 1$ 时［图 3－14（b）］： $$h_{e1} = 0.4h_e \quad (3-155)$$ $$h_{e2} = 0.6h_e \quad (3-156)$$ （3）箱形截面压弯构件翼缘宽厚比超限时也应按公式（3－150）计算其有效宽度，计算时取 $k_\sigma = 4.0$。有效宽度分布在两侧均等	h_c、h_e——分别为腹板受压区宽度和有效宽度，当腹板全部受压时，$h_c = h_w$； ρ——有效宽度系数，按公式（3－150）计算； A_{ne}、A_e——分别为有效净截面的面积和有效毛截面的面积； W_{nex}——有效截面的净截面模量； W_{elx}——有效截面对较大受压纤维的毛截面模量； e——有效截面形心至原截面形心的距离； 压弯构件的板件当用纵向加劲肋加强以满足宽厚比限值时，加劲肋宜在板件两侧成对配置，其一侧外伸宽度不应小于板件厚度 t 的 10 倍，厚度不宜小于 $0.75t$； $N \cdot e$——有效截面与原截面重心位置偏离，而产生的附加弯矩
2	应采用下列公式计算其承载力： 强度计算：$\frac{N}{A_{ne}} \pm \frac{M_x + N \cdot e}{\gamma_x W_{nex}} \leqslant f$　（3－157） 平面内稳定计算： $$\frac{N}{\varphi_x A_e f} + \frac{\beta_{mx} M_x + N \cdot e}{\gamma_x W_{elx}(1 - 0.8N/N'_{Ex})f} \leqslant 1.0 \quad (3-158)$$ 平面外稳定计算： $$\frac{N}{\varphi_y A_e f} + \eta \frac{\beta_{tx} M_x + N \cdot e}{\varphi_b W_{elx} f} \leqslant 1.0 \quad (3-159)$$	

注：1　柱身的构造要求：框架的格构式柱宜采用缀条柱。

2　柱身的构造要求：格构式柱和大型实腹式柱，在受有较大水平力处和运送单元的端部应设置横隔，横隔的间距不应大于柱截面长边尺寸的 9 倍和 8m。

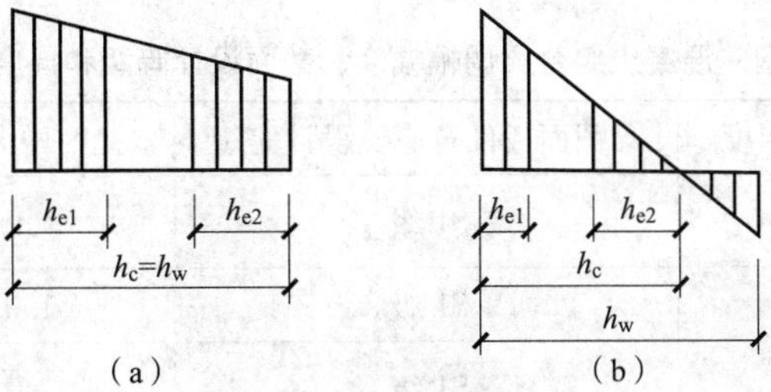

图 3-14 有效宽度的分布

3.4 塑性及弯矩调幅设计

3.4.1 适用范围。

1 适用于不直接承受动力荷载的结构：

(1) 超静定梁；

(2) 由实腹构件组成的单层框架结构；

(3) 水平荷载参与的荷载组合不控制设计的 2～6 层框架结构；

(4) 框架支撑（剪力墙、核心筒等）结构中的框架部分，当框架承担的水平力小于该层总水平力的 20%（结构下部 1/3 楼层的数据）；支撑（剪力墙）系统能够承担所有水平力时，允许框架梁逐个采用塑性调幅设计。此时应避免在框架柱中形成塑性铰。

2 适用于单向弯曲的构件。

3.4.2 材质和截面类别。

1 按调幅法设计时，塑性铰处钢材的力学性能宜满足屈强比 $f_y/f_u \leqslant 0.85$，钢材应有明显的屈服台阶，且伸长率不宜小于 20%。

2 采用塑性调幅设计的结构构件，板件的宽厚比，应根据表 2-24 规定的截面设计等级，符合下列规定：

(1) 形成塑性铰、并发生塑性转动的截面，截面宽厚比不应超过 S1 级截面的宽厚比限值；

(2) 最后形成塑性铰的截面，截面宽厚比不应超过 S2 级截面的宽厚比限值；

(3) 不形成塑性铰的截面，截面宽厚比不宜超过 S3 级截面的宽厚比限值。

3.4.3 抗侧力支撑系统。

构成抗侧力支撑系统的梁柱构件，不得进行塑性调幅设计。

3.4.4 调幅幅度、挠度和位移。

1 在设有支撑架的结构中，框架采用塑性调幅设计，当采用一阶弹性分析时，框架柱计算长度系数取为 1，支撑系统应满足公式（3-134）的侧移刚度的要求。

2 当采用一阶弹性分析时，连续梁和框架梁调幅的幅度、截面分类、挠度验算的规定见表 3-28、表 3-29。

表 3-28 钢梁调幅幅度、截面设计等级和挠度、侧移规定

调幅幅度	梁截面设计等级	挠度增大系数
15%	S1 级	1
20%	S1 级	1.05

表 3－29　钢－混凝土组合梁调幅幅度、截面设计等级和挠度、侧移规定

梁分析模型	调幅幅度	梁截面板件宽厚比设计等级	挠度增大系数	侧移增大系数
变截面模型	5%	S1 级	1	1
	10%	S1 级	1.05	1.05
等截面模型	15%	S1 级	1	1
	20%	S1 级	1	1.05

3.4.5　构件计算。构件塑性调幅计算见表 3－30。

表 3－30　构件塑性调幅计算

<table>
<tr><th>项次</th><th>计 算 公 式</th><th>说　明</th></tr>
<tr><td>1</td><td>受弯构件的剪力 V 假定由腹板承受，剪切强度应符合下式要求：
$$V \leqslant h_w t_w f_v \quad (3-160)$$</td><td rowspan="3">N——构件的压力设计值；
M_x——构件的弯矩设计值；
V——构件剪力设计值；
W_{nx}——弹性净截面模量；
W_{npx}——对 x 轴的塑性净截面模量；
W_{npy}——对 y 轴的塑性净截面模量；
h_w，t_w——腹板高度和厚度；
f_v——钢材抗剪强度设计值；
f——钢材抗弯强度设计值；
A_n——净截面面积；
λ_y—弯矩作用平面外的长细比；
$\lambda_y=\frac{l_1}{i_y}$，$l_1$ 为侧向支承点间距离，i_y 为截面绕弱轴的回转半径；
M_1——与塑性铰相距为 l_1 的侧向支承点处的弯矩；当长度 l_1 内为同向曲率时，$M_1/(W_{px}f)$ 为正；当为反向曲率时，$M_1/(W_{px}f)$ 为负；</td></tr>
<tr><td>2</td><td>弯矩作用在一个主平面内的压弯构件，其强度应符合下列公式的要求：
$$N \leqslant 0.6A_n f \quad (3-161)$$
当 $\frac{N}{A_n f} \leqslant 0.15$　$M_x \leqslant 0.9W_{npx} f$　(3－162)
当 $\frac{N}{A_n f} > 0.15$　$M_x \leqslant 1.05\left(1-\frac{N}{A_n f}\right)W_{npx} f$　(3－163)</td></tr>
<tr><td>3</td><td>容许长细比计算内容：
（1）受压构件的长细比不宜大于 $130\varepsilon_k$；
（2）当钢梁的上翼缘没有通长的刚性铺板、防止侧向弯扭屈曲的构件时，在构件出现塑性铰的截面处，必须设置侧向支承。该支承点与其相邻支承点间构件的长细比 λ_y 应符合下列要求：
当 $-1 \leqslant \frac{M_1}{W_{px} f} \leqslant 0.5$ 时：
$$\lambda_y \leqslant \left(60-40\frac{M_1}{W_{px} f}\right)\varepsilon_k \quad (3-164)$$</td></tr>
</table>

续表 3-30

项次	计 算 公 式	说 明
3	当$0.5\leqslant\frac{M_1}{W_{px}f}\leqslant1$时： $$\lambda_y\leqslant\left(45-10\frac{M_1}{W_{px}f}\right)\varepsilon_k \quad (3-165)$$ （3）所有节点及其连接应有足够的刚度，以保证在出现塑性铰前节点处各构件间的夹角保持不变； （4）当工字钢梁受拉的上翼缘有楼板或刚性铺板与钢梁可靠连接时，形成塑性铰的截面，其截面尺寸应满足下式要求： $$\lambda_{nb}=\sqrt{\frac{f_y}{\sigma_{cr}}}\leqslant0.30 \quad (3-166)$$ 保证受压下翼缘的侧向稳定： 布置间距不大于2倍梁高与梁等宽的加劲肋； 受压下翼缘设置侧向支撑	用作减少构件弯矩作用平面外计算长度的侧向支撑，其轴心力和剪力应分别按公式（3-95）和公式（3-96）确定； 当构件采用手工气割或剪切机割时，应将出现塑性铰部位的边缘刨平； 当螺栓孔位于构件塑性铰部位的受拉板件上时，应采用钻成孔或先冲后扩钻孔； 所有节点及其连接应有足够刚度，应保证在出现塑性铰前节点处各构件间夹角保持不变，构件拼接和连接应能传递该处最大弯矩设计值的1.1倍，并不低于$0.5\gamma_x W_x f$ σ_{cr}见公式（3-13a）

3.5 疲劳计算及防脆断设计

3.5.1 一般规定。

1 直接承受动力荷载重复作用的结构构件及其连接，当应力变化的循环次数n等于或大于5×1.0^4次时，应进行疲劳计算。

2 重级工作制吊车梁和重级、中级工作制吊车桁架，应进行疲劳计算。

3 对非焊接的构件和连接，其应力循环中不出现拉应力的部位可不计算疲劳强度。

4 需要计算疲劳的构件所用钢材应具有冲击韧性的合格保证，钢材质量等级应符合第1章1.2节中的相关要求。

3.5.2 疲劳计算。

疲劳计算采用容许应力幅法，应力应按弹性状态计算。容许应力幅按构件和连接类别、应力循环次数以及计算部位的板件厚度确定。

1 当常幅疲劳或变幅疲劳的最大应力幅符合下列公式时，则疲劳强度满足要求。

（1）正应力幅的疲劳计算：

$$\Delta\sigma\leqslant\gamma_t\ [\Delta\sigma_L]_{1\times10^8} \quad (3-167)$$

对焊接部位

$$\Delta\sigma=\sigma_{max}-\sigma_{min} \quad (3-168)$$

对非焊接部位

$$\Delta\sigma=\sigma_{max}-0.7\sigma_{min} \quad (3-169)$$

（2）剪应力幅的疲劳计算：

$$\Delta\tau \leqslant [\Delta\tau_L]_{1\times10^8} \tag{3-170}$$

对焊接部位

$$\Delta\tau = \tau_{max} - \tau_{min} \tag{3-171}$$

对非焊接部位

$$\Delta\tau = \tau_{max} - 0.7\tau_{min} \tag{3-172}$$

式中　$\Delta\sigma$——构件或连接计算部位的正应力幅；

σ_{max}——计算部位应力循环中的最大拉应力（取正值）；

σ_{min}——计算部位应力循环中的最小拉应力（取正值）或压应力（取负值）；

$\Delta\tau$——构件或连接计算部位的剪应力幅；

τ_{max}——计算部位应力循环中的最大剪应力；

τ_{min}——计算部位应力循环中的最小剪应力；

$[\Delta\sigma_L]$——正应力幅的疲劳截止限，根据表3-34～表3-38规定的构件和连接类别，按表3-31采用；

$[\Delta\tau_L]$——剪应力幅的疲劳截止限，根据表3-39规定的构件和连接类别，按表3-32采用；

γ_t——板厚（或直径）的修正系数。

γ_t 按下列规定采用：

1）对于横向角焊缝连接和对接焊缝连接，当连接板厚度 t（mm）超过25mm时，应按下式计算：

$$\gamma_t = \left(\frac{25}{t}\right)^{0.25} \tag{3-173}$$

2）对于螺栓轴心受拉连接，当螺栓的公称直径 d（mm）大于30mm时，应按下式计算：

$$\gamma_t = \left(\frac{30}{d}\right)^{0.25} \tag{3-174}$$

3）其余情况取 $\gamma_t = 1.0$。

表3-31　正应力幅的疲劳计算参数

构件和连接类别	构件和连接的相关系数		循环次数 n 为 2×10^6 次的容许正应力幅 $[\Delta\sigma]_{2\times10^6}$（N/mm²）	循环次数 n 为 5×10^6 次的容许正应力幅 $[\Delta\sigma]_{5\times10^6}$（N/mm²）	疲劳截止限 $[\Delta\sigma_L]_{1\times10^8}$（N/mm²）
	C_Z	β_Z			
Z1	1920×10^{12}	4	176	140	85
Z2	861×10^{12}	4	144	115	70
Z3	3.91×10^{12}	3	125	92	51
Z4	2.81×10^{12}	3	112	83	46
Z5	2.00×10^{12}	3	100	74	41

续表 3-31

构件和连接类别	构件和连接的相关系数		循环次数 n 为 2×10^6 次的容许正应力幅 $[\Delta\sigma]_{2\times10^6}$ (N/mm^2)	循环次数 n 为 5×10^6 次的容许正应力幅 $[\Delta\sigma]_{5\times10^6}$ (N/mm^2)	疲劳截止限 $[\Delta\sigma_L]_{1\times10^8}$ (N/mm^2)
	C_Z	β_Z			
Z6	1.46×10^{12}	3	90	66	36
Z7	1.02×10^{12}	3	80	59	32
Z8	0.72×10^{12}	3	71	52	29
Z9	0.50×10^{12}	3	63	46	25
Z10	0.35×10^{12}	3	56	41	23
Z11	0.25×10^{12}	3	50	37	20
Z12	0.18×10^{12}	3	45	33	18
Z13	0.13×10^{12}	3	40	29	16
Z14	0.09×10^{12}	3	36	26	14

注：构件和连接的分类见表 3-34 ~ 表 3-38。

表 3-32　剪应力幅的疲劳计算参数

构件和连接类别	构件和连接的相关系数		循环次数 n 为 2×10^6 次的容许剪应力幅 $[\Delta\tau]_{2\times10^6}$ (N/mm^2)	疲劳截止限 $[\Delta\tau_L]_{1\times10^8}$ (N/mm^2)
	C_J	β_J		
J1	4.10×10^{11}	3	59	16
J2	2.00×10^{16}	5	100	46
J3	8.61×10^{21}	8	90	55

注：构件和连接的分类见表 3-39。

2　当常幅疲劳计算不能满足公式（3-168）、公式（3-171）要求时，应按下列规定进行计算：

（1）正应力幅的疲劳计算应符合下列规定：

$$\Delta\sigma \leqslant \gamma_t\,[\Delta\sigma] \tag{3-175}$$

当 $n\leqslant5\times10^6$ 时：

$$[\Delta\sigma] = \left(\frac{C_Z}{n}\right)^{1/\beta_Z} \tag{3-176a}$$

当 $5\times10^{6}<n\leqslant1\times10^{8}$ 时：

$$[\Delta\sigma]=\left[([\Delta\sigma]_{5\times10^{6}})^{2}\frac{C_{Z}}{n}\right]^{1/(\beta_{Z}+2)} \tag{3-176b}$$

当 $n>1\times10^{8}$ 时：

$$[\Delta\sigma]=[\Delta\sigma_{L}]_{1\times10^{8}} \tag{3-176c}$$

（2）剪应力幅的疲劳计算应符合下列规定：

$$\Delta\tau\leqslant[\Delta\tau] \tag{3-177}$$

当 $n\leqslant1\times10^{8}$ 时：

$$[\Delta\tau]=\left(\frac{C_{J}}{n}\right)^{1/\beta_{J}} \tag{3-178a}$$

当 $n>1\times10^{8}$ 时：

$$[\Delta\tau]=[\Delta\tau_{L}]_{1\times10^{8}} \tag{3-178b}$$

式中 $[\Delta\sigma]$——常幅疲劳的容许正应力幅；

n——应力循环次数；

C_{Z}、β_{Z}——构件和连接的相关系数，根据表 3－34～表 3－38 规定的构件和连接类别，按表 3－31 采用；

$[\Delta\sigma]_{5\times10^{6}}$——循环次数 n 为 5×1.0^{6} 次的容许正应力幅，根据表 3－34～表 3－38 规定的构件和连接类别，按表 3－31 采用；

$[\Delta\tau]$——常幅疲劳的容许剪应力幅；

C_{J}、β_{J}——构件与连接的相关系数，根据表 3－39 规定的构件和连接类别，按表 3－32 采用。

3 当变幅疲劳计算不能满足公式（3－168）、公式（3－171）要求，若能预测结构在使用寿命期间各种荷载的频率分布、应力幅水平以及频次分布总和所构成的设计应力幅时，可按下列规定计算：

（1）正应力幅的疲劳计算应符合下列规定：

$$\Delta\sigma_{e}\leqslant\gamma_{t}[\Delta\sigma]_{2\times10^{6}} \tag{3-179}$$

$$\Delta\sigma_{e}=\left[\frac{\sum n_{i}(\Delta\sigma_{i})^{\beta_{Z}}+([\Delta\sigma]_{5\times10^{6}})^{-2}\sum n_{j}(\Delta\sigma_{j})^{\beta_{Z}+2}}{2\times10^{6}}\right]^{1/\beta_{Z}} \tag{3-180}$$

（2）剪应力幅的疲劳计算应符合下列规定：

$$\Delta\tau_{e}\leqslant[\Delta\tau]_{2\times10^{6}} \tag{3-181}$$

$$\Delta\tau_{e}=\left[\frac{\sum n_{i}(\Delta\tau_{i})^{\beta_{J}}}{2\times10^{6}}\right]^{1/\beta_{J}} \tag{3-182}$$

式中 $\Delta\sigma_{e}$——由变幅疲劳根据结构预期使用寿命（总循环次数 $n=\sum n_{i}+\sum n_{j}$）折算成循环次数 n 为 2×10^{6} 次常幅疲劳的等效正应力幅；

$[\Delta\sigma]_{2\times10^{6}}$——循环次数 n 为 2×10^{6} 次的容许正应力幅，根据 3－34～表 3－38 规定的构件和连接类别，按表 3－31 采用；

$\Delta\sigma_{i}$、n_{i}——分别为应力谱中循环次数 $n\leqslant5\times10^{6}$ 范围内的正应力幅及频次；

$\Delta\sigma_{j}$、n_{j}——分别为应力谱中循环次数 n 在（$5\times10^{6}<n\leqslant1\times10^{8}$）范围内的正应力幅及频次；

$\Delta\tau_{e}$——由变幅疲劳根据结构预期使用寿命（总循环次数 $n=\sum n_{i}$）折算成循环次

数 n 为 2×10^6 次常幅疲劳的等效剪应力幅；

$[\Delta\tau]_{2\times10^6}$——循环次数 n 为 2×10^6 次的容许剪应力幅，根据表 3-39 规定的构件和连接类别，按表 3-32 采用；

$\Delta\tau_i$、n_i——分别为应力谱中循环次数 $n\leqslant1\times10^8$ 范围内的剪应力幅及频次。

4 重级工作制吊车梁和重级、中级工作制吊车桁架的变幅疲劳可取应力循环中最大的应力幅按下列公式计算：

（1）正应力幅的疲劳计算应符合下式要求：

$$\alpha_f\Delta\sigma_e\leqslant\gamma_t[\Delta\sigma]_{2\times10^6} \tag{3-183}$$

（2）剪应力幅的疲劳计算应符合下式要求：

$$\alpha_f\Delta\tau_e\leqslant[\Delta\tau]_{2\times10^6} \tag{3-184}$$

式中 α_f——欠载效应的等效系数，按表 3-33 采用。

表 3-33 吊车梁和吊车桁架欠载效应的等效系数 α_f

吊车类别	α_f
A6、A7 工作级别（重级）的硬钩吊车（如均热炉车间夹钳吊车）	1.0
A6、A7 工作级别（重级）的软钩吊车	0.8
A4、A5 工作级别（中级）的吊车	0.5

5 直接承受动力荷载重复作用的高强度螺栓连接，其疲劳计算应符合下列原则。

（1）抗剪摩擦型连接可不进行疲劳验算，但其连接处开孔主体金属应进行疲劳计算。

（2）栓焊并用连接应力应按全部剪力由焊缝承担的原则，对焊缝进行疲劳计算。

6 对于特殊条件（如构件表面温度高于 150℃、处于海水腐蚀环境、焊后经热处理消除残余应力以及构件处于低周—高应变疲劳状态等）的结构构件及其连接的疲劳计算另行确定。

3.5.3 防脆断构造。

1 钢结构连接构造和加工工艺的选择应减少结构的应力集中和焊接约束应力，焊接构件宜采用较薄的板件组成。

2 减少焊缝的数量和降低焊缝尺寸，避免构件焊缝过分集中或多条焊缝交汇。

3 在工作温度≤30℃的地区，焊接构件宜采用实腹式，避免采用手工焊接的格构式构件。

4 在工作温度≤20℃的地区，焊接连接的构造应符合下列要求。

（1）在桁架节点板上，腹杆与弦杆相邻焊缝焊趾间净距不宜小于 $2.5t$，t 为节点板厚度。

（2）节点板与构件主材的焊接连接处宜做成半径 r 不小于 60mm 的圆弧并予以打磨，使之平缓过渡。

（3）在构件拼接连接部位，应使拼接件自由段的长度不小于 $5t$，t 为拼接件厚度，见图 3-15。

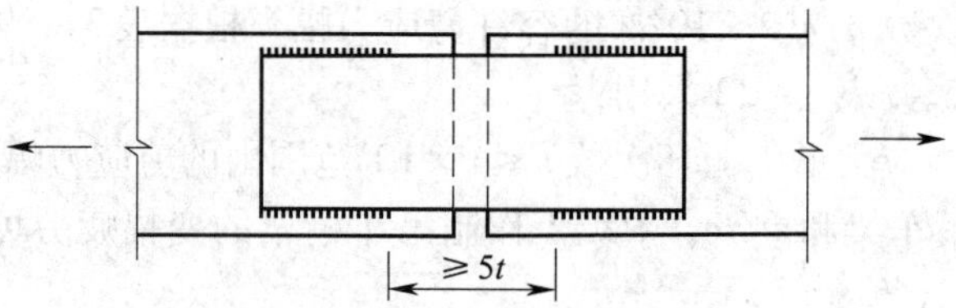

图 3－15　盖板拼接处的构造

5　在工作温度≤20℃的地区，结构设计及施工应符合下列要求。

（1）承重构件和节点的连接宜采用螺栓连接，施工临时安装连接应避免采用焊缝连接。

（2）受拉构件钢材的边缘宜为轧制边或自动气割边；对厚度大于 10mm 的钢材采用手工气割或剪切边时，应沿全长刨边。

（3）板件制孔应采用钻成孔或先冲后扩钻孔。

（4）受拉构件或受弯构件的拉应力区，不宜采用角焊缝。

（5）对焊缝的质量等级不得低于二级。

3.5.4　疲劳计算的构件和连接分类。

疲劳计算的构件和连接分类见表 3－34～表 3－39。

表 3－34　非焊接的构件和连接分类

项次	构造细节	说明	类别
1	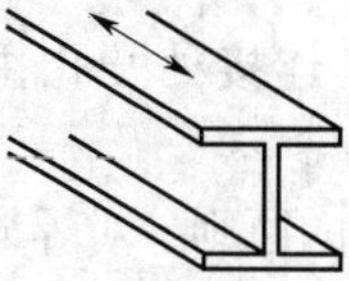	无连接处的母材 轧制型钢	Z1
2	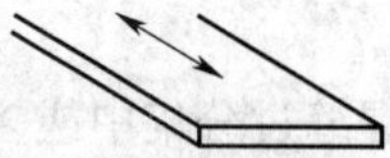	无连接处的母材 钢板 （1）两边为轧制边或刨边； （2）两侧为自动、半自动切割边（切割质量标准应符合现行国家标准《钢结构工程施工质量验收规范》GB 50205）	 Z1 Z2
3	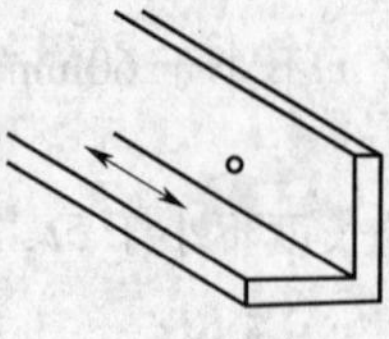	连接螺栓和虚孔处的母材 应力以净截面面积计算	Z4

续表 3－34

项次	构造细节	说明	类别
4	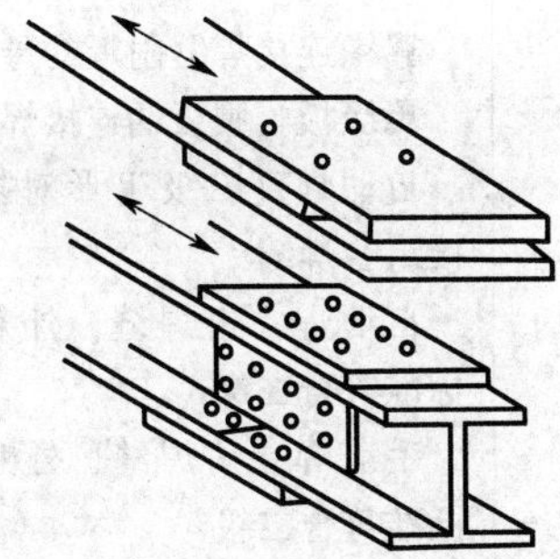	螺栓连接处的母材 高强度螺栓摩擦型连接应力以毛截面面积计算；其他螺栓连接应力以净截面面积计算 铆钉连接处的母材 连接应力以净截面面积计算	Z2 Z4
5	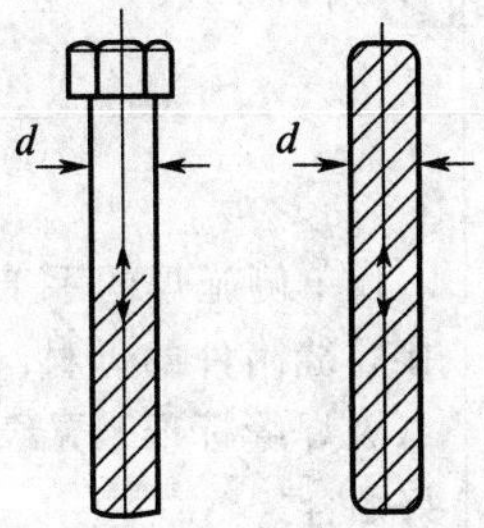	受拉螺栓的螺纹处母材 连接板件应有足够的刚度，保证不产生撬力。否则受拉正应力应考虑撬力及其他因素产生的全部附加应力 对于直径大于30mm螺栓，需要考虑尺寸效应对容许应力幅进行修正，修正系数 γ_t： $\gamma_t=\left(\frac{30}{d}\right)^{0.25}$ d 是螺栓直径，单位为mm	Z11

注：箭头表示计算应力幅的位置和方向。

表 3－35　纵向传力焊缝的构件和连接分类

项次	构造细节	说明	类别
1	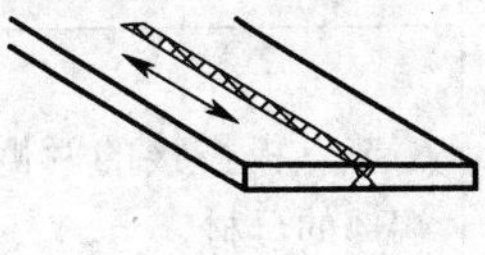	无垫板的纵向对接焊缝附近的母材 焊缝符合二级焊缝标准	Z2
2	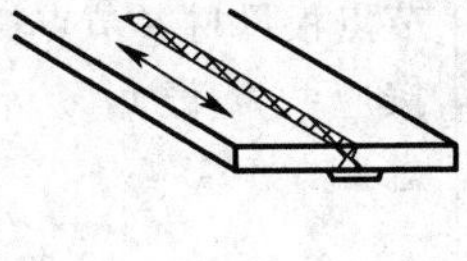	有连接垫板的纵向自动对接焊缝附近的母材 (1) 无起弧、灭弧 (2) 有起弧、灭弧	Z4 Z5

续表 3－35

项次	构造细节	说明	类别
3	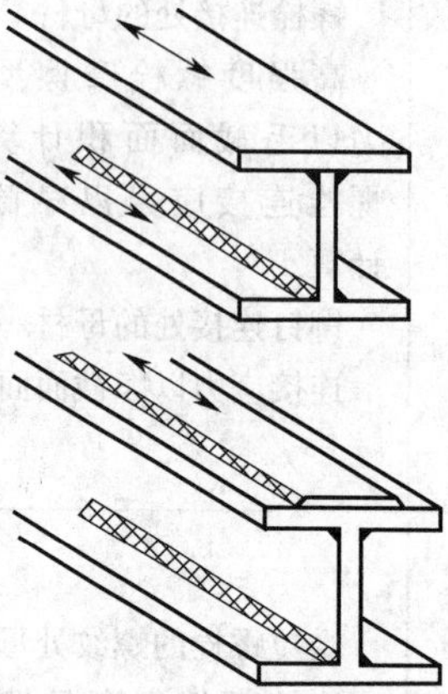	翼缘连接焊缝附近的母材 翼缘板与腹板的连接焊缝 自动焊，二级 T 形对接与角接组合焊缝 自动焊，角焊缝，外观质量标准符合二级 手工焊，角焊缝，外观质量标准符合二级 双层翼缘板之间的连接焊缝 自动焊，角焊缝，外观质量标准符合二级 手工焊，角焊缝，外观质量标准符合二级	 Z2 Z4 Z5 Z4 Z5
4	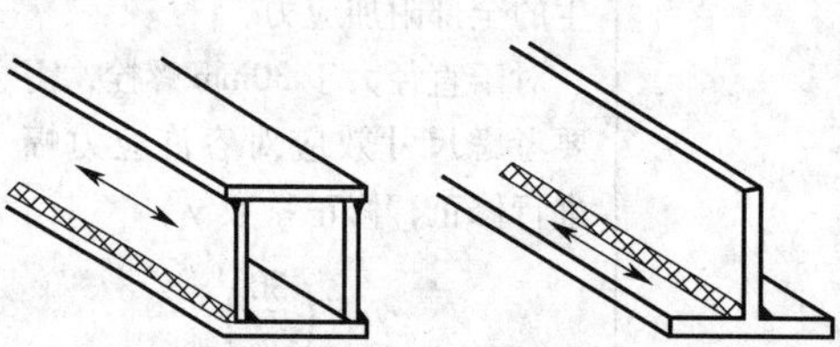	仅单侧施焊的手工或自动对接焊缝附件的母材，焊缝符合二级焊缝标准，翼缘与腹板很好贴合	Z5
5	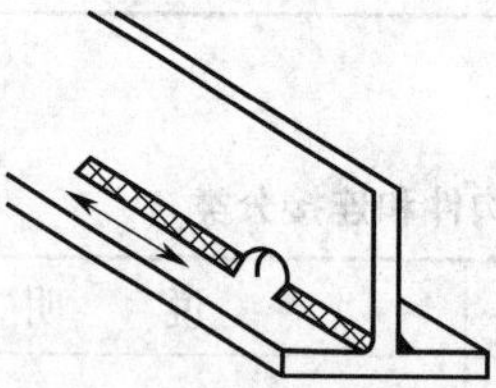	开工艺孔处焊缝符合二级焊缝标准的对接焊缝、焊缝外观质量符合二级焊缝标准的角焊缝等附近的母材	Z8
6	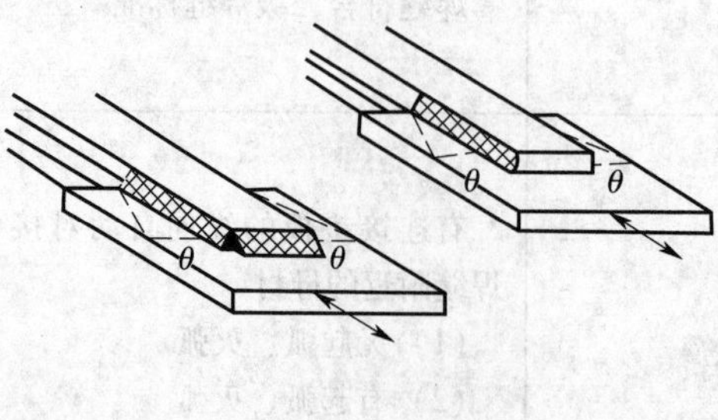	节点板搭接的两侧面角焊缝端部的母材 节点板搭接的三面围焊时两侧角焊缝端部的母材 三面围焊或两侧面角焊缝的节点板母材（节点板计算宽度按应力扩散角 θ 等于 30° 考虑）	Z10 Z8 Z8

注：箭头表示计算应力幅的位置和方向。

表3-36 横向传力焊缝的构件和连接分类

项次	构造细节	说明	类别
1	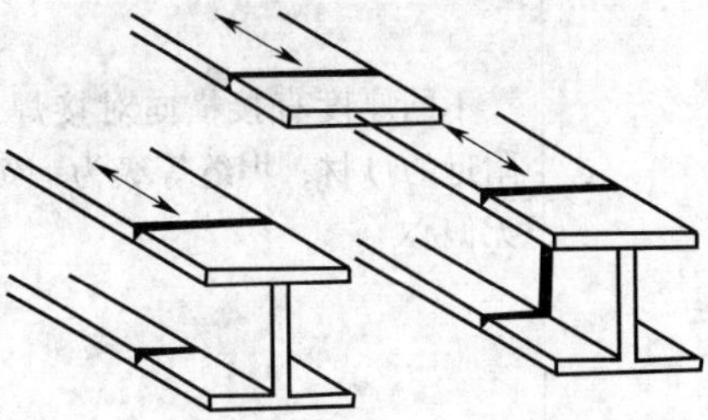	横向对接焊缝附近的母材，轧制梁对接焊缝附近的母材 符合现行国家标准《钢结构工程施工质量验收规范》GB 50205 的一级焊缝，且经加工、磨平 符合现行国家标准《钢结构工程施工质量验收规范》GB 50205 的一级焊缝	Z2 Z4
2	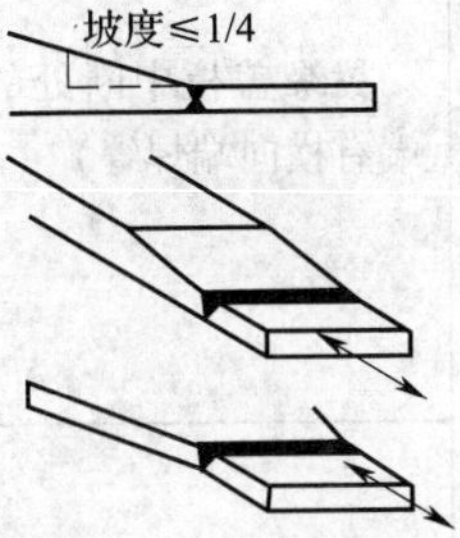	不同厚度（或宽度）横向对接焊缝附近的母材 符合现行国家标准《钢结构工程施工质量验收规范》GB 50205的一级焊缝，且经加工、磨平 符合现行国家标准《钢结构工程施工质量验收规范》GB 50205的一级焊缝	Z2 Z4
3	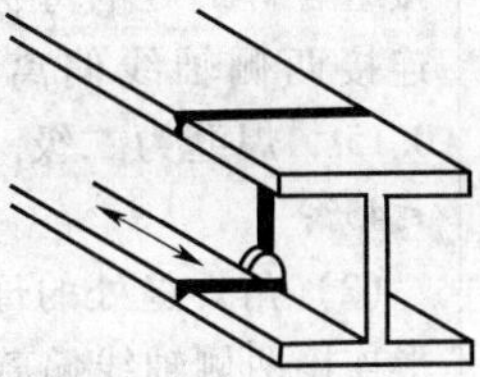	有工艺孔的轧制梁对接焊缝附近的母材，焊缝加工成平滑过渡并符合一级焊缝标准	Z6
4	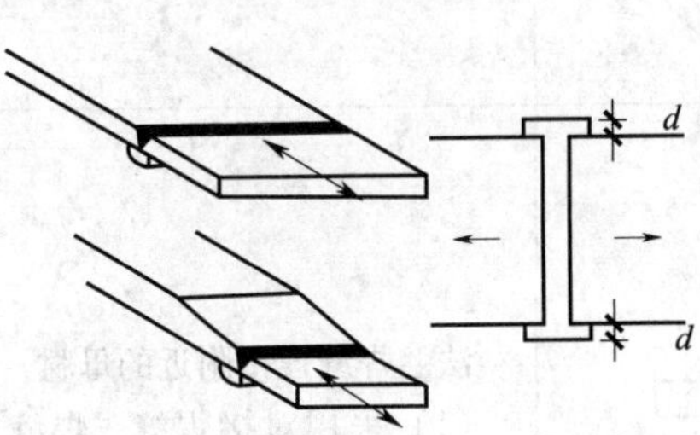	带垫板的横向对接焊缝附近的母材 垫板端部超出母板距离 d $d \geqslant 10$mm $d < 10$mm	 Z8 Z11
5	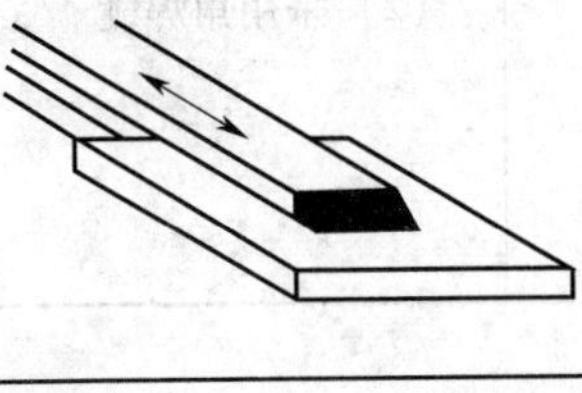	节点板搭接的端面角焊缝的母材	Z7

续表 3－36

项次	构造细节	说明	类别
6	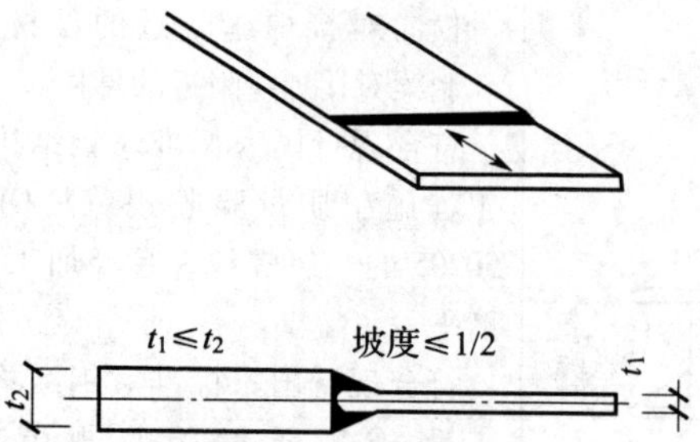	不同厚度直接横向对接焊缝附近的母材，焊缝等级为一级，无偏心	Z8
7	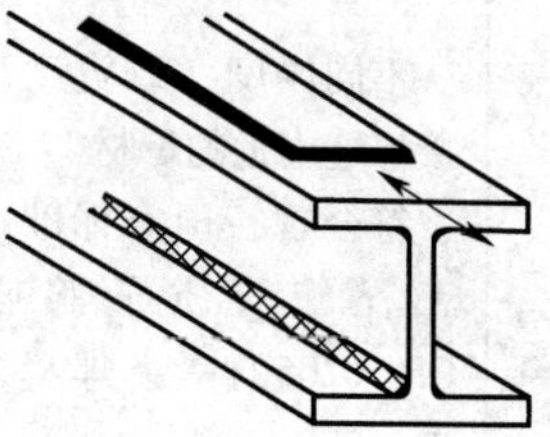	翼缘盖板中断处的母材（板端有横向端焊缝）	Z8
8	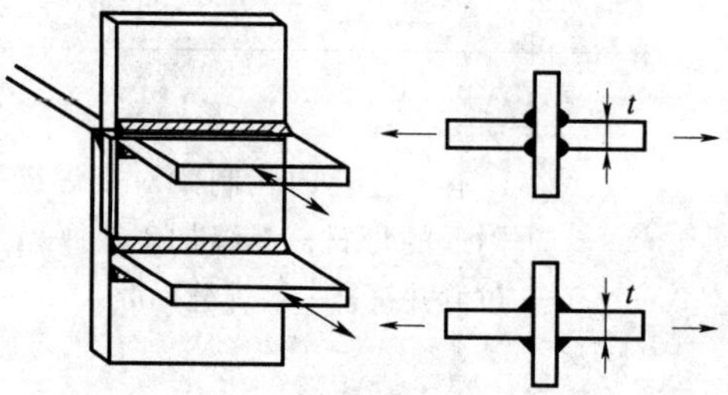	十字形连接、T形连接 （1）K形坡口、T形对接与角接组合焊缝处的母材，十字形连接两侧轴线偏离距离小于0.15t，焊缝为二级，焊趾角 $\alpha \leqslant 45°$； （2）角焊缝处的母材，十字形连接两侧轴线偏离距离小于0.15t	Z6 Z8
9	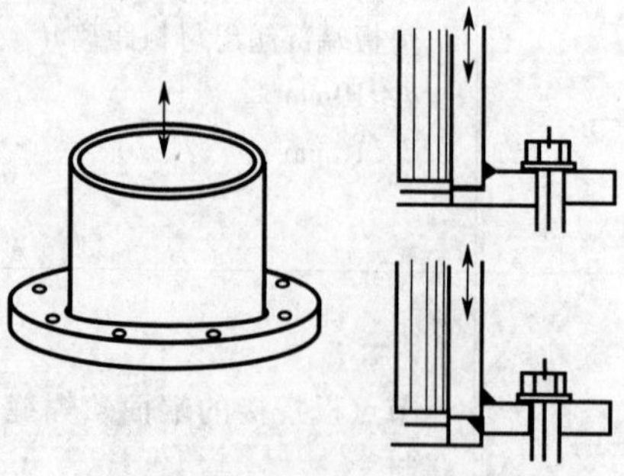	法兰焊缝连接附近的母材 （1）采用对接焊缝，焊缝为一级； （2）采用角焊缝	Z8 Z13

注：箭头表示计算应力幅的位置和方向。

表 3－37　非传力焊缝的构件和连接分类

项次	构造细节	说　明	类别
1	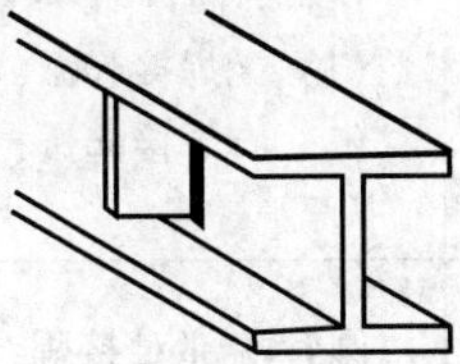	横向加劲肋端部附近的母材 肋端焊缝不断弧（采用回焊） 肋端焊缝断弧	 Z5 Z6
2	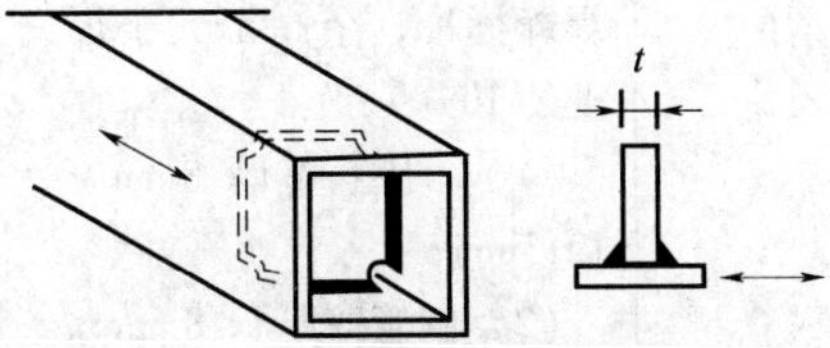	横向焊接附件附近的母材 （1）$t \leqslant 50$mm； （2）$50\text{mm} < t \leqslant 80$mm t 为焊接附件的板厚	 Z7 Z8
3	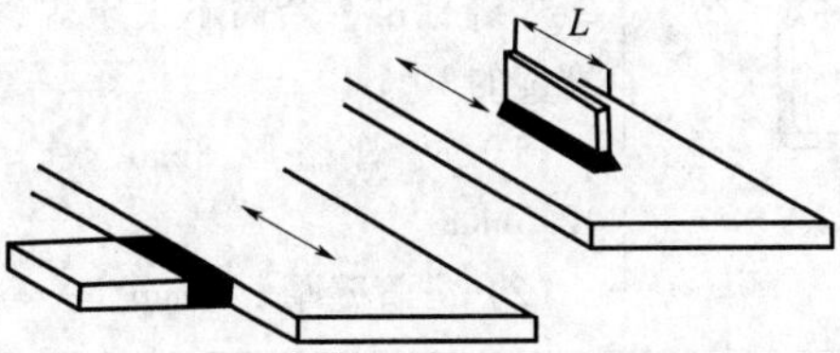	矩形节点板焊接于构件翼缘或腹板处的母材 （节点板焊缝方向的长度 $L >$ 150mm）	Z8
4	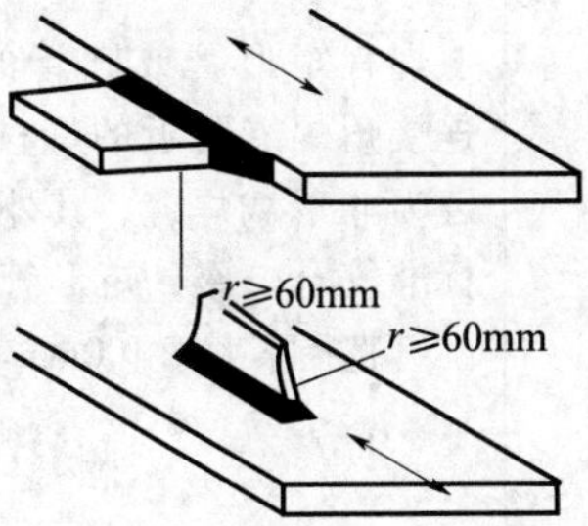	带圆弧的梯形节点板用对接焊缝焊于梁翼缘、腹板以及桁架构件处的母材，圆弧过渡处在焊后铲平、磨光、圆滑过渡，不得有焊接起弧、灭弧缺陷	Z6
5	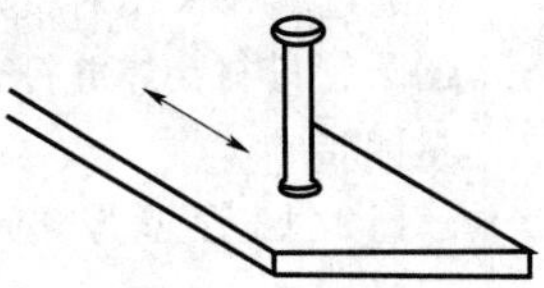	焊接剪力栓钉附近的钢板母材	Z7

注：箭头表示计算应力幅的位置和方向。

表 3－38　钢管截面的构件和连接分类

项次	构造细节	说　明	类别
1	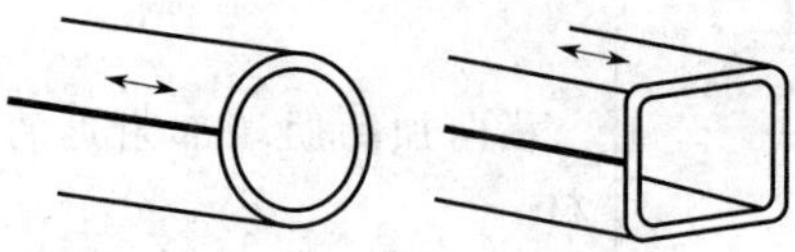	钢管纵向自动焊缝的母材 （1）无焊接起弧、灭弧点； （2）有焊接起弧、灭弧点	 Z3 Z6
2	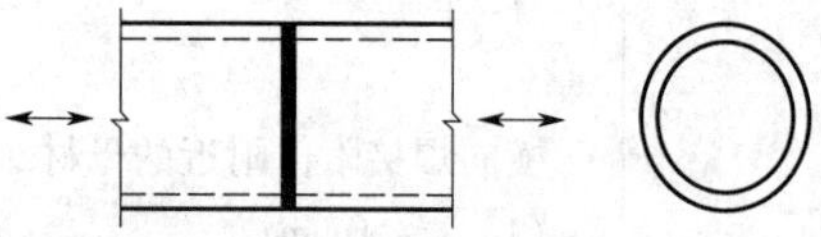	圆管端部对接焊缝附近的母材，焊缝平滑过渡并符合现行国家标准《钢结构工程施工质量验收规范》GB 50205 的一级焊缝标准，余高不大于焊缝宽度的 10% （1）圆管壁厚 8mm ＜ t ≤ 12.5mm； （2）圆管壁厚 t≤8mm	 Z6 Z8
3	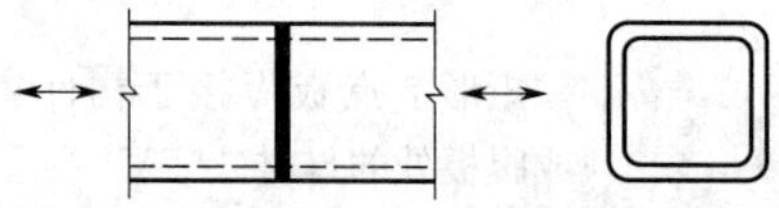	矩形管端部对接焊缝附近的母材，焊缝平滑过渡并符合一级焊缝标准，余高不大于焊缝宽度的 10% （1）方管壁厚 8mm ＜ t ≤ 12.5mm； （2）方管壁厚 t≤8mm	 Z8 Z10
4	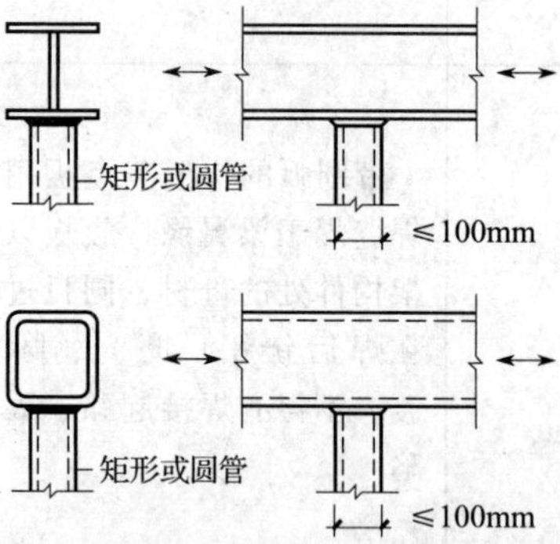	焊有矩形管或圆管的构件，连接角焊缝附近的母材，角焊缝为非承载焊缝，其外观质量标准符合二级，矩形管宽度或圆管直径不大于 100mm	Z8
5	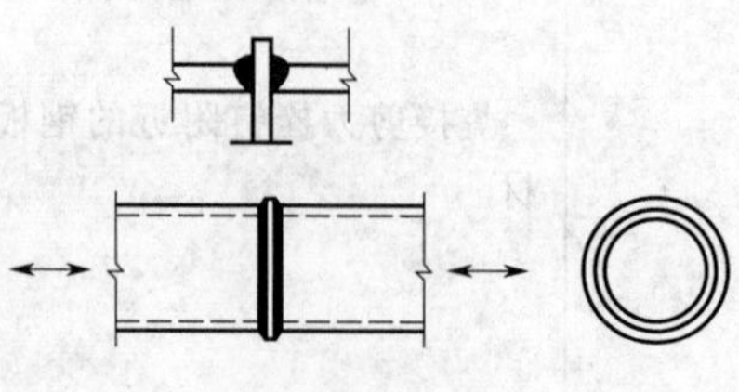	通过端板采用对接焊缝拼接的圆管母材，焊缝符合一级质量标准 （1）圆管壁厚 8mm ＜ t ≤ 12.5mm； （2）圆管壁厚 t≤8mm	 Z10 Z11

续表 3－38

项次	构造细节	说明	类别
6	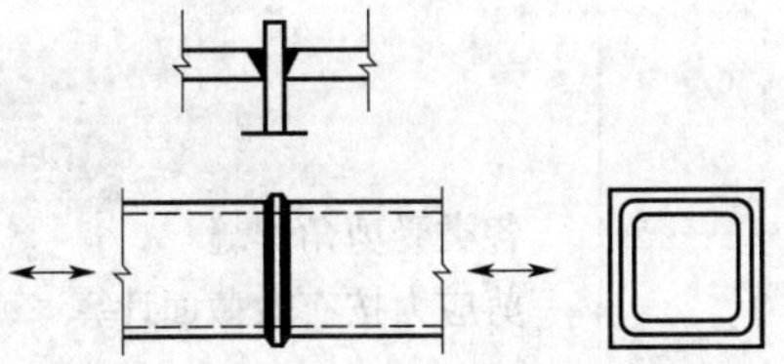	通过端板采用对接焊缝拼接的矩形管母材，焊缝符合一级质量标准 （1）方管壁厚 8mm ＜ t ≤ 12.5mm； （2）方管壁厚 t≤8mm	Z11 Z12
7	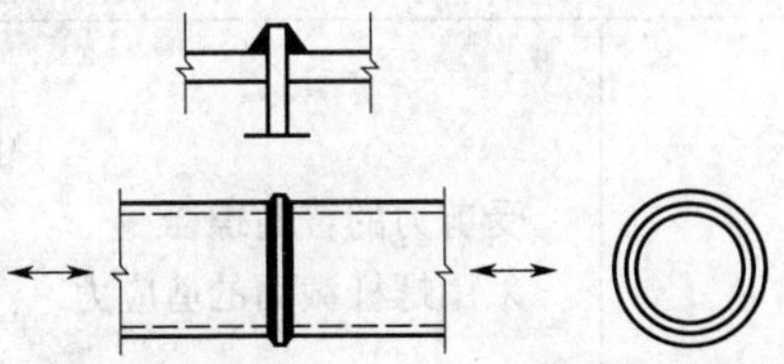	通过端板采用角焊缝拼接的圆管母材，焊缝外观质量标准符合二级，管壁厚度 t≤8mm	Z13
8	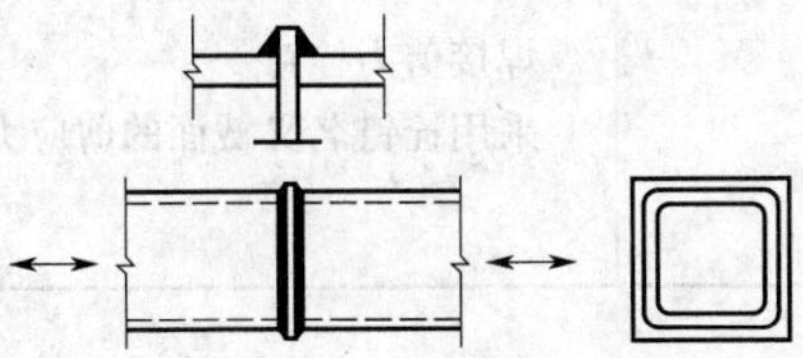	通过端板采用角焊缝拼接的矩形管母材，焊缝外观质量标准符合二级，管壁厚度 t≤8mm	Z14
9	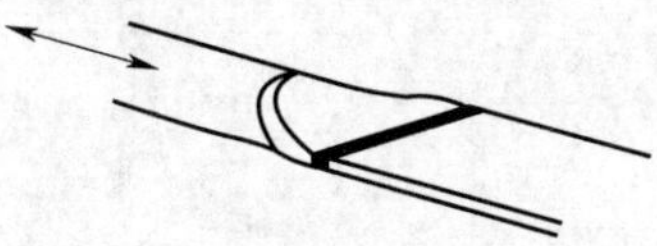	钢管端部压偏与钢板对接焊缝连接（仅适用于直径小于200mm 的钢管），计算时采用钢管的应力幅	Z8
10	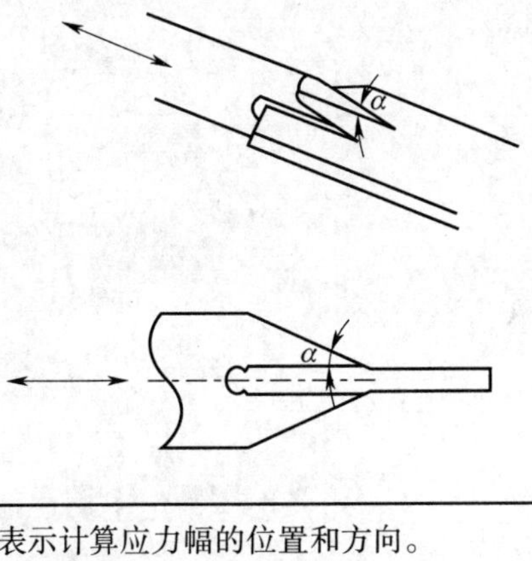	钢管端部开设槽口与钢板角焊缝连接，槽口端部为圆弧，计算时采用钢管的应力幅 （1）倾斜角 α≤45°； （2）倾斜角 α＞45°	Z8 Z9

注：箭头表示计算应力幅的位置和方向。

表 3-39　剪应力作用下的构件和连接分类

项次	构造细节	说明	类别
1	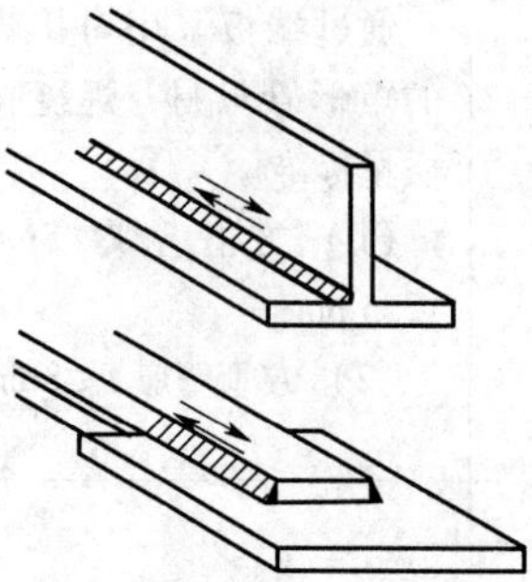	各类受剪角焊缝 剪应力按有效截面计算	J1
2	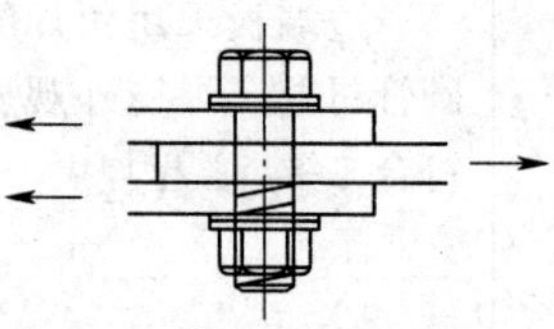	受剪力的普通螺栓 采用螺杆截面的剪应力	J2
3	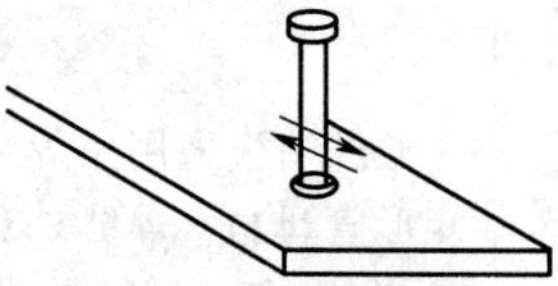	焊接剪力栓钉 采用栓钉名义截面的剪应力	J3

注：箭头表示计算应力幅的位置和方向。

4 连　接

4.1 焊　接

4.1.1 焊接质量等级。

焊缝设计应根据结构的重要性、荷载特性、焊缝形式、工作环境以及应力状态等情况，按下述原则分别选用不同的焊缝质量等级。

1 在承受动荷载且需要进行疲劳验算的构件中，凡要求与母材等强连接的焊缝应予焊透，其质量等级为：

（1）作用力垂直于焊缝长度方向的横向对接焊缝或T形对接与角接组合焊缝，受拉时应为一级，受压时应为二级；

（2）作用力平行于焊缝长度方向的纵向对接焊缝应为二级。

2 重级工作制（A6～A8）和起重量Q≥50t的中级工作制（A4、A5）吊车梁的腹板与上翼缘之间以及吊车桁架上弦杆与节点板之间的T形接头焊缝均要求焊透，焊缝形式宜为对接与角接的组合焊缝，其质量等级不应低于二级。

3 在工作环境温度低于或等于－20℃地区，构件对接焊缝的质量等级不应低于二级。

4 不需要疲劳计算的构件中，凡要求与母材等强的对接焊缝宜予焊透，其质量等级当受拉时应不低于二级，受压时宜为二级。

5 部分焊透的对接焊缝，不要求焊透的T形接头采用的角焊缝或部分焊透的对接与角接组合焊缝，以及搭接连接采用的角焊缝，其质量等级为：

（1）对直接承受动荷载且需要验算疲劳的构件和起重机起重量等于或大于50t的中级工作制吊车梁以及梁柱、牛腿等重要节点，焊缝的质量等级应符合二级；

（2）对其他结构，焊缝的外观质量等级可为三级。

4.1.2 T形、十字形焊接角接接头。

当其翼缘厚度≥40mm时，宜采用对硫含量限制的钢板，或既对含硫量限制又对厚度方向性能有要求的钢板（见表4－1）。

表4－1 钢板含硫量及厚度方向性能

低硫钢板		厚度方向性能钢板GB/T 5313		
级别	含硫量≤（%）	级别	Z向断面收缩率≥（%）	含硫量≤（%）
S1	0.01	Z15	15	0.01
S2	0.007	Z25	25	0.007
S3	0.005	Z35	35	0.005

4.1.3 焊接结构焊前预热或焊后热处理。

应根据材质、焊件厚度、焊接工艺、施焊时环境温度以及结构的性能要求等因素来确定，焊接的最低预热温度与层间温度应按表4－2确定，或根据实际工程施焊时的环境温度通过工艺评定试验确定，并在设计文件中加以说明。

表 4-2 最低预热温度和层间温度（℃）

钢材牌号	接头最厚部件厚度 t（mm）				
	$t<20$	$20\leqslant t\leqslant 40$	$40<t\leqslant 60$	$60<t\leqslant 80$	$t>80$
Q235	—	—	40	50	80
Q345	—	40	60	80	100
Q390，Q420	20	60	80	100	120
Q460	20	80	100	120	150

4.1.4 焊接连接形式。

常用的焊接连接形式见图 4-1。

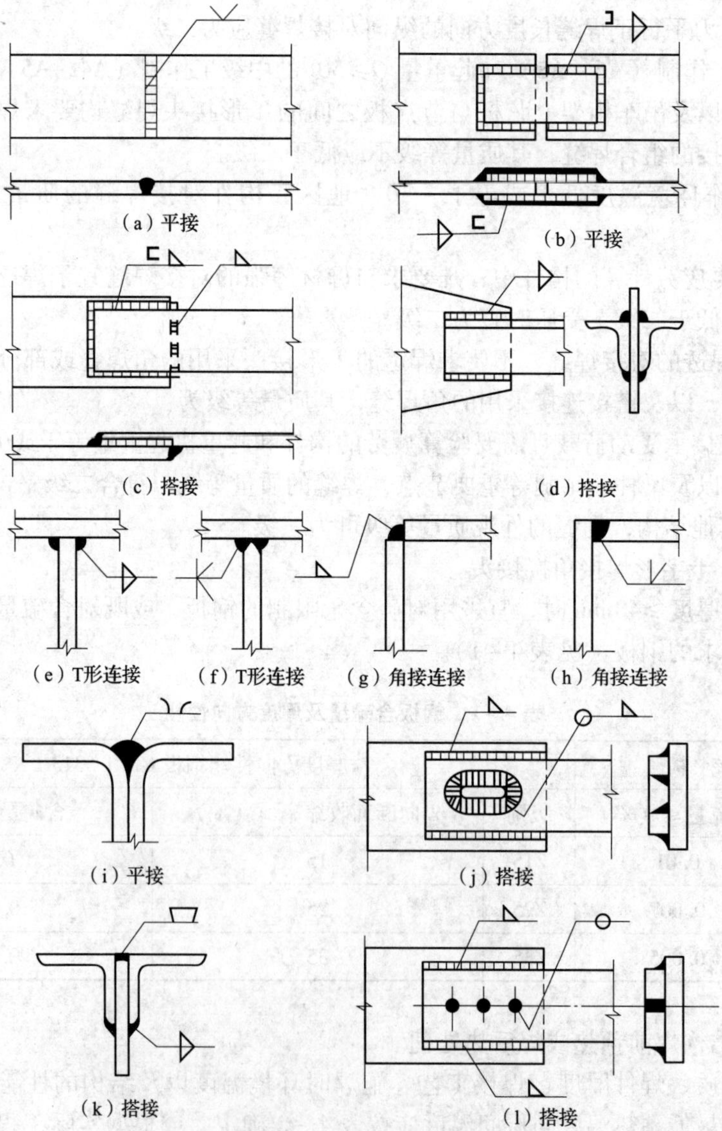

图 4-1 焊接连接形式

图4－1（a）（b）用于构件拼接；图4－1（a）为正焊缝，为充分发挥截面强度也可采用斜焊缝。图4－1（d）为侧焊缝。图4－1（c）（d）（j）（l）为搭接传力连接；图4－1（c）（j）（l）为单面搭接连接，焊缝存在偏心。

4.1.5 全焊透的对接焊缝截面形式。

对接焊缝主要用于刚架梁、柱的翼缘和腹板的连接，它通常有五种截面形式：不开坡口的矩形、开剖口的V形、X形、U形及K形（表4－3）。这种焊缝的优点是：用料经济、传力均匀，没有显著的应力集中（对于承受动力荷载作用的结构采用对接焊缝最为有利）。它的缺点是：施焊时要使杆件保持一定的间隙，板边切割加工尺寸要求较严，对于较厚的构件还需加工坡口。

表4－3 对接焊缝的截面形式

项次	焊缝形式	截面图形	钢板厚度	说明
1	不开坡口	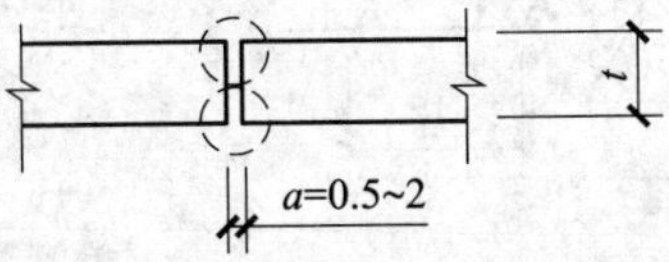	3～6	清根
2	V形缝	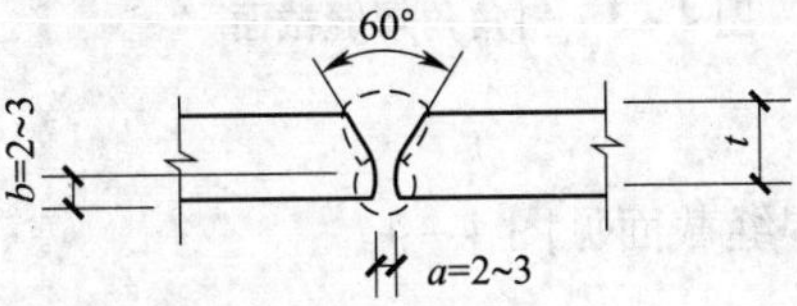	≥6	清根
3	X形缝	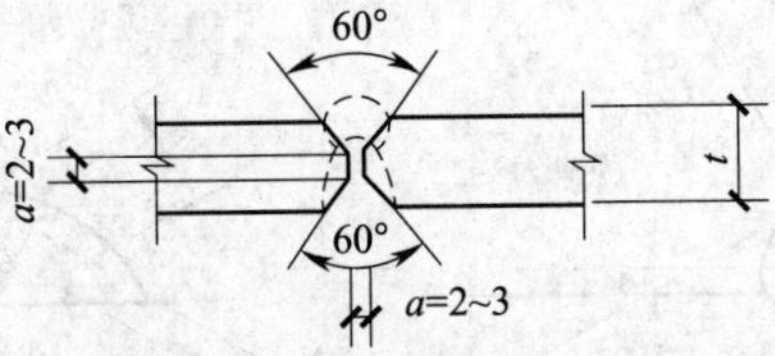	≥20	清根
4	U形缝	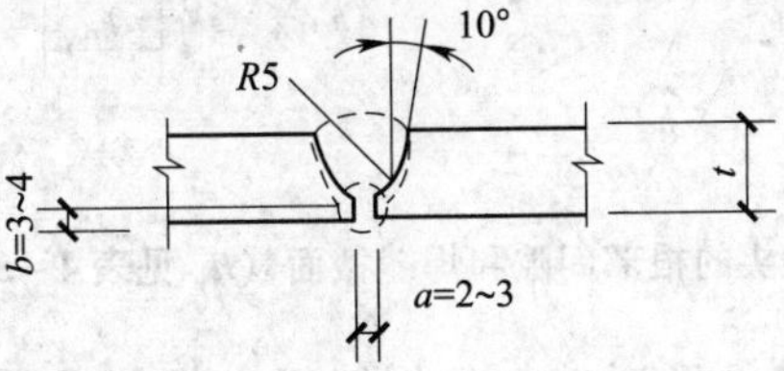	≥20	用于不能双面焊时，焊缝根部需作补焊
5	K形缝	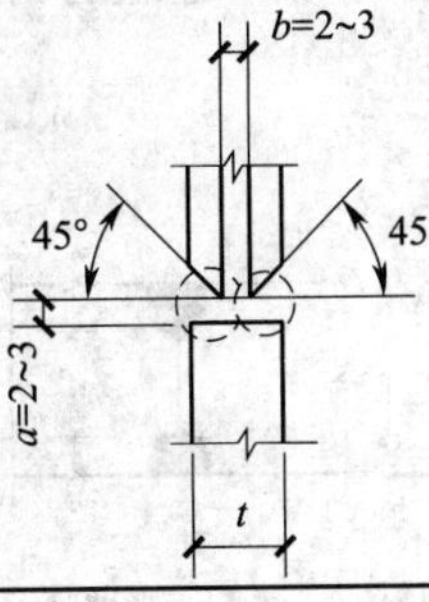	≥20	用于立焊时的水平焊缝

4.1.6 角焊缝的截面形式。

1 T形接头的直角角焊缝截面形式见图4－2。

2 T形接头的斜角角焊缝截面形式见图4－3。

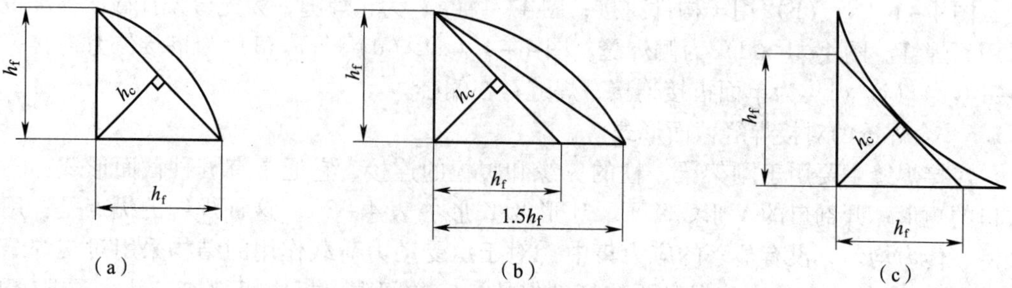

图 4-2 直角角焊缝截面

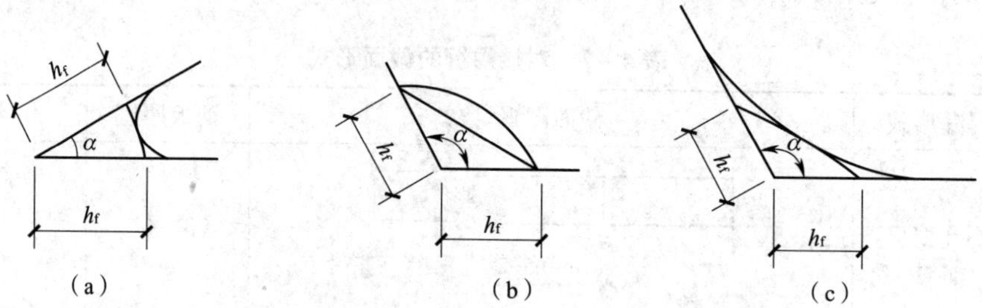

图 4-3 斜角角焊缝截面

图中 60°≤α≤135°。

3 T 形接头的根部间隙和焊缝截面见图 4-4。

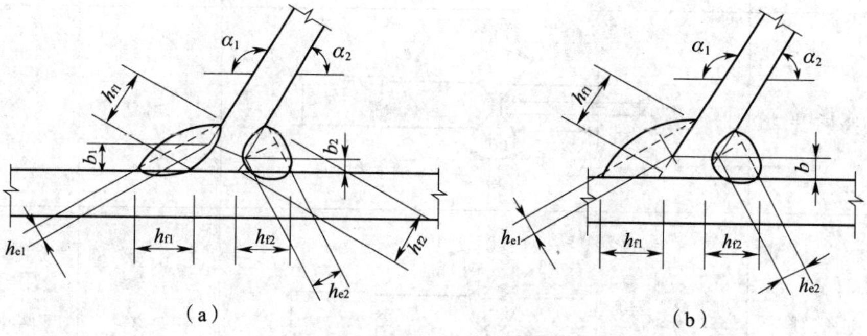

图 4-4 T 形接头的根部间隙和焊缝截面（h_e 见表 4-5 说明）

4.1.7 部分焊透的对接焊缝和 T 形对接与角焊缝组合焊缝见图 4-5 及现行国家标准《钢结构焊接规范》GB 50661。

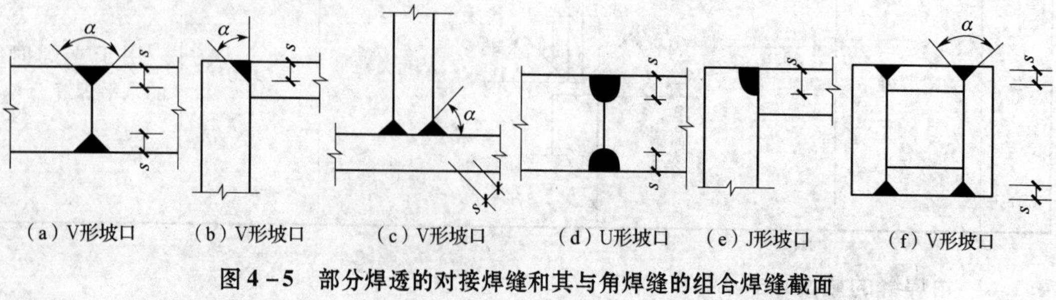

（a）V形坡口 （b）V形坡口 （c）V形坡口 （d）U形坡口 （e）J形坡口 （f）V形坡口

图 4-5 部分焊透的对接焊缝和其与角焊缝的组合焊缝截面

图 4-5 中除图（c）为 T 形对接与角焊缝组合焊缝外余均为对接焊缝。

4.1.8 对接焊缝和角焊缝的连接计算。

1 完全焊透的对接焊缝和T形连接焊缝，应按表4－4所列公式计算强度。

2 角焊缝的连接应按表4－5公式计算强度。

3 部分焊透的对接焊缝［图4－5（a）、（b）、（c）、（d）、（e）、（f）］或T形接头与角焊缝组合焊缝［图4－5（c）］的强度，应按表4－5的角焊缝计算公式计算，但在垂直于焊缝长度方向的压力作用下取 $\beta_f = 1.22$，其他受力情况下取 $\beta_f = 1.0$，其计算厚度见表4－6。

表4－4 完全焊透的对接焊缝和T形连接焊缝的强度计算公式

项次	受力情况	计算内容	公式	说明
1	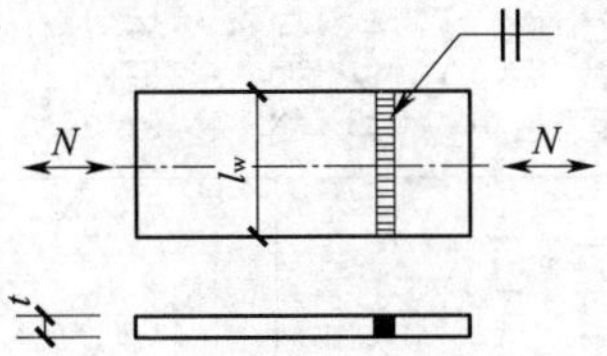	拉应力或压应力	$\sigma = \frac{N}{tl_w} \leqslant f_t^w$ 或 $\leqslant f_c^w$ （4－1）	M、N、V——弯矩，轴心力和剪力； t——连接件的较小厚度，在T形连接中为腹板厚度； l_w——焊缝计算长度，为设计长度减2t（有引弧板时可不减）； A_w、W_w——焊缝截面面积和截面模量； S_w——所求剪应力处以上的焊缝截面对中和轴的面积矩； I_w——焊缝截面对其中和轴的惯性矩； W_{w1}、S_{w1}——1点处正应力所用的焊缝截面模量和面积矩； f_t^w、f_c^w、f_v^w——对接焊缝的抗拉、抗压和抗剪强度设计值，按表2－6采用
2	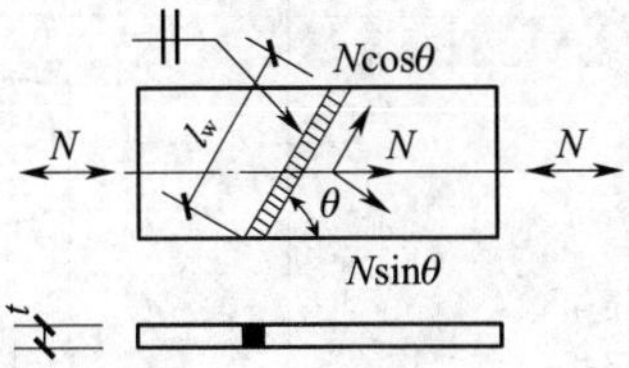	拉应力或压应力	$\sigma = \frac{N\sin\theta}{tl_w} \leqslant f_t^w$ 或 $\leqslant f_c^w$ （4－2）	
		剪应力	$\tau = \frac{N\cos\theta}{tl_w} \leqslant f_v^w$ （4－3）	
3	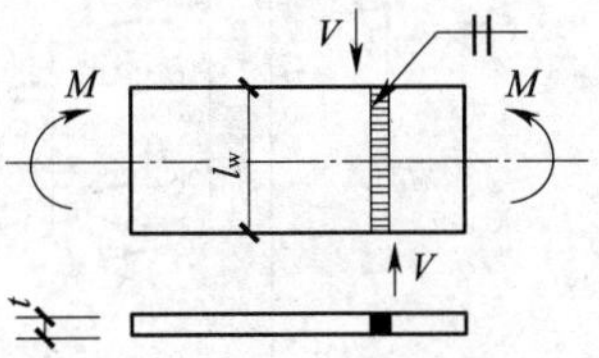	正应力	$\sigma = \frac{6M}{tl_w} \leqslant f_t^w$ 或 f_c^w （4－4）	
		剪应力	$\tau = \frac{1.5V}{tl_w} \leqslant f_v^w$ （4－5）	
4	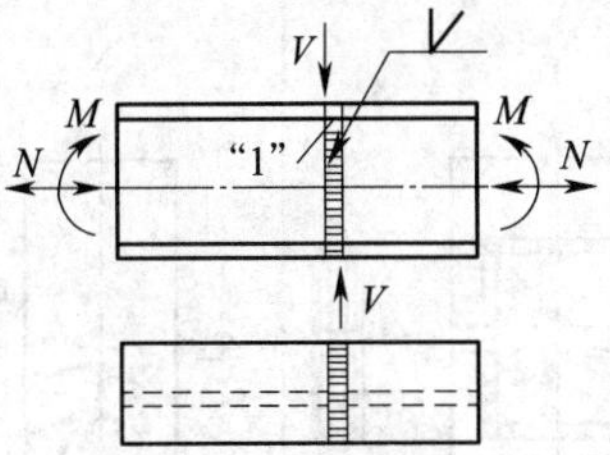	正应力	$\sigma = \frac{N}{A} + \frac{M}{W_w} \leqslant f_t^w$ 或 f_c^w （4－6）	
		剪应力	$\tau = \frac{VS_w}{I_w \mathrm{t}} \leqslant f_v^w$ （4－7）	
		折算应力	$\sqrt{\sigma_1^2 + 3 \times \tau_1^2} = \sqrt{\left(\frac{N}{A_w} + \frac{M}{W_{w1}}\right)^2 + 3\left(\frac{VS_{w1}}{I_w t}\right)^2} \leqslant 1.1 f_t^w$ （4－8）	

注：1 序号2中当 $\tan\theta \leqslant 1.5$ 时可不计算。

2 在对接接头和T形接头中，在同时受有较大的正应力和剪应力处（梁腹板横向对接焊缝的端部）才需用公式（4－8）计算。

表 4－5　角焊缝连接的强度计算公式

项次	受力情况	公　式	说　明
1	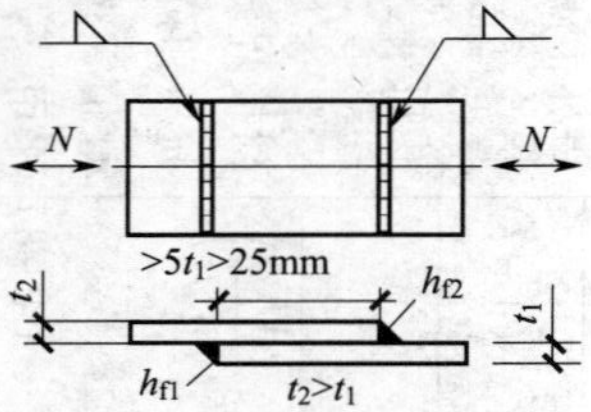	$\sigma_f=\frac{N}{(h_{e1}+h_{e2})\ l_w}\leqslant\beta_f f_f^w$　（4－9）	h_e（h_{e1}、h_{e2}）——角焊缝的计算厚度； 对直角角焊缝，$h_e=0.7h_f$； 对斜角角焊缝，$h_e=h_f\cos(\alpha/2)$； （图 4－4 中根部间隙 b，b_1 或 $b_2\leqslant1.5$mm） $h_e=\left(h_f-\frac{b\ (或\ b_1,\ b_2)}{\sin\alpha}\right)\cos(\alpha/2)$（$b$，$b_1$ 或 $b_2>1.5$mm，但 <5mm）； 除钢管结构外，不宜作受力焊缝； h_f——角焊缝的焊脚尺寸； α——两焊脚边的夹角； $\sum l_w$（$\sum l_{w1}$、$\sum l_{w2}$）——拼接连接一侧或两焊件间的焊缝计算长度总和，焊缝计算长度为设计长度减 $2h_f$； σ_M（σ_{M1}、σ_{M2}、σ_{M3}）——角焊缝在弯矩 M（或 $F\cdot e$）作用下所产生的垂直于焊缝长度方向的应力； σ_N、σ_F——角焊缝在轴心力 N 或外力 F 作用下所产生的垂直于焊缝长度方向的应力；
2	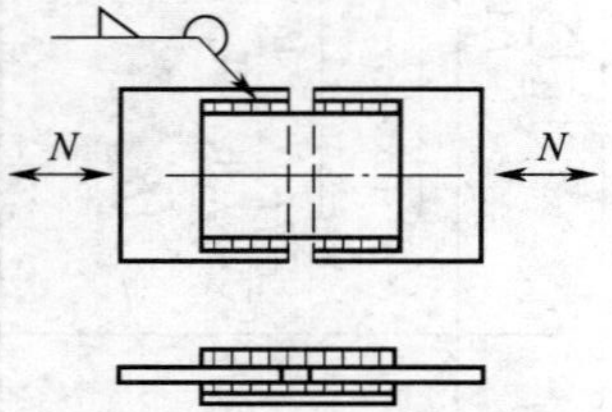	$\tau_f=\frac{N}{h_e\sum l_w}\leqslant f_f^w$　（4－10）	
3	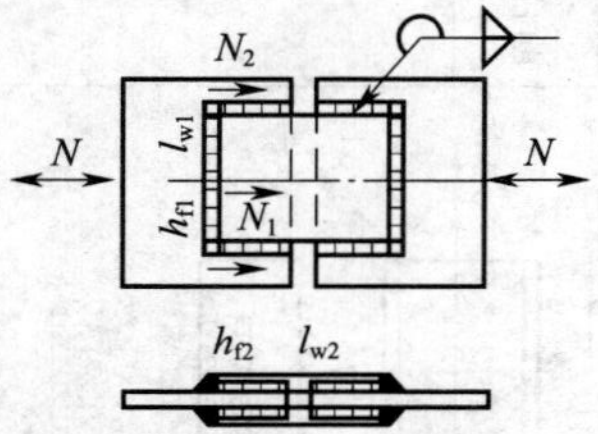	设为 h_{e1}、$\sum l\ w_1$ 已知 $N_1=h_{e1}\sum l_{w1}\beta_f\ f_f^w$　（4－11） $N_2=N-N_1$　（4－12a） $\tau_f=\frac{N_2}{h_{e2}\sum l_{w2}}$　（4－12b）	
4	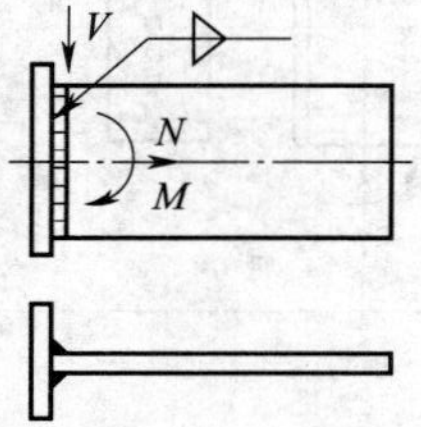	$\sigma_f=\sqrt{\left(\frac{\sigma_M}{\beta_f}+\frac{\sigma_N}{\beta_f}\right)^2+(\tau v)^2}$ $=\sqrt{\left(\frac{6M}{\beta_f\cdot2h_e l_w^2}+\frac{N}{\beta_f\cdot2h_e l_w}\right)^2+\left(\frac{V}{2h_e l_w}\right)^2}$ $\leqslant f_f^w$　（4－13）	

续表 4-5

项次	受力情况	公式	说明
5	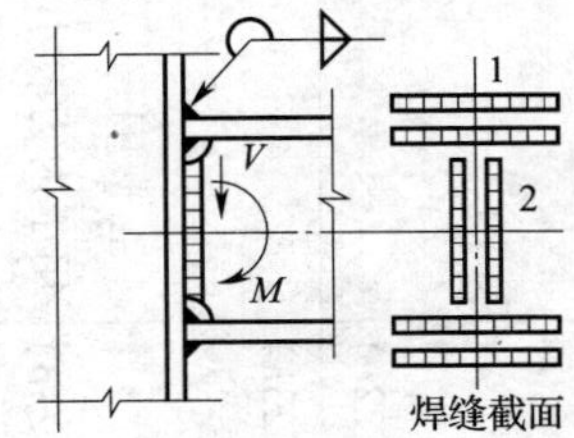	$\sigma_{M1}=\dfrac{M}{W_{w1}}\leqslant\beta_f f_f^w$ (4-14) $\sigma_{f2}=\sqrt{\left(\dfrac{\sigma_{M2}}{\beta_f}\right)^2+(\tau_v)^2}$ $=\sqrt{\left(\dfrac{M}{\beta_f W_{w2}}\right)^2+\left(\dfrac{V}{A_{ww}}\right)^2}\leqslant f_f^w$ (4-15)	τ_v、τ_F、τ_{Fe}——角焊缝在剪力 V、外力 F 和弯矩 Fe 作用下所产生的沿焊缝长度方向的剪应力； I_{wp}——角焊缝有效截面对其形心 o 的极惯性矩，按下式计算： $I_{wp}=I_{wpx}+I_{wpy}$ I_{wpx}、I_{wpy}——角焊缝有效截面对其 x、y 轴的惯性矩； A_{ww}——腹板连接焊缝的截面面积； W_w——焊缝的截面抵抗矩； f_f^w——角焊缝的抗拉、抗压和抗剪强度设计值，按表 2-6 采用； β_f——正面角焊缝的强度设计值增大系数，对承受静力荷载和间接承受动力荷载的直角角焊缝，取 $\beta_f=1.22$，对斜角角焊缝，不论承受静力荷载还是动力荷载，均取 $\beta_f=1.0$
6	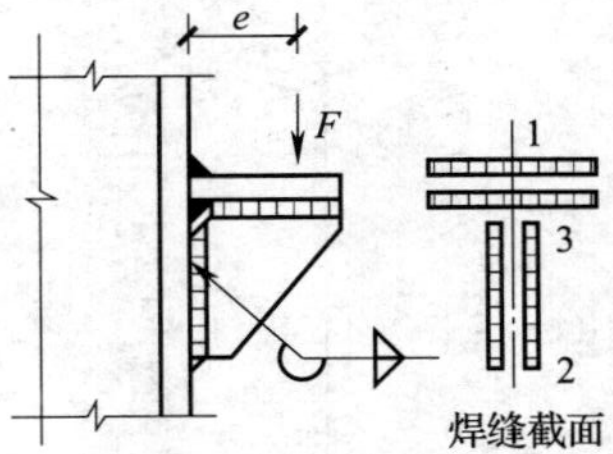	$\sigma_{M2}=\dfrac{Fe}{W_{w1}}\leqslant\beta_f f_f^w$ (4-16) $\sigma_{f2}=\sqrt{\left(\dfrac{\sigma_{M2}}{\beta_f}\right)^2+(\tau_f)^2}=\sqrt{\left(\dfrac{Fe}{\beta_f W_{w2}}\right)^2+\left(\dfrac{F}{A_{ww}}\right)^2}\leqslant f_f^w$ (4-17) $\sigma_{f3}=\sqrt{\left(\dfrac{\sigma_{M3}}{\beta_f}\right)^2+(\tau_f)^2}=\sqrt{\left(\dfrac{Fe}{\beta_f W_{w3}}\right)^2+\left(\dfrac{F}{A_{ww}}\right)^2}\leqslant f_f^w$ (4-18)	
7	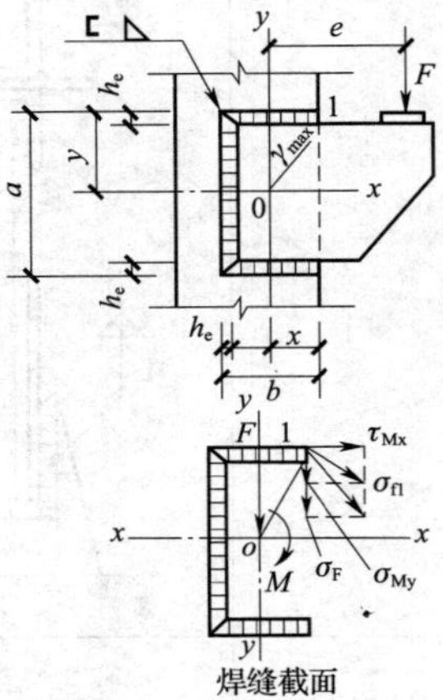	焊缝“1”点处受力最大，其最大综合应力为： $\sigma_{f1}=\sqrt{\left(\dfrac{\sigma_M}{\beta_f}+\dfrac{\sigma_F}{\beta_f}\right)^2+(\tau_{Fe})^2}$ $=\sqrt{\left(\dfrac{Fex}{\beta_f I_{wp}}+\dfrac{F}{\beta_f h_e\sum l_w}\right)^2+\left(\dfrac{Fey}{I_{wp}}\right)^2}\leqslant f_f^w$ (4-19)	

表 4－6　部分焊透的对接焊缝形式

项次	坡口形式	图　　号	两焊脚边夹角 α	焊缝计算厚度	说　　明
1	V 形	图 4－5（a）、（f）	$\alpha \geqslant 60°$ $\alpha < 60°$	$h_e = s$ $h_e = 0.75s$	当熔合线处焊缝截面边长等于或接近最短距离 s 时［图4－5（b）、（c）、（e）、（f）］，抗剪强度设计值应按角焊缝强度设计值乘以 0.9
2	单边 V 和 K 形	图 4－5（b）、（c）	$\alpha = 45° \pm 5°$	$h_e = s - 3$	
3	U 形、J 形	图 4－5（d）、（e）	$\alpha = 45° \pm 5°$	$h_e = s$	

4.1.9　角钢与钢板、圆钢与钢板、圆钢与圆钢之间的角焊缝连接计算。

1　角钢与钢板连接的角焊缝，应按表 4－7 所列公式计算。

表 4－7　角钢与钢板连接的角焊缝计算公式

项次	连 接 形 式	公　　式	说　　明
1	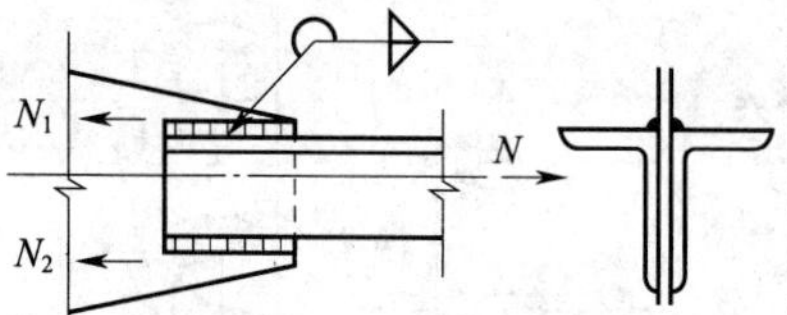	$l_{w1} = \dfrac{k_1 N}{2 \times 0.7 h_f f_f^w}$　(4－20) $l_{w2} = \dfrac{k_2 N}{2 \times 0.7 h_f f_f^w}$　(4－21)	假定侧面角焊缝的焊脚尺寸 h_f 为已知，求焊缝计算长度 l_w，焊缝计算长度为设计长度减 $2h_f$
2	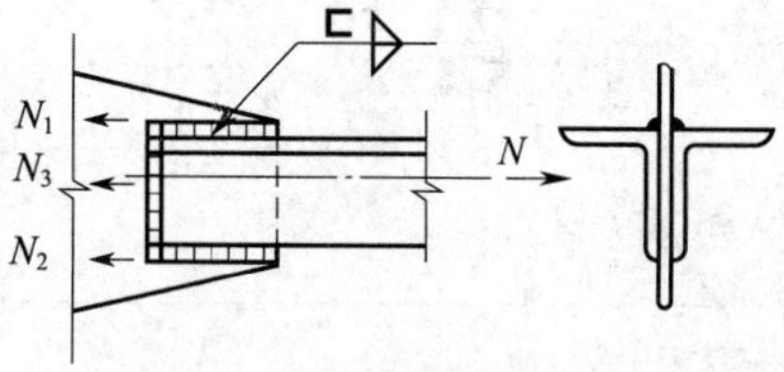	$N_3 = 2 \times 0.7 h_{f3} l_{w3} \beta_f f_f^w$　(4－22a) $N_1 = k_1 N - N_3/2$　(4－22b) $N_2 = k_2 N - N_3/2$　(4－22c) $l_{w1} = \dfrac{N_1}{2 \times 0.7 h_{f1} f_f^w}$　(4－22d) $l_{w2} = \dfrac{N_2}{2 \times 0.7 h_{f2} f_f^w}$　(4－22e)	假定正面角焊缝的焊脚尺寸 h_{f3} 和长度 l_{w3} 为已知，侧面角焊缝的焊脚尺寸 h_{f1}、h_{f2} 为已知，求焊缝计算长度 l_{w1}、l_{w2}
3	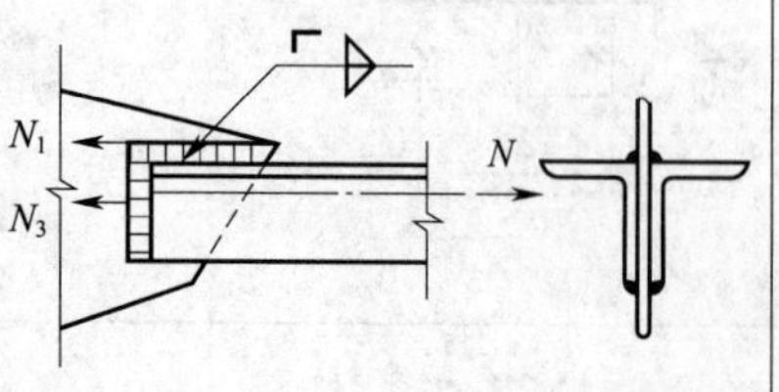	$N_3 = 2k_2 N$　(4－23a) $l_{w1} = \dfrac{N - N_3}{2 \times 0.7 h_{f1} f_f^w}$　(4－23b) $l_{w2} = \dfrac{N_3}{2 \times 0.7 h_{f2} f_f^w}$　(4－23c)	L 型围焊一般只宜用于内力较小的杆件连接，且使 $l_{w1} \geqslant l_{w3}$

续表 4-7

项次	连接形式	公式	说明
4	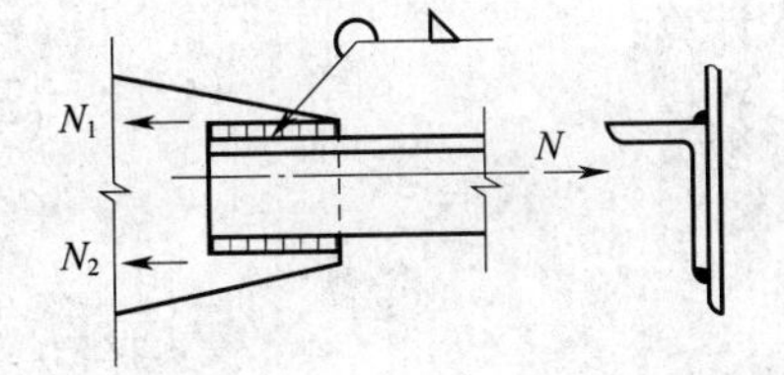	$l_{w1}=\dfrac{k_1N_3}{0.7h_{f1}(0.85f_f^w)}$ (4-24) $l_{w3}=\dfrac{k_2N_3}{0.7h_{f1}(0.85f_f^w)}$ (4-25)	单角钢杆件的单面连接，只宜用于内力较小的情况，式中的0.85为焊缝强度折减系数，见表2-10

注：h_{f1}、l_{w1}为一个角钢肢背侧面角焊缝的焊脚尺寸和计算长度；h_{f2}、l_{w2}为一个角钢脚尖侧面角焊缝的焊脚尺寸和计算长度；h_{f3}、l_{w3}为一个角钢端部正面角焊缝尺寸和计算长度；k_1、k_2为角钢肢背和肢尖的角焊缝内力分配系数，可按表4-8确定。

表 4-8 角钢肢背和肢尖的角焊缝内力分配系数 k_1和 k_2值

项次	角钢类别与连接形式	分配系数	
		k_1	k_2
1	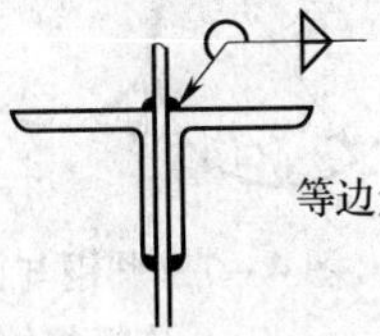 等边角钢一肢相连	0.70	0.30
2	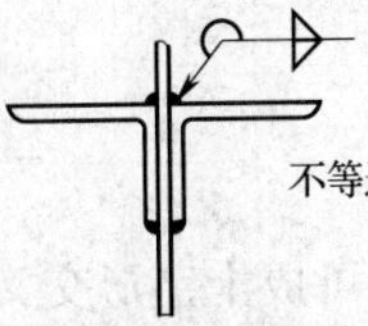 不等边角钢短肢相连	0.75	0.25
3	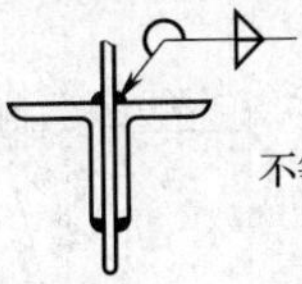 不等边角钢长肢相连	0.65	0.35

2 组合工字梁翼缘与腹板的双面角焊缝，其强度应按公式（4-26）计算。

$$\frac{1}{2h_e}\sqrt{\left(\frac{VS_f}{I}\right)^2+\left(\frac{\psi F}{\beta_f l_z}\right)^2}\leqslant f_f^w \tag{4-26}$$

式中 S_f——所计算翼缘毛截面对梁中和轴的面积矩；

I——梁的毛截面惯性矩；

F、β_f和 l_z——按表4-5采用；

f——按表2-5采用。

注：1 当梁上翼缘受有固定集中荷载时，宜在该处设置顶紧上翼缘的支承加劲肋，此时取 $F=0$。

2 当腹板与翼缘的连接焊缝采用焊透的T形对接与角接组合焊缝时，其强度可不计算。

3 圆钢与钢板（或型钢的平板部分）、圆钢与圆钢之间的连接焊缝主要用于圆钢、小角钢的轻型钢结构中。应按公式（4-10）计算抗剪强度：

$$\tau_f = \frac{N}{h_e \sum l_w} \tag{4-10}$$

对圆钢与钢板（或型钢的平板部分）的连接（图4-6），对 $h_e = 0.7h_f$；

对圆钢与圆钢的连接（图4-7），h_e 应按下式计算：

$$h_e = 0.1\ (d_1 + 2d_2)\ - a \tag{4-27}$$

式中　h_e——焊缝的计算厚度；

d_1——大圆钢直径；

d_2——小圆钢直径；

a——焊缝表面到两个圆钢公切线的距离；

f_t^w——角焊缝的抗拉、抗压和抗剪强度计算设计值用于图4-6、图4-7中，其强度设计值应按表2-5中值乘以0.95。

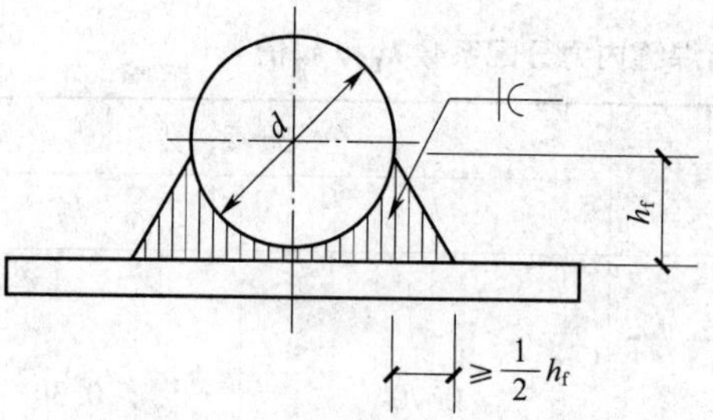

图4-6　圆钢与钢板间的连接焊缝

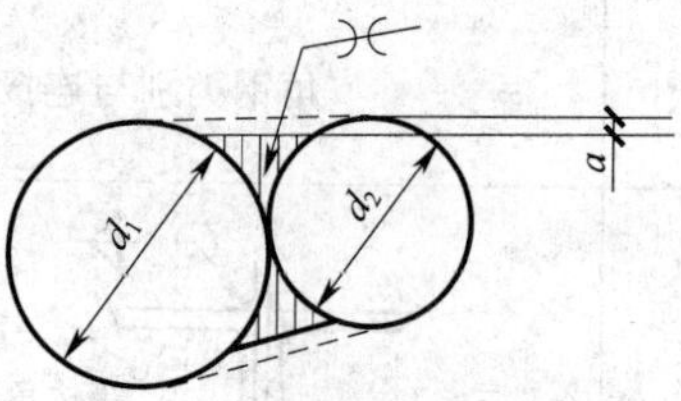

图4-7　圆钢与圆钢间的连接焊缝

4.1.10　对接焊缝及角焊缝的构造。

1　对接焊缝的构造。

（1）钢板的拼接采用对接焊缝时，纵横两方向中焊缝可成十字形交叉或T形交叉，T字形交叉点间的距离不得小于200mm（图4-8）。

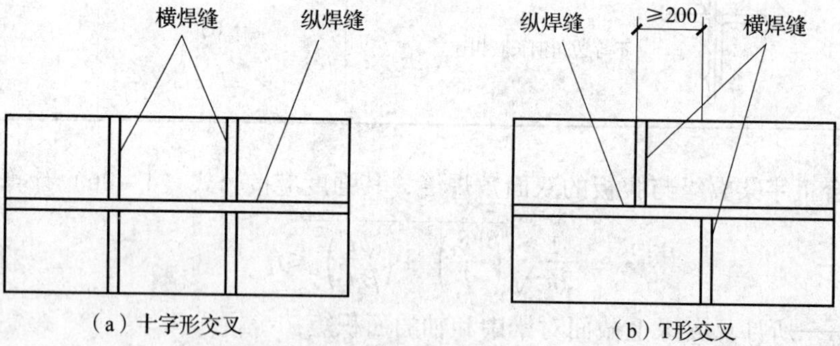

图4-8　钢板的拼接

（2）对接焊缝的坡口形式，应根据板厚和施工条件按现行《气焊、手工电弧焊及气体保护焊焊缝坡口的基本形式与尺寸》GB/T 985.1—2008和《埋弧焊的推荐坡口》GB/T 985.2—2008的规定选用。为方便选用，在表4-1中列出了常用的对接焊缝的截面形式和构造。

（3）在对接焊缝的拼接处，当钢板的厚度或宽度相差4mm以上时，均应从板的一侧或两侧做成坡度不大于1∶2.5（1∶4）的斜度（图4－9）。当改变厚度时，焊缝坡口形式应根据较薄板的厚度现行国家标准的要求选用。

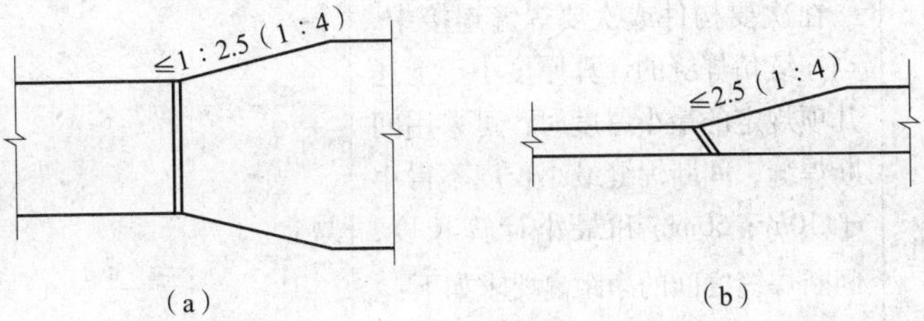

图4－9　变截面钢板的拼接

注：图中括号内数值适用于直接承受动力荷载且需验算疲劳的结构。

2　角焊缝的构造要求见表4－9。

表4－9　角焊缝的构造要求

项次	构造要求	普通钢结构（有圆钢者除外）	有圆钢的钢结构	薄壁型钢结构
1	角焊缝的最小焊脚尺寸 h_f	$t \leqslant 6$，$h_f = 3$； $6 < t \leqslant 12$，$h_f = 5$； $12 < t \leqslant 20$，$h_f = 6$； $t > 20$，$h_f = 8$	圆钢与圆钢，圆钢与钢板（或型钢）之间角焊缝的最小有效厚度 h_e，不应小于0.2倍圆钢直径（当焊接的两圆钢直径不同时，取平均直径）或3mm	—
2	角焊缝的最大焊脚尺寸 h_f 或最大有效厚度	角焊缝的最大焊脚尺寸 h_f 不得大于较薄焊件厚度的1.2倍（钢管除外），但焊件边缘的焊缝最大焊脚尺寸尚应符合下列要求： （1）当 $t \leqslant 6$mm，$h_f \leqslant 6$mm； （2）当 $t > 6$mm，$h_f \leqslant t-$（1～2）mm； t 为焊件边缘厚度。 圆孔或槽孔内的角焊缝焊脚尺寸不宜大于圆孔直径或槽孔短径的1/3	圆钢与钢板之间角焊缝的最大有效厚度 h_e，不应大于钢板直径的1.2倍	角焊缝的最大焊接焊脚尺寸 h_f 不得大于较薄焊件厚度 t 的1.5倍，直接相贯的钢管节点的角焊脚尺寸可放大到2.0t
3	角焊缝的最小计算长度 l_w	$8h_f$ 和40mm	不得小于20mm	不得小于30mm
4	侧焊缝的最大计算长度 l_w	角焊缝的计算长度不宜大于 $60h_f$；若内力沿侧面角焊缝全长分布时，其计算长度不受此限	—	—
5	塞焊和槽焊	焊缝位置避开高应力区	—	—

续表 4-9

项次	构造要求	普通钢结构（有圆钢者除外）	有圆钢的钢结构	薄壁型钢结构
6	间断焊缝的最大间距	在次要构件或次要焊缝连接中，当连续角焊缝的计算厚度小于上述几项规定的最小厚度时，可采用间断焊缝，间断焊缝最小长度不得小于 $10h_f$、50mm 和最小计算长度，间断焊缝之间的净距离要求如下： （1）在受压构件中不大于 $15t$； （2）在受拉构件中不大于 $30t$； t 为较薄焊件的厚度。 腐蚀环境下不宜采用断续角焊缝	—	电阻点焊的焊点中距不宜小于 $15\sqrt{t}$，焊点边距不宜小于 $10\sqrt{t}$（mm），t 为相连板件中外层较薄板件的厚度
7	搭接连接中的最小搭接长度	传递轴向力的部件不得小于焊件较小厚度的 5 倍，并不得小于 25mm，并应施焊纵向或横向双角焊缝	—	—
8	型钢端仅有两侧面角焊缝，型钢宽度为 w	$w \leqslant 200$mm $w > 200$mm 时， 应加端头焊缝或中间塞焊，型钢内侧焊缝长度 $l \geqslant w$	—	—
9	杆件与节点板的连接焊缝方式	一般为两面侧焊缝，也可用三面围焊；角钢杆件可采用 L 形围焊，围焊转角处必须连续施焊	—	—
10	角焊缝端部在构件转角处	当作长度为 $2h_f$ 的绕角焊时，转角处必须连续施焊	—	—
11	套管搭接焊（仅一条）角焊缝	搭接长度 $L \geqslant 5\ (t_1 + t_2) \geqslant 25$ 分别为搭接的套管厚度	—	—
12	梁端部有正面角焊缝	$h_f \geqslant 0.75t$ 时，$l_1 \geqslant b$ $h_f < 0.75t$ 时，$l_1 \geqslant 1.5b$ b、t 分别为外层翼缘板的宽度和厚度，h_f 为侧面角焊缝和正面角焊缝的焊脚尺寸	—	—
13	梁端部无正面角焊缝	$l_1 \geqslant 2b$	—	—

4.2 普通螺栓和高强度螺栓

4.2.1 螺栓的排列。

普通螺栓和高强度螺栓在构件上的排列分并列布置和错列布置，其排列要求和容许距离应符合表4－18的要求。

4.2.2 螺栓的分类。

普通螺栓分C级、B级和A级三种。A级和B级属精制螺栓，其抗剪、抗拉性能良好，但制造和安装复杂，故很少采用。C级属粗制螺栓，其抗剪性能差，主要用于沿其杆轴方向受拉的连接；在下列情况时可用于受剪连接：

1 承受静力荷载和间接承受动力荷载结构中的次要连接，如受力较小的屋盖支撑；

2 不承受动力荷载的可拆卸结构的连接；

3 临时固定构件用的安装连接。

4.2.3 防止螺栓松动的措施。

对直接承受动力荷载的普通螺栓受拉连接应采用双螺帽或其他防止螺帽松动的有效措施。

4.2.4 高强度螺栓的分类。

高强度螺栓连接，从受力特征分为高强度螺栓摩擦型连接、高强度螺栓承压型连接和承受拉力型高强度螺栓连接。

4.2.5 普通螺栓、锚栓、高强度螺栓的连接计算。

1 在普通螺栓和锚栓的连接中，一个普通螺栓和锚栓的承载力设计值，就按表4－10所列公式计算。

表4－10 一个普通螺栓和锚栓的承载力设计值计算公式

项次	受力情况		普通螺栓（锚栓）承载力设计值	说明
1	受剪连接	抗剪	$N_v^b = n_v \frac{\pi d^2}{4} f_v^b$ （4－28） $N_c^b = d \cdot \sum t \cdot f_c^b$ （4－29） 取两者中的较小者	n_v——受剪面数，单剪 $n_v=1$，双剪 $n_v=2$，四剪 $n_v=4$； d、d_e——普通螺栓或锚栓的栓杆直径和在螺纹处的有效直径，见表4－12； $\sum t$——在同一受力方向的承压构件的较小总厚度； f_v^b、f_c^b、f_t^b——普通螺栓的抗剪、承压和抗拉强度设计值见表2－8； N_v、N_t——一个普通螺栓所承受的剪力和拉力； N_v^b、N_c^b、N_t^b——一个普通螺栓的抗剪、承压和抗拉承载力设计值； f_t^a——锚栓的抗拉强度设计值，见表2－8； N_t^a——一个锚栓的抗拉承载力设计值
2		承压		
3	杆轴方向受拉连接	抗拉	$N_t^b = \frac{\pi d_e^2}{4} f_t^b$ （4－30a） $N_t^a = \frac{\pi d_e^2}{4} f_t^a$ （4－30b）	
4	同时承受剪力和杆轴方向拉力的连接		$\sqrt{\left(\frac{N_v}{N_v^b}\right)^2 + \left(\frac{N_t}{N_t^b}\right)^2} \leqslant 1$ （4－31） $N_v \leqslant N_c^b$ （4－32）	

2 摩擦型高强度螺栓应按表4-11的公式进行计算。螺栓的有效直径和螺纹处的有效面积见表4-12。

表4-11 一个高强度螺栓摩擦型连接的承载力设计值公式

项次	受力情况	公式	说明
1	抗剪连接（承受摩擦面间的剪力）	$N_v^b = 0.9kn_f\mu P$ (4-33)	k——标准孔取1.0，大圆孔取0.85，内力与槽孔反向垂直时取0.7，平行时取0.6； n_f——传力摩擦面数目； μ——摩擦面的抗滑移系数，见表4-13； P——一个高强度螺栓的预拉力设计值，见表4-15； N_v、N_t——一个高强度螺栓所承受的剪力和拉力； N_v^b、N_t^b——一个高强度螺栓的抗剪和抗拉承载力设计值
2	螺栓杆轴方向受拉的连接	$N_t^b = 0.8P$ (4-34)	
3	同时承受摩擦面间的剪力和螺栓杆轴方向的外拉力	$\frac{N_v}{N_v^b} + \frac{N_t}{N_t^b} \leqslant 1$ (4-35)	

表4-12 螺栓的有效直径和在螺纹处的有效面积

螺栓直径 d(mm)	螺纹间距 p(mm)	螺栓有效直径 d_e(mm)	螺栓有效面积 A_e(mm^2)	螺纹直径 d(mm)	螺纹间距 p(mm)	螺栓有效直径 d_e(mm)	螺栓有效面积 A_e(mm^2)
10	1.5	8.59	58	45	4.5	40.78	1306
12	1.75	10.36	84	48	5.0	43.31	1473
14	2.0	12.12	115	52	5.0	47.31	1758
16	2.0	14.12	157	56	5.5	50.84	2030
18	2.5	15.65	193	60	5.5	54.84	2362
20	2.5	17.65	245	64	6.0	58.37	2676
22	2.5	19.65	303	68	6.0	62.37	3055
24	3.0	21.19	353	72	6.0	66.37	3460
27	3.0	24.19	459	76	6.0	70.37	3889
30	3.5	26.72	561	80	6.0	74.37	4344
33	3.5	29.72	694	85	6.0	79.37	4948
36	4.0	32.25	817	90	6.0	84.37	5591
39	4.0	35.25	976	95	6.0	89.37	6273
42	4.5	37.78	1121	100	6.0	94.37	6995

注：d_e为普通螺栓或锚栓在螺纹的有效直径，按式 $d_e = \left(d - \frac{13}{24}\sqrt{3p}\right)$ 计算出；A_e为螺纹处的有效面积 $A_e = \frac{\pi}{4}d_e^2$。

（1）高强度螺栓的摩擦面处理和摩擦系数 μ 见表 4－13 和表 4－14。

表 4－13 钢材摩擦面的抗滑移系数 μ

在连接处构件接触面的处理方法		构件的钢号			
		Q235 钢	Q345 钢、Q390 钢		Q420 钢或 Q460 钢
普通钢结构	喷硬质石英砂或铸钢棱角砂	0.45	0.45		0.45
	抛丸（喷砂）	0.40	0.40		0.40
	钢丝刷消除浮锈或未经处理干净制表面	0.30	0.35		—
冷弯薄壁型钢结构	抛丸（喷吵）	0.35	0.40	—	—
	热轧钢材轧制面清除锈浮锈	0.30	0.35	—	—
	冷轧钢材轧制表面清除浮锈	0.25	—	—	—

注：1 钢丝刷除锈方向应与受力方向垂直。

2 当连接构件采用不同钢号时，μ 按相应较低的取值。

3 采用其他方法处理时，其处理工艺及抗滑移系数值均需要试验确定。

表 4－14 涂层连接面的抗滑移系数（仅供参考）

表面处理要求	涂装方法及涂层厚度（μm）	涂层类别	抗滑系数 μ
抛丸除锈，达到 Sa2 $\frac{1}{2}$ 级	喷涂或手工涂刷，50～75	醇酸铁红	0.15
		聚氨酯富锌	
		环氧富锌	
	喷涂或手工涂刷，50～75	无机富锌	0.35
		水性无机富锌	
	喷涂，30～60	锌加（Z1NA）	0.45
	喷涂，80～120	防滑防锈硅酸锌漆（HES－2）	

注：当设计要求使用其他涂层（热喷铝、镀锌等）时，其钢材表面处理要求、涂层厚度及抗滑移系数均需由试验确定。

（2）高强度螺栓的预拉力见表 4－15。

表 4－15 高强度螺栓拉力值

螺栓的性能等级	螺栓的公称直径					
	M16	M20	M22	M24	M27	M30
8.8 级	80	125	150	175	230	280
10.9 级	100	155	190	225	290	355

注：$P=\frac{0.9\times0.9\times0.9}{1.2}f_uA_e\approx0.6f_uA_e\approx830\text{MPa}$（8.8 级），$f_u\approx1040\text{MPa}$（10.9 级），$A_e$ 见表 4－12。

3　组合工字梁翼缘与腹板连接的摩擦型高强度承载力。

$$\alpha\sqrt{\left(\frac{VS_t}{I}\right)^2+\left(\frac{\alpha_1\phi F}{l_2}\right)^2}\leqslant n_2 N^r_{min} n_1 N^b_v \qquad (4-36)$$

式中　α——翼缘螺栓间距；

α_1——系数，荷载作用于梁上翼缘而腹板刨平顶梁上翼缘板时；其他情况；

n_1——计算截面处螺栓数量；

S_t——所计算翼缘毛截面对梁中和轴的面积矩；

N^r_{min}——一个铆钉的受剪和承压承力设计值的较小值；

N^b_v——一个摩擦型连接的高强度螺栓的受压承力设计值。

4　腹板与翼缘的焊接采用焊透的T形，对接与角焊缝组合焊接时，可不计算。

5　承压型高强度螺栓应按以下要求进行设置和计算：

（1）承压型高强度螺栓的设计预拉力 P 应与摩擦型高强度螺栓相同，连接处构件接触面应清除油污及浮锈。

高强度螺栓承压型连接公适用承压静力荷载或间接承受动力荷载结构中的连接。

（2）一个高强度螺栓承压承压型连接的承载力设计值，应按表4－16所列公式计算。

表4－16　一个高强度螺栓承压型连接的承载力设计值计算公式

项次	受力情况		公　式	说　明
1	受剪连接	抗剪	$N^b_v=n_v\frac{\pi d_e^2}{4}f^b_v$　(4－37)	N^b_v、N^b_c、N^b_t——一个高强度螺栓的抗剪、承压和抗拉承载力设计值； N_v、N_t——一个高强度螺栓所承受的剪力和拉力； n_v——受剪面数目
		抗压	$N^b_v=d\sum t\cdot f^b_c$　(4－38) 取两者中的较小者	
2	螺栓杆轴方向受拉的连接		$N^b_t=\frac{\pi d_e^2}{4}f^b_t$　(4－39)	
3	同时承受剪力和杆轴方向拉力的连接		$\sqrt{\left(\frac{N_v}{N^b_v}\right)^2+\left(\frac{N_t}{N^b_t}\right)^2}\leqslant 1$　(4－40) $N_v\leqslant N^b_c/1.2$　(4－41)	

4.3　普通螺栓和高强度螺栓群的连接计算和构造要求

4.3.1　普通螺栓或高强度螺栓群的连接。

计算可按表4－17所列公式计算。

表4－17　普通螺栓和高强度螺栓连接的计算公式

项次	受力情况		简　图	计算公式	说　明
1	受剪的连接	受轴心力作用	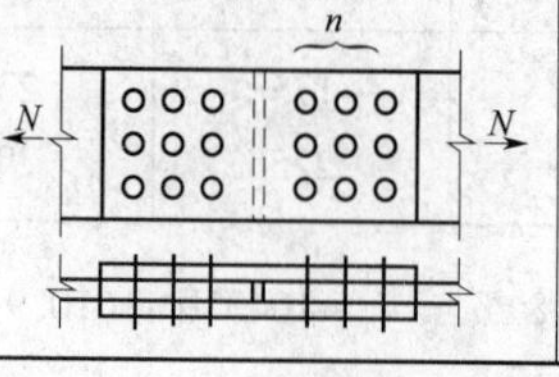	$n\geqslant\frac{N}{N^b_v}$或$\frac{N}{N^b_c}$　(4－42)	n——传递所受作用力的螺栓数；

续表 4-17

项次	受力情况		简图	计算公式	说明
2	受剪的连接	受轴心力、剪力和扭矩共同作用	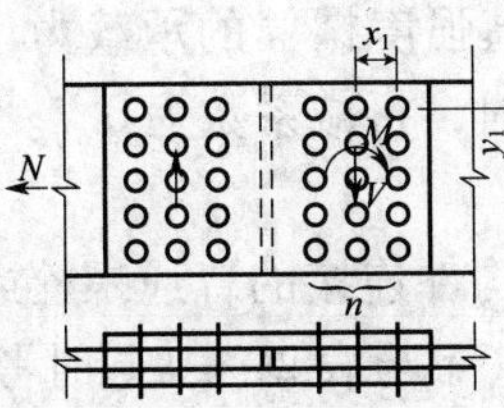	$N_{iy}^{v}=\frac{V}{n}$ (4-43) $N_{ix}^{v}=\frac{N}{n}$ (4-44) $N_{ix}^{M}=\frac{My_1}{\sum_{i=1}^{n}x_i^2+\sum_{i=1}^{n}y_i^2}$ (4-45) $N_{iy}^{M}=\frac{Mx_1}{\sum_{i=1}^{n}x_i^2+\sum_{i=1}^{n}y_i^2}$ (4-46) $N_1=\sqrt{(N_{1x}^{M}+N_{1x}^{N})^2+(N_{1y}^{M}+N_{1y}^{N})^2}$ $\leqslant N_v^b$ 或 N_c^b 中的较小值 (4-47)	x_1、y_1——所验算螺栓或铆钉到螺栓群形心的水平和竖向距离； y_1'——所验算螺栓或铆钉到最外排受压螺栓或铆钉的竖向距离； x_i、y_i——任一个螺栓或铆钉到螺栓或铆钉群形心的水平和竖向距离； y_i'——任一个螺栓或铆钉到最外排受压螺栓或铆钉的竖向距离； e——轴心力到最外排受压螺栓或铆钉的竖向距离
3		受轴心力作用	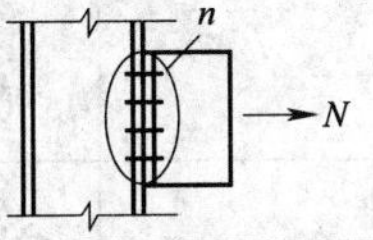	$n\geqslant\frac{N}{N_t^b}$ (4-48)	N_v^b、N_c^b、N_t^b——一个普
4	受拉的连接	受轴心力和弯矩共同作用	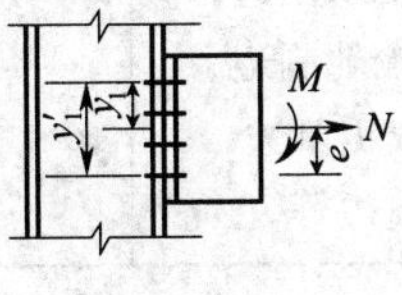	(1) $\frac{N}{n}-\frac{My_1}{\sum_{i=1}^{n}y_i^2}\geqslant 0$ 时， $N_{max}=N_t=\frac{N}{n}+\frac{My_1}{\sum_{i=1}^{n}y_i^2}\leqslant N_t^b$ (4-49) (2) $\frac{N}{n}-\frac{My_1}{\sum_{i=1}^{n}y_i^2}<0$ 时， $N_{max}=N_t=\frac{N}{n}+\frac{(M+Ne)y_1'}{\sum_{i=1}^{n}y_i'^2}\leqslant N_t^b$ (4-50)	通螺栓或高强度螺栓的抗剪、承压和抗拉承载力设计值； 公式（4-49）旋转点位于螺栓群中心，用于计算高强度螺栓连接和普通螺栓小偏心受拉情况；

续表 4-17

项次	受力情况		简图	计算公式	说明
5	受拉的连接	受轴心力、剪力和弯矩共同作用	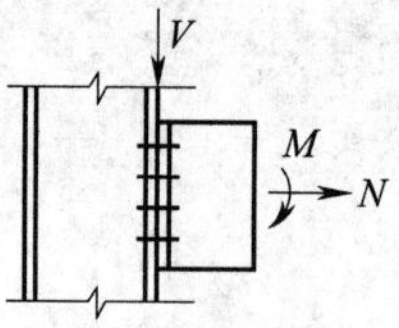	普通螺栓应按公式（4-31）、公式（4-32）计算，高强度螺栓； 摩擦型应用公式（4-35）计算； 承压型应用公式（4-40）、公式（4-41）计算	公式（4-50）旋转点位于外排受压螺栓中心，用于计算普通螺栓连接

4.3.2 螺栓群的承载力折减。

在构件的节点处或拼接连接的一侧，当普通螺栓或高强度螺栓沿受力方向的连接长度 l_1 大于 $15d_0$（d_0 为孔径）时，应将普通螺栓或高强度螺栓的承载力设计值乘以折减系数 α_s，$\alpha_s = [1.1 - l_1/(150d_0)]$；当 l_1 大于 $60d_0$ 时，折减系数为 0.7。

4.3.3 普通螺栓或高强度螺栓的数目增加。

1 一个构件借助填板或其他中间板件与另一构件连接的普通螺栓或高强度螺栓（摩擦型高强度螺栓外）的数目，应按计算增加 10%（不与表 2-10 同时考虑）。

2 搭接或用拼接板的单面连接，普通螺栓或高强度螺栓（摩擦型高强度螺栓除外）的数目，应按计算增加 10%（不与表 2-10 同时考虑）。

3 在构件的端部连接中，当利用短角钢连接型钢（角钢或槽钢）的外伸肢心缩短连接长度时，在短角钢两肢中的一肢上，所用普通螺栓或高强度螺栓的数目，应按计算增加 50%。

4.3.4 螺栓的排列和构造要求。

1 螺栓的排列考虑受力、构造和施工要求，其最大和最小间距应满足表 4-18 的规定。

表 4-18 螺栓的容许距离

项次	名称	位置和方向			最大容许距离（取两者的较小值）	最小容许距离
1	中心间距	任意方向	外排		$8d_0$ 或 $12t$	$3d_0$
		顺内力方向	中间排	构件在受压时	$12d_0$ 或 $18t$	
		垂直内力方向		构件在受拉时	$16d_0$ 或 $24t$	
2	中心至构件边缘距离	顺内力方向			$4d_0$ 或 $8t$	$2d_0$
		垂直内力方向	剪切边，手工切割边，及高强度螺栓轧制边、自动气割或锯割边			$1.5d_0$
			其他轧制边等			$1.2d_0$

注：1 d_0 为螺栓孔径，对槽孔为短向尺寸，t 为外层较薄板件的厚度。

2 钢板边缘与刚性构件（如角钢、槽钢等）相连的螺栓最大间距，可按中间排的采用。

2 螺栓孔径型及孔距。

（1）B 级普通螺栓的孔径 d_0 比螺栓公称直径 d 大 0.2~0.5mm，C 级普通螺栓的孔径

d_0比螺栓公称直径 d 大 1.0～1.5mm。

（2）高强度螺栓承压型连接采用标准圆孔，其孔径 d_0可按表 4－19 采用。

（3）高强度螺栓摩擦型连接可采用标准孔，大圆孔和槽孔，孔型尺寸可按表 4－19 采用。同一连接面只能在盖板和芯板其中之一按相应的扩大孔，其余仍采用标准孔。

表 4－19 高强度螺栓连接的孔型尺寸匹配（mm）

螺栓公称直径			M12	M16	M20	M22	M24	M27	M30
孔型	标准孔	直径	13.5	17.5	22	24	26	30	33
	大圆孔	直径	16	20	24	28	30	35	38
	槽孔	短向	13.5	17.5	22	24	26	30	33
		长向	22	30	37	40	45	50	55

（4）高强度螺栓摩擦型连接盖板按大圆孔、槽孔制孔时，应增大垫圈厚度或采用连续型垫板，其孔径与标准垫圈相同，厚度应满足：

1）M24 及以下的高强度螺栓连接，垫圈或连续型垫板的厚度不宜小于 8mm；

2）M24 以上的高强度螺栓连接，垫圈或连续型垫板的厚度不宜小于 10mm；

3）冷弯薄壁型钢结构，垫圈或连续型垫板的厚度不宜小于连接板（芯板）的厚度；

4）螺栓或铆钉的孔距和边距应按表 4－18 的规定采用。

4.3.5 高强度螺栓连接的规定。

1 高强度螺栓连接设计应符合下列规定：

（1）本章的高强度螺栓连接均应按表 4－15 施加预拉力。

（2）仅承受拉力的高强度螺栓连接，不要求对接触面进行处理。

（3）当高强度螺栓连接的环境温度为 100℃～150℃时，其承载力应降低 10%。

2 当型钢构件拼接采用高强度螺栓连接时，其拼接件宜采用钢板。

3 螺栓连接设计应满足下列要求：

（1）连接接头处应有必要的螺栓施拧空间。

（2）螺栓连接或拼接接头中，每一杆件一端的永久性的螺栓数不宜少于 2 个。对组合构件的缀条，其端部连接可采用 1 个螺栓。

（3）沿杆轴方向受拉的螺栓连接中的端板（法兰板），应适当加大其刚度（如加设加劲肋），以减少撬力对螺栓抗拉承载力的不利影响。

4.4 拼 接 连 接

4.4.1 钢材的工厂焊接拼接。

1 在制造中，当材料的长度不能满足构件的长度要求时，必须进行接长拼接。材料的工厂拼接一般是采用焊接连接，通常，钢材的工厂连接多按构件截面面积的等强度条件进行计算。

2 钢板的拼接应满足下列要求：

（1）凡能保证连接焊缝强度与钢材强度相等时，可采用对接正焊缝（垂直于作用方向的焊缝）进行拼接［图 4－1（a）］。此时可不必进行焊缝强度计算。

（2）凡连接焊缝的强度低于钢材强度时，则应采用对接斜焊缝（与作用力方向的夹角为45°～55°斜焊缝）进行拼接，此时可认为焊缝强度与钢材强度相等而不必进行焊缝强度计算。

（3）组合工字形或H形截面的翼缘板和腹板的拼接，一般宜采用完全焊透的坡口对接焊缝进行拼接。

（4）拼接连接焊缝的位置设在受力较小的部位，并应采用引弧板施焊，以消除弧坑的影响。

采用双角钢组合的T形截面杆件，其角钢的接拼通常是采用拼接角钢，并应将拼接角钢的背棱切角，使其紧贴于被拼接角钢的内侧（图4－10）。

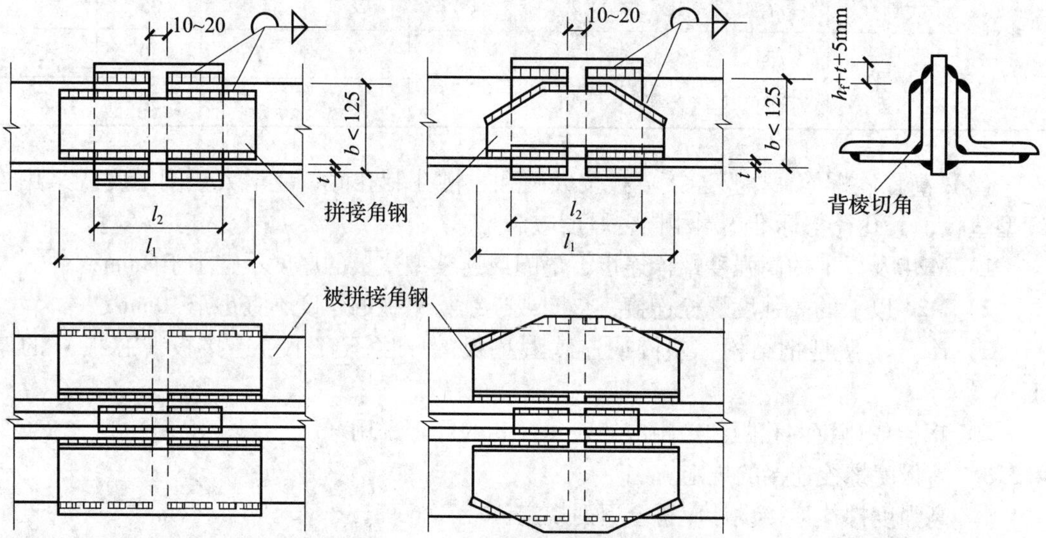

（a）角钢边宽＜125mm的拼接　　（b）角钢边宽≥125mm的拼接

图4－10　双角钢杆件的拼接连接

拼接角钢通常是采用同号角钢切割制成，竖肢切去的高度一般为$h+t+5$mm，以便布置连接焊缝，切去后的截面削弱由垫板补强。拼接角钢的长度根据连接焊缝的长度确定。当拼接角钢边宽≥125mm时，宜将其水平肢和竖直肢的两端均切去一角，以布置斜焊缝，使其传力平顺［图4－10（b）］。

拼接用的垫板长度根据发挥该垫板强度所需的焊缝强度来确定，此时垫板的宽度b_2取等于被拼接角钢的边宽加20～30mm，垫板厚度一般取与构件连接所用的节点板厚度相同。

单角钢杆件的拼接除可采用角钢拼接外，也可采用钢板拼接（图4－11）。此时拼接角钢或钢板应按拼接角钢截面面积的等强度条件来确定。

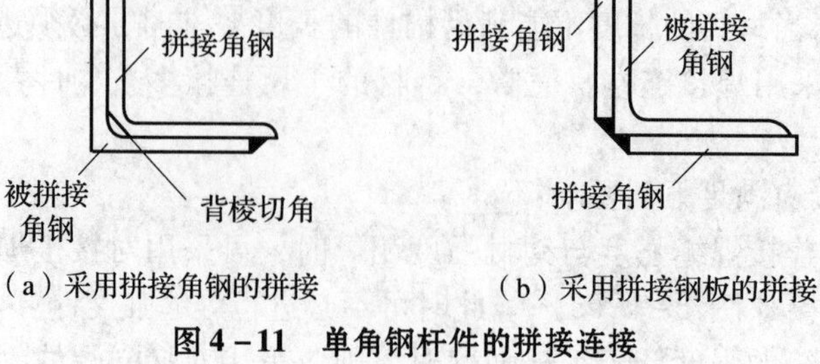

（a）采用拼接角钢的拼接　　（b）采用拼接钢板的拼接

图4－11　单角钢杆件的拼接连接

3 轧制工字钢、槽钢和H形钢的拼接连接，通常有：

（1）轧制工字钢、槽钢的焊接拼接，一般采用拼接接板，并按被拼接的工字钢、槽钢截面面积的等强度条件来确定（图4－12）。

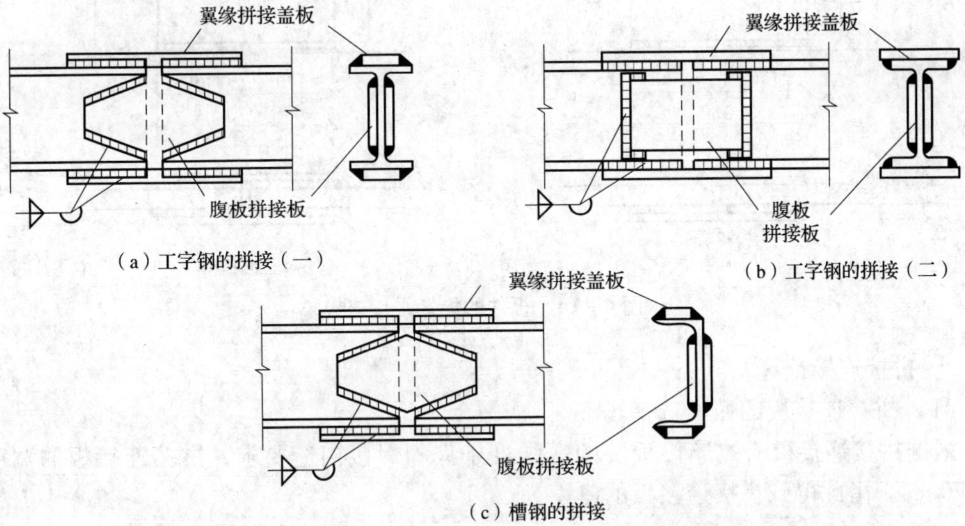

图4－12 轧制工字钢和槽钢的拼接连接

（2）轧制H形钢的焊接拼接，通常采用完全焊透的坡口对接焊缝的等强度连接（图4－13）。

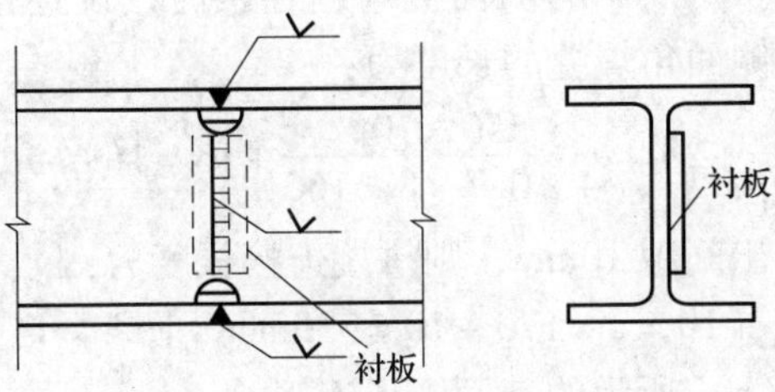

图4－13 轧制H形钢的拼接连接

4.4.2 梁和柱现场安装拼接。

1 轧制工字钢、H形钢或组合工字形截面、箱形截面梁或柱的现场安装拼接，可根据具体情况采用焊接连接，或高强度螺栓连接，或高强度螺栓和焊接的混合连接。

2 梁的拼接连接通常是设在距梁端1.0m左右位置处；柱的拼接连接通常是设在楼板面以上1.1～1.3m位置处。

关于栓焊接并用连接的计算和构造详见现行国家标准《钢结构设计标准》GB 50017—2017。

4.5 连接设计实例

【例题4－1】 板件的焊接拼接连接设计

1 设计资料。

被连接板件的截面尺寸为200mm×14mm，承受轴心$N=550\text{kN}$（静力荷载），板件及其拼接连接板均为Q235钢，焊条为E43××型焊条，采用角焊缝手工焊接，板件尺寸及其连接形式如图4－14所示。

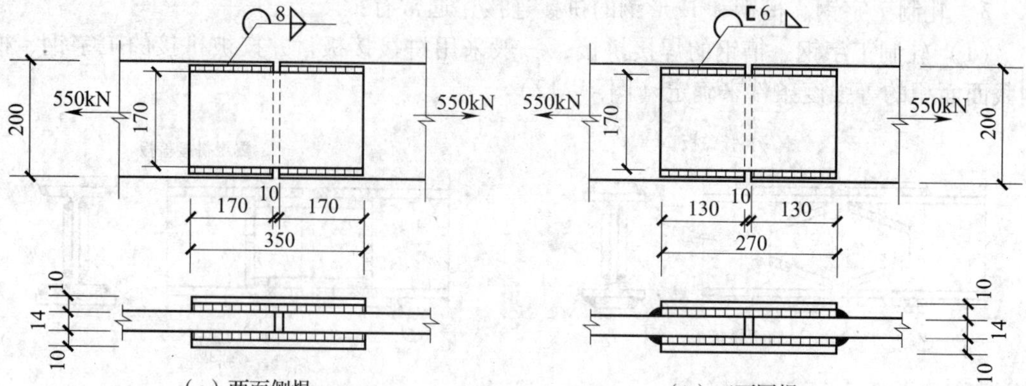

图 4-14　板件的焊接拼接连接

2　拼接连接计算。

（1）拼接连接板的截面选择。

根据拼接连接板与被连接板件的等强度条件和焊接构造要求，拼接连接板的宽度采用 170mm。由此得到拼接连接板的厚度为：

$$t_1=\frac{200\times 14}{2\times 170}=8.2\text{mm}，取\ t_1=10\text{mm}$$

每块拼接板的截面采用 170mm × 10mm。

（2）连接焊缝计算和拼接连接板长度的确定。

1）当采用图 4-14（a）所示的两面侧焊缝连接时，设连接角焊缝的焊脚尺寸 $h_f=8$mm，则拼接连接一侧的侧面角焊缝的长度为：

$$l'_w=\frac{N}{4\times 0.7h_f f_f^w}+2h_f=\frac{550\times 10^3}{4\times 0.7\times 8\times 160}+16=169\text{mm}，取为\ 170\text{mm}$$

按被连接两板件间留出间隙 10mm，则拼接连接长度为：

$$l=2l'_w+10=2\times 170+10=350\text{mm}\ [图\ 4-14\ (a)]$$

2）当采用图 4-14（b）所示的三面围焊连接时。

设连接角焊缝的焊脚尺寸 $h_f=6$mm，则正面角焊缝所承担的力：

$$N_2=0.7h_f\sum l_{w1}\beta_f f_f^w=0.7\times 6\times 2\times (170-2\times 6)\times 1.22\times 160=259\text{kN}$$

侧面角焊缝的长度，参照公式（4-12）

$$l'_w=\frac{N_1-N_2}{4\times 0.7h_f f_f^w}+2h_f=\frac{(550-259)\times 10^3}{4\times 0.7\times 6\times 160}+12=130\text{mm}，取\ l_{w2}=130\text{mm}$$

按被连接两板件留出间隙 10mm，则拼接连接板的长度：

$$l_w=2l'_w+10=2\times 130+10=270\text{mm}\ [图\ 4-14\ (b)]$$

【例题 4-2】轧制工字钢梁的焊接拼接连接设计

1　设计资料。

普通工字钢梁采用 I32a，作用在拼接连接处的弯矩 $M_x=100\text{kN}\cdot\text{m}$，剪力 $V=380$kN；梁和拼接连接板均采用 Q235 钢，焊条为 E43 × × 型焊条，采用角焊缝手工焊接，连接节点如图 4-15 所示。

2　梁的截面特性。

截面尺寸如图 4-15 所示。由表 16-3 查得。

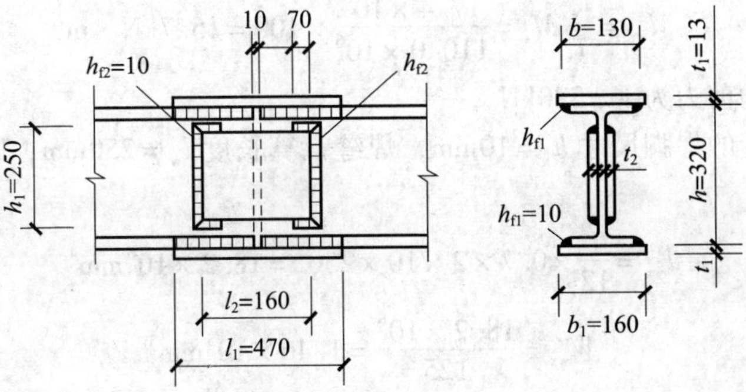

图 4-15 工字钢梁的焊接拼接连接

$$A = 67.16\text{cm}^2,\ I_x = 11100\text{cm}^4$$

$$W_x = 692\text{cm}^3,\ t_w = 9.5\text{mm}$$

3 拼接连接计算。

（1）工字钢翼缘拼接连接盖板及其连接，翼缘拼接连接盖板所需的截面面积按与工字钢翼缘板的等强度条件得到：

工字钢全截面面积 $A = 67.16\text{cm}^2$

腹板截面面积：

$$A_w = h_o t_w = \left[h - \left(\frac{b - t_w}{24} + t\right) \times 2\right] t_w = \left[32 - \left(\frac{13 - 0.95}{24} + 1.5\right) \times 2\right] \times 0.95$$

$$= 28 \times 0.95 = 26.6\text{cm}^2$$

单侧翼缘面面积：

$$A_f = \frac{1}{2}\ (6716 - 2660)\ = 2026\text{mm}^2$$

设翼缘拼接连接盖板的宽度 $b = 160\text{mm}$，则得到连接盖板的厚度 $t_1 = \frac{2026}{160} = 12.7\text{mm}$

翼缘拼接连接盖板的截面尺寸采用 160mm × 14mm

翼缘拼接连接盖板与翼缘的连接焊缝，按工字钢翼缘板等强度条件确定，没连接角焊缝的焊脚尺寸 $h_{f1} = 10\text{mm}$，则拼接连接一侧的焊缝实际长度［参照公式（4-10）］

$$l'_w = \left[\frac{Af}{2 \times 0.7 h_f f_f^w} + 2h_f\right] = \left[\frac{2026 \times 215}{2 \times 0.7 \times 10 \times 160} + 20\right] = 214\text{mm}，采用\ l'_w = 220\text{mm}$$

相应的拼接连接盖板长度

$$l_1 = 220 \times 2 + 10 = 450\text{mm}$$

I32a 的翼缘拼接连接盖板的截面尺寸为 160mm × 14mm，连接角焊缝的焊脚尺寸 h_f 为 10mm，拼接连接盖板的长度 $l_1 = 470\text{mm}$。板比上述计算结果稍大安全。

（2）腹板拼接连接板的尺寸及其连接。

1）拼接连接板与腹板相连的焊缝计算长度和焊脚尺寸按承受由腹板刚度与全截面刚度之比所分担的弯矩与全部作用剪力来确定。

腹板的截面惯性矩为：

$$I_{wx} = \frac{1}{12} t_w h_0^3 = \frac{1}{12} \times 9.5 \times 280^3 = 17.4 \times 10^6\text{mm}^4$$

$$M_{wx}=\frac{I_{wx}}{I_x}M_x=\frac{17.4\times10^6}{110.0\times10^6}\times100=15.7\text{kN}\cdot\text{m}$$

腹板所承受的剪力为 $V=380\text{kN}$

设连接角焊缝的焊脚尺寸 $h_f=10\text{mm}$，焊缝计算长度 $l_w=250\text{mm}$，则一条焊缝的截面惯性矩及抵抗矩：

$$l_{wx}=\frac{1}{12}\times0.7\times2\times10\times250^3=18.2\times10^6\text{mm}^4$$

$$W_{wx}=\frac{18.2\times10^6}{125}=1.46\times10^5\text{mm}^3$$

焊缝的强度校核，按公式（4－15）：

$$\sigma_M=\frac{M_{wx}}{W_{wx}}=\frac{15.7\times10^6}{1.46\times10^5}=107.5\text{N/mm}^2$$

$$\tau_v=\frac{V}{A_w}=\frac{380\times10^3}{2\times0.7\times10\times250}=108.6\text{N/mm}^2$$

$$\sigma_f=\sqrt{\left(\frac{\sigma_M}{\beta_f}\right)^2+\tau_v^2}=\sqrt{\left(\frac{107.5}{1.22}\right)^2+108.6^2}=139.9\text{N/mm}^2<160\text{N/mm}^2$$

2）腹板的拼接连接板尺寸及厚度，以满足连接角焊缝的长度和焊脚尺寸及焊接构造要求来确定，采用两块 160mm×250mm×12mm 的连接板，由于其厚度为 12×2＝24mm＞9.5mm，其连接板的强度不必计算。

I32a 腹板拼接连接板的尺寸为 160mm×250mm×14mm，焊缝的焊脚尺寸 $h_{f2}=12\text{mm}$，其结果比上述计算值稍大，原因是腹板的拼接连接板的焊缝是按腹板截面所能承受的最大剪力来计算的，因此利用简化设计计算是足够安全的。

3）若将腹板的拼接改成三面围焊。

①焊缝截面的几何特性。

焊缝的焊脚尺寸 $h_f=8\text{mm}$，槽形截面位置，（距槽背长边）为：

$$x_b=\frac{2\times70\times\frac{70}{2}}{2\times70+250}=12.6\text{mm}$$

焊缝的极惯性矩：

$$I_{wx}=0.7\times8\left(\frac{1}{12}\times250^3+2\times70\times125^2\right)=19.54\times10^6\text{mm}^4$$

$$I_{wy}=0.7\times8\left\{2\left[\frac{1}{12}\times70^3+70\left(\frac{70}{2}-12.6\right)^2\right]+250\times12.6^2\right\}=0.93\times10^6\text{mm}^4$$

$$I_{wp}=I_{wx}+I_{wy}=19.54\times10^6+0.93\times10^6=20.47\times10^6\text{mm}^4$$

焊缝重心到最大应力点的距离为：

$$x_1=70-12.6=57.4\text{mm}$$

$$y_1=125\text{mm}$$

焊缝有效面积为：

$$A_w=\sum h_el_w=0.7\times8\ (2\times70+250)\ =2184\text{mm}^2$$

②焊缝重心处内力。

腹板承受的内力值为：

设全部剪力由腹板承受 $V=380\text{kN}$

腹板承受的弯矩由前为 15.7kN·m

③焊缝最大应力，参照公式（4－19）。

$$\frac{1}{2}\sqrt{\frac{1}{\beta_f^2}\left(\frac{V}{A_w}+\frac{Mx_1}{I_{w\rho}}\right)^2+\left(\frac{My_1}{I_{w\rho}}\right)^2}$$

$$=\frac{1}{2}\sqrt{\frac{1}{1.22^2}\left(\frac{380\times10^3}{2184}+\frac{15.7\times10^6\times57.4}{20.47\times10^6}\right)^2+\left(\frac{15.7\times10^6\times125}{20.47\times10^6}\right)^2}$$

$$=101<160\text{N/mm}^2$$

【例题 4－3】悬伸支承托板与柱的焊接连接设计

1　设计资料。

悬伸支承托板与柱的连接及荷载的作用情况，如图 4－16 所示。构件所用钢材为 Q345 钢，焊条为 E50××焊条，采用角焊缝手工焊接（三面围焊）。

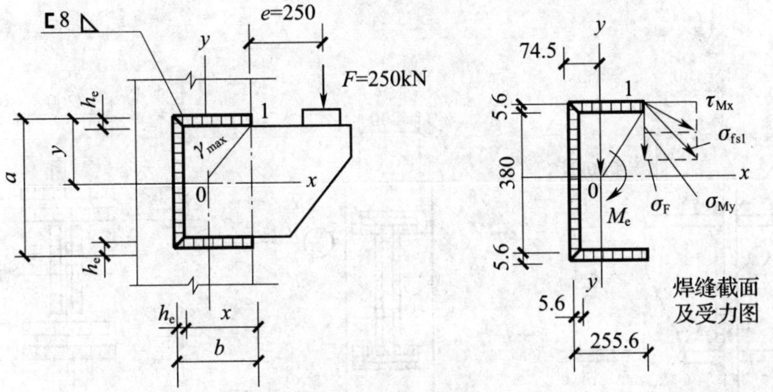

图 4－16　悬伸支托与柱的焊接连接

2　连接计算。

设三面围焊角焊缝焊脚尺寸 $h_f=8\text{mm}$，$h_e=0.7h_{f2}=5.6\text{mm}$，则角焊缝有效截面的形心位置：

$$\overline{x}=\frac{2\times5.6\times255.6^2/2+380\times5.6^2/2}{5.6\ (255.6\times2+380)}=74.5\text{mm}$$

角焊缝有效截面的惯性矩：

$$I_{wx}=5.6\times380^3/12+2\times255.6\times5.6^3/12+2\times255.6\times5.6\times192.8^2$$
$$=1.32\times10^8\text{mm}^4$$

$$I_{wy}=5.6^3\times380/12+380\times5.6\ (74.5-2.8)^2+2\times5.6\times255.6^3/12+$$
$$2\times5.6\times255.6\times(127.8-74.5)^2=3.5\times10^7\text{mm}^4$$

角焊缝有效截面的极惯性矩：

$$I_{w\rho}=I_{wx}+I_{wy}=1.32\times10^8+0.35\times10^8=1.67\text{mm}^4$$

角焊缝有效截面形心处的弯矩：

$$M_e=F\ (e+b-\overline{x})$$
$$=250\times(250+255.6-74.5)\ =107.8\text{kN}\cdot\text{m}$$

在弯矩 M_e 和剪力 V（$V=F$）共同作用下，角焊缝有效截面上“1”点的应力为：

应用公式（4－19）

$$\tau_{Mx}=\frac{M_e\tau_y}{I_{w\rho}}=\frac{107.8\times10^6\times195.6}{1.67\times10^8}=126\text{N/mm}^2$$

$$\sigma_{My}=\frac{M_e\tau_x}{I_{w\rho}}=\frac{107.8\times10^6\times(255.6-74.5)}{1.67\times10^8}=116.9\text{N/mm}^2$$

$$\sigma_F=\frac{F}{A_w}=\frac{250\times10^3}{5.6\times(255.6\times2+380)}=50\text{N/mm}^2$$

$$\sigma_{f1}=\sqrt{\left(\frac{\sigma_{My}+\sigma_F}{\beta_f}\right)^2+\tau_{Mx}^2}=\sqrt{\left(\frac{116.9+50}{1.22}\right)^2+126^2}=186<f_f^w=200\text{N/mm}^2$$

【例题4-4】悬伸支承托座（牛腿）与柱的焊接连接设计

1 设计资料。

悬伸支承托座采用组合工字形截面（I350×200×10×20），材料为Q345钢，焊条为E50××型焊条，采用角焊缝手工焊接。悬伸支承托座的尺寸和作用的集中力 F 如图4-17所示。

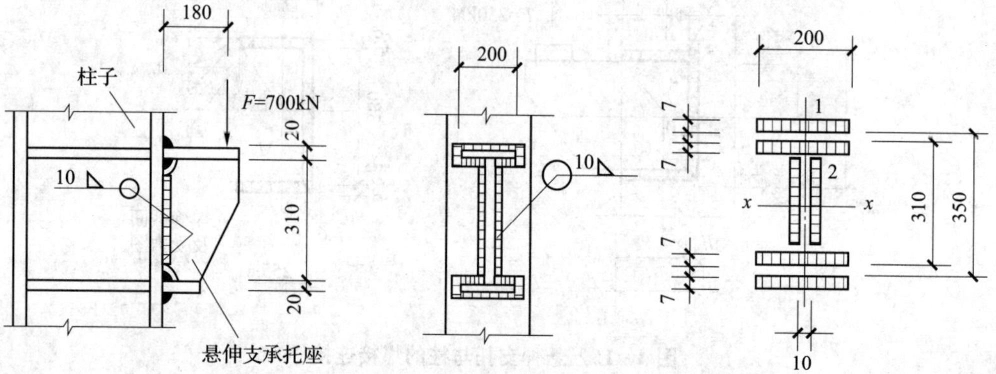

图4-17 悬伸支承托座（牛腿）与钢柱的焊接连接

2 连接计算。

连接采用沿全面施焊的角焊缝连接，转角处连续施焊，没有起弧和落弧所引起的焊口缺陷，并假定全部剪力由支承托座腹板的连接焊缝承担，不考虑工字形翼缘端部绕转部分焊缝的作用。

设沿工字形悬伸支承托座全周角焊缝的焊脚尺寸为：

$$A_{ww}=0.7\times10\times(310-2\times15)2=3920\text{mm}^2$$

全部焊缝对 x 轴的截面惯性矩可近似地取：

$$I_{wx}=2\times7\times200\times178.5^2+2\times7\times200\times151.5^2+7\times(310-2\times15)^3\times2/12$$
$$=1.8\times10^8\text{mm}^4$$

焊缝在最外边缘“1”点处的截面抵抗矩：

$$W_{w1}=\frac{1.8\times10^8}{182}=9.9\times10^5\text{mm}^3$$

焊缝在腹板顶部“2”点处的截面抵抗矩：

$$W_{w2}=\frac{1.8\times10^8}{155}=11.6\times10^5\text{mm}^3$$

在偏心弯矩 $M_e=700\times180=126\text{kN}\cdot\text{m}$ 作用下，角焊缝在“1”点处的最大应力：

$$\sigma_{M1}=\frac{M_e}{W_{w1}}=\frac{126\times10^6}{9.9\times10^5}=127\text{N/mm}^2<\beta_f f_f^w=1.22\times200=244\text{N/mm}^2$$

在翼缘和腹板交接的角焊缝“2”点处在偏心弯矩和剪力 V 共同作用下的应力为：

按公式（4－15）

$$\sigma_{M2}=\frac{M_e}{W_{w2}}=\frac{126\times10^6}{11.6\times10^5}=108.6\text{N/mm}^2$$

$$\tau_F=\frac{F}{A_{ww}}=\frac{700\times10^3}{3920}=178.5\text{N/mm}^2$$

$$\sigma_{f2}=\sqrt{\left(\frac{108.6}{1.22}\right)^2+178.5^2}=199f_f^w=200\text{N/mm}^2$$

【例题4－5】 牛腿用螺栓的连接

1 设计资料。

如图4－18所示的牛腿与柱用普通螺栓的连接设计。

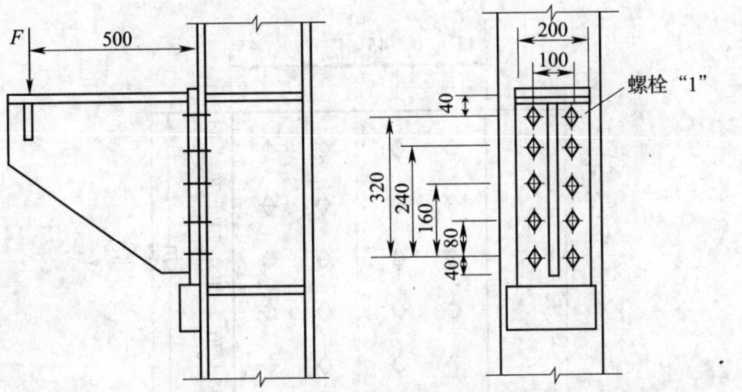

图4－18 牛腿与钢柱螺栓连接

构件与螺栓的材料均为Q235号钢。采用粗制普通螺栓，螺栓直径 $d=16$mm，孔径 $d_0=17$mm。

荷载设计值 $F=60$kN。

2 螺栓连接计算。

螺栓群重心处的内力为：

由于连接板下设置支托，故剪力由支托焊缝传递。螺栓群承受的弯矩为：

$$M=60\times0.5=30\text{kN}\cdot\text{m}$$

（1）由表20－6查得一个直径 $d=16$mm 的C级螺栓的抗拉设计承载力 $N_t^b=26.6$kN。

按照公式（4－50）取 $N=0$ 计算，螺栓“1”所受的拉力为：

$$N_{max}=\frac{My_1'}{\sum_{i=1}^{n}y_1'^2}=\frac{30\times10^3\times320}{2\times(80^2+160^2+240^2+320^2)}=25.0\text{kN}<N_t^b=26.6\text{kN}$$

（2）若将以上螺栓改成直径的8.8级承压型高强度螺栓，则应按公式（4－49）取 $N=0$ 计算。

$$N_{max}=\frac{My_1}{\sum_{i=1}^{n}y_i^2}=\frac{30\times10^3\times160}{4\times(80^2+160^2)}=37.5\text{kN}$$

按表4－12，M16 的 $A_e = 157mm^2$。$N_t^b = 157 \times 400 = 63kN > 37.5kN$。

（3）若取消图4－18中的支托，将螺栓改成同直径的10.9级摩擦型高强度螺栓，按表4－12～表4－14（喷砂）。

$$N_v = \frac{60}{10} = 6kN$$

$$N_v^b = 0.9kn_f\mu P = 0.9 \times 1 \times 0.4 \times 100 = 36kN > 6kN$$

$$N_t^b = 0.8p = 0.8 \times 100 = 80kN$$

按公式（4－35）

$$\frac{N_v}{N_v^b} + \frac{N_t}{N_t^b} = \frac{6}{36} + \frac{37.5}{80} = 0.63 < 1$$

【例题4－6】钢板用高强度螺栓摩擦型连接的连接设计

1　设计资料。

如图4－19所示双盖板拼接的钢板连接。

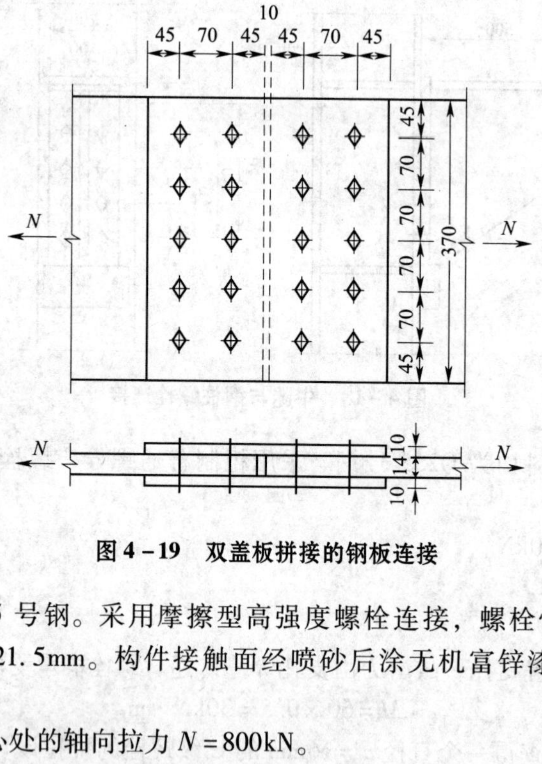

图4－19　双盖板拼接的钢板连接

钢板钢材为Q235号钢。采用摩擦型高强度螺栓连接，螺栓性能等级为10.9级，M20。螺栓孔径 d_0 为21.5mm。构件接触面经喷砂后涂无机富锌漆，按表4－13，$\mu = 0.40$。

作用在螺栓群重心处的轴向拉力 $N = 800kN$。

2　螺栓连接计算。

由表4－12查得一个M20的10.9级高强度螺栓的预拉力 $P = 155kN$，按公式（4－33）计算的一个螺栓承载力设计值为：

$$N_v^b = 0.9kn_f\mu P = 0.9 \times 1 \times 2 \times 0.40 \times 155 = 111.6kN$$

一个螺栓所受剪力为：

$$N_v = \frac{N}{n} = \frac{800}{10} = 80kN < N_v^b = 111.6kN$$

按4.3.2条拼接连接一侧的 $l_1 < 15d_0$，故不可乘以 α_s。

3　钢板截面强度计算。

钢板净截面面积为：

$$A_n = A - n_1 d_0 t = 370 \times 14 - 5 \times 21.5 \times 14 = 3675\text{mm}^2$$

按公式（3－50）和公式（3－51）计算的钢板强度为：

$$\sigma = \frac{\left(1 - 0.5\dfrac{n_1}{n_2}\right)N}{A_n} = \frac{\left(1 - 0.5\dfrac{5}{10}\right) \times 800 \times 10^3}{3675} = 163\text{N/mm}^2 < 215\text{N/mm}^2$$

$$\sigma = \frac{N}{A} = \frac{800 \times 10^3}{370 \times 14} = 154\text{N/mm}^2 < 215\text{N/mm}^2$$

$$\sigma = \frac{N}{A_n} = \frac{800 \times 10^3}{3675} = 217.7\text{N/mm}^2 < 0.7f_u = 0.7 \times 37 = 259\text{N/mm}^2$$

【例题4－7】 钢板用高强度螺栓承压型连接的连接设计

1　设计资料。

如图4－19所示双盖板拼接的钢板连接。

钢板钢材为Q235号钢。采用承压型高强度螺栓，螺栓性能等级为8.8级，M20，P＝125kN。其余条件及螺栓群重心处内力值均与【例题4－6】相同。

2　螺栓连接计算。

按公式（4－37）和公式（4－38）计算的螺栓受剪承载力设计值和承压承载力设计值为：

$$N_v^b = n_v \frac{\pi d_e^2}{4} f_v^b = 2 \times \frac{\pi \times 17.65^2}{4} = 122.5 \times 10^3\text{kN}$$（f_v^b、d_e 分别见表2－8、表4－10）

$$N_c^b = d \sum t \cdot f_c^b = 20 \times 14 \times 470 = 131 \times 10^3\text{kN}$$（f_c^b 见表2－8）

一个螺栓所承受的剪力为：

$$N_v = \frac{N}{n} = \frac{800}{10} = 80\text{kN} < 122.5\text{kN}$$

3　钢板净截面强度计算。

钢板净截面面积为：

$$A_n = A - n_1 d_0 t = 370 \times 14 - 5 \times 21.5 \times 14 = 3675\text{mm}^2$$

按公式（3－51a）和公式（3－50）计算的钢板净截面强度为：

$$\sigma = \frac{N}{A_n} = \frac{800 \times 10^3}{3675} = 217.7\text{N/mm}^2 \approx 215\text{N/mm}^2$$

$$\sigma = \frac{N}{A_n} = \frac{800 \times 10^3}{3675} = 217.7 < 0.7 \times 370 = 259\text{N/mm}^2$$

4.6　连接和拼接设计中的若干问题

4.6.1　连接一般分三种情况：

1　按被连接构件的内力计算。焊接时，以构件内力设计值计算角焊缝的抗拉、抗压和抗剪强度或对接焊缝的抗压、抗拉和抗剪强度（设计值）；螺栓连接时，以构件内力设计值计算螺栓的抗剪和构件孔壁的承压强度（设计值）。

2　当构件内力较小时，连接按构造确定。如取角焊缝最小厚度为4mm，最小长度为60mm（轻型屋面钢屋架）或80mm（重型屋面钢屋架）。

3　按等强节点连接。即构件的承载力设计值与节点连接的承载力设计值相等的原则。如某些支撑内力不易确定时，为了充分发挥支撑作用也可采用等强节点连接。支撑与构件连接，在高空位置有偏差，一般用安装螺栓定位后再焊接。

4.6.2 拼接与连接基本相同。例如，屋架的腹杆拼接，大多采用等强的对接焊缝，为安全起见，将正面对接焊缝改为斜面对接焊缝，即直焊缝改为斜焊缝。屋架的上下弦杆为屋架中极重要杆件，一般在跨中运送单元处，为安全起见，采用拼接角钢角焊缝连接，焊缝余量料多，通常属超强度连接或拼接。

4.6.3 等强拼接的设计方法。

如【例题4-1】，原被连接板件内力 $N=550\text{kN}$，如改为等强连接内力 $N=550$ 需改为 $N=220\times14\times215=602\text{kN}>550\text{kN}$，焊缝长度相应增大。

4.6.4 由以上可得：等强连接或拼接为非地震区构件连接或拼接的最高要求。对于地震区应相反，等强连接应为构件连接或拼接的最低标准，遗憾地：

新的《钢结构设计标准》采用杆件节点的极限承载力大于或等于构件屈服承载力的 η 倍。$\eta=1.1\sim1.45$。极限、屈服与设计值为非同一水准，从而导致表面上为加强节点，实际上为减弱节点。由于强节点多数出现在多高层钢结构中，将在《钢多高层结构设计手册》中进一步论述。

4.6.5 如加强节点均由设计值表述：尚可简化表2-3至表2-6中的设计指标项，取消母材屈服点和连接的极限抗拉强度。

5 单层房屋钢结构的组成

5.1 概述和受力体系

5.1.1 一般说明。

单层钢结构房屋可分为民用房屋和工业房屋两种，为了轻型屋面和墙体的推广和应用，在目前我国国内单层房屋逐步采用钢结构。在国外，特别是美英等西方国家，钢结构已广泛应用于学校、公共建筑、大型超市、体育馆等民用建筑。随着我国经济的迅速发展，单层民用房屋采用钢结构的数量将会继续增加。

5.1.2 结构受力体系。

单层钢结构房屋主要是由横向结构和纵向结构系统组成。横向结构系统是排架（包括屋架或横梁、天窗架和柱），它是单层房屋的基本承重结构，承受屋面荷载、横向风荷载和地震作用，在有吊车的工业房屋中还要承受吊车的竖向荷载和横向水平荷载。纵向结构系统是由柱、托架（用于大柱距）、柱间支撑、墙梁等构成。工业房屋内除上述构件外，还有吊车梁及吊车制动梁或桁架等构件。此外，还有房屋外围墙架及屋面支撑，共同组成空间刚性骨架，详见图 5－1 和图 5－2。

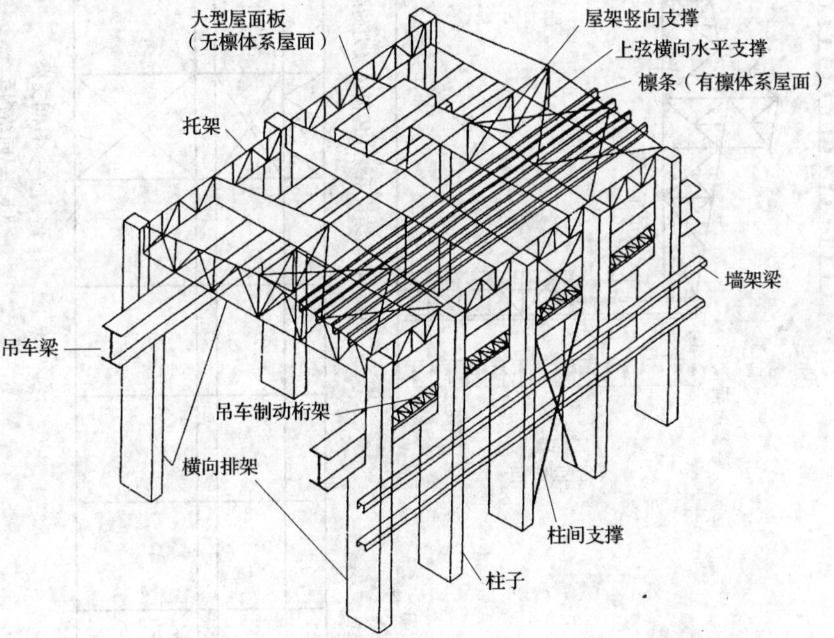

图 5－1 单层钢结构房屋透视图

其中屋盖结构是由屋面材料、檩条、屋架、托架（用于大柱距）和天窗架等构件组成。根据屋面材料的不同，屋盖可分为有檩体系和无檩体系两大类。当屋面材料采用石棉水泥瓦、瓦楞铁、压型钢板（夹心钢板）、钢丝网水泥板或小型混凝土板时，屋面荷载要通过檩条传给屋架，这种屋盖结构称为有檩体系；若屋面材料采用混凝土屋面板（含太空板）、预应力空心混凝土板时，屋面荷载可直接通过屋面板传给屋架而无需檩条，这种屋盖结构称为无檩体系。

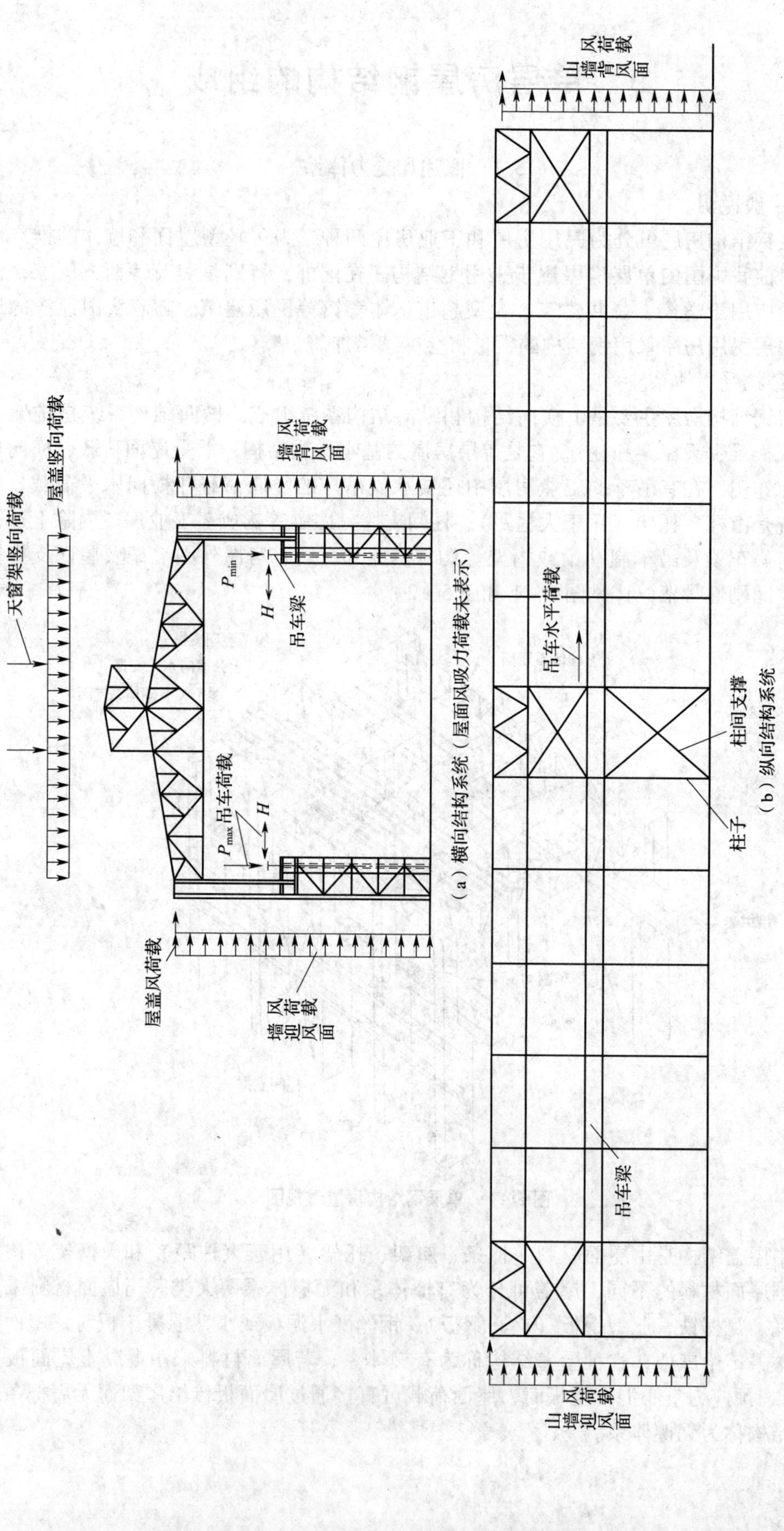

（a）横向结构系统（屋面风吸力荷载未表示）

（b）纵向结构系统

图 5－2 结构受力体系

吊车梁和制动梁（桁架）是承受吊车的竖向荷载及水平荷载。外围墙架是承受墙体的重量和风力，墙体一般可采用砌块（混凝土、陶粒混凝土）、太空板、压型钢板、聚苯乙烯板等。墙体结构同样可分：有墙梁和无墙梁体系。

排架柱在基础处通常做成固定端，柱顶与屋架或横梁的连接可以做成铰接，也可以做成刚接。柱的上下两端均为刚接的排架，可以增加刚度和节约钢材。通常在采用重屋盖的刚接排架中，为了减少柱上端的弯矩，可以在屋盖结构安装完毕后再将柱顶刚接，以减少由屋盖永久荷载所产生的柱顶固端弯矩。

5.1.3　排架形式。

房屋的排架是由屋架或横梁和柱组成。根据建筑物功能的要求，有单跨和多跨排架，根据结构设计的要求，有铰接排架和刚接排架两种，见图5－3。

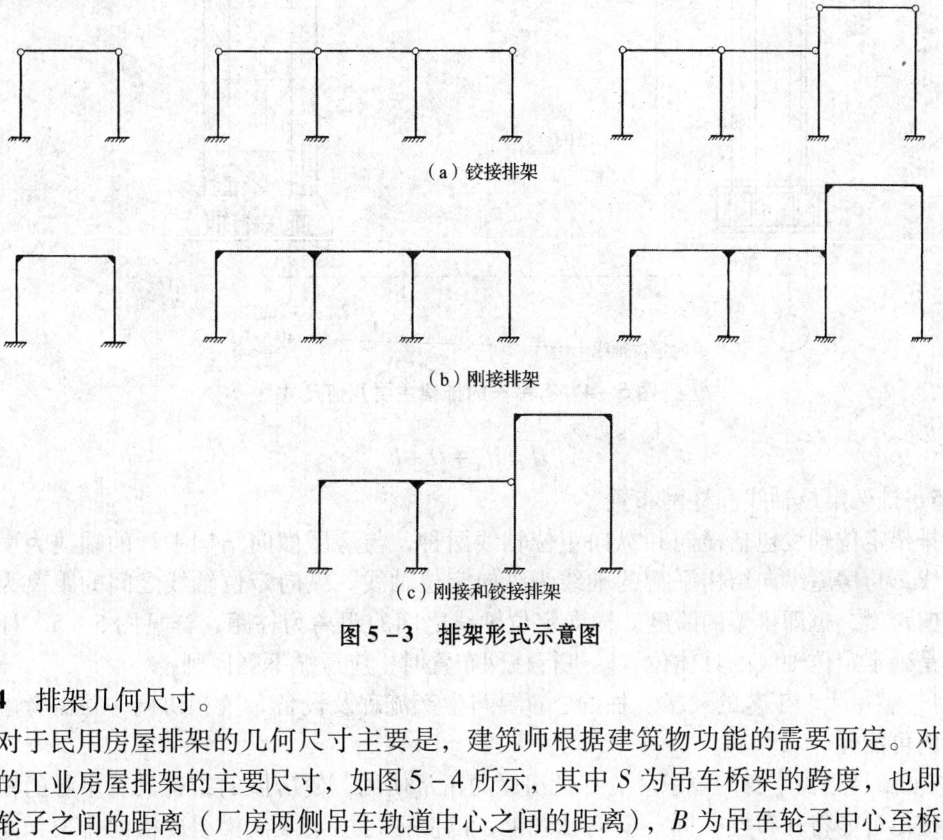

（a）铰接排架

（b）刚接排架

（c）刚接和铰接排架

图5－3　排架形式示意图

5.1.4　排架几何尺寸。

对于民用房屋排架的几何尺寸主要是，建筑师根据建筑物功能的需要而定。对于有吊车的工业房屋排架的主要尺寸，如图5－4所示，其中 S 为吊车桥架的跨度，也即吊车两端轮子之间的距离（厂房两侧吊车轨道中心之间的距离），B 为吊车轮子中心至桥架端部的长度，H_1 为自轨道顶标高至吊车最高顶点的距离，以上尺寸均需由吊车生产厂提供，一般生产厂的产品样本中均已列出。C 为吊车桥架端部外边和上段柱内边缘之间的净空尺寸，当吊车梁顶设置人行安全通道时，$C \geqslant 400$mm，当该处不设人行安全通道时，$C \geqslant 80$mm，h 为吊车小车部分顶面和屋架下弦底面之间的净空尺寸，一般取250～350mm，但若房屋设置在软弱地基或黄土地基时或因地面荷载较大，可能引起房屋的不均匀沉陷时，h 值还应适当加大。e 为边柱轴线至柱外边的距离，一般取0～750mm，视房屋内吊车吨位的大小而定。

房屋横向排架的跨度 L 为：

$$L = S + A_2 + A_1 + 2B + 2C \tag{5-1}$$

房屋的有效高度 H 为房屋室内地面至屋架下弦底面的距离可按下式计算：

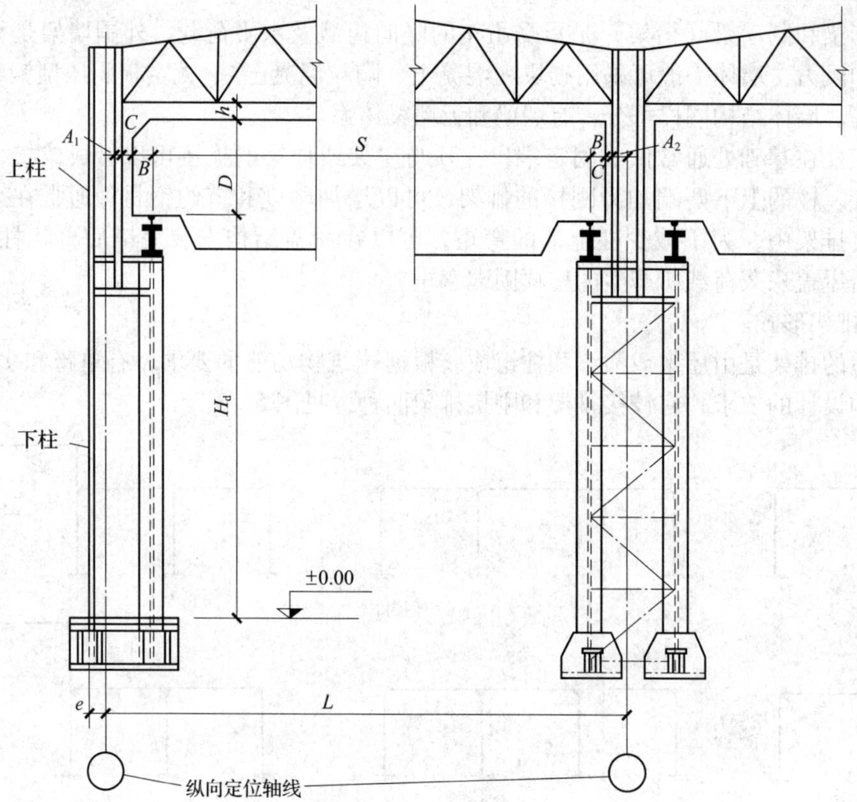

图5-4 有吊车的排架主要几何尺寸

$$H = H_d + D + h \tag{5-2}$$

5.1.5 排架定位轴线和柱网布置。

排架定位轴线包括横向和纵向定位轴线两种，与房屋横向结构平行的轴线为横向定位轴线，与房屋纵向结构平行的轴线为纵向定位轴线。纵向定位轴线之间的距离为房屋的横向跨度，也即排架的跨度，横向定位轴线之间的距离为柱距，详见图5-5。柱网布置就是确定定位轴线的具体位置。进行柱网布置时，应遵循下列原则：

1 满足生产工艺的要求。柱的位置要与生产流程及设备布置相协调，并需考虑生产发展的可能性。

2 满足结构本身的要求。为保证房屋的正常使用，使房屋的结构具有足够的横向刚度，应尽可能将柱布置在同一横向轴线上，以使柱与屋架或横梁组成横向排架，同时宜符合表2-17规定的温度区段长度。

3 符合经济合理的要求，根据以往设计资料的统计表明，屋盖的单位面积用钢量随房屋跨度增大而增加，而吊车梁与柱的单位面积的用钢量却是随房屋跨度增大而减少。特别是目前新型轻质的屋面材料，较传统的混凝土屋面板减轻自重十分可观，更能显示出加大房屋跨度的优越性。增大房屋跨度既能节省钢材，又能增加房屋的有效面积和生产工艺的灵活性。

4 遵守《厂房建筑统一化基本规则》和《建筑统一模数制》的规定，使结构构件标准化。根据建筑统一模数制的规定，一般房屋跨度，采用3m的倍数，柱距一般采用6m或6m的倍数，如图5-5所示。近年轻型厂房中7.5m和9.0m柱距应用较多。温度区段按第2章表2-17规定设置。

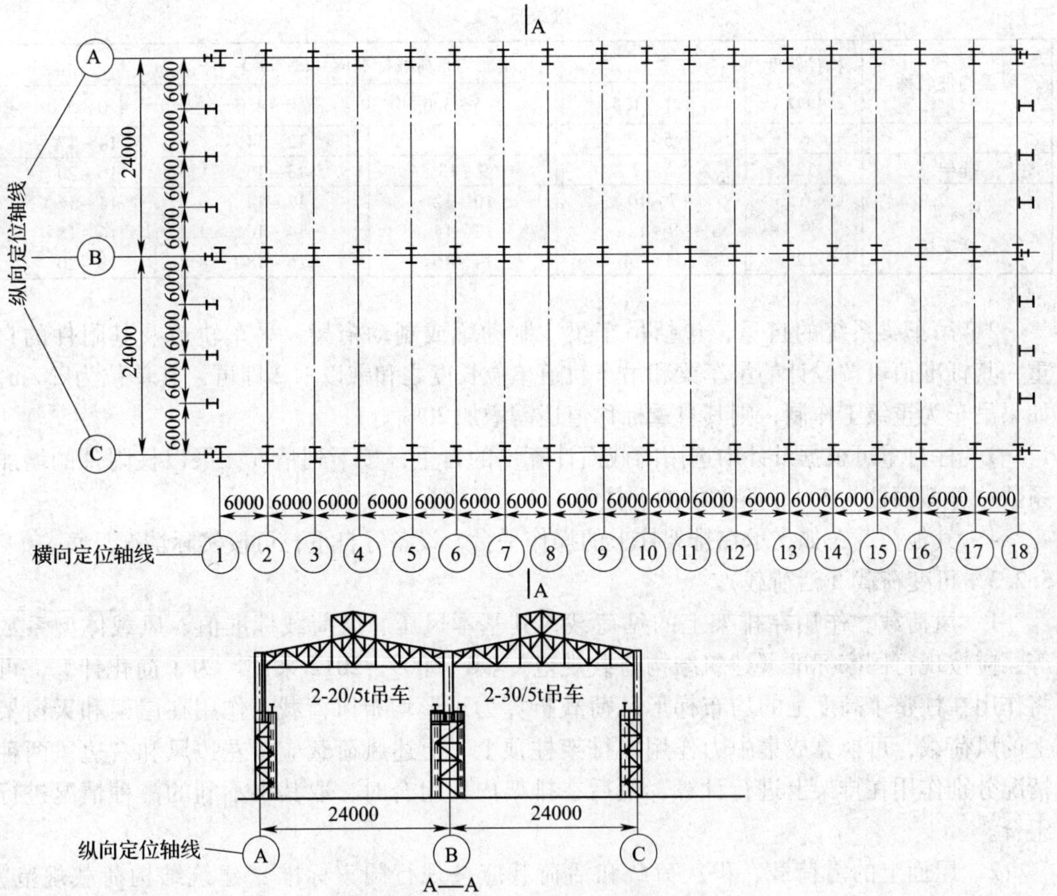

图 5-5　柱网布置实例

5.2　排 架 荷 载

5.2.1　一般说明。

作用在排架上的荷载有永久荷载和可变荷载两种，在地震区还有地震作用。永久荷载包括屋面、墙体、结构等自身的重量，在工业房屋中还可能有管道和设备等重量。可变荷载包括有雪荷载、积灰荷载、屋面活荷载、吊车的竖向荷载、吊车横向水平荷载和风荷载等。

5.2.2　永久荷载（恒荷载）。

1　屋架、天窗架、托架及其支撑的重力标准值，按均布荷载计算，可参考表 5-1 选用。

表 5-1　屋盖结构构件自重参考表（kg/m^2）

屋盖构件名称	构件跨度（m）	屋面均布荷载标准值（kN/m^2）			
		1.1～1.5	1.5～3.0	3.0～4.0	4.0～5.0
屋架（包括支撑）	9	7～10	10～14	14～20	
	18	12～18	18～22	22～28	28～32
	24	18～22	22～28	28～34	34～38
	30	23～28	28～34	34～40	40～46
	36	28～32	32～38	38～44	44～50

续表 5-1

屋盖构件名称	构件跨度（m）	屋面均布荷载标准值（kN/m^2）			
		1.1~1.5	1.5~3.0	3.0~4.0	4.0~5.0
檩条	6	5~8	8~12	12~14	14~17
托架	12	5~9	9~13	13~16	16~20
天窗架（包括支撑）	6	7~10	10~12	12~14	14~16
	9	9~12	12~14	14~16	16~18
	12	11~14	14~16	16~18	18~20

2 吊车梁系统的自重，包括吊车梁、制动梁或制动桁架、吊车轨道及其附件的自重，其标准值可按设计的吊车梁和吊车轨道单位长度之和乘以 1.2 即可，其单位为kN/m，如果吊车为重级工作制，则其自重标称值还需增加20%。

3 柱自重可根据设计中选用的截面计算出的自重，按下列情况，乘以柱附件的增加系数：等截面柱为 1.1；阶形柱的上柱为 1.1，下柱为 1.4。

4 其他荷载：如支承在排架柱上的操作平台，设备等自重，可按实际情况计算。

5.2.3 可变荷载（活荷载）。

1 风荷载。作用在排架上的见荷载，其基本风压、风荷载标准值、风载体型系数等，应按现行国家标准《建筑结构荷载规范》GB 50009—2012 采用。为了简化计算，可将作用在柱整个高度上的均布梯形风荷载折算为矩形均布风荷载，作用在屋架和天窗架上的风荷载，可换算成集中力作用在排架柱顶上。上述风荷载应按左边风和右边风两种情况分别作用在排架上进行计算，最后在排架内力组合时，取其中不利的一种情况进行组合。

2 屋面上的雪荷载、积灰荷载和活荷载应按现行国家标准《建筑结构荷载规范》GB 50009—2012 采用。雪荷载一般不与屋面活荷载同时组合，而是取其两者中的较大值。

3 吊车荷载。计算吊车的竖向和横向荷载标准值时，应按同一跨间内起重量最大的两台吊车紧靠时作用在排架柱上的最大反力和最小反力（竖向荷载），考虑因为在同一跨间的一列柱上作用由吊车最大轮压 P_{imax} 所产生的最大反力 $R_{\max}$ 时，相应地在对面另一列柱上则同时作用由吊车最小轮压 P_{imin} 产生的最小反力 $R_{\min}$。吊车一个轮子的最大轮压 P_{imax}，可按吊车生产厂的产品目录上查得，而吊车一个轮子的最小轮压 P_{imin}，可按下式计算：

$$P_{\text{imin}} = P_{\text{imax}}\left(\frac{Q+G}{\sum_{i=1}^{n} P_{\text{imax}}} - 1\right) \tag{5-3}$$

式中 Q——吊车额定起重量；

G——吊车总重（包括吊车桥架、小车和电气设备重量的总和）；

P_{imax}——第 i 个吊车轮的最大轮压值；

$\sum P_{\text{imax}}$——吊车桥架一侧所有吊车轮（$P_1 \cdots P_n$）最大轮压的总和。

设有双层吊车的房屋，要考虑上层吊车满载、下层吊车不计入，以及下层吊车满载、上层吊车空载并处于最不利位置的两种情况在排架柱上所产生的竖向荷载，最后取其不利情况进行排架内力组合。

吊车横向水平荷载是由吊车上的小车刹车时产生的荷载，按全部平均作用在两侧轨道上，并按正负两个方向都有可能发生的情况考虑。计算同一跨内任一列排架柱上所作用的横向水平荷载与求竖向荷载时的吊车轮压作用位置相同。每个吊车轮的横向水平荷载标准值应按下式计算：

$$T=\zeta\frac{Q+G}{n} \tag{5-4}$$

式中 n——吊车的总轮数；

ζ——系数，对于软钩吊车：

当吊车额定起重量≤10t 时，应取 0.12，

当吊车额定起重量为 16～50t 时，应取 0.10，

当吊车额定起重量≥75t 时，应取 0.08，

对于硬钩吊车：应取 0.20。

计算排架考虑多台吊车竖向荷载时，对一层吊车单跨厂房的每个排架，参与组合的吊车台数不宜多于 2 台，对一层吊车的多跨厂房的每个中列排架柱，不宜多于 4 台。对双层吊车的单跨厂房宜按上层和下层吊车分别不多于 2 台进行组合；多跨时则上下层分别按 4 台进行组合。考虑多台吊车水平荷载时，对单跨或多跨厂房的每个排架，参与组合的吊车台数不应多于 2 台。当情况特殊时上述荷载应按实际情况考虑。在计算排架时，多台吊车的竖向荷载和横向水平荷载的标准值，应乘以表 5－2 中规定的折减系数。

表 5－2 多台吊车的荷载折减系数

参与组合的吊车台数	吊车工作级别	
	A1～A5	A6～A8
2	0.9	0.95
3	0.85	0.90
4	0.8	0.85

5.2.4 地震作用。位于地震区的房屋，应考虑地震作用，可按现行国家标准《建筑抗震设计规范（2016 年版）》GB 50011—2010 确定，但不与风荷载同时考虑。

5.2.5 排架上的其他荷载。

1 当房屋的地基土为软弱土壤时，基础可能会产生差异沉降，则应考虑其对排架内力的影响；

2 当房屋排架的横向或纵向长度超过允许的温度区段长度而未设伸缩缝时，则应计算排架的温度应力。

5.2.6 排架的荷载组合。

1 由可变荷载效应控制的组合：

$$S=1.2S_{Gk}+1.4S_{W} \tag{5-5}$$

$$S=1.2S_{Gk}+0.9\times1.4\ [S_{W}+(S_{S}\text{或}S_{L})+S_{C}+S_{D}] \tag{5-6}$$

2 由永久荷载效应控制的组合：

$$S=1.35S_{Gk}+1.4\ [0.6S_{W}+0.7(S_{S}\text{或}S_{L})+\psi_{C}S_{C}+\psi_{D}S_{D}] \tag{5-7}$$

3 与地震作用组合时：

$$S=1.2\ [S_{Gk}+0.5S_{S}+{}^{*}S_{C}+0.5S_{D}]\ +1.3\gamma_{RE}S_{Ehk} \tag{5-8}$$

式中 S——结构构件内力组合的设计值，包括组合的弯矩、轴向力和剪力设计值；

S_{Gk}——按永久荷载标准值计算的荷载效应值；

S_W——按风荷载标准值计算的荷载效应值；

S_S——按雪荷载标准值计算的荷载效应值；

S_L——按屋面活荷载标准值计算的荷载效应值；

S_C——按吊车荷载标准值计算的荷载效应值；（* 地震组合时，硬钩吊车组合值系数为0.3，软钩吊车不考虑）

S_D——按屋面积灰荷载标准值计算的荷载效应值；

ψ_C——吊车荷载组合值系数：对于工作级别 A1 ~ A7 的软钩吊车，取0.7；对于硬钩吊车及工作级别 A8 的软钩吊车，取0.95；

ψ_D——积灰荷载组合值系数；对于高炉及临近车间，取1.0；对于其他产生粉尘车间，取0.9；

S_{Ehk}——按水平地震作用标准值计算的地震作用效应值；

γ_{RE}——承载力抗震调整系数，对于横梁和柱，取0.75（0.8 为稳定计算时用）。

5.2.7 排架的内力组合。在进行柱各控制截面及刚接排架横梁端部截面的内力组合时，可按下列不同情况确定：

1 在验算柱截面时应考虑以下组合中的不利组合之一：

（1）最大正弯矩 $+M_{max}$ 和相应的轴向力 N、剪力 V；

（2）最大负弯矩 $-M_{max}$ 和相应的轴向力 N、剪力 V；

（3）最大轴向力 N_{max} 和相应的正弯矩 $+M$、剪力 V；

（4）最大轴向力 N_{max} 和相应的负弯矩 $-M$、剪力 V。

2 计算柱脚锚栓的最不利组合为：最小轴向力 N_{min} 和相应的最大正弯矩 $+M_{max}$（或最大负弯矩 $-M_{max}$）。

6 单层房屋的屋面

为了减小承重结构的截面尺寸、节约钢材，除个别有特殊要求者外，首先应采用轻型屋面。轻型屋面的材料宜采用轻质高强，耐火、防火、保温和隔热性能好，构造简单，施工方便，并能工业化生产的建筑材料。如压型钢板、夹芯板、瓦楞铁和各种石棉水泥纤维瓦。在我国由于料源和运输的限制，有时还需沿用传统的黏土瓦或水泥平瓦。

1965 年后我国曾普遍应用过钢丝网水泥波形瓦和预应力混凝土槽瓦等自防水构件作为轻型屋面的瓦材，获得了较好的经济指标，也取得了一定的经验。但这些屋面的自重还不够轻，在防水、保温和隔热性能等方面还需要进一步改进。近年来我国又正逐步推广使用加气混凝土板、夹芯板和各种轻质发泡水泥复合板。

6.1 国内曾采用过的几种屋面材料

6.1.1 黏土瓦或水泥平瓦。

这种屋面瓦的自重 $0.55kN/m^2$，是一种传统型材料。由于取材、运输、施工都比较方便，适应性强，特别适用于零星分散的、机械化施工水平不高的建设项目和地方性工程。因此，目前还有一定的应用价值。

6.1.2 木质纤维波形瓦。

这种屋面瓦的自重 $0.08kN/m^2$。它是在木质纤维内加酚醛树脂和石蜡乳化防水剂后预压成型，再经高温高压制成的。其特点是能充分利用边角料，具有轻质高强、耐冲击和一定的防水性能，运输和装卸无损耗，适用于料棚、仓库和临时性建筑。这种瓦的缺点是易老化，耐久性差；对屋面定时使用涂料进行维护保养，一般可使用十年左右。

6.1.3 石棉水泥纤维波形瓦。

这种屋面瓦的自重 $0.20kN/m^2$。它在国内外都属于广泛采用的传统型材料；具有自重轻、美观、施工简便等特点；除适用于工业和民用建筑的屋面材料外，还可以作墙体维护材料。石棉水泥瓦的材性存在着脆性大，易开裂破损，因吸水而产生收缩龟裂和挠曲变形等缺点。国外通过对原材料成分的控制、掺加附加剂，进行饰面处理和改革生产工艺等，可使石棉瓦有较好的技术性能。目前，我国石棉瓦的产量不多，有些质量还不够高，正在积极研究采取措施，以扩大生产，提高质量。有些工程在石棉瓦下加设木望板，以改善其使用效果，也便于检查和维修。

6.1.4 加筋石棉水泥纤维中波瓦。

这种屋面瓦的自重 $0.20kN/m^2$，是在过去试制的加筋小波瓦发展起来的新品种；这种瓦于 1975 年经国家建材总局鉴定，在上海石棉瓦厂定点生产。它是全部利用短纤维石棉加一层（mm）：$\phi 1.4 \times 15 \times 15$ 钢丝网（合 $2kg/m^2$）制成的，比一般石棉瓦大大提高了抗折强度，改变了受荷破坏时骤然脆断的现象，也减少了运输安装过程中的损耗率。它的最大支点距离可达 1.5m，比不加筋石棉瓦增大近一倍，故在工程中总的用钢量并没有增加，而且适用于高温和振动较大的车间。这是一种有发展前途的瓦材，但目前它的成本仍稍高。

6.1.5 压型钢板。

压型钢板是采用镀锌钢板、冷轧钢板、彩色钢板等做原料，经辊压冷弯成各种波形的压型板，具有轻质高强、美观耐用、施工简便、抗震防火的特点。它的加工和安装已做到标准化、工厂化、装配化。

我国的压型钢板是由冶金工业部建筑研究总院首先开发研制成功的，至今已有三十多年历史。目前已有国家标准《建筑用压型钢板》GB/T 12755—2008 和行业标准《压型金属板设计施工规程》YBJ 216—1988，并已正式列入现行国家标准《冷弯薄壁型钢结构技术规范》GB 50018—2002 中使用。

压型钢板的截面呈波形，从单波到 6 波，板宽 360 ~ 900mm。大波为 2 波，波高 75 ~ 130mm，小波（4 ~ 7 波）波高 14 ~ 38mm，中波波高达 51mm。板厚 0. 6 ~ 1. 6mm（一般可用 0. 6 ~ 1. 0mm）。压型钢板的最大允许檩距，可根据支承条件、荷载及板厚度，由产品规格中选用，详见表 6 - 1。

压型钢板的重量为 0. 07 ~ 0. 14kN/m^2。分长尺和短尺两种。一般采用长尺，板的纵向可不搭接。适用于平坡的梯形屋架和门式刚架。

6. 1. 6 夹芯板。

实际上这是一种保温和隔热与面板一次成型的双层压型钢板。由于保温和隔热芯材的存在，芯材的上、下均需加设钢板。上层为小波的压型钢板，下层为小肋的平板。芯材可采用聚氨酯、聚苯或岩棉，芯材与上下面板一次成型。也有在上下两层压型钢板间在现场增设玻璃棉保温和隔热层的做法，但这种做法仍属加设保温层的压型钢板系列。夹芯板的板型见表 6 - 2。

夹芯板的重量为 0. 12 ~ 0. 25kN/m^2。一般采用长尺，板长不超过 12m，板的纵向可不搭接，也适用于平坡的梯形屋架和门式刚架。

6. 1. 7 钢丝网水泥波形瓦。

这种屋面瓦的自重 0. 40 ~ 0. 50kN/m^2，是采用 10mm × 10mm 钢丝网（最好用点焊网）和 42. 5 级水泥砂浆振动成型的。瓦厚平均 15mm 左右，瓦型类似石棉水泥大波瓦。为了提高瓦的强度和抗裂性，瓦型由开始时六波改为现在的四波和三波。生产这种瓦的设备简单，施工方便，技术经济指标好。在保证操作要求的情况下，瓦的质量和耐久性能符合一般工业房屋的使用要求。但有些单位反映，目前尚存在一些问题，如，制作时钢丝网易回弹露筋，起模运输吊装过程中易产生裂缝且损耗较多，以及在长期使用过程中因大气作用而出现钢丝网锈蚀和砂浆起皮脱壳等现象，有待研究改进。

6. 1. 8 预应力混凝土槽瓦。

这种屋面瓦的自重 0. 85 ~ 1. 0kN/m^2。它的最大优点是构造简单，施工方便，能长线叠层生产。在 20 世纪 60 年代后半期经大量推广应用，发现部分槽瓦有裂、渗、漏等现象。目前经改进的新瓦型，一般在制作时采用振、滚、压的方法，起模运输时采取整叠出槽、整叠运输、整叠堆放以及双层剥离等措施，大大提高瓦的质量，减少瓦的裂缝和损耗，在建筑防水构造上也做了相应的改进。此外，还有采用离心法生产的预应力混凝土槽瓦，对发展机械化生产，提高混凝土密实性和构件强度都有较大的帮助。经改进后的槽瓦具有一定的推广价值，可用于一般保温和隔热要求不高的工业和民用建筑中。

6. 1. 9 GRC 板。

所谓 GRC（Glass Fiber Reinforced Cement）是指用玻璃纤维增强的水泥制品。目前 GRC 网架板的面板是用水泥砂浆作基材、玻璃纤维作增强材料的无机复合材料，肋部仍为配筋的混凝土。市场上有两种产品：一种 GRC 复合板就是上述的含义，仅面板为玻璃纤维与水泥砂浆的复合，由于板本身不隔热（或保温），尚需在面板上另设隔热、找平及防水层。第二种 GRC 复合夹芯板，是将隔热层贴于面板下面或在上下面板的中间，使板具有隔热作用，使用时只需在面板上部设防水层。对于保温的 GRC 板，其全部荷载比上述另加保温层的第一种 GRC 板为轻。

6.1.10　加气混凝土屋面板。

这种屋面板的自重 0.75～1.0kN/m²，是一种承重、保温和构造合一的轻质多孔板材，以水泥（或粉煤灰）、矿渣、砂和铝粉为原料，经磨细、配料、浇筑、切割并蒸压养护而成，具有容重轻、保温效能高、吸音好等优点。这种板因系机械化工厂生产，板的尺寸准确，表面平整，一般可直接在板上铺设卷材防水，施工方便。目前国外多以这种板材作为屋面和墙体材料。

6.1.11　发泡水泥复合板（太空板）。

这是承重、保温、隔热为一体的轻质复合板；是一种由钢或混凝土边框、钢筋桁架、发泡水泥芯材、玻纤网增强的上下水泥面层复合而成的建筑板材，可应用于屋面板、楼板和墙板中。通过多次静力荷载、动力荷载及保温、隔热、隔声、耐火等一系列试验表明，这种板的刚度、强度和使用性能均符合国家相关技术规范的要求。

初步统计，该板自 1995 年至今已在全国应用了上千万平方米的屋面，且呈逐年增长的趋势。现已编制成国家标准专用构件图集《发泡水泥复合板》02ZG710。它的品种有 3.0m×3.0m、4.0m×4.0m 的网架板、1.5m×6.0m、1.5m×7.5m 和 3.0m×6.0m、3.0m×7.5m、3.0m×9.0m（8.0m）的大型屋面板、1.5m×6.0m 和 1.5m×7.5m、1.5m×9.0m（8.0m）的大型墙板。当柱距大于 7.5m 时还有可采用由檩条或墙梁支承的屋面板或墙板。屋面板的重量为 0.6～0.72kN/m²，上铺 0.1kN/m² 的 SBS 改性沥青防水卷材，可承受 1.0～5.0kN/m² 的外荷载设计值，墙板的重量为 0.8kN/m²。

6.1.12　混凝土屋面板。

板跨小于 4m 的网架板可采用周边带肋的混凝土槽形板、田字板或井字板。板跨为 6m 的工业房屋中一般采用 1.5m×6.0m 的预应力混凝土屋面板。混凝土屋面板需另设找平和隔热层，加上铺小石子的油毡防水层，重量为 2.5～3kN/m²，致使屋盖承重结构截面尺寸较大。由于混凝土屋面板的应用历史久，适应场合广，故还有保留其应用的地方。

除上述提到的几种常用瓦材外，还有塑料瓦和瓦楞铁。前者较柔软，安装不便，老化问题较严重，多用于临时性建筑；后者锈蚀严重。

6.2　压型钢板和夹芯板的板型及檩距

6.2.1　压型钢板，详见表 6－1。

6.2.2　夹芯板，详见表 6－2。

表 6－1　常用压型钢板型及檩距

序号	板型	截面形状（mm）	荷载（kN/m²）/檩距（m）					
			钢板厚度（mm）	支撑条件	荷载（kN/m²）			
					0.5	1.0	1.5	2.0
1	YX51－360（角弛Ⅱ）	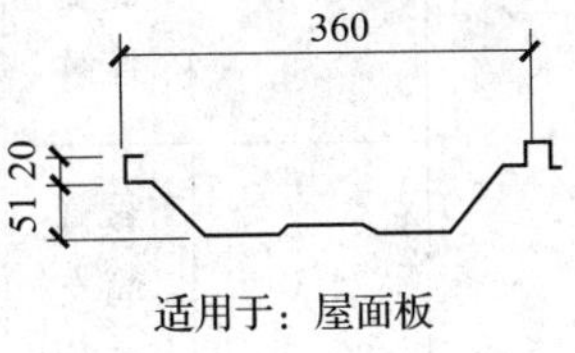 适用于：屋面板	0.6	悬臂	1.54	1.26	1.12	0.98
				简支	3.36	2.66	2.38	2.10
				连续	4.06	3.22	2.80	2.52
			0.8	悬臂	1.68	1.40	1.12	1.10
				简支	3.78	2.94	2.52	2.38
				连续	4.48	3.50	3.08	2.80
			1.0	悬臂	1.82	1.40	1.26	1.12
				简支	4.06	3.22	2.80	2.52
				连续	4.76	3.78	3.22	2.94

续表 6-1

序号	板型	截面形状（mm）	钢板厚度（mm）	支撑条件	荷载（kN/m²）/檩距（m） 荷载（kN/m²）0.5	1.0	1.5	2.0
2	YX51-380-760（角弛Ⅱ）	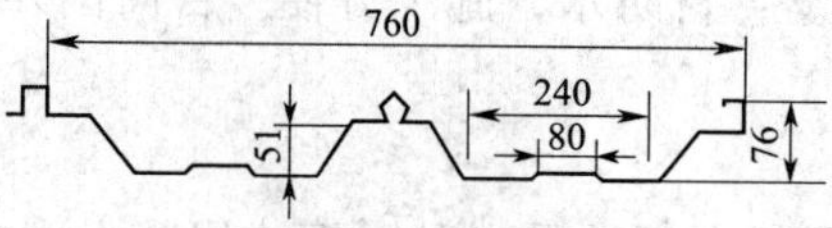 适用于：屋面板	0.6	悬臂	1.53	1.25	1.11	0.97
				简支	3.34	2.64	2.36	2.09
				连续	4.03	3.20	2.78	2.50
			0.8	悬臂	1.58	1.32	1.16	1.05
				简支	3.56	2.77	2.38	2.24
				连续	4.22	3.30	2.90	2.64
			1.0	悬臂	1.66	1.28	1.19	1.12
				简支	3.71	2.94	2.56	2.30
				连续	4.35	3.46	2.94	2.69
3	YX130-300-600（W600）	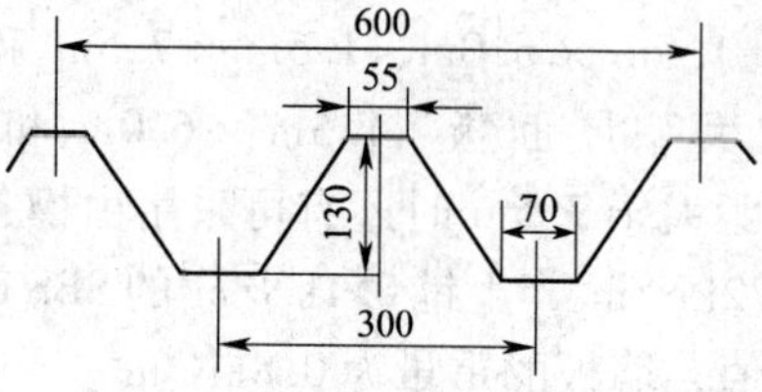 适用于：屋面板	0.6	悬臂	2.8	2.2	1.9	1.7
				简支	6.0	4.7	4.1	3.7
				连续	7.1	5.6	4.9	4.4
			0.8	悬臂	3.1	2.5	2.1	1.9
				简支	6.7	5.3	4.6	4.2
				连续	7.9	6.3	5.5	5.0
			1.0	悬臂	3.4	2.7	2.3	2.1
				简支	7.3	5.8	5.0	4.6
				连续	8.6	6.8	6.0	5.4
4	YX114-333-666	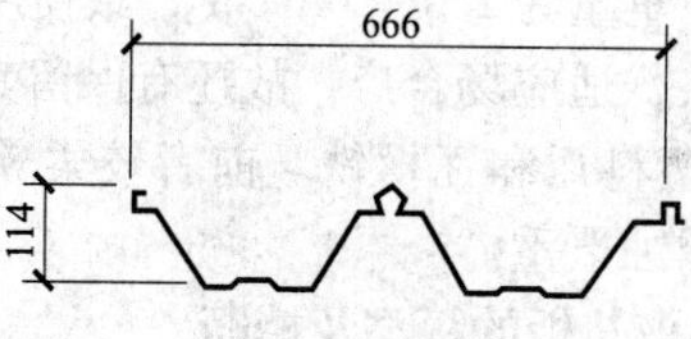 适用于：屋面板	0.6	简支	4.5	3.5	3.1	2.8
				连续	5.3	4.2	3.7	3.3
			0.8	简支	5.0	4.0	3.5	3.2
				连续	5.9	4.7	4.1	3.8
			1.0	简支	5.5	4.1	3.8	3.5
				连续	6.5	5.1	4.5	4.1
5	YX35-190-760	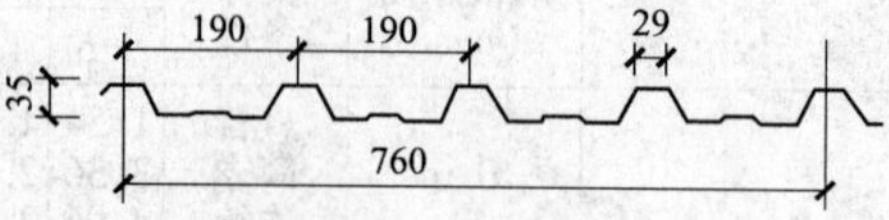 适用于：屋面板	0.6	悬臂	1.0	0.8	0.7	0.6
				简支	2.3	1.8	1.6	1.4
				连续	2.8	2.4	1.9	1.7
			0.8	悬臂	1.1	0.9	0.7	0.7
				简支	2.6	2.0	1.7	1.6
				连续	3.1	2.4	2.1	1.9
			1.0	悬臂	1.2	0.9	0.8	0.7
				简支	2.8	2.2	1.9	1.7
				连续	3.3	2.6	2.2	2.0

续表 6-1

序号	板型	截面形状（mm）	荷载（kN/m²）/檩距（m）					
			钢板厚度（mm）	支撑条件	荷载（kN/m²）			
					0.5	1.0	1.5	2.0
6	YX35－125－750	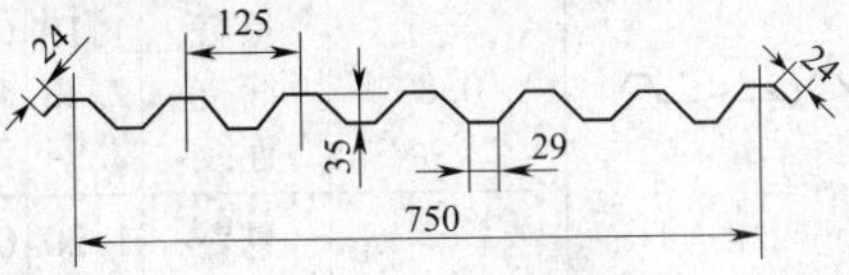 适用于：屋面板（或墙板）	0.6	悬臂	1.1	0.9	0.8	0.7
				简支	2.4	1.9	1.7	1.5
				连续	2.9	2.3	2.0	1.8
			0.8	悬臂	1.2	1.0	0.8	0.8
				简支	2.7	2.1	1.8	1.7
				连续	3.2	2.5	2.2	2.0
			1.0	悬臂	1.3	1.0	0.9	0.8
				简支	2.9	2.3	2.0	1.8
				连续	3.4	2.7	2.3	2.1
7	YX75－175－600（AP600）	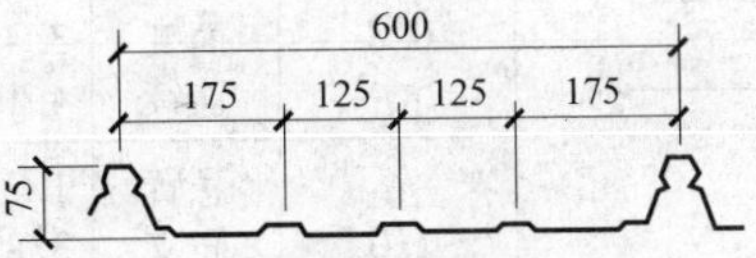 适用于：屋面板	0.47	简支	—	2.2	风荷载 0.5	
						1.8	风荷载 1.0	
			0.53	简支	—	3.0	风荷载 0.5	
						2.0	风荷载 1.0	
			0.65	简支	—	3.7	风荷载 0.5	
						2.2	风荷载 1.0	
8	YX28－200－740（AP740）	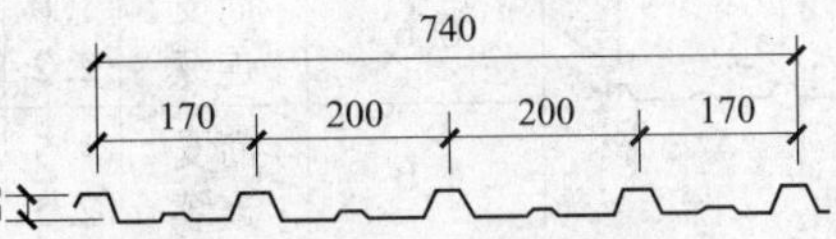 适用于：屋面板	0.47	简支	—	1.0	风荷载 0.5	
						1.0	风荷载 1.0	
			0.53	简支	—	1.5	风荷载 0.5	
						1.45	风荷载 1.0	
			—	简支	—	—	—	
9	YX52－600（U600）	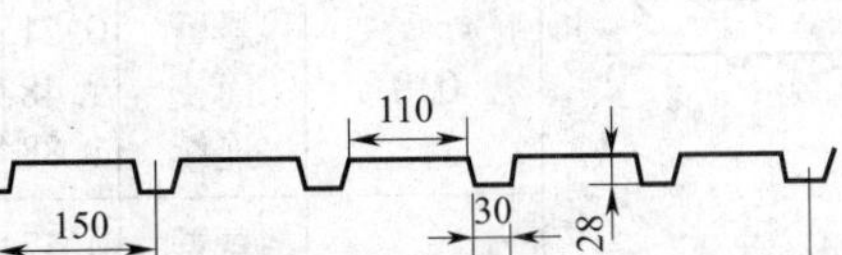 适用于：屋面板	0.5	简支	2.5	1.9	1.6	1.4
				连续	3.0	2.3	2.0	1.8
			0.6	简支	2.7	2.1	1.8	1.6
				连续	3.3	2.5	2.2	1.9
10	YX28－150－750	适用于：墙板	0.6	悬臂	0.9	0.7	0.6	0.5
				简支	1.9	1.5	1.3	1.2
				连续	2.2	1.8	1.5	1.4
			0.8	悬臂	1.0	0.8	0.7	0.6
				简支	2.1	1.7	1.5	1.3
				连续	2.6	2.0	1.8	1.6
			1.0	悬臂	1.1	0.9	0.7	0.7
				简支	2.4	1.9	1.6	1.5
				连续	2.8	2.2	1.9	1.8

续表 6－1

序号	板型	截面形状（mm）	钢板厚度（mm）	支撑条件	荷载（kN/m^2）/檩距（m） 荷载（kN/m^2）0.5	1.0	1.5	2.0
11	YX28－205－820	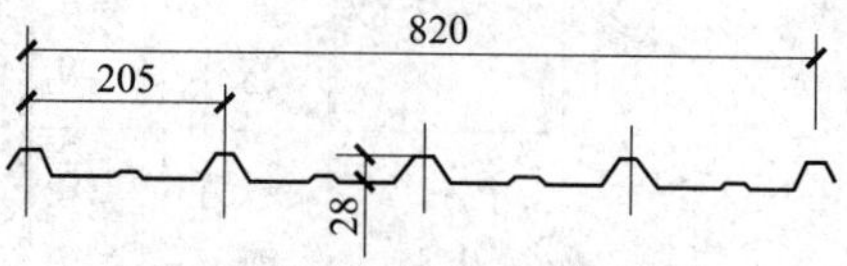 适用于：墙板	0.6	悬臂	1.01	0.91	0.73	0.51
				简支	2.21	1.75	1.56	1.38
				连续	2.67	2.12	1.84	1.66
			0.8	悬臂	1.10	0.92	0.74	0.73
				简支	2.48	1.93	1.66	1.56
				连续	2.94	2.30	2.02	1.84
			1.0	悬臂	1.20	0.92	0.83	0.74
				简支	2.67	2.12	1.84	1.66
				连续	3.13	2.48	2.12	1.93
12	YX51－250－750	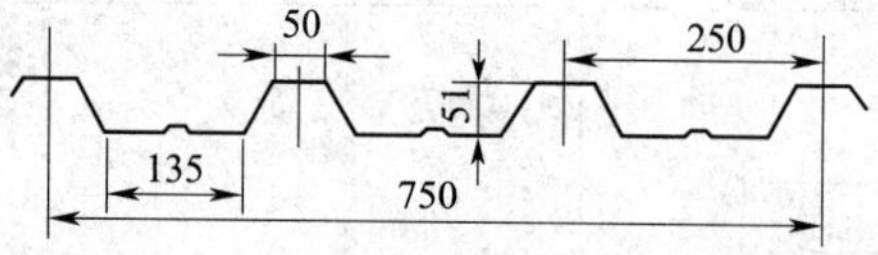 适用于：屋面、墙板	0.6	悬臂	1.1	1.1	1.0	0.9
				简支	3.1	2.5	2.2	1.9
				连续	3.7	2.9	2.6	2.3
			0.8	悬臂	1.6	1.2	1.1	1.0
				简支	3.4	2.7	2.4	2.1
				连续	4.1	3.2	2.8	2.5
			1.0	悬臂	1.7	1.4	1.2	1.1
				简支	3.8	3.0	2.6	2.4
				连续	4.5	3.5	3.1	2.8
13	YX24－210－840	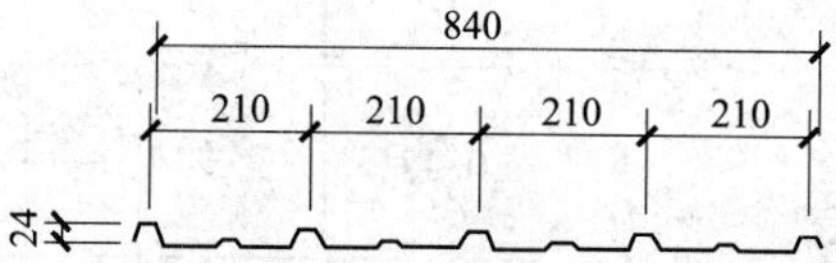 适用于：墙板	0.5	简支	0.9	0.7	0.6	0.5
				连续	2.0	1.8	1.6	1.5
			0.6	简支	1.0	0.8	0.7	0.6
				连续	2.2	1.9	1.8	1.7
			1.0	简支	1.5	1.2	1.1	1.0
				连续	2.5	2.3	2.1	2.0
14	YX15－225－900	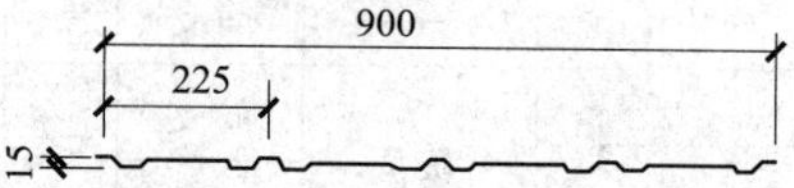 适用于：墙板	0.6	简支	1.3	1.2	1.0	1.0
				连续	1.6	1.5	1.3	1.2
			0.8	简支	1.5	1.4	1.1	1.1
				连续	1.9	1.6	1.4	1.3
			1.0	简支	1.6	1.5	1.3	1.2
				连续	2.0	1.7	1.6	1.4
15	YX15－118－826	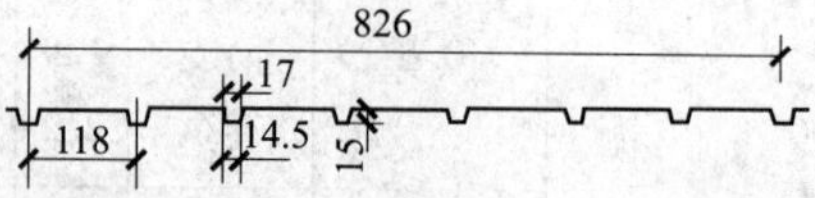 适用于：墙板	0.6	悬臂	0.60	0.55	0.52	0.45
				简支	1.34	1.20	1.03	0.95
				连续	1.61	1.45	1.34	1.15
			0.8	悬臂	0.71	0.60	0.51	0.50
				简支	1.48	1.35	1.12	1.05
				连续	1.88	1.60	1.43	1.25
			1.0	悬臂	0.72	0.65	0.57	0.50
				简支	1.64	1.45	1.34	1.15
				连续	1.97	1.70	1.55	1.35

注：1　表中屋面板的荷载为标准值，含板自重，其檩距按挠跨比 1/300 确定；若按 1/250 考虑时可将表中数值乘以 1.06，按 1/200 考虑时乘以 1.15。表中墙板檩距按挠跨比 1/200 确定。

2　表中序号 1～5、10～12 的板型资料由北京市北泡轻钢建材有限公司提供；7、8 的板型资料由徐州安美固建筑空间结构有限公司提供。

表 6－2　常用夹芯板板型及檩距（m）

<table>
<tr><th rowspan="2">序号</th><th rowspan="2">板型</th><th rowspan="2">截面形状（mm）</th><th rowspan="2">板厚 S（mm）</th><th rowspan="2">面板厚（mm）</th><th rowspan="2">支撑条件</th><th colspan="4">荷载（kN/m²）/ 檩距（m）</th></tr>
<tr><th>0.5（0.6）</th><th>1.0</th><th>1.5</th><th>2.0</th></tr>
<tr><td rowspan="3">1</td><td rowspan="3">JxB45－500－1000</td><td rowspan="3">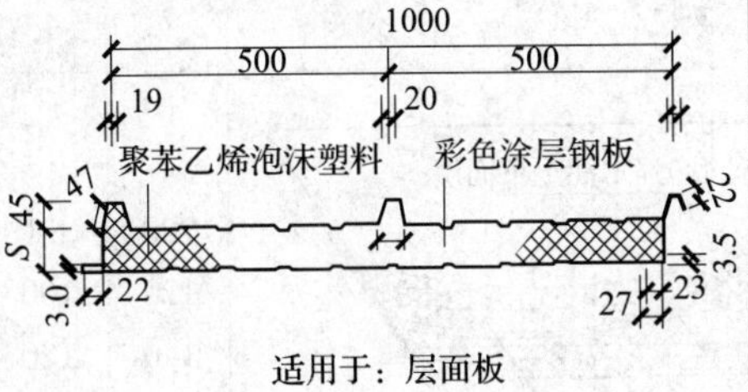
适用于：层面板</td><td>75</td><td>0.6</td><td>简支
连续</td><td>5.0</td><td>3.8</td><td>3.1</td><td>2.4</td></tr>
<tr><td>100</td><td>0.6</td><td>简支
连续</td><td>5.4</td><td>4.0</td><td>3.4</td><td>2.8</td></tr>
<tr><td>150</td><td>0.6</td><td>简支
连续</td><td>6.5</td><td>4.9</td><td>4.0</td><td>3.3</td></tr>
<tr><td rowspan="3">2</td><td rowspan="3">JxB42－333－1000</td><td rowspan="3">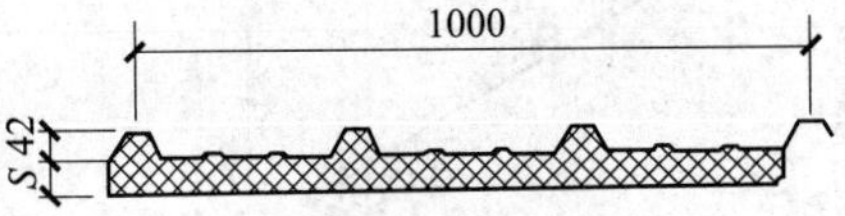
适用于：层面板</td><td>50</td><td>0.5</td><td>简支
连续</td><td>(4.7)
(5.3)</td><td>(3.6)
(4.1)</td><td>(3.0)
(3.3)</td><td>—</td></tr>
<tr><td>60</td><td>0.5</td><td>简支
连续</td><td>(5.0)
(5.6)</td><td>(3.9)
(4.3)</td><td>(3.1)
(3.5)</td><td>—</td></tr>
<tr><td>80</td><td>0.5</td><td>简支
连续</td><td>(5.5)
(6.2)</td><td>(4.4)
(4.8)</td><td>(3.4)
(3.9)</td><td>—</td></tr>
<tr><td rowspan="3">3</td><td rowspan="3">JxB－Qy－1000</td><td rowspan="3">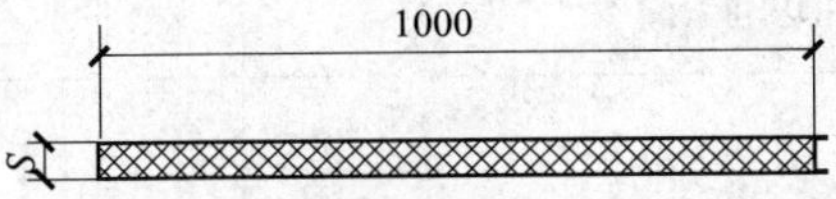
适用于：墙板</td><td>50</td><td>0.5</td><td>简支
连续</td><td>3.4
3.9</td><td>2.9
3.4</td><td>2.4
2.7</td><td>—</td></tr>
<tr><td>60</td><td>0.5</td><td>简支
连续</td><td>3.8
4.4</td><td>3.3
3.7</td><td>2.6
3.0</td><td>—</td></tr>
<tr><td>80</td><td>0.5</td><td>简支
连续</td><td>4.5
5.2</td><td>3.7
4.2</td><td>2.9
3.3</td><td>—</td></tr>
<tr><td rowspan="3">4</td><td rowspan="3">JxB－Q－1000</td><td rowspan="3">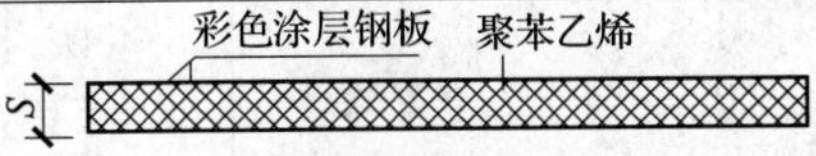
拼接式加芯墙板
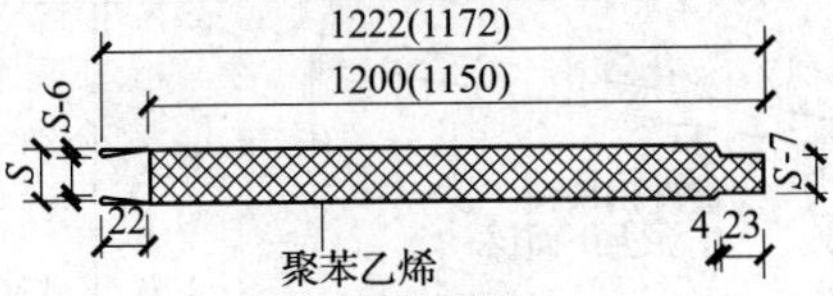
插接式加芯墙板
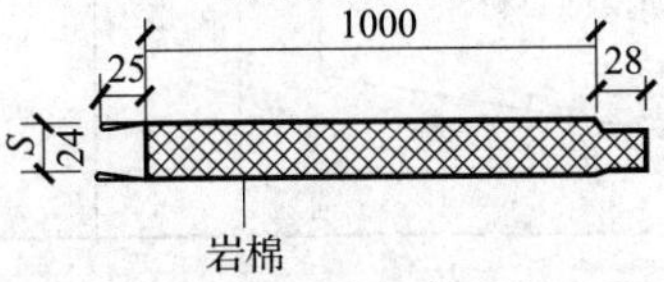
插接式加芯墙板</td><td>50</td><td>0.5</td><td>简支
连续</td><td>3.4
3.9</td><td>2.9
3.4</td><td>2.4
2.7</td><td>—</td></tr>
<tr><td>60</td><td>0.5</td><td>简支
连续</td><td>3.8
4.4</td><td>3.3
3.7</td><td>2.6
3.0</td><td>—</td></tr>
<tr><td>80</td><td>0.5</td><td>简支
连续</td><td>4.5
5.2</td><td>3.7
4.2</td><td>2.9
3.3</td><td>—</td></tr>
</table>

注：1　表中屋面板的荷载标准值，已含板自重。墙板为风荷载标准值，均按挠跨比 1/200 确定檩距，当挠跨比为 1/250 时，表中檩距应乘以系数 0.9。

2　序号 1 板型资料由北京市北泡轻钢建材有限公司提供。

6.3 发泡水泥复合板（太空板）

发泡水泥复合板（太空板）详见表6－3。

表6－3 标准型发泡水泥复合板

序号	板型	示意图（mm）	边框高（mm）	面板厚（mm）	外荷载标准（设计值）（kN/m^2）
1	网架板 WB 3m×3m	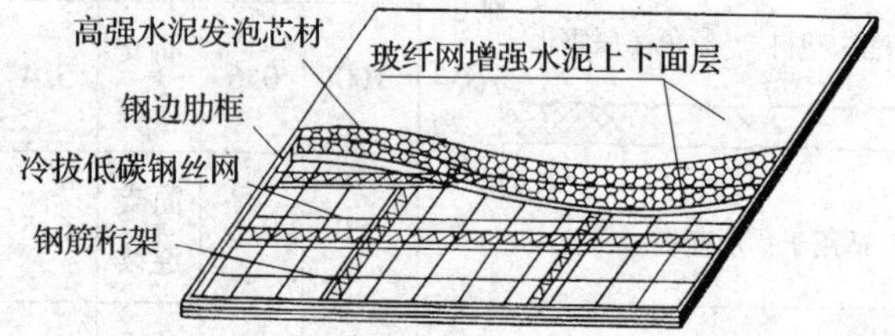	100 120 140	80 100 120	1.13 （2.1） 2.14 （2.99） 3.47 （3.96）
2	大型屋 面板 DB 1.5m×6m 3m×6m 1.5m×7.5m （1.5m× 8.0m）	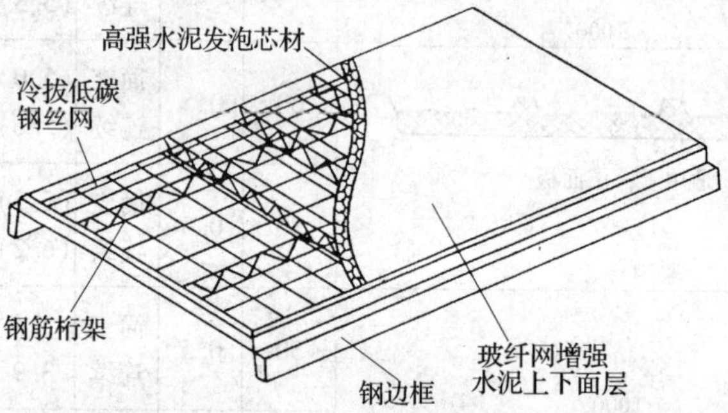	200 240 240	100 100 100	1.1 （2.06） 1.3 （1.84） 0.95 （1.91）
3	墙板 QB 1.5m×6m 1.5m×7.5m 1.5m×8.0m 1.5m×9.0m	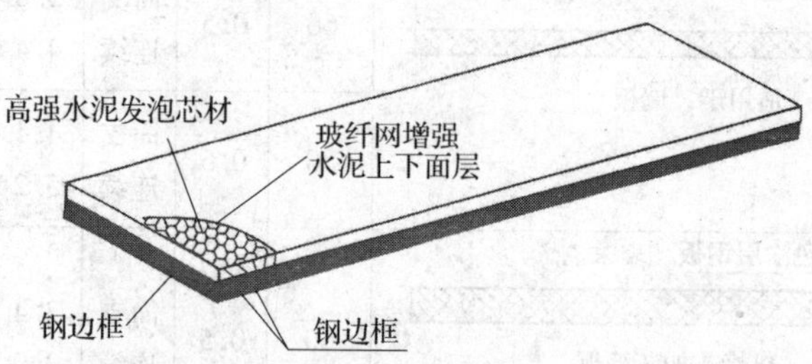	120 140	140 160	0.67 （1.65） 0.50 （1.29）
4	条型板 TB 1.5m×3m 或 3.0m×3.0m 网架板	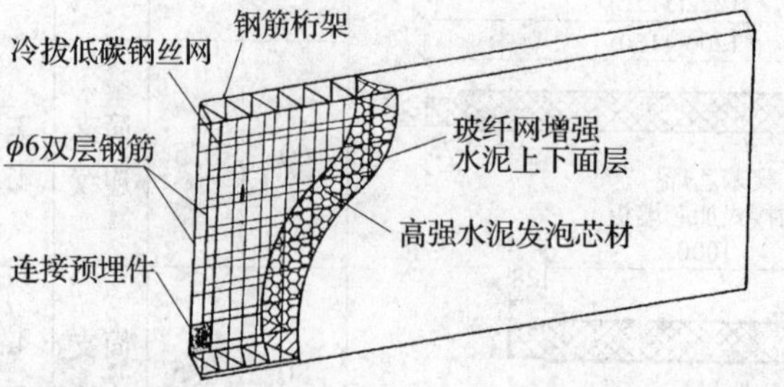	120	120	1.0 （1.40） 1.5 （2.10）

注：1 墙板的外荷载为风荷载标准值。

2 条型板为有檩体系，屋面和墙板通用。在 TB 尚未试制前可用 WB 代替。

3 当采用表 6－3 以外的尺寸，可按非标准型设计。

4 表中钢筋桁架近年来为方便施工，多改为垂直于边肋的单向钢筋桁架。

6.4 各种屋面设计参数

6.4.1 有檩体系见表6－4。

表6－4 有檩体系屋面的设计参数

序号	名称	长（mm）	宽（mm）	厚（mm）	弧（肋）高（mm）	弧（肋）数（个）	屋面坡度 i	标志檩距（m）	重量（kN/m^2）	结构形式
1	石棉水泥大波瓦	2800 1650	994 994	8.0 8.0	50 50	6 6	1/3～1/2.5	1.9 1.4	0.2	三角形屋架、三铰拱屋架及门式刚架
2	石棉水泥中波瓦	2400 1800 1200	745 745 745	6.5 6.0 6.0	33 33 33	7.5 7.5 7.5		1.1 0.8 1.0		
3	石棉水泥小波瓦	1820 1820	720 720	6.0 8.0	14～17	11.5 11.5		0.8		
4	石棉水泥脊瓦	850 780	180×2 230×2	8.0 6.0	—	—		—		
5	加筋石棉水泥中波瓦	1800	745	7～8	33	6		1.5	0.08	
6	木质纤维波形瓦	1700	765	6.0	40	4.5		1.5		
7	黏土瓦（水泥平瓦）	挂瓦条（木望板或檩条）					1/2.5～1/2.0	0.80～1.1	0.55	三角形屋架、三铰拱屋架
8	瓦楞铁	1820					1/6～1/3	0.80～1.1	0.05	同序号1～6
9	压型钢板	按需要	550～930	0.6～1.0	14～130	1～6	118～1/20	表6－1	0.07～0.14	网架、梯形屋架及门式刚架
10	钢丝网水泥波形瓦	1700	830	14	80	3	1/3	1.5	0.4～0.5	三角形屋架
11	预应力混凝土槽瓦	3300	980～990	25～30	120～130	1	1/3	3.0	0.85～1.0	三角形屋架
12	GRC条形板	3000	1500	120	—	—	1/8～1/20	3.0	0.5～0.6	网架、梯形屋架及门式刚架
13	发泡水泥复合条形板	3000	1500	120	—	—	1/8～1/20	3.0	0.6	同序号12
14	夹芯板	按需要	1000	50～150	92～195	2、3	1/8～1/20	表6－2	0.12～0.25	同序号12

6.4.2 无檩体系屋面。

1 发泡水泥复合网架板和大型屋面板，板重0.6～0.75kN/m^2。

2 加气混凝土板，板重0.75～1.0kN/m^2。

3　GRC 大型屋面板，不保温，板重 0.5 ~ 0.6kN/m²。

4　各种混凝土屋面板，不保温，板重 0.75 ~ 1.4kN/m²；当用卷材防水时其坡度 i 不宜小于 2%。按板的尺寸不同宜用于网架、梯形崖架及门式刚架中。

6.5　板的连接

6.5.1　压型钢板的连接见图 6-1、图 6-2。

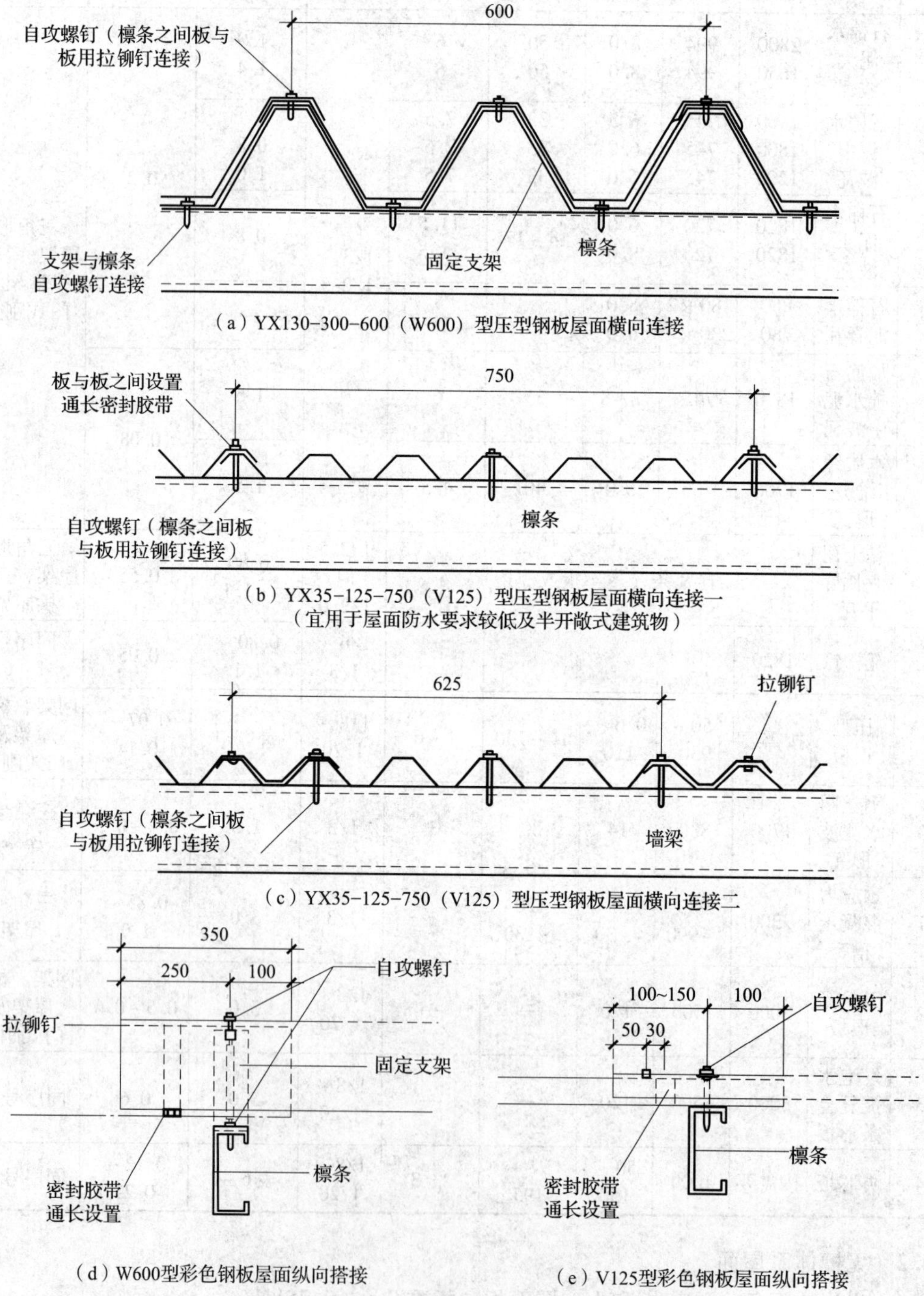

图 6-1　V125、W600 板型的紧固件连接

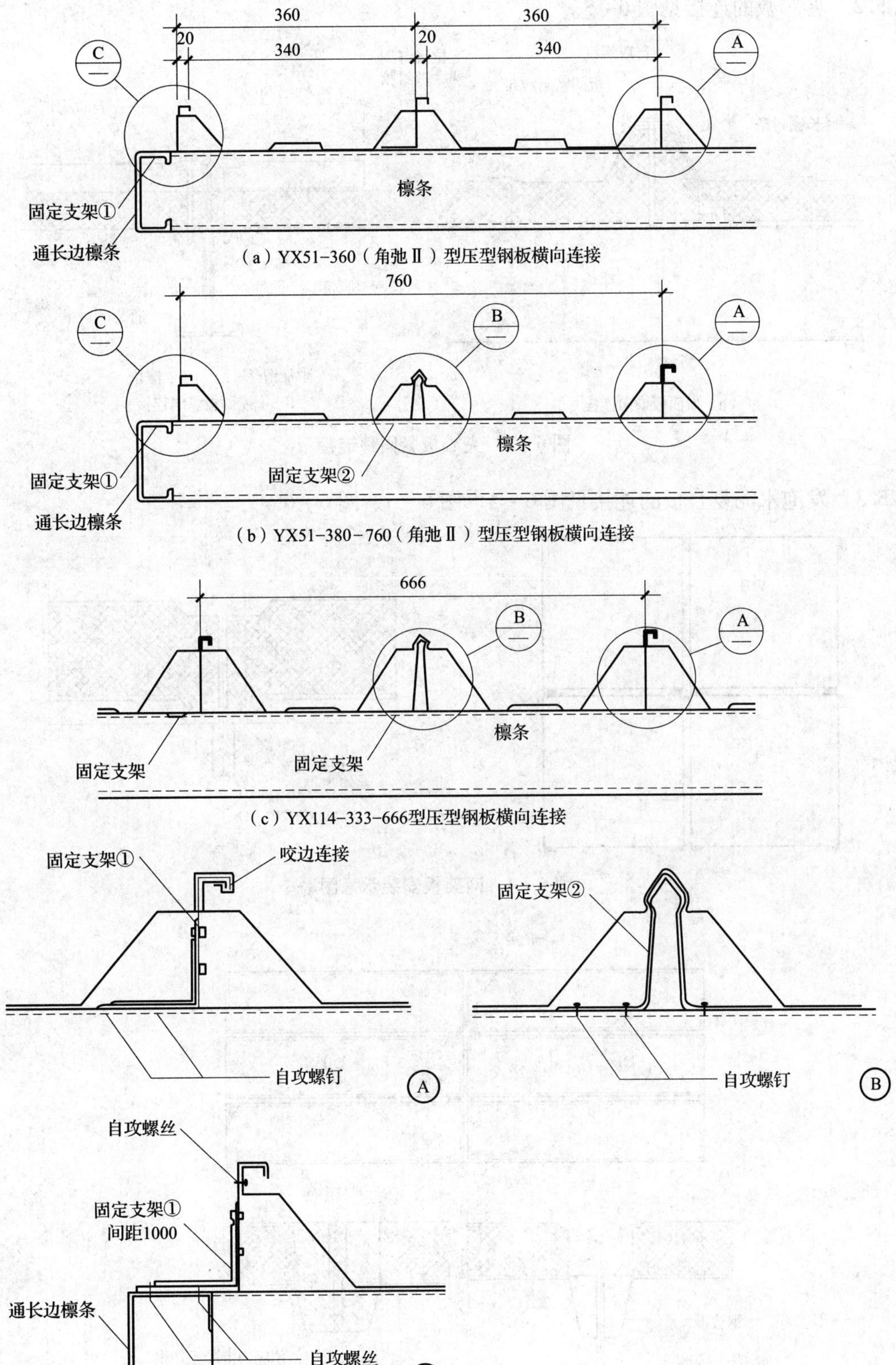

图6－2　角弛型板的隐藏式咬边连接

6.5.2 夹芯板的连接见图6－3。

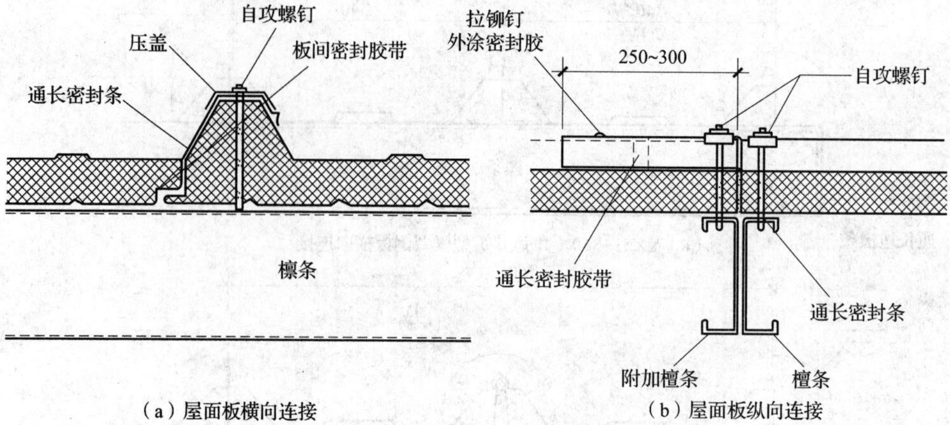

（a）屋面板横向连接（b）屋面板纵向连接

图6－3 夹心板紧固件连接

6.5.3 发泡水泥复合板的连接见图6－4、图6－5、图6－6。

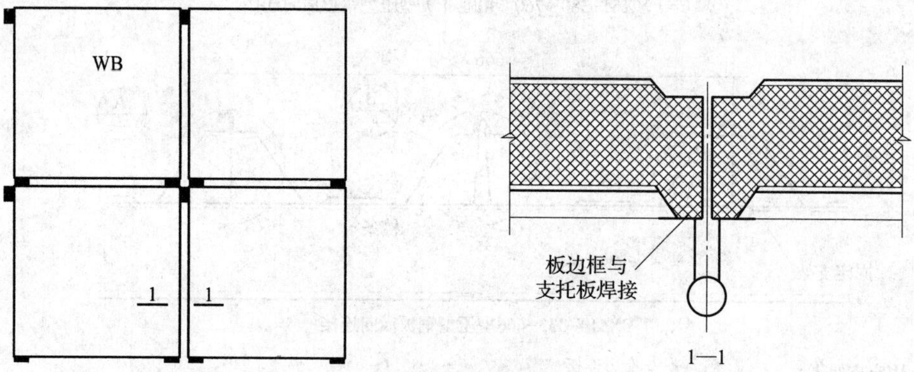

图6－4 网架板安装示意图

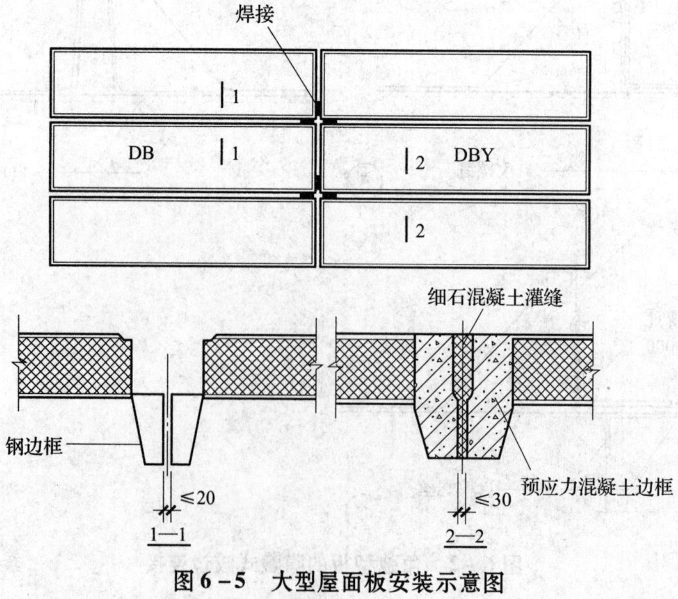

图6－5 大型屋面板安装示意图

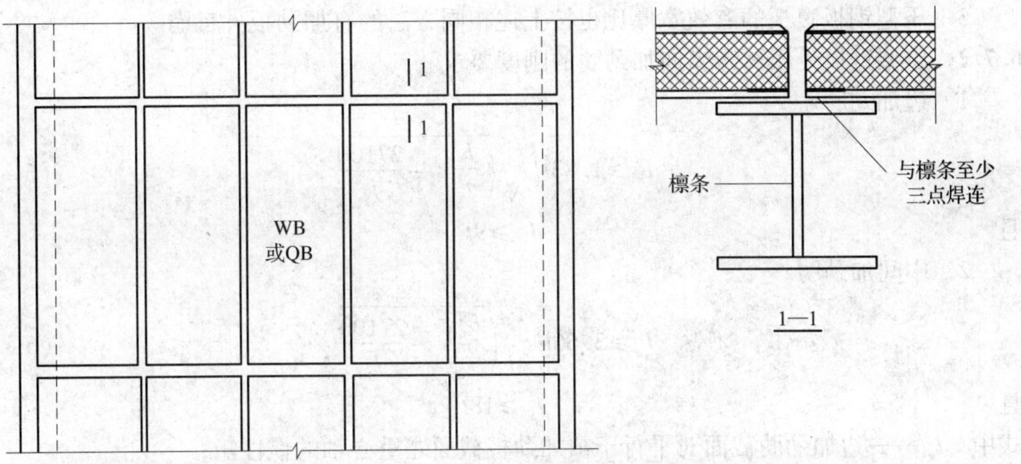

图 6-6 网架板 WB 或墙板 QB 安装示意图

6.6 建筑构造

6.6.1 各种屋面的建筑构造见国家建筑标准设计图集：

1 坡屋面建筑构造图集 Q9J202—1；

2 压型钢板、夹芯板屋面及墙体建筑构造 01J925—1；06J925—2；08J925—3；

3 发泡水泥复合板 16CG710。

6.7 压型钢板的计算

6.7.1 受压翼缘与腹板的有效宽厚比。

压型钢板的板厚度较薄，属于薄壁型钢范畴，故应按《冷弯薄壁型钢结构技术规范》GB 50018—2002 进行计算。计算前的关键是如何确定构件受压板件（翼缘与腹板）的有效面积（或有效宽厚比）。同时应满足宽厚比限值的构造要求。

有效宽厚比 b_e/t 可按第 7.1.4 条公式（7-12）~公式（7-14）计算，宽厚比限值应满足第 2.6.1 条表 2-18 的规定。

以下对压型钢板的翼缘和腹板宽度的取法及其具体计算作一简要介绍（图 6-7）。

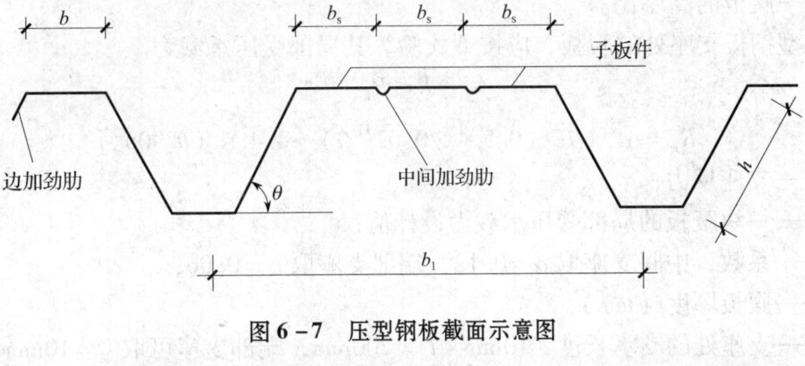

图 6-7 压型钢板截面示意图

1 两纵边均与腹板相连，或一纵边与腹板相连、另一纵边与符合第 6.7.2 条要求的中间加劲肋相连的受压翼缘，可按加劲板件由第 7.1.4 条公式（7-12）~公式（7-14）确定其有效宽厚比。

2 有一纵边与符合第 6.7.2 条要求的边加劲肋相连的受压翼缘，可按部分加劲板件由公式（7-12）~公式（7-14）确定其有效宽厚比。

3 压型钢板腹板的有效宽厚比也按上述相同方法的有加劲板件考虑。

6.7.2 压型钢板受压翼缘纵向加劲肋的刚度要求。

1 边加劲肋。

$$I_{es} \geqslant 1.83t^4\sqrt{\left(\frac{b}{t}\right)^2-\frac{27100}{f_y}} \tag{6-1}$$

且
$$I_{es} \geqslant 9t^4$$

2 中间加劲肋。

$$I_{is} \geqslant 3.66t^4\sqrt{\left(\frac{b_s}{t}\right)^2-\frac{27100}{f_y}} \tag{6-2}$$

且
$$I_{is} \geqslant 18t^4$$

式中 I_{es}——边加劲肋截面对平行于被加劲板截面之重心轴的惯性矩；

I_{is}——中间加劲肋截面对平行于被加劲板件截面之重心轴的惯性矩；

b_s——子板件的宽度；

b——边加劲板件的宽度；

t——板件的厚度。

6.7.3 压型钢板的强度可取一个波距或整块压型钢板的有效截面，按受弯构件计算。

6.7.4 压型钢板腹板的剪应力应符合下列公式的要求。

当 $h/t<100$ 时

$$\tau \leqslant \tau_{cr}=\frac{8500}{(h/t)} \tag{6-3}$$

$$\tau \leqslant f_v \tag{6-4}$$

当 $h/t \geqslant 100$ 时

$$\tau \leqslant \tau_{cr}=\frac{855000}{(h/t)^2} \tag{6-5}$$

式中 τ——腹板上的平均剪应力（N/mm^2）；

τ_{cr}——腹板的剪切屈曲临界剪应力；

h/t——腹板的高厚比。

6.7.5 压型钢板支座处的腹板，应按下式验算其局部受压承载力。

$$R \leqslant R_w \tag{6-6}$$

$$R_w=\alpha t^2\sqrt{fE}\left(0.5+\sqrt{0.02l_c/t}\right)\left[2.4+(\theta/90)^2\right] \tag{6-7}$$

式中 R——支座反力；

R_w——一块腹板的局部受压承载力设计值；

α——系数，中间支座取 $\alpha=0.12$，端部支座取 $\alpha=0.06$；

t——腹板厚度（mm）；

l_c——支座处的支承长度，$10mm<l_c<200mm$，端部支座可取 $l_c=10mm$；

θ——腹板倾角（$45° \leqslant \theta \leqslant 90°$）。

6.7.6 压型钢板同时承受弯矩 M 和支座反力 R 的截面，应满足下列要求：

$$M/M_u \leqslant 1.0 \tag{6-8}$$

$$R/R_w \leqslant 1.0 \tag{6-9}$$

$$M/M_u+R/R_w \leqslant 1.25 \tag{6-10}$$

式中 M_u——截面的弯曲承载力设计值 $M_u = W_e f$。

6.7.7 压型钢板同时承受弯矩 M 和剪力 V 的截面，应满足下列要求：

$$\left(\frac{M}{M_u}\right)^2 + \left(\frac{V}{V_u}\right)^2 \leqslant 1 \tag{6-11}$$

式中 V_u——腹板的抗剪承载力设计值，$V_u = (ht \cdot \sin\theta)\ \tau_{cr}$，$\tau_{cr}$按第6.7.4条的规定计算。

6.7.8 在压型钢板的一个波距上作用集中荷载 F 时，可按下式将集中荷载 F 折算成沿板宽方向的均布线荷载 q_{re}，并按 q_{re}进行单个波距压型钢板有效截面的弯曲计算。

$$q_{re} = \eta \frac{F}{b_1} \tag{6-12}$$

式中 F——集中荷载；

b_1——压型钢板的波距；

η——折算系数，由试验确定；无试验依据时，可取 $\eta = 0.5$。

屋面压型钢板的施工或检修集中荷载按1.0kN计算，当施工荷载超过1.0kN时，则应按实际情况取用。

6.7.9 压型钢板的屋面与墙体挠度与跨度之比不宜超过下列限值：

屋面板

屋面坡度<1/20时　1/250

屋面坡度≥1/20时　1/200

墙板　1/150

必须指出，压型钢板屋面多数为挠度控制，强度并不控制，而挠度只要按表6-1选用，均能满足要求，故在设计中构造显得相对重要。

6.8 压型钢板的构造

6.8.1 压型钢板腹板与翼缘水平面之间的夹角 θ 不宜小于45°。这在生产板型时应予考虑。

6.8.2 压型钢板宜采用镀锌钢板、镀铝锌钢板或在其基材上涂有彩色有机涂层的钢板辊压成型的三种防锈蚀方法。

6.8.3 屋面、墙面压型钢板的基材厚度宜取0.4~1.6mm，一般采用0.6~1.0mm。压型钢板宜采用长尺板材，以减少板长方向之搭接。

6.8.4 压型钢板长度方向的搭接端必须与支承构件（如檩条、墙梁等）有可靠的连接，搭接部位应设置防水密封胶带，搭接长度不宜小于下列限值：

1 波高≥70mm的高波屋面压型钢板：　350mm

2 波高<70mm的中低波屋面压型钢板：屋面坡度≤1/10时　250mm

屋面坡度>1/10时　200mm

3 墙面压型钢板：　120mm

6.8.5 屋面压型钢板侧向可采用搭接式、扣合式或咬合式等连接方式。当侧向采用搭接式连接时，一般搭接一波，特殊要求时可搭接两波。搭接处用连接件紧固，连接件应设置在波峰上，连接件应采用带有防水密封胶垫的自攻螺栓。对于高波压型钢板，连接件间距一般为700~800mm；对于中低波压型钢板，连接件间距一般为300~400mm。

当侧向采用扣合式或咬合式连接时，应在檩条上设置与压型钢板波形相配套的专门固定支座，固定支座与檩条用自攻螺钉或射钉连接，压型钢板搁置在固定支座上。两片压型钢板的侧边应确保在风吸力等因素作用下的扣合或咬合连接可靠。

6.8.6 墙面压型钢板之间的侧向连接宜采用搭接连接，通常搭接一个波峰，板与板的连接件可设在波峰，亦可设在波谷。连接件宜采用带有防水密封胶垫的自攻螺钉。

6.8.7 铺设高波压型钢板屋面时，应在檩条上设置固定支架，檩条上翼缘宽度应比固定支架宽度大10mm。固定支架用自攻螺钉或射钉与檩条连接，每波设置一个。低波压型钢板可不设固定支架，宜在波峰处采用带有防水密封胶垫的自攻螺钉或射钉与檩条连接，连接件可每波或隔波设置一个，但每块低波压型钢板不得小于3个连接件。

以上7条构造措施为防止压型钢板渗漏的基本保证。近年来，压型钢板在沿海大风地区，曾发生过多起锚固破坏和掀屋面的事故，故在下节结合第6.8.5条的连接介绍其连接构造与计算方法。

6.9　压型钢板的连接构造与计算

6.9.1 压型钢板与檩条或通过其板端固定支架与檩条用自攻螺钉连接，板与板的搭接处用抽芯铆钉（拉铆钉）连接。抽芯铆钉（拉铆钉）和自攻螺钉的钉头部分应靠在较薄的板件一侧。连接件的中距和端距不得小于连接件直径的3倍，边距不得小于连接件直径的1.5倍。受力连接中的连接件数不宜少于2个。参见图6－1。

6.9.2 抽芯铆钉的直径和自攻螺钉的直径与孔径。

1　抽芯铆钉的适用直径为2.6～6.4mm，在受力蒙皮结构中宜选用直径不小于4mm的抽芯铆钉；

2　自攻螺钉的适用直径为3.0～8.0mm，在受力蒙皮结构中宜选用直径不小于5mm的自攻螺钉；

3　自攻螺钉连接的板件上的预制孔径 d_0 应符合下式要求：

$$d_0 = 0.7d + 0.2t_t$$

且

$$d_0 \leqslant 0.9d$$

式中　d——自攻螺钉的公称直径（mm）；

t_t——被连接板的总厚度（mm）。

6.9.3 射钉只用于薄板与支承构件（即基材如檩条）的连接，基材厚度为4～8mm。射钉的间距不得小于射钉直径的4.5倍，且其中距不得小于20mm，到基材的端部和边缘的距离不得小于15mm，射钉的适用直径为3.7～6.0mm。

6.9.4 射钉的穿透深度（指射钉尖端到基材表面的深度，如图6－8所示）应不小于10mm。

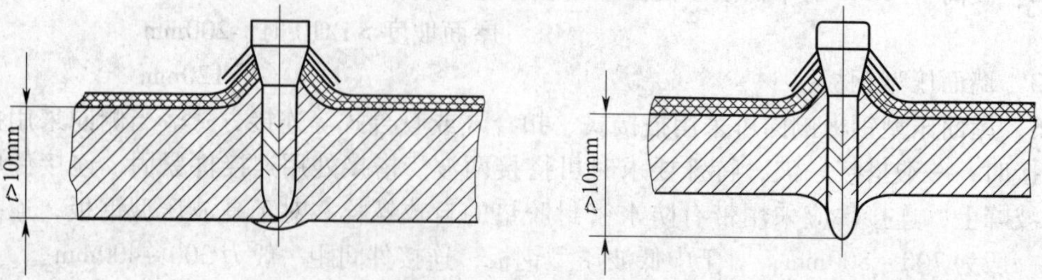

图6－8　射钉的穿透深度

6.9.5 基材的屈服强度 f_y 和最小厚度 t 见表 6－5。

表 6－5 基材的最小厚度 t（$f_y \geqslant 150N/mm^2$）

射钉直径 d（mm）	≥3.7	≥4.5	≥5.2
最小厚度 t（mm）	4	6	8

6.9.6 被连钢板的屈服强度 f_y 和最大厚度 t_t 见表 6－6。

表 6－6 被连钢板的最大厚度 t_t（$f_y \leqslant 360N/mm^2$）

射钉直径（mm）	≥3.7	≥4.5	≥5.2
单一方向	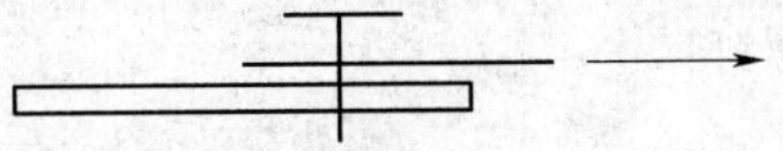		
单层被固定钢板最大厚度（mm）	1	2	3
多层被固定钢板最大厚度（mm）	1.4	2.5	3.5
相反方向	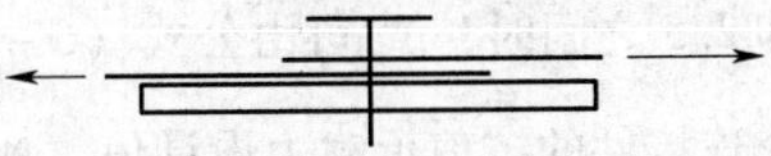		
所有被固定钢板最大厚度（mm）	2.8	5.0	7

6.9.7 用于压型钢板之间和压型钢板与冷弯型钢构件之间紧密连接的抽芯铆钉（拉铆钉）、自攻螺钉和射钉连接的强度可按下列规定计算：

1 在压型钢板与冷弯型钢等支承构件之间的连接件杆轴方向受拉的连接中，每个自攻螺钉或射钉所受的拉力应不大于按下列公式计算的抗拉承载力设计值：

（1）当只受静荷载作用时，

$$N_t^f = 17tf \tag{6-13}$$

（2）当受含有风荷载的组合荷载作用时，

$$N_t^f = 8.5tf \tag{6-14}$$

式中 N_t^f——一个自攻螺钉或射钉的抗拉承载力设计值（N）；

t——紧挨钉头侧的压型钢板厚度（mm），应满足 $0.5mm \leqslant t \leqslant 1.5mm$；

f——被连接钢板的抗拉强度设计值（N/mm^2）。

当连接件位于压型钢板波谷的一个四分点时［图 6－9（b）］，其抗拉承载力设计值应乘以折减系数 0.9，当两个四分点均设置连接件时［图 6－9（c）］则应乘以折减系数 0.7。

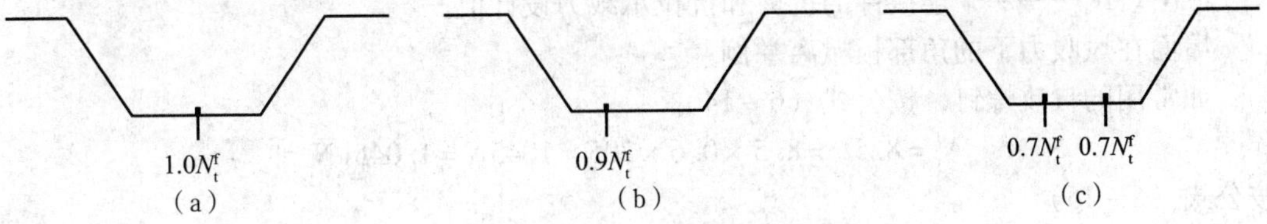

图 6－9 压型钢板连接示意图

（3）自攻螺钉在基材中的钻入深度 t_c 应大于 0.9mm，其所受的拉力应不大于按下式计算的抗拉承载力设计值：

$$N_t^f = 0.75 t_c df \tag{6-15}$$

式中 d——自攻螺钉的直径（mm）；

t_c——钉杆的圆柱状螺纹部分钻入基材中的深度（mm）；

f——基材的抗拉强度设计值（N/mm^2）。

（4）在抗拉连接中，自攻螺钉和射钉的钉头或垫圈直径不得小于 14mm；且应通过试验保证连接件由基材中的拔出强度不小于连接件的抗拉承载力设计值。

2 当连接件受剪时，每个连接件所承受的剪力应不大于按下列公式计算的抗剪承载力设计值：

抽芯铆钉和自攻螺钉：

当 $\frac{t_1}{t}=1$ 时，

$$N_v^f = 3.7\sqrt{t^3 df} \tag{6-16}$$

且

$$N_v^f \leqslant 2.4tdf \tag{6-17}$$

当 $\frac{t_1}{t} \geqslant 2.5$ 时，

$$N_v^f = 2.4tdf \tag{6-18}$$

当 $\frac{t_1}{t}$ 介于 1 和 2.5 之间时，N_v^f 可由公式（6-16）和公式（6-18）插值求得。

式中 N_v^f——一个连接件的抗剪承载力设计值（N）；

d——铆钉或螺钉直径（mm）；

t——较薄板（钉头接触侧的钢板）的厚度（mm）；

t_1——较厚板（在现场形成钉头一侧的板或钉尖侧的板）的厚度（mm）；

f——被连接钢板的抗拉强度设计值（N/mm^2）。

射钉：

$$N_v^f = 3.7tdf \tag{6-19}$$

式中 t——被固定的单层钢板的厚度（mm）；

d——射钉直径（mm）；

f——被固定钢板的抗拉强度设计值（N/mm^2）。

当抽芯铆钉或自攻螺钉用于压型钢板端部与支承构件（如檩条）的连接时，其抗剪承载力设计值应乘以折减系数 0.8。

3 同时承受剪力和拉力作用的自攻螺钉和射钉连接，应符合下式要求：

$$\sqrt{\left(\frac{N_v}{N_v^f}\right)^2 + \left(\frac{N_t}{N_t^f}\right)^2} \leqslant 1 \tag{6-20}$$

式中 N_v、N_t——一个连接件所承受的剪力和拉力；

N_v^f、N_t^f——一个连接件的抗剪和抗拉承载力设计值。

屋面在风吸力下的角部板掀离举例：

如常用的自攻螺钉，按公式（6-14）

$$N_t^f = 8.5tf = 8.5 \times 0.6 \times 205 = 1045N = 1.045kN$$

按公式（6-15）

$$N_t^f = 0.75 t_c df = 1014N = 1.014kN < 1.045kN$$

（取 $t_c = 1.2mm$　$d = 5.5mm$）

按现行国家标准《建筑结构荷载规范》GB 50009—2012 房屋高度 10m，地面粗糙度 A，沿海地区 $\mu_z = 1.28$。

封闭房屋角部，按表 8.3.3，$\mu_s = -2.0$；

基本风压 $w_0 = 0.50\text{N/m}^2$；

V125 板，板宽 750，两个钉。

檩距 1.5m，受风面积 $A = 0.75 \times 1.5 = 1.125$，荷载系数 $\gamma_w = 1.4$。

$$
\begin{aligned}
N_t &= \beta_{gz}\mu_s\mu_z\ (w_0)\ \times 0.75 \times 1.5 \\
&= 1.6 \times 1.4 \times 2.0 \times 1.28 \times 0.50 \times 0.75 \times 1.5 = 3.23\text{kN} \\
&> 2N_t^f = 2 \times 1.014 = 2.03\text{kN}
\end{aligned}
$$

如按 N_t^f 反求 w_k 和 w_0

$$w_k = \frac{2N_t^f}{1.4 \times 0.75 \times 1.5} = \frac{2 \times 1.014}{1.4 \times 0.75 \times 1.5} = 1.29\text{kN/m}^2$$

$$w_0 = \frac{1.29}{1.6 \times 2.0 \times 1.28} = 0.31\text{kN/m}^2 < 0.5\text{kN/m}^2$$

表明尽管 w_k 已不小，由于高度修正系数 μ_z 和风荷载体形系数 μ_s 两者的乘积 $\beta_{gz}\mu_z\mu_s = 4.0$ 过大，难以避免不掀起，如改在城市郊区地面粗糙度 B 则 $w_0 = \dfrac{1.29}{1.0 \times 2.0} = 0.64\text{kN/m}^2$。

若再将自攻钉加密为 3 个，则 $w_0 = 1.5 \times 0.64 = 0.96\text{kN/m}^2$

则接近于 $w_0 = 0.7\text{kN/m}^2$。

综合以上计算，在大风区为避免屋面掀起，必须按以上公式验算后再选用。

7 屋盖结构

7.1 檩　　条

7.1.1 檩条形式及特点。

檩条一般用于轻型屋面，其形式有实腹式和桁架式两种。檩条一般设计成单跨简支构件，实腹式檩条也可设计成连续构件。

1 实腹式檩条。

实腹式檩条包括普通型钢和冷弯薄壁型钢两种，其截面形式如图 7-1 所示。

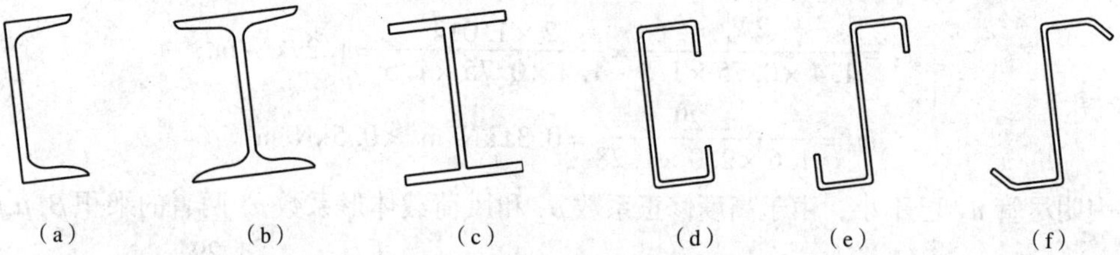

图 7-1 实腹式檩条

(1) 热轧槽钢、工字钢檩条［图 7-1 (a)、(b)］因型材的厚度较厚，强度不能充分发挥，用钢量较大。在某些需要加强冷弯薄壁卷边槽钢（C 形）或 Z 形钢檩条的场合（如檩条兼作屋面平面内的支撑竖杆或刚性系杆），可以采用同高度的热轧型钢。

(2) 高频焊接薄壁 H 型钢系引进国外先进技术生产的一种轻型型钢［图 7-1 (c)］，具有腹板薄、抗弯刚度好、两主轴方向的惯性矩比较接近及翼缘板平直易于连接等优点，目前常用于檩距、跨度及荷载较大的屋面，其用钢指标较高。

(3) 冷弯薄壁卷边槽钢（C 形）檩条［图 7-1 (d)］的截面互换性大，应用普遍，用钢量省，制造和安装方便。对于荷载较小的平坡屋面，是目前普遍采用的一种形式。

(4) 冷弯薄壁卷边 Z 形钢檩条有直卷边 Z 形钢［图 7-1 (e)］和斜卷边 Z 形钢［图 7-1 (f)］。它的主平面 x 轴的刚度大，用作檩条时挠度小，用钢量省，制造和安装方便。斜卷边 Z 形钢存放时还可叠层堆放，占地少。当屋面坡度较大时常采用这种檩条。

2 空腹式檩条。

空腹式檩条由角钢的上、下弦和缀板焊接组成，见图 7-2，其主要特点是用钢量较少，能合理利用小角钢和薄钢板，因缀板间距较密，拼装和焊接工作量较大。

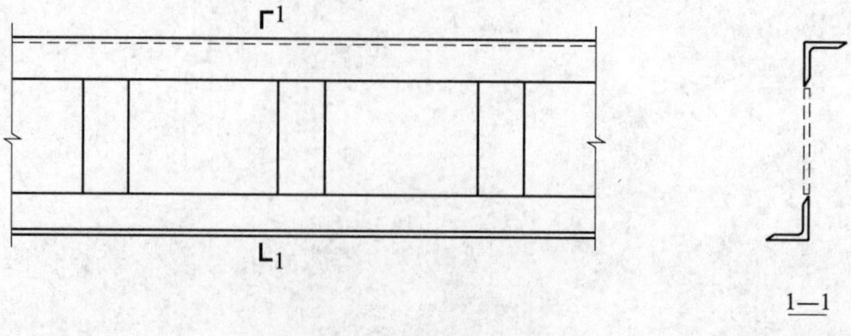

图 7-2 空腹式檩条

3 桁架式檩条。

当跨度及荷载较大采用实腹式檩条不经济时，可采用桁架式檩条。桁架式檩条的跨度通常为6~12m，一般采用平面桁架式和空间桁架式。

（1）平面桁架式檩条：平面桁架式檩条可分为两类：一类由角钢和圆钢制成；另一类由冷弯薄壁型钢制成。

1）角钢、圆钢平面桁架式檩条（图7-3）：这种檩条构造简单，取材方便，受力明确，但侧向刚度较差，需要与屋面材料、支撑等组成稳定的空间结构。适用于屋面荷载或檩距相对较小的屋面。

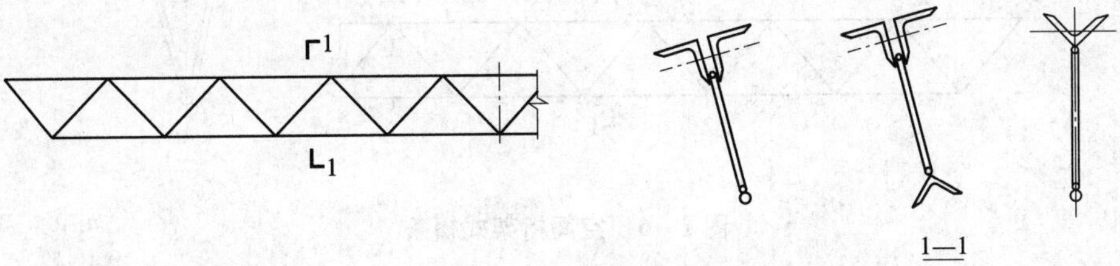

图7-3 角钢、圆钢平面桁架式檩条

2）冷弯薄壁型钢平面桁架式檩条：冷弯薄壁型钢平面桁架式檩条分为两类。

A. 檩条的全部杆件为冷弯薄壁型钢，如图7-4。它适用于大檩距的屋面，用钢量省，受力明确，平面内外的刚度均较大。

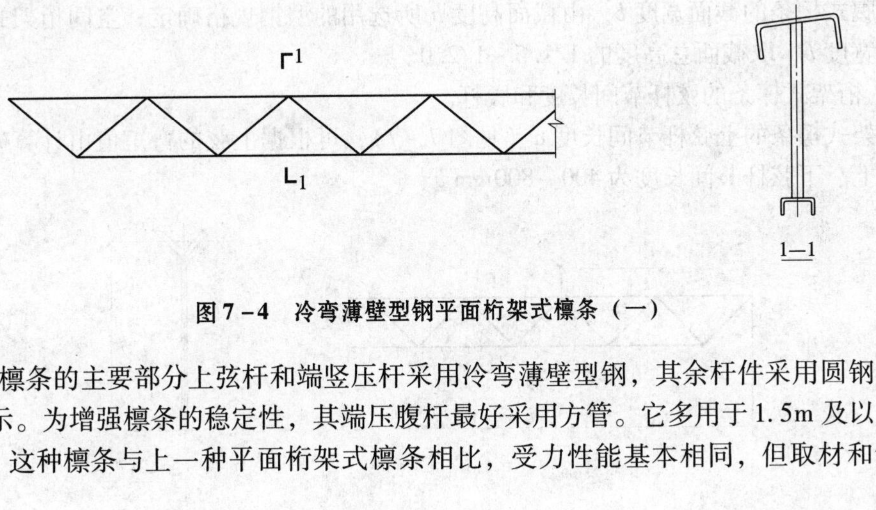

图7-4 冷弯薄壁型钢平面桁架式檩条（一）

B. 檩条的主要部分上弦杆和端竖压杆采用冷弯薄壁型钢，其余杆件采用圆钢，如图7-5所示。为增强檩条的稳定性，其端压腹杆最好采用方管。它多用于1.5m及以上檩距的屋面。这种檩条与上一种平面桁架式檩条相比，受力性能基本相同，但取材和制造更为方便。

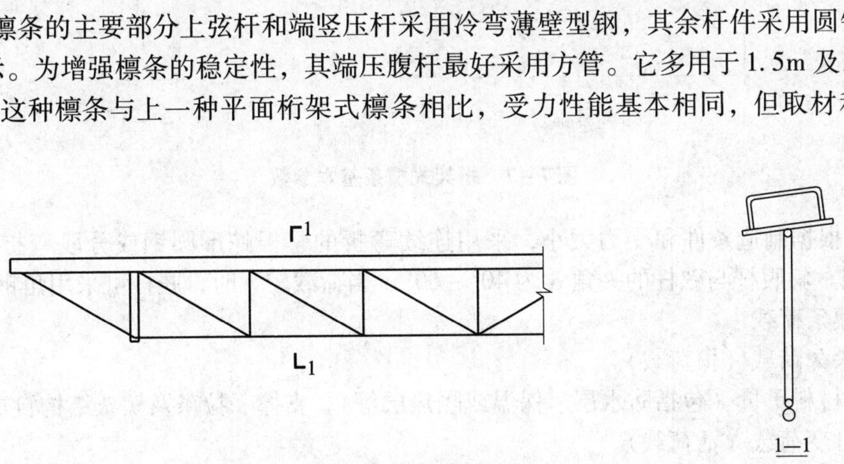

图7-5 冷弯薄壁型钢平面桁架式檩条（二）

（2）空间桁架式檩条：檩条的横截面呈三角形，由①、②、③三个平面桁架组成一个完整的空间桁架体系，故称空间桁架式，见图7－6。这种檩条的特点是结构合理，受力明确，整体刚度大，不需设置拉条，安装方便；但制造较费工，用钢量较大。它适用于跨度、荷载和檩距均较大的情况。

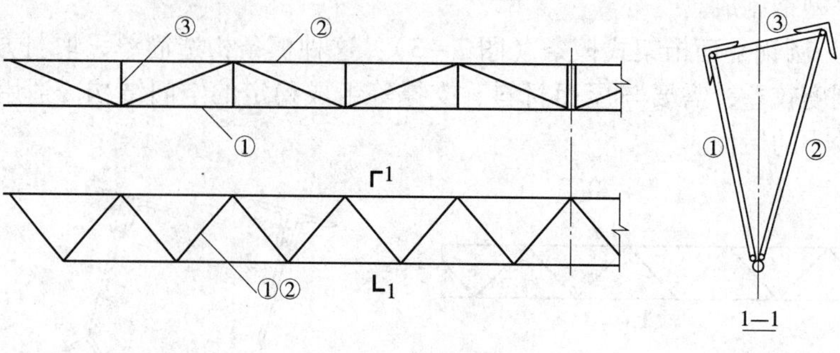

图7－6 空间桁架式檩条

7.1.2 檩条截面尺寸。

1 截面高度 h。

实腹式檩条的截面高度 h，一般为跨度的1/35～1/50；桁架式檩条的截面高度 h，一般为跨度的1/12～1/20。

2 截面宽度 b。

实腹式檩条的截面宽度 b，由截面高度 h 所选用的型钢规格确定；空间桁架式檩条上弦的总宽度 b，取截面总高度的1/1.5～1/2.0。

3 桁架式檩条的弦杆节间长度和腹杆。

桁架式檩条的上弦杆节间长度 a（见图7－7），可根据上弦的弯矩值由计算确定。一般可取上、下弦杆节间长度为400～800mm。

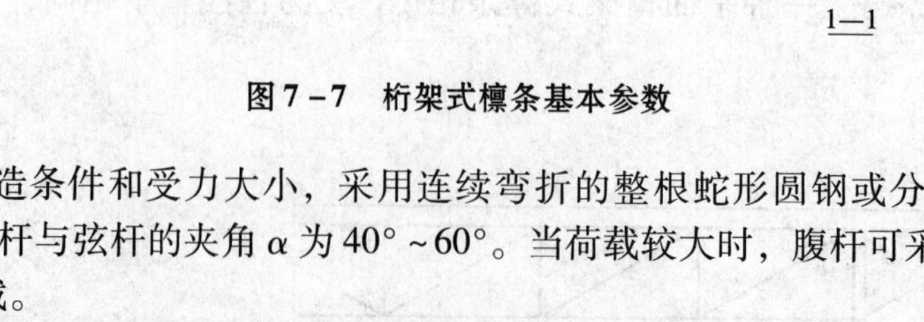

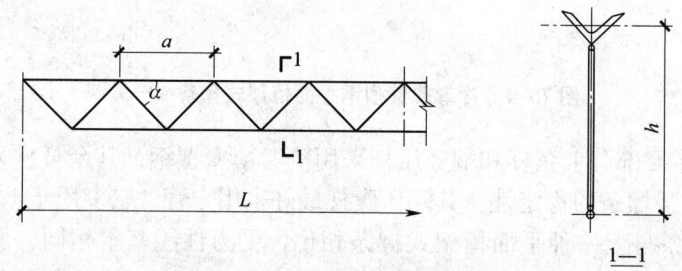

图7－7 桁架式檩条基本参数

腹杆根据制造条件和受力大小，采用连续弯折的整根蛇形圆钢或分段弯折的V形、W形圆钢。斜腹杆与弦杆的夹角 α 为40°～60°。当荷载较大时，腹杆可采用角钢。

7.1.3 檩条荷载。

1 永久荷载（恒荷载）。

屋面材料重量（包括防水层、保温或隔热层等）、支撑、拉条及檩条结构自重。

2 可变荷载（活荷载）。

屋面均布活荷载、雪荷载、积灰荷载和风荷载。屋面均布活荷载标准值（按水平投影面积计算）：压型钢板轻型屋面按第2.2.1条受荷水平投影面积取用，一般取0.5kN/m^2，发泡水泥复合板等屋面为0.5kN/m²；雪荷载和积灰荷载按现行国家标准《建筑结构荷载规范》GB 50009—2012或当地资料取用。

对于檩距小于表7-44的檩条，当雪荷载小于0.5kN/m²（应考虑不均匀积雪）时，尚应验算1.0kN（标准值）施工或检修集中荷载作用于跨中时构件的强度。对于实腹式檩条，可将检修集中荷载按 $2\times1.0/al$（kN/m²）换算为等效均布荷载，a 为檩条水平投影间距（m），l 为檩条跨度（m）。

3　荷载组合。

（1）均布活荷载不与雪荷载同时考虑，设计时取两者中的较大值。

（2）积灰荷载应与均布活荷载或雪荷载中的较大值同时考虑。

（3）施工或检修集中荷载不与均布活荷载或雪荷载同时考虑。

（4）对于平坡屋面（坡度为1/8～1/20），可不考虑风正压力；当风荷载较大时，应验算在风吸力作用下，永久荷载与风荷载组合截面应力反号的情况，此时永久荷载的分项系数取1.0。

7.1.4　檩条计算。

檩条形式较多，本书重点介绍目前常用的实腹式檩条的内力分析、强度、稳定性及挠度计算。空腹式及桁架式檩条的设计计算可参考现行国家标准《门式刚架轻型房屋钢结构技术规范》GB 51022—2015。

1　内力分析。

实腹式檩条应按在两个主轴平面内受弯的构件（双向弯曲梁）进行计算，即将均布荷载 p 分解为两个荷载分量 p_x 和 p_y 分别计算。

（1）垂直于主轴 x 和 y 的分荷载（图7-8）按下列公式计算：

$$p_y = p\cos\alpha_o \tag{7-1}$$

$$p_x = p\sin\alpha_o \tag{7-2}$$

式中　p——檩条竖向荷载设计值；

α_o——p 与主轴 y 的夹角：对槽形和工字形截面 $\alpha_o=\alpha$，α 为屋面坡角；对Z形截面 $\alpha_o=|\theta-\alpha|$，θ 为主轴 x 与平行于屋面轴 x_1 的夹角。

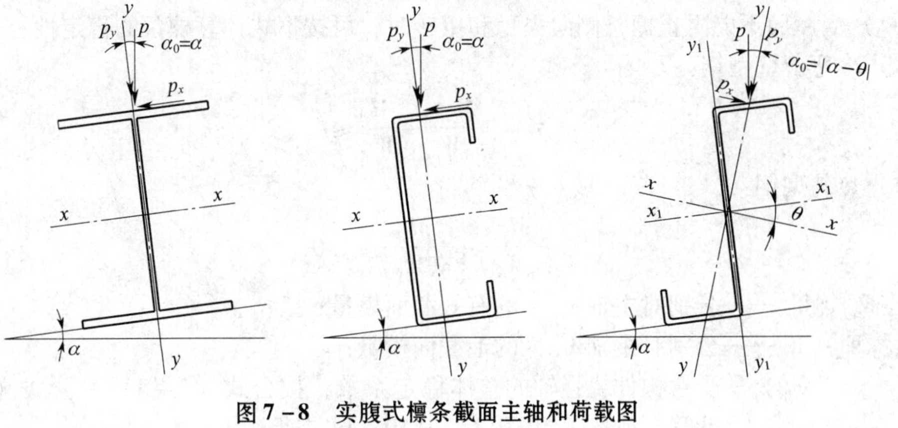

图7-8　实腹式檩条截面主轴和荷载图

（2）檩条的弯矩可按下列规定计算：

1）在刚度最大主平面（对 x 轴）由 p_y 引起的弯矩：

单跨简支构件：跨中最大弯矩 $M_x=p_y l^2/8$

$l/3$ 处弯矩 $M_x = p_y l^2/9$，l 为檩条的跨度。

多跨连续构件：跨中和支座弯矩均近似取 $M_x = p_y l^2/10$。

2）在刚度最小主平面（对 y 轴）由 p_x 引起的弯矩，按简支梁或连续梁（设有拉条时，视拉条为檩条的侧向支承点）按下列规定计算：

檩间无拉条时，跨中弯矩 $M_y = p_x l^2/8$

一根拉条位于 $l/2$ 时，

跨中负弯矩 $$M_y = -p_x l^2/32 \tag{7-3}$$

两根拉条位于 $l/3$ 时，

$l/3$ 处负弯矩 $$M_y = -p_x l^2/90 \tag{7-4}$$

跨中正弯矩 $$M_y = p_x l^2/360 \tag{7-5}$$

2　强度计算。

当屋面能阻止檩条侧向失稳和扭转时，可不计算檩条的整体稳定性，仅按下式计算其强度：

（1）冷弯薄壁型钢：

$$\sigma = \frac{M_x}{W_{enx}} + \frac{M_y}{W_{eny}} \leqslant f \tag{7-6}$$

（2）热轧型钢：

$$\sigma = \frac{M_x}{\gamma_x W_{nx}} + \frac{M_y}{\gamma_y W_{ny}} \leqslant f \tag{3-2}$$

式中　M_x、M_y——分别为刚度最大主平面（由 p_y 引起）和刚度最小主平面（由 p_x 引起）的弯矩：当无拉条或设一根拉条时，采用檩条跨中的弯矩；当设两根拉条时：采用檩条跨中弯矩和 1/3 跨处的弯矩；

W_{enx}、W_{eny}——分别对主轴 x、y 的有效净截面模量；

W_{nx}、W_{ny}——分别对主轴 x、y 的净截面模量；

γ_x、γ_y——截面塑性发展系数，按表 3－1 的规定采用；

f——钢材的强度设计值。

3　稳定性计算。

（1）当屋面不能阻止檩条侧向失稳和扭转时，可按下式计算檩条的稳定性：

1）冷弯薄壁型钢：

$$\sigma = \frac{M_x}{\varphi_{bx} W_{ex}} + \frac{M_y}{W_{ey}} \leqslant f \tag{7-7}$$

2）热轧型钢：

$$\frac{M_x}{\varphi_b W_x f} + \frac{M_y}{\gamma_y W_y f} \leqslant 1.0 \tag{3-10}$$

式中　W_{ex}、W_{ey}——分别对主轴 x、y 的有效截面模量；

W_x、W_y——分别对主轴 x、y 的毛截面模量；

φ_{bx}——受弯构件绕强轴的整体稳定系数，按公式（7－8）～公式（7－11）计算，或按表 19－13、表 19－14 查得；

φ_b——受弯构件绕强轴的整体稳定系数，按第 14.3 节公式计算，也可按表 19－9～表 19－12 查得。

以上公式中，M_x 和 M_y，当所验算点为压应力时取负号，为拉应力时取正号。

（2）当檩条在永久荷载和风吸力组合下，下翼缘受压时：

1）可偏安全地按公式（7－7）或公式（3－10）计算檩条下翼缘受压，上翼缘受拉时的稳定；如受压下翼缘侧未设拉条，则檩条应按跨中无侧向支承点考虑，即取 $l_y = l_0$。

2）当风吸力较大时，为提高受压下翼缘的稳定，允许在檩条下翼缘附近增设拉条（双拉条），如图 7－19（a）虚线所示，此时檩条应按跨间有侧向支承点考虑。

3）当檩条下翼缘设有用自攻螺钉与其牢固相连的压型钢板时，可不计算永久荷载和风吸力组合下，下翼缘受压时的稳定性。

（3）单轴或双轴对称截面的冷弯薄壁型钢简支梁，当绕对称轴（x 轴）弯曲时，其整体稳定系数 φ_{bx} 应按下式计算：

$$\varphi_{bx} = \frac{4320Ah}{\lambda_y^2 W_x}\xi_1\left(\sqrt{\eta^2+\zeta}+\eta\right)\cdot\left(\frac{235}{f_y}\right) \tag{7-8}$$

$$\eta = 2\xi_2 e_a/h \tag{7-9}$$

$$\zeta = \frac{4I_\omega}{h^2 I_y} + \frac{0.156I_t}{I_y}\left(\frac{l_o}{h}\right)^2 \tag{7-10}$$

式中 λ_y——梁在弯矩作用平面外的长细比；

A——毛截面面积；

h——截面高度；

l_o——梁的侧向计算长度，$l_o = \mu_b l$；

μ_b——梁的侧向长度计算系数，按表 7－1 采用；

l——梁的跨度；

ξ_1、ξ_2——系数，按表 7－1 采用；

e_a——横向荷载作用点到截面弯心的距离，对于偏心压杆或当横向荷载作用在弯心时 $e_a = 0$；当荷载不作用在弯心且荷载方向指向弯心时 e_a 为负，而离开弯心时 e_a 为正；

W_x——对 x 轴的受压边缘毛截面截面模量；

I_ω——毛截面扇形惯性矩；

I_y——对 y 轴的毛截面惯性矩；

I_t——扭转惯性矩。

表 7－1 两端及跨间侧向均为简支的受弯构件的 ξ_1、ξ_2 和 μ_b 值

序号	弯矩作用平面内的荷载及支承情况	跨间无侧向支承		跨中设一道侧向支承		跨间有不少于两个等距离布置的侧向支承	
		$\mu_b = 1.00$		$\mu_b = 0.50$		$\mu_b = 0.33$	
		ξ_1	ξ_2	ξ_1	ξ_2	ξ_1	ξ_2
1	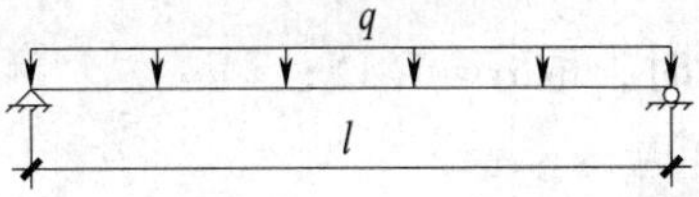	1.13	0.46	1.35	0.14	1.37	0.06
2	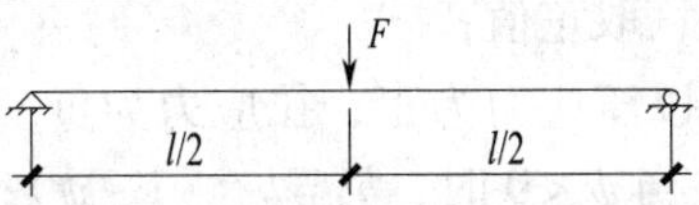	1.35	0.55	1.83	0	1.68	0.08

续表 7－1

序号	弯矩作用平面内的荷载及支承情况	跨间无侧向支承		跨中设一道侧向支承		跨间有不少于两个等距离布置的侧向支承	
		$\mu_b=1.00$		$\mu_b=0.50$		$\mu_b=0.33$	
		ξ_1	ξ_2	ξ_1	ξ_2	ξ_1	ξ_2
3	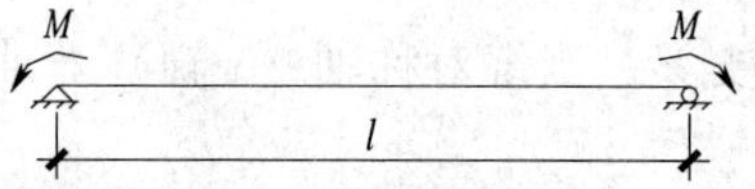	1.00	0	1.00	0	1.00	0
4	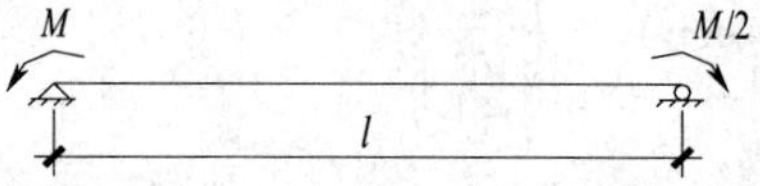	1.32	0	1.31	0	1.31	0
5	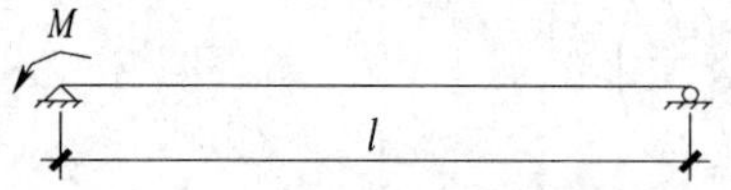	1.83	0	1.77	0	1.75	0
6	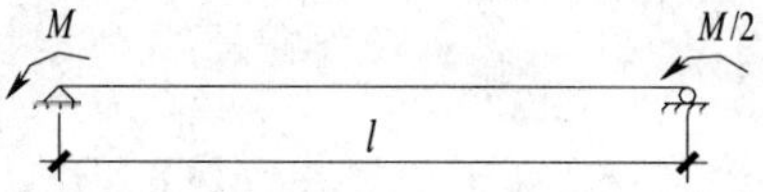	2.39	0	2.13	0	2.03	0
7	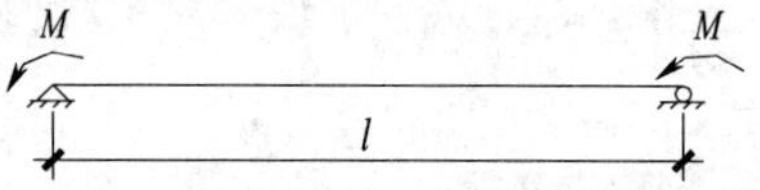	2.24	0	1.89	0	1.77	0

如按公式（7－8）计算的 φ_{bx} 值大于 0.7 时，则应以 φ'_{bx} 代替 φ_{bx}，φ'_{bx} 按下式计算：

$$\varphi'_{bx}=1.091-\frac{0.274}{\varphi_{bx}} \tag{7-11}$$

（4）在公式（7－6）和公式（7－7）中，对薄壁型钢檩条的有效截面模量按以下规定确定。

1）加劲板件、部分加劲板件和非加劲板件的有效宽厚比应按下列公式计算：

当 $\frac{b}{t}\leqslant 18\alpha\rho$ 时，

$$\frac{b_e}{t}=\frac{b_c}{t} \tag{7-12}$$

当 $18\alpha\rho<\frac{b}{t}<38\alpha\rho$ 时，

$$\frac{b_e}{t}=\left(\sqrt{\frac{21.8\alpha\rho}{b/t}}-0.1\right)\frac{b_c}{t} \tag{7-13}$$

当 $\frac{b}{t}\geqslant 38\alpha\rho$ 时，

$$\frac{b_e}{t}=\frac{25\alpha\rho}{b/t}\cdot\frac{b_c}{t} \tag{7-14}$$

式中 b——板件宽度；

t——板件厚度；

b_e——板件有效宽度；

α——计算系数，$\alpha=1.15-0.15\psi$，当 $\psi<0$ 时，取 $\alpha=1.15$；

ψ——压应力分布不均匀系数，$\psi=\sigma_{min}/\sigma_{max}$；

σ_{max}——受压板件边缘的最大压应力（N/mm^2），取正值；

σ_{min}——受压板件另一边缘的应力（N/mm^2），以压应力为正，拉应力为负；

b_c——板件受压区宽度，当 $\psi\geqslant 0$ 时，$b_c=b$；当 $\psi<0$ 时，$b_c=b/(1-\psi)$；

k——板件受压稳定系数，按以下 2）计算；

k_1——板组约束系数，按以下 3）计算。若不计相邻板件的约束作用，可取 $k_1 = 1.0$；

ρ——计算系数，$\rho = \sqrt{205 k_1 k / \sigma_1}$；其中 σ_1 按以下规定确定。

a. 在轴心受压构件中应根据由构件最大长细比所确定的稳定系数与钢材强度设计值的乘积（φf）作为 σ_1。

b. 对于压弯构件，截面上各板件的压应力分布不均匀系数 ψ 应由构件毛截面按强度计算，不考虑双力矩的影响。最大压应力板件的 σ_1 取钢材的强度设计值 f，其余板件的最大压应力按 ψ 推算。

c. 对于受弯及拉弯构件，截面上各板件的压应力分布不均匀系数 ψ 及最大压应力应由构件毛截面按强度计算，不考虑双力矩的影响。

2）受压板件的稳定系数 k 可按下列公式计算：

a. 加劲板件

当 $1 \geqslant \psi > 0$ 时，
$$k = 7.8 - 8.15\psi + 4.35\psi^2 \tag{7-15}$$

当 $0 \geqslant \psi \geqslant -1$ 时，
$$k = 7.8 - 6.29\psi + 9.78\psi^2 \tag{7-16}$$

b. 部分加劲板件

（a）最大压应力作用于支承边［图 7-9（a）］

当 $\psi \geqslant -1$ 时，
$$k = 5.89 - 11.59\psi + 6.68\psi^2 \tag{7-17}$$

（b）最大压应力作用于部分加劲边［图 7-9（b）］

当 $\psi \geqslant -1$ 时，
$$k = 1.15 - 0.22\psi + 0.045\psi^2 \tag{7-18}$$

c. 非加劲板件

（a）最大压应力作用于支承边［图 7-9（c）］

当 $1 \geqslant \psi > 0$ 时，
$$k = 1.70 - 3.025\psi + 1.75\psi^2 \tag{7-19}$$

当 $0 \geqslant \psi > -0.4$ 时，
$$k = 1.70 - 1.75\psi + 55\psi^2 \tag{7-20}$$

当 $-0.4 \geqslant \psi \geqslant -1$ 时，
$$k = 6.07 - 9.51\psi + 8.33\psi^2 \tag{7-21}$$

（b）最大压应力作用于自由边［图 7-9（d）］

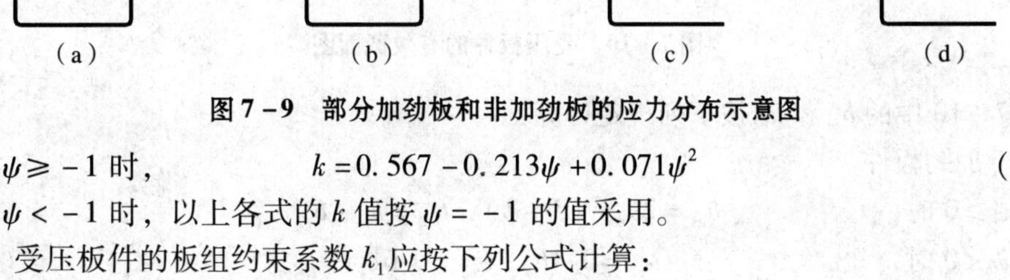

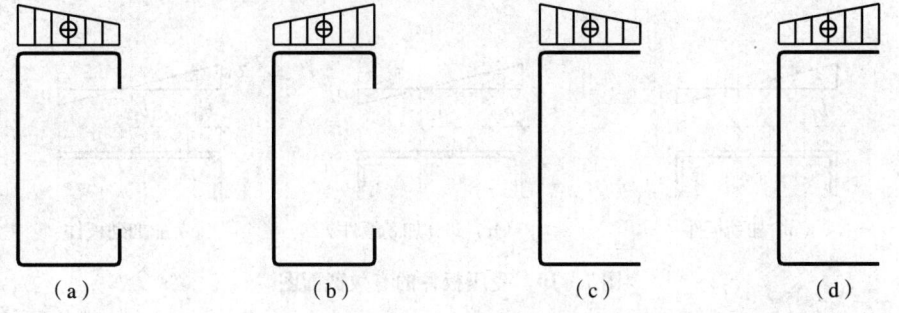

图 7-9 部分加劲板和非加劲板的应力分布示意图

当 $\psi \geqslant -1$ 时，
$$k = 0.567 - 0.213\psi + 0.071\psi^2 \tag{7-22}$$

当 $\psi < -1$ 时，以上各式的 k 值按 $\psi = -1$ 的值采用。

3）受压板件的板组约束系数 k_1 应按下列公式计算：

当 $\xi \leqslant 1.1$ 时，
$$k_1 = 1/\sqrt{\xi} \tag{7-23}$$

当 $\xi > 1.1$ 时，
$$k_1 = 0.11 + 0.93/(\xi - 0.05)^2 \tag{7-24}$$

$$\xi = \frac{c}{b}\sqrt{\frac{k}{k_c}} \tag{7-25}$$

式中　b——计算板件的宽度；

c——与计算板件邻接的板件宽度；如果计算板件两边均有邻接板件时，即计算板件为加劲板件时，取压应力较大一边的邻接板件宽度；

k——计算板件的受压稳定系数，由公式（7-15）~公式（7-22）确定；

k_c——邻接板件的受压稳定系数，由公式（7-15）~公式（7-22）确定。

当 $k_1 > k_1'$ 时，取 $k_1 = k_1'$，k_1' 为 k_1 的上限值。对于加劲板件 $k_1' = 1.7$；对于部分加劲板件 $k_1' = 2.4$；对于非加劲板件 $k_1' = 3.0$。

当计算板件只有一边有邻接板件，即在计算板件为非加劲板件或部分加劲板件，且邻接板件受拉时，取 $k_1 = k_1'$。

4）部分加劲板件中卷边的高厚比不宜大于12，卷边的最小高厚比应根据部分加劲板件的宽厚比按表7-2采用。

表7-2　卷边的最小高厚比

$\frac{b}{t}$	15	20	25	30	35	40	45	50	55	60
$\frac{a}{t}$	5.4	6.3	7.2	8.0	8.5	9.0	9.5	10.0	10.5	11.0

注：a 为卷边的高度；b 为带卷边板件的宽度；t 为板厚。

5）当受压板件的宽厚比大于公式（7-12）~公式（7-14）规定的有效宽厚比时，受压板件的有效截面应自截面的受压部分按图7-10所示位置扣除其超出部分来确定（即图中带斜线部分），截面的受拉部分全部有效。

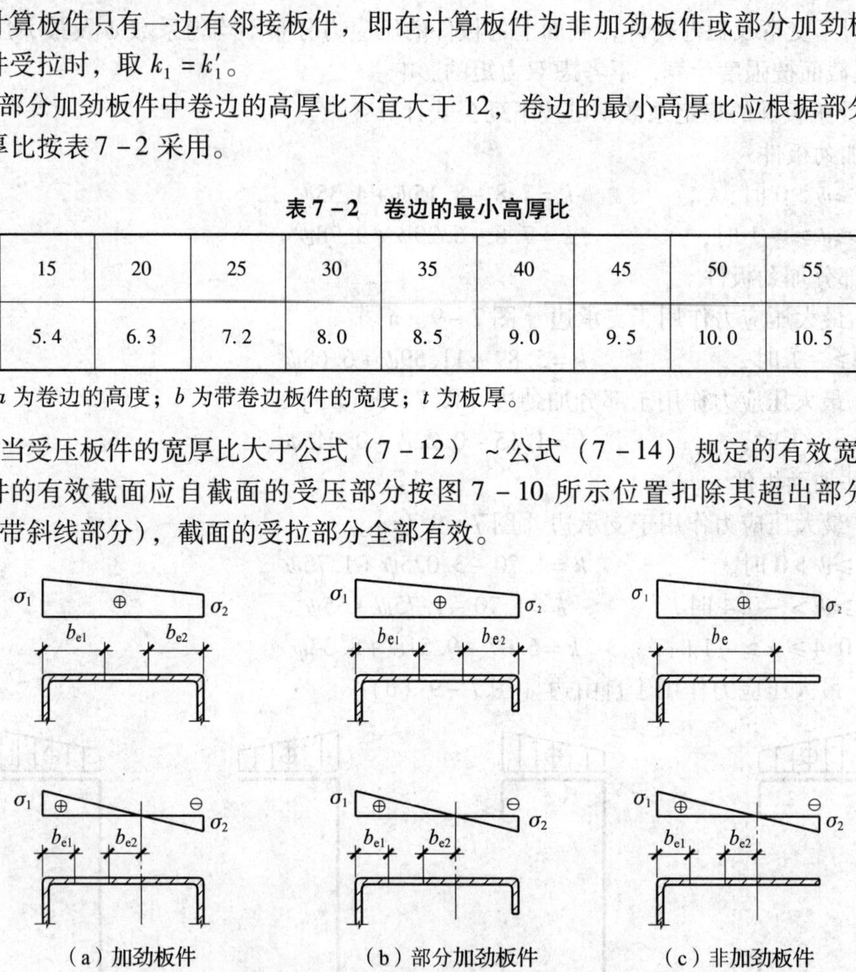

（a）加劲板件　（b）部分加劲板件　（c）非加劲板件

图7-10　受压板件的有效截面图

图7-10中的 b_{e1} 和 b_{e2} 按下列规定计算：

对于加劲板件

当 $\psi \geqslant 0$ 时，　$b_{e1} = 2b_e/(5-\psi)$，$b_{e2} = b_e - b_{e1}$　（7-26）

当 $\psi < 0$ 时，　$b_{e1} = 0.4b_e$　$b_{e2} = 0.6b_e$　（7-27）

对于部分加劲板件和非加劲板件

$$b_{e1} = 0.4b_e \quad b_{e2} = 0.6b_e \tag{7-28}$$

式中 b_e按公式（7－12）～公式（7－14）确定。

6）尚应满足2.6.1条及表2－18的构造规定。

4 变形计算。

为使屋面较平整，实腹式檩条应验算垂直于屋面方向的挠度，对无积灰的瓦楞铁和石棉瓦屋面其容许挠度值〔ν〕＝$l/150$；对有积灰的瓦楞铁和石棉瓦屋面、压型钢板、发泡水泥复合板、钢丝网水泥瓦和其他水泥制品瓦材屋面其容许挠度值〔ν〕＝$l/200$，l为檩条的跨度。

对两端简支檩条的挠度可按下式计算：

$$\nu_y=\frac{5}{384}\cdot\frac{p_{ky}\cdot l^4}{EI_x}\leqslant[\nu] \qquad (7-29)$$

式中 p_{ky}——沿y轴线荷载的标准值；

I_x——对主轴x的毛截面惯性矩。

对Z形钢垂直屋面方向的挠度ν_{y_1}：

$$\nu_{y_1}=\frac{5}{384}\cdot\frac{p_k\cos\alpha\cdot l^4}{EI_{x_1}}\leqslant[\nu] \qquad (7-30)$$

式中 α——为屋面坡角；

I_{x_1}——对平行于屋面轴x_1的毛截面惯性矩。

7.1.5 檩条的布置、连接与构造。

1 檩条在屋架（刚架）上的布置和搁置。

（1）为使屋架上弦杆不产生弯矩，檩条宜位于屋架上弦节点处。当采用内天沟时，边檩应尽量靠近天沟。

（2）实腹式檩条的截面均宜垂直于屋面坡面。对槽钢和Z形钢檩条，宜将上翼缘肢尖（或卷边）朝向屋脊方向，以减小屋面荷载偏心而引起的扭矩。

（3）桁架式檩条的上弦杆宜垂直于屋架上弦杆，而腹杆和下弦杆宜垂直于地面。

（4）脊檩方案：

实腹式檩条应采用双檩方案，屋脊檩条应在跨度1/3处用槽钢、角钢或圆钢相互拉结，见图7－11。桁架式檩条在屋脊处采用单檩方案时，虽用钢量较省，但檩条型号增多，构造复杂，故一般采用双檩为宜。

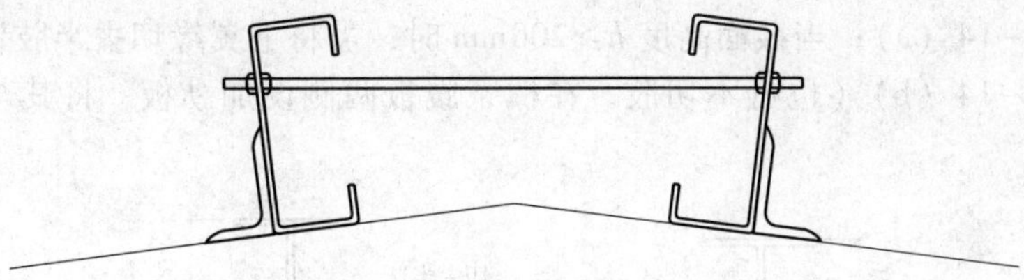

图7－11 脊檩方案（双檩）

2 檩条与屋面的连接。

压型钢板，瓦楞铁和纤维水泥波形瓦应与檩条可靠连接，以保证屋面能起阻止檩条侧向失稳和扭转的作用，这对一般不需验算整体稳定性的实腹式檩条尤为重要。

檩条与压型钢板屋面的连接，宜采用带橡胶垫圈的自攻螺丝。

3 檩条与屋架（刚架）的连接。

檩条端部与屋架的连接应能阻止檩条端部截面的扭转，以增强其整体稳定性。

（1）实腹式檩条与屋架的连接处可设置角钢檩托，以防止檩条在支座处的扭转变形和倾覆。檩条端部与檩托的连接螺栓应不少于两个，并沿檩条高度方向设置。当檩条高度较小（小于120mm），排列两个螺栓有困难时，也可改为沿檩条长度方向设置。螺栓直径根据檩条的截面大小，取M12～M16，见图7－12（a）。

当采用现场复合屋面板时（檩条上下各一层压型钢板），目前也有将檩条抬高以便下层压型钢板通过的做法，见图7－12（b）。此时由于檩条重心抬高，对檩托的作用效应增大，并且檩条无法与屋架焊接，尤其在抗震区，应特别注意檩托与屋架的连接强度（螺栓抗剪和构件承压）。

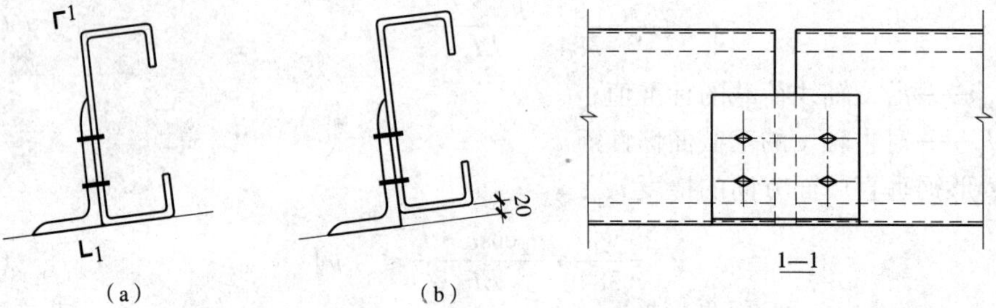

图7－12 实腹式檩条端部连接

内天沟屋面，当天沟深度不满足建筑要求时，可通过在檩条下加设方管、轻型H型钢的方法增加天沟深度，见图7－13。

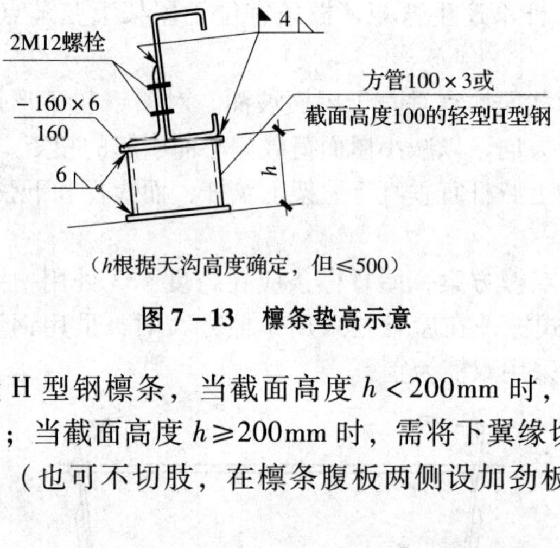

图7－13 檩条垫高示意

平坡高频焊接薄壁H型钢檩条，当截面高度$h<200$mm时，可直接用螺栓与屋架连接，见图7－14（a）；当截面高度$h\geqslant 200$mm时，需将下翼缘切去半肢设檩托与屋架连接，见图7－14（b）（也可不切肢，在檩条腹板两侧设加劲板，将其与屋架焊接的方案）。

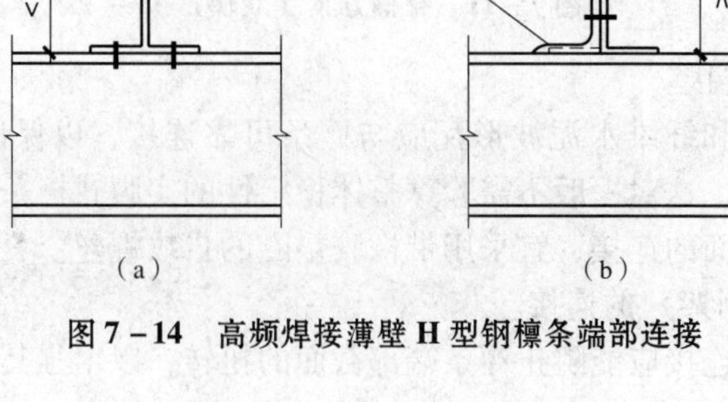

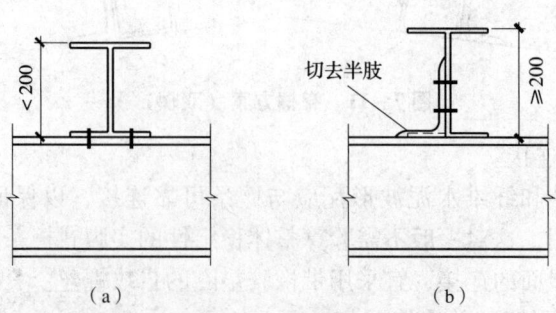

图7－14 高频焊接薄壁H型钢檩条端部连接

实腹式檩条与屋架的连接处也可采用搭接，此时檩条按连续构件设计。带斜卷边的Z形檩条可采用叠置搭接（图7-15），卷边C形檩条可采用不同型号的卷边C形钢套置搭接（图7-16）。搭接长度$2a$及其连接螺栓直径，应根据连续梁中间支座处的弯矩确定。在同一工程中宜尽量减少搭接长度的类型。

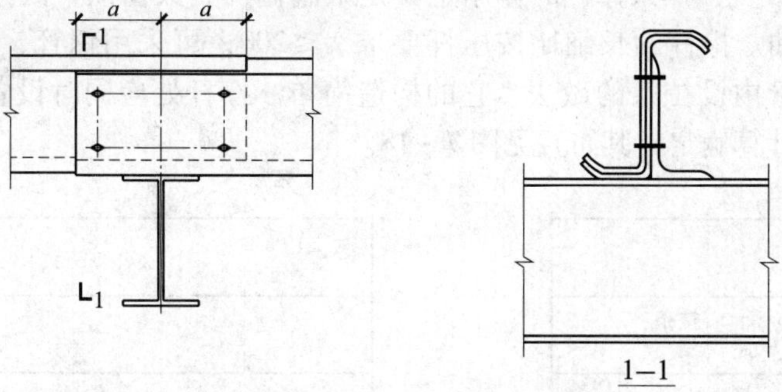

图7-15 斜卷边Z形檩条的搭接

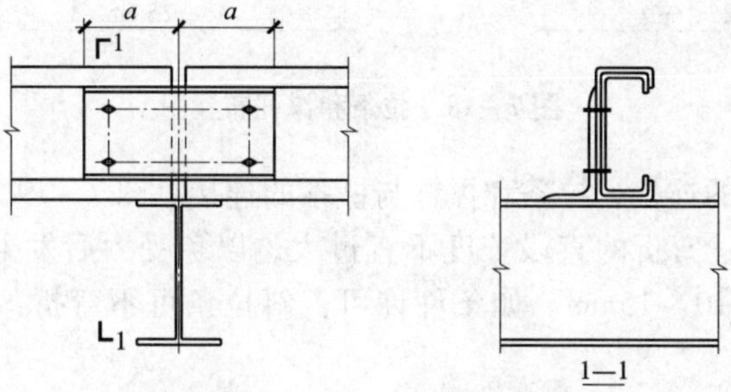

图7-16 卷边C形檩条的搭接

（2）桁架式檩条一般用螺栓直接与屋架上弦连接，见图7-17。

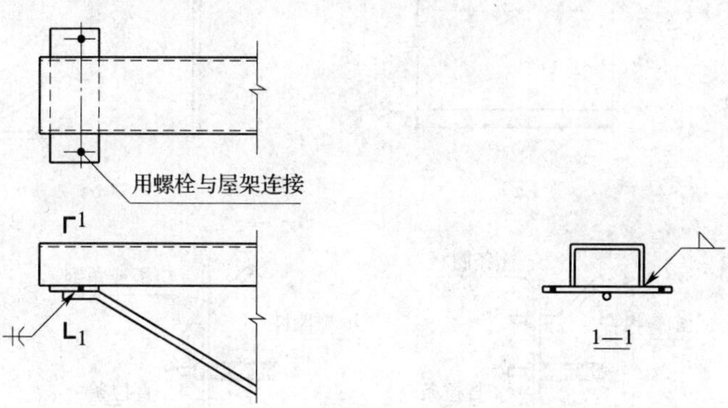

图7-17 桁架式檩条端部连接

4 檩条的拉条和撑杆。

（1）拉条的设置：檩条的拉条设置与否主要和檩条的侧向刚度有关，对于侧向刚度较大的轻型H型钢和空间桁架式檩条有时不设拉条。对于侧向刚度较差的实腹式和平面桁架式檩条，为了减小檩条在安装和使用阶段的侧向变形和扭转，保证其整体稳定性，一般需在檩条间设置拉条，作为其侧向支承点。当檩条跨度$l<4m$时，可按计算要求确

定是否需要设置拉条；当屋面坡度 $i>1/10$ 或檩条跨度 $l\geqslant 4$m 时，应在檩条跨中受压翼缘侧设置一道拉条；当跨度 $l>6$m 时，宜在檩条跨度三分点处各设一道拉条。在檐口处还应设置斜拉条和撑杆。圆钢拉条的直径不宜小于 10mm，可根据荷载和檩距大小取 10mm 或 12mm。

（2）撑杆的设置：檩条撑杆的作用主要是限制檐檩和天窗缺口处边檩向上或向下两个方向的侧向弯曲。撑杆的长细比按压杆要求 $\lambda\leqslant 200$，可采用钢管、方管或角钢做成。目前也有采用钢管内设拉条的做法，它的构造简单。撑杆处应同时设置斜拉条。拉条和撑杆的截面应按计算确定，其布置见图 7－18。

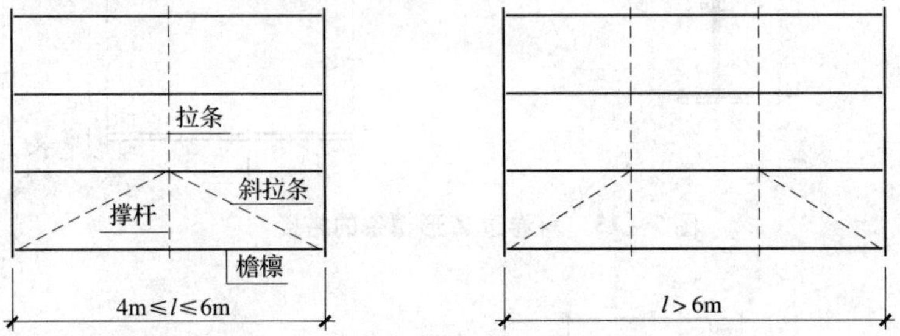

图 7－18　拉条和撑杆布置图

（3）拉条和撑杆的连接：拉条和撑杆与檩条的连接见图 7－19。斜拉条与檩条腹板的连接处一般应予弯折，弯折的直段长度不宜过大，以免受力后发生局部弯曲。斜拉条弯折点距腹板边距宜为 10～15mm。如条件许可，斜拉条可不弯折，而采用斜垫板或角钢连接。

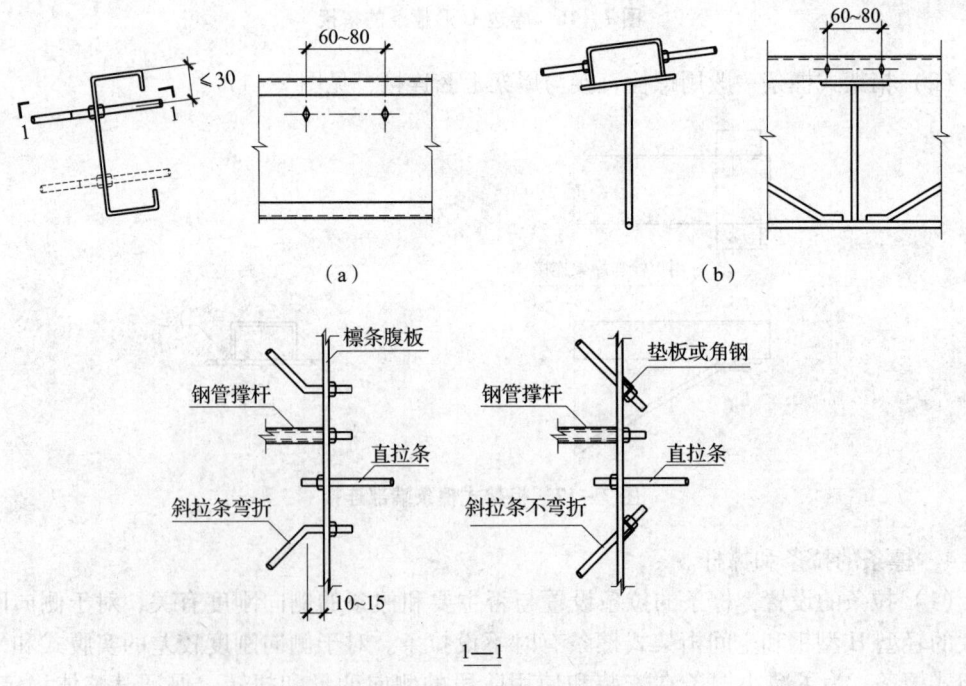

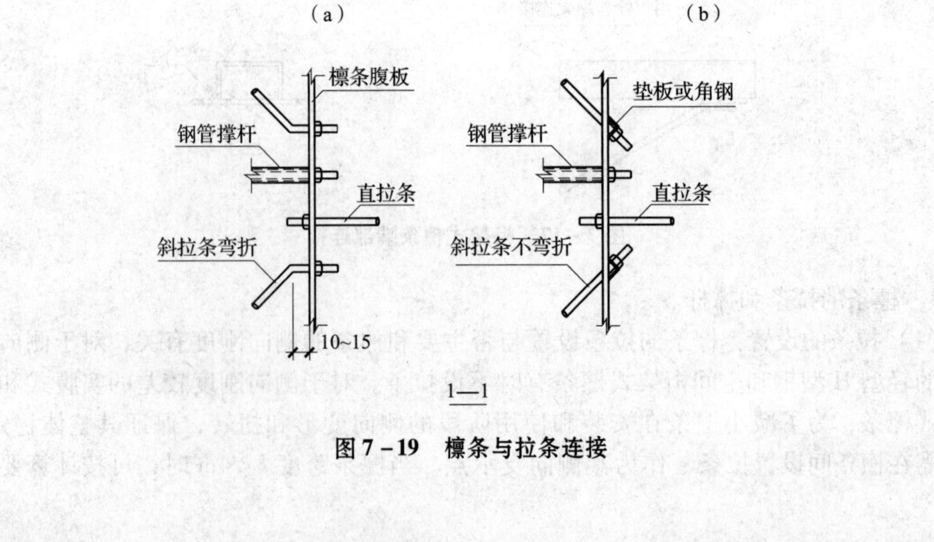

图 7－19　檩条与拉条连接

斜拉条与屋架的连接，可在屋架上焊一短角钢与斜拉条用螺帽连接，见图 7－20。当屋面坡度较小时，也可直接连接于檩条的檩托或端部的预留孔上（尽量靠檩条底部，见图 7－21），但图 7－12（b）中檩条抬高的檩托不宜与斜拉条连接。

5 檩条与屋架上弦横向水平支撑的连接。

为了减小屋架上弦平面外的计算长度，并增强其平面外的稳定性，可将檩条与屋架上弦横向水平支撑在交叉点处相连（见图 7－22 节点），使檩条兼作支撑的竖压杆，参加支撑工作，见图 7－22；此时檩条的长细比不得大于 200（拉条和撑杆可作为侧向支承点），并应按压弯构件验算其强度和稳定性。

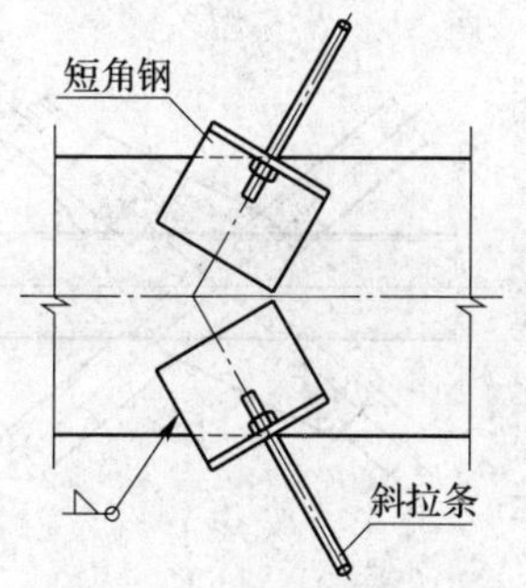

图 7－20 拉条直接与屋架连接

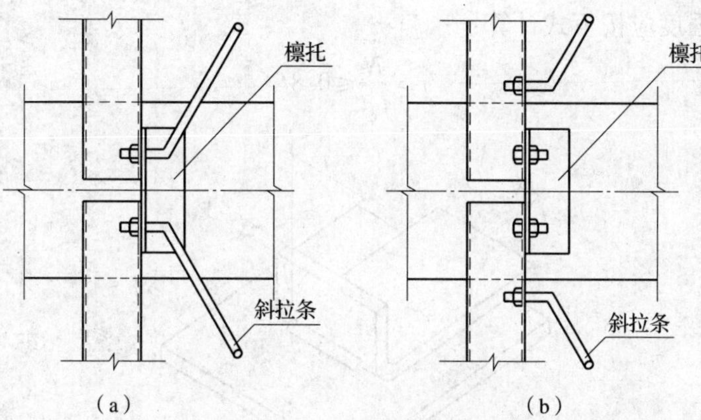

图 7－21 拉条间接与屋架连接

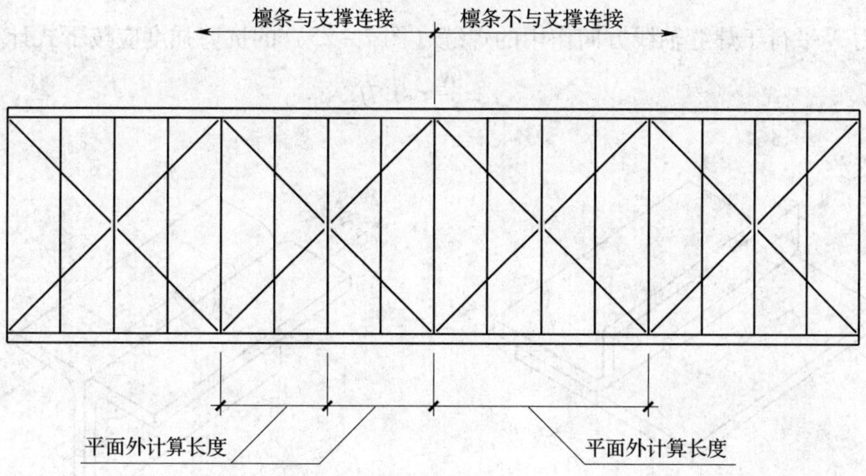

图 7－22 檩条与屋架上弦横向水平支撑的布置

檩条与屋架上弦横向水平支撑的连接见图 7－23。

6 冷弯薄壁型钢的焊接。

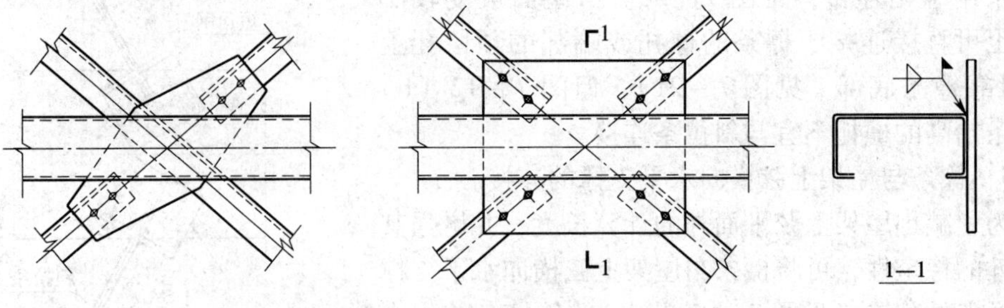

图 7-23 檩条与屋架上弦横向水平支撑的连接

带卷边冷弯薄壁型钢的焊缝一般为喇叭形，喇叭形焊缝的强度应按下列公式计算：

1）当连接板件的最小厚度≤4mm 时，轴力 N 垂直于焊缝轴线方向作用的焊缝（图 7-24）的抗剪强度应按下式计算：

$$\tau = \frac{N}{l_w t} \leqslant 0.8f \tag{7-31}$$

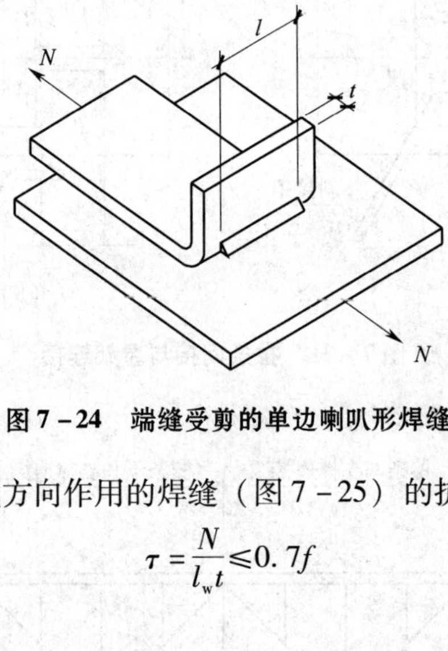

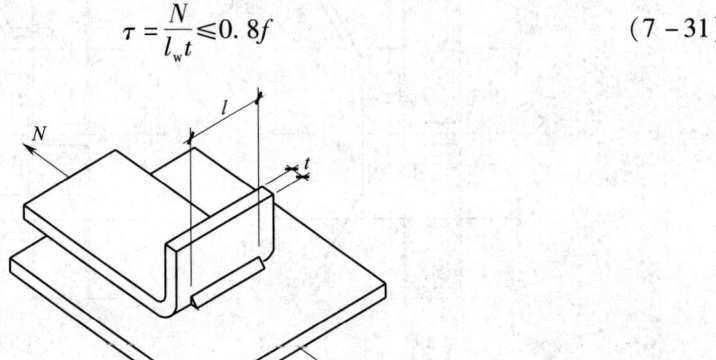

图 7-24 端缝受剪的单边喇叭形焊缝

轴力 N 平行于焊缝轴线方向作用的焊缝（图 7-25）的抗剪强度应按下式计算：

$$\tau = \frac{N}{l_w t} \leqslant 0.7f \tag{7-32}$$

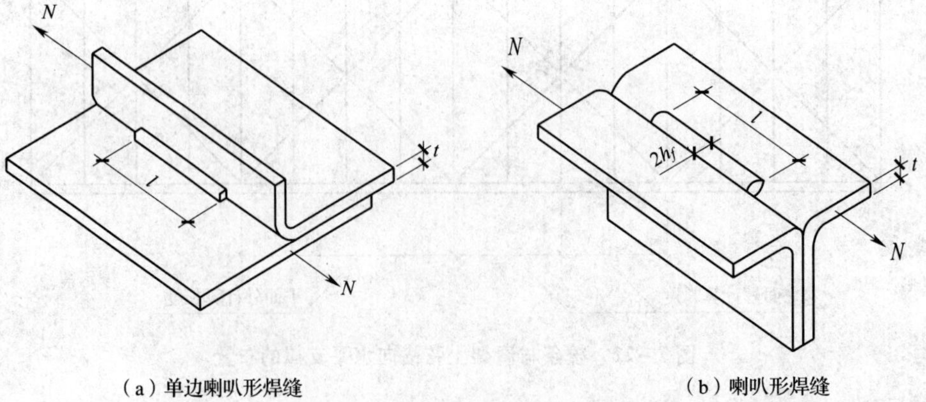

图 7-25 纵向受剪的喇叭形焊缝

式中 t——连接板的最小厚度；

l_w——焊缝计算长度之和，每条焊缝的计算长度均取实际长度 l 减去 $2h_f$，h_f应按图 7-26 确定；

f——连接钢板的抗拉强度设计值，按《冷弯薄壁型钢结构技术规范》50018—2002 取用。

2）当连接板件的最小厚度 >4mm 时，纵向受剪的喇叭形焊缝的强度除按公式（7-32）计算外，尚应按公式（4-9）或公式（4-10）做补充验算，但 h_f应按图 7-25（b）或图 7-26 确定。

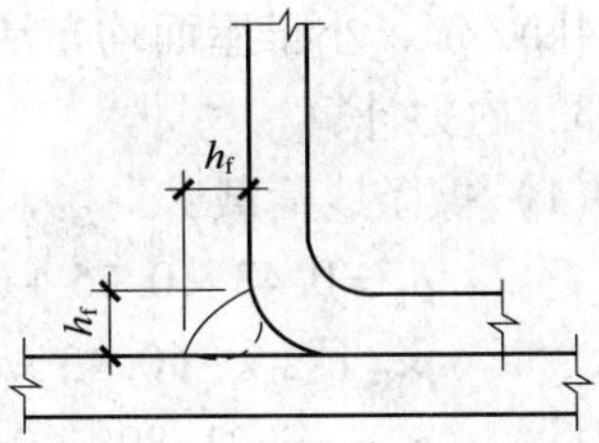

图 7-26 单边喇叭形焊缝

7.1.6 檩条截面间的近似关系见表 7-3。

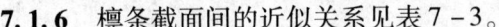

表 7-3 檩条毛截面、净截面、有效净截面的近似关系

项次	拉条位置	跨中一道拉条 $l/2$	跨间两道拉条 $l/2$、$l/3$	
	截面位置	$l/2$	$l/2$	$l/3$
1	$\frac{W_{nx}}{W_x}$	0.95 (0.90)	1 (0.95)	1 (0.90)
2	$\frac{W_{ny}}{W_y}$	0.95 (0.90)	1 (0.95)	1 (0.90)
3	$\frac{W_{ex}}{W_x}$	0.95	0.95	0.90
4	$\frac{W_{ey}}{W_y}$	0.97	0.97	0.95
5	$\frac{W_{enx}}{W_x}$	0.90	0.95	0.90
6	$\frac{W_{eny}}{W_y}$	0.95	0.97	0.95

注：1 1、2 项次只适用于高频焊接薄壁 H 型钢。表中带括号的数值为翼缘板外伸宽厚比 b/t 不大于表 2-24 的规定时。

2 当构件腹部下方设拉条时，表中$\frac{W_{enx}}{W_x}$，$\frac{W_{nx}}{W_x}$的数值减少 0.05。

3 当构件腹板高厚比超过 80 时，表中数值宜减少 0.03。

7.1.7 檩条设计实例

【例题 7-1】 热轧槽钢檩条

1 设计资料。

屋面材料为纤维水泥波形瓦，干铺油毡一层，20 厚木望板，屋面坡度 1/2.5（α = 21.80°），檩条跨度 6m，于跨中设一道拉条，水平檩距 0.75m。钢材 Q235。

2 荷载标准值（对水平投影面）。

（1）永久荷载：波形瓦等（含防水基层）0.43kN/m²，檩条（包括拉条、支撑）自重设为0.15kN/m。

（2）可变荷载：屋面雪荷载为0.40kN/m²（已考虑不均匀积雪），均布活荷载为0.50kN/m²，由于检修集中荷载1.0kN/m²的等效均布荷载为2×1.0/（0.75×6）=0.444kN/m²，小于屋面均布活荷载，故可变荷载采用0.50kN/m²。

3 内力计算。

（1）檩条线荷载：

$$p_k = 0.43\times0.75+0.15+0.50\times0.75=0.848\text{kN/m}$$

$$p=1.2\times(0.43\times0.75+0.15)+1.4\times0.50\times0.75=1.093\text{kN/m}$$

$$p_x=p\sin21.80°=0.406\text{kN/m}$$

$$p_y=p\cos21.80°=1.015\text{kN/m}$$

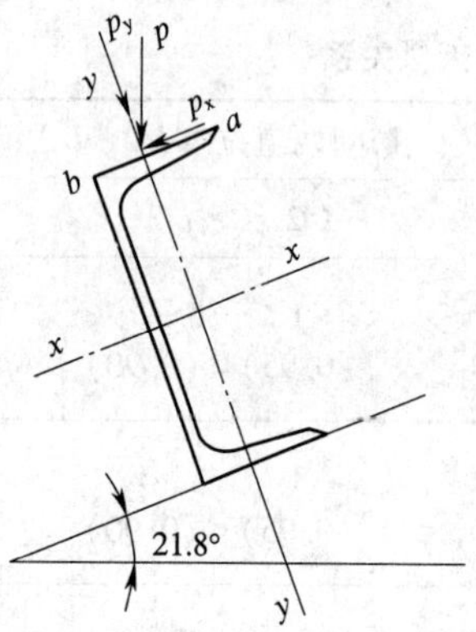

图7-27 檩条截面力系图（一）

（2）弯矩设计值：

$$M_x=p_y l^2/8=1.015\times6^2/8=4.57\text{kN}\cdot\text{m}$$

$$M_y=p_x l^2/32=0.406\times6^2/32=0.46\text{kN}\cdot\text{m}$$

4 截面选择及强度计算。

选用热轧槽钢 ⊏10（图7-27）。$W_x=39.7\text{cm}^3$，$W_{y_{max}}=16.9\text{cm}^3$，$W_{y_{min}}=7.8\text{cm}^3$，$I_x=198.3\text{cm}^4$，$i_x=3.94\text{cm}$，$i_y=1.42\text{cm}$。计算截面有孔洞削弱，考虑0.9的折减系数，则净截面模量为：$W_{nx}=0.9\times39.7=35.73\text{cm}^3$，$W_{ny_{max}}=0.9\times16.9=15.21\text{cm}^3$，$W_{ny_{min}}=0.9\times7.8=7.02\text{cm}^3$。屋面能阻止檩条失稳和扭转，截面的塑性发展系数$\gamma_x=1.05$，$\gamma_y=1.20$，按公式（3-2）计算截面$a$、$b$点的强度为：

$$\sigma_a=\frac{M_x}{\gamma_x W_{nx}}+\frac{M_y}{\gamma_y W_{ny_{min}}}=\frac{4.57\times10^6}{1.05\times35.73\times10^3}-\frac{0.46\times10^6}{1.2\times7.02\times10^3}$$
$$=67.2\text{N/mm}^2<215\text{N/mm}^2$$

$$\sigma_b=\frac{M_x}{\gamma_x W_{nx}}+\frac{M_y}{\gamma_y W_{ny_{max}}}=\frac{4.57\times10^6}{1.05\times35.73\times10^3}+\frac{0.46\times10^6}{1.2\times15.21\times10^3}$$
$$=147.0\text{N/mm}^2<215\text{N/mm}^2$$

5 挠度计算。

按公式（7-29）计算的挠度为：

$$\nu_y=\frac{5}{384}\cdot\frac{p_{ky}\cdot l^4}{EI_x}=\frac{5}{384}\cdot\frac{0.848\times\cos21.80°\times6000^4}{206\times10^3\times198.3\times10^4}=32.53\text{mm}<l/150$$
$$=40\text{mm}\ (\text{无积灰})$$

6 构造要求。

$$\lambda_x=600/3.94=152.3<200,\ \lambda_y=300/1.42=211.3>200$$

故此檩条不可兼作屋面平面内的支撑竖杆或刚性系杆，只可兼作柔性系杆。

【例题7-2】冷弯薄壁卷边槽钢檩条（强度控制）

1 设计资料。

屋面材料为压型钢板，屋面坡度1/10（$\alpha=5.71°$），檩条跨度6m，于跨中设一道拉条，水平檩距1.5m。钢材Q235。

2 荷载标准值（对水平投影面）。

（1）永久荷载：

压型钢板（含保温）	0.25kN/m²
檩条（包括拉条）	0.05kN/m²
合计	0.30kN/m²

（2）可变荷载：屋面均布活荷载为0.50kN/m²（大于积雪荷载）。

3 内力计算。

（1）檩条线荷载：

$p_k = (0.30+0.50)\times1.5 = 1.20\text{kN/m}$

$p = (1.2\times0.30+1.4\times0.50)\times1.5 = 1.59\text{kN/m}$

$p_x = p\sin5.71° = 0.158\text{kN/m}$

$p_y = p\cos5.71° = 1.582\text{kN/m}$

（2）弯矩设计值：

$M_x = p_y l^2/8 = 1.582\times6^2/8 = 7.12\text{kN}\cdot\text{m}$

$M_y = p_x l^2/32 = 0.158\times6^2/32 = 0.18\text{kN}\cdot\text{m}$

4 截面选择及截面特性。

（1）选用C180×70×20×2.2（图7－28）。

$I_x = 374.90\text{cm}^4$，$W_x = 41.66\text{cm}^3$，$I_y = 48.97\text{cm}^4$，$W_{y_{max}} = 23.19\text{cm}^3$，$W_{y_{min}} = 10.02\text{cm}^3$，$i_x = 7.06\text{cm}$，$i_y = 2.55\text{cm}$，$x_o = 2.11\text{cm}$

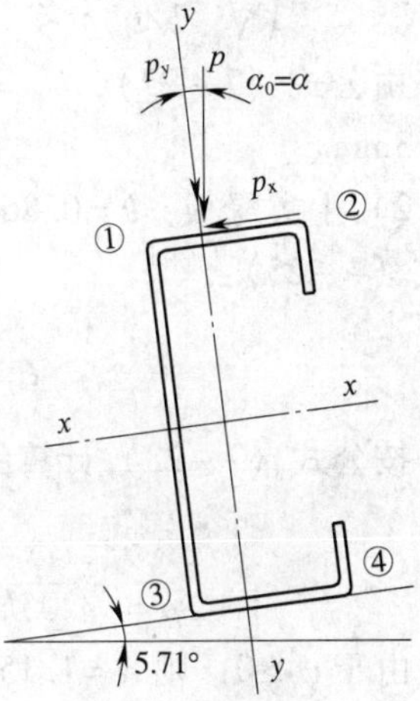

图7－28 檩条截面力系图（二）

先按毛截面计算的截面应力为：

$$\sigma_1 = \frac{M_x}{W_x} + \frac{M_y}{W_{y_{max}}} = \frac{7.12\times10^6}{41.66\times10^3} + \frac{0.18\times10^6}{23.19\times10^3} = 178.7\text{N/mm}^2 \quad （压）$$

$$\sigma_2 = \frac{M_x}{W_x} + \frac{M_y}{W_{y_{min}}} = \frac{7.12\times10^6}{41.66\times10^3} - \frac{0.18\times10^6}{10.02\times10^3} = 152.9\text{N/mm}^2 \quad （压）$$

$$\sigma_3 = \frac{M_x}{W_x} + \frac{M_y}{W_{y_{max}}} = \frac{7.12\times10^6}{41.66\times10^3} - \frac{0.18\times10^6}{23.19\times10^3} = 163.1\text{N/mm}^2 \quad （拉）$$

（2）受压板件的稳定系数：

1）腹板：腹板为加劲板件，$\psi = \sigma_{min}/\sigma_{max} = -163.1/178.7 = -0.913 \geqslant -1$，由公式（7－16）：

$k = 7.8-6.29\psi+9.78\psi^2 = 7.8-6.29\times(-0.913)+9.78\times(-0.913)^2 = 21.695$

2）上翼缘板：上翼缘板为最大压应力作用于部分加劲板件的支承边，$\psi = \sigma_{min}/\sigma_{max} = 152.9/178.7 = 0.856 \geqslant -1$，由公式（7－17）：

$$k = 5.89-11.59\psi+6.68\psi^2 = 5.89-11.59\times0.856+6.68\times0.856^2 = 0.864$$

（3）受压板件的有效宽度：

1）腹板：$k = 21.695$，$k_c = 0.864$，$b = 180\text{mm}$，$c = 70\text{mm}$，$t = 2.2\text{mm}$，$\sigma_1 = 178.7\text{N/mm}^2$，由公式（7－25）：

$$\xi = \frac{c}{b}\sqrt{\frac{k}{k_c}} = \frac{70}{180}\sqrt{\frac{21.695}{0.864}} = 1.949 > 1.1$$

按公式（7－24）计算的板组约束系数为：

$$k_1 = 0.11 + 0.93/(\xi - 0.05)^2 = 0.11 + 0.93/(1.949 - 0.05)^2 = 0.368$$

按公式（7－12）～（7－14）：

$$\rho = \sqrt{205k_1k/\sigma_1} = \sqrt{205 \times 0.368 \times 21.695/178.7} = 3.027$$

由于 $\psi < 0$，则 $\alpha = 1.15$，$b_c = b/(1-\psi) = 180/(1+0.913) = 94.09$mm。

$b/t = 180/2.2 = 81.82$，$18\alpha\rho = 18 \times 1.15 \times 3.027 = 62.66$，$38\alpha\rho = 38 \times 1.15 \times 3.027 = 132.28$，所以 $18\alpha\rho < b/t < 38\alpha\rho$，按公式（7－13）计算的截面有效宽度为：

$$b_e = \left(\sqrt{\frac{21.8\alpha\rho}{b/t}} - 0.1\right)b_c = \left(\sqrt{\frac{21.8 \times 1.15 \times 3.027}{81.82}} - 0.1\right) \times 94.09 = 81.21\text{mm}$$

由公式（7－27），$b_{e1} = 0.4b_e = 0.4 \times 81.21 = 32.48$mm，$b_{e2} = 0.6b_e = 0.6 \times 81.21 = 48.73$mm。

2）上翼缘板：$k = 0.864$，$k_c = 21.695$，$b = 70$mm，$c = 180$mm，$\sigma_1 = 178.7\text{N/mm}^2$，由公式（7－25）：

$$\xi = \frac{c}{b}\sqrt{\frac{k}{k_c}} = \frac{180}{70}\sqrt{\frac{0.864}{21.695}} = 0.513 < 1.1$$

按公式（7－23）计算的板组约束系数为：

$$k_1 = 1/\sqrt{\xi} = 1/\sqrt{0.513} = 1.396$$

$$\rho = \sqrt{205k_1k/\sigma_1} = \sqrt{205 \times 1.396 \times 0.864/178.7} = 1.176$$

由于 $\psi > 0$，则 $\alpha = 1.15 - 0.15\psi = 1.15 - 0.15 \times 0.856 = 1.022$，$b_c = b = 70$mm。

$b/t = 70/2.2 = 31.82$，$18\alpha\rho = 18 \times 1.022 \times 1.176 = 21.63$，$38\alpha\rho = 38 \times 1.022 \times 1.176 = 45.67$，所以 $18\alpha\rho < b/t < 38\alpha\rho$，按公式（7－13）计算的截面有效宽度为：

$$b_e = \left(\sqrt{\frac{21.8\alpha\rho}{b/t}} - 0.1\right)b_c = \left(\sqrt{\frac{21.8 \times 1.022 \times 1.176}{31.82}} - 0.1\right) \times 70 = 56.52\text{mm}$$

由公式（7－28），$b_{e1} = 0.4b_e = 0.4 \times 56.52 = 22.61$mm，$b_{e2} = 0.6b_e = 0.6 \times 56.52 = 33.91$mm。

3）下翼缘板：下翼缘板全截面受拉，全部有效。

（4）有效净截面模量：上翼缘板的扣除面积宽度为 $70 - 56.52 = 13.48$mm；腹板的扣除面积宽度为 $94.09 - 81.21 = 12.88$mm，同时在腹板的计算截面有 1 个 Φ13 拉条连接孔（距上翼缘板边缘 35mm），孔位置与扣除面积位置基本相同，所以腹板的扣除面积宽度按 13mm 计算，见图 7－29。有效净截面模量为：

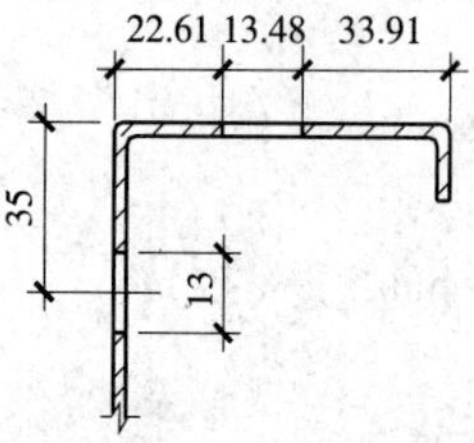

图 7－29 檩条的有效截面图（一）

$$W_{enx} = \frac{374.9 \times 10^4 - 13.48 \times 2.2 \times 90^2 - 13 \times 2.2 \times (90-35)^2}{90} = 3.803 \times 10^4\ \text{mm}^3$$

$$W_{eny_{max}} = \frac{[48.97 \times 10^4 - 2.2 \times 13.48^3/12 - 13.48 \times 2.2 \times (13.48/2 + 22.61 - 21.1)^2 - 13 \times 2.2 \times (21.1 - 2.2/2)^2]}{21.1} = 2.257 \times 10^4\text{mm}^3$$

$$W_{eny_{min}} = \frac{[48.97 \times 10^4 - 2.2 \times 13.48^3/12 - 13.48 \times 2.2 \times (13.48/2 + 22.61 - 21.1)^2 - 13 \times 2.2 \times (21.1 - 2.2/2)^2]}{(70 - 21.1)} = 0.974 \times 10^4\text{mm}^3$$

$W_{enx}/W_x = 0.913$，$W_{eny_{max}}/W_{y_{max}} = 0.973$，$W_{eny_{min}}/W_{y_{min}} = 0.972$。为简化计算可取 $W_{enx} = 0.90W_x$，$W_{eny} = 0.95W_y$；当下翼缘有拉条孔时可取 $W_{enx} = 0.85W_x$，$W_{eny} = 0.9W_y$。

5 强度计算。

屋面能阻止檩条侧向失稳和扭转，按公式（7－6）计算图7－28①、④点的强度为：

$$\sigma_1=\frac{M_x}{W_{enx}}+\frac{M_y}{W_{eny_{max}}}=\frac{7.12\times10^6}{3.803\times10^4}+\frac{0.18\times10^6}{2.257\times10^4}=195.2\text{N/mm}^2<205\text{N/mm}^2$$

$$\sigma_4=\frac{M_x}{W_{enx}}+\frac{M_y}{W_{eny_{min}}}=\frac{7.12\times10^6}{3.803\times10^4}+\frac{0.18\times10^6}{0.974\times10^4}=205.7\text{N/mm}^2\text{，可}$$

本例风荷载较小，永久荷载与风荷载组合不起控制作用。

6 挠度计算。

按公式（7－29）计算的挠度为：

$$\nu_y=\frac{5}{384}\cdot\frac{p_{ky}\cdot l^4}{EI_x}=\frac{5}{384}\cdot\frac{1.2\times\cos5.71°\times6000^4}{206\times10^3\times374.9\times10^4}=26.09\text{mm}<l/200=30\text{mm}$$

如选用标准图《钢檩条钢墙梁》11G521－1 页 14 中 LC6－18.2，$Q_{d,lim}=1.63>1.59$kN/m。

7 构造要求。

$$\lambda_x=600/7.06=85.0<200\text{，}\lambda_y=300/2.55=117.6<200$$

故此檩条在平面内、外均满足兼做刚性系杆的要求。

【例题7－3】 冷弯薄壁卷边槽钢檩条（稳定控制）

设计条件与【例题7－2】相同，但屋面不能阻止檩条侧向失稳和扭转，因此该例题所采用的截面不能满足稳定性要求。

1 截面选择及截面特性。

（1）选用C180×70×20×2.5（图7－28）。

$A=8.48\text{cm}^2$，$I_x=420.20\text{cm}^4$，$W_x=46.69\text{cm}^3$，$I_y=54.42\text{cm}^4$，$W_{y_{max}}=25.82\text{cm}^3$，$W_{y_{min}}=11.12\text{cm}^3$，$I_t=0.1767\text{cm}^4$，$I_\omega=3492.15\text{cm}^6$，$i_x=7.04$cm，$i_y=2.53$cm，$x_o=2.11$cm。

先按毛截面计算的截面应力为：

$$\sigma_1=\frac{M_x}{W_x}+\frac{M_y}{W_{y_{max}}}=\frac{7.12\times10^6}{46.69\times10^3}+\frac{0.18\times10^6}{25.82\times10^3}=159.5\text{ N/mm}^2\quad\text{（压）}$$

$$\sigma_2=\frac{M_x}{W_x}+\frac{M_y}{W_{y_{min}}}=\frac{7.12\times10^6}{46.69\times10^3}-\frac{0.18\times10^6}{11.12\times10^3}=136.3\text{ N/mm}^2\quad\text{（压）}$$

$$\sigma_3=\frac{M_x}{W_x}+\frac{M_y}{W_{y_{max}}}=\frac{7.12\times10^6}{46.69\times10^3}-\frac{0.18\times10^6}{25.82\times10^3}=145.5\text{ N/mm}^2\quad\text{（拉）}$$

（2）受压板件的稳定系数：

1）腹板：腹板为加劲板件，$\psi=\sigma_{min}/\sigma_{max}=-145.5/159.5=-0.912\geqslant-1$，由公式（7－16）：

$$k=7.8-6.29\psi+9.78\psi^2=7.8-6.29\times(-0.912)+9.78\times(-0.912)^2=21.671$$

2）上翼缘板：上翼缘板为最大压应力作用于部分加劲板件的支承边，$\psi=\sigma_{min}/\sigma_{max}=136.3/159.5=0.855\geqslant-1$，由公式（7－17）：

$$k=5.89-11.59\psi+6.68\psi^2=5.89-11.59\times0.855+6.68\times0.855^2=0.864$$

（3）受压板件的有效宽度：

1）腹板：$k=21.671$，$k_c=0.864$，$b=180$mm，$c=70$mm，$t=2.5$mm，$\sigma_1=159.5\text{N/mm}^2$，由公式（7－25）：

$$\xi = \frac{c}{b}\sqrt{\frac{k}{k_c}} = \frac{70}{180}\sqrt{\frac{21.671}{0.864}} = 1.948 > 1.1$$

按公式（7－24）计算的板组约束系数为：

$$k_1 = 0.11 + 0.93/(\xi - 0.05)^2 = 0.11 + 0.93/(1.948 - 0.05)^2 = 0.368$$

按公式（7－12）～公式（7－14）：

$$\rho = \sqrt{205k_1k/\sigma_1} = \sqrt{205 \times 0.368 \times 21.671/159.5} = 3.202$$

由于 $\psi < 0$，则 $\alpha = 1.15$，$b_c = b/(1-\psi) = 180/(1+0.912) = 94.14\text{mm}$。

$b/t = 180/2.5 = 72$，$18\alpha\rho = 18 \times 1.15 \times 3.202 = 66.28$，$38\alpha\rho = 38 \times 1.15 \times 3.202 = 139.93$，所以 $18\alpha\rho < b/t < 38\alpha\rho$，按公式（7－13）计算的截面有效宽度为：

$$b_e = \left(\sqrt{\frac{21.8\alpha\rho}{b/t}} - 0.1\right)b_c = \left(\sqrt{\frac{21.8 \times 1.15 \times 3.202}{72}} - 0.1\right) \times 94.14 = 89.99\text{mm}$$

由公式（7－27），$b_{e1} = 0.4b_e = 0.4 \times 89.99 = 36.00\text{mm}$，$b_{e2} = 0.6b_e = 0.6 \times 89.99 = 53.99\text{mm}$。

2）上翼缘板：$k = 0.864$，$k_c = 21.671$，$b = 70\text{mm}$，$c = 180\text{mm}$，$\sigma_1 = 159.5\text{N/mm}^2$，由公式（7－25）：

$$\xi = \frac{c}{b}\sqrt{\frac{k}{k_c}} = \frac{180}{70}\sqrt{\frac{0.864}{21.671}} = 0.513 < 1.1$$

按公式（7－23）计算的板组约束系数为：

$$k_1 = 1/\sqrt{\xi} = 1/\sqrt{0.513} = 1.396$$

$$\rho = \sqrt{205k_1k/\sigma_1} = \sqrt{205 \times 1.396 \times 0.864/159.5} = 1.245$$

由于 $\psi > 0$，则 $\alpha = 1.15 - 0.15\psi = 1.15 - 0.15 \times 0.855 = 1.022$，$b_c = b = 70\text{mm}$。

$b/t = 70/2.5 = 28$，$18\alpha\rho = 18 \times 1.022 \times 1.245 = 22.90$，$38\alpha\rho = 38 \times 1.022 \times 1.245 = 48.35$，所以 $18\alpha\rho < b/t < 38\alpha\rho$，按公式（7－13）计算的截面有效宽度为：

$$b_e = \left(\sqrt{\frac{21.8\alpha\rho}{b/t}} - 0.1\right)b_c = \left(\sqrt{\frac{21.8 \times 1.022 \times 1.245}{28}} - 0.1\right) \times 70 = 62.67\text{mm}$$

由公式（7－28），$b_{e1} = 0.4b_e = 0.4 \times 62.67 = 25.07\text{mm}$，$b_{e2} = 0.6b_e = 0.6 \times 62.67 = 37.60\text{mm}$。

3）下翼缘板：下翼缘板全截面受拉，全部有效。

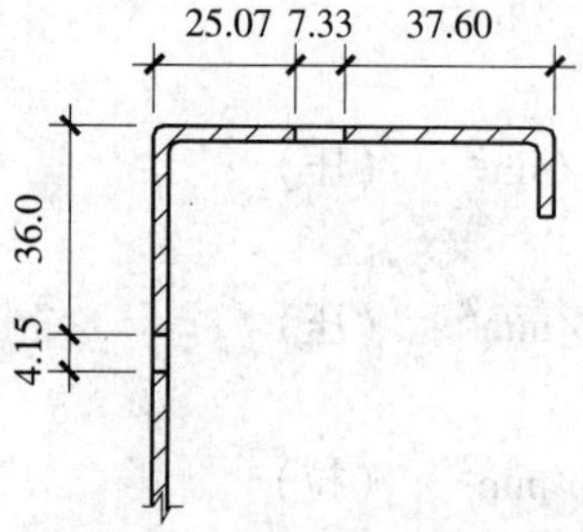

图7－30 檩条的有效截面图（二）

（4）有效截面模量：上翼缘板的扣除面积宽度为 70－62.67＝7.33mm；腹板的扣除面积宽度为 94.14－89.99＝4.15mm，见图7－30。有效截面模量为：

$$W_{ex} = \frac{420.20 \times 10^4 - 7.33 \times 2.5 \times 90^2 - 4.15 \times 2.5 \times (90 - 36 - 4.15/2)^2}{90}$$

$$= 4.473 \times 10^4\ \text{mm}^3$$

$$W_{ey} = W_{eymax}$$

$$= \frac{54.42 \times 10^4 - 2.5 \times 7.33^3/12 - 7.33 \times 2.5 \times (7.33/2 + 25.07 - 21.1)^2 - 4.15 \times 2.5 \times (21.1 - 2.5/2)^2}{21.1}$$

$$= 2.554 \times 10^4\text{mm}^3$$

$$W_{\text{eymin}}=\frac{54.42\times10^4-2.5\times7.33^3/12-7.33\times2.5\times(7.33/2+25.07-21.1)^2-4.15\times2.5\times(21.1-2.5/2)^2}{(70-21.1)}$$

$=1.102\times10^4\text{mm}^3$

$W_{ex}/W_x=0.958$，$W_{ey_{max}}/W_{y_{max}}=0.989$，$W_{ey_{min}}/W_{y_{min}}=0.991$。为简化计算可取 $W_e=0.95W$；当下翼缘有拉条孔时可取 $W_e=0.9W$。

2 上翼缘稳定性计算。

受弯构件的整体稳定系数 φ_{bx} 按公式（7-8）~公式（7-11）计算。查表 7-1，跨中有一道侧向支承，$\mu_b=0.5$，$\xi_1=1.35$，$\xi_2=0.14$

$$e_a=-h/2=-180/2=-90\text{mm}\ （荷载指向弯心，取负值）$$

$$\eta=2\xi_2e_a/h=2\times0.14\times（-90）/180=-0.14$$

$$\zeta=\frac{4I_\omega}{h^2I_y}+\frac{0.156I_t}{I_y}\left(\frac{\mu_bl}{h}\right)^2=\frac{4\times3492.15}{18^2\times54.42}+\frac{0.156\times0.1767}{54.42}\left(\frac{0.5\times600}{18}\right)^2=0.933$$

$$\lambda_y=300/2.53=118.58$$

$$\varphi_{bx}=\frac{4320Ah}{\lambda_y^2W_x}\xi_1\left(\sqrt{\eta^2+\zeta}+\eta\right)\left(\frac{235}{f_y}\right)$$

$$=\frac{4320\times8.48\times18}{118.58^2\times46.69}\times1.35\times\left(\sqrt{(-0.14)^2+0.933}-0.14\right)=1.134>0.7$$

则按公式（7-11），有：

$$\varphi'_{bx}=1.091-\frac{0.274}{\varphi_{bx}}=1.091-\frac{0.274}{1.134}=0.849$$

也可查表 19-13c，$\varphi_{bx}=0.849$。

按公式（7-7）计算的稳定性为：

$$\sigma=\frac{M_x}{\varphi'_{bx}W_{ex}}+\frac{M_y}{W_{ey}}=\frac{7.12\times10^6}{0.849\times4.473\times10^4}+\frac{0.18\times10^6}{2.554\times10^4}=194.5\text{N/mm}^2<205\text{N/mm}^2$$

3 挠度计算。

按公式（7-29）计算的挠度为：

$$\nu_y=\frac{5}{384}\cdot\frac{p_{ky}\cdot l^4}{EI_x}=\frac{5}{384}\cdot\frac{1.2\times\cos5.71°\times6000^4}{206\times10^3\times420.20\times10^4}=23.28\text{mm}<l/200=30\text{mm}$$

如选用标准图 10G521-1 页 14 中 LC6-18.2，$Q'_{d,lim}=1.59\text{kN/m}=p$。

4 构造要求。

$$\lambda_x=600/7.04=85.2<200，\lambda_y=300/2.53=118.6<200$$

故此檩条在平面内、外均满足兼做刚性系杆的要求。

【例题 7-4】 冷弯薄壁卷边槽钢檩条（风吸力控制）

1 设计资料。

封闭式矩形平面房屋，双坡屋面，屋面材料为压型钢板，屋面坡度 1/10（$\alpha=5.71°$），檩条跨度 6m，于 $l/2$ 处设一道拉条；水平檩距 1.50m。檐口距地面高度 8m，屋脊距地面高度 9.2m。钢材 Q235。

2 荷载标准值（对水平投影面）。

永久荷载：压型钢板自重为 0.25kN/m²，檩条（包括拉条）自重设为 0.05kN/m²。

可变荷载：屋面均布活荷载或雪荷载标准值最大为 0.50kN/m²。基本风压 $w_o=0.30\text{kN/m}^2$，地面粗糙度类别 B 类。

3 内力计算。

（1）永久荷载与屋面活荷载组合：

檩条线荷载

$$p_k = (0.30 + 0.50) \times 1.5 = 1.20\text{kN/m}$$

$$p = (1.2 \times 0.30 + 1.4 \times 0.50) \times 1.5 = 1.59\text{kN/m}$$

$$p_x = p\sin 5.71° = 0.158\text{kN/m}$$

$$p_y = p\cos 5.71° = 1.582\text{kN/m}$$

弯矩设计值

$$M_x = p_y l^2/8 = 1.582 \times 6^2/8 = 7.12\text{kN} \cdot \text{m}$$

$$M_y = p_x l^2/32 = 0.158 \times 6^2/32 = 0.18\text{kN} \cdot \text{m}$$

（2）永久荷载与风荷载吸力组合：按现行国家标准《建筑结构荷载规范》GB 50009—2012，房屋高度小于10m，风压高度变化系数和阵风系数取10m高度处的数值，$\mu_z = 1.0$，$\beta_{gz} = 1.70$。风荷载局部体型系数取屋面边缘区（R_b）为 -1.8，并考虑建筑物内部压力的局部体型系数 -0.2，则 $\mu_{s1} = -2.0$（吸力）。檩条的从属面积 $A = 6 \times 1.5 = 9.0\text{m}^2$，修正后的风荷载局部体型系数 $\mu_{s1}(A) = \mu_{s1}(1) + [\mu_{s1}(25) - \mu_{s1}(1)]\log A/1.4 = -2.0 + [0.6 \times (-2.0) - (-2.0)]\log 9.0/1.4 = -1.455$

垂直屋面的风荷载标准值：

$$w_k = \beta_{gz} \cdot \mu_{s1} \cdot \mu_z \cdot w_o = 1.7 \times (-1.455) \times 1.0 \times 0.30 = -0.742\text{kN/m}^2$$

檩条线荷载：

$$p_{ky} = (0.742 - 0.30 \times \cos 5.71°) \times 1.5 = 0.665\text{kN/m}$$

$$p_x = 0.30 \times \sin 5.71° \times 1.5 = 0.045\text{kN/m}$$

$$p_y = (1.4 \times 0.742 - 0.30 \times \cos 5.71°) \times 1.5 = 1.110\text{kN/m}$$

弯矩设计值（采用受压下翼缘不设拉条的方案）：

$$M_x = p_y l^2/8 = 1.110 \times 6^2/8 = 5.00\text{kN} \cdot \text{m}$$

$$M_y = p_x l^2/8 = 0.045 \times 6^2/8 = 0.20\text{kN} \cdot \text{m}$$

4 截面选择。

选用C160×70×20×3.0（图7-28）。

$A = 9.45\text{cm}^2$，$W_x = 46.71\text{cm}^3$，$W_{y\max} = 27.17\text{cm}^3$，$W_{y\min} = 12.65\text{cm}^3$，$I_x = 373.64\text{cm}^4$，$I_y = 60.42\text{cm}^4$，$I_t = 0.2836\text{cm}^4$，$I_\omega = 3070.5\text{cm}^6$，$i_x = 6.29\text{cm}$，$i_y = 2.53\text{cm}$。

5 强度计算。

（1）有效净截面模量：按例题7-2同样方法计算腹板和上翼缘板全截面有效。在腹板的计算截面有一个Φ13拉条连接孔（距上翼缘板边缘35mm），见图7-31。有效净截面模量为：

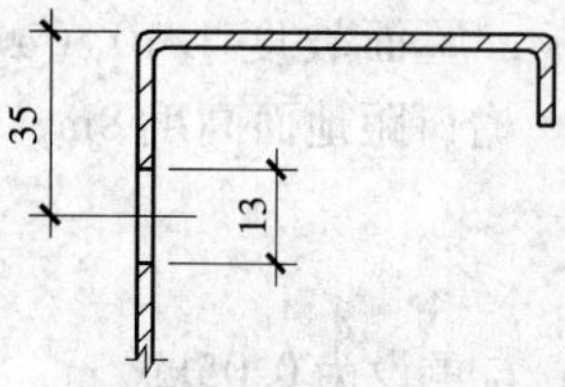

图7-31 檩条的有效截面图（三）

$$W_{enx} = \frac{373.64 \times 10^4 - 13 \times 3 \times (80 - 35)^2}{80} = 4.572 \times 10^4\ \text{mm}^3$$

$$W_{eny_{\max}} = \frac{60.42 \times 10^4 - 13 \times 3 \times (22.2 - 3/2)^2}{22.2} = 2.646 \times 10^4\text{mm}^3$$

$$W_{eny_{\min}} = \frac{60.42 \times 10^4 - 13 \times 3 \times (22.2 - 3/2)^2}{(70 - 22.2)} = 1.229 \times 10^4\text{mm}^3$$

（2）屋面能阻止檩条侧向失稳和扭转，按公式（7-6）计算①、④点（图7-28）的强度为：

$$\sigma_1=\frac{M_x}{W_{enx}}+\frac{M_y}{W_{eny_{max}}}=\frac{7.12\times10^6}{4.572\times10^4}+\frac{0.18\times10^6}{2.646\times10^4}=162.5\text{N/mm}^2<205\text{N/mm}^2$$

$$\sigma_4=\frac{M_x}{W_{enx}}+\frac{M_y}{W_{eny_{min}}}=\frac{7.12\times10^6}{4.572\times10^4}+\frac{0.18\times10^6}{1.229\times10^4}=170.4\text{N/mm}^2<205\text{N/mm}^2$$

6 下翼缘稳定性计算。

（1）有效截面模量：永久荷载与风吸力组合下的弯矩小于永久荷载与屋面可变荷载组合下的弯矩，根据前面计算的结果，截面全部有效；同时不计孔洞削弱，则有效截面模量为：

$$W_{ex}=W_x=46.71\text{cm}^3\text{；}\ W_{ey}=W_{y_{max}}=27.17\text{cm}^3$$

（2）受弯构件的整体稳定系数 φ_{bx} 按公式（7－8）～公式（7－11）计算。查表7－1，跨中无侧向支承，$\mu_b=1.0$，$\xi_1=1.13$，$\xi_2=0.46$

$$e_a=h/2=160/2=80\text{mm}\text{（荷载离开弯心，取正值）}$$

$$\eta=2\xi_2e_a/h=2\times0.46\times80/160=0.46$$

$$\zeta=\frac{4I_\omega}{h^2I_y}+\frac{0.156I_t}{I_y}\left(\frac{\mu_bl}{h}\right)^2=\frac{4\times3070.5}{16^2\times60.42}+\frac{0.156\times0.2836}{60.42}\left(\frac{1.0\times600}{16}\right)^2=1.824$$

$$\lambda_y=600/2.53=237.15$$

$$\varphi_{bx}=\frac{4320Ah}{\lambda_y^2W_x}\xi_1\left(\sqrt{\eta^2+\zeta}+\eta\right)\left(\frac{235}{f_y}\right)$$

$$=\frac{4320\times9.45\times16}{237.15^2\times46.71}\times1.13\times\left(\sqrt{0.46^2+1.824}+0.46\right)=0.530<0.7$$

如查表19－3（b）C160×70×20×3 $l_1=6000$，$\varphi'_{bx}=0.53$

（3）风吸力作用使檩条下翼缘受压，按公式（7－7）计算的稳定性为：

$$\sigma=\frac{M_x}{\varphi'_{bx}W_{ex}}+\frac{M_y}{W_{ey}}=\frac{5.00\times10^6}{0.530\times46.71\times10^3}+\frac{0.20\times10^6}{27.17\times10^3}$$

$$=209.3\text{N/mm}^2>170.4\text{N/mm}^2>205\text{N/mm}^2\text{，误差2.1\%，可。}$$

计算表明由永久荷载与风荷载组合控制。

7 挠度计算。

按公式（7－29）计算的挠度为：

$$\nu_y=\frac{5}{384}\cdot\frac{1.20\times\cos5.71°\times6000^4}{206\times10^3\times373.64\times10^4}=26.2\text{mm}<l/200=30\text{mm}$$

本例中檩条上永久荷载设计值 $g=0.3\times1.5=0.45$kN/m（分项系数取1.0），如选用标准图10G521－1页14中LC6－16.3，则 $W_{0.45}=1.18>1.110$kN/m。

8 构造要求。

$$\lambda_x=600/6.29=95\text{，}\lambda_y=300/2.53=119<200$$

故此檩条在平面内、外均满足兼做刚性系杆的要求。

【例题7－5】冷弯薄壁斜卷边Z形钢檩条（连续）

1 设计资料。

屋面材料为现场复合压型钢板，屋面坡度1/3（$\alpha=18.435°$），檩条跨度6m，于 $l/2$ 处设一道拉条；水平檩距1.50m，檩条在与屋架连接处采用叠置搭接。钢材Q235。

2 荷载标准值（对水平投影面）。

（1）永久荷载：

夹芯板　　　　0.20

檩条自重（包括拉条） 0.05

合计 $0.25kN/m^2$

（2）可变荷载标准值：屋面均布活荷载和雪荷载最大值 $0.50kN/m^2$。

3 截面选择。

选用斜卷边Z形钢160×60×20×2.2（图7－32）。

$W_{x1}=44.225cm^3$，$W_{x2}=32.367cm^3$，$W_{y1}=8.753cm^3$，$W_{y2}=10.450cm^3$，

$I_x=309.891cm^4$，$I_y=25.503cm^4$，$I_{x1}=269.592cm^4$，$i_x=6.756cm$，$i_y=1.938cm$；$\theta=22.113°$

4 内力计算。

檩条线荷载：

$$p_k=(0.25+0.50)\times1.5=1.125kN/m$$
$$p=(1.2\times0.25+1.4\times0.50)\times1.5=1.50kN/m$$
$$p_x=p\sin(\theta-\alpha)=1.50\times\sin3.678°=0.096kN/m$$
$$p_y=p\cos(\theta-\alpha)=1.50\times\cos3.678°=1.497kN/m$$

弯矩设计值：

$$M_x=p_y l^2/8=1.497\times6^2/10=5.39kN\cdot m$$
$$M_y=p_x l^2/32=0.096\times6^2/40=0.09kN\cdot m$$

5 有效净截面模量。

按【例题7－2】同样方法计算的上翼缘板的扣除面积宽度为：60－55.48＝4.52mm；腹板的扣除面积宽度为：80.0－70.48＝9.52mm，同时在腹板的计算截面有1个Φ13拉条连接孔（距上翼缘板边缘35mm），孔位置与扣除面积位置重合，所以腹板的扣除面积宽度按13mm计算，见图7－33。有效净截面模量为

$$W_{enx1}=\frac{309.891\times10^4-4.52\times2.2\times[80\cos\theta+(33.29+4.52/2)\sin\theta]^2-13\times2.2\times(45\cos\theta)^2}{70.07}$$
$$=4.243\times10^4\ mm^3$$

$$W_{enx2}=\frac{309.891\times10^4-4.52\times2.2\times[80\cos\theta+(33.29+4.52/2)\sin\theta]^2-13\times2.2\times(45\cos\theta)^2}{95.74}$$
$$=3.105\times10^4\ mm^3$$

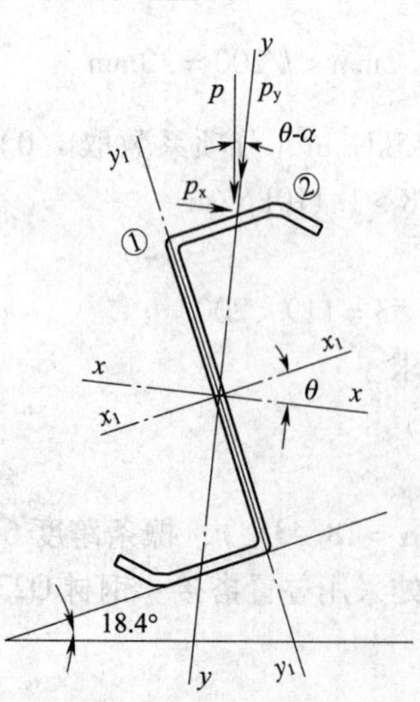

图7－32 檩条截面力系图（三）

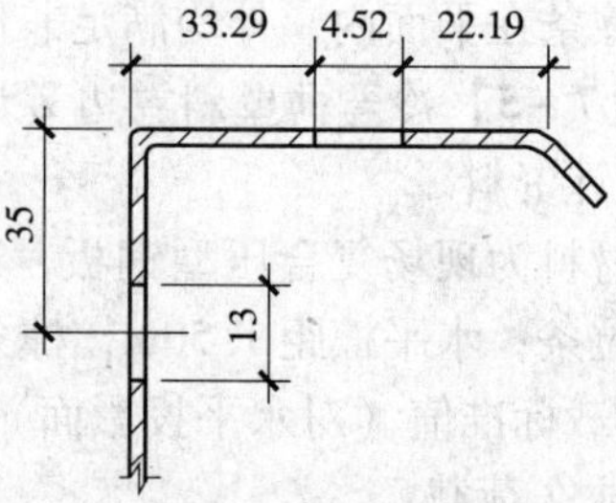

图7－33 檩条有效截面图（四）

$$W_{eny1}=\frac{25.503\times10^4-4.52\times2.2\times[(33.29+4.52/2-80\tan\theta)\ \cos\theta]^2-13\times2.2\times(45\sin\theta)^2}{29.14}$$

$$=0.847\times10^4\text{mm}^3$$

$$W_{eny2}=\frac{25.503\times10^4-4.52\times2.2\times[(33.29+4.52/2-80\tan\theta)\ \cos\theta]^2-13\times2.2\times(45\sin\theta)^2}{24.40}$$

$$=1.011\times10^4\text{mm}^3$$

$W_{enx1}/W_{x1}=0.959$，$W_{enx2}/W_{x2}=0.959$，$W_{eny1}/W_{y1}=0.968$，$W_{eny2}/W_{y2}=0.967$。

6 强度计算。

屋面能阻止檩条侧向失稳和扭转，同时不考虑檩条端部下翼缘的稳定性，则按公式（7-6）计算①、②点的强度为：

$$\sigma_1=\frac{M_x}{W_{enx1}}+\frac{M_y}{W_{eny1}}=\frac{5.39\times10^6}{4.243\times10^4}-\frac{0.09\times10^6}{0.847\times10^4}=116.4\text{N/mm}^2<205\text{N/mm}^2$$

$$\sigma_2=\frac{M_x}{W_{enx2}}+\frac{M_y}{W_{eny2}}=\frac{5.39\times10^6}{3.105\times10^4}+\frac{0.09\times10^6}{1.011\times10^4}=182.5\text{N/mm}^2<205\text{N/mm}^2$$

本例风荷载较小，永久荷载与风荷载组合不起控制作用。

7 连接螺栓计算。

对 x_1 轴的弯矩设计值：

$$M_{x_1}=p\cos\alpha\times l^2/10=1.50\times\cos18.435°\times6^2/10=5.12\text{kN}\cdot\text{m}$$

支座处采用6M12C级普通螺栓连接，见图7-34；$A=1.13\text{cm}^2$，$f_v^b=125\text{N/mm}^2$，计算时偏于安全不考虑中间一排螺栓，则螺栓群可承受的弯矩为：

$$M=4f_v^b\cdot A\sqrt{x^2+y^2}=4\times125\times1.13\times10^2\sqrt{100^2+50^2}$$

$$=6.32\times10^6\text{N}\cdot\text{mm}=6.32\text{kN}\cdot\text{m}>M_{x_1}=5.12\text{kN}\cdot\text{m}\quad 安全。$$

檩条搭接长度仅270，不满足0.1l，尚可。

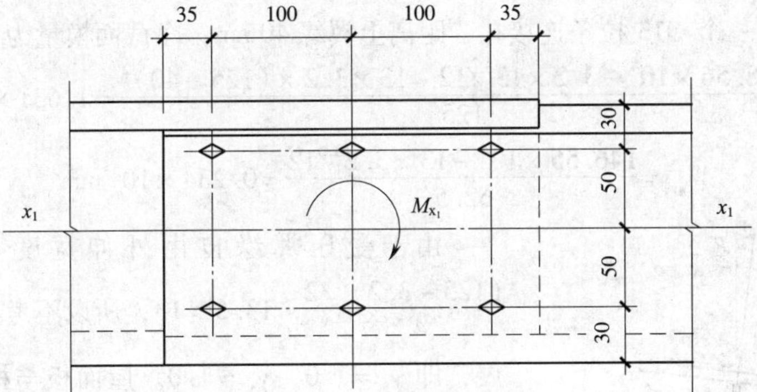

图7-34 檩条连接详图

8 挠度计算。

偏于安全地按两跨连续梁计算，跨内最大挠度为：

$$\nu_{y_1}=\frac{1}{185}\cdot\frac{p_k\cos\alpha\cdot l^4}{EI_{x_1}}=\frac{1}{185}\cdot\frac{1.125\times\cos18.435°\times6000^4}{206\times10^3\times269.592\times10^4}=13.5\text{mm}<l/200=30\text{mm}$$

9 构造要求。

$$\lambda_x=600/6.756=89，\lambda_y=300/1.938=155<200$$

故此檩条在平面内、外均满足兼做刚性系杆的要求。

【例题7-6】 高频焊接薄壁H型钢檩条（$l=7.5$m）

1 设计资料。

屋面材料为发泡水泥复合网架板（2.5m×3.0m），屋面坡度1/10（$\alpha=5.71°$），檩条跨度7.5m，于$l/2$处设一道拉条；水平檩距3.0m。钢材Q235。

2 荷载和内力。

（1）永久荷载标准值（对水平投影面）

发泡水泥复合屋面板	0.60
防水层	0.10
檩条自重	0.10
合计	0.80kN/m²

（2）可变荷载标准值：屋面均布活荷载或雪荷载最大值为0.5kN/m²。

（3）内力计算：

檩条线荷载：

$$p_k=(0.80+0.50)\times3.0=3.90\text{kN/m}$$

$$p=(1.2\times0.80+1.4\times0.50)\times3.0=4.98\text{kN/m}$$

$$p_x=p\sin5.71°=0.495\text{kN/m}$$

$$p_y=p\cos5.71°=4.955\text{kN/m}$$

弯矩设计值：

$$M_x=p_yl^2/8=4.955\times6^2/8=22.30\text{kN}\cdot\text{m}$$

$$M_y=p_xl^2/32=0.495\times6^2/32=0.56\text{kN}\cdot\text{m}$$

3 截面选择及强度计算。

选用高频焊接薄壁H型钢250×125×3.2×4.5（图7-35）。

$W_x=165.48\text{cm}^3$，$W_y=23.45\text{cm}^3$，$I_x=2068.56\text{cm}^4$，$I_y=146.55\text{cm}^4$，$i_x=10.44\text{cm}$，$i_y=2.78\text{cm}$。

计算截面有一个Φ13拉条连接孔，距离上翼缘40mm；净截面模量为：

$$W_{nx}=\frac{2068.56\times10^4-3.2\times13^3/12-13\times3.2\times(125-40)^2}{125}=1.631\times10^5\text{ mm}^3$$

$$W_{ny}=\frac{146.55\times10^4-13\times3.2^3/12}{62.5}=0.234\times10^5\text{ mm}^3$$

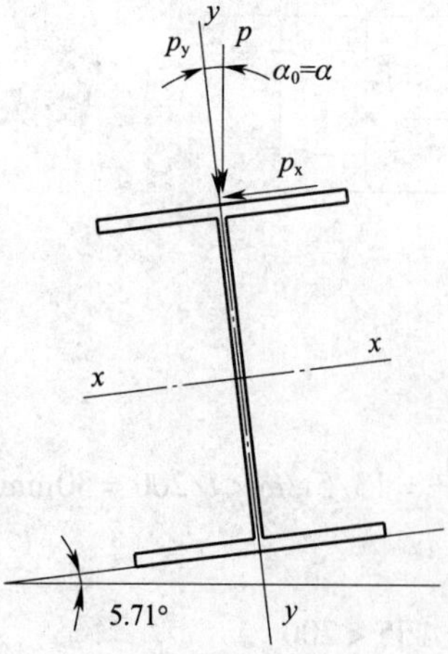

图7-35 檩条截面力系图（四）

由于受压翼缘自由外伸宽度与其厚度之比$\frac{(125-3.2)/2}{4.5}=13.5>13$，所以不考虑截面的塑性发展，即$\gamma_x=1.0$，$\gamma_y=1.0$。屋面板与檩条至少三点焊连，通过试验屋面能阻止檩条失稳和扭转，按公式（3-2）计算的强度为：

$$\sigma=\frac{M_x}{W_{nx}}+\frac{M_y}{W_{ny}}=\frac{22.30\times10^6}{1.631\times10^5}+\frac{0.56\times10^6}{0.234\times10^5}$$

$$=160.7\text{N/mm}^2<215\text{N/mm}^2$$

本例风荷载较小，永久荷载与风荷载组合不起控制作用。

4 挠度计算。

按公式（7-29）计算的挠度为：

$$\nu_y = \frac{5}{384} \cdot \frac{3.90 \times \cos 5.71° \times 7500^4}{206 \times 10^3 \times 2068.56 \times 10^4} = 37.5\text{mm} = l/200 = 37.5\text{mm}$$

5　构造要求。

$$\lambda_x = 750/10.44 = 72，\lambda_y = 375/2.78 = 135 < 200$$

故此檩条在平面内、外均满足兼做刚性系杆的要求。

【例题 7-7】 高频焊接薄壁 H 型钢檩条（$l = 9$m）

1　设计资料。

屋面材料为压型钢板，屋面坡度 1/12（$\alpha = 4.76°$），檩条跨度 9m，于 $l/3$ 处各设一道拉条；水平檩距 1.5m。钢材 Q235。

2　荷载和内力。

（1）永久荷载标准值（对水平投影面）：

压型钢板（含保温）	0.25
檩条（包括拉条）	0.11
合计	0.36kN/m²

（2）可变荷载标准值：屋面均布活荷载或雪荷载最大值为 0.5kN/m²。

（3）内力计算：

檩条线荷载：

$$p_k = (0.36 + 0.50) \times 1.5 = 1.29\text{kN/m}$$

$$p = (1.2 \times 0.36 + 1.4 \times 0.50) \times 1.5 = 1.698\text{kN/m}$$

$$p_x = p\sin 4.76° = 0.141\text{kN/m}$$

$$p_y = p\cos 4.76° = 1.692\text{kN/m}$$

弯矩设计值：

跨中：

$$M_x = p_y l^2/8 = 1.692 \times 9^2/8 = 17.13\text{kN} \cdot \text{m}$$

$$M_y = p_x l^2/360 = 0.141 \times 9^2/360 = 0.03\text{kN} \cdot \text{m}$$

1/3l 处：

$$M_x = p_y l^2/9 = 1.692 \times 9^2/9 = 15.23\text{kN} \cdot \text{m}$$

$$M_y = p_x l^2/90 = 0.141 \times 9^2/90 = 0.13\text{kN} \cdot \text{m}$$

3　截面选择及强度计算。

选用高频焊接薄壁 H 型钢 200 × 150 × 3.2 × 4.5（图 7-36）。

$A = 19.61\text{cm}^2$，$W_x = 147.60\text{cm}^3$，$W_y = 33.76\text{cm}^3$，$I_x = 1475.97\text{cm}^4$，$I_y = 253.18\text{cm}^4$，$i_x = 8.68\text{cm}$，$i_y = 3.59\text{cm}$。

由于受压翼缘自由外伸宽度与其厚度之比 $\frac{b}{t} = \frac{(150-3.2)/2}{4.5} = 16.31 > 15$，不考虑截面的塑性发展，取 $b/t = 15$，则受压翼缘的有效宽度为 $2 \times 15 \times 4.5 + 3.2 = 138.2$mm，每侧扣除宽度为 $(150 - 138.2)/2 = 5.9$mm。

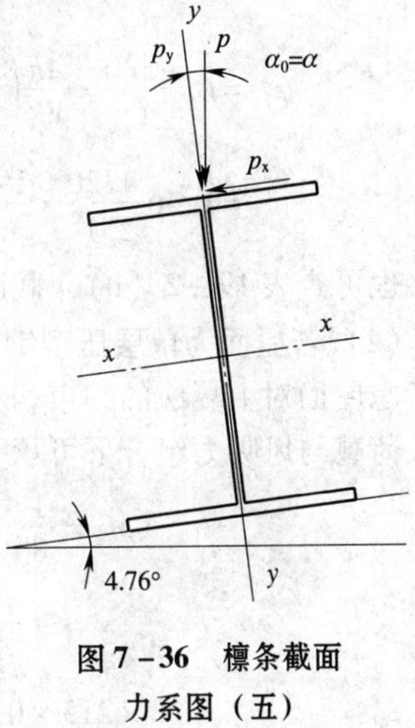

图 7-36　檩条截面力系图（五）

（1）跨中截面：

计算截面无孔洞削弱，净截面模量为：

$$W_{nx}=\frac{1475.97\times10^4-2\times5.9\times4.5^3/12-2\times5.9\times4.5\times(200/2-4.5/2)^2}{100}$$

$$=142.52\times10^3\ mm^3$$

$$W_{ny}=\frac{253.18\times10^4-2\times4.5\times5.9^3/12-2\times4.5\times5.9\times(150/2-5.9/2)^2}{75}$$

$$=30.08\times10^3\ mm^3$$

屋面能阻止檩条失稳和扭转，按公式（3－2）计算的强度为：

$$\sigma=\frac{M_x}{W_{nx}}+\frac{M_y}{W_{ny}}=\frac{17.13\times10^6}{142.52\times10^3}+\frac{0.03\times10^6}{30.08\times10^3}=121.2N/mm^2<215N/mm$$

（2）1/3l 处截面：

计算截面有一个 Φ13 拉条连接孔，距离上翼缘 35mm；则净截面模量为：

$$W_{nx}=\frac{1475.97\times10^4-2\times5.9\times4.5^3/12-2\times5.9\times4.5\times(100-4.5/2)^2-3.2\times13^3/12-13\times3.2\times(100-35)^2}{100}=140.76\times10^3mm^3$$

$$W_{ny}=\frac{253.18\times10^4-2\times4.5\times5.9^3/12-2\times4.5\times5.9\times(75-5.9/2)^2-13\times3.2^3/12}{75}=30.08\times10^3mm^3$$

屋面能阻止檩条失稳和扭转，按公式（3－2）计算的强度为：

$$\sigma=\frac{M_x}{W_{nx}}+\frac{M_y}{W_{ny}}=\frac{15.23\times10^6}{140.76\times10^3}+\frac{0.13\times10^6}{30.08\times10^3}=112.5N/mm^2<215N/mm$$

4　稳定性计算。

（1）受弯构件整体稳定系数 φ_b 按 14.3 节计算（采用受压下翼缘不设拉条的方案，$l_{0y}=9m$；如采用双拉条的方案，则 $l_{0y}=3m$）。

$$\lambda_y=l_{0y}/i_y=900/3.59=251$$

$$\xi=\frac{l_1t_1}{b_1h}=\frac{900\times0.45}{15\times20}=1.35<2.0$$

$$\beta_b=1.73-0.2\xi=1.73-0.2\times1.35=1.46$$

$$\eta_b=0$$

$$\varphi_b=\beta_b\frac{4320}{\lambda_y^2}\cdot\frac{Ah}{W_x}\left(\sqrt{1+\left(\frac{\lambda_yt_1}{4.4h}\right)^2}+\eta_b\right)\varepsilon_k$$

$$=1.46\frac{4320}{251^2}\cdot\frac{19.61\times20}{147.60}\left(\sqrt{1+\left(\frac{251\times0.45}{4.4\times20}\right)^2}+0\right)\times1.0=0.433$$

也可查表 19－2（b），截面 H200×150×3.2×4.5，$l_1=9.0m$，则 $\varphi_b=0.434$。

（2）若屋面为单层压型钢板（自重取 0.12kN/m²），檩条、拉条自重取 0.11 kN/m²，不考虑屋面对上翼缘的约束，亦不考虑屋面自重的 y 分量（忽略 M_y 的影响），则该檩条在永久荷载与风吸力组合下可承受的最大风荷载标准值 w_k 为：

$$M_x=\frac{1}{8}\left[1.4w_k-(0.12+0.11)\right]\times1.5\times9^2$$

$$\frac{M_x\times10^6}{\varphi_bW_xf}=1.0$$

则 $$w_k=\left(\frac{8\times215\times0.433\times142.52\times10^3}{1.5\times9^2\times10^6}+0.23\right)/1.4=0.79\ kN/m^2$$

若采用【例题7-4】的房屋形式，风压高度变化系数$\mu_z=1.0$，阵风系数$\beta_{gz}=1.70$，风荷载局部体型系数$\mu_{s1}=-2.0$（吸力）；檩条构件的从属面积$A=9\times1.5=13.5\text{m}^2$，修正后的风荷载局部体型系数：$\mu_{s1}(A)=\mu_{s1}(1)+[\mu_{s1}(25)-\mu_{s1}(1)]\log A/1.4=-2.0+[0.6\times(-2.0)-(-2.0)]\log 13.5/1.4=-1.354$。该檩条可承受的基本风压为：

$$w_o=w_k/\beta_{gz}\mu_{s1}\mu_z=0.79/1.7\times1.354\times1.0=0.343\text{kN/m}^2$$

5　挠度计算。

按公式（7-29）计算的挠度为：

$$\nu_y=\frac{5}{384}\cdot\frac{1.29\times\cos 4.76^\circ\times9000^4}{206\times10^3\times1475.97\times10^4}=36.1\text{mm}<l/200=45\text{mm}$$

6　构造要求。

$$\lambda_x=900/8.68=104<200,\ \lambda_y=300/3.59=84$$

故此檩条在平面内、外均满足兼做刚性系杆的要求。

檩条详图见图7-37和图7-38。

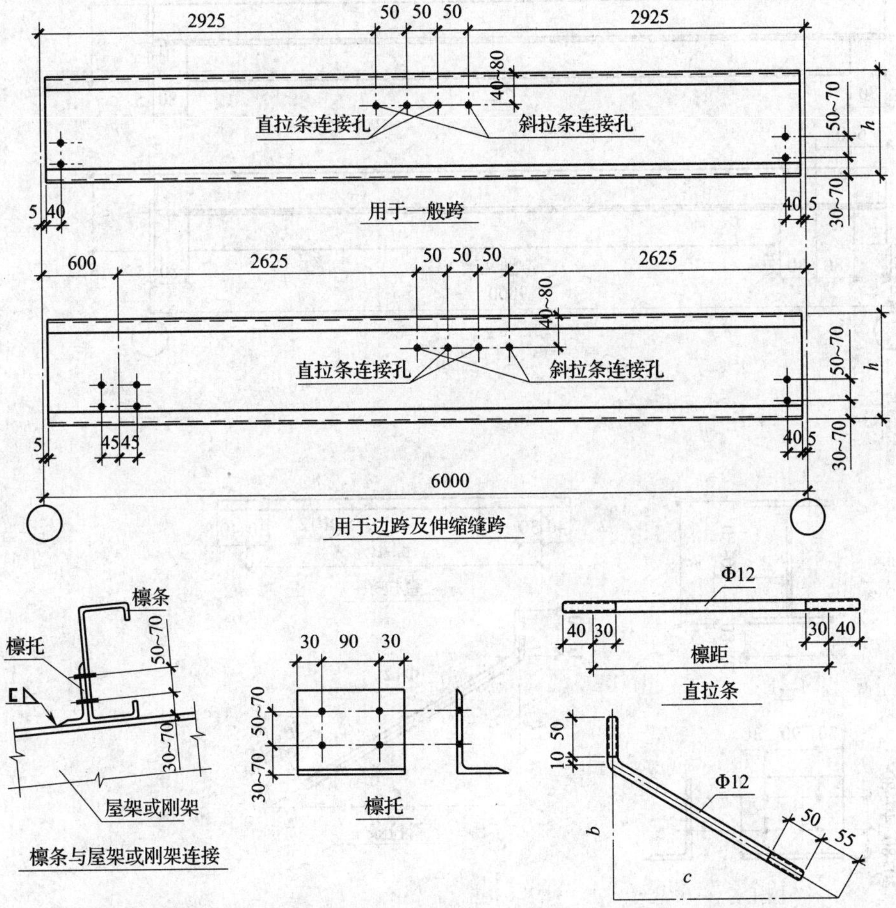

注：1　檩条有正反之分。
2　当檩条高度大于200时，檩条一侧宜与屋架或刚架焊接。
3　斜拉条中的b、c值根据檩距及拉条位置确定。
3　螺栓均为M12，孔为Φ13。
4　凡设置斜拉条的檩距开间内应同时设置直撑杆，构造见图7-19。

图7-37　檩条详图（C形钢）

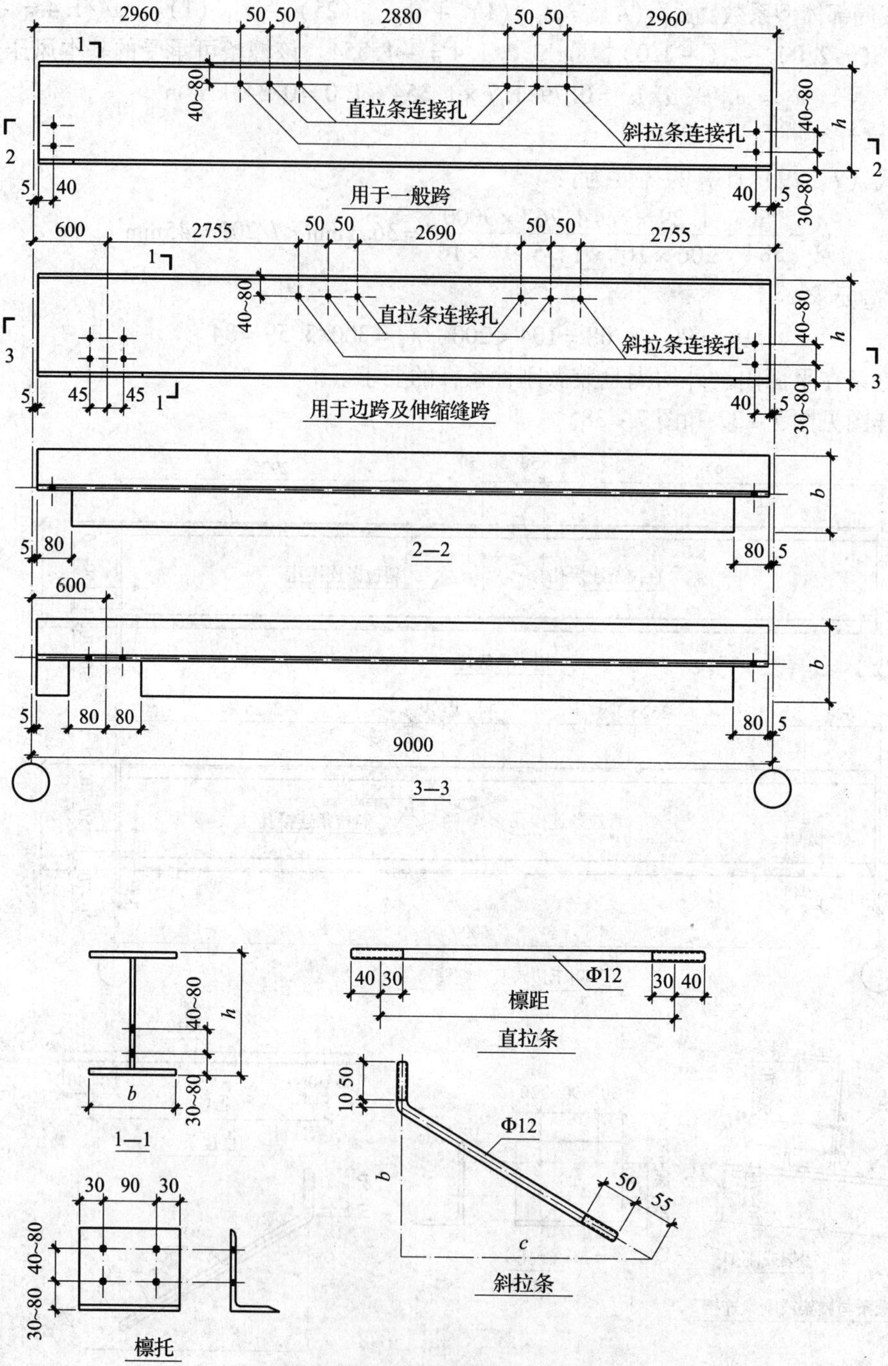

注：1　檩条有正反之分。
2　斜拉条中的b、c值根据檩距及拉条位置确定。
3　螺栓均为M12，孔为Φ13。
4　凡设置斜拉条的檩距开间内应同时设置直撑杆，构造见图7-19。

图7-38　檩条详图（H型钢）

7.1.8 檩条支托与拉条。

1 檩条支托简称檩托，见图7－12。檩托使檩条的支座在主平面（x、y）内铰支，侧平面（y轴）内抗扭。檩托通常有三种类型。详见图7－39。

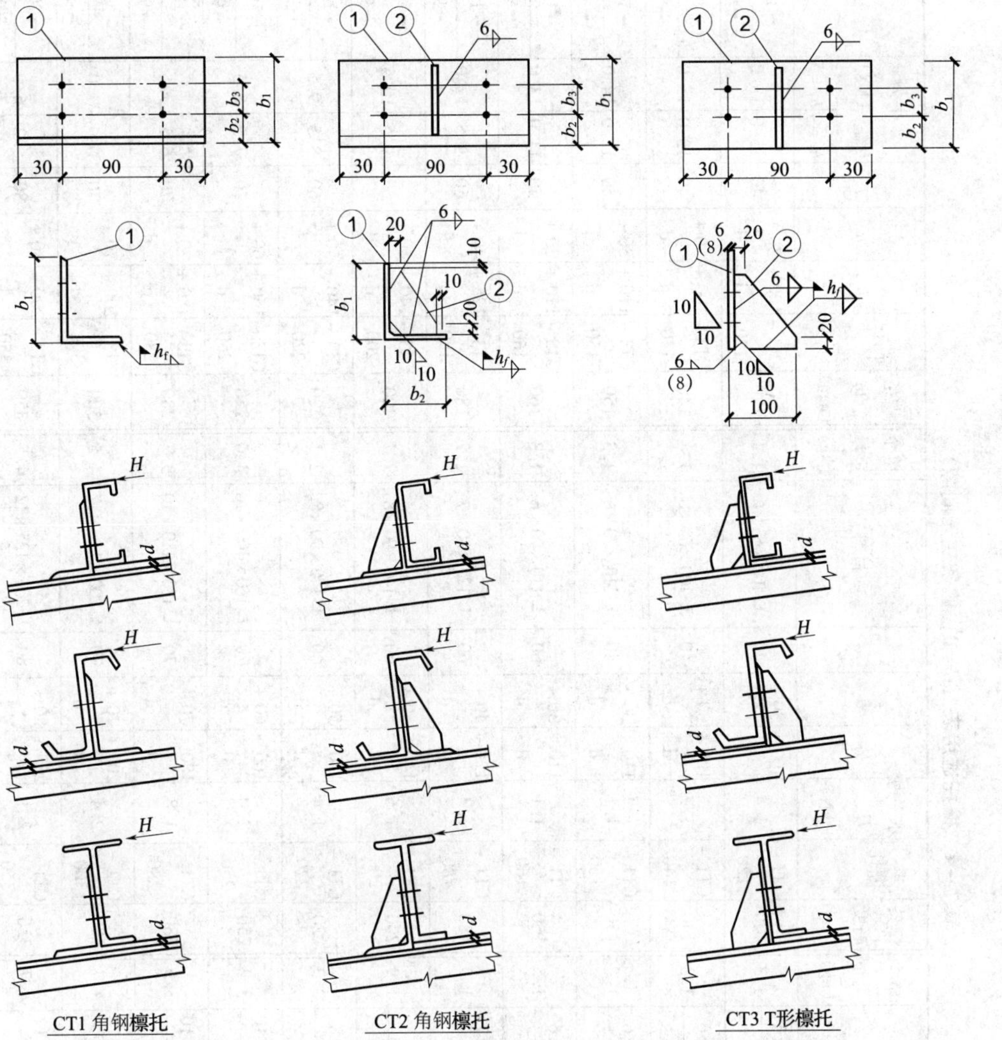

图7－39 檩条支托详图

注：1 檩托不同形式（CT1～CT3）根据檩条高度 h 和其顶部最大水平力 H_{max} 选用。$H_{max}=\frac{M_{max}}{h}$，$M_{max}$为支托母材或焊缝的抗弯承载力设计值（$\beta_f$ 取1.0）。

2 檩托选用时应满足：$H \leqslant H_{max}$；$Q \times l_1 \times s \times \sin\alpha$，$Q$ 为竖向荷载设计值；a 为屋面坡度；l_1、s 分别为拉条、檩条间距；当无拉条时取檩条跨度。

3 CT1、CT2 沿两侧方向与承重结构焊接，承重结构厚度不大于3mm时，$h_f=4$mm；承重结构厚大于3mm时，$h_f=5$mm。

4 CT3 不得用于无盖板的双角钢屋架。

5 檩托选用表见本书表7－4、表7－5。

6 图中 d 为檩条和主体结构之间间隙，计算时取 $d=0$ 或 $d=20$。

2 檩托承受檩条顶部的水平力和由顶部传递到檩条底部的扭矩。在一般设计中可忽略水平力 H，只考虑扭矩 $M=Hh$（h 为檩条高度）对连接和角钢竖肢的影响。

表 7－4　檩托选用表（$d=0$，檩条底无间隙）

檩条高度 (mm)	檩托编号	b_1	b_2	b_3	水平力 H_{max} (kN) $h_f=4$	水平力 H_{max} (kN) $h_f=5$	材料	单个重量 (kg)
120	CT2－120	100＋d	30＋d	40	3.5	4.1	L 100×63×6 －47×6	1.3
140	CT2－140	100＋d	30＋d	40	3.1	3.6	L 100×63×6 －47×6	1.3
150	CT2－150	110＋d	30＋d	40	3.6	4.3	L 110×70×6 －54×6	1.5
160	CT2－160	110＋d	30＋d	50	3.3	4.0	L 110×70×6 －54×6	1.5
180	CT2－180	125＋d	40＋d	60	4.0	4.7	L 125×80×7 －63×6	1.9
200	CT2－200	140＋d	50＋d	60	4.4	5.5	L 140×90×8 －72×6	1.9
220	CT2－220	140＋d	50＋d	60	4.2	5.1	L 140×90×8 －72×6	2.3
250	CT2－250	160＋d	60＋d	70	4.7	5.7	L 160×100×10 －80×6	3.2
280	CT2－280	180＋d	70＋d	70	5.1	6.2	L 180×110×10 －90×6	3.5
300	CT2－300	200＋d	70＋d	70	6.3	8.2	L 200×125×12 －103×6	4.7
350	CT2－350	200＋d	80＋d	80	5.4	6.7	L 200×125×12 －103×6	4.7

檩条高度 (mm)	檩托编号	水平力 H_{max} (kN)	b_1	b_2	b_3	材料	单个重量 (kg)
120	CT1－120	1.4	100＋d	30＋d	40	L 100×63×6	1.1
140	CT1－140	1.2	100＋d	30＋d	40	L 100×63×6	1.1
150	CT1－150	1.1	110＋d	30＋d	40	L 110×70×6	1.3
160	CT1－160	1.1	110＋d	30＋d	50	L 110×70×6	1.3
180	CT1－180	1.3	125＋d	40＋d	60	L 125×80×7	1.7
200	CT1－200	1.6	140＋d	50＋d	60	L 140×90×8	2.1
220	CT1－220	1.4	140＋d	50＋d	60	L 140×90×8	2.1
250	CT1－250	2.0	160＋d	60＋d	70	L 160×100×10	3.0
280	CT1－280	1.8	180＋d	70＋d	70	L 180×110×10	3.3
300	CT1－300	2.4	200＋d	70＋d	70	L 200×125×12	4.5
350	CT1－350	2.1	200＋d	80＋d	80	L 200×125×12	4.5

檩条高度 (mm)	檩托编号	b_1	b_2	b_3	水平力 H_{max} (kN) $h_f=4$	水平力 H_{max} (kN) $h_f=5$	材料	单个重量 (kg)
120	CT3－120	100＋d	30＋d	40	15.0	18.0	－100×6 －94×6	1.1
140	CT3－140	100＋d	30＋d	40	13.0	15.0	－100×6 －94×6	1.1
150	CT3－150	110＋d	30＋d	40	12.0	14.0	－110×6 －94×6	1.2
160	CT3－160	110＋d	30＋d	50	11.0	13.0	－110×6 －94×6	1.2
180	CT3－180	125＋d	40＋d	60	9.5	12.0	－125×6 －94×6	1.4
200	CT3－200	140＋d	50＋d	60	9.5	10.5	－140×8 －92×6	1.6
220	CT3－220	140＋d	50＋d	60	8.5	9.5	－140×8 －92×6	1.6
250	CT3－250	160＋d	60＋d	70	7.5	8.5	－160×8 －92×6	1.8
280	CT3－280	180＋d	70＋d	70	6.5	7.5	－180×8 －92×6	2.1
300	CT3－300	200＋d	70＋d	70	6.0	7.0	－200×8 －92×6	2.1
350	CT3－350	200＋d	80＋d	80	5.2	6.0	－200×8 －92×6	2.1

注：CT1 由角钢竖肢抗弯承载力控制。CT2 由角钢水平肢焊缝抗弯承载力控制。CT3 由 T 形角焊缝抗弯承载力控制。

表 7－5　檩条支托选用表（$d=20$，檩条底有间隙 20）

檩条高度（mm）	支托编号	b_1	b_2	b_3	水平力 H_{mdx}（kN） $h_f=4$	水平力 H_{mdx}（kN） $h_f=5$	材料	单个重量（kg）
120	CT2－120	100＋d	30＋d	40	3.0	3.5	L 120×63×6 －47×6	1.6
140	CT2－140	100＋d	30＋d	40	2.7	3.2	L 120×63×6 －47×6	1.6
150	CT2－150	110＋d	30＋d	40	3.2	3.8	L 130×70×6 －54×6	1.7
160	CT2－160	110＋d	30＋d	50	2.9	3.6	L 130×70×6 －54×6	1.7
180	CT2－180	125＋d	40＋d	60	3.6	4.2	L 145×80×7 －63×6	2.6
200	CT2－200	140＋d	50＋d	60	4.0	5.0	L 160×90×8 －72×6	2.6
220	CT2－220	140＋d	50＋d	60	3.9	4.7	L 160×90×8 －72×6	2.6
250	CT2－250	160＋d	60＋d	70	4.4	5.3	L 180×100×10 －90×6	3.5
280	CT2－280	180＋d	70＋d	70	4.8	5.8	L 200×110×10 －90×6	4.0
300	CT2－300	200＋d	70＋d	70	5.9	7.7	L 220×125×12 －103×6	5.1
350	CT2－350	200＋d	80＋d	80	5.1	6.3	L 220×125×12 －103×6	5.1

檩条高度（mm）	支托编号	水平力 H_{mdx}（kN）	b_1	b_2	b_3	材料	单个重量（kg）
120	CT1－120	1.2	100＋d	30＋d	40	L 120×63×6	1.4
140	CT1－140	1.0	100＋d	30＋d	40	L 120×63×6	1.4
150	CT1－150	1.0	110＋d	30＋d	40	L 130×70×6	1.5
160	CT1－160	1.0	110＋d	30＋d	50	L 130×70×6	1.5
180	CT1－180	1.2	125＋d	40＋d	60	L 145×80×7	1.9
200	CT1－200	1.4	140＋d	50＋d	60	L 160×90×8	2.4
220	CT1－220	1.3	140＋d	50＋d	60	L 160×90×8	2.4
250	CT1－250	1.8	160＋d	60＋d	70	L 180×100×10	3.3
280	CT1－280	1.7	180＋d	70＋d	70	L 200×110×10	3.7
300	CT1－300	2.2	200＋d	70＋d	70	L 220×125×12	4.9
350	CT1－350	2.0	200＋d	80＋d	80	L 220×125×12	4.9

檩条高度（mm）	支托编号	b_1	b_2	b_3	水平力 H_{mdx}（kN） $h_f=4$	水平力 H_{mdx}（kN） $h_f=5$	材料	单个重量（kg）
120	CT3－120	100＋d	30＋d	40	12.9	15.4	－120×6 －94×6	1.5
140	CT3－140	100＋d	30＋d	40	11.4	13.1	－120×6 －94×6	1.5
150	CT3－150	110＋d	30＋d	40	10.6	12.3	－130×6 －94×6	1.6
160	CT3－160	110＋d	30＋d	50	9.8	11.6	－130×6 －94×6	1.6
180	CT3－180	125＋d	40＋d	60	8.6	10.8	－145×6 －94×6	1.7
200	CT3－200	140＋d	50＋d	60	8.6	10.9	－160×8 －92×6	2.1
220	CT3－220	140＋d	50＋d	60	7.8	8.7	－160×8 －92×6	2.1
250	CT3－250	160＋d	60＋d	70	6.9	7.9	－180×8 －92×6	2.3
280	CT3－280	180＋d	70＋d	70	6.1	7.0	－200×8 －92×6	2.4
300	CT3－300	200＋d	70＋d	70	5.6	6.6	－220×8 －92×6	2.6
350	CT3－350	200＋d	80＋d	80	4.9	5.7	－220×8 －92×6	2.6

注：1　同表 7－4 注。

2　支托角钢为非标准时，可用钢板弯成或用标准角钢切竖肢。

3　为便于设计选用，表7-4、表7-5给出了各种檩托CT的水平力H选用值。按承受水平力H的大小。CT1～CT3由小到大。CT2、CT3随檩条和檩托高度b增大，承受的水平力H降低。

4　表7-4，表7-5均按图7-39屋面坡向分力H编制，在设计中忽略竖向力的有利作用。它不包括与斜拉条连接的合用檩托（图7-21）。

5　在地震设防区图7-39注1中的H按水平的地震作用组合值计算。如：

$$F_{E}=1.3\alpha_{max}G_{eq}+P_{ya}$$

$$G_{eq}=Q_{ek}L$$

式中　G_{eq}——等效重力荷载代表值；

Q_{ek}——地震组合时的竖向荷载标准值；

P_{ya}——屋面坡向力设计值；

L——檩条跨度。

为此，本手册建议：与斜拉条连接的檩条，在8度0.3g、9度地震区中的所有檩条应与屋架（梁）密贴，即图7-12（a）中$d=0$并与屋架（梁）和檩托的竖肢焊接。

6　檩条的拉条。

直拉条、斜拉条和撑杆详见图7-40，直拉条T一般位于中间檩条开间。屋脊处拉条JT用于屋脊无天窗，屋脊左右对称的双坡屋面。斜拉条XT与撑杆CG一般位于端檩开间。

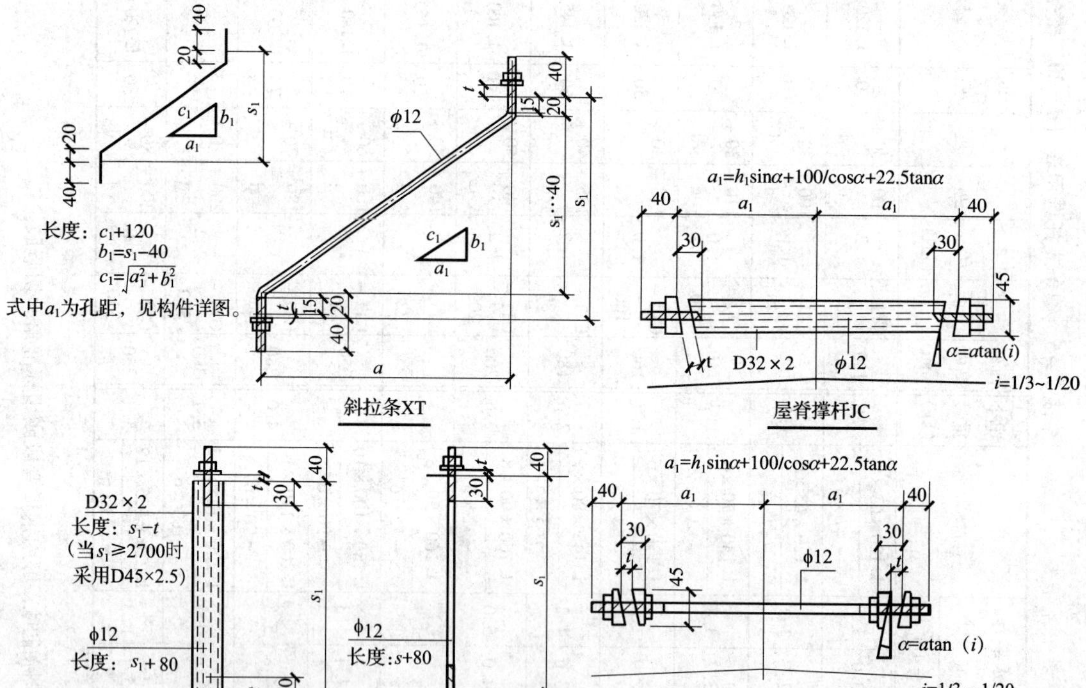

图7-40　檩条拉条、撑杆详图

注：图中s_1为端檩间距；t为檩条腹板厚度。

本手册以设置檀托为主，拉条按坡向分力计算，一般不需按《门式刚架轻型房屋钢结构技术规范》GB 51022对檩条进行抗倾覆验算。

7.1.9 檩条设计系列见表7－6～表7－8。

表7－6 卷边槽钢檩条选用表

基本风压 w_o（kN/m²）	截面形式	跨度 l（m）坡度 i	檩距 a（m）	截面规格（mm）		构件编号		用钢量 g/a（kg/m²）		跨间拉条道数，间距
				构造1	构造2	构造1	构造2	构造1	构造2	
0.5 B类 $H \leqslant 20$m $\mu_z = 1.23$ $\beta = 1.5$	卷边槽钢C形钢	4.5 $i \leqslant \frac{1}{10}$	1.2	160×60×20×3.0	140×50×20×2.5	LC4.5－16.3	LC4.5－14.2	5.79	4.24	构造1 单层屋面，一道拉条位于檩条上方跨中，檩条截面由风吸力组合控制 构造2 单层屋面，一道拉条位于檩条上、下方跨中；或双层屋面一道拉条，于檩条腹板中部$\frac{l}{2}$处，檩条截面由永久荷载和可变荷载组合控制
			1.5	180×70×20×2.5	160×60×20×2.2	LC4.5－18.2	LC4.5－16.1	4.44	3.47	
			1.8	180×70×20×3.0	180×70×20×2.2	LC4.5－18.3	LC4.5－18.1	4.38	3.26	
			2.1	220×75×25×3.0	180×70×20×2.5	LC4.5－22.3	LC4.5－18.2	5.62	3.17	
			2.4	220×75×25×3.0	200×70×20×2.5	LC4.5－22.3	LC4.5－20.2	3.98	2.94	
			2.7	250×75×25×3.0	220×75×20×2.5	LC4.5－25.3	LC4.5－22.2	3.70	2.61	
			3.0	250×75×25×3.0	250×75×20×2.5	LC4.5－25.3	LC4.5－25.2	3.33	2.54	
		6.0 $i \leqslant \frac{1}{6}$	1.2	280×80×20×2.5	200×75×20×2.2	LC6－28.2	LC6－22.1	7.53	5.88	
			1.5	280×80×25×3.0	250×75×20×2.5	LC6－28.3	LC6－25.2	7.27	5.09	
			1.8	300×80×25×3.0	250×75×20×2.5	LC6－30.3	LC6－25.2	6.20	4.57	
			2.1	—	280×80×20×2.5	—	LC6－28.2	—	4.29	
			2.4	—	280×80×25×3	—	LC6－28.3	—	4.56	
			2.7	—	280×80×25×3	—	LC6－28.3	—	4.06	
		7.5 $i \leqslant \frac{1}{3}$	1.2	—	220×75×20×2.5	—	LC7.5－22.2	—	6.37	同上，两道拉条，于$\frac{l}{3}$跨度处
			1.5	—	220×75×25×3	—	LC7.5－22.3	—	6.20	
			1.8	—	250×75×25×3	—	LC7.5－25.3	—	5.56	
			2.1	—	280×80×25×3	—	LC7.5－28.3	—	5.21	
			2.4	—	300×80×25×3	—	LC7.5－30.3	—	4.75	
		9.0 $i \leqslant \frac{1}{3}$	1.2	—	250×75×25×3	—	LC9－25.3	—	8.34	
			1.5	—	280×80×25×3	—	LC9－28.3	—	7.3	

续表 7－6

基本风压 w_o（kN/m^2）	截面形式	跨度 l（m）坡度 i	檩距 a（m）	截面规格（mm）		构件编号		用钢量 g/a（kg/m^2）		跨间拉条道数，间距
				构造1	构造2	构造1	构造2	构造1	构造2	
0.7 B类 $H\leqslant 20m$ $\mu_z\leqslant 1.23$ $\beta=1.5$	卷边槽钢C形钢	4.5 $i\leqslant\frac{1}{10}$	1.2	180×70×20×2.2	140×50×20×2.5	LC4.5－18.1	LC4.5－14.2	4.90	4.24	构造1 单层屋面，一道单拉条，于檩条上方 $\frac{l}{2}$，檩条截面由风吸力组合控制 构造2 单层屋面，一道双拉条，于檩条上、下方 $\frac{l}{2}$ 或双层屋面一道单拉条，于檩条腹板中部 $\frac{l}{2}$ 檩条截面由永久荷载和可变荷载组合控制
			1.5	180×70×20×3	160×60×20×2.5	LC4.5－18.3	LC4.5－16.2	5.26	3.91	
			1.8	220×75×25×3	180×70×20×2.2	LC4.5－22.3	LC4.5－18.2	5.16	3.27	
			2.1	250×75×25×3.0	180×70×20×2.5	LC4.5－25.3	LC4.5－18.2	4.76	3.17	
			2.4	—	200×70×20×2.5	—	LC4.5－20.2	—	2.90	
			2.7	—	220×75×20×2.5	—	LC4.5－22.2	—	2.82	
			3.0	—	220×75×20×2.5	—	LC4.5－22.2	—	2.55	
		6.0 $i\leqslant\frac{1}{6}$	1.2	300×80×25×3.0	220×75×20×2.2	LC6－30.3	LC6－22.1	9.5	5.60	
			1.5	—	250×75×20×2.5	—	LC6－25.2	—	5.09	
			1.8	—	250×75×20×2.5	—	LC6－25.2	—	4.57	
			2.1	—	280×80×20×2.5	—	LC6－28.2	—	4.29	
			2.4	—	280×80×25×3	—	LC6－28.3	—	4.56	
			2.7	—	280×80×25×3	—	LC6－28.3	—	4.05	
			3.0	—	300×80×25×3	—	LC6－30.3	—	3.81	
		7.5 $i\leqslant\frac{1}{3}$	1.2	—	220×75×20×2.5	—	LC7.5－22.2	—	6.37	同上，两道拉条，于 $\frac{l}{3}$
			1.5	—	220×75×25×3	—	LC7.5－22.3	—	6.20	
			1.8	—	250×75×25×3.0	—	LC7.5－25.3	—	5.50	
			2.1	—	280×80×25×3	—	LC7.5－28.3	—	5.21	

续表 7－6

基本风压 w_o （kN/m^2）	截面形式	跨度 l （m） 坡度 i	檩距 a （m）	截面规格（mm）		构件编号		用钢量 g/a （kg/m^2）		跨间拉条道数，间距
				构造 1	构造 2	构造 1	构造 2	构造 1	构造 2	
0.7 B 类 $H\leqslant20m$ $\mu_z\leqslant1.23$ $\beta=1.5$	卷边槽钢 C 形钢	9.0 $i\leqslant\frac{l}{3}$	1.2	—	250×75×25×3	—	LC9－25.3	—	8.34	同上，两道拉条，于 $\frac{l}{3}$
			1.5	—	280×80×25×3	—	LC9－28.3	—	7.30	

注：1　表中永久荷载和可变荷载组合设计值 Q（包括屋面檩条自重）按 $1.30kN/m^2$ 计算，当 $Q=1.0kN/m^2$ 时，可换算檩距 a 该选用：如 $a\times\frac{1.3}{1.0}=1.3a$，若 $a=1.5$，则 $1.5\times1.3=1.95$，按表中 $a=2.1m$ 选用；再如 $Q=1.5kN/m^2$，则 $a\times\frac{1.3}{1.5}=0.867a$，$a=1.5$，则 $1.5\times0.867=1.3$，按 $a=1.5m$ 选用。

2　当房屋高度 H 为 15m，$w_o=0.55$ 时，$w_o=0.55\times\frac{\mu_z\ (15)}{\mu_z\ (20)}=0.55\times\frac{1.13}{1.23}=0.505\approx0.5$，仍按 0.5 选用。当房屋高度 H 为 15m，$w_0=0.75$ 时，$w_0=0.75\times\frac{\mu_z\ (15)}{\mu_z\ (20)}=0.684<0.7$，按 0.7 选用。

3　表中截面规格按现行国家标准《门式刚架轻型房屋钢结构技术规范》GB 51022 计算，$w=1.4w_k$，$w_k=\beta\mu_z\mu_s$，其中，$\beta=1.5$，$\mu_z=1.23$，边区 $\mu_s=0.7\log A-1.98$，A 为檩条从属面积。经计算，1.5×4.5m 时，$w_k=1.5\times1.23\times1.4\times0.5=1.29$；1.5×6m 时，$w_k=1.5\times1.23\times1.32\times0.5=1.34$；1.5×7.5m、1.5×9m 时，$w_k=1.5\times1.23\times1.28\times0.5=1.18$。

4　单层屋面用压型钢板或夹芯板支承于檩条上翼缘；双层屋面为上层压型钢板支承于檩条上翼缘，下层钢板用自攻钉牢连接于檩条下翼缘底，檩条隐藏。

5　因实际屋面板选型的可变性，故单层或双层屋面上翼缘均按不能阻止檩条侧向失稳和扭转作用计算。

6　表中构造 1 打“—”者，表示檩条截面太大，不合理。若 $w_0=0.5kN/m^2$ 时，可采用构造 2 的截面，但须上下设双拉条。如果构造 1 项超过 $w_0 0.5kN/m^2$ 时，应验算并加大檩条截面。

表 7－7　Z 形钢檩条选用表

基本风压 w_o （kN/m^2）	截面形式	跨度 l （m） 坡度 i	檩距 a （m）	截面规格（mm）		构件编号		用钢量 g/a （kg/m^2）		跨间拉条道数，间距
				构造 1	构造 2	构造 1	构造 2	构造 1	构造 2	
0.5 B 类 $H\leqslant20m$ $\mu_z\leqslant1.23$ $\beta=1.5$	Z 形钢	4.5 $\leqslant\frac{1}{10}$	1.2	180×70×20×2.5	140×50×20×2.5	LZ4.5－18.2	LC4.5－14.2	5.63	4.37	构造 1 单层屋面，一道单拉条，于檩条上方，$\frac{l}{2}$，檩条截面由风吸力组合控制
			1.5	180×70×20×3.0	160×60×20×2.2	LZ4.5－18.3	LC4.5－16.1	5.41	3.55	
			1.8	220×75×25×3.0	180×70×20×2.2	LZ4.5－22.3	LC4.5－18.1	5.30	3.34	
			2.1	220×75×25×3.0	180×70×20×2.5	LZ4.5－22.3	LC4.5－18.2	4.53	3.24	
			2.4	250×75×25×3.0	200×70×20×2.5	LZ4.5－25.3	LC4.5－20.2	4.26	3.00	
			2.7	—	220×75×20×2.5	—	LC4.5－22.2	—	2.89	
			3.0	—	220×75×20×2.5	—	LC4.5－22.2	—	2.59	

续表 7-7

基本风压 w_o （kN/m^2）	截面形式	跨度 l （m） 坡度 i	檩距 a （m）	截面规格（mm）		构件编号		用钢量 g/a （kg/m^2）		跨间拉条道数，间距
				构造 1	构造 2	构造 1	构造 2	构造 1	构造 2	
0.5 B类 $H\leqslant20m$ $\mu_z\leqslant1.23$ $\beta=1.5$	Z 形钢	6.0 $i\leqslant\frac{1}{10}$	1.2	280×80×25×3.0	200×70×20×2.5	LZ6-28.3	LZ6-20.2	9.30	6.00	构造 2 单层屋面，一道双拉条，于檩条上、下方，$\frac{l}{2}$或双层屋面 1 道拉条，于檩条腹板中部，$\frac{l}{2}$，檩条截面由永久荷载和可变荷载组合控制
			1.5	300×80×25×3.0	220×75×20×2.5	LZ6-30.3	LZ6-22.2	7.76	5.09	
			1.8	—	250×75×20×2.5	—	LZ6-25.2	—	4.88	
			2.1	—	280×80×25×2.5	—	LZ6-28.2	—	4.36	
			2.4	—	280×80×25×3	—	LZ6-28.3	—	4.65	
			2.7	—	280×80×25×3	—	LZ6-28.3	—	4.11	
		7.5 $i\leqslant\frac{1}{3}$	1.2	—	220×75×20×2.5	—	LZ7.5-22.2	—	6.49	同上，两道拉条，于$\frac{l}{3}$
			1.5	—	250×75×20×2.5	—	LZ7.5-25.2	—	5.59	
			1.8	—	280×80×20×2.5	—	LZ7.5-28.2	—	5.09	
			2.1	—	280×80×25×3	—	LZ7.5-28.3	—	5.32	
			2.4	—	300×80×25×3	—	LZ7.5-30.3	—	4.85	
		9.0 $i\leqslant\frac{1}{3}$	1.2	—	280×80×20×2.5	—	LZ9-28.2	—	7.64	同上，两道拉条，于$\frac{l}{3}$
			1.5	—	280×80×25×3	—	LZ9-28.3	—	7.44	
0.7 B类 $H\leqslant20m$ $\mu_z\leqslant1.23$ $\beta_z=1.5$	Z 形钢	4.5 $i\leqslant\frac{1}{3}$	1.2	220×75×20×2.5	140×50×20×2.5	LZ4.5-22.2	LZ4.5-14.2	5.19	4.37	构造 1 单层屋面，一道单拉条，于檩条上方，$\frac{l}{2}$，檩条截面由风吸力组合控制
			1.5	220×75×20×3	160×60×20×2.2	LZ4.5-22.3	LZ4.5-16.1	5.72	3.55	
			1.8	250×75×25×3.0	180×70×20×2.2	LZ4.5-25.3	LZ4.5-18.1	5.68	3.34	

续表 7－7

基本风压 w_o（kN/m^2）	截面形式	跨度 l（m）坡度 i	檩距 a（m）	截面规格（mm）		构件编号		用钢量 g/a（kg/m^2）		跨间拉条道数，间距
				构造 1	构造 2	构造 1	构造 2	构造 1	构造 2	
0.7 B 类 $H \leqslant 20m$ $\mu_z \leqslant 1.23$ $\beta_z = 1.5$	Z 形钢	4.5 $i \leqslant \frac{1}{3}$	2.1	—	180×70×20×2.5	—	LZ4.5－18.2	—	3.24	构造 2 单层屋面，一道双拉条，于檩条上、下方，$\frac{l}{2}$或双层屋面一道单拉条，于檩条腹板中部，$\frac{l}{2}$ 檩条截面由永久荷载和可变荷载组合控制
			2.4	—	200×70×20×2.5	—	LZ4.5－20.2	—	3.00	
			2.7	—	220×75×20×2.5	—	LZ4.5－22.2	—	2.89	
			3.0	—	220×75×20×2.5	—	LZ4.5－22.2	—	2.79	
		6.0 $i \leqslant \frac{1}{3}$	1.2	—	200×70×20×2.5	—	LZ6－20.2	—	6.00	
			1.5	—	220×75×20×2.5	—	LZ6－22.2	—	5.19	
			1.8	—	250×75×20×2.5	—	LZ6－25.2	—	4.88	
			2.1	—	280×80×25×2.5	—	LZ6－28.2	—	4.36	
			2.4	—	280×80×25×3	—	LZ6－28.3	—	4.65	
			2.7	—	280×80×25×3	—	LZ6－28.3	—	4.13	
			3.0	—	300×80×25×3	—	LZ6－30.3	—	3.89	
		7.5 $i \leqslant \frac{1}{3}$	1.2	—	220×75×20×2.5	—	LZ7.5－22.2	—	6.49	同上，两道拉条，于$\frac{l}{3}$
			1.5	—	250×75×20×2.5	—	LZ7.5－25.2	—	5.59	
			1.8	—	280×80×20×2.5	—	LZ7.5－28.2	—	5.09	
			2.1	—	280×80×25×3	—	LZ7.5－28.3	—	5.32	
			2.4	—	300×80×25×3	—	LZ7.5－30.3	—	4.85	
		9.0 $i \leqslant \frac{1}{3}$	1.2	—	280×80×20×2.5	—	LZ9－28.2	—	7.64	同上，两道拉条，于$\frac{l}{3}$
			1.5	—	280×80×25×3	—	LZ9－28.3	—	7.44	

注：同表 7－6。

表 7-8 H 形钢檩条选用表

基本风压 w_o（kN/m^2）	截面形式	跨度 l（m）坡度 i	檩距 a（m）	截面规格（mm）构造 1	截面规格（mm）构造 2	构件编号 构造 1	构件编号 构造 2	用钢量 g/a（kg/m^2）构造 1	用钢量 g/a（kg/m^2）构造 2	跨间拉条道数，间距
0.5 B 类 $H \leqslant 20m$ $\mu_z \leqslant 1.23$ $\beta_z = 1.5$	H 形钢高频焊接	6.0 $i \leqslant \frac{1}{3}$	1.2	150×100×4.5×6	150×75×3.2×4.5	LH6-15.4	LH6-15.1	11.9	7.37	同 上，两道拉条，于 $\frac{l}{3}$
			1.5	150×100×4.5×6	150×75×4.5×6	LH6-15.4	LH6-15.2	9.53	7.96	
			1.8	200×100×4.5×6	150×100×3.2×4.5	LH6-20.2	LH6-15.3	8.94	5.89	
			2.1	200×150×4.5×6	200×100×3.2×4.5	LH6-20.3	LH6-20.1	9.89	5.64	
			2.4	—	150×100×4.5×6	—	LH6-15.4	—	5.95	
			2.7	—	200×100×4.5×6	—	LH6-20.2	—	5.95	
			3.0	—	200×100×4.5×6	—	LH6-20.2	—	5.35	
		7.5 $i \leqslant \frac{1}{3}$	1.2	—	150×100×3.2×4.5	—	LH7.5-15.3	—	8.84	
			1.5	200×150×4.5×6	150×100×3.2×4.5	LH7.5-20.3	LH7.5-15.3	13.8	7.07	
			1.8	200×150×4.5×6	150×100×4.5×6.0	LH7.5-20.3	LH7.5-15.4	11.53	7.93	
			2.1	200×150×4.5×6	200×100×3.2×4.5	LH7.5-20.3	LH7.5-20.1	9.89	5.64	
			2.4	200×150×4.5×6	200×100×4.5×6	LH7.5-20.2	LH7.5-20.2	8.65	6.69	
			2.7	300×150×4.5×6	200×100×4.5×6	LH7.5-30.1	LH7.5-20.2	9.0	5.95	
			3.0	300×150×4.5×6	200×100×4.5×6	LH7.5-30.1	LH7.5-20.2	8.1	5.4	
		9.0 $i \leqslant \frac{1}{3}$	1.2	200×150×4.5×6	200×100×3.2×4.5	LH9-20.3	LH9-20.1	17.3	9.9	同 上，两道拉条，于 $\frac{l}{3}$
			1.5	300×150×4.5×6	200×100×4.5×6	LH9-30.1	LH9-20.2	16.2	10.7	
			1.8	—	200×100×4.5×6	—	LH9-20.2	—	8.94	
			2.1	—	200×150×4.5×6	—	LZ9-20.3	—	9.89	

续表 7－8

基本风压 w_o (kN/m^2)	截面形式	跨度 l (m) 坡度 i	檩距 a (m)	截面规格（mm）		构件编号		用钢量 g/a (kg/m^2)		跨间拉条道数，间距
				构造 1	构造 2	构造 1	构造 2	构造 1	构造 2	
0.5 B类 $H\leqslant20m$ $\mu_z\leqslant1.23$ $\beta=1.5$	H形钢高频焊接	9.0 $i\leqslant\frac{1}{3}$	2.4	—	200×150×4.5×6	—	LH9－20.3	—	8.67	同上，两道拉条，于$\frac{l}{3}$
			2.7	—	200×150×4.5×6	—	LH9－20.3	—	7.47	
			3.0	—	250×125×4.5×6	—	LH9－25.1	—	6.73	
0.7 B类 $H\leqslant20m$ $\mu_z\leqslant1.23$ $\beta=1.5$	H形钢高频焊接	6.0 $i\leqslant\frac{1}{3}$	1.2	200×100×3.2×4.5	150×75×3.2×4.5	LH6－20.1	LH6－15.1	9.88	7.37	同上，两道拉条，于$\frac{l}{3}$
			1.5	150×100×4.5×6	150×75×4.5×6	LH6－15.4	LH6－15.2	9.52	7.96	
			1.8	200×100×4.5×6	150×100×3.2×4.5	LH6－20.2	LH6－15.3	8.88	5.89	
			2.1	200×100×4.5×6	200×100×3.2×4.5	LH6－20.2	LH6－20.1	7.62	5.64	
			2.4	250×125×4.5×6	150×100×4.5×6	LH6－25.1	LH6－15.4	8.40	5.95	
			2.7	250×125×4.5×6	200×100×4.5×6	LH6－25.1	LH6－20.2	7.47	5.95	
			3.0	250×125×4.5×6	200×100×4.5×6	LH6－25.1	LH6－20.2	6.73	5.35	
		7.5 $i\leqslant\frac{1}{3}$	1.2	200×150×4.5×6	150×100×3.2×4.5	LH7.5－20.3	LH7.5－15.3	17.3	8.84	
			1.5	200×150×4.5×6	150×100×3.2×4.5	LH7.5－20.3	LH7.5－15.3	13.8	7.07	
			1.8	300×150×4.5×6	150×100×4.5×6	LH7.5－30.1	LH7.5－15.4	13.5	7.93	
			2.1	—	200×100×3.2×4.5	—	LH7.5－20.1	—	5.64	
			2.4	—	200×100×4.5×6	—	LH7.5－20.2	—	6.69	
			2.7	—	200×100×4.5×6	—	LH7.5－20.2	—	5.95	
			3.0	—	200×150×4.5×6	—	LH7.5－20.3	—	6.92	

续表 7－8

基本风压 w_o (kN/m²)	截面形式	跨度 l (m) 坡度 i	檩距 a (m)	截面规格（mm）		构件编号		用钢量 g/a (kg/m²)		跨间拉条道数，间距
				构造 1	构造 2	构造 1	构造 2	构造 1	构造 2	
0.7 B类 $H\leqslant 20$m $\mu_z\leqslant 1.23$ $\beta=1.5$	H形钢高频焊接	9.0 $i\leqslant\frac{1}{10}$	1.2	350×150×4.5×6	200×100×3.2×4.5	LH9－35.1	LH9－20.1	21.8	9.9	同上，两道拉条，于$\frac{l}{3}$
			1.5	350×175×4.5×6	200×100×4.5×6	LH9－35.2	LH9－20.2	18.9	10.7	
			1.8	—	200×100×4.5×6	—	LH9－20.2	—	8.94	
			2.1	—	200×150×4.5×6	—	LH9－20.3	—	9.89	
			2.4	—	200×150×4.5×6	—	LH9－20.3	—	8.67	
			2.7	—	200×150×4.5×6	—	LH9－20.3	—	7.70	
			3.0	—	250×125×4.5×6	—	LH9－25.1	—	6.73	

注：同表 7－6。

7.2 屋　架

7.2.1 屋架的形式、特点及几何尺寸。

屋架的形式主要取决于房屋的使用要求，屋面材料，屋架与柱的连接方式（铰接或刚接），屋盖的整体刚度等。按结构形式可分为梯形屋架、三角形屋架、两铰拱屋架、三铰拱屋架和梭形屋架；按所采用的材料可分为普通钢屋架、轻型屋面钢屋架（杆件有圆钢或小角钢）和薄壁型钢屋架。

屋面有平坡屋面和斜坡屋面两种。平坡屋面有采用混凝土屋面板的无檩屋盖体系和采用长尺压型钢板的有檩屋盖体系；斜坡屋面一般为有檩屋盖体系。

屋面坡度 i 根据所采用的屋面材料可取为：

卷材防水屋面　　$i=1/12\sim1/8$

长尺压型钢板和夹芯板屋面　　$i=1/20\sim1/8$

波形石棉瓦屋面　　$i=1/4\sim1/2.5$

瓦楞铁、短尺压型钢板和夹芯板屋面　　$i=1/6\sim1/3$

1　梯形屋架。

梯形屋架（图 7－41）通常用于屋面坡度较为平缓的混凝土屋面板或长尺压型钢板的屋面，跨度一般为 15～36m，柱距 6～12m，跨中经济高度为（1/8～1/10）l。与柱刚接的梯形屋架，端部高度一般为（1/12～1/16）l，通常取 2.0～2.5m；与柱铰接的梯形屋架，端部高度通常取 1.5～2.0m，此时，跨中高度可根据端部高度和上弦坡度确定。在多跨房屋中，各跨屋架的端部高度应尽可能相同。

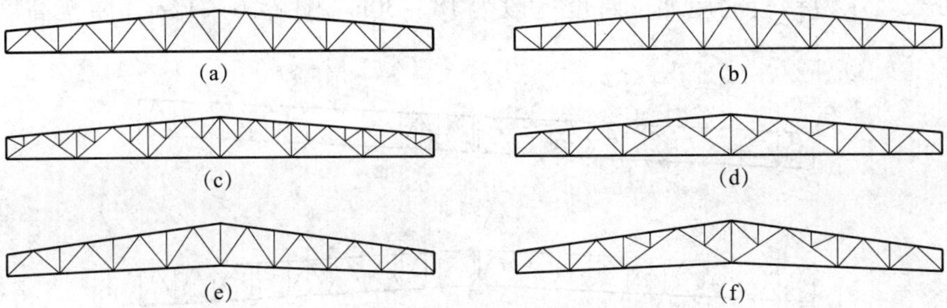

图 7-41 梯形屋架

当采用混凝土屋面板时，为使荷载作用在节点上，上弦杆的节间长度宜等于板的宽度，即 1.5m 或 3.0m。当采用压型钢板屋面时，也应使檩条尽量布置在节点上，以免上弦杆受弯。对于跨度较大的梯形屋架，为保证荷载作用于节点，并保持腹杆有适宜的角度和便于节点构造处理，可沿屋架全长或只在屋架跨中部分布置再分式腹杆，见图 7-41（c）、（d）。

当混凝土屋面板的宽度为 1.5m 或压型钢板屋面的檩距为 1.5m 时，如采用 3.0m 的上弦节间长度，可减少节点和杆件数量；但此时屋架上弦杆承受局部弯曲，所需截面尺寸较大，故只能用于屋面荷载较小的情况。

梯形屋架的斜腹杆一般采用人字式，其倾角宜为 35°~55°。支座斜腹杆与弦杆组成的支承节点在下弦时为下承式［图 7-41（a）、（c）、（d）、（e）、（f）］，在上弦时为上承式［图 7-41（b）］。

当屋架跨度较大，且支承柱不高时，梯形屋架宜使人产生压顶的感觉，此时可采用下弦上折的形式，见图 7-41（e）、（f）。

2 三角形屋架。

三角形屋架（图 7-42）通常用于屋面坡度较陡的有檩条体系屋盖，屋面材料为波形石棉瓦、瓦楞铁或短尺压型钢板，屋面坡度一般为 1/3 或 1/2.5。上弦节间长度通常为 1.5m。

三角形屋架与柱的连接为铰接。

三角形屋架的腹杆布置常用芬克式［图 7-42（a）、（b）］，其腹杆以等腰三角形再分，短杆受压，长杆受拉，节点构造简单，受力合理。当屋架下弦有吊顶或悬挂设备时，可采用图 7-42（c）的斜杆式或图 7-42（d）的人字式的腹杆体系，此种屋架的下弦节间长度通常相等。

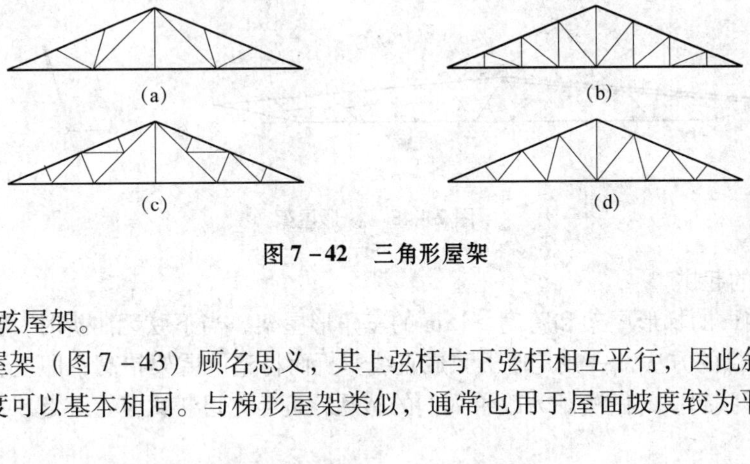

图 7-42 三角形屋架

3 平行弦屋架。

平行弦屋架（图 7-43）顾名思义，其上弦杆与下弦杆相互平行，因此斜腹杆或直腹杆的几何长度可以基本相同。与梯形屋架类似，通常也用于屋面坡度较为平缓的混凝土屋面板或长尺压型钢板的屋面，跨度一般为 18 ~ 30m，柱距 6 ~ 12m，屋架高度一般为（1/8 ~ 1/10）l。

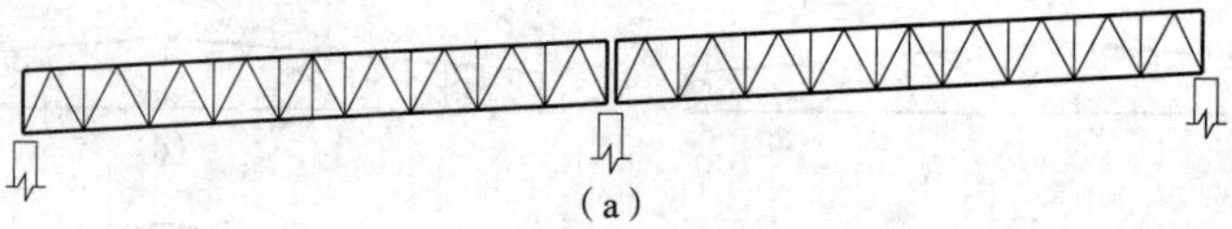

（a）

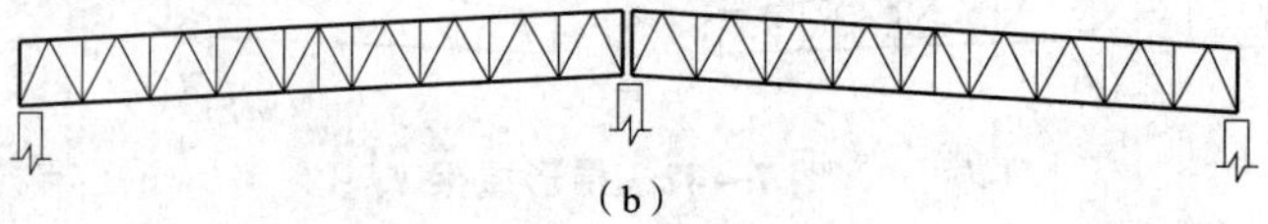

（b）

图 7 – 43 平行弦屋架

多跨平行弦屋架即可以组合成单坡屋面［图 7 – 43（a）］，也可以是双坡屋面［图 7 – 43（b）］，单坡屋面的总长度一般不超过 70m。

平行弦屋架的构造要求与梯形屋架基本相同。

4 三铰拱屋架和梭形屋架。

三铰拱屋架和梭形屋架属于采用圆钢或小角钢的轻型钢屋架。一般用于跨度 $l \leqslant 18$m，具有起重量 $Q \leqslant 5$t 轻、中级工作制（$A_1 \sim A_5$）桥式吊车，且无高温、高湿和强烈侵蚀环境的房屋，以及中小型仓库，农业用温室，商业售货棚等的屋盖。

三铰拱屋架由两根斜梁和一根水平拉杆组成，其外形见图 7 – 44（a）。斜梁有平面桁架式和空间桁架式两种，见图 7 – 44（b），斜梁的高度与其长度之比为 1/12 ~ 1/18，空间桁架式斜梁截面的宽高比为 1/1.5 ~ 1/2.5。其特点是杆件受力合理，斜梁的腹杆长度短，一般为 0.6 ~ 0.8m，这对杆件受力和截面选择十分有利，并能够充分利用普通圆钢和小角钢。

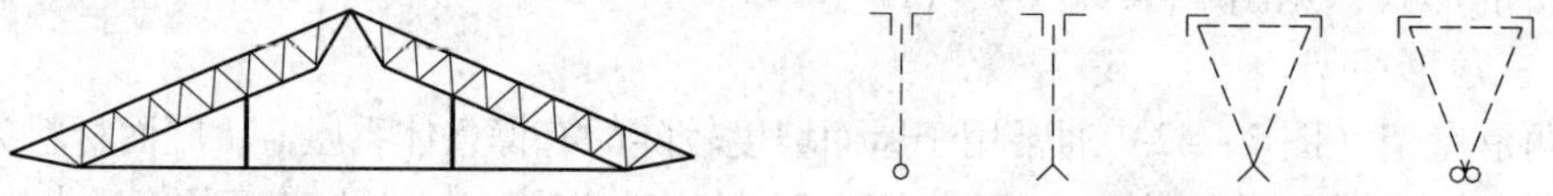

（a） （b）

图 7 – 44 三铰拱屋架

梭形屋架（图 7 – 45）是由两片平面桁架组成的空间桁架结构，其截面重心低，空间刚度好。屋面坡度一般为 1/8 ~ 1/12，跨中高度为其跨度的 1/9 ~ 1/12。屋架的上弦采用角钢，下弦及腹杆采用圆钢。这种屋架适用于跨度 12 ~ 15m，柱距 3 ~ 6m 的中小型工业与民用建筑。

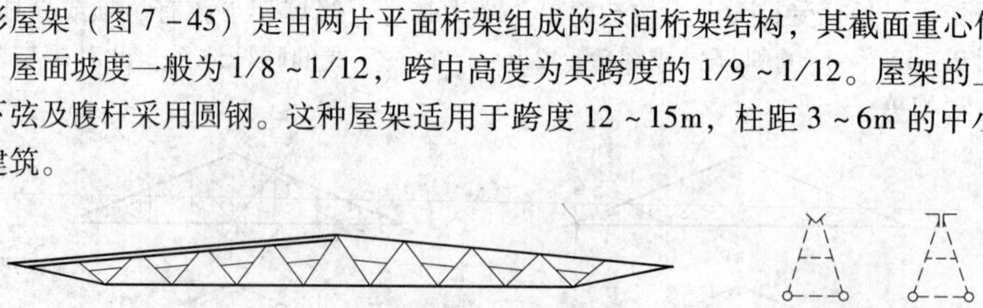

（a） （b）

图 7 – 45 梭形屋架

5 屋架的起拱。

跨度 ≥24m 的梯形屋架和跨度 ≥15m 的三角形屋架，当下弦无曲折时，宜起拱，拱度 $v \approx l/500$。起拱的方法，一般是使下弦成直线弯折而将整个屋架抬高，即上、下弦同时起拱，也有仅下弦起拱的做法。为改善人们的感观，近年来已扩大了上述起拱的范围。

7.2.2 屋架荷载。

1 永久荷载（恒载）。

屋面材料、防水、保温或隔热层，以及屋架、天窗架、檩条、支撑及悬挂管道等重量。

2 可变荷载。

屋面均布活荷载、雪荷载、施工荷载、积灰荷载、风荷载以及悬挂吊车荷载等。

屋面均布活荷载标准值：对于支承轻屋面的屋架，当其受荷水平投影面积超过 $60m^2$ 时取 $0.30kN/m^2$；其他情况取 $0.50kN/m^2$。雪荷载和积灰荷载按荷载规范或当地资料取用。对轻型屋面屋盖结构应考虑在风吸力与永久荷载组合下屋架杆件内力变号及发生屋架支座负反力的锚固问题。

3 偶然荷载。如地震作用、爆炸力或其他意外事故产生的荷载。

7.2.3 屋架内力计算。

1 内力计算。

屋架内力分析时，应将荷载集中在节点上（节间荷载可换算为节点荷载），并假定所有杆件位于同一平面内，杆件重心线汇交于节点中心，且各节点均为理想铰，不考虑次应力的影响，这样就可用数解法或内力系数法计算屋架杆件的轴心力。

当杆件截面为单角钢、双角钢或 T 形钢，采用节点板连接时，可不考虑节点刚性引起的弯矩效应。

对于直接相贯连接的钢管结构节点（无斜腹杆的空腹桁架除外），主管节间长度与截面高度（或直径）之比小于 12，支管节间长度与截面高度（或直径）之比小于 24 时，可不考虑节点刚性引起的弯矩效应。

只承受节点荷载，杆件为 H 形截面或箱型截面的桁架，当节点具有刚性连接的特征时，应按刚接桁架计算杆件次弯矩。拉杆和板件宽厚比满足表 2－24 压弯构件 S2 级要求的压杆，截面强度可按《钢结构设计标准》GB 500017—2017 计算。

当屋架上弦杆有节间荷载时，首先把节间荷载换算为节点荷载，按上弦无节间荷载计算屋架杆件的轴心力。节点荷载换算有两种近似方法：将所有节间内的荷载按该段节间为简支的支座反力分配到相邻两个节点上作为节点荷载；按节点处的负荷面积换算为该节点的集中荷载。两种方法的计算结果差别很小，但后者较为简便。上弦杆由于节间荷载产生的局部弯矩可近似按下列规定取用：

（1）端节点按铰接取为零，但当有悬挑时，取最大悬臂端弯矩；

（2）端节间的正弯矩取为 $0.8M_0$；

（3）其他节间的正弯矩和节点负弯矩（包括屋脊节点）均取为 $\pm 0.6M_0$。

其中 M_0 为相应节间按单跨简支梁计算的最大弯矩。

2 荷载组合。

永久荷载和各种可变荷载的不同组合将对各杆件引起不同的内力。设计时应考虑各种可能的荷载组合，并对每根杆件分别比较考虑哪一种荷载组合引起的内力最为不利，取其作为该杆件的设计内力。

根据公式（2－1）考虑由可变荷载效应控制的组合（永久荷载的分项系数为 1.2）和由永久荷载效应控制的组合（永久荷载的分项系数为 1.35）两种情况。对于混凝土屋面板等屋面，通常为第二种组合控制。

（1）与柱铰接的屋架，引起屋架杆件最不利内力的各种可能荷载组合有如下几种：

1）全跨永久荷载＋全跨可变荷载。可变荷载中屋面活荷载与雪荷载不同时考虑，设计时取两者中的较大值与积灰荷载、悬挂吊车荷载组合；另外当雪荷载较大起控制作用时，还应考虑雪荷载不均匀分布的情况。有纵向天窗时，应分别对中间天窗架处和天窗端壁处的荷载情况计算屋架杆件内力。

2）全跨永久荷载＋半跨屋面活荷载（或半跨雪荷载）＋半跨积灰荷载＋悬挂吊车荷载。这种组合可能导致某些腹杆的内力增大或变号。

若在截面选择时，对内力可能变号的腹杆，不论在全跨荷载作用下是拉杆还是压杆均按压杆 λ 不大于150控制其长细比，此时可不必考虑半跨荷载组合。

对屋面为混凝土屋面板的屋架，尚应考虑安装时的半跨荷载组合，即：屋架及天窗架（包括支撑）自重＋半跨屋面板重＋半跨屋面活荷载。

3）对轻质屋面材料的屋架，当风荷载较大时，风吸力（荷载分项系数取1.4）可能大于屋面永久荷载（荷载分项系数取1.0）；此时，屋架弦杆和腹杆中的内力均可能变号，故必须考虑此项荷载组合。

除此之外，可忽略屋架、天窗架上的风荷载对屋架杆件内力的影响。

4）轻型屋面的房屋，当有桥式吊车或风荷载较大时，尚应考虑排架柱顶剪力对屋架下弦杆内力的影响。

（2）与柱刚接的屋架，应先按铰接屋架计算杆件内力，再与根据框架内力分析得到的屋架端弯矩和水平力进行组合，从而计算出屋架杆件的控制内力。

屋架端弯矩和水平力的最不利组合可分为以下四种情况，见图7－46。

1）使下弦可能受压的组合，即左端为 $-M_{1max}$ 和 $-H$，右端为 $+M_2$ 和 $-H$［图7－46（a）］；

2）使上、下弦内力增加的组合，即左端为 $+M_{1max}$ 和 $+H$，右端为 $-M_2$ 和 $+H$［图7－46（b）］；

3）使斜腹杆内力为最不利的组合，分两种情况：一是左端为 $-M_{1max}$，右端为 $+M_2$［图7－46（c）］；二是左端为 $+M_{1max}$，右端为 $-M_2$［图7－46（d）］。

组合时，应使左端弯矩为最大值，水平力和右端弯矩是同时产生的。

分析屋架杆件内力时，将弯矩 M 用一组偶力 $H=M/h_0$ 代替［图7－46（e）］，水平力则认为直接由下弦杆传递。将端弯矩和水平力产生的内力与按铰接屋架的内力组合后，即得到刚接屋架各杆件的最不利内力。

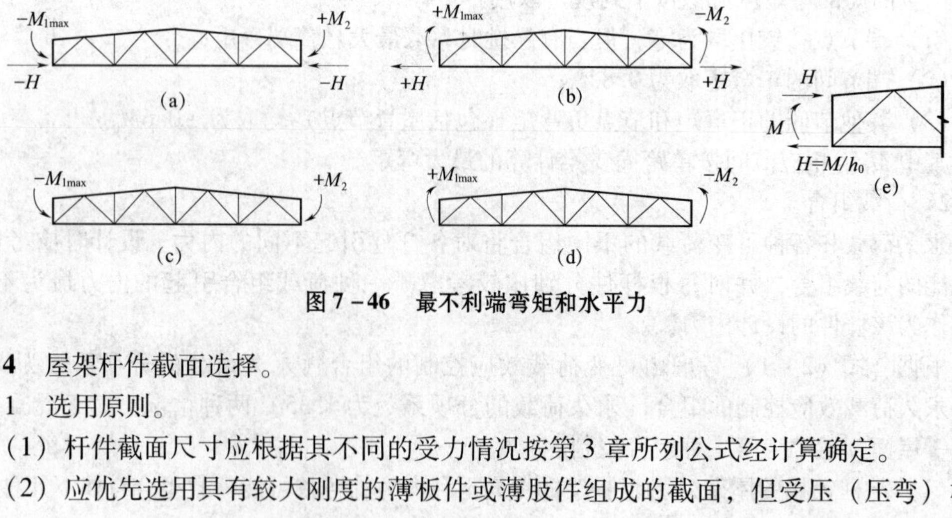

图7－46 最不利端弯矩和水平力

7.2.4 屋架杆件截面选择。

1 选用原则。

（1）杆件截面尺寸应根据其不同的受力情况按第3章所列公式经计算确定。

（2）应优先选用具有较大刚度的薄板件或薄肢件组成的截面，但受压（压弯）杆件的板件或肢件应满足局部稳定的要求。对于受压的钢管杆件应优先选用回转半径较大、厚度较薄的截面，但应符合截面最小厚度的构造要求；方钢管的宽厚比不宜过大，以免出现板件有效宽厚比小于其实际宽厚比较多的不合理现象。

一般情况下，板件或肢件的最小厚度为5mm，对小跨度屋架可为4mm。冷弯薄壁型钢屋架杆件厚度不宜小于2mm，一般不大于4.5mm。圆管截面的受压杆件，其外径与壁厚之比不应超过100（$235/f_y$）。方管或矩形管的最大外缘尺寸与壁厚之比不应超过40 $\sqrt{235/f_y}$。

（3）普通钢屋架的角钢不得小于∠45×4或∠56×36×4。直接与支撑或系杆相连的角钢最小肢宽，应根据连接螺栓的直径 d 而定：d＝16、18、20mm时，角钢最小肢宽分别宜为63、70、75mm。

直接支承混凝土屋面板的上弦杆，其角钢外伸肢宽度不宜小于75mm，否则，应在支承处增设外伸的水平板［图7－54（b）］，以保证屋面板的支承长度。

（4）跨度≥24m与柱铰接的屋架，其弦杆可根据内力的变化采用两种截面规格，变截面位置宜在节点处或其附近。

（5）同一榀屋架中，杆件的截面规格不宜过多。在用钢量增加不多的情况下，宜将杆件截面规格相近的加以统一。一般来说，同一榀屋架中杆件的截面规格不宜超过6～7种。

（6）当连接支撑等的螺栓孔在节点范围内，且距节点板边缘距离≥100mm时（图7－47），计算杆件强度可不考虑截面的削弱。

（7）用填板连接而成的双角钢或双槽钢截面，应按组合截面计算，但填板间的距离 l_1 不应超过40i（压杆）和80i（拉杆）。填板宽度一般为60～100mm，厚度与节点板相同；其长度对双角钢T形截面可伸出角钢肢背和角钢肢尖各10～20mm，对十字形截面则从角钢肢尖缩进10～20mm；角钢与填板通常用焊脚尺寸为5mm或6mm侧焊或围焊的角焊缝连接。

当组成图7－48（a）、（b）所示的双角钢或双槽钢截面时，i 为一个角钢或槽钢平行于填板形心轴的回转半径；当组成图7－48（c）所示的十字形截面时，i 为一个角钢的最小回转半径。受压杆件两个侧向支承点之间的填板数一般不少于两个。

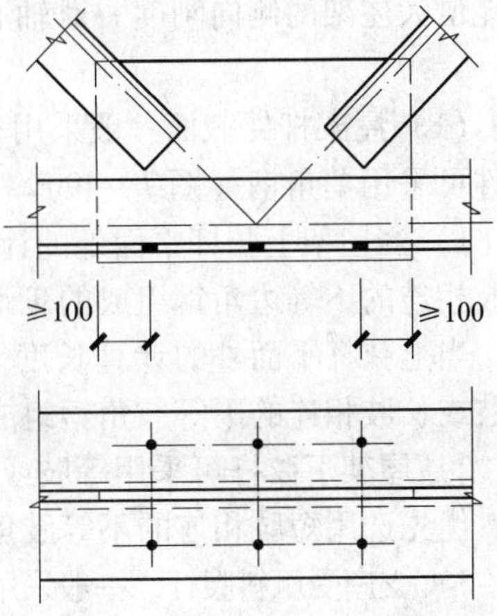

图7－47　节点板范围内的螺栓孔

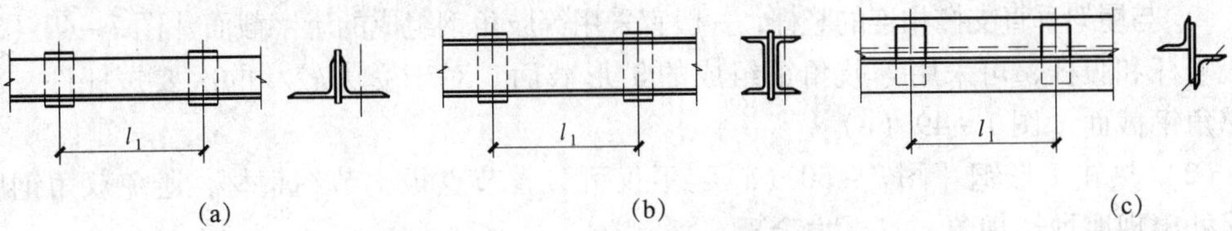

图7－48　双角钢（槽钢）截面杆件的填板

（8）桁架的单角钢腹杆，当以一个肢连接于节点板时，除弦杆亦为单角钢，并位于节点板同侧者外，应符合下列规定：

1）轴心受力构件的截面强度仍按公式（3－49）和公式（3－50）计算，但强度设计值应乘以折减系数0.85。

2）受压构件的稳定性应按下表公式计算：

$$\frac{N}{\eta\varphi Af}\leqslant 1.0 \tag{7-33}$$

等边角钢

$$\eta = 0.6 + 0.0015\lambda \tag{7-33a}$$

短边相连的不等边角钢

$$\eta = 0.5 + 0.0025\lambda \tag{7-33b}$$

长边相连的不等边角钢

$$\eta = 0.7 \tag{7-33c}$$

式中 λ——长细比，对中间无联系的单角钢压杆，应按最小回转半径计算，当 $\lambda < 20$ 时，取 $\lambda = 20$；

η——折减系数，当计算值大于 1.0 时取为 1.0。

3）当受压斜杆用节点板和桁架弦杆相连时，节点板厚度不宜小于斜杆肢宽的 1/8。

（9）单面连接的单角钢压杆，当肢件宽厚比 $w/t > 14\varepsilon_k$ 时，由公式（3-52）或公式（7-33）确定的稳定承载力应乘以折减系数 $1.3 - \frac{0.3w}{1.4t\varepsilon_k}$。

2 截面形式。

选择屋架杆件截面形式时，应考虑构造简单、施工方便且取材容易、易于连接，尽可能增大屋架的侧向刚度。对轴心受力构件宜使杆件在屋架平面内和平面外的长细比接近。

（1）屋架杆件截面一般采用双角钢组成的 T 形截面或十字形截面，受力较小的次要杆件可采用单角钢（图 7-49）。可按以下情况选择：

1）当屋架上弦杆平面外的计算长度等于或大于平面内的计算长度的 2 倍时，宜采用短肢相连的不等边角钢组成的 T 形截面［图 7-49（b）］。

当上弦杆平面外的计算长度等于平面内的计算长度，或上弦有节间荷载时，宜采用等肢或长肢相连的不等肢角钢组成的 T 形截面［图 7-49（a）、（c）］。

2）屋架下弦杆可采用等肢或不等肢角钢组成的 T 形截面，在用钢量变化不大的情况下，优先选用短肢相连的不等肢角钢组成的 T 形截面。

3）支座受压斜腹杆，一般采用长肢相连的不等肢角钢组成的 T 形截面［图 7-49（c）］，或等肢角钢组成的 T 形截面。当支座受压斜腹杆在屋架平面内设有再分式腹杆时，宜选用短肢相连的不等边角钢组成的 T 形截面。

4）与屋架垂直支撑相连的竖杆，一般宜采用等肢角钢组成的十字截面［图 7-49（d）］。一般竖杆和腹杆，可采用等肢角钢组成的 T 形截面。对于受力较小的次要短杆件，可采用单角钢截面［图 7-49（e）］。

（2）热轧 T 形钢［图 7-50（a）］不仅可节省节点板，节约钢材，避免双角钢肢背相连处出现腐蚀性现象，且受力合理。

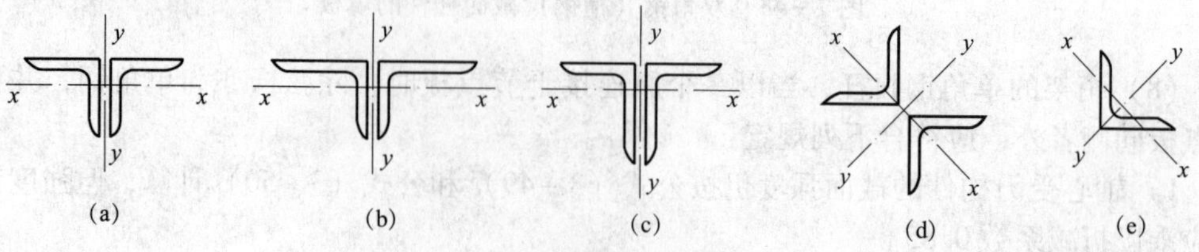

图 7-49 屋架杆件的角钢截面

(3) 当上弦杆内力很大，用双角钢不能满足要求时，可采用立放的 H 型钢 [图 7-50 (b)]。

(4) 钢管截面 [图 7-50 (d)、(e)] 具有刚度大、受力性能好、构造简单、不易锈蚀等优点。热加工管材和冷成型管材不宜采用屈服强度超过 Q345 钢以及屈强比 $f_y/f_u >$ 0.8 的钢材，且钢管壁厚不宜大于 25mm。

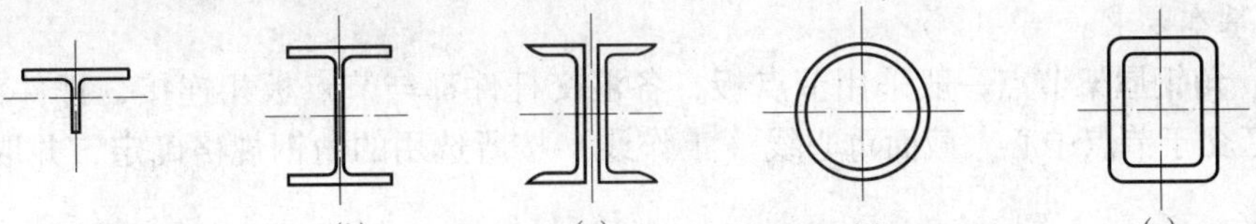

图 7-50 屋架杆件的其他截面

3 杆件的计算长度。

屋架杆件在平面内、外的计算长度 l_{ox}、l_{oy} 按表 3-15，如表 7-9。

表 7-9 屋架弦杆和单系腹杆的计算长度

项次	弯曲方向	弦杆	腹杆	
			支座斜杆和支座竖杆	其他腹杆
1	在屋架平面内	l	l	$0.8l$
2	在屋架平面外	l_1	l	l
3	斜平面	—	l	$0.9l$

注：1 l 为构件的几何长度（节点中心间的距离），l_1 为屋架弦杆侧向支承点之间的距离。

2 斜平面系指与桁架平面斜交的平面，适用于构件截面两主轴均不在桁架平面内的单角钢腹杆和双角钢十字形截面腹杆。

3 无节点板的腹杆计算长度在任意平面内均取其等于几何长度。

当屋架弦杆侧向支承点之间的距离为节间长度的 2 倍，且两节间的弦杆轴心压力有变化时，则该弦杆在屋架平面外的计算长度按下式确定（但不应小于 $0.5l_1$）：

两个节间时：
$$l_{oy}=l_1\ (0.75+0.25N_2/N_1) \tag{7-34a}$$

多节间时：
$$l_{oy}=\left(1.5+0.5\frac{N_t}{N_c}\right)\frac{n_c}{n}l \tag{7-34b}$$

屋架再分式腹杆体系的受压主斜杆及 K 形腹杆体系的竖杆等，在屋架平面外的计算长度也应按公式（7-34）确定，受拉主斜杆仍取 l_1；在屋架平面内的计算长度则取节点中心间的距离。

钢管屋架的杆件在平面内、外的计算长度 l_{ox}、l_{oy} 见表 7-10。

表 7-10 钢管屋架弦杆和腹杆的计算长度

桁架类型	弯曲方向	弦 杆	腹 杆	
			支座斜杆和支座竖杆	其他腹杆
平面桁架	平面内	$0.9l$	l	$0.8l$
	平面外	l_1	l	l
立体桁架		$0.9l$	l	$0.8l$

注：1 l 为构件的几何长度（节点中心间距离），l_1 为弦杆侧向支撑点之间的距离。

2 对端部缩头或压扁的圆管腹杆，其计算长度取 $1.0l$。

当弦杆侧向支承点之间的距离为节间长度的 2 倍，且两节间的弦杆轴心压力有变化时，则该弦杆在屋架平面外的计算长度，也应按式（7-34）确定。

屋架杆件的容许长细比［λ］见第 2 章表 2-15，表 2-16。对于压型钢板等轻型屋面，当风吸力组合下下弦杆或腹杆由拉变压时，其容许长细比［λ］=250。

7.2.5 角钢屋架连接节点和计算。

1 基本要求。

（1）角钢屋架节点一般采用节点板，各汇交杆件都与节点板相连接，杆件截面重心轴线应汇交于节点中心。截面重心线（工作线）按所选用的角钢规格确定，并取 5mm 的倍数。

（2）屋架节点板除支座节点外，其余节点宜采用同一厚度的节点板，支座节点板宜比其他节点板厚 2mm。

节点板的厚度可根据三角形屋架上弦杆端节间的最大内力设计值（kN），或梯形屋架支座斜腹杆的最大内力设计值（kN），参照表 7-11 或根据计算［见本条 2（6）节点板计算］选用。

表 7-11 钢屋架节点板厚度选用表

端斜杆最大内力设计值（kN）	节点板钢号									
		Q235	≤160	161~300	301~500	501~700	701~950	951~1200	1201~1550	1551~2000
		Q345	≤240	241~360	361~570	571~780	781~1050	1051~1300	1301~1650	1651~2100
中间节点板厚度（mm）			6	8	10	12	14	16	18	20
支座节点板厚度（mm）			8	10	12	14	16	18	20	22

注：对于支座斜杆为下降式的梯形屋架，应按靠近屋架支座的第二斜腹杆（即最大受压斜腹杆）的内力来确定节点板的厚度。

（3）节点板的形状应简单，如矩形、梯形等，以制作简便及切割钢板时能充分利用材料为原则。节点板的平面尺寸，一般应根据杆件截面尺寸和腹杆端部焊缝长度画出大样来确定，长度和宽度宜为 5mm 的倍数，在满足传力要求的焊缝布置的前提下，节点板尺寸应尽量紧凑。

在焊接屋架节点处，腹杆与弦杆、腹杆与腹杆边缘之间的间隙 a 不小于 20mm（图 7-51），相邻角焊缝焊趾间净距应不小于 5mm；屋架弦杆节点板一般伸出弦杆 10~15mm［图 7-51（b）］；有时为了支承屋面结构，屋架上弦节点板（厚度为 t）一般从弦杆缩进 5~10mm，且不宜小于 $t/2+2$mm［图 7-51（a）］。

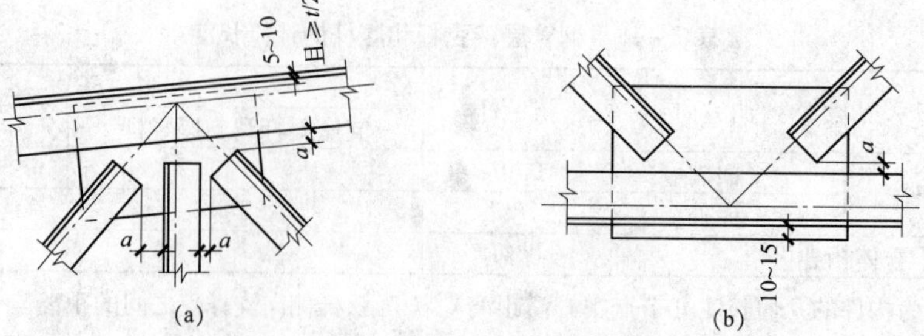

图 7-51 节点板与杆件的连接构造

（4）角钢端部的切断面一般应与其轴线垂直［图7－52（a）］；当杆件较大，为使节点紧凑斜切时，应按图7－52（b）、（c）切肢尖，不允许采用图7－52（d）的切法。

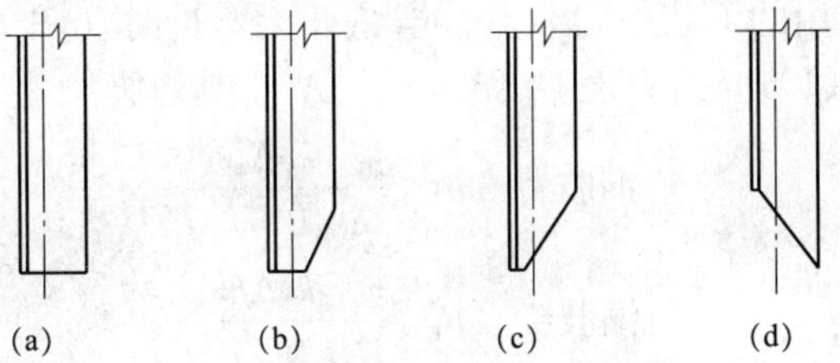

图7－52　角钢端部的切割

（5）单斜杆与弦杆的连接应使之不出现连接的偏心弯矩（$a_1 \approx a_2$）（图7－53）。节点板边缘与杆件轴线的夹角不应小于15°［图7－53（a）］。在单腹杆的连接处，应计算腹杆与弦杆之间节点板的强度［图7－53（a）的剖面1－1处］。

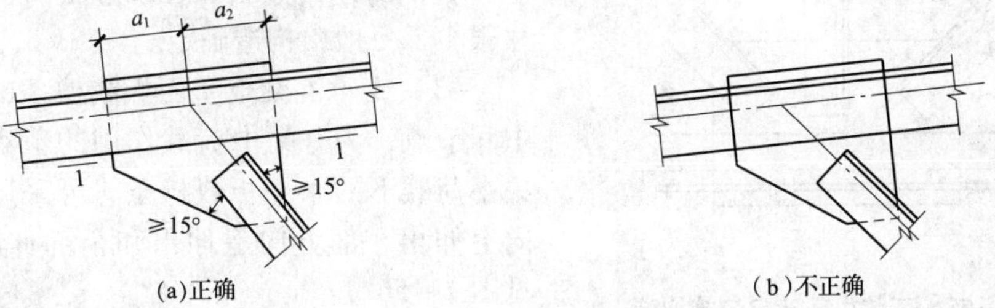

图7－53　单斜杆的连接

（6）支承混凝土屋面板的上弦杆，当屋面节点荷载较大而角钢肢厚较薄，不满足表7－12的要求时，应对角钢的水平肢予以加强，见图7－54。

表7－12　弦杆不加强的每侧最大节点荷载（kN）

角钢厚度（mm），当钢材为											
	Q235	5	6	7	8	10	12	14	16	18	—
	Q345	—	5	6	7	8	10	12	14	16	18
支承处每侧集中荷载设计值（kN），当两板肋支承宽度为	65mm	6.3	8.4	11.0	14.0	20.5	28.8	39.9	—	—	—
	130mm	—	10.5	13.6	17.0	24.0	33.3	46.2	61.6	79.6	116.6

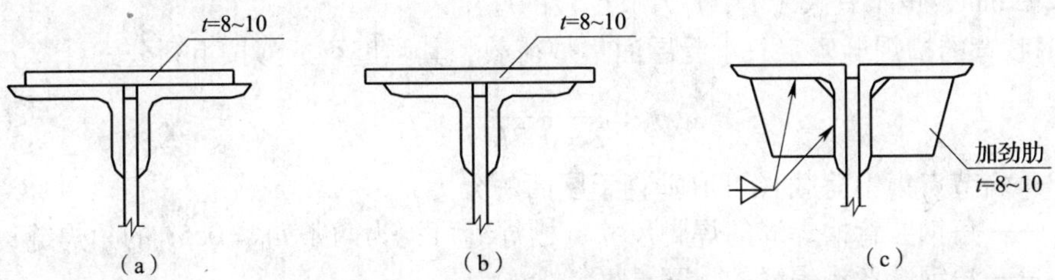

图7－54　上弦角钢的加强

（7）角焊缝的最大、最小焊脚尺寸和长度应符合表4－7的规定。厚度为5mm的角钢，肢背的最大焊脚尺寸为6mm，肢尖最大为5mm；厚度为4mm的角钢，肢背的最大焊脚尺寸为5mm，肢尖最大为4mm。

2 节点构造与计算。

(1) 腹杆与节点板的连接焊缝，应按表4-5的规定计算。

(2) 无集中荷载作用的下弦中间节点，当弦杆无弯折时（图7-55），弦杆与节点板的连接焊缝承受弦杆相邻节间内力之差 $\Delta N=N_1-N_2$，其焊脚尺寸为：

$$\text{角钢肢背}\quad h_{f1}\geqslant\frac{k_1\Delta N}{2\times0.7l_{w1}f_f^w}\tag{7-35}$$

$$\text{角钢肢尖}\quad h_{f2}\geqslant\frac{k_2\Delta N}{2\times0.7l_{w1}f_f^w}\tag{7-36}$$

式中 h_f——焊脚尺寸；

l_{w1}、l_{w2}——焊缝计算长度，等于实际长度减去 $2h_f$；

k_1、k_2——角钢肢背、肢尖内力分配系数，见表4-6；

f_f^w——角焊缝强度设计值。

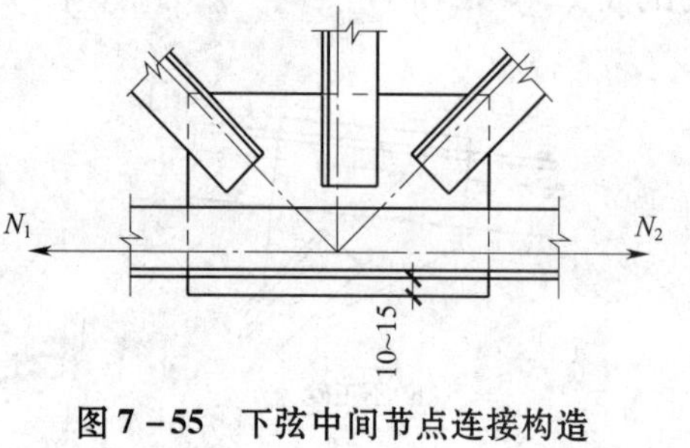

图7-55 下弦中间节点连接构造

通常弦杆与节点板连接焊缝所需的焊脚尺寸很小，一般由构造确定。

(3) 支承混凝土屋面板或檩条的屋架上弦中间节点，为有集中荷载作用的节点。为放置集中荷载下的水平板或檩条，可采用节点板不向上伸出、部分向上伸出和全部伸出的做法，见图7-56。

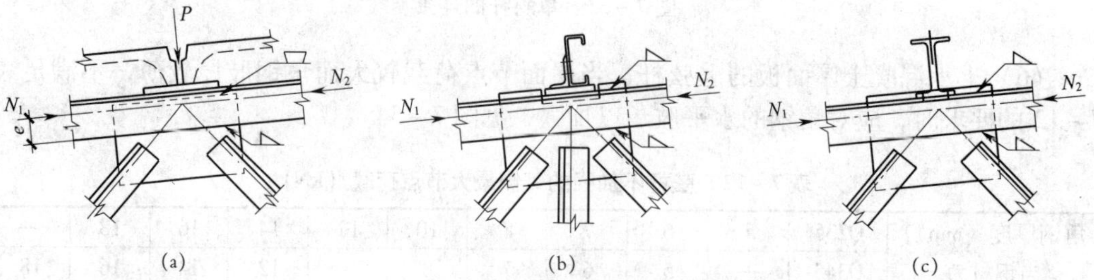

图7-56 上弦中间节点连接构造

1) 图7-56 (a) 为节点板不伸出的方案，此时节点板缩进上弦角钢肢背，采用槽焊缝焊接，于是节点板与上弦之间就由槽焊缝和角焊缝传力。节点板的缩进深度不宜小于 $(t_1/2+2)$ mm，也不宜大于 t_1，t_1 为节点板的厚度。

角钢肢背的槽焊缝假定只承受屋面集中荷载，其强度可近似按下列公式计算：

$$\sigma_f=\frac{P}{2\times0.7h_{f1}l_w}\leqslant f_f^w\tag{7-37}$$

式中 P——节点集中荷载（可取垂直于屋面的分力）；

h_{f1}——角钢肢背槽焊缝的焊脚尺寸，槽焊缝可视为两条 $h_{f1}=0.5t_1$ 的角焊缝；

l_w——角钢肢背槽焊缝的计算长度。

弦杆相邻节间的内力之差 $\Delta N=N_1-N_2$，由角钢肢尖焊缝承受，计算时应考虑偏心引起的弯矩 $M=\Delta N\cdot e$（e 为角钢肢尖至弦杆轴线距离）。此时肢尖角焊缝的强度可按下列公式计算：

$$\sigma_f=\frac{6M}{2\times0.7h_{f2}l_w^2}\tag{7-38}$$

$$\tau_f = \frac{\Delta N}{2 \times 0.7 h_{f2} l_w} \tag{7-39}$$

$$\sqrt{(\sigma_f / \beta_f)^2 + \tau_f^2} \leqslant f_f^w \tag{7-40}$$

式中 h_{f2}——角钢肢尖角焊缝的焊脚尺寸；

l_w——角钢肢尖角焊缝的计算长度；

β_f——正面角焊缝的强度设计值增大系数；对承受静力荷载和间接承受动力荷载的屋架 $\beta_f = 1.22$，对直接承受动力荷载的屋架 $\beta_f = 1.0$。

2）当节点板伸出不妨碍屋面构件的安放，或相邻弦杆节间内力差 ΔN 较大，肢尖角焊缝强度不足时，可采用节点板部分伸出或全部伸出的方案［图 7-56（b）、（c）］。此时弦杆与节点板的连接焊缝可按下列公式计算：

肢背焊缝
$$\sqrt{\frac{(k_1 \cdot \Delta N)^2 + (0.5P)^2}{2 \times 0.7 h_{f1} l_{w1}}} \leqslant f_f^w \tag{7-41}$$

肢尖焊缝
$$\sqrt{\frac{(k_2 \cdot \Delta N)^2 + (0.5P)^2}{2 \times 0.7 h_{f2} l_{w2}}} \leqslant f_f^w \tag{7-42}$$

式中 h_{f1}、l_{w1}——伸出肢背处的角焊缝焊脚尺寸和计算长度；

h_{f2}、l_{w2}——肢尖角焊缝的焊脚尺寸和计算长度。

（4）当角钢长度不足、弦杆截面有改变或屋架分单元运输时，弦杆经常要拼接。前两者为工厂拼接，拼接点通常在节点范围以外；后者为工地拼接，拼接点通常在节点。

1）图 7-57 为杆件在节点范围外的工厂拼接。

双角钢杆件采用拼接角钢拼接［图 7-57（a）］，拼接角钢宜采用与弦杆相同的规格（弦杆截面改变时，与较小截面的弦杆相同），并切去竖肢及角背直角边棱。切肢 $\Delta = t + h_f + 5$mm 以便施焊，其中 t 为拼接角钢肢厚，h_f 为角焊缝焊脚尺寸，5mm 为余量以避开肢尖圆角；切边棱是为使之与弦杆密贴。切去部分由填板补偿。

单角钢杆件宜采用拼接钢板拼接［图 7-57（b）］，拼接钢板的截面面积不得小于角钢的截面面积。

拼接角钢或拼接钢板的长度，应根据所需焊缝的长度确定。接头一侧连接焊缝的实际长度 l'_w 为：

$$l'_w = \frac{N}{4 \times 0.7 h_f f_f^w} + 2h_f \tag{7-43}$$

式中 N——杆件的轴心力；当采用等强拼接时，$N = Af$（A 为杆件的截面积）。

拼接角钢的长度一般为 $l = 2l'_w +$（10～20）mm。

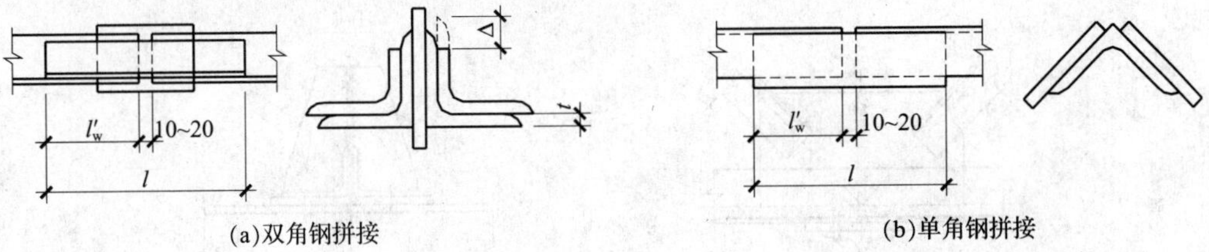

(a)双角钢拼接　(b)单角钢拼接

图 7-57 杆件在节点范围外的工厂拼接

2）图 7-58 和图 7-59 为下弦和上弦在屋架中央的工地拼接节点。

屋架的工地拼接节点，通常不利用节点板作为拼接材料，而以拼接角钢传递弦杆内力。

弦杆与拼接角钢的焊缝按公式（7－43）计算，公式中 N 取节点两侧弦杆内力的较大值，所需拼接角钢长度同上 $l=2l'_{w}+b$，b 为间隙，下弦节点一般取 $b=$（10～20）mm。屋脊节点当竖直切割时 $b=$（10～20）mm；当截面垂直上弦切割时所需间隙稍大。

弦杆与节点板的连接焊缝，应按公式（7－35）和公式（7－36）计算，公式中的 ΔN 取相邻节间内力之差和弦杆最大内力的15%中的较大值。当节点处有集中荷载时，则应采用上述的 ΔN 值和集中荷载 P 值按公式（7－41）和公式（7－42）计算。

屋脊节点的拼接角钢一般采用热弯形成；当屋面较陡需要弯折较大且角钢肢较宽不易弯折时，可将竖肢开口（钻孔，焰割）弯折后对焊，见图7－59。

当为工地拼接时，为便于现场拼装，拼接节点要设置安装螺栓。因此，拼接角钢与节点板应焊于不同的运输单元，以避免拼装中双插的困难。也有将拼接角钢单个运输，拼装时用安装焊缝焊于两侧。

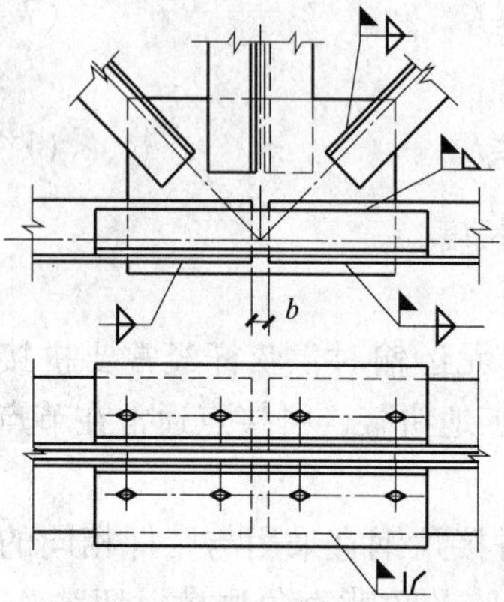

图7－58 下弦拼接节点

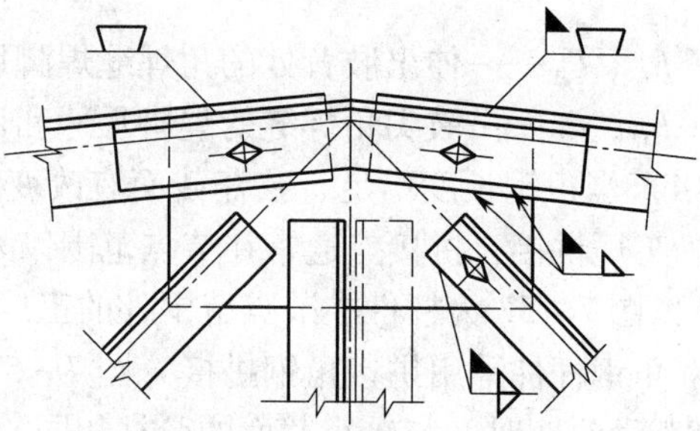

图7－59 上弦拼接节点

（5）图7－60为屋架下弦有悬挂吊车或单梁轨道梁的节点。其中图7－60（b）的节点板缩进下弦角钢；图7－60（a）的节点板部分缩进下弦角钢。

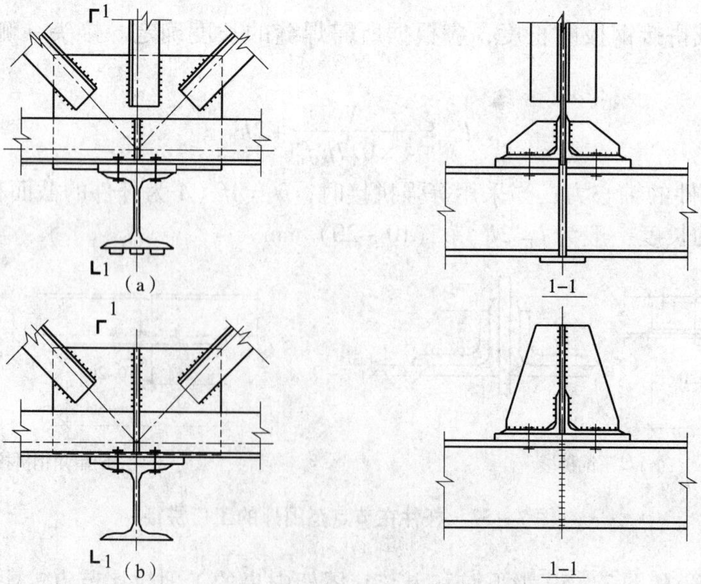

图7－60 有悬挂吊车的下弦节点

（6）节点板计算。

1）连接节点处板件在拉、剪作用下的强度应按下式计算：

$$\frac{N}{\sum(\eta_i A_i)}\leqslant f \tag{7-44}$$

$$\eta_i=\frac{1}{\sqrt{1+2\cos^2\alpha_i}} \tag{7-45}$$

式中 N——作用于板件的拉力；

A_i——第 i 段破坏面的截面积，$A_i=tl_i$；

t——板件厚度；

l_i——第 i 段破坏段的长度，应取板件中最危险的破坏线的长度（图 7-61）；

η_i——第 i 段的抗剪折算系数；

α_i——第 i 段破坏线与拉力轴线的夹角。

2）节点板的强度除可按公式（7-44）计算外，也可用有效宽度法按下式计算：

$$\sigma=\frac{N}{b_e t}\leqslant f \tag{7-46}$$

式中 b_e——板件的有效宽度（图 7-62）。

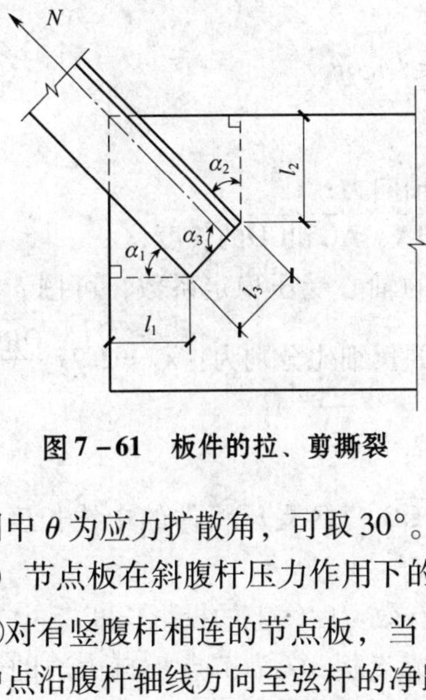

图 7-61 板件的拉、剪撕裂

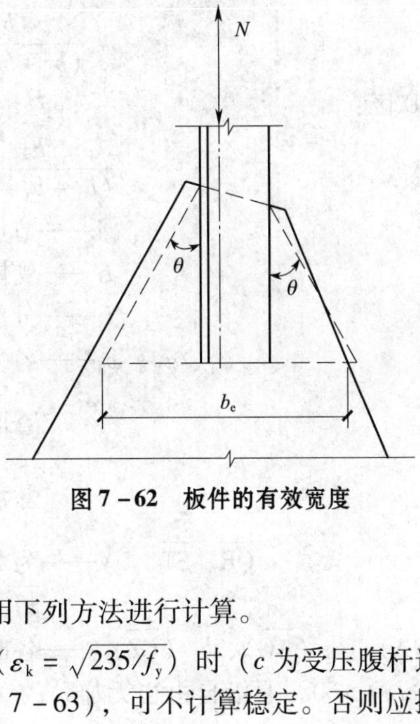

图 7-62 板件的有效宽度

图中 θ 为应力扩散角，可取 30°。

3）节点板在斜腹杆压力作用下的稳定性可用下列方法进行计算。

①对有竖腹杆相连的节点板，当 $c/t\leqslant15\varepsilon_k$（$\varepsilon_k=\sqrt{235/f_y}$）时（$c$ 为受压腹杆连接肢端面中点沿腹杆轴线方向至弦杆的净距离，见图 7-63），可不计算稳定。否则应按以下进行稳定计算。在任何情况下，c/t 不得大于 $22\varepsilon_k$。

②对无竖腹杆相连的节点板，当 $c/t\leqslant10\varepsilon_k$ 时，节点板的稳定承载力可取为 $0.8b_e tf$。当 $c/t>10\varepsilon_k$ 时，应按以下进行稳定计算，但在任何情况下，c/t 不得大于 $17.5\varepsilon_k$。

③节点板在斜腹杆压力作用下稳定计算的基本假定为：

a. 图 7-63 中 B-A-C-D 为节点板失稳时的屈折线，其中 $\overline{BA}$ 平行于弦杆，$\overline{CD}\perp\overline{BA}$；

b. 在斜腹杆轴向 N 压力的作用下，BA 区（FBGHA 板件），AC 区（AIJC 板件）和 CD 区（CKMP 板件）同时受压，当其中某一区先失稳后，其他区即相继失稳，为此要分别计算各区的稳定。

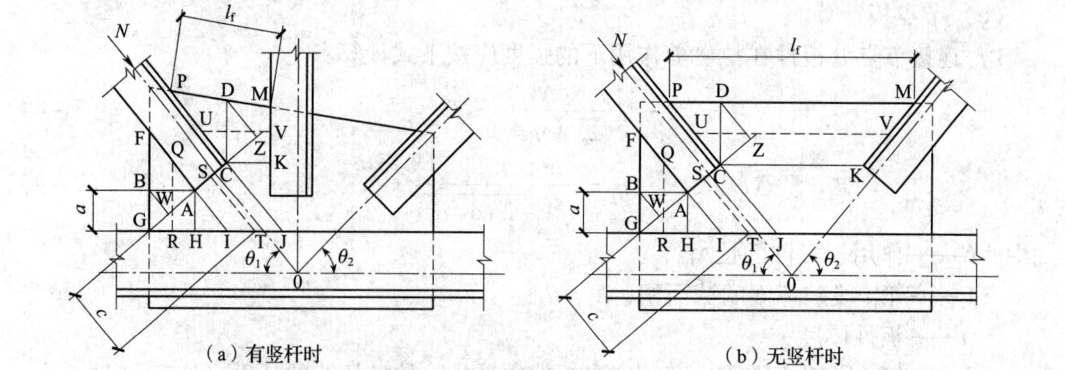

（a）有竖杆时　　（b）无竖杆时

图 7－63　节点板稳定计算简图

各区的稳定可分别按以下公式计算：

BA 区：

$$\frac{b_1}{(b_1+b_2+b_3)}N\sin\theta_1 \leqslant l_1 t\varphi_1 f \tag{7-47}$$

AC 区：

$$\frac{b_2}{(b_1+b_2+b_3)}N \leqslant l_2 t\varphi_2 f \tag{7-48}$$

CD 区：

$$\frac{b_3}{(b_1+b_2+b_3)}N\cos\theta_1 \leqslant l_3 t\varphi_3 f \tag{7-49}$$

式中　t——节点板厚度；

N——受压斜腹杆的轴向力；

l_1、l_2、l_3——分别为曲折线$\overline{BA}$、$\overline{AC}$和$\overline{CD}$的长度；

φ_1、φ_2、φ_3——各受压区板件的轴心受压稳定系数，可按 b 类截面查取；其相应的长细比分别为：$\lambda_1=2.77\frac{\overline{QR}}{t}$，$\lambda_2=2.77\frac{\overline{ST}}{t}$，$\lambda_3=2.77\frac{\overline{UV}}{t}$；

$\overline{QR}$、$\overline{ST}$、$\overline{UV}$——为 BA、AC 和 CD 三区受压板件的中线长度；其中 $\overline{ST}=c$；

b_1（$\overline{WA}$）、b_2（$\overline{AC}$）、b_3（$\overline{CZ}$）——各曲折线段在有效宽度线上的投影长度。

对 $l_f/t>60\varepsilon_k$ 且沿自由边无加劲的无竖斜腹杆节点板（l_f为节点板自由边的长度），亦可用上述方法进行计算，只是仅需验算$\overline{BA}$区和$\overline{AC}$，而不必验算$\overline{CD}$区。

4）用以上方法计算节点板时，尚应满足下列要求：

①节点板边缘与腹杆轴线之间的夹角应不小于 15°；

②斜腹杆与弦杆的夹角应在 30°～60°；

③节点板的自由边长度 l_f与厚度 t 之比不得大于 $60\varepsilon_k$，否则应沿自由边设加劲肋予以加强。

（7）屋架铰接支座节点：支承于混凝土柱或砌体柱的屋架，其支座节点通常设计为铰接。图 7－64 为铰接支承的梯形屋架和三角形屋架的支座节点。

屋架支座节点处各杆件汇交于一点，屋架杆件合力（竖向）作用点位于底板中心或附近，合力通过矩形底板以分布力的形式传给下部结构。为保证底板的刚度、力的传递以及节点板平面外刚度的需要，支座节点处应对称设置加劲板，加劲板的厚度取等于或略小于节点板的厚度，加劲板厚度的中线应与各杆件合力线重合。

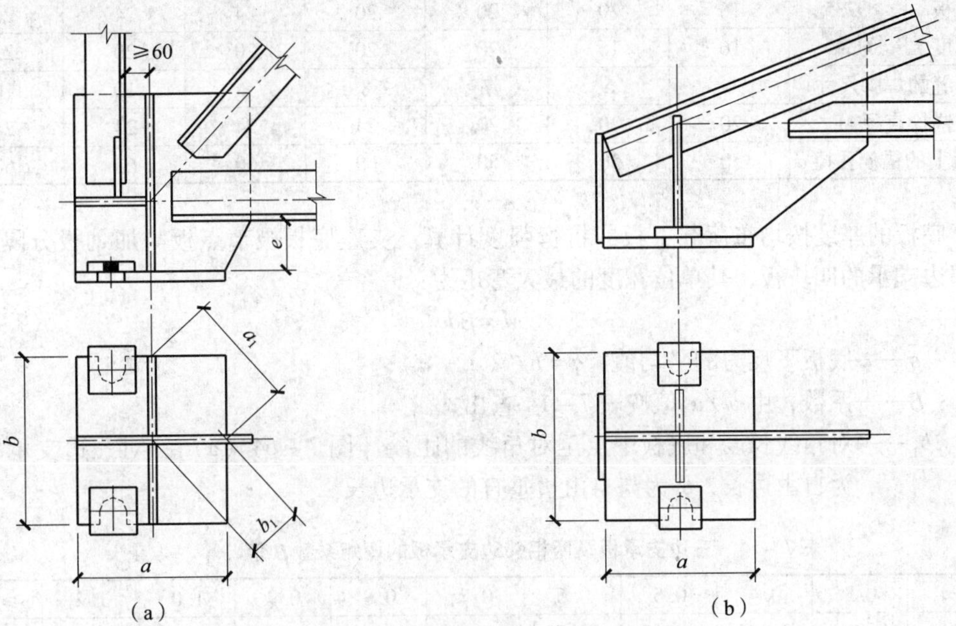

图 7-64 屋架铰接支座节点

为便于施焊，下弦角钢背与底板间的距离 e 一般应不小于下弦伸出肢的宽度，且不小于130mm；梯形屋架端竖杆角钢肢朝外时，角钢边缘与加劲板中线距离不宜小于60mm。底板通过钢筋混凝土柱顶预埋的锚栓固定，锚栓设在底板靠柱轴线的外侧区格。为便于屋架安装就位及固定牢靠，底板上应有较大的锚栓孔，就位后再将套进锚栓的垫板焊于底板上。锚栓直径 d 一般为 18～24mm，底板上的锚栓孔常用 U 形孔，孔径为（2～2.5）d，垫板上的孔径取 d +（1～2）mm。底板边长应取 10mm 的整倍数，锚栓与节点板、加劲板中线之间的最小距离应便于锚栓操作定位。

支座节点的计算，包括底板面积及厚度、节点板与加劲板的竖焊缝以及节点板、加劲板与底板的水平焊缝三个部分。

1）底板面积及厚度。

底板面积按下式计算：

$$A = a \times b \geqslant \frac{R}{\beta_c f_c} + A_o \qquad (7-50)$$

式中 R——支座反力；

β_c——混凝土局部承压时的提高系数；

f_c——支座混凝土轴心抗压强度设计值；

A_o——锚栓孔的面积。

通常按计算需要的底板面积较小，底板的平面尺寸主要根据构造要求确定，参见表 7-13。

表 7-13 屋架支座底板和锚栓尺寸选用表（mm）

支座反力（kN）		130	260	390	520	650	780	810
底板平面尺寸	C20 及以上	250×(220~250)	300×(220~300)	300×(220~300)	350×(220~350)	350×(250~350)	350×(250~350)	350×(300~350)
底板厚度	Q235	16	20	20	20	24	24	26
	Q345	16	16	20	20	20	20	22
焊缝的焊脚尺寸		6	6	7	8	8	10	10
锚栓直径 M		20	20	20	24	24	24	24
底板上的锚栓孔径 d		50	50	50	60	60	60	60

底板的厚度按均布荷载下板的抗弯强度计算。支座底板被节点板与加劲板分隔为两相邻边支承的四块板，其单位宽度的最大弯矩为：

$$M=\beta q a_1^2 \tag{7-51}$$

式中 q——底板下反力的平均值，$q=R/(A-A_0)$；

β——系数，由 b_1/a_1 值按表 7-14 查出；

a_1、b_1——对角线长度和底板中点至对角线的距离［图 7-64（a）］；对三边支承板 a_1 为自由边长，b_1 为与自由边垂直的支承边长。

表 7-14 三边支承板及两相邻边支承板的弯矩系数 β 值

b_1/a_1	0.3	0.4	0.5	0.6	0.7	0.8	0.9	1.0	1.2	≥1.4
β	0.027	0.044	0.060	0.075	0.087	0.097	0.105	0.112	0.121	0.126

支座底板的厚度为：

$$t\geqslant\sqrt{\frac{6M}{f}} \tag{7-52}$$

为使混凝土均匀受压，底板不宜太薄，一般 $t\geqslant16$mm。

2）加劲肋的厚度可取等于或略小于节点板的厚度。通常假定一个加劲肋传递支座反力的 1/4，加劲肋与节点板的连接焊缝按下式计算：

$$\sqrt{\left(\frac{V}{2\times0.7h_f l_w}\right)^2+\left(\frac{6M}{2\times0.7\beta_f h_f l_w^2}\right)^2}\leqslant f_f^w \tag{7-53}$$

式中 V——焊缝所受的剪力，即 $V=R/4$；

M——偏心弯矩，$M=Vb/4=Rb/16$；

β_f——正面角焊缝的强度增大系数，承受静力荷载或间接动力荷载时 $\beta_f=1.22$，直接承受动力荷载时 $\beta_f=1.0$。

3）屋架支座节点板和垂直加劲肋与支座底板连接的水平连接焊缝，一般采用角焊缝，焊缝强度按下式计算：

$$\sigma_f=\frac{R}{0.7h_f\Sigma l_w}\leqslant\beta_f f_f^w \tag{7-54}$$

式中 Σl_w——节点板、加劲肋与支座底板连接焊缝计算长度之和。

（8）屋架刚接支座节点。在全钢结构的房屋中，屋架与柱的连接有时设计成刚性连接；此时支座节点不仅承受屋架的竖向支座反力，还要承受屋架作为框架横梁的支座弯矩和水平力，见图 7-46。为使支座节点板不致过大，屋架弦杆和斜腹杆的轴线一般汇交于柱的内边缘。

1）图7－65为采用安装焊缝加支托的刚接支座节点，其中图7－65（a）的支座斜腹杆为上升式，图7－65（b）的支座斜腹杆为下降式。安装时屋架端节点板与焊在柱翼缘上的竖直角钢相靠，在节点板另一侧加竖直肋板，屋架就位后再焊三条竖焊缝，竖直角钢下的短角钢为安装支托。上弦节点一般另加盖板连接。

在图7－65（a）的连接中，下弦节点的竖直焊缝"a"和"b"应按下式计算：

$$\sqrt{\left(\frac{R}{2\times 0.7h_f l_w}\right)^2+\left(\frac{H}{2\times 0.7h_f l_w\beta_f}+\frac{6M}{2\times 0.7h_f l_w^2\beta_f}\right)^2}\leqslant 0.9f_f^w \tag{7-55}$$

对焊缝"a"，

$$M=Re_2\pm He_1 \tag{7-56}$$

对焊缝"b"，

$$M=He_1 \tag{7-57}$$

式中 R——屋架支座的竖向反力；

H——下弦节点处的最大水平力，在公式（7－56）中，当H为拉力时取正号，压力时取负号；在公式（7－57）中，H为拉、压力的绝对最大值；

e_1——水平力H作用线（屋架下弦杆轴线）至焊缝"a"中心线的距离；

e_2——柱边缘至焊缝"a"的距离；

f_f^w——焊缝的强度设计值，0.9为考虑高空施焊的折减系数。

在图7－65（a）中的上弦节点处，连接盖板的截面尺寸及其与柱顶板和屋架上弦杆的连接角焊缝，通常可近似按承受上弦节点处最大水平力（不考虑偏心）计算。连接盖板的厚度一般为8～14mm，连接角焊缝的焊脚尺寸为6～10mm。

在图7－65（b）中的连接中，上弦节点连接盖板的截面尺寸及其与柱顶板和屋架上弦杆的连接角焊缝，亦可近似按承受上弦节点最大水平力计算；竖直焊缝"a"承受支座竖向反力R和弯矩$M=Re_2$，按公式（7－55）计算，竖直焊缝"b"只承受竖向反力R。下弦支承节点的竖直焊缝按承受屋架下弦端节间的最大轴向力确定。

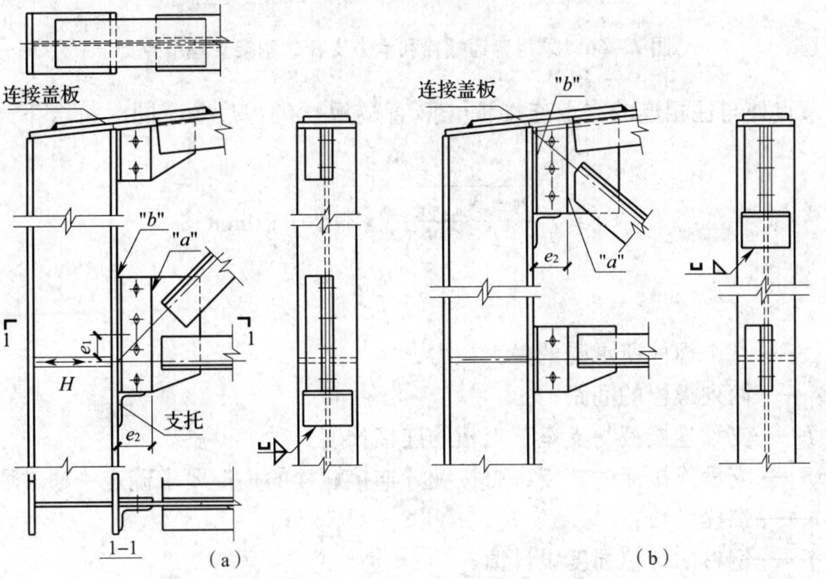

图7－65 采用安装焊缝的刚接支座节点

2）图7-66为采用普通C级螺栓加承力支托的刚接支座节点。在屋架下弦支承节点处，与柱相连所用的普通螺栓一般成对配置，且不宜小于6M20。此时边行受力最大的一个螺栓所受的拉力按下式计算：

$$N_{\max}=\frac{N_t}{n}+\frac{N_t e_1 y_1}{2\sum y_i^2}\leqslant N_t^b \tag{7-58}$$

式中 n——螺栓总数；

N_t——螺栓承受的水平拉力；

e_1——N_t作用线（屋架下弦杆轴线）至螺栓群形心的距离；

y_1——中和轴（假定在螺栓群形心处）至最下排螺栓的距离；

$\sum y_i^2$——中和轴至各排螺栓距离的平方和；

N_t^b——螺栓的受拉承载力设计值。

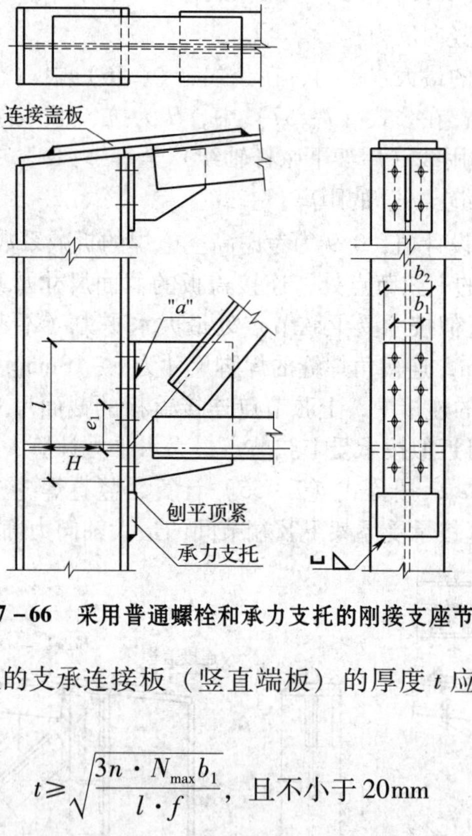

图7-66 采用普通螺栓和承力支托的刚接支座节点

下弦节点处与柱相连的支承连接板（竖直端板）的厚度t应同时符合下列公式的要求：

$$t\geqslant\sqrt{\frac{3n\cdot N_{\max}b_1}{l\cdot f}}，且不小于20mm \tag{7-59}$$

$$t\geqslant\frac{R}{b_2 f_{ce}} \tag{7-60}$$

式中 $N_{\max}$——一个螺栓所承受的最大拉力；

b_1——两列螺栓的间距；

l——支承连接板与支座节点板的连接长度；

b_2——支承连接板的宽度，可按配置连接螺栓的构造要求确定，通常取200mm；

n——螺栓排数；

f——钢材的抗拉强度设计值；

f_{ce}——钢材的端面承压设计值。

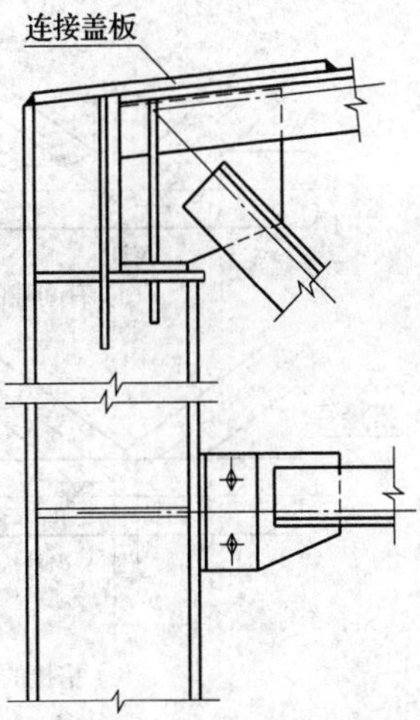

图 7-67 上承式屋架刚接节点

支承连接板与支座节点板的连接焊缝“a”，承受竖向反力 R、最大水平力 H（拉力或压力）以及偏心弯矩 $M=He_1$（e_1为水平力 H 作用线至焊缝“a”中心线的距离），应按公式（7-55）计算。

焊于柱上的承力支托一般采用厚度为 30~40mm 钢板制成，其宽度取屋架支承连接板宽度加 50~60mm，高度不应小于 140mm。当支座竖向反力较小时（$R<400\text{kN}$），可采用不小于∠140×14 或∠140×90×14 的角钢并切去部分水平肢做成。支托与柱的连接通常采用三面围焊，焊脚尺寸一般不应小于 8mm，可按下式计算：

$$\tau=\frac{1.3R}{0.7h_f\sum l_w}\leqslant f_f^w \tag{7-61}$$

3）图 7-67 为利用柱顶设置切口台阶形成上承式屋架的刚性连接，这种支承形式适用于柱截面高度较大的场合。

7.2.6 钢管屋架连接节点和计算。

1 基本要求。

（1）钢管屋架的节点通常不用节点板，而将杆件直接汇交焊接［图 7-68（a）、（b）］即顶接，构造简单，制作方便。支管端部应使用自动切割机切割，支管壁厚小于 6mm 时可不切坡口。钢管屋架杆件端部应进行焊接封闭，以防管内锈蚀。

当方钢管屋架节点需要加强时，可采用通过垫板焊接的连接节点［图 7-68（c）］。

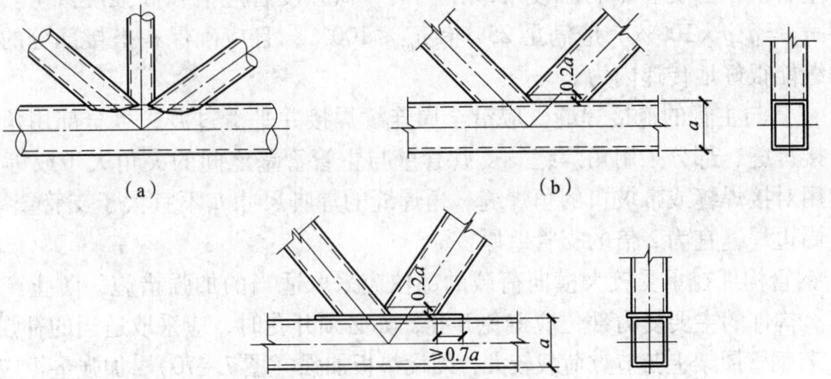

图 7-68 钢管屋架节点

（2）各杆件截面重心轴线应汇交于节点中心，尽可能避免偏心。若支管与主管连接节点偏心不超过公式（7-62）限制时，在计算节点和受拉主管承载力时，可忽略因偏心引起的弯矩影响，但受压主管必须考虑此偏心弯矩 $M=\Delta N\times e$（ΔN 为节点两侧主管轴力之差值）。

$$-0.55\leqslant\frac{e}{D}\text{或}\frac{e}{h}\leqslant 0.25 \tag{7-62}$$

式中 e——偏心距，见图 7-69 所示；

D——圆管主管外径；

h——连接平面内的方（矩）形主管截面高度。

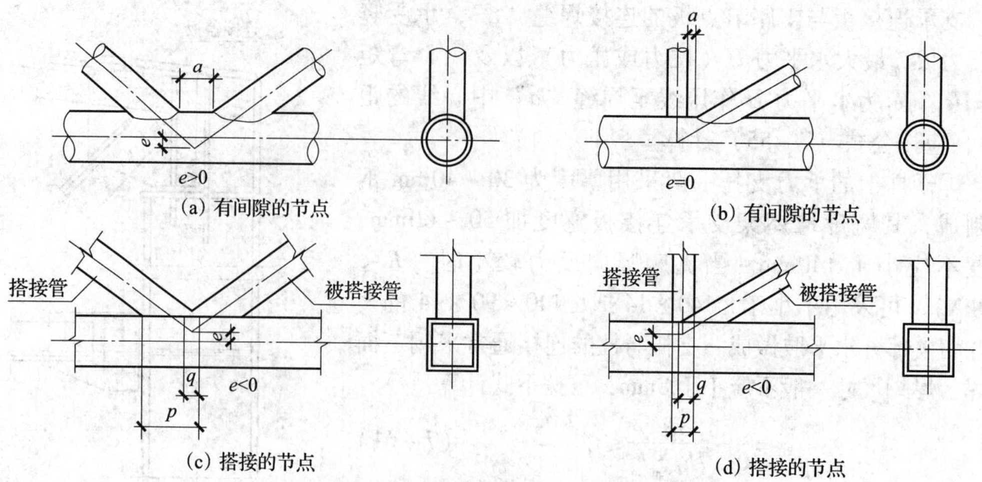

图 7-69 K 形和 N 形管节点的偏心和间隙

(3) 主管的外部尺寸不应小于支管的外部尺寸，主管的壁厚不应小于支管的壁厚，在支管与主管连接处不得将支管插入主管内。主管与支管或两支管轴线之间的夹角不宜小于 30°。

(4) 对有间隙的 K 形或 N 形节点［图 7-69（a）、（b）］，支管间隙 a 应不小于两支管壁厚之和。

(5) 对搭接的 K 形或 N 形节点［图 7-69（c）、（d）］，当支管厚度不同时，薄壁管应搭在厚壁管上；当支管钢材强度等级不同时，低强度管应搭在高强度管上。搭接节点的搭接率 $\eta_{ov}=q/p\times100\%$，应满足 $25\%\leqslant\eta_{ov}\leqslant100\%$，且应确保在搭接部分的支管之间的连接焊缝能很好地传递内力。

(6) 支管与主管的连接焊缝，应沿全周连续焊接并平滑过渡，可全部用角焊缝或部分采用对接焊缝、部分采用角焊缝。支管管壁与主管管壁之间的夹角大于或等于 120°时的区域宜用对接焊缝或带坡口的角焊缝。角焊缝的焊脚尺寸 h_f 不宜大于支管壁厚的 2 倍；搭接支管周边焊缝宜为 2 倍的支管壁厚。

(7) 钢管构件在承受较大横向荷载的部位应采取适当的加强措施，防止产生过大的局部变形。构件的主要受力部位应避免开孔，如必须开孔时，应采取适当的补强措施。

(8) 若钢管屋架上弦节点荷载较大，须设垫板加强（图 7-70）。加强垫板应保证钢管屋架上弦的局部刚度及屋面构件有足够的支承长度，厚度不宜小于 8mm。若方钢管屋架上弦较宽，垫板可直接焊于弦杆上［图 7-70（a）］，当其外伸尺寸较大时，宜设加劲肋［图 7-70（b）］；圆钢管屋架上弦的加强垫板通过加劲肋与圆钢管相连［图 7-70（c）］。

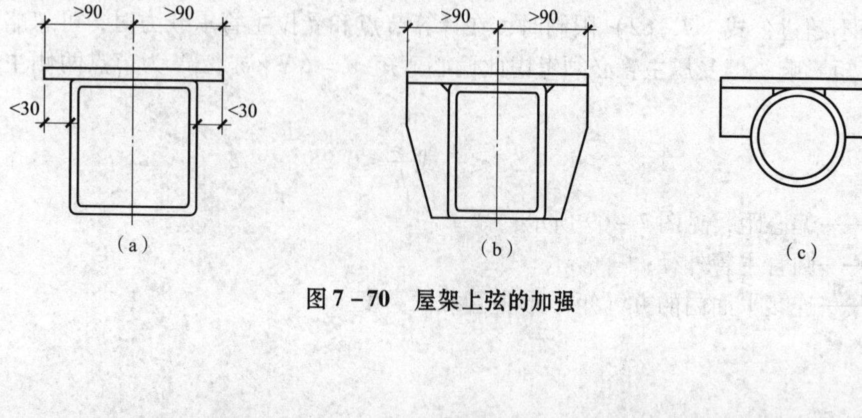

图 7-70 屋架上弦的加强

2. 连接节点。

(1) 钢管屋架弦杆与腹杆中间节点的连接构造应根据杆件内力、相对尺寸及弦杆厚度等因素确定。

若腹杆内力较小，腹杆与弦杆可直接顶接，如图7-71 (a)、(d) 所示。腹杆内力较大时，腹杆与弦杆宜采用以垫板加强的顶接连接，如图7-71 (b)、(e) 所示。垫板厚度一般不小于6mm。当腹杆与弦杆边缘间的距离大于30mm时，宜在腹杆上设加劲肋加强 [图7-71 (c)]。为了加强节点刚度也可在弦杆两边布置加强板 [图7-71 (f)]。

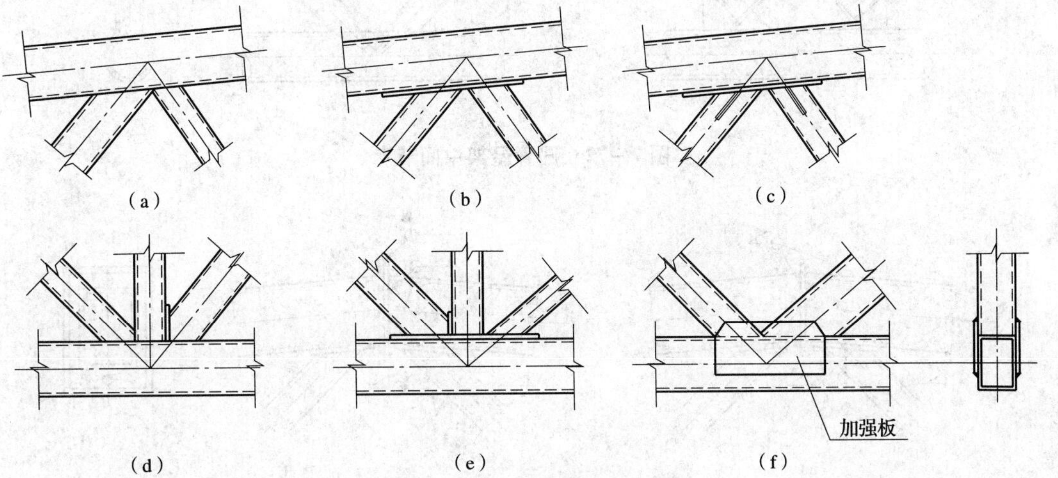

图7-71 方钢管屋架中间节点

腹杆在弦杆处交错连接时，应使较大腹杆与弦杆（或垫板）直接连接，较小腹杆可切角与较大腹杆和弦杆顶接。斜腹杆与竖杆连接时，可加设竖向垫板过渡，如图7-71 (d)、(e) 所示。

(2) 圆钢管屋架的腹杆与弦杆的连接一般采用直接顶接，杆件端部经仿形机加工或精密切割成弧形剖口，以使腹杆与弦杆在相关面上紧密贴合，接触面的空隙不宜大于2mm，以确保焊接质量。

圆钢管屋架弦杆与腹杆直接顶接的节点构造见图7-72 (a)、(b)。一般应使较大腹杆与弦杆直接顶接，较小腹杆除与弦杆连接外，尚可能与其他腹杆相连，其端部应加工成相关面以确保弦杆与较大腹杆紧密贴合。图7-72 (a) 中上弦杆上表面的平板是为放置檩条或屋面板而设置，平板通过加劲肋与圆钢管相连。

圆钢管屋架可采用插接，即采用节点板连接 [图7-72 (c)]，连接需要剖开钢管，以使节点板插入。图7-72 (d) 为将钢管敲扁直接连接的形式，该节点刚度较小，仅适用于中小跨度的屋架。

(3) 钢管屋架的屋脊节点可采用顶接或螺栓连接（图7-73）。

图7-73 (a) 适用于跨度较小、整榀制作的屋架，该节点构造简单、施工方便。

当屋架跨度较大时，宜在屋脊处分段制作，工地拼装，如图7-73 (b) 所示。顶接板有大、小两块，尺寸按构造确定，大板的长、宽通常比小板大20~30mm，以便施焊。若屋架设有中央竖杆，则应加长顶接板以连接竖杆。顶接板的厚度不宜小于10mm。

(4) 常用支座节点有顶接式和插接式两种。

图7-74 为顶接式支座节点的两种形式。图7-74 (a) 中屋架支座底板可直接搁置

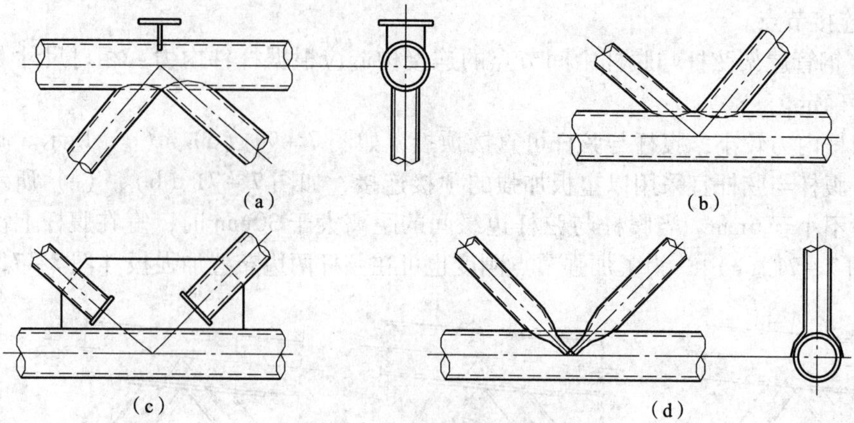

图 7-72 圆管屋架中间节点

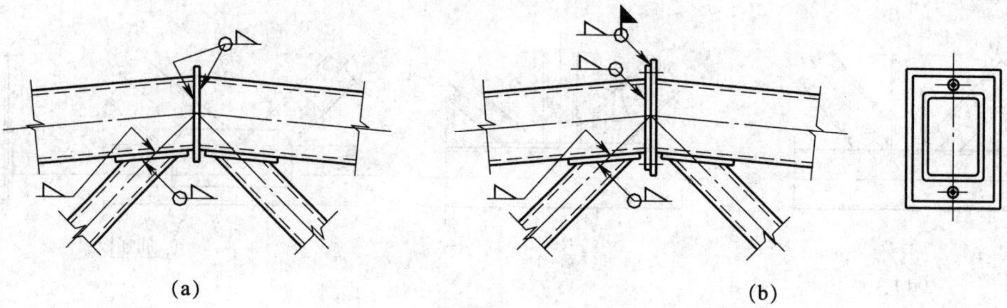

图 7-73 屋脊节点

于柱顶，适用于跨度较小、下弦杆不加高的情况，构造简单，受力明确，节省材料。图7-74（b）为加高下弦与柱顶的连接，这种支座节点适应性较强，但耗钢量较多；图中加劲肋和垫板的厚度均不得小于8mm。

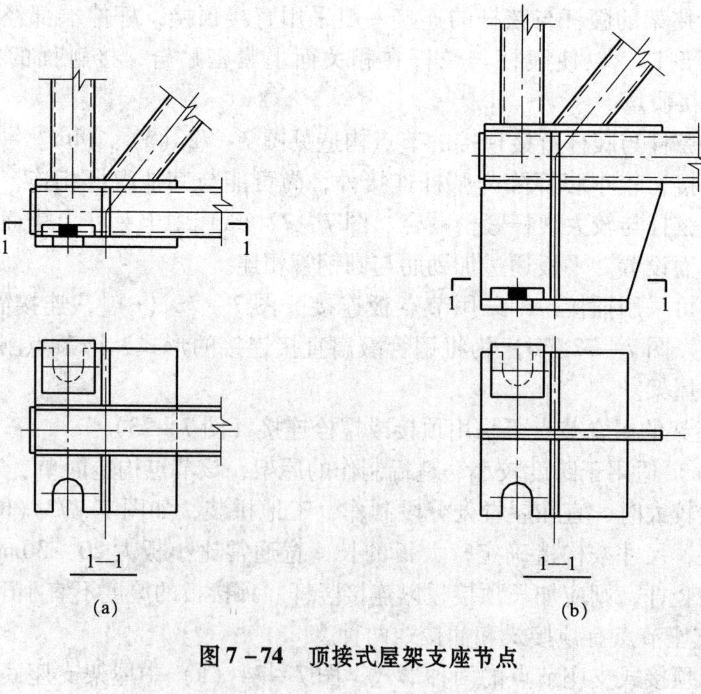

图 7-74 顶接式屋架支座节点

图7－75为开口插接式支座节点，其中杆件的连接强度取决于节点板与弦杆间的连接焊缝。

屋架支座底板上锚固螺栓及垫板设置与角钢屋架相同。

（5）当材料长度不足或弦杆截面有改变，以及屋架分单元运输时弦杆经常要拼接。拼接点宜设在内力较小的节间；工地拼接点通常在节点。

1）受拉构件的拼接接头，一般采用内衬垫板或衬管的单面焊接（图7－76）。接头与杆件按等强度设计。

2）受压构件的拼接接头，一般采用隔板焊接（图7－77）。杆件端部与隔板顶紧，隔板两侧杆件的纵轴线应位于同一直线上。

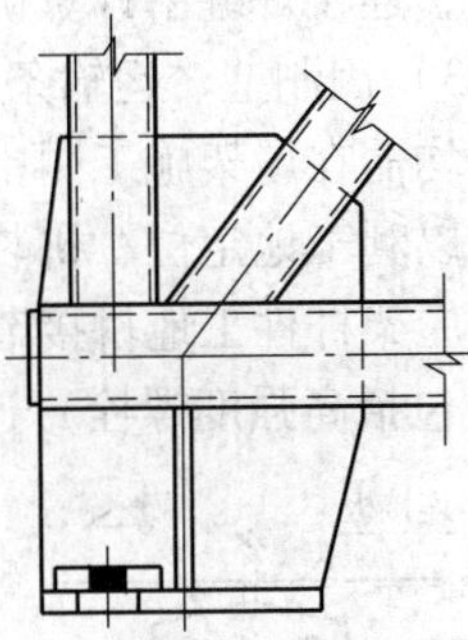

图7－75 插接式屋架支座节点

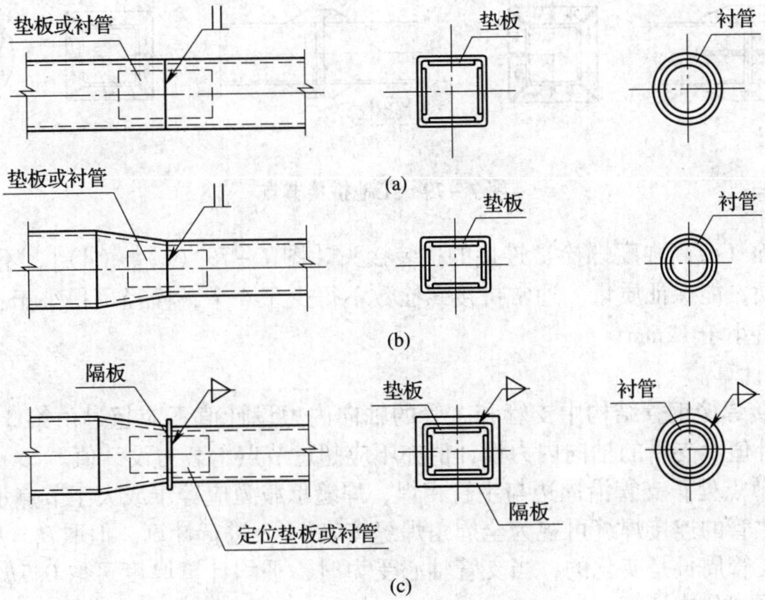

图7－76 有内衬的单面焊接接头

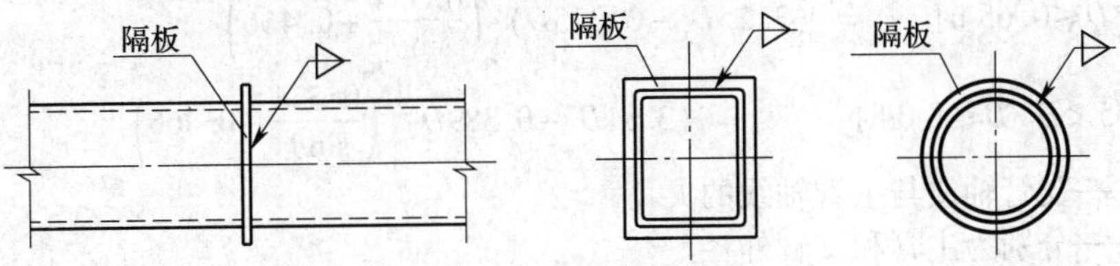

图7－77 直隔板焊接接头

若屋架受压杆件采用图7－77所示直隔板焊接接头的强度不能满足时，可采用斜隔板顶接接头（图7－78），以增加连接焊缝长度，斜隔板与杆件纵轴线的交角不宜小于45°，隔板厚度不得小于6mm。

当承受节间弯矩的受压弦杆截面上出现拉应力时，宜采用图7－76（c）的接头形式，同时设隔板、垫板或

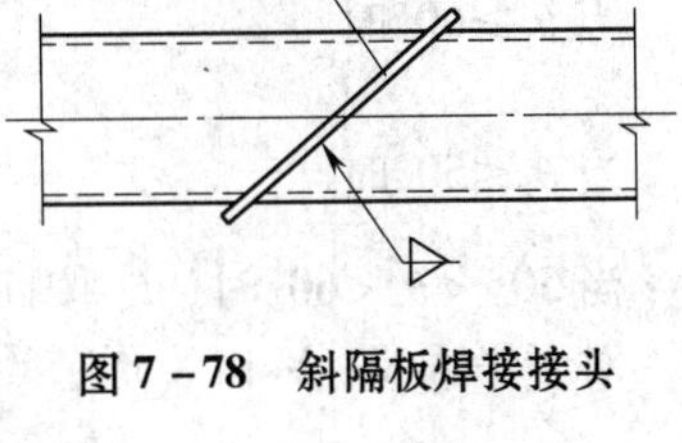

图7－78 斜隔板焊接接头

衬管，连接焊缝由计算确定。

3）因制造、运输条件所限，屋架需分段制作、工地拼装时，拼装节点的位置和接头形式均需在屋架施工图中详细说明。工地拼装节点处应设定位螺栓，如图7－73（b）所示，以利工地定位、拼装。

屋架杆件工地拼接节点如图7－79。拼装接头可采用焊接［图7－79（a）、(b)］、螺栓（包括高强度螺栓）连接［图7－79（c）、(d)］。

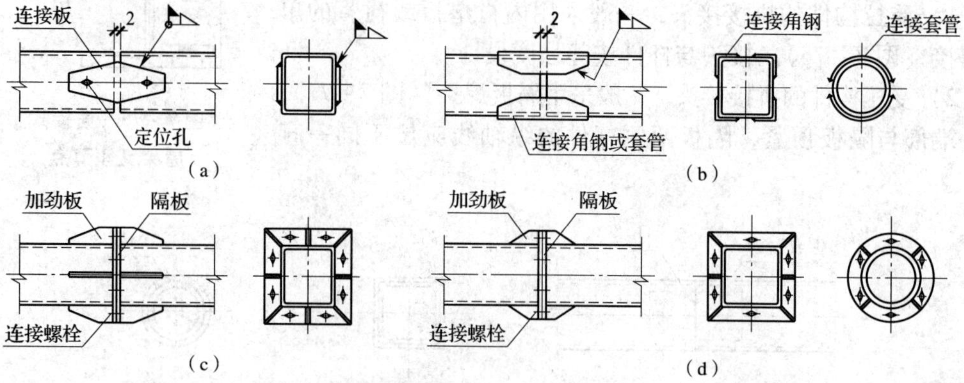

图7－79　工地拼接节点

采用螺栓（或高强度螺栓）连接的拼装接头［图7－79（c）、(d)］，不需要工地焊接，施工方便，能保证质量。通常拼接螺栓数不得少于4个，栓径不得小于12mm，顶接板的厚度不宜小于12mm。

3　节点计算。

（1）直接焊接钢管结构中支管和主管的轴向内力设计值不应超过由第3章确定的杆件承载力设计值。支管的轴向内力设计值亦不应超过节点承载力设计值。

（2）在节点处，支管沿周边与主管相焊，焊缝承载力应等于或大于节点承载力。

支管与主管的连接焊缝可视为全周角焊缝按表4－3进行计算，但取$\beta_f=1$。角焊缝的计算厚度沿支管周长是变化的，当支管轴心受力时，平均计算厚度可取$0.7h_f$。焊缝的计算长度可按下列公式计算：

在圆管结构中取支管与主管相交线长度，

当$D_i/D\leqslant0.65$时　$$l_w=(3.25D_i-0.025D)\left(\frac{0.534}{\sin\theta_i}+0.466\right) \tag{7-63}$$

当$0.65<D_i/D\leqslant1.0$时　$$l_w=(3.81D_i-0.389D)\left(\frac{0.534}{\sin\theta_i}+0.466\right) \tag{7-64}$$

式中　θ_i——支管轴线与主管轴线的夹角；

D、D_i——分别为主管和支管外径。

在方（矩）形管结构中，支管与主管交线的计算长度：

对于有间隙的平面K、N形节点

当$\theta_i\geqslant60°$时　$$l_w=\frac{2h_i}{\sin\theta_i}+b_i \tag{7-65}$$

当$\theta_i\leqslant50°$时　$$l_w=\frac{2h_i}{\sin\theta_i}+2b_i \tag{7-66}$$

当$50°<\theta_i<60°$时，l_w按插值法确定。

对于平面T、Y和X形节点（图7－85、图7－86）

$$l_w = \frac{2h_i}{\sin\theta_i} \tag{7-67}$$

式中 h_i、b_i——分别为支管的截面高度和宽度。

圆钢管杆件连接角焊缝的焊脚尺寸一般取 $h_f \leqslant 2t_i$（t_i支管壁厚）；方（矩）钢管连接焊缝的焊脚尺寸，则不宜大于所连接杆件最小厚度的1.5倍。

当支管为圆管、主管为矩形管时，焊缝计算长度取为支管与主管的相交线长度减去 D_i。

（3）主管和支管均为圆管的直接焊接节点承载力按以下几种情况计算，但节点的几何参数应满足下列条件：$0.2 \leqslant \beta = D_i/D \leqslant 1.0$；$0.2 \leqslant \tau = t_i/t \leqslant 1.0$；$\gamma = D/2t \leqslant 50$；$D_i/t_i \leqslant 60$；$D/t \leqslant 100$；$\theta \geqslant 30°$，$60° \leqslant \phi \leqslant 120°$。其中 D、t 为主管的外径和壁厚；D_i、t_i为支管的外径和壁厚；θ 为支管轴线间小于直角的夹角；ϕ 为空间管节点支管的横向夹角，即支管轴线在主管横截面所在平面投影的夹角。

为保证节点处主管的强度，支管的轴心力不得大于下列规定中的承载力设计值：

1）平面X形节点（图7-80）。

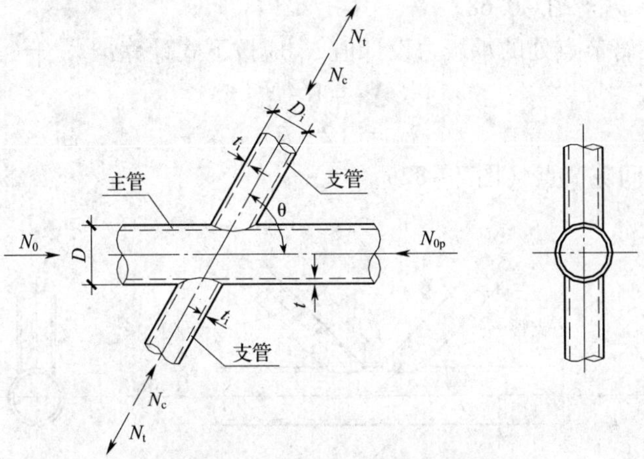

图7-80 平面X形节点（圆管）

①受压支管在管节点处的承载力设计值 N_{cX} 应按下式计算：

$$N_{cX} = \frac{5.45}{(1-0.81\beta)\ \sin\theta}\psi_n \cdot t^2 \cdot f \tag{7-68}$$

式中 β——支管外径与主管外径之比，$\beta = D_i/D$；

ψ_n——参数，$\psi_n = 1.0 - 0.3\dfrac{\sigma}{f_y} - 0.3\left(\dfrac{\sigma}{f_y}\right)^2$，当节点两侧或一侧主管受拉时，$\psi_n = 1$；

t——主管壁厚；

θ——支管轴线与主管轴线的夹角；

σ——节点两侧主管较小轴向压应力（绝对值）；

f——主管钢材的抗拉、抗压和抗弯强度设计值；

f_y——主管钢材的屈服强度。

②受拉支管在管节点处的承载力设计值 N_{tX} 应按下式计算：

$$N_{tX} = 0.78\left(\frac{D}{t}\right)^{0.2} N_{cX} \tag{7-69}$$

2）平面T形（或Y形）节点［图7-81（a）、（b）］。

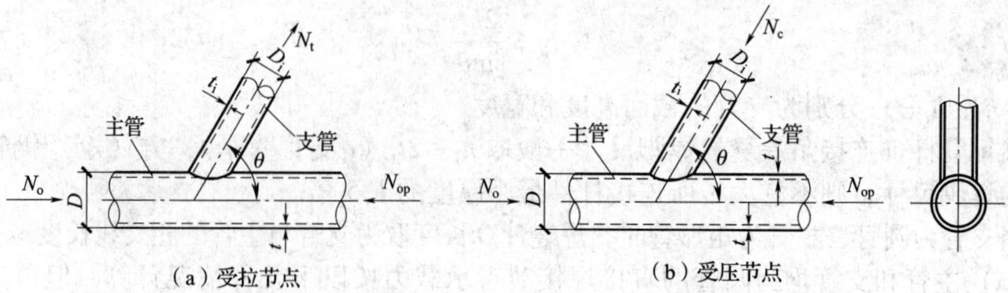

图 7-81　平面 T 形（或 Y 形）节点（圆管）

①受压支管在管节点处的承载力设计值 N_{cT} 应按下式计算：

$$N_{cT}=\frac{11.51}{\sin\theta}\left(\frac{D}{t}\right)^{0.2}\cdot\psi_n\cdot\psi_d\cdot t^2\cdot f \tag{7-70}$$

式中　ψ_d——参数，当 $\beta\leqslant0.7$ 时，$\psi_d=0.069+0.93\beta$；

当 $\beta>0.7$ 时，$\psi_d=2\beta-0.68$。

②受拉支管在管节点处的承载力设计值 N_{tT} 应按下式计算：

当 $\beta\leqslant0.6$ 时，　$N_{tT}=1.4N_{cT}$　(7-71)

当 $\beta>0.6$ 时，　$N_{tT}=(2-\beta)N_{cT}$　(7-72)

3）平面 K 形间隙节点（图 7-82）。

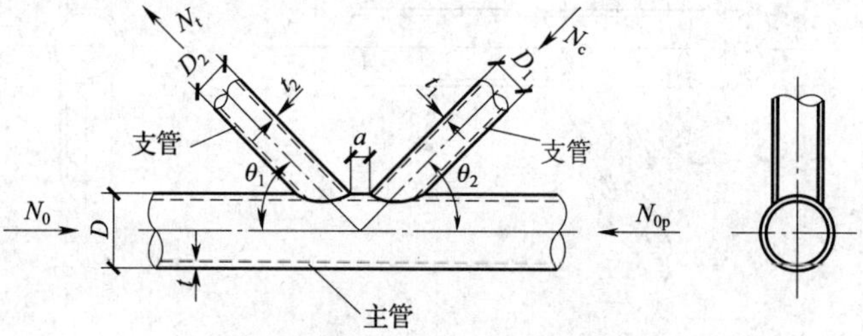

图 7-82　平面 K 形间隙节点（圆管）

①受压支管在管节点处的承载力设计值 N_{cK} 应按下式计算：

$$N_{cK}=\frac{11.51}{\sin\theta_c}\left(\frac{D}{t}\right)^{0.2}\cdot\psi_n\cdot\psi_d\cdot\psi_a\cdot t^2\cdot f \tag{7-73}$$

式中　θ_c——受压支管轴线与主管轴线的夹角；

ψ_a——参数，按下式计算：

$$\psi_a=1+\left(\frac{2.19}{1+7.5a/D}\right)\left(1-\frac{20.1}{6.6+D/t}\right)(1-0.77\beta) \tag{7-74}$$

a——两支管间的间隙。

②受拉支管在管节点处的承载力设计值 N_{tK} 应按下式计算：

$$N_{tK}=\frac{\sin\theta_c}{\sin\theta_t}N_{cK} \tag{7-75}$$

式中　θ_t——受拉支管轴线与主管轴线的夹角。

4）平面 K 形搭接节点（图 7-83）。

①受压支管在管节点处的承载力设计值 N_{cK} 应按下式计算：

$$N_{cK}=\left(\frac{29}{\psi_q+25.2}-0.074\right)A_c f \tag{7-76}$$

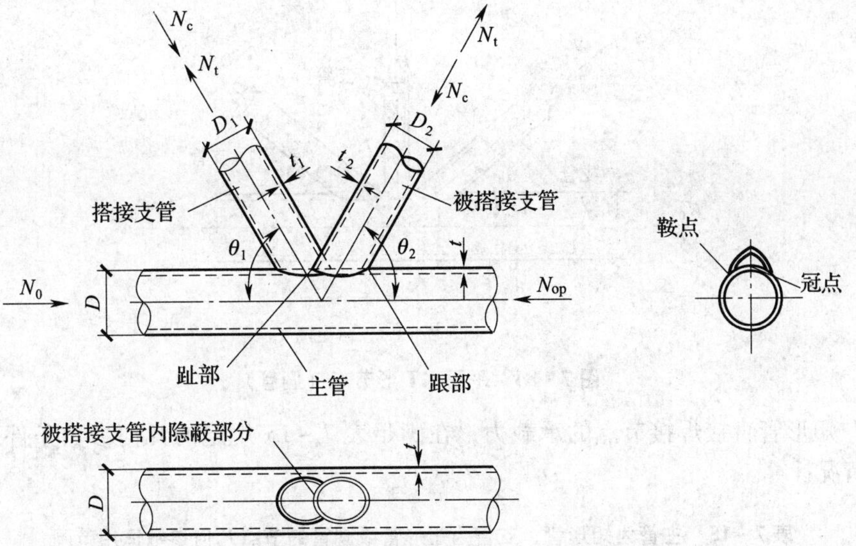

图 7-83 平面 K 形搭接节点（圆管）

②受拉支管在管节点处的承载力设计值 N_{tK} 应按下式计算：

$$N_{tK}=\left(\frac{29}{\psi_q+25.2}-0.074\right)A_t f \qquad (7-77)$$

式中 ψ_q——参数，$\psi_q=\beta^{\eta_{ov}}\gamma\tau^{(0.8-\eta_{ov})}$，$\gamma=D/(2t)$，$\tau=t_i/t$；$\eta_{ov}$ 见表 7-15 注 3；

A_c——受压支管的截面面积；

A_t——受拉支管的截面面积。

5）平面 KT 形节点［图 7-84（a）、（b）］。若竖杆不受力，可按没有竖杆的 K 形节点计算，其间隙 a 取为两斜杆的趾间距。当竖杆受力时，可按下列公式计算：

$$N_1\sin\theta_1+N_3\sin\theta_3\leqslant N_{cK1}\sin\theta_1 \text{（}N_1\text{为压力）} \qquad (7-78)$$

$$N_2\sin\theta_2\leqslant N_{cK1}\sin\theta_1 \text{（}N_2\text{为拉力）} \qquad (7-79)$$

当竖杆受拉力时，尚应按下式计算：

$$N_1\leqslant N_{cK1} \qquad (7-80)$$

式中 N_{cK1}——K 形节点受压斜支管承载力设计值，由公式（7-73）计算，但公式中的 $\beta=\dfrac{D_i}{D}$ 用 $\dfrac{D_1+D_2+D_3}{3D}$ 代替。

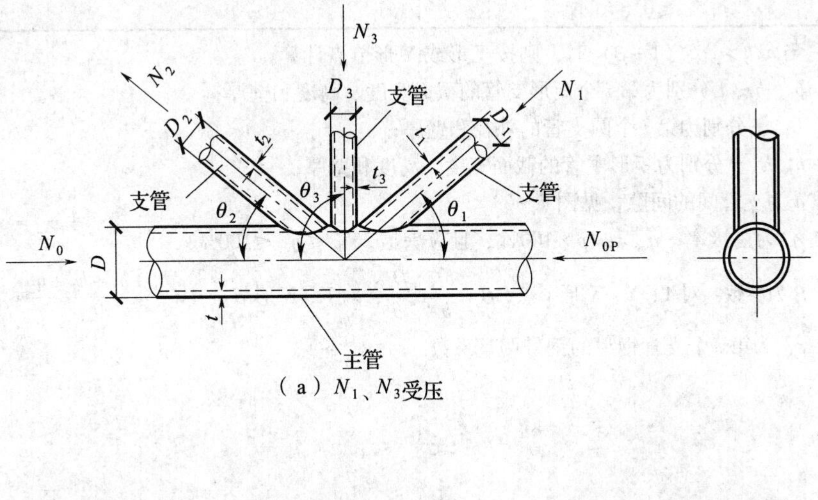

（a）N_1、N_3受压

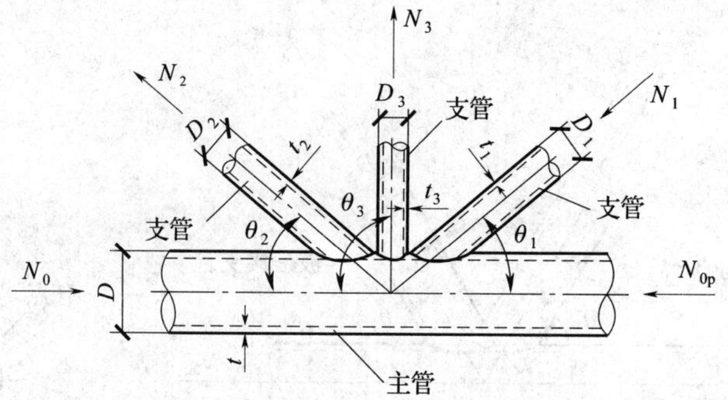

（b）N_2、N_3受拉

图 7－84　平面 KT 形节点（圆管）

（4）矩形管直接焊接节点的承载力，在满足表 7－15 规定的几何参数条件下，按以下几种情况计算。

表 7－15　主管为矩形管、支管为矩形管或圆管的节点几何参数适用范围

<table>
<tr><td rowspan="3">管截面形式</td><td rowspan="3" colspan="2">节点形式</td><td colspan="7">节点几何参数，$i=1$ 或 2，表示支管；j 表示被搭接的支管</td></tr>
<tr><td rowspan="2">$\frac{b_i}{b}$，$\frac{h_i}{b}$（或$\frac{D_i}{b}$）</td><td colspan="2">$\frac{b_i}{t_i}$，$\frac{h_i}{t_i}$（或$\frac{D_i}{t_i}$）</td><td rowspan="2">$\frac{h_i}{b_i}$</td><td rowspan="2">$\frac{b}{t}$，$\frac{h}{t}$</td><td rowspan="2">a 或 η_{ov}
$\frac{b_i}{b_j}$，$\frac{t_i}{t_j}$</td></tr>
<tr><td>受压</td><td>受拉</td></tr>
<tr><td rowspan="4">主管为矩形管</td><td rowspan="3">支管为矩形管</td><td>T、Y、X 形</td><td>$\geqslant 0.25$</td><td rowspan="2">$\leqslant 37\varepsilon_{k,i}$
且$\leqslant 35$</td><td rowspan="3">$\leqslant 35$</td><td rowspan="3">$0.5\leqslant\frac{h_i}{b_i}\leqslant 2$</td><td rowspan="2">$\leqslant 35$</td><td>—</td></tr>
<tr><td>有间隙的K形和N形</td><td>$\geqslant 0.1+0.01\frac{b}{t}$
$\beta\geqslant 0.35$</td><td>$0.5(1-\beta)\leqslant\frac{a}{b}\leqslant 1.5(1-\beta)$
$25\%\leqslant\eta_{ov}\leqslant 100\%$
$a\geqslant t_1+t_2$</td></tr>
<tr><td>搭接K形和N形</td><td>$\geqslant 0.25$</td><td>$\leqslant 33\varepsilon_{k,i}$</td><td>$\leqslant 40$</td><td>$\frac{t_i}{t_j}\leqslant 1.0$
$0.75\leqslant\frac{b_i}{b_j}\leqslant 1.0$</td></tr>
<tr><td colspan="2">支管为圆管</td><td>$0.4\leqslant\frac{D_i}{b}\leqslant 0.8$</td><td>$\leqslant 44\varepsilon_{k,i}$</td><td>$\leqslant 50$</td><td colspan="3">用 $b_i=D_i$ 后，仍能满足上述相应条件</td></tr>
</table>

注：1　当 $a/b>1.5(1-\beta)$ 时，则按 T 形或 Y 形节点计算。

2　b_i、h_i、t_i分别为第 i 个矩形支管的截面宽度、高度和壁厚；
D_i、t_i分别为第 i 个圆支管的外径和壁厚；
b、h、t 分别为矩形主管的截面宽度、高度和壁厚；
a 为支管间的间隙，见图 7－69。

3　η_{ov}为搭接率，$\eta_{ov}=q/p\times 100\%$，且应满足 $25\%\leqslant\eta_{ov}\leqslant 100\%$。

4　β 为参数：对 T、Y、X 形节点，$\beta=\frac{b_i}{b}$或$\frac{D_i}{b}$；对 K、N 形节点$\beta=\frac{b_1+b_2+h_1+h_2}{4b}$或$\beta=\frac{D_1+D_2}{2b}$。

5　$\varepsilon_{k,i}$为第 i 个支管钢材的钢号调整系数。

为保证节点处矩形主管的强度，支管的轴力 N_i 和主管的轴力 N 不得大于下列规定的节点承载力设计值：

1）支管为矩形管的平面 T、Y 和 X 形节点（图 7-85、图 7-86）。

①当 $\beta \leqslant 0.85$ 时（主管表面塑性破坏），支管在节点处的承载力设计值 N_{ui} 应按下列公式计算：

$$N_{ui} = 1.8\left(\frac{h_i}{bC\sin\theta_i} + 2\right)\frac{t^2 f}{C\sin\theta_i}\psi_n \tag{7-81}$$

式中 ψ_n——参数，当主管受压时，$\psi_n = 1.0 - \frac{0.25\sigma}{\beta f}$；当主管受拉时，$\psi_n = 1.0$；

C——参数，$C = \sqrt{(1-\beta)}$；

σ——节点两侧主管轴心压应力的较大绝对值。

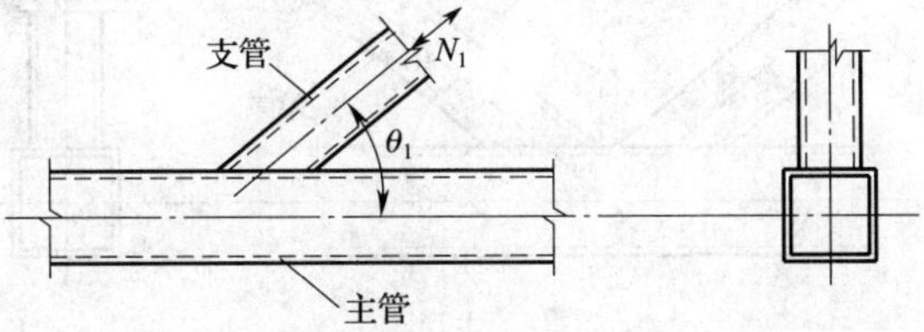

图 7-85 平面 T、Y 形节点（矩形管）

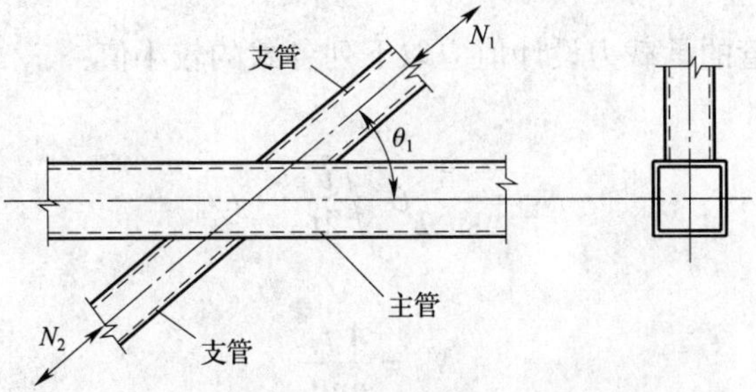

图 7-86 平面 X 形节点（矩形管）

②当 $\beta = 1.0$ 时（主管侧壁破坏），支管在节点处的承载力设计值 N_{ui} 应按下列公式计算：

$$N_{ui} = \left(\frac{2h_i}{\sin\theta_i} + 10t\right)\frac{tf_k}{\sin\theta_i}\psi_n \tag{7-82}$$

对于 X 形节点，当 $\theta_i < 90°$ 且 $h \geqslant h_i/\cos\theta_i$ 时，尚应按下列公式验算：

$$N_{ui} = \frac{2.0htf_v}{\sin\theta_i} \tag{7-83}$$

式中 f_k——主管强度设计值，当支管受拉时，$f_k = f$；当支管受压时，对 T、Y 形节点，$f_k = 0.80\varphi f$；对 X 形节点，$f_k = 0.65\sin\theta_i\varphi f$；

φ——按长细比 $\lambda = 1.73\left(\frac{h}{t} - 2\right)\sqrt{\frac{1}{\sin\theta_i}}$ 确定的轴心受压构件的稳定系数；

f_v——主管钢材的抗剪强度设计值。

③当 $0.85 < \beta < 1.0$ 时，支管在节点处承载力的设计值 N_{ui} 应按公式（7-81）、公式（7-82）或公式（7-83）所得的值，根据 β 进行线性插值。此外，尚应不超过下列二式的计算值：

$$N_{ui} = 2.0\ (h_i - 2t_i + b_{ei})\ t_i f_i \tag{7-84}$$

$$b_{ei}=\frac{10}{b/t}\cdot\frac{tf_y}{t_if_{yi}}\cdot b_i\leqslant b_i \tag{7-85}$$

当$0.85\leqslant\beta\leqslant1-\frac{2t}{b}$时，$N_{ui}$尚应不超过下列公式的计算值：

$$N_{ui}=2.0\left(\frac{h_i}{\sin\theta_i}+b'_{ei}\right)\frac{tf_v}{\sin\theta_i} \tag{7-86}$$

$$b'_{ei}=\frac{10}{b/t}\cdot b_i\leqslant b_i \tag{7-87}$$

式中 f_i——支管抗拉（抗压和抗弯）强度设计值。

2）支管为矩形管有间隙的平面K形和N形节点（图7-87）。

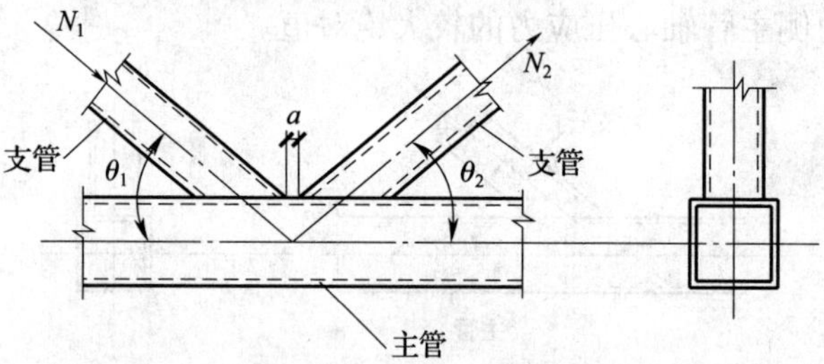

图7-87 平面K、N形间隙节点（矩形管）

①节点处任一支管的承载力设计值应取下列各式的较小值：

主管表面塑性破坏：

$$N_{ui}=\frac{8}{\sin\theta_i}\beta\sqrt{\frac{b}{2t}}\cdot t^2f\psi_n \tag{7-88}$$

主管剪切破坏：

$$N_{ui}=\frac{A_vf_v}{\sin\theta_i} \tag{7-89}$$

支管破坏：

$$N_{ui}=2.0\left(h_i-2t_i+\frac{b_i+b_{ei}}{2}\right)t_if_i \tag{7-90}$$

当$\beta\leqslant1-\frac{2t}{b}$时（冲切破坏），尚应不超过下列公式的计算值：

$$N_{ui}=2.0\left(\frac{h_i}{\sin\theta_i}+\frac{b_i+b'_{ei}}{2}\right)\frac{tf_v}{\sin\theta_i} \tag{7-91}$$

式中 A_v——主管的受剪面积，$A_v=(2h+\alpha b)t$，其中$\alpha=\sqrt{\frac{3t^2}{3t^2+4a^2}}$，当支管为圆管时，取$\alpha=0$。

②节点间隙处的主管轴心受力承载力设计值为：

$$N=(A-\alpha_vA_v)f \tag{7-92}$$

$$\alpha_v=1-\sqrt{1-\left(\frac{V}{V_p}\right)^2} \tag{7-93}$$

$$V_p=A_vf_v$$

式中 α_v——剪力对主管轴心承载力的影响系数，按公式（7-93）计算：

V——节点间隙处主管所受的剪力，可按任一支管的竖向分力计算。

3）支管为矩形管的搭接平面 K 形和 N 形节点（图 7－88）。为保证节点的强度，搭接支管的承载力设计值应根据不同的搭接率 η_{ov} 按下列公式计算（下标 j 表示被搭接的支管）：

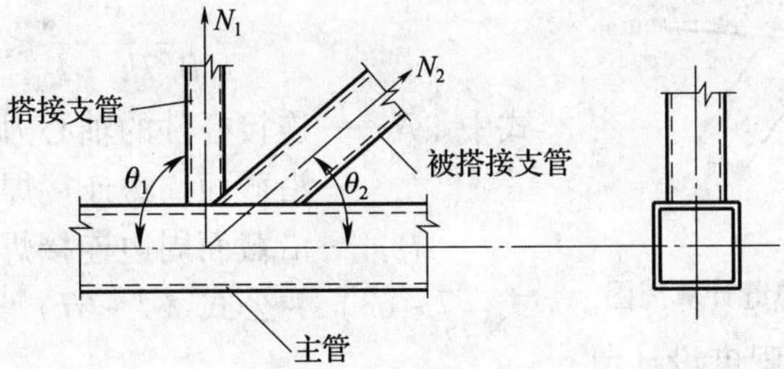

图 7－88 平面 K、N 形搭接节点（矩形管）

①当 $25\% \leqslant \eta_{ov} \leqslant 50\%$ 时，

$$N_{ui} = 2.0\left[(h_i - 2t_i)\frac{\eta_{ov}}{0.5} + \frac{b_{ei} + b_{ej}}{2}\right]t_i f_i \tag{7-94}$$

$$b_{ej} = \frac{10}{b_j/t_j} \cdot \frac{t_j f_{yj}}{t_i f_{yi}} b_j \leqslant b_j$$

②当 $50\% \leqslant \eta_{ov} \leqslant 80\%$ 时，

$$N_{ui} = 2.0\left(h_i - 2t_i + \frac{b_{ei} + b_{ej}}{2}\right)t_i f_i \tag{7-95}$$

③当 $80\% \leqslant \eta_{ov} \leqslant 100\%$ 时，

$$N_{ui} = 2.0\left(h_i - 2t_i + \frac{b_i + b_{ej}}{2}\right)t_i f_i \tag{7-96}$$

被搭接支管的承载力应满足下式要求：

$$\frac{N_{uj}}{A_j f_{yj}} \leqslant \frac{N_{ui}}{A_i f_{yi}} \tag{7-97}$$

4）支管为矩形管的平面 KT 形节点（图 7－89）。按公式（7－88）～公式（7－93）计算，但计算 K、N 形节点支管承载力设计值的有关公式中，应将 $\frac{b_1 + b_2}{2b}$ 用 $\frac{b_1 + b_2 + b_3}{3b}$ 代替，$\frac{b_1 + b_2 + h_1 + h_2}{4b}$ 用 $\frac{b_1 + b_2 + b_3 + h_1 + h_2 + h_3}{6b}$ 代替。

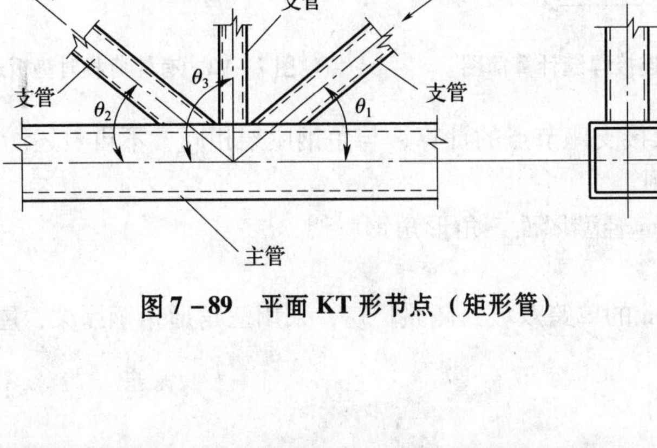

图 7－89 平面 KT 形节点（矩形管）

5）当支管为圆管时，上述各公式仍可使用，但需用 D_i 取代 b_i 和 h_i，并将各式右侧乘以系数 π/4。

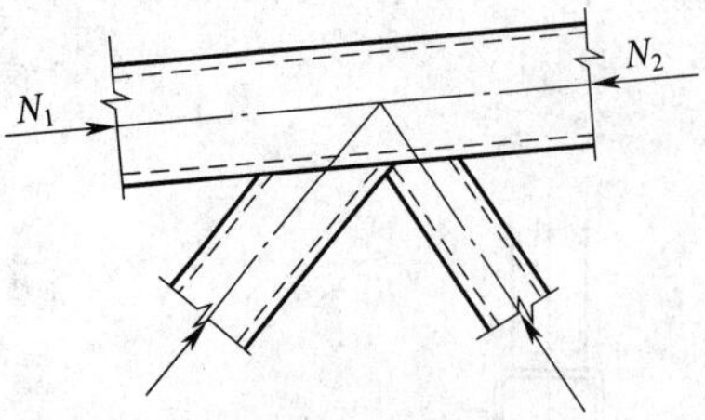

图 7-90 顶接连接焊缝计算简图

（5）当屋架节点处各汇交杆件均采用顶接连接时（图 7-90），杆件间的连接焊缝可按下式计算：

$$\frac{N}{0.7h_f \cdot l_w} \leqslant f_f^w \tag{7-98}$$

式中 N——连接杆件的轴心力设计值；

h_f——沿截面周边连接焊缝的焊脚尺寸；

l_w——沿截面周边连接焊缝的计算长度，按公式（7-63）~公式（7-67）计算；

f_f^w——角焊缝的强度设计值。

（6）当屋架腹杆与弦杆间采用加垫板的顶板连接时（图 7-91），垫板与弦杆的连接焊缝应按下式计算：

$$\sqrt{\left(\frac{\Delta N}{2\times 0.7h_f \cdot l_w}\right)^2 + \left(\frac{\Delta N \cdot e}{W_f}\right)^2} \leqslant f_f^w \tag{7-99}$$

式中 ΔN——屋架节点处相邻两节间弦杆的内力之差，$\Delta N = N_1 - N_2$（$N_2 > N_1$）；

l_w、h_f——连接焊缝的计算长度及焊脚尺寸；

W_f——沿截面周边连接焊缝的截面抵抗矩，$W_f = \dfrac{0.7h_f l_f^2}{6}$；

e——弦杆重心线与连接焊缝间的距离。

（7）当屋架节点处作用有外荷载 P 时（图 7-92），垫板与弦杆间的连接焊缝可按下式计算：

$$\sqrt{\left(\frac{\Delta N}{2\times 0.7h_f \cdot l_w}\right)^2 + \left(\frac{\Delta N \cdot e}{W_f} + \frac{P}{2\times 0.7h_f \cdot l_w}\right)^2} \leqslant f_f^w \tag{7-100}$$

式中符号含义同前。

计算垫板焊缝的强度时，垫板的端焊缝通常可不计入，但须封闭焊接。

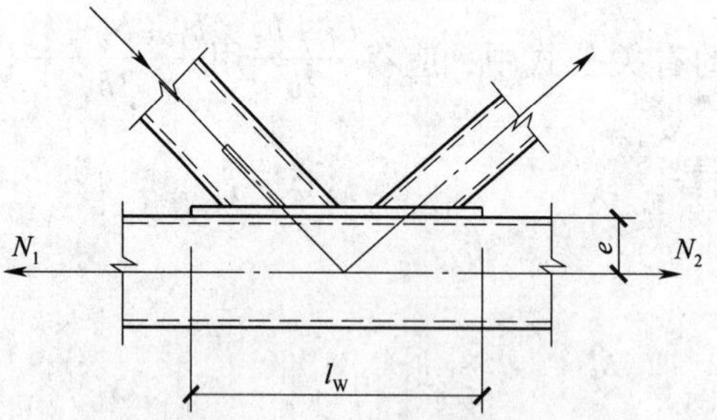

图 7-91 垫板连接焊缝计算简图

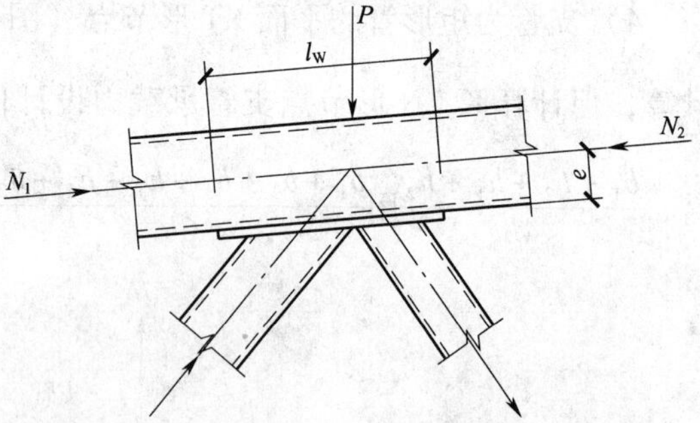

图 7-92 有外荷载时垫板连接焊缝计算简图

（8）钢管屋架铰接支座节点的计算，与角钢屋架相同，不再赘述。

7.2.7 屋架设计实例。

【例题 7-8】 18m 轻型屋面三角形角钢屋架

1 设计资料。

某工程为跨度 18m 的单跨双坡封闭式厂房，采用三角形角钢屋架，屋面坡度为 $i=1/3$，屋架间距为6m，屋面排水为自由排水，无吊车。屋架铰支于钢筋混凝土柱柱顶，无吊顶，外檐口采用自由排水，柱顶标高为10.2m，屋面材料采用纤维水泥波形瓦，油毡、木望板，Z形钢檩条Z180×70×70×2.2，斜向檩距为0.778m，无支撑。地面粗糙度类别为B类，结构重要性系数为$r_0 = 1.0$，基本风压$w_0 = 0.50\text{kN/m}^2$，基本雪压$s_0 = 0.30\text{kN/m}^2$。屋架采用Q235B钢，焊条采用E43型。钢筋混凝土柱所用混凝土强度度为C30。

2　屋架形式及几何尺寸。

屋架形式及几何尺寸如图7-93。檩条支承于屋架上弦节点及节间内中点。屋架坡角（上弦与下弦之间的夹角）为$\alpha = \arctan\dfrac{1}{3} = 18°26'$，檩距为0.778m。

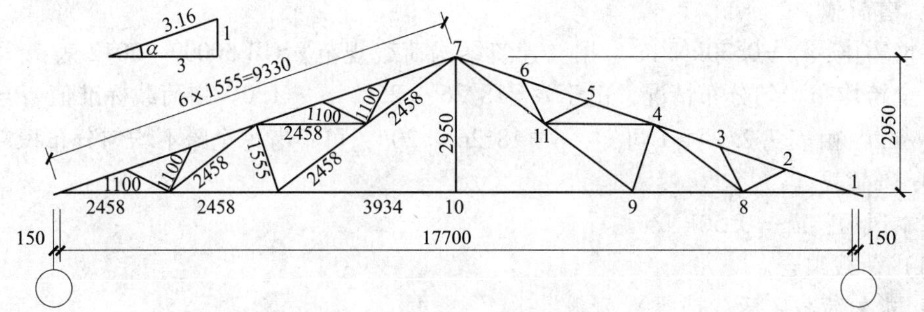

图7-93　屋架形式及几何尺寸

3　支撑布置。

据《建筑抗震设计规范（2016年版）》GB 50011—2010，支撑布置见图7-94，上弦横向水平支撑设置在房屋两端及伸缩缝处第一开间内，并在相应开间屋架跨中设置竖向支撑，在其余开间屋架下弦跨中设置一通长水平柔性系杆，上弦横向水平支撑在交叉点处与檩条相连。故上弦杆在屋架平面外的计算长度等于其节间几何长度；下弦杆在屋架平面外的计算长度为屋架跨度的一半。

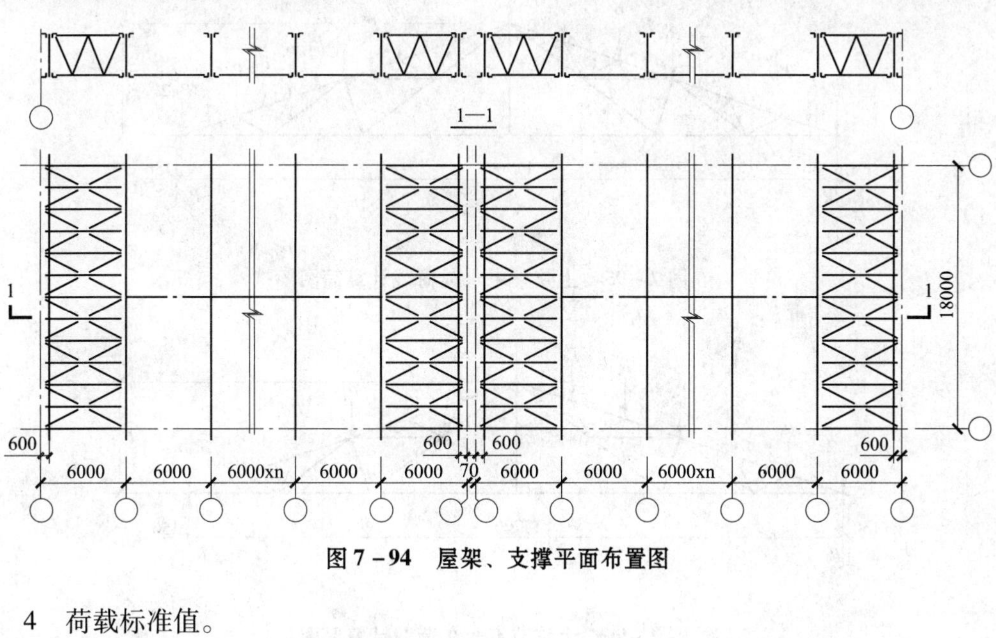

图7-94　屋架、支撑平面布置图

4　荷载标准值。

（1）屋面永久荷载（对水平投影面）。

纤维水泥波形瓦自重（小波或中波）	0.20/cos18°26′ = 0.21kN/m²
油毡、木望板自重	0.18/cos18°26′ = 0.19kN/m²
檩条自重	0.10kN/m²
屋架及支撑自重	0.15kN/m²
管道等	0.05kN/m²
合计	0.70kN/m²

（2）屋面可变荷载（活荷载）（对水平投影面）。

1）屋面活荷载 0.30kN/m²（按 2.2.1 条，轻型屋面的构件或结构当仅有一个可变荷载且受荷水平投影面积为 18×6 = 108m²，超过 60m²，屋面均布活荷载标准值应取为 0.30 kN/m²）。

2）雪荷载。

基本雪压：$s_0 = 0.30\text{kN/m}^2$。据《建筑结构荷载规范》GB 50009—2012 表 7.2.1，考虑积雪全跨均布均匀分布情况，由于 $\alpha = 18°26' < 25°$，$\mu_r = 1.0$。雪荷载标准值 $s_k = \mu_r s_0 = 0.30\text{kN/m}^2$。由表 7.2.1 注 1 可知，$\alpha = 18°26' < 20°$，可不考虑全跨不均匀分布积雪情况。

3）风荷载。

基本风压：$w_0 = 0.50\text{kN/m}^2$

（3）荷载组合。

1）永久荷载 + 活（或雪）荷载；

2）永久荷载 + 半跨活（或雪）荷载；

3）永久荷载 + 风荷载；

4）屋架、支撑、檩条自重 + 半跨（屋面板 + 0.30kN/m² 安装荷载）。

（4）上弦的集中永久荷载及节点永久荷载。

由檩条传给屋架上弦的集中永久荷载和上弦节点永久荷载分别见图 7-95、图 7-96。

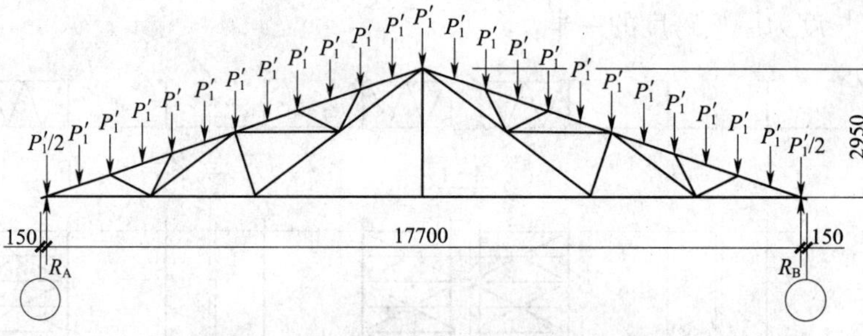

图 7-95 上弦集中永久荷载计算简图

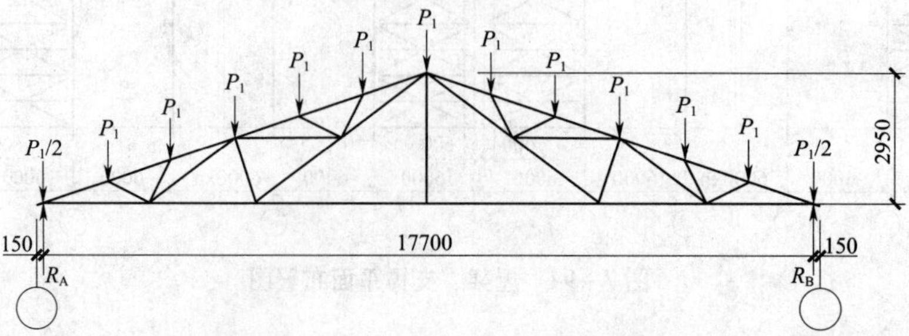

图 7-96 上弦节点永久荷载计算简图

由檩条传给屋架上弦的集中活荷载和上弦节点活荷载分别见图7－97、图7－98。

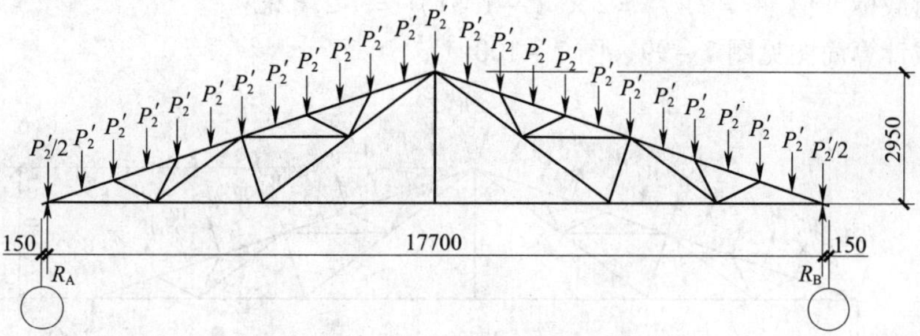

图7－97 上弦集中活荷载计算简图

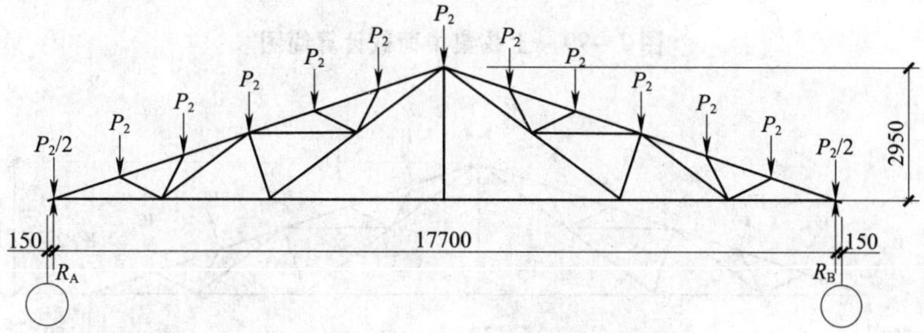

图7－98 上弦节点活荷载计算简图

具体计算过程如下：

1）全跨屋面永久荷载作用下。

上弦集中永久荷载标准值 $p'_1=0.70\times6\times0.778\times\dfrac{3}{\sqrt{10}}=3.10\text{kN}$

上弦节点永久荷载标准值 $p_1=2p'_1=2\times3.10=6.20\text{kN}$

2）全跨活（或雪）荷载作用下。

上弦集中活（或雪）荷载标准值 $p'_2=0.30\times6\times0.778\times\dfrac{3}{\sqrt{10}}=1.33\text{kN}$

上弦节点活（或雪）荷载标准值 $p_2=2p'_2=2\times1.33=2.66\text{kN}$

假定基本组合由可变荷载效应控制，则上弦节点荷载设计值为 $1.2\times6.20+1.4\times2.66=11.16\text{kN}$；若基本组合由永久荷载效应控制，则上弦节点荷载设计值为 $1.35\times6.20+1.4\times0.7\times2.66=10.98\text{kN}$。综上可知，本工程屋面荷载组合由可变荷载效应控制。

3）风荷载标准值。

风载体型系数：背风面 $\mu_s=-0.5$

迎风面 $\mu_s=-0.47\approx-0.5$

风压高度变化系数 μ_z，本设计地面粗糙度为B类，柱顶标高为10.2m，房屋总高度 $H=10.2+2.95+0.5=13.65\text{m}$，坡度为 $i=1/3$，$\alpha=18°26'$，风压高度变化系数 $\mu_z=1.1$，$\beta_z=1.0$

计算主要承重结构：$w_k=\beta_z\mu_s\mu_z w_0$

迎风面风吸力：$w_k=1.0\times(-0.5)\times1.1\times0.50=-0.28\text{kN/m}^2$（垂直于屋面）

背风面风吸力：$w_k=1.0\times(-0.5)\times1.1\times0.50=-0.28\text{kN/m}^2$（垂直于屋面）

由檩条传给屋架上弦的集中风荷载标准值 $W_k{}' = -0.28 \times 0.778 \times 6 = -1.31$kN，上弦节点风荷载标准值 $W_1 = 2W_k{}' = 2 \times (-1.31) = -2.62$kN

风荷载计算简图见图 7－99、图 7－100。

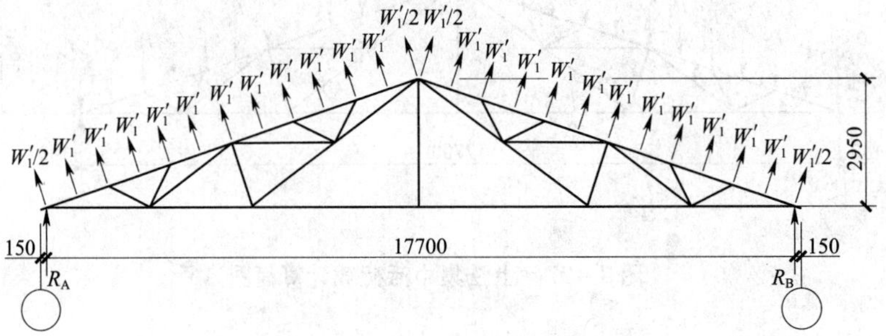

图 7－99 上弦集中荷载计算简图

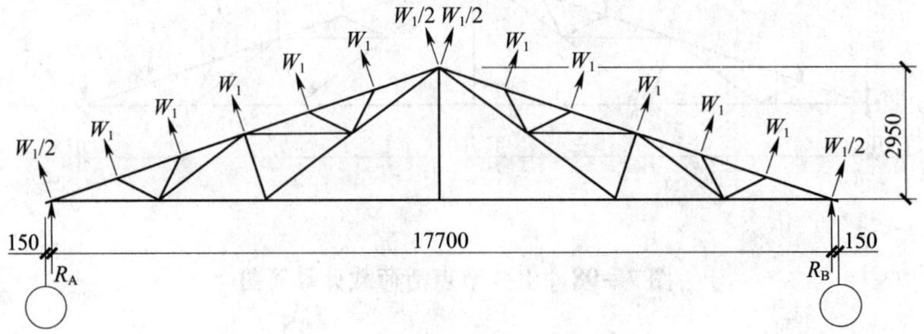

图 7－100 上弦节点风荷载计算简图

5 内力计算。

（1）内力组合见表 7－16，假定杆件受拉符号为正，受压符号为负。

表 7－16 GWJ18 杆件内力组合表

杆件名称	杆件编号	全跨荷载			半跨荷载		风荷载		内力组合	最不利内力（kN）
		内力系数	永久荷载标准值 $P_1=6.20$（kN）	活荷载标准值 $P_2=2.66$（kN）	内力系数	半跨活（或雪）荷载内力标准值 $S_k=2.66$（kN）	内力系数	风荷载内力标准值 $W_1=-2.62$（kN）	1.2 永久 +1.4 活（kN）	
上弦	1—2	－17.39	－107.82	－46.26	－12.65	－33.65	16.55	38.73	－194.14	－194.14
	2—3	－16.13	－100.01	－42.91	－11.40	－30.32	15.50	36.27	－180.08	－180.08
	3—4	－16.76	－103.91	－44.58	－12.05	－32.05	16.55	38.73	－187.11	－187.11
	4—5	－16.44	－101.93	－43.73	－11.70	－31.12	16.55	38.73	－183.54	－183.54
	5—6	－15.18	－94.12	－40.38	－10.45	－27.80	15.50	36.27	－169.47	－169.47
	6—7	－15.81	－98.02	－42.05	－11.10	－29.53	16.55	38.73	－176.50	－176.50
下弦	1—8	16.50	102.30	43.89	12.00	31.92	－17.34	－40.58	184.21	184.21
	8—9	13.50	83.70	35.91	9.00	23.94	－14.32	－33.51	150.71	150.71
	9—10	9.00	55.80	23.94	4.50	11.97	－9.48	－22.18	100.48	100.48

续表 7-16

杆件名称	杆件编号	全跨荷载			半跨荷载		风荷载		内力组合	
		内力系数	永久荷载标准值 $P_1=6.20$（kN）	活荷载标准值 $P_2=2.66$（kN）	内力系数	半跨活（或雪）荷载内力标准值 $S_k=2.66$（kN）	内力系数	风荷载内力标准值 $W_1=-2.62$（kN）	1.2永久+1.4活（kN）	最不利内力（kN）
腹杆	2—8	-1.34	-8.31	-3.56	-1.34	-3.56	1.41	3.30	-14.96	-14.96
	3—8	-1.34	-8.31	-3.56	-1.34	-3.56	1.41	3.30	-14.96	-14.96
	4—8	3.00	18.60	7.98	3.00	7.98	-3.16	-7.39	33.49	33.49
	4—9	-2.85	-17.67	-7.58	-2.85	-7.58	3.00	7.02	-31.82	-31.82
	4—11	3.00	18.60	7.98	3.00	7.98	-3.16	-7.39	33.49	33.49
	5—11	-1.34	-8.31	-3.56	-1.34	-3.56	1.41	3.30	-14.96	-14.96
	6—11	-1.34	-8.31	-3.56	-1.34	-3.56	1.41	3.30	-14.96	-14.96
	9—11	4.50	27.90	11.97	4.50	11.97	-4.47	-10.46	50.24	50.24
	7—11	7.50	46.50	19.95	7.50	19.95	-7.90	-18.49	83.73	83.73
	7—10	0	0.00	0.00	0	0.00	0	0.00	0.00	0.00

注：下弦及斜拉杆在 1.0 永久 +1.4 风组合下［$1.0\times(0.7-0.1)-1.4\times1.1\times0.5\times0.5=0.215\text{kN/m}^2>0$，其中，0.1 为考虑永久荷载的偏差值，1.1 为风压高度变化系数］，故下弦及斜拉杆在风吸力作用下不会产生压力，无须考虑风荷载的组合。

（2）上弦杆弯矩计算。

上弦杆的弯矩为：$M_0=\frac{1}{4}\times(3.10\times1.2+1.33\times1.4)\times\frac{3}{\sqrt{10}}\times1.555=2.06\text{kN}\cdot\text{m}$

端节间跨中正弯矩：$M_1=0.8M_0=0.8\times2.06=1.65\text{kN}\cdot\text{m}$

中间节间跨中正弯矩和中间节点负弯矩：

$$M_2=\pm0.6M_0=\pm0.6\times2.06=\pm1.24\text{kN}\cdot\text{m}$$

6 截面选择。

（1）上弦杆截面选择。

按表 7-11，支座节点板厚度为 10mm，其他节点板厚度均为 8mm（上弦杆端节间最大内力设计值为 -194.14kN）。

上弦杆采用相同截面，以节间 1-2 的最大轴力 N_{1-2} 来选择：

$$N_{1-2}=-194.14\text{kN},\ M_{max}=1.65\text{kN}\cdot\text{m}\ （跨中）$$

$$M_{max}=-1.24\text{kN}\cdot\text{m}\ （节点 2 处），\ l_{0x}=l_{0y}=155.5\text{cm}$$

选用截面 ㄱ┌ 75×6

截面的几何特性（由表 17-1 得）：

截面面积： $A=17.59\text{cm}^2$

截面抵抗矩： $W_{1x}=45.37\text{cm}^3$，$W_{2x}=17.27\text{cm}^3$

回转半径： $i_x = 2.31\text{cm}$，$i_y = 3.38\text{cm}$

长细比： $\lambda_x = \dfrac{l_{0x}}{i_x} = \dfrac{155.5}{2.31} = 67.3$，属 b 类截面。

$\lambda_y = \dfrac{l_{0y}}{i_y} = \dfrac{155.5}{3.38} = 46.0$，属 b 类截面。

由表 3－16 中公式（3－74）得：

$$\lambda_z = 3.9\,\frac{b}{t} = 3.9 \times \frac{75}{6} = 48.8 > \lambda_y$$

由表 3－16 中公式（3－73b）得：

$$\lambda_{yz} = \lambda_z\left[1 + 0.16\left(\frac{\lambda_y}{\lambda_z}\right)^2\right] = 48.8 \times \left[1 + 0.16 \times \left(\frac{46.0}{48.8}\right)^2\right] = 55.7$$

查表 14－3 得 $\varphi_x = 0.766$，$\varphi_{yz} = 0.830$

由表 3－20 中公式（3－103）得：

$$N'_{EX} = \pi^2 EA/(1.1\lambda^2) = \pi^2 \times 2.06 \times 10^5 \times 17.59 \times 10^2/(1.1 \times 67.3^2) = 717.8\text{kN}$$

塑性发展系数 $\gamma_{x1} = 1.05$，$\gamma_{x2} = 1.2$（由表 3－19 查得）。

1）弯矩作用平面内的稳定验算：

图 7－101 中支座处竖直向下的力 P 及檐口端部竖直向下的力 P_t 计算过程如下：

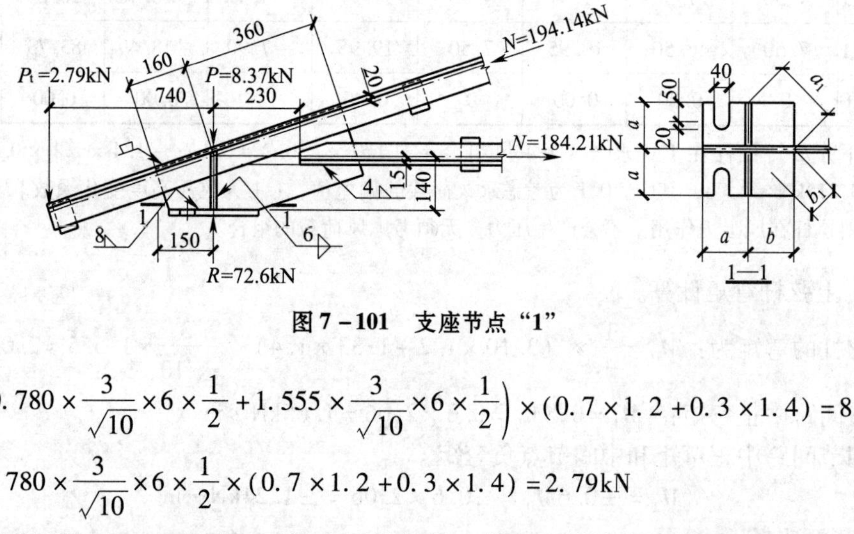

图 7－101 支座节点“1”

$$P = \left(0.780 \times \frac{3}{\sqrt{10}} \times 6 \times \frac{1}{2} + 1.555 \times \frac{3}{\sqrt{10}} \times 6 \times \frac{1}{2}\right) \times (0.7 \times 1.2 + 0.3 \times 1.4) = 8.37\text{kN}$$

$$P_t = 0.780 \times \frac{3}{\sqrt{10}} \times 6 \times \frac{1}{2} \times (0.7 \times 1.2 + 0.3 \times 1.4) = 2.79\text{kN}$$

此端节间弦杆 1－2 相当于两端支承的杆件，其上有端弯矩和横向荷载同时作用，根据表 3－20 可知，此时应将表 3－20 中公式（3－102）的 $\beta_{mx}M_x$ 取为 $\beta_{mqx}M_{qx} + \beta_{m1x}M_1$。

当无端弯矩但有跨中单个集中荷载时，由表 3－20 中由公式（3－105）得：

$$N_{cr} = \frac{\pi^2 EI}{(\mu l)^2} = \frac{\pi^2 \times 2.06 \times 10^5 \times 93.81 \times 10^4}{(1.0 \times 1555)^2} = 788.8\text{kN}$$

由表 3－20 中公式（3－104a）得：

$$\beta_{mqx} = 1 - 0.36N/N_{cr} = 1 - 0.36 \times 194.14/788.8 = 0.911$$

$$M_{qx} = M_0 = 2.06\text{kN}\cdot\text{m}$$

当有端弯矩但无横向荷载作用时，

$$M_1 = 2.79 \times 0.74 = 2.06\text{kN}\cdot\text{m}, \quad M_2 = 1.24\text{kN}\cdot\text{m}$$

端弯矩 M_1 和 M_2 使构件产生同向曲率，故取同号，有：

$$\beta_{m1x}=0.6+0.4\frac{M_2}{M_1}=0.6+0.4\times\frac{1.24}{2.06}=0.841$$

因端弯矩与横向荷载使构件产生反向曲率，故 $\beta_{mx}M_x$ 取为 $\beta_{mqx}M_{qx}+\beta_{m1x}M_1$ 时，M_{qx} 和 M_1 应取异号，由表 3－20 中公式（3－102）得：

$$\frac{N}{\varphi_x Af}+\frac{\beta_{mx}M_x}{\gamma_x W_{1x}(1-0.8N/N'_{Ex})f}=\frac{N}{\varphi_x Af}+\frac{\beta_{mqx}M_{qx}+\beta_{m1x}M_1}{\gamma_x W_{1x}(1-0.8N/N'_{Ex})f}=$$

$$\frac{194.14\times10^3}{0.766\times17.59\times10^2\times215}+\frac{0.911\times2.06\times10^6-0.841\times2.06\times10^6}{1.05\times45.37\times10^3\times\left(1-0.8\times\frac{194.14}{717.8}\right)\times215}0.688<1.0,$$

满足要求。

由表 3－20 中公式（3－106）得：

$$\left|\frac{N}{Af}-\frac{\beta_{mx}M_x}{\gamma_x W_{2x}(1-1.25N/N'_{Ex})f}\right|=\left|\frac{N}{Af}-\frac{\beta_{mqx}M_{qx}+\beta_{m1x}M_1}{\gamma_x W_{2x}(1-1.25N/N'_{Ex})f}\right|=$$

$$\left|\frac{194.14\times10^3}{17.59\times10^2\times215}-\frac{0.911\times2.06\times10^6-0.841\times2.06\times10^6}{1.2\times17.27\times10^3\times\left(1-1.25\times\frac{194.14}{717.8}\right)\times215}\right|$$

$=0.464<1.0$，满足要求。故平面内的稳定性满足要求。

屋架上弦端部悬挑檐口在节点“1”处的弯矩：

$$M_1=P\times\frac{3}{\sqrt{10}}\times0.780=2.79\times\frac{3}{\sqrt{10}}\times0.780=2.06\text{kN}\cdot\text{m}$$

由表 3－1 中公式（3－1）得：

$$\frac{M_{x1}}{\gamma_x W_{xmin}}=\frac{2.06\times10^6}{1.2\times17.27\times10^3}=99.4\text{N/mm}^2<f=215\text{N/mm}^2\text{，满足要求。}$$

2）弯矩作用平面外的稳定验算。

上弦杆截面选用双角钢，为开口截面，故 $\eta=1.0$；

节间弯矩使双角钢翼缘受压，$\lambda_y=47.0<120\varepsilon_k=120\sqrt{\frac{235}{f_y}}=120\times\sqrt{\frac{235}{235}}=120$，由公式（14－25）得：

$$\varphi_b=1-\frac{0.0017\lambda_y}{\varepsilon_k}=1-\frac{0.0017\times47.0}{\sqrt{\frac{235}{f_y}}}=1-\frac{0.0017\times47.0}{\sqrt{\frac{235}{235}}}=0.920$$

对于节间弦杆 1－2，其中央 1/3 范围内的最大弯矩 $M_{max}=1.65\text{kN}\cdot\text{m}$，

全段最大弯矩 $M_0=2.06\text{kN}\cdot\text{m}$，故 $\beta_{tx}=\frac{M_{max}}{M_0}=\frac{1.65}{2.06}=0.80$，为安全起见，取 $\beta_{tx}=1.0$，

由表 3－20 中公式（3－107）得：

$$\frac{N}{\varphi_y Af}+\eta\frac{\beta_{tx}M_x}{\varphi_b W_{1x}f}=\frac{1.0\times194.14\times10^3}{0.830\times17.59\times10^2\times215}+1.0\times\frac{1.0\times1.65\times10^6}{0.920\times45.37\times10^3\times215}$$

$=0.802<1.0$，满足要求。

在节点“2”处，根据公式（3－100）计算的强度（此处截面无孔眼削弱，$A_n=A=17.59\text{cm}^2$）为：

$$\sigma=\frac{N}{A_n}+\frac{M_{x2}}{\gamma_{x2}W_{xmin}}=\frac{194.14\times10^3}{17.59\times10^2}+\frac{1.24\times10^6}{1.2\times17.27\times10^3}=170.2\text{N/mm}^2$$

$<f=215\text{N/mm}^2$，满足要求。

（2）下弦杆截面选择。

下弦杆也采用相同截面，以节间 1－8 的最大轴力 N_{1-8}来选择：

$$N_{max}=N_{1-8}=184.21\text{kN},\quad l_{0x}=393.4\text{cm},\quad l_{0y}=885.0\text{cm}$$

选用截面 ┘└ 56×5

截面面积：$A=A_n=10.83\text{cm}^2$，

回转半径：$i_x=1.72\text{cm},\quad i_y=2.59\text{cm}$

长细比：

$$\lambda_x=\frac{l_{0x}}{i_x}=\frac{393.4}{1.72}=228.7<[\lambda]=350$$

$$\lambda_y=\frac{l_{0y}}{i_y}=\frac{885.0}{2.59}=341.7<[\lambda]=350$$

由表 3－13 中公式（3－49）得：

$$\sigma=\frac{N_{max}}{A}=\frac{184.21\times10^3}{10.83\times10^2}=170.1\text{N/mm}^2<f=215\text{N/mm}^2$$，满足要求。

（3）杆件 2－8、3－8、5－11、6－11 截面选择。

$$N_{2-8}=N_{3-8}=N_{5-11}=N_{6-11}=-14.96\text{kN},\quad l=0.9l=0.9\times110=99.0\text{cm}$$

选用截面 └ 45×5，

截面的几何特性：

截面面积：$A=4.29\text{cm}^2$

回转半径：$i_v=0.88\text{cm}$

长细比：

$$\lambda=\frac{l}{i_v}=\frac{99.0}{0.88}=112.5$$

根据表 2－10 算得，单面连接单角钢的强度折减系数：

$$\alpha_y=0.6+0.0015\lambda=0.6+0.0015\times112.5=0.769,$$

$\lambda=112.5$，查表 14－2b 得，$\varphi_y=0.478$

$$\varphi_{min}=\alpha_y\varphi_y=0.769\times0.478=0.368$$

由表 3－13 中公式（3－52）得：

$$\frac{N}{\varphi_{min}Af}=\frac{14.96\times10^3}{0.368\times4.29\times10^2\times215}=0.441<1$$，满足要求。

（4）杆件 4－9 截面选择。

$$N_{4-9}=-31.82\text{kN},\quad l_{0x}=0.8l=0.8\times155.5=124.0\text{cm},\quad l_{0y}=155.5\text{cm}$$

选用截面 ┐┌ 45×5，

截面的几何特性：

截面面积：$A=8.58\text{cm}^2$

回转半径：$i_x=1.37\text{cm},\quad i_y=2.18\text{cm}$

长细比：

$$\lambda_x=\frac{l_{0x}}{i_x}=\frac{124.0}{1.37}=90.5<[\lambda]=150$$，属 b 类截面。

$$\lambda_y=\frac{l_{0y}}{i_y}=\frac{155.5}{2.18}=71.3<[\lambda]=150$$，属 b 类截面。

由表3－16中公式（3－74）得：

$$\lambda_z = 3.9\frac{b}{t} = 3.9 \times \frac{45}{5} = 35.1 < \lambda_y$$

由表3－16中公式（3－73a）得：

$$\lambda_{yz} = \lambda_y\left[1 + 0.16\left(\frac{\lambda_z}{\lambda_y}\right)^2\right] = 71.3 \times \left[1 + 0.16 \times \left(\frac{35.1}{71.3}\right)^2\right] = 74.1$$

查表14－2（b）得，$\varphi_x = 0.618$，$\varphi_{yz} = 0.725$

由表3－13中公式（3－52）得：

$$\frac{N}{\varphi_{min}Af} = \frac{31.82 \times 10^3}{0.618 \times 8.58 \times 10^2 \times 215} = 0.279 < 1，满足要求。$$

（5）杆件4－8、4－11截面选择。

$N_{4-8} = N_{4-11} = 33.49\text{kN}$，　$l_{0x} = 0.8l = 0.8 \times 245.7 = 196.6\text{cm}$，　$l_{0y} = 245.7\text{cm}$

选用截面 ┐┌ 45×5

截面面积：　$A = A_n = 8.58\text{cm}^2$

回转半径：　$i_x = 1.37\text{cm}$，　$i_y = 2.18\text{cm}$

长细比：

$$\lambda_x = \frac{l_{0x}}{i_x} = \frac{196.6}{1.37} = 143.5 < [\lambda] = 350$$

$$\lambda_y = \frac{l_{0y}}{i_y} = \frac{245.7}{2.18} = 112.7 < [\lambda] = 350$$

由表3－13中公式（3－49）得：

$$\sigma = \frac{N}{A} = \frac{33.49 \times 10^3}{8.58 \times 10^2} = 39.0\text{N/mm}^2 < f = 215\text{N/mm}^2，满足要求。$$

（6）杆件7－11截面选择。

$$N_{7-11} = 83.73\text{kN}，\quad l_{0x} = 245.8\text{cm}，\quad l_{0y} = 491.6\text{cm}$$

选用截面 ┐┌ 45×5

截面面积：　$A = A_n = 8.58\text{cm}^2$，

回转半径：　$i_x = 1.37\text{cm}$，　$i_y = 2.18\text{cm}$

长细比：

$$\lambda_x = \frac{l_{0x}}{i_x} = \frac{245.8}{1.37} = 179.4 < [\lambda] = 350$$

$$\lambda_y = \frac{l_{0y}}{i_y} = \frac{491.6}{2.18} = 225.5 < [\lambda] = 350$$

由表3－13中公式（3－49）得：

$$\sigma = \frac{N}{A} = \frac{83.73 \times 10^3}{8.58 \times 10^2} = 97.6\text{N/mm}^2 < f = 215\text{N/mm}^2，满足要求。$$

杆件9－11采用相同截面，具体计算从略。

（7）杆件7－10截面选择。

$$N_{7-10} = 0，\quad l_0 = 0.9 \times 295 = 265.5\text{cm}$$

选用截面 ┘┌ 45×5

截面面积：　$A = A_n = 8.58\text{cm}^2$

回转半径：　$i_y = 1.72\text{cm}$

长细比：

$$\lambda_y = \frac{l_0}{i_y} = \frac{265.5}{1.72} = 154.4 < [\lambda] = 200$$

将以上计算结果汇总列表（表7－17）。

表 7－17　GWJ18 杆件截面选用表

杆件名称	杆件编号	杆件内力 (kN)	截面规格 (mm)	截面面积 (cm^2)	计算长度 l_{0y} (cm)	计算长度 l_{0y} (cm)	回转半径 i_x (cm)	回转半径 i_y (cm)	长细比 λ_x	长细比 λ_y	长细比 λ_{yz}	稳定系数 φ_{min}	强度 N/A (N/mm^2)	稳定性 $\frac{N}{\varphi_{min}Af}$	容许长细比 [λ]	强度设计值 f (N/mm^2)
上弦杆	1—2	－194.14	┳┳ 75×6	17.59	155.5	155.5	2.31	3.38	67.3	46.0	55.7	0.766		0.464	150	215
下弦杆	1—8	184.21	┻┻ 56×5	10.83	393.4	885.0	1.72	2.59	228.7	341.7			170.1		350	215
斜腹杆	2—8 3—8 5—11 6—11	－14.96	∟ 45×5	4.29	99.0		0.88		112.5		128.5	0.368		0.441	150	215
	4—9	－31.82	┳┳ 45×5	8.58	124.0	155.5	1.37	2.18	90.5	71.3	74.1	0.618		0.279	150	215
	4—8 4—11	33.49	┳┳ 45×5	8.58	196.6	245.7	1.37	2.18	143.5	112.7			39.0		350	215
	7—11	83.73	┳┳ 45×5	8.58	245.8	491.6	1.37	2.18	179.4	225.5			97.6		350	215
竖腹杆	7—10	0	┘┌ 45×5	8.58	265.5		1.72		154.4						200	215

注：1　上弦杆 1—2 中已考虑弯矩影响，采用表 3－20 中公式算得。

2　λ_x 和 λ_y 均小于［λ］。

3　杆件 7—10 主要为减小下弦杆的长细比和竖向支撑的端竖杆，故取［λ］＝200。

4　上弦杆［N］＝φAf＝0.766×1756×215＝289kN，查表 18－2a，2∟75×6，l_x＝1.55m，得［N］＝290kN，一致。

7 节点连接计算。

（1）一般杆件连接焊缝。

设焊缝厚度 $h_f=4$mm，焊缝长度可由公式（4－20）、公式（4－21）求得。具体计算列表如表7－18。

表7－18 GWJ18杆件连接焊缝表

杆件名称	杆件编号	截面规格（mm）	杆件内力（kN）	肢背焊脚尺寸 h_{f1}（mm）	肢背焊缝长度 l'_w（mm）	肢尖焊脚尺寸 h_{f2}（mm）	肢尖焊缝长度 l'_w（mm）
下弦杆	1－8	┘└ 56×5	184.21	4	155	4	75
斜腹杆	2－8	∟45×5	－14.96	4	45	4	45
	3－8	∟45×5	－14.96	4	45	4	45
	4－8	┐┌ 45×5	33.49	4	45	4	45
	4－9	┐┌ 45×5	－31.82	4	45	4	45
	4－11	┐┌ 45×5	33.49	4	45	4	45
	5－11	∟45×5	－14.96	4	45	4	45
	6－11	∟45×5	－14.96	4	45	4	45
	7－11	┐┌ 45×5	83.73	4	80	4	45
	9－11	┐┌ 45×5	50.24	4	55	4	45
竖腹杆	7－10	┘┌ 45×5	0	4	45	4	45

注：表中焊缝计算长度 l'_w，$l'_w=l_w+2h_f$。

（2）上弦节点连接计算。

1）支座节点“1”（图7－101）。

为了便于施焊，下弦杆肢背与支座底板顶面的距离取125mm，锚栓用2M20，栓孔位置尺寸见图7－101。在节点中心线上设置加劲肋，加劲肋高度与节点板高度相等。

①支座底板计算。

支座反力：$R=6\times11.16+(1.2\times0.7+1.4\times0.3)\times0.74\times6=72.6$kN

设 $a=b=120$mm，$a_1=\sqrt{2}\times120=169.7$mm，$b_1=\dfrac{a_1}{2}=84.9$mm，

支座底板承压面积为：

$$A_n=240\times240-\pi\times20^2-2\times40\times50=52343\ \text{mm}^2$$

由公式（7－50）验算柱顶混凝土的抗压强度：

$$\frac{R}{A_n}=\frac{72.6\times10^3}{52343}=1.39\text{N/mm}^2<f_{cc}=12.2\text{ N/mm}^2$$

（柱混凝土强度等级暂按 C30 考虑，$f_{cc}=0.85f_c=0.85\times14.3=12.2\text{N/}mm^2$）

支座底板的厚度按屋架反力作用下的弯矩计算，由公式（7－51）得：

$$M=\beta qa_1^2$$

$$q=\frac{R}{A_n}=\frac{R}{A-A_0}=1.39\text{ N/mm}^2$$

$$b_1/a_1=\frac{84.9}{169.7}=0.5$$

查表 7－14 得：

$$\beta=0.060$$

$$M=\beta qa_1^2=0.060\times1.39\times169.7^2=2401.8\text{N/mm}^2$$

支座底板厚度由公式（7－52）得：

$t\geqslant\sqrt{6M/f}=\sqrt{6\times2401.8/215}=8.2\text{mm}$，根据表 7－13，取 16mm。

②加劲肋与节点板的连接焊缝。

假定一块加劲肋承受屋架支座反力的$\frac{1}{4}$，即：

$$\frac{1}{4}\times72.6=18.2\text{kN}$$

焊缝受剪力 $V=18.2\text{kN}$，弯矩 $M=18.2\times\frac{120-20}{2}=910\text{kN}\cdot\text{mm}$，设焊缝 $h_f=6\text{mm}$，焊缝计算长度 $l_w=160-20\times2-2h_f=160-40-2\times6=108\text{mm}$

焊缝应力由公式（7－53）得：

$$\sqrt{\left(\frac{V}{2\times0.7h_fl_w}\right)^2+\left(\frac{6M}{2\times0.7\beta_fh_fl_w^2}\right)^2}$$

$$=\sqrt{\left(\frac{18.2\times10^3}{2\times0.7\times6\times108}\right)^2+\left(\frac{6\times910\times10^3}{2\times0.7\times1.22\times6\times108^2}\right)^2}$$

$$=49.9\text{N/mm}^2<f_f^w=160\text{ N/mm}^2$$

③支座底板的连接焊缝。

假定焊缝传递全部支座反力 $R=72.6\text{kN}$，设焊缝 $h_f=8\text{mm}$，支座底板的连接焊缝长度为：

$$\Sigma l_w=2\times(240-2h_f)+4\times(120-4-10-2h_f)$$

$$=2\times(240-2\times8)+4\times(120-4-10-2\times8)=808\text{mm}$$

由公式（7－54）得：

$\sigma_f=\frac{R}{0.7\beta_fh_f\Sigma l_w}=\frac{72.6\times10^3}{0.7\times1.22\times8\times808}=13.2\text{N/mm}^2<f_f^w=160\text{ N/mm}^2$，满足要求。

④上弦杆与节点板的连接焊缝。

节点板与上弦的连接焊缝：节点板与上弦角钢肢背采用槽焊缝连接，假定槽焊缝只承受屋面集中荷载 P。$P=11.16\text{kN}$。节点板与上弦角钢肢尖采用双面贴角焊缝连接，承担上弦内力差 ΔN。节点“1”槽焊缝 $h_{f1}=0.5t_1=0.5\times8=4\text{mm}$，其中 t_1 为节点板厚度（$t_1=8\text{mm}$）。$l_w=520-2h_{f1}=520-2\times4=512\text{mm}$，由公式（7－37）得：

$$\sigma_{\mathrm{f}}=\frac{P}{2\times0.7h_{\mathrm{f1}}l_{\mathrm{w}}}=\frac{11.16\times10^{3}}{2\times0.7\times4\times512}=3.9\mathrm{N/mm^{2}}<f_{\mathrm{f}}^{\mathrm{w}}=160\mathrm{N/mm^{2}}，满足要求。$$

可见，塞焊缝一般不控制，仅需验算肢尖焊缝。

上弦采用不等边角钢，短肢相并，肢尖角焊缝的焊脚尺寸 $h_{\mathrm{f2}}=5\mathrm{mm}$，则角钢肢尖角焊缝的计算长度 $l_{\mathrm{w}}=520-2\times5=510\mathrm{mm}$。

上弦杆内力差 $N=-194.14\mathrm{kN}$，偏心弯矩 $M=N\cdot e$，其中 $e=55\mathrm{mm}$，则由公式（7－38）～公式（7－40）得：

$$\sigma_{\mathrm{f}}=\frac{6M}{2\times0.7h_{\mathrm{f2}}l_{\mathrm{w}}^{2}}=\frac{6\times194.14\times10^{3}\times55}{2\times0.7\times5\times510^{2}}=35.2\mathrm{N/mm^{2}}$$

$$\tau_{\mathrm{f}}=\frac{N}{2\times0.7h_{\mathrm{f2}}l_{\mathrm{w}}}=\frac{194.14\times10^{3}}{2\times0.7\times5\times510}=54.4\mathrm{N/mm^{2}}$$

$$\sqrt{\left(\frac{\sigma_{\mathrm{f}}}{\beta_{\mathrm{f}}}\right)^{2}+\tau_{\mathrm{f}}^{2}}=\sqrt{\left(\frac{35.2}{1.22}\right)^{2}+54.4^{2}}=61.6\mathrm{N/mm^{2}}<f_{\mathrm{f}}^{\mathrm{w}}=160\mathrm{N/mm^{2}}$$

可见，肢尖焊缝安全。

2）上弦节点“2”（图7－102）。

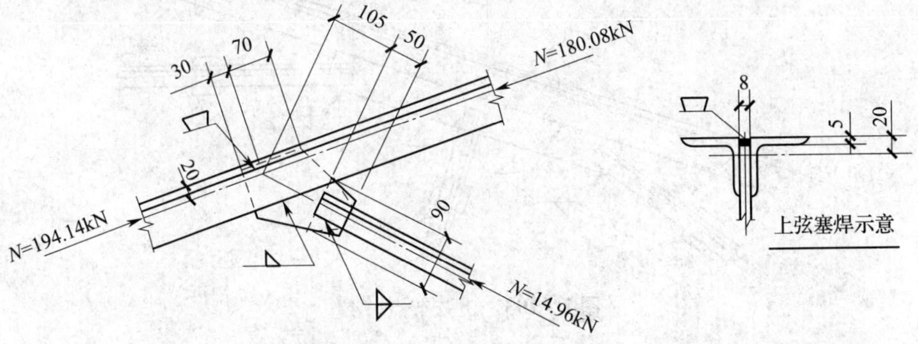

图7－102 上弦节点“2”

①节点板与上弦的连接焊缝。

节点板与上弦角钢肢背采用槽焊缝连接，假定槽焊缝只承受屋面集中荷载 P。$P=11.16\mathrm{kN}$。节点板与上弦角钢肢尖采用双面贴角焊缝连接，承担上弦内力差 ΔN。节点“2”的塞焊缝不控制，仅需验算肢尖焊缝。

上弦采用等边角钢，肢尖角焊缝的焊脚尺寸 $h_{\mathrm{f2}}=5\mathrm{mm}$，则角钢肢尖角焊缝的计算长度 $l_{\mathrm{w}}=130-2h_{\mathrm{f}}=130-2\times5=120\mathrm{mm}$。

弦杆相邻节间内力差 $\Delta N=-194.14-(-180.08)=-14.06\mathrm{kN}$，偏心弯矩 $M=\Delta N\cdot e$，$e=55\mathrm{mm}$，则由公式（7－38）～公式（7－40）得：

$$\sigma_{\mathrm{f}}=\frac{6M}{2\times0.7h_{\mathrm{f2}}l_{\mathrm{w}}^{2}}=\frac{6\times14.06\times10^{3}\times55}{2\times0.7\times5\times120^{2}}=46.0\mathrm{N/mm^{2}}$$

$$\tau_{\mathrm{f}}=\frac{\Delta N}{2\times0.7h_{\mathrm{f2}}l_{\mathrm{w}}}=\frac{14.06\times10^{3}}{2\times0.7\times5\times120}=16.7\mathrm{N/mm^{2}}$$

$$\sqrt{\left(\frac{\sigma_{\mathrm{f}}}{\beta_{\mathrm{f}}}\right)^{2}+\tau_{\mathrm{f}}^{2}}=\sqrt{\left(\frac{46.0}{1.22}\right)^{2}+16.7^{2}}=41.2\mathrm{N/mm^{2}}<f_{\mathrm{f}}^{\mathrm{w}}=160\mathrm{N/mm^{2}}$$

可见，肢尖焊缝安全。

②节点板与斜腹杆 2－8 的连接焊缝在前文中已经计算，详见表 7－18。

③节点板的强度计算（图 7－102）。

板件的有效宽度 $b_e = 90\text{mm}$，由公式（7－46）得：

$$\sigma = \frac{N}{b_e t} = \frac{14.96 \times 10^3}{90 \times 8} = 20.8\text{N/mm}^2 < f = 215\text{N/mm}^2，满足要求。$$

④节点板的稳定性计算（图 7－102）。

由图 7－102 可知，节点“2”中的节点板为无竖腹杆相连的节点板，$c = 32.7\text{mm}$，$t = 8\text{mm}$，根据本手册第 7.2.5 条的相关内容可得：

$c/t = 32.7/8 = 4.1 < 10\varepsilon_k = 10\sqrt{\frac{235}{f_y}} = 10\sqrt{\frac{235}{235}} = 10$，此时节点板的稳定承载力可取 $0.8 b_e t f = 0.8 \times 90 \times 8 \times 215 = 123.8\text{kN} > N = 14.96\text{kN}$，可见节点板的稳定性满足要求。

3）上弦节点“4”（图 7－103）。

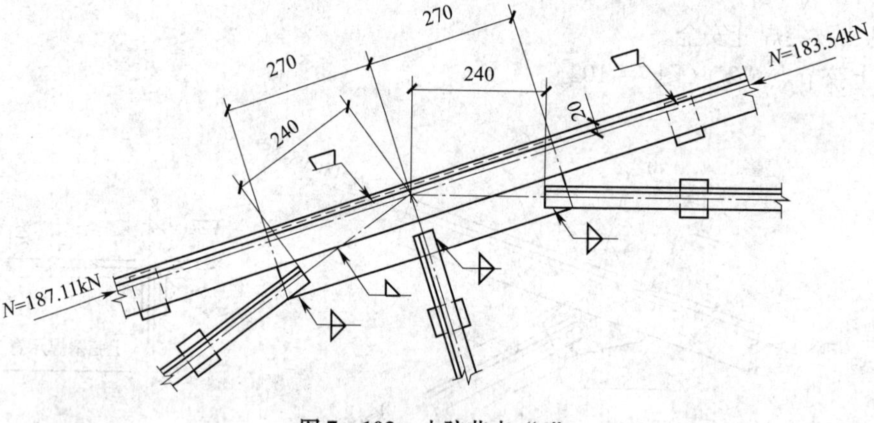

图 7－103　上弦节点“4”

因上弦杆间内力差小，节点板尺寸大，故不需要再验算。

4）屋脊节点“7”（图 7－104）。

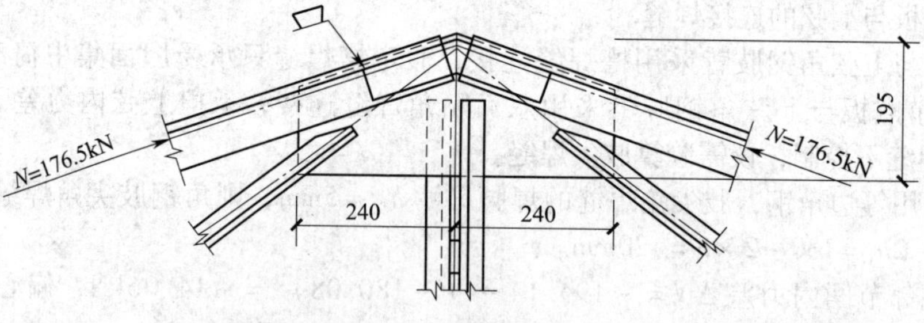

图 7－104　屋脊节点“7”

上弦杆节点荷载 P 假定由角钢肢背的塞焊缝承受，同上按构造要求考虑，即可满足，计算从略。

根据公式（7－43），上弦杆件与拼接角钢之间在接头一侧的焊缝长度为：

$$l'_w = \frac{N}{4 \times 0.7 h_f f_f^w} + 2h_f = \frac{176.50 \times 10^3}{4 \times 0.7 \times 4 \times 160} + 2 \times 4 = 106.5\text{mm}，取 120\text{mm}。$$

采用拼接角钢长 $l = 2 \times 120 + 10 = 250\text{mm}$，实际拼接角钢总长可取为 300mm。

拼接角钢竖肢需切肢，实际切肢 $\Delta = t + h_f + 5 = 6 + 4 + 5 = 15\text{mm}$，切肢后剩余高度 $h - \Delta = 75 - 15 = 60\text{mm}$，水平肢上需设置安装螺栓。

上弦杆与节点板的连接焊缝按肢尖焊缝承受上弦杆内力的 15% 计算。角钢肢尖角焊缝的焊脚尺寸 $h_{f2} = 4\text{mm}$，则角钢肢尖角焊缝的计算长度为：

$$l_w = 240 \times \frac{3.16}{3} - 2 \times 4 - 10 = 235\text{mm}$$

$$\Delta N = 15\% \times 176.50 = 26.5\text{kN}$$

偏心弯矩 $M = \Delta N \cdot e$，其中 $e = 55\text{mm}$，则由公式（7－38）～公式（7－40）得

$$\sigma_f = \frac{6M}{2 \times 0.7 h_{f2} l_w^2} = \frac{6 \times 26.5 \times 10^3 \times 55}{2 \times 0.7 \times 4 \times 235^2} = 28.2\text{N/mm}^2$$

$$\tau_f = \frac{\Delta N}{2 \times 0.7 h_{f2} l_w} = \frac{26.5 \times 10^3}{2 \times 0.7 \times 4 \times 235} = 20.1\text{N/mm}^2$$

$$\sqrt{\left(\frac{\sigma_f}{\beta_f}\right)^2 + \tau_f^2} = \sqrt{\left(\frac{28.2}{1.22}\right)^2 + 20.1^2} = 30.6\text{N/mm}^2 < f_f^w = 160\text{N/mm}^2$$

可见，肢尖焊缝安全。

5）下弦拼接节点“10”（图 7－105）。

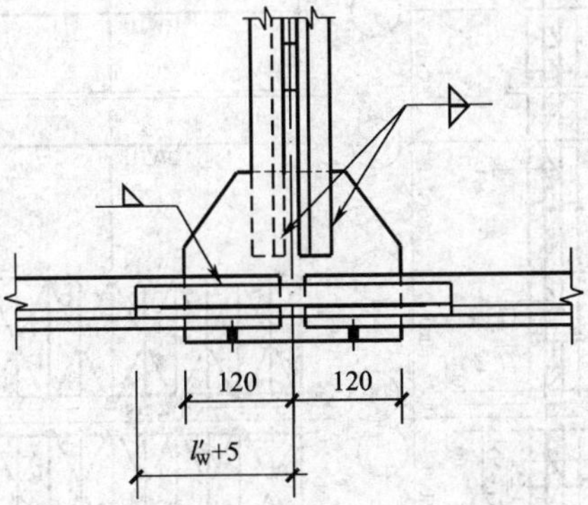

图 7－105 下弦拼接节点“10”

拼接角钢与下弦杆用相同规格，选用 ⅃L 56×5，下弦杆与拼接角钢之间的角焊缝的焊脚尺寸采用 $h_f = 4\text{mm}$。根据公式（7－43）得下弦杆件与拼接角钢之间在接头一侧的焊缝长度为：

$$l'_w = \frac{N}{4 \times 0.7 h_f f_f^w} + 2h_f = \frac{Af}{4 \times 0.7 h_f f_f^w} + 2h_f = \frac{10.83 \times 10^2 \times 215}{4 \times 0.7 \times 4 \times 160} + 2 \times 4 = 137.9\text{mm}$$，取 140mm，拼接角钢的长度取为 $2l'_w + 10 = 290\text{mm}$。接头的位置视材料长度而定，最好设在跨中节点处，当接头不在节点时，应增设垫板。

下弦杆与节点板的连接焊缝按杆件内力的 15% 计算。设肢背焊缝的焊脚尺寸 $h_{f1} = 4\text{mm}$，由公式（7－35）得焊缝长度为：

$$l'_{w1} = \frac{k_1 \Delta N}{2 \times 0.7 h_f f_f^w} + 2h_f = \frac{0.70 \times 0.15 \times 100.48 \times 10^3}{2 \times 0.7 \times 4 \times 0.95 \times 160} + 2 \times 4 = 20.4\text{mm}$$，取 100mm。

设肢尖焊缝的焊脚尺寸 $h_{f2} = 4\text{mm}$，由公式（7－36）得焊缝长度为：

$$l'_{w1} = \frac{k_1 \Delta N}{2 \times 0.7 h_f f_f^w} + 2h_{f2} = \frac{0.30 \times 0.15 \times 100.48 \times 10^3}{2 \times 0.7 \times 4 \times 160} + 2 \times 4 = 13.0\text{mm}$$

由以上计算可知，下弦角钢与节点板的连接焊缝长度是按构造要求确定的，取100mm。

屋架平面布置图见7－106，安装节点见图7－107，屋架详图见图7－108、图7－109。檩条ZL选用$Z120\times50\times20\times2.5$，拉条T选用$\phi12$，撑杆G选用$D30\times2$圆钢管，SC选用∟56×5，CC弦杆选用2∟63×4，腹杆为∟50×4，系杆XG为∟63×4。

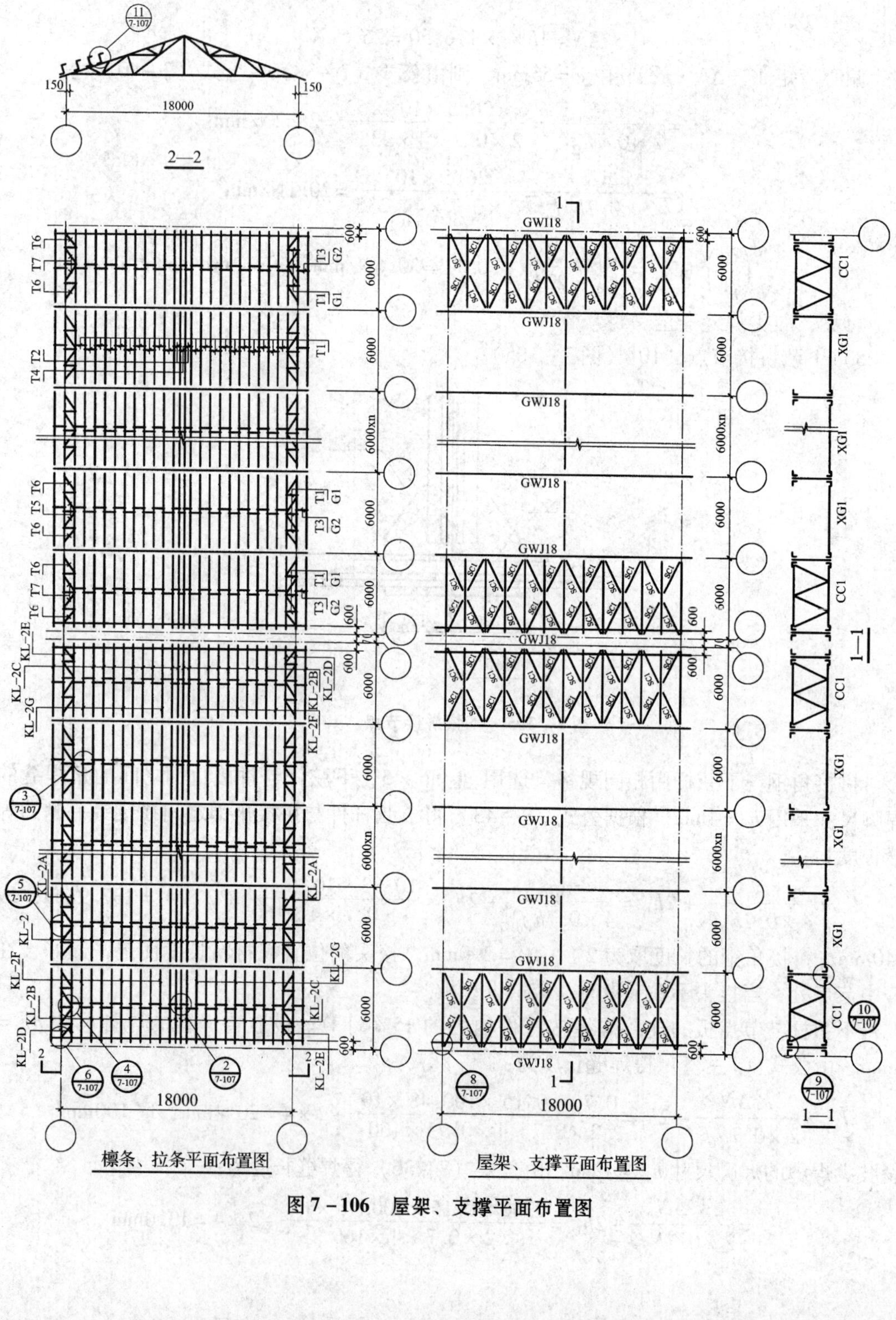

图7－106 屋架、支撑平面布置图

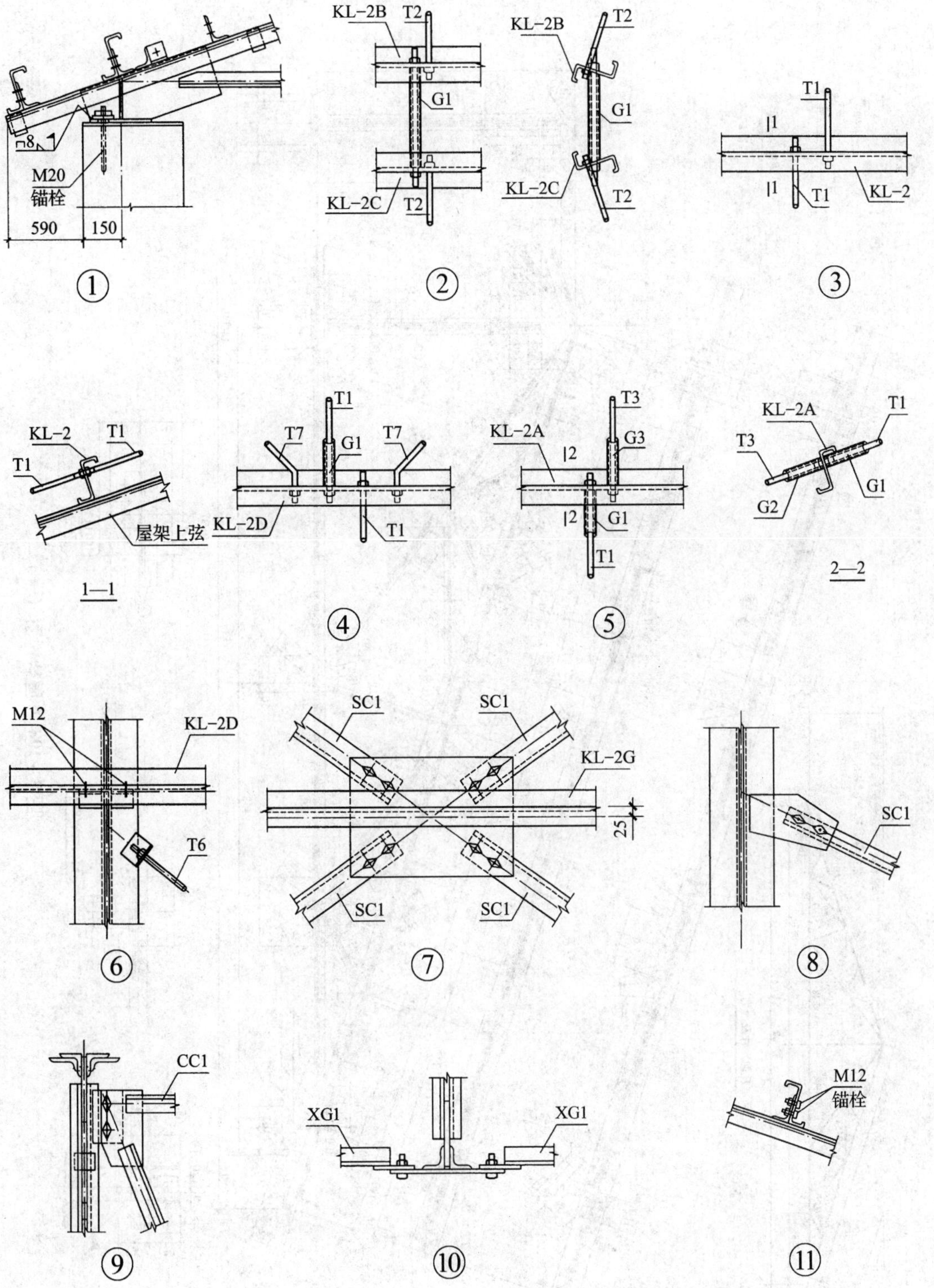

图 7－107　安装节点

注：未注明的螺栓为 M16。

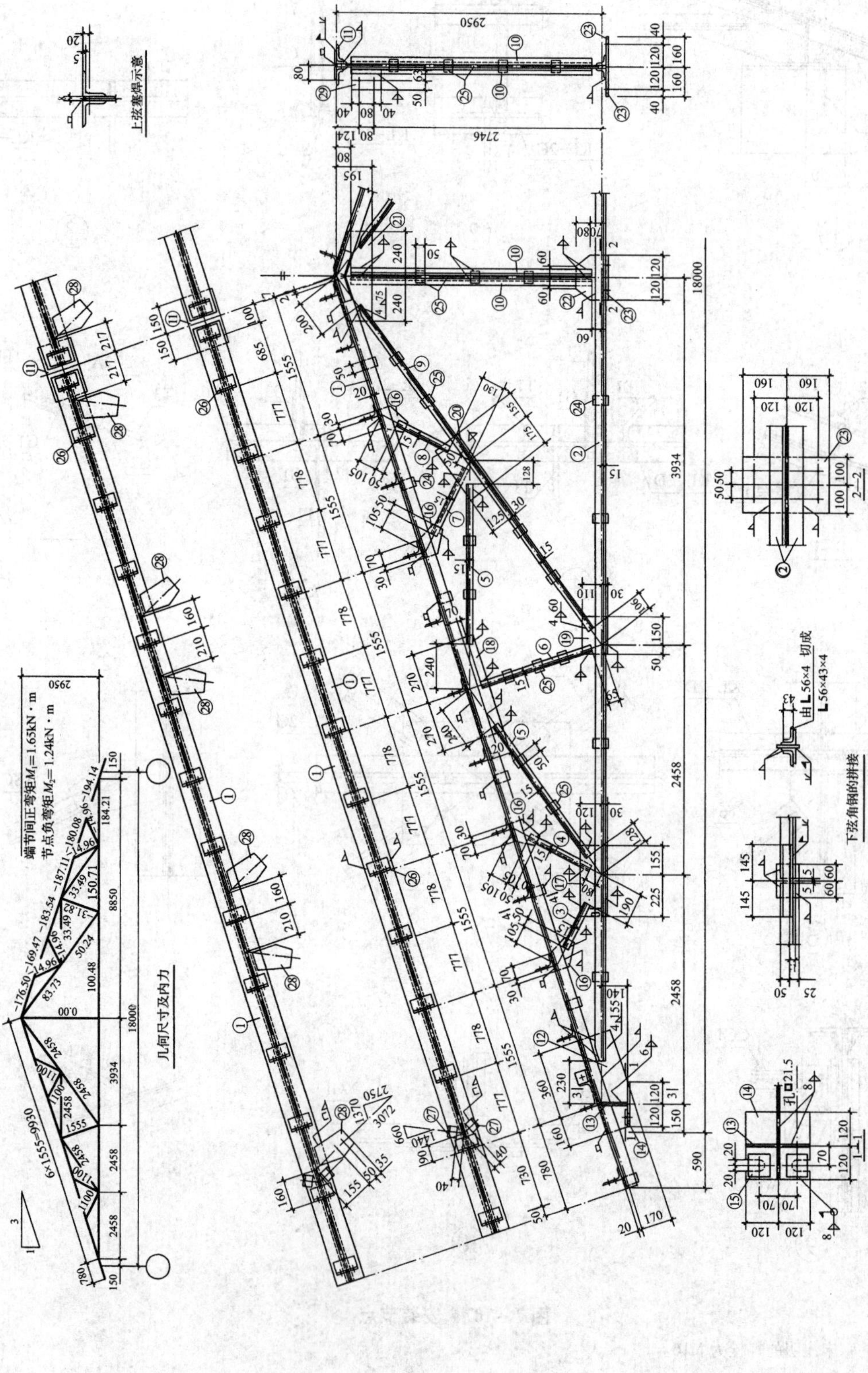
端节间正弯矩M_1=1.63kN · m
节点负弯矩M_2= 1.24kN · m
几何尺寸及内力
上弦塞焊示意
下弦角钢的拼接
由L56×4 切成
L56×43×4
2-2
1-1
18000
3934
2458
2950
2746

图 7－108　屋架详图（一）

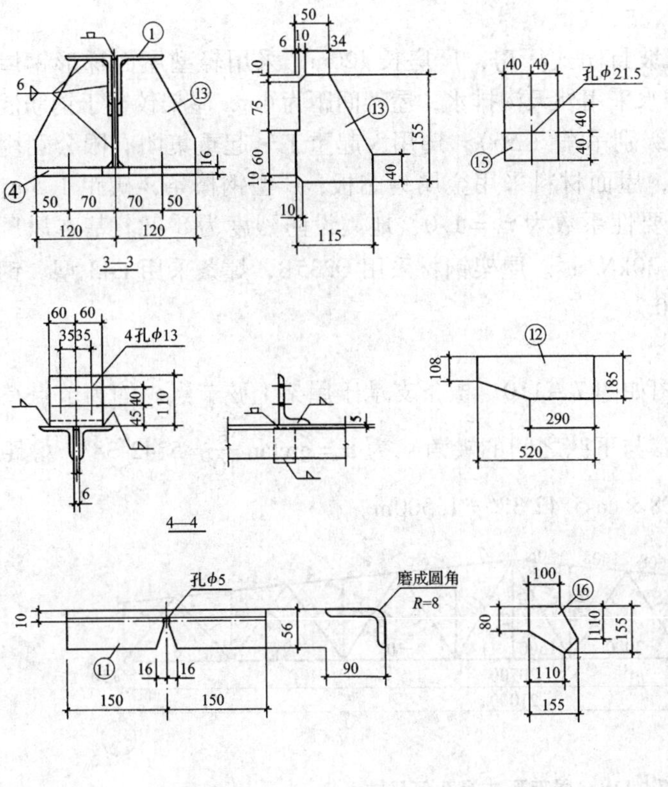

构件编号	零件号	断面	长度(mm)	数量 正	数量 反	重量(kg) 每个	重量(kg) 共计	重量(kg) 合计
GWJ18	1	L75×6	10090	4		69.7	278.8	737.1
	2	L56×5	17240	2		73.3	146.6	
	3	L45×5	805	2		2.7	5.4	
	4	L45×5	915	2		3.1	6.2	
	5	L45×5	2090	8		7.0	56.0	
	6	L45×5	1420	4		4.8	19.2	
	7	L45×5	945	2		3.2	6.4	
	8	L45×5	865	2		2.9	5.8	
	9	L45×5	4600	2	2	15.5	62.0	
	10	L45×5	2810	2		9.5	19.0	
	11	L90×56×6	300	2		2.0	4.0	
	12	−185×10	520	2		7.6	15.1	
	13	−115×10	155	4		1.4	5.6	
	14	−240×16	240	2		7.2	14.4	
	15	−80×14	80	4		0.7	2.8	
	16	−155×8	155	8		1.5	12.0	
	17	−150×8	380	2		3.6	7.2	
	18	−135×8	540	2		4.6	9.2	
	19	−140×8	200	2		1.8	3.6	
	20	−155×8	330	2		2.9	5.8	
	21	−210×8	480	1		6.3	6.3	
	22	−160×8	240	1		2.4	2.4	
	23	−200×8	320	1		3.0	3.0	
	24	−50×8	80	22		0.3	5.6	
	25	−50×8	60	29		0.2	5.5	
	26	L110×70×6	120	28		1.0	28.0	
	27	L75×50×6	60	4		0.3	1.2	
GWJ18-A	1~27同GWJ18						737.1	756.0
	28	−145×6	220	12		1.5	18.0	
	29	−115×6	160	1		0.9	0.9	

注：1　钢材采用Q235B，焊条采用E43型。

2　未注明的角焊缝焊尺寸为4mm，一律满焊。

3　未注明的螺栓为M16，孔为φ17。

4　下弦角钢的拼接位置，按材料长度确定，尽量位于下弦内力较小节间。如在节点处拼接，可利用节点板兼作垫板；当屋架运输单元需按半榀考虑时；下弦角钢的拼接位置可在跨中或其相邻节点处，并在上、下弦角钢拼接处设置安装螺栓和安装焊缝。

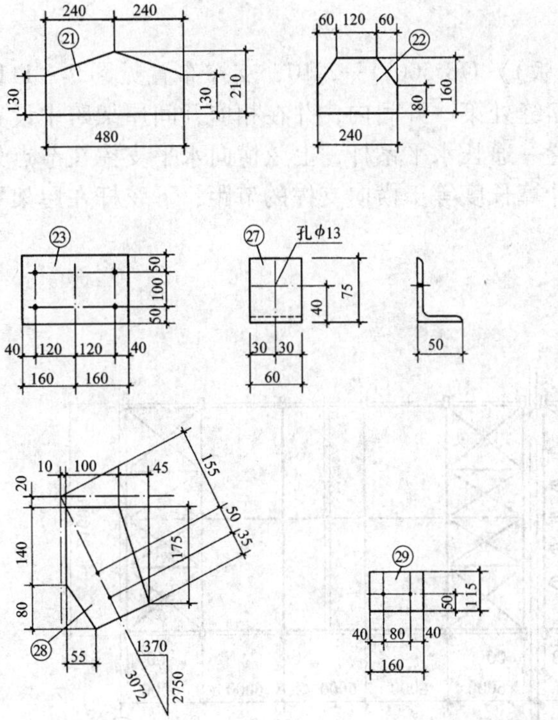

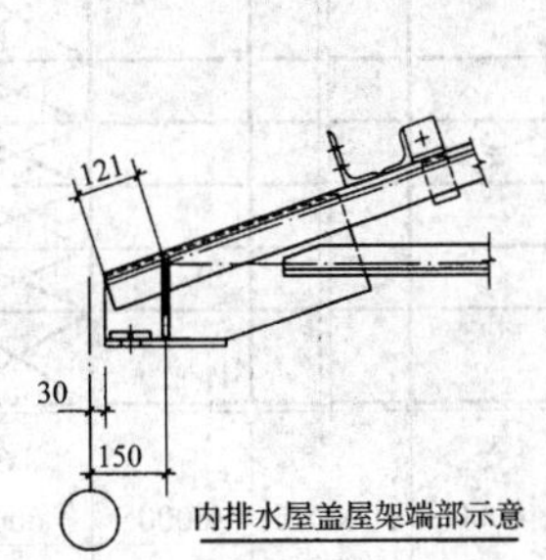

内排水屋盖屋架端部示意

图7－109　屋架详图（二）

【例题7-9】21m轻型屋面梯形角钢屋架

1　设计资料。

某工程为跨度21m的单跨双坡封闭式厂房，厂房长120m。采用轻型屋面梯形钢屋架，屋面坡度为$i=1/10$，屋面排水采用外天沟排水，屋架间距为6m，屋架铰支于钢筋混凝土柱柱顶，有2台5t重级工作级别吊车（A6），选用大起重工·起重集团有限公司生产的起重机。柱顶标高为10.2m，屋面材料采用金属夹芯板，C型钢檩条，檩距1.5m。地面粗糙度类别为B类，结构重要性系数为$r_0=1.0$，地震设防烈度为8度。基本风压$w_0=0.50kN/m^2$，基本雪压$s_0=0.30kN/m^2$。屋架钢材采用Q235B，焊条采用E43型。钢筋混凝土柱所用混凝土强度为C20。

2　屋架形式及几何尺寸。

梯形屋架结构布置图及剖面图如图7-110。檩条支承于屋架上弦节点。均为节点荷载。经计算可知，屋架坡角（上弦与下弦之间的夹角）为$\alpha=\arctan\dfrac{1}{10}=5°42'38''$，檩距为1.508m，水平投影间距为$1.508\times\cos5°42'38''=1.500m$。

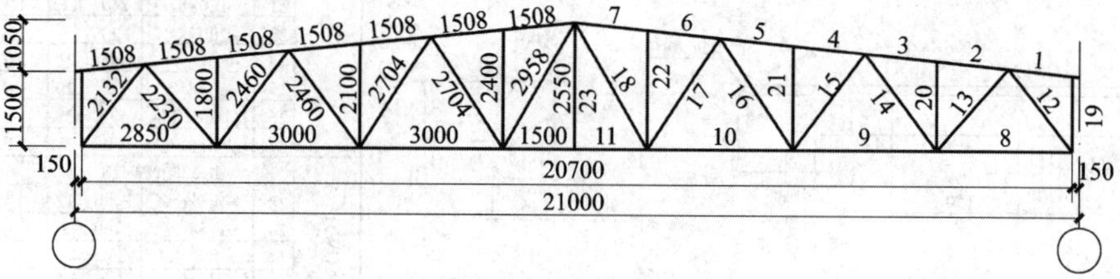

图7-110　屋架形式及几何尺寸

3　支撑布置。

依据《建筑抗震设计规范（2016年版）》GB 50011—2010，支撑布置见图7-111，上弦横向水平支撑设置在房屋两端及伸缩缝处第一开间内，并在相应开间屋架跨中设置竖向支撑，在其余开间屋架下弦跨中设置一通长水平系杆，上弦横向水平支撑在节点处设通长系杆。故上弦杆在屋架平面外的计算长度等于横向支撑的节距；下弦杆在屋架平面外的计算长度为屋架跨度的一半。

4　荷载计算（标准值）。

（1）永久荷载：（对水平投影面）。

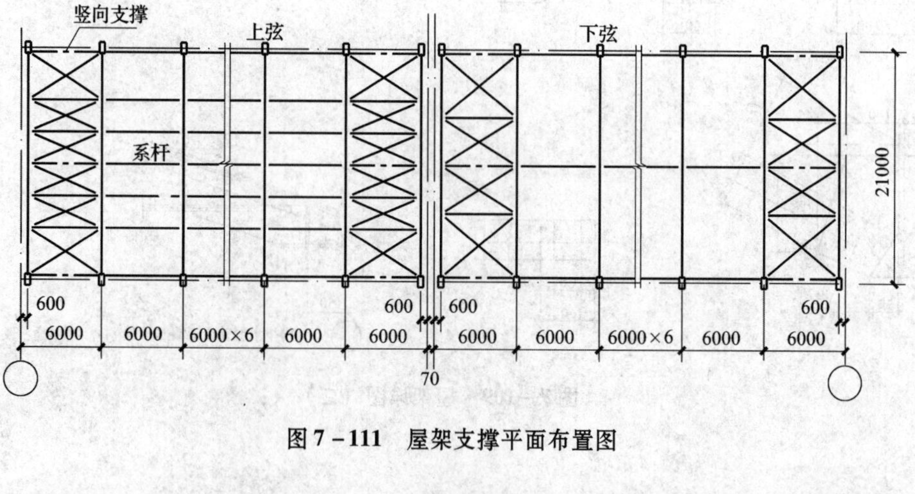

图7-111　屋架支撑平面布置图

夹芯板	$0.20/\cos5°42'38'' = 0.20\text{kN/m}^2$
檩条自重	0.10kN/m^2
屋架及支撑自重	0.15kN/m^2
悬挂管道等	0.05kN/m^2
合计	0.50kN/m^2

（2）可变荷载：（对水平投影面）。

1）屋面活荷载 0.30kN/m^2（按2.2.1条，轻型屋面的构件或结构当仅有一个可变荷载且受荷水平投影面积为 $21\times6=126\text{m}^2$，超过 60m^2，屋面均布活荷载标准值应取为 0.30kN/m^2）。

2）雪荷载。

基本雪压：$s_0=0.30\text{kN/m}^2$。据《建筑结构荷载规范》GB 50009—2012 表7.2.1，由于 $\alpha=5°42'38''<25°$，$\mu_r=1.0$。雪荷载标准值 $s_k=\mu_r s_0=0.30\text{kN/m}^2$，雪荷载不与屋面活荷载同时组合，仅考虑两者中的较大作用。另据《建筑结构荷载规范》GB 50009—2012 表7.2.1注1可知，不考虑全跨积雪不均匀分布情况。

3）风荷载。

基本风压：$w_0=0.50\text{kN/m}^2$

（3）荷载组合。

1）全跨永久荷载 + 全跨雪（或活）荷载；

2）全跨永久荷载 + 半跨雪荷载；

3）全跨永久荷载 + 全跨风荷载；

4）屋架、檩条自重 + 半跨（屋面板 + 0.30 kN/m^2 吊装活荷载）；

5）1.0 永久荷载 + 1.4 风荷载。

（4）上弦的集中荷载及节点荷载。

由檩条传给屋架上弦的节点永久荷载见图7－112。

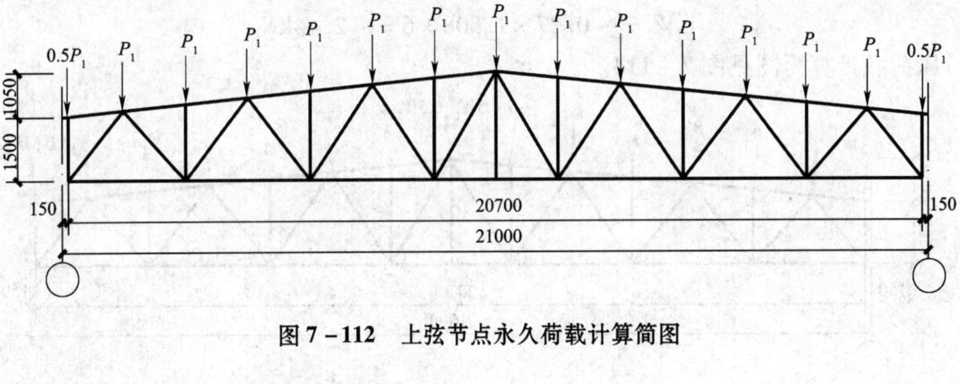

图7－112 上弦节点永久荷载计算简图

由檩条传给屋架上弦的节点活荷载见图7－113。

具体计算过程如下：

1）全跨屋面永久荷载。

上弦集中永久荷载标准值：

$$P_1=0.50\times1.5\times6=4.50\text{kN}$$

2）全跨屋面活荷载。

上弦集中活荷载标准值：

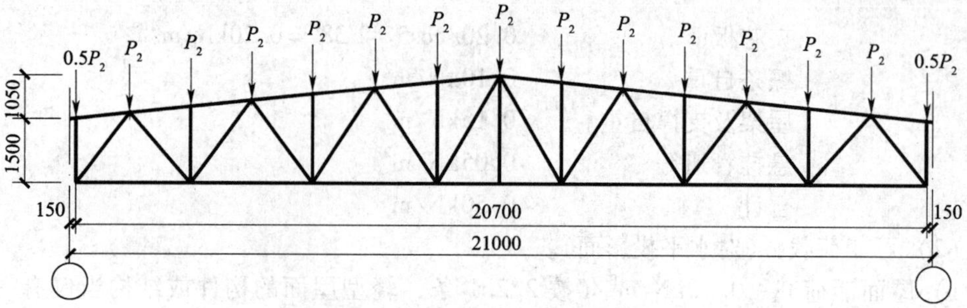

图 7-113 上弦节点活荷载计算简图

$$P_2 = 0.30 \times 1.5 \times 6 = 2.70\text{kN}$$

假定由可变荷载组合控制，则上弦节点荷载设计值为：

$$1.2 \times 4.50 + 1.4 \times 2.70 = 9.18\text{kN};$$

若由永久荷载组合控制，则上弦节点荷载设计值为：

$$1.35 \times 4.50 + 1.4 \times 0.7 \times 2.70 = 8.72\text{kN}$$

综上可知，本工程屋面荷载由可变荷载组合控制。

3）风荷载标准值。

风荷载体型系数：背风面：$\mu_s = -0.5$，

迎风面：$\mu_s = -0.6$，

风压高度变化系数，本设计地面粗糙度为 B 类，柱顶标高为 10.2m，坡度为 1/10，屋脊标高为 10.2 + 1.75 + 1.05 = 13.0m，风压高度变化系数，$\mu_z \approx 1.08$，不计风振系数 β_z，

计算主要承重结构：$w_k = \beta_z \mu_s \mu_z w_0$

迎风面：$w_1 = 1.0 \times (-0.6) \times 1.08 \times 0.50 = -0.32\text{kN/m}^2$（垂直于屋面），为风吸力。

背风面：$w_2 = 1.0 \times (-0.5) \times 1.08 \times 0.50 = -0.27\text{kN/m}^2$（垂直于屋面），为风吸力。

由檩条传给屋架的上弦节点风荷载标准值：

$$W_1 = -0.32 \times 1.508 \times 6 = -2.90\text{kN}$$

$$W_2 = -0.27 \times 1.508 \times 6 = -2.44\text{kN}$$

风荷载计算简图见图 7-114。

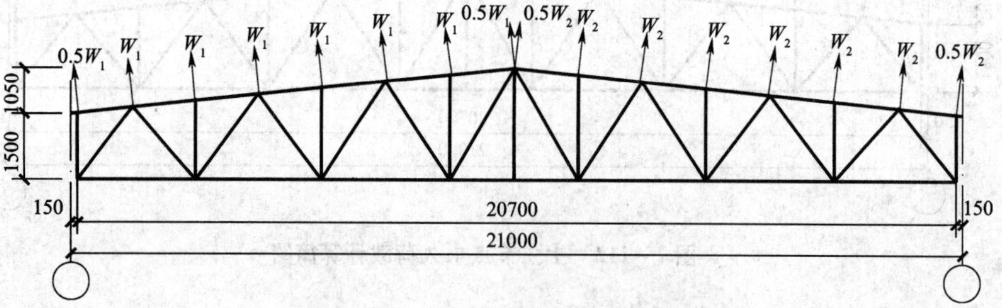

图 7-114 上弦节点风荷载计算简图

5 内力组合及截面选择。

（1）内力计算。

按中国建筑科学研究院 PKPMCAD 工程部提供的 STS 软件计算，（因屋架及支撑的自重已在荷载计算中考虑，故在内力计算时不再重复考虑屋架及支撑的自重），得出各种工况下的杆件内力，内力组合见表 7-19。假定杆件受拉符号为正，受压符号为负。

表 7－19　GWJ21 杆件内力组合表

杆件名称	杆件编号	全跨荷载		半跨荷载	风荷载		内力组合		最不利内力（kN）
		永久荷载内力标准值（kN）	雪荷载内力标准值（kN）	半跨雪荷载内力标准值（kN）	左风荷载内力标准值（kN）	右风荷载内力标准值（kN）	1.2 永久＋1.4 雪（或活）（kN）	1.2 永久＋1.4 半跨雪（kN）	
上弦杆	1	0	0	0	0	0	0	0	0
	2、3	－42.8	－25.6	－18.2	18.4	15.3	－87.2	－76.8	－87.2
	4、5	－62.5	－37.5	－24.4	25.1	20.9	－127.5	－109.2	－127.5
	6、7	－66.0	－39.6	－22.3	23.1	19.3	－134.6	－110.4	－134.6
下弦杆	8	23.9	14.3	10.5	－11.3	－9.5	48.7	43.4	48.7
	9	54.9	32.9	22.5	－23.0	－19.2	111.9	97.4	111.9
	10	65.5	39.3	24.1	－24.3	－20.2	133.6	112.3	133.6
	11	63.1	37.9	18.9	－18.8	－18.8	128.8	102.2	128.8
斜腹杆	12	－37.8	－22.6	－16.6	16.4	13.7	－77.0	－68.6	－77.0
	13	27.7	17.1	11.8	－11.1	－9.2	57.2	49.8	57.2
	14	－20.2	－13.5	－8.5	6.9	5.8	－43.1	－36.1	－43.1

续表 7－19

杆件名称	杆件编号	全跨荷载		半跨荷载	风荷载		内力组合		最不利内力（kN）
		永久荷载内力标准值（kN）	雪荷载内力标准值（kN）	半跨雪荷载内力标准值（kN）	左风荷载内力标准值（kN）	右风荷载内力标准值（kN）	1.2 永久＋1.4 雪（或活）（kN）	1.2 永久＋1.4 半跨雪（kN）	
斜腹杆	15	12.0	9.6　－2.4	5.4　－2.4	－3.7	－4.4	32.9	27.0	32.9
	16	－6.0	－7.5	3.8　－3.4	3.5	4.2	－17.7	－14.6	－17.7
	17	0.2	5.2　－5.1	－5.1	3.7　－3.1	－3.7	7.6	－15.4	7.6　－15.4
	18	5.0	6.9　－3.9	6.9	－6.7	－5.6	17.7	17.7	17.7　－4.4
竖腹杆	19	－2.3	－1.4	－1.4	1.4	1.2	－4.7	－3.6	－4.7
	20	－4.5	－2.7	－2.7	2.7	2.3	－9.2	－7.0	－9.2
	21	－4.5	－2.7	－2.7	2.7	2.3	－9.2	－7.0	－9.2
	22	－4.5	－2.7	－2.7	2.7	2.3	－9.2	－7.0	－9.2
	23	0	0	0	0	0	0	0	0

注：下弦杆 10 在左风和右风下的设计值 $N_{风}=1.4\times(-24.3-20.2)=-62.3\text{kN}<N_G=65.5\text{kN}$，不会出现压力。但根据第 7.2.8 节，$w_k=\frac{G'_k}{1.4}=\frac{G_k-0.1}{1.4}=\frac{0.5-0.1}{1.4}=0.285\text{kN/m}^2<w_k=w_0\mu_s\mu_z=0.5\times\frac{0.6+0.5}{2}\times1.08=0.297\text{kN/m}^2$，又会出现压力。关键是永久荷载未考虑偏差 0.1，应取 G'_k。

（2）截面选择。

按表7－13，支座节点板厚度为8mm，其他中间节点板厚度均为6mm（端斜杆最大内力设计值为－77.0kN）。

1）上弦杆6、7。

$$N_6 = N_7 = -134.6\text{kN},\ l_{0x} = 150.8\text{cm},\ l_{0y} = 301.6\text{cm},$$

选用截面┑┍75×50×6，两短肢相并。

截面的几何特性（由表17－2查得）：

$$截面面积\ A = 14.52\text{cm}^2$$

$$回转半径\ i_x = 1.42\text{cm},\ i_y = 3.63\text{cm}$$

$$长细比\ \lambda_x = \frac{l_{0x}}{i_x} = \frac{150.8}{1.42} = 106.2 < [\lambda] = 150，属\text{b}类截面。$$

$$\lambda_y = \frac{l_{0y}}{i_y} = \frac{301.6}{3.63} = 83.1 < [\lambda] = 150，属\text{b}类截面。$$

由表3－16中公式（3－78）得：

$$\lambda_z = 3.7\frac{b_1}{t} = 3.7 \times \frac{75}{6} = 46.3 < \lambda_y$$

由表3－16中公式（3－77a）得：

$$\lambda_{yz} = \lambda_y\left[1 + 0.06\left(\frac{\lambda_z}{\lambda_y}\right)^2\right] = 83.1 \times \left[1 + 0.06 \times \left(\frac{46.3}{83.1}\right)^2\right] = 84.6$$

查表14－2b得，$\varphi_x = 0.516$，$\varphi_{yz} = 0.657$

由表3－13中公式（3－52）得：

$$\frac{N}{\varphi_{\min}Af} = \frac{134.6 \times 10^3}{0.516 \times 14.52 \times 10^2 \times 215} = 0.836 < 1，满足要求。$$

该杆件为压杆，截面选择也可根据表18－3a、表18－3b承载力设计值查得。平面内稳定承载力 $[N_x] = -161\text{kN}$；平面外稳定承载力 $[N_y] = -208\text{kN}$；均大于杆件内力 $N = -134.6\text{kN}$，满足要求。可见由平面内稳定控制。

2）上弦杆2、3。

尽管内力较小，但平面外计算长度较大，需进行验算，与上弦杆6、7比较是否为控制杆件。

$$N_2 = N_3 = -87.2\text{kN},\ l_{0x} = 150.8\text{cm},\ l_{0y} = 452.4\text{cm},$$

选用截面┑┍75×50×6，两短肢相并。

截面的几何特性（由表17－2查得）：

$$截面面积\ A = 14.52\text{cm}^2$$

$$回转半径\ i_x = 1.42\text{cm},\ i_y = 3.63\text{cm}$$

$$长细比\ \lambda_x = \frac{l_{0x}}{i_x} = \frac{150.8}{1.42} = 106.2 < [\lambda] = 150，属\text{b}类截面。$$

$$\lambda_y = \frac{l_{0y}}{i_y} = \frac{452.4}{3.63} = 124.6 < [\lambda] = 150，属\text{b}类截面。$$

由表3－16中公式（3－78）得：$\lambda_z = 3.7\frac{b_1}{t} = 3.7 \times \frac{75}{6} = 46.3 < \lambda_y$

由表3－16中公式（3－77a）得：

$$\lambda_{yz}=\lambda_y\left[1+0.06\left(\frac{\lambda_z}{\lambda_y}\right)^2\right]=124.6\times\left[1+0.06\times\left(\frac{46.3}{124.6}\right)^2\right]=125.6$$

查表 14－2b 得，$\varphi_x=0.516$，$\varphi_{yz}=0.408$

由表 3－13 中公式（3－52）得：

$$\frac{N}{\varphi_{min}Af}=\frac{87.2\times10^3}{0.408\times14.52\times10^2\times215}=0.685<1\text{，满足要求。}$$

该杆件为压杆，截面选择也可根据表 19－3a、表 19－3b 的承载力设计值查得。$N_2=N_3=-87.2\text{kN}$，$l_{0x}=150.8\text{cm}$，$l_{0y}=452.4\text{cm}$，选用截面 ╦ 75×50×6，两短肢相并。平面内稳定承载力［N_x］＝－161kN；平面外稳定承载力［N_y］＝－129kN；均大于杆件内力 $N_2=N_3=-87.2\text{kN}$，满足要求。可见由平面外稳定控制。

3）下弦杆 8～11。

$$N=133.6\text{kN}，l_{0x}=300.0\text{cm}，l_{0y}=1035\text{cm}$$

选用截面 ╩ 90×56×5，两短肢相并。

截面的几何特性（由表 17－2 查得）：

$$\text{截面面积 } A=A_n=14.42\text{cm}^2，$$

$$\text{回转半径 } i_x=1.59\text{cm}，i_y=4.32\text{cm}$$

$$\text{长细比 } \lambda_x=\frac{l_{0x}}{i_x}=\frac{300.0}{1.59}=188.7<[\lambda]=250\text{，属 b 类截面。}$$

$$\lambda_y=\frac{l_{0y}}{i_y}=\frac{1035}{4.32}=239.6<[\lambda]=250\text{，属 b 类截面。}$$

由表 3－13 中公式（3－49）得：

$$\sigma=\frac{N_{max}}{A}=\frac{133.6\times10^3}{14.42\times10^2}=92.6\text{N/mm}^2<f=215\text{N/mm}^2\text{，满足要求。}$$

由 $\lambda_y=239.6$ 查表 14－2b 得，$\varphi_y=0.133$，查表 7－46，$C=131.1$，若不考虑排架柱顶传给下弦杆的压力，足以承受排架柱顶附加拉力，即 $\Delta N=0$，则：

$$[W_k]=\left(\frac{\varphi_{min}Af-\Delta N}{C}+G_k'\right)/\gamma_w=\left(\frac{0.133\times14.42\times10^{-4}\times215\times10^3}{133.1}+0.5-0.1\right)/1.4$$

$$=0.51\text{kN/m}^2>W_k=0.297\text{ kN/m}^2\text{，满足要求。}$$

若 $\Delta N\neq0$，$W_k=[W_k]=0.297\text{kN/m}^2$（表 7－20），则：

$$\Delta N=\varphi Af+C(G_k'-\gamma_w W_k)=0.133\times14.42\times10^{-4}\times215\times10^3+131.1\times(0.4-0.297)$$

$=39\text{kN}$。表明下弦杆尚能承受排架柱顶的压力 $\Delta N=39\text{kN}$。

4）支座斜腹杆 12。

$$N=-77.0\text{kN}，l_{0x}=l_{0y}=l=213.2\text{cm}$$

选用截面 ╦ 56×5

截面的几何特性（由表 17－1 查得）：

$$\text{截面面积 } A=10.83\text{cm}^2$$

$$\text{回转半径 } i_x=1.72\text{cm}，i_y=2.54\text{cm}$$

$$\text{长细比 } \lambda_x=\frac{l_{0x}}{i_x}=\frac{213.2}{1.72}=124.0<[\lambda]=150\text{，属 b 类截面。}$$

$$\lambda_y=\frac{l_{0y}}{i_y}=\frac{213.2}{2.54}=83.9<[\lambda]=150\text{，属 b 类截面。}$$

由表 3－16 中公式（3－74）得：

$$\lambda_z = 3.9\frac{b}{t} = 3.9\times\frac{56}{5} = 43.7 < \lambda_y$$

由表 3－16 中公式（3－73a）得：

$$\lambda_{yz} = \lambda_y\left[1+0.16\left(\frac{\lambda_z}{\lambda_y}\right)^2\right] = 83.9\times\left[1+0.16\times\left(\frac{43.7}{83.9}\right)^2\right] = 87.5$$

查表 14－2b 得，$\varphi_x = 0.416$，$\varphi_{yz} = 0.638$

由表 3－13 中公式（3－52）得：

$$\frac{N}{\varphi_{min}Af} = \frac{77.0\times10^3}{0.416\times10.83\times10^2\times215} = 0.795 < 1\text{，满足要求。}$$

该杆件为压杆，截面选择也可根据表 18－2a、表 18－2b 的承载力设计值查得。$N = -77.0\text{kN}$，$l_x = l_y = l = 213.2\text{cm}$，选用截面ᅲ 56×5。平面内稳定承载力［$N_x$］＝－97kN；平面外稳定承载力［$N_y$］＝－149kN；均大于杆件内力 $N = -77.0\text{kN}$，满足要求。可见由平面内稳定控制。

5）斜腹杆 13。

$$N = 57.2\text{kN}，l_{0x} = 0.8l = 0.8\times223.0 = 178.4\text{cm}，l_{0y} = l = 223.0\text{cm}$$

选用截面ᅲ 50×5

截面的几何特性（由表 17－1 查得）：

$$\text{截面面积 } A = A_n = 9.61\text{cm}^2$$

$$\text{回转半径 } i_x = 1.53\text{cm}，i_y = 2.30\text{cm}$$

$$\text{长细比 } \lambda_x = \frac{l_{0x}}{i_x} = \frac{178.4}{1.53} = 116.6 < [\lambda] = 250$$

$$\lambda_y = \frac{l_{0y}}{i_y} = \frac{223.0}{2.30} = 97.0 < [\lambda] = 250$$

由表 3－13 中公式（3－49）得：

$$\sigma = \frac{N}{A} = \frac{57.2\times10^3}{9.61\times10^2} = 59.5\text{N/mm}^2 < f = 215\text{N/mm}^2\text{，满足要求。}$$

6）斜腹杆 14。

$$N = -43.1\text{kN}，l_{0x} = 0.8l = 0.8\times246.0 = 196.8\text{cm}，l_{0y} = l = 246.0\text{cm}$$

选用截面ᅲ 50×5

截面的几何特性（由表 17－1 查得）：

$$\text{截面面积 } A = 9.61\text{cm}^2$$

$$\text{回转半径 } i_x = 1.53\text{cm}，i_y = 2.30\text{cm}$$

$$\text{长细比 } \lambda_x = \frac{l_{0x}}{i_x} = \frac{196.8}{1.53} = 128.6 < [\lambda] = 150\text{，属 b 类截面。}$$

$$\lambda_y = \frac{l_{0y}}{i_y} = \frac{246.0}{2.30} = 107.0 < [\lambda] = 150\text{，属 b 类截面。}$$

由表 3－16 中公式 3－74 得：

$$\lambda_z = 3.9\frac{b}{t} = 3.9\times\frac{50}{5} = 39.0 < \lambda_y$$

由表 3－16 中公式（3－73a）得：

$$\lambda_{yz}=\lambda_y\left[1+0.16\left(\frac{\lambda_z}{\lambda_y}\right)^2\right]=107.0\times\left[1+0.16\times\left(\frac{39.0}{107.0}\right)^2\right]=109.3$$

查表14－2b得，$\varphi_x=0.394$，$\varphi_{yz}=0.496$
由表3－13中公式（3－52）得：

$$\frac{N}{\varphi_{min}Af}=\frac{43.1\times10^3}{0.394\times9.61\times10^2\times215}=0.529<1，满足要求。$$

该杆件为压杆，截面选择也可根据表18－2a、表18－2b的承载力设计值查得。$N=-43.1\text{kN}$，$l_x=196.8\text{cm}$，$l_y=l=246.0\text{cm}$。选用截面ㅠ50×5。可知，平面内稳定承载力［N_x］＝－81kN；平面外稳定承载力［N_y］＝－103kN；均大于杆件内力$N=-43.1\text{kN}$，满足要求。可见由平面内稳定控制。

7）斜腹杆15。

$$N=32.9\text{kN}，l_{0x}=0.8l=0.8\times246.0=196.8\text{cm}，l_{0y}=l=246.0\text{cm}$$

选用截面ㅠ50×5
截面的几何特性（由表17－1查得）：

$$截面面积\ A=A_n=9.61\text{cm}^2$$

$$回转半径\ i_x=1.53\text{cm}，i_y=2.30\text{cm}$$

$$长细比\ \lambda_x=\frac{l_{0x}}{i_x}=\frac{196.8}{1.53}=128.6<[\lambda]=250$$

$$\lambda_y=\frac{l_{0y}}{i_y}=\frac{246.0}{2.30}=107.0<[\lambda]=250$$

由表3－13中公式（3－49）得：

$$\sigma=\frac{N}{A}=\frac{32.9\times10^3}{9.61\times10^2}=34.2\text{N/mm}^2<f=215\text{N/mm}^2，满足要求。$$

8）斜腹杆16

$$N=-17.7\text{kN}，l_{0x}=0.8l=0.8\times270.4=216.3\text{cm}，l_{0y}=l=270.4\text{cm}$$

选用截面ㅠ50×5
截面的几何特性（由表17－1查得）：

$$截面面积：A=9.61\text{cm}^2$$

$$回转半径：i_x=1.53\text{cm}，i_y=2.30\text{cm}$$

$$长细比：\lambda_x=\frac{l_{0x}}{i_x}=\frac{216.3}{1.53}=141.4<[\lambda]=200，属\text{b}类截面。$$

$$\lambda_y=\frac{l_{0y}}{i_y}=\frac{270.4}{2.30}=117.6<[\lambda]=200，属\text{b}类截面。$$

因内力较小，不再一一验算，其结果见表7－20。
其他腹杆计算雷同，不再赘述。

6 屋架节点连接计算。

（1）腹杆与节点板的连接焊缝。

肢背、肢尖焊缝长度根据表4－7中公式（4－20）、公式（4－21a）计算，结果见表7－21。

表 7-20 GWJ21 杆件截面选用表

杆件名称	杆件编号	内力 (kN)	截面规格 (mm)	截面面积 (cm^2)	计算长度 l_{0x} (cm)	计算长度 l_{0y} (cm)	回转半径 i_x (cm)	回转半径 i_y (cm)	长细比 λ_x	长细比 λ_y	长细比 λ_{yz}	稳定系数 φ_{min}	强度 (N/mm^2)	稳定性 $\frac{N}{\varphi_{min}Af}$	容许长细比 [λ]	强度设计值 (N/mm^2)
上弦杆	6~7	-134.6	2∟75×50×6	14.52	150.8	301.6	1.42	3.63	106.2	83.1	84.6	0.516		0.836	150	215
下弦杆	8~11	133.6	2∟90×56×5	14.42	300.0	1035.0	1.59	4.32	188.7	239.6			92.6		250	215
斜腹杆	12	77.0	2∟56×5	10.83	213.2	213.2	1.72	2.54	124.0	83.9	87.5	0.416		0.795	150	215
	13	57.2	2∟50×5	9.61	178.4	223.0	1.53	2.30	116.6	97.0			59.5		250	215
	14	-43.1	2∟50×5	9.61	196.8	246.0	1.53	2.30	128.6	107.0	109.3	0.394		0.529	150	215
	15	32.9	2∟50×5	9.61	196.8	246.0	1.53	2.30	128.6	107.0			34.2		250	215
	16	-17.7	2∟50×5	9.61	216.3	270.4	1.53	2.30	141.4	117.6	119.7	0.339		0.253	200	215
	17	7.6 -15.4	2∟50×5	9.61	216.3	270.4	1.53	2.30	141.4	117.6	119.7	0.339		0.220	200	215
	18	17.7 -4.4	2∟50×5	9.61	236.6	295.8	1.53	2.30	154.6	128.6			18.4		200	215
竖腹杆	19	-4.7	2∟50×5	9.61	151.5	151.5	1.53	2.30	99.0	65.9	69.6	0.561		0.041	200	215
	20	-9.2	2∟50×5	9.61	144.0	180.0	1.53	2.30	94.1	78.3	81.4	0.592		0.075	200	215
	21	-9.2	2∟50×5	9.61	168.0	210.0	1.53	2.30	109.8	91.3	94.0	0.494		0.090	200	215
	22	-9.2	2∟50×5	9.61	192.0	240.0	1.53	2.30	125.5	104.3	106.6	0.409		0.109	200	215
	23	0	┘┌56×5	10.83	229.5	229.5	2.17		105.8						200	215

注：1　按表 7-11 查得，除支座处连接板厚 8mm 外，其余连接板厚度均为 6mm。

2　表中 [λ] =250 见表 2-20，[λ] =200 见表 2-19。

3　当拉杆满足 λ=250 时，一般可不再验算负风压下的杆件稳定性。

4　上弦杆 [N] $=\varphi Af=0.516\times1452\times215=161kN$　查表 18-3a，2∟75×50×6，$l_0=1.5m$，[N] =162kN 接近。

表 7-21 GWJ21 腹杆与节点板连接焊缝

杆件名称	杆件编号	杆件内力 (kN)	截面规格	肢背焊脚尺寸 h_{f1} (mm)	肢背焊脚长度 l'_{w1} (mm)	肢尖焊脚尺寸 h_{f2} (mm)	肢尖焊脚长度 l'_{w2} (mm)
斜腹杆	12	-77.0	2∟56×5	5	70	5	70
	13	57.2	2∟50×5	5	70	5	70
	14	-43.1	2∟50×5	5	70	5	70
	15	32.9	2∟50×5	5	70	5	70
	16	-17.7	2∟50×5	5	70	5	70
	17	-15.4	2∟50×5	5	70	5	70
	18	20.1	2∟50×5	5	70	5	70
竖腹杆	19	-7.0	2∟50×5	5	70	5	70
	20	-9.2	2∟50×5	5	70	5	70
	21	-9.2	2∟50×5	5	70	5	70
	22	-9.2	2∟50×5	5	70	5	70
	23	0	┘┌56×5	5	70	5	70

注：1 表中不包括上弦杆的偏心连接和支座板的焊缝计算。
2 表中 l'_w 为设计值，已包括 $2h_f$ 在内。
3 表中 l'_w 均为构造要求，均已满足计算所得的数值。

（2）节点设计。

1）节点编号（图 7-115）。

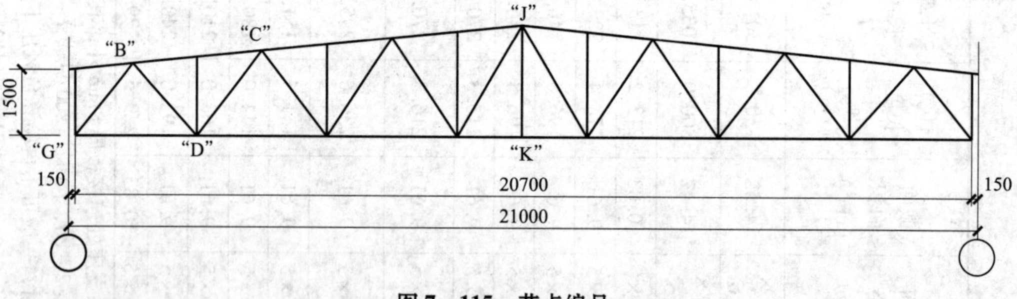

图 7-115 节点编号

2）一般节点。

根据所汇交腹杆端部的焊缝设计长度在大样图中放样确定节点板的尺寸，然后按公式（7-37）~（7-40）验算弦杆焊缝。

①节点"B"计算（图 7-116）。

节点"B"上弦杆内力差为最大。节点板与上弦的连接焊缝：节点板与上弦角钢肢背采用槽焊缝连接，假定槽焊缝只承受屋面集中荷载 P（$P=9.18\text{kN}$）。节点板与上弦角钢肢尖采用双侧面角焊缝连接，承担上弦内力差 ΔN。

a. 节点"B"槽焊缝 $h_{f1}=0.5t_1=3\text{mm}$，$l_w=260-2h_{f1}=260-2\times3=254\text{mm}$。

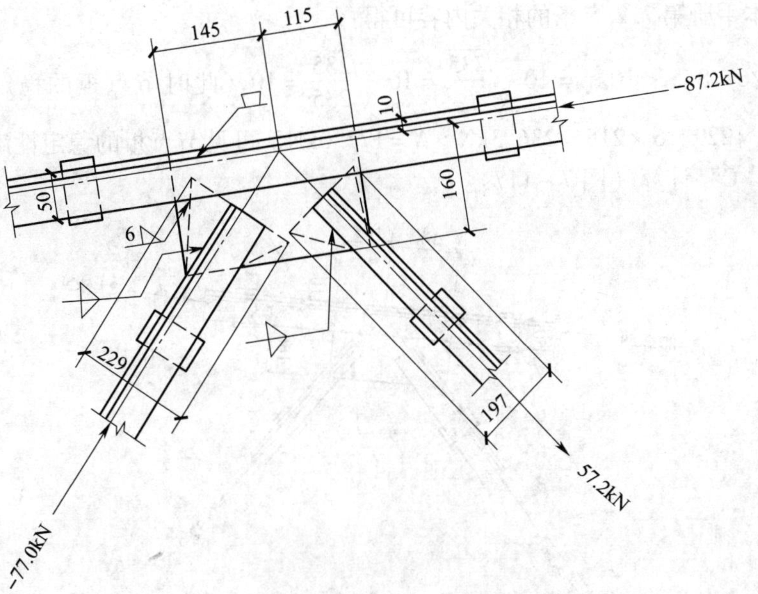

图 7-116 节点“B”图

其中 t_1 为节点板厚度。由公式（7-37）得：

$$\sigma_f=\frac{P}{2\times0.7h_{f1}l_w}=\frac{9.18\times10^3}{2\times0.7\times3\times254}=8.6\text{N/mm}^2<f_f^w=0.8\times160=128\text{N/mm}^2$$

可见，塞焊缝一般不控制，仅需验算肢间焊缝。

b. 上弦采用不等边角钢，短肢相并，肢尖角焊缝的焊脚尺寸 $h_{f2}=6\text{mm}$，则角钢肢尖角焊缝的计算长度 $l_w=260-2\times6=248\text{mm}$。

弦杆相邻节间内力差 $\Delta N=-87.2-0=-87.2\text{kN}$，偏心弯矩 $M=\Delta N\cdot e$，$e=50-10=40\text{mm}$，则由公式（7-38）~（7-40）得：

$$\sigma_f=\frac{6M}{2\times0.7h_{f2}l_w^2}=\frac{6\times87.2\times10^3\times40}{2\times0.7\times6\times248^2}=40.5\text{N/mm}^2$$

$$\tau_f=\frac{\Delta N}{2\times0.7h_{f2}l_w}=\frac{87.2\times10^3}{2\times0.7\times6\times248}=41.9\text{N/mm}^2$$

$$\sqrt{\left(\frac{\sigma_f}{\beta_f}\right)^2+\tau_f^2}=\sqrt{\left(\frac{40.5}{1.22}\right)^2+41.9^2}=53.5\text{N/mm}^2<f_f^w=160\text{N/mm}^2$$

肢尖焊缝安全。

c. 节点板与斜腹杆 12、斜腹杆 13 的连接焊缝在前文中已经计算，详见表 7-22。

d. 节点板的强度计算（图 7-116）。

斜腹杆 12 处，板件的有效宽度 $b_e=229\text{mm}$，由公式（7-46）得：

$$\sigma=\frac{N}{b_et}=\frac{77.0\times10^3}{229\times6}=56.0\text{N/mm}^2<f=215\text{N/mm}^2\text{，满足要求。}$$

斜腹杆 13 处，板件的有效宽度 $b_e=197\text{mm}$，由公式（7-46）得：

$$\sigma=\frac{N}{b_et}=\frac{57.2\times10^3}{197\times6}=48.4\text{N/mm}^2<f=215\text{N/mm}^2\text{，满足要求。}$$

e. 节点板的稳定性计算（图 7-116）。

由图 7-116 可知，节点“B”中的节点板为无竖腹杆相连的节点板，$c=51\text{mm}$，$t=$

6mm，根据本手册第 7. 2. 5 条的相关内容可得：

$c/t=51/6=8.5<10\varepsilon_k=10\sqrt{\dfrac{235}{f_y}}=10\sqrt{\dfrac{235}{235}}=10$，此时节点板的稳定承载力可取 $0.8b_etf=0.8\times229\times6\times215=236.3kN>N=177.0kN$，可见节点板的稳定性满足要求。

②节点“C”计算（图 7 - 117）。

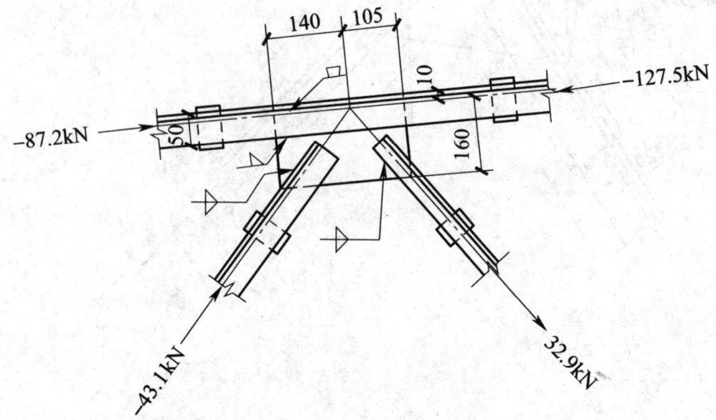

图 7 - 117 节点“C”图

节点“C”上弦采用不等边角钢，短肢相并，肢尖角焊缝的焊脚尺寸 $h_{f2}=5mm$，角钢肢尖角焊缝的计算长度 $l_w=245-2\times5=235mm$，弦杆相邻节间内力差为 $\Delta N=-127.5-(-87.2)=-40.3kN$。

偏心弯矩 $M=\Delta N\cdot e$，$e=40mm$，则由公式（7 - 38）～（7 - 40）得：

$$\sigma_f=\frac{6M}{2\times0.7h_{f2}l_w^2}=\frac{6\times40.3\times10^3\times40}{2\times0.7\times5\times235^2}=25.0N/mm^2$$

$$\tau_f=\frac{\Delta N}{2\times0.7h_{f2}l_w}=\frac{40.3\times10^3}{2\times0.7\times5\times235}=24.5N/mm^2$$

$$\sqrt{\left(\frac{\sigma_f}{\beta_f}\right)^2+\tau_f^2}=\sqrt{\left(\frac{25.0}{1.22}\right)^2+24.5^2}=31.9N/mm^2<f_f^w=160N/mm^2$$

肢尖焊缝安全。

节点板的强度及稳定性计算同节点“B”，此处从略。

③节点“*D*”计算（图 7 - 118）。

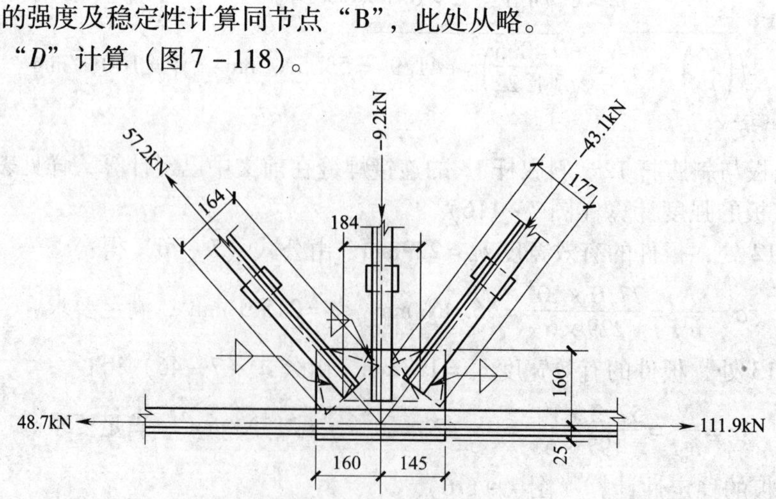

图 7 - 118 节点“*D*”图

a. 下弦杆与节点板的连接焊缝。

角焊缝的焊脚尺寸 $h_f=5\text{mm}$，焊缝所受的力为左右两下弦杆内力差 $\Delta N=111.9-48.7=63.2\text{kN}$，由公式（7－35）得受力较大的肢背处焊缝长度为

$$l_{w2}\geqslant\frac{k_1\Delta N}{2\times0.7h_f f_f^w}=\frac{0.75\times63.2\times10^3}{2\times0.7\times5\times160}=43\text{mm}，满足要求。$$

b. 节点板强度计算（图7－118）。

斜腹杆13处，板件的有效宽度 $b_e=164\text{mm}$，由公式（7－46）得：

$$\sigma=\frac{N}{b_e t}=\frac{57.2\times10^3}{164\times6}=58.1\text{N/mm}^2<f=215\text{N/mm}^2，满足要求。$$

斜腹杆14处，板件的有效宽度 $b_e=177\text{mm}$，由公式（7－46）得：

$$\sigma=\frac{N}{b_e t}=\frac{43.1\times10^3}{177\times6}=40.6\text{N/mm}^2<f=215\text{N/mm}^2，满足要求。$$

竖腹杆20处，板件的有效宽度 $b_e=184\text{mm}$，由公式（7－46）得：

$$\sigma=\frac{N}{b_e t}=\frac{9.2\times10^3}{184\times6}=8.3\text{N/mm}^2<f=215\text{N/mm}^2，满足要求。$$

c. 节点板的稳定性计算（图7－121）。

由图7－118可知，节点“D”中的节点板为有竖腹杆相连的节点板。由图7－118放样可知，$c=50\text{mm}$，$t=6\text{mm}$，根据本手册第7.2.5节的相关内容可得：

$$c/t=50/6=8.3<15\varepsilon_k=15\sqrt{\frac{235}{f_y}}=15\sqrt{\frac{235}{235}}=15，可不计算节点板的稳定性。$$

3）拼接节点。

①下弦拼接节点“K”（图7－119）。

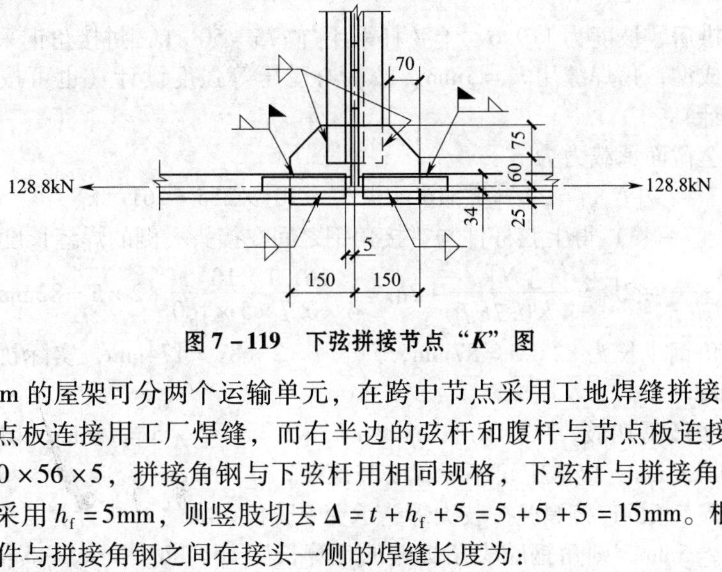

图7－119 下弦拼接节点“K”图

跨度为21m的屋架可分两个运输单元，在跨中节点采用工地焊缝拼接。左半边的弦杆和腹杆与节点板连接用工厂焊缝，而右半边的弦杆和腹杆与节点板连接用工地焊缝。下弦杆为 ⅃L 90×56×5，拼接角钢与下弦杆用相同规格，下弦杆与拼接角钢之间的角焊缝的焊脚尺寸采用 $h_f=5\text{mm}$，则竖肢切去 $\Delta=t+h_f+5=5+5+5=15\text{mm}$。根据公式（7－43）得下弦杆件与拼接角钢之间在接头一侧的焊缝长度为：

$$l'_w=\frac{N}{4\times0.7h_f f_f^w}+2h_f=\frac{Af}{4\times0.7h_f f_f^w}+2h_f=\frac{14.42\times10^2\times215}{4\times0.7\times5\times160}+2\times5=148\text{mm}$$

拼接角钢的长度取 $320\text{mm}>2\times148+10=306\text{mm}$。

下弦杆与节点板的连接焊缝按杆件内力的15%计算。设肢背焊缝的焊脚尺寸 $h_f=5\text{mm}$，由公式（7－35）得焊缝长度为：

$$l'_{w1}=\frac{k_1\Delta N}{2\times 0.7 l_{w1}f_f^w}+2h_f=\frac{0.75\times 0.15\times 128.8\times 10^3}{2\times 0.7\times 5\times 160}+2\times 5=23\text{mm}$$

设肢尖焊缝的焊脚尺寸 $h_f=5\text{mm}$，由公式（7－36）得焊缝长度为：

$$l'_{w2}=\frac{k_2\Delta N}{2\times 0.7 l_{w2}f_f^w}+2h_f=\frac{0.25\times 0.15\times 128.8\times 10^3}{2\times 0.7\times 5\times 160}+2\times 5=14\text{mm}$$

由以上计算可知，下弦角钢与节点板的连接焊缝长度是按构造要求确定的。

为便于拼接节点施焊前的定位，拼接角钢两侧和在视图方向右方腹杆上布置安装螺栓（图7－123），竖肢切割后尺寸较小时，不设安装螺栓。

②上弦拼接节点"J"（图7－120）。

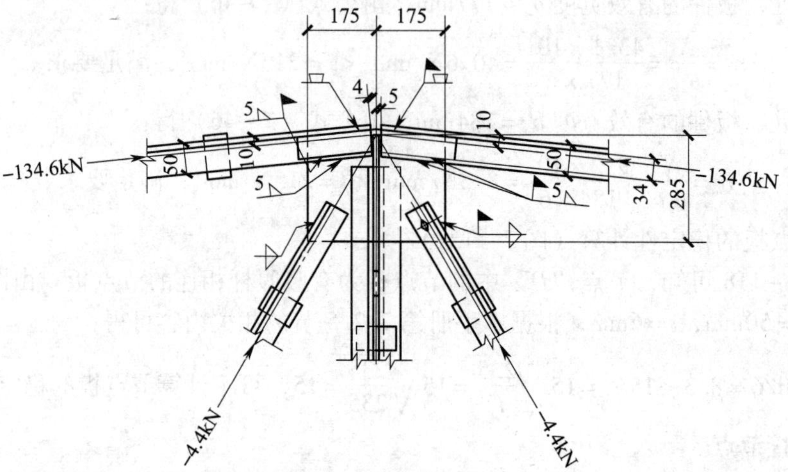

图7－120　上弦拼接节点"J"图

上弦杆起拱后，坡度为1/9.6，上弦杆采用┳┓75×50×6，拼接角钢采用与上弦相同的角钢，热弯成型，角焊缝用 $h_f=5\text{mm}$，按轴心受压等强度设计（也可按最大的截面承载力设计值设计）。

拼接角钢全截面承载力为：

$$[N]=\varphi Af=0.516\times 14.52\times 10^2\times 215=161.1\text{kN}$$

根据公式（7－43）得上弦杆件与拼接角钢之间在接头一侧的焊缝长度为：

$$l'_w=\frac{N}{4\times 0.7h_f f_f^w}+2h_f=\frac{[N]}{4\times 0.7h_f f_f^w}+2h_f=\frac{161.1\times 10^3}{4\times 0.7\times 5\times 160}+2\times 5=82\text{mm}$$

采用拼接角钢半长为 $82+5=87\text{mm}$，总长 $l=2\times 87=174\text{mm}$，实际拼接角钢总长为 $2\times 180=360\text{mm}$。

拼接角钢竖肢需切肢，实际切肢 $\Delta=t+h_f+5=5+5+5=15\text{mm}$，切肢后剩余高度 $h-\Delta=50-15=35\text{mm}$，竖肢上可不设置安装螺栓。

上弦杆与节点板的连接焊缝按肢尖焊缝承受上弦杆内力的15%计算。角钢肢尖角焊缝的焊脚尺寸 $h_{f2}=5\text{mm}$，则角钢肢尖角焊缝的计算长度 $l_w=170-2\times 5-5=155\text{mm}$，$\Delta N=15\%\times 134.6=20.2\text{kN}$，偏心弯矩 $M=\Delta N\cdot e$，$e=40\text{mm}$，则由公式（7－38）至（7－40）得：

$$\sigma_f=\frac{6M}{2\times 0.7h_{f2}l_w^2}=\frac{6\times 20.2\times 10^3\times 40}{2\times 0.7\times 5\times 155^2}=28.8\text{N/mm}^2$$

$$\tau_f=\frac{\Delta N}{2\times 0.7h_{f2}l_w}=\frac{20.2\times 10^3}{2\times 0.7\times 5\times 155}=18.6\text{N/mm}^2$$

$$\sqrt{\left(\frac{\sigma_f}{\beta_f}\right)^2+\tau_f^2}=\sqrt{\left(\frac{28.8}{1.22}\right)^2+18.6^2}=30.1\text{N/mm}^2<f_f^w=160\text{N/mm}^2$$

肢尖焊缝安全。

4）支座节点“G”（图7－121）。

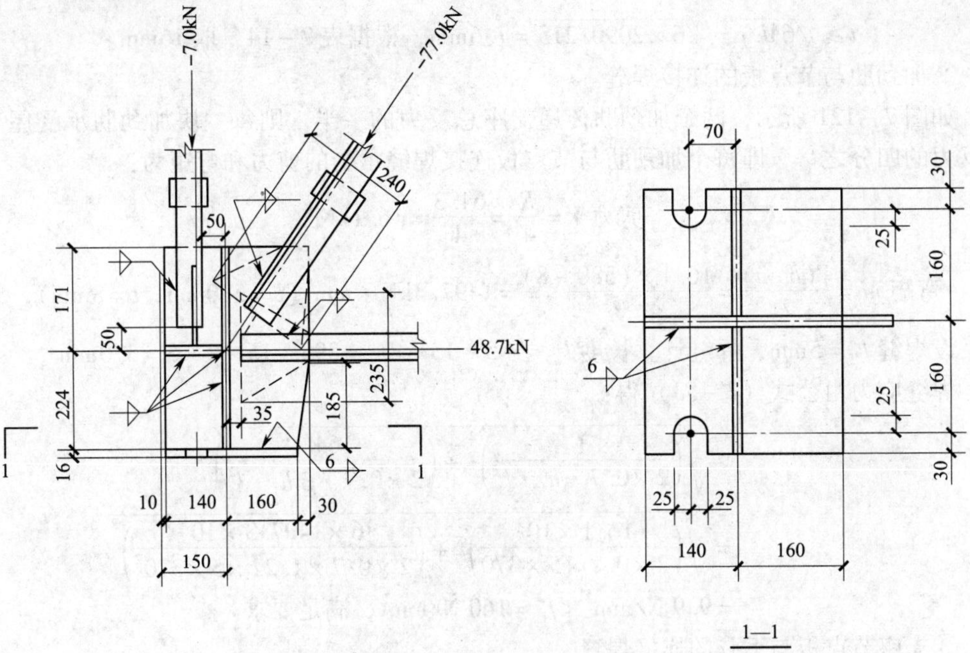

图7－121 支座节点“*G*”图

锚栓用2M20，栓孔位置尺寸见图7－121。在节点中心线上设置加劲肋，加劲肋高度与节点板高度相等。

①支座底板计算。

支座反力 $R=7(P_1+P_2)=7\times(4.5\times1.2+2.7\times1.4)=64.3\text{kN}$

支座底板的平面尺寸 $A_1=300\times380=114000\text{mm}^2$

柱截面尺寸 $A_b=300\times400=120000\ \text{mm}^2$

由公式（7－50）验算柱顶混凝土的抗压强度（忽略偏心10mm）：

$$\frac{R}{A_n}=\frac{R}{A_1-A_0}=\frac{64.3\times10^3}{114000-(50\times30\times2+\pi\times25^2)}=0.59\text{N/mm}^2$$

$$<\beta_c f_c=\sqrt{\frac{A_b}{A_1}}f_c=\sqrt{\frac{120000}{114000}}\times9.6=10\text{N/mm}^2$$

（C20混凝土，$f_c=9.6\ \text{N/mm}^2$）

支座底板的厚度按屋架反力作用下的弯矩计算，由公式（7－51）得：

$$M=\beta q a_1^2$$

$$q=\frac{R}{A_n}=\frac{R}{A-A_0}=0.59\text{N/mm}^2$$

$$a_1=\sqrt{(190-4)^2+(160-4)^2}=243\text{mm}$$

$$b_1=(160-4)\times\frac{190-4}{243}=119\text{mm}$$

$$b_1/a_1=\frac{119}{238}=0.50$$

查表7-14得$\beta=0.060$

$$M=\beta q a_1^2=0.060\times0.59\times243^2=2090\ \text{N/mm}^2$$

支座底板厚度由公式（7-52）得：

$$t\geqslant\sqrt{6M/f}=\sqrt{6\times2090/215}=7.6\text{mm}，根据表7-14，取16\text{mm}。$$

②加劲肋与节点板的连接焊缝。

如图7-121所示，两个加劲肋传递支座总反力的一半，则每一块加劲肋承受屋架支座反力的四分之一，即每个加劲肋与节点板连接焊缝承受的剪力和弯矩为：

$$剪力\ V=\frac{R}{4}=\frac{64.3}{4}=16.1\text{kN}$$

$$弯矩\ M=\frac{V(b-t)}{2}=\frac{16.1\times(380-8)}{2}=1497.3\text{kN}\cdot\text{mm}\ (b=380\text{mm},\ t=8\text{mm}),$$

设焊缝$h_f=5$mm，焊缝计算长度$l_w=395-15-2h_f=395-15-2\times5=370$mm

焊缝应力由公式（7-53）得：

$$\sqrt{\left(\frac{V}{2\times0.7\cdot h_f\cdot l_w}\right)^2+\left(\frac{6M}{2\times0.7\cdot\beta_f h_f\cdot l_w^2}\right)^2}$$

$$=\sqrt{\left(\frac{16.1\times10^3}{2\times0.7\times5\times370}\right)^2+\left(\frac{6\times1497.3\times10^3}{2\times0.7\times1.22\times5\times370^2}\right)^2}$$

$$=9.9\ \text{N/mm}^2<f_f^w=160\ \text{N/mm}^2，满足要求。$$

③支座节点板与下弦的连接焊缝。

角焊缝沿下弦角钢的肢尖、肢背各两条，共同承担下弦最大内力$N=48.7$kN。下弦采用不等边角钢，两短肢相并，根据表4-8可得，角钢肢背和肢尖的角焊缝内力分配系数为：$k_1=0.75$；$k_2=0.25$；肢背、肢尖的角焊缝焊脚尺寸分别取为：$h_{f1}=5$mm，$h_{f2}=5$mm。根据表4-7中公式（4-20）及（4-21）分别可得肢背、肢尖的焊缝长度。

$$肢背角焊缝计算长度：l_{w1}=\frac{k_1N}{2\times0.7h_{f1}f_f^w}=\frac{0.75\times48.7\times10^3}{2\times0.7\times5\times160}=32.6\text{mm}$$

$$肢尖角焊缝计算长度：l_{w2}=\frac{k_2N}{2\times0.7h_{f2}f_f^w}=\frac{0.25\times48.7\times10^3}{2\times0.7\times5\times160}=10.9\text{mm}$$

节点板与下弦的实际焊缝长度由节点板按构造放样决定，但应保证肢背、肢尖的焊缝长度：$l'_{w1}>l_{w1}+2h_{f1}=32.6+2\times5=42.6$mm；$l'_{w2}>l_{w2}+2h_{f2}=10.9+2\times5=20.9$mm。由图7-121可知，焊缝长度远远满足上述要求。

④节点板强度计算（图7-121）。

斜腹杆处：板件的有效宽度$b_e=240$mm，由公式（7-46）得：

$$\sigma=\frac{N}{b_e t}=\frac{77.0\times10^3}{240\times8}=40.1\text{N/mm}^2<f=215\text{N/mm}^2，满足要求。$$

下弦杆处：板件的有效宽度$b_e=235$mm，由公式（7-46）得：

$$\sigma=\frac{N}{b_e t}=\frac{48.7\times10^3}{235\times8}=25.9\text{N/mm}^2<f=215\text{N/mm}^2，满足要求。$$

竖杆处计算方法雷同，不再赘述。

⑤节点板的稳定性计算（图7-121）。

由图 7－121 可知，节点“G”中的节点板为有竖腹杆相连的节点板。由图 7－121 放样可知，$c=52\text{mm}$，$t=8\text{mm}$，根据本手册第 7.2.5 节的相关内容可得：

$$c/t=52/8=6.5<15\varepsilon_k=15\sqrt{\frac{235}{f_y}}=15\sqrt{\frac{235}{235}}=15,$$

可不计算节点板的稳定性。

⑥支座节点板、加劲肋与底板的连接焊缝。

假定焊缝传递全部支座反力 $R=64.3\text{kN}$，支座节点板与底板的连接焊缝长度为：

$\sum l_w=2\times(300-2h_f)=2\times(300-2\times5)=580\text{mm}$，由公式（7－54）得：

$$h_f=\frac{R/2}{0.7\beta_f\sum l_w f_f^w}=\frac{64.3/2\times10^3}{0.7\times1.22\times580\times160}=0.4\text{mm}，采用 h_f=6\text{mm}$$

每块加劲肋与底板的连接焊缝长度为：

$\sum l_w=2\times(186-15-2h_f)=2\times(186-15-2\times5)=322\text{mm}$，由公式（7－54）得：

$$h_f=\frac{R/4}{0.7\beta_f\sum l_w f_f^w}=\frac{64.3/4\times10^3}{0.7\times1.22\times322\times160}=0.4\text{mm}，采用 h_f=6\text{mm}$$

7　屋架端部内天沟验算。

本算例端节间未设内天沟，无节间荷载。如设内天沟，按受弯杆件验算上弦杆 1 的承载力。

（1）端杆节间弯矩。

设端节间集中荷载为 $P=9.18\text{kN}$，作用位置距左端 0.6m，按简支梁跨中弯矩 $M_0=\frac{0.6\times(1.5-0.6)P}{1.5}=0.36\times9.18=3.30\text{kN}\cdot\text{m}$，

杆 1 最大弯矩 $M=0.8M_0=0.8\times3.30=2.64\text{kN}\cdot\text{m}$。

（2）截面选择。

1）上弦杆杆 ╦╦ 75×50×6，短肢相并，

截面的几何特性（由表 17－2 查得）：

$$截面面积\ A=14.52\ \text{cm}^2$$

$$截面模量\ W_{x1}=24.25\ \text{cm}^3，W_{x2}=7.76\ \text{cm}^3$$

$$回转半径\ \lambda_y=3.63\text{cm},$$

$$长细比：\lambda_y=\frac{452.4}{3.63}=124.6$$

强度及稳定性验算：

由表 3－1 中公式（3－2）得：

$$\frac{M}{\gamma_{x2}W_{x2}}=\frac{2.64\times10^6}{1.2\times7.76\times10^3}=283.5\text{N/mm}^2>f=215\text{N/mm}^2，不满足要求。$$

由公式（14－25）得：

$$\varphi_b=1-0.0017\lambda_y/\varepsilon_k=1-0.0017\times124.6/\sqrt{\frac{235}{f_y}}=1-0.0017\times124.6/\sqrt{\frac{235}{235}}=0.788$$

由公式（3－9）得：

$$\frac{M_x}{\varphi_b W_{x1}f}=\frac{2.64\times10^6}{0.788\times24.25\times10^3\times215}=0.643<1，满足要求。$$

经验算，承受节间荷载的上弦杆肢尖受拉区强度不满足受力要求，可在端节间两角钢间增设一通长的钢板。

屋架详图见图 7－122～图 7－130。

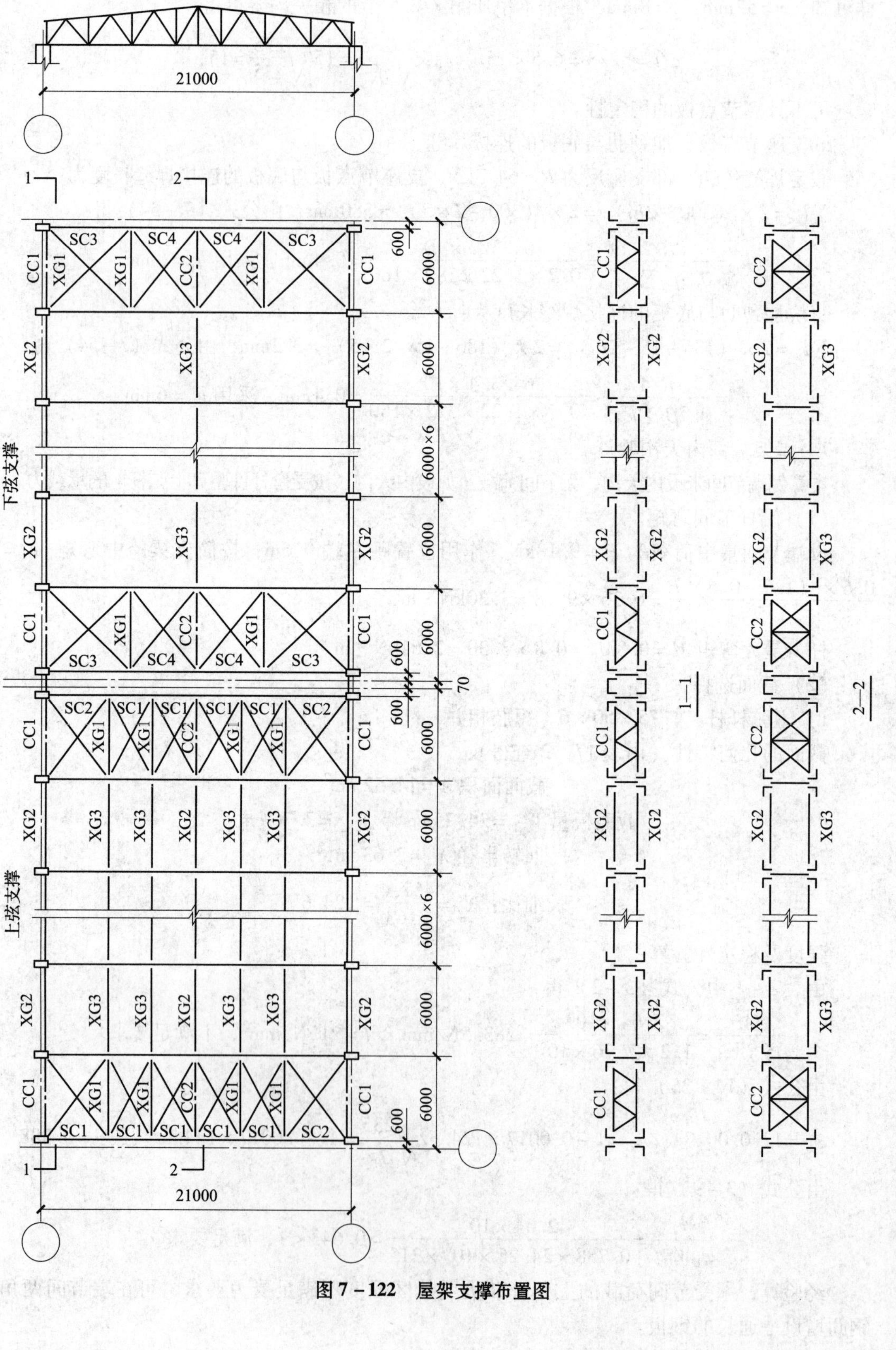

图 7－122 屋架支撑布置图

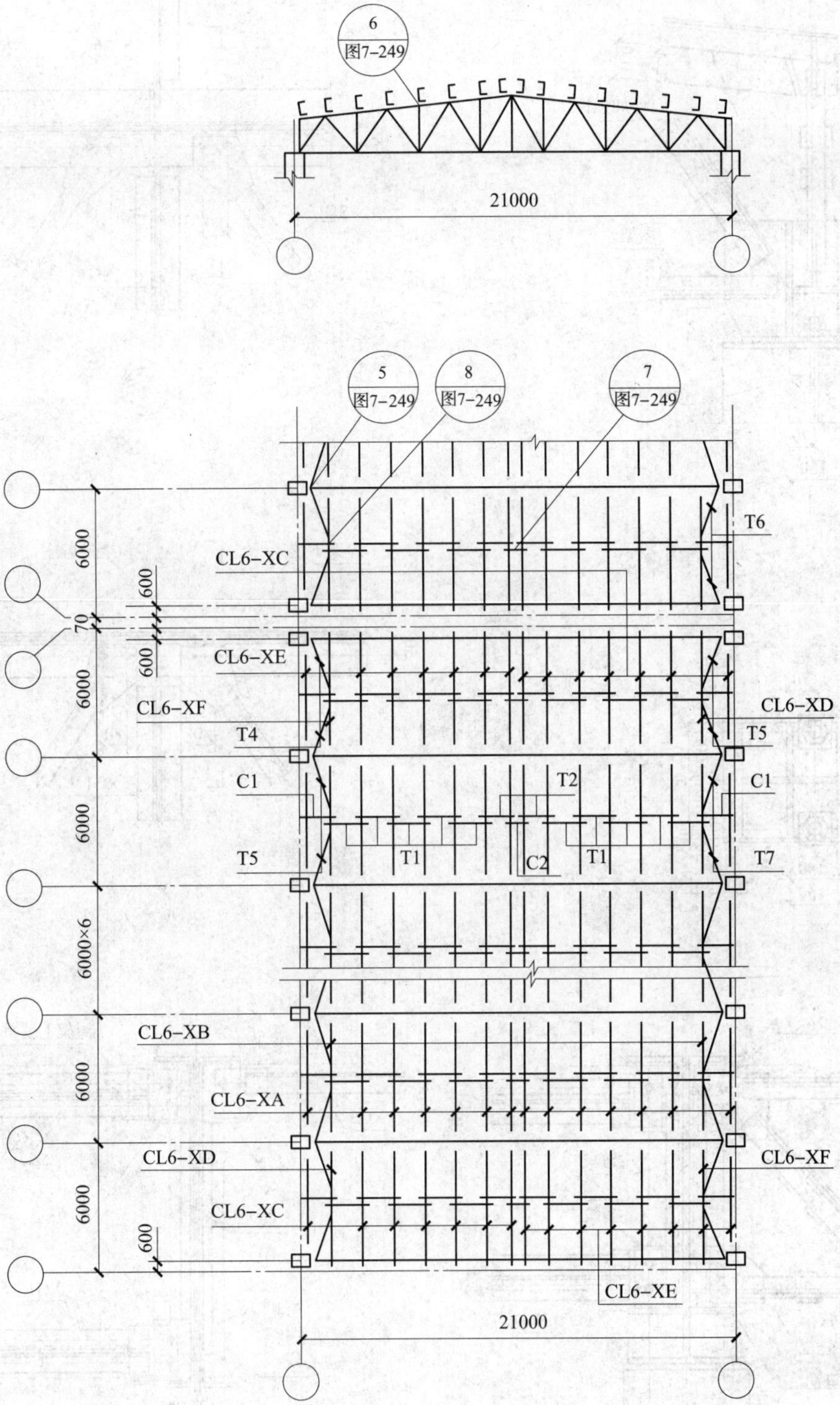

图 7－123 檩条、拉条布置图

注：檩条编号中“X”根据具体设计确定。

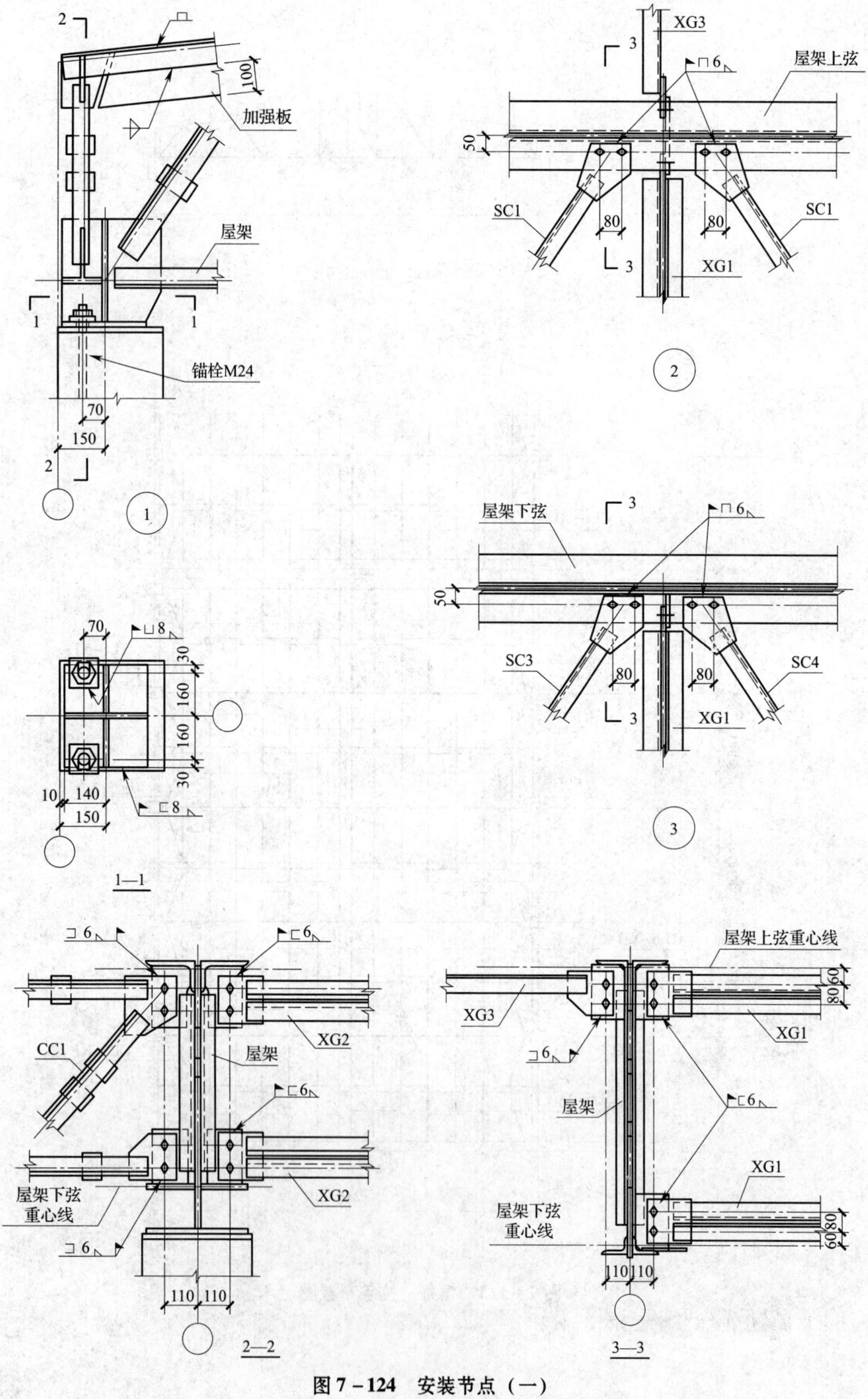
加强板
100
屋架
锚栓M24
70
150
XG3
屋架上弦
50
SC1
80
XG1
2
1—1
屋架下弦
SC3
SC4
3
160
30
140
10
2—2
CC1
XG2
屋架下弦
重心线
110
3—3
屋架上弦重心线
60
屋架下弦
重心线

图 7－124 安装节点（一）

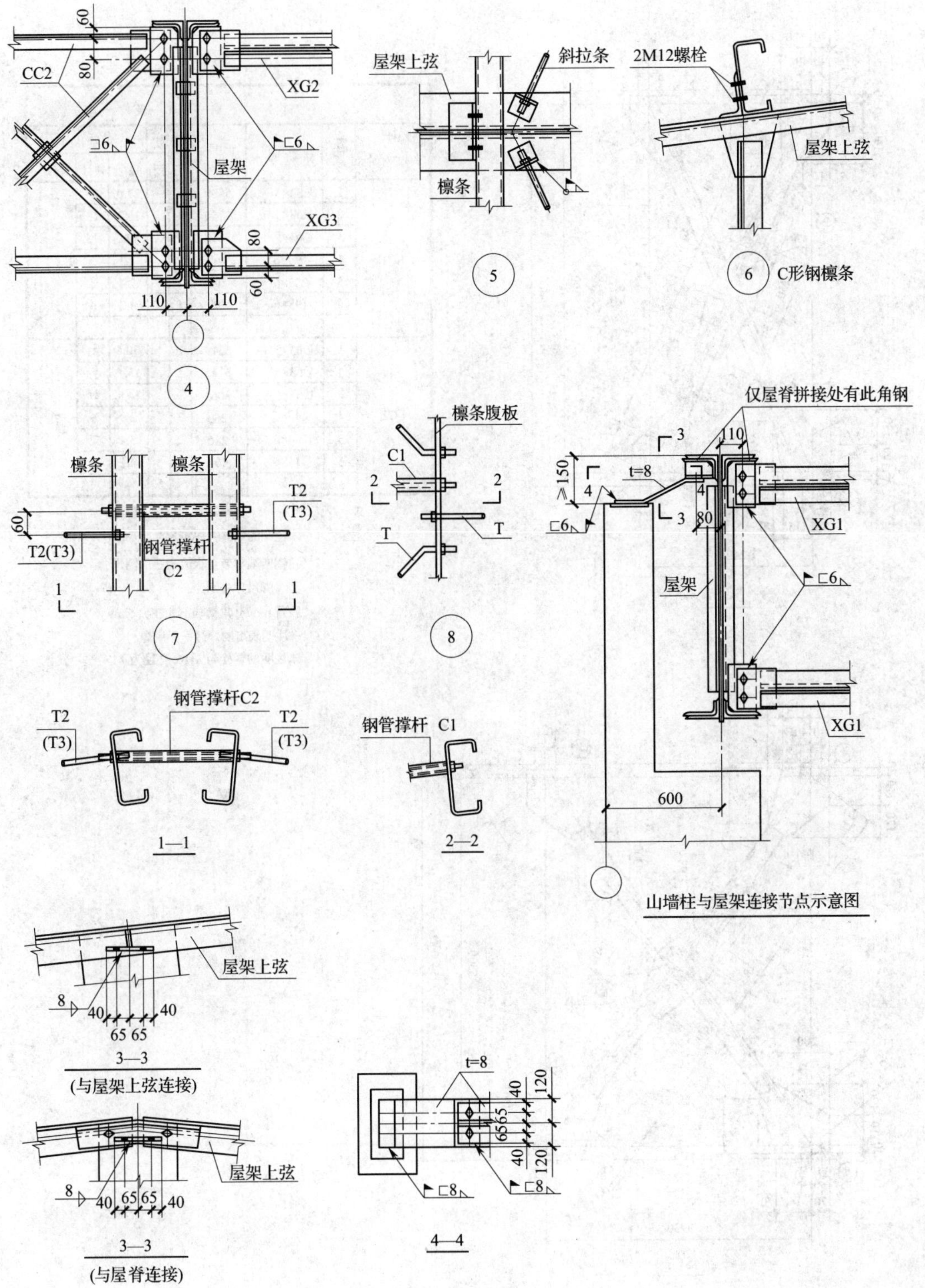
60
80
CC2
XG2
⊐6
⊏6
屋架
XG3
80
60
110
110
4
屋架上弦
斜拉条
檩条
5
2M12螺栓
屋架上弦
6
C形钢檩条
檩条
檩条
T2
(T3)
60
T2(T3)
钢管撑杆
C2
1
1
7
檩条腹板
C1
2
2
T
T
8
仅屋脊拼接处有此角钢
3
110
≥150
4
t=8
4
3
80
⊏6
XG1
⊏6
屋架
XG1
600
山墙柱与屋架连接节点示意图
钢管撑杆C2
T2
(T3)
T2
(T3)
1—1
钢管撑杆 C1
2—2
屋架上弦
8
40
40
65 65
3—3
(与屋架上弦连接)
屋架上弦
8
40 65 65 40
3—3
(与屋脊连接)
t=8
40
120
6565
40
120
⊏8
⊏8
4—4

图 7－125 安装节点（二）

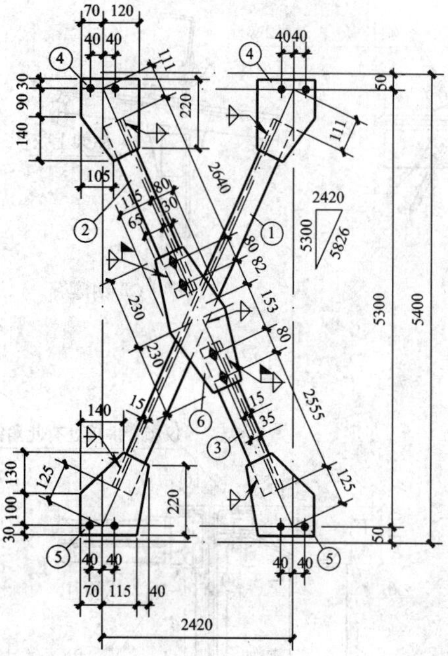

SC1

材料表								
构件编号	零件号	断面	长度 (mm)	数量		重量 (kg)		
				正	反	每个	共计	合计
SC1	1	L63×5	5590	1		27.0	27	67
	2	L63×5	2750	1		13.3	13	
	3	L63×5	2665	1		12.9	13	
	4	-190×6	260	2		2.3	5	
	5	-225×6	260	2		2.7	5	
	6	-195×6	460	1		4.2	4	
SC2	1	L63×5	6315	1		30.5	31	78
	2	L63×5	3135	1		15.1	15	
	3	L63×5	3065	1		14.8	15	
	4	-240×6	260	2		2.9	6	
	5	-260×6	280	2		3.4	7	
	6	-215×6	400	1		4.1	4	

注：1 未注明的角焊缝焊脚尺寸为 5mm。
2 角钢两端与节点板改用三面围焊，其焊脚尺寸分别为：肢背 6 mm，角钢端部和肢尖 5mm。
3 未注明长度的焊缝一律满焊。
4 未注明的螺栓为 M16，孔径为 ϕ17。

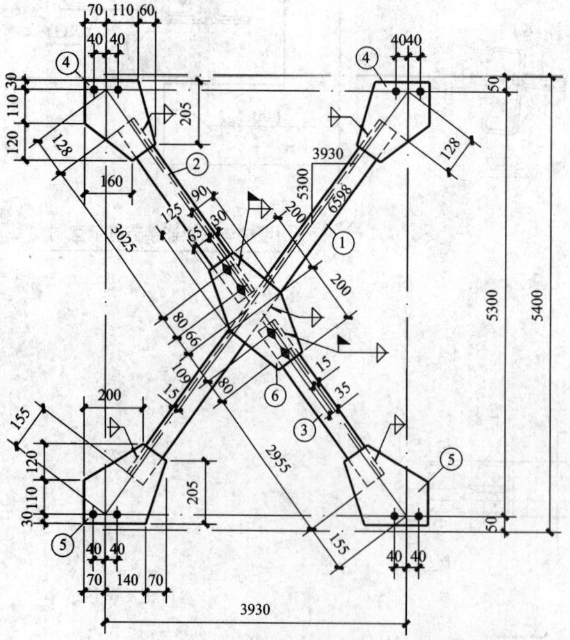

SC2

图 7－126 水平支撑 SC1、SC2 详图

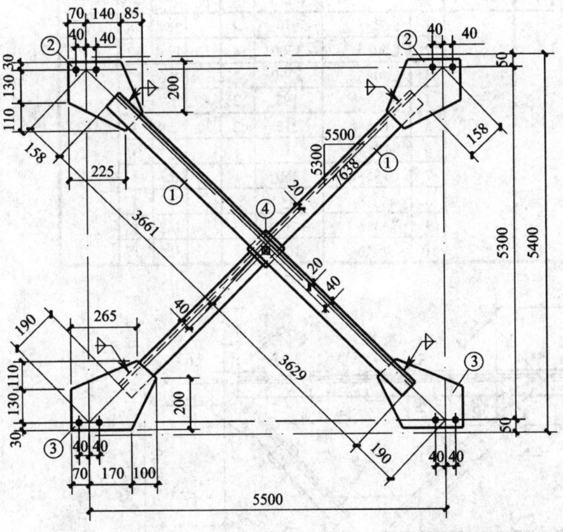

SC3

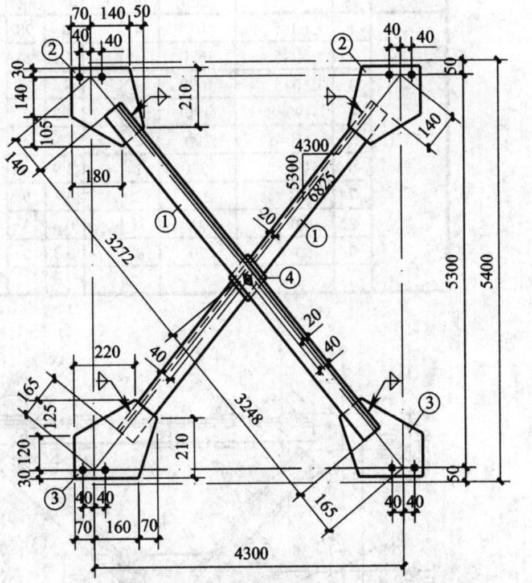

SC4

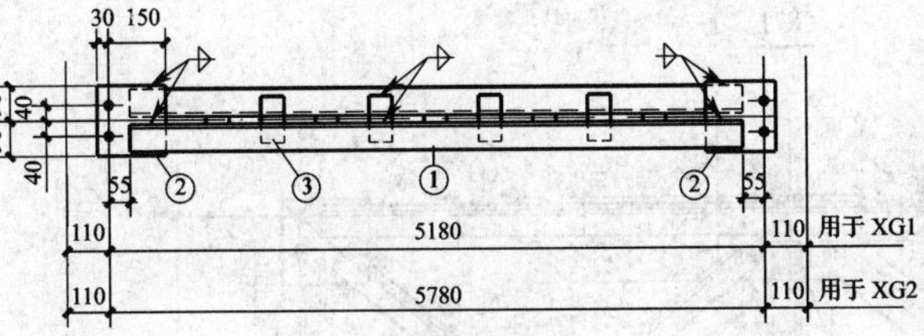

XG1、XG2

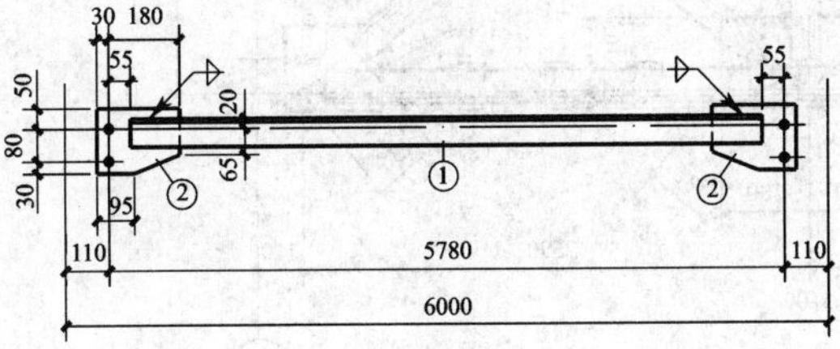

XG3

材料表								
构件编号	零件号	断面	长度(mm)	数量		重量(kg)		
				正	反	每个	共计	合计
SC3	1	L70×5	7290	2		39.3	79	96
	2	-270×6	295	2		3.7	7	
	3	-270×6	340	2		4.3	9	
	4	-100×6	105	1		0.5	1	
SC4	1	L70×5	6520	2		35.2	70	86
	2	-260×6	275	2		3.3	7	
	3	-275×6	300	2		3.9	8	
	4	-100×6	125	1		0.6	1	
XG1	1	L70×5	5070	2		27.4	55	61
	2	-180×6	180	2		1.5	3	
	3	-60×6	120	9		0.3	3	
XG2	1	L70×5	5670	2		30.6	61	67
	2	-180×6	180	2		1.5	3	
	3	-60×6	120	9		0.3	3	
XG3	1	L70×5	5670	1		30.6	31	34
	2	-160×6	210	2		1.6	3	

注：1　未注明的角焊缝焊脚尺寸为 5mm。
2　角钢两端与节点板改用三面围焊，其焊脚尺寸分别为：肢背 6 mm，角钢端部和肢尖 5mm。
3　未注明长度的焊缝一律满焊。
4　未注明的螺栓为 M16，孔径为 ϕ17。

图 7－127　水平支撑 SC3、SC4，系杆 XG1～XG3 详图

材料表								
构件编号	零件号	断面	长度(mm)	数量		重量(kg)		
				正	反	每个	共计	合计
CC1	1	L63×5	5070	4		24.4	98	175
	2	L50×5	1630	4		6.1	24	
	3	L50×5	1690	4		6.4	26	
	4	-190×8	190	2		2.3	5	
	5	-150×8	200	2		1.9	4	
	6	-190×8	330	1		3.9	4	
	7	-215×8	335	2		4.5	9	
	8	-60×8	85	11		0.3	3	
	9	-60×8	70	8		0.3	2	

材料表								
构件编号	零件号	断面	长度(mm)	数量		重量(kg)		
				正	反	每个	共计	合计
CC2	1	L63×5	5070	4		24.4	98	182
	2	L50×5	3300	4		12.4	50	
	3	L50×5	2290	2		8.6	17	
	4	-185×6	195	2		1.7	3	
	5	-195×6	215	2		2.0	4	
	6	-185×6	310	1		2.7	3	
	7	-195×6	360	1		3.3	3	
	8	-60×6	85	12		0.2	2	
	9	-60×6	70	3		0.2	1	
	10	-80×6	100	2		0.4	1	

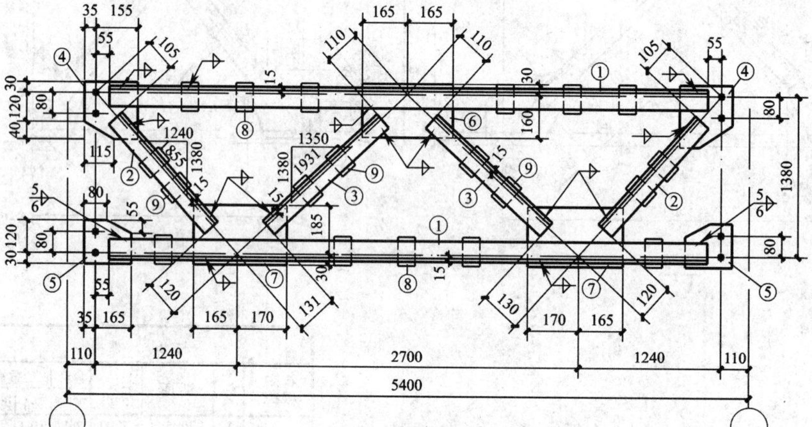

CC1

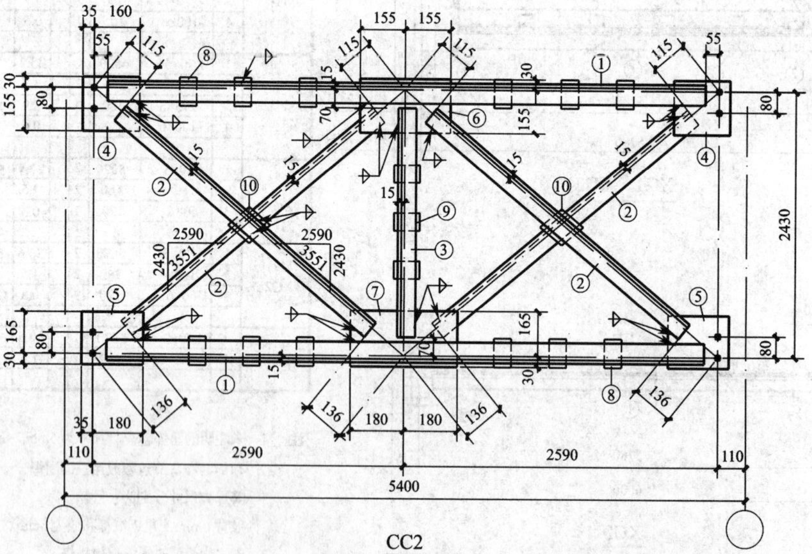

CC2

注：1 未注明的角焊缝焊脚尺寸为5mm。

2 角钢两端与节点板改用三面围焊，其焊脚尺寸分别为：肢背6 mm，角钢端部和肢尖5mm。

3 未注明长度的焊缝一律满焊。

4 未注明的螺栓为M16，孔径为$\phi17$。

图7－128 竖向支撑CC1、CC2详图

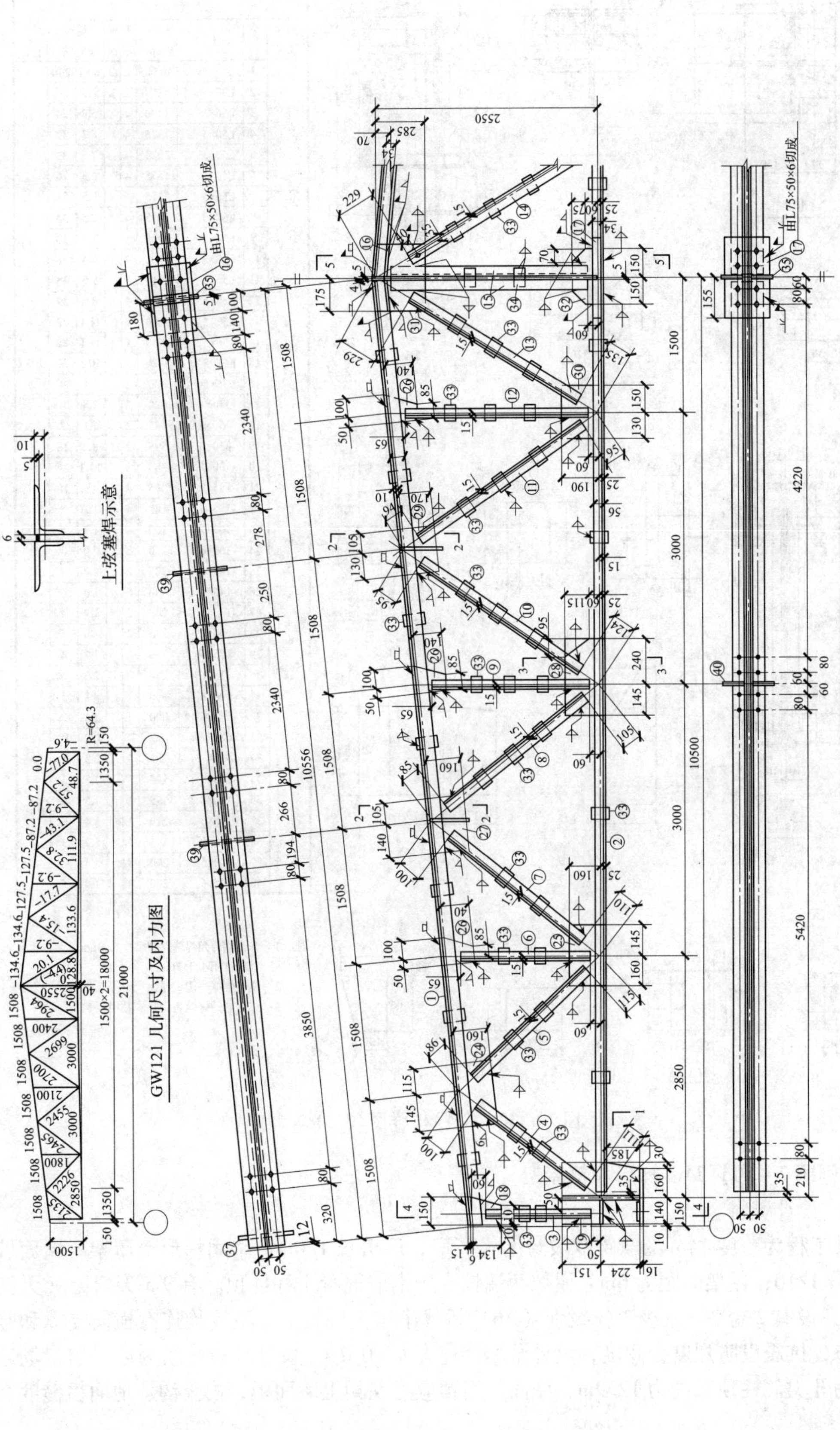

图 7-129 GWJ21 详图（一）

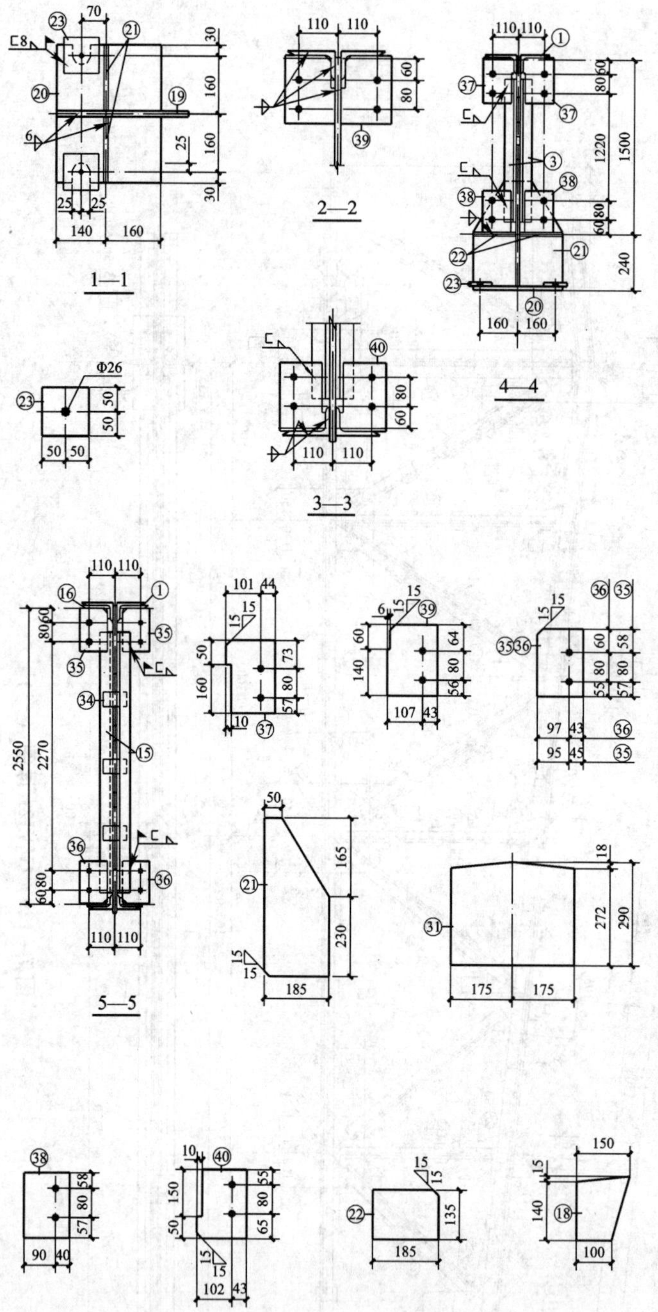

构件编号	零件号	断 面	长度（mm）	数量 正	数量 反	重量（kg） 每个	共计	合计
GWJ21	1	L75×50×6	10540	2	2	60.1	240	1037
	2	L90×56×5	10310	2	2	58.4	233	
	3	L56×5	1390	4		5.9	24	
	4	L50×5	1925	4		8.2	33	
	5	L50×5	2025	4		7.6	31	
	6	L50×5	1675	4		6.3	25	
	7	L50×5	2255	4		8.5	34	
	8	L50×5	2265	4		8.5	34	
	9	L50×5	1975	4		7.4	30	
	10	L50×5	2490	4		9.4	38	
	11	L50×5	2510	4		9.5	38	
	12	L50×5	2275	4		8.6	34	
	13	L56×5	2600	2		11.1	22	
	14	L56×5	2600	1	1	11.1	22	
	15	L56×5	2420	2		10.3	21	
	16	L75×50×6	360	2		2.1	4	
	17	L90×56×5	320	2		1.8	4	
	18	-150×6	155	2		1.1	2	
	19	-330×8	395	2		8.2	16	
	20	-300×16	380	2		14.3	29	
	21	-185×8	395	4		4.6	18	
	22	-135×6	185	4		1.2	5	
	23	-100×16	100	4		1.3	5	
	24	-165×6	260	2		2.0	4	
	25	-185×6	305	2		2.7	5	
	26	-145×6	150	6		1.0	6	
	27	-165×6	245	2		1.9	4	
	28	-200×6	385	2		3.6	7	
	29	-175×6	235	2		1.7	4	
	30	-215×6	280	2		2.8	6	
	31	-290×6	350	1		4.8	5	
	32	-160×6	300	1		2.3	2	
	33	-60×6	80	78		0.2	18	
	34	-60×6	90	5		0.3	1	
	35	-140×6	195	2		1.3	3	
	36	-140×6	195	2		1.3	3	
	37	-145×6	210	4		1.4	6	
	38	-130×6	195	4		1.2	5	
	39	-150×6	200	8		1.4	11	
	40	-145×6	200	4		1.4	5	

注：1 未注明的角焊缝焊脚尺寸为 5mm，其长度不小于 70mm。
2 所有焊缝一律满焊。
3 未注明的螺栓为 M16，孔径为Φ17。

图 7 - 130 GWJ21 详图（二）

【例题 7 - 10】24m 梯形角钢屋架

1 设计资料。

某工程为跨度 24m 的双跨双坡封闭式厂房，厂房长 120m。采用梯形钢屋架，屋面坡度为 $i=1/10$，屋架间距为 6m，屋架两端铰支于钢筋混凝土柱柱顶。有 9m 天窗架（无挡风板），设有 2 台 20t 重级工作级别（A6）桥式吊车，屋架上、下弦均连有横向支撑和竖向支撑，抗震设防烈度为 8 度，设计基本加速度 $a=0.2g$，设计地震分组为第一组，场地类别为Ⅱ类。柱顶标高为 12. 9m，屋面采用预应力混凝土屋面板，内天沟。地面粗糙度类别为 B 类，结构重要性系数为 $r_0=1.0$，基本风压 $w_0=0.45\text{kN/m}^2$，基本雪压 $s_0=0.40\text{kN/m}^2$。屋架采用 Q235B，焊条采用 E43 型。钢筋混凝土柱所用混凝土强度为 C20。螺栓采用 Q235 制成。

2 屋架形式及几何尺寸。

屋架形式及几何尺寸如图 7－131。屋面板主肋支承于屋架上弦节点，均为节点荷载。屋架坡角（上弦与下弦之间的夹角）为 $\alpha=\arctan\dfrac{1}{10}=5°42'38''$。

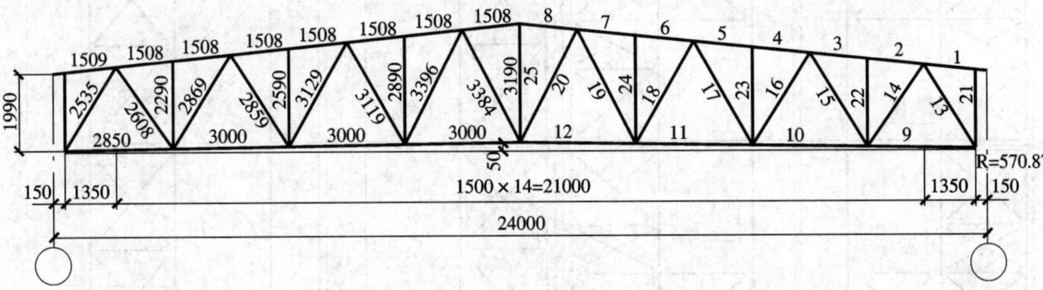

图 7－131 屋架形式及几何尺寸

3 支撑布置。

依据《建筑抗震设计规范（2016 年版）》GB 50011—2010，支撑布置见图 7－132，上弦横向水平支撑设置在房屋两端及伸缩缝处第一开间内，并在相应开间屋架跨中设置竖向支撑，在其余开间屋架下弦跨中设置一通长水平柔性系杆，考虑大型屋面板在屋架平面外的支撑作用，取两块屋面板宽；下弦杆在屋架平面外的计算长度为屋架跨度的一半。

4 荷载计算（标准值）。

（1）永久荷载（不含屋架及支撑自重）（对水平投影面）。

二毡三油加小石子防水层	0.35kN/m^2
80mm 厚泡沫混凝土保温层	0.48kN/m^2
20mm 厚水泥砂浆找平层	0.40kN/m^2
预应力混凝土屋面板（含灌缝）	1.50kN/m^2
支撑	0.08kN/m^2
悬挂管道等	0.10kN/m^2
合计	2.91kN/m^2

（2）可变荷载（对水平投影面）。

1）屋面活荷载：0.50kN/m^2。

2）雪荷载：

基本雪压 $s_0=0.40\ \text{kN/m}^2<0.50\ \text{kN/m}^2$。由于雪荷载与屋面活荷载不同时组合，故仅考虑活荷载的作用。另据《建筑结构荷载规范》GB 50009—2012 表 7.2.1 注 1 可知，不考虑积雪全跨不均匀分布情况。

3）积灰荷载。

本工程不考虑积灰荷载。

4）风荷载。

基本风压 $w_0=0.45\text{kN/m}^2$。由于屋面永久荷载较大，负风压设计值均小于永久荷载标准值，永久荷载与风荷载组合作用下不致使杆件内力变号，故可不考虑风荷载的影响。

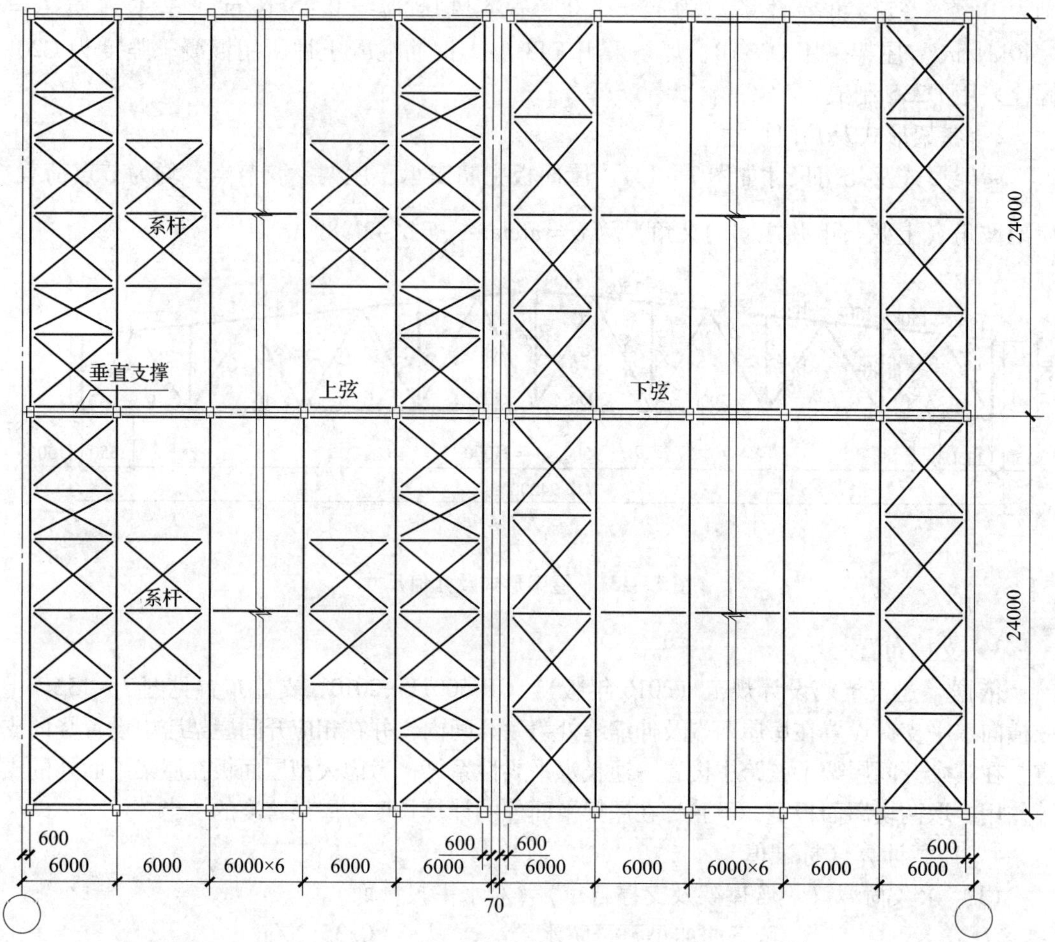

图 7-132 屋架支撑平面布置图

（3）荷载组合。

1）全跨永久荷载 + 全跨可变荷载；

2）全跨永久荷载 + 半跨雪荷载；

3）全跨屋架与支撑自重 + 半跨屋面板自重 + 半跨检修活荷载（按 0.50kN/m^{2}计）。

由永久荷载效应控制的基本组合设计值：

$$q = 1.35 \times 2.91 + 1.4 \times 0.50 \times 0.7 = 4.4\text{kN/m}^2$$

5 内力组合及截面选择。

限于篇幅，仅以带有天窗架端壁的屋架为研究对象，采用中国建筑科学研究院 PKPM CAD 工程部提供的 STS 软件计算，内力中已包括该软件自动形成的屋架自重所产生的内力。经内力组合后，屋架内力如图 7-133 所示。对于端开间无天窗架的屋架而言，其跨中斜腹杆及竖腹杆的组合内力较带天窗架端壁的屋架内力大，但所选杆件仍能满足要求。

（1）截面选择。

按表 7-12，支座节点板厚度为 14mm，其他中间节点板厚度均为 12mm（端斜杆最大内力设计值为 -558.4kN）。

1）上弦杆 1~8。

$$N = -1051.0\text{kN},\ l_{0x} = 150.8\text{cm}\ ,\ l_{0y} = 452.4\text{cm}$$

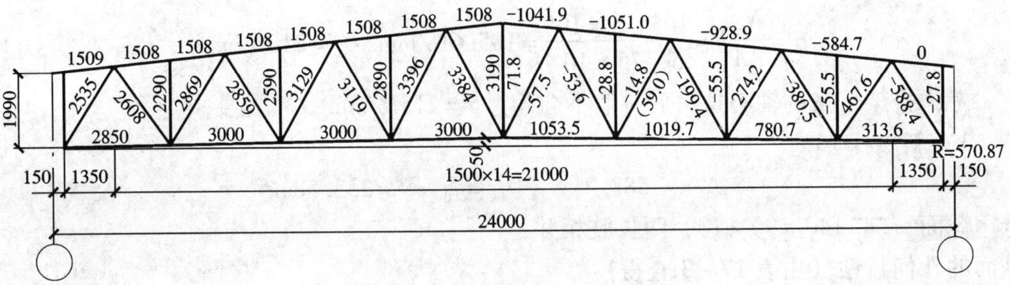

图 7－133 屋架杆件轴力设计值图

选用截面 ╗╔ 200×125×12，两短肢相并，

截面的几何特性（由表 17－2 查得）：

$$截面面积\ A = 75.82\mathrm{cm}^2$$

$$回转半径\ i_x = 3.57\mathrm{cm},\ i_y = 9.62\mathrm{cm}$$

$$长细比\ \lambda_x = \frac{l_{0x}}{i_x} = \frac{150.8}{3.57} = 42.2 < [\lambda] = 150，属\ b\ 类截面。$$

$$\lambda_y = \frac{l_{0y}}{i_y} = \frac{452.4}{9.62} = 47.0 < [\lambda] = 150，属\ b\ 类截面。$$

由表 3－16 中公式（3－78）得：

$$\lambda_z = 3.7\frac{b_1}{t} = 3.7 \times \frac{200}{12} = 61.7 > \lambda_y$$

由表 3－16 中公式（3－77b）得：

$$\lambda_{yz} = \lambda_z\left[1 + 0.06\left(\frac{\lambda_y}{\lambda_z}\right)^2\right] = 61.7 \times \left[1 + 0.06 \times \left(\frac{47.0}{61.7}\right)^2\right] = 63.8$$

查表 14－2b 得：$\varphi_x = 0.890$，$\varphi_{yz} = 0.786$

由表 3－13 中公式（3－52）得：

$$\frac{N}{\varphi_{\min} A f} = \frac{1051.0 \times 10^3}{0.786 \times 75.82 \times 10^2 \times 215} = 0.820 < 1，满足要求。$$

该杆件为压杆，截面选择也可根据表 18－3a、表 18－3b 的承载力设计值查得。$N = -1051.0\mathrm{kN}$，$l_{0x} = 150.8\mathrm{cm}$，$l_{0y} = 452.4\mathrm{cm}$，选用截面 ╗╔ 200×125×12，两短肢相并，平面内稳定承载力 $[N_x] = -1452\mathrm{kN}$，平面外稳定承载力 $[N_y] = -1282\mathrm{kN}$，均大于杆件内力 $N = -1051.0\mathrm{kN}$，满足要求。可见，由平面外稳定控制。

2）下弦杆 9～12。

$$N = 1053.5\mathrm{kN} \qquad l_{0x} = 300.0\mathrm{cm} \qquad l_{0y} = 1185\mathrm{cm}$$

选用截面 ╝╚ 180×110×10，两短肢相并，

截面的几何特性（由表 17－2 查得）：

$$截面面积\ A = A_n = 56.75\mathrm{cm}^2$$

$$回转半径\ i_x = 3.13\mathrm{cm},\ i_y = 8.71\mathrm{cm}$$

$$长细比\ \lambda_x = \frac{l_{0x}}{i_x} = \frac{300.0}{3.13} = 95.8 < [\lambda] = 250$$

$$\lambda_y = \frac{l_{0y}}{i_y} = \frac{1185}{8.71} = 136.1 < [\lambda] = 250$$

由表 3－13 中公式（3－49）得：

$$\sigma=\frac{N_{max}}{A}=\frac{1053.5\times10^3}{56.75\times10^2}=185.6\text{N/mm}^2<f=215\text{N/mm}^2$$

考虑排架传来的轴心拉力后一般不会超过$f=215\text{N/mm}^2$，满足要求。

3）斜腹杆13。

$$N=-588.4\text{kN}\ ,\ l_{0x}=l_{0y}=l=253.5\text{cm}$$

选用截面 ┐┌ 140×90×10，两长肢相并，

截面的几何特性（由表17-3查得）：

$$截面面积 A=44.52\text{cm}^2$$

$$回转半径 i_x=4.47\text{cm}，i_y=3.73\text{cm}$$

$$长细比 \lambda_x=\frac{l_{0x}}{i_x}=\frac{253.5}{4.47}=56.7<[\lambda]=150，属b类截面。$$

$$\lambda_y=\frac{l_{0y}}{i_y}=\frac{253.5}{3.73}=68.0<[\lambda]=150，属b类截面。$$

由表3-16中公式（3-76）得：

$$\lambda_z=5.1\frac{b_2}{t}=5.1\times\frac{90}{10}=45.9<\lambda_y$$

由表3-16中公式（3-75a）得：

$$\lambda_{yz}=\lambda_y\left[1+0.25\left(\frac{\lambda_z}{\lambda_y}\right)^2\right]=68.0\times\left[1+0.25\times\left(\frac{45.9}{68.0}\right)^2\right]=75.7$$

查表14-2b得，$\varphi_x=0.825$，$\varphi_{yz}=0.715$

由表3-13中公式（3-52）得：

$$\frac{N}{\varphi_{min}Af}=\frac{588.4\times10^3}{0.715\times44.52\times10^2\times215}=0.860<1，满足要求。$$

该杆件为压杆，截面选择也可根据表18-4a、表18-4b的承载力设计值查得。$N=-588.4\text{kN}$，$l_{0x}=l_{0y}=l=253.5\text{cm}$，选用截面 ┐┌ 140×90×10，两长肢相并。平面内稳定承载力［N_x］=-789kN；平面外稳定承载力［N_y］=-668kN；均大于杆件内力$N=-588.4\text{kN}$，满足要求。可见，由平面外稳定控制。

4）斜腹杆14。

$$N=467.6\text{kN}，l_{0x}=0.8l=0.8\times260.8=208.6\text{cm}，l_{0y}=l=260.8\text{cm}$$

选用截面 ┐┌ 100×7，截面的几何特性（由表17-1查得）：

$$截面面积 A=A_n=27.59\text{cm}^2$$

$$回转半径 i_x=3.09\text{cm}，i_y=4.53\text{cm}$$

$$长细比 \lambda_x=\frac{l_{0x}}{i_x}=\frac{208.6}{3.09}=67.5<[\lambda]=250$$

$$\lambda_y=\frac{l_{0y}}{i_y}=\frac{260.8}{4.53}=57.6<[\lambda]=250$$

由表3-13中公式（3-49）得：

$$\sigma=\frac{N}{A}=\frac{467.6\times10^3}{27.59\times10^2}=169.5\text{N/mm}^2<f=215\text{N/mm}^2，满足要求。$$

5）斜腹杆15。

$$N=-380.5\text{kN}，l_{0x}=0.8l=0.8\times286.9=229.5\text{cm}，l_{0y}=286.9\text{cm}$$

选用截面 ┳┳ 110×7，截面的几何特性（由表 17－1 查得）：

$$截面面积\ A=30.39\text{cm}^2$$

$$回转半径\ i_x=3.41\text{cm},\ i_y=4.94\text{cm}$$

$$长细比\ \lambda_x=\frac{l_{0x}}{i_x}=\frac{229.5}{3.41}=67.3<[\lambda]=150\quad 属\ b\ 类截面。$$

$$\lambda_y=\frac{l_{0y}}{i_y}=\frac{229.5}{4.94}=46.5<[\lambda]=150\quad 属\ b\ 类截面。$$

由表 3－16 中公式（3－74）得：

$$\lambda_z=3.9\frac{b}{t}=3.9\times\frac{110}{7}=61.3>\lambda_y$$

由表 3－16 中公式（3－73b）得：

$$\lambda_{yz}=\lambda_z\left[1+0.16\left(\frac{\lambda_y}{\lambda_z}\right)^2\right]=61.3\times\left[1+0.16\times\left(\frac{46.5}{61.3}\right)^2\right]=66.9$$

查表 14－2b 得，$\varphi_x=0.767$，$\varphi_{yz}=0.769$

由表 3－13 中公式（3－52）得：

$$\frac{N}{\varphi_{\min}Af}=\frac{380.5\times10^3}{0.767\times30.39\times10^2\times215}=0.759<1，满足要求。$$

该杆件为压杆，截面选择也可根据表 18－2a、表 18－2b 的承载力设计值查得。$N=-380.5\text{kN}$，$l_{0x}=231.1\text{cm}$，$l_{0y}=286.9\text{cm}$，选用截面 ┳┳ 110×7。平面内稳定承载力 $[N_x]=-500\text{kN}$；平面外稳定承载力 $[N_y]=-488\text{kN}$；均大于杆件内力 $N=-380.5\text{kN}$，满足要求。可见，由平面外稳定控制。

6）斜腹杆 16。

按拉杆考虑，$N=274.2\text{kN}$，$l_{0x}=0.8l=0.8\times285.9=228.7\text{cm}$，$l_{0y}=l=285.9\text{cm}$

选用截面 ┳┳ 80×6，截面的几何特性（由表 17－1 查得）：

$$截面面积\ A=A_n=18.79\text{cm}$$

$$回转半径\ i_x=2.47\text{cm},\ i_y=3.73\text{cm}$$

$$长细比\ \lambda_x=\frac{l_{0x}}{i_x}=\frac{228.7}{2.47}=92.6<[\lambda]=250,$$

$$\lambda_y=\frac{l_{0y}}{i_y}=\frac{285.9}{3.73}=76.6<[\lambda]=250,$$

由表 3－13 中公式（3－49）得：

$$\sigma=\frac{N}{A}=\frac{274.2\times10^3}{18.79\times10^2}=145.9\text{N/mm}^2<f=215\text{N/mm}^2，满足要求。$$

7）斜腹杆 17。

$$N=-199.4\text{kN},\ l_{0x}=0.8l=0.8\times312.9=250.3\text{cm},\ l_{0y}=l=312.9\text{cm}$$

选用截面 ┳┳ 90×6，截面的几何特性：

$$截面面积\ A=21.27\text{cm}^2$$

$$回转半径\ i_x=2.79\text{cm},\ i_y=4.12\text{cm}$$

$$长细比\ \lambda_x=\frac{l_{0x}}{i_x}=\frac{250.3}{2.79}=89.7<[\lambda]=150\quad 属\ b\ 类截面。$$

$$\lambda_y=\frac{l_{0y}}{i_y}=\frac{312.9}{4.12}=75.9<[\lambda]=150\quad 属\ b\ 类截面。$$

由表 3 - 16 中公式（3 - 74）得：

$$\lambda_z = 3.9\frac{b}{t} = 3.9 \times \frac{90}{6} = 58.5 < \lambda_y$$

由表 3 - 16 中公式（3 - 73a）得：

$$\lambda_{yz} = \lambda_y\left[1 + 0.16\left(\frac{\lambda_z}{\lambda_y}\right)^2\right] = 75.9 \times \left[1 + 0.16 \times \left(\frac{58.5}{75.9}\right)^2\right] = 83.1$$

查表 14 - 2b 得：$\varphi_x = 0.623$，$\varphi_{yz} = 0.667$

由表 3 - 13 中公式（3 - 52）得：

$$\frac{N}{\varphi_{min}Af} = \frac{199.4 \times 10^3}{0.623 \times 21.27 \times 10^2 \times 215} = 0.700 < 1\text{，满足要求。}$$

该杆件为压杆，截面选择也可根据表 18 - 2a、表 18 - 2b 的承载力设计值查得。$N = -199.4\text{kN}$，$l_{0x} = 250.3\text{cm}$，$l_{0y} = 312.9\text{cm}$，查表 19 - 2a、表 192b 得，选用截面 ┳┏ 90 × 6，平面内稳定承载力［N_x］= −285kN；平面外稳定承载力［N_y］= −336kN；均大于杆件内力 $N = -199.4\text{kN}$，满足要求。可见，由平面内稳定控制。

8）斜腹杆 18。

按压杆考虑：$N = -14.8\text{kN}$，$l_{0x} = 0.8l = 0.8 \times 311.9 = 249.5\text{cm}$，$l_{0y} = l = 311.9\text{cm}$

选用截面 ┳┏ 56 × 5，截面的几何特性（由表 17 - 1 查得）：

截面面积 $A = 10.83\text{cm}^2$

回转半径 $i_x = 1.72\text{cm}$，$i_y = 2.77\text{cm}$

长细比 $\lambda_x = \frac{l_{0x}}{i_x} = \frac{249.5}{1.72} = 145.1 <$［$\lambda$］$= 150$，属 b 类截面。

$\lambda_y = \frac{l_{0y}}{i_y} = \frac{311.9}{2.77} = 112.6 <$［$\lambda$］$= 150$，属 b 类截面。

由表 3 - 16 中公式（3 - 74）得：

$$\lambda_z = 3.9\frac{b}{t} = 3.9 \times \frac{56}{5} = 43.7 < \lambda_y$$

由表 3 - 16 中公式（3 - 73a）得：

$$\lambda_{yz} = \lambda_y\left[1 + 0.16\left(\frac{\lambda_z}{\lambda_y}\right)^2\right] = 112.6 \times \left[1 + 0.16 \times \left(\frac{43.7}{112.6}\right)^2\right] = 115.3$$

查表 14 - 2b 得：$\varphi_x = 0.325$，$\varphi_{yz} = 0.462$

由表 3 - 13 中公式（3 - 52）得：

$$\frac{N}{\varphi_{min}Af} = \frac{14.8 \times 10^3}{0.325 \times 10.83 \times 10^2 \times 215} = 0.196 < 1\text{，满足要求。}$$

按拉杆考虑，$N = 59.0\text{kN}$，

长细比：$\lambda_x = \frac{l_{0x}}{i_x} = \frac{249.5}{1.72} = 145.1 <$［$\lambda$］$= 250$，

$\lambda_y = \frac{l_{0y}}{i_y} = \frac{311.9}{2.77} = 112.6 <$［$\lambda$］$= 250$，

由表 3 - 13 中公式（3 - 49）得：

$$\sigma = \frac{N}{A} = \frac{59.0 \times 10^3}{10.83 \times 10^2} = 54.5\text{N/mm}^2 < f = 215\text{N/mm}^2 \quad \text{满足要求。}$$

其余腹杆计算过程雷同，不再赘述，所有计算结果见表 7 - 22。

表 7－22 GWJ24 杆件截面选用表

杆件名称	杆件编号	内力 N（kN）	截面规格（mm）	截面面积（cm^2）	计算长度 l_{0y}（cm）	计算长度 l_{0y}（cm）	回转半径 i_x（cm）	回转半径 i_y（cm）	长细比 λ_x	长细比 λ_y	长细比 λ_{yz}	稳定系数 φ_{min}	强度 N/A（N/mm^2）	稳定性 $\frac{N}{\varphi_{min}Af}$	容许长细比 $[\lambda]$	强度设计值 f（N/mm^2）
上弦杆	1～8	－1051.0	2∟200×125×12	75.82	150.8	452.4	3.57	9.62	42.2	47.0	63.8	0.786		0.820	150	215
下弦杆	9～12	1053.5	2∟180×110×10	56.75	300.0	1185.0	3.13	8.71	95.8	136.1			185.6		250	215
斜腹杆	13	－588.4	2∟140×90×10	44.52	253.5	253.5	4.47	3.73	56.7	68.0	75.7	0.715		0.860	150	215
	14	467.6	2∟100×7	27.59	208.6	260.8	3.09	4.53	67.5	57.6			169.5		250	215
	15	－380.5	2∟110×7	30.39	229.5	286.9	3.41	4.94	67.3	46.5	66.9	0.767		0.759	150	215
	16	274.2	2∟80×6	18.79	228.7	285.9	2.47	3.73	92.6	76.6			145.9		250	215
	17	－199.4	2∟90×6	21.27	250.3	312.9	2.79	4.12	89.7	75.9	83.1	0.623		0.700	150	215
	18	59.0	2∟56×5	10.83	249.5	311.9	1.72	2.77	145.1	112.6			54.5		250	215
		－14.8									115.3	0.325		0.195	150	215

续表 7-22

杆件名称	杆件编号	内力 N（kN）	截面规格（mm）	截面面积（cm^2）	计算长度 l_{0y}（cm）	计算长度 l_{0y}（cm）	回转半径 i_x（cm）	回转半径 i_y（cm）	长细比 λ_x	长细比 λ_y	长细比 λ_{yz}	稳定系数 φ_{min}	强度 N/A（N/mm^2）	稳定性 $\frac{N}{\varphi_{min}Af}$	容许长细比 [λ]	强度设计值 f（N/mm^2）
斜腹杆	19	-53.6	2∟63×5	12.29	271.7	339.6	1.94	3.04	140.1	111.7	115.2	0.344		0.590	150	215
	20	-57.5	2∟75×5	14.82	270.7	338.4	2.32	3.50	116.7	96.7	102.4	0.455		0.397	150	215
竖腹杆	21	-27.8	2∟63×5	12.29	200.5	200.5	1.94	3.04	103.4	66.0	71.8	0.533		0.197	150	215
	22	-55.5	2∟50×5	9.61	183.2	229.0	1.53	2.53	119.7	90.5	93.2	0.438		0.613	150	215
	23	-55.5	2∟50×5	9.61	207.2	259.0	1.53	2.53	135.4	102.4	104.8	0.363		0.740	150	215
	24	-28.8	2∟56×5	10.83	231.2	289.0	1.72	2.77	134.4	104.3	107.2	0.367		0.337	150	215
	25	71.8	┘┌63×5	12.29	287.1	287.1	2.45		117.2				58.4		250	215

注：1　上弦杆 1 虽为零杆，但需考虑内天沟等局部荷载产生的弯曲应力。一般可采用在端节间两角钢之间加焊一块钢板的做法，详见国家标准图《梯形钢屋架》05G511 页 17 节点 2 加强。

2　上弦 $N=\varphi Af=0.786\times7582\times215=1281kN$，查表 18-3b 得 2∟200×125×12，$l_0=4.52m$，[N] $=1282kN$ 二者接近。

6 屋架节点连接计算。

(1) 腹杆与节点板的连接焊缝。

肢背、肢尖焊缝长度由公式（4－20）、（4－21）计算，结果见表7－23。

表7－23 GWJ24腹杆与节点板连接焊缝汇总表

杆件名称	杆件编号	杆件内力（kN）	截面规格	肢背焊脚尺寸 h_{f1}（mm）	肢背焊脚长度 l'_{w1}（mm）	肢尖焊脚尺寸 h_{f2}（mm）	肢尖焊脚长度 l'_{w2}（mm）
斜腹杆	13	－588.4	2∟140×90×10	10	200	6	175
	14	467.6	2∟100×7	8	210	6	120
	15	－380.5	2∟110×7	8	175	6	105
	16	274.2	2∟80×6	6	165	5	85
	17	－199.4	2∟90×6	6	125	5	80
	18	59.0	2∟56×5	5	80	5	80
	19	－53.6	2∟63×5	5	80	5	80
	20	－57.5	2∟75×5	5	80	5	80
竖腹杆	21	－27.8	2∟63×5	5	80	5	80
	22	－55.5	2∟50×5	5	80	5	80
	23	－55.5	2∟50×5	5	80	5	80
	24	－28.8	2∟56×5	5	80	5	80
	25	71.8	┘┌63×5	5	80	5	80

注：1 表中 $l'_{w1}=l_{w1}+2h_{f1}$，$l'_{w2}=l_{w2}+2h_{f2}$。

2 本设计焊脚长度 l_w 最小值取为80mm。

(2) 节点设计。

1) 节点编号（图7－134）。

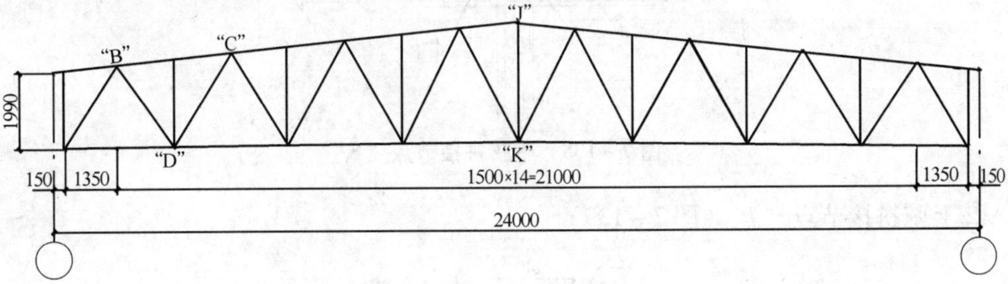

图7－134 节点编号

2) 一般节点。

根据所汇交腹杆端部焊缝长度在大样图中放样确定节点板的尺寸，然后按公式（7－34）～（7－39）验算弦杆焊缝。参见【例题7－8】，计算过程从略。

①节点“B”计算（图7－135）。

②节点“C”计算（图7－136）。

③节点“D”计算（图7－137）。

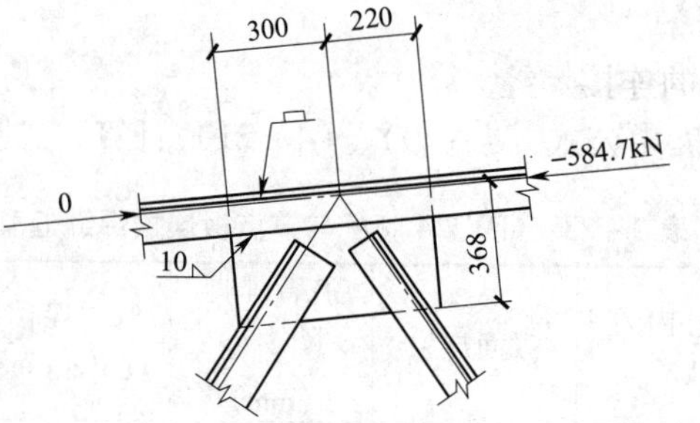

图 7-135 节点“B”

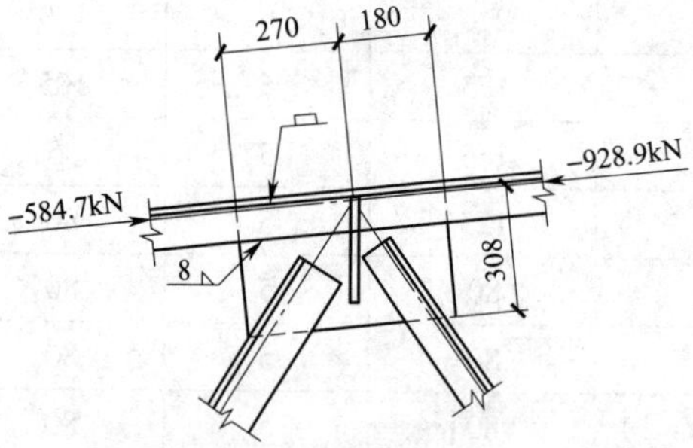

图 7-136 节点“C”

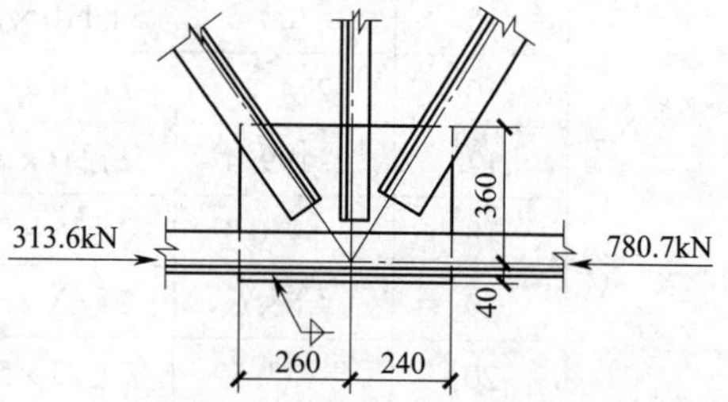

图 7-137 节点“D”

3）拼接节点。

①下弦拼接节点“K”（图 7-138）。

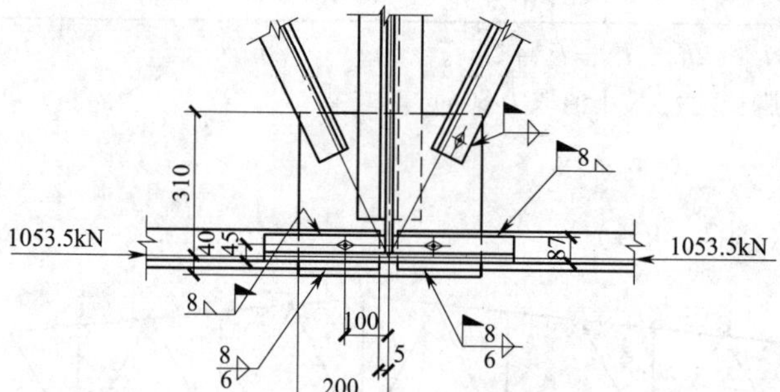

图 7-138 下弦拼接节点“K”

②上弦拼接节点“*J*”（图 7-139）

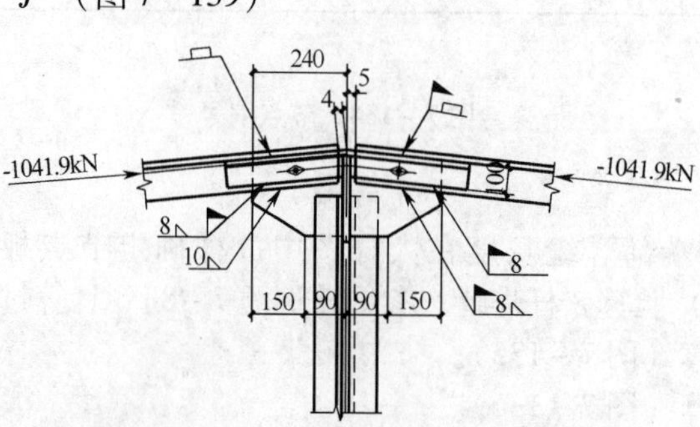

图 7-139 上弦拼接节点“J”图

4）支座节点“*g*“（图 7 – 140）

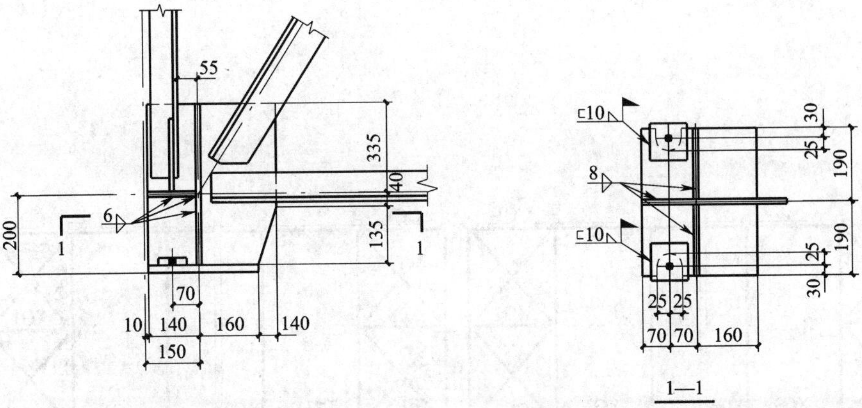

图 7 – 140　支座节点“*g*”图

支撑布置、详图及屋架详图见图 7 – 141 ~ 图 7 – 148（布置图中未显示中间开间的支撑布置，其详图可参照端开间绘制）。安装节点参考图 7 – 124 和图 7 – 125 相关节点。

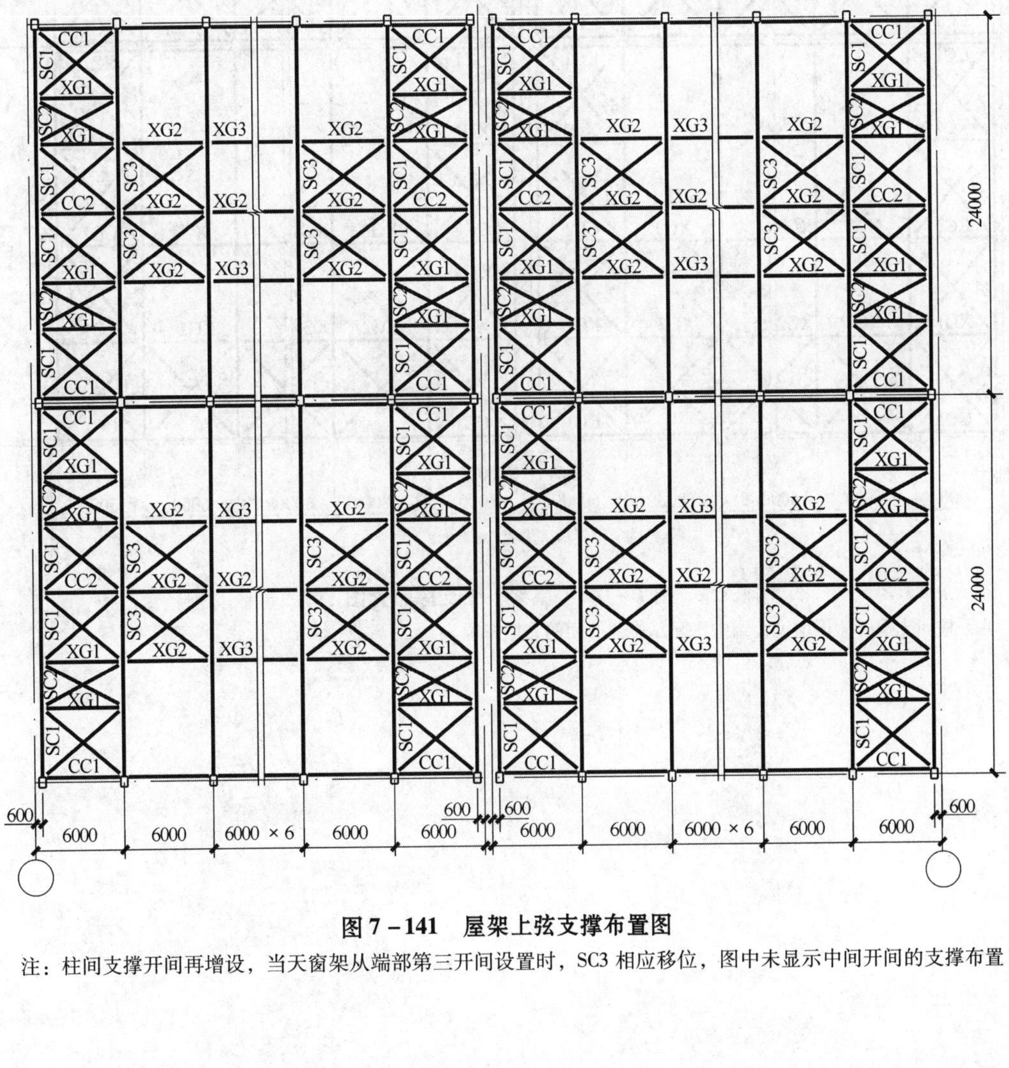

图 7 – 141　屋架上弦支撑布置图

注：柱间支撑开间再增设，当天窗架从端部第三开间设置时，SC3 相应移位，图中未显示中间开间的支撑布置

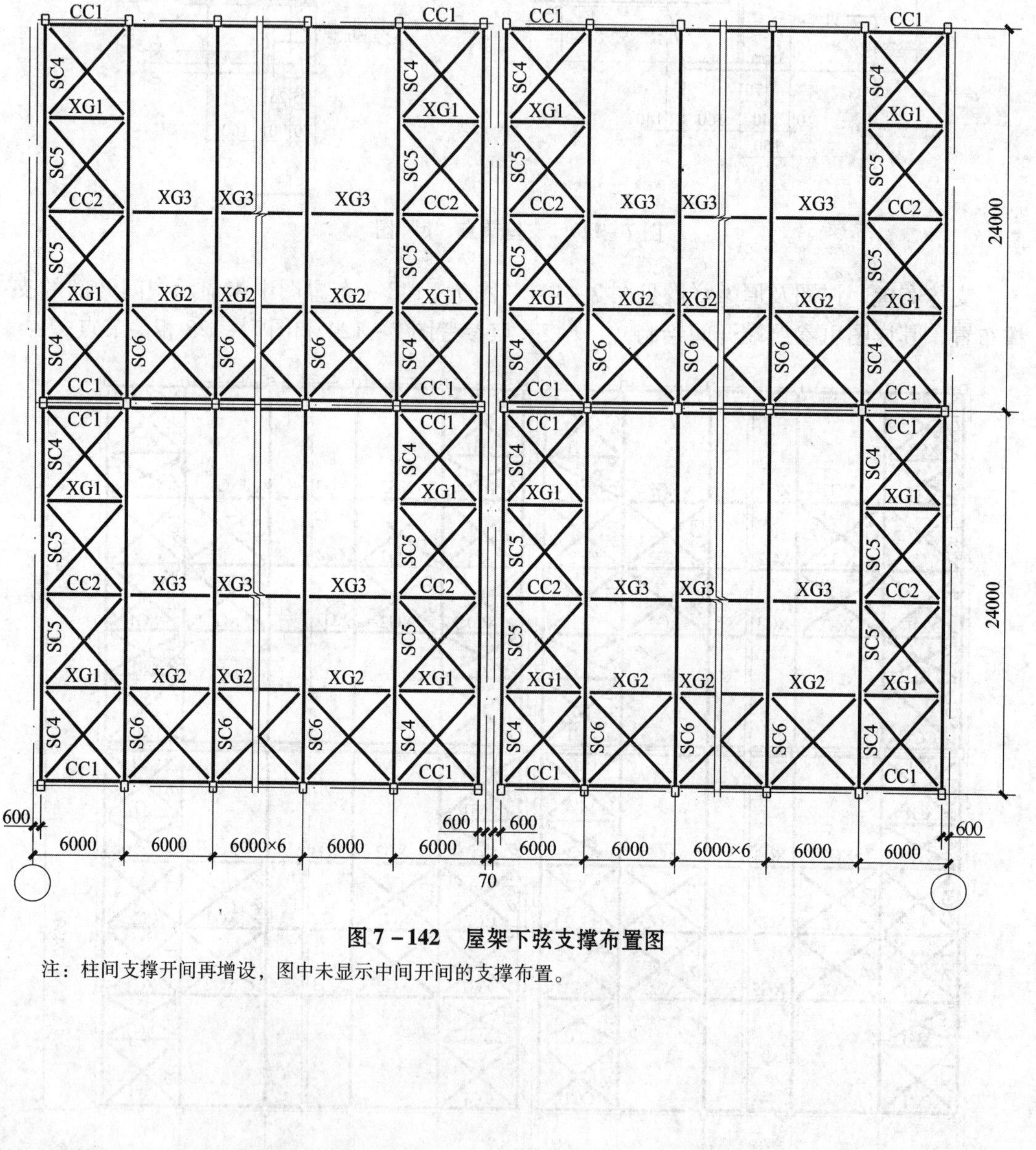

图 7-142 屋架下弦支撑布置图

注：柱间支撑开间再增设，图中未显示中间开间的支撑布置。

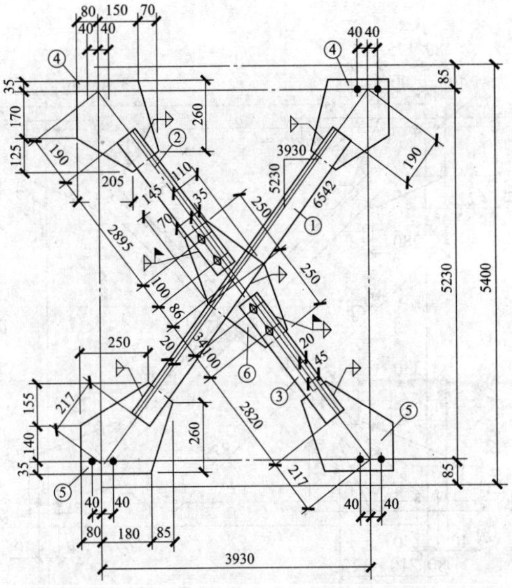

SC1

材料表								
构件编号	零件号	断面	长度（mm）	数量		重量（kg）		
				正	反	每个	共计	合计
SC1	1	∟75×5	6135	1		35.7	36	105
	2	∟75×5	3035	1		17.7	18	
	3	∟75×5	2960	1		17.2	17	
	4	–300×8	330	2		6.2	12	
	5	–330×8	345	2		7.1	14	
	6	–255×8	500	1		8.0	8	
SC2	1	∟75×5	5450	1		31.7	32	93
	2	∟75×5	2665	1		15.5	16	
	3	∟75×5	2575	1		15.0	15	
	4	–240×8	325	2		4.9	10	
	5	–280×8	325	2		5.7	11	
	6	–255×8	570			9.1	9	

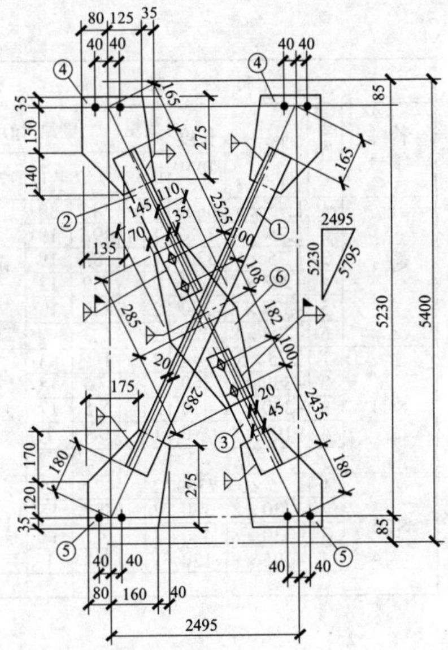

SC2

注：1　角焊缝焊脚尺寸为：肢背6mm，其余5mm。
　　2　未注明长度的焊缝一律满焊。
　　3　未注明的螺栓为M20，孔径为ϕ21.5。

图 7－143　SC1 和 SC2 施工详图

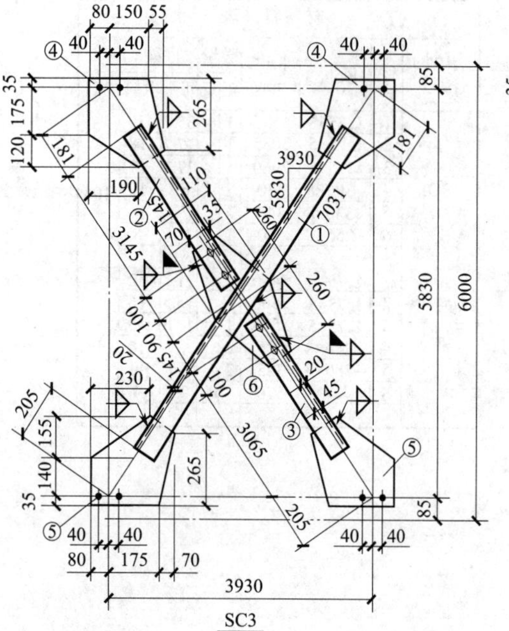

SC3

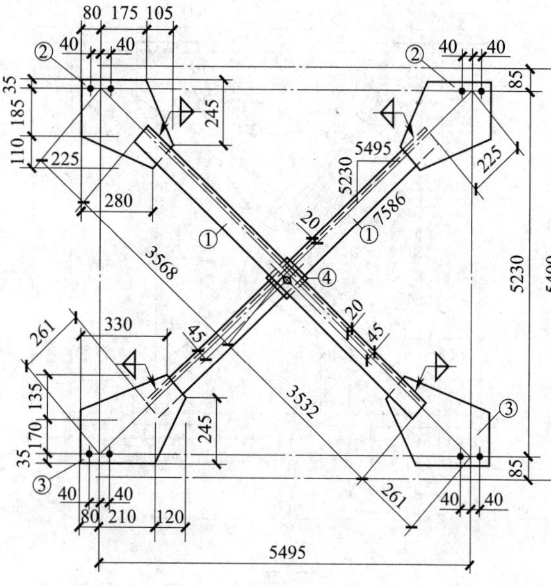

SC4

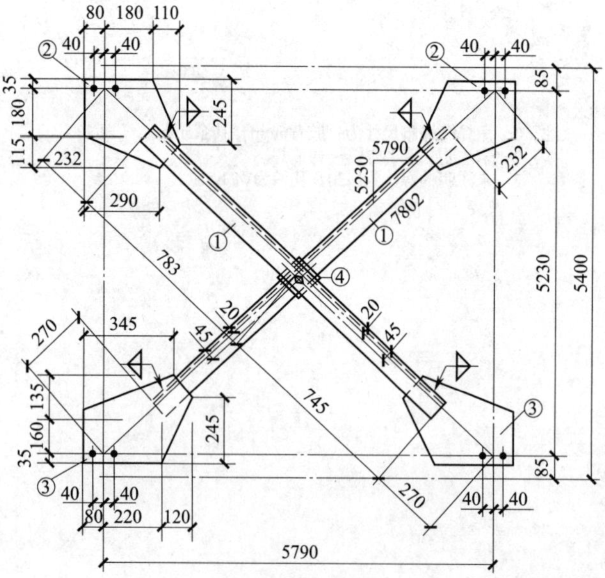

SC5

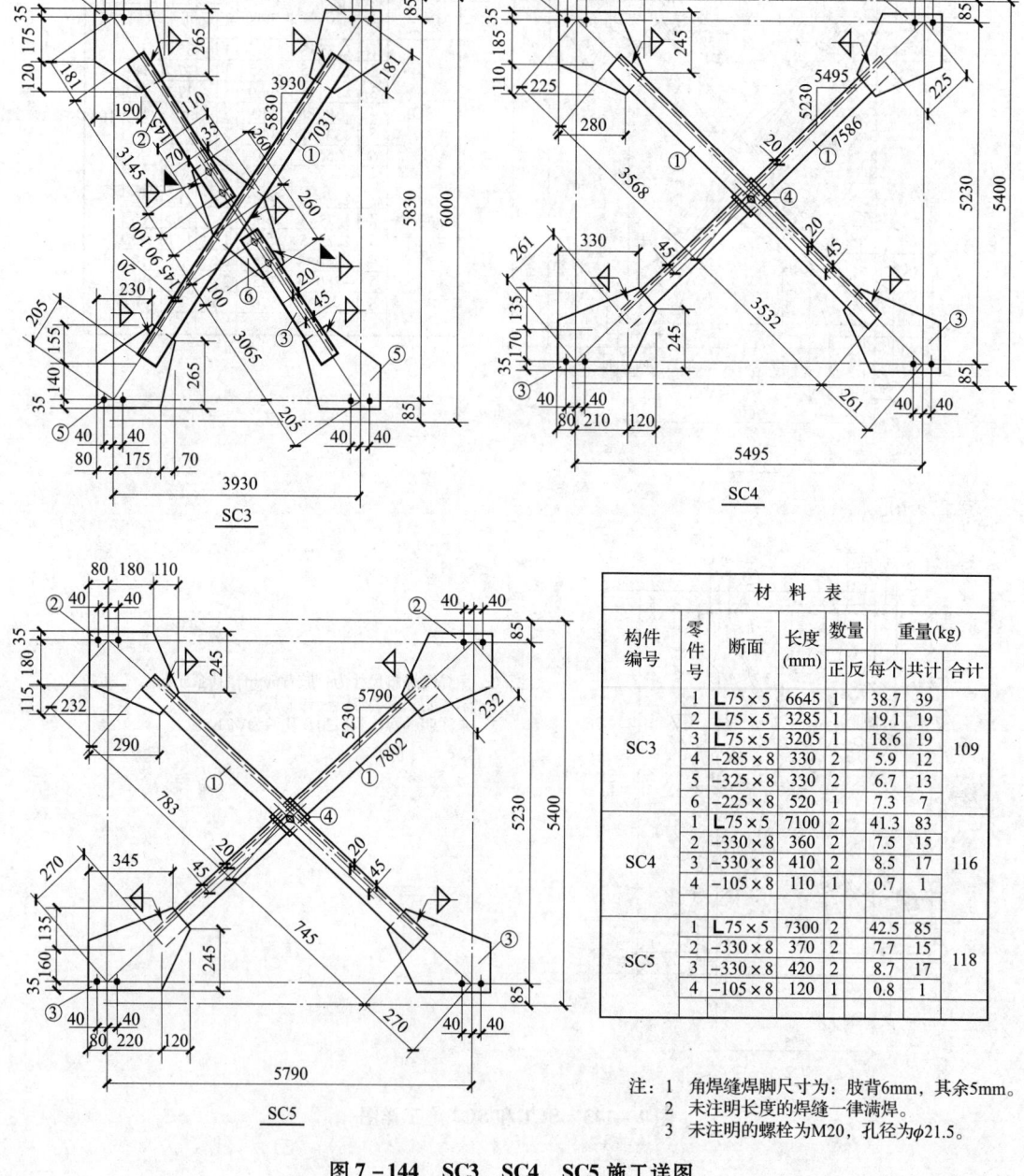

材料表								
构件编号	零件号	断面	长度(mm)	数量		重量(kg)		
				正	反	每个	共计	合计
SC3	1	L75×5	6645	1		38.7	39	109
	2	L75×5	3285	1		19.1	19	
	3	L75×5	3205	1		18.6	19	
	4	−285×8	330	2		5.9	12	
	5	−325×8	330	2		6.7	13	
	6	−225×8	520	1		7.3	7	
SC4	1	L75×5	7100	2		41.3	83	116
	2	−330×8	360	2		7.5	15	
	3	−330×8	410	2		8.5	17	
	4	−105×8	110	1		0.7	1	
SC5	1	L75×5	7300	2		42.5	85	118
	2	−330×8	370	2		7.7	15	
	3	−330×8	420	2		8.7	17	
	4	−105×8	120	1		0.8	1	

注：1 角焊缝焊脚尺寸为：肢背6mm，其余5mm。
2 未注明长度的焊缝一律满焊。
3 未注明的螺栓为M20，孔径为ϕ21.5。

图7－144 SC3、SC4、SC5施工详图

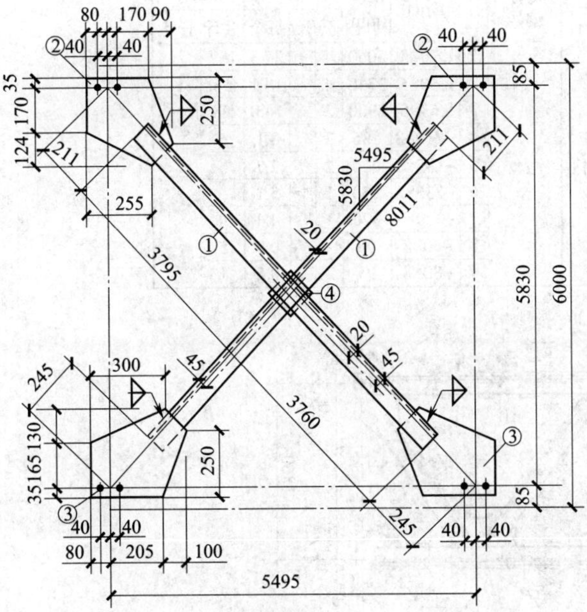

SC6

材 料 表

构件编号	零件号	断面	长度(mm)	数量 正	数量 反	重量(kg) 每个	重量(kg) 共计	重量(kg) 合计
SC6	1	L75×5	7555	2		44.0	88	119
	2	−330×8	340	2		7.0	14	
	3	−330×8	385	2		8.0	16	
	4	−105×8	115	1		0.8	1	
XG1	1	L70×5	5060	2		27.3	55	64
	2	−180×8	185	2		2.1	4	
	3	−60×8	120	9		0.5	5	
XG2	1	L70×5	5660	2		30.5	61	70
	2	−180×8	185	2		2.1	4	
	3	−60×8	120	9		0.5	5	
XG3	1	L80×5	5660	1		35.2	35	40
	2	−155×8	235	2		2.3	5	

注：1　角焊缝焊脚尺寸为：肢背6mm，其余5mm。
　　2　未注明长度的焊缝一律满焊。
　　3　未注明的螺栓为M20，孔径为ϕ21.5。

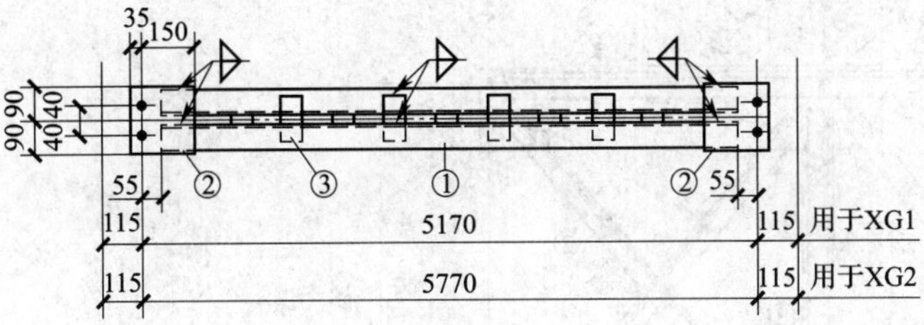

XG1、XG2

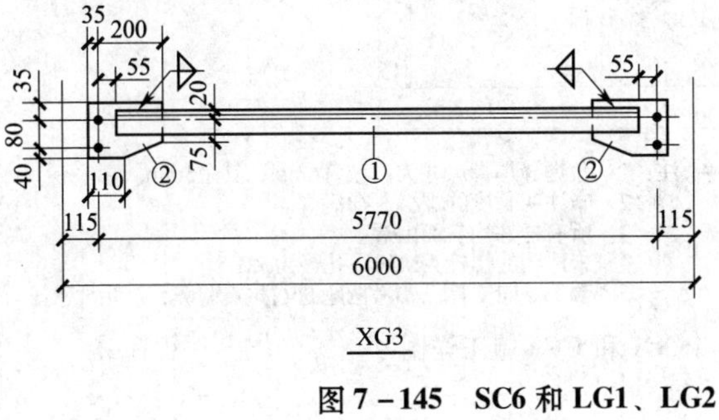

XG3

图 7－145　SC6 和 LG1、LG2、LG3 施工详图

材料表								
构件编号	零件号	断面	长度(mm)	数量		重量(kg)		
				正	反	每个	共计	合计
CC1	1	L70×5	5060	4		27.3	109	215
	2	L63×5	1945	4		9.4	38	
	3	L63×5	2080	4		10.0	40	
	4	−195×8	275	2		3.4	7	
	5	−155×8	195	2		1.9	4	
	6	−225×8	240	1		3.4	3	
	7	−210×8	320	2		4.2	8	
	8	−60×8	90	19		0.3	6	

材料表								
构件编号	零件号	断面	长度(mm)	数量		重量(kg)		
				正	反	每个	共计	合计
CC2	1	L70×5	5060	4		27.3	109	219
	2	L50×5	3740	4		14.1	56	
	3	L63×5	2900	2		14.0	28	
	4	−210×8	235	2		3.1	6	
	5	−195×8	220	2		2.7	5	
	6	−235×8	350	1		5.1	5	
	7	−220×8	320	1		4.4	4	
	8	−60×8	90	16		0.3	5	
	9	−80×8	95	2		0.5	1	

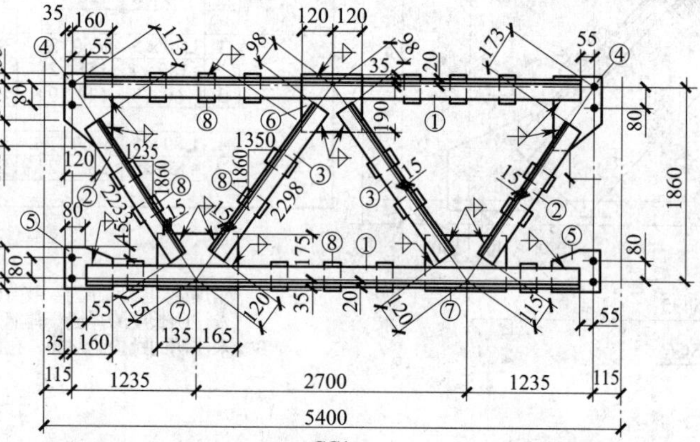

CC1

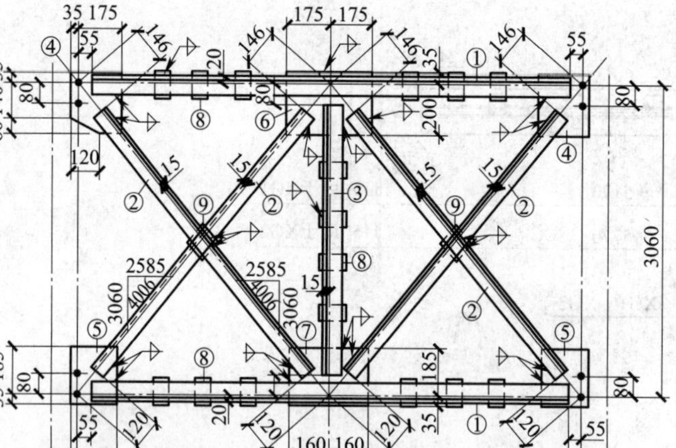

CC2

注：1 角焊缝焊脚尺寸为：肢背6mm，其余5mm。
2 未注明长度的焊缝一律满焊。
3 所有杆件均三面围焊。
4 未注明的螺栓为M20、孔径为ϕ21.5。
5 端部竖向支撑已参考例题进行抗震验算，满足要求。

图 7－146 CC1 和 CC2 施工详图

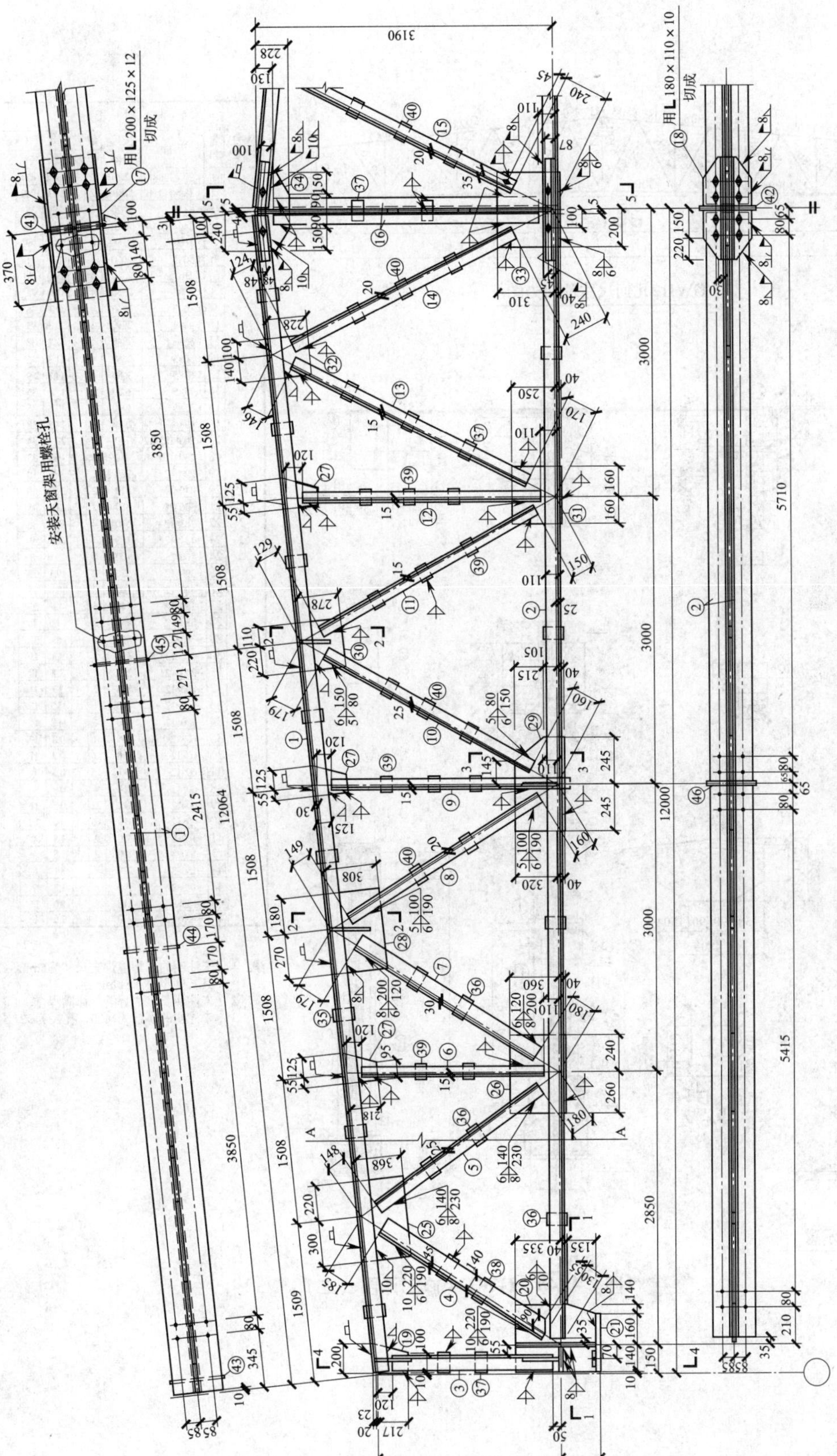

图 7-147 GWJ24 施工详图（一）

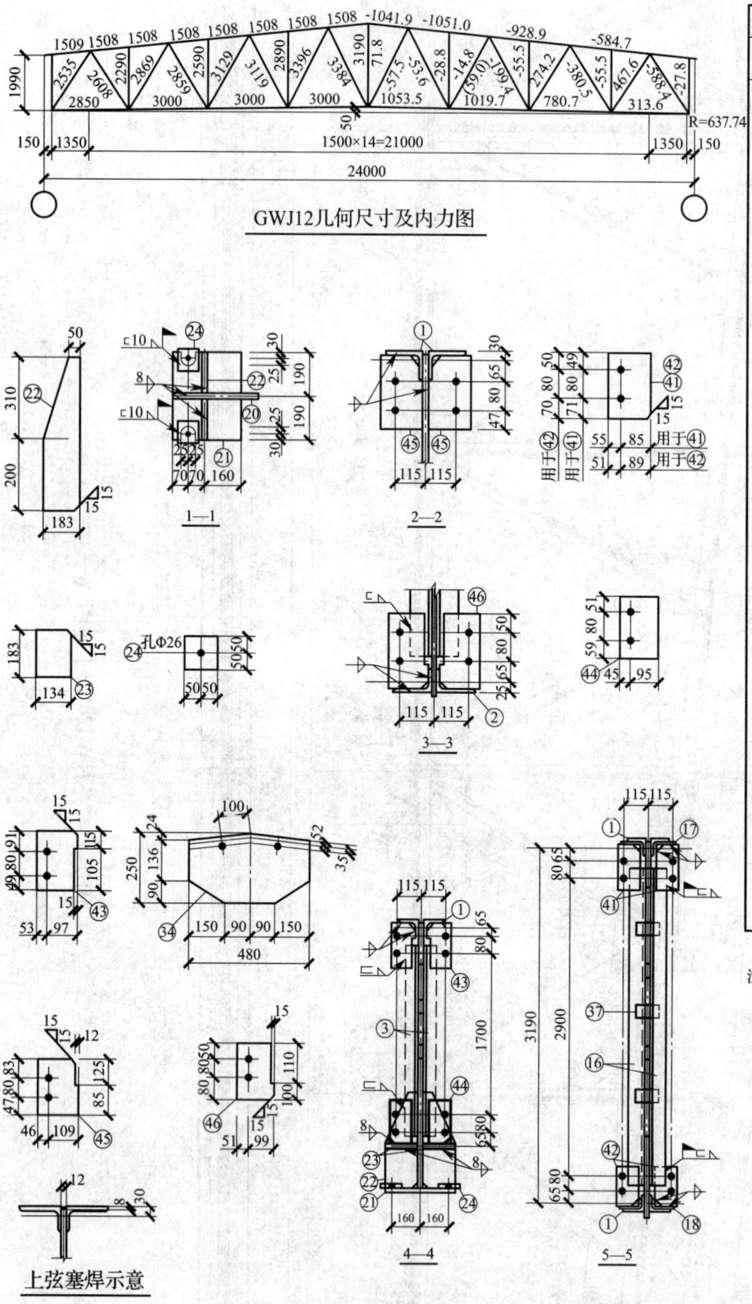

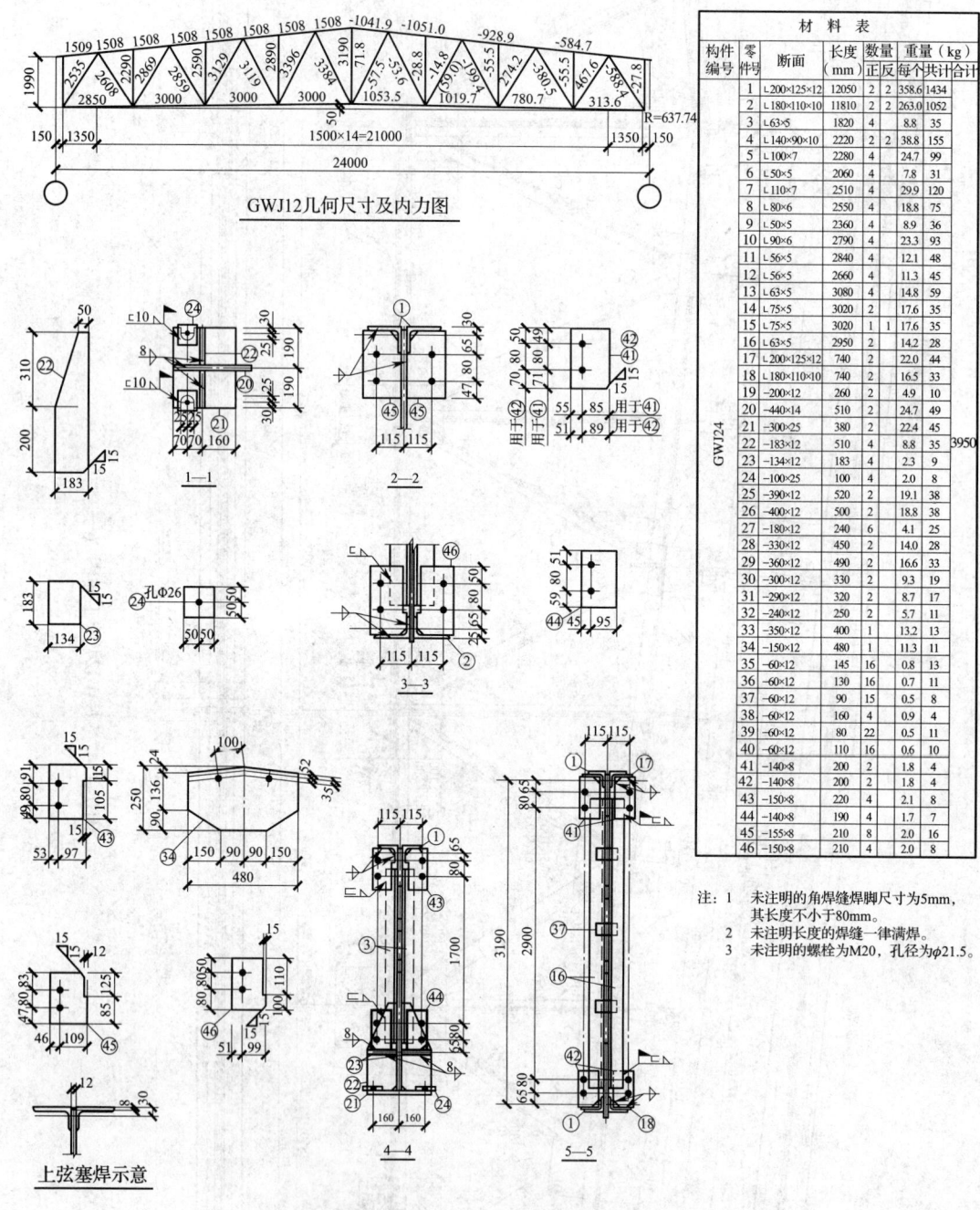

材料表								
构件编号	零件号	断面	长度（mm）	数量		重量（kg）		
				正	反	每个	共计	合计
GWJ24	1	∟200×125×12	12050	2	2	358.6	1434	3950
	2	∟180×110×10	11810	2	2	263.0	1052	
	3	∟63×5	1820	4		8.8	35	
	4	∟140×90×10	2220	2	2	38.8	155	
	5	∟100×7	2280	4		24.7	99	
	6	∟50×5	2060	4		7.8	31	
	7	∟110×7	2510	4		29.9	120	
	8	∟80×6	2550	4		18.8	75	
	9	∟50×5	2360	4		8.9	36	
	10	∟90×6	2790	4		23.3	93	
	11	∟56×5	2840	4		12.1	48	
	12	∟56×5	2660	4		11.3	45	
	13	∟63×5	3080	4		14.8	59	
	14	∟75×5	3020	2		17.6	35	
	15	∟75×5	3020	1	1	17.6	35	
	16	∟63×5	2950	2		14.2	28	
	17	∟200×125×12	740	2		22.0	44	
	18	∟180×110×10	740	2		16.5	33	
	19	−200×12	260	2		4.9	10	
	20	−440×14	510	2		24.7	49	
	21	−300×25	380	2		22.4	45	
	22	−183×12	510	4		8.8	35	
	23	−134×12	183	4		2.3	9	
	24	−100×25	100	4		2.0	8	
	25	−390×12	520	2		19.1	38	
	26	−400×12	500	2		18.8	38	
	27	−180×12	240	6		4.1	25	
	28	−330×12	450	2		14.0	28	
	29	−360×12	490	2		16.6	33	
	30	−300×12	330	2		9.3	19	
	31	−290×12	320	2		8.7	17	
	32	−240×12	250	2		5.7	11	
	33	−350×12	400	1		13.2	13	
	34	−150×12	480	1		11.3	11	
	35	−60×12	145	16		0.8	13	
	36	−60×12	130	16		0.7	11	
	37	−60×12	90	15		0.5	8	
	38	−60×12	160	4		0.9	4	
	39	−60×12	80	22		0.5	11	
	40	−60×12	110	16		0.6	10	
	41	−140×8	200	2		1.8	4	
	42	−140×8	200	2		1.8	4	
	43	−150×8	220	4		2.1	8	
	44	−140×8	190	4		1.7	7	
	45	−155×8	210	8		2.0	16	
	46	−150×8	210	4		2.0	8	

注：1 未注明的角焊缝焊脚尺寸为5mm，其长度不小于80mm。
2 未注明长度的焊缝一律满焊。
3 未注明的螺栓为M20，孔径为ϕ21.5。

图 7－148 GWJ24 施工详图（二）

【例题 7－11】24m 轻型屋面梯形方钢管屋架

1 设计资料。

屋架跨度为 24m，屋架间距 6m，屋面坡度 1/10，屋面材料为 3.0×6.0m 发泡水泥（太空）复合屋面板（钢边框），外天沟。钢材为 Q235B，焊条为 E43 型。

2 屋架形式及几何尺寸。

屋架形式及几何尺寸如图 7－149 所示，上弦节间长度为 3016mm，均为节点荷载。

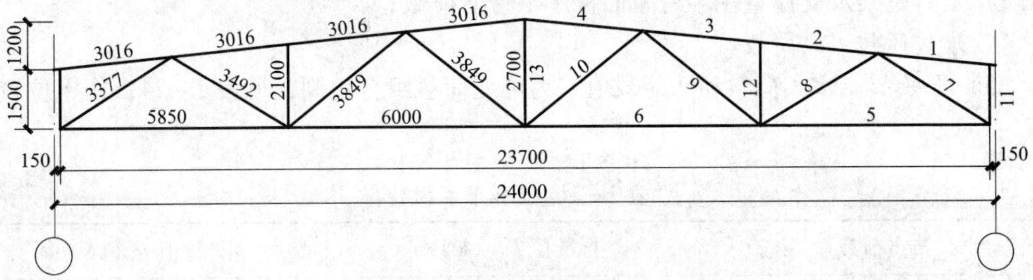

图 7－149 屋架几何尺寸

3 支撑布置。

上弦杆在屋架平面外的计算长度等于其节间长度，下弦杆在屋架平面外的计算长度为屋架跨度的一半，见图 7－150。

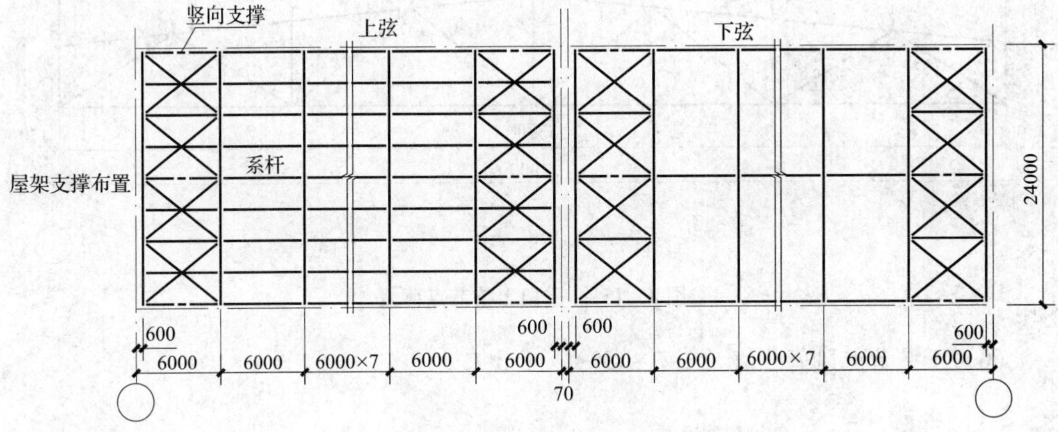

图 7－150 屋架平面布置

4 荷载计算。

（1）永久荷载标准值（对水平投影面）：

发泡水泥（太空）复合屋面板	0.65kN/m^2
防水层	0.10kN/m^2
屋架及支撑	0.10kN/m^2
悬挂管道	0.05kN/m^2
合计	0.90kN/m^2

（2）可变荷载（活荷载）标准值（对水平投影面）：

可变荷载标准值：屋面活荷载为 0.50kN/m^2，雪荷载为 0.35kN/m^2，取两者中较大值

0.50kN/m^2。

（3）风荷载。

基本风压：$w_0=0.70\ kN/m^2$

（4）荷载组合。

1）全跨永久荷载+全跨活荷载；

2）全跨永久荷载+半跨雪荷载；

3）全跨屋架及支撑重+半跨屋面板+半跨活荷载；

4）永久荷载+风荷载。

（5）上弦节点永久荷载和活荷载值，为可变荷载组合控制，见表7-24；作用位置见图7-151。

表7-24 上弦节点荷载

节点荷载	标准值 P_K（kN）	设计值 P（kN）
永久荷载 Q_{GK}	$0.9\times3\times6=16.2$	$1.2\times16.2=19.4$
活荷载 Q_Q	$0.5\times3\times6=9.0$	$1.4\times9.0=12.6$
总荷载	25.2	32.0

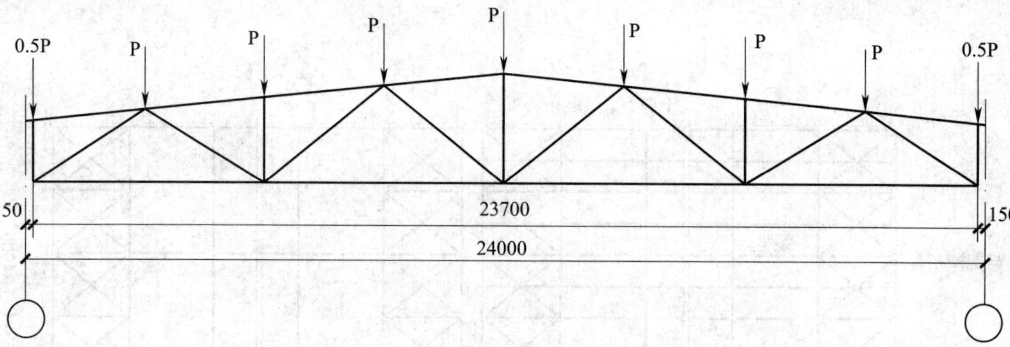

图7-151 屋架上弦节点荷载

（6）上弦节点风荷载值（图7-152）。

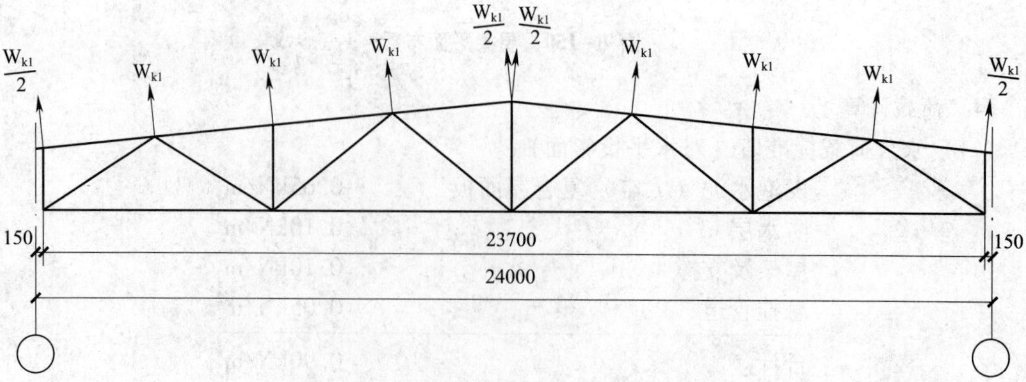

图7-152 屋架上弦节点风荷载

1）风载体型系数。

迎风面：$\mu_s=-0.6$，背风面：$\mu_s=-0.5$

2）风压高度变化系数，本设计地面粗糙度为 B 类，柱顶标高为 10.2m，坡度为 1/10，风压高度变化系数 $\mu_z\approx1.10$，不计风振系数 β_z。

计算主要承重结构 $w_k=\beta_z\mu_s\mu_z w_0$

迎风面 $w_{k1}=1.0\times(-0.6)\times1.10\times0.70=-0.46\ \text{kN/m}^2$

背风面 $w_{k2}=1.0\times(-0.5)\times1.10\times0.70=-0.39\ \text{kN/m}^2$

上弦节点风荷载：

标准值 $W_{k1}=-0.46\times3.016\times6=-8.32\text{kN}$

$W_{k2}=-0.39\times3.016\times6=-7.06\text{kN}$

设计值 $W_1=1.4\times(-8.32)=-11.65\text{kN}$；$W_2=1.4\times(-7.06)=-9.88\text{kN}$

$1.4w_{k1}=1.4\times0.46=0.64\text{kN/m}^2$，$1.4w_{k2}=1.4\times0.39=0.55\text{kN/m}^2$

均布永久荷载 $G_k=0.65+0.20=0.85\text{kN/m}^2$，$G_k'=0.85-0.10=0.75\text{kN/m}^2$

可见，$1.4w_{k1}$和$1.4w_{k2}$均小于永久载标准值，风荷载不会引起内力变号，故可不考虑风荷载组合。

5 内力计算。

采用中国建筑科学研究院 PKPM CAD 工程部提供的 STS 软件计算，屋架杆件最不利内力组合见表 7－25。

表 7－25 屋架内力组合

杆件名称	杆件编号	永久荷载内力标准值（kN）	活荷载内力标准值（kN）	最不利内力组合值（kN）
上弦杆	1	0	0	0
	2、3	－135.4	－75.2	－267.8
	4	－141.5	－78.6	－279.8
下弦杆	5	89.2	49.0	175.6
	6	147.7	82.0	292.0
斜腹杆	7	－106.2	－58.9	－209.9
	8	52.5	33.0/－3.9	109.4
	9	－17.3	－9.6	－34.2
	10	－9.6	－5.3	－18.9
竖杆	11	－8.0	－4.5	－15.9
	12	－16.2	－9.0	－32.0
	13	12.0	6.7	23.8

注：内力组合设计值为：1.2×永久荷载内力标准值＋1.4×活荷载内力标准值。

6 截面选择。

屋架杆件截面选择见表 7－26。

表7－26 屋架杆件截面选用表

杆件名称	杆件编号	内力 N (kN)	截面规格 (mm)	截面面积 A (cm^2)	$\frac{b}{t}$	$\frac{b_e}{t}$	A_e (cm^2)	计算长度 l_{0x} (mm)	回转半径 i_x (cm)	长细比 λ_x	φ_{min}	$\frac{N}{\varphi_{min}A_e}$ 或 $\frac{N}{A}$ (N/mm^2)	容许长细比 $[\lambda]$
上弦杆	1－4	－279.8	F140×5.0	26.36	28	28	26.36	3016	5.48	56.7	0.830	127.9	150
下弦杆	5－6	292.0	F140×5.0	26.36	—	—	26.36	11850	5.48	216.2		110.1	350
斜腹杆	7	－209.9	F110×4.0	16.55	27.5	27.5	16.55	3377	4.30	78.5	0.731	175.2	150
	8	109.4	F70×2.5	6.59	—	—	6.59	3492	2.74	127.4		166.0	350
	9	－34.2	F70×2.5	6.59	28	28	6.59	3849	2.74	140.5	0.347	149.6	150
	10	－18.9	F70×2.5	6.59	28	28	6.59	3849	2.74	140.5	0.347	82.7	150
竖杆	11	－16.0	F50×2.0	3.67	25	25	3.67	1515	1.93	78.5	0.731	59.6	150
	12	－32.0	F50×2.0	3.67	25	25	3.67	2100	1.93	108.8	0.524	166.4	150
	13	23.8	F50×2.0	3.67	—	—	3.67	2700	1.93	140.0		64.8	350

1）表7－26中$\frac{b_e}{t}$系根据公式7－13。具体计算过程如下：

各杆件只考虑轴心受压，故压应力不均匀系数 $\psi=\frac{\sigma_{min}}{\sigma_{max}}=1$

计算系数 $\alpha=1.15-0.15\psi=1$

板件受压稳定系数 $k=7.8-8.15\psi+4.35\psi^2=4$

板组约束系数 $k_1=1$

对于上弦杆 F140×5.0，$\varphi_{min}=0.830$

$$\sigma_1=\varphi f=0.830f=0.830\times205=170.2\ N/mm^2$$

计算系数 $\rho=\sqrt{\frac{205k_1k}{\sigma_1}}=\sqrt{\frac{205\times1\times4}{170.2}}=2.195$，

$$18\alpha\rho=18\times1\times2.195=39.5$$

故 $\frac{b}{t}=\frac{140}{5.0}=28<18\alpha\rho$，由公式（7－12）得：

$$\frac{b_e}{t}=\frac{b_c}{t}=\frac{b}{t}$$

对于斜腹杆 7，采用 F110×4.0，$\varphi_{min}=0.731$

$$\sigma_1=\varphi f=0.731f=0.731\times205=149.9\ \mathrm{N/mm^2}$$

计算系数 $\rho=\sqrt{\frac{205k_1k}{\sigma_1}}=\sqrt{\frac{205\times1\times4}{149.9}}=2.339$

$$18\alpha\rho=18\times1\times2.339=42.1$$

故 $\frac{b}{t}=\frac{110}{4.0}=27.5<18\alpha\rho$，由公式（7－12）得：

$$\frac{b_e}{t}=\frac{b_c}{t}=\frac{b}{t}$$

对于腹杆 9～12，均满足 $\frac{b}{t}<18\alpha\rho$，由公式（7－12）得：

$$\frac{b_e}{t}=\frac{b_c}{t}=\frac{b}{t}$$

2）表 7－26 中 φ 值按表 14－3 查得，$\frac{N}{A}$ 及 $\frac{N}{\varphi_{min}A_e}$ 均不大于 f。

7　节点连接计算。

（1）节点编号（图 7－153）。

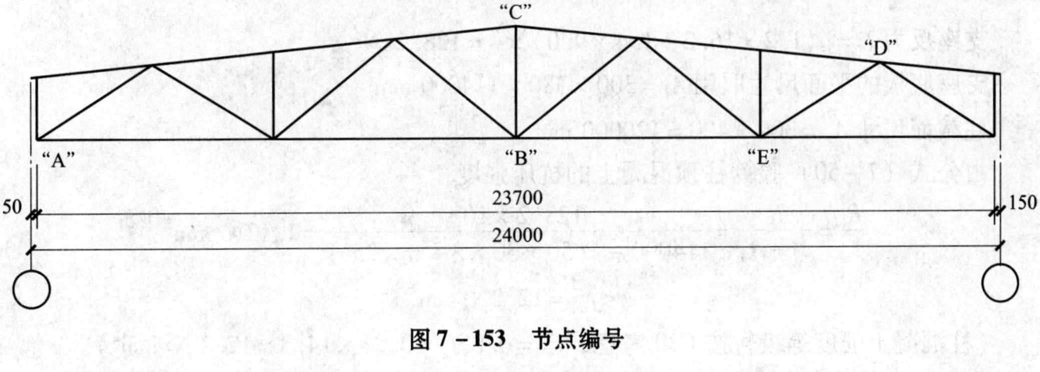

图 7－153　节点编号

（2）一般杆件连接焊缝。

节点杆件间连接焊缝可由公式（7－53）～（7－55）计算。最小焊脚尺寸为 3mm。采用四面围焊。

（3）节点设计。

1）支座节点"A"（图 7－154）。

①确定支座底板尺寸。

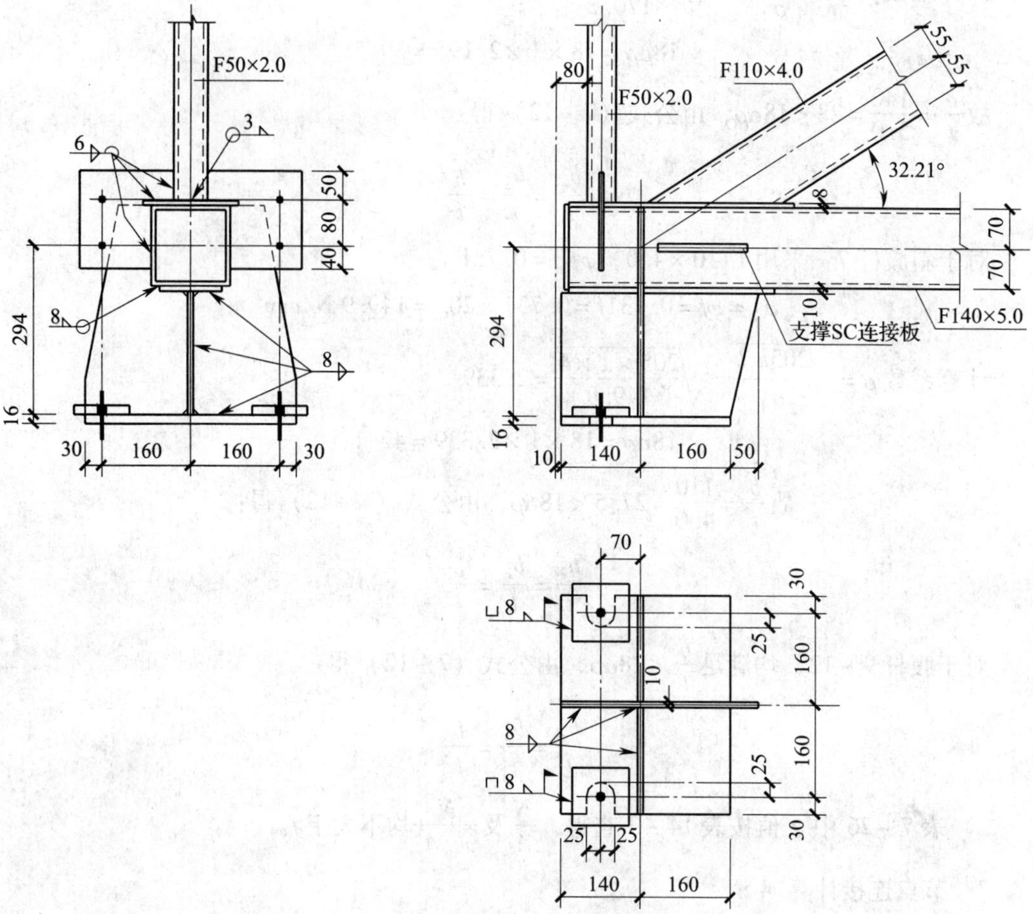

图 7-154 方管屋架支座节点

支座反力 $R=(1.2\times16.2+1.4\times9.0)\times4=128.2\text{kN}$

支座底板的平面尺寸取用 $A_l=300\times380=114000\ \text{mm}^2$

柱截面尺寸 $A_b=300\times400=120000\ \text{mm}^2$

由公式（7-50）验算柱顶混凝土的抗压强度：

$$\frac{R}{A_n}=\frac{R}{A_l-A_0}=\frac{128.2\times10^3}{114000-(50\times30\times2+\pi\times25^2)}=1.13\text{N/mm}^2$$

$$<f_{cc}=12.2\text{N/mm}^2$$

（柱混凝土强度等级暂按 C30 考虑，$f_{cc}=0.85f_c=0.85\times14.3=12.2\ \text{N/mm}^2$）

支座底板的厚度按屋架反力作用下的弯矩计算，由公式（7-51）得：

$$M=\beta q a_1^2$$

$$q=\frac{R}{A_n}=\frac{R}{A_l-A_0}=1.13\text{N/mm}^2$$

$$a_1=241\text{mm},\ b_1=120.7\text{mm}\ （参见图 7-64）$$

$$b_1/a_1=\frac{120.7}{241}=0.50$$

查表 7－14 得：

$$\beta = 0.060$$

$$M = \beta q a_1^2 = 0.060 \times 1.13 \times 241^2 = 3938 \text{ N/mm}^2$$

支座底板厚度由公式（7－52）得：

$$t \geqslant \sqrt{\frac{6M}{f}} = \sqrt{\frac{6 \times 3938}{215}} = 10.5\text{mm}，取 16\text{mm}。$$

②支座节点板、加劲肋与底板的连接焊缝。

假定焊缝传递全部支座反力 $R = 128.2\text{kN}$

节点板厚度 $t = 10\text{mm}$，焊脚尺寸 $h_f = 8\text{mm}$

连接焊缝长度

$$\begin{aligned}\sum l_w &= 2 \times (300 - 2h_f) + 4 \times (190 - 5 - 15 - 2h_f) \\ &= 2 \times (300 - 2 \times 8) + 4 \times (190 - 5 - 15 - 2 \times 8) = 1184\text{mm}\end{aligned}$$

由公式（7－54）得：

$$\frac{R}{0.7\beta_f h_f \sum l_w} = \frac{128.2 \times 10^3}{0.7 \times 1.22 \times 8 \times 1184} = 15.8\text{N/mm}^2 < f_f^w = 140\text{N/mm}^2，$$

满足要求。

③支座节点板与加劲肋的连接焊缝。

焊脚尺寸 $h_f = 8\text{mm}$

焊缝长度

$$l_w = 294 - 70 - 10 - 2 \times 15 - 2h_f = 294 - 70 - 10 - 2 \times 15 - 2 \times 8 = 168\text{mm}$$

假定一块加劲肋承受屋架支座反力的$\frac{1}{4}$，即：

$$V = \frac{1}{4} \times 128.2 = 32.1\text{kN}$$

焊缝受剪力 $V = 32.1\text{kN}$，弯矩 $M = \frac{R \cdot l_b}{16} = \frac{V \cdot l_b}{2} = \frac{32.1 \times (190 - 5)}{2} = 2969\text{kN} \cdot \text{mm}$

焊缝应力由公式（7－53）得：

$$\begin{aligned}&\sqrt{\left(\frac{V}{2 \times 0.7 \cdot h_f \cdot l_w}\right)^2 + \left(\frac{6M}{2 \times 0.7 \cdot \beta_f h_f \cdot l_w^2}\right)^2} \\ &= \sqrt{\left(\frac{32.1 \times 10^3}{2 \times 0.7 \times 8 \times 168}\right)^2 + \left(\frac{6 \times 2969 \times 10^3}{2 \times 0.7 \times 1.22 \times 8 \times 168^2}\right)^2} \\ &= 49.2\text{N/mm}^2 < f_f^w = 140\text{N/mm}^2，满足要求。\end{aligned}$$

④斜腹杆与垫板的连接焊缝。

设焊脚尺寸 $h_f = 4\text{mm}$

焊缝长度

$$l_w = 2 \times (140/\sin\theta + 140) - 2 \times 4 = 2 \times (140/\sin 32.21° + 140) - 8 = 797\text{mm}$$

$$N = 210.1\text{kN}$$

代入公式（7－98）得：

$$\frac{N}{0.7 \times h_f l_w} = \frac{209.9 \times 10^3}{0.7 \times 4 \times 797} = 94.1\text{N/mm}^2 < f_f^w = 140\text{N/mm}^2，满足要求。$$

⑤竖杆与垫板的连接焊缝。

设焊脚尺寸 $h_f = 3\text{mm}$

焊缝长度 $l_w = 4\times50-2\times3=194\text{mm}$

$N=-16.0\text{kN}$

代入公式（7－98）得：

$$\frac{N}{0.7\times h_f l_w}=\frac{16.0\times10^3}{0.7\times3\times194}=39.3\ \text{N/mm}^2<f_f^w=140\ \text{N/mm}^2，满足要求。$$

⑥下弦杆与垫板连接焊缝。

下弦杆上、下垫板尺寸分别为160×435×8mm 和 160×360×8mm，沿周边围焊能满足要求。

屋架支座板与柱顶钢板的连接焊缝应根据水平地震作用的大小另行计算，此处不再赘述。

2）下弦拼装节点“B”（图7－155）。

①下弦杆拼装接头。

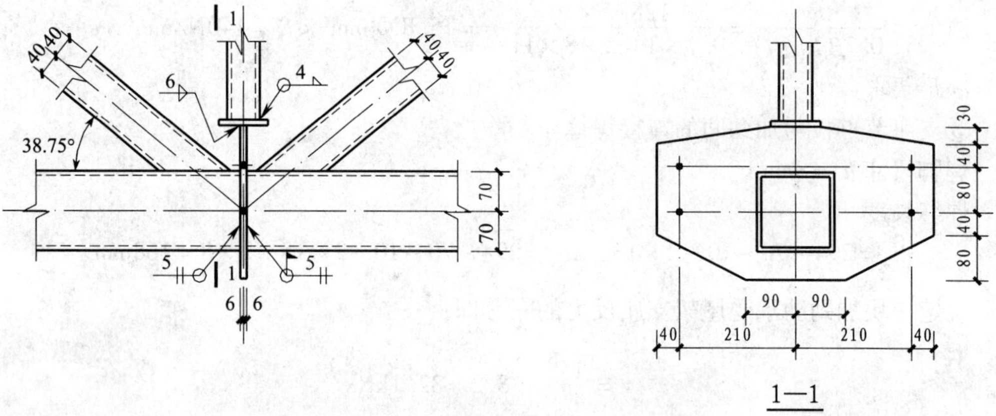

图7－155　方管屋架下弦拼装节点“B”

下弦杆拼装接头设在跨中，采用对接焊缝。下弦采用 F140×5.0，$A=26.36\ \text{cm}^2$，$t=5\text{mm}$

焊缝长度 $l_w=4\times140-2\times5=550\text{mm}$

$$\sigma=\frac{Af}{l_w t}=\frac{26.36\times10\times205}{550\times5}=16.6\ \text{N/mm}^2<f_t^w=175\ \text{N/mm}^2，满足要求。$$

②中间斜腹杆与下弦杆连接焊缝。

设焊脚尺寸 $h_f=3\text{mm}$

焊缝长度 $l_w=2\times80+2\times80/\sin\theta-2\times3=410\text{mm}$ （$\sin\theta=\frac{2400}{3849}=0.624$），

$$N=-34.2\text{kN}$$

代入公式（7－98）得：

$$\frac{N}{0.7\times h_f l_w}=\frac{34.2\times10^3}{0.7\times3\times410}=39.7\ \text{N/mm}^2<f_f^w=140\ \text{N/mm}^2，满足要求。$$

3）屋脊节点“C”（图7－156）。

设焊脚尺寸 $h_f=10\text{mm}$，$N_4=-279.8\text{kN}$，节点传力 $N=N_4\times\frac{10}{10.05}=278.4\text{kN}$

焊缝长度 $l_w=2\times140+2\times140\times\frac{10.05}{10}-2\times5=551.4\text{mm}$

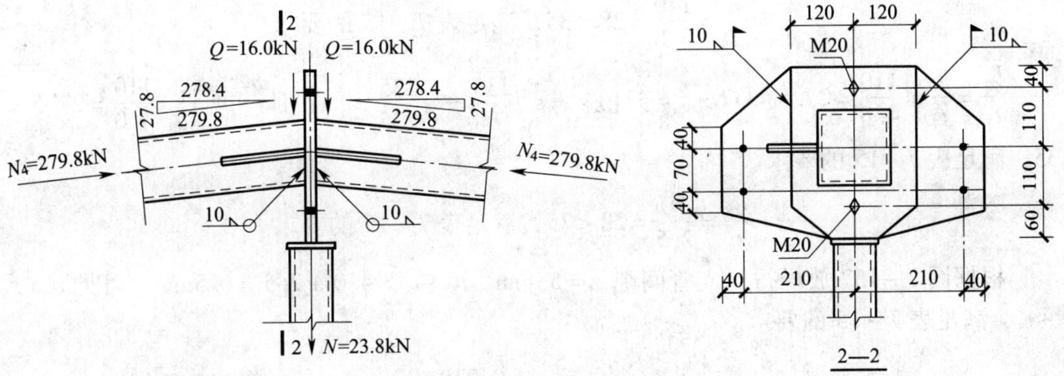

图 7－156 方管屋架屋脊节点“C”

代入公式（7－98）得：

$$\frac{N}{0.7\times h_f l_w}=\frac{278.4\times10^3}{0.7\times10\times551.4}=72.1\ \text{N/mm}^2<f_f^w=140\ \text{N/mm}^2$$，满足要求。

4）节点“D”计算（图 7－157）。

该节点为支管与主管相交的 K 形节点。

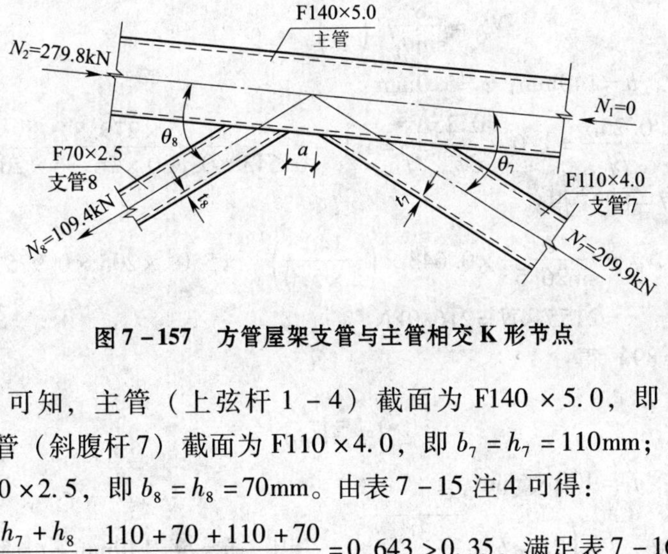

图 7－157 方管屋架支管与主管相交 K 形节点

由表 7－26 可知，主管（上弦杆 1－4）截面为 F140×5.0，即 $b=140$mm，$t=5.0$mm；受压支管（斜腹杆 7）截面为 F110×4.0，即 $b_7=h_7=110$mm；受拉支管（斜腹杆 8）截面为 F70×2.5，即 $b_8=h_8=70$mm。由表 7－15 注 4 可得：

$$\beta=\frac{b_7+b_8+h_7+h_8}{4b}=\frac{110+70+110+70}{4\times140}=0.643>0.35$$，满足表 7－16 的要求。

$$\frac{b_7}{b}=\frac{h_7}{b}=\frac{110}{140}=0.786,$$

$$\frac{b_8}{b}=\frac{h_8}{b}=\frac{70}{140}=0.500$$

$$0.1+0.01\frac{b}{t}=0.1+0.01\times\frac{140}{5.0}=0.380$$

可见，$\frac{b_7}{b}=\frac{h_7}{b}>0.1+0.01\frac{b}{t}$，$\frac{b_8}{b}=\frac{h_8}{b}>0.1+0.01\frac{b}{t}$，均满足表 7－15 的要求。

$0.5<\frac{h_7}{b_7}=\frac{110}{110}=1.000<2$，$0.5<\frac{h_8}{b_8}=\frac{70}{70}=1.000<2$，均满足表 7－15 的要求。

$$\frac{b}{t}=\frac{h}{t}=\frac{140}{5.0}=28<35$$，满足表7－15的要求。

$\frac{b_7}{t_7}=\frac{h_7}{t_7}=\frac{110}{4.0}=27.5<37\varepsilon_{k,7}=37\left(\varepsilon_{k,7}=\sqrt{\frac{235}{f_y}}=\sqrt{\frac{235}{235}}=1\right)$，且$\frac{b_7}{t_7}=\frac{h_7}{t_7}=\frac{110}{4.0}=27.5<35$，满足表7－15的要求。

$$\frac{b_8}{t_8}=\frac{h_8}{t_8}=\frac{70}{2.5}=28<35$$，满足表7－15的要求。

根据图7－157放样得，支管间隙 $a=53\text{mm}$，$t_7+t_8=4.0+2.5=6.5\text{mm}$，可见 $a>t_7+t_8$，满足表7－15的要求。

$$\frac{a}{b}=\frac{53}{140}=0.379$$

$$0.5(1-\beta)=0.5\times(1-0.643)=0.179$$

$$1.5(1-\beta)=1.5\times(1-0.643)=0.536$$

可见，$0.5(1-\beta)<\frac{a}{b}<1.5(1-\beta)$，满足表7－15的要求。

①节点处受压支管（斜腹杆7）的承载力设计值 N_{u7}：

由公式（7－88）得：

$$N_{u7}=\frac{8}{\sin\theta_7}\beta\left(\frac{b}{2t}\right)^{0.5}\cdot t^2\cdot f\cdot\psi_n$$

式中 $\theta_7=26.5°$，$b=140\text{mm}$，$t=5.0\text{mm}$

$$\psi_n=1.0-\frac{0.25\sigma}{\beta f}=1.0-\frac{0.25N_2}{\beta\varphi_{\min}Af}=1.0-\frac{0.25\times279.8}{0.643\times0.830\times26.36\times205}=0.975$$

代入公式（7－88）得：

$$N_{u7}=\frac{8}{\sin26.5°}\times0.643\times\left(\frac{140}{2\times5.0}\right)^{0.5}\times5.0^2\times205\times0.975$$
$$=215544\text{N}=216.0\text{kN}$$

由公式（7－89）得：

$$N_{u7}=\frac{A_v f_v}{\sin\theta_7}$$

式中 $\theta_7=26.5°$，$f_v=120\text{N/mm}^2$，

$A_v=(2h+\alpha b)t=\left(2h+b\sqrt{\frac{3t^2}{3t^2+4a^2}}\right)t$，其中，$b=h=140\text{mm}$，$t=5.0\text{mm}$，

根据图7－144放样得，支管间隙 $a=53\text{mm}$，故：

$$A_v=\left(2h+b\sqrt{\frac{3t^2}{3t^2+4a^2}}\right)t=\left(2\times140+140\times\sqrt{\frac{3\times5.0^2}{3\times5.0^2+4\times53^2}}\right)\times5.0=1457\ \text{mm}^2$$

代入公式（7－89）得：

$$N_{u7}=\frac{1457\times120}{\sin26.5°}=391844N=391.8\text{kN}$$

由公式（7－90）得：

$$N_{u7}=2.0\left(h_7-2t_7+\frac{b_7+b_{e7}}{2}\right)t_7f$$

式中 $h_7=110\text{mm}$，$t_7=4.0\text{mm}$，$b_7=110\text{mm}$，$b_{e7}=110\text{mm}$，$f=205\text{N/mm}^2$

代入上式得：

$$N_{u7}=2.0\times\left(110-2\times4.0+\frac{110+110}{2}\right)\times4.0\times205$$
$$=347680\text{N}=347.7\text{kN}$$

因为$\beta=0.643<1-2t/b=1-2\times5.0/140=0.929$，由公式（7－91）得：

$$N_{u7}=2.0\left(\frac{h_7}{\sin\theta_7}+\frac{b_7+b_{e7}}{2}\right)\frac{tf_v}{\sin\theta_7}$$

式中 $h_7=110\text{mm}$，$\theta_7=26.5°$，$b_7=110\text{mm}$，$b_{e7}=110\text{mm}$，$t=5.0\text{mm}$，$f_v=120\text{N/mm}^2$

代入上式得：

$$N_{u7}=2.0\times\left(\frac{110}{\sin26.5°}+\frac{110+110}{2}\right)\times\frac{5.0\times120}{\sin26.5°}$$
$$=958841N=958.8kN$$

综上，$N_{u7}=\min$（216.0kN，391.8kN，347.7kN，958.8kN）$=216.0\text{kN}>N_7=209.9\text{kN}$，满足要求。

②节点处受拉支管（斜腹杆 8）的承载力设计值 N_{u8}。

由图 7－158 可知，斜腹杆 8 的内力 N_8 远小于斜腹杆 7 的内力 N_7，且 θ_8 与 θ_7 差别不大，故可知支管的承载力满足要求。计算方法同斜腹杆 7 的承载力设计值的计算，不再赘述。

③节点间隙处的主管轴心受力承载力设计值 N。

由公式（7－92）得：

$$N=(A-\alpha_v A_v)f$$
$$A=26.36\ \text{cm}^2$$
$$\alpha_v=1-\sqrt{1-\left(\frac{V}{V_p}\right)^2}$$
$$V=N_7\sin\theta_7=209.9\times\sin26.5°=93.7\text{kN}$$
$$V_p=A_vf_v=1457\times120=174840\text{N}=174.8\text{kN}$$
$$\alpha_v=1-\sqrt{1-\left(\frac{V}{V_p}\right)^2}=1-\sqrt{1-\left(\frac{93.7}{174.8}\right)^2}=0.156$$

代入公式（7－92）得：

$N=(26.36\times100-0.156\times1457)\times205=493785\text{N}=493.8\text{kN}>N_2=279.8\text{kN}$，满足要求。

④支管 7 与主管的连接焊缝设计：

$$h_7=110\text{mm},\ b_7=110\text{mm},\ \theta_7=26.5°,\ N_7=209.9\text{kN}$$

由公式（7－66）得，支管 7 与主管的连接角焊缝的计算长度 l_{w7}：

$$l_{w7}=\frac{2h_7}{\sin\theta_7}+2b_7=\frac{2\times110}{\sin26.5°}+2\times110=713\text{mm}$$

支管 7 与主管的连接角焊缝的焊脚尺寸 $h_{f7}=4\text{mm}$，由公式（7－98）得：

$$\frac{N_7}{0.7h_{f7}l_{w7}}=\frac{209.9\times10^3}{0.7\times4\times713}=105.1\text{N/mm}^2<f_f^w=140\text{N/mm}^2$$，满足要求。

⑤支管 8 与主管的连接焊缝设计：

$$h_8 = 70\text{mm},\ b_8 = 70\text{mm},\ \theta_8 = 35.74°,\ N_8 = 109.4\text{kN}$$

由公式（7-66）得，支管 8 与主管的连接角焊缝的计算长度 l_{w8}：

$$l_{w8} = \frac{2h_8}{\sin\theta_8} + 2b_8 = \frac{2\times70}{\sin35.74°} + 2\times70 = 380\text{mm}$$

支管 8 与主管的连接角焊缝的焊脚尺寸 $h_{f8} = 3\text{mm}$，由公式（7-98）得：

$$\frac{N_8}{0.7h_{f8}l_{w8}} = \frac{109.4\times10^3}{0.7\times3\times380} = 137.1\text{N/mm}^2 < f_f^w = 140\text{N/mm}^2$$，满足要求。

5）支管与主管（下弦杆）相交节点处（KT 形节点）的强度验算（图 7-158）。

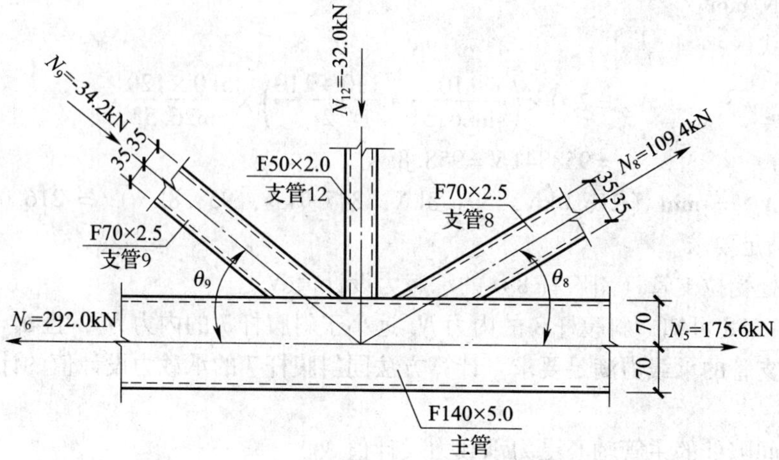

图 7-158 方管屋架支管与主管相交 KT 形节点

由表 7-27 可知，主管（下弦杆 5-6）截面为 F140×5.0，即 $b = 140\text{mm}$，$t = 5.0\text{mm}$；受拉支管（斜腹杆 8）截面为 F70×2.5，即 $b_8 = h_8 = 70\text{mm}$，$t_8 = 2.5\text{mm}$，$\theta_8 = 31°$；受压支管（斜腹杆 9）截面为 F70×2.5，即 $b_9 = h_9 = 70\text{mm}$，$t_9 = 2.5\text{mm}$，$\theta_9 = 39°$；受压支管（竖杆 12）截面为 F50×2.0，即 $b_{12} = h_{12} = 50\text{mm}$，$t_{12} = 2.0\text{mm}$，$\theta_{12} = 90°$。由表7-16 注2 可得：

$$\beta = \frac{b_8 + b_9 + b_{12} + h_8 + h_9 + h_{12}}{6b} = \frac{70+70+50+70+70+50}{6\times140} = 0.452 > 0.35$$，满足表 7-15 的要求。

$$\frac{b_8}{b} = \frac{h_8}{b} = \frac{70}{140} = 0.500$$

$$\frac{b_9}{b} = \frac{h_9}{b} = \frac{70}{140} = 0.500$$

$$\frac{b_{12}}{b} = \frac{h_{12}}{b} = \frac{50}{140} = 0.357$$

$$0.1 + 0.01\frac{b}{t} = 0.1 + 0.01\times\frac{140}{5.0} = 0.380$$

可见，$\frac{b_8}{b} = \frac{h_8}{b} > 0.1 + 0.01\frac{b}{t}$，$\frac{b_9}{b} = \frac{h_9}{b} > 0.1 + 0.01\frac{b}{t}$，$\frac{b_{12}}{b} = \frac{h_{12}}{b} < 0.1 + 0.01\frac{b}{t}$，均满足表 7-15 的要求。

$0.5<\frac{h_8}{b_8}=\frac{h_9}{b_9}=\frac{70}{70}=1.000<2$，$0.5<\frac{h_{12}}{b_{12}}=\frac{50}{50}=1.000<2$，均满足表 7 - 15 的要求。

$$\frac{b}{t}=\frac{h}{t}=\frac{140}{5.0}=28<35\text{，满足表 7 - 15 的要求。}$$

$\frac{b_9}{t_9}=\frac{h_9}{t_9}=\frac{70}{2.5}=28<37\varepsilon_{k,7}=37$，且$\frac{b_9}{t_9}=\frac{h_9}{t_9}=\frac{70}{2.5}=28<35$，满足表 7 - 15 的要求。

$\frac{b_{12}}{t_{12}}=\frac{h_{12}}{t_{12}}=\frac{60}{2.0}=30<37\varepsilon_{k,7}=37$，且$\frac{b_{12}}{t_{12}}=\frac{h_{12}}{t_{12}}=\frac{50}{2.0}=25<35$，满足表 7 - 15 的要求。

$$\frac{b_8}{t_8}=\frac{h_8}{t_8}=\frac{70}{2.5}=28<35\text{，满足表 7 - 15 的要求。}$$

根据图 7 - 158 放样得，支管最大间隙 $a=81\text{mm}$，$t_8+t_{12}=2.5+2.0=4.5\text{mm}$，可见 $a>t_8+t_{12}$，满足表 7 - 15 的要求。

$$\frac{a}{b}=\frac{81}{140}=0.579$$

$$0.5(1-\beta)=0.5\times(1-0.452)=0.274$$

$$1.5(1-\beta)=1.5\times(1-0.452)=0.882$$

可见，$0.5(1-\beta)<\frac{a}{b}<1.5(1-\beta)$，满足表 7 - 15 的要求。

$$N_9\sin\theta_9+N_{12}\sin\theta_{12}=34.2\times\sin39^\circ+32\times\sin90^\circ=53.5\text{kN}$$

①节点处受拉支管（斜腹杆 8）的承载力设计值 N_{u8}：

由公式（7 - 88）得：

$$N_{u8}=\frac{8}{\sin\theta_8}\beta\left(\frac{b}{2t}\right)^{0.5}\cdot t^2\cdot f\cdot\psi_n$$

式中　$\theta_8=31^\circ$，$b=140\text{mm}$，$t=5.0\text{mm}$，主管受拉，故 $\psi_n=1.0$。代入公式（7 - 88）得

$$\begin{aligned}N_{u8}&=\frac{8}{\sin\theta_8}\beta\left(\frac{b}{2t}\right)^{0.5}\cdot t^2\cdot f\cdot\psi_n\\&=\frac{8}{\sin31^\circ}\times0.452\times\left(\frac{140}{2\times5.0}\right)^{0.5}\times5.0^2\times205\times1.0\\&=134632\text{N}=134.6\text{kN}\end{aligned}$$

由公式（7 - 89）得：

$$N_{u8}=\frac{A_v f_v}{\sin\theta_8}$$

式中　$\theta_8=31^\circ$，$f_v=120\text{N/mm}^2$，

$A_v=(2h+\alpha b)\ t=\left(2h+b\sqrt{\frac{3t^2}{3t^2+4a^2}}\right)t$，其中，$b=h=140\text{mm}$，$t=5.0\text{mm}$，

根据图 7 - 158 放样得，支管间隙 $a=24\text{mm}$，故：

$$A_v=\left(2h+b\sqrt{\frac{3t^2}{3t^2+4a^2}}\right)t=\left(2\times140+140\times\sqrt{\frac{3\times5.0^2}{3\times5.0^2+4\times24^2}}\right)\times5.0=1524\text{ mm}^2$$

代入公式（7 - 89）得：

$$N_{u8}=\frac{A_v f_v}{\sin\theta_8}=\frac{1524\times120}{\sin31^\circ}=355080\text{N}=355.1\text{kN}$$

由公式（7 - 90）得：

$$N_{u8}=2.0\left(h_8-2t_8+\frac{b_8+b_{e8}}{2}\right)t_8f$$

式中　$h_8=70\text{mm}$，$t_8=2.5\text{mm}$，$b_8=70\text{mm}$，$b_{e8}=70\text{mm}$，$f=205\text{N/mm}^2$

代入上式得：

$$N_{u8}=2.0\times\left(70-2\times2.5+\frac{70+70}{2}\right)\times2.5\times205$$
$$=138375N=138.4\text{kN}$$

因为$\beta=0.452<1-2t/b=1-2\times5.0/140=0.929$，由公式（7－91）得：

$$N_{u8}=2.0\left(\frac{h_8}{\sin\theta_8}+\frac{b_8+b_{e8}}{2}\right)\frac{tf_v}{\sin\theta_8}$$

式中　$h_8=70\text{mm}$，$\theta_8=31°$，$b_8=70\text{mm}$，$b_{e8}=70\text{mm}$，$t=5.0\text{mm}$，$f_v=120\text{N/mm}^2$，代入上式得：

$$N_{u8}=2.0\times\left(\frac{70}{\sin31°}+\frac{70+70}{2}\right)\times\frac{5.0\times120}{\sin31°}$$
$$=479760N=479.8\text{kN}$$

综上，$N_{u8}=\min$（134.6kN，355.1kN，138.4kN，479.8kN）$=134.6\text{kN}>N_8=109.4\text{kN}$，满足要求。

$N_{u8}\sin\theta_8=134.6\times\sin31°=69.3kN>N_9\sin\theta_9+N_{12}\sin\theta_{12}=53.5\text{kN}$，满足要求。

②节点处受压支管（斜腹杆9）的承载力设计值N_{u9}。

由公式（7－88）得：

$$N_{u9}=\frac{8}{\sin\theta_9}\beta\left(\frac{b}{2t}\right)^{0.5}\cdot t^2\cdot f\cdot\psi_n$$

式中　$\theta_9=39°$，$\beta=0.452$，$b=140\text{mm}$；$t=5.0\text{mm}$，$f=205\text{N/mm}^2$，主管受拉，故$\psi_n=1.0$。代入公式（7－88）得：

$$N_{u9}=\frac{8}{\sin39°}\times0.452\times\left(\frac{140}{2\times5.0}\right)^{0.5}\times5.0^2\times205\times1.0$$
$$=110183\text{N}=110.2\text{kN}$$

由公式（7－89）得：

$$N_{u9}=\frac{A_vf_v}{\sin\theta_9}$$

式中　$\theta_7=39°$，$f_v=120\text{N/mm}^2$，

$A_v=(2h+\alpha b)\,t=\left(2h+b\sqrt{\frac{3t^2}{3t^2+4a^2}}\right)t$，其中，$b=h=140\text{mm}$，$t=5.0\text{mm}$，

根据图7－158放样得，支管最大间隙$a=81\text{mm}$，故

$$A_v=\left(2h+b\sqrt{\frac{3t^2}{3t^2+4a^2}}\right)t=\left(2\times140+140\times\sqrt{\frac{3\times5.0^2}{3\times5.0^2+4\times81^2}}\right)\times5.0=1437\ \text{mm}^2$$

代入公式（7－89）得：

$$N_{u9}=\frac{A_vf_v}{\sin\theta_9}=\frac{1437\times120}{\sin39°}=274009N=274.0\text{kN}$$

由公式（7－90）得：

$$N_{u9}=2.0\left(h_9-2t_9+\frac{b_9+b_{e9}}{2}\right)t_9f$$

式中 $h_9=70\text{mm}$，$t_9=2.5\text{mm}$，$b_9=70\text{mm}$，$b_{e9}=70\text{mm}$，$f=205\text{N/mm}^2$，代入上式得：

$$N_{u9}=2.0\times\left(70-2\times2.5+\frac{70+70}{2}\right)\times2.5\times205$$
$$=138375N=138.4\text{kN}$$

因为 $\beta=0.452<1-2t/b=1-2\times5.0/140=0.929$，由公式（7－91）得：

$$N_{u9}=2.0\left(\frac{h_9}{\sin\theta_9}+\frac{b_9+b_{e9}}{2}\right)\frac{tf_v}{\sin\theta_9}$$

式中 $h_9=110\text{mm}$，$\theta_9=39°$，$b_9=110\text{mm}$，$b_{e9}=70\text{mm}$，$t=5.0\text{mm}$，$f_v=120\text{N/mm}^2$，代入上式得：

$$N_{u9}=2.0\left(\frac{h_9}{\sin\theta_9}+\frac{b_9+b_{e9}}{2}\right)\frac{tf_v}{\sin\theta_9}$$
$$=2.0\times\left(\frac{70}{\sin39°}+\frac{70+70}{2}\right)\times\frac{5.0\times120}{\sin39°}$$
$$=345575\text{N}=345.6\text{kN}$$

综上，$N_{u9}=\min(110.2\text{kN},274.0\text{kN},138.4\text{kN},345.6\text{kN})=110.2\text{kN}>N_9=34.2\text{kN}$，满足要求。

$$N_{u8}\sin\theta_8=134.6\times\sin31°=69.3\text{kN}$$
$$N_{u9}\sin\theta_9=110.2\times\sin39°=69.3\text{kN}$$

可见，$N_{u8}\sin\theta_8=N_{u9}\sin\theta_9$，满足要求。

③节点间隙处的主管轴心受力承载力设计值 N。

由公式（7－92）得：

$$N=(A-\alpha_v A_v)f$$
$$A=26.36\text{ cm}^2$$
$$\alpha_v=1-\sqrt{1-\left(\frac{V}{V_p}\right)^2}$$
$$V=N_8\sin\theta_8=109.4\times\sin31°=56.3\text{kN}$$
$$V_p=A_v f_v=1524\times120=182880\text{N}=182.9\text{kN}$$
$$\alpha_v=1-\sqrt{1-\left(\frac{V}{V_p}\right)^2}=1-\sqrt{1-\left(\frac{56.3}{182.9}\right)^2}=0.049$$

代入公式（7－92）得：

$N=(A-\alpha_v A_v)f=(26.36\times100-0.049\times1524)\times205=525071\text{N}=525.1\text{kN}>N_5=292.0\text{kN}$，满足要求。

④支管 8 与主管的连接焊缝设计。

$$h_8=70\text{mm},\ b_8=70\text{mm},\ \theta_8=31°,\ N_8=109.4\text{kN}$$

由公式（7－66）得，支管 8 与主管的连接角焊缝的计算长度 l_{w7}：

$$l_{w8}=\frac{2h_8}{\sin\theta_8}+2b_8=\frac{2\times70}{\sin31°}+2\times70=412\text{mm}$$

支管 7 与主管的连接角焊缝的焊脚尺寸 $h_{f8}=3\text{mm}$，由公式（7－98）得：

$$\frac{N_8}{0.7h_{f8}l_{w8}}=\frac{109.4\times10^3}{0.7\times3\times412}=126.4\text{N/mm}^2<f_f^w=140\text{N/mm}^2\text{，满足要求。}$$

⑤支管 9 与主管的连接焊缝设计。

$$h_9=70\text{mm},\ b_9=70\text{mm},\ \theta_9=39°,\ N_9=34.2\text{kN}$$

由公式（7－66）得，支管9与主管的连接角焊缝的计算长度 l_{w9}：

$$l_{w9}=\frac{2h_9}{\sin\theta_9}+2b_9=\frac{2\times70}{\sin39°}+2\times70=362\text{mm}$$

支管9与主管的连接角焊缝的焊脚尺寸 $h_{f9}=3\text{mm}$，

由公式（7－98）得：

$$\frac{N_9}{0.7h_{f9}l_{w9}}=\frac{34.2\times10^3}{0.7\times3\times362}=45.0\text{N/mm}^2<f_f^w=140\text{N/mm}^2\text{，满足要求。}$$

同理，支管12与主管的连接焊缝设计 $h_{12}=50\text{mm}$，$b_{12}=50\text{mm}$，$\theta_{12}=90°$，$N_{12}=32.0\text{kN}$，由公式（7－66）得，支管12与主管的连接角焊缝的计算长度 l_{w12}：

$$l_{w12}=\frac{2h_{12}}{\sin\theta_{12}}+2b_{12}=\frac{2\times50}{\sin90°}+2\times50=200\text{mm}$$

支管12与主管的连接角焊缝的焊脚尺寸 $h_{f12}=3\text{mm}$，

由公式（7－98）得：

$$\frac{N_{12}}{0.7h_{f12}l_{w12}}=\frac{32.0\times10^3}{0.7\times3\times200}=76.2\text{N/mm}^2<f_f^w=140\text{N/mm}^2\text{，满足要求。}$$

6）其他节点可根据图7－72放样，均采用围焊，计算从略。

【例题7－12】 24m轻型屋面圆钢管屋架

1　设计资料。

屋架跨度为24m，屋架间距6m，屋面坡度1/10，屋面材料为3.0×6m太空轻质大型屋面板（钢边框），外天沟。钢材为Q235B，焊条为E43型。

2　屋架形式及几何尺寸。

屋架形式及几何尺寸同【例题7－11】。

3　支撑布置。

支撑布置同【例题7－11】。

4　荷载及内力组合。

荷载及内力组合同【例题7－11】。

5　截面选择。

杆件截面见表7－27。

表7－27　屋架杆件截面选用表

杆件名称	杆件编号	内力 N (kN)	截面规格 (mm)	截面面积 (cm^2)	计算长度 l_o (mm)	回转半径 i (cm)	长细比 λ_x	φ_{min}	强度 $\frac{N}{A}$ (N/mm^2)	稳定性 $\frac{N}{\varphi_{min}A_e}$ (N/mm^2)	容许长细比 [λ]
上弦杆	1－4	－279.8	D159×3.5	17.10	3016	5.50	54.8	0.836		195.8	150
下弦杆	5－6	292.0	D159×3.5	17.10	11850	5.50	215.5		170.8		350
斜腹杆	7	－209.9	D133×3.5	14.24	3377	4.58	73.7	0.757		194.8	150

续表 7-27

杆件名称	杆件编号	内力 N (kN)	截面规格 (mm)	截面面积 (cm^2)	计算长度 l_o (mm)	回转半径 i (cm)	长细比 λ_x	φ_{min}	强度 $\frac{N}{A}$ (N/mm^2)	稳定性 $\frac{N}{\varphi_{min}A_e}$ (N/mm^2)	容许长细比 [λ]
斜腹杆	8	109.4	D89×2.5	6.79	3492	3.06	114.1		161.1		350
	9	-34.2	D89×2.5	6.79	3849	3.06	125.8	0.418		120.5	150
	10	-18.9	D89×2.5	6.79	3849	3.06	125.8	0.418		66.6	150
竖杆	11	-16.0	D57×2.0	3.46	1515	1.95	77.7	0.735		62.9	150
	12	-32.0	D57×2.0	3.46	2100	1.95	107.7	0.532		173.8	150
	13	23.8	D57×2.0	3.46	2700	1.95	138.5		68.8		350

注. 上表中 φ 按表 14-3 查得，$\frac{N}{A}$ 及 $\frac{N}{\varphi_{min}A_e}$ 均不大于 f（见表 2-3）。

6 节点连接计算。

（1）支管与主管相交节点处（K 形节点）的强度验算（图 7-159）。

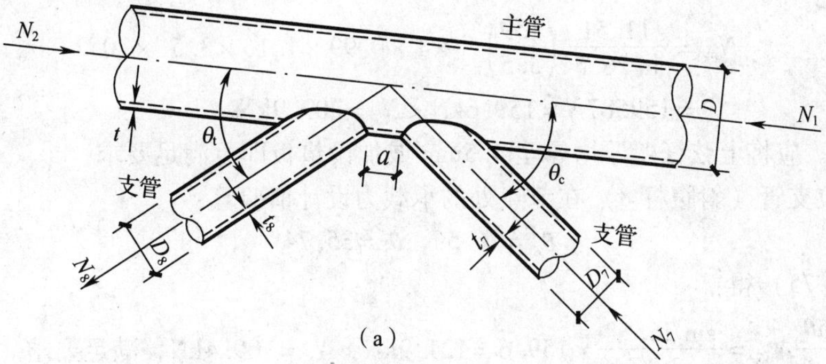

（a）

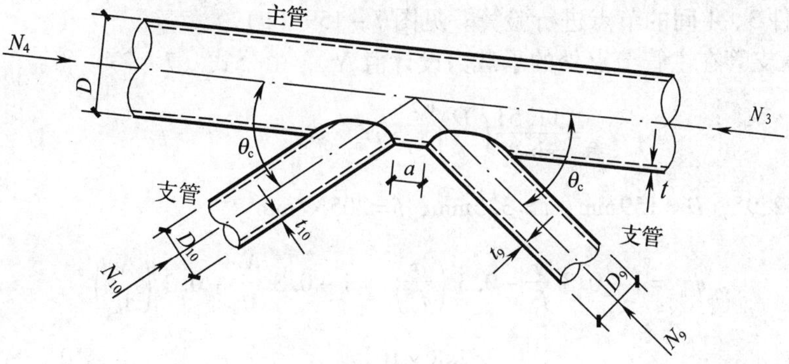

（b）

图 7-159 圆管屋架支管与主管相交节点构造

首先对杆件1、2间的节点进行验算。

根据图7－159（a）放样可知，该节点为平面K形间隙节点，由公式（7－73）得，受压支管（斜腹杆7）在管节点处的承载力设计值N_{ck}：

$$N_{ck}=\frac{11.51}{\sin\theta_c}\left(\frac{D}{t}\right)^{0.2}\psi_n\cdot\psi_d\cdot\psi_a\cdot t^2\cdot f$$

式中　$\theta_c=26.5°$，$D=159\text{mm}$，$t=3.5\text{mm}$

$$\psi_n=1-0.3\frac{\sigma}{f_y}-0.3\left(\frac{\sigma}{f_y}\right)^2=1-0.3\frac{N_1}{Af_y}-0.3\left(\frac{N_1}{Af_y}\right)^2$$

$$=1-0.3\times\frac{0}{17.10\times10^2\times235}-0.3\times\left(\frac{0}{17.10\times10^2\times235}\right)^2=1$$

$$\beta=D_i/D=133/159=0.836>0.7$$

$$\psi_d=2\beta-0.68=2\times0.836-0.68=0.99$$

根据图7－159（a）放样得，支管间隙$a=42.6\text{mm}$

由公式（7－74）得：

$$\psi_a=1+\left(\frac{2.19}{1+7.5a/D}\right)\left(1-\frac{20.1}{6.6+D/t}\right)(1-0.77\beta)$$

$$=1+\left(\frac{2.19}{1+7.5\times42.6/159}\right)\left(1-\frac{20.1}{6.6+159/3.5}\right)(1-0.77\times0.836)=1.16$$

代入公式（7－73）得：

$$N_{ck}=\frac{11.51}{\sin26.5°}\left(\frac{159}{3.5}\right)^{0.2}\times1\times0.99\times1.16\times3.5^2\times205$$

$$=159587N=159.6\text{kN}<N_7=209.9\text{kN},$$

不满足要求。应将上弦杆壁厚增厚至4.5mm或加设垫板即可满足要求。

2）受拉支管（斜腹杆8）在节点处的承载力设计值验算：

$$\theta_c=26.5°,\ \theta_t=35.74°$$

由公式（7－75）得：

$$N_{tK}=\frac{\sin\theta_c}{\sin\theta_t}N_{cK}=\frac{\sin26.5°}{\sin35.74°}\times159.6=121.9\text{kN}>N_8=109.4\text{kN}，满足要求。$$

同理，对杆件3、4间的节点进行验算。见图7－159（b）。

3）受压支管在主管节点处的承载力设计值N_{ck}，由公式（7－73）得：

$$N_{ck}=\frac{11.51}{\sin\theta_c}\left(\frac{D}{t}\right)^{0.2}\cdot\psi_n\cdot\psi_d\cdot\psi_a\cdot t^2\cdot f$$

式中　$\theta_c=32.9°$，$D=159\text{mm}$，$t=3.5\text{mm}$，$f=205\text{N/mm}^2$

$$\psi_n=1-0.3\frac{\sigma}{f_y}-0.3\left(\frac{\sigma}{f_y}\right)^2=1-0.3\frac{N_3}{Af_y}-0.3\left(\frac{N_3}{Af_y}\right)^2$$

$$=1-0.3\times\frac{267.8\times10^3}{17.10\times10^2\times235}-0.3\times\left(\frac{267.8\times10^3}{17.10\times10^2\times235}\right)^2=0.667$$

$$\beta=\frac{D_i}{D}=\frac{133}{159}=0.836>0.7$$

$$\psi_d = 2\beta - 0.68 = 2\times0.836 - 0.68 = 0.99$$

根据图 7－159（b）放样得，支管间隙 $a=42.6\text{mm}$

由公式（7－74）得：

$$\psi_a = 1 + \left(\frac{2.19}{1+7.5a/D}\right)\left(1-\frac{20.1}{6.6+D/t}\right)(1-0.77\beta)$$

$$= 1 + \left(\frac{2.19}{1+7.5\times42.6/159}\right)\left(1-\frac{20.1}{6.6+159/3.5}\right)(1-0.77\times0.836) = 1.16$$

代入公式（7－73）得：

$$N_{ck} = \frac{11.51}{\sin 32.9^\circ}\left(\frac{159}{3.5}\right)^{0.2}\times0.667\times0.99\times1.16\times3.5^2\times205$$

$$= 87440.1\text{N} = 87.4\text{kN} > N_9 = 34.2\text{kN}，满足要求。$$

7　节点连接焊缝计算。

计算方法参见【例题 7－11】，圆管相贯连接的焊缝长度可由公式（7－31）及（7－32）计算求得。

8　圆管屋架支座节点及上、下弦拼装节点。

支座节点及上、下弦拼装节点如图 7－160、图 7－161 及图 7－162 所示，计算方法同【例题 7－11】。

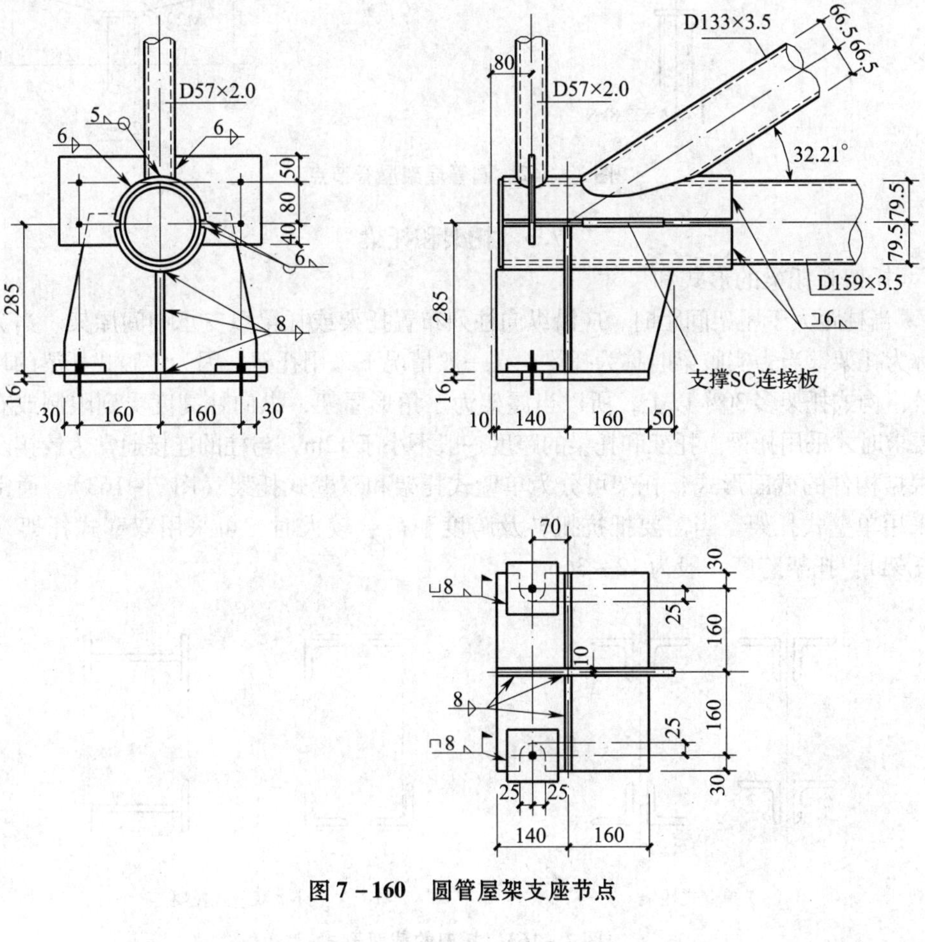

图 7－160　圆管屋架支座节点

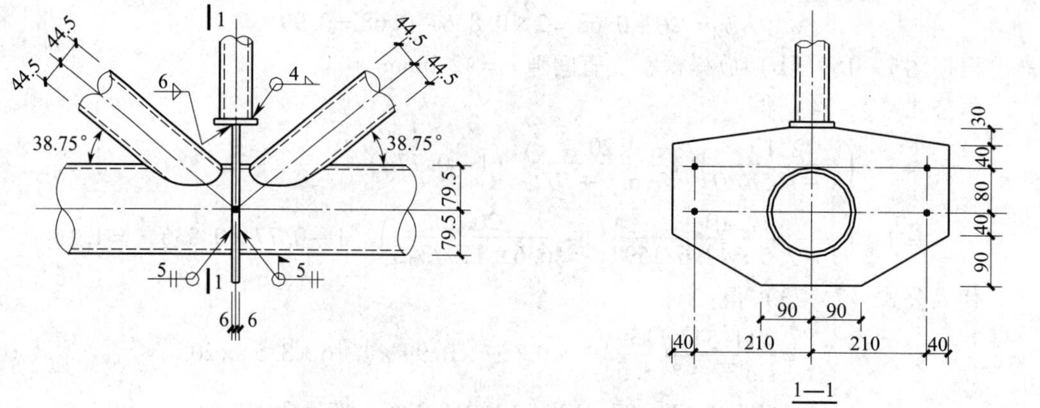

图 7－161　圆管屋架下弦拼装节点

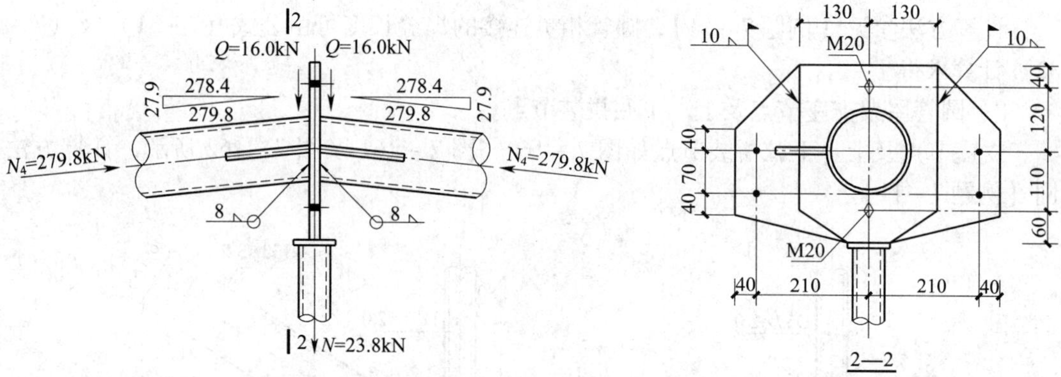

图 7－162　圆管屋架屋脊节点

7.3　托架和托梁

7.3.1　托架和托梁的形式和尺寸。

1　当柱距大于屋架间距时，应沿纵向柱列布置托架或托梁以支承中间屋架。当为桁架时，称为托架，当为实腹梁时称为托梁。在一般情况下采用托架。因为实腹式托梁的用钢量通常较格构式托架多30%以上，所以当屋架为三角形屋架，纵向柱高度受到限制或有其他特殊要求时才采用托梁。托架和托梁的跨度一般不小于12m，与柱的连接通常为铰接。

根据构件的截面形式，托架可分为单壁式托架和双壁式托架（图7－163）。通常情况下多采用单壁式托架。当需要抵抗扭转及跨度和荷载较大时，可采用双壁式托架（亦称重型托架）。托架跨度一般为12～36m。

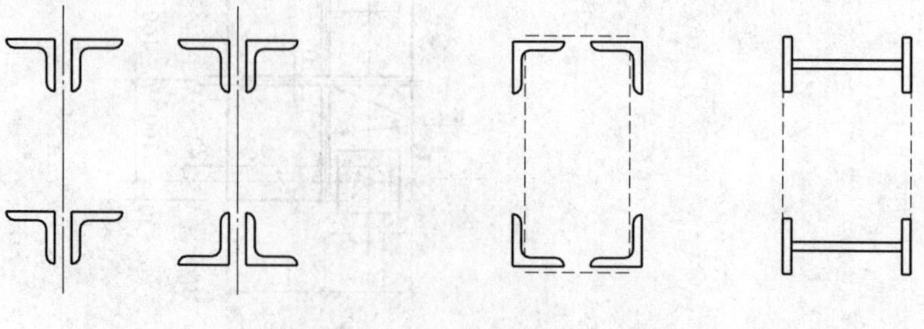

（a）单壁式托架　　（b）双壁式托架

图 7－163　托架的截面形式

2 托架一般设计为平行弦桁架，腹杆通常采用带竖杆的人字式（图 7－164）。直接支承于钢筋混凝土柱上的托架，支座斜杆常采用上升式，即上承式［图 7－164（a）、（b）］；支于钢柱（或钢筋混凝土柱上的短钢柱）时，支座斜杆常用下降式，即下承式［图 7－164（c）、（d）］，以保证托架支承柱的稳定性。

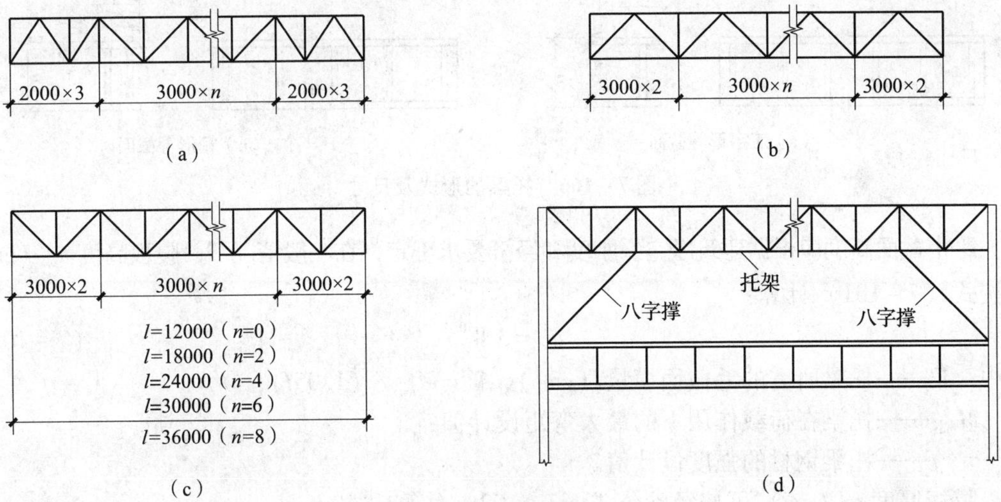

图 7－164 托架的形式

当支承于钢柱的托架跨度和荷载都较大（跨度大于 24m）时，为节省钢材、减小托架挠度及增加纵向柱列刚度，可设置八字撑作为托架的附加支点［图 7－164（d）］。此时托架应按超静定结构计算，并应使吊车梁制动结构及连接能承受八字撑传来的附加水平拉力，同时还应保证地基较好，地基差异沉降控制在规范允许的范围之内。

有时为了与屋架的连接方便，托架与中间屋架相连处的竖腹杆采用中间分离的组合腹杆；或为了托架中部及端部的屋架连接构造统一，腹杆也可采用劲性短柱与屋架连接。

托架高度应根据所支承的屋架端部高度、刚度要求、允许净空及构造要求等条件来确定，一般取跨度的 1/5～1/10，跨度大（或承受荷载较小）时取较小值，跨度小（或承受荷载较大）时取较大值。

3 屋架与托架的连接应优先采用平接［图 7－165（a）］。平接可使托架在使用中不至于产生过大扭转，且能保证屋盖整体刚度较好。但横向天窗屋盖以及三角形屋架或钢筋混凝土屋架等与托架（梁）连接应采用叠接［图 7－165（b）］。

在中间柱列处，当托架两侧屋架标高相同时，若屋架与托架采用平接，两侧屋架宜共用一榀托架［图 7－165（a）］；如必须采用叠接，宜用两榀托架各自独立，以免因相邻屋架反力不同导致托架产生过大的扭转变形。当托架两侧屋架标高不同时，可根据具体情况采用图 7－165（c）、（d）、（e）的连接形式。

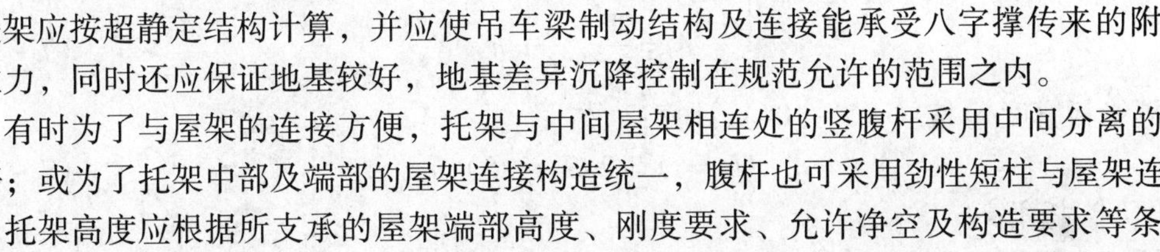

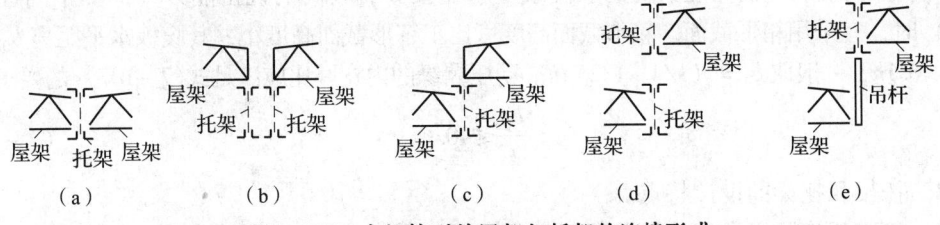

图 7－165 中间柱列处屋架与托架的连接形式

4 托梁一般采用焊接工字形等截面或变截面，当屋架荷载偏心产生较大扭矩时，可采用箱形等截面或变截面。

焊接工字形截面（图 7－166）的截面尺寸可用下列方法予以估算：

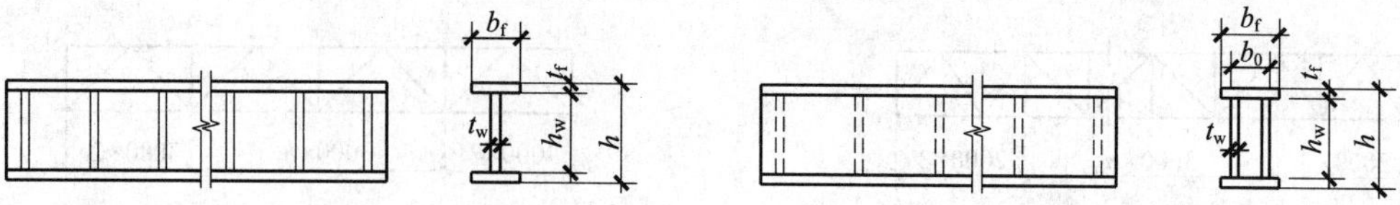

（a）工字形等截面　　（b）箱形等截面

图 7－166　托梁的形式及尺寸

跨中截面高度应根据建筑净空、刚度和经济要求确定，在一般情况下，腹板高度 h_w（cm）可按式（7－101）计算：

$$h_w = 3W^{0.4} \tag{7-101}$$

式中 W——托梁所需的毛截面模量（cm^3），$W = M_{max}/(1.05f)$；

M_{max}——托梁在荷载作用下的最大弯矩设计值；

f——托梁钢材的强度设计值。

腹板厚度 t_w（cm）可按经验公式（7－102）估算：

$$t_w = \sqrt{h_w}/11 \tag{7-102}$$

托梁一般采用单层翼缘板，当单层翼缘板厚度过大时可采用两层板。一个翼缘的截面面积可按式（7－103）计算：

$$A_f = \frac{W}{h_w} - \frac{1}{6}t_w h_w \tag{7-103}$$

翼缘板宽度 b_f 按式（7－104）计算：

$$b_f = (1/2.5 \sim 1/5)\ h \tag{7-104}$$

式中 h 为托梁高。

翼缘板厚度 t_f 按式（7－105）计算：

$$t_f = A_f/b_f \tag{7-105}$$

受压翼缘板自由外伸宽度 b 与厚度 t 之比应满足式（7－106）的要求：

$$\frac{b}{t} \leqslant 13\varepsilon_k \tag{7-106}$$

式中 ε_k 为钢号修正系数，其值为 235 与钢材牌号中屈服点数值的比值的算术平方根，即 $\varepsilon_k = \sqrt{235/f_y}$。

当计算梁抗弯强度取截面塑性发展系数 $r_x = 1.0$ 时，可放宽至 $\frac{b}{t} \leqslant 15\varepsilon_k$。

当托梁跨度较大而高度又受到限制或要求托梁具有较高的抗扭能力（例如中间柱列的托梁）时，宜采用箱形截面。箱形截面高度可比工字形截面高度小，其腹板水平距离 b_0 应满足 $b_0 \geqslant 0.1h$，一般取 $b_0 = (1/4 \sim 1/2)\ h$。受压翼缘的内宽厚比应满足式(7－107) 的要求：

$$\frac{b_0}{t} \leqslant 40\varepsilon_k \tag{7-107}$$

7.3.2 托架和托梁的设计特点。

1 简支托架的设计方法与普通钢屋架相同，其上弦杆和下弦杆在桁架平面外的计算长度取侧向支承点间的距离（通常取相邻屋架间的距离），其他杆件的计算长度均按表 7－10 确定。

当屋架与托架平接而屋架下弦与托架下弦距离 h（图 7－167）较大时，与屋架相连的托架竖杆宜采用刚度较大的截面（如工字形截面）。当距离 $h \leqslant 1000\mathrm{mm}$，且 h 不大于屋架端部高度时，则中间屋架仍可视为托架下弦的侧向支承点。

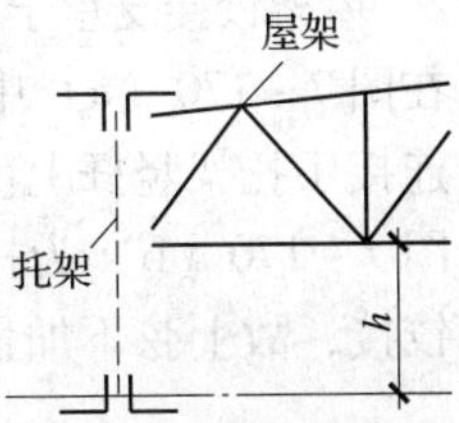

图 7－167 屋架与托架不等高的连接

托架杆件截面的选择和杆件连接计算均可参照普通钢屋架的设计进行。

托架一般可不起拱，仅当恒荷载产生的挠度绝对值较大时，宜取 1/2～2/3 恒荷载挠度绝对值起拱。

2 托梁按第 7.3.1 条确定截面的初步尺寸后，应计算其强度、整体稳定性和挠度，并根据局部稳定的要求确定腹板加劲肋的间距和截面尺寸。此外，还要计算支承加劲肋和翼缘与腹板的连接焊缝等。具体计算方法可参考第 8 章和第 12 章的相关内容。

托梁在全部荷载标准值作用下产生的挠度容许值按表 2－11 选取，一般取 $[v_T]=1/400$。

3 当屋架与托架或托梁叠接时，应可能使屋架支座反力（或支座反力的合力）作用点接近于托架或托梁的截面中心线上，尽量减少屋架端反力对托架的偏心，以避免产生过大的扭矩。此外，叠接时，托架或托梁的支座处应采取可靠的构造措施，防止其端截面的扭转，见图 7－168。

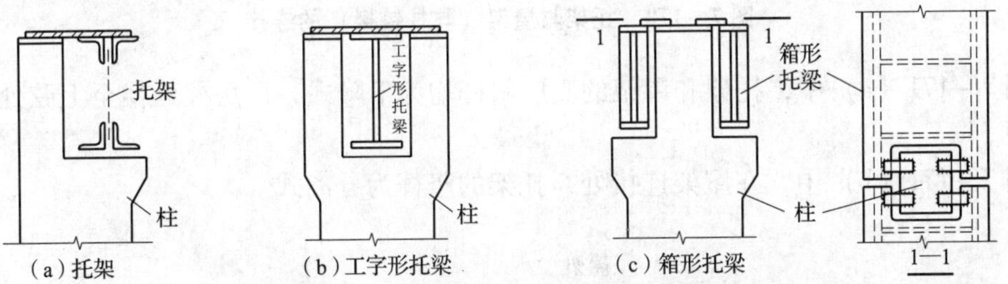

图 7－168 托架、托梁与钢筋混凝土柱的抗扭连接

7.3.3 托架和托梁的连接构造。

1 图 7－169 为托架和屋架与钢柱的连接。在图 7－169（b）中，托架的主要支承点在柱顶，安装方便，可在柱的宽度较大时采用。

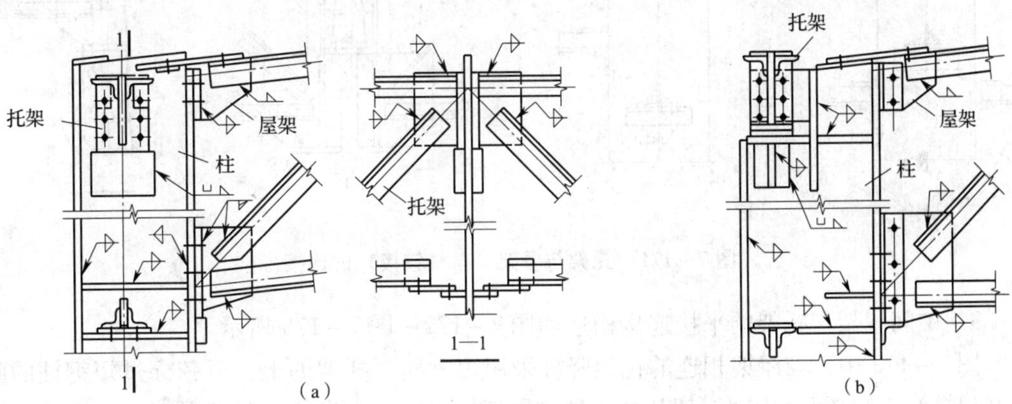

图 7－169 托架、屋架与钢柱的连接

2 屋架铰接支承于钢筋混凝土柱的托架、屋架连接构造如图 7－170、图 7－170 所示。

在图 7－170（a）中，托架支承于柱顶，其构造与屋架支座节点类似。而屋架用高强螺栓连接于托架竖杆上。

图 7－170（b）为托架与厂房柱柱顶连接，其构造与图 7－169（a）相似，但屋架端部为铰接，故上弦不加盖板。

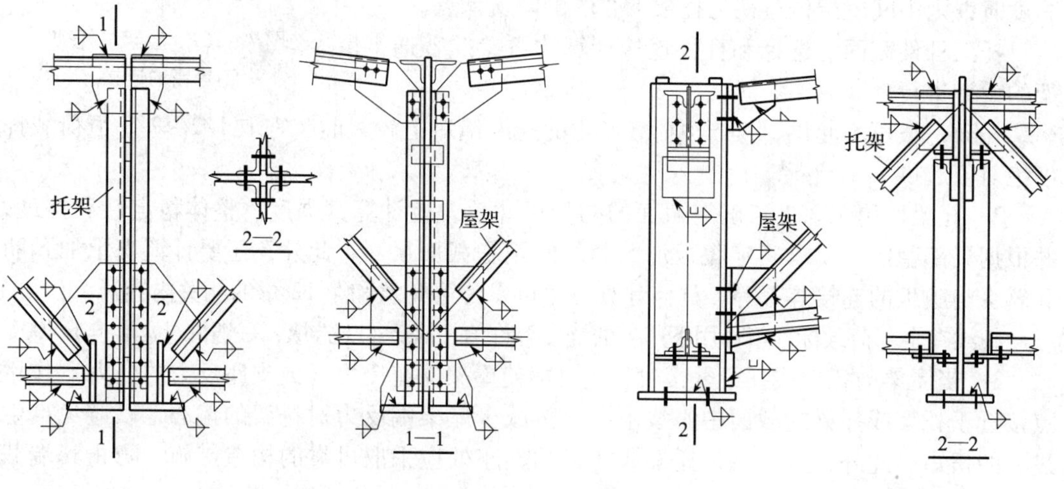

图 7－170 托架与屋架（与柱铰接）的连接

图 7－171（a）中，托架和屋架的支座斜杆均为下降式，厂房柱延伸至上弦处，安装较方便。

图 7－171（b）中，在屋架连接处，托架的竖杆为分离式。

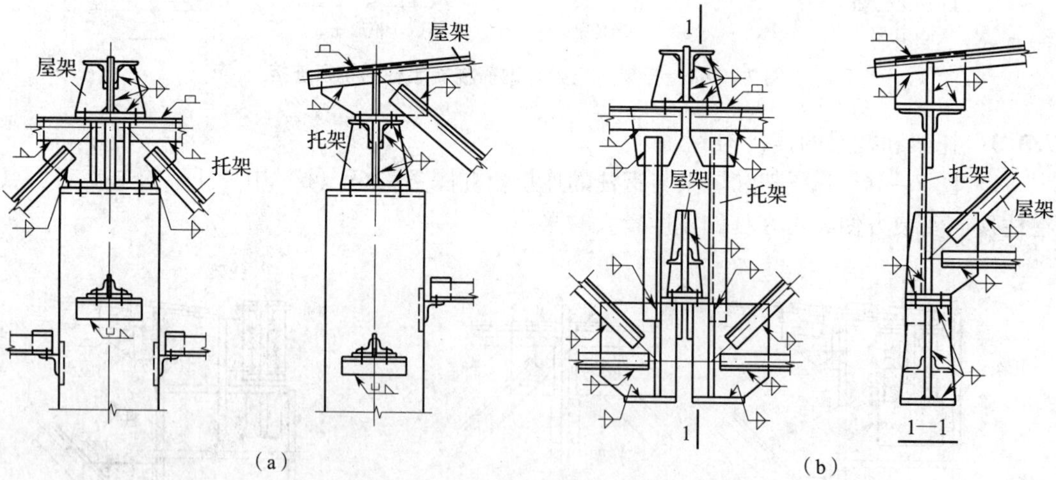

图 7－171 托架与屋架（与柱铰接）的连接

3 中间屋架与托架的平接连接构造如图 7－172～图 7－175 所示。

图 7－172 中，与屋架相连的托架竖杆采用短钢柱（托架的上、下弦穿过短钢柱的腹板并焊接），这样可使中间屋架与柱头处的屋架构造统一。当托架竖杆截面与框架柱［图 7－169（a）］或支承于框架的短钢柱［图 7－170（b）］截面高度相同时，屋架的编号也

有可能相同。

在图 7－173 中，屋架用高强螺栓连于托架竖杆上。此图与图 7－170（a）配合使用时，屋架的编号可望统一。

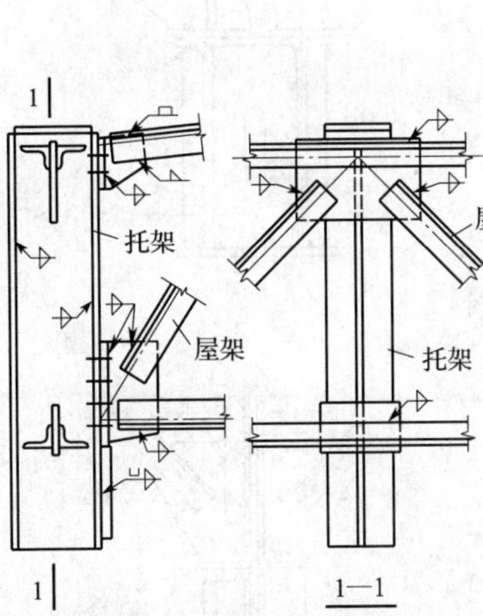

图 7－172　中间屋架与托架的连接（一）

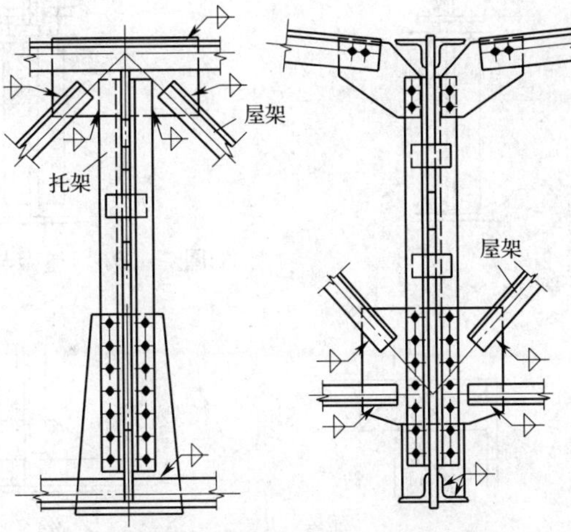

图 7－173　中间屋架与托架的连接（二）

在图 7－174 中，屋架支座斜杆为下降式。此图与图 7－170（b）配合使用，屋架的编号可以统一。

在图 7－175 中，与屋架连接处，托架采用分离式竖杆。此图可与图 7－171（b）配合使用。

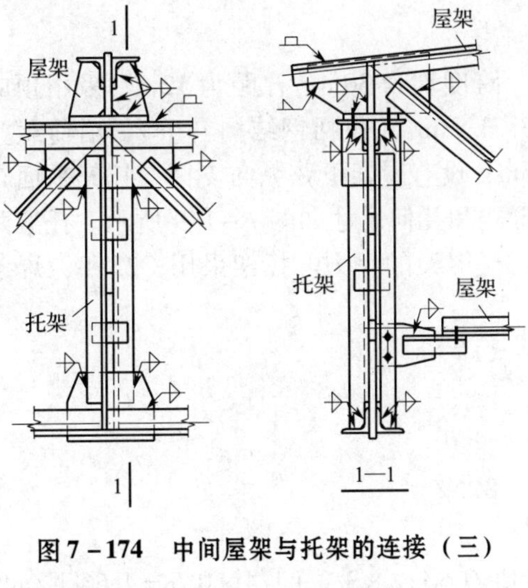

图 7－174　中间屋架与托架的连接（三）

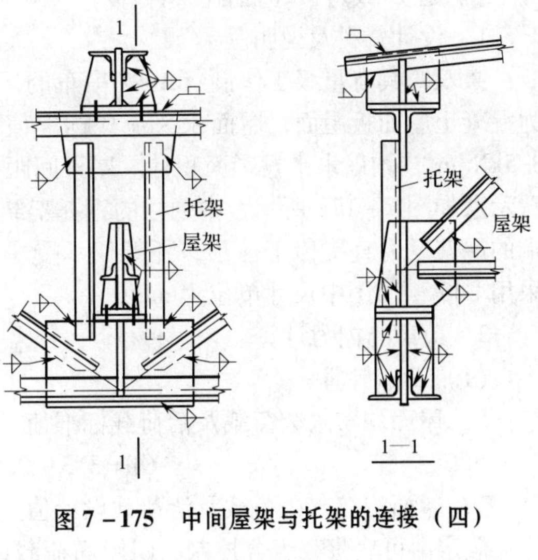

图 7－175　中间屋架与托架的连接（四）

4　屋架与托梁的叠接连接构造如图 7－176 所示。

5　对于设置八字撑的托架［图 7－164（d）］，在撑杆与托架的连接处，交会于节点的四根杆件均为受压杆件，此时应注意该处的侧向刚度。当屋架端部高度较托架高度小得很多，导致屋架下弦与托架下弦距离较大（当 $h>1000$m）时，应在托架下弦节点处设置侧向支撑（图 7－177）。

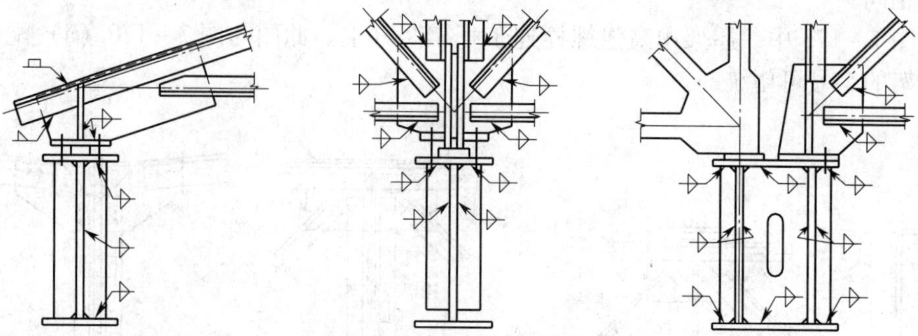

图 7 – 176　屋架与托架的连接

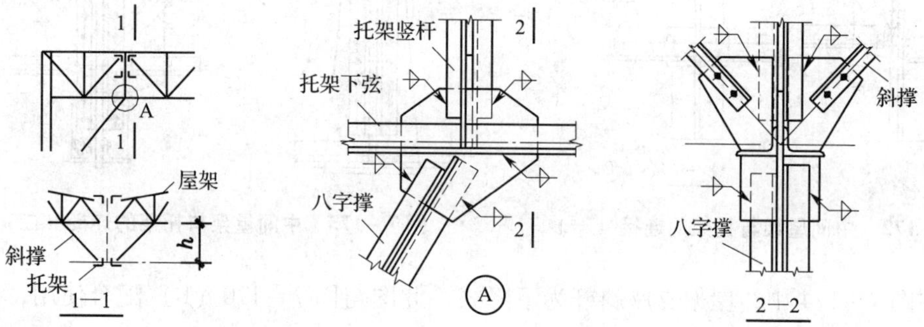

图 7 – 177　有八字撑的托架节点

7.3.4　托架设计实例。

【例题 7 – 13】 12m 钢托架计算

1　设计资料及说明。

某双跨具有重级工作制（A6）吊车的厂房，跨度均为 30m，柱距为 12m，采用预应力混凝土屋面板屋面，屋面永久荷载标准值为 3.3kN/m^2（包括钢结构自重），活荷载为 0.5kN/m^2，均以水平投影面积计。屋架间距为 6m，设有屋架下弦纵向支撑，托架平面布置示意如图 7 – 178 所示，中列柱的钢托架结构形式和几何尺寸如图 7 – 179 所示。托架两端的屋架反力直接传于柱顶，托架仅承受中间两榀屋架的反力。托架采用 Q235B，焊条采用 E43 型。图中尺寸单位为 mm。

2　荷载与内力计算。

（1）荷载计算。

1）屋面均布永久荷载及活荷载标准值。

$$Q_k = 3.3 + 0.5 = 3.8\text{kN/m}^2$$

2）屋面均布永久荷载及活荷载设计值。

假定由可变荷载组合控制，则屋面荷载设计值 $Q = 1.2 \times 3.3 + 1.4 \times 0.5 = 4.66\text{kN/m}^2$；若由永久荷载组合控制，则屋面荷载设计值 $Q = 1.35 \times 3.3 + 1.4 \times 0.5 \times 0.7 = 4.95\text{kN/m}^2 \approx 5\text{kN/m}^2$。可见，屋面荷载组合由永久荷载组合控制。

3）托架两侧屋架端反力设计总和。

$$F_1 = 5 \times 2 \times \frac{30}{2} \times 6 = 900.0\text{kN}$$

4）托架自重设计值。

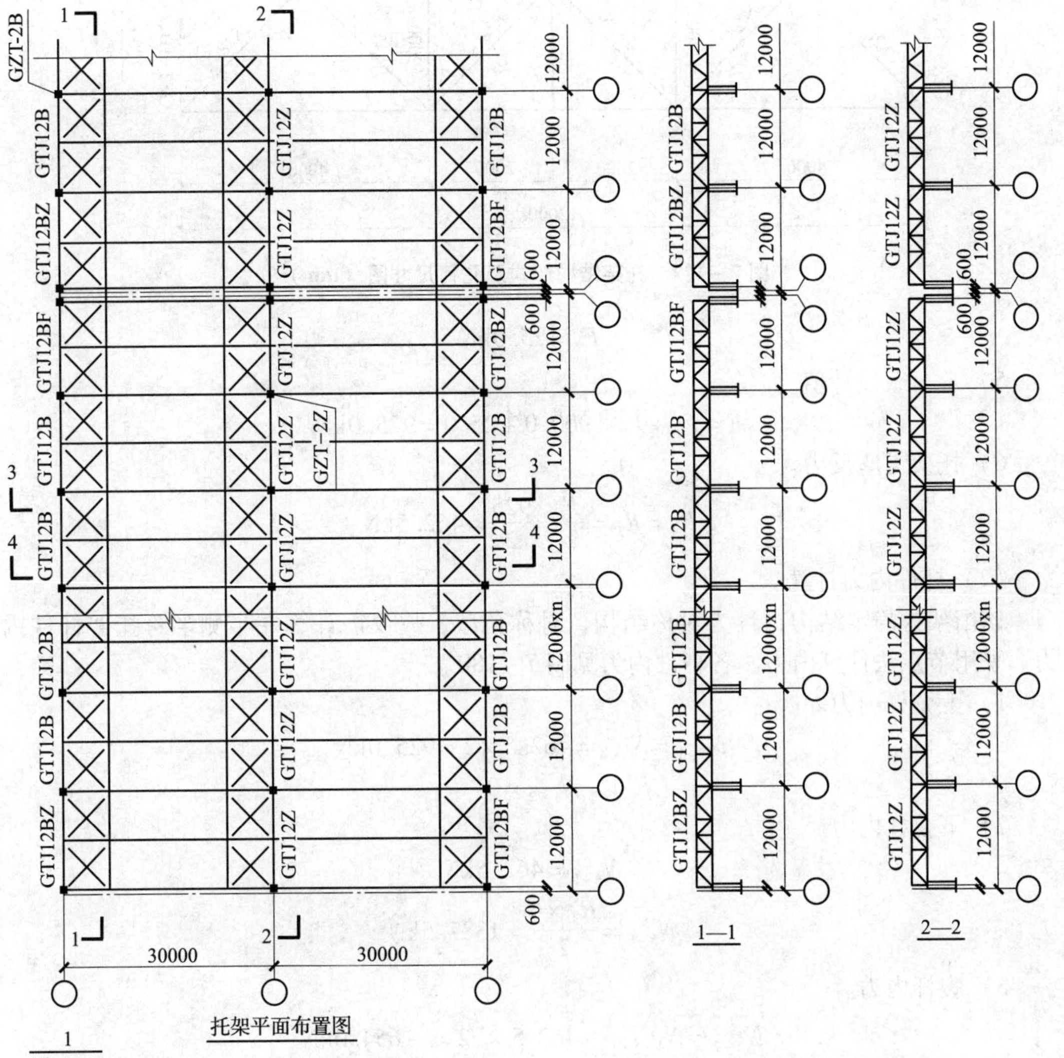

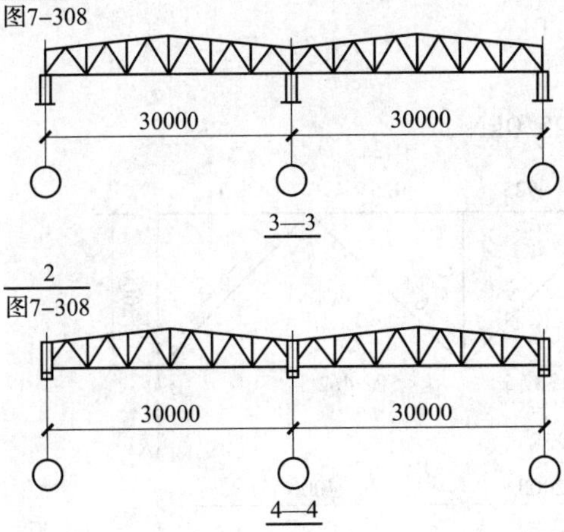

注：1 本图仅表示与托架有关的屋架下弦纵向水平支撑，其他支撑见屋架相关部分。

2 当边列柱或中列柱局部设有托架时，除在托架所在开间设置屋架纵向水平支撑外，还应在托架一端（厂房端部托架）或两端（厂房中间托架）相邻开间设置屋架纵向水平支撑和端部垂直支撑。

图 7－178 托架平面布置图

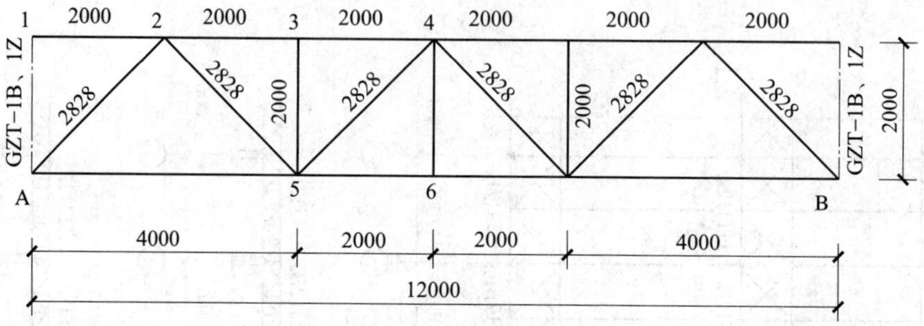

图 7-179 托架结构形式及几何尺寸图（mm）

$$F_2 = 25.0\text{kN}$$

5）总荷载设计值。

$$F = F_1 + F_2 = 900.0 + 25.0 = 925.0\text{kN}$$

6）托架支座反力。

$$R_A = R_B = \frac{F}{2} = \frac{925}{2} = 462.5\text{kN}$$

（2）杆件内力计算。

该桁架为静定结构，且为对称结构，对称荷载，故仅需计算左半侧半跨托架杆件内力。采用节点法计算内力。各杆件内力见图 7-180。

1）上弦杆内力。

$$N_{2-3} = N_{3-4} = 462.5 \times 2 = 925.0\text{kN}$$

$$N_{1-2} = 0$$

2）下弦杆内力。

$$N_{A-5} = 462.5\text{kN}$$

$$N_{5-6} = \frac{R_A \times 6}{2} = 1387.5\text{kN}$$

3）腹杆内力。

$$N_{A-2} = N_{4-5} = -462.5 \times \sqrt{2} = -654.0\text{kN}$$

$$N_{2-5} = 654.0\text{kN}$$

$$N_{3-5} = 0$$

$$N_{4-6} = F = 925.0\text{kN}$$

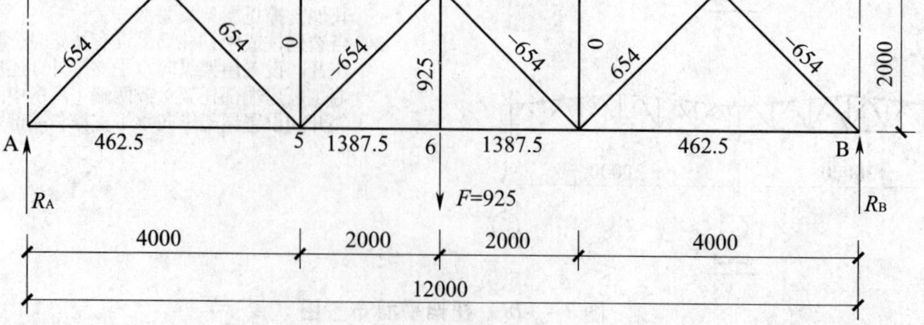

图 7-180 托架的杆件内力图（kN）

3 托架杆件截面选择。

端斜杆 $N_{A-2}=-654.0\text{kN}$，按表 7－12 中间节点板厚度为 12mm。

（1）上弦杆截面选择。

节间 2－3、3－4

$$N_{2-3}=N_{3-4}=-925.0\text{kN},\ l_{0x}=200\text{cm},$$

$$l_{0y}=\left(1.50+0.50\frac{N_2}{N_1}\right)\times\frac{2}{3}l=\left(1.50+0.50\times\frac{0}{925.0}\right)\times\frac{2}{3}\times600=600\text{cm}$$

由表 17－2 选用截面 ┓┏ 180×110×12，两短肢相并。

截面面积 $A=67.42\text{cm}^2$

回转半径 $i_x=3.11\text{cm}$，$i_y=8.75\text{cm}$

长细比 $$\lambda_x=\frac{l_{0x}}{i_x}=\frac{200.0}{3.11}=64.3<[\lambda]=150，\text{属 b 类截面。}$$

$$\lambda_y=\frac{l_{0y}}{i_y}=\frac{600}{8.75}=68.6<[\lambda]=150，\text{属 b 类截面。}$$

由表 3－16 中公式（3－78）得：

$$\lambda_z=3.7\frac{b_1}{t}=3.7\times\frac{180}{12}=55.5>\lambda_y$$

由表 3－16 中公式（3－77b）得：

$$\lambda_{yz}=\lambda_y\left[1+0.06\left(\frac{\lambda_y}{\lambda_z}\right)^2\right]=68.5\times\left[1+0.06\times\left(\frac{55.5}{68.6}\right)^2\right]=71.2$$

查表 14－2b 得，$\varphi_x=0.784$，$\varphi_{yz}=0.743$

由表 3－13 中公式（3－52）得：

$$\frac{N}{\varphi_{\min}Af}=\frac{925.0\times10^3}{0.743\times67.42\times10^2\times215}=0.859<1，\text{满足要求。}$$

（2）下弦杆截面选择。

下弦杆采用相同截面，以节间 5－6 的最大轴力 N_{5-6} 来选择。

$$N_{5-6}=1387.5\text{kN},\ l_{0x}=400.0\text{cm},\ l_{0y}=600.0\text{cm}$$

由表 17－1 选用截面 ┛┗ 140×12

截面面积 $A=A_n=65.02\text{cm}^2$

回转半径 $i_x=4.31\text{cm}$，$i_y=6.23\text{cm}$

长细比 $$\lambda_x=\frac{l_{0x}}{i_x}=\frac{400.0}{4.31}=92.8<[\lambda]=250$$

$$\lambda_y=\frac{l_{0y}}{i_y}=\frac{600.0}{6.23}=96.3<[\lambda]=250$$

由表 3－13 中公式（3－49）得：

$$\sigma=\frac{N_{\max}}{A_n}=\frac{1387.5\times10^3}{65.02\times10^2}=213.4\text{N/mm}^2<f=215\text{N/mm}^2\quad\text{满足要求。}$$

（3）腹杆截面选择。

1）节间 A－2。

$$N_{A-2}=-654.0\text{kN},\ l_{0x}=l_{0y}=282.0\text{cm}$$

由表17－3选用截面ㄱㄏ140×90×12，两长肢相并。

截面面积　$A=52.80\text{cm}^2$

回转半径　$i_x=4.44\text{cm}$，$i_y=3.77\text{cm}$

长细比
$$\lambda_x=\frac{l_{0x}}{i_x}=\frac{282.0}{4.44}=63.5<[\lambda]=150\quad 属b类截面。$$

$$\lambda_y=\frac{l_{0y}}{i_y}=\frac{282.0}{3.77}=74.8<[\lambda]=150\quad 属b类截面。$$

由表3－16中公式（3－76）得：

$$\lambda_z=5.1\frac{b_2}{t}=5.1\times\frac{90}{12}=38.3<\lambda_y$$

由表3－16中公式（3－75a）得：

$$\lambda_{yz}=\lambda_y\left[1+0.25\left(\frac{\lambda_z}{\lambda_y}\right)^2\right]=74.8\times\left[1+0.25\times\left(\frac{38.3}{74.8}\right)^2\right]=79.7$$

查表14－2b得　$\varphi_x=0.788$，$\varphi_{yz}=0.689$。

由表3－13中公式（3－52）得：

$$\frac{N}{\varphi_{\min}Af}=\frac{654.0\times10^3}{0.689\times52.80\times10^2\times215}=0.836<1，满足要求。$$

2）节间2－5。

$$N_{2-5}=654.0\text{kN},\ l_{0x}=0.8l=225.6\text{cm},\ l_{0y}=282.0\text{cm}$$

由表17－1选用截面ㄱㄏ100×8

截面面积　$A=A_n=31.28\text{cm}^2$

回转半径
$$i_x=3.08\text{cm},\ i_y=4.55\text{cm}$$

长细比
$$\lambda_x=\frac{l_{0x}}{i_x}=\frac{225.6}{3.08}=73.2<[\lambda]=250$$

$$\lambda_y=\frac{l_{0y}}{i_y}=\frac{282.0}{4.55}=62.0<[\lambda]=250$$

由表3－13中公式（3－49）得：

$$\sigma=\frac{N_{\max}}{A}=\frac{654.0\times10^3}{31.28\times10^2}=209.1\text{N/mm}^2<f=215\text{N/mm}^2\quad 满足要求。$$

3）节间4－5。

$$N_{4-5}=-654.0\text{kN},\ l_{0x}=0.8l=225.6\text{cm},\ l_{0y}=282.0\text{cm}$$

选用截面ㄱㄏ140×90×12　两长肢相并，同节间A－2。

4）竖杆3－5。

按公式（3－95）得 $F_{b1}=\frac{N}{60}=\frac{925}{60}=15.4\text{kN}$，$l_{0x}=0.8\times200=160\text{cm}$，$l_{0y}=200\text{cm}$

由表17－1选用ㄱㄏ63×6

截面面积　$A=14.58\text{cm}^2$，属b类截面。

回转半径　$i_x=1.93\text{cm}$，$i_y=3.06\text{cm}$

$$\lambda_x=\frac{l_{0x}}{i_x}=\frac{160}{1.93}=82.9<[\lambda]=200$$

$$\lambda_y=\frac{l_{0_y}}{i_y}=\frac{200}{3.06}=65.4<[\lambda]=200$$

由表3-16中公式（3-74）得：

$$\lambda_z=3.9\frac{b}{t}=3.9\times\frac{63}{6}=41.0<\lambda_y$$

由表3-16中公式（3-73a）得：

$$\lambda_{yz}=\lambda_y\left[1+0.16\left(\frac{\lambda_z}{\lambda_y}\right)^2\right]=65.3\times\left[1+0.16\times\left(\frac{41.0}{65.3}\right)^2\right]=69.4$$

查表14-2b得，$\varphi_x=0.669$，$\varphi_{yz}=0.755$

由表3-13中公式（3-52）得：

$$\frac{N}{\varphi_{\min}Af}=\frac{15.4\times10^3}{0.669\times14.58\times10^2\times215}=0.073<1\text{，满足要求。}$$

5）竖杆4-6。

按拉弯构件计算（图7-181）。

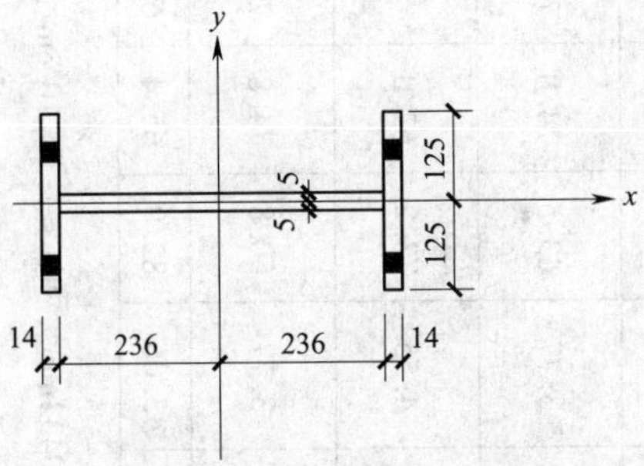

图7-181 竖杆4-6截面图

净截面面积为：

$$A=250\times14\times2+(500-14\times2)\times10=11720\text{mm}^2$$

$$A_n=[250\times14\times2+(500-14\times2)\times10-14\times23\times4]=10432\text{ mm}^2$$

净截面抵抗矩为：

$$W_{ny}=\frac{(14\times250-23\times14\times2)\times(250-7)^2\times2+\frac{1}{12}\times472^3\times10}{250}=1.7\times10^6\text{ mm}^3$$

$$M_y=9.25\times10^5\times250=2.31\times10^8\text{N}\cdot\text{mm}$$

由公式（3-100）得：

$$\sigma=\frac{N}{A_n}+\frac{M_y}{\gamma_yW_{ny}}=\frac{925.0\times10^3}{10432}+\frac{2.31\times10^8}{1.05\times1.7\times10^6}=218.1\text{N/mm}^2\approx f=215\text{N/mm}^2\text{，可以。}$$

竖杆1-A按压弯构件计算，不考虑稳定，详见表7-28。

托架杆件截面如表7-28所示。

4 托架跨中的最大挠度计算。

（1）利用单位荷载法计算托架的挠度。单位力（$P=1$）作用于托架跨中（节点6）时的各杆内力$\overline{N}_{Ki}$，各杆内力$\overline{N}_{Ki}$如图7-182。

（2）托架在外荷载标准值F_k作用下的内力值N_{Fki}见图7-183。

图7-183中的F_k和N_{Fki}按图7-180中的F和N_i除以1.31求得。

表 7－28　12m 托架杆件截面选用表

杆件名称	杆件编号	内力（kN）	截面规格（mm）	截面面积（cm^2）	计算长度 l_{0x}（cm）	计算长度 l_{0y}（cm）	回转半径 i_x（cm）	回转半径 i_y（cm）	长细比 λ_x	长细比 λ_y	长细比 λ_{yz}	稳定系数 φ_{min}	强度 N/A（N/mm^2）	稳定性 $\frac{N}{\varphi_{min}Af}$	容许长细比 [λ]	强度设计值 f（N/mm^2）
上弦杆	2－3 3－4	－925.0	TT 180×110×12	67.42	200.0	600	3.11	8.75	64.3	68.6	71.2	0.743		0.859	150	215
下弦杆	5－6 A－5	1387.5 462.5	JL 140×12	65.02	400.0	600.0	4.31	6.23	92.8	96.3			213.4		250	215
腹杆	A－2	－654.0	TT 140×90×12	52.80	282.0	282.0	4.44	3.77	63.5	74.8	79.7	0.689		0.836	150	215
	2－5	654.0	TT 100×8	31.28	225.6	282.0	3.08	4.55	73.2	62.0			209.1		250	215
	4－5	－654.0	TT 140×90×12	52.80	225.6	282.0	4.44	3.77	50.8	74.8	79.7	0.689		0.836	150	215
	3－5	15.4	TT 63×6	14.58	160.0	200.0	1.93	3.06	82.9	65.4	69.4	0.669		0.073	200	215
	4－6	925.0	工 250×500（t_f＝14，t_w＝10）	$A_n=10432mm^2$，$W_{ny}=1.7\times10^6cm^3$，$M_y=2.31\times10^8N\cdot mm$，$\sigma=218.1N/mm^2\approx f=215N/mm^2$												
	1－A	900.0	工 250×500（t_f＝14，t_w＝10）	$A_n=10432mm^2$，$W_{ny}=1.7\times10^6\ cm^3$，$M_y=9.00\times10^5\times250=2.25\times10^8N\cdot mm$，$\sigma=\frac{N}{A}+\frac{M_y}{\gamma_y W_{ny}}=\frac{900.0\times10^3}{10432}+\frac{2.25\times10^8}{1.05\times1.7\times10^6}=212.3N/mm^2<f=215N/mm^2$												

注：1　与中托架 Z 连接的钢柱 GZT 按轴心受压计算强度，也采用工 250×500。与边托架连接的 GZT 应按压弯计算强度。

2　表中竖杆 3－5 的容许长细比［λ］＝200 按表 2－19 注 2 确定。

3　竖杆 3－5 按公式（3－95）确定。

4　上弦杆［N］＝$4Af=0.743\times6742\times215=1077kN$，查表 19－37，2∟180×110×12，$\lambda_0=2m$，［$N$］＝1072kN 接近。

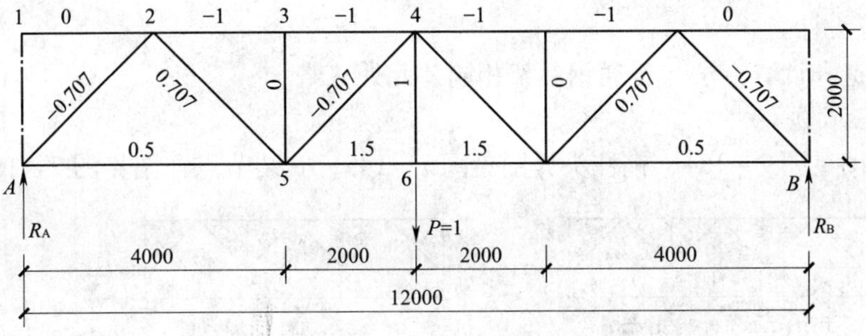

图 7－182　托架在单位力（$P=1$）作用下的杆件内力

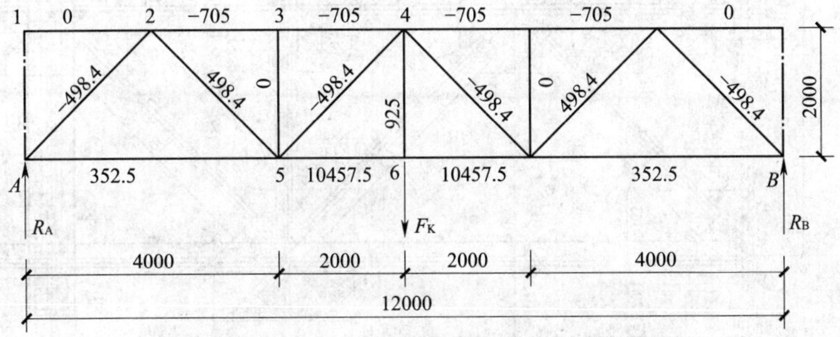

图 7－183　托架在外荷载标准值作用下的杆件内力

（3）计算托架跨中的挠度。见表 7－29。

表 7－29　托架跨中的挠度计算

杆件号	选用截面	截面面积 A（cm^2）	杆件长度 l_i（cm）	$\overline{N}_{ki}$	N_{Fki}（kN）	$\frac{\overline{N}_{ki}N_{Fki}l_i}{A_i}$（kN/cm）
2－3	TT 180×110×12	67.42	200.0	−1	−705.0	2091.4
3－4	TT 180×110×12	67.42	200.0	−1	−705.0	2091.4
A－5	JL 140×12	65.02	400.0	0.5	352.5	1084.3
5－6	JL 140×12	65.02	200.0	1.5	1057.5	4879.3
A－2	TT 140×90×12	52.80	282.0	−0.707	−498.4	1882.0
2－5	TT 100×8	31.28	282.0	0.707	498.4	3176.7
4－5	TT 140×90×12	52.80	282.0	−0.707	−498.4	1882.0
3－5	TT 63×6	12.61	200.0	0	0	0
4－6	工 250×500（$t_f=14$，$t_w=10$）	117.20	200.0	1	705.0	1203.1

注：计算中忽略了杆件 1－A 对挠度的影响。

跨中最大挠度为：

$$
\begin{aligned}
\upsilon &= \frac{1}{E}\sum\frac{\overline{N}_{ki}N_{Fki}l_i}{A_i} = \frac{1}{2.06\times10^5}\times[(2091.4+2091.4+1084.3+4879.3+\\
&\quad 1882.0+3176.7+1882.0)\times2+1203.1]\times10^2\\
&= 17\text{mm} < \frac{l}{400} = \frac{12000}{400} = 30\text{mm}，满足要求。
\end{aligned}
$$

5 节点设计。

节点构造和计算方法与普通钢屋架相同，此处从略。

6 施工详图。

托架详图见图 7－184，钢柱头详图见图 7－185，安装节点详图见图 7－186。

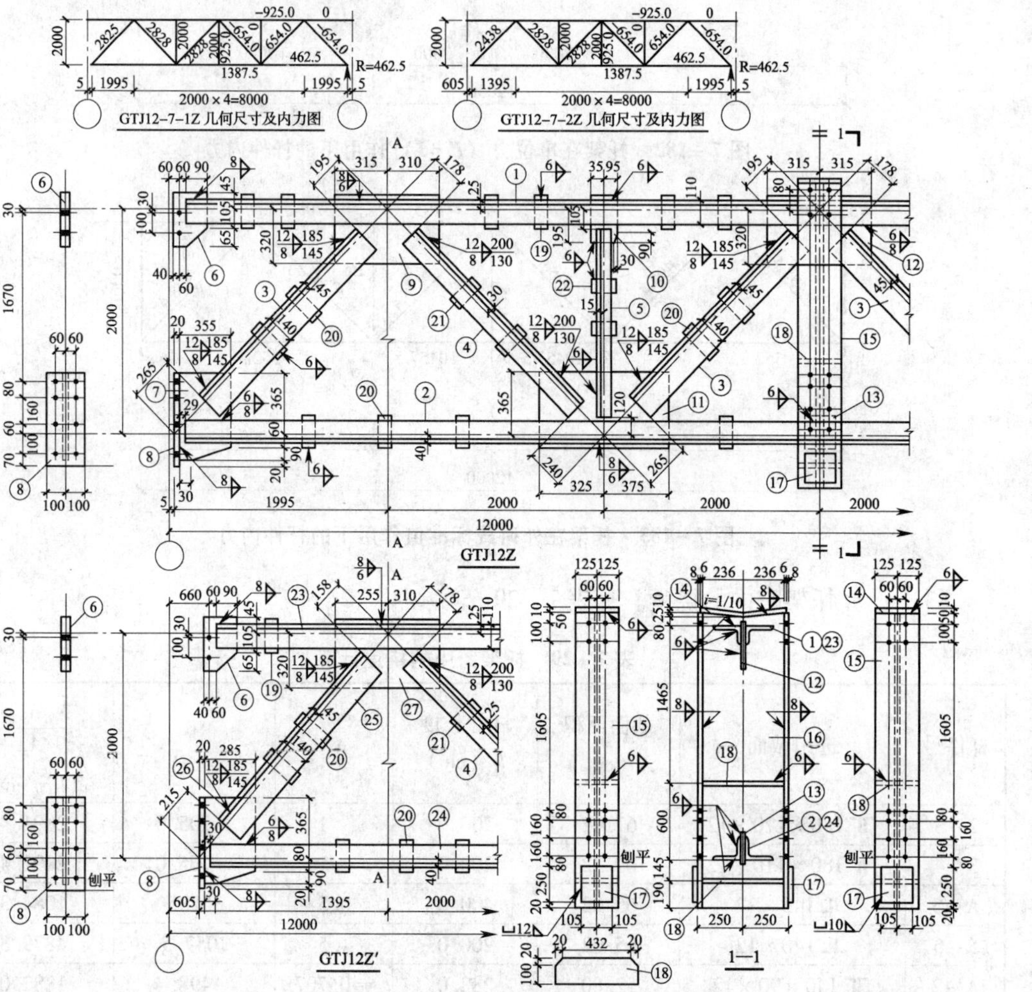

材料表								
杆件编号	零件号	断面	长度（mm）	数量 正	数量 反	重量（kg）每个	重量（kg）共计	重量（kg）合计
GTJ12Z	1	L180×110×12	11760	2		311.2	622	2299
	2	L140×12	11890	2		303.4	607	
	3	L140×90×12	2365	8		49.0	392	
	4	L100×8	2410	4		29.6	118	
	5	L63×6	1775	4		10.2	41	
	6	−190×12	215	2		3.8	8	
	7	−355×14	515	2		20.0	40	
	8	−200×20	535	2		16.8	34	
	9	−365×12	625	2		21.5	43	
	10	−130×12	240	2		2.9	6	
	11	−425×12	700	2		28.0	56	
	12	−365×12	630	1		21.7	22	
	13	−180×12	180	1		3.1	3	
	14	−250×10	486	1		9.5	10	
	15	−250×14	2505	2		68.8	138	
	16	−472×10	2505	1		92.8	93	
	17	−210×30	250	2		12.4	25	

材料表								
杆件编号	零件号	断面	长度（mm）	数量 正	数量 反	重量（kg）每个	重量（kg）共计	重量（kg）合计
GTJ12Z	18	−120×8	472	4		3.6	14	
	19	−60×12	130	12		0.7	8	
	20	−60×12	160	16		0.9	14	
	21	−60×12	120	4		0.7	3	
	22	−60×12	90	4		0.5	2	
GTJ12Z′	4.5.6.8.10~18.20~22 与 GTJ12Z 同						587	2219
	3	L140×90×12	2365	6		49.0	294	
	7	−355×14	515	1		20.0	20	
	9	−365×12	625	1		21.5	22	
	19	−60×12	130	11		0.7	8	
	23	L180×110×12	11160	2		295.3	591	
	24	L140×12	11290	2		288.1	576	
	25	L140×90×12	2065	2		42.8	86	
	26	−285×14	515	1		16.1	16	
	27	−365×12	565	1		19.4	19	

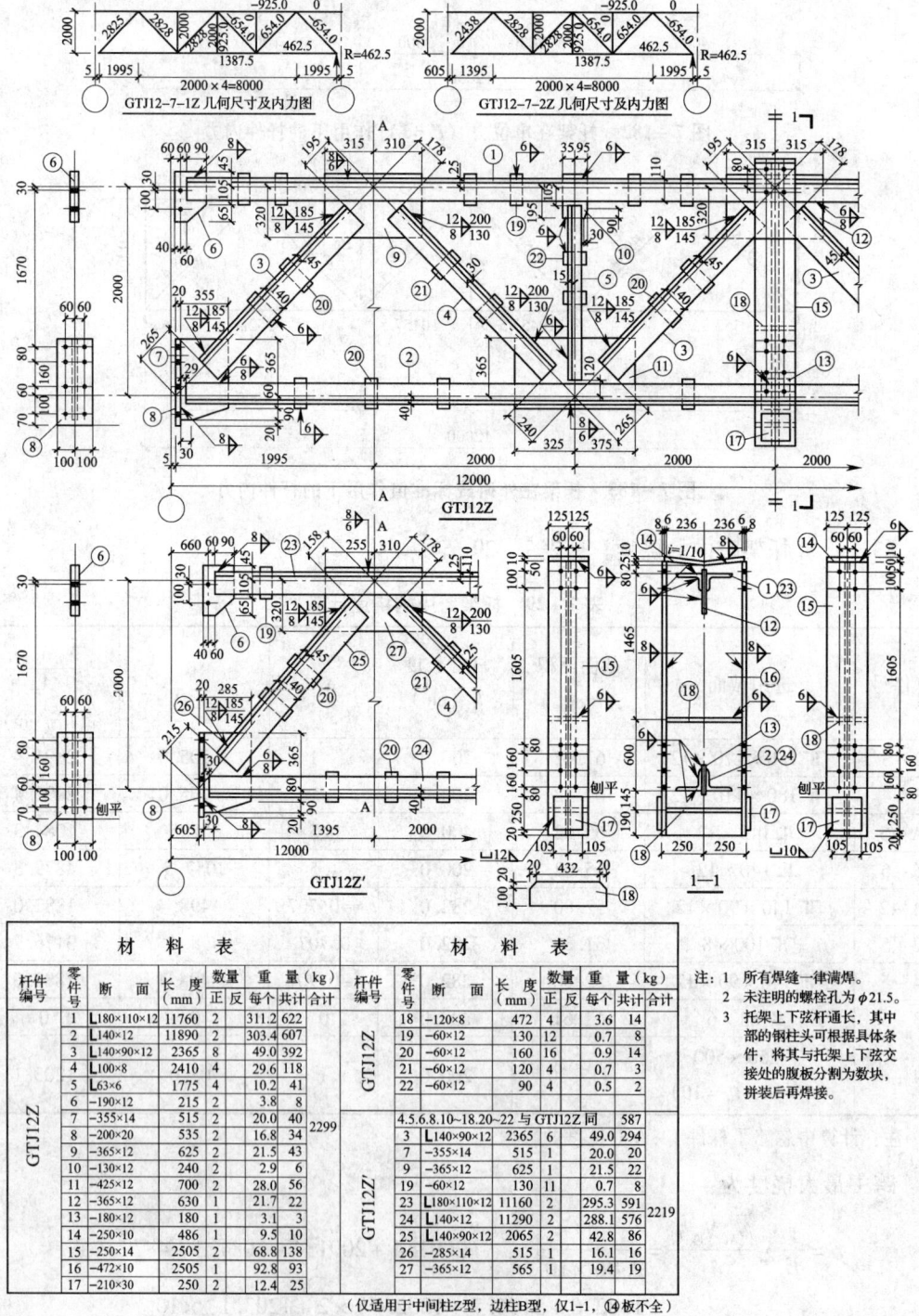

注：1 所有焊缝一律满焊。
2 未注明的螺栓孔为 $\phi 21.5$。
3 托架上下弦杆通长，其中部的钢柱头可根据具体条件，将其与托架上下弦交接处的腹板分割为数块，拼装后再焊接。

（仅适用于中间柱Z型，边柱B型，仅1-1，⑭板不全）

图 7－184 托架详图

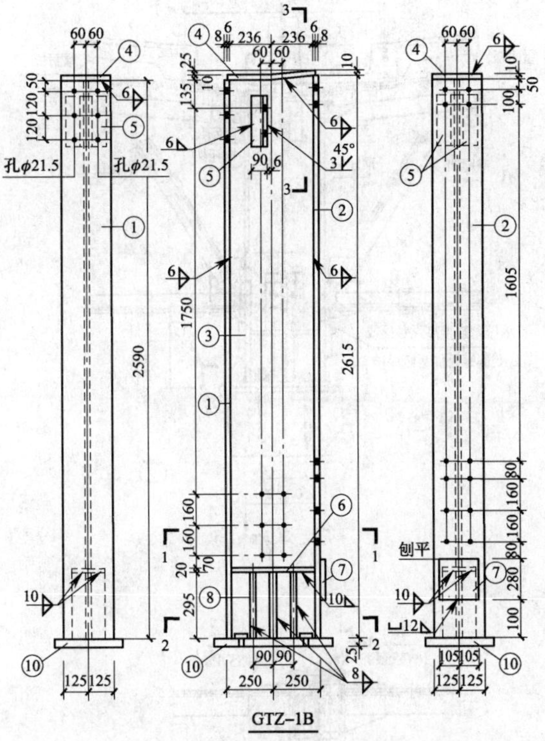

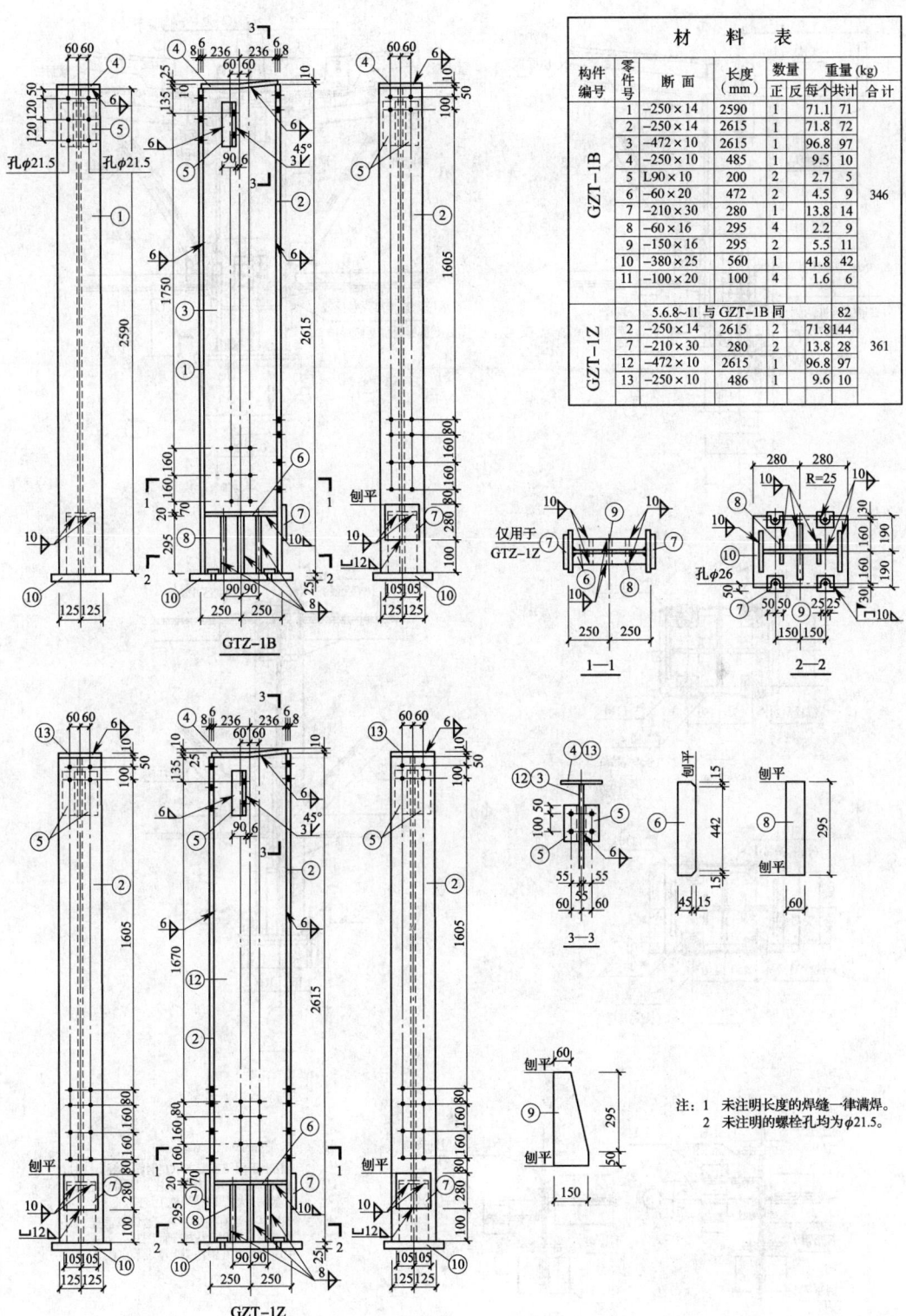

材料表								
构件编号	零件号	断面	长度（mm）	数量		重量（kg）		
				正	反	每个	共计	合计
GZT-1B	1	–250×14	2590	1		71.1	71	346
	2	–250×14	2615	1		71.8	72	
	3	–472×10	2615	1		96.8	97	
	4	–250×10	485	1		9.5	10	
	5	L90×10	200	2		2.7	5	
	6	–60×20	472	2		4.5	9	
	7	–210×30	280	1		13.8	14	
	8	–60×16	295	4		2.2	9	
	9	–150×16	295	2		5.5	11	
	10	–380×25	560	1		41.8	42	
	11	–100×20	100	4		1.6	6	
GZT-1Z	5.6.8~11 与 GZT-1B 同						82	361
	2	–250×14	2615	2		71.8	144	
	7	–210×30	280	2		13.8	28	
	12	–472×10	2615	1		96.8	97	
	13	–250×10	486	1		9.6	10	

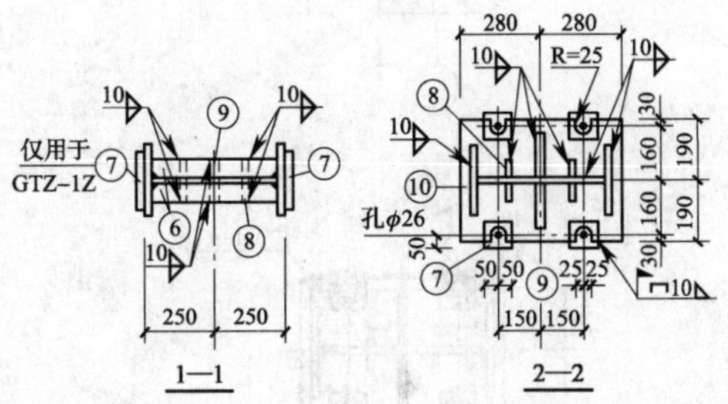

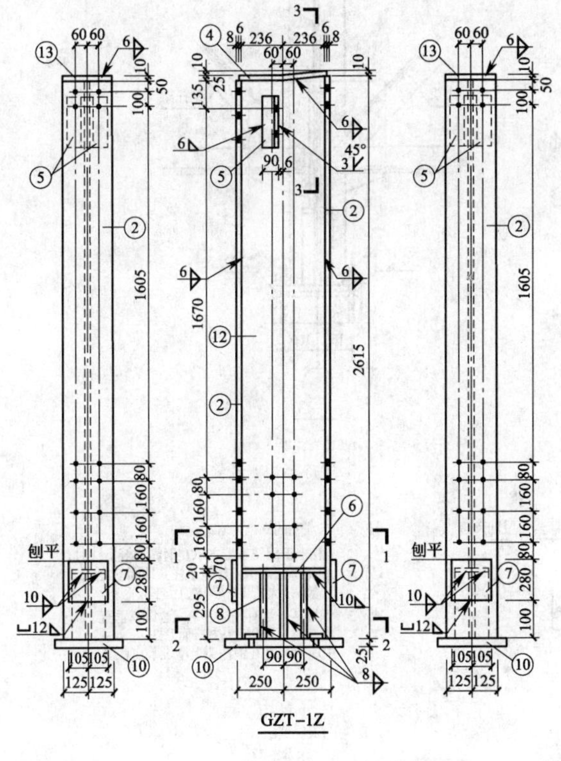

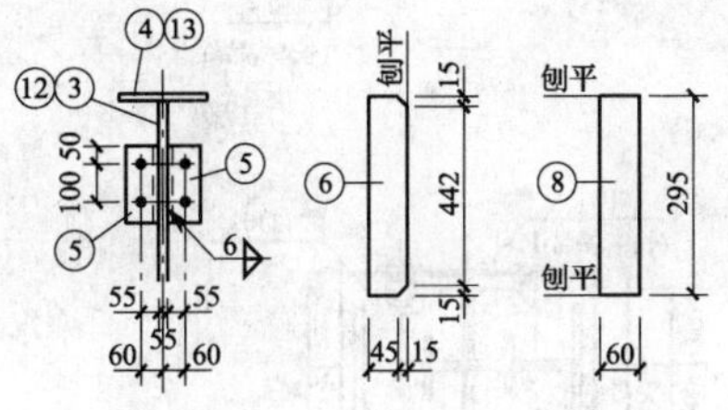

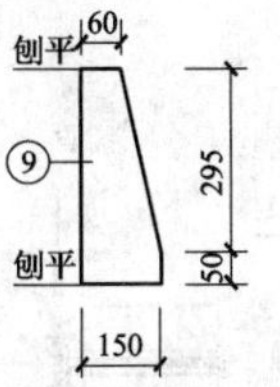

注：1 未注明长度的焊缝一律满焊。
2 未注明的螺栓孔均为φ21.5。

图 7 – 185 钢柱头详图

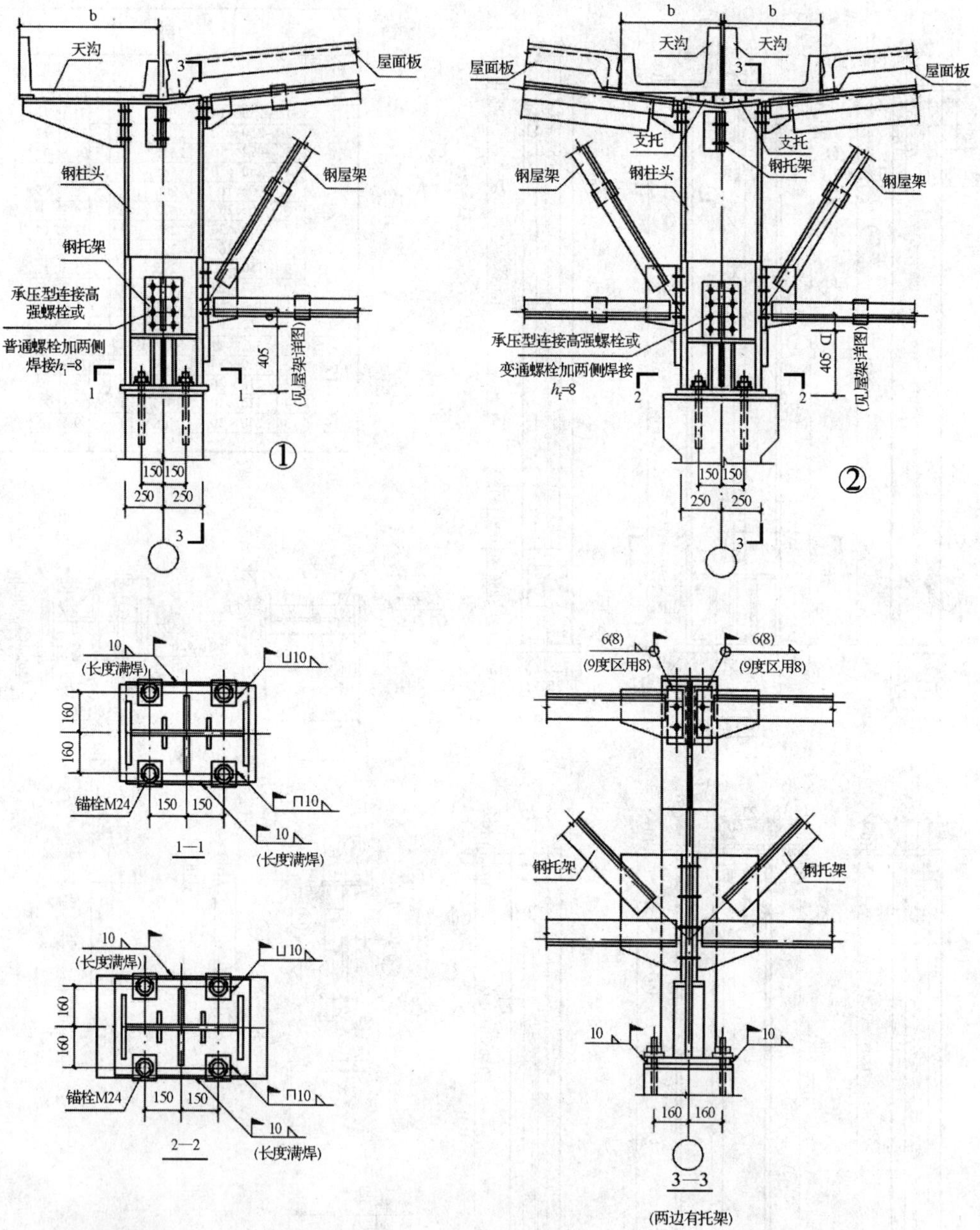

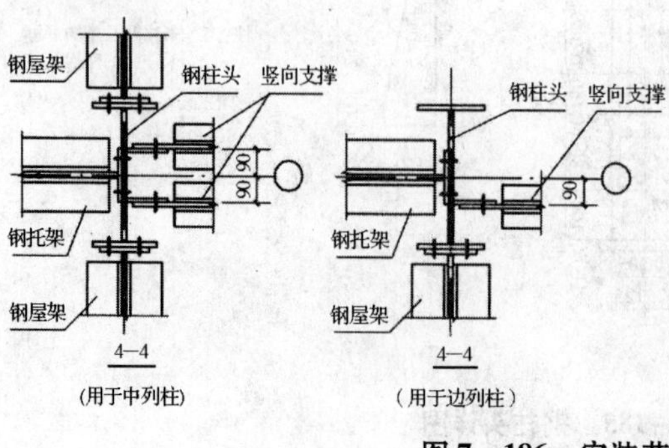

注: 1 未注明的螺栓为M20。

2 a相当于屋架直接支承在钢筋混凝土柱时，屋架下弦角钢工作线至柱头顶面的距离，其数值见梯形钢屋架施工详图。

3 钢柱头一边有托架，另一边设有垂直支撑时，选用者应按剖面图3-3、4-4中所示尺寸在钢柱头上增设节点板。

图 7－186 安装节点图

7.4 天窗架

7.4.1 天窗架形式及应用。

单层房屋中由于采光和通风要求所设置的天窗一般有：纵向上承式天窗、横向下沉式天窗、天井式天窗和平天窗等。横向下沉式天窗、天井式天窗和平天窗都是利用屋架兼作天窗，不需另设天窗架、挡风板支架和挡风板等。

本节主要叙述支承于屋架上弦的纵向天窗中矩形天窗架的设计、计算和构造。

天窗结构通常由天窗架、檩条（或混凝土屋面板）、侧窗横档和天窗架支撑系统组成。

矩形天窗架的常用形式主要有三铰拱式、三支点式和多竖杆式。

1　三铰拱式［图7－187（a）、（b）］。

三铰拱式天窗架由两个三角形桁架组成，天窗架只有两点与屋架铰接，制作简单，便于运输和组装。由于顶铰的存在，安装时稳定性较差，且传给屋架的集中荷载较大，故常用于天窗架跨度较小的场合。

2　三支点式［图7－187（c）、（d）。

三支点式天窗架由天窗架侧柱和三角形桁架组成，其与屋架连接的节点较少，整体刚度较大，常与屋架分别吊装，施工较方便，宜用于天窗架跨度较大的情况。

3　多竖杆式［图7－187（e）、（f）。

多竖杆式天窗架由支于屋架节点上的竖向压杆、上弦杆和斜腹杆组成。其构造简单，受力明确，运输方便，但与屋架的连接节点较多，现场安装工作量较大，多用于天窗高度不太高而跨度较大的场合。

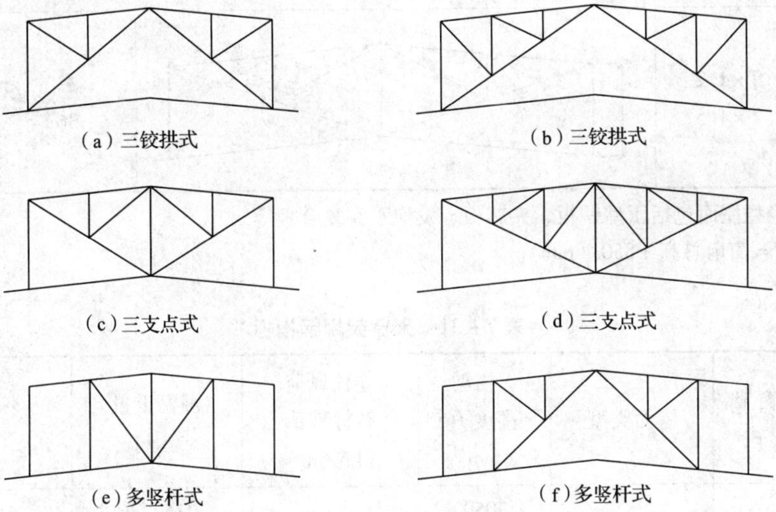

图7－187　天窗架形式

天窗架的跨度和高度应根据厂房的采光和通风要求确定。天窗架的跨度一般为屋架跨度的1/3～1/2，高度为其跨度的1/5～1/2。

天窗架上弦坡度与节间划分一般与屋架上弦相同。为使天窗架上弦杆不受局部弯矩，檩条或屋面板主肋应尽量位于节点上（纤维水泥瓦类轻型屋面的檩条除外）。

所有天窗架的侧柱和中间竖杆，均支于屋架的节点上。

表7－30列出常用天窗架跨度、窗扇高度、天窗架形式与相配合的钢屋架跨度；表7－31列出常用天窗架的用钢指标，供设计参考。

对于抗震区，天窗架的设置应符合下列要求：

（1）天窗宜采用突出屋面较小的避风型天窗，有条件或9度时宜采用下沉式天窗。

（2）8度和9度时，天窗架宜从厂房单元端部第三柱间开始设置。

（3）天窗屋盖、端壁板和侧板宜采用轻型板材。

表7－30　天窗架形式及跨度

天窗架跨度（m）	窗扇数目及高度（m）	天窗架形式	配合钢屋架跨度（m）	
			轻型屋面	混凝土屋面
6	1×1.2 1×1.5 2×0.9 2×1.2	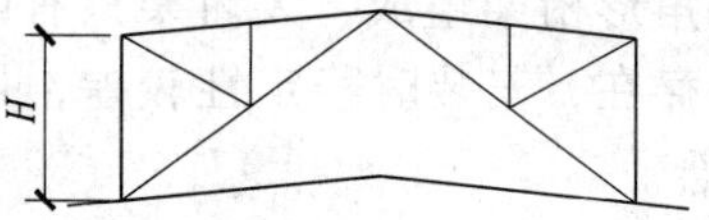	15 18 21	18 21
9	2×0.9 2×1.2	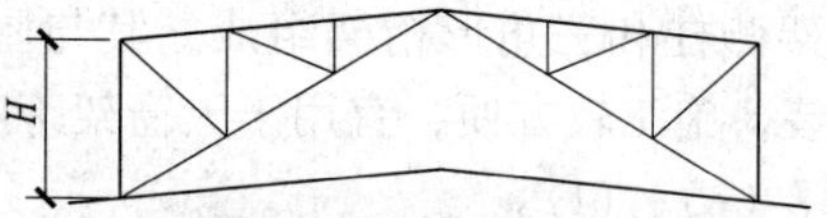	24 27 30	—
	2×0.9 2×1.2 2×1.5	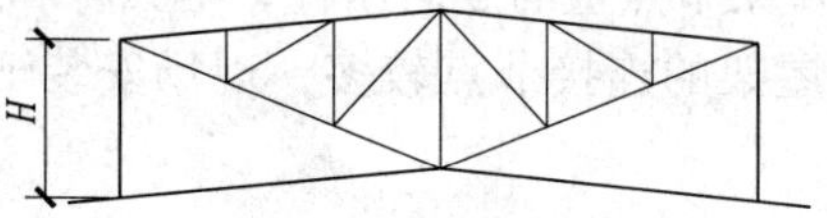	—	24 27 30
12	2×1.2 2×1.5	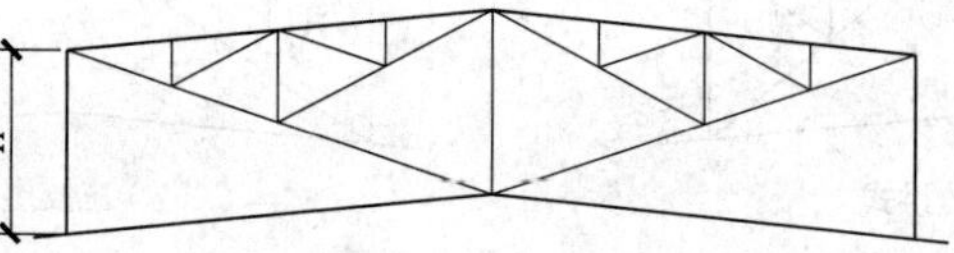	33 36	33 36

注：1　轻型屋面包括压型钢板、夹芯板、发泡水泥复合板等。

2　H=窗扇总高＋850（mm）。

表7－31　天窗架用钢指标

天窗架跨度（m）	天窗架形式	屋面类型	天窗架高度H（mm）	立柱风荷载标准值（kN/m^2）	每榀重量（kg）	用钢量（kg/m^2）
6.0	三铰拱	轻型屋面	2050	0.30/0.42	236/240	6.56/6.67
			2350		253/261	7.03/7.25
			2650		275/291	7.64/8.08
			3250		353/367	9.81/10.19
		混凝土屋面	2050	0.42/0.56	295/299	8.19/8.31
			2350	0.30/0.42/0.56	319/333/342	8.86/9.25/9.50
			2650	0.30/0.42/0.56	352/364/394	9.78/10.11/10.94
			3250	0.30/0.42/0.56	417/449/469	11.58/12.47/13.03

续表 7-31

天窗架跨度（m）	天窗架形式	屋面类型	天窗架高度 H（mm）	立柱风荷载标准值（kN/m^2）	每榀重量（kg）	用钢量（kg/m^2）
9.0	三铰拱	轻型屋面	2650	0.30/0.42	401/413	7.43/7.65
			3250		474/487	8.78/9.02
	三支点	混凝土屋面	2650	0.30/0.42/0.56	487/500/514	9.02/9.26/9.52
			3250	0.30/0.42/0.56	569/571/610	10.54/10.57/11.30
			3850	0.42/0.56	637/687	11.80/12.78
12.0	三支点	轻型屋面	3250	0.30/0.42	593/606	8.24/8.42
			3850		678/697	9.56/9.92
		混凝土屋面	3250	0.30/0.42/0.56	726/745/784	10.08/10.47/10.89
			3850	0.30/0.42/0.56	825/895/907	11.46/12.43/12.60

注：1　表中数据摘自国家标准图集《轻型屋面钢天窗架》05G516 和《钢天窗架》05G512，其中用钢量为按 6.0m 间距计算，未包括支撑等重量。

2　轻型屋面和钢筋混凝土屋面的均布荷载设计值分别为 2.34kN/m² 和 6.0kN/m²（不包括结构、支撑和窗扇自重）。

为了更好地组织通风和排气，避免气流倒灌，通常需要设置挡风板。挡风板有竖直［图 7-188（a）］和向外倾斜［图 7-188（b）］两种。挡风板一般采用波形石棉瓦、压型钢板等轻质材料，其下端与屋盖顶面应留至少 50mm 的间隙。

挡风板支架有支承式和悬挂式两种。支承式的立柱下端支承于屋盖上，上端用横杆与天窗架相连［图 7-188（a）］，杆件少，用钢省；但立柱与屋盖连接处的防水处理复杂，处理不当容易漏水。悬挂式的挡风板支架则由连接于天窗架侧柱的杆件组成［图 7-188（b）］，挡风板荷载全部传给天窗架侧柱，特别是天窗侧柱因挡风架的水平集中力引起较大的弯矩，所需杆件截面较大。

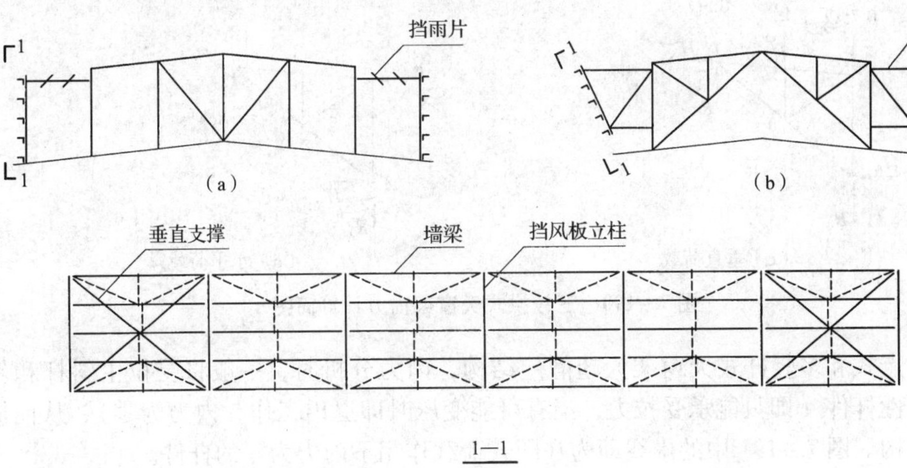

图 7-188　挡风板及其支架

天窗端部通常采用纤维水泥瓦、压型钢板等作为围护结构。支承围护材料的横梁可平行于屋面放置［图7－189（a）］，也可水平放置［图7－189（b）］。横梁一般支承于天窗架的竖杆上，对三铰拱式天窗架，屋脊处应另加竖杆［图7－189（b）］。

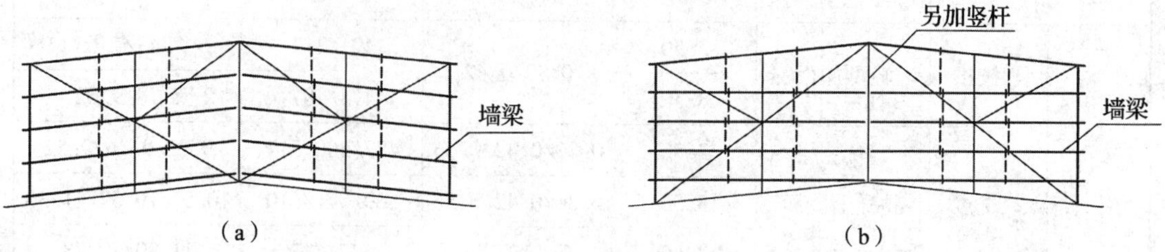

图7－189 天窗端壁围护结构

7.4.2 天窗架计算。

1 天窗架上的荷载一般有竖向荷载（永久荷载和屋面可变荷载）和风荷载。各项荷载的取值可参照本手册第2.2节的有关规定。

2 计算天窗架内力时，通常假定天窗架的所有节点为铰接，将竖向荷载和风荷载化为节点集中力，并把天窗架视为静定结构来计算各杆件的轴心力。对天窗架侧柱以及受有节间荷载的天窗架上弦杆，尚应计算其弯矩。

三铰拱式天窗架为静定结构，应先求出不同荷载作用下的支座反力，然后用矩阵位移法或数解法求出各杆件的内力（图7－190）；其中$0.75Q$为考虑挑檐而增加$0.25Q$。

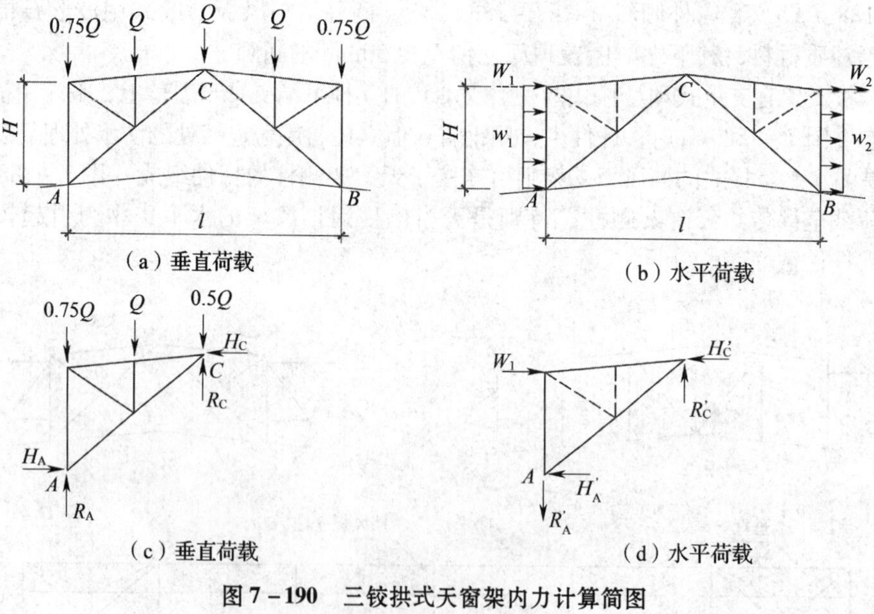

图7－190 三铰拱式天窗架内力计算简图

三支点式和多竖杆式天窗架为超静定结构，内力分析时，一般将受拉主斜杆和斜腹杆视为柔性杆件（即只能承受拉力，当有可能变压时即退出工作，内力为零），从而简化为静定结构。图7－191中的虚线即为在图式荷载作用下内力为零的杆件。

3 当天窗架上弦杆承受节间荷载时，其局部弯矩可近似取$\pm 0.8M_o$（M_o是按跨度等于相应节间长度的简支梁所计算的最大弯矩）。

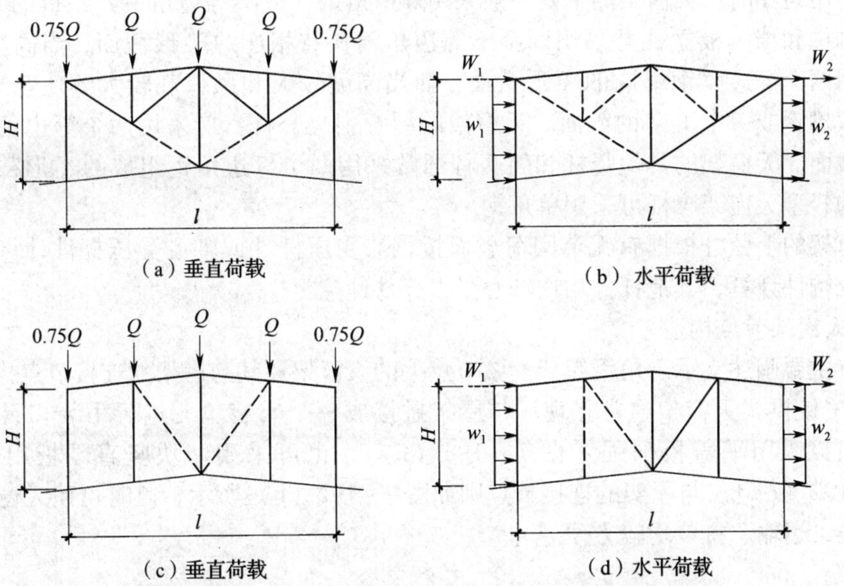

图 7-191 三支点式和多竖杆式天窗架内力计算简图

天窗架侧柱的弯矩一般按两端简支构件计算，其中包括：均布风荷载产生的弯矩，窗扇、侧窗横挡等结构自重产生的弯矩（后两项一般可忽略）。

4 杆件的内力组合通常考虑以下情况。

（1）可变荷载效应控制的组合：

1.2 永久荷载标准值 + 1.4（第一可变荷载标准）+ $\sum_{i=2}^{n} 1.4\psi_{ci}$（其他可变荷载标准值）

（2）永久荷载效应控制的组合：

1.35 永久荷载标准值 + $\sum_{i=1}^{n} 1.4\psi_{ci}$（可变荷载标准值）

其中 ψ_{ci} 为可变荷载的组合系数。对于轻型屋面一般按第（1）种组合为最不利；而对于混凝土屋面，大部分杆件为第（2）种组合控制。天窗架侧柱一般为第（1）种组合控制，其中第一可变荷载应为风荷载。

（3）当屋面永久荷载较小，风荷载较大时，应验算在风吸力作用下，永久荷载与风荷载组合截面应力反号的情况，此时永久荷载的分项系数取 1.0。

（4）天窗架的横向抗震计算可采用底部剪力法；跨度大于 9m 或 9 度时，天窗架的地震作用效应应乘以增大系数 1.5。

天窗架的纵向地震作用全部由竖向支撑承受。

柱高不超过 15m 的单跨和等高多跨混凝土无檩屋盖厂房的天窗架纵向地震作用计算可采用底部剪力法，但天窗架的地震作用效应应乘以增大系数 η，其值可按下列规定采用：

1）单跨、边跨屋盖或有纵向内隔墙的中跨屋盖：$\eta = 1 + 0.5n$

2）其他中跨屋盖：$\eta = 0.5n$

其中 n 为房屋跨数，超过四跨时取四跨。

7.4.3 天窗架杆件截面选择。

天窗架杆件的计算长度和容许长细比应按表 2-19，表 2-20 的规定采用。

天窗架杆件可采用角钢、T 形钢或钢管（圆管或方管）截面。

当采用角钢时，天窗架的上弦一般采用等边角钢（或不等边角钢）组成的T形截面。天窗架侧柱和挡风板立柱常采用两个不等边角钢长肢相连的T形截面；当高度较小时，也可采用两个等边角钢组成的T形截面；而当高度较大和风荷载较大致使弯矩较大时，可采用双槽钢或一个工字钢截面。天窗架的屋脊中央竖杆，应采用两个等边角钢组成的十字形截面。天窗架的其他竖杆和斜腹杆通常采用两个等边角钢组成的T形截面，对受力较小的轻型天窗架腹杆可采用单角钢。

天窗架的上弦杆根据有无节间荷载而按偏心受压杆件或轴心受压杆件计算，侧柱按偏心受压构件计算，其他杆件均按轴心受力杆件计算。

7.4.4 天窗架节点构造。

本节主要阐述支承于角钢屋架上弦节点上的天窗架及其与屋架的连接节点构造。

1 三铰拱式天窗架通常在现场与屋架拼接成一个安装单元进行吊装。天窗架的屋脊节点可以采用平盖板加强［图7-192（a）］，也可采用两块竖直端板用螺栓连接［图7-192（c）］。与屋架的连接节点则如图7-192（b）所示，此时可使天窗架分为两个小桁架，运输、拼装均较方便。

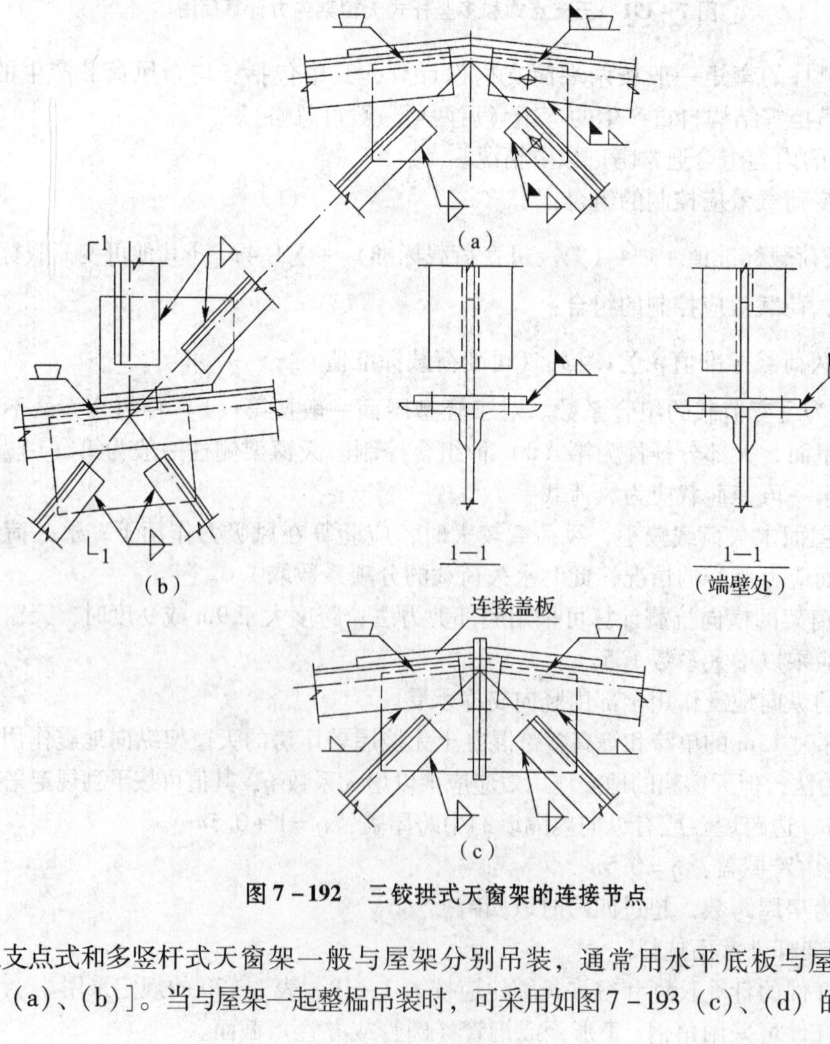

图7-192 三铰拱式天窗架的连接节点

三支点式和多竖杆式天窗架一般与屋架分别吊装，通常用水平底板与屋架连接［图7-193（a）、（b）］。当与屋架一起整榀吊装时，可采用如图7-193（c）、（d）的连接形式。

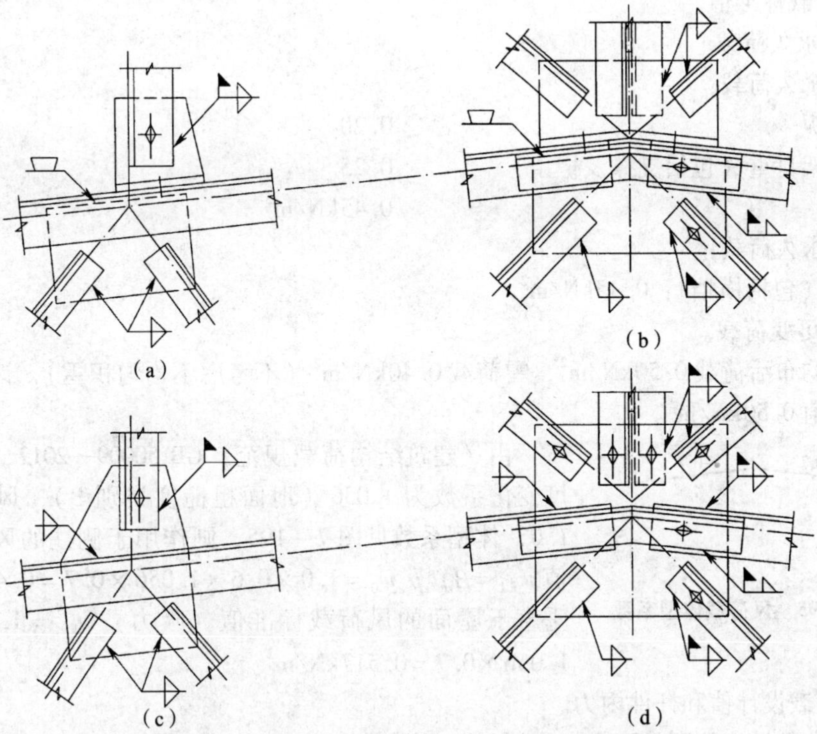

图 7－193 三支点式和多竖杆式天窗架与屋架的连接节点

2 由于安放屋面构件的构造要求，天窗架侧柱轴线不能对准屋架节点中心，故一般使侧柱外边缘线交于屋架节点［图 7－193（a)］。

3 端部天窗架的构造应考虑便于放置房屋端部开间的屋面板，与屋面板相碰的杆件外伸部分应予切除，切除后截面强度不足时应予补强［图 7－192（b)］。

7.4.5 天窗架设计实例。

【例题 7－14】 三铰拱式天窗架（GCJ—1）

1 设计资料。

天窗架跨度 $L=6\text{m}$，高度 $H=2.05\text{m}$（窗扇为 1.2m 的上悬玻璃窗，无挡风板），间距 6m，屋面材料为夹芯板，檩距 1.5m，屋面坡度 1/10（$\alpha=5.71°$）。基本风压 $w_o=0.7\text{kN/m}^2$，天窗距地面高度为 12m。钢材 Q235，焊条 E43 型。天窗架的结构形式、几何尺寸及杆件编号见图 7－194。

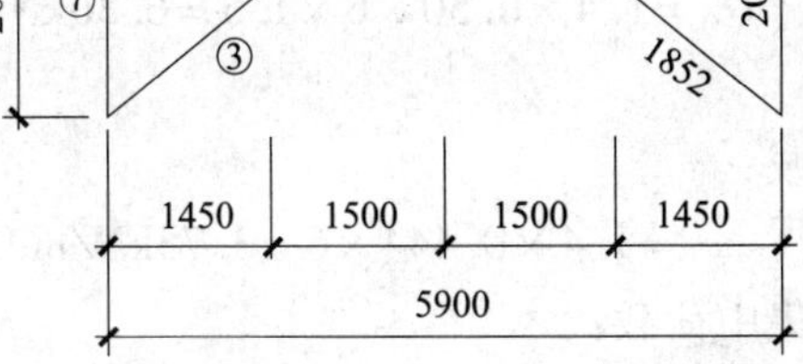

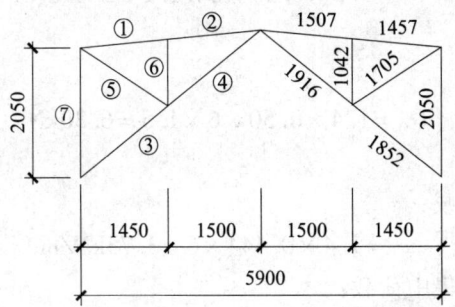

图 7－194 天窗架形式、几何尺寸和杆件编号

2 荷载标准值。

(1) 永久荷载。

屋面永久荷载:

夹芯板	0.20
天窗架自重(包括支撑及檩条)	0.25
	0.45kN/m²

其他永久荷载:

窗扇(包括横挡):0.45kN/m²

(2) 可变荷载。

屋面均布活荷载0.50kN/m²,雪荷载0.40kN/m²(不考虑不均匀积雪),计算时取两者的较大值0.50kN/m²。

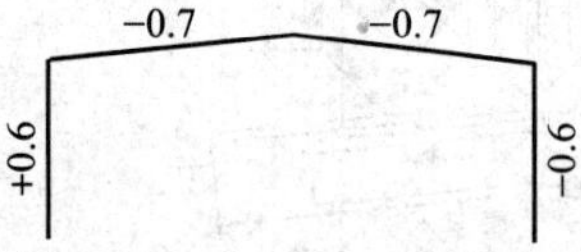

图7-195 风荷载体型系数

由《建筑结构荷载规范》GB 50009—2012,风荷载高度变化系数为1.056(地面粗糙度类别B),风振系数取1.0,体型系数见图7-195,则作用于侧柱的风荷载标准值 $w_{k1}=\beta_z\mu_s\mu_z w_0=1.0\times0.6\times1.056\times0.7=0.444\text{kN/m}^2$,垂直于屋面的风荷载标准值(吸力)$w_{k2}=1.0\times0.7\times1.056\times0.7=0.517\text{kN/m}^2$。

3 荷载设计值和杆件内力。

天窗架的计算简图如图7-196所示,其中 $0.75Q$ 为考虑挑檐而增加 $0.25Q$。

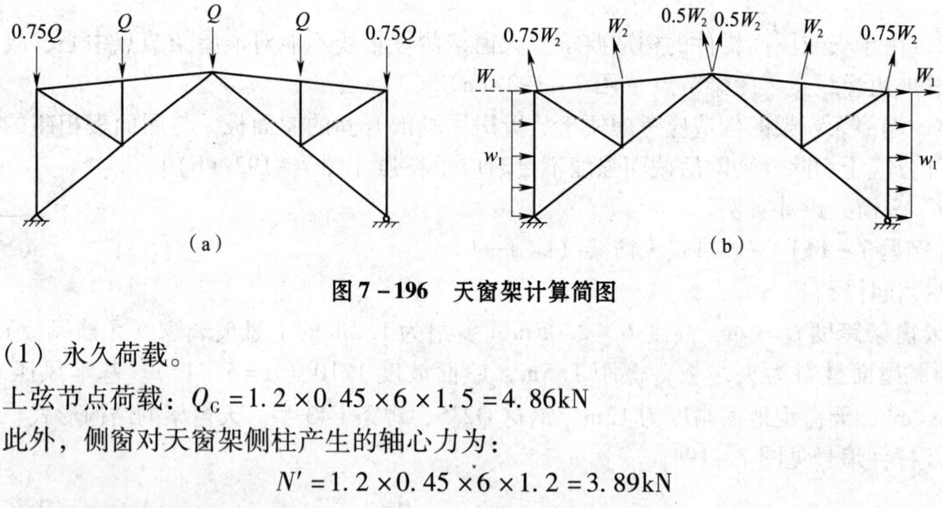

图7-196 天窗架计算简图

(1) 永久荷载。

上弦节点荷载:$Q_G=1.2\times0.45\times6\times1.5=4.86\text{kN}$

此外,侧窗对天窗架侧柱产生的轴心力为:

$$N'=1.2\times0.45\times6\times1.2=3.89\text{kN}$$

(2) 屋面活荷载。

上弦节点荷载:

$$Q_Q=1.4\times0.50\times6\times1.5=6.30\text{kN}$$

(3) 风荷载。

作用于侧柱的均布荷载:

$$w_1=1.4\times0.444\times6=3.73\text{kN/m}$$

作用于侧柱顶的水平集中荷载:

$$W_1=\frac{1}{2}\times3.73\times2.05=3.82\text{kN}$$

风荷载对侧柱产生的弯矩：

$$M = \pm \frac{1}{8} \times 3.73 \times 2.05^2 = \pm 1.96\text{kN} \cdot \text{m}$$

上弦节点荷载（吸力）：

$$W_2 = 1.4 \times 0.517 \times (6/\cos 5.71°) \times 1.5 = 6.55\text{kN}$$

天窗架杆件内力采用数解法计算，其组合见表7－32。

表7－32 杆件内力组合表（单位：kN）

杆件名称	杆件编号	屋面永久荷载		屋面活荷载设计值	风荷载设计值				组合内力
					左风		右风		
		标准值	设计值		W_1	W_2	W_1	W_2	
上弦杆	①	−2.88	−3.46	−4.48	−3.84	5.17	3.84	5.17	−7.94
	②	−2.88	−3.46	−4.48	−3.84	5.83	3.84	5.83	−7.94
主斜杆	③	−6.45	−7.74	−10.04	4.88	10.25	−4.88	10.25	−17.78
	④	−2.79	−3.35	−4.35	4.88	4.30	−4.88	4.30	−8.05
腹杆	⑤	3.37	4.04	5.24	0.0	−5.48	0.0	−5.48	9.28 −2.11*
	⑥	−4.05	−4.86	−6.30	0.0	6.58	0.0	6.58	−11.16
侧柱	⑦	−8.34	−10.01	−7.93	−0.38	8.29	0.38	8.29	−7.65**
					±1.96kN·m				±1.96kN·m

注：1 标*者为风吸力设计值与屋面永久荷载标准值组合；

2 标**者为屋面永久荷载设计值＋风荷载设计值＋0.7屋面活荷载设计值；

3 其余为屋面永久荷载设计值＋屋面活荷载设计值＋0.6风荷载设计值。

4 杆件截面选择。

节点板厚度采用6mm。

（1）上弦杆（①、②杆）。

$$N = -7.94\text{kN},\ l_{ox} = 150.7\text{cm},\ l_{oy} = 296.4\text{cm}$$

由表17－1，选用┬ 56×5，$A = 10.83\text{cm}^2$，$i_x = 1.72\text{cm}$，$i_y = 2.54\text{cm}$，$\lambda_x = 150.7/1.72 = 87.6$，$\lambda_y = 296.4/2.54 = 116.7 < 150$

按公式（3－74），$\lambda_z = 3.9b/t = 3.9 \times 56/5 = 43.7$

$\lambda_y > \lambda_z$，由公式（3－73a），绕对称轴的换算长细比为：

$$\lambda_{yz} = \lambda_y \left[1 + 0.16\left(\frac{\lambda_z}{\lambda_y}\right)^2\right] = 116.7\left[1 + 0.16\left(\frac{43.7}{116.7}\right)^2\right] = 119.3$$

属b类截面，查表14－2b，$\varphi_{min} = 0.440$，按公式（3－52）计算的稳定为：

$$\frac{N}{\varphi_{min}Af} = \frac{7.94 \times 10^3}{0.440 \times 10.83 \times 10^2 \times 215} = 0.08 < 1.0$$

（2）主斜杆（③、④杆）。

$N_1=-17.78\text{kN}$，$N_2=-8.05\text{kN}$，$l_{ox}=191.6\text{cm}$，按公式（7－34）

$$l_{oy}=l_1\left(0.75+0.25\frac{N_2}{N_1}\right)=376.8\left(0.75+0.25\frac{8.05}{17.78}\right)=325.2\text{cm}$$

由表17－1，选用┬56×5，$A=10.83\text{cm}^2$，$i_x=1.72\text{cm}$，$i_y=2.54\text{cm}$

$$\lambda_x=191.6/1.72=111.4,\ \lambda_y=325.2/2.54=128.0<150$$

按公式（3－74），$\lambda_z=3.9b/t=3.9\times56/5=43.7$

$\lambda_y>\lambda_z$，由公式（3－73a），绕对称轴的换算长细比为：

$$\lambda_{yz}=\lambda_y\left[1+0.16\left(\frac{\lambda_z}{\lambda_y}\right)^2\right]=128.0\left[1+0.16\times\left(\frac{43.7}{128.0}\right)^2\right]=130.4$$

属b类截面，查表14－2b，$\varphi_{min}=0.385$，按公式（3－52）计算的稳定为：

$$\frac{N}{\varphi_{min}Af}=\frac{17.78\times10^3}{0.385\times10.83\times10^2\times215}=0.2<1.0$$

（3）腹杆（⑤、⑥杆）。

1）　$N=-2.11\text{kN}$（9.28kN），$l_{ox}=l_{oy}=0.9\times170.5=153.5\text{cm}$

由表16－1，选用∠56×5，$A=5.42\text{cm}^2$，$i_{min}=1.10\text{cm}$，$\lambda_{max}=153.5/1.10=139.5<[\lambda]=250$。

注：按受拉设计的构件在永久标准荷载值与风荷载设计值组合下受压时，其长细比不宜超过250，见表2－20。

按公式（7－33a），$\eta=0.6+0.0015\lambda_{max}=0.6+0.0015\times139.5=0.809$。

属b类截面，查表14－2b，$\varphi_{min}=0.346$，按公式（7－33）计算的稳定为：

$$\frac{N}{\eta\varphi_{min}Af}=\frac{2.11\times10^3}{0.809\times0.346\times5.42\times10^2\times215}=0.06<1.0$$

按公式（3－49）计算的强度为（单角钢腹杆，强度设计值乘以折减系数0.85）：

$$\sigma=\frac{N}{A_n}=\frac{9.28\times10^3}{5.42\times10^2}=17.1\text{N/mm}^2<0.85\times215=182.8\text{N/mm}^2$$

2）　$N=-11.16\text{kN}$，$l_{ox}=l_{oy}=0.9\times104.2=93.8\text{cm}$

由表16－1，选用∠45×5，$A=4.29\text{cm}^2$，$i_{min}=0.88\text{cm}$，$\lambda_{max}=93.8/0.88=106.6<150$

按公式（7－33a），$\eta=0.6+0.0015\lambda_{max}=0.6+0.0015\times106.6=0.760$。

属b类截面，查表14－2b，$\varphi_{min}=0.513$，按公式（7－33）计算的稳定为：

$$\frac{N}{\eta\varphi_{min}Af}=\frac{11.16\times10^3}{0.760\times0.513\times4.29\times10^2\times215}=0.31<1.0$$

（4）侧柱（⑦杆）。

$$N=-7.65\text{kN},\ M=\pm1.96\text{kN}\cdot\text{m},\ l_{ox}=l_{oy}=205\text{cm}$$

当采用双角钢截面时，背风面的侧柱最不利，此时肢尖受压最大。

由表17－1，选用┬63×5，$A=12.29\text{cm}^2$，$i_x=1.94\text{cm}$，$i_y=2.82\text{cm}$，$W_{x_{max}}=26.67\text{cm}^3$，$W_{x_{min}}=10.16\text{cm}^3$，$\lambda_x=205/1.94=105.7<150$，$\lambda_y=205/2.82=72.7$。

按公式（3－74），$\lambda_z=3.9b/t=3.9\times63/5=49.1$

$\lambda_y>\lambda_z$，由公式（3－73a），绕对称轴的换算长细比为：

$$\lambda_{yz}=\lambda_y\left[1+0.16\left(\frac{\lambda_z}{\lambda_y}\right)^2\right]=72.7\left[1+0.16\times\left(\frac{49.1}{72.7}\right)^2\right]=78.0$$

属b类截面，查表14－2b，$\varphi_x=0.519$，$\varphi_y=0.701$，按公式（3－102）计算的弯矩平面内稳定为：

$$N'_{Ex}=\frac{\pi^2EA}{1.1\lambda_x^2}=\frac{\pi^2\times2.06\times10^5\times12.29\times10^2}{1.1\times105.7^2}=203.3\times10^3\text{N}$$

$$\frac{N}{\varphi_xAf}+\frac{\beta_{mx}M_x}{\gamma_xW_{1x}\left(1-0.8\frac{N}{N'_{Ex}}\right)f}$$

$$=\frac{7.65\times10^3}{0.519\times12.29\times10^2\times215}+\frac{1.0\times1.96\times10^6}{1.2\times10.16\times10^3\times\left(1-0.8\frac{7.65}{203.3}\right)\times215}=0.83<1.0$$

按公式（14－40），$\varphi_b=1-0.0005\lambda_y/\varepsilon_k=1-0.0005\times72.7=0.96$

按公式（3－107）计算的弯矩平面外稳定为：

$$\frac{N}{\varphi_yAf}+\eta\frac{\beta_{tx}M_x}{\varphi_bW_{1x}f}=\frac{7.65\times10^3}{0.701\times12.29\times10^2\times215}+1.0\times\frac{1.0\times1.96\times10^6}{0.96\times10.16\times10^3\times215}=0.99<1.0$$

杆件截面尺寸见表7－33。

表7－33 杆件截面选用表

杆件名称	杆件编号	内力 N（kN）	计算长度（m）		选用截面	截面面积（cm^2）	容许长细比	$\frac{N}{\varphi_{min}Af}$	承载力设计值（kN）
			l_{ox}	l_{oy}					
上弦杆	①	－7.94	1.457	2.964	┬56×5	10.83	150	0.08	－102.45
	②	－7.94	1.507						
主斜杆	③	－17.78	1.852	3.768	┬56×5	10.83	150	0.20	－89.65
	④	－8.05	1.916						
腹杆	⑤	－2.11（9.28）	1.535		L56×5	5.42	250	0.06	－32.62（99.05）
	⑥	－11.16	0.938		L45×5	4.29	150	0.31	－35.96
侧柱	⑦	－7.65 $M=\pm1.96\text{kN}\cdot\text{m}$	2.05	2.05	┬63×5	12.29	150	—	—

注：表中压杆承载力设计值可由表18－2a、表18－2b查得。

5　节点设计。

天窗架屋脊节点及天窗架与屋架的连接节点构造见图7－192。节点的计算方法与钢屋架相同，在此从略。

天窗架施工详图见图7－197。

【例题7－15】 三支点式天窗架（GCJ—2）

1　设计资料。

天窗架跨度$L=9$m，高度$H=3.25$m（窗扇为2m×1.2m的上悬玻璃窗，无挡风板），间距6m，屋面材料为1.5m×6.0m预应力混凝土屋面板，卷材防水，泡沫混凝土保温，屋面坡度1/10（$\alpha=5.71°$）。基本风压$w_o=0.5\text{kN/m}^2$，天窗距地面高度为15m。钢材Q235，焊条E43型。天窗架的结构形式、几何尺寸及杆件编号见图7－198。

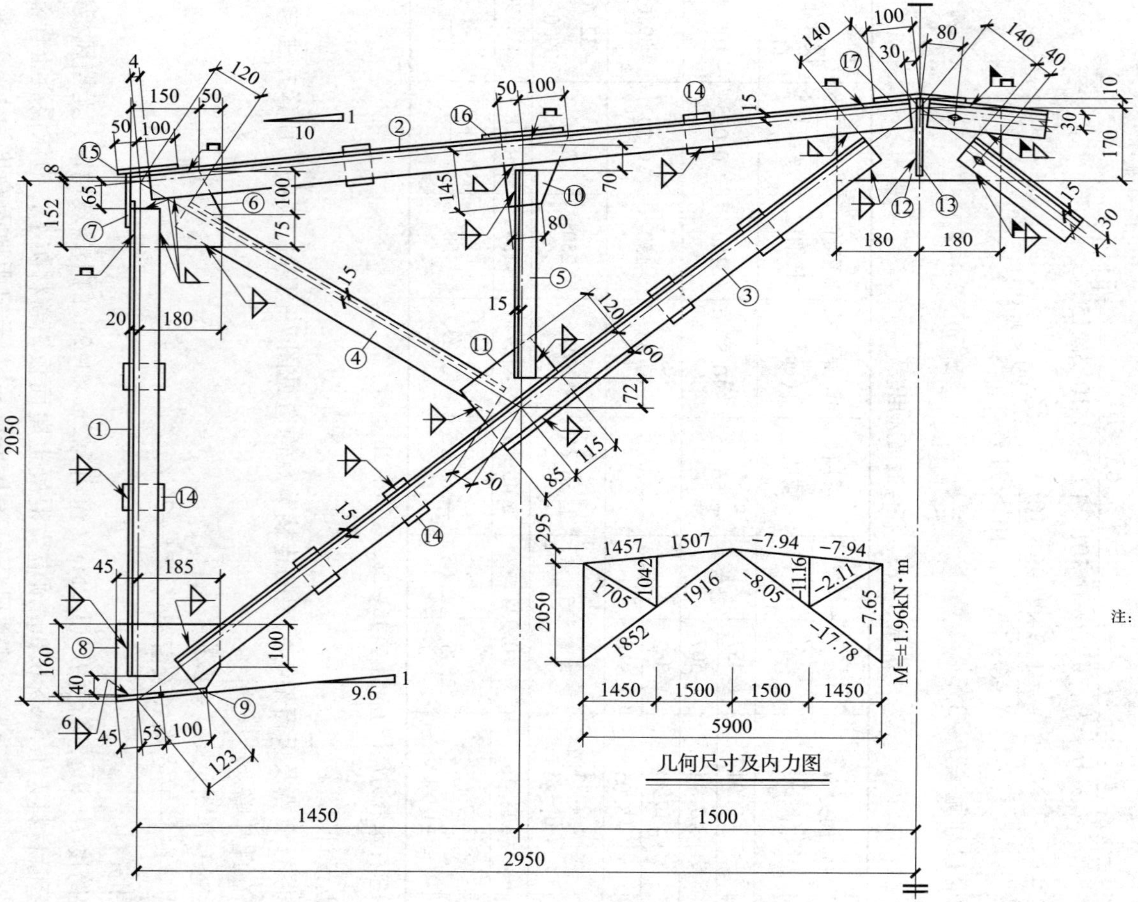

图 7－197　天窗架（GCJ－1）施工详图

GCJ–1　材料表

零件号	截面	长度（mm）	数量	重量（kg） 每个	合计	共计
1	∠63×5	1945	4	9.4	38	200
2	∠56×5	2930	4	12.5	50	
3	∠56×5	3505	4	14.9	60	
4	∠56×5	1535	2	6.5	13	
5	∠45×5	900	2	3.0	6	
6	−175×6	200	2	1.6	3	
7	−150×6	180	2	1.3	3	
8	−160×6	210	2	1.6	3	
9	−180×6	200	2	2.2	4	
10	−150×6	155	2	1.1	2	
11	−180×6	200	2	1.7	3	
12	−180×6	360	1	3.0	3	
13	−80×6	160	1	0.6	1	
14	−60×6	90	16	0.3	5	
15	−150×6	160	2	1.1	2	
16	−160×6	160	2	1.2	2	
17	−160×6	200	1	1.5	2	

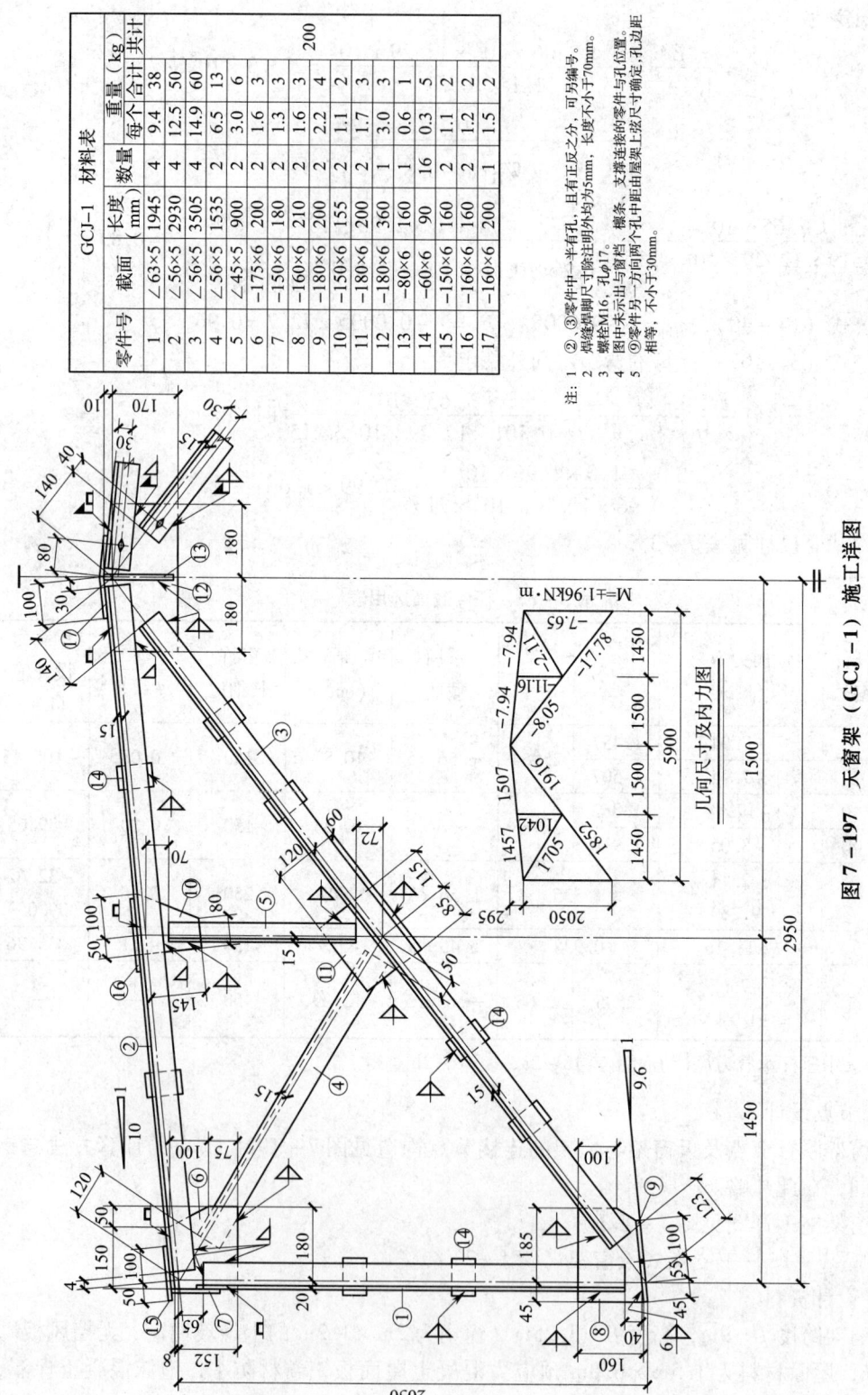

注：1　②、③零件中一半有孔，且有正反之分，可另编号。
2　焊缝焊脚尺寸除注明外均为5mm，长度不小于70mm。
3　螺栓M16，孔ϕ17。
4　图中未示出与窗档、檩条、支撑连接的零件与孔位置。
5　⑨零件另一方向两个孔中距由屋架上弦尺寸确定，孔边距相等，不小于30mm。

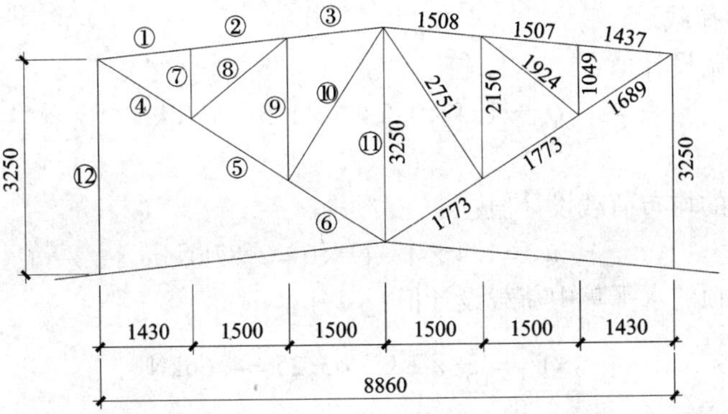

图 7－198 天窗架形式、几何尺寸和杆件编号

2 荷载标准值。

（1）永久荷载（恒荷载）。

屋面永久荷载：

卷材防水层	0. 35
找平层（20mm 厚）	0. 40
保温层（80mm 厚）	0. 50
屋面板	1. 40
天窗架（包括支撑）自重	0. 18
合计	2. 83kN/m^2

其他永久荷载：

窗扇（包括横挡）	0. 45kN/m^2
钢筋混凝土侧板（高 450mm）加保温	2. 50kN/m^2

（2）可变荷载。

屋面均布活荷载与雪荷载较大标准值为 0. 50kN/m^2。

由《建筑结构荷载规范》GB 50009—2012，风荷载高度变化系数为 1. 14（地面粗糙度类别 B），风振系数取 1. 0，体型系数见图 7－197，则侧柱的风荷载标准值 $w_k = w_{k1} = \beta_z \mu_s \mu_z w_0 = 1.0 \times 0.6 \times 1.14 \times 0.50 = 0.342\text{kN/m}^2$，屋面永久荷载较大，不考虑垂直屋面的风吸力荷载。

3 节点荷载和杆件内力。

天窗架计算简图如图 7－196（a）、（b）所示。

（1）永久荷载。

上弦节点荷载：

标准值 $Q_{Gk} = 2.83 \times 6 \times 1.5 = 25.47\text{kN}$

设计值

$\gamma_G = 1.2$ 时 $Q_G = 1.2 \times 2.83 \times 6 \times 1.5 = 30.56\text{kN}$

$\gamma_G = 1.35$ 时 $Q_G = 1.35 \times 2.83 \times 6 \times 1.5 = 34.38\text{kN}$

此外，侧窗和侧板对天窗架侧柱产生的轴心力为：

标准值 $N'_k = (0.45 \times 2.4 + 2.50 \times 0.45) \times 6 = 13.23\text{kN}$

设计值

$\gamma_G = 1.2$ 时 $N' = 1.2 \times (0.45 \times 2.4 + 2.50 \times 0.45) \times 6 = 15.88\text{kN}$

$\gamma_G = 1.35$ 时 $Q_G = 1.35 \times (0.45 \times 2.4 + 2.50 \times 0.45) \times 6 = 17.86\text{kN}$

（2）屋面活荷载。

上弦节点荷载设计值：

$$Q_Q = 1.4 \times 0.5 \times 6 \times 1.5 = 6.30\text{kN}$$

（3）风荷载。

作用于侧柱的均布荷载设计值：

$$w_1 = 1.4 \times 0.342 \times 6 = 2.87\text{kN/m}$$

作用于侧柱顶的水平集中荷载设计值：

$$W_1 = \frac{1}{2} \times 2.87 \times 3.25 = 4.66\text{kN}$$

风荷载对侧柱产生的弯矩：

$$M = \pm\frac{1}{8} \times 2.87 \times 3.25^2 = \pm 3.79\text{kN} \cdot \text{m}$$

天窗架杆件内力采用数解法计算，其内力组合见表7－34。

表7－34　杆件内力组合表（单位：kN）

杆件名称	杆件编号	屋面永久荷载			屋面活荷载设计值	风荷载设计值		组合内力
		标准值	设计值			左风	右风	
			$\gamma_G = 1.2$	$\gamma_G = 1.35$				
上弦杆	①	－35.43	－42.51	－47.83	－8.76	－4.68	－4.68	－56.77
	②	－35.43	－42.51	－47.83	－8.76	－4.68	－4.68	－56.77
	③	－17.60	－21.11	－23.76	－4.35	－4.68	－4.68	－29.61
主斜杆	④	41.67	50.00	56.25	10.31	0.0	11.02	70.08
	⑤	20.71	24.85	27.95	5.12	0.0	11.02	39.45*
	⑥	0.0	0.0	0.0	0.0	0.0	11.02	11.02*
腹杆	⑦	－25.47	－30.56	－34.38	－6.30	0.0	0.0	－38.79
	⑧	22.77	27.32	30.74	5.63	0.0	0.0	34.68
	⑨	－36.40	－43.68	－49.14	－9.00	0.0	0.0	－55.44
	⑩	32.14	38.57	43.39	7.95	0.0	0.0	48.96
	⑪	－75.85	－91.02	－102.40	－18.76	0.93	0.93	－115.53**
侧柱	⑫	－58.08	－69.70	－78.41	－11.09	－0.47	－6.34	－83.80*
						±3.79kN·m		±3.79kN·m

注：1　标*者为1.2屋面永久荷载标准值＋风荷载设计值＋0.7屋面活荷载设计值。

2　标**者为1.35屋面永久荷载标准值＋0.7屋面活荷载设计值。

3　其余为1.35屋面永久荷载标准值＋0.7屋面活荷载设计值＋0.6风荷载设计值。

4　杆件截面选择。

节点板厚度采用6mm。

侧柱（⑫杆）

$$N = -83.80\text{kN},\ M = \pm 3.79\text{kN} \cdot \text{m},\ l_{ox} = l_{oy} = 325\text{cm}$$

当采用双角钢截面时，背风面的侧柱最不利，此时肢尖受压最大。

由表17－1，选用┬100×6，$A = 23.86\text{cm}^2$，$i_x = 3.10\text{cm}$，$i_y = 4.30\text{cm}$，$W_{x\max} = 86.10\text{cm}^3$，$W_{x\min} = 31.37\text{cm}^3$，$\lambda_x = 325/3.10 = 104.8 < 150$，$\lambda_y = 325/4.30 = 75.6$

按公式（3－74），$\lambda_z = 3.9b/t = 3.9 \times 100/6 = 65.0$

$\lambda_y > \lambda_z$，由公式（3－73a），绕对称轴的换算长细比为：

$$\lambda_{yz} = \lambda_y\left[1 + 0.16\left(\frac{\lambda_z}{\lambda_y}\right)^2\right] = 75.6 \times \left[1 + 0.16 \times \left(\frac{65.0}{75.6}\right)^2\right] = 84.5$$

属 b 类截面，查表 14－2b，$\varphi_x = 0.525$，$\varphi_y = 0.657$，按公式（3－102）计算的弯矩平面内稳定为：

$$N'_{Ex} = \frac{\pi^2 EA}{1.1\lambda_x^2} = \frac{\pi^2 \times 2.06 \times 10^5 \times 23.86 \times 10^2}{1.1 \times 104.8^2} = 401.53 \times 10^3\text{N}$$

$$\frac{N}{\varphi_x Af} + \frac{\beta_{mx} M_x}{\gamma_x W_{1x}\left(1 - 0.8\dfrac{N}{N'_{Ex}}\right)f}$$

$$= \frac{83.80 \times 10^3}{0.525 \times 23.86 \times 10^2 \times 215} + \frac{1.0 \times 3.79 \times 10^6}{1.2 \times 31.37 \times 10^3\left(1 - 0.8 \times \dfrac{83.80}{401.53}\right) \times 215}$$

$$= 0.87 < 1.0$$

按公式（14－40），$\varphi_b = 1 - 0.0005\lambda_y/\varepsilon_k = 1 - 0.0005 \times 75.6 = 0.96$

按公式（3－107）计算的弯矩平面外稳定为：

$$\frac{N}{\varphi_y Af} + \eta\frac{\beta_{tx} M_x}{\varphi_b W_{1x} f} = \frac{83.80 \times 10^3}{0.657 \times 23.86 \times 10^2 \times 215} + 1.0 \times \frac{1.0 \times 3.79 \times 10^6}{0.96 \times 31.37 \times 10^3 \times 215} = 0.84 < 1.0$$

其他杆件计算从略，杆件截面尺寸见表 7－35。

表 7－35　杆件截面选用表

杆件名称	杆件编号	内力 N (kN)	计算长度（m） l_{ox}	l_{oy}	选用截面	截面面积 (cm²)	容许长细比	$\frac{N}{A_n}$ (N/mm²)	$\frac{N}{\varphi_{min}Af}$ (N/mm²)	承载力设计值 (kN)
上弦杆	①	－56.77	1.437	2.964						
	②	－56.77	1.507	3.015	┬63×5	12.29	150	—	0.44	－129.21
	③	－29.61	1.508	3.015						
主斜杆	④	70.08	1.689							
	⑤	39.45	1.773	5.235	┬50×5	9.61	350	72.92	—	206.62
	⑥	11.02	1.773							
腹杆	⑦	－38.79	0.944		∠50×5	4.80	150	—	0.87	－44.46
	⑧	34.68	1.732		∠50×5	4.80	350	72.25	—	87.74
	⑨	－55.44	1.720	2.150	┬50×5	9.61	150	—	0.46	－120.04
	⑩	48.96	2.476		∟50×5	4.80	350	102.0	—	87.74
	⑪	－115.53	2.925		╋70×5	13.75	150	—	0.77	－150.77
侧柱	⑫	－83.80 ±3.79kN·m	3.250	3.250	┬100×6	23.86	150	—	—	—

注：表中压杆承载力设计值可由表 18－1、表 18－2、表 18－5 查得。

5　节点设计。

天窗架屋脊节点及天窗架与屋架的连接节点构造见图 7－192 和图 193。节点的计算方法与钢屋架相同，在此从略。

天窗架施工详图见图 7－199。

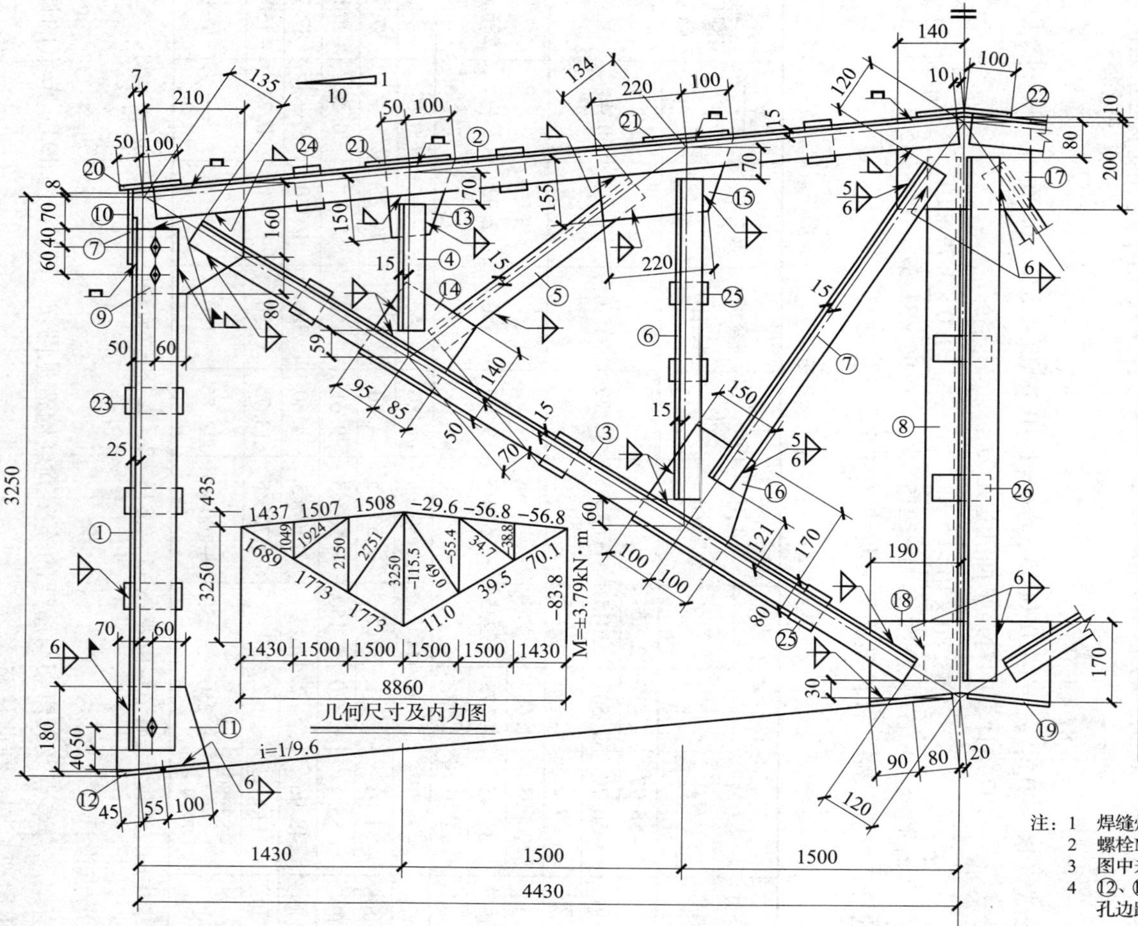

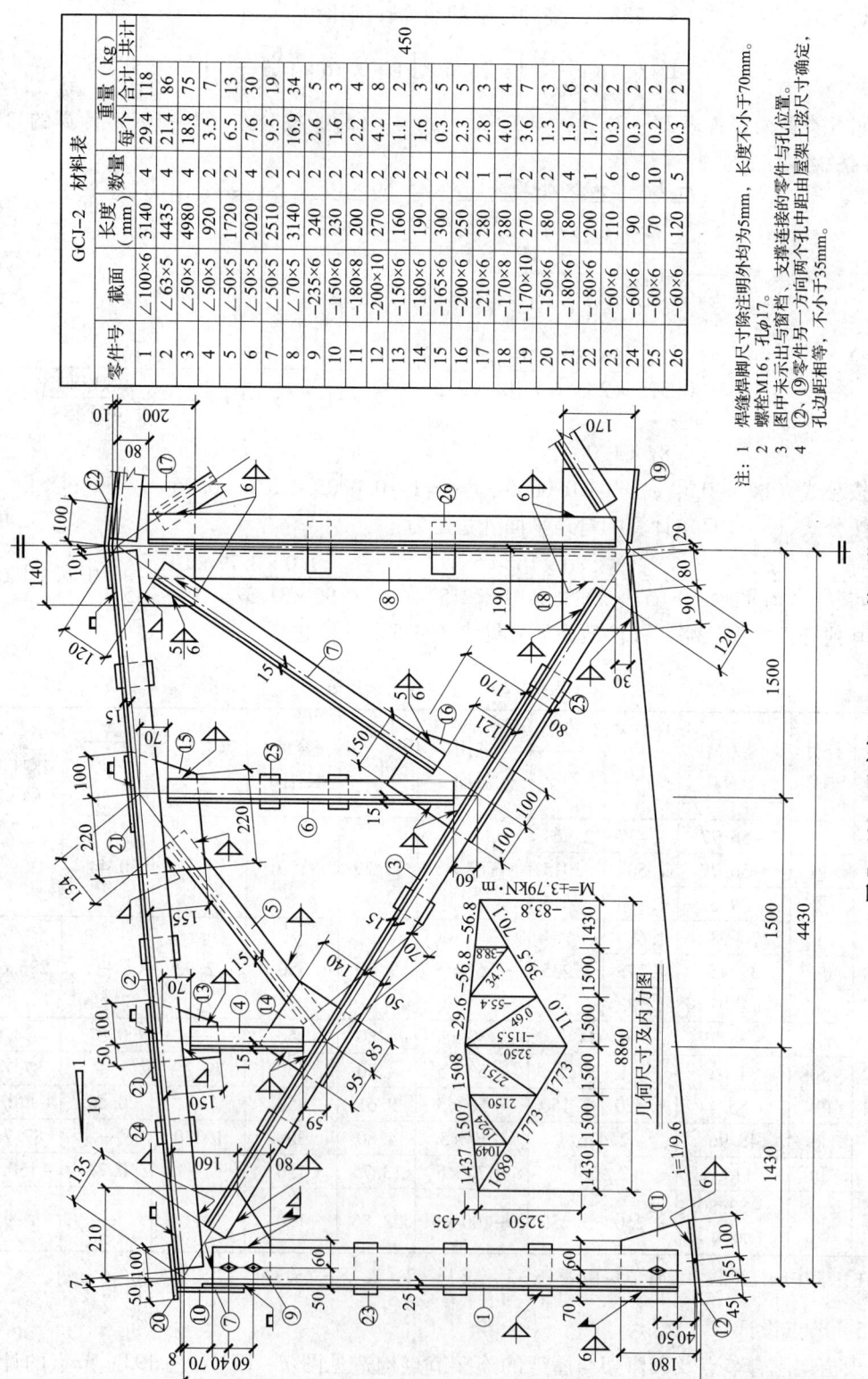

GCJ–2　材料表						
零件号	截面	长度（mm）	数量	重量（kg）		
				每个	合计	共计
1	∠100×6	3140	4	29.4	118	450
2	∠63×5	4435	4	21.4	86	
3	∠50×5	4980	4	18.8	75	
4	∠50×5	920	2	3.5	7	
5	∠50×5	1720	2	6.5	13	
6	∠50×5	2020	4	7.6	30	
7	∠50×5	2510	2	9.5	19	
8	∠70×5	3140	2	16.9	34	
9	–235×6	240	2	2.6	5	
10	–150×6	230	2	1.6	3	
11	–180×8	200	2	2.2	4	
12	–200×10	270	2	4.2	8	
13	–150×6	160	2	1.1	2	
14	–180×6	190	2	1.6	3	
15	–165×6	300	2	0.3	5	
16	–200×6	250	2	2.3	5	
17	–210×6	280	1	2.8	3	
18	–170×8	380	1	4.0	4	
19	–170×10	270	2	3.6	7	
20	–150×6	180	2	1.3	3	
21	–180×6	180	4	1.5	6	
22	–180×6	200	1	1.7	2	
23	–60×6	110	6	0.3	2	
24	–60×6	90	6	0.3	2	
25	–60×6	70	10	0.2	2	
26	–60×6	120	5	0.3	2	

注：1　焊缝焊脚尺寸除注明外均为5mm，长度不小于70mm。
2　螺栓M16，孔ϕ17。
3　图中未示出与窗档、支撑连接的零件与孔位置。
4　⑫、⑲零件另一方向两个孔中距由屋架上弦尺寸确定，孔边距相等，不小于35mm。

图 7–199　天窗架（GCJ–2）施工详图

7.5 网 架

7.5.1 网架的特点与适用范围。

网架结构是由诸多杆件按一定规律组成的高次超静定空间结构。它改变了一般平面桁架的受力体系，能够承受来自各方向的荷载。由于杆件之间的相互支撑作用，空间刚度大、整体性好、抗震能力强，而且能够承受由于地基不均匀沉降带来的不利影响；即使在个别杆件受到损伤的情况下，也能自动调节杆件内力，保持结构的安全。

网架结构的自重轻，用钢量省。既适用于中小跨度，也适用于大跨度的房屋（一般网架结构跨度的划分为：大跨度为60m以上；中跨度为30～60m；小跨度为30m以下）；同时也适用于各种平面形式的建筑，如：矩形、圆形、扇形及多边形。

网架结构取材方便，一般采用Q235钢或Q345钢，杆件截面形式有钢管和角钢两类，钢管采用较多，并且可以用小规格的杆件截面建造大跨度的建筑。

另外，网架结构其杆件规格划一，适宜工厂化生产，为提高工程进度提供了有利的条件和保证。

网架结构有通用的计算程序，制图简单，加之其本身所具有的特点和优越性，给网架结构的发展提供了有利条件。

网架结构是一种应用范围很广的结构形式，既可用于体育馆、俱乐部、展览馆、影剧院、车站候车大厅等公共建筑，近年来也越来越多地用于仓库、飞机库、厂房等工业建筑中。

7.5.2 网架结构形式。

网架按照结构体系可分为平面桁架系和角锥体系。按照支承情况可分为周边支承、四点支承、多点支承、周边支承与点支承结合以及三边支承五种情况。

1 平面桁架系网架。

平面桁架系网架是由一些平面桁架相互交叉组成。一般应设计成较长的斜腹杆受拉，较短的直腹杆受压，腹杆与弦杆间的夹角为40°～60°。桁架的节间长度即为网格尺寸。

（1）两向正交正放网架：由两组平面桁架垂直交叉组成，弦杆平行或垂直于边界，见图7－200。其特点是上下弦的网格尺寸相同，各平行弦桁架长度一致。但由于上下弦杆组成方格，且平行于边界，因而基本单元为几何可变体系。为增加其空间刚度并有效传递水平荷载，应沿网架支承周边的上弦或下弦平面内设置水平支撑。当采用周边支承且平面接近正方形时，杆件受力均匀。此类网架适用于平面接近正方形中小跨度的建筑。

（2）两向正交斜放网架：当两组平面桁架垂直交叉，而桁架平面与边界为45°斜交时，称为两向正交斜放网架，见图7－201。其特点是靠近四角的短桁架相对刚度较大，对与其相垂直的长桁架起弹性支承作用，从而减小了长桁架的跨中正弯矩，改善了网架的受力状态，因而比正交正放网架经济。但长桁架的两端也产生了负弯矩，对四角支座产生较大的拉力，设计时应予以重视。此类网架适用于平面为正方形和矩形的建筑，当周边支承时，比正交正放网架的空间刚度大，用钢量省，跨度大时其优越性更为显著。

（3）三向网架：由三组互为60°的平面桁架相互交叉组成，上下弦平面内的网格均为几何不变的正三角形，见图7－202。三向网架比两向网架的空间刚度大，内力分布也较均匀，各个方向能较均匀地将力传给支承结构。适用于大跨度的三边形、多边形或圆形的建筑平面。

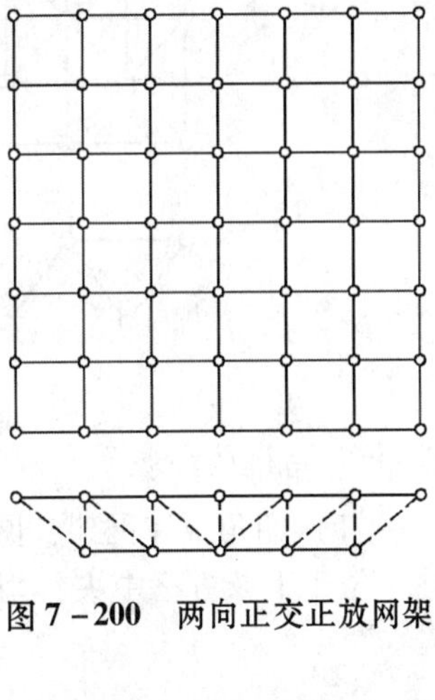

图7－200 两向正交正放网架

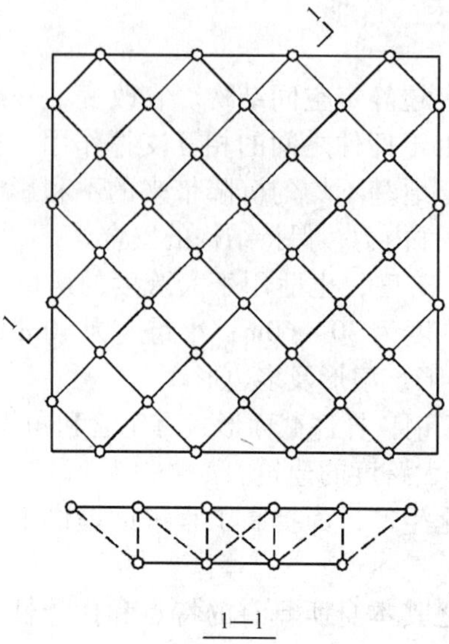

图 7-201 两向正交斜放网架

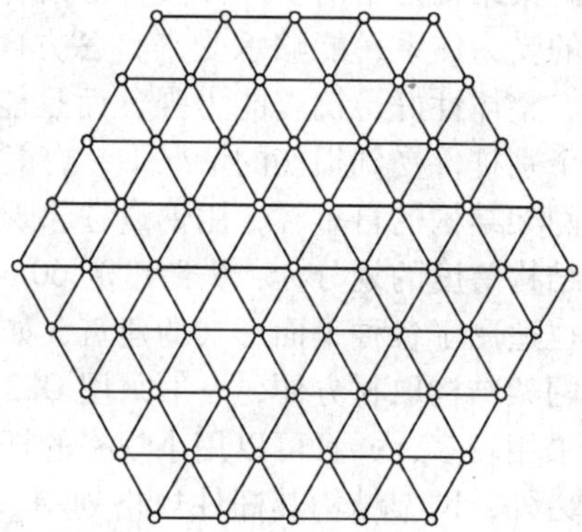

图 7-202 三向网架

(4) 单向折线形网架：由一系列平面桁架互相斜交成 V 形，上、下弦杆均为正放，可以看成无上、下弦杆的正放四角锥网架，见图 7-203。单向折线形网架较单纯的平面桁架刚度大，不需要布置支撑体系。为加强其空间刚度，应在周边增设部分上弦杆。由于只有沿短向的上、下弦杆，网架呈单向受力状态。一般用于长边较短边大很多的建筑平面。

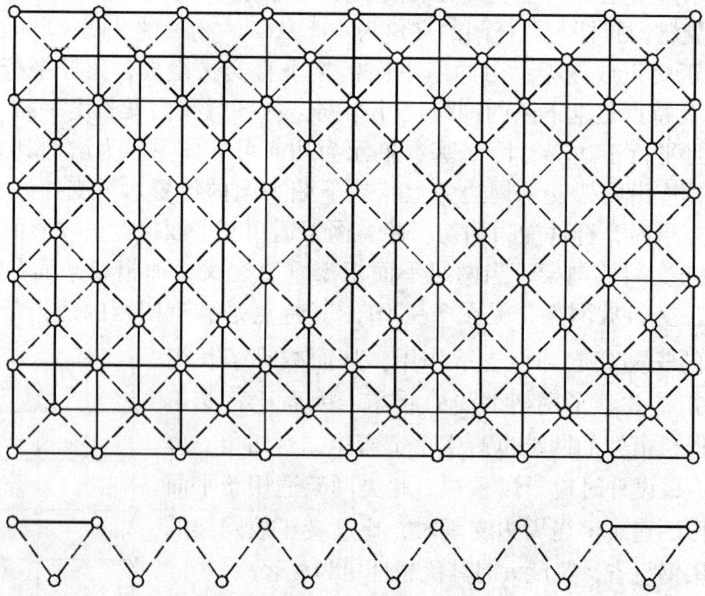

图 7-203 单向折线形网架

2 角锥体网架。

(1) 四角锥体网架：网架的上、下弦平面为方形网格，下弦杆相对于上弦杆平移半格，位于上弦方格中央，用四根斜腹杆将上、下弦网格节点相连，即形成四角锥网架。

1）正放四角锥网架：由倒四角锥体组成，锥底的四边为网架的上弦杆，锥棱为腹杆，各锥顶相连即为下弦杆，其弦杆均与边界正交，见图 7－204。当网架高度为弦杆长度的$\sqrt{2}/2$倍时，腹杆与腹杆，腹杆与弦杆间的夹角均为60°，所有腹杆与弦杆的几何长度相同，杆件受力较均匀，空间刚度较好，但杆件数量较多，用钢量略高。适用于平面接近正方形的中小跨度，周边支承的情况，也适用于大柱网的点支承、有悬挂吊车的工业厂房和屋面荷载较大的建筑。

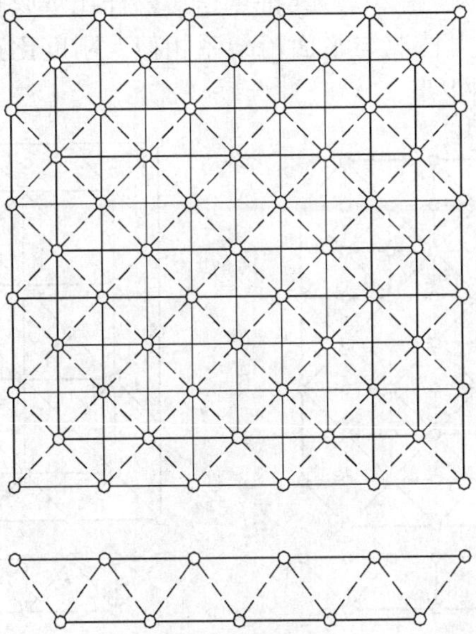

图 7－204　正放四角锥网架

2）正放抽空四角锥网架：为了降低用钢量，以及便于设置屋面通风或采光天窗，可以采用抽去部分四角锥的正放抽空四角锥网架，见图 7－205。正放抽空四角锥网架适用于中、小跨度或屋面荷载较小的周边支承、点支承以及周边支承与点支承相结合的情况。

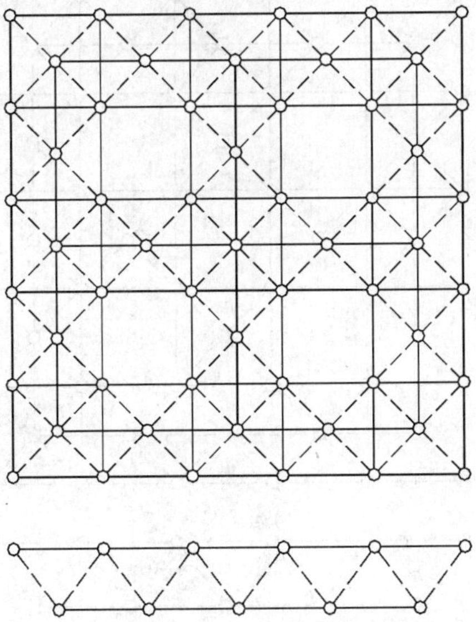

图 7－205　正放抽空四角锥网架

3）斜放四角锥网架：四角锥体上弦杆与边界成45°放置，下弦杆仍与边界正交，则为斜放四角锥网架，见图7－206。其特点是上弦杆短，下弦杆长，在周边支承的情况下，一般为上弦受压，下弦受拉，杆件受力合理；且节点处会交的杆件较少，用钢量较省。适用于中小跨度周边支承，或周边支承与点支承相结合的方形和矩形平面的建筑。

4）星形四角锥网架：由两个倒置的三角形小桁架相互交叉构成一个星体单元，两个桁架的底边即为网架的上弦，它们与边界45°斜交；在两个桁架的交会处设有竖杆，各单元顶点相连即为下弦，见图7－207。其特点是上弦杆比下弦杆短，受力合理，但角部上弦杆可能受拉。网架的受力情况与平面桁架系相似，刚度比正方四角锥稍差。一般适用于中、小跨度周边支承的网架。

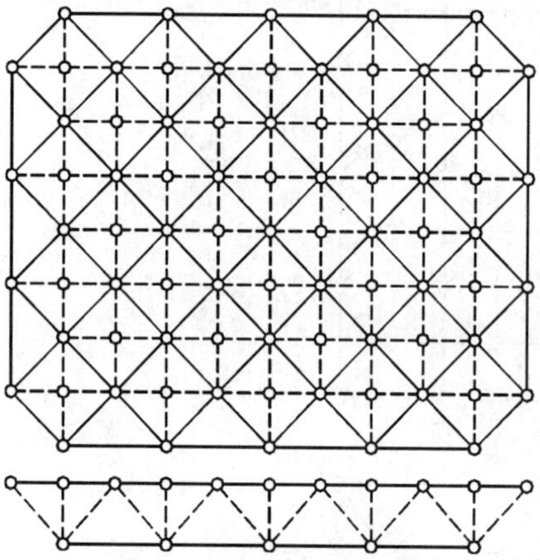

图7－206　斜放四角锥网架

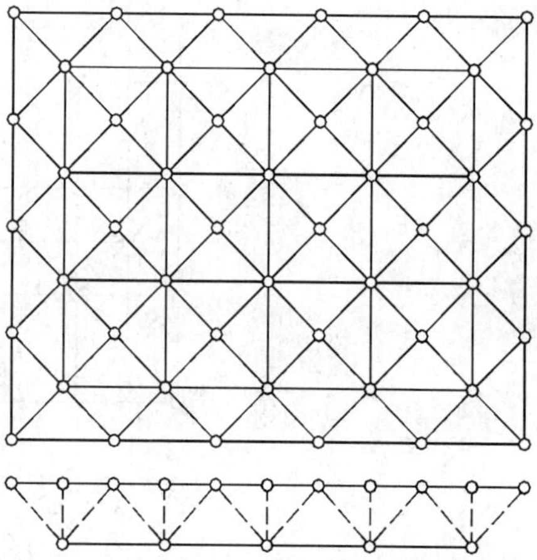

图7－207　星形四角锥网架

5）棋盘形四角锥网架：在正方四角锥网架的基础上，除周边四角锥不变外，将中间四角锥间隔抽空，中部下弦杆改为正交斜放，见图7－208。由于周边不抽空，其空间刚度可以保证，受力较均匀；且杆件较少，用钢指标好。适用于小跨度周边支承的网架。

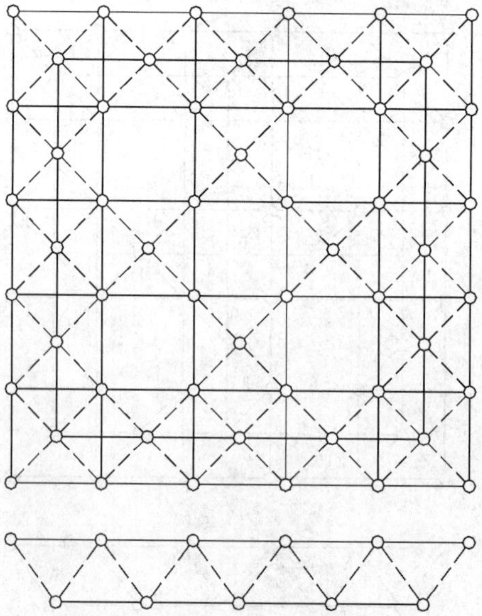

图7－208　棋盘形四角锥网架

(2) 三角锥体网架：由三角锥体组成。上、下弦杆在本身平面内都组成正三角形网格，下弦三角形的节点正对上弦三角形的重心，用三根斜腹杆把下弦每个节点和上弦三角形的三个顶点相连，即组成三角锥体。

1) 三角锥网架：由一系列的三角锥组成，上、下弦平面均为三角形网格，上弦或下弦三角形的顶点分别对着下弦或上弦三角形的形心，见图7-209。三角锥网架杆件受力均匀，抗弯和抗扭刚度均较好，但节点构造较复杂。一般适用于平面为三角形、六边形和圆形的建筑。

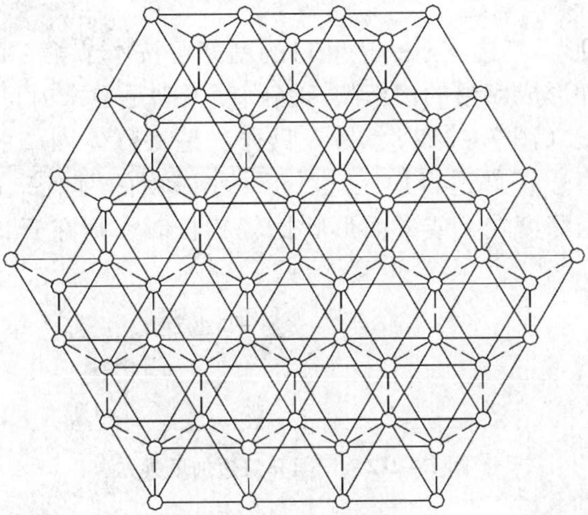

图7-209 三角锥网架

2) 抽空三角锥网架：在三角锥网架的基础上抽去部分锥体的腹杆，即形成抽空三角锥网架。其上弦仍为三角形网格，而下弦为三角形或六边形网格，见图7-210。这种网架减少了杆件数量，用钢量省，但空间刚度也受到减弱。适用于荷载较轻，跨度较小的平面为三角形、六边形和圆形的建筑。

3) 蜂窝形三角锥网架：网架的上弦平面为正三角形和正六边形网格，下弦平面为正六边形网格，下弦杆与腹杆位于同一竖向平面内，见图7-211。其上弦杆较短，下弦杆较长，受力合理，每个节点只会交6根杆件，在常见的几种网架中，是杆件数和节点数最少的。该类网架适用于中、小跨度，周边支承，平面为六边形、圆形和矩形的建筑。

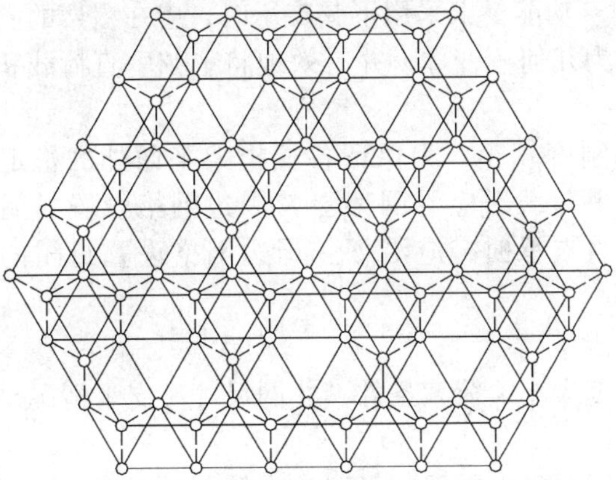

图7-210 抽空三角锥网架

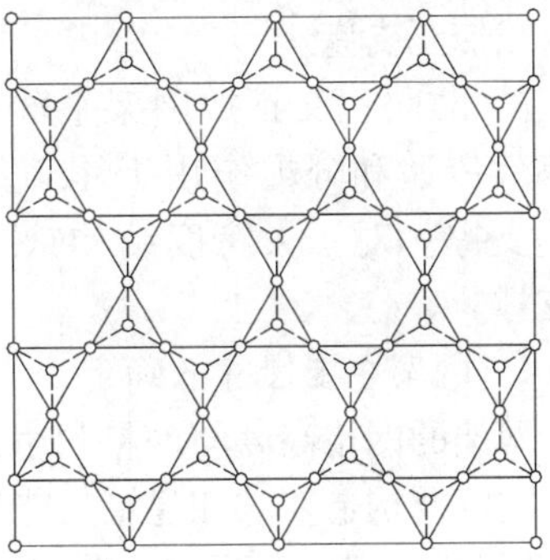

图7-211 蜂窝形三角锥网架

7.5.3 网架结构选用原则。

网架选型应根据建筑物的平面形状和尺寸、支承情况、荷载大小、屋面构造、建筑要求、制造和安装方法，以及材料供应情况等因素综合考虑。

1 平面形状为矩形的周边支承网架，应根据不同的边长比选用相应的网架类型以取得较好的经济指标。当其长边与短边之比≤1.5 时，宜选用正放四角锥网架、斜放四角锥网架、棋盘形四角锥网架、正放抽空四角锥网架、两向正交斜放网架、两向正交正放网架。当其长边与短边之比>1.5 时，宜选用两向正交正放网架、正放四角锥网架或正放抽空四角锥网架。

2 平面形状为矩形，三边支承一边开口的网架可按本节第 1 款进行选型，开口边必须具有足够的刚度并形成完整的边桁架。当刚度不满足要求时可采用两种方法处理，一种是在开口边加反梁（图 7－212），另一只方法是将整体网架的高度较周边支承时的高度适当增加，开口边杆件适当加大。对于中小跨度的网架，上述两种方法的用钢量及挠度相差不大。当跨度较大或平面形状比较狭长时，则在开口边加反梁的方法较为有利。

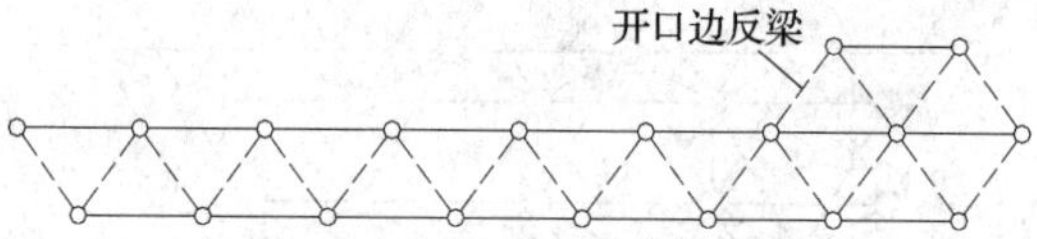

图 7－212 网架开口边加反梁

3 平面形状为矩形、多点支承的网架可根据具体情况选用正放四角锥网架、正放抽空四角锥网架、两向正交正放网架。因为多点支承时，这种正放类型网架的受力性能比斜放类型合理，挠度也小。

4 平面形状为圆形、正六边形及接近正六边形等周边支承的网架，大多用于大中跨度的公共建筑。从平面布置及建筑造型看，比较适宜选用三向网架、三角锥网架或抽空三角锥网架。特别是当平面形状为正六边形时，这种网架的网格布置规整，杆件种类少，施工较为方便。

5 蜂窝形三角锥网架用钢量较少，建筑造型好，适用于各种规则的平面形状。由于其上弦网格为正三角形和正六边形交叉组成，屋面构造较为复杂，整体性较差，一般用于中小跨度屋盖。

6 网架一般采用上弦支承方式，当建筑功能要求采用下弦支承时，应在屋架的支座边形成竖直或倾斜的边桁架，以确保网架为几何不变体，并有效地将上弦垂直荷载和水平荷载传至支座。

7 两向正交正放网架平面内的水平刚度较小，为保证各榀桁架平面外的稳定性及有效传递和分配作用于屋盖结构的水平荷载，应沿网架上弦周边网格设置封闭的水平支撑。对于大跨度结构或当下弦周边支承时，应沿下弦周边网格设置封闭的水平支撑。

7.5.4 网架主要尺寸的确定。

网架的网格高度与网格尺寸应根据跨度大小、荷载条件、柱网尺寸、支承情况、网格形式以及构造要求和建筑功能等因素确定。

网架的高跨比可取 1/10～1/16。当采用混凝土屋面时可取较大值，采用轻型屋面时可取较小值。

网架在短向跨度的网格数不宜小于5。确定网格尺寸时宜使相邻杆件间的夹角大于45°,同时不宜小于30°，这主要是网架的制作与构造要求的需要，以免杆件相碰或节点尺寸过大。

7.5.5 网架结构计算。

1 一般原则。

网架是由许多杆件按一定规律组成的空间杆系结构，属于高次超静定结构，要精确分析其内力和变形十分复杂，一般均需进行一些必要的假设作简化计算。对网架结构的静力计算，通常采用以下几点假设：

（1）忽略节点刚度影响，假定网架节点为空间铰接点，杆件只承受轴向力，并按弹性阶段进行计算。

（2）网架结构的外荷载可按静力等效的原则，将节点所辖区域内的荷载转化为节点集中荷载。当杆件上作用有局部荷载时，应考虑局部弯曲的影响。

（3）网架结构的支承条件，可根据支承结构的刚度及支座节点的构造，分别假定为两向可侧移、一向可侧移和无侧移铰接支座或弹性支承。

2 计算方法。

目前常用的计算方法有精确计算方法—空间杆系有限元法（空间桁架位移法）和简化计算方法—拟夹层板法。空间杆系有限元法适用于各种平面形状、各种类型和各种支承条件的网架。而在结构方案选择和初步设计阶段可采用简化的拟夹层板法。

（1）空间杆系有限元法：以网架的杆件为基本单元，以节点位移为基本未知量，首先建立杆件单元的内力与位移关系，形成单元刚度矩阵；然后根据节点的变形协调条件和静力平衡条件建立节点荷载与节点位移间的关系，形成结构的总刚度矩阵和总刚度方程，引入边界条件，求解节点的位移值。求得节点位移后，既可根据杆件单元的内力与位移间的关系求出全部杆件内力。目前的网架通用计算程序一般均采用空间杆系有限元法编制。

（2）拟夹层板法：拟夹层板法是把网架结构连续化为由三层不同性质材料组成的夹层板，考虑剪切变形的影响，以一个挠度和两个转角共三个广义位移为未知量，采用弹性平板弯曲理论建立基本微分方程，然后用差分法或级数法解出挠度、弯矩和剪力，再求出杆件内力。与精确法相比其误差在5% ~10%以内。此法可用于跨度≤40m，由平面桁架系或角锥体系组成的矩形平面、周边支承的网架结构。

3 抗震验算。

屋盖网架结构，在抗震设防烈度为6度或7度的地区，可不进行抗震验算；在抗震设防烈度为8度的地区，对于周边支承的中小跨度网架应进行竖向抗震验算，对其他网架则应进行竖向和水平抗震验算；在抗震设防烈度为9度的地区，对各种网架均应进行竖向和水平抗震验算。

4 网架结构的允许挠度。

网架在永久荷载与可变荷载标准值作用下的最大挠度值不应超过：屋盖结构 $L_2/250$；楼盖结构 $L_2/300$（L_2为网架短向跨度）；悬挑结构 $L/125$（L为悬挑长度）。对于设有悬挂起重设备的屋盖结构，最大挠度值不宜大于结构跨度的1/400。

7.5.6 网架杆件设计。

1 材料。

网架结构的杆件常用材料为Q235钢和Q345钢，这两种材料力学及焊接性能好，材质稳定。当跨度或荷载较大时，宜采用 Q345 钢，以减轻结构自重，节约钢材。

2　截面形式。

网架结构的杆件最宜采用钢管。钢管各向同性、截面封闭、管壁薄、回转半径大，对受压、受扭均有利。另外，钢管端部封闭，内部不易锈蚀，表面也难积灰和积水，具有较好的防腐性能，适用于普遍采用的螺栓球节点和焊接空心球节点。对于中小跨度的网架也可采用角钢。

3　杆件的计算长度和长细比。

网架结构中，由于每个节点会集的杆件较多（一般 6 ~ 12 根），而且还常有不少应力较低的受压杆件，可增强受力较大杆件的稳定性，因而杆件的计算长度要比平面桁架的有关规定放宽。网架杆件的计算长度 l_0 按表 7 – 36 采用，其长细比不宜超过表 7 – 37 中规定的数值。

表 7 – 36　网架杆件计算长度 l_0

杆件种类	节点		
	螺栓球	焊接空心球	板节点
弦杆及支座腹杆	l	$0.9l$	l
腹杆	l	$0.8l$	$0.8l$

注：l 为杆件的几何长度（节点中心间距离）。

表 7 – 37　网架杆件的容许长细比

杆件种类		容许长细比
受压杆件		180
受拉杆件	一般杆件	300
	支座附近处杆件	250
	直接承受动力荷载杆件	250

4　杆件截面选择。

（1）网架杆件的截面应根据《钢结构设计标准》GB 50017—2017 按强度和稳定性的要求计算确定。

（2）每个网架所选截面规格不宜过多，较小跨度时以 2 ~ 3 种为宜，较大跨度时不宜超过 6 ~ 7 种。

（3）对相同截面面积的杆件，宜优先采用薄壁截面，以增大其回转半径。

（4）管材可采用高频电焊钢管或无缝钢管，其截面尺寸不宜小于 Φ48 × 3；对大、中跨度的网架结构，截面尺寸不宜小于 Φ60 × 3.5。角钢截面尺寸不宜小于∠50 × 3 或∠56 × 36 × 3。

7.5.7　网架节点设计与构造。

网架结构的节点起着连接会交杆件、传递内力的作用，同时也是网架与屋面结构、天棚吊顶、管道设备、悬挂吊车等连接之处，起着传递荷载的作用。因此，节点也是网架结构的重要组成部分，节点构造的好坏将直接影响网架的工作性能、安装质量及工程造价等。

合理的节点设计必须受力合理、传力明确简捷、工作可靠，同时还应构造简单、加工和安装方便，且节约钢材。

本书重点介绍常用的两种节点：焊接空心球节点和螺栓球节点，以及相应的支座节点。

1 焊接空心球节点。

焊接空心球节点是将两块圆钢板经热压或冷压成两个半球后对焊而成，其构造简单，受力明确，连接方便，适用于钢管杆件的各种网架。只要将圆钢管垂直于本身轴线切割，杆件与空心球自然对中而不产生节点偏心。因球体无方向性，可与任意方向的杆件连接。在一个网架中，焊接空心球节点的种类一般不宜超过 3 ~ 5 种。

（1）焊接空心球可根据受力大小分为加肋和不加肋两种，见图 7 – 213。空心球的钢材宜采用现行国家标准《碳素结构钢》规定的 Q235B 钢或《低合金高强度结构钢》规定的 Q345B、Q345C 钢。产品质量应符合现行行业标准《钢网架焊接空心球节点》JG/T 11 的规定。

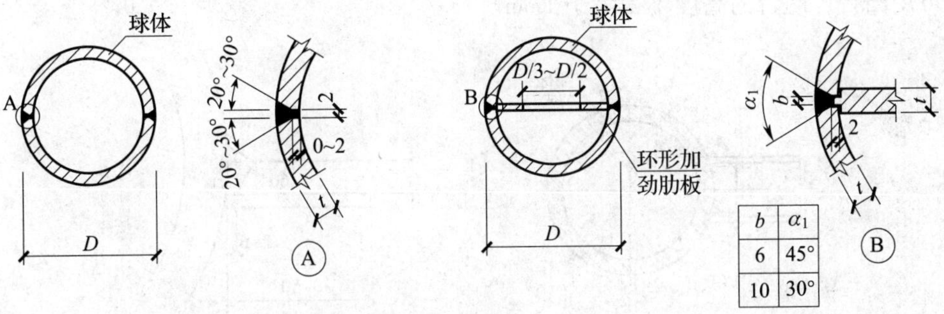

（a）不加肋空心球　　（b）加肋空心球

图 7 – 213　焊接空心球

（2）空心球球体直径一般先由构造决定，然后通过计算确定壁厚。球面上相邻杆件间的净距 a 不宜小于 10mm，见图 7 – 214。为了保证间隙 a，空心球直径 D 可按下列公式估算：

$$D = \frac{d_1 + 2a + d_2}{\theta} \tag{7-108}$$

式中　θ——会交于球节点任意两钢管杆件间的夹角；

d_1，d_2——组成 θ 角的两钢管外径；

a——球面上相邻杆件之间的净距。

（3）空心球的外径与壁厚之比一般为 25 ~ 45；空心球外径与主钢管外径之比一般取 2.4 ~ 3.0；空心球壁厚与主钢管壁厚的比值一般为 1.5 ~ 2.0；空心球壁厚不宜小于 4mm。

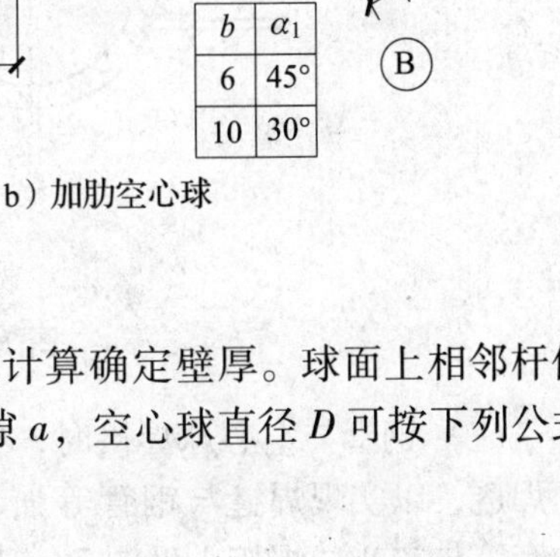

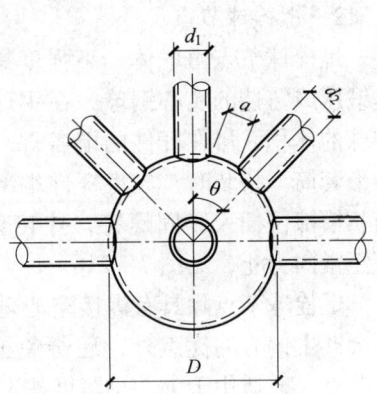

图 7 – 214　焊接空心球构造要求

（4）当空心球直径为 120 ~ 900mm 时，其受压和受拉承载力设计值 N_R 可按下列公式计算：

$$N_R = \eta_0\left(0.29 + 0.54\frac{d}{D}\right)\pi tdf \tag{7-109}$$

式中　η_0——大直径空心球节点承载力调整系数，当空心球直径≤500mm 时，$\eta_0 = 1.0$；

当空心球直径 >500mm 时，$\eta_0 = 0.9$；

D——空心球外径；

t——空心球壁厚；

d——与空心球相连的主钢管杆件的外径；

f——钢材的抗拉强度设计值。

（5）对加肋空心球，当仅承受轴力或轴力与弯矩共同作用但以轴力为主且轴力方向与加肋方向一致时，其承载力可乘以加肋空心球承载力提高系数 η_d，受压球取 $\eta_d=1.4$，受拉球取 $\eta_d=1.1$。

（6）当空心球外径 >300mm，且杆件内力较大需提高其承载力时，可在球内两半球对焊处增设肋板，使肋板与两半球焊成一体，见图 7－215（b）；当空心球外径 ≥500mm，应在球内增设肋板。肋板必须设在轴力最大杆件的轴线平面内，且肋板厚度不应小于球体的壁厚。肋板一般可挖空球体直径的 1/2 ~ 1/3，以减轻自重。为方便两半球的拼装，肋板可用凸台，凸台的高度不得大于 1mm。

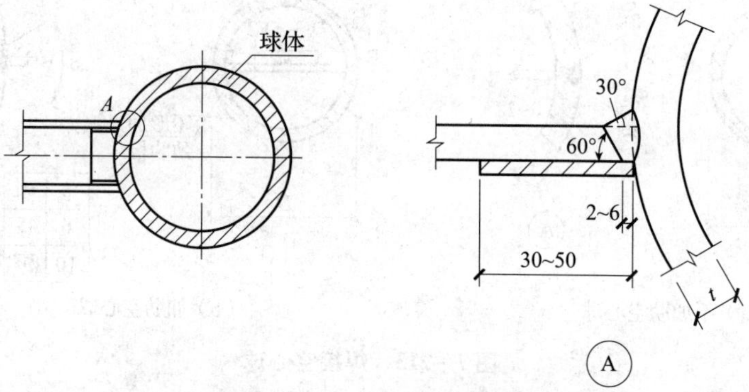

图 7－215　焊接空心球加套管焊接

（7）钢管与空心球焊接时，钢管应开坡口，并在钢管与空心球之间留一定间隙以保证焊透，以实现焊缝与钢管等强，否则应按角焊缝计算。为保证焊缝质量，钢管端头可加套管与空心球焊接，见图 7－217。套管壁厚不应小于 3mm，长度可为 30 ~ 50mm。

（8）对小跨度的轻屋面网架，钢管与空心球的连接可采用角焊缝，角焊缝的焊脚尺寸 h_f 应符合以下要求：

1）当钢管壁厚 $t_c \leqslant 4$mm 时，$t_c < h_f \leqslant 1.5t_c$；

2）当 $t_c > 4$mm 时，$t_c < h_f \leqslant 1.2t_c$。

2　螺栓球节点。

螺栓球节点由球体、高强度螺栓、套筒、紧固螺钉、锥头或封板等零件组成。球体是锻压或铸造的实心钢球，在钢球上按照网架杆件会交的角度钻孔并车出螺扣。为了减小球的体积，可在杆件两端各焊一个锥头，放入螺栓，它的外端套上两侧开有长槽的六角形套筒。拼装时，先将杆件端部的高强度螺栓拧入螺栓球节点的螺纹孔中，然后在套筒长槽部位插入紧固螺钉，拧转套筒时通过紧固螺钉带动螺栓转动，使螺栓旋入球体，直至紧固为止，见图 7－216。

螺栓球节点除具有焊接空心球节点对空间会交的钢管杆件连接适用性强和杆件连接不会产生偏心的优点外，还避免了现场焊接作业，并具有运输和安装方便的特点。螺栓球节点一般适用于中、小跨度的网架，杆件最大拉力以不超过 700kN，杆件长度以不超过 3m 为宜。

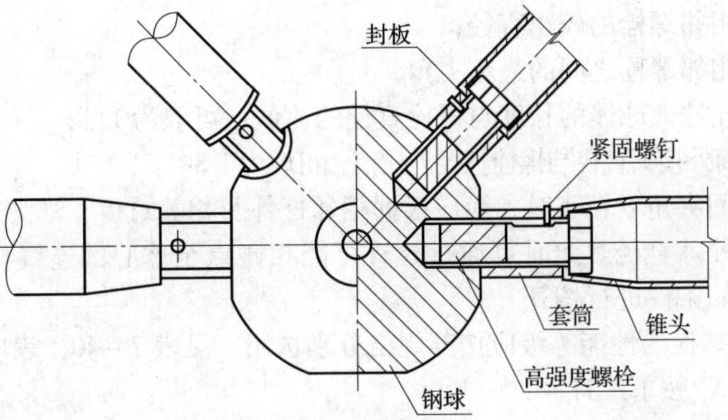

图 7－216 螺栓球节点

（1）用于制造螺栓球节点的钢球、高强度螺栓、套筒、紧固螺钉、锥头、封板的材料可按表 7－38 的规定选用，产品质量应符合现行行业标准《钢网架螺栓球节点》JG/T 10 的规定。

表 7－38 螺栓球节点零件材料

零件名称	推荐材料	材料标准编号	备注
钢球	45 号钢	《优质碳素结构钢》GB/T 699	毛坯钢球锻造成型
高强度螺栓	20MnTiB，40Cr，35CrMo	《合金结构钢》GB/T 3077	规格 M12～M24
	35VB，40Cr，35CrMo		规格 M27～M36
	35CrMo，40Cr		规格 M39～M64×4
套筒	Q235B	《碳素结构钢》GB/T 700	套筒内孔径为 13～34mm
	Q345	《低合金高强度结构钢》GB/T 1591	套筒内孔径为 37～65mm
	45 号钢	《优质碳素结构钢》GB/T 699	
紧固螺钉	20MnTiB	《合金结构钢》GB/T 3077	螺钉直径宜尽量小
	40Cr		
锥头或封板	Q235B	《碳素结构钢》GB/T 700	钢号宜与杆件一致
	Q345	《低合金高强度结构钢》GB/T 1591	

（2）螺栓球直径与螺栓的直径及螺栓伸入球体内的长度有关，为保证相邻两根螺栓伸入球体内不能相碰，同时应满足套筒接触面的要求，根据几何关系由图 7－217，螺栓球的直径 D 可分别按下列公式核算，并取以下两式计算的较大值。

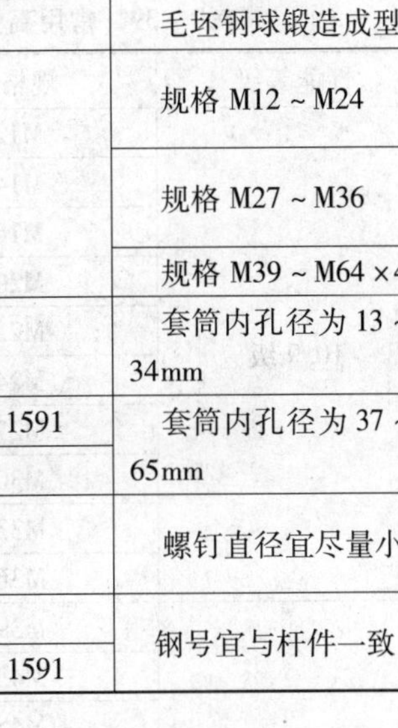

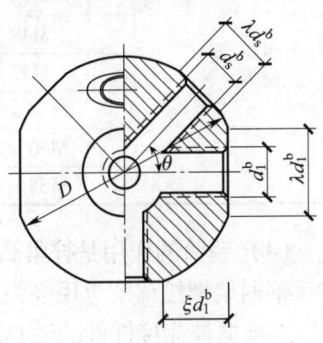

图 7－217 螺栓球与直径有关的尺寸

$$D \geqslant \sqrt{\left(\frac{d_s^b}{\sin\theta} + d_1^b \cot\theta + 2\xi \cdot d_1^b\right)^2 + \lambda^2 {d_1^b}^2} \quad (7-110)$$

$$D \geqslant \sqrt{\left(\frac{\lambda \cdot d_s^b}{\sin\theta} + \lambda \cdot d_1^b \cot\theta\right)^2 + \lambda^2 {d_1^b}^2} \quad (7-111)$$

式中 d_1^b——两相邻螺栓的较大直径；

d_s^b——两相邻螺栓的较小直径；

θ——两相邻螺栓之间的最小夹角；

ξ——螺栓拧入球体的长度与螺栓直径的比值，可取为1.1；

λ——套筒外接圆直径与螺栓直径的比值，可取为1.8。

当相邻杆件间夹角θ较小时，尚应根据相邻杆件及相关封板、锥头、套筒等零件不相碰的要求核算螺栓球直径。此时可通过检查可能相碰点至球心的连线与相邻杆件轴线间的夹角不大于θ的条件进行核算。

（3）高强度螺栓的性能等级应按其规格分别选用，见表7-40。表中高强度螺栓的受拉承载力设计值N_t^b按下式计算：

$$N_t^b = A_{eff} f_t^b \tag{7-112}$$

式中 f_t^b——高强度螺栓经热处理后的抗拉强度设计值，对10.9级，取430N/mm²；对9.8级，取385N/mm²；

A_{eff}——高强度螺栓的有效截面积，可按表7-40取用，其中$A_{eff}=\pi(d-0.9382p)^2/4$。当螺栓上钻有键槽或钻孔时，$A_{eff}$值取螺纹处或键槽、钻孔处二者中的较小值。

受压杆件的连接螺栓直径，可按其内力设计值的绝对值求得螺栓直径计算值后，按表7-39的螺栓直径减少1~3个级差选用。

表7-39 常用高强度螺栓在螺纹处的有效截面面积A_{eff}和承载力设计值N_t^b

性能等级	规格 d	螺距 p（mm）	A_{eff}（mm²）	N_t^b（kN）
10.9级	M12	1.75	84	36.1
	M14	2	115	49.5
	M16	2	157	67.5
	M20	2.5	245	105.3
	M22	2.5	303	130.5
	M24	3	353	151.5
	M27	3	459	197.5
	M30	3.5	561	241.2
	M33	3.5	694	298.4
	M36	4	817	351.3
9.8级	M39	4	976	375.6
	M42	4.5	1120	431.5
	M45	4.5	1310	502.8
	M48	5	1470	567.1
	M52	5	1760	676.7
	M56×4	4	2144	825.4
	M60×4	4	2485	956.6
	M64×4	4	2851	1097.6

（4）套筒的作用是拧紧高强度螺栓和承受钢管杆件传来的压力。套筒可按现行国家标准《钢网架螺栓球节点用高强度螺栓》GB/T 16939的规定与高强度螺栓配套采用；套筒的壁厚应根据被连接杆件的轴心压力按计算确定，并应验算开槽处和端部有效截面的承载力。

套管的外形尺寸应符合扳手开口尺寸系列，端部要保持平整，内孔径一般比螺栓直径大1mm。

对于开设滑槽的套筒应验算套筒端部到滑槽端部的距离，应使该处有效截面的抗剪力不低于紧固螺钉的抗剪力，且不小于1.5倍滑槽宽度。

套筒长度 l_s 和螺栓长度 l 可按下列公式计算（见图7－218，图中：t 为螺纹根部到滑槽附加余量，取2个丝扣；x 为螺纹收尾长度；e 为紧固螺钉的半径；Δ 为滑槽预留量，一般取4mm）：

$$l_s = m + B + n \tag{7-113}$$

$$l = \xi \cdot d + l_s + h \tag{7-114}$$

式中　B——滑槽长度，$B = \xi d - K$；

$\xi \cdot d$——螺栓伸入钢球的长度，d 为螺栓直径，ξ 一般取1.1；

m——滑槽端部紧固螺钉中心到套筒端部的距离；

n——滑槽顶部紧固螺钉中心到套筒顶部的距离；

K——螺栓露出套筒的距离，预留4～5mm，但不应少于2个丝扣；

h——锥头底板厚度或封板厚度。

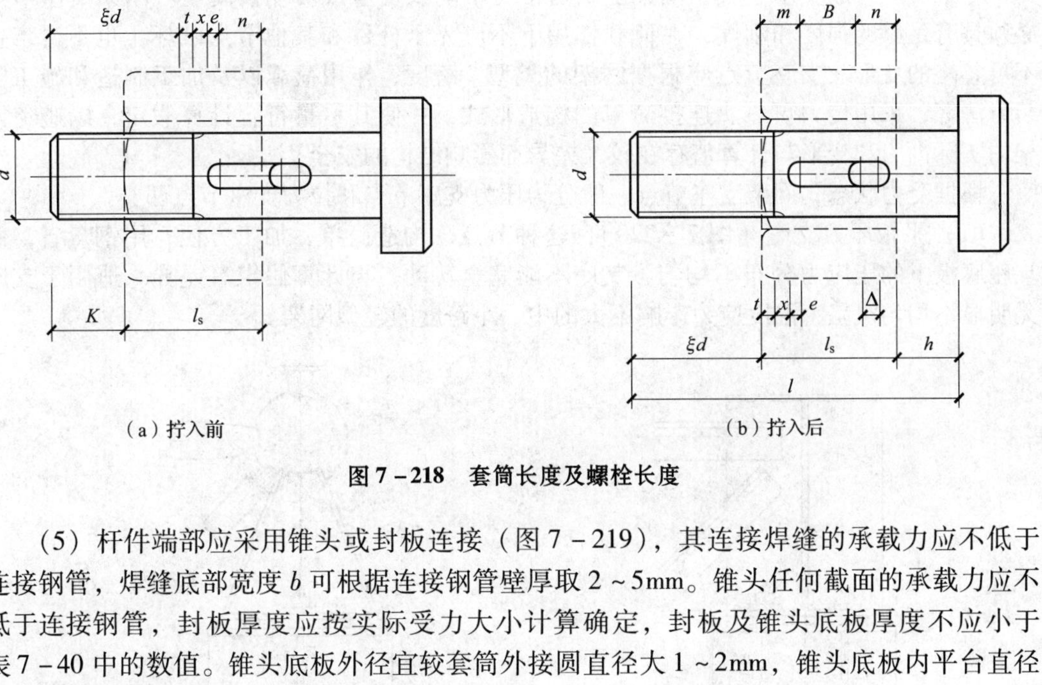

图7－218　套筒长度及螺栓长度

(5) 杆件端部应采用锥头或封板连接（图7－219），其连接焊缝的承载力应不低于连接钢管，焊缝底部宽度 b 可根据连接钢管壁厚取2～5mm。锥头任何截面的承载力应不低于连接钢管，封板厚度应按实际受力大小计算确定，封板及锥头底板厚度不应小于表7－40中的数值。锥头底板外径宜较套筒外接圆直径大1～2mm，锥头底板内平台直径宜比螺栓头直径大2mm。锥头倾角应小于40°。

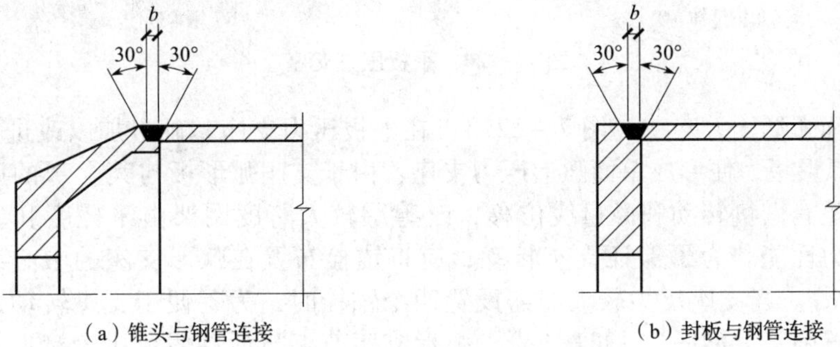

图7－219　杆件端部连接焊缝

表 7 - 40 封板及锥头底板厚度

高强度螺栓规格	封板/锥头底板厚度（mm）	高强度螺栓规格	锥头底板厚度（mm）
M12、M14	12	M36 ~ M42	30
M16	14	M45 ~ M52	35
M20 ~ M24	16	M56 ×4、M60 ×4	40
M27 ~ M33	20	M64 ×4	45

为避免会交于节点的杆件相互干扰并使其传力顺畅，当管径≥76mm 时，一般宜采用锥头的连接形式；当管径 <76mm 时，可采用封板。

（6）紧固螺钉一般采用高强度钢丝制造，其直径可取高强度螺栓直径的 0. 16 ~ 0. 18 倍，且不宜小于 3mm。紧固螺钉规格可采用 M5 ~ M10。

3　支座节点。

网架支座一般支承于柱、圈梁上，通常为不动铰支座或可动铰支座。网架支座节点必须具有足够的强度和刚度，在荷载作用下不应先于杆件和其他节点破坏，也不得产生不可忽略的变形。支座节点应根据网架的类型、跨度、作用荷载以及加工制造和施工安装方法等，采用传力可靠、连接简单的构造形式，并使其尽量符合计算假定，以避免网架的实际内力和变形与计算值存在较大差异而影响结构的安全。

根据受力状态，网架支座节点一般分为压力支座节点和拉力支座节点两类。

（1）平板压力支座（图 7 - 220）：这种节点，构造简单，加工方便，用钢量省，但支座底板下的压应力分布不均匀，支座不能完全转动，与计算假定有差异。适用于支座无明显不均匀沉陷，温度应力影响不大的中、小跨度的轻型网架。

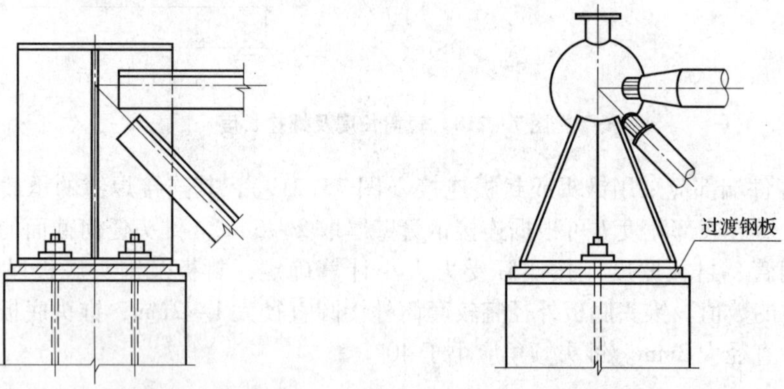

（a）角钢杆件　　（b）钢管杆件

图 7 - 220　平板压力支座

（2）单面弧形压力支座（图 7 - 221）：在平板压力支座基础上加以改进，即在支座底板下放置弧形板，便形成单面弧形压力支座。由于支座弧形板与其上部的底板为线接触，能使支座有微量转动和微量线位移，改善了较大跨度网架由于挠度和温度应力影响的支座受力性能。为了保证支座转动，应将锚栓布置在弧形支座的中心线位置，如图 7 - 221（a）。当支座反力较大而需设置四个锚栓时，为了便于支座转动，应在锚栓的螺母下设置弹簧，如图 7 - 221（b）。弧形支座节点与计算假定比较接近。适用于要求沿单方向转动的大、中跨度网架。

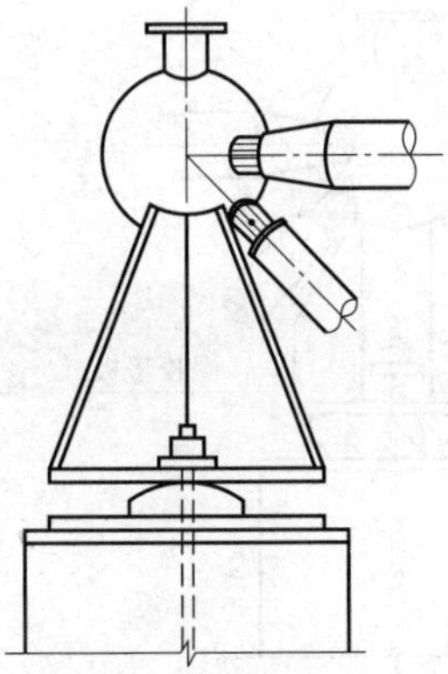

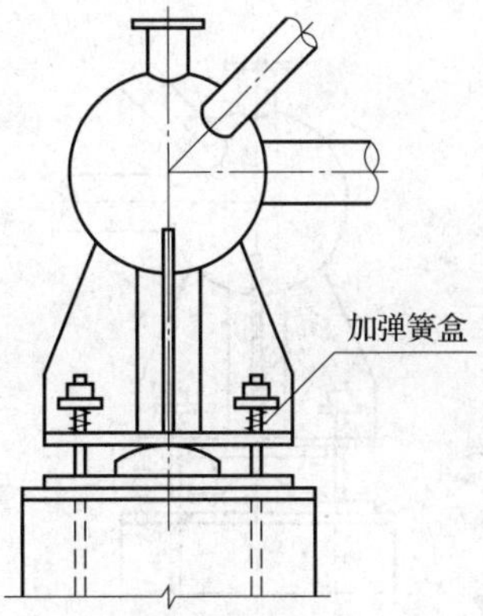

（a）两个锚栓连接　　（b）四个锚栓连接

图 7－221　单面弧形压力支座

（3）双面弧形压力支座（图 7－222）：在网架支座上部支承板和下部支承底板间，设置一个上下均为圆弧曲面的特制钢铸件，在钢铸件两侧分别从支座上部支承板和下部支承底板焊接带有椭圆孔的梯形连接板，并采用螺栓将三者联结成整体。当网架端部受到挠度和温度应力影响时，支座可沿上下两个圆弧曲面作一定的转动和移动。适用于温度应力影响较显著且下部支承结构刚度较大的大跨度网架结构。

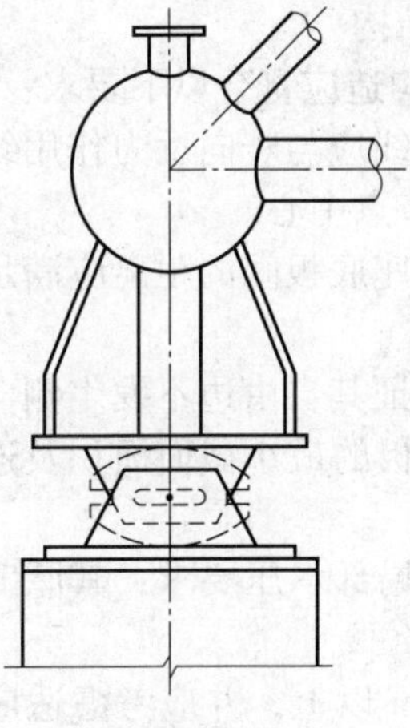

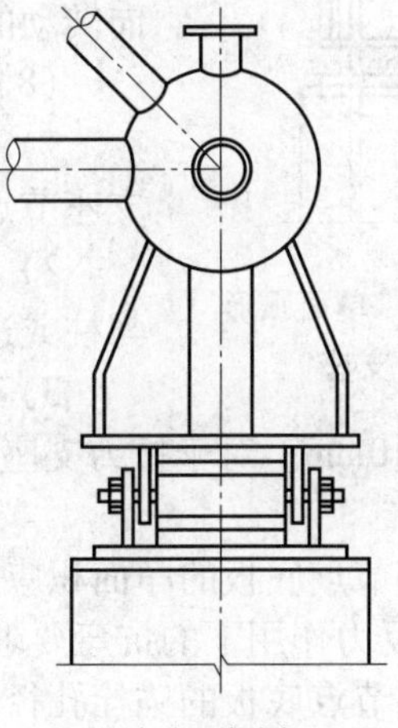

（a）侧视图　　（b）正视图

图 7－222　双面弧形压力支座

（4）球铰压力支座（图 7－223）：对于有抗震要求、多点支承的大跨度网架结构，为适应支座能在两个方向作微量转动而不产生弯矩，可采用球铰压力支座。其构造特点是：支座下部突出的凸形实心半球嵌合在上部的臼式半凹球内，为防止因地震作用或其他外力影响使凹球与凸球脱出，四周用锚栓连接固定，并在螺母下设置压力弹簧，以保证支座自由转动。

（5）橡胶板式支座（图 7－224）：在支座板与结构支承面间加设一块由多层橡胶片和薄钢板黏合、压制成型的矩形橡胶垫板，并以锚栓联成一体。它除了能将上部结构的垂直压力传给支承结构外，还能适应网架结构所产生的水平位移和转角。具有构造简单、安装方便、造价低廉等优点。适用于支座反力较大、有抗震要求、温度影响、水平位移较大及有转动要求的大、中跨度的网架。

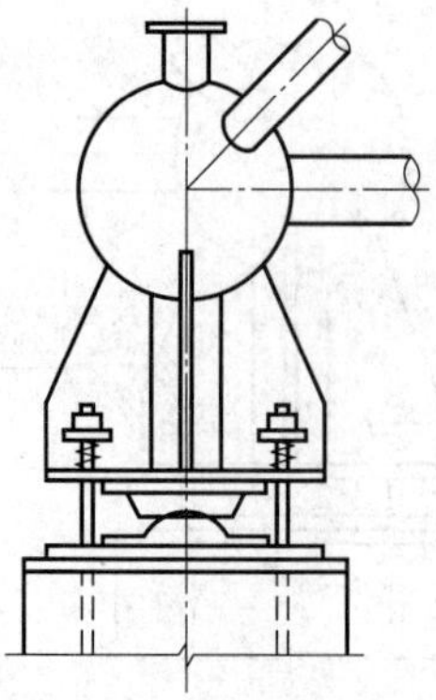

图 7-223 球铰压力支座

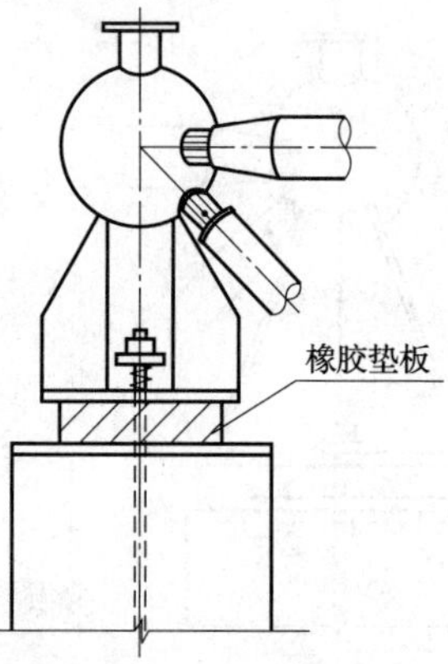

图 7-224 橡胶板式支座

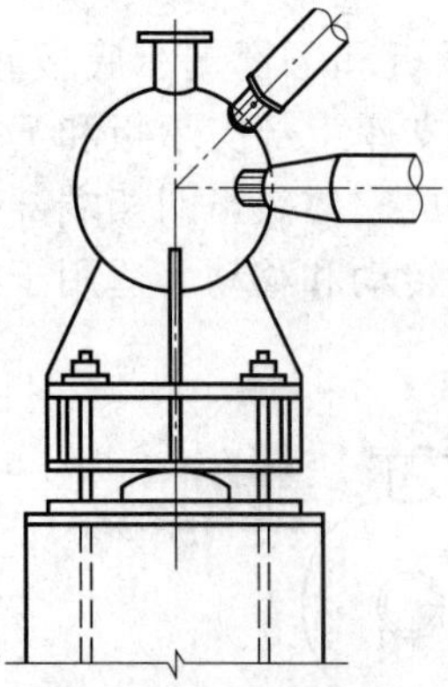

图 7-225 单面弧形拉力支座

(6) 平板拉力支座：当支座垂直拉力较小时，可采用与平板压力支座相同的构造，但此时锚栓承受拉力。当垂直拉力较大时，一般宜设置锚栓支承托座。适用于较小跨度的网架结构。

(7) 单面弧形拉力支座（图 7-225）：支座的构造特点与单面弧形压力支座相类似，为了增强支座节点刚度，应设置锚栓支承托座，并利用锚栓来承受支座拉力。适用于要求沿单方向转动的中、小跨度的网架结构。

(8) 支座节点的设计与构造应符合以下要求：

1) 支座竖向支承板中心线应与竖向反力作用线一致，并与支座节点连接的杆件会交于节点中心。

2) 支座球节点底部至支座底板间的距离应满足支座斜腹杆与柱或边梁不相碰的要求。

3) 支座竖向支承板应保证其自由边不发生侧向屈曲，其厚度不宜小于 10mm。对于拉力支座节点，支座竖向支承板的最小截面面积及连接焊缝应满足强度要求。

4) 支座节点底板的净面积应满足支承结构材料的局部承压要求，其厚度应满足底板在支座竖向反力作用下的抗弯要求，且不宜小于 12mm。

5) 支座节点底板的锚栓孔径应比锚栓直径大 10mm 以上，并应考虑适应支座节点水平位移的要求。

6) 支座节点锚栓按构造要求设置时，其直径可取 20～25mm，数量可取 2～4 个。受拉支座的锚栓应经计算确定，锚栓长度不应小于 25 倍锚栓直径，并应设置双螺母。

7) 当支座底板与基础面摩擦力小于支座底板的水平反力时应设置抗剪键，不得利用锚栓传递剪力。

8) 支座节点竖向支承板与螺栓球节点焊接时，应将螺栓球球体预热至 150℃～200℃，以小直径焊条分层、对称施焊，并应保温缓慢冷却。

9) 弧形支座板的材料宜用铸钢，单面弧形支座板也可用厚钢板加工而成。板式橡胶支座应采用由多层橡胶片与薄钢板相间黏合而成的橡胶垫板。

4 屋顶节点。

网架结构的屋顶节点，一般均采用加钢管小立柱的方法。在钢管上端焊一块托板，钢管下端焊在球节点上，屋面板或檩条安装在托板上，见图 7-226。利用小立柱的长度差异形成所需的屋面坡度。

5 悬挂吊车节点。

对于设有悬挂吊车的工业厂房，吊车轨道与网架下弦节点的连接见图7-227。

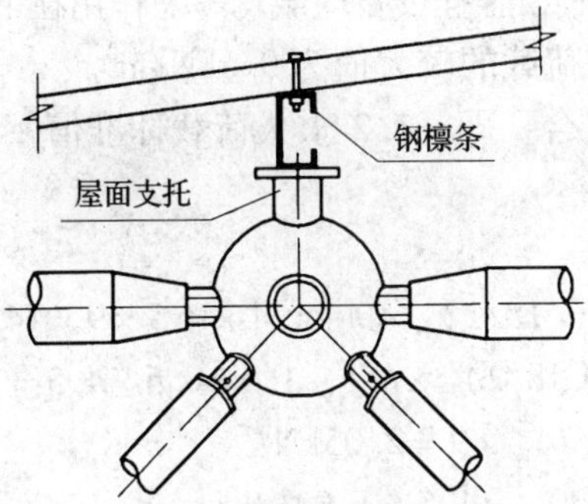

图7-226 屋顶钢管小立柱节点

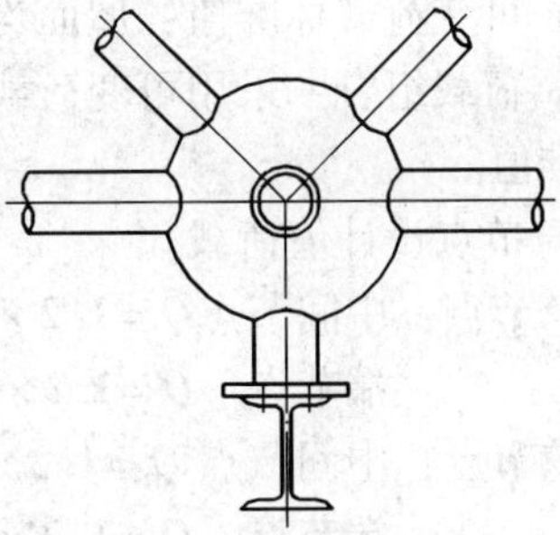

图7-227 悬挂吊车节点

7.5.8 网架设计实例。

【例题7-16】 正放四角锥网架

1 设计资料。

网架平面尺寸27m×30m，周边支承。屋面材料为3.0m×3.0m发泡水泥复合板WB330-1，两面坡排水，屋面坡度4%，采用钢管支托找坡。杆件采用高频电焊钢管，节点为焊接空心球节点，钢材Q235B，焊条E43型。

2 几何尺寸。

网格尺寸 $a=3\text{m}\times3\text{m}$；网架高度 $h=2.121\text{m}$，跨高比 $L_2/h=12.73$。上、下弦杆及腹杆的几何长度 l 均为3m，腹杆与上、下弦杆的夹角均为60°。

网架平面布置见图7-228。

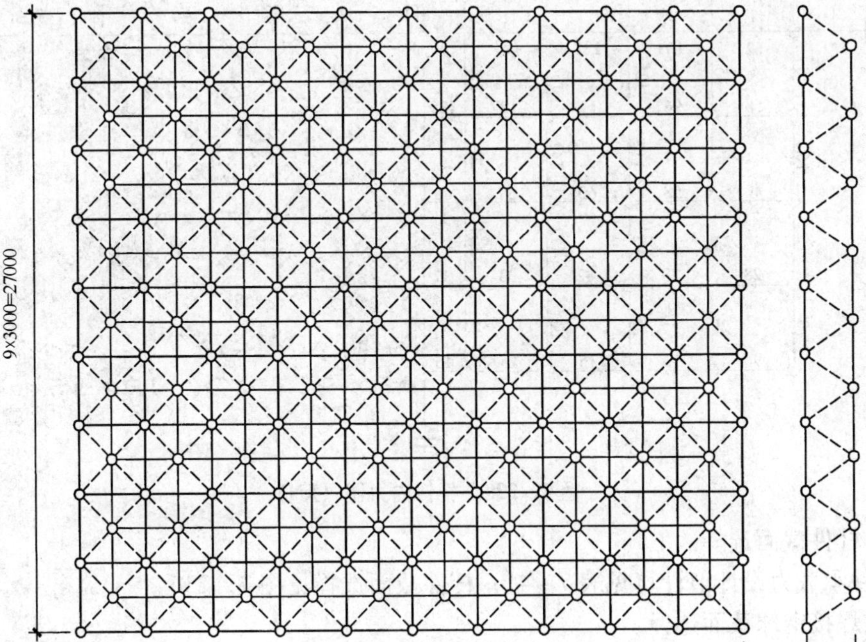

图7-228 网架平面布置图

3　荷载。

（1）永久荷载标准值：屋面板自重（包括板缝）0.6kN/m²，防水层 0.10kN/m²，网架自重 0.18kN/m²，悬挂设备 0.1kN/m²；结构分析时，悬挂设备荷载均考虑作用在下弦节点。

（2）可变荷载标准值：屋面均布活荷载与雪荷载的较大值为 0.5kN/m²。

（3）荷载组合：采用可变荷载效应控制的组合，即：1.2 永久荷载标准值 + 1.4 可变荷载标准值。

（4）节点设计值荷载。

上弦节点：中间节点 $Q = 1.2 \times (0.6 + 0.1 + 0.18/2) \times 9 + 1.4 \times 0.5 \times 9 = 14.83\text{kN}$

端节点 $Q = 1.2 \times (0.6 + 0.1 + 0.18/2) \times 4.5 + 1.4 \times 0.5 \times 4.5 = 7.42\text{kN}$

下弦节点：中间节点 $Q = 1.2 \times (0.1 + 0.18/2) \times 9 = 2.05\text{kN}$

端节点 $Q = 1.2 \times (0.1 + 0.18/2) \times 4.5 = 1.03\text{kN}$

4　杆件内力。

根据空间桁架位移法编制的电算程序计算的杆件内力设计值见图 7-229。

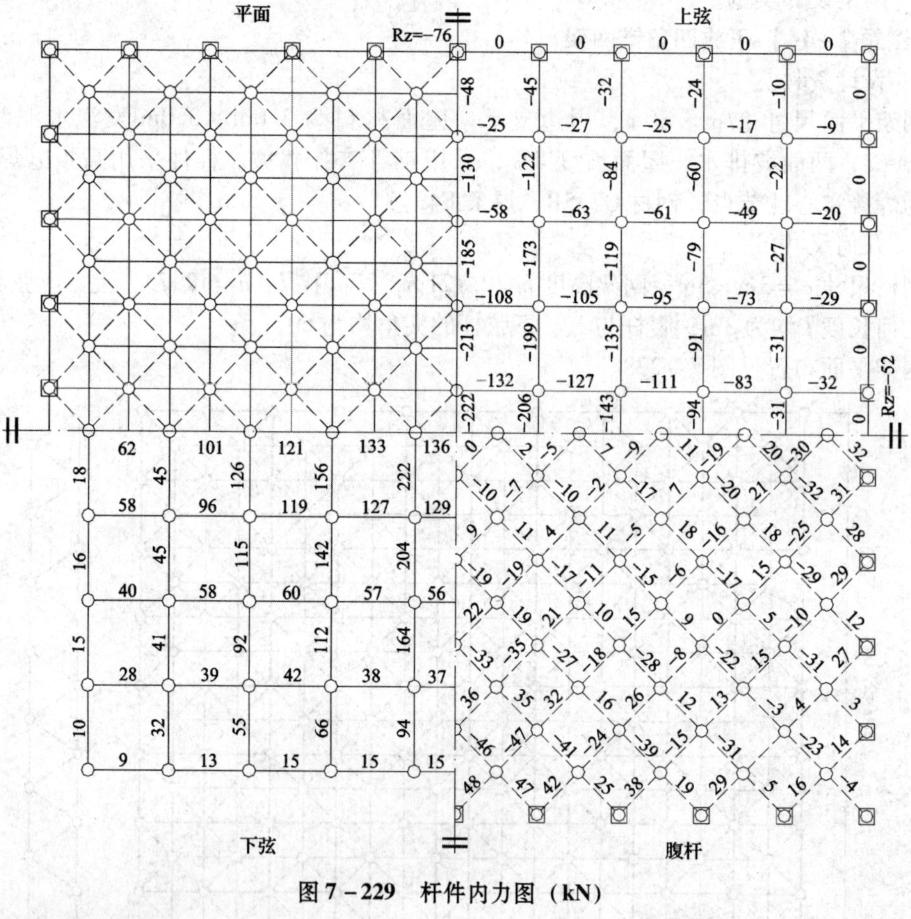

图 7-229　杆件内力图（kN）

5　杆件截面选择。

杆件承载力设计值计算见表 7-41；杆件截面选择见图 7-230。

6　焊接钢球截面选择。

采用不加肋的焊接空心球，根据杆件最大内力处弦杆与腹杆排列位置及夹角，初选钢球直径 $D = 200\text{mm}$，壁厚 $t = 6\text{mm}$。

表 7-41 杆件承载力设计值计算

杆件编号	截面规格（mm）	计算长度（m）		承载力设计值（kN）		
		上、下弦杆和端部腹杆	腹杆	上弦杆和端部腹杆受压	腹杆受压	受拉
1	Φ51×2.5	0.9×3=2.7	0.8×3=2.4	23.3	28.4	81.9
2	Φ60×3.0			42.8	51.1	115.5
3	Φ76×3.5			89.6	102.5	171.4
4	Φ89×4.0			143.1	158.4	229.6
5	Φ114×4.5			249.6	265.3	332.8

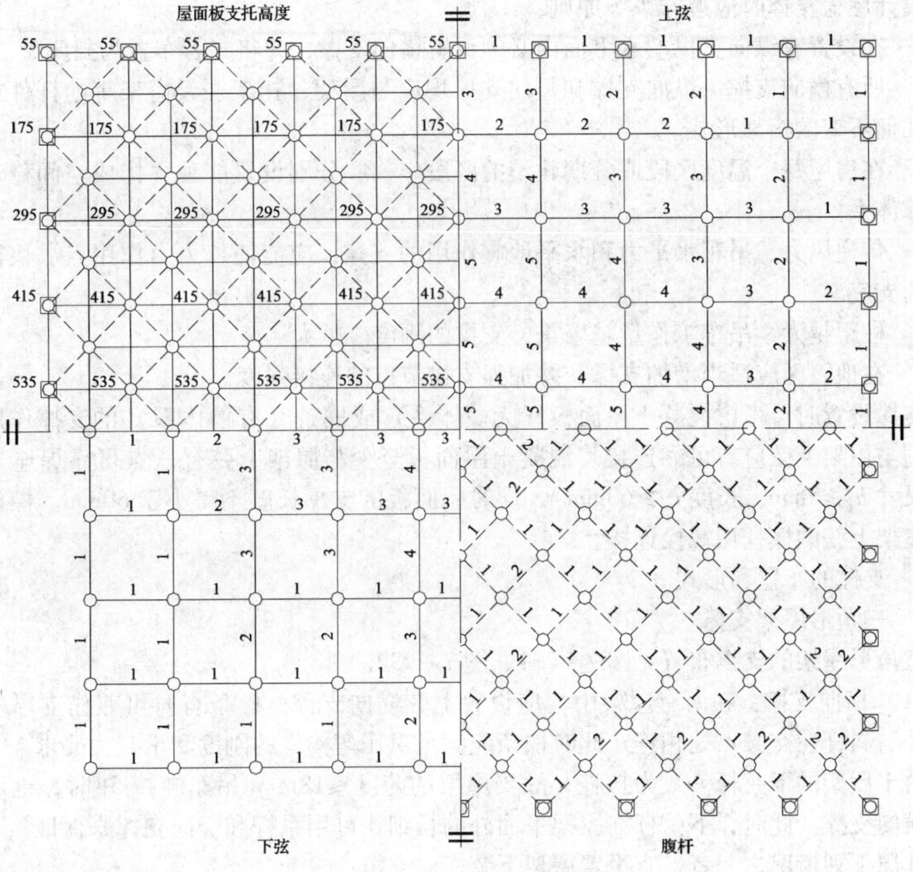

图 7-230 杆件截面编号图

按公式（7-104）计算的空心球受压、受拉承载力设计值为：

$$N_R=\eta_0\eta_d\left(0.29+0.54\frac{d}{D}\right)\pi tdf=1.0\times1.0\times\left(0.29+0.54\frac{114}{200}\right)\times3.14\times6\times114\times215$$

$$=276.0\text{kN}>222\text{kN}$$

按公式（7-103）计算的空心球最小直径为：

$$D=\frac{d_1+2a+d_2}{\theta}=\frac{114+2\times10+51}{(60/180)\times3.14}=177\text{mm}<200\text{mm}$$

故所选 $D\times t=200\text{mm}\times6\text{mm}$ 的焊接空心球拉、压承载力均满足设计要求。

7　节点连接计算。

所有杆件均与焊接空心球采用等强度的坡口焊缝。支座节点设计从略。

8　挠度。

根据电算结果，理论挠度值为61.7mm $< L_2/250 = 108$mm。

7.6　屋盖支撑

7.6.1　基本要求。

根据2.6.1节第5款，为保证承重结构在安装和使用过程中的整体稳定性，提高结构的空间作用，减小屋架杆件在平面外的计算长度，应根据结构的形式、跨度、房屋高度、吊车吨位和所在地区的抗震设防烈度等设置支撑系统。

屋盖支撑系统包括横向支撑、竖向支撑、纵向支撑和系杆（刚性系杆和柔性系杆）。

设计屋盖支撑时应遵守以下原则：

1　在设置有纵向支撑的水平面内必须设置横向支撑，并将二者布置为封闭型。

2　所有横向支撑、纵向支撑和竖向支撑均应与屋架、托架、天窗架等的杆件或檩条组成几何不变的桁架形式。

3　在房屋每个温度区段或分期建设的区段中，应分别设置能独立构成空间稳定结构的支撑体系。

4　传递风力、吊车水平力和水平地震作用的支撑，应能使外力由作用点尽快传递到结构的支座。

5　柱距越大，吊车工作量越繁重，支撑的刚度应越大。

6　在地震区应适当增加支撑，并加强支撑节点的连接强度。

支撑设置时可考虑混凝土屋面板（无檩体系）或檩条（有檩体系）的支撑作用，此时它们与屋架上弦应有可靠连接。混凝土屋面板至少与屋架上弦有三点可靠焊连（焊缝焊脚尺寸 $h_f \geq 5$mm，长度 $l_w \geq 60$mm），同时屋面板的支承长度不得小于60mm。檩条与焊接于屋架上弦的檩托用螺栓连接。

7.6.2　支撑的布置和形式。

1　三角形屋架支撑。

三角形屋架的支撑布置见图7－231、图7－232。

（1）横向支撑：在所有屋架中均应设置上弦横向支撑。檩条有时可兼作支撑中的直撑，并与斜杆在交叉点处相连，此时檩条应满足对压弯构件的刚度和承载力要求。

由于屋架的下弦杆一般为拉杆，故当屋架的跨度≤18m和吊车吨位5t时，也可不设下弦横向支撑，此时，下弦杆在屋架平面外的长细比可用系杆和竖向支撑来保证。

凡属下列情况之一者，宜设置屋架下弦横向支撑：

1）房屋较高，风力较大，端墙风力宜由屋架下弦平面传至柱顶时；

2）房屋内设有10t及以上桥式吊车时；

3）屋架下弦杆可能出现压力，需设置系杆时；

4）屋架下弦有通长纵向支撑时。

上、下弦横向支撑一般应设于房屋两端或伸缩缝区段两端的第一个开间内。非地震区，当房屋端部不设置屋架而以山墙承重时，支撑可缩进第二开间设置。

当房屋单元两端的横向支撑间距较大时，应根据具体情况在房屋的中间开间内增设支撑。支撑间的距离一般不宜大于60m，并应符合表7－43的要求。

（2）纵向支撑：纵向支撑一般设置在屋架下弦平面内，但三角形屋架也可设置在上弦平面内。

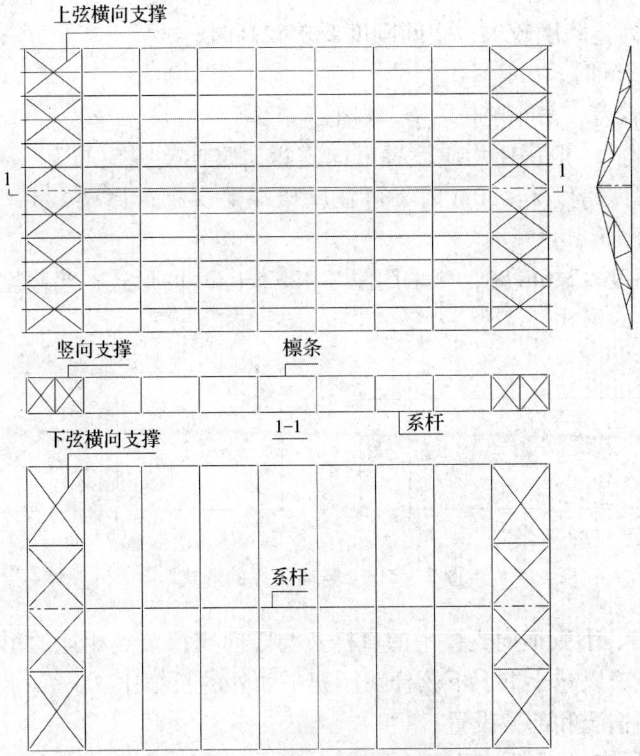

图 7－231　三角形屋架支撑布置（一）

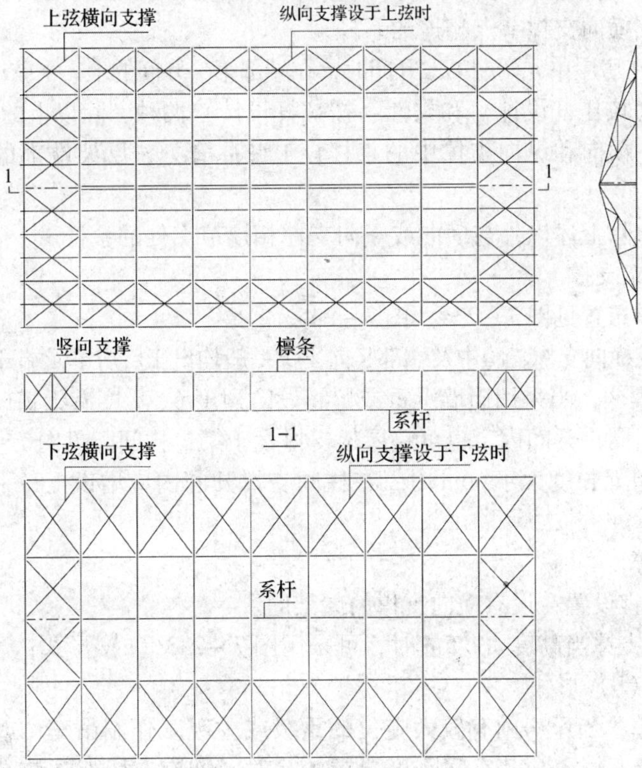

图 7－232　三角形屋架支撑布置（二）

屋架纵向支撑可参照下列情况设置：

1）当房屋较高，跨度较大，空间刚度要求较高时；

2）柱距大于9m时；

3）屋面刚度较差，吊车吨位 $Q \geqslant 20t$ 时。

（3）竖向支撑：一般房屋均应设置竖向支撑。竖向支撑应与上、下弦横向支撑设在同一开间内。当房屋跨度 $L \leqslant 30m$ 时，可在屋架端部（梯形屋架）和中央设置一道，当 $L > 30m$ 时可适当增加。

竖向支撑当高度≤2.5m时，可采用图7－233（a）的形式；当高度>2.5m时，应采用图7－233（b）的形式。

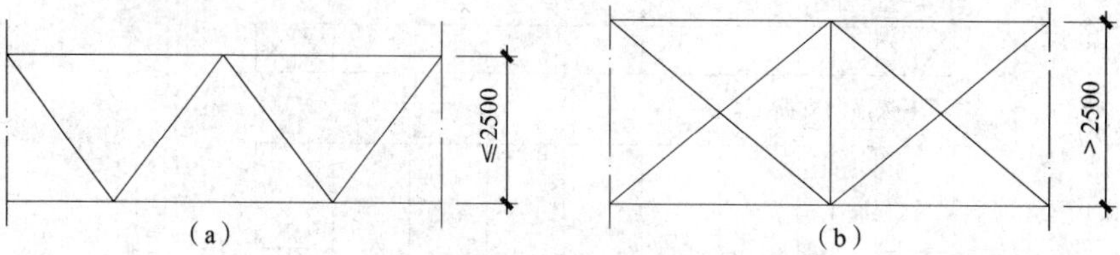

图7－233　竖向支撑的形式

（4）系杆：上、下弦横向支撑中的直杆及与竖向支撑节点相连的系杆可作为屋架上、下弦的侧向固定点，以减小上、下弦杆在屋架平面外的长细比。

系杆可按下列情况和部位设置：

1）竖向支撑所在平面的屋架上、下弦节点处；

2）当屋架下弦杆考虑以竖向支撑处的系杆作为支点后不能满足其容许长细比的要求时，应增设与下弦横向支撑节点相连的系杆；

3）当支撑设在房屋单元两端第二开间时，在端部第一开间的上、下弦应增设刚性系杆。

系杆有刚性（按压杆设计）和柔性（按拉杆设计）两种，除以上的端开间外：

①刚性系杆：横向和纵向支撑中的直杆，上弦屋脊处，屋架端部的上、下弦端节点处的系杆。

②柔性系杆：除上述以外与横向或竖向支撑相连节点处的系杆。

2　梯形钢屋架支撑。

梯形屋架支撑布置见图7－234、图7－235。

（1）上、下弦横向支撑，跨中及端部竖向支撑一般均设于厂房单元端开间，见图7－234。

（2）在非地震区，当采用山墙承重或抗震设防烈度6、7度有天窗时，为使屋架支撑与天窗架支撑位于同一开间内，也可将屋架支撑设于第二柱间，见图7－235。

（3）当厂房单元长度大于66m时，在柱间支撑开间内应增设上、下弦横向支撑和跨中及端部竖向支撑。

（4）竖向支撑。

1）竖向支撑宜设置在设有横向支撑的屋架间。

2）跨中竖向支撑当高度≤2.5m时，可采用图7－233（a）形式；当高度>2.5m时，应采用图7－233（b）形式。

（5）纵向支撑：当厂房内有较大吨位的重级或中级工作制吊车，或有较大振动设备以及厂房较高且跨度较大，其空间刚度要求较高时，均应在屋架下弦端节间设置纵向支撑，纵向支撑与横向支撑应布置为封闭型（图7－234、图7－235），以增强厂房刚度。

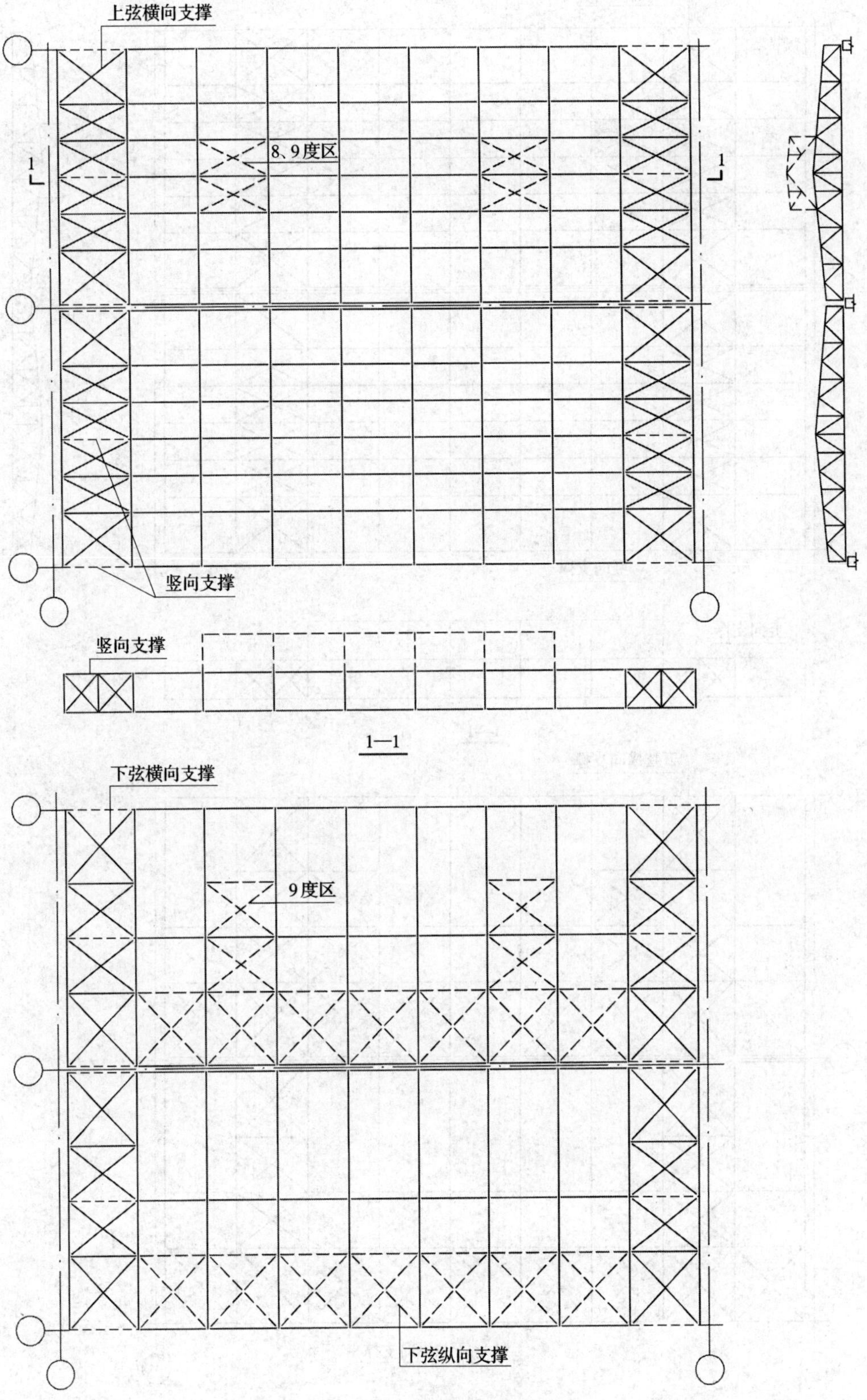

图 7－234 梯形屋架支撑布置（一）

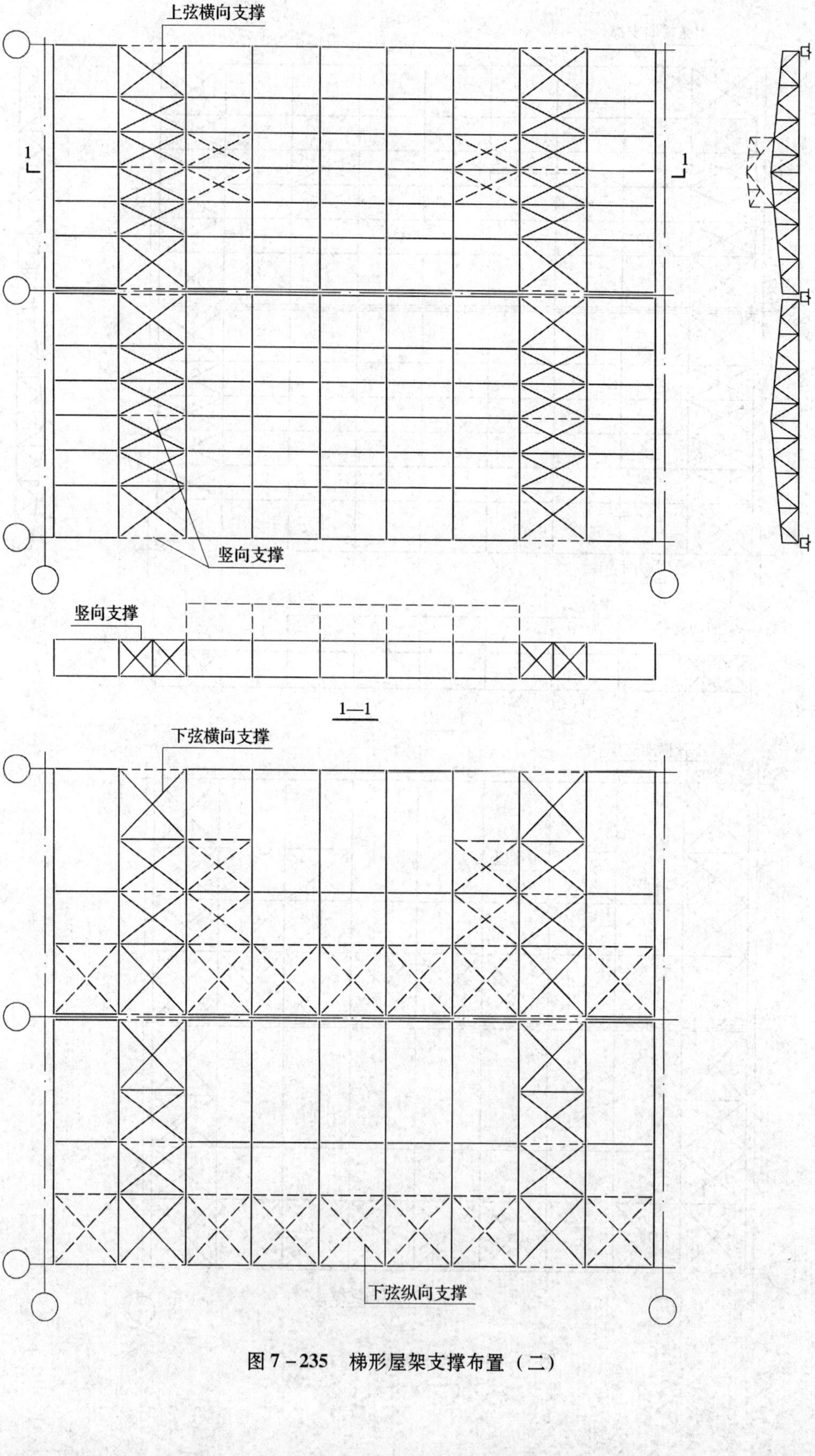

图 7-235 梯形屋架支撑布置（二）

（6）上弦通长水平系杆（有檩体系可根据檩条刚度适当减少）。

1）在未设置竖向支撑的屋架间，相应于竖向支撑的屋架上、下弦节点处应设置水平系杆。天窗缺口范围内的系杆按该段屋架上弦杆平面外的长细比计算要求设置。屋架端部上弦标高处有现浇圈梁时，其端部处可不另设，并应满足下列条件 2）、3）；

2）当有较大吨位的重级工作制吊车或较大振动设备的房屋，系杆间距不宜大于 6m；

3）安装时应设置临时系杆，保证安装屋架时上弦杆平面外的长细比 $\lambda_y \leqslant 250$。

（7）下弦通长水平系杆：根据屋架下弦杆平面外的长细比 λ_y 要求设置。

1）一般在跨中及屋架两端竖向支撑处各设一道系杆。

2）当永久荷载与风荷载组合，屋架下弦杆可能受压或跨度较大时，按长细比 λ_y 要求设置。

3　抗震区支撑布置。

对抗震区，单层钢结构厂房有檩屋盖的支撑布置宜符合表 7－42 的要求，无檩屋盖的支撑布置宜符合表 7－43 的要求。

表 7－42　有檩屋盖支撑布置

<table>
<tr><th colspan="2" rowspan="2">支撑名称</th><th colspan="3">烈　度</th></tr>
<tr><th>6、7</th><th>8</th><th>9</th></tr>
<tr><td rowspan="5">屋架支撑</td><td>上弦横向支撑</td><td>厂房单元端开间及每隔 60m 各设一道</td><td>厂房单元端开间及上柱柱间支撑开间各设一道</td><td>同 8 度，且天窗开洞范围的两端各增设局部上弦横向支撑一道</td></tr>
<tr><td>下弦横向支撑</td><td colspan="3">同非抗震设计；当屋架端部支承在屋架下弦时，同上弦横向支撑</td></tr>
<tr><td>跨中竖向支撑</td><td colspan="2">同非抗震设计</td><td>屋架跨度≥30m 时，跨中增设一道</td></tr>
<tr><td>两侧竖向支撑</td><td colspan="3">屋架端部高度＞900mm 时，单元端开间及柱间支撑开间各设一道</td></tr>
<tr><td>下弦通长水平系杆</td><td>同非抗震设计</td><td colspan="2">屋架两端和屋架竖向支撑处设置；与柱刚接时，屋架端节间处按控制下弦平面外长细比不大于 150 设置</td></tr>
<tr><td rowspan="2">天窗架支撑</td><td>上弦横向支撑</td><td>天窗架单元两端开间各设一道</td><td>天窗架单元两端开间及每隔 54m 各设一道</td><td>天窗架单元两端开间及每隔 48m 各设一道</td></tr>
<tr><td>两侧竖向支撑</td><td>天窗架单元端开间及每隔 42m 各设一道</td><td>天窗架单元端开间及每隔 36m 各设一道</td><td>天窗架单元端开间及每隔 24m 各设一道</td></tr>
</table>

表 7－43　无檩屋盖支撑布置

<table>
<tr><th colspan="2" rowspan="2">支撑名称</th><th colspan="3">烈　度</th></tr>
<tr><th>6、7</th><th>8</th><th>9</th></tr>
<tr><td>屋架支撑</td><td>上、下弦横向支撑</td><td>屋架跨度＜18m 时同非抗震设计；跨度≥18m 时，在单元端开间各设一道</td><td colspan="2">单元端开间及上柱柱间支撑开间各设一道；天窗开洞范围的两端各增设局部上弦支撑一道；当屋架端部支承在屋架上弦时，其下弦横向支撑同非抗震设计</td></tr>
</table>

续表 7－43

<table>
<tr><td colspan="3" rowspan="2">支撑名称</td><td colspan="3">烈　度</td></tr>
<tr><td>6、7</td><td>8</td><td>9</td></tr>
<tr><td rowspan="4">屋架支撑</td><td colspan="2">上弦通长水平系杆</td><td rowspan="4">同非抗震设计</td><td colspan="2">在屋脊处、天窗架竖向支撑处、横向支撑节点处和屋架两端处设置</td></tr>
<tr><td colspan="2">下弦通长水平系杆</td><td colspan="2">屋架竖向支撑节点处设置；当屋架与柱刚接时，在屋架端节间处按控制下弦平面外长细比不大于150设置</td></tr>
<tr><td rowspan="2">竖向支撑</td><td>屋架跨度<30m</td><td>厂房单元两端开间及上柱柱间支撑各开间屋架端部各设一道</td><td>同8度，且每隔42m在屋架端部设置</td></tr>
<tr><td>屋架跨度≥30m</td><td>厂房单元的端开间，屋架1/3跨度处和上柱柱间支撑开间内的屋架端部设置，并与上、下弦横向支撑相对应</td><td>同8度，且每隔36m在屋架端部设置</td></tr>
<tr><td rowspan="3">天窗架支撑</td><td colspan="2">上弦横向支撑</td><td>天窗架单元两端开间各设一道</td><td colspan="2">天窗架单元端开间及柱间支撑开间各设一道</td></tr>
<tr><td rowspan="2">竖向支撑</td><td>跨中</td><td>跨度≥12m时设置，其道数与两侧相同</td><td colspan="2">跨度≥9m时设置，其道数与两侧相同</td></tr>
<tr><td>两侧</td><td>天窗架单元端开间及每隔36m设置</td><td>天窗架单元端开间及每隔30m设置</td><td>天窗架单元端开间及每隔24m设置</td></tr>
</table>

当轻型屋盖采用实腹屋面梁、柱刚性连接的刚架体系时，屋盖水平支撑可布置在屋面梁的上翼缘平面；屋面梁下翼缘应设置隅撑侧向支承，隅撑的另一端可与屋盖上弦横向水平支撑节点处的檩条连接。屋盖横向支撑、纵向天窗架支撑的布置可参照表7－42、表7－43的要求。

另外，屋盖纵向水平支撑的布置，尚应符合以下要求：

（1）当采用托架支承屋盖横梁的屋盖结构时，应沿厂房单元全长设置纵向水平支撑。

（2）对于高低跨厂房，在低跨屋盖横梁端部支承处，应沿屋盖全长设置纵向水平支撑。

（3）纵向柱列局部柱间采用托架支承屋盖横梁时，应沿托架的柱间及向其两侧至少各延伸一个柱间设置屋盖纵向水平支撑。

（4）当设置沿结构单元全长的纵向水平支撑时，应与横向水平支撑形成封闭的水平支撑体系。多跨厂房屋盖纵向水平支撑的间距不宜超过两跨，不得超过三跨；高跨和低跨宜按各自的标高组成相对独立的封闭支撑体系。

（5）支撑杆件宜采用型钢；设置交叉支撑时，支撑杆件的长细比限值可取350。

4　天窗架支撑。

（1）对非抗震区，当伸缩缝间距≤66m时，仅在天窗架结构单元两端的第一柱间内各设一道上弦横向支撑；当伸缩缝间距＞66m，≤99m时，除在天窗架结构单元两端设置外，还应在天窗架结构单元中部设有屋架横向支撑的柱间增设天窗架竖向支撑和横向支撑。

（2）对抗震区，天窗架支撑布置宜符合表7－43和表7－44的要求。

（3）对于三角拱式天窗架，竖向支撑设置天窗架两侧；对于三支点式天窗架，竖向支撑则应在两侧及跨中设置。

（4）其他无支撑开间的天窗架上弦中央设置一道柔性系杆，见图7－236。

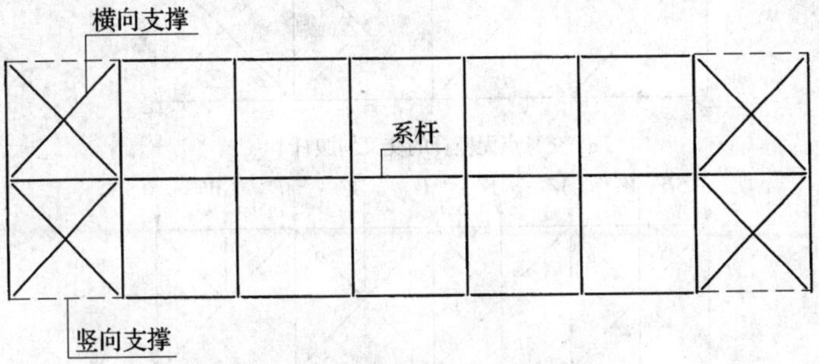

图7－236 天窗架支撑布置

7.6.3 杆件设计及截面。

1 支撑中的交叉斜杆按拉杆设计；与交叉斜杆相连或相邻的水平竖杆按压杆设计。

在两个横向支撑之间及相应于竖向支撑平面屋架间的上、下弦节点处的系杆，除在上、下弦杆端部及上弦杆跨中的系杆外，一般按拉杆设计；当横向支撑设在厂房单元端部第二柱间时，则第一柱间的所有系杆均按压杆设计。

2 压杆宜采用双角钢组成的十字形截面，按压杆设计的刚性系杆也可采用钢管截面。拉杆一般采用单角钢制作；对非地震区或6、7度地震区，当采用有张紧装置的交叉支撑斜杆时，可采用直径$d \geqslant 16$mm的圆钢截面。

支撑杆件一般按长细比要求选择截面，具体要求见表2－15和表2－16。

确定桁架交叉腹杆的长细比，在桁架平面内的计算长度l_{ox}应取节点中心到交叉点间的距离（$l/2$）；在桁架平面外的计算长度l_{oy}，当两交叉杆长度相等并在交叉点相互连接时，对拉杆应取l，l为节点中心间距离（交叉点不作为节点考虑）。系杆的计算长度$l_{ox} = l_{oy} = l$（l为屋架或柱间距离）。

计算单角钢杆件（包括系杆）的长细比时，应采用角钢的最小回转半径，计算长度可取几何长度的0.9倍；但计算单角钢交叉杆件平面外的长细比时，应采用与角钢肢边平行轴的回转半径，计算长度取对角线全长。

支撑杆件的节点板厚度通常采用6～8mm，荷载和跨度较小时也可采用5mm。

兼作支撑桁架弦杆、横杆或端竖杆的檩条、屋架（或天窗架）竖杆等，其长细比应满足支撑压杆的要求，屋架（或托架）的受拉弦杆虽兼作横向（或纵向）支撑桁架的弦杆，因其受有较大的拉力，可不受此限制。

3 对于下列情况的支撑杆件，除应满足长细比的要求外，尚应根据内力，计算其强度、稳定及连接：

（1）承受较大端墙风力的屋架下弦横向支撑和刚性系杆，以及承受侧墙风力的屋架下弦纵向支撑，当支撑桁架跨度≥24m或风荷载标准值≥0.5kN/m²时；

（2）竖向支撑兼作檩条时；

（3）考虑房屋结构的空间工作而用纵向支撑作为弹性支承的连续桁架时。

具有交叉斜腹杆的支撑桁架，通常将斜腹杆视为柔性杆件，只受拉，不受压，因而每个节间只有受拉的斜腹杆参加工作。图 7－237 为承受水平荷载的横向或纵向支撑桁架的计算简图。

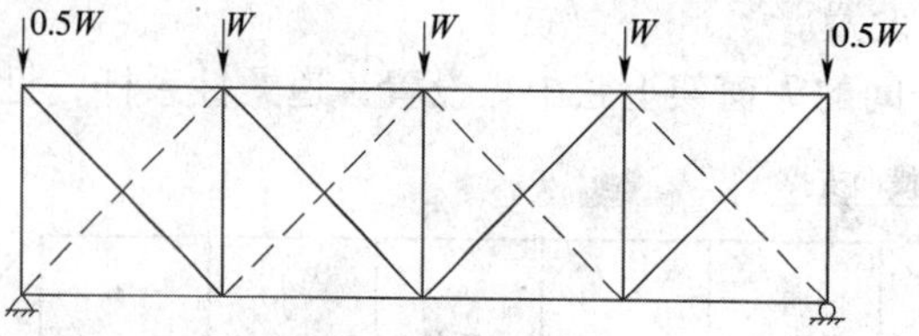

（a）交叉点无竖杆的交叉斜腹杆

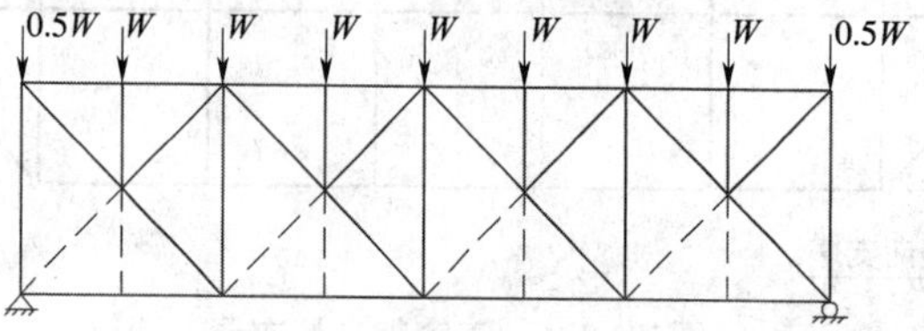

（b）交叉点有竖杆的交叉斜腹杆

图 7－237　支撑桁架杆件内力计算简图

4　对于抗震设防烈度为 6～9 度的屋架两端竖向支撑和天窗架两侧竖向支撑，除应按表 7－43、表 7－44 中的规定设置外，尚应验算其纵向抗震强度。验算时取房屋纵向基本自振周期 T_1，当无确切资料（如编制标准构件）时，也可取 $T_1=T_g$，即 $\alpha_1=\alpha_{max}$，对于天窗架两侧竖向支撑，其地震作用效应宜乘以 2.0 的增大系数。

7.6.4　连接构造。

支撑与屋架和天窗架的连接一般均采用 C 级螺栓，每个连接节点处采用两个螺栓，连接螺栓直径为 16～20mm。

支撑与屋架下弦杆采用螺栓连接时，栓孔应在屋架节点板范围内距板边不小于 100mm，否则应验算断面削弱影响或加大节点板以满足上述边距 100mm 的要求；当下弦支撑与预焊于屋架下弦杆上的支撑节点板相连时则不受此限制。对设有重级工作制吊车或有较大振动设备的厂房，及抗震设防烈度≥6 度时，支撑与屋架的连接，除设置安装螺栓外，还应加安装焊缝。焊缝宜根据地震作用的杆件内力确定或与杆件等强，焊缝焊脚尺寸不宜小于 5mm，每边的焊缝长度不宜小于 60mm，地震区不宜小于 80mm，且不容许在屋架满负荷的情况下施焊。参照 4.2.3 节对仅采用螺栓连接而不加焊接时，应待构件校正固定后将螺丝扣打毛或将螺杆与螺母焊接，以防松动。

1　支撑与角钢屋架的连接。

（1）上弦支撑与屋架的连接见图 7－238～图 7－242，这五种连接均有节点偏心，设计中应尽量减小偏心值。

图 7－238 适用于上弦角钢肢宽较大便于钻孔的情况；图 7－239 适用于角钢肢宽较小不便钻孔的情况，此时可将连接板预先焊在屋架上。

图 7－240、图 7－241 为圆钢交叉支撑与屋架的连接。图 7－240 连接件伸出屋架上弦少，便于运输，采用端部螺母张紧圆钢。图 7－241 将圆钢支撑两端的连接板与屋架螺栓连接，安装方便，但需设置花篮螺栓张紧圆钢。此类支撑仅适用于非地震区或抗震设防烈度为 6 度的厂房。

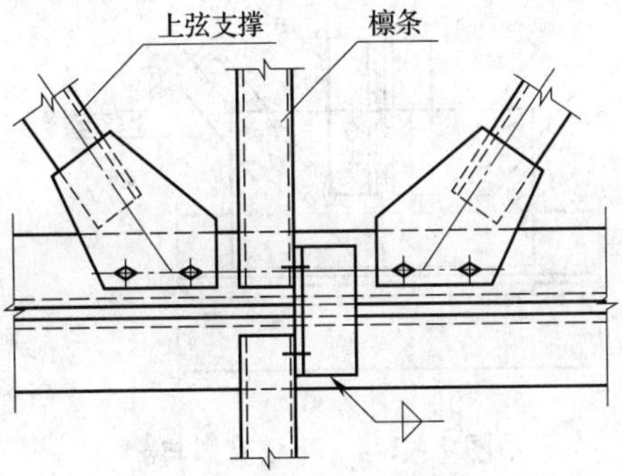

图 7－238　上弦支撑与角钢屋架连接（一）

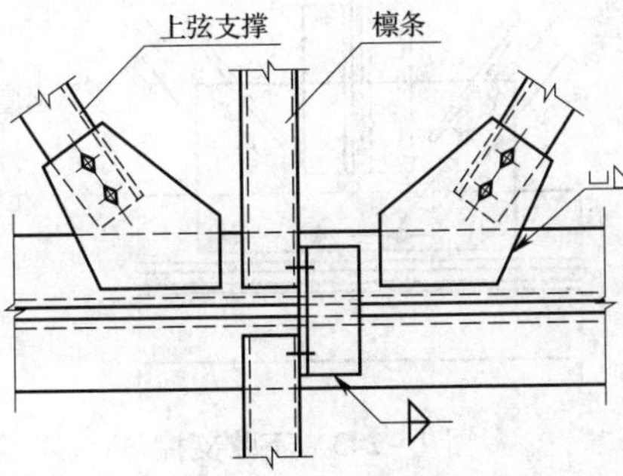

图 7－239　上弦支撑与角钢屋架连接（二）

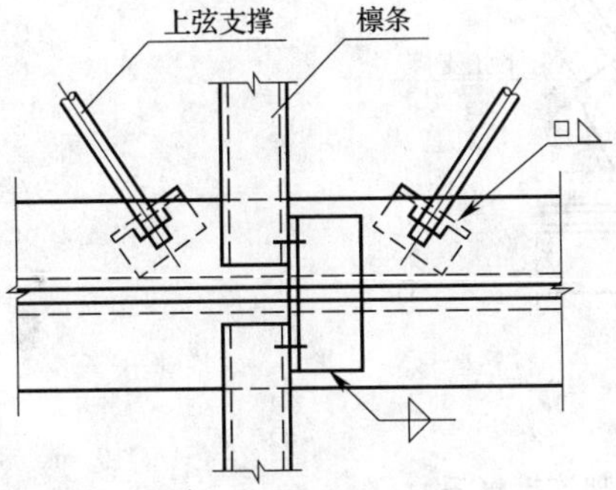

图 7－240　上弦支撑与角钢屋架连接（三）

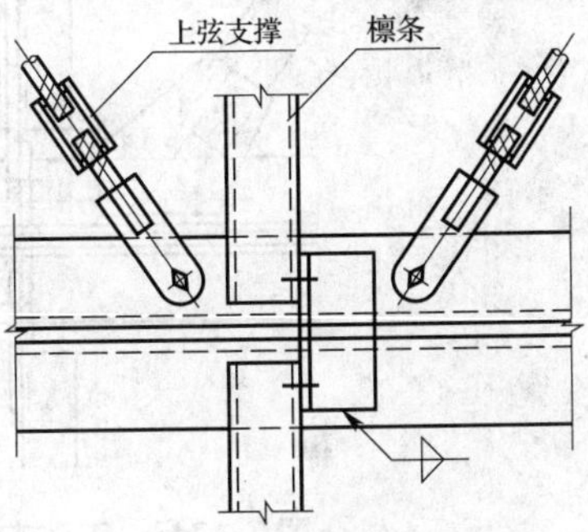

图 7－241　上弦支撑与角钢屋架连接（四）

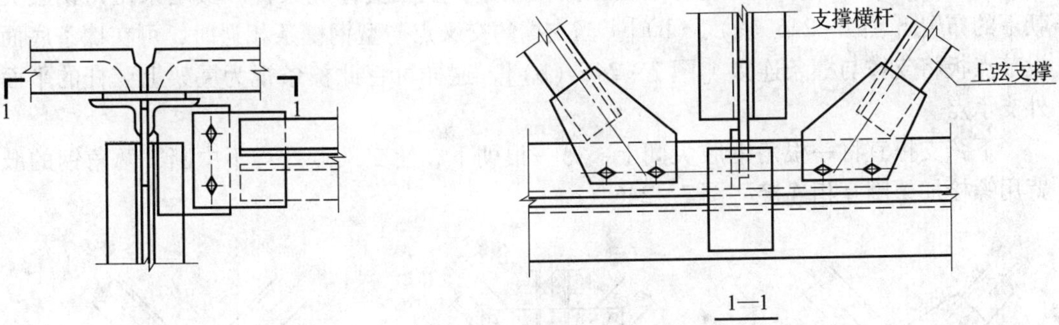

图 7－242　上弦支撑与角钢屋架连接（五）

图 7－238 ~ 图 7－241 均为有檩体系屋盖，当檩条满足压杆长细比要求并留有 10% ~ 15% 以上应力或荷载裕量时，均可作为屋架上弦杆平面外的侧向支承点。

图 7－242 为屋盖上弦支撑与屋架的连接，此时支撑横杆或系杆应与预先焊在上弦杆及腹杆上的竖板相连，以免这些杆件突出上弦杆表面影响屋面板或檩条安装。

（2）下弦支撑与屋架的连接见图 7－243 ~ 图 7－245。交叉支撑与屋架下弦杆的连接，通常将一根角钢肢尖朝上，另一根朝下，使交叉点处两杆均不中断。

图 7－243 支撑与屋架直接用螺栓连接，图 7－244 支撑与预先焊在屋架上的连接板用螺栓连接，这两种方法支撑横杆与交叉斜杆共用节点板，使节点较紧凑，可按角钢肢宽大小确定采用何种形式。图 7－245 有节点偏心，但支撑编号较少，安装方便。

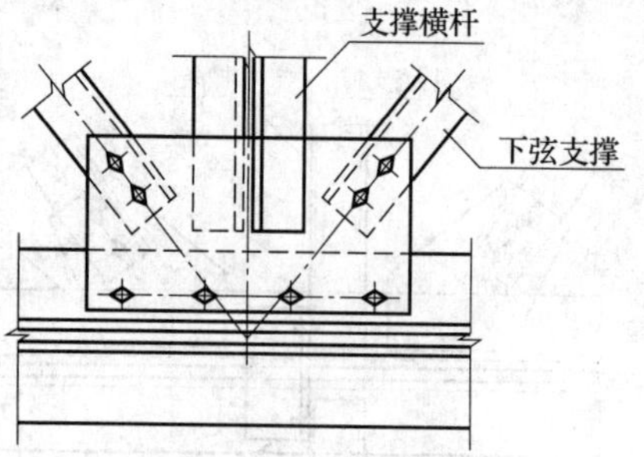

图 7－243 下弦支撑与角钢屋架连接（一）

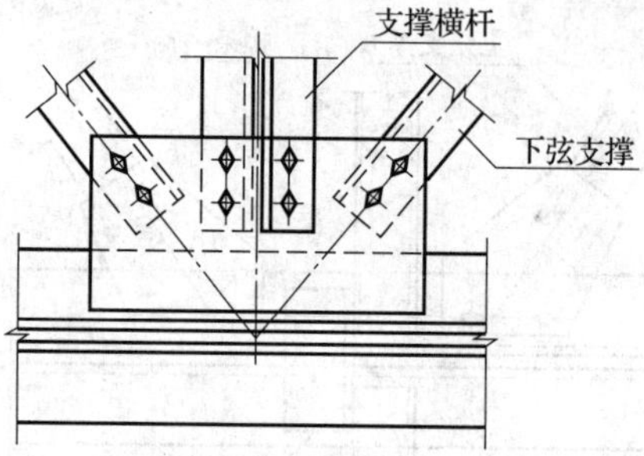

图 7－244 下弦支撑与角钢屋架连接（二）

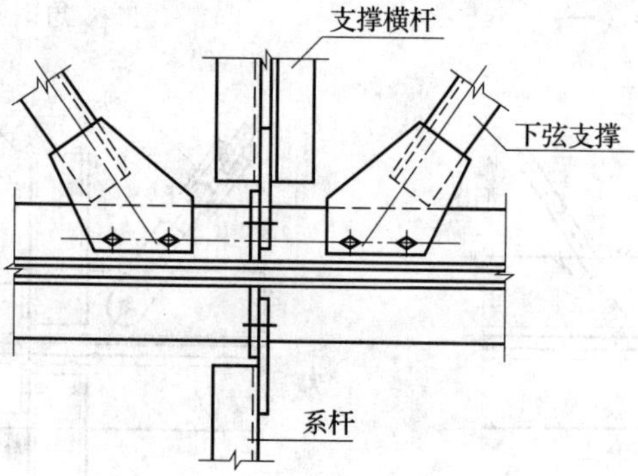

图 7－245 下弦支撑与角钢屋架连接（三）

横向支撑及纵向支撑的杆件一般采用交叉形式，见图 7－246。

为避免角钢肢尖与檩条或混凝土屋面板相碰，上弦支撑交叉杆一般均采用角钢肢尖朝下的布置［图 7－246（a）、（b）］。当支撑的交叉点与型钢檩条相遇时，可在檩条底面设节点板将支撑与檩条连接［图 7－246（b）］，这样可将此檩条视为屋架上弦杆的平面外支承点。

下弦支撑宜将一根角钢肢尖朝上，另一根朝下，使交叉点处均不中断，两角钢的肢背用螺栓加垫圈互相连接［图 7－246（c）］。

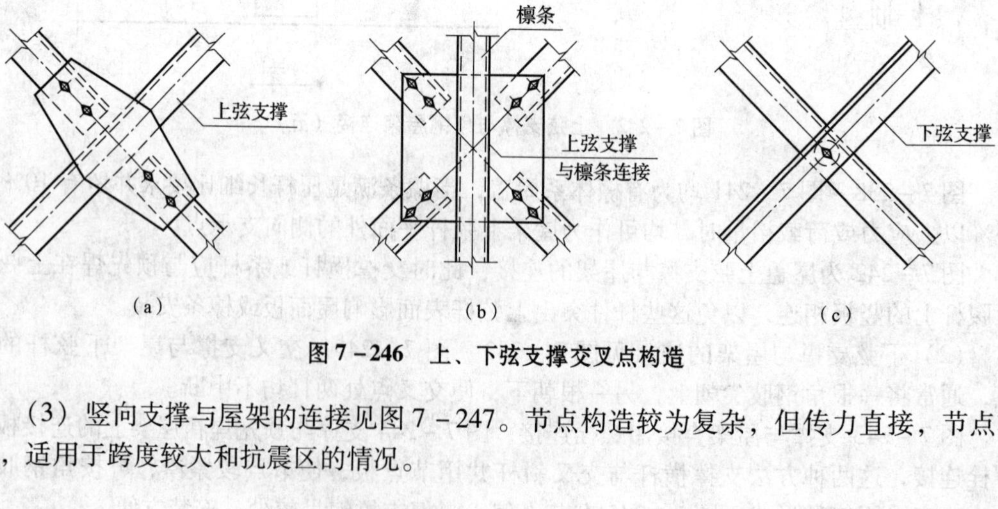

图 7－246 上、下弦支撑交叉点构造

（3）竖向支撑与屋架的连接见图 7－247。节点构造较为复杂，但传力直接，节点较强，适用于跨度较大和抗震区的情况。

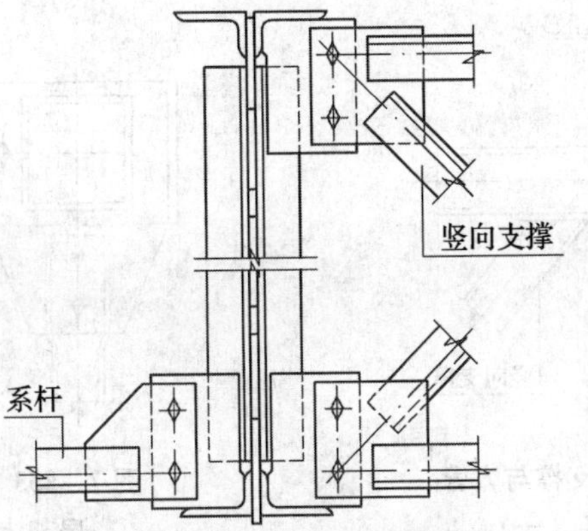

图 7－247　竖向支撑与角钢屋架连接

2　支撑与方管屋架的连接。

（1）上弦支撑与屋架的连接见图 7－248～图 7－250。

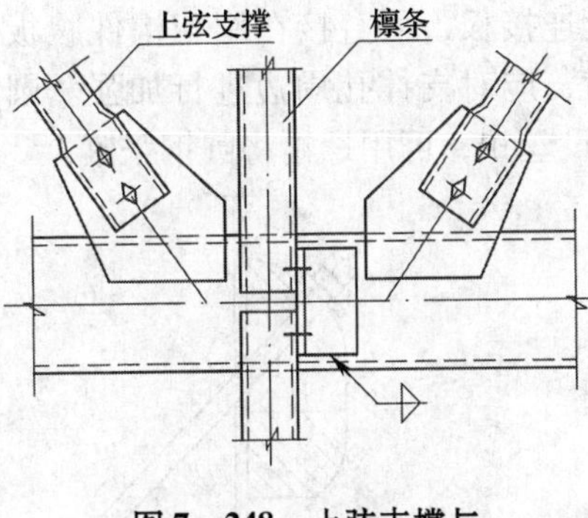

图 7－248　上弦支撑与方管屋架连接（一）

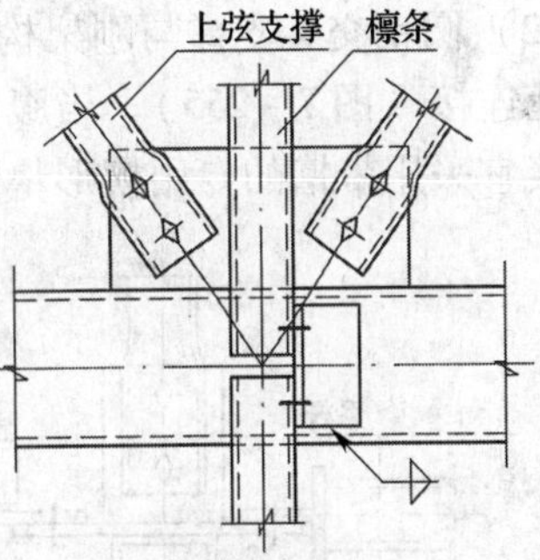

图 7－249　上弦支撑与方管屋架连接（二）

（2）下弦支撑与屋架的连接见图 7－251，一般均采用无偏心的连接。

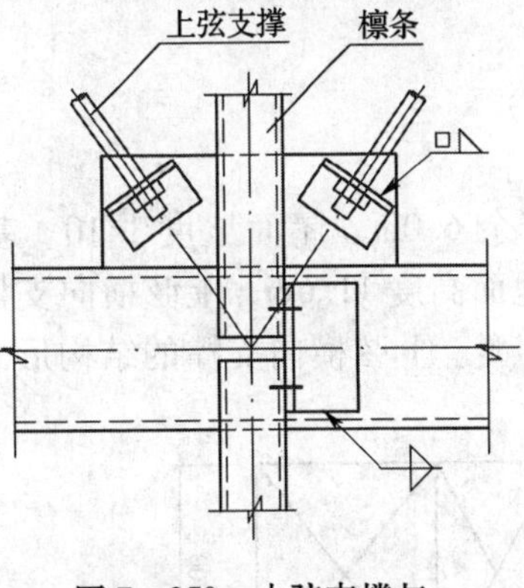

图 7－250　上弦支撑与方管屋架连接（三）

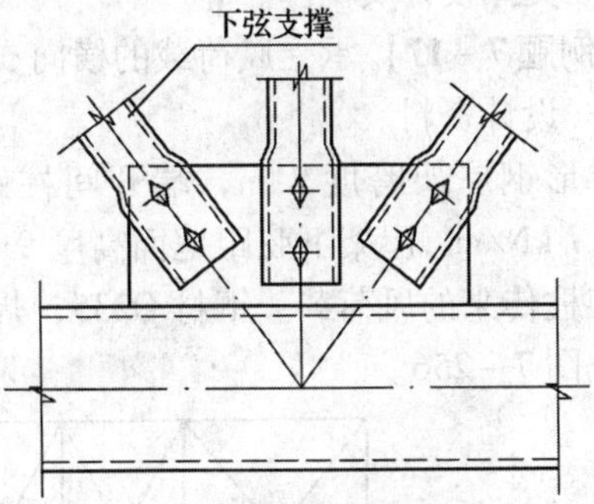

图 7－251　下弦支撑与方管屋架连接

（3）竖向支撑与屋架上弦的连接见图 7－252、图 7－253。图 7－252 屋架的安装螺栓沿竖向设置，因而连接板伸出上弦顶面较多。图 7－253 安装螺栓沿横向设置，连接板伸出顶面较少。

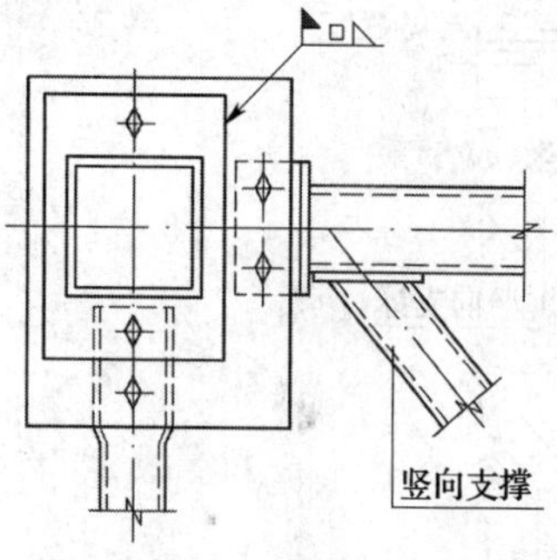

图 7-252 竖向支撑与方管屋架上弦连接（一）

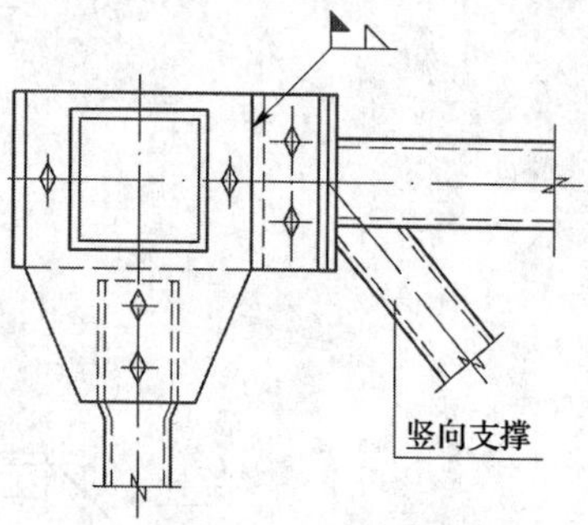

图 7-253 竖向支撑与方管屋架上弦连接（二）

（4）竖向支撑与屋架下弦的连接见图 7-254。

3 支撑与刚架的连接。

（1）隅撑与刚架的连接构造见第 9 章图 9-11。

（2）圆钢交叉支撑与刚架构件连接，如不设连接板，可直接在刚架构件腹板上靠外侧设孔连接（图 7-255）。当腹板厚度≤5mm 时，应对支撑孔周边进行加强。圆钢支撑的连接宜采用带槽的专用楔形垫圈。圆钢端部应设丝扣，可用螺帽将圆钢张紧。

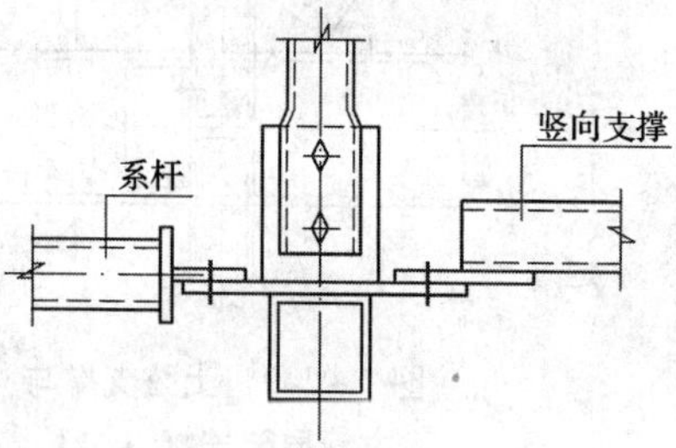

图 7-254 竖向支撑与方管屋架下弦连接

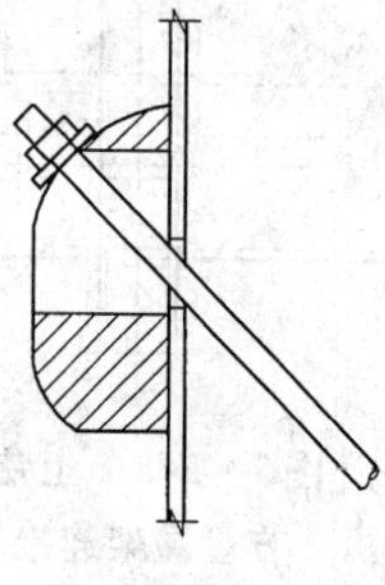

图 7-255 圆钢交叉支撑与刚架连接

7.6.5 支撑设计实例。

【例题 7-17】 承受风荷载的横向支撑（CC—1）

1 设计资料。

梯形钢屋架跨度 21m，端开间柱距 5.4m，其余 6.0m，屋面坡度 1/10。基本风压 $w_o = 0.7\ kN/m^2$，屋架下弦距地面高度 9m，屋脊距地面高度 11.6m，上弦横向支撑承受山墙墙架柱传来的风荷载。钢材 Q235，焊条 E43××型。上弦横向支撑的结构形式、几何尺寸见图 7-256。

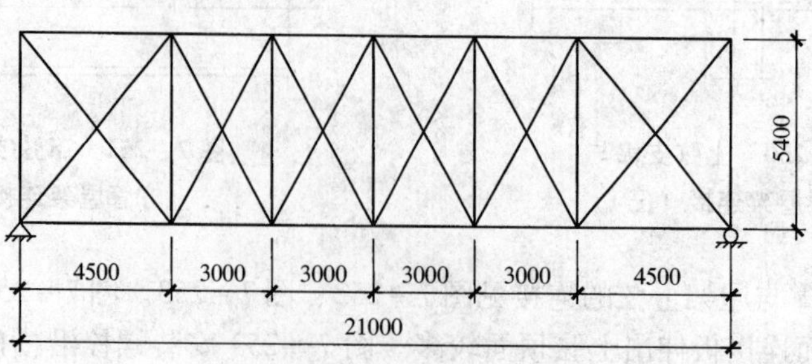

图 7-256 支撑形式和几何尺寸

2 风荷载设计值和杆件内力。

地面粗糙度类别 B，由《建筑结构荷载规范》GB 50009—2013，风荷载高度变化系数（取屋脊处）$\mu_z = 1.045$，山墙体型系数 μ_s 取 ±1.0，风振系数 β_z 取 1.0，则垂直于山墙的风荷载标准值 $w_k = \beta_z \mu_s \mu_z w_o = 1.0 \times 1.0 \times 1.045 \times 0.7 = 0.732\text{kN/m}^2$。作用于支撑桁架的节点荷载设计值（近似按地面至屋脊的矩形受风面积计算，支撑桁架承受一半的风荷载）：

$$W_1 = 1.4 \times 0.732 \times 11.6/2 \times 4.5/2 = 13.37\text{kN}$$
$$W_2 = 1.4 \times 0.732 \times 11.6/2 \times (4.5 + 3)/2 = 22.29\text{kN}$$
$$W_3 = 1.4 \times 0.732 \times 11.6/2 \times 3 = 17.83\text{kN}$$

计算简图及杆件内力见图 7-257。

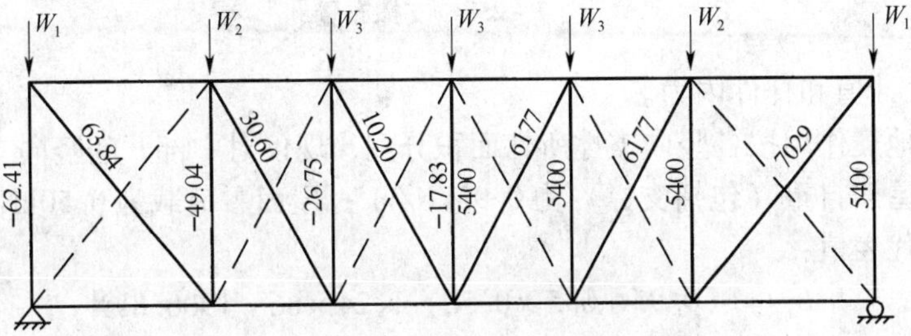

图 7-257 计算简图和杆件内力

3 杆件截面选择及计算。

节点板厚度采用 6mm。

(1) 横杆（直腹杆）。

取端横杆（最不利）计算，$N = -62.41\text{kN}$，$l_o = 0.9l = 0.9 \times 540 = 486\text{cm}$

由表 17-1，选用十70×5，$A = 14.824\text{cm}^2$，$i = 2.92\text{cm}$，$\lambda = l_o/i = 486/2.92 = 166.4 < 200$

属 b 类截面，查表 14-3，$\varphi = 0.257$，按公式（3-52）计算的稳定性为：

$$\frac{N}{\varphi Af} = \frac{62.41 \times 10^3}{0.257 \times 14.824 \times 10^2 \times 215} = 0.76 < 1.0$$

(2) 交叉斜杆（斜腹杆）。

取端斜杆（最不利）计算，$N = 63.84\text{kN}$，$l_{ox} = 702.9/2 = 351.5\text{cm}$，$l_{oy} = 702.9\text{cm}$

由表 16-1，选用∠63×5，$A = 6.143\text{cm}^2$，$i_x = 1.25\text{cm}$，$i_y = 1.94\text{cm}$，$\lambda_x = 351.5/1.25 = 281.2$，$\lambda_y = 702.9/1.94 = 362.3 < 400$（抗震区为 350），尚可。

按公式（3-49）计算的强度为（单角钢腹杆，强度设计值乘以折减系数 0.85）：

$$\sigma = \frac{N}{A_n} = \frac{1.15 \times 63.84 \times 10^3}{6.143 \times 10^2} = 119.5\text{N/mm}^2 < 0.85 \times 215 = 182.8\text{N/mm}^2$$

4 节点可采用等强度设计，从略。

【例题 7-18】 屋架端部竖向支撑（ZC—2）

1 设计资料。

梯形钢屋架跨度 24m，屋架端部高度 1.5m，厂房单元长度 66m，柱距 6.0m，于端开间和中部开间设竖向支撑，支撑布置见图 7-258。屋面材料为 1.5m×6.0m 的发泡水泥复合屋面板，屋面坡度 1/10，抗震设防烈度 8 度。钢材 Q235，焊条 E43××型。

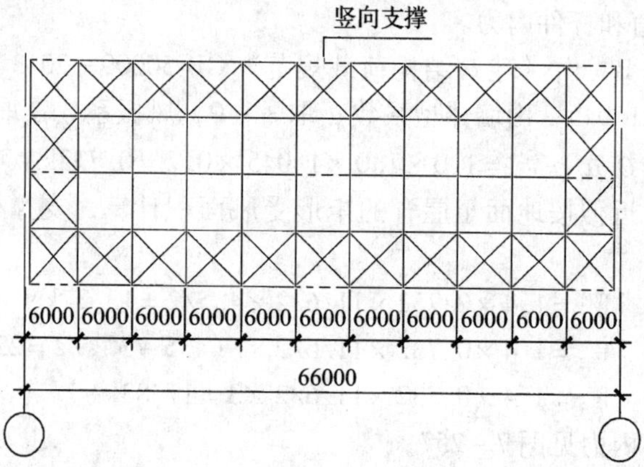

图 7-258 支撑布置

2 荷载设计值和杆件内力。

假设纵向地震作用按各竖向支撑所辖面积分配，现仅对中部开间竖向支撑计算。

屋面板和屋架自重（包括支撑）为 0.95kN/m²；屋面雪荷载为 0.50kN/m²。

重力荷载代表值：

$$G_{eg}=(0.95+0.5\times0.50)\times24\times66=1900.8\text{kN}$$

若取 $\alpha_1=\alpha_{max}=0.16$，地震作用标准值：

$$F_{Ek}=\alpha_1G_{eg}=0.16\times1900.8=304.13\text{kN}$$

作用于端部竖向支撑的地震作用设计值由六榀支撑平均承受，则每榀左右的节点力：

$$F_h=\gamma_{Eh}F_{Ek}/12=1.3\times304.13/12=32.95\text{kN}$$

计算简图及杆件内力见图 7-259。

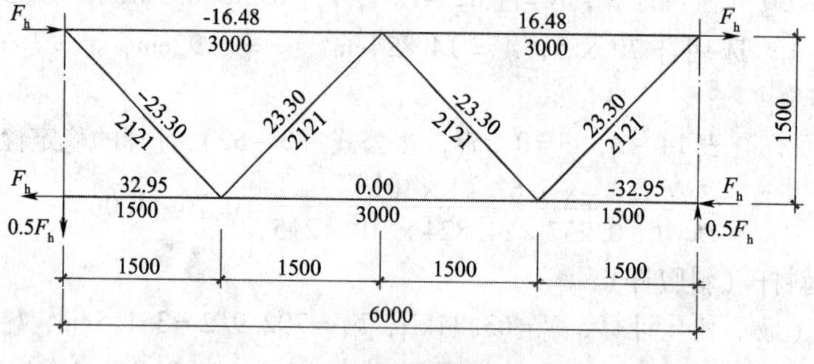

图 7-259 计算简图和杆件内力

3 杆件截面选择。

节点板厚度采用 6mm。承载力抗震调整系数 $\gamma_{RE}=0.8$。

(1) 上弦杆。

$N_1=-16.48\text{kN}$，$N_2=16.48\text{kN}$，$l_{ox}=300.0\text{cm}$，按公式（7-34a）：

$$l_{oy}=l_1\left(0.75+0.25\frac{N_2}{N_1}\right)=600\times\left(0.75+0.25\times\frac{-16.48}{16.48}\right)=300.0\text{cm}$$

由表 17-1，选用┬70×5，$A=13.75\text{cm}^2$，$i_x=2.16\text{cm}$，$i_y=3.09\text{cm}$，$\lambda_x=300.0/2.16=138.9<200$，$\lambda_y=300.0/3.09=97.1$

按公式（3-74），$\lambda_z=3.9b/t=3.9\times70/5=54.6$

$\lambda_y > \lambda_z$，由公式（3－73a），绕对称轴的换算长细比为：

$$\lambda_{yz}=\lambda_y\left[1+0.16\left(\frac{\lambda_z}{\lambda_y}\right)^2\right]=97.1\times\left[1+0.16\times\left(\frac{54.6}{97.1}\right)^2\right]=102.0$$

属 b 类截面，$\lambda_x=138.9$，查表 14－2b，$\varphi_{min}=0.349$，按公式（3－52）计算的稳定性为：

$$\frac{\gamma_{RE}N}{\varphi_{min}Af}=\frac{0.8\times16.48\times10^3}{0.349\times13.75\times10^2\times215}=0.13<1.0$$

（2）下弦杆。

$$N=-32.95\text{kN},\ l_{ox}=150.0\text{cm}，按公式（7-34b），$$

$$l_{oy}=\left(1.5+0.5\frac{N_t}{N_c}\right)\frac{n_c}{n}l=\left(1.5+0.5\frac{-32.95}{32.95}\right)\times\frac{2}{4}\times600=300\text{mm}$$

由表 17－1，选用┳70×5，$A=13.75\text{cm}^2$，$i_x=2.16\text{cm}$，$i_y=3.09\text{cm}$，$\lambda_x=150.0/2.16=69.4$，$\lambda_y=300.0/3.09=97.1<200$

按公式（3－74），$\lambda_z=3.9b/t=3.9\times70/5=54.6$

$\lambda_y>\lambda_z$，由公式（3－73a），绕对称轴的换算长细比为：

$$\lambda_{yz}=\lambda_y\left[1+0.16\left(\frac{\lambda_z}{\lambda_y}\right)^2\right]=97.1\times\left[1+0.16\times\left(\frac{54.6}{97.1}\right)^2\right]=102.0$$

属 b 类截面，查表 14－2b，$\varphi_{min}=0.542$，按公式（3－52）计算的稳定性为：

$$\frac{\gamma_{RE}N}{\varphi_{min}Af}=\frac{0.8\times32.95\times10^3}{0.542\times13.75\times10^2\times215}=0.16<1.0$$

（3）腹杆。

$$N=-23.30\text{kN},\ l_o=212.1\text{cm}$$

由表 16－1，选用∠63×5，$A=6.143\text{cm}^2$，$i_{min}=1.25\text{cm}$，$\lambda_{max}=212.1/1.25=169.7<200$。

按公式（7－33a），$\eta=0.6+0.0015\lambda_{max}=0.6+0.0015\times169.7=0.855$。

属 b 类截面，查表 14－2b，$\varphi_{min}=0.249$，按公式（7－33）计算的稳定为：

$$\frac{\gamma_{RE}N}{\eta\varphi_{min}Af}=\frac{0.8\times23.30\times10^3}{0.855\times0.249\times6.143\times10^2\times215}=0.66<1.0$$

4 节点可采用等强度设计，从略。

7.7 屋盖结构设计中的若干问题

7.7.1 檩条设计中的若干问题。

1 檩条的竖向荷载。

檩条的竖向荷载通常是以其水平投影负荷面积计算，即按其支撑板为简支得出的。如屋面水平投影均布荷载为 Q，檩距水平距离为 a，则檩条均布线荷载 $q=Qa$。当采用长尺压型钢板或夹芯板时（双坡，一坡板长为半跨大梁或桁架），檩条为多跨连续板的支座，如按 5 跨连续计算，最大支座反力 q 为 $1.14Qa$（离端部第二个支座最大）。故按 $q=Qa$ 是不安全的。当利用余料时，甚至有两跨的，如按板 3m 长，两跨（每跨 1.5m），则最大中间支座荷反力 $q=1.25Qa$。故建议统一按 $q=1.15Qa$ 选用现行国家建筑标准设计图中的檩条允许线荷载或在个体设计加大，但在图中应注明，若利用余料 3m 板长，两跨时必须对板中间支座的檩条进行核算或加强。以上仅仅是建议，本手册在计算实例中也未显示此荷载增大系数 1.14 或 1.25，此尚需待国家建筑标准设计图集修编时正式确认。至于屋架（横梁）因板连续而增大檩条传给屋架的节点荷载增大属局部性，可不考虑（但连续檩条除外）。

2 檩条的活荷载。

（1）均布活荷载。

按《建筑结构荷载规范》GB 50009—2012 不上人的屋面活荷载标准值取 0. 5kN/m^2。根据《钢结构设计标准》GB 50017—2017 第 3. 2. 1 条注：对支承轻屋面的构件或结构（檩条、屋架、框架等），当仅有一个可变荷载且受荷水平投影面积超过 60m^{2}时，屋面均布活荷载标准值应取为 0. 3kN/m^2。因大多数檩条的受荷面积小于 60m^2，故檩条活荷载标准值均取 0. 5kN/m^2，不折减。

檩条的活荷载，不应与雪荷载同时组合，取两者中的较大值。所谓较大值应取活荷载标准值 Q_k与不均匀积雪（设 α 为不均匀系数）分布后的标准值（即 $\sigma S_k = \sigma\mu_r S_0$）相比。如$\mu_r$ = 1. 0，α = 1. 4 则当基本雪压 S_0。超过 0. 35kN/m^{2}时应取雪荷载标准值。过去不少设计人员常将 Q_K与 S_o相比，而非与 σS_k相比，理解规范有误区。

（2）集中荷载。

施工或检修集中荷载标准值按《钢结构设计标准》GB 50017—2017 应取 1. 0kN。檩条集中荷载 P_k与均布荷载 Q_K弯矩等效的檩距 a 为：

$$\frac{1}{4}P_K l = \frac{1}{8}Q_K S l^2$$

$$S = \frac{2P_k}{Q_k l}$$

如 Q_k = 0. 5kN/m^2　　P_k = 1. 0kN

则 $S = \dfrac{4}{l}$

表 7 - 44 表明，当檩距 S 小于表中相应跨度的 S 时才需验算施工集中荷载 P_K = 1. 0kN 的影响。

表 7 - 44 等效弯矩的檩距 S

跨度 l（m）	3. 0	4. 0	4. 5	5. 0	6. 0	7. 5	9. 0
檩距 S（m）	1. 33	1. 00	0. 89	0. 80	0. 66	0. 53	0. 44

3 檩条在竖向荷载下整体稳定性计算。

《冷弯薄壁型钢结构技术规范》GB 50018—2002 第 8. 1 条规定：屋面能阻止檩条侧向失稳和扭转作用的实腹式檩条强度可按本手册公式（7 - 6）计算；屋面不能阻止檩条侧向失稳和扭转的实腹式檩条稳定性可按公式（7 - 7）计算。《门式刚架轻型房屋钢结构技术规范》GB 51022—2015 甚至还规定前者尚可忽略檩条的坡向弯矩。但对屋面类型和连接有较高的要求：如该规范第 14. 6 条：屋面板每个或隔一个肋与檩条用螺钉（自攻钉）连接，且间距不大于 300mm 或两个肋宽时，可认为屋面能阻止檩条侧向失稳和扭转；门钢规 B. 4 对屋面板板型和连接有 6 点更严格的具体规定。目前市场大量采用的扣合式屋面板（含直立缝 360°锁边的复合板），屋面板不能作为檩条的侧向支撑。国家建筑标准设计图集《钢檩条钢墙梁》11 G521 - 1 ~2 提供了两个分别由公式（7 - 6）和公式（7 - 7）确定的线荷载设计值 Q_{dLim}和 Q'_{dLim}。通过计算凡不设上拉条非自攻钉连接的檩条，即使跨度 L 为 4m，比用自攻钉连接的 Q_{dLim}小很多，表明采用扣合板跨度为 4m 的檩条尚需设置拉条，拉条对扣合板的重要作用。

由于实际工程中层面板型的多变性，故本册的檩条选用表中构造 1 均按屋面不能阻止檩条侧向失稳和扭转确定檩条截面（表7－4～表7－7）已策安全。

4 檩条的负风压（风吸力）。

（1）由于轻型屋面的自重轻，在风吸力作用下檩条下翼缘受压，若侧向支撑的拉条按常规布置在檩条上翼缘，则檩条下翼缘受压的无支长度为檩条跨度。此时檩条截面竖向荷载多数不控制，均为风吸力和自重组合下翼缘受压时的整体稳定性控制。后者所需截面比前者大2～3个型号，甚至更多。檩条选用表7－6～表7－9中的构造1为单层屋面，拉条布置在腹板上部，檩条截面一般由风吸力控制，它已经满足竖向荷载下的强度或稳定性。构造2为双层屋面（檩条隐藏）或单层屋面，腹板设上、下拉条，檩条截面由竖向荷载下的强度或整体稳定性控制。选用表7－6～表7－9中构造1比构造2截面大。关于檩条在负风压下的稳定性计算结果详见表7－46。

（2）檩条的局部风压体型系数μ_{s1}为风吸力W_k或W的重要组成部分，目前国内有三种计算资料：

1）《门式刚架轻型房屋钢结构技术规范》GB 51022—2015中间区、边缘带和角部三个部分，从设计、施工方便通常取局部风压体型系数μ_{s1}确定：

$$\mu_{s1} = +0.7\log A - 1.98 \qquad \alpha = 0 \sim 10^0$$

式中A为檩条负荷面积m^2，$A \geqslant 10$ $\mu_{s1} = -1.28$

2）《门式刚架轻型房屋钢结构技术规程》CECS 102：2002

$$\mu_{s1}(A) = -1.70 \qquad A \leqslant 6.3$$

$$\mu_{s1}(A) = 1.5\log A - 2.9 \qquad A \leqslant 10$$

$$\mu_{s1}(A) = -1.70 \qquad A \geqslant 10$$

3）《建筑结构荷载规范》GB 50009—2012 $\alpha \leqslant 5$

$$\mu_{s1}(A) = \mu_{s1}(1) + [\mu_{s1}(25) - \mu_{s1}(1)]\log A/1.4$$

$$\mu_{s1}(1) = -1.8 - 0.2 = -2.0$$

$$\mu_{s1}(25) = \mu_{s1}(1) \times 0.6$$

将常用的檩距、跨度，1.5m×6.0m、1.5m×7.5m和1.5m×9.0按上述三种计算，结果列于表7－45。

（3）表7－45计算表明：

表7－45 檩条三种计算方法W和用钢量比较（无支撑）

项次	檩距×跨度 $A=Sl$m	GB 51022—2015 Ⅰ$\beta=1.5$			CECS 102: 2002 Ⅱ$\beta_{gz}=1$			GB 50009—2012 Ⅲ$\beta_{gz}=1.7$			Ⅱ/Ⅰ	Ⅲ/Ⅰ
		μ_{s1}	W kN/m	型号 mm	μ_{s1}	W kN/m	型号 mm	μ_{s1}	W kN/m	型号 mm	kg%	kg%
1	1.5×6.0＝9.0	－1.32	－2.29	LC6－22.3	－1.48	－1.63	LC6－22.2	－1.46	－2.61	LC6－30.2	82	101
2	1.5×7.5＝11.25	－1.28	－2.21	LH7.5－20.3	－1.40	－1.54	LC7.5－28.3	－1.40	－2.50	LH7.5－20.3	54	100
3	1.5×9.0＝13.5	－1.28	－2.21	LH9－20.3	－1.40	－1.54	LH9－20.3	－1.35	－2.41	LH9－20.3	100	100

注：1 $W=1.4W_k$ $W_k=\beta_{gz}\mu_{s1}\mu_z W_o$ $W_o=0.5kN/m^2$。板自重取0.4kN/m。（无支撑即不设下拉条）

2 $\beta=1.5$为系数，如GB 51022，房屋高度取10m，μ_z为1.0，采用GB 51022时，W_o应换算为$1.10W_O$。

1）檩距1.5m和跨度6m：GB 50009比GB 51022多耗钢材1%。

2）檩距1.5m和跨度9.0m：CECS102、GB 50009已超出卷边槽钢LC的选用范围，必须改用高频焊接H型钢三者钢材相同。

（4）CECS 102计算方法在全国已使用10多年，未发现问题，现加大为GB 51022值得深思，关键是考虑了$\beta=1.5$。

（5）门刚规GB 51022与GB 50009算出的W基本接近（前者比后者大1.1%左右），两者可通用。

（6）关于有天窗架时屋面檩条的局部体型系数μ_{s1}本条三种计算方法，均为无天窗架屋面檩条的局部体型系数μ_{s1}。根据建筑结构荷载规范GB 50009—2006、2012有天窗架时承重结构屋面端部体型系数μ_s均比无天窗架时的μ_s要小。根据承重结构与围护结构在同一部位μ_s与μ_{s1}相应的原则，有天窗架时围护结构沿用无天窗架屋面的局部体型系数μ_{s1}是偏于安全，实际可行的。

（7）檩条在负风压下受压下翼缘的稳定性计算。

1）一般采用公式（7-7）计算。当不设下拉条时，平面外计算长度$l_1=l$，当设下拉条时$l_i=l_y$（拉条间距），不考虑屋面和上拉条的约束，11 G521-1～2是按此原则编制的。

2）GB 51022考虑屋面的刚度对檩条的扭转约束。理论上它较合理。但它仅适用于用自攻钉（M6.3）连接的压型钢板屋面，且屋面板厚度t不小于0.66mm等6项严格要求，大大脱离市场。

3）从CECS 102:2002附录E的例题，Z180×70×20×2.5的计算结果看，按1）选用国标所能承受的风荷载设计值$W=(W_{0.2}+W_{0.4})/2=1.66$。按2）计算所得$W=1.4\times1\times1.08\times0.495\times1.5=1.12\text{kN/m}$，1）不考虑屋面约束，2）考虑，$W$反而较小，难理解。这可能是该切范具体公式推导有误。另外例题中拉条位置不明确。按计算过程似为下拉条，实际应为上下拉条。

4）该例题在竖向荷载下截面强度不满足规范要求，属于不合格产品，故仅供参考。

5）建议今后按方法1）计算。简捷方便，经济实用，配套。

5 连续檩条的应用。

连续檩条截面和挠度小，节约钢材，有一定的应用场合。但施工吊装不如简支檩条方便，当柱基有不均匀沉降时连续檩条内力变化大，连续檩条在竖向荷载下，支座为负弯矩，荷载指向檩条截面形心，下翼缘受压时的整体稳定系数φ_b比背离截面形心的负风压时φ_b小得多。为保证部分工程采用连续檩条下翼缘受压时的整体稳定性，宜在檩条上、下均设拉条或采用双层屋面板（檩条隐藏的做法）。特别指出，连续檩条在支座处产生负弯矩的同时，增加了支座反力，5跨时增加10%左右。在檩条设计中必须增大10%～15%的荷载。如不设下拉条应验算下翼缘受压时整体稳定性。计算见【例题7-5】。

6 与隅撑连接的檩条。

在《门式刚架轻型房屋钢结构技术规程》CECS 102:2002第6.3.6条第4款中规定："计算檩条时，不应考虑隅撑作为檩条的支撑点"；第7.1.6条第5款中："隅撑单面布置时，尚应考虑隅撑作为檩条的实际支座对屋面斜梁下翼缘的水平作用"。一般设计者认为设隅撑后檩条主跨度减小、单跨简支梁变成三个不等跨的连续梁，弯矩大大减小，按CECS 102不把隅撑当作支点，出于安全简化，这是一种误解。同以上第5款"如连续檩条的应用中不设下拉条时有时不能保证下翼缘受压时的檩条整体稳定性"。如再考虑刚架梁下翼缘一侧隅撑施加给檩条的向上集中力，隅撑与檩条连接处的负弯矩继续增大。通过验算与隅撑连接的檩条，除了原檩条设计截面非竖向荷载控制而由负风压控制外，与隅撑连接的檩条应增设下拉条（即标准图中的有支撑）或将其截面加强。为施工方便也有将所有檩条截面统一加强，即一般檩条（不设隅撑）的截面也随其加强。当横梁下翼缘面积 A_1 较大时，尚需再加大檩条截面。这种情况下可加大横向支撑节距和隅撑间距（使斜梁下翼缘的 $\lambda_y \leqslant 240$），将端开间隅撑与刚性系杆相连，由此门端开间斜梁下翼缘的水平推力基本消失。与隅撑连接不设下拉条的檩条必须计算其下翼缘整体稳定性。

7 檩条兼做屋架上弦支撑系杆。

国家建筑标准设计图集钢屋架和钢门式刚架中，上弦横向内支撑及系杆一般均自呈系统。不考虑檩条兼作系杆。当檩条兼作刚性系杆时应计算其强度和稳定性，并满足压杆容许长细比的要求。在工程实践中檩条有兼作非交叉支撑开间的刚、柔性系杆，此时檩条宜留一定的应力裕量。

8 檩条的截面形式。

为节约钢材和施工方便。通常采用冷弯薄壁卷边槽钢（C 形钢）和冷弯薄壁斜卷边 Z 形钢。前者屋面坡度较平（$i=1/10$），后者坡度较陡（$i=1/3$）。轻型（高频焊接）H 形钢耗钢材较多，宜用在檩距大（如 3m）或跨度大（如 $l>9$m），其所需 C 形钢截面已超出冷弯薄壁型钢标准截面规格的范畴。

9 拉条。

一般檩条均需设上拉条，以增强檩条平面外刚度和安装之需。屋面坡度较大、扣合压型钢板屋面，拉条的作用更显突出。檩条下拉条在负风压较大时设置。

（1）设斜拉条。

当屋面坡度较大或坡长较长，斜拉条 XT 内力较大时，要加大斜拉条直径（Φ14 ~ Φ20）或再在檩条中间开间增设斜拉条和支撑杆。

（2）直拉条拉通。

构造简单。可不设斜拉条及连接点。但当屋面坡度 i 较大时（$i>1/6$）要考虑脊檩相互连接的水平拉条和坡向拉条平衡时施加于垂直屋面脊檩上的附加集中力。按分析，$i\leqslant 1/6$ 附加集中力较小不需考虑。

为此建议双坡对称屋面尽量采用贯通直拉（撑）杆。

10 斜拉条生根。

有两种生根办法：与檩托相连，适用于屋面坡度小、坡度短；专用斜拉条支托，适用于任何情况，但在屋架上需焊支托，要避开支撑、檩托较麻烦。

斜拉条与檩托相连会大幅度增加檩托的坡向力。为增加檩托的抗倾覆能力，屋面坡度较大时，宜通过计算选用 CT-3 或改在屋架上弦焊接与斜拉条连接的专用斜拉条支托。必须指出，与斜拉条连接的檩托上合用螺栓（即斜拉条）应按剪、拉和局部承压表 4-10 中的公式计算，所需直径较大。

11 檩条悬挂于檩托，与屋架有 20mm 空隙。

这种构造看法不同：

（1）为内天沟和内檐沟高度之需，也有认为抬高 20mm 无济于事，不如加高檩条；

（2）为檩托角钢竖肢与承重结构焊接之需，也有认为竖肢可不焊；

（3）为双层压型钢板复合保温板，下层板可通过屋架（梁），搭缝优于拼缝之需，也有认为板在檩托竖肢处仍需切口，并不简单。

鉴于上述三种观点，本手册偏向于内天沟之需，一般不推荐抬高檩条 20mm，但本手册仍保留这种构造。必须强调，此时应验算檩条端部腹板螺栓的抗剪、局部承压和檩托的抗倾覆能力。在 8 度 0.3g 和 9 度区、屋面坡度较大时不宜采用这种构造，与第 8 条相同，斜拉条仍应采用专用支托。

当内天沟或内檐沟所需檩条高度不足（含抬高 20mm）或采用双层压型钢板复合保温板时，因需抬高檩条较多，可按图 7 - 13 在檩条下设附加小立柱。

12　Z 形檩条在整体稳定性计算时截面高度 h 的取值。

Z 形檩条的高度应取最大刚度平面（主平面）的高度 $h/\cos\theta$，由此横向荷载作用点到弯心的距离 $e_a = (h/2)/\cos_\theta$。

13　檩条的其他构造问题。

（1）取消檩托问题。

CECS 102：2002 第 9.1.6 条建议檩条腹板高厚比小于 200 时也可不设檩托，由翼缘支承传力。众所周知：檩托的主要作用是使檩条端部产生约束扭转，为使实际构造与规范的计算模型一致，利用檩托抗扭是必需的。如果取消檩托，必须在檩条端部截面内设加劲板。这并不比在屋架上预先焊角钢檩托施工方便。

（2）屋面坡向分力对檩条的倾覆力。

CECS 102：2002 第 9.3.4 条提供的倾覆力计算公式来自 AISI，其计算所得数值太小，按试验多数檩条是向截面开口方向失稳，但少数也有向闭口方向失稳的，故应按最不利组合的倾覆力计算，否则不安全。建议按 11G521 - 1 ~ 2 选用为好（该图中忽略了竖向力的有利作用，偏安全）。必须指出：单根檩条倾覆力和与斜拉条相连檩条的倾覆力是大不相同的。后者远大于前者，它代表一个单元和群体。

（3）拉条和撑杆与檩条的连接。

CECS 102：2002 第 9.1.10 条图 9.1.10 - 3a 的布置，无理论计算公式，无法应用和实施。

7.7.2　钢屋架及支撑设计中的若干问题。

1　屋架外形、截面类型和节间长度。

（1）屋架外形通常为梯形和三角形。梯形钢屋架适用于跨度为 18 ~ 30m，个别为 15m、33m 和 36m。屋面坡度一般为 1/10。三角形钢屋架适用于跨度为 12m、15m、18m，个别为 6m、9m 和 21m。屋面坡度一般为 1/3。梯形屋架外形美观，穿越管道方便，外荷载弯矩与外形图较接近，适用于大跨度。

国家建筑标准设计图有钢筋混凝土屋面的梯形钢屋架和轻型屋面（压型钢板、钢框轻质板）的梯形钢屋架。屋架端部的中心线尺寸，分别为 2000mm 和 1500mm，外包尺寸 2220mm、1750mm 和 1890mm，一般上下弦均起拱 $l/500$，竖向平面的刚度较大。

（2）屋架的杆件截面传统为角钢截面，来料施工方便。随着薄壁截面品种的多样化，国家建筑标准设计图又编制了圆，方管截面和剖分 T 型钢截面的钢屋架以节约钢材和简便施工。

（3）上弦节间的水平投影长度一般为 1.5m，上弦为节点荷载，避免局部弯曲。上弦节间长度为 1.5m 的模数，与屋架跨度 3 模一致。当屋架为圆形和方管截面时，上弦杆的节间长度可取 3.0m 以减少节点数量，简化施工。

2　轻型屋面钢屋架的设计要点。

（1）在永久荷载和风吸力组合作用下，下弦杆可能受压。为便于验算下弦杆不会出现压力和出现压力后的受压承载力计算，以下重点介绍屋架下弦杆的荷载效应系数 C 值（表7－46）和受压下弦杆承载力计算。

表7－46 轻型屋面梯形和三角形钢屋架荷载效应系数 C 值

项次	图集名称	屋架下弦荷载效应系数 C 值	说明
1	《轻型屋面梯形钢屋架》 05G515	L 15 18 21 24 27 30 33 36 C 72.3 101.6 131.1 162.8 199.2 235.8 272.3 214.3	$i=1/10$
2	《轻型屋面梯形钢屋架 （圆钢管、方钢管）》 06SG515－1	L 15 18 21 24 27 30 C 72.3 101.6 131.1 162.8 199.2 235.8	$i=1/10$
3	《轻型屋面梯形钢屋架 （剖分T型钢）》 06SG515－2	L 15 18 21 24 27 30 C 72.3 101.6 131.1 162.8 199.2 235.8	$i=1/10$
4	《轻型屋面三角形钢屋架》 05G517	L 6 9 12 15 18 C 40.5 67.5 94.5 121.5 148.5 33.8 56.3	$i=1/3$ $i=1/2.5$
5	《轻型屋面三角形钢屋架 （圆钢管、方钢管）》 06SG517－1	L 12 15 18 C 94.5 121.5 148.5	$i=1/3$
6	《轻型屋面三角形钢屋架 （剖分T型钢）》 06SG517—2	L 12 15 18 C 94.5 121.5 148.5	$i=1/3$

注：荷载效应系数 C 值为 1kN/m^2 均布荷载作用于上弦节点，承受荷载面积 $1.5\text{m}\times 6\text{m}$，屋架下弦杆最大内力。

（2）屋架下弦杆不会出现压力的条件：梯形屋架 $W_K \leqslant \dfrac{G'_K}{1.4}$

$$\text{三角形屋架 } W_K \leqslant \frac{G'_K}{1.54}$$

为屋面风吸力荷载设计值和永久荷载标准值作用下屋架下弦杆不出现压力，满足设计要求。

（3）如不满足上述条件时，应加大下弦杆截面或加密下弦杆系杆间距并按下式验算：

$$\lambda_{max} \leqslant 250 \qquad W_K \leqslant [W_K]$$

$$[W_K] = \left(\frac{\varphi_{min} Af - \Delta N}{C} + C'_K\right) \Big/ r_w$$

式中 φ_{min}——取两个方向 λ_{max} 确定的稳定系数（表14－1～表14－12）；

A——为下弦杆截面（mm^2）；

G'_K——为验算风吸力时采用的永久荷载标准值（kN/m^2），

取 G_K 设计取用的永久荷载标准值 -0.1（kN/m^2）；

W_K——风荷载标准值，按《建筑结构荷载规范》GB 50009—2012 取用，风振动

$\beta_z=1$。

r_w——风荷载分项系数 1.4，三角形屋架屋面坡度大，考虑风荷载方向转换成竖向后应改取 1.54；

ΔN——排架柱顶（包括吊车和墙面风荷载）传给屋架下弦杆的压力（kN），

上式中不考虑 ΔN 时，可取 $\Delta N=0$，当 ΔN 为拉力时应按下式验算：

$$N+\Delta N\leqslant Af$$

式中 N——为屋面永久荷载和可变荷载组合后的下弦杆最大拉力设计值；

f——钢材抗拉强度设计值。

3 连续檩条的屋架，必须考虑檩条支座反力的增加对屋架节点荷载增大 10% 的影响。

4 屋架上弦横向支撑节距。

轻型屋面钢屋架的侧向刚度较差，上弦横向支撑节距和屋架平面外计算长度一般取 3.0m 或 4.5m，而混凝土无檩体系（1.5×6.0 屋面板）的梯形钢屋架因屋面侧向刚度好，可协助上弦杆平面外起部分支撑作用，故上弦杆平面外的计算长度可取两块板宽 3m，从而可使上弦横向支撑的节距最大为 6.0m。

5 钢屋架的支撑布置。

现行《建筑抗震设计规范（2016 年版）》GB 50011—2010 第 9 章中的屋面支撑布置是以单层钢筋混凝土柱厂房和单层钢结构厂房识别，并未区分钢屋架和混凝土屋架和轻、重屋面。编制者认为，单层钢筋混凝土柱厂房中的钢屋架原则上应遵守单层钢结构厂房中的屋盖支撑系统布置，它的特点：上、下弦横向支撑配套；天窗架的支撑间距结合钢天窗架的特点适当放宽。它完全符合以往的工程实践，故不宜与单层钢筋混凝土柱厂房中的支撑布置相混。但重屋盖厂房天窗架的支撑间距仍宜按 GB 50011—2010（2016 年版）表 9.1.15 和表 9.1.16 执行。

6 关于重级工作制吊车 A6～A8 厂房。

厂房内设有重级工作制吊车，特别是受拉构件必须严格按表 2-20 限制构件的容许长细比 $\lambda=250$；按本条 2（3）验算排架柱顶水平剪力传给屋架下弦后杆件的抗拉强度和抗压稳定性（即限制 W_k），加强屋架的支撑布置，必要时加设纵向支撑。

7 屋盖支撑设计。

屋盖上、下弦横向支撑一般均按构件容许长细比确定截面，交叉斜杆按拉杆设计，容许长细比［λ］按中级工作制和重级工作制分别取 400 和 350（地震区交叉斜拉杆容许长细比均取 350 为宜）。刚性系杆按压杆设计［λ］=200。支撑与屋架的连接按等强度连接，通常用两个安装螺栓定位后焊接，焊缝最小长度视屋面轻重为 60mm 或 80mm。屋架端部竖向支撑为主要抗震构件，必须严格遵守 GB 50011—2010（2016 年版）第 9.2.9 的规定，并经计算确定杆件截面和连接强度。

8 钢框轻质板（发泡水泥复合板或太空板）的支撑布置。

该类屋盖原则上可归入轻质屋面，但其支撑布置应同时符合无檩和有檩体系的屋盖支撑系统布置。

9 关于抗风柱柱顶与屋架（梁）的连接方式。

历次《建筑抗震设计规范》都推荐抗风柱柱顶与屋架上弦连接，GB 50011—2010（2016 年版）第 9.1.25 条第 3 款再次明确。过去国家建筑标准设计图曾给出与上、下弦同时连接的标准节点大样，便于设计选用。这里必须指出：如与下弦连接应加强下弦横向支撑中刚性系杆的截面，以便更好地承受山墙传来的水平地震作用和风荷载。有些钢实腹梁（门式刚架）抗风柱顶均连于横梁下翼缘，致使梁产生较大的水平力，如再设斜撑（与横向支撑节点处檩条相连），此檩条必须验算后加强。

10　关于屋架支座形式。

屋架支座通常有铰支座和刚接支座两种形式。铰支座，钢柱不上升，柱顶至屋架支座底板处中断，参见图7-61，柱可用钢柱或混凝土柱。刚接支座，钢柱上升，与梯形钢屋架的上下弦分别用螺栓或焊缝连接，参见图7-62。

近年来随着轻型屋面、国家建筑标准设计图集的推广和应用，不少工业厂房采用门式刚架轻型房屋钢结构、梯形钢屋架、钢柱（混凝土柱）。为此，本手册重点介绍铰接的梯形钢屋架和三角形钢屋架。刚接梯形钢屋架完全可参照铰接梯形钢屋架设计。具体如下：

(1) 与柱刚接的屋架，除按第7.2.3条的铰接屋架计算杆件内力外，还应根据框架内力分析所得的屋架端弯矩和水平力，以计算屋架杆件内力。

屋架端弯矩和水平力的最不利组合可分为四组（图7-260）：

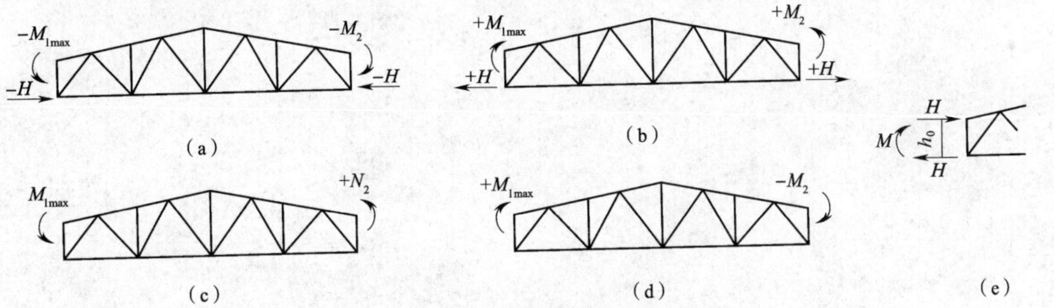

图7-260　最不利端弯矩和水平力

1）第一组：主要使下弦可能受压的组合，即左端为 $-M_{1max}$ 和 $-H$，右端为 $-M_2$ 和 $-H$［图7-260（a）］

2）第二组：主要是上、下弦内力增加的组合，即左端为 $+M_{1max}$ 和 $+H$，右端为 $+M_2$ 和 $+H$［图7-260（b）］

3）第三组：主要斜腹杆内力为最不利的组合，分两种情况：一是左端为 $-M_{1min}$，右端为 $+M_2$［图7-260（c）］；一是左端为 $+M_{1max}$，右端为 $-M_2$［图7-260（d）］

4）组合时，应使左端的端弯矩为最大值，水平力和另一端的端弯矩是相应的（同时产生的）。

分析屋架杆件内力时，将端弯矩 M 用一组偶力 $H=M/h_0$ 来代替［图7-260（e）］；水平力则认为直接由下弦杆传递。将端弯矩和水平力产生的内力与按铰接屋架的内力相组合后，即得刚接屋架各杆件的最不利内力（端弯矩和水平力使内力增加或使杆件由拉杆变为压杆）。

(2) 关于屋架的惯性矩。

为了计算梯形钢屋架（横梁）与钢柱组成的框架内力（M、N、V），必须设定横梁的惯性矩。根据常用计算方法：

$$I = I_{x1} + I_{x2} + A_1 h_1^2 + A_2 h_2^2$$

横梁组合截面的惯性矩为 αI。

h、h_1、h_2 分别为横梁平均高度和该处上弦截面 A_1、下弦截面 A_2 形心至组合截面形心的距离；I_{x1}、I_{x2}为上下弦截面自身的惯性矩；α为考虑腹杆影响的惯性矩折减系数，一般取0.7（见图261）。

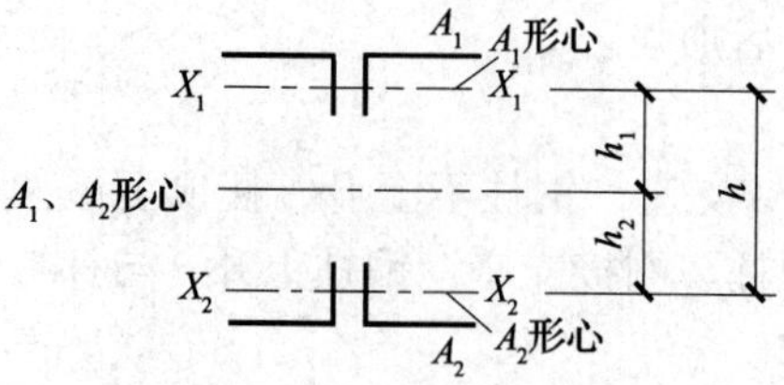

图7-261 屋架上下弦组合截面

（3）关于刚接屋架的特点。

1）用钢量省，刚度大；

2）受力复杂和施工吊装麻烦；

3）特别应加强屋架端下弦支撑的节距布置、计算下弦杆的受压稳定性、屋顶端斜杆和其他腹杆的内力变化和增值。

8 吊 车 梁

8.1 概 述

工业厂房中支承桥式或梁式电动吊车、壁行吊车以及其他类型吊车的吊车梁系统结构，按照吊车使用情况和吊车工作制可分为轻级、中级、重级和超重级。现行国家标准《起重机设计规范》GB/T 3811 及《建筑结构荷载设计规范》GB 50009—2012 将吊车工作级别分为 A1 ~ A8，其中轻级工作制对应的工作级别为 A1 ~ A3；中级为 A4、A5；重级为 A6、A7；超重级为 A8。

吊车梁、吊车桁架通常设计为简支结构，简支结构具有传力明确、构造简单、施工方便等优点被广泛采用。连续结构可比简支结构节约钢材 10% ~15%，但计算、构造及施工较为复杂，且支座沉陷敏感，对地基要求较高，目前国内应用的并不普遍。

8.2 吊车梁系统的组成和类型

8.2.1 吊车梁系统的组成。

吊车梁系统由吊车梁或吊车桁架、制动结构、辅助桁架及支撑［水平支撑及垂直（竖向）支撑］等组成，见图 8 -1。

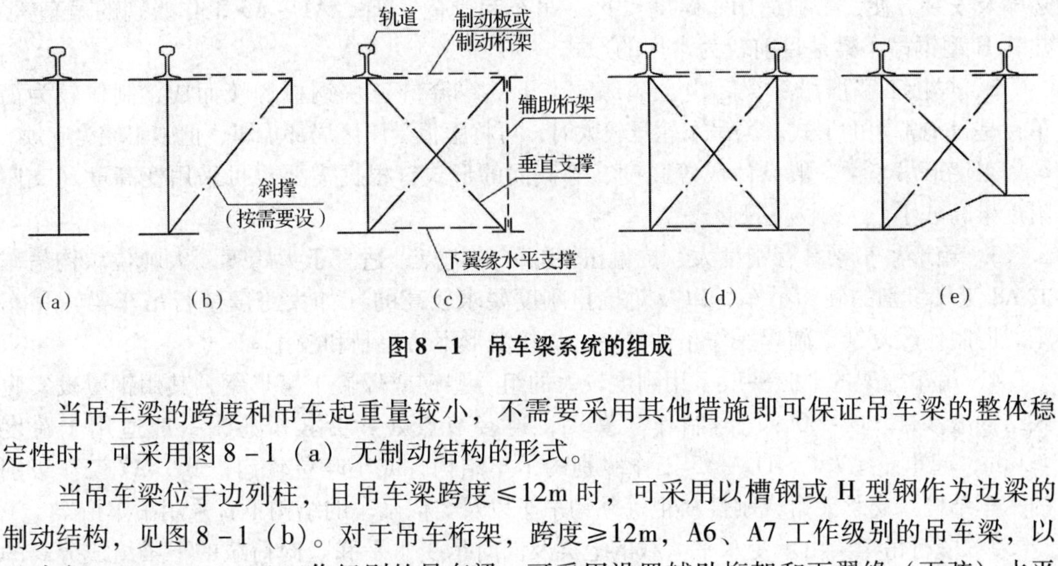

图 8 -1 吊车梁系统的组成

当吊车梁的跨度和吊车起重量较小，不需要采用其他措施即可保证吊车梁的整体稳定性时，可采用图 8 -1（a）无制动结构的形式。

当吊车梁位于边列柱，且吊车梁跨度≤12m 时，可采用以槽钢或 H 型钢作为边梁的制动结构，见图 8 -1（b）。对于吊车桁架，跨度≥12m，A6、A7 工作级别的吊车梁，以及跨度≥18m，A1 ~ A5 工作级别的吊车梁，可采用设置辅助桁架和下翼缘（下弦）水平支撑系统的制动结构；当需要设置垂直支撑时，其位置不宜在吊车梁、吊车桁架竖向挠度较大处，见图 8 -1（c）。

当吊车梁位于中列柱，且相邻两跨的吊车梁高度相同时，可采用图 8 -1（d）的制动结构形式；当相邻两跨的吊车梁高度不同时，可采用图 8 -1（e）的形式。

8.2.2 吊车梁的类型。

吊车梁、吊车桁架通常按实腹式和空腹式划分，实腹式为吊车梁，见图 8 -2（a）~（c），空腹式为吊车桁架，见图 8 -2（d）。吊车梁有型钢梁、组合工字形梁及箱形梁等形式，其中焊接工字形吊车梁及 H 型钢吊车梁是工程中常用的形式。

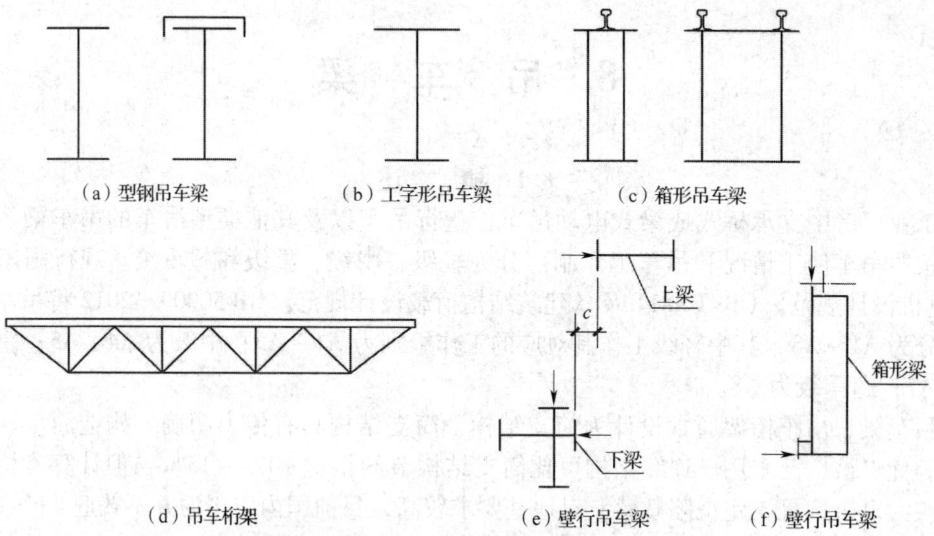

图 8-2 吊车梁和吊车桁架类型

8.2.3 吊车梁（吊车桁架）的特点。

1 型钢吊车梁用型钢制成（必要时可用钢板、槽钢或角钢加强上翼缘），制作简单，运输及安装方便，一般适用于跨度≤9m，吊车起重量≤20t，A1～A5 工作级别的吊车梁。热轧 H 型钢吊车梁是目前较为常用的形式。

2 焊接工字形吊车梁，由上翼缘宽、下翼缘窄的三块钢板焊接而成，制作较为简单，是目前常用的形式。当吊车轮压较大时，可将腹板受压区局部加厚，但施工较为麻烦。

工字形吊车梁一般设计成等高度、等截面的形式，根据需要也可采用变高度（支座附近梁高减小）、变截面的形式。

3 箱形吊车梁具有刚度大，抗偏扭性能好的优点，适宜于大跨度、大吨位软钩吊车或 A8 工作级别的硬钩吊车，以及对抗扭刚度要求较高的（如大跨度壁行吊车梁）吊车梁。但制作较复杂，施焊操作条件较差，焊接变形不易控制和校正。

4 吊车桁架的上弦一般采用刚度较大的组合型钢或焊接工字形钢，其用钢量较实腹式结构减少 15% ～30%，但制作较费工，连接节点处疲劳较敏感，一般适用于跨度≥18m，起重量≤75t，A1～A5 工作级别的吊车结构，或小吨位软钩，A6、A7 工作级别的吊车结构。支承夹钳或刚性料耙等硬钩吊车以及类似吊车的结构不宜采用吊车桁架。

5 壁行吊车梁由承受水平荷载的上梁及同时承受水平和竖向荷载的下梁组成分离的形式，见图 8-2（e），分离式较为经济，但必须严格控制上、下梁的相对变形。为了增加吊车结构的刚度也可将上、下梁组合成箱型截面，见图 8-2（f）。

6 悬挂式吊车梁包括悬挂单梁和轨道梁，一般悬挂在屋盖承重结构或其他承重结构上，由单根工字钢承重并兼作电动葫芦或手动吊车的行驶轨道梁，或兼作机械化悬链的行驶轨道梁。普遍用于无桥式吊车的工业厂房中。

8.3 设计的基本要求

8.3.1 一般规定。

1 吊车梁、吊车桁架一般应按两台最大起重量相等的吊车进行设计。当有可靠依据时，可按工艺提供实际排列的两台起重量不同的吊车，或一台吊车进行设计。

2 吊车梁、吊车桁架的设计应根据工艺提供的资料指定吊车工作级别的要求，目前我国按吊车要求的利用等级和载荷状态，分为8个工作级别（A1～A8）。一般安装用的吊车的工作级别为A1～A3，金工、焊接等冷加工生产使用的吊车为A4、A5，铸造、冶炼、水压机锻造等热加工生产使用的吊车为A6、A7，在冶金工厂中支承夹钳、料耙等硬钩的特殊吊车为A8。

3 吊车梁、吊车桁架的形式应根据吊车的起重量和跨度、吊车梁或吊车桁架的跨度，以及吊车的工作级别等确定。对于A8硬钩吊车应采用吊车梁，A6、A7的软钩吊车也宜采用吊车梁（对大跨度，起重量较小的吊车也可采用吊车桁架），但其节点应采用高强度螺栓连接。对于A6、A7的吊车梁和吊车桁架均宜设置制动结构。支承夹钳或刚性料耙硬钩吊车以及类似吊车的结构，不宜采用吊车桁架和制动桁架。

4 对于跨度≥24m的吊车梁或吊车桁架，制作时宜按跨度的1/1000起拱，并应按制作、运输、安装等实际条件，划分制作、安装单元。一般宜采用分段制作、运输，工地拼装成整根后吊装，避免高空拼接。

8.3.2 吊车荷载。

1 吊车梁、吊车桁架承受的吊车竖向和横向荷载，由工艺设计人员提供的吊车起重量和吊车工作级别，按起重机械制造厂提供的产品标准进行计算。

（1）吊车竖向荷载标准值为吊车的最大轮压 $P_{k,max}$ 或最小轮压 $P_{k,min}$。

（2）吊车横向水平荷载标准值 H_k，应取横行小车重量与额定起重量之和的百分数，并乘以重力加速度。

1）对于软钩吊车。

当额定起重量 $Q \leqslant 10t$ 时，

$$H_k = 0.12\frac{Q+g}{n} \quad (8-1a)$$

当额定起重量 Q 为16～50t时，

$$H_k = 0.10\frac{Q+g}{n} \quad (8-1b)$$

当额定起重量 $Q \geqslant 75t$ 时，

$$H_k = 0.08\frac{Q+g}{n} \quad (8-1c)$$

2）对于硬钩吊车。

$$H_k = 0.20\frac{Q+g}{n} \quad (8-1d)$$

式中 H_k——吊车各轮的横向水平荷载标准值；

Q——吊车额定起重量；

g——小车重量；

n——一台吊车的总轮数。

3）计算A6～A8工作级别的吊车梁、吊车桁架及其制动结构的强度、稳定性以及连接（吊车梁或吊车桁架、制动结构、柱相互间的连接）的强度时，应考虑由吊车摆动引起的横向水平力，此水平力不与本条1）、2）计算的横向水平荷载同时考虑，作用于每个轮压处的此水平力标准值可按下式计算：

$$H_k = \alpha \cdot P_{k,max} \quad (8-2)$$

式中 H_k——每个轮压处的水平力标准值；

α——系数，对一般软钩吊车 $\alpha=0.1$，抓斗或磁盘吊车宜采用 $\alpha=0.15$，硬钩吊车宜采用 $\alpha=0.2$。

4）悬挂吊车的水平荷载应由支撑系统承受，可不计算。手动吊车及电动葫芦可不考虑水平荷载。

横向水平荷载应等分于桥架的两端，分别由轨道上的车轮平均传至轨道，其方向与轨道垂直。

2 吊车纵向水平荷载标准值，应按作用在一边轨道上所有刹车轮的最大轮压 $P_{k,max}$ 之和的10%采用；该荷载的作用点位于刹车轮与轨道的接触点，其方向与轨道方向一致，即：

$$H_{zk}=0.10\Sigma P_{k,max} \tag{8-3}$$

3 作用在吊车梁、吊车桁架走道板上的活荷载，一般可取 $2.0kN/m^2$；当有积灰荷载时，可按实际积灰厚度考虑，一般为 $0.3\sim1.0kN/m^2$。

4 计算吊车梁、吊车桁架由竖向荷载产生的弯矩和剪力时，应考虑吊车梁或吊

车桁架、轨道、制动结构、支撑系统等重量，可近似简化为将求得的弯矩和剪力值乘以表8-1中的自重影响系数 β_w。

表8-1 自重影响系数 β_w

系数	吊车梁				吊车桁架
	跨度（m）				
β_w	6	12	15	≥18	
	1.03	1.05	1.06	1.07	1.06

5 对于露天栈桥的吊车梁，尚应考虑风荷载、雪荷载的影响。

8.3.3 荷载取值。

计算吊车梁、吊车桁架的强度、稳定性以及连接的强度时，应采用荷载设计值，荷载分项系数 $\gamma_Q=1.4$。计算疲劳和正常使用极限状态的变形时，应采用荷载标准值。

8.3.4 吊车荷载的动力系数。

计算吊车梁、吊车桁架及其连接的强度时，吊车竖向荷载应乘以动力系数。对悬挂吊车（包括电动葫芦）及A1～A5工作级别的软钩吊车，动力系数可取1.05；对A6～A8工作级别的软钩吊车、硬钩吊车和其他特种吊车，动力系数可取为1.1。当计算疲劳和变形时，吊车荷载不乘以动力系数。

8.3.5 吊车台数的取用。

1 计算吊车梁、吊车桁架及其制动结构的疲劳时，吊车荷载应按作用在跨间起重量最大的一台吊车确定。

2 计算制动结构的强度时，对位于边列柱的吊车梁或吊车桁架，其制动结构应按同跨两台起重量最大吊车所产生的最大横向水平荷载计算；对位于中列柱的吊车梁或吊车桁架，其制动结构应按同跨两台起重量最大吊车或相邻跨各一台起重量最大吊车所产生的最大横向水平荷载，取两者中的较大值计算。对于A6～A8工作级别或硬钩吊车，其横向水平荷载应按公式（8-2）计算。

8.3.6 强度设计值折减系数。

计算下列情况的吊车梁系统结构时，强度设计值应乘以相应的折减系数。当几种情

况同时存在时，其折减系数应连乘。

1 单面连接的单角钢。

（1）按轴心受力计算强度和连接 0.85。

（2）按轴心受压计算稳定性。

等边角钢 $0.6+0.0015\lambda$，但不大于 1.0；

短边相连的不等边结构 $0.5+0.0025\lambda$，但不大于 1.0；

长边相连的不等边结构 0.7；

λ 为长细比，对中间无连系的单角钢压杆，按最小回转半径计算，当 $\lambda<20$ 时，取 $\lambda=20$。

2 无垫板的单面施焊对接焊缝 0.85。

3 施工条件较差的高空安装焊缝和铆钉连接 0.90。

4 沉头和半沉头铆钉连接 0.80。

8.3.7 疲劳计算。

对于 A1 ~ A3 工作级别（轻级）的吊车梁和吊车桁架，以及大多数 A4、A5 工作级别（中级）的吊车梁，可不进行疲劳计算。A6、A7 工作级别（重级）的吊车梁和 A4 ~ A7 工作级别（中、重级）的吊车桁架，其变幅疲劳可取应力循环中最大的应力幅按公式（8-4）、公式（8-5）计算疲劳强度。此时吊车荷载应按作用在跨内起重量最大的一台吊车确定，吊车轮压取用标准值。

（1）正应力幅的疲劳计算应符合下式要求：

$$\alpha_f \Delta\sigma \leqslant \gamma_t [\Delta\sigma]_{2\times10^6} \tag{8-4}$$

（2）剪应力幅的疲劳计算应符合下式要求：

$$\alpha_f \Delta\tau \leqslant [\Delta\tau]_{2\times10^6} \tag{8-5}$$

式中 α_f——欠载效应的等效系数，按表 8-2 采用；

$\Delta\sigma$——对焊接部位为正应力幅，$\Delta\sigma=\sigma_{max}-\sigma_{min}$，对非焊接部位为折算正应力幅，$\Delta\sigma=\sigma_{max}-0.7\sigma_{min}$；

σ_{max}——计算部位应力循环中的最大拉应力（取正值）；

σ_{min}——计算部位应力循环中的最小拉应力（取正值）或压应力（取负值）；

$[\Delta\sigma]_{2\times10^6}$——循环次数 n 为 2×10^6 次的容许正应力幅，按表 8-3 采用；

γ_t——板厚或直径的修正系数，对于横向角焊缝连接和对接焊缝连接，当连接板厚度 t 超过 25mm 时，$\gamma_t=(25/t)^{0.25}$；对于螺栓轴心受拉连接，当螺栓的公称直径 d 大于 30mm 时，$\gamma_t=(30/d)^{0.25}$；其余情况取 $\gamma_t=1.0$。

$\Delta\tau$——对焊接部位为剪应力幅，$\Delta\tau=\tau_{max}-\tau_{min}$，对非焊接部位为折算剪应力幅，$\Delta\tau=\tau_{max}-0.7\tau_{min}$；

τ_{max}——计算部位应力循环中的最大剪应力；

τ_{min}——计算部位应力循环中的最小剪应力；

$[\Delta\tau]_{2\times10^6}$——循环次数 n 为 2×10^6 次的容许剪应力幅，按表 8-4 采用。

表 8-2 吊车梁和吊车桁架欠载效应的等效系数 α_f

吊 车 类 别	α_f
A6、A7 工作级别（重级）的硬钩吊车（如均热炉车间夹钳吊车）	1.0
A6、A7 工作级别（重级）的软钩吊车	0.8
A4、A5 工作级别（中级）的吊车	0.5

表 8－3 循环次数 n 为 2×10^6 次的容许正应力幅（N/mm^2）

构件和连接类别	Z1	Z2	Z3	Z4	Z5	Z6	Z7	Z8	Z9	Z10	Z11	Z12	Z13	Z14
$[\Delta\sigma]_{2\times10^6}$	176	144	125	112	100	90	80	71	63	56	50	45	40	36

注：构件和连接的分类见表 3－34～表 3－38。

表 8－4 循环次数 n 为 2×10^6 次的容许剪应力幅（N/mm^2）

构件和连接类别	J1	J2	J3
$[\Delta\tau]_{2\times10^6}$	59	100	90

注：构件和连接的分类见表 3－39。

8.3.8 挠度容许值。

1 吊车梁（吊车桁架）的挠度应按起重量最大一台吊车的荷载标准值（不考虑动力系数）进行计算，其值不应超过表 8－5 规定的数值。

2 冶金工厂（或类似车间）中设有 A7、A8 工作级别吊车的车间，其跨间每侧吊车梁或吊车桁架的制动结构，由一台起重量最大吊车的横向水平荷载（按公式 8－1a～8－1d 计算）所产生的挠度不宜超过制动结构跨度的 1/2200。

表 8－5 吊车梁的挠度容许值

构件类别	容许挠度值	构件类别	容许挠度值
手动或电动葫芦的轨道梁	$l/400$	A4、A5 桥式吊车	$l/900$
手动吊车和单梁吊车（含悬挂吊车）	$l/500$	A6～A8 桥式吊车	$l/1000$
A1～A3 桥式吊车	$l/750$		

注：l 为吊车梁或吊车桁架的跨度。

8.4 实腹式焊接吊车梁

8.4.1 内力计算。

1 由于吊车荷载为移动荷载，首先应确定计算各内力吊车荷载的最不利位置，然后求得吊车梁的最大弯矩及相应的剪力、支座最大剪力，以及在横向水平荷载作用下产生的水平方向最大弯矩 M_H（当为制动梁时）或在吊车梁上翼缘产生的局部弯矩 M'_H（当为制动桁架时）。

2 常用简支吊车梁，在吊车荷载作用下，最不利的荷载位置及相应的最大弯矩和最大剪力可按下列情况确定：

（1）两个轮子作用于梁上时［图 8－3（a）］。

最大弯矩点（C 点）的位置为：

$$a_2 = a_1/4 \tag{8-6}$$

最大弯矩为：

$$M^{C}_{\max} = \frac{\Sigma P\left(\dfrac{l}{2}-a_2\right)^2}{l} \tag{8-7}$$

最大弯矩处相应的剪力为：

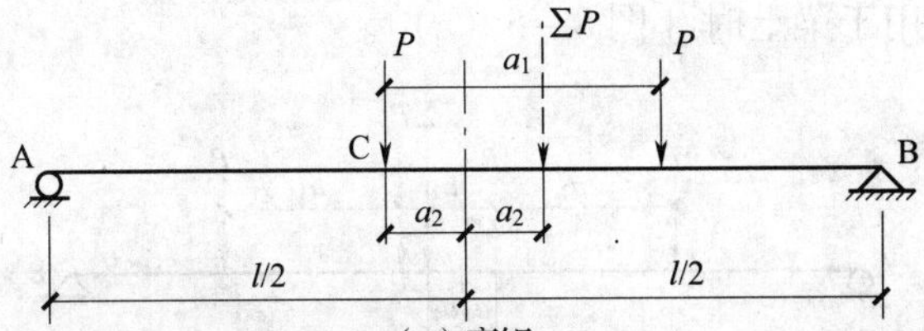

（a）弯矩

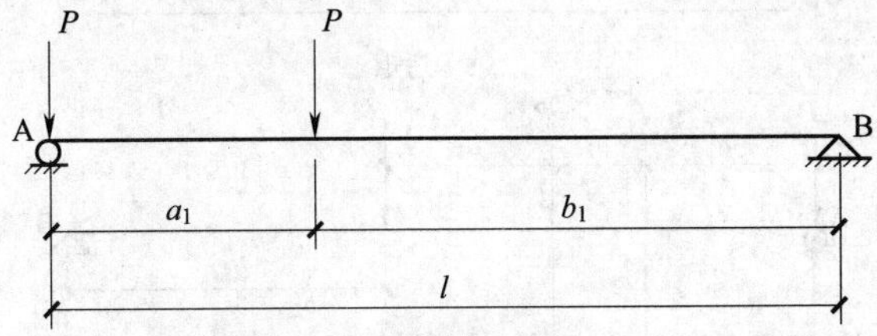

（b）剪力

图 8-3 吊车梁计算简图（二轮）

$$V^{C}=\frac{\sum P\left(\frac{l}{2}-a_2\right)}{l} \tag{8-8}$$

(2) 三个轮子作用于梁上时［图 8-4（a）］。

最大弯矩点（C 点）的位置为：

$$a_3=(a_2-a_1)/6 \tag{8-9}$$

最大弯矩为：

$$M_{\max}^{C}=\frac{\sum P\left(\frac{l}{2}-a_3\right)^2}{l}-Pa_1 \tag{8-10}$$

最大弯矩处相应的剪力为：

$$V^{C}=\frac{\sum P\left(\frac{l}{2}-a_3\right)}{l}-P \tag{8-11}$$

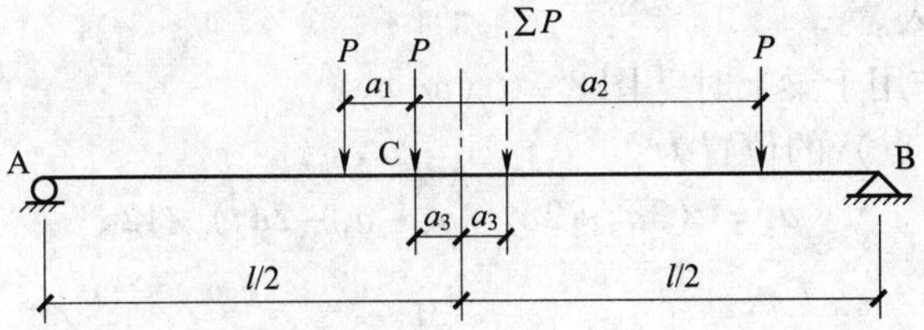

（a）弯矩

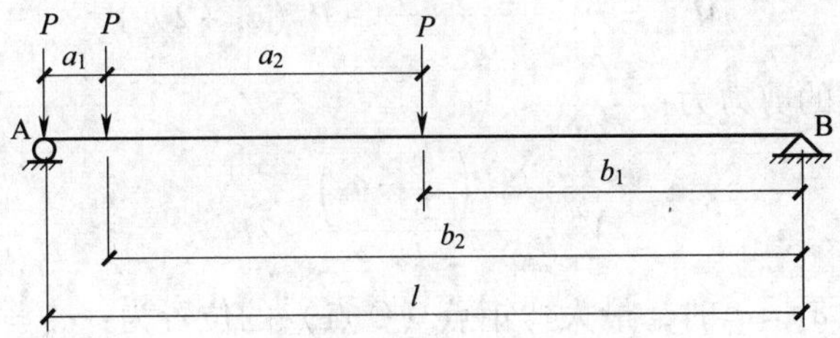

（b）剪力

图 8-4 吊车梁计算简图（三轮）

(3) 四个轮子作用于梁上时［图8－5(a)］。

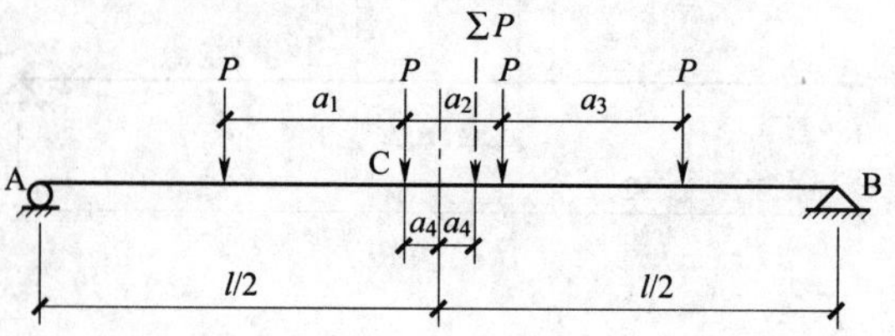

(a) 弯矩

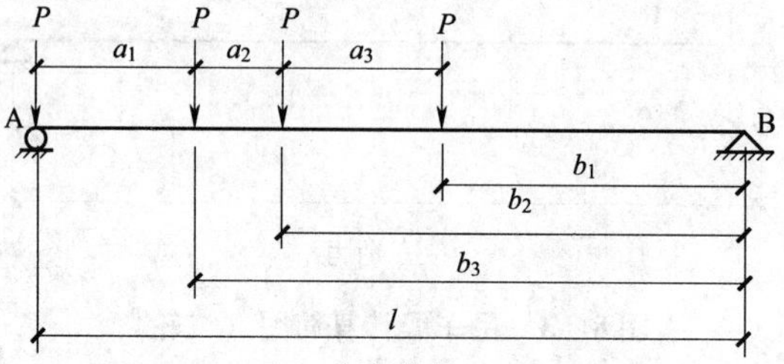

(b) 剪力

图8－5 吊车梁计算简图（四轮）

最大弯矩点（C点）的位置为：

$$a_4 = (2a_2 + a_3 - a_1)/8 \tag{8-12}$$

最大弯矩为：

$$M_{max}^{C} = \frac{\Sigma P\left(\frac{l}{2} - a_4\right)^2}{l} - Pa_1 \tag{8-13}$$

最大弯矩处相应的剪力为：

$$V^{C} = \frac{\Sigma P\left(\frac{l}{2} - a_4\right)}{l} - P \tag{8-14}$$

当 $a_3 = a_1$ 时，最大弯矩点（C点）的位置为：$a_4 = a_2/4$

最大弯矩 M_{max}^{C} 及其相应的剪力 V^{C} 均与公式（8－13）及公式（8－14）相同，但公式中的 a_4 应用 $a_2/4$ 代入。

(4) 六个轮子作用于梁上时［图8－6(a)］。

最大弯矩点（C点）的位置为：

$$a_6 = (3a_3 + 2a_4 + a_5 - a_1 - 2a_2)/12 \tag{8-15}$$

最大弯矩为：

$$M_{max}^{C} = \frac{\Sigma P\left(\frac{l}{2} - a_6\right)^2}{l} - P(a_1 + 2a_2) \tag{8-16}$$

最大弯矩处相应的剪力为：

$$V^{C} = \frac{\Sigma P\left(\frac{l}{2} - a_6\right)}{l} - 2P \tag{8-17}$$

当 $a_3 = a_5 = a_1$ 及 $a_4 = a_2$ 时，最大弯矩点（C点）的位置为：$a_6 = a_1/4$

最大弯矩 M_{max}^{C} 及其相应的剪力 V^{C} 均与公式（8－16）及公式（8－17）相同，但公式中的 a_6 应用 $a_1/4$ 代入。

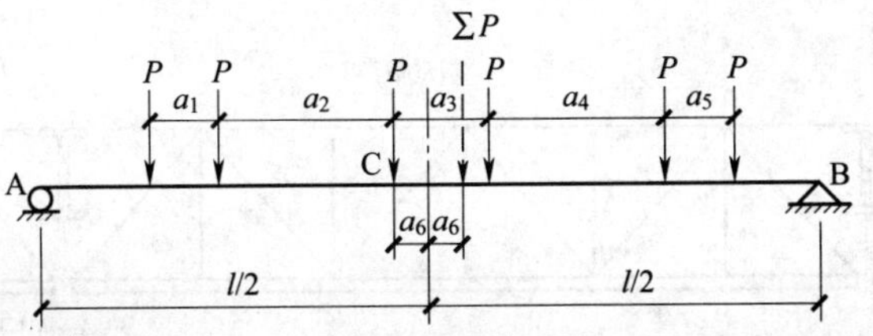

（a）弯矩

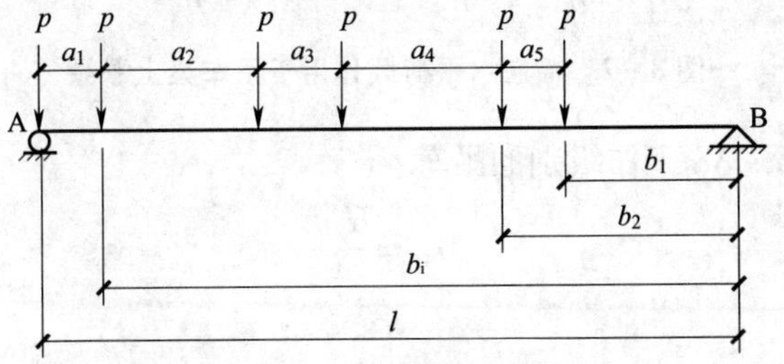

（b）剪力

图8-6 吊车梁计算简图（六轮）

（5）最大剪力在梁端支座处，因此，吊车荷载应尽可能靠近该支座布置［图8-3（b）~图8-6（b）］，并按下式计算支座处的最大剪力：

$$R_{max} = \sum_{i=1}^{n-1} b_i \frac{P}{l} + P, \ V_{max} = R_{max} \tag{8-18}$$

式中 R_{max}——支座处的最大反力；

n——作用于梁上的吊车竖向荷载数。

选择吊车梁截面时，应将吊车竖向作用下产生的最大弯矩 M^C_{max} 和支座处的最大剪力 V_{max} 乘以表8-1的自重影响系数 β_w。

3 在吊车横向水平荷载作用下，对制动梁产生的水平方向最大弯矩可按下列公式计算：

A1~A5 工作级别的吊车：

$$M_H = \frac{H_k}{P_{k,max}} M^C_{max} \tag{8-19}$$

A6~A8 工作级别的吊车：

$$M_H = \frac{H_k}{P_{k,max}} M^C_{max} \tag{8-20}$$

4 在吊车横向水平荷载作用下，制动桁架在吊车梁上翼缘产生的局部弯矩可近似按下列公式计算（图8-7）：

起重量≥75t，A1~A5 工作级别的吊车：

$$M'_H = \frac{H_k a}{3} \tag{8-21}$$

起重量≥75t，A6、A7 工作级别的吊车（A8 的吊车不受起重量限制）：

$$M'_H = \frac{H_k a}{3} \tag{8-22}$$

起重量≤50t，A1~A5 工作级别的吊车：

$$M'_H = \frac{H_k a}{4} \tag{8-23}$$

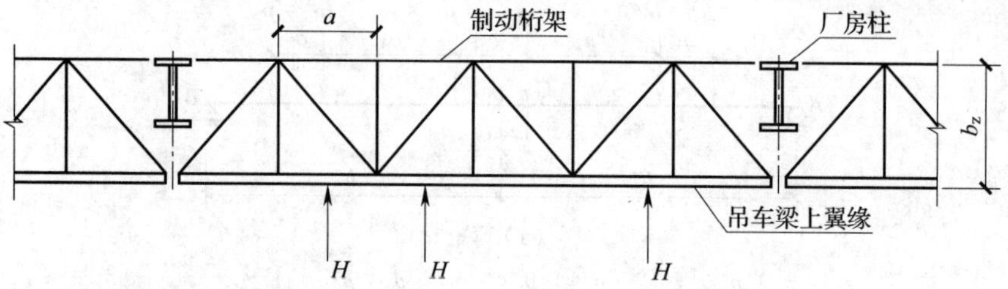

图 8-7 横向水平荷载作用于吊车梁上翼缘

起重量≤50t，A6 ~ A8 工作级别的吊车：

$$M'_{\mathrm{H}} = \frac{H_{\mathrm{k}} a}{4} \tag{8-24}$$

8.4.2 截面选择。

1 焊接工字形吊车梁一般由上、下翼缘板及腹板焊成，通常设计成沿梁长等截面。当相邻两跨吊车梁跨度不等且相差较大时，为使柱阶处两分肢顶面标高相同，可将跨度较大的梁做成变高度梁，即在支座处将梁高度取与相邻较小跨度梁的高度相等。图 8-8（a）为梁高度渐变的做法，受力较为有利。目前也有采用梁高度直角式突变的形式，直角式突变支座的构造宜满足 $h_1 \leqslant 0.5h_2$，$a \leqslant 0.5h_2$，$b \geqslant 1.5a$ 的要求，见图 8-8（b）。必要时，吊车梁上翼缘两端也可做成不等宽度，见图 8-9。以上三种情况均应对变截面处进行强度验算。

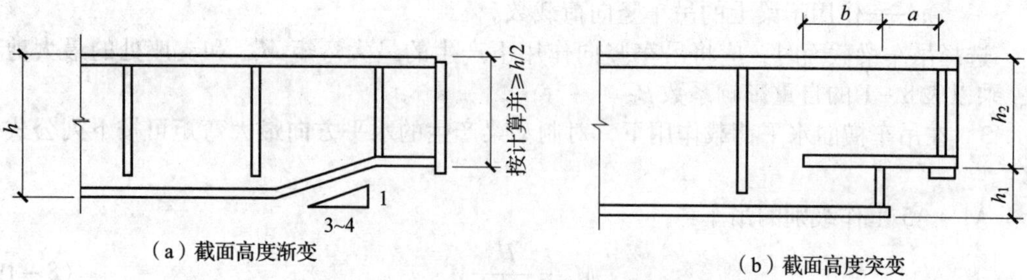

图 8-8 变截面高度吊车梁

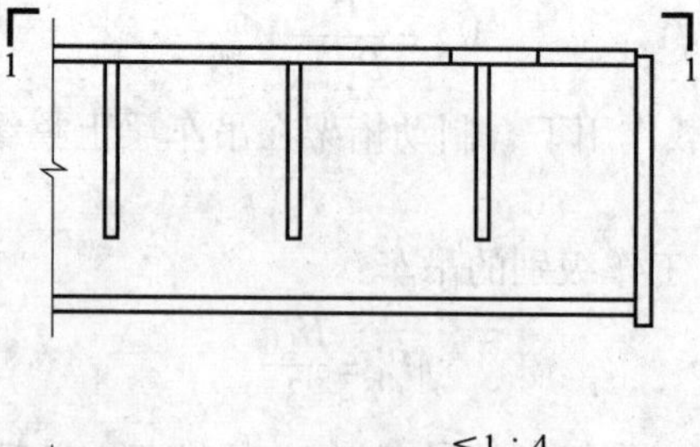

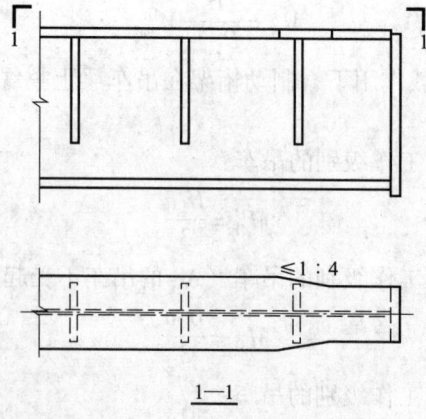

图 8-9 变翼缘宽度吊车梁

2 等截面焊接工字形吊车梁的截面高度，可参照经济高度，容许挠度值等条件来确定。

（1）按经济高度要求：

$$h_{ec}=7\sqrt[3]{W}-300 \qquad (mm) \tag{8-25}$$

式中 W——梁的毛截面模量，$W=1.2M_{max}/f$，其中 M_{max} 为吊车梁最大弯矩设计值，f 为钢材的抗拉强度设计值。

（2）按容许挠度值要求：

$$h_{min}=0.6f\frac{l^2}{[v]}\times10^{-6} \tag{8-26}$$

式中 l——吊车梁跨度；

$[v]$——梁的容许挠度值。

一般情况下，梁截面高度应接近经济高度 h_{ec}。

3 吊车梁的腹板厚度 t_w 可按下列公式确定。

（1）按经验公式计算：

$$t_w=\sqrt{h_0}/3.5 \tag{8-27}$$

式中 h_0——梁腹板高度。

（2）按容许挠度值要求：

$$t_w=\frac{1.2V_{max}}{h_0f_v} \tag{8-28}$$

式中 V_{max}——吊车梁最大剪力设计值；

f_v——钢材的抗剪强度设计值。

腹板厚度宜取以上两式计算的较大值，且不宜小于6mm。另外，腹板按局部稳定要求，其高厚比 h_0/t_w 应满足表3-4的规定。

4 吊车梁受压翼缘板的宽度 b 可取(1/3～1/5) h_0，外伸宽度 b_1 与其厚度 t 之比应满足以下要求（图8-10）：

$$b_1\leqslant15t\varepsilon_k \tag{8-29}$$

式中 ε_k——钢号修正系数，其值为235与钢材牌号中屈服点数值的比值的平方根。

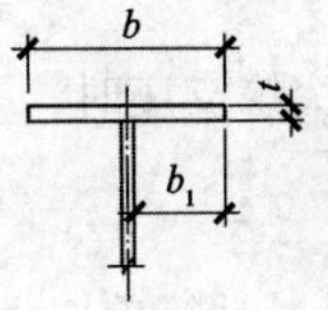

图8-10 吊车梁受压上翼缘

受压上翼缘的宽度还应考虑固定轨道所需的构造尺寸要求，同时要满足连接制动结构所需的尺寸。对于焊接型轨道一般不小于200mm，螺栓连接型轨道一般不小于280mm。

8.4.3 强度计算。

1 吊车梁应按下列规定计算最大弯矩处或变截面处的正应力。

（1）上翼缘正应力计算：

当无制动结构时，

$$\sigma=\frac{M_{max}}{W_{nx}^{上}}+\frac{M_H}{W_{ny}}\leqslant f \tag{8-30}$$

当制动结构为制动梁时，

$$\sigma=\frac{M_{max}}{W_{nx}^{上}}+\frac{M_H}{W_{ny_1}}\leqslant f \tag{8-31}$$

当制动结构为制动桁架时，

$$\sigma=\frac{M_{\max}}{W_{nx}^{上}}+\frac{M'_{H}}{W_{ny}}+\frac{N_{H}}{A_{n}}\leqslant f \tag{8-32}$$

（2）下翼缘正应力计算：

$$\sigma=\frac{M_{\max}}{W_{nx}^{下}}\leqslant f \tag{8-33}$$

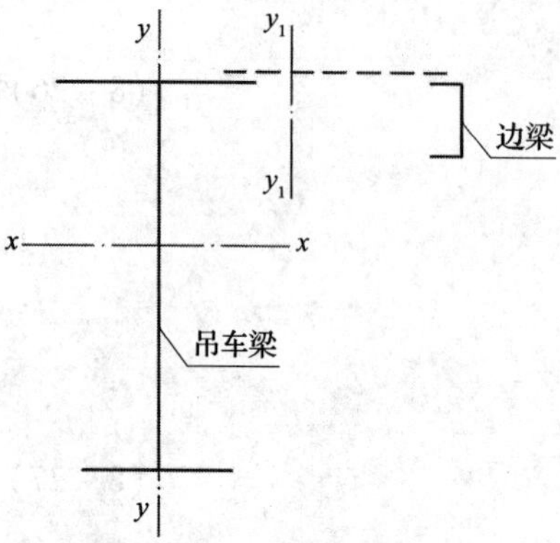

图 8－11 吊车梁系统结构的截面

式中 $W_{nx}^{上}$、$W_{nx}^{下}$——梁截面对 x 轴的上部、下部纤维的净截面模量；

W_{ny}——上翼缘截面对 y 轴的净截面模量；

W_{ny1}——制动梁截面（包括吊车梁上翼缘截面）对 y_1 轴的净截面模量，见图 8－11；

N_H——吊车梁上翼缘作为制动桁架的弦杆，在吊车横向水平荷载作用下产生的内力；$N_H = M_H/b_z$，b_z 为制动桁架的高度，见图 8－7；

A_n——吊车梁上翼缘的净截面面积；

f——钢材的抗拉强度设计值。

公式（8－29）～公式（8－32）中，假定吊车横向水平荷载产生的弯矩全部由吊车梁上翼缘或上翼缘与制动结构组成的组合截面承受。当不考虑吊车横向水平荷载作用时，取 $M_H=0$。

2 吊车梁支座截面处的剪应力，应按下列公式计算。

当为平板支座时，

$$\tau=\frac{V_{\max}S}{I_x t_w}\leqslant f_v \tag{8-34}$$

当为突缘支座时，

$$\tau=\frac{1.2\cdot V_{\max}}{h_0 t_w}\leqslant f_v \tag{8-35}$$

式中 S——计算剪应力处以上毛截面对中和轴的面积矩；

I_x——对 x 轴的毛截面惯性矩；

h_0、t_w——腹板的高度和厚度；

f_v——钢材的抗剪强度设计值。

3 腹板计算高度上边缘的局部承压强度应按下式计算。

$$\sigma_c=\frac{\psi\cdot P}{t_w l_z}\leqslant f \tag{8-36}$$

式中 P——吊车轮的集中荷载（考虑动力系数）；

ψ——集中荷载增大系数；对 A6～A8 工作级别吊车梁，$\psi=1.35$；对其他 $\psi=1.0$；

l_z——吊车轮压在腹板计算高度上边缘的假定分布长度（图 8－12），按下式计算：

$l_z=a+5h_y+2h_R$

a——吊车轮压沿梁跨度方向的支承长度，可取 50mm；

h_y——自梁顶面至腹板计算高度上边缘的距离；

h_R——轨道的高度。

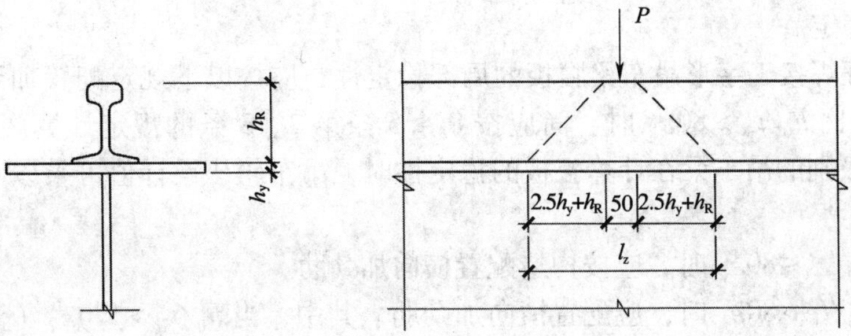

图 8-12 吊车轮压分布长度

4 吊车梁的腹板计算高度边缘处，若同时受有较大的正应力、剪应力和局部压应力（如1/4跨度处），或同时受有较大正应力和剪应力（如连续梁中部支座处或梁的截面改变处等）时，其折算应力应按下式计算。

$$\sqrt{\sigma^2+\sigma_c^2-\sigma\sigma_c+3\tau^2}\leqslant\beta_1 f \tag{8-37}$$

$$\sigma=\frac{M}{I_n}y_1 \tag{8-38}$$

式中 σ、τ、σ_c——吊车梁腹板计算高度边缘同一点同时产生的正应力、剪应力和局部压应力，τ 和 σ_c 应按公式（8-33）和公式（8-35）计算，σ 应按公式（8-38）计算，σ 和 σ_c 以拉应力为正值，压应力为负值；

I_n——梁净截面惯性矩；

y_1——所计算点至中和轴的距离；

β_1——计算折算应力的强度设计值增大系数；当 σ 与 σ_c 异号时，取 $\beta_1=1.2$；当 σ 与 σ_c 同号或 $\sigma_c=0$ 时，取 $\beta_1=1.1$。

8.4.4 整体稳定。

1 吊车梁的整体稳定性应按下式计算。

$$\frac{M_x}{\varphi_b\cdot W_x f}+\frac{M_y}{W_y f}\leqslant 1.0 \tag{8-39}$$

式中 M_x、M_y——绕强轴和弱轴作用的最大弯矩，$M_y=M_H$；

W_x、W_y——按受压纤维确定的对强轴和对弱轴的毛截面模量；

φ_b——绕强轴弯曲所确定的梁整体稳定系数，按公式（14-1）~（14-6）计算。H型钢吊车梁可按表19-1查得。

2 对于设有制动结构的吊车梁，或当H型钢或等截面工字形简支吊车梁受压翼缘的自由长度 l_1 与其宽度 b_1 之比不超过表8-6所规定的数值时，一般可不计算梁的整体稳定性。

表 8-6 H型钢或等截面工字形简支梁可不计算整体稳定性的最大 l_1/b_1 值

钢号	跨中无侧向支承点的梁		跨中受压翼缘有侧向支承点的梁，无论荷载作用于何处
	荷载作用在上翼缘	荷载作用在下翼缘	
Q235	13.0	20.0	16.0
Q345	10.5	16.5	13.0
Q390	10.0	15.5	12.5
Q420	9.5	15.0	12.0

8.4.5 局部稳定。

1 为保证焊接工字形吊车梁腹板的局部稳定性，应按以下规定配置加劲肋。当吊车梁腹板的高厚比 $h_0/t_w>80\varepsilon_k$ 时，尚应按 8.4.5 条第 2、3 条的规定计算腹板的稳定性。A1 ~ A5 工作级别的吊车梁在计算腹板的稳定性时，吊车轮压设计值可乘以 0.9 的折减系数。

（1）当 $h_0/t_w\leqslant 80\varepsilon_k$ 时，应按构造配置横向加劲肋。

（2）当 $h_0/t_w>80\varepsilon_k$ 时，应配置横向加劲肋。其中，当 $h_0/t_w>170\varepsilon_k$（受压翼缘扭转受到约束）或 $h_0/t_w>150\varepsilon_k$（受压翼缘扭转未受约束），或按计算需要时，应在弯曲应力较大区格的受压区增加配置纵向加劲肋。

2 仅配置横向加劲肋的腹板［图 8－13（a）］，各区格的局部稳定性应按下式计算：

$$\left(\frac{\sigma}{\sigma_{cr}}\right)^2+\left(\frac{\tau}{\tau_{cr}}\right)^2+\frac{\sigma_c}{\sigma_{c,cr}}\leqslant 1.0 \tag{8-40}$$

式中 σ——所计算腹板区格内，由平均弯矩产生的腹板计算高度边缘的弯曲应力，$\sigma=\frac{Mh_c}{I}$，h_c为梁腹板弯曲受压区高度，对双轴对称截面 $h_c=h_0/2$；

τ——所计算腹板区格内由平均剪力产生的腹板平均剪应力，$\tau=\frac{V}{h_w t_w}$，h_w为腹板高度；

σ_c——腹板计算高度边缘的局部压应力，应按公式（8－36）计算，但取 $\psi=1.0$，对于 A1 ~ A5 工作级别的吊车梁，可考虑 0.9 的折减系数。

σ_{cr}、τ_{cr}、$\sigma_{c,cr}$——各种应力单独作用下的临界应力，按下列方法计算：

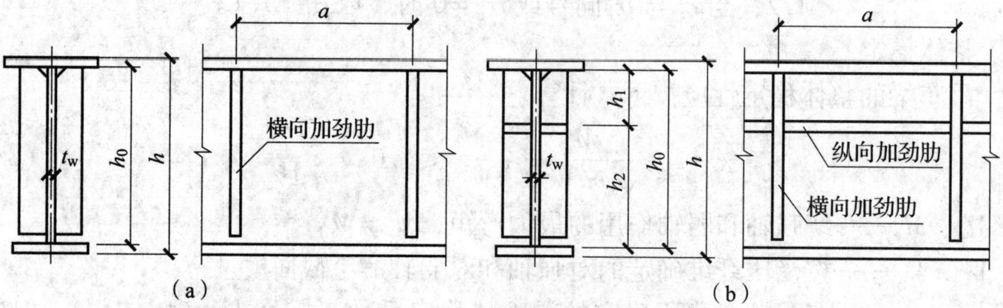

图 8－13 加劲肋布置

（1）σ_{cr}按下列公式计算：

当 $\lambda_{n,b}\leqslant 0.85$ 时，

$$\sigma_{cr}=f \tag{8-41a}$$

当 $0.85<\lambda_{n,b}\leqslant 1.25$ 时，

$$\sigma_{cr}=[1-0.75(\lambda_{n,b}-0.85)]f \tag{8-41b}$$

当 $\lambda_{n,b}>1.25$ 时，

$$\sigma_{cr}=1.1f/(\lambda_{n,b})^2 \tag{8-41c}$$

当梁受压翼缘扭转受到约束时：

$$\lambda_{n,b}=\frac{2h_c/t_w}{177}\cdot\frac{1}{\varepsilon_k} \tag{8-41d}$$

当梁受压翼缘扭转未受到约束时：

$$\lambda_{n,b}=\frac{2h_c/t_w}{138}\cdot\frac{1}{\varepsilon_k} \tag{8-41e}$$

式中 $\lambda_{n,b}$——梁腹板受弯计算时的正则化宽厚比。

(2) τ_{cr}按下列公式计算:

当$\lambda_{n,s}\leqslant 0.8$时,

$$\sigma_{cr}=f_v \tag{8-42a}$$

当$0.8<\lambda_{n,s}\leqslant 1.2$时,

$$\tau_{cr}=[1-0.59(\lambda_{n,s}-0.8)]f_v \tag{8-42b}$$

当$\lambda_{n,s}>1.2$时,

$$\tau_{cr}=1.1f/(\lambda_{n,s})^2 \tag{8-42c}$$

当$a/h_0\leqslant 1.0$时,

$$\lambda_{n,s}=\frac{h_0/t_w}{37\eta\sqrt{4+5.34(h_0/a)^2}}\cdot\frac{1}{\varepsilon_k} \tag{8-42d}$$

当$a/h_0>1.0$时,

$$\lambda_{n,s}=\frac{h_0/t_w}{37\eta\sqrt{5.34+4(h_0/a)^2}}\cdot\frac{1}{\varepsilon_k} \tag{8-42e}$$

式中 $\lambda_{n,s}$——梁腹板受剪计算时的正则化宽厚比;

η——简支梁取1.11,框架梁梁端最大应力区取1.0。

(3) $\sigma_{c,cr}$按下列公式计算:

当$\lambda_{n,c}\leqslant 0.9$时,

$$\sigma_{c,cr}\doteq f \tag{8-43a}$$

当$0.9<\lambda_{n,c}\leqslant 1.2$时,

$$\sigma_{c,cr}=[1-0.79(\lambda_{n,c}-0.9)]f \tag{8-43b}$$

当$\lambda_{n,c}>1.2$时,

$$\sigma_{cr}=1.1f/(\lambda_{n,c})^2 \tag{8-43c}$$

当$0.5\leqslant a/h_0\leqslant 1.5$时,

$$\lambda_{n,c}=\frac{h_0/t_w}{28\sqrt{10.9+13.4(1.83-a/h_0)^3}}\cdot\frac{1}{\varepsilon_k} \tag{8-43d}$$

当$1.5<a/h_0\leqslant 2.0$时,

$$\lambda_{n,c}=\frac{h_0/t_w}{28\sqrt{18.9-5a/h_0}}\cdot\frac{1}{\varepsilon_k} \tag{8-43e}$$

式中 $\lambda_{n,c}$——腹板受局部压力计算时的正则化宽厚比。

3 同时用横向加劲肋和纵向加劲肋加强的腹板(图8-13b),其局部稳定性应按下列公式计算:

(1) 受压翼缘与纵向加劲肋之间的区格:

$$\frac{\sigma}{\sigma_{cr1}}+\left(\frac{\tau}{\tau_{cr1}}\right)^2+\left(\frac{\sigma_c}{\sigma_{c,cr1}}\right)^2\leqslant 1.0 \tag{8-44}$$

式中的σ_{cr1}、τ_{cr1}、$\sigma_{c,cr1}$分别按下列方法计算:

1) σ_{cr1}按公式(8-41)计算,但式中的$\lambda_{n,b}$改用下列$\lambda_{n,b1}$代替。

当梁受压翼缘扭转受到约束时:

$$\lambda_{n,b1}=\frac{h_1/t_w}{75}\cdot\frac{1}{\varepsilon_k} \quad (8-45a)$$

当梁受压翼缘扭转未受到约束时：

$$\lambda_{n,b1}=\frac{h_1/t_w}{64}\cdot\frac{1}{\varepsilon_k} \quad (8-45b)$$

式中 h_1——纵向加劲肋至腹板计算高度受压边缘的距离［图8－13（b）］。

2）τ_{cr1}按公式（8－42）计算，将式中的h_0改为h_1。

3）$\sigma_{c,cr1}$按公式（8－41）计算，但式中的$\lambda_{n,b}$改用下列$\lambda_{n,c1}$代替。

当梁受压翼缘扭转受到约束时：

$$\lambda_{n,b1}=\frac{h_1/t_w}{56}\cdot\frac{1}{\varepsilon_k} \quad (8-46a)$$

当梁受压翼缘扭转未受到约束时：

$$\lambda_{n,b1}=\frac{h_1/t_w}{40}\cdot\frac{1}{\varepsilon_k} \quad (8-46b)$$

（2）受拉翼缘与纵向加劲肋之间的区格：

$$\left(\frac{\sigma_2}{\sigma_{cr2}}\right)^2+\left(\frac{\tau}{\tau_{cr2}}\right)^2+\frac{\sigma_{c2}}{\sigma_{c,cr2}}\leqslant 1.0 \quad (8-47)$$

式中 σ_2——所计算区格内由平均弯矩产生的腹板在纵向加劲肋处的弯曲压应力；

σ_{c2}——腹板在纵向加劲肋处的横向压应力，取$\sigma_{c2}=0.3\sigma_c$。

式中的σ_{cr2}、τ_{cr2}、$\sigma_{c,cr2}$分别按下列方法计算：

1）σ_{cr2}按公式（8－41）计算，但式中的$\lambda_{n,b}$改用下列$\lambda_{n,b2}$代替。

$$\lambda_{n,b2}=\frac{h_2/t_w}{194}\cdot\frac{1}{\varepsilon_k} \quad (8-48)$$

2）τ_{cr2}按公式（8－42）计算，将式中的h_0改为h_2，$h_2=h_0-h_1$。

3）$\sigma_{c,cr2}$按公式（8－43）计算，但式中的h_0改为h_2，当$a/h_2>2$时，取$a/h_2=2$。

4 腹板高度变化的吊车梁可按下列情况计算各区格腹板的局部稳定性：

（1）仅配置横向加劲肋的腹板。

1）端部变高度区段内，按公式（8－40）计算腹板的局部稳定性，但腹板剪应力应采用最大平均剪应力，即$\tau=\frac{V_{max}}{h'_0t_w}$，$h'_0$为梁端部腹板的计算高度（图8－14）。计算$\tau_{cr}$中的$\lambda_{n,s}$和$\sigma_{c,cr}$中的$\lambda_{n,c}$时，$h_0$均用$(h_0+h'_0)/2$代替。

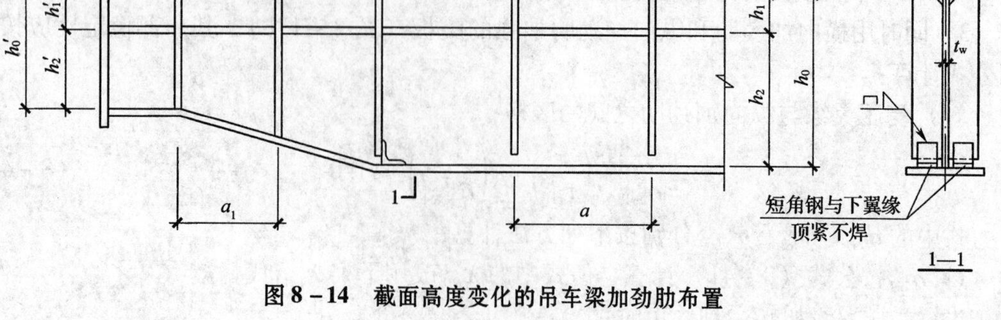

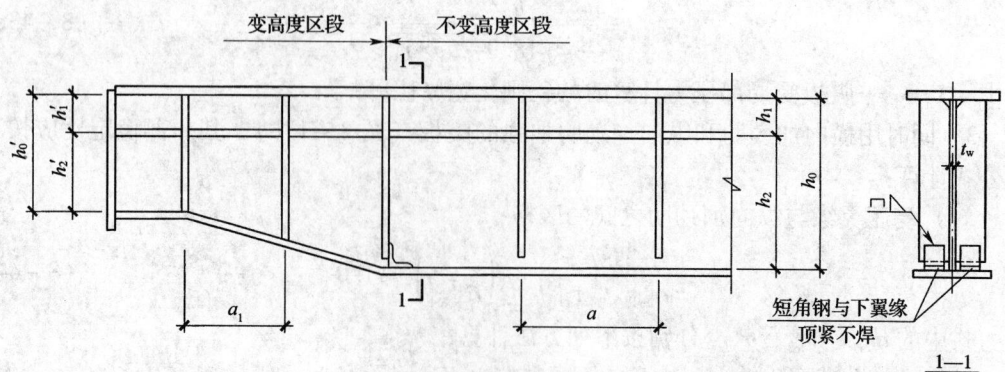

图8－14 截面高度变化的吊车梁加劲肋布置

2）不变高度区段内，按公式（8－40）计算腹板的局部稳定性，但腹板剪应力取两区段交界处的平均剪应力，即 $\tau=\frac{V_1}{h_0t_w}$，V_1 为区段交界处的剪力。

（2）同时用横向加劲肋和纵向加劲肋加强的腹板。

1）受压翼缘与纵向加劲肋之间的区格，按公式（8－44）计算腹板的局部稳定性。

2）受拉翼缘与纵向加劲肋之间的区格：

①端部变高度区段内，按公式（8－47）计算腹板的局部稳定性，但腹板剪应力应采用最大平均剪应力，即 $\tau=\frac{V_{max}}{h_2't_w}$。计算 τ_{cr2} 中的 $\lambda_{n,s}$ 和 $\sigma_{c,cr2}$ 中的 $\lambda_{n,c}$ 时，h_0 均用（h_2+h_2'）/2 代替。

②不变高度区段内，按公式（8－47）计算腹板的局部稳定性，但腹板剪应力取两区段交界处的平均剪应力，即 $\tau=\frac{V_1}{h_2t_w}$，V_1 为区段交界处的剪力。

5 翼缘宽度变化的吊车梁可按下列情况计算各区格腹板的局部稳定性：

（1）仅配置横向加劲肋的腹板。

1）端部翼缘宽度变化的区段内，按公式（8－40）计算腹板的局部稳定性，但 σ 取变截面处腹板计算高度边缘的弯曲应力。

2）不变宽度区段内，也按公式（8－40）计算腹板的局部稳定性，但腹板剪应力取变截面处的平均剪应力，即 $\tau=\frac{V_1}{h_0t_w}$。

（2）同时用横向加劲肋和纵向加劲肋加强的腹板。

1）受压翼缘与纵向加劲肋之间的区格，按公式（8－44）计算腹板的局部稳定性。

2）受拉翼缘与纵向加劲肋之间的区格，按公式（8－47）计算腹板的局部稳定性，但在端部变宽度区段内，腹板剪应力应采用最大平均剪应力，即 $\tau=\frac{V_{max}}{h_0t_w}$。

6 加劲肋宜在腹板两侧成对布置，也可单侧布置，但支座加劲肋、工作级别 A6～A8 吊车梁的加劲肋不应单侧设置。

横向加劲肋的最小间距为 $0.5h_0$，最大间距为 $2h_0$。纵向加劲肋至腹板计算高度受压边缘的距离应在 $h_c/2.5\sim h_c/2$ 范围内。

在腹板两侧成对配置的横向加劲肋，其截面尺寸应符合下列要求：

外伸宽度：

$$b_s\geqslant h_0/30+40\ (\mathrm{mm})，且不宜小于 90\mathrm{mm} \tag{8-49}$$

厚度：

$$t_s\geqslant b_s/15 \tag{8-50}$$

在腹板一侧配置的横向加劲肋，其外伸宽度应大于按公式（8－49）算得的 1.2 倍，厚度不应小于其外伸宽度的 1/15。

在同时用横行加劲肋和纵向加劲肋加强的腹板中，横向加劲肋的截面尺寸除应符合上述规定外，其截面惯性矩 I_z 尚应符合下式要求：

$$I_z\geqslant 3h_0t_w^3 \tag{8-51}$$

纵向加劲肋的截面惯性矩 I_y，应符合下列公式要求：

当 $a/h_0\leqslant 0.85$ 时，

$$I_y\geqslant 1.5h_0t_w^3 \tag{8-52}$$

当 $a/h_0>0.85$ 时，

$$I_y \geqslant \left(2.5-0.45\frac{a}{h_0}\right)\cdot\left(\frac{a}{h_0}\right)^2 h_0 t_w^3 \tag{8-53}$$

在计算截面惯性矩 I_z、I_y时，在腹板两侧成对配置的加劲肋，应按梁腹板中心线为轴线进行计算；在腹板一侧配置加劲肋时，应按与加劲肋相连的腹板边缘为轴线进行计算。

7 吊车梁的支座加劲肋可分为平板式支座加劲肋和突缘式支座加劲肋。

平板式支座劲肋［图 8－15（a）］两端均应刨平，并与上、下翼缘刨平顶紧以传递吊车梁的支座反力。

突缘支座加劲肋［图 8－15（b）］，除伸缩缝处和封闭轴线房屋端部柱处不能采用此种形式外，其他均可采用；其下端应刨平与柱牛腿顶支承板顶紧并以端面承压传递吊车梁的支座反力。此种形式对柱平面外的偏心较小。

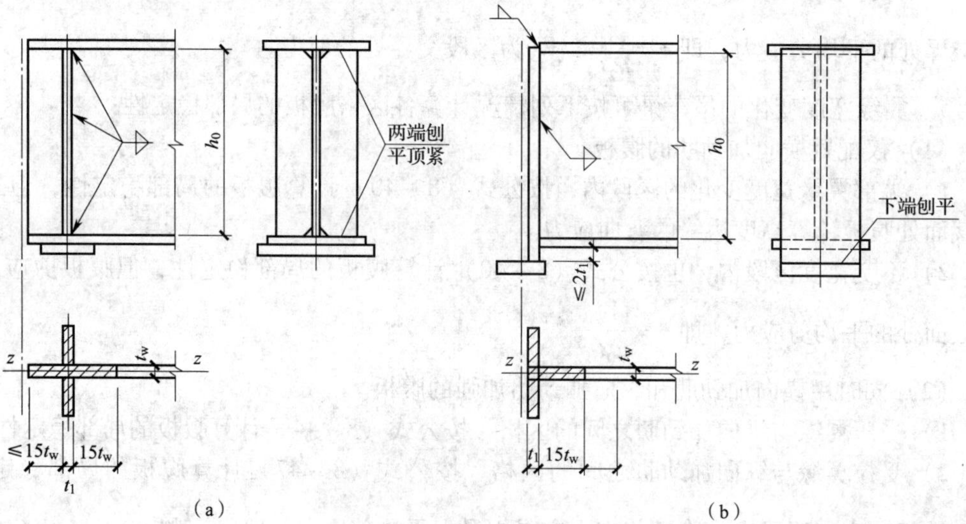

图 8－15 支座加劲肋

8 吊车梁支座加劲肋，应按承受梁支座反力的轴心受压构件计算其在腹板平面外的稳定性，计算公式如下：

$$\frac{R_{max}}{\varphi Af}\leqslant 1.0 \tag{8-54}$$

式中 A——支座加劲肋的计算面积，包括加劲肋和加劲肋每侧 $15t_w\varepsilon_k$ 范围内的腹板面积，计算长度取 h_0；

φ——由长细比 $\lambda_z=h_0/i_z$ 确定的轴心受压构件的稳定系数。

9 吊车梁支座加劲肋端面承压应力应按下式计算：

$$\sigma_{ce}=\frac{R_{max}}{A_{ce}}\leqslant f_{ce} \tag{8-55}$$

式中 A_{ce}——端面承压面积，即支座加劲肋与下翼缘或柱牛腿顶面接触处的净面积；

f_{ce}——钢材的端面承压（刨平顶紧）强度设计值。

8.4.6 疲劳计算。

A6～A8 工作级别的焊接工字形吊车梁，应按第 8.3.7 条的规定进行疲劳计算。重点应计算翼缘连接焊缝附近处、横向加劲肋焊缝端部处以及受拉翼缘上虚孔处的主体金属疲劳强度。

8.4.7 挠度计算。

吊车梁的竖向挠度可近似按下列公式计算：

1 等截面简支梁：

$$\nu=\frac{M_x l^2}{10EI_x}\leqslant[\nu] \tag{8-56a}$$

2 翼缘截面变化的简支梁：

$$\nu=\frac{M_x l^2}{10EI_x}\left(1+\frac{3}{25}\cdot\frac{I_x-I'_x}{I_x}\right)\leqslant[\nu] \tag{8-56b}$$

3 等截面连续梁：

$$\nu=\frac{l^2}{EI_x}\left(\frac{M_x}{10}-\frac{M_1+M_2}{16}\right)\leqslant[\nu] \tag{8-56c}$$

式中 M_x——由全部竖向荷载标准值产生的最大弯矩；

M_1、M_2——与 M_x 同时产生的两端支座负弯矩（取绝对值）；

I_x——跨中毛截面惯性矩；

I'_x——支座处毛截面惯性矩；

$[\nu]$——容许挠度值，见表 8-5。

8.4.8 连接和构造。

1 焊缝应根据结构的重要性、荷载特性、焊缝形式、工作环境以及应力状态等情况，按以下原则分别选用不同的质量等级：

（1）在需要进行疲劳计算的吊车梁中，凡对接焊缝均应焊透，其质量等级为：

1）作用力垂直于焊缝长度方向的横向对接焊缝或 T 形对接与角接组合焊缝，受拉时应为一级，受压时应为二级。

2）作用力平行于焊缝长度方向的纵向对接焊缝应为二级。

（2）不需要计算疲劳的吊车梁中，凡要求与母材等强的对接焊缝应予焊透，其质量等级当受拉时应不低于二级，受压时宜为二级。

（3）A6～A8 工作级别和起重量 $Q\geqslant 50$t、A1～A5 工作级别吊车梁的腹板与上翼缘之间的 T 形接头焊缝均要求焊透，焊缝形式一般为对接与角接的组合焊缝（图 8-16），其质量等级不应低于二级。

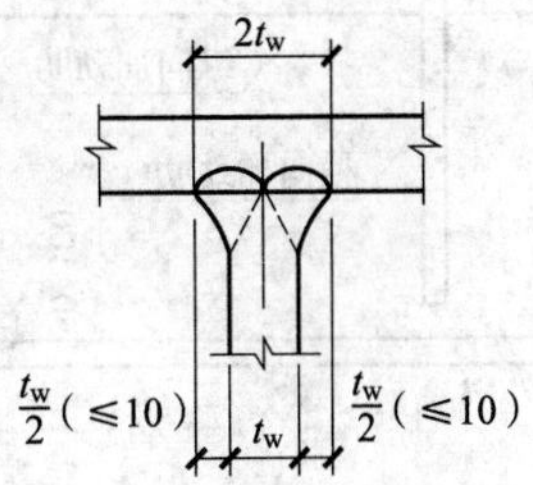

图 8-16 上翼缘与腹板焊透的 T 形连接焊缝

（4）不要求焊透的 T 形接头采用的角焊缝或部分焊透的对接与角接组合焊缝，其外观质量标准为三级。但对于 A6～A8 工作级别或起重量 $Q\geqslant 50$t、A1～A5 工作级别的吊车梁，焊缝的外观质量标准应符合二级。

2 吊车梁翼缘板与腹板的双面连接角焊缝焊脚尺寸应按下列公式计算：

上翼缘板与腹板的连接焊缝：

$$h_f=\frac{1}{2\times 0.7f_f^w}\sqrt{\left(\frac{VS_1}{I_x}\right)^2+\left(\frac{\psi P}{l_z}\right)^2} \tag{8-57}$$

下翼缘板与腹板的连接焊缝：

$$h_f=\frac{VS_1}{2\times 0.7f_f^w I_x} \tag{8-58}$$

式中 V——计算截面的最大剪力；

S_1——计算翼缘毛截面对中和轴的面积矩；

h_f——角焊缝的焊脚尺寸；

f_f^w——角焊缝的强度设计值。

当腹板与翼缘板的连接焊缝采用焊透的T形对接与角接组合焊缝时，其强度可不计算。

3　支座加劲肋与腹板的连接角焊缝焊脚尺寸，应按下列公式计算：

当为平板支座时：

$$h_f = \frac{R_{max}}{0.7n \cdot l_w f_f^w} \tag{8-59}$$

当为突缘支座时：

$$h_f = \frac{1.2R_{max}}{0.7n \cdot l_w f_f^w} \tag{8-60}$$

式中　n——焊缝条数；

l_w——焊缝的计算长度，对每条焊缝取其实际长度减去$2h_f$。

当计算的$h_f < 0.7t_w$时，取$h_f = 0.7t_w$，且不小于6mm。当为突缘支座且腹板厚度$t_w >$ 14mm时，腹板应剖口加工，以利于焊缝焊透。

4　横向加劲肋和纵向加劲肋的连接与构造应满足下列要求：

（1）横向加劲肋与翼缘板相接处应切角，当切成斜角时，其宽度约$b_s/3$（但不大于40mm），高约$b_s/2$（但不大于60mm），见图8－17，b_s为加劲肋的宽度。

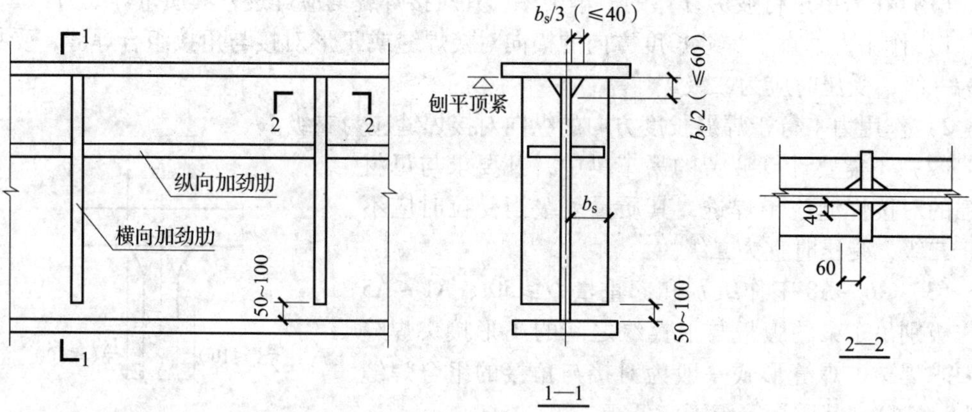

图8－17　横向和纵向加劲肋的切角

（2）横向加劲肋的上端应与梁上翼缘刨平顶紧，其下端宜在距受拉下翼缘50～100mm处断开。横向加劲肋与腹板的连接焊缝，肋下端应采用连续的围焊或回焊，避免在端部起、落弧而损伤母材。对A6～A8工作级别的吊车梁，其加劲肋端部常为疲劳控制，因此要求回焊长度不小于4倍角焊缝的焊脚尺寸。

（3）当同时设置横向加劲肋和纵向加劲肋时，其相交处应留有缺口（图8－17中2－2剖面），以免形成焊接过热区。

5　吊车梁翼缘板或腹板的拼接，应采用加引弧板和引出板的焊透对接焊缝，引弧板和引出板割去处应予打磨平整，并应符合下列要求：

（1）上、下翼缘板的对接焊缝一般要求采用自动焊的直缝对接，并焊透。当下翼缘对接焊缝位于跨中的1/3范围内时，宜采用45°～55°斜缝对接。

（2）翼缘与腹板的工厂拼接接头不应设在同一截面上，应尽量错开并应≥200mm，接头位置宜设在距支座1/3～1/4梁跨度范围内。

（3）对接焊缝所选用的引弧板和引出板，必须与母材的材质、厚度相同。剖口形式与母材相同。

（4）焊接吊车梁的工地整段拼接应采用焊接或高强度螺栓摩擦型连接。

6　吊车梁的角焊缝表面应做成直线形或凹形。焊脚尺寸的比例：对正面角焊缝宜为1∶1.5（长边顺内力方向）；对侧面角焊缝可为1∶1。

7　焊接吊车梁的下列部位应采用机械加工（砂轮打磨或刨铲）使之平缓。

（1）对接焊缝引弧板和引出板切割处。

（2）A6～A8工作级别吊车梁的受拉翼缘板、腹板对接焊缝的表面。

（3）A6～A8工作级别吊车梁的受拉翼缘板边缘，宜为轧制边或自动气割边，当用手工气割或剪切机切割时，应沿全长刨边。

8　当吊车梁受拉下翼缘与支撑连接时，不宜采用焊接。下翼缘不得焊接悬挂设备的零件，并不宜在该处打火或焊接夹具。

9　A6～A8工作级别的吊车梁中，上翼缘与柱或制动桁架传递水平力的连接，宜采用高强度螺栓摩擦型连接；而上翼缘与制动梁的连接，可采用高强度螺栓摩擦型连接或焊缝连接。

吊车梁端部与柱的连接构造应设法减少由于吊车梁弯曲变形而在连接处产生的附加应力。

10　腹板局部加厚的焊接工字形吊车梁应符合下列构造要求，并可近似按腹板等厚的梁进行计算。

（1）加厚腹板的高度约取$h_0/5$。

（2）腹板对接焊缝应满足图8－18所示的构造要求。

（3）在设计计算时，除在计算集中荷载P所产生的局部压应力σ_c式中的t_w取t_{w2}外，其他均采用t_{w1}。

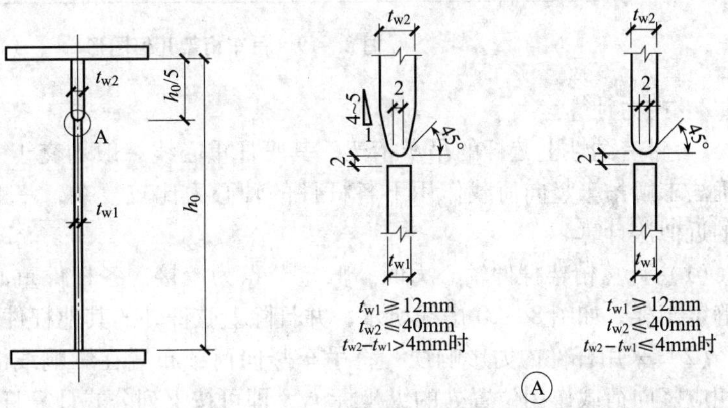

图8－18　腹板局部加厚的构造

11　焊接吊车梁的翼缘板宜用一层钢板，当采用两层钢板时，外层钢板宜沿梁长通长设置，并应在设计和施工中采取措施使上翼缘两层钢板紧密接触。

8.5 吊车桁架

8.5.1 一般规定。

1 吊车桁架一般设计成有竖杆的三角形腹杆体系的平行弦桁架，由劲性上弦杆、腹杆和下弦杆组成。其连接方式有焊接、高强度螺栓连接和铆接。通常吊车桁架为简支，支座斜杆为下降式（即支座支承于上弦平面），为了减小次应力及焊接应力，不宜设再分腹杆。

2 吊车桁架的高度由吊车吨位、跨度以及挠度条件确定。桁架跨度 $l=12\sim18$m 时，可取桁架高度 $h=(1/5\sim1/7)\ l$；$l=24\sim36$m 时，$h=(1/8\sim1/10)\ l$，其中对小跨度（或大吨位吊车）取较大值，对大跨度（或小吨位吊车）取较小值。

桁架节间斜腹杆的倾角为 40°～50°较适宜，节间数应取为偶数。不同跨度的吊车桁架可参考图 8－19 采用。

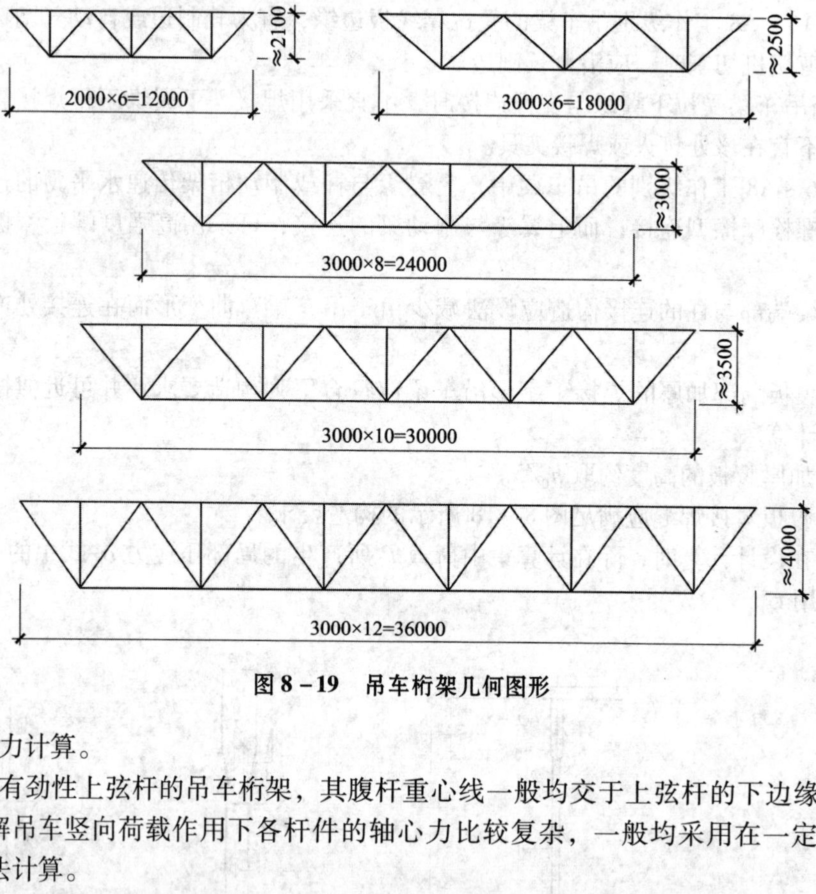

图 8－19 吊车桁架几何图形

8.5.2 内力计算。

1 带有劲性上弦杆的吊车桁架，其腹杆重心线一般均交于上弦杆的下边缘，如采用精确法求解吊车竖向荷载作用下各杆件的轴心力比较复杂，一般均采用在一定假定条件下的近似法计算。

（1）计算桁架杆件轴心力时，假定节点为铰接，各杆件重心线在节点处会交于一点的静定桁架，如图 8－20 虚线所示，并且除上弦杆外的其他杆件均只承受轴心力。

（2）采用杆件内力影响线，将吊车竖向荷载布置在影响线图中的最不利位置，计算出相应竖向荷载作用位置处的纵坐标 y_1，即可按下列公式计算杆件的最大轴心力。

$$N_{i,\max}=\beta_w \sum P_i y_i \tag{8-61}$$

式中 P_i——作用在劲性上弦杆的各吊车竖向荷载设计值（考虑动力系数）；

y_i——在各竖向荷载作用位置处，由单位竖向荷载产生的杆件轴心力影响线的纵坐标，如图 8－21 所标注的数值；

β_w——吊车桁架自重影响系数，见表 8－1。

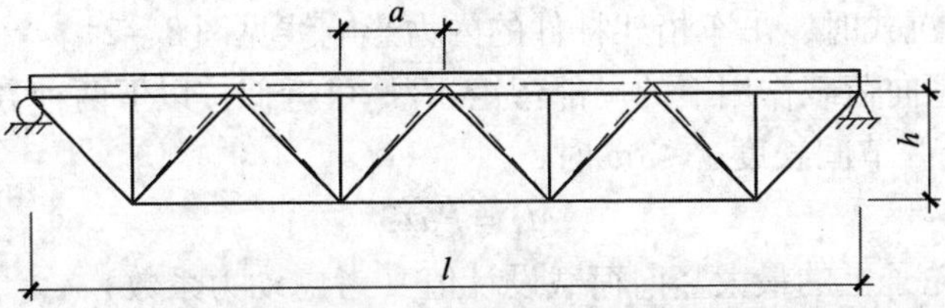

图 8-20 吊车桁架计算简图

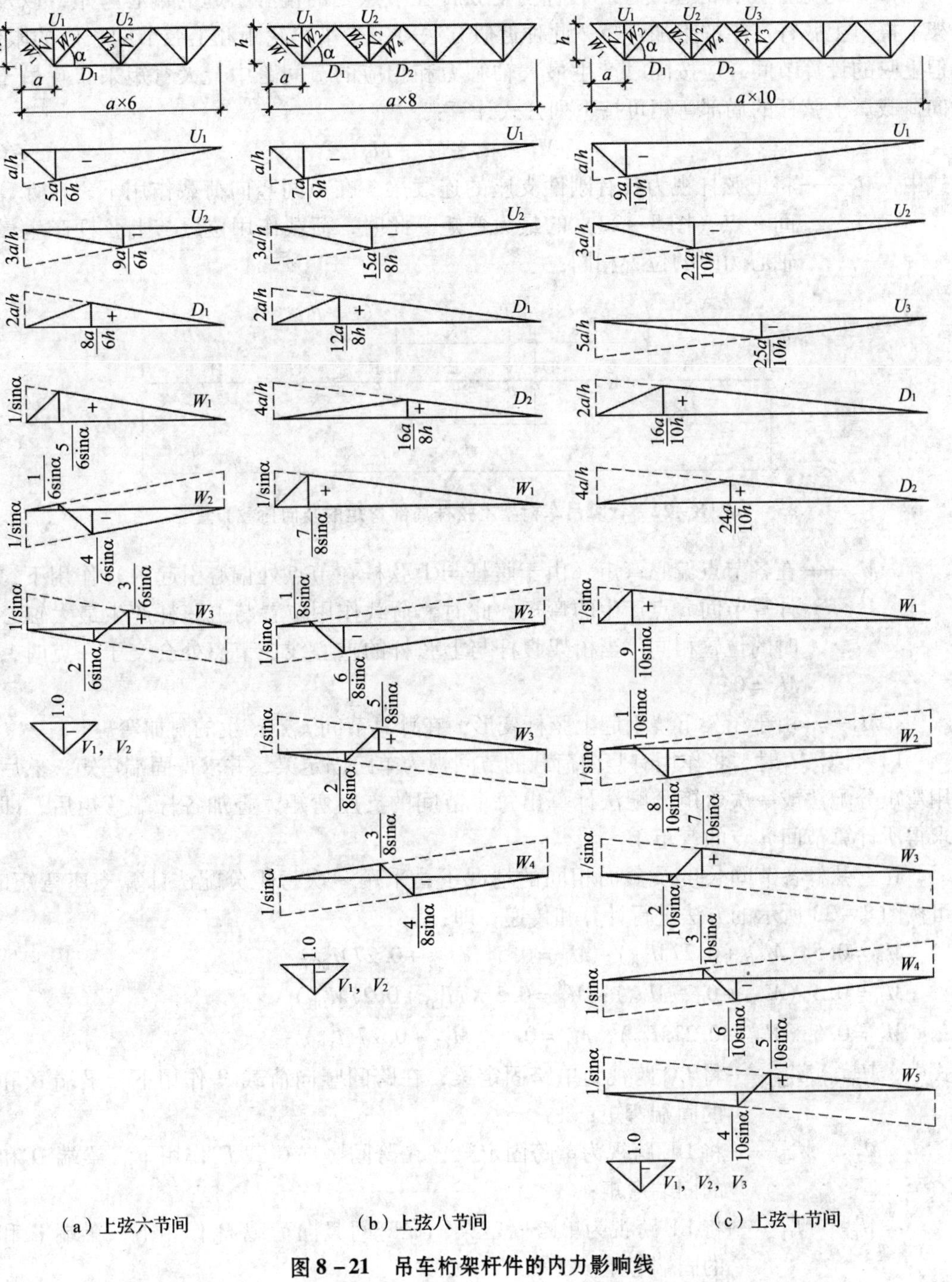

（a）上弦六节间　（b）上弦八节间　（c）上弦十节间

图 8-21 吊车桁架杆件的内力影响线

支座斜杆为下沉式时，吊车桁架杆件的内力影响线见图 8－21。

2 上弦杆在竖向荷载作用下的局部弯矩 M_L，可近似按以下两种方法计算：

（1）当桁架上弦节间长度 $a \leqslant 3$m 时，

$$M_L = Pa/3 \tag{8-62}$$

式中 P——一个轮子上的最大竖向荷载设计值（考虑动力系数）；

a——上弦杆的节间长度。

（2）考虑上弦杆的连续性和腹杆与上弦杆在节点处的偏心引起的偏心弯矩，以及桁架下挠对上弦杆产生的附加弯矩，此种近似方法可不受吊车轮距和上弦节间长度的限制。但上弦的计算节间，应按同时产生最大轴心力和相应的节间跨中最大弯矩来布置吊车竖向荷载。上弦杆的局部弯矩可按下列公式计算：

$$M_L = M_1 + M_2 + M_3 \tag{8-63}$$

式中 M_1——将上弦杆视为具有刚性支座的连续梁，在节间竖向荷载作用下，在计算节间 n 点（图 8－22）的最大弯矩。此时，荷载作用位置与上弦杆产生最大轴心力时的位置相同；

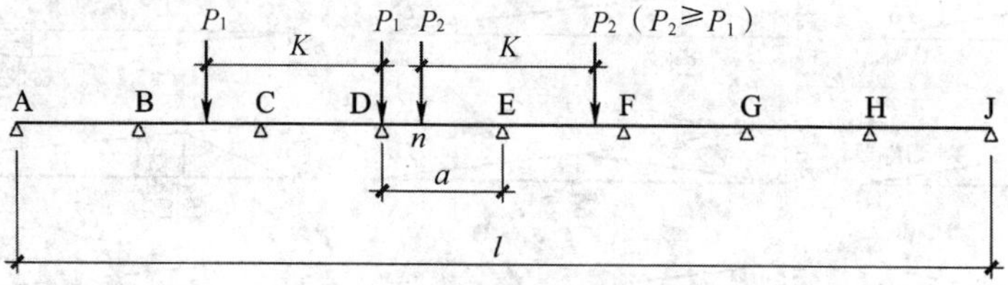

图 8－22 计算吊车桁架上弦杆局部弯矩的竖向荷载布置

M_2——在各节点偏心弯矩（由于腹杆与上弦杆在节点处偏心引起的）作用下，在计算节间 n 点产生的弯矩。此时，荷载作用位置与上弦杆产生最大轴心力时的位置相同。当桁架腹杆与上弦杆的重心线在节点处会交于一点时，则 $M_2=0$；

M_3——由于桁架下挠引起上弦杆变形，在计算节间 n 点产生的附加弯矩。

1）计算 M_1时，将作用有竖向荷载的节间视为单跨固定梁，并求得固端弯矩，然后采用弯矩分配法或一次弯矩分配法计算出每个节间的支座弯矩，叠加各杆端弯矩后，即可求得所计算节间 n 点的弯矩 M_1。

在上弦杆各节间长度及截面相同的情况下，采用一次弯矩分配法计算支座弯矩时，可按图 8－23 所示的方法进行计算和传递，即：

$M_B = 0.5\,(M^f_{BC} + 0.27M^f_{CB})$；$M_C = 0.5\,(M^f_{CB} + 0.27M^f_{BC})$

$M_D = 0.5\,(M^f_{DE} + 0.27M^f_{ED})$；$M^R_E = 0.5\,(M^f_{ED} + 0.27M^f_{DE})$

$M^L_E = 0.5\,(M^f_{EF} + 0.27M^f_{FE})$；$M_F = 0.5\,(M^f_{FE} + 0.27M^f_{EF})$

式中 M^f_{BC}、M^f_{CB}——将 BC 跨视为单跨固定梁，在跨间竖向荷载 P_1作用下，梁端 B 和 C 的固端弯矩；

M^f_{DE}、M^f_{ED}——将 DE 跨视为单跨固定梁，在跨间竖向荷载 P_2作用下，梁端 D 和 E 的固端弯矩；

M^f_{EF}、M^f_{FE}——将 EF 跨视为单跨固定梁，在跨间竖向荷载 P_2作用下，梁端 E 和 F 的固端弯矩。

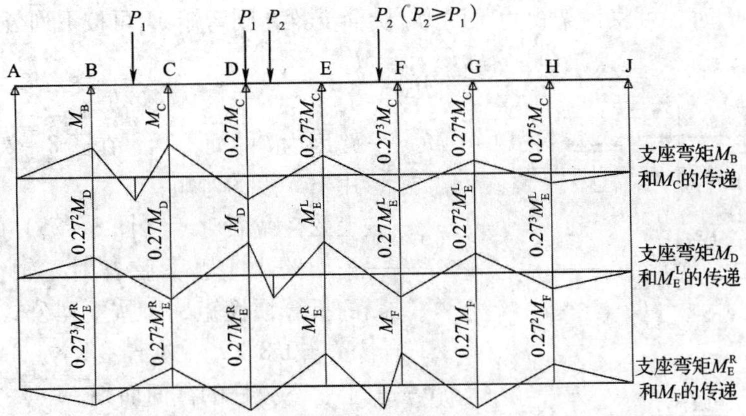

图 8－23　竖向荷载作用在节间时上弦杆支座弯矩的传递

2）计算 M_2时，将节点偏心弯矩 M'_A、M'_C、M'_E、M'_G、M'_J视为作用在上弦节点的外力，在上弦杆各节间长度及截面相同的情况下，采用一次弯矩分配法计算支座弯矩时，可按图 8－24 所示的方法进行计算和传递，然后叠加各杆端弯矩，即可求得所计算节间 n 点的弯矩 M_2。图 8－24 中，上弦杆轴心力为按理想铰接桁架，吊车竖向荷载如图 8－22 布置计算的杆件内力。

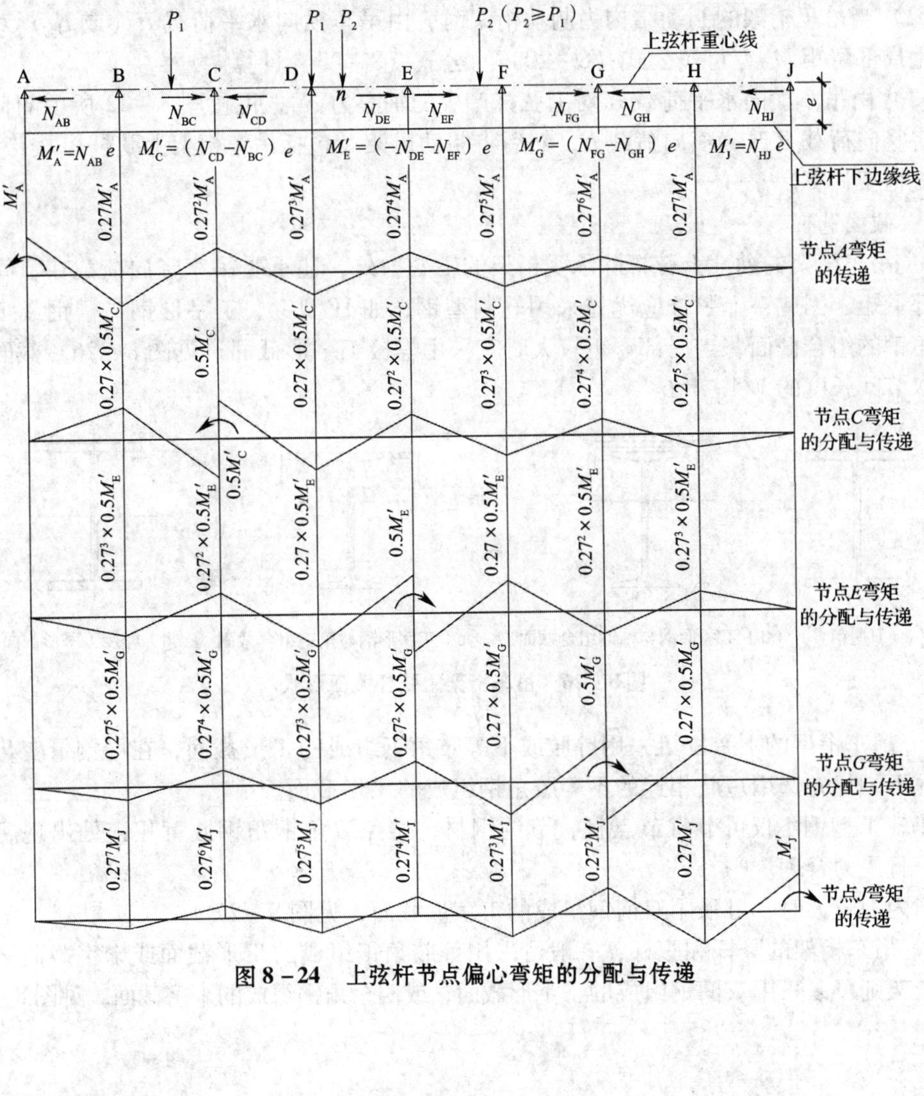

图 8－24　上弦杆节点偏心弯矩的分配与传递

3）计算 M_3时，可将桁架视为跨度为 l 的简支梁，则弯矩 M_3可按下列公式计算：

$$M_3 = \frac{M_x I_{x_1}}{I_x} \quad (8-64)$$

式中 M_x——跨度为 l 的简支梁，在图 8－22 所示荷载作用下 n 点的弯矩；

I_{x_1}——上弦杆截面对 x_1（图 8－25）的惯性矩；

I_x——桁架跨中上、下弦杆对 x 轴（图 8－25）的折算惯性矩，可按下列公式计算：

$$I_x = 0.8\ (I_{x_1} + A_1 y_1^2 + A_2 y_2^2) \quad (8-65)$$

A_1、A_2——上、下弦杆的截面面积。

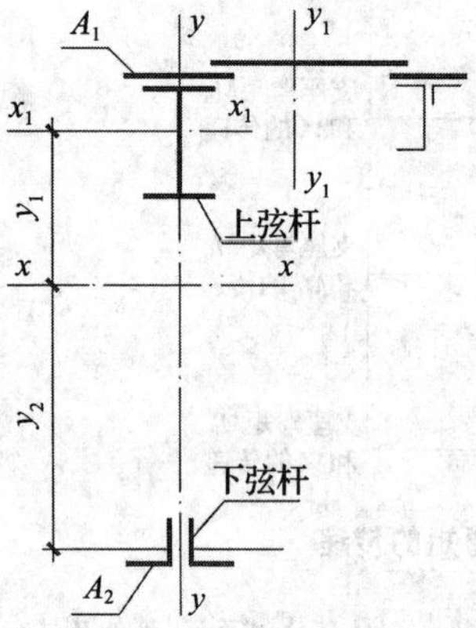

图 8－25 吊车桁架系统结构的截面

3 吊车横向水平荷载对上弦杆产生的轴心力和弯矩，可按以下情况确定：

（1）当吊车桁架的制动结构为制动梁时，由吊车横向水平荷载 H 对上弦杆产生弯矩 M_H，可按图 8－22 所示的荷载位置，将竖向荷载 P 改为横向荷载 H，然后按跨度为 l 的简支梁计算。

（2）当吊车桁架的制动结构为制动桁架时，由吊车横向水平荷载 H（或 H_k）对上弦杆产生局部弯矩 M'_H，可按公式（8－20）～公式（8－23）计算。

（3）由吊车横向水平荷载 H 对上弦杆产生的轴心力 N_H，可按图 8－22 所示的荷载位置，将竖向荷载 P 改为横向荷载 H，然后将制动桁架（包括吊车桁架上弦杆）按跨度为 l 的简支桁架计算。

8.5.3 截面选择。

1 吊车桁架的劲性上弦杆除承受桁架的轴心力外，还承受吊车竖向荷载在节间产生的局部弯矩，因此，上弦杆应优先采用轧制型钢，如 H 型钢、工字形钢与槽钢或工字形钢与角钢的组合截面，当局部弯矩较大时宜采用焊接工字形截面，见图 8－26。截面高度一般取节间长度的 1/4～1/6。

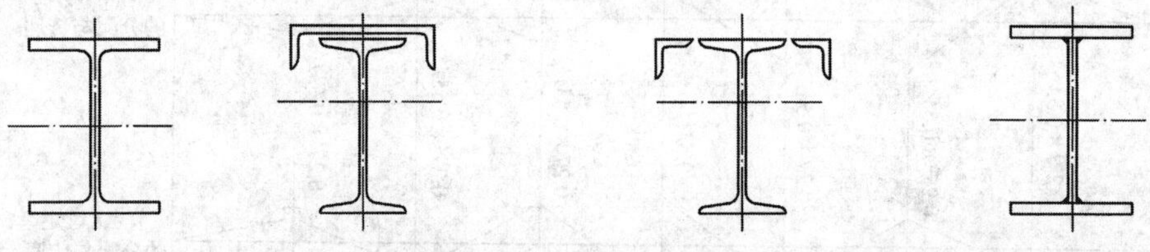

（a）H型钢 （b）工字形钢与槽钢组合截面 （c）工字形钢与角钢组合截面 （d）焊接工字形截面

图 8－26 吊车桁架上弦杆截面形式

2 吊车桁架的下弦杆可采用等肢或不等肢角钢组成的 T 形截面，在用钢量变化不大的情况下，优先选用短肢相连的不等肢角钢组成的 T 形截面。

热轧 T 型钢不仅可节省节点板，节约钢材，避免双角钢角钢肢背相连处出现腐蚀性现象，且受力合理。

当内力较大时，可采用双槽钢组成的工字形截面，见图 8－27。

3 吊车桁架的竖杆和腹杆，一般可采用等肢角钢组成的 T 形截面或十字截面。对于重型桁架则可以采用双槽钢组成的工字形截面，或四个角钢组成的十字截面，见图 8－28。

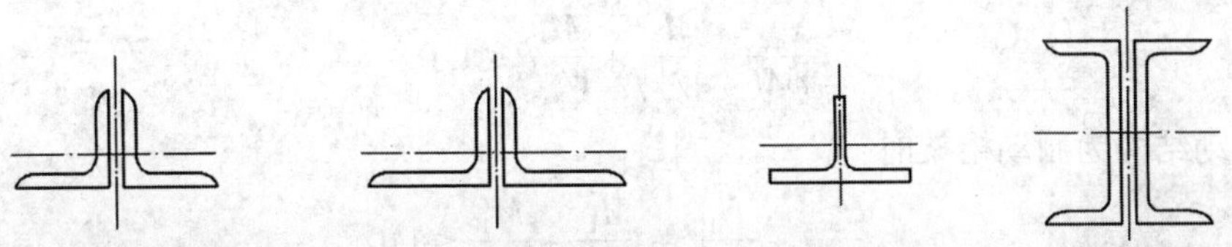

（a）等肢角钢T形截面　（b）不等肢角钢T形截面　（c）热轧T型钢　（d）槽钢组合截面

图 8-27　吊车桁架下弦杆截面形式

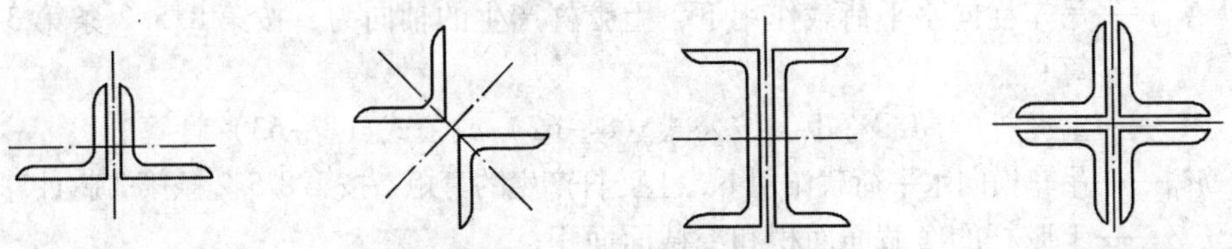

（a）等肢角钢T形截面　（b）等肢角钢十字截面　（c）槽钢组合截面　（d）四个等肢角钢十字截面

图 8-28　吊车桁架腹杆截面形式

4　吊车桁架杆件的长细比不宜超过表 8-7 的数值。计算长细比时，杆件的计算长度可按第 3.2.5 条表 3-22 的规定采用。

表 8-7　吊车桁架杆件的容许长细比

<table>
<tr><th colspan="3">杆　件　名　称</th><th>容许长细比</th></tr>
<tr><td colspan="3">受　压　杆　件</td><td>150</td></tr>
<tr><td rowspan="3">受拉杆件</td><td rowspan="2">下弦杆和支座斜杆</td><td>A1 ~ A3 工作级别</td><td>250</td></tr>
<tr><td>A4 ~ A7 工作级别</td><td>200</td></tr>
<tr><td colspan="2">其他杆件</td><td>250</td></tr>
</table>

8.5.4　强度和稳定计算。

1　上弦杆应按以下情况计算其强度。

（1）上弦杆截面上边缘的强度应按下列公式计算。

当制动结构为制动梁时：

$$\sigma = \frac{N_{max}}{A_n} + \frac{M_L}{W_{nx_1}^{上}} + \frac{M_H}{W_{ny_1}} \leqslant f \tag{8-66}$$

当制动结构为制动桁架时：

$$\sigma = \frac{N_{max}}{A_n} + \frac{N_H}{A'_n} + \frac{M_L}{W_{nx_1}^{上}} + \frac{M'_H}{W_{ny}} \leqslant f \tag{8-67}$$

（2）上弦杆截面下边缘的强度应按下列公式计算：

$$\sigma = \frac{N_{max}}{A_n} + \frac{M_L}{W_{nx_1}^{下}} \leqslant f \tag{8-68}$$

2　上弦杆的稳定性应按下列公式计算。

当制动结构为制动梁时：

$$\frac{N_{max}}{\varphi Af}+\frac{M_L}{W_{x_1}^{上}f}+\frac{M_H}{W_{y_1}f}\leqslant 1.0 \tag{8-69}$$

当制动结构为制动桁架时：

$$\frac{N_{max}}{\varphi Af}+\frac{N_H}{\varphi A'f}+\frac{M_L}{W_{x_1}^{上}f}+\frac{M'_H}{W_y f}\leqslant 1.0 \tag{8-70}$$

式中 N_{max}——吊车竖向荷载作用下，上弦杆产生的最大轴心力，按公式（8－61）计算；

N_H——吊车横向水平荷载作用下，上弦杆产生的轴向力，按第8.5.2条第3款计算；

M_L——上弦杆的局部弯矩，按公式（8－62）或公式（8－63）计算；

M_H、M'_H——吊车横向水平荷载作用下，上弦杆产生的弯矩，按第8.5.2条第3款计算；

A_n、A——上弦杆的净截面面积和毛截面面积；

A'_n、A'——上弦杆作为制动桁架的弦杆，其净截面面积和毛截面面积，取上弦杆截面高度上部1/3的面积，或上翼缘面积与腹板上部$20t_w\sqrt{235/f_y}$（t_w为腹板厚度）高度的面积之和，取两者的较小值；

$W_{nx_1}^{上}$、$W_{x_1}^{上}$——上弦杆对x_1轴（图8－25）上部纤维的净截面模量和毛截面模量；

$W_{nx_1}^{下}$——上弦杆对x_1轴下部纤维的净截面模量；

W_{ny_1}、W_{y_1}——上弦杆对y_1轴（图8－25）的净截面模量和毛截面模量；

W_{ny}、W_y——上弦杆对y轴（图8－25）的净截面模量和毛截面模量；

φ——由上弦杆最大长细比确定的轴心受压构件的稳定系数，按表14－1采用。

3 下弦杆和受拉腹杆的强度，以及受压腹杆的稳定性应按第3章所列公式进行计算。

8.5.5 疲劳计算。

A4～A7工作级别的吊车桁架，其杆件应按公式（8－4）、公式（8－5）进行疲劳计算。

8.5.6 挠度计算。

简支吊车桁架的跨中挠度可近似按下列公式计算：

$$\nu=\frac{M_k l^2}{8EI_x}\leqslant[\nu] \tag{8-71}$$

式中 M_k——吊车竖向荷载标准值（包括桁架自重、轨道等重量）在跨中产生的最大弯矩；

l——吊车桁架的跨度；

I_x——桁架跨中截面的上、下弦杆对x轴的折算惯性矩，按公式（8－65）计算。

8.5.7 连接和构造。

1 吊车桁架上、下弦杆与腹杆一般均采用节点板连接，可以采用焊接、高强度螺栓连接或铆接。由于吊车桁架的节点对疲劳较为敏感，因此应选择合理的节点形式，并采用有效的构造措施，避免发生疲劳破坏。

（1）吊车桁架上弦杆与节点板之间的T形接头焊缝均要求焊透，焊缝形式一般为对接与角接的组合焊缝（图8－16），其质量等级不应低于二级。

（2）A6、A7 工作级别的吊车桁架，其节点应采用高强度螺栓连接或铆接。起重量≥30t，A4、A5 工作级别，且跨度≥24m 的吊车桁架，其节点宜优先采用高强度螺栓连接或铆接。起重量＜30t，A1～A5 工作级别吊车桁架的连接节点可以采用焊接。高强度螺栓或铆钉的直径一般为 20～24mm。

2 吊车桁架的节点是保证其可靠工作的重要环节，设计时应考虑以下要求：

（1）桁架的杆件应以截面的形心线交会于一点。当工字形上弦杆截面高度较高时，腹杆的形心线宜交于上弦杆下边缘，并与桁架的几何轴线重合。

（2）当桁架采用高强度螺栓或铆钉连接时，对于由双槽钢组成的工字形截面或四个角钢组成的十字形截面，应以杆件的重心线与桁架的几何轴线重合；对于由双角钢组成的 T 形截面，则以螺栓线或铆钉线与桁架的几何轴线重合，当杆件上布置双排螺栓或铆钉时，通常以靠近肢背的为准。

3 吊车桁架的上弦杆，当采用焊接工字形截面时，其焊缝要求、加劲肋布置、上弦杆上边缘（或制动结构）与柱的连接、支撑与上弦杆的连接等，均可按焊接实腹式吊车梁的要求进行。

上弦杆的腹板应按构造沿全长成对设置横向加劲肋，其间距不得小于 $0.5h_0$，且不得大于 $2h_0$（h_0为上弦杆截面的计算高度）。

4 计算吊车桁架节点连接（包括节点板）强度时，应将杆件设计内力增大 10%。当杆件为双角钢组成的 T 形截面时，侧面角焊缝应按公式（4－20）、公式（4－21）计算。

5 吊车桁架节点板的厚度可根据腹杆的最大内力按表 8－8 采用，且不宜小于 8mm。支座节点板较其他节点板厚 2mm。

桁架节点板在拉、剪作用下的强度，以及在斜腹杆压力作用下的稳定性可按第 7 章第 7.2.5 条第 2 款中的相关内容进行计算。节点板的自由边长度 l_f 与厚度 t 之比不得大于 $60\sqrt{235/f_y}$，否则应沿自由边设加劲肋予以加强，见图 8－29。

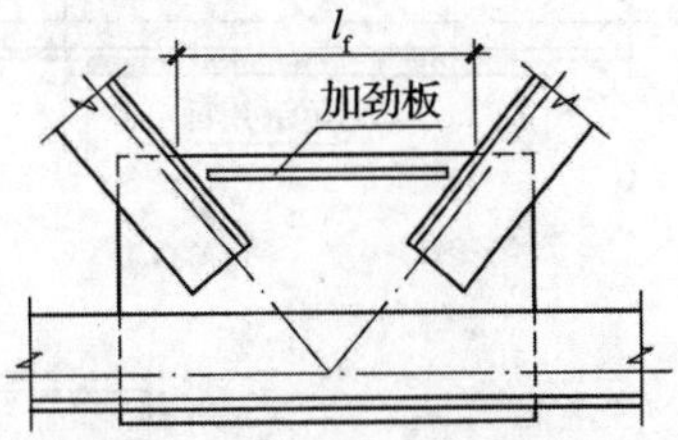

图 8－29 节点板自由边用加劲肋加强

表 8－8 吊车桁架节点板厚度选用表

腹杆最大内力（kN）	节点板钢号								
		Q235	≤300	301～500	501～700	701～950	951～1200	1201～1550	1551～2000
		Q345	≤350	351～570	571～780	781～1050	1051～1300	1301～1650	1651～2100
节点板厚度（mm）			8	10	12	14	16	18	20
支座节点板厚度（mm）			10	12	14	16	18	20	22

注：1 对于支座斜杆为下降式的吊车桁架，应按靠近支座的第二根斜腹杆（即最大受压斜腹杆）的内力来确定节点板的厚度。

2 杆件边缘间的最小净距 l_1 与节点板厚度 t 之比 l_1/t，当 $3.5 \leq l_1/t \leq 6$，且杆件为压力时，宜将压力值增大 10% 后再查表。

6　吊车桁架的杆件内力在节点中的传递尽可能做到直接、平顺。节点尽可能做得紧凑，形状简单，节点板尽可能加工成有圆弧的过渡，避免应力集中。

对于采用高强度螺栓或铆钉连接的角钢或槽钢杆件，当内力较大时，宜在其肢背增设传力短角钢。

7　在设计焊接吊车桁架时，节点焊缝的布置应方便施焊，避免采用易引起过大焊接应力和变形的密集焊缝，焊缝的布置应尽量对称于杆件重心。

节点处的传力焊缝优先采用三面围焊，围焊转角处及侧面角焊缝必须连续施焊。较长一条侧面角焊缝的长度不宜小于端面角焊缝，侧面角焊缝端头均宜缩进节点板不小于15mm。焊缝焊脚尺寸不得小于8mm，且不应大于节点板的厚度，焊缝长度≥100mm。在满足连接强度的条件下，不应采用过长的或焊脚尺寸过大的焊缝。

8　焊接桁架节点的腹杆与弦杆之间的间隙 a 不宜小于50mm，节点板两侧边宜做成半径 r 不小于60mm 的圆弧；节点板边缘与腹杆轴线的夹角 θ 不应小于30°，见图8－30（a）、（b）；节点板与角钢弦杆的连接焊缝，起落弧点应至少缩进5mm，节点板与H形截面弦杆的T形对接与角接组合焊缝应予焊透，圆弧处不得有起、落弧缺陷，其中工作级别A6、A7的吊车桁架的圆弧处应予打磨，使之与弦杆平缓过渡，见图8－30（b）。

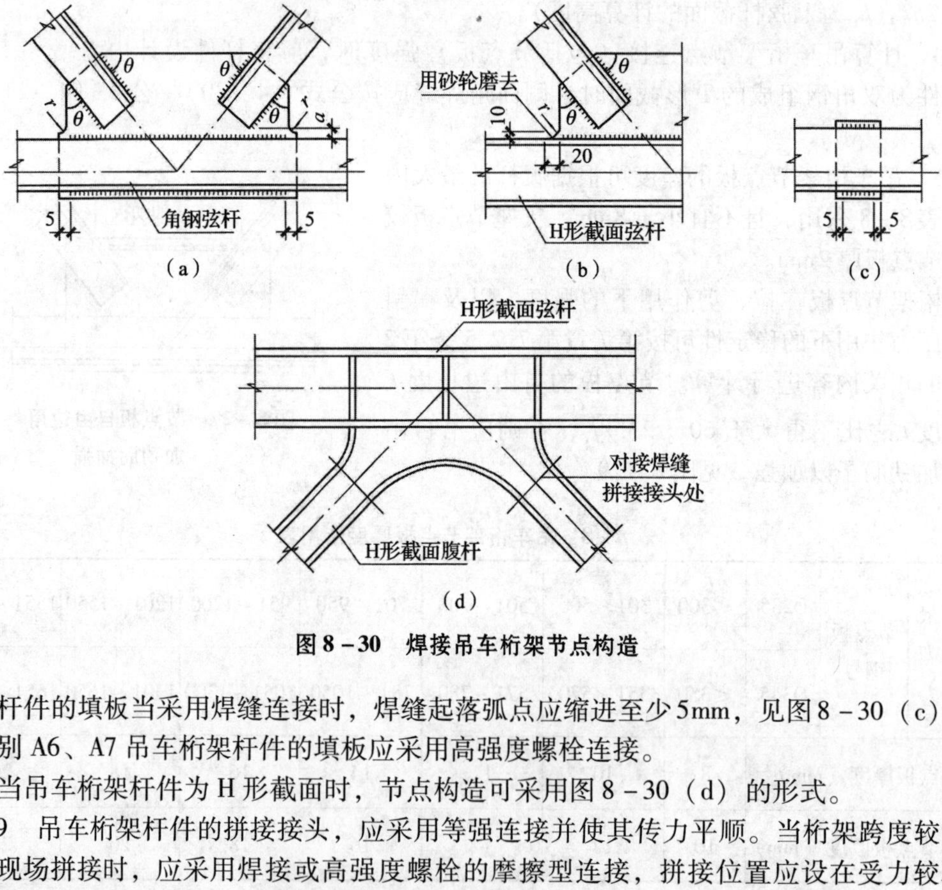

图8－30　焊接吊车桁架节点构造

杆件的填板当采用焊缝连接时，焊缝起落弧点应缩进至少5mm，见图8－30（c），工作级别A6、A7吊车桁架杆件的填板应采用高强度螺栓连接。

当吊车桁架杆件为H形截面时，节点构造可采用图8－30（d）的形式。

9　吊车桁架杆件的拼接接头，应采用等强连接并使其传力平顺。当桁架跨度较大须采用现场拼接时，应采用焊接或高强度螺栓的摩擦型连接，拼接位置应设在受力较小节间的节点附近。

10　为了防止吊车桁架上弦因轨道偏心而扭转，通常在上弦杆设有垂直支撑处设置相应的抗扭横隔，在支座与柱连接处设置抗扭竖直隔板（图8－32）。抗扭横隔可采用角钢，见图8－31，也可采用钢板，钢板厚度一般为8mm。

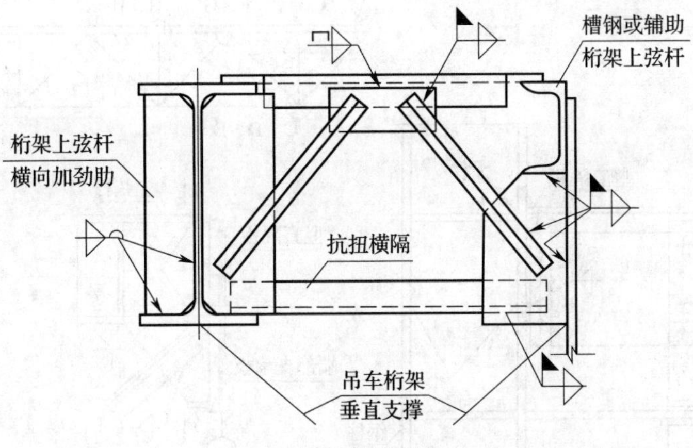

（a）边列吊车桁架

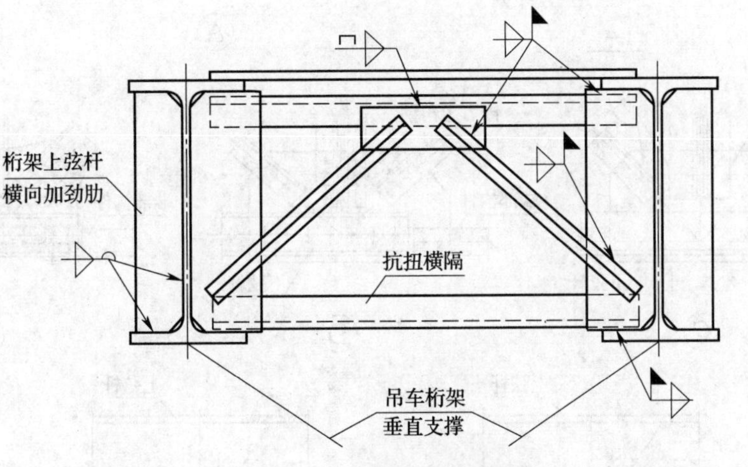

（b）中边列吊车桁架

图 8－31 吊车桁架抗扭横隔

为保证桁架下弦的稳定性，应设置下弦端部与柱连接的构件，此构件可按长细比 $\lambda \leqslant 200$ 选择截面。

11 吊车桁架的下弦杆边缘，宜为轧制边或自动气割边，当用手工气割或剪切机切割时，应沿全长刨边。

吊车桁架的下弦杆与支撑连接时，不宜采用焊接。下弦杆上不得焊接悬挂设备的零件，并不宜在该处打火或焊接夹具。

12 吊车桁架的连接节点如图 8－32。

8.6 焊接箱形吊车梁

8.6.1 一般规定。

1 焊接箱形吊车梁分为窄箱形吊车梁和宽箱形吊车梁两种。

（1）窄箱形吊车梁一般也称为双腹板吊车梁，即由两块腹板组成的工字形吊车梁，见图 8－33（a）。梁上只有一条轨道的吊车荷载，适用于轮压很大的 A8 级吊车梁或悬臂吊车梁等情况。

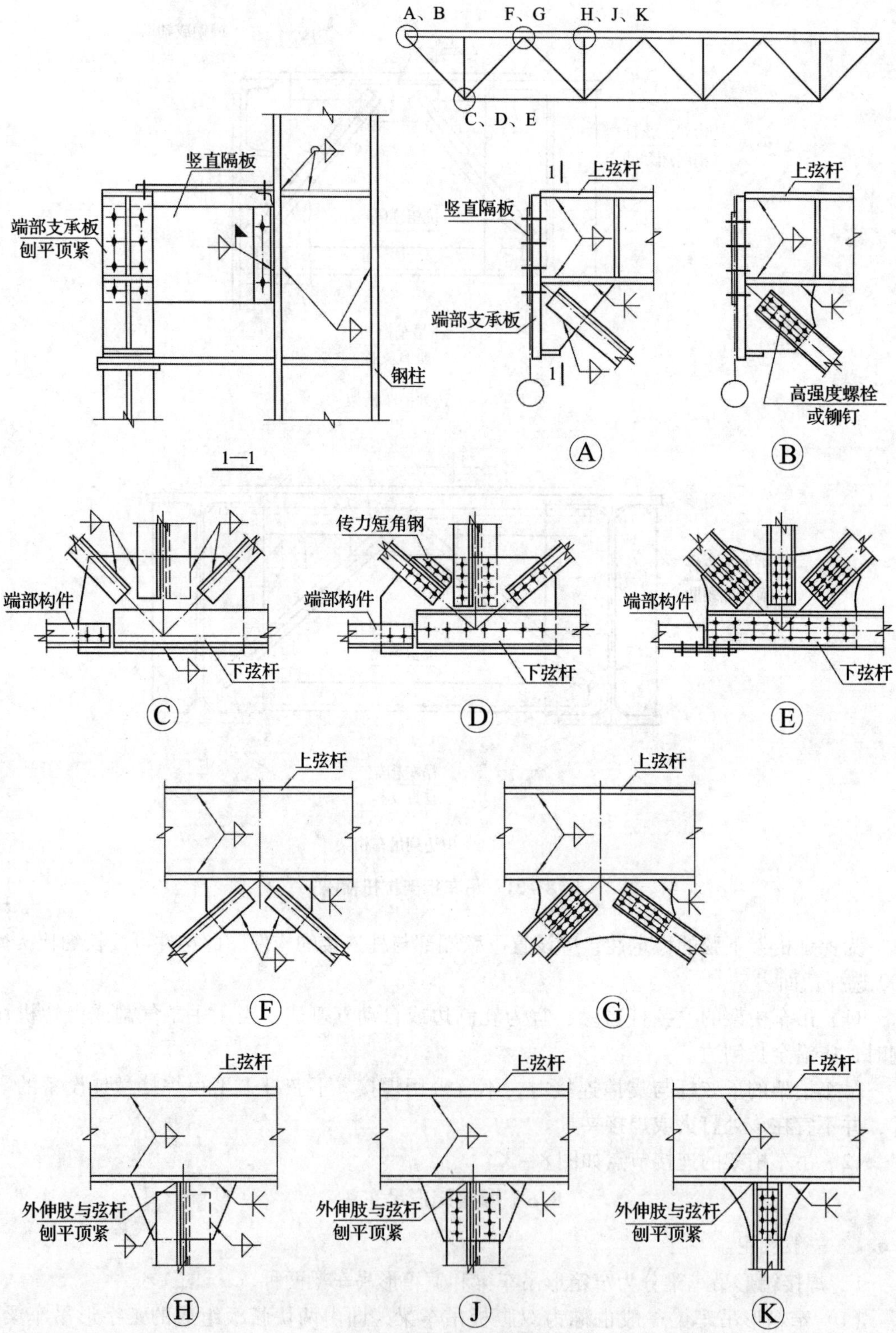

图 8－32　吊车桁架连接节点

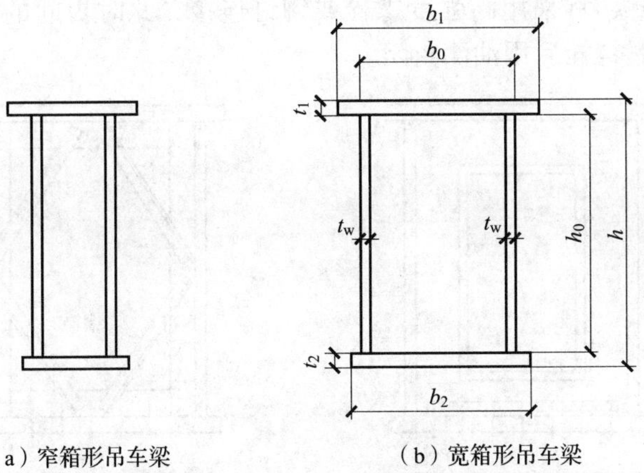

图 8－33 箱形吊车梁的截面形式

(2) 宽箱形吊车梁适用于中列柱两侧均有较大吨位的吊车，将两个等高的工字形吊车梁用上、下盖板连成封闭截面的整体箱形梁，见图 8－33（b）。对于中列柱吊车轨道位于两块腹板的中心线上；对于边列柱，一条轨道位于其中一块腹板中心线，而另一块腹板主要承受屋盖、墙架支柱传来的荷载。

(3) 箱形吊车梁除了具有较好的竖向和水平刚度外，还具有很好的抗扭刚度，因而吊车轨道偏心对梁产生的扭矩影响较小，尤其是在不对称荷载作用下，整个截面均参与抗扭工作。

2 简支箱形吊车梁的截面高度 h 一般取跨度的 1/8～1/12；两腹板间的宽度 b_0 可取（0.6～0.8）h 或为中列柱两侧的轨道间距离。受压上翼缘的外伸宽度应考虑固定轨道所需的构造尺寸要求，对于焊接型轨道一般不小于 100mm，螺栓连接轨道不小于 140mm，同时不宜大于 $15t_1\sqrt{235/f_y}$。下翼缘板为保障自动焊的需要，应外伸 60mm 左右。

3 箱形吊车梁的腹板和翼缘板均可采用较薄的钢板，一般腹板厚度为 8～12mm，翼缘板厚度为 12～20mm。腹板的高厚比 h_0/t_w 不应超过 250。当两侧竖向荷载相差较大时，腹板可采用不同厚度。

当吊车梁高度较大时，应做成变高度梁。梁端部高度应按抗剪计算确定，并不宜小于 0.5h，变截面的范围在靠近梁端部，约为梁全长的 1/6，见图 8－34。

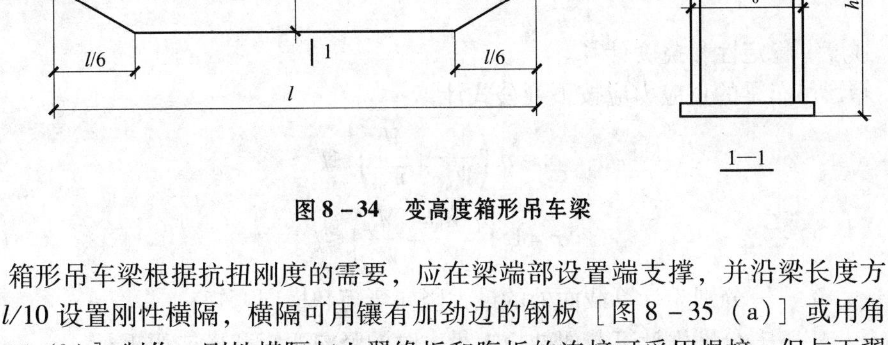

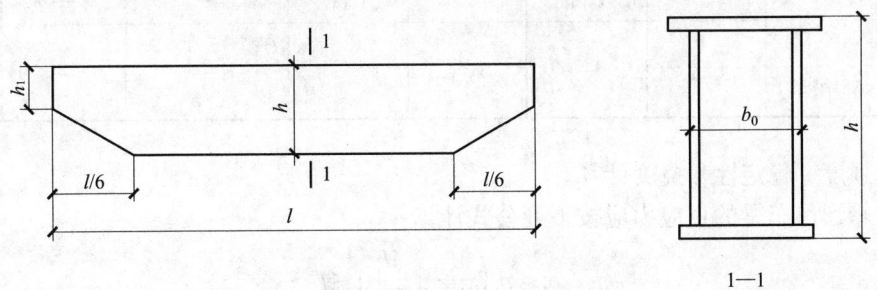

图 8－34 变高度箱形吊车梁

4 箱形吊车梁根据抗扭刚度的需要，应在梁端部设置端支撑，并沿梁长度方向按间距约为 $l/10$ 设置刚性横隔，横隔可用镶有加劲边的钢板［图 8－35（a）］或用角钢加劲［图 8－35（b）］制作。刚性横隔与上翼缘板和腹板的连接可采用焊接，但与下翼缘板的连接应考虑疲劳敏感，宜采用高强度螺栓或铆钉连接，此时板间的接触面可仅除锈而不作表面处理，待拧紧螺栓后用油漆封闭。

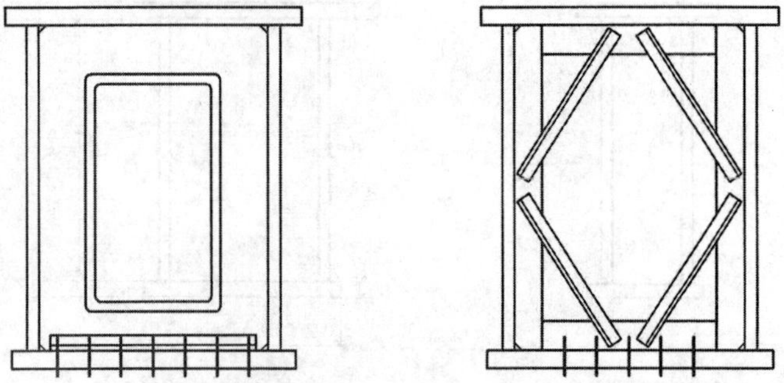

图 8－35 箱形吊车梁的刚性横隔

8.6.2 荷载组合。

1 对于仅承受一条吊车轨道的吊车荷载，或同时承受墙架、屋盖等荷载的边列柱箱形吊车梁，其荷载种类、荷载组合及各种系数的取值等均可参照焊接工字形吊车梁的规定。

2 对于承受两条吊车轨道吊车荷载的宽箱形吊车梁，其吊车荷载及荷载组合可按表 8－9 进行计算，也可按实际情况确定。

表 8－9 箱形吊车梁荷载组合表

计算项目	吊车台数				荷载组合折减系数	竖向轮压动力系数	荷载分项系数 γ_0
	左侧		右侧				
	竖向荷载	水平荷载	竖向荷载	水平荷载			
最大弯矩、最大剪力	2 台	1 台	2 台	1 台	0.9（仅竖向荷载）	1.1	1.4
扭矩	取任一侧 2 台较大吊车的竖向荷载和水平荷载				—	1.1	1.4
竖向挠度	2 台	—	2 台	—	0.9	—	1.0
水平挠度	—	1 台	—	1 台	—	—	1.0
疲劳（仅 A6～A8 吊车）	1 台	—	1 台	—	—	—	1.0

8.6.3 强度、稳定性和挠度计算。

1 箱形吊车梁的正应力应按下列公式计算：

$$\sigma = \eta_s\left(\frac{M_x}{W_{nx}} + \frac{M_y}{W_{ny}}\right) \leqslant f \tag{8-72}$$

$$\sigma = 1.1\left(\frac{M'_x}{W_{nx}} + \frac{M'_y}{W_{ny}}\right) \leqslant f \tag{8-73}$$

式中 M_x、M_y——分别为计算截面处的最大竖向弯矩和横向弯矩；

M'_x、M'_y——分别为计算截面处扭矩最大时的竖向弯矩和横向弯矩；

W_{nx}、W_{ny}——分别为计算截面对 x 轴和 y 轴的净截面模量；

η_s——考虑因梁的左右两侧最大竖向荷载不等，以及梁存在弯扭而产生附加正应力的增大系数，一般取 1.05；当两侧荷载很接近时，则取 1.0。

2 箱形吊车梁的剪应力应按下列规定计算。

（1）当按整体计算剪力时：

$$\tau = 1.3\frac{V_{max}S}{I_x\sum t_w} \leqslant f_v \tag{8-74}$$

（2）当按较大侧腹板计算剪力时：

$$\tau = \frac{V_1 S}{I_x t_w} \leqslant f_v \tag{8-75}$$

（3）当按受扭矩最大一侧腹板计算剪力时：

$$\tau = 1.3\frac{V_{max}S}{I_x t_w} \leqslant f_v \tag{8-76}$$

式中 V_{max}——计算截面处的最大剪力；

V_1——受荷较大一侧计算截面处的最大剪力；

$\sum t_w$——两侧腹板的总厚度；

I_x——计算截面对 x 轴的毛截面惯性矩；

S——计算剪应力处上部毛截面对中和轴的面积矩。

当箱形吊车梁两侧的吊车轮压相差较大或腹板厚度不同时，宜分别按各侧工字形截面计算剪应力。

3 箱形吊车梁上边缘的局部承压强度应按下式计算：

$$\sigma_c = \frac{\psi \cdot P}{t_w l_z} \leqslant f \tag{8-77}$$

式中 P、ψ、l_z——按第 8.4.3 条第 3 款的规定采用。

4 箱形截面简支吊车梁，其截面尺寸应满足 $h/b_0 \leqslant 6$，$l/b_0 \leqslant 95\ (235/f_y)$。符合上述规定的吊车梁，可不计算整体稳定性。

5 箱形吊车梁腹板的局部稳定可分别按两侧为焊接工字形吊车梁的有关要求进行计算。

除在箱内设有抗扭横隔外，一般尚应在箱内横隔板之间的腹板上设置单侧横向加劲肋。当腹板的高厚比 $h_0/t_w > 170\sqrt{235/f_y}$ 时，还需在箱外距上盖板 h_1（$h_1 = h_0/4 \sim h_0/5$）处设置纵向加劲肋，纵、横加劲肋所要求的惯性矩均按单侧加劲肋计算。

加劲肋按构造布置时应与箱内抗扭横隔相适应，一般加劲肋的间距不大于 750mm，此时可同时设置箱外短横向加劲肋。

加劲肋可采用钢板或型钢，其截面尺寸可参照焊接工字形吊车梁的有关要求确定。

6 箱形吊车梁的受压翼缘板除与箱内抗扭横隔相连外，其局部稳定性应符合 $b_0/t_1 \leqslant 40\sqrt{235/f_y}$（$t_1$ 为受压翼缘板厚度），否则应在受压翼缘板设置纵向加劲肋，此时 b_0 为腹板与纵向加劲肋之间的宽度。

当 $b_0/t_1 = (60 \sim 120)\sqrt{235/f_y}$ 时，在受压翼缘板中间设置一道纵向加劲肋；当 $b_0/t_1 = (120 \sim 180)\sqrt{235/f_y}$ 时，应在受压翼缘板三分点处设置两道纵向加劲肋。

纵向加劲肋对自身水平轴的惯性矩 I_z 应满足下列要求：

（1）当设有一道纵向加劲肋时，

$$I_z \geqslant 0.12\xi_1 b_0 t_1^3 \tag{8-78}$$

（2）当设有一道纵向加劲肋时，

$$I_z \geqslant 0.12\xi_2 b_0 t_1^3 \tag{8-79}$$

式中 ξ_1、ξ_2——系数，按表 8－10 采用。

实际选用的纵向加劲肋的截面面积应与假定的面积一致或接近。

表 8－10 系数 ξ_1、ξ_2

β	ξ_1、ξ_2	a/b_0												
		0.6	0.8	1.0	1.2	1.4	1.6	1.8	2.0	2.2	2.4	2.6	2.8	3.0
0.05	ξ_1	3.40	5.59	8.05	10.75	13.58	16.67	19.90	23.36	26.95	30.28	30.28	30.28	30.28
	ξ_2	7.39	11.53	16.30	21.70	27.55	33.99	40.93	48.30	56.00	64.38	72.97	82.04	91.54
0.10	ξ_1	3.69	6.11	8.85	11.89	15.14	18.72	22.48	26.56	30.83	35.43	35.43	35.43	35.43
	ξ_2	8.04	12.68	18.10	24.29	31.07	38.60	46.76	55.46	64.70	74.75	85.13	96.16	107.74
0.15	ξ_1	3.97	6.62	9.65	13.04	16.70	20.77	25.07	29.76	34.72	40.03	40.03	40.03	40.03
	ξ_2	8.68	12.83	19.90	26.88	34.60	43.21	52.59	62.62	73.40	85.12	97.30	110.28	123.94
0.20	ξ_1	4.25	7.13	10.45	14.18	18.26	22.82	27.65	32.96	38.61	44.63	51.04	51.28	51.28
	ξ_2	9.33	14.98	21.70	29.48	38.12	47.82	58.42	69.79	82.10	95.50	109.47	124.38	140.14

注：1 a 为箱内刚性横隔的间距；b_0 为受压翼缘的宽度。

2 $\beta=\dfrac{\text{纵向加劲肋的假定面积 } A_2}{\text{受压翼缘板截面面积 } b_0t_1}$，$\beta$ 值应小于 0.2，A_2 可先假定为 $0.1b_0t_1$，进行试算后再调整。

7 箱形吊车梁内刚性抗扭横隔的惯性矩 I_d，应按梁的刚度和变形分别满足下列公式的要求：

$$I_d \geqslant \frac{I_x}{500} \tag{8-80}$$

$$I_d \geqslant \frac{1000Pb_0^2}{96E}\left(1+\frac{h}{b_0}\right) \tag{8-81}$$

式中 I_x——箱形吊车梁跨中截面对 x 轴的毛截面惯性矩；

P——吊车最大轮压标准值（不考虑动力系数）；

h——梁的总高度；

E——钢材的弹性模量。

8 箱形吊车梁的竖向挠度和水平挠度均可参照焊接工字形吊车梁的公式计算，其中 I_x、I_y 均按箱形全截面计算。由于箱形吊车梁的水平刚度很大，其水平挠度很容易控制在容许值内。

8.6.4 连接和构造。

1 箱形吊车梁腹板与上翼缘板的连接应采用自动焊，要求采用焊透的 T 型焊缝。腹板与下翼缘板的连接一般采用单面剖口的自动焊，并在背面（箱内）用手工焊补焊焊根。焊缝的质量等级不应低于二级。

2 为了保证箱形吊车梁的质量，一般应在工厂制成整体，并整运，整根安装。由于梁的刚度较大，在制造过程中应严格控制梁的变形，以免组装后无法校正。

3 为了便于中列宽箱形吊车梁的整体安装，设计时应在梁两端箱预留安装口，其宽度可比柱截面高度大100~150mm，安装口深为800mm（当梁由上向下对柱斜套安装时）或半柱宽加300mm（当梁由上向下对柱平套安装时）。梁安装就位后用上、下盖板将安装口封闭，其连接宜采用高强度螺栓。在上盖板上可留直径为500mm的检修人孔。抗扭端撑一般应在梁就位后，安装口封闭前安装。

4 箱形吊车梁受压翼缘板的纵向加劲肋可采用槽钢、T型钢或H型钢，其与上翼缘板的连接宜采用焊脚尺寸较小的连续焊缝。纵向加劲肋在箱内穿过抗扭横隔处可将横隔预开孔，装配后再焊补强板。

5 箱形吊车梁的端支座一般均设计成平板支座。当支座处剪力较大时，宜采用十字形端加劲肋。

8.7 壁行吊车梁

1 壁行吊车梁是承受一种可移动悬臂吊车的梁，一般为重型厂房配合大吨位吊车使用。壁行吊车的起重量一般为1t、3t、5t、7.5t和10t，悬臂长度则由生产工艺确定。可根据吊车吨位、悬臂长度和轨顶标高来确定吊车对柱所产生的弯矩影响。

壁行吊车梁一般分为分离式和整体式（即箱形梁）两种。

分离式壁行吊车梁由上梁（水平梁）、下梁（由垂直和水平梁组成）和刚臂等组成，其中上梁承受壁行吊车的上水平轮压，下梁承受壁行吊车的垂直和下水平轮压，见图8-36。

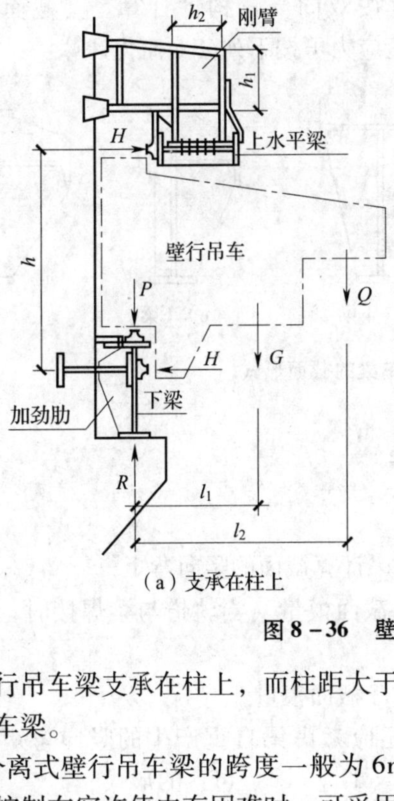

（a）支承在柱上

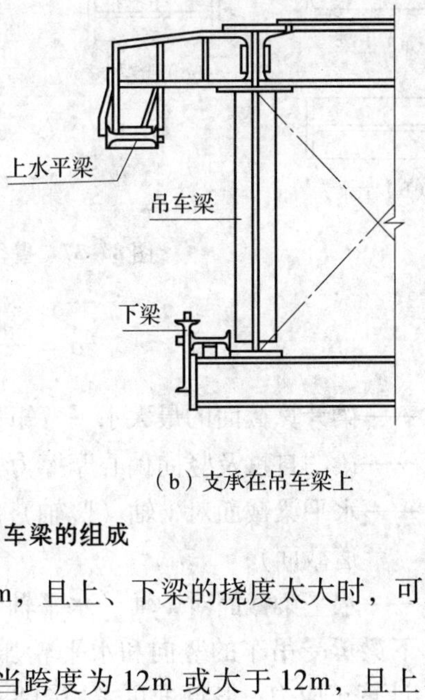

（b）支承在吊车梁上

图8-36 壁行吊车梁的组成

当壁行吊车梁支承在柱上，而柱距大于12m，且上、下梁的挠度太大时，可采用整体式壁行吊车梁。

2 分离式壁行吊车梁的跨度一般为6m。当跨度为12m或大于12m，且上、下水平梁的挠度控制在容许值内有困难时，可采用吊杆等措施，或采用整体式吊车梁。

3 壁行吊车的轮压一般可由起重机械制造厂产品标准，或由工艺提供，也可由吊车起重量、吊车自重按下列公式计算吊车的竖向和水平压力。

（1）竖向压力：

$$R = Q + G \tag{8-82}$$

（2）水平压力：

$$H = \frac{Ql_2 + Gl_1}{h} \tag{8-83}$$

式中 Q——起吊重量和小车重量；

G——吊车重量；

l_1——吊车重心至下竖向梁中心的距离；

l_2——吊重点位于最大悬臂端时，吊重点至下竖向梁中心的距离；

h——上、下水平梁中心线间的距离。

（3）如果吊车为两个轮子，则一个轮子的轮压为：

竖向轮压 $P = R/2$

水平轮压 $T = H/2$

4 吊车台数应按实际情况考虑。强度计算时应考虑动力系数，A4、A5 工作级别的吊车梁为 1.05，A6 ~ A8 工作级别的吊车梁为 1.1。计算梁与柱的水平连接和梁与刚臂的连接时，其水平荷载的增大系数宜采用 1.5。

5 壁行吊车梁应下列规定进行设计：

（1）上水平梁除承受吊车水平轮压外，还应考虑梁的自重所产生的竖向荷载及水平轮对轨道竖向偏心摩擦荷载的作用，所以宜按双向受弯构件计算。其截面可采用图 8 -37（a）、（b）、（c）的形式。上梁截面的正应力可按下列公式简化计算：

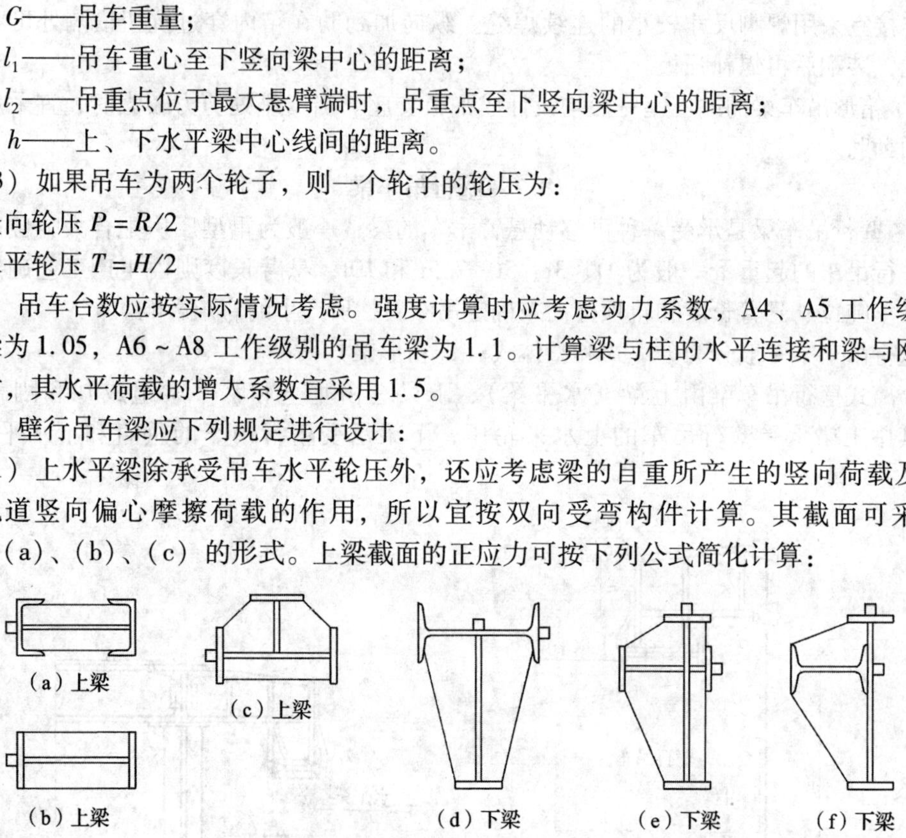

图 8 -37 壁行吊车梁的截面形式

$$\sigma = \pm\frac{M_y}{W_{nx}} \pm \frac{M_x}{W_{nx}} \leqslant f \tag{8-84}$$

式中 M_y——梁计算截面的最大水平弯矩；

M_x——梁的自重及竖向偏心摩擦力引起梁计算截面的竖向弯矩；

W_{ny}——水平梁截面对 y 轴（竖轴）的净截面模量（当轨道与梁焊接时，可计入轨道截面）；

W_{nx}——水平梁截面对 x 轴（水平轴）的净截面模量。

（2）下梁承受吊车的竖向和水平轮压，还应考虑梁自重产生的竖向弯矩，按公式（8 -83）计算正应力。其截面可采用图 8 -37（d）、（e）、（f）的形式。

由于设置有水平梁，故一般可不再设置制动结构，梁的整体稳定性也可不需计算。

下梁的横向加劲肋应将垂直、水平梁相连。

除上述外，上、下梁的强度、稳定性和挠度计算，加劲肋设置，以及 A6 ~ A8 工作级别吊车梁的疲劳计算及其设计、构造等均可参照焊接工字形吊车梁的有关规定。

(3) 分离式壁行吊车梁上、下梁的挠度应严格控制其限值，尤其是上梁刚度较小时，要考虑吊车轮的卡轨或脱轨而使吊车无法使用。

1) 梁的容许挠度值可按第 8.3.6 条的规定采用。下梁的竖向和水平挠度可分别计算。计算水平挠度时，吊车水平荷载应按 8.3.2 条第 1 款 1)、2) 的公式计算。

2) 除梁本身外，还应该严格控制梁支承结构间的相对变位，或采取构造措施使梁支承在相对变位较小的相邻支承结构上。

6 壁行吊车的连接和构造应符合下列要求：

(1) 下梁采用组合截面时，竖梁与水平梁的连接可采用通长连续焊缝或高强度螺栓。

(2) 下梁与柱传递水平力的连接宜采用高强度螺栓；对于 A1 ~ A5 工作级别的吊车梁，也可采用焊接。

(3) 上梁与刚臂的连接宜采用高强度螺栓，并应保证具有足够的抗扭刚度。因此，梁端应设置单侧抗扭支承端加劲肋，并尽可能将梁的翼缘板、腹板与刚臂可靠连接。

7 支承上水平梁的刚臂一般采用双槽钢，见图 8－38；当受力较大或连接构造需要时，也可采用焊接工字形截面，见图 8－36，其中 h_1 应大于或等于 h_2。刚臂与柱及上水平梁的连接宜优先采用高强度螺栓。刚臂的强度和挠度可按悬臂梁计算，刚臂与柱的连接必须有可靠保证。

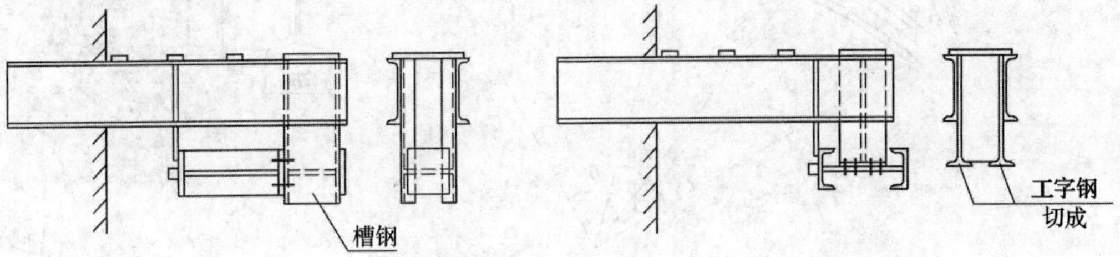

图 8－38 槽钢刚臂

8 壁行吊车梁的轨道一般采用 50 × 50 或 60 × 60 的方钢。当吊车为 A6 ~ A8 工作级别，或为 A4、A5 工作级别，起重量为 10t 时，吊车轨道可采用吊车轨 QU70 或 QU80。方钢或 QU70 钢轨与梁的连接可采用间断焊缝或采用连接短角钢，QU80 钢轨与梁的连接应采用压板。

车挡应设置在下梁的竖梁端部，车挡与梁宜采用高强度螺栓连接。

8.8 悬挂式吊车梁

1 悬挂式吊车梁通常是采用热轧工字钢悬挂于屋盖承重结构（屋架、网架、门式刚架等）的节点或独立支柱、支架上。它既可作为悬挂式单梁吊车的吊车梁，也可作为单轨吊车的轨道梁。一般用于起重量 0.25 ~ 10t 的吊车。

2 悬挂式吊车梁一般为直线式梁，其中轨道梁可分为直线梁和弧线梁，直线梁可按材料、安装及支承条件设计成简支梁或双跨、三跨连续梁。

3 悬挂式吊车梁的吊车荷载一般按一台，或根据吊车梁的形式（双跨或三跨）按实际台数设计。轨道梁一般只考虑一台单轨吊车或电动葫芦的作用，并简化为一个集中荷载作用在梁上，梁的自重则按均布荷载计算。

（1）计算吊车梁及其连接的强度时，吊车竖向荷载应乘以动力系数。对电动单梁式吊车或电动葫芦动力系数为1.05，对手动吊车的动力系数可取1.0。

（2）悬挂吊车的水平荷载应由支撑系统承受，可不计算。手动吊车及电动葫芦可不考虑水平荷载。

（3）对直接作用有吊车轮压的轨道梁，在计算强度、稳定性和挠度时，钢材的强度设计值和截面惯性矩应乘以0.9的磨损折减系数。

（4）梁的挠度不应超过表8-5规定的数值。当轨道梁为悬臂时，悬臂端的挠度值不应超过悬臂长度的1/200。

4　当轨道梁的跨度较大或有悬臂段时，应考虑梁的整体稳定性，可在跨中或悬臂段的上翼缘布置水平支撑。当梁有较长的柔性吊杆时，则宜设置垂直支撑。悬臂梁的悬挑长度一般不宜超过1.5m。

悬臂部分梁的整体稳定性可按第14.3.4条计算。

5　对于多支点的弧线梁，在集中荷载和均布荷载作用下为受弯扭的开口薄壁构件，其精确计算较为复杂。为简化计算，多于三个支点的弧线梁假定按三支点考虑，内力分析时不考虑自重均布荷载，求得弧线梁内力后再乘以自重影响系数（可取1.05）。

弧线梁的内力可近似按以下公式计算（图8-39）：

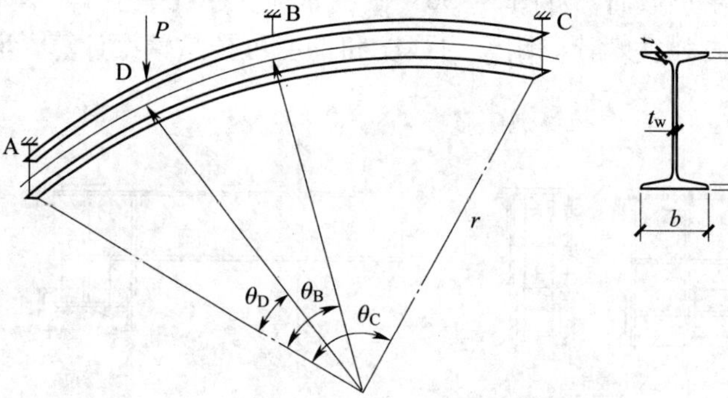

图8-39　弧线梁计算简图

（1）A点的内力：

$$
\left.
\begin{aligned}
& M_A = 0 \\
& R_A = -\delta_1 P \\
& V_A = \delta_1 P \\
& M_A^K = 0 \\
& \overline{M_A^K} = -\overline{\overline{M_A^K}} \\
& \overline{\overline{M_A^K}} = \frac{P \cdot r}{(K^2+1)\ \mathrm{sh}K\theta_C}\Big\{\left[\mathrm{sh}K\ (\theta_C-\theta_D)\ - K\sin\ (\theta_C-\theta_D)\right. \\
& \qquad \left. -\delta_1\ (\mathrm{sh}K\theta_C - K\sin\theta_C)\right]\ -\delta_2\ \left[\mathrm{sh}K\ (\theta_C-\theta_B)\ - K\sin\ (\theta_C-\theta_B)\right]\Big\} \\
& B_A = 0
\end{aligned}
\right\}
\quad (8-85)
$$

（2）D 点（AB 弧线的中点）的内力：

$$\left.\begin{aligned}
&M_{\mathrm{D}}=\delta_4 P\cdot r\\
&V_{\mathrm{D}}=\delta_1 P;\ V'_{\mathrm{D}}=\delta_2 P\\
&M_{\mathrm{D}}^{\mathrm{K}}=\delta_1 P\cdot r\ (1-\cos\theta_{\mathrm{D}})\\
&\overline{M_{\mathrm{D}}^{\mathrm{K}}}=M_{\mathrm{D}}^{\mathrm{K}}-\overline{\overline{M_{\mathrm{D}}^{\mathrm{K}}}}\\
&\overline{\overline{M_{\mathrm{D}}^{\mathrm{K}}}}=\overline{\overline{M_{\mathrm{A}}^{\mathrm{K}}}}\mathrm{ch}K\theta_{\mathrm{D}}+\frac{P\cdot r}{K^2+1}\delta_1\ (\mathrm{ch}K\theta_{\mathrm{D}}-\cos\theta_{\mathrm{D}})\\
&B_{\mathrm{D}}=\frac{r}{K}\overline{\overline{M_{\mathrm{A}}^{\mathrm{K}}}}\mathrm{sh}K\theta_{\mathrm{D}}+\frac{P\cdot r^2}{K\ (K^2+1)}\delta_1\ (\mathrm{sh}K\theta_{\mathrm{D}}-K\sin\theta_{\mathrm{D}})
\end{aligned}\right\}\quad(8-86)$$

（3）B 点的内力：

$$\left.\begin{aligned}
&M_{\mathrm{B}}=P\cdot r\ (\delta_1\sin\theta_{\mathrm{B}}-\sin\theta_{\mathrm{D}})\\
&V_{\mathrm{B}}=\ (\delta_2-\delta_3)\ P;\ V'_{\mathrm{B}}=\delta_3 P\\
&M_{\mathrm{B}}^{\mathrm{K}}=P\cdot r\ [\delta_1\ (1-\cos\theta_{\mathrm{B}})-(1-\cos\theta_{\mathrm{D}})]\\
&\overline{M_{\mathrm{B}}^{\mathrm{K}}}=M_{\mathrm{B}}^{\mathrm{K}}-\overline{\overline{M_{\mathrm{B}}^{\mathrm{K}}}}\\
&\overline{\overline{M_{\mathrm{B}}^{\mathrm{K}}}}=\overline{\overline{M_{\mathrm{A}}^{\mathrm{K}}}}\mathrm{ch}K\theta_{\mathrm{B}}+\frac{P\cdot r}{K^2+1}\delta_1\ (\mathrm{ch}K\theta_{\mathrm{B}}-\cos\theta_{\mathrm{B}})-\frac{P\cdot r}{K^2+1}\ (\mathrm{ch}K\theta_{\mathrm{D}}-\cos\theta_{\mathrm{D}})\\
&B_{\mathrm{B}}=\frac{r}{K}\overline{\overline{M_{\mathrm{A}}^{\mathrm{K}}}}\mathrm{sh}K\theta_{\mathrm{B}}+\frac{P\cdot r^2}{K\ (K^2+1)}\delta_1\ (\mathrm{sh}K\theta_{\mathrm{B}}-K\sin\theta_{\mathrm{B}})\\
&\qquad-\frac{P\cdot r^2}{K\ (K^2+1)}\ (\mathrm{sh}K\theta_{\mathrm{D}}-K\sin\theta_{\mathrm{D}})
\end{aligned}\right\}\quad(8-87)$$

式中　M——竖向弯矩；

V——剪力或支座左边的剪力；

V'——支座右边的剪力；

R——支座反力；

M^{K}——总扭转力矩；

$\overline{M^{\mathrm{K}}}$——自由扭转力矩；

$\overline{\overline{M^{\mathrm{K}}}}$——约束扭转力矩；

B——双力矩；

r——曲率半径；

δ_1、δ_2、δ_3、δ_4——剪力和弯矩系数，见表 8－11；

K——弯扭弹性特征系数，$K=\alpha r$（α 为弯扭特征，见表 8－12）；

θ——圆心角。

表 8－11　剪力和弯矩系数 δ_1、δ_2、δ_3、δ_4

θ	δ_1	δ_2	δ_3	δ_4	θ	δ_1	δ_2	δ_3	δ_4
10°	0.3760	0.7500	0.1260	0.0328	40°	0.3949	0.7423	0.1372	0.1351
20°	0.3799	0.7479	0.1278	0.0660	45°	0.4005	0.7401	0.1406	0.1533
30°	0.3860	0.7455	0.1315	0.0999	50°	0.4070	0.7378	0.1448	0.1720

续表 8－11

θ	δ_1	δ_2	δ_3	δ_4	θ	δ_1	δ_2	δ_3	δ_4
60°	0.4227	0.7320	0.1547	0.2114	110°	0.5947	0.6823	0.2770	0.4872
70°	0.4426	0.7252	0.1678	0.2539	120°	0.6667	0.6667	0.3334	0.5774
80°	0.4680	0.7168	0.1848	0.3008	130°	0.7673	0.6485	0.4158	0.6954
90°	0.5000	0.7071	0.2071	0.3536	140°	0.9172	0.6274	0.5446	0.8619
100°	0.5411	0.6956	0.2367	0.4145	150°	1.1645	0.6028	0.7673	1.1248

6　弧线梁的最大弯矩和双力矩均产生于 A、B 支点中部集中荷载作用处 D 点，可按下列公式计算 D 点的强度。

（1）正应力：

$$\sigma = \frac{M_D}{W_x} + \frac{B_D}{W_\omega} \leqslant f \tag{8-88}$$

（2）剪应力：

在腹板中和轴处，

$$\tau = \frac{V_D S_x}{I_x t_w} + \frac{\overline{M_D^K} t_w}{I_k} \leqslant f_v \tag{8-89}$$

在腹板与翼缘相交处，

$$\tau = \frac{V_D b h_1}{4I_x} + \frac{\overline{M_D^K} t}{I_k} + \frac{\overline{M_D^K} b^2}{4h_1 I_y} \leqslant f_v \tag{8-90}$$

式中　W_ω——截面扇形截面模量；

I_k——截面纯扭转惯性矩。

计算时，剪力 V 取 D 点左右两侧的较大值。

热轧普通工字钢截面的扇形几何特性见表 8－12。

7　悬挂式吊车梁与支承结构的连接应传力明确，减小偏心，防止松动，安装方便。通常采用普通螺栓并用双螺帽固定，连接在工字钢斜面上时应增设斜垫板或采用其他构造措施。普通螺栓的直径不宜小于 16mm，螺栓数量一般按构造要求每边两个，当为连续梁通过支承梁时则为 4 个，实际使用的螺栓直径和数量应按计算确定。计算时荷载与支座反力均按作用在连接件的一侧考虑，螺栓的抗剪强度设计值应乘以 0.8 的折减系数。

8　梁的截面尺寸除按计算确定外，尚应满足吊车行驶装置的构造要求，弧形梁的弯曲度应满足单梁吊车或电动葫芦的最小曲率半径。

表 8－12　热轧普通工字钢截面扇形几何特性

工字钢型号	扇形惯性矩 I_ω (cm^6)	截面最远各点扇形面积 ω_{max} (cm^2)	扇形截面模量 W_ω (cm^4)	纯扭转惯性矩 I_k (cm^4)	弯扭弹性特征 $\alpha=\sqrt{\frac{GI_k}{EI_\omega}}$ (cm^{-1})
I12.6	1490	21.19	70.32	4.223	0.03307
I14	2531	25.51	99.22	5.830	0.02981
I16	4825	32.22	149.8	8.277	0.02572

续表 8-12

工字钢型号	扇形惯性矩 I_ω (cm^6)	截面最远各点扇形面积 ω_{max} (cm^2)	扇形截面模量 W_ω (cm^4)	纯扭转惯性矩 I_k (cm^4)	弯扭弹性特征 $\alpha=\sqrt{\frac{GI_k}{EI_\omega}}$ (cm^{-1})
I18	8129	38.87	209.1	11.21	0.02307
I20a	12979	46.11	281.5	14.55	0.02079
I20b	13703	47.01	291.5	17.60	0.02226
I22a	22523	55.86	403.2	20.03	0.01852
I22b	23660	56.85	416.2	23.85	0.01972
I25a	36507	67.33	542.2	25.29	0.01634
I25b	38257	68.46	558.8	30.11	0.01742
I28a	56672	79.67	711.3	31.60	0.01466
I28b	59257	80.95	732.0	37.60	0.01564
I32a	99318	97.36	1020	45.13	0.01324
I32b	103582	98.84	1048	53.42	0.01410
I32c	107953	100.3	1076	64.56	0.01519
I36a	153256	115.1	1331	55.68	0.01184
I36b	159552	116.8	1366	65.84	0.01262
I36c	166000	118.4	1402	79.21	0.01357
I40a	226597	134.0	1690	67.40	0.01071
I40b	235517	135.9	1733	79.70	0.01142
I40c	244642	137.8	1776	95.55	0.01227
I45a	372999	159.7	2336	93.24	0.009819
I45b	386944	161.8	2392	109.6	0.01045
I45c	401197	163.8	2449	130.2	0.01119
I50a	606461	187.0	3243	127.9	0.009018
I50b	628082	189.3	3317	147.2	0.009509
I50c	650163	191.7	3392	171.0	0.01007

注：计算时取 $G=79\times10^3N/mm^2$，$E=206\times10^3N/mm^2$。

轨道梁的拼接位置宜设在距支座1/3~1/4跨度的范围内，腹板拼接宜采用对接焊缝，焊接后应在吊车轮行驶范围内将焊缝表面磨平。上、下翼缘宜采用拼接盖板。

9　悬挂式吊车梁应按工艺要求的位置设置车挡，通常车挡是根据轨道梁工字钢的型号选用不同的角钢型号，其连接形式和尺寸见图8-40和表8-13。

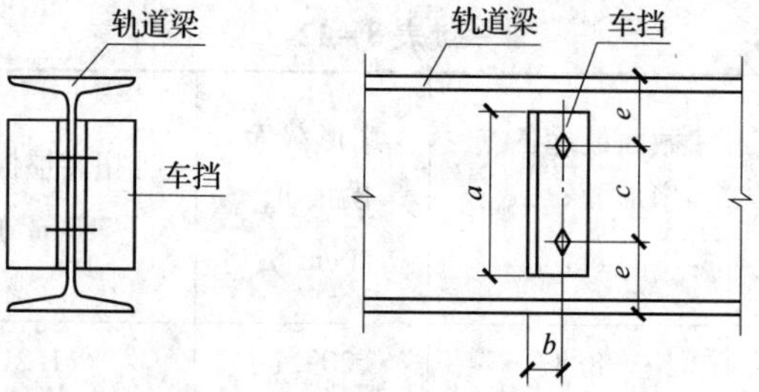

图 8-40　轨道梁车挡的连接尺寸

表 8-13　车挡尺寸（mm）

工字钢型号	*a*	*b*	*c*	*e*	车挡角钢	螺栓直径 *d*
I12.6	80	35	40	35	∠63×6	10
I14	100	35	50	40		12
I16	100	45	50	45	∠80×8	
I18	120	45	50	50		16
I20	140	45	70	50		
I22	150	45	80	55		
I25	150	45	80	60		
I28	150	55	80	65	∠100×10	
I32	150	55	80	65		

10　轨道梁与屋架下弦节点的连接见图 7-57，与网架下弦节点的连接见图 7-201，与门式刚架斜梁的连接构造见图 8-41。

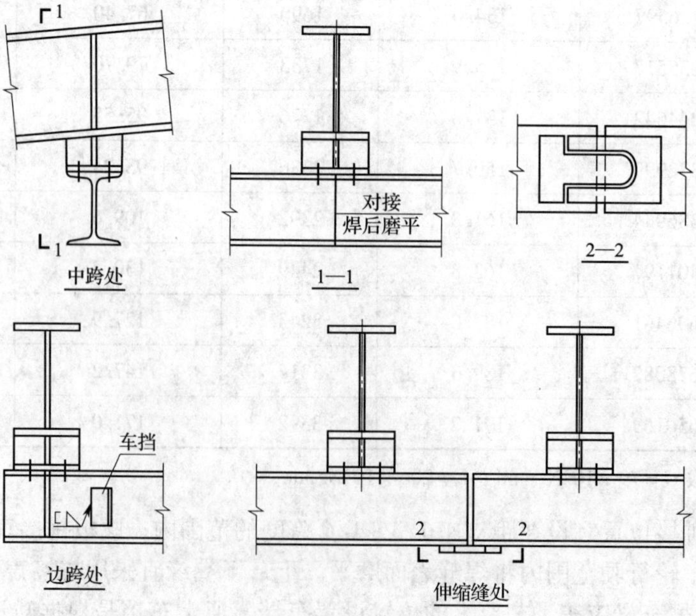

图 8-41　轨道梁与门式刚架梁的连接节点

8.9 制动结构、辅助桁架和支撑

8.9.1 制动结构设计的一般规定。

1 制动结构一般可分为制动梁和制动桁架（图 8 - 42）。

（1）设置在边列柱吊车梁（或吊车桁架）的制动结构是由吊车梁上翼缘（或吊车桁架上弦杆）、制动板和边梁（或辅助桁架的上弦杆）组成的制动梁，或由吊车梁上翼缘（或吊车桁架上弦杆）、腹杆系统和边梁（或辅助桁架的上弦杆）组成的制动桁架。

（2）设置在中列柱吊车梁（或吊车桁架）的制动结构是由相邻两跨两吊车梁的上翼缘板（或吊车桁架上弦杆）和制动板组成的制动梁，或由相邻两跨吊车梁的上翼缘板（或吊车桁架上弦杆）和腹杆系统组成的制动桁架。

2 A6 ~ A8 工作级别的吊车，当吊车梁或吊车桁架跨度≥12m，宜设置制动结构。

A8 工作级别吊车梁的制动结构应采用制动梁；起重量≥150t，A6、A7 工作级别，吊车梁跨度≥12m 时，或制动结构的宽度 b 大于 1.2m 而需设置走道板时，宜采用制动梁；其他情况下，则优先采用制动桁架。

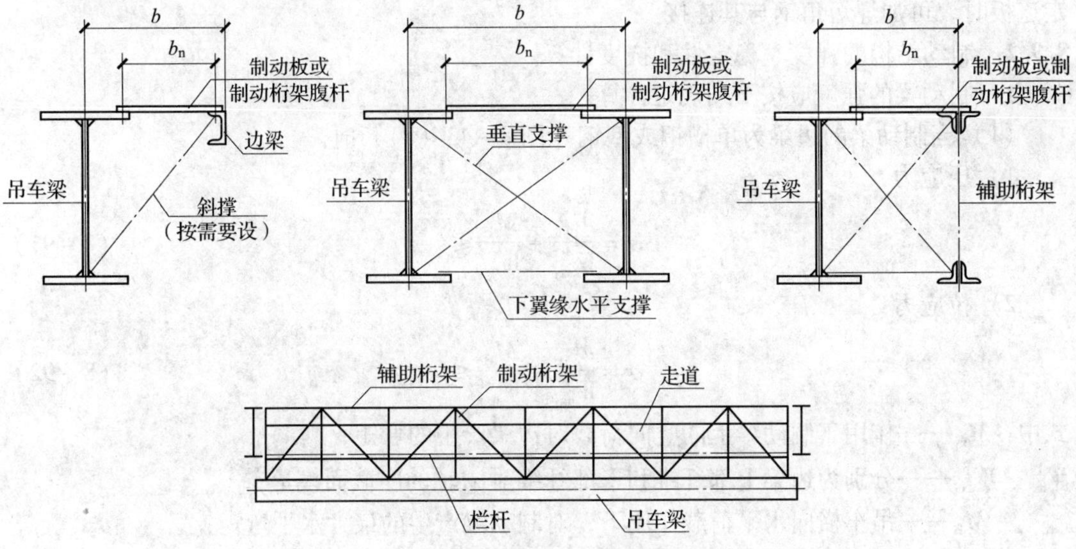

图 8 - 42 制动结构的组成

3 制动结构的作用为：

（1）承受吊车横向水平荷载以及由于其他因素所产生的水平力。

（2）保证吊车梁、吊车桁架的整体稳定性。

（3）增加吊车梁、吊车桁架的侧向刚度。

（4）作为检修吊车及轨道的操作平台及人行走道。

4 制动结构的设计应考虑下列荷载：

（1）吊车横行水平荷载以及其他因素所产生的水平荷载，其荷载分项系数 $\gamma_Q = 1.4$。

（2）检修吊车和轨道的平台检修荷重或人行走道的垂直均布荷载，一般可取均布荷载标准值为 2.0kN/m^2，其荷载分项系数 $\gamma_Q = 1.4$。

5 制动板一般采用花纹钢板，或普通平钢板并采取防滑措施；钢板厚度 t 不应小于其净宽 b_n 的 1/200，并不小于 6mm。当 $b_n/t > 100$ 时，板的下面宜用横向加劲肋加强。加劲肋的间距，当 $b_n/t = 100$ 时为 $2b_n$；当 $b_n/t = 200$ 时为 b_n。加劲肋一般采用板条或角钢，与制动板的连接采用间断焊缝。制动板的厚度和加劲肋的截面可参考表 8-14 选用。

表 8-14 制动板厚度和加劲肋选用表

制动板宽度 b_n（mm）		500~600	800	1000	1200	1500
制动板厚度 t（mm）		6	6	8	8	10
加劲肋	截面（mm）	-80×6 或∠63×5		-90×6 或∠75×5		-100×8 或∠80×6
	间距（mm）	600~800		750~1000		

6 制动桁架腹杆的几何图形应采用带竖杆的三角形体系，腹杆的倾角一般为 30°~45°，其节间的划分应与吊车梁的横向加劲肋，或吊车桁架的节间相对应。制动桁架的宽度一般不宜小于其跨度的 1/20。

制动桁架的腹杆一般采用单角钢；当端斜杆内力很大时，亦可采用双角钢。当设有走道板时，可加焊短角钢与其连接。

8.9.2 制动结构的强度、稳定性和挠度计算。

1 制动梁的强度应按下列规定计算。

（1）当制动梁的边梁为单槽钢或型钢［图 8-43（a）］时。

1）压应力：

$$\sigma = \frac{M_{x_1}}{W_{nx_1}^{上}} + \frac{M_H}{W_{ny_1}} \leqslant f \tag{8-91}$$

2）拉应力：

$$\sigma = \frac{M_{x_1}}{W_{nx_1}^{下}} + \frac{M_H}{W_{ny_1}} \leqslant f \tag{8-92}$$

式中 M_{x_1}——作用于制动梁上的竖向荷载对边梁产生的弯矩；

$W_{nx_1}^{上}$、$W_{nx_1}^{下}$——分别为边梁上部纤维和下部纤维对 x_1 轴的净截面模量；

M_H——吊车横向水平荷载作用下，对制动梁产生的最大水平弯矩；

W_{ny_1}——制动梁对 y_1 轴的净截面模量。

（2）当制动梁的边梁为辅助桁架上弦杆［图 8-43（b）］时。

$$\sigma = \frac{N + N_Q}{A_n} + \frac{M_H}{W_{ny_1}} + \frac{M_{x_1}}{W_{nx_1}} \leqslant f \tag{8-93}$$

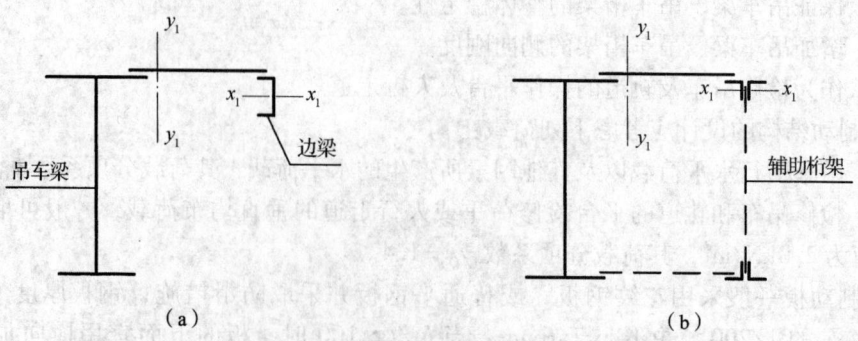

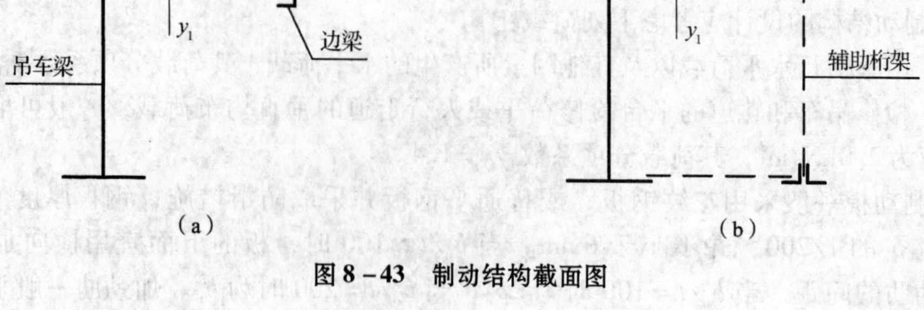

图 8-43 制动结构截面图

式中 N——作用在制动梁上的竖向荷载，对辅助桁架上弦杆产生的轴向力；

N_Q——屋盖等荷载作用下，对辅助桁架上弦杆产生的轴向力（当无此荷载时，$N_Q=0$）；

M_{x_1}——作用在制动梁上的竖向荷载，对辅助桁架上弦节间产生的局部弯矩；

W_{nx_1}——辅助桁架上弦杆截面对 x_1 轴的净截面模量。

2 制动梁的挠度应按下列规定计算。

（1）制动梁的边梁为单个槽钢或型钢时，其竖向挠度可按下式计算：

$$v=\frac{M_{x_1}l_1^2}{10EI_{x_1}}\leqslant\frac{l_1}{400} \tag{8-94}$$

式中 M_{x_1}——作用在制动梁上的竖向荷载标准值，对边梁产生的最大弯矩；

I_{x_1}——边梁对 x_1 轴的毛截面惯性矩；

l_1——边梁支点间的距离。

（2）制动梁的边梁为辅助桁架上弦杆时，辅助桁架的竖向挠度可按下式计算：

$$v=\frac{Ml^2}{8EI}\leqslant\frac{l}{400} \tag{8-95}$$

式中 M——作用在辅助桁架的竖向荷载标准值所产生的最大弯矩；

I——辅助桁架弦杆对中和轴的毛截面折算惯性矩；

l——辅助桁架的跨度。

（3）A6～A8 工作级别吊车的制动梁，或与墙架结构有连系的制动梁，其水平挠度可按下式计算：

$$v=\frac{M_H l^2}{10EI_{y_1}}\leqslant\frac{l}{2200} \tag{8-96}$$

式中 M_H——由一台最大吨位吊车横向水平荷载标准值产生的最大弯矩；

I_{y_1}——制动梁对 y_1 轴的毛截面惯性矩；

l——制动梁的跨度。

3 制动桁架的外弦杆（边梁或辅助桁架的上弦杆）和腹杆的最大内力可用桁架内力影响线方法计算。一般可仅计算支座斜杆、第二根斜杆及竖杆的最大内力，而其他中间腹杆及竖杆取与第二根斜杆及竖杆相同的截面。

（1）求解桁架杆件最大轴向力时，对于 A6～A8 工作级别的吊车梁，其横向水平荷载应按第 8.3.2 条公式（8－2）计算。由于吊车横向水平荷载为往复作用荷载，在杆件中产生的最大内力为变号，因此杆件均按压杆设计。如杆件截面为单角钢且单面连接时，材料的强度应按第 8.3.6 条的规定乘以相应的折减系数。

（2）当制动桁架腹杆或竖杆上设有人行道板时，应考虑竖向荷载产生的局部弯矩，其杆件按压弯构件进行设计。

4 制动桁架腹杆的强度和稳定性应按下列规定计算。

（1）轴心受压构件按表 3－13 中公式（3－50）和公式（3－52）计算：

1）强度：

$$\sigma=\frac{N}{A_n}\leqslant0.7f_u \tag{3-50}$$

2）稳定性：

$$\frac{N}{\varphi Af}\leqslant 1.0 \tag{3-52}$$

（2）拉弯和压弯构件可按下列公式计算：

1）强度：

$$\sigma=\frac{N}{A_n}\pm\frac{M_x}{W_{nx}}\leqslant f \tag{8-97}$$

2）弯矩作用平面内的稳定性：

$$\frac{N}{\varphi_x Af}+\frac{M_x}{\gamma_x W_{1x}\left(1-0.8\frac{N}{N'_{Ex}}\right)f}\leqslant 1.0 \tag{8-98}$$

$$\left|\frac{N}{Af}-\frac{M_x}{\gamma_x W_{2x}\left(1-1.25\frac{N}{N'_{Ex}}\right)f}\right|\leqslant 1.0 \tag{8-99}$$

3）弯矩作用平面外的稳定性

$$\frac{N}{\varphi_y Af}+\eta\frac{\beta_{tx}M_x}{\gamma_x\varphi_b W_{1x}f}\leqslant 1.0 \tag{8-100}$$

式中 A_n、A——分别为构件的净截面面积和毛截面面积；

φ——轴心受压构件的稳定系数，应根据表 14－1 截面分类和表 14－2～表 14－9 的稳定系数采用；

M_x——当制动桁架上设有人行道板或其他设备荷载时所产生的弯矩；

W_{nx}——弯矩作用平面内的净截面抵抗矩；

φ_x——弯矩作用平面内的轴心受压构件稳定系数；

W_{1x}——在弯矩作用平面内对较大受压纤维的毛截面模量；

W_{2x}——在弯矩作用平面内对较小翼缘的毛截面模量；

N'_{Ex}——欧拉临界力，$N'_{Ex}=\pi^2EA/1.1\lambda_x^2$；

η——截面影响系数，闭口截面 $\eta=0.7$，其他截面 $\eta=1.0$；

β_{tx}——等效弯矩系数，可取 1.0；

φ_y——弯矩作用平面外的轴心受压构件稳定系数；

φ_b——均匀弯曲的受弯构件整体稳定系数，对工字形（含 H 型钢）和 T 形截面可按第 3.1.3 条的规定采用。

当杆件为单角钢并单面连接时，其回转半径 i 应采用最小回转半径 i_{min}，应力折算系数按第 8.3.6 条的规定采用。

5 当制动桁架的腹杆受有较大竖向荷载时，尚应按下式计算其竖向挠度。

$$v=\frac{M_x l_s^2}{10EI_x}\leqslant\frac{l_s}{250} \tag{8-101}$$

式中 M_x——制动桁架的腹杆在竖向荷载标准值作用下产生的最大弯矩；

l_s——腹杆的几何长度。

6 制动桁架边梁的强度和稳定性应按下列规定计算。

（1）当制动桁架的边梁为单个槽钢或型钢时：

1）强度：

$$\sigma=\frac{N_H}{A_n}+\frac{M_{x_1}}{W_{nx_1}}\leqslant f \tag{8-102}$$

2）弯矩作用平面内的稳定性：

$$\frac{N_{\mathrm{H}}}{\varphi_{x}Af}+\frac{M_{x_1}}{W_{1x_1}\left(1-0.8\dfrac{N}{N'_{\mathrm{Ex_1}}}\right)f}\leqslant 1.0 \tag{8-103}$$

式中 N_{H}——边梁在吊车横向水平荷载作用下的轴心力，可按第8.9.2条第3款的要求计算或 $N_{\mathrm{H}}=M_{\mathrm{H}}/b$（$b$ 为制动桁架宽度）；

M_{x_1}——竖向荷载作用下对边梁产生的弯矩；

$N'_{\mathrm{Ex_1}}$——欧拉临界力，$N'_{\mathrm{Ex_1}}=\pi^2EA/1.1\lambda_{x_1}^2$。

（2）当制动桁架边梁为辅助桁架的上弦杆时：

1）强度：

$$\sigma=\frac{1}{A_{\mathrm{n}}}\left(N+N_{\mathrm{H}}+N_{\mathrm{Q}}+N_{\mathrm{W}}\right)\leqslant f \tag{8-104}$$

2）稳定性：

$$\frac{1}{\varphi Af}\left(N+N_{\mathrm{H}}+N_{\mathrm{Q}}+N_{\mathrm{W}}\right)\leqslant 1.0 \tag{8-105}$$

式中 N——人行道板或其他设备荷载对辅助桁架上弦杆产生的轴心力；

N_{H}——吊车横向水平荷载对辅助桁架上弦杆产生的轴心力，可按第8.9.2条第3款的要求计算或 $N_{\mathrm{H}}=M_{\mathrm{H}}/b$（$b$ 为制动桁架宽度）；

N_{Q}——屋面等荷载对辅助桁架上弦杆产生的轴心力（当无此荷载时，$N_{\mathrm{Q}}=0$）；

N_{W}——作为墙架柱的水平支撑时，墙架柱传来的风荷载、地震作用对辅助桁架上弦杆产生的轴心力（当无此荷载时，$N_{\mathrm{W}}=0$）。

7 工作级别A6～A8吊车的制动桁架，或与墙架结构有连系的制动桁架，其水平挠度可按下式计算：

$$v=\frac{M_{\mathrm{H}}l^2}{8EI_{y_1}}\leqslant\frac{l}{2200} \tag{8-106}$$

式中 M_{H}——由一台最大吨位吊车横向水平荷载标准值产生的最大弯矩；

I_{y_1}——制动桁架弦杆对 y_1 轴的毛截面折算惯性矩；

l——制动桁架的跨度。

8.9.3 制动结构的连接和构造。

1 A6～A8工作级别，或起重量>200t，A4、A5工作级别的吊车梁，其制动板，或制动桁架腹杆的连接板，与吊车梁上翼缘的连接宜采用高强度螺栓或铆钉，其直径一般为18～22mm。

对于起重量≤30t，A6～A8工作级别和起重量≤200t，A1～A5工作级别的焊接吊车梁，其制动板，或制动桁架腹杆的连接板，与吊车梁上翼缘也可采用C级螺栓固定和工地单面焊缝连接，见图8-44和图8-45，焊缝焊脚尺寸不宜小于6mm，并宜采用低氢焊条。

对于起重量>30t，A6～A8工作级别和起重量>200t，A4、A5工作级别的焊接吊车梁，其制动板，或制动桁架腹杆的连接板，与吊车梁上翼缘的连接应优先采用高强度螺栓或铆钉。制动板的高强度螺栓或铆钉的间距可按下式计算：

$$a\leqslant\frac{N_{\min}^{\mathrm{b,r}}I_{y_1}}{V_{x}S_{y_1}} \tag{8-107}$$

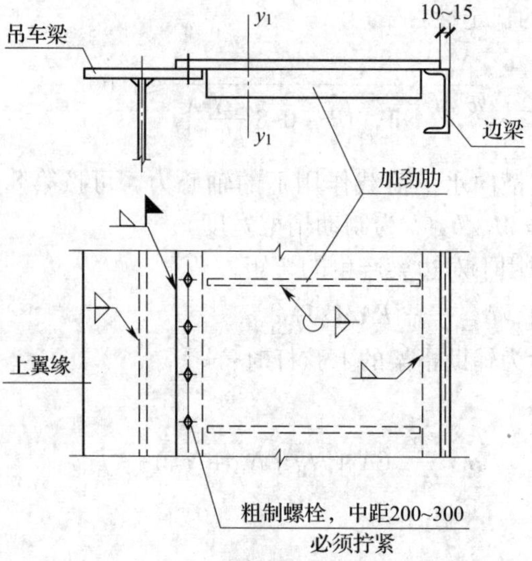

图 8-44 制动梁的连接

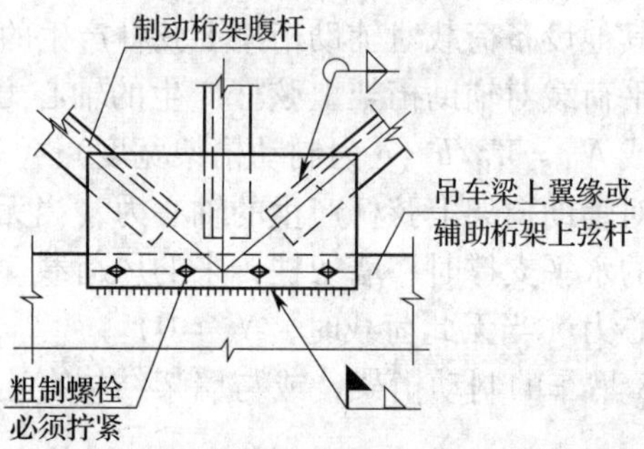

图 8-45 吊车梁上翼缘或辅助桁架上弦杆与制动桁架腹杆的连接

式中 $N_{\min}^{b,r}$——一个高强度螺栓或铆钉的承载力设计值，取抗剪或承压承载力设计值的较小者；

V_x——计算截面的最大剪力；

I_{y_1}——制动梁对 y_1 轴的惯性矩；

S_{y_1}——上翼缘对 y_1 轴的面积矩。

由公式（8-106）计算的间距 a 不应大于 $12d_0$（d_0 为高强度螺栓或铆钉的孔径）或 $18t$（t 为制动板的厚度），一般取 $a=150$mm。

2 制动板加劲肋与制动板的连接一般采用间断焊缝，焊缝焊接尺寸一般为 6mm，长度为 60mm，焊缝净距不应超过 $15t$（t 为制动板的厚度）。

制动板与边梁或辅助桁架上弦杆的连接，一般采用间断焊缝，其构造应满足上述要求。

3 当需在制动板上开孔时，洞宽不得超过板宽的 2/3。当制动桁架需有管道通过或人孔而影响斜杆设置时，有时要改变某一腹杆的布置方位或去掉杆件，此时在该空格应焊以开孔的钢板，孔洞四周应用钢板或角钢加强。

4 计算制动桁架与吊车梁上翼缘，或辅助桁架上弦杆连接的作用力时，对仅有竖杆的节点，可取竖杆的轴心力；对于同时设有竖杆和斜杆的节点，可取斜杆垂直吊车梁轴线方向的分力与作用在一个轮子上的吊车横向水平荷载的合力。

5 制动桁架的腹杆与连接板，以及连接板与边梁的连接，一般采用工厂焊接。连接板的厚度可根据吊车起重量、吊车梁跨度取6~10mm。当腹杆内力较大时应由计算确定，或按表8-7选用。

6 为便于制动桁架的整体运输和吊装，当无人行走道边梁角钢时，通常需增设一临时单角钢弦杆（图8-46），角钢弦杆可用螺栓与节点板连接，待安装就位后拆除。对于位于中列柱相邻两根吊车梁上，或设有辅助桁架的制动桁架，可在其两侧各增设一根临时单角钢。对设有人行走道的制动桁架，一般可利用铺设走道板的通长边梁角钢连成整体。

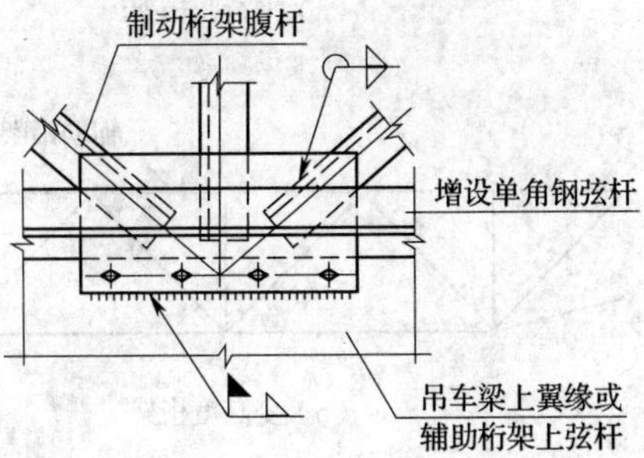

图8-46 制动桁架上增设单角钢弦杆

7 厂房伸缩缝处的制动板，一端只能搭接不可焊牢，其自由搭接长度不宜小于100mm。

8.9.4 辅助桁架和支撑。

1 辅助桁架与吊车梁（或吊车桁架）、制动结构、上弦水平支撑及垂直支撑组成一个空间体系，承受吊车横向水平荷载或由于吊车偏轨引起的扭矩。

2 位于边列柱的吊车梁或吊车桁架，当符合下列情况之一时，宜设置辅助桁架、下弦水平支撑及垂直支撑：

（1）吊车桁架。

（2）跨度≥12m，A6~A8工作级别的工字形吊车梁。

（3）跨度≥18m，A1~A5工作级别的工字形吊车梁。

（4）特重型厂房内，跨度≥12m，A4、A5工作级别的吊车梁。

位于中列柱的吊车梁（或吊车桁架），当相邻吊车梁（或吊车桁架）的高度相同且钢轨高度一致时，可设置制动结构、下翼缘水平支撑及垂直支撑。当相邻两跨吊车梁（或吊车桁架）的高度不等，且钢轨高度相差较大时，可按本款第（1）~第（4）项对边列柱的规定采用。

3 辅助桁架在遇高低跨屋盖，且柱距≥12m而屋架及墙架采用≤6m间距时，辅助桁架尚有支承屋盖的托架作用，以及承受墙的竖向荷载和水平风荷载，地震区还将承受地震作用。

4 辅助桁架的几何尺寸及外形应与吊车梁（或吊车桁架）的外形相匹配。当为等截面吊车梁（或等高度吊车桁架）时，应采用平行弦辅助桁架［图8-47（a）］；当为变截面吊车梁（或变高度吊车桁架）时，宜采用与吊车梁（或吊车桁架）相适应的变高度辅助桁架，节间划分应与吊车梁加劲肋的位置，或吊车桁架的节间划分相一致［图8-47（b）］。

5 辅助桁架的上弦杆可采用等肢或不等肢角钢组成的T形截面或热轧T型钢，在用钢量变化不大的情况下，优先选用短肢相连的不等肢角钢组成的T形截面。当杆件内力较大或有局部弯矩时，可采用工字钢、H型钢、槽钢或双槽钢组合截面，见图8-48。

辅助桁架的腹杆一般采用双角钢组成的T形截面，在与垂直支撑相连处则采用双角钢组成的十字形截面，见图8-49。

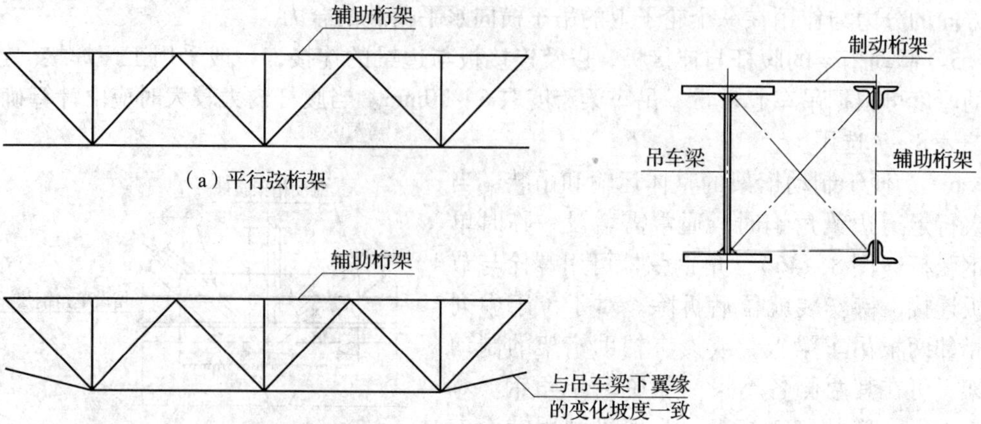

(a) 平行弦桁架

(b) 变高度桁架

图 8－47　辅助桁架形式

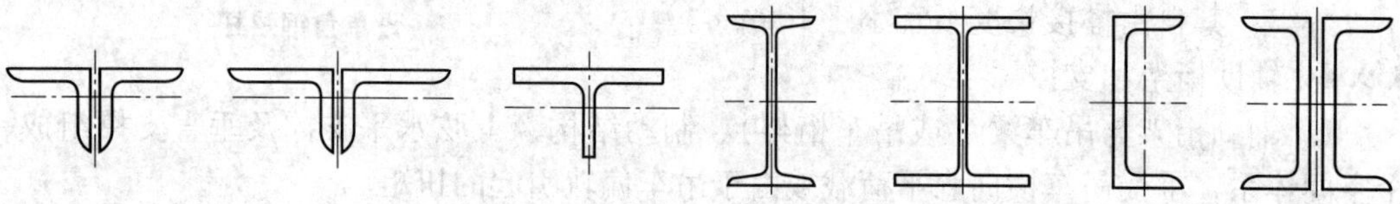

图 8－48　辅助桁架上弦杆截面形式

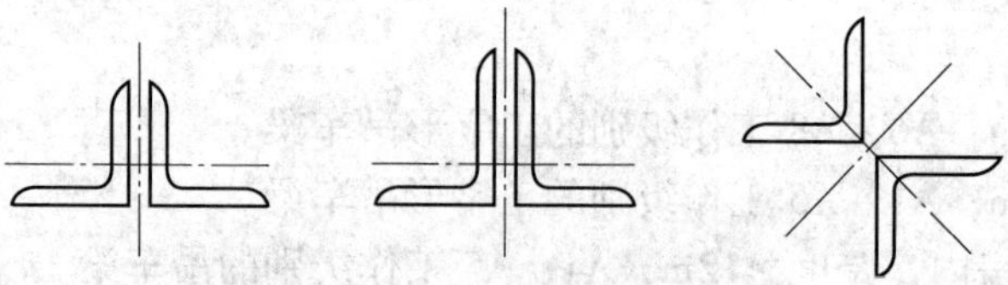

图 8－49　辅助桁架腹杆截面形式

辅助桁架的下弦杆一般采用双角钢组成的 T 形截面或热轧 T 型钢，当杆件内力较小时也可采用单角钢，见图 8－50。

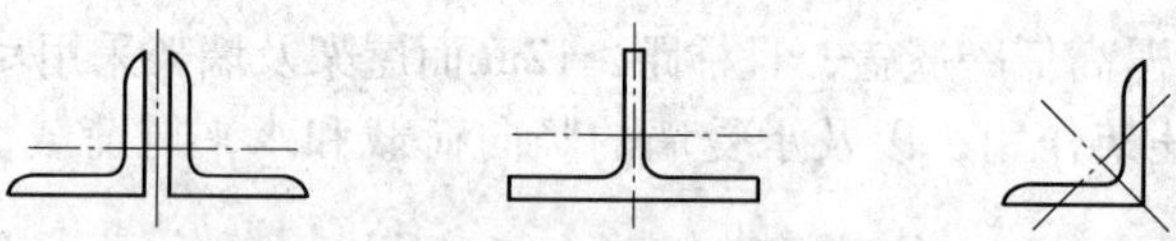

图 8－50　辅助桁架下弦杆截面形式

6　吊车梁（或吊车桁架）的垂直支撑应设置在吊车梁（或吊车桁架）变形较小处，通常宜设在靠近端部 1/3～1/4 跨度处，一般每根吊车梁（或吊车桁架）对称设置两道。垂直支撑杆件的截面一般由长细比≤250 确定，其截面一般为单角钢形成十字交叉杆件，交叉点可用螺栓连接。

7　吊车梁下翼缘（或吊车桁架下弦杆）的水平支撑一般采用单角钢竖肢朝上放置，杆件截面按压杆长细比确定。当吊车梁下翼缘（或吊车桁架下弦杆）的水平支撑作为墙架柱的支点时，应考虑由墙架柱传来的风荷载对水平支撑的影响。

8　辅助桁架、吊车梁下翼缘（或吊车桁架下弦杆）的水平支撑和垂直支撑杆件的容许长细比见表 8－15。

表 8－15 辅助桁架、水平支撑和垂直支撑杆件的容许长细比

杆件名称		工作级别 A6～A8 的吊车		工作级别 A1～A5 的吊车		备注
		拉杆	压杆	拉杆	压杆	
辅助桁架	弦杆	250	150	300	150	—
	腹杆	—	150	—	150	
水平支撑		—	200	—	200	不宜小于∠63×5
垂直支撑		250	—	300	—	

9 作用在辅助桁架的荷载有：桁架和人行走道的自重、检修活荷载、积灰荷载以及有时设置设备的荷载。当与屋面支柱相连，或在高低跨厂房支承低跨屋面，并与墙架柱相连时，应考虑屋面荷载、墙面竖向荷载和水平风荷载，地震区还应考虑地震作用。

10 辅助桁架杆件的强度和稳定性应按下列规定计算。

（1）辅助桁架上弦杆的强度和稳定性：

1）当制动结构为制动梁时的强度：

$$\sigma=\frac{N+N_{\mathrm{Q}}}{A_{\mathrm{n}}}+\frac{M_{\mathrm{H}}}{W_{\mathrm{ny_1}}}+\frac{M_{\mathrm{x_1}}}{W_{\mathrm{nx_1}}}\leqslant f \tag{8-108}$$

2）当制动结构为制动桁架时：

强度

$$\sigma=\frac{1}{A_{\mathrm{n}}}\left(N+N_{\mathrm{H}}+N_{\mathrm{Q}}+N_{\mathrm{W}}\right)\leqslant f \tag{8-109}$$

稳定性

$$\frac{1}{\varphi Af}\left(N+N_{\mathrm{H}}+N_{\mathrm{Q}}+N_{\mathrm{W}}\right)\leqslant 1.0 \tag{8-110}$$

（2）辅助桁架下弦杆的强度：

$$\sigma=\frac{1}{A_{\mathrm{n}}}\left(N+N_{\mathrm{Q}}+N_{\mathrm{W}}\right)\leqslant f \tag{8-111}$$

（3）辅助桁架腹杆的强度和稳定性：

强度

$$\sigma=\frac{1}{A_{\mathrm{n}}}\left(N+N_{\mathrm{Q}}\right)\leqslant f \tag{8-112}$$

稳定性

$$\frac{1}{\varphi Af}\left(N+N_{\mathrm{Q}}\right)\leqslant 1.0 \tag{8-113}$$

式中符号见第 8.9.2 条第 6 款。

11 辅助桁架的竖向挠度按公式（8－94）计算。

辅助桁架的起拱应与吊车梁（或吊车桁架）的起拱相一致。当辅助桁架支承屋盖时，其竖向挠度不宜超过其跨度的 1/1000。

12 吊车梁下翼缘（或吊车桁架下弦杆）的水平支撑与吊车梁下翼缘（或吊车桁架下弦杆）宜采用高强度螺栓或铆钉连接，与辅助桁架下弦杆可采用高强度螺栓、铆钉或普通螺栓连接。螺栓直径不应小于16mm，每杆端不应少于2个。

8.10 吊车梁与柱的连接构造

8.10.1 吊车梁下翼缘与柱的连接。

1 平板支座与柱的连接节点见图8－51，这种支座形式构造简单，但由于在柱的弱轴方向有一定的偏心，一般用于吊车吨位较小或混凝土柱的情况。

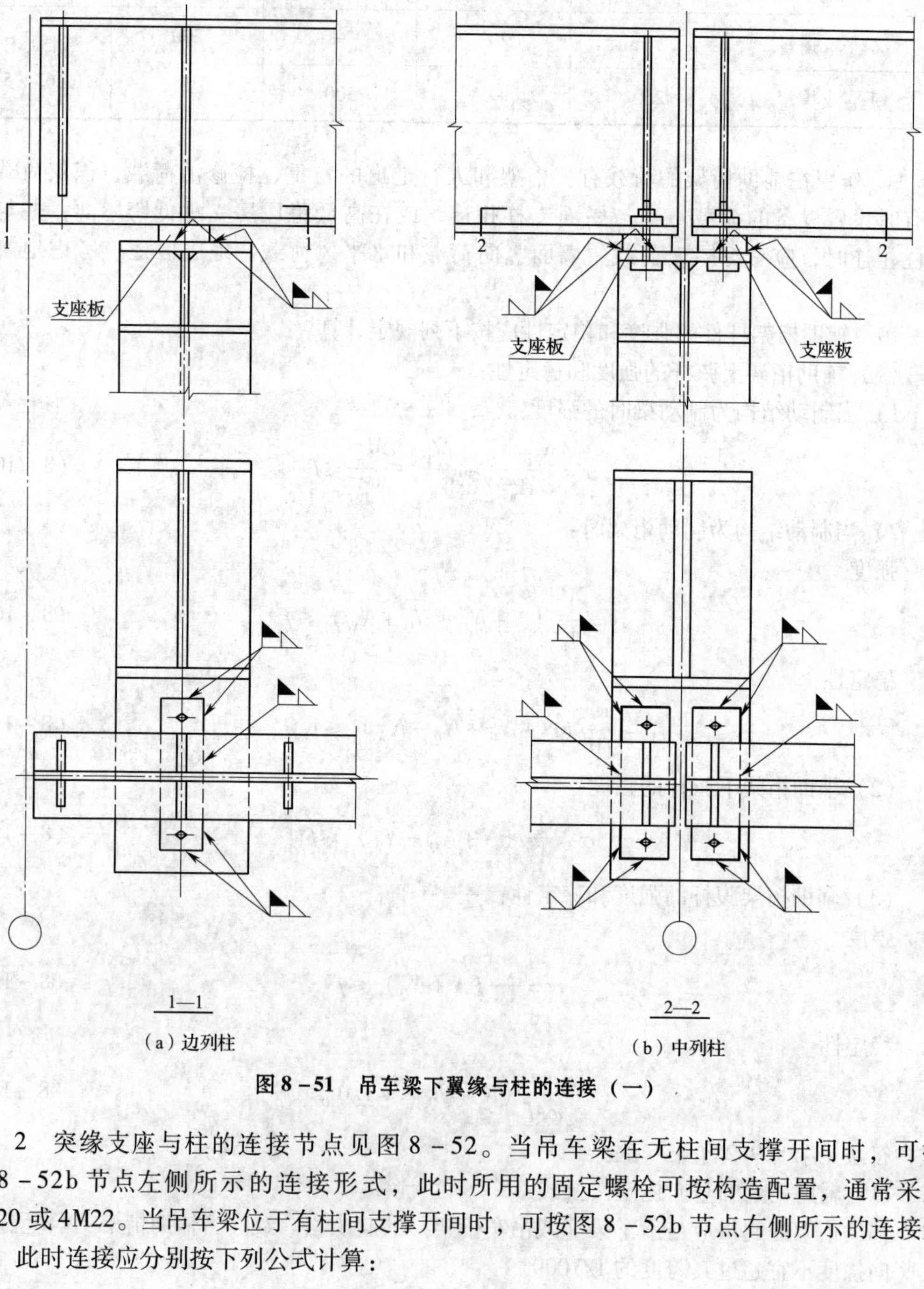

图8－51 吊车梁下翼缘与柱的连接（一）

2 突缘支座与柱的连接节点见图8－52。当吊车梁在无柱间支撑开间时，可按图8－52b节点左侧所示的连接形式，此时所用的固定螺栓可按构造配置，通常采用4M20或4M22。当吊车梁位于有柱间支撑开间时，可按图8－52b节点右侧所示的连接形式，此时连接应分别按下列公式计算：

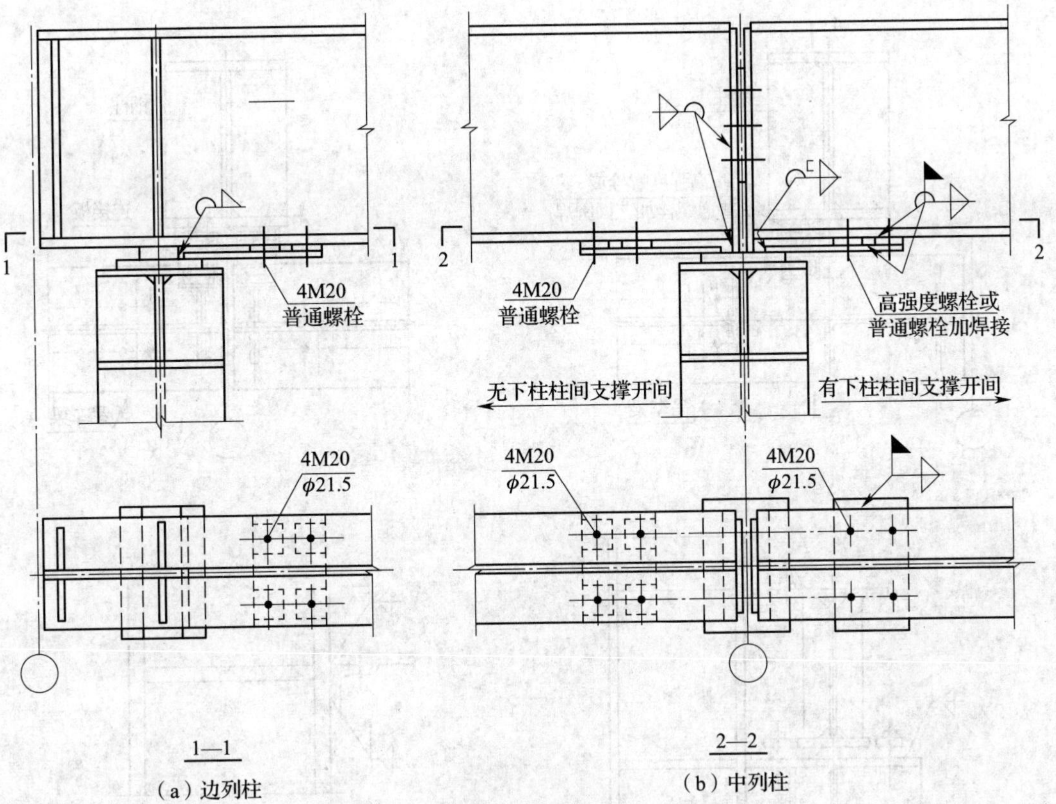

图8-52 吊车梁下翼缘与柱的连接（二）

(1) 当采用焊接连接时，角焊缝的有效长度 l_w 为：

$$l_w = \frac{1.5\ (H_z + H_w)}{0.7 h_f f_f^w} \tag{8-114}$$

(2) 当采用高强度螺栓连接时，所需高强度螺栓的数目 n 为：

$$n \geqslant \frac{1.5\ (H_z + H_w)}{N_v^b} \tag{8-115}$$

式中 H_z——吊车纵向水平荷载设计值；

H_w——山墙传来的风荷载设计值或地震作用；

h_f——角焊缝的焊脚尺寸；

N_v^b——一个摩擦型高强度螺栓的受剪承载力设计值，按表4-10中公式（4-32）计算；

f_f^w——角焊缝的强度设计值；

8.10.2 吊车梁上翼缘与柱的连接。

1 吊车梁上翼缘与柱通过连接板连接，见图8-53，连接板可按下列公式计算。

(1) 强度：

$$\sigma = \frac{R_H}{(b - nd)\ t} \geqslant f \tag{8-116}$$

(2) 稳定性：

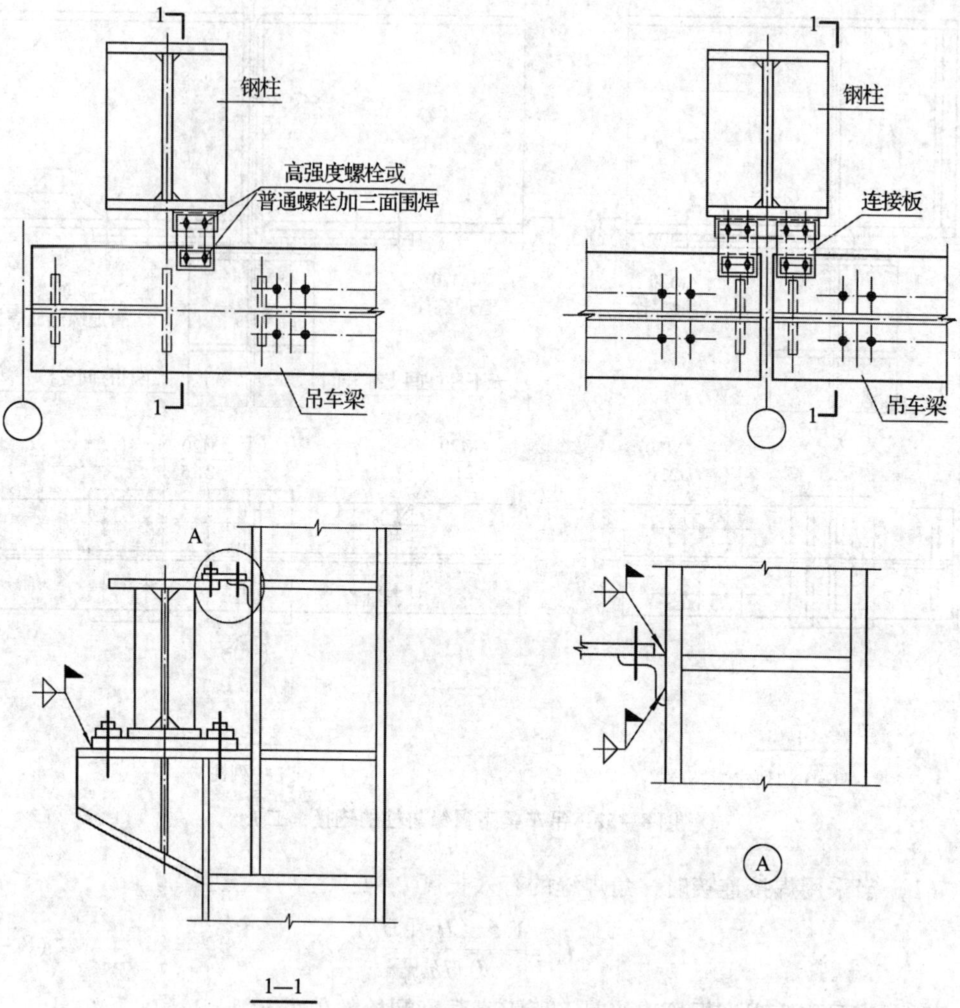

图 8-53 吊车梁上翼缘与柱的连接（一）

$$\frac{R_{\mathrm{H}}}{\varphi btf} \geqslant 1.0 \tag{8-117}$$

2 连接板与吊车梁上翼缘或柱的连接应按下列公式计算。

（1）当采用焊缝连接时，吊车梁每侧角焊缝的有效长度为：

$$l_{\mathrm{w}} = \frac{R_{\mathrm{H}}}{0.7 h_{\mathrm{f}} f_{\mathrm{f}}^{\mathrm{w}}} \tag{8-118}$$

（2）当采用高强度螺栓连接时，吊车梁每侧所需高强度螺栓的数目为：

$$n \geqslant \frac{R_{\mathrm{H}}}{N_{\mathrm{v}}^{\mathrm{b}}} \tag{8-119}$$

（3）当采用铆钉连接时，吊车梁每侧所需铆钉的数目为：

$$n \geqslant \frac{R_{\mathrm{H}}}{n_{\mathrm{v}} \frac{\pi}{4} d_0^2 f_{\mathrm{v}}^{\mathrm{r}}} \tag{8-120}$$

（4）当采用板铰连接（图 8-54）时，销钉直径应同时满足下列公式的要求：

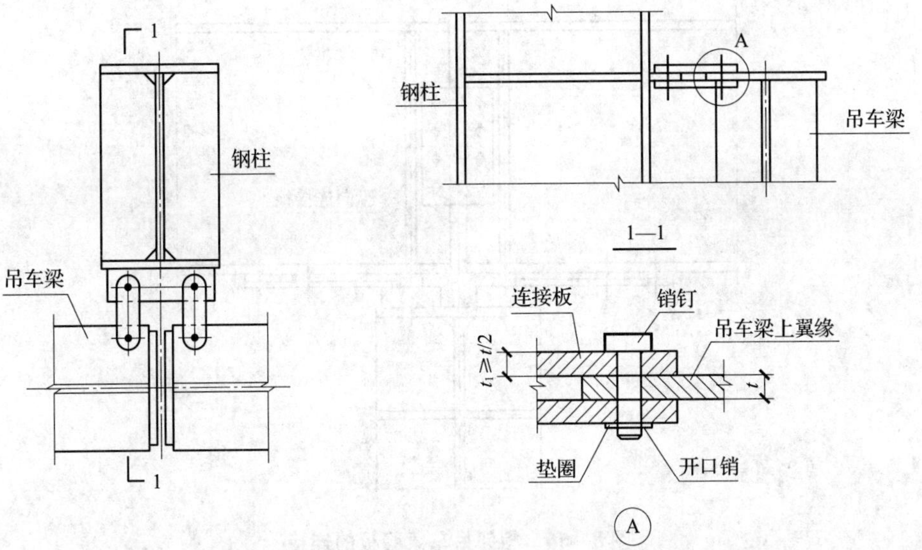

图 8－54 吊车梁上翼缘与柱的连接（二）

$$d \geqslant \sqrt{\frac{R_H}{n_v \frac{\pi}{4} f_v^b}} \tag{8－121}$$

$$d \geqslant \frac{R_H}{\sum t f_c^b} \tag{8－122}$$

式中 R_H——由吊车横向水平荷载设计值在柱一侧产生的最大反力，$R_H = \frac{H}{P} R_{max}$；对于 A1～A5 工作级别的吊车，$H$ 按公式（8－1a～d）计算，对于 A6～A8 工作级别的吊车，H 取 H_k，按公式（8－2）计算；

b、t——连接板的宽度、厚度；

n_v——每个铆钉或销钉受剪面的数目；

d_0——铆钉孔直径；

φ——轴心受压构件的稳定系数；

f_v^r——铆钉的抗剪强度设计值；

f_v^b、f_c^b——螺栓的抗剪和承压强度设计值。

8.10.3 吊车梁腹板与柱的连接。

当吊车起重量较大，梁端高度大于 1.5m 时，A6～A8 工作级别的吊车梁在与柱的连接处，应在梁端腹板高度中部增设与柱连接的垂直横隔，见图 8－55。隔板尺寸、螺栓直径和数量可根据吊车纵向水平荷载和山墙传来的风荷载或地震作用按受拉计算。

当吊车梁采用平板支座，且支座板搁置于支承结构时，为了传递纵向水平力，在相邻吊车梁的腹板应设置纵向连接板，见图 8－56。此时，宜采用高强度螺栓或铆钉，并按受剪和承压计算。

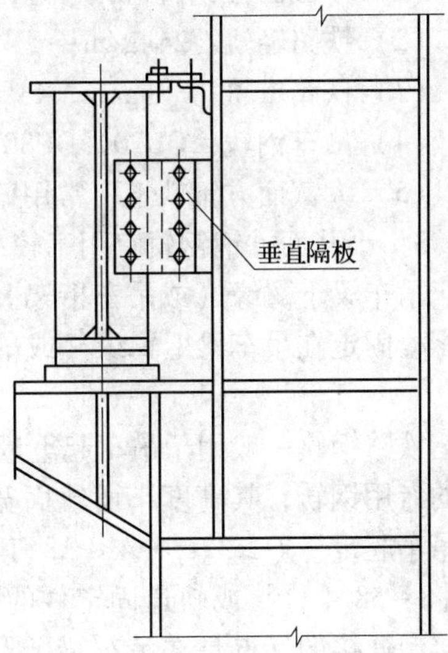

图 8－55 吊车梁腹板与柱的连接

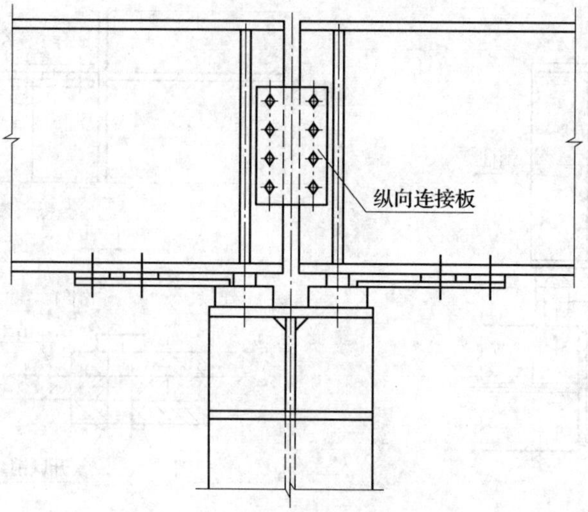

图 8－56 相邻吊车梁腹板的连接

8.11 吊车轨道和车挡

8.11.1 吊车轨道。

1 吊车轨道应根据吊车轮宽选用，一般由起重机械制造厂提供的产品标准中可查得建议选用的轨道型号。当为特殊吊车需要计算轨道时，可按下式计算：

$$b=\frac{25P}{Df} \tag{8-123}$$

式中 b——吊车轨道顶板宽度；

P——吊车轮的集中荷载设计值（考虑动力系数）；

D——吊车轮的直径；

f——轨道所有钢材的强度设计值。

2 常用的吊车轨道有以下五种：

（1）小截面方钢轨道，常用截面尺寸为 50mm×50mm、60mm×60mm；

（2）铁路轻轨：24kg/m；

（3）铁路重轨：38kg/m、43kg/m、50kg/m 和 60kg/m；

（4）吊车钢轨：QU70、QU80、QU100 和 QU120；

（5）大截面方钢轨道，常用截面尺寸为 140mm×140mm。

3 小截面方钢钢轨宜用于较小吨位的梁式吊车和壁行吊车，方钢可用间断焊缝直接焊于吊车梁上翼缘（或吊车桁架上弦杆），见图 8－57（a），也可将方钢与角钢焊接后再用螺栓固定在吊车梁上翼缘（或吊车桁架上弦杆），见图 8－57（b），后者有利于更换钢轨。

铁路钢轨一般用于吊车起重量 $Q<32t$，A1～A5 工作级别的吊车。吊车钢轨为桥式吊车的专用钢轨，其高度小而轨面宽，腹板厚，因此其刚度和稳定性较铁路钢轨好，宜用于吊车起重量 $Q\geqslant 32t$，A4～A8 工作级别的吊车。以上两种钢轨通常采用压板的打孔型［图 8－58（a）］或轨道固定件的焊接型［图 8－58（b）、（c）］与吊车梁上翼缘固定。焊接型连接的优点是在吊车梁上翼缘不需打孔，不削弱截面，施工方便，上翼缘的构造宽度要求较小。焊接型轨道与吊车梁上翼缘的连接见图 8－58。

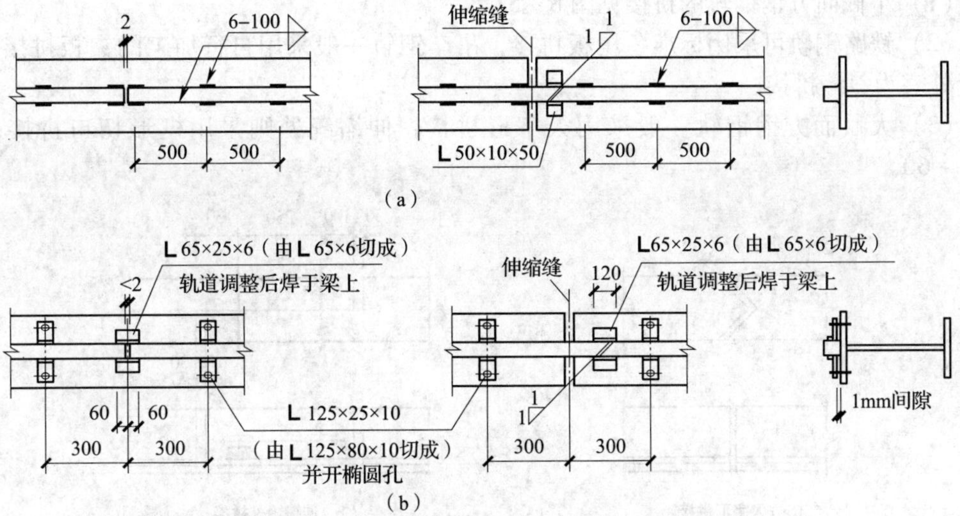

图 8－57　小截面方钢钢轨与吊车梁的固定和拼接

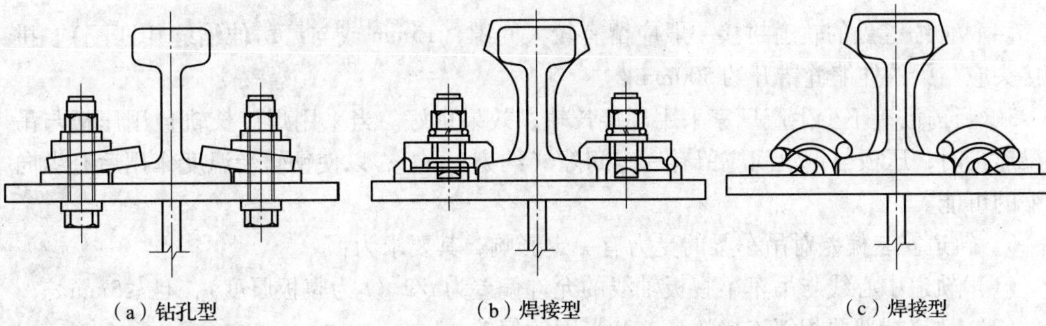

图 8－58　吊车钢轨与吊车梁上翼缘的固定

大截面方钢钢轨用于 A8 工作级别的桥式吊车，其最大轮压超过 785kN。

4　吊车钢轨的接头宜设置在梁的端部或附近，其构造应保证车轮平稳通过。钢轨的接头有平接［图 8－59（a)］、斜接［图 8－59（b)］、人字形接头和焊接等。平接简便，采用最多，但有缝隙，冲击很大。斜接、人字形接头，车轮通过较平稳，但加工较为费事。

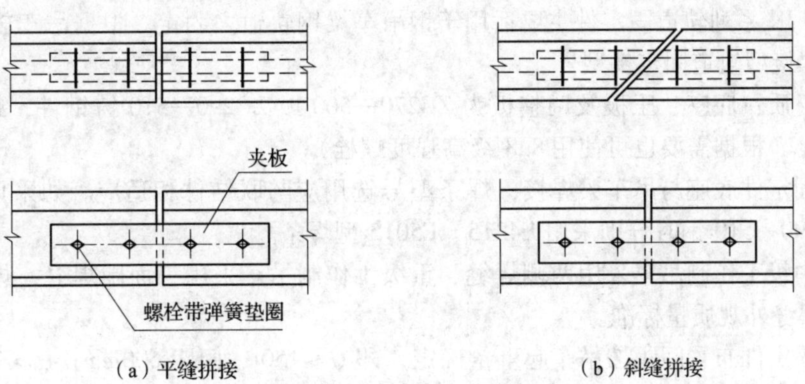

图 8－59　铁路钢轨或吊车钢轨的拼接

（1）小截面方钢钢轨的拼接见图 8－57。

（2）铁路钢轨可采用标准鱼尾板拼接，吊车钢轨一般采用自行加工的夹板拼接。伸缩缝处宜为斜缝拼接。

（3）大截面方钢钢轨一般采用人字形拼接，伸缩缝处则采用楔形切口拼接，见图 8－60。

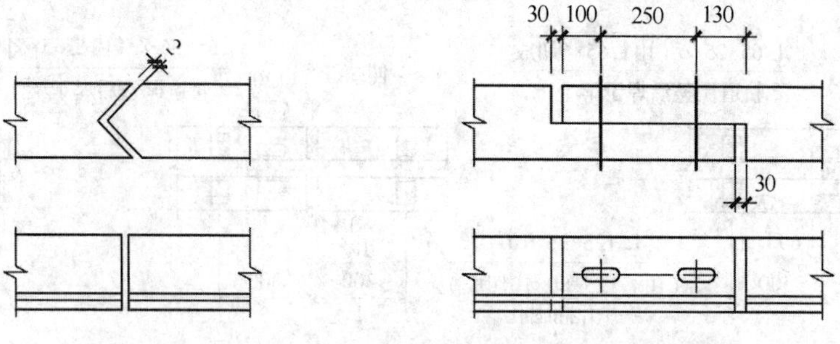

（a）人字形拼接　（b）伸缩缝处拼接

图 8－60　大截面方钢钢轨的拼接

（4）伸缩缝处的轨道拼接一般应留有较大间隙（15mm 或与厂房伸缩缝相匹配），拼接接头应与梁的伸缩缝错开约 500mm。

5　目前已有不少生产厂家采用焊接长轨，效果良好。当采用焊接长轨且用压板与吊车梁连接时，压板与钢轨间应留有一定间隙（约为 1mm），以使钢轨受温度作用后有纵向伸缩的可能。

6　轨道安装偏差对吊车梁的受力有一定影响，其要求为：

（1）轨道中心线与吊车梁腹板轴线的允许偏差为 $t/2$（t 为腹板厚度），且≤5mm。

（2）轨道端部两相邻连接的高差和平面的偏差≤1mm。

（3）轨道中心线的不平直度为 3mm，轨道不允许有弯曲折线。

（4）两根轨道中心线间的距离偏差≤ ±5mm。

（5）厂房横向同一跨间、同一位置上两根轨道顶面的标高差为：在吊车梁支座处≤10mm；在吊车梁其他位置≤15mm。

8.11.2　吊车梁与轨道的焊接型连接（根据参考文献［35］编制）。

1　WJK－QU（TG）系列轨道固定件。

（1）WJK 系列轨道固定件主要适用于钢吊车梁钢轨道之固定。根据吊车轨道型号选用相应的焊接型轨道固定件型号。

（2）材质：底座、压板及调整板为 ZG270—500 或 ZG290—510 铸钢件，螺栓为 4.8 级 T 形螺栓（根据需要也可使用 8.8 级高强度螺栓）

（3）固定件底座与吊车梁焊接，焊条型号选用应与联结件相适应。如采用 ZG270—500 或 ZG290—510 钢时分别采用 E4315、E5015 型焊条。

（4）中级工作制吊车采用两侧焊缝、重级工作制吊车采用三面围焊缝，焊缝质量应符合三级焊缝外观质量标准。

（5）固定件布置间距按吊车起重量确定，即 $Q \leq 150$t，间距 600mm；$Q > 150$t，间距为 500mm（Q = 起重量 + 吊车自重）。

（6）固定件联结轨道具体参数参见图 8－61、图 8－62 及表 8－16、表 8－17。

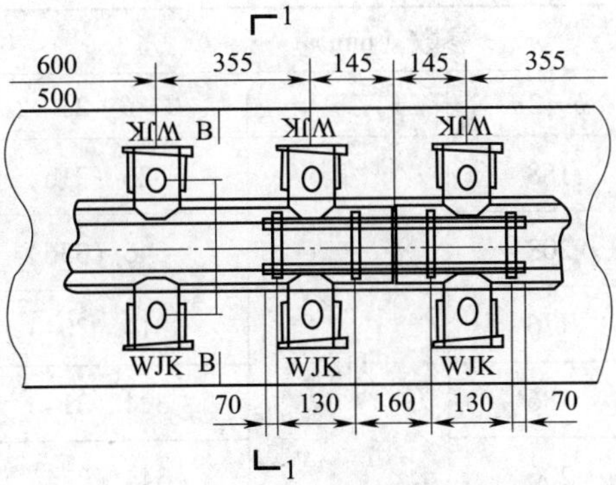

图 8-61 WJK/SWJK 平面布置图

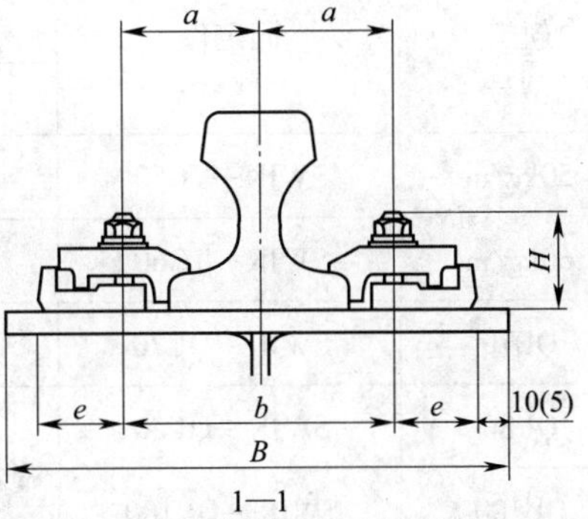

图 8-62 WJK/SWJK 安装示意图

表 8-16 WJK-QU（TG）尺寸

轨道型号	固定件型号	参数（mm）			
		a	$b=2a$	$2e$	$B=b+2e+2s$
24kg/m	WJK—TG24	91	182	118	328（318）
38kg/m	WJK—TG38	97	194		338（328）
43kg/m	WJK—TG43	97	194		338（328）
50kg/m	WJK—TG50	106	212		356（346）
60kg/m	WJK—TG60	115	230	124	374（364）
QU70	WJK—QU70	100	200		344（334）
QU80	WJK—QU80	105	210		354（344）
QU100	WJK—QU100	114	228		372（362）
QU120	WJK—QU120	125	250		394（384）

注：表中括号内的尺寸为底座两侧焊缝上翼缘最小宽度。

2 SWJK 缩小焊接型轨道固定件。

（1）SWJK 吊车轨道固定件是 WJK 系列的改进型，减小了对吊车梁上翼缘最小度宽及安装高度的要求，主要用于带水平导向轮的吊车轨道的固定。

（2）固定件布置间距按吊车起重量确定，即 $Q\leqslant100$t，间距 600mm；$Q>100$t，间距为 500mm（Q=起重量+吊车自重）。

（3）SWJK 安装方式和 WJK 相同，具体安装参数见表 8-17。

表 8-17 SWJK 尺寸

轨道型号	固定件型号	参数（mm）			
		a	$b=2a$	$2e$	$B=b+2e+2s$
38kg/m	SWJK—TG38	85	170	118	308（298）
43kg/m	SWJK—TG43	85	170		308（298）

续表 8－17

轨道型号	固定件型号	参数（mm）			
		a	$b=2a$	$2e$	$B=b+2e+2s$
50kg/m	SWJK—TG50	94	188	118	326（316）
60kg/m	SWJK—TG60	104	208		346（336）
QU70	SWJK—QU70	88	176		314（304）
QU80	SWJK—QU80	93	186		324（314）
QU100	SWJK—QU100	103	206		344（334）
QU120	SWJK—QU120	113	226		364（354）

注：表中括号内的尺寸为底座两侧焊缝上翼缘最小宽度。

3　CGWK/SCGWK 轨道固定件。

（1）CGWK/SCGWK 系列轨道固定件主要应用于起重量较小且吊车梁上翼缘板较窄的轨道之固定。

（2）该系列轨道固定件底座板和上盖板成球铰连接，因此在横向水平力作用下，允许产生偏摆，可减缓吊车横向冲击对吊车梁及制动系统等结构产生危害。

（3）底座板距轨道底边 1mm 左右，对限制轨道左右位移起到良好的作用。

（4）CGWK 型承受作用于每个轮压处的最大侧向力为 65KN，SCGWK 型为 45KN。

（5）CGWK/SCGWK 系列轨道固定件整体采用 ZG290－510（Q345）钢精密铸造，螺栓为 8.8 级高强螺栓。

（6）具体安装方式参见图 8－63、图 8－64 和表 8－18。

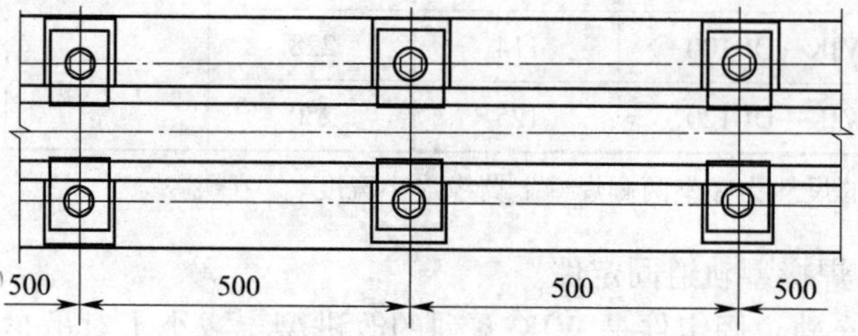

图 8－63　CGWK/SCGWK 轨道固定件平面图

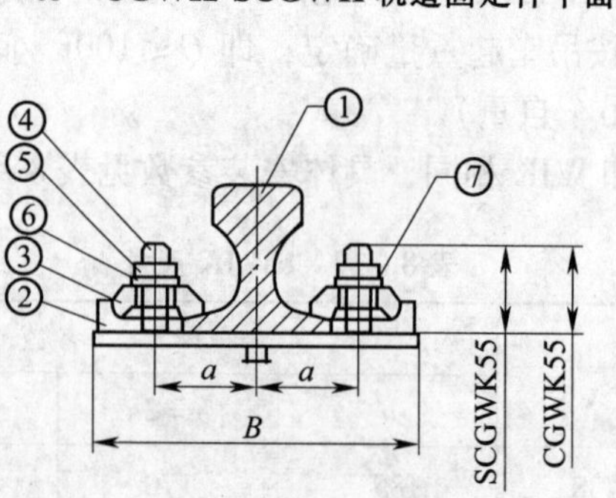

图 8－64　CGWK/SGCWK 安装示意图

表 8－18　CGWK/SGCWK 尺寸

参数 型号	螺栓至轨道中心距 a（mm）	两螺栓中心距 b（mm）	上翼缘最小宽度 B（mm）	参数 型号	螺栓至轨道中心距 a（mm）	两螺栓中心距 b（mm）	上翼缘最小宽度 B（mm）
CGWK38	78	156	262	SCGWK22	64	128	204
CGWK43	78	156	262	SCGWK24	63	126	202
CGWK50	87	174	280	SCGWK30	71	142	218
CGWK60	96	192	298	SCGWK38	74	148	224
CGWK70	81	162	268	SCGWK43	74	148	224
CGWK80	86	172	278	SCGWK50	83	166	242
CGWK100	96	192	298	SCGWK70	72	154	230
CGWK120	106	212	318	SCGWK80	82	164	240

4　CGTK 系列轨道固定件。

（1）CGTK 系列轨道固定件主要用于起重量在 100t 以下的吊车、环境温度＜70℃且吊车梁较窄的轨道固定。轨道下铺设的橡胶垫板，可根据实际设计需求来决定是否采用。

（2）材质：底座板、上盖板为 ZG290—510（Q345）或 ZG270—500（Q235）钢铸造，螺栓为 8.8 级（45 号钢）。

（3）CGTK 系列轨道固定件，最大侧向力为 75KN。

（4）轨道固定件型号应与轨道型号一致。

（5）安装要素

1）底座板定位。沿吊车轨道方向按间距 500mm 布置底座板，垂直轨道方向按 T 型螺栓距轨道中心 a 值定位。

2）焊接底座板。

3）按下列顺序安装弹性卡板

T 型螺栓就位→上盖板→平垫圈→弹簧垫圈→螺母→T 型螺栓预紧→调整上盖板，使前端靠住轨道→T 型螺栓进行最终紧固。

（6）CGTK 型轨道固定件安装布置及参数参见图 8－65、图 8－66 和表 8－19。

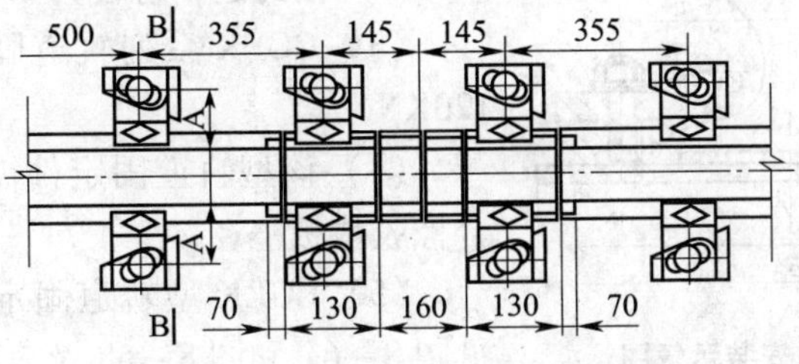

图 8－65　CGTK 型固定件平面图

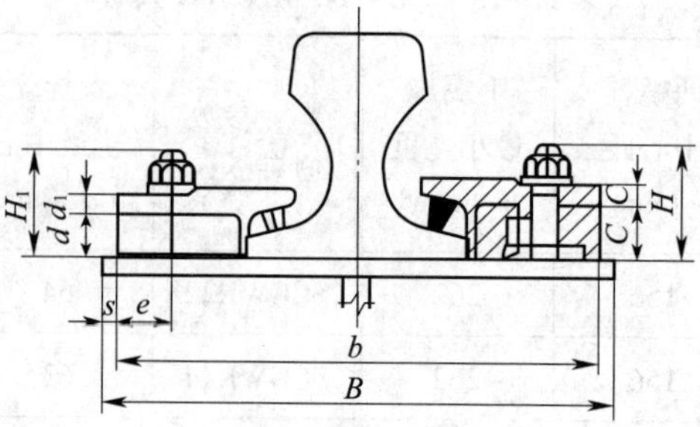

图 8－66　安装示意图

表 8－19　CGTK 轨道连接尺寸

<table>
<tr><th rowspan="2">固定件型号</th><th colspan="11">参数（mm）</th></tr>
<tr><th>H</th><th>H_1</th><th>e</th><th>C</th><th>C1</th><th>d</th><th>d_1</th><th>S</th><th>a</th><th>b</th><th>B</th></tr>
<tr><td>CGTK－TG24</td><td rowspan="5">84</td><td rowspan="5">76</td><td rowspan="5">29</td><td rowspan="5">33</td><td rowspan="5">10</td><td rowspan="5">25</td><td rowspan="5">10</td><td rowspan="5">10（5）</td><td>87</td><td>232</td><td>252（242）</td></tr>
<tr><td>CGTK－TC38</td><td>98</td><td>254</td><td>272（262）</td></tr>
<tr><td>CGTK－TG43</td><td>98</td><td>254</td><td>272（262）</td></tr>
<tr><td>CGTK－TG50</td><td>107</td><td>272</td><td>292（282）</td></tr>
<tr><td>CGTK－TG60</td><td>116</td><td>290</td><td>312（302）</td></tr>
<tr><td>CGTK－QU70</td><td rowspan="4">88</td><td rowspan="4">80</td><td rowspan="4">35</td><td rowspan="4">35</td><td rowspan="4">12</td><td rowspan="4">27</td><td rowspan="4">12</td><td rowspan="4">10（5）</td><td>105</td><td>280</td><td>300（290）</td></tr>
<tr><td>CGTK－QU80</td><td>110</td><td>290</td><td>310（300）</td></tr>
<tr><td>CGTK－QU100</td><td>120</td><td>310</td><td>330（320）</td></tr>
<tr><td>CGTK－QU120</td><td>130</td><td>330</td><td>350（340）</td></tr>
</table>

注：表中括号内的尺寸为底座两侧焊缝上翼缘最小宽度。

5　CGEK 型轨道固定件。

（1）CGEK 型轨道固定件主要适用于起重量较大、环境温度 <70℃、吊车梁较窄、安装高度低且对现场噪声有要求的吊车之固定。

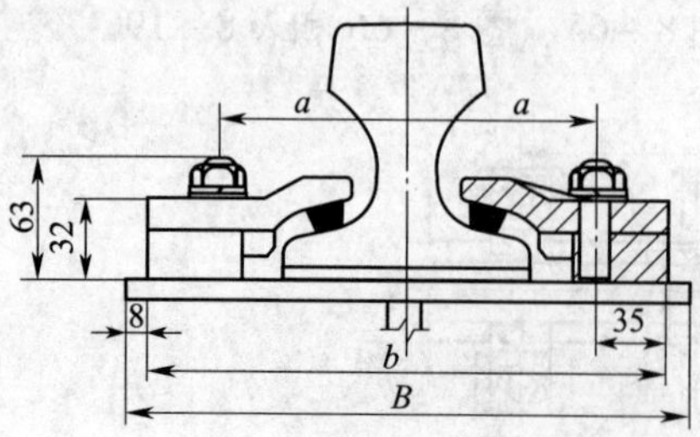

图 8－67　CGEK 安装示意图

（2）材质：底座板、上盖板为 ZG290—510（Q345）钢铸造，螺栓为 8.8 级（45 号钢）。

（3）CGEK 系列轨道固定件，最大侧向力为 120KN。

（4）该型轨道固定件需在轨道下全长铺设复合橡胶垫板。

（5）CGEK 型轨道固定件安装布置及能数参见图 8－67 和图 8－68 及表 8－20。

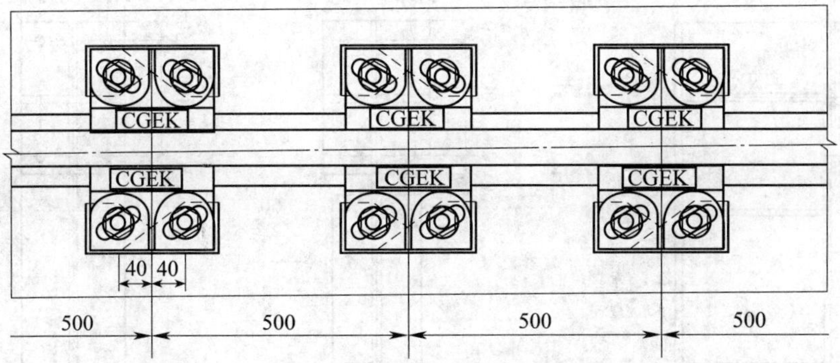

图 8－68 CGEK 平面布置图

表 8－20 CGEK 轨道连接尺寸

固定件型号	a（mm）	B（mm）
CGEK38	88	266
CGEK43	88	266
CGEK50	97	284
CGEK60	107	304
CGEK70	91	272
CGEK80	96	282
CGEK100	106	302
CGEK120	116	322

8.11.3 车挡。

1 吊车的车挡设置是为了阻止吊车越出轨道，通常设置在房屋尽端的吊车梁（或吊车桁架）端部。

车挡一般采用焊接工字形截面，吊车起重量 $Q\leqslant3$t 吊车的车挡也可采用轧制工字钢。为减轻吊车对车挡的冲击，车挡上应设置橡胶垫板的缓冲吸震装置。对于吊车起重量 $Q>100$t，A6～A8 工作级别的吊车，宜采用较厚的橡皮垫或缓冲器。图 8－69 为焊接车挡的形式和构造，其截面尺寸应由计算确定。

2 作用于每个车挡的吊车纵向水平荷载 H_{LH} 可按下式计算：

$$H_{LH}=\gamma_Q\frac{\xi_r G v_0^2}{2gs_d} \tag{8-124}$$

式中 G——冲击体重量（kN），对软钩吊车 $G=G_0+0.1Q$；对硬钩吊车 $G=G_0+Q$；

G_0——吊车总重（自重）（kN）；

Q——吊车额定起重量（kN）；

v_0——碰撞时大车的速度，$v_0=0.5v$；

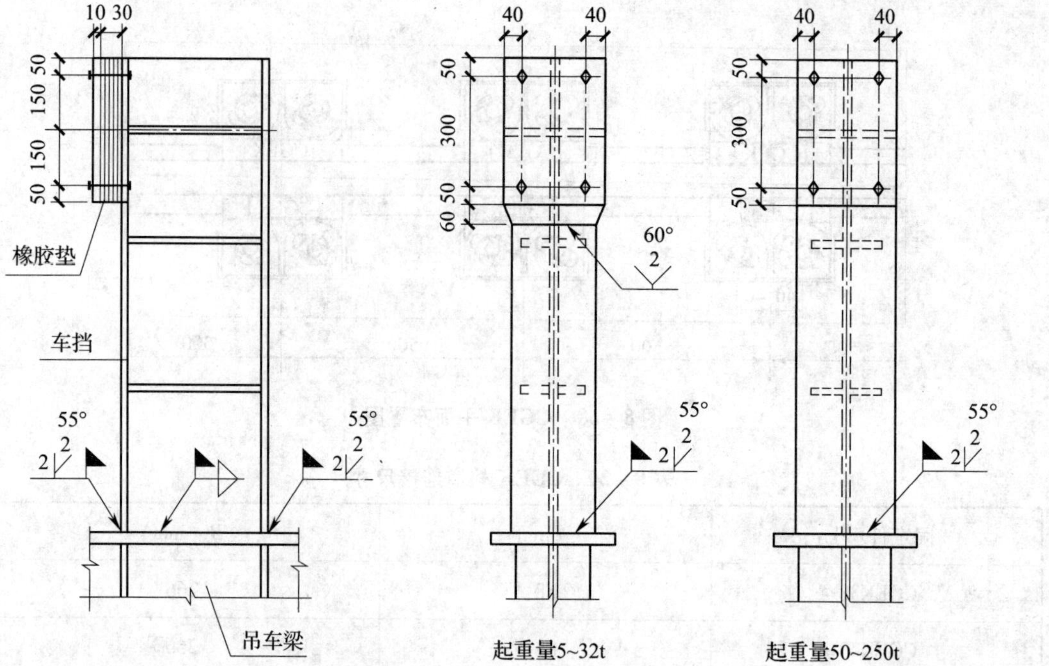

图 8-69 车挡

v——吊车运行额定速度（m/s）；

g——重力加速度，取 $g=9.8\text{m/s}^2$；

s_d——缓冲器冲程，对 5t、15/3t ~ 50/10t、100/20 ~ 250/30t 吊车，$s_d=125\text{mm}$；对 10t、75/20t 吊车，$s_d=150\text{mm}$；

ξ_r——考虑车挡上弹簧垫板变形等有利因素系数，取 $\xi_r=0.8$；

γ_Q——荷载分项系数，取 1.4。

3 车挡的截面强度应按下列公式计算：

正应力（车挡底部截面）：

$$\sigma=\frac{H_{LH}h}{W}\geqslant f \tag{8-125}$$

剪应力（荷载作用处）：

$$\tau=\frac{H_{LH}S_i}{It_w}\geqslant f_v \tag{8-126}$$

式中 h——车挡底部（吊车梁顶面）至缓冲器中心的距离；

W——计算截面的截面模量；

S_i——计算剪应力处以上毛截面对中和轴的面积矩；

I——计算截面的毛截面惯性矩；

t_w——腹板厚度。

4 车挡与吊车梁上翼缘一般采用焊透的等强度连接。当采用高强度螺栓连接时，螺栓的数量和直径应由计算确定。

8.12 吊车梁设计实例

【例题 8-1】 6m 热轧 H 型钢吊车梁（DL—1）

1 设计资料。

（1）吊车梁跨度6m，无制动结构，采用平板支座，计算跨度 $l=5.9$m，设有二台起重量 $Q=3$t，工作级别A5的电动单梁吊车（有驾驶室），吊车跨度 $S=22.5$m，采用焊接型轨道联结。钢材Q235，焊条为E43型。

（2）采用北京起重运输机械研究院LDB型电动单梁吊车，轮距 $W=3000$mm，桥架宽度 $LD=3500$mm；最大轮压 $P_{max}=32$kN，吊车轮压及轮距见图8－70。

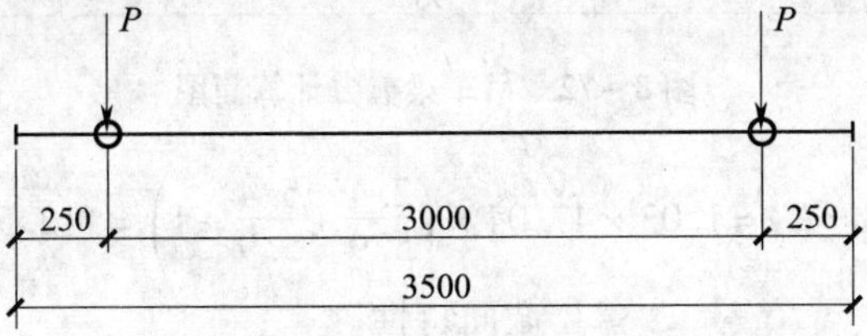

图8－70 吊车轮压及轮距图

2 吊车荷载计算。

吊车荷载动力系数 $\alpha=1.05$，吊车荷载分项系数 $\gamma_Q=1.40$。可不考虑吊车横向水平荷载。吊车竖向荷载设计值为：

$$P=\alpha\cdot\gamma_Q\cdot P_{max}=1.05\times1.4\times32=47.04\text{kN}$$

3 内力计算。

（1）吊车梁中最大弯矩及相应的剪力。

产生最大弯矩的荷载位置见图8－71，由公式（8－9），梁上所有吊车轮压 ΣP 的位置为：

$a_1=LD-W=3500-3000=500$mm，$a_2=W=3000$mm，$a_3=(a_2-a_1)/6=(3000-500)/6=416.67$mm。

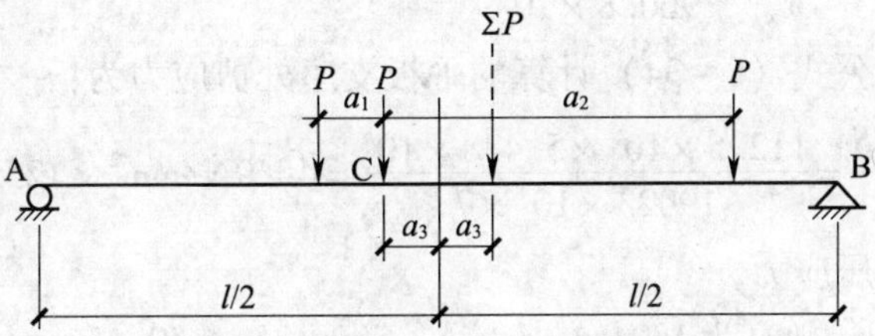

图8－71 吊车梁弯矩计算简图

自重影响系数 β_w 取1.03，由公式（8－10），C点的最大弯矩为：

$$M_{max}^C=\beta_w\left[\frac{\Sigma P\left(\frac{l}{2}-a_3\right)^2}{l}-Pa_1\right]=1.03\times\left[\frac{3\times47.04\times\left(\frac{5.9}{2}-0.417\right)^2}{5.9}-47.04\times0.5\right]$$

$$=133.8\text{kN}\cdot\text{m}$$

由公式（8－10），在 M_{max} 处相应的剪力为：

$$V^C=\beta_w\left[\frac{\Sigma P\left(\frac{l}{2}-a_3\right)}{l}-P\right]=1.03\times\left[\frac{3\times47.04\times\left(\frac{5.9}{2}-0.417\right)}{5.9}-47.04\right]=14.0\text{kN}$$

（2）吊车梁的最大剪力。

荷载位置见图8－72，由公式（6－18），

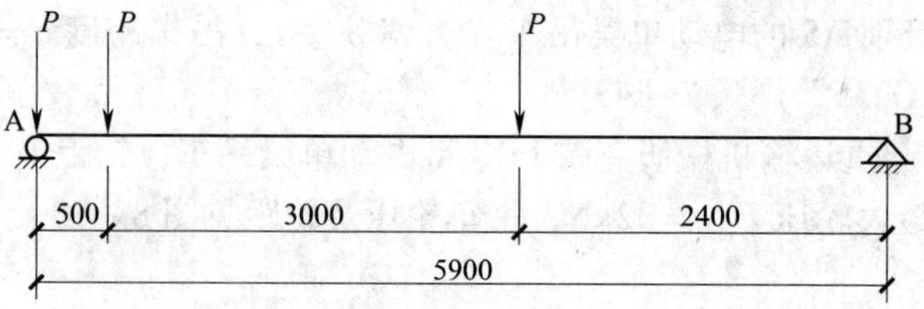

图 8-72　吊车梁剪力计算简图

$$V_{max}=R_A=1.03\times47.04\times\left(\frac{2.4}{5.9}+\frac{5.4}{5.9}+1\right)=112.5\text{kN}$$

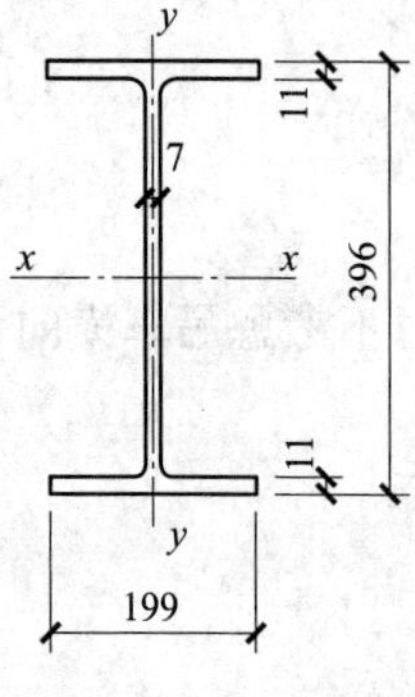

图 8-73　吊车梁截面图

4　截面特性。

选用热轧 H 型钢 HN396 × 199 × 7 × 11，吊车轨道采用焊接型的联结形式，截面无孔洞削弱，截面尺寸见图 8-73。

$A=71.41\text{m}^2$，$I_x=19023\text{cm}^4$，$W_x=W_{nx}=960.8\text{cm}^3$，$W_y=W_{ny}=145.3\text{cm}^3$，$i_x=16.32\text{cm}$，$i_y=4.50\text{cm}$

$$S=199\times11\times\left(\frac{396}{2}-\frac{11}{2}\right)+\left(\frac{396}{2}-11\right)^2\times7/2$$
$$=5.438\times10^5\text{mm}^3$$

5　强度计算。

（1）正应力。按公式（8-30）计算的正应力为（$M_H=0$）：

$$\sigma=\frac{M_{max}}{W_{nx}}=\frac{133.8\times10^6}{960.8\times10^3}=139.3\text{N/mm}^2<215\text{N/mm}^2$$

（2）剪应力。按公式（8-34）计算的平板支座处剪应力为：

$$\tau=\frac{V_{max}S}{I_x t_w}=\frac{112.5\times10^3\times5.438\times10^5}{19023\times10^4\times7}=45.9\text{N/mm}^2<125\text{N/mm}^2$$

（3）腹板的局部压应力。

采用 24kg/m 钢轨，轨高为 130mm。$l_z=a+5h_y+2h_R=50+5\times(11+13)+2\times130=430\text{mm}$；集中荷载增大系数 $\psi=1.0$，按公式（8-36）计算的腹板局部压应力为：

$$\sigma_c=\frac{\psi\cdot P}{t_w l_z}=\frac{1.0\times47.04\times10^3}{7\times430}=15.6\text{N/mm}^2<215\text{N/mm}^2$$

（4）腹板计算高度边缘处折算应力。

按公式（8-37）计算能满足，过程略。

6　稳定性计算。

（1）梁的整体稳定性。

$l_1/b=5900/199=30>13$，应计算梁的整体稳定性，按表 14-3。

$$\xi=\frac{l_1\cdot t}{b_1\cdot h}=\frac{5900\times11}{199\times396}=0.824<2.0$$

因集中荷载在跨中附近 $\beta_b=0.73+0.18\xi=0.73+0.18\times0.824=0.878$

对称截面 $\eta_b=0$

$$\lambda_y = l_1/i_y = 5900/45.0 = 131.11$$

按公式（14－1）计算梁的整体稳定性系数 φ_b 为：

$$\varphi_b = \beta_b \frac{4320}{\lambda_y^2} \cdot \frac{A \cdot h}{W_x}\left[\sqrt{1+\left(\frac{\lambda_y \cdot t_1}{4.4h}\right)^2} + \eta_b\right]$$

$$= 0.878 \cdot \frac{4320}{131.11^2} \cdot \frac{71.41 \times 10^2 \times 396}{960.8 \times 10^3} \cdot \sqrt{1+\left(\frac{131.11 \times 11}{4.4 \times 396}\right)^2} = 0.843 > 0.6$$

按公式（14－2），$\varphi_b' = 1.07 - \dfrac{0.282}{\varphi_b} = 1.07 - \dfrac{0.282}{0.843} = 0.735$

如查表19－11a（跨中无侧向支撑，均布荷载作用在上翼缘），截面HN396×199×7×11，$l_1 = 5.9$，则 $\varphi_b = 0.696$，误差5.3%，尚可。

按公式（8－39）计算的整体稳定性为（$M_H = 0$）：

$$\frac{M_{max}}{\varphi_b' W_x f} = \frac{133.8 \times 10^6}{0.735 \times 960.8 \times 10^3 \times 215} = 0.881 < 1.0$$

（2）腹板的局部稳定性。

$h_0/t_w = 374/7 = 53.4 < 80$，应按构造配置横向加劲肋（有局部压应力），加劲肋间距 $a_{min} = 0.5h_0 = 0.5 \times 374 = 187\text{mm}$，$a_{max} = 2h_0 = 2 \times 374 = 748\text{mm}$，取 $a = 600\text{mm}$。

外伸宽度：$b_s \geqslant h_0/30 + 40 = 374/30 + 40 = 52\text{mm}$，取 $b_s = 80\text{mm}$

厚度：$t_s \geqslant b_s/15 = 80/15 = 5.3\text{mm}$，取 $t_s = 6\text{mm}$

7 挠度计算。

按一台吊车计算，梁跨有两个吊车轮压（$P_k = P_{max} = 32\text{kN}$），见图8－74。

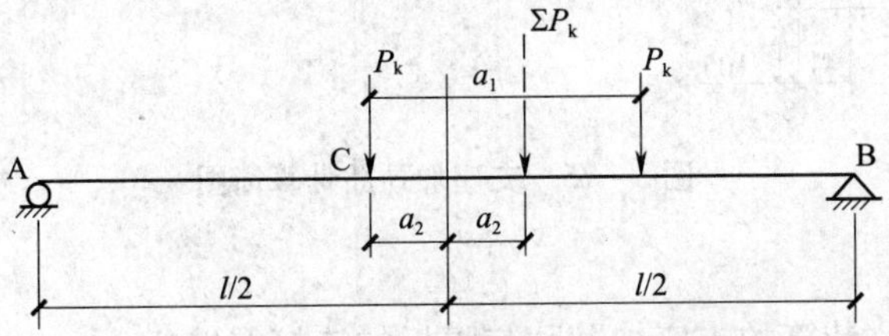

图8－74 吊车梁标准荷载下的弯矩计算简图

$$a_1 = 3000\text{mm},\ a_2 = a_1/4 = 3000/4 = 750\text{mm}$$

自重影响系数 β_w 取1.03，c 点的最大弯矩为：

$$M_{kx} = \beta_w \frac{\Sigma P_k \left(\frac{l}{2} - a_2\right)^2}{l} = 1.03 \times \frac{2 \times 32 \times \left(\frac{5.9}{2} - 0.75\right)^2}{5.9} = 54.1\text{kN} \cdot \text{m}$$

按公式（8－56a）计算的挠度为：

$$\upsilon = \frac{M_{kx} l^2}{10EI_x} = \frac{54.1 \times 10^6 \times 5900^2}{10 \times 2.06 \times 10^5 \times 19023 \times 10^4} = 4.81\text{mm} < l_0/500 = 11.8\text{mm}$$

8 支座加劲肋计算。

取支座加劲肋的外伸宽度 $b_s = 90\text{mm}$，厚度 $t_s = 8\text{mm}$。按公式（8－55）计算的支座加劲肋端面承压应力为：

$$\sigma_{ce} = \frac{R_{max}}{A_{ce}} = \frac{112.5 \times 10^3}{2 \times (90 - 15) \times 8} = 93.8\ \text{N/mm}^2 < f_{ce} = 320\text{N/mm}^2$$

由图8－75可知：

$$A=(41+8+105)\times 7+2\times 90\times 8=2518\text{mm}^2$$

$$I_z=\frac{1}{12}\times 8\times(2\times 90+7)^3+\frac{1}{12}\times(41+105)\times 7^3=4.364\times 10^6\text{mm}^4$$

$$i_z=\sqrt{\frac{I_z}{A}}=\sqrt{\frac{4.364\times 10^6}{2518}}=41.63\qquad \lambda_z=\frac{h_0}{i_z}=\frac{374}{41.63}=9.0$$

属 b 类截面，查表14－3，得 $\varphi=0.994$，按公式（8－54）计算的支座加劲肋在腹板平面外的稳定性为：

$$\frac{R_{\max}}{\varphi Af}=\frac{112.5\times 10^3}{0.994\times 2518\times 215}=0.209<1.0$$

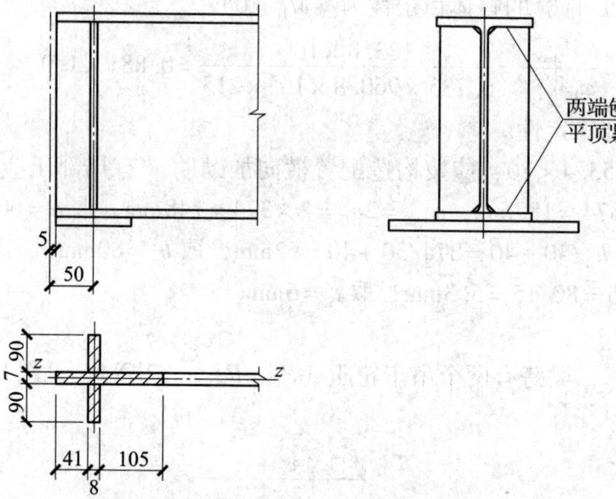

图8－75　支座加劲肋计算简图

9　焊缝计算。

按公式（8－59）计算的支座加劲肋与腹板的连接焊缝为：

设 $h_f=6\text{mm}$，$h_f=\dfrac{R_{\max}}{0.7n\cdot l_w f_f^w}=\dfrac{112.5\times 10^3}{0.7\times 4\times(374-2\times 20-2\times 6)\times 160}=0.78\text{mm}$，采用 $h_f=6\text{mm}$。吊车梁施工详图见图8－76。

根据设计资料，本例可以选用标准图《钢吊车梁（H型钢工作级别A1～A5）》08SG520－3第9页中HDL6－1。

【例题8－2】 7.5m焊接工字形吊车梁（DL—2）

1　设计资料。

（1）吊车梁跨度7.5m，无制动结构，支承于钢柱，采用突缘支座，计算跨度 $l=7.49\text{m}$，设有二台起重量 $Q=10\text{t}$，工作级别A5的软钩吊车，吊车跨度 $S=34.5\text{m}$，采用钻孔型轨道联结。钢材采用Q235，焊条为E43型。

（2）采用大连重工·大起集团有限公司的DHQD08系列桥式吊车，轮距 $W=5000\text{mm}$，桥架宽度 $B=6320\text{mm}$；最大轮压 $P_{\max}=151.2\text{kN}$，小车重 $g=2.5\text{t}$，吊车总重 $G=36.2\text{t}$，吊车轮压及轮距见图8－77。

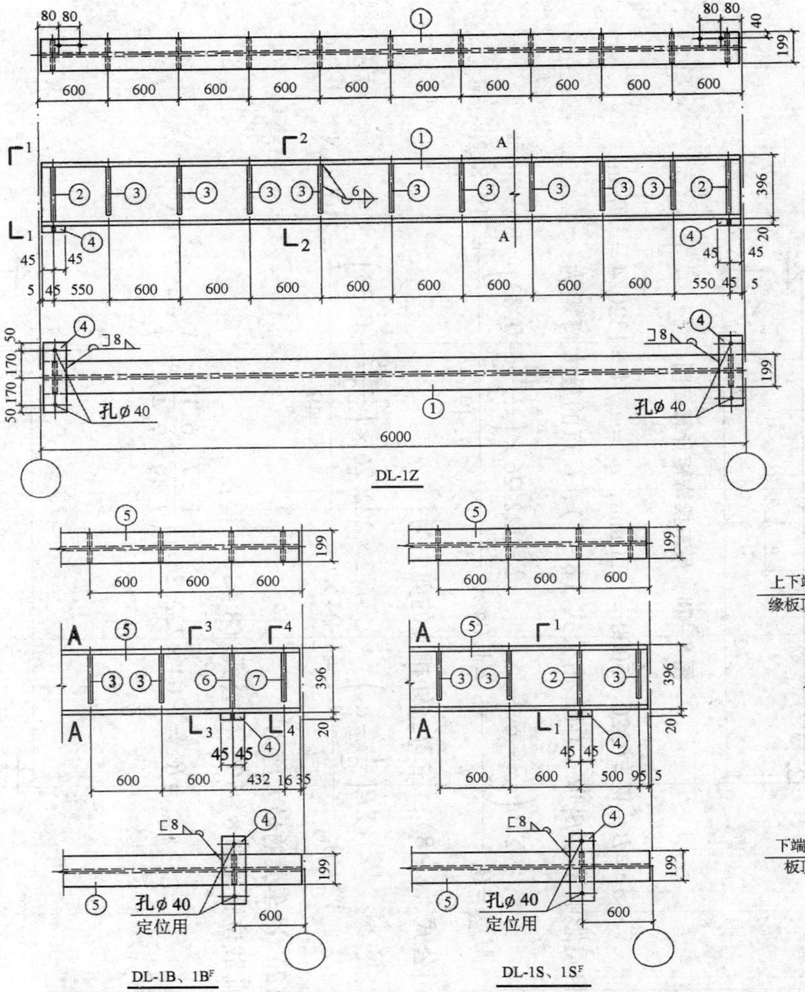

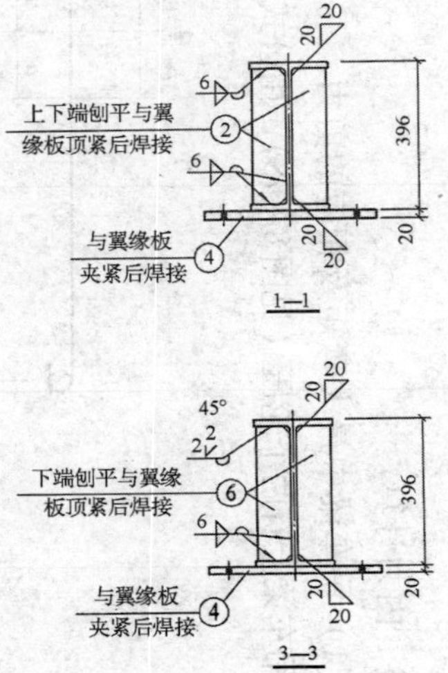

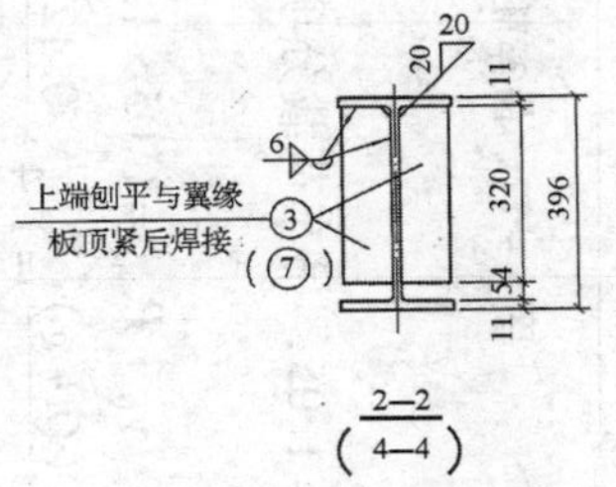

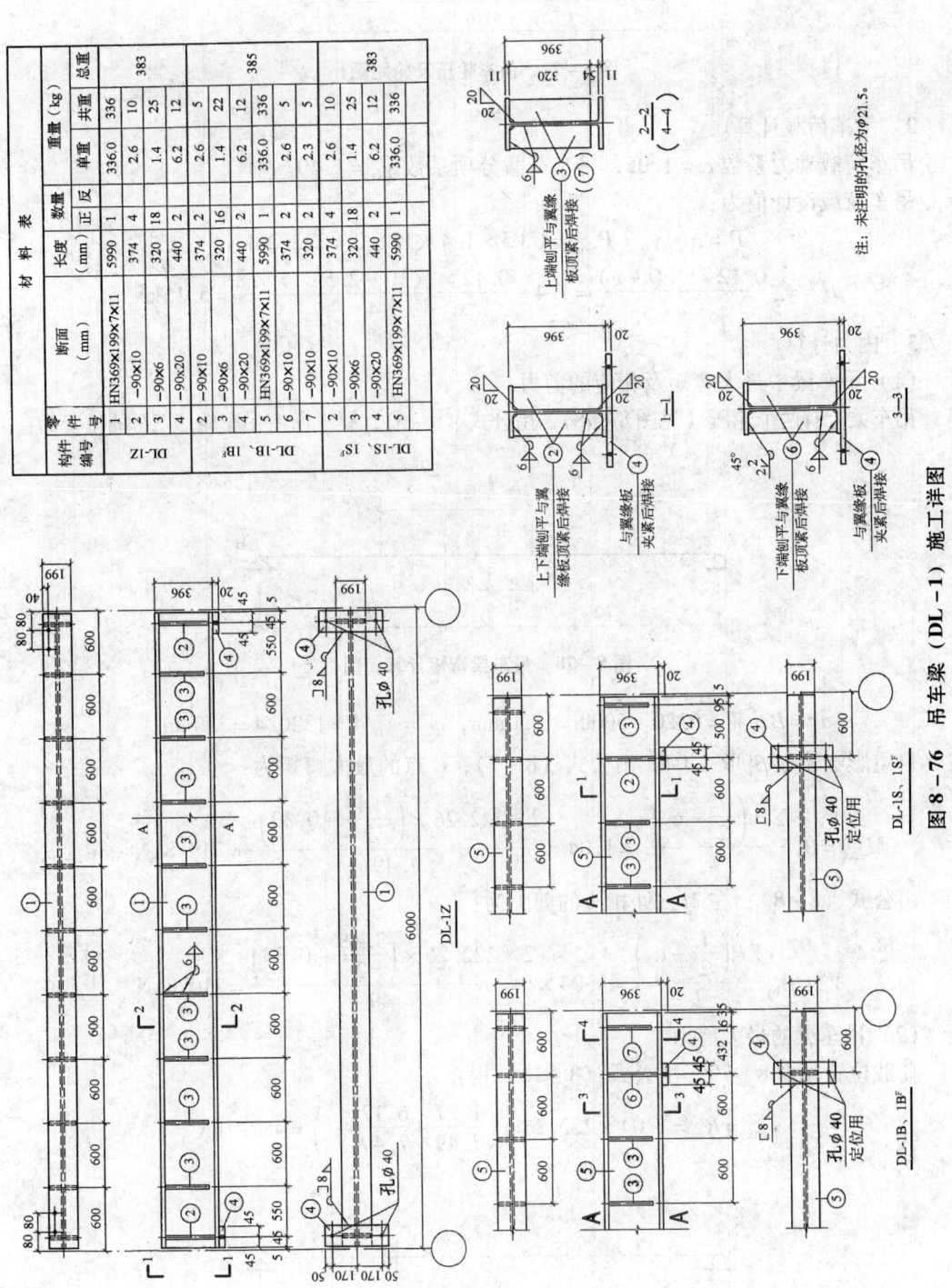

图 8－76　吊车梁（DL－1）施工详图

材　料　表

构件编号	零件号	断面（mm）	长度（mm）	数量 正	数量 反	重量（kg） 单重	重量（kg） 共重	总重
DL-1Z	1	HN369×199×7×11	5990	1		336.0	336	383
	2	−90×10	374	4		2.6	10	
	3	−90×6	320	18		1.4	25	
	4	−90×20	440	2		6.2	12	
DL-1B、1B^F	2	−90×10	374	2		2.6	5	385
	3	−90×6	320	16		1.4	22	
	4	−90×20	440	2		6.2	12	
	5	HN369×199×7×11	5990	1		336.0	336	
	6	−90×10	374	2		2.6	5	
	7	−90×10	320	2		2.3	5	
DL-1S、1S^F	2	−90×10	374	4		2.6	10	383
	3	−90×6	320	18		1.4	25	
	4	−90×20	440	2		6.2	12	
	5	HN369×199×7×11	5990	1		336.0	336	

注：未注明的孔径为ϕ21.5。

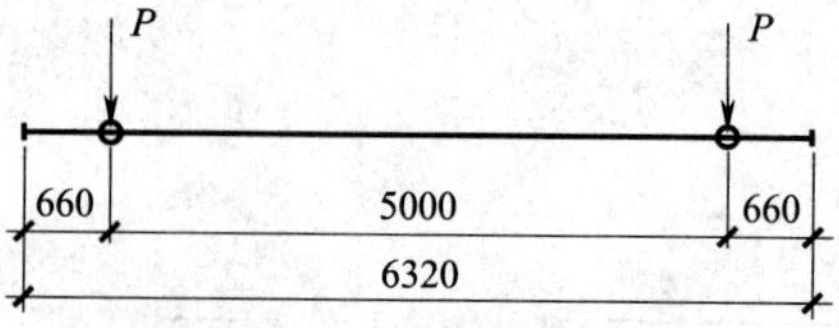

图8-77 吊车轮压及轮距图

2 吊车荷载计算。

吊车荷载动力系数 $\alpha=1.05$，吊车荷载分项系数 $\gamma_Q=1.40$。

吊车荷载设计值为：

$$P=\alpha\cdot\gamma_Q\cdot P_{max}=1.05\times1.4\times151.2=222.26\text{kN}$$

$$H=\gamma_Q\frac{0.12\cdot(Q+g)}{n}=1.4\times\frac{0.12\times(10+2.5)\times9.8}{4}=5.15\text{kN}$$

3 内力计算。

(1) 吊车梁中最大弯矩及相应的剪力。

吊车梁上有两个轮压（见图8-78），由公式（8-6），梁上所有吊车轮压 ΣP 的位置为：

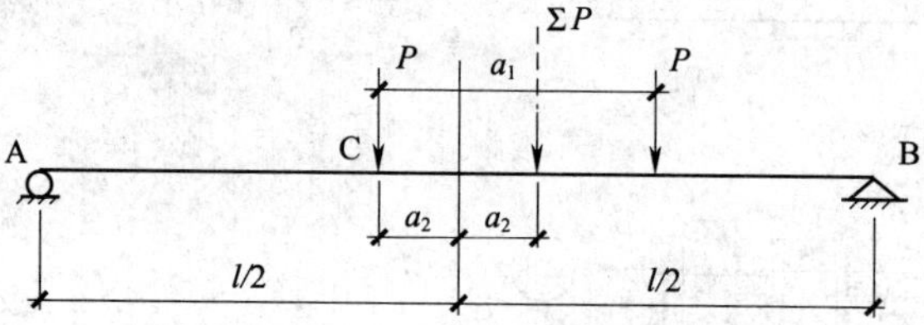

图8-78 吊车梁弯矩计算简图

$$a_1=B-W=6320-5000=1320\text{mm},\ a_2=a_1/4=1320/4=330\text{mm}。$$

自重影响系数 β_w 取1.04，由公式（8-7），C 点的最大弯矩为：

$$M_{max}^{c}=\beta_w\frac{\Sigma P\left(\dfrac{l}{2}-a_2\right)^2}{l}=1.04\times\frac{2\times222.26\times\left(\dfrac{7.49}{2}-0.33\right)^2}{7.49}=719.8\text{kN}\cdot\text{m}$$

由公式（8-8），在 M_{max} 处相应的剪力为：

$$V^{c}=\beta_w\frac{\Sigma P\left(\dfrac{l}{2}-a_2\right)}{l}=1.04\times\frac{2\times222.26\times\left(\dfrac{7.49}{2}-0.33\right)}{7.49}=210.8\text{kN}$$

(2) 吊车梁的最大剪力。

荷载位置见图8-79，由公式（8-18）得：

$$V_{max}=R_A=1.04\times222.26\times\left(\frac{1.17}{7.49}+\frac{6.17}{7.49}+1\right)=457.7\text{kN}$$

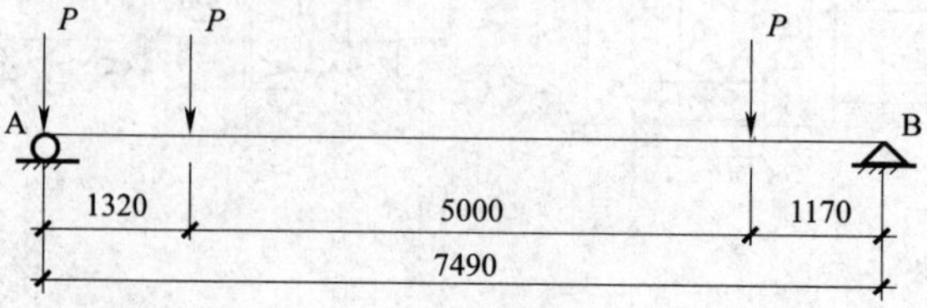

图8-79 吊车梁剪力计算简图

(3) 按公式 (8-19) 计算的水平方向最大弯矩为:

$$M_H = \frac{H}{P} M_{max}^c = \frac{5.15}{222.26} \times \frac{719.8}{1.04} = 16.0 \text{kN} \cdot \text{m}$$

4 截面特性。

吊车轨道采用钻孔型的联结形式。初选截面如图 8-72。

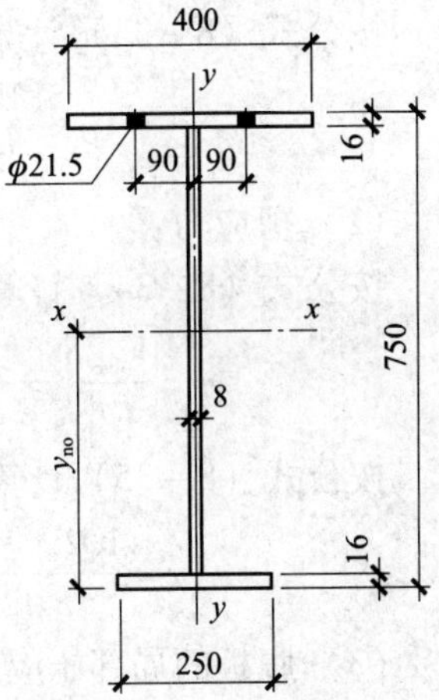

图 8-80 吊车梁截面图

(1) 毛截面特性 (参见图 8-80)。

$$\Sigma A = 400 \times 16 + 250 \times 16 + 718 \times 8 = 16144 \text{mm}^2$$

$$y_0 = \frac{400 \times 16 \times 742 + 250 \times 16 \times 8 + 718 \times 8 \times 375}{16144} = 429.56 \text{mm}$$

$$I_x = \frac{1}{12} \times 400 \times 16^3 + 400 \times 16 \times (750 - 429.56 - 8)^2 + \frac{1}{12} \times$$

$$250 \times 16^3 + 250 \times 16 \times (429.56 - 8)^2 + \frac{1}{12} \times 8 \times 718^3 +$$

$$718 \times 8 \times (429.56 - 375)^2 = 1.600 \times 10^9 \text{mm}^4$$

$$S = 400 \times 16 \times (750 - 429.56 - 8) + (750 - 429.56 - 16)^2 \times 8/2 = 2.370 \times 10^6 \text{mm}^3$$

$$W_x = \frac{1.600 \times 10^9}{(750 - 429.56)} = 4.993 \times 10^6 \text{mm}^3$$

上翼缘对 y 轴的截面特性:

$$I_y = \frac{1}{12} \times 16 \times 400^3 = 8.533 \times 10^7 \text{mm}^4$$

$$W_y = \frac{1}{6} \times 16 \times 400^2 = 4.627 \times 10^5 \text{mm}^3$$

(2) 净截面特性。

$$\Sigma A_n = (400 - 2 \times 21.5) \times 16 + 250 \times 16 + (750 - 32) \times 8 = 15456 \text{mm}^2$$

$$y_{no} = \frac{(400 - 43) \times 16 \times 742 + 250 \times 16 \times 8 + 718 \times 8 \times 375}{15456} = 415.65 \text{mm}$$

$$I_{nx} = \frac{1}{12} \times (400 - 43) \times 16^3 + (400 - 43) \times 16 \times (750 - 415.65 - 8)^2 + \frac{1}{12} \times 250 \times 16^3$$

$$+ 250 \times 16 \times (415.65 - 8)^2 + \frac{1}{12} \times 8 \times 718^3 + 718 \times 8 \times (415.65 - 375)^2$$

$$= 1.530 \times 10^9 \text{mm}^4$$

$$W_{nx}^{上} = \frac{1.530 \times 10^9}{(750 - 415.65)} = 4.576 \times 10^6 \text{mm}^3, \quad W_{nx}^{下} = \frac{1.530 \times 10^9}{415.65} = 3.681 \times 10^6 \text{mm}^3$$

上翼缘对 y 轴的截面特性:

$$A_n = (400 - 2 \times 21.5) \times 16 = 5712 \text{mm}^2$$

$$I_{ny} = \frac{1}{12} \times 16 \times 400^3 - 2 \times 21.5 \times 16 \times 90^2 = 7.976 \times 10^7 \text{mm}^4$$

$$W_{ny} = \frac{7.976 \times 10^7}{200} = 3.988 \times 10^5 \text{mm}^3$$

5 强度计算。

(1) 正应力。

按公式 (8-30) 计算的上翼缘正应力为:

$$\sigma = \frac{M_{max}}{W_{nx}^{上}} + \frac{M_H}{W_{ny}} = \frac{719.8 \times 10^6}{4.576 \times 10^6} + \frac{16.0 \times 10^6}{3.988 \times 10^5} = 197.4 \text{N/mm}^2 < 215 \text{N/mm}^2$$

按公式（8－33）计算的下翼缘正应力为：

$$\sigma=\frac{M_{\max}}{W_{nx}^{下}}=\frac{719.8\times10^6}{3.681\times10^6}=195.5\text{N/mm}^2<215\text{N/mm}^2$$

（2）剪应力。

按公式（8－34）计算的平板支座处剪应力为：

$$\tau=\frac{V_{\max}S}{I_x t_w}=\frac{457.7\times10^3\times2.370\times10^6}{1.600\times10^9\times8}=84.7\text{N/mm}^2<125\text{N/mm}^2$$

按公式（8－35）计算的突缘支座处剪应力为：

$$\tau=\frac{1.2\cdot V_{\max}}{h_0 t_w}=\frac{1.2\times457.7\times10^3}{(750-32)\times8}=95.6\text{N/mm}^2<125\text{N/mm}^2$$

（3）腹板的局部压应力。

采用43kg钢轨，轨高为140mm。$l_z=a+5h_y+2h_R=50+5\times16+2\times140=410\text{mm}$；集中荷载增大系数$\psi=1.0$按公式（8－36）计算的腹板局部压应力为：

$$\sigma_c=\frac{\psi\cdot P}{t_w l_z}=\frac{1.0\times222.26\times10^3}{8\times410}=67.8\text{N/mm}^2<215\text{N/mm}^2$$

（4）腹板计算高度边缘处折算应力。

取1/4跨度处，荷载位置如图8－81。

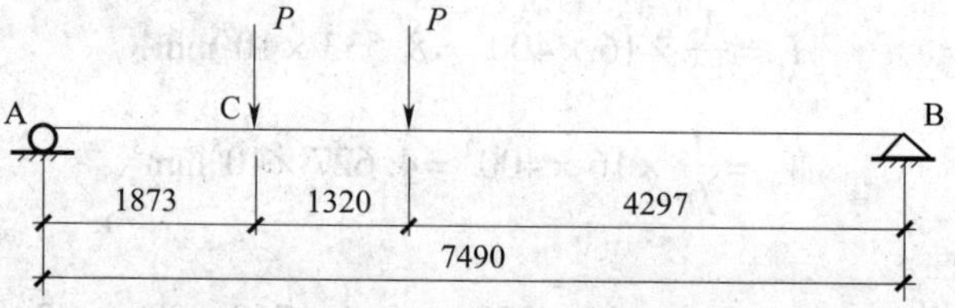

图8－81 计算吊车梁折算应力时荷载位置

$$R_A=1.04\times\frac{222.26\times(4.297+5.617)}{7.49}=306.0\text{kN}$$

$$V_c=306.0\text{kN},\ M_c=306.0\times1.873=573.1\text{kN}\cdot\text{m}$$

按公式（8－38）：

$$\sigma=\frac{M}{I_{nx}}y_1=\frac{573.1\times10^6}{1.530\times10^9}\times(750-415.65-16)=119.2\text{N/mm}^2$$

按公式（8－34）：

$$\tau=\frac{V\cdot S_1}{I_x\cdot t_w}=\frac{306.0\times10^3\times400\times16\times(750-429.56-8)}{1.600\times10^9\times8}=47.8\text{N/mm}^2$$

按公式（8－37）计算的折算应力为：

$$\sqrt{\sigma^2+\sigma_c^2-\sigma\cdot\sigma_c+3\tau^2}=\sqrt{119.2^2+67.8^2-119.2\times67.8+3\times47.8^2}$$
$$=132.6\text{N/mm}^2\leqslant\beta_1 f=1.1\times215=236.5\text{N/mm}^2$$

6 稳定性计算。

（1）梁的整体稳定性。

$l_1/b=7490/400=18.7>13$，应计算梁的整体稳定性，按表14－3。

$$\xi=\frac{l_1\cdot t}{b_1\cdot h}=\frac{7490\times16}{400\times750}=0.399<2.0$$

因集中荷载在跨中附近。

$$\beta_b = 0.73 + 0.18\xi = 0.73 + 0.18 \times 0.399 = 0.802$$

$$I_1 = \frac{1}{12} \times 16 \times 400^3 = 8.53 \times 10^7 \text{mm}^4,\ I_2 = \frac{1}{12} \times 16 \times 250^3 = 2.08 \times 10^7 \text{mm}^4$$

按表 14－3

$$\alpha_b = \frac{I_1}{I_1 + I_2} = \frac{8.53 \times 10^7}{8.53 \times 10^7 + 2.08 \times 10^7} = 0.804$$

$$\eta_b = 0.8 \cdot (2\alpha_b - 1) = 0.8 \times (2 \times 0.804 - 1) = 0.486$$

$$i_y = \sqrt{\frac{I_1 + I_2}{A}} = \sqrt{\frac{8.53 \times 10^7 + 2.08 \times 10^7}{16144}} = 81.07 \text{mm}$$

$$\lambda_y = l_1 / i_y = 7490/81.07 = 92.39$$

因 $\alpha_b > 0.8$，且 $\xi \leqslant 0.5$，故 $\beta_b = 0.9 \times 0.802 = 0.722$

按公式（14－1）计算梁的整体稳定性系数 φ_b 为：

$$\varphi_b = \beta_b \frac{4320}{\lambda_y^2} \cdot \frac{A \cdot h}{W_x} \left[\sqrt{1 + \left(\frac{\lambda_y \cdot t_1}{4.4h} \right)^2} + \eta_b \right]$$

$$= 0.722 \cdot \frac{4320}{92.39^2} \cdot \frac{16144 \times 750}{4.993 \times 10^6} \cdot \left[\sqrt{1 + \left(\frac{92.39 \times 16}{4.4 \times 750} \right)^2} + 0.486 \right] = 1.402 > 0.6$$

按公式（14－2），$\varphi'_b = 1.07 - \frac{0.282}{\varphi_b} = 1.07 - \frac{0.282}{1.402} = 0.869$。按表 14－10，$\alpha_1 > 0.65$，$\alpha_2 = 1.05$，$\varphi'_b = a_2 - \frac{\lambda_y^2}{45000} = 1.05 - \frac{92.39^2}{45000} = 0.86$

按公式（8－39）计算的整体稳定性为：

$$\frac{M_{max}}{\varphi'_b W_x f} + \frac{M_H}{W_y f} = \frac{719.8 \times 10^6}{0.869 \times 4.993 \times 10^6 \times 215} + \frac{16.0 \times 10^6}{4.267 \times 10^5 \times 215} = 0.946 < 1.0$$

（2）腹板的局部稳定性。

$$h_0 / t_w = 718/8 = 89.75 > 80 < 170$$

应配置横向加劲肋，加劲肋间距 $a_{min} = 0.5h_0 = 0.5 \times 718 = 359 \text{mm}$，$a_{max} = 2h_0 = 2 \times 718 = 1436 \text{mm}$，取 $a = 1000 \text{mm}$。

外伸宽度　$b_s \geqslant h_0/30 + 40 = 718/30 + 40 = 64 \text{mm}$，取 $b_s = 90 \text{mm}$

厚度　$t_s \geqslant b_s/15 = 90/15 = 6 \text{mm}$，取 $t_s = 8 \text{mm}$

计算最大弯矩处，吊车梁腹板计算高度边缘的弯曲压应力为：

$$\sigma = \frac{Mh_c}{I} = \frac{719.8 \times 10^6 \times (750 - 429.56 - 16)}{1.600 \times 10^9} = 137.0 \text{N/mm}^2$$

腹板的平均剪应力为：

$$\tau = \frac{V}{h_w t_w} = \frac{210.8 \times 10^3}{718 \times 8} = 36.7 \text{N/mm}^2$$

腹板边缘的局部压应力为（工作级别为 A1～A5 的吊车梁，计算腹板的稳定性时，吊车轮压设计值可乘以折减系数 0.9）：

$$\sigma_c = \frac{\psi P}{t_w l_z} = \frac{0.9 \times 222.26 \times 10^3}{8 \times 410} = 61.0 \text{N/mm}^2$$

1）计算 σ_{cr}，由公式（8－41）得：

$$\lambda_{n,b}=\frac{2h_c/t_w}{138}\cdot\frac{1}{\varepsilon_k}=\frac{2\times(750-429.56-16)/8}{138}=0.55<0.85$$

则 $\sigma_{cr}=f=215\text{N/mm}^2$

2）计算 τ_{cr}，由公式（8－42）得：

$$a/h_0=1000/718=1.393>1.0$$

则 $\lambda_{n,s}=\frac{h_0/t_w}{37\eta\sqrt{5.34+4(h_0/a)^2}}\cdot\frac{1}{\varepsilon_k}=\frac{718/8}{37\times1.11\times\sqrt{5.34+4\times(718/1000)^2}}=0.803>0.8$

则 $\tau_{cr}=[1-0.59(\lambda_{n,s}-0.8)]f_v=[1-0.59\times(0.803-0.8)]\times125=124.8\text{N/mm}^2$

3）计算 $\sigma_{c,cr}$，由公式（8－43）得：

$$a/h_0=1.393<1.5$$

则 $\lambda_{n,c}=\frac{h_0/t_w}{28\sqrt{10.9+13.4(1.83-a/h_0)^3}}\cdot\frac{1}{\varepsilon_k}=\frac{718/8}{28\sqrt{10.9+13.4\times(1.83-1000/718)^3}}$

$=0.925>0.9$

则 $\sigma_{c,cr}=[1-0.79(\lambda_{n,c}-0.9)]f=[1-0.79\times(0.925-0.9)]\times215=210.8\text{N/mm}^2$

按公式（8－40）计算跨中区格的局部稳定性为：

$$\left(\frac{\sigma}{\sigma_{cr}}\right)^2+\left(\frac{\tau}{\tau_{cr}}\right)^2+\frac{\sigma_c}{\sigma_{c,cr}}=\left(\frac{137.0}{215}\right)^2+\left(\frac{36.7}{124.8}\right)^2+\frac{61.0}{210.8}=0.782<1.0$$

其他区格经计算均能满足，计算从略。

7 挠度计算。

按一台吊车计算，因吊车轮距为5m，所以求一台吊车的最大弯矩只能有一个轮压作用在梁上。

$$M_{kx}=\frac{1}{4}\beta_w P_k l=\frac{1}{4}\times1.04\times151.2\times7.49=294.4\text{kN}\cdot\text{m}$$

按公式（8－56a）计算的挠度为：

$$\upsilon=\frac{M_{kx}l^2}{10EI_x}=\frac{294.4\times10^6\times7490^2}{10\times2.06\times10^5\times1.600\times10^9}=5.01\text{mm}<l/900=8.32\text{mm}$$

8 支座加劲肋计算。

取平板支座（端跨和伸缩缝跨处）加劲肋的外伸宽度 $b_s=110\text{mm}$，厚度 $t_s=10\text{mm}$；取突缘支座加劲板的宽度 $b_s=220\text{mm}$，厚度 $t_s=12\text{mm}$，按公式（8－55）计算的平板支座加劲肋端面承压应力为：

$$\sigma_{ce}=\frac{R_{max}}{A_{ce}}=\frac{455.2\times10^3}{2\times(110-20)\times10}=252.9\text{ N/mm}^2<f_{ce}=320\text{N/mm}^2$$

对于突缘支座，由图 8－82（a）。

$$A=220\times12+120\times8=3600\text{mm}^2$$

$$I_z=\frac{1}{12}\times12\times220^3+\frac{1}{12}\times120\times8^3=1.065\times10^7\text{mm}^4$$

$$i_z=\sqrt{\frac{I_z}{A}}=\sqrt{\frac{1.065\times10^7}{3600}}=54.39，\ \lambda_z=\frac{h_0}{i_z}=\frac{718}{54.39}=13.2$$

属b类截面，查表14－3，得$\varphi=0.986$，按公式（8－54）计算的支座加劲肋在腹板平面外的稳定性为：

$$\frac{R_{max}}{\varphi Af}=\frac{455.2\times10^3}{0.986\times3600\times215}=0.596<1.0$$

对于平板支座，由图8－82（b）。

$$A=(2\times120+10)\times8+2\times110\times10=4200\text{mm}^2$$

$$I_z=\frac{1}{12}\times10\times(2\times110+8)^3+\frac{1}{12}\times2\times120\times8^3=9.887\times10^6\text{mm}^4$$

$$i_z=\sqrt{\frac{I_z}{A}}=\sqrt{\frac{9.887\times10^6}{4200}}=48.52\quad \lambda_z=\frac{h_0}{i_z}=\frac{718}{48.52}=14.80$$

属b类截面，查表14－3，得$\varphi=0.983$，按公式（8－54）计算的支座加劲肋在腹板平面外的稳定性为：

$$\frac{R_{max}}{\varphi Af}=\frac{455.2\times10^3}{0.983\times4200\times215}=0.513<1.0$$

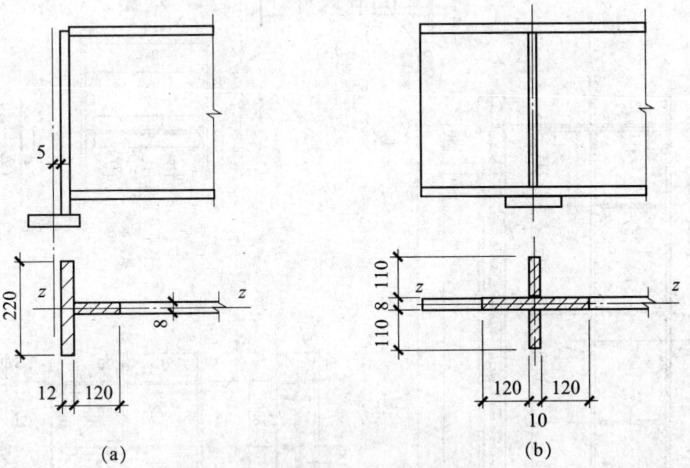

图8－82 支座加劲肋计算简图

9 焊缝计算。

（1）按公式（8－57）计算的上翼缘与腹板的连接焊缝为：

$$h_f=\frac{1}{2\times0.7f_f^w}\sqrt{\left(\frac{VS_1}{I_x}\right)^2+\left(\frac{\psi P}{l_z}\right)^2}$$

$$=\frac{1}{2\times0.7\times160}\sqrt{\left[\frac{455.2\times10^3\times400\times16\times(750-429.56-8)}{1.600\times10^9}\right]^2+\left(\frac{1.0\times222.26\times10^3}{410}\right)^2}$$

$=3.5\text{mm}$，取$h_f=6\text{mm}=1.5\sqrt{t}=6\text{mm}$

（2）按公式（8－58）计算的下翼缘板与腹板的连接焊缝为：

$$h_f=\frac{VS_1}{2\times0.7f_f^wI_x}=\frac{455.2\times10^3\times250\times16\times(429.56-8)}{2\times0.7\times160\times1.600\times10^9}=2.1\text{mm}$$，取$h_f=6\text{mm}$

（3）按公式（8－60）计算的支座加劲肋与腹板的连接焊缝为：

设$h_f=8\text{mm}$，$h_f=\frac{R_{max}}{0.7n\cdot l_wf_f^w}=\frac{455.2\times10^3}{0.7\times4\times(718-2\times20-2\times8)\times160}=1.5\text{mm}$，采用$h_f=8\text{mm}$。吊车梁施工详图见图8－83。

材料表									
构件编号	零件号	断面 (mm)	长度 (mm)	数量		重量 (kg)			
				正	反	单重	共重	总重	
DL-2Z	1	−400×16	7466	1		375.1	375	1035	
	2	−250×16	7466	1		234.4	234		
	3	−718×8	7466	1		336.6	337		
	4	−220×12	762	2		15.8	32		
	5	−90×8	660	14		3.7	52		
	6	−220×10	260	1		4.5	5		
DL-2B、2BF	4	−220×12	762	1		15.8	16	1040	
	5	−90×8	660	12		3.7	44		
	6	−220×10	260	1		4.5	5		
	7	−400×16	7478	1		375.7	376		
	8	−250×16	7478	1		234.8	235		
	9	−718×8	7478	1		337.2	337		
	10	−110×10	718	2		6.2	12		
	11	−110×10	660	2		5.7	11		
	12	−90×20	290	1		4.1	4		
DL-2S、2SF	4、6、7、8、9、12 同 DL-2B						973	1037	
	5	-90×8	660	14		3.7	52		
	13	-110×10	718	2		6.2	12		

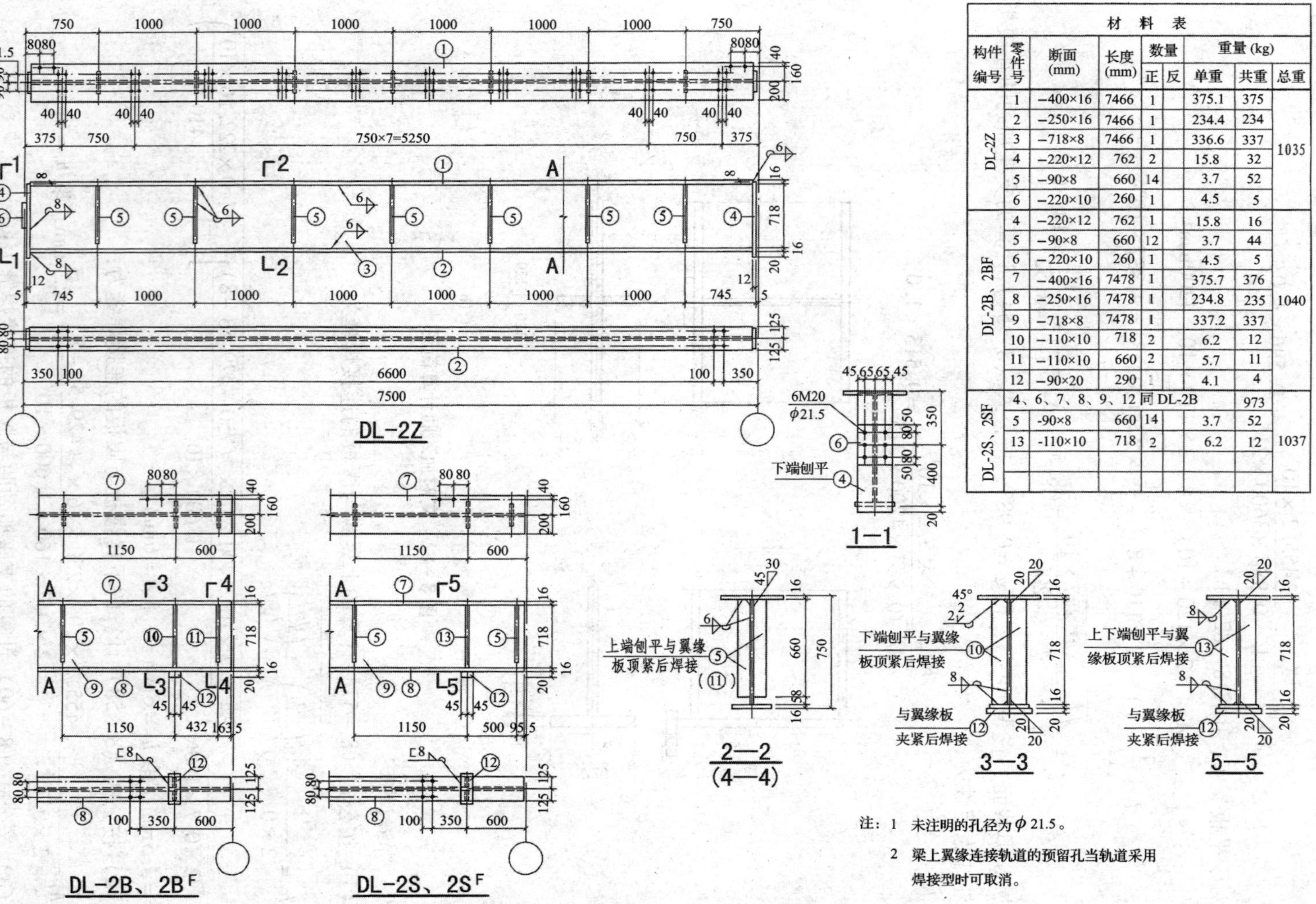

注：1 未注明的孔径为 φ21.5。

2 梁上翼缘连接轨道的预留孔当轨道采用焊接型时可取消。

图 8-83 吊车梁（DL-2）施工详图

根据设计资料，本例可以选用标准图钢吊车梁（中轻级工作制 Q235 钢、Q345 钢）SG520－1～2 页 9 中 GDL7.5－6。

【例题 8－3】 12m 焊接工字形吊车梁（DL—3）

1　设计资料。

（1）吊车梁跨度 12m，制动结构采用制动梁，吊车梁中心线至制动梁边的距离为 1600mm；计算跨度 $l=11.99$m，设有二台起重量 $Q=100/20$t，工作级别 A6 的软钩吊车，吊车跨度 $S=22.5$m，采用钻孔型轨道联结。钢材采用 Q345，焊条为 E50 型。

（2）采用大连重工 · 大起集团有限公司的 DHQD08 系列桥式吊车，每侧 4 轮，轮距 $W=6500$mm，$W_1=1500$mm，桥架宽度 $B=8830$mm，最大轮压 $P_{max}=359.6$kN，小车重 $g=24$t，吊车总重 $G=79.7$t；吊车轮压及轮距见图 8－84。

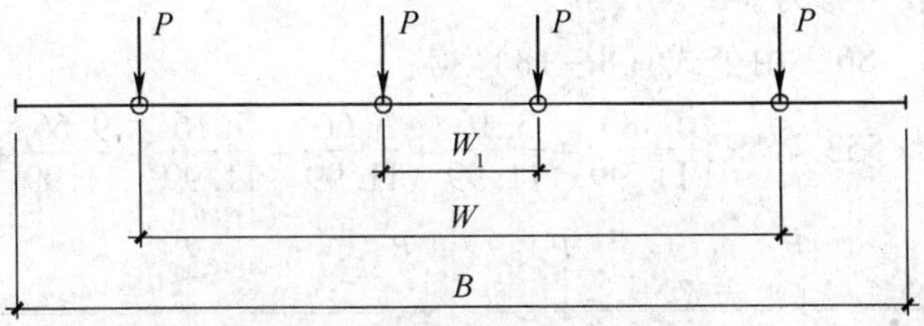

图 8－84　吊车轮压及轮距图

2　吊车荷载计算。

吊车荷载动力系数 $\alpha=1.10$，吊车荷载分项系数 $\gamma_Q=1.40$。

吊车竖向荷载设计值为：

$$P=\alpha\cdot\gamma_Q\cdot P_{max}=1.1\times1.4\times359.6=553.78\text{kN}$$

由公式（8－2），吊车横向水平荷载设计值为：

$$H=\alpha\cdot\gamma_Q\cdot P_{max}=0.1\times1.4\times359.6=50.34\text{kN}$$

3　内力计算。

（1）吊车梁中最大弯矩及相应的剪力。

两台吊车，吊车梁上有六个轮压（见图 8－85）时，由公式（8－15），梁上所有吊车轮压 ΣP 的位置为：

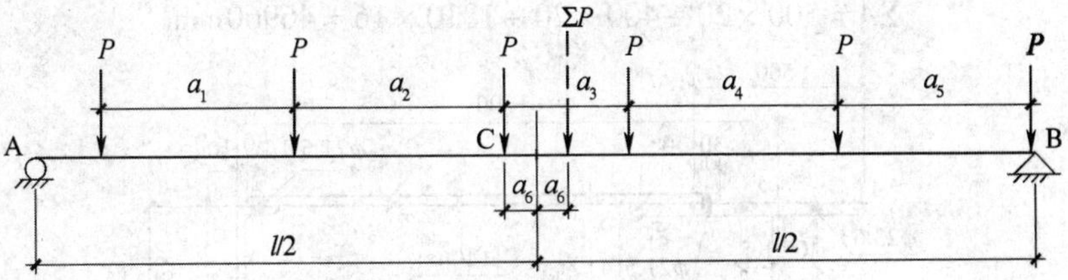

图 8－85　吊车梁弯矩计算简图

车轮压 ΣP 的位置为：

$a_1=a_5=(B-W)=(8830-6500)=2330$mm，$a_2=a_4=(W-W_1)/2=(6500-1500)/2=2500$mm，$a_3=W_1=1500$mm

$a_6=(3a_3+2a_4+a_5-a_1-2a_2)/12=(3\times1500+2\times2500+2330-2330-2\times2500)/12=375$mm

自重影响系数 β_w 取 1.05，由公式（8－16），C 点的最大弯矩为：

$$M_{max}^{C}=\beta_w\left[\frac{\Sigma P\left(\dfrac{l}{2}-a_6\right)^2}{l}-P\ (a_1+2a_2)\right]$$

$$=1.05\times\left[\frac{6\times553.78\times\left(\dfrac{11.99}{2}-0.375\right)^2}{11.99}-553.78\times\ (2.33+2\times2.5)\right]$$

$$=4928.17\text{kN}\cdot\text{m}$$

由公式（8－17），在 M_{max} 处相应的剪力为：

$$V^{C}=\beta_w\left[\frac{\Sigma P\left(\dfrac{l}{2}-a_6\right)}{l}-2P\right]=1.05\times\left[\frac{6\times553.78\times\left(\dfrac{11.99}{2}-0.375\right)}{11.99}-2\times553.78\right]=472.35\text{kN}$$

（2）吊车梁的最大剪力。

荷载位置见图8－86，由公式（8－18）得：

$$V_{max}=R_A=1.05\times553.78\times\left(\frac{0.83}{11.99}+\frac{3.16}{11.99}+\frac{5.66}{11.99}+\frac{7.16}{11.99}+\frac{9.66}{11.99}+1\right)=1865.16\text{kN}$$

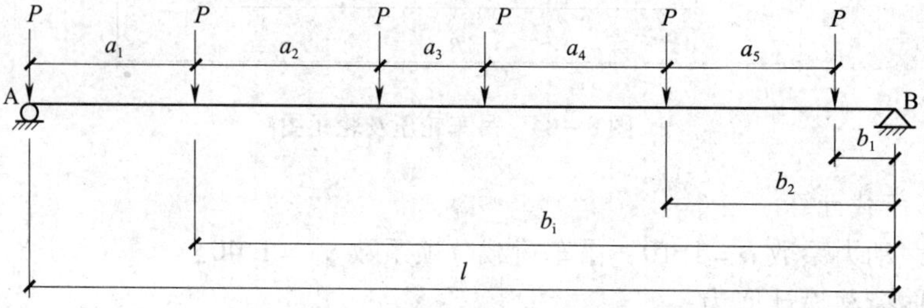

图8－86 吊车梁剪力计算简图

（3）按公式（8－20）计算的水平方向最大弯矩为：

$$M_H=\frac{H}{P}M_{max}^{c}=\frac{50.34}{553.78}\times\frac{4928.17}{1.05}=426.65\text{kN}\cdot\text{m}$$

4 截面特性。

初选截面如图8－87。制动梁边梁选用热轧槽钢[28a，制动板厚度8mm。

（1）吊车梁毛截面特性（图8－87）。

$$\Sigma A=500\times20+400\times20+1810\times16=46960\text{mm}^2$$

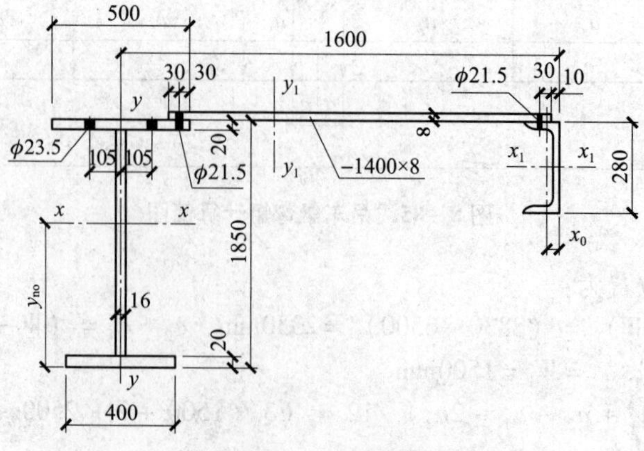

图8－87 吊车梁截面图

$$y_0 = \frac{500 \times 20 \times 1840 + 400 \times 20 \times 10 + 1810 \times 16 \times 925}{46960} = 963.97\text{mm}$$

$$I_x = \frac{1}{12} \times 500 \times 20^3 + 500 \times 20 \times (1850 - 963.97 - 10)^2 + \frac{1}{12} \times 400 \times 20^3 +$$
$$400 \times 20 \times (963.97 - 10)^2 + \frac{1}{12} \times 16 \times 1810^3 + 1810 \times 16 \times (963.97 - 925)^2$$
$$= 2.291 \times 10^{10}\text{mm}^4$$

$$S = 500 \times 20 \times (1850 - 963.97 - 10) + (1850 - 963.97 - 20)^2 \times 16/2 = 1.476 \times 10^7\text{mm}^3$$

（2）吊车梁净截面特性。

$$\Sigma A_n = (500 - 2 \times 23.5 - 21.5) \times 20 + 400 \times 20 + 1810 \times 16 = 45590\text{mm}^2$$

$$y_{n0} = \frac{(500 - 2 \times 23.5 - 21.5) \times 20 \times 1840 + 400 \times 20 \times 10 + 1810 \times 16 \times 925}{45590} = 937.64\text{mm}$$

$$I_{nx} = \frac{1}{12} \times (500 - 2 \times 23.5 - 21.5) \times 20^3 + (500 - 2 \times 23.5 - 21.5) \times 20 \times (1850 -$$
$$937.64 - 10)^2 + \frac{1}{12} \times 400 \times 20^3 + 400 \times 20 \times (937.64 - 10)^2 + \frac{1}{12} \times 16 \times 1810^3 + 1810 \times$$
$$16 \times (937.64 - 925)^2 = 2.182 \times 10^{10}\text{mm}^4$$

$$W_{nx}^{上} = \frac{2.182 \times 10^{10}}{(1850 - 937.64)} = 2.392 \times 10^7\text{mm}^3,\ W_{nx}^{下} = \frac{2.182 \times 10^{10}}{937.64} = 2.327 \times 10^7\text{mm}^3$$

（3）制动梁（包括吊车梁上翼缘）对 y_1 轴的净截面特性。

热轧槽钢⊏28a，$A = 40.034\text{cm}^2$，$I_y = 218.0\text{cm}^4$，$I_x = 4760\text{cm}^4$，$x_0 = 2.10\text{cm}$

$$\Sigma A_n = (500 - 2 \times 23.5 - 21.5) \times 20 + (1400 - 2 \times 21.5) \times 8 + (40.034 \times 10^2 - 12.5 \times 21.5)$$
$$= 23220.65\text{mm}^2$$

$$y_{1n} = (500 - 2 \times 23.5 - 21.5) \times 20 \times 250 + (1400 - 2 \times 21.5) \times 8 \times \left(\frac{1400}{2} + 440\right)$$
$$\frac{+ (4003.4 - 12.5 \times 21.5) \times (1600 + 250 - 21)}{23220.65} = 920.04\text{mm}$$

$$I_{ny_1} = \frac{1}{12} \times 20 \times (500 - 2 \times 23.5 - 21.5)^3 + (500 - 2 \times 23.5 - 21.5) \times 20 \times (920.04 - 500/2)^2 +$$
$$\frac{1}{12} \times 8 \times (1400 - 2 \times 21.5)^3 + (1400 - 2 \times 21.5) \times 8 \times (1400/2 + 440 - 920.04)^2 +$$
$$218.0 \times 10^4 + 4003.4 \times (1600 + 250 - 920.04 - 21)^2 = 9.509 \times 10^9\text{mm}^4$$

$$W_{ny_1} = \frac{9.509 \times 10^9}{920.04} = 1.034 \times 10^7\text{mm}^3$$

5 强度计算。

（1）正应力。

按公式（8－31）计算的上翼缘正应力为：

$$\sigma = \frac{M_{max}}{W_{nx}^{上}} + \frac{M_H}{W_{ny_1}} = \frac{4928.17 \times 10^6}{2.392 \times 10^7} + \frac{426.65 \times 10^6}{1.034 \times 10^7} = 247.3\text{N/mm}^2 < 295\text{N/mm}^2$$

按公式（8－33）计算的下翼缘正应力为：

$$\sigma = \frac{M_{max}}{W_{nx}^{下}} = \frac{4928.17 \times 10^6}{2.327 \times 10^7} = 211.8\text{N/mm}^2 < 295\text{N/mm}^2$$

（2）剪应力。

按公式（8－34）计算的平板支座处剪应力为：

$$\tau=\frac{V_{max}S}{I_x t_w}=\frac{1865.16\times10^3\times1.476\times10^7}{2.291\times10^{10}\times16}=75.1\mathrm{N/mm^2}<175\mathrm{N/mm^2}$$

按公式（8－35）计算的突缘支座处剪应力为：

$$\tau=\frac{1.2\cdot V_{max}}{h_0 t_w}=\frac{1.2\times1865.16\times10^3}{(1850-40)\times16}=77.3\mathrm{N/mm^2}<175\mathrm{N/mm^2}$$

（3）腹板的局部压应力。

采用 QU100 钢轨，轨高为 150mm。$l_z=a+5h_y+2h_R=50+5\times20+2\times150=450\mathrm{mm}$；集中荷载增大系数 $\psi=1.35$，按公式（8－36）计算的腹板局部压应力为：

$$\sigma_c=\frac{\psi\cdot P}{t_w l_z}=\frac{1.35\times553.78\times10^3}{16\times450}=103.8\mathrm{N/mm^2}<400\mathrm{N/mm^2}$$

（4）腹板计算高度边缘处折算应力。

取 1/4 跨度处，荷载位置如图 8－88。

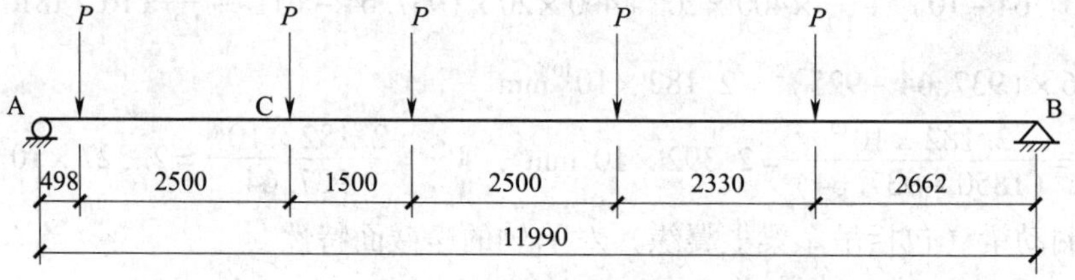

图 8－88　计算吊车梁折算应力时荷载位置

$$R_A=1.05\times\frac{553.78\times(2.662+4.992+7.492+8.992+11.492)}{11.99}=1727.92\mathrm{kN}$$

$$M_c=1727.92\times2.998-1.05\times553.78\times2.5=3726.63\mathrm{kN\cdot m}$$

$$V_c=R_A-P=1727.92-1.05\times553.78=1146.45\mathrm{kN}$$

按公式（8－38）：

$$\sigma=\frac{M}{I_{nx}}y_1=\frac{3726.63\times10^6}{2.182\times10^{10}}\times(1850-937.64-20)=152.4\mathrm{N/mm^2}$$

按公式（8－34）：

$$\tau=\frac{V\cdot S_1}{I_x\cdot t_w}=\frac{1146.45\times10^3\times500\times20\times(1850-963.97-10)}{2.291\times10^{10}\times16}=27.4\mathrm{N/mm^2}$$

按公式（8－37）计算的折算应力为：

$$\sqrt{\sigma^2+\sigma_c^2-\sigma\cdot\sigma_c+3\tau^2}=\sqrt{152.4^2+103.8^2-152.4\times103.8+3\times27.4^2}$$

$$=142.9\mathrm{N/mm^2}\leqslant\beta_1 f=1.1\times300=330\mathrm{N/mm^2}$$

6　稳定性计算。

（1）梁的整体稳定性。

由于吊车梁设有制动结构，其侧向稳定性有可靠保证，故可不计算梁的整体稳定性。

（2）腹板的局部稳定性。

$$h_0/t_w=1810/16=113.1>80\sqrt{235/345}=66$$

$$<170\sqrt{235/345}=140<170$$

应配置横向加劲肋，加劲肋间距 $a_{min}=0.5h_0=0.5\times1810=905\text{mm}$，$a_{max}=2h_0=2\times1810=3620\text{mm}$，取 $a=1500\text{mm}$。

外伸宽度　$b_s\geqslant h_0/30+40=1810/30+40=100\text{mm}$，取 $b_s=110\text{mm}$

厚度　$t_s\geqslant b_s/15=110/15=7.3\text{mm}$，取 $t_s=10\text{mm}$

计算跨中处，吊车梁腹板计算高度边缘的弯曲压应力为：

$$\sigma=\frac{Mh_c}{I}=\frac{4928.17\times10^6\times(1850-963.97-20)}{2.291\times10^{10}}=186.3\text{N/mm}^2$$

腹板的平均剪应力为：

$$\tau=\frac{V}{h_w t_w}=\frac{472.35\times10^3}{1810\times16}=16.3\text{N/mm}^2$$

腹板边缘的局部压应力为：

$$\sigma_c=\frac{\psi P}{t_w l_z}=\frac{1.0\times553.78\times10^3}{16\times450}=76.9\text{N/mm}^2$$

1）计算 σ_{cr}，由公式（8-41）。

$$\lambda_{n,b}=\frac{2h_c/t_w}{177}\cdot\frac{1}{\varepsilon_k}=\frac{2\times(1850-963.97-20)/16}{177}\cdot\frac{1}{\sqrt{235/345}}=0.741<0.85$$

则　$\sigma_{cr}=f=300\text{N/mm}^2$

2）计算 τ_{cr}，由公式（8-42）。

$$a/h_0=1500/1810=0.829<1.0$$

则

$$\lambda_{n,s}=\frac{h_0/t_w}{37\eta\sqrt{4+5.34(h_0/a)^2}}\cdot\frac{1}{\varepsilon_k}=\frac{1810/16}{37\times1.11\times\sqrt{4+5.34\times(1810/1500)^2}}\cdot\frac{1}{\sqrt{235/345}}=0.973>0.8$$

则　$\tau_{cr}=[1-0.59(\lambda_{n,s}-0.8)]f_v=[1-0.59\times(0.973-0.8)]\times175=157.1\text{N/mm}^2$

3）计算 $\sigma_{c,cr}$，由公式（8-43）。

$$a/h_0=0.829<1.5$$

则

$$\lambda_{n,c}=\frac{h_0/t_w}{28\sqrt{10.9+13.4(1.83-a/h_0)^3}}\cdot\frac{1}{\varepsilon_k}=\frac{1810/16}{28\sqrt{10.9+13.4\times(1.83-1500/1810)^3}}\cdot\frac{1}{\sqrt{235/345}}=0.992>0.9$$

则　$\sigma_{c,cr}=[1-0.79(\lambda_{n,c}-0.9)]f=[1-0.79\times(0.992-0.9)]\times300=278.2\text{N/mm}^2$

按公式（8-40）计算跨中区格的局部稳定性为：

$$\left(\frac{\sigma}{\sigma_{cr}}\right)^2+\left(\frac{\tau}{\tau_{cr}}\right)^2+\frac{\sigma_c}{\sigma_{c,cr}}=\left(\frac{186.3}{300}\right)^2+\left(\frac{16.3}{157.1}\right)^2+\frac{76.9}{278.2}=0.673<1.0$$

其他区格经计算均能满足，计算从略。

7　疲劳计算。

按一台吊车计算，吊车梁上有四个轮压（$P_k=\beta_w P_{max}=1.05\times359.6=377.58\text{kN}$），见图8-89。由公式（8-12），梁上所有吊车轮压 ΣP_k 的位置为：

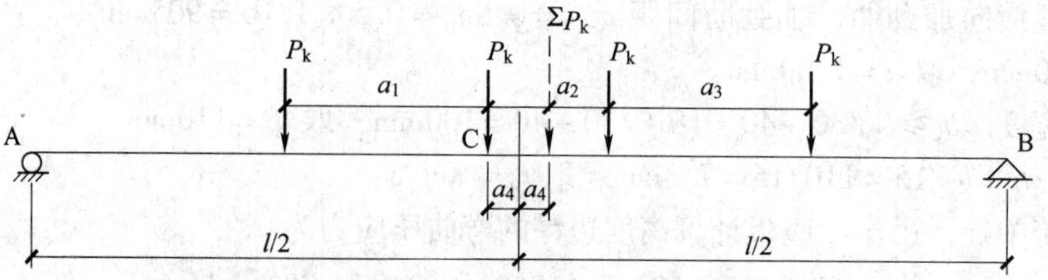

图 8－89　吊车梁标准荷载下的弯矩计算简图

$a_1 = a_3 =（W - W_1）/2 =（6500 - 1500）/2 = 2500\text{mm}$，$a_2 = W_1 = 1500\text{mm}$，

$a_4 =（2a_2 + a_3 - a_1）/8 =（2 \times 1500 + 2500 - 2500）/8 = 375\text{mm}$

由公式（8－13），C 点的最大弯矩为：

$$M_{kx}^{C} = \frac{\Sigma P_k \left(\frac{l}{2} - a_4\right)^2}{l} - P_k a_1 = \frac{4 \times 1.05 \times 359.6 \times \left(\frac{11.99}{2} - 0.375\right)^2}{11.99} - 1.05 \times 359.6 \times 2.5$$

$$= 3034.58\text{kN} \cdot \text{m}$$

（1）最大弯矩处下翼缘连接焊缝附近的主体金属。

主体金属应力幅为：

$$\Delta\sigma = \sigma_{max} - \sigma_{min} = \frac{M_{kx}^{C} y_2}{I_{nx}} = \frac{3034.58 \times 10^6 \times (937.64 - 20)}{2.182 \times 10^{10}} = 127.6\text{N/mm}^2$$

由表 8－2 查得 $\alpha_f = 0.8$，由表 3－35 查得构件与连接类别为 Z2 类，再由表 8－3 查得循环次数 $n = 2 \times 10^6$ 次时的容许正应力幅 $[\Delta\sigma]_{2\times10^6} = 144\text{N/mm}^2$。

按公式（8－4）计算的疲劳应力幅为：

$$\alpha_f \cdot \Delta\sigma = 0.8 \times 127.6 = 102.1\ \text{N/mm}^2 < 144\ \text{N/mm}^2$$

（2）横向加劲肋下端部附近的主体金属。

主体金属应力幅为（离腹板下边缘 70mm，近似取 C 点的弯矩）：

$$\Delta\sigma = \sigma_{max} - \sigma_{min} = \frac{M_{kx}^{C} y_2}{I_{nx}} = \frac{3034.58 \times 10^6 \times (937.64 - 20 - 70)}{2.182 \times 10^{10}} = 117.9\text{N/mm}^2$$

由表 8－2 查得 $\alpha_f = 0.8$，由表 3－37 查得构件与连接类别为 Z5 类（加劲肋肋端采用回焊，不断弧），再由表 8－3 查得循环次数 $n = 2 \times 10^6$ 次时的容许应力幅 $[\Delta\sigma]_{2\times10^6} = 100\text{N/mm}^2$。

按公式（8－4）计算的疲劳应力幅为：

$$\alpha_f \cdot \Delta\sigma = 0.8 \times 117.9 = 94.3\ \text{N/mm}^2 < 100\ \text{N/mm}^2$$

8　挠度计算。

按公式（8－56a）计算的挠度为：

$$\upsilon = \frac{M_{kx} l^2}{10EI_x} = \frac{3034.58 \times 10^6 \times 11990^2}{10 \times 2.06 \times 10^5 \times 2.291 \times 10^{10}} = 9.24\text{mm} < l/1000 = 11.99\text{mm}$$

9　支座加劲肋计算。

取平板支座（端跨和伸缩缝跨处）加劲肋的外伸宽度 $b_s = 190\text{mm}$，厚度 $t_s = 16\text{mm}$；取突缘支座加劲板的宽度 $b_s = 400\text{mm}$，厚度 $t_s = 20\text{mm}$。按公式（8－55）计算的平板支座加劲肋端面承压应力为：

$$\sigma_{ce} = \frac{R_{max}}{A_{ce}} = \frac{1865.16 \times 10^3}{2 \times (190 - 20) \times 16} = 342.9\ \text{N/mm}^2 < f_{ce} = 400\text{N/mm}^2$$

对于突缘支座，由图 8－90（a）。

$$A=400\times20+198\times16=11168\text{mm}^2$$

$$I_z=\frac{1}{12}\times20\times400^3+\frac{1}{12}\times198\times16^3=1.067\times10^8\text{mm}^4$$

$$i_z=\sqrt{\frac{I_z}{A}}=\sqrt{\frac{1.067\times10^8}{11168}}=97.74，\lambda_z=\frac{h_0}{i_z}=\frac{1810}{97.74}=18.52$$

对于平板支座，由图 8－82（b）。

$$A=(2\times198+16)\times16+2\times190\times16=12672\text{mm}^2$$

$$I_z=\frac{1}{12}\times16\times(2\times190+16)^3+\frac{1}{12}\times2\times198\times16^3=8.293\times10^7\text{mm}^4$$

$$i_z=\sqrt{\frac{I_z}{A}}=\sqrt{\frac{8.293\times10^7}{12672}}=80.90，\lambda_z=\frac{h_0}{i_z}=\frac{1810}{80.90}=22.37$$

平板支座处控制，属 b 类截面，查表 14－2b，得 $\varphi=0.947$，按公式（8－54）计算的支座加劲肋在腹板平面外的稳定性为：

$$\frac{R_{max}}{\varphi Af}=\frac{1865.16\times10^3}{0.947\times12672\times310}=0.501<1.0$$

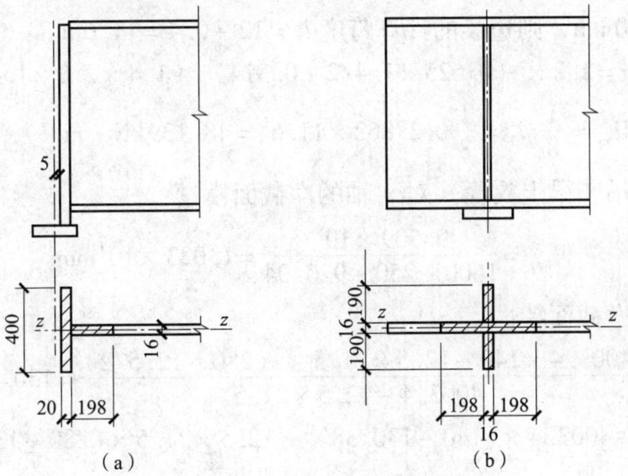

图 8－90　支座加劲肋计算简图

10　焊缝计算。

（1）按公式（8－57）计算的上翼缘与腹板的连接焊缝为：

$$h_f=\frac{1}{2\times0.7f_f^w}\sqrt{\left(\frac{VS_1}{I_x}\right)^2+\left(\frac{\psi P}{l_z}\right)^2}$$

$$=\frac{1}{2\times0.7\times200}\sqrt{\left[\frac{1865.16\times10^3\times500\times20\times(1850-963.97-10)}{2.291\times10^{10}}\right]^2+\left(\frac{1.35\times553.78\times10^3}{450}\right)^2}$$

$=6.5\text{mm}$，取 $h_f=8\text{mm}<1.5\sqrt{t}=6.7\text{mm}$

（2）按公式（8－58）计算的下翼缘板与腹板的连接焊缝为：

$$h_f=\frac{VS_1}{2\times0.7f_f^wI_x}=\frac{1865.16\times10^3\times400\times20\times(963.97-10)}{2\times0.7\times200\times2.291\times10^{10}}=2.2\text{mm}，取\ h_f=8\text{mm}$$

（3）按公式（8－60）计算的支座加劲肋与腹板的连接焊缝为：

设 $h_f=8\text{mm}$，$h_f=\dfrac{R_{max}}{0.7n\cdot l_w f_f^w}=\dfrac{1865.16\times10^3}{0.7\times4\times(1810-2\times20-2\times8)\times200}=1.9\text{mm}$，采用 $h_f=8\text{mm}$。

11 制动梁计算。

平台检修荷载或人行走道板均布荷载取 2.0kN/m²，制动板自重（未考虑加劲肋）：78.5×0.008＝0.628kN/m²，边梁自重：0.314kN/m。

（1）制动板强度。

取 1m 板宽计算，计算跨度 $l=1.4-0.06=1.34\text{m}$。

荷载设计值：$q=(1.2\times0.625+1.4\times2.0)\times1.0=3.554\text{kN/m}$

弯矩设计值：$M=\dfrac{1}{8}ql^2=\dfrac{1}{8}\times3.554\times1.34^2=0.798\text{kN}\cdot\text{m}$

截面模量：$W=\dfrac{1}{6}bh^2=\dfrac{1}{6}\times1000\times8^2=10666.67\ \text{mm}^3$

强度：$\sigma=\dfrac{M}{W}=\dfrac{0.798\times10^6}{10666.67}=74.8\text{N/mm}^2<310\text{N/mm}^2$

（2）边梁强度。

假设柱宽为400mm，则边梁的计算跨度 $l_1=12-0.4=11.6\text{m}$。

荷载设计值：$q=1.2\times(0.625\times1.4/2+0.314)+1.4\times2.0\times1.4/2=2.862\text{kN/m}$

弯矩设计值：$M_{x_1}=\dfrac{1}{8}ql_1^2=\dfrac{1}{8}\times2.862\times11.6^2=48.139\text{kN}\cdot\text{m}$

制动梁（包括吊车梁上翼缘）对 y_1 轴的净截面模量：

$$W_{ny_1}=\frac{9.509\times10^9}{1600+250-920.04}=1.023\times10^7\text{mm}^3$$

边梁对 x_1 轴的净截面特性：

$$x_{1n}=\frac{4003.4\times140-12.5\times21.5\times(280-12.5/2)}{4003.4-12.5\times21.5}=130.38\text{mm}$$

$$I_{nx_1}=4760\times10^4+4003.4\times(140-130.38)^2-12.5\times21.5\times(280-130.38-12.5/2)^2$$
$$=4.245\times10^7\text{mm}^4$$

$$W_{nx_1}^{上}=\frac{4.245\times10^7}{(280-130.38)}=2.837\times10^5\text{mm}^3,\ W_{nx_1}^{下}=\frac{4.245\times10^7}{130.38}=3.256\times10^5\text{mm}^3$$

按公式（8－91）计算边梁的压应力为：

$$\sigma=\frac{M_{x_1}}{W_{nx_1}^{上}}+\frac{M_H}{W_{ny_1}}=\frac{48.139\times10^6}{2.837\times10^5}+\frac{445.82\times10^6}{1.023\times10^7}=213.3\text{N/mm}^2<310\text{N/mm}^2$$

按公式（8－92）计算边梁的拉应力为：

$$\sigma=\frac{M_{x_1}}{W_{nx_1}^{下}}+\frac{M_H}{W_{ny_1}}=\frac{48.139\times10^6}{3.256\times10^5}+\frac{445.82\times10^6}{1.023\times10^7}=191.4\text{N/mm}^2<310\text{N/mm}^2$$

制动板和边梁均可以采用 Q235 钢。

（3）边梁挠度。

荷载标准值：$q_k=0.625\times1.4/2+0.314+2.0\times1.4/2=2.152\text{kN/m}$

弯矩：$M_{kx_1}=\frac{1}{8}q_k l_1^2=\frac{1}{8}\times 2.152\times 11.6^2=36.197\text{kN}\cdot\text{m}$

按公式（8－10）计算边梁的竖向挠度为：

$$v=\frac{M_{x_1}l_1^2}{10EI_{x_1}}\frac{36.197\times 10^6\times 11600^2}{10\times 2.06\times 10^5\times 4760\times 10^4}=49.67\text{mm}>>\frac{l_1}{400}=\frac{11600}{400}=29\text{mm}$$

在吊车梁 1/3 跨度附近，横向加劲肋处，对称设置两道斜撑，斜撑长度约为：$\sqrt{1600^2+1810^2}=2416\text{mm}$，选用热轧槽钢 ⊏14a，$i_y=1.70\text{cm}$，则 $\lambda_{min}=2416/17=142<150$。此时挠度可以满足要求。

如采用加大边梁的方案，可选择热轧槽钢⊏32c 或⊏36a，计算从略。

（4）构造。

按表 8－14，制动板加劲肋选用∠75×5，间距取 1000mm。

8.13 吊车梁设计系列

8.13.1 说明。

1 吊车梁按起重量 3～50t 的中级工作制（A4、A5）一般用途（软钩）吊车设计。吊车的基本参数和尺寸：

（1）电动单梁吊车：分别按参考文献［36］2013 年提供的 LDB 型电动单梁起重机产品规格（5t、10t）和参考文献［37］2016 年提供的 LDC 型 1－16t 欧式电动单梁起重机技术参数计算。

（2）桥式吊车（5～50t）：分别按参考文献［36］2013 年提供的一般用途 QDL 系列桥式起重机产品规格和参考文献［37］2016 年提供的 ATH 型 5～50t 轻量化桥式起重机技术参数计算。计算（吊车相关资料见第 25 章）。

2 吊车梁采用单轴对称的焊接工字形截面（表 8－21～表 8－24）。钢材 Q235。钢材 Q345 截面及跨度 6.0～9.0m 梁截面详见国家建筑标准设计图 SG 520—1、2（2003 年）。

3 吊车梁跨度 6.0m，按突缘支座设计。

4 吊车梁按两台起重量相同的中级工作制吊车设计。吊车梁的挠度按一台吊车计算。

5 对电动单梁吊车未考虑吊车横向水平荷载和弯矩 M_y。

6 吊车荷载的荷载分项系数取 1.4，动力系数取 1.05。

7 根据《钢结构设计标准》GB 50017—2017 及 GB 50017—2003 条文说明第 6.2.3 条，可不进行疲劳计算。

8 吊车梁上翼缘宽度 b_1（或 b）＜280mm 时，应采用焊接型轨道联结；当 b_1（或 b）≥280mm 时，可采用焊接型或钻孔型轨道联结，计算时已考虑截面孔洞削弱。

9 横向加劲肋与吊车梁腹板的连接角焊缝焊脚尺寸，当梁高 $h\leqslant 600$ 时，取 6mm；当 $h>600$ 时，取 8mm。

8.13.2 吊车梁选用。

1 根据吊车梁的跨度，吊车起重量等，按表 8－21～表 8－24 选用吊车梁的截面。表中 h 为吊车梁高度，b_1为上翼缘宽度，b_2为下翼缘宽度（对于热轧 H 型钢上下翼缘宽度均为 b），t_w为腹板厚度，t_f为翼缘厚度。

2 吊车梁施工详图可参见图 8－76。

表 8－21　6.0m 吊车梁选用表（梁式 LDB 和桥式 QDL、Q235、焊接工字形）[36]

序号	起重量 Q（t）	吊车跨度 S（m）	吊车梁型号	截面尺寸					弯矩设计值		剪力设计值	截面应力（N/mm²）		钢轨型号
				h（mm）	t_w（mm）	b_1（mm）	b_2（mm）	t_f（mm）	M_x（kN·m）	M_y（kN·m）	V（kN）	控制应力	σ	
1	3（梁式）	7.5～22.5	GDL6－1	450	6	250	220	8	137.1	—	113.0	$\sigma_{稳定}$	177.1	P24
2	5（梁式）	7.5～22.5	GDL6－2	450	6	280	220	10	196.1	—	158.9	$\sigma_{下翼缘}$	173.1	
3	10（梁式）	7.5～22.5	GDL6－4	450	6	350	220	16	340.6	—	280.7	$\sigma_{下翼缘}$	202.2	
4	5	10.5～22.5	GDL6－3	450	6	300	220	14	228.6	5.1	192.6	$\sigma_{上翼缘}$	166.0	P38
5		25.5～31.5	GDL6－4	450	6	350	220	16	333.1	6.0	254.3	$\sigma_{下翼缘}$	197.8	
6	10	10.5～25.5	GDL6－5	600	6	350	250	14	406.0	11.5	309.9	$\sigma_{上翼缘}$	193.9	
7		28.5～31.5	GDL6－6	600	8	400	250	14	446.8	11.4	342.7	$\sigma_{下翼缘}$	177.5	
8	16/3.2	10.5～16.5	GDL6－5	600	6	350	250	14	384.9	13.2	324.3	$\sigma_{上翼缘}$	192.8	
9		19.5～25.5	GDL6－6	600	8	400	250	14	475.2	14.0	380.9	$\sigma_{上翼缘}$	190.9	
10		28.5	GDL6－7	600	8	400	250	16	548.3	15.5	418.5	$\sigma_{下翼缘}$	196.9	
11		31.5	GDL6－8	750	8	400	250	16	567.1	15.3	435.0	$\sigma_{上翼缘}$	162.3	
12	20/5	10.5～13.5	GDL6－6	600	8	400	250	14	450.0	17.4	371.9	$\sigma_{上翼缘}$	194.3	QU70
13		16.5～22.5	GDL6－7	600	8	400	250	16	529.5	17.6	435.3	$\sigma_{上翼缘}$	196.1	
14		25.5～31.5	GDL6－8	750	8	400	250	16	629.2	18.2	509.5	$\sigma_{上翼缘}$	184.5	
15	25/5	10.5	GDL6－7	600	8	400	250	16	497.4	21.5	411.1	$\sigma_{上翼缘}$	196.7	
16		13.5～25.5	GDL6－8	750	8	400	250	16	652.1	21.7	536.2	$\sigma_{上翼缘}$	198.5	
17		28.5～31.5	GDL6－9	750	10	450	300	16	747.7	22.6	602.4	$\sigma_{上翼缘}$	185.9	
18	32/8	10.5	GDL6－8	750	8	400	250	16	595.4	26.9	487.0	$\sigma_{上翼缘}$	1992	
19		13.5～25.5	GDL6－9	750	10	450	300	16	753.8	26.7	619.8	$\sigma_{上翼缘}$	195.0	
20		28.5～31.5	GDL6－10	900	10	450	250	16	835.8	27.5	676.8	$\sigma_{上翼缘}$	183.8	

续表 8－21

序号	起重量 Q（t）	吊车跨度 S（m）	吊车梁型号	截面尺寸					弯矩设计值		剪力设计值	截面应力（N/mm²）		钢轨型号
				h（mm）	t_w（mm）	b_1（mm）	b_2（mm）	t_f（mm）	M_x（kN·m）	M_y（kN·m）	V（kN）	控制应力	σ	
21	40/8	10.5	GDL6－9	750	10	450	300	16	704.6	32.2	582.3	$\sigma_{上翼缘}$	197.7	QU100
22		13.5～22.5	GDL6－10	900	10	450	250	16	843.9	31.9	701.0	$\sigma_{上翼缘}$	194.9	
23		25.5～31.5	GDL6－11	900	12	500	250	16	983.9	33.6	796.7	$\sigma_{上翼缘}$	189.9	
24	50/10	10.5～19.5	GDL6－11	900	12	500	250	16	971.1	40.7	802.6	$\sigma_{上翼缘}$	199.4	
25		22.5～31.5	GDL6－12	900	12	550	300	18	1178.2	42.4	954.0	$\sigma_{上翼缘}$	183.9	

表 8－22　6.0m 吊车梁选用表（大连、Q235、焊接工字形）［38］

序号	起重量 Q（t）	吊车跨度 S（m）	吊车梁型号	截面尺寸					弯矩设计值		剪力设计值	截面应力（N/mm²）		钢轨型号
				h（mm）	t_w（mm）	b_1（mm）	b_2（mm）	t_f（mm）	M_x（kN·m）	M_y（kN·m）	V（kN）	控制应力	σ	
1	5	16.5～22.5	GDL6－3	450	6	300	220	14	240.8	5.4	200.7	$\sigma_{上翼缘}$	175.4	P38
2		25.5	GDL6－4	450	6	350	220	16	337.6	6.9	245.7	$\sigma_{下翼缘}$	200.5	
3		28.5～34.5	GDL6－5	600	6	350	250	14	437.2	6.9	318.2	$\sigma_{上翼缘}$	187.8	
4	10	16.5～22.5	GDL6－5	600	6	350	250	14	354.0	10.7	283.8	$\sigma_{上翼缘}$	171.8	
5		25.5～31.5	GDL6－6	600	8	400	250	14	505.5	12.2	379.4	$\sigma_{下翼缘}$	200.8	
6		34.5	GDL6－7	600	8	400	250	16	542.9	12.2	407.4	$\sigma_{下翼缘}$	195.0	

续表 8-22

序号	起重量 Q（t）	吊车跨度 S（m）	吊车梁型号	截面尺寸					弯矩设计值		剪力设计值	截面应力（N/mm²）		钢轨型号
				h（mm）	t_w（mm）	b_1（mm）	b_2（mm）	t_f（mm）	M_x（kN·m）	M_y（kN·m）	V（kN）	控制应力	σ	
7	16	16.5～22.5	GDL6-6	600	8	400	250	14	478.0	14.1	384.7	$\sigma_{上翼缘}$	193.8	P43
8		25.5～34.5	GDL6-8	750	8	400	250	16	678.2	15.9	514.7	$\sigma_{上翼缘}$	189.7	
9	20/5	16.5～19.5	GDL6-6	600	8	400	250	14	470.9	15.5	405.0	$\sigma_{上翼缘}$	195.3	
10		22.5～28.5	GDL6-7	600	8	400	250	16	546.9	15.3	473.0	$\sigma_{下翼缘}$	196.6	
11		31.5～34.5	GDL6-8	750	8	400	250	16	599.9	15.3	518.8	$\sigma_{上翼缘}$	170.9	
12	25/5	16.5	GDL6-7	600	8	400	250	16	541.1	19.1	465.5	$\sigma_{上翼缘}$	203.2	
13		19.5～31.5	GDL6-8	750	8	400	250	16	685.3	18.9	592.7	$\sigma_{上翼缘}$	198.7	
14		34.5	GDL6-9	750	10	450	300	16	731.3	18.9	632.5	$\sigma_{上翼缘}$	175.5	
15	32/5	16.5	GDL6-8	750	8	400	250	16	641.8	23.3	555.1	$\sigma_{上翼缘}$	200.4	
16		19.5～31.5	GDL6-9	750	10	450	300	16	799.7	22.8	699.2	$\sigma_{上翼缘}$	196.2	
17		34.5	GDL6-10	900	10	450	250	16	836.7	22.8	731.6	$\sigma_{上翼缘}$	174.9	
18	40/10	16.5	GDL6-9	750	10	450	300	16	761.1	29.4	665.4	$\sigma_{上翼缘}$	201.7	25.5 时 P43
19		19.5～28.5	GDL6-10	900	10	450	250	16	908.4	29.4	794.2	$\sigma_{上翼缘}$	199.6	
20		31.5～34.5	GDL6-11	900	12	500	250	16	1002.6	29.4	876.6	$\sigma_{下翼缘}$	187.8	
21	50/10	16.5～25.5	GDL6-11	900	12	500	250	16	1022.7	35.6	898.1	$\sigma_{上翼缘}$	198.4	QU80
22		28.5～34.5	GDL6-12	900	12	550	300	18	1165.6	35.6	1023.6	$\sigma_{下翼缘}$	179.1	

表 8－23　6.0m 吊车梁选用表（梁式 LDC 和桥式 ATH、Q235、焊接工字形）[37]

序号	起重量 Q（t）	吊车跨度 S（m）	吊车梁型号	截面尺寸 h（mm）	t_w（mm）	b_1（mm）	b_2（mm）	t_f（mm）	弯矩设计值 M_x（kN·m）	M_y（kN·m）	剪力设计值 V（kN）	截面应力（N/mm²）控制应力	σ	钢轨型号
1	3.2（梁式）	7.5～28.5	GDL6－1	450	6	250	220	8	145.6	—	110	$\sigma_{稳定}$	190.2	
2	5（梁式）	7.5～28.5	GDL6－2	450	6	280	220	10	194.8	—	147.3	$\sigma_{稳定}$	175.9	P22
3	10（梁式）	7.5～28.5	GDL6－4	450	6	350	220	16	314.1	—	237.5	$\sigma_{下翼缘}$	186.92	
4		10.5～25.5	GDL6－3	450	6	300	220	14	257.7	6.1	205.8	$\sigma_{上翼缘}$	193.6	P22
5	5	28.5	GDL6－5	600	6	350	250	14	282.6	6.1	213.7	$\sigma_{上翼缘}$	132.7	
6		31.5～34.5	GDL6－5	600	6	350	250	14	358.6	6.1	249.7	$\sigma_{上翼缘}$	162	P30
7		10.5～22.5	GDL6－5	600	6	350	250	14	338.1	11.9	270.7	$\sigma_{上翼缘}$	176.8	P22
8	10	28.5	GDL6－5	600	6	350	250	14	368.0	12.1	293.9	$\sigma_{上翼缘}$	189.2	P30
9		28.5～34.5	GDL6－6	600	8	400	250	14	424.5	11.9	308.3	$\sigma_{下翼缘}$	190.7	
10		10.5	GDL6－5	600	6	350	250	14	340.7	13.6	254.7	$\sigma_{上翼缘}$	184.5	P22
11	16	13.5～25.5	GDL6－6	600	8	400	250	14	436.2	13.3	327.5	$\sigma_{上翼缘}$	180.0	
12		28.5～34.5	GDL6－6	600	8	400	250	14	458.5	11.2	350.9	$\sigma_{下翼缘}$	182.6	P30
13	20	10.5～16.5	GDL6－6	600	8	400	250	14	452.6	16.5	340.1	$\sigma_{上翼缘}$	194.4	P22
14		19.5～34.5	GDL6－7	600	8	400	250	16	496.9	16.1	374.1	$\sigma_{上翼缘}$	184.2	P30

注：20t 以上吊车规格详见参考文献［37］，并按设计实例设计其所用吊车梁。

表 8－24　6.0m 吊车梁选用表（梁式 LDC 和桥式 ATH、Q235、热轧 H 型钢）[37]

序号	起重量 Q（t）	吊车跨度 S（m）	吊车梁截面型号	截面尺寸（mm）	弯矩设计值（kN·m）		剪力设计值 V（kN）	稳定控制应力 $\sigma_{稳定}$（N/mm²）	钢轨型号
				$h\times b\times t_w\times t_f$	M_x	M_y			
1	3.2（梁式）	7.5～28.5	HDL6－11	HN 400×200×8×13	145.6	—	110	$\sigma_{稳定}=181.0$	P22
2	5（梁式）	7.5～28.5	HDL6－2	HN 450×200×9×14	194.8	—	147.3	$\sigma_{稳定}=196.9$	
3	10（梁式）	7.5～28.5	HDL6－3	HN 506×201×11×19	314.1	—	237.5	$\sigma_{稳定}=192.3$	
4	5	10.5～28.5	HDL6－4	HM390×300×10×16	282.6	6.1	213.7	$\sigma_{上翼缘}=200.9$	P22
5		31.5～34.5	HDL6－12	HM440×300×11×18	358.6	6.1	249.7	$\sigma_{上翼缘}=195.2$	P30
6	10	10.5～22.5	HDL6－6	HM544×300×11×15	338.1	11.9	270.7	$\sigma_{上翼缘}=201.1$	P22
7		25.5	HDL6－7	HM550×300×11×18	368.0	12.1	293.9	$\sigma_{上翼缘}=183.5$	P30
8		28.5～34.5	HDL6－8	HM588×300×12×20	478.8	11.9	336.7	$\sigma_{上翼缘}=189.1$	
10	16（桥式 8 轮）	10.5～16.5	HDL6－7	HM550×300×11×18	375.4	13.5	281.7	$\sigma_{上翼缘}=192.1$	P22
11		19.5～25.5	HDL6－8	HM588×300×12×20	436.2	13.3	327.5	$\sigma_{上翼缘}=182.1$	
12		28.5～34.5			458.5	11.2	350.9	$\sigma_{上翼缘}=180.3$	P30
14	20（桥式 8 轮）	10.5～16.5	HDL6－8	HM588×300×12×20	452.6	16.5	340.1	$\sigma_{上翼缘}=199.3$	P22
15		18.5～34.5	HDL6－9	HN656×301×12×20	496.9	16.1	374.1	$\sigma_{上翼缘}=190.8$	P30

注：20t 以上吊车规格详见参考文献［37］，并按设计实例设计其所用吊车梁。

8.14 吊车梁设计中的若干问题

8.14.1 吊车梁截面形式及腹板构造。

1 吊车梁多数为三块钢板焊接成的工字形截面，为节约钢材可采用上翼缘宽，下翼缘窄主轴 X 不对称的工字形截面。

2 随着热轧 H 型钢大规模出现，小吨位、小跨度的吊车梁可直接采用热轧 H 型钢。

3 腹板与翼缘板的焊接

(1) 重级工作制和吊车起重 $Q \geqslant 50t$ 的中级工作制吊车梁腹板与上翼缘焊接的 T 形接头，焊缝均要求焊透，焊缝形式一般为对接与角接的组合焊缝（图 8 – 16），其质量等级不低于二级。

(2) 其余除对接焊缝外，均可采用外观质量不低于三级的角接焊缝。

8.14.2 吊车梁的支座形式。

一般为实缘支座和平板支座［图 8 – 15（a）、图 8 – 15（b)］。

1 突缘支座受力明确，柱纵向基本没有偏心，但施工要求高，适用于各种跨度、吊车吨位的钢柱和混凝土柱，但钢柱应优先选用突缘支座。

2 平板支座柱纵向有偏心，但施工方便，适用于吊车吨位和吊车梁跨度较小场合，一 般吊车吨位不宜超过 50 吨。混凝土柱应优先选用平板支座。

3 吊车梁在变形缝和房屋两端处梁外挑，此处必须选用平板支座。

8.14.3 厂房柱间支撑和吊车梁的传力途径和构造。

1 吊车梁为柱间支撑开间的水平撑杆和非支撑开间的刚性系杆将厂房纵向的风力、吊车纵向刹车力和地震作用由两端上柱柱间支撑和吊车梁及下柱柱间支撑传给基础和地基，故柱间支撑为整个厂房纵向的抗侧力结构和稳定刚体。

2 平板支座籍吊车梁与各柱的连接焊缝传递纵向力，故其与柱的连接焊缝，特别是下柱柱间支撑开间的连接焊缝质量和强度尤为重要。必须通过吊车纵向水平荷载或房屋纵向地震作用计算，确定焊缝厚度和长度。

3 突缘支座一般只承受竖向力，突缘端部加劲肋与柱不焊。纵向水平荷载籍各吊车梁间的端填板和螺栓将纵向力通过吊车梁传至下柱柱间支撑。下柱柱间支撑开间的吊车梁下翼缘支座附近，与柱的连接板承受柱列的全部纵向力，板的连接焊缝或高强度螺栓的质量和强度十分重要，也必须通过计算保证。

9 门式刚架

9.1 刚架特点及适用范围

9.1.1 刚架特点。

刚架结构是梁、柱单元构件的组合体。其形式种类多样，在单层工业与民用房屋的钢结构中，应用较多的为单跨，双跨或多跨的单、双坡门式刚架。根据需要，可带挑檐或毗屋，如图 9－1 所示。根据通风、采光的需要，这种刚架厂房可设置通风口、采光带和天窗架等。单跨刚架的跨度国内最大已达到 72m。

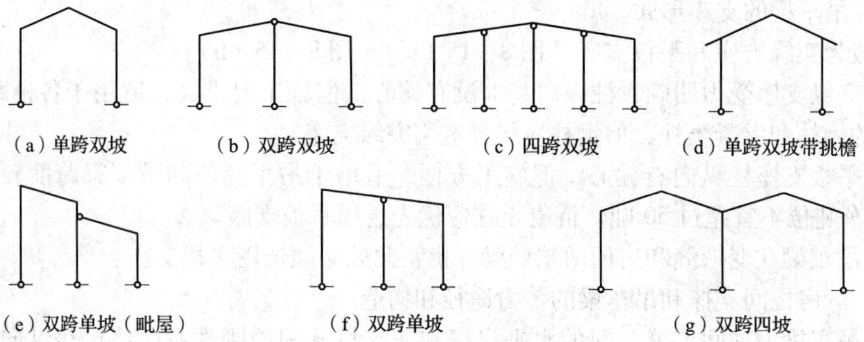

图 9－1 门式刚架的形式

门式刚架结构有以下特点：

1 采用轻型屋面，可减小梁柱截面及基础尺寸。

2 在大跨建筑中增设中间柱做成一个屋脊的多跨大双坡屋面，以避免内天沟排水。中间柱可采用钢管制作的上下铰接摇摆柱，占空间小。

3 刚架斜梁侧向刚度可借檩条隅撑保证，以减少纵向刚性构件和减小翼缘宽度。

4 跨度较大的刚架可采用改变腹板高度、厚度及翼缘宽度的变截面。

5 刚架的腹板允许其部分失稳，利用其屈曲后的强度，即按有效宽度设计，可减小腹板厚度，不设或少设横向加劲肋。

6 竖向荷载通常是设计的控制荷载，地震作用一般不起控制作用。但当风荷载较大或房屋较高时，风荷载的作用不应忽视。

7 为使非地震区和小震区支撑做得轻便，可采用张紧的圆钢。

8 结构构件可全部在工厂制作，工业化程度高。构件单元可根据运输条件划分，单元之间在现场用螺栓连接，安装方便快速，土建施工量小。

9.1.2 适用范围。

门式刚架通常用于跨度 9～30m、柱距 6m、柱高 4.5～12m、设有吊车起重较小的单屋工业房屋公共建筑（超市、娱乐体育设施、车站候车室、码头建筑）。设置桥式吊车时，宜为起重量不大于 20t 的中、轻级工作制（A1～A5）的吊车；设置悬挂吊车时，其起重量不宜大于 3t。

9.2 结构形式及有关要求

9.2.1 结构形式。

门式刚架的结构形式是多种多样的。按构件体系分，有实腹式与格构式；按截面形式分，有等截面和变截面；按结构选材分，有普通型钢、钢管或钢板焊成的。实腹式刚架的截面一般为工字形；格构式刚架的截面为矩形或三角形。

门式刚架的横梁与柱为刚接，柱脚与基础宜采用铰接；当设有5t以上桥式吊车时，柱脚与基础宜采用刚接。

变截面与等截面相比，前者可以适应弯矩变化，节约材料，但在构造连接及加工制造方面，不如等截面方便，故当刚架跨度较大或较高时设计成变截面。

9.2.2 建筑尺寸。

门式刚架轻型房屋钢结构的尺寸。

1 门式刚架的跨度，应取横向刚架柱轴线间的距离。门式刚架的跨度宜为12~48m，以3m为模数，必要时也可采用非模数跨度。当边柱截面高度不等时其外侧应对齐。

2 门式刚架的高度应根据使用要求的室内净高确定，取地坪至柱轴线与柱轴线与斜梁轴线交点的高度。无吊车的房屋门式刚架高度宜取4.5~9m；有吊车的房屋应根据轨顶标高和吊车净空要求确定，一般宜为9~15m。

3 门式刚架的间距，即柱网轴线在纵向的距离宜为6m，亦可采用7.5m或9m，最大可采用12m；门式刚架跨度较小时也可采用4.5m。

4 门式刚架的高、宽、长。

(1) 门式刚架轻型房屋的檐口高度，应取地坪至房屋外侧檩条上缘的高度。

(2) 门式刚架轻型房屋的最大高度，应取地坪至屋盖顶部檩条上缘的高度。

(3) 门式刚架轻型房屋的宽度，应取房屋侧墙墙梁外皮之间的距离。挑梁长度可根据使用要求确定，宜为0.5~1.2m。

(4) 门式刚架轻型房屋的长度，应取房屋两端山墙墙梁外皮之间的距离。

5 门式刚架轻型房屋屋面坡度一般取1/10~1/20，在雨水较多地区可取其中较大值。挑檐的上翼缘坡度宜与横梁坡度相同。

6 柱的轴线可取通过柱下端（截面小端）截面中心的竖向轴线；工业建筑边柱的定位轴线取柱外皮，有吊车时宜留有150mm及以上插入距，横梁的轴线可取通过变截面梁段最小端的中心与斜梁上表面平行的轴线。

9.2.3 结构平面布置。

1 温度区段长度。

温度区段长度可按表2-17设置，当门式刚架轻型房屋的屋面和外墙均采用压型钢板时，其温度区段长度可适当放宽。

2 当需要设置温度缝（伸缩缝）时，可采用两种做法：

(1) 习惯上采用双柱较多。

(2) 在檩条端部的螺栓连接处在纵向采用长圆孔，并使该处屋面在构造上允许涨缩。吊车梁与柱的连接处也沿纵向采用长圆孔。

3 刚架的横向定位轴线应加插入距，见图9-2。图中α_e为温度缝或防震缝宽度，按设计取用。

4 在多跨刚架局部抽掉中柱处，可布置托架梁。

5 屋面檩条的形式和布置，应考虑天窗、通风口、采光带、屋面材料和檩条供货等因素的影响；屋面压型钢板的板型与檩条间距和屋面荷载有关，一般可按第6章选用。

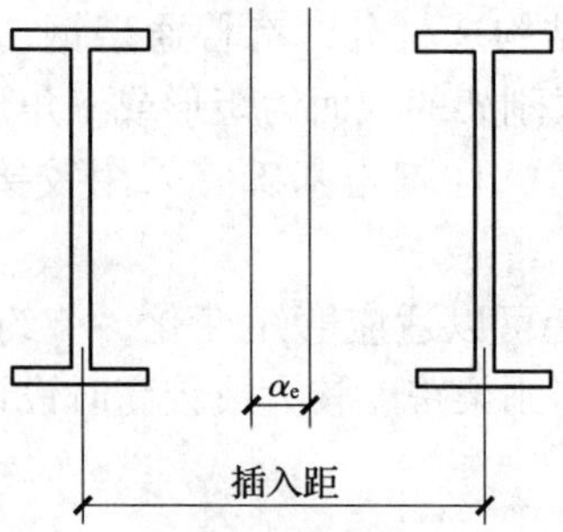

图9-2 柱的插入距（一般为 $2\times600+\alpha_e$，α_e 为缝宽）

9.3 内力和侧移计算

9.3.1 变截面。

1 内力。

对变截面门式刚架，应采用弹性分析方法确定各种内力。进行内力分析时宜按平面结构考虑，一般不考虑应力蒙皮效应。当有必要且有条件时，可考虑屋面板的蒙皮效应。蒙皮效应是将屋面板视为沿房屋全长伸展的深梁，可按《建筑抗震设计规范（2016年版)》GB 50011—2010 用来承受平面内荷载。考虑屋面板的蒙皮效应可提高结构的刚度和承载力，但目前还难以利用，只能当作潜力。变截面门式刚架的内力分析可按一般结构力学方法或利用静力计算公式、图表进行。如需考虑地震作用效应时，可采用底部剪力法确定。抗震阻尼比：封闭式房屋取0.05；敞开式房屋取0.035。

2 侧移。

(1) 单跨刚架。

当单跨变截面刚架横梁上缘坡度不大于1∶5时，在柱顶水平力作用下的侧移，可按下列公式估算：

柱脚铰接刚架

$$\Delta=\frac{PH^3}{12EI_c}(2+\xi_t) \tag{9-1}$$

柱脚刚接刚架

$$\Delta=\frac{PH^3}{12EI_c}\cdot\frac{3+2\xi_t}{6+2\xi_t} \tag{9-2}$$

其中

$$\xi_t=I_cL/HI_b \tag{9-3}$$

式中 H、L——刚架柱高度和刚架跨度，当坡度大于1∶10时，L 应取横梁沿坡折线的总长度 $L=2s$（图9-3）；

I_c、I_a——柱和横梁的平均惯性矩，见公式（9-4）和公式（9-5）；

P——刚架柱顶等效水平力，按公式（9-6）~公式（9-10）计算；

按公式（9-1）、公式（9-2）计算所得的侧移，应满足表2-12的要求。

1）变截面柱和横梁的平均惯性矩，可按下列公式计算：

对于楔形构件

$$I_c=(I_{co}+I_{c1})/2 \tag{9-4}$$

对于双楔形横梁

$$I_c=[I_{bo}+\beta I_{b1}+(1-\beta)I_{b2}]/2 \tag{9-5}$$

式中符号的含义见图9-3。

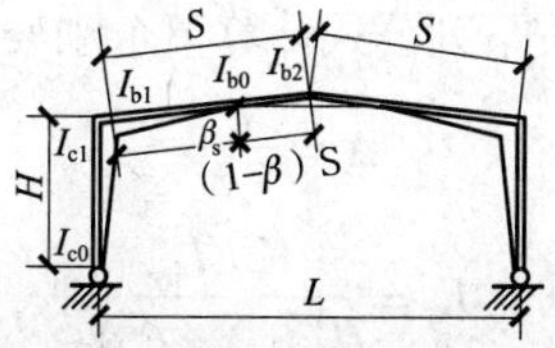

图9-3 变截面刚架的几何尺寸

2）刚架柱顶等效水平力 可按下列公式计算：

当估算刚架在沿柱高度均布风荷载作用下的侧移时（图9-4）：

柱脚铰接刚架 $$P=0.67W \tag{9-6}$$

柱脚刚接刚架 $$P=0.45W \tag{9-7}$$

其中 $$W=(w_1+w_4)\cdot H \tag{9-8}$$

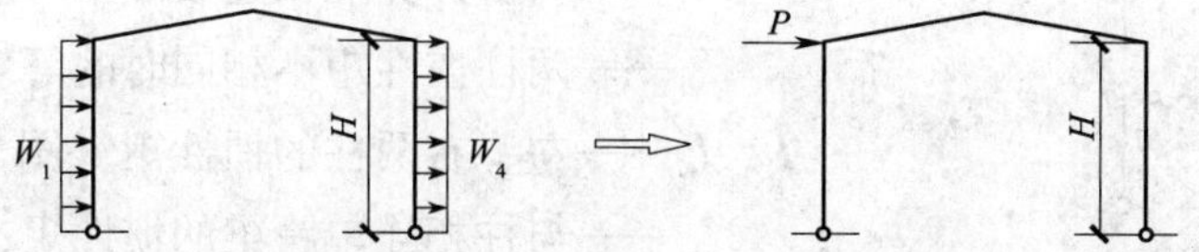

图9-4 刚架在均布风荷载作用下柱顶的等效水平力

当估算刚架在吊车水平荷载 P_c 作用下的侧移时（图9-5）：

柱脚铰接刚架 $$P=1.15\eta P_c \tag{9-9}$$

柱脚刚接刚架 $$P=\eta P_c \tag{9-10}$$

式中 W——均布风荷载的总值；

w_1、w_4——柱两侧风荷载的均布值；

η——吊车水平荷载 P_c 作用高度与柱高度之比；

P_c——吊车水平荷载。

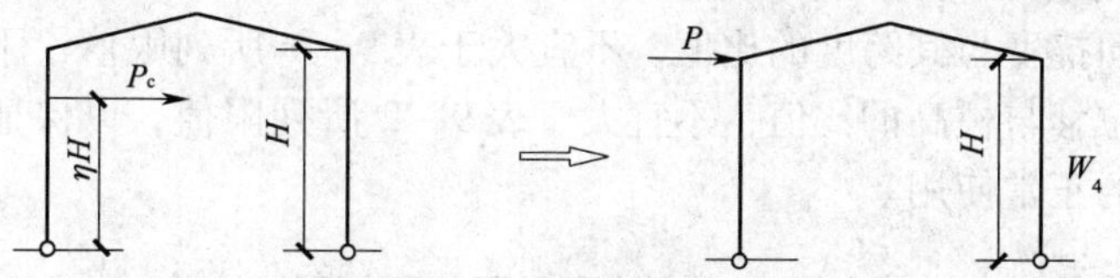

图9-5 刚架在吊车水平荷载作用下柱顶的等效水平力

（2）两跨刚架。

中间柱为摇摆柱的两跨刚架，柱顶侧移可采用公式（9-1）计算，但公式（9-3）中的 L 应以 $2s$ 代替，s 为单坡面长度（图9-6）。

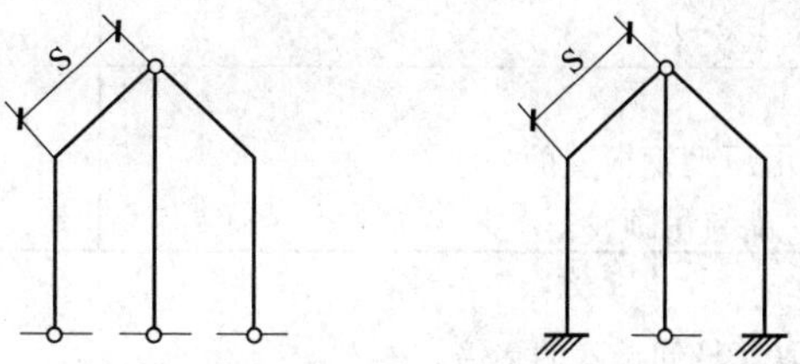

图9-6 有摇摆柱的两跨刚架

（3）当中间柱与横梁刚性连接时，可将多跨刚架视为多个单跨刚架的组合体（每个中柱分为两半，惯性矩各为1/2），按下列公式计算整个刚架在柱顶水平荷载作用下的侧移：

$$\Delta = \frac{P}{\sum K_{\mathrm{i}}} \tag{9-11}$$

$$K_{\mathrm{i}} = \frac{12EI_{\mathrm{ei}}}{H_{\mathrm{i}}^{3}\ (2+\xi_{\mathrm{ti}})} \tag{9-12}$$

$$\xi_{\mathrm{ti}} = \frac{I_{\mathrm{ei}} l_{\mathrm{i}}}{H_{\mathrm{i}} I_{\mathrm{bi}}} \tag{9-13}$$

$$I_{\mathrm{ei}} = \frac{I_{\mathrm{l}} + I_{\gamma}}{4} + \frac{I_{\mathrm{l}} I_{\gamma}}{I_{\mathrm{l}} + I_{\gamma}} \tag{9-14}$$

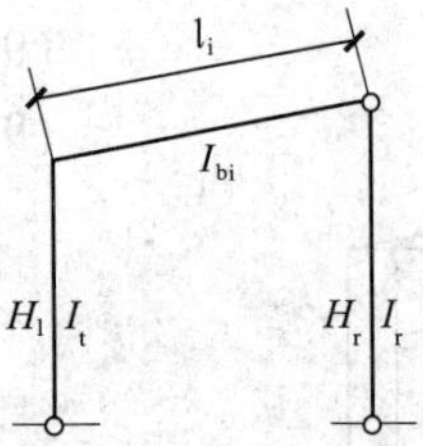

图9-7 左右两柱的惯性矩

式中 $\sum K_{\mathrm{i}}$——柱脚铰接时各单跨刚架的侧向刚度之和；

H_{i}——所计算跨两柱的平均高度；

l_{i}——与所计算柱相连接的单跨刚架梁的长度；

I_{ei}——两柱惯性矩不相同时的等效惯性矩；

I_{l}、I_{γ}——左、右两柱的惯性矩（图9-7）；

I_{bi}——与柱相连单跨梁的惯性矩；

ξ_{ti}——柱梁线刚度比。

9.3.2 等截面。

等截面门式刚架弹性设计时，可按上述变截面刚架的规定进行设计。

构件截面可采用三块板焊接成的工字形截面，高频焊接薄型钢及热轧H型钢。

等截面刚架按塑性设计时，其构件按第3.4节的规定进行设计。

9.3.3 刚架梁、柱截面。

1 刚架梁的最小高度与跨度之比，格构式梁可取1/15-1/25；实腹式梁可取1/30-1/45。

2 刚架梁柱的最小高度，根据柱高，有无吊车和吊车吨位大小参照表10-3确定。

9.3.4 刚架梁、柱的竖向挠度与侧移值。

刚架梁的竖向挠度与其跨度的比值，不宜大于表9-1所列限值；刚架柱在风荷载作用下的柱顶水平位移与柱高的比值，不宜大于表9-2所列限值，以保证刚架有足够的刚度及屋面墙面等的正常使用。

表9-1 刚架梁的竖向挠度限值

屋盖情况	挠度限值
门式刚架斜梁 仅支承压型钢板屋面和冷弯型钢檩条	L/180
夹层 主梁 次梁	 L/400 L/250
檩条 仅支承压型钢板屋面 尚有吊顶	 L/150 L/240

注：1 L系刚架跨度。

2 对于悬臂梁，L取其悬伸长度的2倍。

3 抗风柱及桁架取L/250。

表 9-2 刚架柱顶侧移限值

吊车情况	其他情况	柱顶侧移限值
无吊车	采用压型钢板等轻型钢墙板时 采用砌体墙时	$h/60$ $h/240$
有桥式吊车	吊车由驾驶室操作时 吊车由地面操作时	$h/400$ $h/180$

注：表中 h 为刚架柱高度。

9.3.5 刚架的构造。

1 门式刚架房屋设置支撑体系。在每个温度区段或分期建设的区段，应设置横梁上弦横向水平支撑和两侧柱间支撑；刚架转折处（即边柱柱顶和屋脊）及多跨房屋的中间柱顶，应沿房屋全长位置刚性系杆。

2 刚架梁应按图 9-9 设置隅撑侧向支撑点，但柱一般不设置隅撑，借系杆或吊车梁保证其侧向稳定性。

3 刚架梁应与檩条或屋盖的其他刚性构件可靠连接。

4 构件容许长细比见表 2-19、表 2-20。

5 凡本章未涉及的，如高强度螺栓、焊接连接等均见第 4 章。

9.4 构件截面设计

9.4.1 板件最大宽厚比和屈曲后的强度。

工字形截面（采用三块板焊成）受弯构件中腹板以受剪为主，翼缘以抗弯为主。增大腹板的高度，可使翼缘的抗弯能力发挥更为充分。如在增大腹板高度的同时厚度也相应增大，则腹板耗钢量过多，不经济。因而，不过多增大腹板厚度而充分利用板件屈曲后的强度是比较合理的。

1 工字形截面板件受压翼缘板自由外伸宽度 b 与其厚度 t 之比，不应大于 $15\sqrt{235/f_y}$；工字形截面梁、柱构件腹板的厚度不小于 4mm，计算高度 h_w 与其厚度 t_w 之比，不应大于 250。此处，f_y 为钢材屈服强度。

2 当工字形截面构件腹板受弯及受压板幅利用屈曲后强度时，应按有效宽度计算截面特性。有效宽度应按表 9-3 计算。

3 其他应注意的问题：

（1）风荷载 W_k 计算中应采用公式：

$$W_k = \beta\mu_s\mu_z W_0$$

式中 W_0——基本风压，按《建筑结构荷载规范》GB 50009—2012；

β——主刚架 β 系数取 1.1，围护结构取 1.5 代替 GB 50009 中的 β_z 和 β_{gz}；

μ_z——与 GB 50009 相同；

μ_s——《门式刚架轻型房屋结构技术规范》GB 51022 与 GB 50009 不同，本手册未列，建议设计人员自行取用。

（2）基本雪压，GB 51022 中 S_0 取 100 年的重现期，而 GB 50009 中 S_0 取 50 年。设计门式刚架时建议统一取 100 年重现期。

（3）抗震承载力调整系数 GB 51022 中 γ_{RE} 取 0.85 和 0.90 大于《建筑抗震设计规范（2016 年版）》GB 50011—2010 中的 0.75 和 0.80，建议按 GB 51022 取用。

表 9-3 腹板有效宽度

项次	公式	说明
1	$h_c = \rho h_e$ (9-15)	
2	$\rho = \dfrac{1}{(0.243 + \lambda_p^{1.25})^{0.9}} \leqslant 1$ (9-16) $\lambda_p = \dfrac{h_w / t_w}{28.1\sqrt{k_\sigma}\sqrt{235/f_y}}$ (9-17) $k_\sigma = \dfrac{16}{\sqrt{(1+\beta)^2 + 0.112(1-\beta)^2} + (1+\beta)}$ (9-18) $\beta = \sigma_2 / \sigma_1$ (9-19) 当板边最大应力 $\sigma_1 < f$ 时，计算 λ_p 可用 $\gamma_R \sigma_1$ 代替式（9-17）中的 f_y，γ_R 为抗力分项系数。对 Q235 和 Q345 钢，$\gamma_R = 1.1$。	h_c——腹板受压有效区宽度； ρ——有效宽度系数，$\rho > 1$ 时，取 1； λ_p——与板件受弯、受压有关的参数； β——截面边缘正应力比值（图 9-8），$1 \geqslant \beta \geqslant -1$； k_σ——杆件在正应力作用下的屈曲系数； σ_1、σ_2——板边最大和最小应力，[σ_2] 与 [σ_1]
3	当截面全部受压，即 $\beta > 0$ 时（图 9-8） $h_{e1} = 2h_e / (5-\beta)$ (9-20) $h_{e2} = h_e - h_{e1}$ (9-21) 当截面部分受拉，即 $\beta < 0$ 时 $h_{e1} = 0.4h_e$ (9-22) $h_{e2} = 0.6h_e$ (9-23)	

注：本表按《门式刚架轻型房屋钢结构技术规范》GB 51022 的规定；表 3-27 是按《钢结构设计规范》GB 50017。

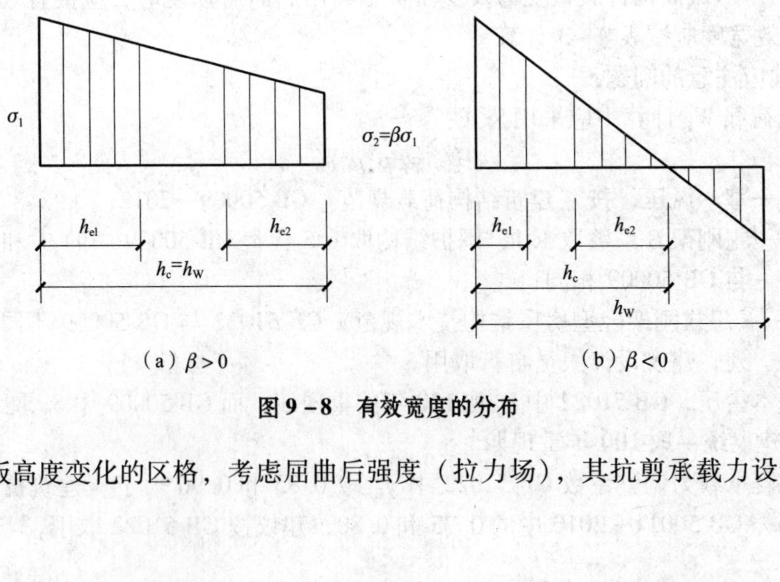

（a）$\beta > 0$ （b）$\beta < 0$

图 9-8 有效宽度的分布

4 腹板高度变化的区格，考虑屈曲后强度（拉力场），其抗剪承载力设计值应按表 9-4 计算：

表 9－4　抗剪承载力设计值

项次	公　　式	说　　明
1	$V_d = \chi_{tap}\varphi_{ps}h_{w1}t_w f_v \leqslant h_{w0}t_w f_v$　（9－24） $\varphi_{ps} = \dfrac{1}{(0.51+\lambda_s^{3.2})^{1/2.6}} \leqslant 1.0$　（9－25）	f_v——抗剪强度设计值； h_{w1}、h_{w0}——楔形腹板大端和小端腹板高度； λ_s——与板件受剪有关的参数，按公式（9－27）的规定采用； χ_{tap}——腹板屈曲后抗剪强度的楔率折减系数； t_w——腹板厚度； γ_p——腹板区格的楔率； $\gamma_p = \dfrac{h_{w1}}{h_{w0}} - 1$； $\alpha = \dfrac{a}{h_{w1}}$区格的长度与高度比； a——加劲肋间距； k_τ——受剪板件的屈曲系数：当不设横向加劲肋时，取 $k_\tau = 5.34\eta_s$
2	$\chi_{tap} = 1 - 0.35\alpha^{0.2}\gamma_p^{2/3}$　（9－26）	
3	$\lambda_s = \dfrac{h_{w1}/t_w}{37\sqrt{k_\tau}\sqrt{235/f_y}}$　（9－27） 当　$a/h_{w1} < 1$ 时，$k_\tau = 4 + 5.34/(a/h_{w1})^2$（9－28a） 当　$a/h_{w1} \geqslant 1$ 时，$k_\tau = \eta_s[5.34 + 4/(a/h_{w1})^2]$　（9－28b） $\eta_s = 1 - w_1\sqrt{\gamma_P}$　（9－29） $\omega_1 = 0.41 - 0.897\alpha + 0.363\alpha^2 - 0.041\alpha^3$（9－30）	

9.4.2　刚架构件的强度计算和加劲肋设置见表 9－5 规定：

表 9－5　刚架构件的强度计算及加劲肋设置

项次	公　　式	说　　明
1	工字形截面受弯构件在剪力 V 和弯矩 M 共同作用下的强度： 当 $V \leqslant 0.5V_\alpha$ 时 $M \leqslant M_e$　（9－31） 当 $0.5V_a < V \leqslant V_d$ 时 $M \leqslant M_f + (M_e - M_f)\left[1 - \left(\dfrac{V}{0.5V_d} - 1\right)^2\right]$　（9－32） 当截面为双轴对称时 $M_f = A_f(h_w + t_f)f$　（9－33）	V_d——腹板抗剪承载力设计值，按公式（9－24）计算； M_f——两翼缘所承担的弯矩； M_e——构件有效截面所承担的弯矩，$M_e = W_e f$； A_f——构件翼缘的截面面积； A_e——有效截面面积； W_e——构件有效截面最大受压纤维的截面模量； h_w——计算截面腹板高度； t_f——计算截面的翼缘厚度；
2	工字形截面压弯构件在剪力 V、弯矩 M 和轴压力 N 共同作用下的强度，应符合下列要求： 当　$V \leqslant 0.5V_d$ 时　$\dfrac{N}{A_e} + \dfrac{M}{W_e} \leqslant f$　（9－34）	

续表 9－5

项次	公　式	说　明
2	当 $0.5V_d\leqslant V<V_d$ 时 $M\leqslant M_f^N+(M_e^N-M_f^N)\left[1-\left(\frac{V}{0.5V_d}-1\right)^2\right]$ (9－35) $M_e^N=M_e-NW_e/A_e$ (9－36) 当截面为双轴对称时 $M_f^N=A_f(h_w+t)(f-N/A_e)$ (9－37)	M_f^N——兼承压力 N 时两翼缘所能承受的弯矩； N_s——拉力场产生的压力； V——梁受剪承载力设计值； φ_s——腹板剪切屈曲稳定系数，$\varphi_s\leqslant1$； λ_s——参数，按（9－27）的规定采用； h_w——腹板的高度； t_w——加劲肋的厚度； 当验算加劲肋稳定性时，其截面应包括每侧 $15t_w\sqrt{235/f_y}$ 宽度范围内的腹板面积，计算长度取 h_w。小端截面应验算轴力、弯矩和剪力共同作用下的强度
3	梁腹板应在与中柱连接处、较大集中荷载作用处和翼缘转折处设置横向加劲肋。 梁腹板利用屈后强度时，其中间加劲肋除承受集中荷载和翼缘转折产生的压力外，还应承受拉力场产生的压力。该压力应按下列公式计算： $N_s=V-0.9\varphi_s h_w t_w f_v$ (9－38) $\varphi_s=\frac{1}{\sqrt[3]{0.738+\lambda_s^6}}\leqslant1.0$ (9－39)	

9.4.3 变截面柱梁的稳定计算，应符合下表 9－6 规定：

表 9－6　变截面柱梁的稳定性计算

项次	公　式	说　明
1	变截面柱的在刚架平面内的稳定计算： $\frac{N_1}{\eta_1\varphi_x A_{el}f}+\frac{\beta_{mx}M_1}{(1-N_1/N_{cr})W_{el}}\leqslant f$ (9－40) $N_{cr}=\pi^2EA_{el}/\lambda_1^2$ (9－41) $\bar{\lambda}_1\geqslant1.2\quad\eta_1=1$ (9－42) $\bar{\lambda}_1<1.2\quad\eta_1=\frac{A_0}{A_1}+\left(1-\frac{A_0}{A_1}\right)\times\frac{\bar{\lambda}_1^2}{1.44}$ (9－43)	N_1——大端的轴向压力设计值； M_1——大端的弯矩设计值； A_{el}——大端的有效截面的面积； φ_x——杆件轴心受压稳定系数，楔形柱按表 9－8规定的计算长度系数表 14 查得，计算长细比时取大端截面的回转半径； W_{el}——大端截面最大受压纤维的有效截面模量，或最大弯矩和该弯矩所在截面； β_{mx}——等效弯矩系数，有侧移刚架柱的等效弯矩系数 β_{mx} 取 1.0； N_{cr}——欧拉临界力，按（9－41）式的规定采用； $\bar{\lambda}_1$——通用长细比，$\bar{\lambda}_1=\frac{\bar{\lambda}_1}{\pi}\sqrt{f_y/E}$
2	变截面柱的在刚架平面外的稳定计算： $\frac{N}{\eta_{ty}\varphi_y A_{el}f}+\left(\frac{M_1}{\varphi_b\gamma_x W_{x1}f}\right)^{1.3-0.3k_\sigma}\leqslant1$ (9－44)	

续表 9－6

项次	公　式	说　明
2	$\overline{\lambda}_{1y} \geqslant 1.30 \quad \eta_{1y}=1$　　(9－45) $\overline{\lambda}_{1y}<1.30 \quad \eta_{1y}=\frac{A_0}{A_1}+\left(1-\frac{A_0}{A_1}\right)\times\frac{\overline{\lambda}_{1y}^2}{1.69}$　　(9－46)	$\overline{\lambda}_{1y}$—绕弱轴的通用长细比，$\overline{\lambda}_{1y}=\frac{\lambda_{1y}}{\pi}\sqrt{f_y/E}$ λ_1——按大端截面计算，$\lambda_1=\frac{\mu H}{i_{x1}}$ λ_{1y}——大端截面绕弱轴的回转半径 $\lambda_{1y}=\frac{H_1}{i_{y1}}$； A_0、A_1——小端和大端截面的毛截面面积； φ_y——轴心受压构件弯矩作用平面外的稳定系数，以大端为准，按表 14 取用，计算长度 H_1 取纵向柱间支撑点间的距离； 当不能满足式（9－44）的要求时，可加大截面；
3	承受线性变化的弯矩楔形变截面梁段的稳定性，按照下式计算： $\frac{M_1}{\gamma_x\varphi_b W_{x1}f}\leqslant 1$　　(9－47)	K_M——小大端截面弯矩产生的应力比值，由弯矩计算： $k_M=\frac{M_0}{M_1}$ $k_\sigma=k_M\frac{W_{x1}}{W_{x0}}$ λ_{1y}——绕弱轴通用长细比，$\lambda_{1y}=\frac{H}{i_{1y}}$； i_{1y}——大端截面绕弱轴回转半径； φ_b——楔形变截面梁柱段的整体稳定系数，详见表 14－9； γ_x——截面塑性开展系数按表 3－19 取用

9.4.4 斜梁和隅撑的设计，应符合下表 9－7 规定：

表 9－7　斜梁和隅撑的设计

项次	公　式	说　明
1	实腹式刚架斜梁在平面内可按压弯构件计算强度，在平面外应按压弯构件计算稳定	A_f——实腹斜梁被支撑翼缘的截面面积； f——实腹斜梁钢材的强度设计值； f_y——实腹斜梁钢材的屈服强度； θ——隅撑与檩条轴线的夹角； F——上翼缘所受的集中荷载； $t(t_f)$、t_w——分别为斜梁翼缘和腹板的厚度； α_m——参数，$\alpha_m\leqslant 1.0$，在斜梁负弯矩区取 1.0；
2	实腹式刚架斜梁的出平面计算长度，应取侧向支承点间的距离；当斜梁两翼缘侧向支承点间的距离不等时，应取最大受压翼缘侧向支承点间的距离	
3	当实腹式刚架斜梁的下翼缘受压时，支承在屋架梁上翼缘横面支撑节点处的檩条，不可作为屋架梁的侧向支承	

续表 9－7

项次	公　　式	说　　明
4	当屋面梁和檩条之间设置的隅撑（见图 9－9），满足以下条件时，下翼缘受压的屋面梁的计算长度可考虑隅撑的弹性作用： 1）在屋面梁的两侧均设置隅撑； 2）隅撑的上支承点的位置不低于檩条形心线；或在隅撑的上支承点处增设拉条； 3）隅撑应按轴心受压构件设计 $N=\frac{A_f f}{120\cos\theta}$　　(9－48)	
5	当隅撑单面布置时，隅撑的轴心力是公式（9－48）的两倍；应考虑隅撑可能作为檩条的实际支座，对屋面梁下翼缘施加侧向水平力，屋面梁的强度和稳定性计算，要考虑其影响，水平力按照隅撑作为檩条的支座传来的力计算	M——集中荷载作用处的弯矩； W_e——截面最大受压纤维的有效截面模量。 隅撑的最大间距 $l_1 \leqslant 240 i_y$《建筑抗震设计规范（2016 年版）》GB 50011—2010 第 9.2.12 条文说明； i_y——梁上下翼缘平面外的回转半径
6	当斜梁上翼缘承受较大集中荷载处而不设横向加劲肋时，除应按现行国家标准《钢结构设计规范》GB 50017 的规定验算腹板上边缘正应力、剪应力和局部压应力共同作用时的折算应力外，尚应满足下列要求： $F \leqslant 15\alpha_m t_w^2 f\sqrt{\frac{t_f}{t_w}}\sqrt{\frac{235}{f_y}}$　　(9－49) $\alpha_m = 1.5 - M/(W_e f)$　　(9－50)	

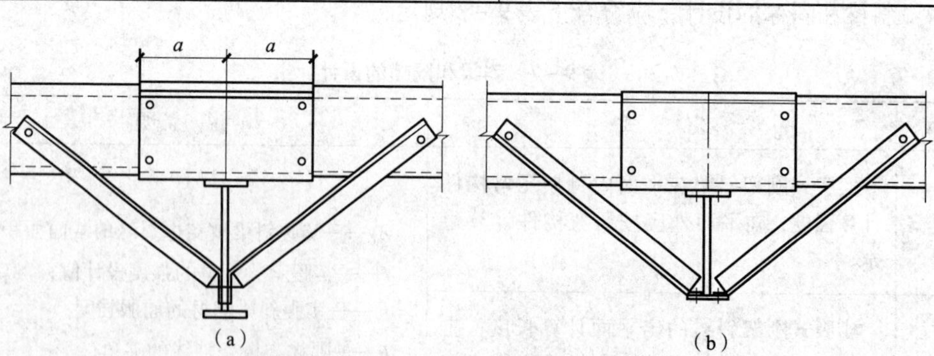

(a)　　(b)

图 9－9　隅撑的连接（图中搭接处螺栓中距应符合构造规定）

9.4.5　刚架柱平面内计算长度。

截面高度呈线性变化的柱，在刚架平面内的计算长度可以按下式确定：

1　单跨门式刚架柱，在刚架平面内的计算长度 H_o 按下式计算：

$$H_o = \mu H \tag{9-51}$$

式中 H——柱的高度，取基础顶面到柱与梁轴线交点的距离（如图9－3所示）；

μ——刚架柱的计算长度系数，按下列方法确定。

2 刚架梁为等截面构件时，μ 可按表9－8查得：

表9－8 等截面刚架柱的计算长度系数 μ

柱与基础的连接方式 \ K_2/K_1	0	0.2	0.3	0.5	1.0	2.0	3.0	4.0	7.0	≥10.0
刚接	2.00	1.50	1.40	1.28	1.16	1.08	1.06	1.04	1.02	1.00
铰接	∞	3.42	3.00	2.63	2.33	2.17	2.11	2.08	2.05	2.00

3 刚架梁为变截面构件时，μ 可按下式计算：

$$\mu=\sqrt{\frac{24EI_1}{K\cdot H^3}} \tag{9-52}$$

$$K=\frac{P}{\Delta} \tag{9-53}$$

式中 Δ——见公式（9－1）；

I_1——柱大端截面的毛截面惯性矩。

4 变截面刚架柱的计算长度系数 μ 也可见表9－9。

表9－9 变截面楔形刚架柱的计算长度系数 μ

柱与基础的连接方式	I_0/I_1 \ K_2/K_1	0.1	0.2	0.3	0.5	0.75	1.0	2.0	≥10.0
铰接	0.01	5.03	4.33	4.10	3.89	3.77	3.74	3.70	3.65
	0.05	4.90	3.98	3.65	3.39	3.25	3.19	3.10	3.05
	0.10	4.66	3.82	3.48	3.19	3.04	2.98	2.94	2.75
	0.15	4.61	3.75	3.37	3.10	2.93	2.85	2.72	2.65
	0.20	4.59	3.67	3.30	3.00	2.84	2.75	2.63	2.55

注：1 $K_1=I_1/H$、$K_2=I_2/l$。

2 I_1 为柱顶处的截面惯性矩；I_2 为刚架梁的截面惯性矩；H 为刚架柱的高度；l 为刚架梁的长度，在山形门式刚架中为斜梁沿折线的总长2S。

5 多跨刚架的中间柱为摇摆柱时（图9－10），摇摆柱的计算长度系数 μ 取1.0，边柱的计算长度见公式（9－54）。

$$H=\eta\mu H \tag{9-54}$$

$$\eta=\sqrt{1+\frac{\sum(N_i/H_i)}{\sum(N_f/H_f)}} \tag{9-55}$$

式中 μ——柱的计算长度系数，由表9－8、表9－9查得或公式（9－55）算得，但表9－9注中取与边柱相连的一跨横梁的坡面长度；

η——放大系数；

N_i、H_i——中间柱（即摇摆柱）的轴心力和高度；

N_f、H_f——刚架边柱的轴心力和高度。

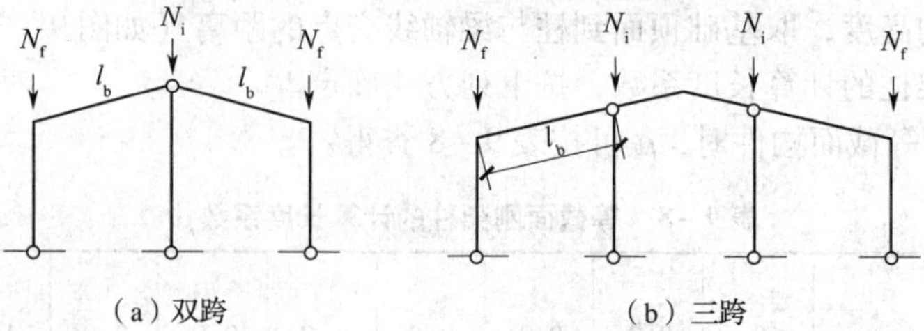

图 9-10 计算边柱时的横梁长度

本条中计算长度系数 $\eta\mu$ 适用于屋面坡度不大于 1∶5 的情况，超过此值时应考虑斜梁轴心力对柱刚度的不利影响。

6 对于带有毗屋的刚架，可近似地将毗屋柱视为摇摆柱，主刚架柱的系数 μ_1 可按表 9-8 查得，并应乘以按公式（9-55）计算的系数 η。计算 η 时，N_{lf} 为毗屋柱承受的轴心压力，N_f 为主刚架柱承受的竖向荷载。

7 当中间柱为非摇摆柱时，各刚架柱的计算长度系数可按下式计算：

$$\mu_i = \sqrt{\frac{1.2N_{E1i}}{K_i \cdot N_i} \cdot \frac{\sum N_i}{H_i}} \tag{9-56}$$

$$N_{E1i} = \frac{\pi^2 EI_{1i}}{H_i^2} \tag{9-57}$$

式中 μ_i——第 i 根刚架柱的计算长度系数，柱脚铰接时，公式（9-56）乘以 0.85，刚接时乘以 1.2；

N_{E1i}——第 i 根刚架柱以大端截面为准的欧拉临界力；

H_i、N_i——第 i 根刚架柱的高度、轴心压力；

I_{1i}——第 i 根刚架柱大端截面的惯性矩。

单层柱脚为铰接有侧移的框架柱和多层底层框架柱，弯矩作用平面内的等效弯矩系数 β_{mx}：

$$\beta_{mx} = 1.0 \tag{9-58}$$

9.5 节 点 设 计

9.5.1 斜梁和柱连接及斜梁拼接。

门式刚架斜梁与柱的连接，可采用端板竖放［图 9-11（a）］、端板平放［图 9-11（b）］和端板斜放［图 9-11（c）］三种形式。当采用外天沟时，可将柱顶板做成倾斜的如图所示。横梁拼接时宜使端板与构件外缘垂直［图 9-11（d）］。端板及其连接节点应符合下列规定：

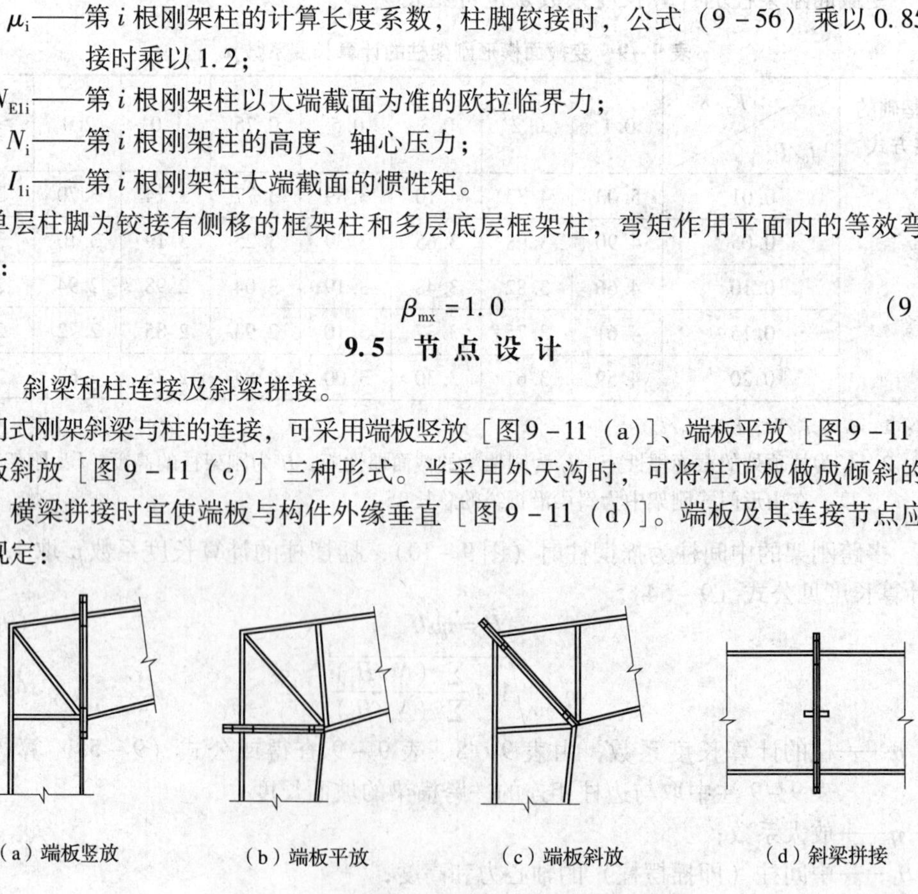

图 9-11 刚架斜梁与柱的连接及横梁间的拼接

1 端板连接（图9－11）应按所受最大内力设计。当内力较小时，应按能承受不小于较小被连接截面承载力的一半设计。

2 主刚架构件的连接宜采用高强度螺栓，可采用承压型或摩擦型连接。当为端板连接且只受轴向力和弯矩，或剪力小于其实际抗滑移承载力（按抗滑移系数为0.3计算）时，可采用高强度承压型螺栓连接。吊车梁与制动梁的连接可采用高强度摩擦型螺栓连接或焊接。高强度螺栓直径可根据需要选用，通常采用M16～M24螺栓。檩条和墙梁与刚架斜梁和柱的连接通常采用M12普通螺栓。

3 端板连接螺栓应成对称布置。在受拉翼缘和受压拉翼缘的内外两侧均应设置，并宜使每个翼缘的螺栓群中心与翼缘的中心重合或接近。为此，应采用将端板伸出截面高度范围以外的外伸式连接。当螺栓群间的力臂足够大（例如在端板斜置时）或受压力较小时（例如某些斜梁拼接），也可采用将螺栓全部设在构件截面高度范围内的端板平齐式连接［图9－11（b）、（c）］。

4 螺栓中心至翼缘板表面的距离，应满足拧紧螺栓是的施工要求，不宜小于35mm。螺栓端距不应小于2倍的螺栓孔径。

5 在门式刚架中，受压翼缘的螺栓不宜少于两排。当受拉翼缘两侧各设一排螺栓尚不能满足承载力要求时，可在翼缘内侧增设螺栓（图9－12），其间距可取75mm，且不小于3倍螺栓孔径。

6 与斜梁端板连接的柱翼缘部分应与端板等厚度（图9－12）。当端板上两对螺栓间的最大距离大于400mm时，应在端板的中部增设一对螺栓。

7 同时受拉和受剪的螺栓，应验算螺栓在拉剪共同作用下的强度。

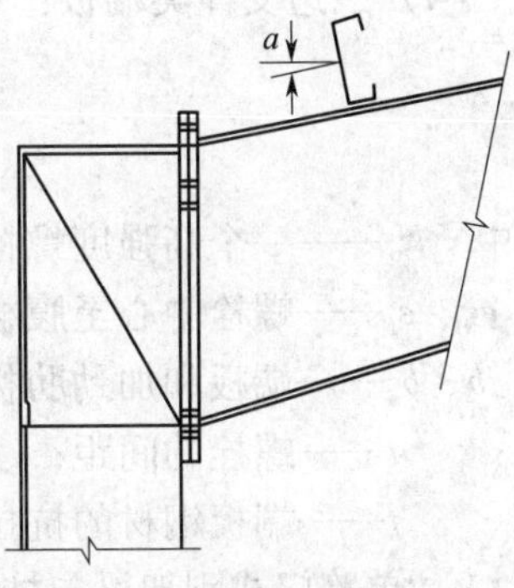

图9－12 端板竖放时的构造

8 端板的厚度可根据支撑条件（图9－13）按下列公式计算，不宜小于螺栓计算直径的1.1～1.2倍和16mm。

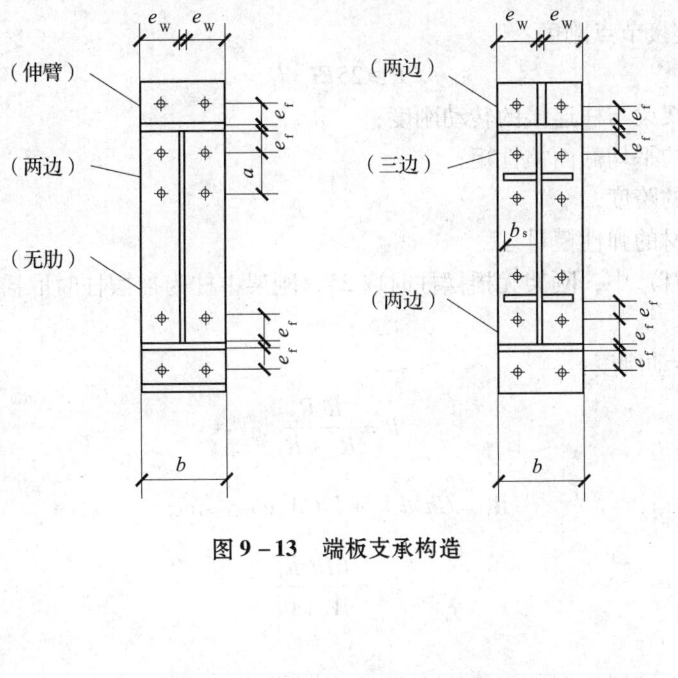

图9－13 端板支承构造

（1）伸臂类端板：

$$t \geqslant \sqrt{\frac{6e_f N_t}{bf}} \tag{9-59}$$

（2）无加劲肋端板：

$$t \geqslant \sqrt{\frac{3e_w N_t}{(0.5a + e_w)f}} \tag{9-60}$$

（3）两边支撑类端板：

当端板外伸并有加劲肋时：

$$t \geqslant \sqrt{\frac{6e_f e_w N_t}{[e_w b + 2e_f(e_f + e_w)]f}} \tag{9-61}$$

当端板平齐时：

$$t \geqslant \sqrt{\frac{12e_f e_w N_t}{[e_w b + 4e_f(e_f + e_w)]f}} \tag{9-62}$$

（4）三边支撑类端板：

$$t \geqslant \sqrt{\frac{6e_f e_w N_t}{[e_w(b + 2b_s) + 4e_f^2)]f}} \tag{9-63}$$

式中 N_t——一个高强度螺栓的接力设计值；

e_w、e_f——螺栓中心至腹板和翼缘板表面的距离；

b、b_s——端板和加劲肋板的宽度；

a——螺栓的间距；

f——端板钢材的抗拉强度设计值。

9 单跨门式刚架梁与柱的连接节点（图 9-14）应具有公式（9-64）规定的转动刚度。多跨框架的中柱为摇摆柱时，公式（9-64）中的系数 K 宜适当提高，建议改为 40 和 60。

（1）梁柱连接节点刚度：

$$R \geqslant 25EI_b/l_b \tag{9-64}$$

式中 R——刚架梁与柱连接的转动刚度；

I_b——梁的平均截面惯性矩；

l_b——梁的跨度；

E——钢材的弹性模量。

公式（9-64）中，刚架无摇摆柱时取 25，刚架中柱为摇摆柱时取摇摆柱与刚架柱距的 2 倍。

（2）梁柱转动刚度：

$$R = \frac{R_1 R_2}{R_1 + R_2} \tag{9-65a}$$

$$R_1 = Gh_1 d_a t_p + Ed_b A_{st} \cos\alpha^2 \sin\alpha \tag{9-65b}$$

$$R_2 = \frac{6EI_e h_1^2}{1.1e_f^3} \tag{9-65c}$$

式中　R_1——节点域剪切变形对应的刚度（N·mm）；

R_2——连接的弯曲刚度，包括端板弯曲、螺栓拉伸和柱翼缘弯曲所对应的刚度（N·mm）；

h_1——梁端翼缘板中心间的距离（mm）；

t_p——柱节点域腹板厚度（mm）；

I_e——端板惯性矩（mm）；

e_f——端板外伸部分的螺栓中心到其加劲肋外边缘的距离（mm）；

A_{st}——两条斜加劲肋的总截面积（mm^2）；

α——斜加劲肋倾角；

G——钢材的剪切模量（N/mm^2）。

10　刚架构件的翼缘与端板的连接应采用全熔透对接焊缝，腹板与端板的连接应采用角焊缝，坡口形式应符合现行国家标准《手工电弧焊接接头的基本形式与尺寸》GB985的规定。在端板螺栓处，应按下列公式验算构件腹板的强度：

当 $N_{t2} \leqslant 0.4P$ 时：

$$\frac{0.4P}{e_w t_w} \leqslant f \tag{9-66}$$

当 $N_{t2} > 0.4P$ 时：

$$\frac{N_{t2}}{e_w t_w} \leqslant f \tag{9-67}$$

式中　N_{t2}——翼缘内第二排一个螺栓的轴心拉力设计值（N/mm^2）；

e_w——螺栓中心至腹板表面的距离（mm）；

t_w——螺栓中心至腹板表面的距离（mm）；

P——1个高强度螺栓的预拉力（N）；

f——腹板钢材的抗拉强度设计值（N/mm^2）。

9.5.2　梁柱节点域在门式刚架横梁与柱相交的节点域（图9-14）应根据公式（9-18）验算剪应力。

$$\tau \leqslant f_v \tag{9-68}$$

$$\tau = \frac{\xi M}{d_b d_c t_c} \tag{9-69}$$

式中　M——节点承受的弯矩（N·mm），对多跨刚架中间柱，应取两侧横梁端跨弯矩的代数和或柱端弯矩；

d_c、t_c——节点域柱腹板的高度和厚度（mm）；

d_b——横梁端部高度或节点域高度（mm）；

ξ——剪应力分布不均匀系数，按弹性设计时为1.0（《门式刚架轻型房屋钢结构技术规范》GB 51022—2015）；按塑性设计时为0.75（《钢结构设计标准》GB 50017—2017）；

f_v——节点域柱腹板钢材的抗剪强度设计值。

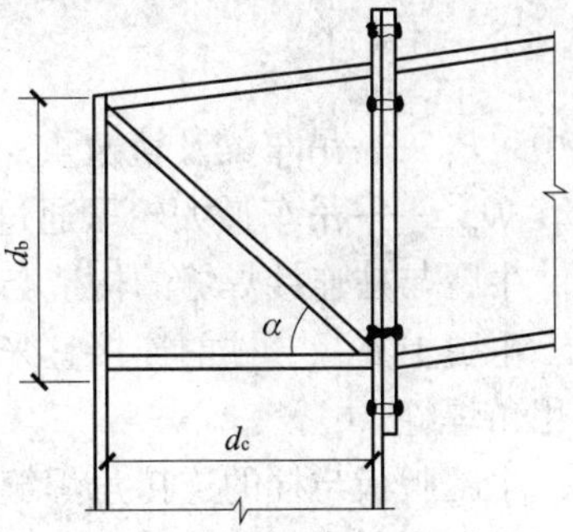

图9-14　节点域

当不满足上述公式的要求时，可设置腹板加劲肋或局部加厚腹板。

9.5.3　刚架柱脚。

门式刚架轻型房屋钢结构的柱脚，宜采用平板式铰接柱脚［图9－15（a）、（b）］。当有必要时，也可采用刚性柱脚［图9－15（c）、（d）］。柱脚锚栓不宜用以承受柱脚底部的水平力。此水平力应由底板与混凝土之间的摩擦力（摩擦系数取0.4）或设置抗剪键来承受。当埋置深度受到限制时，锚栓应牢固地固定在锚板或锚梁上，以传递全部拉力，此时锚栓与混凝土间的黏结力不予考虑。

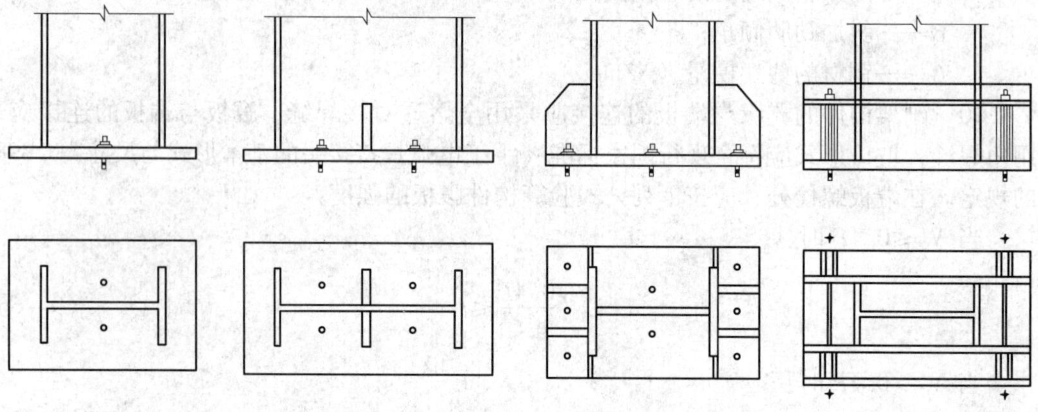

（a）一对锚栓的铰接柱脚　（b）两对锚栓的铰接柱脚　（c）带加劲肋的刚接柱脚　（d）带靴梁的刚接柱脚

图9－15　门式刚架柱脚型式

注：图9－15（c）利用锚栓垫板分布压力的计算，见例题9－2和第9.8节。

变截面柱下端的宽度应根据具体情况确定，但不宜小于200mm。

近年来刚接柱脚将钢柱直接插入混凝土基础内用二次浇灌层固定的插入式刚接柱脚已经在多项单层工业厂房中应用，效果良好，并不影响安装调整。这种柱脚构造简单、节约钢材且安全可靠，可用于大跨度、有吊车的厂房中。

9.5.4　牛腿。

1　牛腿的构造。

牛腿的构造要求见图9－16。柱为焊接工字形截面。牛腿板件尺寸与柱截面尺寸相协调，牛腿各部分焊缝由计算确定。

2　牛腿的计算。

根据图9－16，作用于牛腿根部的剪力V，弯矩M为：

$$V = P = 1.2P_D + 1.4D_{max} \tag{9-70}$$

$$M = P = V \cdot e \tag{9-71}$$

式中　P_D——吊车梁及轨道重；

D_{max}——吊车最大轮压通过吊车梁传递给一根柱的最大反力。

牛腿与柱连接焊缝的构造与计算：

牛腿上翼缘与柱的连接宜采用焊透的V形对接焊缝，下翼缘和腹板与柱的连接也可采用角焊缝。

牛腿腹板与柱的连接角焊缝焊脚尺寸由剪力V确定。

牛腿下翼缘与柱的连接角焊缝焊脚尺寸由牛腿翼缘传来的水平力$F = M/H$确定。

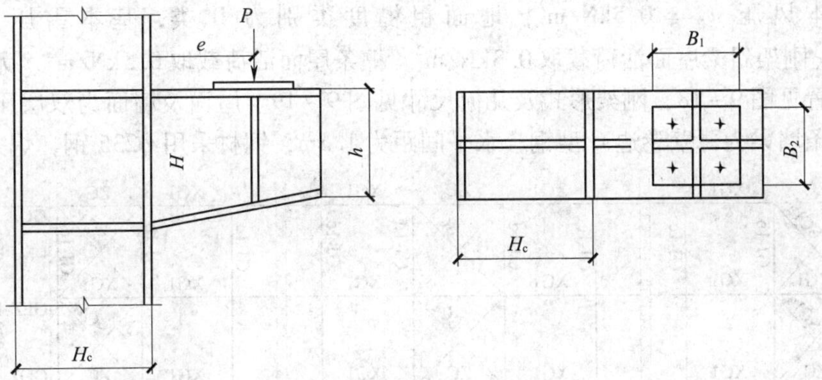

图9-16　牛腿的构造节点

9.5.5　夹层结构中梁、柱连接。

在设有夹层的结构中，夹层梁与柱可采用刚接，也可采用铰接（图9-17）。当采用刚接连接时，夹层梁翼缘与柱翼缘应采用全熔透焊接，而腹板可采用高强螺栓与柱连接。柱在与夹层梁上下翼缘相应处应设置横向加劲肋。

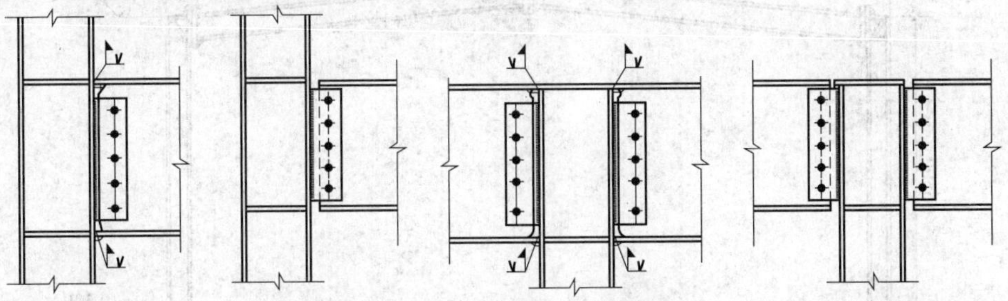

（a）梁与边柱刚接　（b）梁与边柱铰接　（c）梁与中柱刚接　（d）梁与中柱铰接

图9-17　夹层梁与柱连接节点

9.6　抗震构造

9.6.1　门式刚架的抗震措施。

《门式刚架轻型房屋钢结构技术规范》GB 51022—2015 第3.4.3条规定："当地震作用组合的效应控制结构设计时，抗震构造措施"如下：

1　工字形截面构件受压翼缘板自由外伸宽度 b 与其厚度 t 之比不应大于 $13\sqrt{235/f_y}$；梁、柱构件腹板计算高度 h_w 与其厚度 t_w 之比，不应大于160。

2　檐口或中柱的两侧三个檩距范围内，每道檩条处屋面梁均应布置双侧隅撑；边柱的檐口墙梁处均应双侧设置隅撑。

3　当柱刚接时，锚栓的面积不应小于柱截面面积的0.15倍，应采用不能相对滑动的连接。

4　柱的长细比不应大于150。

9.7　门式刚架设计实例

【例题9-1】 12m单跨双坡无吊车门式刚架

1　设计资料。

单层房屋采用单跨双坡门式刚架，刚架跨度12m，柱距6m，柱顶标高5m，屋面坡度1/10，地震设防烈度为6度，设计地震分组为第二组，场地类别为Ⅱ类，阻尼比 ζ 取

0.05。基本风压 w_0 = 0.5kN/m²，地面粗糙度类别为B类，基本雪压 0.3kN/m²（$R=100$）。刚架斜梁屋面活荷载取0.3kN/m²，檩条屋面活荷载取0.5kN/m²，无吊车。刚架平面布置见图9－18，刚架形式及几何尺寸见图9－19。屋面及墙面为双层压型复合保温板；檩条墙梁为薄壁卷边C型钢，水平间距为1.5m，钢材采用Q235钢，焊条E43型。

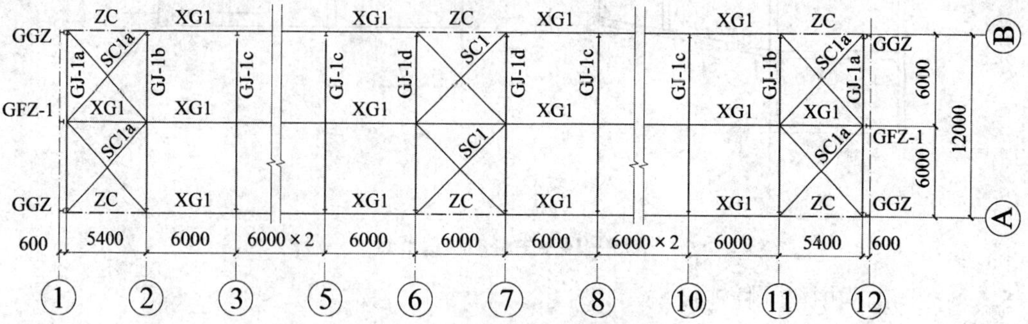

图9－18 刚架平面布置图

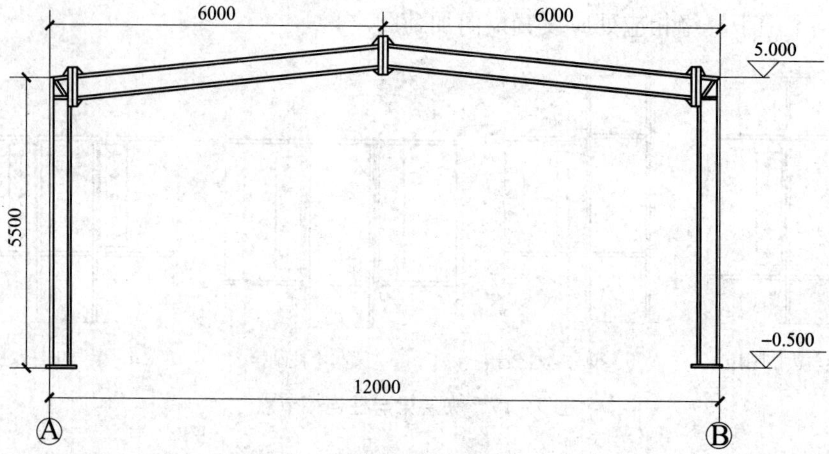

图9－19 刚架形式及几何尺寸

（1）刚架永久荷载标准值（对水平投影面）。

双层压型复合保温板	0.20kN/m²
檩条	0.05kN/m²
悬挂设备	0.05kN/m²
合计	0.30kN/m²

（2）可变荷载标准值。

刚架屋面活荷载与雪荷载标准值均为0.3kN/m²。

（3）风荷载标准值。

基本风压值0.5kN/m²；地面粗糙度为B类；风荷载高度变化系数及体型系数按现行国家标准《建筑结构荷载规范》GB 50009—2012的规定采用，当高度小于10m时，按10m高度处的数值采用，$\mu_z=1.0$。风荷载体型系数 μ_s 迎风面柱及屋面分别为＋0.80和－0.60；背风面柱及屋面分别为－0.50和－0.50。故风荷载标注值迎风面柱为＋0.40kN/m²，迎风面屋面为－0.30kN/m²；背风面柱为－0.25kN/m²，背风面屋面为－0.25kN/m²。

2　屋面构件。

（1）双层压型复合保温板。

根据表 6－2 提供的板型号，上层板为序号 9，YX51－380－760；下层板为序号 43，YX15－225－900；单块板厚 0.5mm，总厚 80mm，中间夹玻璃棉保温层。

（2）檩条。

根据檩条截面选用表 7－6 构造 2，考虑实际竖向线荷载后，檩条可采用 LC6－22.1（冷弯薄壁卷边槽钢 220×75×20×2.2），跨中设拉条一道。檩托布置见图 9－20。

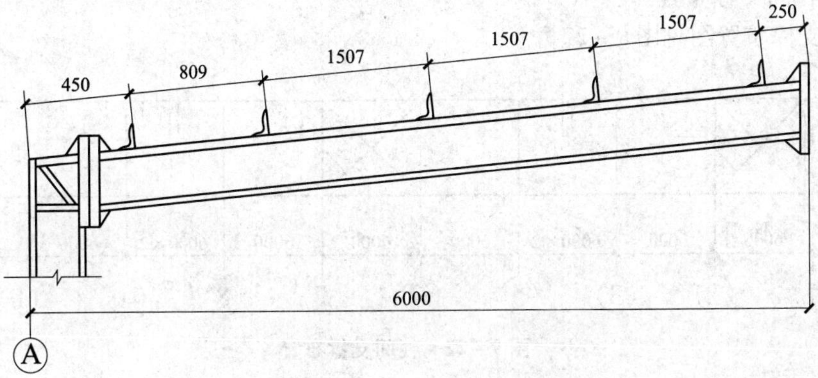

图 9－20　檩托布置图

3　屋面支撑。

（1）屋面支撑布置。

檩条水平间距 1.5m，水平支撑布置见图 9－18。

（2）屋面支撑荷载及内力。

屋面支撑斜杆因地震为 6 度区，故采用张紧的圆钢。支撑计算简图见图 9－21。一侧山墙支撑取 $\mu_s = 1$，$\mu_z = 1$。

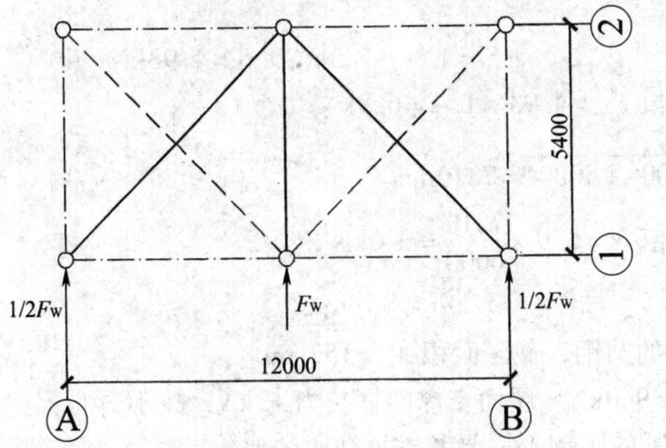

图 9－21　支撑计算简图

节点荷载标准值 $F_{wk} = 0.5 \times 1.0 \times 1.0 \times 6.03 \times \left(\frac{5+0.6}{2} + 1.0\right) = 11.5\text{kN}$（1.0 为女儿墙尺寸）；

节点荷载设计值 $F_w = 11.5 \times 1.4 = 16.1\text{kN}$；

斜杆拉力设计值 $N = \frac{16.1}{2} \times \frac{8090}{5400} = 12\text{kN}$。

（3）斜杆。

斜杆选用 $\phi16$ 的圆钢，截面面积 $A = 157\text{mm}^2$。

强度校核：$N/A_n = 12000/157 = 77\text{N/mm}^2 < f_t^b = 170\text{N/mm}^2$。

刚度校核：张紧的圆钢不需要考虑长细比的要求。

4　柱间支撑直杆用檩条或墙梁兼用，因檩条或墙梁留有一定的应力裕量，可不再验算。

（1）柱间支撑布置。

柱间支撑布置图见图 9－22。

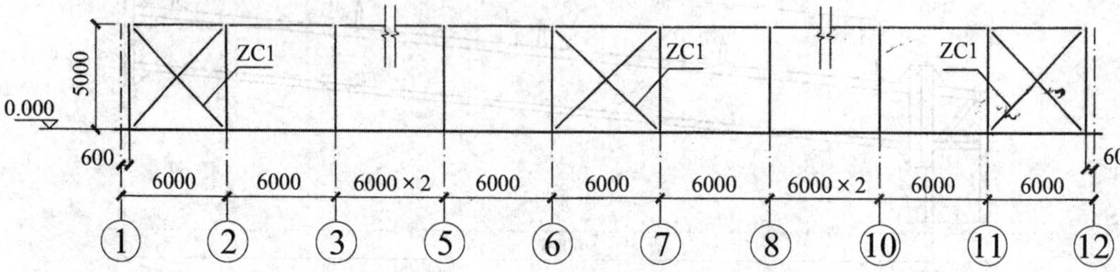

图 9－22　柱间支撑布置

（2）柱间支撑荷载及内力。

柱间支撑为交叉斜杆，采用张紧的圆钢。支撑计算简图见图 9－21（b）。

作用于两侧山墙顶部节点的风荷载为（斜梁顶高度取 5.6m）：

取 $\mu_s = 0.8 + 0.5 = 1.3$

$$w_1 = 1.3 \times 1.0 \times 0.5 \times 12 \times \left(\frac{5.6}{2} + 1\right) = 29.6\text{kN}$$

按一半山墙面全厂房长度内设三道支撑，作用风荷载的 1/3 考虑节点风荷载标准值为：

$$F_{wk} = 1/3 \times 1/2 \times 29.6 = 4.93\text{kN}$$

节点荷载设计值 $F_w = 4.93 \times 1.4 = 6.9\text{kN}$。

斜杆长为 $\sqrt{6000^2 + 5000^2} = 7810\text{mm}$。

斜杆拉力设计值 $N = 6.9 \times \frac{7810}{6000} = 9.0\text{kN}$。

（3）斜杆校核

斜杆选用 $\phi16$ 的圆钢，截面面积 $A_n = 157\text{mm}^2$。

强度校核：$N = 9.0\text{kN} <$ 屋面支撑斜杆拉力 12kN，故不再验算。

刚度校核：张紧的圆钢不需要考虑长细比的要求。

5　墙架设计。

根据墙梁截面选用表 11－1，墙梁间距 1500mm，可以采用 QLC6.0－20.2（冷弯薄壁卷边槽钢 C200×70×20×2.5）。

在山墙跨中设置一根抗风柱，梁端设构造柱，根据墙架柱截面选用表 11－3，墙架柱可以采用 H 型钢 300×200×5.0×6.0，高度为 5.3m。墙架的连接节点见图 11－43，墙架的布置见图 11－6、图 11－42。

6 刚架杆件内力。

刚架杆件组合内力设计值见图9－23（a）～（c）。

7 节点设计（图9－24）。

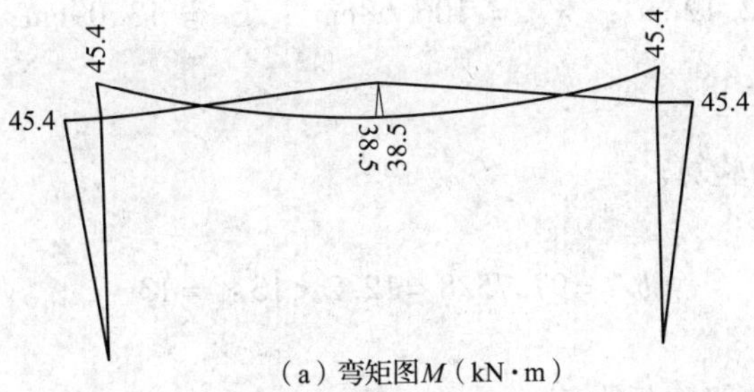

（a）弯矩图M（kN·m）

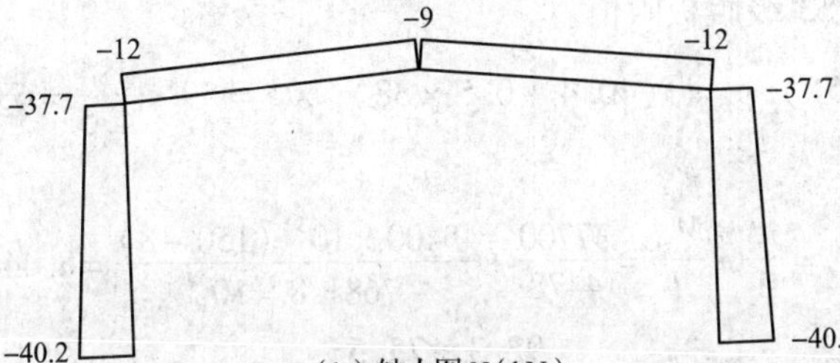

（b）轴力图N（kN）

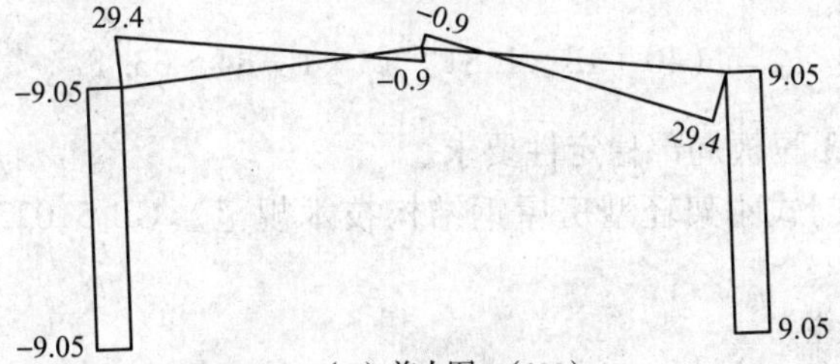

（c）剪力图V（kN）

图9－23 刚架组合内力图

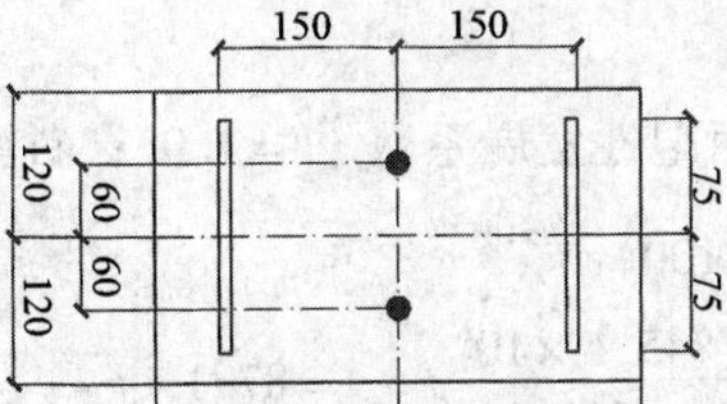

（a）柱脚铰接连接节点

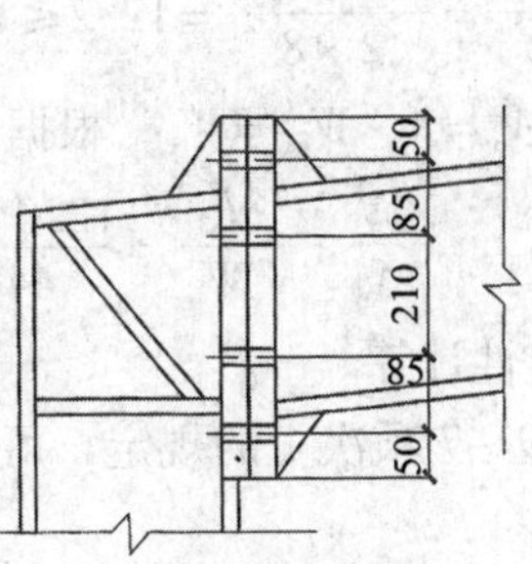

（b）梁柱拼接节点

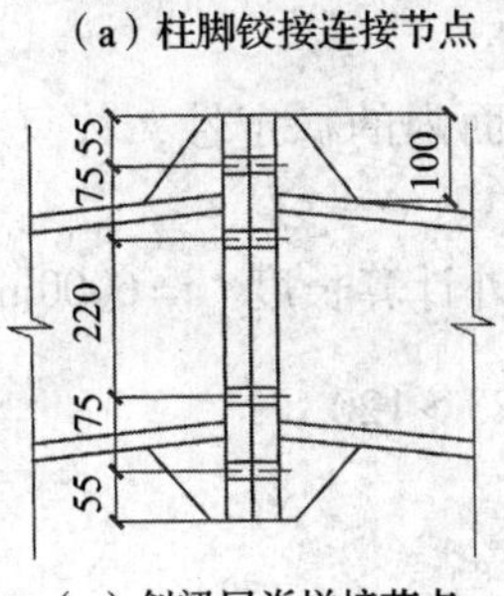

（c）斜梁屋脊拼接节点

图9－24 刚架连接节点详图

8 杆件验算。

（1）杆件截面几何参数。

梁柱均为高频焊接轻型 H 型钢（mm），300 ×200 ×4.5 ×8，$I_x = 7681.81\text{cm}^4$，$I_y = 1066.88\text{cm}^4$；$W_x = 512.12\text{cm}^3$；$W_y = 106.68\text{cm}^3$；$i_x = 13.09\text{cm}$；$i_y = 4.88\text{cm}$；$A = 44.78\text{cm}^2$；$\lambda_x = \frac{5000}{130.9} = 38$。

（2）构件宽厚比的验算。

翼缘部分

$$b/t = 97.75/8 = 12.2 < 13\varepsilon_k = 13$$

腹板部分

梁按表 2 -24 柱 S3 级腹板限值。

$\frac{h_0}{t_w} = (40.4 + 0.5\lambda)\ \varepsilon_k = (40.4 + 0.5 \times 38) \times 1 = 59 < \frac{284}{4.5} = 63.1$，尚满足 S4 腹板局部稳定性要求。

$$\alpha_0 = \frac{\sigma_{max} - \sigma_{min}}{\sigma_{max}},\ \sigma_{max} = \frac{N}{A} + \frac{M_{y1}}{I} = \frac{37700}{4478} + \frac{45400 \times 10^3\ (150 - 8)}{7681.8 \times 10^4} = 8.44 + 83.9 = 92.3\text{N/mm}$$

$\sigma_{max} = 8.44 - 83.9 = -75.5 \quad \alpha_0 = \frac{92.3 + 75.5}{92.3} = 1.81 < 2.0 > 1.60$ 见图 9 -23（柱）。

柱 $\frac{h_0}{t_w} = (40 + 18\alpha_0^{1.5})\ \varepsilon_k = (40 + 18 \times 1.81^{1.5}) \times 1 = 84 > 63.1$

满足表 3 -24，S3 腹板局部稳定性要求。

如不满足可按《门式刚架轻型房屋钢结构技术规范》GB 51022 公式（7.1.1）考虑屈曲后的强度计算。

（3）刚架斜梁计算。

选择内力最大的梁端截面进行验算：

组合内力设计值为：$M = 45.4\text{kN} \cdot \text{m}$，$N = -12.0\text{kN}$，$V = 29.4\text{kN}$

1）强度计算。

由于$\frac{b - t_w}{2t} = \frac{200 - 4.5}{2 \times 8} = 12.2 \leqslant 13$，故截面塑性发展系数 $\gamma_x = 1.05$；斜梁与支撑连接不开孔，故 $A_n = A$，$W_{nx} = W_x$，根据公式（3 -100）有

$$\frac{N}{A_n} + \frac{M_x}{\gamma_x W_{nx}} = \frac{12.0 \times 10^3}{4478} + \frac{45.4 \times 10^6}{1.05 \times 512.12 \times 10^3} = 87.1 < f$$

2）稳定性计算。

根据表 9 -7 项次 1 的规定，可不计算斜梁平面内的稳定性，故只对平面外稳定性进行计算。

屋面水平支撑节距为 6.0m，故刚架斜梁平面外计算长度 $l_y = 6000\text{mm}$。

$$\lambda_y = \frac{l_y}{i_y} = \frac{6000}{48.8} = 123 > 120$$

c 类截面，查表 14 -2c 得 $\varphi_y = 0.367$

按表 14 -9 公式（14 -36），$\varphi_b = 1.0 - \frac{\lambda_y^2}{45000} \times \frac{f_y}{235} = 0.66$

$\gamma_x = 1.05$，$\eta = 1.0$，根据表 3 -20 中公式（3 -107），取 $\beta_{tx} = 1$，$\eta = 1$。

$$\frac{N}{\varphi_y Af}+\eta\frac{\beta_{tx}M_x}{\varphi_b W_{1x}f}=\frac{12.0\times10^3}{0.367\times4478\times215}+1.0\frac{1.0\times45.4\times10^6}{0.66\times512.12\times10^3\times215}=0.63<1$$

3）抗剪计算。

仅有支座加劲肋，且为间接承受动力荷载，故可考虑腹板屈曲后强度的局部稳定性计算。按表3-5公式（3-17e），$\eta=1$。

$$\lambda_{n,s}=\frac{h_0/t_w}{37\eta\sqrt{5.34+4\left(\frac{h_0}{a}\right)^2}}\times\frac{1}{\varepsilon_k}=\frac{63.1}{37\times1\times\sqrt{5.34+0}}=0.74<0.8$$

$\tau_{cr}=f_v=125\text{N/mm}^2$

$V_u=h_0t_wf_v=284\times4.5\times125=159.8\text{kN}$

$V_{max}=29.4\text{kN}<V_u=159.8\text{kN}$，满足要求，见图9-23（c）。

4）弯、剪、压共同作用下的计算。

因为 $V<0.5V_u$，取 $V=0.5V_u$，按公式（3-30）进行验算，其中：

$$M_f=\left(A_{f1}\frac{h_1^2}{h_2}+A_{f2}h_2\right)f=\left(200\times8\times\frac{146^2}{146}+200\times8\times146\right)\times215$$
$$=100.4\text{kN}\cdot\text{m}>M=45.4\text{kN}\cdot\text{m}$$

取 $M=M_f$

故 $\left(\frac{V}{0.5V_u}-1\right)^2+\frac{M-M_f}{M_{cu}-M_f}=0<1$，满足要求。

因本例中集中荷载较小，故计算过程未反应局部压应力 σ_c 的影响。当集中荷载较大时，应按公式（3-18）计算（计算时取 $a/h_0=2$ 或在集中荷载处加设加劲肋）。

（4）刚架柱计算。

选择内力最大的柱顶截面进行验算：

组合内力设计值为：$M=45.4\text{kN}\cdot\text{m}$，$N=-37.7\text{kN}$，$V=9.05\text{kN}$

1）强度计算。

由于 $\frac{b-t_w}{2t}=\frac{200-4.5}{2\times8}=12.2\leqslant13$，故截面塑性发展系数 $\gamma_x=1.05$；$A_n=A$，$W_{nx}=W_x$，根据公式（3-100）：

$$\frac{N}{A_n}+\frac{M_x}{\gamma_x W_{nx}}=\frac{37.7\times10^3}{4478}+\frac{45.4\times10^6}{1.05\times512.12\times10^3}=92.8<f$$

2）稳定性计算。

根据表9-7项次1的规定，可不计算斜梁平面内的稳定性，故只对平面外稳定性进行计算。

刚架柱平面外计算长度 $l_y=5000\text{mm}$。

$\lambda_y=\frac{l_y}{i_y}=\frac{5000}{48.8}=102$，c类截面，查得 $\varphi_y=0.454$。

按表14-9公式（14-36），$\varphi_b=1.0-\frac{\lambda_y^2}{45000}\times\frac{f_y}{235}=0.77$，$\gamma_x=1.05$，$\eta=1.0$。

$$\frac{N}{\varphi_y Af}+\eta\frac{M_x}{\varphi_b\gamma_x W_{1x}f}=\frac{37.7\times10^3}{0.454\times4478\times215}+1.0\times\frac{1.0\times45.4\times10^6}{0.7\times1.05\times512.12\times10^3\times215}=0.60<1$$

刚架柱可采用变截面楔形柱，柱底截面为250×200×6×8，柱顶截面为350×200×6×8。经计算能满足要求，计算从略。

（5）节点验算。

1）梁柱连接节点螺栓强度验算。

梁柱节点采用10.9级M16高强度螺栓摩擦连接，构件接触面采用喷砂，摩擦面抗滑移系数$\mu=0.40$，每个高强度螺栓的预拉力按表4-12为100kN，见图9-24（b）。连接处传递内力设计值$M=45.4\text{kN}\cdot\text{m}$，$N=-12.0\text{kN}$，$V=29.4\text{kN}$。

螺栓强度验算按表4-11中公式（4-33）及（4-34）：

每个螺栓的拉力：

$$N_1=\frac{My_1}{\sum y_i^2}-\frac{N}{n}=\frac{45.4\times0.19}{4\times(0.19^2+0.105^2)}-\frac{12.0}{8}=44\text{kN}<0.8\times100=80\text{kN}$$

$$N_2=\frac{My_2}{\sum y_i^2}-\frac{N}{n}=\frac{45.4\times0.105}{4\times(0.19^2+0.105^2)}-\frac{12.0}{8}=24\text{kN}$$

螺栓群的抗剪力：

$N_v^b=0.9\eta_f\mu P=0.9\times1\times0.40\times100\times8=288\text{kN}>V=29.4\text{kN}$，满足要求。

最外排一个螺栓的抗剪、抗拉力，应用公式（4-35）：

$$\frac{N_v}{N_v^b}+\frac{N_t}{N_t^b}=\frac{29.4/8}{288/8}+\frac{44}{80}=0.65<1$$，满足要求。

从安全和构造上考虑最好采用大于M20的螺栓。

2）端板厚度验算。

端板厚度取为$t=24\text{mm}$。

按公式（9-59）伸臂类端板计算：

$$t\geqslant\sqrt{\frac{6e_fN_t}{bf}}=\sqrt{\frac{6\times40\times80000}{200\times205}}=21.6\text{mm}$$

若计算不能满足，可在两块端板外侧分别加设加劲肋（图9-24）后按相邻边支撑的端板计算，能满足要求。

3）斜梁跨中节点螺栓、端板及柱底板验算略。

4）梁柱连接的转动刚度验算：

按《门式刚架轻型房屋钢结构技术规范》GB 51022—2015或本手册公式（9-64）：

$$R\geqslant\frac{25EI_b}{l_b}$$

$$\text{H}300\times200\times4.5\times8\quad I_D=0.716\times10^4\text{cm}^4\quad A_{st}=80\times6\times2=960\text{mm}^2$$

按公式（9-65b）

$$\begin{aligned}R_1&=Gh_1d_ct_p+E\alpha_bA_{st}\cos\alpha\sin\alpha\\&=79\times10^3\times(300-8)(960-2\times8)\times4.5+\\&\quad 206\times10^3(300-2\times8)(80\times6\times2)0.71^2\cdot0.71\\&=2.95\times10^{10}+2.01\times10^{10}=4.96\times10^{10}\text{N}\cdot\text{mm}\end{aligned}$$

按公式（9-65c）

$$R_2=\frac{6EI_eh_1^2}{1.1e_f^3}=\frac{6\times206\times10^3\times\frac{1}{12}\times200\times500^3\times292}{1.1\times50^2}=5.46\times10^{10}\text{N}\cdot\text{mm}$$

按公式（9-65）

$$R=\frac{R_1\times R_2}{R_1+R_2}=\frac{4.96\times5.46\times10^{22}}{5.5\times10^{12}}=4.96\times10^{10}\text{N}\cdot\text{mm}$$

$$\frac{25EI_b}{l_b}=\frac{25\times206\times10^3\times0.716\times10^8}{12\times10^3}=3.1\times10^{10}\text{N}\cdot\text{mm}$$

$<4.96\times10^{10}\text{N}\cdot\text{mm}$ 满足要求。

5）刚架端板螺栓处腹板的强度。

$$N_{t2}=N_2=24\text{kN}<0.4P=0.4\times100=40\text{kN}$$

按（9－66）

$$\frac{0.4P}{e_{\text{w}}t_{\text{w}}}=\frac{40\times1000}{50\times4.5}=165<215\text{N/mm}^2$$

6）梁柱节点域验算：

按（9－68）

$$\tau=\frac{\xi M}{d_{\text{b}}d_{c}t_{c}}=\frac{1\times45.4\times10^6}{(300-16)^2\times4.5}=125=f_{\text{n}}=125\text{N/mm}^2$$

可不设斜加劲，但从习惯上宜构造设置。

9 刚架位移。

由中国京冶工程技术有限公司研制的软件 PS2000 计算可得：

刚架斜梁跨中挠度为 21.6mm＜12000/180＝66.6mm，满足表 9－2 要求。

刚架柱顶最大侧移为 29.5mm＜5000/60＝88mm，满足表 9－3 要求。

【例题 9－2】 24m 单跨双坡带吊车门式刚架

1 设计资料。

单层房屋采用单跨双坡门式刚架，刚架跨度 24m，柱顶标高 11.4m，柱距 7.5m，屋面坡度 1∶15。地震设防烈度为 8 度（0.2g），设计地震分组为第一组，场地类别为第Ⅱ类，阻尼比 ζ 取 0.05。基本风压 $w_0=0.5\text{kN/m}^2$，地面粗糙度类别为 B 类，基本雪压 0.35kN/m^2（$R=100$），刚架屋面负荷面积 $A>60\text{m}^2$，故刚架斜梁屋面活荷载取 0.3kN/m^2，檩条屋面活荷载取 0.5kN/m^2，吊车为 2 台 16 吨中级工作制 A5 吊车，吊车跨度 $s=22.5\text{m}$，轨顶标高为 8.1m。刚架平面布置见图 9－25，刚架形式及几何尺寸见图 9－26。屋面及墙面板为夹芯板；檩条墙梁为冷弯薄壁卷边槽钢，水平间距为 1.5m，外天沟，钢材采用 Q235 钢，焊条 E43 型。

2 荷载。

（1）永久荷载标准值。

岩棉夹芯彩色钢板：　　　　　0.25kN/m^2

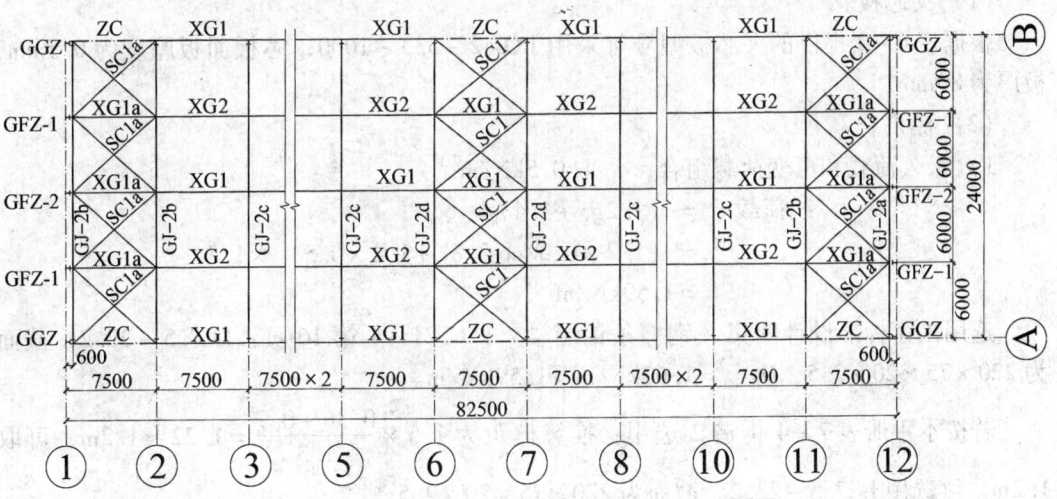

图 9－25 刚架平面布置图

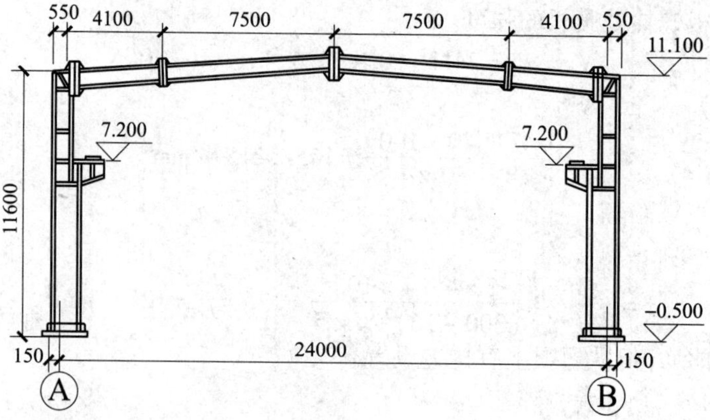

图9-26 刚架形式和几何尺寸

檩条： 0.05kN/m²

合计： 0.30kN/m²

（2）可变荷载标准值。

刚架屋面活荷载标准值 $q_k = 0.3\text{kN/m}^2$，基本雪压 $s_0 = 0.35\text{kN/m}^2$，雪荷载标准值 $s_k = \mu_r s_0$，屋面积雪分布系数 $\mu_r = 1.0$（$\alpha \leqslant 25°$），$1.25\mu_r$（因 $\alpha < 25°$ 不考虑积雪不均匀分布时）。屋面檩条可变荷载标准值取屋面活荷载标准值和积雪荷载标准值中的较大值，为 0.5kN/m^2。

（3）风荷载标准值。

基本风压值 0.5kN/m^2。地面粗糙度类别为B类；风压高度变化系数及体型系数按现行国家标准《建筑结构荷载规范》GB 50009—2012 取用。

（4）吊车吨位。

吊车选用大连重工起重集团有限公司 DHQD08 通用桥式起重机，跨度 $s = 22.5\text{m}$，2台吊车吨位16t，中级工作级别A5。

3 屋面构件。

（1）夹芯板。

根据表6-2提供的夹芯板型号可采用 JXB42-333-1000，芯板面板厚度为0.5mm，板厚为80mm。

（2）檩条。

1）永久荷载和可变荷载组合，q_k 取 0.5kN/m^2。

$$\begin{aligned}\text{线荷载 } Q &= (1.2g_k + 1.4q_k) \times s \\ &= (1.2 \times 0.3/\cos 3.8° + 1.4 \times 0.5) \times 1.5 \\ &= 1.59\text{kN/m}\end{aligned}$$

选用国家标准设计图集《钢檩条钢墙梁》11G521-1 第16页：LC7.5-22.2，截面为 $220 \times 75 \times 20 \times 2.5$，$Q_{d,\lim} = 1.62\text{kN/m} > 1.59\text{kM/m}$。

若按本手册表7-4构造2选用：换算檩距为 $1.5 \times \dfrac{0.36 + 0.7}{1.3} = 1.22 \approx 1.2\text{m}$，可取1.2m，可选用LC7.5-22.2，截面为 $220 \times 75 \times 20 \times 2.5$。

2）永久荷载和风荷载组合。

按《门式刚架轻型房屋钢结构技术规范》GB 51022—2015 表4.2.2-4a 边区：檩条受

风面积 $A=1.5\times7.5=11.25$，大于 $10m^2$，$\mu_s=1.28$，$\mu_z=1.1$（$z=11.1+0.3+0.8=12.2m$）。

$$w_k=\beta\mu_w\mu_z w_0=1.5\times1.28\times1.1\times0.5=1.06kN/m^2。$$

$$Q=\gamma_w\times w_k\times s=1.4\times1.06\times1.5/\cos3.8°=2.23kN/m。$$

$$G_k=0.3\times1.5=0.45kN/m。$$

选用国家建筑标准设计图纸 11G521 - 1 第 48 页：LH7.5 - 20.3，截面为 200×150×4.5×6.0H 型钢，无支撑 $W_{0.45}=4.25>2.23kN/m$ 或有支撑 LC7.5 - 22.2，$W_{0.45}=2.13\approx2.23kN/m$，可。

按本手册表 7 - 4 可选用 LC7.5 - 22.2 上下拉条（有支撑）。

檩托布置见图 9 - 27。

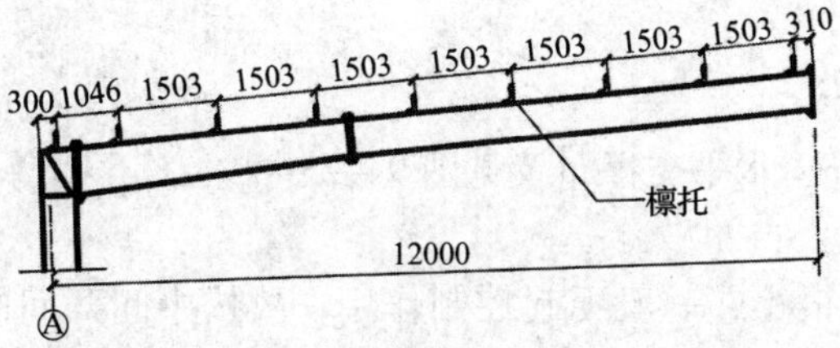

图 9 - 27　檩托布置图

（3）隅撑。

隅撑按轴心受压构件设计，由本手册公式（9 - 48）得：

$$N=\frac{1}{2}\times\frac{A_1f}{60\cos\theta}\sqrt{\frac{f_y}{235}}=\frac{1}{2}\times\frac{300\times12\times215}{60\times\cos45°}\sqrt{\frac{235}{235}}=9.1kN$$

隅撑选用∟50×5，查表 16 - 1 得 $A=480mm^2$，$i_{y0}=9.8mm$，$l=\sqrt{2}\times500$。

$\lambda=\dfrac{\sqrt{2}\times500}{9.8}=72<200$，查表 14 - 2a 得 $\varphi=0.739$。

按表 2 - 10，$\alpha_y=0.6+0.0015\lambda=0.71<0.85$，故可只按稳定性计算：

$$\frac{N}{\alpha_y A\varphi f}=\frac{9.1\times10^3}{0.71\times480\times0.739\times215}=0.17<1$$

1）隅撑的位置：必须在横向支撑节点处。

2）隅撑的连接：应与横向支撑节点处的檩条（图 9 - 28）或刚性系杆相连（图 9 - 29），若与檩条相连，应计入檩条传给隅撑的轴心。

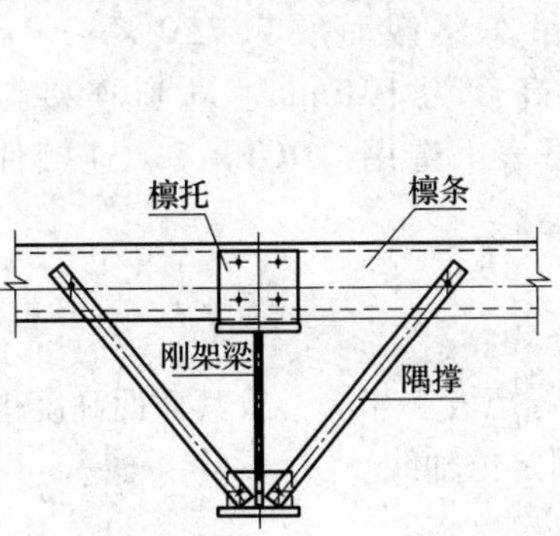

图 9 - 28　隅撑与檩条连接详图

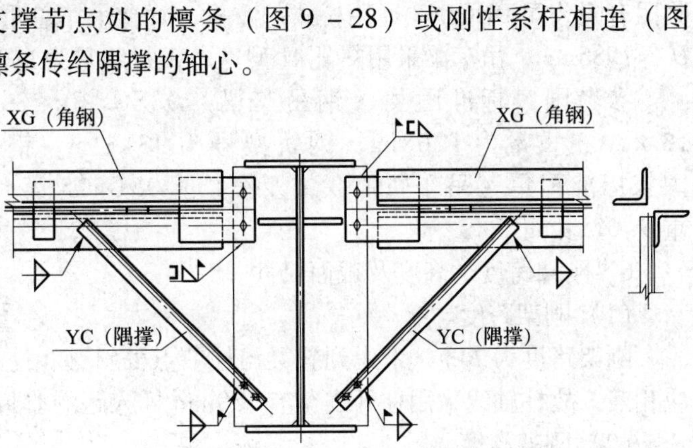

图 9 - 29　隅撑与刚性系杆连接详图

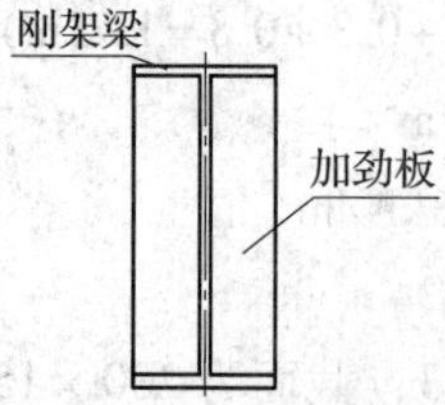

图9－30　代替隅撑的加劲板详图

3）单侧隅撑：端刚架的单侧隅撑通过檩条实际反力传给斜梁下翼缘的不平衡水平分力，为减小该水平力影响，可将隅撑与刚架上翼缘的刚性系杆相连（图9－29）。

4）取消隅撑。

①在支撑节点处加设加劲板（图9－30），但此处宜有刚性系杆。

②斜梁跨中和梁端的节点端板可防止梁下翼缘失稳，此处可不设隅撑。

本例采用隅撑与刚性系杆相连的方案（图9－29）。该刚性系杆因经压弯验算满足要求（一般均能满足）。

4　屋面支撑。

（1）屋面支撑布置。

檩条水平间距1.5m，水平支撑布置见图9－25。

（2）杆件长细比。

由于屋面支撑内力很小，一般不起控制作用，故按中间开间的支撑容许长细比选择截面。

屋面支撑斜杆选用截面∟90×6，查表16－1得，$i_{y0}=18.0\text{mm}$，$i_x=27.9\text{mm}$。

屋面支撑斜杆长 $l=\sqrt{6000^2+7500^2}=9605\text{mm}$。

$$\lambda_{y0}=\frac{l_x}{i_{y0}}=\frac{9605/2}{18.0}=267<350$$

$$\lambda=\frac{l_y}{i_x}=\frac{9605}{27.9}=344<350$$

系杆选用截面 ┘┌ 90×6，$A=2128\text{mm}^2$，$i_{x0}=35.1\text{mm}$（也可以用檩条兼做刚性系杆，但要按压杆 $\lambda=200$ 确定其长细比）。

$$\lambda=\frac{l_{x0}}{i_{x0}}=\frac{7500\times0.9}{35.1}=192<200$$

5　吊车梁设计。

吊车为2台16吨中级工作制（A5）吊车，吊车跨度 $s=22.5\text{m}$，选用大连重工起重集团有限公司DHQD08通用桥式起重机，每台吊车总重26.5t，起重机轨顶至小车顶高度 $H_2=1985\text{mm}$，吊车梁采用热轧H型钢，钢材牌号为Q235。

参考国家标准图集《钢吊车梁》08SG520－3，吊车梁截面取为750×300×13×24，重量为1208kg，钢轨型号为43kg/m，钢轨高度为140mm。轨道连接按国家标准图集《吊车轨道联结及车挡》05G525第8页表1选用GDGL－2，连接件重9.62kg/m。

6　刚架跨度、高度及截面尺寸。

（1）刚架跨度。

刚架跨度为24m，考虑到斜梁与柱节点处斜梁和柱的弯矩大小相等，故其截面高度也应相当，故柱轴线采用柱外皮留有150mm插入距的非封闭定位轴线。

（2）刚架高度。

吊车梁轨顶标高取8.1m，牛腿标高为7.2m，吊车梁高度为750mm，支座板厚20mm，钢轨型号为43kg/m，钢轨高度为140mm，轨顶实际标高为7200＋750＋20＋140＝

8110mm≈8.1m。起重机轨顶至小车顶高度 $H_2=1985$mm，而预留净空至少 300mm，故柱的高度 $H>7200+750+20+140+1985+300=10395$mm，考虑到梁端截面高度初选为 650mm 及柱顶标高为 300 模数的要求，可取柱顶标高为 11.1m。11.1m > 10.395 + 0.65 = 11.045m，满足要求。

（3）截面尺寸。

梁柱截面均为三块钢板焊接的工字形截面。门式刚架斜梁端部截面高度一般可取跨度的 1/45 ~ 1/25，本例斜梁端部截面高度取跨度的 1/37，即 24000/37 = 650mm，梁端截面为 H650 × 300 × 8 × 12；斜梁最小截面一般取跨度的 1/45 ~ 1/30，本例中跨中截面为 H500 × 300 × 8 × 12，是跨度的 1/48，基本满足要求。详见图 9 - 31。由此可得单根斜梁的重力为 20.4kN。

柱截面从牛腿标高处分上柱和下柱。按表 10 - 3，上柱截面可取上柱高度的 1/11 ~ 1/8，本例中上柱截面为 H550 × 300 × 8 × 14，约为上柱高度的 1/7.1，尚可；下柱截面可取全柱高度的 1/12 ~ 1/16，本例中下柱截面为 H750 × 300 × 10 × 14，约为全柱高度的 1/14.8（为统一起见，也可使上下柱腹板厚度一致）。由此可算得单根柱的重力为 13kN。

7　构件内力及截面验算。

（1）构件截面几何参数。

斜梁截面几何尺寸见图 9 - 31，梁端截面 H650 × 300 × 8 × 12，$A=122.1\text{cm}^2$，$I_x=89630.9\text{cm}^4$，$W_x=2757.9\text{cm}^3$，$i_x=27.1\text{cm}$，$I_y=5402.7\text{cm}^4$，$W_y=360.2\text{cm}^3$，$i_y=6.7\text{cm}$；梁跨中截面 H500 × 300 × 8 × 12，$A=110.1\text{cm}^2$，$I_X=50064.6\text{cm}^4$，$W_x=2002.6\text{cm}^3$，$i_x=21.3\text{cm}$，$I_y=5402.0\text{cm}^4$，$W_y=360.1\text{cm}^3$，$i_y=7.0\text{cm}$。

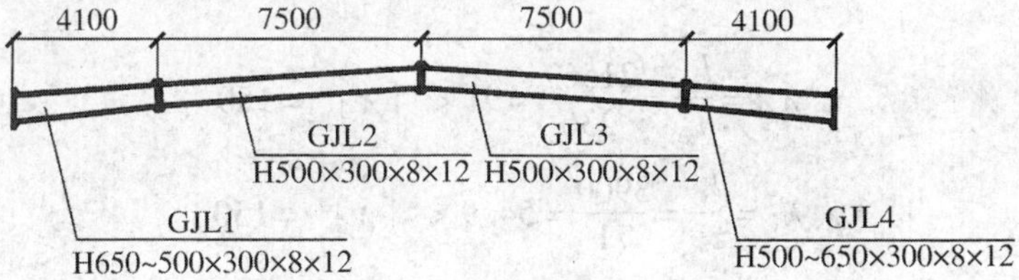

图 9 - 31　斜梁截面尺寸图

注：GJL1 和 GJL4 对称，GJL2 和 GJL3 对称。

柱截面从牛腿标高处分上下柱，上柱截面为 H550 × 300 × 8 × 14，$A=125.76\text{cm}^2$，$I_x=69828.3\text{cm}^4$，$W_x=2539.2\text{cm}^3$，$i_x=23.6\text{cm}$，$I_y=6302.2\text{cm}^4$，$W_y=420.1\text{cm}^3$，$i_y=7.1\text{cm}$；下柱截面为 H750 × 300 × 10 × 14，$A=156.2\text{cm}^2$，$I_x=145133.8\text{cm}^4$，$W_x=3870.2\text{cm}^3$，$i_x=30.5\text{cm}$，$I_y=6306.0\text{cm}^4$，$W_y=420.4\text{cm}^3$，$i_y=6.4\text{cm}$。

（2）构件长细比及宽厚比的验算。

1）长细比验算。

①刚架斜梁

斜梁平面内计算长度取 24000mm，平面外计算长度取屋面支撑节距 6000mm。斜梁为变截面，取最小截面验算。

$$\lambda_x=\frac{l_x}{i_x}=\frac{24000}{213}=112.7<[\lambda]=150$$

$$\lambda_y = \frac{l_y}{i_y} = \frac{6000}{70} = 85.7 < [\lambda] = 150$$

②刚架柱。

由于本例中门式刚架的柱上端与实腹梁刚接，故柱的计算长度系数按表 3－25 计算。上柱轴力 N_1 取 102.9kN，下柱轴力 N_2 取 605.8kN：

$$K_b = \frac{I_b H_1}{l_1 I_2} = \frac{89630.9 \times 3.9}{24 \times 69828.3} = 0.21 \qquad K_C = \frac{I_1 H_2}{H_1 I_2} = \frac{69828.3 \times 7.7}{3.9 \times 145133.8} = 0.95$$

$$\eta_1 = \frac{H_1}{H_2}\sqrt{\frac{N_1}{N_2} \cdot \frac{I_2}{I_1}} = \frac{3.9}{7.7} \times \sqrt{\frac{102.9}{605.8} \times \frac{145133.8}{69828.3}} = 0.30$$

$$\mu_2^1 = \frac{\eta_1^2}{2(\eta_1 + 1)} \times \sqrt[3]{\frac{\eta_1 - K_b}{K_b}} + (\eta_1 - 0.5) K_c + 2$$

$$= \frac{0.30^2}{2 \times (0.30 + 1)} \times \sqrt[3]{\frac{0.30 - 0.21}{0.21}} + (0.30 - 0.5) \times 0.95 + 2$$

$$= 1.84$$

故下柱的平面内计算长度系数 $\mu_2 = 0.9\mu_2^1 = 0.9 \times 1.84 = 1.66$（式中 0.9 为单层厂房阶形柱计算长度的折减系数，见表 3－26），即得下柱平面内计算长度 $l_{x2} = 1.66 \times 7700 = 12782$mm；

上柱的平面内计算长度系数 $\mu_1 = \frac{\mu_2}{\eta_1} = \frac{1.66}{0.30} = 5.53$，由此可得上柱平面内计算长度 $l_{x1} = 5.53 \times 3900 = 21567$mm。

柱的平面外计算长度上柱为 3900mm，下柱为 7700mm。

上柱：

$$\lambda_{x1} = \frac{l_{x1}}{i_x} = \frac{21567}{236} = 91 < [\lambda] = 150$$

$$\lambda_y = \frac{l_y}{i_y} = \frac{3900}{71} = 54.9 < [\lambda] = 150$$

下柱：

$$\lambda_{x2} = \frac{l_{x2}}{i_x} = \frac{12782}{305} = 42 < [\lambda] = 150$$

$$\lambda_y = \frac{l_y}{i_y} = \frac{7700}{64} = 120.3 < [\lambda] = 150$$

2）宽厚比验算。

斜梁翼缘：$\frac{b}{t_f} = \frac{(300 - 8) \div 2}{12} = 12.2 < 13\varepsilon_k = 13$

柱翼缘：$\frac{b}{t_f} = \frac{(300 - 8) \div 2}{14} = 10.4 < 13\varepsilon_k = 13$

柱腹板：$\alpha_0 = 1.5 \sim 2.0$，偏安全地取 $\alpha_0 = 1.5$，按表 2－24 柱 S3 级腹板限值。

$\frac{h_0}{t_w} = (40 + 18 d_0^{1.5})\ \varepsilon_k = (40 + 18 \times 1.5^{1.5}) \times 1 = 73$，可满足腹板局部稳定性要求。

（3）杆件内力图。

刚架内力采用中国京冶工程技术有限公司研制的软件 PS2000 计算。刚架杆件的内力包络图见图 9－32（a）～（c）。经计算，此例中地震作用不控制，故计算略。以下斜梁和柱的验算取两组荷载组合，分别为弯矩最大和轴力最大的荷载组合。

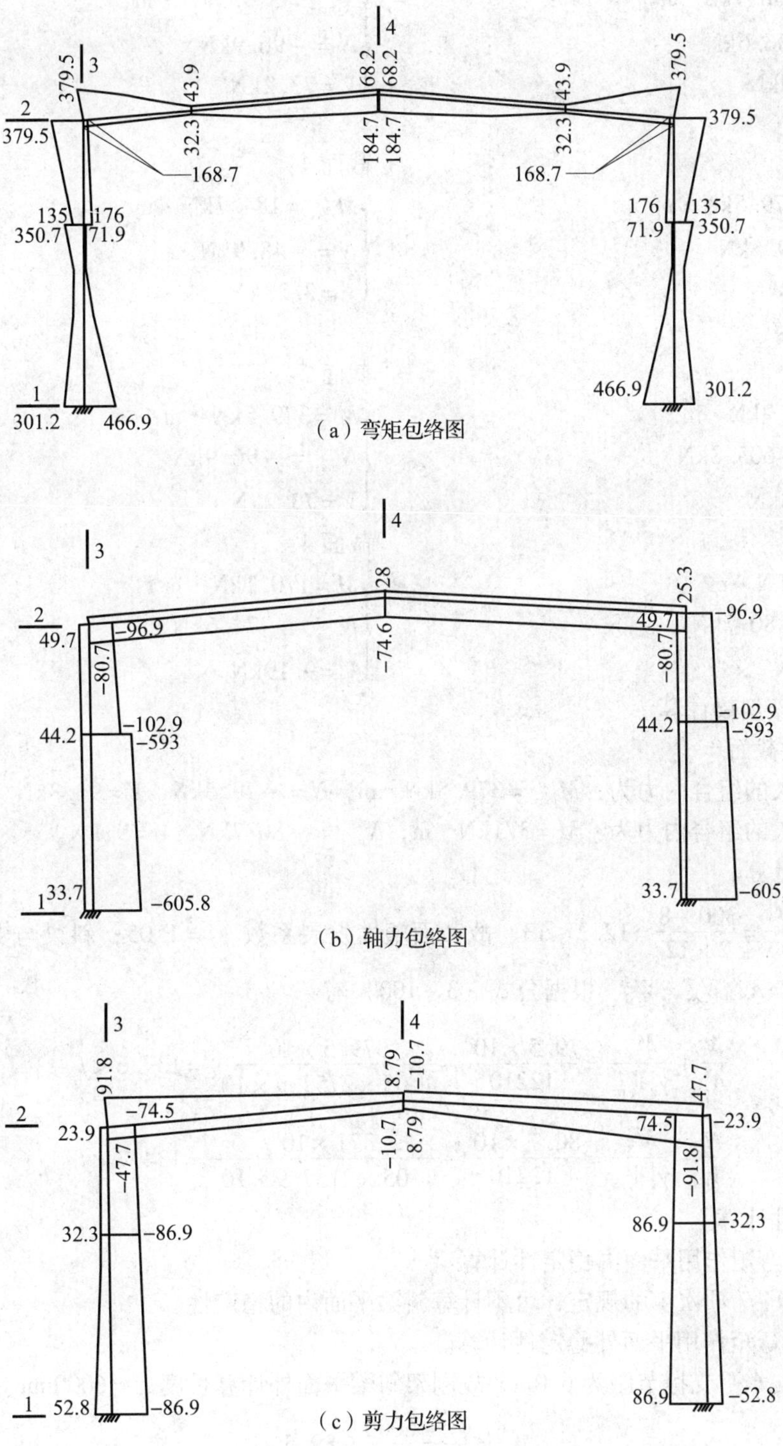

图 9－32　荷载设计值组合下刚架内力包络图

图（a）中

截面1：

$$\begin{cases}M_{max}=466.9\text{kN}\cdot\text{m}\\N=-236.6\text{kN}\\V=86.9\text{kN}\end{cases}$$

截面2：

$$\begin{cases}M_{max}=379.5\text{kN}\cdot\text{m}\\N=-96.9\text{kN}\\V=73.2\text{kN}\end{cases}$$

截面3：

$$\begin{cases}M_{max}=379.5\text{kN}\cdot\text{m}\\N=-79.5\text{kN}\\V=91.8\text{kN}\end{cases}$$

截面4：

$$\begin{cases}M_{max}=184.7\text{kN}\cdot\text{m}\\N=-48.9\text{kN}\\V=3.28\text{kN}\end{cases}$$

图（b）中

截面1：

$$\begin{cases}M=230.9\text{kN}\cdot\text{m}\\N_{max}=-605.8\text{kN}\\V=80.8\text{kN}\end{cases}$$

截面2：

$$\begin{cases}M=379.5\text{kN}\cdot\text{m}\\N_{max}=-96.9\text{kN}\\V=73.2\text{kN}\end{cases}$$

截面3：

$$\begin{cases}M=371\text{kN}\cdot\text{m}\\N_{max}=-80.7\text{kN}\\V=91\text{kN}\end{cases}$$

截面4：

$$\begin{cases}M=170.1\text{kN}\cdot\text{m}\\N_{max}=-74.6\text{kN}\\V=9.19\text{kN}\end{cases}$$

（4）刚架斜梁计算。

1）梁端截面。

弯矩最大的组合内力为：$M_{max}=379.5\text{kN}\cdot\text{m}$，$N=-79.5\text{kN}$，$V=91.8\text{kN}$

轴力最大的组合内力为：$M=371\text{kN}\cdot\text{m}$，$N_{max}=-80.7\text{kN}$，$V=91\text{kN}$。

①强度计算。

由于$\frac{b-t_w}{2t}=\frac{300-8}{2\times12}=12.2\leqslant13$，故截面塑性发展系数 $\gamma_x=1.05$；斜梁与支撑连接不开孔，故 $A_n=A$，$W_{nx}=W_x$，根据公式（3-100）有

$$\frac{N}{A_n}+\frac{M_x}{\gamma_x W_{nx}}=\frac{79.5\times10^3}{12210}+\frac{379.5\times10^6}{1.05\times2757.9\times10^3}=137.6<f$$

$$\frac{N}{A_n}+\frac{M_x}{\gamma_x W_{nx}}=\frac{80.7\times10^3}{12210}+\frac{371\times10^6}{1.05\times2757.9\times10^3}=134.7<f$$

②稳定性计算。

a. 斜梁弯矩作用平面内稳定性计算。

根据表9-7项次1的规定，可不计算斜梁平面内的稳定性。

b. 斜梁弯矩作用平面外稳定性计算。

屋面横向水平支撑节距为6.0m，故刚架斜梁平面外计算长度 $l_y=6000\text{mm}$。

$$\lambda_y=\frac{l_y}{i_y}=\frac{6000}{67}=89.5$$

c类截面，查表14-2c得 $\varphi_y=0.52$。

按表 14-9 中的近似公式（14-28）或（14-23），$\varphi_b=1.05-\dfrac{\lambda_y^2}{45000}\times\dfrac{1}{\varepsilon_k^2}=0.87$。

$\eta=1.0$，根据表 3-20 中公式（3-107）：

$$\frac{N}{\varphi_y Af}+\eta\frac{M_x}{\varphi_b W_{1x} f}=\frac{79.5\times10^3}{0.52\times12210\times215}+1.0\times\frac{379.5\times10^6}{0.87\times2757.9\times10^3\times215}=0.79<1$$

$$\frac{N}{\varphi_y Af}+\eta\frac{M_x}{\varphi_b W_{1x} f}=\frac{80.7\times10^3}{0.52\times12210\times215}+1.0\times\frac{371\times10^6}{0.87\times2757.9\times10^3\times215}=0.78<1$$

③抗剪计算。

仅有支座加劲肋，且为间接承受动力荷载，如忽略轴力的微小影响，可考虑腹板屈曲后强度计算。按表 3-5 公式（3-17e）：

$$\lambda_{n\cdot s}=\frac{h_0/t_w}{37\eta\sqrt{5.34+4\left(\dfrac{h_0}{a}\right)^2}}\times\frac{1}{\varepsilon_k}=\frac{(650-2\times12)/8}{37\times1\times\sqrt{5.34+0}}=0.92>0.8$$

$f_v=125\text{N/mm}^2$，按公式（3-34b）

$$V_u=h_0t_wf_v\,[1-0.5(\lambda_{n\cdot s}-0.8)]=626\times8\times125\times[1-0.5\times(0.92-0.8)]=588.4\text{kN}$$

$V_{max}=91.8\text{kN}<V_u=588.4\text{kN}$，满足要求。

④弯、剪共同作用下的计算。

因为 $V<0.5V_u$，取 $V=0.5V_u$，本例按公式（3-30）进行验算，其中：

$$M_f=\left(A_{f1}\frac{h_1^2}{h_2}+A_{f2}h_2\right)f=\left(300\times12\times\frac{319^2}{319}+300\times12\times319\right)\times215=493.8\text{kN}\cdot\text{m}>M=379.5\text{kN}\cdot\text{m}$$

取 $M=M_f$

故 $\left(\dfrac{V}{0.5V_u}-1\right)^2+\dfrac{M-M_f}{M_{cu}-M_f}=0<1$，满足要求。

因本例中集中荷载较小，故计算过程未反映局部压应力 σ_c 的影响。当集中荷载较大时，应按公式（3-18）计算（计算时取 $\alpha/h_0=2$ 或在集中荷载处加设加劲肋）。

2）斜梁变截面处。

由于本例中变截面处及其附近不是控制截面，故计算略。

3）斜梁跨中截面。

弯矩最大的组合内力：$M_{max}=184.7\text{kN}\cdot\text{m}$，$N=-48.9\text{kN}$，$V=3.28\text{kN}$

轴力最大的组合内力：$M=170.1\text{kN}\cdot\text{m}$，$N_{max}=-74.6\text{kN}$，$V=9.19\text{kN}$

①强度计算。

由上得，截面塑性发展系数 $\gamma_x=1.05$，$A_n=A$，$W_{nx}=W_x$，根据公式（3-100）有

$$\frac{N}{A_n}+\frac{M_x}{\gamma_x W_{nx}}+\frac{48.9\times10^3}{11010}+\frac{184.7\times10^6}{1.05\times2002.6\times10^3}=92.3<f$$

$$\frac{N}{A_n}+\frac{M_x}{\gamma_x W_{nx}}=\frac{74.6\times10^3}{11010}+\frac{170.1\times10^6}{1.05\times2002.6\times10^3}=87.7<f$$

②稳定性计算。

a. 斜梁弯矩作用平面内稳定性计算。

按表 9-7 项次 1 的规定可不计算斜梁平面内的稳定性。

b. 斜梁弯矩作用平面外稳定性计算。

屋面水平支撑最大节距为6.0m，故刚架斜梁平面外计算长度 $l_y=6000\text{mm}$。

$\lambda_y=\dfrac{l_y}{i_y}=\dfrac{6000}{70}=85.7$，c类截面，查表14－2c得 $\varphi_y=0.543$。

按表14－19a公式（14－28）或公式（14－23），$\varphi_b=1.05-\dfrac{\lambda_y^2}{45000}\times\dfrac{1}{\varepsilon_k^1}=0.89$，$\eta=1.0$。

$$\frac{N}{\varphi_y Af}+\eta\frac{M_x}{\varphi_b W_{1x}f}=\frac{48.9\times10^3}{0.543\times11010\times215}+1.0\times\frac{1.0\times184.7\times10^6}{0.89\times2002.6\times10^3\times215}=0.51<1$$

$$\frac{N}{\varphi_y Af}+\eta\frac{M_x}{\varphi_b W_{1x}f}=\frac{74.6\times10^3}{0.543\times11010\times215}+1.0\times\frac{1.0\times170.1\times10^6}{0.89\times2002.6\times10^3\times215}=0.50<1$$

（5）刚架柱计算。

1）上柱柱顶截面。

弯矩最大和轴力最大的组合内力均为：$M=379.5\text{kN}\cdot\text{m}$，$N=-96.9\text{kN}$，$V=73.2\text{kN}$

①强度计算。

由于$\dfrac{b-t_w}{2t}=\dfrac{300-10}{2\times14}=10.4\leqslant13$，故截面塑性发展系数 $\gamma_x=1.05$；$A_n=A$，$W_{nx}=W_x$，根据公式（3－100）：

$$\frac{N}{A_n}+\frac{M_x}{\gamma_x W_{nx}}=\frac{96.9\times10^3}{12576}+\frac{379.5\times10^6}{1.05\times2539.2\times10^3}=150.0<f$$

②稳定性计算。

a. 上柱弯矩作用平面内稳定性计算。

由前面计算得，上柱计算长度 $l_x=21567\text{mm}$。

$$\lambda_x=\frac{l_x}{i_x}=\frac{21567}{236}=91$$

c类截面，查表14－2b得 $\varphi_x=0.614$，按表3－20中公式（3－102）、公式（3－103）：

$N'_{Ex}=\dfrac{\pi^2EA}{1.1\lambda_x^2}=\dfrac{\pi^2\times206\times10^3\times12576}{1.1\times91^2}=2807\text{kN}$，$\beta_{mx}=1.0$，$\gamma_x=1.05$。

$$\frac{N}{\varphi_X Af}+\frac{\beta_{mx}M_x}{\gamma_x W_{1X}\left(1-0.8\dfrac{N}{N'_{Ex}}\right)f}=\frac{96.9\times10^3}{0.614\times12576\times215}+\frac{1\times379.5\times10^6}{1.05\times2539.2\times10^3\times\left(1-0.8\times\dfrac{96.9}{2807}\right)215}$$

$$=0.705<1$$

b. 上柱弯矩作用平面外稳定性计算：

计算长度 $l_y=3900\text{mm}$。

$\lambda_y=\dfrac{l_y}{i_y}=\dfrac{3900}{71}=54.9$，c类截面，查得 $\varphi_y=0.743$。

按表14－9公式（14－28）或公式（14－23）：

$\varphi_b=1.05-\dfrac{\lambda_y^2}{45000}\times\dfrac{1}{\varepsilon_k^2}=0.98,\eta=1.0$　$\beta_x\approx0.85$（按新《钢结构设计标准》GB 50017—2017$\beta_x\approx0.7$）

$$\frac{N}{\varphi_y Af}+\eta\frac{\beta_{tx}M_x}{\varphi_b W_{1x}f}=\frac{96.9\times10^3}{0.743\times12576\times215}+1.0\times\frac{0.85\times379.5\times10^6}{0.98\times2539.2\times10^3\times215}=0.65<1$$

2）上柱柱底截面。

本例中略。

3）下柱柱顶截面。

本例中略。由于吊车轨道中心位于柱边，故牛腿按构造确定。

4）下柱柱底截面。

弯矩最大的组合内力：$M=466.9\text{kN}\cdot\text{m}$，$N=-236.6\text{kN}$，$V=86.9\text{kN}$。

轴力最大的组合内力：$M=230.9\text{kN}\cdot\text{m}$，$N=-605.8\text{kN}$，$V=80.8\text{kN}$。

①强度计算。

由上得，截面塑性发展系数 $\gamma_x=1.05$，$A_n=A$，$W_{nx}=W_x$，根据公式（3-100）：

$$\frac{N}{A_n}+\frac{M_x}{\gamma_x W_{nx}}=\frac{236.6\times10^3}{15620}+\frac{466.9\times10^6}{1.05\times3870.2\times10^3}=130.1<f$$

$$\frac{N}{A_n}+\frac{M_x}{\gamma_x W_{nx}}=\frac{605.8\times10^3}{15620}+\frac{230.9\times10^6}{1.05\times3870.2\times10^3}=95.6<f$$

②整体稳定性计算。

a. 下柱弯矩作用平面内稳定性计算：

由前面计算得，下柱计算长度 $l_x=12782\text{mm}$。

$$\lambda_x=\frac{l_x}{i_x}=\frac{12782}{306}=42$$

b 类截面，查得 $\varphi_x=0.891$。

$$N'_{Ex}=\frac{\pi^2EA}{1.1\lambda_x^2}=\frac{\pi^2\times206\times10^3\times15620}{1.1\times42^2}=16367\text{kN},\ \beta_{mx}=1.0,\ \gamma_x=1.05$$

$$\frac{N}{\varphi_x Af}+\frac{\beta_{mx}M_x}{\gamma_x W_{1x}\left(1-0.8\frac{\text{N}}{\text{N}'_{Ex}}\right)f}=\frac{236.6\times10^3}{0.891\times15620\times215}+$$

$$\frac{1\times466.9\times10^6}{1.05\times3870.2\times10^3\left(1-0.8\times\frac{236.6}{16367}\right)\times215}=0.63<1$$

$$\frac{N}{\varphi_X\,\text{Af}}+\frac{\beta_{mx}M_x}{\gamma_x W_{1X}\left(1-0.8\frac{N}{N'_{Ex}}\right)f}=\frac{605.8\times10^3}{0.891\times15620\times215}+$$

$$\frac{1\times230.9\times10^6}{1.05\times3870.2\times10^3\times\left(1-0.8\times\frac{605.8}{16367}\right)}=0.47<1$$

b. 下柱弯矩作用平面外稳定性计算。

计算长度 $l_y=7700\text{mm}$。

$$\lambda_y=\frac{7700}{64}=120.3$$

c 类截面，查表 14-2c 得 $\varphi_y=0.378$，β_{tx} 取 1.0。

按表 14-9 公式（14-28）或公式（14-23），$\varphi_b=1.05-\frac{\lambda_y^2}{45000}\times\frac{1}{\varepsilon_k^2}=0.73$，$\eta=1.0$。

$$\frac{N}{\varphi_y Af}+\eta\frac{\beta_{tx}M_X}{\varphi_b W_{1X}f}=\frac{236.6\times10^3}{0.378\times15620\times215}+1.0\times\frac{1\times466.9\times10^6}{0.73\times3870.2\times10^3\times215}=0.954<1$$

$$\frac{N}{\varphi_y Af}+\eta\frac{\beta_{tx}M_X}{\varphi_b W_{1x}f}=\frac{605.8\times10^3}{0.378\times15620\times215}+1.0\times\frac{1\times230.9\times10^6}{0.73\times3870\times10^3\times215}=0.857<1$$

（6）刚架变形验算。

由软件 PS2000 计算可得：

刚架斜梁跨中挠度为 59.9mm < 24000/180 = 133.3mm，满足表 9-1 要求。

刚架柱顶最大侧移为 21.8mm < 11600/400 = 29mm，满足要求。

此外，端刚架一般不需要验算，均采用与中刚架相同的截面。但当端刚架下翼缘设单侧隅撑时将大幅度增加下翼缘的侧向弯曲，严重影响安全。为此本手册建议：单侧隅撑不应与檩条相连，而与刚性系杆相连，以消除檩条的实际中间支座由隅撑传给斜梁下翼缘的水平分力。

8. 节点设计。

刚架柱脚为刚接，梁柱节点也为刚接。刚架连接节点详图见图 9-33（a）～（c）。

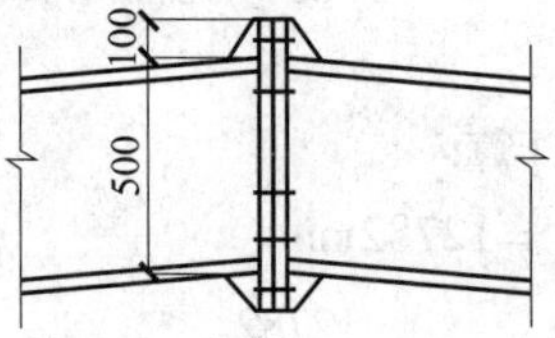

（a）斜梁屋脊拼接节点

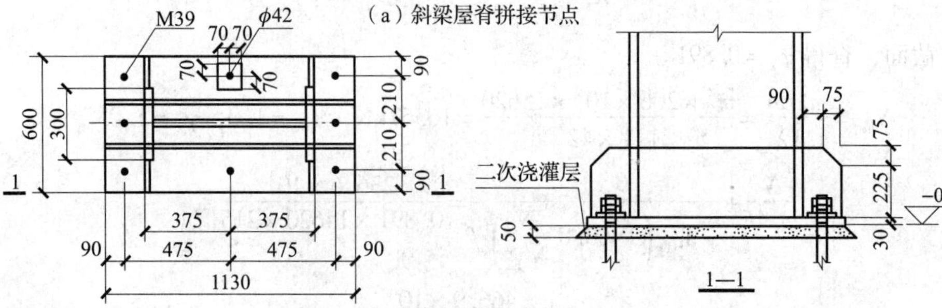

（b）柱脚刚接连接节点

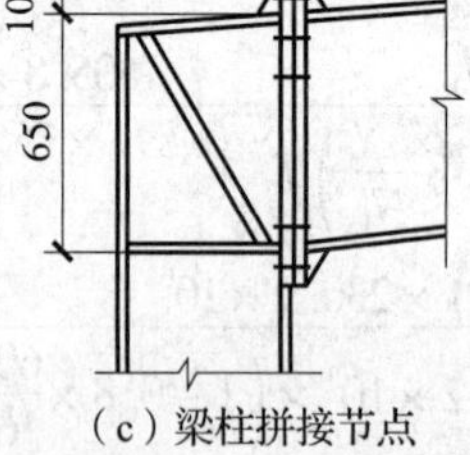

（c）梁柱拼接节点

图 9-33　刚架节点详图

（1）梁柱连接节点。

1）节点转动刚度计算。

$$R_1=Gh_1h_{0c}t_p+Eh_{0b}A_{st}\cos^2\alpha\sin\alpha$$
$$=79000\times638\times522\times8+206000\times626\times120\times735\times2\times0.71^2\times0.7$$
$$=8.2\times10^5\text{kN}\cdot\text{m}$$

$$R_2=\frac{6EI_e h_1^2}{1.1e_f^3}=\frac{6\times206000\times(320\times850^3/12)\times638^2}{1.1\times50^3}=5.99\times10^{10}\text{kN}\cdot\text{m}$$

$$R=\frac{R_1R_2}{R_1+R_2}=8.2\times10^5\text{kN}\cdot\text{m}>25EI_\text{b}/l_\text{b}=$$

$1.28\times10^5\text{kN}\cdot\text{m}$，$I_\text{b}$ 取平均惯性矩满足刚接条件。

2）螺栓强度计算。

梁柱螺栓布置详图见图 9－34。

梁柱节点采用 10.9 级 M24 摩擦型高强螺栓连接，摩擦面采用喷砂后涂无机富锌漆，摩擦面抗滑移系数 $\mu=0.40$，每个高强度螺栓的预拉力按表 4－15 为 225kN。连接处传递内力设计值 $M=379.5\text{kN}\cdot\text{m}$，$N=-79.5\text{kN}$，$V=91.8\text{kN}$。

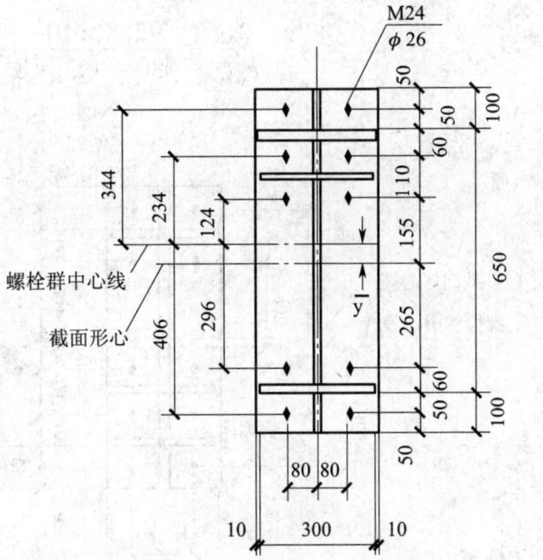

图 9－34　梁柱螺栓布置详图

图 9－34 中，$\bar{y}=\frac{155\times2}{10}=31\text{mm}$。

按公式（4－49）及（4－34）算得：

每个螺栓的拉力：

$$N_1=\frac{My_1}{\sum y_\text{i}^2}-\frac{N}{n}=\frac{379.5\times0.344}{2\times(0.344^2+0.234^2+0.124^2+0.406^2+0.296^2)}-\frac{79.5}{10}$$

$$=140.1\text{kN}<0.8\times225=180\text{kN}$$

$$N_2\ \frac{My_2}{\sum y_\text{i}^2}-\frac{N}{n}=\frac{379.5\times0.234}{2\times(0.344^2+0.234^2+0.124^2+0.406^2+0.296^2)}-\frac{79.5}{10}=92.8\text{kN}$$

$$N_3=\frac{My_3}{\sum y_\text{i}^2}-\frac{N}{n}=\frac{379.5\times0.124}{2\times(0.344^2+0.234^2+0.124^2+0.406^2+0.296^2)}-\frac{79.5}{10}=45.4\text{kN}$$

螺栓群的抗剪力：

$$N_\text{v}^\text{b}=0.9n_\text{f}\mu P=0.9\times1\times0.40\times225\times10=810.0\text{kN}>V=91.8\text{kN}$$

最外排一个螺栓的抗剪、抗拉力，应用公式（4－35）：

$$\frac{N_\text{v}}{N_\text{v}^\text{b}}+\frac{N_\text{t}}{N_\text{t}^\text{b}}=\frac{91.8/10}{810/10}+\frac{140.1}{180}=0.9<1$$

3）端板厚度计算。

端板厚度 t 一般可取螺栓直径的 1.1～1.2 倍，这里取 $t=26\text{mm}$。

按公式（9－61）两边支承类端板计算：

$$t\geqslant\sqrt{\frac{6e_\text{f}e_\text{w}N_\text{t}^\text{b}}{[e_\text{w}b+2e_\text{f}(e_\text{f}+e_\text{w})]f}}=\sqrt{\frac{6\times50\times76\times180000}{[76\times320+2\times50\times(50+76)]\times205}}=23.3\text{mm}$$

故端板厚度取 26mm≈$1.1d=1.1\times24=26.4$，基本满足要求。

4）梁柱节点域的剪应力计算。取 $\xi=1.0$。

根据公式（9－69）：

$$\tau=\frac{\xi M}{d_\text{b}d_\text{c}t_\text{c}}=\frac{1\times379.5\times10^6}{(650-2\times12)\times(550-2\times14)\times8}=145.2>125\text{N/mm}^2$$，不满足要求，

故上下柱 t_c 统一取 10mm，或通过设斜加劲肋加强。

5）端板螺栓处腹板强度。

取 $N_{t2}=92.8\text{kN}$，$P=225\text{kN}$，$N_{t2}>0.4P=90\text{kN}$，按公式（9－67）

$$\frac{N_{t2}}{e_w t_w}=\frac{92.8\times10^3}{(80-4)\times8}=152.6\text{N/mm}^2<215\text{N/mm}^2$$

（2）斜梁跨中节点。

1）螺栓强度计算。

斜梁跨中节点螺栓布置详图见图 9－35。

斜梁跨中节点采用 10.9 级 M20 摩擦型高强螺栓连接，摩擦面采用喷砂后涂无机富锌漆，摩擦面抗滑移系数 $\mu=0.40$，每个高强度螺栓的预拉力按表 4－15 为 155kN。连接处传递内力设计值为：$M=184.7\text{kN}\cdot\text{m}$，$N=-48.9\text{kN}$，$V=3.28\text{kN}$。

图 9－35 中，$\overline{y}=\dfrac{80\times2}{10}=16\text{mm}$。

按公式（4－49）及公式（4－34）算得：

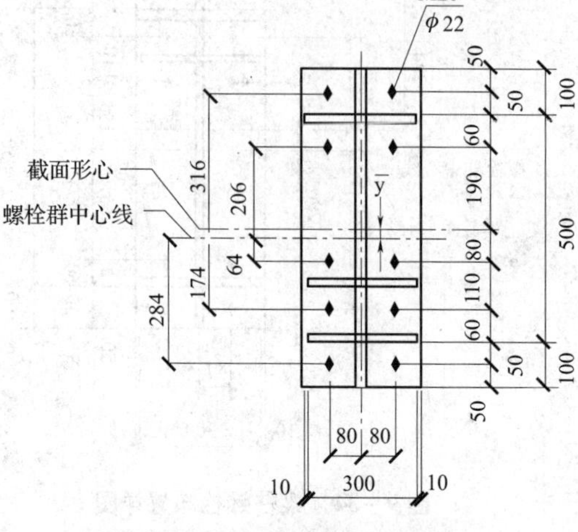

图 9－35　斜梁跨中螺栓布置详图

每个螺栓的拉力：

$$N_1=\frac{My_1}{\sum y_i^2}-\frac{N}{n}=\frac{184.7\times0.284}{2\times(0.284^2+0.174^2+0.064^2+0.206^2+0.316^2)}-\frac{48.9}{10}$$

$$=97\text{kN}<0.8\times155=124\text{kN}$$

$$N_2=\frac{My_2}{\sum y_i^2}-\frac{N}{n}=\frac{184.7\times0.174}{2\times(0.284^2+0.174^2+0.064^2+0.206^2+0.316^2)}-\frac{48.9}{10}$$

$$=57.6\text{kN}$$

$$N_3=\frac{My_3}{\sum y_i^2}-\frac{N}{n}=\frac{184.7\times0.064}{2\times(0.284^2+0.174^2+0.064^2+0.206^2+0.316^2)}-\frac{48.9}{10}$$

$$=18.1\text{kN}$$

螺栓群的抗剪力：

$$N_v^b=0.9n_f\mu P=0.9\times1\times0.4\times155\times10=558.0\text{kN}>V=3.28\text{kN}$$

最外排一个螺栓的抗剪、抗拉力，应用公式（4－35）：

$$\frac{N_v}{N_v^b}+\frac{N_t}{N_t^b}=\frac{3.28/10}{558.0/10}+\frac{97}{124}=0.79<1$$

2）端板厚度计算。

端板厚度取 $t=22\text{mm}$。

按公式（9－61）两边支承类端板计算：

$$t\geqslant\sqrt{\frac{6e_f e_w N_t^b}{[e_w b+2e_f(e_f+e_w)]f}}=\sqrt{\frac{6\times50\times76\times124000}{[76\times320+2\times50\times(50+76)]\times205}}=19.3\text{mm}$$

故端板厚度取 22mm 满足要求。

（3）柱脚连接节点。

按照《建筑抗震设计规范（2016 年版）》GB 50011—2010 规定，8 度设防地区门式刚架宜采用插入式基础，但从《门式刚架轻型房屋钢结构设计规范》GB 51022 和实际工程考虑，本例按外露式刚性柱脚计算。柱底板下设抗剪键。

柱脚锚栓计算简图见图 9－36。

1）板底边缘应力。

柱脚传递弯矩 $M=466.9\text{kN}\cdot\text{m}$，$N=-236.6\text{kN}$。

$$\sigma_{\max}=\frac{N}{ab}+\frac{6M}{a^2b}=\frac{236.6\times10^3}{1130\times600}+\frac{6\times466.9\times10^6}{1130^2\times600}$$
$$=4.01\text{N/mm}^2$$

$$\sigma_{\min}=\frac{N}{ab}-\frac{6M}{a^2b}=\frac{236.6\times10^3}{1130\times600}-\frac{6\times466.9\times10^6}{1130^2\times600}$$
$$=-3.31\text{N/mm}^2$$

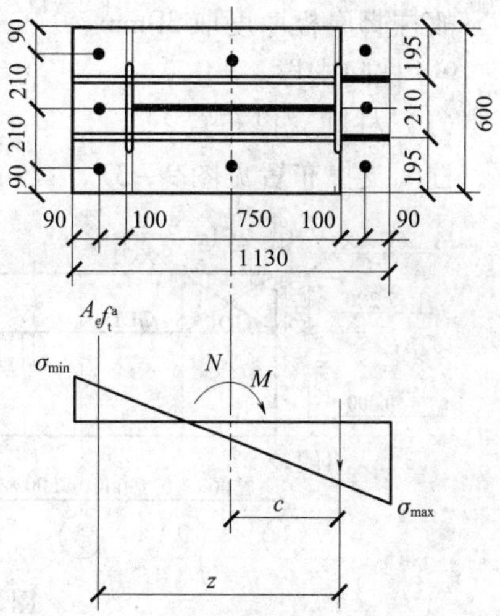

图 9－36　柱脚锚栓计算简图

2）锚栓强度计算。

选用 Q345 锚栓，$f_t^b=180\text{N/mm}^2$，按表 10－7 选用锚栓直径 $d=39\text{mm}$，有效面积 $A_e=9.758\text{cm}^2$。

$\frac{3.31}{4.01}=\frac{x}{1130-x}$　可得 $x=511\text{mm}$。

故 $z=1130-\frac{1130-511}{3}-90=833.7\text{mm}$，$c=z+90-\frac{1130}{2}=358.7\text{mm}$。

$$\frac{M-Nc}{f_t^b z}=\frac{466.9\times10^6-236.6\times10^3\times358.7}{180\times833.7}=2545.8\text{mm}^2\leqslant A_e=975.8\times3=2927.4\text{mm}^2,$$

裕量 $\frac{2927.4}{2545.8}=1.15\approx1.2$，可。

3）底板厚度计算。

锚栓拉力引起的均布应力，设垫板平面尺寸为 140mm×140mm，厚度为 20mm。根据《建筑结构荷载规范》GB 50009—2012 附录 C，偏安全地忽略底板厚度的影响，取垫板的厚度为 s，则荷载分布宽度 $b_c=b_t+2s=140+2\times20=180\text{mm}$。

$\sigma=\frac{180\times9.758\times10^2}{180\times180}=5.42\text{N/mm}^2$（由于此处 $\sigma>\sigma_{\max}=4.01\text{N/mm}^2$，故不再按均布压应力验算底板厚度）

①三边支撑板：

$\frac{b_2}{a_2}=\frac{190}{210}=0.90$，查表 10－5 得 $\alpha=0.105$。

$$M=\alpha\sigma a_2^2=0.105\times5.42\times210^2=25097.3\text{N}\cdot\text{mm}。$$

②两边支撑板：

加劲板厚度为 8mm，故 $a_2=\sqrt{195^2+(190+8\div2)^2}=275$，$b_2=\frac{195\times(190+8\div2)}{275}=138$

$\frac{b^2}{a^2}=\frac{138}{275}=0.5$，查表 10－5 得 $\alpha=0.06$。

$$M=\alpha\sigma a_2^2=0.06\times5.42\times275^2=24593.3\text{N}\cdot\text{mm}<25097.3\text{N}\cdot\text{mm}。$$

故 $t\geqslant\sqrt{\frac{6M}{f}}=\sqrt{\frac{6\times25097.3}{205}}=27.1\text{mm}$。

故柱脚底板厚度取30mm。

9 柱间支撑。

(1) 柱间支撑布置。

柱间支撑布置见图9-37。

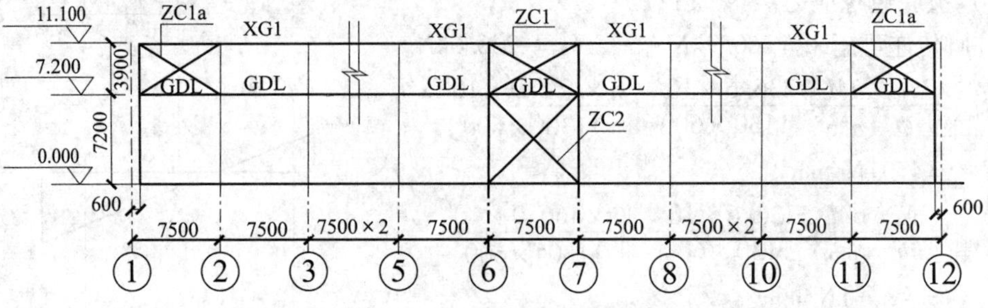

图9-37 柱间支撑布置图

(2) 柱间支撑计算（假设全部纵向水平力由柱间支撑承受）。

1) 非抗震计算。

$w_k = \mu_s \mu_z w_0 = (0.8+0.5) \times 1.1 \times 0.5 = 0.72\text{kN/m}^2$（$\mu_z$ 为山墙顶点处的风压高度系数）

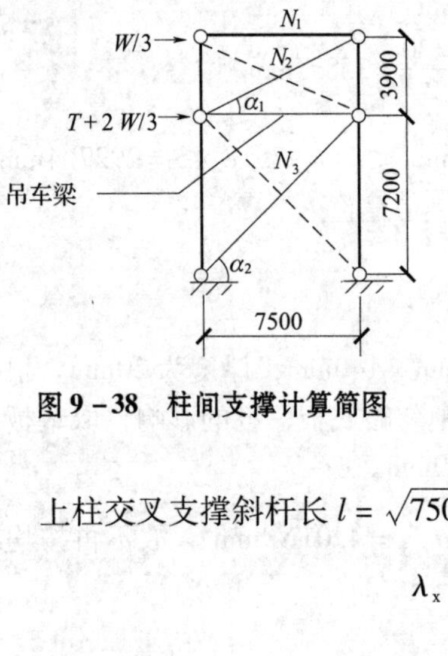

图9-38 柱间支撑计算简图

图9-38中：

$$W = 1.4 \times \left[0.72 \times \frac{6}{2} \times \left(\frac{12.4}{2}+1.2\right) + 0.72 \times \frac{6+6}{2} \times \left(\frac{12.0}{2}+1.2\right) + 0.72 \times \frac{6}{2} \times \left(\frac{11.6}{2}+1.2\right)\right]$$

$=87.1\text{kN}$（式中1.2为山墙女儿墙高度）。

$T = \gamma_Q \alpha P_{max} = 1.4 \times 0.1 \times 153.1 \times 2 = 42.9\text{kN}$。

①上柱支撑。

上柱交叉支撑为单片角钢支撑，按拉杆设计，选用截面∟80×5，$A=791\text{mm}^2$，$i_{y0}=16\text{mm}$，$i_y=24.8\text{mm}$。

上柱交叉支撑斜杆长 $l=\sqrt{7500^2+3900^2}=8453\text{mm}$。

$$\lambda_x = \frac{l_{0x}}{i_{y0}} = \frac{8453/2}{16} = 264 < 400$$

$$\lambda_y = \frac{l_{0y}}{i_y} = \frac{8453}{24.8} = 341 < 400$$

上柱交叉支撑的轴力 $N_2 = \dfrac{W/3}{\cos\alpha_1} = \dfrac{87.1/3}{0.89} = 32.6\text{kN}$。

$$\frac{N_2}{A} = \frac{32.6 \times 10^3}{791} = 41.2\text{N/mm}^2 < f$$

②下柱支撑。

下柱交叉支撑为双片角钢支撑，按拉杆设计，选用截面2∟70×5，$A=1376\text{mm}^2$，$i_x=21.6\text{mm}$

下柱交叉支撑斜杆长 $l=\sqrt{7500^2+7200^2}=10397\text{mm}$。

$$\lambda_x = \frac{l_{0x}}{i_x} = \frac{10397/2}{21.6} = 241 < 300$$

λ_y 由缀条保证，故不做验算。

下柱交叉支撑的轴力 $N_3=(\psi_c T+W)/\cos\alpha_2=(0.7\times42.9+87.1)/0.72=162.7\text{kN}$。

$$\frac{N_3}{A}=\frac{162.7\times10^3}{1376}=118.2\text{N/mm}<f$$

③系杆。

系杆选用截面┘┌ 90×6，$A=2128\text{mm}^2$，$i_{x0}=35.1\text{mm}$。

$$\lambda=\frac{l_0}{i}=\frac{7500\times0.9}{35.1}=192<200$$

b 类截面，查得 $\varphi=0.20$。

$$N_1=W/3=87.1/3=29.0\text{kN}$$

$$\frac{N_1}{\varphi Af}=\frac{29.0\times10^3}{0.20\times2128\times215}=0.32<1$$

系杆截面也可参照标准图集 05G336 选用 2∠140×90×8，$A=3608\text{mm}^2$，$i_x=45\text{mm}$，$i_y=36.3\text{mm}$。

$$\lambda=\frac{l_0}{i}=\frac{7500}{36.3}=207\approx200$$

b 类截面，查得 $\varphi=0.173$。

$$\frac{N_1}{\varphi Af}=\frac{29.0\times10^3}{0.173\times3608\times215}=0.22<1$$

系杆截面也可选用┘┌ 100×6，$A=2380\text{mm}^2$，$i_u=39.1\text{mm}$。

$$\lambda_u=\frac{0.9\times7500}{39.1}=173<200\text{，b 类截面，查得 }\varphi=0.241$$

$$\frac{N_1}{\varphi Af}=\frac{29.0\times10^3}{0.241\times2380\times215}=0.24<1$$

2）抗震计算。

本例的柱间支撑抗震验算，参照标准图集《单层工业厂房设计示例（一）》09SG117－1 计算。

①计算厂房纵向自振周期所需的重力荷载代表值 G_s。

柱重力荷载代表值 $G_c=13\times24=312\text{kN}$。

山墙重力荷载代表值 G_{wt}。

柱顶标高为 11.1m，柱底标高为 −0.5m，屋脊标高 11.9m，女儿墙高度取 1.2m，故山墙总面积为$\frac{(11.1+0.5+1.2+11.9+0.5+1.2)\times12}{2}\times4=634\text{m}^2$。

计入三根抗风柱的重量，得 $G_{wt}=0.30\times634+3\times24=262\text{kN}$。

纵墙重力荷载代表值 G_{wl}（不扣门窗洞）。

纵墙总面积为 $82.5\times(11.6+0.3+0.9)\times2=2112\text{m}^2$（式中考虑檩条高度及天沟重量，故纵墙高度取 $11.6+0.3+0.9=12.8\text{m}$）。

故 $G_{wl}=0.30\times2112=634\text{kN}$。

吊车梁及吊车桥架重力荷载代表值 G_b：

$G_b=(1357+43\times7.5+9.62\times7.5)\times9.8\times22+26.5\times1000\times9.8\times2=897\text{kN}$。

屋盖重力荷载代表值 G_r：

屋盖总面积为 $82.5\times24=1980\text{m}^2$，刚架斜梁总重为 $20.4\times12=244.8\text{kN}$。

故 $G_r=0.30\times1980+244.8=838.8\text{kN}$。

雪荷载标准值 $G_{sn}=0.35\times1980=693\text{kN}$。

故 $G_s=0.25G_c+0.25G_{wt}+0.35G_{wl}+0.5G_b+G_r+0.5G_{sn}=0.25\times312+0.25\times262+0.35\times634+0.5\times897+838.8+0.5\times693=1999.2\text{kN}$

②计算厂房纵向地震作用的重力荷载代表值 $\overline{G_s}$。

$$\begin{aligned}\overline{G_s}&=0.1G_c+0.5G_{wt}+0.7G_{wl}+1.0\times(G_r+0.5G_{sn})\\&=0.1\times312+0.5\times262+0.7\times634+1.0\times(838.8+0.5\times693)\\&=1791.3\text{kN}\end{aligned}$$

③计算厂房的侧移刚度 K_s。

a. 柱的侧移刚度 K_c。

单个柱在单位水平力作用下柱顶侧移 δ_{c1}：

$$\delta_{c1}=\frac{H_1^3}{3E_cI_1}+\frac{H_2^3-H_1^3}{3E_cI_2}=\frac{3.9^3}{3\times206\times10^6\times6302.2\times10^{-8}}+\frac{11.6^3-3.9^3}{3\times206\times10^6\times6306\times10^{-8}}=4.0\times10^{-2}\text{m/kN}$$

单个柱的侧移刚度 $K_{c1}=\dfrac{1}{\delta_{c1}}=\dfrac{1}{4.0\times10^{-2}}=25\text{kN/m}$。

故柱的侧移刚度 $K_c=24K_{c1}=24\times25=600\text{kN/m}$。

b. 单侧柱间支撑的侧移刚度 K_b。

上柱柱间支撑（图 9－39）在柱顶单位水平力作用下的柱顶侧移 δ_s。

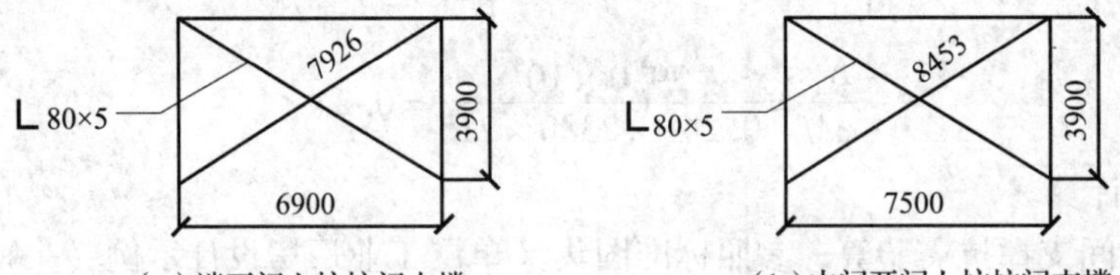

（a）端开间上柱柱间支撑 （b）中间开间上柱柱间支撑

图 9－39 上柱柱间支撑简图

端开间柱顶侧移 $\delta_1=\dfrac{l_1^3}{EA_1L_1^2}=\dfrac{7.926^3}{2.06\times10^8\times791\times10^{-6}\times6.9^2}=6.4\times10^{-5}\text{m/kN}$。

中间开间柱顶侧移 $\delta_2=\dfrac{l_2^3}{EA_2L_2^2}=\dfrac{8.453^3}{2.06\times10^8\times791\times10^{-6}\times7.5^2}=6.6\times10^{-5}\text{m/kN}$。

由于 $\dfrac{1}{\delta_s}=\dfrac{1}{\delta_1}+\dfrac{1}{\delta_1}+\dfrac{1}{\delta_2}$，

故 $\delta_s=\dfrac{\delta_1\delta_2}{\delta_1+2\delta_2}=\dfrac{6.4\times10^{-5}\times6.6\times10^{-5}}{6.4\times10^{-5}+2\times6.6\times10^{-5}}=2.2\times10^{-5}\text{m/kN}$。

下柱柱间支撑（图 9－40）在柱顶单位水平力作用下的柱顶侧移 δ_x。

$$\delta_x=\frac{l^3}{EAL^3}=\frac{10.397^3}{2.06\times10^8\times1376\times10^{-6}\times7.5^3}=9.4\times10^{-6}\text{m/kN}$$

故 $K_b=\dfrac{1}{\delta_s+\delta_x}=\dfrac{1}{2.2\times10^{-5}+9.4\times10^{-6}}=3.2\times10^4\text{kN/m}$。

厂房总侧移刚度 $K_s = K_c + 2K_b = 600 + 2 \times 3.2 \times 10^4 = 6.5 \times 10^4 kN/m$。

④厂房基本周期 T_1。

$T_1 = 2\varphi_T \sqrt{G_s/K_s} = 2 \times 1.0 \times \sqrt{1999.2/6.5 \times 10^4} = 0.351sec$。

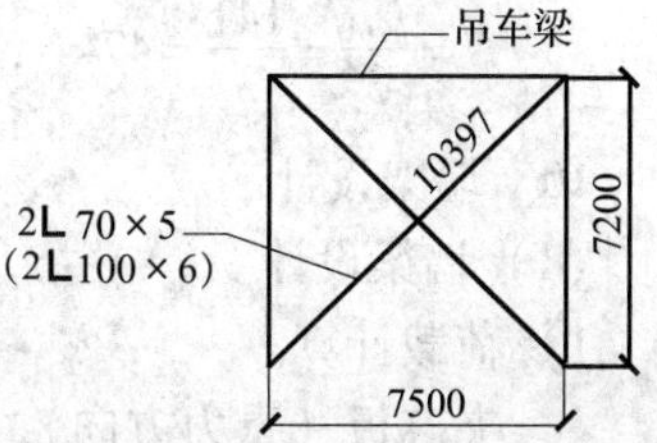

图 9-40 下柱柱间支撑简图

注：括号内截面为抗震验算后加大的截面。

⑤厂房的地震影响系数 α 及各构件地震作用。

阻尼比 $\zeta = 0.05$，设计地震分组为第一组，场地类别为第Ⅱ类，$T_g = 0.35sec$，$\alpha_{max} = 0.16$。

$$T_1 > T_g$$

$$\eta_2 = 1 + \frac{0.05 - \xi}{0.08 + 1.6\xi} = 1 + \frac{0.05 - 0.05}{0.08 + 1.6 \times 0.045} = 1.0$$

$$\gamma = 0.9 + \frac{0.05 - \zeta}{0.3 + 6\zeta} = 0.9$$

$$\alpha' = \left(\frac{T_g}{T}\right)^{\gamma} \eta_2 \alpha_{max} = \left(\frac{0.35}{0.351}\right)^{0.9} \times 1.0 \times 0.16 = 0.16$$

单侧柱列柱顶处纵向水平地震作用标准值：

$$F_1 = \alpha \times \overline{\frac{G_s}{2}} = 0.16 \times \frac{1791.3}{2} = 143.3kN$$

单侧柱列柱顶处柱间支撑分到的地震作用：

$$F_{b1} = F_1 \times \frac{K_b}{K_s/2} = 143.3 \times \frac{3.2 \times 10^4}{6.5 \times 10^4/2} = 141kN$$

单侧柱列集中于吊车梁顶标高处的等效重力荷载代表值：

$G_{c1} = 0.4 \times$ 柱列自重 + 柱列吊车梁自重（包括轨道连接）$+ 0.5 \times$ 两台吊车自重

$= 0.4 \times 312/2 +$ （$1357 + 43 \times 7.5 + 9.62 \times 7.5$） $\times 9.8 \times 11 \times 10^{-3}$

$+ 0.5 \times 2 \times 26.5 \times 1000 \times 9.8 \times 10^{-3}$

$= 510.9kN$

单侧柱列在吊车梁顶标高处的纵向地震作用：

$$F'_1 = \alpha G_{c1} \frac{H_{c1}}{H} = 0.16 \times 510.9 \times \frac{7.7}{11.6} = 54.3kN$$

柱间支撑分到的吊车梁顶标高处的纵向地震作用：

$$F'_{b1} = \frac{F'_1 K_b}{K_s/2} = \frac{54.3 \times 3.2 \times 10^4}{6.5 \times 10^4/2} = 53.5kN$$

⑥柱间支撑抗震验算，按拉杆设计，不考虑压杆卸荷。

上柱交叉支撑验算（地震荷载分项系数取 1.3）：

$$N_s = \frac{F_{b1}/3}{\cos\alpha_1} = \frac{141/3}{0.89} = 52kN，\frac{1.3N_s}{A} = \frac{1.3 \times 52 \times 10^3}{791} = 85.0N/mm^2 < 0.75f/\gamma_{RE} = f$$

下柱交叉支撑验算：

$$N_x = \frac{F_{b1} + F'_{b1}}{\cos\alpha_2} = \frac{141 + 53.5}{0.72} = 270kN，\frac{1.3N_x}{A} = \frac{1.3 \times 270 \times 10^3}{1376} = 255N/mm^2 > f$$

故下柱交叉支撑选取截面为 2∟100×6，不再重复验算。

上柱系杆验算：

$$N=\frac{F_{b1}}{3}=\frac{141}{3}=47\text{kN},\ \frac{1.3N}{\varphi A}=\frac{1.3\times47\times10^3}{0.2\times2128}=143.5\text{N/mm}^2<0.80f/\gamma_{RE}=f$$

10 墙架设计。

(1) 墙梁设计。

1) 荷载计算。

夹芯板（重力方向）	0.25kN/m^2
墙梁及拉条自重（重力方向）	0.05kN/m^2
合计	0.30kN/m^2

永久线荷载设计值：$g=1.2\times G\times a=1.2\times0.30\times1.5=0.54\approx0.60\text{kN/m}$。

风荷载按《门式刚架轻型房屋钢结构技术规范》GB 51022 表 4.2.2－3 计算，基本风压乘以 1.10，墙梁受风面积 $A=1.5\times7.5=11.25$，小于 50m^2，按角部计算时 $\mu_s=0.353\log11.25-1.58=-1.2$，按中间区计算时 $\mu_s=0.176\log11.25-1.28=-1.1$，此处统一按中间区取 $\mu_s=-1.1$，$\mu_z=1.1$（$z=11.1\text{m}$）。

风线荷载标准值：

$$W_k=\beta\mu_s\mu_z w_0 a=1.5\times1.1\times1.1\times0.5\times1.5=1.36\text{kN/m}$$

风线荷载设计值：

$$W=\gamma_w\times W_k=1.4\times1.36=1.9\text{kN/m}$$

2) 墙梁选用。

按《钢檩条钢墙梁》11G521－2 第 12 页，选用 QLC7.5－28.2，截面为 280×80×20×2.5。

$$W_{有支撑}=2.19\text{kN/m}>1.9\text{kN/m}$$

按本手册表 11－1 可选用 LC7.5－28.2 双层拉条（有支撑）。按 $H=20\text{m}$ 计算，可选用 LC7.5－28.2。

(2) 抗风柱设计。

按国家标准图《钢抗风柱》10SG533，抗风柱间距选用 6m，6m，6m，6m。

1) 对于图 9－25 中 GFZ－1 有：

下柱高度 $H_2=11100+6000/15-550-200+500=11250\text{mm}$。

上柱高度 $H_1=11100+6000/15+500-228-11250=522\text{mm}<2400\text{mm}$。

基本风压线荷载 $q_0=w_0a=0.5\times(6+6)/2=3.0\text{kN/m}$。

按 10SG533 第 9 页表选用抗风柱编号为 GFZ9－1x－2，$x=H_1=522\text{mm}$。因该编号抗风柱为等截面，故上下柱高合一，总高 $H=H_1+H_2=11772\text{mm}$。

2) 对于图 9－25 中 GFZ－2 有：

下柱高度 $H_2=11100+6000/15-550-200+500=11250\text{mm}$。

上柱高度 $H_1=11100+12000/15+500-228-11250=922\text{mm}<2400\text{mm}$。

基本风压线荷载 $q_0=w_0a=0.5\times6=3.0\text{kN/m}$。

按 10SG533 第 9 页表选用抗风柱编号为 GFZ9－1x－2，$x=H_1=922\text{mm}$。抗风柱柱脚按 10SG533 第 82 页改为铰接。

刚架详图见图 9－41，屋面支撑详图见图 9－42，柱间支撑详图见图 9－43 和图 9－44。

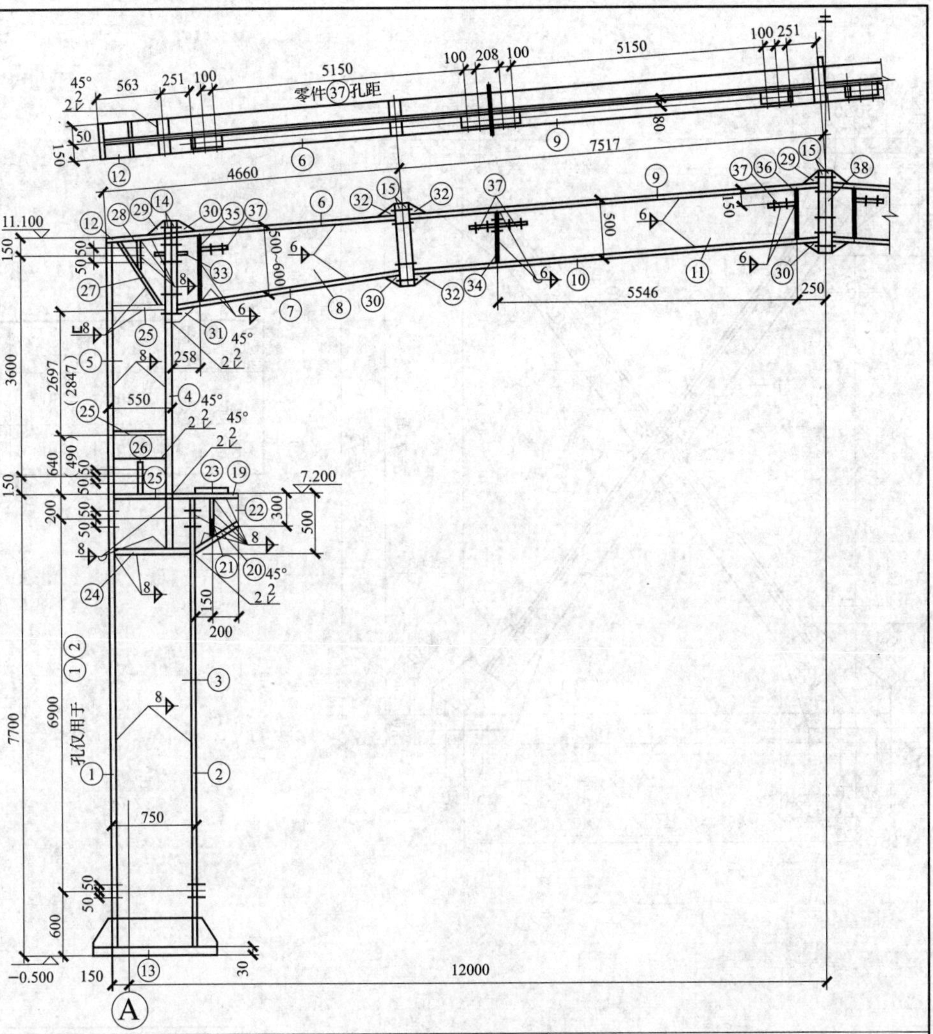

材料表

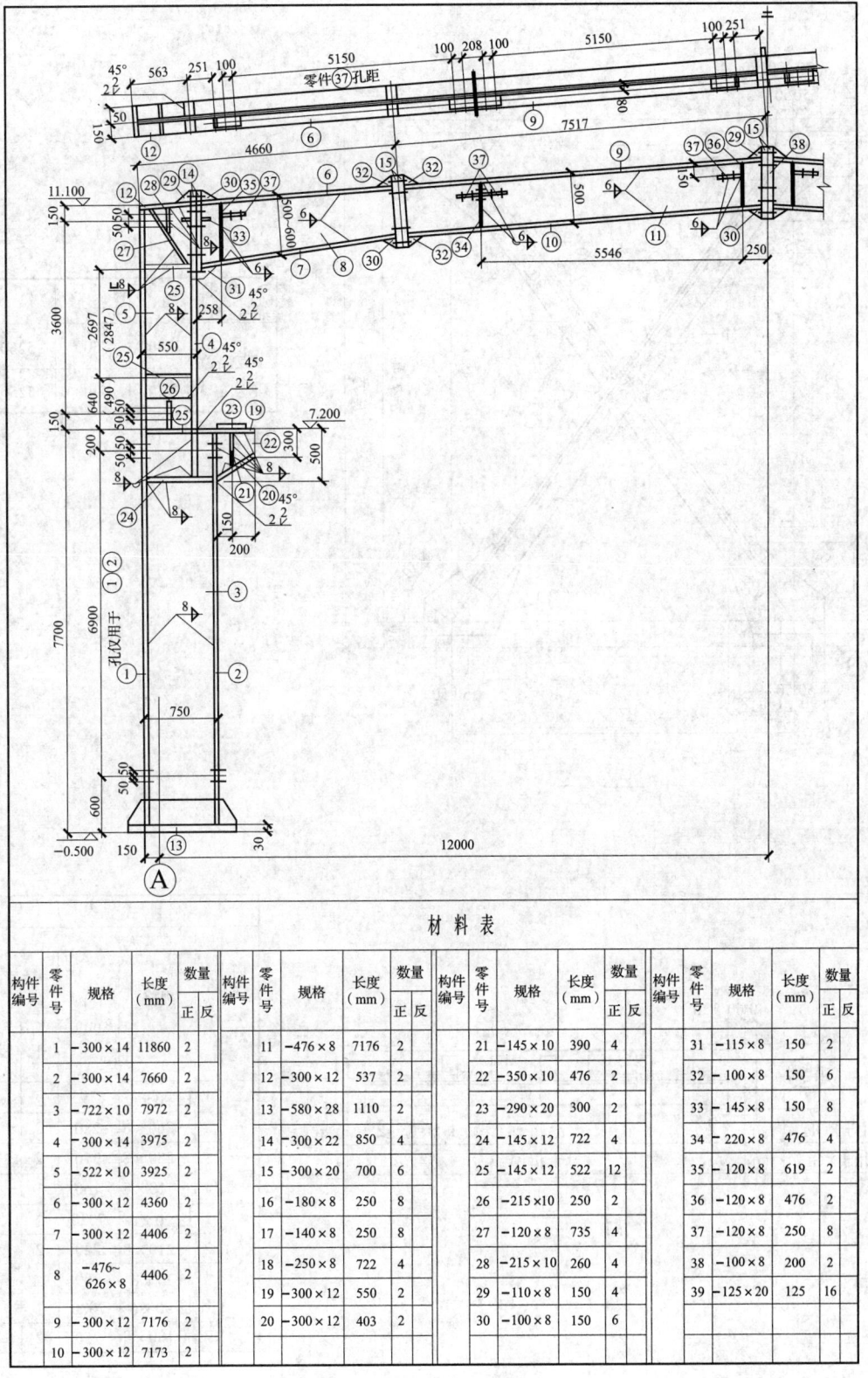

构件编号	零件号	规格	长度(mm)	数量 正	数量 反	构件编号	零件号	规格	长度(mm)	数量 正	数量 反	构件编号	零件号	规格	长度(mm)	数量 正	数量 反	构件编号	零件号	规格	长度(mm)	数量 正	数量 反
	1	−300×14	11860	2			11	−476×8	7176	2			21	−145×10	390	4			31	−115×8	150	2	
	2	−300×14	7660	2			12	−300×12	537	2			22	−350×10	476	2			32	−100×8	150	6	
	3	−722×10	7972	2			13	−580×28	1110	2			23	−290×20	300	2			33	−145×8	150	8	
	4	−300×14	3975	2			14	−300×22	850	4			24	−145×12	722	4			34	−220×8	476	4	
	5	−522×10	3925	2			15	−300×20	700	6			25	−145×12	522	12			35	−120×8	619	2	
	6	−300×12	4360	2			16	−180×8	250	8			26	−215×10	250	2			36	−120×8	476	2	
	7	−300×12	4406	2			17	−140×8	250	8			27	−120×8	735	4			37	−120×8	250	8	
	8	−476~626×8	4406	2			18	−250×8	722	4			28	−215×10	260	4			38	−100×8	200	2	
							19	−300×12	550	2			29	−110×8	150	4			39	−125×20	125	16	
	9	−300×12	7176	2			20	−300×12	403	2			30	−100×8	150	6							
	10	−300×12	7173	2																			

图 9－41　刚架详图 GJ－2

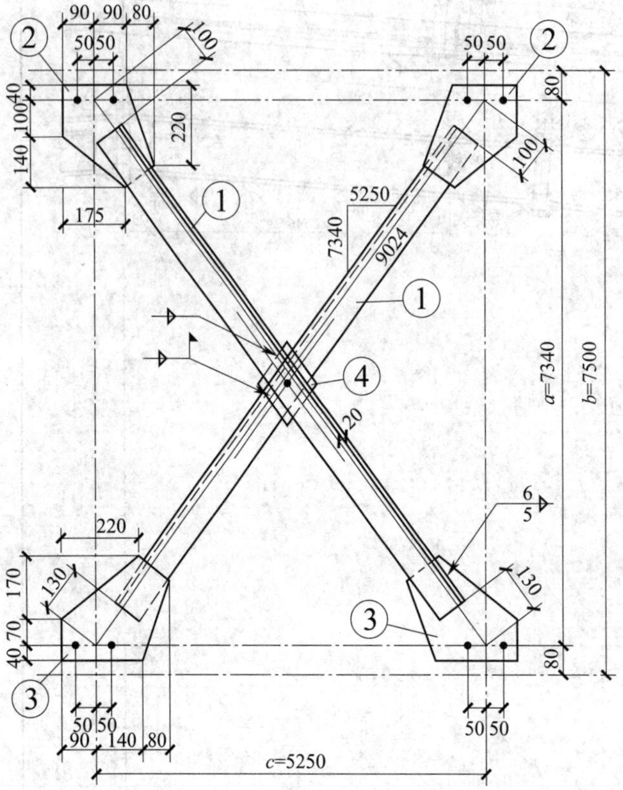

SC1

尺寸 编号	a	b	c
SC1	7340	7500	5250
SC1a	6740	6900	5250

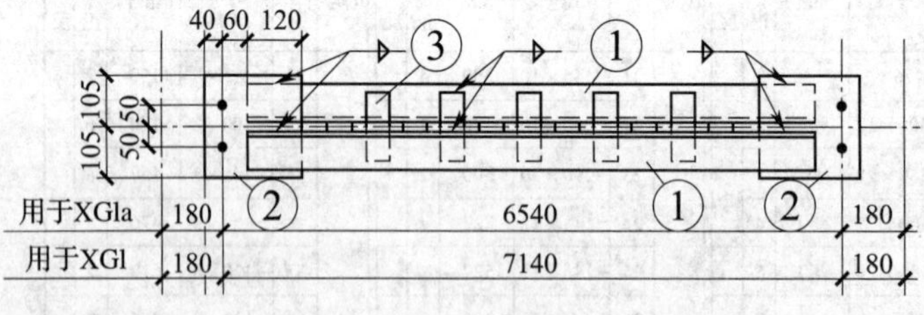

XG1

材 料 表					
构件编号	零件号	规格	长度(mm)	数量	
				正	反
SC1	1	∟90×6	8795	2	
	2	−260×8	280	2	
	3	−280×8	310	2	
	4	−110×8	160	1	
XG1	1	∟90×6	7020	2	
	2	−210×8	220	2	
	4	−70×8	160	11	
XG2	1	∟90×6	7020	1	
	2	−180×8	250	2	

图 9－42 屋面支撑 SC1、XG1 详图

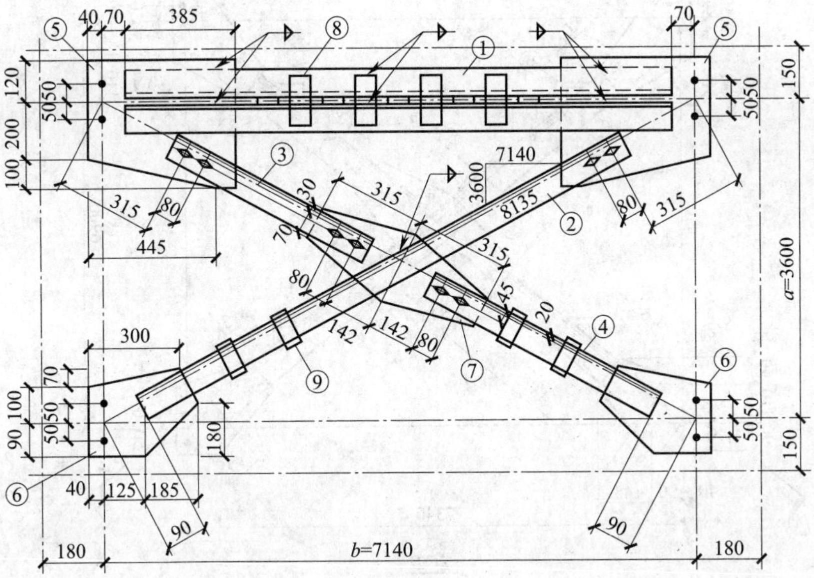

ZC1

编号 \ 尺寸	a	b
ZC1	3600	7140
ZC1a	3600	6540

材 料 表

构件编号	零件号	规格	长度（mm）	数量	
				正	反
ZC1	1	∟90×6	7000	2	
	2	∟80×5	7770	1	1
	3	∟80×5	3710	1	1
	4	∟80×5	3875	1	1
	5	—420×8	495	2	
	6	—270×8	350	2	
	7	—275×10	630	1	
	8	—60×8	160	9	
	9	—60×8	95	8	

注：1 本图仅表示ZC1。
ZC1a按以上尺寸 a、b绘制。
2 未注明的孔边距为40 mm。

图 9－43 上柱支撑 ZC1 详图

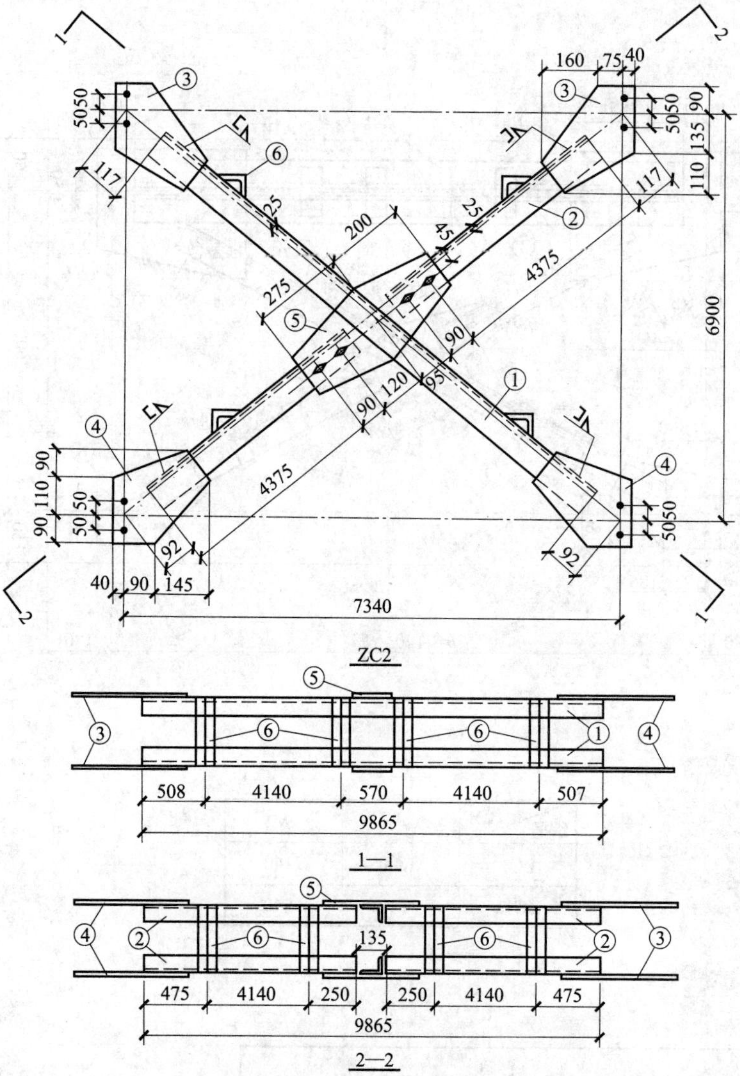

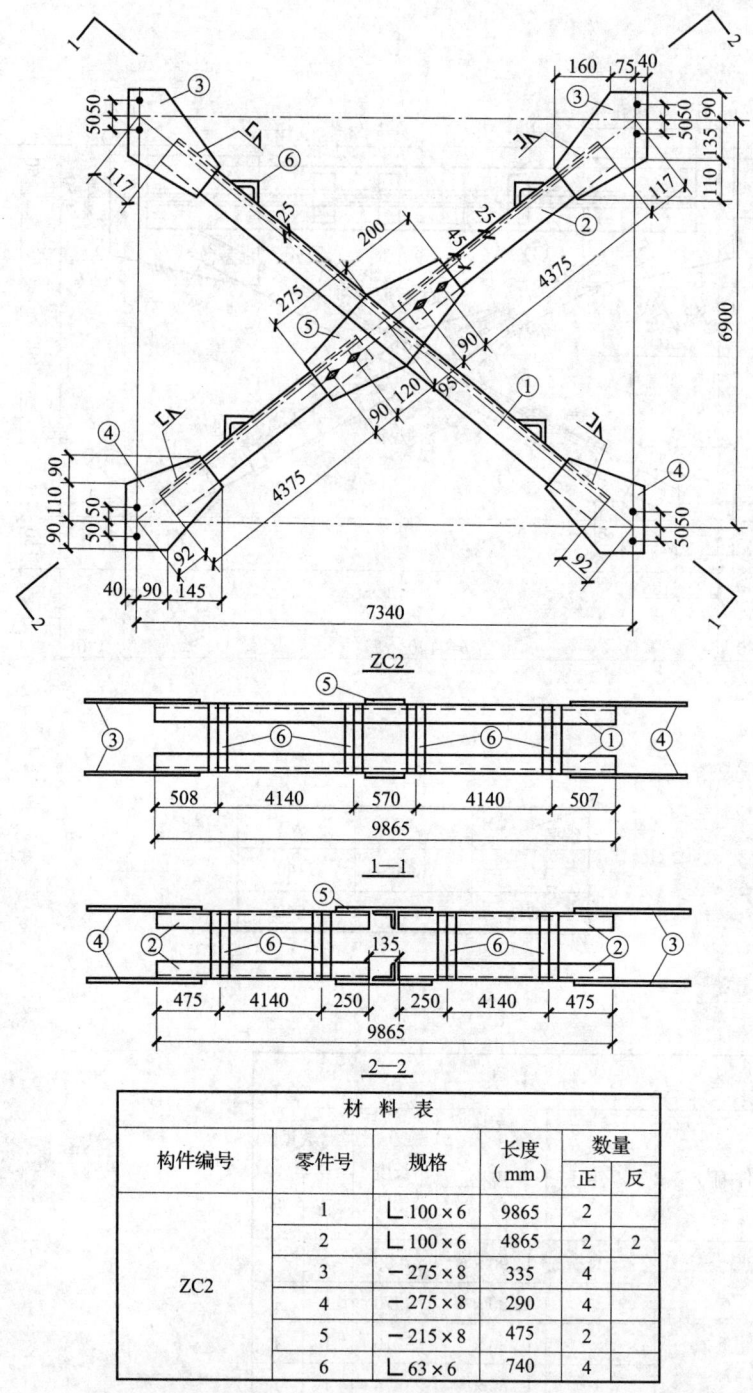

材 料 表					
构件编号	零件号	规格	长度（mm）	数量	
				正	反
ZC2	1	∟100×6	9865	2	
	2	∟100×6	4865	2	2
	3	－275×8	335	4	
	4	－275×8	290	4	
	5	－215×8	475	2	
	6	∟63×6	740	4	

图 9－44　下柱支撑 ZC2 详图

【例题 9－3】 21m 单跨双坡无吊车门式刚架

1　设计资料。

单层房屋采用单跨双坡门式刚架，刚架跨度 21m，柱顶标高 9.0m，柱距 6.0m，屋面坡度 1/15。地震设防烈度为 8 度（0.2g），设计地震分组为第一组，场地类别为第Ⅱ类，阻尼比 ζ 取 0.05。风荷载体型系数及风压高度变化系数按《建筑结构荷载规范》

GB 50009—2012 取用，地面粗糙度类别为 B 类。屋面体系采用檩距为 1.5m 压型钢板。钢材牌号 Q235－B，焊条 E43 型。

2 荷载。

刚架荷载取总荷载设计值为 $1.34kN/m^2$（不包括刚架自重），基本风压 W_0 为 $0.50kN/m^2$。

3 刚架截面。

刚架截面选用按 PKPM－STS 求得，柱截面为 240×（300～860）×10×14 梁为 210×800×6×10。

4 节点设计。

刚架节点螺栓和节点板端部为 6M20，$t=22$；中部为 6M16，$t=16$。边柱柱脚均应设置抗剪键。刚架连接节点构造参见图 9－33。

【例题 9－4】 18m 双跨双坡无吊车门式刚架

1 设计资料。

单层房屋采用双跨双坡门式刚架，刚架跨度 18m，柱顶标高 7.5m，柱距 6.0m，屋面坡度 1/15。地震设防烈度为 7 度，设计地震分组为第一组，场地类别为第Ⅱ类，阻尼比 ζ 取 0.05。风荷载体型系数及风压高度变化系数按《建筑结构荷载规范》GB 50009—2012 取用，地面粗糙度类别为 B 类。屋面体系采用 3.0m×6.0m 的发泡水泥复合屋面板。钢材牌号 Q235－B，焊条 E43 型。

2 荷载。

刚架荷载取总荷载设计值为 $1.78kN/m^2$（不包括刚架自重），基本风压 $W_0=0.5kN/m^2$。

3 刚架截面。

刚架截面选用按 PKPM－STS 求得，边柱截面为 220×（300～700）×6×10，中柱为 230×230×6×10，梁截面为 250×860×6×12。

4 节点设计。

刚架节点螺栓和节点板端部为 6M16，$t=16$；中部为 2M16，$t=12$。边柱柱脚均应设置抗剪键。刚架连接节点构造参见图 9－33。

9.8 门式刚架设计中的若干问题

9.8.1 风荷载体型系数 μ_s。

门式刚架轻型房屋钢结构技术规范列出的刚架风荷载体型系数：

系数 μ_s 与《建筑结构荷载规范》GB 50009—2012 表 7.3.1 的差别较大，具体见表 9－10。

表 9－10 单层房屋中间区风荷载体型系数 μ_s

名称 \ 部位	迎风面屋面	背风面屋面	迎风面墙面	背风面墙面
GB 50009—2012	－0.60	－0.50	+0.80	－0.50
GB 51022—2015 （－i） （+i）	－0.51 （－0.87）	－0.19 （－0.55）	+0.58 （+0.22）	－0.11 （－0.47）

注：1 表中为封闭式房屋屋面坡度≤5°。

2 表中括号内为《门式刚架轻型房屋钢结构技术规范》GB 51022—2015 另一种工况数据。

3 括号中（+i）为鼓风效应；（－i）为吸风效应属两种工况。

1 从表中μ_s得知：GB 50009—2012 屋面风荷载体型系数μ_s小，但墙面大，最终它导致单跨双铰门式刚架的柱顶弯矩前者大于后者。

2 屋面竖向荷载与屋面负风压方向相反，对负风压有卸载作用。

3 荷载组合后按 GB 51022—2015 风荷载不控制，多数为永久荷载与活荷载组合控制，而 GB 50009—2012 多数为永久荷载与可变荷载（风荷载和活荷载）组合控制。后者为前者柱顶弯矩的 0.95 ~ 1.89（即使 GB 51022—2015β增大 1.1 倍）也无济于事。

4 GB 50009—2012 风荷载体型系数μ_s多数偏安全，过去已使用了 60 年。故本手册即使对于门式刚架仍沿用 GB 50009—2012 表 8.3.1 中房屋的统一体型系数μ_s。设计实例对有吊车荷载的门架式和吊车荷载冲淡了风载体型系数的作用，在此情况下有所缓和。

9.8.2 刚架横梁跨中的挠度。

《钢结构设计标准》GB 50017—2017 附录表 B.1.1 规定，横梁的挠度容许值为$l/400$，《冷弯薄壁型钢技术规范》GB 50018—2002，横梁的挠度容许值为$l'/180$，（l'为斜梁的一个坡面长度）近似于$l/360$（l为刚架跨度）。两本规范仅差别 10%，国家建筑标准设计图《门式刚架轻型房屋钢结构（有吊车）》04SG518 - 3 和本手册均取用了$l/360$，致使大量刚架横梁挠度通过，节约钢材。新的《门式刚架轻型房屋技术规范》GB 51022—2015 又放松为$l/180$。

9.8.3 斜梁上、下翼缘平面外的计算长度。

1 门式刚架的斜梁在上翼缘设横向支撑，下翼缘不再设横向支撑。通过隅撑起支撑作用，故必须与横向支撑节点处的檩条或刚性系杆相连保证斜梁下翼缘受压时的稳定性。故斜梁在竖向荷载下跨中横向支撑的节距为受压上翼缘平面外的计算长度，梁端横向支撑节距，即第一道隅撑处，为受压下翼缘平面外计算长度。即上下翼缘平面外计算长度都为横向支撑的不同节距。或称（横向支撑为斜梁上、下翼缘共同组成一个稳定体系）。必须指出：只有横向支撑节点上的隅撑才能作为梁上下翼缘的平面外可靠支撑点。在横向支撑节间内的隅撑均为梁的平面外弹性支撑，其计算公式见门规公式（7.1.6 - 3）。它会对斜梁上翼缘平面外产生局部侧向弯曲（其应力约为 $0.4f$），影响安全。不论取几个隅撑间距，均不能作为斜梁计算长度的依据。但当屋面与檩条用自攻螺钉牢固连接时，考虑屋面的蒙皮作用也可取两个隅撑间距，作为梁平面外计算或支撑长度。在目前大量采用直立缝锁边和扣合压型板的情况下宜采用可靠的侧向支撑点。为此本手册建议隅撑的布置必须与横向支撑的节点相协调（在结构节点处檩条应沿跨度方向偏 150mm 可不与系杆相碰）。只有横向支撑的节点才能作为斜梁侧向支撑的可靠不动点。

2 隅撑的构造。

图 9 - 9 表示，隅撑一端与斜梁下翼缘相连，另一端与檩条相连。与檩条相连应注意：

（1）斜梁下翼缘平面外的失稳力是通过隅撑传递给檩条的，使檩条由正弯矩（下翼缘受拉）转化为负弯矩（下翼缘受压），必须增大檩条型号或增设其下翼缘拉条。当斜梁下翼缘面积较大时，在增设下拉条的同时尚需通过计算加大檩条型号。

（2）端刚架斜梁仅一侧设隅撑，檩条施加于隅撑的实际支撑力，会使端斜梁下翼缘产生很大的水平力和侧向弯曲，甚至会丧失刚架斜梁的承载力。

3 以上两点在工程中是常有的，故本手册建议：

（1）加大横向支撑节距，减少隅撑道数及不设单侧隅撑（局部水平力）。

（2）门式刚架斜梁为受弯构件不同于钢屋架上弦为轴心受压构件，加大受弯构件横向支撑节距，使构件 φ_b 的降低，要低于轴心受压屋架上弦构件 φ_y 的降低。故斜梁横向支撑节距可由轻型屋面钢屋架的节距3m、4.5m，加大为4.5m、6.0m，个别可取7.5m。为此，与门式刚架横向支撑节点配合的隅撑，在小跨度（$l=12.15$m）仅需跨中设一道，$l=$ 18m，21m，24m。除跨中外，可根据计算，在半跨内再增设一道，$l=27$m、30m 可增设两道。隅撑的间距按斜梁在平面外的长细比 $\lambda_y \leqslant 240$ 确定［《建筑抗震设计规范（2016年版）》GB 50011—2010 第9.2.12条文说明］。

（3）如隅撑不与檩条相连，改为与贯通的刚性系杆相连，不但屋面檩条不需设下拉条加强（无隅撑附加力），连端刚架下翼缘的附加水平力也一并消失。这种做法实际上是将隅撑改为竖向支撑。所有问题迎刃而解了。

4　如斜梁不设隅撑和竖向支撑可根据《冷弯薄壁型钢结构技术规范》GB 50018—2002公式（10.1.5－1）正负弯矩下的节间长度取用。按［2］不经济。建议设隅撑或竖向支撑。

5　斜梁在风吸力荷载下的整体稳定性。

风吸力与自重反向，下翼缘设隅撑或竖向支撑后，一般可不验算梁的整体稳定性。

9.8.4　山墙端刚架的构造。

山墙端刚架，按建筑统一模数制，从山墙内侧轴线内移600mm插入距。优点为：

1　有足够空间设置与端刚架柱相连的构造柱，它与端刚架柱共同承受双向风弯矩，不需要再加大端刚架柱截面尺寸；

2　山墙抗风柱紧贴山墙内侧轴线，可绕过屋架上升，与斜梁上翼缘用弹簧板相连，符合《建筑抗震设计规范（2016年版）》GB 50011—2010要求；

3　若不留插入距600mm，以上两个问题都不能解决，将使端刚架构造复杂，侧向刚度较差。如山墙抗风柱顶借隅撑与檩条相连，将大幅度降低檩条的承载力。

9.8.5　框架柱的长细比 λ 和柱、梁板件宽厚比。

1　有吊车柱的长细比 λ 不宜大于150，当轴压比 $\dfrac{N}{Af} \geqslant 0.2$ 时不宜大于 $120\sqrt{235/f_y}$，f_y 为钢材屈服点。轻型屋面钢柱的轴压比一般均小于0.2，故 λ 可取150。无吊车门式刚架梁柱的长细比可取 $\lambda=180$。

2　板件宽厚比。

（1）重屋盖厂房。按《建筑抗震设计规范（2016年版）》GB 50011—2010 表8.3.2规定取用。

（2）轻屋盖厂房。$b_1/t_1=15\sqrt{235/f_y}$，h_0/t_w 按表9－3。

（3）翼缘外伸宽度 b_1/t_1 不满足时可取 b_1/t_1 符合规定的 b_1 进行承载力验算；腹板宽厚比不满足要求时可按表9－3或表3－8取腹板的有效截面进行承载力验算。

9.8.6　刚架梁柱的腹板稳定性计算。

1　刚架斜梁不直接承受动力荷载，集中荷载不大，故可按腹板屈服曲后强度计算，一般不设置横向加劲肋。但当集中荷载较大时（如3m檩距等），因表9－5中未反映腹板局部压应力 σ_c 的影响，宜在集中荷载处设横向加劲肋，如不设加劲肋应按3.1.4表3－12不考虑腹板屈曲后强度计算。

2　刚架柱因剪力小，故其腹板局部稳定性可按表9－5或表3－8，不满足高厚比时可按有效截面进行计算。

3 关于腹板屈服后的强度计算。

(1)《钢结构设计标准》GB 50017—2017 与《门式刚架轻型房屋钢结构技术规范》GB 51022—2015 均列出在弯、剪压（可忽略）共同作用下腹板的屈服强度计算公式。公式形式不同，原理基本相同，一般两者可通用。

(2) GB 50017—2017 公式（3-8）适用于组合梁（仅 M、V）；GB 51022—2015 适用于门式刚架的梁和柱，（有 M、V、N）原理相同，但计算参数不同：如有效截面系数（或 a_e）等。中间横向加劲肋，前者可不设或构造设置（$a/h_0=2.0$）；后者应设置（$a/h_0=2.5$）。

(3) 两者基本公式均未反映局部压应力的影响，故当梁集中荷载较大时，应在集中荷载处设置横向加劲肋；当考虑腹板屈曲强度且 $P>1$ 时，应在计算梁的抗弯强度、整体稳定性和压弯构件的稳定性时，采用有效截面特征。

(4) 必须指出：在 GB 51022—2015 中，只列出板件屈曲后的强度计算，无腹板弹性局部稳定性计算。对有吊车的门架柱，为慎重起见，建议按本手册表 3-27 中的压弯构件验算腹板的局部稳定性。取腹板截面设计等级为 S3，有效宽度系数 $\rho=1$（$\lambda_{n,p}\leqslant 0.75$）。

9.8.7 梁、柱端板厚度。

1 按《门式刚架轻型房屋钢结构技术规范》GB 51022—2015 在本手册第 9.5.1 节列出了公式（9-59）~公式（9-63），计算梁、柱端板厚度的公式。它的基本假定为：

(1) 考虑了两块板自由端间的撬力；

(2) 板区格内出现两条塑性铰线，一条为螺栓处铰线；另一条为板支承端处铰线。

(3) 公式（9-59）和公式（9-60）为单向塑性铰线，公式（9-61）~公式（9-63）为双向塑性铰线。

2 考虑撬力可使板厚减薄，但带来两个问题：

(1) 撬力会使螺栓的拉力 T 增加 50% 左右，超过螺栓拉力 $N_t^b=0.8P$，将达 $1.2P$，如不加大螺栓直径将降低螺栓安全度。

(2) 自由端撬力为线接触，规范中尚无线接触处局部压应力的验算方法。

不建议采用以上 5 个公式中的公式（9-59）、公式（9-60）和公式（9-62），因算出的板较厚，尽量采用公式（9-61）和公式（9-63）的构造和计算方法。实践证明，按公式（9-61）和公式（9-63）计算出的板厚均接近于螺栓直径 d。

3 建议。

(1) 均采用公式（9-61）和公式（9-63）的相应构造，即伸臂类端板中增设加劲板，无加劲肋和平齐式端板在两个螺栓间设加劲板，此时端板可不再计算，直接选用端板厚度为 1.1~1.2 倍螺栓直径 d。

(2) 考虑实际存在撬力影响，可将螺栓抗拉承载力留有 1.1~1.2 的承载力裕量。

(3) 若不考虑撬力计算，此时端板厚度和螺栓直径均不必加大。也可参照《钢结构高强度螺栓连接技术规程》JGJ 82—2011 考虑撬力计算板厚和螺栓。

(4) 如施工条件允许可将梁柱连接改为焊接的全刚性节点（图 9-45），但翼缘的宽厚比类别应取 S1 或一级。

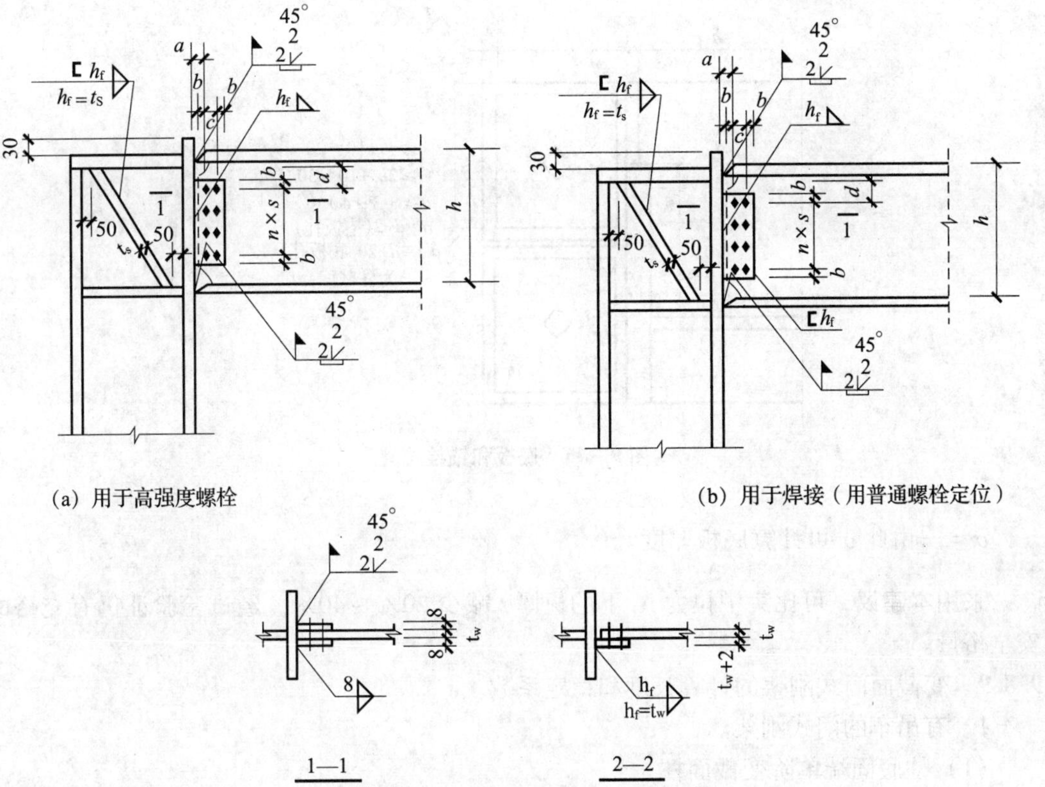

(a) 用于高强度螺栓　　(b) 用于焊接（用普通螺栓定位）

图 9－45　门式刚架梁柱节点的焊接方案

9.8.8　柱脚铰接和刚接。

1　柱脚铰接。

图 9－15（a）、（b），构造简单，基础尺寸小施工方便，但柱刚度差，柱顶侧移大。一般用于无吊车或 5t 桥式吊车，房屋跨度和高度相对较小的房屋。

2　柱脚刚接。

通常采用图 9－15（c）、（d）形式。图 9－15（c）的柱脚底板往往较厚。底板厚度应同时满足底板区格在均布压应力和锚栓集中拉力下的抗弯强度。一般由底板锚栓拉力下的抗弯强度控制。为此建议：

（1）合理设置底板区格。

1）使两边支承和三边支承的最大弯矩大致相等。

2）利用锚栓的固定垫板，将集中拉力 N_t 转换为板区格内的外加平均拉应力。

（2）锚栓垫板、锚栓位置和底板尺寸。

1）垫板平面尺寸为方形，边长 a 可取（3～4）d'，d'为锚栓孔径，$d'=d+2$（d 为锚栓直径），垫板厚 t_1 一般为 20mm，d 较大时可适当加厚垫板。

2）底板最小尺寸与柱截面及锚栓直径有关，见图 9－46。

（3）锚栓垫板下的均布拉应力。

设垫板尺寸为 $a=(3d'\sim4d')$，厚度为 t_1，则底板上的均布拉应力 σ 和分布长度 c，根据《建筑结构荷载规范》GB 50009—2012 附录 B，偏安全地忽略柱脚底板厚度 t 的影响，则 $c=a+2t_1$，当 c 大于板区格尺寸 $a+c_1+c_2$ 时，取区格长度。

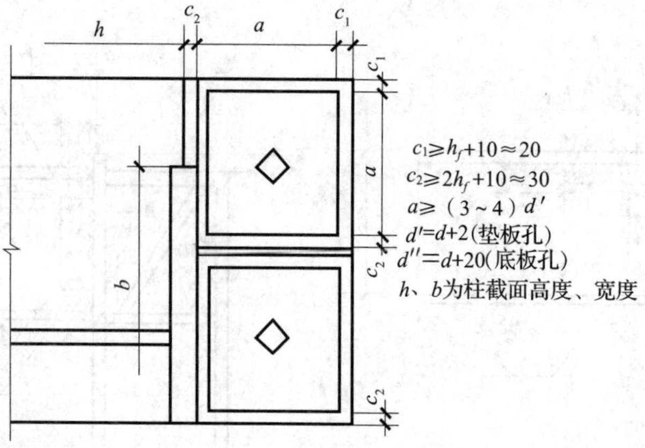

图9-46 底板和锚栓位置

$\sigma=\dfrac{N_t}{a^2}$由此σ可计算底板厚度t。

采用本建议，可比集中拉力N_t下的板厚t减少20%～40%，经试验验证仍有充裕的安全裕量。

9.8.9 变截面门式刚架的计算长度和稳定系数。

1 有吊车的门式刚架。

（1）柱底固端单阶变截面柱。

1）平面内计算长度可直接按表15-3和表15-4查得下柱的计算长度系数μ_{2x}，再按表3-26、表3-27或公式（10-2）～公式（10-7），求得上柱的计算长度系数μ_{1x}。必须指出，柱顶刚接的斜梁应视其刚度大小，当为梯形钢屋架时可按表15-4柱顶无转动可移动取用；当斜梁为实腹式斜梁时可按表3-25序号2确定，按柱顶自由端或固定端表15-3、表15-4取用下柱的计算长度系数μ_{2x}。计算长度系数求得后就可求得计算长度$l_{o1x}=\mu_{1x}H_1$，$l_{o2x}=\mu_{2x}H_2$。

2）上下柱平面外的计算长度分别取侧向支撑点间距离。

（2）上下柱的稳定系数φ_b。

按等截面均取上、下柱最大弯矩处的截面特征值（如A，h，λ_y，W_x等）。

（3）斜梁的计算长度。

1）平面内取刚架跨度l，如因横梁轴力小，接近于受弯构件，也可只计算其平面内的强度和平面外的整体稳定性。

2）计算平面外的整体稳定性时则，$l_{oy}=s$（支撑节距），而稳定系数φ_b中的参数，等截面均分别取最大正、负弯矩处的截面特性，但构件平面内的容许长细比限值可取最小截面处的长细比。

2 无吊车的门式刚架。

（1）柱底为铰接的楔形柱。

1）平面内计算长度，可按表9-8查得。

2）平面外计算长度。

同上，有吊车门式刚架柱。仍应采用最大弯矩处的截面特征，即大端截面。

（2）斜梁的计算长度。

平面内外同上，有吊车门式刚架的斜梁。

（3）这里必须强调：

楔形柱的两项式稳定性计算中，轴心力、弯矩、截面面积、截面模量、稳定系数 φ_b 等均为大端截面处的参数，稳定性系数可采用表14的近似公式。

9.8.10 斜梁与柱理想刚接的条件。

根据公式（9-64），单跨门式刚架：

$$R \geqslant 25EI_b/l_b \tag{9-64}$$

$$R=\frac{1}{\dfrac{1}{R_1}+\dfrac{1}{R_2}}=\frac{R_1R_2}{R_1+R_2} \tag{9-65}$$

计算表明，节点域剪切变形对应的刚度 R_1（包括斜加劲肋）为公式（9-65）中的主要因素，当 R_2 大于 R_1 时，公式（9-65）中 R 可近似取为 R_1。

9.8.11 抗震构造。

《门式刚架轻型房屋钢结构技术规范》GB 51022—2015 第3章基本设计规定中明确：

1 当由抗震控制结构设计时，尚应采取抗震构造措施。它意味抗震计算不控制时，可不采取抗震构造措施。这与《建筑抗震设计规范（2016年版）》GB 50011—2010 不符。众所周知“计算与构造是配套的”，规范中的计算理论是建立在相应的构造措施上，若无相应的构造措施，计算准则就不存在了，就无从判别计算控制与否。有时构造重于计算。它贯穿于设防烈度的全过程（小震、中震和大震）。故本手册认为在7度及以上抗震设防区不论抗震计算控制与否，都必须满足抗震构造措施。

2 GB 51022—2015 中列举了相应的抗震构造措施为：梁柱受压翼缘和腹板的宽度比、双侧隅撑、锚栓面积、柱长细比 λ 等，但对柱脚仍应用外露式刚接柱脚十分敏感问题一字未提。

3 GB 50011—2010（2016年版）第9.2.14条第二款“轻屋盖厂房，塑性耗能区板件宽厚比限值可根据其承载力的高低按性能目标确定”。条文说明中具体为，当构件的强度和稳定承载力均满足高承载力—2倍多遇地震作用下的要求（$r_G S_{GE}+r_{Eh}2s_E \leqslant R/r_{RE}$）时可采用现行《钢结构设计标准》GB 50017—2017 弹性设计阶段的板件宽厚比限值（即 GB 51022—2015 取值），即C类（相当于新《钢结构设计标准》性能等级为S3级。）

轻型屋盖钢结构厂房8度0.2g，经常会由非地震组合控制框架受力的情况。即在多遇地震下，多数会出现非地震组合控制。故在轻型门式刚架中均用C类截面设计等级，是可行的（但 GB 51022—2015，腹板高厚比限值为160，已超出D级），但8度0.3g 和9度时，多数不会满足2倍多遇地震下非地震下非地震组合控制，似应规定A类（S1）截面设计等级。

4 为此，建议取消《门式刚架轻型房屋钢结构技术规范》GB 51022—2015 中“当由抗震控制结构时，尚应采取抗震构造措施”的提法，而统一按《建筑抗震设计规范（2016年版）》GB 50011 的表述。对于8度0.3g和9度时宜采用埋入式、插入式或外包式柱脚。

9.8.12 支撑截面形式。

1 《建筑抗震设计规范（2016年版）》GB 50011—2010 第9.2.12条5款：“厂房的屋盖支撑宜采用型钢”；第9.2.15条4款：“柱间支撑宜采用整根型钢”。它意味着从抗震角度，不论屋盖和柱间支撑均宜采用型钢。

2 《门式刚架轻型房屋钢结构技术规范》GB 51022—2015 第8.2条规定：

（1）有吊车的柱间支撑和有悬挂吊屋面斜梁的横向支撑应采用型钢交叉支撑；

（2）其他无动力振动，但承受地震作用的支撑均可采用圆钢支撑。

3 本手册认为：

（1）有动力振动的支撑理应采用型钢截面它可避免颤动和增加刚度；

（2）8 度及以上地震厂房，柱和屋盖支撑也应采用型钢截面；

（3）其他情况，凡支撑截面由抗风控制的，均可用圆钢截面（$D \leqslant 20$mm）；

（4）通过某单跨 24m 轻屋盖厂房，$H = 9$m 无吊车，8 度 0.2g，柱间支撑间距为 45m 的计算得出：交叉斜杆的最大拉力 $N = 200$kN，Q235 圆钢交叉支撑斜杆直径需 $D = 39$mm，Q235 角钢交叉支撑需 2 - ∟63×5（两片）。两者耗钢量（$G = 220$kg）大致相等。用大直径圆钢，张紧较困难，连接节点构造复杂，角钢支撑刚度大（$\lambda < 300$），节点强，施工方便。

4 综合以上得出，如支撑以抗风为主，地震作用小，计算要求圆钢交叉支撑，截面直径 $D \leqslant 20$mm（一般 $D = 16$mm）时可选用圆钢支撑。其他宜选用型钢截面。

9.8.13 多跨房屋柱间支撑的布置。

1 《门式刚架轻型房屋钢结构技术规范》GB 51022—2015 第 8.2.1 条明确规定：

无吊车房屋柱间支撑一般应设在侧墙柱列，当房屋宽度 B 大于 60m 时，在内柱列宜设置柱间支撑。当有吊车时，每个吊车跨两侧柱列均应设置吊车柱间支撑。它意味无吊车的多跨厂房（不论地震烈度大小），当厂房总宽度 $B \leqslant 60$m 时只需设边柱柱间支撑，可不设内柱柱间支撑。

2 本手册认为轻屋盖厂房，纵向地震作用是按重力荷载代表值分配到各柱列的，当中柱列为摇摆柱时，它虽不承受横向地震作用，但纵向地震作用仍应由柱间支撑承受。如考虑斜梁横向水平支撑的刚度作用，对于 6m 柱距的门架，横向支撑的跨高比 $L/a \leqslant 6$（a 为柱距）为宜。而房屋宽度 $B \leqslant 60$m 时，当柱距为 6m 时，$B/a = 10 > 6$，横向支撑刚度不足以传递地震作用。

3 建议。

（1）每个柱列纵向均应设柱间支撑，各柱列设柱间支撑，柱间支撑交叉斜杆所需的截面小，刚度大。仅边柱列设柱间支撑，纵向地震作用集中，边柱列所需的交叉斜杆截面大，刚度小。建议优先在各柱列设柱间支撑。

（2）当横向支撑跨高比 $l/a \leqslant 6$ 时，柱距 $a = 6$m 时，$B = l$（房屋宽度），$l = 36$m 时，可不设内柱的柱间支撑。

9.8.14 门式刚架的柱脚。

《门式刚架轻型房屋钢结构技术规范》GB 51022—2015 第 10 章推荐的两个刚性柱脚：第一个底板厚度为中间区格控制，不合理，且加劲板未贯通翼缘两侧，翼缘会局部屈曲；第二个带靴梁，因无腹板不起梁作用。两个刚性柱脚中：第一个是带加劲板，底板厚度由翼缘外侧的中区格控制，第二个只起单板作用，底板局部弯矩较大，实际上它仍属于有顶板和底板而无腹板的单板体系。不能起靴梁作用。

9.8.15 锚栓抗剪。

《钢结构设计标准》GB 50017—2017 和《建筑抗震设计规范（2016 年版）》GB 50011—2010 均已明确：锚栓不能抗剪，而 GB 51022—2015 图 10.2.15 第 3 款规定：只要锚栓的螺母、垫板与底板焊接，锚栓仍可承受部分剪力，因底板上预留孔比锚栓直径大 10～20mm，故锚栓无法阻止底板的移动，只有底板与基础面的摩擦力才有可能承受规定的部分水平剪力。

9.8.16 门式刚架设计中遵循的规范。

1 综上所述有吊车的门式刚架柱多数为阶形柱，平面内的计算长度和压弯构件计算比较成熟，建议按《钢结构设计标准》GB 50017—2017 计算。无吊车的门式刚架可采用《门式刚架轻型房屋钢结构技术规范》GB 51022—2015，但柱为非楔形柱。为等截面时，该规范未列等截面压弯构件的承载力计算公式。该规范的计算长度计算十分烦琐，不如采用《钢结构设计标准》GB 50017—2017。

2 关于门刚柱的风荷载体型系数，GB 51022—2015 提供的门刚结构本身风荷载体型系数太小，按此计算，多数情况下风荷载不起控制作用。为安全起见，建议仍沿用 60 多年来较成熟的《建筑结构荷载规范》GB 50009—2012 或取用风荷载体型系数。

但对有吊车的门式刚架，由于吊车荷载冲淡了风荷载的作用，也可采用 GB 51022—2015 端区稍偏大的风荷载体型系数 μ_W。经初步估算，对于参考文献［32］中 1、2 级的轻型屋面采用 GB 51022 端区的风荷载体型系数尚安全，对于 3、4 级的钢框轻板它的立柱比按荷规偏小 20% 左右。

9.8.17 隅撑的设置与连接构造。

1 建议不设弹性支撑的隅撑。

2 隅撑与檩条的连接用一个螺栓不符合钢规不少于两个螺栓的规定，且难以满足螺栓与檩条腹板的孔壁局部承压要求，建议采用安装螺栓加焊接为宜。

3 建议利用斜梁与横向支撑两侧的竖向连接板，起斜梁加劲作用，当斜梁高度 h 较小时可取消隅撑。

4 如隅撑与檩条连接门规公式（8.4.2）中应计入檩条实际传给隅撑的附加力 F，则公式（8.4.2）中的 N 将大幅度增加。

9.8.18 关于门规变截面刚架梁的稳定性计算。

门规 7.1.4 条明确：公式（7.1.4－1）只适合于承受线性变化弯矩的楔形变截面梁段的稳定性计算，面对于承受均布荷载的斜梁多数为抛物线弯矩变化。经分析，在梁段有横向荷载，侧向支撑较密的情况下，应将公式中的系数，作适当修正。建议按纯弯计算，将 C1 予以降低，如为等截面时取 C1＝1.0 或选用钢规中压弯构件的稳定系数 φ_b，经计算此建议还是安全合理的。

9.8.19 关于等效临界弯矩系数 β_{tx} 的取值。

对于压弯梁，取 $\beta_{tx}=1$ 还是可行的。

对于压弯柱，取 $\beta_{tx}=1$ 偏保守。新钢标 β_{tx} 取跨中 $l/3$ 范围内最大弯矩与全段最大弯矩之比值，有时折扣太大，不易控制。建议取用门规公式（7.1.5－1）第二项，用根号指数形式打折。也可参考《钢结构设计标准》GB 50017—2017，柱段内有端弯矩和横向荷载同时作用时：使构件产生同向曲率，$\beta_{tx}=1$，反向曲率 $\beta_{tx}=0.85$。通常设计人员为了方便和安全，常取 $\beta_{tx}=1$。如例题中所示。

必须指出：等效弯矩系数 β_{tx}，一般在抗弯稳定性计算时必须计算的。但有时稳定计算不控制。如 $\varphi_b>0.9$，接近于 1，而 $\beta_{tx}<\varphi_b$ 时反而会引起弯矩项为强度控制。为此建议钢标和门规应增加轴力为稳定，弯矩为强度的附加验算。如下：

$\dfrac{N}{A\varphi_y f}+\dfrac{M}{W_x f}\leqslant 1.0$ 即钢标 φ_b，β_{tx} 均取 1.0，门规根号指数为 1。

10 排 架 柱

10.1 设计的一般要求

10.1.1 柱的类型。

柱按结构形式可分为以下几种：

1 等截面柱：沿整个柱高度截面不变的柱，如图10－1所示。一般适用于无吊车或吊车起重量较小的轻型厂房。

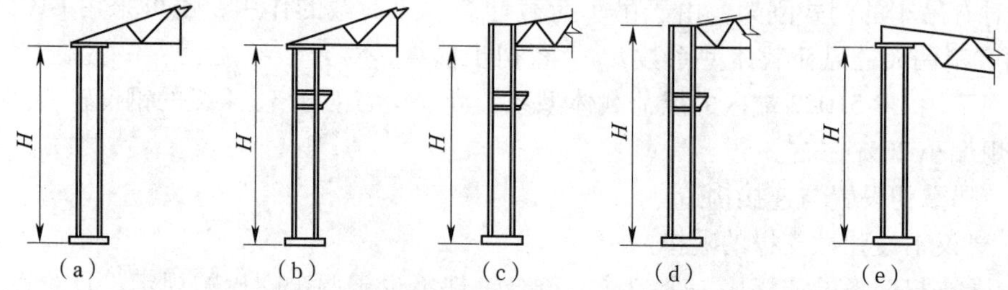

图10－1 等截面柱

2 阶形柱：沿柱高度截面变化的柱，通常采用的有单阶柱和双阶柱两种，如图10－2所示。阶形柱在有吊车的钢结构厂房中被广泛采用。

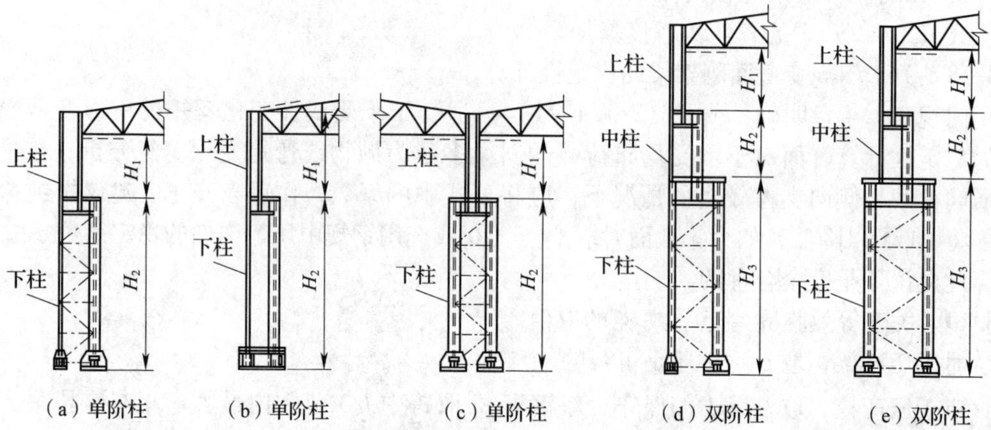

图10－2 阶形柱

3 分离式柱：由两根独立柱肢，分别支承屋盖横梁和吊车梁，并由水平连接钢板沿两柱肢高将两者连接成整体的柱，如图10－3所示。分离式柱构造比较简单，制作安装方便，但用钢量比阶形柱多，厂房排架刚度比阶形柱要小，一般在厂房预留扩建时或厂房边列柱外侧设有露天吊车柱时，采用这种柱；

4 组合柱：钢与混凝土组成的柱，一般都是下柱采用钢筋混凝土结构，上柱采用钢结构，如图10－4所示。目前国内一些重型厂房中有采用这类柱，以节省钢材并可减轻柱本身的重量。随着我国钢材产量和品种规格的不断增加，以及建筑材料的革新，特别是轻型屋面材料的应用，这种组合柱将会逐步被全钢结构柱或钢管混凝土所代替。

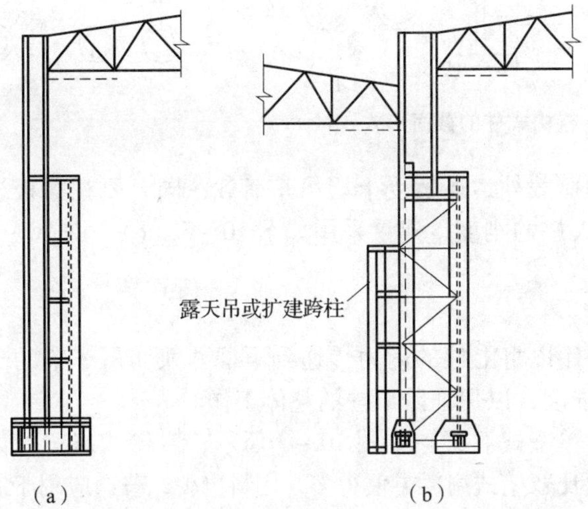

图 10－3　分离式柱

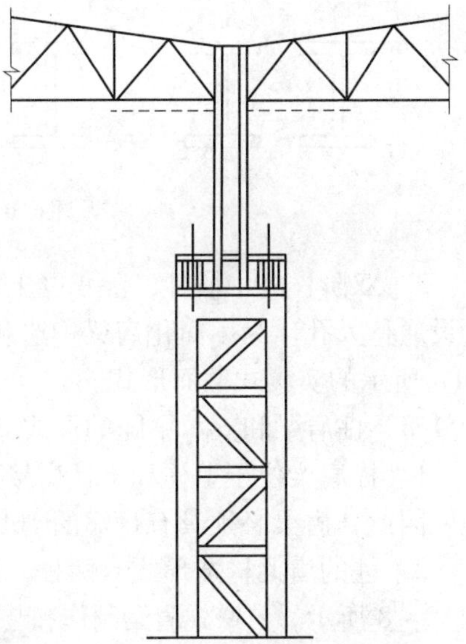

图 10－4　组合柱

10.1.2　柱的截面形式。

1　排架柱的结构形式有两种，即：实腹式和格构式。实腹式柱的截面形式如图 10－5 所示，格构式柱的截面形式如图 10－6 所示。

2　选择柱的截面形式时，应根据柱的高度及其所承受的荷载和所需截面的大小，选择构造简单，便于制作和安装的形式。等截面柱及阶形柱的上柱，由于受力较小，一般宜采用截面较小的实腹式截面，常用的截面形式为对称焊接工字形，如图 10－5（a）所示。自从我国自行生产 H 型钢后，这类焊接工字形（截面）可以直接采用 H 型钢代替，如图 10－5（b）所示。

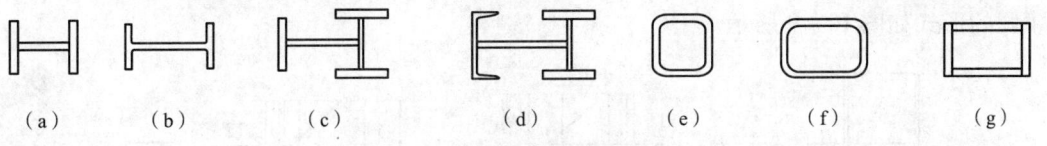

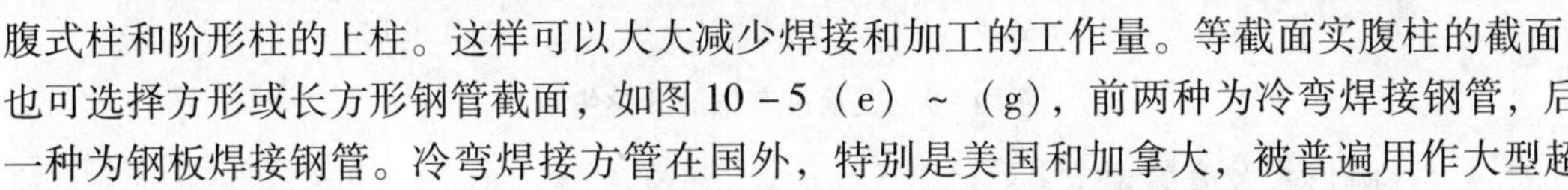

图 10－5　实腹式柱的截面形式

H 型钢的翼缘宽度最宽可以做到比截面高度还要大的尺寸，完全可适用于等截面实腹式柱和阶形柱的上柱。这样可以大大减少焊接和加工的工作量。等截面实腹柱的截面，也可选择方形或长方形钢管截面，如图 10－5（e）～（g），前两种为冷弯焊接钢管，后一种为钢板焊接钢管。冷弯焊接方管在国外，特别是美国和加拿大，被普遍用作大型超市和轻型单层厂房的柱。阶形柱的下段柱，除承受上柱的荷载外，还需承受吊车荷载。当下柱的截面高度小于或等于 1000mm 时，可采用实腹式柱，其截面如图 10－5（c）或图 10－5（d）所示，当下柱的截面高度超过 1000mm 时，一般均采用格构式柱，其常用的截面形式如图 10－6 所示，其中图（a）、（c）、（d）和（e）截面用于边列柱，图（b）和（f）载面用于中列柱。所有工字形截面都可采用 H 型钢，除非截面高度较大，我国无此产品规格，此时，可采用三块钢板焊接的工字形截面。

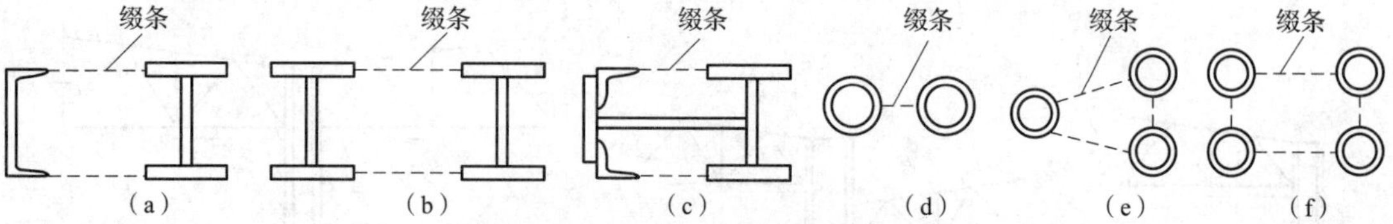

图 10－6 格构式柱的截面形式

3 双阶柱的中段柱，除承受上柱的荷载外，还承受上层吊车荷载，同时要在腹板上开设通行人孔。为了简化肩梁构造和增大柱的刚度，建议采用如图 10－5（c）、图 10－5（d）所示的实腹式截面形式。

10.1.3 柱肩梁和支承牛腿的形式。

1 柱肩梁位于上柱和下柱交接处，用以将上柱的内力传递到下柱并兼作吊车梁的支座。因此，肩梁必须具有足够的刚度和强度，以保证阶形柱的整体工作。

2 柱的肩梁构造形式有两种，即：单壁式肩梁，如图 10－7 所示；双壁式肩梁，如图 10－8 所示。单壁式肩梁制作和装配要比双壁式肩梁方便得多，用料也少，普遍应用于实腹式和格构式阶形柱中。双壁式肩梁的上下和左右两侧均有盖板封闭，形成箱形结构（图 10－8）。为便于在此箱形体内施焊，必须要考虑有必要的施焊空间和开设通风洞口。由于双壁式肩梁施焊较困难，用钢量又较多，只有当采用单壁式肩梁的强度不能满足要求时才采用。

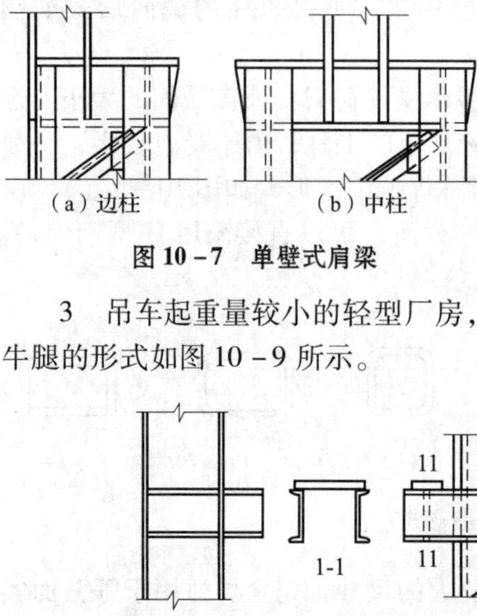

(a) 边柱 (b) 中柱

图 10－7 单壁式肩梁

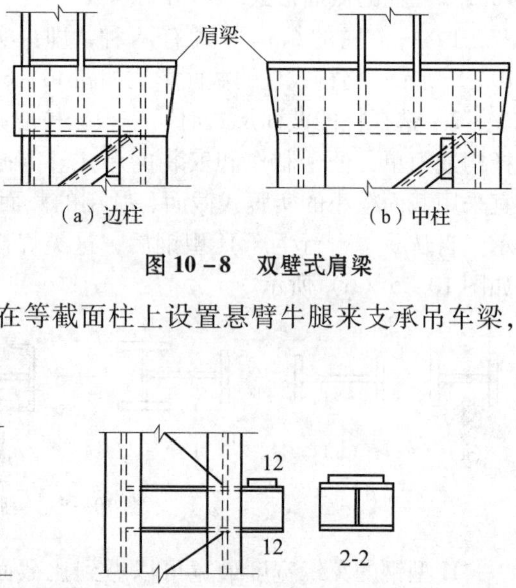

(a) 边柱 (b) 中柱

图 10－8 双壁式肩梁

3 吊车起重量较小的轻型厂房，可直接在等截面柱上设置悬臂牛腿来支承吊车梁，牛腿的形式如图 10－9 所示。

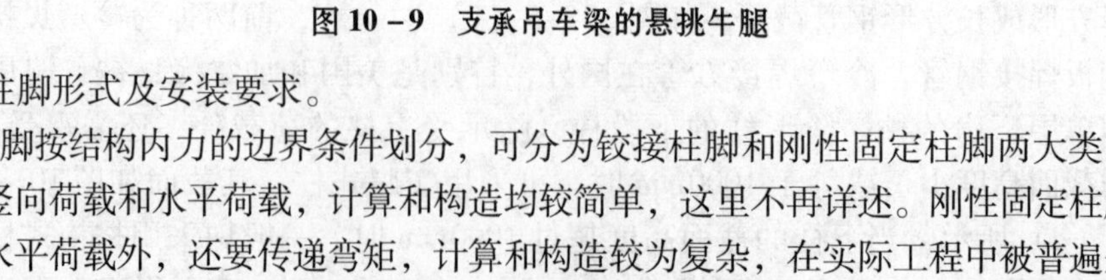

(a) 用于实腹式柱 (b) 用于格构式柱

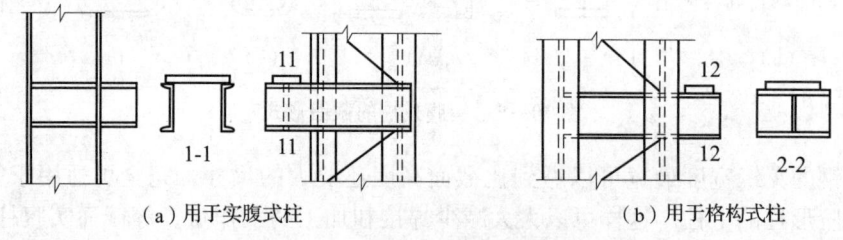

图 10－9 支承吊车梁的悬挑牛腿

10.1.4 柱脚形式及安装要求。

1 柱脚按结构内力的边界条件划分，可分为铰接柱脚和刚性固定柱脚两大类。铰接柱脚仅传递竖向荷载和水平荷载，计算和构造均较简单，这里不再详述。刚性固定柱脚除了传递竖向和水平荷载外，还要传递弯矩，计算和构造较为复杂，在实际工程中被普遍采用。刚性固定柱脚就其构造形式可分为三种形式：露出式柱脚如图 10－10（a）、图 10－10（b）所示，埋入式或插入式柱脚如图 10－10（c）、图 10－10（d）所示，以及外包式柱脚如图 10－10（e）所示。若按柱脚的结构形式则可分为整体式柱脚和分离式柱脚，如图 10－10 所示。

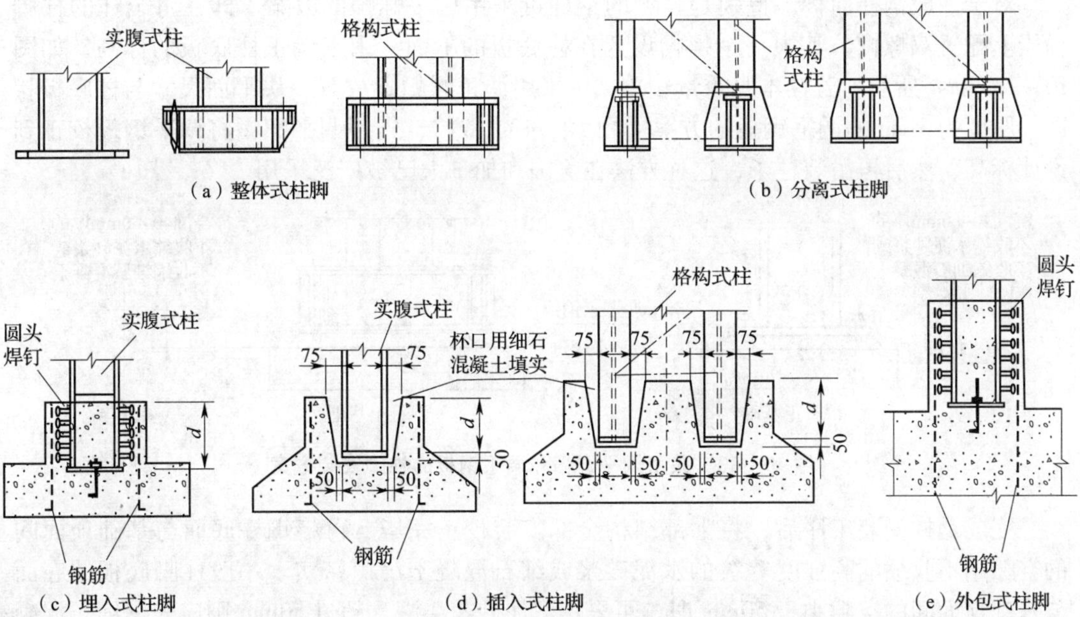

图 10－10 柱脚示意图

2 露出式柱脚和埋入式（插入式）柱脚均可采用整体式柱脚和分离式柱脚两种。整体式柱脚一般只用于实腹式柱和截面较大的格构式柱。

3 钢柱的安装一般采用三种方法，即采用钢垫板方案、混凝土垫块方案和调平螺帽与调平钢板方案。采用钢垫板方案（图 10－11）时，一般在柱脚底板下四处设置钢垫板，每处钢垫板不宜超过三层，柱脚底板与基础顶面之间留出 40 ~ 60mm 的灌浆层。钢柱安装校正后，先将柱脚底板与钢垫板以及垫板之间均以点焊固定，再灌注混凝土或水泥砂浆。

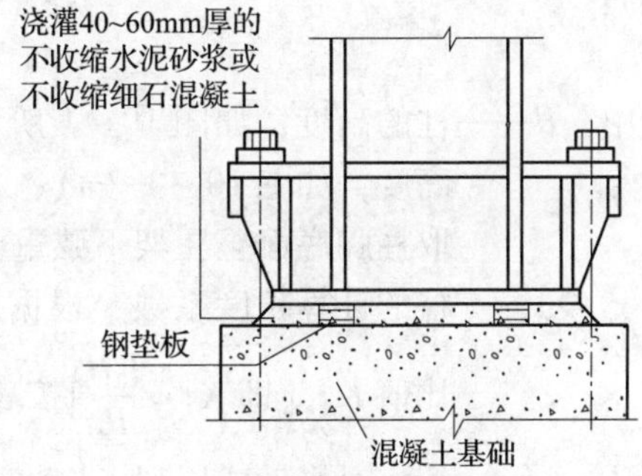

图 10－11 采用钢垫板的柱脚安装方案

对于重大型钢柱宜采用钢筋混凝土预制垫块的方案（图 10－12），此时，其混凝土垫块上表面必须保持平整并用水准仪找平至设计标高，然后在填块四周用高标号细石混凝土固定，待达到混凝土强度后再吊装。

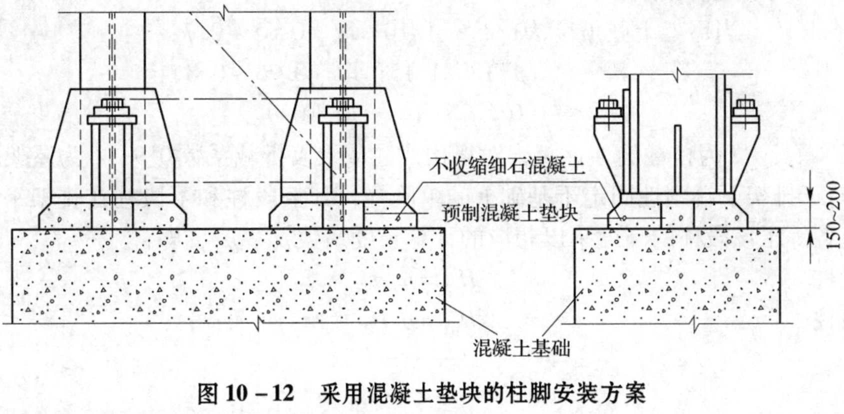

图 10－12 采用混凝土垫块的柱脚安装方案

对于一般钢柱而言，特别是轻型的钢柱可采用调平螺帽的方案，即在每个柱的柱脚锚栓上配置双螺帽，其中一个螺帽设置在柱底板的下面，用来调正柱底板的标高，如图10－13（a）所示。若柱本身重量较重，可采用调正螺帽上放置一块平面尺寸与柱底板相同、厚度为3mm的调平钢板的方案［图10－13（b）］，先用调平螺帽将调平钢板校正到设计标高，然后再吊装柱子，这种方法在美国和加拿大已被广泛采用。

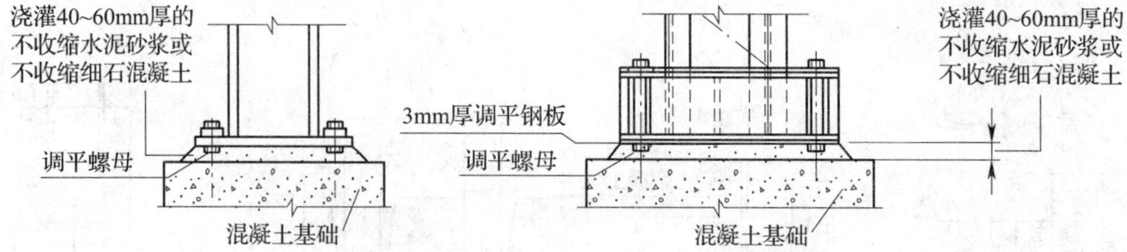

图10－13 采用调平螺帽和调平钢板的柱脚安装方案

完成钢柱安装工序后，将上部结构全部安装校正完毕，再将钢柱底面与基础顶面间的空隙用不收缩的高强度等级的水泥砂浆或细石混凝土浇灌密实。一般柱脚底板的底面与基础顶面间的空隙小于50mm时，可采用水泥砂浆浇灌，超过50mm则应采用细石混凝土浇灌。最后将柱的柱脚锚栓螺母拧紧，并将螺母与垫板以及垫板与柱脚锚栓支承托座焊牢。

10.2 柱的计算及构造

10.2.1 柱的计算长度及容许长细比。

1 单层房屋等截面柱在排架平面内的计算长度，按下式计算（一般按有侧移排架考虑）：

$$H_0 = \mu H \tag{10-1}$$

式中 H——柱的高度，如图10－1所示；当柱顶与屋架铰接时，取柱脚底面至柱顶面的高度，如图10－1（a）、（b）、（d）、（e）所示；当柱顶与屋架刚接时，可取柱脚底面至屋架下弦重心线之间的高度，如图10－1（c）所示；

μ——柱的计算长度系数，根据排架横梁（屋架）线刚度 I_0/L 和柱线刚度 I/H 之比值 K。$\left(即 K_0 = \dfrac{I_0 H}{IL}\right)$按表10－1确定。其中 I_0 为排架横梁（屋架）的惯性矩，对桁架式屋架，应将屋架跨中最大截面的惯性矩按屋架上弦不同坡度乘以下列折减系数：

当屋架上弦坡度为1/8 ~ 1/10 取 0.65 ~ 0.7；
1/12 ~ 1/15 取 0.75 ~ 0.8；
0 取 0.9。

I 为柱截面惯性矩，对格构式柱应乘以折减系数0.9，L 为屋架跨度。

2 对于排架下端刚性固定于基础上的单阶柱，其上段柱和下段柱在排架平面内的计算长度应各等于该段柱的高度乘以相应的计算长度系数 μ_1、μ_2，即：

上段柱 $$H_{01} = \mu_1 H_1 \tag{10-2}$$

下段柱 $$H_{02} = \mu_2 H_2 \tag{10-3}$$

表 10-1 有侧移排架等截面柱的计算长度系数 μ（计算公式见表 3-24）

柱与基础连接方式 \ K_0	0	0.05	0.1	0.2	0.3	0.4	0.5	1	2	3	4	5	≥10
刚性固定	2.03	1.83	1.70	1.52	1.42	1.35	1.30	1.17	1.10	1.07	1.06	1.05	1.03
铰接	∞	6.02	4.46	3.42	3.01	2.78	2.64	2.33	2.17	2.11	2.08	2.07	2.03

注：1 当屋架（横梁）的远端为铰接时，应将横梁或屋架的线刚度乘以 0.5；当屋架或横梁远端为嵌固时，则应乘以 2/3。

2 当屋架（横梁）与柱铰接时，取横梁线刚度为零，也即 $K_0=0$。当柱与基础铰接时取表中 $K_0=0$（平板支座 $K_0=0.1$），与基础刚接时取 $K_0=10$。

3 当与柱刚性连接的横梁所受轴心压力 N_b 较大时，横梁线刚度应乘以折减系数 α_N（表 15-2 注）：

横梁远端与柱刚接时 $\alpha_N=1-\dfrac{N_b}{4N_{Eb}}$

横梁远端与柱铰接时 $\alpha_N=1-\dfrac{N_b}{N_{Eb}}$

横梁远端与柱嵌固时 $\alpha_N=1-\dfrac{N_b}{2N_{Eb}}$

$N_{Eb}=\pi^2EI_b/L^2$，其中 I_b 为横梁截面惯性矩，E 为钢材的弹性模量，L 为横梁的跨度。

式中 H_1——上段柱高度：当柱与屋架（横梁）铰接时，取肩梁顶面至柱顶面高度，如图 10-2（b）所示。当柱与屋架刚接时，取肩梁顶面至屋架下弦杆件重心线之间的柱高度如图 10-2（a）、（c）所示；

H_2——下段柱高度：取柱脚底面至肩梁顶面之间的柱高度，如图 10-2（a）、（b）、（c）所示；

μ_1——上段柱的计算长度系数，应按下式计算：

$$\mu_1=\frac{\mu_2}{\eta_1} \tag{10-4}$$

μ_2——下段柱的计算长度系数：当柱上端与屋架铰接时，根据上段柱与下段柱的线刚度比 $K_1=\dfrac{I_1}{I_2}\cdot\dfrac{H_2}{H_1}$ 和参数 $\eta_1=\dfrac{H_1}{H_2}\sqrt{\dfrac{N_1}{N_2}\cdot\dfrac{I_2}{I_1}}$，按表 15-3 查得的数值乘以表 10-2 的折减系数；当柱上端与屋架刚接时，根据上段柱与下段柱的线刚度比和系数 η_1 按表 15-4 查得的数值乘以表 10-2 的折减系数。其中 I_1 和 I_2 分别为上段柱和下段柱的截面惯性矩，H_1 和 H_2 分别为上段柱和下段柱的高度，N_1 和 N_2 分别为上段柱和下段柱的最大轴心力，按最大轴心力的荷载组合取用。

3 对于下端刚性固定于基础上的单层厂房双阶柱，其上段、中段、下段柱在排架平面内的计算长度可按下列公式计算：

上段柱 $$H_{01}=\mu_1H_1 \tag{10-5}$$

中段柱 $$H_{02}=\mu_2H_2 \tag{10-6}$$

下段柱 $$H_{03}=\mu_3H_3 \tag{10-7}$$

式中 H_1——上段柱的高度，按第 10.2.1 条 2 款的要求确定；

H_2——中段柱的高度，取下段柱肩梁顶面至中段柱肩梁顶面的柱高度，如图 10-2（d）、（e）所示；

表 10-2 单层厂房阶形柱计算长度的折减系数

<table>
<tr><th colspan="4">厂房类型</th><th rowspan="2">折减系数</th></tr>
<tr><th>单跨或多跨</th><th>纵向温度区段内一个柱列的柱子数</th><th>屋面情况</th><th>厂房两侧是否有通长的屋盖纵向水平支撑</th></tr>
<tr><td rowspan="4">单跨</td><td>等于或少于6个</td><td>—</td><td>—</td><td rowspan="2">0.9</td></tr>
<tr><td rowspan="3">多于6个</td><td rowspan="2">非混凝土屋面板的屋面</td><td>无纵向水平支撑</td></tr>
<tr><td>有纵向水平支撑</td><td rowspan="2">0.8</td></tr>
<tr><td>混凝土屋面板的屋面</td><td>—</td></tr>
<tr><td rowspan="3">多跨</td><td rowspan="3">—</td><td rowspan="2">非混凝土屋面板的屋面</td><td>无纵向水平支撑</td><td rowspan="3">0.7</td></tr>
<tr><td>有纵向水平支撑</td></tr>
<tr><td>混凝土屋面板的屋面</td><td>—</td></tr>
</table>

注：有横梁的露天结构（如落锤车间等），其折减系数可采用0.9。

H_3——下段柱的高度，取柱脚底面至下段柱肩梁顶面的柱高度，如图10-2（d）、（e）所示；

μ_1——上段柱计算长度系数，应按下式确定：$\mu_1=\dfrac{\mu_3}{\eta_1}$

μ_2——中段柱的计算长度系数，应按下式确定；$\mu_2=\dfrac{\mu_3}{\eta_2}$

μ_3——下段柱的计算长度系数：当柱上端与屋架铰接时，根据上段柱与下段柱的线刚度比 $K_1=\dfrac{I_1}{I_3}\cdot\dfrac{H_3}{H_1}$、中段柱与下段柱的线刚度比 $K_2=\dfrac{I_2}{I_3}\cdot\dfrac{H_3}{H_2}$ 和参数 $\eta_1=\dfrac{H_1}{H_3}\sqrt{\dfrac{N_1}{N_3}\cdot\dfrac{I_3}{I_1}}$、$\eta_2=\dfrac{H_2}{H_3}\sqrt{\dfrac{N_2}{N_3}\cdot\dfrac{I_3}{I_2}}$ 按《钢结构设计标准》GB 50017—2017确定；当柱上端与屋架刚接时，根据 K_1、K_2 及 η_1、η_2 按第15章表确定，其中 N_1、N_2、N_3 分别为上柱、中柱、下柱的轴心力，可按最大轴心力的荷载组合取用，I_1、I_2、I_3 分别为上柱、中柱、下柱的截面惯性矩，当为格构式柱时，其计算的截面惯性矩可乘以折减系数0.9。

4 单层厂房排架柱在排架平面外的计算长度，应取阻止排架平面外位移的侧向支承点（如托架支座、吊车梁和辅助桁架支座及柱间支撑节点等）之间的距离。

（1）对于下端刚性固定于基础上的等截面柱，其排架平面外的计算长度取柱脚底面至屋盖纵向支撑或纵向构件支承节点处的柱高度，当设有吊车梁及柱间支撑的等截面排架柱，其排架平面外的计算长度取柱脚底面至吊车梁底面之间的柱高度。

（2）阶形柱在排架平面外的计算长度：当设有吊车梁和柱间支撑而无其他纵向支承构件时，上段柱的计算长度可取吊车梁制动结构与柱连接节点（也即吊车梁的顶面，对于双阶柱为上层吊车顶面处）至屋盖纵向水平支撑节点处或托架支座处的往高度，双阶柱的中段柱在排架平面外的计算长度，可取下层吊车梁顶面至上部肩梁顶面之间的柱高度。

（3）在等截面柱及阶形柱的各段柱中间，如设有其他纵向水平构件，并能承受按下式计算的轴向压力 F_{bL} 时，则该段柱在排架平面外的计算长度，取各纵向构件与柱连接节点之间的距离。

$$F_{bL}=\frac{N}{60} \tag{10-8}$$

5 分离式柱的计算长度，如图 10－3（a）中，屋盖肢与吊车肢各为独立柱肢，中间用水平钢板连接在一起，此时屋盖肢在排架平面内的计算长度可按第 10.2.1 条 1 款关于等截面柱计算长度的规定确定，排架平面外取侧向支承点之间的距离。吊车肢的计算长度，在排架平面内取水平（连接）钢板之间的距离，平面外取 $0.7H_2$（H_2为吊车肢底板底面至吊车梁支座顶面之间柱的高度）。如图 10－3（b）中的分离式柱，排架柱的计算长度，可按第 10.2.1 条 2 款和 4 款关于阶形柱的规定确定，分离的吊车肢的计算长度可按上述图 10－3（a）中的吊车肢的规定确定。

6 格构式柱的柱肢（图 10－14），在排架平面内的计算长度取水平缀条之间的距离。平面外的计算长度按第 10.2.1 条 4 款的规定确定。

7 实腹式柱和格构式柱的细长比不得超过 150。

10.2.2 柱截面尺寸的选择。

选择柱的截面尺寸时，应满足下列要求：

1 房屋刚度的要求，要按房屋的性质、跨数、柱距、高度、工业厂房的吊车起重量大小及工作制等因素确定柱的截面尺寸，以满足房屋的刚度要求。

2 构造上的要求：对于工业厂房应满足吊车跨度和吊车边缘净空尺寸的要求，当上柱需设置通行人孔时，还应满足通行人孔最小尺寸的要求。

柱截面尺寸可参考类似已建房屋的资料选择，也可参考表 10－3 选用。

10.2.3 柱截面计算及构造要求。

1 柱截面计算。

（1）实腹式等截面排架柱，在一般情况下均系单向压弯构件，其弯矩作用在排架平面内。对于这类柱应进行截面强度计算、排架平面内和平面外的稳定计算。

1）强度应按下式计算（图 10－15）：

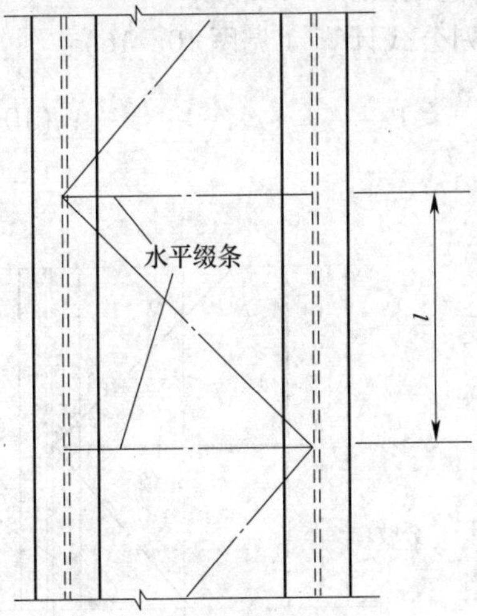

图 10－14 格构式柱示意图

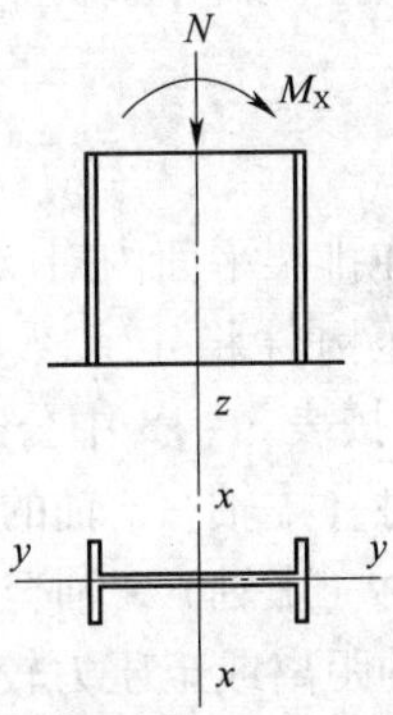

图 10－15 实腹式柱截面计算草图

$$\frac{N}{A_n}\pm\frac{M_x}{\gamma_x W_{nx}}\leqslant f \tag{10-9}$$

式中 N——与弯矩 M_x 同一截面处的轴心压力；

M_x——所计算截面处，作用在排架平面内（绕 $x-x$ 轴）的弯矩；
W_{nx}——对 x 轴的净截面模量；
γ_x——与截面模量相应的截面塑性发展系数，按表3－19 采用；
A_n——柱净截面面积；
f——钢材的抗拉、抗压和抗弯强度设计值。按表 2－3 采用。

2）排架平面内的稳定应按下式计算：

$$\frac{N}{\varphi_x Af}+\frac{\beta_{mx}M_x}{\gamma_x W_{1x}\left(1-0.8\frac{N}{N_{Ex}}\right)f}\leqslant 1 \tag{10-10}$$

式中 N——所计算构件段范围内的轴心压力；
φ_x——弯矩作用平面内（绕 x 轴）的轴心受压构件稳定系数，根据截面分类（见表 14－1）和长细比按表 14－2 采用；
M_x——所计算构件段范围内绕 x 轴的最大弯矩；
N_{Ex}——欧拉临界力，$N'_{Ex}=\frac{\pi^2 EA}{1.1\lambda_x^2}$；
W_{1x}——弯矩作用平面内（对 x 轴）较大受压纤维的毛截面模量；
β_{mx}——等效弯矩系数，对于排架柱，取 $\beta_{mx}=1$。

3）排架平面外的稳定，应按下式计算：

$$\frac{N}{\varphi_y Af}+\eta\frac{\beta_{tx}M_x}{\varphi_b W_{1x}f}\leqslant 1 \tag{10-11}$$

式中 φ_y——弯矩作用平面外（对 y 轴）的轴心受压构件稳定系数，按表 14－1～表 14－6 采用；
φ_b——均匀弯曲的受弯构件整体稳定系数，按 14.3 节计算，对闭口截面：$\varphi_b=1.0$；
η——截面影响系数，闭口截面 $\eta=0.7$，其他截面 $\eta=1.0$。

（2）格构式柱在框架平面内的整体稳定应按下列公式计算（见图 10－16）：

$$\frac{N}{\varphi_x Af}+\frac{\beta_{mx}M_x}{W_{1x}\left(1-\frac{N}{N'_{Ex}}\right)f}\leqslant 1 \tag{10-12}$$

$$W_{1x}=\frac{I_x}{y_0} \tag{10-13}$$

式中 φ_x——在排架平面内对（虚轴）x 轴的轴心受压构件稳定系数，以换算长细比 λ_{ox}（按表 3－18 中公式计算）进行计算；
I_x——对（虚轴）x 轴的毛截面惯性矩；
y_0——由（虚轴）x 轴至压为较大分肢重心线的距离或至压力较大分肢腹板边缘的距离，取两者的较大值；
N'_{Ex}——欧拉临界力，$N'_{Ex}=\pi^2 EA/1.1\gamma_{ox}^2$。

在排架平面外的整体稳定可不必计算，但应计算分肢的稳定。

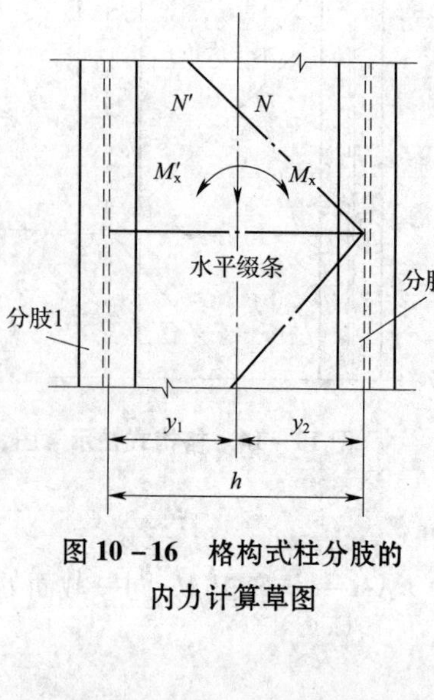

图 10－16 格构式柱分肢的内力计算草图

表 10－3 柱截面尺寸选择参考表

柱类别	柱截面图示	柱高（m）	无吊车房屋		轻型厂房 $Q\leqslant 20t$		中型厂房 $30t\leqslant Q\leqslant 75t$		重型厂房 $100t\leqslant Q\leqslant 150t$		重型厂房 $175t\leqslant Q\leqslant 250t$		特重型厂房 $Q>250t$	
			α	β	α	β	α	β	α	β	α	β	α	β
等截面柱	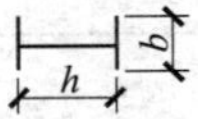 $h=\alpha H$ $b=\beta h$ H——柱全高	$H\leqslant 10$	$\frac{1}{15}\sim\frac{1}{20}$	0.45～1.0	$\frac{1}{13}\sim\frac{1}{16}$ $\left(\frac{1}{14}\sim\frac{1}{18}\right)$	0.30～1.0 (0.30～1.0)								
		$10<H\leqslant 20$	$\frac{1}{18}\sim\frac{1}{25}$	0.45～1.0	$\frac{1}{15}\sim\frac{1}{18}$ $\left(\frac{1}{17}\sim\frac{1}{20}\right)$	0.35～1.0 (0.40～1.0)								
		$H>20$	$\frac{1}{20}\sim\frac{1}{30}$	0.40～1.0										
阶形（包括单阶和双阶）柱之上段柱	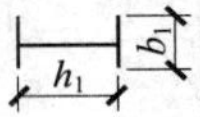 $h_1=\alpha H_1$ $b_1=\beta h_1$ H_1——上段柱高	$H_1\leqslant 5$			$\frac{1}{7}\sim\frac{1}{10}$ $\left(\frac{1}{8}\sim\frac{1}{11}\right)$	0.40～1.0 (0.45～1.0)	$\frac{1}{6}\sim\frac{1}{9}$ $\left(\frac{1}{7}\sim\frac{1}{10}\right)$	0.40～1.0 (0.45～1.0)						
		$5<H_1\leqslant 9$					$\frac{1}{8}\sim\frac{1}{10}$ $\left(\frac{1}{9}\sim\frac{1}{12}\right)$	0.40～1.0 (0.45～1.0)	$\frac{1}{7}\sim\frac{1}{10}$ $\left(\frac{1}{7}\sim\frac{1}{11}\right)$	0.40～1.0 (0.40～1.0)	$\frac{1}{6.5}\sim\frac{1}{9}$ $\left(\frac{1}{7}\sim\frac{1}{10}\right)$	0.40～1.0	$\frac{1}{6}\sim\frac{1}{8}$ $\left(\frac{1}{7}\sim\frac{1}{9}\right)$	(0.40～1.0)
		$H_1>9$					$\frac{1}{9}\sim\frac{1}{12}$	0.40～1.0	$\frac{1}{8}\sim\frac{1}{11}$ $\left(\frac{1}{8}\sim\frac{1}{12}\right)$	0.35～1.0 (0.35～1.0)	$\frac{1}{7.5}\sim\frac{1}{11}$ $\left(\frac{1}{8}\sim\frac{1}{12}\right)$	0.40～1.0	$\frac{1}{7.5}\sim\frac{1}{10}$ $\left(\frac{1}{8}\sim\frac{1}{11}\right)$	(0.45～1.0)

续表 10－3

柱类别	柱截面图示	柱高(m)	无吊车房屋		轻型厂房 $Q\leqslant 20t$		中型厂房 $30t\leqslant Q\leqslant 75t$		重型厂房 $100t\leqslant Q\leqslant 150t$		重型厂房 $175t\leqslant Q\leqslant 250t$		特重型厂房 $Q>250t$	
			α	β	α	β	α	β	α	β	α	β	α	β
阶形（包括单阶和双阶）柱之下段柱	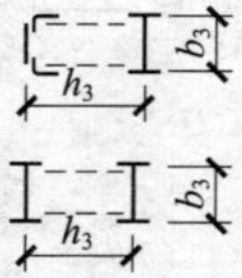 $h_3=\alpha H$ $b_3=\beta h_3$ H——柱全高	$H\leqslant 18$			$\frac{1}{12}\sim\frac{1}{16}$	0.40～0.55	$\frac{1}{10}\sim\frac{1}{15}$ $\left(\frac{1}{11}\sim\frac{1}{15}\right)$	0.35～0.50						
		$18<H\leqslant 26$					$\frac{1}{11}\sim\frac{1}{15}$	0.25～0.45	$\frac{1}{10}\sim\frac{1}{14}$ $\left(\frac{1}{11}\sim\frac{1}{15}\right)$	0.25～0.50 (0.30～0.50)	$\frac{1}{8.5}\sim\frac{1}{12}$ $\left(\frac{1}{9}\sim\frac{1}{14}\right)$	0.25～0.50 (0.30～0.50)	$\frac{1}{8}\sim\frac{1}{12}$	0.30～0.60
		$H>26$					$\frac{1}{11}\sim\frac{1}{16}$	0.25～0.45	$\frac{1}{11}\sim\frac{1}{15}$ $\left(\frac{1}{12}\sim\frac{1}{16}\right)$	0.25～0.50	$\frac{1}{10}\sim\frac{1}{13}$ $\left(\frac{1}{11}\sim\frac{1}{14.5}\right)$	0.25～0.50	$\frac{1}{9}\sim\frac{1}{12}$ $\left(\frac{1}{11}\sim\frac{1}{13.5}\right)$	0.25～0.55 (0.30～0.55)
双阶柱之中段柱	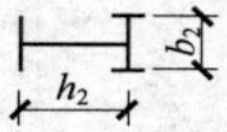 此栏中：h_1——双阶柱的上段柱的截面高度；b_1，b_3——双阶柱的上段和下段柱的截面宽度				轻型厂房 $Q\leqslant 20t$		中型厂房 $30t\leqslant Q\leqslant 75t$		重型厂房 $100t\leqslant Q\leqslant 150t$		重型厂房 $175t\leqslant Q\leqslant 250t$		特重型厂房 $Q>250t$	
							$h_2=h_1+500$ $b_1\leqslant b_2\leqslant b_3$		$h_2=h_1+750$ $b_1\leqslant b_2\leqslant b_3$		$h_2=h_1+750$ $b_1\leqslant b_2\leqslant b_3$		$h_2=h_1+750$ $b_1\leqslant b_2\leqslant b_3$	

注：表中列有两项数值时，不带括号的用于重级工作制吊车（$A_6\sim A_8$）；

带括号的用于中、轻级工作制吊车（$A_1\sim A_5$）。

（3）在计算格构式柱分肢的稳定时，分肢的轴心力，可按图 10－16 中的计算草图计算。

对于分肢 1
$$N_1=\frac{Ny_2}{h}+\frac{M'_x}{h}$$

对于分肢 2
$$N_2=\frac{Ny_1}{h}+\frac{M_x}{h}$$

式中 N_1、N_2——分肢 1、分肢 2 的轴心力；

M_x——使分肢 2 受压的弯矩；

M'_x——使分肢 1 受压的弯矩；

y_1、y_2——由虚轴 x 至分肢 1 重心线和分肢 2 重心线的距离（图 10－16）；

分肢一般为轴心受压构件，可不必进行强度计算，仅需按下式进行稳定计算：

$$\frac{N_i}{\varphi A_i f}\leqslant 1 \tag{3-52}$$

式中 N_i——分肢 1 或 2 的轴心力；

φ——分肢的轴心受压稳定系数；

A_i——相应于分肢 1 或 2 的截面面积。

阶形柱的格构式下段柱的屋盖肢就属于这类轴心受压构件，可按上述公式进行稳定计算。

（4）阶形柱的实腹式或格构式下段柱的吊车肢，当其顶部吊车梁为突缘式支座时如图 10－17（a）所示，可不考虑吊车梁支座反力的偏心影响，可按中心受压构件计算单肢的稳定。当吊车肢顶部吊车梁为平板式支座时，则应考虑由于相邻两吊车梁支座反力之差（R_1-R_2）所产生的排架平面外的弯矩 M_y 如图 10－17（b）、（c）、（d）所示。此时，吊车肢为压弯构件，应按压弯构件进行计算。

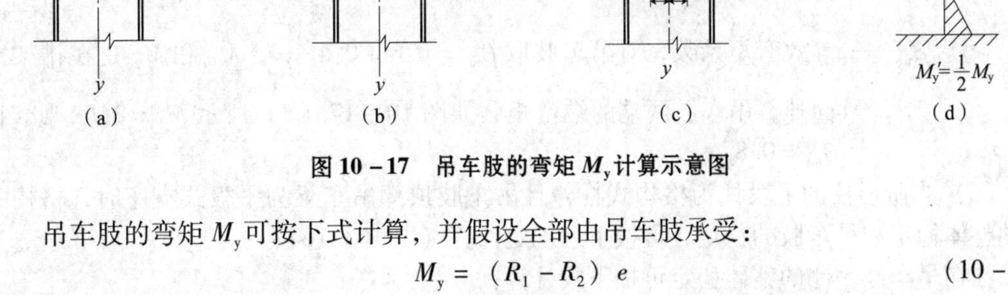

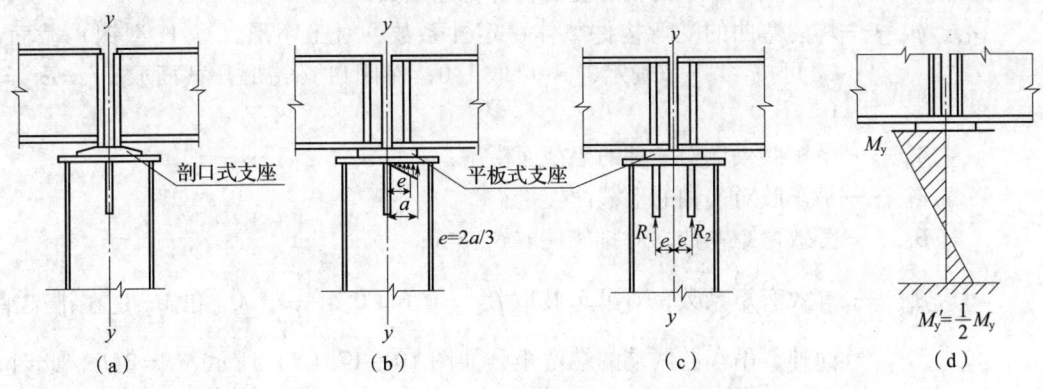

图 10－17 吊车肢的弯矩 M_y 计算示意图

吊车肢的弯矩 M_y 可按下式计算，并假设全部由吊车肢承受：

$$M_y=(R_1-R_2)\ e \tag{10-14}$$

式中 e——吊车梁支座反力作用线至吊车肢中心线（y 轴线）的距离；如图 10－17（b）、（c）所示；

R_1、R_2——相邻两吊车梁的支座反力。

弯矩 M_y 沿吊车肢高的分布如图 10－17（d）所示，此时，可近似地假设吊车梁支承处为铰接，下端为刚性固定，因此下端弯矩为 $M'_y=-\frac{1}{2}M_y$。

（5）当阶形柱的吊车肢顶部吊车梁为平板式支座时，实腹式柱（图 10－18）吊车肢的强度和稳定性应按下列公式计算：

强度计算：

$$\frac{N}{A_n}+\frac{M_x}{\gamma_x W_{n1x}}+\frac{M_y}{\gamma_y W_{n1y}}\leqslant f \tag{10-15}$$

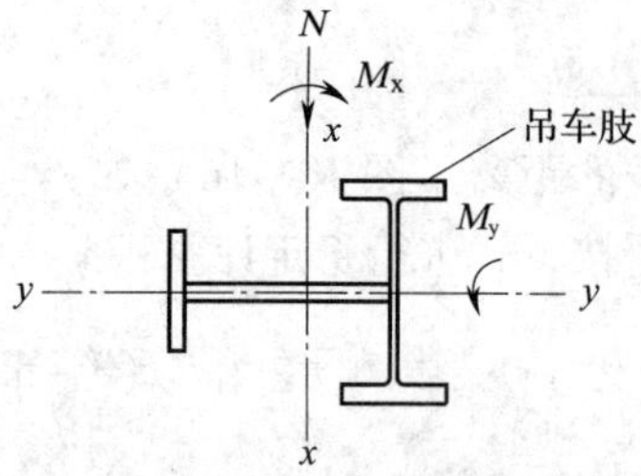

图 10－18　阶形柱的实腹式下段柱截面计算草图

式中　N、M_x——所计算截面的轴心力和绕 x 轴（排架平面内）的弯矩；

M_y——作用于吊车肢绕 y 轴（排架平面外）的弯矩；

W_{n1x}——吊车肢一侧对 x 轴的净截面模量；

W_{n1y}——吊车肢对 y 轴的截面模量；

γ_x——对 x 轴的截面塑性发展系数；

γ_y——吊车肢对 y 轴的截面塑性发展系数。

稳定计算：

$$\frac{N}{\varphi_x Af}+\frac{\beta_{mx}M_x}{\gamma_x W_{1x}\left(1-0.8\frac{N}{N'_{Ex}}\right)f}+\eta\frac{\beta_{my}M_y}{\varphi_{by}W_{1y}f}\leqslant 1 \tag{10-16}$$

$$\frac{N}{\varphi_y Af}+\eta\frac{\beta_{mx}M_x}{\varphi_{bx}W_{1x}f}+\frac{\beta_{my}M_y}{\gamma_y W_{1y}\left(1-0.8\frac{N}{N'_{Ey}}\right)f}\leqslant 1 \tag{10-17}$$

式中　φ_x、φ_y——对 x 轴和 y 轴的轴心受压构件稳定系数；

φ_{bx}、φ_{by}——均匀弯曲的受弯构件整体稳定性系数：对工字形（含 H 型钢）截面，φ_{bx} 可按 14.3 节确定，φ_{by} 可取 1.0；对闭口（箱形）截面取 $\varphi_{bx}=\varphi_{by}=1$；

W_{1x}——吊车肢一侧对 x 轴的毛截面模量；

W_{1y}——吊车肢对 y 轴的毛截面模量；

β_{mx}——等效弯矩系数，对排架柱取 $\beta_{mx}=1$；

β_{my}——等效弯矩系数，对吊车肢取 $\beta_{my}=0.6+0.4\frac{M_{2y}}{M_{1y}}$，$M_{1y}$ 和 M_{2y} 是在排架平面外，吊车肢两端的端弯矩，如图 10－17（d）所示 $M_1=2M_2$，此时，$\beta_{my}=0.8$。

（6）当阶形柱的下段柱为格构式柱，且吊车肢顶部吊车梁为平板式支座时，格构式柱的整体稳定和吊车肢的稳定，可按下列规定计算（图 10－16）：

柱在吊车肢一侧的整体稳定可按下式计算：

$$\frac{N}{\varphi_x Af}+\frac{\beta_{mx}M_x}{W'_{1x}\left(1-\frac{N}{N'_{Ex}}\right)f}+\frac{M_y}{W_{1y}f}\leqslant 1 \tag{10-18}$$

注：设 M_y 全由吊车肢承受。如 M_y 由肢 1、2 共同承受，则应按公式（3－121）、公式（3－122）计算。

吊车肢的稳定计算，可按本款第（3）项的公式计算吊车肢的轴心力，再按本款第（4）项的规定计算 M_y，然后按本款第（5）项的公式进行其稳定计算。

2 排架柱柱身的构造要求。

（1）实腹式柱及格构式柱的分肢，当采用工字形截面或组合截面（图 10－19）时，翼缘板自由外伸宽度 b 与其厚度 t 之比，应符合下列要求：

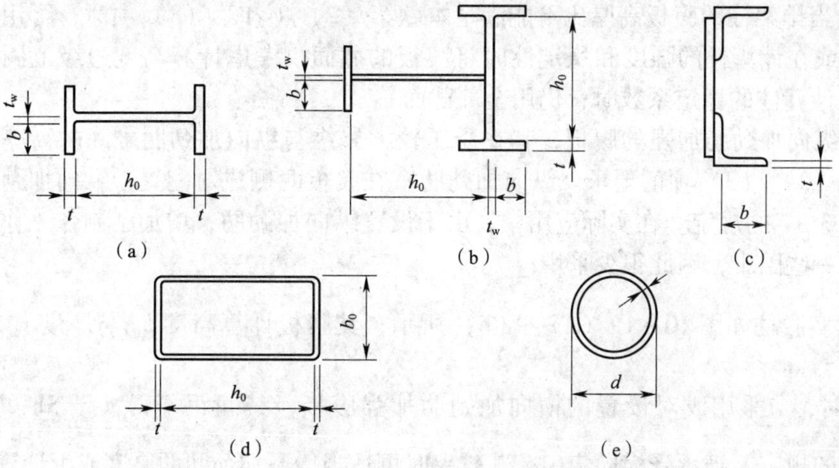

图 10－19 实腹式柱和格构式柱分肢的截面示意图

1）轴心受压构件：

$$\text{按}\ \lambda\text{，表 3－13，公式（3－53）并满足表 2－24。} \quad (10-19)$$

式中 λ——构件两方向长细比的较大值，当 $\lambda<30$ 时，取 $\lambda=30$；当 $\lambda>100$ 时，取 $\lambda=100$。

2）压弯构件：

$$\frac{b}{t}\leqslant \text{表 2－24 截面设计等级 SX} \quad (10-20)$$

当强度和稳定计算中取 $\gamma_x=1.0$ 时，b/t 可放宽至 $15\sqrt{\dfrac{235}{f_y}}$。

（2）工字形及 H 形截面的受压构件，腹板计算高度 h_0 与其厚度 t_w 之比，应符合下列要求：

1）轴心受压构件：

$$\text{按}\ \lambda\text{，}\frac{h_0}{t_w}\leqslant \text{表 3－13，公式（3－54）并满足表 2－19} \quad (10-21)$$

式中 λ——构件两方向长细比的较大值，并满足表 2－19。

2）压弯构件：

当截面设计等级超过 S4 级时

$$\text{按表 3－27 中（3－148）}\ h_0/t_w\ \text{计算腹板的有效高度}\ h_e \quad (10-22)$$

（3）箱形截面受压构件的腹板计算高度 h_0 与其厚度 t_w 之比，应符合下列要求：

1）轴心受压构件：

$$h_0/t_w\leqslant \text{表 3－13 中公式（3－54）} \quad (10-23)$$

2）压弯构件：

$$b_0/t_w \leqslant \text{表 3-13 中公式 (3-55)} \tag{10-24}$$

$$\frac{h_0}{t_w} \leqslant \text{(} h_0/t_w \text{ 同表 3-27，公式 (10-22)} \tag{10-25}$$

$$b_0/t_w \text{ 同表 3-27，公式 (10-22)} \tag{10-26}$$

（4）圆管截面的受压构件，其外径与壁厚之比，不应超过 $100\left(\frac{235}{f_y}\right)$。

（5）当排架柱的腹板高厚比不能满足本款第（2）项和第（3）项时，可用纵向加劲肋加强，或在计算柱的强度和稳定性时将腹板的截面仅考虑计算高度边缘范围内两侧有效宽度（计算柱的稳定系数时，仍用全部截面）。

采用纵向加劲肋加强的腹板，其在受压较大翼缘与纵向加劲肋之间的高厚比仍应符合本款第（2）、（3）项的要求。纵向加劲肋宜在腹板两侧成对配置，纵向加劲肋的尺寸应符合表 3-7 的规定。在实际应用中，由于设置纵向加劲肋，增加了制作工作量，构造上也造成一些困难，因此很少采用。

（6）实腹柱如图 10-19（a）、（b）所示，其腹板计算高度 h_0 与厚度 t_w 之比 $\frac{h_0}{t_w}>80\sqrt{\frac{235}{f_y}}$ 时，应采用成对设置的横向加劲肋加强腹板，其间距不得大于 3h，并应满足表 3-27 的规定。当承受横向集中荷载较大时可适当增厚加劲肋的厚度或由计算确定。

（7）格构式柱和大型实腹式柱，应在承受较大水平力处、设有悬臂牛腿处和运送单元的端部设置横隔，横隔间距不大于柱长边的 9 倍和 8m，一般每 4～6m 设置一道横隔板或横隔架）。对于格构式柱，横隔板或横隔架应设置在水平缀条处，如图 10-20 所示。

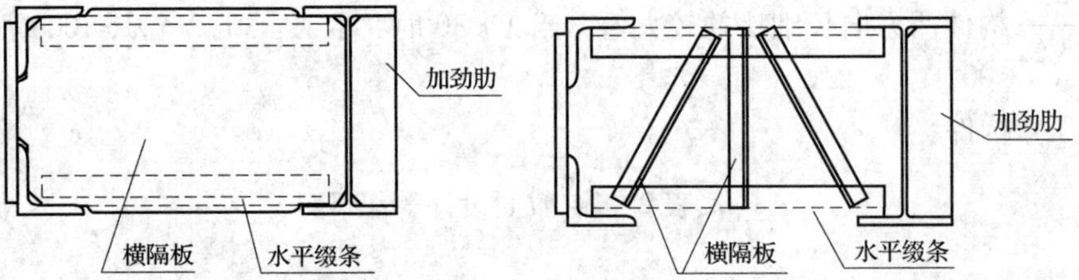

图 10-20 柱横隔构造图

（8）大型钢柱，由于长度过长受运输长度限制，或由于重量过重受起重设备能力和起吊高度限制时，可分段制作和运输，并在现场进行拼接或高空安装拼接。阶形柱的拼接接头一般设在肩梁上部，内力较小的部位，如图 10-25～图 10-27 所示。为保证柱接头的强度，一般柱腹板采用水平对接坡口焊缝，而翼缘采用 45°～55°斜对接坡口焊缝，如图 10-30 所示。但随着焊接技术和检测手段的不断提高，国外先进国家均采用水平对接接头，这样既省工又省料，美国 LRFD 钢结构规范手册专门推荐这种接头。

10.2.4 缀条的计算和构造。

1 缀条的计算可按下列规定进行。

（1）格构式柱的缀条，一般采用单角钢，并沿柱高按三角形布置在柱身两侧平面内，如图 10-21 所示。缀条承受的内力可按下列公式计算：

$$N_h = \frac{V}{2} \tag{10-27}$$

$$N = \frac{V}{2\cos\alpha} \tag{10-28}$$

式中　V——计算剪力，由排架分析所得到的柱的最大水平剪力或由公式（10－29）算得的剪力，取两者中的较大值；

α——斜缀条与水平缀条的夹角；

N_h——水平缀条的内力；

N——斜缀条的内力。

$$V=\frac{Af}{85\varepsilon_k} \tag{10-29}$$

（2）缀条按两端为铰接的轴心受压构件计算；缀条通常并不由强度计算控制，而仅需按下列公式进行稳定计算：

$$\frac{N_h}{\varphi A_h f}\leqslant 1 \tag{10-30}$$

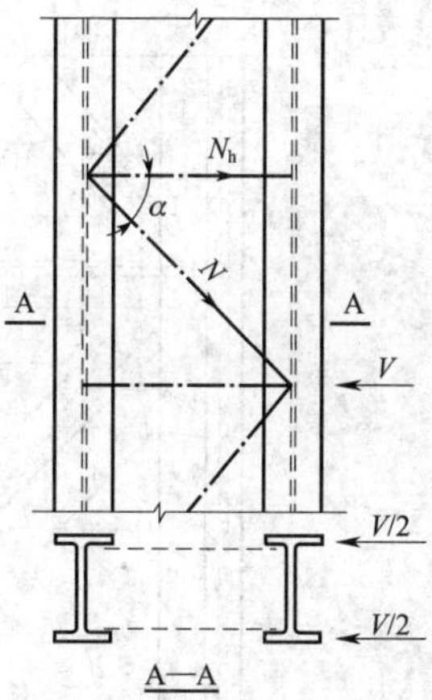

图 10－21　缀条内力计算草图

$$\frac{N}{\varphi Af}\leqslant 1 \tag{10-31}$$

式中　φ——根据缀条最大长细比确定的受压构件稳定系数，可按下列规定采用：

1）当缀条采用等肢角钢且不设附加缀条时，应采用角钢最小回转半径来计算长细比，并按 b 类截面由表 14－2b 确定 φ 值；

2）当缀条采用不等肢角钢且长肢与柱肢相连，短肢设附加缀条时，应采用缀条在缀材平面内和平面外的较大细长比（计算长度取附加缀条之间的距离），并按 c 类截面按表 14－2c 确定 φ 值；

A_h——水平缀条的毛截面面积；

A——斜缀条的毛截面面积；

f'——单面连接的单角钢缀条，应按表 2－10 乘以折减系数 α_y。

2　缀条的构造要求。

（1）缀条与柱肢连接一般都连在柱肢的内侧，使柱的外表面平整。对于小型格构式柱，当缀条连接在柱肢内侧有困难时，也可将缀条连接在柱肢外侧。当缀条直接连接于柱肢翼缘板，而连接焊缝长度不能满足要求时，可增设节点板如图 10－22（a）所示。此时，节点板与柱肢翼缘板对焊并保持内平（缀条连接在柱肢内侧）如图 10－22（b）所示或外平（缀条连接在柱肢外侧），如图 10－22（c）所示。为了节约钢材，缀条有时采用不等肢角钢，并将角钢长肢与柱肢相连，而在短肢上设置不少于两根附加缀条，如图 10－22（b）所示，以减少角钢短肢方向的计算长度。

（2）缀条的重心线应与柱肢的重心线交于一点，以避免对柱子产生偏心影响，斜缀条与水平缀条的夹角，一般采用 40°～55°。缀条布置应尽量做到使节间等距离，并与柱上其他局部荷载的作用位置协调。

10.2.5　柱人孔的计算和构造。

1　柱人孔的计算可按下列规定进行。

（1）人孔的计算草图和构造见图 10－23，通常将人孔两侧的分肢视为单向压弯构件，可按第 10.2.3 条 1 款中的（1）规定计算每个分肢的强度和在排架平面内和平面外的稳定性。此时，每个分肢的计算长度，不论在排架平面内还是在排架平面外，均取人孔的净空高度 l。

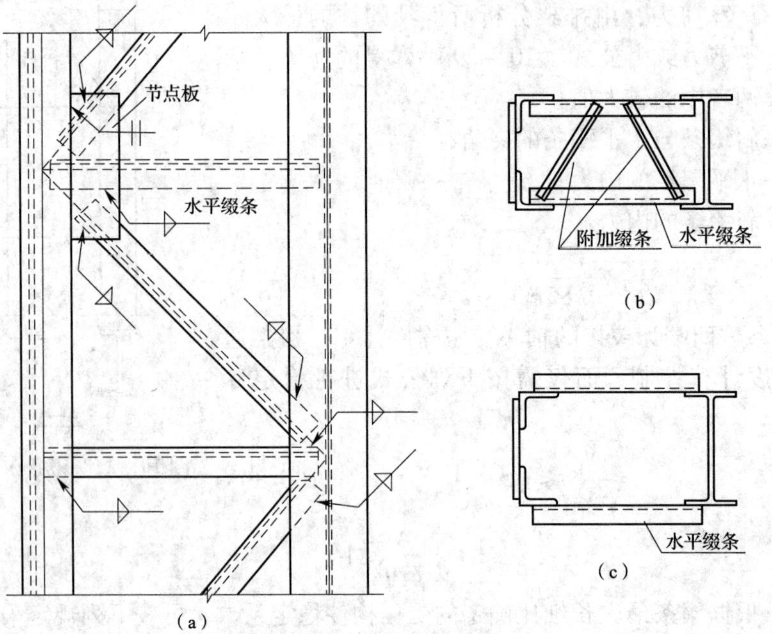

图 10-22 缀条与柱肢的连接

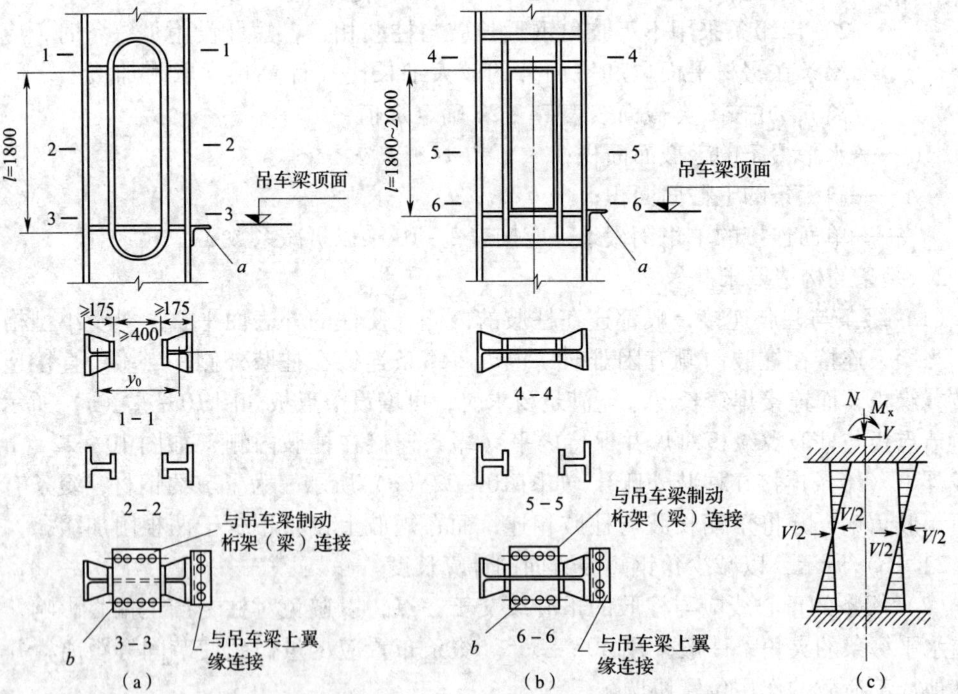

图 10-23 柱的人孔构造和计算简图

（2）人孔一个分肢的轴心力 N_1、剪力 V_1、弯矩 M_{x1} 可按下列公式计算：

$$N_1 = \frac{N}{2} + \frac{M_x}{y_0} \tag{10-32}$$

$$M_{x1} = \frac{Vl}{4} \tag{10-33}$$

$$V_1 = \frac{V}{2} \tag{10-34}$$

式中 N、M_x、V——人孔范围内柱截面的最不利组合的内力值；

y_0——两分肢截面重心线间的距离；

l——人孔净空高度。

2 柱人孔的构造要求。

（1）阶形柱的实腹式上段柱和中段柱，当在吊车梁顶标高处设有安全通道而需要在柱的腹板上开设通行人孔时，可采用图 10－23 中所示的形式。人孔的净空尺寸，一般采用400mm 宽，1800～2000mm 高，孔洞周边按构造设置加劲板以加强腹板。当采用图 10－23（a）的形式时，用于孔边的纵向加劲板，其外伸宽度 $b_1 \geqslant 10t_w$（t_w 为柱腹板的厚度），但不应小于 120mm，其厚度 $t_1 \geqslant t_w$ 但不得小于 10mm；当采用图 10－23（b）的形式时，孔边纵向加劲肋的总宽度 $b_2 \geqslant 250$mm，其厚度 $t_2 > t_w$ 且不小于 10mm。人孔处的横向加劲板，一般可取柱身横向加劲板相同的尺寸，其厚度可适当增加 2～4mm。纵、横向加劲板与柱腹板的连接焊缝厚度不宜小于 8mm。

（2）人孔底部加劲板应与吊车梁顶标高相协调，孔底处的横向加劲板［图 10－23 剖面 3－3、剖面 6－6 中的连接板 b］及柱翼缘连接板或角钢，因与吊车制动结构及吊车梁上翼缘相连，均需传递吊车横向水平荷载，其板厚与尺寸应满足本篇第 8 章有关的构造和计算要求。

10.2.6 柱肩梁的计算和构造。

1 柱肩梁的计算可按下列规定进行：

（1）单壁式肩梁的腹板可近似地按简支梁计算，作用于肩梁上的力 P_1、P_2（图 10－24）可按下列公式计算：

$$P_1 = \frac{N_x}{2} - \frac{M_x}{h_1} \tag{10-35}$$

$$P_2 = \frac{N_x}{2} + \frac{M_x}{h_1} \tag{10-36}$$

式中 N_x、M_x——肩梁以上截面最不利组合的轴心力和弯矩；

h_1——上段柱两翼板中心间的距离；

h_2——肩梁腹板的计算跨度；对于边列柱可近似地取边柱截面的外边缘至吊车肢重心线之间的距离；对于中列柱可取两分肢重心线之间的距离。

（2）肩梁腹板的强度可按下列公式计算：

抗弯强度 $$\frac{M}{\gamma_x W_n} \leqslant f \tag{10-37}$$

抗剪强度 $$\tau = \frac{VS}{It_w} \leqslant f_v \tag{10-38}$$

式中 M、V——由肩梁以上柱传来的轴心力 P_1 和 P_2 对肩梁腹板所产生的弯矩和剪力，可按图 10－24 进行计算求得；

γ_x——截面塑性发展系数，按表 3－19 采用；

W_n——腹板净截面模量；

S——计算剪应力处以上毛截面对中和轴的面积矩；

t_w——肩梁腹板厚度；

I——肩梁腹板的毛截面惯性矩；

f_v——钢材抗剪强度设计值，按表2－3采用。

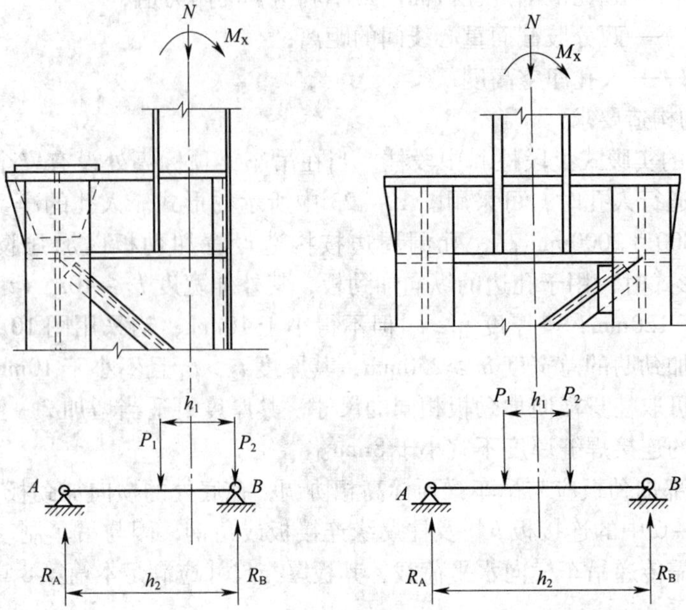

（a）边列柱　　（b）中列柱

图10－24　肩梁受力简图

（3）当肩梁下面的下段柱为实腹式柱时，可不必做强度计算，肩梁腹板的厚度可按构造确定。

（4）双壁式肩梁的腹板计算与单壁式相同，只要将肩梁以上的上段柱传来的轴心力由双壁式肩梁两侧的腹板共同承担来计算每侧腹板的强度。

（5）上段柱翼缘板与肩梁腹板的连接焊缝，可取上段柱最大轴心力 P_1 或 P_2（当为中列柱）如图10－24所示，并按后面的公式（10－48）计算焊缝，此时将公式（10－48）中的 R 用 P_1 或 P_2 代替即可。

2　柱肩梁的构造要求。

（1）单壁式肩梁的腹板高度，除应根据计算确定外，尚应具有一定的高度，以保证柱接头的刚度。一般可取腹板的高度为下段柱截面高度的0.4～0.6倍，当下段柱截面较大时，取较小值，反之取较大值。腹板的厚度由计算确定，但不宜小于10mm。

（2）肩梁是由腹板、上盖板、下盖板和垫板所组成，其构造形式如图10－25～图10－30所示。当吊车梁为突缘式支座时，为了节约钢材，减小肩梁腹板的厚度，保证在吊车反力作用下，腹板端面承载能力以及减少安装偏差所引起的偏心影响，可采取在肩梁腹板两侧各侧焊一块端面支承板6如图10－26～图10－29所示，板6与肩梁腹板的连接，在顶面采用剖口焊，焊后要刨平顶紧于上盖板5，其他三边采用贴角焊缝与腹板焊接，焊缝厚度可取12～20mm，板6的宽度不得小于吊车梁突缘支座板的宽度，其高度可根据单侧吊车梁支座反力的75%计算所需的焊缝长度来确定，但不宜小于300mm，板厚可根据吊车梁的支座反力确定，一般可取16～30mm。对于轻、中型厂房，当采用肩梁的腹板较厚，并可单独支承吊车梁的反力时，也可不设板6。

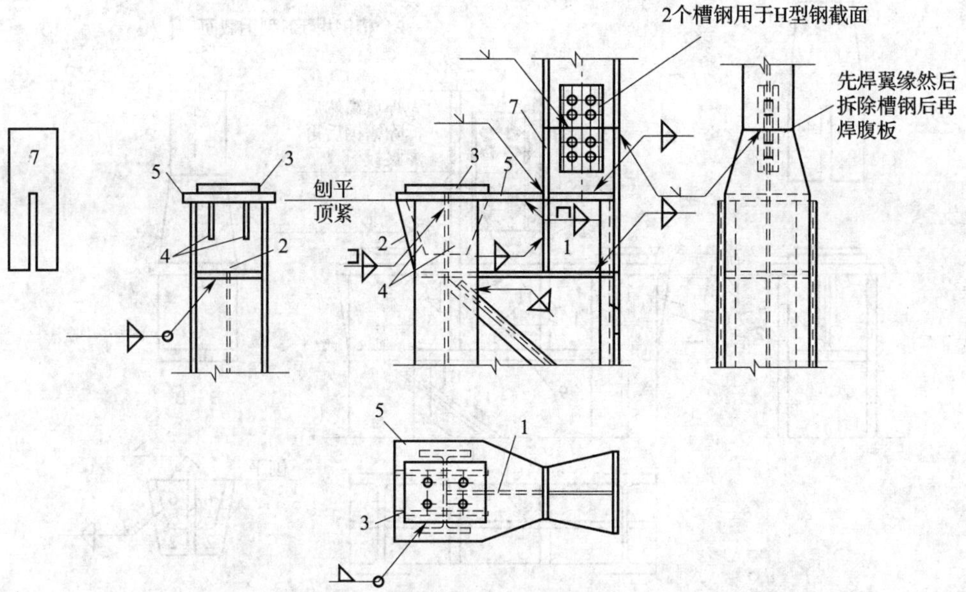

图 10－25　单壁式肩梁（格构式边列柱）

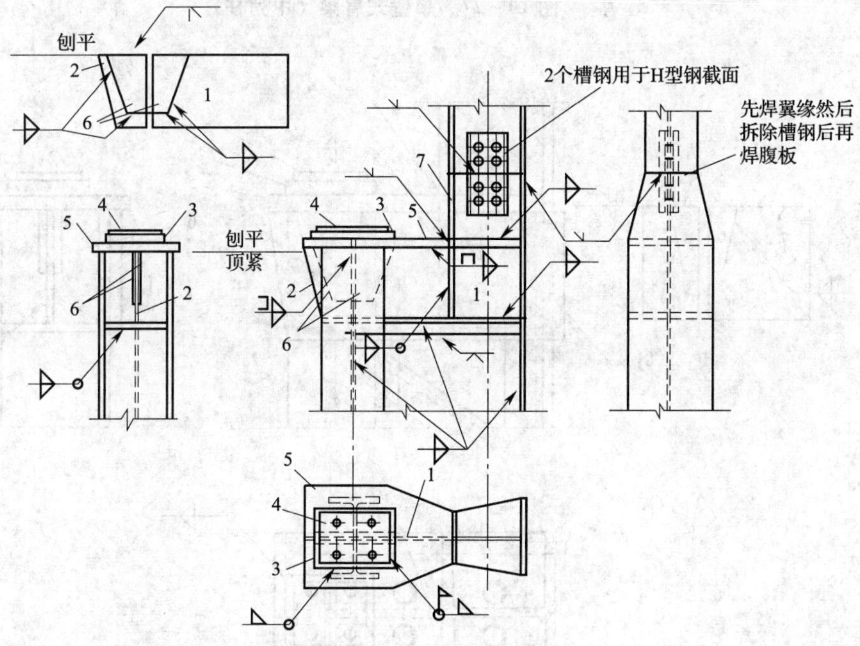

图 10－26　单壁式肩梁（实腹式边列柱）

（3）当肩梁顶面的吊车梁为平板式支座时，肩梁的构造可参照吊车梁为突缘式支座的构造要求确定，但宜在吊车肢顶部位于吊车梁支承加劲肋的相应处增设加劲肋 4，如图 10－25 所示。加劲肋 4 应按吊车梁的支座反力计算其端面支承压应力和焊接焊缝的强度。该加劲肋的顶面应刨平顶紧于上盖板下。

（4）当采用双壁式肩梁且顶部支承的吊车梁为突缘式支座时，其构造形式如图 10－28、图 10－29 所示。为了便于安装螺栓和在肩梁箱内焊接时通风的需要，应在肩梁的上盖上开直径为 150mm 的孔数个。下盖板也应适当开孔，以排除肩梁箱内可能有的积水。

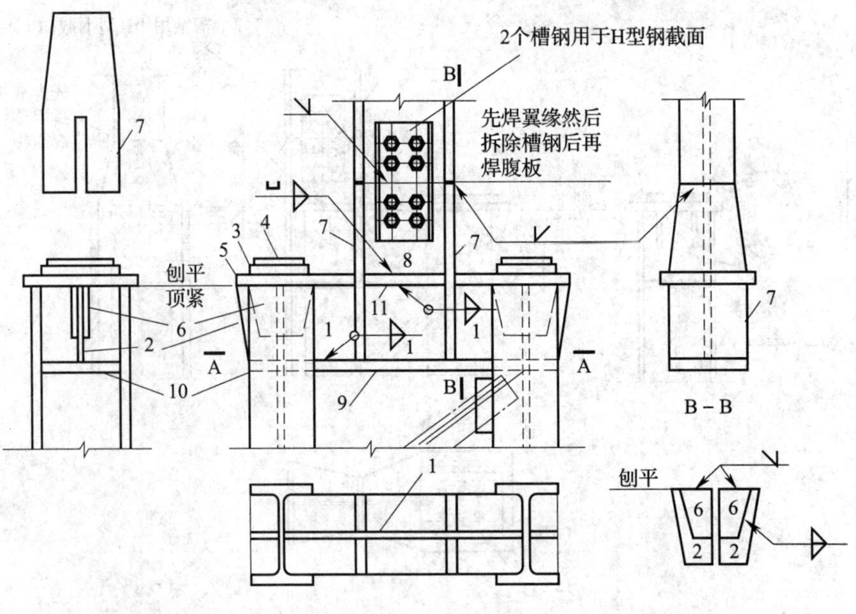

图 10－27　单壁式肩梁（中列柱）

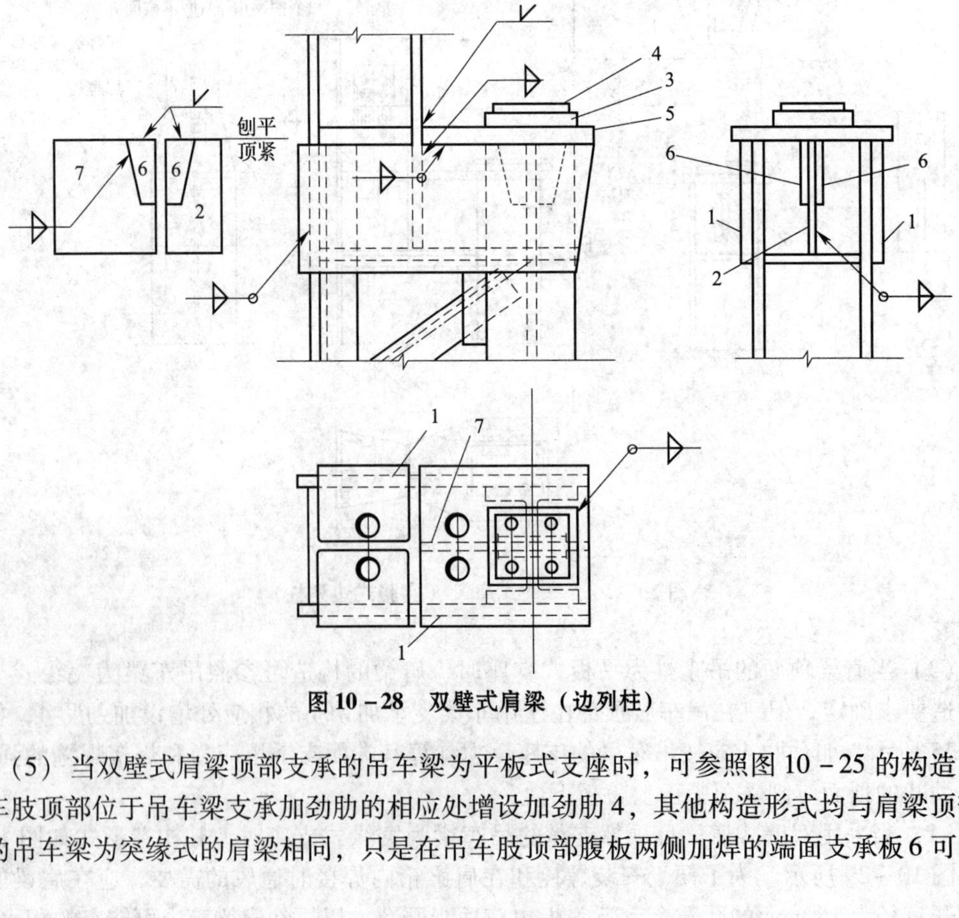

图 10－28　双壁式肩梁（边列柱）

（5）当双壁式肩梁顶部支承的吊车梁为平板式支座时，可参照图 10－25 的构造，在吊车肢顶部位于吊车梁支承加劲肋的相应处增设加劲肋 4，其他构造形式均与肩梁顶部支承的吊车梁为突缘式的肩梁相同，只是在吊车肢顶部腹板两侧加焊的端面支承板 6 可以取消。

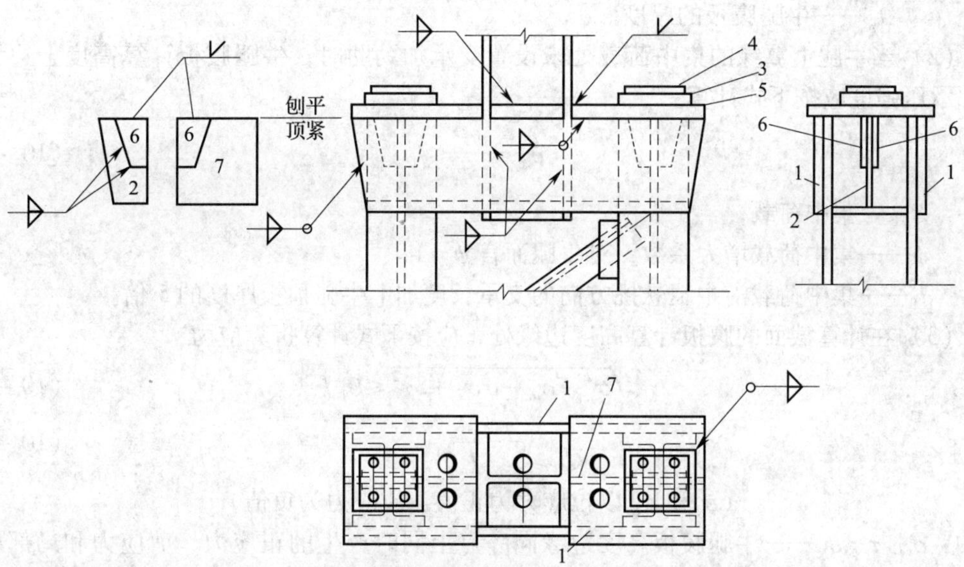

图 10-29 双壁式肩梁（中列柱）

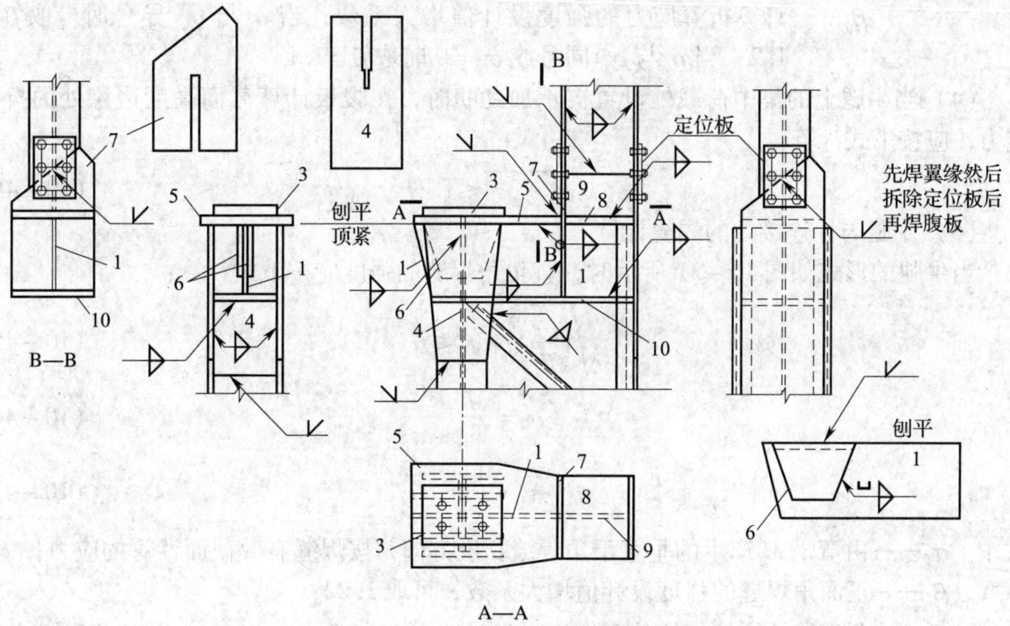

图 10-30 单壁式肩梁（柱肢为焊接工字钢）

10.2.7 牛腿的计算和构造。

1 牛腿与柱连接处的截面强度和连接焊缝应按下列要求计算。

（1）牛腿与柱连接处的截面强度可按下列公式计算：

抗弯强度
$$\frac{M}{\gamma_x W_n} \leqslant f \tag{10-39}$$

抗剪强度
$$\tau = \frac{VS}{It_w} \leqslant f_v \tag{10-40}$$

式中 M、V——分别为牛腿计算截面处的弯矩和剪力（图 10-31 中 $M=Pe$；$V=P$）；

t_w——牛腿腹板的厚度。

（2）当牛腿上翼缘的集中荷载处未设置支承加劲肋时，牛腿腹板计算高度上边缘的局部承压强度应按下式计算：

$$\sigma_c = \frac{\psi P}{t_w l_1} \leqslant f \tag{10-41}$$

式中 P——集中荷载；

ψ——集中荷载增大系数，对牛腿而言 $\psi = 1$；

l_1——集中荷载沿牛腿悬挑方向的支承长度加上牛腿顶板厚度的5倍。

（3）在计算截面的腹板计算高度边缘处，应按下式计算折算应力：

$$\sqrt{\sigma^2 + \sigma_c^2 - \sigma\sigma_c + 3\tau^2} \leqslant \beta_1 f \tag{10-42}$$

$$\sigma = \frac{M}{I_n} y_1 \tag{10-43}$$

（σ 和 σ_c 以拉应力为正值，压应力为负值）

式中 σ、τ、σ_c——牛腿腹板高度边缘同一点上同时产生的正应力、剪应力和局部压应力，其中 τ 和 σ_c 可按公式（10－40）和公式（10－41）计算；

y_1——腹板计算高度边缘至梁中和轴的距离；

β_1——计算折算应力的强度设计值增大系数；当 σ 与 σ_c 异号时，取 $\beta =$ 1.2；当 σ 与 σ_c 同号或 $\sigma_c = 0$ 时取 $\beta = 1.1$。

（4）当牛腿上的集中荷载处设置支承加劲肋时，在腹板计算截面高度边缘处的折算应力，应按下式计算：

$$\sqrt{\sigma^2 + 3\tau^2} \leqslant 1.1f \tag{10-44}$$

（5）牛腿与柱连接处的焊缝计算。

当牛腿的形式如图10－31所示时，直角角焊缝的强度应按下式计算：

$$\sqrt{\left(\frac{\sigma_f}{\beta_f}\right)^2 + \tau_f^2} \leqslant f_f^w \tag{10-45}$$

$$\sigma_f = \frac{M}{W_t} \tag{10-46}$$

$$\tau_f = \frac{V}{A_f} \tag{10-47}$$

式中 σ_f——由弯矩 M 产生的垂直于角焊缝长度方向并按焊缝有效截面计算的应力；

β_f——正面角焊缝的强度设计值增大系数，可取1.22；

f_f^w——角焊缝的抗拉、抗剪和抗压强度，按表2－6采用；

W_t——所计算焊缝的有效截面模量，计算时采用焊缝的有效高度 $h_e = 0.7h_f$，其中 h_f 为贴角焊缝高度；

τ_f——由剪力 V 产生的平行于焊缝长度方向，并按有效截面计算的应力（此时，可假定剪力 V 仅由牛腿腹板两侧竖向焊缝平均承受）；

A_f——所计算焊缝的有效截面面积。

当牛腿与柱的连接采用图10－32所示的方案时，其连接焊缝强度应按下式计算：

$$\tau = \frac{R}{0.7nh_f l_f} \tag{10-48}$$

式中 R——按图10－32中的计算简图确定的 R_1 或 R_2 值；

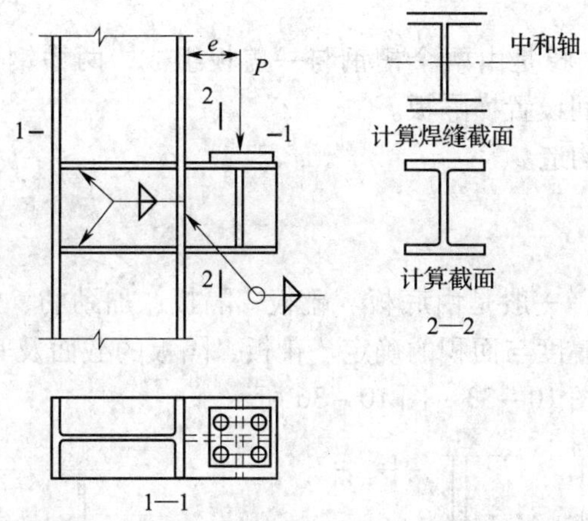

图 10－31　支承吊车梁牛腿（用于实腹式柱）

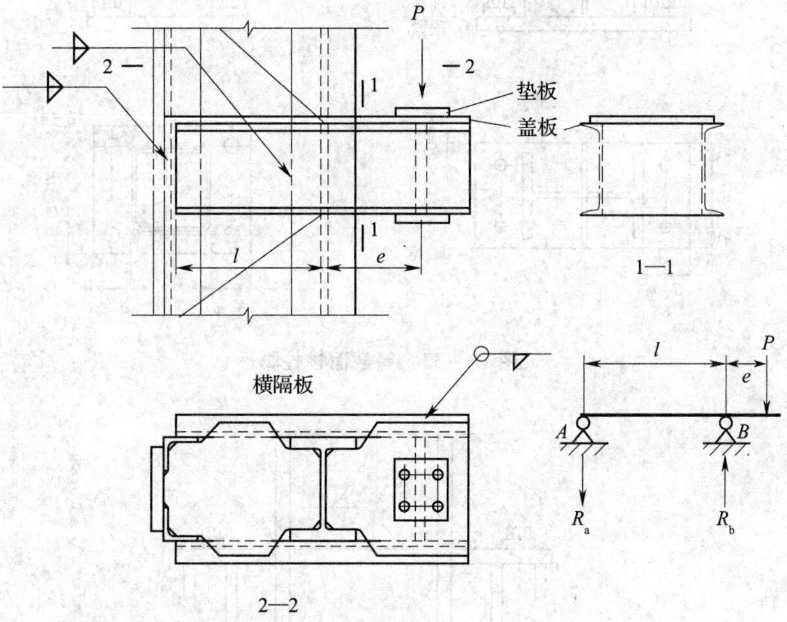

图 10－32　支承吊车梁牛腿（用于构架式柱）

n——所计算焊缝的系数；

l_f——每条焊缝的计算长度。（为设计长度减 $2h_f$）。

2　牛腿构造。

（1）柱上设有悬挑牛腿时，其构造形式应与牛腿上的荷载情况相适应，如图 10－31 和图 10－32 所示，图 10－31 为实腹式柱或工字形型钢柱上设置支承轻型吊车梁牛腿的示例，此时，牛腿可采用 H 型钢或三块板焊接而成，采用 H 型钢可以利用加工时切断下来的下脚料，既省料又省工。

（2）为加强牛腿的腹板，应在集中荷载下设置横向加劲肋，如图 10－31 所示。

（3）在格架式柱上设置牛腿时，应使柱水平缀条与牛腿顶面在同一标高处，并设置横隔板加强，如图 10－32 所示。

（4）对于顶接于柱上的牛腿（图 10－31），其上下翼缘或盖板与柱的焊缝，应尽量采用剖口焊。

（5）图 10－32 的牛腿是由两个槽钢与一盖板组成，两槽钢分别焊于柱分肢的两外侧，并在槽钢上翼缘之间设置横隔板。

10.2.8 柱脚的计算和构造。

1. 外露式柱脚。

（1）柱脚的计算。

钢柱柱脚类型较多，一般是由底板、靴板、隔板、加劲肋、锚栓及其支承托座等组成，其计算包括底板的厚度与面积的确定、靴板、隔板的截面及其与柱连接焊缝的确定、锚栓直径的取值等。如图 10－33～图 10－36 所示。

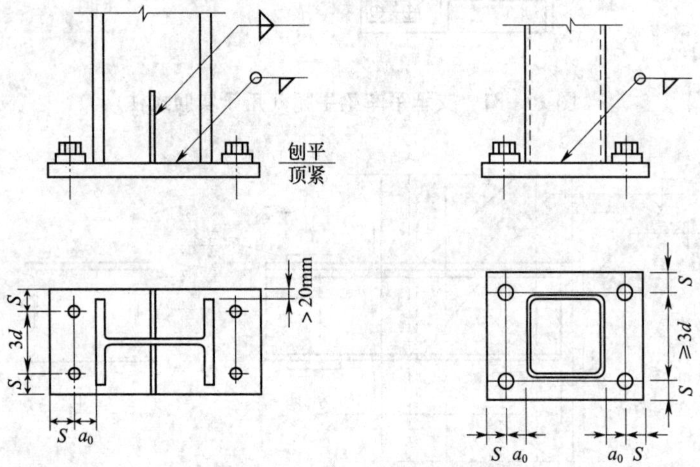

图 10－33　等截面柱柱脚

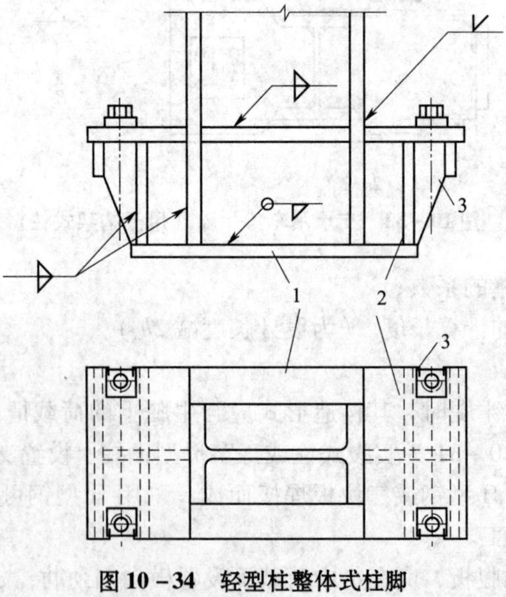

图 10－34　轻型柱整体式柱脚

1—底板；2—加劲板；3—锚栓支承托座

1）柱脚底板的计算：

①底板宽度 B 一般按构造确定，即：

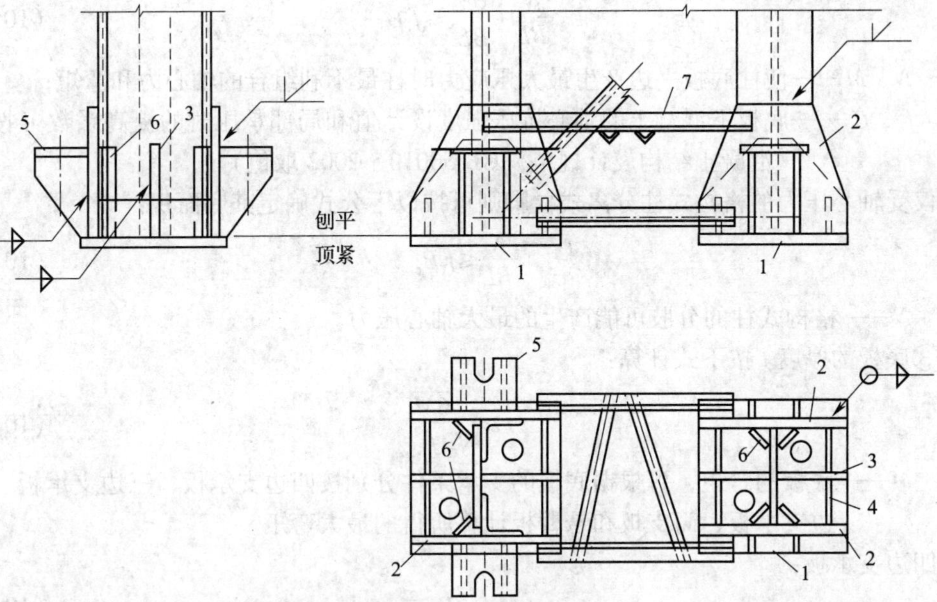

图 10-35 分离式柱脚

1—底板；2—靴板；3—加劲板；4—隔板；5—锚板支承托座；6—斜撑板；7—加强角钢

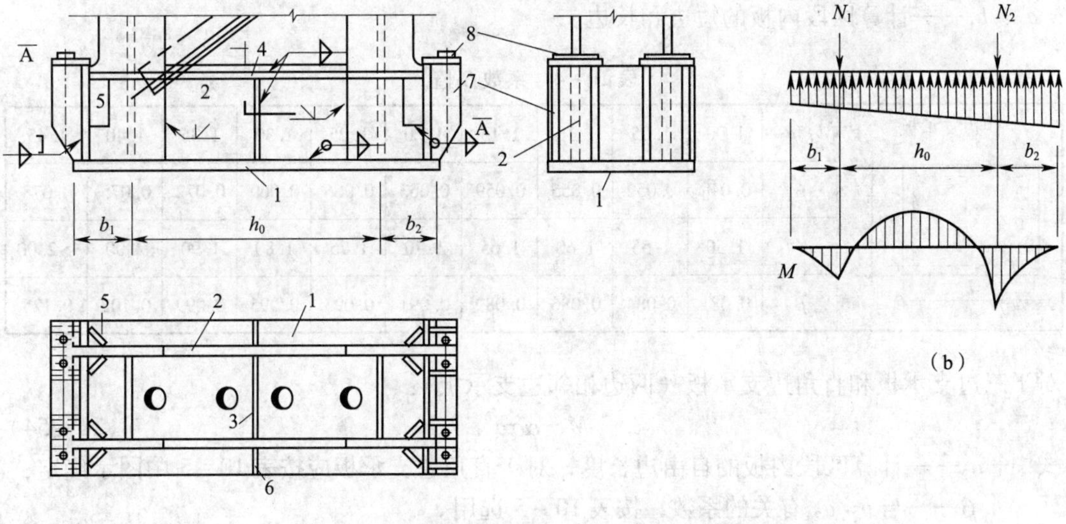

图 10-36 重型柱整体式柱脚

1—底板；2—靴板；3—加劲隔板；4—水平加劲板；

5—斜撑板；6—加劲板；7—锚栓支承托板；8—锚栓垫板

$$B = b_0 + 2S \tag{10-49}$$

式中 b_0——柱与底板连接部分的最大宽度；

S——边距，一般取 20～50mm。

②底板的长度 L 应按底板下混凝土的最大受压应力不超过其轴心抗压强度设计值 f_c 乘以局部承压时的提高系数 β_c，即：

$$\frac{N}{BL}+\frac{6M}{BL^2}\leqslant f_c\beta_c \qquad (10-50)$$

式中 N、M——使柱底板一边产生最大压应力时柱最不利组合的轴心力和弯矩；

f_c、β_c——底板下混凝土的轴心抗压强度设计值和局部承压时的提高系数（按现行《混凝土结构设计规范》GB 50010—2002 取值）。

对于仅受轴心压力的格构式柱分离式柱脚则可按以下公式确定其底面积：

$$\frac{N}{BL}\leqslant f_c\beta_c \qquad (10-51)$$

式中 N——格构式柱的分肢可能产生的最大轴心压力。

③底板的厚度 t 按下式计算：

$$t\geqslant\sqrt{\frac{6M}{f}} \qquad (10-52)$$

式中 M——底板的弯矩，可根据底板的支承条件分别按四边支承板、三边支承板、直角边支承板、简支板和悬臂板计算所得的最大弯矩。

对于四边支承板：

$$M=\beta\sigma a_1^2 \qquad (10-53)$$

式中 σ——计算区段内底板下的均布反力；

α——与 b_1/a_1 有关的系数，按表 10-4 选用；

a_1、b_1——计算区段内板的短边和长边。

表 10-4 系数 β 值

四边支承板 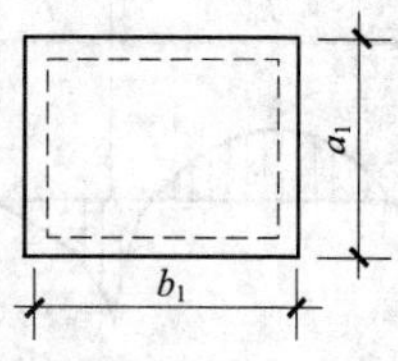	b_1/a_1	1.00	1.05	1.10	1.15	1.20	1.25	1.30	1.35	1.40	1.45
	β	0.048	0.052	0.055	0.059	0.063	0.066	0.069	0.072	0.075	0.078
	b_1/a_1	1.50	1.55	1.60	1.65	1.70	1.75	1.80	1.90	2.00	>2.00
	β	0.081	0.084	0.086	0.089	0.091	0.093	0.095	0.099	0.102	0.125

对于三边支承板和直角边支承板（两边相邻边支承板）：

$$M=\alpha\sigma a_2^2 \qquad (10-54)$$

式中 a_2——计算区段内板的自由边长度，对于直角边支承板应按表 10-5 中图示确定；

β——与 b_2/a_2 有关的系数，按表 10-5 选用。

对于简支板：

$$M=\frac{1}{8}\sigma a_3^2 \qquad (10-55)$$

a_3——简支板的跨度。

对于悬臂板：

$$M=\frac{1}{2}\sigma a_4^2 \qquad (10-56)$$

式中 a_4——底板的悬臂长度。

表 10-5 系数 α 值

三边支承板 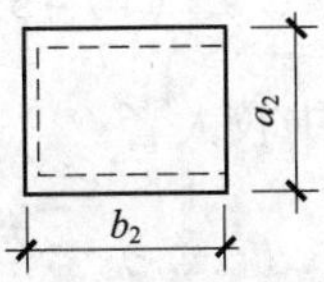	b_2/a_2	0.30	0.35	0.40	0.45	0.50	0.55	0.60	0.65	0.70	0.75	0.80	0.85
	a	0.027	0.036	0.044	0.052	0.060	0.068	0.075	0.081	0.087	0.092	0.097	0.101
两相邻边支承板 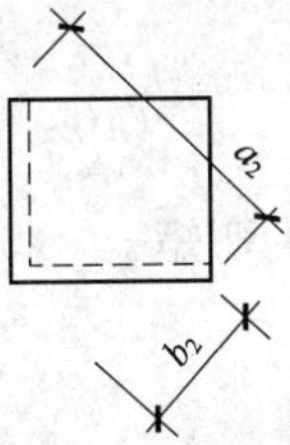	b_2/a_2	0.90	0.95	1.00	1.10	1.20	1.30	1.40	1.50	1.75	2.00	>2.00	
	a	0.105	0.109	0.112	0.117	0.121	0.124	0.126	0.128	0.130	0.132	0.133	

注：当 $b_2/a_2<0.3$ 时，按悬伸长度为 b_2 的悬臂板计算。

2）柱脚靴板的内力计算根据其所承担底板区域内的基础反力进行。当为分离式柱脚时（图 10-35），靴板按悬臂梁计算内力；当为整体式柱脚时（图 10-36），靴板按双悬臂梁计算，如图 10-36（b）所示。在计算靴板截面强度时，一般只考虑靴板本身而不考虑上、下加劲板或底板的作用。其计算公式为：

抗弯强度：

$$\sigma=\frac{6M}{t^2}\leqslant f \tag{10-57}$$

抗剪强度：

$$\tau=\frac{1.5V}{th}\leqslant f_v \tag{10-58}$$

式中 M、V——靴板的最大弯矩和剪力；

t——靴板的厚度；

h——靴板的高度。

3）柱脚靴板的连接焊缝应按下列要求确定。

① 柱脚与靴板的连接焊缝，当靴板与柱翼缘板采用对接连接时，应采用等强度剖口对接焊缝而不必进行计算，此时，靴板与柱肢腹板的焊缝厚度可按柱脚腹板与其翼缘连接焊缝厚度加 2 ~ 4mm 而不必计算。

当靴板用角焊缝连接于偏心受压柱翼缘外侧时，应按柱最大压力和最大拉力两者中的较大者计算焊缝强度。可能产生的最大拉力可近似地取锚栓的拉力计算，最大压力可按以下原则确定：如果柱底部采用铣平顶紧方式传递压力时，应按所承担区域的基础反力计算；如果柱不采用铣平端传力时，则按柱传给基础的全部内力计算。

② 靴板及柱肢与底板的连接焊缝，当柱不采用铣平端传力时，应按柱传给基础的全部内力进行计算，当柱采用铣平端传力时，可按柱传给基础的全部内力的 15% 或最大剪力中的较大值进行计算。

4）柱脚加劲隔板及加劲板，应根据其所承担区域的基础反力及构造情况，近似地按简支梁或悬臂梁计算截面强度和连接焊缝，并按本条所列公式进行计算。

5）柱脚锚栓的计算。

① 格构式柱的分离式柱脚，其每一分肢可需的锚栓的总有效面积可按下式计算：

$$A_e \geqslant \frac{N_{max}}{f_t^a} \tag{10－59}$$

式中 N_{max}——柱每一分肢可能产生的最大拉力的较大者，即取 N_a 及 N_b 中较大者。N_a 和 N_b 可按下列公式计算（图 10－16）：

$$N_a = -\frac{Ny_2}{h} + \frac{M}{h}\ （分肢 1 拉力） \tag{10－60}$$

$$N_b = -\frac{N'y_1}{h} + \frac{M'}{h}\ （分肢 2 拉力） \tag{10－61}$$

式中 M、M'——为使分肢1 和分肢2 受拉时，柱的最不利荷载组合所得的弯矩；

N、N'——为 M、M'相应荷载组合的轴心力；

y_1、y_2 和 h——可按图 10－16 确定；

f_t^a——锚栓抗拉强度设计值，按表 2－8 采用。

② 整体式柱脚每侧（受拉区）所需的锚栓总有效面积应根据柱脚底板下混凝土基础反力的分布情况按下式计算（图 10－37）：

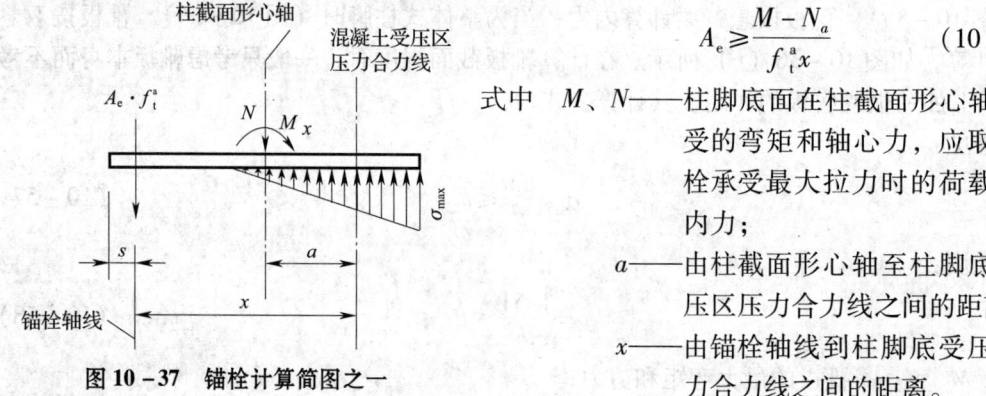

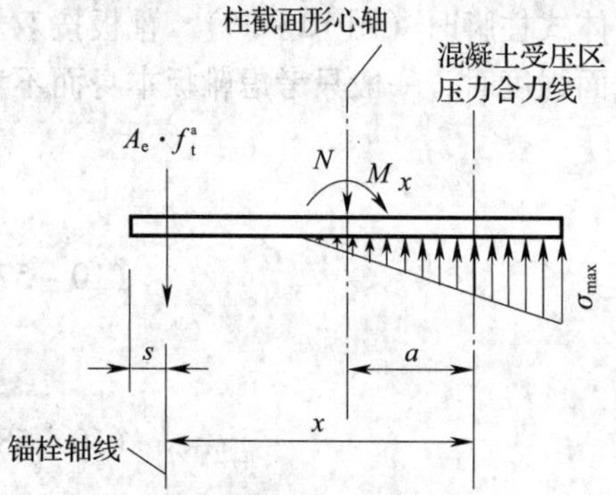

图 10－37 锚栓计算简图之一

$$A_e \geqslant \frac{M - N_a}{f_t^a x} \tag{10－62}$$

式中 M、N——柱脚底面在柱截面形心轴处所受的弯矩和轴心力，应取使锚栓承受最大拉力时的荷载组合内力；

a——由柱截面形心轴至柱脚底面受压区压力合力线之间的距离；

x——由锚栓轴线到柱脚底受压区压力合力线之间的距离。

若按公式（10－62）计算所得的锚栓直径＞60mm 时，则宜考虑锚栓与混凝土基础的弹性性质。此时假设基础受力变形后仍保持平面，可由图 10－38 列出下列公式：

$$\frac{\sigma_1}{\sigma_2} = \frac{n\ (l - y)}{y} \tag{10－63}$$

由竖向力平衡条件

$$\frac{1}{2}\sigma_2 By = \sigma_1 A_s + N \tag{10－64}$$

由力矩平衡条件

$$\sigma_1 A_e\left(l - \frac{y}{3}\right) = M - N_a \tag{10－65}$$

式中 σ_1、σ_2——锚栓的拉应力和受压区混凝土的最大边缘压应力；

n——钢与混凝土的弹性模量之比$\frac{E_s}{E_c}$；

B——柱脚底板的宽度；

y 和 l——按图 10－38 确定。

由公式（10－63）～公式（10－65）并取 $\sigma_1=f_t^a$，可求解 y、σ_2 和 A_e。但采用此法求得的混凝土边缘压应力 σ_2 应小于基础混凝土局部抗压强度设计值 βf_c，且应以此应力作为基础反力来计算底板的厚度。

锚栓的有效面积确定后，锚栓的直径、锚固长度及锚栓的细部尺寸及构造可按表10－6和表10－7选用。

6）柱脚的构造。

①柱脚形式有整体式和分离式两种，格构式柱的分离式柱脚，一般可采用图10－35所示的形式。

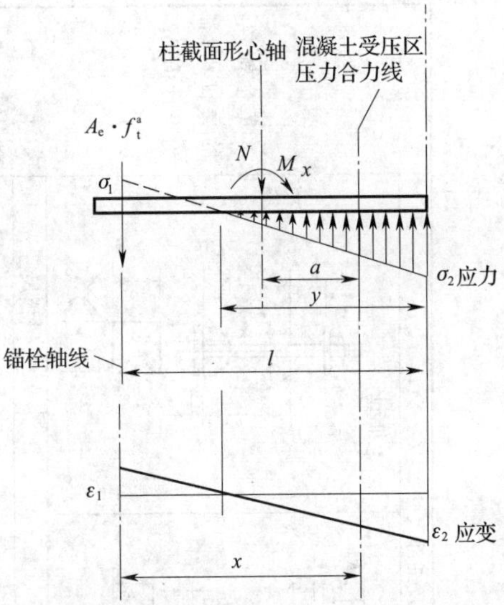

图10－38 锚栓计算简图之二

②分离式柱脚的靴板是柱肢翼缘的扩大板，可与柱肢翼缘板对接连接，也可贴焊于柱肢的两侧（对于屋盖肢），如图10－35所示，以加大柱肢底板的承压面积。靴板的宽度，其上部取与柱肢翼缘同样宽度，下部取与柱底板同样宽度。靴板的厚度取与柱肢翼缘板厚度相同或适当加厚。

③隔板及加劲板用来加强靴板和柱腹板的刚性，减小底板的计算长度，以改善底板的受力状况。其厚度按计算确定，一般采用的厚度 $t \geqslant \frac{b}{50}$（b 为靴板的跨长），且不宜小于10mm。

④柱脚锚栓承受排架柱弯矩在柱脚底板与基础间产生的拉力，同时作为安装过程中的临时固定柱之用。锚栓的直径可由计算确定，但不宜小于 $\phi 24$ 为了柱安装与调整方便，锚栓一般固定在柱脚外挑的支承托座上，而不穿过柱脚底板，此时，应在锚栓支承托座上开缺口，以便于柱的安装就位。锚栓支承托座的高度应按锚栓受拉所需要的焊缝长度来确定，一般不宜小于400mm。支承托座顶板的厚度根据锚栓荷载大小来确定，一般取20～40mm，支承加劲肋的厚度不宜小于12mm，柱脚锚栓不宜用于承受柱脚底部的水平剪力，此水平剪力应由底板与混凝土之间的摩擦力（摩擦系数取0.4）或设置抗剪键来承受。

⑤柱脚底板的尺寸和厚度应按本条1.1款的要求计算确定，同时尚应满足构造上的需要，一般底板厚度不得小于20mm。对于等截面轻型柱脚的底板，如图10－33所示，底板的尺寸，除了按计算确定外，还要满足构造要求。如锚栓轴线至底板边缘的距离 s 不得小于 $2d$（d 为锚栓直径）；锚栓的间距不得小于 $3d$。柱肢外边至锚栓轴线之间的净空距离 a_0：当锚栓直径小于30mm时 a_0 不得小于40mm；当锚栓直径30～50mm时，a_0 不得小于60mm。柱肢外边至底板边缘的距离一般不得小于20mm。

⑥整体式柱脚如图10－34、图10－36所示，当为实腹式柱且荷载较小时，采用单壁式轻型柱脚，为了加强柱脚刚度并减小底板厚度，应焊以加劲肋以减小底板跨度。对于重型厂房格构式柱的整体式柱脚（图10－36），由于受力较大，柱截面也大，因此靴板与柱翼缘板应采用剖口对接焊缝，靴板顶部外侧应设置水平加劲板，且在两块靴板间设置加劲隔板，以加强柱脚整体刚度和改善底板的工作。

表 10－6　Q235 钢锚栓选用表

连接尺寸

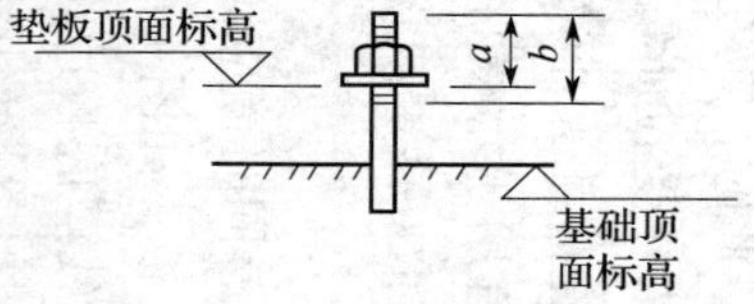

锚固长度及细部尺寸

I型

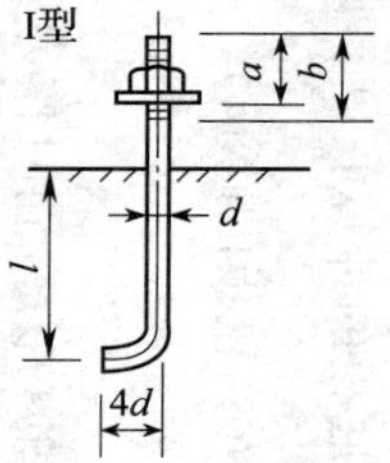

Ⅱ型

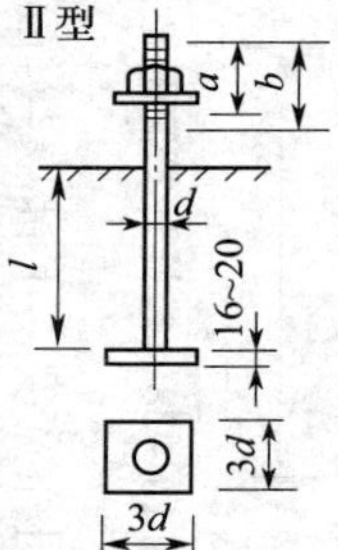

Ⅲ型

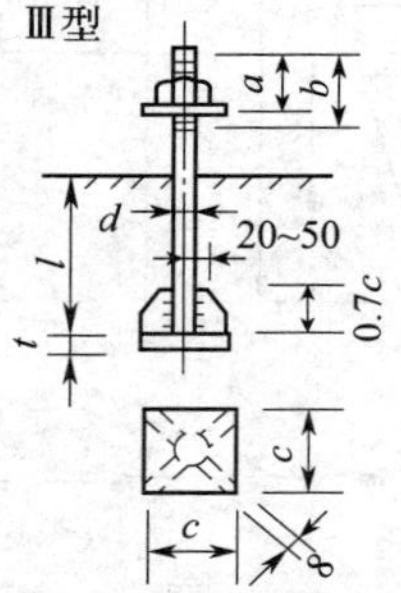

锚栓直径 d（mm）	锚栓截面有效面积 A_e（cm^2）	连接尺寸				锚固长度及细部尺寸								每个锚栓的受拉承载力设计值 N_t^a（kN）
		单螺母		双螺母		锚固长度 l（mm）当基础混凝土的强度等级为						锚板尺寸		
		a（mm）	b（mm）	a（mm）	a（mm）	I型 C15	I型 C20	Ⅱ型 C15	Ⅱ型 C20	Ⅲ型 C15	Ⅲ型 C20	c（mm）	t（mm）	
20	2.448	45	75	60	90	500	400							34.3
22	3.034	45	75	65	95	550	440							42.5
24	3.525	50	80	70	100	600	480							49.4
27	4.594	50	80	75	105	675	540							64.3
30	5.606	55	85	80	110	750	600							78.5
33	6.936	55	90	85	120	825	660							97.1
36	8.167	60	95	90	125	900	720							114.3
39	9.758	65	100	95	130	1000	780							136.6
42	11.21	70	105	100	135			1050	840	630	505	140	20	156.9
45	13.06	75	110	105	140			1125	900	675	540	140	20	182.8
48	14.73	80	120	110	150			1200	960	720	575	200	20	206.2
52	17.58	85	125	120	160			1300	1040	780	625	200	20	246.1
56	20.30	90	130	130	170			1400	1120	840	670	200	20	284.2
60	23.62	95	135	140	180			1500	1200	900	720	240	25	330.7
64	26.76	100	145	150	195			1600	1280	960	770	240	25	374.6
68	30.55	105	150	160	205			1700	1360	1020	815	280	30	427.6
72	34.60	110	155	170	215			1800	1440	1080	865	280	30	484.4
76	38.89	115	160	180	225			1900	1520	1140	910	320	30	544.5
80	43.44	120	165	190	235			2000	1600	1200	960	350	40	608.2
85	49.48	130	180	200	250			2125	1700	1275	1020	350	40	692.7
90	55.91	140	190	210	260			2250	1800	1350	1080	400	40	782.7
95	62.73	150	200	220	270			2375	1900	1425	1140	450	45	878.2
100	69.95	160	210	230	280			2500	2000	1500	1200	500	45	979.3

表 10－7　Q345 钢锚栓选用表

锚栓直径 d（mm）	锚栓截面有效面积 A_e（cm^2）	连接尺寸				锚固长度及细部尺寸								每个锚栓的受拉承载力设计值 N_t^a（kN）
		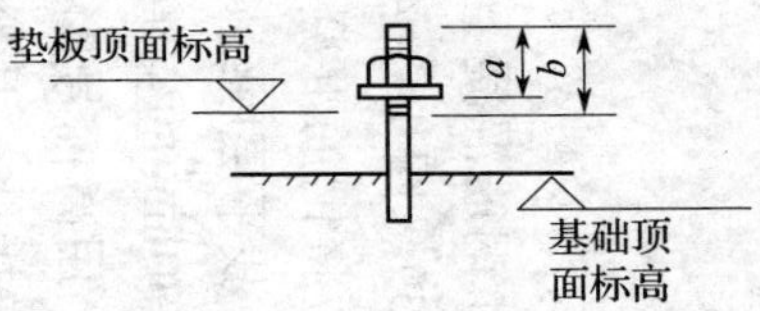				Ⅰ型 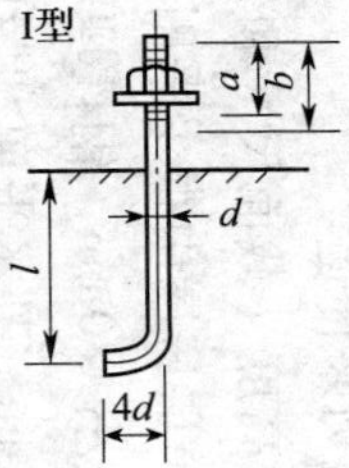		Ⅱ型 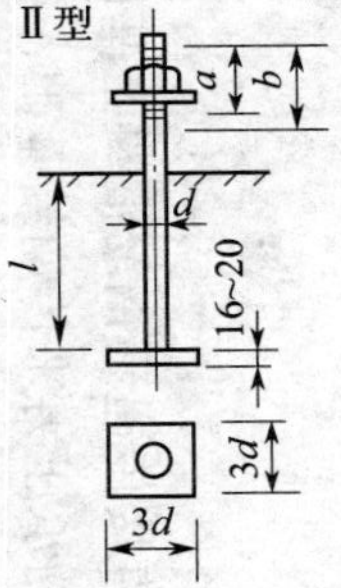		Ⅲ型 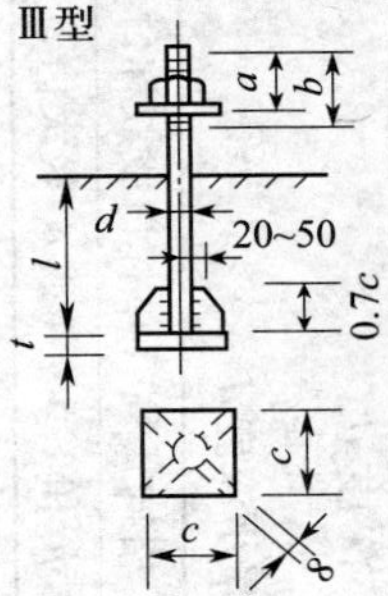				
		单螺母		双螺母		锚固长度 l（mm）当基础混凝土的强度等级为						锚板尺寸		
		a（mm）	b（mm）	a（mm）	b（mm）	C15	C20	C15	C20	C15	C20	c（mm）	t（mm）	
20	2.448	45	75	60	90	600	500							44.1
22	3.034	45	75	65	95	660	550							54.6
24	3.525	50	80	70	100	720	600							63.5
27	4.594	50	80	75	105	810	675							82.7
30	5.606	55	85	80	110	900	750							100.9
33	6.936	55	90	85	120	990	825							124.8
36	8.167	60	95	90	125	1080	900							147.0
39	9.758	65	100	95	130	1170	1000							175.6
42	11.210	70	105	100	135			1260	1050	755	630	140	20	201.8
45	13.060	75	110	105	140			1350	1125	810	675	140	20	235.1
48	14.730	80	120	110	150			1440	1200	865	720	200	20	265.1
52	17.580	85	125	120	160			1560	1300	935	780	200	20	316.4
56	20.300	90	130	130	170			1680	1400	1010	840	200	20	365.4
60	23.620	95	135	140	180			1800	1500	1080	900	240	25	425.2
64	26.760	100	145	150	195			1920	1600	1150	960	240	25	481.7
68	30.550	105	150	160	205			2040	1700	1225	1020	280	30	549.9
72	34.600	110	155	170	215			2160	1800	1300	1080	280	30	622.8
76	38.890	115	160	180	225			2280	1900	1370	1140	320	30	700.0
80	43.440	120	165	190	235			2400	2000	1440	1200	350	40	781.9
85	49.480	130	180	200	250			2550	2125	1530	1275	350	40	890.6
90	55.910	140	190	210	260			2700	2250	1620	1350	400	40	1006.0
95	62.730	150	200	220	270			2850	2375	1710	1425	450	45	1129.0
100	69.950	160	210	230	280			3000	2500	1800	1500	500	45	1269.0

注：主要受力柱应采用Ⅱ、Ⅲ型，底板应开孔与锚杆塞焊，Ⅱ型可采用底板开孔加螺母的锚固方法。

2 埋入式（或插入式）柱脚［图 10－10（c）、(d)］。

（1）埋入式柱脚是预先将钢柱底脚按设计要求固定在基础中，设置钢筋，然后浇灌基础混凝土，插入式柱脚是在基础上预先留出安装钢柱底脚插入用的杯口，待钢柱安装后再用高标号细石混凝土填实杯口。埋入式或插入式柱脚的内力（包括竖向力、水平力和弯矩）均由钢筋混凝土基础直接承受，钢柱底脚只要具有足够的埋入深度即可。表 10－8 列出埋入式或插入式柱脚埋入混凝土基础的最小深度 d。

表 10－8 钢柱埋入基础（插入杯口）的最小深度 d

柱截面形式	实腹式柱	格构式柱（单杯口或双杯口）
最小埋入（插入）深度 d	$1.5h_c$ 或 $1.5d_c$	$0.5h_c$ 和 $1.5b_c$（或 d_c 较大值）

注：1 h_c 为柱截面高度（长边尺寸）；b_c 为柱截面宽度；d_c 为圆管柱的外径。

2 钢柱底端至基础杯口底的距离，一般采用 50mm，当有柱底板时，可采用 200mm。

3 GB 50011—2010（2016 年版）比本表中要大。

（2）埋入（插入）式柱脚的计算，可按以下假设进行：

1）钢柱的轴心压力 N 是由埋入（插入）的钢柱底板直接传递到钢筋混凝土基础上；

2）柱脚处的弯矩 M 由埋入钢柱的翼缘与混凝土基础的承压力来传递给基础，或者由埋入部分钢柱上的抗剪焊钉来传递；

3）柱脚的剪力 V 由埋入钢柱的翼缘与基础混凝土的承压力来传递。

3 外包式柱脚［图 10－10（e）］的钢筋混凝土包脚的高度、截面尺寸和钢筋的配置，要按柱脚的内力和钢柱截面的大小来确定。这种柱脚在单层房屋中很少采用。

4 埋入式柱脚和外包式柱脚的混凝土保护层厚度均不应小 180mm，钢柱埋入部分和外包部分均宜在柱翼缘上设置圆头焊钉，其直径不得小于 16mm，其水平向和竖向的中心距离不得大于 200mm。

10.2.9 组合式柱和分离式柱的构造和计算要点。

1 组合柱的构造与计算要点。

由钢和钢筋混凝土组成的组合柱，其上部实腹式柱的构造要求及计算方法与阶形柱的实腹式上柱相同。钢上柱和钢筋混凝土下段柱的连接可按不同情况采用图 10－39、图 10－40 所示的形式。在现场安装钢上柱前，应将钢筋混凝土下段柱柱顶用 C40 的细石混凝土找平，找平层厚约 30mm，内铺设 $\phi6$ 钢筋网一层并留出 20～30mm 的空隙作为二次灌浆层，待校正标高和定位后，用高标号膨胀水泥砂浆或不收缩水泥砂浆填实。在连接处，因弯矩产生的拉力由锚栓承受，其计算按第 10.2.8 条第 1 项（5）款的规定进行。在连接处的剪力一般由上柱轴心力在连接处所产生的摩擦力予以平衡。为加强连接处的刚度和增加安全储备起见，可在连接处四周用钢板或角钢与钢筋混凝土下柱侧面的预埋钢板焊牢，如图 10－39、图 10－40 所示。如采用轻型屋面，因上段柱的竖向荷载小而水平剪力较大，由竖向荷载所产生的摩擦力不能平衡时，则应设置抗剪角钢键来承担水平剪力。

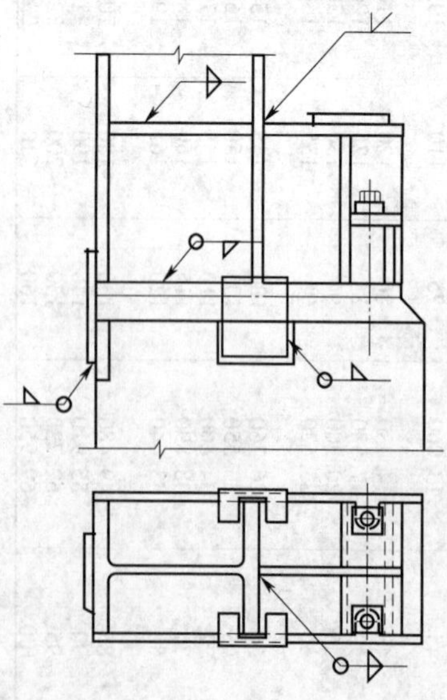

图 10－39 组合柱拼接接头（一）

2 分离式柱的构造和计算要点。

分离式柱的屋盖肢和吊车肢在竖向荷载下各自单独受力，两肢间以水平钢板连接，并作为吊车肢的侧向支点。水平板的板厚一般取 8 ~ 12mm，其间距应根据吊车肢在排架平面内的长细比与平面外的长细比相等的条件来确定。

分离式柱的屋盖肢承受屋面荷载、风荷载和吊车水平荷载，按压弯构件计算。当计算排架平面内的稳定性时，不考虑独立吊车肢的作用，其具体计算应根据屋盖肢的形式或按等截面柱［图 10 - 3（a）］或阶形柱［图 10 - 3（b）］考虑。当计算屋盖肢在排架平面外的稳定性时，对于下段柱可考虑独立吊车肢的共同作用，即计算排架平面外的截面特性时，可将吊车肢截面计入。

分离式柱的独立吊车肢仅承受吊车的竖向荷载，当其顶部支承的吊车梁为平板式支座时，则应考虑相邻两吊车梁反力差的偏心影响，可按第 10. 2. 3 条第 1 款（4）和（5）的要求，按压弯构件计算其强度和稳定性。

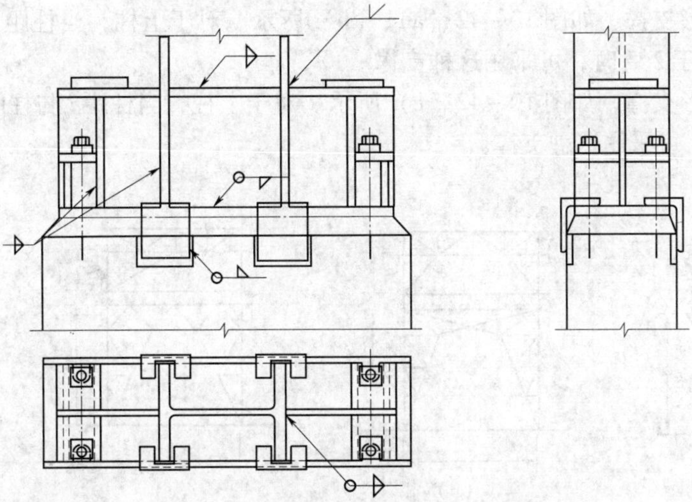

图 10 - 40 组合柱拼接接头（二）

10. 3 柱 间 支 撑

10. 3. 1 柱间支撑的作用和形式。

1 为确保房屋承重结构的正常工作，一般需要沿房屋纵向柱之间设置柱间支撑，其作用是：

（1）用以保证房屋的纵向稳定和空间刚度；

（2）确定柱在排架平面外的计算长度；

（3）承受房屋端部山墙风力、吊车纵向刹车荷载、温度应力和地震作用，并将上述荷载传至基础上。

2 柱间支撑由以下各部分组成：

（1）在吊车梁以上至屋架下弦间设置的上段柱的柱间支撑，以及当为双阶柱时，上、下两层吊车梁之间设置的中段柱的柱间支撑；

（2）在吊车梁以下至柱脚处设置的下段柱的柱间支撑；

（3）屋架端部的竖向支撑和屋架端部上下弦标高处的纵向系杆、吊车梁、辅助桁架以及柱本身等都是柱间支撑体系的组成部分，如图 10 - 41 所示。

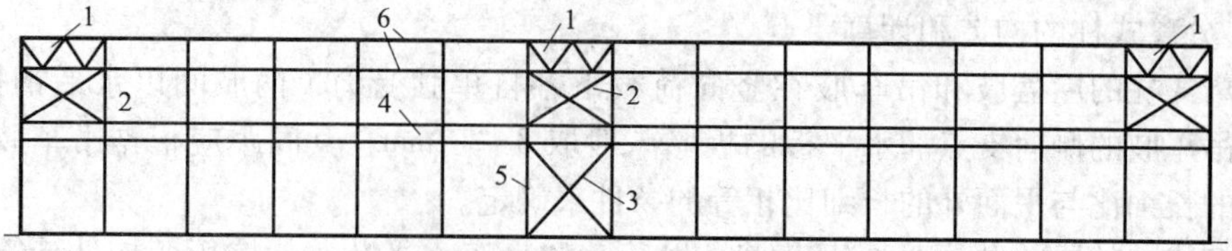

图 10－41 柱间支撑的组成

1—屋架端部竖向支撑；2—上段柱间支撑；3—下段柱间支撑；
4—吊车梁（或辅助桁架）；5—柱；6—屋架端部上、下弦水平系杆

3 柱间支撑的形式主要有下列四种。

（1）十字形交叉支撑，如图 10－42（d）所示，这种支撑由于传力直接，构造简单，用料较省，刚度也大，因此是常用的一种形式。

（2）空腹式门形支撑，如图 10－42（a）、（b）、（c）所示。这种支撑用料较多，刚度也较差，只有在特殊需要时（如该处要设门洞或放设备）才采用。

（3）八字形支撑，如图 10－42（a）、（b）所示。对于上柱，当柱距 l 与柱间支撑的高度 h_1 之比大于 2.5 时，可采用这种支撑。

（4）人字形支撑，如图 10－42（c）所示。对于上柱，当柱距 l 与柱间支撑的高度 h_1 之比大于 2 时，可采用这种支撑。

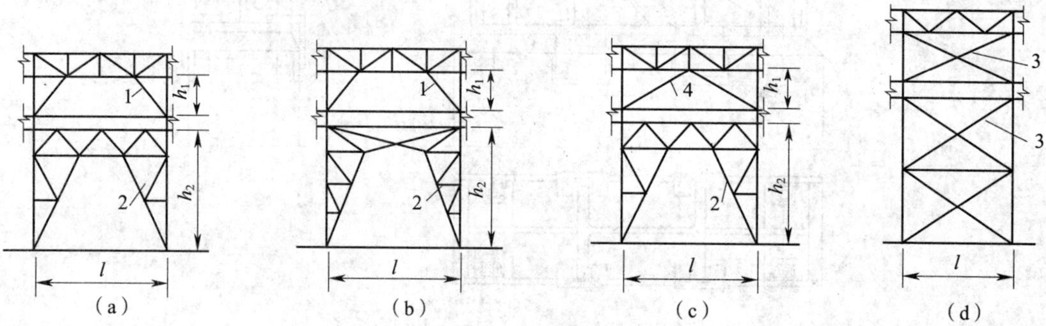

图 10－42 柱间支撑的形式

1—八字形支撑；2—空腹式门形支撑；3—十字形交叉支撑；4—人字形支撑

10.3.2 柱间支撑布置的原则。

1 布置柱间支撑时应满足下列要求：

（1）应满足房屋生产净空的要求；

（2）应满足房屋纵向刚度和抗震的要求，同时还应考虑柱间支撑的设置对房屋结构温度变形的影响，及由此产生的附加应力；

（3）柱间支撑的设置应与屋盖支撑布置相协调，一般均与屋盖上、下弦横向支撑及竖向支撑设在同一柱距内；

（4）每一温度区段的每一列柱，一般均应设置柱间支撑。

2 下段柱的柱间支撑位置，决定纵向结构温度变形和附加温度应力的大小，因此应尽可能设在温度区段的中部，这样可以减少温度变形的问题。当温度区段长度不大时，可在温度区段中部设置一道下段柱柱间支撑，如图 10－41 所示。当温度区段大于 120m 时，可在温度区段内设置两道下段柱柱间支撑，其位置宜布置在温度区段中间$\frac{1}{3}$范围内，两道支撑的中心距离不宜大于 60m（地震区宜适当减小），如图 10－43 所示，以减少由

此而产生的温度应力。

3 上段柱的柱间支撑，除在有下段柱柱间支撑的柱距间布置外，为了传递端部山墙风力及地震作用和提高房屋结构上部的纵向刚度，应在温度区段两端设置上段柱柱间支撑，如图 10－41 和 10－43 所示。温度区段两端的上柱柱间支撑对温度应力的影响较小，可忽略不计。

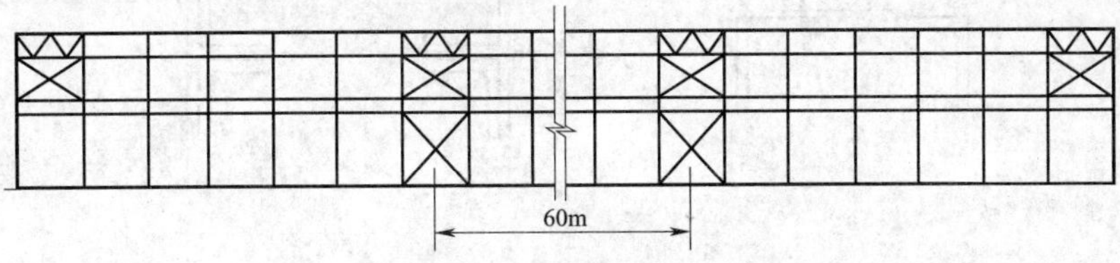

图 10－43 柱间支撑布置图

4 阶形柱的下段柱柱间支撑，一般在两个柱肢内成对设置，即为双片支撑。当为等截面柱且截面高度小于或等于 600mm 时，可沿柱中心线设置单片支撑（图 10－44a），截面较大时宜设置双片支撑，如图 10－44（b）、（c）所示。

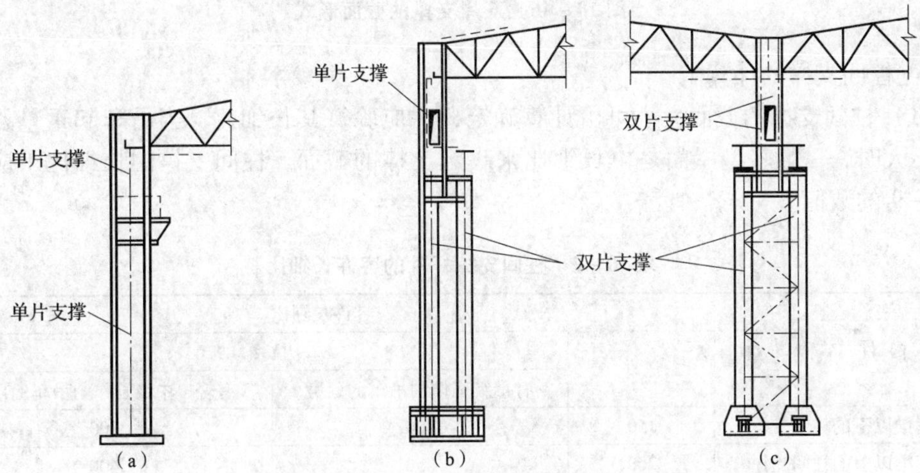

图 10－44 柱间支撑在柱侧向的位置图

5 阶形柱上柱柱间支撑在柱侧向的位置，当上段柱的截面高度≤1000mm 时，一般设单片支撑，并沿柱中心设置，当有支承屋架的托架时，支撑位置应与托架位置相适应。如上段柱设有人孔且只设单片支撑时，应考虑让开人孔通道而将支撑偏向一侧，如图 10－44（b）所示。当上段柱的截面高度大于 1000mm 时，或在上段柱设有人孔而纵向刚度要求较高时，则可设置双片支撑，如图 10－44（c）所示。此时，支撑构件肢应向柱的两翼缘内侧设置，以免影响柱与吊车桥架之间的净空尺寸。

10.3.3 柱间支撑的截面形式和计算。

1 柱间支撑的截面形式。

（1）柱间支撑的截面形式，当采用单片支撑时，由于平面外的计算长度大于平面内的计算长度，所以一般采用单个不等边角钢，短边与柱相连，如图 10－45（a）所示，或采用两个角钢组成 T 形截面，如图 10－45（b）所示。

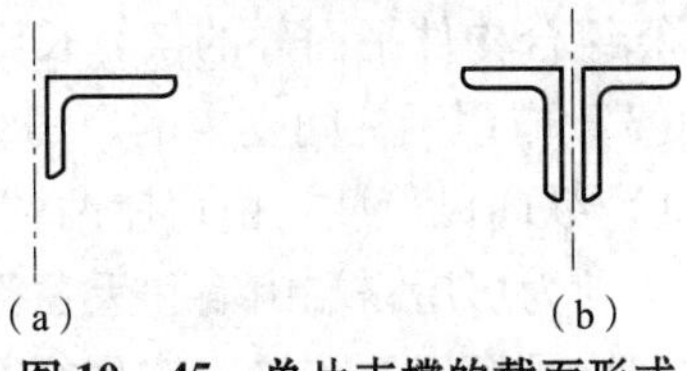

图 10－45 单片支撑的截面形式

（2）当采用双片支撑时，两单片支撑间应以连系杆连接。当支撑平面内的计算长度大于平面外的计算长度时，一般采用不等边角钢长边与柱相连或采用两个等边角钢组成的截面，如图10－46（a）、（b）所示。当支撑内力较大时，可采用工字钢或槽钢组成的截面，如图10－46（c）、（d）所示。

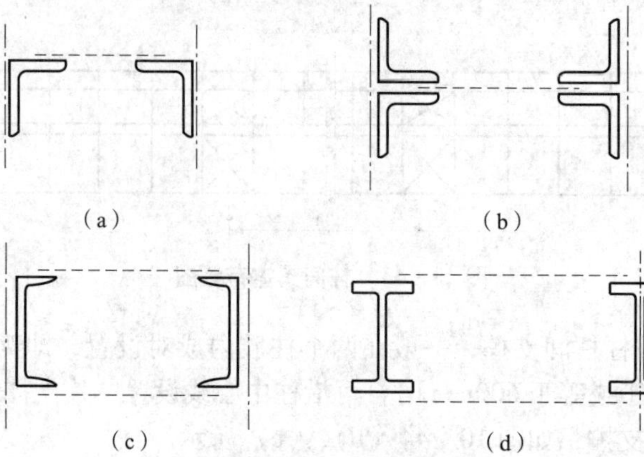

图10－46　双片支撑的截面形式

2　柱间支撑的计算。

（1）柱间支撑的截面大小可由计算确定，并应验算其长细比，当吊车起重量及风荷载都不大时，一般轻型屋面是由长细比来决定支撑的截面。柱间支撑的长细比不应超过表10－9的数值。

表10－9　柱间支撑杆件的容许长细比

构件名称	容许长细比		
	压杆	拉杆	
		有重级工作制吊车的厂房	有轻、中级工作制吊车的厂房
吊车梁以下的柱间支撑	150	200	300
吊车梁以上的柱间支撑	200	350	400

（2）柱间支撑杆件的长细比可按下式计算：

$$\lambda=\frac{l_0}{i}\leqslant[\lambda] \qquad (10-66)$$

式中　l_0——支撑杆件的计算长度，可按表3－15的规定采用；

i——支撑杆件的回转半径，当计算单角钢受拉杆件的长细比时，应采用角钢的最小回转半径；但在计算单角钢交叉受拉构件平面外的细长比时，应采用与角钢肢平行轴的回转半径。

对于双片支撑除应按公式（10－66）计算长细比外，还应按第3章中表3－17的公式计算组合构件平面外的换算长细比，并不得超过容许长细比。

（3）作用于柱间支撑的厂房纵向水平荷载，可按下述原则确定。

1）纵向风荷载：由房屋两端山墙和天窗架端壁传来的集中风荷载W，当房屋有伸缩缝时，则为房屋一端山墙和天窗架端壁传来的集中风荷载W，并应根据山墙结构包括抗风柱和抗风桁架的布置，按现行荷载规范的规定，分别计算作用在屋架端部竖向支撑支

座处的风荷载 W_1，作用在吊车梁顶面处的风荷载 W_2。

2）吊车的纵向水平荷载标准值 T_d 可按下式计算：

$$T_d = 0.1\sum P_{max} \tag{10-67}$$

式中 $\sum P_{max}$——在同一柱列吊车梁上由两台起重量最大的吊车所有刹车轮（一般每台吊车的刹车轮数可取吊车一侧轮数的一半）的最大轮压之和。

3）作用在房屋纵向的其他水平荷载，如固定于柱上的纵向管道设备的推力等，应按实际情况进行计算。

(4) 上段柱的柱间支撑承受作用于屋盖下弦标高处的集中风荷载 W_1 及其他水平荷载 H。下段柱的柱间支撑，除承受作用于吊车梁上翼缘顶面标高处的吊车纵向水平荷载 T_d 及集中风荷载 W_2 或 W_3（双阶柱）外，还要承受由上段柱柱间支撑传来的水平荷载。在计算支撑内力时，一般都假设节点为铰接，并忽略偏心影响，当在同一温度区段内的同一柱列设有两道以上柱间支撑时，则该柱列的全部纵向水平荷载由柱列所有支撑共同承担。

(5) 十字交叉支撑，一般可按受拉杆件设计，即仅考虑其中一根杆件受拉，其计算简图见图 10-47。

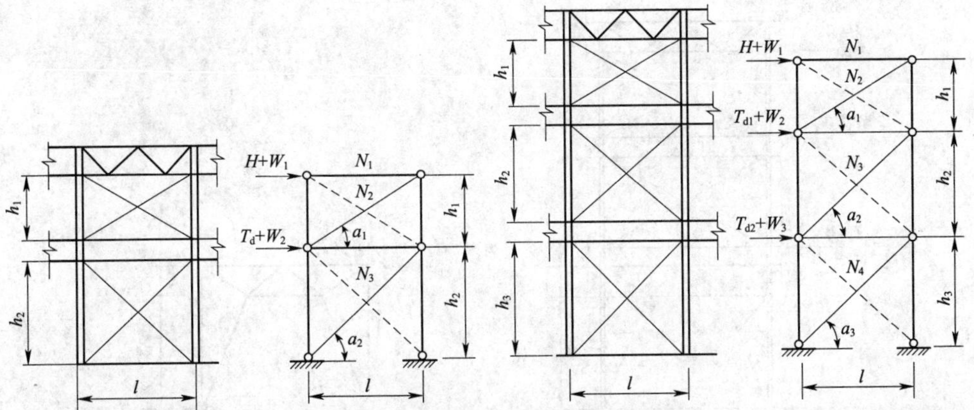

（a）单阶柱柱间支撑 （b）单阶柱柱间支撑计算简图 （c）双阶柱柱间支撑 （d）双阶柱柱间支撑计算简图

图 10-47 十字形交叉支撑简图

十字形交叉支撑的内力应分别按下述情况确定。

1）单阶柱的支撑内力（图 10-47b），可按下式计算：

柱顶系杆 $$N_1 = H + W_1 \tag{10-68}$$

上段柱支撑斜杆 $$N_2 = (H + W_1)/\cos\alpha_1 \tag{10-69}$$

下段柱支撑斜杆 $$N_3 = (H + W_1 + T_d + W_2)/\cos\alpha_2 \tag{10-70}$$

2）双阶柱的支撑内力（图 10-47d），可按下式计算：

柱顶系杆 $$N_1 = H + W_1 \tag{10-71}$$

上段柱支撑杆件 $$N_2 = (H + W_1)/\cos\alpha_1 \tag{10-72}$$

中段柱支撑杆件 $$N_3 = (H + W_1 + T_{d1} + W_2)/\cos\alpha_2 \tag{10-73}$$

下段柱支撑杆件 $$N_4 = (H + W_1 + W_2 + W_3 + T_{d1} + T_{d2})/\cos\alpha_3 \tag{10-74}$$

(6) 空腹式门形支撑的内力，可按下列要求进行计算：

1）对于图 10-48 所示的空腹式门形支撑，其支座反力可按下列公式计算：

$$V_1 = -V_2 = (H + W_1 + W_2 + T)\ h/l \tag{10-75}$$

$$H_1 = P = H + W_1 + W_2 + T_d \tag{10-76}$$

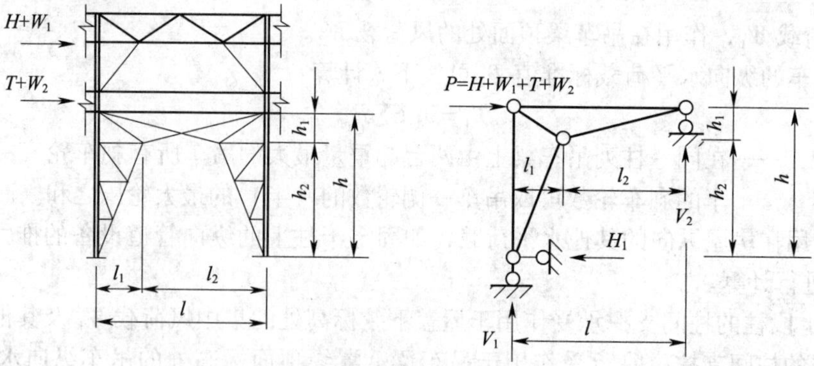

图 10－48　空腹式门形支撑计算简图之一

2）对于图 10－49 所示的空腹式门形支撑，其支座反力可按下列公式计算：

$$H_1 = H_2 = (H + W_1 + W_2 + W_3 + T_1 + T_2)/2 \tag{10-77}$$

$$V_1 = -V_2 = (H + W_1 + W_2 + W_3 + T_1 + T_2)h/l \tag{10-78}$$

算出支座反力后用结构力学方法按平面桁架计算门形支撑各杆件的内力。

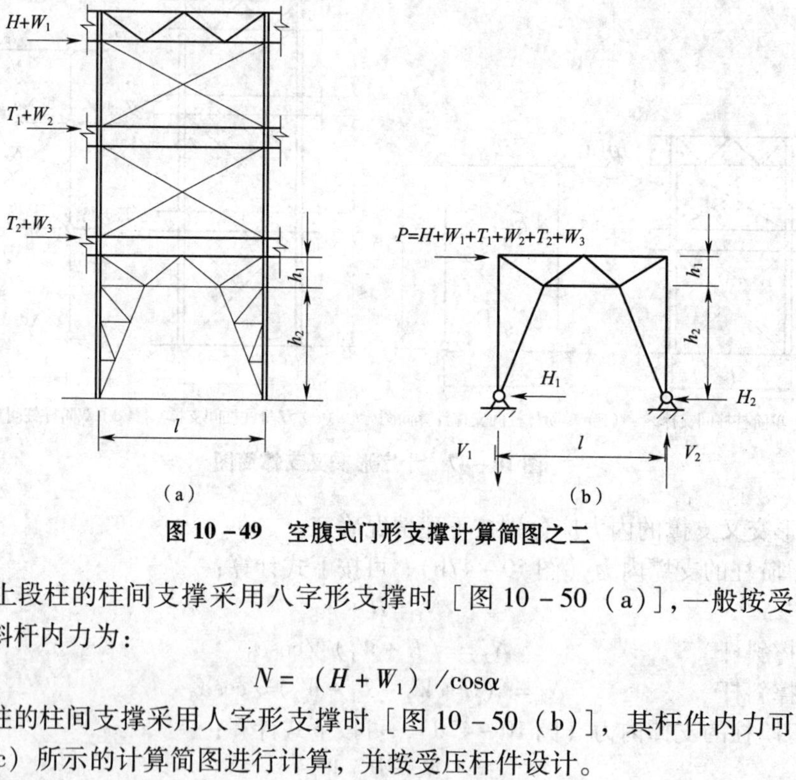

图 10－49　空腹式门形支撑计算简图之二

（7）当上段柱的柱间支撑采用八字形支撑时［图 10－50（a）］，一般按受拉杆件设计，其支撑斜杆内力为：

$$N = (H + W_1)/\cos\alpha \tag{10-79}$$

当上段柱的柱间支撑采用人字形支撑时［图 10－50（b）］，其杆件内力可近似地按图 10－50（c）所示的计算简图进行计算，并按受压杆件设计。

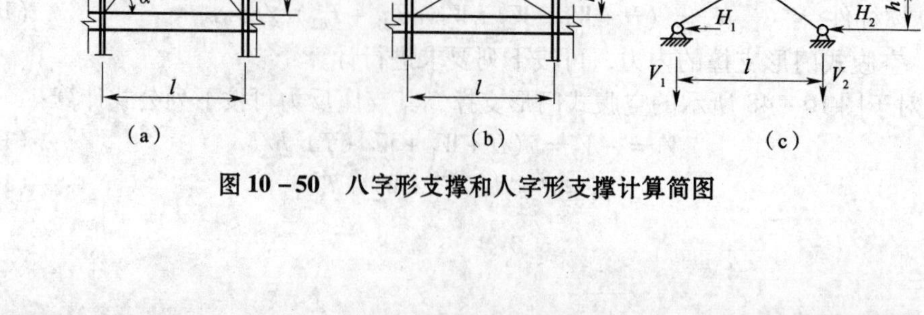

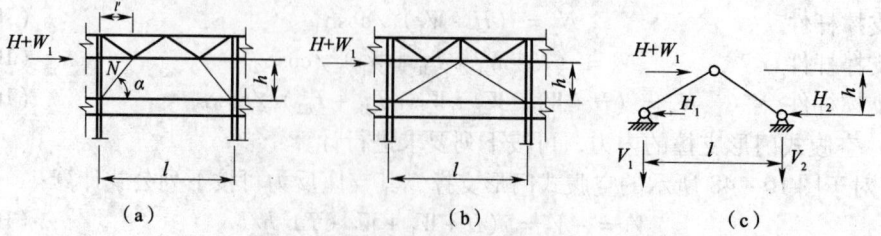

图 10－50　八字形支撑和人字形支撑计算简图

（8）支撑杆件的长细比应按表3－16中的公式进行计算。

10.3.4 柱间支撑的构造和连接。

1 双片支撑的连系杆可为横杆式（当两片支撑之间的距离≤600mm时）或斜杆式（当两片支撑之间的距离>600mm时），如图10－51所示。连系杆与支撑杆件交点之间的距离 l_a 应满足下列要求：

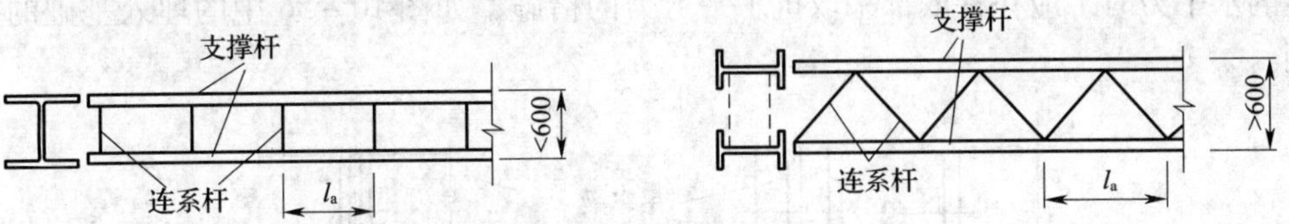

（a）横杆式　　（b）斜杆式

图10－51 双片支撑的连系杆布置

1）当支撑为压杆时：$l_a \leqslant 40 i \varepsilon_k$

2）当支撑为拉杆时：$l_a \leqslant 80 i$

其中 i 为支撑杆件的回转半径，可按第3章图3－11的规定选用。

2 十字形交叉支撑的斜杆倾角一般采用35°～55°，中间连接节点见图10－52所示。

3 支撑节点板的厚度和尺寸可按强度计算和构造要求确定，在一般情况下，其厚度可参照表10－10选用。

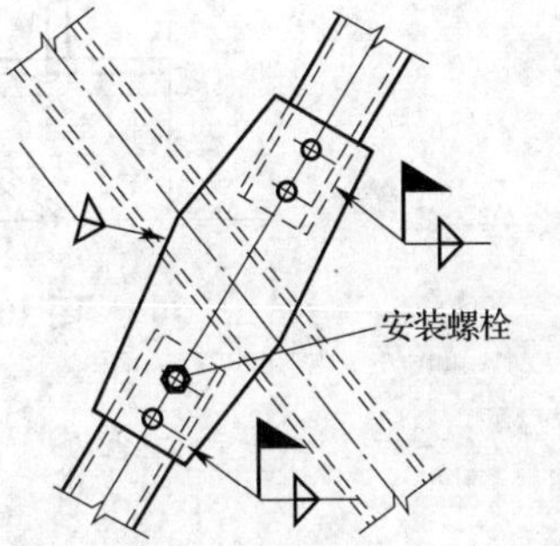

图10－52 柱间支撑中间节点

表10－10 支撑节点板厚度选用表

支撑最大内力（kN）	≤160	161～300	301～500	501～700
节点板厚度（mm）	8	10	12	14

注：表中钢材为Q235钢。

4 支撑与柱的连接，一般采用安装螺栓加工地焊缝连接，也可用高强度螺栓连接，当采用工地焊缝连接时，焊缝厚度及长度应按计算确定，但焊缝厚度不应小于6mm，长度不应小于80mm。为安装就位方便，在安装节点处的每一支撑杆的端部都应设有两个安装螺栓，其直径不宜小于16mm，支撑连接节点图例如图10－53～图10－56所示。

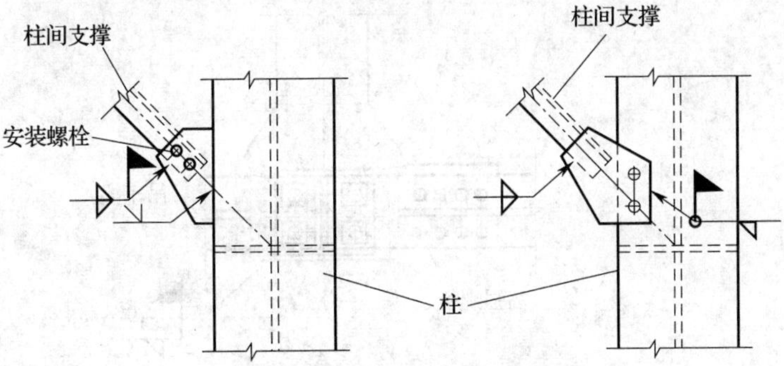

图10－53 柱间支撑与柱的连接节点

5 设有吊车的厂房纵向水平力是由吊车梁等纵向构件通过柱传至柱间支撑后再传至基础的，因此，位于柱间支撑处的吊车梁与柱的连接应能传递此项水平力，一般可采用焊缝连接，如图 10－54、图 10－55 所示。其中柱与吊车梁连接所需的焊缝或高强度螺栓均应由计算确定。荷载设计值按第 10.3.3 条 2 款的规定采用。当吊车起重量较大或风荷载很大的厂房，由上部竖向荷载所产生的在柱脚底板下的摩擦力；不能平衡上述荷载所产生的水平力时，应在柱底部采取抗水平剪力的措施，如图 10－56 中的埋入基础的抗剪型钢。

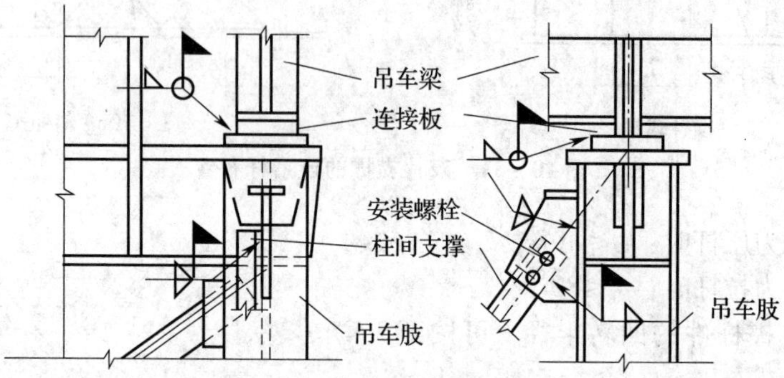

图 10－54 柱间支撑与柱及吊车梁连接图（一）

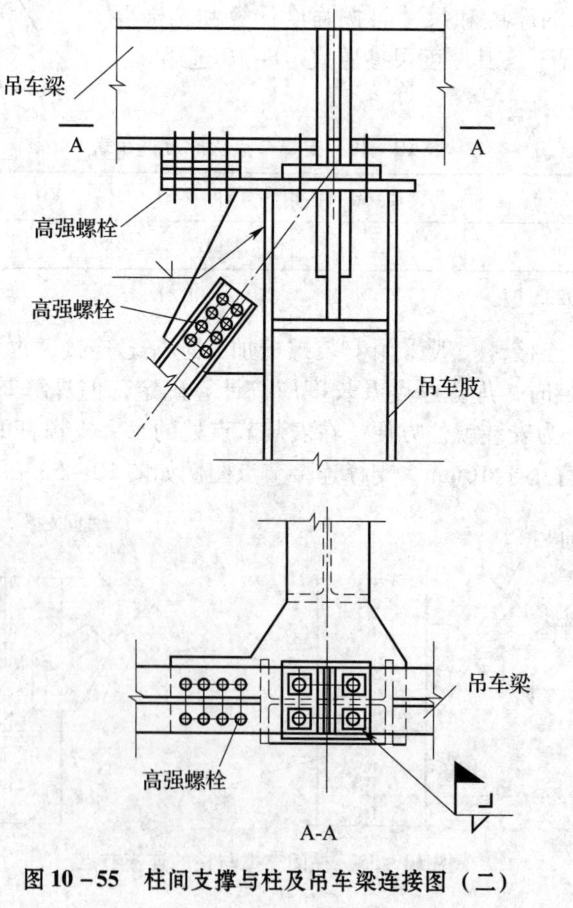

图 10－55 柱间支撑与柱及吊车梁连接图（二）

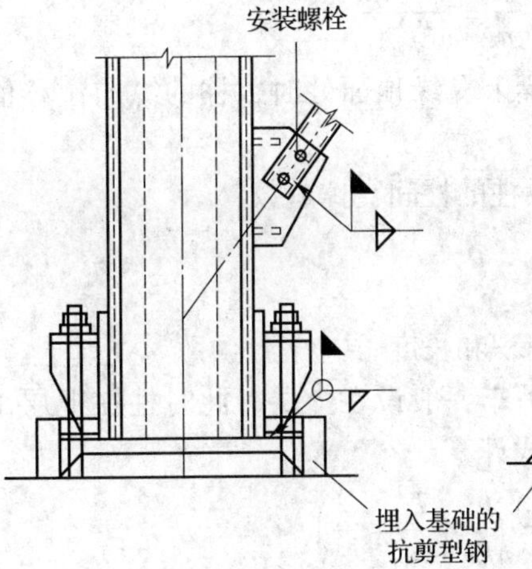

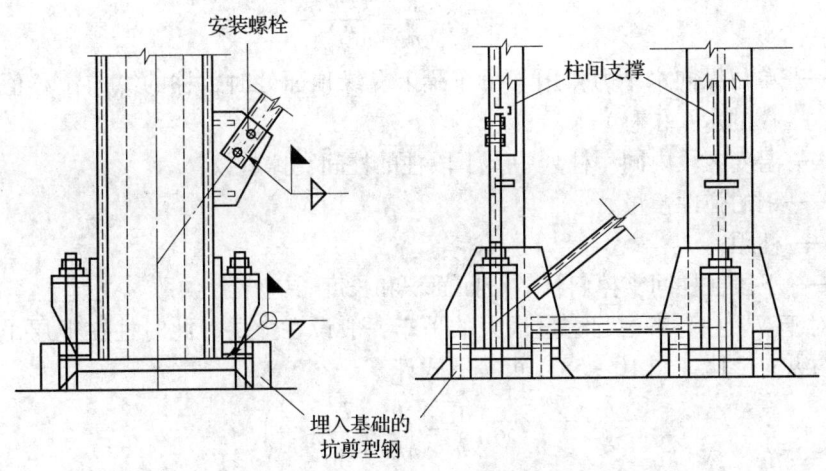

图 10－56 柱间支撑与柱脚的连接图

10.4 厂房纵向刚度和温度应力计算

10.4.1 厂房纵向刚度计算。

1 厂房纵向刚度主要由柱、柱间支撑和其他纵向构件来保证，对于设有 A7、A8 级（重级工作制）吊车的厂房和露天栈桥应进行纵向刚度计算，即由一台起重量最大的吊车所产生的纵向水平荷载标准值（不考虑动力系数）引起柱在吊车梁上翼缘顶面标高处的纵向位移值 Δ，不得超过柱在该标高处的容许位移值 $[\Delta]$。柱在吊车梁顶面处的容许纵向位移值 $[\Delta]=\dfrac{H}{4000}$，其中 H 为柱脚底面到吊车梁上翼缘顶面的距离。

2 计算柱纵向位移时，通常采用简化计算方法，此时假定：

（1）仅考虑柱间支撑或其他纵向框架的刚度，而忽略柱刚度的影响；

（2）计算十字形交叉支撑时，一般仅考虑拉杆工作并假定支撑与柱的连接节点为铰接；

（3）当纵向水平构件如吊车梁、辅助桁架等截面较大时，可忽略其轴向变形影响；

（4）吊车纵向水平力 T_d 分配在温度区段内柱列所有柱间支撑或纵向框架上。

3 下段柱的柱间支撑为十字形交叉支撑时，其纵向位移计算如下：

（1）对于单阶柱的纵向位移，如图 10－57 所示，可按公式（10－80）计算：

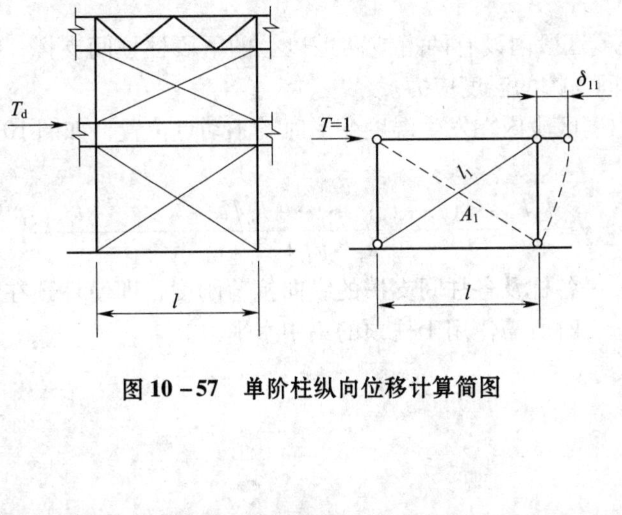

图 10－57 单阶柱纵向位移计算简图

$$\Delta = T_d\delta_{11}\frac{1}{n} = \frac{Tdl_1^3}{nEl^2A_1} \qquad (10-80)$$

式中 δ_{11}——单位纵向水平力作用于吊车梁上翼缘顶面处时，柱的纵向位移值（一道支撑的水平位移）；

n——温度区段内同一柱列中，下段柱的柱间支撑道数；

E——钢的弹性模量；

l——柱距；

A_1、l_1——下段柱柱间支撑斜杆的截面面积和长度。

（2）对于双阶柱，考虑起重量最大的吊车一般设在上层，此时柱在上层吊车梁上翼缘顶面处的纵向位移（图 10－58）可按下式计算：

$$\Delta = T_d\delta_{11}\frac{1}{n} = \frac{T_d}{nEl^2}\left(\frac{l_1^3}{A_1} + \frac{l_2^3}{A_2}\right) \qquad (10-81)$$

式中 δ_{11}——单位纵向不平力作用于上层吊车梁上翼缘顶面处时，柱纵向位移值；

A_1、l_1——中段柱柱间支撑斜杆的截面面积和长度；

A_2、l_2——下段柱柱间支撑斜杆的截面面积和长度。

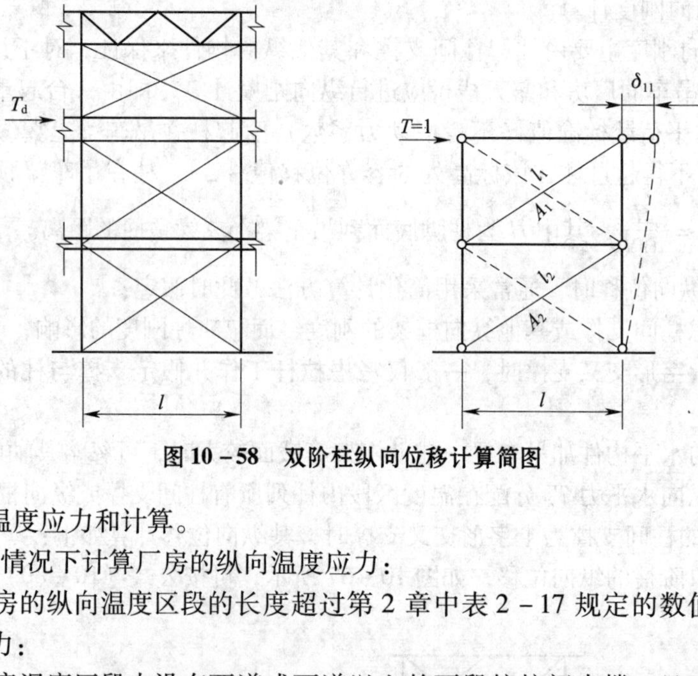

图 10－58 双阶柱纵向位移计算简图

10.4.2 纵向温度应力和计算。

1 在下列情况下计算厂房的纵向温度应力：

（1）当厂房的纵向温度区段的长度超过第 2 章中表 2－17 规定的数值时，应计算柱的纵向温度应力；

（2）当厂房温度区段内设有两道或两道以上的下段柱柱间支撑，且两支撑间的距离较大时，应计算柱间支撑的温度应力。

2 厂房纵向温度区段内在发生温度变形时的不动点位置，如图 10－59 所示，可按下式求算：

$$y = \frac{k_2l_1 + k_3(l_1 + l_2) + \cdots + k_n(l_1 + l_2 + \cdots + l_{n-1})}{k_1 + k_2 + \cdots + k_n} \qquad (10-82)$$

式中 k_1、$k_2 \cdots k_n$——各柱及各柱间支撑的纵向抗剪刚度，即使柱顶在纵向产生单位位移时所需作用于柱顶的集中水平力。

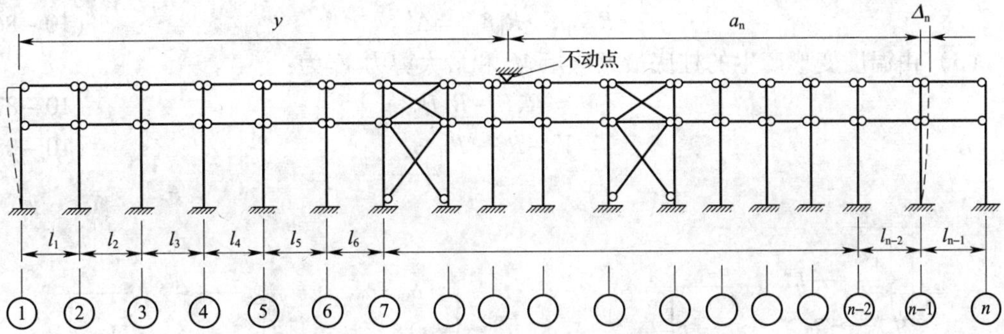

图 10－59 纵向温度变形的不动点计算草图

在未设柱间支撑的温度区段内，当柱的截面和柱距均相同时，纵向温度变形的不动点位置即为柱列的中点。在温度区段内设有柱间支撑的柱列，由于柱间支撑的刚度远大于独立柱的刚度，因此，纵向温度变形的不动点位置，主要取决于柱间支撑的布置。当柱列仅设一道下段柱间支撑时，支撑一般位于温度区段的中央，故纵向温度变形的不动点位置可近似地取柱间支撑的中间；当温度区段内柱列设有两道下段柱的柱间支撑时，一般可假定纵向温度变形不动点位于两柱间支撑的中点。

3 柱纵向温度应力可按下列规定计算：

（1）由于温度变化而柱顶产生的位移为 Δ_n，而在吊车梁上翼缘顶面标高处的位移为 Δ'_n，则

$$\Delta_n = \alpha \cdot \Delta t \cdot a_n / s \tag{10-83}$$

$$\Delta'_n = \alpha \cdot \Delta t \cdot a_n / s' \tag{10-84}$$

式中 α——钢材的线膨胀系数，取 12×10^{-6}（以每℃计）；

a_n——不动点至所计算柱之间的距离，一般所计算之柱靠近温度区段的端部，但不取至最端部一根柱的距离，而是取至端部第二根柱的距离，因为端部那根柱荷载较小；

Δt——计算温度差值，可参照表 10－11 选用；

s、s'——位移损失系数，为理论计算位移与实测位移之比值，可取 $s=1$，$s'=1.6$。

表 10－11 地区温度计算差值

厂房类型及使用条件		Δt
采暖车间		25°～30°
非采暖车间	北方地区	35°～45°
	中部地区	25°～35°
	南方地区	15°～25°
热加工车间		≈40°
露天栈桥	北方地区	≈55°
	南方地区	≈45°

注：中部地区系指长江中、下游及陇海铁路之间；南方地区包括四川盆地。

（2）柱顶及吊车梁上翼缘顶面标高处反力 R_A 和 R_B 如图 10－60 所示，可按下列公式求得：

$$R_A\delta_{AA} + R_B\delta_{AB} = \Delta_n \tag{10-85}$$

$$R_A\delta_{BA}+R_B\delta_{BB}=\Delta'_n \tag{10-86}$$

（3）由温度变形产生的柱底最大弯矩 M_t 和最大剪力 V_t 为：

$$M_t=R_AH+R_BH_2 \tag{10-87}$$

$$V_t+R_A+R_B \tag{10-88}$$

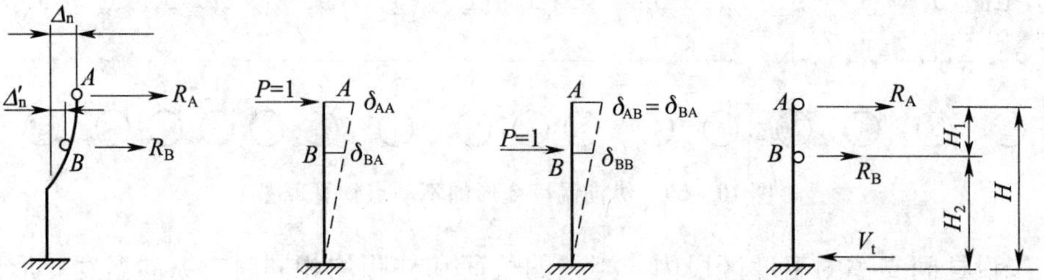

图 10－60 柱顶反力计算草图

4 当柱间支撑为十字形交叉支撑时，如图 10－61 所示，其温度应力计算可按下列步骤进行。

（1）水平位移可按下列公式计算：

$$\delta_1=\frac{N_1L'_n}{EA_1}=\frac{N_2\cos\theta L'_n}{EA_1} \tag{10-89}$$

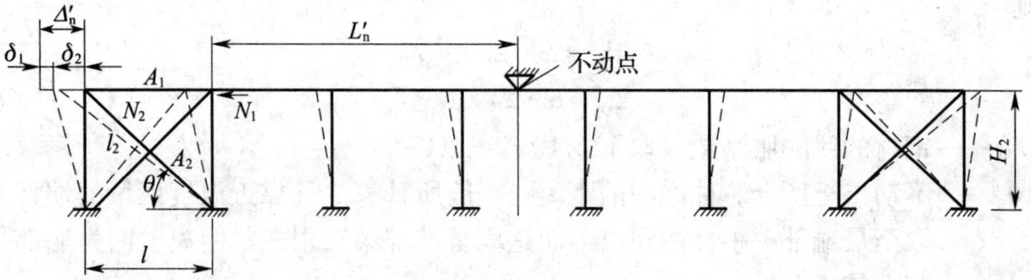

图 10－61 柱间支撑温度应力计算简图

$$\delta_2=\frac{N_2l_2}{EA_2\cos\theta} \tag{10-90}$$

$$\Delta'_n=\delta_1+\delta_2=\frac{N_2\cos\theta L'_n}{EA_1}+\frac{N_2l_2}{EA_2\cos\theta} \tag{10-91}$$

式中 N_1、N_2——由温度变化而引起吊车梁或其他纵向构件的内力和支撑斜杆的内力；

δ_1——吊车梁或其他纵向构件在轴心内 N_1 作用下的弹性变形；

δ_2——支撑斜杆在 N_2 作用下所产生的水平位移；

A_1——吊车梁或其他纵向构件的截面面积；

A_2、l_2——下段柱柱间支撑斜杆的截面积和长度；

θ——支撑斜杆的倾角；

L'_n——不动点至所计算柱间距离。

（2）将公式（10－91）与公式（10－84）两者相等，可求得 N_2 为：

$$N_2=\frac{\alpha}{S'}\cdot\frac{E\Delta t\cdot A_2\cos\theta}{\frac{A_2}{A_1}\cos^2\theta+\frac{l_2}{L'_n}} \tag{10-92}$$

（3）根据内力 N_2 可求得支撑斜杆的温度应力 σ_{2t} 为：

$$\sigma_{2t}=\frac{N_2}{A_2}=\frac{\alpha}{S'}\cdot\frac{E\Delta t\cos\theta}{\frac{A_2}{A_1}\cos^2\theta+\frac{l_2}{L'_{\mathrm{n}}}} \tag{10-93}$$

由 10.4.2 条计算得到的柱或支撑杆件的温度应力应与其他各种荷载所产生的应力进行组合。

10.5 柱及柱间支撑的抗震构造措施

10.5.1 柱的抗震构造措施。

位于地震区的钢结构房屋，应按现行国家《建筑抗震设计规范（2016 年版）》GB 50011—2010 的有关规定计算作用在排架上的地震作用并符合相关的构造措施。现将柱主要抗震措施的规定列于下面：

1 单层排架柱截面的宽厚比或圆管的外径与其壁厚之比，除应符合第 10.2.3 条第 2 款的规定外，尚应符合表 10－12 的规定；

表 10－12 单层房屋柱板件宽厚比限值

板件名称	地震烈度		
	7 度	8 度	9 度
工字形截面翼缘外伸部分	13	12	11
箱形截面两腹板间的翼缘	40	38	36
工字形截面腹板	52	48	45
圆管外径与壁厚之比	60	55	50

注：表列数值适用于 Q235 钢，当材料为其他钢号时应乘以 $\sqrt{235/f_y}$。

2 柱的长细比不应大于 $150\varepsilon_k$（$120\varepsilon_k$），括号中适用于轴压比≥0.2；

3 柱脚应采取措施，保证能传递柱身承载力的插入式或埋入式柱脚。地震设防烈度为 6 度、7 度时亦可采用外露式刚性柱脚，但柱脚承载力不宜小于柱截面塑性屈服承载力的 1.2 倍。

实腹式钢柱采用插入式柱脚的埋入深度，不得小于钢柱截面的 2.5 倍，同时应满足下式要求：

$$d\geqslant\sqrt{6M/b_f f_c} \tag{10-94}$$

式中 d——柱脚埋深；

M——柱脚全截面屈服时的极限弯矩；

b_f——柱在受弯方向截面翼缘的宽度；

f_c——基础混凝土轴心受压强度设计值。

插入式或埋入式柱脚，如图 10－62 所示，其内力均由钢筋混凝土承受，强度计算和配筋以及构造要求均可按现行国家《混凝土结构设计规范》GB 50010—2012 的有关规定进行。

10.5.2 柱间支撑的抗震构造措施。

柱间交叉支撑应符合下列要求（括号内数值适用于轻型围护墙）：

1 有吊车时，应在厂房单元中部设置上下柱间支撑，并应在厂房单元两端增设上柱柱间支撑；抗震设防烈度为 7 度时结构单元长度大于 120m（150m），9 度时结构单元长度大于 90m（120m），宜在单元中部 1/3 区段内各设置一道上、下柱间支撑；当柱距数不超过 5 个且厂房长度小于 60m 时，也可在厂房两端布置上下柱支撑。

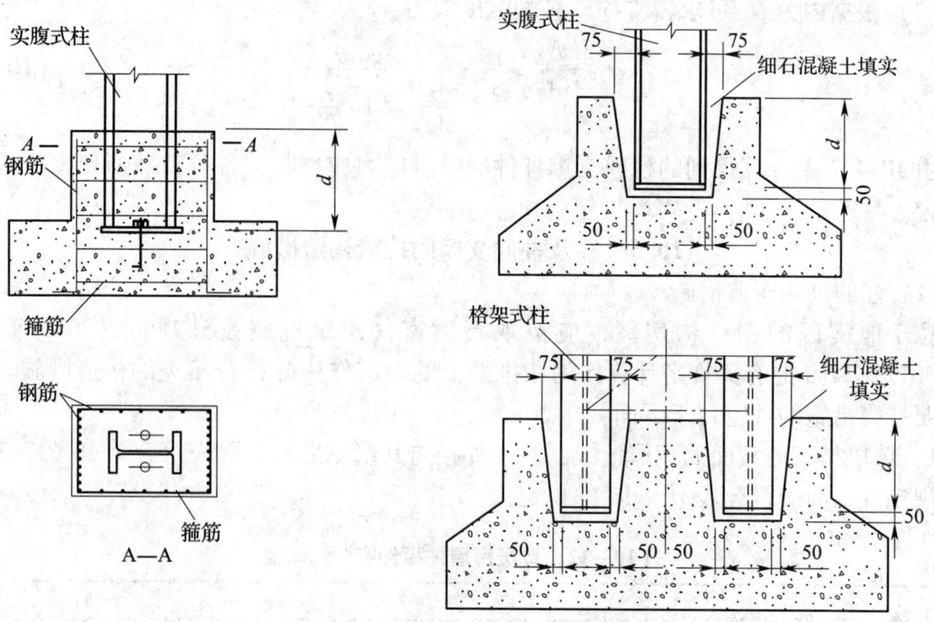

图 10－62　插入式和埋入式柱脚

2　柱间交叉支撑的长细比、支撑斜杆与水平面的夹角、支撑交叉点节点板的厚度规定如下：

(1) 支撑杆件的长细比不宜超过表 10－13 的规定；

表 10－13　交叉支撑斜杆的最大长细比

位　置	地震设防烈度			
	6 度和 7 度Ⅰ、Ⅱ类场地	7 度Ⅲ、Ⅳ类场地和 8 度Ⅰ、Ⅱ类场地	8 度Ⅲ、Ⅳ类场地和 9 度Ⅰ、Ⅱ类场地	9 度Ⅲ、Ⅳ类场地
上柱支撑	250	250	200	150
下柱支撑	200	150	120	120

注：本表为按照《建筑抗震设计规范（2016 年版）》GB 50011—2010 混凝土厂房要求设置。对于钢结构厂房可参考。

(2) 支撑斜杆与水平面的夹角不宜大于 55°；

(3) 支撑交叉点的节点板厚度不应小于 10mm。

3　下柱支撑与柱脚连接的位置和构造措施，应保证将地震作用直接传给基础即支撑的交点宜位于基础的底部或柱底；当 6 度和 7 度（0.1g）不能直接传给基础时，应计及支撑对柱和基础的不利影响采取加强措施。

4　下段柱间支撑的基础顶部应设混凝土拉梁与混凝土基础连成整体。

5　柱间支撑杆件应采用整根材料，超过材料最大长度规格时可采用对接焊缝等强度拼接。柱间支撑与构件的连接，不宜小于支撑杆件塑性承载力的 1.2 倍。交叉支撑有一根中断时，交叉处节点板应予以加强，其承载力不小于 1.1 倍杆件承载力。8 度、9 度时不得采用单面偏心连接。

（6）支撑杆件的截面应力比不宜大于0.75。

10.6　柱及柱间支撑设计实例

【例题10－1】排架柱设计实例（双阶柱）

1　设计资料。

某单跨重型车间具有双层吊车的刚接阶形格构式排架柱，钢材为Q235，该柱在车间排架平面内和平面外的高度如图10－63所示。车间排架跨度为36m，柱距12m，长度为144m，屋盖采用梯形钢屋架，预应力混凝土←屋面板，上层吊车为2台200t重级工作制吊车，下层吊车为2台75t重级工作制吊车。车间所在地区的地震烈度为8度，基本地震加速度为0.2g，地基为Ⅱ类场地类别，设计地震分组为第二组。由排架计算（包括地震作用和承载力抗震调整系数γ_{RE}在内）柱各截面的内力组合为：

截面1－1（上段柱）

$$\begin{cases}N=1018.0\text{kN}\\M_{max}=+1439.0\text{kN}\cdot\text{m}\\V=-182.0\text{kN}\end{cases}\qquad\begin{cases}N_{max}=1033.0\text{kN}\\M=+1260.0\text{kN}\cdot\text{m}\\V=-162.0\text{kN}\end{cases}$$

截面2－2（中段柱）

$$\begin{cases}N=6073.0\text{kN}\\M_{max}=+3560.0\text{kN}\cdot\text{m}\end{cases}\qquad\begin{cases}N_{max}=6073.0\text{kN}\\M=+3401.0\text{kN}\cdot\text{m}\end{cases}$$

$$\begin{cases}N=1198.0\text{kN}\\M_{min}=-1417.0\text{kN}\cdot\text{m}\end{cases}\qquad\begin{cases}N=5938.0\text{kN}\\M=+3432.0\text{kN}\cdot\text{m}\end{cases}$$

截面3－3（下段柱）

$$\begin{cases}N=3610.0\text{kN}\\M_{max}=+3226.0\text{kN}\cdot\text{m}\\V=-71.0\text{kN}\end{cases}\qquad\begin{cases}N_{max}=6163.0\text{kN}\\M=-6062.0\text{kN}\cdot\text{m}\\V=+316.0\text{kN}\end{cases}$$

$$\begin{cases}N=2593.0\text{kN}\\M_{min}=-6352.0\text{kN}\cdot\text{m}\\V=+315.0\text{kN}\end{cases}\qquad\begin{cases}N_{min}=2438.0\text{kN}\\M=-6163.0\text{kN}\cdot\text{m}\\V=+310.0\text{kN}\end{cases}$$

2　柱截面选择。

按表10－3《柱截面尺寸选择参考表》选取柱截面的高宽和宽度。

上段柱（图10－63中的截面1－1）：$h_1=\frac{1}{9}\times710=79\text{cm}$　采用80cm

$b_1=0.4\times80=32\text{cm}$　采用40cm

中段柱（图10－63中的截面2－2）：$h_2=80+75=155\text{cm}$

$b_2=b_3=70\text{cm}$

下段柱（图10－63中的截面3－3）：$h_3=\frac{1}{12}\times2980=248.3\text{cm}$　采用255cm

$b_3=0.25\times255=63.75\text{cm}$　采用70cm

3　柱载面几何特性计算。

柱的截面尺寸如图10－63所示。

上段柱（截面见图10－63中剖面1－1所示）：

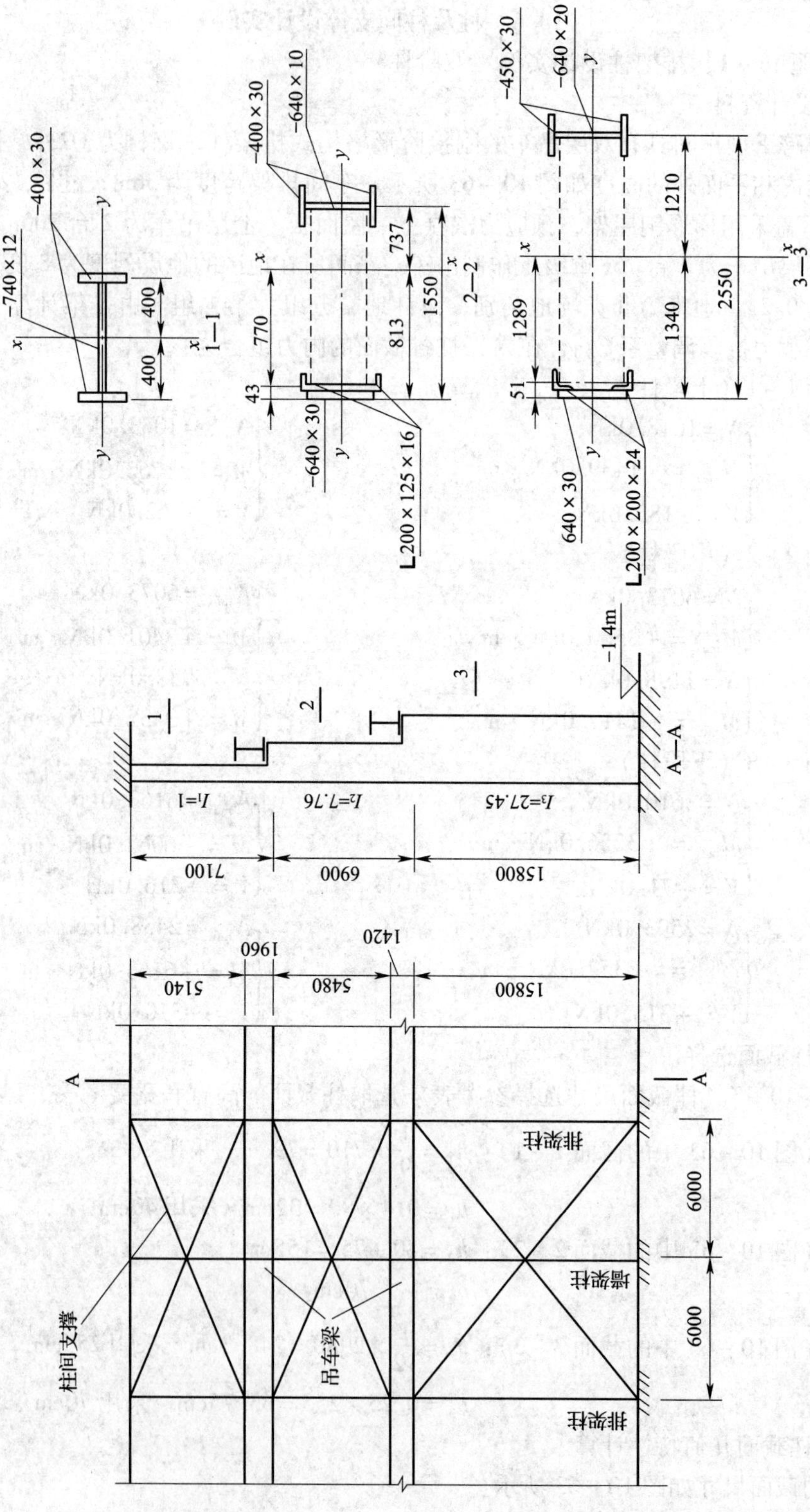

图 10－63 排架柱计算草图

$A_1 = 328.8\text{cm}^2$

$I_{1x} = 2\left(\frac{1}{12} \times 40 \times 3^3 + 120 \times 38.5^2\right) + \frac{1}{12} \times 1.2 \times 74^3 = 396442\text{cm}^4$

$W_{1x} = 9911\text{cm}^3$

$i_{1x} = 34.7\text{cm}$

$I_{1y} = 2\left(\frac{1}{12} \times 2 \times 40^3\right) + \frac{1}{12} \times 74^3 \times 1.2^3 = 32010\text{cm}^4$

$W_{1y} = 1600\text{cm}^3$

$i_{1y} = 9.87\text{cm}$

中段柱（截面见图 10－63 中的截面 2－2）：

（1）屋盖肢$A_R = 2 \times 49.24 + 64 \times 3 = 291.48\text{cm}^2$；重心轴 $y_0 = 4.3\text{cm}$；

$$I_{Rx} = \frac{1}{12} \times 64 \times 3^3 + 64 \times 3 \times 2.8^2 + 2 \times 2035.35 + 49.74 \times 2 \times 5.4^2$$

$$= 8598\text{cm}^3$$

$$i_{Rx} = \sqrt{\frac{8598}{291.48}} = 5.43\text{cm}$$

$$I_{Ry} = \frac{1}{12} \times 3 \times 64^3 + 2 \times 615.44 + 2 \times 49.74\ (35 - 2.99)^2 = 168698\text{cm}^4$$

$$i_{Ry} = \sqrt{\frac{168698}{291.48}} = 24.06\text{cm}$$

（2）吊车肢 $A_d = 304\text{cm}^2$

$$I_{dx} = 2\left(\frac{1}{12} \times 3 \times 40^3\right) + \frac{1}{12} \times 64 \times 1^3 = 32005\text{cm}^4$$

$$i_{dx} = \sqrt{\frac{32005}{304}} = 10.3\text{cm}$$

$$I_{dy} = 2\left(\frac{1}{12} \times 40 \times 3^3 + 120 \times 33.5^2\right) + \frac{1}{12} \times 1 \times 64^3 = 291365\text{cm}^4$$

$$i_{dy} = \sqrt{\frac{291365}{304}} = 30.9\text{cm}$$

（3）整体柱的截面特性：

$$A_2 = 291.48 + 304 = 595.48\text{cm}^2;$$

$$\text{重心轴 } y_0 = \frac{304\ (155 - 4.3)}{595.48} = 77.0\text{cm}$$

$$I_{2x} = 8598 + 291.48\ (77.0)^2 + 32005 + 304 \times 73.7^2$$

$$= 3420021\text{cm}^4$$

$$i_{2x} = \sqrt{\frac{3420021}{595.48}} = 75.78\text{cm}$$

在计算柱的长度系数时，格构式柱的计算截面惯性矩应乘以折减系数 0.9，即 $I'_{2x} = 3420021 \times 0.9 = 3078019\text{cm}^4$

$$\frac{I'_{2x}}{I'_{1x}} = \frac{3078019}{396442} = 7.76$$

下段柱：

（1）层盖肢：$A_R = 64\times3.0 + 2\times90.66 = 373.32\text{cm}^2$；重心轴 $y_0 = 5.1\text{cm}$

$$I_{Rx} = \frac{1}{12}\times64\times3^3 + 64\times3\times3.6^2 + 2\times3338 + 2\times90.66\times3.74^2 = 11845\text{cm}^4$$

$$i_{Rx} = \sqrt{\frac{11845}{373.32}} = 5.63\text{cm}$$

$$I_{Ry} = \frac{1}{12}\times3\times64^3 + 2\times3338 + 2\times90.66\ (35-5.84)^2 = 226390\text{cm}^4$$

$$i_{Ry} = \sqrt{\frac{226390}{373.3}} = 24.63\text{cm}$$

（2）吊车肢：$A_d = 64\times2 + 45\times3\times2 = 398\text{cm}^2$

$$I_{dx} = \frac{1}{12}\times3\times45^3\times2 + \frac{1}{12}\times64\times2^3 = 45605\text{cm}^4$$

$$i_{dx} = \sqrt{\frac{45605}{398}} = 10.7\text{cm}$$

$$I_{dy} = \frac{1}{12}\times2\times64^3 + \frac{1}{12}\times45\times3^3\times2 + 45\times3\times2\times33.5^2 = 346901\text{cm}^4$$

$$i_{dy} = \sqrt{\frac{346901}{398}} = 29.5\text{cm}$$

（3）整体柱的截面特性：

$$A_3 = A_R + A_d = 373.32 + 398 = 771.32\text{cm}^2$$

重心位置：

$$y_0 = \frac{64\times3\times1.5 + 2\times90.66\times8.84 + 398\times255}{771.32} = 134\text{cm}$$

$$I_{3x} = \frac{1}{12}\times64\times3^3 + 64\times3\times132.5^2 + 2\times3338.3 + 2\times90.66\times125.16^2$$
$$+ 45605 + 398\times121^2 = 120.907\times10^5\text{cm}^4 = 120.907\times10^9\text{mm}^4$$

$$i_{3x} = \sqrt{\frac{120.907\times10^5}{771.32}} = 125.2\text{cm}$$

$$I_{3y} = \frac{1}{12}\times3\times64^3 + 2\times90.66\times29.16^2 + 2\times3338.3 + 346901$$
$$= 5.733\times10^5\text{cm}^4 = 5.733\times10^9\text{mm}^4$$

$$i_{3x} = \sqrt{\frac{573300}{771.32}} = 27.26\text{cm}$$

在计算柱的计算长度系数时格构式柱的计算截面惯性矩应乘以折减系数0.9，即 $I'_{x3} = 120.907\times10^5\times0.9 = 108.816\times10^5\text{cm}^4$

$$\frac{I'_{3x}}{I_{1x}} = \frac{108.816\times10^5}{396442} \approx 27.45$$

4 柱计算长度。

（1）各段柱在排架平面内的高度、最大轴向力和相对惯性矩：

上段柱：$H_1 = 710\text{cm}$；$N_1 = 1033.0\text{kN}$；$I_1 = 1.0$

中段柱：$H_2 = 690\text{cm}$；$N_2 = 6073.0\text{kN}$；$I_2 = 7.76$

下段柱：$H_3 = 1580\text{cm}$；$N_3 = 6163.0\text{kN}$；$I_3 = 27.45$

（2）柱段的线刚度比和计算参数：

$$K_1=\frac{I_1}{I_3}\cdot\frac{H_3}{H_1}=\frac{1}{27.45}\cdot\frac{1580}{710}=0.081$$

$$K_2=\frac{I_2}{I_3}\cdot\frac{H_3}{H_2}=\frac{7.76}{27.45}\cdot\frac{1580}{690}=0.647$$

$$\eta_1=\frac{H_1}{H_3}\sqrt{\frac{N_1}{N_3}\cdot\frac{I_3}{I_1}}=\frac{710}{1580}\sqrt{\frac{1033.0}{6163.0}\cdot\frac{27.45}{1}}=0.96$$

$$\eta_2=\frac{H_2}{H_3}\sqrt{\frac{N_2}{N_3}\cdot\frac{I_3}{I_2}}=\frac{690}{1580}\sqrt{\frac{6073.0}{6163.0}\cdot\frac{27.45}{7.76}}=0.82$$

由15章查得μ值为：$\mu=2.90$。

按表10.2.1条2款的规定，系数μ还要乘以表10－2中查得的折减系数0.8，即：

$$\mu_3=2.9\times0.8=2.32$$

$$\mu_2=\frac{\mu_3}{\mu_2}=\frac{2.32}{0.82}=2.83$$

$$\mu_1=\frac{\mu_3}{\mu_1}=\frac{2.32}{0.96}=2.42$$

（3）各段柱在排架平面内的计算长度为：

上段柱　$H_{01}=\mu_1H_1=2.42\times710=1718\text{cm}$

中段柱　$H_{02}=\mu_2H_2=2.83\times690=1953\text{cm}$

下段柱　$H_{03}=\mu_3H_3=2.32\times1580=3665.6\text{cm}$

（4）各柱段在排架平面外的计算长度（图10－63）：

上段柱　$H'_{01}=514\text{cm}$

中段柱　$H'_{02}=548\text{cm}$

下段柱　$H'_{03}=1580\text{cm}$

对于在上层吊车梁顶面处的排架平面内的位移经计算为10.3mm（过程略）$<\frac{24660}{1250}=19.7\text{mm}$（表2－13）。

5　柱截面计算。

（1）上段柱截面如图10－63中剖面1－1所示。由本例题第3条查得截面特性为：

$A_1=328.8\text{cm}^2$

$I_{1x}=396442\text{cm}^4$　　$W_{1x}=9911\text{cm}^3$　　$i_{1x}=34.7\text{cm}$

$I_{1y}=32010\text{cm}^4$　　$W_{1y}=1600\text{cm}^3$　　$i_{1y}=9.87\text{cm}$

由本例题第1条的设计资料中选取上柱内力为：

$$\text{第①组合}\begin{cases}N=1018.0\text{kN}\\M_{max}=+1439\text{kN}\cdot\text{m}\end{cases}\qquad\text{第②组合}\begin{cases}N_{max}=1033.0\text{kN}\\M=+1260\text{kN}\cdot\text{m}\end{cases}$$

1）强度计算。

净截面计算，假设扣除翼缘上2－ϕ21.5螺栓孔的面积，即：

$$A_n=328.8-2(2.15\times3)=315.9\text{cm}^2$$

$$W'_{nx}=W_{1x}\times\frac{A_n}{A_1}=9911\times\frac{315.9}{328.8}=9522.2\text{cm}^3=9.522\times10^6\text{mm}^3$$

$$\gamma_x=1.05$$

按公式（10－9）计算强度为：

第①组合 $\frac{N}{A_n}+\frac{M_x}{\gamma_x W_{nx}}=\frac{1018\times10^3 N}{315.9\times10^2 mm^2}+\frac{1439\times10^6 N\cdot mm}{1.05\times9.522\times10^6}$

$=32.2+144.0=176.2N/mm^2<20.5N/mm^2$

第②组合 $\frac{1033\times10^3}{31590}+\frac{1260\times10^6}{1.05\times9.522\times10^6}=32.7+126.0=158.7N/mm^2<205N/mm^2$

2）排架平面内稳定性计算。

计算长度 $H_{01}=1718cm$。

$$\lambda_x=\frac{H_{01}}{i_{1x}}=\frac{1718}{34.7}=49.5$$

$$E=206\times10^3 N/mm^2,\ \beta_{mx}=1.0$$

$$N_{Ex}=\frac{\pi^2 EA}{1.1\lambda_x^2}=\frac{\pi^2\times206\times10^3\times32880}{1.1\times49.5^2}=24.8\times10^6 N$$

焊接工字形对 x 轴为 b 类截面，由表 14－2b 得 $\varphi_x=0.856$。按公式（10－10）计算稳定性：

第①组合 $\frac{N}{\varphi_x Af}+\eta\frac{\beta_{mx}M_x}{\gamma_x W_x\left(1-0.8\frac{N}{N_{Ex}}\right)f}=\frac{1018\times10^3}{0.856\times32880\times205}$

$$+\frac{1\times1439\times10^6}{1.05\times9.911\times10^6\left(1-0.8\frac{1018\times10^3}{24.8\times10^6}\right)\times205}$$

$=0.170+0.695=0.87<1$

第②组合 $\frac{1033\times10^3}{0.856\times32880}\times205+\frac{1\times1260\times10^6}{1.05\times9.911\times10^6\left(1-0.8\frac{1033\times10^3}{24.8\times10^6}\right)\times205}$

$=0.179+0.61=0.789$

3）排架平面外的稳定性计算：

$$H'_{01}=514cm$$

$$\lambda_y=\frac{H_{01}}{i_{1y}}=\frac{514}{9.87}=52$$

由表 14－13 公式 $\varphi_b=1.05-\frac{\lambda_y^2}{45000}=1.05-\frac{52^2}{45000}\approx0.99$

工字形，对 y 轴，为 b 类截面，由表 14－2b 查得 $\varphi=0.762$。按公式（10－11）计算稳定性：

第①组合 $\frac{N}{\varphi_y Af}+\frac{\eta M_x}{\varphi_b r_x W_x f}=\frac{1018\times10^3}{0.762\times32880\times205}+\frac{1\times1439\times10^6}{0.99\times9.911\times10^6\times205}$

$=0.198+0.72=0.92$

第②组合 $\frac{1033\times10^3}{0.762\times32880\times205}+\frac{1260\times10^6}{0.99\times9.911\times10^6\times205}$

$=0.201+0.619=0.82$

4）腹板局部稳定计算：

计算腹部板与上、下翼缘交界处的应力为：

第①组合 $\sigma_{max}=\frac{N}{A}+\frac{M_x}{I_x}y_1=\frac{1018\times10^3}{32880}+\frac{1439\times10^6}{3.964\times10^9}\times(400-30)=31.0+134=$ 165N/mm²

$$\sigma_{min}=\frac{N}{A}-\frac{M_x}{I_x}y_1=31.0-134=-103\text{N/mm}^2$$

$$\alpha_0=\frac{\sigma_{max}-\sigma_{min}}{\sigma_{max}}=\frac{165+103}{165}=1.62>1.60$$

按表 2-24 计算得 $(48+0.5\lambda-26.2)\varepsilon_k=(48+0.5\times49.5-26.2)\times1=26.3>\frac{h_0}{t_w}=\frac{740}{12}=61.7$，稳定性能保证。

第②组合

$$\sigma_{max}=\frac{1033\times10^3}{32880}+\frac{1260\times10^6}{3.964\times10^9}(400-30)$$

$$=31.4+117.6=149.0\text{N/mm}^2$$

$$\sigma_{min}=31.4-117.6=-86.2\text{N/mm}^2$$

$$\alpha_0=\frac{149+86.2}{149}=1.58<1.60$$

按表 2-24 计算得：$(16\times1.58+0.5\times49.5+25)\times1=75.1>61.7$，可。

（2）中段柱截面，如图 10-63 中剖面 2-2 所示，由示例题第 3 条查得截面特性为：

屋盖肢 $A_R=291.48\text{cm}^2$；$I_{Rx}=8598\text{cm}^4$；$i_{Rx}=5.43\text{cm}$

$I_{Ry}=168698\text{cm}^4$；$i_{Ry}=24.06\text{cm}$

吊车肢 $A_d=304\text{cm}^2$；$I_{dx}=32005\text{cm}^4$；$i_{dx}=10.3\text{cm}$

$I_{dy}=291365\text{cm}^4$；$i_{dy}=30.9\text{cm}$

整体柱 $A_2=59548\text{cm}^2$；$I_{2x}=3420021\text{cm}^4$；$i_{2x}=75.78\text{cm}$

$$W_{2x-1}=\frac{3420021}{81.3}=42067\text{cm}^3=42.067\times10^6\text{mm}^3$$

$$W_{2x-2}=\frac{3420021}{73.7+20}=36500\text{cm}^3=36.5\times10^6\text{mm}^3$$

由本例题第 1 条的设计资料中选取中段柱内力为：

第①组合，屋盖肢一侧，内力取 $\begin{cases}N=1198.0\text{kN}\\M=-1417.0\text{kN}\cdot\text{m}\end{cases}$

第②组合，吊车肢一侧，内力取 $\begin{cases}N=6073.0\text{kN}\\M=+3560.0\text{kN}\cdot\text{m}\end{cases}$

1）排架平面内的整体稳定性计算

$$H_{02}=1953\text{cm}$$

$$\lambda_x=\frac{H_{02}}{i_{2x}}=\frac{1953}{75.78}=25.8$$

格构式柱斜缀条采用∟140×90×10；$A_c=22.26\text{cm}^2$，$A'_c=2\times22.26=44.52\text{cm}^2$，由表 3-17 中公式（3-87）算长细比 $\lambda_{0x}=\sqrt{\lambda_x^2+27\frac{A}{A'_c}}=\sqrt{25.8^2+27\times\frac{595.48}{44.52}}=32$

$$N'_{Ex}=\frac{\pi^2EA}{1.1\lambda_{0x}^2}\ \frac{\pi^2\times206\times10^3\times595.48\times10^2}{1.1\times32^2}=107.4\text{kN}$$

取 $\beta_{mx}=1.0$

中段柱截面属于 b 类截面，由表 14 - 2b 查得 $\varphi_x=0.95$，按公式（10 - 12）计算稳定性：

取第②组合 $\frac{N}{\varphi_x Af}+\frac{\beta_{mx}M}{W_{2x-2}\left(1-\frac{N}{N'_{Ex}}\right)f}$

$$=\frac{6073\times10^3}{0.95\times5954.8\times205}+\frac{1\times3560\times10^6}{36.5\times10^6\left(1-\frac{6073\times10^3}{107.4\times10^6}\right)\times205}$$

$$=0.52+0.5=1.02$$

2）屋盖肢稳定性计算：

计算屋盖肢内力（图 10 - 63 中剖面 2 - 2）：

$$N_1=\frac{N_{y2}}{h}+\frac{M_x}{h}=\frac{1198\times73.7}{150.7}+\frac{1417\times10^2}{150.7}=585.9+940.3=1526.2\text{kN}$$

格构式柱水平缀条之间的距离为 155cm，因此 $l_{ox}=155\text{cm}$（见图 10 - 64），平面外计算长度：$l_{oy}=H'_{02}=548\text{cm}$

$$\lambda_{Rx}=\frac{l_{ox}}{i_{Rx}}=\frac{155}{5.43}=28.54$$

$$\lambda_{Ry}=\frac{l_{oy}}{i_{Ry}}=\frac{548}{24.06}=22.8$$

屋盖肢截面属 b 类截面，由表 14 - 2b 得 $\varphi_x=0.962$，按公式（3 - 52）计算其稳定性为：

$$\frac{N_1}{\varphi A_R}=\frac{1526.2\times10^3}{0.962\times29148\times205}=0.26<1$$

3）吊车肢稳定性计算。

计算吊车肢内力：

$$N_2=\frac{N_{y1}}{h}+\frac{M_x}{h}=\frac{6073\times77.0}{150.7}+\frac{3560\times10^2}{150.7}$$

$$=3103+2362=5465\text{kN}$$

$$l_{ox}=155\text{cm};\ l_{oy}=548\text{cm}$$

$$\lambda_{dx}=\frac{l_{ox}}{i_{dx}}=\frac{155}{10.3}=15$$

$$\lambda_{dy}=\frac{l_{oy}}{i_{dy}}=\frac{548}{30.9}=17.7$$

吊车肢截面属 b 类截面，由表 14 - 2b 查得 $\varphi_y=0.977$，按公式（3 - 59）计算其稳定性为：

$$\frac{N_2}{\varphi A_d f}=\frac{5465\times10^3\text{N}}{0.977\times30400\times205}=0.9<1$$

（3）下段柱截面，如图 10 - 63 中剖面 3 - 3 所示，由本例题第 3 条查得截面特征为：

屋盖肢 $A_R=373.32\text{cm}^2$；$I_{Rx}=11845\text{cm}^4$；$i_{Rx}=5.63\text{cm}$

$I_{Ry}=226390\text{cm}^4$；$i_{Ry}=24.63\text{cm}$

吊车肢 $A_d=398\text{cm}^2$；$I_{dx}=45605\text{cm}^4$；$i_{dx}=10.7\text{cm}$

$I_{dy}=346901\text{cm}^4$；$i_{dy}=29.5\text{cm}$

整体柱 $A_3=771.32\text{cm}^2$；$I_{3x}=120.907\times10^5\text{cm}^4$；$i_{3x}=125.2\text{cm}$

$$W_{3x-1}=\frac{120.907\times10^5}{128.9}=93799\text{cm}^3=93.799\times10^6\text{mm}^3$$

$$W_{3x-2}=\frac{120.907\times10^5}{121+22.5}=84256\text{cm}^3=84.256\times10^6\text{mm}^3$$

由本例题第 1 条的设计资料中选取下段柱内力为：

屋盖肢一侧：第①组合内力取$\begin{cases}N=6163.0\text{kN}\\M=-6062.0\text{kN}\cdot\text{m}\end{cases}$

第②组合内力取$\begin{cases}N=2593\text{kN}\\M=-6352\text{kN}\cdot\text{m}\end{cases}$

吊车肢一侧：第③组合内力取$\begin{cases}N=3610\text{kN}\\M=+3226\text{kN}\cdot\text{m}\end{cases}$

1）排架平面内的整体稳定性计算：

$$H_{03}=3665.6\text{cm}$$

$$\lambda_x=\frac{H_{03}}{i_{3x}}=\frac{3665.6}{125.2}=29.3$$

格构式柱斜缀条用∟140×90×10$A_c=22.26\text{cm}^2$，$A'_c=2\times22.26=44.52\text{cm}^2$

换算细长比 $\lambda_{ox}=\sqrt{\lambda_x^2+27\dfrac{A}{A'_c}}$

$$=\sqrt{29.3^2+27\times\frac{771.32}{44.52}}=36.4$$

$$N'_{Ex}=\frac{\pi^2\times206\times10^3\times771.32\times10^2}{1.1\times36.4^2}=107.6\times10^6\text{N}$$

下段柱截面属于 b 类截面，由表取 14－2b 查得 $\varphi_x=0.91$

$$\beta_{mx}=1.0$$

按公式（10－12）计算稳定性：

取第①组合$\dfrac{N}{\varphi_x Af}+\dfrac{\beta_{mx}M_x}{W_{3x-1}\left(1-\dfrac{N}{N'_{Ex}}\right)f}$

$$\frac{6163\times10^3}{0.91\times77132\times205}+\frac{1\times6062\times10^6}{93.799\times10^6\left(1-\dfrac{6163\times10^3}{107.6\times10^6}\right)\times205}$$

$$=0.43+0.334=0.764<1$$

2）屋盖肢稳定性计算。

计算屋盖肢内力：

第①组合　$N_1=\dfrac{N_{y2}}{h}+\dfrac{M'_x}{h}=\dfrac{6163\times121}{128.9+121}+\dfrac{6062.0\times10^2}{249.0}=2984.0+2426=5410.0\text{kN}$

第②组合　$N_1=\dfrac{2593\times121}{249.9}+\dfrac{6352\times10^2}{249.9}=1256+2542=3798\text{kN}$

取第①组合内力进行计算。格构式柱水平缀条之间的距离为 $l_{ox}=250\text{cm}$（见图 10－65）。

平面外计算长度：$l_{oy}=H'_{03}=1580\text{cm}$

$$\lambda_{Rx}=\frac{l_{ox}}{i_{Rx}}=\frac{250}{5.63}\approx44$$

$$\lambda_{Ry}=\frac{l_{oy}}{i_{Ry}}=\frac{1580}{24.63}\approx 64$$

屋盖肢截面属 b 类截面，由表 14-2b 查得 $\varphi_y=0.786$，按公式（3-59）计算其稳定性为：

$$\frac{N_1}{\varphi_y A_R f}=\frac{5410\times 10^3\text{N}}{0.786\times 373.32\times 10^2\times 205}=0.34<1$$

3）吊车肢稳定性计算。

计算吊车肢内力：

取第③组合内力进行计算 $N_2=\frac{N_{y1}}{h}+\frac{M}{h}=\frac{3610\times 128.9}{249.9}+\frac{3226\times 10^2}{249.9}$

$=1862+1291=3153.0\text{kN}$

$l_{ox}=250\text{cm}$（见图 10-65）。

平面外计算长度：$l_{oy}=H'_{03}=1580\text{cm}$

$$\lambda_{dx}=\frac{l_{ox}}{i_{dx}}=\frac{250}{10.7}=23.3$$

$$\lambda_{dy}=\frac{l_{oy}}{i_{dy}}=\frac{1580}{29.52}=53.5$$

吊车肢截面属 b 面截面，由表 14-2b 查得 $\varphi_y=0.84$，按公式（3-59）计算其稳定性为：

$$\frac{N_2}{\varphi_y A_d f}=\frac{3153\times 10^3}{0.84\times 398\times 10^2\times 205}=0.46<1$$

6 缀条计算。

（1）中段柱的缀条布置如图 10-64 所示。由公式（3-94）求得的剪力为：

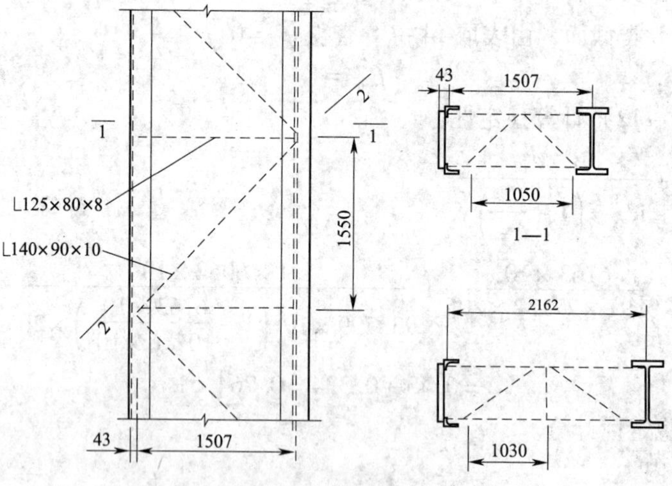

图 10-64 中段柱缀条计算草图

$$V=\frac{Af}{85}\sqrt{\frac{235}{f_y}}=\frac{595.4\times 10^2\times 215}{85}=150621=151\text{kN}$$

由本例题第 1 条的设计资料中提供的下段柱最大剪力为 $V=316\text{kN}$，此值大于 151kN，应采用 $V=316\text{kN}$ 进行计算。

1）横缀条采用∟125×80×8 以角钢长边与柱子相连，角钢短边设有附加缀条，以减小其计算长度。中段柱的横向缀条在排架平面内的计算长度为 150.7cm，在排架平面外的计算长度取附加缀条分格的距离为105cm。即 $l_{ox}=150.7\text{cm}$；$l_{oy}=105\text{cm}$（见图10-64）。

角钢面积 $A=15.99\text{cm}^2$；$i_x=4.01\text{cm}$；$i_y=2.29\text{cm}$。

$$\lambda_x=\frac{l_{ox}}{i_x}=\frac{150.7}{4.01}=37.6；\lambda_y=\frac{105}{2.29}=45.9$$

横缀条内力　$N=\frac{V}{2}=\frac{316}{2}=158\text{kN}$

按公式（10-30）计算稳定性，缀条的截面为无任何对称轴，表14-1a注属c类截面，由表14-2c查得 $\varphi_y=0.801$。

$$\frac{N}{\varphi A_h}=\frac{158\times10^3}{0.801\times15.99\times10^2\times215}=0.57<0.7，可（表2-10）$$

2）斜缀条采用∟140×90×10

$$A=22.26\text{cm}^2；i_x=4.47\text{cm}；i_y=2.56\text{cm}$$

$$l_{ox}=\sqrt{150.7^2+155^2}=216.2\text{cm}$$

$$l_{oy}=103\text{cm}$$

$$\cos\theta=\frac{150.7}{216.2}=0.697$$

斜缀条内力 $N=\frac{316}{2\cos\theta}=226.7\text{kN}$

按公式（10-31）计算稳定性：

$$\lambda_x=\frac{216.2}{4.47}=48.4$$

$$\lambda_y=\frac{103}{2.56}=40.2$$

此截面属c类截面，由表14-2c查得 $\varphi_y=0.785$。

$$\frac{N}{\varphi Af}=\frac{226.7\times10^3}{0.785\times22.26\times10^2\times215}=0.60<0.7$$

（2）下段柱的缀条布置如图10-65所示：

1）横缀条采用∟125×80×8。

$$A=15.99\text{cm}^2；i_x=4.01\text{cm}；i_y=2.29\text{cm}$$

$$\lambda_x=\frac{249.9}{4.01}=62.3；\lambda_y\frac{140}{2.29}=61.1$$

按公式（10-30）计算稳定性，下柱横缀条内力为158kN。

此截面属c类截面，由表14-2c查得 $\varphi_y=0.692$。

$$\frac{N}{\varphi Af}=\frac{158\times10^3}{0.692\times15.99\times10^2\times215}=0.67<0.7$$

2）斜缀条采用∟140×90×10。

$$A=22.26\text{cm}^2；i_x=4.47\text{cm}；i_y=2.56\text{cm}$$

$$l_{ox}=\sqrt{249.9^2+250^2}=353.5\text{cm}$$

$$\text{cso}\theta=\frac{249.9}{353.5}=0.707$$

斜缀条内力 $N=\frac{158}{0.707}=223.5\text{kN}$

按公式（10－31）计算稳定性：

$$\lambda_x=\frac{353.5}{4.47}=79$$

$$\lambda_y=\frac{160}{2.56}=62.5$$

此截面属 c 类截面，由表 14－2c 得 $\varphi_y=0.584$

$$\frac{N}{\varphi Af}=\frac{223.5\times10^3}{0.584\times22.26\times10^2\times215}=0.8>0.7$$ 尚可，也可将肢厚改为 $t=10$mm。

应改用∟140×90×12 即能满足，见图 10－65。

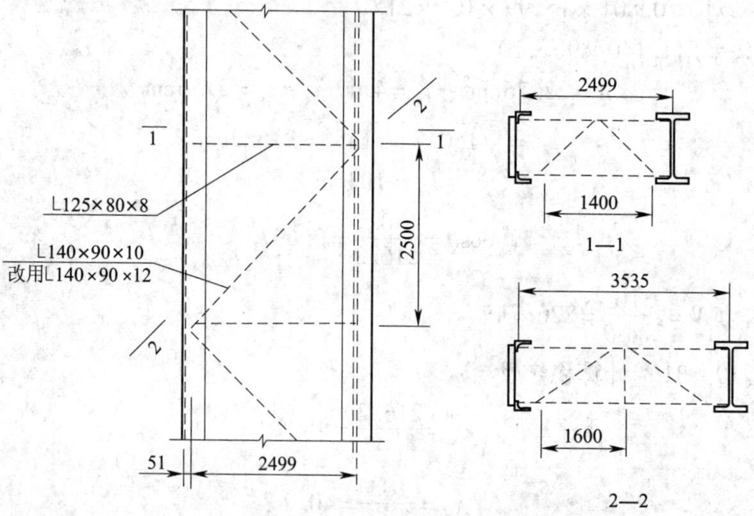

图 10－65　下段柱缀条计算草图

（3）缀条与柱的连接焊缝。

1）横缀条与柱的连接焊缝。

设角钢肢背焊缝 $h_{f1}=10$mm；肢尖焊缝 $h_{f2}=6$mm

按第 4 章和第 2 章中公式（4－24）、公式（4－25）、表 2－10 得

肢背焊缝 $l_{w1}=\frac{0.65N}{0.7h_{f1}\times0.85\times f_f^w}+2h_{f1}=\frac{0.65\times158\times10^3}{0.7\times10\times0.85\times160}+2\times10$

$=107.9+20=127.9$mm 取 130mm

肢尖焊缝 $l_{w2}=\frac{0.35N}{0.7h_{f2}\times0.85f_f^w}+2\times10=\frac{0.35\times158\times10^3}{0.7\times6\times0.85\times160}+20$

$=96.8+20=116.8$mm 取 120mm。

2）斜缀条与柱的连接。

设 $h_{f1}=10$mm；$h_{f2}=6$mm。

最大 $N=223.5$kN。

肢背焊缝 $l_{w1}=\frac{0.65\times223.5\times10^3}{0.7\times10\times0.85\times160}+20=153.8+20=173.8$mm 取 180mm。

肢尖焊缝 $l_{w2}=\frac{0.35\times223.5\times10^3}{0.7\times6\times0.85\times160}+2\times6=136.9+12=148.9$mm 取 160mm。

7 柱肩梁计算。

本例题只计算下层吊车梁支承处的肩梁，也即中段柱与下段连接处的肩梁，其形式如图 10－66 所示。双层吊车的下阶处肩梁一般采用双臂式肩梁，其高度取下阶柱截面高度之 0.5～0.6，现采用肩梁高度 1350mm。由前面排架分析提供的中段柱最不利的内力组合为：

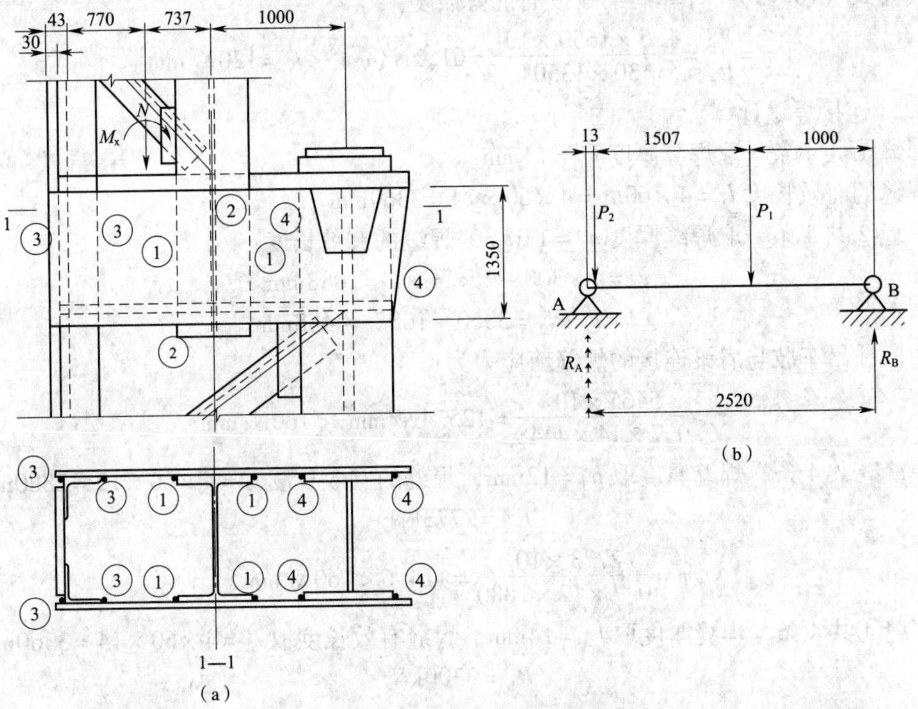

图 10－66 肩梁形式及计算草图

$$N = 6073\text{kN}$$
$$M_x = +3560\text{kN}\cdot\text{m}$$

选用肩梁腹板厚度为 $t_w = 30$mm（一块腹板的厚度），其截面模量 $W = \frac{1}{6}\times t_w h^2 = \frac{1}{6}\times 3\times 135^2 = 9112.5\text{cm}^3$。

假设计算简图偏于安全的计算，假设如图 10－66（b）所示中的 P_1 和 P_2 值为：

$$P_1 = \frac{6073\times 77.0}{150.7} + \frac{3560\times 100}{150.7} = 3103 + 2362 = 5465\text{kN}$$

$$P_2 = \frac{6073\times 73.7}{150.7} - 2362 = 2970 - 2362 = 608\text{kN}$$

$$R_B = \frac{5465\times 152 + 608\times 1.3}{252} = 3300\text{kN}$$

$$R_A = \frac{5465\times 100 + 608\times 250.7}{252} = 2773\text{kN}$$

（1）肩梁腹板计算。

一块腹板上所作用的最大弯矩和剪力分别为：

$$M_{max} = \frac{3300\times 1}{2}\times 1 = 1650\text{kN}\cdot\text{m}$$

$$V=\frac{3300}{2}=1650\text{kN}$$

按公式（10－37）计算肩梁腹板的抗弯强度：

$$\frac{M_{\max}}{\gamma_x W_n}=\frac{1650\times10^6\text{N}\cdot\text{mm}}{1.05\times9112.5\times10^3}=172.5\text{N/mm}^2<215\text{N/mm}^2$$

按公式（10－38）计算肩梁腹板的抗剪强度：

$$\tau=\frac{VS}{It_w}=\frac{1.5\times1650\times10^3}{30\times1350}=61.1\text{N/mm}^2<f_v=120\text{N/mm}^2$$

（2）连接焊缝计算。

焊缝①共4条，取焊缝厚度 $h_1=14\text{mm}$。

焊缝的有效长度 $l_1=4\times60h_1=4\times60\times14=3360\text{mm}$。

焊缝②共4条，取焊缝厚度 $h_2=14\text{mm}$，焊缝的有效长度：

$$l_2=4\times300-4\times14\times2=1088\text{mm}$$

$$\sum l=l_1+l_2=3360+1088=4448\text{mm}$$

中段柱吊车肢与肩梁连接的焊缝剪应力为：

$$\tau=\frac{5465\times10^3}{0.7\times14\times4448}=125.4\text{N/mm}^2<160\text{N/mm}^2$$

焊缝③共4条，焊缝厚度取 $h_3=12\text{mm}$，焊缝的有效长度 $l_3=4\times60\times12=2880\text{mm}$。

$$R_A=2773\text{kN}$$

$$\tau=\frac{2773\times10^3}{0.7\times12\times2880}=114.6<160\text{N/mm}^2$$

焊缝④共4条，焊缝厚度取 $h_4=14\text{mm}$，焊缝有效长度取 $l_4=4\times60\times14=3360\text{mm}$。

$$R_B=3300\text{kN}$$

$$\tau=\frac{3300\times10^3}{0.7\times14\times3360}=100.2\text{N/mm}^2<160\text{N/mm}^2$$

8　柱脚计算。

本例采用分离式柱脚，其形式如图10－67所示，柱脚计算可采用前面下段柱的屋盖肢和吊车肢截面稳定性计算的内力，即：

$$\text{屋盖肢}\ N_1=5410\text{kN}$$

$$\text{吊车肢}\ N_2=3153\text{kN}$$

（1）柱底板计算。

1）柱底板尺寸。

底板的宽度按构造要求为：

$$L=700+2\times20+2\times45=830\text{mm}$$

设底板宽度 $B=780\text{mm}$。

基础采用C20混凝土，$f_c=9.6\text{N/mm}^2$，不考虑局部承压提高系数 β_c。则柱底板下混凝土的压应力为：

$$\text{屋盖肢}\ \sigma_R=\frac{5410\times10^3}{830\times780}=8.36\text{N/mm}^2<9.6\text{N/mm}^2$$

$$\text{吊车肢}\ \sigma_d=\frac{3153\times10^3}{830\times780}=4.87\text{N/mm}^2<9.6\text{N/mm}^2$$

2）底板厚度 t 的计算。

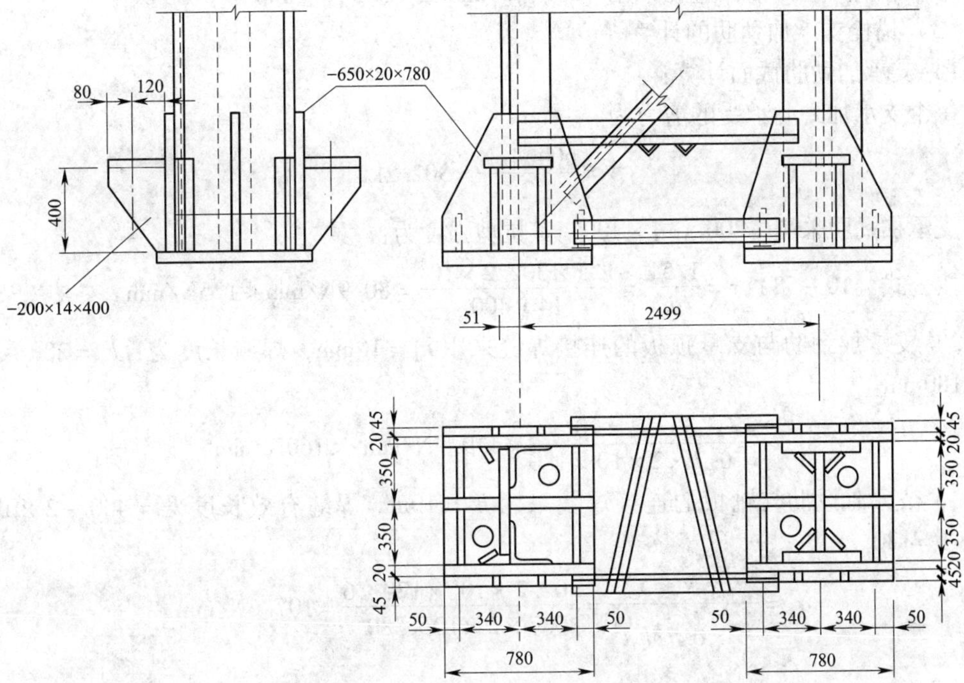

图 10－67 柱脚构造形式

①屋盖肢下的底板。

板区 A（图 10－68）$a_1 \times b_1 = 360 \times 376 = 135360\text{mm}^2 b_1/a_1 = \dfrac{376}{360} = 1.044$ 由表 10－4 查得 $\beta = 0.0515$，按公式（10－53）得：

$$M = \beta\sigma_{\text{R}} a_1^2 = 0.0515 \times 8.36 \times 360^2 = 55798\text{N} \cdot \text{mm/mm}$$

由公式（10－52）得：

$$t = \sqrt{\frac{6\text{M}}{f}} = \sqrt{\frac{6 \times 55798}{205}} = 40.4\text{mm} \text{ 采用 } 40\text{mm 厚}$$

②吊车肢下的底板与屋盖肢的底板取同一厚度，而 $N_1 > N_2$，因此，可不必计算。

（2）锚栓计算。

由本例 1 设计资料中取下段柱对锚栓最不利的内力组合为：

$$\text{内力组合①}\begin{cases} M_{\min} = -6352\text{kN} \cdot \text{m} \\ N = 2593\text{kN} \end{cases}$$

$$\text{内力组合②}\begin{cases} M = -6363\text{kN} \cdot \text{m} \\ N_{\min} = 2438\text{kN} \end{cases}$$

锚栓的最大拉力（1.289 见图 10－63）：

内力组合①$N_1 = \dfrac{-2593\ (1.289)\ +6352}{2.499} = 1204.3\text{kN}$

内力组合②$N_2 = \dfrac{-2438 \times 1.289 + 6163}{2.499} = 1208.7\text{kN}$

屋盖肢和吊车肢各采用两个锚栓，每个锚栓的拉力为：$\dfrac{1208.7}{2} = 604.4\text{kN}$

由表 10－6 查得锚栓直径采用 Q235，80mm 或 Q345，72mm。

（3）锚栓支承加劲肋的计算。

1）支承加劲肋截面计算：

每个支承加劲肋承受的剪力为：

$$V=\frac{604.4\text{kN}}{2}=302.2\text{kN}$$

支承加劲肋采用 $-200\times14\times400$，其抗剪强度为：

按公式（10－58）$\tau=\frac{1.5V}{th}=\frac{1.5\times302.2\times10^3}{14\times400}=80.9\text{N/mm}<125\text{N/mm}^2$

2）支承加劲肋与支承顶板的连接焊缝采用 $h_f=10\text{mm}$，焊缝长度为：$l_w=200-2\times10=180\text{mm}$。

$$\tau=\frac{302.2\times10^3}{0.7\times2\times10\times180}=119.9\text{N/mm}^2<160\text{N/mm}^2$$

3）支承加劲肋与靴板的连接焊缝采用 $h_f=10\text{mm}$ 焊缝有效长度 $l_w=400-2\times10=380$，$e=120$。

$$\sigma_f=\frac{V_e}{\frac{1}{6}\times0.7nh_f l_w^2}=\frac{302.2\times10^3\times120\times6}{0.7\times2\times10\times380^2}=107.6\text{N/mm}^2$$

$$\tau_f=\frac{V}{0.7nh_w l_w}=\frac{302.2\times10^3}{0.7\times2\times10\times380}=56.8\text{N/mm}^2$$

按公式（10－45）计算焊缝强度：

$$\sqrt{\left(\frac{\sigma_f}{\beta_f}\right)^2+\tau_f^2}=\sqrt{\left(\frac{107.6}{1.22}\right)^2+56.8^2}=104.9\text{N/mm}^2<160\text{N/mm}^2$$

（4）柱脚加劲肋和靴板的计算。

底板的荷载分布面积如图 10－68（a）所示。

1）柱脚加劲肋“1”的计算如图 10－68（a）、（b）所示。

$$q_1=8.36\times50=418\text{N/mm}$$

$$q_2=8.36\times\frac{376}{2}=1572\text{N/mm}$$

$$R=\frac{1}{2}\times418\times360+\frac{1}{2}\times\frac{1}{2}\times1572\times360=216720\text{N}$$

$$M=\frac{1}{8}\times418\times360^2+\frac{1}{12}\times1572\times360^2=23.749\times10^6\text{N}\cdot\text{mm}$$

设加劲肋高为 200mm，厚为 20mm，按公式（10－37）计算抗弯强度：

$$W=\frac{1}{6}\times20\times200^2=13333\text{mm}^3$$

按公式（10－37）计算 $\delta=\frac{23.749\times10^6}{1.2\times133333}=148\text{N/mm}^2<205\text{N/mm}^2$

抗剪强度 $\tau=\frac{1.5V}{th}=\frac{1.5\times216720}{20\times200}=81.3\text{N/mm}^2<120\text{N/mm}^2$

加劲肋“1”与靴板及加劲肋“2”的连接焊缝。

设 $h_f=10\text{mm}$ $\tau_t=\frac{216720}{2\times0.7\times10\ (200-2\times10)}=86\text{N/mm}^2<160\text{N/mm}^2$。

2）柱脚加劲肋“2”的计算，见图 10 - 68（a）、（c）。

$$q_1 = 8.36 \times 360 = 3010\text{N/mm}$$

由加劲肋“1”传来的集中的荷载 $P = 2 \times R = 2 \times 216720 = 433440\text{N}$。

加劲肋“2”近似地按悬梁计算：

$$\text{剪力 } V = 433440 + \frac{1}{2} \times 3010 \times 376 = 99320\text{N}$$

$$\text{弯矩 } M = \frac{1}{2} \times 3010 \times \frac{376^2}{2} + 433440 \times 376 = 269.359 \times 10^6\text{N} \cdot \text{mm}$$

设加劲肋高为 650mm，厚为 20mm，其截面模量为：

$$W = \frac{1}{6} \times 20 \times 650^2 = 1.408 \times 10^6\text{mm}^3$$

按公式（10 - 37）计算抗弯强度：

$$\sigma = \frac{269.359 \times 10^6}{1.2 \times 1.408 \times 10^6} = 159.8\text{N/mm}^2 < 205\text{N/mm}^2$$

按公式（10 - 38）计算抗剪强度：

$$\tau = \frac{1.5V}{th} = \frac{1.5 \times 999320}{20 \times 650} = 115.3\text{N/mm}^2 < 120\text{N/mm}^2$$

加劲肋“2”与柱的连接焊缝，设焊缝高度 $h_t = 20\text{mm}$

$$\sigma_f = \frac{M}{\frac{1}{6} \times 0.7nh_f l_w^2} = \frac{269.359 \times 10^6}{\frac{1}{6} \times 0.7 \times 2 \times 20\ (650 - 2 \times 20)^2} = 155.1\text{N/mm}^2$$

$$\tau_f = \frac{V}{0.7nt_t l_w} = \frac{999320}{0.7 \times 2 \times 20\ (650 - 2 \times 20)} = 58.5\text{N/mm}^2$$

按公式（10 - 45）计算焊缝强度：

$$\sqrt{\left(\frac{\sigma_f}{\beta_f}\right)^2 + \tau_f^2} = \sqrt{\left(\frac{155.1}{1.22}\right)^2 + 58.5^2} = 140\text{N/mm}^2 < 160\text{N/mm}^2$$

3）柱脚靴板计算，如图 10 - 68（a）、（d）所示，靴板近似地按悬臂梁计算：

$$q_1 = 8.36 \times 45 = 376.2\text{N/mm}$$

$$q_2 = 8.36 \times \frac{360}{2} = 1504.8\text{N/mm}$$

由柱脚加劲肋“1”传来的集中荷载 $P = 216720\text{N}$。

设屋盖肢的靴板高为 650mm，厚为 20mm，吊车肢的靴板与此相同。靴板的最大剪力为：

$$\begin{aligned} V &= 376.2 \times 354 + \frac{1}{2} \times 1504.8 \times 304 + 216720 \\ &= 578624\text{N} \end{aligned}$$

最大弯矩为：

$$\begin{aligned} M &= \frac{1}{2} \times 376.2 \times 354^2 + \frac{1}{2} \times \frac{304^2}{2} \times 1504.8 + 216720 \times 304 \\ &= 124.22 \times 10^6\text{N} \cdot \text{mm} \end{aligned}$$

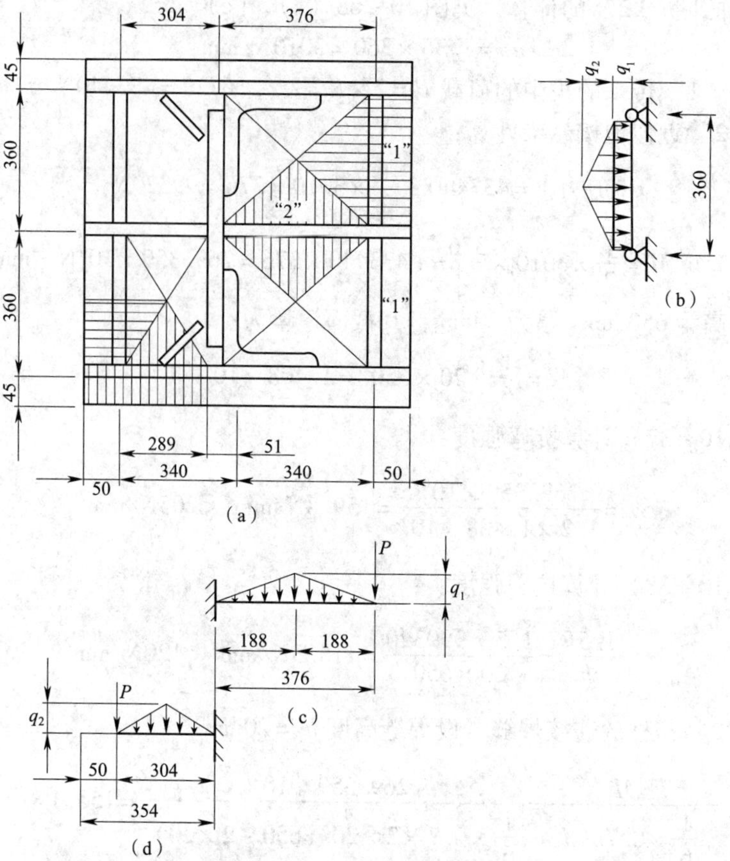

图 10-68 柱底板加劲肋计算草图（c_zd 外挑部分已计入）

靴板的截面模量为：

$$W=\frac{1}{6}\times 20\times 650^2=1.4083\times 10^6\text{mm}^3$$

按公式（10-37）计算抗弯强度：

$$\sigma=\frac{124.22\times 10^6}{1.2\times 1.4083\times 10^6}=73.5\text{N/mm}^2<205\text{N/mm}^2$$

按公式（10-38）计算抗剪强度：

$$\tau=\frac{1.5\times 578624}{20\times 650}=66.8\text{N/mm}^2<120\text{N/mm}^2$$

靴板与屋盖肢的角钢连接焊缝，可取屋盖肢的内力 $N_1=5410\text{kN}$ 来进行计算。设焊缝厚度 $h_t=20\text{mm}$，共四条焊缝。$\tau_t=\dfrac{5410\times 10^3}{0.7\times 4\times 20\ (650-2\times 20)}=158.3\text{N/mm}^2<160\text{N/mm}^2$。

（5）柱肢与柱脚底板的连接计算（柱下端与底板接触面不铣平，柱肢内力全部由焊缝传至底板）。

屋盖肢、靴板、加劲板与柱脚的连接设焊缝厚度 $h_f=12\text{mm}$。

焊缝总的有效长度为（近似地）：

靴板与底板的焊缝有效长度：

$$l_1=(780-200-2\times 40-24)\times 2=960\text{mm}$$

柱腹板与底板的焊缝有效长度：

$$l_2 = 640 - 56 + 700 - 2 \times 200 - 56 - 24 = 804\text{mm}$$

加劲肋“1”与底板的焊缝有效长度

$$l_3 = 4 \times 2\ (360 - 2 \times 20 - 40 - 24)\ = 2048\text{mm}$$

加劲肋“2”与底板的焊缝长度：

$$l_4 = 2\ (780 - 30 - 2 \times 40)\ - 24 = 1316\text{mm}$$

$$\Sigma l_w = l_1 + l_2 + l_3 + l_4 = 960 + 804 + 2048 + 3016 = 5128\text{mm}$$

焊缝应力

$$\tau = \frac{5410 \times 10^3}{0.7 \times 12 \times 5128} = 125.6\text{N/mm}^2 < 160\text{N/mm}^2$$

本例车间中的柱间支撑设计详见【例题 10－2】。

【例题 10－2】 柱间支撑设计实例

1　设计资料。

同【例题 10－1】在该车间每一侧柱列中设置四道上段柱柱间支撑，二道段柱和下段柱柱间支撑，均采用双片支撑，其形式如图 10－69 所示。

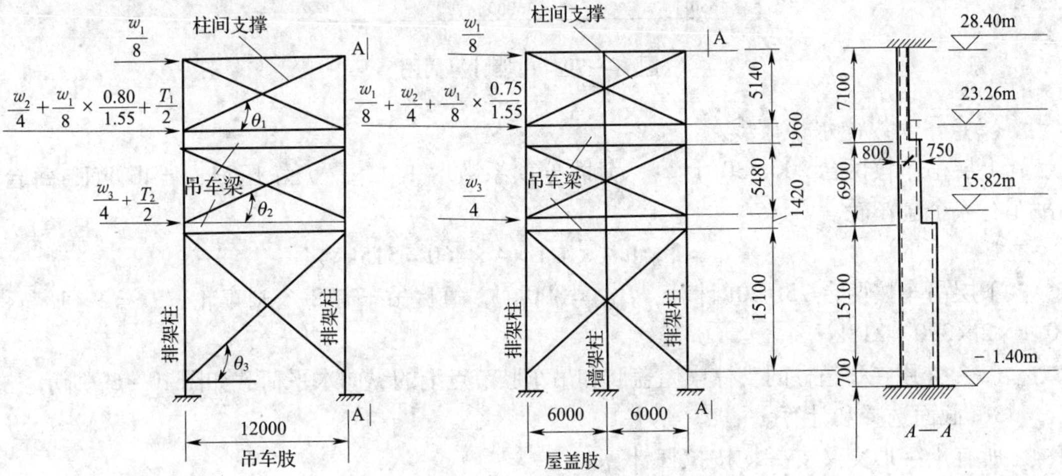

图 10－69　柱间支撑简图

2　荷载计算。

(1) 风荷载　车间两端山墙如图 10－70 所示，基本风压值取 0.4kN/m²。地面粗糙度类别 B。按《建筑结构荷载规范》GB 50009—2012 规定：风压高度系数结合本例题情况，可近似地取：

高度在 15.82m 以下取 1.05；

在 15.82～23.26m 间取 1.20；

在 23.26～33.2m 间取 1.38。

体型系数：山墙迎风面取 0.8，背风面取 0.5。

风荷载的分项系数为 1.4。

$$q_1 = 1.4 \times 1.05 \times 0.4 = 0.588\text{kN/m}^2$$

$$q_2 = 1.4 \times 1.2 \times 0.4 = 0.672\text{kN/m}^2$$

$$q_3 = 1.4 \times 1.38 \times 0.4 = 0.773\text{kN/m}^2$$

$$W_1 = (0.8+0.5)(18+0.65)\left[\frac{1.8}{2}+3.1+\frac{5.14}{2}\right]\times 0.773 = 123\text{kN}$$

$$W_2 = (0.8+0.5)(18+0.65)\left[\frac{5.14}{2}\times 0.773+\frac{7.44}{2}\times 0.672\right] = 108.8\text{kN}$$

$$W_3 = (0.8+0.5)(18+0.65)\left[\frac{7.44}{2}\times 0.672+\frac{15.82}{2}\times 0.588\right] = 173.4\text{kN}$$

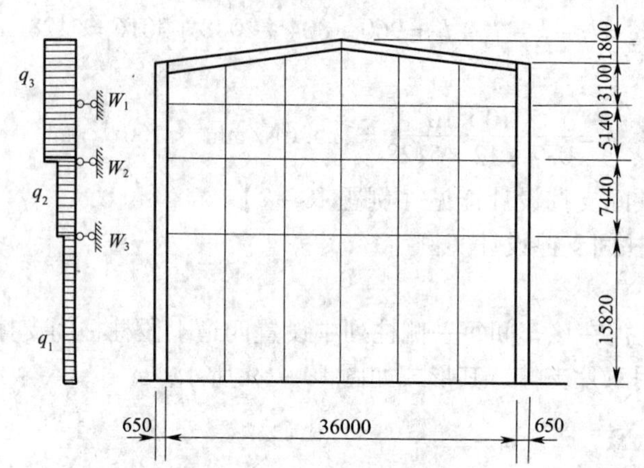

图 10－70 山墙计算简图

（2）吊车纵向水平荷载。

上层吊车按两台 200t/30t 计算，荷载分项系数取 1.4，最大轮压 $P_{max}=460\text{kN}$，每台吊车有 4 个刹车轮。

$$T_1 = 2\times 1.4\times 0.1\times 4\times 460 = 515\text{kN}$$

下层吊车按两台 75t/20t 计算，$P_{max}=390\text{kN}$，每台吊车有 2 个刹车轮，$T_2=2\times 1.4\times 0.1\times 2\times 390=218\text{kN}$。

（3）作用在每道柱间支撑中屋盖肢和吊车肢节点上的纵向水平荷载如图 10－69 所示。

3 截面选择和计算。

所有十字形交叉支撑均按拉杆计算。

（1）上段柱的柱间支撑计算。

支撑斜长 $l_1=\sqrt{12^2+5.14^2}=13.054\text{m}$。

吊车肢和屋盖肢的支撑内力为：

$$N_1 = \frac{W_1}{8}\times\frac{1}{\cos\theta} = \frac{123}{8}\times\frac{13.054}{12} = 16.5\text{kN}$$

平面内的计算长度 $l_{ox}=\dfrac{13.054}{2}=6.527\text{m}$。

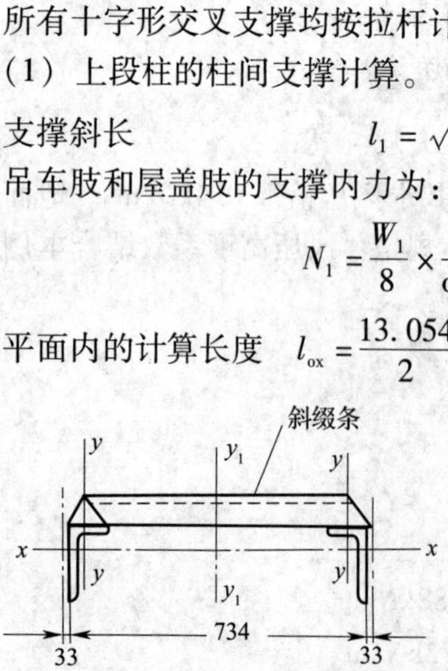

图 10－71 上段柱柱间支撑截面图

平面外的计算长度 $l_{oy}=13.054\text{m}$，有 L 63×6 号缀条相连。

采用 L 90×56×6 见图 10－71，$A=8.56\text{cm}^2$，$i_x=2.88\text{cm}$，$i_y=1.58\text{cm}$。

$$\lambda_x = \frac{652.7}{2.88} = 226.6 < 300$$

平面外由于有缀条连接，其折算长细比较小，可不必验算。

支撑杆的强度计算：

按（3－49）毛截面屈服

$$\sigma=\frac{N_1}{A}=\frac{16.5\times10^3}{8.56\times10^2}=19.3\text{N/mm}^2<0.85\times215=182.75\text{N/mm}^2$$

按（3－50）净截面断裂

$$\sigma=N_1/A_n=\frac{16.5\times10^3}{8.56\times10^2}=19.3\text{N/mm}^2<0.85\times0.7f_u=220\text{N/mm}^2$$

（2）中段柱的柱间支撑计算：

支撑斜长 $l_2=\sqrt{12^2+5.48^2}=13.19\text{m}$。

屋盖肢支撑的内力计算：

$$\begin{aligned}N_{2R}&=\left(2\times\frac{W_1}{8}+\frac{W_2}{4}+2\times\frac{W_1}{8}\times\frac{0.75}{1.55}\right)\times\frac{1}{\cos\theta_2}\\&=\left(2\times\frac{123}{8}+\frac{108.8}{4}+2\times\frac{123}{8}\times\frac{0.75}{1.55}\right)\frac{13.19}{12}\\&=80\text{kN}\end{aligned}$$

平面内的计算长度 $l_{ox}=\frac{13.19}{2}=6.6\text{m}$。

平面外的计算长度 $l_{ox}=13.19$，有 $1.63<6$ 相连。

采用 [14a 如图（10－72）所示，$A=18.51\text{cm}^2$，$i_x=5.52\text{cm}$，$i_y=1.7\text{cm}$。

$$\lambda_x=\frac{6.6\times10^2}{5.52}=120<200$$

平面外由于有缀条连接，其折算细长比较小，可不必验算。

支撑杆的强度计算：

$$\sigma=\frac{N_{2R}}{A}=\frac{80\times10^3}{18.51\times10^2}=43\text{N/mm}^2<215$$

吊车肢支撑内力计算，净截面断裂不控制：

$$\begin{aligned}N_{2d}&=\left(\frac{W_2}{4}+\frac{T}{2}+2\times\frac{W_1}{8}\times\frac{0.8}{1.55}\right)\frac{1}{\cos\theta_2}\\&=\left(\frac{108.8}{4}+\frac{515}{2}+\frac{123}{4}\times\frac{0.8}{1.55}\right)\frac{13.19}{12}\\&=330.2\text{kN}\end{aligned}$$

与屋盖肢支撑相同，选用 [14a。

强度计算：

$$\sigma=\frac{330.2\times10^3}{18.51\times10^2}=178.4\text{N/mm}^2<215\text{N/mm}^2$$

（3）下段柱的柱间支撑计算：

支撑斜长 $l_3=\sqrt{12^2+15.1^2}=19.28\text{m}$。

层盖肢支撑的内力计算：

$$N_{3R}=\left(N_{2R}\cos\theta_2+\frac{W_3}{4}+N_{2d}\cos\theta_2+\frac{1.0}{2.55}\right)\times\frac{1}{\cos\theta_3}$$

$$=\left(80\times\frac{12}{13.19}+\frac{173.4}{4}+330.2\times\frac{12}{13.19}\times\frac{2.55-1.55}{2.55}\right)\times\frac{19-29}{12}$$

$$=376\text{kN}$$

平面内的计算长度 $l_{ox}=\frac{19.29}{2}=9.65\text{m}$。

平面外的计算长度 $l_{oy}=19.29\text{m}$，但有∟75×6 缀条相连。

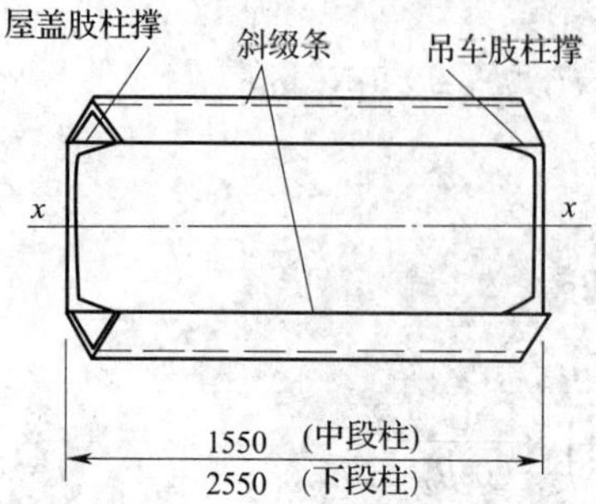

图 10-72 中段柱及下段柱柱间支撑截面图

采用[20a 如图 10-72 所示。$A=28.83\text{cm}^2$；$i_x=7.86\text{cm}$；$i_y=2.11\text{cm}$。

$$\lambda_x=\frac{9.65\times10^2}{7.86}=122.8<200$$

平面外由于有缀条连接，其折算细长比较小，可不必验算。

支撑杆的强度计算：

$$\sigma=\frac{N_{3R}}{A}=\frac{376\times10^3}{28.83\times10^2}=130.4\text{N/mm}^2<215\text{N/mm}^2$$

吊车肢支撑内力计算：

$$N_{3d}=\left(N_{2d}\cos\theta_2\times\frac{2.55-1}{2.55}+\frac{W_3}{4}+\frac{T_2}{2}\right)\frac{1}{\cos\theta_3}$$

$$=\left(330.2\times\frac{12}{13.19}\times\frac{1.55}{2.55}+\frac{173.4}{4}+\frac{218}{2}\right)\frac{19.29}{12}$$

$$=538\text{kN}$$

与屋盖肢支撑相同，选用[20a。

强度计算：

$$\sigma=\frac{538\times10^3}{28.83\times10^2}=186.6\text{N/mm}^2<215\text{N/mm}^2$$

(4) 支撑与柱节点板的连接焊缝。

1) 上段柱柱间支撑的连接焊缝。

∟90×56×6 长肢连接，肢背焊缝采用 6mm 厚，$N_1=16.5\text{kN}$。

其焊缝长度 $l_w=\frac{0.65\times16.5\times10^3}{0.7\times6\times160\times0.85}=18.8\text{mm}$。

按表 4-9 对侧焊缝的最小计算长度规定不得小于 $8h_f=8\times6=48\text{mm}$，可取 60mm。肢尖的长度同样取 60mm。

2) 中段柱柱间支撑的连接焊缝。

屋盖肢柱间支撑：$N_{2R}=80\text{kN}$，[14a 肢背两侧焊缝厚度取 6mm。

其每侧焊缝长度 $l_w=\frac{80\times10^3}{0.7\times2\times6\times160}=59.5\text{mm}$，可取 80mm。

吊车肢柱间支撑：$N_{2d}=330.2\text{kN}$。

[14a 肢背两侧焊缝厚度取 12mm。

其每侧焊缝长度 $l_w=\frac{330.2\times10^3}{0.7\times2\times12\times160}=122.8\text{mm}$，可取 150mm。

3) 下段柱柱间支撑的连接焊缝。

屋盖肢柱间支撑：$N_{3R}=376\text{kN}$。

[20a 肢背两侧焊缝厚度取 14mm。

其每侧焊缝长度 $l_w = \frac{376 \times 10^3}{0.7 \times 2 \times 14 \times 160} = 120\text{mm}$，可取 150mm。吊车肢柱间支撑：$N_{3d} = 538\text{kN}$。

[20a 肢背两侧焊缝厚度取 14mm。

其每侧焊缝长度 $l_w = \frac{538 \times 10^3}{0.7 \times 2 \times 14 \times 160} = 172\text{mm}$，可取 200mm。

4 抗震验算。

所有验算公式均直接引用《建筑抗震设计规范（2016 年版）》GB 50011—2010 的相关公式。

（1）纵向基本自振周期。

参照 GB 50011—2010（2016 年版）附录 K 公式（K.1.1－1）。

$$T_1 = 0.23 + 0.00025\psi_1 L\sqrt{H^3}$$
$$= 0.23 + 0.00025 \times 0.85 \times 36\sqrt{29.8^3} = 1.47\ (\text{s})$$

（2）地震影响系数 α。

$$\alpha_1 = \left(\frac{T_g}{T_1}\right)^r \eta_2 \alpha_{max}$$

场地类别Ⅱ，第二组 $T_g = 0.4 = 0.05_r = 0.9\eta_2 = 1$。

8 度 $a = 0.2\text{g}$ 时 $a_{max} = 0.16$。

$$a_1 = \left(\frac{0.4}{1.47}\right)^{0.9} \times 1 \times 0.16 = 0.31 \times 0.16 = 0.05$$

（3）柱顶纵向水平力 F。

设柱顶重力荷载代表值 $G = 3.5\text{kN/m}^2$。

$$F = 3.5 \times 144 \times \frac{36}{2} \times 0.05 = 454\text{kN}$$

风荷载换算至柱顶的 W 为：

$$W = W_1 + W_2\frac{23.3 + 1.4}{28.4 + 1.4} + W_3\frac{15.8 + 1.4}{28.4 + 1.4} = 123 + 90 + 100$$
$$= 313\text{kN} < 454 \times 1.3 \times 0.75 = 443\text{kN}$$

但地震作用时吊车为空载，纵向水平力很小，对于中下柱柱间支撑基本上由非地震组合控制。上柱柱撑应由地震组合控制，但一般截面为构造决定，不需要增大。

关于中下柱柱撑，如按《建筑抗震设计规范（2016 年版）》GB 50011—2010 第 10.5.2 条应力比小于 0.75，尚需适当加大截面。

10.7 柱间支撑及单层厂房纵向抗震计算中的若干问题

10.7.1 柱间支撑。

1 柱间支撑的传力途径和计算简图。

柱间支撑是厂房纵向主要抗震构件，类似于多高层房屋的抗震墙（剪力墙）。它主要承受由屋架（梁）端部竖向支撑传来的山墙风荷载和屋面纵向地震作用。有吊车厂房它还承受由吊车纵向制动产生的纵向水平力 T。它的传力途径和计算简图如图 10－73、图 10－74 所示。

为简化表达，忽略厂房两端柱距为 $a - 600$，对柱间支撑的刚度变化。当按图 10－73、图 10－74，区间设三道上柱支撑，一道下柱支撑时，柱顶左右节点水平力均为 $F/6$，若设四上、二下时，则为 $F/8$。本文以 $F/6$ 进行分析。

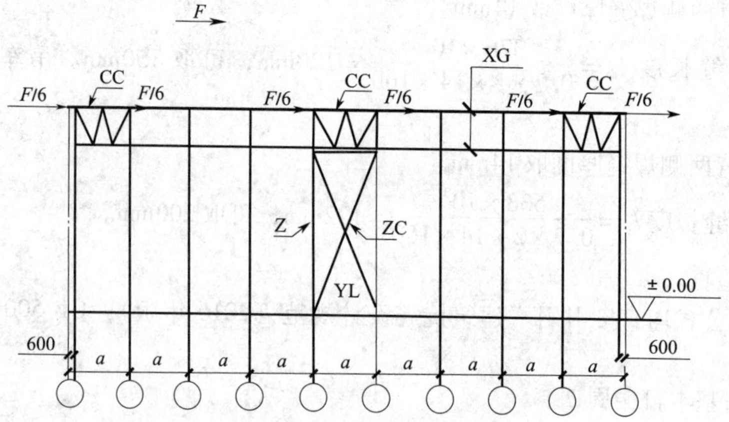

图 10－73　柱间支撑布置图（无吊车厂房）

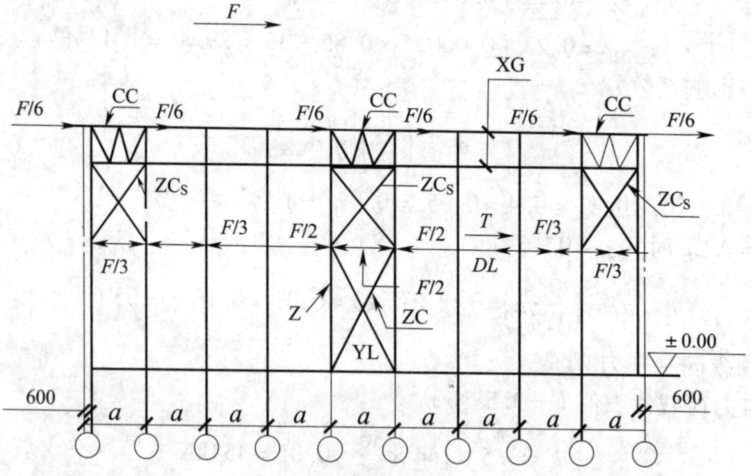

图 10－74　柱间支撑布置图（有吊车厂房）

Z—厂房柱；$ZC_{S(X)}$—上（下）柱柱间支撑；a—柱距；CC—屋架端部竖向支撑；DL—吊车梁；XG—刚性系杆；YL—压梁

（1）屋架端部竖向支撑 CC 的计算简图，如图 10－75 所示。

（2）上柱柱间支撑 ZCs 计算简图，如图 10－76 所示（设斜杆只受拉）。

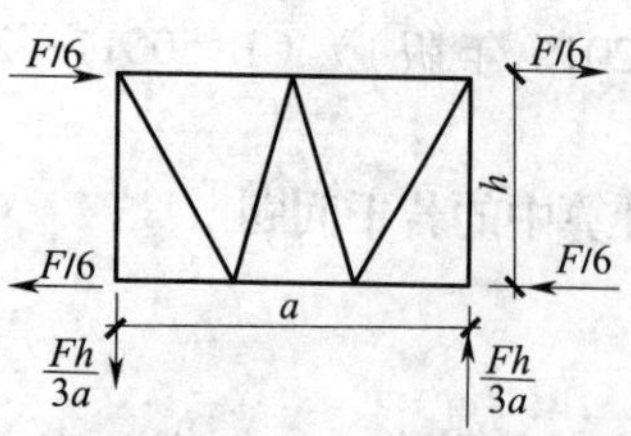

图 10－75　CC 计算简图

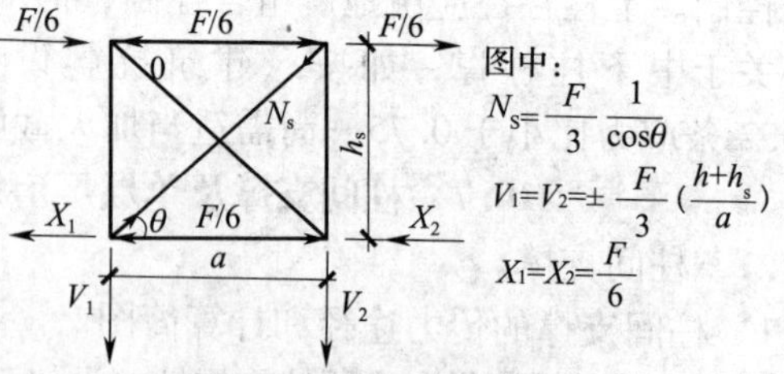

图 10－76　ZCs 计算简图

（3）下柱柱间支撑 ZCx 计算简图，如图 10－77（设斜杆只受拉）。

图 10－77 中左右顶部中的 $F/3$ 为厂房两端上柱柱间支撑通过吊车梁传来的 $2\times F/6$。当不设压梁时，$X_1=N_X\cos\theta=F$，$X_2=0$。若考虑图 10－74 中的吊车水平力 T 时，在图 10－77 的上节点左右分别施加方向相同的 $T/2$，$N_X=(F+T)/\cos\theta$，$N_1=N_2=\pm[(h+h_s)F/3+$

$(F+T)\ h_x/a]$，$X_1=X_2=(F+T)/2$ 或 $X_1=F+T$，$X_2=0$（无压梁时）。

（4）图 10－73 一般不设上柱柱间支撑，即将 ZCs、ZCx 合成 ZC，分析方向与图 10－77 下柱柱间支撑基本相同。但当厂房较高时，也可分别设上、下柱柱间支撑，此时应在上、下柱柱间支撑之间设一道刚性系杆。

（5）由（1）～（4）得出：

1）在图 10－73～图 10－77 中，由于支撑两端与柱的连接构造均相同，支撑和屋面刚度的整体作用，支撑顶部的水平力应与屋架端部竖向支撑的计算简图一致，分别均匀作用于两端，即将 F 或 $F/3$ 等分作用于两端，即两端为 F/2 或 F/6，全部集中于一端与均分于两端，两者斜腹杆内力是相同的，而上、下水平系杆的内力，集中于一端要比均分于两端大一倍，必须高度重视。

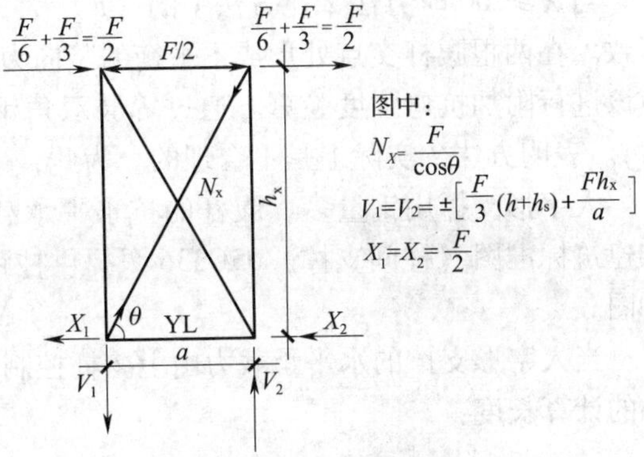

图 10－77　ZCx 计算简图

2）下柱柱间支撑顶部的系杆一般用吊车梁代替，不专门设置系杆，必须注意：

①由于吊车梁与柱间支撑在纵向有偏心，故必须验算吊车梁牛腿平面外的抗弯强度。

②吊车梁代替水平钢系杆，则吊车梁应按$\frac{F}{3}$或$\frac{F}{3}+\left(\frac{T}{2}\right)$（一般开间）和$\frac{F}{2}$或$\frac{F}{2}+\left(\frac{T}{2}\right)$（柱撑开间）验算吊车梁与柱牛腿的连接强度。

3）压梁的作用，是将其与柱间支撑及斜杆、柱连成一体，使柱开间左右柱（基础）的剪力均为 $F/2$，对 8 度震区的柱撑是必设压梁的。

2　上柱柱间支撑的形式

常用的支撑形式为图 10－75、图 10－76 所示。当上柱较短，柱距较大时宜采用图 10－78 的人字形支撑（或 K 形支撑）。图 10－78 的支撑比传统的图 10－74、图 10－76 交叉支撑形式，用钢量多，而抗水平承载力反而低。

人字形支撑腹杆的抗水平承载力 $[F]$，目前有两种不同的计算方法：

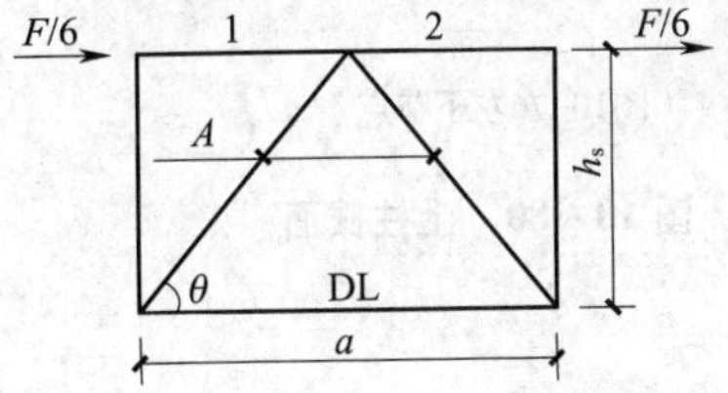

图 10－78　ZCs 为人字形支撑

（1）拉、压腹件的内力相等，压杆控制截面：

$$[F]=2\varphi Af\cos\theta \qquad (10-95)$$

（2）以拉压腹杆的承载力不同来确定：

$$[F]=(1+\Psi_c\varphi)\ Af\cos\theta \qquad (10-96)$$

公式（10－95）、公式（10－96）相比，关键是 2φ 与 $1+\Psi_c\varphi$ 的比较，以 b 类构件为例，列于表 10－14。

表 10－14　支撑水平承载力

方法	长细比 λ	60	100	200	>200
1	2φ	1.614	1.11	0.372	0.372
2	ψ_c	0.70	0.60	0.50	1.0
	$1+\psi_c\varphi$	1.56	1.33	1.10	1.182

当 $\lambda \geqslant 200$ 时方法 2 比方法 1 的［F］大 3 倍左右，即拉杆承载力远大于压杆承载力所致。在两根腹杆交点处形成不平衡的竖向力，为些采用方法 2 时，对人字形支撑上弦杆应该进行附加抗弯强度验算。通过等肢双角钢典型截面验算已大大超过钢材的强度设计值 f。表明方法 2 实际上是不合理的。为此，一般建议采用方法 1。

人字形支撑用钢量多，腹杆的抗水平承载力低，故仅在上柱较短的情况下采用，国家建筑标准图《柱间支撑》05G336 只提供柱距 6m，上柱长度 $H_s \leqslant 2.4$m 的人字形支撑构件图。

当人字形支撑的水平承载力由上弦杆控制时，应按本手册公式（3－69）确定其平面外的计算长度：

$$l_0 = l_1\left(0.75 + 0.25\frac{N_2}{N_1}\right) \tag{10-97}$$

如按图 10－78

$$N_1 = -N_2 = \pm F/6$$

$$l_0 = 0.5l_1 \tag{10-98}$$

在不少设计人员中，仍取 $l_0 = l_1$ 作为上弦杆平面外的计算长度是不正确的（即使将 $F/3$ 作用于一边，$N_2 = 0$，$l_0 = 0.75l_1 < l_1$）。

3 关于边柱柱间支撑的受力分析和改进措施。

以矩形钢管截面柱为例，上柱 400×400，下柱 400×600，见图 10－79。

图 10－80 为纵向水平力不平衡或扭矩较大，必须在柱另一侧施加一根系杆 N_A（墙梁），设 N_1 不变$\left(\text{按图 10－76，} N_1 \text{ 为 } N_s\cos\theta - \frac{F}{6} = \frac{F}{3} - \frac{F}{6} = \frac{F}{6}\right)$。

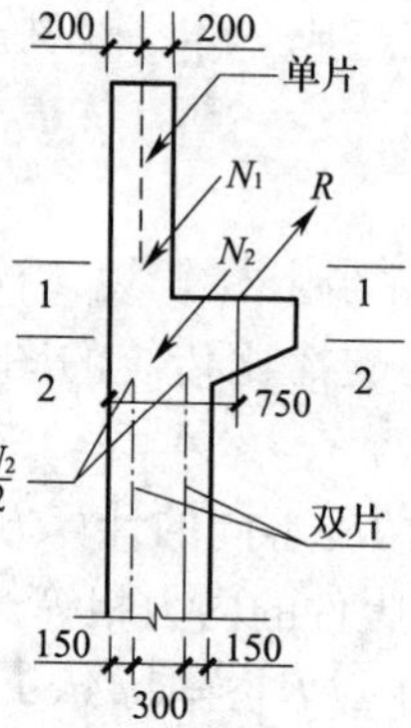

图 10－79 柱间支撑与柱截面关系

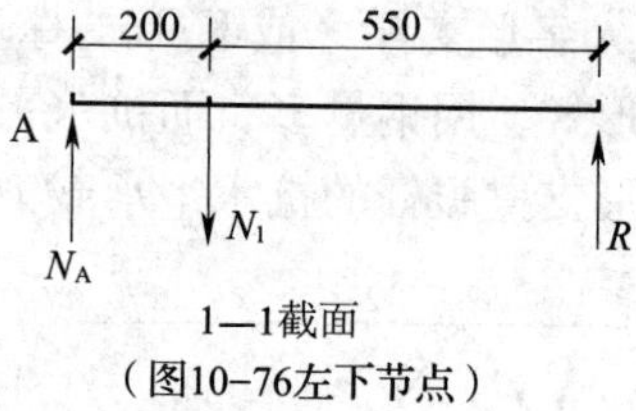

图 10－80 上柱截面

$$R = \frac{0.20}{0.75}N_1 = 0.27N_1 < N_1 \tag{10-99}$$

$$N_A = N_1\frac{0.55}{0.75} = 0.73N_1 < N_1 \tag{10-100}$$

$$N_2 = N_x\cos\theta - \frac{F}{2} = \frac{F}{2}$$

$$R = \frac{N_2}{2}\frac{300}{600} = 0.25N_2 < N_2 \quad （\text{不设 } N_A） \tag{10-101}$$

也为不平衡或扭矩较大体系，应在柱另一侧施加一根系杆，N_A。

$$N_A = 0.6N_2 < N_2 \tag{10-102a}$$

$$R = 0.4N_2 < N_2 \tag{10-102b}$$

当有吊力水平纵向力 T 时：

若 A 点无系杆：

$$N_2 = 4.0T > T \tag{10-103}$$

$$N_2' = -2.0T \tag{10-104}$$

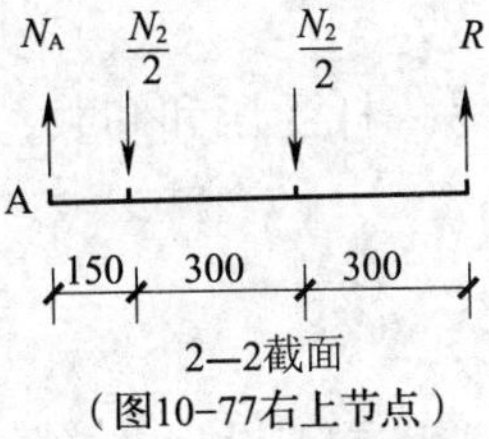

图 10-81　下柱截面

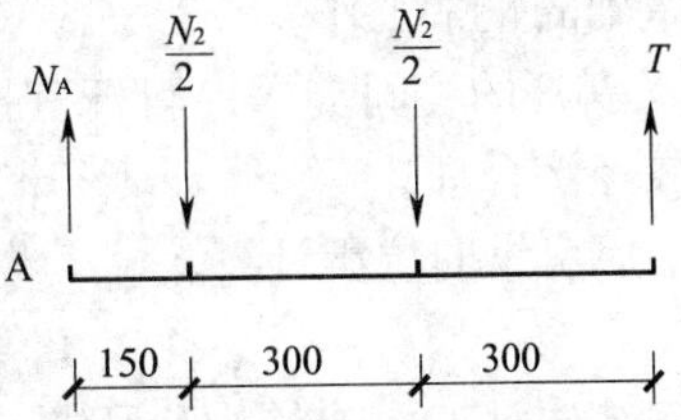

图 10-82　下柱截面（有吊力制动力 T 时）

交叉斜拉杆另一侧 N_2' 受压，$N_2 \gg T$ 大大超载（一般计算时取 $N_2 = T$）。

当 A 点施加一根系杆时，为使 $N_2 = N_2'$，则：

$$N_A = 1.5T \tag{10-105}$$

$N_2 = 2.5T$ 超载（传统计算时取 $N_2 = T$）。

这表明，边柱即使在外侧加一根系杆，计算时只能近似取 $N_2/2 = T$，不能取 $N_2 = T$。必须注意吊车纵向力只作用于下柱且 1—1，2—2 截面又不在同一根柱的节点上。

4　关于柱基抗拔力验算。

按图 10-77，交叉柱撑斜拉力对基顶产生拉力（或压力）为：

基底

$$\sum T = -\left[\frac{F}{3a}(h + h_s) + \frac{Fh_x}{a}\right] - \frac{F}{2} \times \frac{\Delta h}{a} \tag{10-106a}$$

当

$$\sum T > N_k + G_K \tag{10-106b}$$

基础上拔。此时可采取加锚杆或加深基础的防拔措施；目前多数以增设柱间支撑解决。

式中　Δh——为压梁顶至基底高度，近似取基底标高至地面高度；

F——一个柱列纵向地震设计值；

N_k——一根柱底部的轴力标准值；

G_k——一根柱、土和基础自重标准值（含半距压梁重）；

T——一根柱上拔力（或下压力）设计值。同时应验算地基承载力和支撑两侧柱的承载力。

5　结论。

（1）柱间支撑顶部的水平力（图 10-77）应均匀作用于两侧柱顶，各为 $F/2$。

（2）吊车梁可以代替下柱柱间支撑顶部的水平系杆，但必须：

1）按图 10-74 的 $F/3$ 和 $F/2$ 分别验算一般开间和柱间支撑开间吊车梁与柱牛腿的连接强度。

2）如将 F 作用于一侧，图 10-74 中的 $F/3$、$F/2$（含支撑水平杆），将分别增大 1 倍，不合理。

3）当牛腿外挑较长时，必须验算牛腿平面外构件和连接的抗弯强度。

（3）边柱仅一侧有吊车梁牛腿，纵向力偏心距较大，必须在柱牛腿的另一侧柱边附近设置一根通长的水平刚性系杆。但对带水平制动梁的钢吊车梁和带走道板的钢吊车梁可不重复设置。

（4）不论边柱或中柱一侧的吊车纵向水平力 T，只能由紧挨水平力一侧的单榀下柱支撑承受。

（5）必须验算柱间支撑柱在纵向地震作用下产生的竖向拉力对基础的上拔力和下压力，以保证基础的正常工作。

（6）交叉斜杆的柱间支撑，斜杆宜按拉杆设计，不考虑另一杆受压和卸载，水平杆不考虑受弯较经济合理。

10.7.2　单层厂房纵向抗震计算。

1　引言。

单层厂房结构是工业建筑中应用最广泛的结构形式之一，其抗震设计非常重要。一般来说，厂房的横向抗震较引人关注。但历次震害统计表明，厂房的纵向震害十分严重。

我国《建筑抗震设计规范（2016 年版）》GB 50011—2010（以下简称新抗规）中第 9.2.8 条规定：厂房的纵向抗震计算对于混凝土无檩屋盖可按附录 K.1 规定的修正刚度法计算。但新抗规第 5.2.6 条规定：现浇和装配整体式混凝土楼、屋盖等刚性楼、屋盖建筑，宜按抗侧力构件等效刚度的比例分配；木楼盖、木屋盖等柔性楼、屋盖建筑宜按抗侧力构件从属面积上重力荷载代表值的比例分配；普通的预制装配式混凝土楼、屋盖等半刚性楼、屋盖建筑，可取上述两种分配结果的平均值。可以看出，新抗规第 5.2.6 条的规定与第 9.2.8 条的规定有矛盾，因此这里需要讨论设计时采用哪种方法更合理。

关于围护墙是否应该计入抗震计算，新抗规第 9.2.8 条引用的第 9.1.8 条中关于厂房纵向抗震计算部分规定：混凝土有檩和无檩屋盖，一般情况下宜计及屋盖的纵向弹性变形，围护墙和隔墙的有效刚度。第 13.2.1 条第 2 款规定：对柔性连接的建筑构件（非承重墙体），可不计入刚度；对嵌入抗侧力构件平面内的刚性建筑非结构构件，应计入其刚度影响，可采用周期调整等简化方法；一般情况下不应计入其抗震承载力。因此对于厂房围护墙是否应计入刚度，两者也存在矛盾。

鉴于此，本书首先对新抗规 9.2.8 条纵向抗震计算理论进行分析研究；之后参考《单层工业厂房设计示例》中的重屋盖厂房设计示例依照规范规定和本文建议的方法分别对纵向抗震部分进行补充计算，并将计算结果进行比较分析。

2　计算理论分析。

（1）纵向地震作用分配方式。

无檩屋盖通常采用 1.5m×6m 预应力混凝土屋面板，板面做防水层、保温层和找平层而不做现浇处理，因此采用与现浇和装配整体式相同的荷载分配方式是不合理的。此外，即使屋面采用现浇式或装配整体式，对于多跨厂房通常有内天沟将屋面板分开，柱顶与屋面板不直接连接，屋架及其端部竖向支撑每跨单独设置（如图 10－83）。屋面板产生的水平地震作用 F_{EK} 经屋架及其端部竖向支撑传递到柱顶，这种情况下地震作用沿厂房纵向传播时，屋面板自然形成两跨简支剪切梁（梁的高度为厂房的长度 B，梁的跨度为厂房跨度 L）而不连续（如图 10－84），从而使整个屋面板的整体性受到破坏，对于带有天窗的屋面板，其整体性进一步被削弱。此时应按抗侧力构件从属面积上重力荷载代表值对纵向地震作用的比例进行分配。

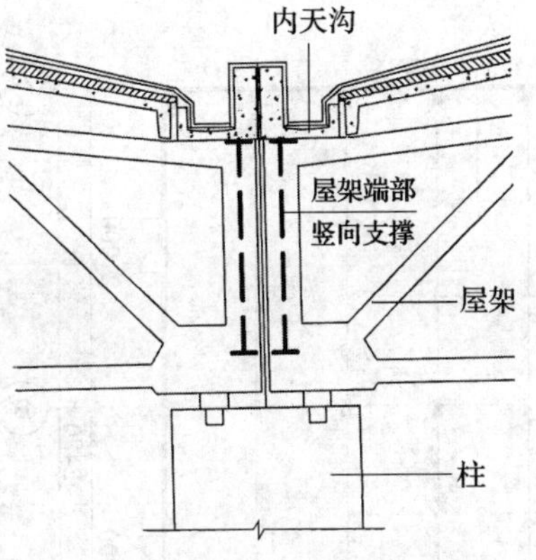

图 10-83 单层厂房屋面内天沟示意图

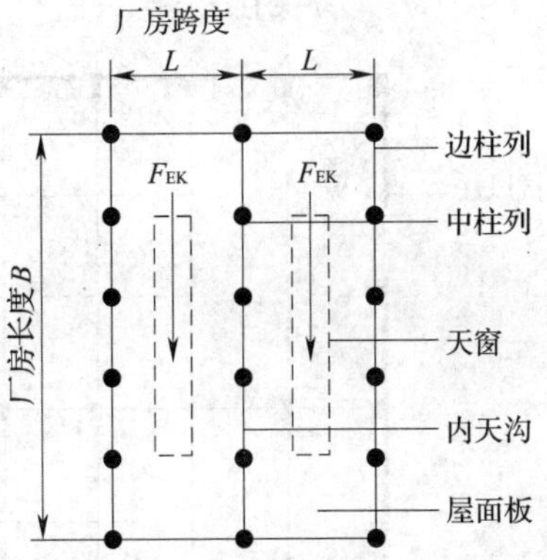

图 10-84 屋面板形成剪切梁示意图（长度：mm）

（2）围护墙是否计入抗震计算。

厂房围护墙与柱是贴砌，而不是嵌入，墙与柱采用一般的拉、锚构造措施，无专门的构造措施。除此之外，大部分的围护墙墙顶升至天沟底面中断，而未与屋盖做牢固的连接。如果将围护墙视作抗震墙进行计算，围护墙本身和基础梁抗震承载力均远不能够满足要求，依新抗规，抗震墙应设置条形基础、筏型基础等整体性好的基础（第 7.1.8 条第 5 款），而不是设置普通的基础梁。因此在纵向抗震计算中不能计入围护墙的刚度。

历次厂房震害表明，中柱列震害一般要比边柱列严重，原因是中柱列要承受比边柱烈度大的地震作用，而围护墙只能承担边柱列的部分地震作用，所以将围护墙作为厂房的抗震墙是不正确的，但在抗震设计中只能作为边列柱的潜力。因此本文建议的计算方法没有计入围护墙的有效刚度。

3 两种计算方法的对比。

某"重屋盖单层工业钢柱厂房设计示例"中的纵向抗震的计算部分按新抗规规定的计算理论和本书建议的计算理论分别进行计算，并加以对比分析。车间所处地区抗震设防烈度为 8 度，0.2g，场地类别为Ⅱ类，设计地震分组为第一组。柱平面布置如图 10-85 所示。屋面建筑做法包括防水层、保温层、找平层，屋面设有内天沟。车间主要结构构件采用预制构件，包括屋面板、钢屋架、炉柱间支撑等。厂房选用预应力混凝土屋面板（1.5m×6.0m），选自图集《预应力混凝土屋面板》04G410-1；屋架选用梯形钢屋架，选自图集《梯形钢屋架》05G511；车间安装有 4 台（每跨两台）DQQD 型、工作级别为 A5、起重量 20/5t、跨度 19.5m 的电动桥式吊车。依据以上条件，选取柱间支撑及布置如图 10-86 所示。

据《建筑抗震设计规范（2016 年版）》GB 50011—2010 第 5.2.1 条计算得柱顶处纵向水平地震作用标准值：

$$F_{EK}=\alpha_1 G_{eq}=2187\text{kN} \tag{10-107}$$

式中 α_1 为厂房水平地震影响系数，按 GB 50011—2010（2016 年版）第 5.2.1 条确定；

G_{eq}为厂房单元柱列总等效重力荷载代表值。

以下刚度计算参照《建筑抗震设计规范（2016 年版）》GB 50011—2010 第 6.1.4 条计算：

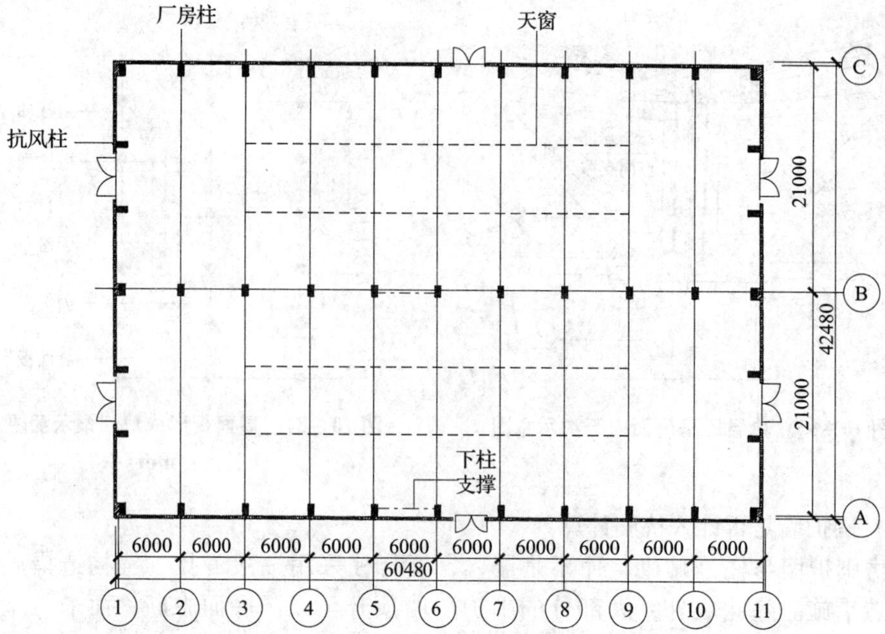

图 10 - 85　厂房柱平面布置图（长度：mm）

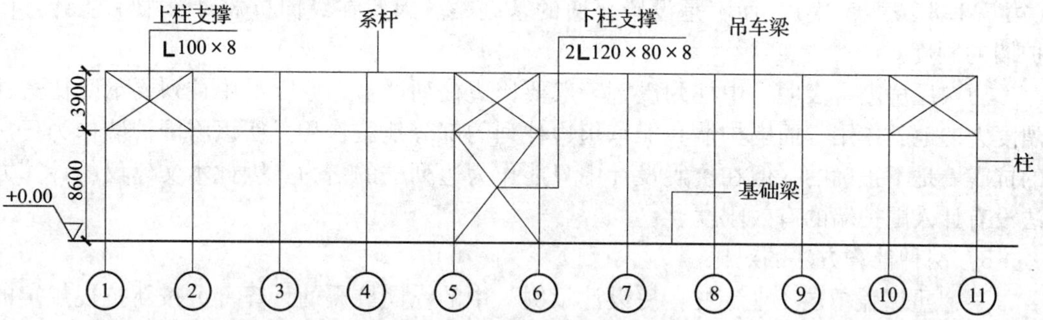

图 10 - 86　车间各纵向柱列柱间支撑布置图（长度：mm）

柱上端铰接，下端固定，采用工字型截面柱，边柱截面尺寸为：上柱 H400×400×8×18，下柱 H400×400×10×18；中柱截面尺寸为：上柱 H600×400×8×18，下柱 H800×400×10×18。

该车间的围护墙采用实心烧结砖砌体墙，墙厚 240mm。砖强度等级 MU10，砂浆强度等级 M5。纵墙立面参见图 10 - 87，刚度按《建筑抗震设计规范（2016 年版）》GB 50011—2010公式 6. 1. 4 - 14 计算。

经计算，围护墙抗侧移刚度：

$$K_w = 3.5286 \times 10^5 \text{kN/m} \tag{10-108}$$

8 度区围护墙刚度乘以 0. 4 的折减系数。

边柱列抗侧移刚度：

$$K_A = K_C = K_w + K_{cA} + K_{bA} = 16.3732 \times 10^4 \text{kN/m} \tag{10-109}$$

中柱列抗侧移刚度：

$$K_B = K_{cB} + K_{bB} = 2.2588 \times 10^4 \text{kN/m} \tag{10-110}$$

据规范附录 K. 1. 2 修正刚度：

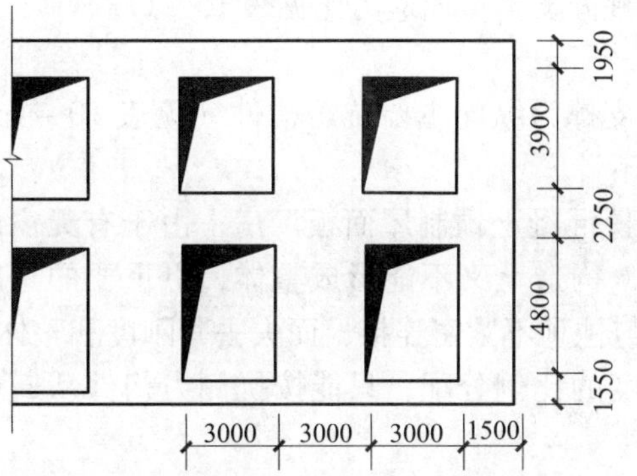

图 10－87 纵墙立面示意图（长度：mm）

边柱列修正侧移刚度 $K_{aA}=K_{aC}=13.92\times10^{4}kN/m$ (10－111)

中柱列修正侧移刚度 $K_{aB}=3.48\times10^{4}kN/m$ (10－112)

（1）新抗规中的计算理论。

围护纵墙抗侧移刚度进行折减，并参与分担水平地震作用。纵向水平地震作用按各柱列刚度比例进行分配，分配之后的水平地震作用在每柱列中按构件刚度比例再次进行分配，最终计算得柱列中各构件在柱顶处承担的水平地震作用见表 10－15：

表 10－15 规范规定构件柱顶处地震作用标准值（单位：kN）

刚度分配	柱	柱间支撑	围护墙
边柱列 A、C	3.98	130.11	837.91
中柱列 B	7.22	235.78	—
小计	15.18	496.00	1675.82
构件承担地震作用百分比（%）	0.69	22.68	76.63

注：纵向水平地震作用标准值 2187kN。

（2）本文建议计算理论。

厂房纵向水平地震作用按抗侧力构件从属面积上重力荷载代表值的比例分配，即中柱列承担一半左右的地震作用，边柱列各承担约四分之一。且纵向围护墙不计入地震作用的分配。依此理论进行计算所得各构件承担的柱顶处水平地震作用见表 10－16：

表 10－16 建议方法构件柱顶处地震作用标准值（单位：kN）

从属面积重力荷载代表值分配	柱	柱间支撑	围护墙
边柱列 A、C	16.24	530.51	不计
中柱列 B	32.48	1061.02	不计
小计	64.96	2122.04	不计
构件承担地震作用百分比（%）	2.97	97.03	不计

注：纵向水平地震作用标准值 2187kN。

（3）两种理论下的柱间支撑截面应力比见表10-17。

4 结论。

（1）计算表明柱间支撑为纵向主要抗震构件（见表10-16），柱本身在纵向抗震计算中作用很小，可忽略不计。

（2）不论无檩和有檩混凝土预制屋面板厂房，由于有天窗的板开洞，内天沟的存在致使板在中列柱处截断，构造上又不能形成整体，更重要的是屋架端部竖向支撑的存在（高2m左右），使屋面与柱顶不紧密连接，而失去其刚度和整体作用。故纵向地震作用不能按抗侧力构件等效刚度的比例分配，只能按抗侧力构件从属面积上重力荷载代表值的比例分配。

（3）不配筋的围护墙由于本身和连接等原因，不能参与纵向抗震计算。按《砌体结构设计规范》GB 50003—2011 规定计算得$\frac{e_0}{y}=2.78\gg0.6$，可见窗间墙的抗震承载力远远不足。

（4）按本书建议方法算得的柱间支撑斜杆截面强度应力比远大于1（见表10-17），故应加大柱间支撑截面，使其强度应力比小于1。例如，中柱列下柱支撑斜杆截面应改为2∟180×110×14。

（5）实际工程中，多数厂房长度（66~84m）大于60m，若下柱柱间支撑仍只设一道，侧围护墙的虚构抗震作用更大，其柱间支撑更不能满足要求。

（6）上述建议，希望设计人员高度重视，不能盲目套用规范。

表10-17 柱间支撑斜杆截面强度应力比

序号	计算理论	上柱柱间支撑		下柱柱间支撑	
		边柱列	中柱列	边柱列	中柱列
1	GB 50011—2010（2016年版）	0.23	0.36	0.49	0.90
2	本书建议	0.96	1.63	1.58	3.13
3	$\frac{序号2}{序号1}$（%）	417	453	322	348

注：截面强度应力比$\frac{\sigma}{\sigma_f}=\frac{\sigma}{\frac{0.75f}{\gamma_{RE}}}=\frac{\sigma}{f}$，其中$\gamma_{RE}=0.75$。

11 墙 架

11.1 一般说明

11.1.1 墙架的组成。

厂房的墙架围护结构承受由墙体传来的荷载并将荷载传递到厂房柱、墙架柱和基础上，这种结构构件系统称为墙架。墙架构件有墙梁、墙架柱（抗风柱）等。本章主要说明用墙板、砌体及压型钢板、夹芯板、石棉水泥瓦等作为围护墙时墙架结构的构造及计算。

11.1.2 围护墙的基本类型。

1 自承重砌体墙其墙体自重可由基础梁传至基础或直接传至条形基础上，而风荷载及水平地震作用通过墙梁传至厂房柱或墙架柱。240mm 厚自承重墙的高度一般不宜大于 15m（即 $H \leqslant 15m$）。当墙高 $H > 15m$ 时，一般宜设置托梁（连系梁），将上部墙重传至厂房柱或墙架柱。

2 轻质墙通常悬挂在墙梁上，并通过墙梁把墙体重量及水平荷载传至厂房柱或墙架柱上，而压型钢板、夹芯板通常为长尺也可为自承重墙，墙重直接传至基础。

3 钢筋混凝土墙板和发泡水泥复合（太空）墙板（以下简称墙板）其水平荷载均通过墙板与柱的连接传至厂房柱、墙架柱，而墙板自重直接传至基础上。

11.1.3 围护墙按厂房的围护要求分类。

1 封闭式：用围护墙和门窗将厂房全部封闭，如图 11－1（a）所示。

2 开敞式：开敞式又可分为半开敞式［图 11－1（b）］和全开敞式［图 11－1（c）］两种。

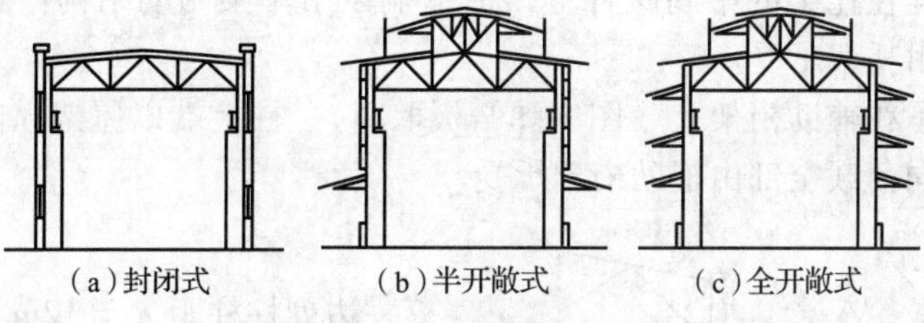

图 11－1　厂房的围护墙形式

开敞式一般用于南方较热地区防水要求不高的热加工厂房，例如发热量大和排烟通风要求高的炼钢、轧钢、钢坯库等厂房。开敞式或半开敞式厂房的挡雨板或门、窗雨篷一般均采用轻质瓦材或钢化玻璃。

11.2 墙架结构的布置

11.2.1 纵墙墙架布置。

1 纵墙墙架一般由厂房柱、墙架梁（用于轻质墙）等构件组成。

纵墙墙架构件应根据统一模数、厂房高度、吊车制动结构等的构造要求和门窗洞位置及尺寸等条件合理布置。

2 根据厂房建筑统一模数化基本规则要求，厂房边列柱距通常采用 6m、7.5m、9m、12m。当边列柱的柱距≤12m 时，一般可不设置墙架柱，但当柱距 >12m 时，可设置墙架柱。

3 在设置墙架柱时，可利用屋架、托架和吊车梁的辅助桁架作为竖向荷载的支承点，以及吊车梁的横向水平制动结构（制动梁或制动桁架）和设置在托架处的屋架下弦纵向水平支撑作为水平支撑点，以减少构件计算长度和截面尺寸。

（1）墙板、砌体墙的墙架布置。

1）边列柱柱距大于12m的厂房，当设有单层吊车时，其墙架布置如图11－2所示。

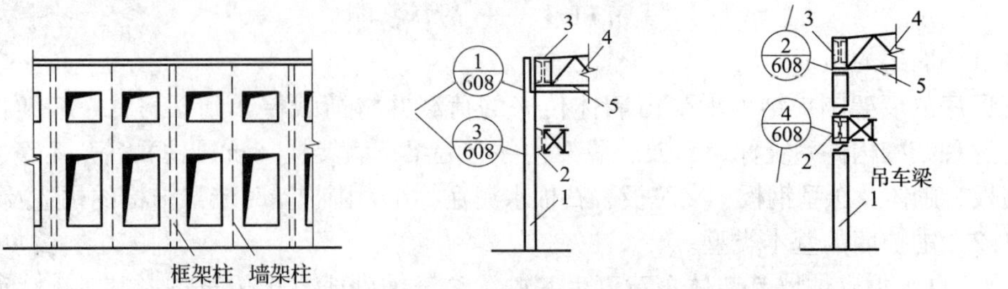

（a）围护墙立面　（b）墙架剖面，墙架柱整根到顶　（c）墙架剖面、墙架柱分上下两段

图11－2　单层吊车厂房的墙架布置

1—墙架柱；2—辅助桁架；3—托架；4—屋架；5—屋架下弦纵向水平支撑

图11－2（b）表示采用整根墙架柱到顶的方案。此时，将吊车梁制动结构及其辅助桁架移至墙架柱内侧，吊车梁制动结构的宽度尚应满足水平刚度要求，即吊车梁的制动结构由一台最大吊车横向水平荷载所产生的水平挠度不应超过其容许值（表2－12）。在采用整根墙架柱方案时，吊车梁系统和屋架纵向支撑可作为墙架柱的水平支撑点。

当采用整根墙架柱致使吊车梁制动结构宽度不能满足水平刚度要求时，则应采用图11－2（c）所示的将墙架柱分为上、下两段设置的方案。此时，下段柱支承在基础上，以吊车梁下弦水平桁架作为下段柱的上端水平支承点。而上段柱的支承形式有以下两种。

①柱上端吊挂在托架的中间腹杆上，柱下端以吊车梁制动结构作为水平支承点，其竖向荷载则全部由托架承受。

②柱下端支承在辅助桁架上（图中弹簧板取消），柱上端以屋架纵向水平支撑作为水平支承点，其竖向荷载全部由辅助桁架承受。

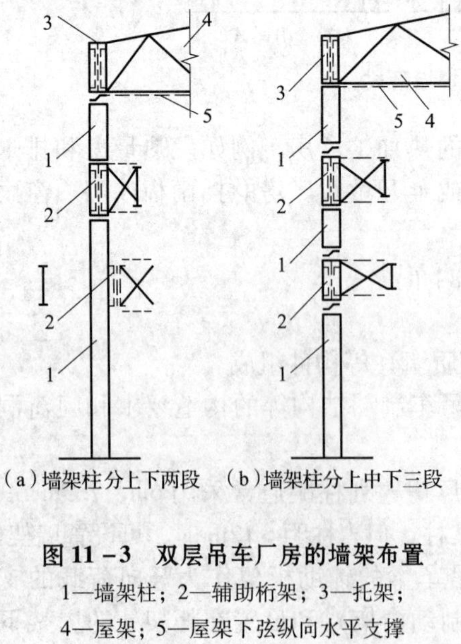

（a）墙架柱分上下两段　（b）墙架柱分上中下三段

图11－3　双层吊车厂房的墙架布置

1—墙架柱；2—辅助桁架；3—托架；4—屋架；5—屋架下弦纵向水平支撑

2）边列柱柱距大于12m的厂房，当设有双层吊车时，其墙架布置如图11－3所示。

图11－3（a）表示自上层吊车辅助桁架以下部分采用整根柱，自上层吊车辅助桁架以上部分设短钢柱的方案。此时，将下层吊车梁的制动结构及辅助桁架移至墙架柱内侧，同样吊车梁制动结构的宽度尚应满足水平刚度的要求。当下层吊车梁的制动结构内移致使其宽度不能满足水平刚度的要求时，则应采用图11－3（b）所示的将墙架柱分为上中下三段设置的方案。各段墙架柱的支承形式可参照图11－2（c）要求来确定。

3）采用墙板或砌体为围护结构时的墙架布置如图11－4所示。

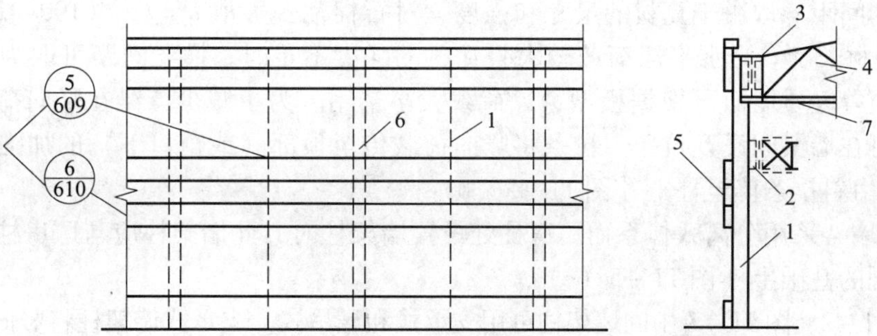

图 11-4 采用墙板或砌体为围护墙体的墙架布置示例

1—墙架柱；2—辅助桁架；3—托架；4—屋架；5—墙板；
6—厂房柱；7—屋架下弦纵向水平支撑

（2）轻质墙的墙架结构布置。

1）压型钢板、夹芯板、石棉瓦等轻质瓦材墙的墙架系由墙梁及其拉条、窗镶边构件和墙架柱等构件组成。图 11-5 是厂房纵向墙架的布置图，其中图 11-5（a）为整体式体系，图 11-5（b）、（c）为分离式体系。整体式为厂房柱兼墙架柱；分离式为厂房柱不兼墙架柱另设小墙架柱。

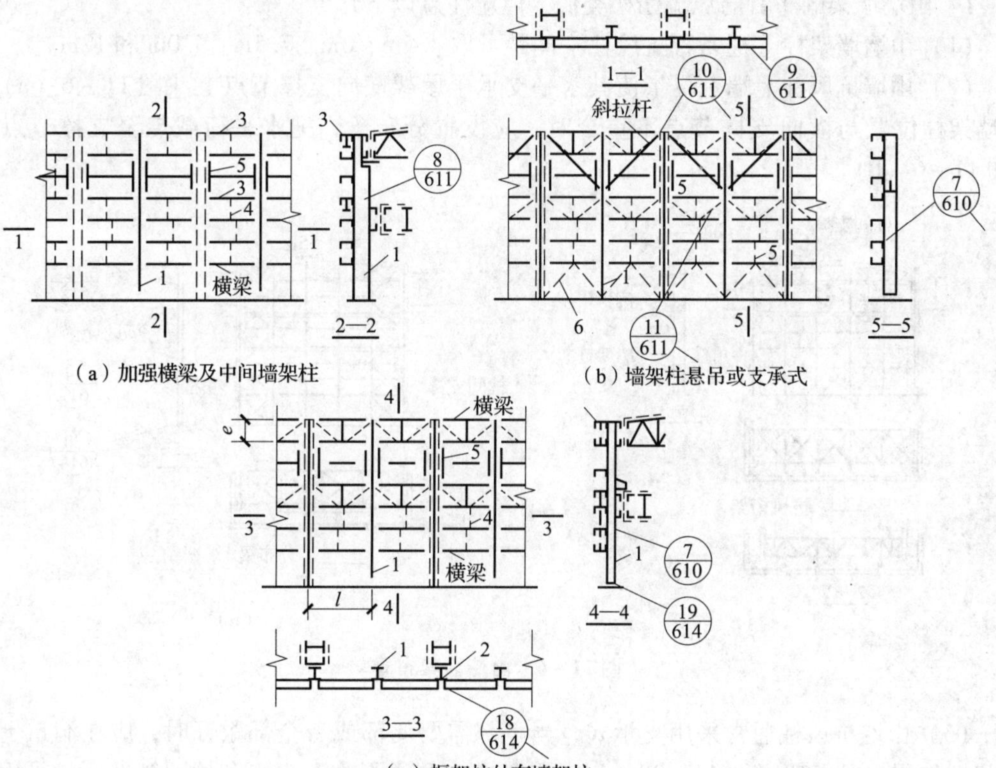

（a）加强横梁及中间墙架柱

（b）墙架柱悬吊或支承式

（c）框架柱处有墙架柱

图 11-5 轻型墙的墙架布置

1—中间墙架柱；2—框架柱处的墙架柱；3—加强横梁；
4—拉条；5—窗镶边构件；6—斜拉条（建议设）

墙梁的跨度一般采用 6m、7.5m、9.0m 或 12m。当厂房柱间距大于 12m 时，应设置中间墙架柱以支承墙梁。

墙梁的间距 a 取决于瓦材的尺寸和强度，对石棉瓦一般取 $a = l -$（100~200）mm，其中 l 为瓦材长度。当水平风荷载较大且瓦材的强度不足时，横梁间距可取为 $a' = a/2$。对压型钢板等轻质墙面可根据板型、风荷载大小选用。为了减少墙梁在竖向荷载下的计算跨度，可在墙梁间设置拉条。拉条将竖向荷载传至顶部（或窗口下）的加强墙梁（图 11-5）或由斜拉条传至柱上［图 11-5（b）］。

2）当墙架采用分离式体系而厂房柱处设置墙架柱时，此墙架柱应与厂房柱相连接并支承于共同的基础上［图 11-5（c）］。

同图 11-2、图 11-3 中间墙架柱可用支承式和悬吊式。支承式墙架柱将竖向荷载全部传至基础，悬吊式墙架柱是根据具体情况将其吊挂于吊车梁辅助桁架上［图 11-5（c）］、托架上或顶部的边梁（边桁架）上，或用斜拉杆吊于两侧的柱上［图 11-5（b）］。

悬吊式墙架柱下端用椭圆孔螺栓（c 级）与基础相连（图 11-33），使其不传递竖向力而只传递水平力。这样可节约大部分基础材料，且使墙架柱部分或全部为拉弯构件，受力情况有所改善。

不论支承式或悬吊式中间墙架柱，均利用屋盖的纵向平面支撑（有时利用排水天沟）作为上端的水平支承点，并利用吊车梁的制动结构或下翼缘水平支撑作为中部的水平支承点。

11.2.2　山墙墙架布置。

1　山墙墙架的布置与纵墙墙架类似，但应注意以下几点。

（1）山墙墙架柱（通常称抗风柱）间距可取 4.5m、6m、7.5m、9.0m 和 12m。

（2）山墙抗风柱上端宜尽量使其水平支承于屋架横向支撑节点上［图 11-6（a）］。当墙架柱位置与横向支撑节点不重合时，应设置分布梁，把水平荷载传至支撑节点处［图 11-6（b）］。

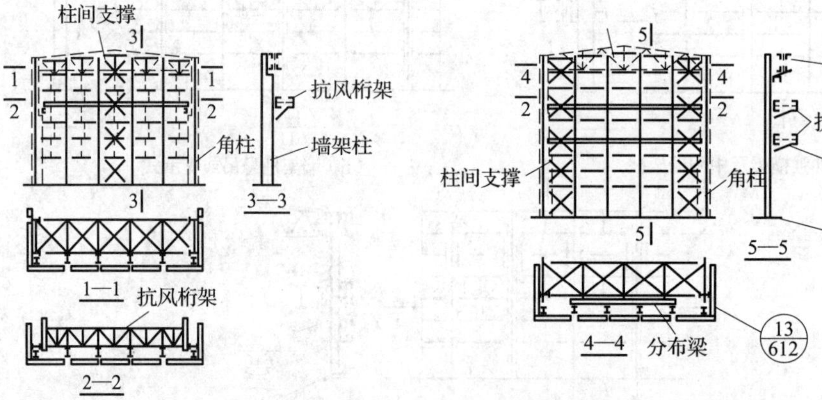

（a）　（b）

图 11-6　山墙墙架布置

（3）山墙抗风柱通常采用支承式，当下部需要局部或者全部敞开时，应在洞口上缘处设置加强抗风桁架（图 11-28）以承受竖向力和水平力。也可利用雨篷坡面的平面支撑代替水平桁架，与纵墙墙架类似，有条件时也可采用悬吊式墙架柱。

（4）山墙两侧和中间厂房柱处的抗风柱称为构造柱。其截面比其他抗风柱为小，应采用 H 型钢或三块板焊成的工字形钢与厂房柱相连（图 11-27），以保证其强度和稳定性。

（5）当厂房柱高度≥20m 时，宜设置抗风桁架作为中间墙架柱（抗风柱）的水平支承。抗风桁架一般设置在吊车梁上翼缘标高处，以便兼做走道，与该处的纵向走道联通，其竖向由连于墙架柱的斜撑支承，并以此斜撑来减少桁架弦杆平面外的计算长度。

（6）一般厂房山墙抗风柱平面外的稳定性借助厂房柱相连的系杆保证可不设柱间支撑。但当厂房桂顶高大于20m或吊车吨位大于50t时，为保证山墙的刚度，在墙架柱间可设置柱间支撑。对单跨厂房一般设置一道柱间支撑［图11－6（a）］，当厂房高度与跨度之比较大时（例如高度接近跨度的两倍时），宜设置两道柱间支撑［图11－6（b）］。对等高的多跨厂房，可仅在两侧跨的山墙设置柱间支撑；对不等高多跨厂房，应在高跨和低跨分别设置。

在柱间支撑的节点处，宜设置通常的水平系杆作为未与柱间支撑相连的墙架柱侧向支撑点。图11－6（a）的这种系杆应为刚性的。

11.2.3 厂房墙面有大门洞时的墙架布置。

1 工业厂房的工艺布置和通风要求有时要求在纵墙、山墙设置不同用途的披屋、火车大门，或敞开。此时，所需门洞的尺寸往往远大于通常采用的6m柱距，以致必须采用抽柱的方法来增大柱距，个别情况下，边柱柱距可达36m。有些厂房根据生产工艺要求在同一跨间纵向长度的局部范围内设有双层吊车，而在其他部分则为单层吊车，因而造成在同一跨间内的屋面出现两种标高，在高低屋面连接处存在着封墙问题。在上述两种情况下均需设置门架来支撑上部墙架结构。

2 门架通常由竖向桁架和水平桁架组成，其竖向桁架承受门架以上的墙架柱传来的竖向荷载，其水平桁架则承受风荷载等水平荷载。纵墙有门洞时的墙架布置如图11－7所示。

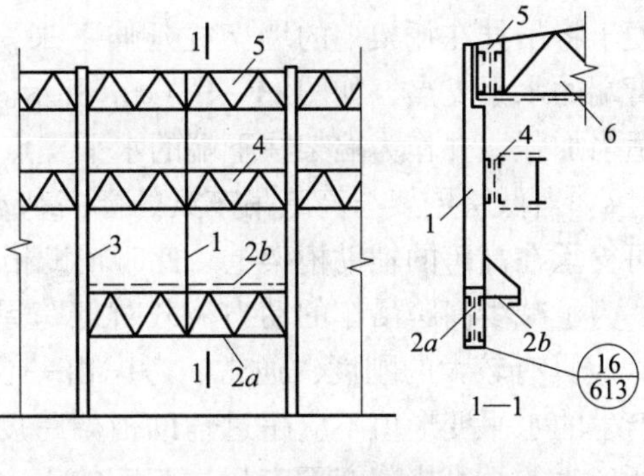

图11－7 纵墙有门洞时的墙架布置示例

1—墙架柱；2*a*—门架的竖向桁架；2*b*—门架的水平桁架
3—厂房柱；4—辅助桁架；5—托架；6—屋架

3 山墙有门洞时的墙架布置如图11－8所示。

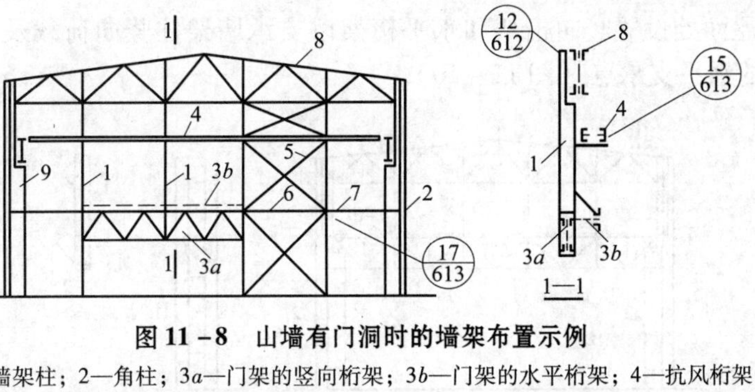

图11－8 山墙有门洞时的墙架布置示例

1—墙架柱；2—角柱；3*a*—门架的竖向桁架；3*b*—门架的水平桁架；4—抗风桁架；
5—山墙柱间支撑；6—压杆；7—水平系杆；8—屋架；9—厂房柱

11.2.4 高低跨房屋的悬墙墙架布置

见图11－9（a）。

1 对于高低跨房屋，当柱距大于12m时，其高低跨处之高跨墙面的墙架布置应根据厂房的具体情况来确定，其布置示例如图11－9所示。

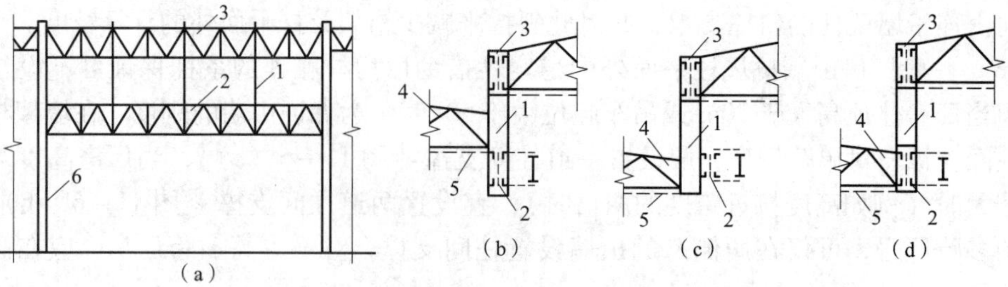

图 11-9　高低跨封墙的墙架布置示例

1—墙架柱；2—辅助桁架；3—托架；4—低跨屋架；5—低跨屋架下弦纵向水平支撑；6—厂房柱

2　当低跨屋架与高跨的吊车梁不在同一标高时，可将低跨屋架支承在墙架柱上。此时，墙架柱可吊挂在高跨托架上，其下端以高跨吊车梁的制动结构作为水平支承点，如图 11-9（b）所示。这种做法除了高跨必须设置屋架纵向水平支撑外，低跨屋架下弦纵向水平支撑也应适当加强，而且低跨屋架必须在高跨吊装完成后才能吊装。

3　当低跨屋架与高跨吊车梁标高基本一致时，应尽可能把吊车梁的辅助桁架内移，以便于将吊挂在托架上的墙架柱延伸下来，并以高跨吊车梁的下弦水平支撑作为墙架柱悬臂端的水平支点，如图 11-9（c）所示。这种做法在低跨屋架下弦的纵向水平支撑亦应适当加强，并作为墙架柱下端的水平支点。

4　当低跨屋架与高跨吊车梁的标高基本一致，但高跨辅助桁架不能内移时，低跨屋架可支承在高跨的辅助桁架上，此时辅助桁架与托架构成一个桁架，如图 11-9（d）所示。为了减少高跨吊车的动力荷载对低跨屋面的影响，高跨吊车梁的制动梁（或制动桁架）应具有较大的刚度，通常，考虑由一台最大吊车横向水平荷载（不考虑动力系数）所产生的水平变形值不应超过辅助桁架跨度的 1/2000。同时，辅助桁架在竖向荷载作用下所产生的垂直挠度亦不应超过跨度的 1/1000。当采用这种做法时，低跨屋架下弦纵向水平支撑亦应适当加强，以确保厂房的水平刚度。

5　同一跨间内，在厂房纵向有高低屋面时，其封墙的墙架布置可采用以下的做法。

（1）将墙架柱吊挂在高屋面的屋架上，其竖向荷载由屋架承担，屋架上、下弦横向水平支撑作为屋架柱顶部的水平支承点，墙架柱的下端水平支承点需设置水平桁架。

（2）在低屋面处设置竖向桁架和水平桁架以支承墙架柱竖向荷载及水平荷载，并作为墙架柱下端的水平支承点（图 11-10）。

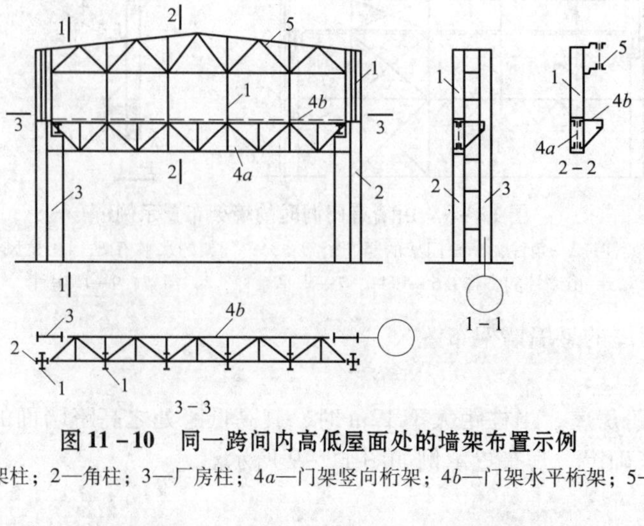

图 11-10　同一跨间内高低屋面处的墙架布置示例

1—墙架柱；2—角柱；3—厂房柱；4a—门架竖向桁架；4b—门架水平桁架；5—屋架

11.3 墙架构件的截面计算

11.3.1 墙架结构的荷载。

1 竖向荷载：包括墙体材料重量，玻璃窗重量（$0.4 \sim 0.5\mathrm{kN/m^2}$），以及墙架构件自重。

2 水平风荷载：其基本风压、风压高度变化系数，均按《建筑结构荷载规范》GB 50009—2012采用。

11.3.2 墙架墙梁的截面选择。

1 墙架墙梁通常用于轻质墙的墙架结构中，承受墙体自重等竖向荷载和水平风荷载，是一种双向受弯构件。但当采用压型钢板等自承重墙时可不考虑墙体竖向荷载。

2 墙架墙梁的截面形式如图 11－11 所示。一般的墙梁，水平风荷载是主要荷载，宜采用平放的槽钢［图 11－11（a）］；当跨度大于 6m 且风荷载较大时，宜采用平放的 H 型钢［图 11－11（b）］。

3 承受较大竖向荷载的加强墙梁，可用槽钢和工字钢的组合截面［图 11－11（c）、（d）］或腹板立放的焊接工字形钢或 H 型钢［图 11－11（e）］截面。

4 在窗框上、下的墙梁，有时采用钢板和槽钢或双槽钢的组合箱形截面［图 11－11（f）、（g）］。

5 采用冷弯薄壁型钢的墙梁时，可采用图［11－11（h）、（i）］的形式。

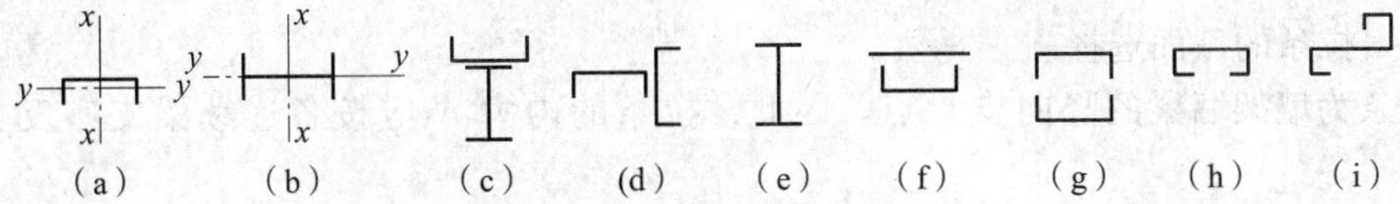

图 11－11 墙架横梁的截面形式

6 槽钢墙梁的槽口可向上或向下，槽口向上时便于与柱连接，但容易积灰积水，故可根据设计，选用槽口向上或向下。

7 墙架墙梁的强度根据公式（3－2），按下式计算：

$$\frac{M_x}{\gamma_x W_{nx}} + \frac{M_y}{\gamma_y W_{ny}} \leqslant f \tag{11-1}$$

式中 M_x——水平风荷载对 x 轴（平行于墙面的主轴）的弯矩；

M_y——竖向荷载对 y 轴的弯矩；

M_{nx}、M_{ny}——对 x 轴和 y 轴的净截面抵抗矩，对平放的槽钢截面 W_{nx} 取为 W_{nymin}；当采用冷弯薄壁型钢时采用 W_{enx}、W_{eny}；

γ_x、γ_y——截面塑性发展系数，对平放的槽形和工字形截面 $\gamma_x = 1.05$、$\gamma_y = 1.20$，当采用冷弯薄壁型钢时 γ_x、$\gamma_y = 1$，弯矩 M_x、M_y 的取值应根据拉条的设置情况参照 7.1 节采用。

8 墙架墙梁的稳定性应按下式计算：

（1）普通型钢：

$$\frac{M_x}{\varphi_b W_x} + \frac{M_y}{\gamma_y W_y} \leqslant f \tag{11-2}$$

式中 φ_b——梁的整体稳定系数，按表 14.3 的规定采用。拉条可视为横梁的侧向支承。

（2）冷弯薄壁型钢参照第 7.1.4 节“关于冷弯薄壁型钢檩条”的方法计算。

9 墙架横梁应按荷载的标准值进行挠度计算，其容许挠度值见表 11－1。

表 11-1　墙架墙梁的容许挠度

项次	类　别	竖直方向	水平方向
	墙架构件（风荷载不考虑阵风系数）		
1	支柱（水平方向）	—	$l/400$
2	抗风桁架（作为连续支柱的支承时，水平位移）	—	$l/1000$
3	砌体墙的横梁（水平方向）	—	$l/300$
4	支承压型金属板的横梁（水平方向）	—	$l/100$
5	支承其他墙面材料的横梁（水平方向）	—	$l/200$
6	带有玻璃窗的横梁（竖直和水平方向）	$l/200$	$l/200$

注：图 11-5 中 l 为墙梁跨度，对有拉条（或其他竖向支承构件）的墙梁，竖直方向的 l 为拉条至拉条或拉条至墙梁支座的距离。

10　当墙梁兼做墙架柱侧向支承的刚性系杆时，应使其长细比 $\lambda \leqslant 200$，并应按压弯构件进行计算，所受轴向力 N 可取：

$$N = \frac{A_f f}{60}\varepsilon_k \tag{11-3a}$$

式中　A_f——所支承墙架柱的受压翼缘截面面积。

$\varepsilon_k = \sqrt{235/f_y}$

11.3.3　拉条的截面选择。

拉条为墙架墙梁的竖向支承点。因此，拉条的内力 N 应按各连续梁支座反力之和计算。

墙梁的拉条一般采用直径 $d = 12\text{mm}$ 的圆钢，也可用小角钢或扁钢做成。圆钢拉条应按下式计算：

$$\sigma = \frac{N}{A_e} \leqslant f \tag{11-3b}$$

式中　A_e——圆钢螺纹处的有效截面面积。

当采用挂板时，拉条与墙梁的连接位置应偏向墙面一侧（图 11-12）以减少墙体自重对墙梁的偏心影响。当采用自承重墙时则相反，以提高墙梁在风吸力下的稳定性。

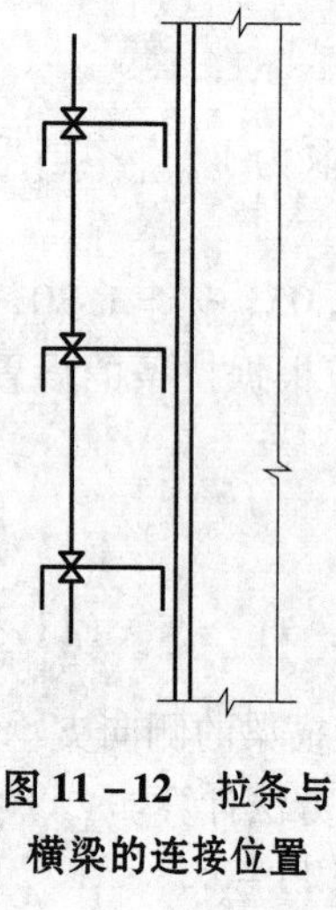

图 11-12　拉条与横梁的连接位置

11.3.4　墙架柱（抗风柱）的截面选择。

1　一般的墙架柱承受竖向荷载产生的轴心力及偏心弯矩，以及水平风荷载产生的弯矩，是压弯或拉弯（墙架柱的悬吊部分）构件。砌体自承重墙的墙架柱往往只承受水平荷载（略去自重），实际上是一种竖放的受弯构件（图 11-12）。

2　墙架柱有实腹式和格构式两种，通常采用实腹式柱，其常用截面形式有焊接工字钢、H 型钢、普通工字型钢、用钢板加强的普通工字型钢［图 11-13（a）、（b）、（c）、（d）］等。它们的腹板均垂直于墙面。

格构式柱适用于在弯矩作用平面外（对 y 轴）需要加强刚度的墙架柱，一般采用双槽钢做成。当槽钢腹板垂直于墙面时［图 11-13（e）］，缀件宜用缀板以免缀件和墙梁相碰；当槽钢腹板平行于墙面时［图 11-13（f）］，应用缀条。以增加柱的刚度。

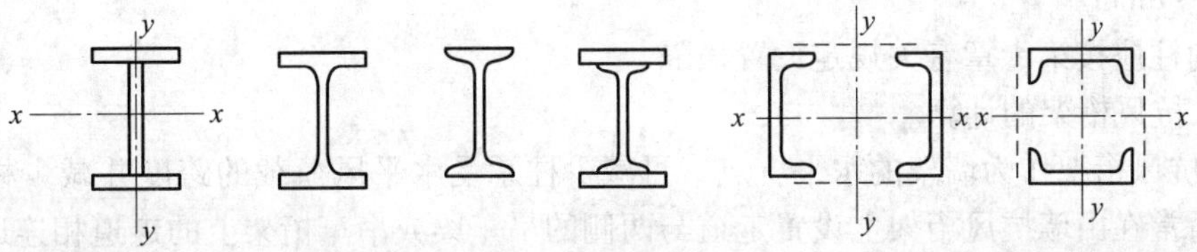

（a） （b） （c） （d） （e） （f）

图 11 – 13 墙架柱的截面形式

3 墙架柱的内力应根据其支承情况所确定的计算简图进行计算，当计算由竖向荷载偏心作用产生的弯矩和水平风荷载产生的弯矩时，应将墙架柱视为支承于屋盖支撑、抗风桁架、吊车梁制动结构、基础等的连续梁（图 11 – 14）。

墙架柱与基础的连接一般采用铰接，以简化连接构造，并节约基础材料。

4 墙架柱垂直于墙面的截面高度不宜小于水平支点距离的 1/40，通常取为 400 ~ 600mm，悬吊式墙架柱的截面高度可取小些。

5 实腹式墙架柱的强度和整体稳定性应按表 3 – 20 的规定计算，受压板件的宽厚比应满足局部稳定的要求（表 3 – 17）。

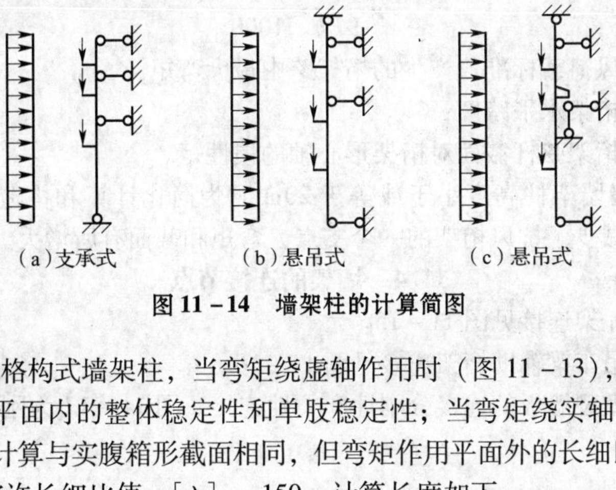

（a）支承式 （b）悬吊式 （c）悬吊式

图 11 – 14 墙架柱的计算简图

6 受压受弯的格构式墙架柱，当弯矩绕虚轴作用时（图 11 – 13），应按表 3 – 21 有关规定计算弯矩作用平面内的整体稳定性和单肢稳定性；当弯矩绕实轴作用时［图 11 – 13（e）］，整体稳定性计算与实腹箱形截面相同，但弯矩作用平面外的长细比应取换算长细比。

7 墙架柱的容许长细比值：$[\lambda] = 150$。计算长度如下。

（1）在墙架柱与基础为铰接的情况下，墙架柱弯矩作用平面内的计算长度取为该平面内支承点（基础、抗风桁架、屋盖平面支撑、吊车梁或吊车桁架的制动结构等）间的距离。

（2）弯矩作用平面外的计算长度：当设有通长的刚性系杆，取为系杆之间的距离；当有墙架墙梁时，也可利用墙梁代替系杆，但此墙梁应考虑设置隅撑支承墙架柱的内翼缘，如图 11 – 23 所示。

（3）与墙架柱有可靠连接的大型钢筋混凝土墙板（例如与柱焊接的墙板），可视为墙架柱的弯矩作用平面外的支承。

8 墙架柱在水平风荷载作用下，可视为单跨简支梁按下式计算其水平挠度：

$$\nu = \frac{5}{384} \cdot \frac{w_k l^4}{EI_x} \leqslant \frac{l}{400} \tag{11-4}$$

式中 W_k——均布线风荷载的标准值；

l——墙架柱支点间最大距离。

9 墙架柱采用焊接工字形截面时，其翼缘板与腹板的连接焊缝可按构造采用，一般

取 $h_f=6\sim8\mathrm{mm}$。

格构柱应按第十章有关规定设置横隔。

11.3.5　抗风桁架的计算。

1　抗风桁架作为墙架的水平支点，可减少柱承受水平风荷载的跨度并减少柱的计算长度。通常在山墙抗风桁架上设置走道与两侧的吊车梁或吊车桁架上的走道相连通。

抗风桁架的截面高度一般取为跨度的 1/16 ~ 1/12。跨度较小或风荷载较大时取较大值，反之取较小值。

2　抗风桁架在墙架柱传来的水平集中荷载作用下，杆件内力按简支桁架进行分析。

兼做走道的抗风桁架（图 11－28），当走道板支承于横腹杆上或直接支于弦杆上时，横腹杆和弦杆承受由竖向荷载产生的弯矩。竖向荷载包括桁架杆件自重、走道板自重以及检修活荷载。此活荷载的标准值无特殊要求时可取为 $2.0\mathrm{kN/m^2}$。

3　抗风桁架各杆件的截面形式和计算方法与普通钢屋架相同。由于弦杆往往承受桁架平面外的弯矩，通常采用槽钢截面。

4　作为连续墙架柱支承的抗风桁架，宜按以下近似公式计算其水平挠度：

$$\nu\frac{M_{\mathrm{k}}l^2}{9EI}\leqslant\frac{l}{1000}\tag{11-5}$$

式中　M_{k}——水平风荷载标准值产生的桁架跨中最大弯矩；

l——抗风桁架水平跨度；

I——抗风桁架弦杆截面对桁架形心轴的惯性矩。

5　当厂房山墙墙架柱高度小于或等于 20m 时为简化计算和构造，无需设置抗风桁架，此时墙架柱因减少了抗风桁架的一个支点，弯矩和截面有所增大。

11.4　墙架的连接节点

11.4.1　墙架柱与托架连接见图 11－15。

11.4.2　墙架柱与吊车梁辅助桁架连接见图 11－16。

11.4.3　墙架柱与大型墙板的连接分刚性和柔性连接。图 11－17 为刚性连接。图 11－18 为柔性连接。

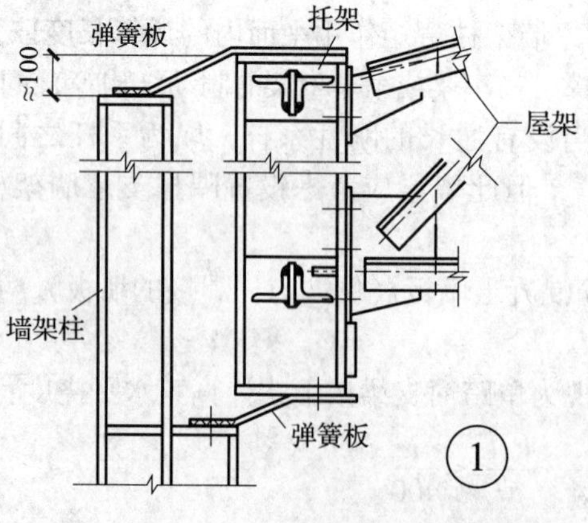

（a）上下均为水平连接

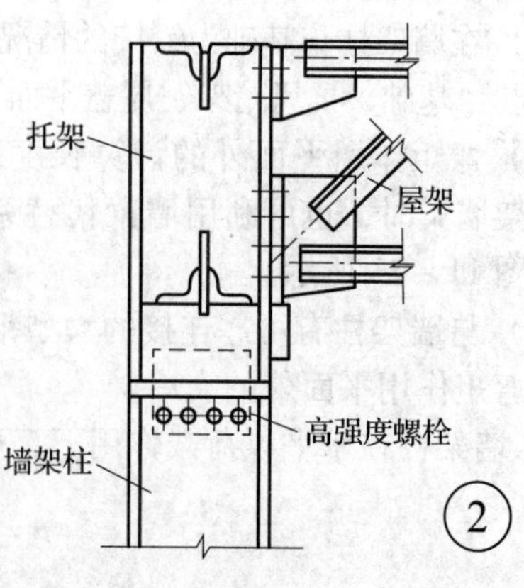

（b）上部悬吊于托架下部水平连接

图 11－15　墙架柱与托架的连接

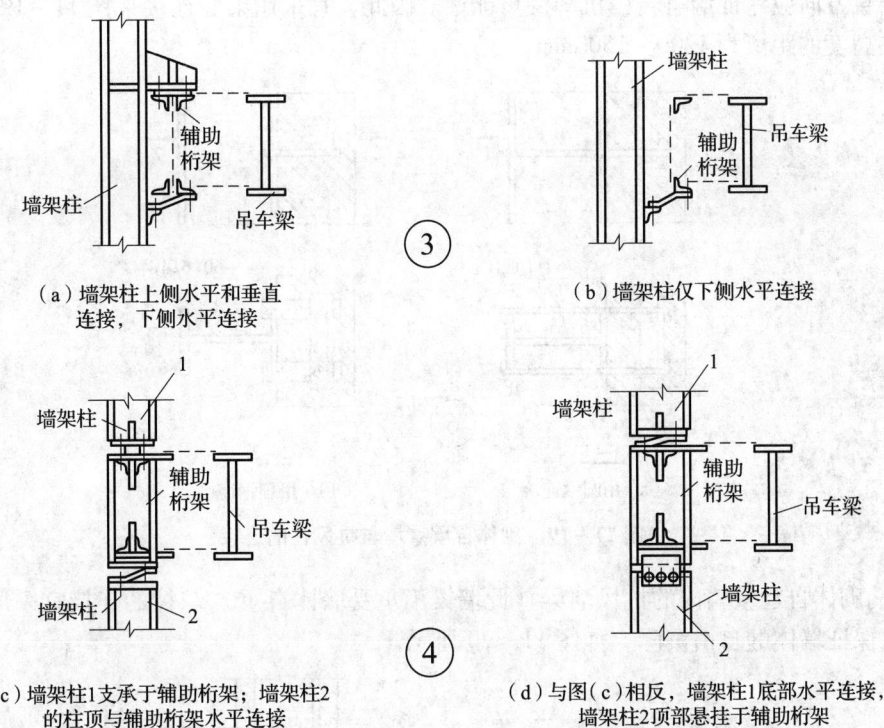

（a）墙架柱上侧水平和垂直连接，下侧水平连接

（b）墙架柱仅下侧水平连接

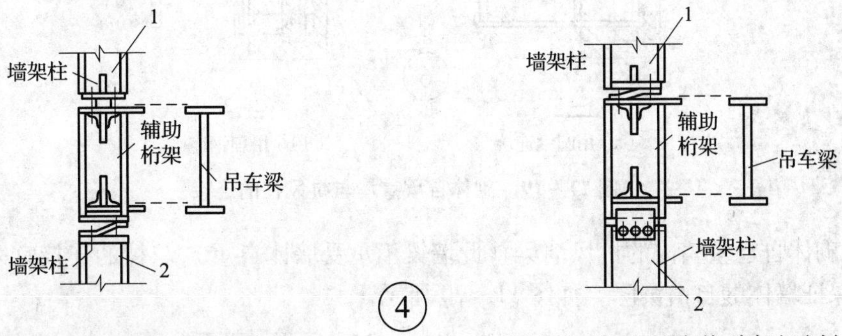

（c）墙架柱1支承于辅助桁架；墙架柱2的柱顶与辅助桁架水平连接

（d）与图（c）相反，墙架柱1底部水平连接，墙架柱2顶部悬挂于辅助桁架

图 11－16 墙架柱与吊车梁辅助桁架的连接

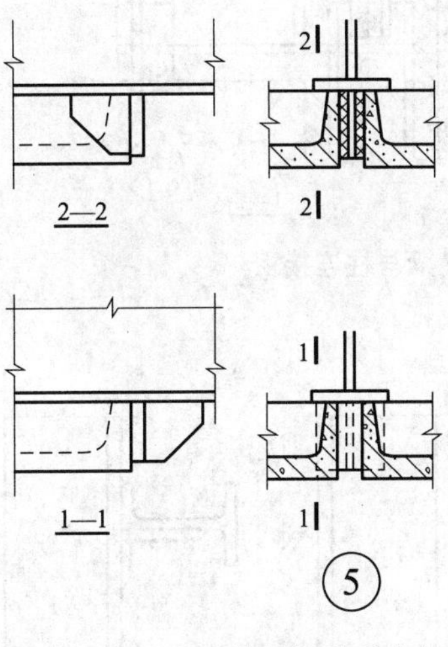

图 11－17 大型墙板的承重支托

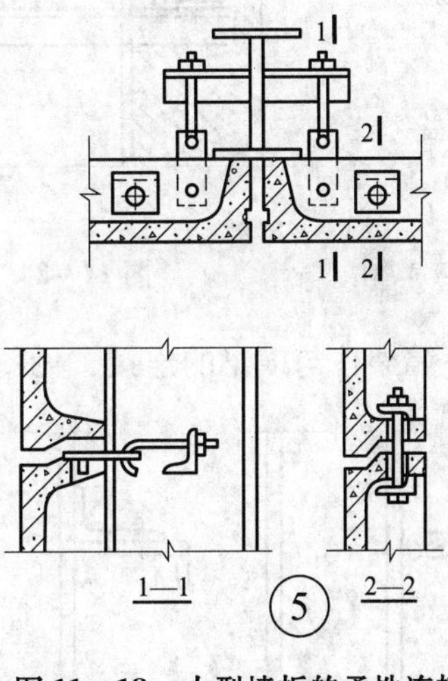

图 11－18 大型墙板的柔性连接

1 刚性连接。

厂房下部窗台以下的大型钢筋混凝土墙板通常为自承重，其他墙板宜每隔 4～5 块墙板在墙架柱（或厂房柱）上设置支托（图 11－17），以支承墙板重量。

2 柔性连接。

大型墙板的自承重部分以及承重支托之间的墙板（图 11－18）与柱的连接宜采用柔性连接。

11.4.4 墙架柱与砌体墙、墙梁的连接，分别见图 11－19 和图 11－20。

1 砌体自承重墙与抗风柱或厂房柱的连接，应能使墙体在水平方向与柱共同变形，但在竖直方向应保证墙有自由沉降的可能性。因此，宜采用柔性连接（图 11－19）。连接件沿柱高度的距离为 1200～1500mm。

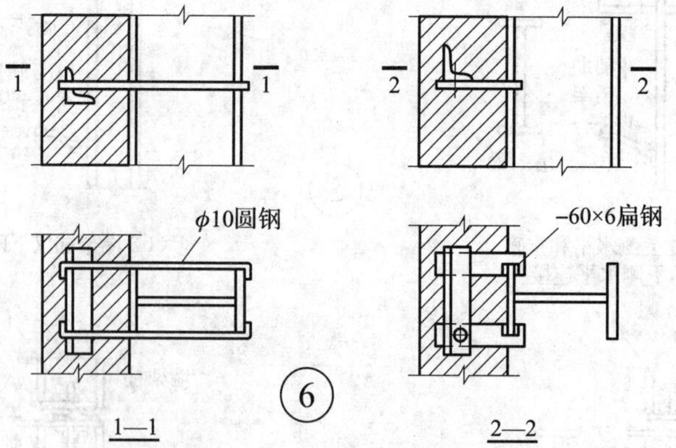

（a）用圆钢连接　　（b）用扁钢连接

图 11－19　砌体自承重墙与抗风柱的连接

2　砌体自承重墙内的抗风墙梁（此墙梁不承受墙体自重）与柱的连接宜采用柔性连接，以保证墙体的自由沉降，如图 11－20 所示。

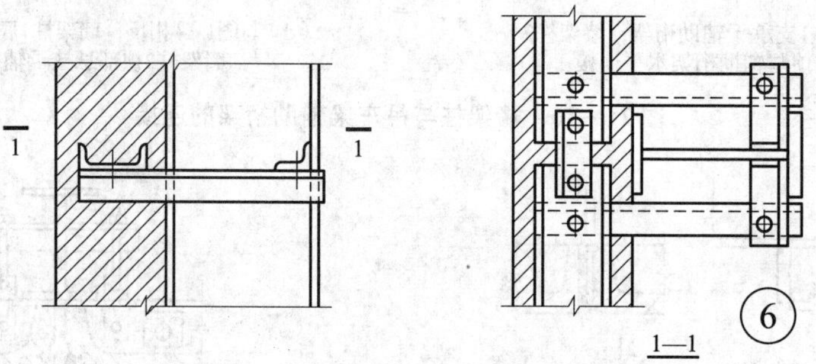

图 11－20　砌体墙中的抗风横梁与柱连接

11.4.5　墙架柱与横梁的连接，见图 11－21。

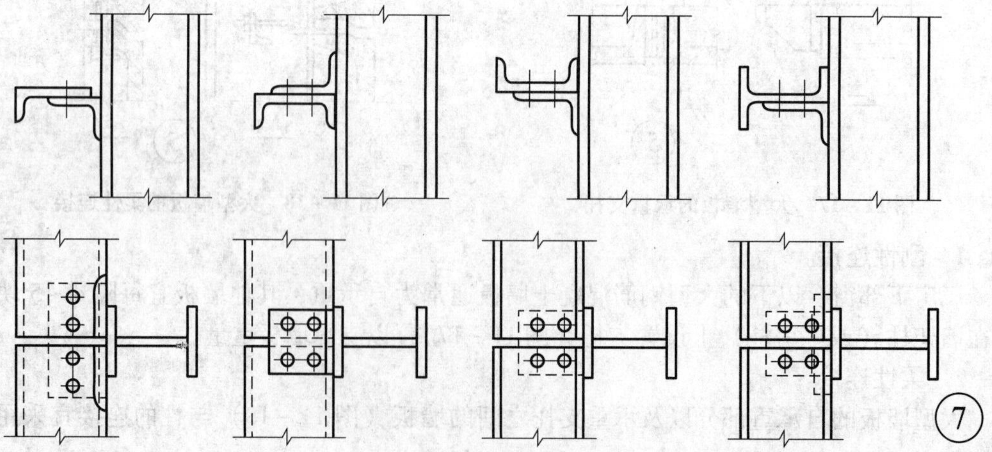

（a）　（b）　（c）　（d）

图 11－21　横梁与柱的连接（横梁可采用冷弯薄壁卷边 C 形钢或 Z 形钢）

1 轻型墙的横梁一般与焊于柱上的角钢支托（图 11－21）连接。槽口向下的槽钢横梁如支托朝下，宜在支承处将内翼缘切去以便安装［图 11－21（a）］；图 11－21（b）的连接方法虽可免去切肢的工序，但安装不便。

2 图 11－22 为加强横梁与柱的连接构造。当横梁截面无任何对称轴时［图 11－22（b）］，应在支座附近和沿梁长度每隔 1000mm 左右设置厚度为 6mm 的抗扭加劲板。

11.4.6 横梁与角隅撑连接，见图 11－23。

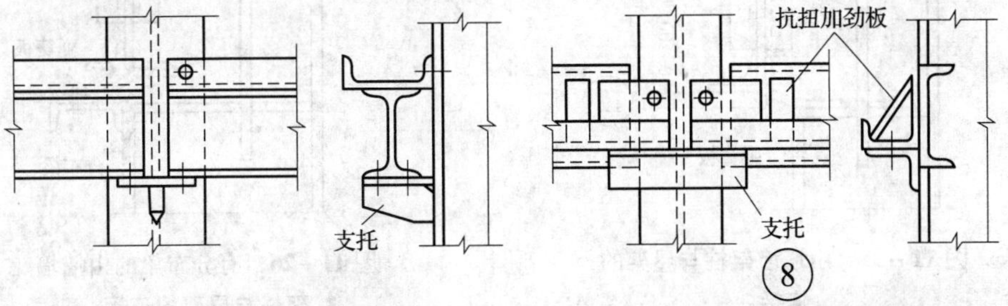

（a）工字钢和槽钢组合的加强横梁　（b）双槽钢组合的加强横梁

图 11－22 加强横梁与柱的连接

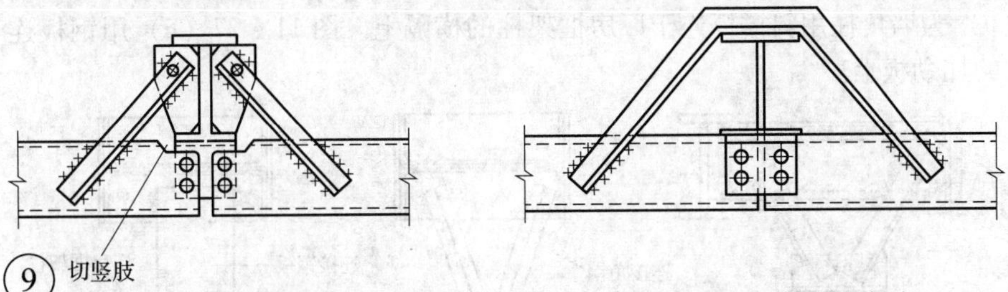

（a）支托朝下，横梁槽口向下　（b）支托朝上，横梁槽口向下

图 11－23 横梁的角隅撑

当墙架柱需要横梁作为其内、外翼缘的支承时，应加角隅撑（图 11－23）。

11.4.7 斜拉杆与墙架柱连接，见图 11－24。

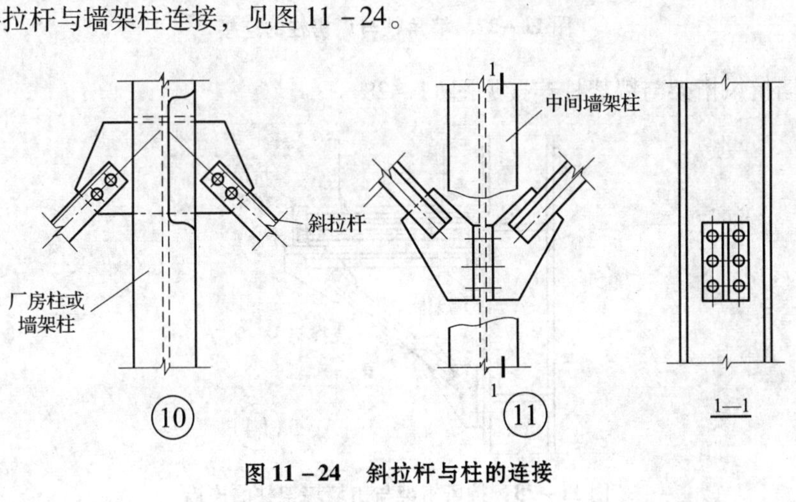

图 11－24 斜拉杆与柱的连接

11.4.8 山墙墙架柱连接。

1 山墙墙架柱与屋架连接，见图 11－25、图 11－26。

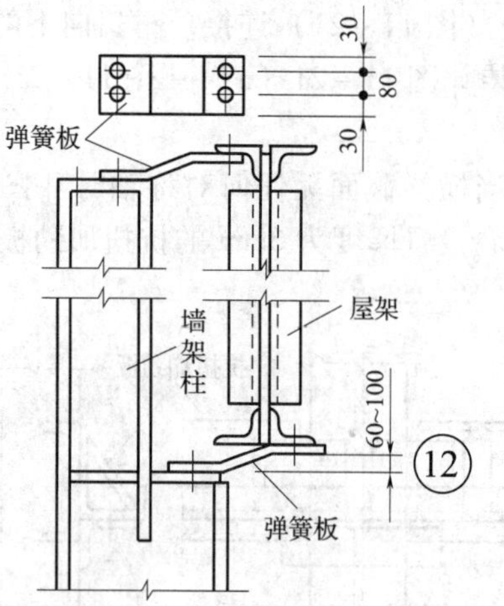

图 11－25 山墙墙架柱与屋架的连接

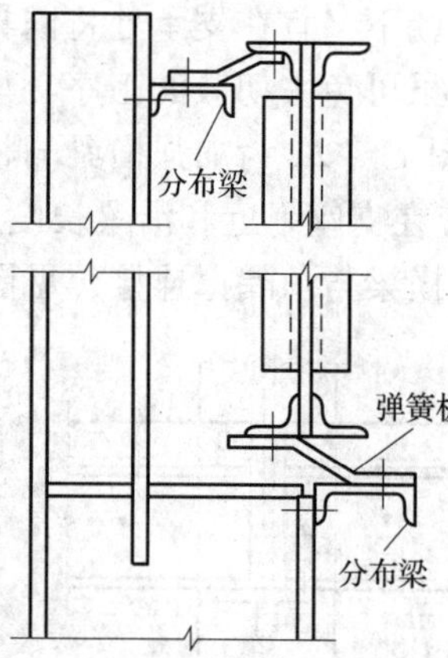

图 11－26 有分布梁的山墙墙架柱与屋架的连接

2 山墙墙角柱连接见图 11－27。

山墙的墙角柱宜与厂房框架相连接以减小墙角柱的截面和增加山墙的刚度。图 11－27（a）、（b）为墙角柱用斜撑杆连于厂房框架柱的横隔上。图 11－27（c）用钢板连于厂房框架柱的加劲板上。

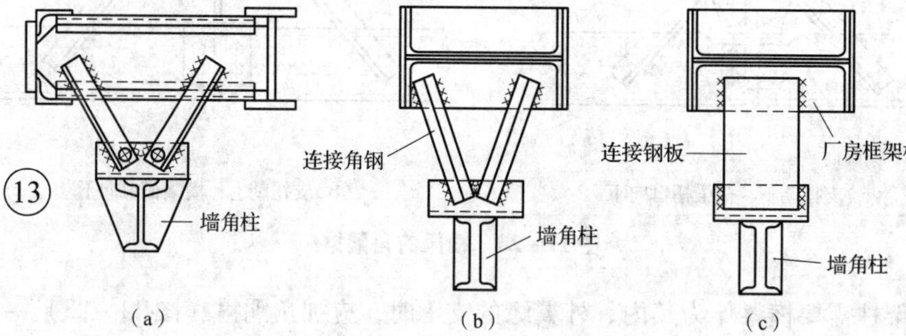

图 11－27 墙角柱与厂房柱的连接

3 山墙抗风桁架与墙架柱连接见图 11－28。

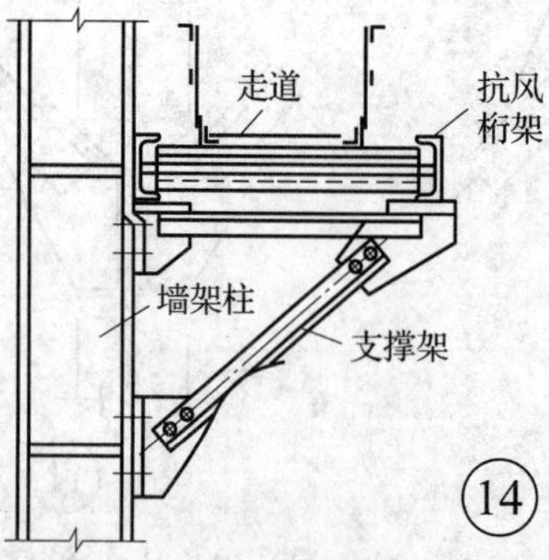

图 11－28 抗风桁架与山墙墙架柱的连接

抗风桁架与墙架柱的连接处应设置斜撑架（图 11－28），以支承抗风桁架的内弦杆，也便于安装。

4 图 11－29 为抗风桁架端部与吊车梁的连接构造。

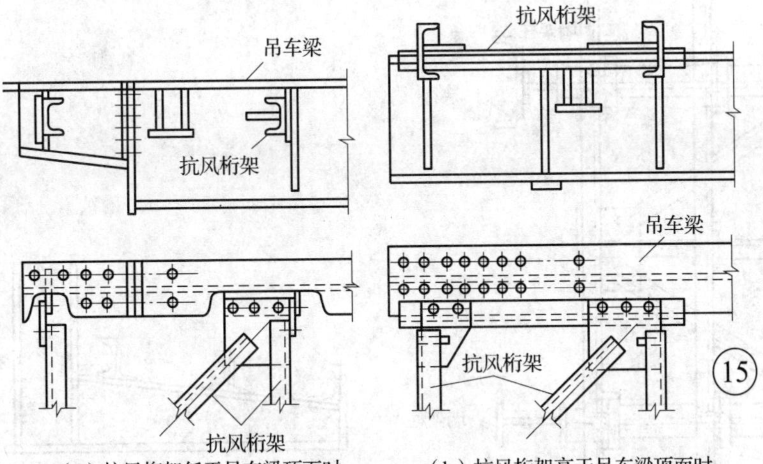

（a）抗风桁架低于吊车梁顶面时　　（b）抗风桁架高于吊车梁顶面时

图 11－29　抗风桁架与吊车梁的连接

5 当墙架柱支承于洞口上的竖直和水平桁架时，其连接构造可如图 11－30 所示。

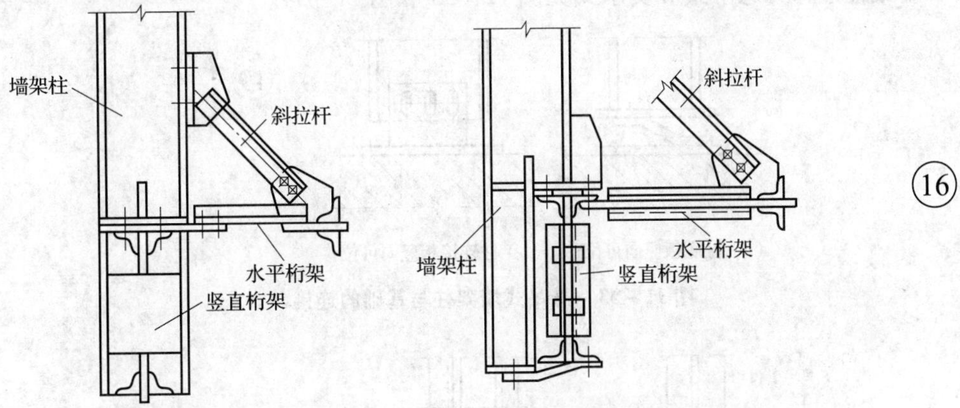

（a）墙架柱直接支承于竖直桁架顶　　（b）墙架柱通至竖直桁架底部

图 11－30　墙架柱支承于竖直和水平桁架的连接构造

6 山墙柱间支撑与墙架的连接构造见图 11－31。

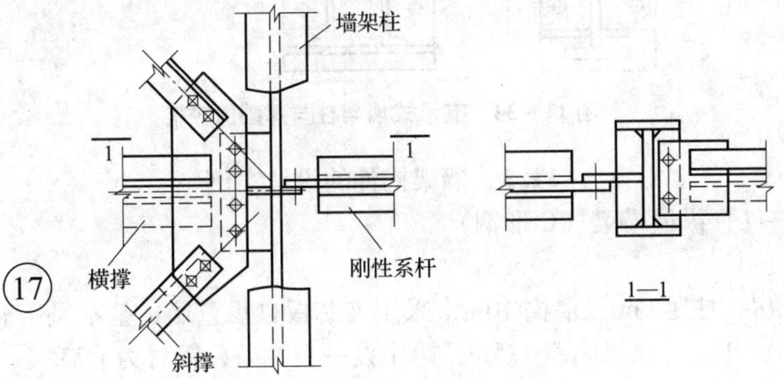

图 11－31　山墙柱间支撑与墙架柱的连接

7 墙架柱的雨篷和支撑见图 11 - 32。

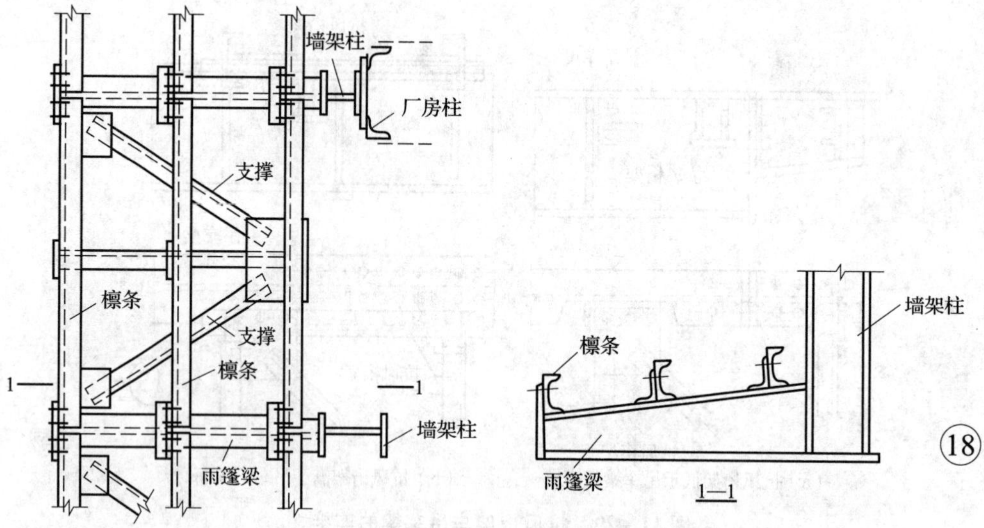

⑱

图 11 - 32 悬吊墙架柱下端的雨篷和支撑

8 墙架柱柱脚分悬吊式和支承式见图 11 - 33 和图 11 - 34。

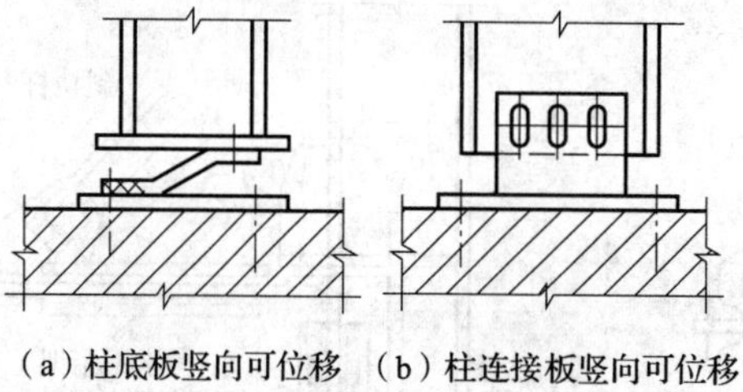

⑲

（a）柱底板竖向可位移 （b）柱连接板竖向可位移

图 11 - 33 悬吊式墙架柱与基础的连接

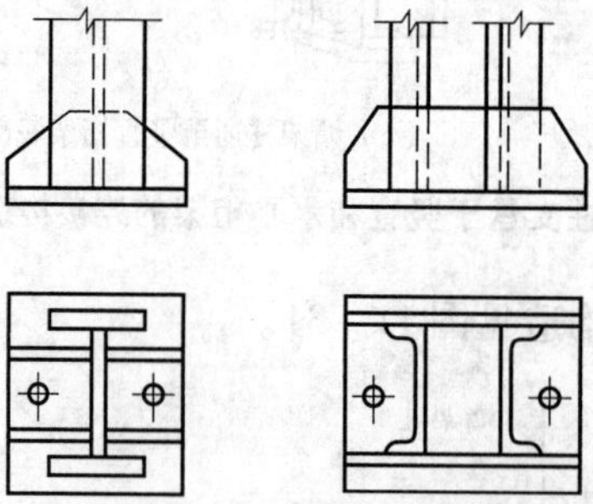

⑳

图 11 - 34 支承式墙架柱与基础的铰接

11.5 墙架构件的设计实例

【例题 11 - 1】 纵墙横梁（C 形钢）

1 设计资料。

某单层厂房，柱距 6m 纵墙高 10m，采用夹芯板自承重墙，基本风压 $w_0 = 0.5\text{kN/m}^2$，地面粗糙度类别 B 类，墙梁间距 1.5m，跨中设一根拉条，钢材为 Q235。

2 荷载计算。

（1）墙梁采用 C 形钢，自重。

（2）墙重。

（3）风荷载。

本例高度 10m < 18m，属于低矮房屋，风荷载标准值可按《建筑结构荷载规范》GB 50009—2012 的围护结构计算：

$$w_k = \beta_{gz}\mu_s\mu_z w_0，\mu_s = \pm 1.20，\beta_{gz} = 1.70，\mu_z = 1$$

$q_x = 1.2 \times 0.07 = 0.084kN/m$（落地墙不计墙重，因墙梁先装不计拉条作用）

$$q_y = 1.70 \times 1.2 \times 1 \times 0.5 \times 1.5 \times 1.4 = 2.14kN/m$$

3 内力计算。

$$M_x = \frac{1}{8} \times 0.084 \times 6^2 = 0.378kN \cdot m$$

$$M_y = \frac{1}{8} \times 2.14 \times 6^2 = 9.63kN \cdot m$$

4 强度计算。

C220 × 75 × 20 × 2.2，平放，开口朝上。

$$W_{xmax} = 29.7cm^3，W_{xmin} = 11.40cm^3，W_y = 56.99cm^3$$

$$\sigma = \frac{M_x}{W_{enx}} + \frac{M_y}{W_{eny}} = \frac{0.378}{0.9 \times 11.4 \times 10^3} + \frac{9.63}{0.9 \times 56.99 \times 10^3} = 42 + 188 = 230 > 215N/mm^2$$

考虑改用 C220 × 75 × 20 × 2.5。与表 11 - 1 选用一致。

式中 0.9 为参照例题 7 - 2 取用的有效截面模量系数。在风吸力下拉条位置应设在墙梁内侧，并在柱底设斜拉条［图 11 - 5（b）］。此时夹芯板与墙梁外侧牢固相连，可不验算墙梁的整体稳定性。

5 挠度计算。

仍取 C220 × 75 × 20 × 2.2，$I_x = 620.85cm^4$

$$\nu = \frac{5}{384} \cdot \frac{q_y l^4}{EI_y} = \frac{5 \times 1.2 \times 0.5 \times 6^4 \times 10^{12}}{384 \times 2.06 \times 10^5 \times 620.85 \times 10^4} = 12mm < \frac{l_0}{200} = 30mm$$

【例题 11 - 2】 纵墙横梁（高频焊接薄壁 H 型钢）

1 设计资料同【例题 11 - 1】，柱距 9m，$g = 0.12kN/m$。

2 风荷载。

$$w_k = \beta_{gz}\mu_s\mu_z w_0$$

$$q_x = 1.2 \times 0.12 = 0.144kN/m$$

$$q_y = 2.14kN/m$$

3 内力计算。

$$M_x = \frac{1}{8} \times 0.144 \times 9^2 = 1.46kN \cdot m$$

$$M_y = \frac{1}{8} \times 2.14 \times 9^2 = 21.70kN \cdot m$$

4 强度计算。

H200 × 150 × 3.2 × 4.5 平放

$$W_x = 33.76cm^3，W_y = 147.6cm^3，I_y = 1475.9cm^4$$

$$\sigma = \frac{M_x}{M_{enx}} + \frac{M_y}{W_{eny}} = \frac{1.46 \times 10^6}{33.76 \times 10^3} + \frac{21.7 \times 10^6}{0.95 \times 147.6 \times 10^3} = 43.2 + 154.8$$

$$=198\text{N/mm}^2<215\text{N/mm}^2$$

因拉条在腹板上开孔，仅对 W_y 乘以孔洞削弱系数0.95。

5 挠度计算。

$$\nu=\frac{5}{384}\cdot\frac{q_y l^4}{EI_y}=\frac{5\times1.2\times0.5\times1.5\times9^4\times10^{12}}{384\times2.06\times10^5\times1475.9\times10^4}=25.3\text{mm}<\frac{l_0}{200}=45\text{mm}$$

如选用表11-1，可采用H200×100×45×6，如考虑高度10m折减，可用H200×100×3.2×4.5。

【例题11-3】 山墙抗风柱（无抗风桁架）

1 设计资料。

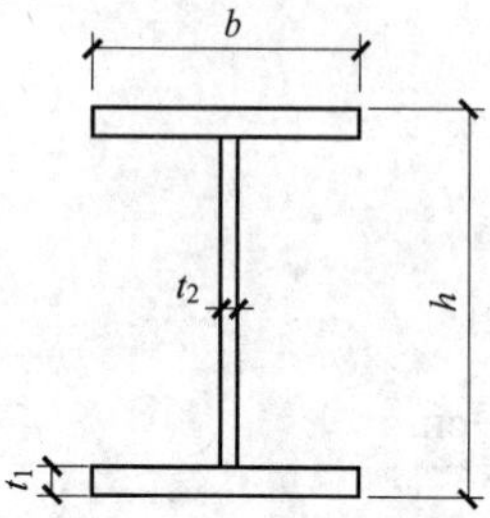

图11-35 柱截面

抗风柱的上柱高度2.4m，柱总高度17.7m；基本风压 $W_0=0.40\text{kN/m}^2$，地面粗糙度B类，风荷载体形系数，轻质墙板自重取0.35kN/m，柱距取7.5m，钢材为Q235。试验算风荷载下的构件稳定性。

抗风柱工字形截面见图11-35参数如下：

下柱截面的高度 $h=500\text{mm}$，翼缘宽度 $b=300\text{mm}$，翼缘厚度 $t_1=14\text{mm}$，腹板厚度 $t_2=6\text{mm}$。

上柱截面的高度 $h=350\text{mm}$，翼缘宽度 $b=300\text{mm}$，翼缘厚度 $t_1=14\text{mm}$，腹板厚度 $t_2=6\text{mm}$。

根据公式：

$$A=2\times b\times t_1+(h-2t_1)\times t_2$$

$$I_x=\frac{1}{12}\times[b\times h^3-(b-t_2)\times(h-2t_1)^3],\ I_y=\frac{1}{12}\times[2\times t_1\times b^3+(h-2t_1)\times t_2^3]$$

$$W_x=\frac{I_x}{h/2},\ i_x=\sqrt{I_x/A},\ i_y=\sqrt{I_y/A}$$

上柱截面 $A_1=2\times300\times14+(350-28)\times6=10.33\times10^3\text{mm}^2$。

$$I_{1x}=\frac{1}{12}\times[300\times350^3-(300-6)\times(350-28)^3]=25.39\times10^7\text{mm}^4$$

$$I_{1y}=\frac{1}{12}\times[2\times14\times300^3+(350-28)\times6^3]=63.01\times10^6\text{mm}^4$$

$$W_{1x}=\frac{25.39\times10^7}{350/2}=14.51\times10^5$$

$$i_{1x}=\sqrt{25.39\times10^7/10.33\times10^3}=156.78\text{mm}$$

$$i_{1y}=\sqrt{63.01\times10^6/10.33\times10^3}=78.10\text{mm}$$

下柱截面 $A_2=2\times300\times14+(500-28)\times6=11.23\times10^3\text{mm}^2$。

$$I_{2x}=\frac{1}{12}\times[300\times500^3-(300-6)\times(500-28)^3]=54.87\times10^7\text{mm}^4$$

$$I_{2y}=\frac{1}{12}\times[2\times14\times300^3+(500-28)\times6^3]=63.01\times10^6\text{mm}^4$$

$$W_{2x}=\frac{54.87\times10^7}{500/2}=21.95\times10^5\text{mm}^3$$

$$i_{2x}=\sqrt{54.87\times10^7/11.23\times10^3}=221.04\text{mm}$$

$i_{2y} = \sqrt{63.01 \times 10^6 / 11.23 \times 10^3} = 74.91\text{mm}$

则有：

$$n = \frac{I_{1x}}{I_{2x}} = \frac{25.39 \times 10^7}{54.87 \times 10^7} = 0.463,\ \lambda = \frac{H_1}{H} = \frac{2.4}{17.7} = 0.136$$

$$S = 1 + \lambda^3 (n-1) = 1 + 0.136^3 \times (0.463 - 1) = 1.003$$

2 抗风柱的受力分析。

当抗风柱受到风荷载的作用时见图 11－36：

对于 17.7m 高的抗风柱，地面粗糙度为 B 类，其风压高度变化系数 $\mu_z = 1.199$。

风压线荷载 $q_k = \mu_s \mu_z \beta_z q_0 = 1.0 \times 1.199 \times 1.0 \times 7.5 \times 0.4 = 3.597\text{kN/m}$。

当变截面柱受到均布荷载作用时，由表 22－4 序号 14，反力系数：

$$C_{14} = \frac{3}{8} \times \frac{1 + \lambda^4 \left(\frac{1}{n} - 1\right)}{S} = \frac{3}{8} \times \frac{1 + 0.136^4 \left(\frac{1}{0.463} - 1\right)}{1.003} = 0.374$$

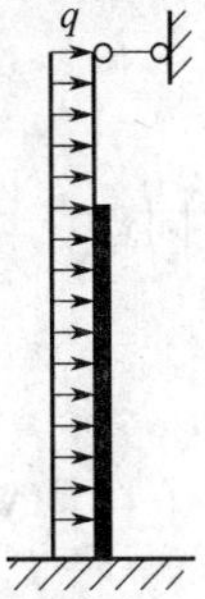

图 11－36 抗风柱计算简图

柱顶反力 $R_a = C_6 q_k H = 0.374 \times 3.597 \times 17.7 = 23.81\text{kN}$。

上柱截面受到的弯矩：

$$M_{1k} = R_a \times H_1 - \frac{1}{2} \times q_k \times H_1^2 = 23.8 \times 2.4 - 1/2 \times 3.597 \times 2.4^2 = 46.76\text{kN·m}。$$

下柱截面受到的弯矩：

$$M_{2k} = \frac{1}{2} q_k H^2 - R_a H = 1/2 \times 3.597 \times 17.7^2 - 23.81 \times 17.7 = 142.02\text{kN·m}。$$

故有

上柱截面的弯矩设计值：$M_1 = 1.4 \times 1.2 \times 46.76 = 78.56\text{kN·m}$。

上柱截面的轴力设计值：$N_1 = 1.2 \times (0.35 \times 7.5 \times H_1 + 78.5 \times A_1 \times H_1)$

$= 1.2 \times (0.35 \times 7.5 \times 2.4 + 78.5 \times 0.01033 \times 2.4) = 9.90\text{kN}$。

下柱截面的弯矩设计值：$M_2 = 1.4 \times 1.2 \times 142.02 = 238.59\text{kN·m}$（1.2 多考虑柱顶弹性反力而增加的弯矩）。

下柱截面的轴力设计值：$N_2 = 1.2 \times [0.35 \times 7.5 \times H + 78.5 \times (A_1 \times H_1 + A_2 \times H_2)]$

$= 1.2 \times [0.35 \times 7.5 \times 17.7 + 78.5 \times (0.01033 \times 2.4 + 0.01123 \times 15.3)] = 74.28\text{kN}$。

下柱截面的剪力设计值：$V_2 = 1.4 \times 1.2 \times (q_k H - R_a) = 1.4 \times 1.2 \times (3.597 \times 17.7 - 23.81) = 66.96\text{kN}$。

3 截面验算。

上柱平面内计算长度：$l_{1x} = 2H_1$。

下柱平面内计算长度：$l_{2x} = 1.1H_2$。

上柱平面外计算长度：$l_{1y} = H_1 + H_{cs,max} - 200$。

下柱平面外计算长度：$l_{2y} = H_2\text{h} - H_{cs,min} + 200$。

注：$H_{cs,max}$、$H_{cs,min}$ 分别为厂房柱上柱高度的最大值和最小值。

本例中，$l_{1x} = 2H_1 = 2 \times 2.4 = 4.8\text{m}$，$l_{2x} = 1.1H_2 = 1.1 \times 15.3 = 16.83\text{m}$

$$l_{1y} = H_1 + H_{cs,max} - 200 = 2400 + 4200 - 200 = 6.4\text{m}$$

$l_{2y} = H_2 - H_{cs,min} + 200 = 15300 - 3600 + 200 = 11.9\text{m}$

上柱的长细比 $\lambda_{1x} = \frac{4800}{156.78} = 30.6$，$\lambda_{1y} = \frac{6400}{78.10} = 81.9 < [\lambda] = 150$

下柱的长细比 $\lambda_{2x}=\dfrac{16830}{221.04}=76.1$，$\lambda_{2y}=\dfrac{11900}{74.91}=158.9$

查表（平面内为b类截面，平面外为c类截面），上柱截面稳定系统 $\varphi_{1x}=0.93$，$\varphi_{1y}=0.57$；下柱的稳定系数 $\varphi_{2x}=0.71$，$\varphi_{2y}=0.26$。

整体稳定系数 φ_b：

φ_{1b}按表14－9公式（14－32）计算：

$$\varphi_{1b}=1.05-\frac{\lambda_y^2}{45000}=1.05-\frac{81.9^2}{45000}=0.90$$

同理 $\varphi_{2b}=0.55$（柱脚按固定，柱脚为铰接时 $\varphi_{2b}=0.50$）。

$$N'_{Ex}=\frac{\pi^2EA}{1.1\lambda^2}$$

上柱：$N'_{1Ex}=\dfrac{\pi^2EA_1}{1.1\lambda_{1x}^2}=\dfrac{\pi^2\times206000\times10330}{1.1\times30.6^2}=20390.7\text{kN}$

下柱：$N'_{2Ex}=\dfrac{\pi^2EA_2}{1.1\lambda_{2x}^2}=\dfrac{\pi^2\times206000\times11230}{1.1\times76.1^2}=3584.1\text{kN}$

（1）弯矩作用平面内的稳定。

其中，上柱β_{mx}取1.0，下柱β_{mx}取0.85；

上柱平面内稳定应力（为b类截面）：

$$\frac{N}{\varphi_xAf}+\frac{\beta_{mx}M}{\gamma_xW_x\left(1-0.8\dfrac{N}{N'_{Ex}}\right)f}=\frac{9.9\times10^3}{0.93\times10330\times215}+\frac{1.0\times78.56\times10^6}{1.05\times14.51\times10^5\ (1-0.8\times9.90/20390.7)\times215}$$

$=0.245<1$

下柱平面内稳定应力（为b类截面）：

$$\frac{N}{\varphi_xAf}+\frac{\beta_{mx}M}{\gamma_xW_x\left(1-0.8\dfrac{N}{N'_{Ex}}\right)f}=\frac{74.28\times10^3}{0.71\times11230\times215}+\frac{0.85\times238.59\times10^6}{1.05\times21.95\times10^5\ (1-0.8\times74.28/3584.1)\times215}$$

$=0.459<1$

（2）弯矩作用平面外的稳定。

其中，$\eta=1.0$。

上柱平面外稳定应力（为c类截面）β_{tx}取1：

$$\frac{N}{\varphi_yAf}+\eta\frac{\beta_{tx}M}{\varphi_b\cdot W_xf}=\frac{9.90\times10^3}{0.57\times10330\times215}+1.0\times\frac{1.0\times78.56\times10^6}{0.90\times14.51\times215}=0.26<1$$

下柱平面外稳定应力（为c截面）：

$$\frac{N}{\varphi_yAf}+\eta\frac{\beta_{tx}M}{\varphi_b\cdot W_xf}=\frac{74.28\times10^3}{0.26\times11230\times215}+1.0\times\frac{l\times238.59\times10^6}{0.55\times21.95\times10^5\times215}=1.03>1.0\text{ 尚可。}$$

4 抗风柱挠度验算。

根据ANSYS软件计算的最大挠度为25.78mm $<H/400=17700/400=44.25$mm。

【例题11－4】 山墙抗风柱（无抗风桁架）

1 基本数据。

截面几何参数同前，墙面自重取 $g=30\text{kN/m}$。

2 抗风柱的受力分析。

（1）地震时墙板对抗风柱的作用。

按8度，0.3g地区计算，$\alpha_{max}=0.24$。

地震线荷载设计值：$q=1.3\times1.5\alpha_{max}g=1.3\times1.5\times0.24\times30=14.04\text{kN/m}$。

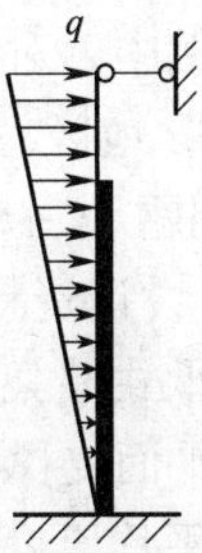

图11-37　抗风柱抗震计算简图

当变截面柱受到倒三角荷载作用时，由表22-4序号14和15，反力系数

$$C_x=\frac{3}{8}\times\frac{1+\lambda^4\left(\frac{1}{n}-1\right)}{S^3}-\frac{1}{10}\times\frac{1+0.136^5\left(\frac{1}{n}-1\right)}{S}$$

$$=\frac{3}{8}\times\frac{1+0.136^4\left(\frac{1}{0.463}-1\right)}{1.003}-\frac{1}{10}\times\frac{1}{1.003}=0.374-0.100=0.274$$

$R_a=C_xqH=0.274\times14.04\times17.7=68.09\text{kN}$

上柱截面弯矩：

$$M_{1E}^1=R_aH_1-\left(\frac{qH_1^2}{2}-\frac{qH_1^3}{6H}\right)=68.09\times2.4-\left(\frac{14.04\times2.4^2}{2}-\frac{14.04\times2.4^3}{6\times17.7}\right)=124.81\text{kN}\cdot\text{m}$$

下柱截面弯矩：

$$M_{2E}^1=\frac{1}{3}qH^2-R_aH=1/3\times14.04\times17.7^2-68.09\times17.7=261.00\text{kN}\cdot\text{m}$$

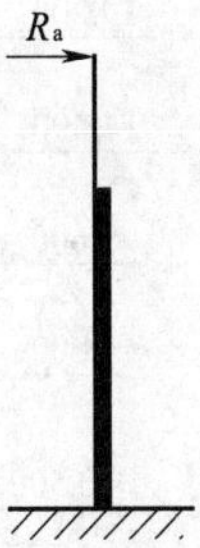

图11-38　柱顶侧移刚度计算简图

（2）抗风柱柱顶侧移的影响。

取$T_1=0.9\text{s}$，$\alpha=\alpha_{max}$；柱顶位移$\Delta\frac{T_1^2}{4}\alpha=\frac{0.9^2}{4}\times0.24=48.6\text{mm}$。

场地类别1V、设计地震分组为第三组$T_1=T_g=0.95$。计算简图见图11-38《钢筋混凝土抗风柱》105G334页4。

柱顶反力：$R_a=K\cdot\Delta=\frac{1}{\delta}\cdot\Delta$

$$C_0=\frac{3}{S}=\frac{3}{1.003}=2.99$$

$$\delta=\frac{1}{C_0}\cdot\frac{H^3}{EI_x}=\frac{17700^3}{2.99\times206000\times54.87\times10^7}=0.0164\text{mm/N}$$

$$R_a=\frac{1}{0.0164}\times48.6=2.96\text{kN}$$

上柱截面弯矩：

$M_{1E}^2=R_aH_1=1.3\times2.96\times2.4=9.24\text{kN}\cdot\text{m}$

下柱截面弯矩：

$M_{2E}^2=R_aH=1.3\times2.96\times17.7=68.11\text{kN}\cdot\text{m}$

将（1）（2）的弯矩进行叠加，得

上柱截面弯矩：$M_{1E}=124.81-9.24=115.57\text{kN}\cdot\text{m}$

下柱截面弯矩：$M_{2E}=261.00+68.11=329.11\text{kN}\cdot\text{m}$

取抗震调整系数$\gamma_{RE}=0.75$，则

上柱截面弯矩：$M_{1E}=0.75\times115.57=86.68\text{kN}\cdot\text{m}>78.65\text{kN}\cdot\text{m}$　风弯矩设计值

下柱截面弯矩：$M_{2E}=0.75\times329.11=246.83\text{kN}\cdot\text{m}>238.59\text{kN}\cdot\text{m}$　风弯矩设计值

此例中，对于8度，0.3g地区，应取基本风压线荷载为3.6kN/m的截面。而对于8度，0.3g地区，基本风压线荷载3.0kN/m的截面可以满足。

【例题11-5】 山墙墙架柱（有抗风桁架）

1 设计资料。

支承式墙架柱，间距为6m，总长度为36.9m，与基础铰接，水平方向支承于屋架上、下平面支撑和两层抗风桁架［图11-39（a）］。山墙墙体为160mm厚空心钢筋混凝土板（平均厚度为110mm），墙板或钢窗见图11-39（a）。左侧所示标高处有承重支托。基本风压值w_0为0.45kN/m^2，地面粗糙度类别B。钢材采用Q235号钢，焊条采用E43型。

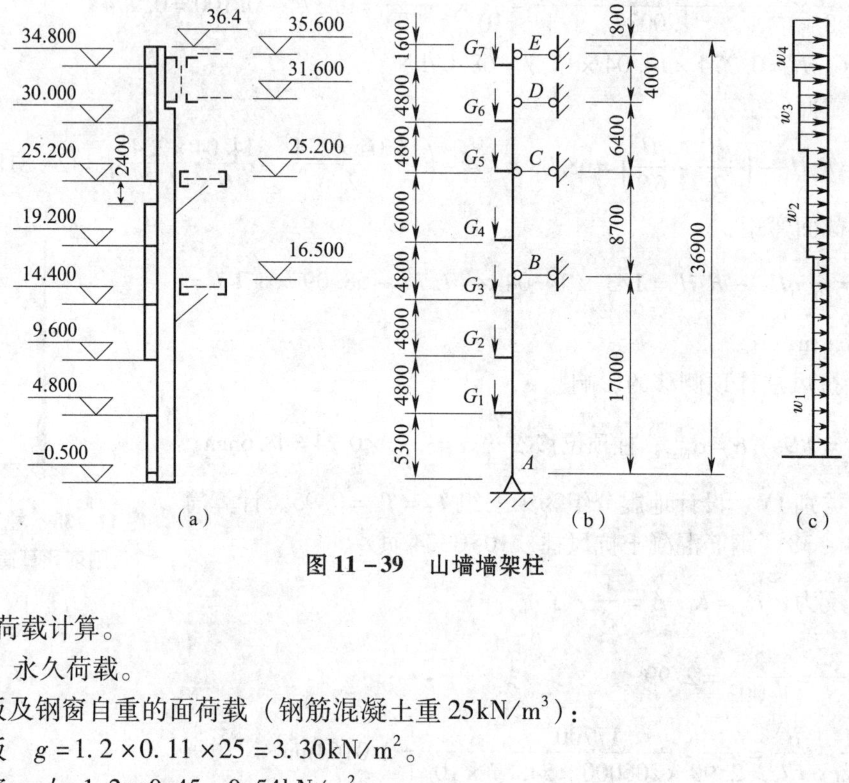

图11-39 山墙墙架柱

2 荷载计算。

（1）永久荷载。

墙板及钢窗自重的面荷载（钢筋混凝土重25kN/m^3）：

墙板 $g = 1.2 \times 0.11 \times 25 = 3.30\text{kN/m}^2$。

墙窗 $g' = 1.2 \times 0.45 = 0.54\text{kN/m}^2$。

各承重支托处的集中荷载（在窗口范围，墙架柱一侧为墙板，另一侧为钢窗）：

$G_1 = 3.30 \times 4.8 \times 3 + 0.54 \times 4.8 \times 3 = 55.3\text{kN}$

$G_2 = G_3 = G_5 = G_6 = 3.30 \times 4.8 \times 6 = 95.0\text{kN}$

$G_4 = 3.3 \times 3.6 \times 6 \times 3.3 \times 2.4 \times 3 + 0.54 \times 2.4 \times 3 = 98.9\text{kN}$

$G_7 = 3.3 \times 1.6 \times 6 = 31.7\text{kN}$

假设标高31.6m以下的柱截面高度为0.5m，则荷载偏心距$e = 0.08 + 0.25 = 0.33\text{m}$；上柱截面高度为0.25m，则荷载偏心距$e' = 0.08 + 0.125 = 0.205\text{m}$。作用于墙架柱的偏心弯矩为：

$$M_1 = 55.3 \times 0.33 = 18.2\text{kN} \cdot \text{m}$$

$$M_2 = M_3 = M_5 = M_6 = 95.0 \times 0.33 = 31.4\text{kN} \cdot \text{m}$$

$$M_4 = 98.9 \times 0.33 = 32.6\text{kN} \cdot \text{m}$$

$$M_7 = 31.7 \times 0.205 = 6.5\text{kN} \cdot \text{m}$$

另外：变截面处的弯矩为：

$$M_{D}=31.7\times0.125=4.0\text{kN}\cdot\text{m}$$

（2）风荷载。

对封闭式房屋，端墙风压力的体型系数为 +0.9，风吸力的体型系数 μ_S 为 −0.2。因墙架柱不全属于围护结构，也不属于高柔房屋，但以承受风荷载为主的个别构件，故不应考虑阵风系数 β_{gZ}，也不应考虑风振系数 β_Z。偏安全地取 $\mu_S=\pm1$，风压的高度变化系数 $\mu_B=1.17$。

（标高 16.5m 处），$\mu_C=1.34$（标高 25.2m 处），$\mu_D=1.44$（标高 31.6m 处），$\mu_E=1.51$（标高 36.4m 处）。

风压力的线荷载［图 11−39（c）］为：

$$w_1=1.4\times1.17\times1\times0.45\times6=4.42\text{kN/m}$$
$$w_2=1.4\times1.34\times1\times0.45\times6=5.07\text{kN/m}$$
$$w_3=1.4\times1.44\times1\times0.45\times6=5.44\text{kN/m}$$
$$w_4=1.4\times1.51\times1\times0.45\times6=5.71\text{kN/m}$$

3　内力计算。

为简化计算，在柱变截面处（D 点）假设为铰接［图 11−39（b）］。墙架柱的顶段（DE 段）为静定梁式构件；AD 段为连续构件。

（1）AD 柱在墙面永久荷载的偏心力矩作用下，各段的固端弯矩可按表 21−1 和表 21−2 的公式算得：

$$M_{BA}^{f}=\frac{17.0^2-3\times5.3^2}{2\times17.0^2}(-18.2)+\frac{17.0^2-3\times10.1^2}{2\times17.0^2}(-31.4)+\frac{17.0^2-3\times14.9^2}{2\times17.0^2}(-31.4)=15.0\text{kN}\cdot\text{m}$$

$$M_{BC}^{f}=\frac{6.0}{8.7^2}\times(3\times2.7-8.7)(-32.6)=1.6\text{kN}\cdot\text{m}$$

$$M_{CB}^{f}=\frac{2.7}{8.7^2}\times(3\times6.0-8.7)(-32.6)=-10.8\text{kN}\cdot\text{m}$$

$$M_{CD}^{f}=\frac{6.4^2-3\times1.6^2}{2\times6.4^2}(-31.4)+\frac{1}{2}\times(-4)=-14.8\text{kN}\cdot\text{m}$$

各段的弯矩分配系数为：

$$\mu_{BA}=\frac{\dfrac{3}{17.0}}{\dfrac{3}{17.0}+\dfrac{4}{8.7}}=0.277$$

$$\mu_{BC}=\frac{\dfrac{4}{8.7}}{\dfrac{3}{17.0}+\dfrac{4}{8.7}}=0.723$$

$$\mu_{CB}=\frac{\dfrac{4}{8.7}}{\dfrac{4}{8.7}+\dfrac{3}{6.4}}=0.495$$

$$\mu_{CD}=\frac{\dfrac{3}{6.4}}{\dfrac{4}{8.7}+\dfrac{3}{6.4}}=0.505$$

用弯矩分配法计算各段的端部弯矩，然后求得支座反力和弯矩图形（图 11－40）。

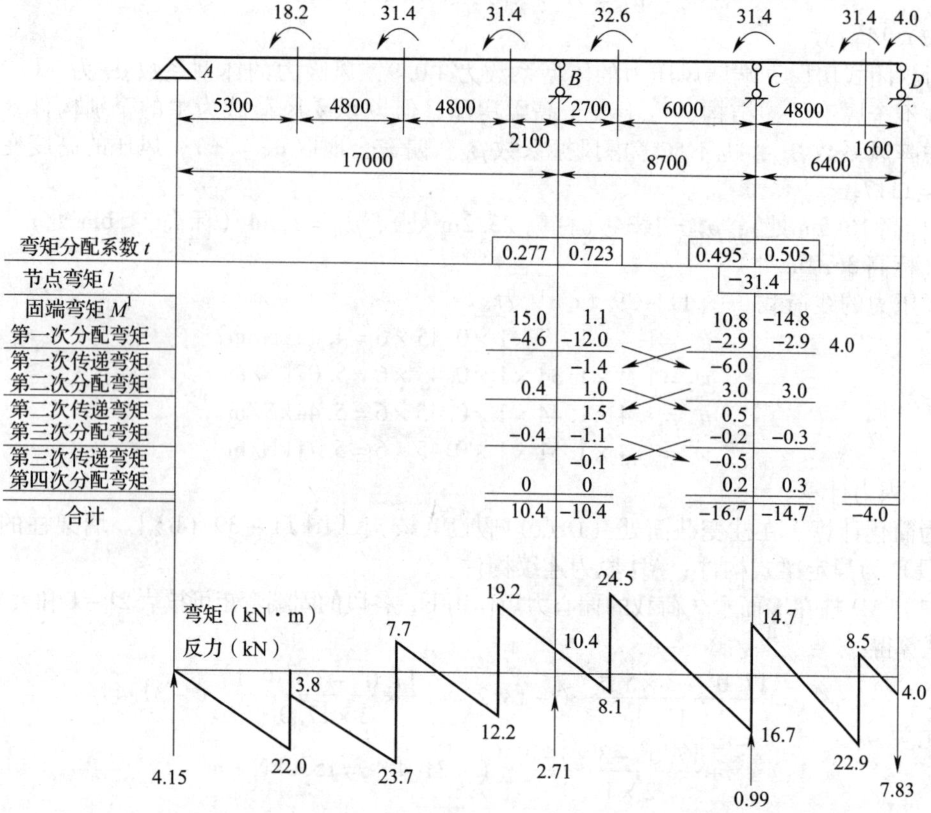

图 11－40　墙架柱在永久荷载偏心力矩作用的内力计算图

（2）AD 柱在风荷载作用下，各段的固端弯矩可按表 21－1 和表 21－2 的公式算得：

$$M_{BA}^{f}=\frac{1}{8}\times 4.42\times 17.0^{2}=159.7\text{kN}\cdot\text{m}$$

$$M_{BC}^{f}=-\frac{1}{12}\times 5.07\times 8.7^{2}=-32.0\text{kN}\cdot\text{m}$$

$$M_{CB}^{f}=-\frac{1}{12}\times 5.07\times 8.7^{2}=32.0\text{kN}\cdot\text{m}$$

$$M_{CD}^{f}=-\frac{1}{8}\times 5.44\times 6.4^{2}=-27.9\text{kN}\cdot\text{m}$$

用弯矩分配法计算各段的端部弯矩，然后求得支座反力和弯矩图形（图 11－41）。

4　截面选择。

此墙架柱以 AB 段最为不利，此段的最大内力为（设柱自重为 0.8kN/m）：

$$N_{max}=G_1+G_2+G_3+G_4+G_5+G_6+G_7+\text{柱自重}$$

$$=55.3+4\times 95.0+98.9+31.7+0.8\times 1.2\times 36.9=601.3\text{kN}$$

$$M_1=22.0+99.2=121.2\text{kN}\cdot\text{m}$$

$$M_2=23.7+81.9=105.6\text{kN}\cdot\text{m}$$

$$M_B=-10.4-121.4=-131.8\text{kN}\cdot\text{m}$$

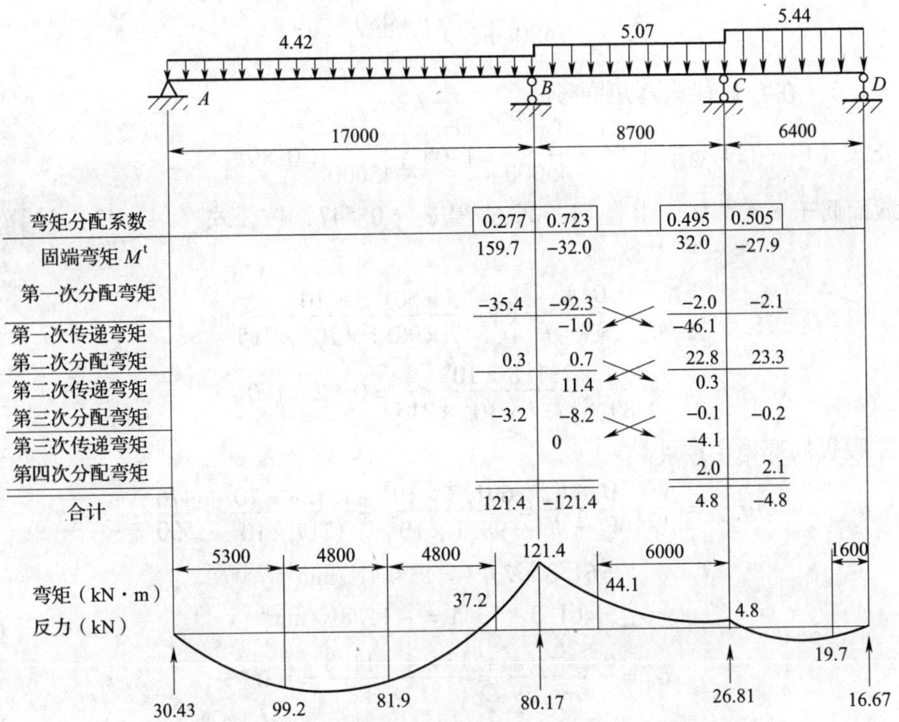

图 11－41　墙架柱在风荷载作用下的内力计算图

弯矩的符号：在构件的下侧为正，上侧为负。

设选用的墙架柱截面如图 11－42 所示（翼缘板的边缘为轧制或剪切边），其截面特性由表 17－6 查得：

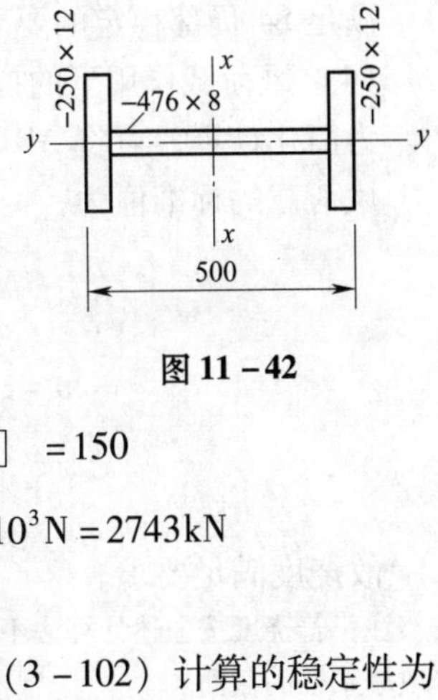

图 11－42

$A=98.1\text{cm}^2$，自重 0.76kN/m，$I_x=42920\text{cm}^4$，$W_x=1717\text{cm}^3$，$i_x=20.92\text{cm}$，$I_y=3127\text{cm}^4$，$W_y=250.2\text{cm}^3$，$i_y=5.65\text{cm}$。

（1）弯矩作用平面内的稳定性计算。

$$l_{ox}=1700\text{cm},\ \lambda_x=1700/20.92=81.3<[\lambda]=150$$

$$N_{Ex}=\frac{\pi^2EA}{1.1\lambda_x^2}=\frac{\pi^2\times206\times10^3\times98.1\times10^2}{1.1\times81.3^2}=2743\times10^3\text{N}=2743\text{kN}$$

$$\beta_{mx}=0.85$$

此截面属于 b 类截面，由表 14－2b 查得 $\varphi_x=0.679$，按公式（3－102）计算的稳定性为：

$$\frac{N}{\varphi_xA}+\frac{\beta_{mx}M_x}{\gamma_xW_{1x}\left(1-0.8\dfrac{N}{N_{Ex}}\right)f}=\frac{601.3\times10^3}{0.679\times98.1\times10^2\times215}$$

$$+\frac{0.85\times131.8\times10^6}{1.05\times1717\times10^3\left(1-0.8\times\dfrac{601.3}{2743}\right)\times215}=0.77<1$$

β_{mx} 取 0.85。

（2）弯矩作用平面外的稳定性计算。

设在各承重支托处，墙板与墙架柱有可靠的连接，可视为墙架柱弯矩作用平面外的支承。

$$l_{oy}=480\text{cm},\ \lambda_y=\frac{480}{5.65}=85$$

$\beta_{tx}=1.0$（在 l_{oy} 区段内弯矩同号）

按公式（14－42）$\varphi_b=1.05-\frac{\lambda_y^2}{45000}=1.05-\frac{85^2}{45000}=0.89$

此截面属于 c 类截面，由表 14－2C 查得 $\varphi_y=0.547$，按公式（14－42）计算的稳定性为：

$$\frac{N}{\varphi_y Af}+\frac{\beta_{tx}M}{\varphi_b W_{1x}f}=\frac{1\times601.3\times10^3}{0.547\times98.1\times10^2\times215}+$$

$$\frac{1\times131.8\times10^6}{0.89\times1717\times10^3\times215}=0.92<1.0$$

（3）腹板局部稳定性计算。

$$\sigma_{max}=\frac{N}{A}+\frac{M}{W_x}\cdot\frac{h_w}{h}=\frac{601.3\times10^3}{98.1\times10^2}+\frac{131.8\times10^6}{1717\times10^3}\cdot\frac{476}{500}$$

$$=61.3+73.1=134.4\text{N/mm}^2$$

$$\sigma_{min}=61.3-73.1=-11.8\text{N/mm}^2$$

$$\alpha_0=\frac{\sigma_{max}-\sigma_{min}}{\sigma_{max}}=\frac{134.4+11.8}{134.4}=1.09$$

按表 2－24，$\frac{h_0}{t_w}=\frac{476}{8}=59.5<(45+25\times1.09^{1.66})\times1=73.8$

满足 S4 局部稳定的要求。

（4）风荷载作用下的挠度计算。

为简化计算，可将 AB 段作为单跨简支梁计算。

风荷载的标准值为：

$$w_k=\frac{4.42}{1.4}=3.16\text{kN/m}=3.16\text{N/m}$$

$$v=\frac{5}{384}\cdot\frac{w_k l^4}{EI_x}=\frac{5}{384}\times\frac{3.16\times17000^4}{206\times10^3\times42920\times10^4}$$

$$=38.9\text{mm}<\frac{l}{400}=42.5\text{mm}$$

故挠度满足要求。

注：若挠度按上述计算法不满足要求时，宜作为连续梁再进行挠度计算，如果还不满足要求，则应修改墙架柱的截面。

【例题 11－6】 抗风桁架

1　设计资料。

计算【例题 11－5】中的下层抗风桁架（图 11－39 的标高 16.50m 处），桁架跨度为 32.5m，钢材采用 Q235 钢，焊条采用 E43 型。

采用的抗风桁架形式和几何尺寸如图 11－43 所示。

2　内力计算。

（1）在支承墙架柱处，抗风桁架所受的节点荷载（设计值），即墙架柱的支座反力（图 11－40、图 11－41）为：

在永久荷载和风压力作用下

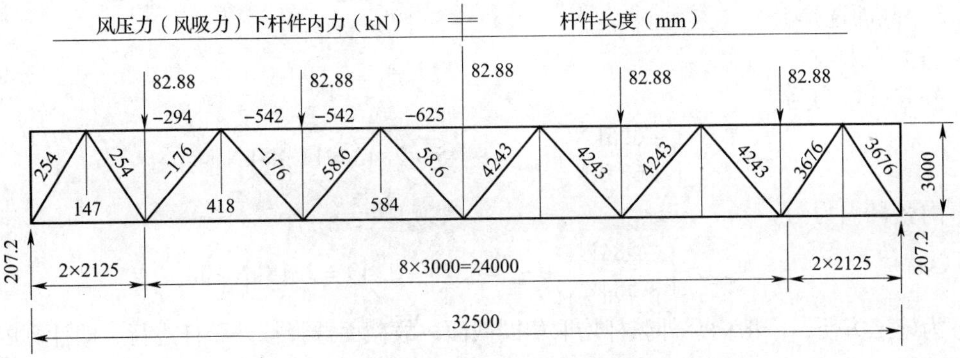

图 11－43　抗风桁架的形式、尺寸和内力

$$F=2.69+80.17=82.86\text{kN}$$

在永久荷载和风吸力作用下

$$F=2.69-80.17=-77.48\text{kN}\ \text{统一取}\ 82.86\text{kN}$$

（2）采用数解法可较方便地求出各杆件在风压力（风吸力）作用下的内力，图 11－43 左侧数字为风力作用下的杆件内力（kN）。

（3）各横腹杆在走道荷载作用下的弯矩（图 11－44）：

走道板等自重设为 1.0kN/m^2，活荷载为 2.0kN/m^2（标准值）。

走道传给抗风桁架横腹杆的集中荷载设计值为：

$$Q=(1.2\times1.0+1.4\times2.0)\times1.5\times3\times\frac{1}{2}=9.0\text{kN}$$

$$R_1=\frac{1}{3}\times(9\times1.0+9\times2.5)=10.5\text{kN}$$

$$R_2=2\times9-10.5=7.5\text{kN}$$

$$M_{\max}=7.5\times1.0=7.5\text{kN}\cdot\text{m}$$

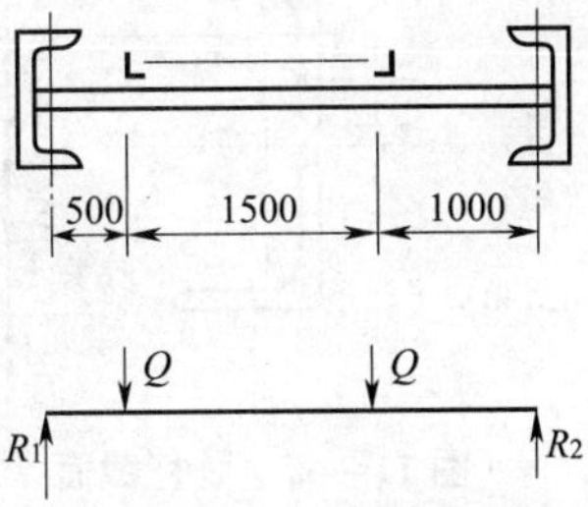

图 11－44　走道板对横腹杆的弯矩

（4）弦杆在走道荷载和抗风桁架自重作用下的弯矩：

墙架柱及斜撑为抗风桁架弦杆的竖向支点，即跨度为 6m，即弦杆竖向支点间的中央受有走道板传来的集中力为 10.5kN（外弦杆）或 7.5kN（内弦杆）。

因弦杆为连续构件，弯矩的取值可按屋架上弦杆受节间荷载时的取值方法确定（参见第 7.2.3 节）。

外弦杆的弯矩为：

$$M_1=\pm0.6\times\frac{1}{4}\times10.5\times6=\pm9.45\text{kN}\cdot\text{m}$$

内弦杆的弯矩为：

$$M'_1=\pm0.6\times\frac{1}{4}\times7.5\times6=\pm6.75\text{kN}\cdot\text{m}$$

假设桁架自重为 0.75kN/m（标准值），对外弦杆或内弦杆的弯矩为：

$$M_2=\pm0.6\times\frac{1}{8}gl^2=\pm0.6\times\frac{1}{8}\times(1.2\times0.75)\times6^2=\pm2.43\text{kN}\cdot\text{m}$$

上述弯矩正负号：在竖向支点处为负，在跨中为正。跨中正弯矩不包括弦杆端节间。由于走道荷载对弦杆端节间不产生弯矩，而端节间的轴心力较小，故未予计算。

3 截面选择。

(1) 弦杆。

外弦杆内力为:

$$N_{max}=\begin{cases}-625\text{kN}\\+625\text{kN}\end{cases}\quad M_{max}=9.45+2.43=11.88\text{kN}\cdot\text{m}$$

内弦杆内力为:

$$N_{max}=\begin{cases}-584\text{kN}\\+584\text{kN}\end{cases}\quad M_{max}=6.75+2.43=9.18\text{kN}\cdot\text{m}$$

为施工方便,一般内、外弦杆均取相同截面,故截面选择按外弦杆进行,即计算内力:

$$N=-625\text{kN},\ M=11.88\text{kN}\cdot\text{m}$$

$l_{oy}=300cm$(桁架平面内),$l_{ox}=600\times\left(0.75+0.25\times\dfrac{542}{625}\right)=580\text{cm}$(衔架平面外)。

通常弦杆采用槽钢截面,但本例题选用较为经济的双角钢槽型截面(能使平面内外的稳定性大致相等)。节点板厚度取为10mm(支座节点板厚度12mm)。

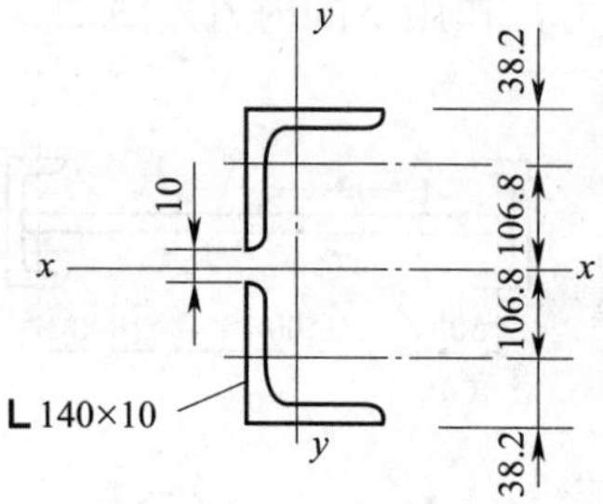

图11-45 弦杆截面

采用图11-45所示的2L140×10的截面,角钢之间的空隙为10mm用以放置节点板。由于空隙小,在节间内设置较密的填板(间距采用750mm,单肢长细比约为17),且弯矩的影响不大,因此可按实腹截面进行计算。其截面特性为:

$$A=54.74\text{cm}^2,\ i_y=4.34\text{cm}$$

$$I_x=2\times(514.7+27.37\times10.68^2)=7273\text{cm}^4$$

$$W_x=7273/14.5=501.6\text{cm}^3$$

$$i_x=\sqrt{7273/54.74}=11.5\text{cm}$$

1) 弯矩作用平面内的稳定性计算:

$$\lambda_x=\frac{580}{11.5}=50.4$$

$$N_{Ex}=\frac{\pi^2EA}{1.1\lambda_x}=\frac{\pi^2\times206\times10^3\times54.74\times10^2}{1.1\times50.4^2}=3943\times10^3N$$

$$\beta_{mx}=0.85$$

此截面属于b类截面,由表14-2查得$\varphi_x=0.854$,按公式(3-102)计算的稳定性为:简支取$\beta_{mx}=\beta_{tx}=1.0$

$$\frac{N}{\varphi_xAf}+\frac{\beta_{mx}M_x}{\gamma_xW_{1x}\left(1-0.8\dfrac{N}{N_{Ex}}\right)f}=\frac{625\times10^3}{0.854\times54.74\times10^2\times215}$$

$$+\frac{11.88\times10^6}{1.05\times501.6\times10^3\left(1-0.8\times\dfrac{625}{3943}\right)\times215}=0.81<1.0$$

2) 弯矩作用平面外的稳定性计算:

$$\lambda_y=\frac{300}{4.34}=69.1<[\lambda]=150$$

按公式(14-28)$\varphi_b=1.05-\dfrac{\lambda_y^2}{45000}=0.89$多侧向支撑点

此截面属于b类截面,由表14-2b查得$\varphi_y=0.756$,按公式(3-107)计算的稳定性（$\eta-1$）为：

$$\frac{N}{\varphi_{y}Af}+\eta\frac{\beta_{tx}M_{x}}{\varphi_{b}'W_{1x}f}=\frac{625\times10^{3}}{0.756\times54.74\times10^{2}\times215}+$$

$$1.0\times\frac{1.0\times11.88\times10^{6}}{0.89\times501.6\times10^{3}\times215}=0.82<1.0$$

（2）横腹杆，截面见图 11－46。

$$N=-82.86\text{kN},\ M_{max}=7.5\text{kN}\cdot\text{m}$$

选用 2∟90×7，$A=24.6\text{cm}^2$，$i_y=2.78\text{cm}$

$$i_x=4.07\text{cm},\ W_x=42.91\text{cm}^3$$

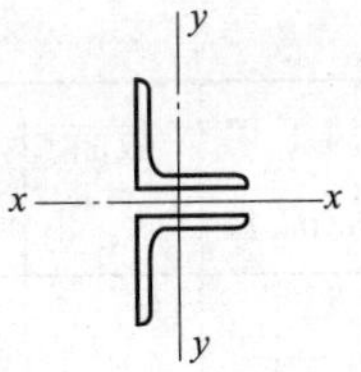

图 11－46　横腹杆截面

1）弯矩作用平面内的稳定性计算。

$$l_{ox}=300\text{cm}\ \lambda_x=\frac{300}{4.07}=73.7<[\lambda]=150,$$

$$N_{Ex}=\frac{\pi^2 EA}{1.1\lambda_x^2}=\frac{\pi^2\times206\times10^3\times24.6\times10^2}{1.1\times73.7^2}=837\times10^3\text{N},$$

$$\beta_{mx}=1.0,\ \gamma_x=1.2。$$

此截面属于 b 类截面，由表 14－2b 查得 $\varphi_x=0.728$，按公式（3－102）计算的稳定性为：

$$\frac{N}{\varphi_x Af}+\frac{\beta_{mx}M_x}{\gamma_x W_{1x}\left(1-0.8\frac{N}{N'_{Ex}}\right)f}=\frac{82.86\times10^3}{0.728\times24.6\times10^2\times215}+$$

$$\frac{1.0\times7.5\times10^6}{1.2\times42.91\times10^3\left(1-0.8\times\frac{82.88}{837}\right)\times215}$$

$$=0.95<1$$

2）弯矩作用平面外的稳定性计算。

走道板的两侧处可视为弯矩作用平面外的支承点，故 $l_{oy}=150\text{cm}$。

$$\lambda_y=\frac{150}{2.78}=54<120$$

近似按公式（14－28）：

$$\varphi_b=1.05-\frac{\lambda_y^2}{45000}=0.985$$

此截面属于 b 类截面，由表 14－2b 查得 $\varphi_y=0.838$，按公式（3－107）计算的稳定性为：

$$\frac{N}{\varphi_y Af}+\eta\frac{\beta_{tx}M_x}{\varphi_b W_{1x}f}=\frac{82.88\times10^3}{0.838\times24.6\times10^2\times215}+1\times\frac{1.0\times7.5\times10^6}{0.985\times42.91\times10^3\times215}=1.01\approx1.0\ \text{可}$$

其他横杆仍用以上相同截面。

（3）斜杆。

所有斜杆均为轴心受力杆件，各杆既受拉又受压，故一律取［λ］＝150。这里计算从略。

4　挠度计算。

因抗风桁架作为连续墙架柱的支承，故应计算其挠度。桁架的惯性矩为：

$$I_0=2\times54.74\times150^2=2463000\text{cm}^4=24.63\times10^9\text{mm}^4$$

水平荷载作用下的最大弯矩标准值为：

$$M_k=\frac{1}{1.4}(207.2\times16.25-82.86\times12-82.86\times6)=1339\text{kN}\cdot\text{m}$$

计算的相对水平挠度为：

$$\frac{v}{l}=\frac{M_{\mathrm{k}}l}{9EI}=\frac{1339\times10^{6}\times32500}{9\times206\times10^{3}\times24.63\times10^{9}}=\frac{1}{1049}<\frac{1}{1000}$$

11.6 墙架构件设计系列

卷边槽钢、H 型钢墙梁选用表见表 11－2，墙架柱（抗风柱）构件选用表 11－3。

表 11－2 卷边槽钢、H 型钢墙梁选用表

基木风压 W_0 (kN/m²)	截面形式	跨度 l (m)	梁距 a (m)	截面规格	构件编号	用钢量 g/a(kg/m²)	说明
0.5 B 类 $H\leqslant20$m $\mu_z=1.23$ $\mu_s=\pm1.2$ $\beta_{gz}=1.63$	卷边槽钢 C 型钢	4.5	1.2	120×50×20×3.0	QLC4.5－12.3	4.61	跨中设一道内、外拉条
			1.5	160×50×20×2.5	QLC4.5－16.2	4.00	
			1.8	160×60×20×3.0	QLC4.5－16.3	3.88	
			2.1	180×70×20×2.5	QLC4.5－18.2	3.17	
			2.4	180×70×20×3.0	QLC4.5－18.3	3.29	
			2.7	180×70×20×3.0	QLC4.5－18.3	2.92	
			3.0	200×70×20×3.0	QLC4.5－20.3	2.78	
		6.0	1.2	200×70×20×2.5	QLC6.0－20.2	5.88	跨中设一道内、外拉条
			1.5	220×75×20×2.5	QLC6.0－20.2	5.09	
			1.8	220×75×25×3.0	QLC6.0－22.3	5.17	
			2.1	250×75×25×3.0	QLC6.0－25.3	4.76	
			2.4	280×80×25×3.0	QLC6.0－28.3	4.52	
			2.7	280×80×25×3.0	QLC6.0－28.3	4.06	
			3.0	300×80×25×3.0	QLC6.0－30.3	3.86	
		7.5	1.2	250×75×20×2.5	QLC7.5－25.2	6.86	跨中设二道内、外拉条
			1.5	280×80×20×2.5	QLC7.5－28.2	6.01	
			1.8	280×80×25×3.0	QLC7.5－28.3	6.08	
	H 型	6.0	1.8	150×75×4.5×6.0	QLH6.0－15.2	6.63	跨中设一道拉条
			2.4	150×100×4.5×6.0	QLH6.0－15.4	5.95	
			3.0	200×100×4.5×6.0	QLH6.0－20.2	5.35	
		7.5	1.5	150×75×4.5×6.0	QLH7.5－15.2	7.96	跨中设二道内、外拉条
			1.8	150×100×4.5×6.0	QLH7.5－15.4	7.94	
			2.4	200×100×4.5×6.0	QLH7.5－20.2	6.71	
			3.0	200×150×4.5×6.0	QLH7.5－20.3	6.02	
		9.0	1.5	200×100×4.5×6.0	QLH9.0－20.2	10.7	
			1.8	200×100×4.5×6.0	QLH9.0－20.2	8.94	
			2.4	200×150×4.5×6.0	QLH9.0－20.3	8.66	
			3.0	200×125×4.5×6.0	QLH9.0－25.1	6.73	

续表 11－2

基本风压 W_0（kN/m^2）	截面形式	跨度 l（m）	梁距 a（m）	截面规格	构件编号	用钢量 g/a(kg/m^2)	说明
0.7 B 类 $H \leqslant 20m$ $\mu_z = 1.23$ $\mu_s = \pm 1.2$ $\beta_{gz} = 1.63$	卷边槽钢 C 型钢	4.5	1.2	160×60×20×2.5	QLC4.5－16.2	4.89	跨中设一道拉条
			1.5	180×70×20×2.5	QLC4.5－18.2	4.44	
			1.8	180×70×20×3.0	QLC4.5－18.3	4.38	
			2.1	200×70×20×3.0	QLC4.5－20.3	3.98	
			2.4	220×75×25×3.0	QLC4.5－22.3	3.88	
			2.7	220×75×25×3.0	QLC4.5－22.3	3.45	
			3.0	250×75×25×3.0	QLC4.5－25.3	3.33	
		6.0	1.2	220×75×25×3.0	QLC6.0－22.3	7.80	
			1.5	280×80×20×2.5	QLC6.0－28.2	6.00	
			1.8	280×80×25×3.0	QLC6.0－28.3	6.60	
			2.1	300×80×25×3.0	QLC6.0－30.3	5.43	
	H 型	6.0	1.8	150×100×4.5×6.0	QLH6.0－15.4	7.94	跨中设一道拉条
			2.4	200×100×4.5×6.0	QLH6.0－20.2	6.69	
			3.0	200×150×4.5×6.0	QLH6.0－20.3	6.93	
		7.5	1.5	200×100×3.2×4.5	QLH7.5－20.1	7.91	跨中设两道拉条
			1.8	200×100×4.5×6.0	QLH7.5－20.2	8.90	
			2.4	200×150×4.5×6.0	QLH7.5－20.3	8.65	
			3.0	250×125×4.5×6.0	QLH7.5－25.1	6.73	
		9.0	1.5	200×150×4.5×6.0	QLH9.0－20.3	13.80	
			1.8	200×150×4.5×6.0	QLH9.0－20.3	11.50	
			2.4	200×150×4.5×6.0	QLH9.0－20.3	8.7	
			3.0	200×125×4.5×6.0	QLH9.0－25.1	6.67	

注：1 墙体为挂板，与墙梁用自攻钉连接，用于窗顶墙梁时应经验算后确定是否加强。

2 计算中已考虑风吸力下墙梁内侧的稳定，故单层墙板均应在墙里侧再增设拉条，再按图 11－5 在墙底处加斜拉条。当采用双层墙板时，墙梁暗藏，拉条位于墙梁腹板中心部位，取消墙底处斜拉条。

3 按《建筑结构荷载规范》GB 50009—2012，封闭式建筑。取＋1.2，－1.2，统一计入墙梁负风面积的风荷载折减系数 0.85。当基本风压 W_0 不等于 $0.5kN/m^2$、房屋高度 $H<20m$ 时也可换算基本风压、檩距选用。例如 $W_0=0.4kN/m^2$，$H=10m$，地面粗糙度为 A 类，墙梁间距 a 由 1.5m 改为 1.2m 时，则换算：

$W_0=\frac{\mu_z(20)}{\mu_z(10)}\times 0.4=\frac{1.23}{1.28}\times 0.4\times\frac{1.5}{1.2}=0.48<0.5kN/m^2$，仍可按 $W_0=0.50kN/m^2$，$a=1.2m$ 选用，以此类推。

表 11-3 墙架柱（抗风柱）构件选用表

基本风压 W_0 (kN/m^2)	下柱高 h (m)	柱距 a (m)	截面规格 (mm)	构件编号	用钢量 g/a (kg/m^2)	说明
0.5 $\mu_s = \pm 1.0$ $\beta_{gz} = 1.0$	6.9	4.5	H300×150×5×6	QJZ6.9-11	5.65	构件编号中末尾两数字，第一个为基本风压等级，第二个为截面尺寸序号
		6.0	H300×200×5×6	QJZ6.9-12	5.02	
		7.5	H300×150×6×8	QJZ6.9-13	5.13	
		9.0	H300×150×6×10	QJZ6.9-14	4.95	
	8.1	4.5	H300×200×5×6	QJZ8.1-11	6.70	
		6.0	H300×200×6×8	QJZ8.1-12	6.41	
		7.5	H300×200×6×10	QJZ8.1-13	5.95	
		9.0	H350×250×6×8	QJZ8.1-14	5.67	
	9.3	4.5	H300×200×6×8	QJZ9.3-11	8.55	
		6.0	H350×200×6×10	QJZ9.3-12	7.43	
		7.5	H350×250×6×8	QJZ9.3-13	6.80	
		9.0	H400×250×6×10	QJZ9.3-14	6.35	
	10.5	4.5	H350×200×6×10	QJZ10.5-11	10.43	
		6.0	H350×250×6×8	QJZ10.5-12	8.51	
		7.5	H400×250×6×10	QJZ10.5-13	7.62	
		9.0	H500×250×6×12	QJZ10.5-14	7.73	
	12.3	4.5	H350×250×6×10	QJZ12.3-11	12.18	
		6.0	H400×250×6×10	QJZ12.3-12	9.53	
		7.5	H500×250×6×12	QJZ12.3-13	9.27	
		9.0	H500×300×6×12	QJZ12.3-14	8.81	
0.7 $\mu_s = \pm 1.0$ $\beta_{gz} = 1.0$	6.9	4.5	H300×200×5×6	QJZ6.9-21	6.70	
		6.0	H300×200×6×8	QJZ6.9-22	6.41	
		7.5	H300×200×6×10	QJZ6.9-23	5.95	
		9.0	H350×200×6×10	QJZ6.9-24	5.22	
	8.1	4.5	H300×200×6×8	QJZ8.1-21	8.55	
		6.0	H300×200×6×10	QJZ8.1-22	7.41	
		7.5	H350×250×6×8	QJZ8.1-23	6.80	
		9.0	H350×250×6×10	QJZ8.1-24	6.09	
	9.3	4.5	H350×200×6×10	QJZ9.3-21	10.43	
		6.0	H350×250×6×8	QJZ9.3-22	8.51	
		7.5	H450×250×6×10	QJZ9.3-23	7.93	
		9.0	H500×250×6×10	QJZ9.3-24	6.87	

续表 11-3

基本风压 W_0（kN/m²）	下柱高 h（m）	柱距 a（m）	截面规格（mm）	构件编号	用钢量 g/a（kg/m²）	说明
0.7 $\mu_s=\pm1.0$ $\beta_{gz}=1.0$	10.5	4.5	H350×250×6×10	QJZ10.5-21	12.18	构件编号中末尾两数字，第一个为基本风压等级，第二个为截面尺寸序号
		6.0	H400×250×6×10	QJZ10.5-22	9.53	
		7.5	H500×250×6×12	QJZ10.5-23	9.27	
		9.0	H500×300×6×10	QJZ10.5-24	7.68	
	12.3	4.5	H500×250×6×10	QJZ12.3-21	13.75	
		6.0	H500×250×6×12	QJZ12.3-22	11.59	
		7.5	H500×300×6×12	QJZ12.3-23	10.57	
		9.0	H500×300×6×14	QJZ12.3-24	8.81	

注：1　本表适用于抗震设防烈度为8度0.2g、轻质墙板、地面粗糙度为B类的抗风柱。柱截面由三块钢板焊成的H形截面。

2　抗风柱上柱计算高度 $H_L\leqslant2.4$m。上柱实际高度按国家标准图集《抗风柱》SG 533确定。抗风柱上柱截面按表中下柱截面确定。当抗风柱下柱截面高度为300mm或350mm时可做成等截面。当下柱截面高度为400mm及以上时，可按SG 533取上柱截面高度为300mm或350mm。其余与表中下柱截面尺寸相等。

3　抗风柱风荷载体型系数 μ_s 取±1.0，下柱高度超过10m时考虑了 μ_z，其余均按《建筑结构荷载规范》GB 50009—2012取用。

4　抗风柱两侧柱距不同时取平均值。

5　柱顶和柱底均为铰接，抗风柱柱顶与屋架（梁）上弦相连。柱脚底板厚20mm，采用4M14锚栓，详见2010年SG533第52页。

6　表中用钢量仅供参考。

11.7　墙架构件设计中的若干问题

11.7.1　墙梁截面形式和拉条。

1　墙梁一般采用水平放置的卷边槽钢（C形钢）和轻型H型钢，见本章图。

2　墙梁通常设双拉条，外侧与墙板用自攻螺钉连接，外侧拉条可作为墙板的竖向支点及安装之需。里侧拉条保证水平风吸力荷载下的整体稳定性。故称双拉条。当墙采用双层压型钢板复合保温板时，板能保证墙梁在正、负风压下的整体稳定性，此时可仅设位于墙梁腹板中心的单拉条。

11.7.2　墙梁的风荷载体型系数。

墙梁的局部风压体型系数 μ_{S1} 为风吸力 W_k 和 W 的重要组成部分，目前国内有三种计算资料。

（1）《门式刚架轻型房屋钢结构技术规范》GB 51022—2015中区 μ_{S1}（此处应变为 μ_W，为统一，不做改变）均为：

中间区吸力　$\mu_{S1}=0.176\log A-1.28$　　$1<A<50$　$A\leqslant1$　$\mu_{S1}=-1.28$　$A>50$　$\mu_{S1}=-0.98$

各区压力　$\mu_{S1}=-0.176\log A+1.18$　　$1<A<50$　$A\leqslant1$　$\mu_{S1}=+1.18$　$A>50$　$\mu_{S1}=+0.88$

（2）《门式刚架轻型房屋钢结构技术规程》CECS102：2002

$$\mu_{S1}(A)=-1.1,\ +1.0\ (A\geqslant10)$$

（3）《建筑结构荷载规范》GB 50009—2012

$$\mu_{S1}(A)=\mu_{S1}(1)+[\mu_{S1}(25)-\mu_{S1}(1)]\log A/1.4$$

背风面　μ_{S1}（1）$=-0.6-0.2=-0.8$

迎风面　μ_{S1}（1）$=+1.0+0.2=1.2$　为兼顾山墙，墙梁的 μ_{S1} 统一取为 -1.2

μ_{S1}（25）$=\mu_{S1}$（1）$\times 0.8$

将常用的檩距、跨度，1.5m×6.0m、1.5m×7.5m 和 1.5m×9.0m 按上述三种计算，结果列于表 11－4。

表 11－4　墙梁截面三种计算方法和用钢量比较（有支撑）

项次	梁距×跨度 $A=sl$（m^2）	GB 51022—2015 Ⅰ $\beta=1.5$			GECS102：2002 Ⅱ $\beta_{gz}=1$			GB 50009—2012 Ⅲ $\beta_{gz}=1.7$			Ⅱ/Ⅰ	Ⅲ/Ⅰ
		μ_{s1}	W（kN/m）	型号（mm）	μ_{s1}	W（kN/m）	型号（mm）	μ_{s1}	W（kN/m）	型号（mm）	（kg%）	（kg%）
1	1.5×6.0＝9.0	－1.11 ＋1.01	－1.92 ＋1.75	LC6－22.2	－1.10 ＋1.0	－1.27 ＋1.16	QLC6－18.1	－1.05 ＋1.04	－1.87 ＋1.85	LC6－22.2	78	100
2	1.5×7.5＝11.25	－1.09 ＋1.00	－1.89 ＋1.73	LC7.5－25.2	－1.10 ＋1.0	－1.27 ＋1.16	QLC7.5－22.1	－1.02 ＋1.02	－1.81 ＋1.82	QLC7.5－25.2	73	100
3	1.5×9.0＝13.5	－1.08 ＋1.00	－1.87 ＋1.73	QLC9－28.3	－1.10 ＋1.10	－1.27 ＋1.16	QLC9－28.2	－1.01 ＋1.00	－1.80 ＋1.79	QLC9－28.3	82	100

注：1　$W=1.4\times 1.5W_k=2.1W_k$，$W_k=\beta_{gz}\mu_{s1}\mu_z W_0$，$W_0=0.5kN/m^2$，板自重取 0.4kN/m。（有支撑即里外双拉条）

2　$\beta_{gz}=1.0$ 为不另计阵风系数，如 CECS102：2002μ_{s1} 中已包含了阵风系数 β_{gz} 在内，房屋高度取 10m，μ_z 为 1.0，采用 GB 51022—2015 时。

表 11－4 计算表明：

（1）梁距 1.5m 和跨度 6m：GB 50009—2012 与 GB 51022—2015 耗钢材相同。

（2）梁距 1.5m 和跨度 7.5m、9.0m：GB 50009—2012 与 GB 51022—2015 耗钢材也相同。

（3）CECS102：2002 计算方法在全国已有十多年历史，未发现墙梁有失稳事故，而本手册的墙梁按 GS 51022—2015 引入系数 β 后，钢材增加 25% 左右，应当引起注意。

11.7.3　抗风柱的风荷载体型系数。

抗风柱为主要抗风结构承受的荷载面积较大，不能视为围护结构。根据《建筑结构荷载规范》GB 50009—2012 编制组的建议：风荷载体型系数宜取 ±1.0，这与各设计单位传统的做法一致。

11.7.4　钢抗风柱柱脚的构造。

柱脚刚接还是铰接两种做法都有。一般来说，不设抗风桁架的高砌体墙宜做成刚接以减少柱顶砌体的侧移。轻质墙体的抗风柱（墙梁）柱脚通常为铰接。铰接施工方便，基础尺寸小。国家建筑标准设计图的抗风柱，在某些条件下，刚接、铰接柱截面通用。

11.7.5　柱脚刚接的抗风柱固端弯矩的调整。

抗风柱柱顶铰接于屋架（梁），铰接点因厂房柱列顶的侧移，致使柱顶为弹性铰，柱底固端弯矩略有增加。统计分析，柱列顶的位移致使抗风柱柱底弯矩增加系数为 1.1～1.3。故在国家建筑标准设计图《抗风柱》10SG533 中抗风柱的柱底截面的最大应力留有 20% 的应力裕量。但柱底铰接的钢抗风柱不需留 20% 的应力裕量。

12 工作平台结构

12.1 一般说明

12.1.1 平台结构的范围。

本章仅涉及一般单层工业平台的设计。对于设有一般机械动力设备，如小型电动机、通风机、机械化输送机等或类似的重量较小、振动不大的设备的平台结构，可采用考虑动力系数的方法按静力进行计算。对于承受较大的机械动力设备、机车车辆荷载等或有特殊要求的平台结构、应按有关的专门规范或规定进行计算。

12.1.2 平台结构的组成和分类。

1 组成平台结构通常由铺板、主次梁、柱、柱间支撑，以及梯子、栏杆等组成。

2 分类

(1) 按使用要求可分为室内和室外平台、承受静力荷载和动力荷载平台、生产辅助平台，以及中、重型操作平台等。

(2) 按照支座处理方式的不同，平台结构还可分为：

1) 直接搁在厂房柱的三角架或牛腿上的平台，如图12-1所示。图12-1 (a) 为一种安全走道平台；图12-1 (b) 为一种简单的中型操作平台。

2) 一侧支承于厂房柱或建筑物墙体，另一侧设独立柱的平台（图12-2）。

3) 支承于大型设备上的平台（图12-3）。

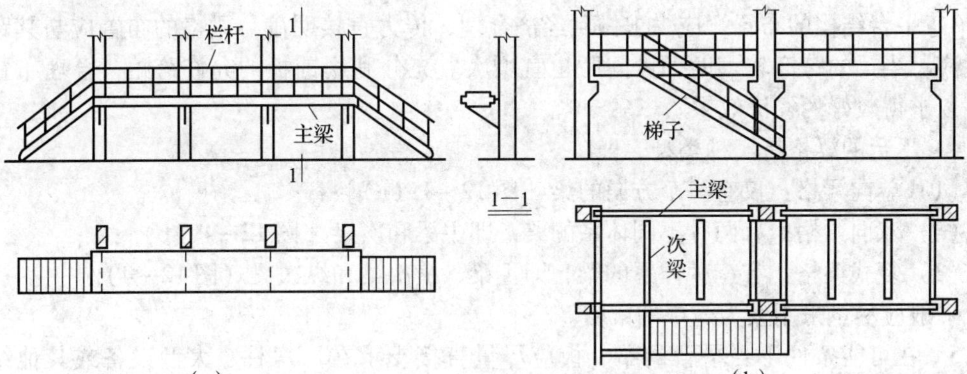

(a) (b)

图12-1 直接支承于厂房柱的平台

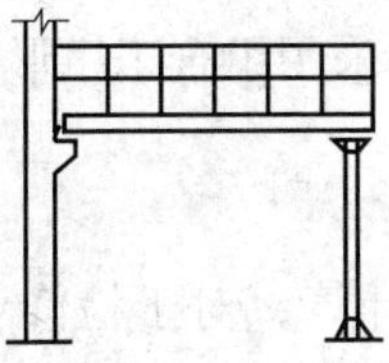

图12-2 一端支于厂房柱的平台

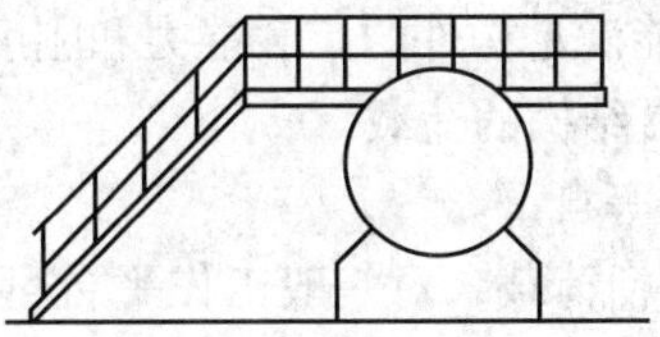

图12-3 支承于罐体设备的平台

4) 全部为独立柱的平台。图12-4是制药厂提炼车间的操作平台。为了便于安装或更新设备，采用了与设备和建筑物脱开的独立平台结构。

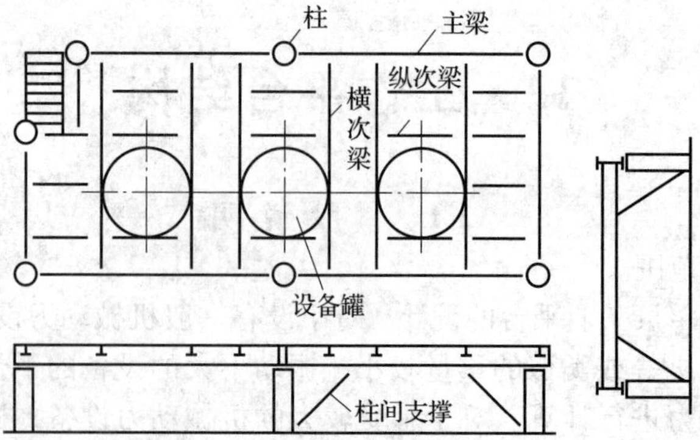

图 12－4　制药厂提炼车间的平台

此外，对受有较大动力荷载或有重量很大设备的平台，也宜与厂房柱脱开，直接支承于独立柱上。

12.1.3　平台结构的布置。

1　满足工艺生产操作的要求，保证通行和操作的净空。一般通行净空高度不应小于1.8m，宽度不宜小于0.9m，不应小于0.6m。平台四周一般均应设置防护栏杆，栏杆高度一般为1.0m。当平台高度>2.0m时，尚应在防护栏杆下设置高度为100～150mm的踢脚板。平台应设置供上下通行的梯子，梯子的宽度不宜小于600mm。

2　确定平台结构的平面尺寸、标高、梁格及柱网布置时除满足使用要求外，梁、柱的布置尚应考虑平台上的设备荷载和其他较大的集中荷载的位置以及大直径工业管道的吊挂等。

3　平台结构的布置，应力求做到经济合理，传力直接明确。梁格的布置应与其跨度相适应。当梁的跨度较大时，其间距也宜增大。充分利用铺板的允许跨距，合理布置梁格，以求得较好的经济效果。

4　平台的梁格有三种类型，即

（1）单向梁格：仅有一个方向的梁［图12－1（a）］；

（2）双向梁格：有两种不同体系的梁，即主梁和次梁［图12－1（b）］；

（3）复式梁格：有三种体系的梁，即主梁、横次梁和纵次梁（图12－4）。

一般应尽量采用较为简单的梁格。

5　在可能条件下，平台的梁、板应尽量直接支承在厂房柱、大型设备或其他结构上，以达到经济的目的。

6　为便于制造，使构件简单，平台结构的主梁、次梁和柱，一般应优先采用热轧型钢，对于梁构件，以采用热轧工字钢或H型钢最为经济。当梁的受力或跨度较大以致采用型钢梁不能满足构件的承载能力和刚度要求时，通常采用组合工字形截面焊接梁。

12.1.4　平台结构的荷载。

1　构件等自重。

2　平台活荷载，对一般工作平台可按2.0kN/m^{2}计算，对于检修、安装时的堆料活荷载，可根据实际情况合理分区考虑。

3　设备荷载，按实际情况考虑；对于一般机械动力设备，其动力影响可采用将设备荷载乘以动力系数1.1～1.2的方法来考虑。

4　对于室外平台，尚应考虑风荷载和雪荷载的作用。

5 计算平炉、转炉、电炉等工作平台（或其他类似平台）的主梁和柱时，由于堆积检修材料而产生的活荷载，可按下列系数予以折减：

主梁 0.85

柱（包括基础） 0.75

12.1.5 平台结构的计算内容。

1 平台结构应计算铺板，主梁、次梁和柱的强度。

对直接承受动力荷载的平台梁（或桁架）及其连接，尚应满足疲劳强度的要求。

2 平台结构的稳定性一般不需验算，为此：

铺板宜尽可能密铺在平台梁受压翼缘上并与其牢固连接，使能阻止梁受压翼缘的侧向位移，保证梁的整体稳定性。

3 平台结构的刚度应满足下列要求：

（1）平台柱及格构柱的缀条，长细比不应超过［λ］=150；

（2）平台梁、平台板的挠度不应超过表2-11或表12-1的数值。

表12-1 平台梁、板的容许挠度

项次	类型	容许挠度值	
		[u_T]	[u_Q]
1	有轨道的工作平台梁 （1）有重轨（重量≥38kg/m）轨道时 （2）有轻轨（重量≤24kg/m）轨道时	 l/600 l/400	
2	一般工作平台梁（第1项除外） （1）主梁（包括设有悬挂起重设备的梁） （2）次梁（包括楼梯梁） （3）有抹灰顶棚的次梁	 l/400 l/250 l/250	 l/500 l/300 l/350
3	平台板 平钢板	 l/150	

注：l为梁或板的跨度（对悬伸梁，为悬伸长度的2倍）；［u_T］为全部荷载标准值产生的挠度（如有起拱应减去拱度）的容许值；［u_Q］为可变荷载标准值产生的挠度容许值。

12.1.6 平台结构的支撑。

未与厂房柱等承重结构相联系的独立平台，或平台结构的独立部分，应在某些柱列设置柱间支撑，使整个平台结构在竖向成为稳定体系。支撑宜布置在柱列中部［图12-5（a）、（b）、（c）］，如因工艺生产条件限制也可布置在边部。

柱间支撑通常采用交叉形［图12-5（a）］，如交叉形与使用要求有矛盾时，可采用门形［图12-5（b）、（c）］或连续的隅撑［图12-5（d）］，有时也采用横梁与柱刚接的框架形式［图12-5（e）］。

12.1.7 平台结构的防护措施。

受高温作用的平台结构，应根据不同情况采取防护措施，例如：

1 当平台结构可能受到炽热熔化金属的侵害时，应采用砖或耐热材料做成的隔热层加以保护。

2 当平台结构的表面长期受辐射热达150℃以上，或在短时间内可能受到火焰作用时，应采取有效的防护措施，如采用金属隔热板、砖或耐热材料等做成的隔热层加以保护。

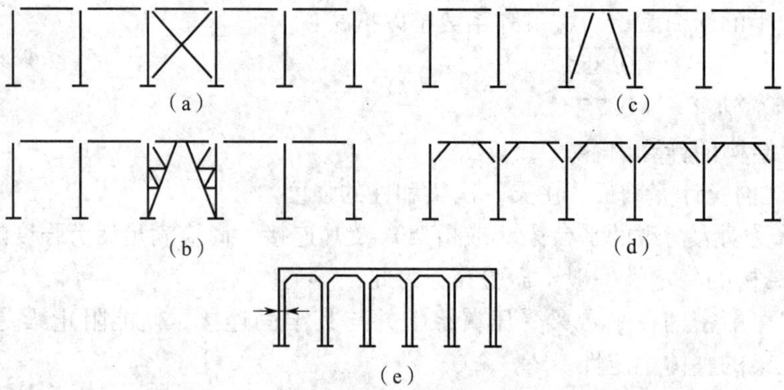

图 12-5 平台柱的柱间支撑形式和布置示例

12.2 平台结构构件的形式和计算

12.2.1 平台铺板的形式和计算。

1 铺板形式。

平台铺板应尽可能采用钢筋混凝土板［图 12-6（a）］，尤其当铺板通过连接件与钢梁共同工作（组合梁）最为有利。只有冶金工厂和化工车间的某些平台，根据工艺要求才采用钢铺板。另外悬挑于厂房柱或支承于大型设备上的轻型平台，为了减轻平台自重，也可采用钢铺板。钢铺板有：

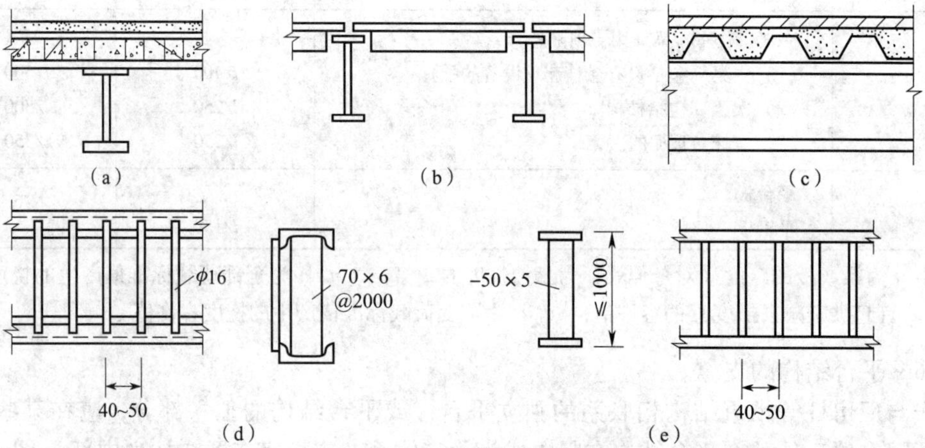

图 12-6 平台铺板形式

（1）平钢板［图 12-6（b）］。对人行通道和经常操作的平台，宜采用花纹平钢板；重型平台常采用普通平钢板上加砖等防护层。

（2）压型钢板［图 12-6（c）］。压型钢板系用薄钢板辊压而成，其刚度大，耗钢量小，跨度可达 6m，尤其在上面浇灌混凝土使成为组合板，更显得优越，可用于一般的平台中。

（3）箆条式铺板［图 12-6（d）、（e）］。室外平台以及考虑减少积灰和便于观察设备等要求的平台，可采用箆条式。

2 平钢板的截面形式

铺板的截面形式可分为无肋铺板和有肋铺板（图 12-7）。无肋铺板宜按构造配置加劲肋，肋的间距一般为板厚的100倍或短跨度2～2.5倍的较小值。有肋铺板中的板肋常采用扁钢或角钢做成。当加劲肋采用扁钢时，加劲肋的高度一般为跨度的1/12～1/15，且不宜小于60mm，厚度不宜小于5mm；当加劲肋采用角钢时，一般不宜采用截面小于∟45×4或∟56×36×4的角钢，并应将角钢肢与钢板焊接，对于不等肢角钢，应将长肢与钢板焊接［图12－7（c）］。加劲肋与钢板的连接通常采用间断焊缝连接，间断焊缝的构造要求可参照第4章表4－9的规定采用。间断焊缝的净距受压时≤15t；受拉时≤30t（t为较薄焊件厚度）。

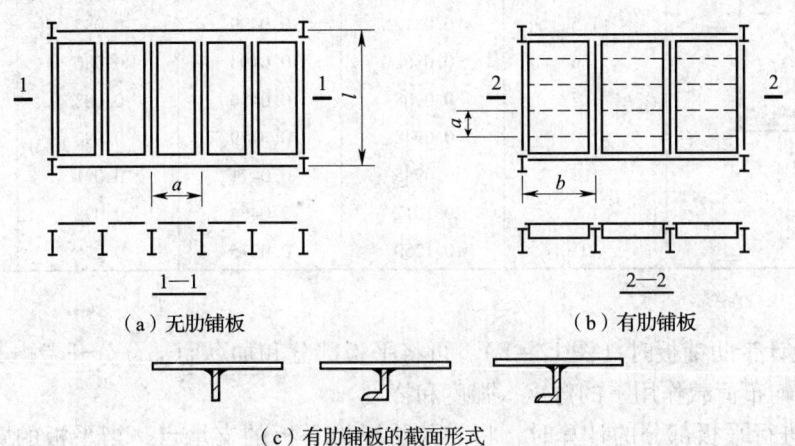

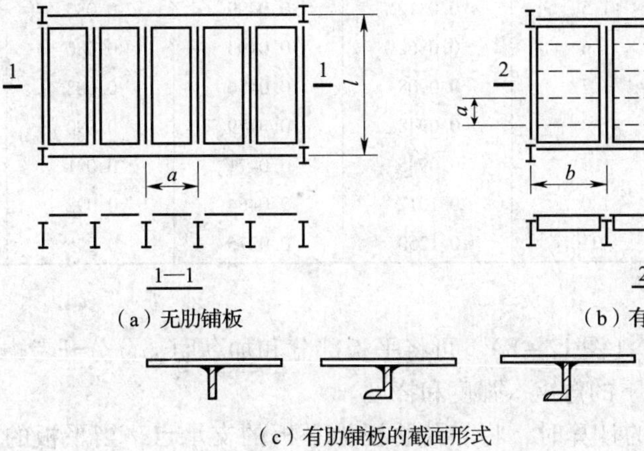

（a）无肋铺板 （b）有肋铺板

（c）有肋铺板的截面形式

图12－7 无肋铺板和有肋铺板

3 板的内力计算。

平台铺板一般均按均布荷载计算。周边与梁上翼缘以构造间断焊缝（参照第4章表4－9的规定）连接的无肋平板，可近似地按四边简支受弯板计算（仅按构造配置加劲肋的铺板，仍按无肋铺板计算）。

（1）在均布荷载作用下，四边简支无肋铺板的弯矩、强度和挠度可按下列公式计算：

弯矩
$$M_x = \alpha_1 q a^2 \tag{12-1a}$$
$$M_y = \alpha_2 q a^2 \tag{12-1b}$$
$$M_{xy} = \alpha_3 q a^2 \tag{12-1c}$$

强度
$$\sigma_{max} = \frac{6M_{max}}{\gamma_x t^2} \leqslant [f] \tag{12-2}$$

挠度
$$v_{max} = \beta \frac{q_k a^4}{E t^3} \leqslant [v] \tag{12-3}$$

式中 q、q_k——单位板带上的均布荷载（包括自重）设计值和标准值；

a——四边简支板之短边边长；

t——铺板厚度；

M_x、M_y和M_{xy}——四边简支板在x、y方向和板角45°方向的弯矩；

M_{max}——M_x、M_y和M_{xy}中的最大值；

γ_x——截面塑性发展系数，此处取1.2；

α_1、α_2、α_3和β——系数，按表12－2采用。

表 12－2　四边简支无肋铺板的弯矩和挠度计算系数值

简图	b/a	α_1	α_2	α_3	β
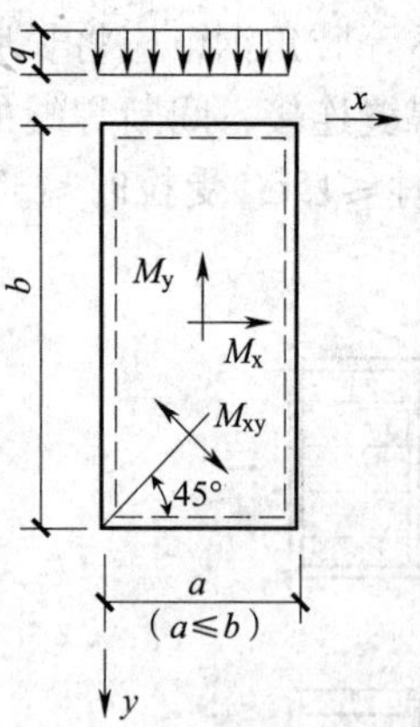	1.0	0.0479	0.0479	0.065	0.0433
	1.1	0.0553	0.0494	0.070	0.0530
	1.2	0.0626	0.0501	0.074	0.0616
	1.3	0.0693	0.0504	0.079	0.0697
	1.4	0.0753	0.0506	0.083	0.0770
	1.5	0.0812	0.0499	0.085	0.0843
	1.6	0.0862	0.0493	0.086	0.0906
	1.7	0.0908	0.0486	0.088	0.0964
	1.8	0.0948	0.0479	0.090	0.1017
	1.9	0.0985	0.0471	0.091	0.1064
	2.0	0.1017	0.0464	0.092	0.1106
	>2.0	0.1250	0.0375	0.095	0.1422

注：表中 α_1 为 α_{max}。

（2）设计带肋铺板时（图 12－8），可将平板部分和加劲肋部分分开考虑，并按下列要求计算在均布荷载作用下的弯矩、强度和挠度。

1）在进行平板部分的计算时，将加劲肋视为平板的支承点，当平板的宽度 b 与加劲肋的间距 a 之比 $b/a \leqslant 2.0$ 时，宜按四边简支的双向板计算，见公式（12－1）～公式（12－3）。

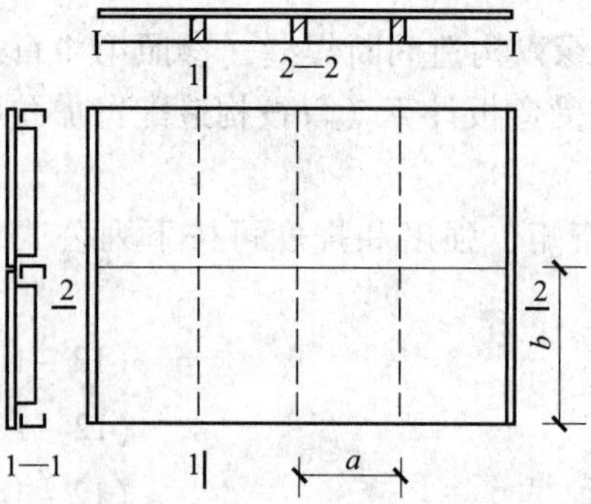

图 12－8　有加劲肋铺板计算示意

当平板为两边支承或宽度 b 与加劲肋的间距 a 之比 $b/a > 2.0$ 时，仍按公式（12－1）～公式（12－3）计算，但系数 α、β 取为：

对单跨简支板或双跨连续板　$a = 0.125$，$\beta = 0.140$；

三跨或三跨以上连续板　$\alpha = 0.10$，$\beta = 0.110$。

2）有肋铺板的加劲肋应按两端简支的 T 形截面（用扁钢做加劲肋）或 T 字形截面（用角钢做加劲肋）梁计算其强度和挠度，截面中包括加劲肋每侧各 15 倍平板厚度在内（图 12－9）中。作用于加劲肋的荷载应取两加劲肋之间范围的总荷载。

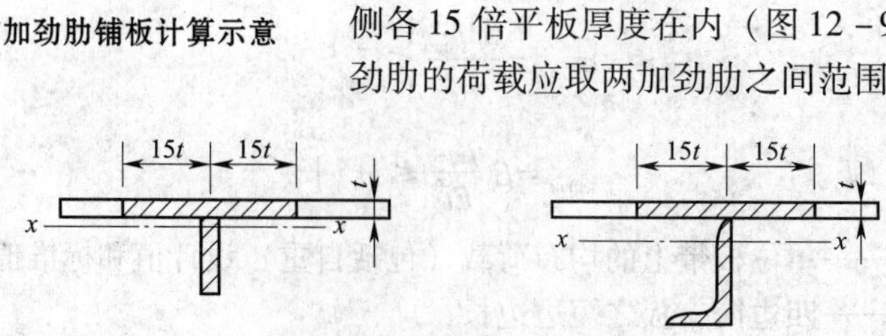

图 12－9　加劲肋的计算截面

加劲肋计算跨度 l，可取图 12－10 中的 $l_2 + l_1$。

强度

$$\frac{M}{\gamma_x W_{nx}} \leqslant f \tag{12-4}$$

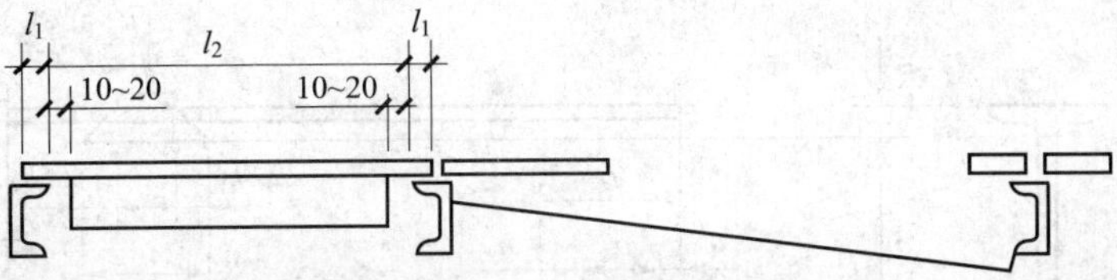

图 12－10　加劲肋计算跨度图示

挠度

$$v=\frac{5}{385}\frac{q_k l^4}{EI_x}\leqslant [v] \tag{12-5}$$

式中　I_x，W_{nx}——图 12－9 影线部分的截面惯性矩和净截面模量；

γ_x——塑性发展系数，对 T 形截面，上边缘为 1.05，下边缘为 1.2；对丁字形截面，上、下边缘均为 1.05。

12.2.2　平台梁的形式和计算。

1　平台梁宜尽量采用热轧截面（普通工字钢、H 型钢或槽钢）。当轧制截面尺寸不满足要求时，宜采用三块板焊成的工字形截面；当需要有较大的抗扭刚度时，可采用焊接箱形截面；在特殊情况下（如跨度很大而荷载较小时），可采用桁架式梁（图 12－11）。

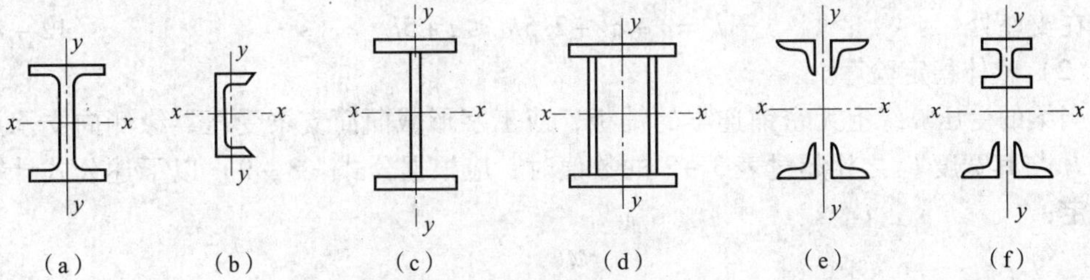

图 12－11　平台梁的截面形式

2　单向弯曲（绕 x 轴）的型钢梁应按表 3－1 所列公式进行计算。

（1）强度计算。

1）抗弯强度应按下式计算：

$$\frac{M}{\gamma_x W_{nx}}\leqslant f \tag{12-6}$$

式中　γ_x——截面塑性发展系数，受静力荷载或间接受动力荷载的梁，$\gamma_x=1.05$；受压翼缘的自由外伸宽度 b 与厚度 t 比，$\frac{b}{t}>13\sqrt{\frac{235}{f_y}}$的梁，直接受动力荷载的梁，$\gamma_x=1.0$。

2）抗剪强度型钢梁的腹板较厚，抗剪强度一般均能满足要求，因此只在最大剪力处的截面有较大削弱时，才校下式计算抗剪强度：

$$\tau=\frac{VS}{It_w}\leqslant f_v \tag{12-7}$$

3）局部承压强度。

梁在固定集中荷载以及支座反力作用处，当无支承加劲肋时应按下列公式计算腹板圆角根部截面处的局部压应力（图 12－12）：

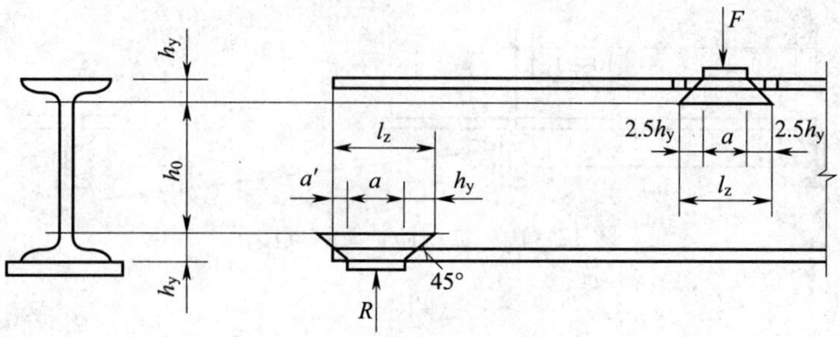

图 12－12　梁的局部压应力计算

跨中集中荷载处

$$\sigma_c = \frac{F}{t_w l_z} \leqslant f \tag{12－8}$$

支座处

$$\sigma_c = \frac{R}{t_w l_z} \leqslant f \tag{12－9}$$

式中　l_z——集中力在腹板计算高度（h_0）边缘的分布长度，参照公式（3－4），按下列公式计算：

在跨中集中荷载处　$$l_s = a + 5h_y \tag{12－10a}$$

在支座处　$$l_s = a + a' + 2.5h_y \leqslant a + 5h_y \tag{12－10b}$$

（2）整体稳定验算。

当梁的受压翼缘上无密铺连牢的铺板，或工字形截面简支梁受压翼缘侧向支承点间距离 l_1 与其宽度 b_1 之比超过表 3－2 的数值时，应根据公式（3－9）以下述公式计算整体稳定：

$$\frac{M_x}{\varphi_b W_x f} \leqslant 1 \tag{12－11}$$

式中　φ_b——整体稳定系数，按 14.3 节或公式（14－28）的规定采用。

（3）挠度计算可根据下列公式进行：

简支梁：

受均布荷载

$$v = \frac{5}{384} \cdot \frac{q_k l^4}{EI_x} \leqslant [v] \tag{12－12}$$

跨中一个集中荷载

$$v = \frac{F_k l^3}{48EI_x} \leqslant [v] \tag{12－13}$$

跨间多个集中荷载

$$v = \frac{M_x l^2}{10EI_x} \leqslant [v] \tag{12－14}$$

连续梁：

$$v = \left(\frac{M_x}{10} - \frac{M_1 + M_2}{16}\right)\frac{l^2}{EI_x} \leqslant [v] \tag{12－15}$$

式中　M_x——梁跨中最大弯矩（标准值）；

M_1、M_2——与 M_x 同时产生的两端支座负弯矩（标准值），代入公式时取正号。

3 计算焊接组合工字梁时，可按下列方法确定其截面的初步尺寸：

（1）截面高度 h。

按经济条件

$$h_w \approx 3W_x^{0.4}\ (\mathrm{cm}) \tag{12-16}$$

式中 $W_x=\dfrac{M_x}{\alpha f}$——需要的截面抵抗矩（单位 cm^3）；无孔眼时，取 $\alpha=1.05$；有孔眼时，取 $\alpha=0.95$；对直接受动力荷载的梁 α 值应分别取为1.0和0.9。

按刚度条件，梁的最小高度与跨度之比 h_{min}/l，可按表12－3确定。

表12－3 等截面简支梁的最小高跨比

相对容许挠度 $[v]/l$		1/250	1/400	1/600
$\dfrac{h_{min}}{l}$	Q235 钢	1/24	1/15	1/10
	Q345 钢	1/16	1/10	1/6.5
	Q390 钢	1/14.5	1/9	1/6

实际采用的梁截面高度 h，应大于按刚度条件确定的 h_{min}，并大约等于按经济条件确定的 h_w，并应使不超过建筑净空所允许的尺寸。一般宜使腹板高度 h_w 为50mm或100mm的倍数。

（2）梁的腹板厚度 t_w。

按抗剪要求

$$t_w \geqslant \frac{1.2V_{min}}{h_w f_v} \tag{12-17}$$

按经验公式

$$t_w \approx \sqrt{h_w}/3.5 \tag{12-18}$$

在公式（12－17）中，t_w 和 h_w 的单位均为mm。实际采用腹板厚度应考虑钢板的现有规格，并不宜小于6mm。

（3）一个翼缘的截面积可按下式计算：

$$A_f=\frac{W_x}{h_w}-\frac{1}{6}t_w h_w \tag{12-19}$$

翼缘板厚度 $t=A_f/b_f$，b_f 为翼缘板宽度，一般可取 $b_f=(0.2\sim0.4)\ h$。通常 t 不宜小于8mm。此外，受压翼缘板外伸宽度与厚度之比不应超过 $15\sqrt{\dfrac{235}{f_y}}$。

4 单向弯曲的焊接组合梁，按上述确定截面的初步尺寸后，应进行下列计算：

（1）抗弯强度：按公式（12－6）进行。当受压翼缘板外伸宽度与厚度之比超过 $13\sqrt{235/f_y}$（但不得超过 $15\sqrt{235/f_y}$）时，应取 $\gamma_x=1.0$。

剪应力计算：按公式（12－7）进行。

局部压应力计算：按公式（12－8）～公式（12－10）进行，但对焊接梁，公式（12－10a）和公式（12－10b）中的 h_y 应取为翼缘板厚度。

在腹板计算高度（对焊接梁即腹板全高）边缘处，若同时受有较大正应力 σ、较大剪应力 τ 和局部压应力 σ_c 时（如连续梁支座处或梁的翼缘截面改变处等），应按公式（3－5）计算折算应力：

$$\sqrt{\sigma^2+\sigma_c^2-\sigma\sigma_c+3\tau^2}\leqslant\beta_1 f \tag{12-20}$$

式中 β_1——系数：当 σ 与 σ_c 异号时，取 $\beta_1=1.2$；当 σ 与 σ_c 同号或 $\sigma_c=0$ 时，取 $\beta_1=1.1$。

σ 和 σ_c 以拉应力为正值，压应力为负值。

（2）当组合梁需要计算整体稳定性时，则按公式（12－11）进行计算。

（3）组合梁的挠度计算，按公式（12－12）～公式（12－15）进行。

5 为保证组合梁腹板的局部稳定性，应根据不同情况设置加劲肋。

对 $\sigma_c=0$ 梁（一般梁），应按下列规定配置腹板加劲肋（图12－13）：

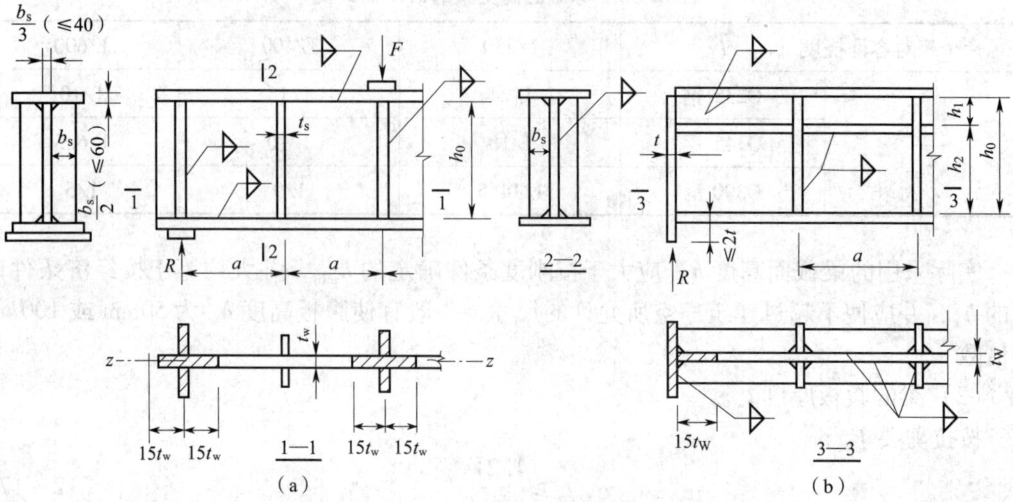

图12－13 组合梁的加劲肋

（1）当 $h_0/t_w\leqslant80\sqrt{235/f_y}$ 时，可不配置加劲肋。

（2）当 $80\sqrt{235f_y}<h_0/t_w<170\sqrt{235/f_y}$ 时，应配置横向加劲肋，其中 $h_0/t_w\leqslant100\sqrt{235/fy}$ 时，加劲肋间距 a 按构造确定（$a\leqslant2.5h_0$），其他情况先设加劲肋间距 a 后按表3－13所列公式计算。

6 梁的支座处和上翼缘受有较大固定集中荷载处，宜设置支承加劲肋。如果不设支承加劲肋，或梁上翼缘受有移动的集中荷载时，则加劲肋的间距应按有局部压应力（即 $\sigma_c\neq0$）的梁进行计算。

7 加劲肋通常采用钢板做成，宜在腹板两侧成对配置，也允许单侧配置。

8 钢板横向和纵向加劲肋的截面尺寸和间距应符合第3章表3－7的规定。用角钢做加劲肋时，应将角钢肢尖焊于腹板，其截面惯性矩不得小于相应钢板加劲肋的惯性矩。

9 梁的支承加劲肋应在腹板两侧成对配置，并应按承受支座反力 R 或固定集中荷载 F 的轴心受压构件计算其在腹板平面外的稳定性，其计算公式为：

$$\frac{R\text{（或}F\text{）}}{\varphi Af}\leqslant1 \tag{12-21}$$

式中 A——加劲肋和加劲肋每侧各 $15t_w\sqrt{235/f_y}$ 范围内的截面面积（图12－13）；

φ——轴心受压构件稳定系数，按 $\lambda=h_0/i_z$ 查得（b类截面）。

支承加劲肋的端部一般刨平顶紧于梁的翼缘，并应按下式计算其端面承压应力：

$$\sigma_{ce}=\frac{R\ (或F)}{A_{ce}}\leqslant f_{ce} \tag{12-22}$$

式中 A_{ce}——端面承压面积；

f_{ce}——钢材端面承压强度设计值。

10 焊接组合工字梁腹板与翼缘的连接焊缝，通常采用连续的双面角焊缝，焊脚尺寸应符合表4-7的规定，并按下式计算其强度：

$$\frac{1}{2h_e}\sqrt{\left(\frac{VS_1}{I}\right)^2+\left(\frac{F}{\beta_f l_2}\right)^2}\leqslant f_f^w \tag{12-23}$$

式中 h_e——角焊缝的有效厚度，$h_e=0.7h_f$；

S_1——翼缘毛截面对梁中和轴的面积矩；

β_f——系数：直接承受动力荷载的梁，$\beta_f=1.0$；其他情况，$\beta_f=1.22$。

当梁上翼缘的固定集中荷载处有顶紧上翼缘的支承加劲肋时，公式（12-23）中的$F=0$

在平台梁上受有相当于重级工作制吊车的动力荷载时，则上翼缘与腹板的连接焊缝宜采用焊透的对接焊缝。此时，可不必计算其强度。

12.2.3 平台柱的形式和计算。

1 平台柱一般设计为等截面的实腹柱。实腹柱的常用截面为普通工字形钢、H型钢、焊接工字形截面，有时也采用方管或圆管截面以及钢板、槽钢、T形钢与工字形钢的组合截面。内力很小的柱可用双角钢十字形截面。格构式柱可用于长度较大的平台柱（图12-14）。

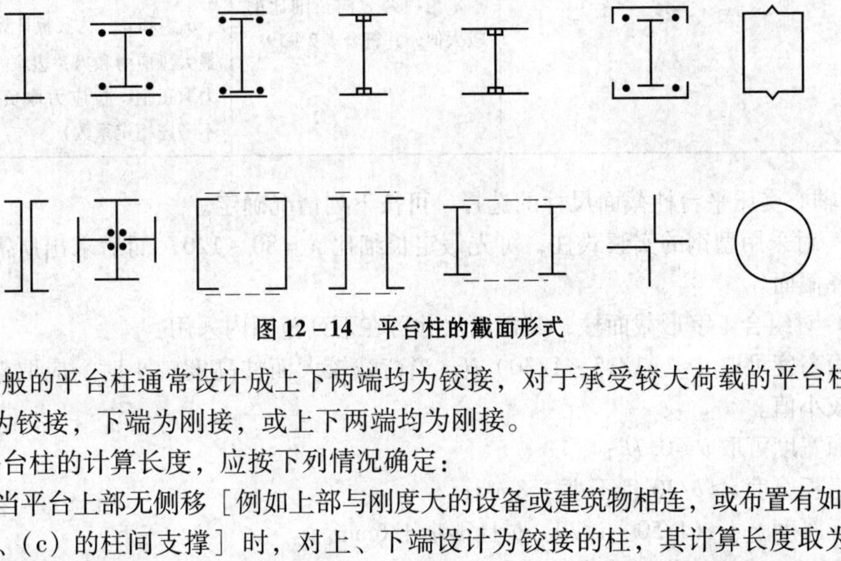

图12-14 平台柱的截面形式

2 一般的平台柱通常设计成上下两端均为铰接，对于承受较大荷载的平台柱，应设计成上墙为铰接，下端为刚接，或上下两端均为刚接。

3 平台柱的计算长度，应按下列情况确定：

（1）当平台上部无侧移［例如上部与刚度大的设备或建筑物相连，或布置有如图12-5（a）、（b）、（c）的柱间支撑］时，对上、下端设计为铰接的柱，其计算长度取为$l_0=H$。H为柱长度方向不动支承点间距离（柱脚底面和梁的支承处均作为不动支承点）。

（2）当平台上部有侧移［例如图12-5（d）的连续隅撑柱，或图12-5（e）的框架结构］时，平台柱的计算长度应按下式计算：

$$l_0=\mu H \tag{12-24}$$

式中 H——柱高，对隅撑柱为隅撑以下的柱高；

μ——计算长度系数，按表15-2采用。对单层平台，采用该表中的第一行（柱与基础铰接）或最后一行（柱与基础刚接）的数值。

4 柱的板件宽厚比，应满足表12－4的要求。

表12－4 柱的板件宽厚比

项次	截面简图	轴心受压柱	压弯柱（弯矩作用在竖直平面）
1	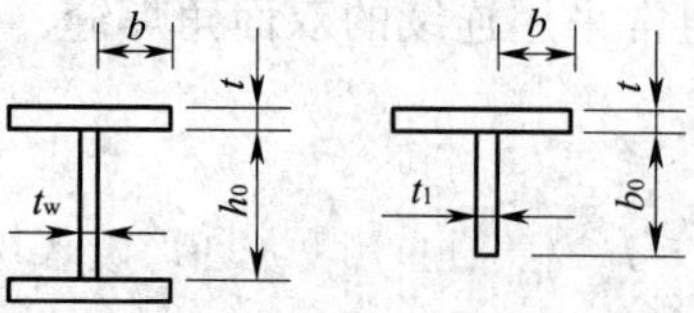	I形翼缘 b/t_f≤表3－13（3－53）H形膜板 h_0/t_w≤表3－13（3－54）	t_3/t_f 取S3级，见表2－24 h_0/t_w 取S3级，见表2－24
2	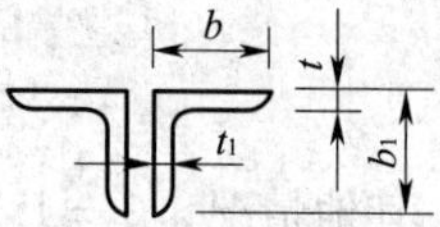	T形翼缘同上T形腹板 h_c/t_w≤表3－13（3－56）角钢 w/t≤表3－13（3－57）	T字形腹板截面不满足S3级时按表3－27（3－150）～（3－159）计算
3			
4	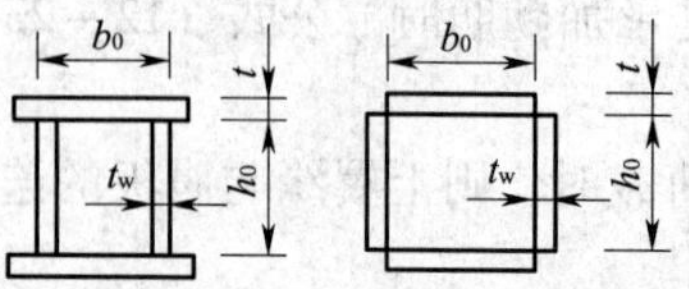	箱形表3－13 b/t_f（或 h_0/t_w）≤（3－55）	箱形壁板截面不满足S3级时按表3－27（3－150）～（3－159）计算
5			
6	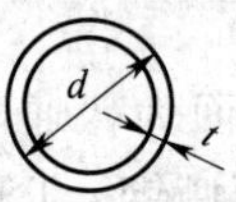	圆形 d/t≤2.6.1节（3）	$d/t\leqslant 100\left(\frac{235}{f_y}\right)$
说明		λ为柱两方向长细比的较大值，并符合表2－19	1 λ为柱在弯矩作用平面内的长细比； 2 $\alpha_0=(\sigma_{max}-\sigma_{min})/\sigma_{max}$ σ_{max} 和 σ_{min} 为腹板计算高度边缘的最大压应力和另一边缘的应力。压应力取正值，拉应力取负值（计算时不考虑稳定系数）

5 轴心受压平台柱截面尺寸的选择，可按下列情况确定。

（1）对采用型钢的实腹式柱，可先假定长细比 $\lambda=80\sim120$，而后求出所需的回转半径来选择截面。

（2）对组合工字形截面柱，其截面尺寸可在下列范围内采用：

截面高度可取 $h\approx(1/15\sim1/30)H$；当荷载较大而柱高度较小时，应取较大值，反之应取较小值。

截面宽度可取 $b\approx0.7h$；

翼缘板厚度 $t\geqslant b/30$ 且不小于8mm；

腹板厚度 $t_w\approx(1/50\sim1/70)h$ 且不小于6mm。

（3）格构式柱的截面尺寸，可先按实轴（x 轴）假定柱的长细比，通常取 $\lambda_x=60\sim90$，以求所需的回转半径和截面面积，选择柱肢截面。

（4）确定轴心受压柱的截面形式时，应尽量使柱的两个方向的长细比相等，对于组合截面的板件，应在满足表12－4宽厚比的要求下，尽可能薄些。

（5）根据上述原则和实际经验初选截面尺寸后，按下式计算长细比和稳定性：

$$\lambda_x = \frac{l_{ox}}{i_x} \leqslant [\lambda] \tag{3-70a}$$

$$\lambda_y = \frac{l_{oy}}{i_y} \leqslant [\lambda] \tag{3-70b}$$

$$\frac{N}{\varphi A f} \leqslant 1 \tag{3-52}$$

轴心受压稳定系数 φ 应由 λ_x 和 λ_y 的较大值查得。对格构柱虚轴的长细比，应取换算长细比。

（6）当柱有孔洞削弱时，尚应计算其净截面处（面积为 A_n）的强度：

$$\sigma = \frac{N}{A} \leqslant f \tag{3-49}$$

$$\sigma = \frac{A_1}{A_n} \leqslant 0.7 f_u \tag{3-50}$$

6　格构式轴心受压柱的缀件（缀条或缀板），应满足下列要求：

（1）缀条一般用单角钢做成，与柱的分肢应组成完整的桁架形式（图 12－15）。分肢的长细比应满足 $\lambda_1 = l_1/i_1 \leqslant 0.7\lambda_{max}$，$i_1$ 为分肢截面对弱轴 1－1 的回转半径，λ_{max} 为柱两方向长细比（对虚轴为换算长细比）的较大者。在满足上述要求的前提下，缀条形式宜采用无横杆的三角式［图 12－15（a）］。

缀板柱是一种多层框架形式（图 12－16）。一般缀板沿柱纵向的宽度取 $h \geqslant 2a/3$，厚度 $t \geqslant a/40$，柱端部缀板宜取 $h \approx a$（a 为两分肢轴线间的距离）。但同一截面处缀板线刚度之和$\left(2 \times \frac{h^3 t}{12a}\right)$不得小于一个分肢线刚度（$I_1/l_1$）的 6 倍。

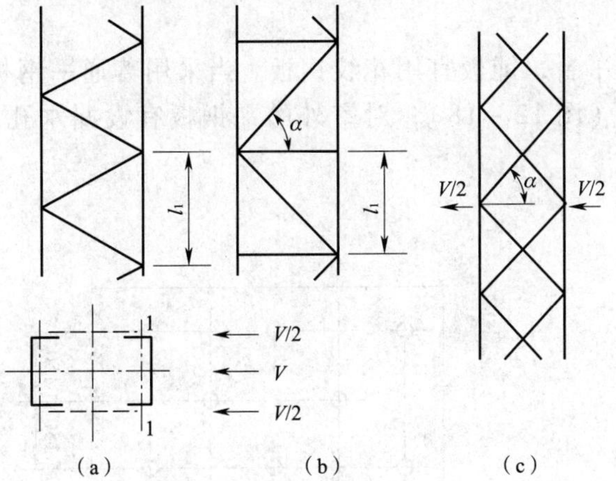

图 12－15　缀条柱简图

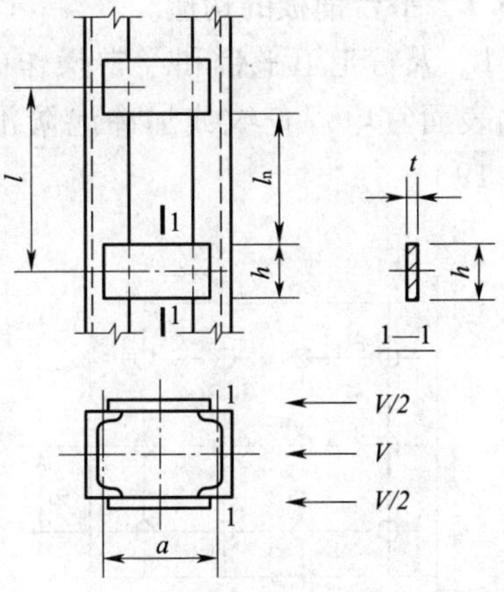

图 12－16　缀板柱简图

缀板柱的分肢长细比 λ_1 应满足 $\lambda_1 = l_1/i_1 \leqslant 40\varepsilon_k$ 和 $0.5\lambda_{max}$（应 $\lambda_{max} < 50$ 时，取 $\lambda_{max} = 50$）。

（2）格构式轴心受压柱的缀件应能承受按下式计算的剪力：

$$V = \frac{Af}{85\varepsilon_k} \tag{3-94}$$

剪力 V 值可认为沿柱全长不变，且由两缀件面分担。

（3）图 12－15 的斜缀条的内力 N_S 应按下式计算：

$$N_S=\frac{V}{2\cos a} \tag{12-25}$$

斜缀条应按轴心受压杆件计算其稳定性，并控制其长细比［λ］＝150。横缀条可采用与斜缀条相同截面或略小些。只控制其长细比。

（4）缀板与柱分肢的连接焊缝应考虑下列内力的共同作用（图 12－17）：

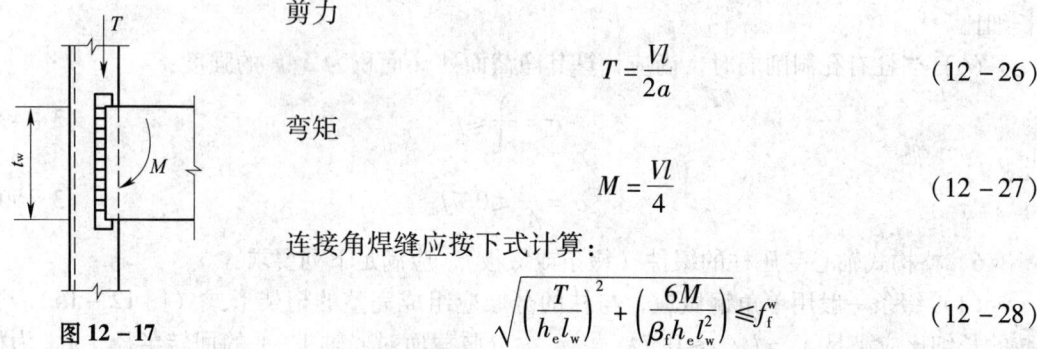

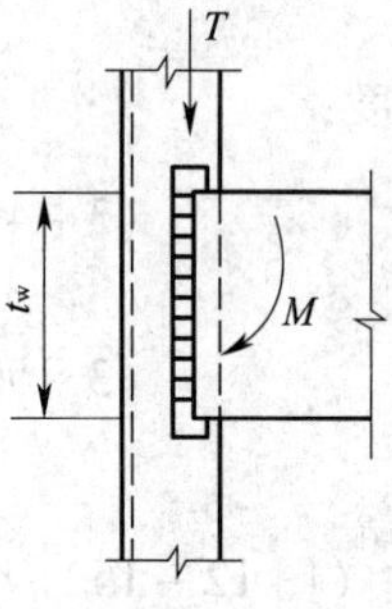

图 12－17

剪力

$$T=\frac{Vl}{2a} \tag{12-26}$$

弯矩

$$M=\frac{Vl}{4} \tag{12-27}$$

连接角焊缝应按下式计算：

$$\sqrt{\left(\frac{T}{h_e l_w}\right)^2+\left(\frac{6M}{\beta_f h_e l_w^2}\right)^2}\leqslant f_f^w \tag{12-28}$$

7　受压受弯柱（压弯柱）通常使弯矩绕强轴作用，其强度和稳定性应按公式（3－102）～（3－115）和表 3－30 项次 1 的规定计算。

缀件的形式和计算方法与第 6 条相同，但剪力 V 应取柱的实际剪力和公式（3－94）规定的剪力两者中的较大值。

弯矩绕虚轴作用的压弯柱宜采用缀材。

12.3　平台结构的连接和构造

12.3.1　平台铺板的构造。

1　人行走道平台和经常操作的平台，铺板宜用花纹钢板。当采用普通平钢板时，板的表面宜电焊花纹或加冲泡防滑（图 12－18）；对室外的平钢板宜设漏水孔（图 12－19）。

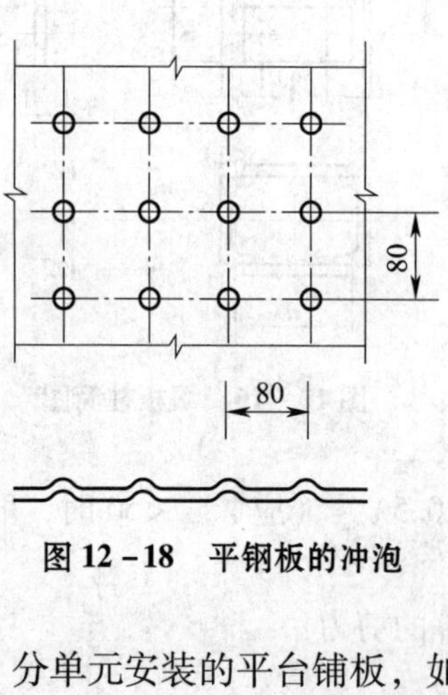

图 12－18　平钢板的冲泡

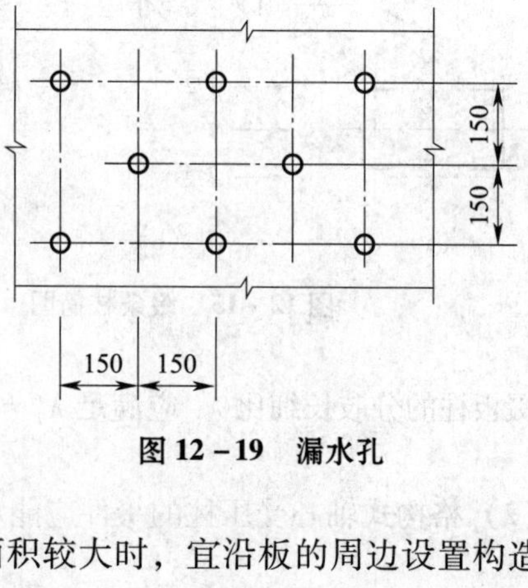

图 12－19　漏水孔

2　分单元安装的平台铺板，如单元板块的面积较大时，宜沿板的周边设置构造加劲肋，以增强板块在吊装过程中的刚度。

要求经常装拆的活动铺板，应设置吊环或挂钩孔洞。

3 根据使用需要，平台铺板还可采用由条钢或圆钢组成的篦条式铺板（图 12－20）和 由条钢组成的格子式铺板（图 12－21）。

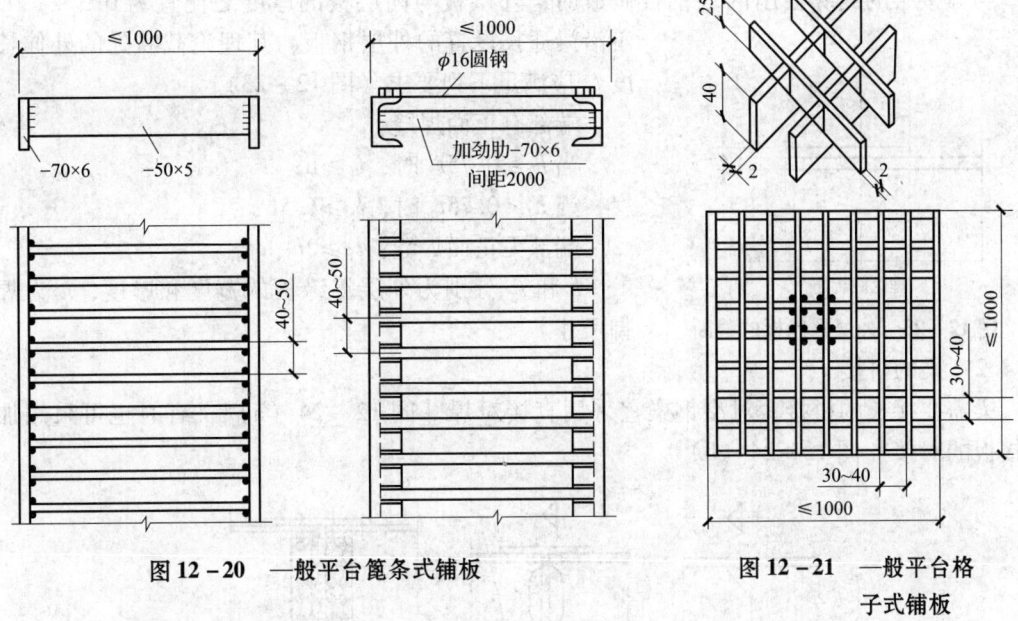

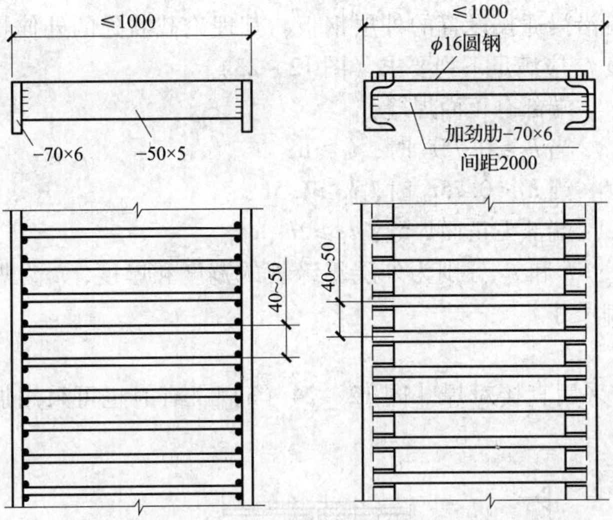

图 12－20 一般平台篦条式铺板

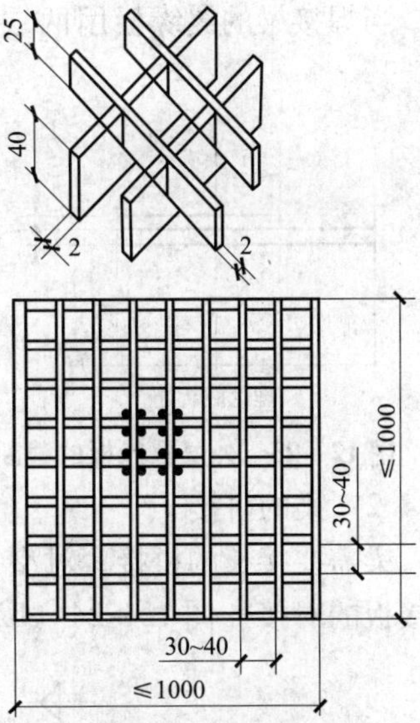

图 12－21 一般平台格子式铺板

12. 3. 2 平台铺板的板面开洞。

设有局部孔洞的铺板，当为圆孔且直径 $\phi \geqslant 500$mm，或当为矩形孔且短边 $a \geqslant 500$mm 时，一般宜按图 12－22 所示在孔洞边处设置构造加劲肋予以加强。

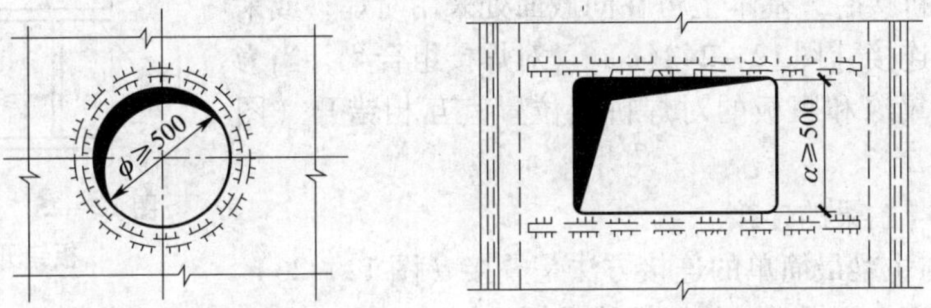

（a）圆孔的一般构造加劲　（b）方孔的一般构造加劲

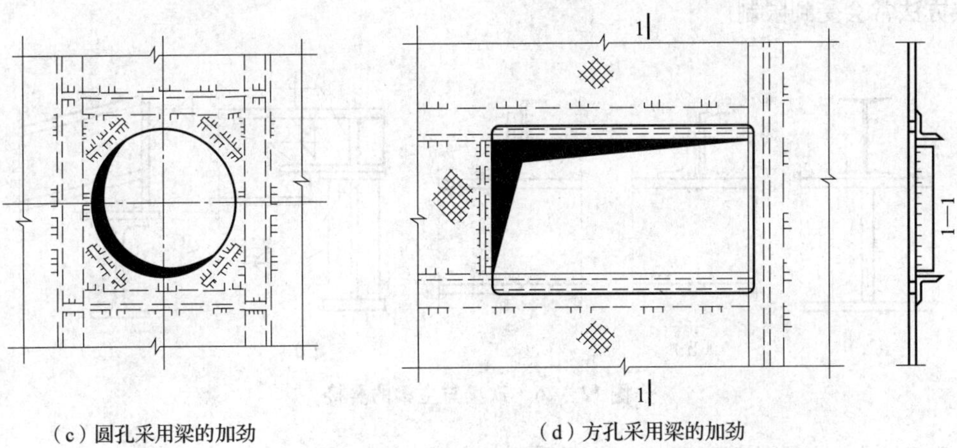

（c）圆孔采用梁的加劲　（d）方孔采用梁的加劲

图 12－22 设有孔洞的铺板构造加劲

12.4　平台梁的构造及其计算特点

12.4.1　焊接梁的翼缘板。

当焊接梁的翼缘板用两层钢板做成时，外层板与内层板的厚度之比宜为0.5~1.0。不沿梁通长设置的外层钢板，其理论截断处的外伸长度 l_1 应满足下列要求（图12-23）。

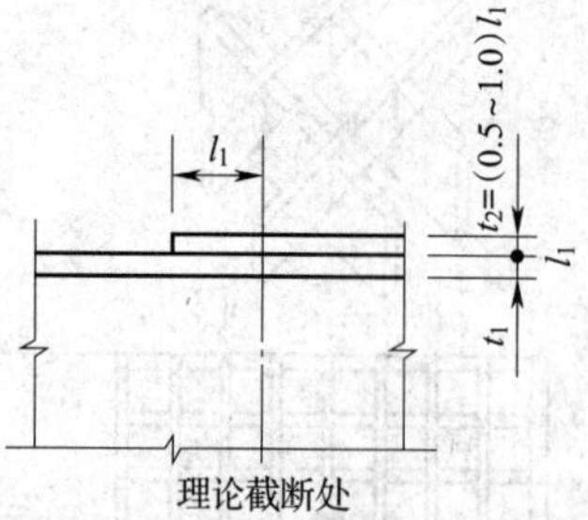

图12-23　外层翼缘板的截断

端部有正面焊缝：

当 $h_f \geqslant 0.75t_2$ 时，$l_1 \geqslant b$；

当 $h_f < 0.75t_2$ 时，$l_1 \geqslant 1.5b$；

端部无正面焊缝：$l_1 \geqslant 2b$

b 和 t_2 分别为外层翼缘板的宽度和厚度，h_f 为焊脚尺寸。

12.4.2　梁的拼接。

梁需要接长的拼接，对型钢梁宜采用直接对焊［图12-24（a）］，有时也可采用加拼接板的对接［图12-24（b）］。

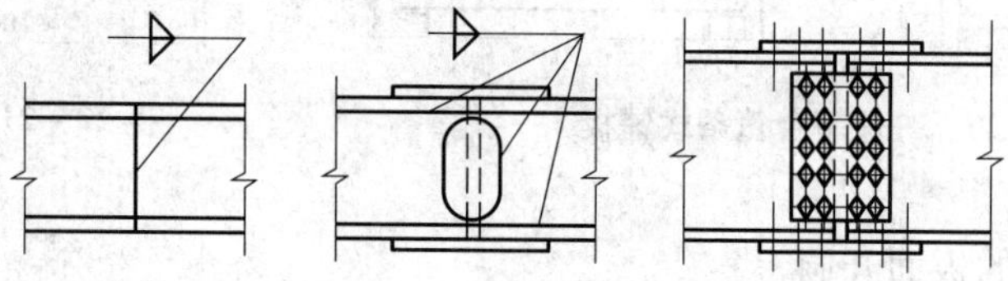

（a）　（b）　（c）

图12-24　梁的拼接

当为工地拼接时，基本上可在同截面处采用对焊，或采用高强度螺栓连接［图12-24（c）］。对焊接组合梁，当为工厂拼接时，翼缘和腹板的对焊拼接位置宜互相错开（图12-25）。

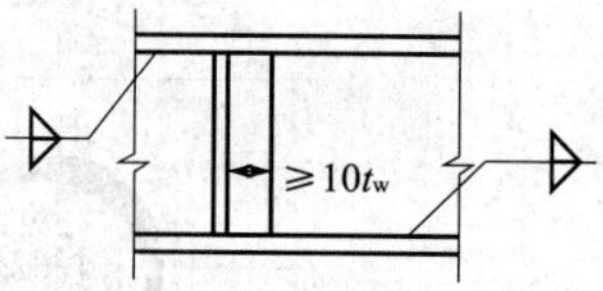

图12-25　梁翼缘、腹板错开拼接

12.4.3　次梁与主梁的连接。

1　次梁与主梁最简单的连接方法是叠接（图12-26）。即把次梁直接搁在主梁上，并用焊缝或螺栓加以连接。叠接所需的建筑净空大，采用这种连接方法常会受到限制。

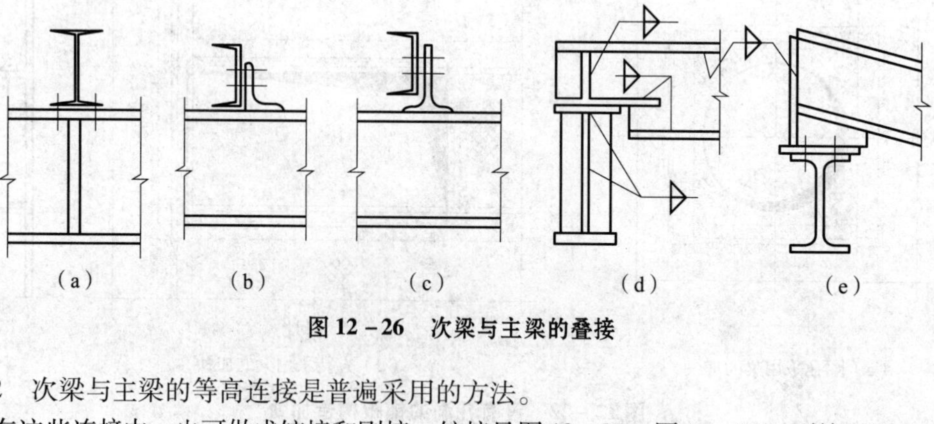

（a）　（b）　（c）　（d）　（e）

图12-26　次梁与主梁的叠接

2　次梁与主梁的等高连接是普遍采用的方法。

在这些连接中，也可做成铰接和刚接，铰接见图12-27~图12-30。刚接见图12-31。

（1）次梁与主梁为铰接连接时，其连接螺栓或焊缝应按次梁支座反力计算，但由于这种连接并非理想铰接，实际上在连接处将会有弯矩作用。因此，可将反力增加20% ~30%来计算螺栓或焊缝。

图12-27（a）的连接形式为，次梁支承在连接于主梁腹板的悬挑牛腿上，次梁的支座反力R全部由悬挑牛腿承受。此时，悬挑牛腿及其连接应按承受剪力$V=R$和弯矩$M=R\cdot e$进行计算。

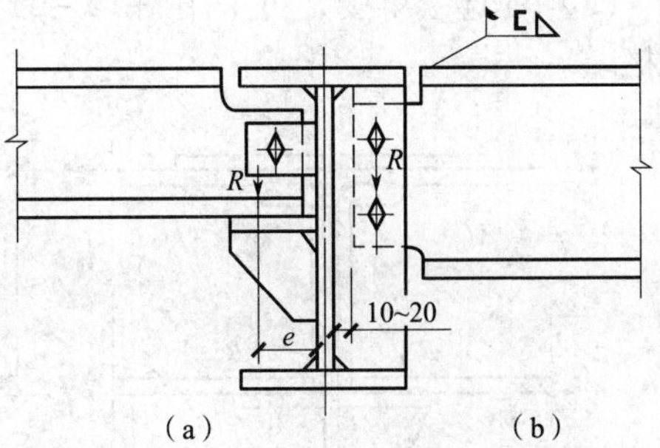

图12-27 次梁与主梁的等高铰接连接（一）

悬挑牛腿顶板除满足强度要求外，尚应保证有必要的刚度。因此，顶板的厚度不宜小于16mm，肋的厚度不宜小于8mm，连接焊缝的厚度不宜小于6mm。

图12-27（b）的连接形式则为，次梁采用焊缝连接于主梁的横向加劲肋上，次梁的支座反力R全部由焊缝承受，此时，焊缝应按承受$V=（1.2\sim1.3）R$进行计算。

（2）图12-28（a）的连接形式为，次梁直接用安装连接焊缝与主梁腹板相连。为方便安装，在主梁腹板相应的位置上设置安装支托。此时，次梁与主梁腹板的连接焊缝，应按承受剪力$V=（1.2\sim1.3）R$来进行计算。

图12-28（b）的连接形式为，次梁借助于连接角钢与主梁腹板连接。此时，次梁与连接角钢的连接焊缝按承受剪力$V=（1.2\sim1.3）R$来进行计算；连接角钢与主梁腹板的连接焊缝按承受剪力$V=R$和弯矩$M=R\cdot e$来进行计算。

（3）图12-29为，次梁的支座反力由连接于主梁腹板的支托承受。此时，支托与主梁腹板的连接焊缝应按剪力$V=（1.2\sim1.3）R$来进行计算。次梁与主梁腹板的螺栓按安装螺栓设置。

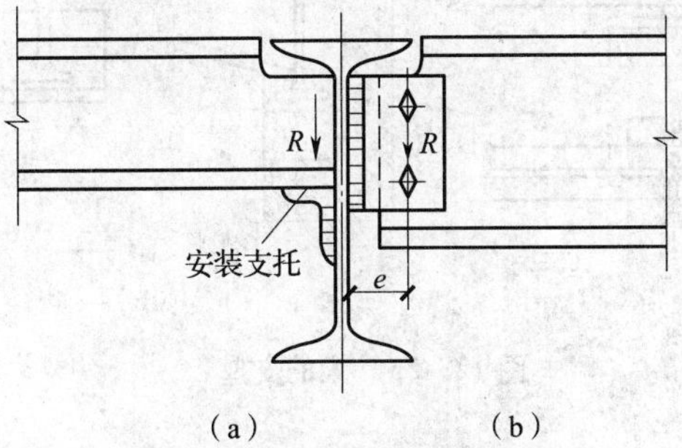

图12-28 次梁与主梁的等高铰接连接（二）

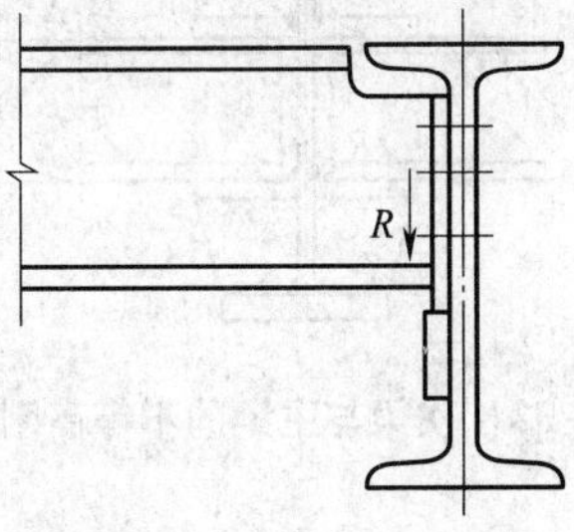

图12-29 次梁与主梁的等高铰接连接（三）

（4）整体制作并整体安装的平台部分，梁与梁的连接可采用直接对焊的平接（图12-30）。

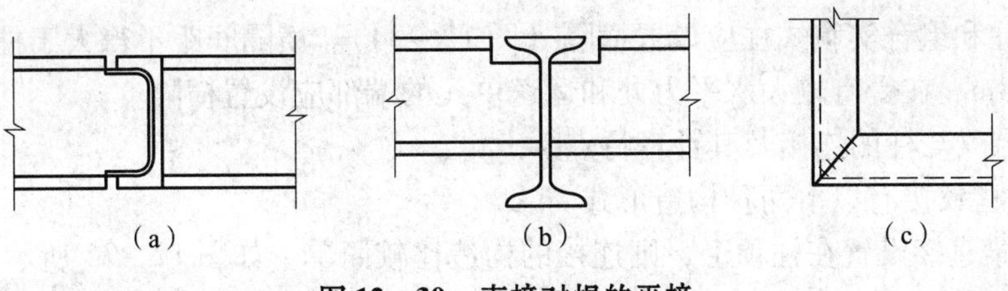

图12-30 直接对焊的平接

(5) 在连续梁中，可采用图 12－31 所示的连接方法；也就是把次梁与主梁做成刚性连接。

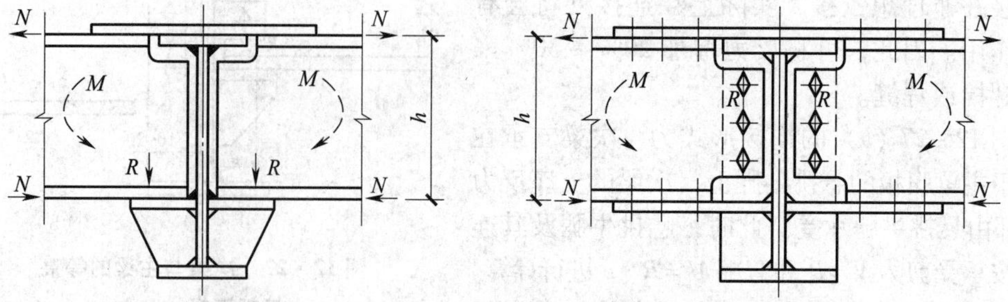

（a）焊接连接　　（b）高强度螺栓连接

图 12－31　次梁与主梁的等高刚性连接

图 12－31（a）为，次梁上翼缘的连接盖板厚度 t 应按等强度或 $t = N/b\,[f]$ 来计算；此处 $N = M/h$，b 为连接盖板的宽度，可根据次梁上翼缘板的宽度和布置焊缝的条件来确定。连接盖板与次梁上翼缘板的连接焊缝以及次梁下翼缘板与支托顶板的连接焊缝，应按水平力 N 来计算；支托可参照图 12－27（a）的要求确定。

3　图 12－32 所示的次梁与主梁为不等高刚性连接，也可按以上的要求确定。

当次梁与主梁采用不等高铰接连接时，可取消次梁上下翼缘与主梁的连接，改成次梁与主梁的腹板间用角钢的螺栓连接［图 12－28（b）］。

4　梁支承于砌体或钢筋混凝土柱上的支座构造，如图 12－33 所示。支座板与柱（或墙体）的接触面积应按支承材料的承压强度计算。

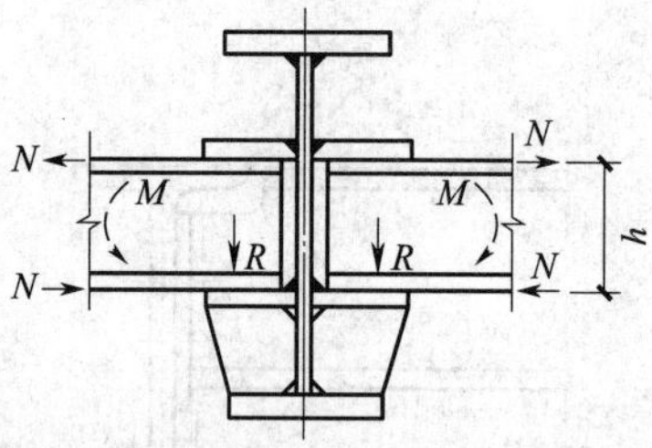

图 12－32　次梁与主梁的不等高刚性连接

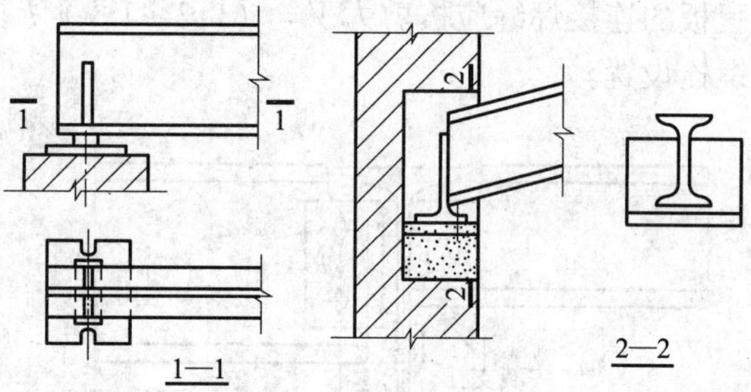

（a）　　（b）

图 12－33　梁的支座

12.5　平台柱的构造和梁柱的连接

12.5.1　平台柱的构造。

当实腹式柱的腹板计算高度与厚度之比 $h_0/t_w > 80$ 时，应采用间距不大于 $3h_0$ 的横向加劲肋加强。横向加劲肋的截面尺寸按表 3－7 确定。

格构式柱和组合实腹式柱应设置横隔（图 12－34）。横隔间距不得大于柱截面较大宽度的 9 倍和 8m。在受有较大水平力处和运送单元的端部应设置横隔。

12.5.2　平台梁与柱的连接及其计算特点。

1　梁与柱铰接有以下两种构造形式。

(1) 将梁直接设置在柱顶上，则连接的构造比较简单。如图 12－35 所示。

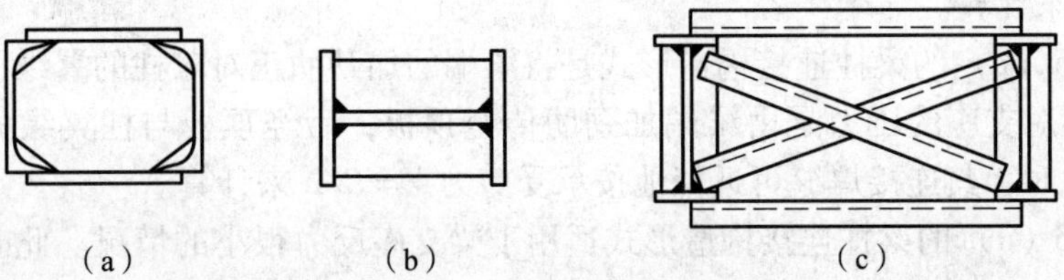

图 12－34　柱的横隔

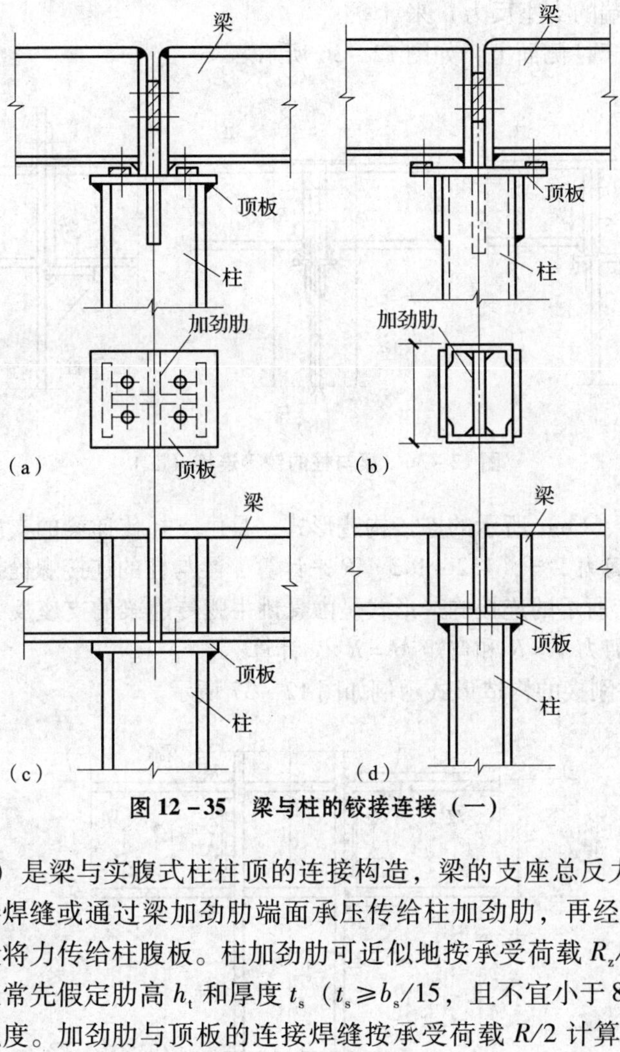

图 12－35　梁与柱的铰接连接（一）

图 12－35（a）是梁与实腹式柱柱顶的连接构造，梁的支座总反力 R_z 由顶板经顶板与柱加劲肋的连接焊缝或通过梁加劲肋端面承压传给柱加劲肋，再经过柱加劲肋与柱腹板的竖向连接焊缝将力传给柱腹板。柱加劲肋可近似地按承受荷载 $R_z/2$ 的矩形截面悬臂梁计算，计算时通常先假定肋高 h_t 和厚度 t_s（$t_s \geqslant b_s/15$，且不宜小于 8mm），然后验算其弯曲强度和剪切强度。加劲肋与顶板的连接焊缝按承受荷载 $R/2$ 计算，当计算的焊缝过大时，可将加劲肋刨平，顶紧于柱顶板，并进行端面承压强度验算。加劲肋与柱腹板的连接焊缝按承受剪力 $V = R/2$ 和弯矩 $M = Rb_s/4$ 计算。当梁的反力很大时，加劲肋宜做成整块，而在柱腹板开槽并用焊缝焊成整体，然后将其端面刨平并与顶板顶紧焊接，以直接传递梁的反力。柱顶板的厚度一般取不小于 16mm；当采用加劲肋将梁反力传给柱腹板的传力方案时，柱的腹板不宜太薄。

图 12－35（b）是梁与格构式柱柱顶的连接构造，柱加劲肋可近似地按承受均布荷载 $q = R/a$ 的简支梁计算，其高度和厚度应根据弯曲强度和剪切强度来确定，并且肋的厚度不宜小于 $a/50$ 及 8mm。加劲肋与顶板的连接焊缝及加劲肋与柱肢腹板的连接焊缝均按承

受剪力 $V=R$ 来计算。

图 12－35（c）的梁柱连接构造形式是将梁端的加劲肋正对着柱的翼缘板，因此可近似地认为，梁对支座的压力是由梁端加劲肋传至顶板，后经顶板与柱翼缘板的连接焊缝传至柱身，此时，其连接焊缝可近似地按承受剪力 $V=R/2$ 来计算。

图 12－35（d）的梁柱连接构造形式适用于梁支座反力很小的情况。此时，根据梁承受荷载大小梁端可设置加劲肋也可不设加劲肋。当不设端加劲肋时，可近似地认为每个梁端的支座压力呈三角形分布，此时，顶板与柱翼缘的连接焊缝可近似地接承受剪力 $V=3R/2$（R 为每个梁端的支座反力）来计算。

（2）将梁连接于柱侧面上，如图 12－36 所示。

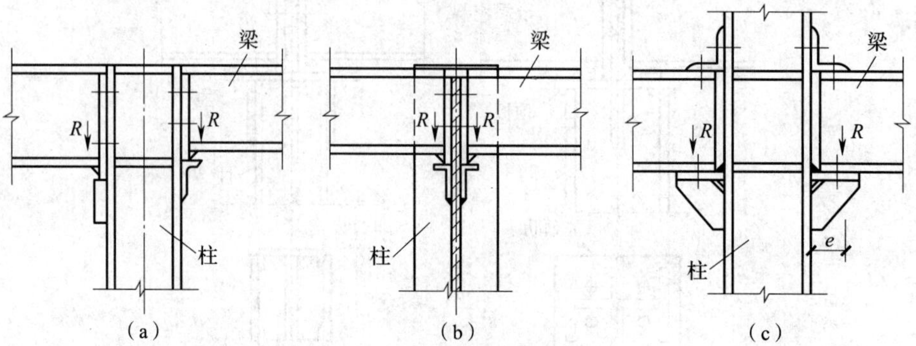

图 12－36 梁与柱的铰接连接（二）

图 12－36（a）、（b）所示的连接构造形式，是由支托传递梁的支座反力，支托与柱的连接焊缝按承受剪力 $V=(1.2\sim1.3)R$ 来计算，梁与柱的连接螺栓按构造设置。

图 12－36（c）所示的连接构造形式是由悬挑牛腿传递梁的支座反力，悬挑牛腿及其与柱的连接按承受剪力 $V=R$ 和弯矩 $M=R\times e$ 计算。

2 平台梁与柱刚接的构造形式示例如图 12－37 所示。

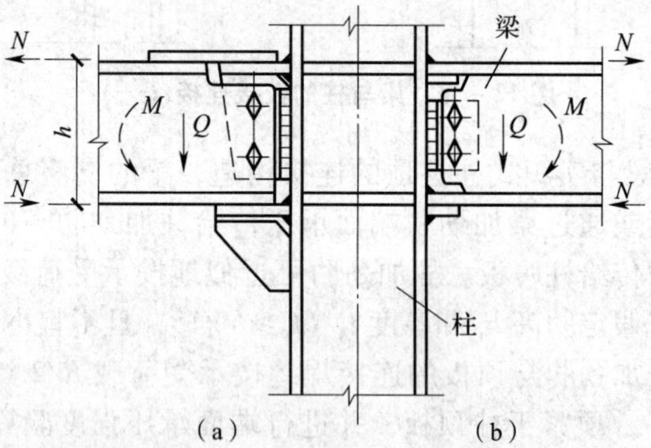

图 12－37 梁与柱的刚性连接

图 12－37（a）的连接形式，梁端弯矩 M 由梁翼缘承担，剪力 V 由梁腹板承担；因此，梁端处焊于柱翼缘的上下水平连接板及其连接，以及上下水平连接板与梁翼缘的连接焊缝，应分别按承受水平力 $N=M/h$ 来计算。梁端处的肋板与柱翼缘的连接焊缝，以及梁腹板与肋板的连接焊缝，应分别按承受剪力 V 来计算。

对于图 12－37（b）的连接形式，仍可按以上的要求确定。

当梁与柱的刚性连接采用高强度螺栓连接时，其计算原则和力的分配与焊缝计算的要求相同。

对承受较大荷载的梁与柱的连接，尚应对连接处的柱腹板及加劲肋等进行强度计算。

12.6　平台柱的柱脚及柱间支撑计算

12.6.1　平台柱的柱脚。

1　柱脚底板的尺寸。

应根据柱脚的受力情况和构造要求，参照本手册第10章的要求确定。

底板的厚度，在荷载较轻的平台中一般不宜小于16mm；在荷载较重的平台中一般不宜小于20mm；在任何情况下，室外平台的柱脚底板厚度均不应小于20mm。

2　柱肢与柱脚底板的连接焊缝。

通常应按传递全部柱肢内力来确定。当连接焊缝按构造确定时，其厚度不宜小于6mm。

3　柱脚锚栓。

（1）刚接柱脚每侧所需锚栓的总计算面积，可按第10章公式（10－59）和（10－62）的规定计算。

（2）铰接柱脚，应在柱截面最大惯性矩的主轴位置设置两个柱脚锚栓，使其成为假定的铰接支点（图12－38），当柱脚为刚接时，可做成如第10章图10－10所示形式。

平台柱的柱脚锚栓，一般可在M20～M30的范围内采用。对室外平台，柱脚锚栓不宜小于M24。

12.6.2　平台柱柱间支撑的计算。

1　平台柱的柱间支撑形式如图12－5所示，一般多采用十字形交叉支撑或八字形支撑。

2　支撑通常采用一个单角钢或由两个角钢组成的T形或十字形截面。当支撑的平面外计算长度较大时，可采用双片式支撑；双片支撑的截面形式和连系杆的布置，可参照第10章图10－45、图10－46和图10－51确定。

支撑杆件当为单角钢时，一般不宜采用截面小于∟63×5或∟63×40×5的角钢，当采用槽钢时不宜小于[8；对于双片式支撑的连系杆不宜小于∟45×4。

3　支撑的容许长细比和支撑杆件长细比的计算，可按表2－15、表2－16的规定进行。

4　支撑杆件的内力计算和截面计算，可参照第10章第10.3.3条第2款规定进行。

5　支撑的构造及其连接，可参照第10章第10.3.4条的要求确定。

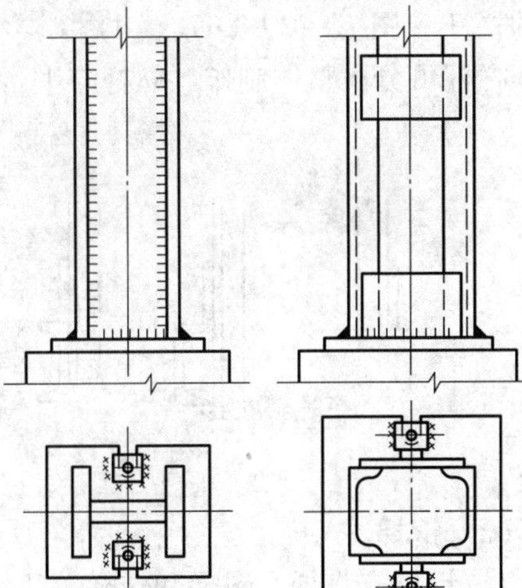

（a）　（b）

图12－38　平台柱的铰接柱脚

12.7　栏杆和钢梯

12.7.1　栏杆。

1　栏杆的高度一般为1000mm，对高空及安全要求较高的区域，宜用1200mm（图12－39）。

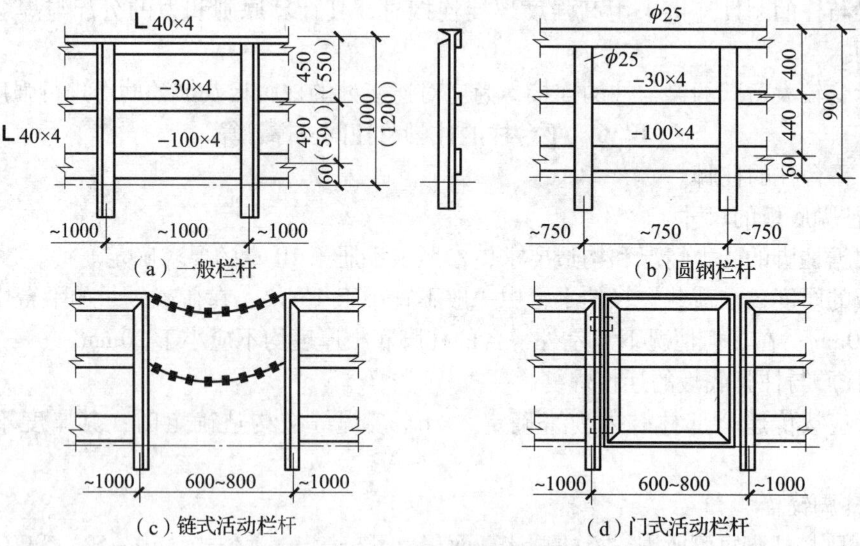

（a）一般栏杆 （b）圆钢栏杆

（c）链式活动栏杆 （d）门式活动栏杆

图 12－39 栏杆的形式和截面

栏杆由立杆、顶部扶手、中部纵条以及踢脚板等组成，其主要部件（立杆和顶部扶手）宜用角钢做成［图 12－39（a）］有时限于材料供应可采用圆钢［图 12－39（b）］。由于圆钢的承载能力和刚度较差，一般仅用于不经常通行的走道平台和设备防护栏杆，且其高度宜降低为 900mm。

有条件时，栏杆的主要部件也可用钢管或冷弯薄壁型钢来代替角钢。

2 栏杆各部件之间宜采用焊缝连接。在有通行或操作特殊需要时，可局部设计成活动的栏杆［图 12－39（c）、（d）］。

栏杆可分段整体制作。立杆与平台边梁的连接可采用工地焊缝或螺栓连接（图 12－40）。

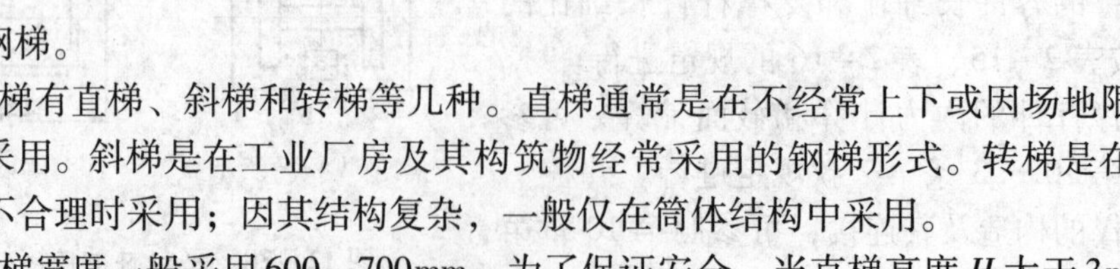

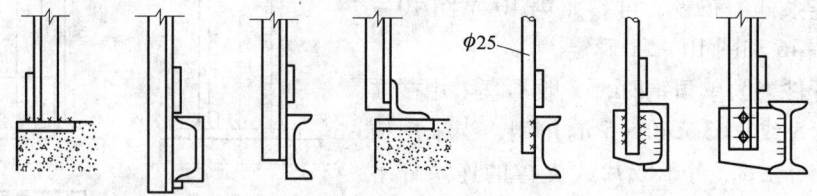

图 12－40 栏杆立柱与平台的连接

12.7.2 钢梯。

1 钢梯有直梯、斜梯和转梯等几种。直梯通常是在不经常上下或因场地限制不能设置斜梯时采用。斜梯是在工业厂房及其构筑物经常采用的钢梯形式。转梯是在布置斜梯有困难或不合理时采用；因其结构复杂，一般仅在筒体结构中采用。

2 直梯宽度一般采用 600～700mm。为了保证安全，当直梯高度 H 大于 3m 时，应从高度为 2m 开始设置保护圈（图 12－41）。

直梯的竖向荷载按集中力为 1.5kN 考虑。通常直梯的边立柱采用角钢∟75×50×6（$H<4$m 时）或∟80×50×6（$H=4\sim6$m 时），踏步采用 $d=16$mm 的圆钢。

3 经常通行的钢梯宜采用斜梯。斜梯的倾角通常为 45°～60°，有条件时以选用 45°为宜。斜梯的宽度一般为 700mm，特殊情况可加宽至 800～1200mm。

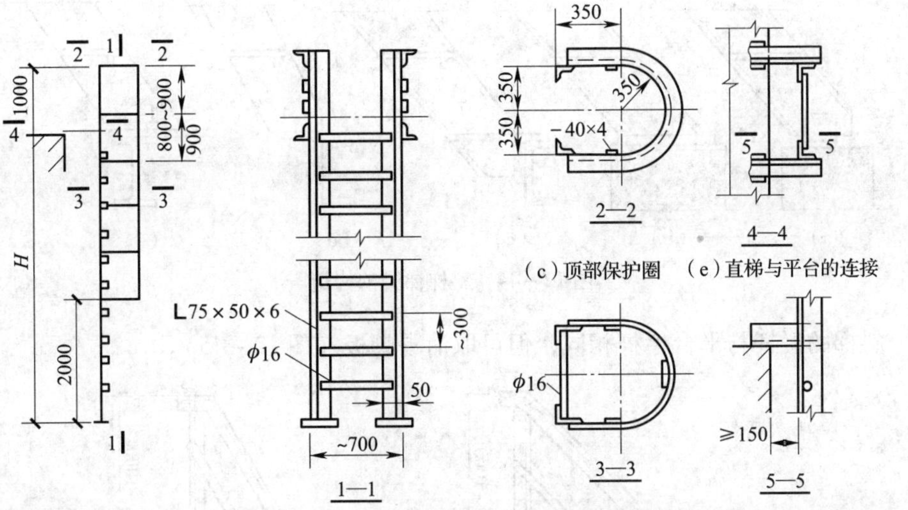

（a）直梯简图　（b）直梯的形式和截图　（d）中部保护圈　（f）直梯与平台的连接

图 12－41　直梯的形式和构造

斜梯的竖向荷载按实际情况考虑，但不宜小于 2.0kN/m² （对水平投影面）。

无特殊要求的斜梯（即荷载为 2.0kN/m² 的斜梯）的部件尺寸和构造如下：

（1）梯梁用 －160×6 钢板或 ⊏16 槽钢（图 12－42）；

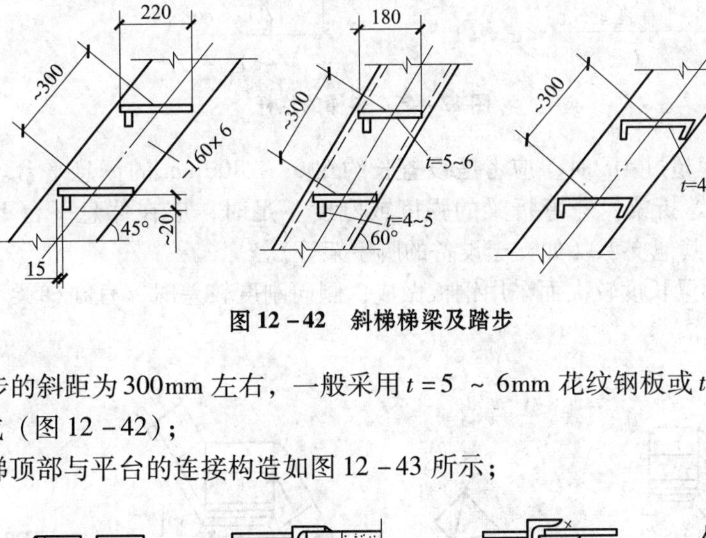

图 12－42　斜梯梯梁及踏步

（2）踏步的斜距为 300mm 左右，一般采用 $t=5\sim6$mm 花纹钢板或 $t=4$mm 的压弯成形的钢板做成（图 12－42）；

（3）斜梯顶部与平台的连接构造如图 12－43 所示；

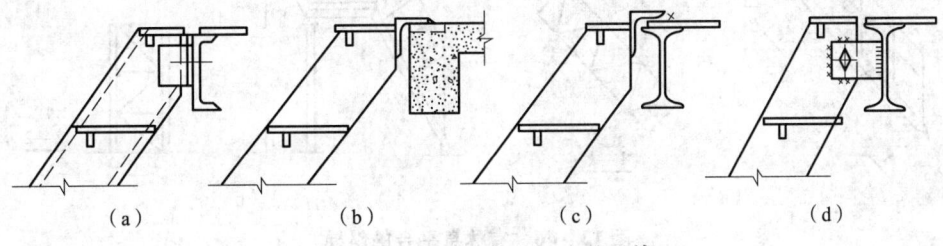

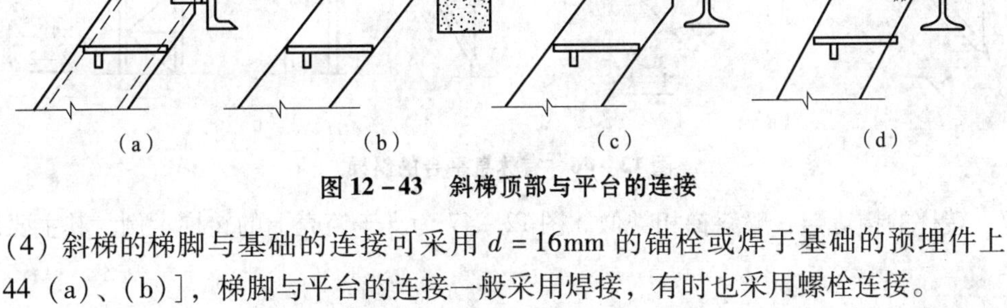

（a）　（b）　（c）　（d）

图 12－43　斜梯顶部与平台的连接

（4）斜梯的梯脚与基础的连接可采用 $d=16$mm 的锚栓或焊于基础的预埋件上［图 12－44（a）、（b）］，梯脚与平台的连接一般采用焊接，有时也采用螺栓连接。

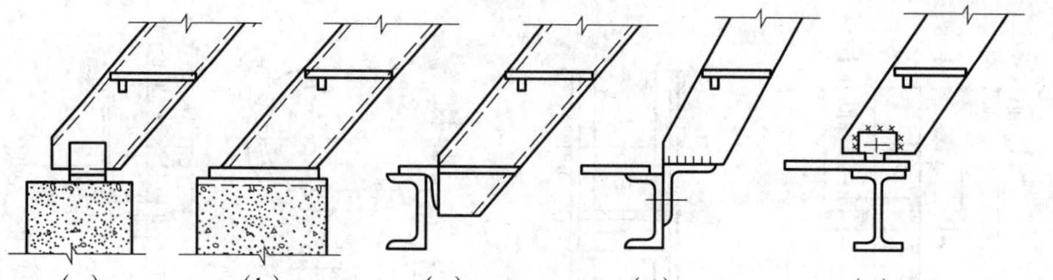

图 12－44 斜梯梯脚的构造

4 斜梯的栏杆与平台栏杆相同，但可取消踢脚板（图 12－45）。

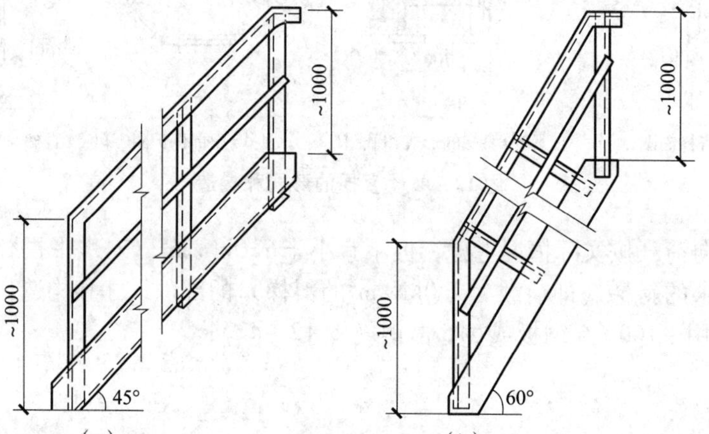

图 12－45 斜梯的栏杆

5 斜梯高度超过 4m 时，应考虑设置长约 600 ~ 800mm 的休息平台。斜梯与休息平台梁可用一根弯折梁。若弯折梁的强度或刚度不足时，应在休息平台下加支柱［图 12－46（b）］或其他支承（如支于设备的脚手架等）。

6 当斜梯梯梁长度较大而采用钢板做成，侧向刚度较差时，宜在梯梁下部设置平面支撑（图 12－46）。

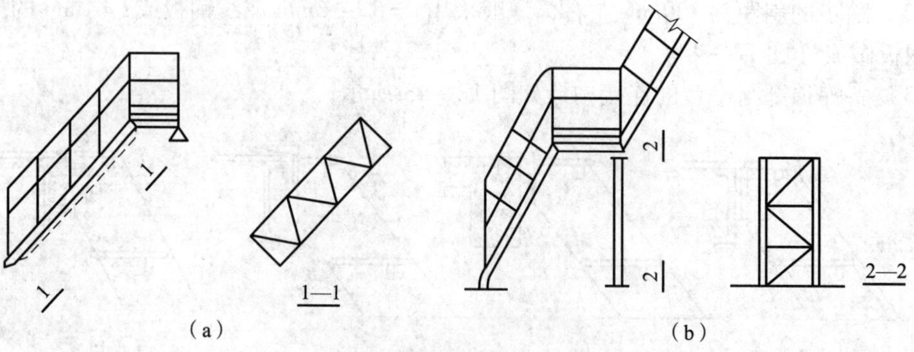

图 12－46 有休息平台的斜梯

7 转梯的构造与一般斜梯相类似。图 12－47 为支于筒壳上的转梯示例，其主要尺寸如下：

转梯斜度

$$\tan\alpha = H/l_1 \tag{12-29}$$

内梯梁长度

$$L_1 = \sqrt{l_1^2 + H^2} \tag{12-30}$$

外梯梁长度

$$L_2 = \sqrt{l_2^2 + H^2} \tag{12-31}$$

式中 l_1、l_2——内、外梯梁的水平投影长度；

H——转梯的高度。

转梯的踏步如图 12-48 所示。

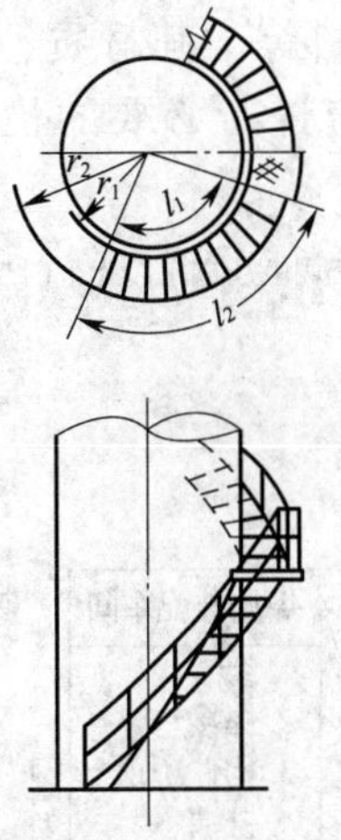

图 12-47 转梯简图

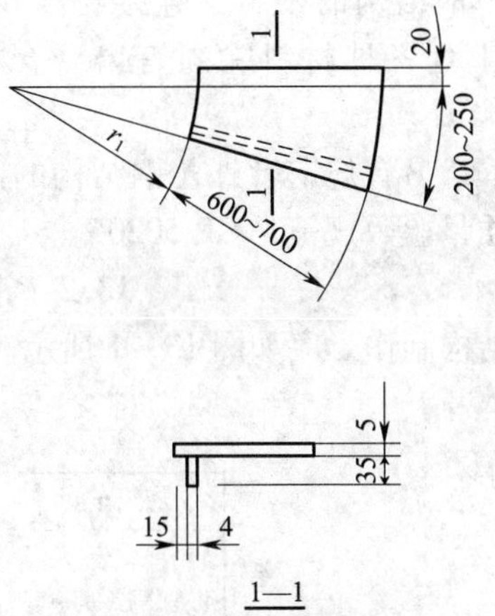

图 12-48 转梯踏步

转梯的休息平台应用脚手架支承于筒壳上。为保证转梯的强度和侧向刚度，往往在转梯中部也应设置支撑架。

13 制作、运输、安装和防腐蚀

13.1 概 要

13.1.1 钢结构的制作与安装单位，须经有关部门审查核准，具有足够的工程技术人员和合格工人，以及必要的技术装备。

13.1.2 钢结构的制作和安装必须严格按施工图进行。施工前，制作和安装单位应按施工图的要求，编制制作工艺和安装施工组织设计，并在施工过程中认真执行、严格实施。

13.1.3 制作钢结构的钢材、连接材料及防腐、涂装材料等，其材质、规格均应符合设计规定。上列各种材料除须有出厂合格证明外，尚应进行必要的检验，以确认其材质。

13.1.4 除本章另有规定者外，钢结构的制作和安装要求尚应符合现行国家标准《钢结构工程施工质量验收规范》GB 50205。

13.2 钢结构的制作

13.2.1 钢结构制作工序如图13-1所示。

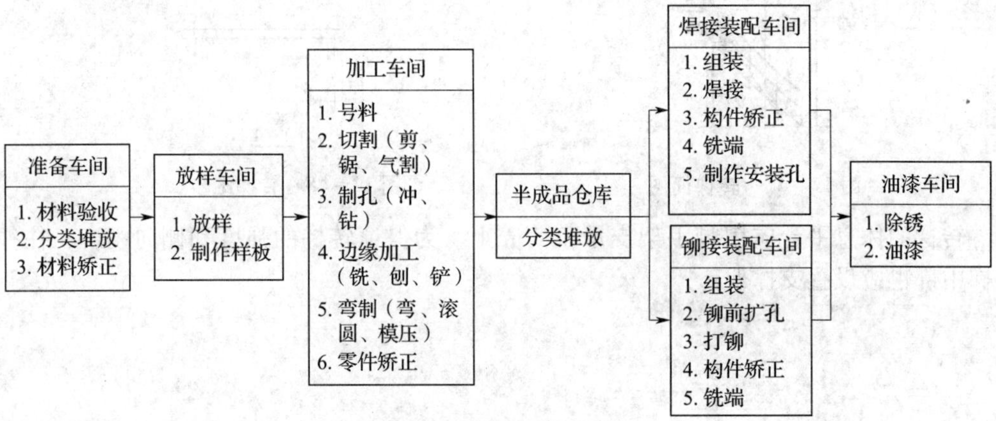

图13-1 钢结构制作工序

13.2.2 钢材备料、矫正和构件放样。

1 结构所需的钢材一般应按10%的余量提出备料计划。构件和杆件的拼接接头布置应照顾到订货钢材的标准长度；必要时，可根据使用长度，合理地定尺进料，以减少不必要的拼接和损耗。

2 若备料规格不能完全满足设计要求，选用代用钢材时应按下列原则进行：

(1) 代用钢材的化学成分和机械性能应与原设计的一致。

(2) 采用代用钢材时，应详细复核构件的强度、稳定性和刚度，注意因材料代用可能产生的偏心影响；同时，还应在可能范围内做到经济合理。

(3) 对于因钢材代用而引起构件间连接尺寸和施工图等的变动，均应予修改。

3 从轧钢厂运到金属结构制造厂的钢材，常因长途运输、装卸等而产生较大的变形，给加工造成困难，影响制造的精度；加工前必须进行矫正，使之平直。

图 13－2 是钢板矫正辊床的工作简图，图 13－3 是槽钢或工字钢用水平直弯机矫正的工作简图。

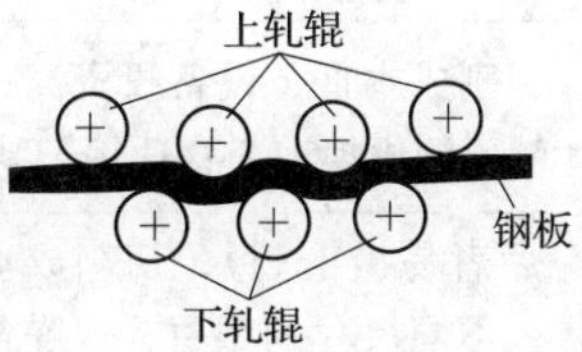

图 13－2　钢板矫正辊床工作简图

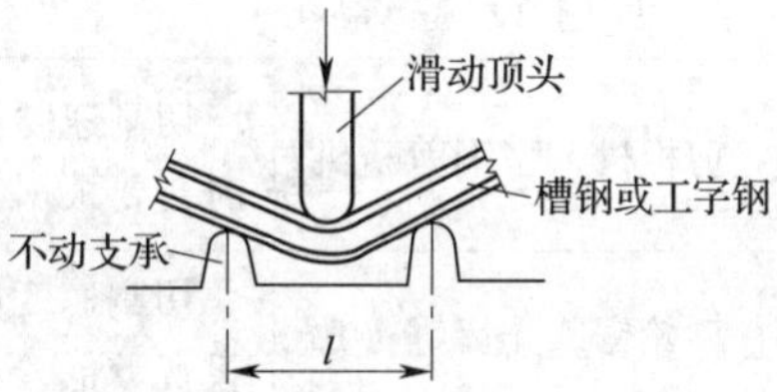

图 13－3　水平直弯机工作简图

4　构件的放样工作是按施工图上的图形和尺寸绘出 1∶1 的大样，并制作样板和样杆，以作为下料、弯制、刨铣和制孔等加工的依据。样板用质轻、价廉且不易产生伸缩变形的材料做成，最常用的有铁皮、纸板和油毡，也可用薄木板或胶合板。放样和号料时，应根据工艺要求预放焊接收缩余量及切割、刨边和铣平等加工余量。号料余量通常可按下列规定采用：对接焊缝沿焊缝长度方向每米留 0.7mm；对接焊缝垂直于焊缝方向每个对口留 1mm；格构式结构的角焊缝按每米留 0.5mm 计；加工余量按工艺要求定，一般可留 3～5mm。

5　对跨度较大的桁架等构件，应按规定起拱。屋架宜上下弦同时起拱，三角形屋架可仅下弦起拱。起拱后，竖杆方向仍应垂直于地面，不与下弦杆垂直。施工图纸中应注明起拱量或按起拱后的尺寸绘制施工图。

13.2.3　零件加工，钢材的切割有剪切、锯切和气割三种方法。

1　剪切。用剪切机切割钢材是最方便的切割方法。图 13－4 是钢板剪切机的工作简图。厚度≤12mm 的钢板用压力剪床剪切，厚钢板须用强大的龙门剪切机剪切。角钢等小号型钢可在型钢剪切机上用特殊的刀刃切割。

钢材经剪切后在离剪切边缘 2～3mm 范围内将产生严重的冷作硬化，使这部分钢材脆性增大。因此，对于厚度较大且直接承受动力荷载作用的重要结构，剪切后应将这部分硬化的钢材刨去。

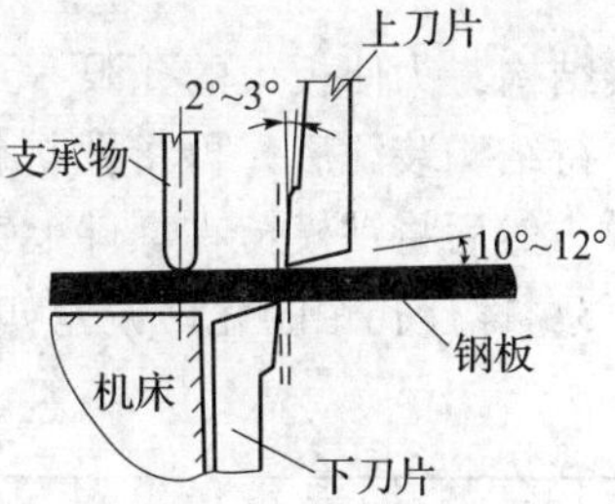

图 13－4　钢板剪切机工作简图

2　锯切。对工字钢、槽钢、钢管和大号角钢可用机械锯锯切、锯片有带齿圆盘锯和无齿摩擦圆盘锯两种。近年来较发达的国家普遍采用带齿圆盘冷锯机锯切钢材；这种冷锯机用高压空气冷却，锯时不加润滑液，锯切的速度较快，且锯切后的金属表面不发热，钢材不变质，是一种比较先进的加工机械。

3　氧气切割。氧气切割的设备比较简单，生产效率高，经济性较好，可切割任何厚度；既能切成直线也能切成曲线，还能切成 V 形、X 形的焊接坡口。

氧气切割分手工切割、自动和半自动切割，以及精密切割。精密切割的质量好，但一般自动和半自动切割已能满足建筑结构的制造精度要求。

以下将上述三种切割方法的主要特点及适用范围列于表 13－1。

型钢的切割面应垂直于轴线，切割线与号料线的偏差不得大于 2mm；端部的斜度不得大于 2 度。切口有毛刺或熔渣时，应用砂轮机磨光。气割前应清除切割区表面的铁锈及污物，气割后应清除熔渣和飞溅物。

表 13-1 型钢或钢板切割方法分类比较表

类别	使用设备	特点及适用范围
机械切割	剪板机，型钢剪断机	切割速度快，切口整齐，切割成本低；设备投资高，切割型材时，要根据截面形状、尺寸的不同更换剪刀；适用于制造厂
	砂轮锯，无齿锯（摩擦锯）	切割速度快，切口整齐（后者易出毛刺），切割成本低，设备投资较低，适用于不同形状、不同尺寸的型材；但噪声高、灰尘大；适于制造厂小批量生产
	锯床	切口整齐；效率低、速度慢，设备投资较低
气割	自动和半自动切割机	利用氧气或等离子流，按仿形或数控进行切割，切口整齐，速度快；成本较高，设备投资较高；适用于钢板切割
	手工切割	方法简单，操作方便，成本低；切口精度较差；适用于施工现场采用

13.2.4 制孔。制孔的方法有冲孔和钻孔两种。

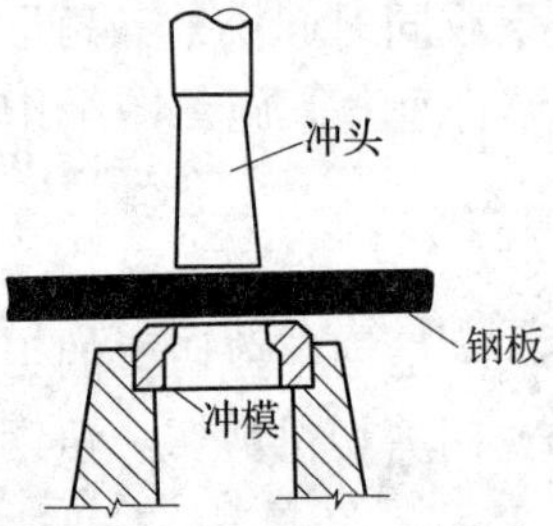

图 13-5 冲孔机工作简图

1 冲孔。冲孔是在冲孔机上进行，一般只能冲较薄的钢板，孔径的大小一般不能小于钢材的厚度，图 13-5 是冲孔机的工作简图。

冲孔的原理是剪切，因此在孔壁周围将产生冷作硬化，孔壁质量较差。但冲孔的生产效率较高，当对孔的质量要求不高时，可以采用。

2 钻孔。钻孔是在钻床上进行，可以钻任何厚度的钢材。钻孔的原理是切削，孔壁损伤较小，质量较好。对于铆接结构，为使板束的孔眼一致并使孔壁光滑起见，有时先在零件中冲成或钻成较小的孔，待结构装配后，再将孔扩钻至设计孔径。对于孔群位置要求严格的构件，可先制成钻模，然后将钻模覆在零件上钻孔。为提高钻孔效率，可采用叠钻和多轴钻的钻孔方法。

3 螺栓孔距的允许偏差如表 13-2 所示。

表 13-2 孔距的容许偏差（mm）

项目	孔距（mm）			
	≤500	501~200	1201~3000	>3000
同一组内任意两孔间距离	±1.0	±1.5	—	—
相邻两组的端孔间距离	±1.5	±2.0	±2.5	±3.0

孔的分组规定为：

（1）在节点中连接板与一杆件相连的所有连接孔为一组；

（2）接头处的孔：平接头以半个拼接板上的孔为一组；

（3）两相邻节点或接头间的连接孔为一组，但不包括表中所指的孔；

（4）受弯构件翼缘上的连续孔，每 1m 长度范围内的孔为一组。

4 C 级螺栓孔（Ⅱ类孔），孔壁表面粗糙度 R_4 不应大于 25μm，直径 $^{+1.0}_{0.0}$，圆度 2.0，

垂直度 0.03t，且不大于 2.0（t 为板厚）。

13.2.5 边缘加工。边缘加工有刨边、铣边和铲边三种方法。

1 刨边。有些构件根据其受力特点常需刨边。如对接焊缝钢板边缘的坡口和刨平顶紧传力板端的刨边等。刨边在刨床上进行，对于数米长的钢板需要用大型龙门刨边机刨边。刨边是很费工的工序，生产效率低、成本高，因此非必要时应尽量避免使用。

对重级工作制 A6 吊车梁的受拉翼缘或吊车桁架的受拉弦杆边缘，当用手工切割或剪切机剪切时，应沿全长刨边。有时为使零件的端部能直接传力，也要将其端部在刨床上刨平。

2 铣边。对有些零件的端部可采用铣平的方法代替刨边，铣边在铣边机床上进行，其光洁度比刨边的要差一些。

3 铲边。对加工质量要求不高且工作量不大的边缘可采用铲边。铲边是用风铲操作，风铲是一种利用高压空气作为动力的风动机具。其优点是设备简单，使用方便，成本低，缺点是噪声大，劳动强度高，质量不如刨边的好。

13.2.6 钢材弯制方法。钢材的弯制有冷弯和热弯两种。

1 冷弯。在常温下进行的弯制称为冷弯。钢板和型钢的冷弯可在专门的辊弯机上进行，图 13-6 是钢板辊弯机的工作简图，图 13-7 是角钢辊弯机的工作简图。

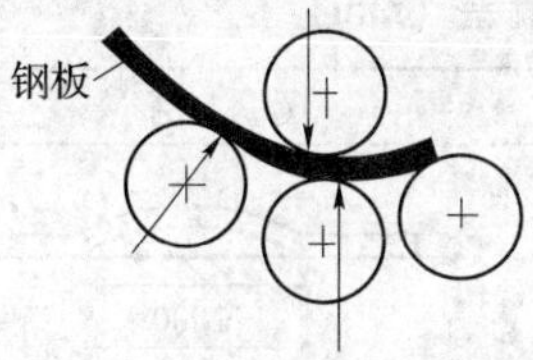

图 13-6 钢板辊弯机的工作简图

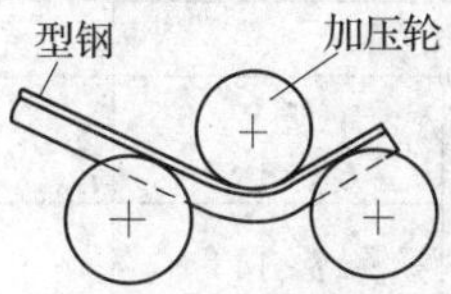

图 13-7 角钢辊弯机的工作简图

冷弯的弯曲半径不宜过小，以免钢材丧失塑性或出现裂缝，一般钢材弯曲的最小半径可参考表 13-3 所列的数值采用。

表 13-3 冷矫正和冷弯曲的最小曲率半径和最大弯曲矢高（mm）

钢材类别	图例	对应轴	矫正		弯曲	
			r	f	r	f
钢板、扁钢	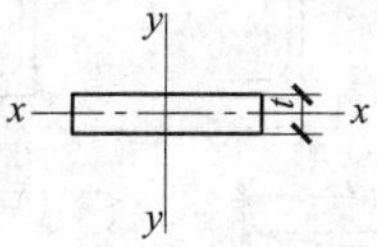	$x-x$	$50t$	$\frac{l^2}{400t}$	$25t$	$\frac{l^2}{200t}$
		$y-y$（仅对扁钢轴线）	$100b$	$\frac{l^2}{800b}$	$50b$	$\frac{l^2}{400b}$
角钢	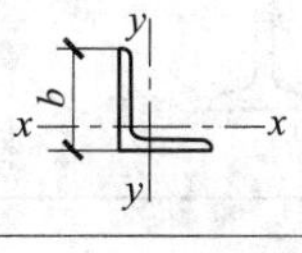	$x-x$	$90b$	$\frac{l^2}{720b}$	$45b$	$\frac{l^2}{360b}$
槽钢	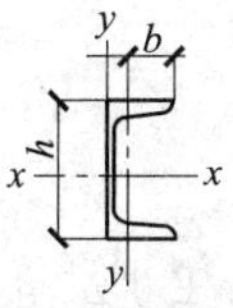	$x-x$	$50h$	$\frac{l^2}{400h}$	$25h$	$\frac{l^2}{200h}$
		$y-y$	$90b$	$\frac{l^2}{720b}$	$45b$	$\frac{l^2}{360b}$

续表 13-3

钢材类别	图例	对应轴	矫正		弯曲	
			r	f	r	f
工字钢	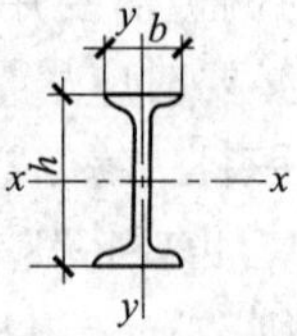	$x-x$	$50h$	$\frac{l^2}{400h}$	$25h$	$\frac{l^2}{200h}$
		$y-y$	$50b$	$\frac{l^2}{400b}$	$25b$	$\frac{l^2}{200b}$

注：r 为曲率半径；f 为弯曲矢高；l 为弯曲弦长；t 为钢板厚度。

2 热弯。在热塑状态下进行的弯制称为热弯。对厚钢板或型钢，当弯曲的角度过大或弯曲的半径较小时，一般都需要将钢材加热至 1000℃ ~1100℃，在模具上进行弯曲。热弯时应使零件缓慢而均匀地冷却，以防钢材变脆。热加工使钢结构制造工序复杂化，并使造价增高，在设计时应尽量避免。

3 钢材矫正后的允许偏差，应符合表 13-4 的规定。

表 13-4 钢材矫正后的允许偏差（mm）

项目		允许偏差	图例
钢板的局部平面度	$t \leqslant 6$	3.0	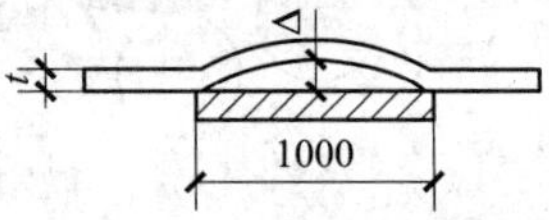
	$6 < t \leqslant 14$	1.5	
	$t < 14$	1.0	
型钢弯曲矢高		l/1000 且不应大于 5.0	
角钢肢的垂直度		b/100 双肢栓接角钢的角度不得大于 90°	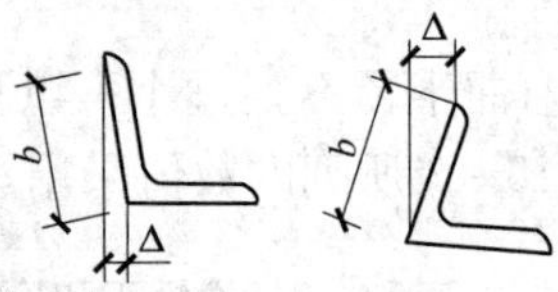
槽钢翼缘对腹板的垂直度		b/80	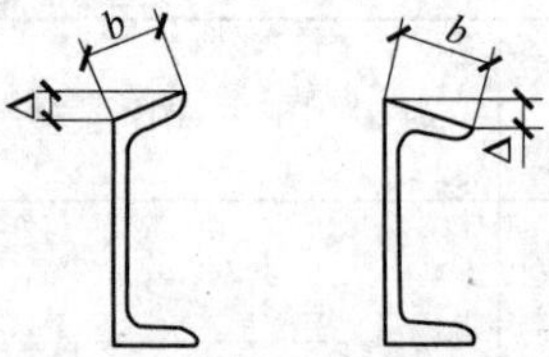
工字钢、H 型钢翼缘对腹板的垂直度		b/100 且不大于 2.0	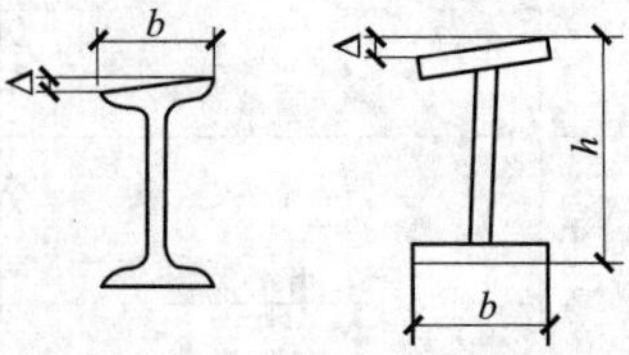

检查数量：按矫正件数抽查 10%，且不应少于 3 件。

检验方法：观察检查和实测检查。

13.2.7 构件组装。

1 组装是把加工好的零件按照施工图的要求拼装成构件。在组装前应采用刮具、钢刷、打磨机和喷砂等装置将零件上的铁锈、毛刺和油污等清除干净。

2 构件组装要求：

(1) 组装平台的模胎（或模架）应测平，并加以固定，以保证构件组装的精确度。

(2) 焊接结构组装时，要求用螺丝夹和卡具等夹紧固定，然后点焊。点焊部位应在焊缝部位之内，点焊焊缝的焊脚尺寸一般不宜超过设计焊缝焊脚尺寸的2/3，所用焊条应与正式焊接用的焊条相同。

(3) 对重要的安装接头和工地拼接接头，应在工厂进行试拼装。

13.2.8 构件焊接。焊接是钢结构连接的主要方法，在钢结构制造中常用的焊接方法如表13－5所示。

表13－5 钢结构制造常用的焊接方法

焊接方法		特点	适用范围
手工焊	交流焊机	设备简易，操作灵活，可进行各种位置的焊接	焊接一般钢结构
	直流焊机	焊接电流稳定，适用于各种焊条	焊接要求较高的钢结构
埋弧自动焊		生产效率高，焊接质量好，表面成型光滑美观，操作容易，焊接时无弧光，有害气体少	适用于焊接长度较长的对接，或角焊缝
埋弧半自动焊		与埋弧自动焊基本相同，但操作较灵活	焊接长度较短的或弯曲的对接，或角焊缝
二氧化碳气体保护焊		利用二氧化碳或其他惰性气体保护的光焊丝焊接，生产效率高，焊接质量好，成本低，易于自动化，可进行全位置焊接	用于薄钢板的焊接

1 焊接变形和焊接应力。

为了减小或防止钢结构中产生焊接变形和焊接应力，制造时应采取下列措施。

(1) 施焊时，应选择合理的焊接顺序，如对称法、分段逆向焊法、跳焊法等，但分段逆向焊法的焊接应力较大。

在保证焊缝质量的前提下，采用适量的电流，快速施焊，以减小热影响区和温度差，减小焊接变形和焊接应力。

焊接立体构件时，应使焊缝的收缩力矩互相抵消；或由多焊工同时对称施焊，以达到减小焊接变形和焊接应力的目的。

(2) 结构组装时，小型构件可一次组装，点焊固定后用合理的焊接顺序一次完成；对大型构件可分部组装，焊后矫正，再总装成整体。

(3) 采取反变形措施，即在焊前进行组装时，先将焊件向与焊接后产生变形相反的方向进行人为的适量变形，以便达到抵消焊接变形的目的。

(4) 用刚性较大的夹具将焊件固定，以增大焊件的刚度；这对减小焊接变形很有效，且焊接时不必过多考虑焊接顺序。其缺点是焊完撤除夹具后，焊件还有少许变形，且焊接应力较大，如与反变形措施配合使用则效果更好。

减小焊接应力的措施，除在选择焊接顺序时注意它对焊接应力的影响外，还可采用预热、锤击和整体回火等方法以减小和消除焊接应力。

2 焊接变形矫正法。

焊接变形包括纵向收缩、横向收缩、角变形、弯曲变形、波浪变形和扭曲变形等。对于焊接结构，应采取各种有效措施以防止或减小变形，但当这些变形超过现行规范的规定时，必须加以矫正。在钢结构制造中常用的矫正方法有机械矫正法和火焰矫正法两种。

(1) 机械矫正法就是利用机械力的作用来矫正变形，常用的工具有千斤顶、螺旋拉紧器和压力机等。

(2) 火焰矫正法就是把焊接变形相对部位的金属局部加热到热塑状态，利用不均匀加热引起的变形来矫正焊接结构已经发生的变形，这种方法只需普通气焊所用的工具和设备。

3 低温焊接措施。

在低温条件下焊接时，由于焊缝金属冷却速度较快，出现裂缝的倾向增大。对于Q345、Q390和Q420钢，由于合金元素含量比低碳钢多，其淬硬倾向和出现裂缝倾向更大。因此，在低温焊接时应采取下列措施。

(1) 进行构件焊接时，常采用预热措施，预热的温度宜控制在60℃～140℃，预热区应在焊缝所在的两侧各75～100mm范围内。

表13-6 常用结构钢材最低预热温度要求（本表适应条件见注）

钢材牌号	接头最厚部件的板厚 t（mm）				
	$t<25$	$25\leqslant t\leqslant 40$	$40<t\leqslant 60$	$60<t\leqslant 80$	$t>80$
Q235	—	—	60℃	80℃	100℃
Q295、Q345	—	60℃	80℃	100℃	140℃

注：1 接头形式为坡口对接，根部焊道，一般拘束度。

2 热输入约为15～25kJ/cm。

3 采用低氢型焊条，熔敷金属扩散氢含量（甘油法）：E4315、4316不大于8ml/100g；E5015、E5016、E5515、E5516不大于6ml/100g；E6015、E6016不大于4ml/100g。

4 一般拘束度，指一般角焊缝和坡口焊缝的接头未施加限制收缩变形的刚性固定，也未处于结构最终封闭安装或局部返修焊接条件下而具有一定自由度。

5 环境温度为常温。

6 焊接接头板厚不同时，应按厚板确定预热温度；焊接接头材质不同时，按高强度、高碳当量的钢材确定预热温度。

实际工程结构施焊时的预热温度，尚应满足下列规定。

1) 根据焊接接头的坡口形式和实际尺寸、板厚及构件拘束条件确定预热温度。焊接坡口角度及间隙增大时，应相应提高预热温度。

2) 根据熔敷金属的扩散氢含量确定预热温度。扩散氢含量高时应适当提高预热温度。当其他条件不变时，使用超低氢型焊条打底预热温度可降低25℃～50℃。二氧化碳气体保护焊当气体含水量符合《钢结构工程施工质量验收规范》GB 50205的要求或使用富氩混合气体保护焊时，其熔敷金属扩散氢可视同低氢型焊条。

3) 根据焊接时热输入的大小确定预热温度。当其他条件不变时，热输入增大5kJ/cm，预热温度可降低25℃～50℃。电渣焊和气电立焊在环境温度为0℃以上施焊时可不进行预热。

4）根据接头热传导条件选择预热温度。在其他条件不变时，T形接头应比对接接头的预热温度高25℃～50℃。但T形接头两侧角焊缝同时施焊时应按对接接头确定预热温度。

5）根据施焊环境温度确定预热温度。操作地点环境温度低于常温时（高于0℃），应提高预热温度15℃～25℃。

（2）应尽量减少焊缝中未焊透、咬边、夹渣、弧坑、裂纹等缺陷，这些缺陷将形成应力集中，导致在低应力下发生脆性破坏。

（3）在多数情况下，裂缝往往出现在第一道焊缝和焊根上。所以，在焊第一道焊缝时应加大电流，减慢焊速，保证根部焊透。对点固焊缝也应适当加大焊脚尺寸和焊缝长度，以免发生裂纹。

（4）焊件的矫正和组装应尽量避免在低温度下进行。

（5）在焊接过程中应充分保证焊缝的自由收缩，减小焊接应力，以免产生裂纹。

13.2.9 焊缝质量级别检验。焊缝质量的级别应根据结构受力情况由设计确定。它分外观检验和无损检测。

1 外观检验。

（1）所有焊缝应冷却到环境温度后进行外观检查，Ⅱ、Ⅲ类钢材的焊缝应以焊接完成24h后检查结果作为验收依据，Ⅳ类钢应以焊接完成48h后的检查结果作为验收依据。

（2）外观检查一般用目测，裂纹的检查应辅以5倍放大镜并在合适的光照条件下进行，必要时可采用磁粉探伤或渗透探伤，尺寸的测量应用量具、卡规。

（3）焊缝外观质量应符合下列规定：

1）一级焊缝不得存在未焊满、根部收缩、咬边和接头不良等缺陷，一级焊缝和二级焊缝不得存在表面气孔、夹渣、裂纹和电弧擦伤等缺陷；

2）二级焊缝的外观质量除应符合本条1）的要求外，尚应满足表13－7的有关规定；

3）三级焊缝的外观质量应符合表13－7的有关规定。

表13－7 焊缝外观质量允许偏差

检验项目 \ 焊缝质量等级	二级	三级
未焊满	≤0.2+0.02t且≤1mm，每100mm长度焊缝内未焊满累积长度≤25mm	≤0.2+0.04t且≤2mm，每100mm长度焊缝内未焊满累积长度≤25mm
根部收缩	≤0.2+0.02t且在1mm，长度不限	≤0.2+0.04t且在≤2mm，长度不限
咬边	≤0.05t且≤0.5mm，连续长度≤100mm，且焊缝两侧咬边总长≤10%焊缝全长	≤0.1t且≤1mm，长度不限
裂纹	不允许	允许存在长度≤5mm的弧坑裂纹
电弧擦伤	不允许	允许存在个别电弧擦伤
接头不良	缺口深度≤0.05t且≤0.5mm，每1000mm长度焊缝内不得超过1处	缺口深度≤0.1t且≤1mm，每1000mm长度焊缝内不得超过1处
表面气孔	不允许	每50mm长度焊缝内允许存在直径<0.4t且≤3mm的气孔2个；孔距应≥6倍孔径
表面夹渣	不允许	深≤0.2t，长≤0.5t且≤20mm

(4) 焊缝尺寸应符合下列规定：

1) 焊缝焊脚尺寸应符合表 13－8 的规定；

2) 焊缝余高及错边应符合表 13－9 的规定；

3) 焊接构件的极限构造尺寸见表 13－10。

表 13－8 焊缝焊脚尺寸允许偏差

项次	项目	示意图	允许偏差（mm）	
1	一般全焊透的角接与对接组合焊缝	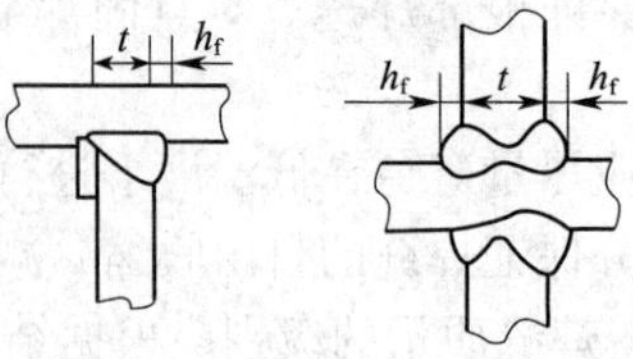	$h_f \geq \left(\frac{t}{4}\right)_0^{+4}$ 且≤10	
2	需经疲劳验算的全焊透角接与对接组合焊缝	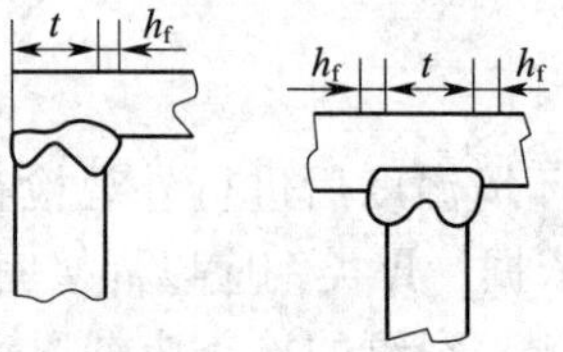	$h_f \geq \left(\frac{t}{4}\right)_0^{+0.4}$ 且≤10	
3	角焊缝及部分焊透的角接与对接组合焊缝	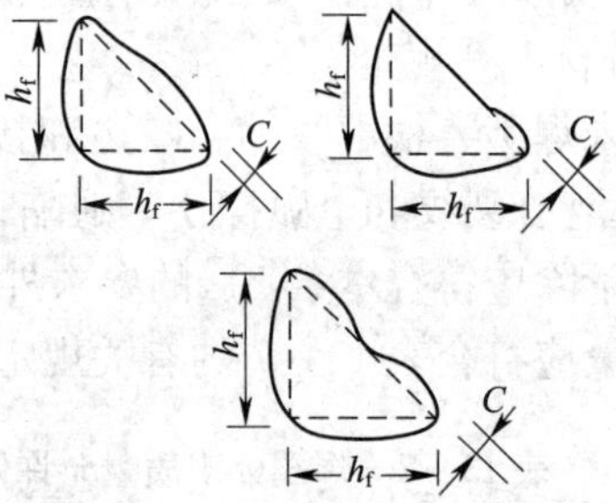	h_f≤6 时 0～1.5	h_f>6 时 0～3.0

注：1 h_f>8.0mm 的角焊缝其局部焊脚尺寸允许低于设计要求值 1.0mm，但总长度不得超过焊缝长度的 10%。

2 焊接 H 形梁腹板与翼缘板的焊缝两端在其两倍翼缘板宽度范围内，焊缝的焊脚尺寸不得低于设计要求值。

表 13－9 焊缝余高和错边允许偏差

项次	项目	示意图	允许偏差（mm）	
			一、二级	三级
1	对接焊缝余高（C）	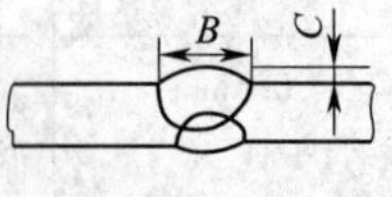	B < 20 时，C 为 0～3； B ≥ 20 时，C 为 0～4	B<20 时，C 为 0～3.5； B≥20 时，C 为 0～5
2	对接焊缝错边（d）	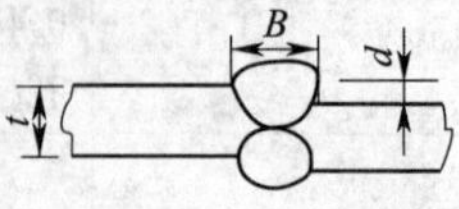	d>0.1t 且≤2.0	d<0.15t 且≤3.0

续表 13－9

项次	项　目	示 意 图	允许偏差（mm）	
			一、二级	三级
3	角焊缝余高（C）	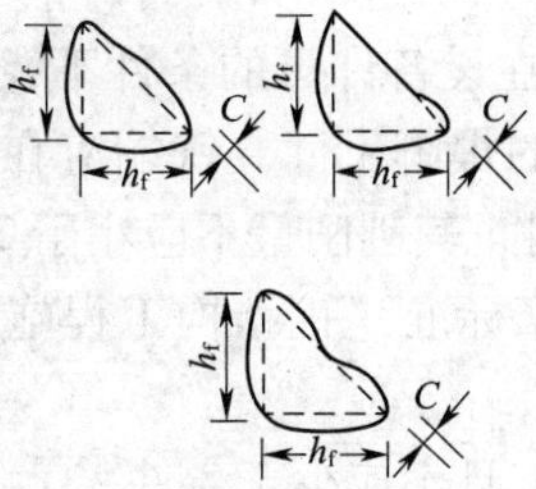	$h_f≤6$ 时 C 为 0 ~ 1.5； $h_f>6$ 时 C 为 0 ~ 3.0	

表 13－10　手工焊接时焊接构件的某些极限构造尺寸（mm）

<table>
<tr>
<td>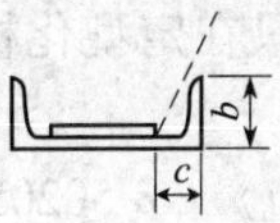
$c≥0.7b$</td>
<td>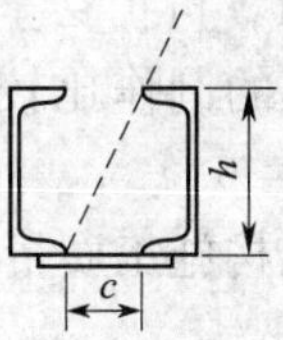
$c≥0.7h$</td>
<td>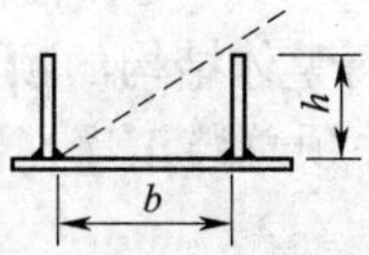
当 $b≤400$ 时，
$h≤0.6b$；
当 $b>400$ 时，
h 不受限制</td>
<td>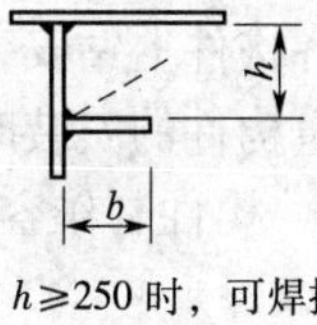
当 $h≥250$ 时，可焊接</td>
</tr>
<tr>
<td>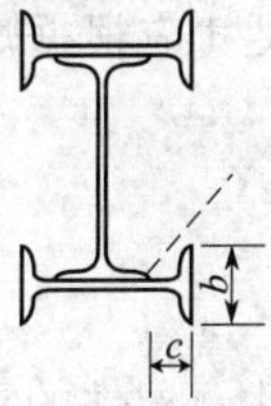
$c≥0.3b$</td>
<td>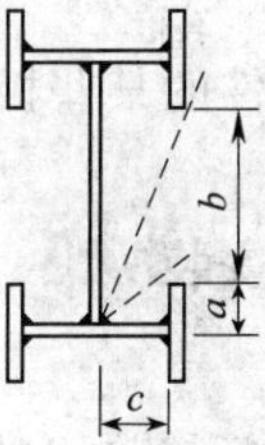
$c≥1.5a$
$c≥0.5b$</td>
<td>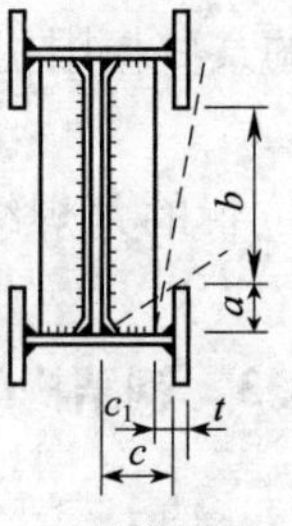
1. 当焊接加劲肋时，$c≥a$；
2. 焊不到的区段
$c_1=\frac{at}{b}+10$</td>
<td>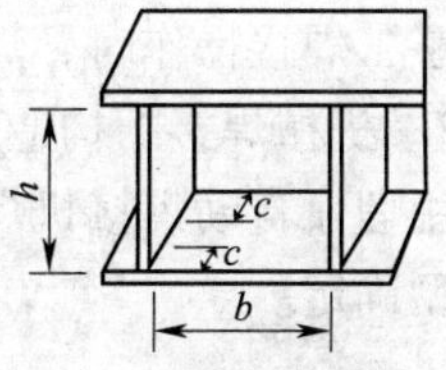
<table>
<tr><td>b</td><td>h</td><td>c</td></tr>
<tr><td rowspan="2">>400</td><td>250 ~ 400</td><td>≤800</td></tr>
<tr><td><250</td><td>$=h$</td></tr>
<tr><td rowspan="2">≤400</td><td>≥250</td><td>$=0.63b$</td></tr>
<tr><td><250</td><td>$=\frac{bh}{400}$</td></tr>
</table>
</td>
</tr>
</table>

注：焊条长度按 450mm 考虑。

2　无损检测。

（1）无损检测应在外观检查合格后进行。

（2）焊缝无损检测报告签发人员必须持有相应探伤方法的Ⅱ级或Ⅱ级以上资格证书。

（3）设计要求全焊透的焊缝，其内部缺陷的检验应符合下列要求：

1）一级焊缝应进行 100% 的检验，其合格等级应为现行国家标准《焊缝无损检测 超声检测技术、检测等级和评定》GB/T 11345—2013B 级检验的Ⅱ级及Ⅱ级以上；

2）二级焊缝应进行抽检，抽检比例应不小于 20%，其合格等级应为现行国家标准

《焊缝无损检测 超声检测技术、检测等级和评定》GB/T 11345—2013B 级检验的Ⅲ级及Ⅲ级以上；

3）全焊透的三级焊缝可不进行无损检测。

13.2.10 构件铣端和钻安装孔。

1 构件铣端。对受力较大的柱，在设备许可的条件下，宜进行端部铣平、使力由承压面直接传至底板，以减少连接焊缝的焊脚尺寸。铣端应在专门的铣床上进行。气割或机械剪切的零件，需要进行边缘加工时，其刨削量不应小于 2.0mm。

边缘加工允许偏差应符合现行国家标准《钢结构工程施工质量验收规范》GB 50205 中的规定。

检查数量：按加工面数抽查 10%，且不应少于 3 件。

观察检查和实测检查。

2 钻安装孔。在焊接构件上钻安装孔一般是在构件焊好后进行，以保证它有较高的准确度。制作安装孔有两种方法：一种是在构件的相应零件上先冲成或钻成比设计孔径小 3mm 的孔，待构件出厂前进行整体结构的预总装时，再扩钻至设计孔径；另一种是用钻模在各构件上钻安装孔，免去预总装工序，但钻模的制作比较费工，只在定型化构件或大批量构件的安装时才采用。

13.2.11 构件制作容许偏差应按现行国家标准《钢结构施工质量验收规范》GB 50205 数值采用。

13.2.12 结构制作的空间要求。

1 手工焊接的构造。

手工焊接操作时，焊接结构的某些极限构造尺寸见表 13-10。

2 机械焊接的构造。

用埋弧自动焊接机焊接船状位置的角焊缝时，构件的某些极限构造尺寸应根据焊机的类型确定。

13.3 钢结构的运输和安装

13.3.1 构件运输的限界尺寸

1 结构构件的最大轮廓尺寸应不超过铁路或公路运输许可的限界尺寸。构件的重量应根据起重及运输设备所能承担的能力确定。在一般情况下，构件的重量不宜超过 15t，最大构件的重量也不宜超过 40t。

2 构件需要利用铁路运输时，其外形尺寸应不超过《标准轨距铁路机车车辆限界》GB 146.1—1983 中规定的限界尺寸。其中在全国标准铁路运输的构件，装载的限界尺寸应不超过机车车辆的限界，如图 13-8（a）所示；按《标准轨距铁路建筑限界》GB 146.1—1983 建筑限界标准建造利用铁路运输的构件，最大级超限货物装载的限界尺寸如图 13-8（b）所示。超限运输非但使运费增加，而且使装车和固定货物的技术复杂化，应在设计时尽量避免。

3 构件需要利用公路运输时，其外形尺寸应考虑公路沿线的路面至桥涵和隧道的净空尺寸，在一般情况下，此净空尺寸为：

对超级公路，一级、二级公路 5.0m；

对三级、四级公路 4.5m。

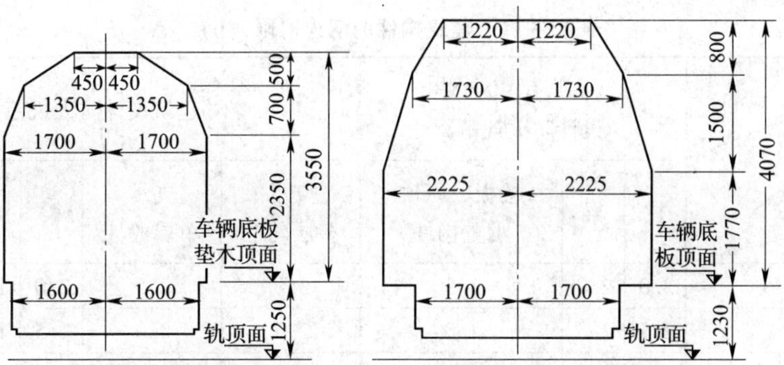

（a）基本货物装载限界尺寸　　（b）最大级超限货物装载限界尺寸

图 13－8　铁路运输装载的限界尺寸

13.3.2　钢结构安装应注意的问题及安装的容许偏差。

1　安装钢结构时，应注意下列问题。

（1）结构安装前应对构件进行全面检查，如构件的数量、长度、垂直度、安装接头处螺栓孔之间的尺寸等是否符合设计要求；对制造中遗留下的缺陷及运输中产生的变形，应在地面预先矫正，妥善解决。

（2）钢柱与基础一般都采用柱脚锚栓连接，故在安装钢柱前应检查柱脚螺栓之间的尺寸、露出基础顶面的尺寸、基础顶面的标高是否符合设计要求，以及柱脚锚栓的螺纹是否有损坏等（一般在基础施工时就应采取措施，以保护柱脚锚栓及其螺纹不被碰坏）。

（3）结构吊装时，应采取适当措施，防止产生过大的弯扭变形，同时应将绳扣与构件的接触部位加垫块垫好，以防刻伤构件。

（4）结构吊装就位后，应及时系牢支撑及其他连系构件，以保证结构的稳定性。

（5）所有上部结构的吊装，必须在下部结构就位、校正并系牢支撑构件以后才能进行。

（6）根据工地安装机械的起重能力，在地面上组装成较大的安装单元，以减少高空作业的工作量。

2　钢结构安装的容许偏差应按现行国家标准《钢结构施工质量验收规范》GB 50205 数值采用。

13.4　钢结构防火、防腐和隔热

13.4.1　钢结构防火设计。

1　钢结构的防火设计应符合《建筑设计防火规范》GB 50016—2014 及《石油化工企业设计防火规范》GB 50160—2008、《高层民用建筑钢结构技术规程》JGJ 99—2015 等的有关规定。建筑师应慎重并合理地确定工业建筑物的防火类别与建筑物的防火等级，必要时应与消防部门共同商定设防标准。

2　钢结构构件的防火设计原则，是在设计所采用的防火措施条件下，能保证构件在所规定的耐火极限时间内，其承载力仍不小于各种作用产生和组合效应。建筑物等级所要求的承重构件耐火时限如表 13－11 所示。

3　在钢结构设计文件中，应注明结构的设计耐火等级，构件的设计耐火极限、所需要的防火保护措施及其防火保护材料的性能要求。当达不到表 13－11 中值时应按钢结构防火技术规范重新设计。

表 13-11 建筑构件的耐火时限（h）

耐火时限（h） 耐火等级 ＼ 构件 ＼ 规范	《高层民用建筑设计防火规范》			《建筑设计防火规范》				
	柱	梁	楼板、屋顶承重构件	支承多层的柱	支承单层的柱	梁	楼板	屋顶承重构件
一级	3.0	2.0	1.5	3.0	2.5	2.0	1.5	1.5
二级	2.5	1.5	1.0	2.5	2.0	1.5	1.0	0.5
三级	—	—	—	2.5	2.0	1.0	0.5	—

注：建筑物耐火等级应由建筑师确定。

4　构件采用防火涂料进行防火保护时，其高强度螺栓连接处的涂层厚度不应小于相邻构件的涂料厚度。

13.4.2　钢结构防腐蚀设计。

1　钢结构应遵循安全可靠、经济合理的原则，按下列要求进行防腐蚀设计：

（1）钢结构防腐蚀设计应根据建筑物的重要性、环境腐蚀条件、施工和维修条件等要求合理确定防腐蚀设计年限；

（2）防腐蚀设计应考虑环保节能的要求；

（3）钢结构除必须采取防腐蚀措施外，尚应尽量避免加速腐蚀的不良设计；

（4）防腐蚀设计中应考虑钢结构全寿命期内的检查、维护和大修。

2　钢结构防腐蚀设计应综合考虑环境中介质的腐蚀性、环境条件、施工和维修条件等因素，因地制宜，从下列方案中综合选择防腐蚀方案或其组合：

（1）防腐蚀涂料；

（2）各种工艺形成的锌、铝等金属保护层；

（3）阴极保护措施；

（4）采用耐候钢。

3　对危及人身安全和维修困难的部位，以及重要的承重结构和构件应加强防护。对处于严重腐蚀的使用环境且仅靠涂装难以有效保护的主要承重钢结构构件，宜采用耐候钢或外包混凝土。

当某些次要构件的设计使用年限与主体结构的设计使用年限不相同时，次要构件应便于更换。

4　结构防腐蚀设计应符合如下规定。

（1）当采用型钢组合的杆件时，型钢间的空隙宽度宜满足防护层施工、检查和维修的要求。

（2）不同金属材料接触会加速腐蚀时，应在接触部位采用隔离措施。

（3）焊条、螺栓、垫圈、节点板等连接构件的耐腐蚀性能，不应低于主材材料。螺栓直径不应小于12mm。垫圈不应采用弹簧垫圈。螺栓、螺母和垫圈应采用镀锌等方法防护，安装后再采用与主体结构相同的防腐蚀方案。

（4）设计使用年限大于或等于25年的建筑物，对不易维修的结构应加强防护。

（5）避免出现难于检查、清理和涂漆之处，以及能积留湿气和大量灰尘的死角或凹槽。闭口截面构件应沿全长和端部焊接封闭。

（6）柱脚在地面以下的部分应采用强度等级较低的混凝土包裹（保护层厚度不应小于50mm），并应使包裹的混凝土高出室外地面不小于150mm，室内地面不小于50mm，混凝土顶面应设置3mm钢板与钢柱焊接。当柱脚底面在地面以上时，柱脚底面应高出室外地面不小于100mm，室内地面不小于50mm。

5 钢材表面原始锈蚀等级和钢材除锈等级标准应符合《涂覆涂料前钢材表面处理 表面清洁度的目视评定》GB/T 8923 的规定。

（1）表面原始锈蚀等级为D级的钢材不应用作结构钢。

（2）表面处理的清洁度要求不宜低于《涂覆涂料前钢材表面处理 表面清洁度的目视评定》GB/T 8923 规定的 Sa2 $\frac{1}{2}$级，表面粗糙度要求应符合防腐蚀方案的特性。

（3）局部难以喷砂处理的部位可采用手工或动力工具，达到《涂覆涂料前钢材表面处理 表面清洁度的目视评定》GB/T 8923 规定的 St3 级，并应具有合适的表面粗糙度，选用合适的防腐蚀产品。

（4）喷砂或抛丸用的磨料等表面处理材料应符合防腐蚀产品对表面清洁度和粗糙度的要求，并符合环保要求。

6 钢结构防腐蚀涂料的配套方案，可根据环境腐蚀条件、防腐蚀设计年限、施工和维修条件等要求设计。修补和焊缝部位的底漆应能适应表面处理的条件。

7 在钢结构设计文件中应注明使用单位在使用过程中对钢结构防腐蚀进行定期检查和维修的要求，建议制订防腐蚀维护计划。

13.4.3 钢结构的隔热。

1 处于高温工作环境中的钢结构，应考虑高温作用对结构的影响。高温工作环境的设计状况为持久状况，高温作用为可变荷载，设计时应按承载力极限状态和正常使用极限状态设计。

2 钢结构的温度超过100℃时，进行钢结构的承载力和变形验算时，应该考虑长期高温作用对钢材和钢结构连接性能的影响。

3 高温环境下的钢结构温度超过100℃时，应根据不同情况采取防护措施：

（1）涂耐热涂料，采用耐火钢和采取有效的隔热降温措施；

（2）当高温环境下钢结构的承载力不满足要求时，应采取增大构件截面、采用耐火钢和采取有效的隔热降温措施（如加隔热层、热辐射屏蔽或水套等）；

（3）当钢结构短时间内可能受到火焰直接作用时，应采用有效的隔热降温措施（如加隔热层、热辐射屏蔽或水套等）；

（4）当钢结构可能受到炽热熔化金属的侵害时，应采用砌块或耐热固体材料做成的隔热层加以保护；

（5）高强度螺栓连接长期受辐射热（环境温度）达150℃以上，或短时间受火焰作用时，应采取隔热降温措施予以保护。

4 钢结构的隔热保护措施在相应的工作环境下应具有耐久性，并与钢结构的防腐、防火保护措施相容。

14 构件稳定系数 φ、φ_b

14.1 轴心受压构件的截面分类

14.1.1 $t<40$mm 时，轴心受压构件的截面分类见表 14－1a 和表 14－1b。

表 14－1a 轴心受压构件的截面分类（$t<40$mm）

截面形式		对 x 轴	对 y 轴
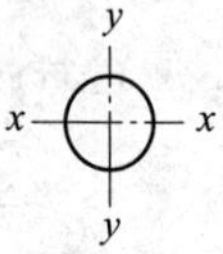 轧制		a类	a类
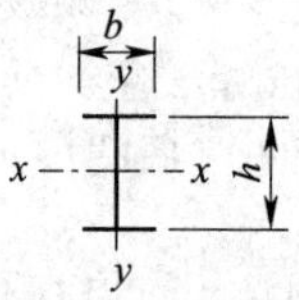 轧制	$b/h\leqslant0.8$	a类	b类
	$b/h>0.8$	a*类	b*类
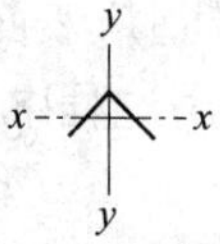 轧制等边角钢		a*类	a*类
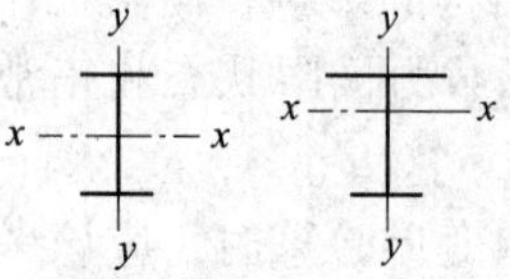 焊接、翼缘为焰切边	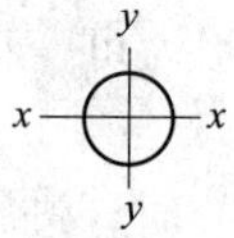 焊接	b类	b类
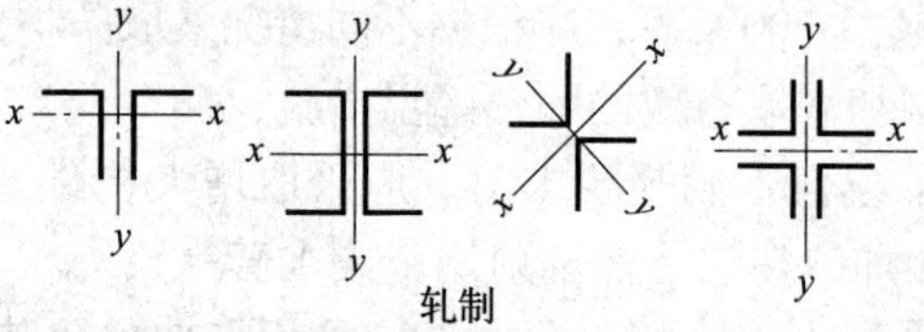 轧制			
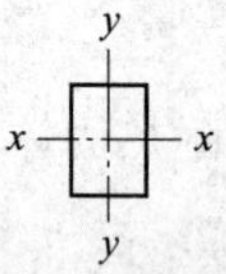 轧制，焊接（板件宽厚比>20）	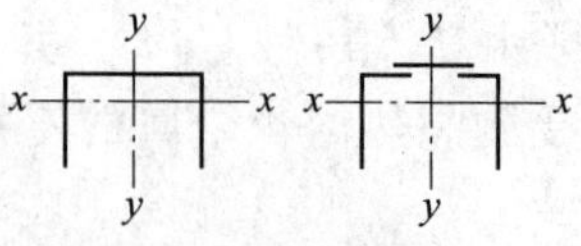 轧制或焊接		
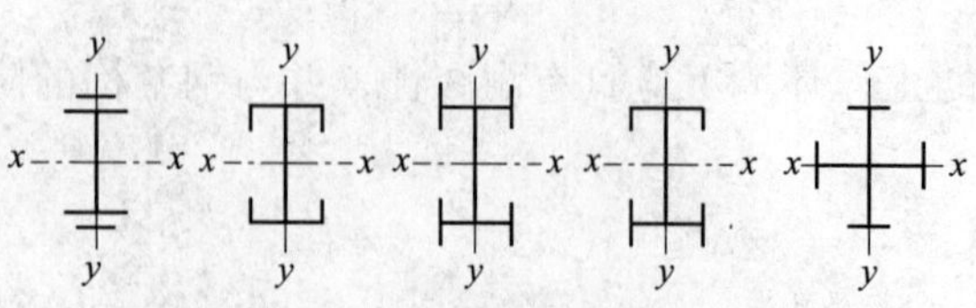 焊接	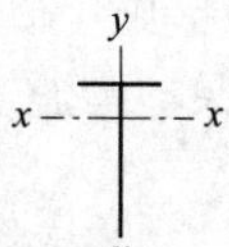 轧制截面和翼缘为焰切边的焊接截面		

续表 14－1a

截面形式		对x轴	对y轴
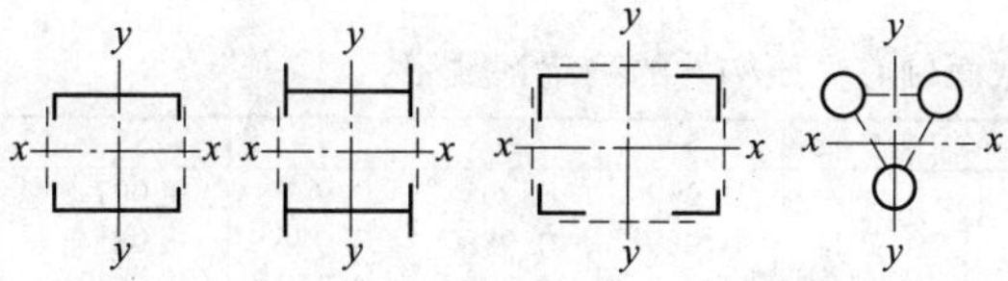 格构式	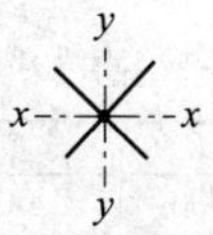 焊接，板件边缘焰切	b类	b类
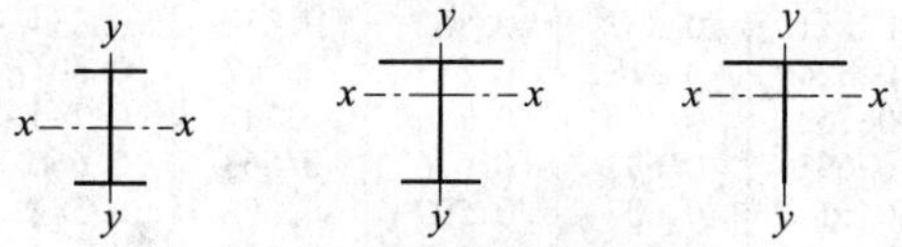 焊接，翼缘为轧制或剪切边		b类	c类
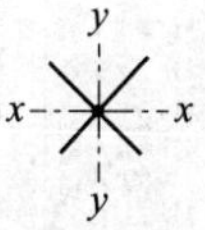 焊接，板件边缘轧制或剪切	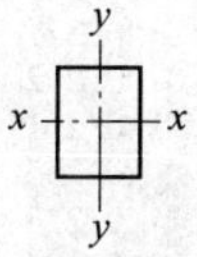 焊接，板件宽厚比≤20	c类	c类

注：1 a*类含义为Q235钢取b类，Q345、Q390、Q420和Q460取a类；b*类含义为Q235钢取c类，Q345、Q390、Q420和Q460取b类。

2 无对称轴且剪心和形心不重合的截面，其截面分类可按有对称轴的类似截面确定，如不等边角钢采用等边角钢的类别。当无类似截面时，可取c类。

14.1.2 t≥40mm时，轴心受压构件的截面分类，见表14－1b。

表 14－1b 轴心受压构件的截面分类（t≥40mm）

截面形式		对x轴	对y轴
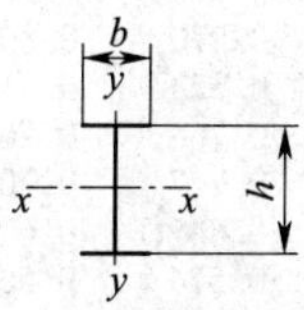 轧制工字形或H形截面	t<80mm	b类	c类
	t≥80mm	c类	d类
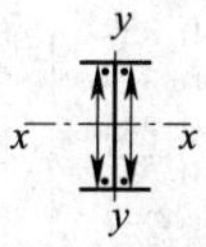 焊接工字形截面	翼缘为焰切边	b类	b类
	翼缘为轧制或剪切边	c类	d类
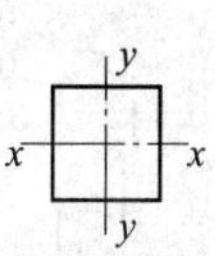 焊接箱形截面	板件宽厚比＞20	b类	b类
	板件宽厚比≤20	c类	c类

14.2　轴心受压构件的稳定系数 φ

14.2.1　a类截面轴心受压构件的稳定系数 φ 的取值，见表14－2a。

表14－2a　a类截面轴心受压构件的稳定系数 φ

λ/ε_k	0	1	2	3	4	5	6	7	8	9
0	1.000	1.000	1.000	1.000	0.999	0.999	0.998	0.998	0.997	0.996
10	0.995	0.994	0.993	0.992	0.991	0.989	0.988	0.986	0.985	0.983
20	0.981	0.979	0.977	0.976	0.974	0.972	0.970	0.968	0.966	0.964
30	0.963	0.961	0.959	0.957	0.954	0.952	0.950	0.948	0.946	0.944
40	0.941	0.939	0.937	0.934	0.932	0.929	0.927	0.924	0.921	0.918
50	0.916	0.913	0.910	0.907	0.903	0.900	0.897	0.893	0.890	0.886
60	0.883	0.879	0.875	0.871	0.867	0.862	0.858	0.854	0.849	0.844
70	0.839	0.834	0.829	0.824	0.818	0.813	0.807	0.801	0.795	0.789
80	0.783	0.776	0.770	0.763	0.756	0.749	0.742	0.735	0.728	0.721
90	0.713	0.706	0.698	0.691	0.683	0.676	0.668	0.660	0.653	0.645
100	0.637	0.630	0.622	0.614	0.607	0.599	0.592	0.584	0.577	0.569
110	0.562	0.555	0.548	0.541	0.534	0.527	0.520	0.513	0.507	0.500
120	0.494	0.487	0.481	0.475	0.469	0.463	0.457	0.451	0.445	0.439
130	0.434	0.428	0.423	0.417	0.412	0.407	0.402	0.397	0.392	0.387
140	0.382	0.378	0.373	0.368	0.364	0.360	0.355	0.351	0.347	0.343
150	0.339	0.335	0.331	0.327	0.323	0.319	0.316	0.312	0.308	0.305
160	0.302	0.298	0.295	0.292	0.288	0.285	0.282	0.279	0.276	0.273
170	0.270	0.267	0.264	0.261	0.259	0.256	0.253	0.250	0.248	0.245
180	0.243	0.240	0.238	0.235	0.233	0.231	0.228	0.226	0.224	0.222
190	0.219	0.217	0.215	0.213	0.211	0.209	0.207	0.205	0.203	0.201
200	0.199	0.197	0.196	0.194	0.192	0.190	0.188	0.187	0.185	0.183
210	0.182	0.180	0.178	0.177	0.175	0.174	0.172	0.171	0.169	0.168
220	0.166	0.165	0.163	0.162	0.161	0.159	0.158	0.157	0.155	0.154
230	0.153	0.151	0.150	0.149	0.148	0.147	0.145	0.144	0.143	0.142
240	0.141	0.140	0.139	0.137	0.136	0.135	0.134	0.133	0.132	0.131
250	0.130	—	—	—	—	—	—	—	—	—

注：见表14－2d注。

14.2.2　b类截面轴心受压构件的稳定系数 φ 的取值，见表14－2b。

表14－2b　b类截面轴心受压构件的稳定系数 φ

λ/ε_k	0	1	2	3	4	5	6	7	8	9
0	1.000	1.000	1.000	0.999	0.999	0.998	0.997	0.996	0.995	0.994
10	0.992	0.991	0.989	0.987	0.985	0.983	0.981	0.978	0.976	0.973
20	0.970	0.967	0.963	0.960	0.957	0.953	0.950	0.946	0.943	0.939
30	0.936	0.932	0.929	0.925	0.921	0.918	0.914	0.910	0.906	0.903
40	0.899	0.895	0.891	0.886	0.882	0.878	0.874	0.870	0.865	0.861
50	0.856	0.852	0.847	0.842	0.837	0.833	0.828	0.823	0.818	0.812
60	0.807	0.802	0.796	0.791	0.785	0.780	0.774	0.768	0.762	0.757
70	0.751	0.745	0.738	0.732	0.726	0.720	0.713	0.707	0.701	0.694
80	0.687	0.681	0.674	0.668	0.661	0.654	0.648	0.641	0.634	0.628
90	0.621	0.614	0.607	0.601	0.594	0.587	0.581	0.574	0.568	0.561
100	0.555	0.548	0.542	0.535	0.529	0.523	0.517	0.511	0.504	0.498
110	0.492	0.487	0.481	0.475	0.469	0.464	0.458	0.453	0.447	0.442
120	0.436	0.431	0.426	0.421	0.416	0.411	0.406	0.401	0.396	0.392
130	0.387	0.383	0.378	0.374	0.369	0.365	0.361	0.357	0.352	0.348
140	0.344	0.340	0.337	0.333	0.329	0.325	0.322	0.318	0.314	0.311
150	0.308	0.304	0.301	0.297	0.294	0.291	0.288	0.285	0.282	0.279
160	0.276	0.273	0.270	0.267	0.264	0.262	0.259	0.256	0.253	0.251
170	0.248	0.246	0.243	0.241	0.238	0.236	0.234	0.231	0.229	0.227
180	0.225	0.222	0.220	0.218	0.216	0.214	0.212	0.210	0.208	0.206
190	0.204	0.202	0.200	0.198	0.196	0.195	0.193	0.191	0.189	0.188
200	0.186	0.184	0.183	0.181	0.179	0.178	0.176	0.175	0.173	0.172
210	0.170	0.169	0.167	0.166	0.164	0.163	0.162	0.160	0.159	0.158
220	0.156	0.155	0.154	0.152	0.151	0.150	0.149	0.147	0.146	0.145
230	0.144	0.143	0.142	0.141	0.139	0.138	0.137	0.136	0.135	0.134
240	0.133	0.132	0.131	0.130	0.129	0.128	0.127	0.126	0.125	0.124
250	0.123	—	—	—	—	—	—	—	—	—

注：见表14－2d注。

14.2.3 c 类截面轴心受压构件的稳定系数 φ 的取值，见表 14－2c。

表 14－2c c 类截面轴心受压构件的稳定系数 φ

λ/ε_k	0	1	2	3	4	5	6	7	8	9
0	1.000	1.000	1.000	0.999	0.999	0.998	0.997	0.996	0.995	0.993
10	0.992	0.990	0.988	0.986	0.983	0.981	0.978	0.976	0.973	0.970
20	0.966	0.959	0.953	0.947	0.940	0.934	0.928	0.921	0.915	0.909
30	0.902	0.896	0.890	0.883	0.877	0.871	0.865	0.858	0.852	0.845
40	0.839	0.833	0.826	0.820	0.813	0.807	0.800	0.794	0.787	0.781
50	0.774	0.768	0.761	0.755	0.748	0.742	0.735	0.728	0.722	0.715
60	0.709	0.702	0.695	0.689	0.682	0.675	0.669	0.662	0.656	0.649
70	0.642	0.636	0.629	0.623	0.616	0.610	0.603	0.597	0.591	0.584
80	0.578	0.572	0.565	0.559	0.553	0.547	0.541	0.535	0.529	0.523
90	0.517	0.511	0.505	0.499	0.494	0.488	0.483	0.477	0.471	0.467
100	0.462	0.458	0.453	0.449	0.445	0.440	0.436	0.432	0.427	0.423
110	0.419	0.415	0.411	0.407	0.402	0.398	0.394	0.390	0.386	0.383
120	0.379	0.375	0.371	0.367	0.363	0.360	0.356	0.352	0.349	0.345
130	0.342	0.338	0.335	0.332	0.328	0.325	0.322	0.318	0.315	0.312
140	0.309	0.306	0.303	0.300	0.297	0.294	0.291	0.288	0.285	0.282
150	0.279	0.277	0.274	0.271	0.269	0.266	0.263	0.261	0.258	0.256
160	0.253	0.251	0.248	0.246	0.244	0.241	0.239	0.237	0.235	0.232
170	0.230	0.228	0.226	0.224	0.222	0.220	0.218	0.216	0.214	0.212
180	0.210	0.208	0.206	0.204	0.203	0.201	0.199	0.197	0.195	0.194
190	0.192	0.190	0.189	0.187	0.185	0.184	0.182	0.181	0.179	0.178
200	0.176	0.175	0.173	0.172	0.170	0.169	0.167	0.166	0.165	0.163
210	0.162	0.161	0.159	0.158	0.157	0.155	0.154	0.153	0.152	0.151
220	0.149	0.148	0.147	0.146	0.145	0.144	0.142	0.141	0.140	0.139
230	0.138	0.137	0.136	0.135	0.134	0.133	0.132	0.131	0.130	0.129
240	0.128	0.127	0.126	0.125	0.124	0.123	0.123	0.122	0.121	0.120
250	0.119	—	—	—	—	—	—	—	—	—

注：见表 14－2d 注。

14.2.4 d类截面轴心受压构件的稳定系数 φ 的取值，见表14-2d。

表14-2d d类截面轴心受压构件的稳定系数 φ

λ/ε_k	0	1	2	3	4	5	6	7	8	9
0	1.000	1.000	0.999	0.999	0.998	0.996	0.994	0.992	0.990	0.987
10	0.984	0.981	0.978	0.974	0.969	0.965	0.960	0.955	0.949	0.944
20	0.937	0.927	0.918	0.909	0.900	0.891	0.883	0.874	0.865	0.857
30	0.848	0.840	0.831	0.823	0.815	0.807	0.798	0.790	0.782	0.774
40	0.766	0.758	0.751	0.743	0.735	0.727	0.720	0.712	0.705	0.697
50	0.690	0.682	0.675	0.668	0.660	0.653	0.646	0.639	0.632	0.625
60	0.618	0.611	0.605	0.598	0.591	0.585	0.578	0.571	0.565	0.559
70	0.552	0.546	0.540	0.534	0.528	0.521	0.516	0.510	0.504	0.498
80	0.492	0.487	0.481	0.476	0.470	0.465	0.459	0.454	0.449	0.444
90	0.439	0.434	0.429	0.424	0.419	0.414	0.409	0.405	0.401	0.397
100	0.393	0.390	0.386	0.383	0.380	0.376	0.373	0.369	0.366	0.363
110	0.359	0.356	0.353	0.350	0.346	0.343	0.340	0.337	0.334	0.331
120	0.328	0.325	0.322	0.319	0.316	0.313	0.310	0.307	0.304	0.301
130	0.298	0.296	0.293	0.290	0.288	0.285	0.282	0.280	0.277	0.275
140	0.272	0.270	0.267	0.265	0.262	0.260	0.257	0.255	0.253	0.250
150	0.248	0.246	0.244	0.242	0.239	0.237	0.235	0.233	0.231	0.229
160	0.227	0.225	0.223	0.221	0.219	0.217	0.215	0.213	0.211	0.210
170	0.208	0.206	0.204	0.202	0.201	0.199	0.197	0.196	0.194	0.192
180	0.191	0.189	0.187	0.186	0.184	0.183	0.181	0.180	0.178	0.177
190	0.175	0.174	0.173	0.171	0.170	0.168	0.167	0.166	0.164	0.163
200	0.162	—	—	—	—	—	—	—	—	—

注：1 表14-2a至表14-2d中的 φ 值按下列公式算得：$\left(\varepsilon_k=\sqrt{\frac{235}{f_y}}\right)$

当 $\lambda_n=\frac{\lambda}{\pi}\sqrt{f_y/E}\leqslant 0.215$ 时： $\varphi=1-\alpha_1\lambda_n^2$

当 $\lambda_n>0.215$ 时：$\varphi=\frac{1}{2\lambda_n^2}\left[(\alpha_2+\alpha_3\lambda_n+\lambda_n^2)-\sqrt{(\alpha_2+\alpha_3\lambda_n+\lambda_n^2)^2-4\lambda_n^2}\right]$

2 当构件的 $\lambda\sqrt{f_y/235}$ 值超出表14-2a至表14-2d的范围时，则 φ 值按注1所列的公式计算。

3 系数 $\alpha_1\sim\alpha_2$ 见表14-2e。

表14-2e 系数 α_1、α_2、α_3

截面类别		α_1	α_2	α_3
a类		0.41	0.986	0.152
b类		0.65	0.965	0.3
c类	$\lambda_n\leqslant 1.05$	0.73	0.906	0.595
	$\lambda_n>1.05$		1.216	0.302
d类	$\lambda_n\leqslant 1.05$	1.35	0.868	0.915
	$\lambda_n>1.05$		1.375	0.432

14.2.5　Q235 钢冷弯薄壁型钢结构轴心受压构件稳定系数 φ 的取值，见表 14－3。

表 14－3　Q235 钢冷弯薄壁型钢结构轴心受压构件的稳定系数 φ

λ	0	1	2	3	4	5	6	7	8	9
0	1.000	0.997	0.995	0.992	0.989	0.987	0.984	0.981	0.979	0.976
10	0.971	0.971	0.968	0.966	0.963	0.960	0.958	0.955	0.952	0.949
20	0.947	0.944	0.941	0.938	0.936	0.933	0.930	0.927	0.924	0.921
30	0.918	0.915	0.912	0.909	0.906	0.903	0.899	0.896	0.893	0.889
40	0.886	0.882	0.879	0.875	0.872	0.868	0.864	0.861	0.858	0.855
50	0.852	0.849	0.846	0.843	0.839	0.836	0.832	0.829	0.825	0.822
60	0.818	0.814	0.810	0.806	0.802	0.797	0.793	0.789	0.784	0.779
70	0.775	0.770	0.765	0.760	0.755	0.750	0.744	0.739	0.733	0.728
80	0.722	0.716	0.710	0.704	0.698	0.692	0.686	0.680	0.673	0.667
90	0.661	0.654	0.648	0.641	0.634	0.626	0.618	0.611	0.603	0.595
100	0.588	0.580	0.573	0.566	0.558	0.551	0.544	0.537	0.530	0.523
110	0.516	0.509	0.502	0.496	0.489	0.483	0.476	0.470	0.464	0.458
120	0.452	0.446	0.440	0.434	0.428	0.423	0.417	0.421	0.406	0.401
130	0.396	0.391	0.386	0.381	0.376	0.371	0.367	0.362	0.357	0.353
140	0.349	0.344	0.340	0.336	0.332	0.328	0.324	0.320	0.316	0.312
150	0.308	0.305	0.301	0.298	0.294	0.291	0.287	0.284	0.281	0.277
160	0.274	0.271	0.268	0.265	0.262	0.259	0.256	0.253	0.251	0.248
170	0.245	0.243	0.240	0.237	0.235	0.232	0.230	0.227	0.225	0.223
180	0.220	0.218	0.216	0.214	0.211	0.209	0.207	0.205	0.203	0.201
190	0.199	0.197	0.195	0.193	0.191	0.189	0.188	0.186	0.184	0.182
200	0.180	0.179	0.177	0.175	0.174	0.172	0.171	0.169	0.167	0.166
210	0.164	0.163	0.161	0.160	0.159	0.157	0.156	0.154	0.153	0.152
220	0.150	0.149	0.148	0.146	0.145	0.144	0.143	0.141	0.140	0.139
230	0.138	0.137	0.136	0.135	0.133	0.132	0.131	0.130	0.129	0.128
240	0.127	0.126	0.125	0.124	0.123	0.122	0.121	0.120	0.119	0.118
250	0.117	—	—	—	—	—	—	—	—	—

14.2.6　Q345 钢冷弯薄壁型钢结构轴心受压构件的稳定系数 φ 的取值，见表 14－4。

表 14－4　Q345 钢冷弯薄壁型钢结构轴心受压构件的稳定系数 φ

λ	0	1	2	3	4	5	6	7	8	9
0	1.000	0.997	0.994	0.991	0.988	0.985	0.982	0.979	0.976	0.973
10	0.971	0.968	0.965	0.962	0.959	0.956	0.952	0.949	0.946	0.943
20	0.940	0.937	0.934	0.930	0.927	0.924	0.920	0.917	0.913	0.909
30	0.906	0.902	0.898	0.894	0.890	0.886	0.882	0.878	0.874	0.870
40	0.867	0.864	0.860	0.857	0.853	0.849	0.845	0.841	0.837	0.833
50	0.829	0.824	0.819	0.815	0.810	0.805	0.800	0.794	0.789	0.783
60	0.777	0.771	0.765	0.759	0.752	0.746	0.739	0.732	0.725	0.718
70	0.710	0.703	0.695	0.688	0.680	0.672	0.664	0.656	0.648	0.640
80	0.632	0.623	0.615	0.607	0.599	0.591	0.583	0.574	0.566	0.558
90	0.550	0.542	0.535	0.527	0.519	0.512	0.504	0.497	0.489	0.482
100	0.475	0.467	0.460	0.452	0.445	0.438	0.431	0.424	0.418	0.411
110	0.405	0.398	0.392	0.386	0.380	0.375	0.369	0.363	0.358	0.352
120	0.347	0.342	0.337	0.332	0.327	0.322	0.318	0.313	0.309	0.304
130	0.300	0.296	0.292	0.288	0.284	0.280	0.276	0.272	0.269	0.265
140	0.261	0.258	0.255	0.251	0.248	0.245	0.242	0.238	0.235	0.232
150	0.229	0.227	0.224	0.221	0.218	0.216	0.213	0.210	0.208	0.205
160	0.203	0.201	0.198	0.196	0.194	0.191	0.189	0.187	0.185	0.183
170	0.181	0.179	0.177	0.175	0.173	0.171	0.169	0.167	0.165	0.163
180	0.162	0.160	0.158	0.157	0.155	0.153	0.152	0.150	0.149	0.147
190	0.146	0.144	0.143	0.141	0.140	0.138	0.137	0.136	0.134	0.133
200	0.132	0.130	0.129	0.128	0.127	0.126	0.124	0.123	0.122	0.121
210	0.120	0.119	0.118	0.116	0.115	0.114	0.113	0.112	0.111	0.110
220	0.109	0.108	0.107	0.106	0.106	0.105	0.104	0.103	0.102	0.101
230	0.100	0.099	0.098	0.098	0.097	0.096	0.095	0.094	0.094	0.093
240	0.092	0.091	0.091	0.090	0.089	0.088	0.088	0.087	0.086	0.086
250	0.085	—	—	—	—	—	—	—	—	—

14.3 受弯构件的整体稳定系数 φ_b

14.3.1 等截面焊接工字形和轧制 H 型钢简支梁。

等截面焊接工字形和轧制 H 型钢（图 14－1）简支梁的整体稳定系数 φ_b 应按下式计算：

$$\varphi_b = \beta_b \frac{4320}{\lambda_y^2} \cdot \frac{Ah}{W_x}\left[\sqrt{1+\left(\frac{\lambda_y t_1}{4.4h}\right)^2}+\eta_b\right]\varepsilon_k \tag{14-1}$$

$$\lambda_y = \frac{l_1}{i_y} \tag{14-2}$$

式中 β_b——梁整体稳定的等效临界弯矩系数，应按表 14－5 采用；

λ_y——梁在侧向支承点间对截面弱轴 y—y 的长细比；

A——梁的毛截面面积；

h、t_1——梁截面的全高和受压翼缘厚度；

l_1——梁受压翼缘侧向支承点之间的距离；

i_y——梁毛截面对 y 轴的回转半径；

η_b——截面不对称影响系数，应按下列规定采用。

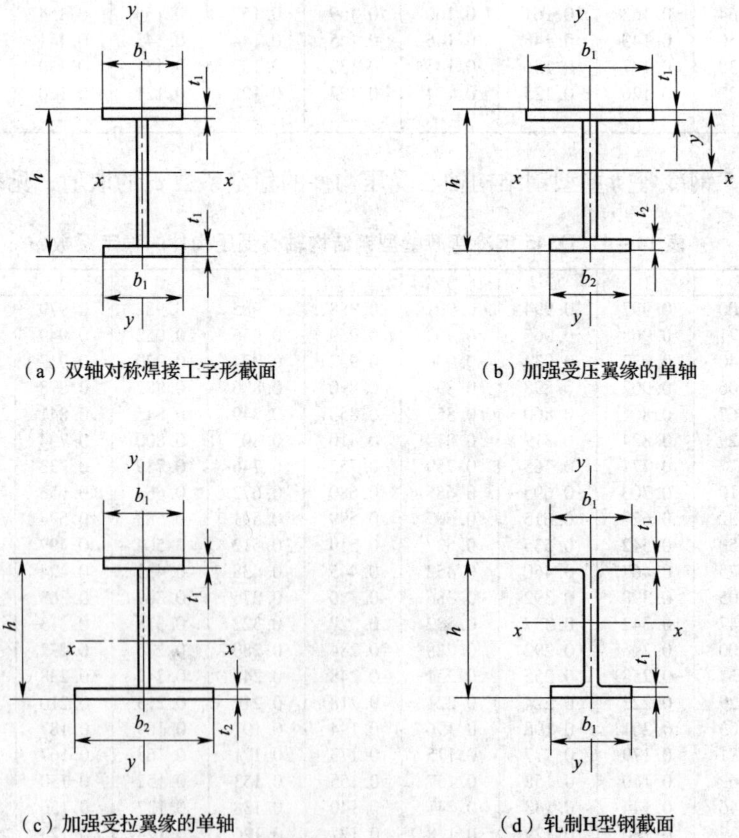

图 14－1 焊接工字形和轧制 H 型钢截面

对双轴对称截面，图 14－1（a），图 14－1（d）：

$$\eta_b = 0 \tag{14-3}$$

对单轴对称工字形截面，图 14－1（b），图 14－1（c）：

加强受压翼缘：
$$\eta_b = 0.8\ (2\alpha_b - 1) \tag{14-4}$$

加强受拉翼缘：
$$\eta_b = 2\alpha_b - 1 \tag{14-5}$$

$$\alpha_b = \frac{I_1}{I_1 + I_2} \tag{14-6}$$

式中 I_1、I_2——分别为受压翼缘和受拉翼缘对 y 轴的惯性矩。

当按公式（14－1）算得的 φ_b 值大于 0.6 时，应用下式计算 φ'_b 的代替 φ_b 值：

$$\varphi'_b = 1.07 - \frac{0.282}{\varphi_b} \leqslant 1.0 \tag{14-7}$$

注：公式（14－1）亦适用于等截面（或高强度螺栓连接）简支梁，其受压翼缘厚度 t_1 包括翼缘角钢厚度在内。

表 14－5 H 型钢和等截面工字形简支梁的系数 β_b

<table>
<tr><th>项次</th><th>侧向支承</th><th colspan="2">荷　载</th><th>$\xi \leqslant 2.0$</th><th>$\xi > 2.0$</th><th>适用范围</th></tr>
<tr><td>1</td><td rowspan="4">跨中无侧向支承</td><td rowspan="2">均布荷载作用在</td><td>上翼缘</td><td>$0.69 + 0.13\xi$</td><td>0.95</td><td rowspan="4">图 14－1（a）、（b）和（d）的截面</td></tr>
<tr><td>2</td><td>下翼缘</td><td>$1.73 - 0.20\xi$</td><td>1.33</td></tr>
<tr><td>3</td><td rowspan="2">集中荷载作用在</td><td>上翼缘</td><td>$0.73 + 0.18\xi$</td><td>1.09</td></tr>
<tr><td>4</td><td>下翼缘</td><td>$2.23 - 0.28\xi$</td><td>1.67</td></tr>
<tr><td>5</td><td rowspan="3">跨度中点有一个侧向支承点</td><td rowspan="2">均布荷载作用在</td><td>上翼缘</td><td colspan="2">1.15</td><td rowspan="6">图 14－1 中的所有截面</td></tr>
<tr><td>6</td><td>下翼缘</td><td colspan="2">1.40</td></tr>
<tr><td>7</td><td colspan="2">集中荷载作用在截面高度的任意位置</td><td colspan="2">1.75</td></tr>
<tr><td>8</td><td rowspan="2">跨中有不少于两个等距离侧向支承点</td><td rowspan="2">任意荷载作用在</td><td>上翼缘</td><td colspan="2">1.20</td></tr>
<tr><td>9</td><td>下翼缘</td><td colspan="2">1.40</td></tr>
<tr><td>10</td><td colspan="3">梁端有弯矩，但跨中无荷载作用</td><td colspan="2">$1.75 - 1.05\left(\frac{M_2}{M_1}\right) + 0.3\left(\frac{M_2}{M_1}\right)^2$ 但 $\leqslant 2.3$</td></tr>
</table>

注：1 ξ 为参数，$\xi = \frac{l_1 t_1}{b_1 h}$，其中 b_1 为受压翼缘的宽度。

2 M_1 和 M_2 为梁的端弯矩，使梁产生同向曲率时 M_1 和 M_2 取同号，产生反向曲率时取异号，$|M_1| \geqslant |M_2|$。

3 表中项次 3、4 和 7 的集中荷载是指一个或少数几个集中荷载位于跨中央附近的情况，对其他情况的集中荷载，应按表中项次 1、2、5、6 内的数值采用。

4 表中项次 8、9 的 β_b，当集中荷载作用在侧向支承点处时，取 $\beta_b = 1.20$。

5 荷载作用在上翼缘系指荷载作用点在翼缘表面，方向指向截面形心；荷载作用在下翼缘系指荷载作用点在翼缘表面，方向背向截面形心。

6 对 $\alpha_b > 0.8$ 的加强受压翼缘工字形截面，下列情况的 β_b 值应乘以相应的系数：

项次 1：当 $\xi \leqslant 1.0$ 时，乘以 0.95；

项次 3：当 $\xi \leqslant 0.5$ 时，乘以 0.90；当 $0.5 < \xi \leqslant 1.0$ 时，乘以 0.95。

14.3.2 轧制普通工字钢简支梁。

轧制普通工字形简支梁的整体稳定系数 φ_b 应按表 14-6 采用，当所得的 φ_b 值大于 0.6 时，应按公式（14-7）算得的 φ_b' 代替 φ_b 值。

表 14-6 轧制普通工字钢简支梁的 φ_b

项次	荷载情况			工字钢型号	自由长度 l_1（m）								
					2	3	4	5	6	7	8	9	10
1	跨中无侧向支承点的梁	集中荷载作用于	上翼缘	10~20	2.00	1.30	0.99	0.80	0.68	0.58	0.53	0.48	0.43
				22~32	2.40	1.48	1.09	0.86	0.72	0.62	0.54	0.49	0.45
				36~63	2.80	1.60	1.07	0.83	0.68	0.56	0.50	0.45	0.40
2			下翼缘	10~20	3.10	1.95	1.34	1.01	0.82	0.69	0.63	0.57	0.52
				22~40	5.50	2.80	1.84	1.37	1.07	0.86	0.73	0.64	0.56
				45~63	7.30	3.60	2.30	1.62	1.20	0.96	0.80	0.69	0.60
3		均布荷载作用于	上翼缘	10~20	1.70	1.12	0.84	0.68	0.57	0.50	0.45	0.41	0.37
				22~40	2.10	1.30	0.93	0.73	0.60	0.51	0.45	0.40	0.36
				45~63	2.60	1.45	0.97	0.73	0.59	0.50	0.44	0.38	0.35
4			下翼缘	10~20	2.50	1.55	1.08	0.83	0.68	0.56	0.52	0.47	0.42
				22~40	4.00	2.20	1.45	1.10	0.85	0.70	0.60	0.52	0.46
				45~63	5.60	2.80	1.80	1.25	0.95	0.78	0.65	0.55	0.49
5	跨中有侧向支承点的梁（不论荷载作用点在截面高度上的位置）			10~20	2.20	1.39	1.01	0.79	0.66	0.57	0.52	0.47	0.42
				22~40	3.00	1.80	1.24	0.96	0.76	0.65	0.56	0.49	0.43
				45~63	4.00	2.20	1.38	1.01	0.80	0.66	0.56	0.49	0.43

注：1 同表 14-5 注 3、5。

2 表中的 φ_b 适用于 Q235 钢。对其他钢号，表中数值应乘以 ε_k。

14.3.3 轧制槽钢简支梁。

轧制槽钢简支梁的整体稳定系数，不论荷载的形式和荷载作用点在截面高度上的位置，均可按下式计算：

$$\varphi_b = \frac{570bt}{l_1 h} \cdot \varepsilon_k^2 \tag{14-8}$$

式中 h、b、t——分别为槽钢截面的高度、翼缘宽度和平均厚度。

当按公式（14-7）算得的 φ_b 值大于 0.6 时，应按公式（14-7）算得相应的 φ_b' 代替 φ_b 值。

14.3.4 双轴对称工字形等截面悬臂梁。

双轴对称工字形等截面悬臂梁的整体稳定系数，可按公式（14-1）计算，但式中系数 β_b 应按表 14-7 查得，当按公式（14-2）计算长细比 λ_y 时，l_1 为悬臂梁的悬伸长度。当求得的 φ_b 值大于 0.6 时，应按公式（14-7）算得的 φ_b' 代替 φ_b 值。

14.3.5 门式刚架梁柱的稳定性系数。

1 φ_b 计算见表 14-8。

表 14-7 双轴对称工字形等截面悬臂梁的系数β_b

项次	荷载形式		$0.60 \leqslant \xi \leqslant 1.24$	$1.24 < \xi \leqslant 1.96$	$1.96 < \xi \leqslant 3.10$
1	自由端一个集中荷载作用在	上翼缘	$0.21 + 0.67\xi$	$0.72 + 0.26\xi$	$1.17 + 0.03\xi$
2		下翼缘	$2.94 - 0.65\xi$	$2.64 - 0.40\xi$	$2.15 - 0.15\xi$
3	均布荷载作用在上翼缘		$0.62 + 0.82\xi$	$1.25 + 0.31\xi$	$1.66 + 0.10\xi$

注：1 本表是按支承端为固定的情况确定的，当用于由邻跨延伸出来的伸臂梁时，应在构造上采取措施加强支承处的抗扭能力。

2 表中ξ见表 14-5 注 1。

表 14-8 楔形变截面门式刚架梁柱稳定性系数φ_b

项次	计算内容	计算公式	说明
1	楔形变截面梁柱承受线性变化的弯矩的稳定性系数φ_b计算	$\varphi_b = \dfrac{1}{(1 - \lambda_{b0}^{2n} + \lambda_b^{2n})^{1/n}} \leqslant 1.0$ (14-9) $\lambda_{b0} = \dfrac{0.55 - 0.25k_\sigma}{(1+\gamma)^{0.2}}$ (14-10) $n = \dfrac{1.51}{\lambda_1^{0.1}}\sqrt[3]{b_1/h_1}$ (14-11) $k_\sigma = k_M \dfrac{W_{x1}}{W_{x0}}$ (14-12) $\lambda_b = \sqrt{\dfrac{\gamma_x W_{x1} f_y}{M_{cr}}}$ (14-13) $k_M = \dfrac{M_0}{M_1}$—较小弯矩除以较大弯矩 (14-14) $\gamma = (h_1 - h_0)/h_0$是截面楔率 (14-15)	k_σ——小端截面压应力除以大端截面压应力； λ_b——梁的通用长细比； γ_x——截面塑性开展系数，按表 3-19 取值； M_{cr}——楔形变截面梁弹性屈曲临界弯矩（N·mm）； b_1、h_1——弯矩较大截面的受压翼缘宽度和上下翼缘中面之间的距离； W_{x1}——弯矩较大截面受压边缘的抵抗距（mm^3）； $\beta_{x\eta}$——截面不对称系数； C_1——等效弯矩系数，$C_1 \leqslant 2.75$； I_{yT}、I_{yB}——分别是弯矩最大截面受压翼缘和受拉翼缘绕弱轴的惯性矩（mm^4）； $I_{\omega\eta}$——变截面梁的等效翘曲惯性矩（mm^6）； $I_{\omega\eta} = I_{\omega 0}(1 + \gamma\eta)^2$；
2	弹性屈曲临界弯矩M_{cr}计算	$M_{cr} = C_1 \dfrac{\pi^2 E I_y}{L^2}\left[\beta_{x\eta} + \sqrt{\beta_{x\eta}^2 \dfrac{I_{\omega\eta}}{I_y}\left(1 + \dfrac{G J_\eta L^2}{E \pi^2 I_{\omega\eta}}\right)}\right]$ (14-16) C_1等效弯矩系数： $C_1 = 0.46k_M^2\eta_i^{0.346} - 1.32k_M\eta_j^{0.132} + 1.86\eta_i^{0.023} \leqslant 2.75$ (14-17) $\beta_{x\eta} = 0.45(1 + \gamma\eta)h_0 \dfrac{I_{yT} - I_{yB}}{I_y}$ (14-18) $\eta = 0.55 + 0.04(1 + K_\sigma)\sqrt[3]{\eta_i}$ (14-19)	$I_{\omega 0}$——小端截面的翘曲惯性矩（mm^6）； $I_{\omega 0} = I_{yT}h_{sT0}^2 + I_{yB}h_{sB0}^2$； J_η——变截面梁等效圣维南扭转常数（mm^4）； $J_\eta = J_0 + \dfrac{1}{3}\gamma\eta(h_0 - t_f)t_w^3$； J_0——小端截面自由扭转常数（mm^4）； h_{sT0}、h_{sB0}——分别是小端截面上下翼缘的中面到剪切中心的距离； h_0——小端截面上下翼缘中面距离（mm）； t_w——腹板厚度（mm）； L——梁段平面外计算长度（mm）； η_i——惯性矩比，$\eta_i = \dfrac{I_{yB}}{I_{yT}}$

2 门式刚架斜梁有隅撑时的稳定性计算。

隅撑支撑的梁的稳定系数按照公式（14－9）确定，其中

$$M_{xcr}=\frac{GJ+2e\sqrt{k_b\left(EI_ye_1^2+EI_\omega\right)}}{2\left(e_1-\beta_x\right)} \tag{14-20}$$

$$k_b=\frac{1}{l_{kk}}\left(\frac{(1-2\beta)\ l_p}{2EA_p}+(a+h)\ \frac{(3-4\beta)}{6EI_p}\beta l_p^2\tan\alpha+\frac{l_k^2}{\beta l_pEA_k\cos\alpha}\right)^{-1} \tag{14-21}$$

$$\beta_x=0.45h\frac{I_1-I_2}{I_y} \tag{14-22}$$

k_b——取三倍隅撑间距范围内的梁段的应力比；

γ——楔率取三倍隅撑间距计算；

J（或 I_t）、I_y、I_ω——计算部位截面的自由扭转常数；绕弱轴惯性矩（mm^4），翘曲惯性矩（mm^6）；

a——檩条截面形心到梁上翼缘中心的距离（mm）；

h——大端截面上下翼缘中线的距离（mm）；

α——隅撑和檩条轴线的夹角（°）；

β——隅撑与檩条的连接点离开主梁的距离与檩条跨度的比值；

l_p——檩条的跨度（mm）；

I_p——檩条截面绕强轴的惯性矩（mm^4）；

A_p——檩条的截面面积（mm^2）；

A_k——隅撑杆的截面面积（mm^2）；

l_k——隅撑杆的长度（mm）；

l_{kk}——隅撑的间距（mm）；

e_1——梁截面的剪切中心到檩条形心线的垂直距离（mm）；

e——隅撑下支撑点到檩条形心轴的垂直距离（mm）；

I_1——被隅撑支撑的翼缘的绕弱轴的惯性矩（mm^4）；

I_2——与檩条连接的翼缘的绕弱轴的惯性矩（mm^4）；

E、G——钢材的弹性模量和剪变模量（N/mm^2）。

14.4 受弯构件整体稳定系数 φ_b 的近似计算

14.4.1 均匀弯曲的受弯构件，当 $\lambda_y \leqslant 120_{\varepsilon_k}$ 时，其整体稳定系数 φ_b 可按下列近似公式计算：

（1）工字形截面：

双轴对称时：

$$\varphi_b=1.07-\frac{\lambda_y^2}{44000\varepsilon_k^2}\leqslant 1.0 \tag{14-23}$$

单轴对称时：

$$\varphi_b=1.07-\frac{W_x}{(2\alpha_b+0.1)\ Ah}\cdot\frac{\lambda_y^2}{14000\varepsilon_k^2}\leqslant 1.0 \tag{14-24}$$

（2）弯矩作用在对称轴平面，绕 x 轴的 T 形截面：

1）弯矩使翼缘受压时：

双角钢 T 形截面：

$$\varphi_b = 1 - 0.0017\lambda_y/\varepsilon_k \leqslant 1.0 \qquad (14-25)$$

剖分 T 型钢和两板组合 T 形截面：

$$\varphi_b = 1 - 0.0022\lambda_y/\varepsilon_k \leqslant 1.0 \qquad (14-26)$$

2）弯矩使翼缘受拉且腹板宽厚比不大于 $18\varepsilon_k$ 时：

$$\varphi_b = 1 - 0.0005\lambda_y/\varepsilon_k \qquad (14-27)$$

当按公式（14－23）和公式（14－24）算得的 φ_b 值大于 0.6 时，不需按公式（14－7）修正。

14.4.2　本手册的稳定系数 φ_b' 简化计算见表 14－9。

表 14－9　等截面焊接双轴对称工字形组合截面 φ_b' 简化公式

项次	应用场合	公　式	说明
1	跨间无侧向支撑 满跨均布荷载 作用于上翼缘	$\lambda_y \leqslant 150$ $\varphi_b = 1.05 - \frac{\lambda_y^2}{45000}\frac{1}{\varepsilon_k^2}$　(14－28) $\lambda_y > 150$ $\varphi_b = 0.55$　(14－29)	公式（14－23）与公式（14－28）可通用
2	跨间无侧向支撑 满跨均布荷载 作用于下翼缘	$\lambda_y \leqslant 150$ $\varphi_b = 1.15 - \frac{\lambda_y^2}{45000}\frac{1}{\varepsilon_k^2} \leqslant 1$　(14－30) $\lambda_y > 150$ $\varphi_b = 0.65$　(14－31)	序号 1～4： 构件两端平面内外均为铰接； ε_k^2 为钢号修正等于 $235/f_y$。
3	跨间有侧向支撑 满跨均布荷载 作用于上翼缘	$\lambda_y \leqslant 150$ $\varphi_b = 1.10 - \frac{\lambda_y^2}{45000}\frac{1}{\varepsilon_k^2} \leqslant 1$　(14－32) $\lambda_y > 150$ $\varphi_b = 0.60$　(14－33)	
4	跨间有侧向支撑 满跨均布荷载 作用于下翼缘	$\lambda_y \leqslant 150$ $\varphi_b = 1.20 - \frac{\lambda_y^2}{45000}\frac{1}{\varepsilon_k^2} \leqslant 1$　(14－34) $\lambda_y > 150$ $\varphi_b = 0.70$　(14－35)	
5	门式刚架	$\lambda_y \leqslant 150$ $\varphi_b = a_1 - \frac{\lambda_y^2}{45000}\frac{1}{\varepsilon_k^2} \leqslant 1$　(14－36) $\lambda_y > 150$ $\varphi_b = 0.50$（0.5）　(14－37)	有吊车 $\alpha_1 = 1.05$，$\varphi_b = 0.55$ 无吊车等截面和楔形截面 $a_1 = 1.0$，$\varphi_b = 0.5$

注：1　公式与精确公式相比，一般偏小 3%～7%（偏安全）。
　　2　表中公式适用于三块板组成的双轴对称焊接工字形组合截面。
　　3　表中公式中 λ_y，仅适用于 $\lambda_y \leqslant 120$，当 $\lambda_y > 120$ 时，仅供参考。
　　4　公式（14－28）～（14－40）是本手册对《钢结构设计标准》GB 50017—2017 的补充和扩大。

表 14－10　等截面焊接单轴对称工字形和 T 形组合截面 φ_b 简化公式

<table>
<tr><th>项次</th><th>应用场合</th><th>公式</th><th>说明</th></tr>
<tr><td>1</td><td>单轴对称工字形、H 形截面，$\lambda_y \leqslant 120$</td><td>$$\varphi_b = a_2 - \frac{\lambda_y^2}{45000}\frac{1}{\varepsilon_k^2} \quad (14-38)$$</td><td rowspan="2">ε_k为钢号修正，为$\sqrt{\frac{235}{f_y}}$。
$n = \frac{I_1}{I_1 + I_2}$
$0.5 < n \leqslant 0.65$ 时，$a_2 = 1.05$；
$n > 0.65$ 时，$a_2 = 1.10$
槽形截面可近似地按式（14－39）计算，取 $a_2 = 0.95$；
I_1 和 I_2 分别为较大和较小翼缘宽度对 y 轴的惯性矩</td></tr>
<tr><td>2</td><td>T 形截面（包括双角钢、剖分 T 形钢和两板组合 T 形截面），$\lambda_y \leqslant 120$</td><td>弯矩使翼缘受压
$$\varphi_b = 1 - \frac{0.002\lambda_y}{\varepsilon_k} \quad (14-39)$$
弯矩使翼缘受拉，且腹板高度比不大于 $18\varepsilon_k$时
$$\varphi_b = 1 - \frac{0.0005\lambda_y}{\varepsilon_k} \quad (14-40)$$</td></tr>
</table>

注：1　表中的 T 形截面的简化公式，当翼缘受压时，简化法偏安全 10%～20%。

2　当腹板或肢尖受压时，简化法与精确法接近。因 T 形截面多数为肢尖受拉强度或受压稳定性控制，故表中仍沿用了《钢结构设计规范》GB 50017—2003 公式（B.5－3）、（B.5－4），并稍加归并。

15 柱的计算长度系数

15.1 无侧移框架等截面柱的计算长度系数μ

15.1.1 无侧移框架等截面柱的计算长度系数μ，见表15－1。

表15－1 无侧移框架柱的计算长度系数μ

K_2 \ K_1	0	0.05	0.1	0.2	0.3	0.4	0.5	1	2	3	4	5	≥10
0	1.000	0.990	0.981	0.964	0.949	0.935	0.922	0.875	0.820	0.791	0.773	0.760	0.732
0.05	0.990	0.981	0.971	0.955	0.940	0.926	0.914	0.867	0.814	0.784	0.766	0.754	0.726
0.1	0.981	0.971	0.962	0.946	0.931	0.918	0.906	0.860	0.807	0.778	0.760	0.748	0.721
0.2	0.964	0.955	0.946	0.930	0.916	0.903	0.891	0.846	0.795	0.767	0.749	0.737	0.711
0.3	0.949	0.940	0.931	0.916	0.902	0.889	0.878	0.834	0.784	0.756	0.739	0.728	0.701
0.4	0.935	0.926	0.918	0.903	0.889	0.877	0.866	0.823	0.774	0.747	0.730	0.719	0.693
0.5	0.922	0.914	0.906	0.891	0.878	0.866	0.855	0.813	0.765	0.738	0.721	0.710	0.685
1	0.875	0.867	0.860	0.846	0.834	0.823	0.813	0.774	0.729	0.704	0.688	0.677	0.654
2	0.820	0.814	0.807	0.795	0.784	0.744	0.765	0.729	0.686	0.663	0.648	0.638	0.615
3	0.791	0.784	0.778	0.767	0.756	0.747	0.738	0.704	0.663	0.640	0.625	0.616	0.593
4	0.773	0.766	0.760	0.749	0.739	0.730	0.721	0.688	0.648	0.625	0.611	0.601	0.580
5	0.760	0.754	0.748	0.737	0.728	0.719	0.710	0.677	0.638	0.616	0.601	0.592	0.570
≥10	0.732	0.726	0.721	0.711	0.701	0.693	0.685	0.654	0.615	0.593	0.580	0.570	0.549

注：1 表中的计算长度系数μ值系按下式算得：

$$\left[\left(\frac{\pi}{\mu}\right)^2+2(K_1+K_2)-4K_1K_2\right]\frac{\pi}{\mu}\cdot\sin\frac{\pi}{\mu}-2\left[(K_1+K_2)\left(\frac{\pi}{\mu}\right)^2+4K_1K_2\right]\cos\frac{\pi}{\mu}+8K_1K_2=0$$

式中，K_1、K_2分别相交于柱上端、柱下端的横梁线刚度之和与柱线刚度之和的比值。当梁远端为铰接时，应将横梁线刚度乘以1.5；当横梁远端为嵌固时，则将横梁线刚度乘以2.0。

2 当横梁与柱铰接时，取横梁线刚度为零。

3 对底层框架柱：当柱与基础铰接时，取$K_2=0$（对平板支座可取$K_2=0.1$）；当柱与基础刚接时，取$K_2=10$。

4 当与柱刚性连接的横梁所受轴心压力N_b较大时，横梁线刚度应乘以折减系数α_N：

横梁远端与柱刚接和横梁远端铰支时：$\alpha_N=1-N_b/N_{Eb}$

横梁远端嵌固时：$\alpha_N=1-N_b/(2N_{Eb})$

式中，$N_{Eb}=\pi^2EI_b/l^2$，I_b为横梁截面惯性矩，l为横梁长度。

15.2 有侧移框架等截面柱的计算长度系数μ

15.2.1 有侧移框架等截面柱的长度系数μ，见表15－2。

表15－2 有侧移框架柱的计算长度系数μ

K_2 \ K_1	0	0.05	0.1	0.2	0.3	0.4	0.5	1	2	3	4	5	≥10
0	∞	6.02	4.46	3.42	3.01	2.78	2.64	2.33	2.17	2.11	2.08	2.07	2.03
0.05	6.02	4.16	3.47	2.86	2.58	2.42	2.31	2.07	1.94	1.90	1.87	1.86	1.83
0.1	4.46	3.47	3.01	2.56	2.33	2.20	2.11	1.90	1.79	1.75	1.73	1.72	1.70
0.2	3.42	2.86	2.56	2.23	2.05	1.94	1.87	1.70	1.60	1.57	1.55	1.54	1.52
0.3	3.01	2.58	2.33	2.05	1.90	1.80	1.74	1.58	1.49	1.46	1.45	1.44	1.42
0.4	2.78	2.42	2.20	1.94	1.80	1.71	1.65	1.50	1.42	1.39	1.37	1.37	1.35
0.5	2.64	2.31	2.11	1.87	1.74	1.65	1.59	1.45	1.37	1.34	1.32	1.32	1.30

续表 15 -2

K_2 \ K_1	0	0.05	0.1	0.2	0.3	0.4	0.5	1	2	3	4	5	≥10
1	2.33	2.07	1.90	1.70	1.58	1.50	1.45	1.32	1.24	1.21	1.20	1.19	1.17
2	2.17	1.94	1.79	1.60	1.49	1.42	1.37	1.24	1.16	1.14	1.12	1.12	1.10
3	2.11	1.90	1.75	1.57	1.46	1.39	1.34	1.21	1.14	1.11	1.10	1.09	1.07
4	2.08	1.87	1.73	1.55	1.45	1.37	1.32	1.20	1.12	1.10	1.08	1.08	1.06
5	2.07	1.86	1.72	1.54	1.44	1.37	1.32	1.19	1.12	1.09	1.08	1.07	1.05
≥10	2.03	1.83	1.70	1.52	1.42	1.35	1.30	1.17	1.10	1.07	1.06	1.05	1.03

注：1　表中的计算长度系数 μ 值系按下式算得：

$$\left[36K_1K_2-\left(\frac{\pi}{\mu}\right)^2\right]\sin\frac{\pi}{\mu}+6\ (K_1+K_2)\ \frac{\pi}{\mu}\cdot\cos\frac{\pi}{\mu}=0$$

式中，K_1、K_2分别为相交于柱上端、柱下端的横梁线刚度之和与柱线刚度之和的比值。当横梁远端为铰接时，应将横梁线刚度乘以0.5；当横梁远端为嵌固时，则应乘以2/3。

2　当横梁与柱铰接时，取横梁线刚度为零。

3　对底层框架柱：当柱与基础铰接时，取 $K_2=0$（对平板支座可取 $K_2=0.1$）；当柱与基础刚接时，取 $K_2=10$。

4　当与柱刚性连接的横梁所受轴心压力 N_b较大时，横梁线刚度应乘以折减系数 α_N：

横梁远端与柱刚接时：　$\alpha_N=1-N_b/\ (4N_{Eb})$

横梁远端铰支时：　$\alpha_N=1-N_b/N_{Eb}$

横梁远端嵌固时：　$\alpha_N=1-N_b/\ (2N_{Eb})$

N_{Eb}的计算式见表 15-1 注 4。

15.3　柱上端为自由的单阶柱下段的计算长度系数 μ_2

15.3.1　柱上端为自由的单阶柱下段的计算长度系数 μ_2，见表 15-3。

表 15-3　柱上端为自由的单阶柱下段的计算长度系数 μ_2

简图	η_1 \ K_1	0.06	0.08	0.10	0.12	0.14	0.16	0.18	0.20	0.22	0.24	0.26	0.28	0.3	0.4	0.5	0.6	0.7	0.8
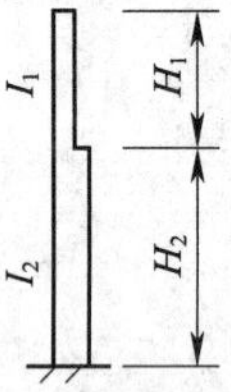	0.2	2.00	2.01	2.01	2.01	2.01	2.01	2.01	2.02	2.02	2.02	2.02	2.02	2.02	2.03	2.04	2.05	2.06	2.07
	0.3	2.01	2.02	2.02	2.02	2.03	2.03	2.03	2.04	2.04	2.05	2.05	2.05	2.06	2.08	2.10	2.12	2.13	2.15
	0.4	2.02	2.03	2.04	2.04	2.05	2.06	2.07	2.07	2.08	2.09	2.09	2.10	2.11	2.14	2.18	2.21	2.25	2.28
	0.5	2.04	2.05	2.06	2.07	2.09	2.10	2.11	2.12	2.13	2.15	2.16	2.17	2.18	2.24	2.29	2.35	2.40	2.45
	0.6	2.06	2.08	2.10	2.12	2.14	2.16	2.18	2.19	2.21	2.23	2.25	2.26	2.28	2.36	2.44	2.52	2.59	2.66
	0.7	2.10	2.13	2.16	2.18	2.21	2.24	2.26	2.29	2.31	2.34	2.36	2.38	2.41	2.52	2.62	2.72	2.81	2.90
	0.8	2.15	2.20	2.24	2.27	2.31	2.34	2.38	2.41	2.44	2.47	2.50	2.53	2.56	2.70	2.82	2.94	3.06	3.16
	0.9	2.24	2.29	2.35	2.39	2.44	2.48	2.52	2.56	2.60	2.63	2.67	2.71	2.74	2.90	3.05	3.19	3.32	3.44
	1.0	2.36	2.43	2.48	2.54	2.59	2.64	2.69	2.73	2.77	2.82	2.86	2.90	2.94	3.12	3.29	3.45	3.59	3.75
$K_1=\frac{I_1}{I_2}\cdot\frac{H_2}{H_1}$;	1.2	2.69	2.76	2.83	2.89	2.95	3.01	3.07	3.12	3.17	3.22	3.27	3.32	3.37	3.59	3.80	3.99	4.17	4.34
	1.4	3.07	3.14	3.22	3.29	3.36	3.42	3.48	3.55	3.61	3.66	3.72	3.78	3.83	4.09	4.33	4.56	4.77	4.97
$\mu_1=\frac{H_1}{H_2}\sqrt{\frac{N_1}{N_2}\cdot\frac{I_2}{I_1}}$;	1.6	3.47	3.55	3.63	3.71	3.78	3.85	3.92	3.99	4.07	4.12	4.18	4.25	4.31	4.61	4.88	5.14	5.38	5.62
	1.8	3.88	3.97	4.05	4.13	4.21	4.29	4.37	4.44	4.52	4.59	4.66	4.73	4.80	5.13	5.44	5.73	6.00	6.26
N_1——上段柱的轴心	2.0	4.29	4.39	4.48	4.57	4.65	4.74	4.82	4.90	4.99	5.07	5.14	5.22	5.30	5.66	6.00	6.32	6.63	6.92
力;	2.2	4.71	4.81	4.91	5.00	5.10	5.19	5.28	5.37	5.46	5.54	5.63	5.71	5.80	6.19	6.57	6.92	7.26	7.58
N_2——下段柱的轴心力	2.4	5.13	5.24	5.34	5.44	5.54	5.64	5.74	5.84	5.93	6.03	6.12	6.21	6.30	6.73	7.14	7.52	7.89	8.24
	2.6	5.55	5.66	5.77	5.88	5.99	6.10	6.20	6.31	6.41	6.51	6.61	6.71	6.80	7.27	7.71	8.13	8.52	8.90
	2.8	5.97	6.09	6.21	6.33	6.44	6.55	6.67	6.78	6.89	6.99	7.10	7.21	7.31	7.81	8.28	8.73	9.16	9.57
	3.0	6.39	6.52	6.64	6.77	6.89	7.01	7.13	7.25	7.37	7.48	7.59	7.71	7.82	8.35	8.86	9.34	9.80	10.24

注：表中的计算长度系数 μ_2 值系按右式算得：

$$\eta_1K_1\cdot\tan\frac{\pi}{\mu_2}\cdot\mathrm{tg}\frac{\pi\eta_1}{\mu_2}-1=0$$

15.4 柱上端可移动但不转动的单阶柱下段的计算长度系数μ_2

15.4.1 柱上端可移动但不转动的单阶柱下段的计算长度系数μ_2，见表 15－4。

表 15－4 柱上端可移动但不转动的单价柱下段的计算长度系数μ_2

简图	η_1 \ K_1	0.06	0.08	0.10	0.12	0.14	0.16	0.18	0.20	0.22	0.24	0.26	0.28	0.3	0.4	0.5	0.6	0.7	0.8
	0.2	1.96	1.94	1.93	1.91	1.90	1.89	1.88	1.86	1.85	1.84	1.83	1.82	1.81	1.76	1.72	1.68	1.65	1.62
	0.3	1.96	1.94	1.93	1.92	1.91	1.89	1.88	1.87	1.86	1.85	1.84	1.83	1.82	1.77	1.73	1.70	1.66	1.63
	0.4	1.96	1.95	1.94	1.92	1.91	1.90	1.89	1.88	1.87	1.86	1.85	1.84	1.83	1.79	1.75	1.72	1.68	1.66
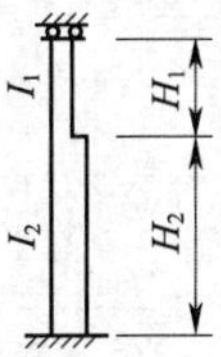	0.5	1.96	1.95	1.94	1.93	1.92	1.91	1.90	1.89	1.88	1.87	1.86	1.85	1.85	1.81	1.77	1.74	1.71	1.69
	0.6	1.97	1.96	1.95	1.94	1.93	1.92	1.91	1.90	1.90	1.89	1.88	1.87	1.87	1.83	1.80	1.78	1.75	1.73
	0.7	1.97	1.97	1.96	1.95	1.94	1.94	1.93	1.92	1.92	1.91	1.90	1.90	1.89	1.86	1.84	1.82	1.80	1.78
	0.8	1.98	1.98	1.97	1.96	1.96	1.95	1.95	1.94	1.94	1.93	1.93	1.93	1.92	1.90	1.88	1.87	1.86	1.84
	0.9	1.99	1.99	1.98	1.98	1.98	1.97	1.97	1.97	1.97	1.96	1.96	1.96	1.96	1.95	1.94	1.93	1.92	1.92
	1.0	2.00	2.00	2.00	2.00	2.00	2.00	2.00	2.00	2.00	2.00	2.00	2.00	2.00	2.00	2.00	2.00	2.00	2.00
$K_1=\frac{I_1}{I_2}\cdot\frac{H_2}{H_1}$;	1.2	2.03	2.04	2.04	2.05	2.06	2.07	2.07	2.08	2.08	2.09	2.10	2.10	2.11	2.13	2.15	2.17	2.18	2.20
	1.4	2.07	2.09	2.11	2.12	2.14	2.16	2.17	2.18	2.20	2.21	2.22	2.23	2.24	2.29	2.33	2.37	2.40	2.42
	1.6	2.13	2.16	2.19	2.22	2.25	2.27	2.30	2.32	2.34	2.36	2.37	2.39	2.41	2.48	2.54	2.59	2.63	2.67
$\eta_1=\frac{H_1}{H_2}\sqrt{\frac{N_1}{N_2}\cdot\frac{I_2}{I_1}}$;	1.8	2.22	2.27	2.31	2.35	2.39	2.42	2.45	2.48	2.50	2.53	2.55	2.57	2.59	2.69	2.76	2.83	2.88	2.93
	2.0	2.35	2.41	2.46	2.50	2.55	2.59	2.62	2.66	2.69	2.72	2.75	2.77	2.80	2.91	3.00	3.08	3.14	3.20
N_1——上段柱的轴心力;	2.2	2.51	2.57	2.63	2.68	2.73	2.77	2.81	2.85	2.89	2.92	2.95	2.98	3.01	3.14	3.25	3.33	3.41	3.47
N_2——下段柱的轴心力	2.4	2.68	2.75	2.81	2.87	2.92	2.97	3.01	3.05	3.09	3.13	3.17	3.20	3.24	3.38	3.50	3.59	3.68	3.75
	2.6	2.87	2.94	3.00	3.06	3.12	3.17	3.22	3.27	3.31	3.35	3.39	3.43	3.46	3.62	3.75	3.86	3.95	4.03
	2.8	3.06	3.14	3.20	3.27	3.33	3.38	3.43	3.48	3.53	3.58	3.62	3.66	3.70	3.87	4.01	4.13	4.23	4.32
	3.0	3.26	3.34	3.41	3.47	3.54	3.60	3.65	3.70	3.75	3.80	3.85	3.89	3.93	4.12	4.27	4.40	4.51	4.61

注：表中的计算长度系数μ_2值系按下式算得出：

$$\tan\frac{\pi\eta_1}{\mu_2}+\eta_1 K_1\cdot\tan\frac{\pi}{\mu_2}=0$$

16 钢材的规格及截面特性

16.1 等边角钢的规格及截面特性

16.1.1 等边角钢的规格及截面特性，见表 16－1（按《热轧型钢》GB/T 706—2016）。

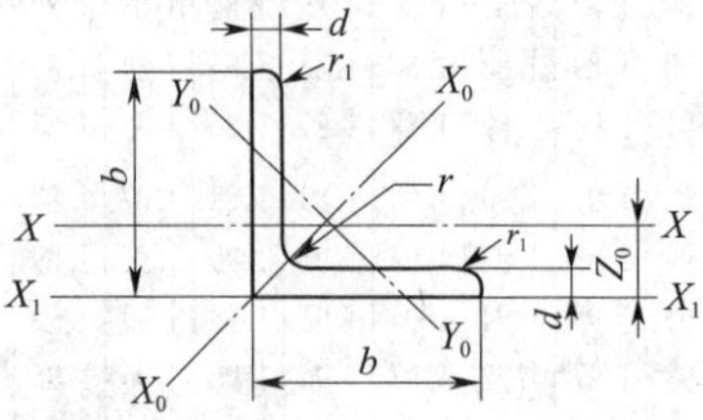

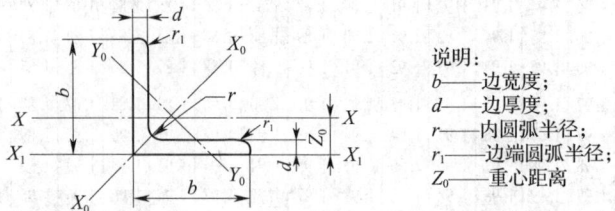

说明：
b——边宽度；
d——边厚度；
r——内圆弧半径；
r_1——边端圆弧半径；
Z_0——重心距离

表 16－1 等边角钢的规格及截面特性

型号	截面尺寸（mm）			截面面积（cm^2）	理论重量（kg/m）	外表面积（m^2/m）	惯性矩（cm^4）				惯性半径（cm）			截面模数（cm^3）			重心距离（cm）
	b	t	r				I_x	I_{x1}	I_{x0}	I_{y0}	i_x	i_{x0}	i_{y0}	W_x	W_{x0}	W_{y0}	Z_0
2	20	3	3.5	1.132	0.889	0.078	0.40	0.81	0.63	0.17	0.59	0.75	0.39	0.29	0.45	0.20	0.60
		4		1.459	1.145	0.077	0.50	1.09	0.78	0.22	0.58	0.73	0.38	0.36	0.55	0.24	0.64
2.5	25	3		1.432	1.124	0.098	0.82	1.57	1.29	0.34	0.76	0.95	0.49	0.46	0.73	0.33	0.73
		4		1.859	1.459	0.097	1.03	2.11	1.62	0.43	0.74	0.93	0.48	0.59	0.92	0.40	0.76
3.0	30	3	4.5	1.749	1.373	0.117	1.46	2.71	2.31	0.61	0.91	1.15	0.59	0.68	1.09	0.51	0.85
		4		2.276	1.786	0.117	1.84	3.63	2.92	0.77	0.90	1.13	0.58	0.87	1.37	0.62	0.89
3.6	36	3		2.109	1.656	0.141	2.58	4.68	4.09	1.07	1.11	1.39	0.71	0.99	1.61	0.76	1.00
		4		2.756	2.163	0.141	3.29	6.25	5.22	1.37	1.09	1.38	0.70	1.28	2.05	0.93	1.04
		5		3.382	2.654	0.141	3.95	7.84	6.24	1.65	1.08	1.36	0.70	1.56	2.45	1.00	1.07
4	40	3	5	2.359	1.852	0.157	3.59	6.41	5.69	1.49	1.23	1.55	0.79	1.23	2.01	0.96	1.09
		4		3.086	2.422	0.157	4.60	8.56	7.29	1.91	1.22	1.54	0.79	1.60	2.58	1.19	1.13
		5		3.791	2.976	0.156	5.53	10.74	8.76	2.30	1.21	1.52	0.78	1.96	3.10	1.39	1.17
4.5	45	3		2.659	2.088	0.177	5.17	9.12	8.20	2.14	1.40	1.76	0.89	1.58	2.58	1.24	1.22
		4		3.486	2.736	0.177	6.65	12.18	10.56	2.75	1.38	1.74	0.89	2.05	3.32	1.54	1.26
		5		4.292	3.369	0.176	8.04	15.2	12.74	3.33	1.37	1.72	0.88	2.51	4.00	1.81	1.30
		6		5.076	3.985	0.176	9.33	18.36	14.76	3.89	1.36	1.70	0.8	2.95	4.64	2.06	1.33
5	50	3	5.5	2.971	2.332	0.197	7.18	12.5	11.37	2.98	1.55	1.96	1.00	1.96	3.22	1.57	1.34
		4		3.897	3.059	0.197	9.26	16.69	14.70	3.82	1.54	1.94	0.99	2.56	4.16	1.96	1.38
		5		4.803	3.770	0.196	11.21	20.90	17.79	4.64	1.53	1.92	0.98	3.13	5.03	2.31	1.42
		6		5.688	4.465	0.196	13.05	25.14	20.68	5.42	1.52	1.91	0.98	3.68	5.85	2.63	1.46
5.5	56	3	6	3.343	2.624	0.221	10.19	17.56	16.14	4.24	1.75	2.20	1.13	2.48	4.08	2.02	1.48
		4		4.390	3.446	0.220	13.18	23.43	20.92	5.46	1.73	2.18	1.11	3.24	5.28	2.52	1.53
		5		5.415	4.251	0.220	16.02	29.33	25.42	6.61	1.72	2.17	1.10	3.97	6.42	2.98	1.57
		6		6.420	5.040	0.220	18.69	35.26	29.66	7.73	1.71	2.15	1.10	4.68	7.49	3.40	1.61
		7		7.404	5.812	0.219	21.23	41.23	33.63	8.82	1.69	2.13	1.09	5.36	8.49	3.80	1.64
		8		8.367	6.568	0.219	23.63	47.24	37.37	9.89	1.68	2.11	1.09	6.03	9.44	4.16	1.68
6	60	5	6.5	5.829	4.576	0.236	19.89	36.05	31.57	8.21	1.85	2.33	1.19	4.59	7.44	3.48	1.67
		6		6.914	5.427	0.235	23.25	43.33	36.89	9.60	1.83	2.31	1.18	5.41	8.70	3.98	1.70
		7		7.977	6.262	0.235	26.44	50.65	41.92	10.96	1.82	2.29	1.17	6.21	9.88	4.45	1.74
		8		9.020	7.081	0.235	29.47	58.02	46.66	12.28	1.81	2.27	1.17	6.98	11.00	4.88	1.78

续表 16－1

型号	截面尺寸（mm）			截面面积（cm^2）	理论重量（kg/m）	外表面积（m^2/m）	惯性矩（cm^4）				惯性半径（cm）			截面模数（cm^3）			重心距离（cm）
	b	t	r				I_x	I_{x1}	I_{x0}	I_{y0}	i_x	i_{x0}	i_{y0}	W_x	W_{x0}	W_{y0}	Z_0
6.3	63	4	7	4.978	3.907	0.248	19.03	33.35	30.17	7.89	1.96	2.46	1.26	4.13	6.78	3.29	1.70
		5		6.143	4.822	0.248	23.17	41.73	36.77	9.57	1.94	2.45	1.25	5.08	8.25	3.90	1.74
		6		7.288	5.721	0.247	27.12	50.14	43.03	11.20	1.93	2.43	1.24	6.00	9.66	4.46	1.78
		7		8.412	6.603	0.247	30.87	58.60	48.96	12.79	1.92	2.41	1.23	6.88	10.99	4.98	1.82
		8		9.515	7.469	0.247	34.46	67.11	54.56	14.33	1.90	2.40	1.23	7.75	12.25	5.47	1.85
		10		11.657	8.151	0.246	41.09	84.31	64.85	17.33	1.88	2.36	1.22	9.39	14.56	6.36	1.93
7	70	4	8	5.570	4.372	0.275	26.39	45.74	41.80	10.99	2.18	2.74	1.40	5.14	8.44	4.17	1.86
		5		6.875	5.397	0.275	32.21	57.21	51.08	13.31	2.16	2.73	1.39	6.32	10.32	4.95	1.91
		6		8.160	6.406	0.275	37.77	68.73	59.93	15.61	2.15	2.71	1.38	7.48	12.11	5.67	1.95
		7		9.424	7.398	0.275	43.09	80.29	68.35	17.82	2.14	2.69	1.38	8.59	13.81	6.34	1.99
		8		10.667	8.373	0.274	48.17	91.92	76.37	19.98	2.12	2.68	1.37	9.68	15.43	6.98	2.03
7.5	75	5	9	7.412	5.818	0.295	39.97	70.56	63.30	16.63	2.33	2.92	1.50	7.32	11.94	5.77	2.04
		6		8.797	6.905	0.294	46.95	84.55	74.38	19.51	2.31	2.90	1.49	8.64	14.02	6.67	2.07
		7		10.160	7.976	0.294	53.57	98.71	84.96	22.18	2.30	2.89	1.48	9.93	16.02	7.44	2.11
		8		11.503	9.030	0.294	59.96	112.97	95.07	24.86	2.28	2.88	1.47	11.20	17.93	8.19	2.15
		9		12.825	10.068	0.294	66.10	127.30	104.71	27.48	2.27	2.86	1.46	12.43	19.75	8.89	2.18
		10		14.126	11.089	0.293	71.98	141.71	113.92	30.05	2.26	2.84	1.46	13.64	21.48	9.56	2.22
8	80	5		7.912	6.211	0.315	48.79	85.36	77.33	20.25	2.48	3.13	1.60	8.34	13.67	6.66	2.15
		6		9.397	7.376	0.314	57.35	102.50	90.98	23.72	2.47	3.11	1.59	9.87	16.08	7.65	2.19
		7		10.860	8.525	0.314	65.58	119.70	104.07	27.09	2.46	3.10	1.58	11.37	18.40	8.58	2.23
		8		12.303	9.658	0.314	73.49	136.97	116.60	30.39	2.44	3.08	1.57	12.83	20.61	9.46	2.27
		9		13.725	10.774	0.314	81.11	154.31	128.60	33.61	2.43	3.06	1.56	14.25	22.73	10.29	2.31
		10		15.126	11.874	0.313	88.43	171.74	140.09	36.77	2.42	3.04	1.56	15.64	24.76	11.08	2.35
9	90	6	10	10.637	8.350	0.354	82.77	145.87	131.26	34.28	2.79	3.51	1.80	12.61	20.63	9.95	2.44
		7		12.301	9.656	0.354	94.83	170.30	150.47	39.18	2.78	3.50	1.78	14.54	23.64	11.19	2.48
		8		13.944	10.946	0.353	106.47	194.80	168.97	43.97	2.76	3.48	1.78	16.42	26.55	12.35	2.52
		9		15.566	12.219	0.353	117.72	219.39	186.77	48.66	2.75	3.46	1.77	18.27	29.35	13.46	2.56
		10		17.167	13.476	0.353	128.58	244.07	203.90	53.26	2.74	3.45	1.76	20.07	32.04	14.52	2.59
		12		20.306	15.940	0.352	149.22	293.76	236.21	62.22	2.71	3.41	1.75	23.57	37.12	16.49	2.67
10	100	6	12	11.932	9.366	0.393	114.95	200.07	181.98	47.92	3.10	3.90	2.00	15.68	25.74	12.69	2.67
		7		13.796	10.830	0.393	131.86	233.54	208.97	54.74	3.09	3.89	1.99	18.10	29.55	14.26	2.71
		8		15.638	12.276	0.393	148.24	267.09	235.07	61.41	3.08	3.88	1.98	20.47	33.24	15.75	2.76
		9		17.462	13.708	0.392	164.12	300.73	260.30	67.95	3.07	3.86	1.97	22.79	36.81	17.18	2.80
		10		19.261	15.120	0.392	179.51	334.48	284.68	74.35	3.05	3.84	1.96	25.06	40.26	18.54	2.84
		12		22.800	17.898	0.391	208.90	402.34	330.95	86.84	3.03	3.81	1.95	29.48	46.80	21.08	2.91
		14		26.256	20.611	0.391	236.53	470.75	374.06	99.00	3.00	3.77	1.94	33.73	52.90	23.44	2.99
		16		29.627	23.257	0.390	262.53	539.80	414.16	110.89	2.98	3.74	1.94	37.82	58.57	25.63	3.06
11	110	7		15.196	11.928	0.433	177.16	310.64	280.94	73.38	3.41	4.30	2.20	22.05	36.12	17.51	2.96
		8		17.238	13.535	0.433	199.46	355.20	316.49	82.42	3.40	4.28	2.19	24.95	40.69	19.39	3.01
		10		21.261	16.690	0.432	242.19	444.65	384.39	99.98	3.38	4.25	2.17	30.60	49.42	22.91	3.09
		12		25.200	19.782	0.431	282.55	534.60	448.17	116.93	3.35	4.22	2.15	36.05	57.62	26.15	3.16
		14		29.056	22.809	0.431	320.71	625.16	508.01	133.40	3.32	4.18	2.14	41.31	65.31	29.14	3.24

续表 16－1

型号	截面尺寸（mm）			截面面积（cm^2）	理论重量（kg/m）	外表面积（m^2/m）	惯性矩（cm^4）				惯性半径（cm）			截面模数（cm^3）			重心距离（cm）
	b	t	r				I_x	I_{x1}	I_{x0}	I_{y0}	i_x	i_{x0}	i_{y0}	W_x	W_{x0}	W_{y0}	Z_0
12.5	125	8	14	19.750	15.504	0.492	297.03	521.01	470.89	123.16	3.88	4.88	2.50	32.52	53.28	25.86	3.37
		10		24.373	19.133	0.491	361.67	651.93	573.89	149.46	3.85	4.85	2.48	39.97	64.93	30.62	3.45
		12		28.912	22.696	0.491	423.16	783.42	671.44	174.88	3.83	4.82	2.46	41.17	75.96	35.03	3.53
		14		33.367	26.193	0.490	481.65	915.61	763.73	199.57	3.80	4.78	2.45	54.16	86.41	39.13	3.61
		16		37.739	29.625	0.489	537.31	1048.62	850.98	223.65	3.77	4.75	2.43	60.93	96.28	42.96	3.68
14	140	10		27.373	21.488	0.551	514.65	915.11	817.27	212.04	4.34	5.46	2.78	50.58	82.56	39.20	3.82
		12		32.512	25.522	0.551	603.68	1099.28	958.79	248.57	4.31	5.43	2.76	59.80	96.85	45.02	3.90
		14		37.567	29.490	0.550	688.81	1284.22	1093.56	284.06	4.28	5.40	2.75	68.75	110.47	50.45	3.98
		16		42.539	33.393	0.549	770.24	1470.07	1221.81	318.67	4.26	5.36	2.74	77.46	123.42	55.55	4.06
15	150	8		23.750	18.644	0.592	521.37	899.55	827.49	215.25	4.69	5.90	3.01	47.36	78.02	38.14	3.99
		10		29.373	23.058	0.591	637.50	1125.09	1012.79	262.21	4.66	5.87	2.99	58.35	95.49	45.51	4.08
		12		34.912	27.406	0.591	748.85	1351.26	1189.97	307.73	4.63	5.84	2.97	69.04	112.19	52.38	4.15
		14		40.367	31.688	0.590	855.64	1578.25	1359.30	351.98	4.60	5.80	2.95	79.45	128.16	58.83	4.23
		15		43.063	33.804	0.590	907.39	1692.10	1441.09	373.69	4.59	5.78	2.95	84.56	135.87	61.90	4.27
		16		45.739	35.905	0.589	958.08	1806.21	1521.02	395.14	4.58	5.77	2.94	89.59	143.40	64.89	4.31
16	160	10	16	31.502	24.729	0.630	779.53	1365.33	1237.30	321.76	4.98	6.27	3.20	66.70	109.36	52.76	4.31
		12		37.441	29.391	0.630	916.58	1639.57	1455.68	377.49	4.95	6.24	3.18	78.98	128.67	60.74	4.39
		14		43.296	33.987	0.629	1048.36	1914.68	1665.02	431.70	4.92	6.20	3.16	90.95	147.17	68.24	4.47
		16		49.067	38.518	0.629	1175.08	2190.82	1865.57	484.59	4.89	6.17	3.14	102.63	164.89	75.31	4.55
18	180	12		42.241	33.159	0.710	1321.35	2332.80	2100.10	542.61	5.59	7.05	3.58	100.82	165.00	78.41	4.89
		14		48.896	38.383	0.709	1514.48	2723.48	2407.42	621.53	5.56	7.02	3.56	116.25	189.14	88.38	4.97
		16		55.467	43.542	0.709	1700.99	3115.29	2703.37	698.60	5.54	6.98	3.55	131.13	212.40	97.83	5.05
		18		61.055	48.634	0.708	1875.12	3502.43	2988.24	762.01	5.50	6.94	3.51	145.64	234.78	105.14	5.13
20	200	14	18	54.642	42.894	0.788	2103.55	3734.10	3343.26	863.83	6.20	7.82	3.98	144.70	236.40	111.82	5.46
		16		62.013	48.680	0.788	2366.15	4270.39	3760.89	971.41	6.18	7.79	3.96	163.65	265.93	123.96	5.54
		18		69.301	54.401	0.787	2620.64	4808.13	4164.54	1076.74	6.15	7.75	3.94	182.22	294.48	135.52	5.62
		20		76.505	60.056	0.787	2867.30	5347.51	4554.55	1180.04	6.12	7.72	3.93	200.42	322.06	146.55	5.69
		24		90.661	71.168	0.785	3338.25	6457.16	5294.97	1381.53	6.07	7.64	3.90	236.17	374.41	166.65	5.87
22	220	16	21	68.664	53.901	0.866	3187.36	5681.62	5063.73	1310.99	6.81	8.59	4.37	199.55	325.51	153.81	6.03
		18		76.752	60.250	0.866	3534.30	6395.93	5615.32	1453.27	6.79	8.55	4.35	222.37	360.97	168.29	6.11
		20		84.756	66.533	0.865	3871.49	7112.04	6150.08	1592.90	6.76	8.52	4.34	244.77	395.34	182.16	6.18
		22		92.676	72.751	0.865	4199.23	7830.19	6668.37	1730.10	6.73	8.48	4.32	266.78	428.66	195.45	6.26
		24		100.512	78.902	0.864	4517.83	8550.57	7170.55	1865.11	6.70	8.45	4.31	288.39	460.94	208.21	6.33
		26		108.264	84.987	0.864	4827.58	9273.39	7656.98	1998.17	6.68	8.41	4.30	309.62	492.21	220.49	6.41
25	250	18	24	87.842	68.956	0.985	5268.22	9379.11	8369.04	2167.41	7.74	9.76	4.97	290.12	473.42	224.03	6.84
		20		97.045	76.180	0.984	5779.34	10426.97	9181.94	2376.74	7.72	9.73	4.95	319.66	519.41	242.85	6.92
		24		115.201	90.433	0.983	6763.93	12529.74	10742.67	2785.19	7.66	9.66	4.92	377.34	607.70	278.38	7.07
		26		124.154	97.461	0.982	7238.08	13585.18	11491.33	2984.84	7.63	9.62	4.90	405.50	650.05	295.19	7.15
		28		133.022	104.422	0.982	7700.60	14643.62	12219.39	3181.81	7.61	9.58	4.89	433.22	691.23	311.42	7.22
		30		141.807	111.318	0.981	8151.80	15705.30	12927.26	3376.34	7.58	9.55	4.88	460.51	731.28	327.12	7.30
		32		150.508	118.149	0.981	8592.01	16770.41	13615.32	3568.71	7.56	9.51	4.87	487.39	770.20	342.33	7.37
		35		163.402	128.271	0.980	9232.44	18374.95	14611.16	3853.72	7.52	9.46	4.86	526.97	826.53	364.30	7.48

16.2 不等边角钢的规格及截面特性

16.2.1 不等边角钢的规格及截面特性，见表16－2（按《热轧型钢》（GB/T 706—2016））。

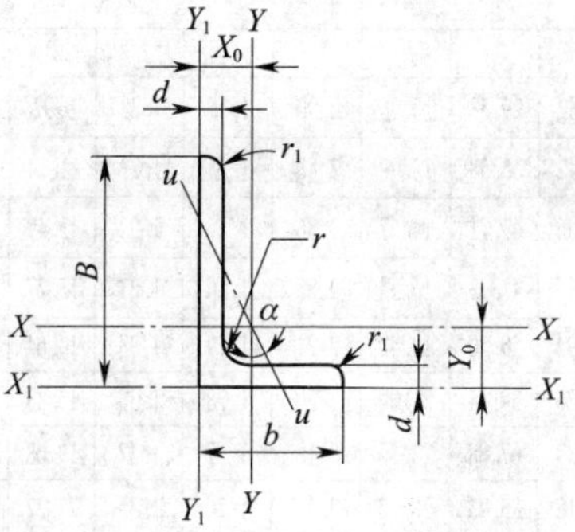

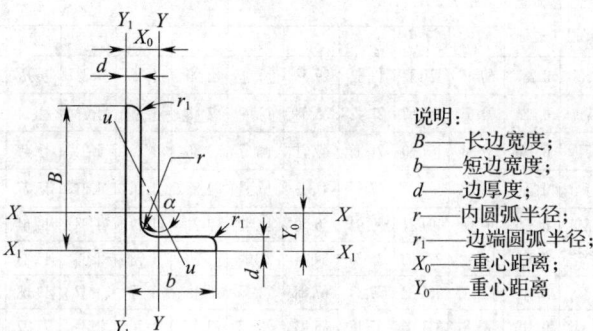

说明：
B——长边宽度；
b——短边宽度；
d——边厚度；
r——内圆弧半径；
r_1——边端圆弧半径；
X_0——重心距离；
Y_0——重心距离

表16－2 不等边角钢的规格及截面特性

型号	截面尺寸(mm)				截面面积	理论重量	外表面积	惯性矩（cm^4）					惯性半径（cm）			截面模数（cm^3）			tanα	重心距离(cm)	
	B	b	d	r	(cm^2)	(kg/m)	(m^2/m)	I_x	I_{x1}	I_y	I_{y1}	I_u	i_x	i_y	i_u	W_x	W_y	W_u		X_0	Y_0
2.5/1.6	25	16	3	3.5	1.162	0.912	0.080	0.70	1.56	0.22	0.43	0.14	0.78	0.44	0.34	0.43	0.19	0.16	0.392	0.42	0.86
			4		1.499	1.176	0.079	0.88	2.09	0.27	0.59	0.17	0.77	0.43	0.34	0.55	0.24	0.20	0.381	0.46	1.86
3.2/2	32	20	3		1.492	1.171	0.102	1.53	3.27	0.46	0.82	0.28	1.01	0.55	0.43	0.72	0.30	0.25	0.382	0.49	0.90
			4		1.939	1.522	0.101	1.93	4.37	0.57	1.12	0.35	1.00	0.54	0.42	0.93	0.39	0.32	0.374	0.53	1.08
4/2.5	40	25	3	4	1.890	1.484	0.127	3.08	5.39	0.93	1.59	0.56	1.28	0.70	0.54	1.15	0.49	0.40	0.385	0.59	1.12
			4		2.467	1.936	0.127	3.93	8.53	1.18	2.14	0.71	1.36	0.69	0.54	1.49	0.63	0.52	0.381	0.63	1.32
4.5/2.8	45	28	3	5	2.149	1.687	0.143	445	9.10	1.34	2.23	0.80	1.44	0.79	0.61	1.47	0.62	0.51	0.383	0.64	1.37
			4		2.806	2.203	0.143	5.69	12.13	1.70	3.00	1.02	1.42	0.78	0.60	1.91	0.80	0.66	0.380	0.68	1.47
5/3.2	50	32	3	5.5	2.431	1.908	0.161	6.24	12.49	2.02	3.31	1.20	1.60	0.91	0.70	1.84	0.82	0.68	0.404	0.73	1.51
			4		3.177	2.494	0.160	8.02	16.65	2.58	4.45	1.53	1.59	0.90	0.69	2.39	1.06	0.87	0.402	0.77	1.60
5.6/3.6	56	36	3	6	2.743	2.153	0.181	8.88	17.54	2.92	4.70	1.73	1.80	1.03	0.79	2.32	1.05	0.87	0.408	0.80	1.65
			4		3.590	2.818	0.180	11.45	23.39	3.76	6.33	2.23	1.79	1.02	0.79	3.03	1.37	1.13	0.408	0.85	1.78
			5		4.415	3.466	0.180	13.86	29.25	4.49	7.94	2.67	1.77	1.01	0.78	3.71	1.65	1.36	0.404	0.88	1.82
6.3/4	63	40	4	7	4.058	3.185	0.202	16.49	33.30	5.23	8.63	3.12	2.02	1.14	0.88	3.87	1.70	1.40	0.398	0.92	1.87
			5		4.993	3.920	0.202	20.02	41.63	6.31	10.86	3.76	2.00	1.12	0.87	4.74	2.07	1.71	0.396	0.95	2.04
			6		5.908	4.638	0.201	23.36	49.98	7.29	13.12	4.34	1.96	1.11	0.86	5.59	2.43	1.99	0.393	0.99	2.08
			7		6.802	5.339	0.201	26.53	58.07	8.24	15.47	4.97	1.98	1.10	0.86	6.40	2.78	2.29	0.389	1.03	2.12
7/4.5	70	45	4	7.5	4.547	3.570	0.226	23.17	45.92	7.55	12.26	4.40	2.26	1.29	0.98	4.86	2.17	1.77	0.410	1.02	2.15
			5		5.609	4.403	0.225	27.95	57.10	9.13	15.39	5.40	2.23	1.28	0.98	5.92	2.65	2.19	0.407	1.06	2.24
			6		6.647	5.218	0.225	32.54	68.35	10.62	18.58	6.35	2.21	1.26	0.98	6.95	3.12	2.59	0.404	1.09	2.28
			7		7.657	6.011	0.225	37.22	79.99	12.01	21.84	7.16	2.20	1.25	0.97	8.03	3.57	2.94	0.402	1.13	2.32
7.5/5	75	50	5	8	6.125	4.808	0.245	34.86	70.00	12.61	21.04	7.41	2.39	1.44	1.10	6.83	3.30	2.74	0.435	1.17	2.36
			6		7.260	5.699	0.245	41.12	84.30	14.70	25.37	8.54	2.38	1.42	1.08	8.12	3.88	3.19	0.435	1.21	2.40
			8		9.467	7.431	0.244	52.39	112.50	18.53	34.23	10.87	2.35	1.40	1.07	10.52	4.99	4.10	0.429	1.29	2.44
			10		11.590	9.098	0.244	62.71	140.80	21.96	43.43	13.10	2.33	1.38	1.06	12.79	6.04	4.99	0.423	1.36	2.52
8/5	80	50	5		6.375	5.005	0.255	41.96	85.21	12.82	21.06	7.66	2.56	1.42	1.10	7.78	3.32	2.74	0.388	1.14	2.60
			6		7.560	5.935	0.255	49.49	102.53	14.95	25.41	8.85	2.56	1.41	1.08	9.25	3.91	3.20	0.387	1.18	2.65
			7		8.724	6.848	0.255	56.16	119.33	46.96	29.82	10.18	2.54	1.39	1.08	10.58	4.48	3.70	0.384	1.21	2.69
			8		9.867	7.745	0.254	62.83	136.41	18.85	34.32	11.38	2.52	1.38	1.07	11.92	5.03	4.16	0.381	1.25	2.73

续表 16 -2

型号	截面尺寸（mm）				截面面积	理论重量	外表面积	惯性矩（cm^4）					惯性半径（cm）			截面模数（cm^3）			tanα	重心距离（cm）	
	B	b	d	r	（cm^2）	（kg/m）	（m^2/m）	I_x	I_{x1}	I_y	I_{y1}	I_u	i_x	i_y	i_u	W_x	W_y	W_u		X_0	Y_0
9/5. 6	90	56	5	9	7. 212	5. 661	0. 287	60. 45	121. 32	18. 32	29. 53	10. 98	2. 90	1. 59	1. 23	9. 92	4. 21	3. 49	0. 385	1. 25	2. 91
			6		8. 557	6. 717	0. 286	71. 03	145. 59	21. 42	35. 58	12. 90	2. 88	1. 58	1. 23	11. 74	4. 96	4. 13	0. 384	1. 29	2. 95
			7		9. 880	7. 756	0. 286	81. 01	169. 60	24. 36	41. 71	14. 67	2. 86	1. 57	1. 22	13. 49	5. 70	4. 72	0. 382	1. 33	3. 00
			8		11. 183	8. 779	0. 286	91. 03	194. 17	27. 15	47. 93	16. 34	2. 85	1. 56	1. 21	15. 27	6. 41	5. 29	0. 380	1. 36	3. 04
10/6. 3	100	63	6	10	9. 617	7. 550	0. 320	99. 06	199. 71	30. 94	50. 50	18. 42	3. 21	1. 79	1. 38	14. 64	6. 35	5. 25	0. 394	1. 43	3. 24
			7		11. 111	8. 722	0. 320	113. 45	233. 00	35. 26	59. 14	21. 00	3. 20	1. 78	1. 38	16. 88	7. 29	6. 02	0. 394	1. 47	3. 28
			8		12. 534	9. 878	0. 319	127. 37	266. 32	39. 39	67. 88	23. 50	3. 18	1. 77	1. 37	19. 08	8. 21	6. 78	0. 391	1. 50	3. 32
			10		15. 467	12. 142	0. 319	153. 81	333. 06	47. 12	85. 73	28. 33	3. 15	1. 74	1. 35	23. 32	9. 98	8. 24	0. 387	1. 58	3. 40
10/8	100	80	6		10. 637	8. 350	0. 354	107. 04	199. 83	61. 24	102. 68	31. 65	3. 17	2. 40	1. 72	15. 19	10. 16	8. 37	0. 627	1. 97	2. 95
			7		12. 301	9. 656	0. 354	122. 73	233. 20	70. 08	119. 98	36. 17	3. 16	2. 39	1. 72	17. 52	11. 71	9. 60	0. 626	2. 01	3. 0
			8		13. 944	10. 946	0. 353	137. 92	266. 61	78. 58	137. 37	40. 58	3. 14	2. 37	1. 71	19. 81	13. 21	10. 80	0. 625	2. 05	3. 04
			10		17. 167	13. 476	0. 353	166. 87	333. 63	94. 65	172. 48	49. 10	3. 12	2. 35	1. 69	24. 24	16. 12	13. 12	0. 622	2. 13	3. 12
11/7	110	70	6	10	10. 637	8. 350	0. 354	133. 37	265. 78	42. 92	69. 08	25. 36	3. 54	2. 01	1. 54	17. 85	7. 90	6. 53	0. 403	1. 57	3. 53
			7		12. 301	9. 656	0. 354	153. 00	310. 07	49. 01	80. 82	28. 95	3. 53	2. 00	1. 53	20. 60	9. 09	7. 50	0. 402	1. 61	3. 57
			8		13. 944	10. 946	0. 353	172. 04	354. 39	54. 87	92. 70	32. 45	3. 51	1. 98	1. 53	23. 30	10. 25	8. 45	0. 401	1. 65	3. 62
			10		17. 167	13. 476	0. 353	208. 39	443. 13	65. 88	116. 83	39. 20	3. 48	1. 96	1. 51	28. 54	12. 48	10. 29	0. 397	1. 72	3. 70
12. 5/8	125	80	7	11	14. 096	11. 066	0. 403	227. 98	454. 99	74. 42	120. 32	43. 81	4. 02	2. 30	1. 76	26. 86	12. 01	9. 92	0. 408	1. 80	4. 01
			8		15. 989	12. 551	0. 403	256. 77	519. 99	83. 49	137. 85	49. 15	4. 01	2. 28	1. 75	30. 41	13. 56	11. 18	0. 407	1. 84	4. 06
			10		19. 712	15. 474	0. 402	312. 04	650. 09	100. 67	173. 40	59. 45	3. 98	2. 26	1. 74	37. 33	16. 56	13. 64	0. 404	1. 92	4. 14
			12		23. 351	18. 330	0. 402	364. 41	780. 39	116. 67	209. 67	69. 35	3. 95	2. 24	1. 72	44. 01	19. 43	16. 01	0. 400	2. 00	4. 22
14/9	140	90	8	12	18. 038	14. 160	0. 453	365. 64	730. 53	120. 69	195. 79	70. 83	4. 50	2. 59	1. 98	38. 48	17. 34	14. 31	0. 411	2. 04	4. 50
			10		22. 261	17. 475	0. 452	445. 50	913. 20	140. 03	245. 92	85. 82	4. 47	2. 56	1. 96	47. 31	21. 22	17. 48	0. 409	2. 12	4. 58
			12		26. 400	20. 724	0. 451	521. 59	1096. 09	169. 79	296. 89	100. 21	4. 44	2. 54	1. 95	55. 87	24. 95	20. 54	0. 406	2. 19	4. 66
			14		30. 456	23. 908	0. 451	594. 10	1279. 26	192. 10	348. 82	114. 13	4. 42	2. 51	1. 94	6. 18	28. 54	23. 52	0. 403	2. 27	4. 74
15/9	150	90	8		18. 839	14. 788	0. 473	442. 05	898. 35	122. 80	195. 96	74. 14	4. 84	2. 55	1. 98	43. 86	17. 47	14. 48	0. 364	1. 97	4. 92
			10		23. 261	18. 260	0. 472	539. 24	1122. 85	148. 62	246. 26	89. 86	4. 81	2. 53	1. 97	53. 97	21. 38	17. 69	0. 362	2. 05	5. 01
			12		27. 600	21. 666	0. 471	632. 08	1347. 50	172. 85	297. 46	104. 95	4. 79	2. 50	1. 95	63. 79	25. 14	20. 80	0. 359	2. 12	5. 09
			14		31. 856	25. 007	0. 471	720. 77	1572. 38	195. 62	349. 74	119. 53	4. 76	2. 48	1. 94	73. 33	28. 77	23. 84	0. 356	2. 20	5. 17
			15		33. 952	26. 652	0. 471	763. 62	1684. 93	206. 50	376. 33	126. 67	4. 74	2. 47	1. 93	77. 99	30. 53	25. 33	0. 354	2. 24	5. 21
			16		36. 027	28. 281	0. 470	805. 51	1797. 55	217. 07	403. 24	133. 72	4. 73	2. 45	1. 93	82. 60	32. 27	26. 82	0. 352	2. 27	5. 25
16/10	160	100	10	13	25. 315	19. 872	0. 512	668. 69	1362. 89	205. 03	336. 59	121. 74	5. 14	2. 85	2. 19	62. 13	26. 56	21. 92	0. 390	2. 28	5. 24
			12		30. 054	23. 592	0. 511	784. 91	1635. 56	239. 06	405. 94	142. 33	5. 11	2, 82	2. 17	73. 49	31. 28	25. 79	0. 388	2. 36	5. 32
			14		34. 709	27. 247	0. 510	896. 30	1908. 50	271. 20	476. 42	162. 23	5. 08	2. 80	2. 16	84. 56	35. 83	29. 56	0. 385	0. 43	5. 40
			16		29. 281	30. 835	0. 510	1003. 04	2181. 79	301. 60	548. 22	182. 57	5. 05	2. 77	2. 16	95. 33	40. 24	33. 44	0. 382	2. 51	5. 48
18/11	180	110	10	14	28. 373	22. 273	0. 571	956. 25	1940. 40	278. 11	447. 22	166. 50	5. 80	3. 13	2. 42	78. 96	32. 49	26. 88	0. 376	2. 44	5. 89
			12		33. 712	26. 440	0. 571	1124. 72	2328. 38	325. 03	538. 94	194. 87	5. 78	3. 10	2. 40	93. 53	38. 32	31. 66	0. 374	2. 52	5. 98
			14		38. 967	30. 589	0. 570	1286. 91	2716. 60	369. 55	631. 95	222. 30	5. 75	3. 08	2. 39	107. 76	43. 97	36. 32	0. 372	2. 59	6. 06
			16		44. 139	34. 649	0. 569	1443. 06	3105. 15	411. 85	726. 46	248. 94	5. 72	3. 06	2. 38	121. 64	49. 44	40. 87	0. 369	2. 67	6. 14
20/12. 5	200	125	12		37. 912	29. 761	0. 641	1570. 90	3193. 85	483. 16	787. 74	285. 79	6. 44	3. 57	2. 74	116. 73	49. 99	41. 23	0. 392	2. 83	6. 54
			14		43. 687	34. 436	0. 640	1800. 97	3726. 17	550. 83	922. 47	326. 58	6. 41	3. 54	2. 73	134. 65	57. 44	47. 34	0. 390	2. 91	6. 62
			16		49. 739	39. 045	0. 639	2023. 35	4258. 88	615. 44	1058. 86	366. 21	6. 38	3. 52	2. 71	152. 18	64. 89	53. 32	0. 388	2. 99	6. 70
			18		55. 526	43. 588	0. 639	2238. 30	4792. 00	677. 19	1197. 13	404. 83	6. 35	3. 49	2. 70	169. 33	71. 74	59. 18	0. 385	3. 06	6. 78

16.3 热轧普通工字钢的规格及截面特性

16.3.1 热轧普通工字钢的规格及截面特性，见表16－3（按《热轧型钢》GB/T 706—2016）。

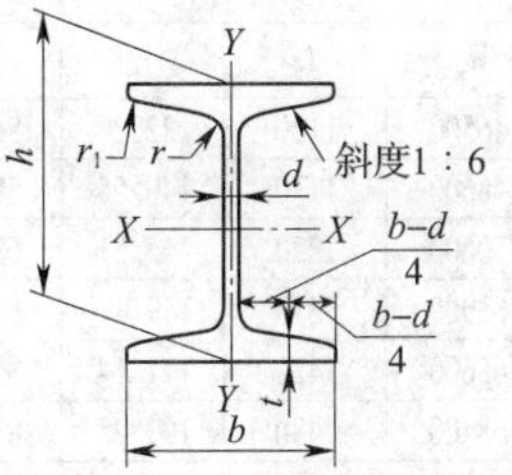

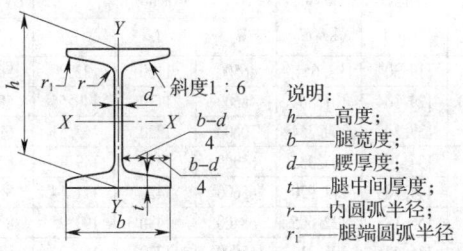

说明：
h——高度；
b——腿宽度；
d——腰厚度；
t——腿中间厚度；
r——内圆弧半径；
r_1——腿端圆弧半径

表16－3 热轧普通工字钢的规格及截面特性

型号	截面尺寸（mm）						截面面积（cm^2）	理论重量（kg/m）	惯性矩（cm^4）			（cm^6）	惯性半径（cm）		截面模量（cm^3）	
	h	b	d	t	r	r_1			I_x	I_y	I_t	I_w	i_x	I_y	W_x	W_y
10	100	68	4.5	7.6	6.5	3.3	14.345	11.261	245	33.0	2.57	660	4.14	1.52	49.0	9.72
12	120	74	5.0	8.4	7.0	3.5	17.818	13.987	436	46.9	3.82	1351	4.95	1.62	72.7	12.7
12.6	126	74	5.0	8.4	7.0	3.5	18.118	14.223	488	46.9	3.84	1489	5.20	1.61	77.5	12.7
14	140	80	5.5	9.1	7.5	3.8	21.516	16.890	712	64.4	5.33	2524	5.76	1.73	102	16.1
16	160	88	6.0	9.9	8.0	4.0	26.131	20.513	1130	93.1	7.63	4767	6.58	1.89	141	21.2
18	180	94	6.5	10.7	8.5	4.3	30.756	24.143	1660	122	10.35	7906	7.36	2.00	185	26.0
20a	200	100	7.0	11.4	9.0	4.5	35.578	27.929	2370	158	13.48	12640	8.15	2.12	237	31.5
20b		102	9.0				39.578	31.069	2500	169	16.33	13520	7.96	2.06	250	33.1
22a	220	110	7.5	12.3	9.5	4.8	42.128	33.070	3400	225	18.63	21780	8.99	2.31	309	40.9
22b		112	9.5				46.528	36.524	3570	239	22.18	23135	8.78	2.27	325	42.7
24a	240	116	8.0	13.0	10.0	5.0	47.741	37.477	4570	280	23.43	32256	9.77	2.42	381	48.4
24b		118	10.0				52.541	41.245	4800	297	27.76	34214	9.57	2.38	400	50.4
25a	250	116	8.0	13.0	10.0	5.0	48.541	38.105	5020	280	23.61	35000	10.2	2.40	402	48.3
25b		118	10.0				53.541	42.030	5280	309	28.09	38625	9.94	2.40	423	52.4
27a	270	122	8.5	13.7	10.5	5.3	54.554	42.825	6550	345	29.32	50301	10.9	2.51	485	56.6
27b		124	10.5				59.954	47.064	6870	366	34.70	53363	10.7	2.47	509	58.9
28a	280	122	8.5				55.404	43.492	7110	345	29.52	54096	11.3	2.50	508	56.6
28b		124	10.5				61.004	47.888	7480	379	35.08	59427	11.1	2.49	534	61.2
30a	300	126	9.0	14.4	11.0	5.5	61.254	48.084	8950	400	35.71	72000	12.1	2.55	597	63.5
30b		128	11.0				67.254	52.794	9400	422	42.29	75960	11.8	2.50	627	65.9
30c		130	13.0				73.254	57.504	9850	445	51.51	80100	11.6	2.46	657	68.5
32a	320	130	9.5	15.0	11.5	5.8	67.156	52.717	11100	460	42.21	94208	12.8	2.62	692	70.8
32b		132	11.5				73.556	57.741	11600	502	49.92	102810	12.6	2.61	726	76.0
32c		134	13.5				79.956	62.765	12200	544	60.57	111411	12.3	2.61	760	81.2
36a	360	136	10.0	15.8	12.0	6.0	76.480	60.037	15800	552	52.36	143078	14.4	2.69	875	81.2
36b		138	12.0				83.680	65.689	16500	582	61.83	150854	14.1	2.64	919	84.3
36c		140	14.0				90.880	71.341	17300	612	74.76	158630	13.8	2.60	962	87.4
40a	400	142	10.5	16.5	12.5	6.3	86.112	67.598	21700	660	63.43	211200	15.9	2.77	1090	93.2
40b		144	12.5				94.112	73.878	22800	692	74.87	221440	15.6	2.71	1140	96.2
40c		146	14.5				102.112	80.158	23900	727	90.32	232640	15.2	2.65	1190	99.6
45a	450	150	11.5	18.0	13.5	6.8	102.446	80.420	32200	855	88.16	346275	17.7	2.89	1430	114
45b		152	13.5				111.446	87.485	33800	894	103.32	362070	17.4	2.84	1500	118
45c		154	15.5				120.446	94.550	35300	938	123.34	379890	17.1	2.79	1570	122

续表 16-3

型号	截面尺寸（mm）						截面面积	理论重量	惯性矩				惯性半径		截面模量	
									（cm^4）			（cm^6）	（cm）		（cm^3）	
	h	b	d	t	r	r_1	（cm^2）	（kg/m）	I_x	I_y	I_t	I_w	i_x	I_y	W_x	W_y
50a	500	158	12.0	20.0	14.0	7.0	119.304	93.654	46500	1120	122.20	560000	19.7	3.07	1860	142
50b		160	14.0				129.304	101.504	48600	1170	140.55	585000	19.4	3.01	1940	146
50c		162	16.0				139.304	109.354	50600	1220	164.51	610000	19.0	2.96	2080	151
55a	550	166	12.5	21.0	14.5	7.3	134.185	105.335	62900	1370	149.41	828850	21.6	3.19	2290	164
55b		168	14.5				145.185	113.970	65600	1420	171.14	859100	21.2	3.14	2390	170
55c		170	16.5				156.185	122.605	68400	1480	199.25	895400	20.9	3.08	2490	175
56a	560	166	12.5				135.435	106.316	65600	1370	150.06	859264	22.0	3.18	2340	165
56b		168	14.5				146.635	115.108	68500	1490	172.16	934528	21.6	3.16	2450	174
56c		170	16.5				157.835	123.900	71400	1560	200.75	978432	21.3	3.16	2550	183
63a	630	176	13.0	22.0	15.0	7.5	154.658	121.407	93900	1700	184.96	1349460	24.5	3.31	2980	193
63b		178	15.0				167.258	131.298	98100	1810	211.59	1436778	24.2	3.29	3160	204
63c		180	17.0				179.858	141.189	102000	1920	245.80	1524096	23.8	3.27	3300	214

注：I_t、I_w 根据 GB/T 706—2016 的规格参数，按《门式刚架轻型房屋钢结构设计规范》GB 51022—2015 中计算公式补充，以供参考。

16.4 热轧普通槽钢的规格及截面特性

16.4.1 热轧普通槽钢的规格及截面特性，见表 16-4（按《热轧型钢》GB/T 706—2016）。

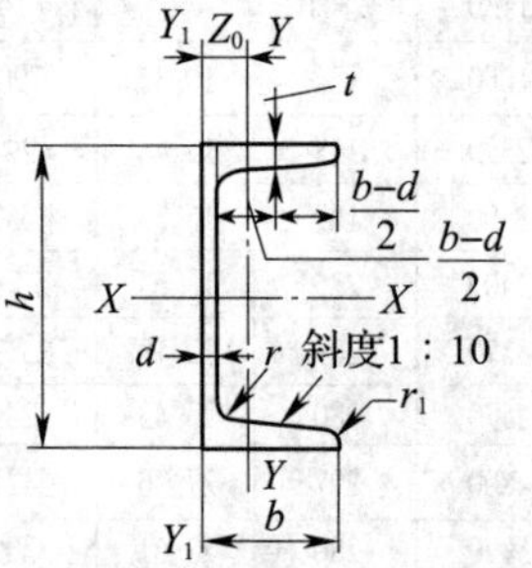

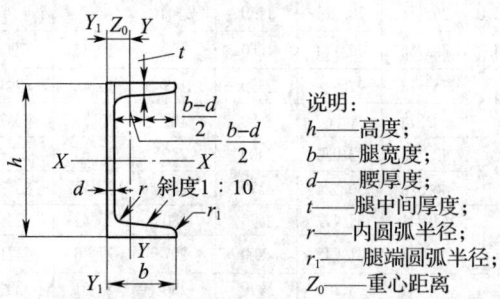

说明：
h——高度；
b——腿宽度；
d——腰厚度；
t——腿中间厚度；
r——内圆弧半径；
r_1——腿端圆弧半径；
Z_0——重心距离

表 16-4 热轧普通槽钢的规格及截面特性

型号	截面尺寸（mm）						截面面积	每米重量	惯性矩					惯性半径		截面模数		重心距离
									（cm^2）				（cm^6）	（cm）		（cm^3）		（cm）
	h	b	d	t	r	r_1	（cm^2）	（kg/m）	I_x	I_y	I_{y1}	I_t	I_w	i_x	i_y	W_x	W_y	Z_0
5	50	37	4.5	7.0	7.0	3.5	6.928	5.438	26.0	8.3	20.9	1.01	55	1.94	1.10	10.4	3.55	1.35
6.3	63	40	4.8	7.5	7.5	3.8	8.451	6.634	50.8	11.9	28.4	1.37	113	2.45	1.19	16.1	4.50	1.36
6.5	65	40	4.3	7.5	7.5	3.8	8.547	6.709	55.2	12.0	28.3	1.31	114	2.54	1.19	17.0	4.59	1.38
8	80	43	5.0	8.0	8.0	4.0	10.248	8.045	101	16.6	37.4	1.82	233	3.15	1.27	25.3	5.79	1.43
10	100	48	5.3	8.5	8.5	4.2	12.748	10.007	198	25.6	54.9	2.49	530	3.95	1.41	39.7	7.80	1.52
12	120	53	5.5	9.0	9.0	4.5	15.362	12.059	346	37.4	77.7	3.29	1082	4.75	1.56	57.7	10.2	1.62
12.6	126	53	5.5	9.0	9.0	4.5	15.692	12.318	391	38.0	77.1	3.32	1194	4.95	1.57	62.1	10.2	1.59
14a	140	58	6.0	9.5	9.5	4.8	18.516	14.535	564	53.2	107	4.38	2064	5.52	1.70	80.5	13.0	1.71
14b		60	8.0				21.316	16.733	609	61.1	121	5.89	2476	5.35	1.69	87.1	14.1	1.67
16a	160	63	6.5	10.0	10.0	5.0	21.962	17.240	866	73.3	144	5.75	3691	6.28	1.83	108	16.3	1.80
16b		65	8.5				25.162	19.752	935	83.4	161	7.70	4370	6.10	1.82	117	17.6	1.75
18a	180	68	7.0	10.5	10.5	5.2	25.699	20.174	1270	98.6	190	7.42	6261	7.04	1.96	141	20.0	1.88
18b		70	9.0				29.299	23.000	1370	111	210	9.90	7327	6.84	1.95	152	21.5	1.84
20a	200	73	7.0	11.0	11.0	5.5	28.837	22.637	1780	128	244	8.91	9918	7.86	2.11	178	24.2	2.01
20b		75	9.0				32.837	25.777	1910	144	268	11.67	11569	7.64	2.09	191	25.9	1.95

续表 16－4

型号	截面尺寸（mm）						截面面积	每米重量	惯性矩					惯性半径		截面模数		重心距离
									（cm²）				（cm⁶）	（cm）		（cm³）		（cm）
	h	b	d	t	r	r_1	（cm²）	（kg/m）	I_x	I_y	I_{y1}	I_t	I_w	i_x	i_y	W_x	W_y	Z_0
22a	220	77	7.0	11.5	11.5	5.8	31.846	24.999	2390	158	298	10.50	14663	8.67	2.23	218	28.2	2.10
22b		79	9.0				36.246	28.453	2570	176	326	13.54	17016	8.42	2.20	234	30.1	2.03
24a		78	7.0				34.217	26.860	3050	174	325	11.92	19041	9.45	2.25	254	30.5	2.10
24b	240	80	9.0				39.017	30.628	3280	194	355	15.25	22099	9.17	2.23	274	32.5	2.03
24c		82	11.0	12.0	12.0	6.0	43.817	34.396	3510	213	388	20.31	25226	8.96	2.21	293	34.4	2.00
25a		78	7.0				34.917	27.410	3370	176	322	12.03	20839	9.82	2.24	270	30.6	2.07
25b	250	80	9.0				39.917	31.335	3530	196	353	15.50	24500	9.40	2.22	282	32.7	1.98
25c		82	11.0				44.917	35.260	3690	218	384	20.76	28309	9.07	2.21	295	35.9	1.92
27a		82	7.5				39.284	30.838	4360	216	393	14.70	29924	10.5	2.34	323	35.5	2.13
27b	270	84	9.5				44.684	35.077	4690	239	428	18.90	34475	10.3	2.31	347	37.7	2.06
27c		86	11.5	12.5	12.5	6.2	50.084	39.316	5020	261	467	25.15	39111	10.1	2.28	372	39.8	2.03
28a		82	7.5				40.034	31.427	4760	218	388	14.84	32471	10.9	2.33	340	35.7	2.10
28b	280	84	9.5				45.634	35.823	5130	242	428	19.19	37419	10.6	2.30	366	37.9	2.02
28c		86	11.5				51.234	40.219	5500	268	463	25.66	42453	10.4	2.29	393	40.3	1.95
30a		85	7.5				43.902	34.463	6050	260	467	18.44	44237	11.7	2.43	403	41.1	2.17
30b	300	87	9.5	13.5	13.5	6.8	49.902	39.173	6500	289	515	23.14	50857	11.4	2.41	433	44.0	2.13
30c		89	11.5				55.902	43.883	6950	316	560	30.12	57583	11.2	2.38	463	46.4	2.09
32a		88	8.0				48.513	38.083	7600	305	552	21.88	58696	12.5	2.50	475	46.5	2.24
32b	320	90	10.0	14.0	14.0	7.0	54.913	43.107	8140	336	593	27.47	67120	12.2	2.47	509	49.2	2.16
32c		92	12.0				61.313	48.131	8690	374	643	35.63	75646	11.9	2.47	543	52.6	2.09
36a		96	9.0				60.910	47.814	11900	455	818	35.43	111184	14.0	2.73	660	63.5	2.44
36b	360	98	11.0	16.0	16.0	8.0	68.110	53.466	12700	497	880	43.23	125440	13.6	2.70	703	66.9	2.37
36c		100	13.0				75.310	59.118	13400	536	948	54.20	140254	13.4	2.67	746	70.0	2.34
40a		100	10.5				75.068	58.928	17600	592	1070	54.92	180496	15.3	2.81	879	78.8	2.49
40b	400	102	12.5	18.0	18.0	9.0	83.068	65.208	18600	640	1140	66.34	201900	15.0	2.78	932	82.5	2.44
40c		104	14.5				91.068	71.488	19700	688	1220	81.76	223292	14.7	2.75	986	86.2	2.42

16.5 热轧 H 型钢和剖分 T 型钢的规格及截面特性

16.5.1 热轧 H 型钢的规格及截面特性，见表 16－5（a）（按《热轧 H 型钢和剖分 T 型钢》GB/T 11263—2010）。

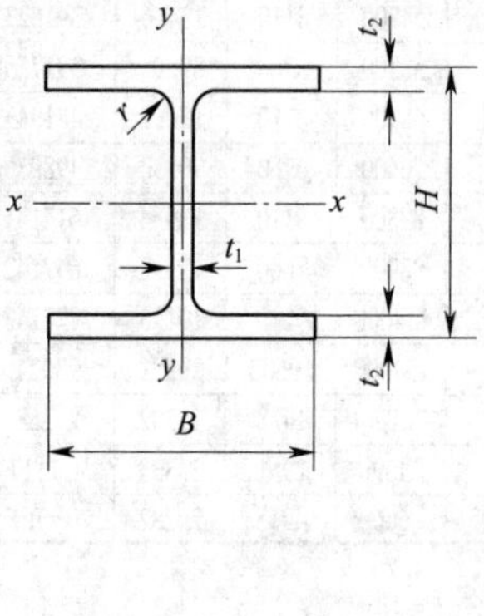

H——截面高度；
B——翼缘宽度；
t_1——腹板厚度；
t_2——翼缘厚度；
r——圆角半径

表 16－5a 热轧 H 型钢的规格和截面特性

类别	型号（高度×宽度）（mm×mm）	截面尺寸（mm）					截面面积	理论重量	惯性矩		抗扭惯性矩	扇性惯性矩	惯性半径		截面模数	
		H	B	t_1	t_2	r	$A(cm^2)$	(kg/m)	I_x (cm^4)	I_y (cm^4)	I_t (cm^4)	I_ω (cm^6)	i_x (cm)	i_y (cm)	W_x (cm^3)	W_y (cm^3)
HW	100×100	100	100	6	8	8	21.58	16.9	378	134	4.018	3330	4.18	2.48	75.6	26.7
	125×125	125	125	6.5	9	8	30.00	23.6	839	293	7.054	11435	5.28	3.12	134	46.9
	150×150	150	150	7	10	8	39.64	31.1	1620	563	11.49	31620	6.39	3.76	216	75.1
	175×175	175	175	7.5	11	13	51.42	40.4	2900	984	17.68	75185	7.50	4.37	331	112
	200×200	200	200	8	12	13	63.53	49.9	4720	1600	26.04	159925	8.61	5.02	472	160
		*200	204	12	12	13	71.53	56.2	4980	1700	33.64	169540	8.34	4.87	498	167
	250×250	*244	252	11	11	13	81.31	63.8	8700	2940	32.21	436313	10.3	6.01	713	233
		250	250	9	14	13	91.43	71.8	10700	3650	51.13	569451	10.8	6.31	860	292
		*250	255	14	14	13	103.9	81.6	11400	3880	66.95	603737	10.5	6.10	912	304
	300×300	*294	302	12	12	13	106.3	83.5	16600	5510	50.34	1189540	12.5	7.20	1130	365
		300	300	10	15	13	118.5	93.0	20200	6750	76.50	1518244	13.1	7.55	1350	450
		*300	305	15	15	13	133.5	105	21300	7100	99.00	1594253	12.6	7.29	1420	466
	350×350	*338	351	13	13	13	133.3	105	27700	9380	74.26	2674374	14.4	8.38	1640	534
		*344	348	10	16	13	144.0	113	32800	11200	105.4	3324014	15.1	8.83	1910	646
		*344	354	16	16	13	164.7	129	34900	11800	139.3	3496589	14.6	8.48	2030	669
		350	350	12	19	13	171.9	135	39800	13600	178.0	4156606	15.2	8.88	2280	776
		*350	357	19	19	13	196.4	154	42300	14400	234.6	4407029	14.7	8.57	2420	808
	400×400	*388	402	15	15	22	178.5	140	49000	16300	130.7	6108752	16.6	9.54	2520	809
		*394	398	11	18	22	186.8	147	56100	18900	170.6	7338575	17.3	10.1	2850	951
		*394	405	18	18	22	214.4	168	59700	20000	227.1	7727514	16.7	9.64	3030	985
		400	400	13	21	22	218.7	172	66600	22400	273.2	8957379	17.5	10.1	3330	1120
		*400	408	21	21	22	250.7	197	70900	23800	362.4	9497385	16.8	9.74	3540	1170
		*414	405	18	28	22	295.4	232	92800	31000	662.3	13276050	17.7	10.2	4480	1530
		*428	407	20	35	22	360.7	283	119000	39400	1259	17999651	18.2	10.4	5570	1930
		*458	417	30	50	22	528.6	415	187000	60500	3797	31646038	18.8	10.7	8170	2900
		*498	432	45	70	22	770.1	604	298000	94400	10966	58149140	19.7	11.1	12000	4370
	500×500	*492	465	15	20	22	258.0	202	117000	33500	298.9	20274172	21.3	11.4	4770	1440
		*502	465	15	25	22	304.5	239	146000	41900	535.2	26385376	21.9	11.7	5810	1800
		*502	470	20	25	22	329.6	259	151000	43300	610.1	27234999	21.4	11.5	6020	1840
HM	150×100	148	100	6	9	8	26.34	20.7	1000	150	5.796	8201	6.16	2.38	135	30.1
	200×150	194	150	6	9	8	38.10	29.9	2630	507	8.557	47603	8.30	3.64	271	67.6
	250×175	244	175	7	11	13	55.49	43.6	6040	984	18.07	146149	10.4	4.21	495	112
	300×200	294	200	8	12	13	71.05	55.8	11100	1600	27.65	345495	12.5	4.74	756	160
		*298	201	9	14	13	82.03	64.4	13100	1900	43.33	420302	12.6	4.80	878	189
	350×250	340	250	9	14	13	99.53	78.1	21200	3650	53.31	1053098	14.6	6.05	1250	292
	400×300	390	300	10	16	13	133.3	105	37900	7200	93.85	2736666	16.9	7.35	1940	480
	450×300	440	300	11	18	13	153.9	121	54700	8110	134.6	3918232	18.9	7.25	2490	540
	500×300	*482	300	11	15	13	141.2	111	58300	6760	87.55	3917558	20.3	6.91	2420	450
		488	300	11	18	13	159.2	125	68900	8110	136.7	4819433	20.8	7.13	2820	540
	550×300	*544	300	11	15	13	148.0	116	76400	6760	90.30	4989706	22.7	6.75	2810	450
		*550	300	11	18	13	166.0	130	89800	8110	139.4	6121317	23.3	6.98	3270	540
	600×300	*582	300	12	17	13	169.2	133	98900	7660	129.8	6471421	24.2	6.72	3400	511
		588	300	12	20	13	187.2	147	114000	9010	191.6	7772425	24.7	6.93	3890	601
		*594	302	14	23	13	217.1	170	134000	10600	295.1	9302404	24.8	6.97	4500	700
HN	*100×50	100	50	5	7	8	11.84	9.30	187	14.8	1.502	362	3.97	1.11	37.5	5.91
	*125×60	125	60	6	8	8	16.68	13.1	409	29.1	2.833	1117	4.95	1.32	65.4	9.71
	150×75	150	75	5	7	8	17.84	14.0	666	49.5	2.282	2761	6.10	1.66	88.8	13.2

续表 16－5a

类别	型号（高度×宽度）(mm×mm)	截面尺寸（mm）					截面面积 $A(cm^2)$	理论重量 (kg/m)	惯性矩		抗扭惯性矩	扇性惯性矩	惯性半径		截面模数	
		H	B	t_1	t_2	r			I_x (cm^4)	I_y (cm^4)	I_t (cm^4)	I_ω (cm^6)	i_x (cm)	i_y (cm)	W_x (cm^3)	W_y (cm^3)
HN	175×90	175	90	5	8	8	22.89	18.0	1210	97.5	3.735	7429	7.25	2.06	138	21.7
	200×100	*198	99	4.5	7	8	22.68	17.8	1540	113	2.823	11081	8.24	2.23	156	22.9
		200	100	5.5	8	8	26.66	20.9	1810	134	4.434	13308	8.22	2.23	181	26.7
	250×125	*248	124	5	8	8	31.98	25.1	3450	255	5.199	39051	10.4	2.82	278	41.1
		250	125	6	9	8	36.96	29.0	3960	294	7.745	45711	10.4	2.81	317	47.0
	300×150	*298	149	5.5	8	13	40.80	32.0	6320	442	6.650	97833	12.4	3.29	424	59.3
		300	150	6.5	9	13	46.78	36.7	7210	508	9.871	113761	12.4	3.29	481	67.7
	350×175	*346	174	6	9	13	52.45	41.2	11000	791	10.82	236323	14.5	3.88	638	91.0
		350	175	7	11	13	62.91	49.4	13500	984	19.28	300620	14.6	3.95	771	112
	400×150	400	150	8	13	13	70.37	55.2	18600	734	28.35	291863	16.3	3.22	929	97.8
	400×200	*396	199	7	11	13	71.41	56.1	19800	1450	21.93	565991	16.6	4.50	999	145
		400	200	8	13	13	83.37	65.4	23500	1740	35.68	692696	16.8	4.56	1170	174
	450×150	*446	150	7	12	13	66.99	52.6	22000	677	22.10	335072	18.1	3.17	985	90.3
		450	151	8	14	13	77.49	60.8	25700	806	34.83	405789	18.2	3.22	1140	107
	450×200	*446	199	8	12	13	82.97	65.1	28100	1580	30.13	782894	18.4	4.36	1260	159
		450	200	9	14	13	95.43	74.9	32900	1870	46.84	943704	18.6	4.42	1460	187
	475×150	*470	150	7	13	13	71.53	56.2	26200	733	27.05	403133	19.1	3.20	1110	97.8
		*475	151.5	8.5	15.5	13	86.15	67.6	31700	901	46.70	505415	19.2	3.23	1330	119
		482	153.5	10.5	19	13	106.4	83.5	39600	1150	87.32	662736	19.3	3.28	1640	150
	500×150	*492	150	7	12	13	70.21	55.1	27500	677	22.63	407675	19.8	3.10	1120	90.3
		*500	152	9	16	13	92.21	72.4	37000	940	52.88	583530	20.0	3.19	1480	124
		504	153	10	18	13	103.3	81.1	41900	1080	75.09	679866	20.1	3.23	1660	141
	500×200	*496	199	9	14	13	99.29	77.9	40800	1840	47.78	1129194	20.3	4.30	1650	185
		500	200	10	16	13	112.3	88.1	46800	2140	70.21	1330900	20.4	4.36	1870	214
		*506	201	11	19	13	129.3	102	55500	2580	112.7	1642691	20.7	4.46	2190	257
	550×200	*546	199	9	14	13	103.8	81.5	50800	1840	48.99	1368103	22.1	4.21	1860	185
		550	200	10	16	13	117.3	92.0	58200	2140	71.88	1610075	22.3	4.27	2120	214
	600×200	*596	199	10	15	13	117.8	92.4	66600	1980	63.64	1745393	23.8	4.09	2240	199
		600	200	11	17	13	131.7	103	75600	2270	90.62	2034366	24.0	4.15	2520	227
		*606	201	12	20	13	149.8	118	88300	2720	139.8	2477687	24.3	4.25	2910	270
	625×200	*625	198.5	13.5	17.5	13	150.6	118	88500	2300	119.3	2216009	24.2	3.90	2830	230
		630	200	15	20	13	170.0	133	101000	2690	173.0	2629637	24.4	3.97	3220	268
		*638	202	17	24	13	198.7	156	122000	3320	282.8	3330621	24.8	4.09	3820	329
	650×300	*646	299	10	15	13	152.8	120	110000	6690	87.81	6966668	26.9	6.61	3410	447
		*650	300	11	17	13	171.2	134	125000	7660	125.6	8073102	27.0	6.68	3850	511
		*656	301	12	20	13	195.8	154	147000	9100	196.0	9770175	27.4	6.81	4470	605
	700×300	*692	300	13	20	18	207.5	163	168000	9020	207.7	10760168	28.5	6.59	4870	601
		700	300	13	24	18	231.5	182	197000	10800	324.2	13215393	29.2	6.83	5640	721
	750×300	*734	299	12	16	18	182.7	143	161000	7140	122.1	9587359	29.7	6.25	4390	478
		*742	300	13	20	18	214.0	168	197000	9020	211.4	12370025	30.4	6.49	5320	601
		*750	300	13	24	18	238.0	187	231000	10800	327.9	15169448	31.1	6.74	6150	721
		*758	303	16	28	18	284.8	224	276000	13000	539.3	18612821	31.1	6.75	7270	859
	800×300	*792	300	14	22	18	239.5	188	248000	9920	281.4	15498008	32.2	6.43	6270	661
		800	300	14	26	18	263.5	207	286000	11700	419.9	18692673	33.0	6.66	7160	781
	850×300	*834	298	14	19	18	227.5	179	251000	8400	209.1	14540555	33.2	6.07	6020	564
		*842	299	15	23	18	259.7	204	298000	10300	332.1	18122017	33.9	6.28	7080	687
		*850	300	16	27	18	292.1	229	346000	12200	502.3	21896971	34.4	6.45	8140	812
		*858	301	17	31	18	324.7	255	395000	14100	728.2	25871474	34.9	6.59	9210	939

续表 16－5a

类别	型号（高度×宽度）（mm×mm）	截面尺寸（mm）					截面面积 $A(cm^2)$	理论重量（kg/m）	惯性矩		抗扭惯性矩	扇性惯性矩	惯性半径		截面模数	
		H	B	t_1	t_2	r			I_x (cm^4)	I_y (cm^4)	I_t (cm^4)	I_ω (cm^6)	i_x (cm)	i_y (cm)	W_x (cm^3)	W_y (cm^3)
HN	900×300	*890	299	15	23	18	266.9	210	339000	10300	337.5	20244417	35.6	6.20	7610	687
		900	300	16	28	18	305.8	240	404000	12600	554.3	25456796	36.4	6.42	8990	842
		*912	302	18	34	18	360.1	283	491000	15700	955.4	32369675	36.9	6.59	10800	1040
	1000×300	*970	297	16	21	18	276.0	217	393000	9210	310.1	21494293	37.8	5.77	8110	620
		*980	298	17	26	18	315.5	248	472000	11500	501.2	27442681	38.7	6.04	9630	772
		*990	298	17	31	18	345.3	271	544000	13700	743.8	33409079	39.7	6.30	11000	921
		*1000	300	19	36	18	395.1	310	634000	16300	1145	40367825	40.1	6.41	127000	1080
		*1008	302	21	40	18	439.3	345	712000	18400	1575	46462232	40.3	6.47	14100	1220
HT	100×50	95	48	3.2	4.5	8	7.620	5.98	115	8.39	0.386	187	3.88	1.04	24.2	3.49
		97	49	4	5.5	8	9.370	7.36	143	10.9	0.727	253	3.91	1.07	29.6	4.45
	100×100	96	99	4.5	6	8	16.20	12.7	272	97.2	1.681	2234	4.09	2.44	56.7	19.6
	125×60	118	58	3.2	4.5	8	9.250	7.26	218	14.70	0.471	508	4.85	1.26	37.0	5.08
		120	59	4	5.5	8	11.39	8.94	271	19.0	0.887	676	4.87	1.29	45.2	6.43
	125×125	119	123	4.5	6	8	20.12	15.8	532	186	2.096	6585	5.14	3.04	89.5	30.3
	150×75	145	73	3.2	4.5	8	11.47	9.00	416	29.3	0.592	1532	6.01	1.59	57.3	8.02
		147	74	4	5.5	8	14.12	11.1	516	37.3	1.111	2003	6.04	1.62	70.2	10.1
	150×100	139	97	3.2	4.5	8	13.43	10.6	476	68.6	0.731	3305	5.94	2.25	68.4	14.1
		142	99	4.5	6	8	18.27	14.3	654	97.2	1.820	4886	5.98	2.30	92.1	19.6
	150×150	144	148	5	7	8	27.76	21.8	1090	378	3.926	19599	6.25	3.69	151	51.1
		147	149	6	8.5	8	33.67	26.4	1350	469	7.036	25304	6.32	3.73	183	63.0
	175×90	168	88	3.2	4.5	8	13.55	10.6	670	51.2	0.708	3603	7.02	1.94	79.7	11.6
		171	89	4	6	8	17.58	13.8	894	70.7	1.621	5147	7.13	2.00	105	15.9
	175×175	167	173	5	7	13	33.32	26.2	1780	605	4.593	42106	7.30	4.26	213	69.9
		172	175	6.5	9.5	13	44.64	35.0	2470	850	11.403	62734	7.43	4.36	287	97.1
	200×100	193	98	3.2	4.5	8	15.25	12.0	994	70.7	0.796	6569	8.07	2.15	103	14.4
		196	99	4	6	8	19.78	15.5	1320	97.2	1.818	9309	8.18	2.21	135	19.6
	200×150	188	149	4.5	6	8	26.34	20.7	1730	331	2.680	29217	8.09	3.54	184	44.4
	200×200	192	198	6	8	13	43.69	34.3	3060	1040	8.026	95355	8.37	4.86	319	105
	250×125	244	124	4.5	6	8	25.86	20.3	2650	191	2.490	28352	10.1	2.71	217	30.8
	250×175	238	173	4.5	8	13	39.12	30.7	4240	691	6.579	97738	10.4	4.20	356	79.9
	300×150	294	148	4.5	6	13	31.90	25.0	4800	325	2.988	70006	12.3	3.19	327	43.9
	300×200	286	198	6	8	13	49.33	38.7	7360	1040	8.702	211545	12.2	4.58	515	105
	350×175	340	173	4.5	6	13	36.97	29.0	7490	518	3.488	149564	14.2	3.74	441	59.9
	400×150	390	148	6	8	13	47.57	37.3	11700	434	7.745	164103	15.7	3.01	602	58.6
	400×200	390	198	6	8	13	55.57	43.6	14700	1040	9.451	393297	16.3	4.31	752	105

注：1　表中同一型号的产品，其内侧尺寸高度一致。

2　表中截面面积计算公式为 $t_1\ (H-2t_2)\ +2Bt_2+0.858r^2$。

3　表中“*”表示的规格为市场非常用规格。

4　规格表示方法：H 与高度 H 值×宽度 B 值×腹板厚度 t_1 值×翼缘厚度 t_2 值。如：H450×151×8×14。

16.5.2 剖分 T 型钢的规格及截面特性，见表 16－5（b）（按《热轧 H 型钢和剖分 T 型钢》GB/T 11263—2010）。

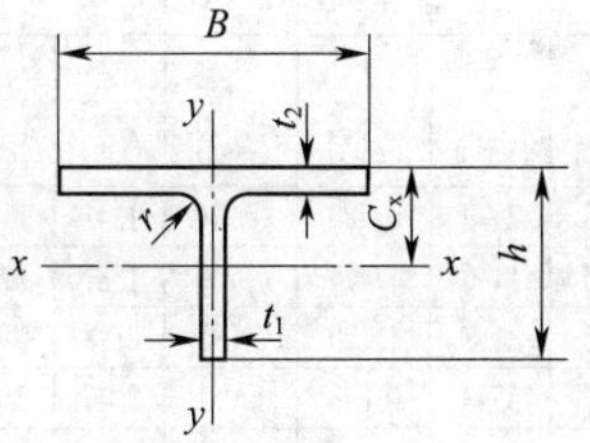

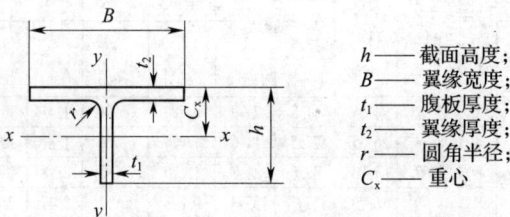

h—— 截面高度；
B—— 翼缘宽度；
t_1—— 腹板厚度；
t_2—— 翼缘厚度；
r—— 圆角半径；
C_x—— 重心

表 16－5b 剖分 T 型钢的规格及截面特性

类别	型号（高度×宽度）(mm×mm)	截面尺寸（mm）					截面面积	理论重量	惯性矩		抗扭惯性矩	扇性惯性矩	惯性半径		截面模数		重心	对应H型钢系列型号
		h	B	t_1	t_2	r	A (cm^2)	(kg/m)	I_x (cm^4)	I_y (cm^4)	I_t (cm^4)	I_ω (cm^6)	i_x (cm)	i_y (cm)	W_x (cm^3)	W_y (cm^3)	(C_x) (cm)	
TW	50×100	50	100	6	8	8	10.79	8.47	16.1	66.8	2.067	4.00	1.22	2.48	4.02	13.4	1.00	100×100
	62.5×125	62.5	125	6.5	9	8	15.00	11.8	35.0	147	3.610	11.06	1.52	3.12	6.91	23.5	1.19	125×125
	75×150	75	150	7	10	8	19.82	15.6	66.4	282	5.858	26.05	1.82	3.76	10.8	37.5	1.37	150×150
	87.5×175	87.5	175	7.5	11	13	25.71	20.2	115	492	8.995	54.78	2.11	4.37	15.9	56.2	1.55	175×175
	100×200	100	200	8	12	13	31.76	24.9	184	801	13.23	105.7	2.40	5.02	22.3	80.1	1.73	200×200
		100	204	12	12	13	35.76	28.1	256	851	17.51	134.6	2.67	4.87	32.4	83.4	2.09	
	125×250	125	250	9	14	13	45.71	35.9	412	1820	25.90	325.4	3.00	6.31	39.5	146	2.08	250×250
		125	255	14	14	13	51.96	40.8	589	1940	34.76	420.2	3.36	6.10	59.4	152	2.58	
	150×300	147	302	12	12	13	53.16	41.7	857	2760	25.86	448.6	4.01	7.20	72.3	183	2.85	300×300
		150	300	10	15	13	59.22	46.5	798	3380	38.75	701.2	3.67	7.55	63.7	225	2.47	
		150	305	15	15	13	66.72	52.4	1110	3550	51.19	895.6	4.07	7.29	92.5	233	3.04	
	175×350	172	348	10	16	13	72.00	56.5	1230	5620	53.25	1304	4.13	8.83	84.7	323	2.67	350×350
		175	350	12	19	13	85.94	67.5	1520	6790	90.10	2224	4.20	8.88	104	388	2.87	
	200×400	194	402	15	15	22	89.22	70.0	2480	8130	67.05	2060	5.27	9.54	158	404	3.70	400×400
		197	398	11	18	22	93.40	73.3	2050	9460	86.11	2765	4.67	10.1	123	475	3.01	
		200	400	13	21	22	109.3	85.8	2480	11200	138.1	4466	4.75	10.1	147	560	3.21	
		200	408	21	21	22	125.3	98.4	3650	11900	187.7	5843	5.39	9.74	229	584	4.07	
		207	405	18	28	22	147.7	116	3620	15500	336.6	11056	4.95	10.2	213	766	3.68	
		214	407	20	35	22	180.3	142	4380	19700	638.7	21348	4.92	10.4	250	967	3.90	
TM	75×100	74	100	6	9	8	13.17	10.3	51.7	75.2	2.963	6.710	1.98	2.38	8.84	15.0	1.56	150×100
	100×150	97	150	6	9	8	19.05	15.0	124	253	4.343	21.17	2.55	3.64	15.8	33.8	1.80	200×150
	125×175	122	175	7	11	13	27.74	21.8	288	492	9.159	62.57	3.22	4.21	29.1	56.2	2.28	250×175
	150×200	147	200	8	12	13	35.52	27.9	571	801	14.03	131.0	4.00	4.74	48.2	80.1	2.85	300×200
		149	201	9	14	13	41.01	32.2	661	949	22.01	204.6	4.01	4.80	55.2	94.4	2.92	
	175×250	170	250	9	14	13	49.76	39.1	1020	1820	27.00	374.6	4.51	6.05	73.2	146	3.11	350×250
	200×300	195	300	10	16	13	66.62	52.3	1730	3600	47.46	927.3	5.09	7.35	108	240	3.43	400×300
	225×300	220	300	11	18	13	76.94	60.4	2680	4050	68.08	1398	5.89	7.25	150	270	4.09	450×300
	250×300	241	300	11	15	13	70.58	55.4	3400	3380	44.44	1060	6.93	6.91	178	225	5.00	500×300
		244	300	11	18	13	79.58	62.5	3610	4050	69.15	1520	6.73	7.13	184	270	4.72	
	275×300	272	300	11	15	13	73.99	58.1	4790	3380	45.82	1260	8.04	6.75	225	225	5.96	550×300
		275	300	11	18	13	82.99	65.2	5090	4050	70.52	1721	7.82	6.98	232	270	5.59	
	300×300	291	300	12	17	13	84.60	66.4	6320	3830	65.89	1909	8.64	6.72	280	255	6.51	600×300
		294	300	12	20	13	93.60	73.5	6680	4500	96.93	2487	8.44	6.93	288	300	6.17	
		297	302	14	23	13	108.5	85.2	7890	5290	149.6	3895	8.52	6.97	339	350	6.41	

续表 16－5b

类别	型号（高度×宽度）（mm×mm）	截面尺寸（mm） h	B	t_1	t_2	r	截面面积 A （cm^2）	理论重量 （kg/m）	惯性矩 I_x （cm^4）	I_y （cm^4）	抗扭惯性矩 I_t （cm^4）	扇性惯性矩 I_ω （cm^6）	惯性半径 i_x （cm）	i_y （cm）	截面模数 W_x （cm^3）	W_y （cm^3）	重心 （C_x） （cm）	对应H型钢系列型号
TN	50×50	50	50	5	7	8	5.92	4.65	11.8	7.39	0.780	0.574	1.41	1.12	3.18	2.95	1.28	100×50
	62.5×60	62.5	60	6	8	8	8.34	6.55	27.5	14.6	1.474	1.739	1.81	1.32	5.96	4.85	1.64	125×60
	75×75	75	75	5	7	8	8.92	7.00	42.6	24.7	1.170	2.097	2.18	1.66	7.46	6.59	1.79	150×75
	87.5×90	85.5	89	4	6	8	8.79	6.90	53.7	35.3	0.823	1.951	2.47	2.00	8.02	7.94	1.86	175×90
		87.5	90	5	8	8	11.44	8.98	70.6	48.7	1.901	4.337	2.48	2.06	10.4	10.8	1.93	
	100×100	99	99	4.5	7	8	11.34	8.90	93.5	56.7	1.433	4.282	2.87	2.23	12.1	11.5	2.17	200×100
		100	100	5.5	8	8	13.33	10.5	114	66.9	2.261	7.154	2.92	2.23	14.8	13.4	2.31	
	125×125	124	124	5	8	8	15.99	12.6	207	127	2.633	12.20	3.59	2.82	21.3	20.5	2.66	250×125
		125	125	6	9	8	18.48	14.5	248	147	3.938	19.25	3.66	2.81	25.6	23.5	2.81	
	150×150	149	149	5.5	8	13	20.40	16.0	393	221	3.369	24.72	4.39	3.29	33.8	29.7	3.26	300×150
		150	150	6.5	9	13	23.39	18.4	464	254	5.018	38.47	4.45	3.30	40.0	33.8	3.41	
	175×175	173	174	6	9	13	26.22	20.6	679	396	5.474	53.14	5.08	3.88	50.0	45.5	3.72	350×175
		175	175	7	11	13	31.45	24.7	814	492	9.765	91.56	5.08	3.95	59.3	56.2	3.76	
	200×200	198	199	7	11	13	35.70	28.0	1190	723	11.09	135.1	5.77	4.50	76.4	72.7	4.20	400×200
		200	200	8	13	13	41.68	32.7	1390	868	18.06	215.1	5.78	4.56	88.6	86.8	4.26	
	225×150	223	150	7	12	13	33.49	26.3	1570	338	11.19	130.0	6.84	3.17	93.7	45.1	5.54	450×150
		225	151	8	14	13	38.74	30.4	1830	403	17.65	199.2	6.87	3.22	108	53.4	5.62	
	225×200	223	199	8	12	13	41.48	32.6	1870	789	15.27	228.2	6.71	4.36	109	79.3	5.15	450×200
		225	200	9	14	13	47.71	37.5	2150	935	23.76	342.7	6.71	4.42	124	93.5	5.19	
	237.5×150	235	150	7	13	13	35.76	28.1	1850	367	13.67	155.7	7.18	3.20	116	48.9	7.50	475×150
		237.5	151.5	8.5	15.5	13	43.07	33.8	2270	451	23.67	276.6	7.25	3.23	140	59.5	7.57	
		241	153.5	10.5	19	13	53.20	41.8	2860	575	44.39	524.1	7.33	3.28	174	75.0	7.67	
	250×150	246	150	7	12	13	35.10	27.6	2060	339	11.45	162.6	7.66	3.10	113	45.1	6.36	500×150
		250	152	9	16	13	46.10	36.2	2750	470	26.83	359.4	7.71	3.19	149	61.9	6.53	
		252	153	10	18	13	51.66	40.6	3100	540	38.14	501.0	7.74	3.23	167	70.5	6.62	
	250×200	248	199	9	14	13	49.65	39.0	2820	921	24.23	409.6	7.54	4.30	150	92.6	5.97	500×200
		250	200	10	16	13	56.12	44.1	3200	1070	35.64	583.5	7.54	4.36	169	107	6.03	
		253	201	11	19	13	64.65	50.8	3660	1290	57.18	860.5	7.52	4.46	189	128	6.00	
	275×200	273	199	9	14	13	51.89	40.7	3690	921	24.84	502.0	8.43	4.21	180	92.6	6.85	550×200
		275	200	10	16	13	58.62	46.0	4180	1070	36.47	710.2	8.44	4.27	203	107	6.89	
	300×20	298	199	10	15	13	58.87	46.2	5150	988	32.32	814.3	9.35	4.09	235	99.3	7.92	600×200
		300	200	11	17	13	65.85	51.7	5770	1140	46.06	1111	9.35	4.14	262	114	7.95	
		303	201	12	20	13	74.88	58.8	6530	1360	71.05	1539	9.33	4.25	291	135	7.88	
	312.5×200	312.5	198.5	13.5	17.5	13	75.28	59.1	7460	1150	61.09	2046	9.95	3.90	338	116	9.15	625×200
		315	200	15	20	13	84.97	66.7	8470	1340	88.77	2851	9.98	3.97	380	134	9.21	
		319	202	17	24	13	99.35	78.0	9960	1650	145.32	4295	10.0	4.08	440	163	9.26	
	325×300	323	299	10	15	12	76.26	59.9	7220	3340	44.40	1438	9.73	6.62	289	224	7.28	650×300
		325	300	11	17	13	85.60	67.2	8090	3830	63.55	2001	9.71	6.68	321	255	7.29	
		328	301	12	20	13	97.88	76.8	9120	4550	99.16	2918	9.65	6.81	356	302	7.20	
	350×300	346	300	13	20	13	103.1	80.9	11200	4510	105.34	3614	10.4	6.61	424	300	8.12	700×300
		350	300	13	24	13	115.1	90.4	12000	5410	163.87	4706	10.2	6.85	438	360	7.65	
	400×300	396	300	14	22	18	119.8	94.0	17600	4960	142.70	5984	12.1	6.43	592	331	9.77	800×300
		400	300	14	26	18	131.8	103	18700	5860	212.35	7283	11.9	6.66	610	391	9.27	
	450×300	445	299	15	23	18	133.5	105	25900	5140	171.33	9304	13.9	6.20	789	344	11.7	900×300
		450	300	16	28	18	152.9	120	29100	6320	280.96	12667	13.8	6.42	865	421	11.4	
		456	302	18	34	18	180.0	141	34100	7830	484.31	19692	13.8	6.59	997	518	11.3	

注：规格表示方法 T 与高度 h 值×宽度 B 值×腹板厚度 t_1 值×翼缘厚度值 t_2 值。如：T396×300×14×22。

16.6 普通和卷边高频焊接薄壁 H 型钢的规格及截面特性

16.6.1 普通高频焊接薄壁 H 型钢的规格及截面特性，见表 16－6（a）（按《结构用高频焊接薄壁 H 型钢》JG/T 137—2007）。

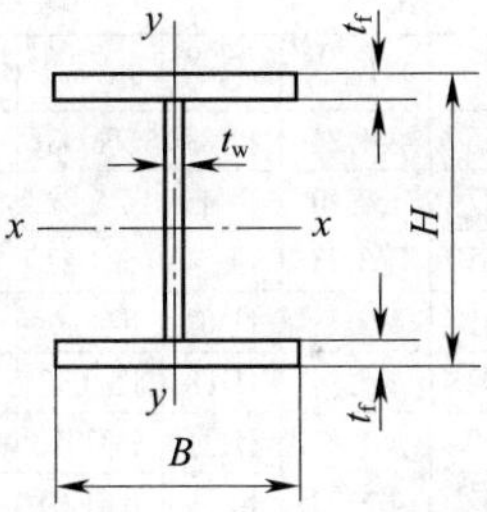

H—— 截面高度；
B—— 翼缘宽度；
t_f—— 翼缘厚度；
t_w—— 腹板厚度；
I_x，I_y—— 截面惯性矩；
W_x、W_y—— 截面模量；
i_x、i_y—— 回转半径

表 16－6a 普通高频焊接薄壁 H 型钢的规格及截面特性

型号 LH $H\times B\times t_w\times t_f$ (mm)	截面尺寸（mm）				截面面积 A (cm^2)	理论重量 (kg/m)	截面特性							
							x－x 轴			y－y 轴			抗扭惯性矩	扇性惯性矩
	H	B	t_w	t_f			I_x (cm^4)	W_x (cm^3)	i_x (cm)	I_y (cm^4)	W_y (cm^3)	i_y (cm)	I_t (cm^4)	I_ω (cm^6)
LH 100×50×2.3×3.2	100	50	2.3	3.2	5.35	4.20	90.71	18.14	4.12	6.68	2.67	1.12	0.15	166
LH 100×50×3.2×4.5			3.2	4.5	7.41	5.82	122.77	24.55	4.07	9.40	3.76	1.13	0.40	234
LH 100×100×4.5×6.0		100	4.5	6.0	15.96	12.53	291.00	58.20	4.27	100.07	20.01	2.50	1.71	2498
LH 100×100×6.0×8.0			6.0	8.0	21.04	16.52	369.05	73.81	4.19	133.48	26.70	2.52	4.02	3330
LH 120×120×3.2×4.5	120	120	3.2	4.5	14.35	11.27	396.84	66.14	5.26	129.63	21.61	3.01	0.85	4664
LH 120×120×4.5×6.0			4.5	6.0	19.26	15.12	515.53	85.92	5.17	172.88	28.81	3.00	2.06	6218
LH 150×75×3.2×4.5	150	75	3.2	4.5	11.26	8.84	432.11	57.62	6.19	31.68	8.45	1.68	0.61	1778
LH 150×75×4.5×6.0			4.5	6.0	15.21	11.94	565.38	75.38	6.10	42.29	11.28	1.67	1.50	2367
LH 150×100×3.2×4.5		100	3.2	4.5	13.51	10.61	551.24	73.50	6.39	75.04	15.01	2.36	0.76	4217
LH 150×100×3.2×6.0			3.2	6.0	16.42	12.89	692.52	92.34	6.50	100.04	20.01	2.47	1.59	5623
LH 150×100×4.5×6.0			4.5	6.0	18.21	14.29	720.99	96.13	6.29	100.10	20.02	2.34	1.86	5619
LH 150×150×3.2×6.0	150	150	3.2	6.0	22.42	17.60	1003.74	133.83	6.69	337.54	45.01	3.88	2.31	18982
LH 150×150×4.5×6.0			4.5	6.0	24.21	19.00	1032.21	137.63	6.53	337.61	45.01	3.73	2.58	18978
LH 150×150×6.0×8.0			6.0	8.0	32.04	25.15	1331.43	177.52	6.45	450.25	60.03	3.75	6.08	25299
LH 200×100×3.0×3.0	200	100	3.0	3.0	11.82	9.28	764.71	76.47	8.04	50.04	10.01	2.06	0.35	4996
LH 200×100×3.2×4.5			3.2	4.5	15.11	11.86	1045.92	104.59	8.32	75.05	15.01	2.23	0.82	7495
LH 200×100×3.2×6.0			3.2	6.0	18.02	14.14	1306.63	130.66	8.52	100.05	20.01	2.36	1.65	9995
LH 200×100×4.5×6.0			4.5	6.0	20.46	16.06	1378.62	137.86	8.21	100.14	20.03	2.21	2.01	9986
LH 200×100×6.0×8.0			6.0	8.0	27.04	21.23	1786.89	178.69	8.13	133.66	26.73	2.22	4.74	13301
LH 200×150×3.2×4.5		150	3.2	4.5	19.61	15.40	1475.97	147.60	8.68	253.18	33.76	3.59	1.12	25307
LH 200×150×3.2×6.0			3.2	6.0	24.02	18.85	1871.35	187.14	8.83	337.55	45.01	3.75	2.37	33745
LH 200×150×4.5×6.0			4.5	6.0	26.46	20.77	1943.34	194.33	8.57	337.64	45.02	3.57	2.73	33736
LH 200×150×6.0×8.0			6.0	8.0	35.04	27.51	2524.60	252.46	8.49	450.33	60.04	3.58	6.44	44967
LH 200×200×6.0×8.0		200	6.0	8.0	43.04	33.79	3262.30	326.23	8.71	1067.00	106.70	4.98	8.15	106633
LH 250×125×3.0×3.0	250	125	3.0	3.0	14.82	11.63	1507.14	120.57	10.08	97.71	15.63	2.57	0.44	15250
LH 250×125×3.2×4.5			3.2	4.5	18.96	14.89	2068.56	165.48	10.44	146.55	23.45	2.78	1.02	22878
LH 250×125×3.2×6.0			3.2	6.0	22.62	17.75	2592.55	207.40	10.71	195.38	31.26	2.94	2.06	30507
LH 250×125×4.5×6.0			4.5	6.0	25.71	20.18	2738.60	219.09	10.32	195.49	31.28	2.76	2.52	30490
LH 250×125×4.5×8.0				8.0	30.53	23.97	3409.75	272.78	10.57	260.59	41.69	2.92	4.98	40663
LH 250×125×6.0×8.0			6.0	8.0	34.04	26.72	3569.91	285.59	10.24	260.84	41.73	2.77	5.95	40624
LH 250×150×3.2×4.5	250	150	3.2	4.5	21.21	16.65	2407.62	192.61	10.65	253.19	33.76	3.45	1.17	39540
LH 250×150×3.2×6.0				6.0	25.62	20.11	3039.16	243.13	10.89	337.56	45.01	3.63	2.42	52725
LH 250×150×4.5×6.0			4.5	6.0	28.71	22.54	3185.21	254.82	10.53	337.68	45.02	3.43	2.88	52706
LH 250×150×4.5×8.0				8.0	34.53	27.11	3995.60	319.65	10.76	450.18	60.02	3.61	5.83	70284

续表 16－6a

型号 LH $H \times B \times t_w \times t_f$ (mm)	截面尺寸 (mm)				截面面积 A (cm^2)	理论重量 (kg/m)	截面特性							
							x－x 轴			y－y 轴			抗扭惯性矩	扇性惯性矩
	H	B	t_w	t_f			I_x (cm^4)	W_x (cm^3)	i_x (cm)	I_y (cm^4)	W_y (cm^3)	i_y (cm)	I_t (cm^4)	I_ω (cm^6)
LH 250×150×4.5×9.0	250	150	4.5	9.0	37.44	29.39	4390.56	351.24	10.83	506.43	67.52	3.68	7.99	79073
LH 250×150×6.0×8.0			6.0	8.0	38.04	29.86	4155.77	332.46	10.45	450.42	60.06	3.44	6.80	70247
LH 250×150×6.0×9.0				9.0	40.92	32.12	4546.65	363.73	10.54	506.67	67.56	3.52	8.96	79036
LH 250×200×4.5×8.0		200	4.5	8.0	42.53	33.39	5167.31	413.38	11.02	1066.84	106.68	5.01	7.54	166640
LH 250×200×4.5×9.0				9.0	46.44	36.46	5697.99	455.84	11.08	1200.18	120.02	5.08	10.42	187471
LH 250×200×4.5×10.0				10.0	50.35	39.52	6219.60	497.57	11.11	1333.51	133.35	5.15	14.03	208306
LH 250×200×6.0×8.0			6.0	8.0	46.04	36.14	5327.47	426.20	10.76	1067.09	106.71	4.81	8.51	166601
LH 250×200×6.0×9.0				9.0	49.92	39.19	5854.08	468.33	10.83	1200.42	120.04	4.90	11.39	187434
LH 250×200×6.0×10.0				10.0	53.80	42.23	6371.68	509.73	10.88	1333.75	133.37	4.98	14.99	208268
LH 250×250×4.5×8.0		250	4.5	8.0	50.53	39.67	6339.02	507.12	11.20	2083.51	166.68	6.42	9.24	325493
LH 250×250×4.5×9.0				9.0	55.44	43.52	7005.42	560.43	11.24	2343.93	187.51	6.50	12.85	366182
LH 250×250×4.5×10.0				10.0	60.35	47.37	7660.43	612.83	11.27	2064.34	165.15	5.85	17.37	513306
LH 250×250×6.0×8.0			6.0	8.0	54.04	42.42	6499.18	519.93	10.97	2083.75	166.70	6.21	10.22	325456
LH 250×250×6.0×9.0				9.0	58.92	46.25	7161.51	572.92	11.02	2344.17	187.53	6.31	13.82	366145
LH 250×250×6.0×10.0				10.0	63.80	50.08	7812.52	625.00	11.07	2604.58	208.37	6.39	18.32	406836
LH 300×150×3.2×4.5	300	150	3.2	4.5	22.81	17.91	3604.41	240.29	12.57	253.20	33.76	3.33	1.23	56936
LH 300×150×3.2×6.0				6.0	27.22	21.36	4527.17	301.81	12.90	337.58	45.01	3.52	2.47	75919
LH 300×150×4.5×6.0			4.5	6.0	30.96	24.30	4785.96	319.06	12.43	337.72	45.03	3.30	3.03	75888
LH 300×150×4.5×8.0				8.0	36.78	28.87	5976.11	398.41	12.75	450.22	60.03	3.50	5.98	101200
LH 300×150×4.5×9.0				9.0	39.69	31.16	6558.76	437.25	12.85	506.46	67.53	3.57	8.15	113859
LH 300×150×4.5×10.0				10.0	42.60	33.44	7133.20	475.55	12.94	562.71	75.03	3.63	10.85	126515
LH 300×150×6.0×8.0			6.0	8.0	41.04	32.22	6262.44	417.50	12.35	450.51	60.07	3.31	7.16	101135
LH 300×150×6.0×9.0				9.0	43.92	34.48	6839.08	455.94	12.48	506.77	67.57	3.40	9.32	113789
LH 300×150×6.0×10.0				10.0	46.80	36.74	7407.60	493.84	12.58	563.00	75.07	3.47	12.02	126450
LH 300×200×4.5×8.0		200	4.5	8.0	44.78	35.15	7681.81	512.12	13.10	1066.88	106.69	4.88	7.69	239952
LH 300×200×4.5×9.0				9.0	48.69	38.22	8464.69	564.31	13.19	1200.21	120.02	4.96	10.58	269953
LH 300×200×4.5×10.0				10.0	52.60	41.29	9236.53	615.77	13.25	1333.55	133.35	5.04	14.18	299950
LH 300×200×6.0×8.0			6.0	8.0	49.04	38.50	7968.14	531.21	12.75	1067.18	106.72	4.66	8.87	239885
LH 300×200×6.0×9.0				9.0	52.92	41.54	8745.01	583.00	12.85	1200.51	120.05	4.76	11.75	269885
LH 300×200×6.0×10.0				10.0	56.80	44.59	9510.93	634.06	12.94	1333.84	133.38	4.85	15.35	299886
LH 300×250×4.5×8.0		250	4.5	8.0	52.78	41.43	9387.52	625.83	13.34	2083.55	166.68	6.28	9.40	468700
LH 300×250×4.5×9.0				9.0	57.69	45.29	10370.62	691.37	13.41	2043.96	163.52	5.95	13.01	604690
LH 300×250×4.5×10.0				10.0	62.60	49.14	11339.87	755.99	13.46	2604.38	208.35	6.45	17.52	585890
LH 300×250×6.0×8.0			6.0	8.0	57.04	44.78	9673.85	644.92	13.02	2083.84	166.71	6.04	10.58	468636
LH 300×250×6.0×9.0				9.0	61.92	48.61	10650.94	710.06	13.12	2344.26	187.54	6.15	14.18	527229
LH 300×250×6.0×10.0				10.0	66.80	52.44	11614.27	774.28	13.19	2604.67	208.37	6.24	18.68	585824
LH 350×150×3.2×4.5	350	150	3.2	4.5	24.41	19.16	5086.36	290.65	14.43	253.22	33.76	3.22	1.28	77491
LH 350×150×3.2×6.0				6.0	28.82	22.62	6355.38	363.16	14.85	337.59	45.01	3.42	2.53	103331
LH 350×150×4.5×6.0			4.5	6.0	33.21	26.07	6773.70	387.07	14.28	337.76	45.03	3.19	3.19	103280
LH 350×150×4.5×8.0				8.0	39.03	30.64	8416.36	480.93	14.68	450.25	60.03	3.40	6.13	137736
LH 350×150×4.5×9.0				9.0	41.94	32.92	9223.08	527.03	14.83	506.50	67.53	3.48	8.30	154963
LH 350×150×4.5×10.0				10.0	44.85	35.21	10020.14	572.58	14.95	562.75	75.03	3.54	11.00	172189
LH 350×150×6.0×8.0			6.0	8.0	44.04	34.57	8882.11	507.55	14.20	450.60	60.08	3.20	7.52	137629
LH 350×150×6.0×9.0				9.0	46.92	36.83	9680.51	553.17	14.36	506.85	67.58	3.29	9.68	154856
LH 350×150×6.0×10.0				10.0	49.80	39.09	10469.35	598.25	14.50	563.09	75.08	3.36	12.38	172085
LH 350×175×4.5×6.0		175	4.5	6.0	36.21	28.42	7661.31	437.79	14.55	536.19	61.28	3.85	3.55	164054
LH 350×175×4.5×8.0				8.0	43.03	33.78	9586.21	547.78	14.93	714.84	81.70	4.08	6.99	218762
LH 350×175×4.5×9.0				9.0	46.44	36.46	10531.54	601.80	15.06	804.16	91.90	4.16	9.51	246119
LH 350×175×4.5×10.0				10.0	49.85	39.13	11465.55	655.17	15.17	893.48	102.11	4.23	12.67	273475

续表 16－6a

型号 LH $H\times B\times t_w\times t_f$ (mm)	截面尺寸 (mm)				截面面积 A	理论重量 (kg/m)	截面特性							
							x－x 轴			y－y 轴			抗扭惯性矩	扇性惯性矩
	H	B	t_w	t_f	(cm^2)		I_x (cm^4)	W_x (cm^3)	i_x (cm)	I_y (cm^4)	W_y (cm^3)	i_y (cm)	I_t (cm^4)	I_ω (cm^6)
LH 350×175×6.0×8.0	350	175	6.0	8.0	48.04	37.71	10051.96	574.40	14.47	715.18	81.73	3.86	8.38	218659
LH 350×175×6.0×9.0				9.0	51.42	40.36	10988.97	627.94	14.62	804.50	91.94	3.96	10.90	246015
LH 350×175×6.0×10.0				10.0	54.80	43.02	11914.77	680.84	14.75	893.82	102.15	4.04	14.04	273371
LH 350×200×4.5×8.0		200	4.5	8.0	47.03	36.92	10756.07	614.63	15.12	1066.92	106.69	4.76	7.84	326589
LH 350×200×4.5×9.0				9.0	50.94	39.99	11840.01	676.57	15.25	1200.25	120.03	4.85	10.73	367423
LH 350×200×4.5×10.0				10.0	54.85	43.06	12910.97	737.77	15.34	1333.58	133.36	4.93	14.34	408258
LH 350×200×6.0×8.0			6.0	8.0	52.04	40.85	11221.81	641.25	14.68	1067.27	106.73	4.53	9.23	326482
LH 350×200×6.0×9.0				9.0	55.92	43.90	12297.44	702.71	14.83	1200.60	120.06	4.63	12.11	367316
LH 350×200×6.0×10.0				10.0	59.80	46.94	13360.18	763.44	14.95	1333.93	133.39	4.72	15.71	408151
LH 350×250×4.5×8.0		250	4.5	8.0	55.03	43.20	13095.77	748.33	15.43	2083.59	166.69	6.15	9.55	637942
LH 350×250×4.5×9.0				9.0	59.94	47.05	14456.94	826.11	15.53	2344.00	187.52	6.25	13.16	717697
LH 350×250×4.5×10.0				10.0	64.85	50.91	15801.80	902.96	15.61	2604.42	208.35	6.34	17.67	797448
LH 350×250×6.0×8.0			6.0	8.0	60.04	47.13	13561.52	774.94	15.03	2083.93	166.71	5.89	10.94	637838
LH 350×250×6.0×9.0				9.0	64.92	50.96	14914.37	852.25	15.16	2344.35	187.55	6.01	14.54	717590
LH 350×250×6.0×10.0				10.0	69.80	54.79	16251.02	928.63	15.26	2604.76	208.38	6.11	19.04	797344
LH 400×150×4.5×8.0	400	150	4.5	8.0	41.28	32.40	11344.49	567.22	16.58	450.29	60.04	3.30	6.29	179884
LH 400×150×4.5×9.0				9.0	44.19	34.69	12411.65	620.58	16.76	506.54	67.54	3.39	8.45	202384
LH 400×150×4.5×10.0				10.0	47.10	36.97	13467.70	673.39	16.91	562.79	75.04	3.46	11.15	224884
LH 400×150×6.0×8.0			6.0	8.0	47.04	36.93	12052.28	602.61	16.01	450.69	60.09	3.10	7.88	179724
LH 400×150×6.0×9.0				9.0	49.92	39.19	13108.44	655.42	16.20	506.94	67.59	3.19	10.04	202224
LH 400×150×6.0×10.0				10.0	52.80	41.45	14153.60	707.68	16.37	563.18	75.09	3.27	12.74	224728
LH 400×200×4.5×8.0		200	4.5	8.0	49.28	38.68	14418.19	720.91	17.10	1066.96	106.70	4.65	7.99	426548
LH 400×200×4.5×9.0				9.0	53.19	41.75	15852.08	792.60	17.26	1200.29	120.03	4.75	10.88	479884
LH 400×200×4.5×10.0				10.0	57.10	44.82	17271.03	863.55	17.39	1333.62	133.36	4.83	14.49	533219
LH 400×200×6.0×8.0			6.0	8.0	55.04	43.21	15125.98	756.30	16.58	1067.36	106.74	4.40	9.59	426390
LH 400×200×6.0×9.0				9.0	58.92	46.25	16548.87	827.44	16.76	1200.69	120.07	4.51	12.47	479724
LH 400×200×6.0×10.0				10.0	62.80	49.30	17956.93	897.85	16.91	1334.02	133.40	4.61	16.07	533059
LH 400×250×4.5×8.0		250	4.5	8.0	57.28	44.96	17491.90	874.59	17.47	2083.62	166.69	6.03	9.70	833219
LH 400×250×4.5×9.0				9.0	62.19	48.82	19292.51	964.63	17.61	2344.04	187.52	6.14	13.31	937384
LH 400×250×4.5×10.0				10.0	67.10	52.67	21074.37	1053.72	17.72	2604.46	208.36	6.23	17.82	1041548
LH 400×250×6.0×8.0			6.0	8.0	63.04	49.49	18199.69	909.98	16.99	2084.02	166.72	5.75	11.30	833059
LH 400×250×6.0×9.0				9.0	67.92	53.32	19989.30	999.46	17.16	2344.44	187.56	5.88	14.90	937224
LH 400×250×6.0×10.0				10.0	72.80	57.15	21760.27	1088.01	17.29	2604.85	208.39	5.98	19.40	1041393
LH 450×200×4.5×8.0	450	200	4.5	8.0	51.53	40.45	18696.32	830.95	19.05	1067.00	106.70	4.55	8.14	539831
LH 450×200×4.5×9.0				9.0	55.44	43.52	20529.03	912.40	19.24	1200.33	120.03	4.65	11.03	607331
LH 450×200×4.5×10.0				10.0	59.35	46.59	22344.85	993.10	19.40	1333.66	133.37	4.74	14.64	674835
LH 450×200×6.0×8.0			6.0	8.0	58.04	45.56	19718.15	876.36	18.43	1067.45	106.74	4.29	9.95	539604
LH 450×200×6.0×9.0				9.0	61.92	48.61	21536.80	957.19	18.65	1200.78	120.08	4.40	12.83	607105
LH 450×200×6.0×10.0				10.0	65.80	51.65	23338.68	1037.27	18.83	1334.11	133.41	4.50	16.43	674607
LH 450×250×4.5×8.0		250	4.5	8.0	59.53	46.73	22604.03	1004.62	19.49	2083.66	166.69	5.92	9.85	1054522
LH 450×250×4.5×9.0				9.0	64.44	50.59	24905.46	1106.91	19.66	2344.08	187.53	6.03	13.46	1186354
LH 450×250×4.5×10.0				10.0	69.35	54.44	27185.68	1208.25	19.80	2604.49	208.36	6.13	17.97	1318196
LH 450×250×6.0×8.0			6.0	8.0	66.04	51.84	23625.86	1050.04	18.91	2084.11	166.73	5.62	11.66	1054294
LH 450×250×6.0×9.0				9.0	70.92	55.67	25913.23	1151.70	19.12	2344.53	187.56	5.75	15.26	1186129
LH 450×250×6.0×10.0				10.0	75.80	59.50	28179.52	1252.42	19.28	2604.94	208.40	5.86	19.76	1317968

续表 16－6a

型号 LH $H\times B\times t_w\times t_f$ (mm)	截面尺寸 (mm)				截面面积 A	理论重量	截面特性							
							x－x 轴			y－y 轴			抗扭惯性矩	扇性惯性矩
	H	B	t_w	t_f	(cm^2)	(kg/m)	I_x (cm^4)	W_x(cm^3)	i_x(cm)	I_y(cm^4)	W_y(cm^3)	i_y(cm)	I_t(cm^4)	I_ω(cm^6)
LH 500×200×4.5×8.0	500	200	4.5	8.0	53.78	42.22	23618.57	944.74	20.96	1067.03	106.70	4.45	8.30	666440
LH 500×200×4.5×9.0				9.0	57.69	45.29	25898.98	1035.96	21.19	1200.37	120.04	4.56	11.18	749767
LH 500×200×4.5×10.0				10.0	61.60	48.36	28160.53	1126.42	21.38	1333.70	133.37	4.65	14.79	833104
LH 500×200×6.0×8.0			6.0	8.0	61.04	47.92	25035.82	1001.43	20.25	1067.54	106.75	4.18	10.31	666121
LH 500×200×6.0×9.0				9.0	64.92	50.96	27298.73	1091.95	20.51	1200.87	120.09	4.30	13.19	749457
LH 500×200×6.0×10.0				10.0	68.80	54.01	29542.93	1181.72	20.72	1334.20	133.42	4.40	16.79	832792
LH 500×250×4.5×8.0		250	4.5	8.0	61.78	48.50	28460.28	1138.41	21.46	2083.70	166.70	5.81	10.00	1301854
LH 500×250×4.5×9.0				9.0	66.69	52.35	31323.91	1252.96	21.67	2344.12	187.53	5.93	13.61	1464611
LH 500×250×4.5×10.0				10.0	71.60	56.21	34163.87	1366.55	21.84	2603.53	208.28	6.03	18.12	1628002
LH 500×250×6.0×8.0			6.0	8.0	69.04	54.20	29877.53	1195.10	20.80	2084.20	166.74	5.49	12.02	1301542
LH 500×250×6.0×9.0				9.0	73.92	58.03	32723.66	1308.95	21.04	2344.62	187.57	5.63	15.62	1464300
LH 500×250×6.0×10.0				10.0	78.80	61.86	35546.27	1421.85	21.24	2605.03	208.40	5.75	20.12	1627065

16.6.2　卷边高频焊接薄壁 H 型钢的规格及截面特性，见表 16－6（b）（按《结构用高频焊接薄壁 H 型钢》JG/T 137—2007）。

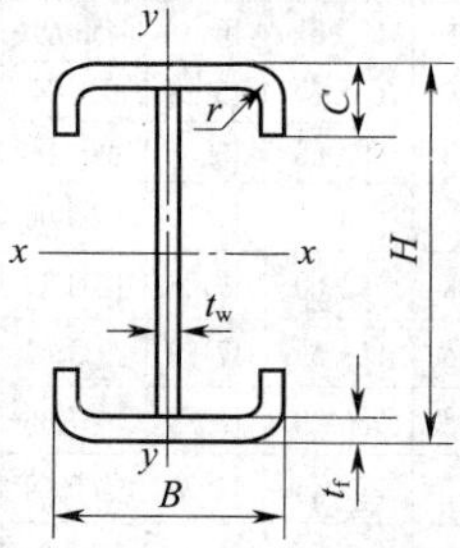

H——截面高度；
B——翼缘宽度；
C——翼缘卷边高度；
t_w——腹板厚度；
t_f——翼缘厚度；
I_x、I_y——截面惯性矩；
W_x、W_y——截面模量；
i_x、i_y——回转半径

表 16－6b　结构用卷边高频焊接薄壁 H 型钢的规格及截面特性

型号 CLH $H\times B\times C\times t_w\times t_f$ (mm)	截面尺寸 (mm)						截面面积 A	理论重量	截面特性					
									x－x 轴			y－y 轴		
	H	B	C	t_w	t_f	r	(cm^2)	(kg/m)	I_x (cm^4)	W_x(cm^3)	i_x(cm)	I_y(cm^4)	W_y(cm^3)	i_y(cm)
CLH 100×100×20×2.3×2.3	100	100	20	2.3	2.3	3.5	8.29	6.50	147.08	29.42	4.21	73.63	14.73	2.98
CLH 100×100×20×3.0×3.0				3.0	3.0	4.5	10.63	8.34	184.88	36.98	4.17	91.38	18.28	2.93
CLH 100×100×20×3.2×3.2				3.2	3.2	4.8	11.28	8.86	195.07	39.01	4.16	96.01	19.20	2.92
CLH 150×100×20×2.3×2.3	150	100	20	2.3	2.3	3.5	9.44	7.41	367.48	49.00	6.24	73.64	14.73	2.79
CLH 150×100×20×3.0×3.0				3.0	3.0	4.5	12.13	9.52	465.35	62.05	6.19	91.39	18.28	2.75
CLH 150×100×20×3.2×3.2				3.2	3.2	4.8	12.88	10.11	492.08	65.61	6.18	96.02	19.20	2.73
CLH 200×100×25×3.2×3.2	200	100	25	3.2	3.2	4.8	15.12	11.87	988.57	98.86	8.09	111.54	22.31	2.72
CLH 200×200×40×4.5×6.0		200	40	4.5	6.0	9.0	39.69	31.16	2876.80	287.68	8.51	1461.78	146.18	6.07
CLH 250×125×25×3.2×3.2	250	125	25	3.2	3.2	4.8	18.32	14.38	1900.11	152.01	10.18	196.55	31.45	3.28
CLH 250×200×40×4.5×6.0		200	40	4.5	6.0	9.0	41.94	32.93	4750.62	380.05	10.64	1461.82	146.18	5.90
CLH 300×150×25×3.2×3.2	300	150	25	3.2	3.2	4.8	21.52	16.89	3238.12	215.87	12.27	314.46	41.93	3.82
CLH 300×200×40×4.5×6.0		200	40	4.5	6.0	9.0	44.19	34.69	7148.73	476.58	12.72	1461.86	146.19	5.75
CLH 350×200×40×4.5×6.0	350	200	40	4.5	6.0	9.0	46.44	36.46	10099.25	577.10	14.75	1461.89	146.19	5.61
CLH 350×250×40×4.5×6.0		250	40	4.5	6.0	9.0	52.44	41.17	11875.37	678.59	15.05	2614.48	209.16	7.06
CLH 400×200×40×4.5×6.0	400	200	40	4.5	6.0	9.0	48.69	38.22	13630.30	681.52	16.73	1461.93	146.19	5.48
CLH 400×250×40×4.5×6.0		250	40	4.5	6.0	9.0	54.69	42.93	15959.92	798.00	17.08	2614.52	209.16	6.91

16.7 冷弯薄壁卷边槽钢的规格及截面特性

16.7.1 冷弯薄壁卷边槽钢的规格及截面特性，见表 16－7（按《冷弯薄壁型钢结构技术规范》GB 50018—2002）。

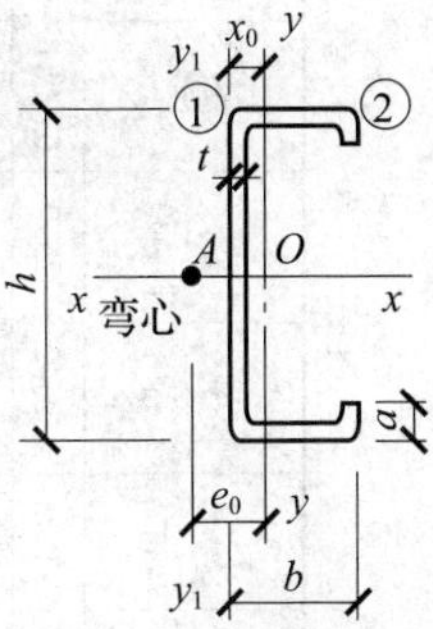

表 16－7 卷边槽钢

尺寸 (mm)				截面面积 (cm^2)	每米长质量 (kg/m)	x_0 (cm)	x－x			y－y				y_1-y_1	e_0 (cm)	I_t (cm^4)	I_w (cm^6)	k (cm^{-1})	W_{w1} (cm^4)	W_{w2} (cm^4)
h	b	a	t				I_x (cm^4)	i_x (cm)	W_x (cm^3)	I_y (cm^4)	i_y (cm)	W_{ymax} (cm^3)	W_{ymin} (cm^3)	I_{y1} (cm^4)						
80	40	15	2.0	3.47	2.72	1.452	34.16	3.14	8.54	7.79	1.50	5.36	3.06	15.10	3.36	0.0462	112.9	0.0126	16.03	15.74
100	50	15	2.5	5.23	4.11	1.706	81.34	3.94	16.27	17.19	1.81	10.08	5.22	32.41	3.94	0.1090	352.8	0.0109	34.47	29.41
120	50	20	2.5	5.98	4.70	1.706	129.40	4.65	21.57	20.96	1.87	12.28	6.36	38.36	4.03	0.1246	660.9	0.0085	51.04	48.36
120	50	20	3.0	7.06	5.54	1.592	152.32	4.62	25.03	24.05	1.84	14.1	7.25	—	4.03	0.2232	756.2	—	—	—
120	60	20	3.0	7.65	6.01	2.106	170.68	4.72	28.45	37.36	2.21	17.74	9.59	71.31	4.87	0.2296	1153.2	0.0087	75.68	68.84
140	50	20	2.0	5.27	4.14	1.590	154.03	5.41	22.00	18.56	1.88	11.68	5.44	31.86	3.87	0.0703	794.8	0.0058	51.44	52.22
140	50	20	2.2	5.76	4.52	1.590	167.40	5.39	23.91	20.03	1.87	12.02	5.87	34.53	3.84	0.0929	852.5	0.0065	55.98	56.84
140	50	20	2.5	6.48	5.09	4.580	186.78	5.39	26.68	22.11	1.85	13.96	6.47	38.38	3.80	0.1351	931.9	0.0075	62.56	63.56
140	50	20	3.0	7.64	6.00	1.473	219.38	5.33	31.04	25.33	1.84	16.00	7.3	—	3.80	0.2442	1028.4	—	—	—
140	60	20	3.0	8.25	6.48	1.964	245.42	5.45	35.06	39.49	2.19	20.11	9.79	71.33	4.61	0.2476	1589.8	0.0078	92.69	79.00
160	60	20	2.0	6.07	4.76	1.850	236.59	6.24	29.57	29.99	2.22	16.19	7.23	50.83	4.52	0.0809	1596.3	0.0044	76.92	71.30
160	60	20	2.2	6.64	5.21	1.850	257.57	6.23	32.20	32.45	2.21	17.53	7.82	55.19	4.50	0.1071	1717.8	0.0049	83.82	77.55
160	60	20	2.5	7.48	5.87	1.850	288.13	6.21	36.02	35.96	2.19	19.47	8.66	61.49	4.45	0.1559	1887.7	0.0056	93.87	86.63
160	60	20	3.0	8.78	6.89	1.740	335.77	6.16	42.60	44.08	2.16	22.45	9.94	—	4.46	0.2772	2080.7	—	—	—
160	70	20	3.0	9.45	7.42	2.224	373.64	6.29	46.71	60.42	2.53	27.17	12.65	107.20	5.25	0.2836	3070.5	0.0060	135.49	109.92
180	70	20	2.0	6.87	5.39	2.110	343.93	7.08	38.21	45.18	2.57	21.37	9.25	75.97	5.17	0.0916	2934.3	0.0035	109.50	95.22
180	70	20	2.2	7.52	5.90	2.110	374.90	7.06	41.66	48.97	2.55	23.19	10.02	82.19	5.14	0.1213	3165.6	0.0038	119.44	103.58
180	70	20	2.5	8.48	6.66	2.110	420.20	7.04	46.69	54.42	2.53	25.82	11.12	92.08	5.10	0.1767	3492.2	0.0044	133.99	115.73
180	70	20	3.0	9.92	7.79	2.002	473.09	7.00	54.74	60.86	2.50	29.92	12.83	—	5.11	0.3132	3844.7	—	—	—

注：其他规格见国家建筑标准设计图集 11G521—1～2。

16.8 冷弯薄壁直卷边和斜卷边 Z 形钢的规格及截面特性

16.8.1 冷弯薄壁直卷边 Z 形钢的规格及截面特性，见表 16－8（a）（按《冷弯薄壁型钢结构技术规范》GB 50018—2002）。

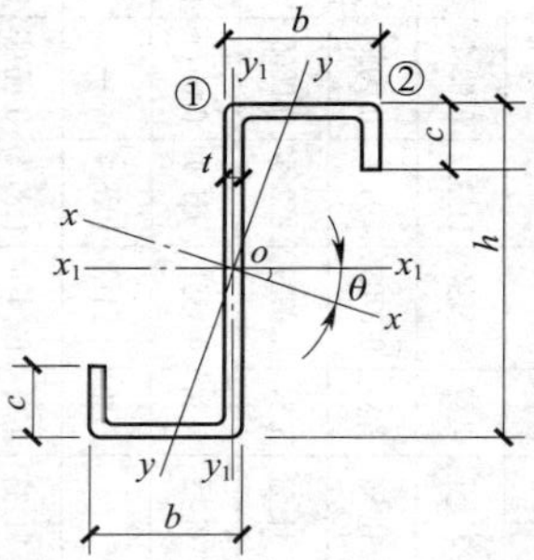

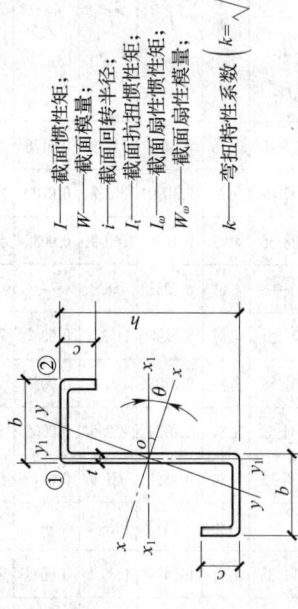

I——截面惯性矩；
W——截面模量；
i——截面回转半径；
I_t——截面抗扭惯性矩；
I_ω——截面扇性惯性矩；
W_ω——截面扇性模量；

k——弯扭特性系数 $\left(k=\sqrt{\frac{GI_t}{EI_\omega}}\right)$

表 16－8a　直卷边 Z 形钢

序号	尺寸 (mm) h	b	c	t	截面面积 (cm²)	重量质量 (kg/m)	θ (°)	x_1-x_1 轴 I_{x1} (cm⁴)	i_{x1} (cm)	W_{x1} (cm³)	y_1-y_1 轴 I_{y1} (cm⁴)	i_{y1} (cm)	W_{y1} (cm³)	$x-x$ 轴 I_x (cm⁴)	i_x (cm)	W_{x1} (cm³)	W_{x2} (cm³)	$y-y$ 轴 I_y (cm⁴)	i_y (cm)	W_{y1} (cm³)	W_{y2} (cm³)	I_{x1y1} (cm⁴)	I_t (cm⁴)	I_ω (cm⁶)	k (cm⁻¹)	$W_{\omega1}$ (cm⁴)	$W_{\omega2}$ (cm⁴)
1	100	40	20	2.0	4.07	3.19	24.02	60.04	3.84	12.01	17.02	2.05	4.36	70.70	4.17	15.93	11.94	6.36	1.25	3.36	4.42	23.93	0.0542	325.0	0.0081	49.97	29.16
2	100	40	20	2.5	4.98	3.91	23.77	72.10	3.80	14.42	20.02	2.00	5.17	84.63	4.12	19.18	14.47	7.49	1.23	4.07	5.28	28.45	0.1038	381.9	0.0102	62.25	35.03
3	120	50	20	2.0	4.87	3.82	24.05	106.97	4.69	17.83	30.23	2.49	6.17	126.06	5.09	23.55	17.40	11.14	1.51	4.83	5.74	42.77	0.0649	785.2	0.0057	84.05	43.96
4	120	50	20	2.5	5.98	4.70	23.83	129.39	4.65	21.57	35.91	2.45	7.37	152.05	5.04	28.55	21.21	13.25	1.49	5.89	6.89	51.30	0.1246	930.9	0.0072	104.68	52.94
5	120	50	20	3.0	7.05	5.54	23.60	150.14	4.61	25.02	40.88	2.41	8.43	175.92	4.99	33.18	24.80	15.11	1.46	6.89	7.92	58.99	0.2116	1058.9	0.0087	125.37	61.22
6	140	50	20	2.5	6.48	5.09	19.42	186.77	5.37	26.68	35.91	2.35	7.37	209.19	5.67	32.55	26.34	14.48	1.49	6.69	6.78	60.75	0.1350	1289.0	0.0064	137.04	60.03
7	140	50	20	3.0	7.65	6.01	19.20	217.26	5.33	31.04	40.83	2.31	8.43	241.62	5.62	37.75	30.70	16.52	1.47	7.84	7.81	69.93	0.2296	1468.2	0.0077	164.94	69.91
8	160	60	20	2.5	7.48	5.87	19.87	288.12	6.21	36.01	58.15	2.79	9.90	323.13	6.57	44.00	34.95	23.14	1.76	9.00	8.71	96.32	0.1559	2634.3	0.0048	205.98	86.28
9	160	60	20	3.0	8.85	6.95	19.78	336.66	6.17	42.08	66.66	2.74	11.39	376.76	6.52	51.48	41.08	26.56	1.73	10.58	10.07	111.51	0.2656	3019.4	0.0058	247.41	100.15
10	160	70	20	2.5	7.98	6.27	23.77	319.13	6.32	39.89	87.74	3.32	12.76	374.76	6.85	52.35	38.23	32.11	2.01	10.53	10.86	126.37	0.1663	3793.3	0.0041	238.87	106.91
11	160	70	20	3.0	7.45	7.42	23.57	373.64	6.29	46.71	101.10	3.27	14.76	437.72	6.80	61.33	45.01	37.03	1.98	12.39	12.58	146.86	0.2836	4365.0	0.0050	285.78	124.26
12	180	70	20	2.5	8.48	6.66	20.37	420.18	7.04	46.69	87.74	3.22	12.76	473.34	7.47	57.27	44.88	34.58	2.02	11.66	10.86	143.18	0.1767	4907.9	0.0037	294.53	119.41
13	180	70	20	3.0	10.05	7.89	20.18	492.61	7.00	54.73	101.11	3.17	14.76	553.83	7.42	67.22	52.89	39.89	1.99	13.72	12.59	166.47	0.3016	5652.2	0.0045	353.32	138.92

16.8.2 冷弯薄壁斜卷边Z形钢的规格及截面特性，见表16－8（b）（按《冷弯薄壁型钢结构技术规范》GB 50018—2002、CECS102：2002）。

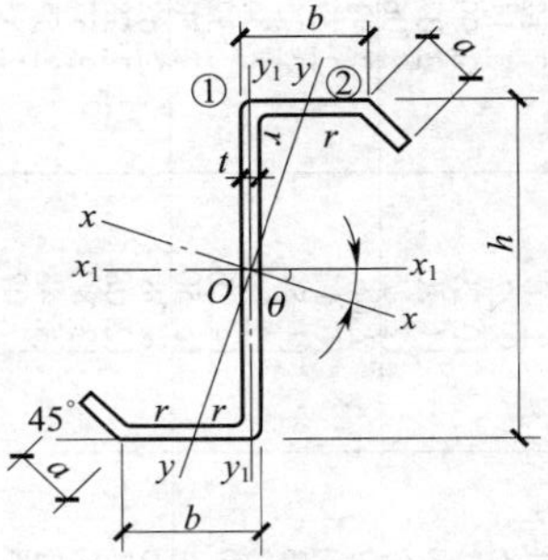

I——截面惯性矩；
W——截面模量；
i——截面回转半径；
I_t——截面抗扭惯性矩；
I_ω——截面扇性惯性矩；
W_ω——截面扇性模量；
k——弯扭特性系数 $\left(k=\sqrt{\frac{GI_t}{EI_\omega}}\right)$

表16－8b 斜卷边Z形钢

序号	尺寸(mm) h	b	c	t	截面面积 (cm^2)	重量质量 (kg/m)	θ (°)	x_1-x_1 I_{x1} (cm^4)	i_{x1} (cm)	W_{x1} (cm^3)	y_1-y_1 I_{y1} (cm^4)	i_{y1} (cm)	W_{y1} (cm^3)	$x-x$ I_x (cm^4)	i_x (cm)	W_{x1} (cm^3)	W_{x2} (cm^3)	$y-y$ I_y (cm^4)	i_y (cm)	W_{y1} (cm^3)	W_{y2} (cm^3)	I_{x1y1} (cm^4)	I_t (cm^4)	I_ω (cm^6)	k (cm^{-1})	$W_{\omega1}$ (cm^4)	$W_{\omega2}$ (cm^4)
1	140	50	20	2.0	5.392	4.233	21.986	162.055	5.482	23.152	39.363	2.702	6.234	185.962	5.872	30.377	22.470	15.466	1.694	6.107	8.067	59.189	0.0719	1298.621	0.0016	118.281	59.185
2	140	50	20	2.2	5.909	4.638	21.998	176.813	5.470	25.259	42.928	2.695	6.809	202.926	5.860	33.352	24.544	16.814	1.687	6.659	8.823	64.638	0.0953	1407.575	0.0051	130.014	64.382
3	140	50	20	2.5	6.676	5.240	22.018	198.446	5.452	28.349	48.154	2.686	7.657	227.828	5.842	37.792	27.598	18.771	1.667	7.468	9.941	72.659	0.1391	1563.520	0.0058	147.558	71.926
4	160	60	20	2.0	6.192	4.861	22.104	246.830	6.313	30.854	60.271	3.120	8.240	283.680	6.768	40.271	29.603	23.422	1.945	8.018	9.554	90.733	0.0826	2559.036	0.0035	175.940	82.223
5	160	60	20	2.2	6.789	5.329	22.113	269.592	6.302	33.699	65.802	3.113	9.009	309.891	6.756	44.225	32.367	25.503	1.938	8.753	10.450	99.179	0.1095	2779.796	0.0039	193.430	89.569
6	160	60	20	2.5	7.676	6.025	22.128	303.090	6.284	37.886	73.935	3.104	10.143	348.487	6.738	50.132	36.445	28.537	1.928	9.834	11.775	111.642	0.1599	3098.400	0.0044	219.605	100.26
7	180	70	20	2.0	6.992	5.489	22.185	356.620	7.141	39.624	87.417	3.536	10.514	410.315	7.660	51.502	37.679	33.722	2.196	10.191	11.289	131.674	0.0932	4643.994	0.0028	249.609	111.10
8	180	70	20	2.2	7.669	6.020	22.193	389.835	7.130	43.315	95.518	3.529	11.502	448.592	7.648	56.570	41.226	36.761	2.189	11.136	12.351	144.034	0.1237	5052.769	0.0031	274.455	121.13
9	180	70	20	2.5	8.676	6.810	22.205	438.835	7.112	48.759	107.460	3.519	12.964	505.087	7.630	64.143	46.471	41.208	2.179	12.528	13.923	162.307	0.1807	5654.157	0.0035	311.661	135.81
10	200	70	20	2.0	7.392	5.803	19.305	455.430	7.849	45.543	87.418	3.439	10.514	506.903	8.281	56.094	43.435	35.944	2.205	11.109	11.339	146.944	0.0986	5882.294	0.0025	302.430	123.44
11	200	70	20	2.2	8.109	6.365	19.309	498.023	7.837	49.802	95.520	3.432	11.503	554.346	8.268	61.618	47.533	39.197	2.200	12.138	12.419	160.756	0.1308	6403.010	0.0028	332.826	134.66
12	200	70	20	2.5	9.176	7.203	19.314	560.921	7.819	56.092	107.462	3.422	12.964	624.421	8.249	69.876	53.596	43.962	2.189	13.654	14.021	181.182	0.1912	7160.113	0.0032	378.452	151.08
13	220	75	20	2.0	7.992	6.274	18.300	592.787	8.612	53.890	103.580	3.600	11.751	652.866	9.038	65.085	51.328	43.500	2.333	12.829	12.343	181.661	0.1066	8483.845	0.0022	383.110	148.38
14	220	75	20	2.2	8.769	6.884	18.302	648.520	8.600	58.956	113.220	3.593	12.860	714.276	9.025	71.501	56.190	47.465	2.327	14.023	13.524	198.803	0.1415	9242.136	0.0024	421.750	161.95
15	220	75	20	2.5	9.926	7.792	18.305	730.926	8.581	66.448	127.443	3.583	14.500	805.086	9.006	81.096	63.392	53.283	2.317	15.783	15.278	224.175	0.2068	10347.65	0.0028	479.804	181.87
16	250	75	20	2.0	8.592	6.745	15.389	799.640	9.647	63.791	103.580	3.472	11.752	856.690	9.985	71.976	61.841	46.532	2.327	14.553	12.090	207.280	0.1146	11298.92	0.0020	485.919	169.98
17	250	75	20	2.2	9.429	7.402	15.387	875.145	9.634	70.012	113.223	3.465	12.860	937.579	9.972	78.870	67.773	50.789	2.321	15.946	14.211	226.864	0.1521	12314.34	0.0022	535.491	184.53
18	250	75	20	2.5	10.676	8.380	15.385	986.898	9.615	78.952	127.447	3.455	14.500	1057.30	9.952	89.108	76.584	57.044	2.312	18.014	16.169	255.870	0.2224	13797.02	0.0025	610.188	207.38

16.9 常用圆钢管的规格及截面特性

16.9.1 常用圆钢管的规格及截面特性，见表 16－9。

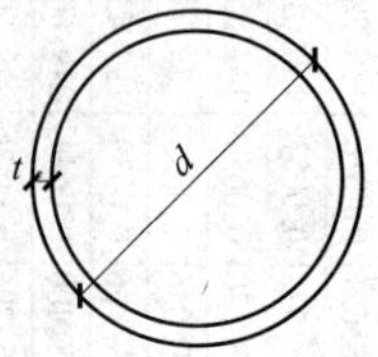

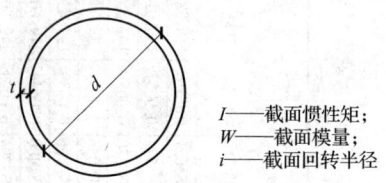

I——截面惯性矩；
W——截面模量；
i——截面回转半径

表 16－9 圆钢管

尺寸（mm）		截面面积	重量	截面特性		
d	*t*	（cm^2）	（kg/m）	*I*（cm^4）	*W*（cm^3）	*i*（cm）
25	1.5	1.11	0.87	0.768	0.614	0.833
30	1.5	1.34	1.05	1.367	0.911	1.009
	2.0	1.759	1.38	1.733	1.155	9.92
40	1.5	1.81	1.42	3.37	1.68	1.36
	2.0	2.39	1.88	4.32	2.16	1.35
48	2.5	3.57	2.81	9.28	3.86	1.61
	3.0	4.24	3.33	10.78	4.49	1.59
	3.5	4.89	3.84	12.19	5.08	1.58
	4.0	5.53	4.34	13.49	5.62	1.56
51	2.0	3.08	2.42	9.26	3.63	1.73
	2.5	3.81	2.99	11.23	4.40	1.72
	3.0	4.54	3.55	13.08	5.13	1.70
	3.5	5.22	4.10	14.81	5.81	1.68
	4.0	5.91	4.64	16.43	6.44	1.67
57	2.0	3.46	2.71	13.08	4.59	1.95
	3.0	5.09	4.00	18.61	6.53	1.91
	3.5	5.88	4.62	21.14	7.42	1.90
	4.0	6.66	5.23	23.52	8.25	1.88
	4.5	7.42	5.83	25.76	9.04	1.86
60	2.0	3.64	2.86	15.34	5.10	2.05
	3.0	5.37	4.22	21.88	7.29	2.02
	3.5	6.21	4.88	24.88	8.29	2.00
	4.0	7.04	5.52	27.73	9.24	1.98
	4.5	7.85	6.16	30.41	10.14	1.97
63	3.0	5.65	4.44	25.51	8.10	2.12
	3.5	6.54	5.14	29.05	9.22	2.11
	4.0	7.41	5.82	32.41	10.29	2.09
	4.5	8.27	6.49	35.59	11.30	2.07
	5.0	9.11	7.15	38.59	12.25	2.06
70	2.0	4.27	3.35	24.72	7.06	2.41
	3.0	6.31	4.96	35.50	10.14	2.37
	3.5	7.31	5.74	40.53	11.58	2.35
	4.0	8.29	6.51	45.33	12.95	2.34
	4.5	9.26	7.27	49.89	14.26	2.32
	5.0	10.21	8.01	54.24	15.50	2.30
76	2.0	4.65	3.65	31.85	8.38	2.62
	3.0	6.88	5.40	45.91	12.08	2.58
	3.5	7.97	6.26	52.50	13.82	2.57
	4.0	9.05	7.10	58.81	15.48	2.55
	4.5	10.11	7.93	64.85	17.07	2.53
	5.0	11.15	8.75	70.62	18.59	2.52
	6.0	13.19	10.36	81.41	21.42	2.48
83	2.0	5.09	4.00	41.76	10.06	2.87
	2.5	6.32	4.96	51.26	12.35	2.85
	3.0	7.54	5.92	60.40	14.56	2.83
	3.5	8.74	6.86	69.19	16.67	2.81
	4.0	9.93	7.79	77.64	18.71	2.80
	4.5	11.10	8.71	85.76	20.67	2.78
	5.0	12.25	9.62	93.56	22.54	2.76
	6.0	14.51	11.39	108.22	26.08	2.73
89	2.0	5.47	4.29	51.74	11.63	3.08
	2.5	6.79	5.33	63.59	14.29	3.06
	3.0	8.11	6.36	75.02	16.86	3.04
	3.5	9.40	7.38	86.05	19.34	3.03
	4.0	10.68	8.38	96.68	21.73	3.01
	4.5	11.95	9.38	106.92	24.03	2.99
	5.0	13.19	10.36	116.79	26.24	2.98
	6.0	15.65	12.28	135.43	30.43	2.94
95	2.0	5.84	4.59	63.20	13.31	3.29
	2.5	7.26	5.70	77.76	16.37	3.27
	3.0	8.67	6.81	91.83	19.33	3.25
	3.5	10.06	7.90	105.45	22.20	3.24
	4.0	11.44	8.98	118.60	24.97	3.22
	4.5	12.79	10.04	131.31	27.64	3.20
	5.0	14.14	11.10	143.58	30.23	3.19
	6.0	16.78	13.17	166.86	35.13	3.15

续表 16 - 9

尺寸（mm）		截面面积	重量	截面特性		
d	t	（cm^2）	（kg/m）	I（cm^4）	W（cm^3）	i（cm）
102	2.0	6.28	4.93	78.55	15.40	3.54
	2.5	7.81	6.14	96.76	18.97	3.52
	3.0	9.33	7.32	114.42	22.43	3.50
	3.5	10.83	8.50	131.52	25.79	3.48
	4.0	12.32	9.67	148.09	29.04	3.47
	4.5	13.78	10.82	164.14	32.18	3.45
	5.0	15.24	11.96	179.68	35.23	3.43
	6.0	18.10	14.21	209.28	41.03	3.40
108	2.0	6.66	5.23	93.6	17.33	3.75
	2.5	8.29	6.51	115.4	21.37	3.73
	3.0	9.90	7.77	136.49	25.28	3.71
	3.5	11.49	9.02	157.02	29.08	3.70
	4.0	13.07	10.26	176.95	32.77	3.68
	4.5	14.63	11.49	196.30	36.35	3.66
	5.0	16.18	12.70	215.06	39.83	3.65
	6.0	19.23	15.09	250.91	46.46	3.61
114	2.0	7.04	5.52	110.4	19.37	3.96
	2.5	8.76	6.87	136.2	23.89	3.94
	3.0	10.46	8.21	161.3	28.30	3.93
	4.0	13.82	10.85	209.35	36.73	3.89
	4.5	15.48	12.15	232.41	40.77	3.87
	5.0	17.12	13.44	254.81	44.70	3.86
	6.0	20.36	15.98	297.73	52.23	3.82
121	2.0	7.48	5.87	132.4	21.88	4.21
	2.5	9.31	7.31	163.5	27.02	4.19
	3.0	11.12	8.73	193.7	32.02	4.17
	3.5	12.92	10.14	223.2	36.89	4.16
	4.0	14.70	11.56	251.88	41.63	41.4
	4.5	16.47	12.93	279.83	46.25	41.22
	5.0	18.22	14.30	307.05	50.75	41.05
	6.0	21.68	17.01	359.32	59.39	40.71
127	2.0	7.85	6.17	153.4	24.16	4.42
	2.5	9.78	7.68	189.5	29.84	4.40
	3.0	11.69	9.18	224.7	35.39	4.39
	4.0	15.46	12.13	292.61	46.08	4.35
	4.5	17.32	13.59	325.29	51.23	4.33
	5.0	19.16	15.04	357.14	56.24	4.32
	6.0	22.81	17.90	418.44	65.90	4.28
133	2.5	10.25	8.05	218.2	32.81	4.62
	3.0	12.25	9.62	259.0	38.95	4.60
	3.5	14.24	11.18	298.7	44.92	4.58
	4.0	16.21	12.73	337.53	50.76	4.56
	4.5	18.17	14.26	375.42	56.45	4.55
	5.0	20.11	15.78	421.40	62.02	4.53
	6.0	23.94	18.79	483.72	72.74	4.50
140	2.5	10.80	8.48	255.3	36.47	4.86
	3.0	12.91	10.13	303.1	43.29	4.85
	3.5	15.01	11.78	349.8	49.97	4.83
	4.5	19.16	15.04	440.12	62.87	4.79
	5.0	21.21	16.65	483.76	69.11	4.78
	6.0	25.26	19.83	568.06	81.15	4.74
152	3.0	14.04	11.02	389.9	51.30	5.27
	3.5	16.33	12.82	450.3	59.25	5.25
	4.0	18.60	14.60	509.6	67.05	5.24
	4.5	20.85	16.37	567.61	74.69	5.22
	5.0	23.09	18.13	624.43	82.16	5.20
	6.0	27.52	21.60	734.52	96.65	5.17
159	3.0	14.70	11.54	447.4	56.27	5.52
	3.5	17.10	13.42	517.0	65.02	5.50
	4.0	19.48	15.29	585.3	73.62	5.48
	4.5	21.84	17.15	652.27	82.05	5.46
	5.0	24.19	18.99	717.88	90.30	5.45
	6.0	28.84	22.64	845.19	106.31	5.41
168	3.0	15.55	12.21	529.4	63.02	5.84
	3.5	18.09	14.20	612.1	72.87	5.82
	4.0	20.61	16.18	693.3	82.53	5.80
	4.5	23.11	18.14	772.96	92.02	5.78
	5.0	25.60	20.1	851.14	101.33	5.77
	6.0	30.54	24.0	1003.12	119.42	5.73

续表 16-9

尺寸（mm）		截面面积	重量	截面特性		
d	t	（cm^2）	（kg/m）	I（cm^4）	W（cm^3）	i（cm）
180	3.0	16.68	13.09	653.5	72.61	6.26
	3.5	19.41	15.24	756.0	84.00	6.24
	4.0	22.12	17.36	856.8	95.20	6.22
	5.0	27.49	21.58	1053.17	117.02	6.19
	6.0	32.80	25.75	1242.72	138.08	6.16
194	3.0	18.00	14.13	821.10	84.64	6.75
	3.5	20.95	16.45	950.50	97.99	6.74
	4.0	23.88	18.75	1078.00	111.10	6.72
	5.0	29.69	23.31	1326.54	136.76	6.68
	6.0	35.44	27.82	1567.21	161.57	6.65
203	3.0	18.85	15.00	943.00	92.87	7.07
	3.5	21.94	17.22	1092.00	107.55	7.06
	4.0	25.01	19.63	1238.00	122.01	7.04
	5.0	31.10	24.41	1525.12	150.26	7.03
	6.0	37.13	29.15	1803.07	177.64	6.97
219	3.0	20.36	15.98	1187.00	108.44	7.64
	3.5	23.70	18.61	1376.00	125.65	7.62
	4.0	27.02	21.81	1562.00	142.62	7.60
	5.0	33.62	26.39	1925.35	175.83	7.57
	6.0	40.15	31.52	2278.74	208.10	7.53
245	3.0	22.81	17.91	1670.00	136.30	8.56
	3.5	26.55	20.84	1936.00	158.10	8.54
	4.0	30.28	23.77	2199.00	179.50	8.52
	5.0	37.70	29.59	2715.52	221.68	8.49
	6.0	45.05	35.36	3218.69	262.75	8.45

16.10 冷弯薄壁方钢管截面特性

16.10.1 冷弯薄壁方钢管截面特性，见表 16-10（按《冷弯薄壁型钢结构技术规范》GB 50018—2002）。

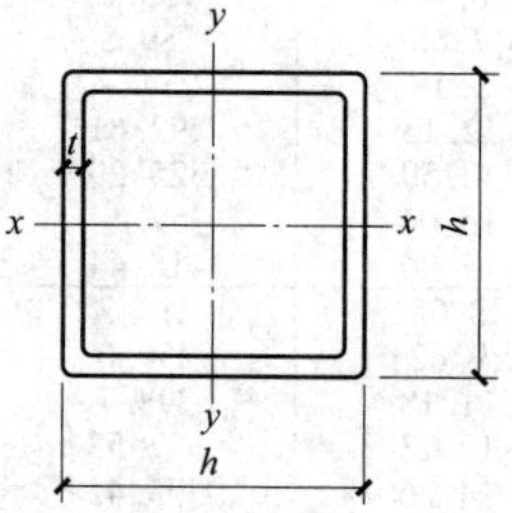

I——截面惯性矩；
W——截面模量；
i——截面回转半径

表 16-10 方钢管

尺寸（mm）		截面面积	重量	截面特性		
d	t	（cm^2）	（kg/m）	I（cm^4）	W（cm^3）	i（cm）
25	1.5	1.31	1.03	1.16	0.92	0.94
30	1.5	1.61	1.27	2.11	1.40	1.14
40	1.5	2.21	1.74	5.33	2.67	1.55
40	2.0	2.87	2.25	6.66	3.33	1.52
50	1.5	2.81	2.21	10.82	4.33	1.96
50	2.0	3.67	2.88	13.71	5.48	1.93
60	2.0	4.47	3.51	24.51	8.17	2.34
60	2.5	5.48	4.30	29.36	9.79	2.31
80	2.0	6.07	4.76	60.58	15.15	3.16
80	2.5	7.48	5.87	73.40	18.35	3.13
100	2.5	9.48	7.44	147.91	29.58	3.95
100	3.0	11.25	8.83	173.12	34.62	3.92
120	2.5	11.48	9.01	260.88	43.48	4.77
120	3.0	13.65	10.72	306.71	51.12	4.74

续表 16－10

尺寸（mm）		截面面积	重量	截 面 特 性		
d	t	（cm^2）	（kg/m）	I（cm^4）	W（cm^3）	i（cm）
140	3.0	16.05	12.60	495.68	70.81	5.56
140	3.5	18.58	14.59	568.22	81.17	5.53
140	4.0	21.07	16.44	637.97	91.14	5.50
160	3.0	18.45	14.49	749.64	93.71	6.37
160	3.5	21.38	16.77	861.34	107.67	6.35
160	4.0	24.27	19.05	969.35	121.17	6.32
160	4.5	27.12	21.05	1073.66	134.21	6.29
160	5.0	29.93	23.35	1174.44	146.81	6.26

16.11 钢网架螺栓球规格

16.11.1 钢网架螺栓球规格系列，见表 16－11（按《钢网架螺栓球节点》JG/T 10—2009）。

表 16－11 钢网架螺栓球节点

螺栓球代号	螺栓球直径 D	螺栓球代号	螺栓球直径 D
BS100	100	BS160	160
BS105	105	BS170	170
BS110	110	BS180	180
BS115	115	BS190	190
BS120	120	BS200	200
BS125	125	BS210	210
BS130	130	BS220	220
BS140	140	BS240	240
BS150	150	BS260	260

16.12 热轧圆钢、方钢的规格及截面特性

16.12.1 热轧圆钢、方钢的规格及截面特性，见表 16－12（按《热轧钢棒尺寸、外形、重量及允许偏差》GB/T 702—2008 计算）。

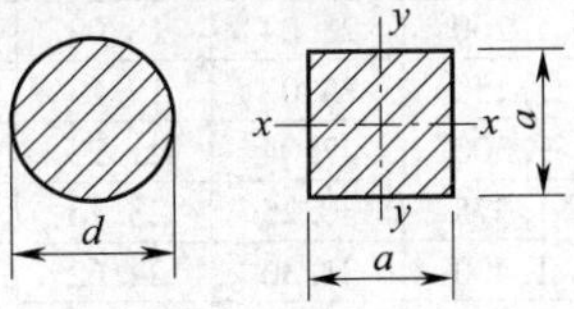

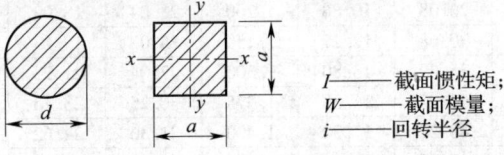

I——截面惯性矩；
W——截面模量；
i——回转半径

表 16－12 圆钢和方钢

d 或 a（mm）	圆钢					方钢				
	截面面积（cm^2）	每米重量（kg/m）	截面特性 I（cm^4）	截面特性 W（cm^3）	截面特性 i（cm）	截面面积（cm^2）	每米重量（kg/m）	截面特性 I_x（cm^4）	截面特性 W_x（cm^3）	截面特性 i_z（cm）
5.5	0.238	0.187	0.0045	0.0163	0.138	0.303	0.237	0.0076	0.0277	0.159
6	0.283	0.222	0.0063	0.0212	0.150	0.360	0.283	0.0108	0.0360	0.173
6.5	0.332	0.260	0.0088	0.0270	0.163	0.423	0.332	0.0149	0.0458	0.188
7	0.385	0.302	0.0118	0.0337	0.175	0.490	0.385	0.0200	0.0572	0.202
8	0.503	0.395	0.0201	0.0503	0.200	0.640	0.502	0.0341	0.0853	0.231
9	0.636	0.499	0.0322	0.0716	0.225	0.810	0.636	0.0547	0.1215	0.260
10	0.785	0.617	0.0491	0.0982	0.250	1.000	0.785	0.0833	0.1667	0.289
11*	0.950	0.746	0.0719	0.1307	0.275	1.210	0.950	0.1220	0.2218	0.318
12	1.131	0.888	0.1018	0.1696	0.300	1.440	1.130	0.1728	0.2880	0.346

续表 16 - 12

d 或 a (mm)	圆钢					方钢				
	截面面积 (cm^2)	每米重量 (kg/m)	截面特性			截面面积 (cm^2)	每米重量 (kg/m)	截面特性		
			I (cm^4)	W (cm^3)	i (cm)			I_x (cm^4)	W_x (cm^3)	i_z (cm)
13	1.327	1.042	0.1402	0.2157	0.325	1.690	1.327	0.2380	0.3662	0.375
14	1.539	1.208	0.1886	0.2694	0.350	1.960	1.539	0.3201	0.4573	0.404
15	1.767	1.387	0.2485	0.3313	0.375	2.250	1.766	0.4219	0.5625	0.433
16	2.011	1.578	0.3217	0.4021	0.400	2.560	2.010	0.5461	0.6827	0.462
17	2.270	1.782	0.4100	0.4823	0.425	2.890	2.269	0.6960	0.8188	0.491
18	2.545	1.998	0.5153	0.5726	0.450	3.240	2.543	0.8748	0.9720	0.520
19	2.835	2.226	0.6397	0.6734	0.475	3.610	2.834	1.086	1.143	0.548
20	3.142	2.466	0.7854	0.7854	0.500	4.000	3.140	1.333	1.333	0.577
21	3.464	2.719	0.9547	0.9092	0.525	4.410	3.462	1.621	1.544	0.606
22	3.801	2.984	1.150	1.045	0.550	4.840	3.799	1.952	1.775	0.635
23*	4.155	3.261	1.374	1.194	0.575	5.290	4.153	2.332	2.028	0.664
24	4.524	3.551	1.629	1.357	0.600	5.760	4.522	2.765	2.304	0.693
25	4.909	3.853	1.917	1.534	0.625	6.250	4.906	3.255	2.604	0.722
26	5.309	4.168	2.243	1.726	0.650	6.760	5.307	3.808	2.929	0.751
27*	5.726	4.495	2.609	1.932	0.675	7.290	5.723	4.429	3.281	0.779
28	6.158	4.834	3.017	2.155	0.700	7.840	6.154	5.122	3.659	0.808
29*	6.605	5.185	3.472	2.394	0.725	8.410	6.594	5.894	4.065	0.837
30	7.069	5.549	3.976	2.651	0.750	9.000	7.065	6.750	4.500	0.866
31*	7.548	5.925	4.533	2.925	0.775	9.610	7.544	7.696	4.965	0.895
32	8.042	6.313	5.147	3.217	0.800	10.24	8.038	8.738	5.461	0.924
33*	8.553	6.714	5.821	3.528	0.825	10.89	8.549	9.883	5.990	0.953
34	9.079	7.127	6.560	3.859	0.850	11.56	9.075	11.14	6.551	0.981
35*	9.621	7.553	7.366	4.209	0.875	12.25	9.616	12.51	7.146	1.010
36	10.18	7.990	8.245	4.580	0.900	12.96	10.17	14.00	7.776	1.039
38	11.34	8.903	10.24	5.387	0.950	14.44	11.34	17.38	9.145	1.097
40	12.57	9.865	12.57	6.283	1.000	16.00	12.56	21.33	10.67	1.155
42	13.85	10.87	15.27	7.274	1.050	17.64	13.85	25.93	12.35	1.212
45	15.90	12.48	20.13	8.946	1.125	20.25	15.90	34.17	15.19	1.299
48	18.10	14.21	26.08	10.86	1.200	23.04	18.09	44.24	18.43	1.386
50	19.64	15.42	30.68	12.27	1.250	25.00	19.63	52.08	20.83	1.443
52	21.24	16.67	35.89	13.80	1.300	27.04	21.23	60.93	23.43	1.501
55*	23.76	18.65	44.92	16.33	1.375	30.25	23.75	76.26	27.73	1.588
56*	24.63	19.33	48.27	17.24	1.400	31.36	24.62	81.95	29.27	1.617
58*	26.42	20.74	55.55	19.16	1.450	33.64	26.41	94.30	32.52	1.674
60	28.27	22.19	63.62	21.21	1.500	36.00	28.26	108.0	36.00	1.732
63	31.17	24.47	77.33	24.55	1.575	39.69	31.16	131.3	41.67	1.819
65	33.18	26.05	87.62	26.96	1.625	42.25	33.17	148.8	45.77	1.876
68	36.32	28.51	105.0	30.87	1.700	46.24	36.30	178.2	52.41	1.963
70	38.48	30.21	117.9	33.67	1.750	49.00	38.46	200.1	57.17	2.021
75	44.18	34.68	155.3	41.42	1.875	56.25	44.16	263.7	70.31	2.165
80	50.27	39.46	201.1	50.27	2.000	64.00	50.24	341.3	85.33	2.309
85	56.75	44.55	256.2	60.29	2.125	72.25	56.72	435.0	102.4	2.454
90	63.62	49.94	322.1	71.57	2.250	81.00	63.59	546.8	121.5	2.598
95	70.88	55.64	399.8	84.17	2.375	90.25	70.85	678.8	142.9	2.742
100	78.54	61.65	490.9	98.17	2.500	100.0	78.50	833.3	166.7	2.887
105	86.59	67.97	596.7	113.6	2.625	110.3	86.55	1013	192.9	3.031
110	95.03	74.60	718.7	130.7	2.750	121.0	94.99	1220	221.8	3.175
115	103.8	81.50	858.5	149.3	2.873	132.3	103.8	1458	253.5	3.320
120	113.1	88.78	1018	169.6	3.000	144.0	113.0	1728	288.0	3.464

续表 16-12

d 或 a (mm)	圆钢					方钢				
	截面面积 (cm^2)	每米重量 (kg/m)	截面特性			截面面积 (cm^2)	每米重量 (kg/m)	截面特性		
			I (cm^4)	W (cm^3)	i (cm)			I_x (cm^4)	W_x (cm^3)	i_z (cm)
125	122.7	96.33	1198	191.7	3.125	156.3	122.7	2035	325.5	3.608
130	132.7	104.2	1402	215.7	3.250	169.0	132.7	2380	366.2	3.753
140	153.9	120.8	1886	269.4	3.500	196.0	153.9	3201	457.3	4.041
150	176.7	138.7	2485	331.3	3.750	225.0	176.6	4219	562.5	4.330
160	201.1	157.9	3217	402.1	4.000	256.0	201.0	5461	682.7	4.619
170	227.0	178.2	4100	482.3	4.250	289.0	226.9	6960	818.8	4.907
180	254.5	199.8	5153	572.6	4.500	324.0	254.3	8748	972.0	5.196
190	283.5	222.6	6397	673.4	4.750	361.0	283.4	10860	1143	5.485
200	314.2	246.6	7854	785.4	5.000	400.0	314.0	13333	1333	5.774
210	346.4	271.9	9547	909.2	5.250	—	—	—	—	—
220	380.1	298.4	11499	1045	5.550	—	—	—	—	—
240	452.4	355.1	16286	1357	6.000	—	—	—	—	—
250	490.9	385.3	19175	1534	6.250	—	—	—	—	—

注：1　带*者不推荐采用。

2　圆钢、方钢的通常长度为 3 ~ 10m。

16.13　轻轨、重轨、起重机钢轨的规格及截面特性

16.13.1　轻轨、重轨、起重机钢轨的规格及截面特性，见表 16-13（轻轨按《热轧轻轨》GB/T 11264—2012，重轨按《铁路用热轨钢轨》GB/T 2585—2007，起重机钢轨按《起重机用钢轨》YB/T 5055—2014）。

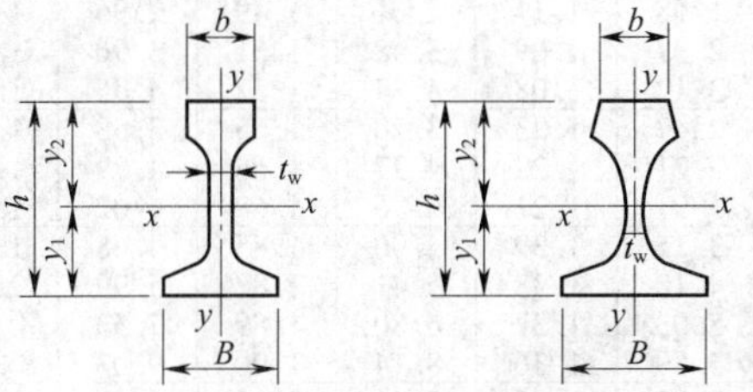

I——截面惯性矩；
W——截面模量；
i——截面回转半径

表 16-13　轻轨、重轨、起重机钢轨截面特性

类别	规格	尺寸 (mm)				截面面积 A (cm^3)	每米重量 (kg/m)	截面特性							标准长度 (m)
										x-x 轴			y-y 轴		
		h	B	b	t_w			y_1 (cm)	y_2 (cm)	I_x (cm^4)	$W_1=\frac{I_x}{y_1}$ (cm^3)	$W_2=\frac{I_x}{y_2}$ (cm^3)	I_y (cm^4)	W_y (cm^3)	
轻轨	9kg/m	63.50	63.50	32.10	5.90	11.39	8.94	3.09	3.26	62.41	20.19	19.10	—	—	5-12
	12kg/m	69.85	69.85	38.10	7.54	15.54	12.20	3.40	3.59	98.82	29.06	27.60	—	—	
	15kg/m	79.37	79.37	42.86	8.33	19.33	15.20	3.89	4.05	156.10	40.13	38.60	—	—	
	18kg/m	90.00	80.00	40.00	10.00	23.07	18.06	4.29	4.71	240.00	56.10	51.00	41.10	10.30	
	22kg/m	93.66	93.66	50.80	10.72	28.39	22.30	4.52	4.85	339.00	75.00	69.60	—	—	
	24kg/m	107.00	92.00	51.00	10.90	31.24	24.95	5.31	5.39	486.00	91.60	90.10	80.50	17.49	
	30kg/m	107.95	107.95	60.33	12.30	38.32	30.10	5.21	5.59	606.00	116.30	108.00	—	—	
重轨	38kg/m	134	114	68	13.0	49.5	38.73	6.67	6.73	1204.4	180.6	178.9	209.3	36.7	12.5；25
	43kg/m	140	114	70	14.5	57.0	44.65	6.90	7.10	1489.0	217.3	208.3	260.0	45.0	12.5；25
	50kg/m	152	132	70	15.5	65.8	51.51	7.10	8.10	2037.0	287.2	251.3	377.0	57.1	12.5；25
起重机钢轨	QU70	120	120	70	28	67.22	52.77	5.93	6.07	1083.25	182.80	178.34	319.67	53.28	9.0；9.5
	QU80	130	130	80	32	82.05	64.41	6.49	6.51	1530.12	235.95	234.86	472.14	72.64	10；10.5
	QU100	150	150	100	38	113.44	89.05	7.63	7.37	2806.11	367.87	380.64	919.70	122.63	11；11.5
	QU120	170	170	120	44	150.95	118.50	8.70	8.30	4796.71	551.41	577.85	1677.34	197.33	12；12.5

17 组合截面特性

17.1 角 钢

17.1.1 两个热轧等边角钢的组合截面特性，见表 17－1（按《热轧型钢》GB/T 706—

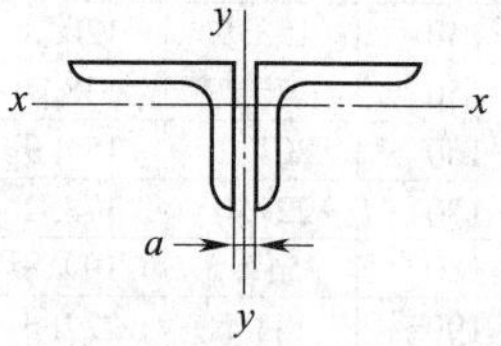

表 17－1 等边角钢的

角钢型号		截面面积 A (cm^2)	每米重量 (kg/m)	截									
				$x-x$ 轴									
				I_x (cm^4)	W_{xmax} (cm^3)	W_{xmin} (cm^3)	i_x (cm)	0		4		6	
								W_y (cm^3)	i_y (cm)	W_y (cm^3)	i_y (cm)	W_y (cm^3)	i_y (cm)
2L20 ×	3	2.26	1.78	0.80	1.33	0.57	0.59	0.81	0.84	1.02	1.00	1.14	1.08
	4	2.92	2.29	1.00	1.56	0.74	0.58	1.10	0.87	L39	1.02	1.56	1.11
2L25 ×	3	2.86	2.25	1.64	2.25	0.93	0.76	1.27	1.05	1.52	1.20	1.67	1.28
	4	3.72	2.92	2.06	2.71	1.18	0.74	1.68	1.06	2.03	1.21	2.23	1.30
2L30 ×	3	3.50	2.75	2.92	3.44	1.36	0.91	1.82	1.25	2.12	1.39	2.29	1.47
	4	4.55	3.57	3.68	4.13	1.74	0.90	2.43	1.27	2.84	1.41	3.07	1.49
2L36 ×	3	4.22	3.31	5.16	5.16	1.98	1.11	2.61	1.49	2.96	1.63	3.15	1.71
	4	5.51	4.33	6.58	6.33	2.57	1.09	3.48	1.51	3.96	1.65	4.22	1.73
	5	6.76	5.31	7.90	7.38	3.12	1.08	4.34	1.52	4.95	1.67	5.28	1.75
2L40 ×	3	4.72	3.70	7.18	6.59	2.47	1.23	3.20	1.65	3.58	1.78	3.79	1.86
	4	6.17	4.85	9.20	8.14	3.21	1.22	4.27	1.66	4.79	1.81	5.07	1.88
	5	7.58	5.95	11.06	9.45	3.91	1.21	5.36	1.68	6.02	1.83	6.38	1.90
2L45 ×	3	5.32	4.18	10.34	8.48	3.15	1.39	4.06	1.85	4.48	1.99	4.71	2.06
	4	6.97	5.47	13.30	10.56	4.10	1.38	5.41	1.87	5.99	2.01	6.30	2.08
	5	8.58	6.74	16.08	12.37	5.03	1.37	6.80	1.89	7.53	2.03	7.93	2.11
	6	10.15	7.97	18.66	14.03	5.89	1.36	8.14	1.90	9.03	2.04	9.51	2.12
2L50 ×	3	5.94	4.66	14.36	10.72	3.92	1.55	5.01	2.05	5.47	2.19	5.72	2.26
	4	7.79	6.12	18.52	13.42	5.12	1.54	6.67	2.07	7.30	2.21	7.64	2.28
	5	9.61	7.54	22.42	15.79	6.26	1.53	8.36	2.09	9.16	2.23	9.59	2.30
	6	11.38	8.93	26.10	17.88	7.37	1.51	10.07	2.10	11.05	2.25	11.58	2.32
2L56 ×	3	6.69	5.25	20.38	13.77	4.95	1.75	6.26	2.29	6.77	2.42	7.05	2.49
	4	8.78	6.89	26.36	17.23	6.48	1.73	8.38	2.31	9.08	2.45	9.45	2.52
	5	10.83	8.50	32.04	20.41	7.95	1.72	10.49	2.33	11.37	2.47	11.85	2.54
	8	16.73	13.14	47.26	28.13	12.06	1.68	16.87	2.38	18.34	2.52	19.13	2.60
2L60 ×	5	11.66	9.15	39.78	23.82	9.19	1.85	12.05	2.49	12.99	2.63	13.50	2.70
	6	13.83	10.85	46.50	27.35	10.81	1.83	14.41	2.50	15.55	2.64	16.16	2.71
	7	15.95	12.52	52.88	30.39	12.41	1.82	16.86	2.52	18.21	2.66	18.93	2.73
	8	18.04	14.16	58.94	33.11	13.97	1.81	19.35	2.54	20.91	2.68	21.74	2.76
2L63 ×	4	9.96	7.81	38.06	22.39	8.27	1.96	10.61	2.59	11.38	2.73	11.80	2.80
	5	12.29	9.64	46.34	26.63	10.16	1.94	13.26	2.61	14.24	2.75	14.77	2.82
	6	14.58	11.44	54.24	30.47	12.00	1.93	15.94	2.62	17.14	2.76	17.77	2.84
	8	19.03	14.94	68.92	37.25	15.49	1.90	21.28	2.65	22.91	2.80	23.77	2.87
	10	23.31	18.30	82.18	42.58	18.81	1.88	26.83	2.69	28.92	2.84	30.02	2.92
2L70 ×	4	11.14	8.74	52.78	28.38	10.27	2.18	13.05	2.86	13.90	3.00	14.35	3.07
	5	13.75	10.79	64.42	33.73	12.66	2.16	16.37	2.89	17.45	3.02	18.02	3.09
	6	16.32	12.81	75.54	38.74	14.96	2.15	19.66	2.90	20.97	3.04	21.67	3.11
	7	18.85	14.80	86.18	43.31	17.20	2.14	22.97	2.92	24.52	3.06	25.35	3.13
	8	21.33	16.75	96.34	47.46	19.38	2.13	26.32	2.94	28.12	3.08	29.06	3.15
2L75 ×	5	14.82	11.64	79.94	39.19	14.64	2.32	18.88	3.09	20.04	3.23	20.66	3.30
	6	17.59	13.81	93.90	45.36	17.29	2.31	22.57	3.10	23.97	3.24	24.71	3.31
	7	20.32	15.95	107.14	50.78	19.88	2.30	26.35	3.12	28.00	3.26	28.87	3.33
	8	23.01	18.06	119.92	55.78	22.41	2.28	30.17	3.14	32.07	3.28	33.08	3.35
	10	28.25	22.18	143.96	64.85	27.27	2.26	37.76	3.17	40.18	3.31	41.46	3.38

2016 计算）。

I——截面惯性矩；
W——截面模量；
i——截面回转半径

组合截面特性

面特征													
y－y 轴													
当 a（mm）为													
8		10		12		14		16		18		20	
W_y (cm^3)	i_y (cm)	W_y (cm^3)	i_y (cm)	W_y (cm^3)	i_y (cm)	W_y (cm^3)	i_y (cm)	W_y (cm^3)	i_y (cm)	W_y (cm^3)	i_y (cm)	W_y (cm^3)	i_y (cm)
1.28	1.16	1.41	1.25	1.56	1.34	1.71	1.43	1.87	1.52	2.03	1.61	2.20	1.71
1.73	1.19	1.92	1.28	2.11	1.37	2.31	1.46	2.52	1.55	2.73	1.65	2.95	1.74
1.82	1.36	1.99	1.44	2.16	1.53	2.34	1.62	2.53	1.71	2.72	1.80	2.91	1.89
2.44	1.38	2.66	1.46	2.88	1.55	3.12	1.64	3.37	1.73	3.62	1.82	3.88	1.91
2.47	1.55	2.66	1.63	2.86	1.71	3.06	1.80	3.28	1.89	3.50	1.97	3.72	2.06
3.31	1.57	3.56	1.66	3.83	1.74	4.10	1.83	4.39	1.91	4.68	2.00	4.98	2.09
3.36	1.78	3.57	1.86	3.80	1.94	4.04	2.03	4.28	2.11	4.53	2.20	4.79	2.29
4.50	1.81	4.79	1.89	5.10	1.97	5.41	2.05	5.74	2.14	6.07	2.23	6.42	2.31
5.63	1.82	5.99	1.91	6.37	1.99	6.76	2.07	7.17	2.16	7.59	2.25	8.01	2.34
4.01	1.93	4.25	2.01	4.49	2.09	4.75	2.17	5.01	2.26	5.28	2.34	5.56	2.43
5.37	1.96	5.69	2.04	6.01	2.12	6.35	2.20	6.70	2.28	7.07	2.37	7.44	2.46
6.76	1.98	7.16	2.06	7.57	2.14	7.99	2.23	8.43	2.31	8.89	2.40	9.35	2.48
4.96	2.14	5.22	2.21	5.48	2.29	5.76	2.37	6.05	2.45	6.34	2.54	6.65	2.62
6.63	2.16	6.98	2.24	7.34	2.32	7.71	2.40	8.09	2.48	8.49	2.56	8.89	2.65
8.34	2.18	8.78	2.26	9.23	2.34	9.69	2.42	10.17	2.51	10.67	2.59	11.18	2.68
10.01	2.20	10.53	2.28	11.07	2.36	11.63	2.44	12.21	2.52	12.80	2.61	13.41	2.70
5.99	2.33	6.27	2.41	6.56	2.49	6.86	2.56	7.17	2.65	7.49	2.73	7.81	2.81
8.00	2.35	8.37	2.43	8.76	2.51	9.16	2.59	9.58	2.67	10.00	2.75	10.44	2.84
10.05	2.38	10.52	2.45	11.01	2.53	11.51	2.61	12.03	2.69	12.57	2.78	13.12	2.86
12.12	2.40	12.69	2.48	13.28	2.56	13.89	2.64	14.52	2.72	15.17	2.80	15.83	2.89
7.34	2.57	7.64	2.64	7.96	2.72	8.28	2.79	8.62	2.87	8.97	2.95	9.32	3.03
9.84	2.59	10.25	2.67	10.68	2.75	11.11	2.82	11.57	2.90	12.03	2.98	12.51	3.07
12.35	2.62	12.86	2.69	13.39	2.77	13.94	2.85	14.51	2.93	15.09	3.01	15.69	3.09
19.94	2.67	20.78	2.75	21.65	2.83	22.54	2.91	23.46	3.00	24.40	3.08	25.37	3.16
14.02	2.77	14.57	2.85	15.13	2.93	15.71	3.00	16.31	3.08	16.92	3.16	17.56	3.25
16.79	2.79	17.45	2.86	18.13	2.94	18.83	3.02	19.55	3.10	20.29	3.18	21.04	3.26
19.68	2.81	20.45	2.89	21.25	2.96	22.07	3.04	22.91	3.13	23.78	3.21	24.67	3.29
22.61	2.83	23.50	2.91	24.41	2.99	25.36	3.07	26.83	3.15	27.32	3.23	28.34	3.32
12.23	2.87	12.68	2.94	13.15	3.02	13.63	3.10	14.12	3.17	14.63	3.25	15.16	3.33
15.31	2.89	15.88	2.96	16.47	3.04	17.07	3.12	17.69	3.20	18.33	3.28	18.98	3.36
18.43	2.91	19.12	2.99	19.83	3.06	20.56	3.14	21.30	3.22	22.07	3.30	22.86	3.38
24.67	2.95	25.59	3.02	26.54	3.10	27.52	3.18	28.53	3.26	29.56	3.34	30.62	3.43
31.16	2.99	32.33	3.07	33.54	3.15	34.78	3.23	36.05	3.31	37.35	3.40	38.68	3.48
14.82	3.14	15.31	3.21	15.82	3.28	16.34	3.36	16.87	3.44	17.42	3.52	17.99	3.59
18.62	3.17	19.24	3.24	19.87	3.31	20.53	3.39	21.21	3.47	21.90	3.55	22.61	3.63
22.39	3.19	23.13	3.26	23.90	3.34	24.69	3.41	25.51	3.49	26.34	3.57	27.20	3.65
26.19	3.21	27.07	3.28	27.98	3.36	28.90	3.44	29.86	3.52	30.84	3.60	31.84	3.68
30.04	3.23	31.05	3.30	32.09	3.38	33.16	3.46	34.26	3.54	35.38	3.62	36.53	3.70
21.29	3.37	21.95	3.44	22.62	3.52	23.32	3.59	24.04	3.67	24.77	3.75	25.52	3.83
25.47	3.38	26.26	3.46	27.08	3.53	27.91	3.61	28.77	3.68	29.65	3.76	30.56	3.84
29.77	3.40	30.70	3.48	31.65	3.55	32.63	3.63	33.64	3.71	34.67	3.79	35.73	3.87
34.12	3.42	35.18	3.50	36.28	3.57	37.41	3.65	38.57	3.73	39.75	3.81	40.96	3.89
42.77	3.46	44.12	3.53	45.51	3.61	46.93	3.69	40.30	3.77	49.88	3.85	51.40	3.93

续表

角钢型号		截面面积 A (cm^2)	每米重量 (kg/m)	$x-x$ 轴				截					
				I_x (cm^4)	W_{xmax} (cm^3)	W_{xmin} (cm^3)	i_x (cm)	0		4		6	
								W_y (cm^3)	i_y (cm)	W_y (cm^3)	i_y (cm)	W_y (cm^3)	i_y (cm)
2L80 ×	5	15.82	12.42	97.58	45.39	16.68	2.48	21.34	3.28	22.56	3.42	23.20	3.49
	6	18.79	14.75	114.70	52.37	19.74	2.47	25.60	3.30	27.08	3.44	27.86	3.51
	7	21.72	17.05	131.16	58.82	22.73	2.46	29.90	3.32	31.64	3.46	32.55	3.53
	8	24.61	19.32	146.98	64.75	25.65	2.44	34.22	3.34	36.23	3.47	37.29	3.55
	10	30.25	23.75	176.86	75.26	31.30	2.42	42.99	3.37	45.56	3.51	46.90	3.59
2L90 ×	6	21.27	16.70	165.54	67.84	25.23	2.79	32.47	3.71	34.11	3.84	34.97	3.91
	7	24.60	19.31	189.66	76.48	29.09	2.78	37.89	3.72	39.82	3.86	40.84	3.93
	8	27.89	21.89	212.94	84.50	32.86	2.76	43.34	3.74	45.57	3.88	46.74	3.95
	10	34.33	26.95	257.16	99.29	40.12	2.74	54.16	3.77	57.00	3.91	58.49	3.98
	12	40.61	31.88	298.44	111.78	47.15	2.71	65.33	3.80	68.80	3.95	70.61	4.02
2L100 ×	6	23.86	18.73	229.90	86.10	31.36	3.10	40.00	4.09	41.81	4.23	42.76	4.30
	7	27.59	21.66	263.72	97.31	36.18	3.09	46.64	4.11	48.76	4.25	49.87	4.31
	8	31.28	24.55	296.48	107.42	40.95	3.08	53.47	4.13	55.93	4.27	57.22	4.34
	10	38.52	30.24	359.02	126.42	50.14	3.05	66.97	4.17	70.10	4.31	71.73	4.38
	12	45.60	35.80	417.80	143.57	58.93	3.03	80.39	4.20	84.20	4.34	86.18	4.41
	14	52.51	41.22	473.06	158.21	67.48	3.00	94.25	4.24	98.77	4.38	101.11	4.45
	16	59.25	46.51	525.06	171.59	75.66	2.98	107.99	4.27	113.21	4.41	115.92	4.49
2L110 ×	7	30.39	23.86	354.32	119.70	44.07	3.41	56.42	4.52	58.73	4.65	59.94	4.72
	8	34.48	27.06	398.92	132.53	49.93	3.40	64.66	4.54	67.34	4.68	68.73	4.75
	10	42.52	33.38	484.38	156.76	61.24	3.38	80.94	4.58	84.34	4.71	86.11	4.78
	12	50.40	39.56	565.10	178.83	72.08	3.35	97.12	4.60	101.26	4.74	103.40	4.81
	14	58.11	45.62	641.42	197.97	82.66	3.32	113.77	4.64	118.67	4.78	121.21	4.85
2L125 ×	8	39.50	31.01	594.06	176.28	65.07	3.88	83.41	5.14	86.42	5.27	87.98	5.34
	10	48.75	38.27	723.34	209.66	79.93	3.85	104.28	5.17	108.09	5.31	110.06	5.38
	12	57.82	45.39	846.32	239.75	94.35	3.83	125.35	5.21	129.99	5.34	132.39	5.41
	14	66.73	52.39	963.30	266.84	108.36	3.80	146.64	5.24	152.13	5.38	154.96	5.45
2L140 ×	10	54.75	42.98	1029.30	269.45	101.11	4.34	130.58	5.78	134.79	5.91	136.96	5.98
	12	65.02	51.04	1207.36	309.58	119.54	4.31	156.88	5.81	162.00	5.95	164.64	6.02
	14	75.13	58.98	1377.62	346.14	137.49	4.28	183.41	5.85	189.46	5.98	192.58	6.05
	16	85.08	66.79	1540.48	379.43	154.98	4.26	210.21	5.88	217.21	6.02	220.82	6.09
2L150 ×	8	47.50	37.29	1042.74	261.34	94.71	4.69	119.93	6.15	123.46	6.29	125.29	6.35
	10	58.75	46.12	1275.00	312.50	116.76	4.66	150.19	6.19	154.68	6.33	156.99	6.39
	12	69.82	54.81	1497.70	360.89	138.04	4.63	180.02	6.22	185.46	6.35	188.26	6.42
	14	80.73	63.38	1711.28	404.56	158.89	4.60	210.39	6.25	216.82	6.39	220.13	6.46
	15	86.13	67.61	1814.78	425.01	169.13	4.59	225.67	6.27	232.61	6.41	236.18	6.48
	16	91.48	71.81	1916.16	444.58	179.25	4.58	241.03	6.29	248.48	6.43	252.30	6.50
2L160 ×	10	63.00	49.46	1559.06	361.73	133.37	4.97	170.59	6.58	175.34	6.71	177.79	6.78
	12	74.88	58.78	1833.16	417.58	157.89	4.95	204.77	6.61	210.54	6.75	213.51	6.82
	14	86.59	67.97	2096.72	469.06	181.85	4.92	239.18	6.65	246.00	6.78	249.51	6.85
	16	98.13	77.04	2350.16	516.52	205.25	4.89	273.86	6.68	281.75	6.82	285.80	6.89
2L180 ×	12	84.48	66.32	2642.70	540.43	201.58	5.59	259.05	7.43	265.47	7.56	268.76	7.63
	14	97.79	76.77	3028.96	609.45	232.46	5.57	302.47	7.46	310.05	7.60	313.93	7.66
	16	110.93	87.08	3401.98	673.66	262.70	5.54	346.17	7.49	354.92	7.63	359.41	7.70
	18	122.11	97.27	3750.24	731.04	291.39	5.54	386.88	7.55	396.66	7.69	401.67	7.76
2L200 ×	14	109.28	85.79	4207.10	770.53	289.35	6.20	373.25	8.26	381.59	8.40	385.86	8.47
	16	124.03	97.36	4732.30	854.21	327.27	6.18	426.94	8.30	436.57	8.43	441.49	8.50
	18	138.60	108.80	5241.28	932.61	364.48	6.15	480.95	8.33	491.88	8.47	497.48	8.54
	20	153.01	120.11	5734.60	1007.84	400.74	6.12	534.42	8.36	546.68	8.50	552.94	8.56
	24	181.32	142.34	6676.50	1137.39	472.51	6.07	646.21	8.44	661.25	8.58	668.93	8.65
2L220 ×	16	137.33	107.80	6374.72	1057.17	399.17	6.81	516.73	9.10	527.24	9.23	532.61	9.30
	18	153.50	120.50	7068.60	1156.89	444.85	6.79	581.78	9.13	593.72	9.27	599.81	9.33
	20	169.51	133.06	7742.98	1252.91	489.44	6.76	646.23	9.16	659.59	9.29	666.41	9.36
	22	185.35	145.50	8398.46	1341.61	533.57	6.73	711.91	9.19	726.73	9.33	734.30	9.40
	24	201.02	157.80	9035.66	1443.40	574.06	6.70	768.79	9.17	784.90	9.31	793.11	9.38
	26	216.53	169.97	9655.16	1542.36	613.42	6.68	824.56	9.15	841.95	9.29	850.81	9.36
2L250 ×	18	175.68	137.91	10536.44	1540.42	580.20	7.74	750.24	10.33	763.64	10.47	770.46	10.53
	20	194.09	152.36	11558.68	1670.33	639.31	7.72	834.12	10.37	849.13	10.50	856.77	10.57
	24	230.40	180.87	13527.86	1913.42	754.48	7.66	1001.78	10.43	1020.05	10.56	1029.35	10.63
	26	248.31	194.92	14476.16	2024.64	810.99	7.64	1086.81	10.46	1106.76	10.60	1116.91	10.67
	28	266.04	208.84	15401.20	2133.13	866.21	7.61	1170.79	10.49	1192.41	10.63	1203.40	10.70
	30	283.61	222.64	16303.60	2233.37	921.11	7.58	1256.70	10.52	1280.04	10.66	1291.90	10.74
	32	301.02	236.30	17184.02	2331.62	974.70	7.56	1341.37	10.55	1366.42	10.70	1379.15	10.77
	35	326.80	256.54	18464.88	2468.57	1053.93	7.52	1469.99	10.60	1497.64	10.75	1511.69	10.82

17-1

面特征													
$y-y$轴													
当a（mm）为													
8		10		12		14		16		18		20	
W_y (cm³)	i_y (cm)	W_y (cm³)	i_y (cm)	W_y (cm³)	i_y (cm)	W_y (cm³)	i_y (cm)	W_y (cm³)	i_y (cm)	W_y (cm³)	i_y (cm)	W_y (cm³)	i_y (cm)
23.87	3.56	24.55	3.63	25.26	3.71	25.99	3.78	26.74	3.86	27.50	3.93	28.29	4.01
28.66	3.58	29.49	3.65	30.35	3.73	31.23	3.80	32.13	3.88	33.05	3.96	33.99	4.03
33.50	3.60	34.47	3.67	35.48	3.75	36.51	3.82	37.56	3.90	38.65	3.98	39.75	4.06
38.38	3.62	39.50	3.69	40.66	3.77	41.84	3.85	43.06	3.92	44.30	4.00	45.57	4.08
48.29	3.66	49.72	3.74	51.18	3.81	52.68	3.89	54.21	3.97	55.77	4.05	57.37	4.13
35.86	3.98	36.78	4.05	37.72	4.13	38.69	4.20	39.68	4.28	40.69	4.35	41.73	4.43
41.88	4.00	42.96	4.07	44.07	4.15	45.20	4.22	46.36	4.30	47.55	4.37	48.76	4.45
47.95	4.02	49.19	4.09	50.46	4.17	51.76	4.24	53.10	4.32	54.46	4.40	55.85	4.48
60.01	4.05	61.58	4.13	63.18	4.20	64.82	4.28	66.50	4.36	68.22	4.44	69.97	4.51
72.47	4.10	74.37	4.17	76.32	4.25	78.32	4.32	80.35	4.40	82.43	4.48	84.54	4.56
43.73	4.37	44.73	4.44	45.76	4.51	46.82	4.58	47.89	4.66	48.99	4.73	50.12	4.81
51.02	4.39	52.19	4.46	53.40	4.53	54.63	4.60	55.89	4.68	57.18	4.75	58.50	4.83
58.54	4.41	59.89	4.48	61.28	4.56	62.70	4.63	64.15	4.71	65.64	4.78	67.15	4.86
73.40	4.45	75.12	4.52	76.87	4.60	78.67	4.67	80.50	4.75	82.37	4.83	84.28	4.91
88.21	4.49	90.29	4.56	92.41	4.63	94.59	4.71	96.80	4.79	99.06	4.87	101.36	4.94
103.51	4.53	105.97	4.60	108.48	4.68	111.03	4.76	113.64	4.83	116.30	4.91	119.01	4.99
118.69	4.56	121.53	4.64	124.42	4.72	127.36	4.80	130.36	4.87	133.42	4.95	136.53	5.03
61.18	4.79	62.45	4.86	63.75	4.93	65.08	5.01	66.44	5.08	67.83	5.15	69.24	5.23
70.16	4.82	71.62	4.89	73.12	4.96	74.65	5.03	76.22	5.11	77.81	5.18	79.44	5.26
87.92	4.86	89.77	4.93	91.67	5.00	93.60	5.07	95.58	5.15	97.59	5.23	99.64	5.30
105.60	4.89	107.85	4.96	110.14	5.03	112.48	5.11	114.87	5.19	117.30	5.26	119.78	5.34
123.81	4.93	126.46	5.00	129.17	5.08	131.93	5.15	134.74	5.23	137.60	5.31	140.51	5.39
89.57	5.41	91.20	5.48	92.87	5.55	94.57	5.62	96.31	5.69	98.08	5.77	99.88	5.84
112.08	5.45	114.15	5.52	116.25	5.59	118.40	5.66	120.59	5.74	122.82	5.81	125.08	5.89
134.84	5.48	137.34	5.56	139.89	5.63	142.50	5.70	145.15	5.78	147.84	5.85	150.59	5.93
157.86	5.52	160.81	5.60	163.82	5.67	166.89	5.75	170.01	5.82	173.18	5.90	176.41	5.97
139.18	6.05	141.45	6.12	143.76	6.19	146.11	6.26	148.50	6.34	150.94	6.41	153.41	6.48
167.34	6.09	170.08	6.16	172.88	6.23	175.73	6.30	178.63	6.38	181.58	6.45	184.57	6.53
195.77	6.13	199.01	6.20	202.31	6.27	205.66	6.34	209.08	6.42	212.54	6.49	216.06	6.57
224.50	6.16	228.25	6.24	232.05	6.31	235.93	6.38	239.86	6.46	243.86	6.54	247.92	6.61
127.15	6.42	129.05	6.49	130.99	6.56	132.97	6.63	134.97	6.70	137.02	6.77	139.09	6.84
159.35	6.46	161.76	6.53	164.21	6.60	166.70	6.67	169.24	6.75	171.82	6.82	174.44	6.89
191.12	6.49	194.03	6.56	196.99	6.63	200.01	6.71	203.07	6.78	206.19	6.85	209.35	6.93
223.50	6.53	226.94	6.60	230.43	6.67	233.98	6.75	237.59	6.82	241.25	6.89	244.97	6.97
239.81	6.55	243.51	6.62	247.27	6.69	251.09	6.77	254.98	6.84	258.92	6.91	262.92	6.99
256.20	6.57	260.17	6.64	264.20	6.71	268.30	6.79	272.46	6.86	276.68	6.93	280.97	7.01
180.29	6.85	182.83	6.92	185.42	6.99	188.05	7.06	190.73	7.13	193.45	7.20	196.21	7.28
216.54	6.89	219.62	6.96	222.75	7.03	225.94	7.10	229.18	7.17	232.47	7.24	235.80	7.32
253.07	6.92	256.70	6.99	260.40	7.07	264.15	7.14	267.95	7.21	271.82	7.28	275.74	7.36
289.92	6.96	294.11	7.03	298.37	7.10	302.69	7.18	307.08	7.25	311.54	7.32	316.05	7.40
272.11	7.70	275.52	7.77	278.98	7.84	282.49	7.91	286.06	7.98	289.68	8.05	293.35	8.12
317.88	7.73	321.89	7.80	325.96	7.87	330.10	7.94	334.29	8.02	338.55	8.09	342.86	8.16
363.97	7.77	368.60	7.84	373.29	7.91	378.06	7.98	382.89	8.06	387.79	8.13	392.76	8.20
406.76	7.83	411.93	7.90	417.18	7.97	422.49	8.04	427.88	8.12	433.35	8.19	438.88	8.26
390.19	8.53	394.59	8.60	399.05	8.67	403.57	8.74	408.16	8.81	412.80	8.89	417.51	8.96
446.49	8.57	451.56	8.64	456.70	8.71	461.91	8.78	467.19	8.85	472.54	8.92	477.96	9.00
503.15	8.61	508.90	8.68	514.74	8.75	520.65	8.82	526.63	8.89	532.69	8.96	538.83	9.04
559.29	8.64	565.72	8.71	572.25	8.78	578.86	8.85	585.55	8.92	592.32	8.99	599.18	9.07
676.71	8.73	684.58	8.80	692.56	8.87	700.64	8.94	708.81	9.02	717.08	9.09	725.44	9.17
538.06	9.37	543.58	9.44	549.17	9.51	554.83	9.58	560.57	9.65	566.37	9.72	572.24	9.79
605.99	9.40	612.24	9.47	618.58	9.54	625.00	9.61	631.50	9.68	638.07	9.76	644.72	9.83
673.31	9.43	680.31	9.50	687.40	9.57	694.57	9.64	701.83	9.72	709.17	9.79	716.60	9.86
741.96	9.47	749.72	9.54	757.57	9.61	765.52	9.68	773.56	9.75	781.69	9.83	789.91	9.90
801.44	9.45	809.87	9.52	818.40	9.59	827.03	9.66	835.76	9.74	844.60	9.81	853.53	9.88
859.79	9.43	868.89	9.50	878.09	9.57	887.41	9.65	896.83	9.72	906.36	9.79	915.99	9.86
777.38	10.60	784.37	10.67	791.45	10.74	798.61	10.81	805.85	10.88	813.18	10.95	820.58	11.02
864.51	10.64	872.34	10.71	880.26	10.78	888.26	10.85	896.36	10.92	904.55	10.99	912.82	11.06
1038.76	10.70	1048.28	10.77	1057.90	10.84	1067.62	10.91	1077.45	10.98	1087.38	11.06	1097.41	11.13
1127.18	10.74	1137.56	10.81	1148.05	10.88	1158.66	10.95	1169.37	11.02	1180.20	11.10	1191.13	11.17
1214.52	10.77	1225.76	10.84	1237.13	10.91	1248.61	10.98	1260.20	11.05	1271.92	11.13	1283.74	11.20
1303.90	10.81	1316.03	10.88	1328.28	10.95	1340.66	11.02	1353.16	11.09	1365.78	11.17	1378.53	11.24
1392.02	10.84	1405.02	10.91	1418.16	10.98	1431.43	11.05	1444.83	11.13	1458.35	11.20	1472.01	11.28
1525.89	10.89	1540.23	10.96	1554.72	11.04	1569.34	11.11	1584.11	11.18	1599.02	11.26	1614.06	11.33

17.1.2 两个热轧不等边角钢（两短边相连）的组合截面特性，见表17－2（按《热轧

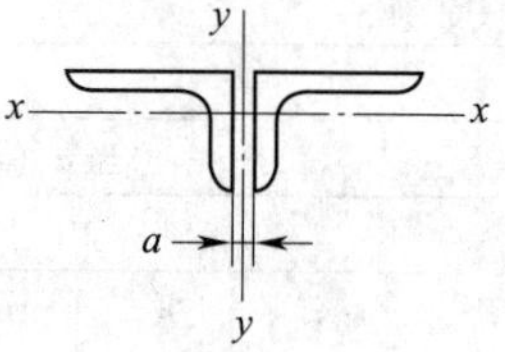

表17－2 不等边

角钢型号		截面面积 A (cm²)	每米重量 (kg/m)	x－x轴				截					
				I_x (cm⁴)	W_{xmax} (cm³)	W_{xmin} (cm³)	i_x (cm)	0		4		6	
								W_y (cm³)	i_y (cm)	W_y (cm³)	i_y (cm)	W_y (cm³)	i_y (cm)
2L25×16×	3	2.32	1.82	0.44	1.06	0.38	0.44	1.25	1.16	1.49	1.32	1.62	1.40
	4	3.00	2.35	0.55	1.20	0.48	0.43	1.67	1.18	1.99	1.34	2.17	1.42
2L32×20×	3	2.98	2.34	0.92	1.86	0.61	0.55	2.05	1.48	2.34	1.63	2.50	1.71
	4	3.88	3.04	1.14	2.16	0.78	0.54	2.73	1.50	3.13	1.66	3.34	1.74
2L40×25×	3	3.78	2.97	1.87	3.18	0.98	0.70	3.20	1.84	3.56	1.99	3.75	2.07
	4	4.93	3.87	2.36	3.77	1.26	0.69	4.26	1.86	4.75	2.01	5.01	2.09
2L45×28×	3	4.30	3.37	2.68	4.17	1.24	0.79	4.05	2.06	4.45	2.21	4.66	2.28
	4	5.61	4.41	3.39	4.98	1.60	0.78	5.40	2.08	5.94	2.23	6.23	2.31
2L50×32×	3	4.86	3.82	4.05	5.57	1.64	0.91	4.99	2.27	5.44	2.41	5.68	2.49
	4	6.35	4.99	5.16	6.72	2.12	0.90	6.66	2.29	7.26	2.44	7.58	2.51
2L56×36×	3	5.49	4.31	5.85	7.27	2.09	1.03	6.26	2.53	6.76	2.67	7.02	2.75
	4	7.18	5.64	7.48	8.85	2.72	1.02	8.35	2.55	9.02	2.70	9.37	2.77
	5	8.83	6.93	8.99	10.17	3.31	1.01	10.44	2.57	11.28	2.72	11.72	2.80
2L63×40×	4	8.12	6.37	10.47	11.44	3.39	1.14	10.57	2.86	11.31	3.01	11.70	3.09
	5	9.99	7.84	12.62	13.21	4.14	1.12	13.22	2.89	14.15	3.03	14.64	3.11
	6	11.82	9.28	14.62	14.72	4.86	1.11	15.87	2.91	16.99	3.06	17.59	3.13
	7	13.60	10.68	16.49	16.00	5.55	1.10	18.52	2.93	19.84	3.08	20.54	3.16
2L70×45×	4	9.11	7.15	15.10	14.86	4.34	1.29	13.05	3.17	13.87	3.31	14.30	3.39
	5	11.22	8.81	18.27	17.29	5.30	1.28	16.31	3.19	17.34	3.34	17.88	3.41
	6	13.29	10.43	21.23	19.69	6.24	1.26	19.58	3.21	20.83	3.36	21.48	3.44
	7	15.31	12.02	24.02	21.20	7.13	1.25	22.85	3.23	24.32	3.38	25.08	3.46
2L75×50×	5	12.25	9.62	25.23	21.50	6.59	1.43	18.73	3.39	19.83	3.53	20.41	3.60
	6	14.52	11.40	29.40	24.25	7.76	1.42	22.48	3.41	23.81	3.55	24.51	3.63
	8	18.93	14.86	37.06	28.78	9.98	1.40	30.00	3.45	31.80	3.60	32.73	3.67
	10	23.18	18.20	43.93	32.28	12.07	1.38	37.55	3.49	39.82	3.64	41.00	3.71
2L80×50×	5	12.75	10.01	25.65	22.56	6.64	1.42	21.30	3.66	22.46	3.80	23.07	3.88
	6	15.12	11.87	29.90	25.42	7.82	1.41	25.56	3.68	26.97	3.82	27.70	3.90
	7	17.45	13.70	33.91	27.92	8.96	1.39	29.83	3.70	31.48	3.85	32.34	3.92
	8	19.73	15.49	37.71	30.12	10.06	1.38	34.10	3.72	36.00	3.87	36.98	3.94

型钢》GB/T 706—2016）计算）。

I——截面惯性矩；
W——截面模量；
i——截面回转半径。

角钢（短边连）

面特性													
y－y 轴													
当 a（mm）为													
8		10		12		14		16		18		20	
W_y (cm^3)	i_y (cm)	W_y (cm^3)	i_y (cm)	W_y (cm^3)	i_y (cm)	W_y (cm^3)	i_y (cm)	W_y (cm^3)	i_y (cm)	W_y (cm^3)	i_y (cm)	W_y (cm^3)	i_y (cm)
1.76	1.48	1.90	1.57	2.05	1.66	2.21	1.74	2.37	1.83	2.53	1.93	2.70	2.02
2.35	1.51	2.54	1.60	2.74	1.68	2.95	1.77	3.16	1.86	3.37	1.96	3.59	2.05
2.67	1.79	2.84	1.88	3.03	1.96	3.21	2.05	3.41	2.14	3.60	2.23	3.81	2.32
3.57	1.82	3.80	1.90	4.04	1.99	4.29	2.08	4.55	2.17	4.81	2.25	5.08	2.34
3.95	2.14	4.16	2.23	4.38	2.31	4.60	2.39	4.84	2.48	5.07	2.56	5.32	2.65
5.28	2.17	5.56	2.25	5.85	2.34	6.15	2.42	6.46	2.51	6.77	2.59	7.09	2.68
4.89	2.36	5.12	2.44	5.36	2.52	5.61	2.60	5.86	2.69	6.12	2.77	6.39	2.86
6.53	2.39	6.84	2.47	7.16	2.55	7.49	2.63	7.83	2.72	8.17	2.80	8.53	2.89
5.92	2.56	6.18	2.64	6.44	2.72	6.71	2.81	6.99	2.89	7.28	2.97	7.57	3.06
7.91	2.59	8.25	2.67	8.60	2.75	8.96	2.84	9.33	2.92	9.71	3.00	10.10	3.09
7.29	2.82	7.57	2.90	7.86	2.98	8.16	3.06	8.47	3.14	8.78	3.23	9.10	3.31
9.73	2.85	10.11	2.93	10.50	3.01	10.89	3.09	11.30	3.17	11.72	3.26	12.14	3.34
12.18	2.88	12.65	2.96	13.14	3.04	13.63	3.12	14.14	3.20	14.66	3.29	15.19	3.37
12.11	3.16	12.52	3.24	12.95	3.32	13.39	3.40	13.83	3.48	14.29	3.56	14.76	3.64
15.15	3.19	15.67	3.27	16.20	3.35	16.75	3.43	17.31	3.51	17.88	3.59	18.47	3.67
18.20	3.21	18.82	3.29	19.46	3.37	20.12	3.45	20.80	3.53	21.48	3.62	22.18	3.70
21.25	3.24	21.99	3.32	22.74	3.40	23.50	3.48	24.29	3.56	25.09	3.64	25.91	3.73
14.74	3.46	15.20	3.54	15.66	3.62	16.14	3.69	16.63	3.77	17.13	3.86	17.64	3.94
18.41	3.49	19.01	3.57	19.60	3.64	20.19	3.72	20.81	3.80	21.43	3.89	22.07	3.97
22.15	3.51	22.83	3.59	23.54	3.67	24.26	3.75	24.99	3.83	25.74	3.91	26.51	4.00
25.86	3.54	26.67	3.61	27.49	3.69	28.33	3.77	29.19	3.86	30.07	3.94	30.96	4.02
21.00	3.68	21.61	3.76	22.23	3.83	22.87	3.91	23.52	3.99	24.19	4.07	24.87	4.15
25.22	3.70	25.95	3.78	26.71	3.86	27.47	3.94	28.26	4.02	29.06	4.10	29.88	4.18
33.70	3.75	34.68	3.83	35.69	3.91	36.72	3.99	37.76	4.07	38.83	4.15	39.92	4.23
42.21	3.79	43.45	3.87	44.71	3.95	46.00	4.03	47.32	4.12	48.66	4.20	50.02	4.28
23.69	3.95	24.33	4.03	24.98	4.10	25.65	4.18	26.33	4.26	27.03	4.34	27.73	4.42
28.45	3.98	29.22	4.05	30.00	4.13	30.80	4.21	31.62	4.29	32.46	4.37	33.30	4.45
33.21	4.00	34.11	4.08	35.03	4.16	35.97	4.23	36.92	4.32	37.90	4.40	38.89	4.48
37.99	4.02	39.02	4.10	40.07	4.18	41.14	4.26	42.24	4.34	43.35	4.42	44.48	4.50

续表

角钢型号		截面面积 A (cm²)	每米重量 (kg/m)	截									
				x－x 轴									
				I_x (cm⁴)	W_{xmax} (cm³)	W_{xmin} (cm³)	i_x (cm)	0		4		6	
								W_y (cm³)	i_y (cm)	W_y (cm³)	i_y (cm)	W_y (cm³)	i_y (cm)
2∟90×56×	5	14.42	11.32	36.65	29.41	8.42	1.59	26.96	4.10	28.26	4.25	28.93	4.32
	6	17.11	13.43	42.84	33.30	9.93	1.58	32.35	4.12	33.92	4.27	34.73	4.34
	7	19.76	15.51	48.71	36.76	11.39	1.57	37.75	4.15	39.59	4.29	40.54	4.37
	8	22.37	17.56	54.30	39.83	12.82	1.56	43.15	4.17	45.26	4.31	46.36	4.39
2∟100×63×	6	19.23	15.10	61.87	43.38	12.70	1.79	39.94	4.56	41.67	4.70	42.57	4.77
	7	22.22	17.44	70.52	48.11	14.59	1.78	46.60	4.58	48.63	4.72	49.68	4.80
	8	25.17	19.76	78.79	52.37	16.43	1.77	53.26	4.60	55.60	4.75	56.80	4.82
	10	30.93	24.28	94.25	59.65	19.97	1.75	66.61	4.64	69.56	4.79	71.08	4.86
2∟100×80×	6	21.27	16.70	122.49	62.06	20.33	2.40	39.97	4.33	41.73	4.47	42.65	4.54
	7	24.60	19.31	140.15	69.58	23.41	2.39	46.64	4.35	48.71	4.49	49.79	4.57
	8	27.89	21.89	157.15	76.54	26.43	2.37	53.32	4.37	55.71	4.51	56.95	4.59
	10	34.33	26.95	189.30	88.91	32.24	2.35	66.73	4.41	69.75	4.55	71.32	4.63
2∟110×70×	6	21.27	16.70	85.83	54.72	15.80	2.01	48.32	5.00	50.22	5.14	51.20	5.21
	7	24.60	19.31	98.04	60.96	18.18	2.00	56.38	5.02	58.60	5.16	59.74	5.24
	8	27.89	21.89	109.74	66.63	20.50	1.98	64.43	5.04	66.99	5.19	68.30	5.26
	10	34.33	26.95	131.76	76.48	24.97	1.96	80.57	5.08	83.79	5.23	85.44	5.30
2∟125×80×	7	28.19	22.13	148.84	82.48	24.02	2.30	72.80	5.68	75.30	5.82	76.59	5.90
	8	31.98	25.10	166.98	90.56	27.12	2.29	83.20	5.70	86.07	5.85	87.55	5.92
	10	39.42	30.95	201.34	104.82	33.12	2.26	104.01	5.74	107.64	5.89	109.51	5.96
	12	46.70	36.66	233.34	116.92	38.16	2.24	124.86	5.78	129.25	5.93	131.50	6.00
2∟140×90×	8	36.08	28.32	241.38	118.30	34.68	2.59	104.36	6.36	107.56	6.51	109.21	6.58
	10	44.52	34.95	292.06	137.87	42.44	2.56	130.46	6.40	134.49	6.55	136.56	6.62
	12	52.80	41.45	339.58	154.77	49.90	2.54	156.58	6.44	161.47	6.59	163.97	6.66
	14	60.91	47.82	384.20	169.37	57.07	2.51	182.75	6.48	188.49	6.63	191.42	6.70
2∟150×90×	8	37.68	29.58	245.60	124.67	34.94	2.55	199.57	6.90	195.40	6.91	193.50	6.91
	10	46.52	36.52	297.24	145.00	42.77	2.53	249.58	6.95	244.35	6.95	241.98	6.96
	12	55.20	43.33	345.70	248.36	127.56	2.50	299.37	6.99	293.10	6.99	290.24	6.99
	14	63.71	50.01	391.24	184.55	56.87	2.48	349.39	7.03	342.07	7.03	338.73	7.03
2∟160×100×	10	50.63	39.74	410.06	179.88	53.11	2.85	170.26	7.34	174.93	7.48	177.26	7.55
	12	60.11	47.18	478.13	202.91	62.55	2.82	204.45	7.38	209.97	7.52	212.79	7.60
	14	69.42	54.49	542.41	223.07	71.67	2.80	238.56	7.42	245.05	7.56	248.35	7.64
	16	78.56	61.67	603.20	240.73	80.49	2.77	272.72	7.45	280.18	7.60	283.98	7.68
2∟180×110×	10	56.75	44.55	556.21	227.83	64.99	3.13	215.60	8.27	220.70	8.41	223.30	8.49
	12	67.42	52.93	650.06	258.06	76.65	3.11	258.71	8.31	264.87	8.46	268.01	8.53
	14	77.93	61.18	739.10	284.82	87.94	3.08	301.84	8.35	309.07	8.50	312.76	8.57
	16	88.28	69.30	823.69	308.52	98.88	3.05	345.02	8.39	353.32	8.53	357.56	8.61
2∟200×125×	12	75.82	59.52	966.32	340.92	99.98	3.57	319.38	9.18	326.20	9.32	329.66	9.39
	14	87.73	68.87	1101.65	378.49	114.88	3.54	372.62	9.22	380.61	9.36	384.66	9.43
	16	99.48	78.09	1230.88	412.24	129.37	3.52	425.89	9.25	435.07	9.40	439.74	9.47
	18	111.05	87.18	1354.37	442.59	143.47	3.49	479.20	9.29	489.59	9.44	494.87	9.51

17-2

面特性													
$y-y$ 轴													
当 a（mm）为													
8		10		12		14		16		18		20	
W_y (cm^3)	i_y (cm)	W_y (cm^3)	i_y (cm)	W_y (cm^3)	i_y (cm)	W_y (cm^3)	i_y (cm)	W_y (cm^3)	i_y (cm)	W_y (cm^3)	i_y (cm)	W_y (cm^3)	i_y (cm)
29.63	4.39	30.33	4.47	31.05	4.55	31.79	4.62	32.54	4.70	33.31	4.78	34.09	4.86
35.57	4.42	36.42	4.50	37.29	4.57	33.17	4.65	39.08	4.73	40.00	4.81	40.93	4.89
41.52	4.44	42.51	4.52	43.53	4.60	44.57	4.68	45.62	4.76	46.69	4.84	47.79	4.92
47.47	4.47	48.62	4.54	49.78	4.62	50.97	4.70	52.18	4.78	53.41	4.86	54.66	4.94
43.49	4.85	44.42	4.92	45.38	5.00	46.35	5.08	47.34	5.16	48.35	5.23	49.37	5.31
50.76	4.87	51.85	4.95	52.97	5.03	54.11	5.10	55.26	5.18	56.44	5.26	57.64	5.34
58.04	4.90	59.29	4.97	60.57	5.05	61.87	5.13	63.20	5.21	64.55	5.29	65.92	5.37
72.63	4.94	74.21	5.02	75.81	5.10	77.45	5.18	79.11	5.26	80.80	5.34	82.52	5.42
54.59	4.62	44.55	4.69	45.54	4.76	46.55	4.84	47.58	4.91	48.62	4.99	49.69	5.07
50.90	4.64	52.03	4.71	53.18	4.79	54.36	4.86	55.56	4.94	56.79	5.02	58.04	5.09
58.22	4.66	59.52	4.73	60.84	4.81	62.20	4.88	63.58	4.96	64.98	5.04	66.41	5.12
72.92	4.70	74.56	4.78	76.23	4.85	77.93	4.93	79.67	5.01	81.44	5.08	83.24	5.16
52.19	5.29	53.21	5.36	54.25	5.44	55.31	5.51	56.38	5.59	57.47	5.67	58.58	5.75
60.91	5.31	62.10	5.39	63.32	5.46	64.55	5.54	65.81	5.62	67.09	5.70	68.38	5.78
69.64	5.34	71.01	5.41	72.40	5.49	73.81	5.56	75.25	5.64	76.71	5.72	78.20	5.80
87.13	5.38	88.85	5.46	90.60	5.53	92.38	5.61	94.18	5.69	96.02	5.77	97.88	5.85
77.91	5.97	79.24	6.04	80.60	6.12	81.98	6.20	83.39	6.27	84.81	6.35	86.26	6.43
89.06	5.99	90.59	6.07	92.15	6.14	93.73	6.22	95.34	6.30	96.97	6.37	98.63	6.45
111.40	6.04	113.33	6.11	115.29	6.19	117.28	6.27	119.29	6.34	121.34	6.42	123.42	6.50
133.79	6.08	136.12	6.16	138.48	6.23	140.88	6.31	143.31	6.39	145.78	6.47	148.27	6.55
110.88	6.65	112.57	6.73	114.30	6.80	116.05	6.88	117.82	6.95	119.62	7.03	121.44	7.11
138.67	6.70	140.80	6.77	142.97	6.85	145.16	6.92	147.39	7.00	149.65	7.08	151.94	7.15
166.50	6.74	169.08	6.81	171.70	6.89	174.35	6.97	177.03	7.04	179.75	7.12	182.51	7.20
194.40	6.78	197.42	6.86	200.49	6.93	203.59	7.01	206.74	7.09	209.93	7.17	213.15	7.25
191.72	6.92	42.32	6.92	188.51	6.93	187.07	6.94	185.74	6.95	184.51	6.96	183.38	6.98
239.75	6.96	53.21	6.97	235.72	6.97	233.92	6.98	232.24	6.99	230.69	7.01	229.27	7.02
287.57	7.00	64.11	7.00	282.72	7.01	280.55	7.02	278.53	7.03	276.67	7.04	274.95	7.06
335.60	7.04	75.51	7.04	329.94	7.05	327.99	7.06	325.03	7.07	322.84	7.08	320.82	7.10
179.63	7.63	182.03	7.70	184.47	7.78	186.93	7.85	189.43	7.93	191.95	8.00	194.51	8.08
215.64	7.67	218.54	7.75	221.48	7.82	224.45	7.90	227.46	7.97	230.50	8.05	233.58	8.13
251.71	7.71	255.11	7.79	258.54	7.86	262.03	7.94	265.55	8.02	269.11	8.09	272.72	8.17
287.83	7.75	291.73	7.83	295.68	7.90	299.67	7.98	303.72	8.06	307.80	8.14	311.93	8.22
225.94	8.56	228.61	8.63	231.31	8.71	234.01	8.78	236.80	8.36	239.59	8.93	242.42	9.01
271.19	8.60	274.40	8.68	277.66	8.75	280.95	8.83	284.28	8.90	287.65	8.98	291.05	9.06
316.48	8.64	320.26	8.72	324.07	8.79	327.93	8.87	331.83	8.95	335.77	9.02	339.75	9.10
361.84	8.68	366.17	8.76	370.54	8.84	374.97	8.91	379.44	8.99	383.96	9.07	388.53	9.14
333.17	9.47	336.72	9.54	340.31	9.62	343.93	9.69	347.60	9.76	351.30	9.84	355.03	9.92
388.79	9.51	392.95	9.58	397.15	9.66	401.40	9.73	405.69	9.81	410.03	9.88	414.41	9.96
444.47	9.55	449.24	9.62	454.07	9.70	458.94	9.77	463.87	9.85	468.84	9.92	473.86	10.00
500.21	9.59	505.60	9.66	511.05	9.74	516.56	9.81	522.12	9.89	527.73	9.97	533.39	10.04

17.1.3 两个热轧不等边角钢（两长边相连）的组合截面特征，见表 17－3（按《热轧

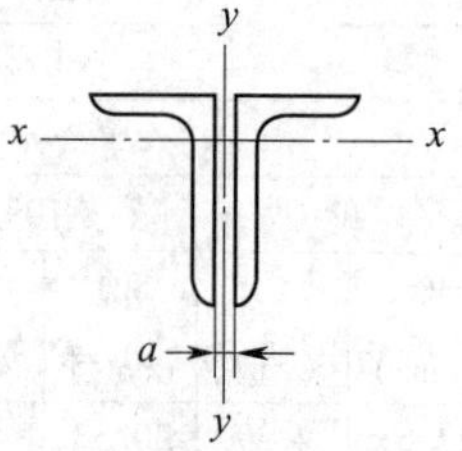

表 17－3 不等边

角钢型号		截面面积 A (cm^2)	每米重量 (kg/m)	截									
				x－x 轴									
								0		4		6	
				I_x (cm^4)	W_{xmax} (cm^3)	W_{xmin} (cm^3)	i_x (cm)	W_y (cm^3)	i_y (cm)	W_y (cm^3)	i_y (cm)	W_y (cm^3)	i_y (cm)
2L25×16×	3	2.32	1.82	1.41	1.64	0.86	0.78	0.53	0.61	0.74	0.76	0.87	0.84
	4	3.00	2.35	1.76	1.96	1.10	0.77	0.73	0.63	1.02	0.78	1.19	0.87
2L32×20×	3	2.98	2.34	3.05	2.82	1.44	1.01	0.82	0.74	1.07	0.89	1.21	0.97
	4	3.88	3.04	3.86	3.44	1.86	1.00	1.12	0.76	1.46	0.91	1.66	0.99
2L40×25×	3	3.78	2.97	6.15	4.64	2.30	1.28	1.27	0.92	1.56	1.06	1.73	1.13
	4	4.93	3.87	7.85	5.75	2.98	1.26	1.72	0.93	2.12	1.08	2.35	1.16
2L45×28×	3	4.30	3.37	8.90	6.05	2.94	1.44	1.59	1.02	1.91	1.15	2.10	1.23
	4	5.61	4.41	11.40	7.52	3.82	1.43	2.14	1.03	2.58	1.18	2.84	1.25
2L50×32×	3	4.86	3.82	12.48	7.78	3.67	1.60	2.07	1.17	2.42	1.30	2.62	1.37
	4	6.35	4.99	16.03	9.73	4.78	1.59	2.78	1.18	3.26	1.32	3.54	1.40
2L56×36×	3	5.49	4.31	17.76	10.00	4.65	1.80	2.61	1.31	3.00	1.44	3.22	1.51
	4	7.18	5.64	22.90	12.55	6.06	1.79	3.50	1.33	4.03	1.46	4.33	1.53
	5	8.83	6.93	27.73	14.86	7.43	1.77	4.41	1.34	5.10	1.48	5.48	1.56
2L63×40×	4	8.12	6.37	32.98	16.20	7.73	2.02	4.32	1.46	4.90	1.59	5.22	1.66
	5	9.99	7.84	40.03	19.24	9.49	2.00	5.43	1.47	6.17	1.61	6.59	1.68
	6	11.82	9.28	46.72	22.01	11.18	1.99	6.57	1.49	7.48	1.63	7.99	1.71
	7	13.60	10.68	53.06	24.53	12.82	1.97	7.73	1.51	8.83	1.65	9.43	1.73
2L70×45×	4	9.11	7.15	45.93	20.57	9.64	2.25	5.45	1.64	6.08	1.77	6.43	1.84
	5	11.22	8.81	55.90	24.52	11.84	2.23	6.84	1.66	7.66	1.79	8.11	1.86
	6	13.29	10.43	65.40	28.16	13.98	2.22	8.26	1.67	9.26	1.81	9.81	1.88
	7	15.31	12.02	74.45	31.50	16.06	2.20	9.71	1.69	10.90	1.83	11.56	1.90
2L75×50×	5	12.25	9.62	70.19	29.31	13.75	2.39	8.42	1.85	9.29	1.99	9.78	2.06
	6	14.52	11.40	82.24	33.72	16.25	2.38	10.15	1.87	11.22	2.00	11.81	2.08
	8	18.93	14.86	104.79	41.59	21.04	2.35	13.69	1.90	15.19	2.04	16.00	2.12
	10	23.18	18.20	125.41	48.31	25.57	2.33	17.37	1.94	19.31	2.08	20.35	2.16
2L80×50×	5	12.75	10.01	83.91	32.22	15.55	2.57	8.43	1.82	9.31	1.95	9.81	2.02
	6	15.12	11.87	98.42	37.16	18.39	2.55	10.16	1.83	11.26	1.97	11.86	2.04
	7	17.45	13.70	112.33	41.75	21.16	2.54	11.93	1.85	13.23	1.99	13.95	2.06
	8	19.73	15.49	125.65	46.01	23.85	2.52	13.73	1.86	15.25	2.00	16.08	2.08

型钢》GB/T 706—2016 计算）。

I——截面惯性矩；
W——截面模量；
i——截面回转半径

角钢（长边连）

面 特 性													
$y-y$ 轴													
当 a（mm）为													
8		10		12		14		16		18		20	
W_y (cm^3)	i_y (cm)	W_y (cm^3)	i_y (cm)	W_y (cm^3)	i_y (cm)	W_y (cm^3)	i_y (cm)	W_y (cm^3)	i_y (cm)	W_y (cm^3)	i_y (cm)	W_y (cm^3)	i_y (cm)
1.00	0.93	1.15	1.02	1.30	1.11	1.46	1.20	1.63	1.30	1.80	1.39	1.98	1.49
1.38	0.96	1.57	1.05	1.77	1.14	1.98	1.23	2.20	1.33	2.43	1.42	2.66	1.52
1.37	1.05	1.54	1.14	1.72	1.23	1.91	1.32	2.11	1.41	2.31	1.50	2.52	1.59
1.87	1.08	2.10	1.16	2.34	1.25	2.60	1.34	2.86	1.44	3.13	1.53	3.41	1.62
1.92	1.21	2.11	1.30	2.32	1.38	2.54	1.47	2.77	1.56	3.01	1.65	3.26	1.74
2.60	1.24	2.87	1.32	3.15	1.41	3.45	1.50	3.75	1.58	4.07	1.68	4.40	1.77
2.30	1.31	2.51	1.39	2.74	1.47	2.98	1.56	3.23	1.64	3.49	1.73	3.76	1.82
3.11	1.33	3.40	1.41	3.71	1.50	4.03	1.59	4.36	1.67	4.71	1.76	5.07	1.85
2.84	1.45	3.07	1.53	3.32	1.61	3.58	1.69	3.85	1.78	4.13	1.87	4.42	1.95
3.84	1.47	4.15	1.55	4.48	1.64	4.83	1.72	5.19	1.81	5.56	1.89	5.95	1.98
3.45	1.59	3.70	1.66	3.97	1.74	4.25	1.83	4.54	1.91	4.84	1.99	5.16	2.08
4.65	1.61	4.99	1.69	5.35	1.77	5.74	1.85	6.12	1.94	6.52	2.02	6.94	2.11
5.89	1.63	6.32	1.71	6.77	1.79	7.24	1.88	7.73	1.96	8.24	2.05	8.77	2.14
5.57	1.74	5.94	1.81	6.33	1.89	6.73	1.97	7.16	2.06	7.59	2.14	8.05	2.23
7.03	1.76	7.50	1.84	7.99	1.92	8.50	2.00	9.04	2.08	9.59	2.17	10.16	2.25
8.53	1.78	9.10	1.86	9.70	1.94	10.32	2.03	10.96	2.11	11.62	2.20	12.31	2.28
10.07	1.81	10.74	1.89	11.45	1.97	12.17	2.05	12.93	2.14	13.71	2.22	14.51	2.31
6.81	1.91	7.21	1.99	7.63	2.07	8.06	2.15	8.52	2.23	8.99	2.31	9.48	2.39
8.58	1.94	9.09	2.01	9.62	2.09	10.17	2.17	10.74	.2.25	11.34	2.34	11.95	2.42
10.40	1.96	11.01	2.04	11.65	2.11	12.32	2.20	13.01	2.28	13.73	2.36	14.47	2.45
12.25	1.98	12.97	2.06	13.73	2.14	14.51	2.22	15.33	2.30	16.17	2.39	17.04	2.47
10.29	2.13	10.82	2.20	11.38	2.28	11.97	2.36	12.57	2.44	13.20	2.52	13.85	2.60
12.43	2.15	13.09	2.23	13.77	2.30	14.47	2.38	15.21	2.46	15.96	2.55	16.74	2.63
16.85	2.19	17.74	2.27	18.67	2.35	19.63	2.43	20.62	2.51	21.64	2.60	22.69	2.68
21.44	2.24	22.58	2.31	23.76	2.40	24.98	2.48	26.23	2.56	27.53	2.65	28.85	2.73
10.33	2.09	10.88	2.17	11.45	2.24	12.05	2.32	12.67	2.40	13.31	2.48	13.98	2.56
12.49	2.11	13.16	2.19	13.86	2.27	14.58	2.34	15.33	2.43	16.11	2.51	16.92	2.59
14.70	2.13	15.49	2.21	16.31	2.29	17.17	2.37	18.05	2.45	18.97	2.53	19.91	2.62
16.95	2.15	17.87	2.23	18.82	2.31	19.80	2.39	20.83	2.47	21.88	2.56	22.96	2.64

续表

角钢型号		截面面积 A (cm^2)	每米重量 (kg/m)	截									
				$x-x$ 轴									
				I_x (cm^4)	W_{xmax} (cm^3)	W_{xmin} (cm^3)	i_x (cm)	0		4		6	
								W_y (cm^3)	i_y (cm)	W_y (cm^3)	i_y (cm)	W_y (cm^3)	i_y (cm)
2L90×56×	5	14.42	11.32	120.89	41.61	19.84	2.90	10.55	2.02	11.52	2.15	12.06	2.22
	6	17.11	13.43	142.06	48.13	23.49	2.88	12.71	2.04	13.90	2.17	14.56	2.24
	7	19.76	15.51	162.44	54.23	27.05	2.87	14.90	2.05	16.32	2.19	17.10	2.26
	8	22.37	17.56	182.06	59.95	30.53	2.85	17.12	2.07	18.79	2.21	19.69	2.28
2L100×63×	6	19.23	15.10	198.12	61.24	29.29	3.21	16.03	2.29	17.35	2.42	38.06	2.49
	7	22.22	17.44	226.91	69.18	33.77	3.20	18.77	2.31	20.34	2.44	21.18	2.51
	8	25.17	19.76	254.73	76.66	38.15	3.18	21.55	2.32	23.37	2.46	24.35	2.53
	10	30.93	24.28	307.62	90.36	46.64	3.15	27.22	2.35	29.58	2.49	30.84	2.57
2L100×80×	6	21.27	16.70	214.07	72.48	30.38	3.17	25.67	3.11	27.20	3.24	28.01	3.31
	7	24.60	19.31	245.46	81.91	35.05	3.16	29.99	3.12	31.80	3.26	32.76	3.32
	8	27.89	21.89	275.85	90.80	39.62	3.15	34.34	3.14	36.43	3.27	37.54	3.34
	10	34.33	26.95	333.74	107.08	48.49	3.12	43.12	3.17	45.80	3.31	47.22	3.38
2L110×70×	6	21.27	16.70	266.84	75.61	35.70	3.54	19.74	2.55	21.16	2.68	21.93	2.74
	7	24.60	19.31	306.01	85.64	41.20	3.53	23.10	2.56	24.79	2.69	25.70	2.76
	8	27.89	21.89	344.08	95.35	46.60	3.51	26.48	2.58	28.46	2.71	29.52	2.78
	10	34.33	26.95	416.78	112.71	57.08	3.48	33.38	2.61	35.93	2.74	37.29	2.82
2L125×80×	7	28.19	22.13	455.96	113.62	53.72	4.02	30.08	2.92	31.96	3.05	32.98	3.13
	8	31.98	25.10	513.53	126.57	60.83	4.01	34.46	2.94	36.66	3.07	37.83	3.13
	10	39.42	30.95	624.09	150.70	74.66	3.98	43.35	2.97	46.18	3.10	47.68	3.17
	12	46.70	36.66	728.82	172.68	88.03	3.95	52.42	3.00	55.91	3.13	57.77	3.20
2L140×90×	8	36.08	28.32	731.27	162.59	76.96	4.50	43.51	3.29	45.92	3.42	47.20	3.49
	10	44.52	34.95	891.00	194.39	94.62	4.47	54.65	3.32	57.76	3.45	59.40	3.52
	12	52.80	41.45	1043.18	223.63	111.75	4.44	65.97	3.35	69.81	3.49	71.83	3.56
	14	60.91	47.82	1188.20	250.51	128.36	4.42	77.52	3.38	82.10	3.52	84.52	3.59
2L150×90×	8	37.68	29.58	884.10	179.70	87.71	4.84	42.75	3.22	42.50	3.23	42.50	3.24
	10	46.52	36.52	1078.48	215.27	107.96	4.81	53.76	3.25	53.43	3.26	53.43	3.27
	12	55.20	43.33	1264.16	248.36	127.56	4.79	64.78	3.28	64.38	3.29	64.38	3.29
	14	63.71	50.01	1441.54	278.83	146.65	4.76	76.32	3.31	75.84	3.33	75.84	3.33
2L160×100×	10	50.63	39.74	1337.37	255.39	124.25	5.14	67.32	3.65	70.72	3.77	72.52	3.84
	12	60.11	47.18	1569.82	295.07	146.99	5.11	81.19	3.68	85.39	3.81	87.60	3.87
	14	69.42	54.49	1792.59	331.95	169.12	5.03	95.28	3.70	100.31	3.84	102.95	3.91
	16	78.56	61.67	2006.11	366.21	190.66	5.05	109.64	3.74	115.52	3.87	118.60	3.94
2L180×110×	10	56.75	44.55	1912.50	324.73	157.92	5.81	81.31	3.97	85.01	4.10	86.96	4.16
	12	67.42	52.93	2249.44	376.46	187.07	5.78	97.99	4.00	102.55	4.13	104.94	4.19
	14	77.93	61.18	2573.82	424.92	215.51	5.75	114.90	4.03	120.35	4.16	123.21	4.23
	16	88.28	69.30	2886.12	470.32	243.28	5.72	132.08	4.06	138.46	4.19	341.79	4.26
2L200×125×	12	75.82	59.52	3141.80	480.19	233.47	6.44	126.04	4.56	131.06	4.69	133.69	4.75
	14	87.73	68.37	3601.94	543.71	269.30	6.41	147.60	4.59	153.59	4.72	156.72	4.78
	16	99.48	78.09	4046.70	603.62	304.36	6.38	169.42	4.61	176.42	4.75	180.07	4.81
	18	111.05	87.18	4476.61	660.11	338.67	6.35	191.54	4.64	199.58	4.78	203.76	4.85

17－3

面 特 性													
$y-y$ 轴													
当 a (mm) 为													
8		10		12		14		16		18		20	
W_y (cm³)	i_y (cm)	W_y (cm³)	i_y (cm)	W_y (cm³)	i_y (cm)	W_y (cm³)	i_y (cm)	W_y (cm³)	i_y (cm)	W_y (cm³)	i_y (cm)	W_y (cm³)	i_y (cm)
12.62	2.29	13.22	2.36	13.84	2.44	14.49	2.52	15.16	2.59	15.86	2.67	16.58	2.75
15.25	2.31	15.97	2.39	16.73	2.46	17.52	2.54	18.33	2.62	19.18	2.70	20.04	2.78
17.92	2.33	18.78	2.41	19.67	2.48	20.60	2.56	21.56	2.64	22.55	2.72	23.57	2.81
20.64	2.35	21.63	2.43	22.66	2.51	23.73	2.59	24.84	2.67	25.98	2.75	27.15	2.83
18.81	2.56	19.59	2.63	20.41	2.71	21.26	2.78	22.14	2.86	23.05	2.94	23.99	3.02
22.07	2.58	23.00	2.65	23.97	2.73	24.97	2.80	26.00	2.88	27.07	2.96	28.17	3.04
25.38	2.60	26.46	2.67	27.57	2.75	28.73	2.83	29.92	2.91	31.15	2.99	32.42	3.07
32.17	2.64	33.54	2.72	34.96	2.79	36.44	2.87	37.95	2.95	39.51	3.03	41.12	3.11
28.85	3.38	29.73	3.45	30.63	3.52	31.56	3.59	32.52	3.67	33.50	3.74	34.51	3.82
33.75	3,39	34.78	3.47	35.85	3.54	36.94	3.61	38.07	3.69	39.22	3.11	40.41	3.84
38.69	3.41	39.88	3.49	41.10	3.56	42.36	3.64	43.66	3.71	44.99	3.79	46.35	3.87
48.68	3.45	50.19	3.53	51.75	3.60	53.35	3.68	54.99	3.75	56.67	3.83	58.39	3.91
22.74	2.81	23.58	2.88	24.46	2.96	25.36	3.03	26.30	3.11	27.27	3.18	28.27	3.26
26.66	2.83	27.65	2.80	28.68	2.98	29.75	3.05	30.86	3.13	32.00	3.21	33.17	3.28
30.62	2.85	31.77	2.92	32.97	3.00	34.20	3.07	35.48	3.15	36.79	3.23	38.14	3.31
38.71	2.89	40.19	2.96	41.71	3.04	43.29	3.12	44.91	3.19	46.58	3.27	48.29	3.35
34.03	3.18	35.12	3.25	36.26	3.33	37.43	3.40	38.64	3.47	39.89	3.55	41.17	3.63
39.05	3.20	40.31	3.27	41.63	3.35	42.98	3.42	44.38	3.49	45.81	3.57	47.29	3.65
49.25	3.24	50.87	3.31	52.54	3.39	54.27	3.46	56.04	3.54	57.87	3.61	59.74	3.69
59.69	3.28	61.67	3.35	63.72	3.43	65.83	3.50	68.00	3.58	70.22	3.66	72.49	3.74
48.54	3.56	49.92	3.63	51.34	3.70	52.82	3.77	54.33	3.84	55.89	3.92	57.49	3.99
61.11	3.59	62.87	3.66	64.69	3.73	66.57	3.81	68.49	3.88	70.47	3.96	72.50	4.04
73.93	3.63	76.09	3.70	78.31	3.77	80.60	3.85	82.95	3.92	85.36	4.00	87.83	4.08
87.01	3.66	89.58	3.74	92.23	3.81	94.94	3.89	97.73	3.97	100.58	4.04	103.49	4.12
42.32	3.25	42.32	3.26	42.23	3.28	42.30	3.30	42.44	3.32	42.66	3.35	42.95	3.38
53.21	3.28	53.21	3.29	53.07	3.31	53.15	3.33	53.32	3.35	53.58	3.38	53.93	3.40
64.11	3.30	64.11	3.32	63.92	3.33	64.00	3.35	64.20	3.38	64.50	3.40	64.90	3.43
75.51	3.34	75.51	3.35	75.26	3.37	75.34	3.39	75.55	3.41	75.88	3.43	76.33	3.46
74.39	3.91	76.31	3.98	78.29	4.05	80.33	4.12	82.43	4.19	84.58	4.21	86.79	4.34
89.88	3.94	92.24	4.01	94.07	4.09	97.16	4.16	99.72	4.23	102.34	4.31	105.02	4.38
105.67	3.98	108.48	4.05	111.36	4.12	114.32	4.20	117.35	4.27	120.45	4.35	123.62	4.43
121.78	4.02	125.04	4.09	128.39	4.16	131.82	4.24	135.34	4.31	138.94	4.39	142.61	4.47
88.98	4.23	91.06	4.30	93.20	4.36	95.40	4.44	97.66	4.51	99.98	4.58	102.36	4.65
107.42	4.26	109.96	4.33	112.58	4.40	115.27	4.47	118.03	4.54	120.86	4.62	123.75	4.69
126.15	4.30	129.18	4.37	132.30	4.44	135.49	4.51	138.76	4.58	142.11	4.66	145.53	4.73
145.23	4.33	148.75	4.40	152.37	4.47	156.08	4.55	159.87	4.62	163.75	4.70	167.71	4.77
136.40	4.82	139.18	4.88	142.04	4.95	144.96	5.02	147.96	5.09	151.03	5.17	154.16	5.24
159.94	4.85	163.25	4.92	166.64	4.99	170.11	5.06	173.66	5.13	177.29	5.20	180.99	5.28
183.82	4.88	187.66	4.95	191.60	5.02	195.63	5.09	199.75	5.17	203.95	5.24	208.24	5.32
208.05	4.92	212.45	4.99	216.95	5.06	221.55	5.13	226.25	5.21	231.04	5.28	235.92	5.36

17.1.4 两个等边及不等边角钢组合时连接填板的最大间距。

1）两个热轧等边角钢组合时连接填板的最大间距，见表17－4。

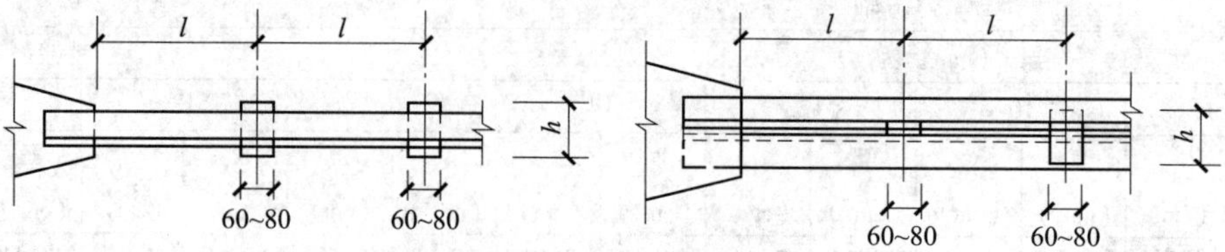

表17－4 两个热轧等边角钢

型号	(a) 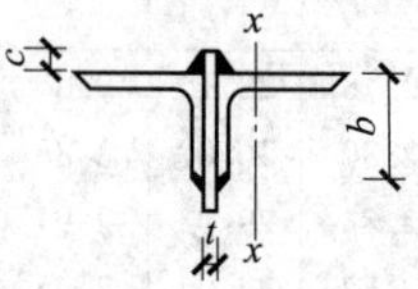			(b) 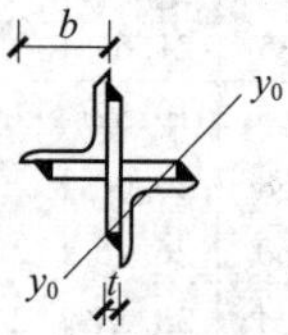		
	l（mm）		填板尺寸 h（mm）	l（mm）		填板尺寸 h（mm）
	受压	受拉		受压	受拉	
L40×40	485	970		310	620	
L45×45	540	1080		350	700	
L50×50	600	1200		390	780	
L56×56	670	1340		435	870	
L63×63	750	1500		490	980	
L70×70	850	1700		550	1100	
L75×75	900	1800		580	1160	
L80×80	970	1940	$h=b+2c$	620	1240	$h=2b+t-2c$
L90×90	1080	2160		700	1400	
L100×100	1190	2380		770	1540	
L110×110	1330	2660		855	1710	
L125×125	1520	3040		980	1960	
L140×140	1700	3400		1100	2200	
L160×160	1960	3920		1255	2510	
L180×180	2200	4400		1410	2820	
L200×200	2430	4860		1560	3120	

注：1 填板间距按下列公式计算：

T形连接时，

受压构件 $l=40i_x$

受拉构件 $l=80i_x$

十字形连接时，

受压构件 $l=40i_{y0}$

受拉构件 $l=80i_{y0}$

式中 i_x——取一个角钢平行于填板的形心轴的截面回转半径；

i_{y0}——取一个角钢的最小截面回转半径。

2 填板厚度应根据节点板的厚度或连接构造要求确定。

3 在受压构件的两个侧向支承点之间的填板数不宜少于两个。

2 两个热轧不等边角钢组合时连接填板的最大间距，见表 17－5。

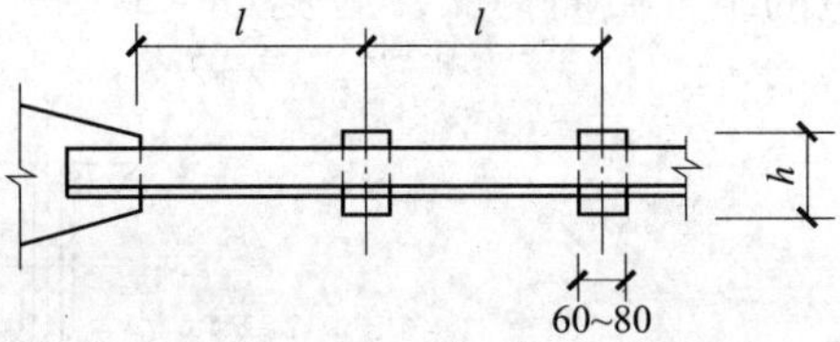

表 17－5 两个热轧不等边角钢

型号	(a) 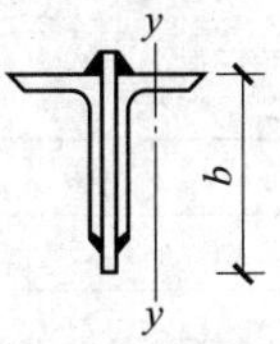			(b) 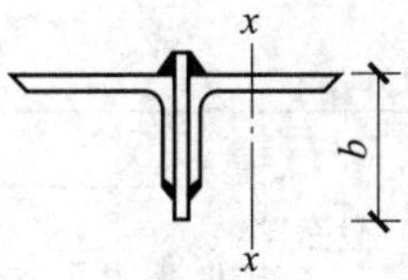		
	l（mm）		填板尺寸 h（mm）	l（mm）		填板尺寸 h（mm）
	受压	受拉		受压	受拉	
L56×36	400	800		710	1420	
L63×40	440	880		790	1580	
L70×45	500	1000		880	1760	
L75×50	550	1100		930	1860	
L80×50	550	1100		1010	2020	
L90×56	620	1240		1140	2280	
L100×63	700	1400	$h=b+2c$	1260	2520	$h=b+2c$
L100×80	940	1880		1250	2500	
L110×70	780	1560		1390	2780	
L125×80	900	1800		1580	3160	
L140×90	1000	2000		1770	3540	
L160×100	1110	2220		2020	4040	
L180×110	1220	2440		2290	4580	
L200×125	1395	2790		2540	5080	

注：1 填板间距按下列公式计算：

长肢相连时，

受压构件 $l=40i_y$

受拉构件 $l=80i_y$

短肢相连时，

受压构件 $l=40i_x$

受压构件 $l=80i_x$

式中 i_y、i_x——均取一个角钢平行于填板的形心轴的截面回转半径。

2 填板厚度应根据节点板的厚度或连接构造要求确定。

3 在受压构件的两个侧向支承点之间的填板数不宜少于两个。

17.2 槽 形 钢

17.2.1 两个热轧普通槽钢的组合截面特征，见表17－6（按《热轧型钢》GB/T 706—

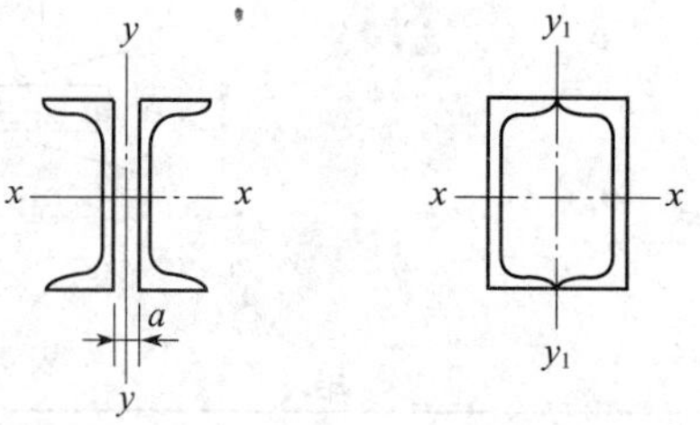

表17－6 两个热轧普通

槽钢型号	截面面积 A (cm²)	每米重量 (kg/m)	x－x 轴			截								
			I_x (cm⁴)	W (cm³)	i_x (cm)	0		4		6		8		
						W_y (cm³)	i_y (cm)	W_y (cm³)	i_y (cm)	W_y (cm³)	i_y (cm)	W_y (cm³)	i_y (cm)	
2[5	13.85	10.87	52.0	20.81	1.94	11.29	1.74	12.77	1.90	13.55	1.98	14.37	2.06	
2[6.3	16.89	13.26	102.5	32.53	2.46	14.13	1.83	15.86	1.99	16.78	2.07	17.74	2.15	
2[6.5	17.09	13.42	110.4	33.97	2.54	14.14	1.82	16.67	1.97	18.06	2.06	19.54	2.14	
2[8	20.49	16.08	202.6	50.65	3.14	17.40	1.91	19.40	2.06	20.47	2.14	21.59	2.23	
2[10	25.49	20.01	396.6	79.32	3.94	22.89	2.08	25.27	2.23	26.54	2.30	27.86	2.38	
2[12	30.72	24.10	692.0	115.33	4.75	29.33	2.25	33.32	2.40	35.48	2.47	37.77	2.55	
2[12.6	31.37	24.63	777.1	123.34	4.98	29.35	2.23	32.14	2.37	33.63	2.45	35.18	2.53	
2[14a	37.02	29.06	1127.4	161.06	5.52	36.95	2.41	40.18	2.55	41.90	2.63	43.68	2.70	
2[14b	42.62	33.46	1218.9	174.13	5.35	40.19	2.38	43.76	2.52	45.66	2.60	47.64	2.67	
2[16a	43.91	34.47	1732.4	216.56	6.28	45.74	2.56	49.45	2.71	51.43	2.78	53.47	2.86	
2[16b	50.31	39.49	1869.0	233.62	6.10	49.47	2.53	53.56	2.67	55.74	2.74	58.00	2.82	
2[18a	51.38	40.33	2545.5	282.83	7.04	55.79	2.72	60.02	2.86	62.26	2.93	64.58	3.01	
2[18b	58.58	45.99	2739.9	304.43	6.84	60.03	2.68	64.68	2.82	67.14	2.89	69.70	2.97	
2[20a	57.66	45.26	3560.8	356.08	7.86	66.86	2.91	71.56	3.05	74.04	3.12	76.60	3.20	
2[20b	65.66	51.54	3827.4	382.74	7.64	71.57	2.86	76.70	3.00	79.42	3.07	82.24	3.15	
2[22a	63.67	49.98	4787.7	435.25	8.67	77.46	3.06	82.59	3.20	85.30	3.27	88.10	3.35	
2[22b	72.47	56.89	5142.7	467.52	8.42	82.60	3.00	88.20	3.14	91.16	3.21	94.24	3.28	
2[24a	68.43	53.70	6100.0	508.33	9.44	83.31	3.08	91.03	3.22	95.15	3.29	99.45	3.37	
2[24b	78.03	61.26	6560.0	546.67	9.17	88.70	3.02	97.01	3.15	101.45	3.23	106.10	3.30	
2[24c	87.63	68.78	7020.0	564.00	8.95	94.70	2.98	103.68	3.11	108.49	3.19	113.51	3.26	
2[25a	69.81	54.80	6718.2	590.00	9.81	83.28	3.05	98.75	3.19	91.65	3.26	94.65	3.33	
2[25b	79.81	62.65	7239.1	579.13	9.41	88.77	2.98	94.76	3.12	97.93	3.19	101.22	3.26	
2[25c	89.81	70.50	7759.9	620.79	9.07	94.78	2.94	101.33	3.08	104.81	3.15	108.42	3.22	
2[27a	78.57	30.84	8720.0	645.93	10.54	96.15	3.17	104.70	3.31	109.26	3.38	114.01	3.45	
2[27b	89.37	35.08	9380.0	694.81	10.24	102.05	3.10	111.25	3.23	116.16	3.30	121.29	3.38	
2[27c	100.17	39.32	10040.0	743.70	10.01	108.70	3.05	118.62	3.19	123.93	3.26	129.47	3.33	
2[28a	80.04	62.83	9505.1	678.93	10.90	95.93	3.13	102.01	3.27	105.22	3.34	108.55	3.41	
2[28b	91.24	71.63	10236.8	731.20	10.59	102.02	3.06	108.67	3.20	112.19	3.27	115.84	3.34	
2[28c	102.44	80.42	10968.5	783.47	10.35	108.68	3.02	115.96	3.16	119.81	3.23	123.82	3.30	
2[30a	87.80	34.46	12100.0	806.67	11.74	109.82	3.26	119.20	3.40	124.20	3.47	129.40	3.54	
2[30b	99.80	39.17	13000.0	866.67	11.41	118.48	3.21	128.72	3.35	134.18	3.42	139.87	3.49	
2[30c	111.80	43.88	13900.0	926.67	11.15	125.88	3.17	136.89	3.30	142.77	3.37	148.90	3.44	
2[32a	97.00	76.14	15021.3	938.83	12.44	124.43	3.36	131.74	3.50	135.59	3.57	139.57	3.64	
2[32b	109.80	86.19	16113.5	1007.10	12.11	131.76	3.29	139.70	3.42	143.90	3.49	148.25	3.56	
2[32c	122.60	96.24	17205.8	1075.36	11.85	139.72	3.24	148.37	3.37	152.95	3.44	157.69	3.51	
2[36a	121.78	95.60	23748.2	1319.35	13.96	170.52	3.67	179.68	3.80	184.49	3.87	189.45	3.94	
2[36b	136.18	106.90	25303.4	1405.75	13.63	179.70	3.60	189.59	3.73	194.79	3.80	200.15	3.87	
2[36c	150.58	118.21	26858.6	1492.15	13.36	189.61	3.55	200.28	3.68	205.60	3.75	211.71	3.82	
2[40a	150.09	117.82	35155.4	1757.77	15.30	211.57	3.75	222.68	3.89	228.50	3.96	234.51	4.03	
2[40b	166.09	130.38	37288.7	1864.44	14.98	222.70	3.70	234.65	3.83	240.93	3.90	247.41	3.97	
2[40c	182.09	142.94	39422.1	1971.10	14.71	234.67	3.66	247.55	3.80	254.32	3.87	261.30	3.94	

2016 计算）。

I——截面惯性矩；
W——截面模量；
i——截面回转半径

槽钢的组合截面特征

面 特 征														
$y-y$ 轴												y_1-y_1 轴		
当 a（mm）为														
10		12		14		16		18		20		I_{y1} (cm^4)	W_{y1} (cm^3)	i_{y1} (cm)
W_y (cm^3)	i_y (cm)	W_y (cm^3)	i_y (cm)	W_y (cm^3)	i_y (cm)	W_y (cm^3)	i_y (cm)	W_y (cm^3)	i_y (cm)	W_y (cm^3)	i_y (cm)			
15.21	2.15	16.08	2.23	16.97	2.32	17.88	2.41	18.82	2.50	19.77	2.59	93	25.2	2.60
18.73	2.23	19.75	2.32	20.79	2.41	21.87	2.49	22.97	2.58	24.00	2.67	139	34.7	2.87
21.10	2.22	22.75	2.31	24.49	2.39	26.31	2.48	28.22	2.57	30.21	2.66	141	35.3	2.88
22.74	2.31	23.92	2.39	25.14	2.48	26.40	2.56	27.68	2.65	29.00	2.74	203	47.1	3.15
29.23	2.47	30.64	2.55	32.09	2.63	33.58	2.72	35.11	2.80	36.67	2.89	326	67.9	3.58
40.17	2.63	42.68	2.71	45.31	2.80	48.06	2.88	50.93	2.96	53.91	3.05	491	92.6	4.00
36.78	2.61	38.43	2.69	40.14	2.77	41.89	2.85	43.68	2.94	45.52	3.02	507	95.7	4.02
45.52	2.78	47.42	2.86	49.37	2.94	51.38	3.03	53.44	3.11	55.55	3.19	727	125.3	4.43
49.69	2.75	51.80	2.83	53.98	2.91	56.22	2.99	58.51	3.08	60.87	3.16	922	153.6	4.65
55.58	2.93	57.76	3.01	60.00	3.09	62.31	3.17	64.67	3.26	67.08	3.34	1038	164.7	4.86
60.34	2.90	62.75	2.98	65.24	3.06	67.80	3.14	70.42	3.22	73.11	3.30	1300	200.0	5.08
66.98	3.08	69.46	3.16	72.00	3.24	74.61	3.32	77.29	3.40	80.03	3.49	1439	211.7	5.29
72.35	3.04	75.08	3.12	77.89	3.20	80.78	3.28	83.75	3.36	86.79	3.44	1782	254.6	5.52
79.25	3.27	81.98	3.35	84.78	3.43	87.66	3.51	90.61	3.59	93.62	3.67	1872	256.4	5.70
85.15	3.22	88.15	3.30	91.23	3.38	94.41	3.45	97.66	3.53	100.99	3.62	2310	308.0	5.93
90.98	3.42	93.95	3.50	97.00	3.58	100.13	3.66	103.33	3.74	106.61	3.82	2312	300.3	6.03
97.38	3.36	100.64	3.44	103.99	3.51	107.43	3.59	110.96	3.67	114.57	3.75	2848	360.5	6.27
103.92	3.44	108.57	3.52	113.40	3.60	118.40	3.67	123.58	3.75	128.93	3.83	2571	329.7	6.13
110.94	3.37	115.97	3.45	121.20	3.52	126.62	3.60	132.24	3.68	138.05	3.76	3169	396.2	6.37
118.75	3.33	124.20	3.41	129.86	3.49	135.74	3.56	141.83	3.64	148.13	3.72	3795	462.8	6.58
97.74	3.41	100.92	3.48	104.19	3.56	107.55	3.64	111.00	3.72	114.52	3.80	2647	339.4	6.16
104.62	3.34	108.13	3.41	111.74	3.49	115.44	3.57	119.25	3.65	123.15	3.73	3272	408.9	6.40
112.15	3.30	116.01	3.37	119.97	3.45	124.05	3.53	128.23	3.60	132.52	3.68	3928	479.0	6.61
118.96	3.52	124.09	3.60	129.42	3.68	134.94	3.75	140.65	3.83	146.55	3.91	3327	405.7	6.51
126.63	3.45	132.18	3.52	137.95	3.60	143.93	3.68	150.12	3.76	156.53	3.84	4070	484.6	6.75
135.25	3.41	141.26	3.48	147.50	3.56	153.98	3.64	160.69	3.71	167.63	3.79	4846	563.5	6.96
111.98	3.49	115.51	3.56	119.15	3.64	122.89	3.72	126.71	3.80	130.63	3.87	3420	417.1	6.54
119.61	3.42	123.50	3.49	127.51	3.57	131.62	3.64	135.85	3.72	140.18	3.80	4192	499.1	6.78
127.95	3.37	132.22	3.45	136.62	3.52	141.15	3.60	145.79	3.68	150.55	3.76	5001	581.5	6.99
134.82	3.61	140.44	3.69	146.26	3.76	152.30	3.84	158.53	3.92	164.98	4.00	4038	475.1	6.78
145.79	3.56	151.93	3.64	158.31	3.71	164.92	3.79	171.76	3.87	178.82	3.95	4886	561.6	7.00
155.28	3.52	161.91	3.59	168.80	3.67	175.93	3.74	183.32	3.82	190.96	3.90	5817	653.6	7.21
143.68	3.71	147.90	3.79	152.24	3.86	156.69	3.94	161.25	4.02	165.91	4.09	4787	544.0	7.03
152.73	3.64	157.35	3.71	162.10	3.78	166.98	3.86	171.98	3.94	177.10	4.02	5801	644.5	7.27
162.58	3.59	167.62	3.66	172.81	3.74	178.14	3.81	183.61	3.89	189.20	3.97	6861	745.8	7.48
194.55	4.02	199.79	4.09	205.17	4.17	210.67	4.24	216.31	4.32	222.06	4.40	7147	744.5	7.66
205.68	3.94	211.36	4.02	217.19	4.09	223.17	4.17	229.29	4.24	235.55	4.32	8502	867.6	7.90
217.69	3.90	223.84	3.97	230.16	4.04	236.63	4.12	243.27	4.20	250.06	4.27	9914	991.4	8.11
240.68	4.40	247.03	4.18	253.53	4.25	260.19	4.33	267.01	4.40	273.97	4.48	9646	964.6	8.02
254.07	4.05	260.92	4.12	267.95	4.19	275.15	4.27	282.53	4.35	290.06	4.42	11278	1105.7	8.24
268.48	4.01	275.87	4.08	283.45	4.16	291.22	4.23	299.18	4.31	307.32	4.39	12975	1247.6	8.44

17.2.2　焊接槽形钢的截面特征，见表 17－7。

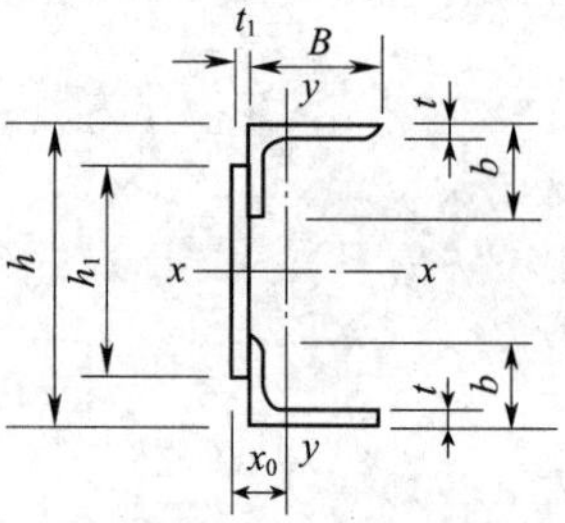

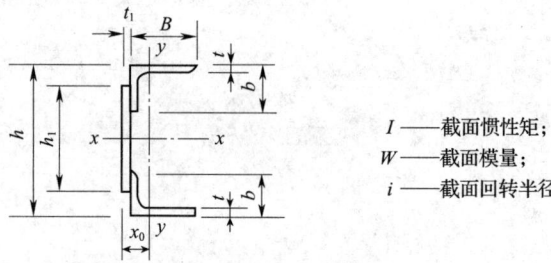

I——截面惯性矩；
W——截面模量；
i——截面回转半径

表 17－7　焊接槽形钢

尺寸（mm）				截面面积 A（cm^2）	每米重量（kg/m）	x_0（cm）	截面特性						
							$x-x$ 轴			$y-y$ 轴			
h	$h_1 \times t_1$	$B \times b \times t$					I_x（cm^4）	W_x（cm^3）	i_x（cm）	I_y（cm^4）	W_{ymax}（cm^3）	W_{ymin}（cm^3）	i_y（cm）
400	300×10	125×80×	7	58.2	45.7	2.68	11737	586.9	14.20	754.1	280.9	69.7	3.60
			8	62.0	48.7	2.86	12963	648.1	14.46	837.9	293.7	78.7	3.68
			10	69.4	54.5	3.13	15339	766.9	14.86	993.4	316.9	95.8	3.78
			12	76.7	60.2	3.37	17615	880.7	15.15	1138	337.4	112.4	3.85
		140×90×	8	66.1	51.9	3.23	14128	706.4	14.62	1143	354.0	97.1	4.16
			10	74.5	58.5	3.53	16775	838.8	15.00	1356	383.6	118.3	4.27
			12	82.8	65.0	3.79	19338	966.9	15.28	1555	410.3	138.7	4.33
			14	90.9	71.4	4.01	21782	1089	15.48	1743	434.5	158.6	4.38
		160×100×	10	80.6	63.3	4.10	18558	927.9	15.17	1961	477.6	152.0	4.93
			12	90.1	70.7	4.38	21432	1072	15.42	2250	513.5	178.3	5.00
			14	99.4	78.0	4.62	24222	1211	15.61	2524	546.4	203.9	5.04
			16	108.6	85.2	4.83	26885	1344	15.74	2785	576.9	228.8	5.06
	300×12	125×80×	7	64.2	50.4	2.62	12187	609.4	13.78	796.3	303.4	71.9	3.52
			8	68.0	53.4	2.79	13413	670.6	14.05	885.6	317.2	81.2	3.61
			10	75.4	59.2	3.08	15789	789.4	14.47	1051	341.6	99.0	3.73
			12	82.7	64.9	3.32	18065	903.2	14.78	1205	362.9	116.2	3.82
		140×90×	8	72.1	56.6	3.15	14578	728.9	14.22	1204	382.0	100.0	4.09
			10	80.5	63.2	3.46	17225	861.3	14.63	1429	412.6	121.8	4.21
			12	88.8	69.7	3.73	19788	989.4	14.93	1640	439.9	142.9	4.30
			14	96.9	76.1	3.96	22232	1112	15.15	1838	464.5	163.4	4.35
		160×100×	10	86.6	68.0	4.01	19008	950.4	14.81	2059	513.1	156.2	4.88
			12	96.1	75.4	4.30	21882	1094	15.09	2363	549.3	183.2	4.96
			14	105.4	82.8	4.55	24672	1234	15.30	2650	582.4	209.5	5.01
			16	114.6	89.9	4.77	27335	1367	15.45	2923	612.9	235.1	5.05
	300×16	125×80×	7	76.2	59.8	2.58	13087	654.4	13.11	877.1	340.0	76.1	3.39
			8	80.0	62.8	2.74	14313	715.6	13.38	977.1	356.2	86.0	3.50
			10	87.4	68.6	3.03	16689	834.4	13.82	1163	384.0	105.0	3.65
			12	94.7	74.3	3.28	18965	948.2	14.15	1336	407.7	123.4	3.76
		140×90×	8	84.1	66.0	3.07	15478	773.9	13.57	1320	429.4	105.4	3.96
			10	92.5	72.6	3.39	18125	906.3	14.00	1570	463.2	128.6	4.12
			12	100.8	79.1	3.66	20688	1034	14.33	1803	492.6	151.0	4.23
			14	108.9	85.5	3.90	23132	1157	14.57	2022	518.8	172.8	4.31

续表 17－7

尺寸（mm）				截面面积 A	每米重量	x_0	截面特性						
							$x-x$ 轴			$y-y$ 轴			
h	$h_1\times t_1$	$B\times b\times t$		（cm^2）	（kg/m）	（cm）	I_x（cm^4）	W_x（cm^3）	i_x（cm）	I_y（cm^4）	W_{ymax}（cm^3）	W_{ymin}（cm^3）	i_y（cm）
400	300×16	160×100×	10	98.6	77.4	3.90	19908	995.4	14.21	2247	576.0	164.0	4.77
			12	108.1	84.9	4.20	22782	1139	14.52	2580	613.8	192.5	4.88
			14	117.4	92.2	4.47	25572	1279	14.76	2894	648.0	220.3	4.96
			16	126.6	99.4	4.70	28235	1412	14.94	3191	679.3	247.4	5.02
450	350×10	140×90×	8	71.1	55.8	3.04	18916	840.7	16.31	1178	387.8	98.5	4.07
			10	79.5	62.4	3.34	22357	993.6	16.77	1400	418.5	120.1	4.20
			12	87.8	68.9	3.60	25692	1142	17.11	1607	445.9	141.0	4.28
			14	95.9	75.3	3.83	28886	1284	17.35	1801	470.6	161.2	4.33
		160×100×	10	85.6	67.2	3.89	24683	1097	16.98	2022	519.3	154.3	4.86
			12	95.1	74.7	4.18	28432	1264	17.29	2322	555.7	181.1	4.94
			14	104.4	82.0	4.42	32077	1426	17.63	2605	589.2	207.2	5.00
			16	113.6	89.1	4.64	35569	1581	17.70	2875	620.0	232.5	5.03
		180×110×	10	91.7	72.0	4.45	26964	1198	17.14	2799	628.7	192.4	5.52
			12	102.4	80.4	4.77	31139	1384	17.44	3220	675.6	226.2	5.61
			14	112.9	88.7	5.03	35206	1565	17.66	3616	719.3	258.8	5.66
			16	123.3	96.8	5.25	39110	1738	17.81	3994	760.1	290.6	5.69
	350×12	140×90×	8	78.1	61.3	2.96	19631	872.5	15.86	1241	419.8	101.4	3.99
			10	86.5	61.9	3.27	23072	1025	16.33	1476	452.0	123.7	4.13
			12	94.8	74.4	3.53	26407	1174	16.69	1695	480.3	145.3	4.23
			14	102.9	30.8	3.76	29600	1316	16.96	1902	505.8	166.3	4.30
		160×100×	10	92.6	72.7	3.79	25398	1129	16.56	2125	560.5	158.5	4.79
			12	102.1	80.2	4.08	29147	1295	16.90	2441	597.6	186.1	4.89
			14	111.4	87.5	4.34	32792	1457	17.16	2740	631.6	213.0	4.96
			16	120.6	94.6	4.56	36284	1613	17.35	3023	662.6	239.2	5.01
		180×110×	10	98.7	77.5	4.33	27679	1230	16.74	2934	677.7	197.3	5.45
			12	109.4	85.9	4.65	31853	1416	17.06	3375	725.1	232.0	5.55
			14	119.9	94.1	4.93	35920	1596	17.31	3789	769.0	265.5	5.62
			16	130.3	102.3	5.17	39825	1770	17.48	4184	809.7	298.2	5.67
	350×16	140×90×	8	92.1	72.3	2.88	21060	936.0	15.12	1360	472.6	106.9	3.84
			10	100.5	78.9	3.18	24501	1089	15.61	1621	509.2	130.5	4.02
			12	108.8	85.4	3.45	27836	1237	16.00	1865	540.7	153.5	4.14
			14	116.9	91.8	3.69	31029	1379	16.29	2096	568.5	175.9	4.23
		160×100×	10	106.6	83.7	3.67	26827	1192	15.86	2319	632.3	166.5	4.66
			12	116.1	91.1	3.97	30576	1359	16.23	2668	672.2	195.7	4.79
			14	125.4	98.5	4.23	34221	1521	16.52	2996	708.0	224.1	4.89
			16	134.6	105.6	4.47	37713	1676	16.74	3307	740.5	2518	4.96
		180×110×	10	112.7	88.5	4.17	29108	1294	16.07	3186	764.5	206.4	5.32
			12	123.4	96.9	4.50	33282	1479	16.42	3668	814.3	243.0	5.45
			14	133.9	105.1	4.79	37349	1660	16.70	4119	859.7	278.0	5.55
			16	144.3	113.3	5.05	41254	1834	16.91	4548	901.3	312.5	5.61
500	400×12	160×100×	10	98.6	77.4	3.60	32945	1318	18.28	2184	606.9	160.5	4.71
			12	108.1	84.9	3.89	37688	1508	18.67	2511	645.2	188.7	4.82
			14	117.4	92.2	4.15	42304	1692	18.98	2820	680.0	216.0	4.90
			16	126.6	99.4	4.37	46740	1870	19.22	3113	711.8	242.7	4.96

续表 17－7

尺寸（mm）				截面面积 A （cm^2）	每米重量 （kg/m）	x_0 （cm）	截面特性						
							$x-x$ 轴			$y-y$ 轴			
h	$h_1\times t_1$	$B\times b\times t$					I_x （cm^4）	W_x （cm^3）	i_x （cm）	I_y （cm^4）	W_{ymax} （cm^3）	W_{ymin} （cm^3）	i_y （cm）
500	400×12	180×110×	10	104.7	82.2	4.12	35837	1433	18.50	3014	732.2	199.8	5.36
			12	115.4	90.6	4.44	41123	1645	18.88	3469	780.7	235.1	5.48
			14	125.9	98.9	4.72	46278	1851	19.17	3897	825.4	269.2	5.56
			16	136.3	107.0	4.97	51242	2050	19.39	4304	866.8	302.4	5.62
		200×125×	12	123.8	97.2	4.97	44634	1785	18.99	4646	934.4	286.3	6.13
			14	135.7	106.6	5.27	50313	2013	19.25	5225	992.1	327.9	6.20
			16	147.5	115.8	5.52	55822	2233	19.46	5778	1046	368.6	6.26
			18	159.1	124.9	5.75	61211	2448	19.62	6308	1096	408.3	6.30
	400×16	160×100×	10	114.6	90.0	3.47	35079	1403	17.49	2382	687.0	168.6	4.56
			12	124.1	97.4	3.76	39821	1593	17.91	2744	729.1	198.4	4.70
			14	133.4	104.7	4.03	44438	1778	18.25	3086	766.6	227.4	4.81
			16	142.6	111.9	4.26	48873	1955	18.52	3411	800.5	255.7	4.89
		180×110×	10	120.7	94.8	3.94	37971	1519	17.73	3272	829.7	209.0	5.21
			12	131.4	103.2	4.28	43256	1730	18.14	3772	881.7	246.2	5.36
			14	141.9	111.2	4.57	48412	1936	18.47	4241	928.7	282.1	5.47
			16	152.3	119.5	4.82	53375	2135	18.72	4687	971.7	317.2	5.55
		200×125×	12	139.8	109.8	4.78	46768	1871	18.29	5025	1051	298.8	5.99
			14	151.7	119.1	5.09	52446	2098	18.59	5653	1111	342.4	6.10
			16	163.5	128.3	5.36	57955	2318	18.83	6251	1165	385.0	6.18
			18	175.1	137.4	5.61	63344	2534	19.02	6823	1217	426.7	6.24
		200×200×	14	173.3	136.0	4.75	54466	2179	17.73	5802	1222	344.3	5.79
			16	188.0	147.6	4.98	60233	2409	17.90	6443	1293	387.7	5.85
			18	202.6	159.0	5.19	65831	2633	18.03	7060	1360	430.2	5.90
			20	217.0	170.4	5.38	71322	2853	18.13	7649	1423	471.5	5.94
			24	245.3	192.6	5.71	81773	3271	18.26	8776	1538	552.2	5.98
	400×20	160×100×	10	130.6	102.5	3.42	37212	1488	16.88	2571	752.2	176.3	4.44
			12	140.1	110.0	3.71	41954	1678	17.30	2967	799.5	207.7	4.60
			14	149.4	117.3	3.97	46571	1863	17.65	3342	841.0	238.2	4.73
			16	158.6	124.5	4.21	51007	2040	17.94	3697	878.0	268.1	4.83
		180×110×	10	136.7	107.3	3.86	40104	1604	17.13	3515	910.9	217.8	5.07
			12	147.4	115.7	4.19	45389	1816	17.55	4059	968.1	256.8	5.25
			14	157.9	124.0	4.48	50545	2022	17.89	4568	1019	294.4	5.38
			16	168.3	132.1	4.75	55508	2220	18.16	5052	1065	331.2.	5.48
		200×125×	12	155.8	122.3	4.67	48901	1956	17.72	5382	1153	310.5	5.88
			14	167.7	131.7	4.99	54580	2183	18.04	6058	1215	356.1	6.01
			16	179.5	140.9	5.27	60089	2404	18.30	6702	1272	400.6	6.11
			18	191.1	150.0	5.52	65477	2619	18.51	7318	1325	444.1	6.19
		200×200×	14	189.3	148.6	4.73	56600	2264	17.29	6161	1303	356.8	5.71
			16	204.0	160.2	4.98	62367	2495	17.48	6839	1375	401.7	5.79
			18	218.6	171.6	5.20	67965	2719	17.63	7491	1441	445.8	5.85
			20	233.0	182.9	5.39	73455	2939	17.76	8112	1504	488.5	5.90
			24	261.3	205.1	5.75	83907	3356	17.92	9300	1619	572.2	5.97
550	450×12	160×100×	10	104.6	82.1	3.43	41726	1517	19.97	2235	652.4	162.3	4.62
			12	114.1	89.6	3.72	47580	1730	20.42	2573	692.0	190.9	4.75
			14	123.4	96.9	3.97	53284	1938	20.78	2893	727.7	218.7	4.84
			16	132.6	104.1	4.20	58778	2137	21.06	3196	760.3	245.9	4.91

续表 17－7

尺寸（mm）				截面面积 A (cm^2)	每米重量 (kg/m)	截面特性							
						x_0 (cm)	$x-x$ 轴			$y-y$ 轴			
h	$h_1 \times t_1$	$B \times b \times t$					I_x (cm^4)	W_x (cm^3)	i_x (cm)	I_y (cm^4)	W_{ymax} (cm^3)	W_{ymin} (cm^3)	i_y (cm)
550	450×12	180×110×	10	110.7	86.9	3.93	45305	1647	20.33	3084	785.7	201.9	5.28
			12	121.4	95.3	4.25	51835	1885	20.66	3554	835.5	237.8	5.41
			14	131.9	103.6	4.53	58210	2117	21.00	3995	881.1	272.4	5.50
			16	142.3	111.7	4.78	64362	2340	21.27	4415	923.2	306.2	5.57
		200×125×	12	129.8	101.9	4.77	56226	2045	20.81	4756	997.1	289.5	6.05
			14	141.7	111.3	5.07	63264	2301	21.13	5351	1056	331.7	6.14
			16	153.3	120.5	5.33	70104	2549	21.37	5918	1110	373.0	6.21
			18	165.1	129.6	5.57	76800	2793	21.57	6462	1161	413.3	6.26
	450×16	160×100×	10	122.6	96.3	3.29	44763	1628	19.11	2437	740.0	170.4	4.46
			12	132.1	103.7	3.58	50618	1841	19.57	2812	784.5	200.6	4.61
			14	141.4	111.0	3.84	56322	2048	19.96	3167	823.9	230.2	4.73
			16	150.6	118.2	4.08	61815	2248	20.26	3503	859.3	259.0	4.82
		180×110×	10	128.7	101.1	3.75	48343	1758	19.38	3348	893.2	211.2	5.10
			12	139.4	109.4	4.08	54843	1995	19.84	3865	947.7	249.0	5.27
			14	149.9	117.7	4.37	61248	2227	20.21	4350	996.5	285.6	5.39
			16	160.3	125.8	4.62	67400	2451	20.51	4811	1041	321.2	5.48
		200×125×	12	147.8	116.0	4.56	59263	2155	20.02	5147	1127	302.1	5.90
			14	159.7	125.4	4.88	66302	2411	20.37	5795	1189	346.5	6.02
			16	171.5	134.6	5.15	73141	2660	20.65	6412	1245	389.8	6.11
			18	183.1	143.7	5.40	79837	2903	20.88	7002	1297	432.2	6.18
		200×200×	14	181.3	142.3	4.57	69443	2525	19.57	5923	1295	347.9	5.72
			16	196.0	153.9	4.81	76693	2789	19.78	6579	1367	391.9	5.79
			18	210.6	165.3	5.03	83745	3045	19.94	7210	1435	435.0	5.85
			20	225.0	176.6	5.21	90668	3297	20.07	7812	1499	476.7	5.89
			24	253.3	198.9	5.55	103894	3778	20.25	8964	1614	558.6	5.95
	450×20	160×100×	10	140.6	110.4	3.25	47801	1738	18.44	2629	809.8	178.2	4.32
			12	150.1	117.8	3.53	53655	1951	18.91	3039	860.8	210.1	4.50
			14	159.4	125.1	3.79	59359	2159	19.30	3428	905.2	241.2	4.64
			16	168.6	132.3	4.02	64853	2358	19.61	3797	944.6	271.6	4.75
		180×110×	10	146.7	115.2	3.66	51380	1868	18.71	3595	981.0	220.0	4.95
			12	157.4	123.6	3.99	57910	2106	19.18	4157	1042	259.7	5.14
			14	167.9	131.8	4.28	64285	2338	19.57	4686	1096	298.0	5.28
			16	178.3	139.9	4.54	70437	2561	19.88	5188	1144	335.5	5.39
		200×125×	12	165.8	130.2	4.45	62301	2265	19.38	5511	1239	314.0	5.77
			14	177.7	139.5	4.76	69339	2521	19.75	6212	1305	360.3	5.91
			16	189.5	148.7	5.04	76179	2770	20.05	6878	1364	405.6	6.03
			18	201.1	157.8	5.30	82875	3014	20.30	7516	1419	450.0	6.11
		200×200×	14	199.3	156.4	4.54	72481	2636	19.07	6297	1386	360.7	5.62
			16	214.0	168.0	4.79	79730	2899	19.30	6993	1460	406.3	5.72
			18	228.6	179.5	5.01	86782	3156	19.48	7663	1528	451.1	5.79
			20	243.0	190.8	5.21	93705	3407	19.64	8301	1593	494.5	5.84
			24	271.3	213.0	5.57	106931	3888	19.85	9520	1709	579.5	5.92

续表 17－7

尺寸（mm）				截面面积 A （cm^2）	每米重量（kg/m）	x_0 （cm）	截面特性						
							$x-x$ 轴			$y-y$ 轴			
h	$h_1 \times t_1$	$B \times b \times t$					I_x （cm^4）	W_x （cm^3）	i_x （cm）	I_y （cm^4）	W_{ymax} （cm^3）	W_{ymin} （cm^3）	i_y （cm）
600	500×12	160×100×	10	110.6	86.8	3.27	51814	1727	21.64	2281	697.0	163.8	4.54
			12	120.1	94.3	3.56	58899	1963	22.14	2629	738.0	192.8	4.68
			14	129.4	101.6	3.82	65807	2194	22.55	2958	774.8	221.1	4.78
			16	138.6	108.8	4.05	72473	2416	22.87	3271	808.2	248.7	4.86
		180×110×	10	116.7	91.6	3.75	56158	1872	21.93	3148	838.5	203.8	5.19
			12	127.4	100.0	4.08	64065	2136	22.42	3631	889.6	240.2	5.34
			14	137.9	108.3	4.36	71792	2393	22.81	4085	936.2	275.3	5.44
			16	148.3	116.4	4.61	79261	2642	23.12	4516	979.0	309.6	5.52
		200×125×	12	135.8	106.6	4.59	69440	2315	22.61	4857	1059	292.3	5.98
			14	147.7	116.0	4.89	77987	2600	22.98	5467	1118	335.1	6.08
			16	159.5	125.2	5.15	86304	2877	23.26	6048	1174	376.9	6.16
			18	171.1	134.3	5.39	94452	3148	23.50	6605	1225	417.8	6.21
	500×16	160×100×	10	130.6	102.5	3.14	55981	1866	20.70	2486	791.3	171.9	4.36
			12	140.1	110.0	3.43	63065	2102	21.22	2872	838.5	202.6	4.53
			14	149.4	115.3	3.68	69974	2332	21.64	3238	879.9	232.6	4.66
			16	158.6	124.5	3.91	76639	2555	21.98	3586	916.9	262.0	4.76
		180×110×	10	136.7	107.3	3.58	60325	2011	21.00	3415	955.0	213.1	5.00
			12	147.4	115.7	3.90	68232	2274	21.51	3948	1012	251.5	5.18
			14	157.9	124.0	4.19	75958	2532	21.93	4449	1063	288.5	5.31
			16	168.3	132.1	4.44	83428	2781	22.27	4925	1109	324.9	5.41
		200×125×	12	155.8	122.3	4.37	73607	2454	21.73	5256	1202	305.1	5.81
			14	167.7	131.7	4.68	82154	2738	22.13	5923	1265	350.1	5.94
			16	179.5	140.9	4.96	90471	3016	22.45	6558	1323	394.0	6.04
			18	191.1	150.0	5.21	98619	3287	22.72	7165	1376	437.1	6.12
		200×200×	14	189.3	148.6	4.41	86686	2890	21.40	6034	1367	351.1	5.65
			16	204.0	160.2	4.65	95603	3187	21.64	6704	1440	395.6	5.73
			18	218.6	171.6	4.87	104291	3476	21.84	7349	1509	439.3	5.80
			20	233.0	182.9	5.06	112827	3761	22.00	7964	1573	481.6	5.85
			24	261.3	205.1	5.41	129181	4306	22.23	9141	1690	564.5	5.91
	500×20	160×100×	10	150.6	118.2	3.10	60147	2005	19.98	2679	865.1	179.8	4.22
			12	160.1	125.7	3.37	67232	2241	20.49	3103	920.0	212.1	4.40
			14	169.4	133.0	3.62	74141	2471	20.92	3504	967.4	243.7	4.55
			16	178.6	140.2	3.85	80806	2694	12.27	3887	1009	274.7	4.67
		180×110×	10	156.7	123.0	3.49	64491	2150	20.28	3664	1049	222.0	4.84
			12	167.4	131.4	3.81	72399	2413	20.79	4245	1114	262.2	5.04
			14	177.9	139.7	4.09	80125	2671	21.22	4790	1171	301.1	5.19
			16	188.3	147.8	4.35	87594	2920	21.57	5310	1221	339.2	5.31
		200×125×	12	175.8	138.0	4.25	77774	2592	21.03	5627	1323	317.0	5.66
			14	187.7	147.4	4.56	86320	2877	21.44	6349	1392	364.1	5.82
			16	199.5	156.6	4.84	94637	3155	21.78	7037	1454	410.1	5.94
			18	211.1	165.7	5.09	102785	3426	22.07	7695	1511	455.1	6.04
		200×200×	14	209.3	164.3	4.37	90853	3028	20.84	6420	1468	364.2	5.54
			16	224.0	175.9	4.62	99769	3326	21.10	7134	1544	410.5	5.64
			18	238.6	187.3	4.85	108457	3615	21.32	7820	1614	455.9	5.73
			20	253.0	198.6	5.05	116993	3900	21.50	8475	1680	499.9	5.79
			24	281.3	220.6	5.41	133347	4445	21.77	9725	1798	586.2	5.88

续表 17－7

尺寸（mm）				截面面积 A（cm^2）	每米重量（kg/m）	截面特性							
						x_0（cm）	$x-x$ 轴			$y-y$ 轴			
h	$h_1\times t_1$	$B\times b\times t$					I_x（cm^4）	W_x（cm^3）	i_x（cm）	I_y（cm^4）	W_{ymax}（cm^3）	W_{ymin}（cm^3）	i_y（cm）
700	600×12	160×100×	10	122.6	96.3	3.01	76214	2178	24.93	2360	783.7	166.3	4.39
			12	132.1	103.7	3.29	86115	2460	25.53	2727	827.8	196.1	4.54
			14	141.4	111.0	3.55	95781	2737	26.02	3074	867.0	225.1	4.66
			16	150.6	118.2	3.77	105133	3004	26.42	3404	902.2	253.5	4.75
		180×110×	10	128.7	101.1	3.46	82316	2352	25.29	3258	941.4	207.0	5.03
			12	139.4	109.4	3.78	93379	2668	25.88	3766	995.7	244.2	5.20
			14	149.4	117.7	4.06	104202	2977	26.36	4242	1044	280.2	5.32
			16	160.3	125.8	4.31	114694	3277	26.75	4696	1089	315.4	5.41
		200×125×	12	147.8	116.0	4.26	102037	2887	26.14	5033	1181	297.2	5.84
			14	159.7	125.4	4.57	113047	3230	26.60	5672	1242	341.0	5.96
			16	171.5	134.6	4.83	124760	3565	26.97	6281	1299	383.8	6.05
			18	183.1	143.7	5.08	136246	3893	27.28	6864	1352	425.7	6.12
	600×16	160×100×	10	146.6	115.1	2.89	83414	2383	23.85	2567	889.7	174.5	4.18
			12	156.1	122.5	3.16	93315	2666	24.45	2975	942.4	206.0	4.37
			14	165.4	129.9	3.40	102981	2942	24.95	3362	988.2	236.8	4.51
			16	174.6	137.0	3.63	112333	3210	25.37	3730	1029	267.0	4.62
		180×110×	10	152.7	119.9	3.29	89516	2558	24.21	3529	1074	216.3	4.81
			12	163.4	128.3	3.60	100579	2874	24.81	4091	1137	255.6	5.00
			14	173.9	136.5	3.87	111402	3183	25.31	4619	1192	293.7	5.15
			16	184.3	144.7	4.12	121894	3483	25.72	5122	1242	330.9	5.27
		200×125×	12	171.8	134.9	4.04	108237	3092	25.10	5445	1348	310.0	5.63
			14	183.7	144.2	4.34	120247	3436	25.58	6146	1415	356.2	5.78
			16	195.5	153.5	4.62	131960	3770	25.98	6815	1476	401.3	5.90
			18	207.1	162.5	4.87	143446	4098	26.32	7455	1532	445.5	6.00
		200×200×	14	205.3	161.1	4.13	128370	3668	25.01	6230	1508	356.7	5.51
			16	220.0	172.7	4.37	141173	4034	25.33	6928	1584	402.2	5.61
			18	234.6	184.2	4.59	153680	4391	25.59	7599	1655	446.8	5.69
			20	249.0	195.5	4.79	165982	4742	25.82	8240	1721	490.1	5.75
			24	277.3	217.7	5.14	189654	5419	26.15	9464	1841	575.0	5.84
	600×20	160×100×	10	170.6	133.9	2.85	90614	2589	23.04	2764	969.2	182.4	4.02
			12	180.1	141.4	3.11	100515	2872	23.62	3209	1032	215.5	4.22
			14	189.4	148.7	3.35	110181	3148	24.12	3634	1086	248.0	4.38
			16	198.6	155.9	3.56	119533	3415	24.54	4040	1134	279.8	4.51
		180×110×	10	176.7	138.7	3.21	96716	2763	23.39	3781	1177	225.2	4.63
			12	187.4	147.1	3.51	107779	3079	23.98	4393	1251	266.4	4.84
			14	197.9	155.4	3.78	118602	3389	24.48	4969	1315	306.3	5.01
			16	208.3	163.5	4.03	129094	3688	24.90	5519	1371	345.5	5.15
		200×125×	12	195.8	153.7	3.92	115437	3298	24.28	5823	1486	322.1	5.45
			14	207.7	163.1	4.22	127447	3640	24.77	6585	1561	370.3	5.63
			16	219.5	172.3	4.49	139160	3976	25.18	7311	1628	417.6	5.77
			18	231.1	181.4	4.74	150646	4304	25.53	8008	1690	463.9	5.89
		200×200×	14	229.3	180.0	4.08	135570	3873	24.32	6634	1626	370.2	5.38
			16	244.0	191.6	4.32	148373	4239	24.66	7381	1707	417.6	5.50
			18	258.6	203.0	4.55	160880	4597	24.94	8100	1781	464.1	5.60
			20	273.0	214.3	4.75	173182	4948	25.19	8785	1850	509.2	5.67
			24	301.3	236.5	5.12	196854	5624	25.56	10095	1973	597.9	5.79

18　构件轴心受压承载力设计值（N）

角钢轴心受压承载力（kN），见表18－1～表18－8。

表18－1　Q235钢两个热轧等边角钢（十字形相连）轴心受压稳定时 N_x 承载力设计值（kN）

对应轴简图	计算长度	2L45×			2L50×			2L56×			2L60×			2L63×				2L70×				2L75×			
		4	5	6	4	5	6	4	5	8	5	6	8	5	6	8	10	5	6	7	8	5	6	8	10
		面积 $A/2$（cm^2）																							
		3.49	4.29	5.08	3.9	4.8	5.69	4.39	5.42	8.37	5.83	6.91	9.02	6.14	7.29	9.52	11.7	6.88	8.16	9.42	10.7	7.41	8.8	11.5	14.1
	1.5	96.9	118	138	118	145	170	143	176	268	196	232	300	211	250	325	395	246	292	336	380	271	321	419	512
	1.6	91.1	111	129	112	137	162	138	169	257	190	224	290	206	243	315	383	241	285	328	371	266	315	410	502
	1.7	85.4	104	121	107	130	153	132	163	246	184	217	279	199	235	305	370	235	278	320	362	260	308	402	491
	1.8	79.8	96.9	113	101	123	145	127	156	235	177	208	268	193	227	294	357	229	271	312	352	254	301	393	479
	1.9	74.5	90.4	105	95.2	116	136	121	148	223	170	200	257	186	219	284	343	223	263	303	342	248	294	383	467
	2.0	69.5	84.3	98	89.6	109	128	115	141	212	163	191	246	179	211	272	329	216	255	293	331	242	286	373	454
	2.1	64.9	78.5	91.3	84.3	102	121	109	134	201	155	183	234	172	202	261	315	209	247	284	320	236	278	362	441
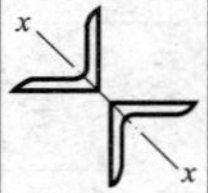	2.2	60.6	73.3	85.1	79.2	96.2	113	104	127	190	148	174	223	164	193	249	300	202	239	274	309	229	270	352	428
	2.3	56.6	68.4	79.4	74.4	90.4	106	98.1	120	179	141	166	212	157	185	238	286	195	230	264	298	222	262	341	414
	2.4	52.9	63.9	74.2	69.9	84.9	99.7	92.9	114	169	134	158	201	150	176	227	273	188	221	254	286	215	253	329	399
	2.5	49.5	59.8	69.4	65.8	79.8	93.7	87.9	108	160	128	150	191	143	168	216	259	180	213	244	275	207	244	318	385
	2.6	46.4	56	65	61.9	75	88.1	83.1	102	151	121	142	181	136	160	206	246	173	204	234	263	200	236	306	371
	2.7	43.5	52.6	61	58.3	70.6	82.9	78.7	96.4	143	115	135	171	130	152	196	234	166	195	224	252	193	227	295	357
	2.8	40.9	49.4	57.3	54.9	66.5	78.1	74.5	91.2	135	109	128	163	124	145	186	222	159	187	214	241	185	218	283	342
	2.9	38.5	46.5	53.9	51.8	62.8	73.7	70.5	86.4	128	104	121	154	118	138	177	211	152	179	205	231	178	210	272	329
	3.0	36.3	43.8	50.8	49	59.3	69.6	66.8	81.8	121	98.5	115	146	112	131	168	201	146	171	196	221	171	201	261	315

续表 18－1

对应轴简图	计算长度	2L45×4	2L45×5	2L45×6	2L50×4	2L50×5	2L50×6	2L56×4	2L56×5	2L56×8	2L60×5	2L60×6	2L60×8	2L63×5	2L63×6	2L63×8	2L63×10	2L70×5	2L70×6	2L70×7	2L70×8	2L75×5	2L75×6	2L75×8	2L75×10	
	面积 A/2（cm^2）	3.49	4.29	5.08	3.9	4.8	5.69	4.39	5.42	8.37	5.83	6.91	9.02	6.14	7.29	9.52	11.7	6.88	8.16	9.42	10.7	7.41	8.8	11.5	14.1	
	3.1	34.3	41.4	47.9	46.3	56.1	65.8	63.4	77.6	115	93.6	110	139	107	125	160	191	139	164	187	211	164	193	251	302	
	3.2	32.4	39.1	45.3	43.8	53.1	62.3	60.2	73.7	109	89.0	104	132	102	119	152	182	133	157	179	202	158	186	240	290	
	3.3	30.7	37	42.8	41.6	50.3	59	57.2	70	103	84.7	99.1	126	96.8	113	145	173	128	150	171	193	151	178	230	278	
	3.4	29.1	35.1	40.6	39.4	47.7	56	54.4	66.5	98	80.7	94.4	120	92.3	108	138	165	122	143	164	184	145	171	221	266	
	3.5	27.6	33.3	38.5	37.5	45.4	53.2	51.7	63.3	93.2	76.9	89.9	114	88.0	103	132	157	117	137	157	176	139	164	212	255	
	3.6	26.2	31.6	36.6	35.7	43.1	50.6	49.3	60.3	88.8	73.3	85.7	109	84.1	98.4	126	150	112	131	150	169	134	157	203	244	
	3.7	24.9	30.1	34.8	33.9	41.1	48.2	47.0	57.5	84.6	70.0	81.8	104	80.3	94.0	120	143	107	126	144	162	128	151	195	234	
	3.8	23.7	28.6	33.1	32.4	39.1	45.9	44.9	54.9	80.7	66.9	78.2	98.9	76.8	89.9	115	137	103	121	138	155	123	145	187	225	
	3.9	22.6	27.3	31.6	30.9	37.3	43.8	42.9	52.4	77.1	63.9	74.7	94.6	73.5	86.0	110	131	98.5	116	132	148	118	139	180	216	
	4.0	21.6	26	30.1	29.5	35.7	41.8	41	50.1	73.7	61.2	71.5	90.4	70.4	82.3	105	125	94.5	111	126	142	114	133	173	207	
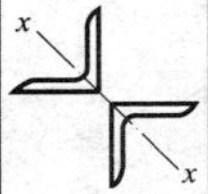	4.2	19.7	23.8	27.5	27	32.6	38.3	37.6	45.9	67.5	56.1	65.6	83	64.6	75.6	96.6	115	87.1	102	116	131	105	123	159	191	①
	4.4	18.1	21.8	25.2	24.8	29.9	35.1	34.5	42.2	62	51.7	60.4	76.3	59.6	69.6	88.9	106	80.5	94.4	108	121	97.3	114	148	177	
	4.6	16.6	20.1	23.2	22.8	27.6	32.3	31.8	38.9	57.2	47.7	55.7	70.4	55.0	64.3	82.1	97.6	74.6	87.4	99.6	112	90.2	106	137	164	
	4.8	15.4	18.5	21.4	21.1	25.5	29.9	29.5	36	52.9	44.2	51.6	65.2	51.0	59.6	76.1	90.4	69.2	81.1	92.4	104	83.9	98.4	127	152	
	5.0	14.2	17.1	19.8	19.5	23.6	27.7	27.3	33.4	49	41	47.9	60.5	47.3	55.3	70.6	83.9	64.4	75.4	86.0	96.7	78.2	91.6	118	142	
	5.2	13.2	15.9	18.4	18.1	21.9	25.7	25.4	31.1	45.6	38.1	44.5	56.3	44.1	51.5	65.7	78.1	60.0	70.3	80.1	90.1	72.9	85.5	110	132	
	5.4	12.3	14.8	17.1	16.9	20.4	23.9	23.7	29	42.5	35.6	41.5	52.5	41.1	48.1	61.3	72.8	56.1	65.7	74.8	84.1	68.2	80.0	103	124	
	5.6	11.5	13.8	16	15.8	19.1	22.3	22.1	27	39.7	33.3	38.8	49	38.5	44.9	57.3	68.1	52.5	61.5	70.1	78.8	63.9	74.9	96.8	116	
	5.8	10.7	12.9	14.9	14.7	17.8	20.9	20.7	25.3	37.1	31.1	36.4	45.9	36.0	42.1	53.7	63.8	49.2	57.7	65.7	73.9	60.0	70.3	90.8	109	②
	6.0	10.1	12.1	14	13.8	16.7	19.6	19.4	23.8	34.8	29.2	34.1	43.1	33.8	39.5	50.4	59.9	46.3	54.2	61.7	69.4	56.4	66.1	85.4	102	
													③		③		③									

续表 18－1

对应轴简图	计算长度	2L80×					2L90×						2L100×							2L110×				
		6	7	8	9	10	6	7	8	9	10	12	7	8	9	10	12	14	16	7	8	10	12	14
		面积 A/2（cm^2）																						
		9.4	10.86	12.3	13.73	15.13	10.64	12.3	13.94	15.57	17.17	20.31	13.8	15.64	17.46	19.26	22.8	28.26	29.63	15.2	17.24	21.26	25.2	29.06
	1.5	349	403	456	508	559	406	469	531	592	653	770	536	608	678	747	883	1093	1144	600	680	838	992	1143
	1.6	343	396	448	499	549	401	463	524	584	644	760	530	601	670	739	873	1080	1131	594	674	830	983	1131
	1.7	337	389	440	490	539	395	456	516	576	634	748	524	594	662	730	863	1066	1116	588	667	822	972	1119
	1.8	331	382	431	480	528	389	449	509	567	625	736	518	586	654	721	851	1053	1101	582	660	813	962	1107
	1.9	324	374	422	470	516	383	442	500	558	614	724	511	579	646	711	840	1038	1086	576	653	804	951	1095
	2.0	317	365	413	459	504	376	435	492	548	604	711	504	571	637	701	828	1023	1070	570	645	795	940	1082
	2.1	309	357	403	448	492	370	427	483	538	592	697	497	563	627	691	816	1007	1053	563	638	785	929	1068
	2.2	301	348	393	436	479	363	419	474	527	581	683	489	554	618	680	803	991	1036	556	630	775	917	1054
	2.3	293	338	382	424	465	355	410	464	516	569	669	482	545	608	669	789	974	1018	549	622	765	905	1040
	2.4	285	329	371	412	452	348	402	454	505	556	653	473	536	597	657	775	957	999	541	613	755	892	1025
	2.5	277	319	360	399	438	340	392	443	493	543	638	465	527	587	645	761	938	980	534	604	744	879	1010
	2.6	268	309	348	386	423	332	383	433	481	530	622	456	517	575	633	746	919	960	526	595	732	865	994
	2.7	259	299	337	373	409	324	373	422	469	516	605	447	506	564	620	731	900	939	518	586	720	851	977
	2.8	251	289	325	360	395	315	364	410	456	502	588	438	496	552	607	715	880	918	509	576	708	837	960
	2.9	242	279	314	348	380	307	354	399	443	488	571	429	485	540	593	699	860	896	500	566	696	822	942
	3.0	233	269	302	335	366	298	344	387	430	473	554	419	474	527	580	682	839	874	491	556	683	806	924
	3.1	225	259	291	322	353	289	333	376	417	459	537	409	463	515	565	665	817	852	482	545	670	790	906
	3.2	217	249	280	310	339	280	323	364	404	445	520	399	451	502	551	648	796	829	473	535	656	774	887
	3.3	209	240	270	298	326	272	313	353	392	430	503	389	440	489	537	631	774	806	463	524	643	758	868
	3.4	201	231	259	287	313	263	303	342	379	416	486	379	428	476	522	614	753	783	453	512	629	741	848
	3.5	193	222	249	276	301	255	293	330	366	403	470	368	417	463	508	596	731	760	443	501	614	724	828
	3.6	186	214	240	265	289	246	284	319	354	389	453	358	405	450	493	579	710	738	433	489	600	707	808
	3.7	179	205	231	255	278	238	274	309	342	376	438	348	393	437	479	562	689	715	423	478	586	690	788
	3.8	172	198	222	245	267	230	265	298	330	363	423	338	382	424	465	545	668	693	413	466	571	672	768
	3.9	165	190	213	236	257	222	256	288	319	350	408	328	371	411	451	529	647	672	403	455	557	655	748
	4.0	159	183	205	227	247	215	247	278	308	338	394	318	360	399	437	513	627	651	392	443	542	638	728
	4.2	147	169	190	210	229	200	231	260	287	316	367	299	338	375	411	481	588	610	372	420	514	604	689
	4.4	137	157	176	195	212	187	216	242	268	294	342	281	318	352	386	452	552	572	353	398	486	572	651
	4.6	127	146	164	181	197	175	201	226	250	275	319	264	299	331	362	424	518	536	334	376	460	540	615
	4.8	118	136	153	168	183	164	188	212	234	257	298	249	281	311	340	398	486	503	316	356	435	510	580
	5.0	111	127	142	157	171	153	176	198	219	240	279	234	264	292	320	374	456	472	298	336	411	482	548
	5.2	103	119	133	147	160	144	165	186	205	225	261	220	248	275	301	352	429	444	282	318	388	455	517
	5.4	96.7	111	124	137	150	135	155	174	193	211	245	207	234	259	283	331	403	417	267	300	367	430	488
	5.6	90.7	104	117	129	140	127	146	164	181	199	230	195	220	244	267	312	380	393	252	284	347	406	462
	5.8	85.2	97.9	110	121	132	119	137	154	170	187	217	184	208	230	252	294	358	370	239	269	328	384	437
	6.0	80.2	92.1	103	114	124	112	129	145	161	176	204	174	·196	217	238	278	338	350	226	255	311	364	413

①

续表 18－1

对应轴简图	计算长度	2L125×			2L140×			2L150×			2L160×			2L180×				2L200×				2L220×				2L250×					
		10	12	14	12	14	16	12	14	16	12	14	16	12	14	16	18	14	16	18	20	16	18	20	22	18	20	24	26	28	30
		面积 $A/2$ (cm^2)																													
		24	28.9	33.4	32.5	37.6	42.5	34.9	40.4	45.7	37.4	43.3	49.1	42.2	48.9	55.5	61.1	54.6	62	69.3	76.5	68.7	76.8	84.8	92.7	87.8	97	115	124	133	142
	2.0	937	1110	1279	1273	1470	1663	1382	1596	1808	1495	1727	1956	1710	1979	2244	2388	2235	2536	3701	2980	2832	3164	3493	3818	3658	4040	4793	5164	5532	5896
	2.1	928	1099	1266	1264	1459	1650	1372	1585	1795	1486	1716	1944	1701	1968	2231	2375	2225	2524	2688	2961	2820	3151	3478	3802	3645	4026	4776	5146	5512	5874
	2.2	919	1088	1254	1253	1447	1636	1363	1574	1782	1476	1705	1931	1692	1958	2219	2362	2214	2512	2675	2952	2808	3138	3464	3786	3632	4011	4759	5127	5492	5853
	2.3	909	1077	1241	1243	1435	1622	1353	1562	1768	1466	1694	1918	1683	1947	2207	2349	2204	2500	2663	2938	2797	3125	3449	3770	3619	3997	4742	5109	5472	5832
	2.4	900	1066	1227	1232	1422	1608	1342	1550	1755	1456	1682	1905	1673	1936	2194	2335	2193	2488	2650	2924	2785	3111	3434	3753	3606	3983	4725	5090	5451	5810
	2.5	890	1054	1213	1221	1410	1593	1332	1538	1741	1446	1671	1892	1664	1925	2182	2322	2182	2476	2636	2909	2773	3098	3419	3737	3593	3968	4707	5071	5431	5788
	2.6	880	1041	1199	1210	1397	1578	1321	1526	1727	1436	1659	1878	1654	1914	2169	2308	2172	2463	2623	2894	2761	3084	3404	3720	3579	3953	4690	5052	5411	5766
	2.7	869	1029	1184	1199	1383	1563	1310	1513	1712	1425	1646	1864	1644	1902	2156	2294	2161	2451	2610	2879	2748	3070	3389	3703	3566	3938	4672	5033	5390	5744
	2.8	858	1016	1169	1187	1369	1547	1299	1500	1697	1415	1634	1849	1634	1890	2142	2279	2149	2438	2596	2864	2736	3056	3373	3686	3553	3923	4654	5013	5369	5722
	2.9	847	1002	1153	1175	1355	1531	1288	1486	1682	1404	1621	1835	1624	1878	2128	2264	2138	2425	2582	2848	2723	3042	3358	3669	3539	3908	4636	4994	5348	5699
	3.0	836	988	1137	1162	1341	1514	1276	1472	1666	1392	1608	1820	1614	1866	2115	2249	2126	2412	2568	2833	2711	3028	3342	3652	3525	3893	4618	4974	5327	5676
	3.1	824	974	1120	1149	1326	1497	1264	1458	1650	1381	1594	1804	1603	1854	2100	2234	2115	2398	2553	2817	2698	3013	3326	3634	3511	3878	4599	4954	5305	5653
	3.2	811	960	1103	1136	1310	1479	1251	1444	1633	1369	1580	1788	1592	1841	2086	2219	2103	2385	2539	2801	2685	2999	3310	3616	3497	3862	4581	4934	5283	5630
	3.3	799	945	1085	1123	1294	1461	1239	1429	1616	1357	1566	1772	1581	1828	2071	2203	2091	2371	2524	2784	2671	2984	3293	3598	3483	3847	4562	4913	5261	5606
	3.4	786	929	1067	1109	1278	1442	1226	1414	1599	1344	1552	1756	1570	1815	2056	2187	2078	2357	2509	2767	2658	2969	3276	3579	3469	3831	4543	4893	5239	5583
	3.5	773	913	1049	1094	1261	1423	1212	1398	1581	1332	1537	1739	1558	1802	2041	2170	2066	2342	2493	2750	2644	2953	3259	3561	3454	3815	4523	4872	5217	5558
	3.6	759	897	1030	1080	1244	1404	1199	1382	1562	1319	1521	1721	1546	1788	2025	2153	2053	2328	2478	2733	2631	2938	3242	3542	3440	3798	4504	4851	5194	5534
	3.7	746	881	1011	1065	1227	1384	1184	1365	1543	1305	1506	1703	1534	1774	2009	2136	2040	2313	2462	2715	2617	2922	3224	3522	3425	3782	4484	4829	5171	5509
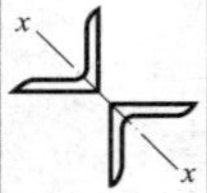	3.8	732	864	991	1049	1209	1363	1170	1348	1524	1292	1490	1685	1522	1759	1992	2118	2027	2298	2445	2697	2602	2906	3207	3503	3410	3765	4464	4808	5147	5484
	3.9	718	847	971	1034	1191	1342	1155	1331	1504	1278	1474	1666	1509	1745	1975	2100	2013	2282	2425	2678	2588	2890	3188	3483	3395	3748	4444	4786	5124	5459
	4.0	703	830	951	1018	1172	1321	1140	1314	1484	1264	1457	1647	1497	1730	1958	2082	1999	2267	2412	2660	2573	2873	3170	3462	3379	3731	4423	4764	5100	5433
	4.2	675	796	911	985	1134	1277	1109	1277	1443	1234	1422	1608	1470	1699	1923	2044	1971	2234	2397	2821	2543	2839	3132	3421	3348	3696	4382	4718	5051	5381
	4.4	646	761	871	952	1095	1232	1077	1240	1400	1203	1386	1567	1443	1667	1886	2004	1942	2201	2381	2581	2511	2804	3093	3377	3316	3661	4338	4671	5000	5327
	4.6	617	727	831	917	1055	1187	1044	1201	1356	1172	1349	1524	1414	1633	1848	1963	1911	2166	2303	2539	2479	2767	3052	3333	3282	3624	4294	4623	4948	5271
	4.8	588	693	792	883	1015	1141	1010	1162	1311	1139	1311	1481	1384	1598	1808	1920	1879	2129	2264	2496	2445	2729	3010	3286	3248	3586	4248	4573	4895	5214
	5.0	561	660	754	848	975	1095	976	1122	1265	1105	1272	1436	1353	1563	1767	1875	1846	2092	2224	2451	2411	2690	2967	3238	3213	3546	4201	4522	4839	5154
	5.2	534	628	717	814	935	1050	942	1082	1219	1071	1232	1391	1321	1525	1724	1830	1812	2053	2182	2404	2375	2649	2922	3188	3176	3506	4153	4469	4782	5093
	5.4	508	597	682	780	896	1006	907	1042	1174	1037	1192	1345	1289	1487	1681	1783	1777	2012	2139	2356	2338	2608	2875	3137	3139	3464	4102	4415	4724	5030
	5.6	483	568	648	747	858	962	873	1002	1129	1002	1152	1299	1255	1449	1636	1235	1741	1971	2094	2306	2299	2564	2827	3084	3100	3421	4051	4359	4663	4965
	5.8	460	540	616	715	821	920	839	963	1084	968	1112	1253	1222	1409	1591	1487	1703	1928	2049	2256	2260	2520	2777	3029	3060	3377	3997	4301	4600	4898
	6.0	437	514	586	684	785	880	806	924	1041	933	1072	1208	1187	1369	1545	1638	1665	1885	2002	2204	2219	2474	2726	2973	3019	3331	3942	4241	4536	4829
	6.2	416	489	557	655	751	841	774	887	999	900	1033	1164	1153	1329	1499	1589	1626	1840	1954	2151	2177	2427	2674	2915	2977	3284	3886	4180	4469	4758
	6.4	396	466	531	626	718	804	743	851	958	866	994	1120	1118	1289	1454	1540	1587	1795	1906	2097	2134	2378	2620	2856	2933	3236	3827	4116	4401	4684
	6.6	378	444	505	599	686	769	713	817	919	834	957	1078	1084	1249	1408	1491	1547	1750	1851	2043	2091	2329	2566	2796	2888	3186	3768	4051	4331	4609
	6.8	360	423	482	573	657	735	684	783	881	803	920	1036	1049	1209	1363	1443	1507	1704	1808	1988	2046	2279	2510	2735	2843	3135	3706	3985	4259	4532
	7.0	344	403	459	548	628	703	656	751	845	772	885	997	1016	1170	1318	1395	1466	1658	1759	1934	2001	2228	2454	2673	2796	3083	3644	3917	4186	4454
	7.2	328	385	438	525	601	673	630	721	810	743	851	958	983	1132	1275	1393	1426	1612	1792	1970	1955	2177	2397	2610	2748	3030	3580	3848	4111	4373
	7.4	313	368	418	503	576	644	604	692	778	715	819	922	950	1094	1232	1346	1386	1566	1741	1914	1909	2125	2340	2547	2699	2975	3515	3777	4035	4292
	7.5	306	359	409 ①	492	564	631	592	678	762	701	803	904	934	1076	1211	1323	1366	1544	1716	1886	1886	2099	2311	2516	2674	2948	3482	3741	3996	4250

注：黑线 1、2、3 分别为构件长细比 λ150、200 和 250 的分界线。

表 18－2a　Q235 钢两个热轧等边角钢（两边相连）轴心受压稳定时 N_x 承载力设计值（kN）

对应轴简图	计算长度	2L45			2L50			2L56			2L60			2L63				2L70				2L75					
		4	5	6	4	5	6	4	5	8	5	6	8	5	6	8	10	5	6	7	8	6	7	8	9	10	
		面积 A (cm^2)																									
		6.97	8.58	10.15	7.79	9.61	11.38	8.78	10.83	16.73	11.66	13.83	18.04	12.29	14.58	19.03	23.31	13.75	16.32	18.85	21.33	17.59	20.32	23	25.7	28.3	
	1.5	75.0	91.5	106	95.8	117	138	121	149	225	171	201	259	186	220	284	345	223	264	304	342	295	340	383	427	469	
	1.6	68.7	83.7	97.0	88.8	109	127	114	140	211	162	190	245	177	209	270	328	214	254	292	329	286	329	371	412	453	
	1.7	63.0	76.7	88.7	82.1	100	118	107	131	197	152	179	231	168	199	255	310	206	243	280	315	276	317	357	397	436	
	1.8	57.7	70.3	81.2	75.9	92.7	109	99.8	122	183	143	168	217	159	188	241	292	197	233	268	300	265	305	343	382	419	
	1.9	53.0	64.5	74.5	70.2	85.7	101	93.2	114	171	135	158	203	150	177	227	275	188	222	255	286	254	293	329	366	401	
	2.0	48.8	59.4	68.5	65.0	79.3	92.9	86.9	106	159	126	148	190	141	167	213	258	178	211	242	271	244	280	315	349	383	
	2.1	45.0	54.7	63.1	60.2	73.4	86.1	81.0	99.1	148	118	138	178	133	157	200	242	169	200	230	257	233	267	300	333	365	
	2.2	41.6	50.6	58.3	55.9	68.1	79.8	75.6	92.4	138	111	129	166	125	147	188	227	160	189	218	243	222	255	286	317	347	
	2.3	38.5	46.8	54.0	51.9	63.3	74.1	70.6	86.3	128	104	121	155	117	138	176	213	152	179	206	230	211	242	272	301	330	
	2.4	35.8	43.5	50.1	48.3	58.9	69.0	66.0	80.6	120	97.4	114	146	110	130	166	200	144	169	195	217	200	230	258	286	313	
	2.5	33.3	40.5	46.6	45.1	54.9	64.3	61.7	75.4	112	91.3	106	137	104	122	155	187	136	160	184	205	190	219	245	271	297	
	2.6	31.0	37.7	43.4	42.1	51.3	60.1	57.9	70.7	105	85.8	100	128	97.5	115	146	176	128	151	174	194	181	207	232	257	281	
	2.7	29.0	35.2	40.6	39.4	48.0	56.2	54.3	66.3	98.5	80.7	94.0	120	91.8	108	138	166	121	143	164	183	171	197	220	244	267	
	2.8	27.2	33.0	38.0	37.0	45.0	52.7	51.0	62.3	92.5	75.9	88.4	113	86.6	102	130	156	115	135	155	173	163	187	209	231	253	
	2.9	25.5	31.0	35.6	34.7	42.3	49.5	48.0	58.7	87.0	71.6	83.3	107	81.7	96.1	122	147	109	128	147	164	154	177	198	219	240	
	3.0	23.9	29.1	33.5	32.7	39.8	46.6	45.3	55.3	81.9	67.5	78.6	101	77.2	90.8	115	139	103	121	139	155	147	168	188	208	228	
	3.1	22.5	27.4	31.5	30.8	37.5	43.9	42.7	52.2	77.3	63.8	74.3	95.1	73.0	85.8	109	131	97.8	115	132	147	139	160	179	198	216	
	3.2	21.3	25.8	29.7	29.1	35.4	41.4	40.4	49.3	73.0	60.4	70.3	89.9	69.1	81.3	103	124	92.8	109	125	140	133	152	170	188	205	
	3.3	20.1	24.4	28.1	27.5	33.5	39.2	38.2	46.7	69.1	57.2	66.6	85.2	65.5	77.0	97.9	118	88.2	104	119	133	126	145	161	179	195	
	3.4	19.0	23.1	26.5	26.0	31.7	37.1	36.2	44.2	65.5	54.2	63.1	80.7	62.2	73.1	92.8	112	83.8	98.7	113	126	120	138	154	170	186	
	3.5	18.0	21.8	25.1	24.7	30.0	35.1	34.4	42.0	62.1	51.5	59.9	76.6	59.1	69.5	88.2	106	79.8	93.9	108	120	114	131	146	162	177	①
	3.6	17.1	20.7	23.8	23.4	28.5	33.3	32.7	39.9	59.0	49.0	57.0	72.8	56.2	66.1	83.9	101	76.0	89.5	103	114	109	125	140	154	169	
	3.7	16.2	19.7	22.6	22.2	27.1	31.7	31.1	37.9	56.1	46.6	54.2	69.3	53.5	62.9	79.8	96.0	72.4	85.3	97.7	109	104	119	133	147	161	
	3.8	15.4	18.7	21.5	21.2	25.8	30.2	29.6	36.1	53.4	44.4	51.6	66.0	51.0	59.9	76.1	91.4	69.1	81.4	93.2	104	99.4	114	127	141	154	
	3.9	14.7	17.8	20.5	20.2	24.6	28.7	28.2	34.4	50.9	42.4	49.2	63.0	48.7	57.2	72.6	87.2	66.0	77.7	89.0	99.1	95.1	109	122	134	147	
	4.0	14.0	17.0	19.5	19.2	23.4	27.4	26.9	32.8	48.6	40.4	47.0	60.1	46.5	54.6	69.3	83.3	63.1	74.3	85.1	94.7	91.0	104	116	129	141	
	4.2	12.8	15.5	17.8	17.5	21.4	25.0	24.6	30.0	44.4	37.0	43.0	54.9	42.5	50.0	63.4	76.1	57.8	68.1	78.0	86.8	83.5	95.6	107	118	129	
	4.4	11.7	14.2	16.3	16.1	19.6	22.9	22.5	27.5	40.7	33.9	39.4	50.4	39.0	45.9	58.2	69.9	53.2	62.6	71.7	79.7	76.8	88.0	98.1	109	119	
	4.6	10.7	13.0	15.0	14.8	18.0	21.0	20.7	25.3	37.4	31.2	36.3	46.4	35.9	42.2	53.5	64.3	49.0	57.7	66.1	73.5	70.9	81.2	90.5	100	109	②
	4.8	9.9	12.0	13.8	13.6	16.6	19.4	19.1	23.3	34.5	28.8	33.5	42.8	33.2	39.0	49.5	59.4	45.3	53.4	61.1	68.0	65.6	75.2	83.8	92.7	101	
	5.0	9.1	11.1	12.8	12.6	15.3	17.9	17.7	21.6	31.9	26.7	31.0	39.6	30.8	36.1	45.8	55.0	42.1	49.5	56.7	63.0	60.9	69.8	77.7	86	93.9	
	5.2	8.5	10.3	11.8	14.7	11.2	16.7	16.4	20.1	29.6	24.8	28.8	36.8	28.6	33.6	42.6	51.1	39.1	46.0	52.7	58.6	56.7	64.9	72.3	80	87.4	
	5.4	7.9	9.6	11.0	10.9	13.2	15.5	15.3	18.7	27.6	23.1	26.8	34.3	26.6	31.3	39.6	47.6	36.4	42.9	49.1	54.6	52.8	60.5	67.4	74.6	81.5	
	5.6	7.4	8.9	10.3	10.1	12.4	14.4	14.3	17.4	25.7	21.5	25.0	32.0	24.8	29.2	37.0	44.4	34.0	40.9	45.9	51.0	49.4	56.6	63	69.7	76.1	
	5.8	6.9	8.3	9.6	9.5	11.5	13.5	13.4	16.3	24.1	20.2	23.4	29.9	23.3	27.3	34.6	41.6	31.9	37.5	42.9	47.7	46.3	53.0	59	65.3	71.3	③
	6.0	6.4	7.8	9.0	8.9	10.8	12.6	12.5	15.3	22.6	18.9	22.0	28.0	21.8	25.6	32.5	39.0	29.9	35.2	40.3	44.8	43.4	49.7	55.4	61.3	66.9	

续表 18－2a

对应轴简图	计算长度	2L80					2L90					2L100							2L110					2L125			
		5	6	7	8	10	6	7	8	10	12	6	7	8	10	12	14	16	7	8	19	12	14	8	10	12	14
		面积 A（cm^2）																									
		15.8	18.8	21.7	24.6	30.3	21.3	24.6	27.9	34.3	40.6	23.9	27.6	31.3	38.5	45.6	56.51	59.25	30.4	34.5	42.5	50.4	58.11	39.5	48.7	57.82	66.73
x—x	1.5	274	325	374	423	518	384	443	501	616	725	443	512	580	712	842	1040	1089	577	654	805	953	1096	768	946	1121	1292
	1.6	266	316	364	411	503	376	434	490	602	709	435	503	570	700	827	1021	1069	568	644	794	939	1080	759	935	1108	1277
	1.7	258	306	353	398	487	367	424	479	588	692	428	494	559	687	811	1002	1048	560	635	782	924	1063	750	924	1095	1262
	1.8	250	296	341	385	471	358	413	467	573	674	419	484	548	673	794	981	1026	551	625	769	909	1045	741	912	1081	1245
	1.9	241	286	329	371	453	348	402	454	557	655	411	474	537	658	777	959	1002	542	614	756	893	1026	731	900	1067	1228
	2.0	232	275	317	357	436	339	391	441	541	635	401	464	525	643	759	936	978	532	603	742	876	1007	721	888	1052	1211
	2.1	223	264	304	342	418	328	379	427	524	615	392	452	512	627	740	912	953	522	591	727	859	986	711	875	1036	1193
	2.2	214	253	292	328	400	318	367	413	506	594	382	441	499	611	720	887	926	511	579	712	841	965	700	861	1020	1174
	2.3	205	242	279	313	382	307	354	399	488	572	372	429	485	594	700	862	899	500	567	697	822	943	689	847	1003	1154
	2.4	196	232	266	299	364	296	341	384	470	551	361	417	471	576	679	835	871	489	554	681	803	920	677	833	986	1134
	2.5	187	221	254	285	347	285	329	370	452	529	351	404	457	559	658	809	843	477	540	664	782	897	665	818	968	1112
	2.6	178	211	242	272	330	274	316	355	434	507	340	392	443	541	636	781	814	465	527	647	762	873	652	802	949	1090
	2.7	170	201	231	258	314	263	303	341	416	486	329	379	428	522	615	754	786	453	512	629	741	848	640	786	929	1068
	2.8	162	191	220	246	299	253	291	327	399	466	317	366	413	504	593	727	757	440	498	611	719	823	626	769	910	1045
	2.9	154	182	209	234	284	242	279	313	382	446	306	353	399	486	571	700	729	427	484	593	698	798	613	752	889	1021
	3.0	147	173	199	223	271	232	267	300	366	426	295	340	384	468	550	674	701	415	469	575	676	773	599	735	868	996
	3.1	140	165	190	212	258	222	256	287	350	408	285	328	370	451	529	648	674	402	454	557	654	747	584	717	847	971
	3.2	133	157	181	202	245	213	245	275	335	390	274	316	356	433	509	623	647	389	440	539	633	722	570	699	826	946
	3.3	127	150	172	193	234	204	235	263	320	373	264	304	343	417	489	598	622	376	425	521	612	698	555	681	804	921
	3.4	121	143	164	184	223	195	225	252	307	357	254	292	330	401	470	575	597	364	411	504	591	674	541	663	782	896
	3.5	116	136	157	175	212	187	215	241	294	341	244	281	317	385	452	552	573	351	397	486	570	650	526	644	760	870
	3.6	110	130	150	167	203	179	206	231	281	327	235	270	305	370	434	530	551	339	384	470	550	627	511	626	739	845
	3.7	106	125	143	160	194	172	197	221	269	313	226	260	293	356	417	509	529	328	370	453	531	605	497	608	717	820
	3.8	101	119	137	153	185	165	189	212	258	300	217	250	282	342	401	489	508	316	357	437	512	583	482	590	696	796
	3.9	96.6	114	131	146	177	158	182	203	248	288	209	240	271	329	385	470	488	305	345	422	494	562	468	573	675	772
	4.0	92.5	109	125	140	170	152	174	195	237	276	201	231	261	316	371	452	469	295	333	407	476	542	454	555	654	748
	4.2	85	100	115	129	156	140	161	180	219	254	186	214	242	293	343	418	434	275	310	379	443	504	427	522	615	702
	4.4	78.4	92.4	106	118	143	129	149	166	202	235	173	199	224	272	318	388	402	256	289	353	413	469	401	490	577	659
	4.6	72.4	85.4	98	109	133	120	138	154	187	217	161	185	208	252	295	360	373	239	270	329	385	438	377	460	542	618
	4.8	67.1	79.1	90.8	101	123	111	128	143	174	202	150	172	194	235	275	335	347	223	252	308	359	408	354	432	509	580
	5.0	62.3	73.5	84.3	94.1	114	104	119	133	162	188	140	160	181	219	256	312	324	209	236	288	336	382	333	406	478	545
	5.2	58.1	68.4	78.5	87.6	106	96.6	111	124	151	175	130	150	169	205	239	292	302	195	221	269	315	357	314	382	450	513
	5.4	54.2	63.9	73.3	81.8	99	90.2	104	116	141	163	122	140	158	192	224	273	283	183	207	253	295	335	295	360	423	482
	5.6	50.7	59.7	68.5	76.5	92.6	84.5	97.1	109	132	153	115	132	148	180	210	256	265	172	194	237	277	315	278	339	399	454
	5.8	47.5	56	64.2	71.6	86.7	79.3	91.1	102	124	144	108	124	139	169	197	240	249	162	183	223	261	296	263	320	376	429
	6.0	44.6	52.6	60.3	67.3	81.4	74.5	85.6	95.8	116	135	101	116	131	159	186	226	234	153	172	210	246	279	248	302	355	405
	6.2	41.9	—	—	—	—	70.2	80.6	90.12	110	127	95.4	110	124	150	175	213	220	144	163	199	232	263	235	286	336	383
	6.4	—	—	—	—	—	66.2	76	85	103	120	90.1	104	117	141	165	201	208	136	154	188	219	248	222	271	318	362
	6.6	—	—	—	—	—	62.5	71.8	80.3	97.5	113	85.1	97.9	110	133	156	190	197	129	145	178	207	235	211	256	301	343
	6.8	—	—	—	—	—	59.1	67.9	76	92.3	—	80.6	92.6	104	126	148	180	186	122	138	168	196	222	200	243	286	326
	7.0	—	—	—	—	—	—	—	—	—	—	76.4	87.8	99	120	140	170	176	116	131	160	186	211	190	231	272	309
	7.2	—	—	—	—	—	—	—	—	—	—	72.5	83.4	93.9	114	133	162	167	110	124	152	177	200	181	220	258	294
	7.4	—	—	—	—	—	—	—	—	—	—	68.9	79.2	89.3	108	126	154	159	105	118	144	168	191	172	209	246	280
	7.6	—	—	—	—	—	—	—	—	—	—	65.6	75.4	84.9	103	—	—	—	100	112	137	160	181	164	200	234	267
	7.8	—	—	—	—	—	—	—	—	—	—	—	—	—	—	—	—	—	95	107	131	152	173	156	190	224	255
	8.0	—	—	—	—	—	—	—	—	—	—	—	—	—	—	—	—	—	90.7	102	125	145	165	149	182	214	243

① ② ③

续表 18－2a

对应轴简图	计算长度	2L140			2L150			2L160			2L180				2L200				2L220				2L250			
		12	14	16	12	14	16	12	14	16	12	14	16	18	14	16	18	20	16	18	20	22	18	20	24	26
		面积 A (cm^2)																								
		65.02	75.13	85.08	69.82	80.73	91.47	74.9	86.59	98.13	84.48	97.79	110.9	122.1	109.3	124	138.6	153	137.3	153.5	169.5	185.4	175.7	194.1	230.4	248.3
	1.5	1284	1482	1677	1392	1608	1821	1505	1739	1970	1731	1990	2257	2367	2246	2548	2714	2995	2844	3031	3345	3657	3492	3866	4587	4942
	1.6	1272	1468	1661	1380	1594	1806	1493	1726	1954	1721	1977	2242	2351	2233	2534	2699	2978	2830	3015	3328	3638	3475	3850	4568	4921
	1.7	1259	1453	1644	1368	1580	1789	1481	1712	1938	1710	1963	2226	2335	2220	2519	2683	2960	2815	2999	3311	3619	3459	3833	4547	4899
	1.8	1246	1438	1627	1356	1566	1773	1469	1698	1922	1700	1950	2211	2318	2207	2504	2667	2942	2800	2983	3293	3599	3443	3815	4526	4877
	1.9	1233	1423	1609	1343	1551	1756	1457	1683	1905	1689	1936	2195	2302	2194	2489	2650	2924	2785	2967	3275	3580	3427	3798	4506	4854
	2.0	1219	1407	1591	1330	1535	1738	1444	1668	1888	1678	1922	2179	2285	2180	2473	2634	2906	2770	2951	3257	3560	3410	3780	4484	4831
	2.1	1205	1390	1572	1316	1519	1720	1431	1653	1871	1667	1908	2163	2267	2166	2457	2617	2887	2755	2935	3239	3540	3393	3763	4463	4808
	2.2	1190	1373	1552	1302	1503	1701	1418	1637	1853	1655	1893	2146	2249	2152	2441	2599	2868	2739	2918	3221	3520	3376	3745	4442	4785
	2.3	1175	1355	1532	1288	1486	1682	1404	1621	1834	1644	1878	2129	2231	2138	2425	2582	2848	2723	2901	3202	3499	3359	3727	4420	4761
	2.4	1159	1336	1511	1273	1469	1662	1389	1604	1815	1632	1862	2111	2213	2123	2408	2564	2828	2707	2884	3183	3478	3342	3708	4398	4738
	2.5	1143	1317	1489	1257	1451	1642	1375	1587	1796	1620	1847	2093	2193	2108	2391	2546	2808	2691	2867	3163	3457	3324	3690	4376	4714
	2.6	1126	1297	1466	1241	1432	1620	1360	1569	1775	1607	1830	2075	2174	2093	2374	2527	2787	2674	2849	3144	3435	3306	3671	4353	4689
	2.7	1108	1277	1443	1225	1413	1598	1344	1551	1754	1594	1814	2056	2154	2078	2356	2508	2766	2657	2831	3123	3413	3288	3652	4330	4664
	2.8	1090	1256	1419	1208	1393	1576	1328	1532	1733	1581	1797	2036	2133	2062	2338	2489	2744	2640	2812	3103	3390	3269	3633	4307	4639
	2.9	1072	1234	1394	1190	1373	1552	1311	1513	1711	1568	1779	2016	2112	2045	2320	2469	2722	2622	2793	3082	3367	3251	3613	4284	4614
	3.0	1053	1212	1368	1172	1351	1528	1294	1493	1688	1554	1761	1996	2090	2029	2301	2448	2700	2605	2774	3061	3343	3232	3593	4260	4588
	3.1	1033	1189	1342	1154	1330	1503	1277	1472	1664	1541	1743	1975	2067	2012	2281	2428	2676	2586	2755	3039	3319	3212	3573	4235	4561
	3.2	1013	1165	1315	1135	1307	1478	1259	1451	1640	1526	1724	1953	2044	1994	2261	2406	2652	2568	2735	3017	3295	3193	3552	4211	4535
	3.3	992	1141	1288	1115	1285	1452	1240	1430	1615	1511	1704	1931	2020	1976	2241	2384	2628	2548	2714	2994	3270	3172	3531	4186	4507
	3.4	971	1116	1260	1095	1261	1425	1221	1407	1590	1496	1684	1908	1996	1958	2220	2362	2603	2529	2693	2971	3244	3152	3510	4160	4479
	3.5	950	1092	1232	1075	1237	1398	1202	1385	1563	1481	1664	1884	1971	1939	2199	2339	2577	2509	2672	2947	3218	3131	3488	4134	4451
	3.6	929	1067	1203	1054	1213	1370	1182	1361	1537	1465	1643	1860	1946	1920	2177	2315	2551	2489	2650	2923	3191	3110	3466	4107	4422
	3.7	907	1041	1174	1033	1188	1342	1161	1338	1510	1449	1621	1835	1919	1900	2154	2291	2524	2468	2628	2898	3164	3088	3444	4080	4393
	3.8	885	1016	1145	1012	1163	1314	1141	1313	1482	1432	1599	1810	1893	1880	2131	2266	2497	2447	2605	2872	3136	3066	3421	4052	4363
	3.9	863	991	1117	990	1138	1285	1120	1289	1454	1415	1576	1785	1865	1860	2108	2241	2468	2425	2582	2846	3107	3043	3397	4024	4332
	4.0	842	965	1088	968	1113	1256	1098	1264	1426	1398	1553	1758	1837	1839	2083	2215	2440	2403	2558	2820	3078	3020	3373	3996	4301
	4.2	799	916	1031	925	1062	1199	1055	1214	1368	1362	1506	1704	1780	1795	2034	2162	2380	2357	2509	2765	3018	2973	3324	3936	4237
	4.4	757	867	976	882	1012	1141	1011	1163	1310	1325	1457	1649	1721	1750	1982	2106	2318	2309	2457	2708	2955	2923	3273	3875	4170
	4.6	716	820	923	839	963	1085	968	1112	1252	1287	1408	1592	1661	1703	1929	2049	2254	2259	2404	2649	2889	2872	3220	3811	4101
	4.8	677	775	872	797	915	1031	925	1062	1195	1247	1357	1534	1600	1655	1874	1990	2189	2208	2349	2587	2822	2818	3165	3745	4029
	5.0	640	733	824	757	868	978	882	1013	1140	1207	1306	1477	1539	1605	1817	1929	2121	2154	2292	2524	2752	2763	3108	3676	3954
	5.2	605	692	779	719	824	928	841	966	1086	1166	1256	1419	1478	1555	1760	1868	2053	2099	2233	2458	2680	2706	3049	3605	3877
	5.4	573	655	736	682	782	880	802	920	1034	1126	1206	1362	1418	1504	1702	1806	1984	2043	2173	2392	2606	2647	2988	3531	3797
	5.6	542	619	696	648	742	835	764	876	984	1085	1156	1306	1359	1454	1644	1744	1916	1986	2112	2324	2532	2586	2925	3455	3715
	5.8	513	586	659	615	704	793	727	834	936	1045	1108	1252	1302	1403	1587	1682	1847	1929	2050	2255	2456	2524	2860	3378	3631
	6.0	486	555	624	584	669	752	692	794	891	1005	1062	1199	1246	1353	1530	1621	1780	1871	1988	2186	2381	2461	2794	3299	3545
	6.2	461	526	591	555	635	715	660	756	849	967	1017	1148	1193	1303	1473	1561	1713	1812	1926	2117	2305	2397	2727	3218	3457
	6.4	437	499	561	528	604	679	629	720	808	929	974	1099	1142	1255	1418	1502	1648	1754	1864	2049	2230	2332	2659	3136	3369
	6.6	415	474	533	502	574	646	599	686	770	893	932	1052	1093	1208	1365	1445	1585	1697	1803	1981	2155	2267	2590	3054	3280
	6.8	395	451	506	478	547	615	572	655	735	857	893	1007	1046	1162	1313	1390	1524	1640	1742	1914	2082	2202	2521	2971	3190
	7.0	376	429	482	456	521	586	546	625	701	823	855	964	1001	1117	1262	1336	1465	1585	1683	1849	2010	2137	2452	2888	3101
	7.2	358	409	459	435	497	559	521	596	669	791	819	924	959	1075	1214	1285	1409	1531	1625	1785	1940	2073	2383	2806	3012
	7.4	341	389	437	415	474	533	498	570	639	760	785	885	919	1034	1167	1235	1354	1478	1569	1722	1872	2010	2315	2724	2923
	7.6	326	372	417	396	453	509	476	545	611	730	752	849	880	994	1123	1188	1302	1426	1514	1662	1806	1948	2247	2644	2836
	7.8	311	355	399	379	433	487	456	521	585	701	722	814	844	956	1080	1142	1252	1377	1461	1604	1743	1887	2180	2564	2751
	8.0	297	339	381	362	414	466	436	499	560	674	693	781	810	920	1039	1099	1204	1329	1410	1547	1681	1827	2115	2486	2666

①

表 18-2b Q235 钢两个热轧等边角钢（两边相连）轴心受压稳定时 N_y 承载力设计值（kN）

对应轴简图	计算长度	2L45			2L50			2L56			2L60			2L63				2L70				2L75					
		4	5	6	4	5	6	4	5	8	5	6	8	5	6	8	10	5	6	7	8	6	7	8	9	10	
		面积 A（cm^2）																									
		6.97	8.58	10.15	7.79	9.61	11.38	8.78	10.83	16.73	11.7	13.8	18	12.3	14.6	19	23.3	13.8	16.3	18.8	21.3	17.6	20.3	23	25.7	28.3	
	2.0	83.9	106	127	102	129	155	123	156	251	174	210	280	188	227	303	376	218	265	310	354	291	341	390	438	486	
	2.1	79.5	100	120	97	123	148	118	150	242	169	203	272	182	220	294	366	213	258	303	346	285	334	383	430	476	
	2.2	75.2	94.9	114	92.5	117	141	114	144	233	163	196	263	176	213	285	355	207	252	295	337	279	327	374	420	466	
	2.3	71.0	89.8	108	88.0	111	134	109	138	224	157	189	254	170	206	276	344	202	245	287	329	272	320	366	411	456	
	2.4	67.1	84.8	102	83.7	106	128	104	133	214	151	182	244	164	199	267	333	196	238	279	320	266	312	357	401	445	
	2.5	63.4	80.2	96.3	79.5	101	122	100	127	205	145	175	235	158	192	257	322	190	231	271	310	259	304	348	391	434	
	2.6	60.0	75.8	91.1	75.5	95.6	116	95.5	121	197	139	168	226	153	185	248	310	184	224	263	301	252	296	339	381	423	
	2.7	56.7	71.7	86.1	71.7	90.8	110	91.2	116	188	133	161	217	147	178	239	299	178	217	254	292	244	287	329	370	412	
	2.8	53.7	67.8	81.5	68.1	86.2	104	87.1	111	180	128	154	208	141	171	229	288	172	209	246	282	237	279	320	360	400	
	2.9	50.8	64.2	77.1	64.7	81.9	99.0	83.2	106	171	122	148	199	135	164	220	277	166	202	238	273	230	270	310	349	388	
	3.0	48.1	60.8	73.1	61.5	77.8	94.1	79.4	101	164	117	142	191	130	158	212	266	160	195	229	263	223	262	301	338	376	
	3.1	45.7	57.7	69.3	58.5	74.0	89.5	75.8	96.3	156	112	136	183	125	151	203	255	155	188	221	254	215	253	291	327	364	
	3.2	43.3	54.7	65.8	55.7	70.4	85.2	72.5	91.9	149	108	130	175	120	115	195	245	149	181	213	245	208	245	281	317	353	
	3.3	41.2	52.0	62.5	53.1	67.1	81.1	69.2	87.8	143	103	124	167	115	139	187	235	144	175	205	236	201	237	272	306	341	
	3.4	39.2	49.4	59.4	50.6	63.9	77.3	66.2	83.9	136	98.6	119	160	110	133	179	226	138	168	198	227	194	229	263	296	330	
	3.5	37.3	47.1	56.5	48.3	60.9	73.7	63.3	80.2	130	94.4	114	154	106	128	172	216	133	162	190	219	188	221	254	286	318	
	3.6	35.5	44.8	53.9	46.1	58.2	70.3	60.6	76.7	125	90.5	109	147	101	123	165	208	128	156	183	211	181	213	245	276	308	
	3.7	33.9	42.8	51.4	44.0	55.5	67.2	58.0	73.5	119	86.8	105	141	97.2	118	158	199	124	150	177	203	175	206	237	266	297	
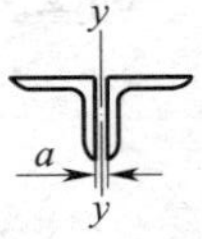	3.8	32.4	40.8	49.0	42.1	53.1	64.2	55.6	70.3	114	83.2	100	135	93.3	113	152	192	119	145	170	195	169	199	228	257	287	
	3.9	30.9	39.0	46.8	40.2	50.8	61.4	53.3	67.4	109	79.9	96.2	130	89.7	109	146	184	115	139	164	188	163	192	220	248	277	
	4.0	29.6	37.3	44.8	38.5	48.6	58.8	51.1	64.6	105	76.7	92.4	125	86.2	104	140	177	110	134	158	181	157	185	213	240	267	
	4.2	27.1	34.2	41.0	35.4	44.7	54.0	47.1	59.5	96.6	70.8	85.3	115	79.7	96.5	130	164	103	125	146	168	147	172	198	223	249	
L45 - L75	4.4	24.9	31.4	37.7	32.6	41.1	49.7	43.5	55.0	89.2	65.5	78.9	106	73.9	89.4	120	151	95.5	116	136	156	137	161	185	208	232	
a = 6mm	4.6	23.0	29.0	34.8	30.2	38.0	45.9	40.3	50.9	82.6	60.7	73.1	98.6	68.6	83	111	141	89	108	127	146	128	150	173	194	217	
	4.8	21.3	26.8	32.2	27.9	35.2	42.5	37.4	47.2	76.6	56.5	67.9	91.6	63.8	77.2	104	131	83.1	101	118	136	119	140	161	182	202	
	5.0	19.7	24.9	29.9	26.0	32.7	39.5	34.8	44.0	71.2	52.6	63.2	85.3	59.5	71.9	96.6	122	77.7	94	110	127	112	131	151	170	189	
	5.2	18.4	23.1	27.8	24.2	30.4	36.8	32.5	41.0	66.4	49.1	59	79.5	55.6	67.2	90.2	114	72.7	88	103	119	105	123	141	159	178	①
	5.4	—	—	—	22.6	28.4	34.3	30.4	38.3	62.0	45.9	55.2	74.4	52	62.9	84.3	106	68.2	82.5	96.8	111	98.4	116	133	149	167	
	5.6	—	—	—	21.2	26.6	32.1	28.5	35.8	58.1	43	51.7	69.6	48.8	58.9	79	99.8	64.1	77.5	90.9	104	92.6	109	125	140	157	
	5.8	—	—	—	—	—	30.0	26.7,	33.6	54.4	40.4	48.5	65.4	45.8	55.3	74.2	93.7	60.3	72.9	85.5	98.2	87.2	102	117	132	147	
	6.0	—	—	—	—	—	—	25.1	31.6	51.2	38	45.6	61.4	43.1	52.1	69.8	88.1	56.8	68.6	80.5	92.5	82.2	96.4	111	125	139	
	6.2	—	—	—	—	—	—	23.6	29.7	48.1	35.8	42.9	57.9	40.6	49.1	65.8	83	53.6	64.8	76	87.2	77.6	91	105	118	131	
	6.4	—	—	—	—	—	—	—	—	45.4	33.7	40.5	54.8	38.4	46.3	62.1	78.3	50.7	61.2	71.8	82.4	73.4	86.1	98.8	111	124	
	6.6	—	—	—	—	—	—	—	—	—	31.9	38.3	51.6	36.3	43.8	58.7	74	47.9	57.9	67.9	77.9	69.5	81.5	93.5	105	117	
	6.8	—	—	—	—	—	—	—	—	—	—	—	48.8	34.3	41.4	55.5	70.1	45.4	54.8	64.3	73.8	65.9	77.2	88.6	99.7	111	②
	7.0	—	—	—	—	—	—	—	—	—	—	—	—	32.5	39.3	52.6	66.4	43.1	52	61	70	62.6	73.3	84.1	94.7	106	
	7.2	—	—	—	—	—	—	—	—	—	—	—	—	—	—	—	63	41	49.4	57.9	66.5	59.5	69.7	79.9	89.9	100	
	7.4	—	—	—	—	—	—	—	—	—	—	—	—	—	—	—	—	39	47	55.1	63.2	56.6	66.3	76.1	85.6	95.4	
	7.5	—	—	—	—	—	—	—	—	—	—	—	—	—	—	—	—	38	45.9	53.7	61.7	55.2	64.7	74.2	83.5	93.1	

③

续表 18－2b

对应轴	计算	2L80					2L90					2L100							2L110					2L125			
简图	长度	5	6	7	8	10	6	7	8	10	12	6	7	8	10	12	14	16	7	8	10	12	14	8	10	12	14
		面积 A (cm^2)																									
		15.8	18.8	21.7	24.6	30.3	21.3	24.6	27.9	34.3	40.6	23.9	27.6	31.3	38.5	45.6	56.51	59.25	30.4	34.5	42.5	50.4	58.11	39.5	48.7	57.82	66.73
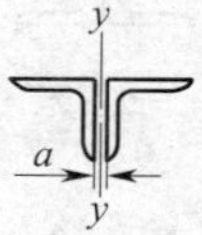 L80－L110， $a=6mm$ L125， $a=8mm$	2.0	254	316	371	425	530	355	430	494	618	738	384	473	557	705	844	1049	1110	506	602	785	945	1098	664	882	1087	1280
	2.1	252	310	364	417	521	353	424	487	609	728	382	471	555	697	834	1037	1098	504	600	780	936	1088	663	879	1084	1271
	2.2	249	304	358	410	511	351	418	480	600	717	381	469	549	689	825	1025	1085	502	598	773	927	1077	661	877	1081	1262
	2.3	244	298	350	401	501	348	411	472	591	707	379	466	542	681	814	1012	1072	500	596	765	918	1067	659	874	1074	1252
	2.4	239	291	343	393	491	342	404	465	582	696	377	464	535	672	804	999	1059	498	593	756	908	1055	657	871	1066	1242
	2.5	233	285	335	384	481	336	397	457	572	684	375	457	527	663	793	986	1045	496	591	748	898	1044	655	869	1057	1231
	2.6	227	278	327	375	470	330	390	448	561	672	372	451	520	653	782	971	1031	494	586	739	887	1032	652	866	1047	1221
	2.7	222	271	319	366	458	323	382	439	551	660	370	443	511	643	770	957	1016	491	578	730	876	1019	650	859	1038	1209
	2.8	216	264	311	357	447	317	374	431	540	647	367	436	503	633	758	942	1001	489	570	720	865	1007	648	851	1028	1198
	2.9	210	257	302	347	435	310	366	421	529	634	361	428	494	622	746	926	986	486	562	710	853	993	645	842	1017	1186
	3.0	204	249	294	337	423	303	358	412	517	620	354	421	486	611	733	910	969	478	554	700	841	980	642	833	1007	1174
	3.1	198	242	285	328	412	296	350	403	505	607	348	413	477	600	720	893	953	471	546	690	829	966	640	823	996	1161
	3.2	192	235	277	318	400	288	341	393	494	593	341	404	467	589	706	876	936	463	537	679	816	951	637	814	984	1148
	3.3	186	228	268	308	388	281	333	383	482	579	334	396	458	577	693	859	918	456	528	668	803	936	634	804	973	1135
	3.4	180	220	260	299	376	274	324	373	470	564	326	388	448	565	679	842	901	448	519	657	790	921	625	793	961	1121
	3.5	175	214	252	289	364	267	316	364	457	550	319	379	438	553	665	824	883	440	510	645	776	906	617	783	948	1107
	3.6	169	207	244	280	353	260	307	354	445	536	312	371	429	541	650	806	864	431	500	633	763	890	609	772	936	1093
	3.7	164	200	236	271	342	252	299	344	433	522	305	362	419	529	636	788	846	423	491	622	748	874	600	761	923	1078
	3.8	158	193	228	262	330	245	290	335	421	507	298	354	409	517	621	769	827	415	481	610	734	857	591	750	910	1063
	3.9	153	187	221	254	320	239	282	325	409	493	290	345	399	504	607	751	808	406	471	597	720	841	582	738	896	1048
	4.0	148	181	213	245	309	232	274	316	398	479	283	337	389	492	592	733	789	398	461	585	705	824	573	727	882	1032
	4.2	139	169	200	230	289	219	258	298	375	452	269	320	370	468	563	696	752	381	442	560	676	790	554	703	854	1000
	4.4	130	159	187	215	271	206	244	281	353	427	256	303	351	444	535	661	715	364	422	536	646	756	535	679	826	967
	4.6	122	148	175	201	253	194	229	264	333	402	243	288	333	421	507	626	679	347	403	512	617	723	516	654	797	933
	4.8	114	139	164	188	237	183	216	249	314	379	230	273	316	399	481	593	644	331	384	488	589	690	496	629	767	899
	5.0	107	131	154	177	223	173	204	235	296	357	218	258	299	378	456	562	611	316	366	465	561	658	477	605	738	865
	5.2	101	123	144	166	209	163	192	221	279	337	207	245	283	358	432	532	579	301	349	443	534	626	458	581	709	831
	5.4	95	115	136	156	197	154	181	209	263	318	196	232	268	339	409	504	549	286	332	421	509	596	440	557	680	798
	5.6	89.5	109	128	147	185	145	171	197	248	300	186	220	254	322	388	477	520	273	316	401	484	568	422	534	652	766
	5.8	84.5	102	120	138	174	138	162	186	235	283	177	209	241	305	367	452	494	260	301	382	461	541	404	511	625	734
	6.0	79.8	96.7	114	131	165	130	153	176	222	268	168	198	229	289	349	429	468	248	287	363	439	515	388	490	599	703
	6.2	75.5	91.5	107	123	155	123	145	167	210	254	160	188	218	275	331	407	445	236	273	346	418	490	371	469	574	674
	6.4	71.5	86.6	102	117	147	117	138	158	199	241	152	179	207	261	315	387	423	225	260	330	398	467	356	449	550	645
	6.6	67.8	82.1	96.3	111	139	111	131	150	189	228	144	170	197	248	299	368	402	215	248	314	379	445	341	430	526	618
	6.8	64.3	77.9	91.4	105	132	106	124	143	180	217	138	162	187	236	285	350	383	205	237	300	362	425	327	412	504	592
	7.0	61.2	74	86.8	100	126	101	118	136	171	206	131	155	178	225	271	333	365	196	226	286	345	405	314	395	483	567
	7.2	58.2	70.4	82.5	94.7	119	95.9	113	129	163	196	125	148	170	215	259	317	348	187	216	274	330	387	301	378	463	544
	7.4	55.4	67	78.6	90.2	114	91.4	107	123	155	187	120	141	162	205	247	303	332	179	207	261	315	370	289	363	444	521
	7.5	54.1	65.4	76.7	88	111	89.3	105	120	151	183	117	138	159	200	241	296	324	175	202	256	308	362	277	348	426	500
						②																	①				

续表 18 - 2b

对应轴简图	计算长度	2L140			2L150			2L160			2L180				2L200				2L220				2L250			
		10	12	14	12	14	16	12	14	16	12	14	16	18	14	16	18	20	16	18	20	22	18	20	24	26
		面积 A（cm²）																								
		54.7	65.02	75.13	69.82	80.73	91.47	74.88	86.59	98.13	84.48	97.79	110.9	122.1	109.3	124	138.6	153	137.3	153.5	169.5	185.4	175.7	194.1	230.4	248.3
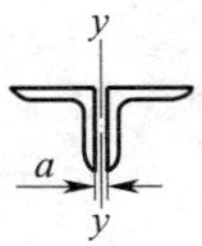 L140 - L250 a = 10mm	2.0	964	1202	1430	1272	1522	1763	1344	1615	1876	1463	1778	2082	2233	1930	2277	2492	2804	2459	2706	3058	3402	2995	3409	4207	4595
	2.1	962	1200	1427	1270	1519	1760	1342	1612	1873	1461	1776	2079	2230	1928	2275	2489	2801	2457	2704	3056	3399	2993	3406	4204	4592
	2.2	960	1197	1424	1268	1517	1757	1340	1610	1870	1459	1774	2077	2227	1926	2272	2487	2798	2455	2702	3053	3397	2991	3404	4201	4589
	2.3	958	1194	1421	1265	1514	1753	1338	1607	1867	1457	1772	2074	2224	1924	2270	2484	2795	2452	2699	3050	3393	2989	3402	4198	4586
	2.4	956	1192	1417	1263	1511	1749	1335	1604	1864	1455	1769	2071	2221	1922	2267	2481	2792	2450	2697	3047	3390	2987	3399	4195	4582
	2.5	953	1189	1409	1260	1507	1741	1333	1601	1860	1453	1767	2068	2218	1919	2265	2478	2789	2448	2694	3044	3387	2985	3397	4192	4578
	2.6	951	1186	1399	1257	1504	1730	1330	1598	1856	1451	1764	2065	2215	1917	2262	2475	2785	2445	2692	3041	3383	2982	3394	4189	4575
	2.7	948	1182	1389	1254	1500	1719	1327	1595	1852	1449	1761	2061	2211	1914	2259	2472	2781	2443	2689	3038	3380	2980	3391	4185	4571
	2.8	945	1179	1379	1251	1494	1708	1325	1591	1844	1446	1758	2058	2207	1912	2256	2469	2778	2440	2686	3035	3376	2977	3389	4182	4567
	2.9	943	1170	1368	1248	1484	1697	1322	1588	1833	1444	1755	2054	2203	1909	2253	2465	2774	2437	2683	3031	3372	2975	3386	4178	4563
	3.0	940	1160	1357	1244	1474	1685	1318	1584	1822	1441	1752	2051	2199	1906	2250	2461	2769	2434	2679	3027	3368	2972	3382	4174	4558
	3.1	937	1151	1346	1241	1463	1672	1315	1580	1810	1438	1749	2047	2194	1903	2246	2458	2765	2431	2676	3024	3363	2969	3379	4170	4554
	3.2	934	1141	1334	1235	1452	1660	1312	1571	1798	1435	1745	2043	2182	1900	2243	2454	2761	2428	2673	3020	3359	2966	3376	4166	4549
	3.3	930	1130	1322	1225	1440	1647	1309	1560	1786	1432	1742	2038	2170	1897	2239	2450	2756	2425	2669	3016	3354	2963	3372	4161	4544
	3.4	924	1119	1310	1215	1429	1634	1305	1549	1773	1429	1738	2034	2158	1894	2235	2446	2751	2421	2665	3011	3349	2960	3369	4157	4539
	3.5	914	1108	1297	1204	1417	1620	1301	1537	1760	1426	1734	2025	2146	1891	2231	2441	2738	2418	2662	3007	3344	2956	3365	4152	4534
	3.6	905	1097	1284	1193	1404	1606	1297	1525	1747	1423	1730	2013	2133	1887	2227	2437	2724	2414	2658	3003	3339	2953	3361	4147	4528
	3.7	895	1085	1271	1182	1392	1592	1288	1513	1733	1419	1726	2001	2120	1884	2223	2432	2711	2411	2654	2998	3334	2950	3357	4142	4523
	3.8	885	1074	1257	1170	1379	1577	1277	1501	1719	1416	1722	1988	2106	1880	2219	2424	2697	2407	2649	2993	3321	2946	3353	4137	4517
	3.9	875	1061	1243	1159	1365	1562	1266	1488	1705	1412	1718	1975	2093	1876	2214	2411	2682	2403	2645	2988	3307	2942	3349	4132	4511
	4.0	864	1049	1229	1147	1352	1547	1255	1475	1690	1409	1707	1961	2079	1872	2210	2398	2668	2399	2641	2983	3292	2939	3345	4126	4505
	4.2	843	1023	1199	1122	1323	1515	1232	1448	1659	1401	1682	1934	2050	1864	2200	2371	2638	2390	2631	2962	3261	2931	3336	4115	4478
	4.4	821	997	1168	1096	1294	1482	1208	1420	1628	1393	1657	1905	2020	1856	2175	2343	2606	2381	2621	2932	3229	2922	3326	4101	4443
	4.6	798	969	1137	1069	1264	1448	1182	1391	1595	1380	1630	1874	1988	1846	2147	2313	2573	2372	2604	2902	3195	2913	3316	4068	4407
	4.8	774	941	1104	1041	1232	1412	1156	1360	1560	1356	1603	1843	1955	1836	2118	2282	2539	2362	2575	2870	3161	2904	3306	4034	4370
	5.0	750	912	1071	1013	1200	1376	1129	1329	1525	1331	1574	1810	1921	1810	2088	2250	2504	2351	2545	2837	3125	2894	3295	3998	4332
	5.2	726	883	1037	984	1167	1339	1101	1297	1488	1306	1544	1776	1886	1782	2056	2216	2467	2328	2514	2803	3087	2884	3283	3961	4292
	5.4	702	854	1004	955	1133	1301	1073	1264	1451	1279	1513	1741	1850	1754	2024	2182	2429	2298	2482	2767	3049	2874	3253	3923	4251
	5.6	678	825	970	925	1100	1262	1044	1230	1413	1252	1481	1705	1812	1725	1990	2146	2390	2267	2449	2731	3009	2862	3220	3884	4209
	5.8	654	796	936	896	1066	1224	1015	1196	1375	1225	1449	1669	1774	1694	1956	2109	2349	2235	2415	2693	2967	2849	3186	3843	4165
	6.0	631	768	903	867	1032	1185	986	1162	1336	1197	1416	1631	1735	1663	1920	2072	2308	2202	2379	2654	2925	2817	3151	3801	4120
	6.2	608	740	870	838	998	1147	957	1128	1297	1168	1383	1593	1695	1631	1884	2033	2265	2167	2343	2613	2881	2784	3114	3758	4074
	6.4	586	713	838	809	965	1109	928	1094	1258	1139	1349	1554	1654	1599	1847	1993	2221	2132	2305	2572	2836	2750	3077	3713	4026
	6.6	564	686	807	781	932	1071	899	1060	1219	1110	1315	1515	1614	1566	1809	1953	2177	2097	2267	2530	2789	2715	3038	3667	3977
	6.8	543	661	777	754	900	1034	870	1027	1181	1081	1281	1476	1572	1532	1771	1912	2131	2060	2228	2486	2742	2679	2998	3620	3926
	7.0	523	636	748	727	869	999	843	994	1143	1053	1246	1437	1531	1499	1732	1870	2085	2023	2188	2442	2694	2643	2958	3572	3874
	7.2	503	612	720	702	838	964	815	962	1106	1024	1212	1398	1490	1465	1693	1829	2039	1985	2147	2397	2645	2605	2916	3523	3821
	7.4	485	589	693	677	809	930	789	930	1070	996	1179	1359	1449	1431	1654	1787	1992	1946	2106	2351	2595	2566	2873	3472	3767
	7.6	467	567	667	653	781	897	763	899	1035	968	1146	1321	1409	1396	1614	1744	1946	1907	2064	2305	2544	2527	2830	3420	3711
	7.8	449	546	642	630	753	866	738	870	1001	940	1113	1283	1369	1362	1575	1702	1899	1868	2022	2258	2493	2487	2785	3368	3654
	8.0	433	526	618	607	727	835	713	841	968	913	1081	1246	1330	1329	1536	1660	1852	1829	1980	2211	2442	2447	2740	3314	3597

表 18-3a　Q235 钢两个热轧不等边角钢（两短边相连）轴心受压稳定时 N_x 承载力设计值（kN）

对称轴简图

计算长度	2L56×36×4	2L56×36×5	2L63×40×4	2L63×40×5	2L63×40×6	2L63×40×7	2L70×45×4	2L70×45×5	2L70×45×6	2L70×45×7	2L75×50×5	2L75×50×6	2L75×50×8	2L75×50×10	2L80×50×5	2L80×50×6	2L80×50×7	2L80×50×8	
面积 A（cm^2）	7.18	8.83	8.12	9.99	11.82	13.60	9.09	11.22	13.29	15.31	12.25	14.52	18.93	23.18	12.75	15.12	17.45	19.73	
1.5	49.1	59.4	66.3	79.4	92.6	105	89.3	109	126	144	139	162	207	249	142	167	189	212	
1.6	44.0	53.2	59.9	71.6	83.4	94.7	81.3	99.1	115	131	128	149	190	228	131	154	174	194	
1.7	39.7	48.0	54.2	64.7	75.4	85.6	74.1	90.3	104	119	118	137	175	209	120	141	159	178	
1.8	35.9	43.4	49.2	58.8	68.5	77.6	67.7	82.5	95.3	108	108	126	160	192	110	129	146	163	
1.9	32.6	39.4	44.8	53.5	62.3	70.6	62.0	75.5	87.1	99.0	99.7	116	147	176	101	119	134	150	
2.0	29.8	35.9	41.0	48.9	57.0	64.5	56.9	69.2	79.9	90.8	91.9	106	136	162	93.5	110	124	138	
2.1	27.2	32.9	37.6	44.8	52.2	59.1	52.3	63.7	73.5	83.5	84.9	98.3	125	150	86.3	101	114	127	①
2.2	25.0	30.2	34.6	41.2	48.0	54.4	48.3	58.8	67.7	76.9	78.5	90.9	116	138	79.8	93.6	105	118	
2.3	23.0	27.8	31.9	38.1	44.3	50.2	44.7	54.3	62.6	71.1	72.8	84.3	107	128	74.0	86.7	97.6	109	
2.4	21.3	25.7	29.6	35.2	41.0	46.4	41.4	50.4	58.0	65.9	67.7	78.3	99.6	119	68.8	80.5	90.7	101	
2.5	19.7	23.8	27.4	32.7	38.0	43.0	38.5	46.8	53.9	61.2	63.0	72.9	92.7	111	64.0	75.0	84.4	94.2	
2.6	—	—	25.5	30.4	35.4	40.0	35.9	43.6	50.2	57.0	58.8	68.0	86.5	103	59.7	69.9	78.7	87.8	
2.7	—	—	23.8	28.3	33.0	37.3	33.5	40.7	46.9	53.2	55.0	63.6	80.8	96.4	55.8	65.4	73.5	82.1	
2.8	—	—	22.2	26.5	—	—	31.3	38.1	43.8	49.8	51.5	59.6	75.7	90.3	52.3	61.2	68.9	76.9	②
2.9	—	—	—	—	—	—	29.4	35.7	41.1	46.6	48.4	55.9	71.0	84.7	49.1	57.5	64.6	72.1	
3.0	—	—	—	—	—	—	27.6	33.5	38.6	43.8	45.5	52.5	66.8	79.6	46.1	54.0	60.7	67.8	
3.1	—	—	—	—	—	—	25.9	31.5	36.3	41.2	42.8	49.5	62.9	74.9	43.4	50.9	57.2	63.8	
3.2	—	—	—	—	—	—	24.5	29.7	—	—	40.4	46.7	59.3	70.7	41.0	48.0	53.9	60.2	
3.3	—	—	—	—	—	—	—	—	—	—	38.2	44.1	56.0	66.7	38.7	45.3	50.9	56.8	
3.4	—	—	—	—	—	—	—	—	—	—	36.1	41.7	53.0	63.1	36.6	42.9	48.2	53.8	
3.5	—	—	—	—	—	—	—	—	—	—	34.2	39.5	50.2	59.8	34.7	40.6	—	—	③
3.6	—	—	—	—	—	—	—	—	—	—	32.5	—	—	—	—	—	—	—	
3.7	—	—	—	—	—	—	—	—	—	—	—	—	—	—	—	—	—	—	
3.8	8.92	10.8	12.5	14.9	17.3	19.5	17.7	21.5	24.7	28.1	29.3	33.9	43.0	51.2	29.7	34.8	39.1	43.6	
3.9	8.49	10.2	11.9	14.1	16.4	18.6	16.8	20.5	23.6	26.7	27.9	32.3	41.0	48.8	28.3	33.1	37.2	41.5	
4.0	8.09	9.76	11.3	13.5	15.7	17.7	16.1	19.5	22.4	25.5	26.6	30.8	39.0	46.5	27.0	31.6	35.5	39.6	
4.2	7.36	8.88	10.3	12.3	14.3	16.1	14.6	17.8	20.4	23.2	24.3	28.0	35.6	42.4	24.6	28.8	32.4	36.1	
4.4	6.73	8.12	9.42	11.2	13.0	14.7	13.4	16.3	18.7	21.2	22.2	25.7	32.6	38.8	22.5	26.4	29.6	33.0	
4.6	6.17	7.45	8.65	10.3	12.0	13.5	12.3	14.9	17.2	19.5	20.4	23.6	29.9	35.7	20.7	24.2	27.2	30.4	
4.8	5.68	6.86	7.97	9.47	11.0	12.5	11.3	13.8	15.8	18.0	18.8	21.7	27.6	32.9	19.1	22.3	25.1	28.0	
5.0	5.25	6.33	7.36	8.75	10.2	11.5	10.5	12.7	14.6	16.6	17.4	20.1	25.5	30.4	17.7	20.7	23.2	25.9	
5.2	4.86	5.87	6.82	8.11	9.43	10.7	9.71	11.8	13.6	15.4	16.2	18.7	23.7	28.2	16.4	19.2	21.5	24.0	
5.4	4.52	5.45	6.34	7.54	8.77	9.92	9.03	11.0	12.6	14.3	15.0	17.3	22.0	26.2	15.2	17.8	20.0	22.3	
5.6	4.21	5.08	5.91	7.03	8.17	9.24	8.42	10.2	11.8	13.3	14.0	16.2	20.5	24.4	14.2	16.6	18.7	20.8	
5.8	3.93	4.74	5.52	6.56	7.63	8.63	7.86	9.55	11.0	12.5	13.1	15.1	19.2	22.8	13.3	15.5	17.4	19.4	
6.0	3.68	4.44	5.17	6.14	7.14	8.08	7.36	8.95	10.3	11.7	12.3	14.2	18.0	21.4	12.4	14.5	16.3	18.2	
6.2	3.45	4.16	4.85	5.76	6.70	7.58	6.91	8.40	9.65	10.9	11.5	13.3	16.9	20.1	11.7	13.6	15.3	17.1	
6.4	3.24	3.91	4.56	5.42	6.30	7.12	6.50	7.89	9.07	10.3	10.8	12.5	15.9	18.9	11.0	12.8	14.4	16.1	
6.6	3.05	3.68	4.29	5.10	5.93	6.71	6.12	7.43	8.54	9.69	10.2	11.8	14.9	17.8	10.3	12.1	13.6	15.1	
6.8	2.88	3.48	4.05	4.81	5.59	6.33	5.77	7.01	8.06	9.14	9.63	11.1	14.1	16.8	9.76	11.4	12.8	14.3	
7.0	2.72	3.28	3.83	4.55	5.29	5.98	5.46	6.63	7.62	8.64	9.10	10.5	13.3	15.9	9.22	10.8	12.1	13.5	
7.2	2.58	3.11	3.62	4.30	5.00	5.66	5.16	6.27	7.21	8.18	8.62	9.94	12.6	15.0	8.73	10.2	11.5	12.8	
7.4	2.44	2.94	3.43	4.08	4.74	5.36	4.90	5.95	6.84	7.75	8.17	9.43	12.0	14.2	8.28	9.68	10.9	12.1	
7.6	2.32	2.79	3.26	3.87	4.50	5.09	4.65	5.65	6.49	7.36	7.76	8.95	11.4	13.5	7.86	9.19	10.3	11.5	
7.8	2.20	2.66	3.10	3.68	4.28	4.84	4.42	5.37	6.17	6.99	7.38	8.51	10.8	12.8	7.47	8.74	9.81	10.9	
8.0	2.09	2.53	2.95	3.50	4.07	4.60	4.20	5.11	5.87	6.66	7.02	8.10	10.3	12.2	7.11	8.32	9.33	10.4	

续表 18－3a

对称轴简图	计算长度	2L90×56×				2L100×63×				2L100×80×				2L110×70×				2L125×80×				
		5	6	7	8	6	7	8	10	6	7	8	10	6	7	8	10	7	8	10	12	
		面积 A（cm^2）																				
		14.42	17.11	19.76	22.37	19.23	22.22	25.07	30.93	21.27	24.60	27.89	34.33	21.27	24.60	27.89	34.33	28.19	31.98	39.42	46.70	
	1.5	184	216	248	279	274	315	354	430	363	419	473	580	330	381	429	524	472	533	654	772	
	1.6	171	201	230	259	258	297	333	404	352	407	459	562	316	364	409	500	457	515	632	745	
	1.7	158	187	214	240	243	279	313	379	341	393	444	544	301	346	389	474	440	497	609	717	
	1.8	147	173	198	222	228	262	293	354	329	380	428	524	285	328	369	449	424	477	585	688	
	1.9	136	160	183	205	213	245	274	331	317	365	412	503	270	311	348	424	406	458	560	658	
	2.0	126	148	170	190	199	229	256	309	304	351	395	483	255	293	329	400	389	437	535	628	
	2.1	117	138	157	176	186	214	239	288	292	336	378	461	241	277	310	376	371	417	510	598	
	2.2	109	128	146	164	174	200	223	269	279	321	361	440	227	261	291	354	353	397	485	569	
	2.3	101	119	136	152	163	187	209	251	266	306	344	420	214	245	274	333	336	377	460	540	
	2.4	94.4	111	127	142	153	175	195	235	254	292	328	399	201	231	258	313	319	358	437	512	
	2.5	88.1	103	118	132	143	164	183	220	242	278	312	380	189	217	243	294	303	340	414	485	
	2.6	82.4	96.7	110	124	134	154	172	206	230	264	296	361	178	205	229	277	288	323	393	460	
	2.7	77.2	90.5	103	116	126	144	161	193	219	251	282	343	168	193	215	261	273	306	372	435	
	2.8	72.4	84.9	97.0	109	119	136	152	182	208	239	268	326	159	182	203	246	259	290	353	413	
	2.9	68.0	79.8	91.1	102	112	128	143	171	198	227	254	309	150	172	192	232	246	275	335	391	
	3.0	64.0	75.1	85.8	96.0	105	120	135	161	188	216	242	294	142	163	181	219	233	261	318	371	
	3.1	60.4	70.8	80.9	90.5	99.4	114	127	152	179	206	230	279	134	154	172	208	222	248	302	352	
	3.2	—	—	—	—	94.0	108	120	144	170	196	219	266	127	146	163	197	211	236	287	335	
	3.3	—	—	—	—	89.0	102	114	136	162	186	208	253	121	138	154	186	201	224	273	318	
	3.4	—	—	—	—	84.4	96.5	108	129	155	178	198	241	115	131	146	177	191	214	259	303	②
	3.5	—	—	—	—	80.1	91.6	102	122	147	169	189	230	109	125	139	168	182	203	247	288	
	3.6	—	—	—	—	—	—	—	—	141	162	181	219	104	119	132	160	174	194	236	275	
	3.7	43.7	51.2	58.5	65.4	72.4	82.8	92.5	111	134	154	172	209	98.7	113	126	152	166	185	225	262	
	3.8	41.6	48.8	55.6	62.2	69.0	78.9	88.1	105	128	147	165	200	94.1	108	120	145	158	177	215	250	
	3.9	39.6	46.5	53.0	59.3	65.8	75.2	84.0	100	123	141	158	191	89.8	103	115	139	151	169	205	239	
	4.0	—	—	—	—	62.8	71.8	80.1	95.8	118	135	151	183	85.8	98.4	109	132	145	162	196	229	
	4.2	—	—	—	—	57.4	65.6	73.2	87.5	108	124	138	168	78.5	90.0	100	121	133	148	180	210	
	4.4	—	—	—	—	52.6	60.2	67.1	80.3	99.4	114	127	155	72.1	82.6	92.0	111	122	136	165	193	
	4.6	—	—	—	—	—	—	—	73.8	91.8	105	118	143	66.5	76.1	84.7	102	113	126	153	178	①
	4.8	—	—	—	—	—	—	—	68.2	85.1	97.6	109	132	61.4	70.4	78.3	94.6	104	116	141	165	
	5.0	—	—	—	—	—	—	—	63.1	79.0	90.6	101	123	56.9	65.2	—	—	96.8	108	131	153	
	5.2	—	—	—	—	—	—	—	58.6	73.5	84.4	94.2	114	—	—	—	—	90.1	101	122	142	
	5.4	—	—	—	—	—	—	—	54.5	68.6	78.7	87.8	106	—	—	—	—	84.0	93.7	114	132	
	5.6	—	—	—	—	—	—	—	50.9	64.1	73.6	82.1	100	—	—	—	—	78.5	87.6	106	124	③
	5.8	—	—	—	—	—	—	—	47.6	60.1	68.9	76.9	93.2	—	—	—	—	—	—	—	—	
	6.0	—	—	—	—	—	—	—	44.6	56.4	—	—	—	—	—	—	—	—	—	—	—	
	6.2	—	—	—	—	—	—	—	41.9	—	—	—	—	—	—	—	—	—	—	—	—	
	6.4	—	—	—	—	—	—	—	39.4	—	—	—	—	—	—	—	—	—	—	—	—	
	6.6	—	—	—	—	—	—	—	37.1	—	—	—	—	—	—	—	—	—	—	—	—	
	6.8	—	—	—	—	—	—	—	35.1	—	—	—	—	—	—	—	—	—	—	—	—	
	7.0	—	—	—	—	—	—	—	33.2	—	—	—	—	—	—	—	—	—	—	—	—	
	7.2	—	—	—	—	—	—	—	31.4	—	—	—	—	—	—	—	—	—	—	—	—	
	7.4	—	—	—	—	—	—	—	29.8	—	—	—	—	—	—	—	—	—	—	—	—	
	7.6	—	—	—	—	—	—	—	28.3	—	—	—	—	—	—	—	—	—	—	—	—	
	7.8	—	—	—	—	—	—	—	26.9	—	—	—	—	—	—	—	—	—	—	—	—	
	8.0	—	—	—	—	—	—	—	25.6	—	—	—	—	—	—	—	—	—	—	—	—	

续表 18－3a

对称轴简图	计算长度	2L140×90×				2L150×90×						2L160×100×				2L180×110×				2L200×125×				
		8	10	12	14	8	10	12	14	15	16	10	12	14	16	10	12	14	16	12	14	16	18	
		面积 A（cm^2）																						
		36.08	44.52	52.8	60.91	37.68	46.52	55.2	63.71	67.9	72.05	50.63	60.11	69.42	58.56	56.75	67.42	77.93	88.28	75.82	87.37	99.48	111.05	
	1.5	634	780	922	1059	659	811	958	1102	1173	1240	919	1087	1253	1413	1056	1252	1444	1633	1452	1670	1899	2018	
	1.6	619	760	898	1030	642	790	932	1072	1140	1205	900	1065	1227	1383	1038	1230	1420	1605	1433	1648	1874	1991	
	1.7	602	739	873	1001	624	767	905	1040	1106	1168	881	1041	1199	1351	1020	1208	1393	1575	1413	1625	1848	1962	
	1.8	585	717	846	969	605	744	876	1007	1070	1130	860	1016	1170	1317	1000	1185	1366	1544	1393	1601	1820	1933	
	1.9	566	694	818	937	586	719	847	972	1033	1090	838	990	1139	1282	980	1160	1337	1511	1371	1576	1791	1902	
	2.0	547	670	790	903	565	694	816	936	994	1048	816	963	1107	1245	959	1134	1307	1476	1349	1550	1761	1869	
	2.1	528	645	760	869	544	668	785	899	955	1006	792	934	1074	1207	937	1108	1276	1440	1326	1523	1730	1835	
	2.2	508	620	731	834	523	641	753	862	915	964	768	905	1040	1168	914	1080	1243	1403	1302	1495	1698	1800	
	2.3	488	595	701	799	502	615	721	825	876	922	743	875	1005	1127	890	1051	1209	1364	1276	1465	1664	1764	
	2.4	468	570	671	764	481	588	689	789	837	880	718	845	969	1087	865	1021	1175	1324	1250	1435	1628	1726	
	2.5	448	546	641	730	460	562	658	753	798	839	692	814	934	1046	840	990	1139	1284	1223	1403	1592	1686	
	2.6	428	521	612	696	439	537	628	718	761	799	667	783	898	1005	814	959	1103	1242	1195	1370	1555	1646	
	2.7	409	498	584	664	419	512	599	684	725	761	641	753	863	965	788	928	1067	1201	1167	1337	1516	1604	
	2.8	391	475	557	633	400	489	571	651	690	724	616	723	828	925	762	897	1030	1159	1137	1303	1477	1562	
	2.9	373	453	532	603	381	466	544	620	657	690	591	693	794	886	736	866	994	1118	1108	1268	1437	1519	
	3.0	356	432	507	575	364	444	518	591	626	656	567	665	761	849	710	835	958	1077	1077	1232	1396	1475	
	3.1	340	412	483	548	347	423	494	563	596	625	544	637	729	813	684	804	922	1037	1047	1197	1356	1431	
	3.2	324	393	461	522	331	404	471	536	568	595	522	610	698	778	659	774	888	997	1016	1161	1315	1388	
	3.3	310	375	440	498	316	385	449	511	542	567	500	585	668	745	635	745	854	959	985	1126	1274	1344	
	3.4	296	358	420	475	302	368	428	488	517	541	479	560	640	713	611	717	821	922	955	1090	1234	1301	
	3.5	283	342	401	454	288	351	409	466	493	516	459	537	613	683	588	689	790	887	925	1056	1194	1258	
	3.6	270	327	383	434	275	336	390	445	471	493	440	514	588	654	566	663	759	852	895	1021	1155	1217	
	3.7	259	313	366	415	263	321	373	425	450	471	422	493	563	627	544	638	730	819	866	988	1117	1176	
	3.8	247	300	351	397	252	307	357	406	430	450	405	473	540	601	524	613	702	788	838	955	1080	1136	
	3.9	237	287	336	380	241	294	342	389	412	431	389	454	518	576	504	590	675	757	810	923	1043	1098	
	4.0	227	275	322	364	231	281	327	373	394	413	373	436	497	553	485	568	650	729	783	892	1008	1060	
	4.2	209	253	296	334	213	259	301	342	362	379	345	402	459	510	450	526	602	675	732	833	941	990	
	4.4	193	233	273	308	196	239	277	316	334	349	319	372	424	472	417	488	558	626	684	779	879	924	
	4.6	178	216	252	285	181	221	256	292	309	323	296	345	393	437	388	454	519	582	640	728	821	863	
	4.8	165	200	234	264	168	205	238	270	286	299	275	320	365	406	362	423	483	541	599	681	768	807	
	5.0	154	186	217	245	156	190	221	251	266	278	256	298	340	377	337	394	451	505	561	638	720	755	
	5.2	143	173	202	228	145	177	206	234	247	259	239	278	317	352	315	368	421	472	526	598	675	708	
	5.4	134	162	189	213	136	165	192	218	231	241	223	260	296	329	295	345	394	441	494	562	633	665	①
	5.6	125	151	177	199	127	155	179	204	216	226	209	243	278	308	277	324	370	414	465	528	596	625	
	5.8	117	142	166	187	119	145	168	191	202	211	196	228	260	289	260	304	347	389	438	497	561	588	
	6.0	110	133	156	176	112	136	158	180	190	198	184	215	245	272	245	286	327	366	413	469	529	554	
	6.2	104	125	146	165	105	128	149	169	—	—	174	202	230	256	231	270	308	345	390	443	499	523	
	6.4	97.7	118	—	—	—	—	—	—	—	—	164	191	217	241	218	254	291	325	369	419	472	495	
	6.6	—	—	—	—	—	—	—	—	—	—	155	180	205	228	206	241	275	308	349	396	447	468	
	6.8	—	—	—	—	—	—	—	—	—	—	146	170	194	215	195	228	260	291	331	376	423	444	
	7.0	—	—	—	—	—	—	—	—	—	—	139	161	184	—	185	216	247	276	314	357	402	421	②
	7.2	—	—	—	—	—	—	—	—	—	—	—	—	—	—	176	205	234	262	299	339	382	400	
	7.4	—	—	—	—	—	—	—	—	—	—	—	—	—	—	167	195	222	249	284	322	363	381	
	7.6	—	—	—	—	—	—	—	—	—	—	—	—	—	—	159	185	212	237	271	307	346	362	
	7.8	—	—	—	—	—	—	—	—	—	—	—	—	—	—	151	—	—	—	258	293	330	346	
	8.0	—	—	—	—	—	—	—	—	—	—	—	—	—	—	—	—	—	—	246	279	315	330	

③

表 18－3b Q235 钢两个热轧不等边角钢（两短边相连）轴心受压稳定时 N_y 承载力设计值（kN）

对称轴简图

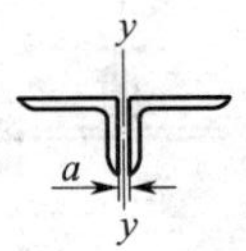

L56×36－L80×50，$a=8$mm

计算长度	2L56×36×		2L63×40×				2L70×45×				2L75×50×				2L80×50×			
	4	5	4	5	6	7	4	5	6	7	5	6	8	10	5	6	7	8
	面积 A（cm^2）																	
	7.18	8.83	8.12	9.99	11.82	13.60	9.09	11.22	13.29	15.31	12.25	14.52	18.93	23.18	12.75	15.12	17.45	19.73
2.0	113	140	132	167	199	230	149	194	231	268	214	257	338	416	219	274	317	361
2.1	109	136	129	163	195	225	149	190	227	263	211	253	332	410	218	270	313	356
2.2	106	132	125	159	190	220	148	186	223	258	208	249	327	403	218	266	309	351
2.3	102	128	122	155	185	215	145	183	218	253	204	244	321	396	217	262	304	345
2.4	98.9	123	118	151	180	209	142	178	213	248	200	239	315	389	215	258	299	340
2.5	95.3	119	114	146	175	203	138	174	208	242	196	234	308	381	211	253	294	334
2.6	91.7	114	111	142	170	197	135	170	203	236	191	229	302	373	207	249	289	329
2.7	88.1	110	107	138	165	191	131	166	198	230	187	224	295	365	203	244	284	323
2.8	84.6	106	103	133	159	185	128	161	193	224	183	219	288	357	199	239	278	316
2.9	81.2	102	99.4	129	154	179	124	157	187	218	178	214	281	348	195	234	272	310
3.0	77.9	97.4	95.8	124	149	173	120	152	182	212	173	208	274	340	191	229	266	303
3.1	74.7	93.4	92.2	120	143	167	116	147	177	206	169	202	267	331	186	224	261	297
3.2	71.6	89.5	88.7	115	138	161	113	143	171	199	164	197	259	322	182	219	255	290
3.3	68.6	85.8	85.3	111	133	155	109	138	166	193	159	191	252	313	177	213	248	283
3.4	65.8	82.3	82.1	107	128	150	105	134	160	187	154	186	245	304	173	208	242	276
3.5	63.1	78.9	78.9	103	124	144	102	129	155	181	150	180	237	295	168	203	236	269
3.6	60.5	75.7	75.9	99.3	119	139	98.5	125	150	175	145	175	230	286	164	197	230	262
3.7	58.0	72.6	73.0	95.6	115	134	95.2	121	145	169	141	169	223	278	159	192	224	255
3.8	55.7	69.7	70.2	92.1	110	129	91.9	117	140	164	136	164	216	269	155	187	217	248
3.9	53.4	66.9	67.5	88.6	106	124	88.8	113	135	158	132	159	209	261	150	181	211	241
4.0	51.3	64.2	65.0	85.4	102	120	85.8	109	131	153	128	154	203	253	146	176	205	234
4.2	47.4	59.3	60.2	79.3	95.1	111	80.0	102	122	143	120	144	190	237	138	166	194	221
4.4	43.9	54.9	55.9	73.7	88.4	103	74.7	95.0	114	133	112	135	178	222	130	157	182	208
4.6	40.7	50.9	52.0	68.6	82.3	96.1	69.8	88.8	107	124	105	126	167	208	122	147	172	196
4.8	37.8	47.3	48.4	63.9	76.7	89.6	65.3	83.1	99.7	116	98.4	119	156	195	115	139	162	185
5.0	35.2	44.1	45.2	59.7	71.7	83.7	61.1	77.8	93.3	109	92.4	111	147	183	108	131	152	174
5.2	32.9	41.1	42.2	55.8	67.0	78.3	57.3	73.0	87.5	102	86.8	105	138	172	102	123	144	164
5.4	30.8	38.5	39.6	52.3	62.8	73.3	53.8	68.5	82.2	96.1	81.7	98.4	130	162	96.2	116	136	155
5.6	28.8	36.1	37.1	49.1	59.0	68.8	50.6	64.4	77.3	90.4	76.9	92.6	122	153	90.9	110	128	146
5.8	27.1	33.8	34.9	46.2	55.4	64.7	47.7	60.7	72.8	85.1	72.5	87.3	115	144	85.9	104	121	138 ①
6.0	25.4	31.8	32.8	43.5	52.2	60.9	45.0	57.2	68.6	80.2	68.5	82.5	109	136	81.2	98.1	114	131
6.2	24.0	30.0	31.0	41.0	49.2	57.5	42.5	54.0	64.8	75.8	64.7	77.9	103	129	76.9	92.9	108	124
6.4	22.6	28.3	29.2	38.7	46.5	54.3	40.2	51.1	61.3	71.6	61.2	73.8	97.1	122	72.9	88.1	103	117
6.6	21.4	26.7	27.6	36.6	44.0	51.3	38.0	48.4	58.0	67.8	58.0	69.9	92.0	115	69.2	83.6	97.4	111
6.8	20.2	25.3	26.2	34.7	41.6	48.6	36.1	45.9	55.0	64.3	55.1	66.3	87.3	109	65.7	79.4	92.5	106
7.0	19.2	24.0	24.8	32.9	39.5	46.1	34.2	43.5	52.2	61.0	52.3	63.0	82.9	104	62.5	75.5	87.9	101
7.2	—	—	23.6	31.2	37.5	43.8	32.5	41.4	49.6	58.0	49.7	59.9	78.8	98.7	59.5	71.8	83.7	95.7
7.4	—	—	22.4	29.7	35.7	41.6	31.0	39.4	47.2	55.2	47.3	57.0	75.0	94.0	56.7	68.4	79.7	91.2
7.6	—	—	—	28.3	33.9	39.6	29.5	37.5	45.0	52.6	45.1	54.3	71.5	89.6	54.0	65.3	76.0	87.0
7.8	—	—	—	26.9	32.3	37.8	28.1	35.8	42.9	50.1	43.0	51.8	68.2	85.4	51.6	62.3	72.6	83.0
8.0	—	—	—	—	—	36.0	26.8	34.1	40.9	47.8	41.1	49.5	65.1	81.6	49.3	59.5	69.4	79.3
						③											②	

续表 18－3b

对称轴简图	计算长度	2L90×56×				2L100×63×				2L100×80×				2L110×70×				2L125×80×			
		5	6	7	8	6	7	8	10	6	7	8	10	6	7	8	10	7	8	10	12
		面积 A (cm^2)																			
		14.42	17.11	19.76	22.37	19.23	22.22	25.07	30.93	21.27	24.60	27.89	34.33	21.27	24.60	27.89	34.33	28.19	31.98	39.42	46.70
	2.0	235	301	363	416	326	398	465	589	361	440	517	650	346	428	506	655	465	559	735	901
	2.1	235	301	362	412	326	398	465	584	360	440	516	643	345	428	506	655	465	558	734	901
	2.2	235	300	358	407	325	397	464	578	360	439	514	637	345	427	505	653	465	558	733	900
	2.3	234	300	353	402	325	397	461	572	359	439	508	630	345	427	505	648	464	557	733	899
	2.4	234	299	349	397	325	396	456	566	358	438	502	623	344	426	504	642	464	557	732	895
	2.5	233	295	344	391	324	396	451	560	358	435	496	616	344	426	504	637	463	556	732	889
	2.6	233	291	339	386	324	392	445	554	357	430	490	608	343	425	503	631	463	556	731	882
	2.7	233	287	334	380	323	388	440	547	357	424	483	600	343	425	502	625	462	555	730	876
	2.8	232	282	328	374	322	383	434	540	356	418	477	592	342	424	498	618	462	555	729	869
	2.9	231	277	323	368	322	377	428	533	353	412	470	584	342	423	493	612	461	554	723	862
	3.0	227	272	317	361	319	372	423	526	347	406	463	575	341	423	487	605	461	553	717	854
	3.1	222	267	311	355	314	367	416	518	342	399	456	566	341	422	482	598	460	553	710	847
	3.2	218	262	306	348	309	361	410	511	336	393	448	557	340	417	476	591	460	552	704	839
	3.3	214	257	299	341	304	355	404	503	330	386	440	548	340	411	470	584	459	551	697	831
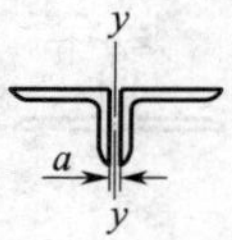	3.4	209	251	293	335	299	349	397	495	324	379	433	539	339	406	464	577	459	551	690	823
	3.5	204	246	287	327	294	343	390	486	318	372	425	529	339	400	457	569	458	548	683	815
	3.6	200	240	281	320	289	337	383	478	312	365	417	519	337	395	451	561	457	542	676	807
	3.7	195	235	274	313	283	331	376	469	305	357	408	509	332	389	444	553	457	536	669	798
	3.8	191	229	268	306	278	324	369	461	299	350	400	499	327	383	438	545	456	530	661	789
L90×56－	3.9	186	224	262	299	272	318	362	452	292	342	392	488	322	377	431	537	455	524	653	780
	4.0	181	218	255	291	267	311	355	443	286	335	383	478	317	370	424	528	452	517	645	771
L100×63,	4.2	172	207	242	277	255	298	340	425	273	320	366	457	306	358	410	511	440	504	629	751
$a=6mm$	4.4	163	197	230	263	244	285	325	407	260	305	349	435	295	345	395	493	427	490	612	731
	4.6	155	186	218	249	233	272	310	389	248	291	333	415	284	332	380	475	415	476	594	711
L100×80－	4.8	147	176	206	236	222	260	296	371	236	276	316	395	272	319	366	457	402	461	576	690
	5.0	139	167	195	224	212	247	282	353	224	263	301	376	261	306	351	439	389	446	558	668
L125×80,	5.2	131	158	185	212	201	236	269	337	213	250	286	358	250	293	336	421	376	431	540	646
$a=8mm$	5.4	124	150	175	201	192	224	256	320	202	237	271	340	240	281	322	403	363	416	521	624
	5.6	118	142	166	190	182	213	243	305	192	225	258	323	229	269	308	386	350	401	503	603
	5.8	112	134	157	180	174	203	232	290	182	214	245	307	219	257	295	369	337	387	484	581
	6.0	106	127	149	171	165	193	220	276	173	203	233	292	210	246	282	353	324	372	466	559
	6.2	101	121	142	162	157	184	210	263	165	193	221	278	201	235	270	338	312	358	449	538
	6.4	95.5	115	134	154	150	175	200	251	157	184	211	264	192	225	258	323	300	344	432	518
	6.6	90.8	109	128	146	143	167	190	239	149	175	201	251	184	215	247	309	288	331	415	498
	6.8	86.4	104	122	139	136	159	182	228	142	167	191	240	176	206	236	296	277	318	399	479
	7.0	82.3	99.0	116	133	130	152	173	217	136	159	182	228	168	197	226	283	266	306	383	460
	7.2	78.5	94.4	110	126	124	145	166	208	130	152	174	218	161	188	216	271	256	294	368	443
	7.4	74.9	90.0	105	121	119	139	158	198	124	145	166	208	154	180	207	259	246	282	354	425
	7.6	71.5	85.9	101	115	113	133	151	190	118	139	159	199	148	173	198	249	236	272	340	409
	7.8	68.4	82.1	96.1	110	109	127	145	182	113	133	152	190	142	166	190	238	227	261	327	393
	8.0	65.4	78.6	91.9	105	104	121	139	174	108	127	145	182	136	159 ①	183	229	219	251	315	378

续表 18-3b

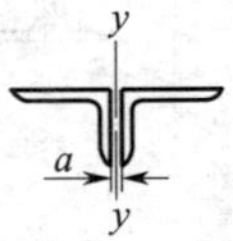

L140×90 – L150×90，a=8mm
L160×100 – L200×125，a=10mm

对称轴简图	计算长度	2L140×90×				2L150×90×						2L160×100×				2L180×110×				2L200×125×			
		8	10	12	14	8	10	12	14	15	16	10	12	14	16	10	12	14	16	12	14	16	18
		面积 A（cm^2）																					
		36.1	44.5	52.8	60.91	37.68	46.52	55.2	63.71	67.9	72.05	50.63	60.11	69.42	58.56	56.75	67.42	77.93	88.28	75.82	87.37	99.48	111.1
	2.0	602	807	1000	1185	608	826	1031	1227	1322	1416	879	1106	1322	1531	937	1199	1448	1687	1298	1579	1862	2030
	2.1	602	806	999	1184	607	826	1030	1226	1321	1415	879	1105	1321	1530	936	1199	1447	1687	1297	1579	1861	2029
	2.2	601	806	999	1183	607	825	1030	1225	1321	1415	878	1105	1321	1529	936	1198	1447	1686	1297	1578	1860	2029
	2.3	601	805	998	1183	607	825	1029	1225	1320	1414	878	1104	1320	1528	936	1198	1446	1686	1296	1578	1860	2028
	2.4	601	805	997	1182	606	824	1029	1224	1319	1413	878	1104	1319	1528	935	1197	1446	1685	1296	1577	1859	2027
	2.5	600	804	996	1181	606	824	1028	1223	1318	1412	877	1103	1318	1527	935	1197	1445	1684	1295	1577	1859	2027
	2.6	600	804	996	1174	606	823	1027	1222	1317	1408	877	1102	1318	1526	934	1196	1445	1683	1295	1576	1858	2026
	2.7	599	803	995	1167	605	823	1027	1222	1317	1400	876	1102	1317	1525	934	1196	1444	1683	1294	1575	1857	2025
	2.8	599	802	994	1159	605	822	1026	1221	1310	1393	875	1101	1316	1524	933	1195	1443	1682	1294	1575	1857	2024
	2.9	598	802	993	1152	604	822	1025	1220	1303	1385	875	1100	1315	1523	933	1195	1442	1681	1293	1574	1856	2024
	3.0	598	801	987	1144	604	821	1024	1213	1295	1377	874	1100	1314	1515	932	1194	1442	1680	1293	1573	1855	2023
	3.1	597	800	980	1136	603	820	1024	1205	1287	1368	874	1099	1314	1507	932	1193	1441	1679	1292	1573	1854	2022
	3.2	596	800	973	1127	603	820	1023	1198	1279	1360	873	1098	1313	1498	931	1193	1440	1678	1292	1572	1853	2021
	3.3	596	799	965	1119	602	819	1022	1190	1271	1351	872	1097	1311	1490	931	1192	1439	1677	1291	1571	1853	2020
	3.4	595	798	958	1110	602	818	1019	1182	1263	1342	872	1097	1303	1481	930	1191	1439	1676	1290	1571	1852	2019
	3.5	595	795	950	1102	601	818	1012	1174	1254	1333	871	1096	1296	1472	930	1191	1438	1675	1290	1570	1851	2018
	3.6	594	789	942	1092	600	817	1005	1166	1245	1324	870	1095	1288	1463	929	1190	1437	1674	1289	1569	1850	2017
	3.7	593	782	934	1083	600	816	998	1158	1237	1315	870	1094	1279	1454	928	1189	1436	1669	1288	1568	1849	2016
	3.8	592	775	926	1074	599	815	990	1149	1227	1305	869	1093	1271	1444	928	1188	1435	1661	1288	1567	1848	2015
	3.9	592	767	917	1064	599	814	983	1140	1218	1295	868	1087	1263	1435	927	1187	1434	1652	1287	1566	1847	2014
	4.0	591	760	909	1054	598	814	975	1131	1209	1285	867	1079	1254	1425	926	1187	1433	1643	1286	1566	1846	2010
	4.2	589	745	891	1034	597	801	959	1113	1189	1264	866	1064	1236	1405	925	1185	1427	1624	1284	1564	1844	1991
	4.4	583	729	872	1012	595	787	942	1094	1169	1243	864	1047	1217	1384	923	1183	1410	1605	1283	1562	1841	1972
	4.6	569	712	853	990	594	772	924	1074	1147	1220	860	1030	1198	1362	922	1181	1392	1585	1281	1560	1826	1952
	4.8	555	695	832	967	592	756	906	1053	1125	1197	845	1013	1177	1339	920	1179	1374	1564	1279	1558	1807	1931
	5.0	541	678	812	943	590	740	887	1031	1102	1173	829	994	1156	1316	919	1164	1355	1543	1277	1555	1786	1910
	5.2	526	660	790	919	576	724	868	1009	1079	1148	813	975	1135	1291	917	1147	1335	1521	1275	1542	1765	1887
	5.4	511	641	769	894	563	707	848	986	1054	1122	796	956	1112	1266	915	1129	1315	1498	1273	1523	1744	1864
	5.6	496	623	747	869	549	690	827	962	1029	1096	779	936	1089	1240	913	1111	1294	1474	1271	1503	1721	1841
	5.8	481	604	724	843	534	672	806	938	1004	1069	762	915	1065	1214	907	1092	1272	1450	1269	1483	1698	1816
	6.0	466	585	702	818	520	654	785	914	978	1041	744	894	1041	1186	891	1072	1250	1425	1257	1462	1675	1791
	6.2	451	566	680	792	505	636	764	889	952	1014	726	873	1017	1159	874	1052	1227	1399	1238	1440	1650	1765
	6.4	436	548	658	767	491	618	742	865	925	986	708	851	992	1131	857	1032	1203	1372	1219	1418	1625	1739
	6.6	422	530	636	741	476	600	721	840	899	958	690	829	966	1102	839	1011	1179	1345	1199	1395	1599	1711
	6.8	407	512	615	717	462	582	699	815	873	930	671	807	941	1074	822	990	1155	1318	1179	1372	1573	1683
	7.0	393	494	594	692	448	564	678	791	846	902	653	785	916	1045	804	969	1130	1290	1158	1348	1546	1655
	7.2	380	477	573	669	434	547	657	766	821	875	634	763	890	1016	785	947	1105	1262	1137	1324	1518	1626
	7.4	366	460	553	645	420	529	636	742	795	848	616	741	865	988	767	925	1080	1233	1115	1299	1490	1596
	7.6	354	444	534	623	407	513	616	719	770	821	598	720	840	960	749	903	1055	1205	1094	1274	1461	1566
	7.8	341	429	515	601	394	496	597	696	746	795	581	699	816	932	731	881	1029	1176	1072	1249	1433	1535
	8.0	329	414	497	580	381	480	577	674	722	770	563	678	792	905	712	860	1004	1147	1049	1224	1404	1504

表 18－4a　Q235 钢两个热不等边角钢（两长边相连）轴心受压稳定时 N_y 承载力设计值（kN）

对称轴简图	计算长度	2L56×36× 4	2L56×36× 5	2L63×40× 4	2L63×40× 5	2L63×40× 6	2L63×40× 7	2L70×45× 4	2L70×45× 5	2L70×45× 6	2L70×45× 7	2L75×50× 5	2L75×50× 6	2L75×50× 8	2L75×50× 10	2L80×50× 5	2L80×50× 6	2L80×50× 7	2L80×50× 8	
	面积 A（cm^2）	7.18	8.83	8.12	9.99	11.82	13.60	9.09	11.22	13.29	15.31	12.25	14.52	18.93	23.18	12.75	15.12	17.45	19.73	
	1.5	102	125	126	155	180	209	151	185	218	251	209	247	320	390	223	265	305	344	
	1.6	96.5	117	121	148	172	200	145	178	210	242	202	239	310	378	218	258	297	334	
	1.7	90.7	110	115	140	163	190	140	172	202	232	196	232	300	365	212	251	288	325	
	1.8	85.1	103	109	133	155	180	134	165	194	222	189	223	289	352	205	243	280	315	
	1.9	79.6	96.5	104	126	146	170	129	157	185	212	182	215	278	338	199	236	270	304	
	2.0	74.5	90.2	97.9	119	138	160	123	150	176	202	175	206	266	323	192	227	261	293	
	2.1	69.6	84.2	92.4	112	129	151	117	143	168	192	167	198	254	309	185	219	251	282	
	2.2	65.1	78.7	87.1	106	122	142	111	136	159	183	160	189	243	295	178	211	241	271	
	2.3	60.8	73.6	82.0	99.5	114	134	106	129	151	173	153	180	231	281	170	202	231	260	
	2.4	57.0	68.8	77.3	93.7	108	126	100	122	143	164	145	171	220	267	163	194	222	249	
	2.5	53.4	64.5	72.8	88.2	101	118	95.0	116	136	155	138	163	209	254	156	185	212	238	
	2.6	50.1	60.4	68.6	83.1	95.3	111	90.0	110	128	147	132	155	199	241	149	177	202	227	
	2.7	47.0	56.8	64.7	78.4	89.8	105	85.3	104	122	139	125	147	189	229	143	169	193	216	
	2.8	44.2	53.4	61.1	73.9	84.7	99.1	80.9	98.5	115	132	119	140	180	217	136	161	184	206	
	2.9	41.7	50.3	57.7	69.8	79.9	93.6	76.7	93.3	109	125	113	133	171	206	130	154	176	197	
	3.0	39.3	47.4	54.6	66.0	75.5	88.4	72.8	88.5	103	118	108	127	162	196	124	147	168	187	
	3.1	37.1	44.7	51.6	62.5	71.4	83.7	69.1	84.0	98.1	112	102	121	154	186	118	140	160	179	
	3.2	35.1	42.3	48.9	59.2	67.7	79.3	65.6	79.8	93.2	107	97.4	115	147	177	113	134	152	170	
	3.3	33.2	40.1	46.4	56.2	64.2	75.2	62.4	75.9	88.6	101	92.8	109	140	168	108	128	145	162	
	3.4	31.5	38.0	44.1	53.3	60.9	71.4	59.4	72.2	84.2	96.3	88.4	104	133	160	103	122	139	155	
	3.5	29.9	36.0	41.9	50.7	57.9	67.8	56.6	68.7	80.2	91.7	84.3	99.2	127	153	98.1	116	133	148	
	3.6	28.4	34.2	39.9	48.2	55.0	64.5	53.9	65.5	76.4	87.4	80.4	94.7	121	146	93.7	111	127	141	
	3.7	27.0	32.6	38.0	45.9	52.4	61.5	51.4	62.5	72.9	83.3	76.8	90.4	115	139	89.6	106	121	135	
	3.8	25.8	31.0	36.2	43.8	50.0	58.6	49.1	59.6	69.6	79.5	73.4	86.4	110	133	85.8	102	116	129	①
	3.9	24.6	29.6	34.6	41.8	47.7	55.9	46.9	57.0	66.5	76.0	70.2	82.6	105	127	82.1	97.4	111	124	
	4.0	23.4	28.2	33.0	39.9	45.5	53.4	44.9	54.5	63.6	72.6	67.2	79.1	101	122	78.7	93.3	106	119	
	4.2	21.4	25.8	30.2	36.5	41.7	48.9	41.2	50.0	58.3	66.6	61.7	72.6	92.6	112	72.4	85.9	97.7	109	
	4.4	19.6	23.7	27.8	33.5	38.2	44.9	37.9	46.0	53.6	61.2	56.8	66.9	85.2	103	66.8	79.2	90.1	101	
	4.6	18.1	21.8	25.6	30.9	35.2	41.3	34.9	42.4	49.4	56.5	52.5	61.7	78.7	94.9	61.8	73.2	83.3	92.9	
	4.8	16.7	20.1	23.6	28.6	32.5	38.2	32.3	39.2	45.7	52.2	48.6	57.2	72.9	87.8	57.3	67.9	77.3	86.1	
	5.0	15.5	18.6	21.9	26.5	30.2	35.4	30.0	36.4	42.4	48.5	45.1	53.1	67.6	81.5	53.2	63.1	71.8	80.0	
	5.2	14.3	17.3	20.4	24.6	28.0	32.9	27.9	33.8	39.4	45.1	42.0	49.4	62.9	75.8	49.6	58.8	66.9	74.5	②
	5.4	13.4	16.1	19.0	22.9	26.1	30.6	26.0	31.6	36.8	42.0	39.2	46.1	58.7	70.7	46.3	54.9	62.4	69.6	
	5.6	12.5	15.0	17.7	21.4	24.4	28.6	24.3	29.5	34.4	39.2	36.6	43.1	54.9	66.1	43.3	51.3	58.4	65.1	
	5.8	11.7	14.0	16.6	20.0	22.8	26.8	22.8	27.6	32.2	36.7	34.3	40.4	51.4	61.9	40.6	48.1	54.7	61.0	
	6.0	10.9	13.2	15.5	18.8	21.4	25.1	21.4	25.9	30.2	34.5	32.2	37.9	48.2	58.1	38.1	45.2	51.4	57.3	
	6.2	10.3	12.4	14.6	17.6	20.1	23.6	20.1	24.4	28.4	32.4	30.3	35.6	45.4	54.7	35.9	42.5	48.4	53.9	
	6.4	9.66	11.6	13.8	16.6	18.9	22.2	18.9	22.9	26.7	30.5	28.5	33.6	42.7	51.5	33.8	40.1	45.6	50.8	③
	6.6	9.10	11.0	13.0	15.7	17.8	20.9	17.8	21.6	25.2	28.8	26.9	31.7	40.3	48.6	31.9	37.8	43.0	47.9	
	6.8	8.60	10.3	12.3	14.8	16.8	19.8	16.9	20.4	23.8	27.2	25.5	29.9	38.1	45.9	30.2	35.8	40.7	45.3	
	7.0	8.13	9.78	11.6	14.0	15.9	18.7	16.0	19.4	22.5	25.7	24.1	28.3	36.1	43.5	28.6	33.9	38.5	42.9	
	7.2	7.70	9.27	11.0	13.3	15.1	17.7	15.1	18.3	21.4	24.4	22.8	26.9	34.2	41.2	27.1	32.1	36.5	40.7	
	7.4	7.30	8.79	10.4	12.6	14.3	16.8	14.4	17.4	20.3	23.2	21.7	25.5	32.5	39.1	25.7	30.5	34.7	38.6	
	7.6	6.94	8.35	9.90	11.9	13.6	16.0	13.6	16.5	19.3	22.0	20.6	24.2	30.9	37.2	24.5	29.0	33.0	36.7	
	7.8	6.60	7.94	9.42	11.4	12.9	15.2	13.0	15.7	18.3	20.9	19.6	23.1	29.4	35.4	23.3	27.6	31.4	35.0	
	8.0	6.28	7.56	8.97	10.8	12.3	14.5	12.4	15.0	17.5	19.9	18.7	22.0	28.0	33.7	22.2	26.3	29.9	33.3	

续表 18 -4a

对称轴简图	计算长度	2L90×56×				2L100×63×				2L100×80×				2L110×70×				2L125×80×			
		5	6	7	8	6	7	8	10	6	7	8	10	6	7	8	10	7	8	10	12
		面积 A（cm^2）																			
		14.42	17.11	19.76	22.37	19.23	22.22	25.07	30.93	21.27	24.60	27.89	34.33	21.27	24.60	27.89	34.33	28.19	31.98	39.42	46.70
	1.5	263	312	359	406	360	416	468	577	397	459	519	638	407	470	532	654	551	625	769	910
	1.6	258	305	352	398	354	409	461	567	391	451	511	628	401	464	525	645	545	618	761	900
	1.7	253	299	344	389	348	402	453	557	384	443	502	616	396	457	518	636	539	611	752	890
	1.8	247	292	336	380	342	395	444	547	377	435	492	605	390	450	510	626	533	604	744	879
	1.9	241	285	328	370	336	387	436	536	369	427	482	592	384	443	502	616	526	597	734	868
	2.0	235	277	319	360	329	379	427	524	362	418	472	579	377	436	493	605	520	589	725	857
	2.1	228	270	310	350	321	371	417	512	353	408	461	566	371	428	484	594	513	581	715	845
	2.2	221	262	301	339	314	362	407	500	345	398	450	552	364	420	475	583	505	573	705	833
	2.3	215	253	291	328	306	353	397	487	336	388	438	537	357	412	466	571	498	564	694	820
	2.4	208	245	281	317	298	344	386	474	327	378	426	522	349	403	456	559	490	555	683	806
	2.5	200	236	271	306	290	334	375	460	318	367	414	507	342	394	446	546	482	546	671	793
	2.6	193	228	261	295	282	325	364	446	308	356	401	491	334	385	435	533	474	537	659	778
	2.7	186	219	251	283	273	315	353	432	299	345	388	475	325	376	424	519	465	527	647	764
	2.8	179	211	241	272	264	305	342	418	289	333	376	460	317	366	413	505	456	517	634	748
	2.9	172	202	232	261	256	295	330	404	279	322	363	444	309	356	402	491	447	506	621	733
	3.0	165	194	222	251	247	285	319	390	270	311	350	428	300	346	390	477	438	496	608	717
	3.1	159	186	213	240	239	275	308	376	260	300	338	412	291	336	379	463	428	485	594	700
	3.2	152	179	205	230	230	265	297	362	251	289	325	397	283	326	368	449	418	474	580	684
	3.3	146	171	196	221	222	255	286	349	242	278	313	382	274	316	356	434	408	462	566	667
	3.4	140	164	188	212	214	246	275	336	233	268	301	368	266	306	345	420	398	451	552	650
	3.5	134	158	180	203	206	237	265	323	224	258	290	354	257	296	334	407	388	439	538	633
	3.6	129	151	173	195	198	228	255	311	216	248	279	341	249	287	323	393	378	428	524	616
	3.7	124	145	166	187	191	220	246	299	208	239	269	328	241	277	312	380	368	416	509	599
	3.8	119	139	159	179	184	212	237	288	200	230	259	315	233	268	302	367	358	405	495	582
	3.9	114	134	153	172	177	204	228	277	192	222	249	303	225	259	291	355	348	394	481	565
	4.0	109	128	147	165	171	196	219	267	185	213	239	292	217	250	282	342	338	382	467	549
	4.2	101	119	135	152	159	182	204	248	172	198	222	271	203	234	263	320	319	361	440	517
	4.4	93.6	110	125	141	147	169	189	230	160	184	206	251	190	218	245	298	300	340	415	486
	4.6	86.8	102	116	131	137	158	176	214	149	171	192	234	177	204	229	279	283	320	390	457
	4.8	80.7	94.6	108	121	128	147	164	199	138	159	179	218	166	191	214	260	266	301	367	430
	5.0	75.1	88.1	100	113	119	137	153	186	129	149	167	203	155	179	201	244	251	284	346	405
	5.2	70.1	82.2	93.7	105	112	128	143	174	121	139	156	190	146	168	188	228	236	267	326	381
	5.4	65.6	76.8	87.6	98.6	105	120	134	163	113	130	146	178	137	157	177	214	223	252	307	359
	5.6	61.4	72.0	82.1	92.3	98.1	113	126	153	106	122	137	167	129	148	166	202	210	238	290	339
	5.8	57.7	67.6	77.0	86.6	92.2	106	118	143	100	115	129	157	121	139	156	190	199	225	273	320
	6.0	54.2	63.5	72.4	81.5	86.8	100	111	135	93.9	108	121	147	114	131	147	179	188	212	258	302
	6.2	51.1	59.8	68.2	76.7	81.9	94.1	105	127	88.6	102	114	139	108	124	139	169	178	201	245	286
	6.4	48.2	56.4	64.3	72.4	77.3	88.8	99.1	120	83.6	96.1	108	131	102	117	132	160	169	190	232	271
	6.6	45.5	53.3	60.8	68.4	73.1	84.0	93.7	114	79.1	90.9	102	124	96.5	111	125	151	160	181	220	257
	6.8	43.1	50.5	57.5	64.7	69.3	79.6	88.7	108	74.9	86.1	96.4	117	91.5	105	118	143	152	171	209	244
	7.0	40.8	47.8	54.5	61.3	65.7	75.4	84.1	102	71.0	81.6	91.4	111	86.8	100	112	136	144	163	198	232
	7.2	38.7	45.4	—	—	62.4	71.6	79.9	96.8	67.4	77.5	86.8	106	82.5	94.9	106	129	137	155	189	221
	7.4	—	—	—	—	59.3	68.1	75.9	92.1	64.1	73.6	82.5	100	78.5	90.3	101	123	131	148	180	210
	7.6	—	—	—	—	56.4	64.8	72.3	87.6	61.0	70.1	78.5	95.5	74.7	86.0	96.5	117	125	141	171	200
	7.8	—	—	—	—	53.8	61.7	68.8	83.5	58.1	66.8	74.8	91.0	71.3	82.0	92.0	111	119	134	164	191
	8.0	—	—	—	—	51.3	58.9	65.7	79.6	55.4	63.7	71.3	86.8	68.0	78.2	87.8	106	114	128	156	182

③ ② ①

续表 18－4a

对称轴	计算	2L140×90×				2L150×90×						2L160×100×				2L180×110×				2L200×125×			
简图	长度	8	10	12	14	8	10	12	14	15	16	10	12	14	16	10	12	14	16	12	14	16	18
		面积 A（mm^2）																					
		36.08	44.52	52.8	60.91	37.68	46.52	55.2	63.71	67.9	72.05	50.63	60.11	69.42	78.56	56.75	67.42	77.93	88.28	75.82	87.37	99.48	111.1
	1.5	717	884	1047	1207	755	932	1105	1275	1358	1440	1022	1212	1399	1180	1159	1377	1591	1801	1563	1801	2050	2181
	1.6	710	876	1037	1196	749	924	1096	1264	1347	1428	1014	1203	1389	1171	1152	1368	1581	1790	1555	1791	2038	2169
	1.7	704	868	1028	1185	743	917	1087	1254	1335	1416	1007	1194	1378	1162	1145	1360	1571	1778	1546	1781	2027	2156
	1.8	697	859	1018	1173	737	909	1078	1243	1323	1404	999	1185	1367	1153	1137	1351	1560	1766	1537	1771	2015	2144
	1.9	690	851	1007	1161	730	901	1068	1231	1311	1391	991	1175	1356	1143	1130	1342	1550	1754	1529	1761	2003	2131
	2.0	683	842	997	1149	724	892	1058	1220	1299	1378	983	1166	1345	1133	1122	1333	1539	1742	1520	1750	1991	2119
	2.1	676	832	986	1136	717	884	1048	1208	1286	1364	974	1156	1333	1123	1114	1323	1528	1730	1510	1740	1979	2106
	2.2	668	823	974	1123	710	875	1037	1196	1273	1350	966	1145	1321	1113	1106	1314	1517	1717	1501	1729	1967	2092
	2.3	660	813	963	1109	703	866	1027	1183	1260	1336	957	1135	1309	1103	1098	1304	1506	1704	1492	1718	1954	2079
	2.4	652	803	950	1095	695	857	1016	1170	1246	1321	948	1124	1296	1092	1090	1294	1494	1691	1482	1707	1942	2065
	2.5	644	793	938	1080	687	847	1004	1157	1231	1306	939	1113	1283	1081	1081	1284	1482	1677	1472	1695	1929	2051
	2.6	635	782	925	1065	679	837	992	1143	1217	1290	929	1101	1270	1069	1072	1273	1470	1663	1462	1684	1915	2037
	2.7	626	771	911	1049	671	827	980	1129	1201	1274	919	1089	1256	1058	1063	1262	1457	1649	1452	1672	1902	2023
	2.8	617	759	897	1033	663	817	967	1114	1185	1257	909	1077	1242	1046	1054	1251	1444	1634	1442	1660	1888	2008
	2.9	607	747	883	1017	654	806	954	1099	1169	1240	899	1065	1227	1033	1045	1240	1431	1619	1431	1648	1874	1993
	3.0	597	735	868	1000	645	795	941	1083	1152	1222	888	1052	1212	1020	1035	1228	1418	1604	1421	1635	1860	1977
	3.1	587	722	853	982	636	783	927	1067	1135	1203	877	1039	1197	1007	1025	1217	1404	1588	1409	1622	1845	1961
	3.2	577	709	838	964	627	771	913	1051	1117	1184	865	1025	1181	993	1015	1204	1390	1571	1398	1609	1830	1945
	3.3	566	696	822	945	617	759	899	1034	1099	1165	854	1011	1164	979	1004	1192	1375	1555	1387	1596	1814	1929
	3.4	556	682	806	926	607	747	884	1016	1080	1145	842	996	1147	965	994	1179	1360	1538	1375	1582	1798	1912
	3.5	544	669	789	907	597	734	869	999	1061	1125	829	982	1130	950	983	1166	1345	1520	1362	1568	1782	1894
	3.6	533	655	772	888	586	721	853	980	1042	1104	817	966	1112	935	971	1152	1329	1502	1350	1553	1766	1876
	3.7	522	641	755	868	576	708	837	962	1022	1083	804	951	1094	920	960	1138	1313	1483	1337	1538	1749	1858
	3.8	510	626	738	848	565	694	821	943	1002	1062	791	935	1076	904	948	1124	1296	1464	1324	1523	1731	1839
	3.9	499	612	721	829	554	681	805	924	982	1040	777	919	1057	888	936	1110	1279	1445	1311	1508	1713	1820
	4.0	487	598	704	809	543	667	788	905	961	1018	764	903	1038	872	923	1095	1262	1425	1297	1492	1695	1801
	4.2	464	569	670	769	520	639	755	867	920	974	736	870	1000	839	898	1064	1226	1385	1269	1459	1658	1760
	4.4	441	541	636	730	498	611	722	828	879	930	708	836	960	806	871	1033	1190	1343	1240	1425	1619	1718
	4.6	419	513	604	692	476	583	689	790	838	887	679	802	921	772	844	1001	1152	1300	1210	1390	1578	1675
	4.8	398	486	572	656	454	556	657	752	798	844	651	768	882	739	817	967	1113	1256	1178	1353	1536	1630
	5.0	377	461	542	621	432	530	625	716	759	803	623	735	843	706	788	934	1074	1211	1146	1316	1493	1584
	5.2	357	437	513	588	411	504	595	681	722	764	596	702	805	674	760	900	1035	1167	1113	1278	1449	1537
	5.4	339	414	486	557	391	479	566	647	686	726	569	670	768	643	732	867	996	1122	1079	1239	1405	1489
	5.6	321	392	460	527	372	456	538	615	652	689	543	640	733	613	704	833	958	1079	1045	1199	1360	1441
	5.8	304	372	436	500	354	434	511	585	619	655	518	610	699	585	677	801	920	1036	1011	1160	1315	1393
	6.0	289	353	414	474	337	412	486	556	589	623	494	582	666	557	650	769	883	994	977	1121	1270	1345
	6.2	274	335	393	450	321	392	463	529	560	592	472	555	636	531	624	738	847	953	944	1082	1226	1298
	6.4	260	318	373	427	305	374	440	503	533	563	450	530	606	507	598	708	812	914	911	1044	1182	1251
	6.6	248	302	354	406	291	356	419	479	507	536	430	505	578	483	574	679	779	876	878	1006	1139	1206
	6.8	236	288	337	386	277	339	400	457	483	511	410	483	552	461	551	651	747	840	846	970	1097	1161
	7.0	224	274	321	367	265	323	381	435	461	487	392	461	527	441	528	624	716	805	816	934	1057	1118
	7.2	214	261	306	350	253	309	364	415	440	465	375	441	504	421	507	599	687	772	786	900	1018	1076
	7.4	204	249	292	334	241	295	347	397	420	444	358	421	482	403	486	575	659	740	757	866	980	1036
	7.6	195	238	279	319	231	282	332	379	401	424	343	403	461	385	467	551	632	710	729	834	943	997
	7.8	186	227	266	305	221	270	318	363	384	406	328	386	441	369	448	529	607	682	702	803	908	960
	8.0	178	217	254	291	211	258	304	347	367	388	315	370	423	353	430	509	583	655	676	774	875	925

①

表 18－4b　Q235 钢两个热不等边角钢（两长边相连）轴心受压稳定时 N_y 承载力设计值（kN）

对称轴简图	计算长度	2L56×36×		2L63×40×				2L70×45×				2L75×50×				2L80×50×				
		4	5	4	5	6	7	4	5	6	7	5	6	8	10	5	6	7	8	
		面积 A (cm^2)																		
		7.18	8.83	8.12	9.99	11.82	13.60	9.09	11.22	13.29	15.31	12.25	14.52	18.93	23.18	12.75	15.12	17.45	19.73	
	2.0	57.0	72.2	71.3	91.0	111	131	89.6	116	141	167	139	171	233	294	142	175	206	238	
	2.1	53.0	67.1	66.6	84.9	104	123	84.2	109	132	157	132	162	221	279	135	165	195	225	
	2.2	49.3	62.4	62.3	79.3	96.7	114	79.2	102	124	147	125	153	210	265	127	156	184	213	
	2.3	46.0	58.1	58.2	74.1	90.3	107	74.6	96.1	117	138	118	145	198	251	120	148	174	201	
	2.4	42.9	54.2	54.5	69.3	84.5	100	70.2	90.3	110	130	112	137	187	237	114	140	164	190	
	2.5	40.1	50.6	51.1	64.9	79.2	93.8	66.1	85.0	103	122	106	129	177	225	107	132	155	180	
	2.6	37.6	47.4	48.0	60.9	74.2	88.0	62.3	80.1	97.3	115	99.9	122	168	213	102	125	147	170	
	2.7	35.2	44.4	45.1	57.2	69.7	82.6	58.8	75.5	91.7	108	94.6	116	159	201	96.1	118	139	160	
	2.8	33.1	41.7	42.5	53.8	65.6	77.7	55.6	71.2	86.5	102	89.6	110	150	190	91.0	111	131	152	
	2.9	31.1	39.2	40.1	50.7	61.8	73.2	52.5	67.3	81.6	96.5	84.9	104	142	180	86.2	105	124	144	
	3.0	29.3	36.9	37.8	47.8	58.3	69.0	49.7	63.6	77.2	91.3	80.5	98.5	135	171	81.7	99.9	118	136	
	3.1	27.7	34.9	35.8	45.2	55.0	65.2	47.1	60.3	73.0	86.4	76.5	93.5	128	162	77.5	94.8	112	129	①
	3.2	26.2	32.9	33.8	42.8	52.1	61.7	44.7	57.1	69.2	81.8	72.7	88.8	121	154	73.7	90.0	106	123	
	3.3	24.8	31.2	32.1	40.5	49.3	58.4	42.4	54.2	65.6	77.6	69.1	84.4	115	146	70.0	85.5	101	116	
	3.4	23.5	29.5	30.4	38.4	46.7	55.4	40.3	51.5	62.3	73.7	65.8	80.3	110	139	66.6	81.3	95.7	111	
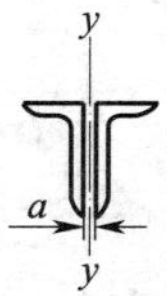	3.5	22.3	28.0	28.9	36.5	44.4	52.6	38.4	49.0	59.3	70.0	62.7	76.4	104	133	63.5	77.4	91.0	105	
	3.6	21.2	26.6	27.5	34.7	42.2	50.0	36.6	46.6	56.4	66.6	59.8	72.9	99.6	126	60.5	73.8	86.7	100	
	3.7	20.1	25.3	26.2	33.0	40.1	47.5	34.9	44.4	53.7	63.5	57.0	69.5	95.0	121	57.7	70.4	82.7	95.7	
	3.8	19.2	24.1	24.9	31.4	38.2	45.3	33.3	42.4	51.2	60.5	54.5	66.4	90.7	115	55.1	67.2	79.0	91.3	
	3.9	—	23.0	23.8	30.0	36.5	43.2	31.8	40.5	48.9	57.8	52.1	63.4	86.6	110	52.7	64.2	75.4	87.2	
	4.0	—	—	22.7	28.6	34.8	41.2	30.4	38.7	46.7	55.2	49.8	60.7	82.9	105	50.4	61.4	72.1	83.4	
	4.2	—	—	—	26.2	31.8	37.7	27.9	35.4	42.8	50.5	45.7	55.7	76.0	96.5	46.3	56.3	66.1	76.5	②
L56×36－	4.4	—	—	—	—	—	—	25.6	32.5	39.3	46.4	42.1	51.2	69.9	88.7	42.6	51.8	60.8	70.3	
L80×50，	4.6	—	—	—	—	—	—	23.6	30.0	36.2	42.8	38.9	47.3	64.5	81.9	39.3	47.8	56.1	64.9	
a＝6mm	4.8	—	—	—	—	—	—	—	—	—	—	36.0	43.8	59.7	75.8	36.4	44.3	51.9	60.0	
	5.0	—	—	—	—	—	—	—	—	—	—	33.4	40.6	55.4	70.3	33.8	41.1	48.2	55.7	
	5.2	—	—	—	—	—	—	—	—	—	—	—	—	51.5	65.4	—	—	—	—	③
	5.4	—	—	—	—	—	—	—	—	—	—	—	—	—	—	—	—	—	—	
	5.6	—	—	—	—	—	—	—	—	—	—	—	—	—	—	—	—	—	—	
	5.8	—	—	—	—	—	—	—	—	—	—	—	—	—	—	—	—	—	—	
	6.0	—	—	—	—	—	—	—	—	—	—	—	—	—	—	—	—	—	—	
	6.2	—	—	—	—	—	—	—	—	—	—	—	—	—	—	—	—	—	—	
	6.4	—	—	—	—	—	—	—	—	—	—	—	—	—	—	—	—	—	—	
	6.6	—	—	—	—	—	—	—	—	—	—	—	—	—	—	—	—	—	—	
	6.8	—	—	—	—	—	—	—	—	—	—	—	—	—	—	—	—	—	—	
	7.0	—	—	—	—	—	—	—	—	—	—	—	—	—	—	—	—	—	—	
	7.2	—	—	—	—	—	—	—	—	—	—	—	—	—	—	—	—	—	—	
	7.4	—	—	—	—	—	—	—	—	—	—	—	—	—	—	—	—	—	—	
	7.6	—	—	—	—	—	—	—	—	—	—	—	—	—	—	—	—	—	—	
	7.8	—	—	—	—	—	—	—	—	—	—	—	—	—	—	—	—	—	—	
	8.0	—	—	—	—	—	—	—	—	—	—	—	—	—	—	—	—	—	—	

续表 18 – 4b

对称轴简图	计算长度	2L90×56×				2L100×63×				2L100×80×				2L110×70×				2L125×80×				
		5	6	7	8	6	7	8	10	6	7	8	10	6	7	8	10	7	8	10	12	
		面积 A（cm^2）																				
		14.42	17.11	19.76	22.37	19.23	22.22	25.07	30.93	21.27	24.60	27.89	34.33	21.27	24.60	27.89	34.33	28.19	31.98	39.42	46.70	
	2.0	174	215	255	294	259	309	355	452	312	386	451	575	304	364	423	536	431	504	644	779	
	2.1	166	205	243	280	249	297	342	435	308	379	442	564	295	354	411	521	421	492	630	762	
	2.2	158	195	232	267	239	285	328	418	303	371	433	553	285	342	398	506	411	481	615	745	
	2.3	150	185	220	254	229	273	315	402	299	362	424	541	276	331	385	490	400	468	600	727	
	2.4	143	176	209	241	219	262	302	385	292	354	414	529	267	320	372	473	390	456	584	709	
	2.5	136	167	199	229	210	250	288	368	285	345	404	516	257	309	359	457	379	443	568	690	
	2.6	129	159	189	218	201	239	276	352	278	336	393	503	248	297	346	440	368	430	552	671	
	2.7	123	151	179	207	192	229	263	337	270	327	383	490	239	286	333	424	357	417	536	651	
	2.8	117	144	170	196	183	218	252	322	263	318	372	477	230	275	320	408	345	404	519	632	
	2.9	111	136	162	186	175	208	240	307	255	309	362	463	221	265	308	392	334	391	502	612	
	3.0	106	130	154	177	167	199	229	293	248	300	351	450	212	254	296	377	323	378	486	592	
	3.1	101	123	146	169	160	190	219	280	241	291	340	436	204	244	284	362	313	366	470	573	
	3.2	95.8	118	139	160	153	182	209	267	233	282	330	423	196	234	273	348	302	353	454	553	
	3.3	91.3	112	133	153	146	174	200	256	226	273	319	410	188	225	262	334	292	341	438	535	
	3.4	87.1	107	126	145	140	166	191	244	219	265	309	397	181	216	251	320	282	329	423	516	
	3.5	83.2	102	121	139	134	159	183	234	212	256	299	384	174	208	241	307	272	318	408	498	
	3.6	79.5	97.2	115	132	128	152	175	223	206	248	289	371	167	200	232	295	262	306	393	480	
	3.7	76.0	92.9	110	126	123	145	167	214	199	240	280	359	161	192	223	284	253	296	380	463	
	3.8	72.7	88.8	105	121	118	139	160	205	193	232	271	347	155	184	214	272	244	285	366	447	
	3.9	69.6	85.0	101	116	113	134	154	196	187	224	262	335	149	177	206	262	236	275	353	431	
L90×56 –	4.0	66.7	81.4	96.3	111	108	128	147	188	181	217	253	324	143	170	198	252	228	266	341	416	
L100×63,	4.2	61.4	74.9	88.5	102	100	118	136	173	169	203	237	303	133	158	183	233	213	247	317	387	
	4.4	56.6	69.0	81.5	93.7	92.3	109	125	160	159	190	221	283	123	147	170	216	198	231	296	361	
a = 6mm	4.6	52.4	63.8	75.3	86.6	85.6	101	116	148	149	178	207	265	115	136	158	201	185	216	276	337	
	4.8	48.6	59.1	69.8	80.2	79.5	94.0	108	138	140	167	194	248	107	127	147	187	174	202	258	315	
L100×80 –	5.0	45.2	55.0	64.9	74.5	74.0	87.4	100	128	132	157	182	233	100	119	137	174	163	189	241	294	②
L125×80,	5.2	42.1	51.2	60.4	69.3	69.1	81.6	93.5	119	124	148	171	219	93.6	111	128	163	153	177	226	276	
	5.4	39.3	47.8	56.4	64.7	64.6	76.2	87.4	111	117	139	161	206	87.8	104	120	152	143	166	212	259	
a = 8mm	5.6	—	44.7	52.7	60.5	60.5	71.4	81.8	104	110	131	152	193	82.4	97.5	113	143	135	156	199	243	
	5.8	—	—	—	—	56.8	67.0	76.8	97.9	104	124	143	182	—	—	—	—	127	147	188	229	
	6.0	—	—	—	—	53.4	63.0	72.1	92.0	98.4	117	135	172	—	—	—	—	120	139	177	216	
	6.2	—	—	—	—	50.3	59.3	67.9	86.6	93.2	111	128	163	—	—	—	—	113	131	167	204	
	6.4	—	—	—	—	—	—	—	81.7	88.3	105	121	154	—	—	—	—	—	—	158	193	③
	6.6	—	—	—	—	—	—	—	—	83.8	99.3	115	146	—	—	—	—	—	—	—	—	
	6.8	—	—	—	—	—	—	—	—	—	—	109	138	—	—	—	—	—	—	—	—	
	7.0	—	—	—	—	—	—	—	—	—	—	—	—	—	—	—	—	—	—	—	—	
	7.2	—	—	—	—	—	—	—	—	—	—	—	—	—	—	—	—	—	—	—	—	
	7.4	—	—	—	—	—	—	—	—	—	—	—	—	—	—	—	—	—	—	—	—	
	7.6	—	—	—	—	—	—	—	—	—	—	—	—	—	—	—	—	—	—	—	—	
	7.8	—	—	—	—	—	—	—	—	—	—	—	—	—	—	—	—	—	—	—	—	
	8.0	—	—	—	—	—	—	—	—	—	—	—	—	—	—	—	—	—	—	—	—	

②

续表 18－4b

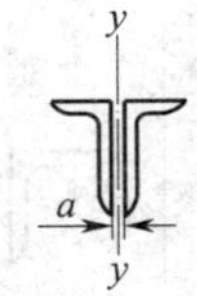

对称轴简图	计算长度	2L140×90× 8	10	12	14	2L150×90× 8	10	12	14	15	16	2L160×100× 10	12	14	16	2L180×110× 10	12	14	16	2L200×125× 12	14	16	18
	面积 A（mm^2）	36.08	44.52	52.8	60.91	37.68	46.52	55.2	63.71	67.9	72.05	50.63	60.11	69.42	78.56	56.75	67.42	77.93	88.28	75.82	87.37	99.48	111.05
L140×90－L150×90，a＝8mm L160×100－L200×125，a＝10mm	2.0	577	743	905	1061	599	774	940	1102	1182	1260	859	1051	1234	1414	946	1184	1398	1606	1307	1568	1829	1970
	2.1	568	730	890	1043	588	760	923	1083	1161	1238	848	1037	1218	1396	939	1172	1383	1588	1300	1559	1814	1954
	2.2	557	716	874	1025	577	745	906	1063	1141	1216	836	1022	1201	1377	932	1158	1366	1570	1292	1550	1798	1936
	2.3	546	702	857	1006	565	730	888	1043	1119	1193	823	1007	1183	1357	924	1143	1349	1550	1284	1538	1781	1918
	2.4	535	687	840	986	552	714	869	1021	1096	1169	810	991	1165	1336	916	1128	1332	1530	1276	1522	1763	1899
	2.5	523	672	822	966	540	698	850	999	1073	1145	796	974	1146	1315	903	1112	1313	1510	1267	1506	1745	1880
	2.6	511	656	804	945	526	681	830	976	1049	1119	781	957	1126	1292	889	1096	1294	1488	1257	1490	1726	1859
	2.7	498	640	785	923	513	664	809	953	1024	1093	766	939	1105	1269	875	1078	1274	1465	1242	1472	1706	1838
	2.8	486	624	766	901	500	647	789	929	999	1066	751	920	1084	1246	860	1061	1253	1442	1227	1454	1685	1816
	2.9	473	607	746	879	486	629	768	905	973	1039	735	901	1062	1221	845	1042	1232	1418	1211	1436	1664	1794
	3.0	460	590	726	856	472	612	746	880	947	1012	719	882	1040	1196	830	1023	1210	1394	1194	1416	1642	1770
	3.1	447	574	706	833	459	594	725	856	921	984	703	863	1017	1171	814	1004	1188	1369	1177	1396	1619	1746
	3.2	435	557	686	810	445	576	704	831	894	956	687	843	994	1145	798	984	1165	1343	1160	1376	1596	1722
	3.3	422	540	666	787	432	559	683	806	868	928	670	823	971	1119	781	964	1141	1316	1142	1355	1572	1696
	3.4	409	524	647	764	418	542	662	782	842	900	653	802	947	1092	765	944	1118	1290	1123	1333	1547	1670
	3.5	397	508	627	741	405	525	641	758	816	873	637	782	924	1065	748	924	1094	1263	1104	1311	1522	1643
	3.6	385	492	608	718	393	508	621	734	791	846	620	762	900	1039	731	903	1070	1235	1085	1289	1497	1616
	3.7	373	476	589	696	380	492	601	711	766	819	604	742	877	1012	714	882	1045	1208	1066	1266	1471	1589
	3.8	362	461	570	675	368	476	582	688	742	793	588	722	853	985	698	862	1021	1180	1046	1243	1444	1560
	3.9	350	447	552	653	357	461	563	666	718	768	571	702	830	959	681	841	997	1152	1026	1220	1417	1532
	4.0	339	432	535	633	345	446	544	645	695	743	556	683	807	933	664	820	972	1124	1006	1196	1390	1503
	4.2	318	405	501	593	324	417	510	603	651	696	525	645	763	882	632	780	925	1070	966	1149	1336	1445
	4.4	299	379	470	556	303	391	477	565	609	652	496	609	720	833	600	740	878	1016	926	1101	1281	1386
	4.6	281	356	441	522	285	366	447	529	571	611	468	575	679	786	569	702	833	964	886	1054	1227	1328
	4.8	264	334	413	489	267	344	419	496	535	573	442	542	641	742	540	666	789	914	847	1008	1173	1270
	5.0	248	314	388	460	251	323	393	466	502	538	417	512	605	700	512	631	748	866	810	963	1121	1213
	5.2	234	295	365	432	236	303	369	437	472	505	394	483	571	661	486	599	709	821	773	919	1070	1158
	5.4	220	278	344	407	223	285	347	411	444	475	373	457	539	624	461	568	672	778	738	877	1021	1105
	5.6	208	262	324	383	210	269	327	387	418	447	353	432	510	590	438	538	637	738	704	837	974	1054
	5.8	196	247	305	361	198	254	309	365	394	422	334	409	483	558	416	511	605	700	672	798	929	1006
	6.0	186	233	289	341	187	240	291	345	372	398	316	387	457	529	395	485	574	665	641	762	886	959
	6.2	176	221	273	323	177	227	275	326	352	376	300	367	433	501	376	461	545	631	612	727	845	915
	6.4	167	209	258	306	168	215	261	309	333	356	285	348	411	476	358	439	519	600	585	694	807	873
	6.6	158	198	245	290	159	203	247	292	315	338	271	331	390	452	341	418	493	571	559	663	770	834
	6.8	150	188	233	275	151	193	235	277	299	320	258	315	371	429	325	398	470	544	534	633	736	796
	7.0	143	179	221	261	144	183	223	264	284	304	245	299	353	409	310	379	448	518	511	605	703	761
	7.2	136	170	210	248	137	175	212	251	270	289	234	285	336	389	296	362	427	494	489	579	672	728
	7.4	130	162	200	237	131	166	202	239	257	275	223	272	321	371	283	345	408	472	468	554	643	696
	7.6	124	154	191	226	125	158	192	227	245	262	213	260	306	354	270	330	390	451	449	531	616	667
	7.8	118	147	182	215	119	151	183	217	234	250	204	248	292	338	259	316	372	431	430	509	590	639
	8.0	113	141	174	206	114	144	175	207	223	239	195	237	279	323	248	302	356	412	412	488	566	612

①

②

表 18－5a　Q235 钢一个热轧等边角钢单面连接按轴心受压计算稳定时的承载力设计值（kN）

对应轴简图	计算长度 l_{ov}	L45			L50			L56			L60				L63					L70					L75				
		4	5	6	4	5	6	4	5	8	5	6	7	8	4	5	6	8	10	4	5	6	7	8	5	6	7	8	10
		面积 A（cm^2）																											
	（m）	3.49	4.29	5.08	3.90	4.80	5.69	4.39	5.42	8.37	5.83	6.91	7.98	9.02	4.98	6.14	7.29	9.51	11.66	5.57	6.88	8.16	9.42	10.67	7.41	8.80	10.16	11.50	14.13
	0.75	35.9	43.8	51.9	42.8	52.4	62.1	50.7	62.3	95.9	68.9	81.4	93.8	106.0	59.8	73.5	87.1	113.4	138.7	68.4	84.4	99.9	115.4	130.5	92.1	109.2	126.0	142.5	174.8
	0.80	34.3	41.8	49.5	41.3	50.5	59.8	49.3	60.7	93.3	67.4	79.7	91.7	103.6	58.7	72.2	85.5	111.2	136.0	67.5	83.2	98.6	113.8	128.7	91.1	108.0	124.6	140.8	172.8
	0.85	32.6	39.7	47.0	39.7	48.4	57.4	47.9	58.9	90.4	65.8	77.7	89.3	101.0	57.5	70.7	83.7	108.8	132.9	66.5	82.0	97.0	112.0	126.6	90.0	106.7	123.0	139.0	170.5
	0.90	30.9	37.6	44.5	38.0	46.4	54.9	46.4	56.9	87.4	64.0	75.6	86.8	98.2	56.2	69.0	81.7	106.1	129.6	65.4	80.6	95.3	110.1	124.4	88.7	105.2	121.2	137.0	168.0
	0.95	29.2	35.5	42.0	36.6	44.2	52.4	44.7	54.9	84.2	62.2	72.9	84.2	95.2	54.8	67.3	79.5	103.3	126.1	64.2	79.0	93.5	107.9	121.9	87.4	103.6	119.3	134.8	165.2
	1.00	27.6	33.5	39.7	34.6	42.1	49.9	43.1	52.8	80.9	60.1	70.9	81.4	92.0	53.3	65.4	77.2	100.3	122.3	62.8	77.4	91.5	105.6	119.2	85.9	101.8	117.2	132.4	162.2
	1.05	26.1	31.6	37.5	32.9	40.0	47.5	41.3	50.6	77.6	58.1	68.4	78.5	88.7	51.7	63.4	74.8	97.1	118.4	61.4	75.6	89.3	103.1	116.4	84.3	99.9	115.0	129.8	159.0
	1.10	24.6	29.9	35.4	31.3	38.0	45.1	39.6	48.5	74.2	56.0	65.9	75.5	85.3	50.0	61.3	72.4	93.8	114.3	59.9	73.7	87.1	100.5	113.4	82.6	97.8	112.6	127.0	155.5
	1.15	23.3	28.2	33.4	29.7	36.1	42.8	37.9	46.4	71.0	53.9	63.4	72.6	82.0	48.3	59.2	69.8	90.5	110.1	58.3	71.7	84.7	97.8	110.2	80.8	95.6	110.0	124.0	151.8
	1.20	22.0	26.7	31.6	28.2	34.3	40.7	36.3	44.3	67.8	51.8	60.8	69.7	78.7	46.6	57.1	67.3	87.1	106.0	56.7	69.7	82.2	94.9	106.9	78.9	93.3	107.3	120.9	147.9
	1.25	20.9	25.2	29.9	26.8	32.6	38.6	34.7	42.3	64.7	49.6	58.3	66.8	75.5	44.9	54.9	64.7	83.8	101.9	55.0	67.6	79.7	92.0	103.6	76.9	90.9	104.5	117.7	144.0
	1.30	19.8	23.9	28.3	25.5	31.0	36.7	33.1	40.4	61.8	47.6	55.9	64.0	72.3	43.2	52.8	62.2	80.5	97.8	53.3	65.4	77.1	89.0	100.2	74.8	88.4	101.6	114.4	139.9
	1.35	18.8	22.7	26.9	24.3	29.4	34.9	31.6	38.6	59.0	45.6	53.6	61.2	69.2	41.5	50.8	59.8	77.3	93.9	51.6	63.3	74.6	86.1	96.8	72.7	85.9	98.7	111.1	135.7
	1.40	17.8	21.6	25.5	23.1	28.0	33.2	30.2	36.9	56.3	43.7	51.3	68.7	66.3	39.9	48.8	57.4	74.2	90.1	49.8	61.1	72.0	83.1	93.5	70.6	83.4	95.7	107.7	131.5
	1.45	17.0	20.5	24.3	22.0	26.7	31.7	28.9	35.3	53.8	41.9	49.1	56.1	63.4	38.3	46.8	55.1	71.2	86.4	48.1	59.0	69.5	80.2	90.2	68.5	80.8	92.7	104.3	127.3
	1.50	16.1	19.5	23.1	21.0	25.5	30.2	27.6	33.7	51.4	40.1	47.2	53.8	60.8	36.8	45.0	52.9	68.3	82.9	46.5	56.9	67.0	77.4	86.9	66.3	78.2	89.7	100.9	123.1
	1.60	14.7	17.8	21.0	19.2	23.2	27.6	25.3	30.9	47.1	36.9	43.3	49.5	55.9	34.0	41.5	48.8	62.9	76.3	43.2	53.0	62.3	71.9	80.7	62.1	73.2	83.9	94.3	115.0
	1.70	13.5	16.3	19.3	17.6	21.3	25.2	23.3	28.4	43.3	34.0	39.9	45.6	51.5	31.4	38.3	45.0	58.1	70.4	40.2	49.2	57.9	66.8	75.0	58.1	68.4	78.4	88.0	107.3
	1.80	12.4	14.9	17.7	16.2	19.6	23.2	21.5	26.2	39.9	31.4	36.9	42.1	47.6	29.1	35.5	41.6	53.7	65.1	37.4	45.8	53.8	62.1	69.7	54.3	63.9	73.2	82.2	100.1
	1.90	11.4	13.8	16.3	14.9	18.1	21.5	19.9	24.2	36.9	29.1	34.1	38.9	44.0	27.0	32.9	38.6	49.8	60.4	34.9	42.7	50.1	57.8	64.9	50.7	59.7	68.4	76.7	93.5
	2.00	10.6	12.8	15.1	13.8	16.8	19.9	18.4	22.5	34.2	27.1	31.7	36.2	40.9	25.1	30.6	35.9	46.3	56.1	32.5	39.8	46.7	53.9	60.5	47.5	55.9	64.0	71.7	87.3
	2.10	9.8	11.9	14.1	12.9	15.6	18.5	17.2	20.9	31.9	25.3	29.5	33.7	38.1	23.4	28.5	33.5	43.2	52.3	30.4	37.2	43.7	50.4	56.5	44.5	52.3	59.9	67.2	81.8
	2.20	9.2	11.1	13.1	12.0	14.6	17.3	16.0	19.5	29.7	23.6	27.6	31.5	35.6	21.9	26.7	31.3	40.4	48.9	28.5	34.8	40.9	47.2	52.9	41.7	49.1	56.2	63.0	76.7
	2.30	—	—	—	11.2	13.6	16.2	15.0	18.3	27.8	22.1	25.9	29.4	33.3	20.5	25.0	29.3	37.8	45.8	26.7	32.7	38.4	44.3	49.6	39.2	46.1	52.8	59.2	72.0
	2.40	—	—	—	10.6	12.8	15.2	14.1	17.2	26.1	20.7	24.3	27.7	31.3	19.3	23.5	27.6	35.5	43.0	25.1	30.7	36.1	41.6	46.7	36.9	43.4	49.7	55.7	67.8
	2.50	—	—	—	—	—	—	13.3	16.2	24.6	19.5	22.8	26.1	29.5	18.1	22.1	25.9	33.4	40.5	23.7	29.0	34.0	39.2	44.0	34.8	41.0	46.8	52.5	63.9
	2.60	—	—	—	—	—	—	12.5	15.2	23.2	18.4	21.5	24.6	27.8	17.1	20.9	24.5	31.6	38.2	22.4	27.3	32.1	37.0	41.5	32.9	38.7	44.3	49.6	60.3
	2.70	—	—	—	—	—	—	11.8	14.4	21.9	17.5	20.3	23.2	26.3	16.2	19.7	23.1	29.8	36.1	21.2	25.9	30.4	35.0	39.3	31.2	36.6	41.9	46.9	57.1
	2.80	—	—	—	—	—	—	—	—	—	16.4	19.3	22.0	24.9	15.3	18.7	21.9	28.3	34.2	20.1	24.5	28.8	33.2	37.2	29.5	34.7	39.7	44.5	54.1
	2.90	—	—	—	—	—	—	—	—	—	15.6	18.3	20.9	23.6	14.6	17.7	20.8	26.8	32.5	19.0	23.3	27.3	31.5	35.3	28.1	33.0	37.7	42.3	51.4
	3.00	—	—	—	—	—	—	—	—	—	—	—	—	—	13.8	16.9	19.8	25.5	30.9	18.1	22.1	26.0	30.0	33.6	26.7	31.4	35.9	40.2	48.9

①

②

③

续表 18－5a

对应轴简图	计算长度 l_{ov} (m)	L80					L90					L100							L110				
		5	6	7	8	10	6	7	8	10	12	6	7	8	10	12	14	16	7	8	10	12	14
		面积 A (cm^2)																					
		7.91	9.4	10.86	12.30	15.13	10.64	12.3	13.94	17.17	20.31	11.93	13.8	15.64	19.26	22.8	26.26	29.63	15.2	17.24	21.26	25.20	29.06
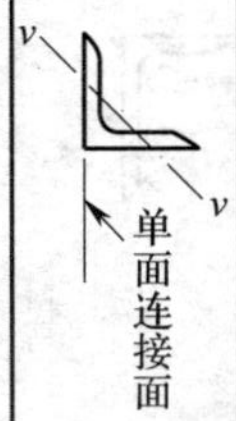	1.0	93.7	111	128	145	178	130	150	170	208	246	148	171	194	239	282	325	366	191	217	267	316	365
	1.10	90.7	107	124	140	172	127	146	166	203	240	146	168	191	234	277	319	359	189	214	264	312	360
	1.20	87.2	103	119	134	165	123	142	161	197	233	143	165	187	229	271	312	351	186	211	259	307	354
	1.30	83.4	98.8	114	128	157	119	137	156	191	225	140	161	182	224	264	304	342	183	207	255	301	347
	1.40	79.3	93.8	108	122	149	115	132	150	183	216	136	157	177	217	257	295	332	179	203	249	295	339
	1.50	75.1	88.7	102	115	140	110	127	144	175	207	132	152	172	210	248	285	321	175	198	243	287	331
	1.60	70.8	83.6	96.0	108	132	105	121	137	167	197	127	146	166	203	239	274	309	170	193	236	279	321
	1.70	66.6	78.6	90.2	101	124	100	115	130	159	187	122	141	159	.194	229	263	296	165	187	229	270	311
	1.80	62.5	73.8	84.6	95.1	116	95.2	109	123	150	177	117	135	152	186	219	251	282	160	181	221	261	300
	1.90	58.7	69.2	79.3	89.2	109	90.2	103	117	142	167	112	129	145	177	209	240	269	154	174	213	251	288
	2.00	55.1	64.9	74.4	83.6	102	85.3	97.4	110	134	158	107	123	139	169	199	228	256	148	167	205	241	277
	2.10	51.7	61.0	69.9	78.5	95.7	80.6	92.0	104	127	149	102	117	132	161	189	217	243	142	160	196	231	265
	2.20	48.7	57.3	65.7	73.7	89.9	76.2	86.9	98.5	120	140	96.7	111	125	153	180	206	231	136	154	188	220	253
	2.30	45.8	54.0	61.8	69.4	84.6	72.1	82.1	93.1	113	133	91.9	106	119	145	171	195	219	130	147	179	211	242
	2.40	43.2	50.9	58.3	65.4	79.7	68.2	77.7	88.0	107	125	87.4	100	113	138	162	185	208	124	140	171	201	230
	2.50	40.8	48.0	55.0	61.7	75.2	64.6	73.5	83.3	101	119	83.1	95.5	108	131	154	176	197	119	134	163	192	220
	2.60	38.6	45.4	52.0	58.4	71.1	61.2	69.7	79.0	95.7	112	79.0	90.8	102	124	146	167	187	113	128	156	183	210
	2.70	36.5	43.0	49.2	55.3	67.4	58.1	66.1	74.9	90.8	107	75.2	86.4	97.3	118	139	159	178	108	122	149	174	200
	2.80	34.7	40.8	46.7	52.4	63.9	55.2	62.8	71.2	86.3	101	71.6	82.3	92.6	112	132	151	169	103	117	142	167	191
	2.90	32.9	38.8	44.4	49.8	60.7	52.5	59.7	67.7	82.1	96.3	68.3	78.4	88.3	107	126	144	161	98.9	111	136	159	182
	3.00	31.3	36.9	42.2	47.4	57.7	50.0	56.9	64.5	78.1	91.7	65.1	74.8	84.2	102	120	137	154	94.5	107	130	152	174
	3.10	29.9	35.2	40.2	45.1	55.0	47.7	54.3	61.5	74.5	87.4	62.2	71.4	80.4	97.6	115	131	147	90.4	102	124	145	167
	3.20	28.5	33.5	38.4	43.1	52.5	45.6	51.8	58.7	71.7	83.5	59.5	68.3	76.8	93.3	110	125	140	86.6	97.6	119	139	159
	3.30	27.2	32.0	36.7	41.2	50.1	43.6	49.5	56.1	68.0	79.8	56.9	65.3	73.5	89.2	105	120	134	83.0	93.5	114	133	153
	3.40	26.0	30.7	35.1	39.4	48.0	41, 7	47.4	53.7	65.1	76.3	54.5	62.6	70.4	85.5	100	115	129	79.6	89.7	109	128	146
	3.50	24.9	29.4	33.6	37.7	46.0	39.9	45.4	51.5	62.4	73.1	52.3	60.0	67.5	81.9	96.3	110	123	76.4	86.1	105	123	140
	3.60	23.9	28.2	32.2	36.2	44.1	38.3	43.6	49.4	59.8	70.2	50.2	57.6	64.8	78.6	92.4	106	118	73.4	82.7	101	118	135
	3.70	23.0	27.0	31.0	34.7	42.3	36.8	41.8	47.4	57.4	67.4	48.2	55.3	62.3	75.5	88.7	101	114	70.5	79.5	96.7	113	130
	3.80	22.1	26.0	29.8	33.4	40.7	35.4	40.2	45.6	55.2	64.8	46.3	53.2	59.9	72.6	85.3	97.5	109	67.9	76.5	93.0	109	125
	3.90	21.2	25.0	28.6	32.1	39.1	34.0	38.7	43.9	53.1	62.3	44.6	51.2	57.6	69.9	82.1	—	—	65.3	73.6	89.6	105	120
	4.00	20.5	—	—	—	—	32.8	37.3	42.2	51.2	60.0	43.0	—	—	—	—	—	—	63.0	71.0	86.3	101	116

注：1　表中的承载力设计值 $N = a_y \varphi A f$，$a_y = 0.6 + 0.0015\lambda \leqslant 1.0$，$\varphi$ 按 b 类。

2　粗黑线①为对应轴 $\lambda_v = 150$ 时的界线；粗黑线②为对应轴 $\lambda_v = 200$ 时的界线；粗黑线③为对应轴 $\lambda_v = 250$ 时的界线。

表 18-5b　Q235 钢一个热轧不等边角钢单面连接（长边相连）按轴心受压计算稳定时的承载力设计值（kN）

对应轴简图	计算长度 l_{ov} (m)	L56×36× 4	L56×36× 5	L63×40× 4	L63×40× 5	L63×40× 6	L63×40× 7	L70×45× 4	L70×45× 5	L70×45× 6	L70×45× 7	L75×50× 5	L75×50× 6	L75×50× 8	L75×50× 10	L80×50× 5	L80×50× 6	L80×50× 7	L80×50× 8	
	面积 A (cm²)	3.59	4.42	4.06	4.99	5.91	6.8	4.55	5.61	6.64	7.66	6.13	7.26	9.47	11.59	6.38	7.56	8.72	9.87	
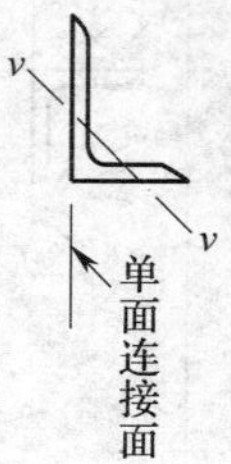	0.75	26.0	32.1	33.3	40.5	47.5	54.6	41.4	50.7	59.5	68.6	60.0	70.6	91.5	111.2	62.8	74.0	84.8	95.4	
	0.80	24.4	30.0	31.3	38.0	44.4	51.1	39.2	47.9	56.2	64.9	57.2	67.3	87.2	105.9	60.0	70.6	80.8	90.8	
	0.85	22.9	28.2	29.3	35.5	41.6	47.9	37.1	45.3	53.1	61.2	54.5	64.1	82.9	100.6	57.2	67.2	76.9	86.4	
	0.90	21.5	26.4	27.6	33.6	39.3	45.2	35.0	42.8	50.1	57.8	51.8	60.9	78.7	95.5	54.4	63.9	73.1	82.1	
	0.95	20.1	24.7	26.1	31.7	37.1	42.7	33.1	40.3	47.1	54.4	49.3	57.8	74.7	90.6	51.7	60.8	69.4	77.9	
	1.00	18.8	23.2	24.7	30.0	35.0	40.3	31.4	38.3	44.9	51.7	46.8	54.9	70.9	85.8	49.1	57.7	65.9	73.8	
	1.05	17.6	21.7	23.3	28.3	33.0	38.0	29.9	36.4	42.6	49.2	44.4	52.0	67.1	81.4	46.7	54.7	62.5	70.0	
	1.10	16.5	20.3	22.0	26.6	31.1	35.8	28.4	34.6	40.5	46.7	42.3	49.6	64.2	77.8	44.4	52.2	59.6	66.9	
	1.15	15.5	19.1	20.8	25.1	29.3	33.7	27.0	32.9	38.4	44.3	40.4	47.4	61.3	74.2	42.5	49.9	57.0	63.9	
	1.20	14.5	17.9	19.6	23.7	27.6	31.8	25.6	31.2	36.5	42.1	38.6	45.3	58.5	70.8	40.6	47.7	54.4	60.9	
	1.25	13.7	16.8	18.5	22.4	26.0	30.0	24.3	29.6	34.6	39.9	36.9	43.2	55.8	67.5	38.8	45.5	51.9	58.1	
	1.30	12.9	15.8	17.5	21.1	24.6	28.3	23.1	28.1	32.8	37.9	35.2	41.2	53.2	64.3	37.1	43.4	49.5	55.4	
	1.35	12.1	14.9	16.5	20.0	23.2	26.7	22.0	26.7	31.1	35.9	33.6	39.3	50.7	61.3	35.4	41.4	47.2	52.8	
	1.40	11.4	14.0	15.6	18.9	22.0	25.3	20.9	25.4	29.6	34.1	32.1	37.5	48.3	58.4	33.8	39.5	45.1	50.4	
	1.45	10.8	13.3	14.8	17.9	20.8	23.8	19.8	24.1	28.1	32.4	30.6	35.8	46.1	55.7	32.2	37.7	43.0	48.0	
	1.50	10.2	12.5	14.0	16.9	19.7	22.6	18.9	22.9	26.7	30.8	29.2	34.1	44.0	53.1	30.8	36.0	41.0	45.8	
	1.55	9.6	11.9	13.3	16.0	18.7	21.5	17.9	21.8	25.4	29.3	27.9	32.6	41.9	50.6	29.4	34.4	39.1	43.7	
	1.60	9.12	11.2	12.6	15.2	17.7	20.4	17.1	20.7	24.2	27.9	26.6	31.1	40.0	48.3	28.1	32.8	37.4	41.7	
	1.65	8.65	10.6	12.0	14.5	16.8	19.3	16.3	19.8	23.0	26.5	25.4	29.7	38.2	46.1	26.8	31.4	35.7	39.8	①
	1.70	8.21	10.1	11.4	13.8	16.0	18.4	15.5	18.8	21.9	25.3	24.3	28.4	36.5	44.1	25.7	30.0	34.1	38.1	
	1.75	7.81	9.61	10.9	13.1	15.2	17.5	14.8	18.0	20.9	24.1	23.3	27.2	34.9	42.1	24.6	28.7	32.6	36.4	
	1.80	7.43	9.14	10.4	12.5	14.5	16.7	14.2	17.2	20.0	23.0	22.3	26.0	33.4	40.3	23.5	27.5	31.2	34.8	
	1.85	7.07	8.71	9.89	11.9	13.8	15.9	13.5	16.4	19.1	22.0	21.3	24.9	32.0	38.5	22.5	26.3	29.9	33.3	
	1.90	6.75	8.31	9.44	11.4	13.2	15.2	12.9	15.7	18.2	21.0	20.4	23.8	30.6	36.9	21.6	25.2	28.6	31.9	
	1.95	6.4	7.9	9.02	10.9	12.6	14.5	12.4	15.0	17.5	20.1	19.6	22.8	29.3	35.4	20.7	24.2	27.4	30.6	
	2.00	—	—	8.63	10.4	12.1	13.9	11.9	14.4	16.7	19.3	18.8	21.9	28.1	33.9	19.8	23.2	26.3	29.3	
	2.10	—	—	7.91	9.5	11.1	12.7	10.9	13.2	15.4	17.7	17.3	20.2	25.9	31.2	18.3	21.4	24.3	27.0	
	2.20	—	—	7.28	—	—	—	10.1	12.2	14.2	16.3	16.0	18.7	24.0	28.9	16.9	19.7	22.4	25.0	②
	2.30	—	—	—	—	—	—	9.30	11.3	13.1	15.1	14.8	17.3	22.2	26.7	15.7	18.3	20.8	23.1	
	2.40	—	—	—	—	—	—	8.6	10.4	12.1	14.0	13.8	16.1	20.6	24.8	14.6	17.0	19.3	21.5	
	2.50	—	—	—	—	—	—	—	—	—	—	12.8	14.9	19.2	23.1	13.6	15.8	17.9	20.0	

③

续表 18－5b

对应轴简图：

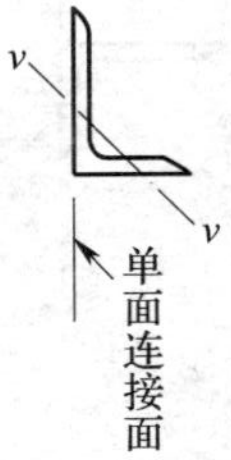

计算长度 l_{ov}（m）	L90×56× 5	6	7	8	L100×63× 6	7	8	10	L100×80× 6	7	8	10	L110×70× 6	7	8	10	L125×80× 7	8	10	12
面积 A（cm^2）	7.21	8.56	9.88	11.18	9.62	11.11	12.58	15.47	10.64	12.3	13.94	17.17	10.64	12.3	13.94	17.17	14.1	15.99	19.71	23.35
1.00	61.8	72.9	84.1	94.5	90.7	104	118	143	116	133	151	185	108	125	141.2	172	155	175	215	253
1.05	59.1	69.6	80.4	90.2	87.3	100	113	138	113	129	147	179	105	121	136.7	167	151	171	210	247
1.10	56.5	66.5	76.7	86.1	84.0	96.4	109	132	110	126	143	174	101	117	132.2	161	147	166	204	240
1.15	53.9	63.5	73.2	82.1	80.7	92.6	105	127	107	122	139	169	98.0	113	127.8	156	143	161	198	233
1.20	51.5	60.5	69.9	78.5	77.5	88.9	101	122	104	119	135	164	94.7	109	123.4	150	139	157	193	226
1.25	49.4	58.2	67.2	75.4	74.4	85.3	96.5	117	101	115	131	159	91.4	105	119.0	145	135	152	187	220
1.30	47.5	55.9	64.5	72.4	71.4	81.8	92.6	112	97.5	112	127	154	88.2	101	115	140	131	148	182	213
1.35	45.6	53.7	61.9	69.4	68.4	78.4	88.8	108	94.6	108	123	150	85.0	97.7	111	135	127	143	176	.207
1.40	43.8	51.5	59.4	66.6	66.0	75.7	85.7	104	91.6	105	119	145	82.0	94.1	107	130	123	139	171	200
1.45	42.0	49.4	57.0	63.9	63.7	73.1	82.7	100	88.8	101	115	140	79.0	90.7	103	125	120	135	165	194
1.50	40.3	47.A	54.7	61.2	61.5	70.5	79.8	96.5	85.9	98.2	111	136	76.1	87.3	98.9	120	116	131	160	188
1.55	38.7	45.4	52.4	58.7	59.3	67.9	76.9	93.0	83.2	95.0	108	131	73.6	84.6	95.8	116	112	126	155	181
1.60	37.1	43.6	50.3	56.3	57.2	65.5	74.1	89.6	80.5	91.9	104	127	71.3	81.9	92.8	113	109	122	150	176
1.70	34.1	40.1	46.3	51.7	53.1	60.8	68.8	83.0	75.3	86.1	97.6	119	66.9	76.7	87.0	106	102	115	140	164
1.80	31.5	36.9	42.6	47.6	49.3	56.4	63.9	77.0	71.2	81.3	92.2	112	62.6	71.8	81.4	98.7	96.0	108	133	155
1.90	29.0	34.0	39.3	43.9	45.8	52.4	59.3	71.4	67.2	76.7	87.0	106	58.6	67.2	76.2	92.2	90.8	102	125	147
2.00	26.8	31.5	36.3	40.5	42.6	48.7	55.1	66.3	63.4	72.3	82.0	100	54.9	62.9	71.2	86.2	85.8	96.6	118	138
2.10	24.8	29.1	33.6	37.5	39.6	45.3	51.2	61.6	59.8	68.2	77.2	93.7	51.3	58.8	66.7	80.6	81.0	91.2	112	130
2.20	23.0	27.0	31.2	34.8	36.9	42.2	47.7	57.4	56.4	64.2	72.8	88.2	48.1	55.1	62.4	75.4	76.4	86.0	105	123
2.30	21.4	25.1	28.9	32.3	34.4	39.3	44.5	53.5	53.2	60.5	68.5	83.1	45.1	51.6	58.5	70.6	72.1	81.1	99.2	116
2.40	19.9	23.4	27.0	30.1	32.2	36.7	41.6	49.9	50.1	57.0	64.6	78.3	42.3	48.4	54.8	66.2	68.0	76.5	93.6	109
2.50	18.6	21.8	25.1	28.1	30.1	34.4	38.9	46.7	47.3	53.8	60.9	73.8	39.7	45.4	51.5	62.1	64.2	72.3	88.3	103
2.60	17.4	26.4	23.5	20.2	28.2	32.2	36.5	43.7	44.6	50.7	57.5	69.6	37.3	42.7	48.4	58.4	60.7	68.2	83.4	97.1
2.70	16.3	19.1	22.0	24.5	26.5	30.2	34.2	41.0	42.2	47.9	54.3	65.7	35.1	40.2	45.5	54.9	57.4	64.5	78.8	91.7
2.80	15.3	17.9	20.6	23.0	24.9	28.4	32.2	38.6	39.9	45.3	51.3	62.0	33.1	37.9	42.9	51.7	54.3	61.0	74.5	86.7
2.90	14.4	16.8	19.4	21.6	23.4	26.7	30.3	36.3	37.7	42.8	48.5	58.7	31.2	35.7	40.5	48.8	51.4	57.8	70.6	82.1
3.00	13.5	15.8	18.3	20.4	22.1	25.2	28.5	34.2	35.8	40.6	46.0	55.6	29.5	33.7	38.2	46.1	48.7	54.7	66.8	77.7
3.10	—	—	—	—	20.9	23.8	26.9	32.3	33.9	38.5	43.6	52.6	27.9	31.9	36.2	43.6	46.2	51.9	63.4	73.7
3.20	—	—	—	—	19.7	22.5	25.5	30.5	32.2	36.5	41.4	49.9	26.4	30.2	34.2	41.2	43.9	49.3	60.2	69.9
3.30	—	—	—	—	18.7	21.3	24.1	28.9	30.6	34.7	39.3	47.4	25.1	28.7	32.5	39.1	41.7	46.8	57.2	66.4
3.40	—	—	—	—	17.7	20.2	22.9	—	29.1	33.0	37.3	45.1	23.8	27.2	30.8	37.1	39.7	44.5	54.4	63.2
3.50	—	—	—	—	—	—	—	—	27.7	31.4	35.5	42.9	22.6	25.8	29.3	35.2	37.8	42.4	51.8	60.1

注：1　表中的承载力设计值 $N=a_y\varphi Af$，$a_y=0.70$，φ 按 C 类。

2　粗黑线①为对应轴 $\lambda_v=150$ 时的界线；粗黑线②为对应轴 $\lambda_v=200$ 时的界线；粗黑线③为对应轴 $\lambda_v=250$ 时的界线。

表 18－5c　一个热轧不等边角钢单位连接（短边连接）按轴从受压计算稳定时的承载力设计值

对应轴简图

计算长度 l_{ov}	L90×56×				L100×63×				L100×80×				L110×70×				L125×80×				
	5	6	7	8	6	7	8	10	6	7	8	10	6	7	8	10	7	8	10	12	
	面积 A（cm^2）																				
（m）	7.21	8.56	9.88	11.18	9.62	11.11	12.58	15.47	10.64	12.3	13.94	17.17	10.64	12.3	13.94	17.17	14.1	15.99	19.71	23.35	
1.00	62.1	73.4	84.7	95.4	88.3	102	115	140	107	123	139	171	102	118	134	164	142	161	198	234	
1.05	60.3	71.1	82.1	92.4	86.1	99.0	112	137	105	121	127	168	100	116	131	161	140	158	195	230	
1.10	58.4	68.9	79.5	89.5	83.9	96.5	109	133	103	119	135	165	98.3	113	128	157	138	156	192	226	
1.15	56.5	66.7	77.0	86.6	81.6	93.9	106	129	101	117	132	162	96.2	111	126	154	135	153	188	222	
1.20	54.7	64.5	74.5	83.8	79.4	91.3	103	126	100	115	130	159	94.0	108	123	150	133	150	185	218	
1.25	53.2	62.9	72.5	81.6	77.2	88.7	100	122	97.8	112	127	156	91.8	106	120	146	131	148	182	214	
1.30	51.8	61.2	70.6	79.5	75.0	86.1	97.5	119	95.8	110	125	153	89.6	103	117	143	128	145	178	210	
1.35	50.4	59.5	68.7	77.3	72.7	83.6	94.7	115	93.9	108	122	150	87.4	101	114	139	126	142	175	205	
1.40	49.1	57.9	66.8	75.1	71.1	81.7	92.5	113	91.9	106	120	146	85.1	98.0	111	135	123	139	171	201	
1.45	47.7	56.2	64.9	72.9	69.4	79.8	90.4	110	90.0	103	117	143	83.0	95.4	108	132	121	136	167	197	
1.50	46.3	54.6	63.0	70.8	67.8	77.9	88.2	107	88.0	101	114	140	80.8	92.9	105	129	118	133	164	192	
1.55	45.0	53.1	61.2	68.8	66.1	76.0	86.0	105	86.0	98.6	112	137	79.0	91.0	103	126	115	130	160	188	
1.60	43.7	51.5	59.5	66.8	64.5	74.1	83.9	102	84.1	96.4	109	133	77.4	89.1	101	123	113	127	156	184	
1.70	41.2	48.6	56.1	62.9	61.3	70.3	79.6	96.6	80.2	92.1	104	128	74.1	85.3	96.6	118	108	122	149	175	
1.80	38.9	45.8	52.9	59.3	58.2	66.7	75.6	91.6	77.3	88.7	101	123	70.9	81.5	92.4	113	104	117	144	169	
1.90	36.8	43.3	49.9	56.0	55.2	63.3	71.7	86.9	74.4	85.3	96.6	118	67.7	77.8	88.2	107	99.9	113	138	163	
2.00	34.7	40.9	47.2	52.9	52.5	60.1	68.1	82.4	71.5	81.9	92.8	113	64.6	74.2	84.1	102	96.1	108	133	156	
2.10	32.9	38.7	44.7	50.1	49.8	57.1	64.7	78.3	68.7	78.6	89.0	109	61.7	70.8	80.3	97.6	92.3	104	128	150	
2.20	31.2	36.7	42.3	47.4	47.4	54.3	61.5	74.4	65.9	75.4	85.4	104	58.9	67.6	76.6	93.1	88.7	100	123	144	
2.30	29.6	34.8	40.2	45.0	45.1	51.7	58.5	70.7	63.2	72.3	81.9	99.7	56.2	64.5	73.2	88.9	85.1	96.0	118	138	
2.40	28.1	33.1	38.2	42.8	43.0	49.2	55.7	67.4	60.6	69.3	78.5	95.6	53.7	61.7	69.9	84.9	81.7	92.2	113	132	
2.50	26.6	31.1	35.9	40.1	41.0	46.9	53.1	64.2	58.2	66.5	75.3	91.6	51.4	59.0	66.8	81.1	78.5	88.5	108	127	
2.60	24.8	29.1	33.6	37.4	39.1	44.8	50.7	61.3	55.9	63.8	72.3	87.9	49.2	56.4	63.9	77.6	75.4	85.0	104	122	①
2.70	23.3	27.2	31.4	35.1	37.4	42.8	48.5	58.6	53.6	61.2	69.4	84.4	47.1	54.0	61.2	74.3	72.4	81.6	100	117	
2.80	21.8	25.5	29.5	32.9	35.6	40.6	45.9	55.1	51.5	58.8	66.7	81.0	45.1	51.8	58.7	71.2	69.6	78.4	96.1	112	
2.90	20.5	24.0	27.7	30.9	33.5	38.2	43.2	51.8	49.6	56.5	64.1	77.9	43.3	49.7	56.3	68.3	67.0	75.4	92.4	108	
3.00	19.3	22.6	26.1	29.1	31.6	36.0	40.8	48.9	47.7	54.4	61.6	74.9	41.6	47.7	54.1	65.6	64.4	72.6	88.9	104	
3.10	—	—	—	—	29.8	34.0	38.5	46.1	45.9	52.4	59.3	72.1	39.9	45.6	51.7	62.2	62.1	69.9	85.6	100	
3.20	—	—	—	—	28.2	32.1	36.4	43.6	44.2	50.4	57.2	69.4	37.8	43.2	48.9	58.9	59.8	67.4	82.5	96.4	
3.30	—	—	—	—	26.7	30.4	34.5	41.3	42.7	48.6	55.1	67.0	35.8	40.9	46.4	55.8	57.7	65.0	79.6	93.0	
3.40	—	—	—	—	25.3	28.8	32.7	—	41.2	46.9	53.2	64.4	34.0	38.9	44.0	53.0	55.7	62.7	76.8	89.7	
3.50	—	—	—	—	—	—	—	—	39.5	44.8	50.8	61.3	32.3	36.9	41.8	50.4	53.8	60.6	74.0	85.9	②

③

续表 18－5c

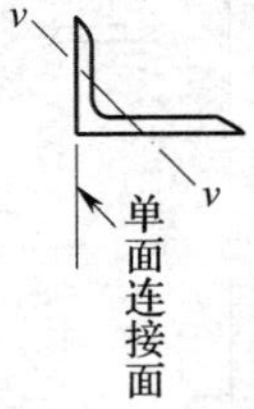

对应轴简图 / 计算长度 l_{ov} (m)	L90×56×				L100×63×				L100×80×				L110×70×				L125×80×			
	5	6	7	8	6	7	8	10	6	7	8	10	6	7	8	10	7	8	10	12
	面积 A (cm^2)																			
	7.21	8.56	9.88	11.18	9.62	11.11	12.58	15.47	10.64	12.3	13.94	17.17	10.64	12.3	13.94	17.17	14.1	15.99	19.71	23.35
1.00	62.1	73.4	84.7	95.4	88.3	102	115	140	107	123	139	171	102	118	134	164	142	161	198	234
1.05	60.3	71.1	82.1	92.4	86.1	99.0	112	137	105	121	127	168	100	116	131	161	140	158	195	230
1.10	58.4	68.9	79.5	89.5	83.9	96.5	109	133	103	119	135	165	98.3	113	128	157	138	156	192	226
1.15	56.5	66.7	77.0	86.6	81.6	93.9	106	129	101	117	132	162	96.2	111	126	154	135	153	188	222
1.20	54.7	64.5	74.5	83.8	79.4	91.3	103	126	100	115	130	159	94.0	108	123	150	133	150	185	218
1.25	53.2	62.9	72.5	81.6	77.2	88.7	100	122	97.8	112	127	156	91.8	106	120	146	131	148	182	214
1.30	51.8	61.2	70.6	79.5	75.0	86.1	97.5	119	95.8	110	125	153	89.6	103	117	143	128	145	178	210
1.35	50.4	59.5	68.7	77.3	72.7	83.6	94.7	115	93.9	108	122	150	87.4	101	114	139	126	142	175	205
1.40	49.1	57.9	66.8	75.1	71.1	81.7	92.5	113	91.9	106	120	146	85.1	98.0	111	135	123	139	171	201
1.45	47.7	56.2	64.9	72.9	69.4	79.8	90.4	110	90.0	103	117	143	83.0	95.4	108	132	121	136	167	197
1.50	46.3	54.6	63.0	70.8	67.8	77.9	88.2	107	88.0	101	114	140	80.8	92.9	105	129	118	133	164	192
1.55	45.0	53.1	61.2	68.8	66.1	76.0	86.0	105	86.0	98.6	112	137	79.0	91.0	103	126	115	130	160	188
1.60	43.7	51.5	59.5	66.8	64.5	74.1	83.9	102	84.1	96.4	109	133	77.4	89.1	101	123	113	127	156	184
1.70	41.2	48.6	56.1	62.9	61.3	70.3	79.6	96.6	80.2	92.1	104	128	74.1	85.3	96.6	118	108	122	149	175
1.80	38.9	45.8	52.9	59.3	58.2	66.7	75.6	91.6	77.3	88.7	101	123	70.9	81.5	92.4	113	104	117	144	169
1.90	36.8	43.3	49.9	56.0	55.2	63.3	71.7	86.9	74.4	85.3	96.6	118	67.7	77.8	88.2	107	99.9	113	138	163
2.00	34.7	40.9	47.2	52.9	52.5	60.1	68.1	82.4	71.5	81.9	92.8	113	64.6	74.2	84.1	102	96.1	108	133	156
2.10	32.9	38.7	44.7	50.1	49.8	57.1	64.7	78.3	68.7	78.6	89.0	109	61.7	70.8	80.3	97.6	92.3	104	128	150
2.20	31.2	36.7	42.3	47.4	47.4	54.3	61.5	74.4	65.9	75.4	85.4	104	58.9	67.6	76.6	93.1	88.7	100	123	144
2.30	29.6	34.8	40.2	45.0	45.1	51.7	58.5	70.7	63.2	72.3	81.9	99.7	56.2	64.5	73.2	88.9	85.1	96.0	118	138
2.40	28.1	33.1	38.2	42.8	43.0	49.2	55.7	67.4	60.6	69.3	78.5	95.6	53.7	61.7	69.9	84.9	81.7	92.2	113	132
2.50	26.6	31.1	35.9	40.1	41.0	46.9	53.1	64.2	58.2	66.5	75.3	91.6	51.4	59.0	66.8	81.1	78.5	88.5	108	127
2.60	24.8	29.1	33.6	37.4	39.1	44.8	50.7	61.3	55.9	63.8	72.3	87.9	49.2	56.4	63.9	77.6	75.4	85.0	104	122
2.70	23.3	27.2	31.4	35.1	37.4	42.8	48.5	58.6	53.6	61.2	69.4	84.4	47.1	54.0	61.2	74.3	72.4	81.6	100	117
2.80	21.8	25.5	29.5	32.9	35.6	40.6	45.9	55.1	51.5	58.8	66.7	81.0	45.1	51.8	58.7	71.2	69.6	78.4	96.1	112
2.90	20.5	24.0	27.7	30.9	33.5	38.2	43.2	51.8	49.6	56.5	64.1	77.9	43.3	49.7	56.3	68.3	67.0	75.4	92.4	108
3.00	19.3	22.6	26.1	29.1	31.6	36.0	40.8	48.9	47.7	54.4	61.6	74.9	41.6	47.7	54.1	65.6	64.4	72.6	88.9	104
3.10	—	—	—	—	29.8	34.0	38.5	46.1	45.9	52.4	59.3	72.1	39.9	45.6	51.7	62.2	62.1	69.9	85.6	100
3.20	—	—	—	—	28.2	32.1	36.4	43.6	44.2	50.4	57.2	69.4	37.8	43.2	48.9	58.9	59.8	67.4	82.5	96.4
3.30	—	—	—	—	26.7	30.4	34.5	41.3	42.7	48.6	55.1	67.0	35.8	40.9	46.4	55.8	57.7	65.0	79.6	93.0
3.40	—	—	—	—	25.3	28.8	32.7	—	41.2	46.9	53.2	64.4	34.0	38.9	44.0	53.0	55.7	62.7	76.8	89.7
3.50	—	—	—	—	—	—	—	—	39.5	44.8	50.8	61.3	32.3	36.9	41.8	50.4	53.8	60.6	74.0	85.9

① ② ③

注：1　表中的承载力设计值 $N=a_y\varphi Af$，$a_y=0.5+0.0025\lambda\leq1.0$，按 C 类。

2　粗黑线①为对应轴 $\lambda_v=150$ 时的界线；粗黑线②为对应轴 $\lambda_v=200$ 时的界线；粗黑线③为对应轴 $\lambda_v=250$ 时的界线。

表 18－6a Q235 一个热轧普通工字钢轴心受压稳定时承载力 N_x 设计值（kN）

对应轴简图	计算长度	I10	I12	I12.6	I14	I16	I18	I20a	I20b	I22a	I22b	I24a	I24b	I25a	I25b	I27a	I27b	I28a	I28b	I30a	I30b	I30c	I32a	I32b
		面积 A (cm^2)																						
		14.35	17.82	18.12	21.52	26.13	30.76	35.58	39.58	42.13	46.53	47.74	52.54	48.54	53.54	54.55	59.95	55.40	61.00	61.25	67.25	73.25	67.16	73.56
	2.0	284	360	368	441	540	640	744	827	885	976	1006	1106	1025	1129	1154	1268	1173	1291	1300	1426	1553	1427	1563
	2.1	282	358	366	439	539	638	742	825	883	974	1004	1104	1023	1127	1152	1265	1172	1289	1298	1424	1550	1425	1561
	2.2	279	357	365	437	537	637	741	823	881	972	1002	1102	1021	1125	1150	1263	1170	1287	1296	1422	1548	1424	1559
	2.3	277	355	363	436	535	635	739	821	879	970	1000	1100	1019	1123	1148	1261	1168	1285	1294	1420	1546	1422	1556
	2.4	275	352	361	434	533	633	737	819	877	968	998	1098	1017	1121	1146	1259	1166	1283	1292	1417	1543	1420	1554
	2.5	272	350	359	432	531	631	735	817	876	966	996	1096	1015	1118	1144	1257	1164	1281	1290	1415	1540	1418	1552
	2.6	269	348	357	430	530	629	733	815	874	964	995	1093	1013	1116	1142	1254	1162	1278	1288	1413	1538	1415	1549
	2.7	266	345	354	428	528	627	731	812	872	961	993	1091	1011	1114	1140	1252	1160	1276	1286	1411	1536	1413	1547
	2.8	262	343	352	425	525	625	730	810	870	959	991	1089	1010	1112	1138	1250	1158	1274	1284	1409	1533	1411	1545
	2.9	259	340	350	423	523	623	728	808	868	957	989	1087	1008	1110	1136	1248	1156	1272	1282	1406	1531	1409	1543
	3.0	255	337	347	421	521	621	726	806	866	954	987	1084	1006	1108	1134	1246	1154	1270	1280	1404	1528	1407	1540
	3.1	251	334	344	418	519	619	724	803	864	952	984	1082	1004	1105	1132	1243	1152	1268	1278	1402	1526	1405	1538
	3.2	247	331	342	416	517	617	721	801	862	950	982	1080	1002	1103	1130	1241	1150	1265	1276	1400	1523	1403	1536
	3.3	242	328	338	413	514	615	719	798	859	947	980	1077	1000	1101	1128	1239	1148	1263	1274	1397	1521	1401	1534
	3.4	237	324	335	410	512	612	717	796	857	945	978	1075	998	1098	1126	1236	1146	1261	1272	1395	1518	1399	1531
	3.5	232	320	332	407	509	610	715	793	855	942	976	1072	995	1096	1124	1234	1144	1258	1270	1393	1515	1397	1529
	3.6	227	316	328	404	506	608	712	790	853	939	974	1070	993	1093	1122	1231	1142	1256	1268	1390	1513	1395	1527
	3.7	221	312	325	400	503	605	710	787	850	937	971	1067	991	1091	1120	1229	1140	1254	1266	1388	1510	1393	1524
	3.8	216	307	321	397	500	602	708	785	848	934	969	1064	989	1088	1117	1226	1138	1251	1264	1385	1507	1391	1522
	3.9	210	303	317	393	497	600	705	782	845	931	966	1061	987	1086	1115	1224	1136	1249	1262	1383	1505	1388	1519
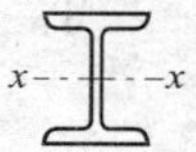	4.0	205	298	312	389	494	597	702	779	843	928	964	1059	984	1083	1113	1221	1133	1246	1260	1380	1502	1386	1517
	4.2	193	287	303	381	487	591	697	772	838	922	959	1053	980	1078	1108	1216	1129	1241	1255	1375	1496	1382	1512
	4.4	182	276	293	372	480	584	691	765	832	916	954	1047	975	1072	1103	1210	1124	1236	1250	1370	1490	1377	1506
	4.6	171	265	282	362	472	577	685	758	826	909	948	1040	970	1066	1098	1204	1119	1230	1246	1365	1484	1372	1501
	4.8	161	253	271	352	463	570	678	750	820	902	942	1034	964	1060	1093	1198	1114	1225	1241	1359	1478	1367	1496
	5.0	151	241	260	341	453	562	671	742	814	894	936	1027	958	1053	1087	1192	1109	1219	1236	1353	1471	1362	1490
	5.2	142	229	248	329	443	553	664	733	807	886	930	1019	953	1046	1082	1185	1104	1212	1230	1347	1464	1357	1484
	5.4	133	218	237	317	432	543	655	723	799	877	923	1012	946	1039	1075	1178	1098	1206	1225	1341	1457	1352	1478
	5.6	125	207	226	305	421	533	647	713	791	868	916	1003	940	1031	1069	1171	1092	1199	1219	1334	1450	1346	1472
	5.8	118	196	215	292	408	522	637	702	783	858	908	994	933	1023	1063	1164	1086	1192	1214	1327	1442	1341	1465
	6.0	111	186	204	280	396	511	627	690	774	848	900	985	926	1014	1056	1156	1080	1185	1207	1320	1434	1335	1459
	6.2	105	177	194	268	383	499	617	677	765	836	892	975	918	1005	1048	1147	1073	1177	1201	1313	1426	1328	1452
	6.4	99	168	185	256	370	486	606	664	755	825	883	965	910	996	1041	1139	1066	1169	1194	1305	1417	1322	1444
	6.6	94	159	176	245	357	473	594	650	744	812	873	954	901	986	1033	1129	1058	1160	1187	1297	1408	1315	1437
	6.8	89	151	167	234	344	460	581	635	733	799	863	942	892	975	1024	1120	1051	1151	1180	1289	1398	1308	1429
	7.0	84	144	159	224	331	446	568	620	721	785	853	930	883	964	1015	1109	1042	1142	1173	1280	1388	1301	1421
	7.2	80	137	152	214	318	432	555	604	708	770	842	916	873	952	1006	1098	1034	1132	1165	1271	1377	1294	1412
	7.4	76	131	145	205	306	419	541	588	695	755	830	903	862	939	996	1087	1025	1121	1157	1261	1366	1286	1403
	7.6	72	124	138	196	294	405	527	572	682	739	817	888	851	926	986	1075	1015	1110	1148	1251	1355	1278	1394
	7.8	69	119	132	187	283	391	513	555	667	722	804	873	839	912	975	1062	1005	1099	1139	1240	1343	1269	1384
	8.0	66	113	126	179	272	378	498	539	653	705	791	857	827	897	964	1049	995	1087	1129	1229	1330	1260	1374
				①																				

续表 18－6a

对应轴简图	计算长度	I32c	I36a	I36b	I36c	I40a	I40b	I40c	I45a	I45b	I45c	I50a	I50b	I50c	I55a	I55b	I55c	I56a	I56b	I56c	I63a	I63b	I63c
		面积 A（cm^2）																					
		79.96	76.48	83.68	90.88	86.11	94.11	102.11	102.45	111.45	120.45	119.3	129.3	139.3	134.19	145.19	156.19	135.44	146.64	157.84	154.66	167.26	179.86
	2.0	1697	1629	1782	1934	1752	1914	2076	2087	2270	2453	2434	2637	2841	2740	2964	3188	2766	2994	3222	3160	3418	3675
	2.1	1695	1628	1780	1932	1751	1913	2074	2086	2269	2451	2433	2636	2839	2738	2962	3186	2764	2993	3221	3159	3417	3673
	2.2	1693	1626	1778	1930	1749	1911	2072	2085	2267	2450	2431	2635	2838	2737	2961	3185	2763	2991	3219	3158	3415	3672
	2.3	1691	1624	1776	1928	1748	1909	2071	2083	2266	2448	2430	2633	2836	2736	2960	3183	2762	2990	3218	3157	3414	3671
	2.4	1688	1623	1774	1926	1746	1908	2069	2082	2264	2446	2429	2631	2834	2735	2958	3182	2761	2988	3216	3156	3413	3669
	2.5	1685	1621	1772	1924	1745	1906	2066	2080	2262	2444	2427	2630	2832	2733	2957	3180	2759	2987	3214	3155	3411	3668
	2.6	1683	1619	1770	1921	1743	1904	2064	2079	2260	2442	2426	2628	2830	2732	2955	3178	2758	2985	3213	3154	3410	3666
	2.7	1680	1617	1768	1918	1741	1902	2062	2077	2259	2440	2424	2626	2828	2730	2953	3176	2757	2984	3211	3152	3409	3665
	2.8	1678	1615	1765	1915	1739	1900	2060	2075	2257	2438	2422	2625	2826	2729	2952	3175	2755	2982	3209	3151	3407	3663
	2.9	1675	1612	1763	1913	1737	1898	2057	2073	2255	2435	2421	2623	2824	2727	2950	3173	2754	2980	3207	3149	3405	3661
	3.0	1673	1610	1761	1910	1735	1895	2055	2072	2252	2433	2419	2621	2822	2726	2948	3170	2752	2979	3205	3148	3404	3659
	3.1	1670	1608	1758	1908	1733	1893	2052	2070	2250	2431	2417	2619	2820	2724	2946	3168	2750	2977	3203	3146	3402	3657
	3.2	1668	1606	1756	1905	1731	1891	2049	2068	2248	2428	2415	2617	2817	2722	2944	3166	2749	2975	3201	3145	3400	3655
	3.3	1665	1604	1754	1903	1729	1888	2047	2066	2246	2426	2413	2614	2815	2720	2942	3164	2747	2973	3199	3143	3399	3653
	3.4	1662	1602	1751	1900	1727	1886	2044	2063	2243	2423	2411	2612	2812	2718	2940	3162	2745	2971	3197	3142	3397	3651
	3.5	1660	1600	1749	1898	1725	1884	2042	2061	2240	2420	2409	2610	2810	2717	2938	3159	2743	2969	3194	3140	3395	3649
	3.6	1657	1598	1747	1895	1723	1882	2039	2059	2238	2417	2407	2607	2807	2715	2936	3157	2741	2966	3192	3138	3393	3647
	3.7	1654	1596	1744	1893	1721	1880	2037	2056	2236	2415	2405	2605	2804	2713	2933	3154	2739	2964	3189	3136	3391	3645
	3.8	1652	1594	1742	1890	1719	1877	2034	2054	2233	2412	2403	2602	2801	2710	2931	3152	2737	2962	3187	3134	3389	3643
	3.9	1649	1592	1740	1887	1717	1875	2032	2052	2231	2410	2400	2599	2798	2708	2929	3149	2735	2960	3184	3132	3387	3640
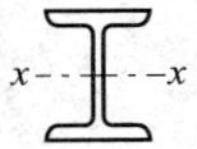	4.0	1646	1590	1737	1884	1715	1873	2029	2050	2229	2407	2397	2597	2796	2706	2926	3146	2733	2957	3181	3130	3384	3638
	4.2	1640	1585	1732	1879	1711	1868	2024	2046	2224	2402	2393	2592	2790	2701	2921	3140	2728	2952	3176	3126	3380	3633
	4.4	1634	1581	1727	1873	1707	1864	2019	2042	2219	2396	2389	2587	2785	2696	2915	3134	2723	2946	3170	3122	3375	3627
	4.6	1628	1576	1722	1868	1703	1859	2014	2037	2214	2391	2384	2582	2780	2692	2910	3129	2719	2941	3164	3117	3370	3622
	4.8	1622	1572	1717	1862	1698	1854	2008	2033	2210	2386	2380	2578	2774	2687	2905	3124	2714	2937	3159	3113	3365	3615
	5.0	1616	1567	1712	1856	1694	1849	2003	2028	2205	2380	2375	2573	2769	2683	2900	3118	2710	2932	3154	3107	3359	3610
	5.2	1609	1562	1706	1850	1690	1844	1997	2024	2199	2375	2371	2567	2763	2678	2895	3113	2705	2927	3148	3103	3354	3604
	5.4	1602	1557	1701	1843	1685	1839	1991	2019	2194	2369	2366	2562	2757	2674	2890	3107	2701	2922	3143	3098	3349	3599
	5.6	1595	1552	1695	1837	1680	1834	1985	2015	2189	2363	2361	2557	2752	2669	2885	3101	2696	2916	3137	3094	3344	3593
	5.8	1588	1547	1689	1830	1676	1828	1979	2010	2184	2357	2357	2552	2746	2664	2880	3096	2691	2911	3131	3089	3339	3588
	6.0	1580	1542	1683	1823	1671	1823	1973	2005	2178	2351	2352	2547	2740	2659	2874	3090	2687	2906	3126	3084	3334	3582
	6.2	1572	1536	1677	1816	1666	1817	1967	2000	2173	2345	2347	2541	2734	2655	2869	3084	2682	2901	3120	3080	3329	3576
	6.4	1564	1530	1670	1809	1661	1812	1960	1995	2167	2339	2342	2536	2728	2650	2864	3078	2677	2895	3114	3075	3323	3571
	6.6	1555	1524	1663	1801	1656	1806	1954	1990	2161	2332	2337	2530	2721	2645	2858	3072	2672	2890	3108	3070	3318	3565
	6.8	1546	1518	1656	1793	1650	1800	1947	1985	2156	2326	2332	2524	2715	2640	2853	3066	2667	2885	3102	3065	3313	3559
	7.0	1536	1512	1649	1785	1645	1793	1939	1979	2150	2319	2327	2518	2709	2635	2847	3059	2662	2879	3096	3060	3307	3553
	7.2	1527	1506	1642	1776	1639	1787	1932	1974	2143	2312	2321	2513	2702	2629	2841	3053	2657	2873	3090	3055	3302	3547
	7.4	1516	1499	1634	1768	1633	1780	1924	1968	2137	2305	2316	2507	2695	2624	2835	3047	2652	2868	3083	3050	3296	3541
	7.6	1505	1492	1626	1758	1627	1774	1917	1962	2131	2298	2310	2500	2688	2619	2829	3040	2647	2862	3077	3045	3291	3535
	7.8	1494	1485	1618	1749	1621	1767	1909	1957	2124	2290	2305	2494	2681	2613	2823	3033	2642	2856	3070	3040	3285	3529
	8.0	1482	1477	1609	1739	1615	1759	1900	1950	2117	2283	2299	2488	2674	2608	2817	3027	2636	2850	3064	3035	3279	3522

表 18-6b　Q235 钢一个热轧普通工字钢轴心受压稳定时承载力 N_y 设计值（kN）

对应轴简图	计算长度	I10	I12	I12.6	I14	I16	I18	I20a	I20b	I22a	I22b	I24a	I24b	I25a	I25b	I27a	I27b	I28a	I28b	I30a	I30b	I30c	I32a	I32b	
		面积 A（cm^2）																							
		14.35	17.82	18.12	21.52	26.13	30.76	35.58	39.58	42.13	46.53	47.74	52.54	48.54	53.54	54.55	59.95	55.4	61.0	61.25	67.25	73.25	67.16	73.56	
	1.5	174	231	234	297	389	476	571	622	707	774	818	893	828	914	948	1035	961	1057	1071	1167	1263	1186	1297	
	1.6	161	216	218	279	369	455	548	596	684	748	794	866	804	887	923	1007	936	1028	1044	1136	1228	1157	1265	
	1.7	149	200	202	262	349	433	525	569	660	721	769	838	778	868	896	977	908	998	1014	1103	1191	1127	1232	
	1.8	137	186	188	245	329	411	501	541	635	692	743	809	751	828	868	945	880	966	984	1068	1152	1095	1197	
	1.9	127	173	174	228	310	388	477	513	609	663	716	778	723	798	839	912	850	933	952	1032	1111	1062	1160	
	2.0	117	160	162	213	291	367	453	485	583	634	688	746	695	766	809	878	819	899	919	994	1069	1027	1122	
	2.1	109	149	150	199	273	346	429	459	557	604	659	715	665	734	778	843	787	864	885	956	1027	991	1082	
	2.2	101	139	139	185	256	326	406	433	531	575	631	683	636	702	747	808	755	829	851	917	984	955	1042	
	2.3	93.5	129	130	173	240	307	384	408	505	546	603	651	607	670	715	773	724	793	816	878	941	918	1002	
	2.4	87.0	120	121	162	225	289	362	385	480	519	575	620	579	638	684	739	692	758	781	840	899	881	961	
	2.5	81.1	112	113	151	212	272	342	363	456	492	548	590	551	608	654	705	661	724	747	802	857	844	921	
	2.6	75.8	105	106	142	199	256	323	342	433	466	521	561	524	578	624	672	630	691	714	765	817	808	881	
	2.7	70.9	98.5	99.0	133	187	241	306	323	410	442	496	534	499	550	595	640	601	658	681	729	778	773	842	
	2.8	66.5	92.4	93.0	125	176	228	289	305	390	419	472	507	474	523	567	610	573	627	650	695	741	738	805	
	2.9	62.4	86.9	87.4	118	166	215	273	288	370	398	449	482	451	497	540	580	546	597	620	662	705	705	769	
	3.0	58.7	81.8	82.3	111	157	203	259	273	351	378	427	458	429	473	515	553	520	569	591	631	671	673	734	
	3.1	55.4	77.1	77.6	105	148	192	245	258	334	359	406	436	408	450	491	527	495	542	564	601	639	643	701	
	3.2	52.2	72.9	73.3	99.0	141	182	233	245	317	341	387	415	388	428	468	502	472	517	538	573	609	614	669	
	3.3	49.4	68.9	69.3	93.7	133	173	221	232	302	324	369	395	370	408	446	478	450	493	513	547	581	587	639	
	3.4	46.7	65.3	65.6	88.8	126	164	210	221	287	308	352	377	353	389	426	456	430	470	490	522	554	561	610	
	3.5	44.3	61.9	62.2	84.2	120	156	200	210	274	294	335	359	336	371	407	435	410	449	468	498	528	536	583	
	3.6	42.0	58.8	59.1	80.0	114	149	190	200	261	280	320	343	321	354	388	416	392	429	447	476	508	512	558	
	3.7	40.0	55.9	56.2	76.1	109	141	181	190	249	267	306	327	307	338	371	397	375	410	428	455	482	490	534	
	3.8	—	53.2	53.5	72.5	103	135	173	181	238	255	292	313	293	323	355	380	358	392	409	435	461	469	511	
	3.9	—	50.7	50.9	69.1	98.7	129	165	173	228	244	280	299	280	309	340	364	343	375	392	416	441	450	489	①
	4.0	—	48.3	—	65.9	94.2	123	158	165	218	233	268	286	268	296	326	348	328	359	376	399	422	431	469	
	4.2	—	—	—	60.2	86.2	113	145	151	200	214	246	263	246	272	299	320	302	330	345	367	388	397	432	
	4.4	—	—	—	—	79.1	103	133	139	184	197	226	242	227	250	276	295	278	304	319	338	358	366	398	
	4.6	—	—	—	—	72.8	95.2	123	128	170	182	209	223	210	231	255	272	257	281	295	312	331	339	369	
	4.8	—	—	—	—	—	88.0	113	119	157	168	194	207	194	214	236	252	238	261	273	289	306	314	342	
	5.0	—	—	—	—	—	81.5	105	110	146	156	180	192	180	199	220	234	221	242	254	269	284	292	318	②
	5.2	—	—	—	—	—	—	97.7	—	136	145	167	179	168	185	205	218	206	225	236	250	265	272	296	
	5.4	—	—	—	—	—	—	—	—	127	135	156	167	156	173	191	204	193	210	221	234	247	254	277	
	5.6	—	—	—	—	—	—	—	—	118	126	146	156	146	161	179	191	180	197	206	219	231	238	259	
	5.8	—	—	—	—	—	—	—	—	—	—	137	146	137	151	167	179	169	184	194	205	217	223	243	
	6.0	—	—	—	—	—	—	—	—	—	—	129	—	129	142	157	168	158	173	182	192	203	210	228	
	6.2	—	—	—	—	—	—	—	—	—	—	—	—	—	—	148	—	149	163	171	181	—	197	214	
	6.4	—	—	—	—	—	—	—	—	—	—	—	—	—	—	—	—	—	—	—	—	—	186	202	③
	—	—	—	—	—	—	—	—	—	—	—	—	—	—	—	—	—	—	—	—	—	—	—	—	
	—	—	—	—	—	—	—	—	—	—	—	—	—	—	—	—	—	—	—	—	—	—	—	—	
	—	—	—	—	—	—	—	—	—	—	—	—	—	—	—	—	—	—	—	—	—	—	—	—	
	—	—	—	—	—	—	—	—	—	—	—	—	—	—	—	—	—	—	—	—	—	—	—	—	
	—	—	—	—	—	—	—	—	—	—	—	—	—	—	—	—	—	—	—	—	—	—	—	—	
	—	—	—	—	—	—	—	—	—	—	—	—	—	—	—	—	—	—	—	—	—	—	—	—	
	—	—	—	—	—	—	—	—	—	—	—	—	—	—	—	—	—	—	—	—	—	—	—	—	
	—	—	—	—	—	—	—	—	—	—	—	—	—	—	—	—	—	—	—	—	—	—	—	—	

续表 18-6b

对应轴	计算	I32c	I36a	I36b	I36c	I40a	I40b	I40c	I45a	I45b	I45c	I50a	I50b	I50c	I55a	I55b	I55c	I56a	I56b	I56c	I63a	I63b	I63c	
		面积 A（cm^2）																						
简图	长度	79.96	76.48	83.68	90.88	86.11	94.11	102.1	102.45	111.45	120.45	119.3	129.3	139.3	134.2	145.19	156.19	135.44	146.6	157.8	154.7	167.26	179.86	
	1.5	1410	1363	1482	1600	1477	1603	1726	1780	1926	2071	2107	2272	2436	2392	2578	2760	2412	2608	2807	2780	3002	3224	
	1.6	1376	1332	1446	1561	1445	1567	1685	1745	1887	2027	2070	2231	2391	2353	2535	2713	2373	2565	2761	2738	2957	3175	
	1.7	1339	1299	1409	1519	1412	1529	1642	1708	1846	1981	2032	2188	2343	2313	2490	2663	2332	2520	2713	2695	2909	3123	
	1.8	1301	1264	1370	1476	1377	1489	1597	1669	1802	1932	1992	2142	2293	2271	2443	2610	2290	2473	2662	2649	2860	3069	
	1.9	1261	1228	1329	1430	1340	1447	1550	1629	1757	1881	1949	2095	2240	2227	2394	2555	2245	2424	2609	2602	2808	3012	
	2.0	1219	1190	1286	1382	1301	1403	1500	1586	1709	1828	1905	2045	2185	2180	2343	2498	2198	2373	2554	2552	2753	2953	
	2.1	1177	1151	1242	1333	1261	1358	1449	1542	1659	1773	1859	1993	2127	2132	2289	2438	2149	2319	2496	2500	2696	2891	
	2.2	1133	1111	1197	1284	1220	1311	1397	1497	1608	1716	1811	1940	2067	2082	2233	2375	2098	2263	2436	2446	2637	2827	
	2.3	1089	1070	1152	1233	1178	1264	1345	1450	1556	1658	1761	1884	2006	2030	2175	2311	2045	2205	2374	2389	2575	2760	
	2.4	1045	1029	1106	1183	1136	1216	1292	1402	1502	1599	1710	1827	1943	1976	2115	2245	1990	2145	2309	2331	2512	2691	
	2.5	1001	988	1060	1133	1093	1169	1239	1353	1449	1539	1658	1769	1879	1920	2054	2177	1934	2084	2243	2271	2446	2620	
	2.6	958	948	1016	1084	1050	1121	1187	1304	1395	1480	1605	1710	1814	1864	1991	2108	1877	2021	2176	2210	2379	2547	
	2.7	916	908	972	1036	1008	1075	1136	1256	1341	1421	1552	1651	1750	1807	1928	2038	1818	1958	2108	2147	2311	2472	
	2.8	875	869	929	989	967	1029	1086	1207	1288	1364	1499	1592	1685	1749	1864	1968	1760	1894	2039	2083	2241	2397	
	2.9	835	831	888	945	926	985	1038	1160	1236	1307	1445	1533	1622	1691	1801	1899	1701	1830	1970	2019	2171	2322	
	3.0	798	795	848	902	887	942	992	1114	1186	1253	1393	1476	1559	1633	1738	1830	1643	1767	1902	1955	2101	2246	
	3.1	761	760	810	861	850	901	948	1069	1137	1200	1341	1419	1498	1576	1675	1762	1585	1704	1835	1891	2032	2171	
	3.2	727	727	774	822	813	862	905	1025	1089	1149	1291	1365	1439	1520	1614	1696	1529	1643	1768	1827	1963	2096	
	3.3	694	695	739	785	779	824	865	983	1044	1100	1241	1311	1381	1465	1555	1632	1473	1583	1703	1765	1895	2023	
	3.4	663	665	707	750	745	789	827	943	1001	1054	1194	1260	1326	1411	1496	1569	1419	1524	1640	1703	1828	1952	
	3.5	634	636	676	716	714	755	791	904	959	1009	1148	1210	1273	1359	1440	1509	1366	1467	1579	1643	1764	1882	
	3.6	606	609	646	685	684	722	757	868	919	967	1103	1163	1222	1309	1386	1451	1315	1412	1520	1585	1700	1814	
	3.7	580	583	619	655	655	692	724	832	882	927	1061	1117	1174	1260	1333	1395	1266	1359	1463	1528	1639	1697	
	3.8	555	558	592	627	628	663	693	799	846	889	1020	1073	1127	1213	1283	1342	1219	1308	1408	1473	1580	1634	
	3.9	532	535	568	601	602	635	664	767	812	853	981	1032	1083	1168	1235	1291	1174	1259	1355	1421	1523	1574	
	4.0	510	513	544	576	578	609	637	737	779	818	944	992	1041	1125	1189	1242	1130	1212	1305	1370	1468	1516	
	4.2	469	473	501	530	533	562	587	681	719	755	874	918	962	1044	1102	1150	1049	1124	1210	1274	1365	1487	
	4.4	433	437	462	489	493	519	542	630	665	698	811	851	892	970	1024	1067	974	1044	1124	1186	1270	1308	
	4.6	401	404	428	452	457	480	501	584	617	647	753	790	827	903	952	992	907	972	1046	1105	1183	1217	
	4.8	372	375	397	420	424	446	465	543	573	600	701	735	770	842	887	923	845	905	974	1031	1104	1134	①
	5.0	345	349	369	390	394	415	432	506	534	559	654	685	717	786	827	861	789	845	909	964	1032	1059	
	5.2	322	325	344	362	368	387	403	472	498	521	611	640	669	735	773	805	737	790	850	902	965	991	
	5.4	301	304	321	339	244	361	376	441	465	487	572	599	626	688	724	753	691	740	796	846	905	928	
	5.6	281	284	301	317	322	338	352	413	436	456	536	561	587	646	679	706	648	694	747	794	850	871	
	5.8	264	267	282	298	302	317	330	388	409	428	504	527	551	607	638	664	609	652	702	747	799	818	
	6.0	248	251	265	280	284	298	310	365	384	402	474	496	518	571	601	624	573	614	661	707	737	770	
	6.2	233	236	249	263	267	280	292	344	362	379	447	467	488	539	566	588	541	579	623	663	710	755	
	6.4	220	222	235	248	252	264	275	324	342	357	422	441	461	509	535	555	510	546	588	627	670	713	②
	6.6	—	210	222	—	238	250	260	306	323	337	399	417	435	481	506	525	483	517	556	593	634	674	
	6.8	—	—	—	—	225	—	—	290	305	319	377	394	412	455	479	497	457	489	527	562	601	639	
	7.0	—	—	—	—	—	—	—	275	289	—	358	374	390	432	454	471	433	464	499	533	570	606	
	7.2	—	—	—	—	—	—	—	261	—	—	340	355	371	410	431	447	411	440	474	506	541	575	
	7.4	—	—	—	—	—	—	—	—	—	—	323	337	352	390	410	425	391	419	451	481	514	547	
	7.6	—	—	—	—	—	—	—	—	—	—	307	—	—	371	390	404	372	398	429	458	490	521	
	7.8	—	—	—	—	—	—	—	—	—	—	—	—	—	353	371	—	355	379	408	436	467	496	
	8.0	—	—	—	—	—	—	—	—	—	—	—	—	—	—	—	—	—	—	—	416	445	473	
																					③			

表 18－7a　Q235 两个热轧普通槽钢（两腹板相连）轴心受压稳定时 N_x 承载力设计值（kN）

对应轴简图	计算长度	2[5	2[6.3	2[6.5	2[8	2[10	2[12	2[12.6	2[14a	2[14b	2[16a	2[16b	2[18a	2[18b	2[20a	2[20b	2[22a	2[22b	2[24a	2[24b	2[24c
		面积 A (cm^2)																			
		13.86	16.90	17.09	20.50	25.50	30.72	31.38	37.03	42.63	43.92	50.32	51.40	58.60	57.67	65.67	63.69	72.49	68.43	78.03	87.63
	2.5	117	197	208	305	433	558	576	698	798	849	968	1012	1149	1153	1308	1287	1460	1395	1586	1777
	2.6	110	187	198	296	425	551	570	692	791	843	961	1006	1142	1147	1301	1282	1454	1390	1580	1770
	2.7	104	179	189	286	417	544	563	686	783	837	953	1000	1135	1141	1294	1276	1447	1384	1573	1762
	2.8	97.6	170	180	277	409	537	557	679	775	831	946	994	1127	1135	1287	1270	1440	1379	1567	1755
	2.9	92.1	162	172	267	400	529	550	672	767	825	938	988	1120	1129	1280	1265	1434	1373	1560	1747
	3.0	87.0	154	164	258	391	522	542	665	758	818	930	981	1112	1123	1273	1259	1427	1368	1554	1740
	3.1	82.3	147	156	249	382	514	535	658	750	811	922	975	1105	1117	1266	1253	1420	1362	1547	1732
	3.2	78.0	140	149	240	373	506	528	651	741	804	914	968	1097	1111	1258	1247	1413	1357	1540	1724
	3.3	73.9	133	142	231	364	498	520	644	732	797	906	962	1089	1104	1251	1241	1405	1351	1534	1716
	3.4	70.1	127	136	222	355	489	512	636	722	790	897	955	1080	1098	1243	1235	1398	1345	1527	1708
	3.5	66.6	121	130	214	345	481	504	628	713	783	888	948	1072	1091	1235	1229	1391	1339	1520	1700
	3.6	63.4	116	124	206	336	472	495	620	703	775	879	940	1063	1085	1227	1222	1383	1333	1512	1692
	3.7	60.3	110	119	198	327	463	487	612	693	768	870	933	1055	1078	1219	1216	1376	1327	1505	1683
	3.8	57.5	106	114	191	318	454	478	603	682	760	860	926	1045	1071	1211	1209	1368	1321	1498	1675
	3.9	54.9	101	109	184	309	445	469	594	672	752	850	918	1036	1064	1202	1203	1360	1315	1491	1666
	4.0	52.4	96.8	104	177	300	436	460	586	661	743	840	910	1027	1057	1194	1196	1352	1308	1483	1657
	4.2	47.9	88.9	95.8	164	282	417	442	568	639	726	820	894	1007	1042	1176	1182	1335	1295	1468	1639
	4.4	44.0	81.9	88.3	152	265	398	424	549	617	708	798	877	987	1026	1157	1168	1318	1282	1452	1621
	4.6	40.5	75.7	81.7	142	250	380	406	530	594	690	776	860	966	1010	1138	1153	1300	1269	1435	1602
	4.8	37.4	70.1	75.7	132	235	362	388	511	571	671	753	841	944	994	1118	1138	1282	1254	1418	1582
	5.0	34.7	65.1	70.3	123	221	344	370	491	548	652	730	823	922	977	1097	1122	1263	1240	1401	1561
	5.2	32.2	60.6	65.5	115	208	327	353	472	525	632	706	803	899	959	1076	1105	1243	1225	1383	1540
	5.4	30.0	56.6	61.1	108	196	311	336	453	503	612	682	783	875	940	1054	1088	1223	1209	1364	1518
	5.6	28.0	52.9	57.2	101	185	296	320	434	481	592	659	763	851	921	1031	1071	1202	1193	1345	1495
	5.8	26.2	49.6	53.6	95.1	175	281	305	416	460	571	635	742	826	902	1008	1053	1180	1177	1325	1472
	6.0	24.6	46.6	50.4	89.5	165	267	290	398	440	551	612	721	801	882	984	1034	1158	1160	1304	1448
	6.2	23.1	43.8	47.4	84.3	156	254	276	381	420	532	589	700	777	862	960	1015	1135	1142	1283	1423
	6.4	21.7	41.3	44.6	79.6	148	242	263	365	402	512	566	679	752	841	936	996	1112	1124	1261	1398
	6.6	20.5	38.9	42.1	75.3	140	230	251	349	384	493	545	658	728	820	911	976	1088	1106	1239	1372
	6.8	19.4	36.8	39.9	71.3	133	219	240	334	367	475	523	637	704	799	886	955	1064	1087	1216	1345
	7.0	18.3	34.9	37.7	67.6	127	209	229	320	351	457	503	617	680	778	861	935	1039	1068	1193	1318
	7.2	17.3	33.0	35.8	64.2	120	200	218	307	336	440	484	597	657	756	837	914	1015	1048	1170	1291
	7.4	16.5	31.4	34.0	61.0	115	191	209	294	322	423	465	577	634	735	812	893	990	1028	1146	1263
	7.6	15.6	29.8	32.3	58.0	109	182	200	282	308	407	447	558	612	715	788	872	965	1007	1122	1235
	7.8	14.9	28.4	30.7	55.3	104	174	191	270	295	392	430	539	591	694	764	850	940	987	1097	1207
	8.0	14.2	27.0	29.3	52.7	100	167	183	259	283	377	413	521	570	674	741	829	915	966	1073	1179
					③	②		①													

续表 18－7a

对应轴简图	计算长度	2[25a	2[25b	2[25c	2[27a	2[27b	2[27c	2[28a	2[28b	2[28c	2[30a	2[30b	2[30c	2[32a	2[32b	2[32c	2[36a	2[36b	2[36c	2[40a	2[40b	2[40c
		面积 A（cm^2）																				
		69.83	79.83	89.83	78.57	89.37	100.17	80.07	91.27	102.47	87.8	99.8	111.80	97.03	109.83	122.63	121.82	136.22	150.62	150.14	166.14	182.14
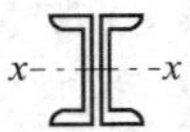	2.5	1429	1627	1824	1617	1836	2055	1653	1880	2107	1823	2068	2313	2023	2287	2549	2556	28544	3154	3016	3335	3653
	2.6	1424	1621	1817	1612	1830	2047	1648	1874	2100	1817	2061	2306	2018	2280	2541	2551	2848	3147	3011	3329	3646
	2.7	1418	1614	1809	1606	1824	2040	1642	1867	2093	1812	2055	2299	2012	2274	2534	2546	2842	3140	3006	3323	3639
	2.8	1413	1608	1802	1601	1817	2033	1637	1861	2086	1806	2049	2291	2007	2267	2526	2541	2835	3132	3000	3317	3632
	2.9	1408	1601	1794	1595	1811	2025	1632	1855	2078	1801	2042	2284	2001	2261	2519	2534	2828	3124	2995	3310	3625
	3.0	1402	1595	1786	1589	1804	2018	1626	1848	2071	1795	2036	2277	1996	2254	2511	2528	2821	3115	2989	3304	3617
	3.1	1397	1588	1778	1584	1798	2010	1621	1842	2063	1790	2029	2269	1990	2248	2504	2522	2814	3107	2983	3296	3608
	3.2	1391	1582	1771	1578	1791	2003	1615	1835	2056	1784	2023	2262	1984	2241	2496	2516	2806	3099	2976	3289	3600
	3.3	1386	1575	1763	1572	1784	1995	1609	1829	2048	1779	2016	2254	1979	2234	2488	2509	2799	3091	2969	3281	3591
	3.4	1380	1568	1754	1567	1777	1987	1604	1822	2041	1773	2010	2247	1973	2228	2481	2503	2792	3083	2963	3273	3583
	3.5	1374	1561	1746	1561	1771	1979	1598	1815	2033	1767	2003	2239	1967	2221	2473	2497	2784	3075	2956	3266	3574
	3.6	1369	1554	1738	1555	1764	1971	1592	1808	2025	1762	1996	2231	1961	2214	2465	2490	2777	3066	2949	3258	3566
	3.7	1363	1547	1729	1549	1757	1963	1587	1802	2017	1756	1989	2224	1955	2207	2457	2484	2770	3058	2942	3250	3557
	3.8	1357	1540	1721	1543	1750	1955	1581	1795	2009	1750	1983	2216	1949	2200	2449	2477	2762	3049	2936	3243	3548
	3.9	1351	1532	1712	1537	1743	1947	1575	1788	2001	1744	1976	2208	1943	2193	2441	2471	2755	3041	2929	3235	3540
	4.0	1345	1525	1703	1530	1735	1939	1569	1781	1993	1738	1969	2200	1937	2186	2433	2464	2747	3032	2922	3227	3531
	4.2	1332	1510	1685	1518	1721	1922	1557	1766	1976	1726	1954	2183	1925	2172	2417	2451	2732	3015	2908	3211	3513
	4.4	1320	1494	1667	1505	1706	1904	1544	1751	1959	1714	1940	2167	1913	2158	2400	2438	2716	2998	2894	3196	3495
	4.6	1307	1478	1647	1492	1690	1886	1532	1736	1942	1701	1925	2150	1900	2143	2383	2424	2701	2980	2880	3179	3477
	4.8	1293	1462	1627	1478	1674	1868	1519	1721	1924	1689	1910	2132	1888	2128	2366	2411	2685	2962	2865	3163	3459
	5.0	1279	1445	1607	1464	1658	1849	1505	1705	1905	1676	1895	2114	1875	2113	2348	2397	2668	2944	2851	3147	3440
	5.2	1265	1427	1586	1450	1641	1829	1492	1688	1886	1662	1879	2096	1861	2097	2330	2383	2652	2925	2836	3130	3422
	5.4	1250	1409	1564	1435	1624	1809	1478	1672	1867	1648	1862	2077	1848	2081	2311	2368	2635	2906	2821	3113	3402
	5.6	1235	1390	1541	1420	1606	1788	1463	1654	1847	1634	1846	2058	1834	2064	2292	2354	2618	2887	2806	3096	3383
	5.8	1219	1370	1518	1404	1587	1767	1448	1636	1826	1620	1829	2038	1819	2048	2272	2339	2601	2867	2791	3078	3363
	6.0	1203	1350	1493	1388	1568	1745	1433	1618	1805	1605	1811	2018	1805	2030	2252	2323	2583	2847	2775	3060	3343
	6.2	1186	1330	1469	1372	1549	1722	1417	1599	1783	1590	1793	1997	1790	2013	2232	2308	2565	2826	2759	3042	3323
	6.4	1169	1309	1443	1355	1529	1699	1401	1580	1760	1575	1774	1976	1775	1995	2211	2292	2546	2805	2743	3024	3302
	6.6	1152	1287	1417	1337	1508	1675	1384	1560	1737	1559	1755	1954	1759	1976	2189	2276	2527	2784	2727	3005	3280
	6.8	1134	1265	1390	1319	1487	1651	1367	1540	1713	1542	1736	1931	1743	1957	2167	2259	2508	2762	2710	2986	3259
	7.0	1115	1242	1363	1301	1465	1625	1350	1519	1689	1525	1716	1908	1727	1938	2144	2243	2488	2739	2693	2966	3237
	7.2	1096	1219	1336	1282	1443	1600	1332	1497	1664	1508	1695	1884	1710	1918	2121	2225	2468	2716	2676	2947	3214
	7.4	1077	1195	1308	1263	1421	1573	1314	1475	1638	1491	1674	1860	1692	1898	2097	2208	2447	2693	2658	2926	3191
	7.6	1058	1171	1279	1243	1398	1547	1295	1453	1612	1473	1653	1835	1675	1877	2073	2190	2426	2669	2640	2906	3168
	7.8	1038	1147	1251	1223	1374	1519	1276	1430	1586	1454	1631	1809	1657	1855	2048	2171	2404	2644	2621	2885	3144
	8.0	1018	1123	1222	1203	1350	1492	1256	1406	1559	1435	1608	1783	1638	1834	2022	2153	2382	2619	2603	2863	3119

表 18－7b　Q235 钢两个热轧普通槽钢（两腹板相连）轴心受压稳定时 N_Y 承载设计值（kN）

对应轴简图	计算长度	2[5	2[6.3	2[6.5	2[8	2[10	2[12	2[12.6	2[14a	2[14b	2[16a	2[16b	2[18a	2[18b	2[20a	2[20b	2[22a	2[22b	2[24a	2[24b	2[24c	
		面积 A (cm^2)																				
		13.86	16.90	17.09	20.50	25.50	30.72	31.38	37.03	42.63	43.92	50.32	51.40	58.60	57.67	65.67	63.69	72.49	68.43	78.03	87.63	
	2.0	163	206	210	264	352	461	468	579	661	709	806	852	965	994	1124	1117	1261	1202	1360	1521	
	2.1	154	195	199	251	336	444	450	560	639	689	782	830	940	973	1100	1096	1236	1180	1334	1490	
	2.2	145	184	188	238	321	427	432	541	616	668	757	808	914	952	1074	1074	1210	1156	1306	1458	
	2.3	136	173	177	225	305	410	414	521	594	647	732	785	887	929	1048	1051	1183	1132	1277	1425	
	2.4	128	163	167	213	290	392	396	501	571	625	707	761	859	906	1021	1027	1155	1107	1247	1391	
	2.5	121	154	157	201	275	375	379	482	548	603	681	737	831	882	993	1003	1127	1081	1217	1356	
	2.6	114	145	148	190	261	358	362	462	525	580	655	712	802	858	965	977	1097	1054	1185	1320	
	2.7	107	137	140	180	248	342	345	443	503	558	630	687	774	833	936	952	1067	1026	1153	1283	
	2.8	101	129	132	170	235	327	329	424	481	537	604	663	745	808	906	925	1036	998	1120	1245	
	2.9	95.3	122	125	161	223	311	314	406	460	515	580	638	717	782	877	899	1005	970	1087	1208	
	3.0	90.1	116	118	152	212	297	299	388	440	494	556	614	690	757	847	872	974	941	1053	1170	
	3.1	85.2	109	112	144	202	283	285	371	420	474	533	591	663	732	818	845	943	913	1020	1132	
	3.2	80.7	104	106	137	192	270	272	355	402	455	510	568	637	707	790	818	912	884	987	1094	
	3.3	76.6	98.4	101	130	182	258	259	340	384	436	489	546	612	682	762	792	881	856	954	1057	
	3.4	72.7	93.4	95.7	124	174	246	247	325	367	418	468	524	587	658	734	766	851	828	922	1021	
	3.5	69.1	88.8	91.0	118	165	235	236	311	351	400	449	504	564	635	707	740	822	800	890	985	
	3.6	65.7	84.6	86.6	112	158	225	226	297	336	384	430	484	541	612	681	715	793	773	859	951	
	3.7	62.6	80.6	82.6	107	150	215	216	285	322	368	412	465	520	590	656	690	765	747	829	917	
	3.8	59.7	76.8	78.7	102	144	206	207	273	308	353	395	446	499	568	632	666	738	721	800	884	
[5－[10	3.9	56.9	73.3	75.2	97.4	137	197	198	262	295	339	379	429	480	548	609	643	712	696	772	853	
a＝6mm	4.0	54.4	70.1	71.8	93.1	131	189	189	251	283	326	364	413	461	528	587	621	687	672	745	822	
	4.2	49.8	64.1	65.8	85.3	121	174	174	231	261	301	336	382	426	491	545	579	639	627	693	765	
[12－[18b	4.4	45.7	58.9	60.4	78.4	111	160	161	214	241	278	311	354	395	457	506	540	595	584	646	712	
a＝8mm	4.6	42.1	54.3	55.7	72.3	102	148	148	198	223	258	288	329	367	425	471	504	555	546	602	664	
	4.8	38.9	50.2	51.5	66.9	94.8	137	138	184	207	240	268	306	341	397	439	471	518	510	563	620	
[20a－[27c	5.0	36.0	46.5	47.7	62.0	88.0	128	128	171	192	223	249	285	318	371	410	440	485	477	526	579	
a＝10mm	5.2	33.5	43.2	44.3	57.7	81.9	119	119	159	179	208	232	266	297	347	384	412	454	447	493	542	①
	5.4	31.2	40.3	41.3	53.7	76.4	111	111	149	167	195	217	249	278	325	360	387	425	419	462	509	
[28a－[40c	5.6	29.1	37.6	38.6	50.2	71.4	104	104	139	157	182	203	233	260	305	337	364	400	394	434	478	
a＝12mm	5.8	27.3	35.2	36.1	47.0	66.9	97.2	97.5	131	147	171	191	219	244	287	317	342	376	371	408	449	
	6.0	25.6	33.0	33.9	44.1	62.7	91.3	91.5	123	138	161	179	206	230	270	299	322	354	350	385	423	
	6.2	24.0	31.0	31.8	41.4	59.0	85.9	86.1	115	130	152	169	194	216	255	282	304	334	330	363	399	
	6.4	22.6	29.2	30.0	39.0	55.6	81.0	81.1	109	123	143	159	183	204	241	266	288	316	312	343	377	
	6.6	21.3	27.5	28.3	36.8	52.4	76.5	76.6	103	116	135	151	173	193	228	252	272	299	295	324	357	
	6.8	20.1	26.0	26.7	34.8	49.6	72.3	72.4	97.2	109	128	142	164	183	216	238	258	283	280	307	338	②
	7.0	19.0	24.6	25.2	32.9	46.9	68.4	68.6	92.1	104	121	135	155	173	205	226	245	268	265	292	321	
	7.2	18.0	23.3	23.9	31.2	44.5	64.9	65.0	87.4	98.3	115	128	148	164	194	214	232	255	252	277	304	
	7.4	17.1	22.1	22.7	29.6	42.2	61.6	61.7	83.0	93.4	109	122	140	156	185	204	221	242	240	263	290	
	7.6	16.3	21.0	21.6	28.1	40.1	58.6	58.7	78.9	88.8	104	116	133	148	176	194	210	231	228	251	276	
	7.8	15.5	20.0	20.5	26.8	38.2	55.8	55.9	75.1	84.5	98.9	110	127	141	168	185	201	220	218	239	263	
	8.0	14.7	19.0	19.5	25.5	36.4	53.2	53.2	71.6	80.6	94.3	105	121	135	160	176	191	210	208	228	251	

③

续表 18－7b

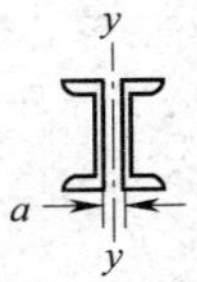

对应轴简图 / 计算长度	2[25a	2[25b	2[25c	2[27a	2[27b	2[27c	2[28a	2[28b	2[28c	2[30a	2[30b	2[30c	2[32a	2[32b	2[32c	2[36a	2[36b	2[36c	2[40a	2[40b	2[40c
面积 A（cm^2）	69.83	79.83	89.83	78.57	89.37	100.17	80.07	91.27	102.47	87.80	99.80	111.80	97.03	109.83	122.63	121.82	136.22	150.62	150.14	166.14	182.14
2.0	1223	1384	1547	1392	1571	1753	1424	1611	1797	1579	1787	1993	1759	1978	2198	2255	2510	2767	2664	2938	3214
2.1	1200	1356	1515	1367	1542	1720	1400	1582	1763	1553	1758	1959	1732	1946	2162	2226	2476	2729	2631	2900	3172
2.2	1175	1327	1481	1341	1512	1685	1374	1551	1728	1527	1727	1924	1705	1914	2125	2196	2441	2690	2597	2861	3129
2.3	1150	1297	1446	1315	1480	1648	1348	1520	1691	1500	1695	1887	1676	1880	2086	2164	2405	2649	2561	2821	3084
2.4	1124	1266	1410	1287	1447	1611	1320	1487	1653	1471	1662	1849	1646	1845	2045	2132	2367	2606	2524	2779	3038
2.5	1097	1233	1373	1258	1413	1572	1292	1453	1613	1442	1627	1810	1615	1808	2003	2098	2328	2562	2486	2736	2989
2.6	1069	1200	1335	1229	1378	1532	1262	1418	1573	1411	1592	1769	1583	1770	1960	2063	2288	2516	2447	2691	2939
2.7	1041	1167	1296	1198	1343	1491	1232	1382	1532	1380	1555	1727	1550	1731	1915	2027	2246	2469	2407	2644	2888
2.8	1012	1132	1257	1167	1306	1450	1201	1346	1489	1347	1518	1684	1516	1691	1869	1989	2203	2420	2364	2596	2834
2.9	983	1098	1217	1136	1269	1408	1169	1308	1447	1314	1480	1640	1481	1650	1823	1951	2158	2370	2320	2547	2780
3.0	953	1063	1177	1104	1232	1365	1137	1271	1403	1281	1441	1596	1445	1609	1775	1912	2113	2319	2276	2496	2723
3.1	924	1029	1138	1072	1195	1323	1105	1233	1360	1247	1401	1551	1409	1566	1727	1871	2066	2267	2230	2445	2666
3.2	894	994	1099	1039	1157	1281	1073	1195	1317	1213	1362	1506	1372	1524	1679	1830	2019	2213	2183	2392	2607
3.3	865	961	1061	1007	1120	1239	1040	1158	1275	1178	1322	1461	1336	1481	1630	1788	1971	2160	2135	2338	2547
3.4	836	927	1023	976	1084	1198	1008	1121	1232	1144	1283	1417	1299	1438	1582	1746	1923	2105	2087	2283	2486
3.5	808	895	987	944	1048	1157	976	1084	1191	1110	1244	1373	1262	1396	1534	1703	1874	2050	2038	2228	2425
3.6	780	863	951	913	1013	1118	845	1048	1151	1076	1205	1329	1225	1354	1487	1660	1825	1996	1989	2173	2364
3.7	754	833	917	883	978	1079	914	1013	1111	1043	1167	1286	1189	1312	1440	1617	1776	1941	1939	2117	2303
3.8	727	803	884	854	945	1041	884	979	1073	1010	1130	1244	1153	1271	1394	1574	1727	1887	1890	2062	2242
3.9	702	774	851	825	912	1005	855	946	1036	978	1093	1203	1118	1231	1349	1532	1679	1833	1841	2006	2181
4.0	678	747	821	797	881	970	827	913	1000	947	1058	1164	1083	1192	1306	1489	1631	1780	1792	1952	2121
4.2	631	695	763	744	821	904	773	852	932	887	990	1088	1017	1117	1222	1407	1538	1677	1695	1845	2003
4.4	589	647	710	695	766	843	722	796	869	831	926	1017	954	1047	1144	1327	1449	1579	1602	1741	1889
4.6	549	603	661	650	715	786	675	743	811	778	867	952	895	981	1071	1251	1365	1486	1513	1642	1781
4.8	513	563	616	608	668	734	632	695	758	729	812	891	840	920	1004	1179	1285	1398	1428	1549	1679
5.0	480	526	576	569	626	687	592	650	709	684	762	835	789	863	941	1112	1210	1316	1347	1461	1582
5.2	450	492	539	534	586	644	555	610	664	643	715	783	742	810	883	1048	1140	1239	1272	1378	1492
5.4	422	462	505	501	550	604	522	572	623	604	672	736	698	762	830	989	1075	1168	1201	1300	1408
5.6	396	433	474	471	517	567	491	538	585	569	632	692	657	717	781	934	1015	1102	1135	1228	1329
5.8	373	408	446	444	486	534	462	506	551	536	596	652	620	676	736	883	958	1040	1073	1161	1256
6.0	351	384	420	418	458	503	436	477	519	506	562	615	585	638	695	835	906	983	1016	1098	1188
6.2	332	362	396	395	433	475	412	451	490	478	531	581	553	603	656	791	858	931	963	1040	1125
6.4	313	342	374	373	409	448	389	426	463	452	502	549	524	571	621	749	813	882	931	986	1066
6.6	297	324	354	353	387	424	368	403	438	428	476	520	496	540	588	711	771	836	866	936	1012
6.8	281	307	335	335	367	402	349	382	415	406	451	493	471	513	557	675	732	794	823	889	961
7.0	267	291	318	318	348	381	332	363	394	386	428	468	447	487	529	642	696	754	783	845	914
7.2	253	276	302	302	331	362	315	345	374	367	407	445	425	463	503	611	662	718	746	805	870
7.4	241	263	287	287	315	345	300	328	356	349	387	423	405	440	479	582	631	683	710	767	829
7.6	229	250	273	274	299	328	286	312	339	332	369	403	386	420	456	555	601	652	678	731	790
7.8	219	238	260	261	285	313	272	298	323	317	352	384	368	400	435	530	574	622	647	698	754
8.0	209	227	248	249	272	298	260	284	308	303	336	367	351	382	415	507	548	594	618	667	721

①

②

表 18－8a Q235 钢两个热轧普通槽钢（两肢尖相连）轴心受压稳定时 N_X 承载力设计值（kN）

对应轴简图	计算长度	2[5	2[6.3	2[6.5	2[8	2[10	2[12	2[12.6	2[14a	2[14b	2[16a	2[16b	2[18a	2[18b	2[20a	2[20b	2[22a	2[22b	2[24a	2[24b	2[24c
		面积 A（cm^2）																			
	长度	13.86	16.90	17.09	20.50	25.50	30.72	31.38	37.03	42.63	43.92	50.32	51.40	58.60	57.67	65.67	63.69	72.49	68.43	78.03	87.63
	2.5	117	197	208	305	433	558	576	698	798	849	968	1012	1149	1153	1308	1287	1460	1395	1586	1777
	2.6	110	187	198	296	425	551	570	692	791	843	961	1006	1142	1147	1301	1282	1454	1390	1580	1770
	2.7	104	179	189	286	417	544	563	686	783	837	953	1000	1135	1141	1294	1276	1447	1384	1573	1762
	2.8	97.6	170	180	277	409	537	557	679	775	831	946	994	1127	1135	1287	1270	1440	1379	1567	1755
	2.9	92.1	162	172	267	400	529	550	672	767	825	938	988	1120	1129	1280	1265	1434	1373	1560	1747
	3.0	87.0	154	164	258	391	522	542	665	758	818	930	981	1112	1123	1273	1259	1427	1368	1554	1740
	3.1	82.3	147	156	249	382	514	535	658	750	811	922	975	1105	1117	1266	1253	1420	1362	1547	1732
	3.2	78.0	140	149	240	373	506	528	651	741	804	914	968	1097	1111	1258	1247	1413	1357	1540	1724
	3.3	73.9	133	142	231	364	498	520	644	732	797	906	962	1089	1104	1251	1241	1405	1351	1534	1716
	3.4	70.1	127	136	222	355	489	512	636	722	790	897	955	1080	1098	1243	1235	1398	1345	1527	1708
	3.5	66.6	121	130	214	345	481	504	628	713	783	888	948	1072	1091	1235	1229	1391	1339	1520	1700
	3.6	63.4	116	124	206	336	472	495	620	703	775	879	940	1063	1085	1227	1222	1383	1333	1512	1692
	3.7	60.3	110	119	198	327	463	487	612	693	768	870	933	1055	1078	1219	1216	1376	1327	1505	1683
	3.8	57.5	106	114	191	318	454	478	603	682	760	860	926	1045	1071	1211	1209	1368	1321	1498	1675
	3.9	54.9	101	109	184	309	445	469	594	672	752	850	918	1036	1064	1202	1203	1360	1315	1491	1666
	4.0	52.4	96.8	104	177	300	436	460	586	661	743	840	910	1027	1057	1194	1196	1352	1308	1483	1657
	4.2	47.9	88.9	95.8	164	282	417	442	568	639	726	820	894	1007	1042	1176	1182	1335	1295	1468	1639
	4.4	44.0	81.9	88.3	152	265	398	424	549	617	708	798	877	987	1026	1157	1168	1318	1282	1452	1621
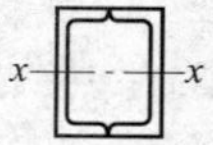	4.6	40.5	75.7	81.7	142	250	380	406	530	594	690	776	860	966	1010	1138	1153	1300	1269	1435	1602
	4.8	37.4	70.1	75.7	132	235	362	388	511	571	671	753	841	944	994	1118	1138	1282	1254	1418	1582
	5.0	34.7	65.1	70.3	123	221	344	370	491	548	652	730	823	922	977	1097	1122	1263	1240	1401	1561
	5.2	32.2	60.6	65.5	115	208	327	353	472	525	632	706	803	899	959	1076	1105	1243	1225	1383	1540
	5.4	30.0	56.6	61.1	108	196	311	336	453	503	612	682	783	875	940	1054	1088	1223	1209	1364	1518
	5.6	28.0	52.9	57.2	101	185	296	320	434	481	592	659	763	851	921	1031	1071	1202	1193	1345	1495
	5.8	26.2	49.6	53.6	95.1	175	281	305	416	460	571	635	742	826	902	1008	1053	1180	1177	1325	1472
	6.0	24.6	46.6	50.4	89.5	165	267	290	398	440	551	612	721	801	882	984	1034	1158	1160	1304	1448
	6.2	23.1	43.8	47.4	84.3	156	254	276	381	420	532	589	700	777	862	960	1015	1135	1142	1283	1423
	6.4	21.7	41.3	44.6	79.6	148	242	263	365	402	512	566	679	752	841	936	996	1112	1124	1261	1398
	6.6	20.5	38.9	42.1	75.3	140	230	251	349	384	493	545	658	728	820	911	976	1088	1106	1239	1372
	6.8	19.4	36.8	39.9	71.3	133	219	240	334	367	475	523	637	704	799	886	955	1064	1087	1216	1345
	7.0	18.3	34.9	37.7	67.6	127	209	229	320	351	457	503	617	680	778	861	935	1039	1068	1193	1318
	7.2	17.3	33.0	35.8	64.2	120	200	218	307	336	440	484	597	657	756	837	914	1015	1048	1170	1291
	7.4	16.5	31.4	34.0	61.0	115	191	209	294	322	423	465	577	634	735	812	893	990	1028	1146	1263
	7.6	15.6	29.8	32.3	58.0	109	182	200	282	308	407	447	558	612	715	788	872	965	1007	1122	1235
	7.8	14.9	28.4	30.7	55.3	104	174	191	270	295	392	430	539	591	694	764	850	940	987	1097	1207
	8.0	14.2	27.0	29.3	52.7	100	167	183	259	283	377	413	521	570	674	741	829	915	966	1073	1179
					③	②		①													

续表 18－8a

对应轴简图	计算长度	2[25a	2[25b	2[25c	2[27a	2[27b	2[27c	2[28a	2[28b	2[28c	2[30a	2[30b	2[30c	2[32a	2[32b	2[32c	2[36a	2[36b	2[36c	2[40a	2[40b	2[40c
		面积 A（cm^2）																				
		69.83	79.83	89.83	78.57	89.37	100.17	80.07	91.27	102.47	87.8	99.8	111.80	97.03	109.83	122.63	121.82	136.22	150.62	150.14	166.14	182.14
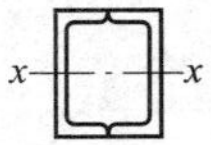	2.5	1429	1627	1824	1617	1836	2055	1653	1880	2107	1823	2068	2313	2023	2287	2549	2556	2854	3154	3015	3334	3652
	2.6	1424	1621	1817	1612	1830	2047	1648	1874	2100	1817	2061	2306	2018	2280	2541	2551	2848	3147	3010	3328	3645
	2.7	1418	1614	1809	1606	1824	2040	1642	1867	2093	1812	2055	2299	2012	2274	2534	2546	2842	3140	3005	3322	3638
	2.8	1413	1608	1802	1601	1817	2033	1637	1861	2086	1806	2049	2291	2007	2267	2526	2541	2835	3132	2999	3315	3631
	2.9	1408	1601	1794	1595	1811	2025	1632	1855	2078	1801	2042	2284	2001	2261	2519	2534	2828	3124	2994	3309	3624
	3.0	1402	1595	1786	1589	1804	2018	1626	1848	2071	1795	2036	2277	1996	2254	2511	2528	2821	3115	2988	3303	3616
	3.1	1397	1588	1778	1584	1798	2010	1621	1842	2063	1790	2029	2269	1990	2248	2504	2522	2814	3107	2982	3295	3608
	3.2	1391	1582	1771	1578	1791	2003	1615	1835	2056	1784	2023	2262	1984	2241	2496	2516	2806	3099	2975	3287	3599
	3.3	1386	1575	1763	1572	1784	1995	1609	1829	2048	1779	2016	2254	1979	2234	2488	2509	2799	3091	2969	3280	3591
	3.4	1380	1568	1754	1567	1777	1987	1604	1822	2041	1773	2010	2247	1973	2228	2481	2503	2792	3083	2962	3272	3582
	3.5	1374	1561	1746	1561	1771	1979	1598	1815	2033	1767	2003	2239	1967	2221	2473	2497	2784	3075	2955	3265	3574
	3.6	1369	1554	1738	1555	1764	1971	1592	1808	2025	1762	1996	2231	1961	2214	2465	2490	2777	3066	2948	3257	3565
	3.7	1363	1547	1729	1549	1757	1963	1587	1802	2017	1756	1989	2224	1955	2207	2457	2484	2770	3058	2942	3249	3557
	3.8	1357	1540	1721	1543	1750	1955	1581	1795	2009	1750	1983	2216	1949	2200	2449	2477	2762	3049	2935	3242	3548
	3.9	1351	1532	1712	1537	1743	1947	1575	1788	2001	1744	1976	2208	1943	2193	2441	2471	2755	3041	2928	3234	3539
	4.0	1345	1525	1703	1530	1735	1939	1569	1781	1993	1738	1969	2200	1937	2186	2433	2464	2747	3032	2921	3226	3530
	4.2	1332	1510	1685	1518	1721	1922	1557	1766	1976	1726	1954	2183	1925	2172	2417	2451	2732	3015	2907	3210	3513
	4.4	1320	1494	1667	1505	1706	1904	1544	1751	1959	1714	1940	2167	1913	2158	2400	2438	2716	2998	2893	3194	3495
	4.6	1307	1478	1647	1492	1690	1886	1532	1736	1942	1701	1925	2150	1900	2143	2383	2424	2701	2980	2879	3178	3477
	4.8	1293	1462	1627	1478	1674	1868	1519	1721	1924	1689	1910	2132	1888	2128	2366	2411	2685	2962	2865	3162	3459
	5.0	1279	1445	1607	1464	1658	1849	1505	1705	1905	1676	1895	2114	1875	2113	2348	2397	2668	2944	2850	3145	3440
	5.2	1265	1427	1586	1450	1641	1829	1492	1688	1886	1662	1879	2096	1861	2097	2330	2383	2652	2925	2836	3129	3421
	5.4	1250	1409	1564	1435	1624	1809	1478	1672	1867	1648	1862	2077	1848	2081	2311	2368	2635	2906	2821	3112	3402
	5.6	1235	1390	1541	1420	1606	1788	1463	1654	1847	1634	1846	2058	1834	2064	2292	2354	2618	2887	2806	3094	3383
	5.8	1219	1370	1518	1404	1587	1767	1448	1636	1826	1620	1829	2038	1819	2048	2272	2339	2601	2867	2790	3077	3363
	6.0	1203	1350	1493	1388	1568	1745	1433	1618	1805	1605	1811	2018	1805	2030	2252	2323	2583	2847	2775	3059	3343
	6.2	1186	1330	1469	1372	1549	1722	1417	1599	1783	1590	1793	1997	1790	2013	2232	2308	2565	2826	2759	3041	3322
	6.4	1169	1309	1443	1355	1529	1699	1401	1580	1760	1575	1774	1976	1775	1995	2211	2292	2546	2805	2743	3023	3302
	6.6	1152	1287	1417	1337	1508	1675	1384	1560	1737	1559	1755	1954	1759	1976	2189	2276	2527	2784	2726	3004	3280
	6.8	1134	1265	1390	1319	1487	1651	1367	1540	1713	1542	1736	1931	1743	1957	2167	2259	2508	2762	2709	2985	3259
	7.0	1115	1242	1363	1301	1465	1625	1350	1519	1689	1525	1716	1908	1727	1938	2144	2243	2488	2739	2692	2965	3237
	7.2	1096	1219	1336	1282	1443	1600	1332	1497	1664	1508	1695	1884	1710	1918	2121	2225	2468	2716	2675	2945	3214
	7.4	1077	1195	1308	1263	1421	1573	1314	1475	1638	1491	1674	1860	1692	1898	2097	2208	2447	2693	2657	2925	3191
	7.6	1058	1171	1279	1243	1398	1547	1295	1453	1612	1473	1653	1835	1675	1877	2073	2190	2426	2669	2639	2904	3168
	7.8	1038	1147	1251	1223	1374	1519	1276	1430	1586	1454	1631	1809	1657	1855	2048	2171	2404	2044	2621	2883	3144
	8.0	1018	1123	1222	1203	1350	1492	1256	1406	1559	1435	1608	1783	1638	1834	2022	2153	2382	2619	2602	2862	3120

表 18-8b　Q235 钢两个热轧普通槽钢（两肢尖相连）轴心受压稳定时 N_Y 承载力设计值（kN）

对应轴 简图	计算 长度	2[5	2[6.3	2[6.5	2[8	2[10	2[12	2[12.6	2[14a	2[14b	2[16a	2[16b	2[18a	2[18b	2[20a	2[20b	2[22a	2[22b	2[24a	2[24b	2[24c
		面积 A（cm^2）																			
		13.86	16.90	17.09	20.50	25.50	30.72	31.38	37.03	42.63	43.92	50.32	51.40	58.60	57.67	65.67	63.69	72.49	68.43	78.03	87.63
	2.0	210	275	277	347	454	565	579	699	812	844	975	1003	1150	1137	1303	1266	1448	1363	1562	1761
	2.1	203	267	269	339	446	558	571	691	804	836	967	994	1142	1129	1294	1258	1439	1354	1552	1750
	2.2	195	259	261	331	438	550	563	683	796	828	958	986	1133	1121	1285	1249	1430	1345	1543	1740
	2.3	188	251	253	322	429	542	554	675	787	820	949	978	1124	1112	1276	1240	1421	1336	1533	1730
	2.4	180	243	244	313	421	533	546	666	778	811	940	969	1114	1104	1266	1231	1411	1327	1523	1719
	2.5	172	234	236	304	412	524	537	657	769	802	931	960	1105	1095	1257	1222	1401	1318	1513	1708
	2.6	165	226	227	295	402	515	528	648	759	793	921	951	1095	1085	1247	1213	1391	1308	1502	1697
	2.7	157	218	219	285	393	505	518	638	749	784	911	941	1085	1076	1237	1204	1381	1298	1492	1685
	2.8	150	209	210	276	383	496	508	629	739	774	901	931	1074	1066	1227	1194	1371	1288	1481	1674
	2.9	143	201	202	267	373	486	498	619	728	764	890	921	1064	1056	1216	1184	1360	1277	1470	1662
	3.0	137	193	194	257	362	475	487	608	717	753	879	911	1053	1046	1205	1174	1349	1267	1458	1650
	3.1	131	185	186	248	352	465	477	598	706	743	868	900	1041	1036	1194	1163	1338	1256	1447	1637
	3.2	125	178	178	239	342	454	466	587	694	732	856	889	1030	1025	1183	1153	1327	1245	1435	1625
	3.3	119	171	171	230	332	443	455	575	683	720	844	878	1018	1014	1171	1142	1315	1233	1423	1612
	3.4	114	164	164	222	321	432	444	564	670	709	832	867	1006	1003	1159	1131	1304	1222	1410	1599
	3.5	109	157	157	213	311	421	433	552	658	697	820	855	993	991	1147	1119	1291	1210	1398	1585
	3.6	104	150	151	205	301	410	421	540	645	685	807	843	980	979	1135	1107	1279	1197	1384	1571
	3.7	99.4	144	145	197	292	399	410	529	633	673	794	830	967	967	1122	1095	1266	1185	1371	1557
	3.8	95.2	139	139	190	282	388	390	517	620	660	781	818	954	955	1109	1083	1253	1172	1357	1543
	3.9	91.2	133	133	183	273	377	388	504	607	647	767	805	940	942	1095	1070	1240	1159	1343	1528
	4.0	87.4	128	128	176	264	366	377	492	593	635	753	792	926	929	1081	1057	1226	1145	1329	1513
	4.2	80.4	118	118	163	246	345	355	468	567	609	726	765	897	902	1053	1030	1198	1117	1300	1482
	4.4	74.2	109	109	152	230	325	335	445	541	582	697	737	868	874	1024	1003	1168	1088	1269	1449
	4.6	68.6	101	101	141	215	306	315	422	515	557	669	709	838	846	993	974	1138	1059	1237	1415
	4.8	63.6	94.2	94.2	131	202	288	297	400	489	531	640	681	807	817	962	945	1106	1028	1204	1380
	5.0	59.1	87.7	87.7	122	189	271	280	378	465	506	612	653	777	788	931	915	1074	996	1170	1344
	5.2	55.1	81.9	81.9	114	177	255	264	358	441	482	585	626	746	759	899	884	1041	964	1136	1307
	5.4	51.4	76.6	76.5	107	166	241	249	339	419	458	558	599	716	730	867	854	1008	932	1101	1270
	5.6	48.1	71.7	71.7	101	157	227	235	321	398	436	532	573	686	701	835	823	975	900	1066	1232
	5.8	45.1	67.3	67.3	94.5	147	215	222	305	378	415	508	547	657	673	804	793	941	868	1030	1193
	6.0	42.4	63.3	63.3	88.9	139	203	210	289	359	395	484	523	630	646	773	763	908	836	995	1155
	6.2	39.9	59.6	59.6	83.8	131	192	198	274	341	376	462	500	603	619	743	734	876	805	960	1117
	6.4	37.6	56.3	56.2	79.2	124	182	188	260	324	358	440	477	577	593	713	706	844	775	926	1079
	6.6	—	53.2	53.1	74.8	118	173	178	247	309	341	420	456	552	569	685	678	812	745	892	1041
	6.8	—	50.3	50.2	70.9	111	164	169	235	294	325	401	436	528	545	658	652	782	717	860	1005
	7.0	—	47.7	47.6	67.2	106	156	161	224	280	310	383	417	506	522	631	626	753	689	828	969
	7.2	—	45.2	—	63.8	101	148	153	213	267	296	366	399	485	501	606	602	724	662	797	934
	7.4	—	—	—	60.6	95.7	141	146	204	255	283	350	382	464	480	582	578	697	637	767	901
	7.6	—	—	—	57.7	91.1	135	139	194	244	270	335	366	445	461	559	555	670	612	739	868
	7.8	—	—	—	55.0	86.9	128	133	186	233	259	321	350	427	442	537	534	645	589	711	837
	8.0	—	—	—	—	82.9	123	127	178	223	248	307	336	410	425	516	513	621	566	685	807

③ ② ①

续表 18－8b

对应轴简图	计算长度	2[25a	2[25b	2[25c	2[27a	2[27b	2[27c	2[28a	2[28b	2[28c	2[30a	2[30b	2[30c	2[32a	2[32b	2[32c	2[36a	2[36b	2[36c	2[40a	2[40b	2[40c
		面积 A（cm^2）																				
		69.83	79.83	89.83	78.57	89.37	100.17	80.07	91.27	102.47	87.80	99.80	111.8	97.03	109.83	122.63	121.82	136.22	150.62	150.14	166.14	182.14
	2.0	1392	1599	1807	1577	1801	2025	1607	1840	2074	1770	2019	2269	1964	2231	2499	2487	2789	3091	3078	3414	3750
	2.1	1383	1590	1797	1567	1791	2014	1598	1830	2063	1760	2008	2257	1953	2219	2487	2475	2776	3077	3064	3399	3734
	2.2	1374	1580	1786	1558	1780	2003	1588	1819	2052	1750	1997	2245	1943	2208	2475	2463	2763	3063	3050	3384	3719
	2.3	1365	1570	1776	1548	1770	1992	1579	1809	2040	1740	1986	2234	1932	2196	2462	2451	2750	3049	3036	3369	3703
	2.4	1355	1560	1765	1538	1759	1980	1569	1798	2029	1730	1975	2221	1921	2185	2450	2439	2737	3035	3022	3354	3686
	2.5	1345	1549	1754	1528	1749	1969	1558	1787	2017	1719	1963	2209	1910	2173	2437	2427	2724	3021	3007	3339	3670
	2.6	1336	1539	1743	1518	1738	1957	1548	1776	2006	1709	1952	2197	1899	2161	2424	2414	2711	3007	2993	3323	3654
	2.7	1326	1528	1731	1508	1727	1945	1538	1765	1994	1698	1940	2184	1887	2148	2411	2402	2697	2993	2978	3308	3637
	2.8	1315	1517	1720	1497	1715	1933	1527	1753	1981	1687	1928	2171	1876	2136	2398	2389	2683	2978	2963	3292	3620
	2.9	1305	1506	1708	1486	1704	1921	1516	1742	1969	1675	1916	2158	1864	2123	2384	2376	2669	2963	2948	3276	3603
	3.0	1294	1494	1695	1475	1692	1908	1505	1730	1956	1664	1903	2145	1852	2110	2371	2362	2655	2948	2933	3259	3586
	3.1	1283	1483	1683	1464	1680	1895	1493	1717	1943	1652	1891	2131	1839	2097	2357	2349	2641	2933	2918	3243	3568
	3.2	1272	1471	1670	1453	1667	1882	1482	1705	1930	1640	1878	2117	1827	2084	2342	2335	2626	2917	2902	3226	3551
	3.3	1260	1458	1657	1441	1655	1869	1470	1692	1916	1628	1864	2103	1814	2070	2328	2321	2611	2901	2886	3209	3533
	3.4	1248	1446	1644	1429	1642	1855	1458	1679	1903	1615	1851	2089	1801	2056	2313	2307	2596	2885	2869	3192	3514
	3.5	1236	1433	1630	1416	1629	1841	1445	1666	1889	1602	1837	2074	1788	2042	2298	2293	2581	2869	2853	3174	3496
	3.6	1224	1420	1617	1404	1615	1826	1432	1652	1874	1589	1823	2059	1774	2027	2283	2278	2565	2852	2836	3156	3477
	3.7	1211	1406	1602	1391	1601	1812	1419	1638	1860	1576	1809	2044	1760	2012	2267	2263	2549	2835	2819	3138	3458
	3.8	1198	1392	1588	1378	1587	1797	1406	1624	1845	1562	1794	2028	1746	1997	2251	2247	2533	2818	2801	3120	3438
	3.9	1184	1378	1573	1364	1573	1782	1392	1609	1829	1548	1779	2012	1731	1982	2235	2232	2516	2801	2784	3101	3419
	4.0	1171	1364	1558	1350	1558	1766	1378	1594	1814	1534	1763	1996	1717	1966	2219	2216	2500	2783	2765	3082	3398
	4.2	1143	1334	1527	1322	1528	1734	1349	1564	1781	1504	1732	1962	1686	1934	2185	2183	2465	2746	2728	3043	3357
	4.4	1113	1303	1494	1292	1496	1700	1319	1532	1748	1473	1699	1927	1654	1900	2149	2149	2429	2708	2689	3002	3314
	4.6	1083	1271	1460	1261	1463	1665	1288	1498	1713	1441	1664	1891	1621	1864	2112	2114	2392	2669	2649	2960	3270
	4.8	1052	1237	1425	1229	1429	1629	1255	1464	1676	1408	1629	1853	1586	1828	2074	2077	2353	2628	2608	2916	3224
	5.0	1020	1203	1389	1196	1394	1592	1222	1428	1639	1374	1592	1814	1551	1790	2034	2039	2313	2585	2564	2870	3176
	5.2	988	1168	1351	1162	1358	1553	1188	1391	1600	1339	1554	1774	1514	1751	1993	1999	2271	2541	2520	2823	3127
	5.4	955	1133	1313	1128	1321	1514	1153	1354	1560	1302	1515	1732	1476	1711	1951	1959	2228	2496	2474	2775	3076
	5.6	922	1097	1275	1093	1283	1473	1118	1316	1520	1266	1475	1690	1438	1669	1907	1917	2184	2449	2426	2725	3023
	5.8	889	1061	1236	1059	1245	1432	1083	1277	1479	1229	1434	1646	1399	1627	1863	1874	2138	2401	2377	2673	2969
	6.0	857	1025	1197	1024	1207	1391	1047	1239	1437	1191	1393	1602	1359	1585	1817	1830	2091	2352	2327	2620	2913
	6.2	826	990	1158	989	1169	1349	1012	1200	1395	1154	1352	1558	1319	1541	1771	1785	2044	2301	2275	2566	2856
	6.4	795	955	1120	955	1131	1308	977	1161	1353	1117	1311	1513	1279	1498	1725	1740	1995	2250	2223	2510	2798
	6.6	764	920	1082	921	1093	1267	943	1123	1311	1080	1270	1468	1240	1454	1678	1694	1946	2197	2170	2454	2738
	6.8	735	887	1044	889	1056	1226	910	1085	1269	1044	1229	1424	1200	1411	1631	1648	1897	2144	2116	2397	2678
	7.0	707	854	1008	857	1020	1186	877	1048	1228	1008	1190	1380	1161	1368	1584	1602	1847	2091	2062	2339	2616
	7.2	680	823	972	825	985	1146	845	1012	1188	973	1150	1336	1123	1325	1537	1557	1797	2037	2008	2281	2554
	7.4	653	792	938	795	950	1108	815	977	1149	940	1112	1293	1086	1283	1491	1512	1748	1984	1954	2223	2492
	7.6	628	763	904	766	917	1070	785	943	1110	907	1074	1251	1050	1242	1446	1467	1698	1930	1901	2164	2430
	7.8	604	735	872	738	885	1034	757	910	1073	875	1038	1211	1014	1202	1401	1423	1650	1877	1847	2107	2368
	8.0	581	708	841	712	854	998	729	878	1037	844	1003	1171	980	1163	1358	1380	1602	1825	1795	2049	2306

19　型钢受弯构件整体稳定系数 φ_b'

型钢受弯构件整体稳定系数 φ_b' 见表 19－1～表 19－4。表 19－1 和表 19－2 为热轧 H 型钢和高频焊接薄壁 H 型钢，按［1］中公式计算。表 19－3 和表 19－4 为冷弯薄壁型钢，按［2］中公式计算。

表 19－1～表 19－2 是按公式（14－1）和（14－7）编制的，表 19－3～表 19－4 是按公式（7－8）和公式（7－11）编制的。均适用于 Q235。当为其他钢号时可将表中 Q235 的稳定系数 φ_b' 换算为其他钢号的稳定系数，方法如下：

（1）表 19－1、表 19－2 中的 φ_b' 如≤0.6，则将表中的 φ_b' 乘以 $235/fy$，即为其他钢号的 φ_b'。如 φ_b'≥0.6，则将表中的 φ_b'乘以$\frac{0.282}{1.074-\varphi_b'}$，$\frac{235}{fy}$换算为其他钢号的 φ_b 值。

如换算后 φ_b'，其值小于等与 0.6，此值即为其他钢号的 φ_b'，如大于 0.6，再将此值乘以 $1.07-\frac{0.282}{\varphi_b}$后即为其他钢号的 φ_b'。

（2）表 19－3、表 19－4 与以上不同的，修正界限由 0.6 改为 0.7，乘以公式分别改为$\frac{0.187}{1.091-\varphi_{bx}}\cdot\frac{235}{fy}$和 $1.091-\frac{0.274}{\varphi_{bx}}$。

（3）取消跨中单个集中荷载的 φ_b 值，偏安全的以均布荷载代替。

（4）关于荷载作用上下翼缘，以荷载指向截面形心为作用于上翼缘；荷载指向背离截面形心为荷载作用于下翼缘。

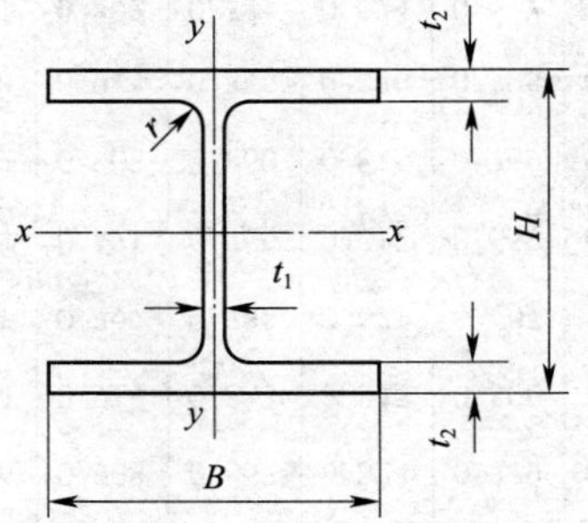

H——截面高度；
B——翼缘宽度；
t_1——腹板厚度；
t_2——翼缘厚度；
r——圆角半径

表 19-1a 热轧 H 型钢简支梁（跨中无侧向支撑，满跨均布荷载作用在上翼缘）稳定系数 φ_b'

序号	类别	H (mm)	B (mm)	t_1 (mm)	t_2 (mm) \\ l_1 (m)	2	2.5	3	3.5	4	4.5	5	5.5	6	6.5	7	7.5	8	8.5	9	9.5	10
1	HM	148	100	6	9	0.950	0.914	0.881	0.848	0.810	0.772	0.735	0.698	0.661	0.625	0.586	0.545	0.509	0.478	0.450	0.426	0.404
2		194	150	6	9	0.990	0.957	0.921	0.886	0.852	0.819	0.787	0.757	0.728	0.700	0.665	0.631	0.596	0.556	0.521	0.490	0.463
3		244	175	7	11	1.000	0.980	0.950	0.919	0.888	0.857	0.827	0.799	0.771	0.744	0.718	0.694	0.667	0.636	0.606	0.571	0.538
4		294	200	8	12	1.000	0.994	0.967	0.938	0.908	0.877	0.847	0.817	0.788	0.759	0.731	0.704	0.678	0.653	0.628	0.604	0.574
5		298	201	9	14	1.000	0.999	0.975	0.949	0.923	0.898	0.872	0.847	0.823	0.800	0.778	0.756	0.735	0.715	0.690	0.665	0.640
6		340	250	9	14	1.000	1.000	1.000	0.979	0.956	0.933	0.909	0.885	0.861	0.837	0.814	0.791	0.768	0.745	0.723	0.702	0.681
7		390	300	10	16	1.000	1.000	1.000	1.000	0.986	0.968	0.949	0.930	0.910	0.890	0.869	0.849	0.829	0.809	0.790	0.771	0.752
8		440	300	11	18	1.000	1.000	1.000	1.000	0.986	0.967	0.948	0.928	0.908	0.888	0.868	0.848	0.828	0.808	0.788	0.769	0.750
9		482	300	11	15	1.000	1.000	1.000	0.995	0.975	0.953	0.929	0.905	0.879	0.853	0.827	0.800	0.773	0.745	0.718	0.691	0.664
10		488	300	11	18	1.000	1.000	1.000	1.000	0.981	0.962	0.941	0.919	0.897	0.875	0.852	0.830	0.807	0.785	0.762	0.740	0.718
11		544	300	11	15	1.000	1.000	1.000	0.992	0.970	0.946	0.921	0.894	0.867	0.838	0.808	0.778	0.748	0.717	0.686	0.655	0.624
12		550	300	11	18	1.000	1.000	1.000	0.997	0.977	0.955	0.933	0.909	0.885	0.860	0.834	0.809	0.783	0.757	0.731	0.706	0.680
13		582	300	12	17	1.000	1.000	1.000	0.992	0.971	0.948	0.923	0.898	0.871	0.843	0.815	0.786	0.757	0.728	0.699	0.670	0.640
14		588	300	12	20	1.000	1.000	1.000	0.997	0.977	0.956	0.934	0.911	0.887	0.863	0.839	0.814	0.789	0.764	0.740	0.715	0.691
15		594	302	14	23	1.000	1.000	1.000	1.000	0.982	0.963	0.943	0.923	0.901	0.880	0.859	0.837	0.816	0.795	0.774	0.754	0.734

续表 19－1a

序号	类别	H (mm)	B (mm)	t_1 (mm)	t_2 (mm) \ l_1 (m)	2	2.5	3	3.5	4	4.5	5	5.5	6	6.5	7	7.5	8	8.5	9	9.5	10
16	HN	100	50	5	7	0.848	0.787	0.727	0.667	0.608	0.540	0.485	0.440	0.403	0.372	0.345	0.322	0.302	0.284	0.268	0.254	0.241
17		125	60	6	8	0.872	0.815	0.758	0.702	0.646	0.589	0.528	0.479	0.438	0.403	0.374	0.349	0.327	0.307	0.290	0.275	0.261
18		150	75	5	7	0.851	0.788	0.732	0.671	0.605	0.531	0.473	0.427	0.389	0.357	0.331	0.308	0.288	0.270	0.255	0.241	0.229
19		175	90	5	8	0.894	0.836	0.783	0.733	0.685	0.628	0.565	0.508	0.461	0.422	0.390	0.362	0.338	0.317	0.299	0.282	0.268
20		198	99	4.5	7	0.887	0.816	0.745	0.676	0.610	0.540	0.485	0.443	0.401	0.366	0.336	0.311	0.289	0.270	0.254	0.240	0.227
21		200	100	5.5	8	0.902	0.840	0.779	0.722	0.668	0.617	0.563	0.503	0.455	0.416	0.383	0.354	0.330	0.309	0.291	0.275	0.260
22		248	124	5	8	0.938	0.879	0.817	0.754	0.691	0.629	0.563	0.505	0.459	0.423	0.393	0.367	0.342	0.319	0.298	0.280	0.265
23		250	125	6	9	0.945	0.891	0.835	0.780	0.725	0.672	0.622	0.567	0.519	0.480	0.447	0.412	0.382	0.356	0.334	0.314	0.297
24		298	149	5.5	8	0.967	0.917	0.862	0.802	0.740	0.676	0.612	0.541	0.483	0.437	0.400	0.369	0.343	0.322	0.303	0.287	0.273
25		300	150	6.5	9	0.971	0.924	0.872	0.818	0.762	0.705	0.649	0.593	0.532	0.484	0.445	0.413	0.386	0.362	0.343	0.325	0.310
26		346	174	6	9	0.993	0.954	0.909	0.860	0.808	0.754	0.698	0.642	0.582	0.521	0.472	0.432	0.399	0.371	0.347	0.327	0.309
27		350	175	7	11	0.997	0.962	0.922	0.879	0.834	0.789	0.743	0.697	0.651	0.607	0.556	0.513	0.477	0.446	0.420	0.398	0.378
28		400	150	8	13	0.972	0.926	0.877	0.826	0.774	0.722	0.671	0.621	0.567	0.518	0.478	0.445	0.417	0.394	0.373	0.352	0.332
29		396	199	7	11	1.000	0.981	0.946	0.908	0.867	0.824	0.779	0.733	0.687	0.641	0.593	0.541	0.498	0.462	0.431	0.404	0.381
30		400	200	8	13	1.000	0.986	0.954	0.919	0.883	0.845	0.806	0.767	0.728	0.690	0.652	0.615	0.573	0.534	0.501	0.473	0.448
31		446	150	7	12	0.965	0.914	0.857	0.797	0.735	0.671	0.607	0.536	0.479	0.434	0.398	0.367	0.342	0.321	0.302	0.286	0.272
32		450	151	8	14	0.971	0.924	0.874	0.821	0.766	0.712	0.659	0.606	0.548	0.499	0.460	0.427	0.400	0.377	0.357	0.339	0.321
33		446	199	8	12	1.000	0.978	0.942	0.903	0.860	0.815	0.769	0.721	0.674	0.626	0.573	0.522	0.480	0.445	0.415	0.390	0.367
34		450	200	9	14	1.000	0.983	0.950	0.914	0.875	0.836	0.795	0.754	0.713	0.673	0.633	0.592	0.547	0.510	0.478	0.450	0.426
35		470	150	7	13	0.966	0.916	0.861	0.802	0.741	0.679	0.617	0.548	0.491	0.445	0.408	0.378	0.352	0.330	0.311	0.295	0.281

续表 19－1a

序号	类别	H (mm)	B (mm)	t_1 (mm)	t_2 (mm) l_1 (m) 2	2.5	3	3.5	4	4.5	5	5.5	6	6.5	7	7.5	8	8.5	9	9.5	10
36	HN	475	151.5	8.5	15.5	0.973	0.928	0.879	0.828	0.777	0.726	0.676	0.626	0.574	0.524	0.484	0.451	0.422	0.398	0.378	0.357	0.336
37		482	153.5	10.5	19	0.982	0.943	0.902	0.861	0.820	0.780	0.741	0.704	0.668	0.634	0.601	0.563	0.527	0.491	0.460	0.433	0.408
38		492	150	7	12	0.960	0.906	0.846	0.780	0.712	0.641	0.564	0.494	0.440	0.397	0.362	0.334	0.310	0.289	0.272	0.257	0.244
39		500	152	9	16	0.972	0.926	0.876	0.825	0.772	0.720	0.669	0.618	0.563	0.514	0.475	0.442	0.414	0.390	0.370	0.352	0.331
40		504	153	10	18	0.977	0.935	0.890	0.844	0.798	0.752	0.708	0.665	0.623	0.579	0.536	0.501	0.471	0.445	0.418	0.392	0.370
41		496	199	9	14	1.000	0.978	0.943	0.904	0.862	0.819	0.774	0.729	0.683	0.637	0.590	0.539	0.497	0.462	0.432	0.406	0.383
42		500	200	10	16	1.000	0.983	0.950	0.914	0.876	0.837	0.798	0.758	0.718	0.679	0.641	0.603	0.559	0.521	0.489	0.462	0.437
43		506	201	11	19	1.000	0.989	0.959	0.928	0.895	0.862	0.829	0.796	0.763	0.732	0.701	0.670	0.641	0.613	0.581	0.551	0.524
44		546	199	9	14	1.000	0.974	0.937	0.895	0.851	0.804	0.755	0.705	0.654	0.604	0.545	0.497	0.457	0.423	0.394	0.369	0.348
45		550	200	10	16	1.000	0.979	0.944	0.905	0.865	0.822	0.779	0.735	0.691	0.647	0.603	0.553	0.511	0.475	0.444	0.418	0.395
46		596	199	10	15	1.000	0.972	0.933	0.890	0.845	0.796	0.746	0.695	0.643	0.589	0.531	0.484	0.445	0.412	0.384	0.360	0.339
47		600	200	11	17	1.000	0.976	0.940	0.901	0.859	0.815	0.770	0.724	0.679	0.633	0.586	0.536	0.495	0.460	0.431	0.405	0.383
48		606	201	12	20	1.000	0.982	0.950	0.914	0.877	0.839	0.801	0.763	0.725	0.687	0.650	0.614	0.574	0.536	0.504	0.476	0.452
49		625	198.5	13.5	17.5	1.000	0.970	0.932	0.891	0.847	0.801	0.755	0.708	0.661	0.614	0.562	0.515	0.477	0.444	0.416	0.392	0.371
50		630	200	15	20	1.000	0.976	0.941	0.903	0.864	0.824	0.784	0.743	0.703	0.663	0.624	0.583	0.541	0.506	0.476	0.450	0.427
51		638	202	17	24	1.000	0.984	0.954	0.921	0.888	0.855	0.822	0.789	0.757	0.726	0.696	0.666	0.637	0.610	0.579	0.549	0.523
52		646	299	10	15	1.000	1.000	1.000	0.987	0.964	0.938	0.910	0.881	0.850	0.817	0.784	0.749	0.714	0.678	0.641	0.604	0.561
53		650	300	11	17	1.000	1.000	1.000	0.990	0.968	0.943	0.917	0.890	0.861	0.831	0.800	0.769	0.737	0.704	0.671	0.639	0.606
54		656	301	12	20	1.000	1.000	1.000	0.994	0.973	0.951	0.927	0.902	0.877	0.850	0.823	0.795	0.768	0.740	0.712	0.684	0.657
55		692	300	13	20	1.000	1.000	1.000	0.991	0.969	0.946	0.921	0.895	0.868	0.840	0.811	0.782	0.753	0.723	0.694	0.664	0.635

续表 19－1a

序号	类别	H (mm)	B (mm)	t_1 (mm)	t_2 (mm) \ l_1 (m)	2	2.5	3	3.5	4	4.5	5	5.5	6	6.5	7	7.5	8	8.5	9	9.5	10
56	HN	700	300	13	24	1.000	1.000	1.000	0.996	0.977	0.956	0.934	0.911	0.887	0.863	0.839	0.814	0.790	0.765	0.741	0.717	0.693
57	HN	734	299	12	16	1.000	1.000	1.000	0.982	0.958	0.930	0.901	0.870	0.837	0.802	0.766	0.729	0.692	0.653	0.614	0.569	0.527
58	HN	742	300	13	20	1.000	1.000	1.000	0.989	0.966	0.942	0.916	0.888	0.860	0.830	0.800	0.769	0.737	0.706	0.674	0.642	0.610
59	HN	750	300	13	24	1.000	1.000	1.000	0.994	0.974	0.952	0.929	0.904	0.879	0.854	0.828	0.801	0.775	0.748	0.722	0.696	0.670
60	HN	758	303	16	28	1.000	1.000	1.000	0.998	0.980	0.960	0.939	0.917	0.895	0.873	0.850	0.828	0.806	0.783	0.761	0.740	0.718
61	HN	792	300	14	22	1.000	1.000	1.000	0.989	0.966	0.942	0.916	0.889	0.861	0.832	0.802	0.772	0.741	0.711	0.680	0.649	0.618
62	HN	800	300	14	26	1.000	1.000	1.000	0.994	0.974	0.952	0.928	0.904	0.880	0.854	0.828	0.802	0.776	0.750	0.724	0.699	0.673
63	HN	834	298	14	19	1.000	1.000	1.000	0.981	0.955	0.928	0.898	0.867	0.834	0.800	0.764	0.728	0.691	0.653	0.615	0.571	0.530
64	HN	842	299	15	23	1.000	1.000	1.000	0.987	0.964	0.939	0.912	0.885	0.856	0.826	0.795	0.764	0.733	0.701	0.670	0.638	0.606
65	HN	850	300	16	27	1.000	1.000	1.000	0.992	0.971	0.948	0.924	0.899	0.874	0.848	0.821	0.794	0.768	0.741	0.714	0.688	0.662
66	HN	858	301	17	31	1.000	1.000	1.000	0.996	0.977	0.956	0.934	0.912	0.889	0.866	0.843	0.820	0.797	0.774	0.751	0.729	0.707
67	HN	890	299	15	23	1.000	1.000	1.000	0.985	0.961	0.935	0.908	0.879	0.849	0.817	0.785	0.753	0.720	0.686	0.653	0.619	0.582
68	HN	900	300	16	28	1.000	1.000	1.000	0.991	0.970	0.947	0.922	0.897	0.871	0.845	0.818	0.790	0.763	0.735	0.708	0.681	0.654
69	HN	912	302	18	34	1.000	1.000	1.000	0.997	0.978	0.958	0.937	0.915	0.893	0.871	0.849	0.826	0.804	0.782	0.760	0.739	0.718
70	HN	970	297	16	21	1.000	1.000	0.999	0.975	0.948	0.919	0.888	0.854	0.819	0.783	0.745	0.706	0.666	0.626	0.582	0.537	0.498
71	HN	980	298	17	26	1.000	1.000	0.999	0.982	0.958	0.931	0.914	0.874	0.844	0.813	0.780	0.746	0.716	0.676	0.648	0.607	0.578
72	HN	990	298	17	31	1.000	1.000	1.000	0.989	0.968	0.944	0.920	0.894	0.868	0.841	0.814	0.787	0.759	0.732	0.705	0.677	0.651
73	HN	1000	300	19	36	1.000	1.000	1.000	0.994	0.974	0.953	0.931	0.909	0.886	0.862	0.839	0.816	0.792	0.769	0.746	0.724	0.702
74	HN	1008	302	21	40	1.000	1.000	1.000	0.998	0.979	0.960	0.940	0.919	0.898	0.877	0.857	0.836	0.815	0.795	0.775	0.756	0.736
75	HT	95	48	3.2	4.5	0.728	0.629	0.522	0.442	0.384	0.339	0.304	0.275	0.252	0.232	0.215	0.200	0.188	0.177	0.167	0.158	0.150
76	HT	97	49	4	5.5	0.789	0.710	0.631	0.545	0.474	0.419	0.376	0.341	0.312	0.288	0.267	0.249	0.233	0.219	0.207	0.196	0.186
77	HT	96	99	4.5	6	0.952	0.917	0.886	0.851	0.813	0.776	0.740	0.703	0.667	0.631	0.594	0.552	0.516	0.484	0.456	0.432	0.409

续表 19 – 1a

序号	类别	H (mm)	B (mm)	t_1 (mm)	t_2 (mm) \ l_1 (m)	2	2.5	3	3.5	4	4.5	5	5.5	6	6.5	7	7.5	8	8.5	9	9.5	10
78	HT	118	58	3.2	4.5	0.714	0.617	0.522	0.437	0.376	0.330	0.295	0.266	0.243	0.223	0.206	0.192	0.180	0.169	0.159	0.151	0.143
79		120	59	4	5.5	0.779	0.707	0.624	0.532	0.459	0.404	0.362	0.327	0.299	0.275	0.255	0.237	0.222	0.209	0.197	0.186	0.177
80		119	123	4.5	6	0.967	0.928	0.890	0.853	0.818	0.786	0.753	0.714	0.676	0.638	0.600	0.556	0.517	0.484	0.455	0.429	0.406
81		145	73	3.2	4.5	0.757	0.647	0.533	0.448	0.390	0.348	0.311	0.279	0.252	0.231	0.213	0.197	0.184	0.173	0.162	0.153	0.145
82		147	74	4	5.5	0.801	0.715	0.634	0.553	0.486	0.423	0.375	0.337	0.307	0.281	0.260	0.241	0.225	0.211	0.199	0.188	0.179
83		139	97	3.2	4.5	0.876	0.798	0.718	0.639	0.557	0.487	0.436	0.396	0.364	0.331	0.303	0.280	0.260	0.243	0.228	0.215	0.203
84		142	99	4.5	6	0.908	0.849	0.793	0.739	0.689	0.642	0.586	0.524	0.474	0.433	0.399	0.370	0.345	0.323	0.304	0.287	0.272
85		144	148	5	7	0.991	0.959	0.925	0.891	0.859	0.827	0.797	0.769	0.742	0.709	0.676	0.643	0.609	0.571	0.536	0.504	0.477
86		147	149	6	8.5	0.999	0.972	0.944	0.918	0.892	0.868	0.846	0.820	0.793	0.765	0.738	0.711	0.685	0.658	0.631	0.605	0.573
87		168	88	3.2	4.5	0.816	0.710	0.602	0.490	0.415	0.362	0.322	0.292	0.268	0.248	0.228	0.211	0.196	0.183	0.171	0.161	0.153
88		171	89	4	6	0.854	0.774	0.696	0.621	0.543	0.482	0.435	0.390	0.353	0.322	0.296	0.275	0.256	0.240	0.225	0.213	0.201
89		167	173	5	7	1.000	0.976	0.944	0.911	0.877	0.843	0.810	0.778	0.747	0.717	0.687	0.659	0.632	0.602	0.563	0.528	0.497
90		172	175	6.5	9.5	1.000	0.990	0.966	0.941	0.917	0.894	0.872	0.850	0.830	0.809	0.784	0.760	0.736	0.712	0.688	0.664	0.640
91		193	98	3.2	4.5	0.845	0.742	0.633	0.514	0.426	0.365	0.320	0.286	0.259	0.238	0.220	0.206	0.193	0.182	0.170	0.160	0.151
92		196	99	4	6	0.873	0.791	0.707	0.625	0.537	0.468	0.417	0.378	0.347	0.321	0.294	0.272	0.252	0.236	0.221	0.208	0.197
93		188	149	4.5	6	0.976	0.932	0.883	0.832	0.779	0.726	0.673	0.621	0.564	0.514	0.472	0.438	0.410	0.385	0.364	0.345	0.324
94		192	198	6	8	1.000	0.995	0.968	0.939	0.910	0.880	0.850	0.821	0.792	0.764	0.737	0.710	0.684	0.659	0.635	0.612	0.579
95		244	124	4.5	6	0.922	0.852	0.774	0.692	0.608	0.516	0.447	0.395	0.355	0.323	0.296	0.275	0.257	0.241	0.228	0.216	0.206
96		238	173	4.5	8	1.000	0.967	0.930	0.889	0.847	0.804	0.761	0.719	0.676	0.635	0.593	0.548	0.510	0.477	0.450	0.426	0.405
97		294	148	4.5	6	0.958	0.901	0.836	0.764	0.687	0.606	0.515	0.446	0.393	0.351	0.317	0.290	0.267	0.248	0.231	0.217	0.205
98		286	198	6	8	1.000	0.982	0.948	0.910	0.869	0.826	0.782	0.737	0.691	0.645	0.599	0.546	0.502	0.466	0.434	0.407	0.384
99		340	173	4.5	6	0.985	0.940	0.888	0.828	0.763	0.692	0.617	0.532	0.461	0.406	0.363	0.327	0.297	0.273	0.252	0.234	0.219
100		390	148	6	8	0.952	0.893	0.825	0.750	0.671	0.585	0.498	0.432	0.382	0.342	0.310	0.283	0.262	0.243	0.227	0.214	0.202
101		390	198	6	8	1.000	0.972	0.932	0.887	0.838	0.785	0.728	0.670	0.609	0.539	0.481	0.434	0.395	0.363	0.335	0.311	0.291

注：当跨中有侧向支撑时可按本表的 φ_b' 乘以 1.10。

表 19－1b 热轧 H 型钢简支梁（跨中无侧向支撑，满跨均布荷载作用在下翼缘）稳定系数 φ_b'

序号	类别	H (mm)	B (mm)	t_1 (mm)	t_2 (mm) \ l_1 (m) 2	2.5	3	3.5	4	4.5	5	5.5	6	6.5	7	7.5	8	8.5	9	9.5	10
1	HM	148	100	6	9	1.000	0.973	0.942	0.911	0.884	0.857	0.831	0.804	0.778	0.752	0.726	0.700	0.674	0.648	0.623	0.596	0.565
2	HM	194	150	6	9	1.000	1.000	0.992	0.969	0.945	0.919	0.893	0.865	0.836	0.806	0.781	0.756	0.732	0.707	0.683	0.659	0.635
3	HM	244	175	7	11	1.000	1.000	1.000	0.991	0.971	0.951	0.929	0.906	0.882	0.858	0.833	0.806	0.782	0.760	0.739	0.717	0.696
4	HM	294	200	8	12	1.000	1.000	1.000	1.000	0.987	0.969	0.950	0.930	0.909	0.887	0.865	0.842	0.818	0.794	0.769	0.743	0.719
5	HM	298	201	9	14	1.000	1.000	1.000	1.000	0.993	0.976	0.959	0.940	0.922	0.902	0.882	0.861	0.840	0.817	0.799	0.781	0.763
6	HM	340	250	9	14	1.000	1.000	1.000	1.000	1.000	1.000	0.988	0.974	0.959	0.943	0.926	0.910	0.892	0.875	0.857	0.838	0.819
7	HM	390	300	10	16	1.000	1.000	1.000	1.000	1.000	1.000	1.000	1.000	0.988	0.976	0.964	0.951	0.937	0.924	0.910	0.895	0.880
8	HM	440	300	11	18	1.000	1.000	1.000	1.000	1.000	1.000	1.000	0.999	0.988	0.976	0.963	0.950	0.937	0.923	0.909	0.894	0.880
9	HM	482	300	11	15	1.000	1.000	1.000	1.000	1.000	1.000	1.000	0.992	0.978	0.964	0.950	0.934	0.918	0.902	0.885	0.868	0.850
10	HM	488	300	11	18	1.000	1.000	1.000	1.000	1.000	1.000	1.000	0.997	0.984	0.971	0.958	0.944	0.930	0.915	0.900	0.884	0.869
11	HM	544	300	11	15	1.000	1.000	1.000	1.000	1.000	1.000	1.000	0.988	0.974	0.959	0.944	0.927	0.910	0.892	0.874	0.856	0.836
12	HM	550	300	11	18	1.000	1.000	1.000	1.000	1.000	1.000	1.000	0.993	0.980	0.966	0.952	0.937	0.922	0.906	0.889	0.873	0.856
13	HM	582	300	12	17	1.000	1.000	1.000	1.000	1.000	1.000	1.000	0.989	0.975	0.961	0.945	0.929	0.913	0.896	0.878	0.860	0.842
14	HM	588	300	12	20	1.000	1.000	1.000	1.000	1.000	1.000	1.000	0.994	0.981	0.967	0.953	0.939	0.923	0.908	0.892	0.876	0.859
15	HM	594	302	14	23	1.000	1.000	1.000	1.000	1.000	1.000	1.000	0.997	0.986	0.973	0.960	0.947	0.933	0.919	0.904	0.890	0.874
16	HN	100	50	5	7	0.912	0.868	0.825	0.782	0.740	0.697	0.655	0.613	0.564	0.521	0.483	0.450	0.422	0.397	0.375	0.355	0.337
17	HN	125	60	6	8	0.929	0.888	0.847	0.807	0.767	0.728	0.688	0.649	0.610	0.565	0.524	0.488	0.457	0.430	0.406	0.384	0.365
18	HN	150	75	5	7	0.944	0.893	0.838	0.785	0.738	0.691	0.644	0.598	0.545	0.500	0.463	0.431	0.403	0.378	0.357	0.337	0.320
19	HN	175	90	5	8	0.975	0.935	0.891	0.844	0.795	0.754	0.713	0.673	0.633	0.591	0.546	0.507	0.473	0.444	0.418	0.395	0.375
20	HN	198	99	4.5	7	0.980	0.938	0.892	0.843	0.791	0.737	0.680	0.620	0.562	0.512	0.470	0.435	0.405	0.379	0.356	0.335	0.317

续表 19－1b

序号	类别	H (mm)	B (mm)	t_1 (mm)	t_2 (mm) ＼ l_1 (m) 2	2.5	3	3.5	4	4.5	5	5.5	6	6.5	7	7.5	8	8.5	9	9.5	10
21		200	100	5.5	8	0.985	0.947	0.905	0.861	0.814	0.764	0.712	0.670	0.627	0.582	0.536	0.496	0.463	0.433	0.407	0.385	0.364
22		248	124	5	8	1.000	0.978	0.943	0.905	0.864	0.822	0.777	0.731	0.683	0.634	0.579	0.522	0.479	0.446	0.418	0.393	0.370
23		250	125	6	9	1.000	0.982	0.949	0.914	0.877	0.838	0.797	0.755	0.711	0.665	0.619	0.576	0.534	0.498	0.467	0.440	0.415
24		298	149	5.5	8	1.000	1.000	0.972	0.941	0.907	0.870	0.832	0.791	0.750	0.707	0.662	0.617	0.564	0.515	0.473	0.436	0.404
25		300	150	6.5	9	1.000	1.000	0.976	0.946	0.914	0.880	0.845	0.807	0.769	0.730	0.689	0.647	0.604	0.553	0.508	0.469	0.434
26		346	174	6	9	1.000	1.000	0.997	0.972	0.945	0.916	0.885	0.852	0.818	0.782	0.746	0.708	0.669	0.630	0.586	0.540	0.500
27		350	175	7	11	1.000	1.000	1.000	0.978	0.954	0.927	0.900	0.871	0.841	0.809	0.777	0.745	0.711	0.676	0.641	0.604	0.561
28		400	150	8	13	1.000	1.000	0.977	0.948	0.917	0.885	0.851	0.816	0.779	0.742	0.703	0.664	0.623	0.577	0.530	0.493	0.465
29		396	199	7	11	1.000	1.000	1.000	0.995	0.974	0.951	0.927	0.901	0.874	0.846	0.817	0.787	0.756	0.725	0.692	0.659	0.626
30		400	200	8	13	1.000	1.000	1.000	0.999	0.979	0.958	0.936	0.913	0.888	0.863	0.837	0.810	0.782	0.754	0.725	0.696	0.666
31	HN	446	150	7	12	1.000	0.999	0.970	0.939	0.904	0.868	0.829	0.789	0.748	0.705	0.661	0.616	0.563	0.515	0.473	0.436	0.405
32		450	151	8	14	1.000	1.000	0.976	0.947	0.915	0.882	0.848	0.812	0.775	0.736	0.697	0.656	0.615	0.566	0.521	0.481	0.449
33		446	199	8	12	1.000	1.000	1.000	0.993	0.972	0.948	0.923	0.897	0.869	0.840	0.810	0.779	0.748	0.716	0.683	0.649	0.615
34		450	200	9	14	1.000	1.000	1.000	0.997	0.977	0.955	0.932	0.908	0.883	0.856	0.830	0.802	0.774	0.745	0.715	0.685	0.654
35		470	150	7	13	1.000	1.000	0.972	0.940	0.907	0.871	0.833	0.793	0.753	0.711	0.667	0.623	0.573	0.523	0.481	0.444	0.411
36		475	151.5	8.5	15.5	1.000	1.000	0.978	0.949	0.919	0.887	0.854	0.819	0.783	0.747	0.709	0.670	0.630	0.585	0.538	0.500	0.471
37		482	153.5	10.5	19	1.000	1.000	0.986	0.961	0.935	0.907	0.879	0.849	0.819	0.787	0.754	0.720	0.688	0.660	0.632	0.605	0.572
38		492	150	7	12	1.000	0.996	0.966	0.933	0.897	0.858	0.816	0.773	0.729	0.683	0.636	0.584	0.530	0.484	0.444	0.410	0.380
39		500	152	9	16	1.000	1.000	0.977	0.948	0.918	0.885	0.852	0.817	0.780	0.743	0.705	0.666	0.625	0.580	0.533	0.492	0.464
40		504	153	10	18	1.000	1.000	0.981	0.955	0.927	0.897	0.866	0.834	0.801	0.767	0.732	0.696	0.658	0.620	0.585	0.549	0.518
41		496	199	9	14	1.000	1.000	1.000	0.993	0.972	0.949	0.924	0.898	0.871	0.843	0.814	0.784	0.754	0.723	0.691	0.658	0.625

续表 19－1b

序号	类别	H (mm)	B (mm)	t_1 (mm)	t_2 (mm) \ l_1 (m)	2	2.5	3	3.5	4	4.5	5	5.5	6	6.5	7	7.5	8	8.5	9	9.5	10
42		500	200	10	16	1.000	1.000	1.000	0.996	0.976	0.955	0.932	0.909	0.884	0.858	0.832	0.805	0.777	0.748	0.719	0.690	0.659
43		506	201	11	19	1.000	1.000	1.000	1.000	0.983	0.964	0.943	0.922	0.900	0.877	0.854	0.830	0.805	0.780	0.754	0.727	0.700
44		546	199	9	14	1.000	1.000	1.000	0.990	0.968	0.944	0.918	0.890	0.861	0.832	0.801	0.769	0.736	0.703	0.668	0.634	0.598
45		550	200	10	16	1.000	1.000	1.000	0.994	0.973	0.950	0.926	0.900	0.874	0.847	0.818	0.789	0.760	0.729	0.698	0.667	0.634
46		596	199	10	15	1.000	1.000	1.000	0.988	0.965	0.941	0.914	0.886	0.857	0.826	0.795	0.763	0.729	0.695	0.661	0.625	0.587
47		600	200	11	17	1.000	1.000	1.000	0.992	0.970	0.947	0.922	0.896	0.869	0.841	0.813	0.783	0.753	0.722	0.690	0.658	0.625
48		606	201	12	20	1.000	1.000	1.000	0.996	0.977	0.955	0.933	0.910	0.886	0.861	0.835	0.809	0.782	0.754	0.726	0.697	0.668
49		625	198.5	13.5	17.5	1.000	1.000	1.000	0.987	0.965	0.941	0.915	0.888	0.860	0.832	0.802	0.772	0.741	0.709	0.677	0.644	0.611
50		630	200	15	20	1.000	1.000	1.000	0.992	0.971	0.949	0.925	0.901	0.876	0.850	0.823	0.796	0.768	0.740	0.711	0.681	0.651
51		638	202	17	24	1.000	1.000	1.000	0.998	0.980	0.960	0.940	0.919	0.897	0.874	0.851	0.827	0.803	0.778	0.753	0.727	0.700
52	HN	646	299	10	15	1.000	1.000	1.000	1.000	1.000	1.000	0.998	0.984	0.969	0.953	0.936	0.918	0.899	0.880	0.859	0.839	0.817
53		650	300	11	17	1.000	1.000	1.000	1.000	1.000	1.000	1.000	0.987	0.972	0.957	0.941	0.924	0.906	0.888	0.869	0.850	0.830
54		656	301	12	20	1.000	1.000	1.000	1.000	1.000	1.000	1.000	0.991	0.977	0.963	0.948	0.933	0.917	0.900	0.883	0.866	0.848
55		692	300	13	20	1.000	1.000	1.000	1.000	1.000	1.000	1.000	0.988	0.974	0.959	0.944	0.928	0.911	0.894	0.876	0.858	0.839
56		700	300	13	24	1.000	1.000	1.000	1.000	1.000	1.000	1.000	0.993	0.981	0.967	0.953	0.938	0.923	0.908	0.892	0.876	0.859
57		734	299	12	16	1.000	1.000	1.000	1.000	1.000	1.000	0.995	0.980	0.964	0.947	0.929	0.910	0.890	0.870	0.849	0.827	0.805
58		742	300	13	20	1.000	1.000	1.000	1.000	1.000	1.000	1.000	0.986	0.971	0.956	0.940	0.923	0.906	0.888	0.869	0.850	0.831
59		750	300	13	24	1.000	1.000	1.000	1.000	1.000	1.000	1.000	0.991	0.978	0.964	0.949	0.934	0.918	0.902	0.886	0.869	0.851
60		758	303	16	28	1.000	1.000	1.000	1.000	1.000	1.000	1.000	0.996	0.983	0.970	0.957	0.943	0.929	0.915	0.900	0.885	0.869
61		792	300	14	22	1.000	1.000	1.000	1.000	1.000	1.000	1.000	0.986	0.972	0.956	0.940	0.924	0.907	0.889	0.871	0.852	0.833

续表 19-1b

序号	类别	H (mm)	B (mm)	t_1 (mm)	t_2 (mm) \ l_1 (m): 2	2.5	3	3.5	4	4.5	5	5.5	6	6.5	7	7.5	8	8.5	9	9.5	10
62	HN	800	300	14	26	1.000	1.000	1.000	1.000	1.000	1.000	1.000	0.991	0.978	0.964	0.949	0.934	0.919	0.903	0.886	0.869	0.852
63	HN	834	298	14	19	1.000	1.000	1.000	1.000	1.000	1.000	0.993	0.978	0.962	0.945	0.927	0.908	0.888	0.868	0.847	0.826	0.804
64	HN	842	299	15	23	1.000	1.000	1.000	1.000	1.000	1.000	0.998	0.984	0.969	0.954	0.937	0.920	0.903	0.885	0.866	0.847	0.828
65	HN	850	300	16	27	1.000	1.000	1.000	1.000	1.000	1.000	1.000	0.989	0.975	0.961	0.946	0.931	0.915	0.899	0.882	0.865	0.847
66	HN	858	301	17	31	1.000	1.000	1.000	1.000	1.000	1.000	1.000	0.993	0.981	0.968	0.954	0.940	0.925	0.910	0.895	0.880	0.864
67	HN	890	299	15	23	1.000	1.000	1.000	1.000	1.000	1.000	0.996	0.982	0.967	0.951	0.934	0.917	0.898	0.880	0.860	0.840	0.820
68	HN	900	300	16	28	1.000	1.000	1.000	1.000	1.000	1.000	1.000	0.988	0.975	0.960	0.945	0.929	0.913	0.897	0.880	0.862	0.845
69	HN	912	302	18	34	1.000	1.000	1.000	1.000	1.000	1.000	1.000	0.994	0.982	0.969	0.956	0.942	0.928	0.913	0.899	0.884	0.868
70	HN	970	297	16	21	1.000	1.000	1.000	1.000	1.000	1.000	0.989	0.973	0.956	0.938	0.919	0.899	0.878	0.857	0.835	0.812	0.789
71	HN	980	298	17	26	1.000	1.000	1.000	1.000	1.000	1.000	0.980	0.964	0.948	0.931	0.913	0.917	0.895	0.877	0.856	0.836	0.816
72	HN	990	298	17	31	1.000	1.000	1.000	1.000	1.000	1.000	1.000	0.987	0.973	0.958	0.943	0.927	0.911	0.894	0.877	0.860	0.842
73	HN	1000	300	19	36	1.000	1.000	1.000	1.000	1.000	1.000	1.000	0.992	0.979	0.966	0.952	0.938	0.923	0.908	0.893	0.877	0.861
74	HN	1008	302	21	40	1.000	1.000	1.000	1.000	1.000	1.000	1.000	0.995	0.984	0.971	0.958	0.945	0.932	0.918	0.903	0.889	0.874
75	HT	95	48	3.2	4.5	0.828	0.755	0.684	0.614	0.537	0.474	0.425	0.385	0.352	0.325	0.301	0.281	0.263	0.247	0.233	0.221	0.210
76	HT	97	49	4	5.5	0.870	0.813	0.756	0.700	0.645	0.587	0.527	0.478	0.437	0.403	0.374	0.348	0.326	0.307	0.290	0.274	0.261
77	HT	96	99	4.5	6	1.000	0.973	0.942	0.913	0.887	0.860	0.834	0.808	0.782	0.756	0.731	0.705	0.680	0.654	0.629	0.603	0.573
78	HT	118	58	3.2	4.5	0.861	0.778	0.687	0.610	0.527	0.462	0.412	0.372	0.340	0.312	0.289	0.269	0.252	0.236	0.223	0.211	0.200
79	HT	120	59	4	5.5	0.887	0.815	0.752	0.691	0.631	0.566	0.506	0.458	0.418	0.385	0.356	0.332	0.311	0.292	0.276	0.261	0.248
80	HT	119	123	4.5	6	1.000	0.993	0.967	0.938	0.908	0.876	0.844	0.816	0.789	0.761	0.734	0.707	0.681	0.654	0.627	0.601	0.569
81	HT	145	73	3.2	4.5	0.909	0.839	0.763	0.682	0.596	0.500	0.436	0.390	0.353	0.323	0.298	0.276	0.258	0.242	0.227	0.215	0.203

续表 19－1b

序号	类别	H (mm)	B (mm)	t_1 (mm)	t_2 (mm)	l_1 (m) 2	2.5	3	3.5	4	4.5	5	5.5	6	6.5	7	7.5	8	8.5	9	9.5	10
82		147	74	4	5.5	0.925	0.864	0.799	0.729	0.655	0.593	0.526	0.472	0.429	0.394	0.363	0.338	0.315	0.296	0.279	0.264	0.250
83		139	97	3.2	4.5	0.976	0.931	0.881	0.828	0.771	0.712	0.650	0.581	0.510	0.453	0.425	0.392	0.364	0.341	0.320	0.301	0.285
84		142	99	4.5	6	0.987	0.949	0.909	0.866	0.820	0.771	0.726	0.686	0.645	0.605	0.559	0.518	0.483	0.452	0.425	0.402	0.380
85		144	148	5	7	1.000	1.000	0.992	0.970	0.946	0.921	0.894	0.866	0.837	0.812	0.788	0.765	0.741	0.717	0.694	0.671	0.647
86		147	149	6	8.5	1.000	1.000	0.999	0.979	0.958	0.936	0.913	0.892	0.872	0.852	0.833	0.814	0.795	0.776	0.757	0.738	0.719
87		168	88	3.2	4.5	0.948	0.890	0.825	0.756	0.682	0.606	0.518	0.449	0.394	0.350	0.320	0.295	0.274	0.256	0.240	0.226	0.214
88		171	89	4	6	0.961	0.912	0.859	0.802	0.742	0.678	0.611	0.547	0.494	0.451	0.415	0.385	0.358	0.335	0.315	0.298	0.282
89		167	173	5	7	1.000	1.000	1.000	0.988	0.967	0.945	0.922	0.898	0.873	0.847	0.820	0.792	0.763	0.736	0.712	0.688	0.665
90		172	175	6.5	9.5	1.000	1.000	1.000	0.999	0.982	0.963	0.944	0.924	0.904	0.883	0.866	0.849	0.831	0.814	0.797	0.780	0.763
91	HT	193	98	3.2	4.5	0.966	0.914	0.855	0.790	0.720	0.647	0.565	0.488	0.427	0.379	0.339	0.306	0.278	0.255	0.238	0.224	0.211
92		196	99	4	6	0.975	0.930	0.880	0.826	0.768	0.708	0.646	0.576	0.506	0.450	0.412	0.380	0.353	0.330	0.309	0.291	0.275
93		188	149	4.5	6	1.000	1.000	0.980	0.951	0.920	0.887	0.853	0.817	0.779	0.741	0.701	0.659	0.617	0.568	0.521	0.482	0.454
94		192	198	6	8	1.000	1.000	1.000	1.000	0.988	0.970	0.951	0.930	0.909	0.888	0.865	0.842	0.818	0.794	0.769	0.743	0.722
95		244	124	4.5	6	1.000	0.969	0.929	0.885	0.837	0.786	0.733	0.677	0.620	0.554	0.495	0.446	0.405	0.370	0.340	0.313	0.290
96		238	173	4.5	8	1.000	1.000	1.000	0.982	0.958	0.933	0.906	0.878	0.849	0.818	0.787	0.755	0.722	0.688	0.653	0.618	0.577
97		294	148	4.5	6	1.000	0.995	0.964	0.929	0.890	0.847	0.802	0.754	0.704	0.652	0.598	0.535	0.483	0.440	0.403	0.371	0.343
98		286	198	6	8	1.000	1.000	1.000	0.996	0.975	0.952	0.928	0.903	0.876	0.847	0.818	0.788	0.758	0.726	0.694	0.661	0.627
99		340	173	4.5	6	1.000	1.000	0.990	0.963	0.931	0.897	0.860	0.820	0.777	0.733	0.686	0.638	0.585	0.529	0.482	0.441	0.406
100		390	148	6	8	1.000	0.992	0.959	0.923	0.882	0.839	0.792	0.744	0.693	0.640	0.583	0.523	0.473	0.431	0.395	0.364	0.338
101		390	198	6	8	1.000	1.000	1.000	0.989	0.965	0.939	0.911	0.881	0.849	0.815	0.780	0.744	0.706	0.667	0.628	0.584	0.538

注：当跨中有侧向支撑时，可按本表的 φ_b' 乘以1.05。

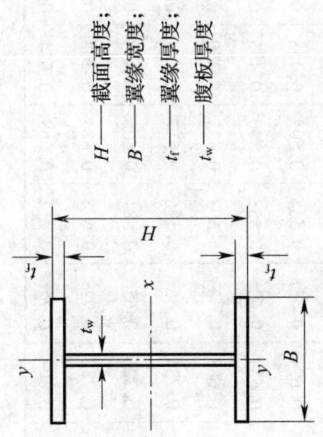

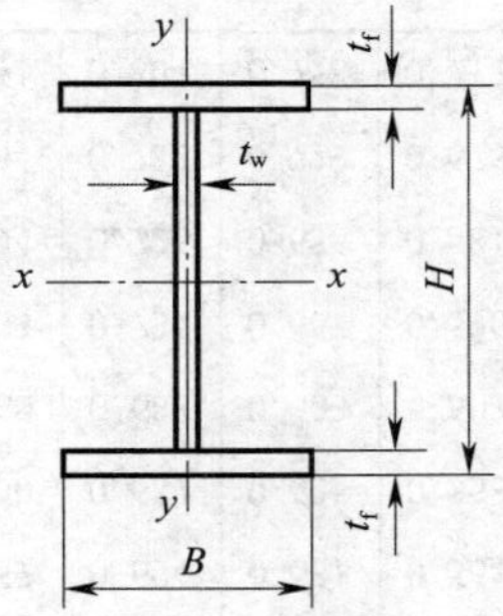

H——截面高度；
B——翼缘宽度；
t_f——翼缘厚度；
t_w——腹板厚度

表 19-2a　高频焊接 H 型钢简支梁（跨中无侧向支撑，满跨均布荷载作用在上翼缘）稳定系数 φ_b'

序号	H (mm)	B (mm)	t_w (mm)	t_f (mm) \ l_1 (m): 2	2.5	3	3.5	4	4.5	5	5.5	6	6.5	7	7.5	8	8.5	9	9.5	10
1	100	50	2.3	3.2	0.559	0.436	0.364	0.307	0.263	0.231	0.206	0.186	0.169	0.155	0.144	0.134	0.125	0.118	0.111	0.105	0.100
2	100	50	3.2	4.5	0.714	0.618	0.507	0.427	0.370	0.326	0.292	0.265	0.242	0.223	0.206	0.192	0.180	0.169	0.160	0.151	0.144
3	100	100	4.5	6	0.949	0.911	0.877	0.843	0.803	0.764	0.726	0.687	0.649	0.611	0.568	0.528	0.493	0.463	0.436	0.412	0.391
4	100	100	6	8	0.978	0.955	0.927	0.899	0.871	0.844	0.816	0.789	0.762	0.735	0.709	0.682	0.655	0.628	0.602	0.570	0.541
5	120	120	3.2	4.5	0.945	0.891	0.836	0.780	0.726	0.673	0.622	0.568	0.520	0.479	0.438	0.403	0.374	0.349	0.327	0.307	0.290
6	120	120	4.5	6	0.962	0.921	0.882	0.843	0.807	0.774	0.738	0.698	0.658	0.618	0.574	0.531	0.495	0.463	0.435	0.411	0.389
7	150	75	3.2	4.5	0.761	0.647	0.528	0.441	0.382	0.339	0.307	0.274	0.248	0.226	0.208	0.193	0.180	0.169	0.158	0.150	0.142
8	150	75	4.5	6	0.817	0.738	0.664	0.596	0.518	0.452	0.401	0.361	0.328	0.301	0.278	0.258	0.241	0.227	0.214	0.202	0.191
9	150	100	3.2	4.5	0.878	0.796	0.711	0.626	0.535	0.464	0.412	0.372	0.340	0.315	0.290	0.267	0.248	0.231	0.216	0.204	0.192
10	150	100	3.2	6	0.907	0.845	0.783	0.724	0.668	0.615	0.559	0.498	0.449	0.410	0.376	0.348	0.324	0.303	0.285	0.269	0.255
11	150	100	4.5	6	0.904	0.841	0.780	0.722	0.666	0.615	0.559	0.499	0.451	0.411	0.378	0.350	0.326	0.306	0.287	0.271	0.257
12	150	150	3.2	6	0.988	0.950	0.910	0.869	0.827	0.786	0.746	0.707	0.669	0.633	0.598	0.558	0.515	0.479	0.447	0.420	0.395
13	150	150	4.5	6	0.986	0.948	0.908	0.866	0.825	0.784	0.744	0.705	0.668	0.633	0.598	0.559	0.517	0.480	0.449	0.422	0.397
14	150	150	6	8	0.996	0.966	0.936	0.907	0.878	0.851	0.825	0.801	0.772	0.742	0.712	0.683	0.653	0.624	0.593	0.559	0.528

续表 19－2a

序号	H (mm)	B (mm)	t_w (mm)	t_f (mm) \ l_1 (m) 2	2.5	3	3.5	4	4.5	5	5.5	6	6.5	7	7.5	8	8.5	9	9.5	10
15	200	100	3	3	0.810	0.680	0.525	0.405	0.326	0.271	0.231	0.202	0.179	0.161	0.146	0.134	0.124	0.116	0.108	0.102	0.097
16	200	100	3.2	4.5	0.849	0.747	0.636	0.514	0.424	0.362	0.316	0.281	0.254	0.232	0.214	0.199	0.187	0.177	0.167	0.157	0.147
17	200	100	3.2	6	0.878	0.796	0.711	0.626	0.535	0.464	0.412	0.372	0.340	0.315	0.290	0.267	0.248	0.231	0.216	0.204	0.192
18	200	100	4.5	6	0.871	0.788	0.702	0.617	0.527	0.459	0.408	0.369	0.339	0.314	0.289	0.267	0.248	0.231	0.217	0.204	0.193
19	200	100	6	8	0.900	0.837	0.777	0.719	0.664	0.613	0.559	0.500	0.452	0.413	0.380	0.352	0.328	0.307	0.289	0.273	0.258
20	200	150	3.2	4.5	0.970	0.918	0.860	0.795	0.726	0.653	0.573	0.496	0.437	0.390	0.353	0.322	0.297	0.276	0.257	0.242	0.228
21	200	150	3.2	6	0.978	0.934	0.884	0.831	0.775	0.719	0.662	0.605	0.542	0.491	0.449	0.415	0.386	0.362	0.341	0.323	0.307
22	200	150	4.5	6	0.975	0.930	0.879	0.825	0.769	0.712	0.656	0.599	0.536	0.486	0.446	0.412	0.384	0.361	0.340	0.323	0.307
23	200	150	6	8	0.984	0.946	0.905	0.863	0.822	0.781	0.742	0.704	0.667	0.632	0.598	0.559	0.517	0.482	0.450	0.423	0.399
24	200	200	6	8	1.000	0.995	0.967	0.938	0.908	0.877	0.845	0.814	0.784	0.754	0.724	0.696	0.668	0.641	0.615	0.587	0.559
25	250	125	3	3	0.894	0.800	0.690	0.559	0.440	0.357	0.298	0.254	0.221	0.194	0.173	0.156	0.142	0.130	0.120	0.111	0.104
26	250	125	3.2	4.5	0.914	0.835	0.745	0.645	0.531	0.439	0.372	0.323	0.284	0.254	0.230	0.210	0.194	0.180	0.168	0.158	0.149
27	250	125	3.2	6	0.930	0.861	0.785	0.704	0.619	0.525	0.452	0.398	0.355	0.322	0.294	0.272	0.253	0.237	0.224	0.212	0.202
28	250	125	4.5	6	0.923	0.852	0.774	0.691	0.605	0.511	0.442	0.389	0.349	0.317	0.290	0.269	0.251	0.235	0.222	0.211	0.201
29	250	125	4.5	8	0.941	0.882	0.820	0.757	0.694	0.631	0.564	0.505	0.458	0.421	0.390	0.365	0.341	0.317	0.297	0.279	0.263
30	250	125	6	8	0.936	0.877	0.814	0.750	0.687	0.625	0.558	0.500	0.455	0.419	0.389	0.364	0.341	0.317	0.297	0.279	0.263
31	250	150	3.2	4.5	0.963	0.907	0.841	0.768	0.688	0.603	0.507	0.435	0.379	0.336	0.301	0.272	0.249	0.229	0.213	0.198	0.186
32	250	150	3.2	6	0.972	0.922	0.865	0.803	0.736	0.667	0.596	0.517	0.457	0.409	0.371	0.340	0.314	0.292	0.273	0.257	0.243
33	250	150	4.5	6	0.967	0.916	0.857	0.794	0.726	0.656	0.581	0.506	0.448	0.402	0.365	0.335	0.310	0.289	0.271	0.255	0.241
34	250	150	4.5	8	0.978	0.934	0.885	0.834	0.782	0.729	0.676	0.624	0.568	0.516	0.474	0.440	0.411	0.386	0.365	0.346	0.325
35	250	150	4.5	9	0.982	0.941	0.897	0.851	0.804	0.758	0.712	0.668	0.624	0.579	0.534	0.498	0.467	0.438	0.409	0.383	0.361

续表 19 - 2a

序号	H (mm)	B (mm)	t_w (mm)	t_f (mm) \ l_1 (m): 2	2.5	3	3.5	4	4.5	5	5.5	6	6.5	7	7.5	8	8.5	9	9.5	10
36	250	150	6	8	0.975	0.930	0.881	0.829	0.776	0.723	0.670	0.619	0.562	0.512	0.471	0.438	0.410	0.385	0.365	0.345	0.325
37	250	150	6	9	0.980	0.938	0.893	0.847	0.800	0.754	0.709	0.665	0.622	0.576	0.533	0.497	0.466	0.438	0.409	0.384	0.362
38	250	200	4.5	8	1.000	0.990	0.959	0.925	0.889	0.851	0.812	0.773	0.733	0.693	0.654	0.615	0.572	0.531	0.497	0.467	0.441
39	250	200	4.5	9	1.000	0.993	0.964	0.933	0.900	0.865	0.831	0.796	0.761	0.726	0.692	0.659	0.626	0.593	0.556	0.525	0.498
40	250	200	4.5	10	1.000	0.996	0.969	0.940	0.910	0.879	0.847	0.816	0.785	0.755	0.726	0.697	0.669	0.642	0.615	0.587	0.558
41	250	200	6	8	1.000	0.988	0.956	0.922	0.885	0.847	0.808	0.768	0.729	0.689	0.650	0.611	0.568	0.528	0.494	0.465	0.440
42	250	200	6	9	1.000	0.991	0.962	0.930	0.897	0.863	0.828	0.793	0.758	0.724	0.690	0.657	0.624	0.591	0.555	0.524	0.498
43	250	200	6	10	1.000	0.995	0.967	0.938	0.908	0.877	0.845	0.814	0.784	0.754	0.724	0.696	0.668	0.641	0.615	0.587	0.559
44	250	250	4.5	8	1.000	1.000	0.997	0.973	0.948	0.920	0.891	0.861	0.830	0.799	0.767	0.736	0.704	0.672	0.641	0.610	0.574
45	250	250	4.5	9	1.000	1.000	1.000	0.977	0.953	0.928	0.901	0.874	0.846	0.818	0.790	0.762	0.735	0.707	0.680	0.653	0.627
46	250	250	4.5	10	1.000	1.000	1.000	0.981	0.959	0.935	0.911	0.886	0.861	0.836	0.811	0.787	0.762	0.738	0.715	0.692	0.669
47	250	250	6	8	1.000	1.000	0.995	0.971	0.945	0.917	0.888	0.858	0.827	0.796	0.764	0.732	0.700	0.669	0.637	0.607	0.571
48	250	250	6	9	1.000	1.000	0.998	0.976	0.952	0.926	0.899	0.872	0.844	0.816	0.788	0.760	0.733	0.705	0.678	0.652	0.626
49	250	250	6	10	1.000	1.000	1.000	0.980	0.957	0.934	0.909	0.884	0.859	0.834	0.810	0.785	0.761	0.737	0.714	0.691	0.669
50	300	150	3.2	4.5	0.957	0.897	0.826	0.746	0.658	0.556	0.463	0.394	0.342	0.301	0.268	0.241	0.219	0.201	0.185	0.172	0.160
51	300	150	3.2	6	0.966	0.912	0.850	0.781	0.706	0.626	0.536	0.462	0.404	0.359	0.323	0.294	0.270	0.249	0.232	0.217	0.204
52	300	150	4.5	6	0.961	0.904	0.840	0.768	0.691	0.609	0.517	0.447	0.392	0.350	0.315	0.287	0.264	0.245	0.228	0.214	0.201
53	300	150	4.5	8	0.971	0.922	0.867	0.808	0.746	0.683	0.618	0.546	0.486	0.439	0.400	0.369	0.342	0.320	0.301	0.284	0.270
54	300	150	4.5	9	0.975	0.930	0.879	0.825	0.769	0.712	0.656	0.599	0.536	0.486	0.446	0.412	0.384	0.361	0.340	0.323	0.307
55	300	150	4.5	10	0.979	0.936	0.889	0.840	0.789	0.739	0.689	0.639	0.589	0.537	0.494	0.459	0.429	0.404	0.382	0.358	0.337
56	300	150	6	8	0.967	0.917	0.860	0.800	0.737	0.673	0.608	0.536	0.478	0.432	0.395	0.364	0.339	0.317	0.299	0.283	0.269

续表 19－2a

序号	H (mm)	B (mm)	t_w (mm)	t_f (mm) \ l_1 (m): 2	2.5	3	3.5	4	4.5	5	5.5	6	6.5	7	7.5	8	8.5	9	9.5	10
57	300	150	6	9	0.972	0.925	0.873	0.819	0.762	0.705	0.649	0.591	0.530	0.481	0.442	0.410	0.382	0.359	0.339	0.322	0.307
58	300	150	6	10	0.976	0.933	0.885	0.835	0.785	0.734	0.684	0.635	0.584	0.533	0.492	0.457	0.428	0.403	0.382	0.358	0.337
59	300	200	4.5	8	1.000	0.985	0.951	0.914	0.873	0.830	0.784	0.738	0.690	0.642	0.592	0.538	0.493	0.455	0.423	0.395	0.372
60	300	200	4.5	9	1.000	0.988	0.956	0.921	0.883	0.843	0.802	0.760	0.718	0.675	0.633	0.588	0.541	0.502	0.468	0.439	0.414
61	300	200	4.5	10	1.000	0.991	0.961	0.928	0.893	0.856	0.819	0.781	0.743	0.705	0.667	0.630	0.592	0.551	0.516	0.486	0.460
62	300	200	6	8	1.000	0.982	0.948	0.909	0.867	0.823	0.778	0.731	0.683	0.634	0.583	0.530	0.486	0.450	0.418	0.392	0.369
63	300	200	6	9	1.000	0.986	0.953	0.917	0.879	0.839	0.797	0.755	0.712	0.670	0.627	0.582	0.536	0.498	0.465	0.437	0.412
64	300	200	6	10	1.000	0.989	0.958	0.925	0.889	0.852	0.815	0.777	0.739	0.701	0.664	0.627	0.589	0.549	0.514	0.485	0.459
65	300	250	4.5	8	1.000	1.000	0.993	0.967	0.939	0.909	0.876	0.842	0.807	0.770	0.733	0.695	0.657	0.618	0.575	0.533	0.497
66	300	250	4.5	9	1.000	1.000	0.995	0.971	0.945	0.916	0.886	0.854	0.822	0.789	0.755	0.721	0.687	0.653	0.619	0.582	0.544
67	300	250	4.5	10	1.000	1.000	0.998	0.975	0.950	0.923	0.895	0.866	0.836	0.806	0.775	0.745	0.714	0.684	0.654	0.625	0.595
68	300	250	6	8	1.000	1.000	0.991	0.965	0.936	0.905	0.872	0.837	0.801	0.764	0.727	0.689	0.650	0.612	0.567	0.527	0.491
69	300	250	6	9	1.000	1.000	0.994	0.969	0.942	0.913	0.882	0.851	0.818	0.784	0.751	0.717	0.683	0.649	0.615	0.577	0.540
70	300	250	6	10	1.000	1.000	0.996	0.973	0.947	0.920	0.892	0.863	0.833	0.803	0.772	0.742	0.712	0.681	0.652	0.622	0.592
71	350	150	3.2	4.5	0.952	0.888	0.813	0.727	0.632	0.520	0.431	0.366	0.315	0.276	0.245	0.219	0.198	0.181	0.166	0.153	0.143
72	350	150	3.2	6	0.961	0.904	0.837	0.762	0.680	0.590	0.494	0.423	0.368	0.326	0.291	0.263	0.240	0.221	0.205	0.191	0.179
73	350	150	4.5	6	0.955	0.894	0.824	0.746	0.660	0.563	0.473	0.406	0.354	0.314	0.281	0.255	0.233	0.215	0.199	0.186	0.175
74	350	150	4.5	8	0.966	0.913	0.853	0.787	0.717	0.643	0.562	0.489	0.432	0.387	0.351	0.321	0.297	0.276	0.258	0.243	0.230
75	350	150	4.5	9	0.970	0.920	0.864	0.803	0.739	0.673	0.607	0.532	0.472	0.425	0.388	0.356	0.330	0.309	0.290	0.274	0.260
76	350	150	4.5	10	0.974	0.927	0.874	0.818	0.760	0.700	0.640	0.576	0.515	0.466	0.426	0.393	0.366	0.343	0.323	0.306	0.291
77	350	150	6	8	0.960	0.905	0.843	0.775	0.704	0.629	0.546	0.475	0.421	0.378	0.344	0.315	0.292	0.272	0.255	0.240	0.227

续表 19-2a

序号	H (mm)	B (mm)	t_w (mm)	t_f (mm) \ l_1 (m)	2	2.5	3	3.5	4	4.5	5	5.5	6	6.5	7	7.5	8	8.5	9	9.5	10
78	350	150	6	9	0.966	0.914	0.856	0.794	0.729	0.663	0.594	0.521	0.464	0.418	0.382	0.352	0.327	0.306	0.287	0.272	0.258
79	350	150	6	10	0.970	0.922	0.868	0.811	0.752	0.692	0.632	0.567	0.507	0.460	0.422	0.390	0.363	0.341	0.322	0.305	0.290
80	350	175	4.5	6	0.987	0.942	0.890	0.831	0.765	0.695	0.619	0.533	0.461	0.405	0.361	0.325	0.295	0.270	0.249	0.231	0.215
81	350	175	4.5	8	0.993	0.954	0.908	0.857	0.801	0.742	0.681	0.618	0.546	0.485	0.436	0.397	0.364	0.336	0.312	0.292	0.275
82	350	175	4.5	9	0.996	0.958	0.915	0.867	0.816	0.762	0.706	0.650	0.591	0.527	0.476	0.435	0.400	0.371	0.347	0.325	0.307
83	350	175	4.5	10	0.999	0.963	0.922	0.877	0.829	0.780	0.729	0.678	0.627	0.571	0.518	0.474	0.438	0.408	0.382	0.360	0.341
84	350	175	6	8	0.990	0.949	0.901	0.849	0.792	0.731	0.669	0.605	0.532	0.474	0.427	0.389	0.357	0.330	0.308	0.288	0.271
85	350	175	6	9	0.993	0.954	0.910	0.861	0.808	0.754	0.697	0.640	0.579	0.518	0.468	0.428	0.395	0.367	0.343	0.322	0.304
86	350	175	6	10	0.996	0.959	0.917	0.872	0.823	0.773	0.722	0.671	0.620	0.563	0.511	0.469	0.434	0.405	0.380	0.358	0.339
87	350	200	4.5	8	1.000	0.981	0.945	0.904	0.860	0.812	0.761	0.709	0.655	0.599	0.535	0.483	0.440	0.404	0.374	0.348	0.326
88	350	200	4.5	9	1.000	0.984	0.950	0.911	0.870	0.825	0.779	0.731	0.682	0.632	0.578	0.524	0.479	0.442	0.410	0.383	0.360
89	350	200	4.5	10	1.000	0.987	0.954	0.918	0.879	0.838	0.795	0.751	0.706	0.662	0.617	0.566	0.520	0.481	0.448	0.420	0.396
90	350	200	6	8	1.000	0.977	0.940	0.898	0.853	0.804	0.752	0.699	0.643	0.584	0.523	0.473	0.432	0.397	0.368	0.343	0.321
91	350	200	6	9	1.000	0.981	0.946	0.907	0.864	0.819	0.772	0.723	0.673	0.623	0.568	0.515	0.472	0.436	0.405	0.379	0.356
92	350	200	6	10	1.000	0.984	0.951	0.914	0.874	0.832	0.789	0.745	0.700	0.655	0.610	0.559	0.515	0.477	0.445	0.417	0.393
93	350	250	4.5	8	1.000	1.000	0.989	0.962	0.932	0.899	0.864	0.827	0.787	0.747	0.705	0.661	0.617	0.567	0.520	0.480	0.446
94	350	250	4.5	9	1.000	1.000	0.992	0.966	0.937	0.906	0.873	0.838	0.802	0.764	0.726	0.687	0.647	0.607	0.561	0.519	0.484
95	350	250	4.5	10	1.000	1.000	0.994	0.970	0.942	0.913	0.882	0.849	0.815	0.781	0.746	0.710	0.674	0.638	0.603	0.560	0.524
96	350	250	6	8	1.000	1.000	0.987	0.959	0.928	0.894	0.858	0.820	0.780	0.739	0.696	0.652	0.608	0.556	0.511	0.472	0.438
97	350	250	6	9	1.000	1.000	0.990	0.963	0.934	0.902	0.869	0.833	0.796	0.758	0.720	0.680	0.640	0.600	0.553	0.513	0.478
98	350	250	6	10	1.000	1.000	0.992	0.967	0.939	0.910	0.878	0.845	0.811	0.776	0.741	0.705	0.669	0.633	0.597	0.555	0.519

续表 19－2a

序号	H (mm)	B (mm)	t_w (mm)	t_f (mm) \ l_1 (m)	2	2.5	3	3.5	4	4.5	5	5.5	6	6.5	7	7.5	8	8.5	9	9.5	10
99	400	150	4.5	8	0.961	0.904	0.840	0.768	0.691	0.609	0.517	0.447	0.392	0.350	0.315	0.287	0.264	0.245	0.228	0.214	0.201
100	400	150	4.5	9	0.965	0.912	0.851	0.784	0.713	0.639	0.557	0.483	0.427	0.382	0.346	0.317	0.292	0.272	0.254	0.239	0.226
101	400	150	4.5	10	0.969	0.918	0.861	0.799	0.734	0.666	0.597	0.521	0.462	0.416	0.378	0.347	0.322	0.300	0.282	0.266	0.252
102	400	150	6	8	0.954	0.895	0.828	0.753	0.674	0.587	0.498	0.431	0.380	0.339	0.307	0.280	0.258	0.240	0.224	0.210	0.198
103	400	150	6	9	0.960	0.904	0.841	0.773	0.700	0.625	0.540	0.470	0.416	0.373	0.339	0.311	0.287	0.268	0.251	0.236	0.224
104	400	150	6	10	0.964	0.912	0.853	0.790	0.723	0.655	0.582	0.509	0.453	0.408	0.372	0.343	0.318	0.297	0.279	0.264	0.250
105	400	200	4.5	8	1.000	0.977	0.939	0.896	0.849	0.797	0.742	0.684	0.624	0.555	0.494	0.444	0.403	0.368	0.339	0.315	0.293
106	400	200	4.5	9	1.000	0.980	0.944	0.903	0.858	0.810	0.759	0.706	0.651	0.593	0.530	0.478	0.435	0.400	0.370	0.344	0.322
107	400	200	4.5	10	1.000	0.983	0.949	0.910	0.867	0.822	0.775	0.726	0.675	0.624	0.567	0.514	0.469	0.432	0.401	0.374	0.351
108	400	200	6	8	1.000	0.973	0.934	0.889	0.840	0.786	0.730	0.671	0.609	0.538	0.480	0.432	0.392	0.359	0.332	0.308	0.287
109	400	200	6	9	1.000	0.977	0.939	0.897	0.851	0.802	0.749	0.695	0.639	0.579	0.517	0.468	0.427	0.392	0.363	0.338	0.317
110	400	200	6	10	1.000	0.980	0.944	0.905	0.861	0.815	0.767	0.717	0.666	0.615	0.556	0.505	0.462	0.426	0.396	0.370	0.347
111	400	250	4.5	8	1.000	1.000	0.987	0.958	0.927	0.892	0.854	0.814	0.771	0.727	0.681	0.633	0.581	0.527	0.481	0.443	0.409
112	400	250	4.5	9	1.000	1.000	0.989	0.962	0.932	0.899	0.863	0.825	0.786	0.744	0.702	0.658	0.614	0.562	0.515	0.475	0.441
113	400	250	4.5	10	1.000	1.000	0.991	0.965	0.936	0.905	0.871	0.836	0.798	0.760	0.721	0.681	0.640	0.599	0.551	0.509	0.474
114	400	250	6	8	1.000	1.000	0.983	0.954	0.921	0.885	0.847	0.805	0.762	0.717	0.669	0.621	0.566	0.514	0.470	0.433	0.401
115	400	250	6	9	1.000	1.000	0.986	0.958	0.927	0.893	0.857	0.818	0.778	0.736	0.693	0.649	0.604	0.551	0.506	0.467	0.434
116	400	250	6	10	1.000	1.000	0.989	0.962	0.933	0.900	0.866	0.830	0.792	0.754	0.714	0.673	0.633	0.589	0.542	0.502	0.468
117	450	200	4.5	8	1.000	0.974	0.934	0.889	0.839	0.784	0.725	0.663	0.597	0.522	0.462	0.414	0.374	0.341	0.313	0.289	0.269
118	450	200	4.5	9	1.000	0.977	0.939	0.896	0.849	0.797	0.742	0.684	0.624	0.555	0.494	0.444	0.403	0.368	0.339	0.315	0.293
119	450	200	4.5	10	1.000	0.980	0.944	0.903	0.857	0.809	0.757	0.704	0.648	0.589	0.526	0.474	0.432	0.396	0.366	0.340	0.318

续表 19－2a

序号	H (mm)	B (mm)	t_w (mm)	t_f (mm) \ l_1 (m)	2	2.5	3	3.5	4	4.5	5	5.5	6	6.5	7	7.5	8	8.5	9	9.5	10
120	450	200	6	8	1.000	0.969	0.928	0.880	0.828	0.771	0.710	0.646	0.574	0.503	0.446	0.400	0.363	0.331	0.304	0.282	0.262
121	450	200	6	9	1.000	0.973	0.934	0.889	0.840	0.786	0.730	0.671	0.609	0.538	0.480	0.432	0.392	0.359	0.332	0.308	0.287
122	450	200	6	10	1.000	0.977	0.939	0.896	0.850	0.800	0.747	0.693	0.636	0.574	0.513	0.464	0.423	0.389	0.360	0.335	0.314
123	450	250	4.5	8	1.000	1.000	0.984	0.955	0.922	0.885	0.845	0.803	0.757	0.710	0.660	0.609	0.548	0.496	0.452	0.414	0.382
124	450	250	4.5	9	1.000	1.000	0.987	0.958	0.927	0.892	0.854	0.814	0.771	0.727	0.681	0.633	0.581	0.527	0.481	0.443	0.409
125	450	250	4.5	10	1.000	1.000	0.989	0.962	0.931	0.898	0.862	0.824	0.784	0.742	0.699	0.655	0.610	0.558	0.511	0.472	0.437
126	450	250	6	8	1.000	1.000	0.980	0.950	0.915	0.878	0.836	0.792	0.746	0.697	0.646	0.592	0.531	0.481	0.439	0.403	0.372
127	450	250	6	9	1.000	1.000	0.983	0.954	0.921	0.885	0.847	0.805	0.762	0.717	0.669	0.621	0.566	0.514	0.470	0.433	0.401
128	450	250	6	10	1.000	1.000	0.986	0.958	0.927	0.893	0.856	0.817	0.776	0.734	0.690	0.646	0.600	0.547	0.502	0.463	0.430
129	500	200	4.5	8	1.000	0.971	0.930	0.883	0.830	0.772	0.709	0.643	0.568	0.495	0.437	0.391	0.352	0.320	0.293	0.270	0.250
130	500	200	4.5	9	1.000	0.974	0.935	0.890	0.840	0.785	0.727	0.665	0.600	0.525	0.466	0.417	0.377	0.344	0.316	0.292	0.271
131	500	200	4.5	10	1.000	0.977	0.939	0.896	0.849	0.797	0.742	0.684	0.624	0.555	0.494	0.444	0.403	0.368	0.339	0.315	0.293
132	500	200	6	8	1.000	0.966	0.922	0.872	0.817	0.757	0.692	0.623	0.543	0.474	0.420	0.375	0.339	0.308	0.283	0.261	0.242
133	500	200	6	9	1.000	0.970	0.928	0.881	0.829	0.772	0.712	0.648	0.578	0.506	0.450	0.403	0.365	0.334	0.307	0.284	0.265
134	500	200	6	10	1.000	0.973	0.934	0.889	0.840	0.786	0.730	0.671	0.609	0.538	0.480	0.432	0.392	0.359	0.332	0.308	0.287
135	500	250	4.5	8	1.000	1.000	0.982	0.951	0.917	0.879	0.837	0.793	0.745	0.695	0.642	0.584	0.523	0.472	0.429	0.392	0.361
136	500	250	4.5	9	1.000	1.000	0.984	0.955	0.922	0.886	0.846	0.804	0.759	0.712	0.662	0.611	0.552	0.499	0.455	0.417	0.385
137	500	250	4.5	10	1.000	1.000	0.987	0.958	0.927	0.892	0.854	0.814	0.771	0.727	0.681	0.633	0.581	0.527	0.481	0.443	0.409
138	500	250	6	8	1.000	1.000	0.978	0.946	0.910	0.870	0.827	0.781	0.731	0.680	0.625	0.563	0.504	0.455	0.414	0.379	0.349
139	500	250	6	9	1.000	1.000	0.981	0.950	0.916	0.878	0.838	0.794	0.748	0.699	0.649	0.595	0.535	0.484	0.442	0.406	0.375
140	500	250	6	10	1.000	1.000	0.983	0.954	0.921	0.885	0.847	0.805	0.762	0.717	0.669	0.621	0.566	0.514	0.470	0.433	0.401

表 19-2b 高频焊接 H 型钢（跨中无侧向支撑，满跨均布荷载作用在下翼缘）稳定系数 φ_b'

序号	H (mm)	B (mm)	t_w (mm)	t_f (mm) \ l_1(m) 2	2.5	3	3.5	4	4.5	5	5.5	6	6.5	7	7.5	8	8.5	9	9.5	10
1	100	50	2.3	3.2	0.777	0.658	0.522	0.430	0.369	0.323	0.288	0.260	0.237	0.218	0.201	0.187	0.175	0.165	0.155	0.147	0.139
2	100	50	3.2	4.5	0.830	0.747	0.672	0.598	0.518	0.457	0.409	0.370	0.338	0.312	0.289	0.269	0.252	0.237	0.224	0.212	0.201
3	100	100	4.5	6	1.000	0.972	0.940	0.908	0.879	0.852	0.824	0.797	0.769	0.742	0.715	0.688	0.661	0.635	0.608	0.577	0.547
4	100	100	6	8	1.000	0.988	0.968	0.948	0.928	0.908	0.889	0.869	0.850	0.831	0.812	0.793	0.774	0.755	0.736	0.717	0.698
5	120	120	3.2	4.5	1.000	0.980	0.947	0.910	0.872	0.831	0.788	0.743	0.696	0.650	0.610	0.565	0.523	0.488	0.457	0.430	0.406
6	120	120	4.5	6	1.000	0.989	0.961	0.931	0.900	0.866	0.833	0.804	0.776	0.747	0.719	0.691	0.663	0.635	0.607	0.575	0.544
7	150	75	3.2	4.5	0.914	0.843	0.767	0.686	0.599	0.503	0.429	0.384	0.347	0.317	0.292	0.270	0.252	0.236	0.222	0.209	0.198
8	150	75	4.5	6	0.932	0.874	0.812	0.745	0.681	0.624	0.562	0.505	0.459	0.421	0.389	0.362	0.338	0.317	0.299	0.283	0.268
9	150	100	3.2	4.5	0.978	0.933	0.883	0.829	0.771	0.710	0.646	0.575	0.504	0.447	0.406	0.374	0.347	0.323	0.303	0.285	0.269
10	150	100	3.2	6	0.988	0.949	0.907	0.862	0.814	0.763	0.710	0.666	0.622	0.573	0.527	0.488	0.454	0.425	0.399	0.376	0.356
11	150	100	4.5	6	0.986	0.947	0.905	0.861	0.813	0.763	0.710	0.666	0.623	0.576	0.530	0.491	0.457	0.428	0.402	0.380	0.359
12	150	150	3.2	6	1.000	1.000	0.989	0.964	0.937	0.909	0.879	0.847	0.815	0.781	0.746	0.709	0.679	0.649	0.620	0.588	0.554
13	150	150	4.5	6	1.000	1.000	0.988	0.963	0.936	0.907	0.878	0.846	0.814	0.781	0.746	0.710	0.680	0.651	0.621	0.590	0.556
14	150	150	6	8	1.000	1.000	0.997	0.976	0.954	0.930	0.906	0.880	0.857	0.836	0.815	0.793	0.772	0.751	0.730	0.710	0.689
15	200	100	3	3	0.957	0.896	0.825	0.745	0.657	0.556	0.464	0.396	0.343	0.302	0.269	0，241	0.219	0.199	0.183	0.169	0.156
16	200	100	3.2	4.5	0.969	0.918	0.859	0.794	0.724	0.651	0.568	0.489	0.428	0.379	0.339	0.305	0.277	0.253	0.234	0.219	0.206
17	200	100	3.2	6	0.978	0.933	0.883	0.829	0.771	0.710	0.646	0.575	0.504	0.447	0.406	0.374	0.347	0.323	0.303	0.285	0.269
18	200	100	4.5	6	0.975	0.929	0.878	0.824	0.766	0.706	0.642	0.572	0.502	0.446	0.405	0.374	0.347	0.324	0.304	0.286	0.270
19	200	100	6	8	0.984	0.945	0.903	0.859	0.812	0.762	0.710	0.667	0.624	0.578	0.532	0.493	0.459	0.430	0.405	0.382	0.362
20	200	150	3.2	4.5	1.000	1.000	0.974	0.942	0.906	0.867	0.825	0.780	0.734	0.686	0.635	0.580	0.523	0.475	0.434	0.399	0.369

续表 19－2b

序号	H (mm)	B (mm)	t_w (mm)	t_f (mm) \ l_1 (m): 2	2.5	3	3.5	4	4.5	5	5.5	6	6.5	7	7.5	8	8.5	9	9.5	10
21	200	150	3.2	6	1.000	1.000	0.981	0.952	0.921	0.887	0.851	0.814	0.775	0.734	0.692	0.649	0.605	0.552	0.506	0.465	0.430
22	200	150	4.5	6	1.000	1.000	0.979	0.950	0.918	0.884	0.848	0.810	0.771	0.731	0.690	0.647	0.603	0.550	0.505	0.465	0.430
23	200	150	6	8	1.000	1.000	0.987	0.961	0.934	0.906	0.876	0.846	0.813	0.780	0.746	0.710	0.681	0.652	0.623	0.592	0.559
24	200	200	6	8	1.000	1.000	1.000	1.000	0.988	0.969	0.950	0.929	0.907	0.885	0.862	0.839	0.814	0.789	0.763	0.737	0.710
25	250	125	3	3	0.995	0.954	0.905	0.848	0.783	0.712	0.635	0.544	0.466	0.404	0.355	0.316	0.283	0.256	0.233	0.213	0.196
26	250	125	3.2	4.5	1.000	0.966	0.922	0.873	0.818	0.759	0.696	0.629	0.552	0.483	0.428	0.383	0.346	0.315	0.288	0.265	0.245
27	250	125	3.2	6	1.000	0.974	0.935	0.892	0.844	0.793	0.740	0.684	0.625	0.559	0.497	0.447	0.405	0.369	0.338	0.312	0.289
28	250	125	4.5	6	1.000	0.970	0.930	0.885	0.837	0.786	0.732	0.676	0.617	0.550	0.491	0.442	0.401	0.366	0.336	0.310	0.288
29	250	125	4.5	8	1.000	0.979	0.945	0.907	0.867	0.824	0.780	0.733	0.685	0.635	0.580	0.523	0.478	0.444	0.416	0.390	0.368
30	250	125	6	8	1.000	0.977	0.942	0.904	0.863	0.821	0.776	0.730	0.683	0.633	0.578	0.522	0.477	0.444	0.416	0.391	0.369
31	250	150	3.2	4.5	1.000	0.999	0.968	0.933	0.894	0.851	0.805	0.755	0.702	0.647	0.588	0.523	0.470	0.425	0.388	0.356	0.328
32	250	150	3.2	6	1.000	1.000	0.976	0.944	0.909	0.871	0.831	0.788	0.743	0.697	0.648	0.598	0.540	0.491	0.449	0.413	0.382
33	250	150	4.5	6	1.000	1.000	0.972	0.940	0.904	0.865	0.824	0.781	0.736	0.690	0.642	0.590	0.533	0.486	0.445	0.410	0.379
34	250	150	4.5	8	1.000	1.000	0.981	0.953	0.922	0.889	0.855	0.819	0.781	0.743	0.703	0.662	0.619	0.571	0.523	0.484	0.455
35	250	150	4.5	9	1.000	1.000	0.985	0.958	0.929	0.899	0.867	0.834	0.799	0.763	0.726	0.688	0.648	0.610	0.572	0.537	0.505
36	250	150	6	8	1.000	1.000	0.979	0.950	0.919	0.886	0.852	0.816	0.779	0.740	0.701	0.660	0.618	0.569	0.523	0.484	0.455
37	250	150	6	9	1.000	1.000	0.983	0.956	0.927	0.897	0.865	0.832	0.797	0.762	0.725	0.687	0.648	0.610	0.573	0.538	0.506
38	250	200	4.5	8	1.000	1.000	1.000	1.000	0.983	0.962	0.940	0.916	0.891	0.866	0.839	0.812	0.783	0.754	0.725	0.694	0.663
39	250	200	4.5	9	1.000	1.000	1.000	1.000	0.986	0.966	0.945	0.923	0.900	0.876	0.852	0.826	0.800	0.773	0.745	0.717	0.688
40	250	200	4.5	10	1.000	1.000	1.000	1.000	0.989	0.970	0.951	0.930	0.908	0.886	0.863	0.839	0.815	0.789	0.763	0.737	0.709

续表 19－2b

序号	H (mm)	B (mm)	t_w (mm)	t_f (mm) \ l_1(m)	2	2.5	3	3.5	4	4.5	5	5.5	6	6.5	7	7.5	8	8.5	9	9.5	10
41	250	200	6	8	1.000	1.000	1.000	1.000	0.981	0.960	0.937	0.914	0.889	0.863	0.837	0.809	0.781	0.752	0.723	0.693	0.662
42	250	200	6	9	1.000	1.000	1.000	1.000	0.985	0.965	0.944	0.922	0.899	0.875	0.850	0.825	0.799	0.772	0.745	0.717	0.688
43	250	200	6	10	1.000	1.000	1.000	1.000	0.988	0.969	0.950	0.929	0.907	0.885	0.862	0.839	0.814	0.789	0.763	0.737	0.710
44	250	250	4.5	8	1.000	1.000	1.000	1.000	1.000	0.999	0.984	0.967	0.950	0.932	0.913	0.893	0.872	0.851	0.830	0.807	0.785
45	250	250	4.5	9	1.000	1.000	1.000	1.000	1.000	1.000	0.987	0.971	0.955	0.938	0.920	0.901	0.882	0.863	0.842	0.822	0.801
46	250	250	4.5	10	1.000	1.000	1.000	1.000	1.000	1.000	0.990	0.975	0.959	0.943	0.926	0.909	0.891	0.873	0.854	0.835	0.815
47	250	250	6	8	1.000	1.000	1.000	1.000	1.000	0.998	0.982	0.966	0.948	0.930	0.911	0.891	0.870	0.849	0.828	0.806	0.783
48	250	250	6	9	1.000	1.000	1.000	1.000	1.000	1.000	0.986	0.970	0.954	0.936	0.919	0.900	0.881	0.861	0.841	0.821	0.800
49	250	250	6	10	1.000	1.000	1.000	1.000	1.000	1.000	0.989	0.974	0.958	0.942	0.926	0.908	0.890	0.872	0.853	0.834	0.814
50	300	150	3.2	4.5	1.000	0.996	0.964	0.927	0.885	0.838	0.788	0.734	0.677	0.616	0.545	0.484	0.433	0.391	0.355	0.325	0.299
51	300	150	3.2	6	1.000	1.000	0.971	0.937	0.900	0.858	0.814	0.767	0.717	0.665	0.612	0.549	0.494	0.448	0.409	0.375	0.346
52	300	150	4.5	6	1.000	0.997	0.966	0.931	0.893	0.850	0.805	0.757	0.707	0.654	0.600	0.536	0.484	0.439	0.402	0.369	0.341
53	300	150	4.5	8	1.000	1.000	0.975	0.944	0.911	0.874	0.836	0.795	0.753	0.710	0.665	0.619	0.565	0.515	0.472	0.435	0.403
54	300	150	4.5	9	1.000	1.000	0.979	0.950	0.918	0.884	0.848	0.810	0.771	0.731	0.690	0.647	0.603	0.550	0.505	0.465	0.430
55	300	150	4.5	10	1.000	1.000	0.982	0.954	0.924	0.892	0.859	0.824	0.787	0.750	0.711	0.671	0.630	0.584	0.535	0.501	0.472
56	300	150	6	8	1.000	1.000	0.972	0.940	0.906	0.869	0.830	0.790	0.748	0.704	0.659	0.613	0.560	0.511	0.469	0.433	0.401
57	300	150	6	9	1.000	1.000	0.976	0.947	0.914	0.880	0.844	0.807	0.768	0.728	0.686	0.644	0.600	0.548	0.503	0.464	0.430
58	300	150	6	10	1.000	1.000	0.980	0.952	0.922	0.890	0.856	0.821	0.785	0.748	0.709	0.669	0.629	0.583	0.535	0.502	0.472
59	300	200	4.5	8	1.000	1.000	1.000	0.998	0.978	0.955	0.931	0.905	0.878	0.849	0.820	0.789	0.757	0.725	0.691	0.657	0.622
60	300	200	4.5	9	1.000	1.000	1.000	1.000	0.981	0.960	0.937	0.912	0.887	0.860	0.832	0.804	0.774	0.744	0.713	0.681	0.649

续表 19－2b

序号	H (mm)	B (mm)	t_w (mm)	t_f (mm) \ l_1 (m)	2	2.5	3	3.5	4	4.5	5	5.5	6	6.5	7	7.5	8	8.5	9	9.5	10
61	300	200	4.5	10	1.000	1.000	1.000	1.000	0.984	0.963	0.942	0.919	0.895	0.869	0.844	0.817	0.789	0.761	0.732	0.702	0.672
62	300	200	6	8	1.000	1.000	1.000	0.996	0.975	0.952	0.928	0.902	0.874	0.845	0.816	0.785	0.753	0.721	0.687	0.653	0.619
63	300	200	6	9	1.000	1.000	1.000	0.999	0.979	0.957	0.934	0.910	0.884	0.857	0.829	0.801	0.771	0.741	0.711	0.679	0.647
64	300	200	6	10	1.000	1.000	1.000	1.000	0.982	0.962	0.940	0.917	0.892	0.867	0.842	0.815	0.787	0.759	0.731	0.701	0.671
65	300	250	4.5	8	1.000	1.000	1.000	1.000	1.000	0.996	0.979	0.962	0.943	0.923	0.902	0.880	0.858	0.834	0.810	0.785	0.760
66	300	250	4.5	9	1.000	1.000	1.000	1.000	1.000	0.998	0.982	0.965	0.947	0.929	0.909	0.888	0.867	0.845	0.823	0.800	0.776
67	300	250	4.5	10	1.000	1.000	1.000	1.000	1.000	1.000	0.985	0.969	0.952	0.934	0.915	0.896	0.876	0.855	0.834	0.812	0.790
68	300	250	6	8	1.000	1.000	1.000	1.000	1.000	0.994	0.977	0.959	0.940	0.920	0.899	0.877	0.854	0.831	0.807	0.782	0.756
69	300	250	6	9	1.000	1.000	1.000	1.000	1.000	0.996	0.980	0.963	0.945	0.926	0.907	0.886	0.865	0.843	0.820	0.797	0.774
70	300	250	6	10	1.000	1.000	1.000	1.000	1.000	0.999	0.983	0.967	0.950	0.932	0.913	0.894	0.874	0.854	0.833	0.811	0.789
71	350	150	3.2	4.5	1.000	0.993	0.959	0.920	0.876	0.827	0.774	0.716	0.654	0.586	0.513	0.454	0.405	0.365	0.331	0.302	0.277
72	350	150	3.2	6	1.000	0.998	0.967	0.932	0.892	0.848	0.800	0.749	0.696	0.639	0.576	0.512	0.460	0.416	0.379	0.347	0.320
73	350	150	4.5	6	1.000	0.994	0.961	0.924	0.882	0.837	0.788	0.735	0.680	0.623	0.556	0.496	0.446	0.404	0.369	0.339	0.313
74	350	150	4.5	8	1.000	1.000	0.971	0.937	0.901	0.861	0.819	0.775	0.728	0.680	0.631	0.575	0.519	0.473	0.433	0.399	0.369
75	350	150	4.5	9	1.000	1.000	0.974	0.943	0.908	0.871	0.832	0.790	0.747	0.703	0.657	0.610	0.554	0.505	0.463	0.426	0.394
76	350	150	4.5	10	1.000	1.000	0.977	0.947	0.915	0.880	0.843	0.804	0.764	0.722	0.679	0.635	0.587	0.535	0.491	0.452	0.419
77	350	150	6	8	1.000	0.996	0.966	0.932	0.895	0.854	0.812	0.767	0.720	0.672	0.622	0.565	0.511	0.466	0.427	0.394	0.365
78	350	150	6	9	1.000	0.999	0.971	0.939	0.903	0.866	0.826	0.784	0.741	0.697	0.651	0.604	0.548	0.500	0.459	0.423	0.392
79	350	150	6	10	1.000	1.000	0.974	0.944	0.911	0.876	0.839	0.800	0.760	0.718	0.675	0.632	0.583	0.532	0.489	0.451	0.418
80	350	175	4.5	6	1.000	1.000	0.992	0.964	0.933	0.899	0.862	0.822	0.779	0.735	0.688	0.639	0.586	0.529	0.481	0.440	0.404

续表 19 - 2b

序号	H (mm)	B (mm)	t_w (mm)	l_1(m) / t_f (mm)	2	2.5	3	3.5	4	4.5	5	5.5	6	6.5	7	7.5	8	8.5	9	9.5	10
81	350	175	4.5	8	1.000	1.000	0.997	0.972	0.945	0.914	0.882	0.847	0.810	0.772	0.732	0.691	0.649	0.606	0.554	0.509	0.469
82	350	175	4.5	9	1.000	1.000	0.999	0.976	0.949	0.920	0.890	0.857	0.823	0.787	0.750	0.712	0.673	0.633	0.589	0.542	0.500
83	350	175	4.5	10	1.000	1.000	1.000	0.979	0.953	0.926	0.897	0.866	0.834	0.800	0.766	0.730	0.694	0.656	0.617	0.573	0.530
84	350	175	6	8	1.000	1.000	0.994	0.969	0.940	0.909	0.876	0.840	0.803	0.765	0.725	0.684	0.641	0.597	0.546	0.502	0.464
85	350	175	6	9	1.000	1.000	0.997	0.973	0.946	0.916	0.885	0.852	0.818	0.782	0.745	0.707	0.667	0.627	0.583	0.537	0.496
86	350	175	6	10	1.000	1.000	0.999	0.976	0.950	0.923	0.893	0.862	0.830	0.797	0.762	0.727	0.690	0.653	0.614	0.570	0.527
87	350	200	4.5	8	1.000	1.000	1.000	0.995	0.974	0.950	0.924	0.896	0.867	0.836	0.803	0.770	0.735	0.699	0.663	0.625	0.583
88	350	200	4.5	9	1.000	1.000	1.000	0.998	0.977	0.954	0.929	0.903	0.875	0.846	0.816	0.784	0.752	0.719	0.685	0.650	0.614
89	350	200	4.5	10	1.000	1.000	1.000	1.000	0.980	0.958	0.934	0.909	0.883	0.856	0.827	0.798	0.767	0.736	0.704	0.671	0.638
90	350	200	6	8	1.000	1.000	1.000	0.993	0.971	0.946	0.920	0.891	0.861	0.830	0.797	0.763	0.728	0.693	0.656	0.618	0.575
91	350	200	6	9	1.000	1.000	1.000	0.995	0.974	0.951	0.926	0.899	0.871	0.842	0.811	0.780	0.747	0.714	0.680	0.645	0.610
92	350	200	6	10	1.000	1.000	1.000	0.998	0.977	0.955	0.931	0.906	0.880	0.852	0.824	0.794	0.764	0.733	0.701	0.668	0.635
93	350	250	4.5	8	1.000	1.000	1.000	1.000	1.000	0.993	0.976	0.957	0.937	0.916	0.894	0.870	0.846	0.820	0.794	0.767	0.739
94	350	250	4.5	9	1.000	1.000	1.000	1.000	1.000	0.995	0.979	0.961	0.942	0.921	0.900	0.878	0.855	0.831	0.806	0.781	0.755
95	350	250	4.5	10	1.000	1.000	1.000	1.000	1.000	0.997	0.981	0.964	0.946	0.926	0.906	0.885	0.863	0.841	0.817	0.794	0.769
96	350	250	6	8	1.000	1.000	1.000	1.000	1.000	0.991	0.973	0.954	0.934	0.912	0.889	0.866	0.841	0.815	0.789	0.762	0.734
97	350	250	6	9	1.000	1.000	1.000	1.000	1.000	0.993	0.976	0.958	0.939	0.918	0.897	0.874	0.851	0.827	0.802	0.777	0.751
98	350	250	6	10	1.000	1.000	1.000	1.000	1.000	0.995	0.979	0.962	0.943	0.924	0.904	0.882	0.860	0.838	0.815	0.791	0.767
99	400	150	4.5	8	1.000	0.997	0.966	0.931	0.893	0.850	0.805	0.757	0.707	0.654	0.600	0.536	0.484	0.439	0.402	0.369	0.341
100	400	150	4.5	9	1.000	0.999	0.970	0.937	0.900	0.860	0.818	0.773	0.726	0.677	0.627	0.570	0.515	0.469	0.429	0.395	0.365

续表 19－2b

序号	H (mm)	B (mm)	t_w (mm)	t_f (mm) \ l_1 (m) 2	2.5	3	3.5	4	4.5	5	5.5	6	6.5	7	7.5	8	8.5	9	9.5	10
101	400	150	4.5	10	1.000	1.000	0.973	0.941	0.907	0.869	0.829	0.787	0.743	0.697	0.651	0.602	0.546	0.497	0.455	0.419	0.388
102	400	150	6	8	1.000	0.993	0.961	0.925	0.885	0.841	0.795	0.746	0.695	0.642	0.584	0.523	0.472	0.430	0.394	0.363	0.336
103	400	150	6	9	1.000	0.996	0.966	0.931	0.894	0.853	0.810	0.764	0.717	0.668	0.618	0.560	0.506	0.461	0.423	0.390	0.361
104	400	150	6	10	1.000	0.999	0.970	0.937	0.901	0.863	0.823	0.780	0.736	0.691	0.644	0.595	0.539	0.492	0.451	0.416	0.385
105	400	200	4.5	8	1.000	1.000	1.000	0.993	0.970	0.945	0.918	0.889	0.857	0.824	0.789	0.753	0.716	0.677	0.637	0.595	0.547
106	400	200	4.5	9	1.000	1.000	1.000	0.995	0.973	0.949	0.923	0.895	0.866	0.834	0.802	0.768	0.733	0.697	0.660	0.622	0.579
107	400	200	4.5	10	1.000	1.000	1.000	0.997	0.976	0.953	0.928	0.901	0.873	0.844	0.813	0.781	0.748	0.714	0.679	0.644	0.607
108	400	200	6	8	1.000	1.000	1.000	0.990	0.966	0.941	0.912	0.882	0.850	0.816	0.781	0.744	0.707	0.667	0.627	0.583	0.536
109	400	200	6	9	1.000	1.000	1.000	0.992	0.970	0.945	0.919	0.890	0.860	0.828	0.795	0.761	0.726	0.690	0.652	0.614	0.570
110	400	200	6	10	1.000	1.000	1.000	0.995	0.973	0.950	0.924	0.897	0.869	0.839	0.808	0.776	0.743	0.709	0.674	0.639	0.602
111	400	250	4.5	8	1.000	1.000	1.000	1.000	1.000	0.991	0.973	0.953	0.932	0.910	0.887	0.862	0.836	0.809	0.780	0.751	0.722
112	400	250	4.5	9	1.000	1.000	1.000	1.000	1.000	0.993	0.975	0.957	0.937	0.915	0.893	0.869	0.844	0.819	0.792	0.765	0.737
113	400	250	4.5	10	1.000	1.000	1.000	1.000	1.000	0.995	0.978	0.960	0.940	0.920	0.898	0.876	0.853	0.828	0.803	0.778	0.751
114	400	250	6	8	1.000	1.000	1.000	1.000	1.000	0.988	0.970	0.950	0.928	0.905	0.881	0.856	0.829	0.802	0.773	0.744	0.714
115	400	250	6	9	1.000	1.000	1.000	1.000	1.000	0.990	0.973	0.954	0.933	0.911	0.889	0.865	0.840	0.814	0.787	0.760	0.731
116	400	250	6	10	1.000	1.000	1.000	1.000	1.000	0.993	0.976	0.957	0.938	0.917	0.895	0.872	0.849	0.824	0.799	0.773	0.747
117	450	200	4.5	8	1.000	1.000	1.000	0.991	0.967	0.941	0.913	0.882	0.849	0.814	0.777	0.739	0.699	0.657	0.615	0.565	0.518
118	450	200	4.5	9	1.000	1.000	1.000	0.993	0.970	0.945	0.918	0.889	0.857	0.824	0.789	0.753	0.716	0.677	0.637	0.595	0.547
119	450	200	4.5	10	1.000	1.000	1.000	0.995	0.973	0.949	0.923	0.895	0.865	0.833	0.801	0.766	0.731	0.695	0.657	0.619	0.575
120	450	200	6	8	1.000	1.000	1.000	0.987	0.963	0.935	0.906	0.874	0.840	0.804	0.767	0.727	0.687	0.645	0.601	0.550	0.505

续表 19－2b

序号	H (mm)	B (mm)	t_w (mm)	t_f (mm) \ l_1 (m) 2	2.5	3	3.5	4	4.5	5	5.5	6	6.5	7	7.5	8	8.5	9	9.5	10
121	450	200	6	9	1.000	1.000	1.000	0.990	0.966	0.941	0.912	0.882	0.850	0.816	0.781	0.744	0.707	0.667	0.627	0.583	0.536
122	450	200	6	10	1.000	1.000	1.000	0.992	0.970	0.945	0.918	0.889	0.859	0.827	0.794	0.759	0.724	0.687	0.650	0.611	0.566
123	450	250	4.5	8	1.000	1.000	1.000	1.000	1.000	0.989	0.970	0.950	0.928	0.905	0.880	0.854	0.827	0.798	0.769	0.738	0.706
124	450	250	4.5	9	1.000	1.000	1.000	1.000	1.000	0.991	0.973	0.953	0.932	0.910	0.887	0.862	0.836	0.809	0.780	0.751	0.722
125	450	250	4.5	10	1.000	1.000	1.000	1.000	1.000	0.993	0.975	0.956	0.936	0.915	0.892	0.868	0.844	0.818	0.791	0.764	0.735
126	450	250	6	8	1.000	1.000	1.000	1.000	1.000	0.985	0.966	0.946	0.923	0.899	0.874	0.847	0.819	0.790	0.760	0.729	0.696
127	450	250	6	9	1.000	1.000	1.000	1.000	1.000	0.988	0.970	0.950	0.928	0.905	0.881	0.856	0.829	0.802	0.773	0.744	0.714
128	450	250	6	10	1.000	1.000	1.000	1.000	1.000	0.990	0.972	0.953	0.933	0.911	0.888	0.864	0.839	0.813	0.786	0.758	0.730
129	500	200	4.5	8	1.000	1.000	1.000	0.989	0.964	0.937	0.908	0.876	0.841	0.805	0.766	0.726	0.683	0.640	0.593	0.540	0.494
130	500	200	4.5	9	1.000	1.000	1.000	0.991	0.968	0.942	0.913	0.883	0.850	0.815	0.778	0.740	0.701	0.659	0.617	0.568	0.521
131	500	200	4.5	10	1.000	1.000	1.000	0.993	0.970	0.945	0.918	0.889	0.857	0.824	0.789	0.753	0.716	0.677	0.637	0.595	0.547
132	500	200	6	8	1.000	1.000	1.000	0.984	0.959	0.931	0.900	0.866	0.831	0.793	0.753	0.712	0.668	0.624	0.572	0.522	0.479
133	500	200	6	9	1.000	1.000	1.000	0.987	0.963	0.936	0.907	0.875	0.841	0.806	0.768	0.729	0.689	0.647	0.604	0.553	0.508
134	500	200	6	10	1.000	1.000	1.000	0.990	0.966	0.941	0.912	0.882	0.850	0.816	0.781	0.744	0.707	0.667	0.627	0.583	0.536
135	500	250	4.5	8	1.000	1.000	1.000	1.000	1.000	0.987	0.968	0.947	0.925	0.901	0.875	0.848	0.819	0.789	0.758	0.726	0.693
136	500	250	4.5	9	1.000	1.000	1.000	1.000	1.000	0.989	0.971	0.950	0.929	0.906	0.881	0.855	0.828	0.799	0.770	0.739	0.708
137	500	250	4.5	10	1.000	1.000	1.000	1.000	1.000	0.991	0.973	0.953	0.932	0.910	0.887	0.862	0.836	0.809	0.780	0.751	0.722
138	500	250	6	8	1.000	1.000	1.000	1.000	1.000	0.983	0.963	0.942	0.918	0.894	0.867	0.839	0.810	0.779	0.747	0.714	0.680
139	500	250	6	9	1.000	1.000	1.000	1.000	1.000	0.986	0.967	0.946	0.924	0.900	0.875	0.848	0.820	0.791	0.761	0.730	0.698
140	500	250	6	10	1.000	1.000	1.000	1.000	1.000	0.988	0.970	0.950	0.928	0.905	0.881	0.856	0.829	0.802	0.773	0.744	0.714

注：当跨中有侧向支撑时可按本表的 φ'_b 乘以 1.05。

表 19－2c　高频焊接 H 型钢（跨中一个侧向支撑，满跨均布荷载作用在上翼缘）稳定系数 φ_b'

序号	H	B	t_1 (mm)	t_2 (mm) \ l_1 (m): 2	2.5	3	3.5	4	4.5	5
1	100	50	2.3	3.2	0.694	0.559	0.446	0.371	0.319	0.280	0.249
2	100	50	3.2	4.5	0.784	0.696	0.610	0.517	0.448	0.395	0.354
3	100	100	4.5	6	0.981	0.948	0.915	0.882	0.850	0.817	0.785
4	100	100	6	8	0.999	0.975	0.952	0.928	0.906	0.883	0.860
5	120	120	3.2	4.5	0.986	0.947	0.905	0.860	0.815	0.769	0.722
6	120	120	4.5	6	0.995	0.963	0.930	0.897	0.863	0.829	0.796
7	150	75	3.2	4.5	0.856	0.768	0.677	0.582	0.489	0.422	0.371
8	150	75	4.5	6	0.888	0.821	0.753	0.686	0.620	0.547	0.486
9	150	100	3.2	4.5	0.942	0.882	0.818	0.751	0.682	0.613	0.535
10	150	100	3.2	6	0.958	0.909	0.859	0.808	0.756	0.705	0.653
11	150	100	4.5	6	0.955	0.907	0.857	0.806	0.755	0.704	0.654
12	150	150	3.2	6	1.000	0.989	0.960	0.928	0.895	0.861	0.826
13	150	150	4.5	6	1.000	0.988	0.958	0.926	0.893	0.859	0.825
14	150	150	6	8	1.000	0.997	0.974	0.949	0.924	0.899	0.874
15	200	100	3	3	0.905	0.820	0.720	0.610	0.488	0.401	0.338
16	200	100	3.2	4.5	0.926	0.856	0.777	0.692	0.604	0.506	0.434
17	200	100	3.2	6	0.942	0.882	0.818	0.751	0.682	0.613	0.535
18	200	100	4.5	6	0.937	0.877	0.812	0.745	0.676	0.607	0.530
19	200	100	6	8	0.953	0.904	0.854	0.804	0.753	0.703	0.653
20	200	150	3.2	4.5	1.000	0.973	0.933	0.889	0.840	0.788	0.733
21	200	150	3.2	6	1.000	0.980	0.946	0.907	0.866	0.823	0.779
22	200	150	4.5	6	1.000	0.978	0.942	0.904	0.862	0.819	0.775
23	200	150	6	8	1.000	0.986	0.956	0.924	0.891	0.858	0.824
24	200	200	6	8	1.000	1.000	1.000	0.980	0.958	0.934	0.910
25	250	125	3	3	0.960	0.901	0.830	0.748	0.657	0.551	0.456
26	250	125	3.2	4.5	0.972	0.920	0.859	0.791	0.716	0.637	0.546
27	250	125	3.2	6	0.980	0.933	0.880	0.822	0.760	0.695	0.628
28	250	125	4.5	6	0.975	0.927	0.873	0.814	0.751	0.685	0.618
29	250	125	4.5	8	0.985	0.944	0.899	0.850	0.801	0.749	0.698
30	250	125	6	8	0.982	0.940	0.894	0.846	0.796	0.745	0.694
31	250	150	3.2	4.5	1.000	0.966	0.924	0.875	0.820	0.761	0.698
32	250	150	3.2	6	1.000	0.974	0.936	0.893	0.846	0.796	0.743
33	250	150	4.5	6	1.000	0.970	0.931	0.887	0.839	0.788	0.735
34	250	150	4.5	8	1.000	0.980	0.946	0.909	0.869	0.828	0.786

续表 19-2c

序号	H	B	t_1(mm)	t_2(mm) \ l_1(m): 2	2.5	3	3.5	4	4.5	5
35	250	150	4.5	9	1.000	0.984	0.952	0.918	0.882	0.845	0.807
36	250	150	6	8	1.000	0.977	0.943	0.905	0.865	0.824	0.782
37	250	150	6	9	1.000	0.982	0.950	0.915	0.879	0.842	0.804
38	250	200	4.5	8	1.000	1.000	0.997	0.974	0.948	0.921	0.892
39	250	200	4.5	9	1.000	1.000	1.000	0.978	0.954	0.929	0.902
40	250	200	4.5	10	1.000	1.000	1.000	0.982	0.959	0.936	0.911
41	250	200	6	8	1.000	1.000	0.996	0.972	0.946	0.918	0.889
42	250	200	6	9	1.000	1.000	0.999	0.976	0.952	0.927	0.900
43	250	200	6	10	1.000	1.000	1.000	0.980	0.958	0.934	0.910
44	250	250	4.5	8	1.000	1.000	1.000	1.000	0.989	0.970	0.950
45	250	250	4.5	9	1.000	1.000	1.000	1.000	0.992	0.974	0.955
46	250	250	4.5	10	1.000	1.000	1.000	1.000	0.995	0.978	0.960
47	250	250	6	8	1.000	1.000	1.000	1.000	0.988	0.969	0.948
48	250	250	6	9	1.000	1.000	1.000	1.000	0.991	0.973	0.954
49	250	250	6	10	1.000	1.000	1.000	1.000	0.994	0.977	0.959
50	300	150	3.2	4.5	1.000	0.961	0.916	0.863	0.804	0.740	0.670
51	300	150	3.2	6	1.000	0.969	0.928	0.881	0.829	0.774	0.715

序号	H	B	t_1(mm)	t_2(mm) \ l_1(m): 2	2.5	3	3.5	4	4.5	5
52	300	150	4.5	6	1.000	0.964	0.921	0.873	0.819	0.762	0.702
53	300	150	4.5	8	1.000	0.974	0.936	0.895	0.850	0.803	0.754
54	300	150	4.5	9	1.000	0.978	0.942	0.904	0.862	0.819	0.775
55	300	150	4.5	10	1.000	0.981	0.948	0.912	0.873	0.834	0.793
56	300	150	6	8	1.000	0.970	0.932	0.889	0.844	0.796	0.747
57	300	150	6	9	1.000	0.975	0.939	0.899	0.858	0.814	0.770
58	300	150	6	10	1.000	0.979	0.945	0.908	0.870	0.830	0.790
59	300	200	4.5	8	1.000	1.000	0.993	0.968	0.940	0.909	0.877
60	300	200	4.5	9	1.000	1.000	0.996	0.972	0.945	0.917	0.887
61	300	200	4.5	10	1.000	1.000	0.998	0.975	0.950	0.923	0.895
62	300	200	6	8	1.000	1.000	0.991	0.965	0.936	0.905	0.873
63	300	200	6	9	1.000	1.000	0.994	0.969	0.942	0.914	0.883
64	300	200	6	10	1.000	1.000	0.997	0.973	0.948	0.921	0.893
65	300	250	4.5	8	1.000	1.000	1.000	1.000	0.985	0.964	0.942
66	300	250	4.5	9	1.000	1.000	1.000	1.000	0.988	0.968	0.947
67	300	250	4.5	10	1.000	1.000	1.000	1.000	0.990	0.972	0.952
68	300	250	6	8	1.000	1.000	1.000	1.000	0.983	0.962	0.939

续表 19-2c

序号	H	B	t_1 (mm)	t_2 (mm) \ l_1 (m) 2	2.5	3	3.5	4	4.5	5	序号	H	B	t_1 (mm)	t_2 (mm) \ l_1 (m) 2	2.5	3	3.5	4	4.5	5
69	300	250	6	9	1.000	1.000	1.000	1.000	0.986	0.966	0.945	86	350	175	6	10	1.000	0.998	0.970	0.938	0.904	0.867	0.829
70	300	250	6	10	1.000	1.000	1.000	1.000	0.989	0.970	0.950	87	350	200	4.5	8	1.000	1.000	0.990	0.963	0.933	0.900	0.865
71	350	150	3.2	4.5	0.997	0.957	0.908	0.853	0.790	0.721	0.646	88	350	200	4.5	9	1.000	1.000	0.993	0.967	0.938	0.907	0.874
72	350	150	3.2	6	1.000	0.965	0.921	0.871	0.816	0.756	0.691	89	350	200	4.5	10	1.000	1.000	0.995	0.970	0.943	0.914	0.883
73	350	150	4.5	6	0.998	0.959	0.913	0.861	0.803	0.740	0.673	90	350	200	6	8	1.000	1.000	0.987	0.959	0.928	0.895	0.859
74	350	150	4.5	8	1.000	0.969	0.928	0.883	0.834	0.781	0.726	91	350	200	6	9	1.000	1.000	0.990	0.964	0.934	0.903	0.869
75	350	150	4.5	9	1.000	0.973	0.934	0.892	0.846	0.798	0.747	92	350	200	6	10	1.000	1.000	0.993	0.968	0.940	0.910	0.879
76	350	150	4.5	10	1.000	0.976	0.940	0.900	0.857	0.812	0.766	93	350	250	4.5	8	1.000	1.000	1.000	1.000	0.982	0.960	0.936
77	350	150	6	8	1.000	0.964	0.922	0.875	0.825	0.771	0.715	94	350	250	4.5	9	1.000	1.000	1.000	1.000	0.984	0.963	0.941
78	350	150	6	9	1.000	0.969	0.929	0.886	0.839	0.790	0.739	95	350	250	4.5	10	1.000	1.000	1.000	1.000	0.987	0.967	0.945
79	350	150	6	10	1.000	0.973	0.936	0.895	0.852	0.807	0.760	96	350	250	6	8	1.000	1.000	1.000	0.999	0.979	0.956	0.932
80	350	175	4.5	6	1.000	0.990	0.956	0.917	0.874	0.826	0.775	97	350	250	6	9	1.000	1.000	1.000	1.000	0.982	0.961	0.937
81	350	175	4.5	8	1.000	0.996	0.966	0.931	0.893	0.852	0.808	98	350	250	6	10	1.000	1.000	1.000	1.000	0.985	0.964	0.942
82	350	175	45	9	1.000	0.998	0.969	0.937	0.901	0.862	0.822	99	400	150	4.5	8	1.000	0.964	0.921	0.873	0.819	0.762	0.702
83	350	175	4.5	10	1.000	1.000	0.973	0.942	0.908	0.872	0.834	100	400	150	4.5	9	1.000	0.968	0.927	0.882	0.832	0.779	0.723
84	350	175	6	8	1.000	0.993	0.961	0.926	0.887	0.844	0.800	101	400	150	4.5	10	1.000	0.972	0.933	0.890	0.843	0.794	0.742
85	350	175	6	9	1.000	0.996	0.966	0.932	0.896	0.857	0.815	102	400	150	6	8	0.997	0.959	0.914	0.863	0.808	0.749	0.688

续表 19－2c

序号	H	B	t_1 (mm)	t_2 (mm) \ l_1(m) 2	2.5	3	3.5	4	4.5	5	序号	H	B	t_1 (mm)	t_2 (mm) \ l_1(m) 2	2.5	3	3.5	4	4.5	5
103	400	150	6	9	1.000	0.964	0.921	0.874	0.823	0.769	0.712	122	450	200	6	10	1.000	1.000	0.986	0.958	0.927	0.893	0.856
104	400	150	6	10	1.000	0.968	0.928	0.883	0.836	0.786	0.734	123	450	250	4.5	8	1.000	1.000	1.000	0.998	0.976	0.952	0.926
105	400	200	4.5	8	1.000	1.000	0.987	0.959	0.927	0.892	0.855	124	450	250	4.5	9	1.000	1.000	1.000	0.999	0.979	0.956	0.931
106	400	200	4.5	9	1.000	1.000	0.990	0.963	0.932	0.899	0.864	125	450	250	4.5	10	1.000	1.000	1.000	1.000	0.981	0.959	0.935
107	400	200	4.5	10	1.000	1.000	0.992	0.966	0.937	0.906	0.872	126	450	250	6	8	1.000	1.000	1.000	0.995	0.972	0.948	0.920
108	400	200	6	8	1.000	1.000	0.984	0.954	0.921	0.885	0.847	127	450	250	6	9	1.000	1.000	1.000	0.997	0.975	0.952	0.926
109	400	200	6	9	1.000	1.000	0.987	0.959	0.927	0.894	0.857	128	450	250	6	10	1.000	1.000	1.000	0.999	0.978	0.955	0.931
110	400	200	6	10	1.000	1.000	0.989	0.963	0.933	0.901	0.867	129	500	200	4.5	8	1.000	1.000	0.982	0.952	0.917	0.879	0.837
111	400	250	4.5	8	1.000	1.000	1.000	0.999	0.979	0.956	0.931	130	500	200	4.5	9	1.000	1.000	0.985	0.955	0.922	0.886	0.846
112	400	250	4.5	9	1.000	1.000	1.000	1.000	0.981	0.959	0.935	131	500	200	4.5	10	1.000	1.000	0.987	0.959	0.927	0.892	0.855
113	400	250	4.5	10	1.000	1.000	1.000	1.000	0.984	0.962	0.939	132	500	200	6	8	1.000	1.000	0.977	0.945	0.909	0.869	0.826
114	400	250	6	8	1.000	1.000	1.000	0.997	0.975	0.952	0.926	133	500	200	6	9	1.000	1.000	0.981	0.950	0.916	0.878	0.837
115	400	250	6	9	1.000	1.000	1.000	0.999	0.979	0.956	0.931	134	500	200	6	10	1.000	1.000	0.984	0.954	0.921	0.885	0.847
116	400	250	6	10	1.000	1.000	1.000	1.000	0.981	0.960	0.936	135	500	250	4.5	8	1.000	1.000	1.000	0.996	0.974	0.949	0.922
117	450	200	4.5	8	1.000	1.000	0.985	0.955	0.922	0.885	0.846	136	500	250	4.5	9	1.000	1.000	1.000	0.998	0.976	0.953	0.927
118	450	200	4.5	9	1.000	1.000	0.987	0.959	0.927	0.892	0.855	137	500	250	4.5	10	1.000	1.000	1.000	0.999	0.979	0.956	0.931
119	450	200	4.5	10	1.000	1.000	0.989	0.962	0.932	0.898	0.863	138	500	250	6	8	1.000	1.000	1.000	0.992	0.969	0.944	0.915
120	450	200	6	8	1.000	1.000	0.980	0.950	0.915	0.877	0.836	139	500	250	6	9	1.000	1.000	1.000	0.995	0.973	0.948	0.921
121	450	200	6	9	1.000	1.000	0.984	0.954	0.921	0.885	0.847	140	500	250	6	10	1.000	1.000	1.000	0.997	0.975	0.952	0.926

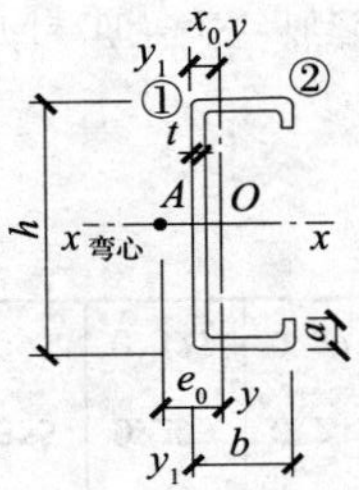

表 19－3a　卷边槽钢（C 形钢）简支梁（跨中无侧向支承，均布荷载作用在上翼缘）整体稳定系数 φ_b'

序号	h	b	a	t \ l_1	2.0	2.5	3.0	3.5	4.0	4.5	5.0	5.5	6.0	6.5	7.0	7.5	8.0	8.5	9.0	9.5	10.0
1	80	40	15	2.0	0.726	0.549	0.434	0.361	0.311	0.273	0.245	0.222	0.204	0.188	0.175	0.164	0.154	0.145	0.138	0.131	0.124
2	100	50	15	2.5	0.801	0.678	0.529	0.436	0.372	0.326	0.290	0.263	0.240	0.222	0.206	0.193	0.181	0.171	0.162	0.154	0.146
3	120	50	20	2.2	0.816	0.680	0.507	0.401	0.332	0.283	0.247	0.220	0.198	0.181	0.166	0.154	0.144	0.135	0.127	0.121	0.115
4	120	50	20	2.5	0.815	0.691	0.524	0.422	0.353	0.305	0.269	0.241	0.219	0.200	0.185	0.173	0.162	0.152	0.144	0.136	0.130
5	120	60	20	3.0	0.886	0.798	0.706	0.573	0.481	0.416	0.367	0.330	0.300	0.275	0.255	0.237	0.222	0.209	0.198	0.188	0.178
6	140	50	20	2.0	0.794	0.619	0.453	0.352	0.286	0.241	0.207	0.182	0.163	0.147	0.135	0.124	0.115	0.108	0.101	0.096	0.091
7	140	50	20	2.2	0.797	0.631	0.466	0.366	0.300	0.254	0.220	0.195	0.175	0.159	0.146	0.135	0.126	0.118	0.111	0.105	0.099
8	140	50	20	2.5	0.801	0.648	0.485	0.386	0.320	0.273	0.239	0.213	0.193	0.176	0.162	0.151	0.141	0.132	0.125	0.118	0.112
9	140	60	20	3.0	0.872	0.774	0.649	0.518	0.431	0.369	0.324	0.289	0.262	0.240	0.221	0.206	0.192	0.181	0.171	0.162	0.154
10	160	60	20	2.0	0.857	0.736	0.554	0.423	0.337	0.278	0.236	0.204	0.180	0.161	0.145	0.132	0.122	0.113	0.105	0.099	0.093
11	160	60	20	2.0	0.858	0.739	0.563	0.433	0.347	0.288	0.246	0.214	0.190	0.170	0.155	0.142	0.131	0.122	0.114	0.107	0.101
12	160	60	20	2.5	0.859	0.744	0.576	0.447	0.363	0.304	0.262	0.230	0.205	0.185	0.169	0.156	0.145	0.135	0.127	0.120	0.113
13	160	70	20	3.0	0.910	0.822	0.724	0.582	0.474	0.399	0.345	0.304	0.272	0.246	0.225	0.208	0.193	0.181	0.170	0.161	0.152
14	180	70	20	2.0	0.905	0.806	0.683	0.515	0.405	0.330	0.276	0.236	0.205	0.181	0.162	0.147	0.134	0.123	0.114	0.106	0.099
15	180	70	20	2.2	0.904	0.805	0.684	0.518	0.410	0.335	0.282	0.242	0.212	0.188	0.169	0.153	0.140	0.130	0.120	0.112	0.106

续表 19－3a

序号	h	b	a	t \ l_1	2.0	2.5	3.0	3.5	4.0	4.5	5.0	5.5	6.0	6.5	7.0	7.5	8.0	8.5	9.0	9.5	10.0
16	180	70	20	2.5	0.904	0.807	0.692	0.528	0.421	0.348	0.295	0.255	0.225	0.201	0.181	0.166	0.153	0.141	0.132	0.124	0.117
17	180	70	20	3.0	0.904	0.811	0.707	0.552	0.446	0.373	0.320	0.280	0.250	0.225	0.205	0.189	0.175	0.164	0.154	0.145	0.137
18	200	70	20	2.0	0.901	0.799	0.665	0.499	0.391	0.318	0.265	0.225	0.195	0.172	0.153	0.138	0.125	0.115	0.106	0.099	0.092
19	200	70	20	2.2	0.900	0.798	0.664	0.500	0.394	0.321	0.269	0.230	0.201	0.177	0.159	0.144	0.131	0.121	0.112	0.104	0.098
20	200	70	20	2.5	0.899	0.798	0.669	0.508	0.403	0.331	0.279	0.241	0.211	0.188	0.169	0.154	0.141	0.131	0.122	0.114	0.107
21	200	70	20	3.0	0.899	0.802	0.685	0.527	0.423	0.352	0.301	0.262	0.232	0.209	0.190	0.174	0.161	0.150	0.140	0.132	0.125
22	200	75	20	2.0	0.919	0.825	0.714	0.543	0.424	0.342	0.283	0.240	0.206	0.181	0.160	0.143	0.130	0.118	0.109	0.100	0.093
23	220	75	20	2.2	0.919	0.826	0.715	0.547	0.428	0.347	0.288	0.245	0.212	0.186	0.166	0.149	0.135	0.124	0.114	0.106	0.099
24	220	75	20	2.5	0.918	0.825	0.717	0.552	0.435	0.354	0.297	0.254	0.221	0.195	0.175	0.158	0.144	0.133	0.123	0.115	0.107
25	220	75	25	3.0	0.934	0.852	0.756	0.621	0.492	0.404	0.340	0.293	0.257	0.228	0.206	0.187	0.171	0.158	0.147	0.138	0.130
26	250	75	20	2.2	0.914	0.818	0.703	0.528	0.412	0.332	0.275	0.233	0.201	0.176	0.156	0.139	0.126	0.115	0.106	0.098	0.091
27	250	75	20	2.5	0.913	0.817	0.704	0.531	0.417	0.338	0.281	0.240	0.208	0.183	0.163	0.147	0.133	0.122	0.113	0.105	0.098
28	250	75	25	3.0	0.929	0.843	0.742	0.593	0.468	0.382	0.320	0.274	0.239	0.212	0.190	0.172	0.157	0.145	0.134	0.125	0.117
29	280	80	20	2.5	0.929	0.841	0.736	0.576	0.449	0.362	0.299	0.253	0.218	0.191	0.169	0.151	0.137	0.124	0.114	0.105	0.098
30	280	80	25	3.0	0.942	0.862	0.767	0.635	0.497	0.403	0.335	0.285	0.247	0.217	0.193	0.174	0.158	0.145	0.133	0.124	0.116
31	300	80	20	2.5	0.927	0.838	0.731	0.567	0.441	0.355	0.293	0.248	0.213	0.185	0.164	0.146	0.132	0.120	0.110	0.101	0.094
32	300	80	25	3.0	0.940	0.858	0.761	0.622	0.486	0.393	0.327	0.277	0.239	0.210	0.186	0.167	0.152	0.139	0.128	0.118	0.110

注：1　见 19－3a 表头说明，下同。

2　表中 l_1 为上翼缘无支长度。

3　本表中 C 型钢的抗弯承载力设计值 $M_x=\varphi'_b W_{ex} f$。

4　表中荷载作用在上翼缘，指荷载作用点在翼缘表面，方向指向载面形心，荷载作用下翼缘指荷载作用点在翼缘表面，方向背向截面形心。$e_a=h/2$。

表 19-3b 卷边槽钢（C 形钢）简支梁（跨中无侧向支承，均布荷载作用在下翼缘）整体稳定系数 φ_b'

序号	h	b	a	t \ l_1	2.0	2.5	3.0	3.5	4.0	4.5	5.0	5.5	6.0	6.5	7.0	7.5	8.0	8.5	9.0	9.5	10.0
1	80	40	15	2.0	0.917	0.836	0.748	0.629	0.516	0.436	0.376	0.331	0.295	0.266	0.242	0.222	0.205	0.191	0.178	0.167	0.157
2	100	50	15	2.5	0.962	0.900	0.831	0.758	0.667	0.559	0.480	0.419	0.372	0.334	0.303	0.277	0.255	0.236	0.220	0.206	0.194
3	120	50	20	2.2	0.973	0.911	0.841	0.762	0.662	0.544	0.458	0.394	0.345	0.306	0.274	0.248	0.227	0.208	0.193	0.179	0.167
4	120	50	20	2.5	0.972	0.912	0.843	0.768	0.680	0.563	0.478	0.413	0.364	0.324	0.292	0.266	0.243	0.224	0.208	0.194	0.182
5	120	60	20	3.0	1.000	0.958	0.908	0.853	0.794	0.733	0.650	0.564	0.496	0.443	0.399	0.363	0.333	0.307	0.285	0.266	0.249
6	140	50	20	2.0	0.969	0.905	0.829	0.743	0.619	0.504	0.420	0.358	0.311	0.273	0.243	0.219	0.199	0.182	0.167	0.155	0.144
7	140	50	20	2.2	0.970	0.906	0.831	0.748	0.631	0.515	0.432	0.370	0.322	0.284	0.254	0.229	0.208	0.191	0.176	0.163	0.152
8	140	50	20	2.5	0.969	0.906	0.834	0.754	0.646	0.531	0.448	0.386	0.338	0.300	0.269	0.244	0.222	0.205	0.189	0.176	0.165
9	140	60	20	3.0	1.000	0.954	0.900	0.841	0.778	0.710	0.608	0.524	0.459	0.408	0.366	0.332	0.303	0.279	0.258	0.240	0.225
10	160	60	20	2.0	0.999	0.949	0.890	0.821	0.745	0.637	0.527	0.444	0.382	0.333	0.293	0.262	0.236	0.214	0.195	0.179	0.166
11	160	60	20	2.2	0.999	0.950	0.891	0.823	0.748	0.646	0.535	0.453	0.391	0.342	0.302	0.270	0.244	0.222	0.203	0.187	0.174
12	160	60	20	2.5	0.999	0.949	0.891	0.825	0.753	0.658	0.548	0.466	0.404	0.355	0.315	0.283	0.256	0.234	0.215	0.199	0.185
13	160	70	20	3.0	1.000	0.982	0.937	0.887	0.831	0.772	0.709	0.611	0.530	0.466	0.415	0.373	0.339	0.310	0.285	0.264	0.245
14	180	70	20	2.0	1.000	0.981	0.934	0.880	0.818	0.750	0.660	0.553	0.472	0.409	0.358	0.317	0.284	0.256	0.232	0.212	0.195
15	180	70	20	2.2	1.000	0.980	0.933	0.879	0.818	0.750	0.662	0.556	0.475	0.413	0.363	0.322	0.289	0.261	0.238	0.218	0.201
16	180	70	20	2.5	1.000	0.980	0.933	0.879	0.819	0.753	0.671	0.566	0.486	0.423	0.373	0.333	0.299	0.272	0.248	0.228	0.211

续表 19－3b

序号	h	b	a	t \ l_1	2.0	2.5	3.0	3.5	4.0	4.5	5.0	5.5	6.0	6.5	7.0	7.5	8.0	8.5	9.0	9.5	10.0
17	180	70	20	3.0	1.000	0.980	0.934	0.882	0.824	0.761	0.691	0.587	0.507	0.445	0.395	0.354	0.320	0.292	0.268	0.248	0.230
18	200	70	20	2.0	1.000	0.980	0.932	0.877	0.814	0.744	0.648	0.542	0.461	0.398	0.348	0.308	0.275	0.247	0.224	0.205	0.188
19	200	70	20	2.2	1.000	0.979	0.931	0.876	0.813	0.744	0.648	0.543	0.463	0.401	0.352	0.312	0.279	0.252	0.229	0.209	0.192
20	200	70	20	2.5	1.000	0.978	0.931	0.876	0.814	0.746	0.654	0.550	0.471	0.410	0.360	0.321	0.288	0.260	0.237	0.218	0.201
21	200	70	20	3.0	1.000	0.978	0.931	0.877	0.817	0.752	0.670	0.568	0.489	0.428	0.378	0.338	0.305	0.278	0.254	0.234	0.217
22	220	75	20	2.0	1.000	0.992	0.949	0.898	0.841	0.777	0.707	0.596	0.506	0.436	0.380	0.335	0.298	0.267	0.242	0.220	0.201
23	220	75	20	2.2	1.000	0.991	0.948	0.898	0.842	0.779	0.709	0.600	0.510	0.440	0.385	0.340	0.303	0.272	0.247	0.225	0.206
24	220	75	20	2.5	1.000	0.991	0.948	0.898	0.842	0.779	0.711	0.605	0.516	0.447	0.392	0.347	0.310	0.280	0.254	0.232	0.214
25	220	75	25	3.0	1.000	0.998	0.958	0.913	0.861	0.805	0.743	0.663	0.568	0.493	0.434	0.386	0.346	0.313	0.286	0.262	0.242
26	250	75	20	2.2	1.000	0.990	0.946	0.894	0.836	0.771	0.700	0.584	0.496	0.427	0.372	0.328	0.292	0.262	0.237	0.215	0.197
27	250	75	20	2.5	1.000	0.989	0.945	0.894	0.836	0.771	0.701	0.587	0.499	0.431	0.377	0.333	0.297	0.268	0.242	0.221	0.203
28	250	75	25	3.0	1.000	0.996	0.955	0.908	0.855	0.796	0.732	0.641	0.548	0.474	0.416	0.369	0.330	0.298	0.271	0.248	0.228
29	280	80	20	2.5	1.000	0.999	0.959	0.912	0.859	0.800	0.735	0.641	0.544	0.468	0.408	0.360	0.320	0.287	0.259	0.236	0.215
30	280	80	25	3.0	1.000	1.000	0.968	0.925	0.875	0.821	0.761	0.695	0.591	0.510	0.446	0.394	0.352	0.316	0.286	0.261	0.239
31	300	80	20	2.5	1.000	0.998	0.958	0.910	0.857	0.796	0.730	0.632	0.536	0.461	0.402	0.353	0.314	0.281	0.254	0.230	0.211
32	300	80	25	3.0	1.000	1.000	0.966	0.922	0.873	0.817	0.756	0.683	0.581	0.501	0.437	0.386	0.344	0.309	0.279	0.254	0.233

注：同表 19－3a。

表 19 –3c 卷边槽钢（C 形钢）简支梁（跨中设一道侧向支承，均布荷载作用在上翼缘）整体稳定系数 φ_b'

序号	h	b	a	t \ l_1	2.0	2.5	3.0	3.5	4.0	4.5	5.0	序号	h	b	a	t \ l_1	2.0	2.5	3.0	3.5	4.0	4.5	5.0
1	80	40	15	2.0	0.854	0.760	0.641	0.523	0.442	0.384	0.340	17	180	70	20	3.0	0.978	0.920	0.854	0.782	0.705	0.587	0.499
2	100	50	15	2.5	0.907	0.830	0.749	0.648	0.544	0.469	0.413	18	200	70	20	2.0	0.977	0.916	0.842	0.758	0.643	0.519	0.430
3	120	50	20	2.2	0.919	0.835	0.744	0.617	0.503	0.424	0.365	19	200	70	20	2.2	0.976	0.914	0.841	0 758	0.645	0.523	0.435
4	120	50	20	2.5	0.918	0.838	0.753	0.641	0.529	0.450	0.392	20	200	70	20	2.5	0.976	0.914	0.843	0.762	0.656	0.534	0.447
5	120	60	20	3.0	0.963	0.904	0.841	0.776	0.711	0.614	0.535	21	200	70	20	3.0	0.975	0.915	0.846	0.770	0.680	0.560	0.473
6	140	50	20	2.0	0.908	0.816	0.711	0.555	0.446	0.371	0.316	22	220	75	20	2.0	0.988	0.932	0.865	0.787	0.700	0.563	0.464
7	140	50	20	2.2	0.909	0.820	0.719	0.571	0.463	0.387	0.332	23	220	75	20	2.2	0.988	0.932	0.865	0.789	0.703	0.569	0.471
8	140	50	20	2.5	0.911	0.825	0.730	0.595	0.487	0.411	0.355	24	220	75	20	2.5	0.987	0.932	0.866	0.791	0.707	0.578	0.481
9	140	60	20	3.0	0.956	0.892	0.822	0.749	0.657	0.556	0.481	25	220	75	25	3.0	0.996	0.946	0.887	0.820	0.747	0.649	0.543
10	160	60	20	2.0	0.949	0.874	0.787	0.683	0.540	0.442	0.371	26	250	75	20	2.2	0.986	0.928	0.859	0.780	0.684	0.549	0.453
11	160	60	20	2.2	0.949	0.876	0.791	0.695	0.553	0.455	0.384	27	250	75	20	2.5	0.985	0.927	0.859	0.780	0.688	0.555	0.460
12	160	60	20	2.5	0.949	0.877	0.796	0.706	0.571	0.474	0.403	28	250	75	25	3.0	0.994	0.941	0.880	0.810	0.732	0.619	0.516
13	160	70	20	3.0	0.981	0.925	0.863	0.795	0.724	0.621	0.530	29	280	80	20	2.5	0.995	0.942	0.879	0.806	0.724	0.600	0.494
14	180	70	20	2.0	0.979	0.919	0.848	0.767	0.661	0.535	0.445	30	280	80	25	3.0	1.000	0.954	0.896	0.830	0.757	0.661	0.547
15	180	70	20	2.2	0.978	0.918	0.847	0.767	0.666	0.541	0.452	31	300	80	20	2.5	0.994	0.940	0.876	0.802	0.719	0.590	0.485
16	180	70	20	2.5	0.978	0.919	0.849	0.772	0.679	0.556	0.467	32	300	80	25	3.0	1.000	0.952	0.893	0.826	0.750	0.647	0.534

注：同表 19 –3a。

表 19-3d　卷边槽钢（C 形钢）简支梁（跨中设一道侧向支承，均布荷载作用在下翼缘）整体稳定系数 φ'_b

序号	h	b	a	t \ l_1	2.0	2.5	3.0	3.5	4.0	4.5	5.0	序号	h	b	a	t \ l_1	2.0	2.5	3.0	3.5	4.0	4.5	5.0
1	80	40	15	2.0	0.903	0.822	0.737	0.620	0.517	0.443	0.387	17	180	70	20	3.0	1.000	0.963	0.912	0.855	0.793	0.728	0.634
2	100	50	15	2.5	0.948	0.884	0.815	0.743	0.651	0.554	0.482	18	200	70	20	2.0	1.000	0.962	0.907	0.844	0.773	0.691	0.569
3	120	50	20	2.2	0.959	0.892	0.818	0.737	0.623	0.518	0.442	19	200	70	20	2.2	1.000	0.961	0.906	0.843	0.772	0.692	0.572
4	120	50	20	2.5	0.958	0.894	0.823	0.747	0.648	0.544	0.468	20	200	70	20	2.5	1.000	0.960	0.906	0.844	0.776	0.701	0.583
5	120	60	20	3.0	0.992	0.945	0.893	0.838	0.780	0.721	0.638	21	200	70	20	3.0	1.000	0.960	0.908	0.848	0.783	0.714	0.608
6	140	50	20	2.0	0.953	0.881	0.798	0.707	0.567	0.466	0.394	22	220	75	20	2.0	1.000	0.974	0.925	0.867	0.801	0.729	0.621
7	140	50	20	2.2	0.953	0.883	0.803	0.715	0.583	0.482	0.409	23	220	75	20	2.2	1.000	0.974	0.925	0.867	0.803	0.732	0.627
8	140	50	20	2.5	0.954	0.886	0.809	0.726	0.606	0.505	0.431	24	220	75	20	2.5	1.000	0.974	0.924	0.868	0.804	0.735	0.636
9	140	60	20	3.0	0.988	0.938	0.881	0.820	0.756	0.683	0.584	25	220	75	25	3.0	1.000	0.983	0.938	0.887	0.830	0.769	0.703
10	160	60	20	2.0	0.985	0.929	0.862	0.786	0.703	0.573	0.477	26	250	75	20	2.2	1.000	0.972	0.921	0.862	0.795	0.721	0.607
11	160	60	20	2.2	0.985	0.929	0.864	0.790	0.709	0.585	0.489	27	250	75	20	2.5	1.000	0.971	0.920	0.862	0.795	0.723	0.613
12	160	60	20	2.5	0.985	0.930	0.866	0.795	0.718	0.602	0.507	28	250	75	25	3.0	1.000	0.980	0.934	0.881	0.821	0.756	0.677
13	160	70	20	3.0	1.000	0.966	0.917	0.863	0.805	0.743	0.665	29	280	80	20	2.5	1.000	0.982	0.936	0.882	0.821	0.753	0.665
14	180	70	20	2.0	1.000	0.964	0.910	0.848	0.779	0.704	0.585	30	280	80	25	3.0	1.000	0.990	0.947	0.898	0.842	0.781	0.714
15	180	70	20	2.2	1.000	0.963	0.909	0.848	0.780	0.706	0.590	31	300	80	20	2.5	1.000	0.981	0.934	0.879	0.817	0.748	0.655
16	180	70	20	2.5	1.000	0.963	0.910	0.850	0.784	0.713	0.604	32	300	80	25	3.0	1.000	0.989	0.945	0.895	0.838	0.775	0.707

注：同表 19-3a。

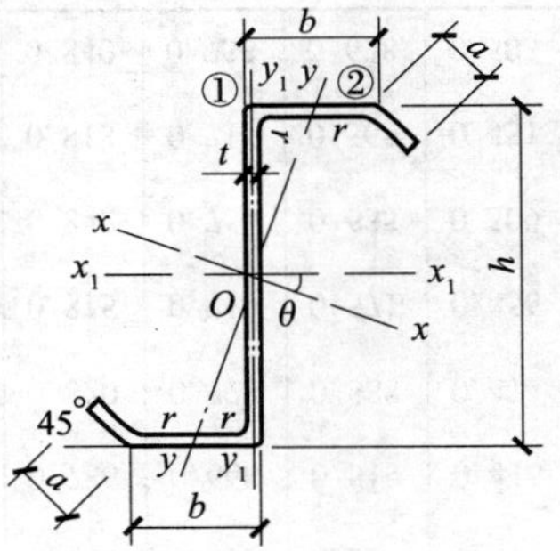

I——截面惯性矩；
W——截面模量；
i——截面回转半径；
I_t——截面抗扭惯性矩；
I_ω——截面扇性惯性矩；
W_ω——截面扇性模量；
k——弯扭特性系数 $\left(k=\sqrt{\dfrac{GI_t}{EI_\omega}}\right)$

表 19－4a　斜卷边 Z 形钢简支梁（跨中无侧向支承，均布荷载作用在上翼缘）整体稳定系数 φ_b'

序号	h	b	a	t ＼ l_1	2.0	2.5	3.0	3.5	4.0	4.5	5.0	5.5	6.0	6.5	7.0	7.5	8.0	8.5	9.0	9.5	10.0
1	120	50	20	2.2	0.819	0.672	0.491	0.380	0.308	0.258	0.222	0.194	0.173	0.156	0.142	0.131	0.121	0.113	0.106	0.100	0.094
2	120	50	20	2.5	0.851	0.735	0.568	0.445	0.365	0.308	0.267	0.236	0.211	0.191	0.175	0.162	0.151	0.141	0.132	0.125	0.118
3	120	50	20	3.0	0.857	0.751	0.607	0.484	0.402	0.344	0.302	0.269	0.243	0.222	0.204	0.190	0.177	0.166	0.157	0.148	0.141
4	140	50	20	2.0	0.847	0.721	0.532	0.406	0.324	0.267	0.226	0.196	0.172	0.154	0.139	0.127	0.116	0.108	0.101	0.094	0.089
5	140	50	20	2.2	0.848	0.725	0.541	0.416	0.334	0.277	0.236	0.205	0.182	0.163	0.148	0.135	0.125	0.116	0.108	0.102	0.096
6	140	50	20	2.5	0.848	0.727	0.550	0.427	0.346	0.289	0.249	0.218	0.194	0.175	0.160	0.147	0.136	0.127	0.119	0.112	0.106
7	140	60	20	3.0	0.855	0.744	0.587	0.462	0.380	0.323	0.281	0.249	0.223	0.203	0.186	0.172	0.161	0.150	0.141	0.134	0.127
8	160	60	20	2.0	0.901	0.799	0.665	0.501	0.394	0.320	0.267	0.228	0.198	0.175	0.156	0.141	0.128	0.118	0.109	0.101	0.095
9	160	60	20	2.2	0.901	0.800	0.671	0.507	0.401	0.328	0.275	0.236	0.206	0.182	0.163	0.148	0.135	0.125	0.116	0.108	0.101
10	160	60	20	2.5	0.901	0.803	0.682	0.519	0.413	0.340	0.288	0.248	0.218	0.194	0.175	0.160	0.147	0.136	0.126	0.118	0.111
11	160	60	20	3.0	0.903	0.809	0.702	0.543	0.438	0.365	0.312	0.272	0.241	0.217	0.197	0.181	0.167	0.156	0.146	0.137	0.129
12	180	70	20	2.0	0.939	0.856	0.758	0.614	0.478	0.385	0.319	0.269	0.232	0.202	0.179	0.160	0.145	0.132	0.121	0.111	0.103

续表 19－4a

序号	h	b	a	t \ l_1	2.0	2.5	3.0	3.5	4.0	4.5	5.0	5.5	6.0	6.5	7.0	7.5	8.0	8.5	9.0	9.5	10.0
13	180	70	20	2.2	0.939	0.857	0.759	0.618	0.483	0.391	0.325	0.275	0.238	0.208	0.185	0.166	0.150	0.137	0.126	0.117	0.109
14	180	70	20	2.5	0.939	0.858	0.762	0.627	0.493	0.401	0.335	0.286	0.248	0.219	0.195	0.176	0.160	0.147	0.136	0.126	0.118
15	180	70	20	3.0	0.939	0.860	0.768	0.645	0.512	0.420	0.354	0.305	0.268	0.238	0.214	0.195	0.179	0.165	0.153	0.143	0.135
16	200	70	20	2.0	0.940	0.857	0.758	0.612	0.476	0.382	0.315	0.266	0.228	0.198	0.175	0.156	0.140	0.127	0.117	0.107	0.099
17	200	70	20	2.2	0.940	0.858	0.759	0.617	0.481	0.388	0.321	0.271	0.233	0.204	0.180	0.161	0.146	0.133	0.122	0.112	0.104
18	200	70	20	2.5	0.940	0.858	0.761	0.623	0.488	0.395	0.329	0.279	0.242	0.212	0.189	0.170	0.154	0.141	0.130	0.120	0.112
19	200	70	20	3.0	0.939	0.859	0.765	0.635	0.502	0.410	0.344	0.295	0.258	0.228	0.204	0.185	0.169	0.156	0.145	0.135	0.126
20	220	75	20	2.0	0.955	0.880	0.790	0.676	0.523	0.419	0.344	0.289	0.247	0.214	0.188	0.167	0.149	0.135	0.123	0.112	0.104
21	220	75	20	2.2	0.955	0.880	0.791	0.679	0.527	0.423	0.348	0.293	0.251	0.218	0.192	0.171	0.154	0.139	0.127	0.117	0.108
22	220	75	20	2.5	0.955	0.880	0.792	0.683	0.532	0.429	0.355	0.300	0.258	0.225	0.199	0.178	0.161	0.146	0.134	0.124	0.115
23	220	75	25	3.0	0.968	0.901	0.822	0.733	0.598	0.484	0.402	0.342	0.296	0.259	0.230	0.207	0.188	0.172	0.158	0.146	0.136
24	250	75	20	2.0	0.953	0.877	0.785	0.664	0.513	0.410	0.336	0.281	0.239	0.207	0.181	0.160	0.143	0.129	0.117	0.107	0.098
25	250	75	20	2.2	0.953	0.877	0.785	0.665	0.515	0.412	0.338	0.284	0.242	0.210	0.184	0.164	0.147	0.132	0.121	0.110	0.102
26	250	75	20	2.5	0.952	0.877	0.786	0.668	0.519	0.416	0.343	0.289	0.248	0.216	0.190	0.169	0.152	0.138	0.126	0.116	0.107
27	250	75	25	3.0	0.967	0.900	0.820	0.728	0.588	0.474	0.392	0.332	0.286	0.250	0.221	0.198	0.179	0.163	0.149	0.138	0.128
28	280	80	20	2.5	0.967	0.898	0.815	0.719	0.571	0.456	0.375	0.314	0.268	0.232	0.204	0.181	0.162	0.146	0.133	0.122	0.112
29	280	80	25	3.0	0.978	0.916	0.842	0.756	0.635	0.509	0.420	0.353	0.302	0.263	0.231	0.206	0.185	0.168	0.153	0.141	0.130
30	300	80	20	2.5	0.966	0.896	0.813	0.716	0.565	0.451	0.370	0.310	0.264	0.228	0.200	0.177	0.158	0.143	0.129	0.118	0.109
31	300	80	25	3.0	0.977	0.915	0.840	0.753	0.628	0.503	0.414	0.347	0.297	0.258	0.227	0.201	0.181	0.163	0.149	0.137	0.126

表 19－4b 斜卷边 Z 形钢简支梁（跨中无侧向支承，均布荷载作用在下翼缘）整体稳定系数 φ_b'

序号	h	b	a	t \ l_1	2.0	2.5	3.0	3.5	4.0	4.5	5.0	5.5	6.0	6.5	7.0	7.5	8.0	8.5	9.0	9.5	10.0
1	120	50	20	2.2	0.956	0.884	0.801	0.707	0.563	0.460	0.385	0.329	0.286	0.253	0.225	0.203	0.185	0.169	0.156	0.145	0.135
2	120	50	20	2.5	0.970	0.908	0.835	0.755	0.648	0.532	0.448	0.385	0.337	0.299	0.268	0.242	0.221	0.204	0.188	0.175	0.164
3	120	50	20	3.0	0.971	0.911	0.843	0.768	0.681	0.565	0.480	0.417	0.367	0.328	0.296	0.269	0.247	0.228	0.212	0.198	0.185
4	140	50	20	2.0	0.971	0.907	0.830	0.743	0.616	0.498	0.413	0.350	0.302	0.264	0.234	0.210	0.189	0.173	0.158	0.146	0.135
5	140	50	20	2.2	0.971	0.907	0.832	0.746	0.624	0.506	0.422	0.359	0.311	0.273	0.242	0.218	0.197	0.180	0.166	0.153	0.142
6	140	50	20	2.5	0.970	0.906	0.832	0.748	0.631	0.515	0.431	0.369	0.321	0.283	0.253	0.228	0.207	0.190	0.175	0.162	0.151
7	140	50	20	3.0	0.972	0.911	0.840	0.763	0.665	0.548	0.463	0.399	0.350	0.311	0.279	0.253	0.232	0.213	0.198	0.184	0.172
8	160	60	20	2.0	0.999	0.948	0.888	0.817	0.738	0.623	0.513	0.431	0.369	0.320	0.281	0.250	0.224	0.203	0.185	0.169	0.156
9	160	60	20	2.2	0.999	0.948	0.888	0.819	0.741	0.629	0.519	0.438	0.375	0.327	0.288	0.257	0.231	0.209	0.191	0.175	0.162
10	160	60	20	2.5	0.999	0.948	0.889	0.821	0.745	0.640	0.530	0.449	0.387	0.338	0.299	0.268	0.242	0.220	0.201	0.186	0.172
11	160	60	20	3.0	0.998	0.949	0.891	0.826	0.754	0.662	0.552	0.471	0.408	0.359	0.320	0.288	0.261	0.239	0.220	0.204	0.190
12	180	70	20	2.0	1.000	0.978	0.929	0.872	0.807	0.736	0.631	0.528	0.449	0.387	0.338	0.299	0.267	0.240	0.217	0.198	0.181
13	180	70	20	2.2	1.000	0.978	0.929	0.872	0.808	0.738	0.636	0.533	0.454	0.393	0.344	0.304	0.272	0.245	0.223	0.203	0.187
14	180	70	20	2.5	1.000	0.977	0.929	0.873	0.810	0.741	0.644	0.541	0.463	0.402	0.353	0.314	0.281	0.254	0.232	0.212	0.195
15	180	70	20	3.0	1.000	0.978	0.930	0.875	0.815	0.748	0.661	0.559	0.481	0.420	0.371	0.331	0.298	0.271	0.248	0.228	0.211
16	200	70	20	2.0	1.000	0.978	0.930	0.873	0.808	0.736	0.630	0.526	0.447	0.385	0.336	0.296	0.263	0.236	0.214	0.194	0.178

续表 19 - 4b

序号	h	b	a	t \ l_1	2.0	2.5	3.0	3.5	4.0	4.5	5.0	5.5	6.0	6.5	7.0	7.5	8.0	8.5	9.0	9.5	10.0
17	200	70	20	2.2	1.000	0.978	0.930	0.873	0.809	0.738	0.635	0.531	0.452	0.390	0.341	0.301	0.269	0.241	0.219	0.199	0.183
18	200	70	20	2.5	1.000	0.978	0.930	0.874	0.810	0.740	0.641	0.537	0.459	0.397	0.348	0.309	0.276	0.249	0.226	0.207	0.190
19	200	70	20	3.0	1.000	0.978	0.930	0.874	0.813	0.745	0.653	0.550	0.472	0.411	0.362	0.322	0.290	0.263	0.240	0.220	0.203
20	220	75	20	2.0	1.000	0.990	0.946	0.895	0.836	0.770	0.697	0.580	0.492	0.422	0.368	0.323	0.287	0.257	0.232	0.210	0.192
21	220	75	20	2.2	1.000	0.990	0.946	0.895	0.836	0.771	0.700	0.584	0.495	0.426	0.372	0.327	0.291	0.261	0.236	0.214	0.196
22	220	75	20	2.5	1.000	0.990	0.946	0.895	0.837	0.773	0.702	0.589	0.501	0.432	0.378	0.334	0.298	0.268	0.242	0.221	0.202
23	220	75	25	3.0	1.000	0.999	0.960	0.914	0.862	0.805	0.742	0.658	0.561	0.486	0.426	0.377	0.337	0.304	0.276	0.252	0.232
24	250	75	20	2.0	1.000	0.989	0.944	0.892	0.833	0.766	0.686	0.571	0.483	0.414	0.360	0.316	0.280	0.250	0.225	0.204	0.186
25	250	75	20	2.2	1.000	0.989	0.944	0.892	0.833	0.766	0.688	0.572	0.485	0.417	0.362	0.319	0.283	0.253	0.228	0.207	0.189
26	250	75	20	2.5	1.000	0.988	0.944	0.892	0.833	0.767	0.690	0.576	0.489	0.421	0.367	0.324	0.288	0.258	0.233	0.212	0.194
27	250	75	25	3.0	1.000	0.999	0.959	0.913	0.860	0.802	0.738	0.649	0.552	0.477	0.417	0.368	0.329	0.296	0.268	0.244	0.224
28	280	80	20	2.5	1.000	0.999	0.959	0.912	0.859	0.799	0.732	0.636	0.539	0.463	0.402	0.354	0.314	0.281	0.253	0.229	0.209
29	280	80	25	3.0	1.000	1.000	0.971	0.928	0.880	0.826	0.767	0.702	0.598	0.514	0.448	0.395	0.351	0.315	0.284	0.259	0.236
30	300	80	20	2.5	1.000	0.999	0.958	0.911	0.857	0.797	0.730	0.631	0.534	0.458	0.398	0.350	0.310	0.277	0.249	0.226	0.206
31	300	80	25	3.0	1.000	1.000	0.970	0.927	0.879	0.824	0.764	0.698	0.592	0.509	0.443	0.390	0.346	0.310	0.280	0.254	0.232

表 19－4c 斜卷边 Z 形钢简支梁（跨中设一道侧向支承，均布荷载作用在上翼缘）整体稳定系数 φ_b'

序号	h	b	a	t \ l_1	2.0	2.5	3.0	3.5	4.0	4.5	5.0	序号	h	b	a	t \ l_1	2.0	2.5	3.0	3.5	4.0	4.5	5.0
1	120	50	20	2.2	0.912	0.821	0.718	0.565	0.453	0.376	0.320	17	200	70	20	2.2	0.993	0.939	0.875	0.800	0.717	0.588	0.485
2	120	50	20	2.5	0.932	0.854	0.767	0.656	0.531	0.445	0.381	18	200	70	20	2.5	0.992	0.939	0.875	0.802	0.721	0.597	0.495
3	120	50	20	3.0	0.936	0.863	0.784	0.701	0.577	0.488	0.423	19	200	70	20	3.0	0.992	0.939	0.877	0.806	0.729	0.615	0.513
4	140	50	20	2.0	0.931	0.848	0.750	0.610	0.483	0.396	0.333	20	220	75	20	2.0	1.000	0.954	0.895	0.827	0.749	0.640	0.524
5	140	50	20	2.2	0.932	0.850	0.755	0.621	0.495	0.408	0.345	21	220	75	20	2.2	1.000	0.954	0.895	0.828	0.751	0.644	0.529
6	140	50	20	2.5	0.931	0.850	0.758	0.633	0.508	0.422	0.359	22	220	75	20	2.5	1.000	0.954	0.896	0.829	0.753	0.652	0.537
7	140	50	20	3.0	0.935	0.859	0.776	0.677	0.551	0.463	0.399	23	220	75	25	3.0	1.000	0.967	0.915	0.856	0.789	0.717	0.606
8	160	60	20	2.0	0.967	0.900	0.821	0.730	0.595	0.481	0.400	24	250	75	20	2.0	1.000	0.952	0.892	0.822	0.743	0.628	0.513
9	160	60	20	2.2	0.967	0.901	0.823	0.734	0.603	0.490	0.409	25	250	75	20	2.2	1.000	0.952	0.892	0.823	0.744	0.630	0.516
10	160	60	20	2.5	0.967	0.902	0.826	0.741	0.618	0.506	0.425	26	250	75	20	2.5	1.000	0.952	0.892	0.823	0.746	0.635	0.522
11	160	60	20	3.0	0.968	0.905	0.832	0.753	0.648	0.535	0.454	27	250	75	25	3.0	1.000	0.967	0.914	0.853	0.785	0.710	0.593
12	180	70	20	2.0	0.992	0.938	0.873	0.799	0.715	0.585	0.482	28	280	80	20	2.5	1.000	0.966	0.912	0.849	0.778	0.699	0.572
13	180	70	20	2.2	0.992	0.938	0.874	0.800	0.718	0.591	0.489	29	280	80	25	3.0	1.000	0.977	0.929	0.872	0.809	0.738	0.638
14	180	70	20	2.5	0.992	0.939	0.875	0.803	0.724	0.603	0.501	30	300	80	20	2.5	1.000	0.965	0.911	0.847	0.775	0.692	0.566
15	180	70	20	3.0	0.992	0.940	0.878	0.810	0.734	0.627	0.525	31	300	80	25	3.0	1.000	0.977	0.928	0.871	0.806	0.735	0.630
16	200	70	20	2.0	0.993	0.939	0.874	0.799	0.714	0.582	0.478												

表 19-4d　斜卷边 Z 形钢简支梁（跨中设一道侧向支承，均布荷载作用在下翼缘）整体稳定系数 φ_b'

序号	h	b	a	t \ l_1	2.0	2.5	3.0	3.5	4.0	4.5	5.0	序号	h	b	a	t \ l_1	2.0	2.5	3.0	3.5	4.0	4.5	5.0
1	120	50	20	2.2	0.947	0.872	0.786	0.686	0.546	0.450	0.380	17	200	70	20	2.2	1.000	0.970	0.918	0.858	0.790	0.715	0.599
2	120	50	20	2.5	0.963	0.898	0.825	0.744	0.634	0.526	0.447	18	200	70	20	2.5	1.000	0.970	0.918	0.859	0.792	0.719	0.608
3	120	50	20	3.0	0.965	0.903	0.835	0.763	0.678	0.569	0.488	19	200	70	20	3.0	1.000	0.969	0.919	0.861	0.797	0.727	0.625
4	140	50	20	2.0	0.963	0.895	0.815	0.725	0.589	0.480	0.401	20	220	75	20	2.0	1.000	0.982	0.935	0.880	0.817	0.748	0.653
5	140	50	20	2.2	0.963	0.896	0.818	0.730	0.600	0.491	0.412	21	220	75	20	2.2	1.000	0.982	0.935	0.880	0.818	0.750	0.657
6	140	50	20	2.5	0.962	0.896	0.819	0.734	0.612	0.504	0.426	22	220	75	20	2.5	1.000	0.982	0.935	0.881	0.820	0.752	0.664
7	140	50	20	3.0	0.965	0.902	0.831	0.754	0.655	0.545	0.465	23	220	75	25	3.0	1.000	0.992	0.950	0.902	0.848	0.788	0.723
8	160	60	20	2.0	0.992	0.938	0.874	0.800	0.718	0.592	0.489	24	250	75	20	2.0	1.000	0.981	0.933	0.877	0.813	0.742	0.641
9	160	60	20	2.2	0.992	0.938	0.875	0.802	0.722	0.600	0.498	25	250	75	20	2.2	1.000	0.980	0.933	0.877	0.814	0.743	0.643
10	160	60	20	2.5	0.992	0.939	0.877	0.806	0.729	0.615	0.513	26	250	75	20	2.5	1.000	0.980	0.933	0.877	0.814	0.745	0.648
11	160	60	20	3.0	0.992	0.940	0.881	0.814	0.742	0.643	0.541	27	250	75	25	3.0	1.000	0.992	0.949	0.900	0.845	0.784	0.717
12	180	70	20	2.0	1.000	0.969	0.917	0.857	0.788	0.713	0.596	28	280	80	20	2.5	1.000	0.992	0.949	0.898	0.841	0.777	0.707
13	180	70	20	2.2	1.000	0.969	0.917	0.857	0.790	0.716	0.602	29	280	80	25	3.0	1.000	1.000	0.962	0.916	0.865	0.808	0.745
14	180	70	20	2.5	1.000	0.969	0.918	0.859	0.794	0.722	0.614	30	300	80	20	2.5	1.000	0.991	0.948	0.897	0.839	0.775	0.704
15	180	70	20	3.0	1.000	0.970	0.920	0.863	0.800	0.733	0.637	31	300	80	25	3.0	1.000	1.000	0.961	0.915	0.863	0.805	0.742
16	200	70	20	2.0	1.000	0.970	0.918	0.857	0.788	0.712	0.593												

20　连接的承载力设计值

20.1　焊接连接承载力设计值

20.1.1　每1cm长直角角焊缝，见表20－1。

表20－1　每1cm长直角角焊缝的承载力设计值表

焊接方法和焊条型号	构件钢材牌号	角焊缝的抗拉、抗压和抗剪强度设计值 f_f^w（N/mm^2）	受拉、受压、受剪的承载力设计值 N_f^w（kN/cm）														
			当角焊缝的焊脚尺寸 h_f（mm）为														
			3	4	5	6	8	10	12	14	16	18	20	22	24	26	28
采用自动焊、半自动焊和E43型焊条手工焊	Q235钢	160	3.36	4.48	5.6	6.72	8.96	11.2	13.44	15.68	17.92	20.16	22.40	24.64	26.88	29.12	31.36
采用自动焊、半自动焊和E50型焊条手工焊	Q345钢、Q390钢	200	4.20	5.60	7.00	8.40	11.20	14.00	16.80	19.60	22.40	25.20	28.00	30.80	33.60	36.40	39.20
采用自动焊、半自动焊和E55型焊条手工焊	Q420钢、Q460钢	220	4.62	6.16	7.7	9.24	12.32	15.4	18.48	21.56	24.64	27.72	30.8	33.88	36.96	40.04	43.12
采用自动焊、半自动焊和E60型焊条手工焊	Q420钢、Q460钢	240	5.04	6.72	8.4	10.08	13.44	16.8	20.16	23.52	26.88	30.24	33.6	36.96	40.32	43.68	47.04
采用自动焊、半自动焊和E50、E55型焊条手工焊	Q345GJ	200	4.20	5.60	7.00	8.40	11.20	14.00	16.80	19.60	22.40	25.20	28.00	30.80	33.60	36.40	39.20

注：1　表中的焊缝承载力设计值 $N_f^w = 0.7 h_f f_f^w / 100$。

2　对施工条件较差的高空安装焊缝，其承载力设计值应乘以系数0.9。

3　单角钢单面连接的直角角焊缝，其承载力设计值应按表中的数值乘以0.85计算。

20.1.2 每 1cm 长对接焊缝见表 20－2。

表 20－2 每 1cm 长对接焊缝的承载力设计值表

连接件的较小厚度 t (mm)	采用自动焊、半自动焊和 E43 型焊条手工焊焊接 Q235 钢构件				采用自动焊、半自动焊和 E50 型焊条手工焊焊接 Q345 钢构件				采用自动焊、半自动焊和 E55 型焊条手工焊焊接 Q390 钢构件				采用自动焊、半自动焊和 E55、E60 型焊条手工焊焊接 Q420 钢构件				采用自动焊、半自动焊和 E55、E60 型焊条手工焊焊接 Q460 钢构件				采用自动焊、半自动焊和 E50、E55 型焊条手工焊焊接 Q345GJ 构件			
	受压的承载力设计值 N_c^w (kN)	受拉、受弯的承载力设计值 N_t^w (kN)		受剪的承载力设计值 N_v^w (kN)	受压的承载力设计值 N_c^w (kN)	受拉、受弯的承载力设计值 N_t^w (kN)		受剪的承载力设计值 N_v^w (kN)	受压的承载力设计值 N_c^w (kN)	受拉、受弯的承载力设计值 N_t^w (kN)		受剪的承载力设计值 N_v^w (kN)	受压的承载力设计值 N_c^w (kN)	受拉、受弯的承载力设计值 N_t^w (kN)		受剪的承载力设计值 N_v^w (kN)	受压的承载力设计值 N_c^w (kN)	受拉、受弯的承载力设计值 N_t^w (kN)		受剪的承载力设计值 N_v^w (kN)	受压的承载力设计值 N_c^w (kN)	受拉、受弯的承载力设计值 N_t^w (kN)		受剪的承载力设计值 N_v^w (kN)
		一、二级焊缝	三级焊缝			一、二级焊缝	三级焊缝			一、二级焊缝	三级焊缝			一、二级焊缝	三级焊缝			一、二级焊缝	三级焊缝			一、二级焊缝	三级焊缝	
4	8.6	8.6	7.4	5.0	12.2	12.2	10.4	7.0	13.8	13.8	11.8	8.0	15.0	15.0	12.8	8.6	16.4	16.4	14.0	9.4	—	—	—	—
6	12.9	12.9	11.1	7.5	18.3	18.3	15.6	10.5	20.7	20.7	17.7	12.2	22.5	22.5	19.2	12.9	24.6	24.6	21.0	14.1	—	—	—	—
8	17.2	17.2	14.8	10.0	24.4	24.4	20.8	14.0	27.6	27.6	23.6	16.0	30.0	30.0	25.6	17.2	32.8	32.8	28.0	18.8	—	—	—	—
10	21.5	21.5	18.5	12.5	30.5	30.5	26.0	17.5	34.5	34.5	29.5	20.0	37.5	37.5	32.00	21.5	41.0	41.0	35.0	23.5	—	—	—	—
12	25.8	25.8	22.2	15.0	36.6	36.6	31.2	21.0	41.4	41.4	35.4	24.0	45.0	45.0	38.4	25.8	49.2	49.2	42.0	28.2	—	—	—	—
14	30.1	30.1	25.9	17.5	42.7	42.7	36.4	24.5	48.3	48.3	41.3	28.0	52.5	52.5	44.8	30.1	57.4	57.4	49.0	32.9	—	—	—	—
16	34.4	34.4	29.6	20.0	48.8	48.8	41.6	28.0	55.2	55.2	47.2	32.0	60.0	60.0	51.2	34.4	65.6	65.6	56.0	37.6	—	—	—	—
18	36.9	36.9	31.5	21.6	53.1	53.1	45.0	30.6	59.4	59.4	50.4	34.2	63.9	63.9	54.0	36.9	70.2	70.2	59.4	40.5	55.8	55.8	47.7	32.4
20	41.0	41.0	35.0	24.0	59.0	59.0	50.0	34.0	66.0	66	56.0	38.0	71.0	71.0	60.0	41.0	78.0	78.0	66.0	45.0	62.0	62.0	53.0	36.0
22	45.1	45.1	38.5	26.4	64.9	64.9	55.0	37.4	72.6	72.6	61.6	41.8	78.1	78.1	66.0	45.1	85.8	85.8	72.6	49.5	68.2	68.2	58.3	39.6
24	49.2	49.2	42.0	28.8	70.8	70.8	60.0	40.8	79.2	79.2	67.2	45.6	85.2	85.2	72.0	49.2	93.6	93.6	79.2	54.0	74.4	74.4	63.6	43.2
25	51.25	51.25	43.8	30.0	73.8	73.75	62.5	42.5	82.5	82.5	70.0	47.5	88.8	88.8	75.0	51.3	97.5	97.5	82.5	56.3	77.5	77.5	66.3	45.0
26	53.3	53.3	45.5	31.2	76.7	76.7	65.0	44.2	85.8	85.8	72.8	49.4	92.3	92.3	78.0	53.3	101.4	101.4	85.8	58.5	80.6	80.6	68.9	46.8

续表 20－2

连接件的较小厚度 t (mm)	采用自动焊、半自动焊和 E43 型焊条手工焊焊接 Q235 钢构件				采用自动焊、半自动焊和 E50 型焊条手工焊焊接 Q345 钢构件				采用自动焊、半自动焊和 E55 型焊条手工焊焊接 Q390 钢构件				采用自动焊、半自动焊和 E55、E60 型焊条手工焊焊接 Q420 钢构件				采用自动焊、半自动焊和 E55、E60 型焊条手工焊焊接 Q460 钢构件				采用自动焊、半自动焊和 E50、E55 型焊条手工焊焊接 Q345GJ 构件			
	受压的承载力设计值 N_c^w (kN)	受拉、受弯的承载力设计值 N_t^w (kN)		受剪的承载力设计值 N_v^w (kN)	受压的承载力设计值 N_c^w (kN)	受拉、受弯的承载力设计值 N_t^w (kN)		受剪的承载力设计值 N_v^w (kN)	受压的承载力设计值 N_c^w (kN)	受拉、受弯的承载力设计值 N_t^w (kN)		受剪的承载力设计值 N_v^w (kN)	受压的承载力设计值 N_c^w (kN)	受拉、受弯的承载力设计值 N_t^w (kN)		受剪的承载力设计值 N_v^w (kN)	受压的承载力设计值 N_c^w (kN)	受拉、受弯的承载力设计值 N_t^w (kN)		受剪的承载力设计值 N_v^w (kN)	受压的承载力设计值 N_c^w (kN)	受拉、受弯的承载力设计值 N_t^w (kN)		受剪的承载力设计值 N_v^w (kN)
		一、二级焊缝	三级焊缝			一、二级焊缝	三级焊缝			一、二级焊缝	三级焊缝			一、二级焊缝	三级焊缝			一、二级焊缝	三级焊缝			一、二级焊缝	三级焊缝	
28	57.4	57.4	49.0	33.6	82.6	82.6	70.0	47.6	92.4	92.4	78.4	53.2	99.4	99.4	84.0	57.4	109.2	109.2	92.4	63.0	86.8	86.8	74.2	50.4
30	61.5	61.5	52.5	36.0	88.5	88.5	75.0	51.0	99.0	99.0	84.0	57.0	106.5	106.5	90.0	61.5	117.0	117	99.0	67.5	93.0	93.0	79.5	54.0
32	65.6	65.6	56.0	38.4	94.4	94.4	80.0	54.4	105.6	105.6	89.6	60.8	113.6	113.6	96.0	65.6	124.8	124.8	105.6	72.0	99.2	99.2	84.8	57.6
34	69.7	69.7	59.5	40.8	100.3	100.3	85.0	57.8	112.2	112.2	95.2	64.6	120.7	120.7	102.0	69.7	132.6	132.6	112.2	76.5	105.4	105.4	90.1	61.2
36	73.8	73.8	63.0	43.2	106.2	106.2	90.0	61.2	118.8	118.8	100.8	68.4	127.8	127.8	108.0	73.8	140.4	140.4	118.8	81.0	104.4	104.4	88.2	61.2
38	77.9	77.9	66.5	45.6	112.1	112.1	95.0	64.6	125.4	125.4	106.4	72.2	134.9	134.9	114.0	77.9	148.2	148.2	125.4	85.5	110.2	110.2	93.1	64.6
40	82.0	82.0	70.0	48.0	118.0	118.0	100.0	68.0	132.0	132.0	112.0	76.0	142.0	142.0	120.0	82.0	156.0	156.0	132.0	90.0	116.0	116.0	98.0	68.0

注：1　表中的焊缝承载力设计值受压：$N_c^w = tf_c^w/100$；受拉：$N_t^w = tf_t^w/100$；受剪：$N_v^w = tf_v^w/100$。

2　对于 Q235 钢：当 $t \leqslant 16$mm 时，f_c^w、f_t^w、f_v^w 分别取 215、215（185）、125N/mm² 　当 16mm < $t \leqslant 40$mm 时，f_c^w、f_t^w、f_v^w 分别取 205、205（175）、120N/mm²；

对于 Q345 钢：当 $t \leqslant 16$mm 时，f_c^w、f_t^w、f_v^w 分别取 305、305（260）、175N/mm² 　当 16mm < $t \leqslant 40$mm 时，f_c^w、f_t^w、f_v^w 分别取 295、295（250）、170N/mm²；

对于 Q390 钢：当 $t \leqslant 16$mm 时，f_c^w、f_t^w、f_v^w 分别取 345、345（295）、200N/mm² 　当 16mm < $t \leqslant 40$mm 时，f_c^w、f_t^w、f_v^w 分别取 330、330（280）、190N/mm²；

对于 Q420 钢：当 $t \leqslant 16$mm 时，f_c^w、f_t^w、f_v^w 分别取 375、375（320）、215N/mm² 　当 16mm < $t \leqslant 40$mm 时，f_c^w、f_t^w、f_v^w 分别取 355、355（300）、205N/mm²；

对于 Q460 钢：当 $t \leqslant 16$mm 时，f_c^w、f_t^w、f_v^w 分别取 410、410（350）、235N/mm² 　当 16mm < $t \leqslant 40$mm 时，f_c^w、f_t^w、f_v^w 分别取 390、390（330）、225N/mm²；

对于 Q345GJ 钢：当 16mm < $t \leqslant 35$mm 时，f_c^w、f_t^w、f_v^w 分别取 310、310（265）、180N/mm²；当 35mm < $t \leqslant 50$mm 时，f_c^w、f_t^w、f_v^w 分别取 290、290（245）、170N/mm²。

3　对施工条件较差的高空安装焊缝，其承载力设计值应乘以系数 0.9。

20.1.3 两个热轧等边角钢相连时的直角焊缝计算长度选用表（Q235 钢，E43××型焊条）（表 20－3）。

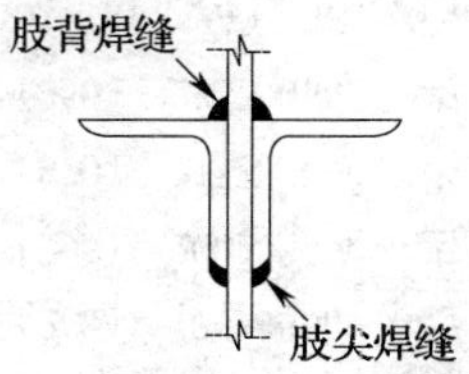

表 20－3　两个热轧等边角钢相连时的直角焊缝计算长度选用表（Q235 钢，E43××型焊条）

作用轴心力 N (kN)	角焊缝的计算长度 l_w (mm) 当角焊缝的焊脚尺寸 h_f (mm) 为																			
	4		5		6		8		10		12		14		16		18		20	
	肢背	肢尖	肢背	肢尖	肢背	肢尖	肢背	肢尖	肢背	肢尖	肢背	肢尖	肢背	肢尖	肢背	肢尖	肢背	肢尖	肢背	肢尖
50	39	40																		
60	47	40																		
80	63	40	50	40																
100	78	40	63	40	52	48														
120	94	40	75	40	63	48														
150	117	50	94	40	78	48														
180	141	60	113	48	94	48	70	64												
200	156	67	125	54	104	48	78	64												
220	172	74	138	59	115	49	86	64												
250	195	84	156	67	130	56	98	64												
280	219	94	175	75	146	63	109	64	88	80										
300	234	100	188	80	156	67	117	64	94	80										
320			200	86	167	71	125	64	100	80										
350			219	94	182	78	137	64	109	80										
380			238	102	198	85	148	64	119	80	99	96								
400			250	107	208	89	156	67	125	80	104	96								
450			281	121	234	100	176	75	141	80	117	96								
500					260	112	195	84	156	80	130	96	112	112						
550					286	123	315	92	172	80	143	96	123	112						

续表 20－3

作用轴心力 N (kN)	角焊缝的计算长度 l_w (mm) 当角焊缝的焊脚尺寸 h_f (mm) 为 4		5		6		8		10		12		14		16		18		20	
	肢背	肢尖	肢背	肢尖	肢背	肢尖	肢背	肢尖	肢背	肢尖	肢背	肢尖	肢背	肢尖	肢背	肢尖	肢背	肢尖	肢背	肢尖
600					313	134	234	110	188	80	156	96	134	112						
650					339	145	254	109	203	87	169	96	134	112						
700							273	117	219	94	182	96	156	112	137	128				
750							293	126	234	100	195	96	167	112	146	128				
800							313	134	250	107	208	96	179	112	156	128				
850							332	142	266	114	221	96	190	112	166	128	148	144		
900							352	151	281	121	234	100	201	112	176	128	156	144		
950							371	159	297	127	247	106	212	112	186	128	165	144		
1000							391	167	313	134	260	112	223	112	195	128	174	144		
1100							430	184	344	147	286	123	246	112	215	128	191	144	172	160
1200							469	201	375	161	313	134	268	115	234	128	208	114	188	160
1300									406	174	339	145	290	124	254	128	226	144	203	160
1400									438	188	395	156	313	134	273	128	243	144	219	160
1500									469	201	391	167	335	143	293	128	260	144	234	160
1600									500	214	417	179	357	153	313	134	278	144	250	160
1700									531	228	443	190	379	163	332	142	295	144	266	160
1800									563	241	469	201	402	172	352	151	313	144	281	160
1900									594	254	495	212	424	182	371	159	330	144	297	160
2000											521	223	446	191	391	167	391	149	313	160

注：1　表中的焊缝计算长度 l_w 肢背：$l_{w1}=0.7N/(2\times0.7h_f f_f^w)$；肢尖：$l_{w2}=0.3N/(2\times0.7h_f f_f^w)$。

2　表中的焊缝计算长度 l_w 未考虑施焊时引弧和收弧的影响，实际焊缝长度应为 $l_{wa}=l_w+2h_f$。

3　当采用 Q345 钢，E50××型焊条时，焊缝计算长度 l_w 应按上表计算长度乘以系数 0.8，但减少后的焊缝计算长度不得小于 $8h_f$ 且不应小于 40mm。

4　对于施工条件较差的高空焊缝，其计算长度 l_w 应按上表计算长度除以系数 0.90。

20.1.4 两个热轧等边角钢短边相连时的直角焊缝计算长度选用表（Q235 钢，E43××型焊条）（表 20－4）。

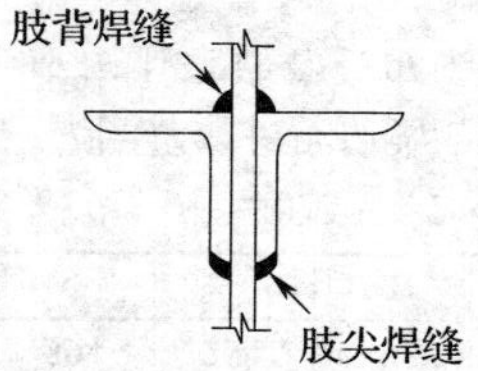

表 20－4 两个热轧不等边角钢短边相连时的直角焊缝计算长度选用表（Q235 钢，E43××型焊条）

作用轴心力 N（kN）	角焊缝的计算长度 l_w（mm）当角焊缝的焊脚尺寸 h_f（mm）为																			
	4		5		6		8		10		12		14		16		18		20	
	肢背	肢尖	肢背	肢尖	肢背	肢尖	肢背	肢尖	肢背	肢尖	肢背	肢尖	肢背	肢尖	肢背	肢尖	肢背	肢尖	肢背	肢尖
50	42	40																		
60	50	40																		
80	67	40	54	40																
100	84	40	67	40	56	48														
120	100	40	80	40	67	48														
150	126	42	100	40	84	48														
180	151	50	121	40	100	48	75	64												
200	167	56	134	45	112	48	84	64												
220	184	61	147	49	123	48	92	64												
250	209	70	167	56	140	48	105	64	84	80										
280	234	78	188	63	156	52	117	64	94	80										
300			201	67	167	56	126	64	100	80										
320			214	71	179	60	134	64	107	80										
350			234	78	195	65	146	64	117	80	98	96								
380			254	85	212	71	159	64	127	80	106	96								
400			268	89	223	74	167	64	134	80	112	96								
450			301	100	251	84	188	64	151	80	126	96								
500					279	93	209	70	167	80	140	96	120	112						
550					307	102	230	77	184	80	153	96	132	112						

续表 20－4

作用轴心力 N (kN)	角焊缝的计算长度 l_w（mm）当角焊缝的焊脚尺寸 h_f（mm）为																			
	4		5		6		8		10		12		14		16		18		20	
	肢背	肢尖	肢背	肢尖	肢背	肢尖	肢背	肢尖	肢背	肢尖	肢背	肢尖	肢背	肢尖	肢背	肢尖	肢背	肢尖	肢背	肢尖
600					290	156	218	117	174	94	145	96	124	112						
650					314	169	236	127	189	102	157	96	135	112						
700					339	182	254	137	203	109	169	96	145	112						
750							272	146	218	117	181	98	155	112	136	128				
800							290	156	232	125	193	104	166	112	145	128				
850							308	166	247	133	206	111	176	112	154	128				
900							326	176	261	141	218	117	187	112	163	128	145	144		
950							345	186	276	148	230	124	197	112	172	128	153	144		
1000							363	195	290	156	242	130	207	112	181	128	161	144		
1100							399	215	319	172	266	143	228	123	199	128	177	144	160	160
1200							435	234	348	188	290	156	249	134	218	128	193	144	174	160
1300							472	254	377	203	314	169	269	145	236	128	210	144	189	160
1400									406	219	339	182	290	156	254	137	226	144	203	160
1500									435	234	363	195	311	167	272	146	242	144	218	160
1600									464	250	387	208	332	179	290	156	258	144	232	160
1700									493	266	411	221	352	190	308	166	274	148	247	160
1800									522	281	435	234	373	201	326	176	290	156	261	160
1900									551	297	459	247	394	212	345	186	306	165	276	160
2000									580	313	484	260	415	223	363	195	322	174	290	160

注：1　表中的焊缝计算长度 l_w，肢背：$l_{w1}=0.65N/(2\times0.7h_f f_f^w)$；肢尖：$l_{w2}=0.35N/(2\times0.7h_f f_f^w)$。

2　表中的焊缝计算长度 l_w 未考虑施焊时引弧和收弧的影响，实际焊缝长度应为 $l_{wa}=l_w+2h_f$。

3　当采用 Q345 钢，E50××型焊条时，焊缝计算长度 l_w 应按上表计算长度乘以系数 0.8，但减少后的焊缝计算长度不得小于 $8h_f$ 且不应小于 40mm。

4　对于施工条件较差的高空焊缝，其计算长度 l_w 应按上表计算长度除以系数0.90。

20.1.5 两个热轧等边角钢长边相连时的直角焊缝计算长度选用表，见表 20－5（Q235 钢，E43××型焊条）。

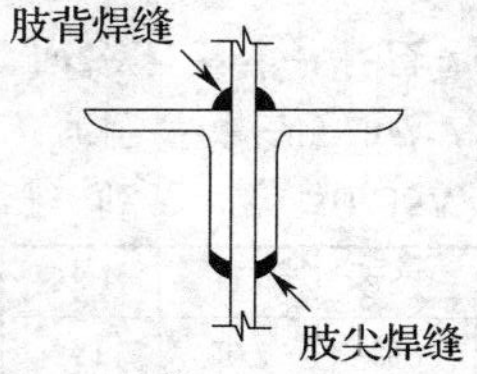

表 20－5 两个热轧不等边角钢长边相连时的直角焊缝计算长度选用表（Q235 钢，E43××型焊条）

作用轴心力 N（kN）	角焊缝的计算长度 l_w（mm）当角焊缝的焊脚尺寸 h_f（mm）为																			
	4		5		6		8		10		12		14		16		18		20	
	肢背	肢尖	肢背	肢尖	肢背	肢尖	肢背	肢尖	肢背	肢尖	肢背	肢尖	肢背	肢尖	肢背	肢尖	肢背	肢尖	肢背	肢尖
50	36	40																		
60	44	40																		
80	58	40	46	40																
100	73	40	58	40	48	48														
120	87	47	70	40	58	48														
150	109	59	87	47	73	48														
180	131	70	104	56	87	48	65	64												
200	145	78	116	63	97	52	73	64												
220	160	86	128	69	106	57	80	64												
250	181	98	145	78	121	65	91	64												
280	203	109	163	88	135	73	102	64	81	80										
300	218	117	174	94	145	78	109	64	87	80										
320	232	125	186	100	155	83	116	64	93	80										
350			203	109	169	91	127	68	102	80										
380			221	119	184	99	138	74	110	80										
400			232	125	193	104	145	78	116	80	97	96								
450			261	141	218	117	163	88	131	80	109	96								
500			290	156	242	130	181	98	145	80	121	96								
550					266	143	199	107	160	86	133	96	114	112						

续表 20－5

作用轴心力 N（kN）	角焊缝的计算长度 l_w（mm）当角焊缝的焊脚尺寸 h_f（mm）为																			
	4		5		6		8		10		12		14		16		18		20	
	肢背	肢尖	肢背	肢尖	肢背	肢尖	肢背	肢尖	肢背	肢尖	肢背	肢尖	肢背	肢尖	肢背	肢尖	肢背	肢尖	肢背	肢尖
600					290	156	218	117	174	94	145	96	124	112						
650					314	169	236	127	189	102	157	96	135	112						
700					339	182	254	137	203	109	169	96	145	112						
750							272	146	218	117	181	98	155	112	136	128				
800							290	156	232	125	193	104	166	112	145	128				
850							308	166	247	133	206	111	176	112	154	128				
900							326	176	261	141	218	117	187	112	163	128	145	144		
950							345	186	276	148	230	124	197	112	172	128	153	144		
1000							363	195	290	156	242	130	207	112	181	128	161	144		
1100							399	215	319	172	266	143	228	123	199	128	177	144	160	160
1200							435	234	348	188	290	156	249	134	218	128	193	144	174	160
1300							472	254	377	203	314	169	269	145	236	128	210	144	189	160
1400									406	219	339	182	290	156	254	137	226	144	203	160
1500									435	234	363	195	311	167	272	146	242	144	218	160
1600									464	250	387	208	332	179	290	156	258	144	232	160
1700									493	266	411	221	352	190	308	166	274	148	247	160
1800									522	281	435	234	373	201	326	176	290	156	261	160
1900									551	297	459	247	394	212	345	186	306	165	276	160
2000									580	313	484	260	415	223	363	195	322	174	290	160

注：1　表中的焊缝计算长度 l_w 按下列公式算得：

肢背：$l_{w1}=0.65N/(2\times0.7h_f f_f^w)$；肢尖：$l_{w2}=0.35N(2\times0.7h_f f_f^w)$。

2　表中的焊缝计算长度 l_w 未考虑施焊时引弧和收弧的影响，实际焊缝长度应为 $l_{wa}=l_w+2h_f$。

3　当采用 Q345 钢，E50××型焊条时，焊缝计算长度 l_w 应按上表计算长度乘以系数 0.8，但减少后的焊缝计算长度不得小于 $8h_f$ 且不应小于 40mm。

4　对于施工条件较差的高空焊缝，其计算长度 l_w 应按上表计算长度除以系数 0.90。

20.2 普通螺栓承载力设计值

20.2.1 普通螺栓承载力设计值，见表20－6。

表20－6 一个普通C级螺栓的承载力设计值

螺栓的性能等级	螺栓的公称直径 d(mm)	螺栓毛截面面积 A (mm²)	螺栓在螺纹处有效截面面积 A_{eff} (mm²)	构件钢材的牌号	螺栓的承压强度设计值 f_c^b (N/mm²)	承压承载力设计值 N_c^b (kN) 当承压板厚度 t (mm) 为										受拉的承载力设计值 N_t^b (kN)	受剪承载力设计值 N_v^b (kN)	
						5	6	7	8	10	12	14	16	18	20		单剪	双剪
4.6级、4.8级	12	113.1	84	Q235钢	305	18.3	22.0	25.6	29.3	36.6	43.9	51.2	58.6	65.9	73.2	14.8	15.8	37.7
				Q345钢	385	23.1	27.7	32.3	37.0	46.2	55.4	64.7	73.9	83.2	92.4			
				Q390钢	400	24.0	28.8	33.6	38.4	48.0	57.6	67.2	76.8	86.4	96.0			
				Q420钢	425	25.5	30.6	35.7	40.8	51.0	61.2	71.4	81.6	91.8	102.0			
				Q460钢	450	27.0	32.4	37.8	43.2	54.0	64.8	75.6	86.4	97.2	108.0			
				Q345GJ	400	24.0	28.8	33.6	38.4	48.0	57.6	67.2	76.8	86.4	96.0			
	14	153.9	115	Q235钢	305	21.4	25.6	29.9	34.2	42.7	51.2	59.8	68.3	76.9	85.4	19.55	21.6	43.1
				Q345钢	385	27.0	32.3	37.7	43.1	53.9	64.7	75.5	86.2	97.0	107.8			
				Q390钢	400	28.0	33.6	39.2	44.8	56.0	67.2	78.4	89.6	100.8	112.0			
				Q420钢	425	29.8	35.7	41.7	47.6	59.5	71.4	83.3	95.2	107.1	119.0			
				Q460钢	450	31.5	37.8	44.1	50.4	63.0	75.6	88.2	100.8	113.4	126.0			
				Q345GJ	400	28.0	33.6	39.2	44.8	56.0	67.2	78.4	89.6	100.8	112.0			
	16	201.1	157	Q235钢	305	24.4	29.3	34.2	39.0	48.8	58.6	68.3	78.1	87.8	97.6	26.69	28.1	56.3
				Q345钢	385	30.8	37.0	43.1	49.3	61.6	73.9	86.2	98.6	110.9	123.2			
				Q390钢	400	32.0	38.4	44.8	51.2	64.0	76.8	89.6	102.4	115.2	128.0			
				Q420钢	425	34.0	40.8	47.6	54.4	68.0	81.6	95.2	108.8	122.4	136.0			
				Q460钢	450	36.0	43.2	50.4	57.6	72.0	86.4	100.8	115.2	129.6	144.0			
				Q345GJ	400	32.0	38.4	44.8	51.2	64.0	76.8	89.6	102.4	115.2	128.0			
	18	254.5	193	Q235钢	305	27.5	32.9	38.4	43.9	54.9	65.9	76.9	87.8	98.8	109.8	32.81	35.6	71.3
				Q345钢	385	34.7	41.6	48.5	55.4	69.3	83.2	97.0	110.9	124.7	138.6			
				Q390钢	400	36.0	43.2	50.4	57.6	72.0	86.4	100.8	115.2	129.6	144.0			

续表 20－6

螺栓的性能等级	螺栓的公称直径 d(mm)	螺栓毛截面面积 A (mm^2)	螺栓在螺纹处有效截面面积 A_{eff} (mm^2)	构件钢材的牌号	螺栓的承压强度设计值 f_c^b (N/mm^2)	承压承载力设计值 N_c^b (kN) 当承压板厚度 t (mm) 为										受拉的承载力设计值 N_t^b (kN)	受剪承载力设计值 N_v^b (kN)	
						5	6	7	8	10	12	14	16	18	20		单剪	双剪
4.6 级、4.8 级	18	254.5	193	Q420 钢	425	38.3	45.9	53.6	61.2	76.5	91.8	107.1	122.4	137.7	153.0	32.81	35.6	71.3
				Q460 钢	450	40.5	48.6	56.7	64.8	81.0	97.2	113.4	129.6	145.8	162.0			
				Q345GJ	400	36.0	43.2	50.4	57.6	72.0	86.4	100.8	115.2	129.6	144.0			
	20	314.2	245	Q235 钢	305	30.5	36.6	42.7	48.8	61.0	73.2	85.4	97.6	109.8	122.0	41.65	44.0	88.0
				Q345 钢	385	38.5	46.2	53.9	61.6	77.0	92.4	107.8	123.2	138.6	154.0			
				Q390 钢	400	40.0	48.0	56.0	64.0	80.0	96.0	112.0	128.0	144.0	160.0			
				Q420 钢	425	42.5	51.0	59.5	68.0	85.0	102.0	119.0	136.0	153.0	170.0			
				Q460 钢	450	45.0	54.0	63.0	72.0	90.0	108.0	126.0	144.0	162.0	180.0			
				Q345GJ	400	40.0	48.0	56.0	64.0	80.0	96.0	112.0	128.0	144.0	160.0			
	22	380.1	303	Q235 钢	305	33.6	40.3	47.0	53.7	67.1	80.5	93.9	107.4	120.8	134.2	51.51	53.2	106.4
				Q345 钢	385	42.4	50.8	59.3	67.8	84.7	101.6	118.6	135.5	152.5	169.4			
				Q390 钢	400	44.0	52.8	61.6	70.4	88.0	105.6	123.2	140.8	158.4	176.0			
				Q420 钢	425	46.8	56.1	65.5	74.8	93.5	112.2	130.9	149.6	168.3	187.0			
				0460 钢	450	49.5	59.4	69.3	79.2	99.0	118.8	138.6	158.4	178.2	198.0			
				Q345GJ	400	44.0	52.8	61.6	70.4	88.0	105.6	123.2	140.8	158.4	176.0			
	24	452.4	353	Q235 钢	305	36.6	43.9	51.2	58.6	73.2	87.8	102.5	117.1	131.8	146.4	60.01	63.3	126.7
				Q345 钢	385	46.2	55.4	64.7	73.9	92.4	110.9	129.4	147.8	166.3	184.8			
				Q390 钢	400	48.0	57.6	67.2	76.8	96.0	115.2	134.4	153.6	172.8	192.0			
				Q420 钢	425	51.0	61.2	71.4	81.6	102.0	122.4	142.8	163.2	183.6	204.0			
				Q460 钢	450	54.0	64.8	75.6	86.4	108.0	129.6	151.2	172.8	194.4	216.0			
				Q345GJ	400	48.0	57.6	67.2	76.8	96.0	115.2	134.4	153.6	172.8	192.0			

续表 20－6

螺栓的性能等级	螺栓的公称直径 d(mm)	螺栓毛截面面积 A (mm²)	螺栓在螺纹处有效截面面积 A_{eff} (mm²)	构件钢材的牌号	螺栓的承压强度设计值 f_c^b (N/mm²)	承压承载力设计值 N_c^b (kN) 当承压板厚度 t (mm) 为										受拉的承载力设计值 N_t^b (kN)	受剪承载力设计值 N_v^b (kN)	
						5	6	7	8	10	12	14	16	18	20		单剪	双剪
4.6级、4.8级	27	572.6	459	Q235 钢	305	41.2	49.4	57.6	65.9	82.4	98.8	115.3	131.8	148.2	164.7	78.03	80.2	160.3
				Q345 钢	385	52.0	62.4	72.8	83.2	104.0	124.7	145.5	166.3	187.1	207.9			
				Q390 钢	400	54.0	64.8	75.6	86.4	108.0	129.6	151.2	172.8	194.4	216.0			
				Q420 钢	425	57.4	68.9	80.3	91.8	114.8	137.7	160.7	183.6	206.6	229.5			
				Q460 钢	450	60.8	72.9	85.1	97.2	121.5	145.8	170.1	194.4	218.7	243.0			
				Q345GJ	400	54.0	64.8	75.6	86.4	108.0	129.6	151.2	172.8	194.4	216.0			
	30	706.9	561	Q235 钢	305	45.8	54.9	64.1	73.2	91.5	109.8	128.1	146.4	164.7	183.0	95.37	99.0	197.9
				Q345 钢	385	57.8	69.3	80.9	92.4	115.5	138.6	161.7	184.8	207.9	231.0			
				Q390 钢	400	60.0	72.0	84.0	96.0	120.0	144.0	168.0	192.0	216.0	240.0			
				Q420 钢	425	63.8	76.5	89.3	102.0	127.5	153.0	178.5	204.0	229.0	255.0			
				Q460 钢	450	67.5	81.0	94.5	108.0	135.0	162.0	189.0	216.0	243.0	270.0			
				Q345GJ	400	60.0	72.0	84.0	96.0	120.0	144.0	168.0	192.0	216.0	240.0			

注：1 表中螺栓的承载力设计值系按如下公式计算：

承压 $N_c^b = d\Sigma t f_c^b$；受拉 $N_t^b = A_{eff} f_t^b$；受剪 $N_v^b = n_v A f_v^b$；

式中 n_v——受剪面数目；

f_t^b——普通螺栓的抗拉强度设计值，对于4.6级或4.8级取170N/mm²；

f_v^b——普通螺栓的抗剪强度设计值，对于4.6级或4.8级取140N/mm²。

2 单角钢单面连接的高强度螺栓，其承载力设计值应按表中的数值乘以0.85计算。

20.3 高强度螺栓承载力设计值

20.3.1 摩擦型连接，见表 20－7。

表 20－7 一个高强度螺栓摩擦型连接的承载力设计值

螺栓的性能等级	构件钢材的牌号	连接处构件接触面的处理方法	钢材摩擦面的抗滑移系数 μ	抗剪的承载力设计值 N_v^b(kN)											
				单剪 $n_f=1$						双剪 $n_f=2$					
				螺栓的公称直径（mm）											
				M16	M20	M22	M24	M27	M30	M16	M20	M22	M24	M27	M30
8.8 级	Q235 钢	喷硬质石英砂或铸钢棱角砂	0.45	32.4	50.6	60.8	70.9	93.2	113.4	64.8	101.3	121.5	141.8	186.3	226.8
		抛丸（喷砂）	0.40	28.8	45.0	54.0	63.0	82.8	100.8	57.6	90.0	108.0	126.0	165.6	201.6
		钢丝刷清除浮锈或未经处理的干净轧制面	0.30	21.6	33.8	40.5	47.3	62.1	75.6	43.2	67.5	81.0	94.5	124.2	151.2
	Q345 钢或 Q390 钢	喷硬质石英砂或铸钢棱角砂	0.45	32.4	50.6	60.8	70.9	93.2	113.4	64.8	101.3	121.5	141.8	186.3	226.8
		抛丸（喷砂）	0.40	28.8	45.0	54.0	63.0	82.8	100.8	57.6	90.0	108.0	126.0	165.6	201.6
		钢丝刷清除浮锈或未经处理的干净轧制面	0.35	25.2	39.4	47.3	55.1	72.5	88.2	50.4	78.8	94.5	110.3	144.9	176.4
	Q420 钢或 Q460 钢	喷硬质石英砂或铸钢棱角砂	0.45	32.4	50.6	60.8	70.9	93.2	113.4	64.8	101.3	121.5	141.8	186.3	226.8
		抛丸（喷砂）	0.40	28.8	45.0	54.0	63.0	82.8	100.8	57.6	90.0	108.0	126.0	165.6	201.6
		钢丝刷清除浮锈或未经处理的干净轧制面	0.40	28.8	45.0	54.0	63.0	82.8	100.8	57.6	90.0	108.0	126.0	165.6	201.6

续表 20－7

螺栓的性能等级	构件钢材的牌号	连接处构件接触面的处理方法	钢材摩擦面的抗滑移系数 μ	抗剪的承载力设计值 N_v^b(kN)											
				单剪 $n_f=1$						双剪 $n_f=2$					
				螺栓的公称直径（mm）											
				M16	M20	M22	M24	M27	M30	M16	M20	M22	M24	M27	M30
10.9 级	Q235 钢	喷硬质石英砂或铸钢棱角砂	0.45	40.5	62.8	77.0	91.1	117.5	143.8	81.0	125.6	153.9	182.3	234.9	287.6
		抛丸（喷砂）	0.40	36.0	55.8	68.4	81.0	104.4	127.8	72.0	111.6	136.8	162.0	208.8	255.6
		钢丝刷清除浮锈或未经处理的干净轧制面	0.30	27.0	41.9	51.3	60.8	78.3	95.9	54.0	83.7	102.6	121.5	156.6	191.7
	Q345 钢或 Q390 钢	喷硬质石英砂或铸钢棱角砂	0.45	40.5	62.8	77.0	91.1	117.5	143.8	81.0	125.6	153.9	182.3	234.9	287.6
		抛丸（喷砂）	0.40	36.0	55.8	68.4	81.0	104.4	127.8	72.0	111.6	136.8	162.0	208.8	255.6
		钢丝刷清除浮锈或未经处理的干净轧制面	0.35	31.5	48.8	59.9	70.9	91.4	111.8	63.0	97.7	119.7	141.8	182.7	223.7
	Q420 钢或 Q460 钢	喷硬质石英砂或铸钢棱角砂	0.45	40.5	62.5	77.0	91.1	117.5	143.8	81.0	125.6	153.9	182.3	234.9	287.6
		抛丸（喷砂）	0.40	36.0	55.8	68.4	81.0	104.4	127.8	72.0	111.6	136.8	162.0	208.8	255.6
		钢丝刷清除浮锈或未经处理的干净轧制面	0.40	36.0	55.8	68.4	81.0	104.4	127.8	72.0	111.6	136.8	162.0	208.8	255.6

注：1 表中高强度螺栓受剪的承载力设计值按 $N_v^b=0.9kn_f\mu p$ 计算，式中 k 为孔型系数，表中计算按标准型孔考虑，k 取 1.0；n_f 为传力的摩擦面数目；μ 为摩擦系数；p 为一个高强度螺栓的预拉力设计值。

2 单角钢单面连接的高强度螺栓，其承载力设计值应按表中的数值乘以 0.85 计算。

20.3.2 承压型连接，见表 20-8。

表 20-8 一个高强度螺栓承压型连接的承载力设计值

螺栓的性能等级	螺栓的公称直径 d (mm)	螺栓毛截面面积 A (mm²)	螺栓在螺纹处有效截面面积 A_{eff} (mm²)	构件钢材的牌号	高强度螺栓承压强度设计值 f_c^b (N/mm²)	承压承载力设计值 N_c^b (kN) 当承压板厚度 t (mm) 为 6	7	8	10	12	14	16	18	20	受拉的承载力设计值 N_t^b (kN)	受剪承载力设计值 N_v^b (kN) 剪切面在螺杆处 单剪	剪切面在螺杆处 双剪	剪切面在螺纹处 单剪	剪切面在螺纹处 双剪
8.8 级 (10.9 级)	16	201.1	157	Q235 钢	470	45.1	52.6	60.2	75.2	90.2	105.3	120.3	135.4	150.4	62.8 (78.5)	50.3 (62.3)	100.5 (124.7)	39.3 (48.7)	78.5 (97.3)
				Q345 钢	590	56.6	66.1	75.5	94.4	113.3	132.2	151.0	169.9	188.8					
				Q390 钢	615	59.0	68.9	78.7	98.4	118.1	137.8	157.4	177.1	196.8					
				Q420 钢	655	62.9	73.4	83.8	104.8	125.8	146.7	167.7	188.6	209.6					
				0460 钢	695	66.7	77.8	89.0	111.2	133.4	155.7	177.9	200.2	222.4					
				Q345GJ	615	59.0	68.9	78.7	98.4	118.1	137.8	157.4	177.1	196.8					
	20	314.2	245	Q235 钢	470	56.4	65.8	75.2	94.0	112.8	131.6	150.4	169.2	188.0	98.0 (1102.5)	78.5 (97.4)	157.1 (194.8)	61.3 (76.0)	122.5 (151.9)
				Q345 钢	590	70.8	82.6	94.4	118.0	141.6	165.2	188.8	212.4	236.0					
				Q390 钢	615	73.8	86.1	98.4	123.0	147.6	172.2	196.8	221.4	246.0					
				Q420 钢	655	78.6	91.7	104.8	131.0	157.2	183.5	209.6	235.8	262.0					
				Q460 钢	695	83.4	97.3	111.2	139.0	166.8	194.6	222.4	250.2	278.0					
				Q345GJ	615	73.8	86.1	98.4	123.0	147.6	172.2	196.8	221.4	246.0					
	22	380.1	303	Q235 钢	470	62.0	72.4	82.7	103.4	124.1	144.8	165.4	186.1	206.8	121.2 (151.5)	95.0 (117.8)	190.1 (235.7)	75.8 (93.9)	151.5 (187.9)
				Q345 钢	590	77.9	90.9	103.8	129.8	155.8	181.7	207.7	233.6	259.6					
				Q390 钢	615	81.2	94.7	108.2	135.3	162.4	189.4	216.5	243.5	270.6					
				Q420 钢	655	86.5	100.9	115.3	144.1	172.9	201.7	230.6	259.4	288.2					
				Q460 钢	695	91.7	107.0	122.3	152.9	183.5	214.1	244.6	275.2	305.8					
				Q345GJ	615	81.2	94.7	108.2	135.3	162.4	189.4	216.5	243.5	270.6					

续表 20－8

螺栓的性能等级	螺栓的公称直径 d（mm）	螺栓毛截面面积 A（mm^2）	螺栓在螺纹处有效截面面积 A_{eff}（mm^2）	构件钢材的牌号	高强度螺栓承压强度设计值 f_c^b（N/mm^2）	承压承载力设计值 N_c^b（kN）									受拉的承载力设计值 N_t^b（kN）	受剪承载力设计值 N_v^b（kN）			
						当承压板厚度 t（mm）为										剪切面在螺杆处		剪切面在螺纹处	
						6	7	8	10	12	14	16	18	20		单剪	双剪	单剪	双剪
8.8级（10.9级）	27	572.6	459	Q235钢	470	76.1	88.8	101.5	126.9	152.3	177.7	203.0	228.4	253.8	183.8（229.5）	143.1（177.5）	286.3（355.0）	114.8（142.3）	229.5（284.6）
				Q345钢	590	95.6	111.5	127.4	159.3	191.2	223.0	254.9	286.7	318.6					
				Q390钢	615	99.6	116.2	132.8	166.1	199.3	232.5	265.7	298.9	332.1					
				Q420钢	655	106.1	123.8	141.5	176.9	212.2	247.6	283.0	318.3	353.7					
				0460钢	695	112.6	131.4	150.1	187.7	225.2	262.7	300.2	337.8	375.3					
				Q345GJ	615	99.6	116.2	132.8	166.1	199.3	232.5	265.7	298.9	332.1					
	30	706.9	561	Q235钢	470	84.6	98.7	112.8	141.0	169.2	197.4	225.6	253.8	282.0	224.4（280.5）	176.7（291.1）	353.4（438.3）	140.3（173.9）	280.5（347.8）
				Q345钢	590	106.2	123.9	141.6	177.0	212.4	247.8	283.2	318.6	354.0					
				Q390钢	615	110.7	129.2	147.6	184.5	221.4	258.3	295.2	332.1	369.0					
				Q420钢	655	117.9	137.6	157.2	196.5	235.8	275.1	314.4	353.7	393.0					
				Q460钢	695	125.1	146.0	166.8	208.5	250.2	291.9	333.6	375.3	417.0					
				Q345GJ	615	110.7	129.2	147.6	184.5	221.4	258.3	295.2	332.1	369.0					

21 横梁的固端弯矩

21.0.1 一端固定一端铰支梁的固端弯矩计算公式，见表 21 –1。

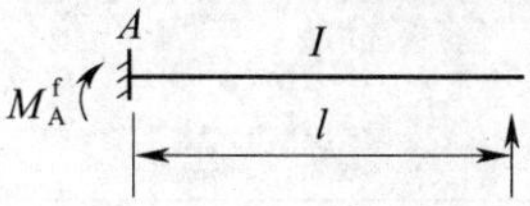

(图中所示力的方向为正值)

表 21 –1 一端固定、一端铰支梁

序号	变形或荷载图形	固端弯矩 M_A^f
1	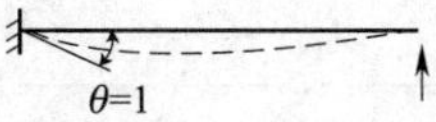	$\frac{3EI}{l}$
2	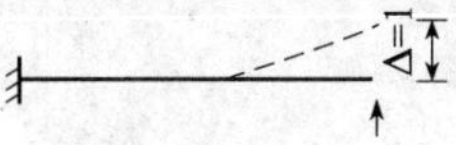	$\frac{3EI}{l^2}$
3	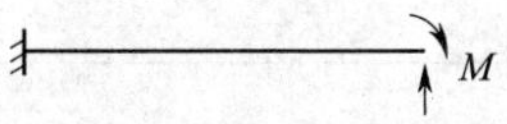	$\frac{M}{2}$
4	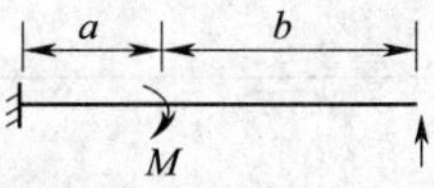	$\frac{l^2-3b^2}{2l^2}M$
5	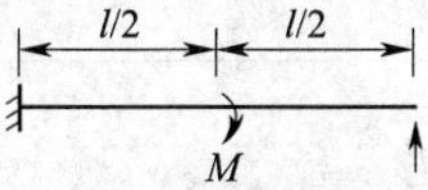	$\frac{M}{8}$
6	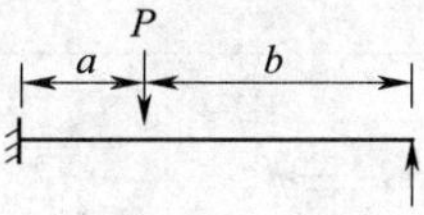	$-\frac{Pab\ (b+l)}{2l^2}$
7	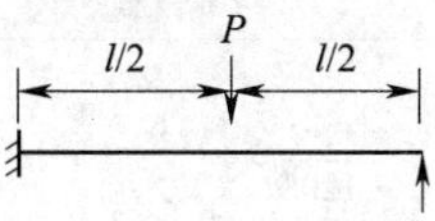	$-\frac{3}{16}Pl$
8	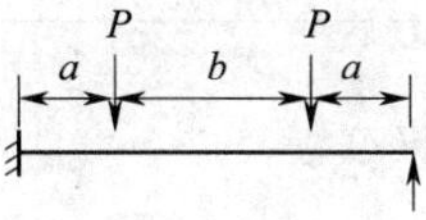	$-\frac{3Pa\ (a+b)}{2l}$
9	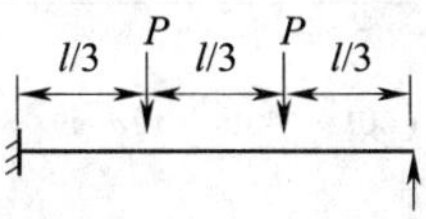	$-\frac{Pl}{3}$

续表 21－1

序号	变形或荷载图形	固端弯矩 M_A^f
10	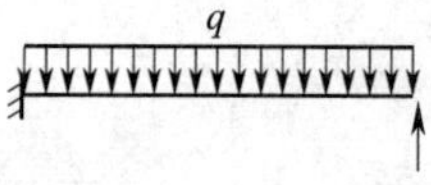	$-\frac{ql^2}{8}$
11	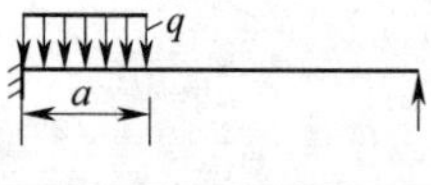	$-\frac{qa^2}{8l^2}(2l-a)^2$
12	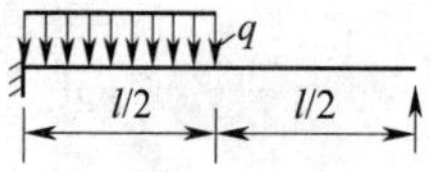	$-\frac{9}{128}ql^2$
13	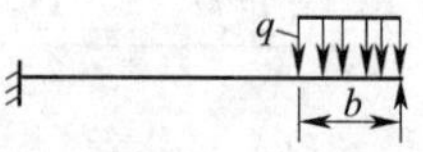	$-\frac{qb^2}{8l^2}(2l^2-b^2)$
14	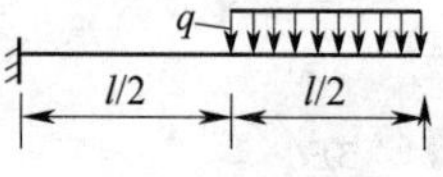	$-\frac{7}{128}ql^2$
15	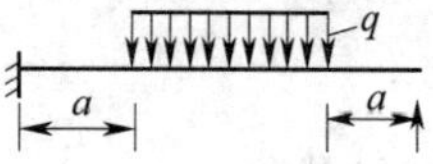	$-\frac{q'}{8l}(l^3-6a^2l+4a^2)$
16	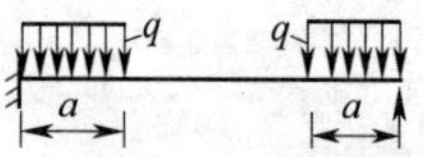	$-\frac{qa^2}{4l}(3l-2a)$
17	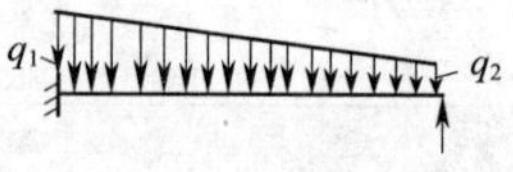	$-\frac{l^2}{120}(8q_1+7q_2)$
18	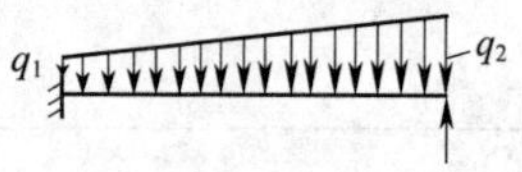	$-\frac{l^2}{120}(7q_1+8q_2)$
19	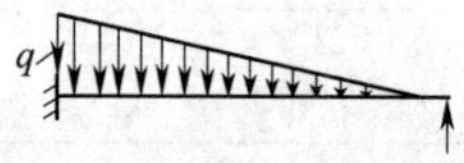	$-\frac{1}{15}ql^2$
20	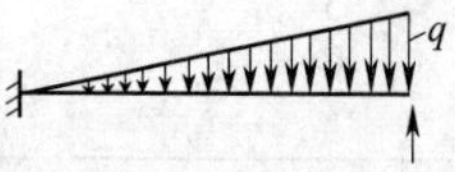	$-\frac{7}{120}ql^2$
21	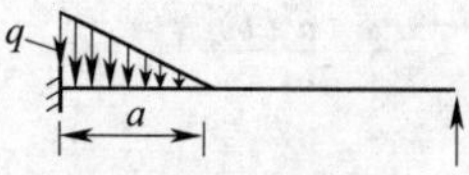	$-\frac{qa^2}{120l^2}(20l^2-15al+3a^2)$
22	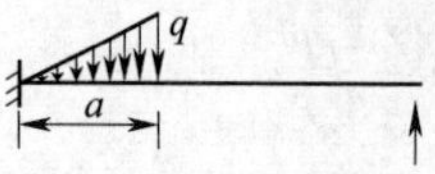	$-\frac{qa^2}{120l^2}(40l^2-45al+12a^2)$

续表 21－1

序号	变形或荷载图形	固端弯矩 M_A^f
23	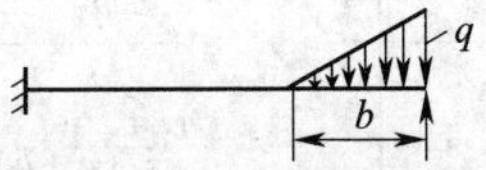	$-\frac{qb^2}{120l^2}(10l^2-3b^2)$
24	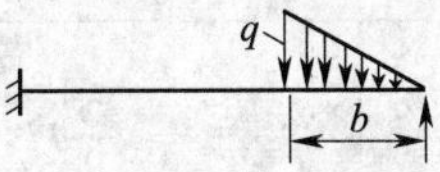	$-\frac{qb^2}{30l^2}(5l^2-3b^2)$
25	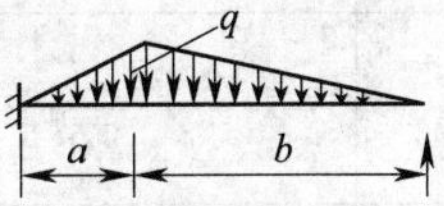	$-\frac{q}{120l}(a+2b)(7l^2-3b^2)$
26	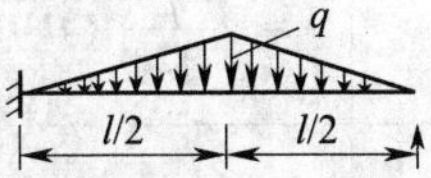	$-\frac{5}{64}ql^2$

21.0.2 两端固定梁的固端弯矩计算公式，见表 21－2。

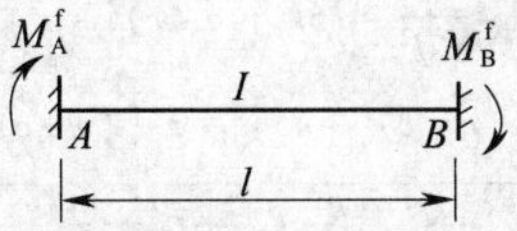

(图中所示力的方向为正值)

表 21－2 两端固定梁

序号	变形或荷载图形	固端弯矩	
		M_A^f	M_B^f
1		$\frac{4EI}{l}$	$\frac{2EI}{l}$
2	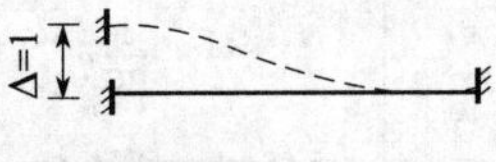	$-\frac{6EI}{l^2}$	$-\frac{6EI}{l^2}$
3	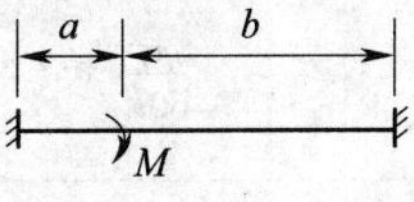	$\frac{b}{l^2}(3a-l)M$	$\frac{a}{l^2}(3a-l)M$
4	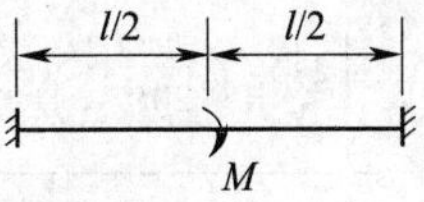	$\frac{M}{4}$	$\frac{M}{4}$
5	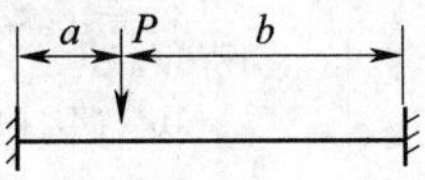	$-\frac{Pab^2}{l^2}$	$\frac{Pa^2b}{l^2}$
6	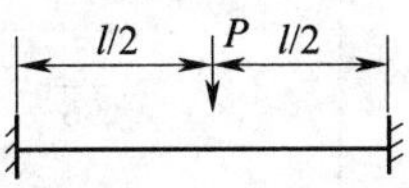	$-\frac{Pl}{8}$	$\frac{Pl}{8}$

续表 21－2

序号	变形或荷载图形	固端弯矩	
		M_A^f	M_B^f
7	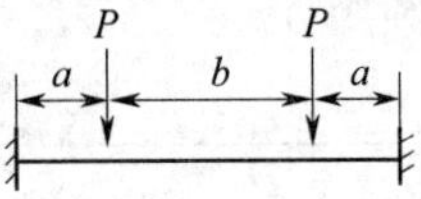	$-\frac{Pa}{l}(a+b)$	$\frac{Pa}{l}(a+b)$
8	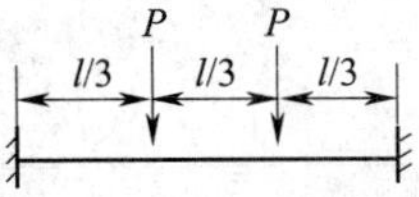	$-\frac{2}{9}Pl$	$\frac{2}{9}Pl$
9	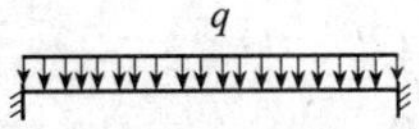	$-\frac{1}{12}ql^2$	$\frac{1}{12}ql^2$
10	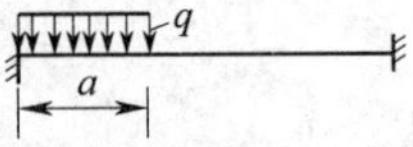	$-\frac{qa^2}{12l^2}(6l^2-8al+3a^2)$	$\frac{qa^3}{12l^2}(4l-3a)$
11	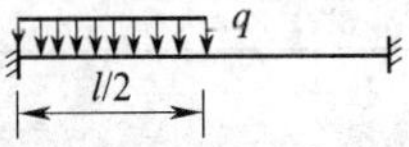	$-\frac{11}{192}ql^2$	$\frac{5}{192}ql^2$
12	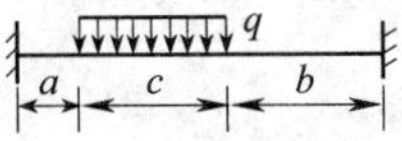	$-\frac{q}{12l^2}\{6l^2[(a+c)^2-a^2]-8l\times[(a+c)^3-a^3]+3[(a+c)^4-a^4]\}$	$\frac{q}{12l^2}\{4l[(a+c)^3-a^3]-3\times[(a+c)^4-a^4]\}$
13	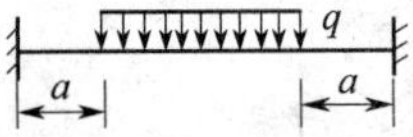	$-\frac{a}{12l}(l^3-6a^2l+4a^3)$	$-\frac{q}{12l}(l^3-6a^2l+4a^3)$
14	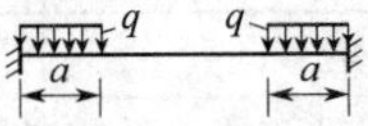	$-\frac{qa^2}{6l}(3l-2a)$	$\frac{qa^2}{6l}(3l-2a)$
15	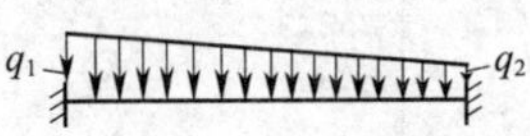	$-\frac{l^2}{60}(3q_1+2q_2)$	$\frac{l^2}{60}(2q_1+3q_2)$
16	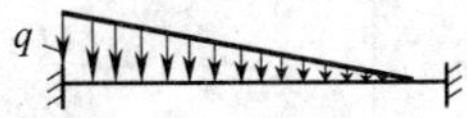	$-\frac{1}{20}ql^2$	$\frac{1}{30}ql^2$
17	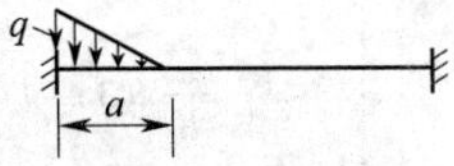	$-\frac{qa^2}{60l^2}(10l^2-10al+3a^2)$	$\frac{qa^3}{60l^2}(5l-3a)$
18	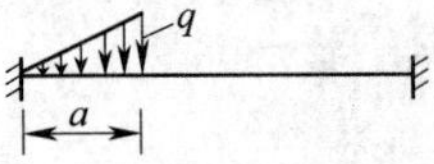	$-\frac{qa^2}{30l^2}(10l^2-15al+6a^2)$	$\frac{qa^3}{20l^2}(5l-4a)$
19	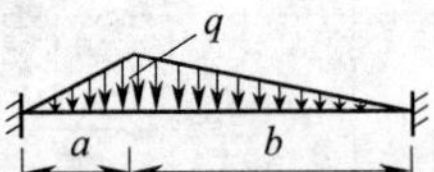	$-\frac{q}{60l}[2a^2(a+4b)+3b^2(4a+b)]$	$\frac{q}{60l}[3a^2(a+4b)+2b^3(4a+b)]$
20		$-\frac{5}{96}ql^2$	$\frac{5}{96}ql^2$

22 单跨等截面门式刚架弯矩剪力和排架柱顶反力计算公式

22.1 铰接刚架

22.1.1 铰接刚架计算公式见表 22－1。

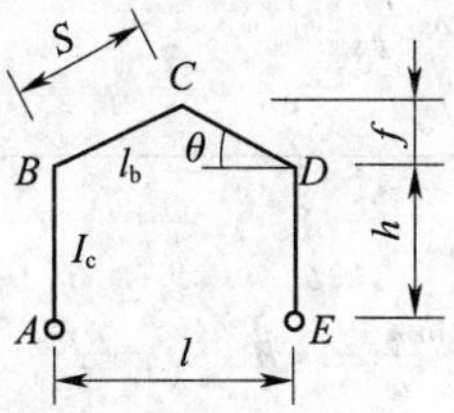

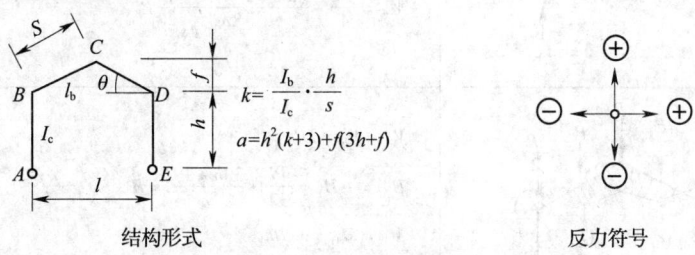

$k=\frac{I_b}{I_c}\cdot\frac{h}{s}$

$a=h^2(k+3)+f(3h+f)$

结构形式

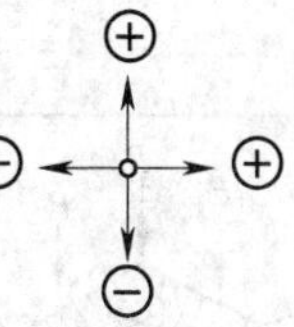

反力符号

表 22－1 铰接刚架

序号	荷载及内力简图	计算公式
1	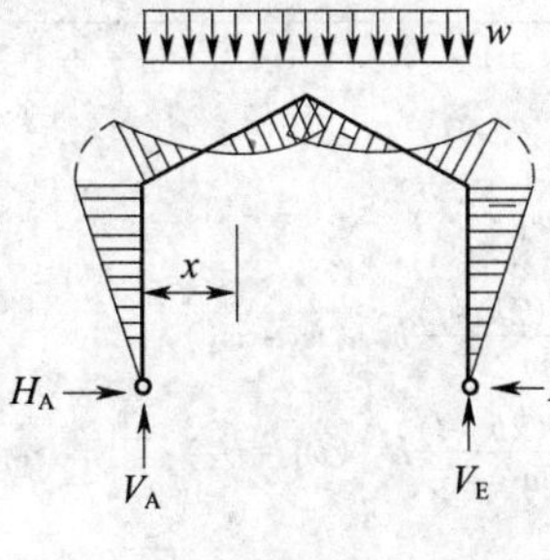	$V_A=V_E=\frac{wl}{2}$ $H=H_A=-H_E=\frac{wl^2}{32}\cdot\frac{8h+5f}{a}$ $M_B=M_D=-Hh$ $M_C=\frac{wl^2}{8}-H(h+f)$ $M_x=V_A\cdot x-H_A(h+\frac{2fx}{l})-\frac{wx^2}{2}$
2	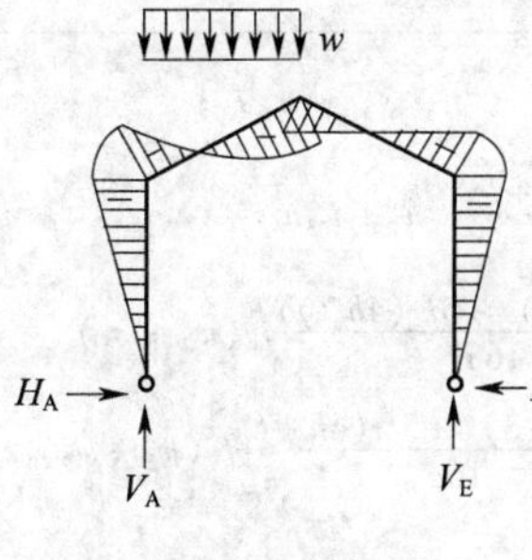	$V_A=\frac{3wl}{8}$，$V_E=\frac{wl}{8}$ $H=H_A=-H_E=\frac{wl^2}{64}\cdot\frac{8h+5f}{a}$ $M_B=M_D=-Hh$ $M_c=\frac{wl^2}{16}-H(h+f)$
3	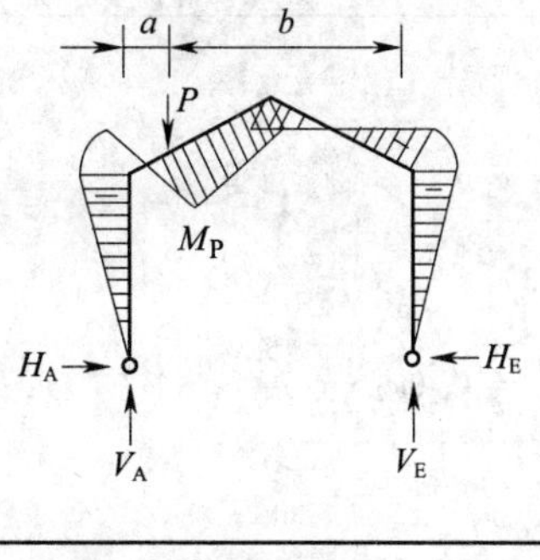	$V_A=\frac{P\cdot b}{l}$，$V_E=\frac{P\cdot a}{l}$ $H=H_A=-H_E=\frac{P\cdot a}{4l^2}\cdot\frac{6hbl+f(3l^2-4a^2)}{a}$ $M_B=M_D=-Hh$ $M_C=\frac{P\cdot a}{2}-H(h+f)$ $M_P=V_A\cdot a-H(h+\frac{2fa}{l})$

续表 22－1

序号	荷载及内力简图	计 算 公 式
4	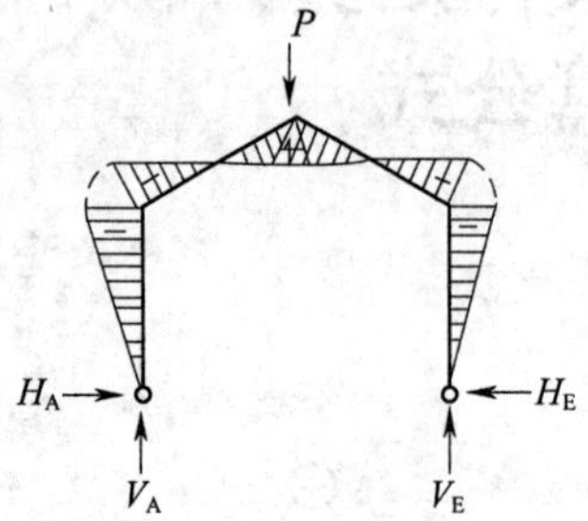	$V_A=V_E=\frac{P}{2}$ $H_A=-H_E=\frac{3h+2f}{a}\cdot\frac{Pl}{8}$ $M_B=M_D=-H_Ah$ $M_C=\frac{Pl}{4}-\frac{(3h+2f)(h+f)}{8a}Pl$
5	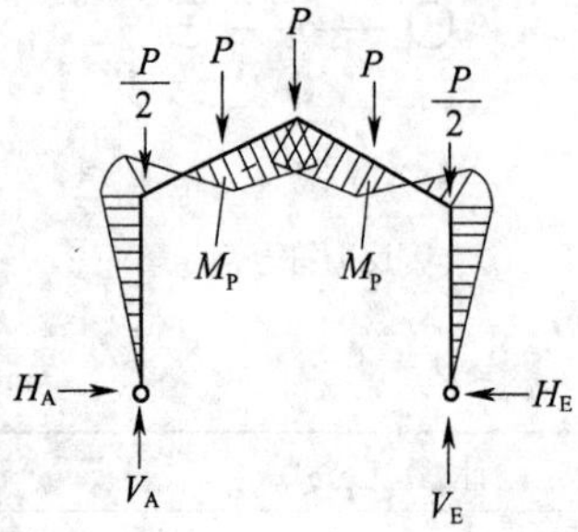	$V_A=V_E=2P$ $H_A=-H_E=\frac{Pl}{32}\cdot\frac{30h+19f}{a}=H$ $M_B=M_D=-Hh$ $M_C=\frac{Pl}{2}-H(h+f)$ $M_P=\frac{2Pl}{3}-H(h+\frac{f}{2})$
6	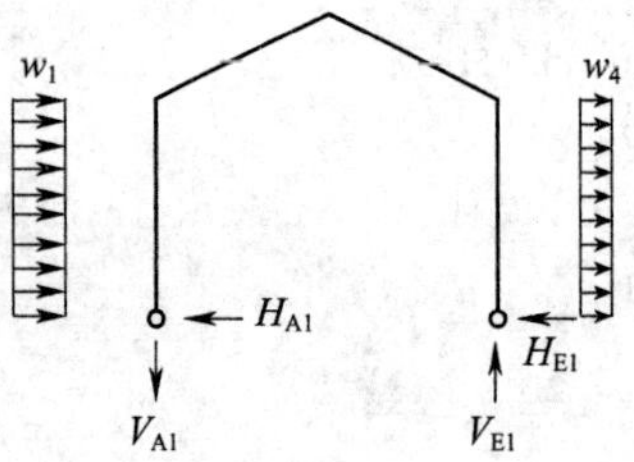	$V_{A1}=-V_{E1}=-\frac{h^2}{2l}(w_1+w_4)$ $H_{A1}=-w_1h+\frac{5hk+6(2h+f)}{16a}h^2(w_1-w_4)$ $H_{E1}=-w_4h-\frac{5hk+6(2h+f)}{16a}h^2(w_1-w_4)$
7	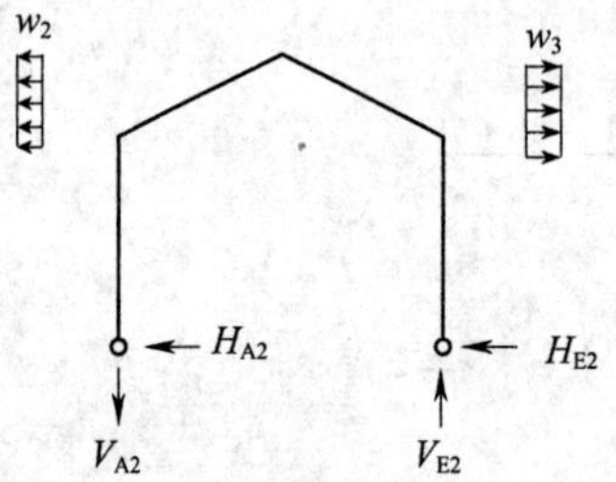	$V_{A2}=-V_{E2}=-\frac{f(2h+f)}{2l}(w_2-w_3)$ $H_{A2}=w_2f-\frac{8h^2(k+3)+5f(4h+f)}{16a}f(w_2+w_3)$ $H_{E2}=-w_3f+\frac{8h^2(k+3)+5f(4h+f)}{16a}f(w_2+w_3)$
8	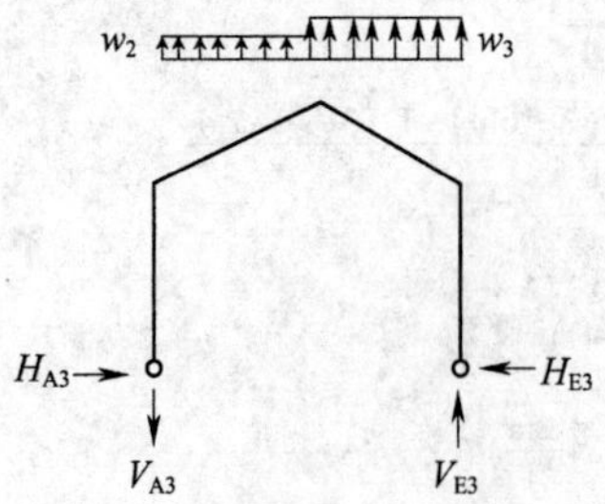	$V_{A3}=-\frac{1}{8}(3w_2+w_3)$ $V_{E3}=-\frac{1}{8}(w_2+3w_3)$ $H_{A3}=-H_{E3}=-\frac{8h+5f}{64a}l^2(w_2+w_3)$

续表 22-1

序号	荷载及内力简图	计 算 公 式
9	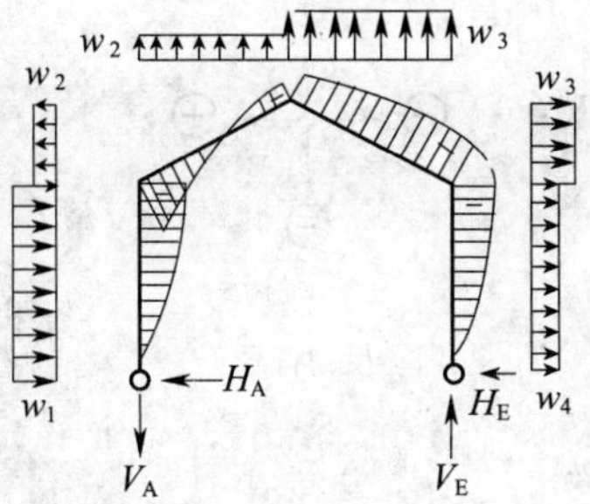	$V_A = V_{A1} + V_{A2} + V_{A3}$，$V_E = V_{E1} + V_{E2} + V_{E3}$ $H_A = H_{A1} + H_{A2} + H_{A3}$，$H_E = H_{E1} + H_{E2} + H_{E3}$ $M_B = -H_A h - \frac{w_1 h^2}{2}$ $M_C = -H_A\ (h+f) + \frac{V_A l}{2} - w_1 h\ (\frac{h}{2}+f) + \frac{w_2 s^2}{2}$ $M_D = H_E h + \frac{w_4 h^2}{2}$
10	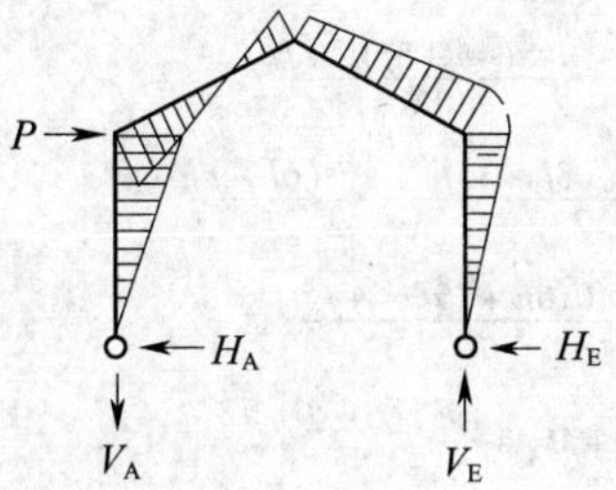	$V = V_A = -V_E = -\frac{Ph}{l}$ $H_E = -\frac{Ph}{4} \cdot \frac{2hk + k^3\ (2h+f)}{a}$ $H_A = -P - H_E$ $M_B = -H_A h$，$M_D = -H_E h$ $M_C = \frac{Ph}{2} + H_E\ (h+f)$
11	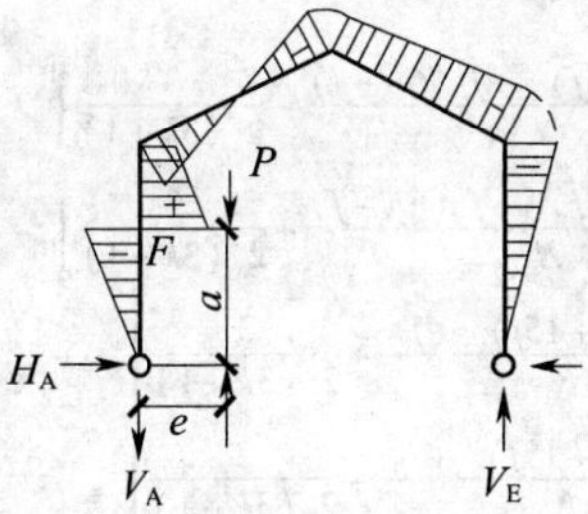	$V_A = -\frac{P\ (l-e)}{l}$，$V_E = \frac{P \cdot e}{l}$ $H = H_A = -H_E = -\frac{3P \cdot e}{4h} \cdot \frac{k\ (h^2 - a^2)\ + h\ (2h+f)}{a}$ $M_{FA} = -H \cdot a$，$M_{FB} = P \cdot e - H \cdot a$ $M_B = P \cdot e - Hh$ $M_C = \frac{-P \cdot e}{2} + H\ (h+f)$，$M_D = -Hh$
12	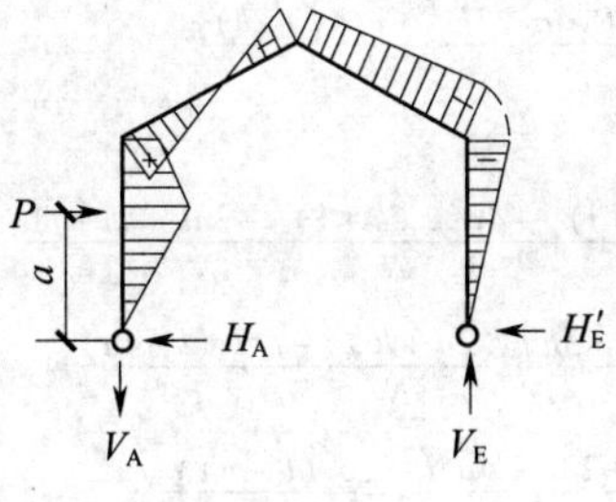	$-V_A = V_E = \frac{P \cdot a}{l}$ $H_E = -\frac{P \cdot a}{4} \cdot \frac{k\ (3h - a^2/h)\ + 3\ (2h+f)}{a}$ $H_A = -P - H_E$ $M_F = -H_A \cdot a$ $M_B = -P\ (h-a)\ - H_A h$，$M_C = \frac{P \cdot a}{2} + H_E\ (h+f)$ $M_D = H_E h$

22.2 刚接刚架

22.2.1 刚接刚架计算公式见表 22－2。

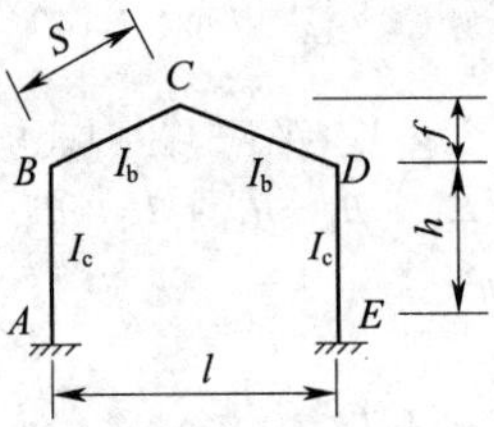

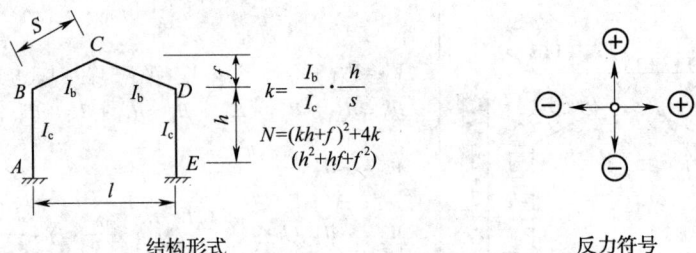

$$k=\frac{I_b}{I_c}\cdot\frac{h}{s}$$

$$N=(kh+f)^2+4k(h^2+hf+f^2)$$

结构形式

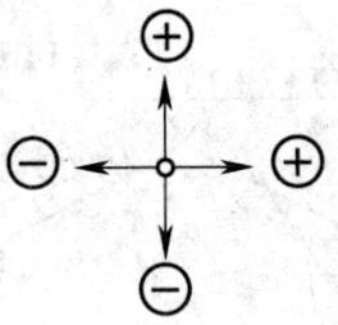

反力符号

表 22－2 刚接刚架

序号	荷载及内力简图	计算公式
1	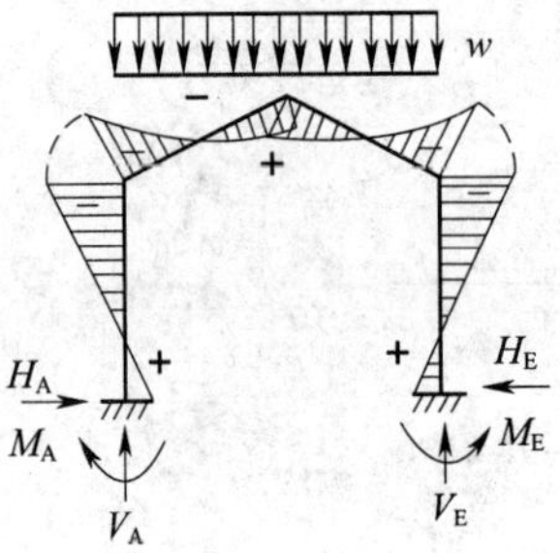	$V=V_A=V_E=\frac{wl}{2}$ $H=H_A=-H_E=\frac{wl^2}{8}\cdot\frac{k(4h+5f)+f}{N}$ $M_A=M_E=\frac{wl^2}{48}\cdot\frac{kh(8h+15f)+f(6h-f)}{N}$ $M_B=M_D=\frac{wl^2}{48}\cdot\frac{kh(16h+15f)+f^2}{N}$ $M_C=-H(h+f)+M_A+\frac{wl^2}{8}$
2	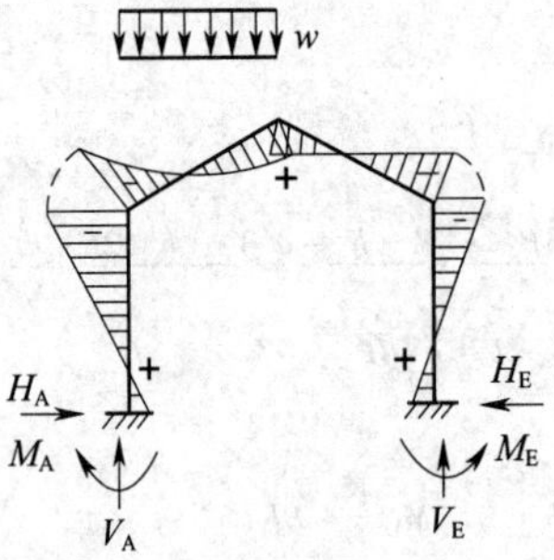	$V_A=\frac{wl}{32}\cdot\frac{36k+13}{3k+1}$，$V_E=\frac{wl}{32}\cdot\frac{12k+3}{3k+1}$ $H=H_A=-H_E=\frac{wl^2}{16}\cdot\frac{k(4h+5f)+f}{N}$ $M_A=\frac{wl^2}{96}\left[\frac{kh(8h+15f)+f(6h-f)}{N}-\frac{3}{2(3k+1)}\right]$ $M_E=\frac{wl^2}{96}\left[\frac{kh(8h+15f)+f(6h-f)}{N}+\frac{3}{2(3k+1)}\right]$ $M_B=-\frac{wl^2}{96}\left[\frac{kh(16h+15f)+f^2}{N}+\frac{3}{2(3k+1)}\right]$ $M_D=-\frac{wl^2}{96}\left[\frac{kh(16h+15f)+f^2}{N}+\frac{3}{2(3k+1)}\right]$ $M_C=-H(h+f)+M_E+V_E\frac{1}{2}$
3	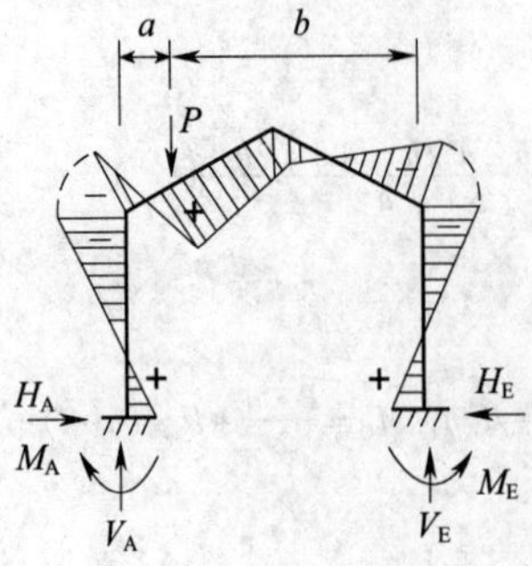	$V_A=P-V_E$，$V_E=\frac{P\cdot a}{l^2}\cdot\frac{3kl^2+a(l+2b)}{3k+1}$ $H=H_A=-H_E$ $=\frac{P\cdot a}{l^2}\cdot\frac{3kl^2(h+f)-4a^2f(k+1)-3al(kh-f)}{N}$ $M_A=\frac{P\cdot a}{2l^2}\left[\frac{2lh^2bk+3hlf(2a+lk)-f^2l(l-4a)}{N}+\right.$ $\left.\frac{-4a^2fh(k+2)-4a^2f^2}{N}-\frac{b(b-a)}{3k+1}\right]$

续表 22-2

序号	荷载及内力简图	计 算 公 式
3	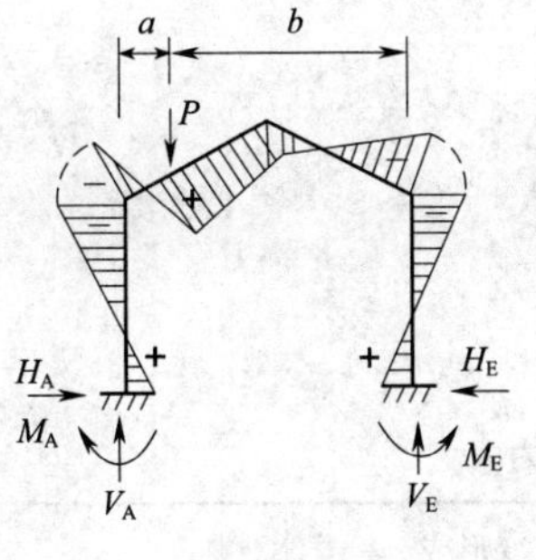	$M_E=\frac{P\cdot a}{2l^2}\left[\frac{2lh^2bk+3hlf(2a+lk)-f^2l(l-4a)}{N}+\frac{-4a^2fh(k+2)-4a^2f^2}{N}+\frac{b(b-a)}{3k+1}\right]$ $M_B=-Hh+M_A$，$M_D=-Hh+M_E$ $M_C=-H(h+f)+M_E+V_E\frac{l}{2}$ $M_P=-H\left(h+\frac{2fa}{l}\right)+M_A+V_A\cdot a$
4	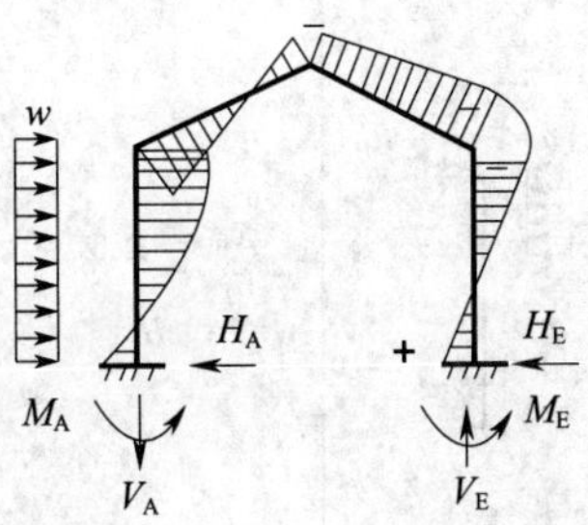	$V=-V_A=V_E=\frac{wh^2}{2l}\cdot\frac{k}{3k+1}$ $H_A=-wh-H_E$，$H_E=-\frac{wkh^2}{4}\cdot\frac{h(k+3)+2f}{N}$ $M_A=\frac{wh^2}{24}\left[\frac{kh^2(k+6)+kf(15h+16f)+6f^2}{N}+\frac{12k+6}{3k+1}\right]$ $M_E=\frac{wh^2}{24}\left[\frac{kh^2(k+6)+kf(15h+16f)+6f^2}{N}-\frac{12k+6}{3k+1}\right]$ $M_B=-H_Ah+M_A+\frac{wh^2}{2}$，$M_D=-H_Eh+M_E$ $M_C=-H_E(h+f)+M_E+V\frac{l}{2}$
5	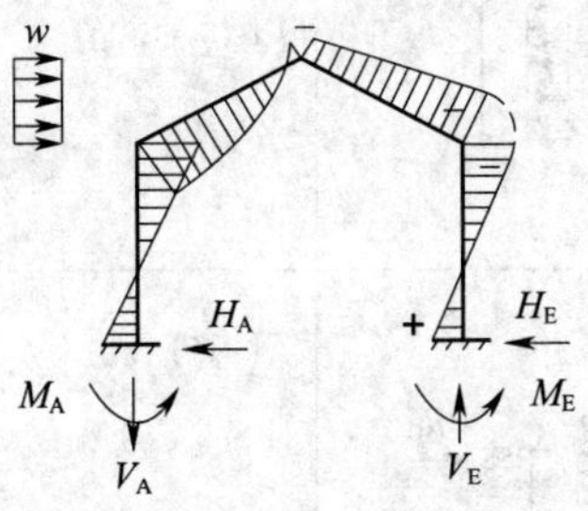	$V=-V_A=V_E=\frac{wf}{8l}\cdot\frac{5f+12k(f+h)}{3k+1}$ $H_A=-\frac{wf}{4}\cdot\frac{2kh^2(k+4)+14khf+f^2(11k+3)}{N}$ $H_E=-\frac{wf}{4}\cdot\frac{5kf(2h+f)+2kh^2(k+4)+f^2}{N}$ $M_A=-\frac{wh}{24}\left[\frac{f\{kh(4h+9f)+f(6h+f)\}}{N}+\frac{12h(3k+2)+3f}{6k+2}\right]$ $M_E=-\frac{wh}{24}\left[\frac{f\{kh(4h+9f)+f(6h+f)\}}{N}-\frac{12h(3k+2)+3f}{6k+2}\right]$ $M_B=-H_Ah+M_A$ $M_D=-H_Eh+M_E$ $M_C=-H_E(h+f)+M_E+V_E\frac{l}{2}$
6	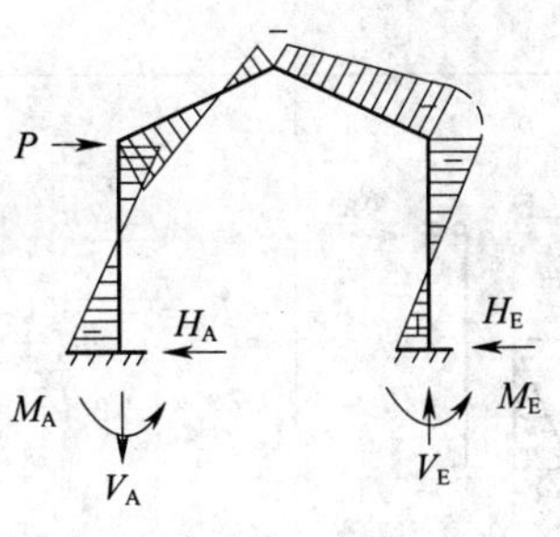	$V=-V_A=V_E=\frac{3Ph}{2l}\cdot\frac{k}{3k+1}$ $H_A=-P-H_E$，$H_E=-\frac{P\cdot k\cdot h}{2}\cdot\frac{h(k+4)+3f}{N}$ $M_A=-\frac{Ph}{2}\left[\frac{f(kh+f+2fk)}{N}+\frac{3k+2}{6k+2}\right]$ $M_E=-\frac{Ph}{2}\left[\frac{f(kh+f+2fk)}{N}-\frac{3k+2}{6k+2}\right]$ $M_B=-H_Ah+M_A$，$M_D=-H_Eh+M_E$ $M_C=-H_E(h+f)+M_E+V\frac{l}{2}$

22.3 排架柱顶铰接、柱底固定的柱顶反力

22.3.1 等截面柱，见表22－3。

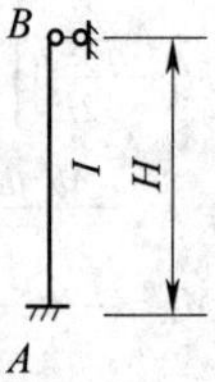

表22－3 等截面柱顶反力

序号	变形或荷载图形	柱顶支座反力
1	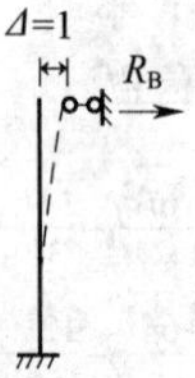	$R_B = \frac{3EI}{H^2}$
2	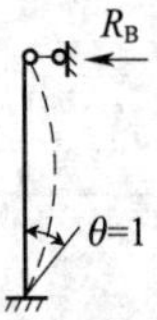	$R_B = -\frac{3EI}{H^2}$
3	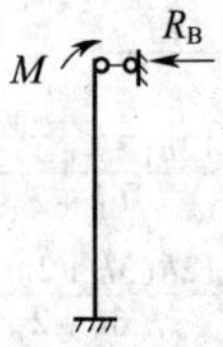	$R_B = -\frac{3M}{2H}$
4	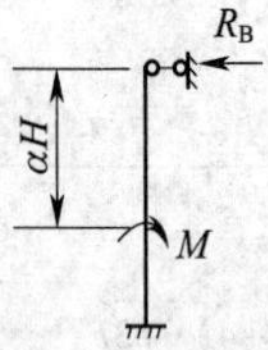	$R_B = -\frac{3}{2}(1-\alpha^2)\frac{M}{H}$
5	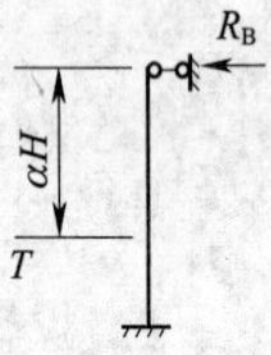	$R_B = -\frac{1}{2}(1-\alpha)^2(2+\alpha)T$
6	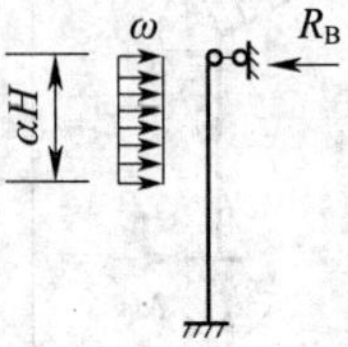	$R_B = -\frac{1}{8}\alpha(8-6\alpha+\alpha^2)\cdot\omega H$
7	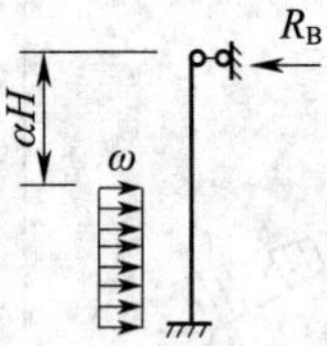	$R_B = -\frac{1}{8}(1-\alpha)^2(3+\alpha)\cdot\omega H$
8	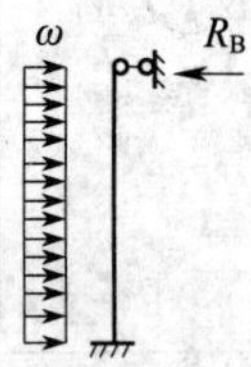	$R_B = -\frac{3}{8}\cdot\omega H$
9	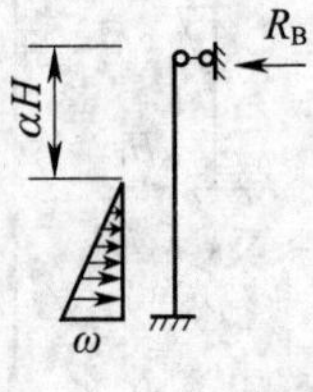	$R_B = -\frac{1}{40}(1-\alpha)^2(4+\alpha)\cdot\omega H$

22.3.2 单阶柱，见表 22－4。

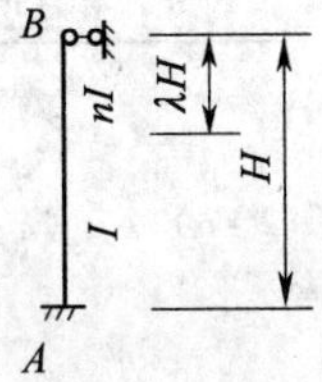

$$\mu=\frac{1}{n}-1$$

$$k_0=\frac{3}{1+\mu\lambda^3}$$

表 22－4　单阶柱柱顶反力

序号	变形或荷载图形	柱顶支座反力
1	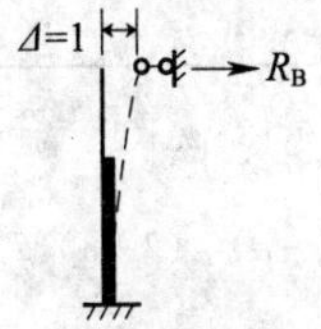	$R_B=k_0\frac{EI}{H^2}$
2	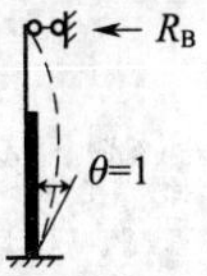	$R_B=-k_0\frac{EI}{H^2}$
3	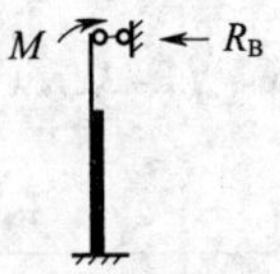	$R_B=-\frac{k_0}{2}(1+\mu\lambda^2)\frac{M}{H}$
4	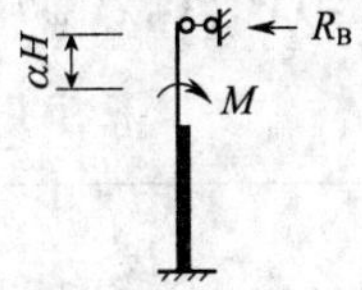	$R_B=-\frac{k_0}{2}[1-\alpha^2+\mu(\lambda^2-\alpha^2)]\frac{M}{H}$
5	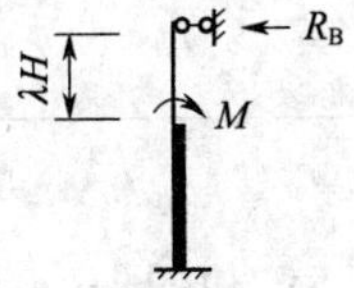	$R_B=-\frac{k_0}{2}(1-\lambda^2)\frac{M}{H}$
6	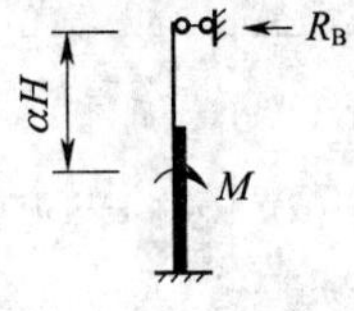	$R_B=-\frac{k_0}{2}(1-\alpha^2)\frac{M}{H}$

续表 22-4

序号	变形或荷载图形	柱顶支座反力
7	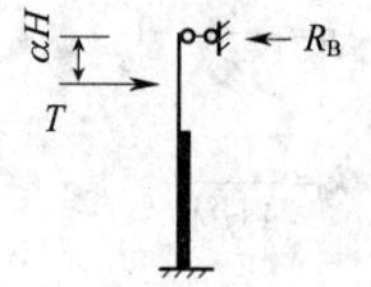	$R_B = -\frac{k_0}{6}\left[(1-\alpha)^2(2+\alpha)+\mu(\lambda-\alpha)^2(2\lambda+\alpha)\right]T$
8	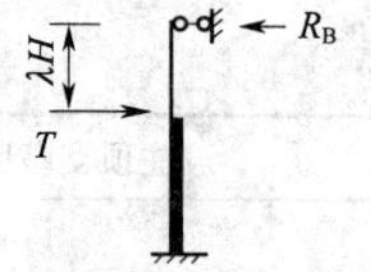	$R_B = -\frac{k_0}{6}(1-\lambda)^2(2+\lambda)T$
9	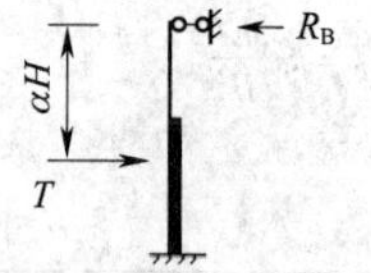	$R_B = -\frac{k_0}{6}(1-\alpha)^2(2+\alpha)T$
10	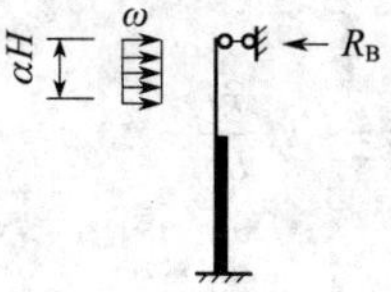	$R_B = -\frac{k_0}{24}\alpha\left[8-6\alpha+\alpha^3+\mu(8\lambda^3-6\lambda^2\alpha+\alpha^3)\right]\omega H$
11	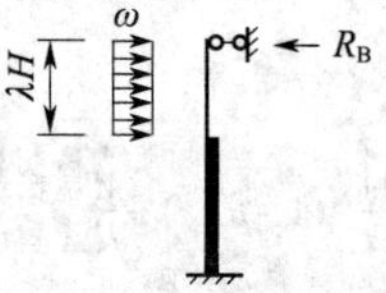	$R_B = -\frac{k_0}{24}\lambda\left[8-6\lambda+(1+3\mu)\lambda^3\right]\omega H$
12	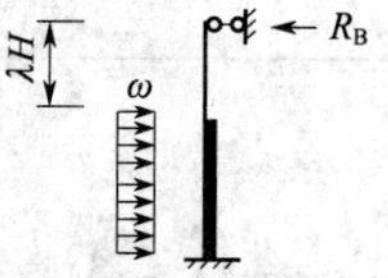	$R_B = -\frac{k_0}{24}(1-\lambda)^3(3+\lambda)\omega H$
13	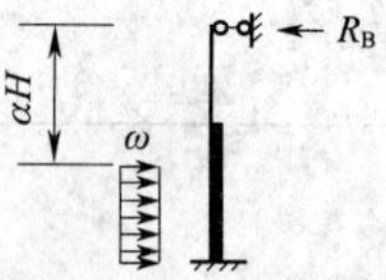	$R_B = -\frac{k_0}{24}(1-\alpha)^3(3+\alpha)\omega H$
14	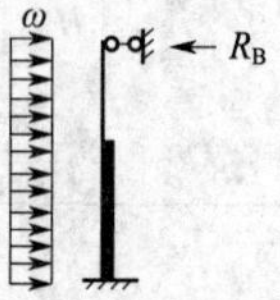	$R_B = -\frac{k_0}{8}(1+\mu\lambda^4)\omega H$
15	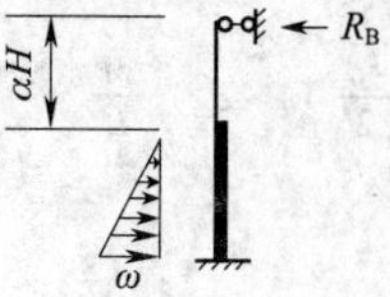	$R_B = -\frac{k_0}{120}(1-\alpha)^3(4+\alpha)\omega H$

23 标 准 名 称

23.0.1 材料的标准

1	GB/T 699—2008	优质碳素结构钢
2	GB/T 700—2016	碳素结构钢
3	GB/T 715—1989	标准件用碳素钢热轧圆钢
4	GB/T 1591—2008	低合金高强度结构钢
5	GB/T 3077—1999	合金结构钢
6	GB/T 5117—2012	碳钢焊条
7	GB/T 5118—2012	低合金钢焊条
8	GB/T 11352—2009	一般工程用铸造碳钢件
9	GB/T 4171—2008	高耐候结构钢
10	GB/T 4172—2000	焊接结构用耐候钢

23.0.2 型钢、钢板的标准

1	GB 2585—2007	每米 50 公斤钢轨型式尺寸
2	GB/T 182—1963	每米 43 公斤钢轨型式尺寸
3	GB/T 183—1963	每米 38 公斤钢轨型式尺寸
4	GB/T 702—2008	热轧钢棒尺寸、外形、重量及允许偏差
5	GB/T 706—2008	热轧型钢
6	GB/T 708—2006	冷轧钢板和钢带的尺寸、外形、重量及允许偏差
7	GB/T 709—2006	热轧钢板和钢带的尺寸、外形、重量及允许偏差
8	GB/T 1220—2007	不锈钢棒
9	GB/T 3277—1991	花纹钢板
10	GB/T 6723—2008	通用冷弯开口型钢尺寸、外形、重量及允许偏差
11	GB/T 6725—2008	冷弯型钢
12	GB/T 6728—2002	结构用冷弯空心型钢尺寸、外形、重量及允许偏差
13	GB/T 8162—2008	结构用无缝钢管
14	GB/T 11263—2010	热轧 H 型钢和剖分 T 型钢
15	GB/T 11251—2009	合金结构钢热轧厚钢板
16	GB/T 12754—2006	彩色涂层钢板及钢带
17	GB/T 12755—2008	建筑用压型钢板
18	GB/T 13793—2008	直缝电焊钢管
19	GB/T 11264—2012	轻轨
20	YB/T 4001.1—2007	钢格栅板
21	YB 4104—2000	高层建筑结构用钢板
22	YB/T 5132—2007	合金结构钢薄钢板
23	JG 8—1999	钢桁架质量标准
24	JG 9—1999	钢桁架检验及验收标准
25	JG 10—2009	钢网架螺栓球节点

26 JG 11—2009 钢网架焊接球节点
27 JG/T 137—2007 结构用高频焊接薄壁 H 型钢
28 JG 144—2002 门式刚架轻型房屋钢构件
29 JG/T 203—2007 钢结构超声波探伤及质量分级法
30 JG/T 178—2005 建筑结构用冷弯矩形钢管
31 GB/T 5313—2010 厚度方向性能钢板

23. 0. 3 紧固件的标准

1 GB/T 41—2000 六角螺母 C 级
2 GB/T 93—1987 标准型弹簧垫圈
3 GB/T 94. 1—2008 弹性垫圈技术条件 弹簧垫圈
4 GB/T 94. 2—1987 弹性垫圈技术条件 齿形、锯齿锁紧垫圈
5 GB/T 94. 3—2008 弹性垫圈技术条件 鞍形、波形弹性垫圈
6 GB/T 95—2002 平垫圈 - C 级
7 GB/T 97. 1—2002 平垫圈 - A 级
8 GB/T 97. 2—2002 平垫圈 倒角形 A 级
9 GB/T 98—1988 止动垫圈技术条件
10 GB/T 116—1986 铆钉技术条件
11 GB/T 799—1988 地脚螺栓
12 GB/T 852—1988 工字钢用方斜垫圈
13 GB/T 853—1988 槽钢用方斜垫圈
14 GB/T 863. 1—1986 半圆头铆钉（粗制）
15 GB/T 863. 2—1986 小半圆头铆钉（粗制）
16 GB/T 865—1986 沉头铆钉（粗制）
17 GB/T 866—1986 半沉头铆钉（粗制）
18 GB/T 859—1987 轻型弹簧垫圈
19 GB/T 1228—2006 钢结构用高强度大六角头螺栓
20 GB/T 1229—2006 钢结构用高强度大六角螺母
21 GB/T 1230—2006 钢结构用高强度垫圈
22 GB/T 1231—2006 钢结构用高强度大六角头螺栓、大六角螺母、垫圈技术条件
23 GB/T 3098. 10—1993 紧固件机械性能 有色金属制造的螺栓、螺钉、螺柱和螺母
24 GB/T 3098. 11—2002 紧固件机械性能 自钻自攻螺钉
25 GB/T 3098. 12—1996 紧固件机械性能 螺母锥形保证载荷试验
26 GB/T 3098. 13—1996 紧固件机械性能 螺栓与螺钉的扭矩试验和破坏扭矩公称直径 1 ~ 10mm
27 GB/T 3632—2008 钢结构用扭剪型高强度螺栓连接副
28 GB/T 5780—2016 六角头螺栓 C 级
29 GB/T 5782—2016 六角头螺栓
30 GB/T 6170—2015 1 型六角螺母
31 GB/T 10433—2002 电弧螺柱焊用圆柱头焊钉

23.0.4 焊接接头形式与尺寸的标准

1	GB/T 985.1—2008	气焊、手工电弧焊及气体保护焊焊缝坡口的基本形式与尺寸
2	GB/T 985.2—2008	埋弧焊的推荐坡口
3	GB/T 14957—1994	熔化焊用钢丝
4	GB/T 5293—1999	埋弧焊用碳钢焊丝和焊剂

23.0.5 涂料标准

1	HG/T 2009—1991	C06－1 铁红醇酸底漆
2	HG/T 2237—1991	A01－1、A01－2 氨基烘干清漆
3	HG/T 2238—1991	F01－1 酚醛清漆
4	HG/T 2239—2012	H06－2 铁红、锌黄、铁黑环氧酯底漆
5	HG/T 2240—1991	S01－4 聚氨酯清漆
6	HG/T 2595—1994	锌黄、铁红过氯乙烯底漆
7	HG/T 2596—1994	各色过氯乙烯磁漆
8	HG/T 3347—2012	X06－1 乙烯磷化底漆（分装）
9	HG/T 3349—2003	各色酚醛磁漆
10	HG/T 3355—2003	各色硝基底漆
11	HG/T 3358—1987	G52－31 各色过氯乙烯防腐漆
12	HG/T 3369—1987	F53－40 云铁酚醛防锈漆
13	HG/T 3364—1987	T03－1 各色酯胶调合漆
14	HG/T 3368—1987	L01－34 沥青烘干清漆
15	HG/T 3348—1987	L04－1 沥青磁漆

24　型钢的规线距离和连接尺寸

24.0.1　热轧角钢规线距离，见表24－1。

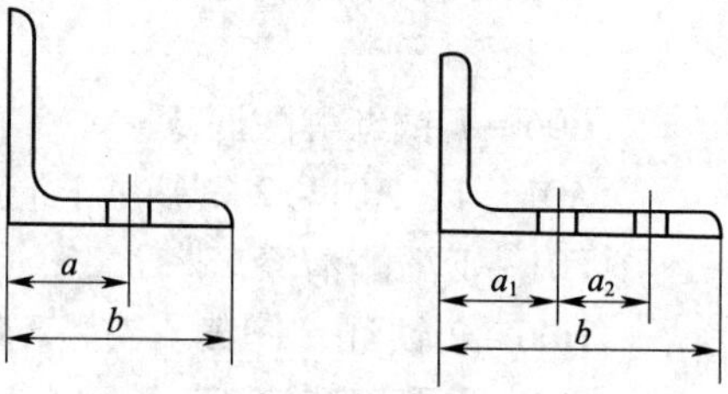

表24－1　热轧角钢规线距离

边宽 b（mm）	单行排列		交错排列			双行排列		
	a（mm）	孔的最大直径（mm）	a_1（mm）	a_2（mm）	孔的最大直径（mm）	a_1（mm）	a_2（mm）	孔的最大直径（mm）
45	25	11	—	—	—	—	—	—
50	30	13	—	—	—	—	—	—
56	30	15	—	—	—	—	—	—
63	35	17	—	—	—	—	—	—
70	40	19	—	—	—	—	—	—
75	45	21.5	—	—	—	—	—	—
80	45	21.5	—	—	—	—	—	—
90	50	23.5	—	—	—	—	—	—
100	55	23.5	—	—	—	—	—	—
110	60	25.5	—	—	—	—	—	—
125	70	25.5	55	35	23.5	—	—	—
140	—	—	60	45	23.5	55	60	19
160	—	—	60	65	25.5	60	70	23.5
180	—	—	—	—	—	65	80	25.5
200	—	—	—	—	—	80	80	25.5

24.0.2　热轧工字钢规线距离，见表24－2。

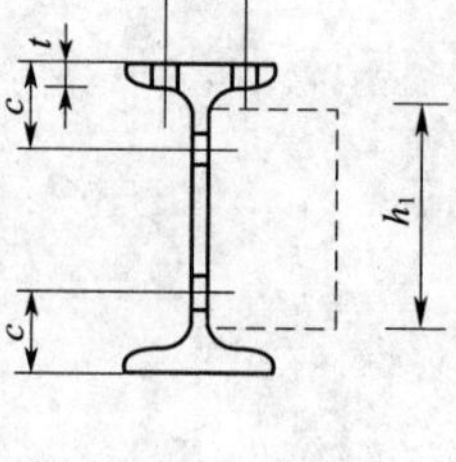

表 24－2 热轧工字钢规线距离

普通工字钢						
型号	翼缘			腹板		
	a	t	孔的最大直径	c	h_1	孔的最大直径
	(mm)					
10	36	7.6	11	35	63	9
12.6	42	8.2	11	35	89	11
14	44	9.2	13	40	103	13
16	44	10.2	15	45	119	15
18	50	10.7	17	50	137	17
20a 20b	54	11.5	17	50	155	17
22a 22b	54	12.8	19	50	171	19
25a 25b	64	13.0	21.5	60	197	21.5
28a 28b	64	13.9	21.5	60	226	21.5
32a 32b 32c	70	15.3	21.5	65	260	21.5
36a 36b 36c	74	16.1	23.5	65	298	23.5
40a 40b 40c	80	16.5	23.5	70	336	23.5
45a 45b 45c	84	18.1	25.5	75	380	25.5
50a 50b 50c	94	19.6	25.5	75	424	25.5
56a 56b 56c	104	20.1	25.5	80	480	25.5
63a 63b 63c	110	21.0	25.5	80	546	25.5

注：表中 t 为翼缘在规线处的厚度；h_1 为连接件的最大高度。

24.0.3 热轧槽钢规线距离，见表 24－3。

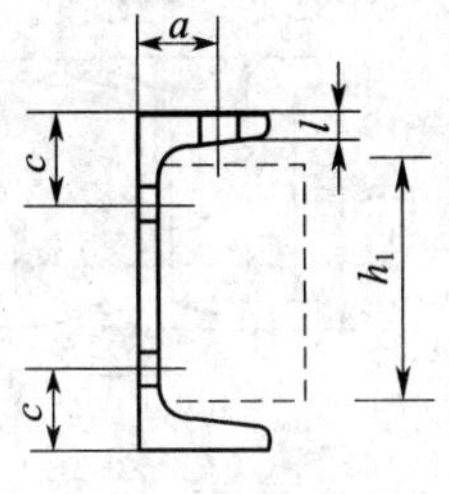

表 24-3 热轧槽钢规线距离

型号	普通槽钢					
	翼缘			腹板		
	a	t	孔的最大直径	c	h_1	孔的最大直径
	(mm)					
5	20	7.1	11	—	26	—
6.3	22	7.5	11	—	32	—
8	25	7.9	13	—	47	—
10	28	8.4	13	35	63	11
12.6	30	8.9	17	45	85	13
14a 14b	35	9.4	17	45	99	17
16a 16b	35	10.1	21.5	50	117	21.5
18a 18b	40	10.5	21.5	55	135	21.5
20a 20b	45	10.7	21.5	55	153	21.5
22a 22b	45	11.4	21.5	60	171	21.5
25a 25b 25c	50	11.7	21.5	60	197	21.5
28a 28b 28c	50	12.4	25.5	65	225	25.5
32a 32b 32c	50	14.2	25.5	70	260	25.5
36a 36b 36c	60	15.7	25.5	75	291	25.5
40a 40b 40c	60	17.9	25.5	75	323	25.5

注：表中 t 为翼缘在规线处的厚度；h_1 为连接件的最大高度。

24.0.4 热轧普通工字钢连接尺寸，见表 24-4。

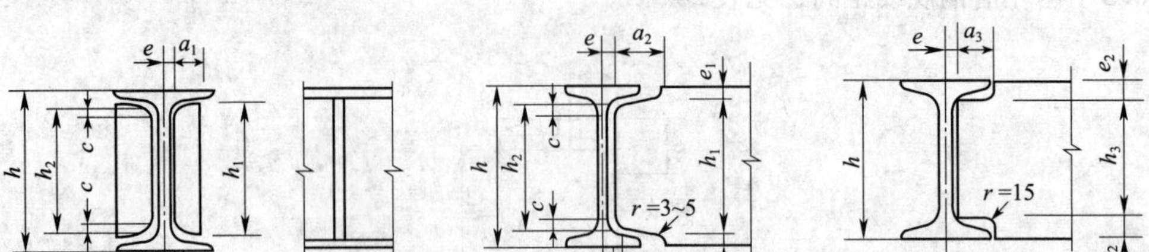

Ⅰ型　　Ⅱ型　　Ⅲ型

表 24－4 热轧普通工字钢连接尺寸

型号	Ⅰ 型					Ⅱ 型						Ⅲ 型			
	h_1	h_2	a_1	c	e	h_1	h_2	a_2	c	e	e_1	h_3	a_3	e	e_2
	(mm)					(mm)						(mm)			
Ⅰ10	88	80	30	9	4	88	80	32	9	4	6	66	35	4	17
Ⅰ12.6	113	104	30	9	4	114	104	35	9	4	6	88	38	4	19
Ⅰ14	126	117	35	10	4	126	117	38	10	4	7	100	41	4	20
Ⅰ16	145	135	35	10	5	146	135	42	10	5	7	116	45	5	22
Ⅰ18	164	153	40	10	5	166	153	44	10	5	7	134	47	5	23
Ⅰ20a	183	171	45	11	5	184	171	47	11	5	8	152	50	5	24
Ⅰ20b	183	171	45	11	6	184	171	47	11	6	8	152	50	6	24
Ⅰ22a	202	189	45	12	5	204	189	52	12	5	8	168	55	5	26
Ⅰ22b	202	189	45	12	6	204	189	52	12	6	8	168	55	6	26
Ⅰ25a	231	217	50	12	6	232	217	55	12	6	9	194	58	6	28
Ⅰ25b	231	217	50	12	7	232	217	55	12	7	9	194	58	7	28
Ⅰ28a	260	245	55	13	6	262	245	57	13	6	9	222	60	6	29
Ⅰ28b	260	245	55	13	7	262	245	57	13	7	9	222	60	7	29
Ⅰ32a	298	282	55	14	6	300	282	61	14	6	10	258	64	6	31
Ⅰ32b	298	282	55	14	7	300	282	61	14	7	10	258	64	7	31
Ⅰ32c	298	282	55	14	8	300	282	61	14	8	10	258	64	8	31
Ⅰ36a	337	321	60	14	7	338	321	64	14	7	11	294	67	7	33
Ⅰ36b	337	321	60	14	8	338	321	64	14	8	11	294	67	8	33
Ⅰ36c	337	321	60	14	9	338	321	64	14	9	11	294	67	9	33
Ⅰ40a	376	359	60	15	7	378	359	66	15	7	11	332	69	7	34
Ⅰ40b	376	359	60	15	8	378	359	66	15	8	11	332	69	8	34
Ⅰ40c	376	359	60	15	9	378	359	66	15	9	11	332	69	9	34
Ⅰ45a	424	406	65	16	7	424	406	70	16	7	13	376	73	7	27
Ⅰ45b	424	406	65	16	8	424	406	70	16	8	13	376	73	8	37
Ⅰ45c	424	406	65	16	9	424	406	70	16	9	13	376	73	9	37
Ⅰ50a	470	451	70	16	8	472	451	74	16	8	14	422	77	8	39
Ⅰ50b	470	451	70	16	9	472	451	74	16	9	14	422	77	9	39
Ⅰ50c	470	451	70	16	10	472	451	74	16	10	14	422	77	10	39
Ⅰ56a	529	509	75	17	8	530	509	77	17	8	15	478	80	8	41
Ⅰ56b	529	509	75	17	9	530	509	77	17	9	15	478	80	9	41
Ⅰ56c	529	509	75	17	10	530	509	77	17	10	15	478	80	10	41
Ⅰ63a	598	576	80	17	8	598	576	82	17	8	16	544	85	8	43
Ⅰ63b	598	576	80	17	9	598	576	82	17	9	16	544	85	9	43
Ⅰ63c	598	576	80	17	10	598	576	82	17	10	16	544	85	10	43

24.0.5 热轧普通槽钢连接尺寸，见表24－5。

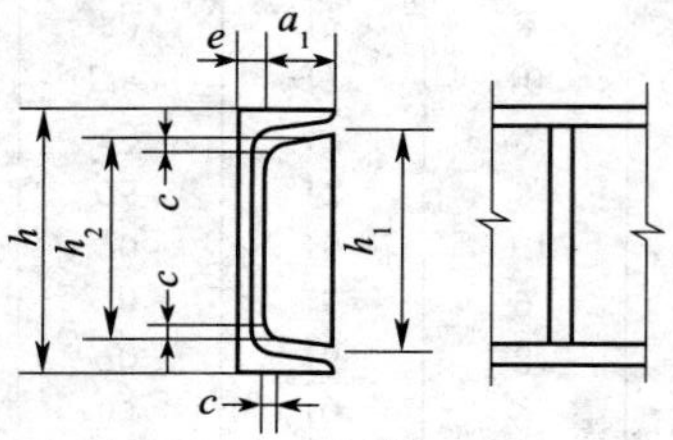

Ⅰ型

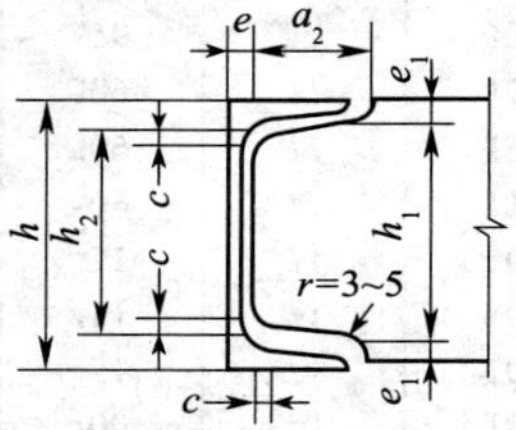

Ⅱ型

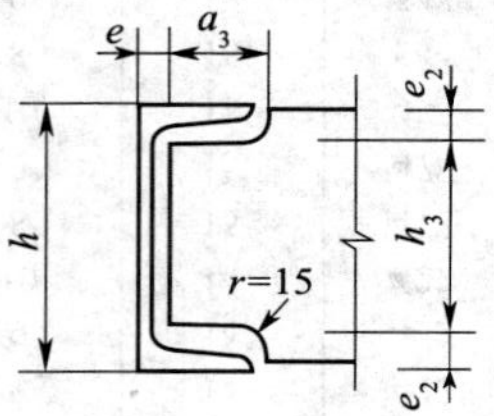

Ⅲ型

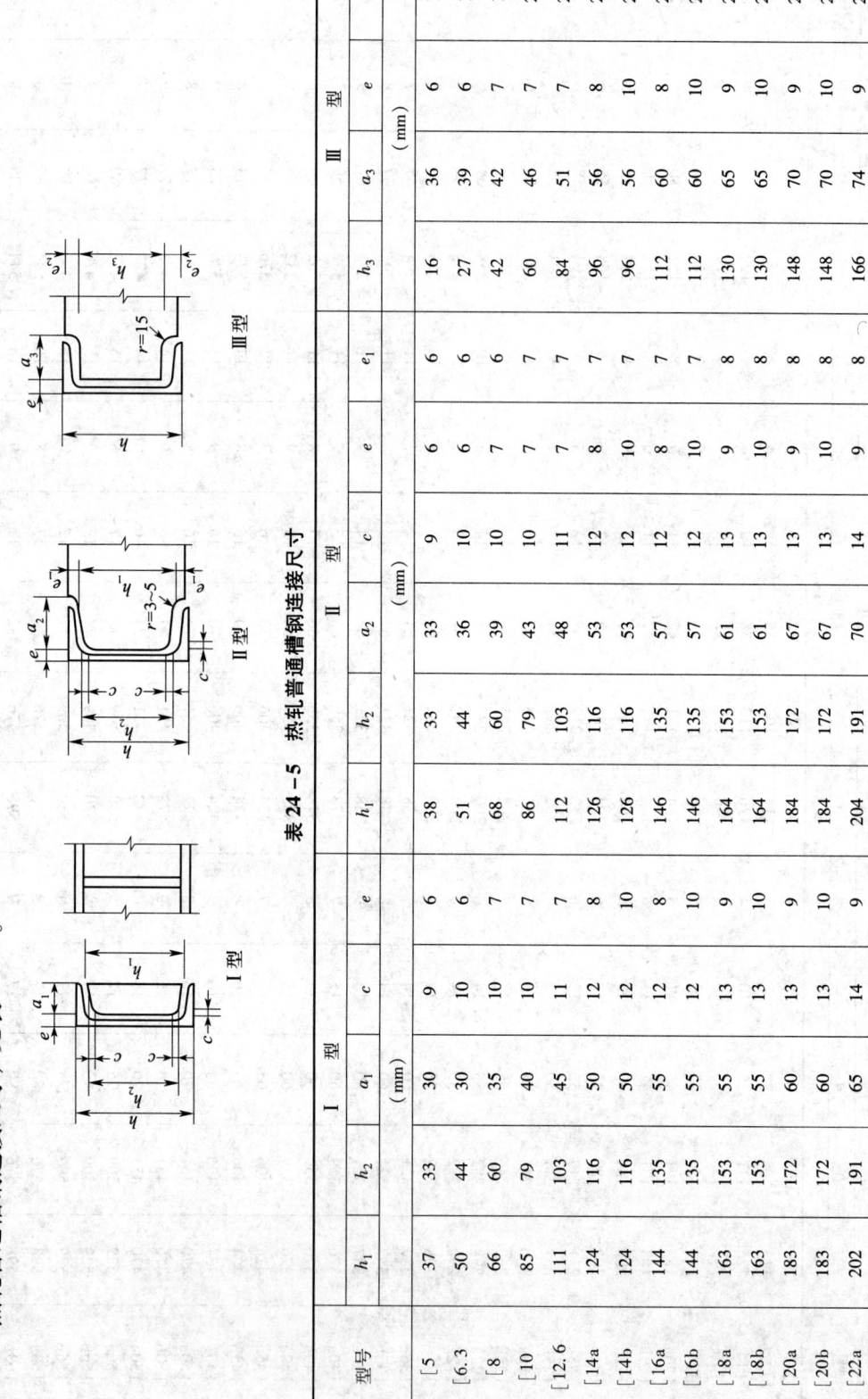

表24－5　热轧普通槽钢连接尺寸

型号	Ⅰ型					Ⅱ型						Ⅲ型			
	h_1	h_2	a_1	c	e	h_1	h_2	a_2	c	e	e_1	h_3	a_3	e	e_2
	(mm)					(mm)						(mm)			
[5	37	33	30	9	6	38	33	33	9	6	6	16	36	6	17
[6.3	50	44	30	10	6	51	44	36	10	6	6	27	39	6	18
[8	66	60	35	10	7	68	60	39	10	7	6	42	42	7	19
[10	85	79	40	10	7	86	79	43	10	7	7	60	46	7	20
[12.6	111	103	45	11	7	112	103	48	11	7	7	84	51	7	21
[14a	124	116	50	12	8	126	116	53	12	8	7	96	56	8	22
[14b	124	116	50	12	10	126	116	53	12	10	7	96	56	10	22
[16a	144	135	55	12	8	146	135	57	12	8	7	112	60	8	24
[16b	144	135	55	12	10	146	135	57	12	10	7	112	60	10	24
[18a	163	153	55	13	9	164	153	61	13	9	8	130	65	9	25
[18b	163	153	55	13	10	164	153	61	13	10	8	130	65	10	25
[20a	183	172	60	13	9	184	172	67	13	9	8	148	70	9	26
[20b	183	172	60	13	10	184	172	67	13	10	8	148	70	10	26
[22a	202	191	65	14	9	204	191	70	14	9	8	166	74	9	27
[22b	202	191	65	14	10	204	191	70	14	10	8	166	74	10	27

续表 24－5

型号	Ⅰ型					Ⅱ型						Ⅲ型			
	h_1	h_2	a_1	c	e	h_1	h_2	a_2	c	e	e_1	h_3	a_3	e	e_2
	(mm)					(mm)						(mm)			
[25a	231	220	65	14	9	232	220	72	14	9	9	194	75	9	28
[25b	231	220	65	14	10	232	220	72	14	10	9	194	75	10	28
[25c	231	220	65	14	13	232	220	72	14	13	9	194	75	13	28
[28a	260	248	70	15	9	260	248	75	15	9	10	222	78	9	29
[28b	260	248	70	15	11	260	248	75	15	11	10	222	78	11	29
[28c	260	248	70	15	13	260	248	75	15	13	10	222	78	13	29
[32a	298	285	75	16	10	298	285	81	16	10	11	256	84	10	32
[32b	298	285	75	16	12	298	285	81	16	12	11	256	84	12	32
[32c	298	285	75	16	14	298	285	81	16	14	11	256	84	14	32
[36a	335	321	85	18	10	336	321	88	18	10	12	286	91	10	37
[36b	335	321	85	18	13	336	321	88	18	13	12	286	91	13	37
[36c	335	321	85	18	15	336	321	88	18	15	12	286	91	15	37
[40a	371	357	85	20	12	372	357	90	20	12	14	320	93	12	40
[40b	371	357	85	20	14	372	357	90	20	14	14	320	93	14	40
[40c	371	357	85	20	16	372	357	90	20	16	14	320	93	16	40

25 吊车规格技术资料

本章列出两种单梁吊车规格和两种桥式吊车规格。吨位从 3 ~ 50t，跨度 S 从 10.5 ~ 34.5m，便于配合第 8 章计算出的吊车梁的内力设计值，M 和 V 和截面选用。对于不同厂家的吊车规格是不同的，不论与表 25－1 ~ 表 25－4 给定的是否一致，都应按所确定的厂家吊车规格按新核定和计算。

25.0.1 单梁起重机

1 LDB 型 3 ~ 10t 电动单梁起重机技术规格，见表 25－1（根据参考文献［36］编制）。

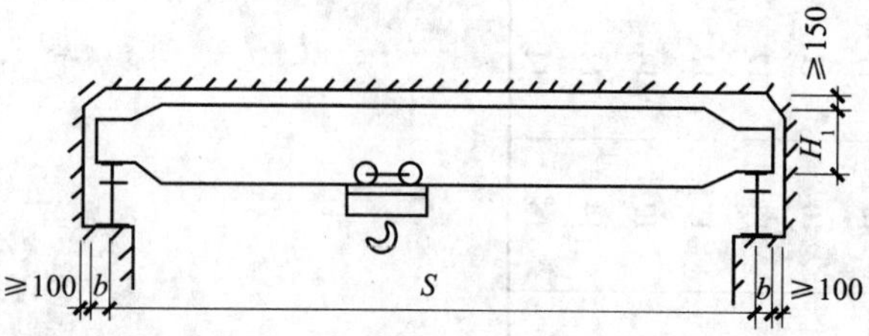

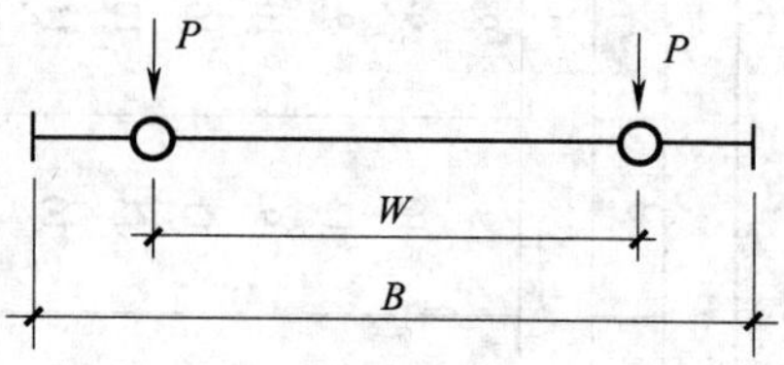

表 25－1 LDB 型 3 ~ 10t 电动单梁起重机参数数据[36]

起重量 Q（t）	工作制度	跨度 S（m）	基本尺寸（mm）				轨道型号	总重量（t）	轮压（kN）	
			B	W	H_1	b			P_{max}	P_{min}
3	A3 ~ A5	7.5	2500	2000	530		38kg/m	1.9 (2.3)	22 (25)	2.03 (2.02)
		10.5						2.2 (2.6)	22 (25)	3.51 (3.49)
		13.5	3000	2500	580			2.6 (3.0)	23 (26)	4.47 (4.45)
		16.5			660			3.5 (3.9)	26 (29)	5.88 (5.86)
		19.5	3500	3000	750			4.3 (4.7)	28 (31)	7.81 (7.79)
		22.5			820			4.8 (5.2)	29 (32)	9.26 (9.24)
5	A3 ~ A5	7.5	2500	2000	580		38kg/m	2.1 (2.5)	33 (36)	1.83 (1.81)
		10.5						2.5 (2.9)	34 (37)	2.79 (2.77)
		13.5	3000	2500	660			3.3 (3.7)	36 (39)	4.71 (4.69)
		16.5			790			4.0 (4.4)	38 (40)	6.15 (7.13)
		19.5	3500	3000	820			4.6 (5.0)	39 (42)	8.09 (8.07)
		22.5			880			5.7 (6.1)	42 (45)	10.48 (10.47)

续表 25-1

起重量 Q（t）	工作制度	跨度 S（m）	基本尺寸（mm） B	W	H_1	b	轨道型号	总重量（t）	轮压（kN） P_{max}	P_{min}
10	A3～A5	7.5	2500	2000	725	120	38kg/m	3.24 (3.71)	54.25 (58.90)	6.18 (6.47)
		10.5			800			3.88 (4.28)	58.86 (63.41)	7.46 (7.64)
		13.5	3000	2500	820			4.67 (5.05)	62.39 (65.95)	9.22 (9.41)
		16.5			875			5.42 (5.80)	66.41 (70.95)	10.98 (11.07)
		19.5	3500	3000	975 (875)			7.13 (7.50)	70.24 (74.77)	15.11 (15.19)
		22.5			1075 (975)			8.84 (9.22)	74.95 (79.48)	19.23 (19.31)

注：表中总重量及轮压栏中，不带括号的数字用于地面操纵起重机，带括号的数字用于司机室操纵起重机。

2 LDC 型 1～16t（从 3.2t 开始）欧式电动单梁起重机技术规格，见表 25-2（根据参考文献［37］编制）。

表 25-2 LDC 型 3.2～16t 欧式单梁起重机参数数据[37]

起重量 Q（t）	工作级别	跨度 S（m）	基本尺寸（mm） B	W	H_1	b	轨道型号	重量（t） 小车重	总重	轮压（kN） P_{max}	P_{min}
3.2	A5	7.5	2096	1800	600	206	P22	0.23	1.36	19	4.1
		10.5	2096	1800	600	206			1.7	20.6	4.4
		13.5	2096	1800	600	206			2.15	22.1	5.2
		16.5	2526	2200	600	206			3.07	24.4	7.4
		19.5	3056	2700	600	208			3.63	25.9	8.6
		22.5	3490	3100	650	210			5.09	29.5	12.1
		25.5	4190	3800	650	210			5.74	31.2	13.6
		28.5	5050	4500	950	246			7.63	35.9	18.1
5	A5	7.5	2096	1800	600	206	P22	0.23	1.56	27.5	5.6
		10.5	2096	1800	600	206			2.01	29.6	5.9
		13.5	2156	1800	750	208			2.82	32.4	7.2
		16.5	2556	2200	750	208			3.69	34.7	9
		19.5	3150	2700	850	230			4.77	37.4	11.5
		22.5	3550	3100	950	232			5.77	39.8	14
		25.5	4290	3800	950	232			6.81	42.4	16.3
		28.5	5010	4500	1000	246			8.9	47.7	21.2

续表 25 -2

起重量 Q（t）	工作级别	跨度 S（m）	基本尺寸（mm）				轨道型号	重量（t）		轮压（kN）	
			B	W	H_1	b		小车重	总重	P_{max}	P_{min}
6.3	A5	7.5	2526	2200	650	208	P22	0.37	2	33.7	7.9
		10.5	2526	2200	650	208			2.48	36.3	7.8
		13.5	2616	2200	850	230			3.48	39.3	9.7
		16.5	2616	2200	850	230			4.24	42	10.9
		19.5	3150	2700	850	230			5.15	44.4	12.9
		22.5	3550	3100	950	232			5.96	46.5	14.6
		25.5	4250	3800	1100	232			7.36	50.1	17.9
		28.5	5010	4500	1100	246			9.45	55.3	22.9
8	A5	7.5	3086	2700	750	230	P22	0.58	2.6	42.3	10.6
		10.5	3116	2700	850	230			3.18	45.8	11
		13.5	3116	2700	850	230			3.99	48.6	11.5
		16.5	3150	2700	950	230			4.8	51.3	12.9
		19.5	3150	2700	950	230			5.68	54	14.6
		22.5	3550	3100	1150	232			6.86	57.2	17.1
		25.5	4310	3800	1150	246			8.66	61.8	21.2
		28.5	5010	4500	1150	246			10.22	65.8	24.7
10	A5	7.5	3116	2700	850	230	P22	0.58	2.72	51.2	12.7
		10.5	3116	2700	850	230			3.33	54.7	12.2
		13.5	3116	2700	950	230			4.18	57.8	13.3
		16.5	3150	2700	950	230			5.12	61	14.7
		19.5	3210	2700	1150	244			6.41	65.2	17
		22.5	3610	3100	1150	246			7.73	68.8	19.8
		25.5	4310	3800	1350	246			9.08	72.4	22.6
		28.5	5010	4500	1350	246			10.99	76.9	27.3
12.5	A5	7.5	3116	2700	850	230	P22	0.61	2.86	62.8	14.2
		10.5	3176	2700	1050	244	P22	0.61	3.89	67.5	14.4
		13.5	3210	2700	1050	244	P22	0.61	4.71	70.8	15.1
		16.5	3210	2700	1300	244	P22	0.61	5.7	74.2	16.6
		19.5	3210	2700	1300	244	P22	0.61	6.96	78.1	18.9
		22.5	3610	3100	1300	246	P30	0.61	8.14	81.6	21.1
		25.5	4310	3800	1300	246	P30	0.61	10.21	86.4	26.3
		28.5	5050	4500	1300	246	P30	0.61	12.43	92.1	31.3

续表 25-2

起重量 Q（t）	工作级别	跨度 S（m）	基本尺寸（mm） B	W	H_1	b	轨道型号	重量（t） 小车重	总重	轮压（kN） P_{max}	P_{min}
15	A5	7.5	2676	2200	1050	244	P22	0.97	3.38	73.7	14.5
		10.5	2676	2200	1050	244	P22	0.97	4.05	79.3	16.1
		13.5	2710	2200	1200	244	P22	0.97	4	82.5	16.7
		16.5	2710	2200	1200	244	P30	0.97	6.02	86.4	17.3
		19.5	3360	2700	1400	246	P30	1.03	7.38	91.2	19.2
		22.5	3610	3100	1400	246	P30	1.03	1.03	95.5	22.1
		25.5	4424	3800	1600	246	P30	2.1	12.08	105.6	28.4
		28.5	5124	4500	1600	246	P43	2.1	14.4	110.7	34.5
16	A5	7.5	2676	2200	1050	244	P22	1.03	3.47	79.9	17.5
		10.5	2676	2200	1050	244	P30	1.03	4.18	83.5	17
		13.5	2710	2200	1300	244	P30	1.03	5.06	87.6	17.2
		16.5	2710	2200	1300	244	P30	1.03	6.25	91.5	19.3
		19.5	3210	2700	1500	244	P30	1.03	7.45	95.9	20.5
		22.5	3610	3100	1500	244	P30	1.03	8.85	100.5	22.6
		25.5	4424	3800	1600	246	P43	2.01	11.98	109.8	28.9
		28.5	5124	4500	1600	246	P43	2.01	14.86	117	35.6

注：起重机有多种规格可选，本表数据基于规顶高9m，仅供用户和设计院选型时参考。

25.0.2 桥式起重机。

QDL 系列轻量化通用桥式起重机技术规格，见表 25-3（根据参考文献［36］编制）ATH 系列轻量化通用桥式起重机技术规格见参考文献［37］。

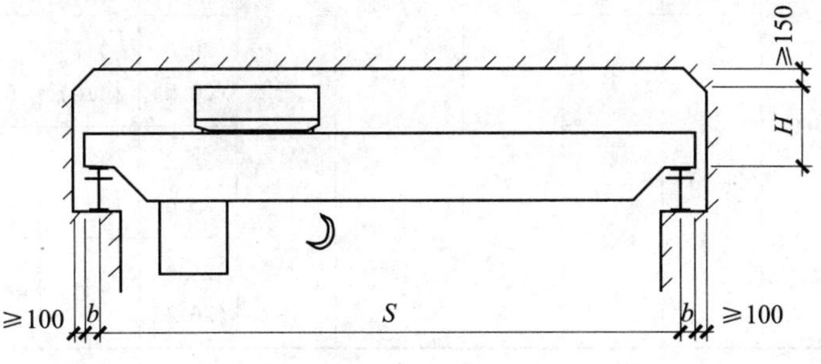

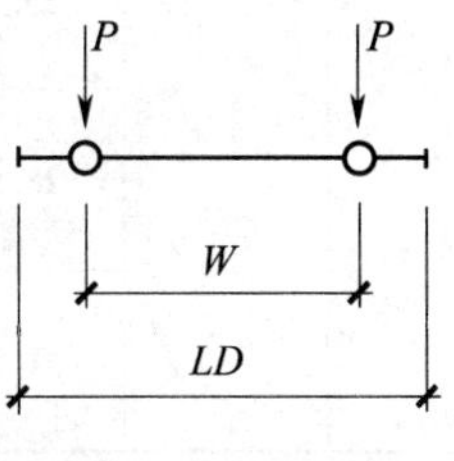

表 25－3 QDL 型（5t～50/10t）系列轻量化通用桥式起重机参数数据[36]

起重量 Q（t）	工作级别	跨度 S（m）	基本尺寸（mm）				轨道型号	重量（t）		轮压（kN）	
			LD	W	H	b		小车重	总重	P_{max}	P_{min}
5	A5（A6）	10.5	5650	3000	1521	260	P38	1.361（1.514）	9.2（9.4）	60（61）	11
		13.5	5600						10.5（10.7）	64（66）	14
		16.5			1621				11.8（12.0）	68（60）	17
		19.5	5800	3500	1671				13.7（13.9）	73（75）	20
		22.5	5850						15.6（15.8）	78（80）	25
		25.5	6550	5000	1767				18.9（19.1）	84（86）	29（30）
		28.5	6500		1867				21.9（22.0）	90（92）	35（36）
		31.5							23.9（24.1）	96（98）	41（42）
10	A5（A6）	10.5	5720	3000	1621	260	P38	2.152（2.444）	10.8（11.1）	88（90）	16
		13.5							12.2（12.5）	94（95）	18
		16.5							13.6（13.9）	99（100）	21
		19.5	5900	3500	1671				15.5（15.8）	104（106）	24
		22.5							17.4（17.7）	109（110）	28
		25.5	6500	5000	1767				20.6（20.9）	117（118）	33（34）
		28.5			1867				23.2（23.6）	123（124）	39（40）
		31.5	6550						25.8（26.2）	130	45（46）

续表 25－3

起重量 Q（t）	工作级别	跨度 S（m）	基本尺寸（mm） LD	W	H	b	轨道型号	重量（t） 小车重	总重	轮压（kN） P_{max}	P_{min}
16/3.2	A5（A6）	10.5	5900	3500	1905	260	P38	3.653（4.430）	13.5（14.3）	115（122）	27（29）
		13.5							15.2（16.0）	122（130）	27（29）
		16.5	5800						17.0（17.9）	130（137）	29（31）
		19.5	6050	4000	2027				19.8（20.7）	137（146）	33（34）
		22.5	6000						22.3（23.2）	142（153）	37（38）
		25.5							25.1（25.9）	151（160）	42（43）
		28.5	6500	5000	2129				28.0（28.9）	158（167）	48（49）
		31.5	6550						31.2（32.1）	165（175）	54（55）
20/5	A5（A6）	10.5	6800	4500	1993（2029）	260	QU70	5.979（6.996）	16.7（17.7）	142（147）	33（34）
		13.5							18.4（19.5）	152（158）	33（34）
		16.5	6750						20.6（21.7）	160（166）	34（35）
		19.5	6800		2115（2151）				23.9（25.0）	169（175）	40
		22.5	6750						26.4（27.4）	177（182）	44
		25.5	6800						30.2（31.2）	187（191）	50
		28.5	7050	5000	2265（2301）				33.2（34.2）	196（200）	58（56）
		31.5	7100						36.6（37.6）	204（208）	65（63）

续表 25-3

起重量 Q（t）	工作级别	跨度 S（m）	基本尺寸（mm） LD	W	H	b	轨道型号	重量（t） 小车重	总重	轮压（kN） P_{max}	P_{min}
25/5	A5（A6）	10.5	6800	4500	2029（2313）	260	QU70	6.996（7.340）	18.2（20.3）	168（170）	38（39）
		13.5	6850						20.1（22.1）	179（182）	38（39）
		16.5	6750						22.2（24.3）	189（192）	40（41）
		19.5	6800		2289（2413）				25.5（26.9）	200（202）	45（46）
		22.5	6850						28.1（29.5）	210（211）	50
		25.5	6750						31.2（32.6）	218（221）	56（57）
		28.5	7000	5000	2339（2415）				34.5（35.9）	228（232）	64（66）
		31.5	7050						37.7（39.1）	240（241）	73
32/8	A5（A6）	10.5	6700	4500	2091（2473）	260	QU70（QU100）	7.340（8.036）	18.7（20.6）	197（206）	44（48）
		13.5							20.7（22.6）	210（220）	43（46）
		16.5	6750						22.7（25.0）	221（231）	44（48）
		19.5	6700		2213（2473）				26.4（27.7）	233（242）	49（52）
		22.5							29.0（30.4）	244（253）	55（58）
		25.5	6750		2251（2473）				32.0（33.8）	252（263）	60（63）
		28.5	7050	5000	2365（2575）				39.6（42.4）	261（273）	66（70）
		31.5	7100						43.5（46.6）	273（284）	75（79）

续表 25-3

起重量 Q（t）	工作级别	跨度 S（m）	基本尺寸（mm） LD	W	H	b	轨道型号	重量（t） 小车重	总重	轮压（kN） P_{max}	P_{min}
40/8	A5（A6）	10.5	6800	4500	2373（2544）	260	QU100	8.036（10.634）	21.6（24.4）	238（242）	54（66）
		13.5	6850						23.6（26.5）	253（259）	51（60）
		16.5	6750		2375（2546）				25.8（28.8）	265（274）	51（60）
		19.5	6800						28.8（32.3）	278（287）	56（63）
		22.5	6850						31.8（35.6）	288（300）	60（69）
		25.5	6750		2475（2646）				35.0（39.0）	300（313）	67（76）
		28.5	7050	5000	2477（2648）				39.1（43.5）	309（325）	73（84）
		31.5	7100						42.6（47.4）	319（337）	80（92）
50/10	A5（A6）	10.5	6750	4500	2663（2813）	260	QU100	10.634（11.341）	24.9（26.2）	279（292）	75（83）
		13.5	6800						27.0（28.4）	298（314）	67（76）
		16.5	6750		2663（2815）				29.6（31.2）	314（332）	66（75）
		19.5	6800		2715（2915）				32.9（34.5）	328（349）	68（79）
		22.5	6850						36.1（38.3）	338（364）	72（84）
		25.5	6750						39.6（42.2）	354（377）	78（90）
		28.5	7050	5000	2817（3017）				44.4（47.0）	370（393）	88（100）
		31.5	7100						48.3（51.7）	382（408）	96（110）

（2）DHQD08 型通用桥式起重机，见表 25－4（根据参考文献［38］编制）。

表 25－4 DHQD08 型（5t～50/10t）系列通用桥式起重机参数数据[38]

起重量 Q（t）	工作级别	跨度 S（m）	基本尺寸（mm）				轨道型号	重量（t）		轮压（kN）	
			LD	W	H	b		小车重	总重	P_{max}	P_{min}
5	A5（A6）	10.5	5000	3400	1350	168	P38	1.5	12.5（13）	63.6（64.8）	38.8（40）
		13.5							13.5（14）	66（67.2）	41.2（42.4）
		16.5	5720	3600				1.5（1.8）	14.8（15.6）	69.2（71.7）	44.4（45.7）
		19.5							16.8（17.6）	74.4（77.0）	48.9（50.3）
		22.5							18.3（19.5）	78.4（82.6）	52.3（55.3）
		25.5	5840	5000					21.3（22.5）	86.1（90.3）	59.3（62.3）
		28.5							24.8（26.0）	95.0（99.2）	67.6（70.6）
		31.5							26.8（28.0）	100.2（104.5）	72.2（75.2）
		34.5							31.3（33.0）	111.5（117.1）	82.9（87.1）
10	A5（A6）	10.5	6000	4000	1490	168	P38	2.5（3.0）	14（15）	91.2（100）	43.2（50.4）
		13.5							16（17）	96（106.3）	48（56.5）
		16.5			1490（1350）				18.8（19.9）	102.7（106.3）	54.9（56.6）
		19.5							20.8（22.5）	108.2（114.8）	59.2（63.8）
		22.5	6320	5000					22.3（24.0）	112.5（119.1）	62.3（66.9）
		25.5							25.9（27.0）	123.5（127.1）	72.0（73.6）
		28.5							29.5（30.5）	132.8（136.3）	80.1（81.5）
		31.5							32.5	140.8（141.9）	86.9（85.8）
		34.5							36.2（37.5）	151.2（154.7）	96.1（97.4）

续表 25－4

起重量 Q（t）	工作级别	跨度 S（m）	基本尺寸（mm） LD	W	H	b	轨道型号	重量（t） 小车重	总重	轮压（kN） P_{max}	P_{min}
		10.5							19 （20）	132.2 （135.8）	56.3 （57.9）
		13.5							20 （21）	135.8 （138.3）	57.9 （60.4）
		16.5	6040 （6300）	4000 （4200）					23.0 （24.0）	142.5 （145.6）	66.1 （67.7）
		19.5							25.0 （26.6）	148.4 （154.5）	70.0 （74.6）
16	A5 （A6）	22.5			1985	200	P43	4.0 （4.4）	26.5 （28.1）	153.1 （159.2）	72.7 （77.3）
		25.5							30.2 （31.1）	164.4 （167.6）	82.1 （83.6）
		28.5	6440 （6880）	5000					33.7 （35.6）	174.1 （182.3）	89.8 （96.3）
		31.5							36.7 （28.6）	182.4 （166.1）	96.2 （78.2）
		34.5							40.4 （42.6）	193.2 （201.4）	105.0 （111.5）
		10.5				230 （250）			20 （21）	156.9 （163.4）	62 （64.9）
		13.5			2150 （2210）				21.5 （23）	160.5 （169.4）	65.6 （70.9）
		16.5	7180	4500		230			24.7 （25.5）	165.8 （169.4）	70.4 （70.9）
		19.5							26.8 （28.4）	172.3 （179.2）	74.5 （78.3）
20/5	A5 （A6）	22.5			2150 （2212）	230 （250）	P43	5.0 （5.8）	29.6 （31.3）	180.2 （187.7）	79.9 （84.3）
		25.5	7230						33.8 （35.0）	193.3 （197.9）	90.5 （91.9）
		28.5	7530	4800					36.9 （38.7）	202.3 （211.0）	97.1 （102.5）
		31.5	7730	5000	2252 （2312）	250			39.8 （42.1）	210.5 （220.4）	102.8 （109.4）
		34.5	8030	5300					43.7 （45.8）	221.9 （230.7）	111.7 （117.2）

续表 25-4

起重量 Q（t）	工作级别	跨度 S（m）	基本尺寸（mm） LD	W	H	b	轨道型号	重量（t） 小车重	总重	轮压（kN） P_{max}	P_{min}
25/5	A5（A6）	10.5	7180（7530）	4500（4800）	2210	250	P43	5.8（6.5）	22（23）	190（193）	71（72.5）
		13.5				230（250）			23.6（24.7）	193（196.9）	75.3（76.5）
		16.5			2212	250			25.6（26.7）	198.0（201.9）	80.3（81.5）
		19.5							28.7（29.5）	206.4（210.5）	85.8（87.0）
		22.5	7230（7530）		2312	250（300）			28.7（32.7）	206.4（219.8）	85.8（93.2）
		25.5							35.6（37.8）	227.0（236.3）	100.3（106.6）
		28.5	7530（7830）	4800（5000）					40.3（41.5）	242.4（247.1）	112.7（114.3）
		31.5	7730（8030）	5000（5200）	2327	300			44.2（45.7）	253.5（258.3）	120.8（122.4）
		34.5	8030（8130）	53000					50.5（51.5）	270.5（274.7）	134.8（135.7）
32/5	A5（A6）	10.5	7530	4800	2312（2417）	300	P43	6.1（8.7）	24.5（27）	228.8（240.1）	83.1（84.5）
		13.5							26（28.5）	232.4（243.7）	86.7（88.1）
		16.5				250（300）			28.0（30.9）	237.4（249.7）	91.7（94.1）
		19.5							31.0（34.9）	246.5（264.0）	97.1（104.4）
		22.5							34.6（38.6）	257.3（274.9）	104.2（111.3）
		25.5	7830	5000	2327（2417）	300			39.6（42.6）	273.8（286.7）	116.9（119.2）
		28.5							43.4（46.5）	285.4（298.2）	124.7（126.7）
		31.5	8130	5300	2327（2517）				49.6（53.0）	302.3（316.5）	137.9（141.0）
		34.5							54.5（58.1）	316.3（330.8）	148.2（151.3）

续表 25－4

起重量 Q（t）	工作级别	跨度 S（m）	基本尺寸（mm） LD	W	H	b	轨道型号	重量（t） 小车重	总重	轮压（kN） P_{max}	P_{min}
40/10	A5（A6）	10.5	7830	5000	2417（2517）	300	P43	9.1（10.3）	28.5（31）	273.1（184.2）	85.5（91.8）
		13.5							31.5（34）	280.4（291.5）	92.8（99.1）
		16.5							34.5（37.1）	287.7（299.1）	100.1（106.7）
		19.5							38.6（40.3）	302.7（309.4）	110.3（112.1）
		22.5			2517				42.5（44.1）	314.6（321.3）	117.4（119.0）
		25.5	8030	5200			QU80		46.6（49.2）	327.2（338.5）	125.2（131.3）
		28.5			2517（2519）				51.5（53.8）	343.4（352.0）	136.6（139.9）
		31.5	8330	5500	2519				58.8（60.9）	363.8（372.1）	152.1（155.0）
		34.5							64.0（66.3）	379.0（387.6）	162.6（165.5）
50/10	A5	10.5	7830	5000	2517	300	QU80	10.0	30.3	325.3	96.2
		13.5							32.8	331.4	102.3
		16.5							36.8	341.2	112.1
		19.5							41.8	356.2	121.2
		22.5	8070	5200	2519				45.8	369.0	128.1
		25.5							52.3	390.0	143.2
		28.5	8170	5300					57.5	405.8	153.2
		31.5	8370	5500	2619				62.1	420.0	161.5
		34.5							69.8	444.5	180.1
	A6	10.5	8370	5500	2629	300	QU80	16.3	38	356.3	103.3
		13.5							40.5	362.4	109.4
		16.5							43.5	369.8	116.4
		19.5							48.5	385.3	125.4
		22.5	8570	5700	2729				53.4	402.5	136.0
		25.5							59.3	420.6	147.6

参 考 文 献

［1］国家标准. 钢结构设计标准（GB 50017—2017）. 北京：中国建筑工业出版社，2015

［2］国家标准. 冷弯薄壁型钢结构技术规范（GB 50018—2002）. 北京：中国计划出版社，2002

［3］国家标准. 门式刚架轻型房屋钢结构技术规范（GB 51022—2015）. 北京：中国建筑工业出版社，2015

［4］国家标准. 建筑结构荷载规范（GB 50009—2012）. 北京：中国建筑工业出版社，2012

［5］国家标准. 建筑抗震设计规范（2016 年版）（GB 50011—2010）. 北京：中国建筑工业出版社，2010

［6］国家标准. 钢结构工程施工质量验收规范（GB 50205—2015）：北京：中国计划出版社，2015

［7］汪一骏，冯东等. 钢结构设计手册上册（第三版）. 北京：中国建筑工业出版社，2004

［8］汪一骏，邱国桦等. 轻型钢结构设计手册. 北京：中国建筑工业出版社，2006

［9］汪一骏，张志平等. 网架结构设计手. 北京：中国建筑工业出版社，1998

［10］汪一骏，纪福宏等. 轻型钢结构设计指南. 北京：中国建筑工业出版社，2016

［11］汪一骏，顾泰昌等，钢多高层结构设计手册. 北京：中国计划出版社，2018

［12］章天恩，王茹等. 实用建筑结构设计手册（第 2 版）. 北京：机械工业出版社，2003

［13］汪一骏，蔡昭昀等. 轻型板材设计手册. 北京：中国建筑工业出版社，2009

［14］国家建筑标准设计，建筑用发泡水泥复合板（02ZG710）. 北京：中国建筑标准设计研究院，2002

［15］国家建筑标准设计，钢檩条 钢墙梁（11G521－1－2）. 北京：中国建筑标准设计研究院

［16］国家建筑标准设计，轻型屋面梯形钢屋架（05G515）北京：中国建筑标准设计研究院

［17］国家建筑标准设计，轻型屋面梯形钢屋架（圆钢管、方钢管）05SG515－1. 北京：中国建筑标准设计研究院

［18］国家建筑标准设计，轻型屋面钢天窗架（05G516）. 北京：中国建筑标准设计研究院

［19］国家建筑标准设计，轻型屋面三角形钢屋架（05G517）. 北京：中国建筑标准设计研究院

［20］国家建筑标准设计，轻型屋面三角形钢屋架（圆钢管、方钢管）06SG517－1. 北京：中国建筑标准设计研究院

［21］国家建筑标准设计，梯形钢屋架（05G511）. 北京：中国建筑标准设计研究院

［22］国家建筑标准设计，钢天窗架（05G512）北京：中国建筑标准设计研究院

［23］国家建筑标准设计，钢托架（05G513）. 北京：中国建筑标准设计研究院

[24] 国家建筑标准设计，12m 实腹式钢吊车梁中级工作制 Q235 钢 05G514－2. 北京：中国建筑标准设计研究院
[25] 国家建筑标准设计，12m 实腹式钢吊车梁中级工作制 Q345 钢 05G514－3. 北京：中国建筑标准设计研究院
[26] 国家建筑标准设计，12m 实腹式钢吊车梁重级工作制 Q345 钢 05G514－4. 北京：中国建筑标准设计研究院
[27] 国家建筑标准设计，钢吊车梁（中轻级工作制 Q235 钢）03SG520－1. 北京：中国建筑标准设计研究院
[28] 国家建筑标准设计，钢吊车梁（中轻级工作制 Q345 钢）03SG520－2. 北京：中国建筑标准设计研究院
[29] 国家建筑标准设计，钢吊车梁（中轻级工作制 H 型钢）08SG520－3. 北京：中国建筑标准设计研究院
[30] 国家建筑标准设计，门式刚架轻型房屋钢结构（无吊车）02（04）SG518－1. 北京：中国建筑标准设计研究院
[31] 国家建筑标准设计，门式刚架轻型房屋钢结构（有悬挂吊车）04SG518－2. 北京：中国建筑标准设计研究院
[32] 国家建筑标准设计，门式刚架轻型房屋钢结构（有吊车）04SG518－3. 北京：中国建筑标准设计研究院
[33] 国家建筑标准设计，多高层民用建筑钢结构节点构造详图 01－04SG519. 北京：中国建筑标准设计研究院
[34] 国家建筑标准设计，钢抗风柱 10SG533. 北京：中国建筑标准设计研究院
[35] 长葛市通用机械有限公司产品资料
[36] 北京起重运输机械设计研究院产品样本
[37] 宁波市凹凸重工有限公司产品样本
[38] 大连重工·起重集团有限公司产品样本